Handbook of Organic Compounds

NIR, IR, Raman, and UV-Vis Spectra Featuring
Polymers and Surfactants (a 3-volume set)

Volume 3
IR and Raman Spectra

Handbook of Organic Compounds
NIR, IR, Raman, and UV-Vis Spectra Featuring Polymers and Surfactants (a 3-volume set)

Volume 3
IR and Raman Spectra

Jerry Workman, Jr.
Kimberly-Clark Corporation
Neenah, WI

ACADEMIC PRESS

A Harcourt Science and Technology Company

San Diego   San Francisco   New York   Boston
London   Sydney   Tokyo

This book is printed on acid-free paper. ∞

COPYRIGHT © 2001 BY ACADEMIC PRESS
All rights reserved.
No part of this publication may be reproduced or transmitted in any form or by any means, electronic or mechanical, including photocopy, recording, or any information storage and retrieval system, without permission in writing from the publisher.

Requests for permission to make copies of any part of the work should be mailed to the following address: Permissions Department, Harcourt, Inc., 6277 Sea Harbor Drive, Orlando, Florida, 32887-6777.

ACADEMIC PRESS
A Harcourt Science and Technology Company
525 B Street, Suite 1900, San Diego, CA 92101-4495, USA
http://www.academicpress.com

ACADEMIC PRESS
Harcourt Place, 32 Jamestown Road, London, NW1 7BY, UK

Library of Congress Catalog Card Number: 00-105503
International Standard Book Number: 0-12-763563-7

PRINTED IN THE UNITED STATES OF AMERICA
00 01 02 03 04 IP 9 8 7 6 5 4 3 2 1

CONTENTS

Preface   vii
Measurement Conditions for Spectral Charts (Vol. 3)   ix

SPECTRAL ATLAS VOLUME 3

Spectra Numbers 1007–2000

Infrared (4000–500 cm^{-1})
        Organic Compounds (Spectra Numbers 1007–1135, 1891–2000)
        Polymers (Spectra Numbers 1197–1326)
        Surfactants (Spectra Numbers 1327–1890)
        HATR (Spectra Numbers 1136–1180)

Spectra Numbers 2001–2130

Raman (4000–500 cm^{-1})
        Organic Compounds and Polymers (Spectra Numbers 2001–2130)

PREFACE

This *Handbook of Organic Compounds: NIR, IR, Raman, and UV-Vis Spectra Featuring Polymers and Surfactants* is a compendium of practical spectroscopic methodology, comprehensive reviews, and basic information for organic materials, surfactants, and polymer spectra covering the ultraviolet, visible, near-infrared, infrared, Raman, and dielectric measurement techniques. It represents the first comprehensive multivolume handbook to provide basic coverage for UV-Vis, 4th-overtone NIR, 3rd-overtone NIR, NIR, infrared, and Raman spectra and dielectric data for organic compounds, polymers, surfactants, contaminants and inorganic materials commonly encountered in the laboratory. The text includes a description and reviews of interpretive and chemometric techniques used for spectral data analysis. The spectra found within the atlas are useful for identification purposes as well as for instruction in the various interpretive and data-processing methods discussed. This work is designed to be of help to students and vibrational spectroscopists in their daily efforts at spectral interpretation and data processing of organic spectra, polymers, and surfactants. All spectra are presented in terms of wavenumber and transmittance; ultraviolet, visible, 4th-overtone NIR, 3rd-overtone NIR, and NIR spectra are also presented in terms of nanometers and absorbance space. In addition, horizontal ATR spectra are presented in terms of wavenumber and absorbance space. All spectra are shown with essential peaks labeled in their respective units. Several individuals contributed to the material in this handbook, and comments were received from a variety of workers in the field of molecular spectroscopy. This handbook can provide a valuable reference for the daily activities of students and professionals working in modern molecular spectroscopy laboratories.

MEASUREMENT CONDITIONS FOR SPECTRAL CHARTS (VOL. 3)

VOLUME 3

Mid-Infrared Spectral Region

Organic Compounds and Polymers

Spectral Range: 4000 cm^{-1} to 500 cm^{-1}
1816 data points
Source: Globar
Detector: DTGS KBr
Beamsplitter: KBr
Autogain velocity: 1.5825
Apodization: Happ-Genzel
Zero filling factor: 1 level
Aperture: 25
4 cm^{-1} resolution
Nicolet Model 510 FT-IR Spectrometer
32 and 64 co-added scans per measurement
KBr pellet – typical sampling for transmittance mode
Blank KBr was used as the typical background reference material

Surfactants

Spectral Range: 3750 cm^{-1} to 650 cm^{-1}
1551 data points
Source: Globar
Detector: DTGS KBr
Beamsplitter: KBr
Autogain velocity: 1.5825
Apodization: Happ-Genzel
Zero filling factor: 1 level
Aperture: 25
2 cm^{-1} resolution
Nicolet Model 710 and Model SX FT-IR Spectrometers
64 co-added scans per measurement

MEASUREMENT CONDITIONS FOR SPECTRAL CHARTS (VOL. 3)

Capillary films, cast films, or KBr disks for transmittance mode using blank transmittance plate materials for the background reference

HATR (Horizontal Attenuated Total Reflectance) Measurements

Liquids

Spectral Range: 4000 cm^{-1} to 650 cm^{-1}
1738 data points
Source: Globar (Everglo™ Mid-IR source)
Detector: DTGS KBr
Beamsplitter: KBr
Autogain velocity: 0.6329
Apodization: Happ-Genzel
Zero filling factor: None
Phase correction: Mertz
4 cm^{-1} resolution
Nicolet Avatar Model 360 FT-IR Spectrometer
32 co-added scans per measurement
zinc selenide (ZnSe) 45° - 10 bounce horizontal ATR crystal
No sample present for background reference measurements

Raman Spectral Measurements

Liquids and Solids

Spectral Range: 3800 cm^{-1} to 200 cm^{-1}
1801 data points
Source: Nd:YAG laser at 1064 nm (0-300 mW power)
Detector: Raman - germanium (Ge)
Beamsplitter: calcium fluoride (CaF2)
Apodization: Blackman-Harris 4 term
Zero filling factor: 4
Aperture: 6 mm
Phase correction: Power spectrum
2 cm^{-1} resolution
Bruker FTS-66 FT-NIR Spectrometer
Neodymium: Yttrium Aluminum Garnet (Nd:YAG) excitation laser at 1064 nm
1000 co-added scans per measurement, focused beam diameter approximately 2 mm.
Samples for measurement were contained in silica NMR tubes with 11 mm (outer diameter) by 9 mm (inner diameter); approximately 30 mm height.

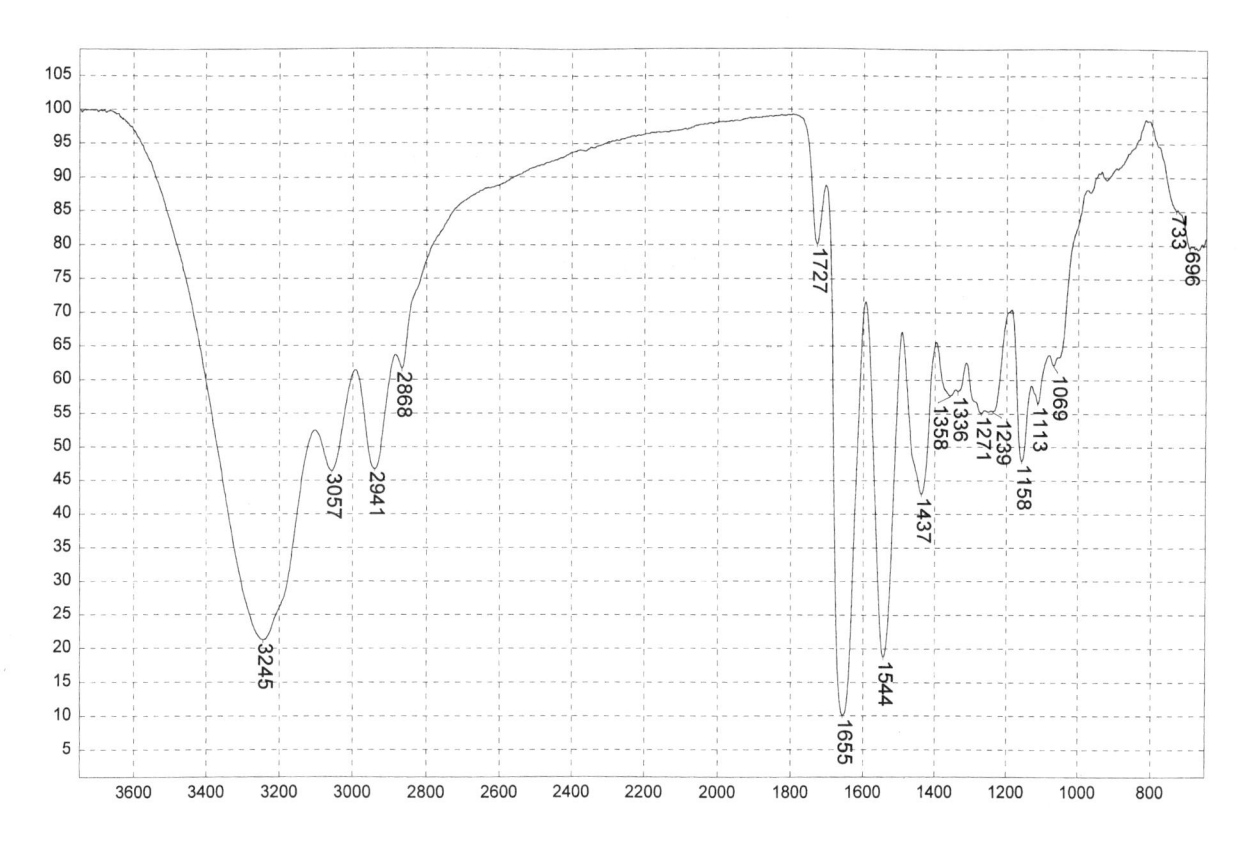

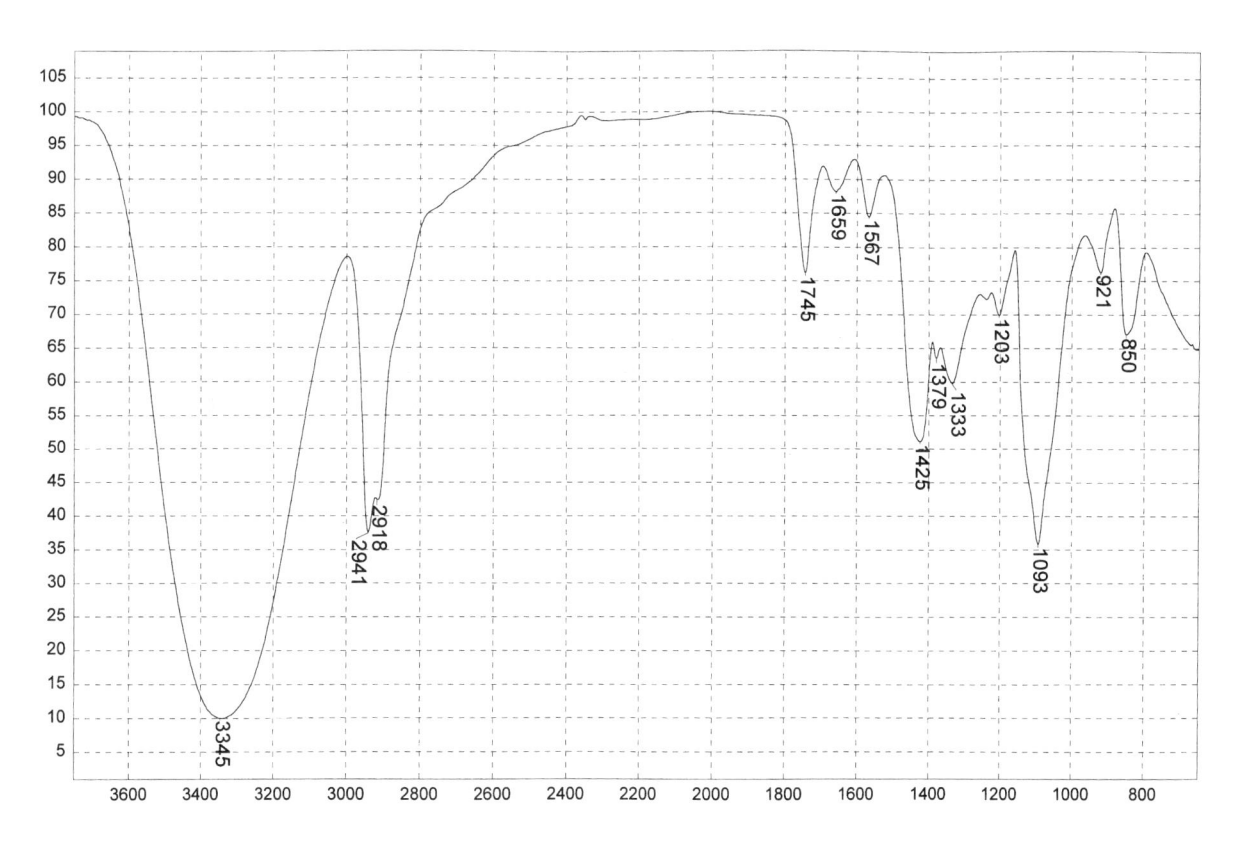

1007   KYMENE

1008   POLYVINYL ALCOHOL, STANDARD

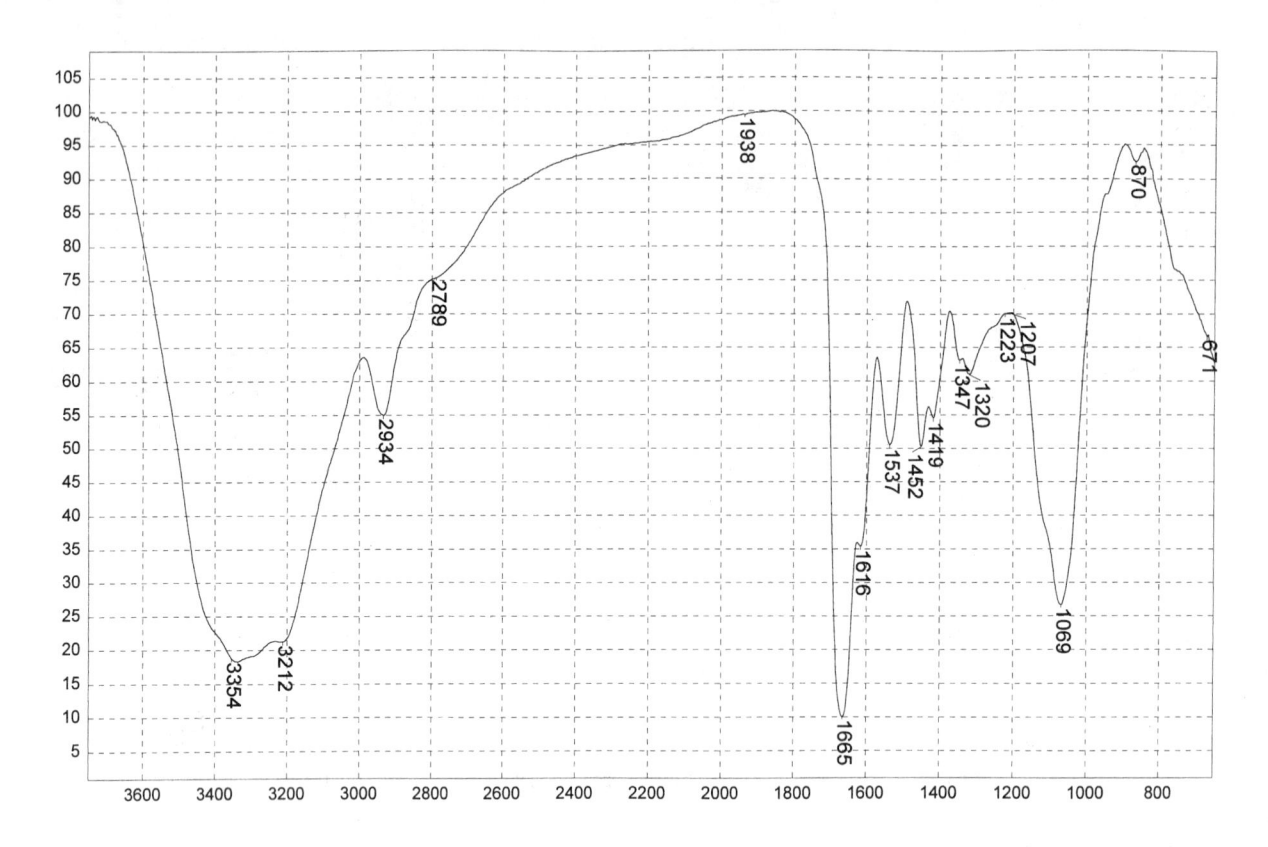

1009 Polyacrylamide

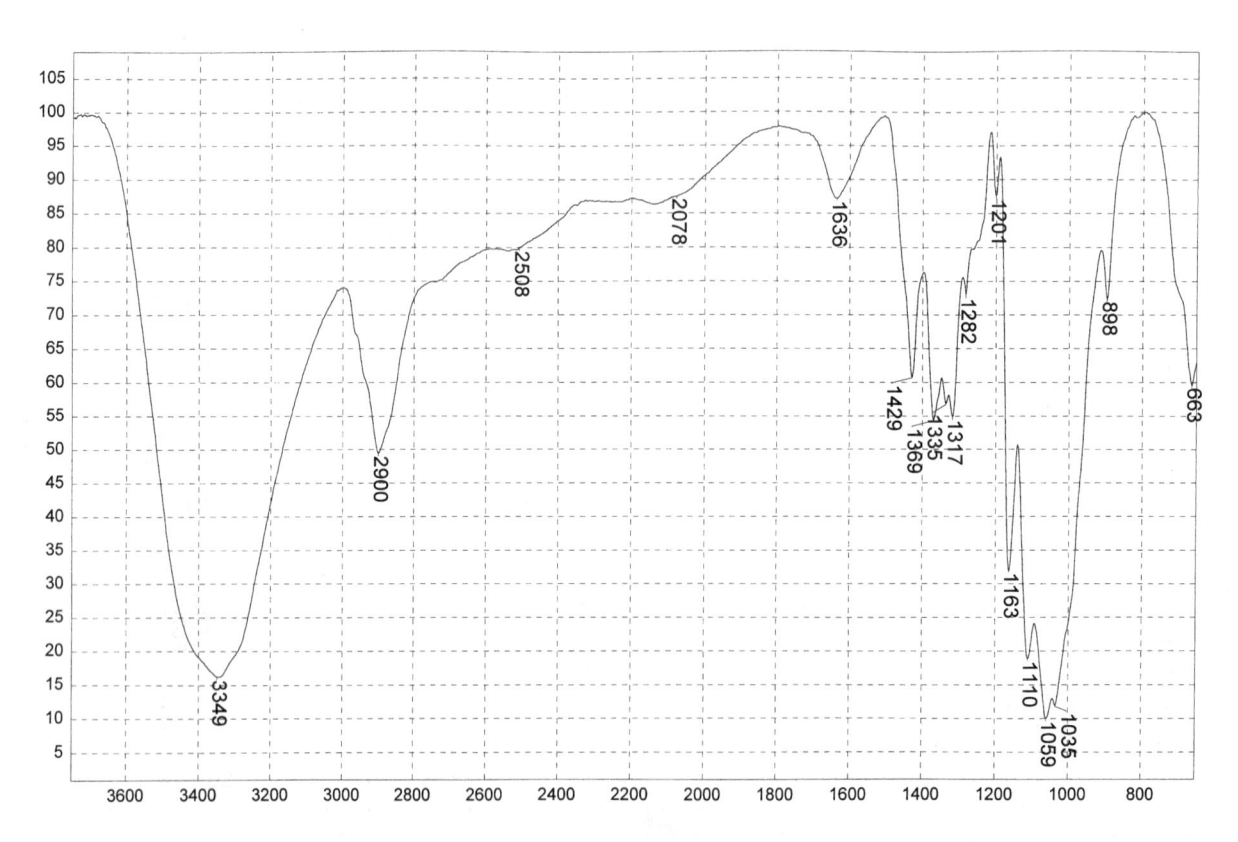

1010 CELLULOSE 35 BY 70 MICRON SINGLE FIBER

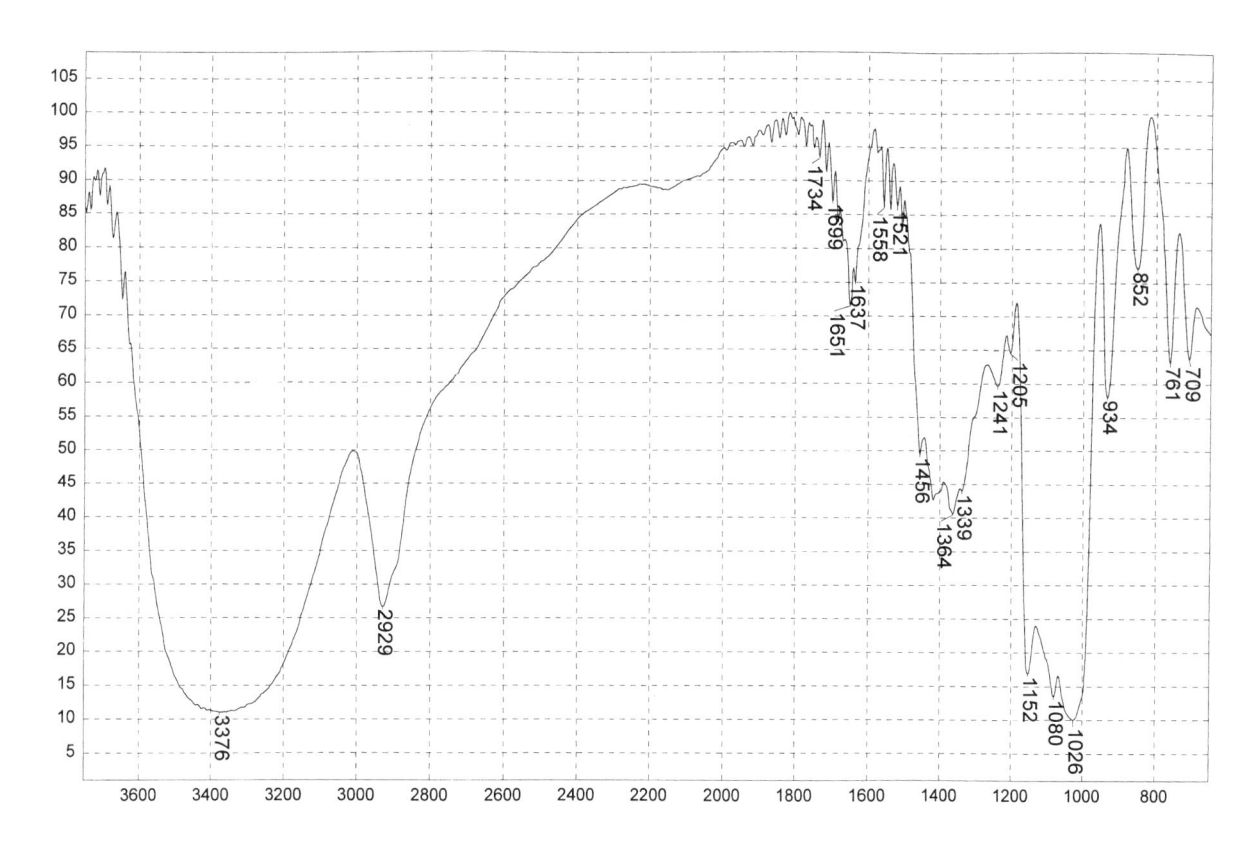

1011 STARCH

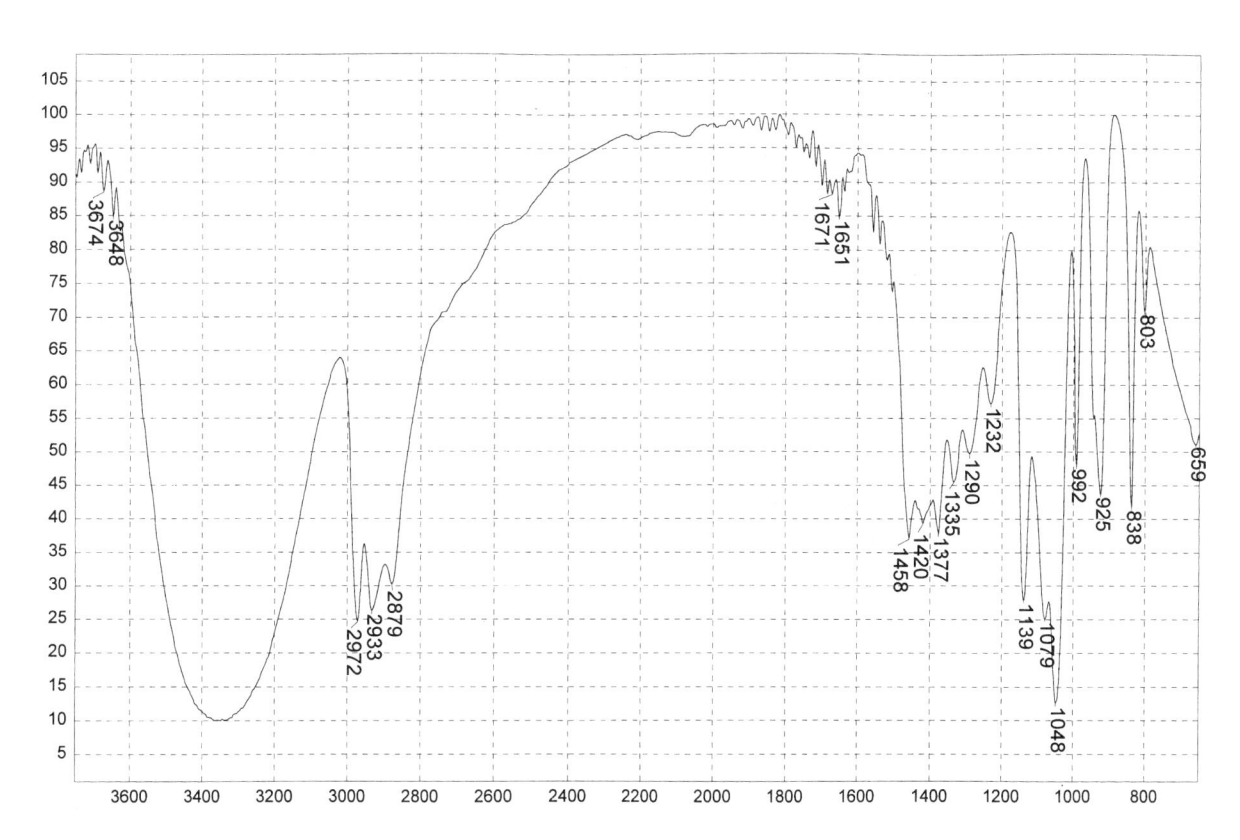

1012 1,2-PROPANEDIOL, CAPILLARY FILM

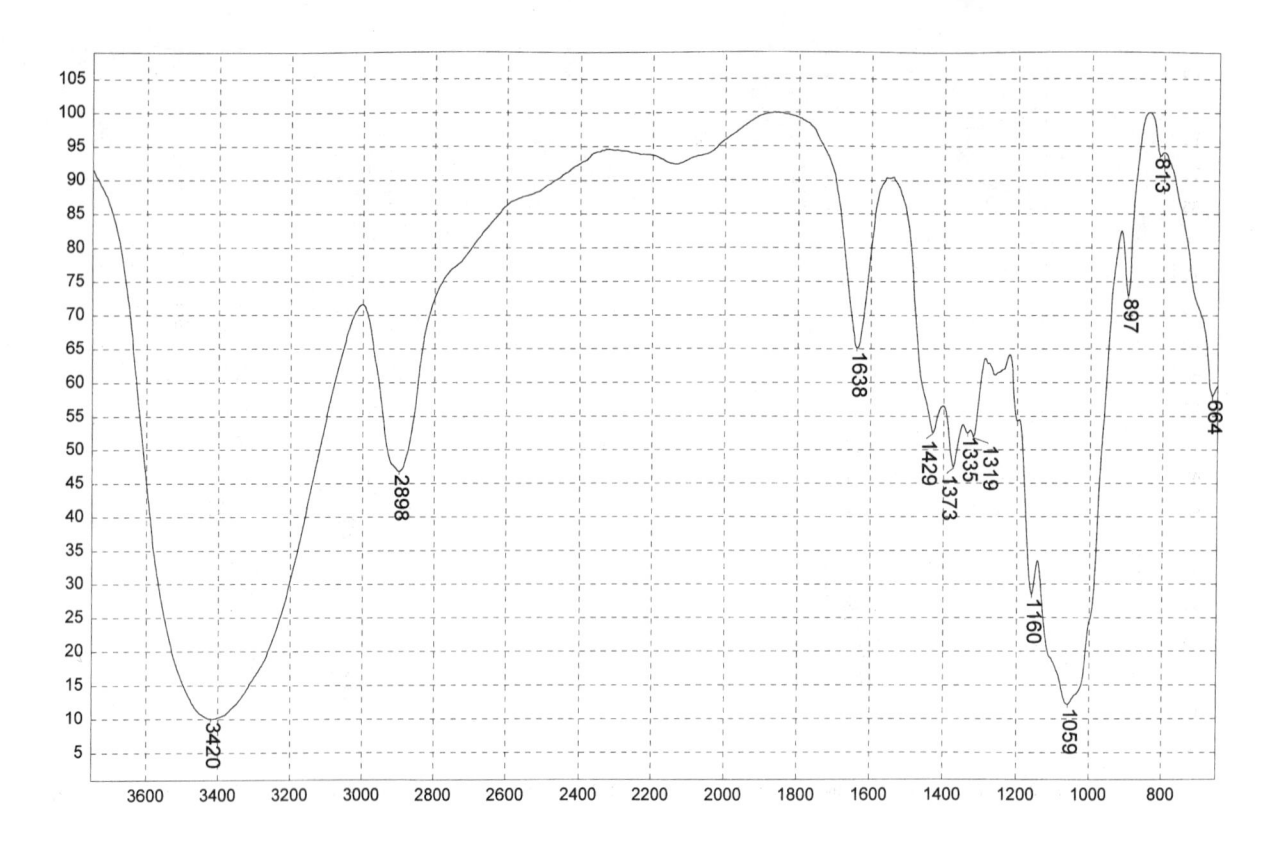

1013 CELLULOSE, 100% SOFT WOOD BLEACHED KRAFT

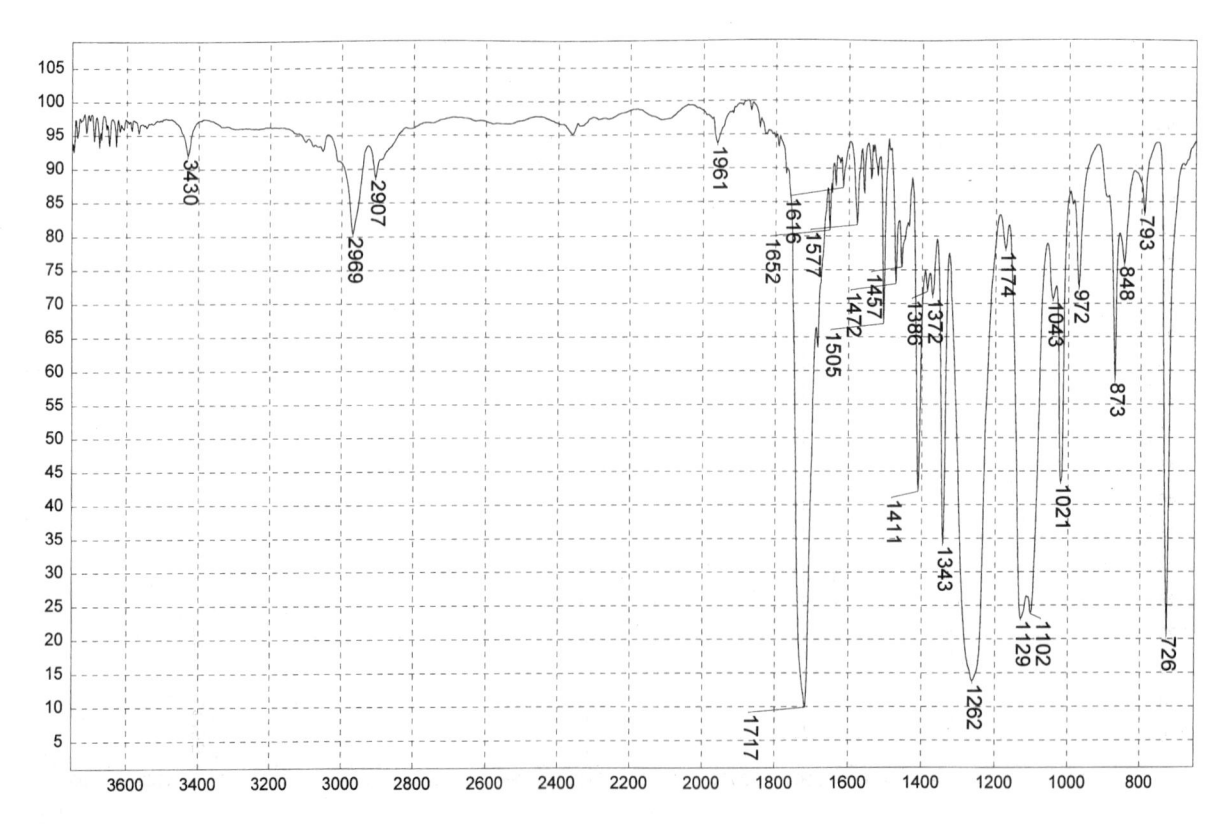

1014 POLYETHYLENETERPHTHALATE FIBER, MELTED FILM

2,6-DI-TERT-BUTYL-p-CRESOL (BHT)

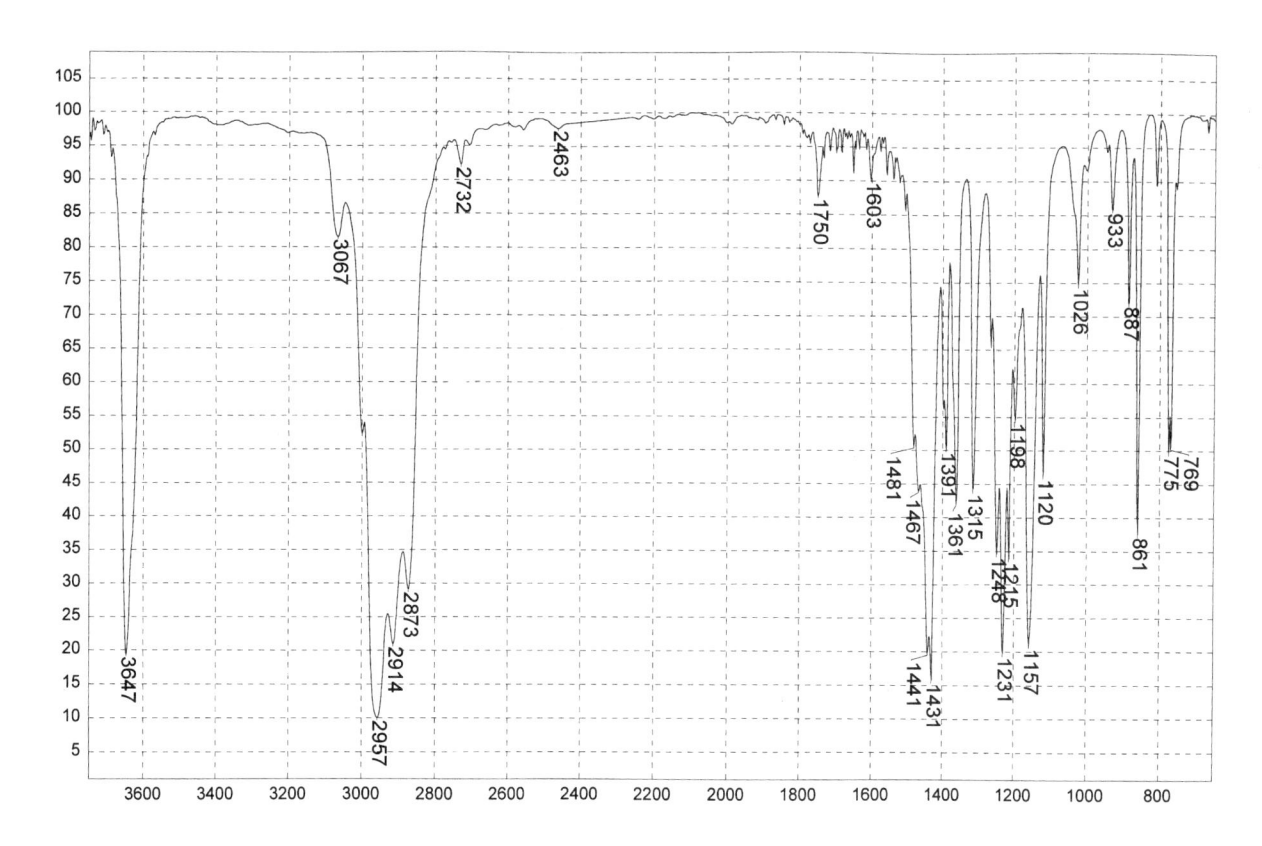

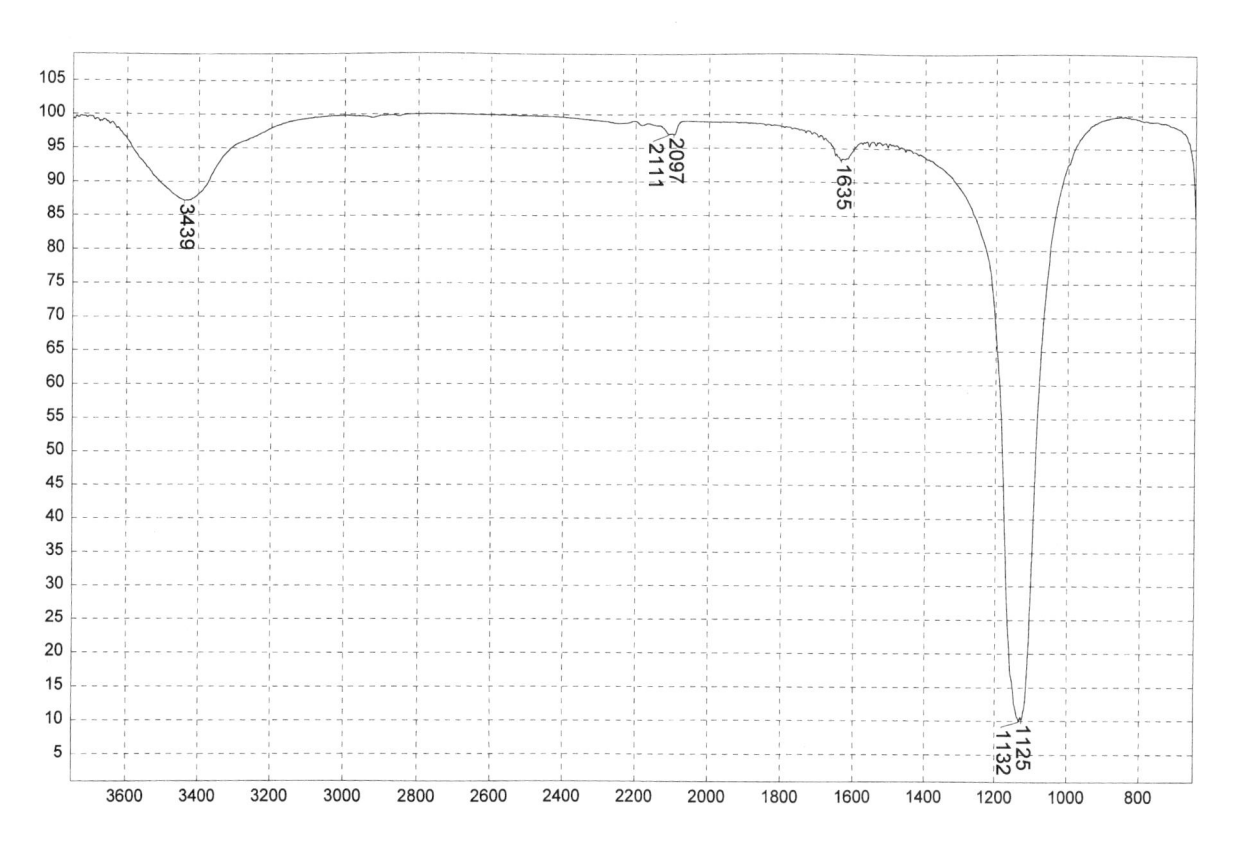

1015

SODIUM SULFATE (IN KBr)

1016

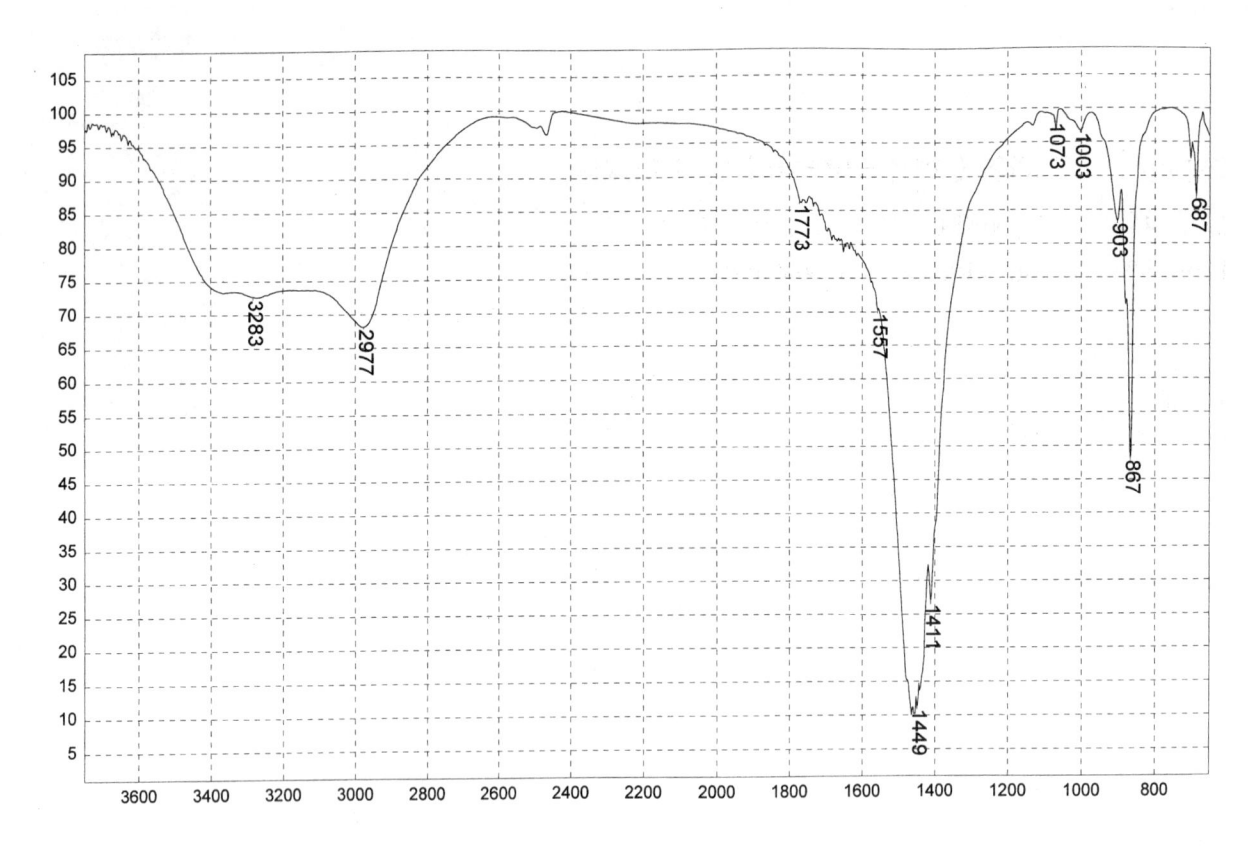

1017 — SODIUM CARBONATE

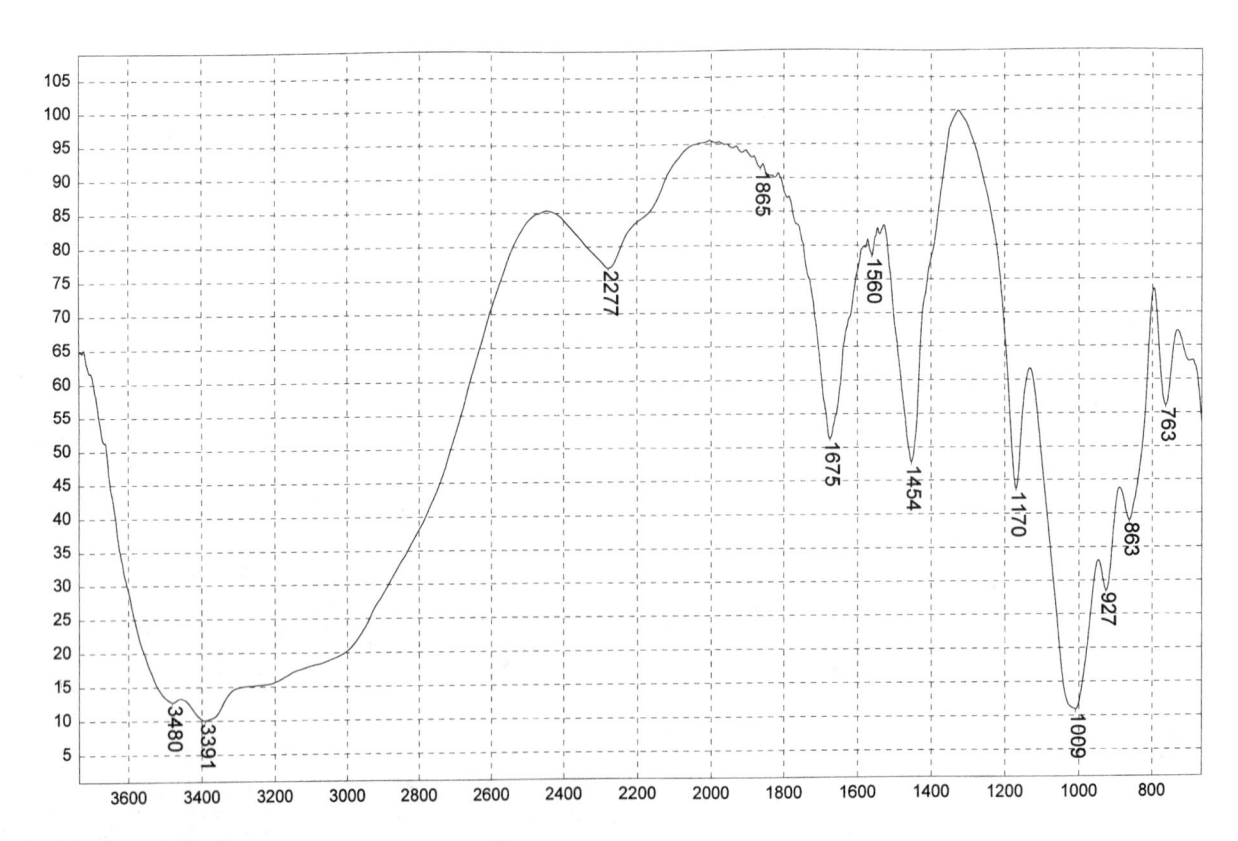

1018 — SODIUM SILICATE, SOLUBLE

CELLOPHANE

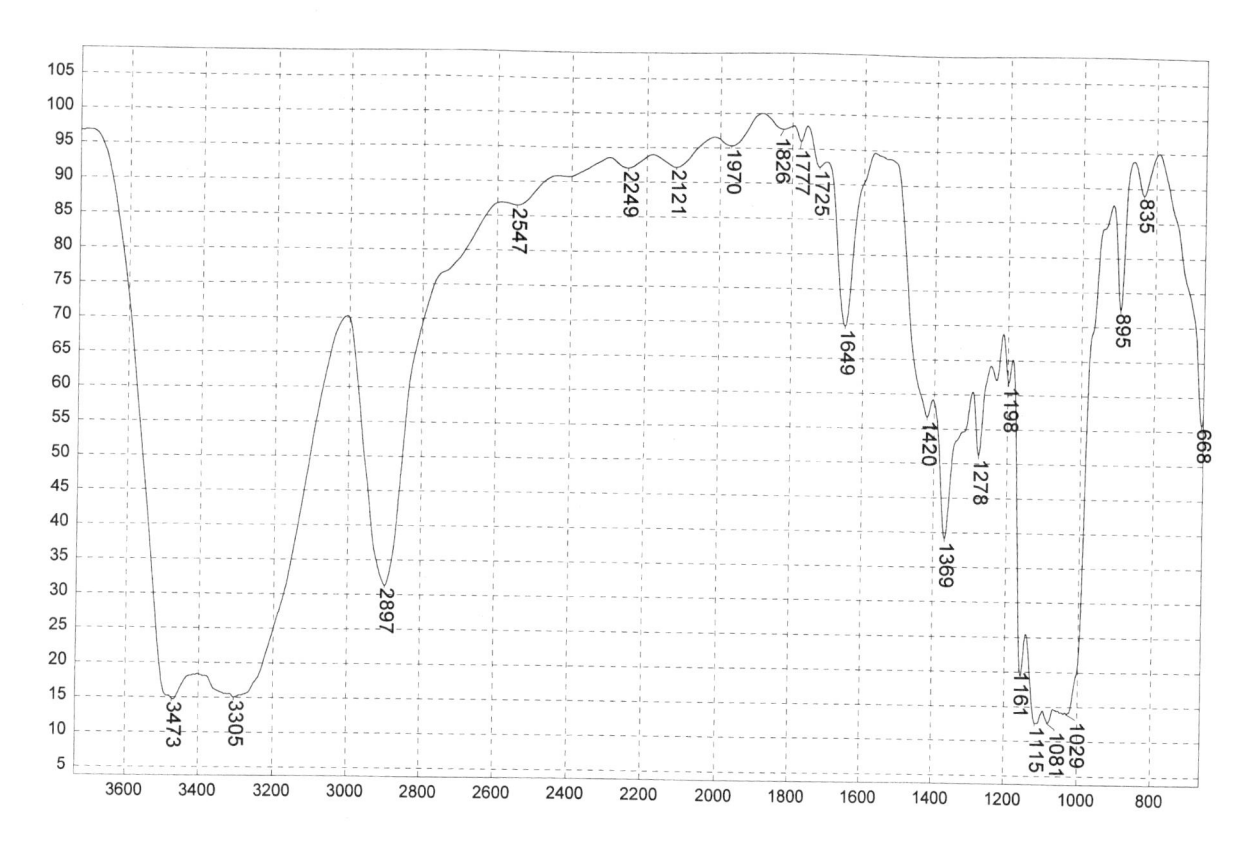

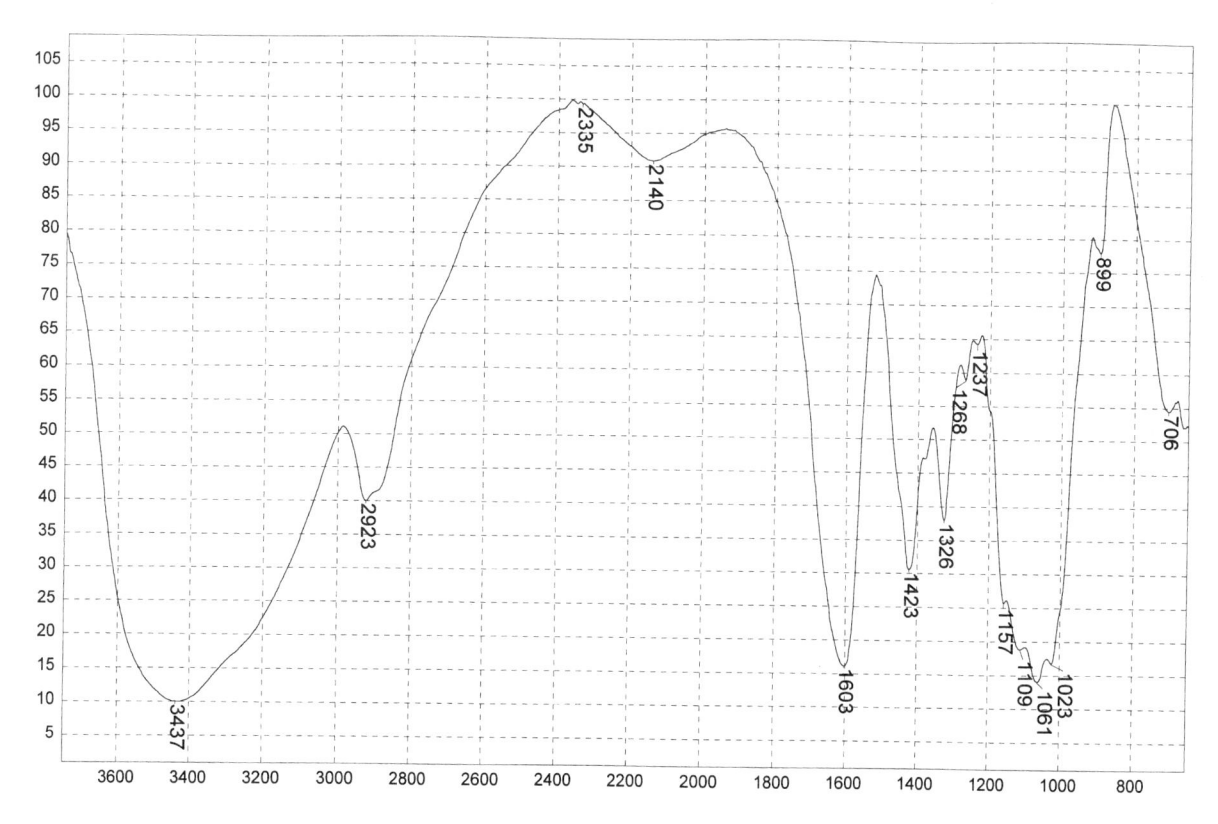

1019

CMC ABSORBENT POLYMER

1020

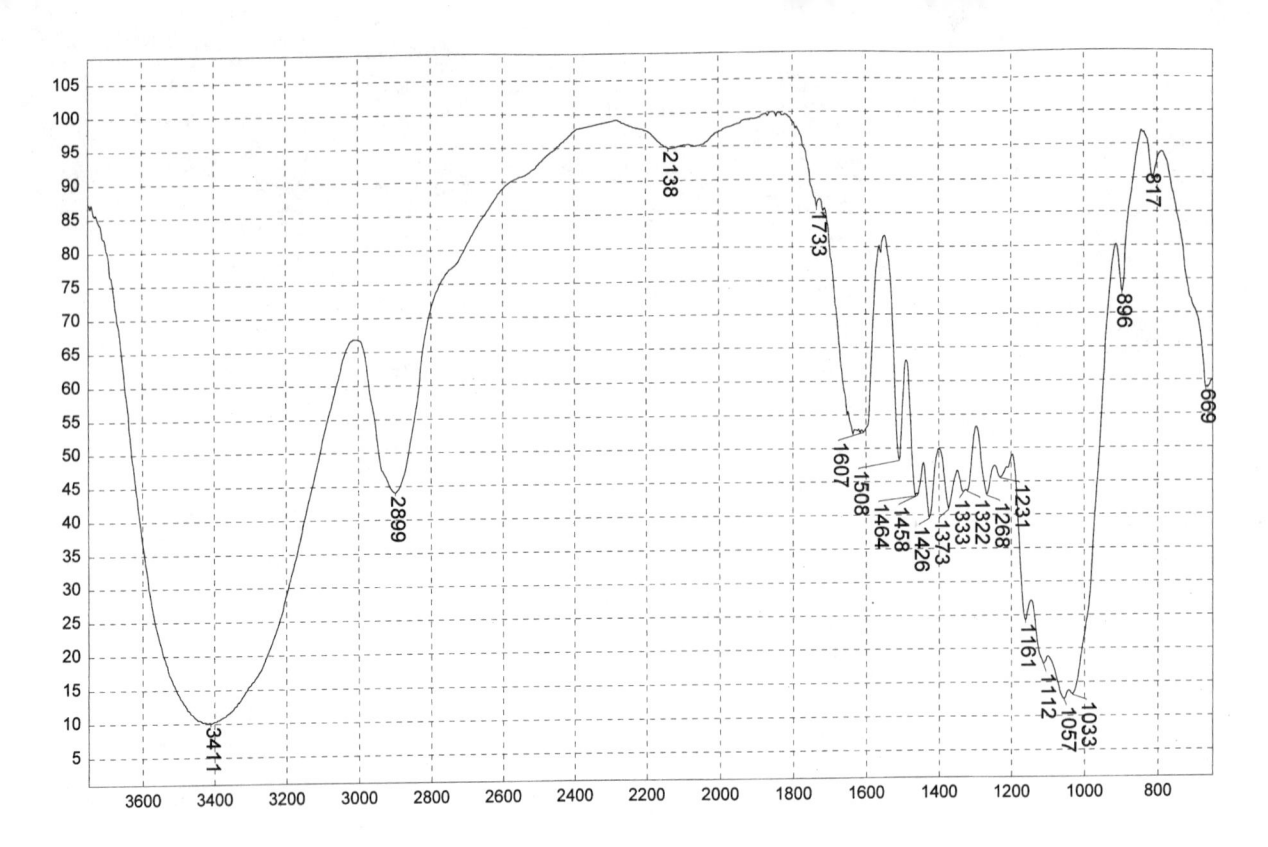

1021   WOOD PULP, THERMOMECHANICAL (IN KBr)

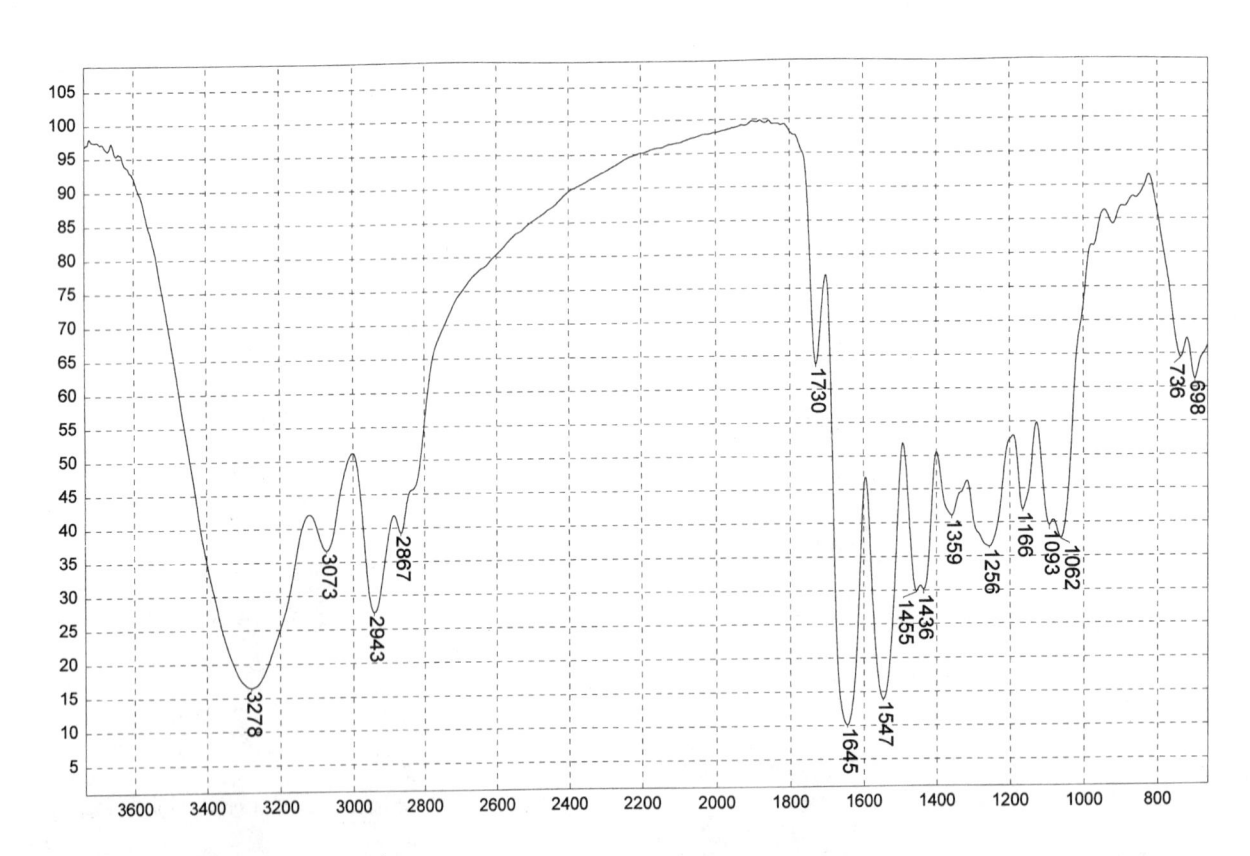

1022   POLYAMIDE—EPICHLOROHYDRIN RESIN

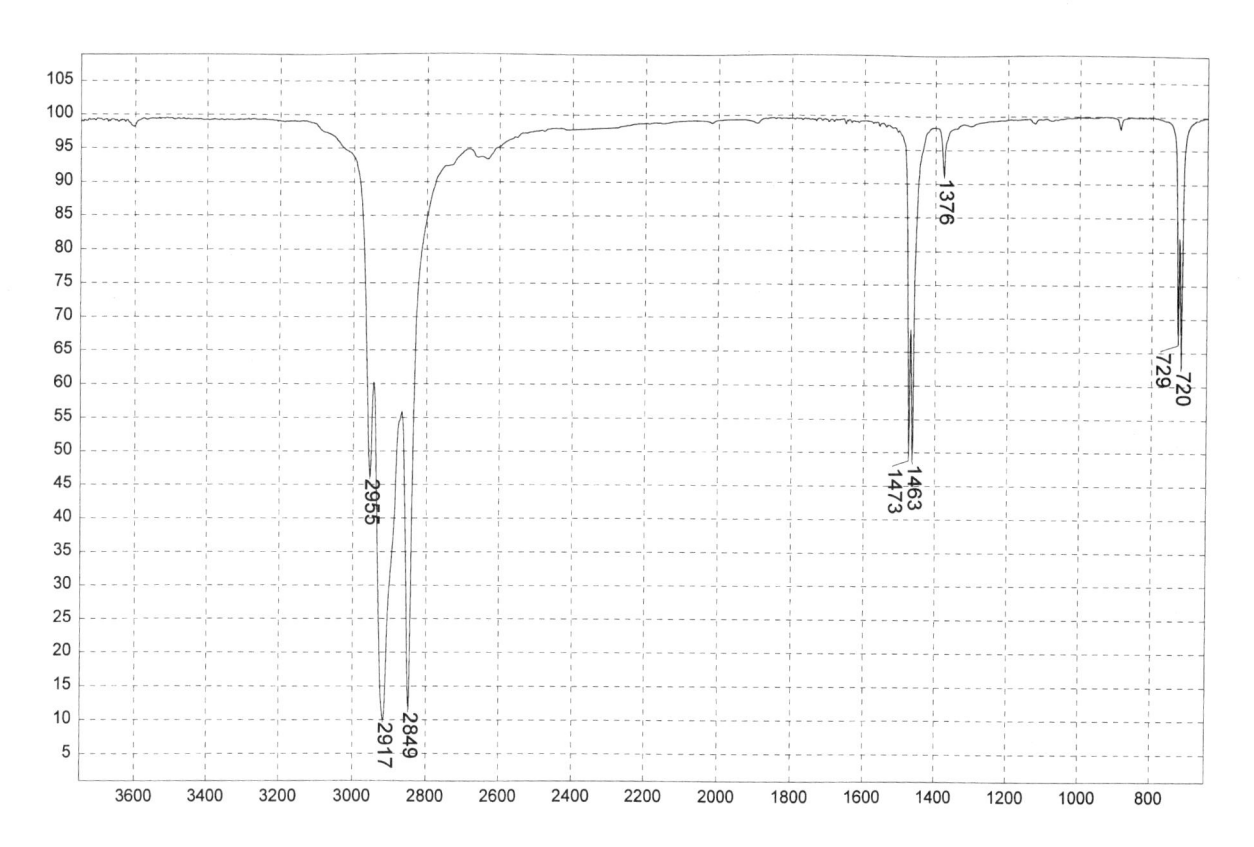

1023   PARAFFIN WAX, FOOD GRADE

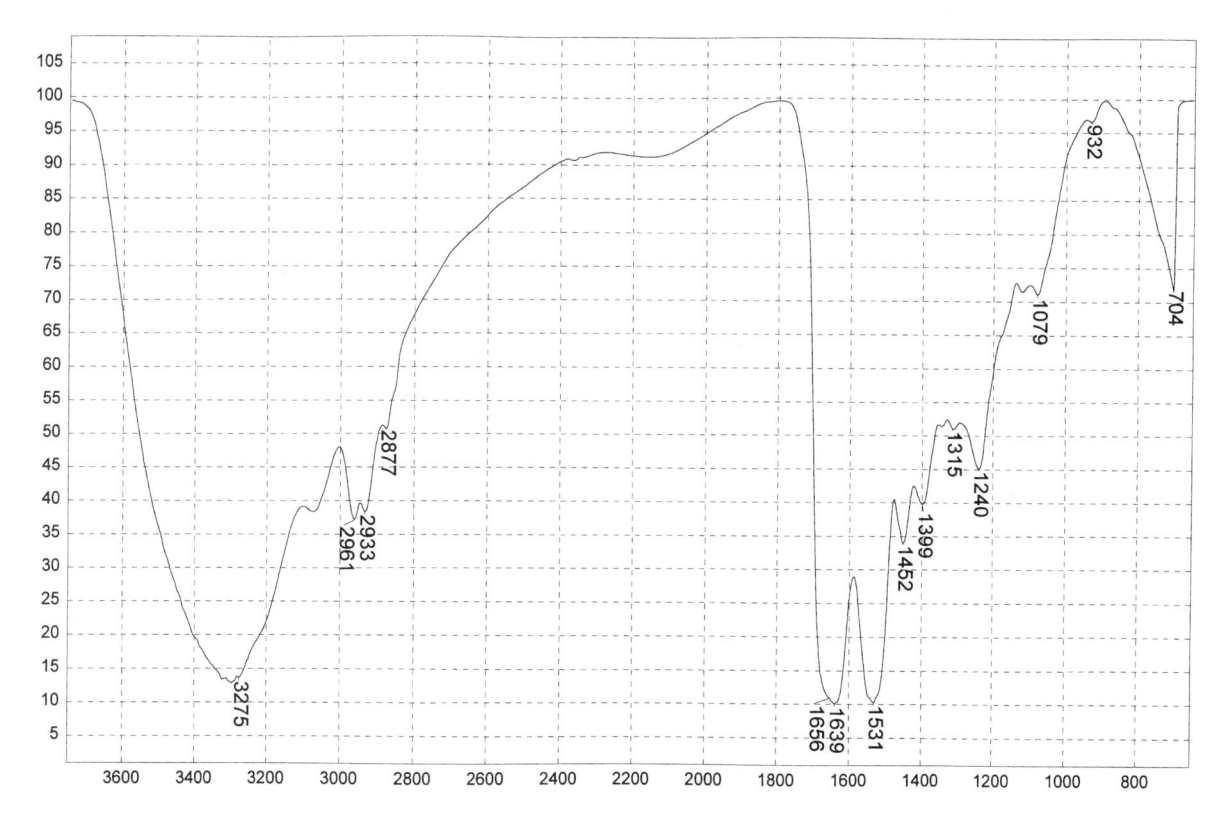

1024   Protein, Human Hair, (IR Microspectroscopy)

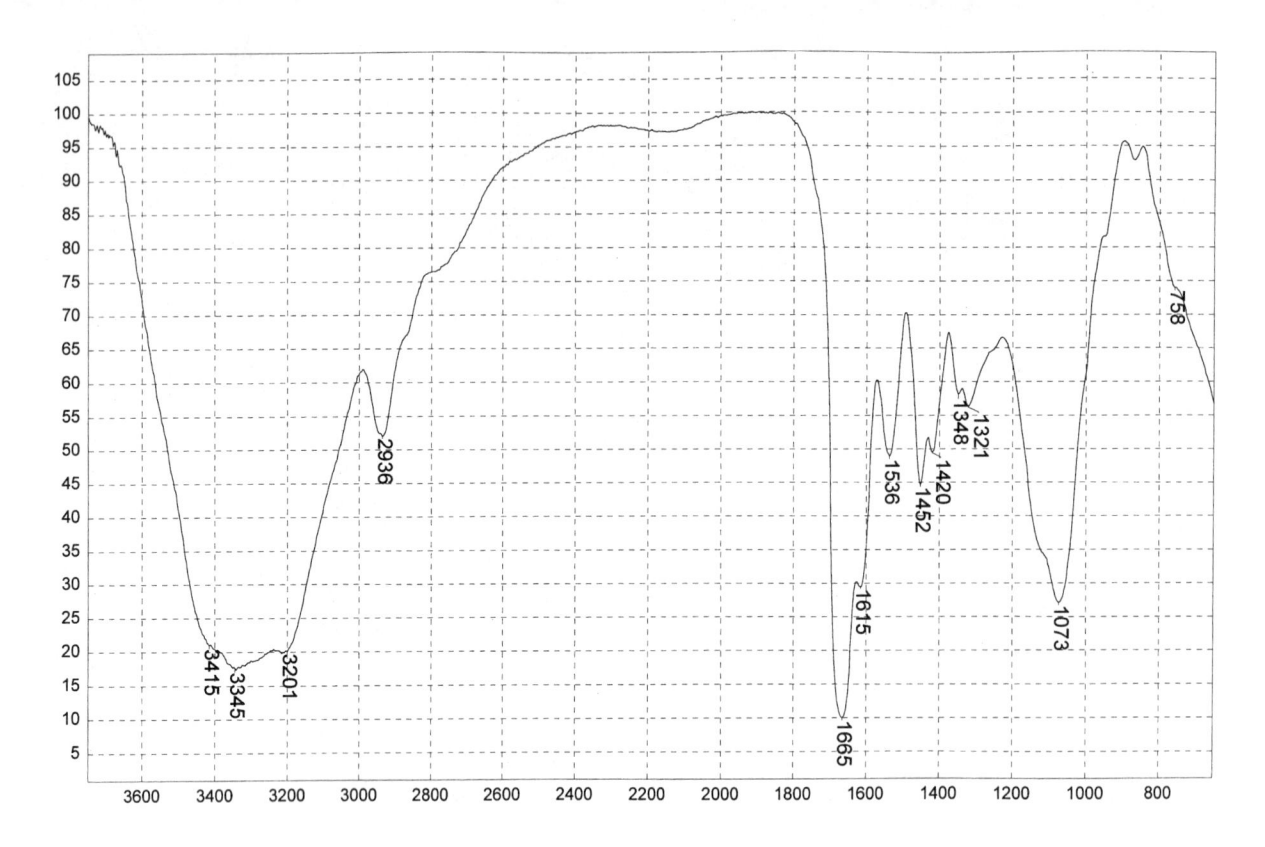

1025 POLYACRYLAMIDE, MODIFIED DRIED FILM

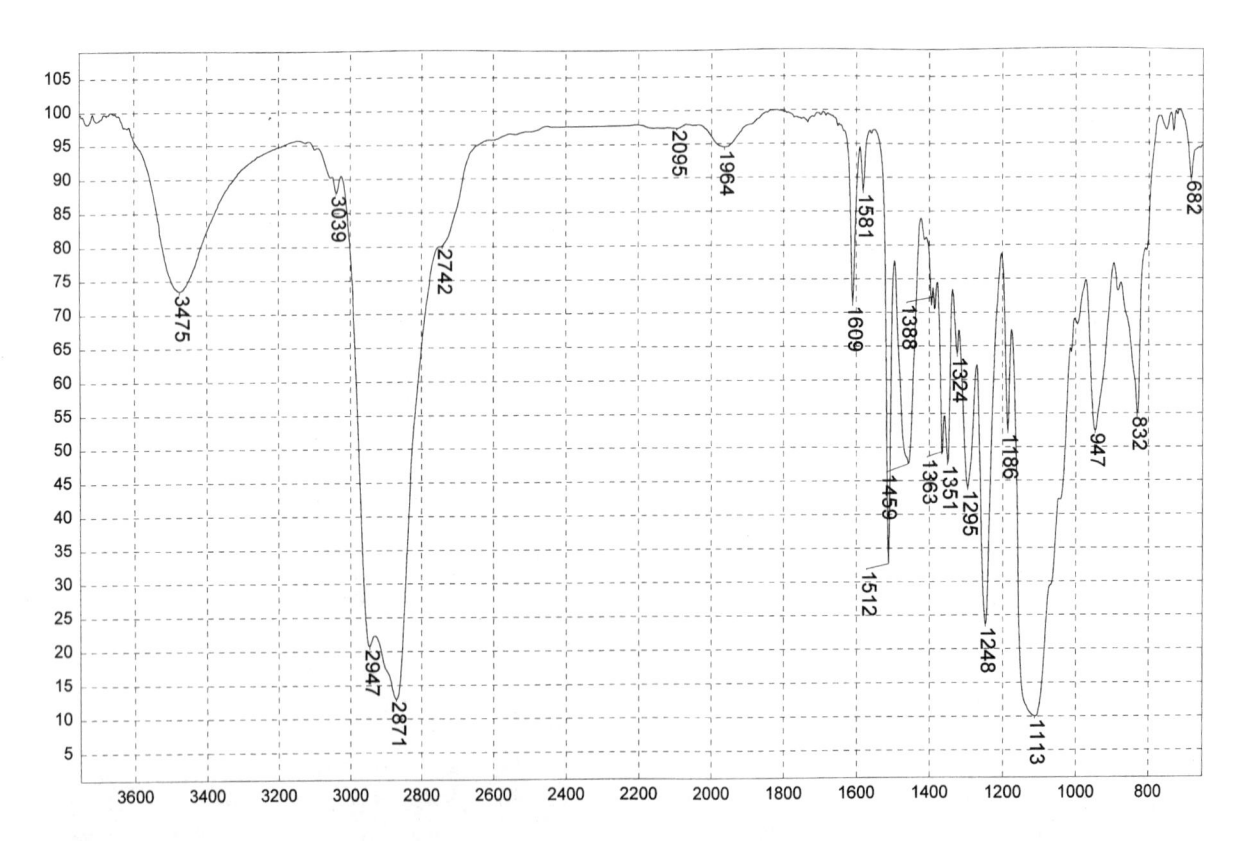

1026 TRITON X-102

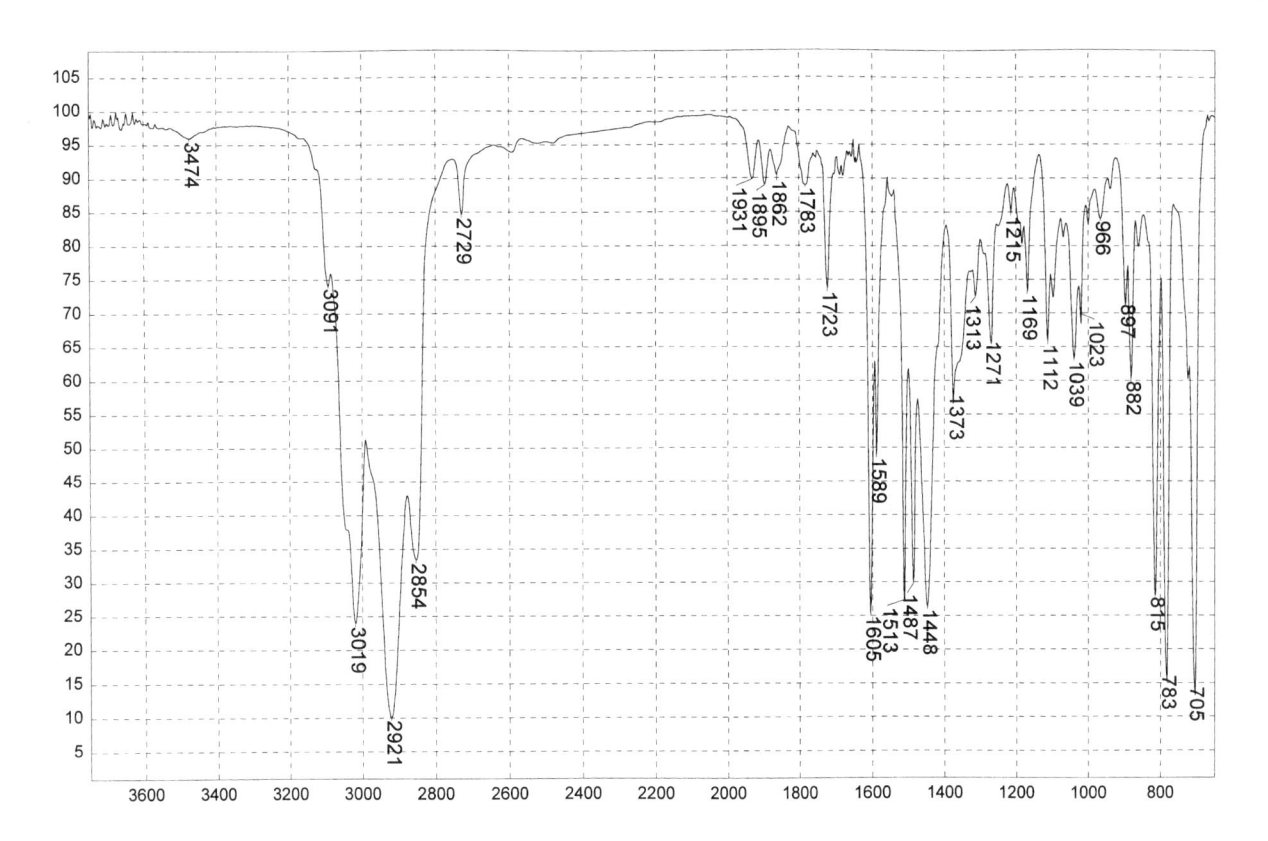

1027 POLYVINYLTOLUENE, MIXED ISOMERS

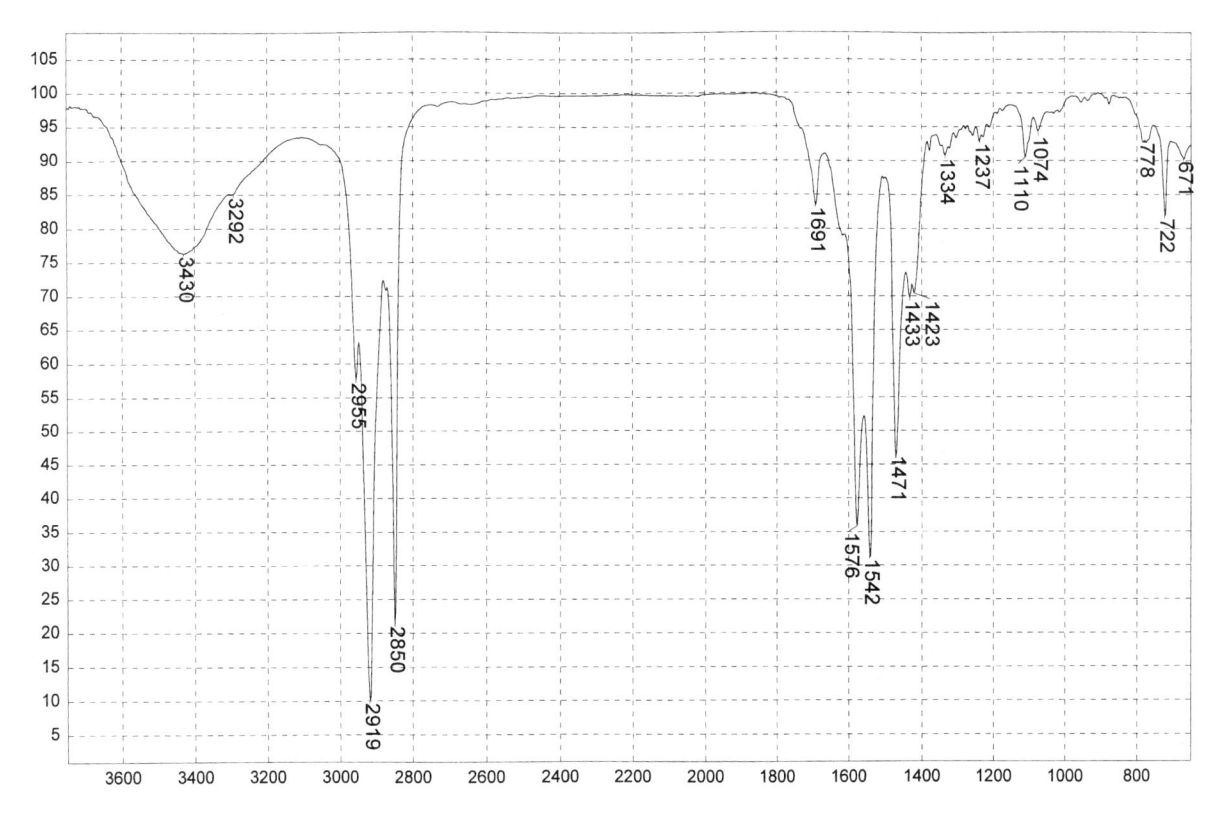

1028 CALCIUM STEARATE (IN KBr)

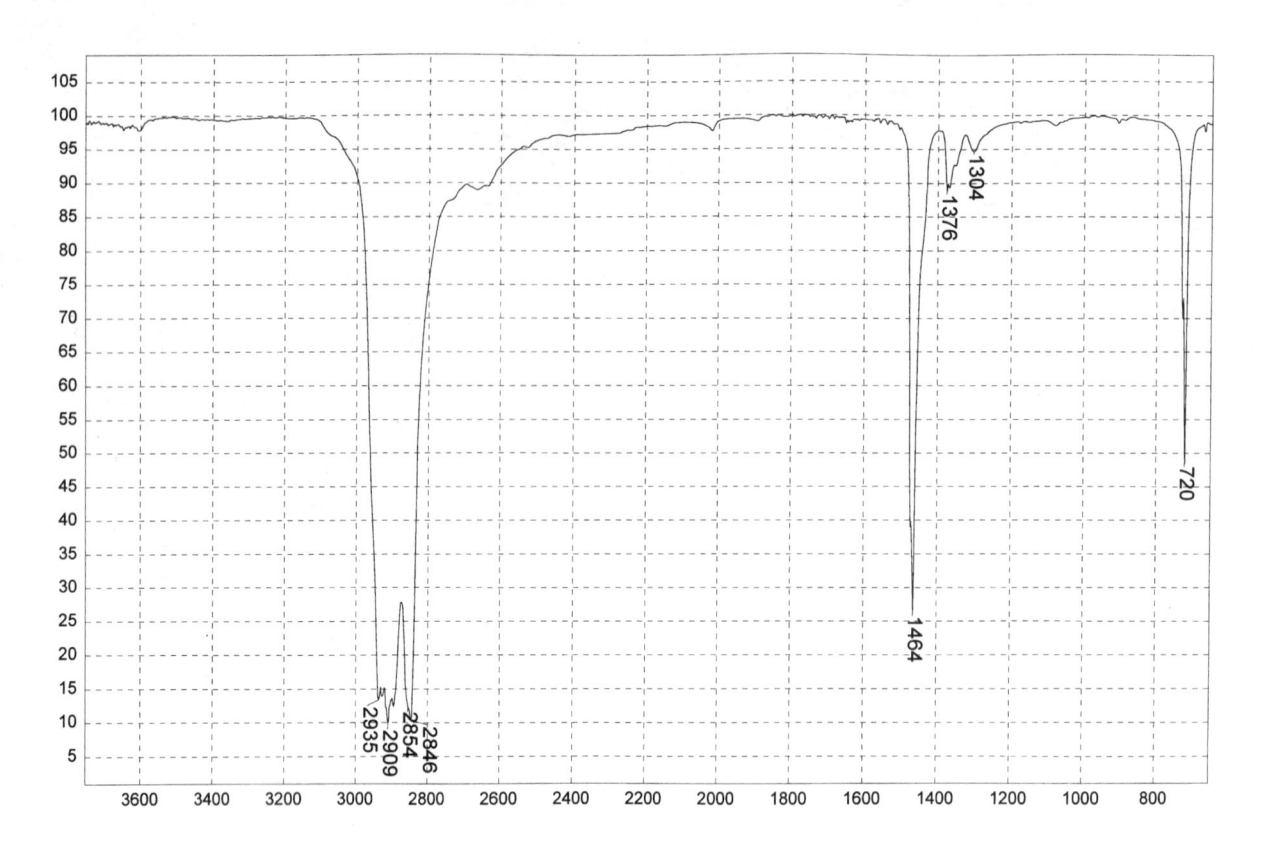

POLYETHYLENE FILM — 1029

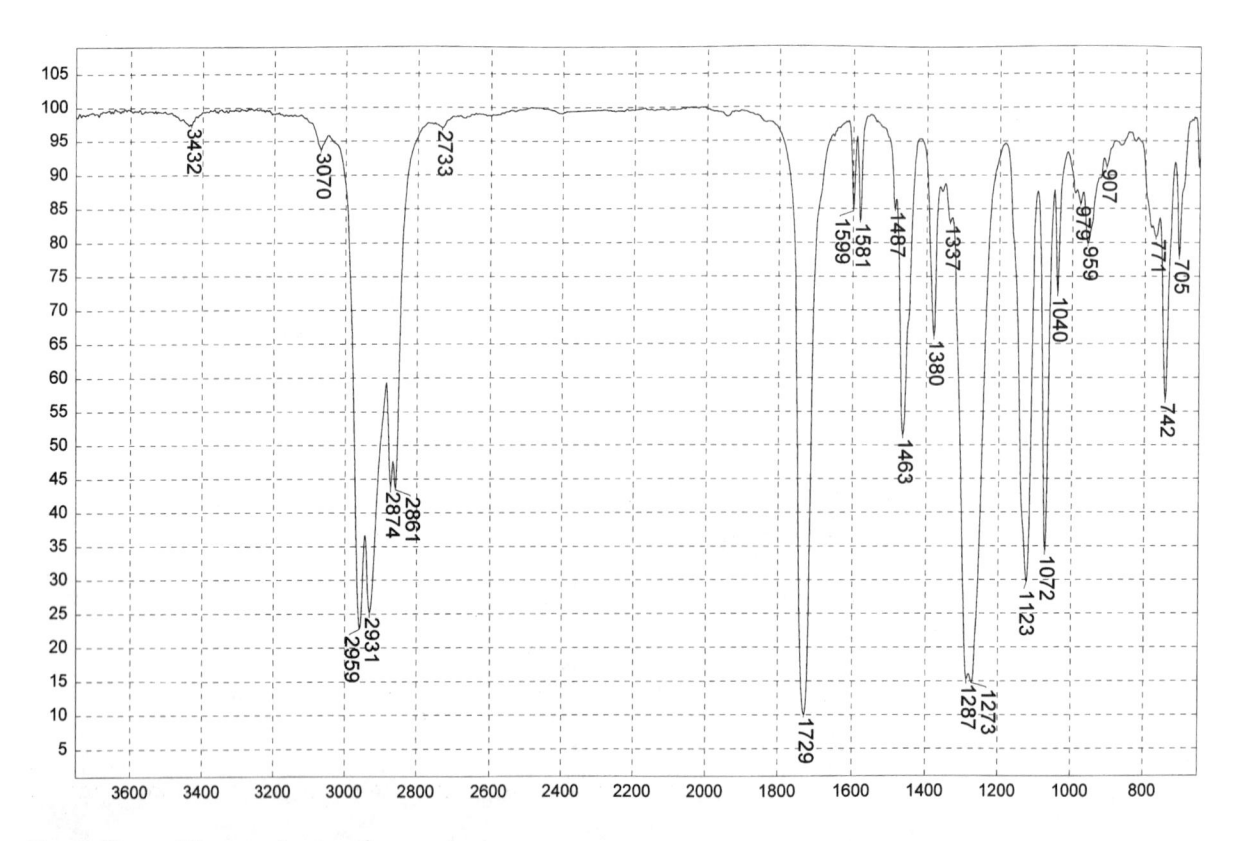

Peaks: 2935, 2909, 2854, 2846, 1464, 1376, 1304, 720

BIS(2-ETHYLHEXYL) PHTHALATE, CAPILLARY FILM — 1030

Peaks: 3432, 3070, 2959, 2931, 2874, 2861, 2733, 1729, 1599, 1581, 1487, 1463, 1380, 1337, 1287, 1273, 1123, 1072, 1040, 979, 959, 907, 771, 742, 705

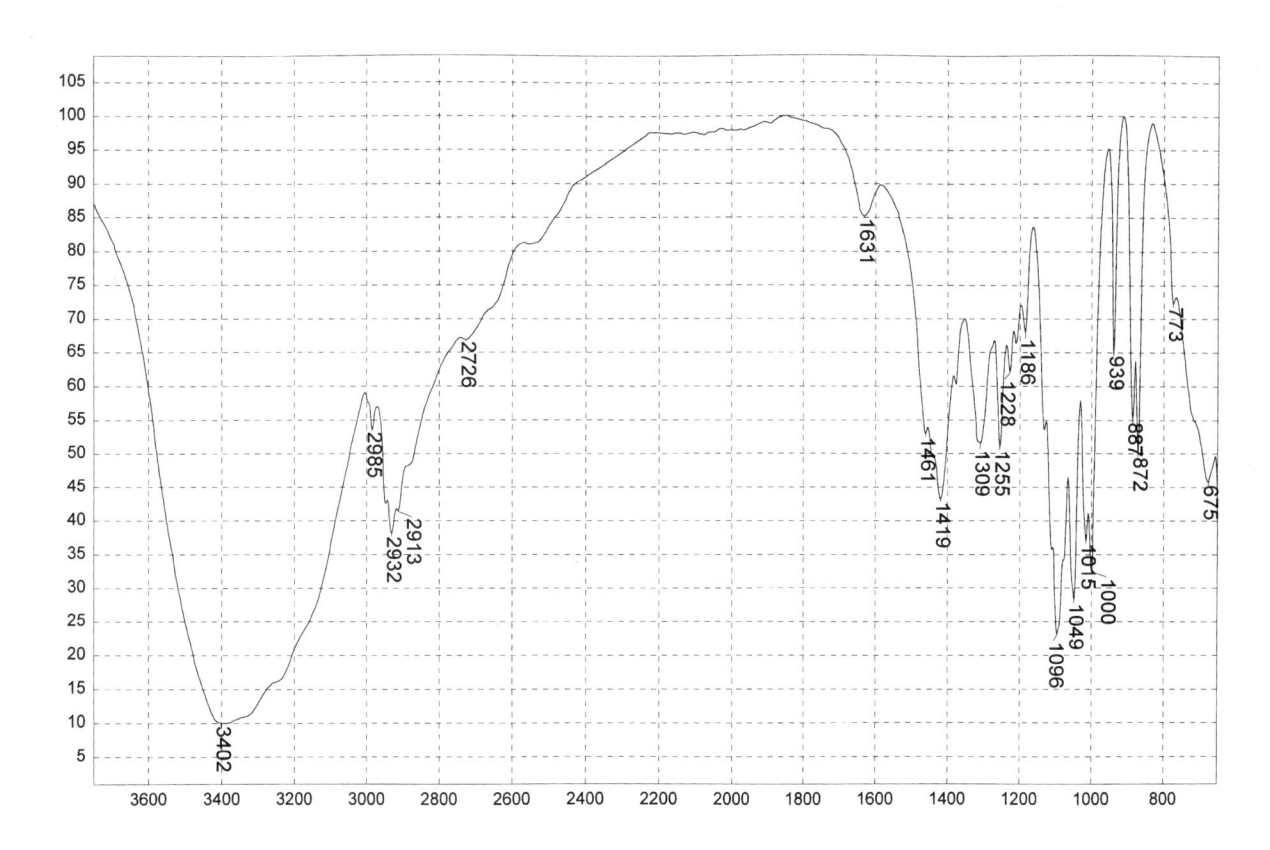

1031 — D-SORBITOL, 99% (IN KBr)

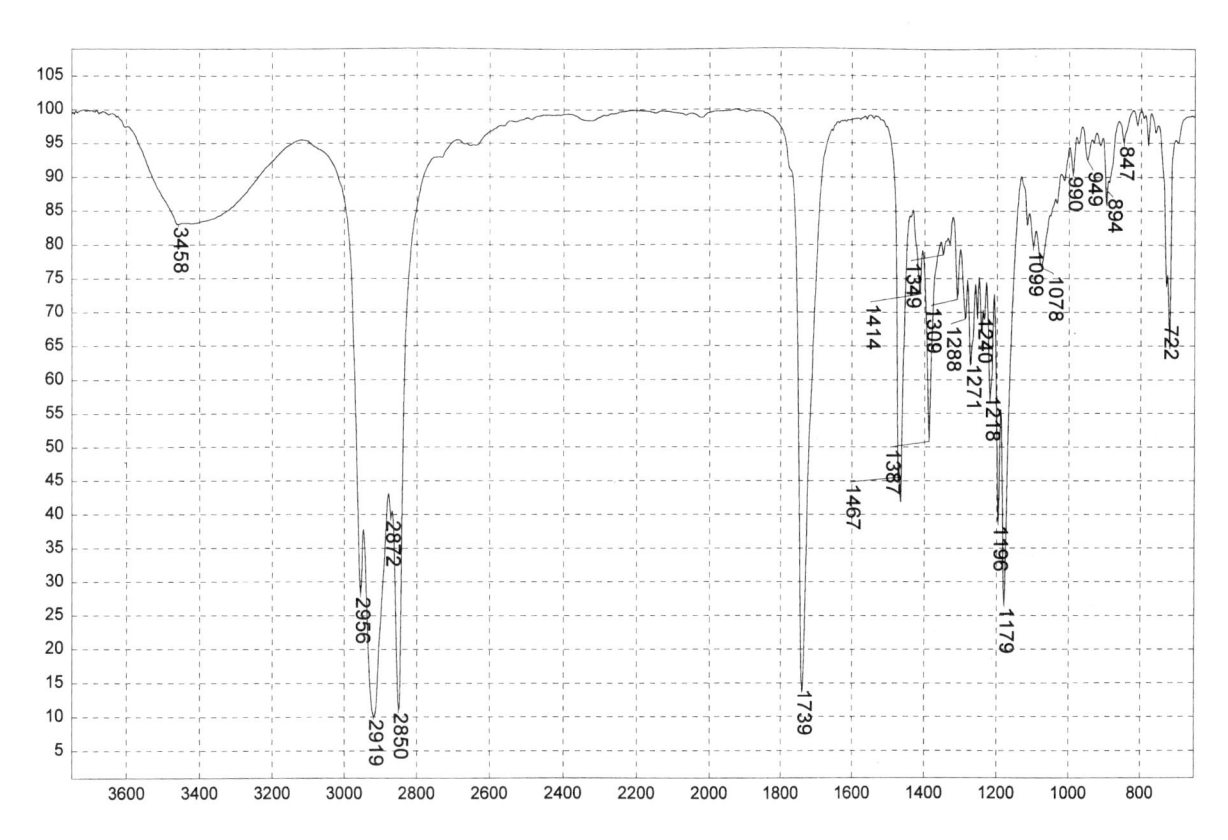

1032 — GLYCEROL MONOSTEARATE, CAST FILM ON KCl

13

GLYCEROL DISTEARATE, CAST FILM ON KCl

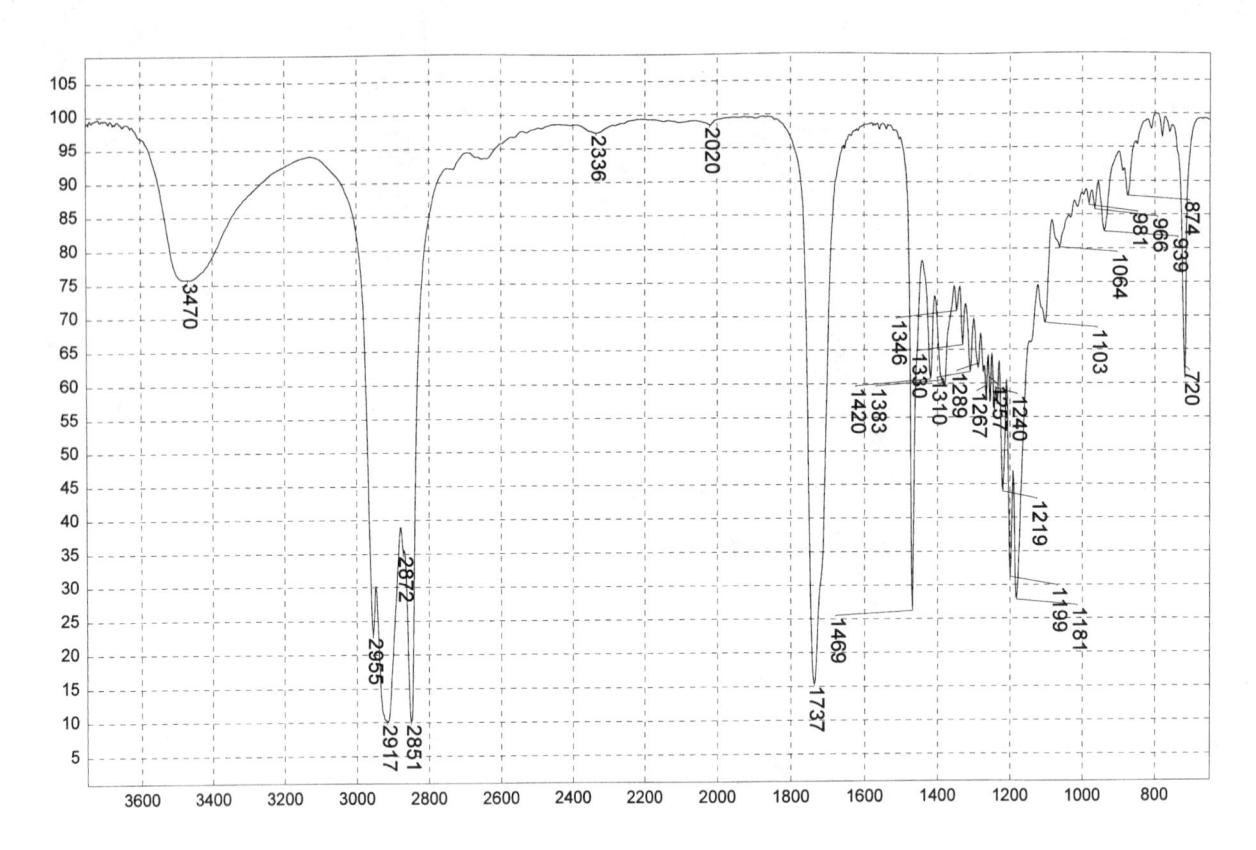

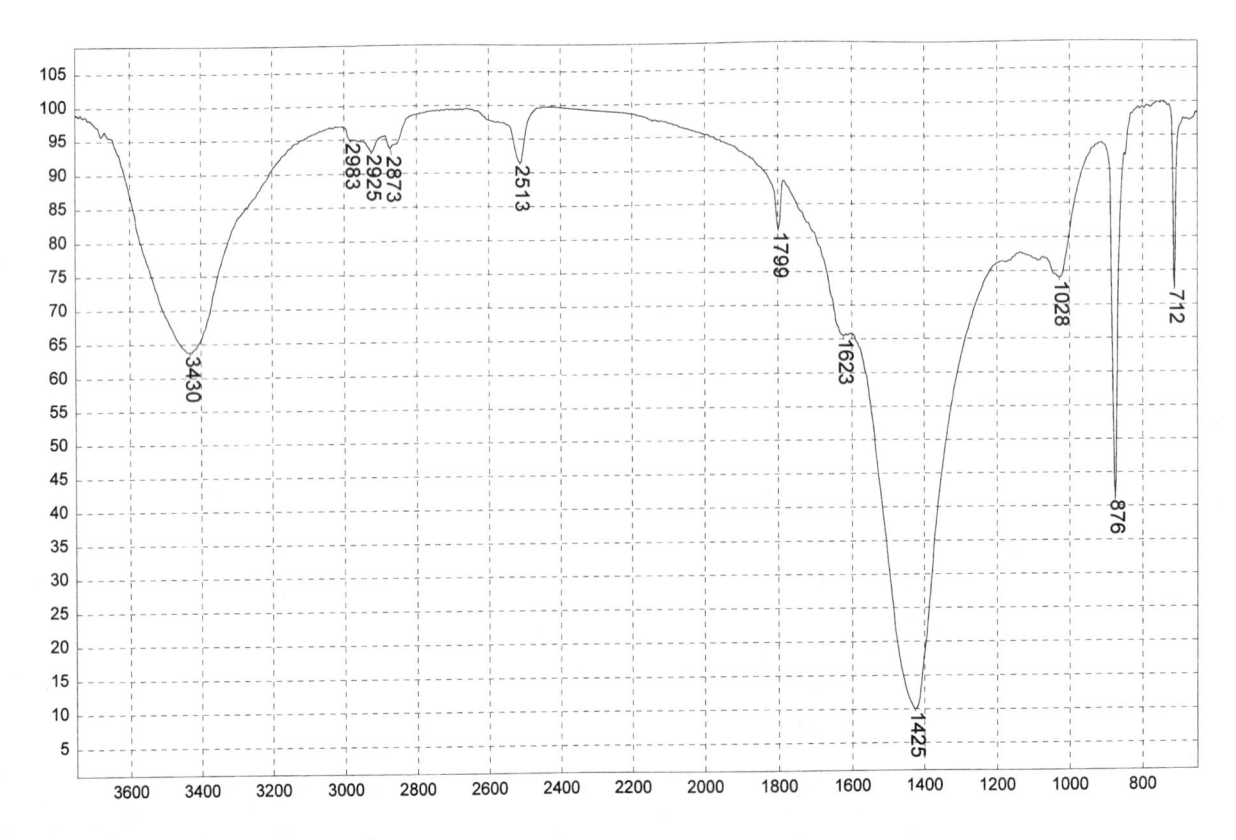

1033

CALCIUM CARBONATE IN KBr

1034

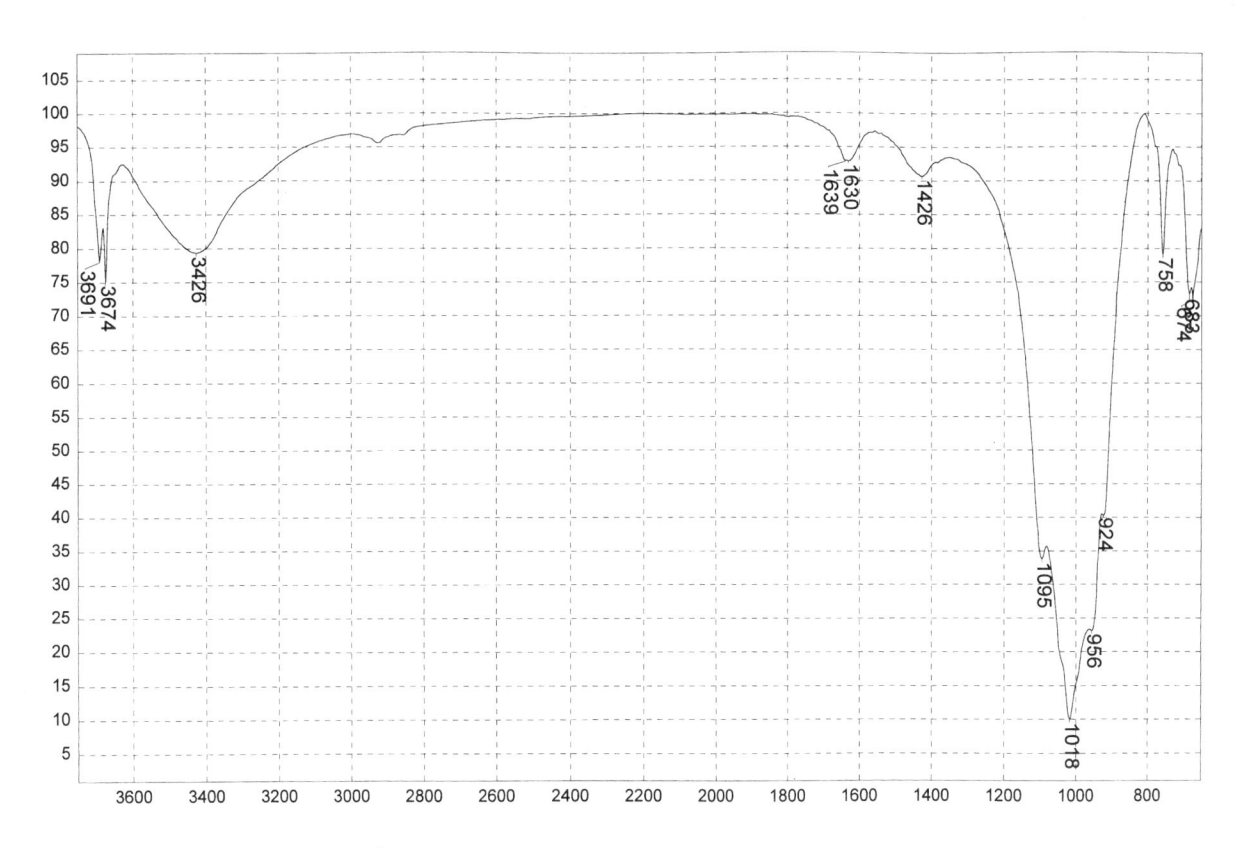

1035   MAGNESIUM SILICATE (TALC) (IN KBr)

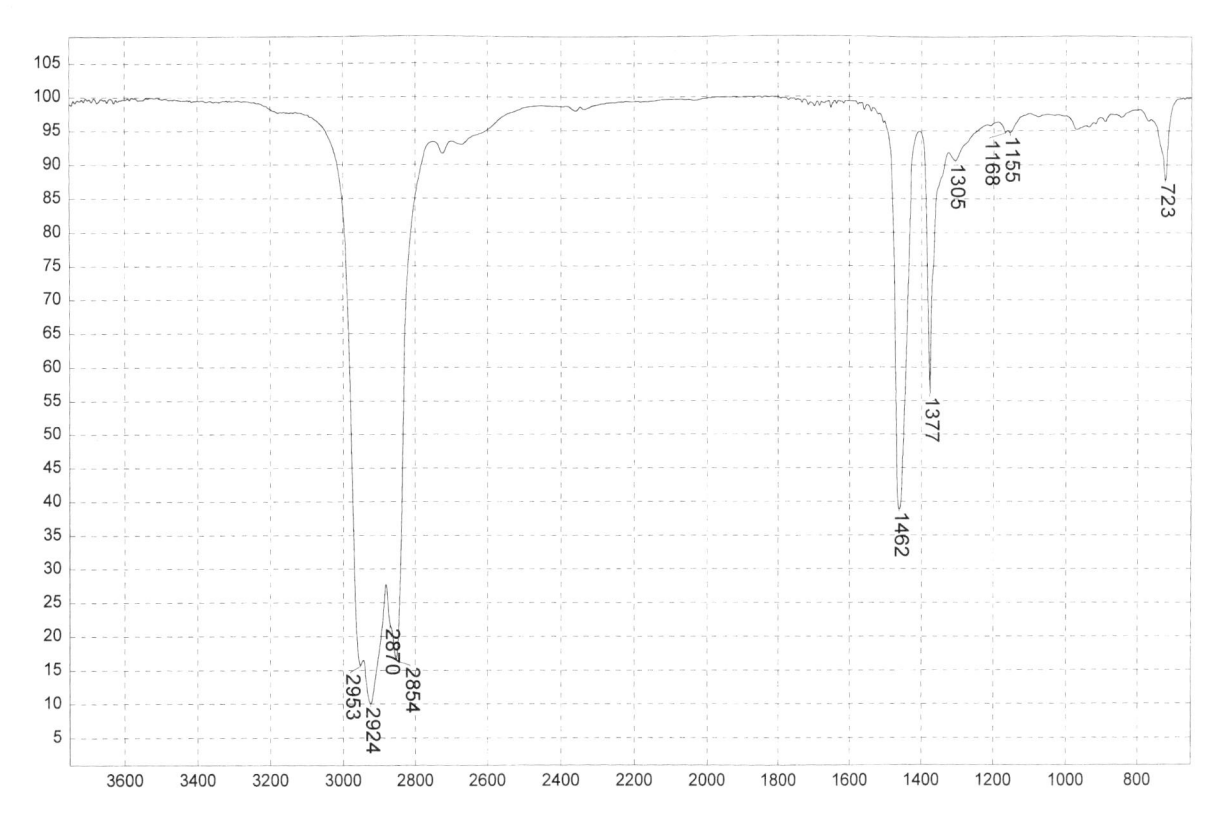

1036   NUJOL OIL, BETWEEN KCl WINDOWS

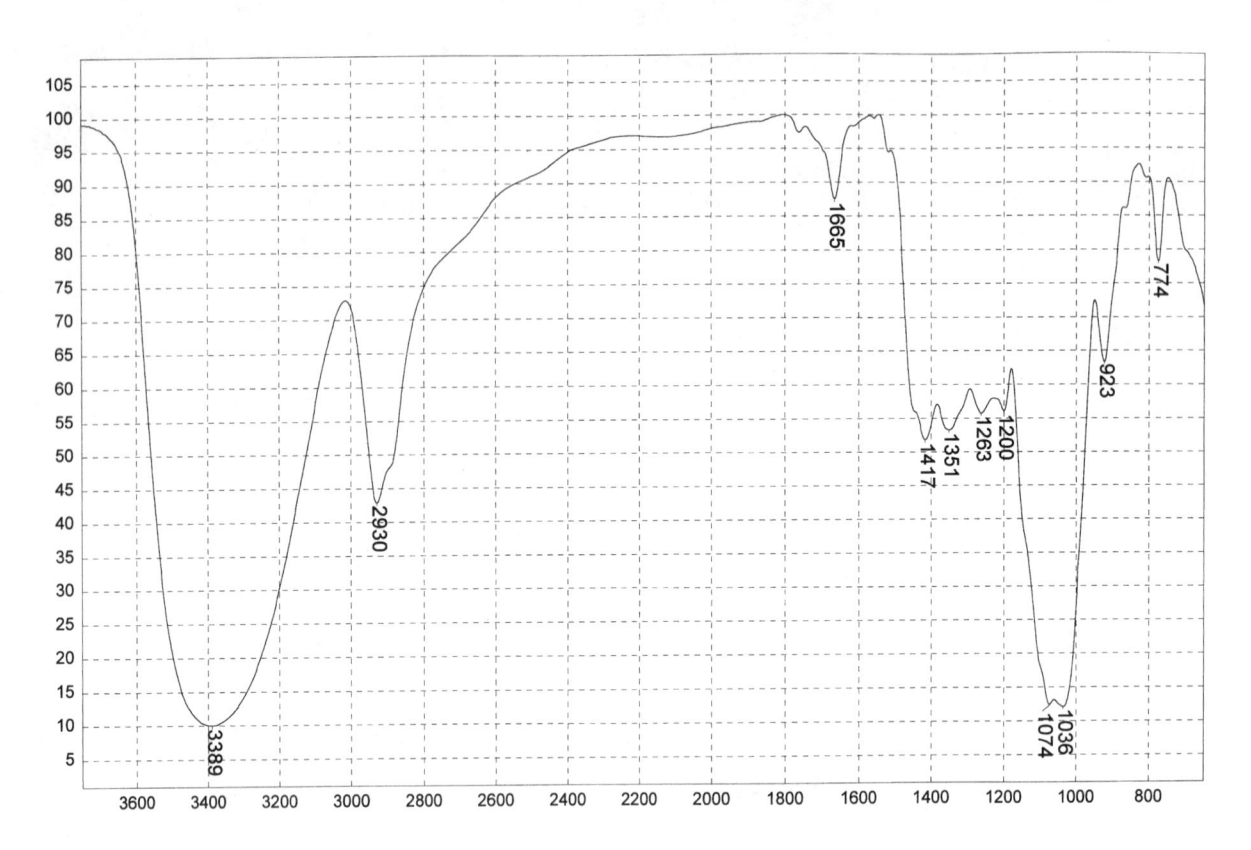

1037   COLA, COKE CLASSIC, CAST FILM ON AgBr

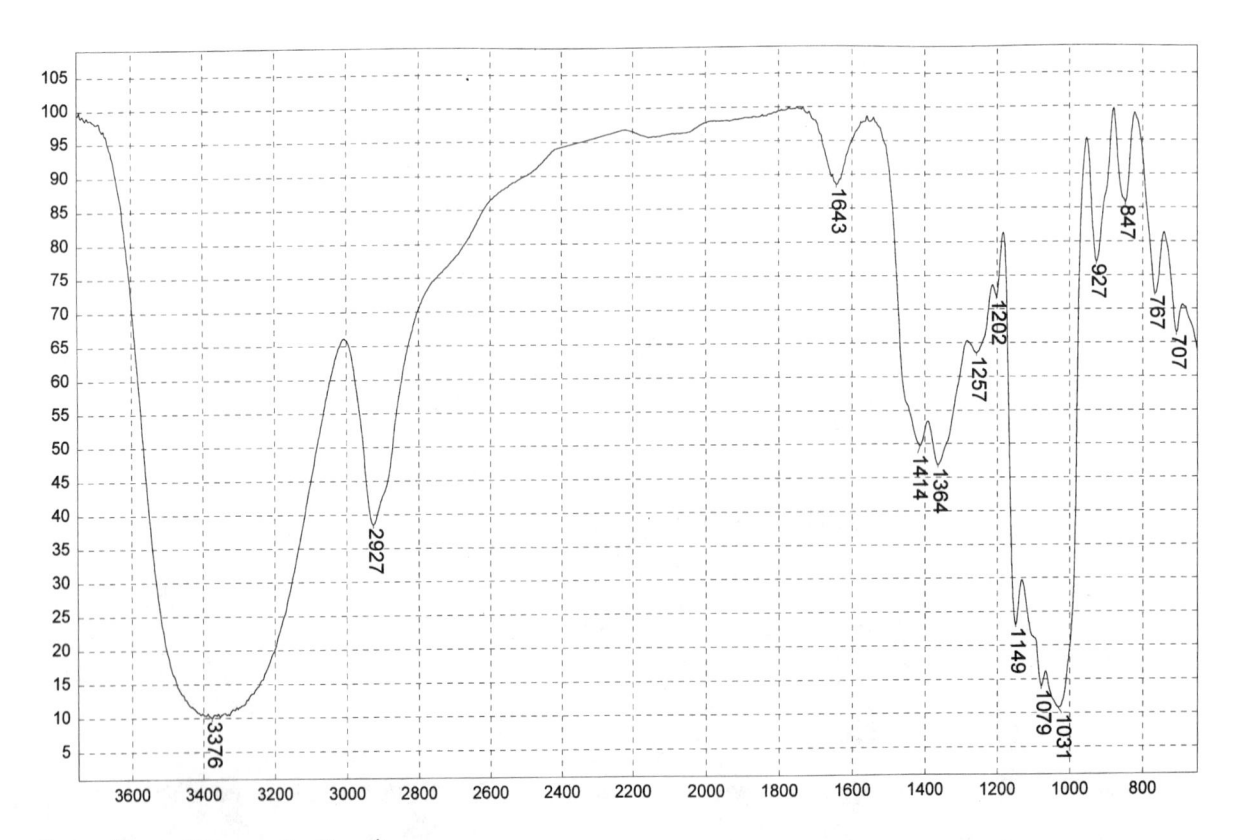

1038   CORN SYRUP, DARK, CAST FILM ON AgBr

1039   CORN SYRUP, LIGHT, CAST FILM ON AgBr

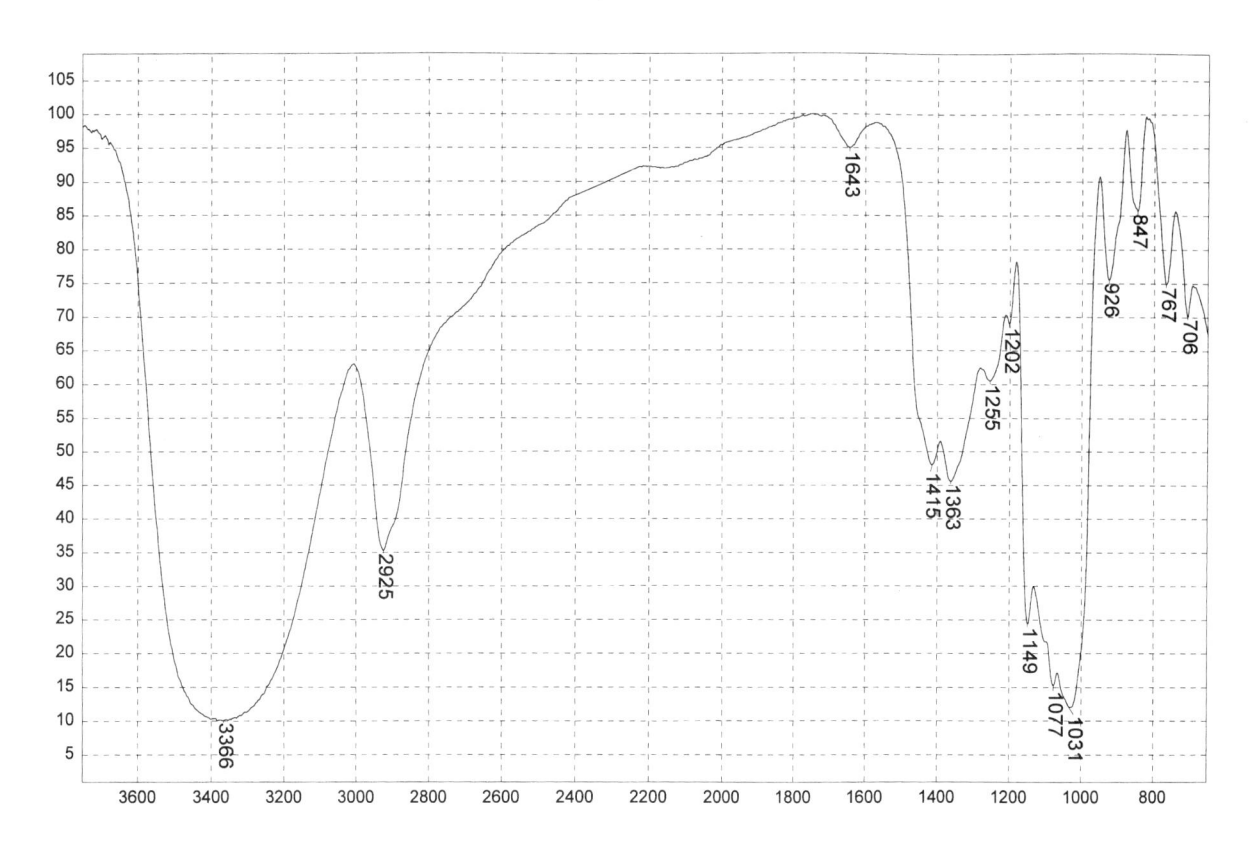

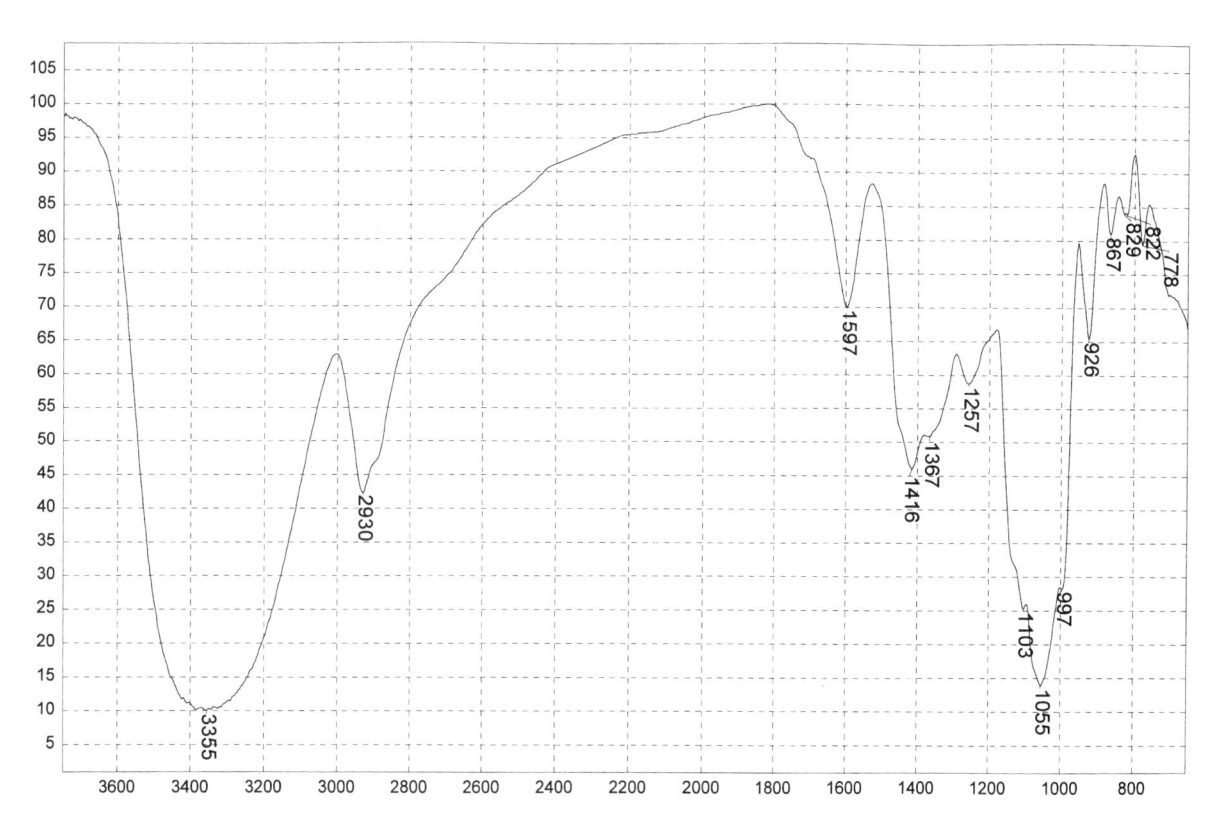

1040   MOLASSES, CAST FILM ON AgBr

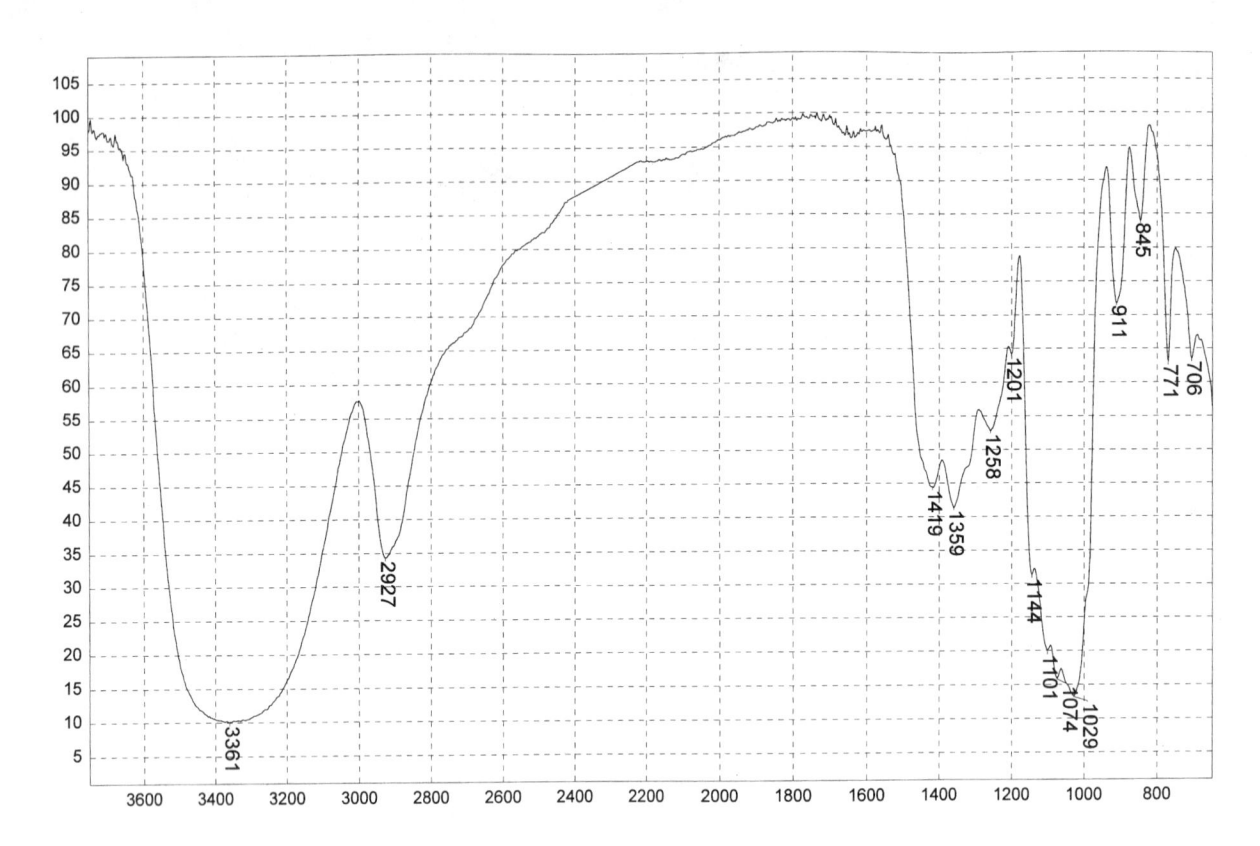

1041   DEXTROSE, CAST FILM ON AgBr

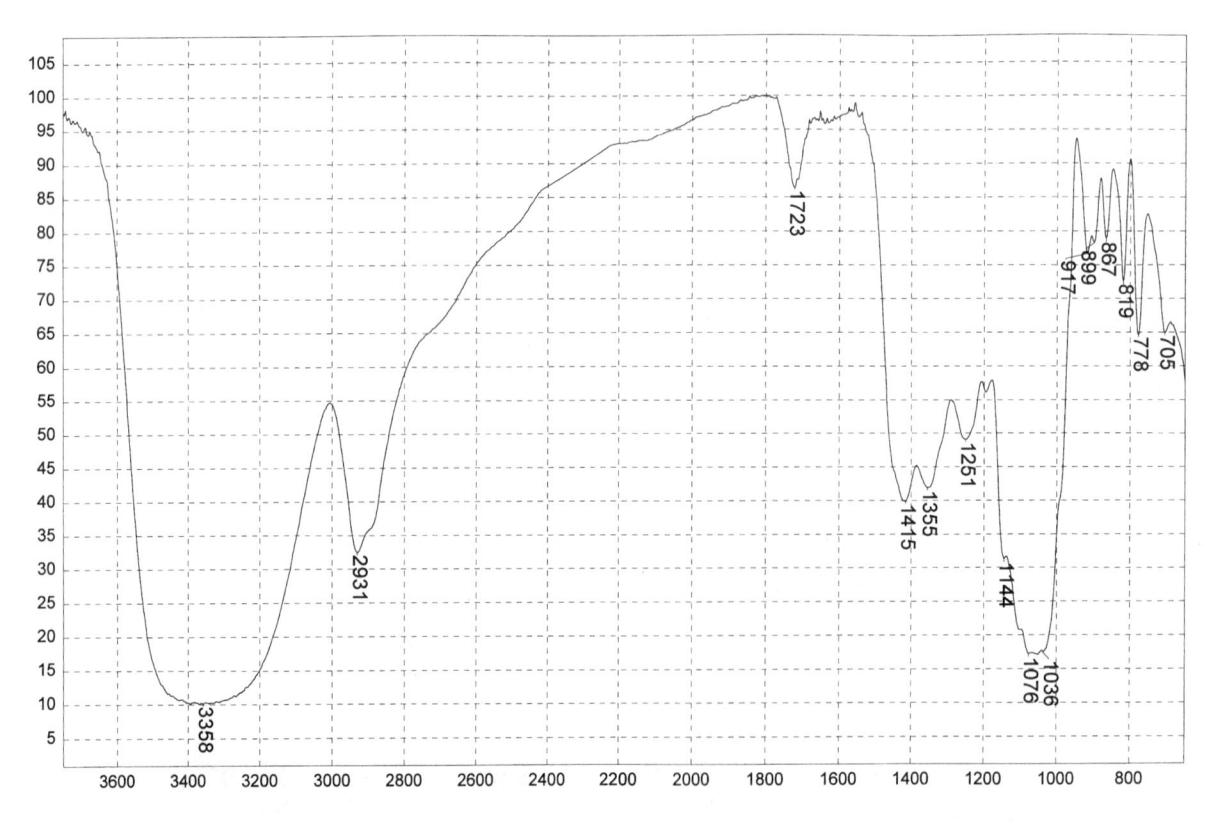

1042   LEMON-LIME SODA, CAST FILM ON AgBr

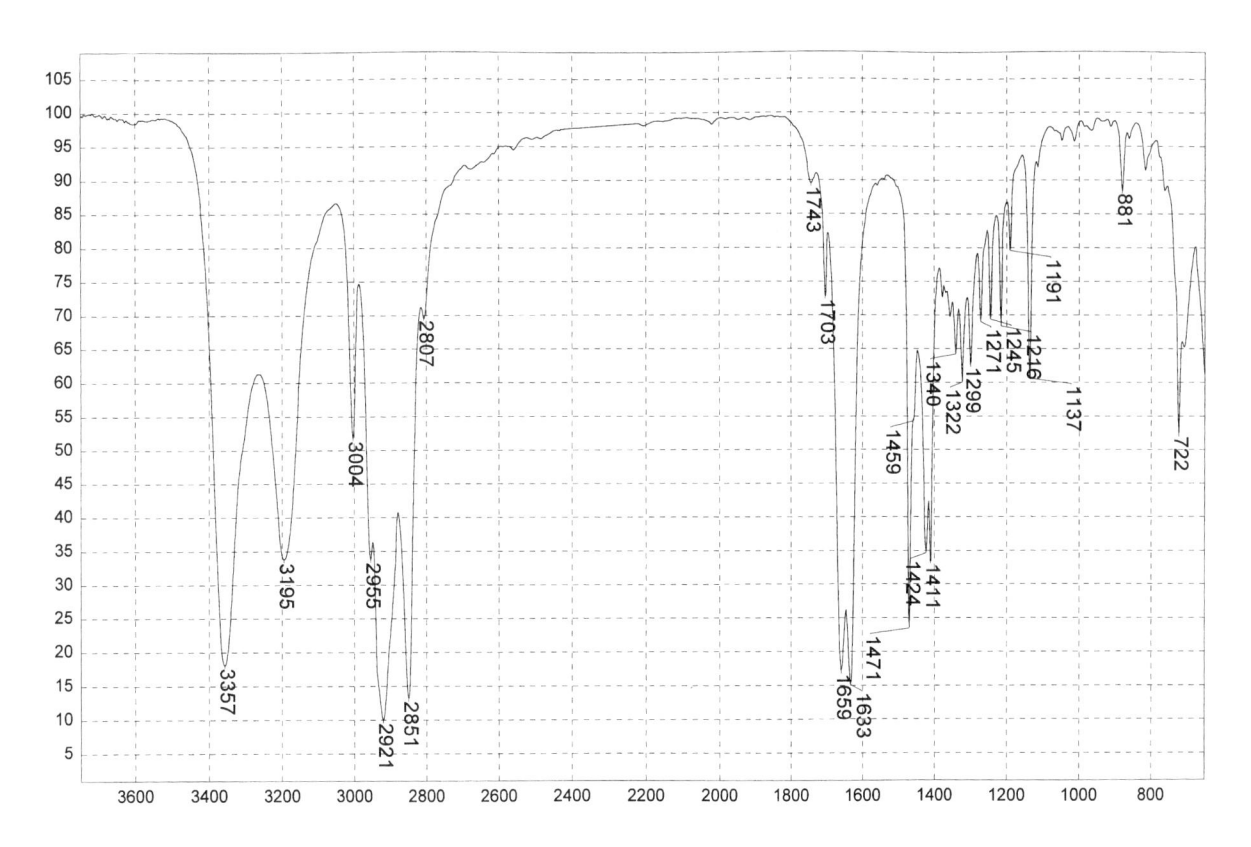

1043 ERUCAMIDE

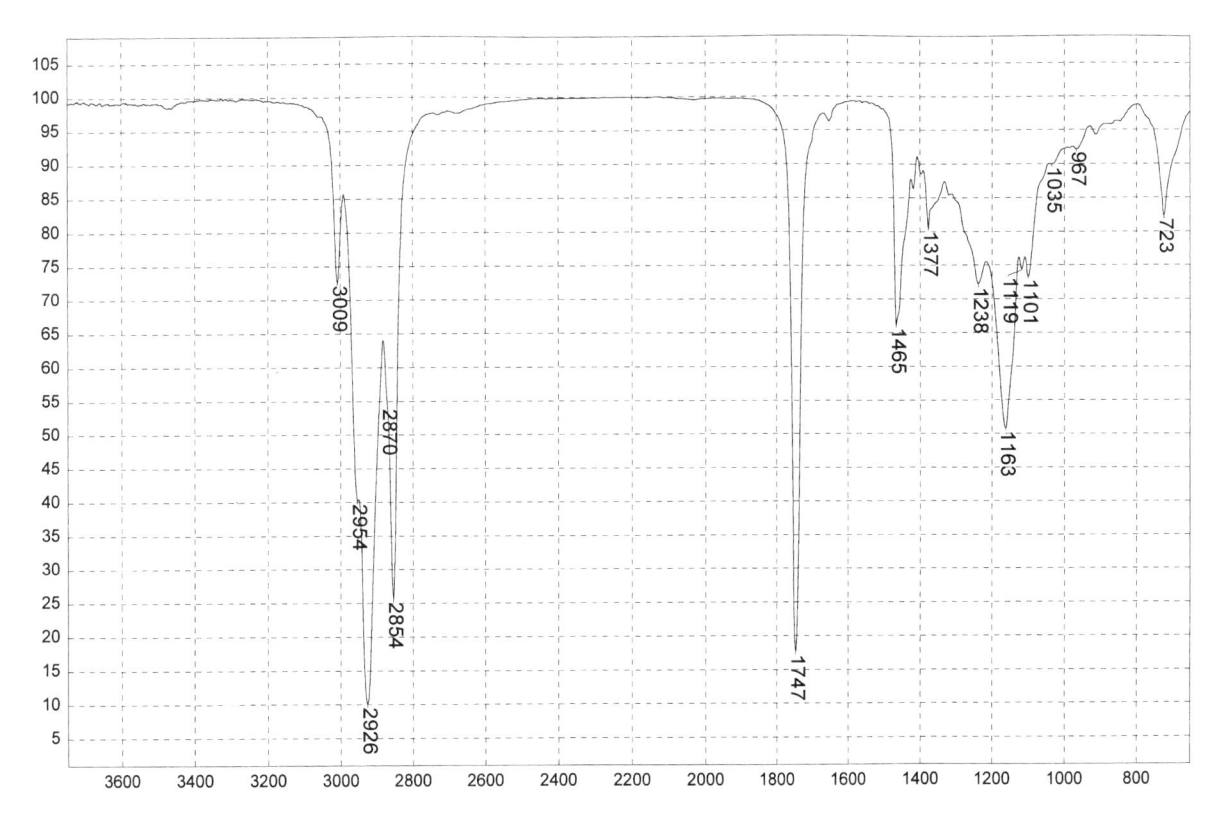

1044 COTTEN SEED OIL, BETWEEN KCl WINDOWS

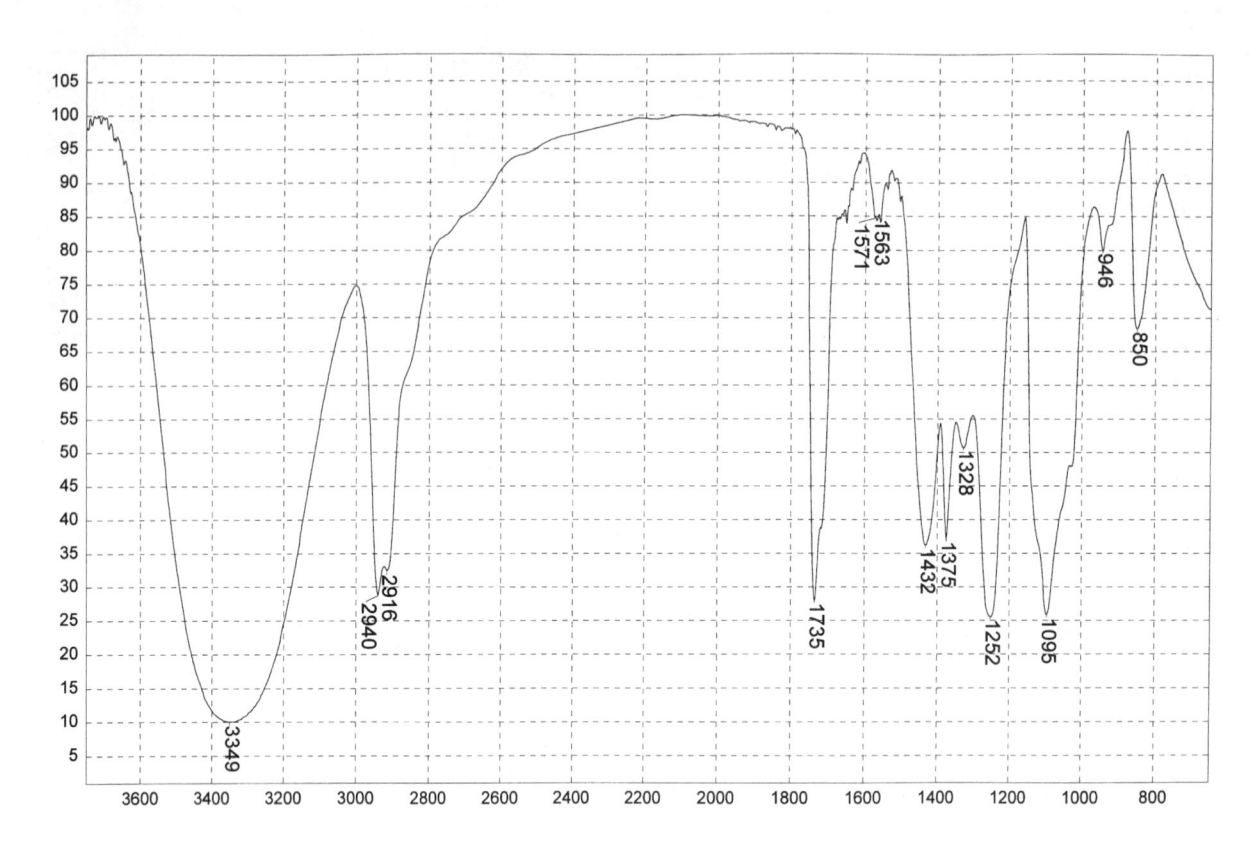

1045   POLYVINYL ALCOHOL / POLYVINYL ACETATE

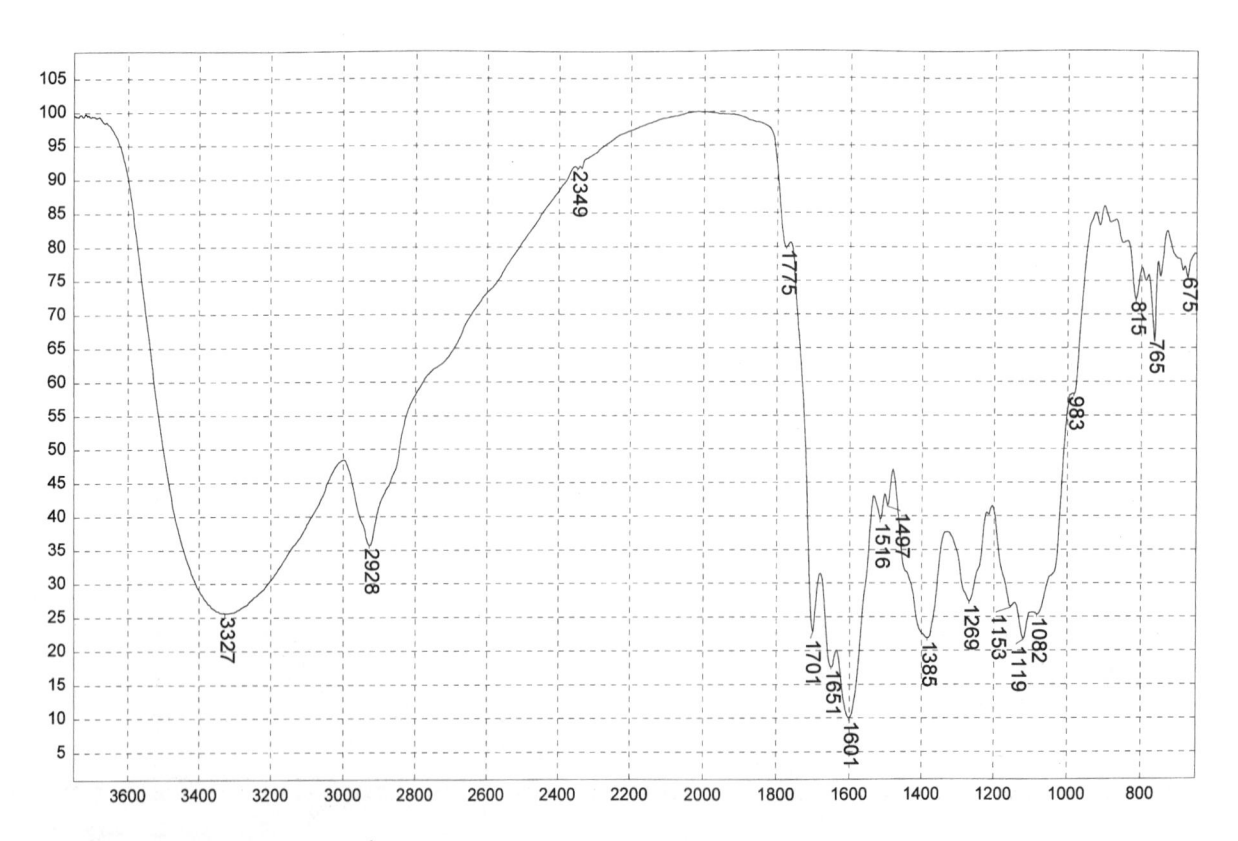

1046   COFFEE, ON AgBr WINDOW

1047 COFFEE, INSTANT, ON AgBr WINDOW

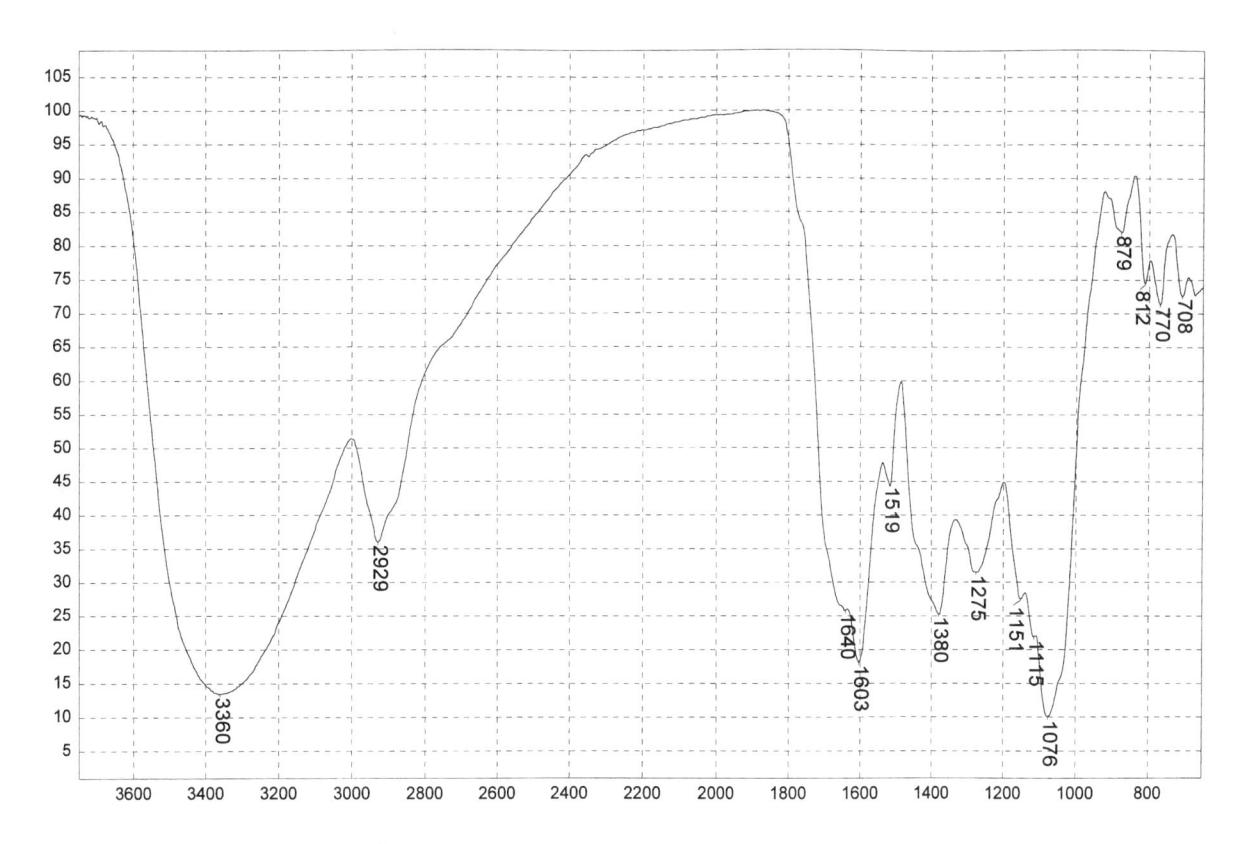

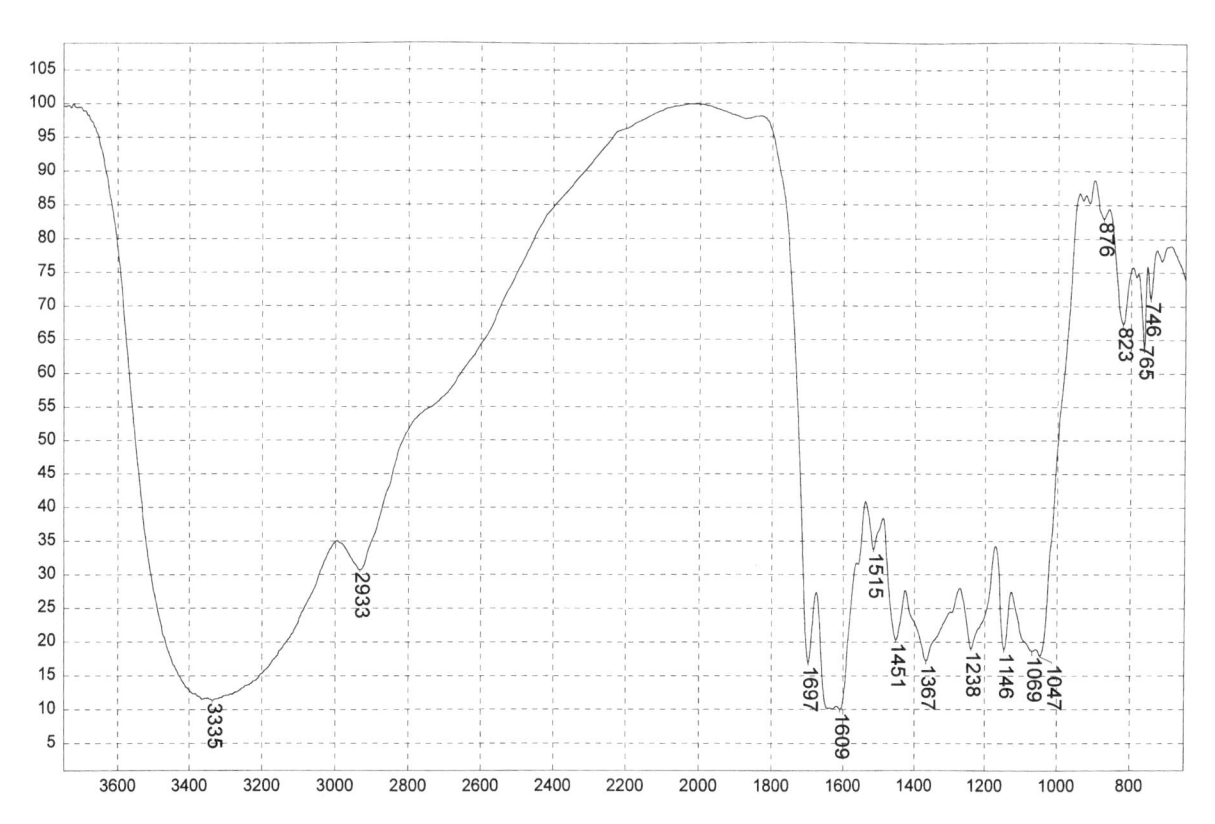

1048 TEA, WATER EXTRACT, CAST FILM

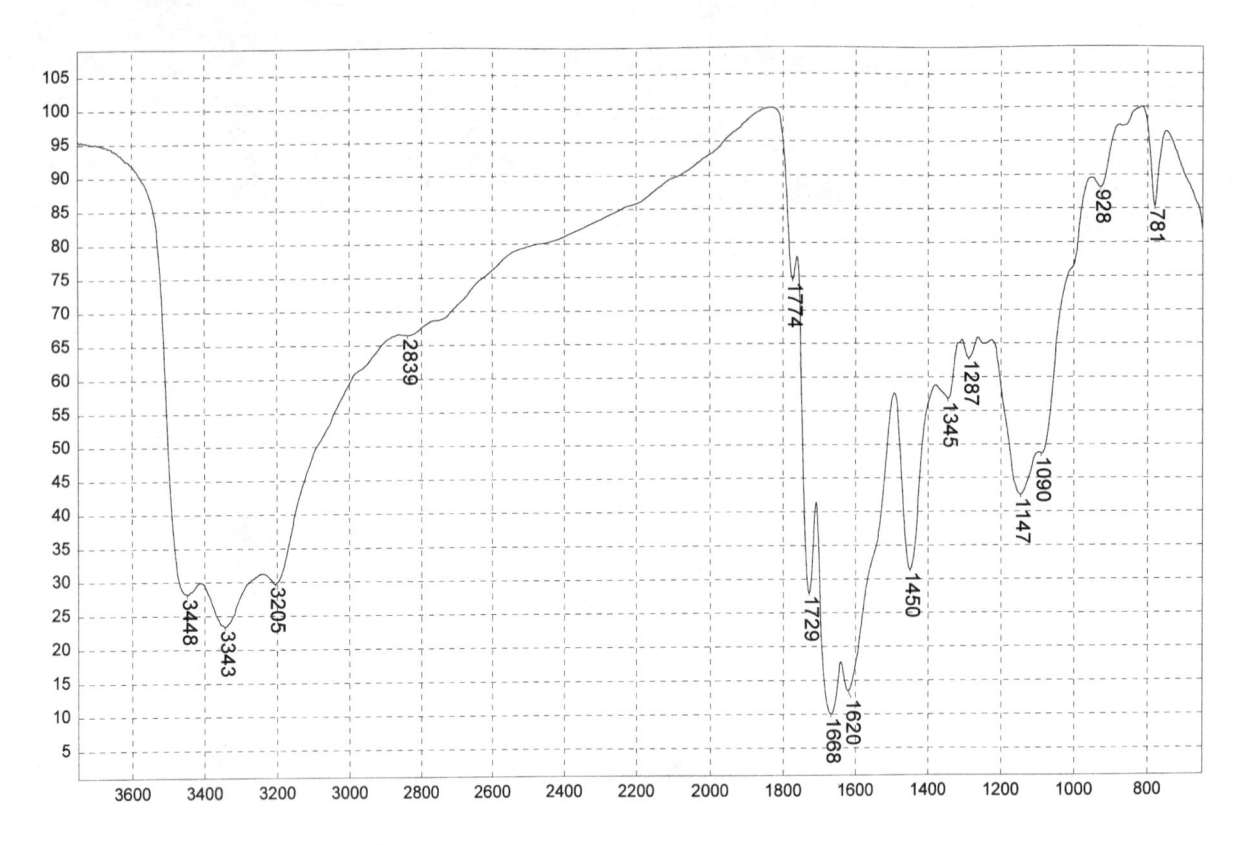

| 1049 | URINE, SYNTHETIC, CAST FILM ON AgBr |

| 1050 | SUGAR, BROWN, CAST FILM ON AgBr |

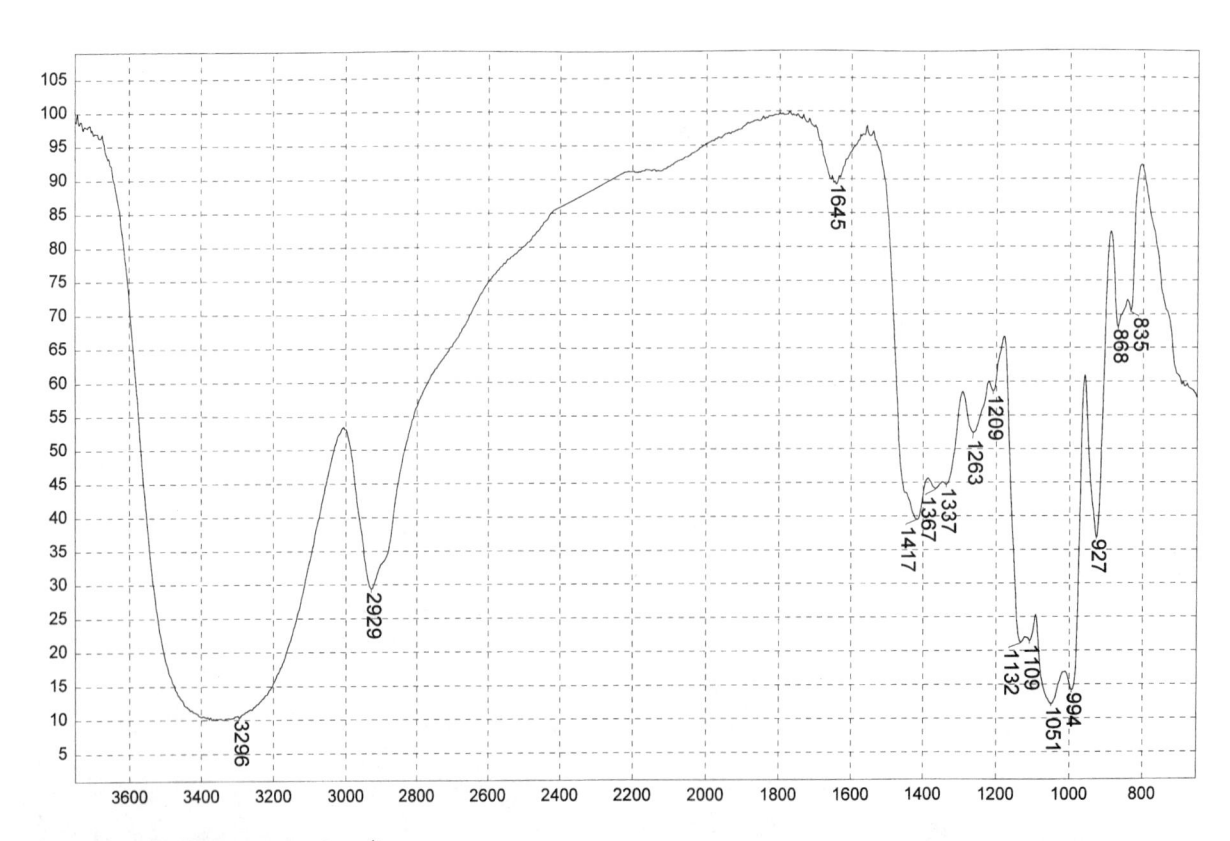

GLYCEROL OLEATE, LIQUID FILM

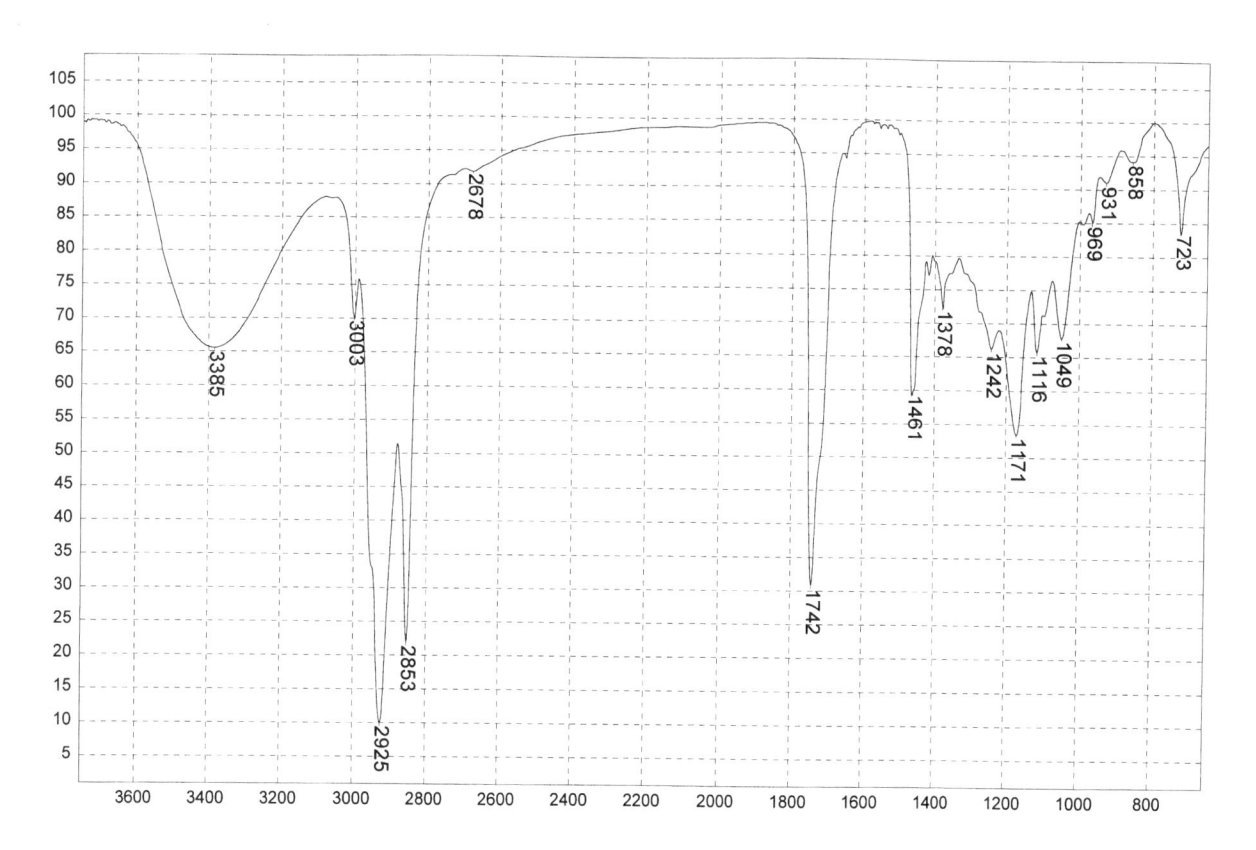

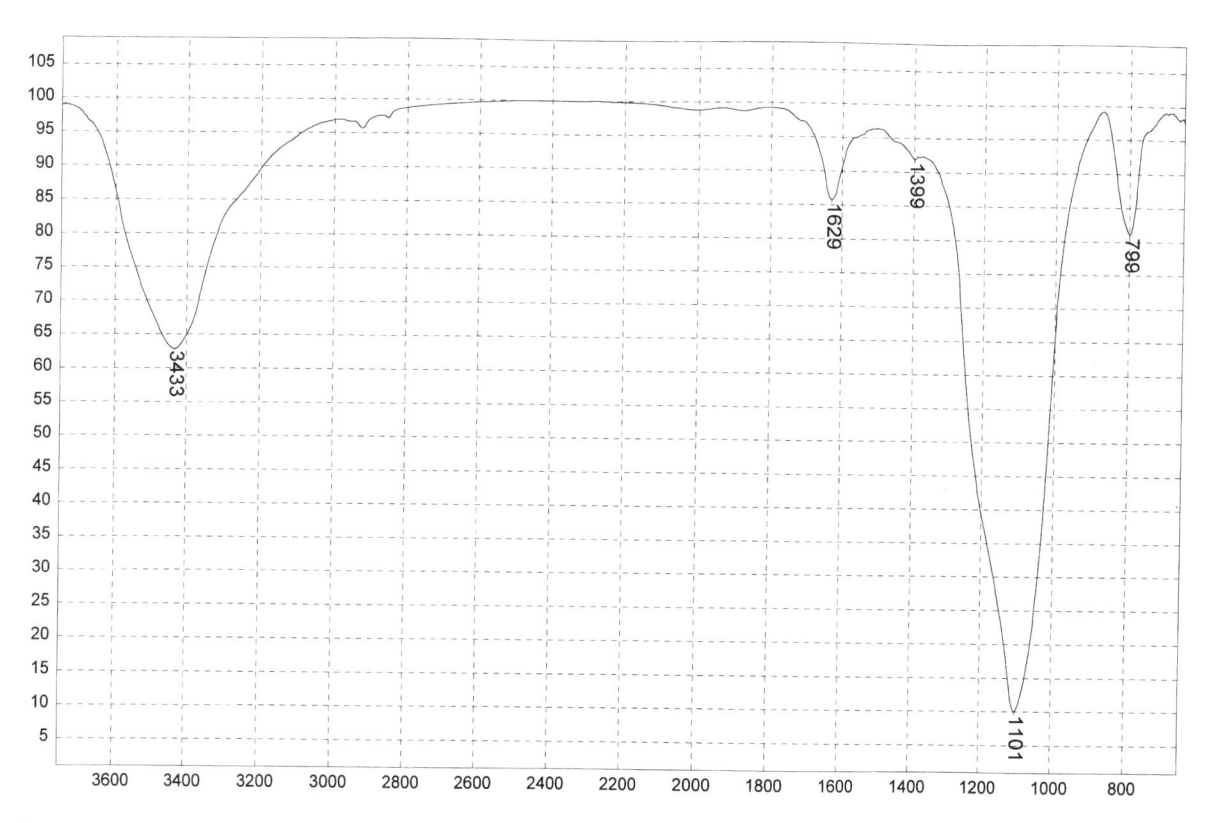

1051

DIATOMACEOUS EARTH (IN KBr)

1052

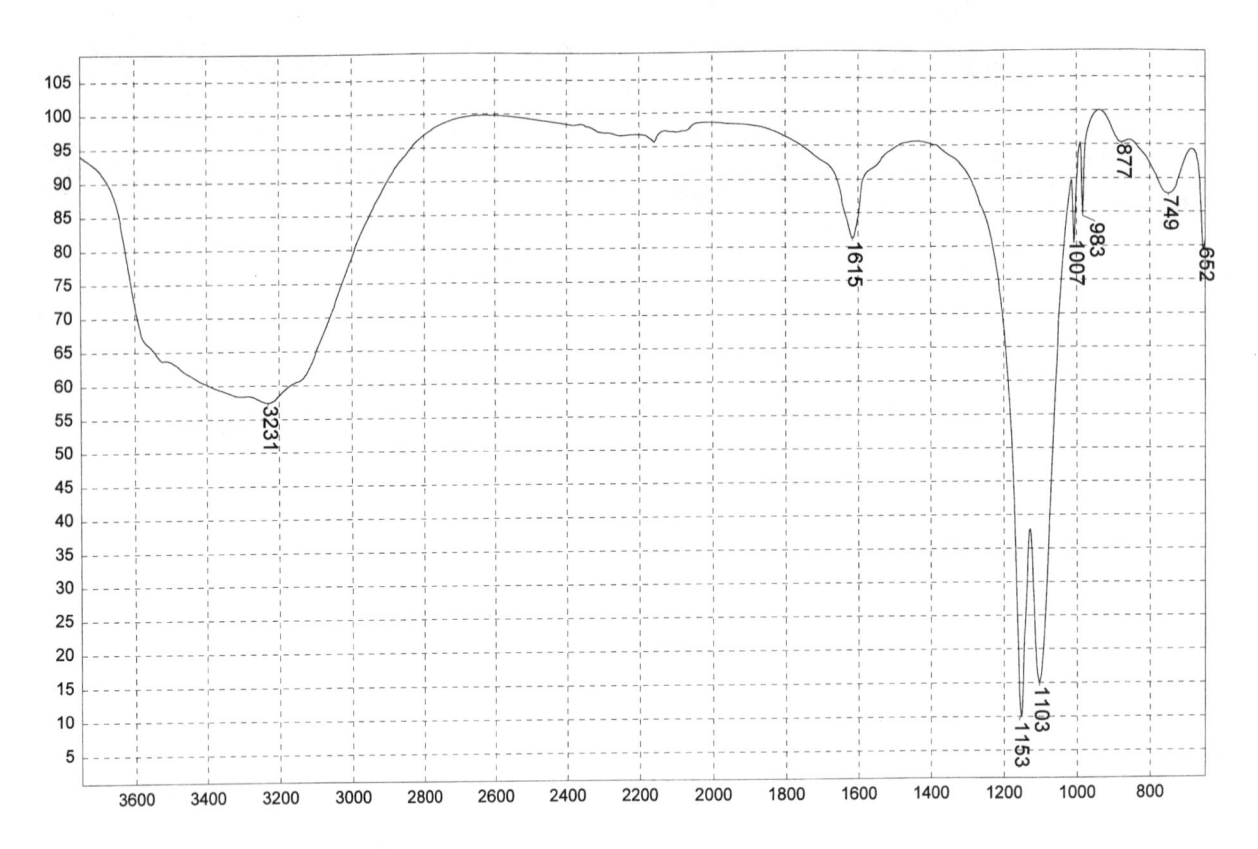

1053 ZINC SULFATE (IN KBr)

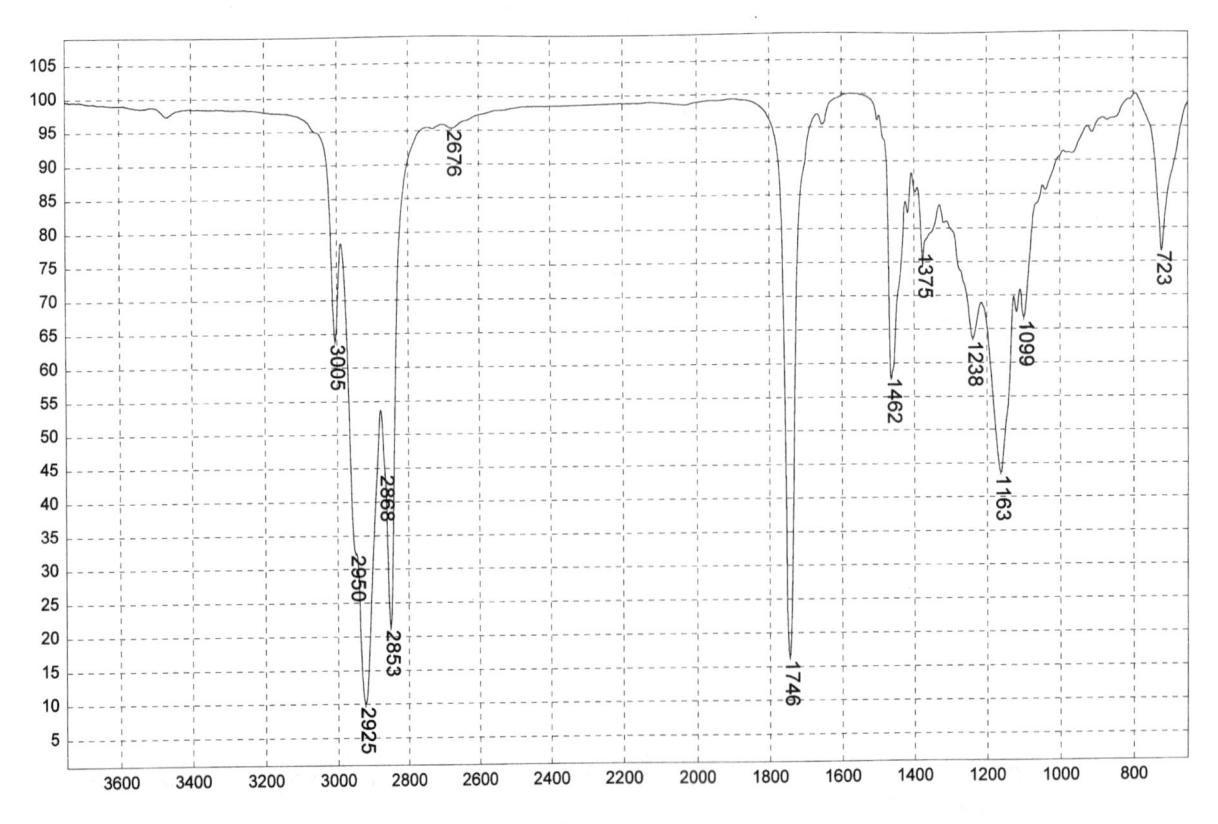

1054 SESAME SEED OIL, BETWEEN KCl WINDOWS

24

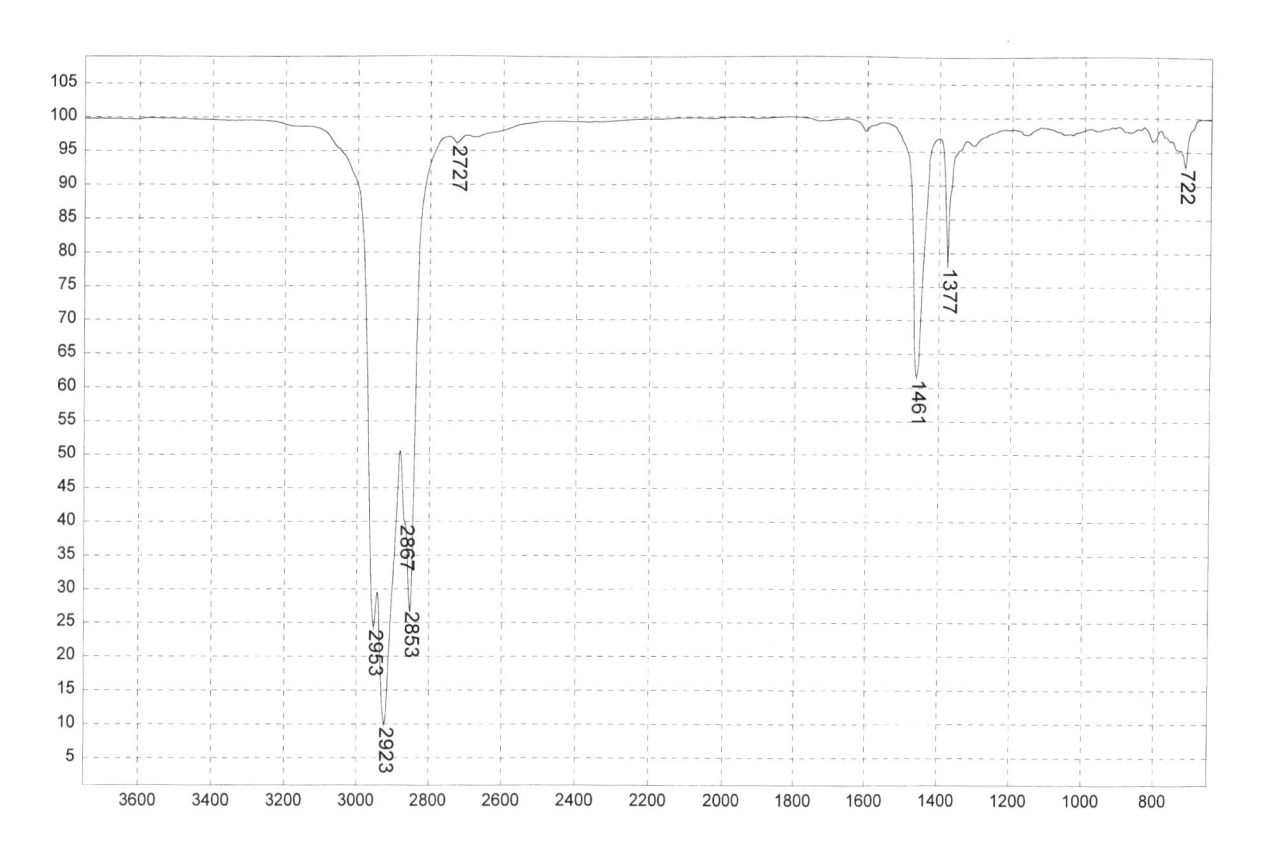

1055 MACHINE OIL, CAPILLARY FILM BETWEEN KCl WINDOWS

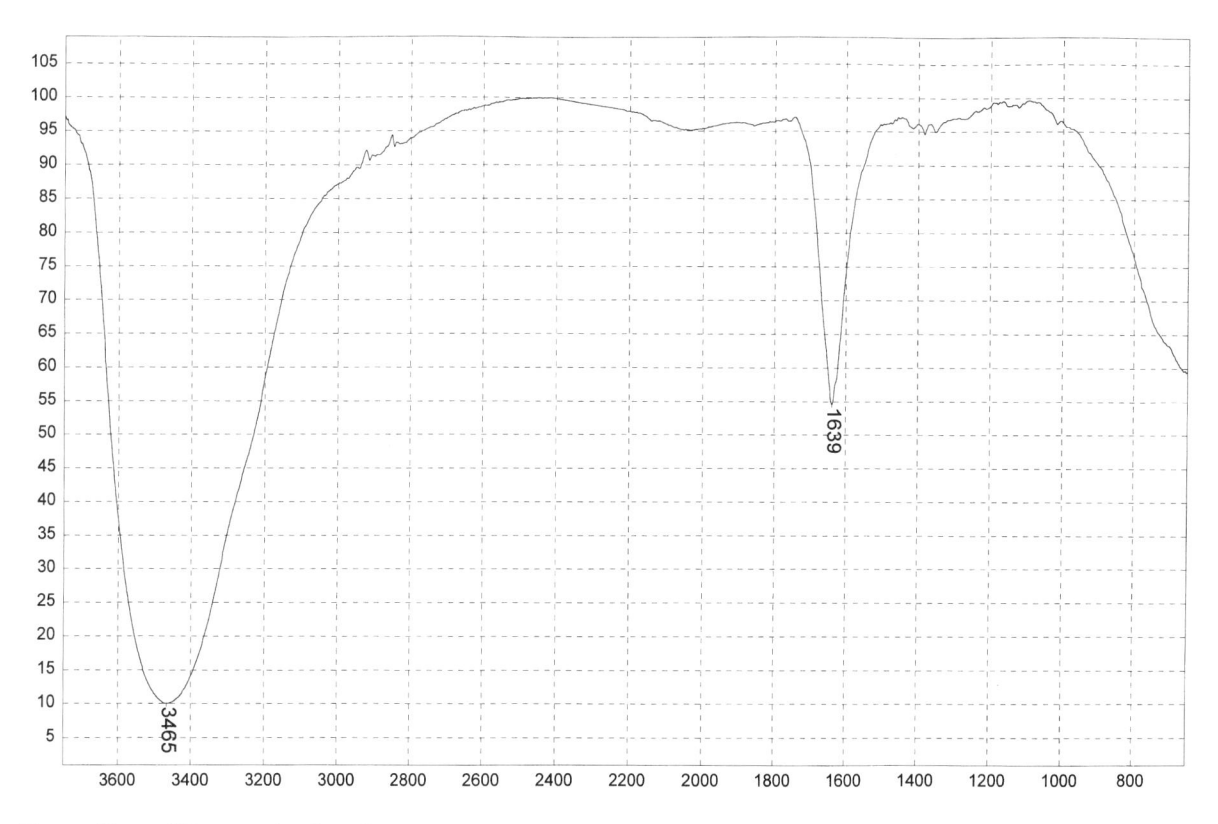

1056 WATER (IN KBr)

25

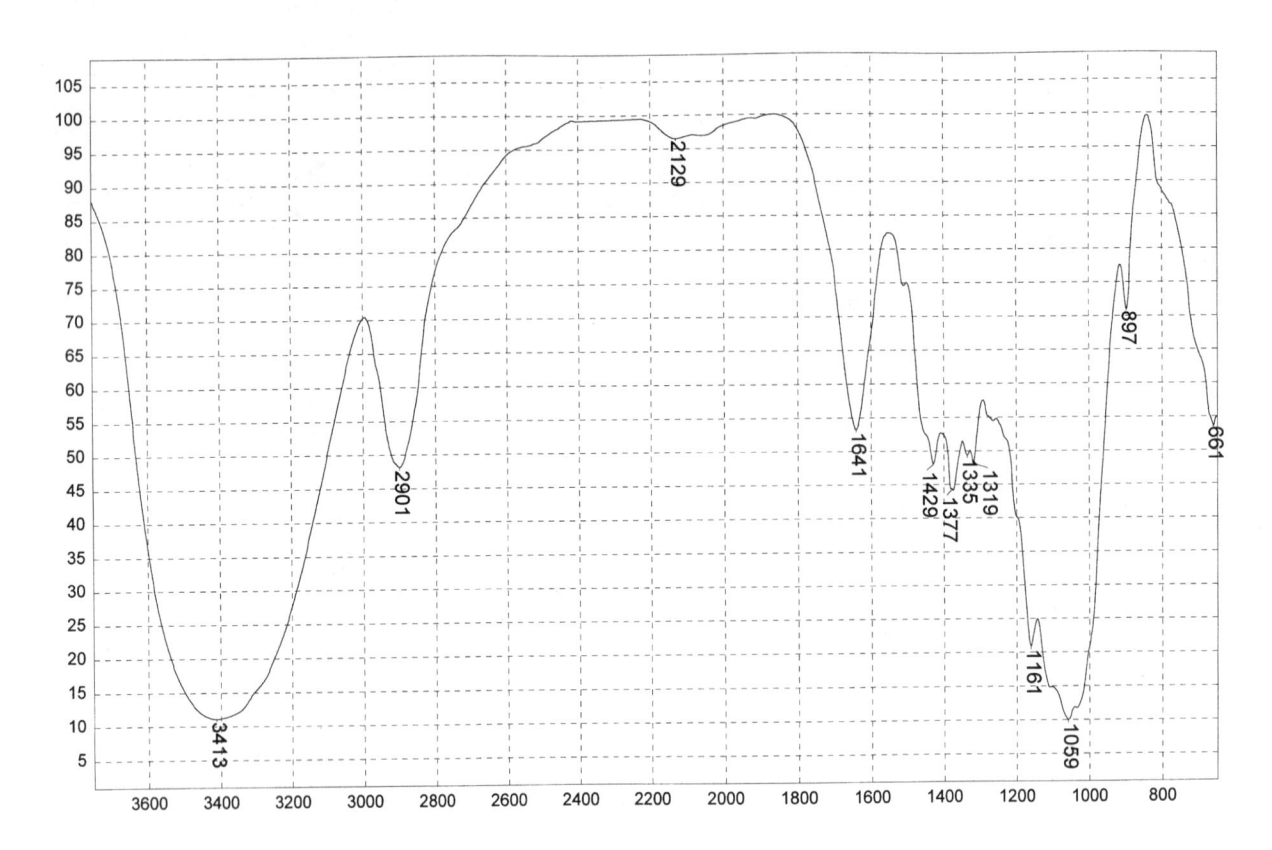

1057   BROWN KRAFT BAG, FIBER (IN KBr)

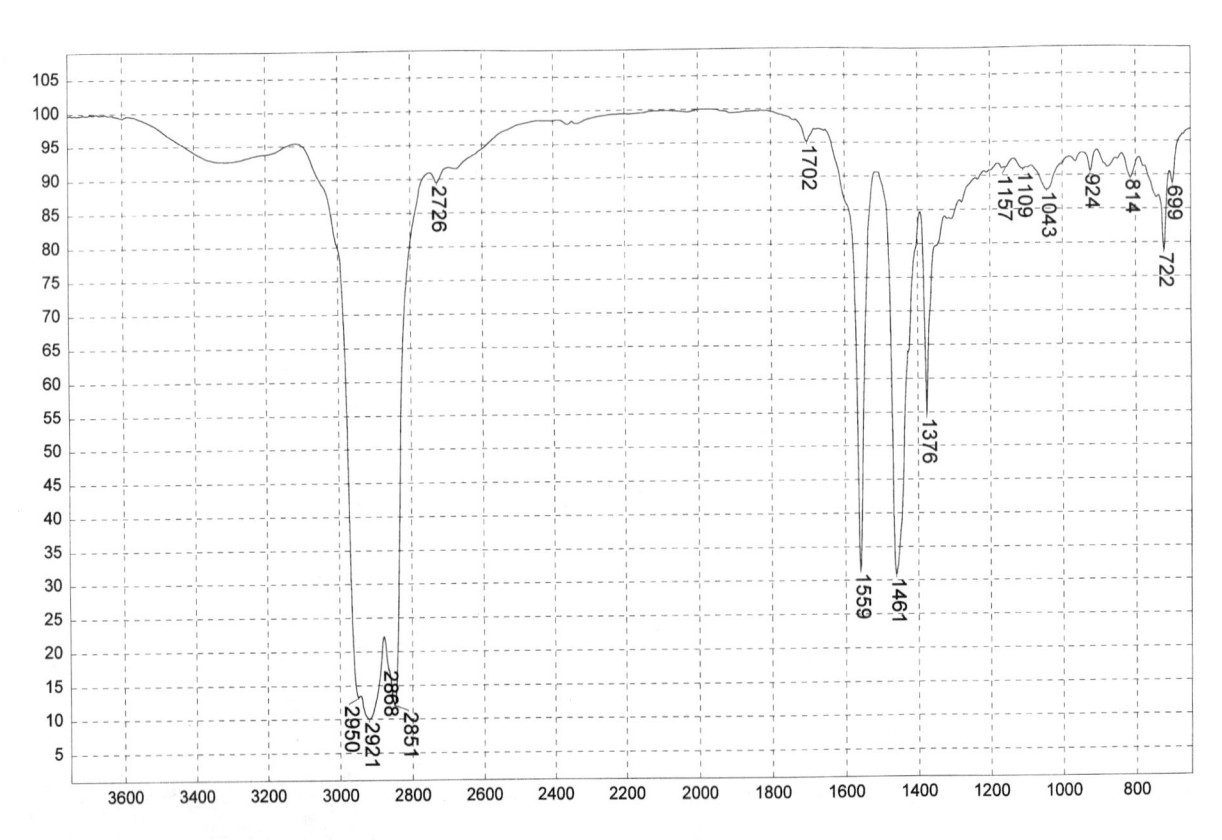

1058   GREASE, HEAVY LUBRICATING, THIN FILM

1059 GREASE, LIGHT LUBRICATING, THIN FILM

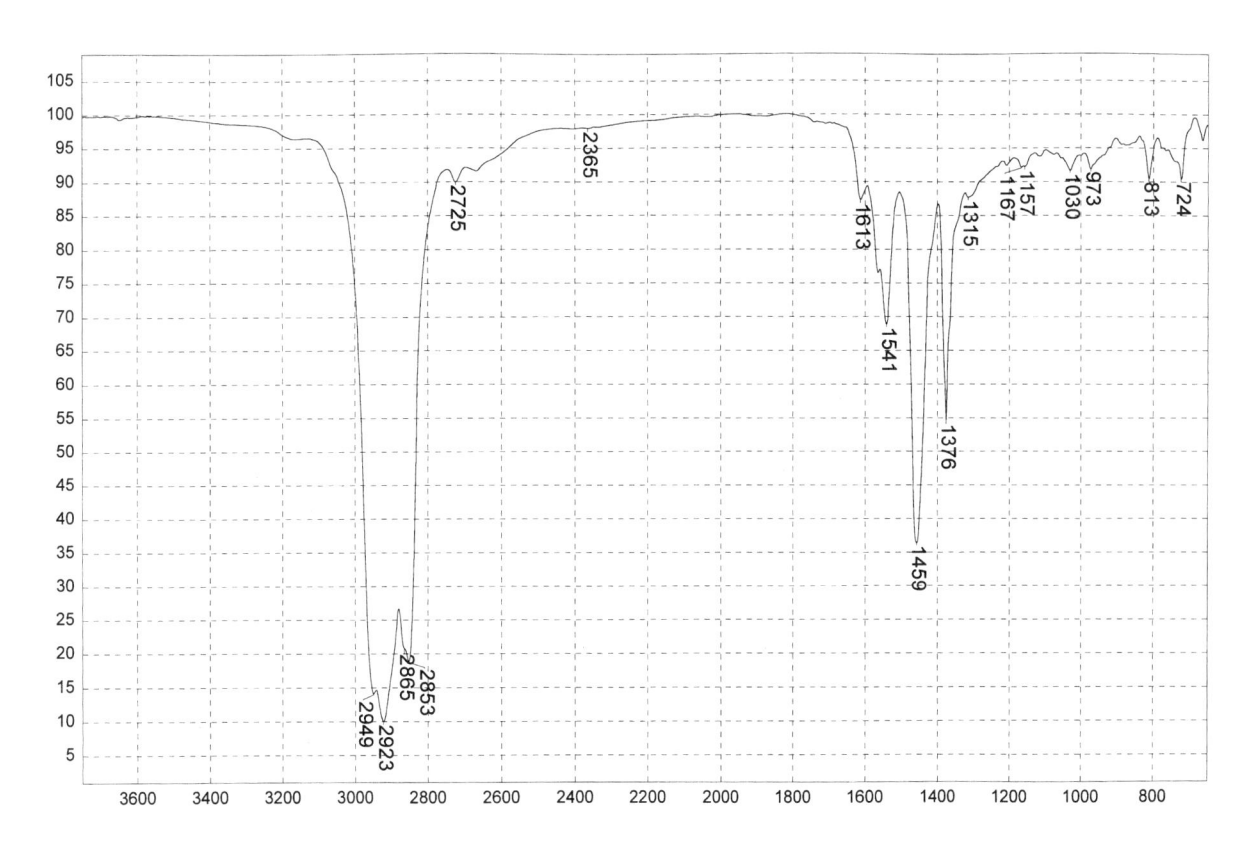

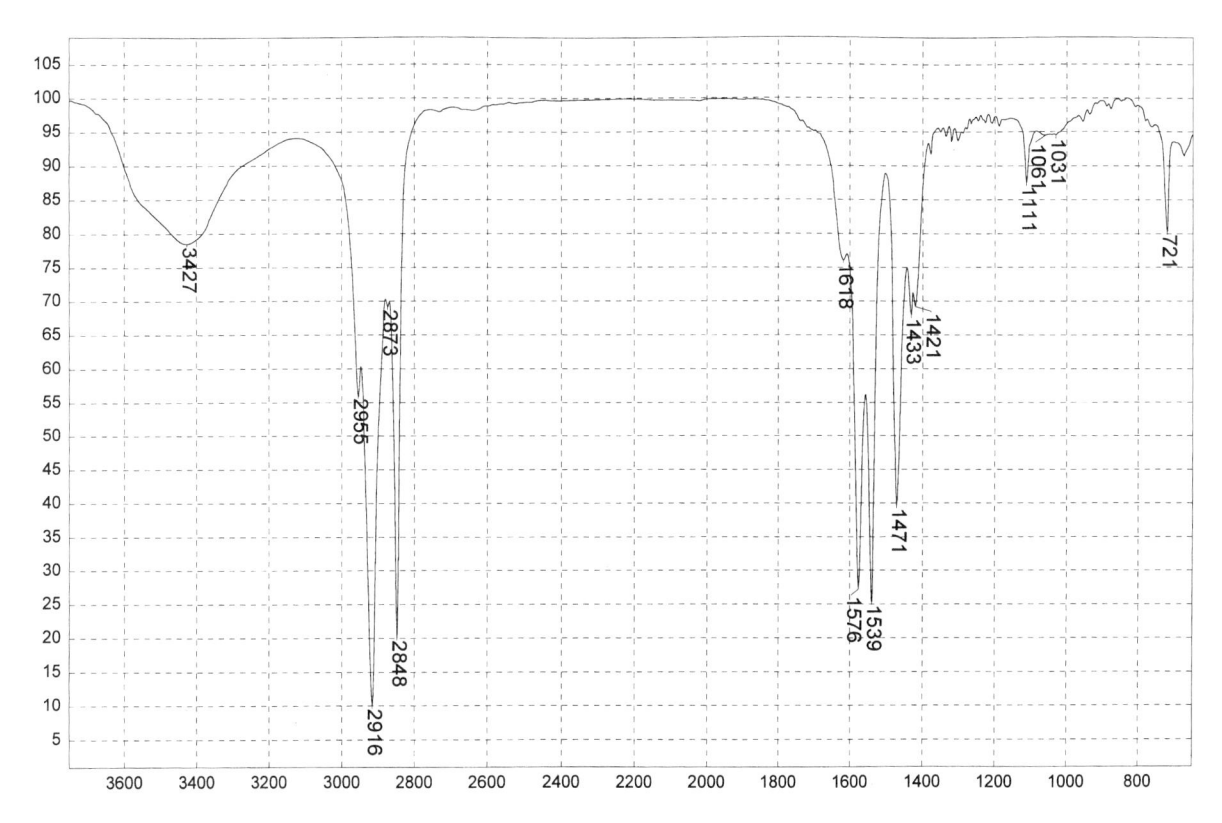

1060 CALCIUM OLEATE

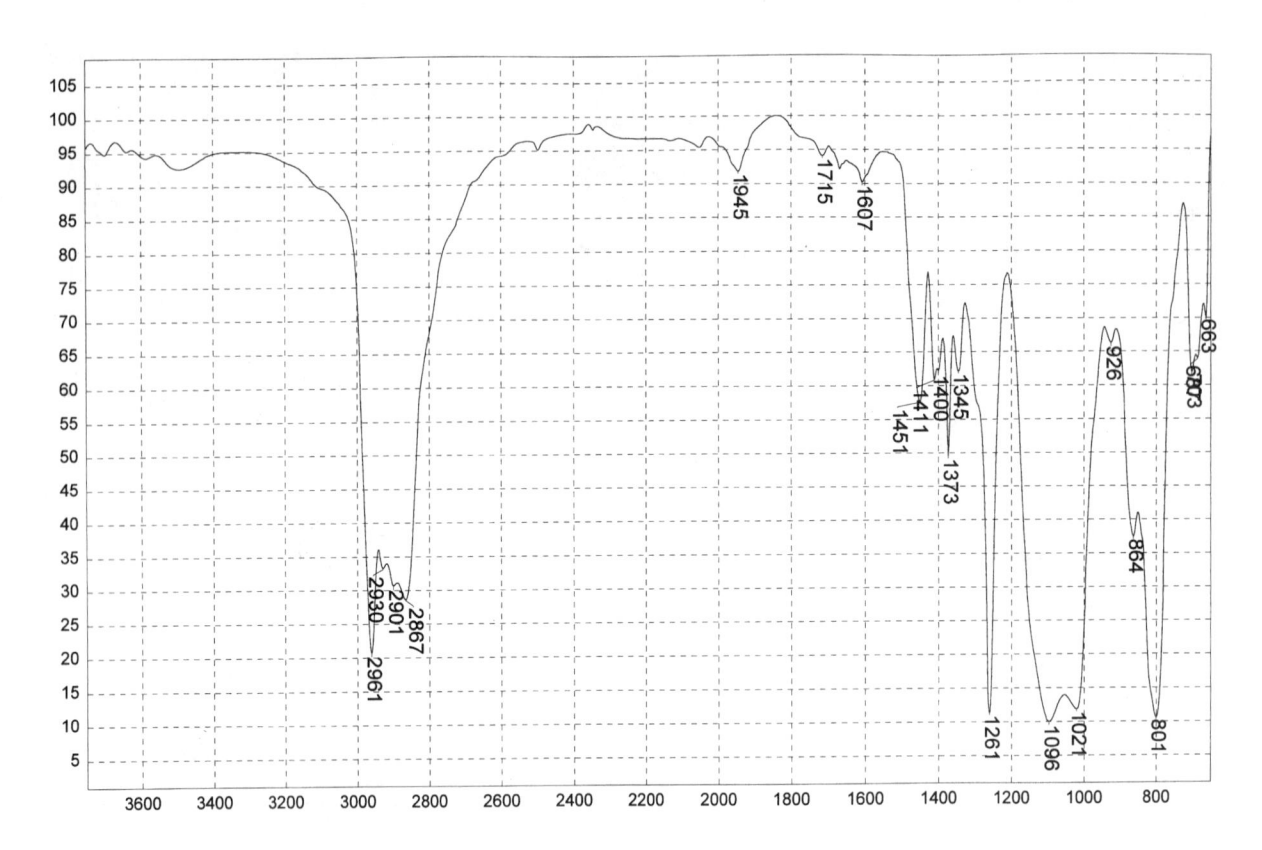

1061　　　　　　　　　　SILICONE, Y-12226

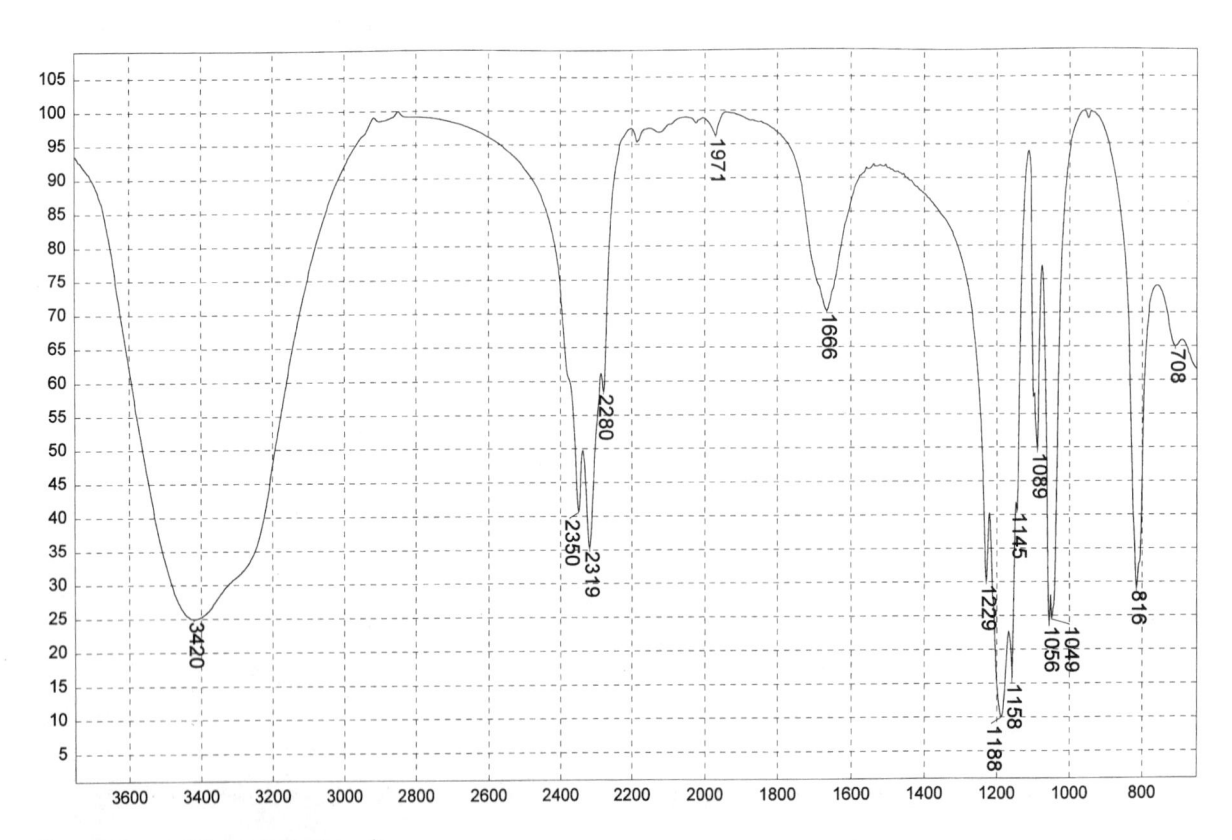

1062　　　　　　SODIUM DIHYDROGEN PHOSPHITE (IN KBr)

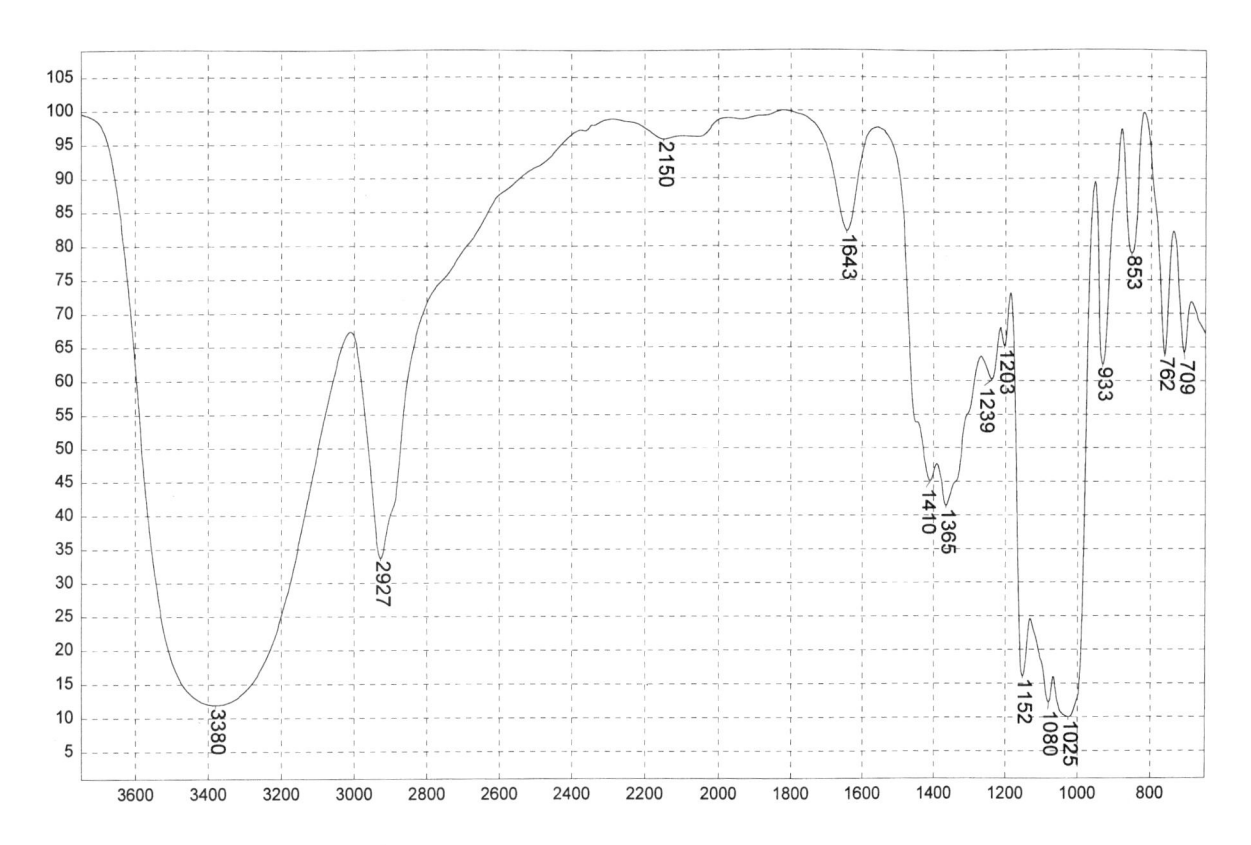

1063 STARCH, CAST FILM ON AgBr

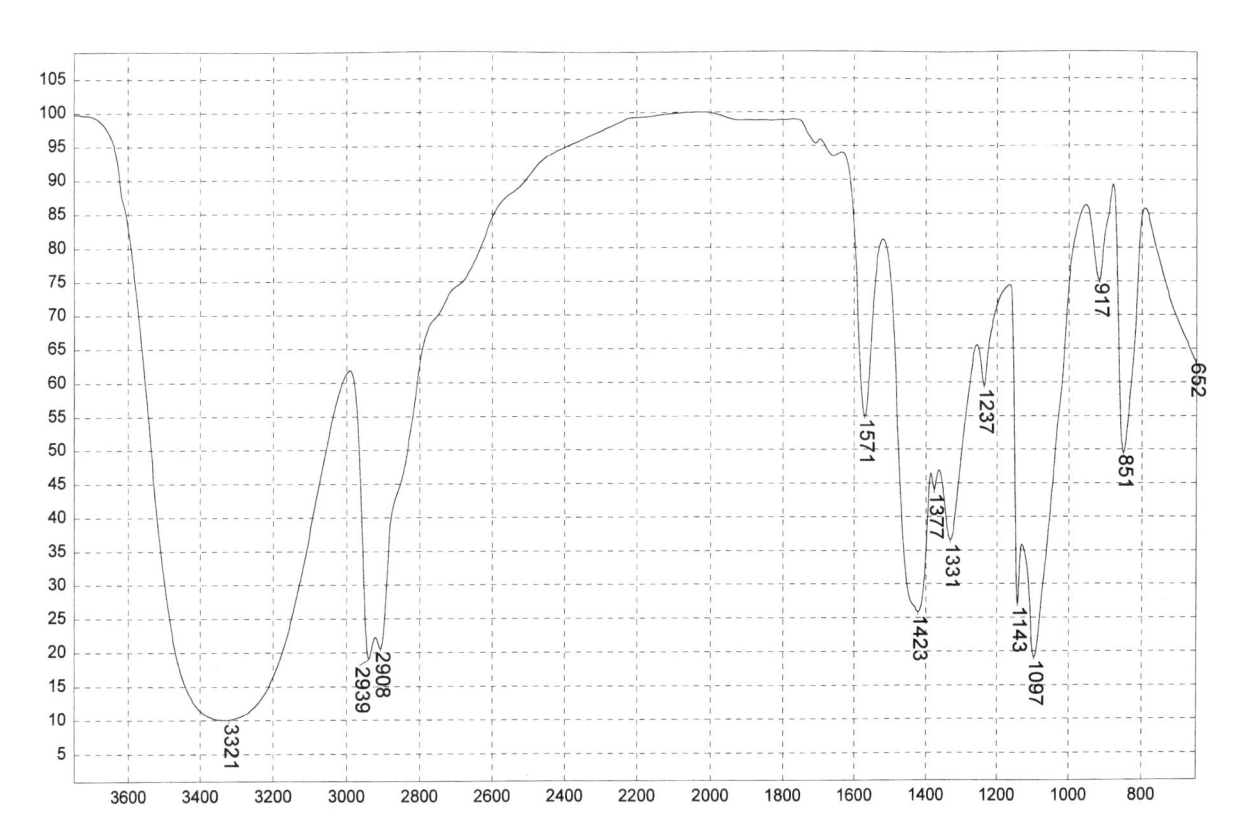

1064 POLYVINYL ALCOHOL, 78000 M.W.

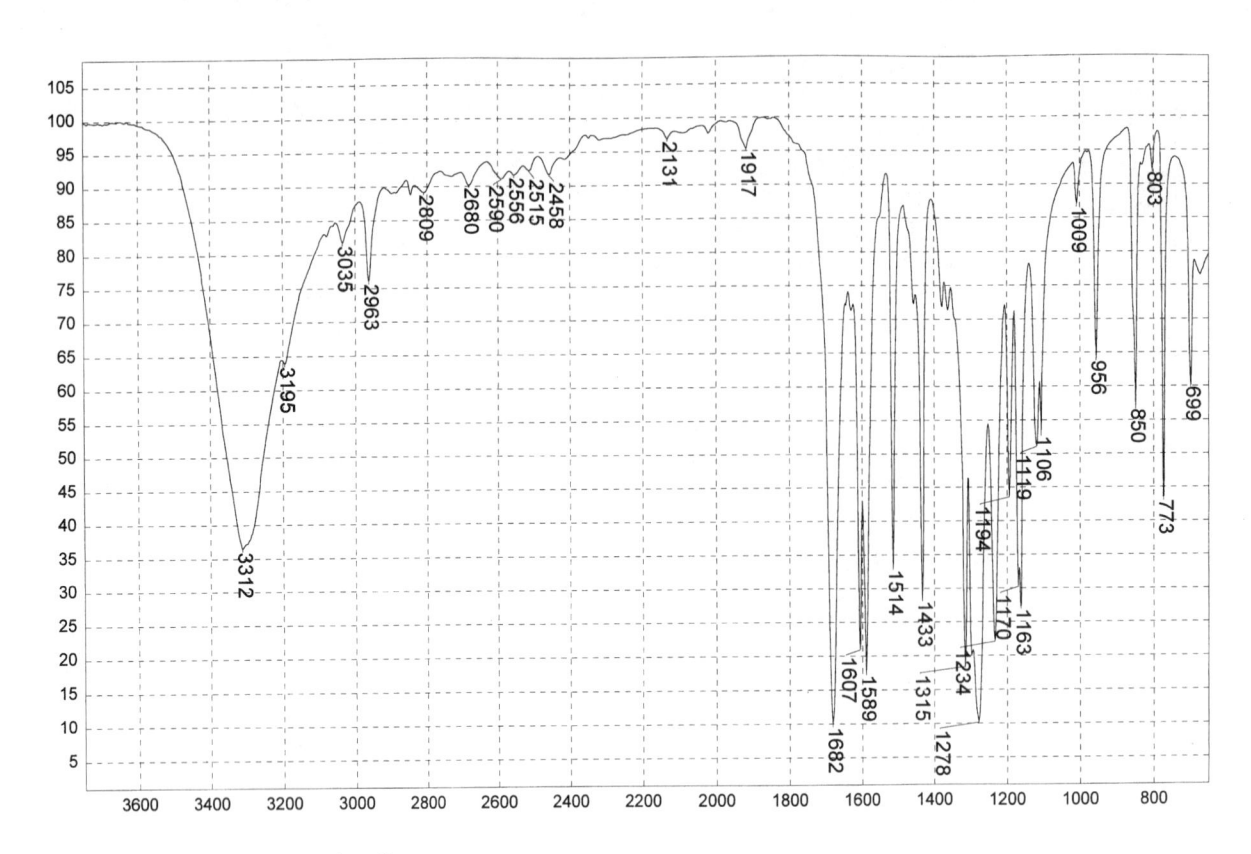

1065 METHYLPARABENZOIC ACID (IN KBr)

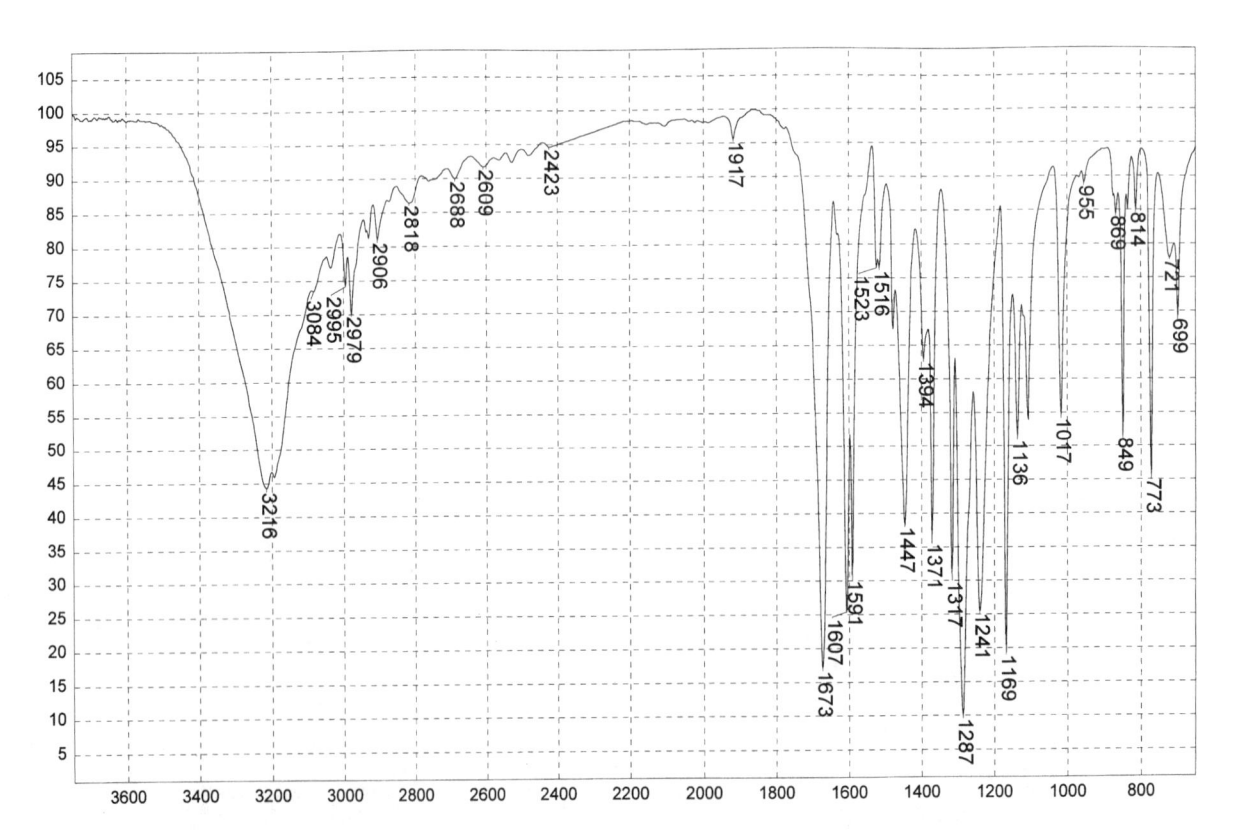

1066 ETHYLPARABENZOIC ACID (IN KBr)

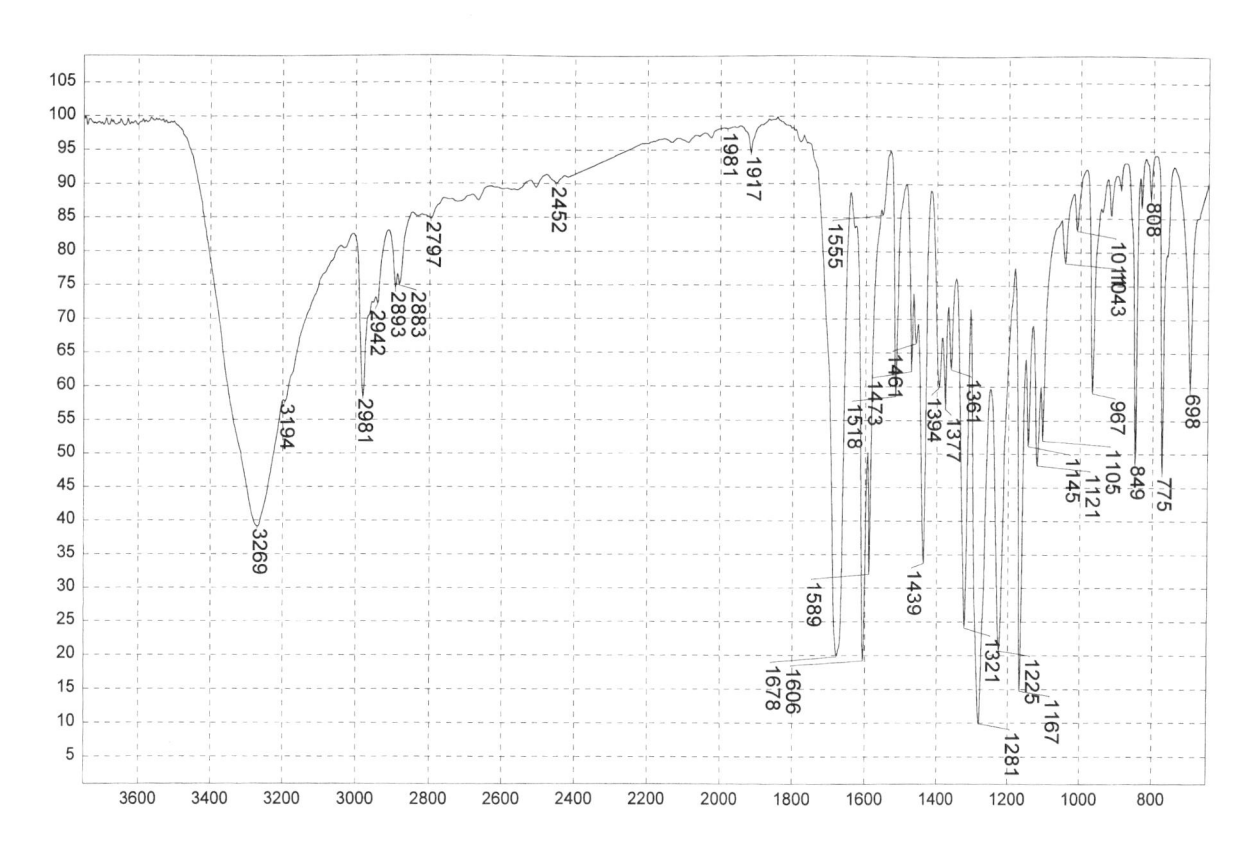

1067   PROPYLPARABENZOIC ACID (IN KBr)

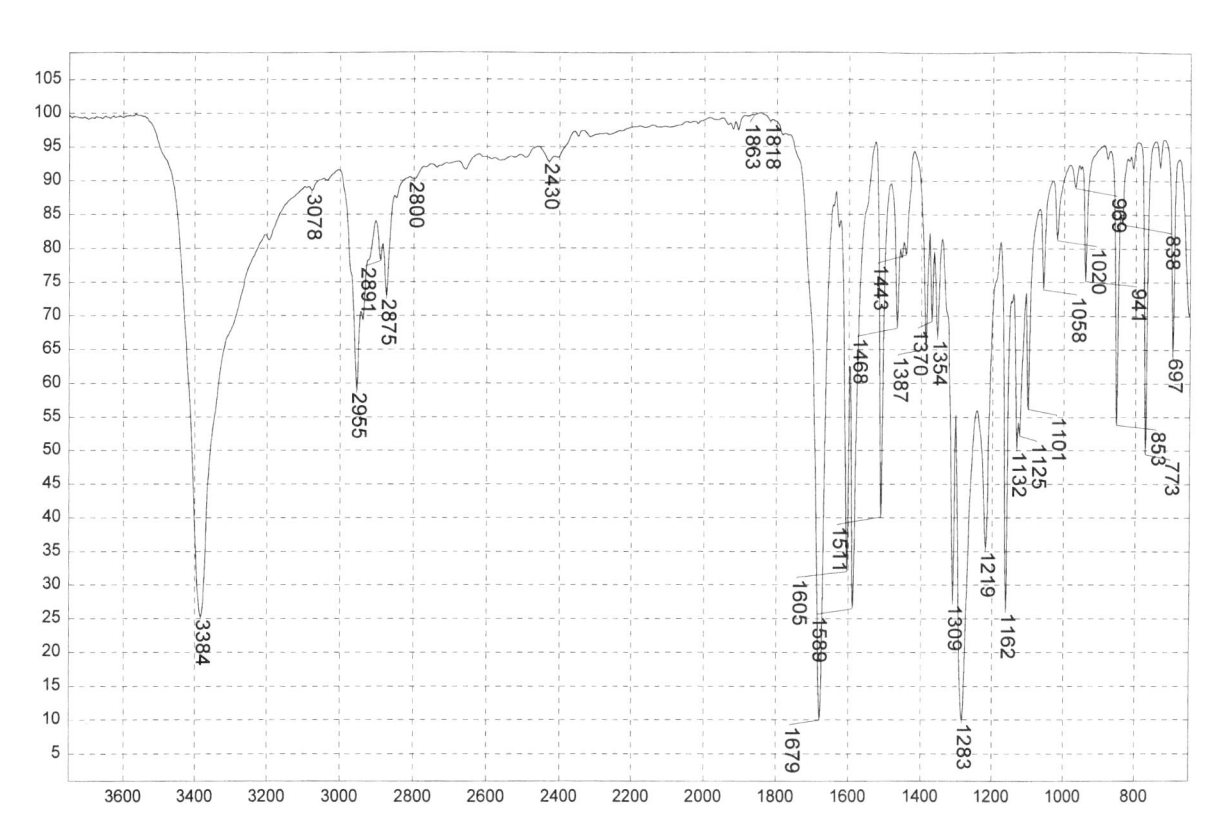

1068   BUTYLPARABENZOIC ACID (IN KBr)

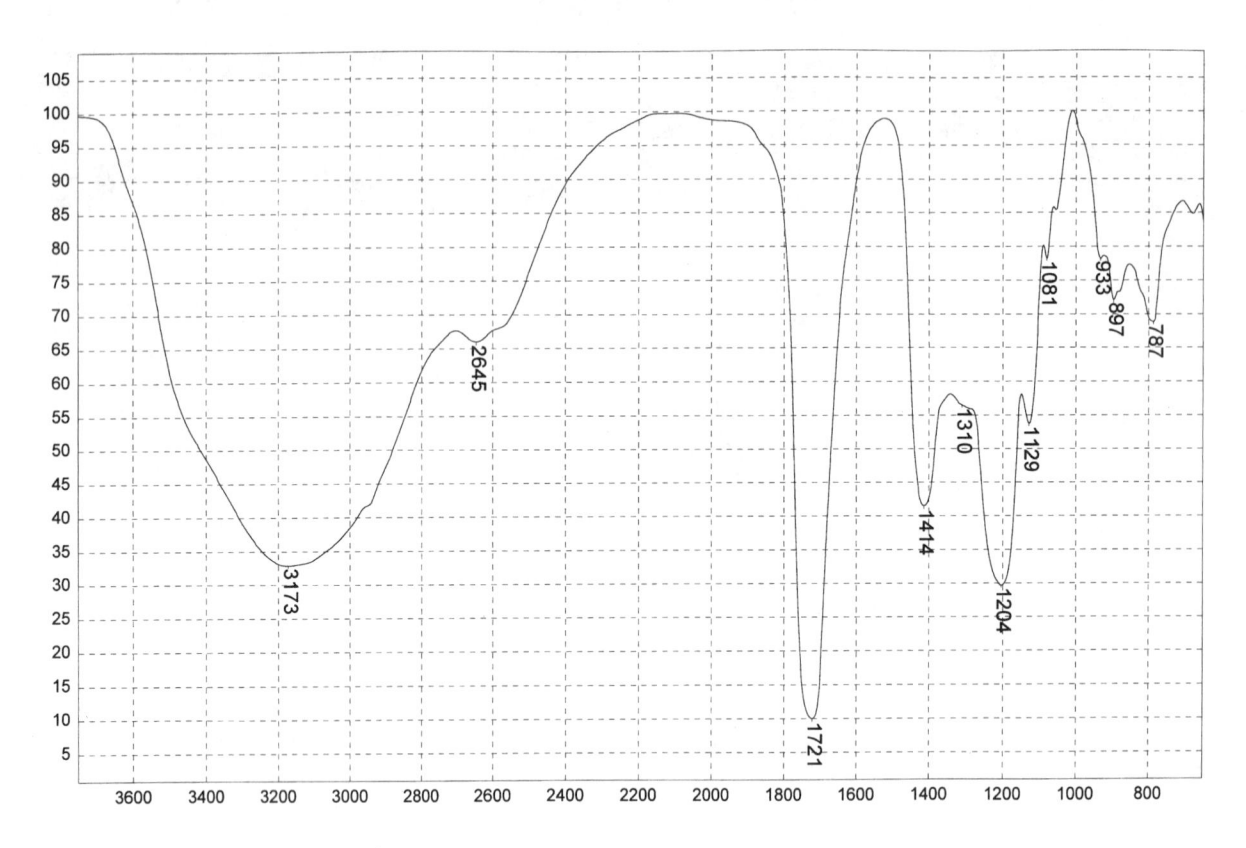

1069   CITRIC ACID, CAST FILM ON AgBr

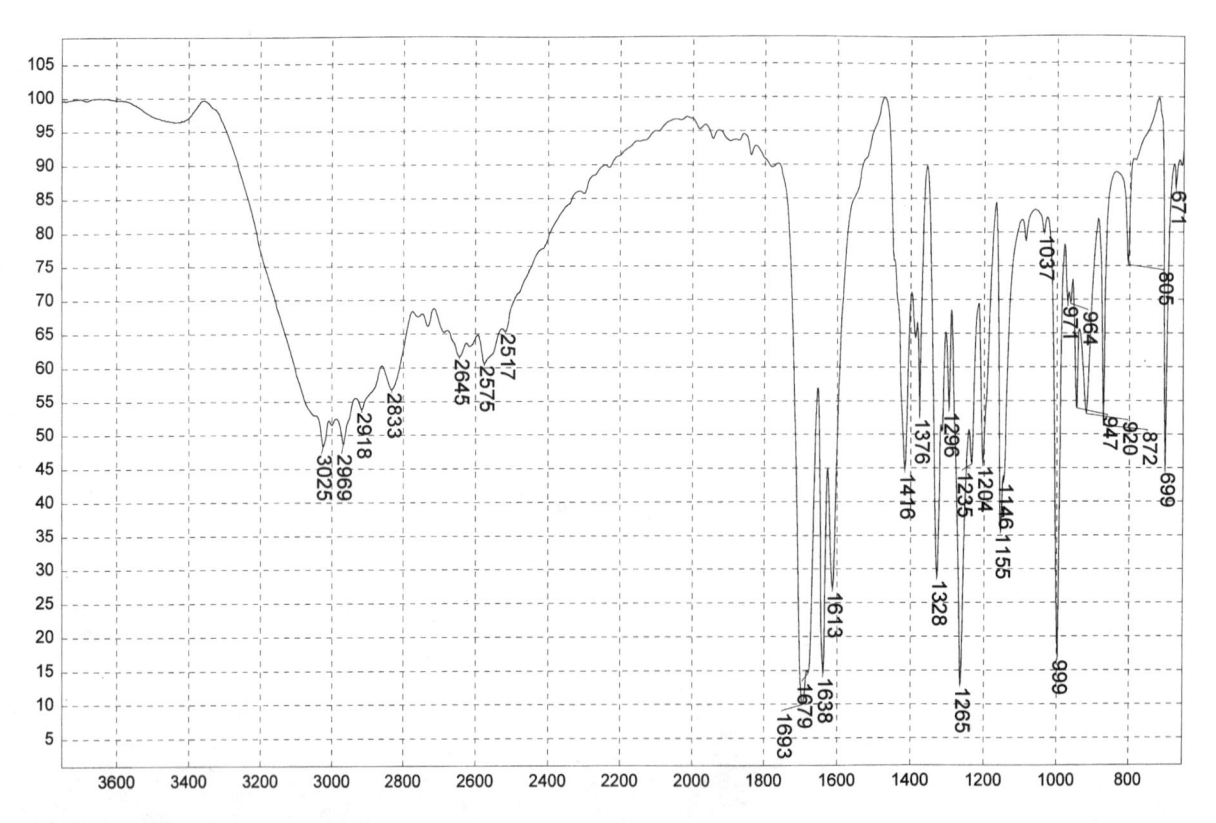

1070   SORBIC ACID (IN KBr)

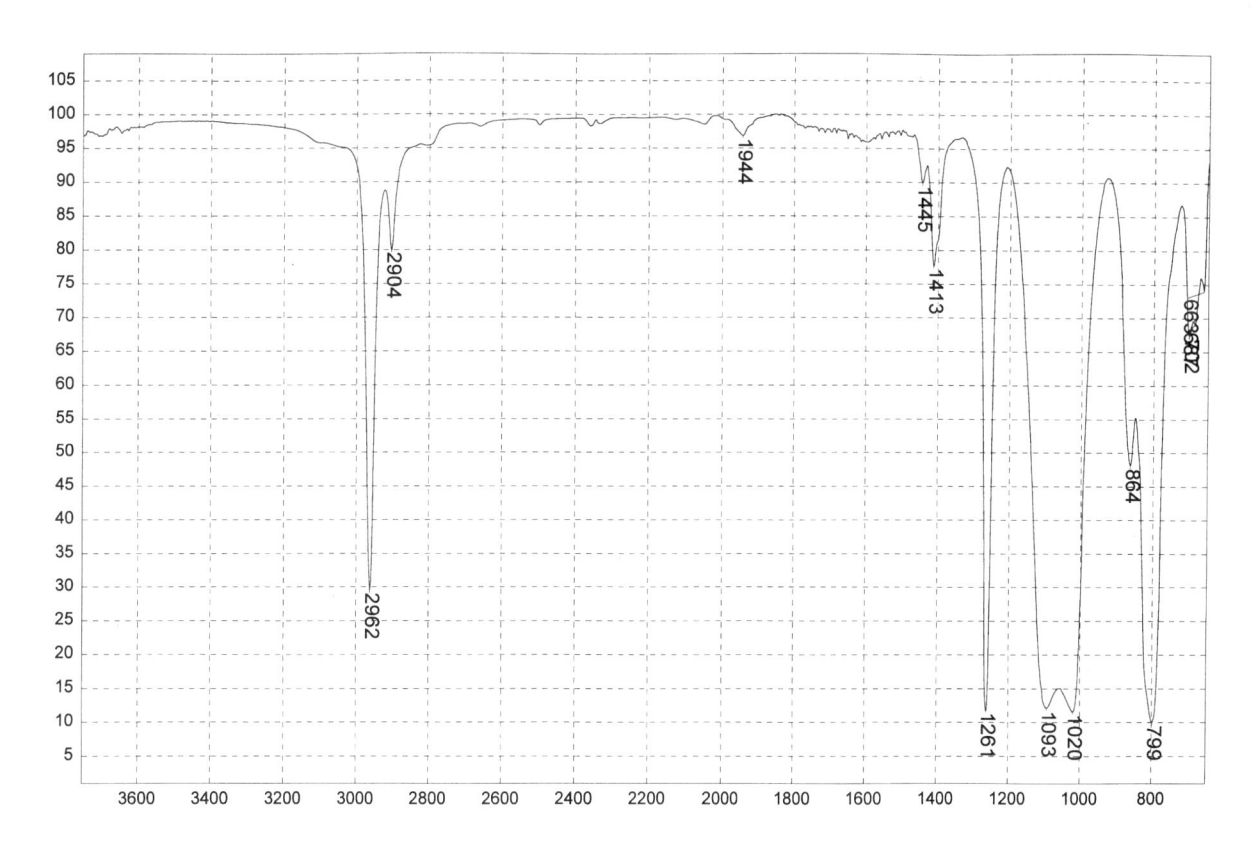

1071   DIMETHICONE, 350 CS, FILM CAST ON KCl

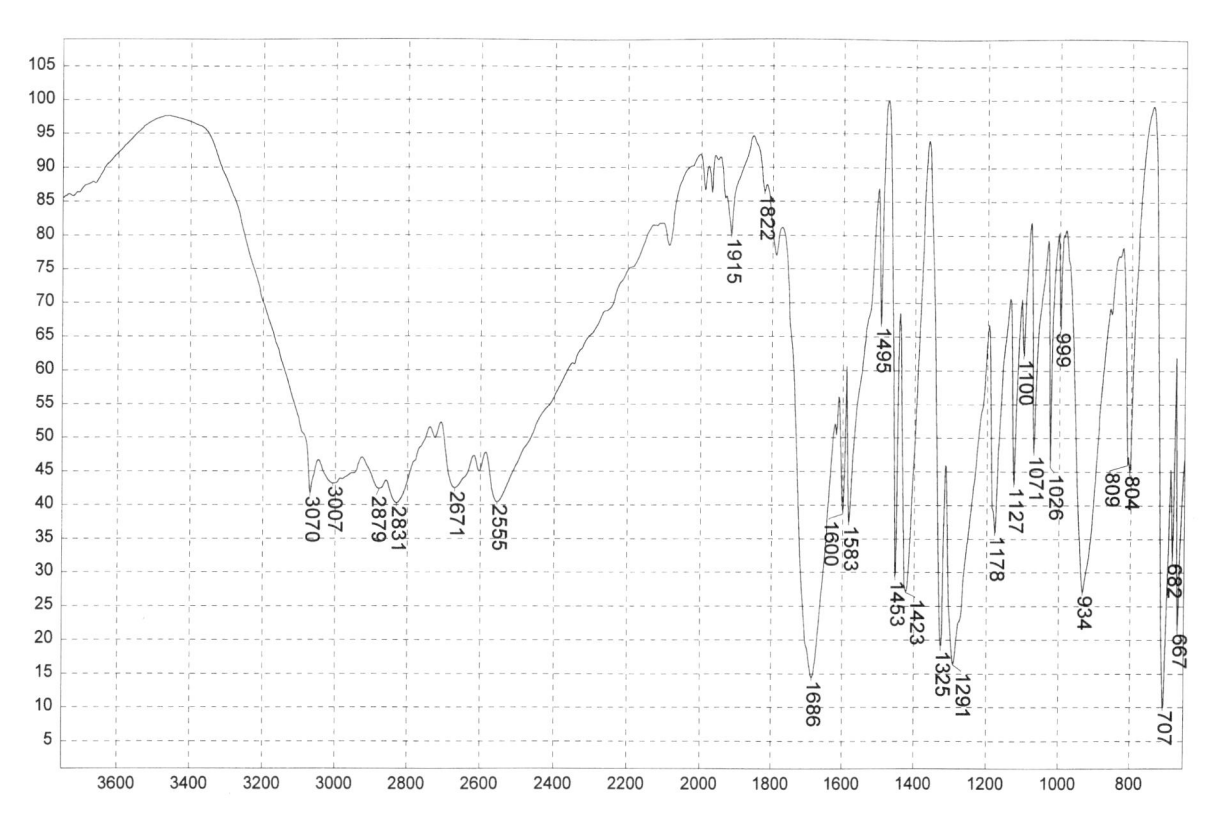

1072   BENZOIC ACID, 99%+ (IN KBr)

AMMONIUM BICARBONATE (IN KBr)

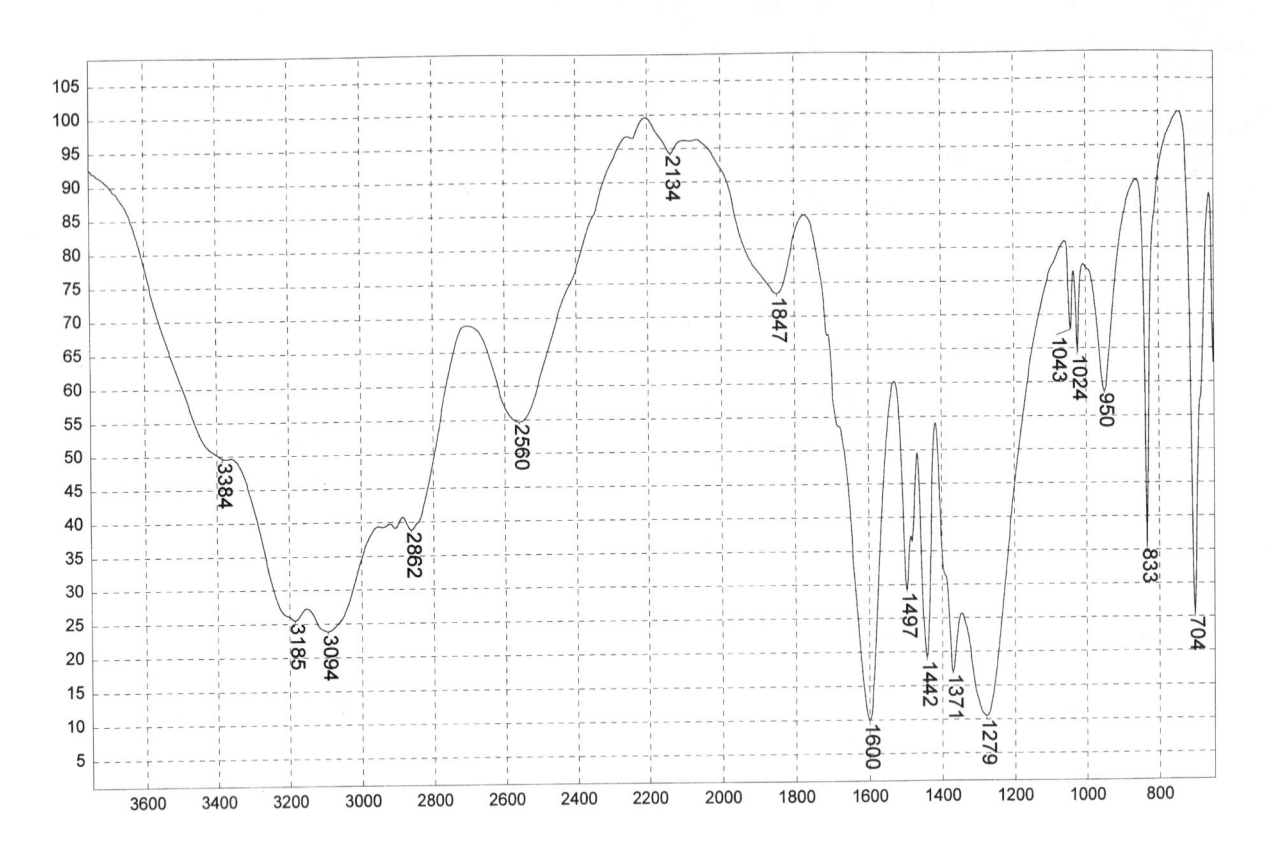

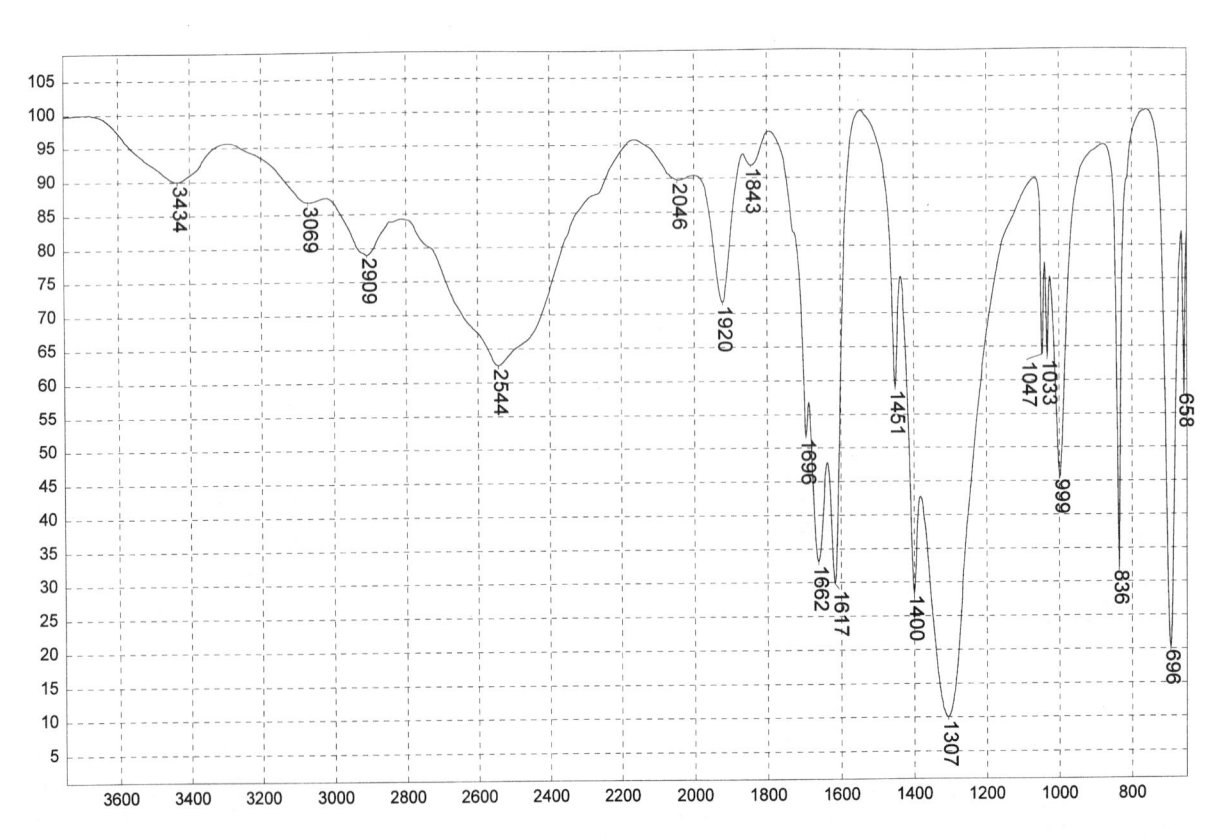

1073

SODIUM BICARBONATE (IN KBr)

1074

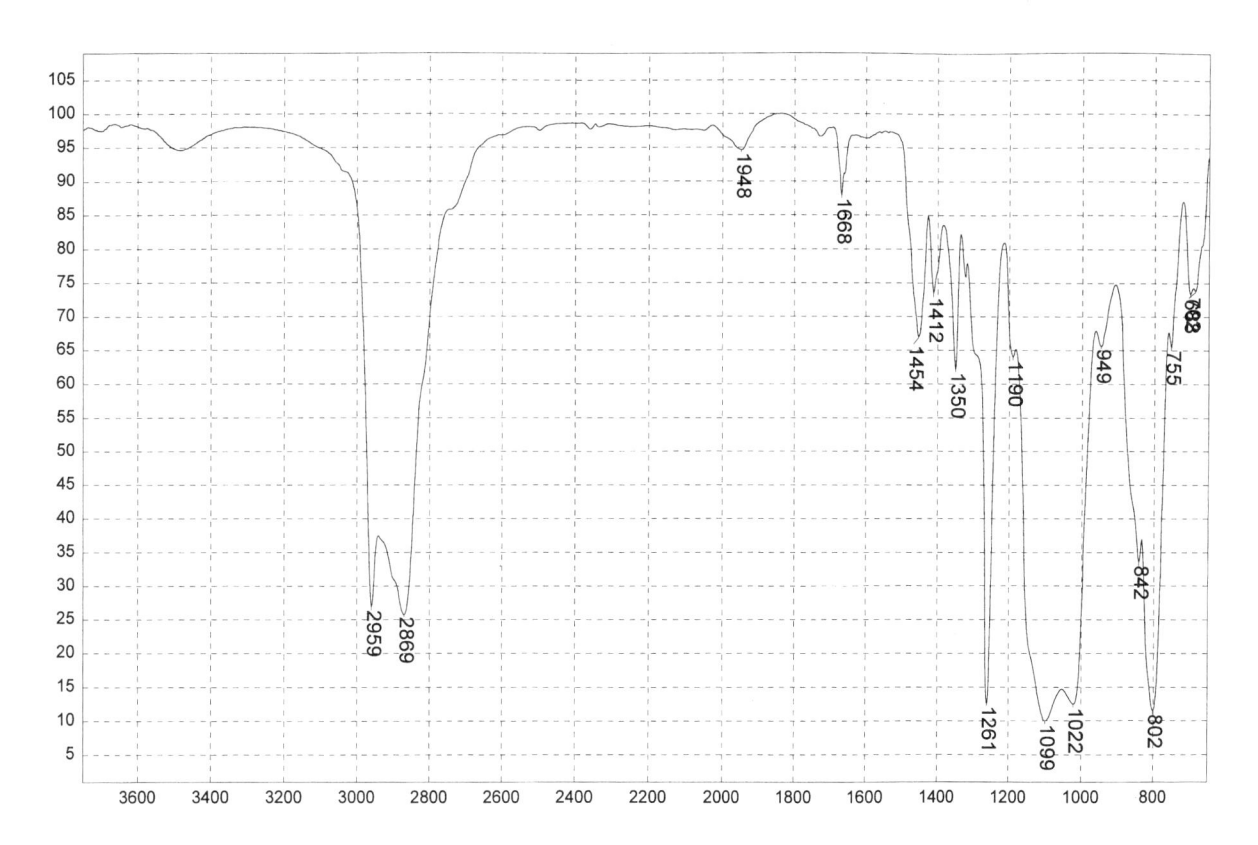

1075 SILOXANE, WETTING AGENT

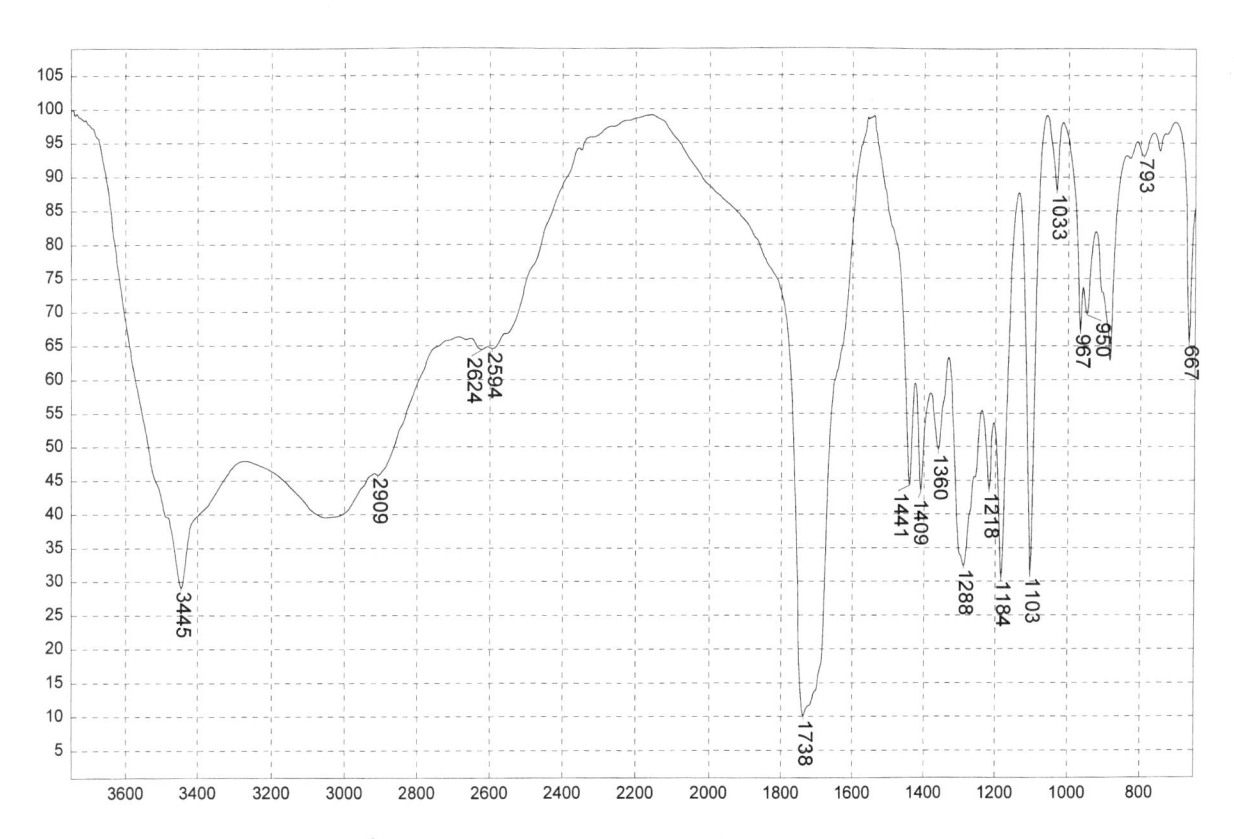

1076 MALIC ACID (IN KBr)

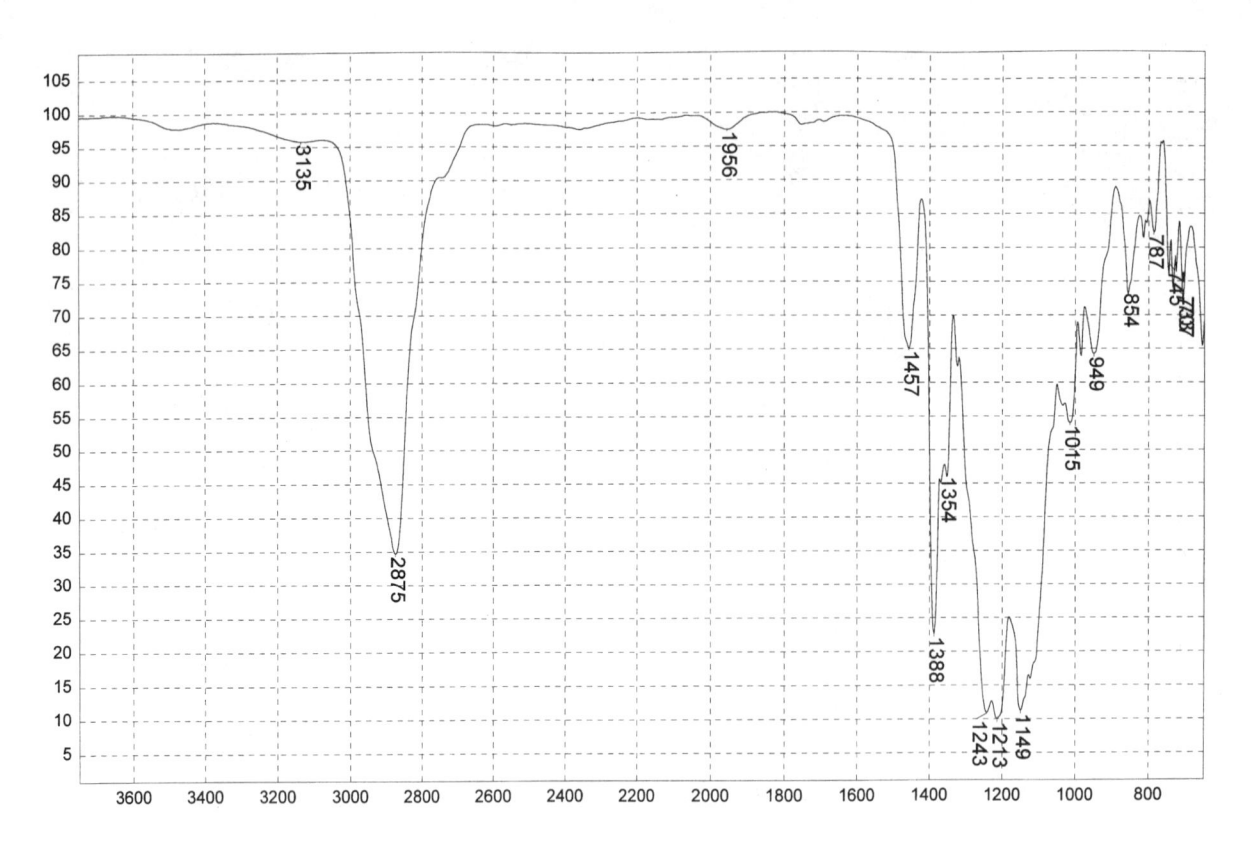

1077   FLUORINATED SURFACTANT, CAST FILM

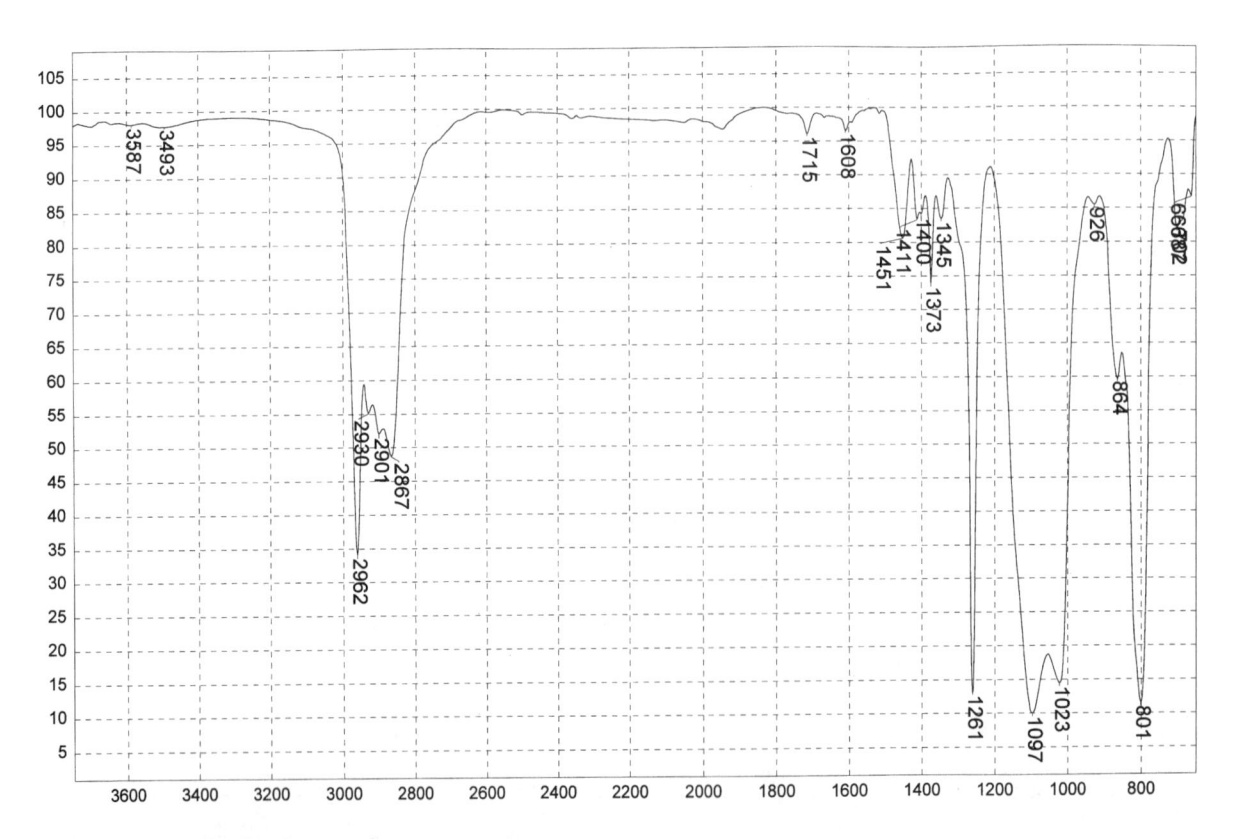

1078   SILICONE (FTS-226), BETWEEN KCl WINDOWS

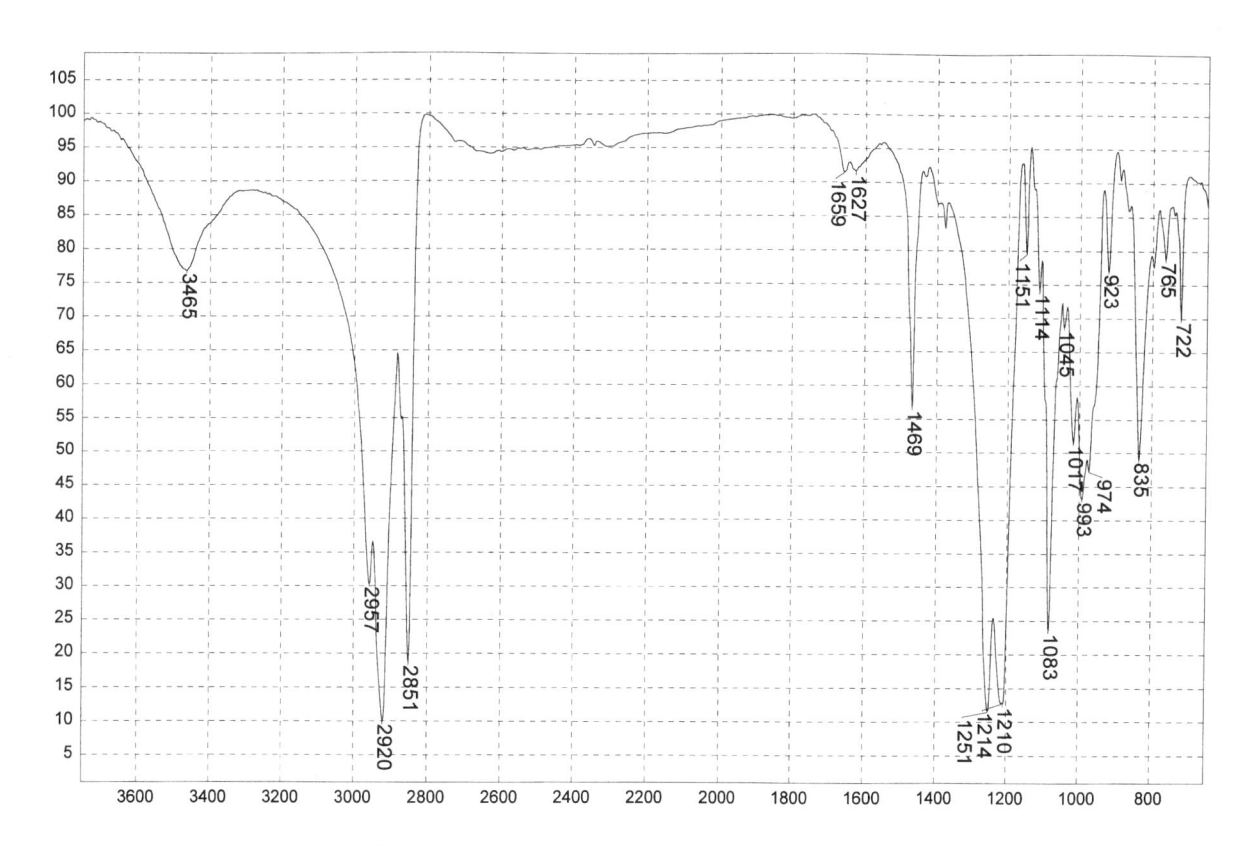

1079 SODIUM LAURYL SULFATE (IN KBr)

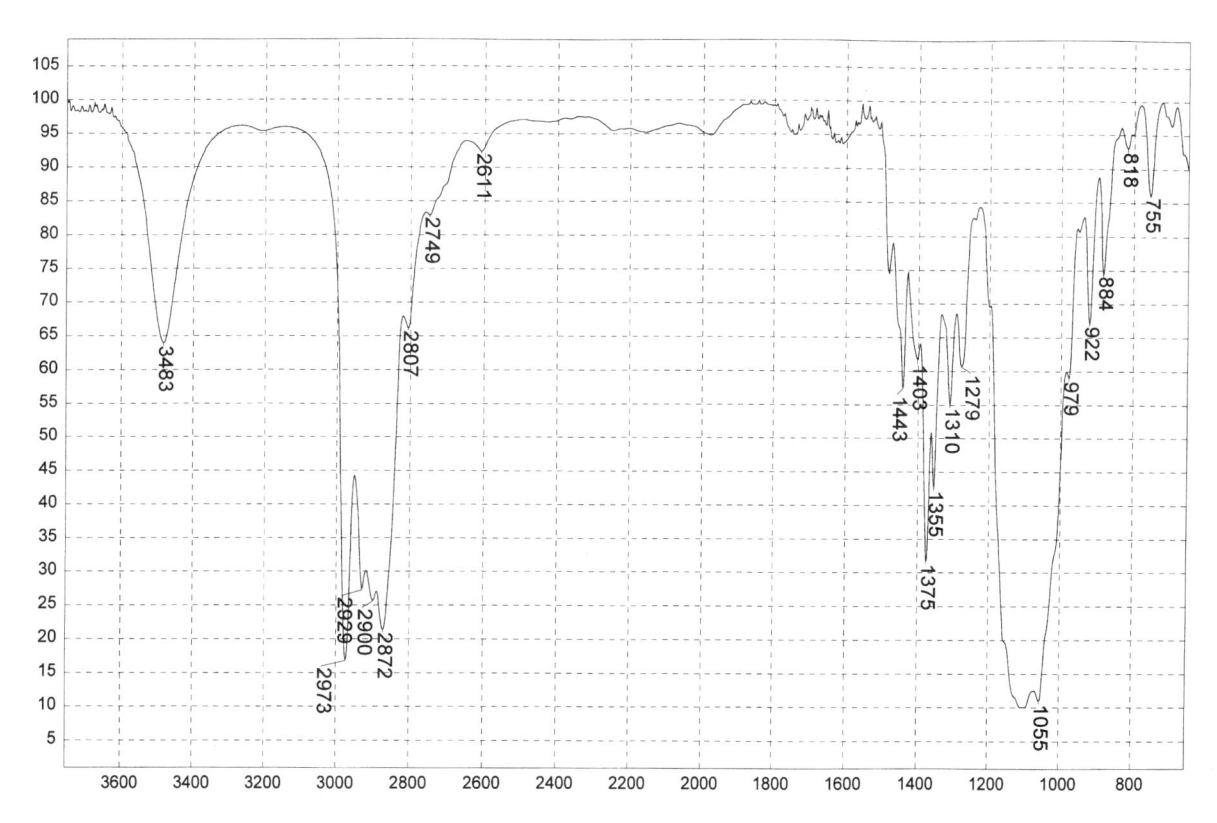

1080 ETHYL CELLULOSE, CHLOROFORM CAST FILM

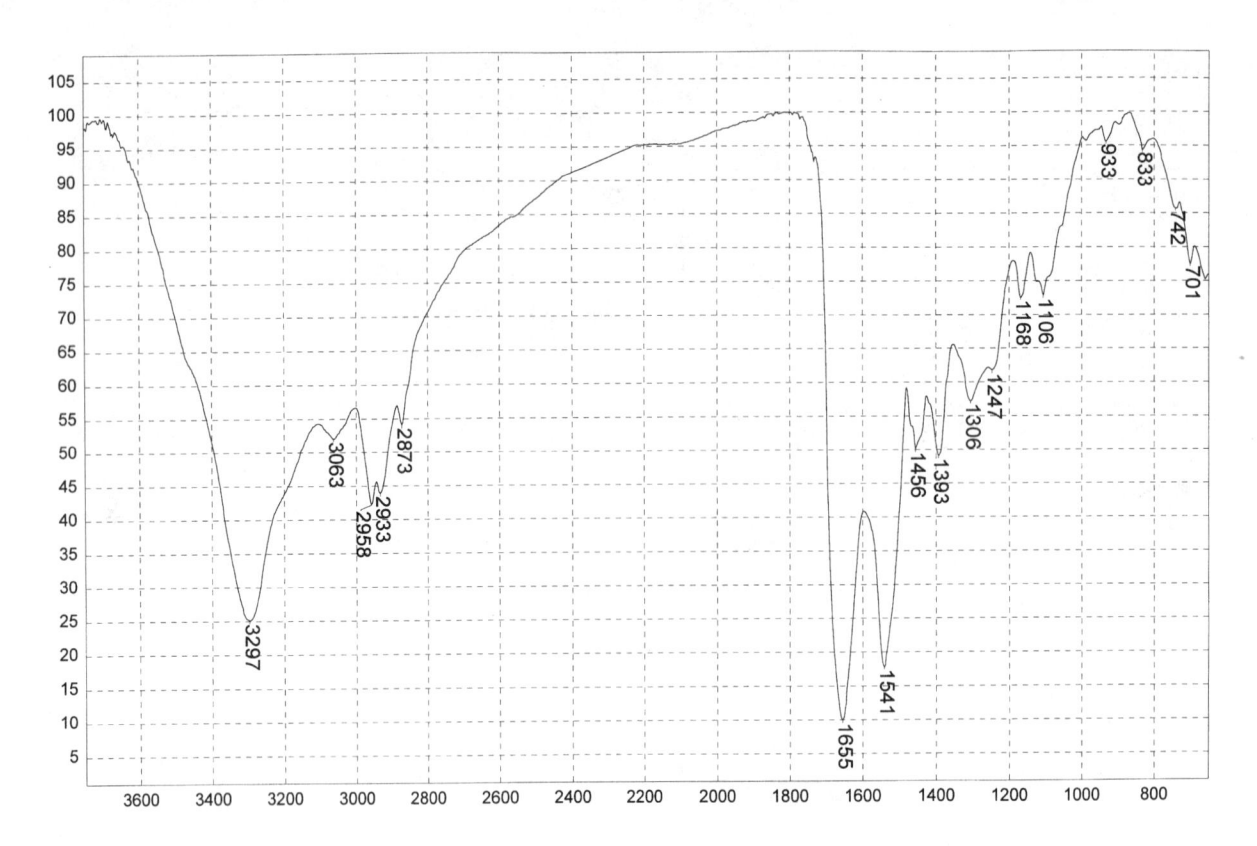

1081   PROTEIN, HUMAN BLOOD, CAST FILM ON AgBr

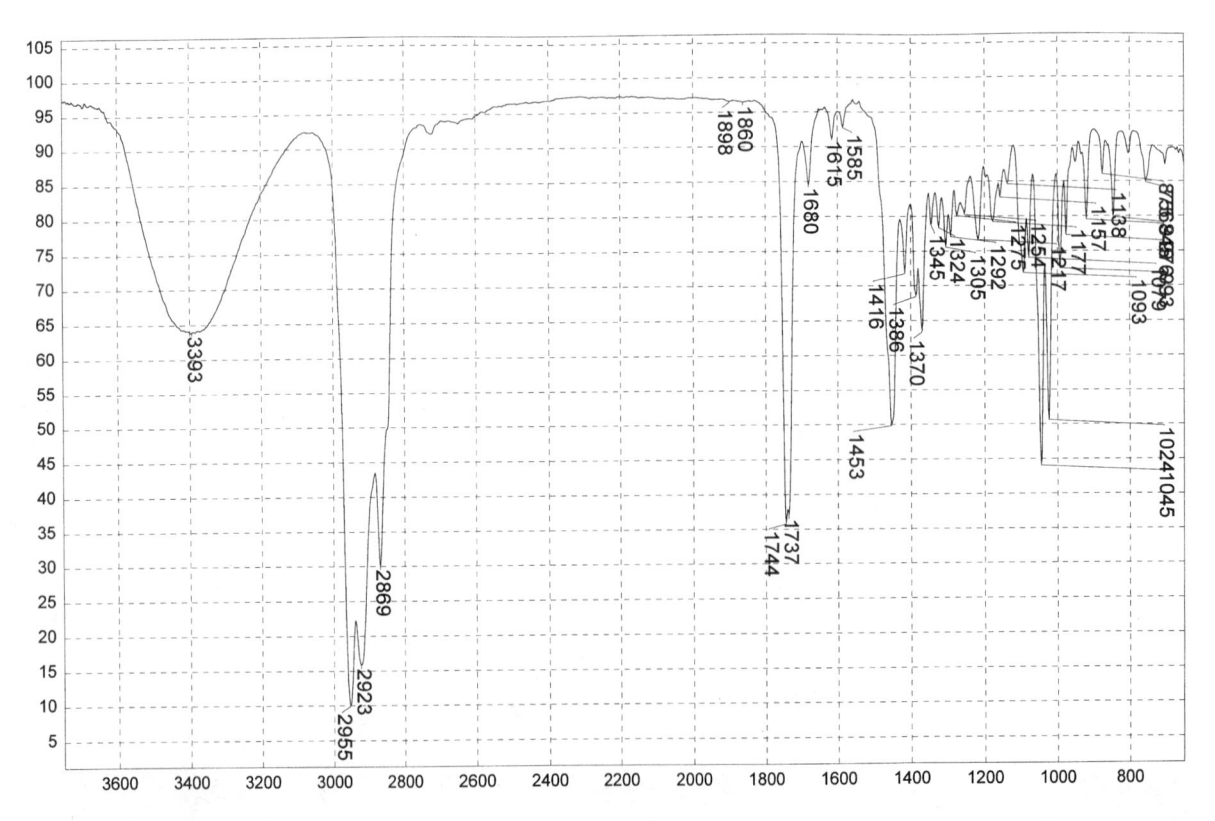

1082   Menthol

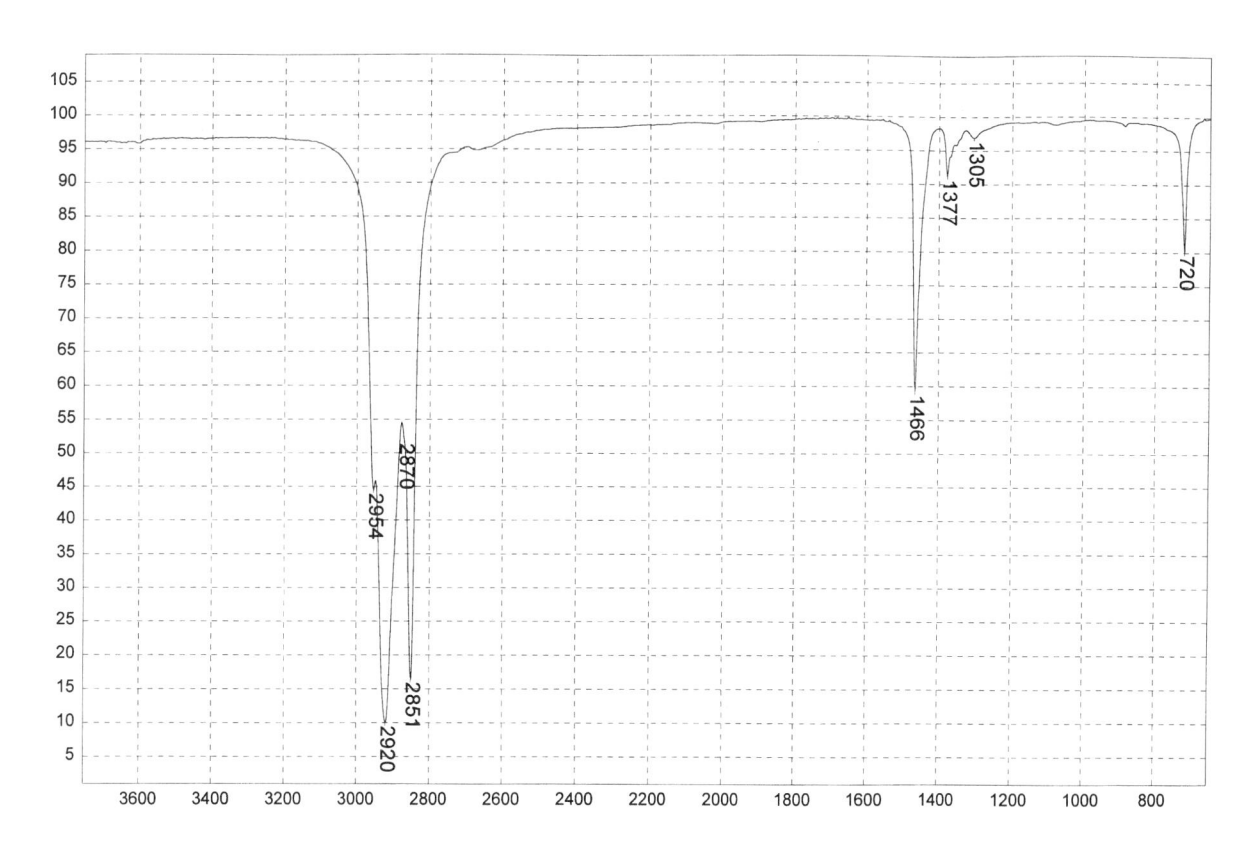

1083 CERESIN WAX

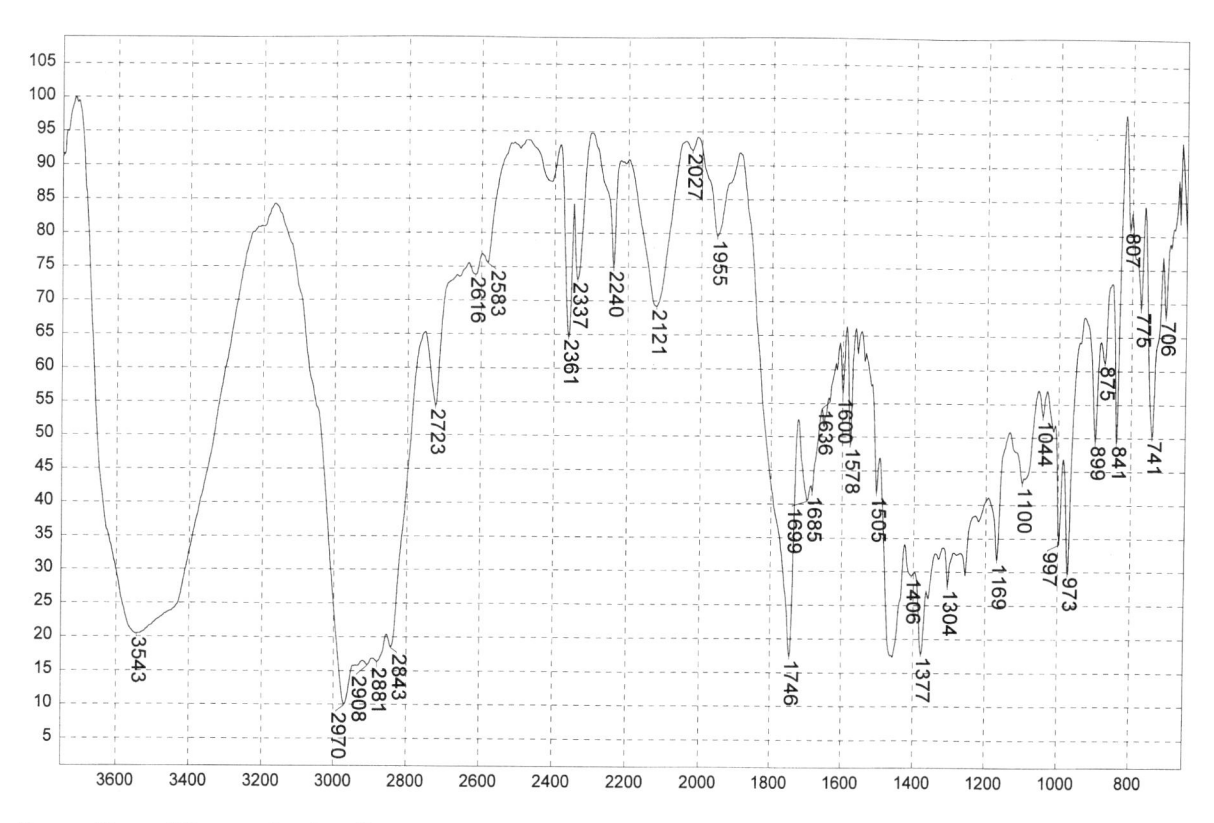

1084 Polypropylene (66%) and polyester (34%)

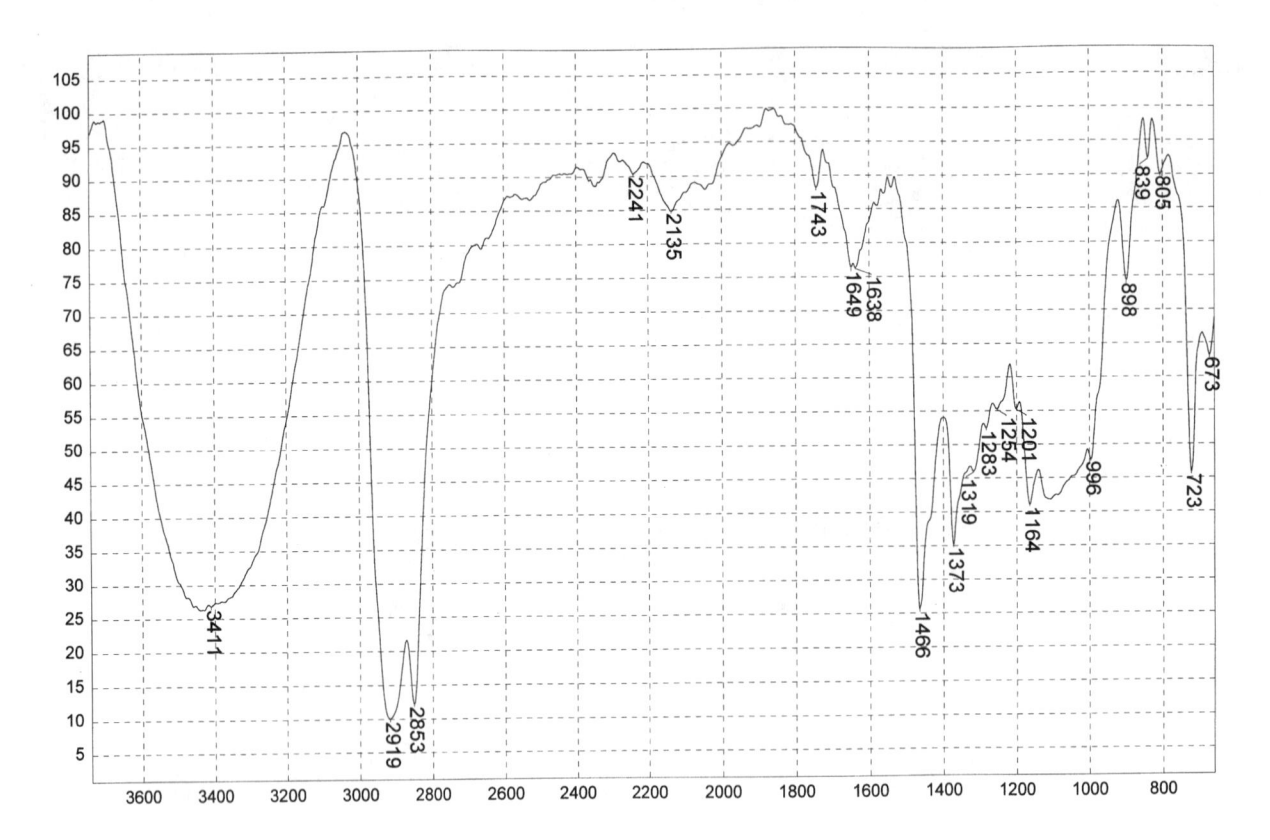

1085 Wood pulp (63%), polyethylene (21%), polypropylene (16%)

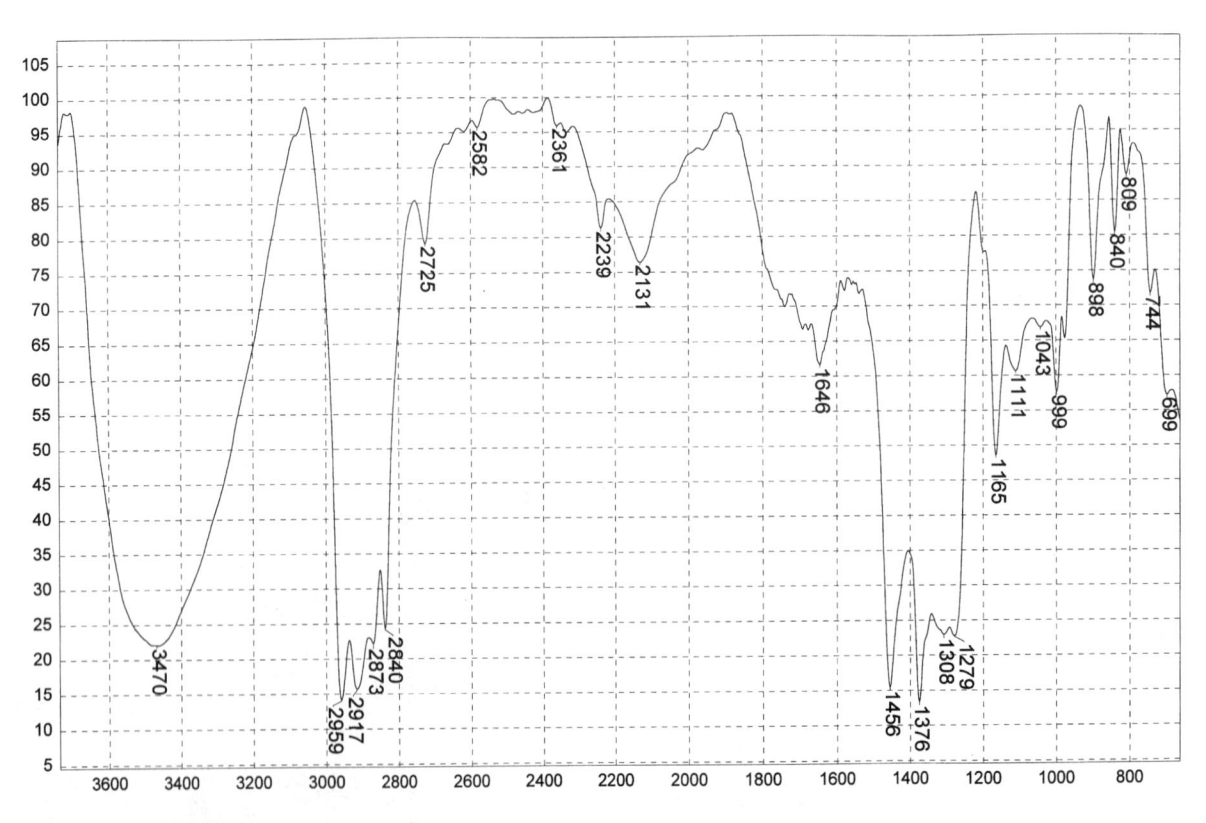

1086 Wood pulp (68%), polypropylene (32%)

Polypropylene/polyethylene

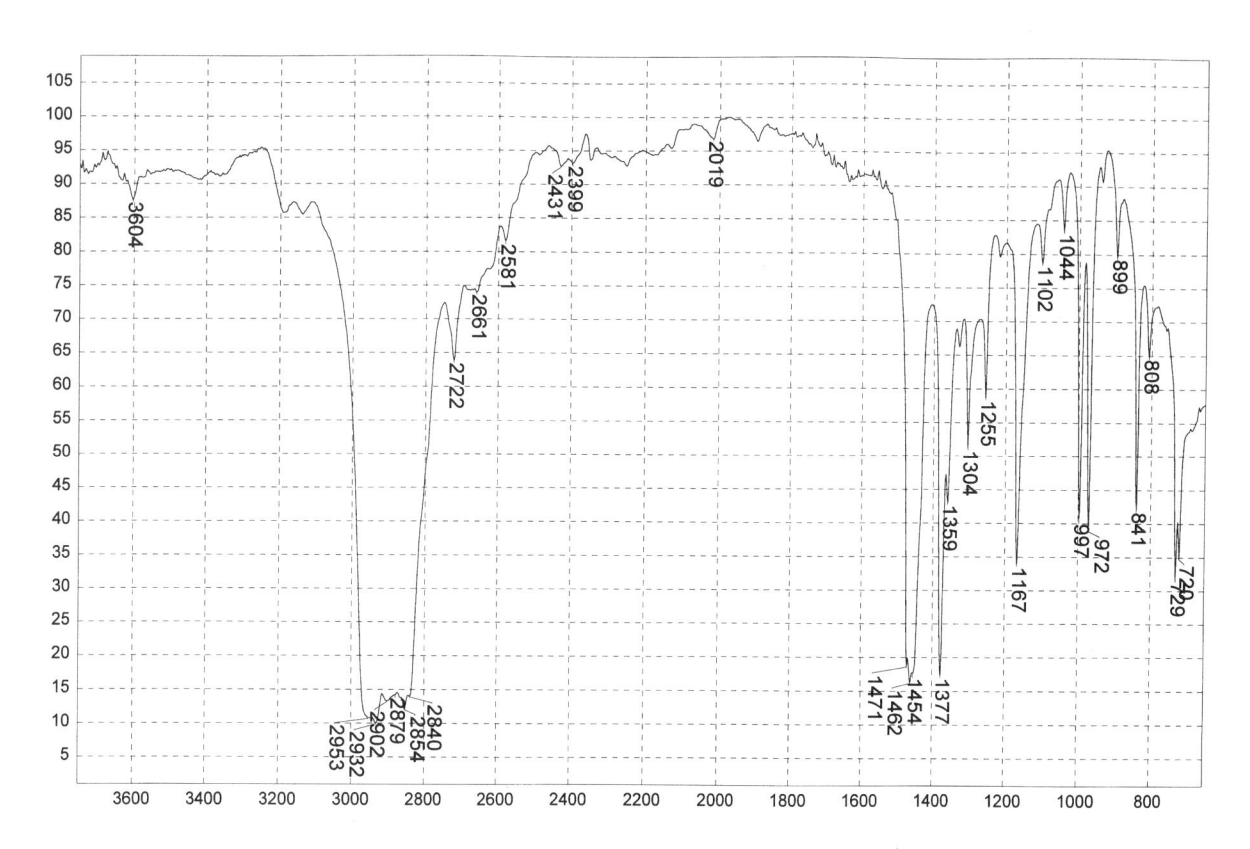

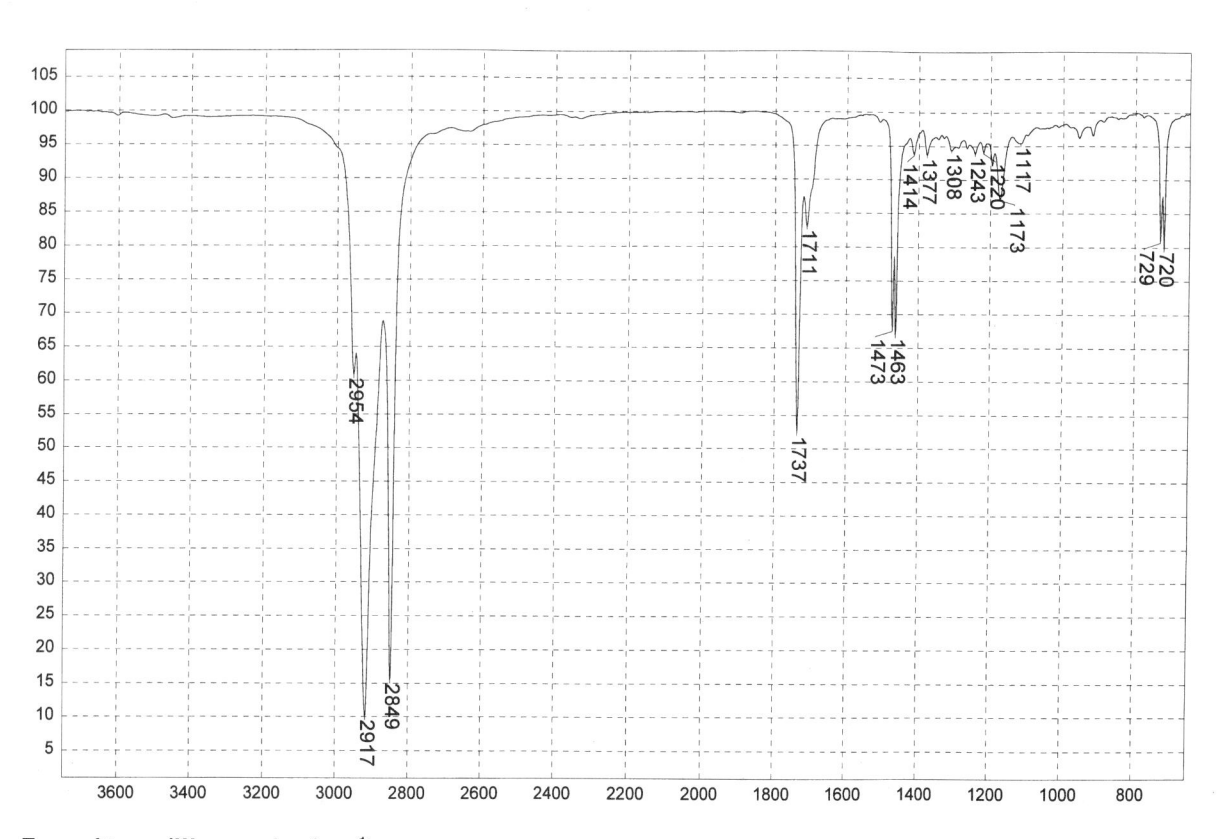

1087

PARAFFIN (BEES) WAX (ON KCl)

1088

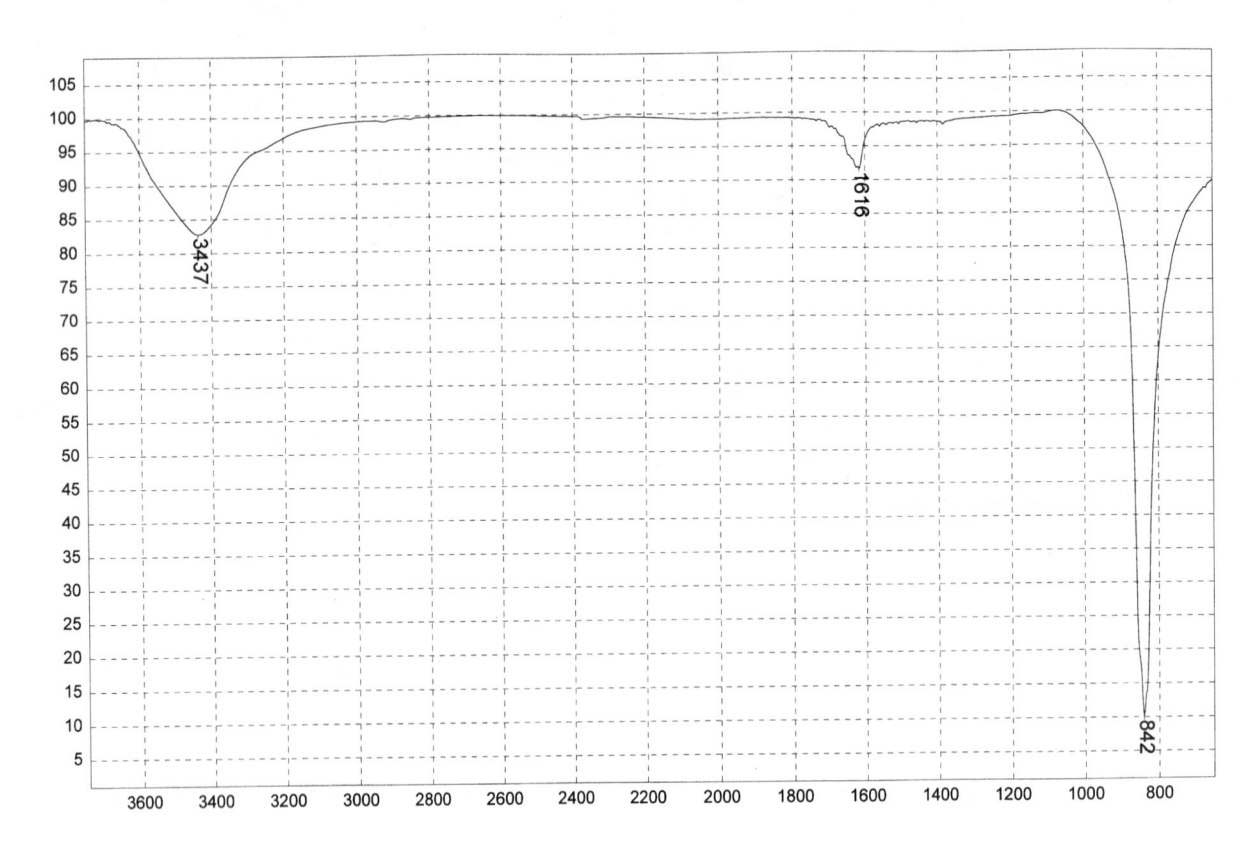

1089 SODIUM PERIODATE (IN KBr)

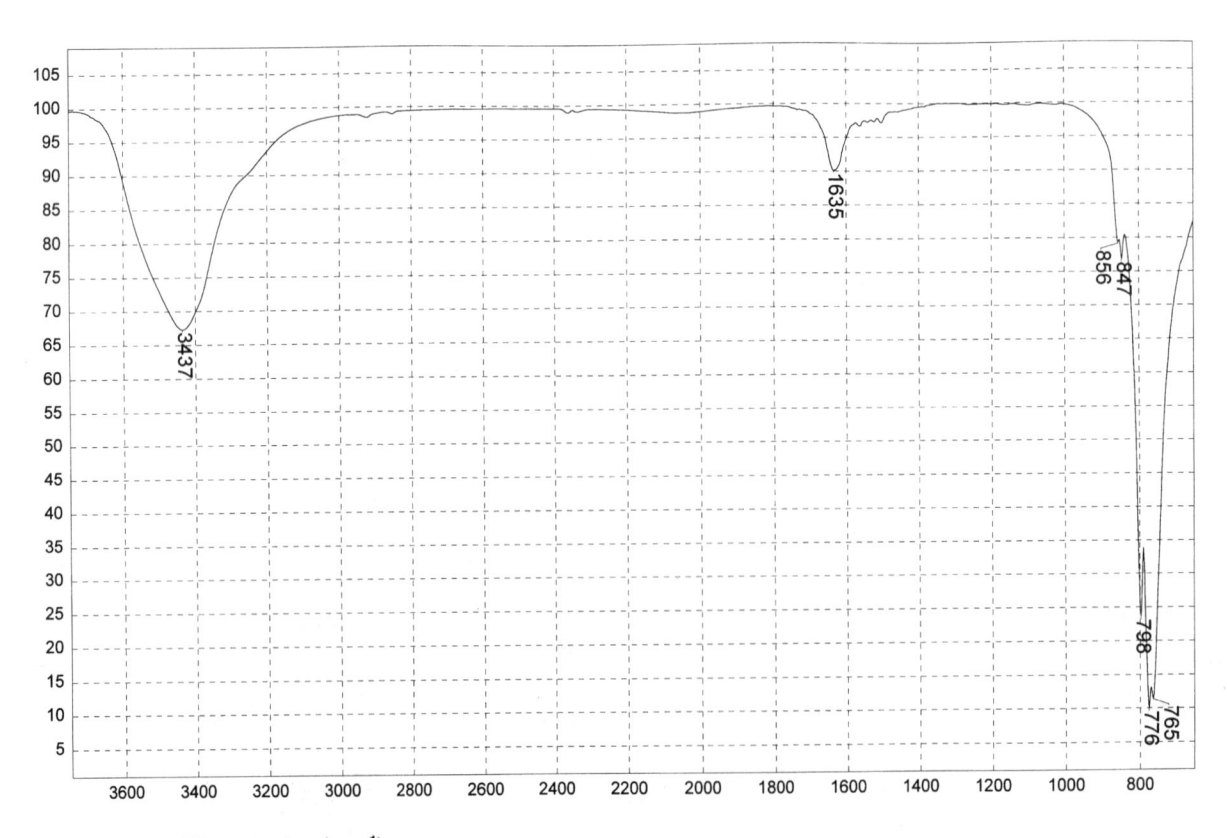

1090 SODIUM IODATE (IN KBr)

1091 POTASSIUM IODATE (IN KBr)

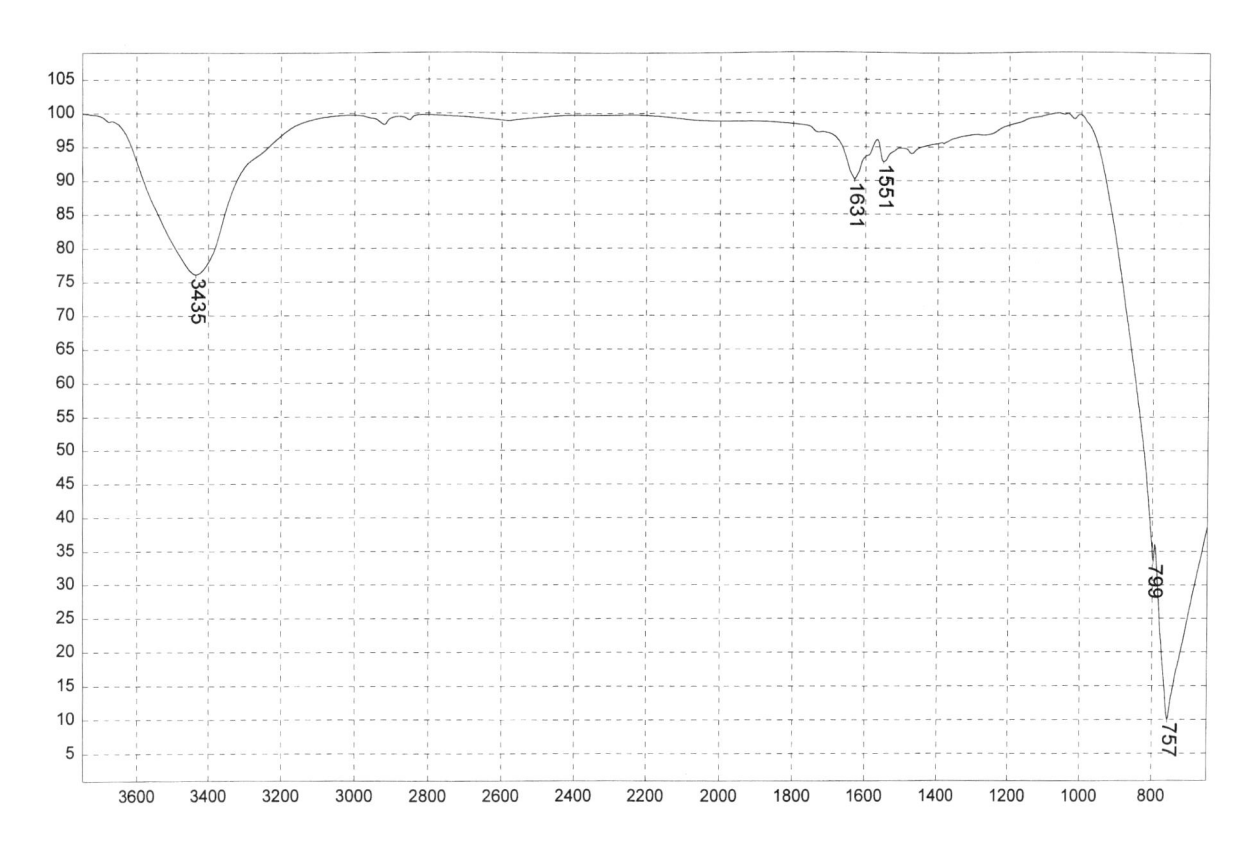

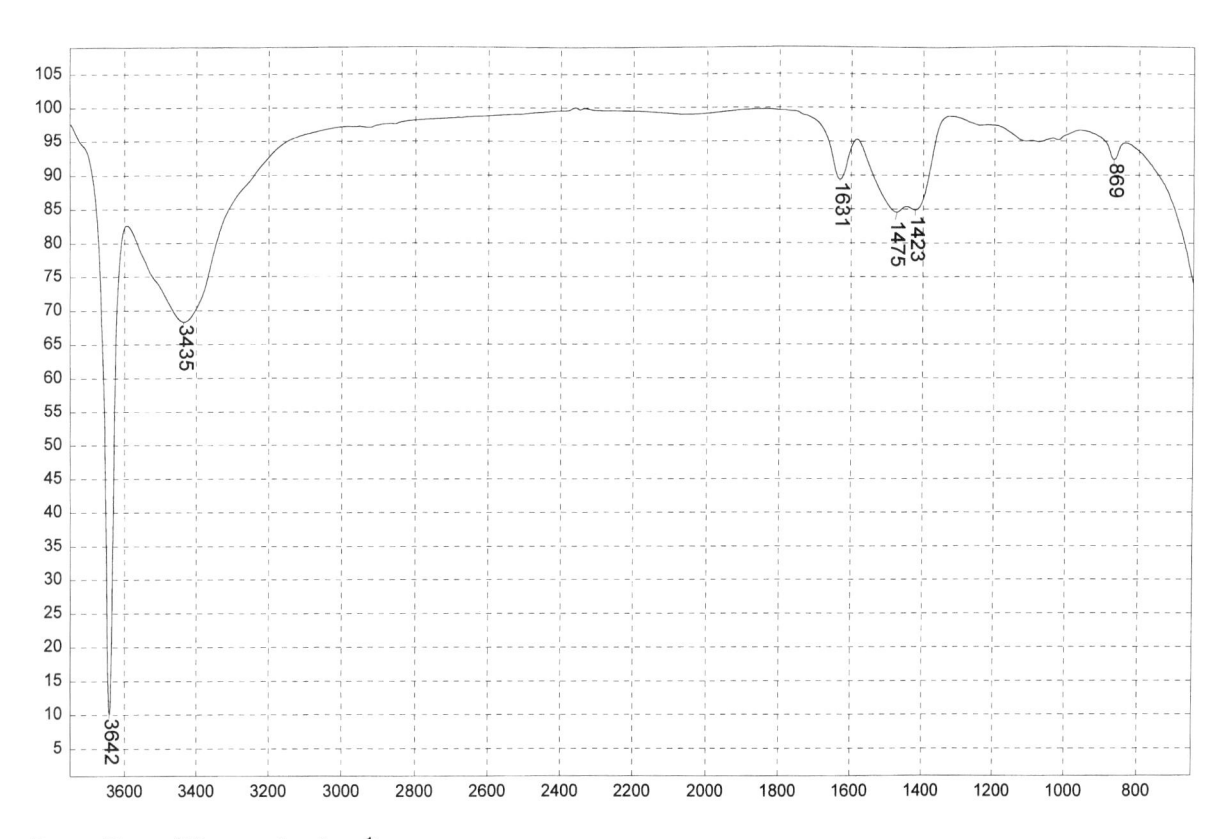

1092 CALCIUM OXIDE (IN KBr)

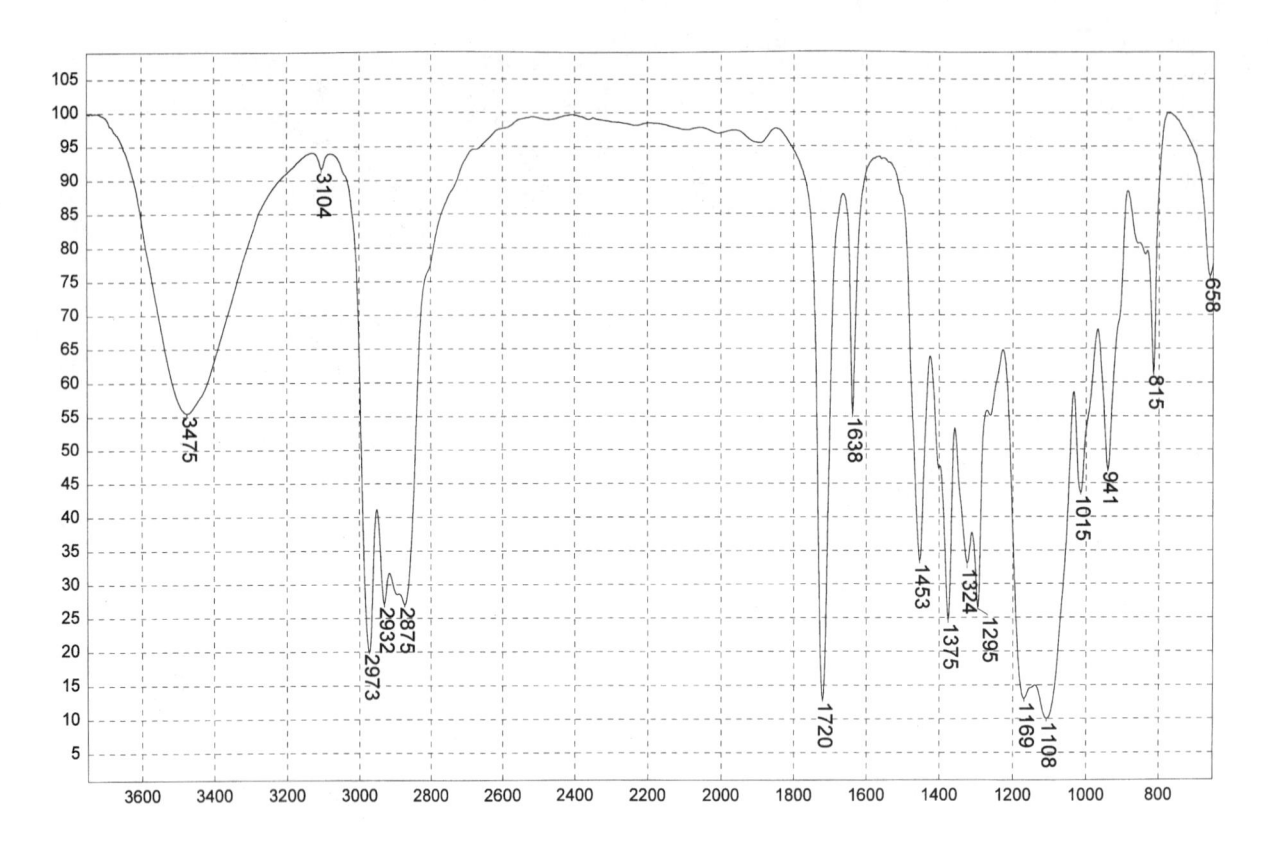

1093 METHACRYLATE, NEAT LIQUID

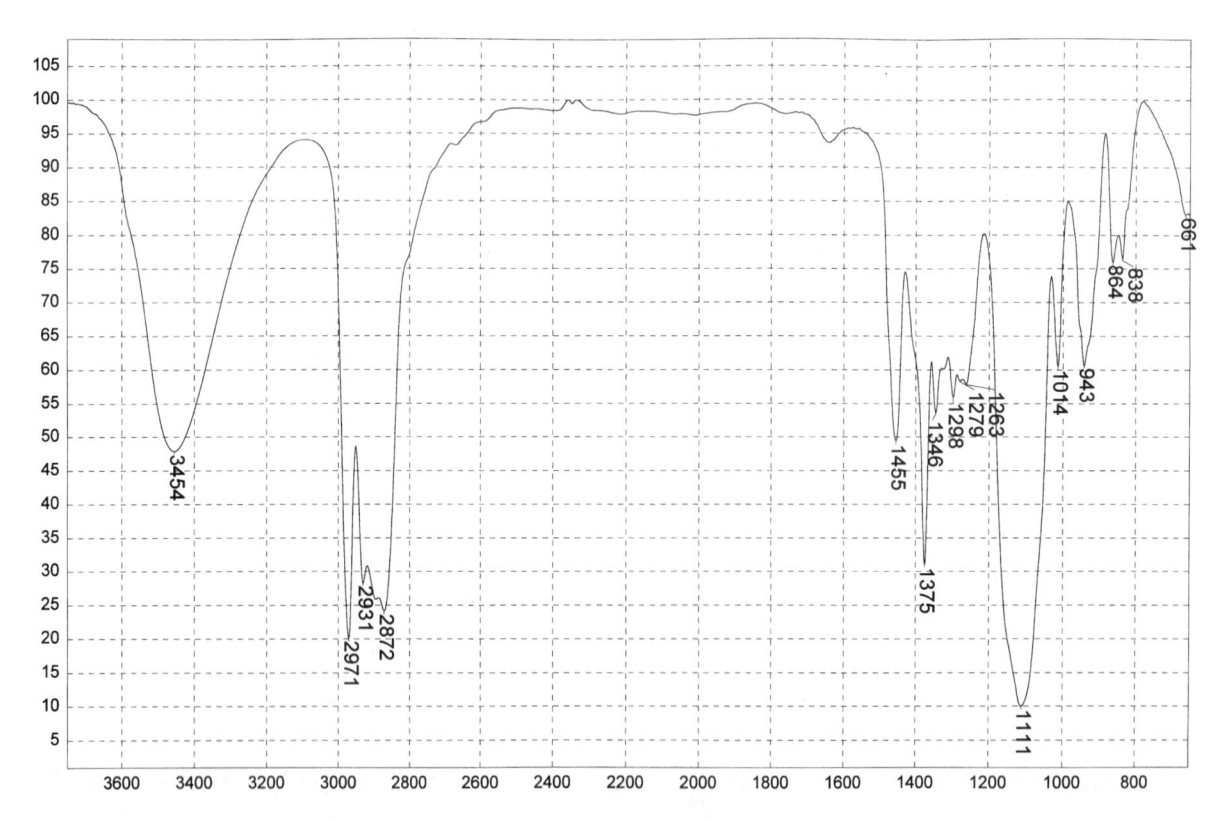

1094 POLY(PROPYLENE GLYCOL), M.W. APPROXIMATELY 425

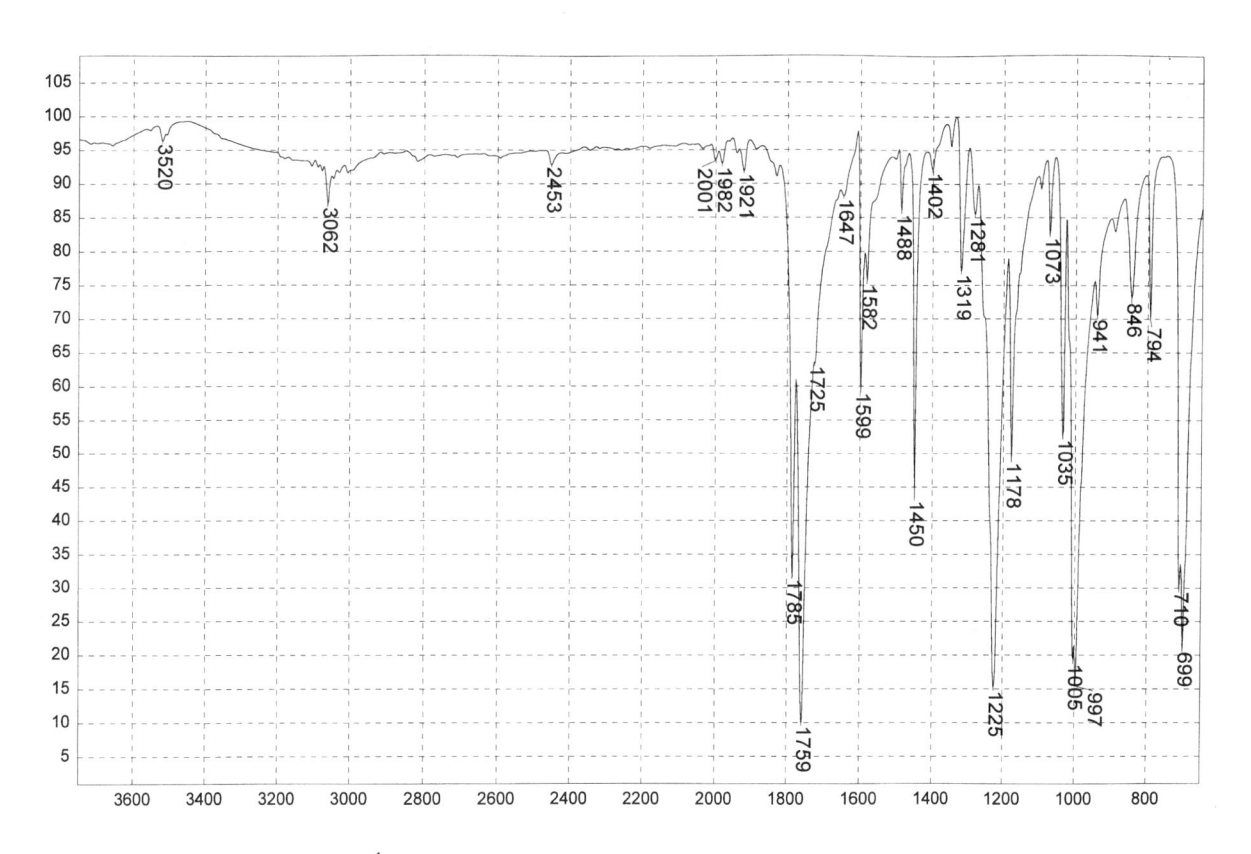

BENZOYL PEROXIDE, 97% (IN KBr) — 1095

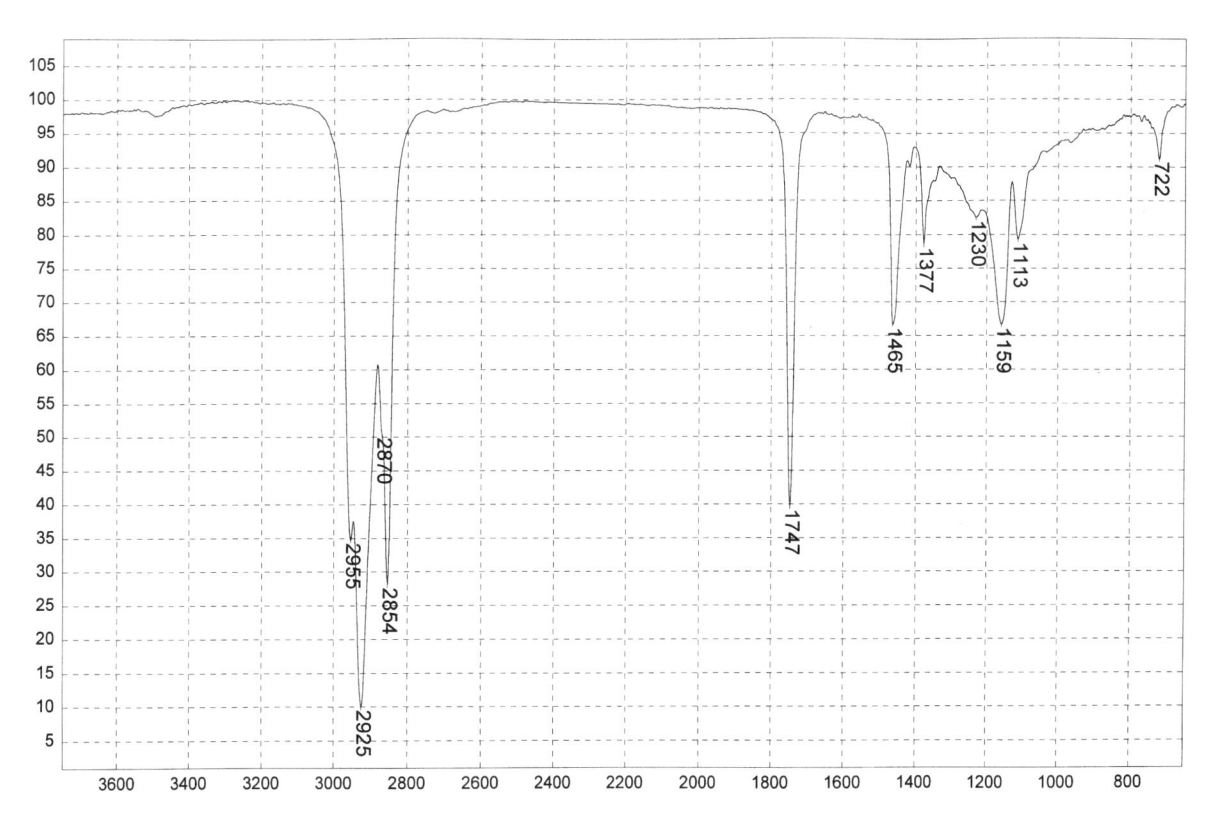

ALOE VERA, CAPILLARY FILM BETWEEN KCl — 1096

45

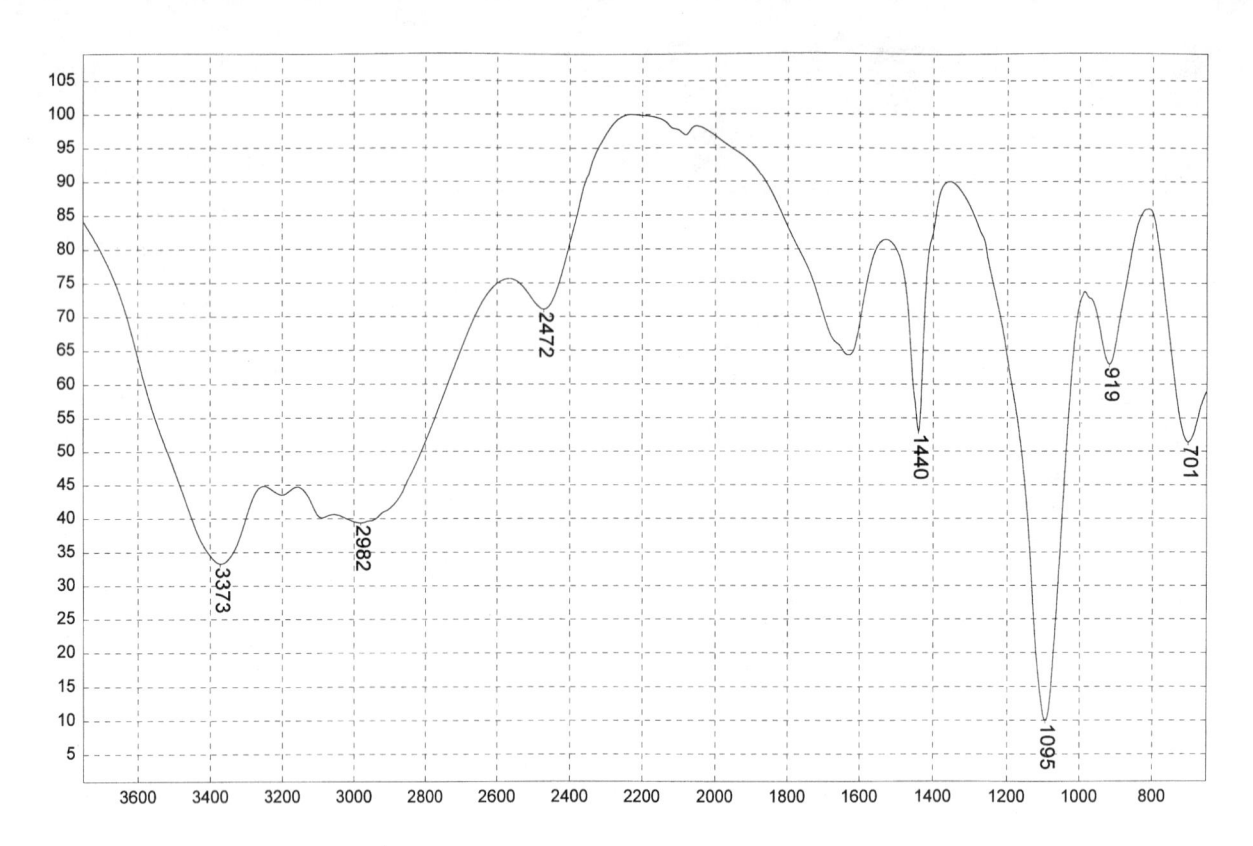

1097   **ALUMINUM AMMONIUM SULFATE (IN KBr)**

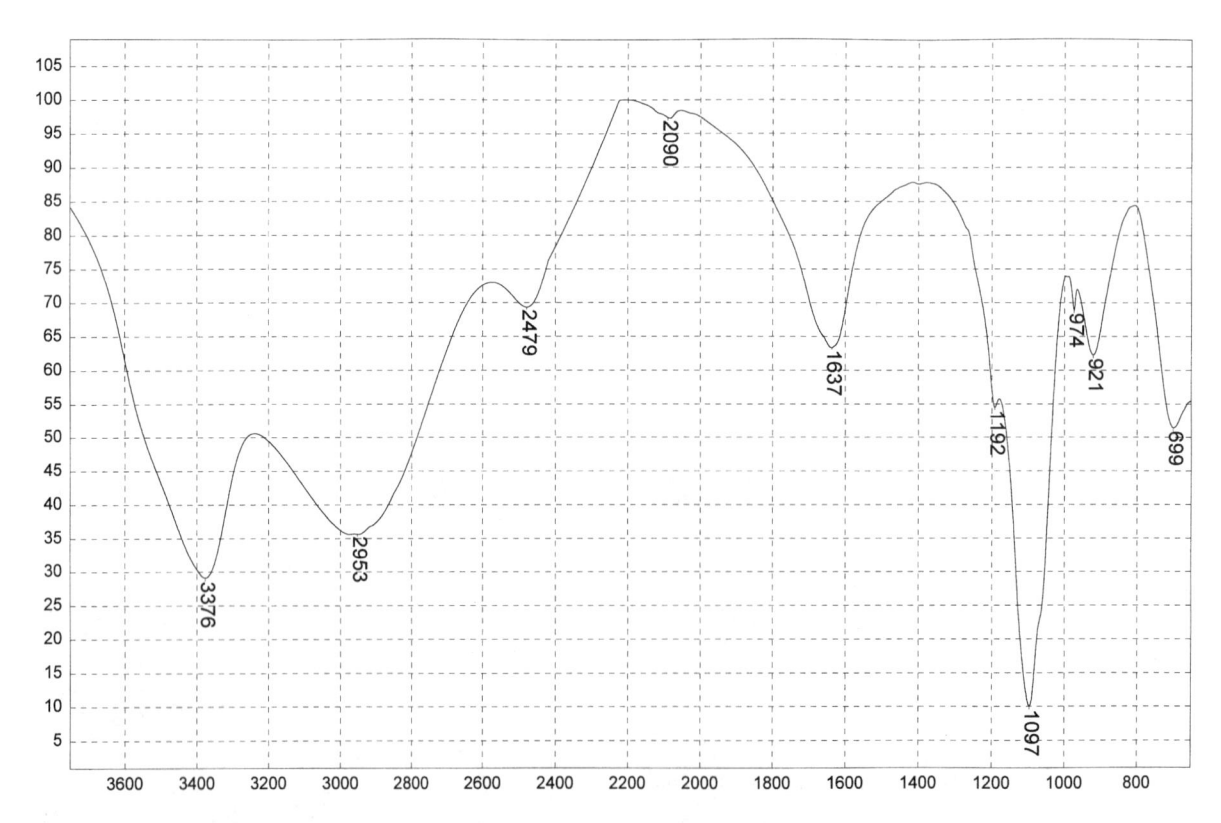

1098   **ALUMINUM POTASSIUM SULFATE (IN KBr)**

1099 ALUMINUM SODIUM SULFATE (IN KBr)

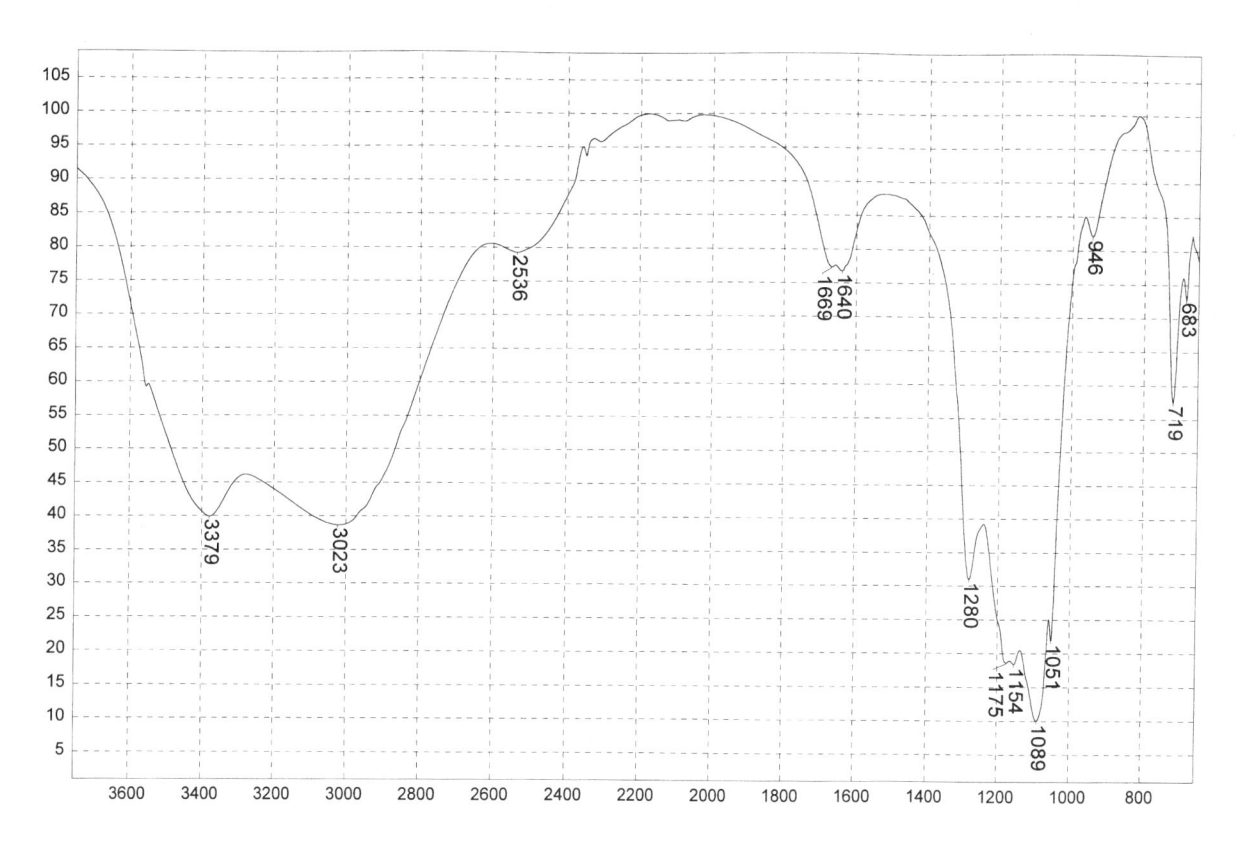

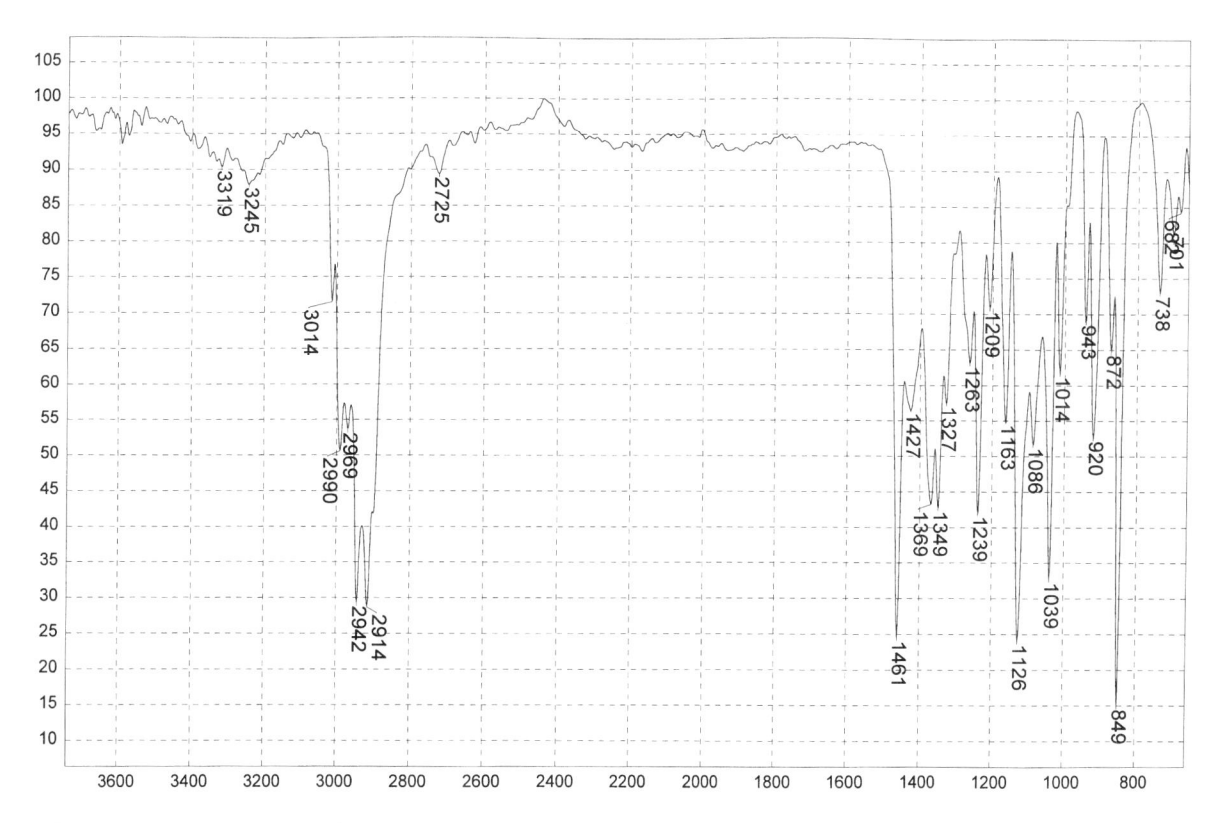

Transmittance / Wavenumber (cm⁻¹)

1100 SUCROSE

Reflectance / Wavenumber (cm⁻¹)

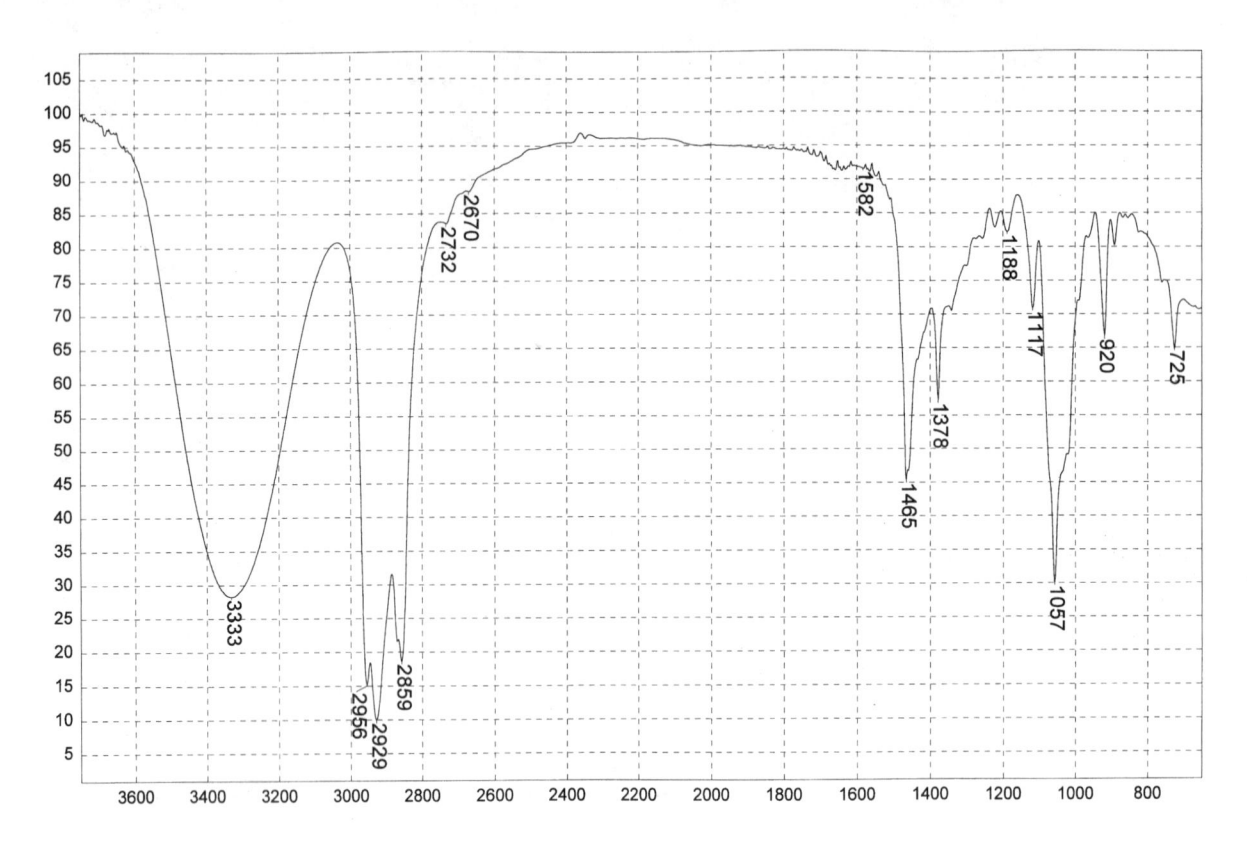

Transmittance / Wavenumber (cm^{-1})

| 1101 | | **HEXANOL** |

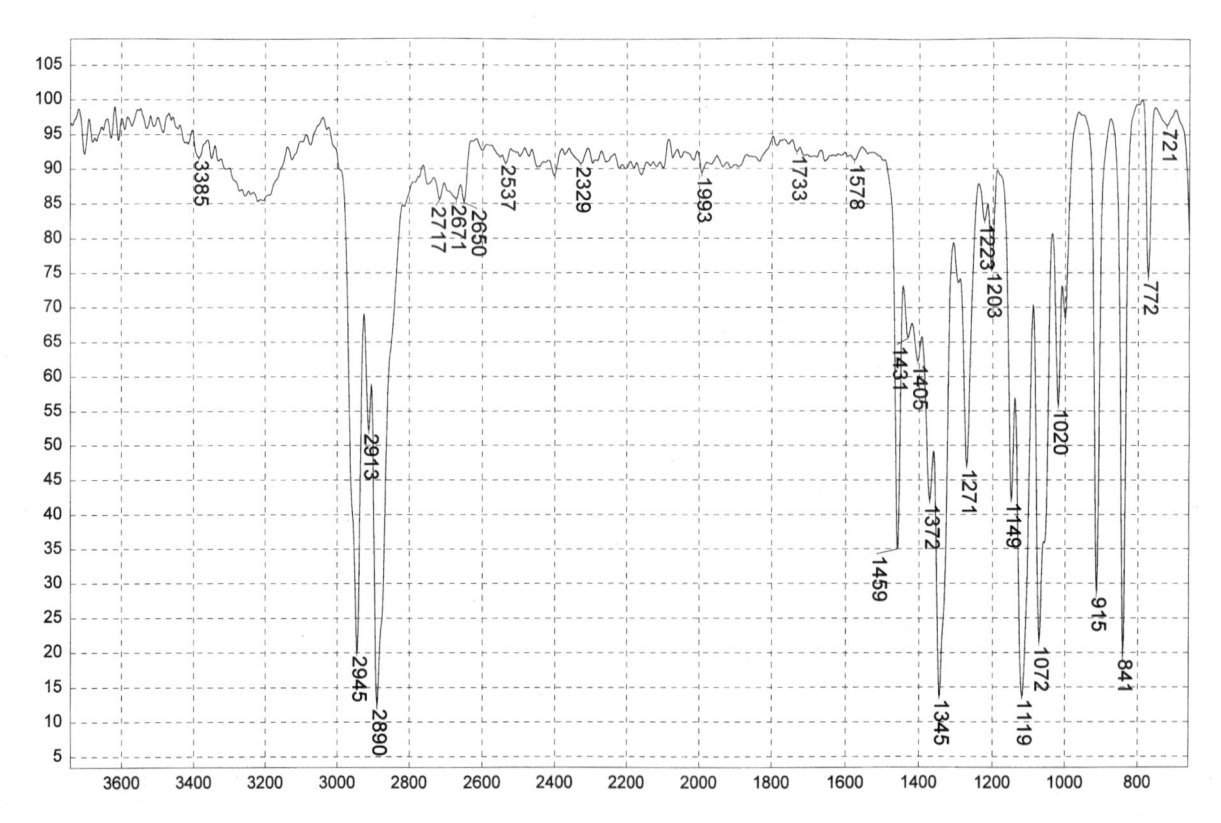

Reflectance / Wavenumber (cm^{-1})

| 1102 | | **GLUCOSE** |

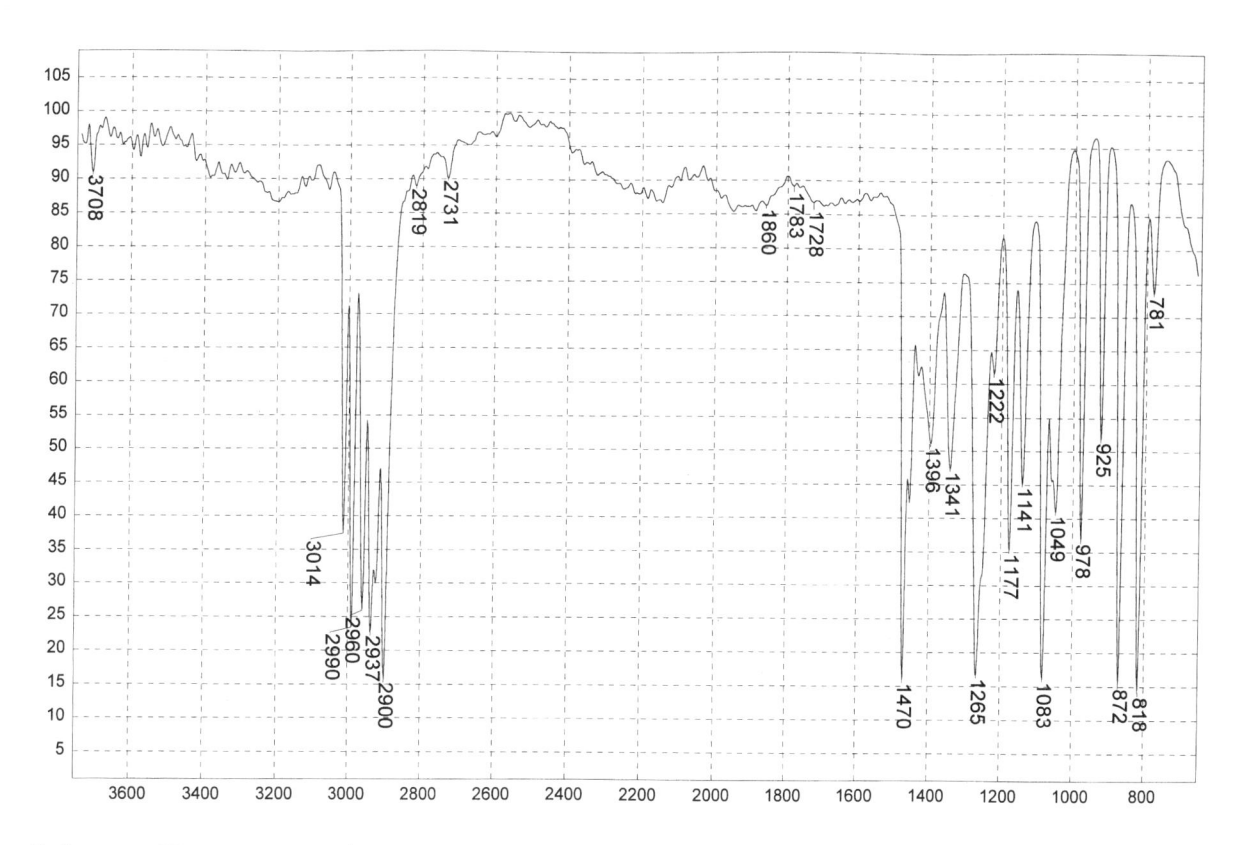

1103　FRUCTOSE

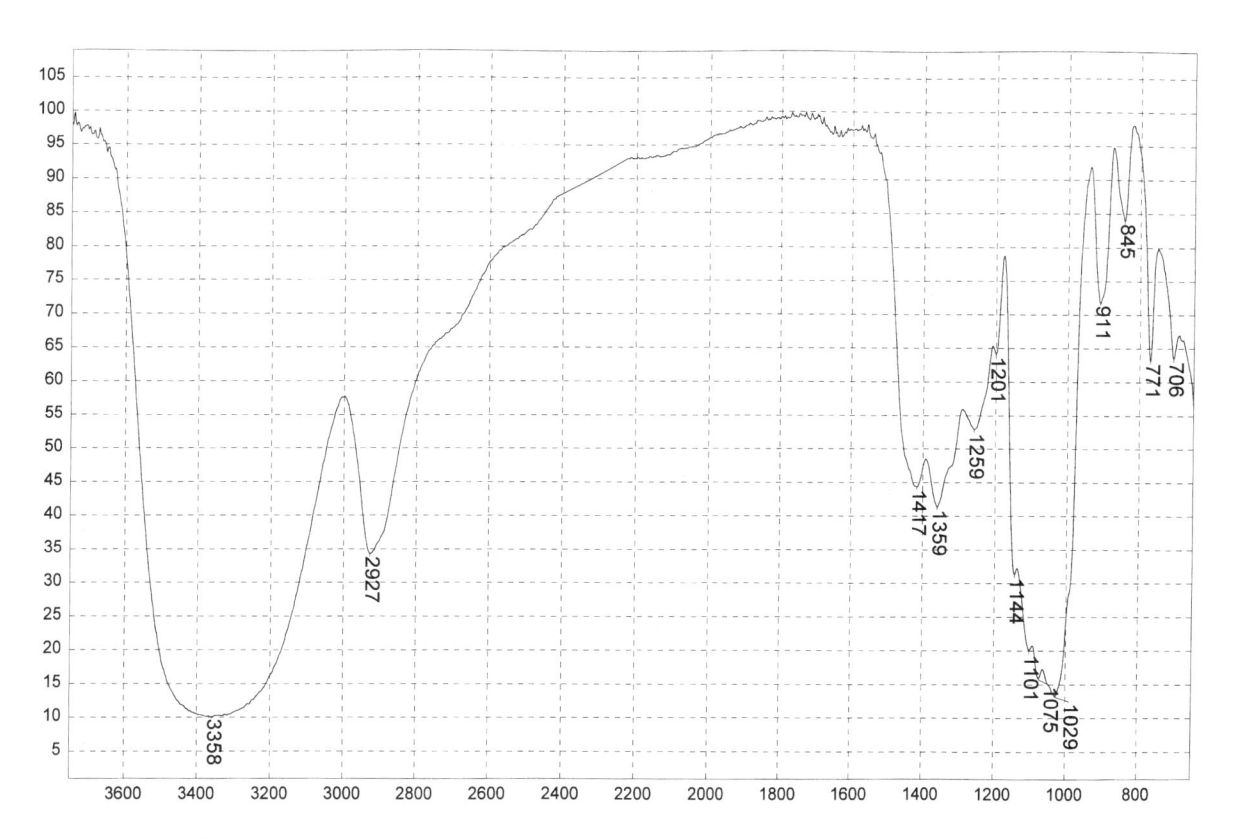

1104　DEXTROSE, CAST FILM ON AgBr

49

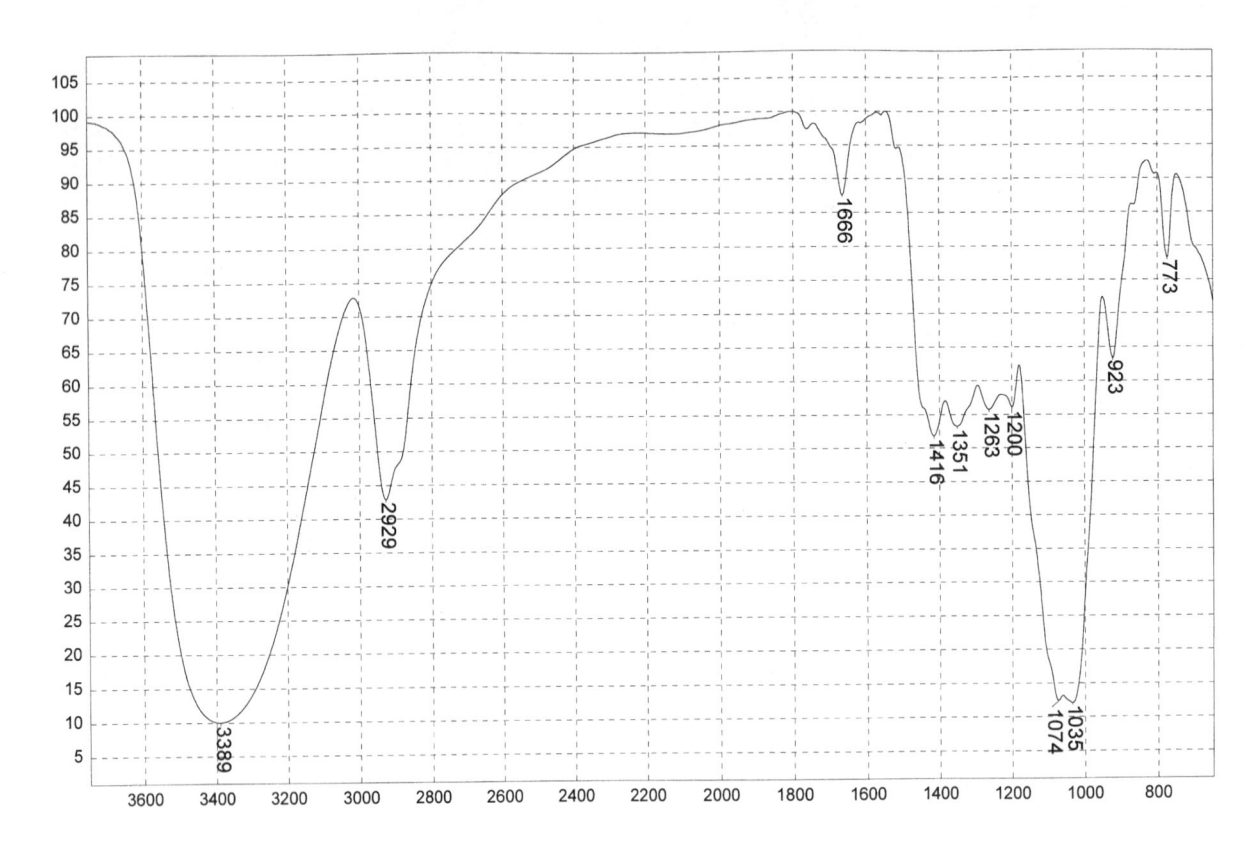

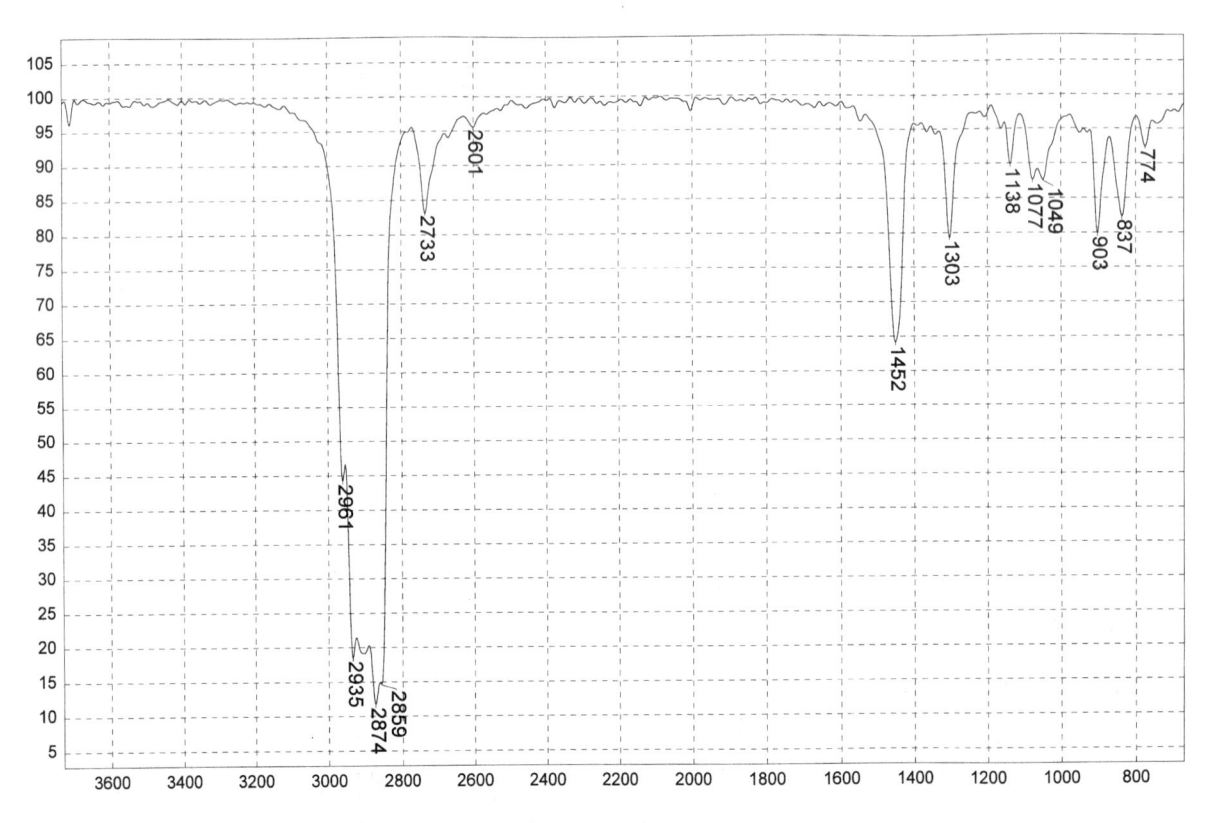

1105 COLA, GENERIC

1106 HEPTANE

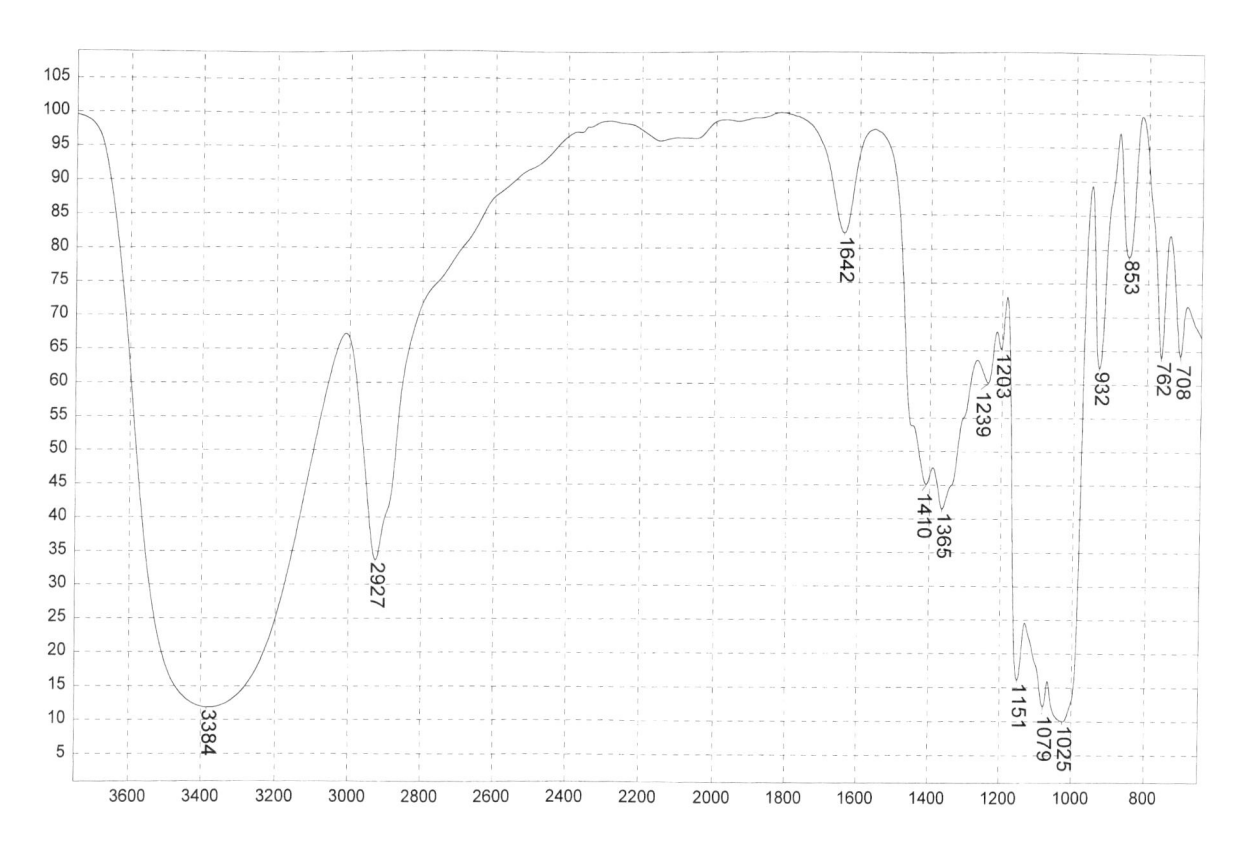

1107   STARCH, CAST FILM ON AgBr

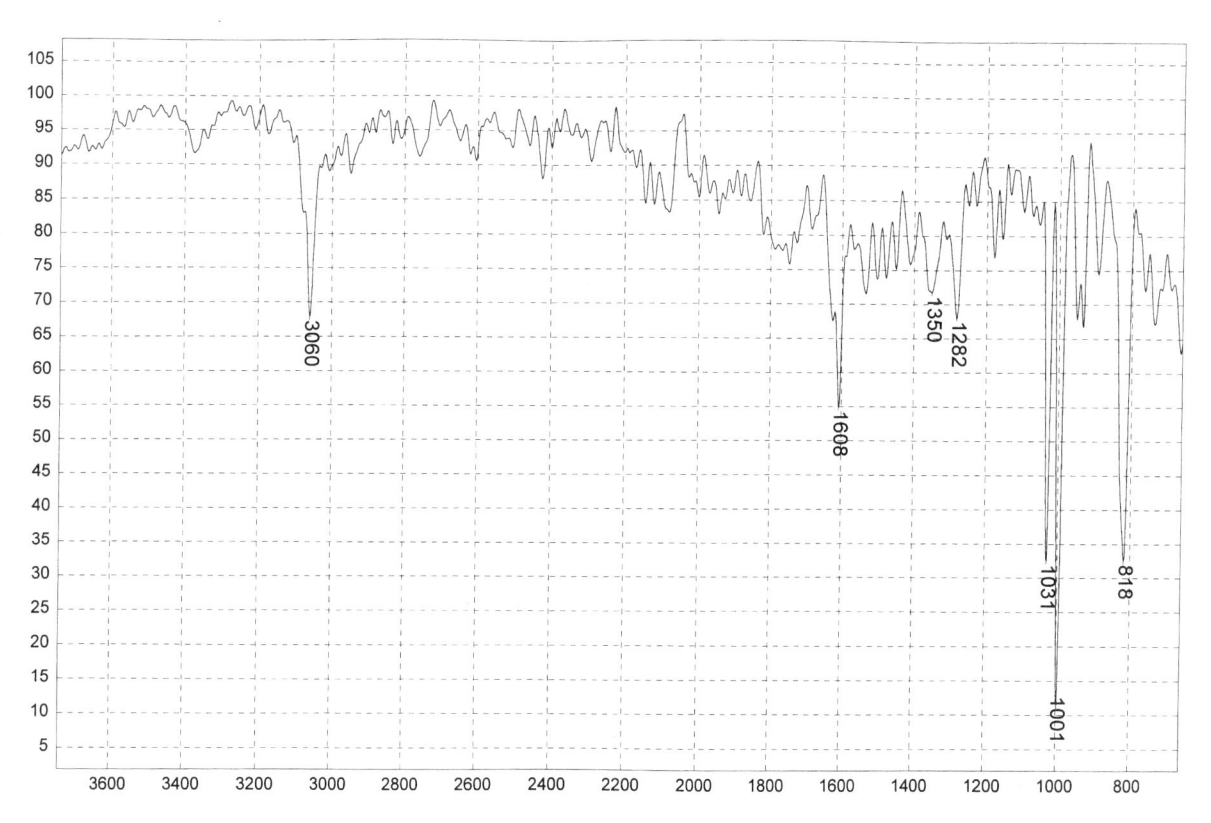

1108   ANILINE, LIQUID

POLYCARBONATE

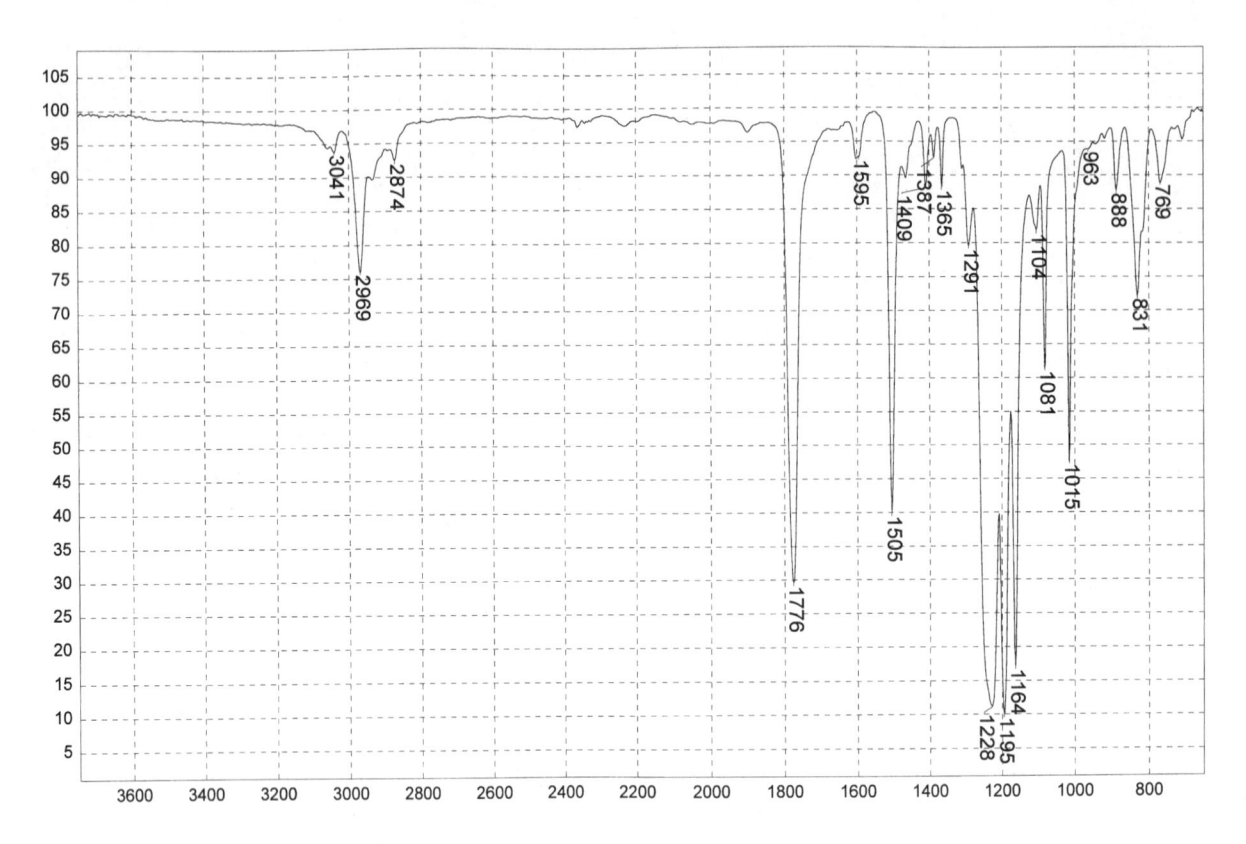

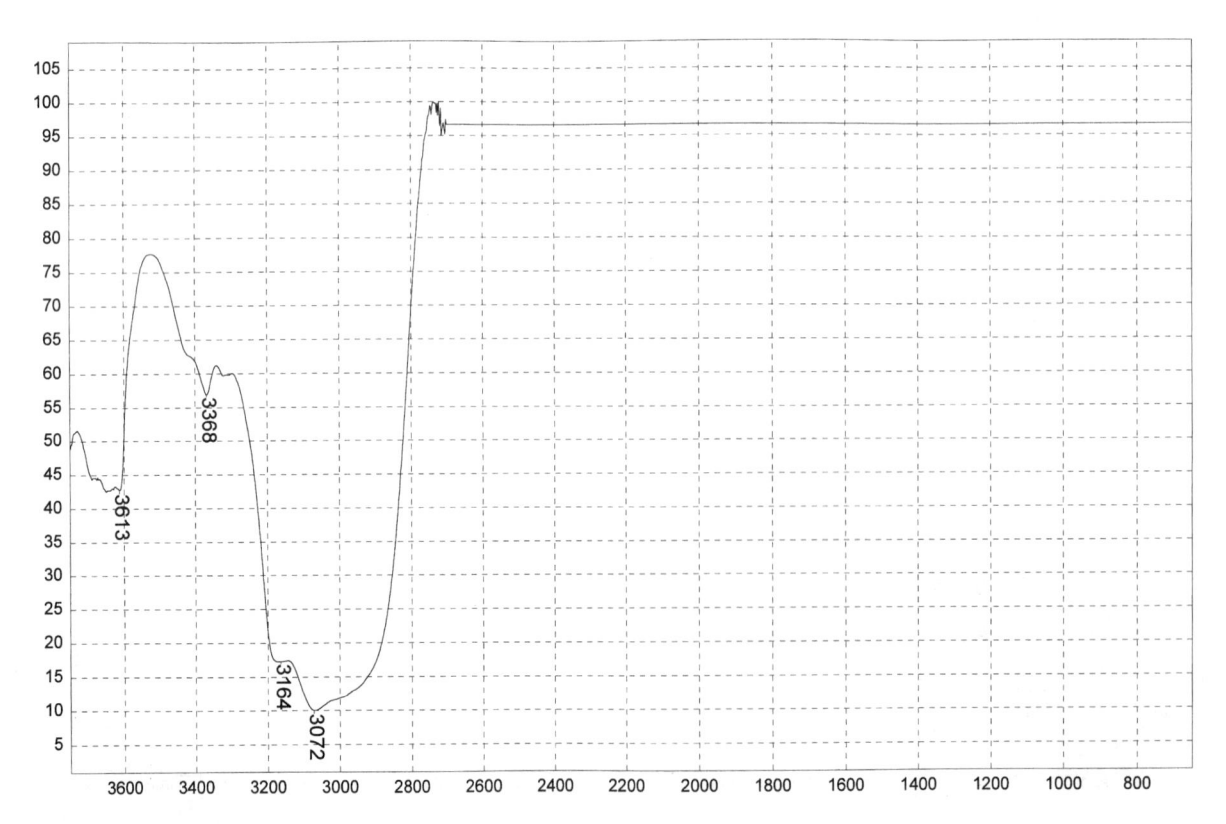

1109

DECANE, LIQUID

1110

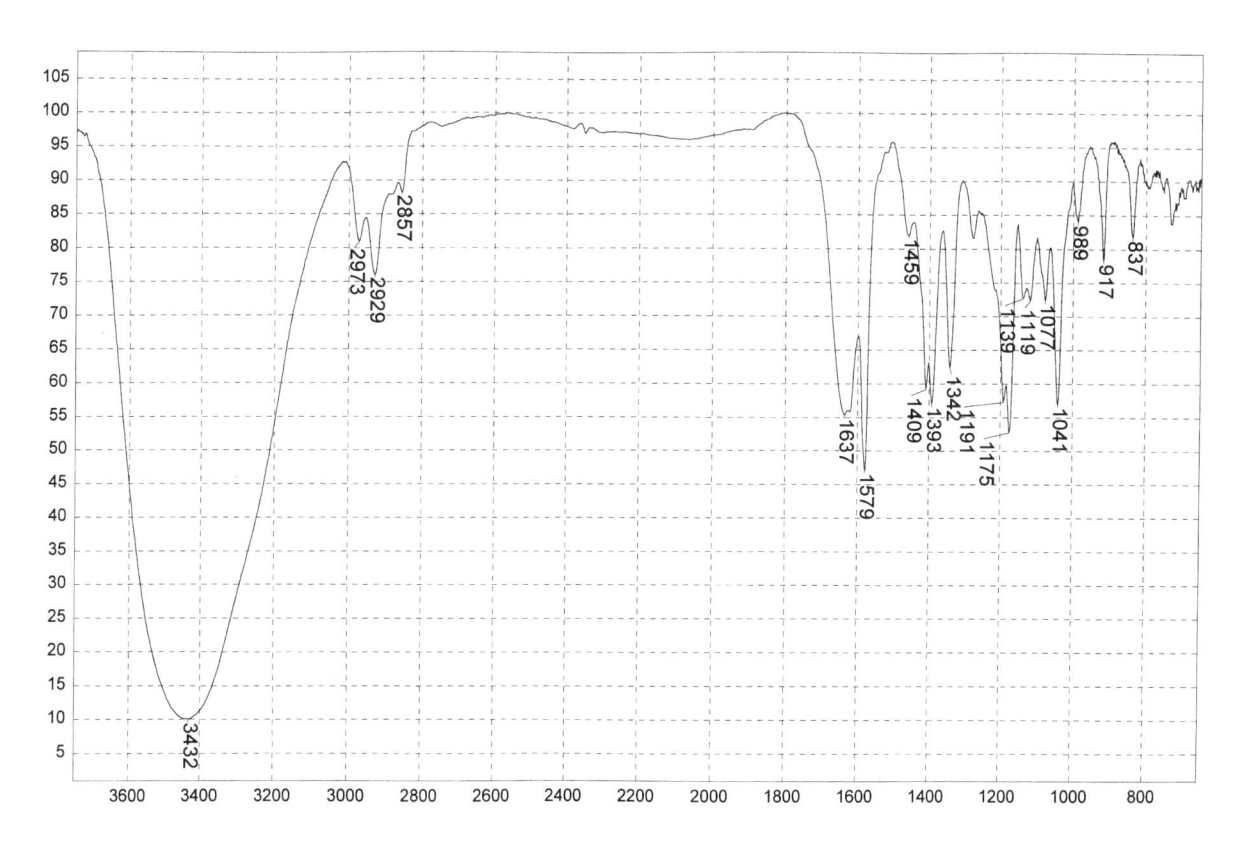

1111 FD&C BLUE NO. 1 DYE (IN KBr)

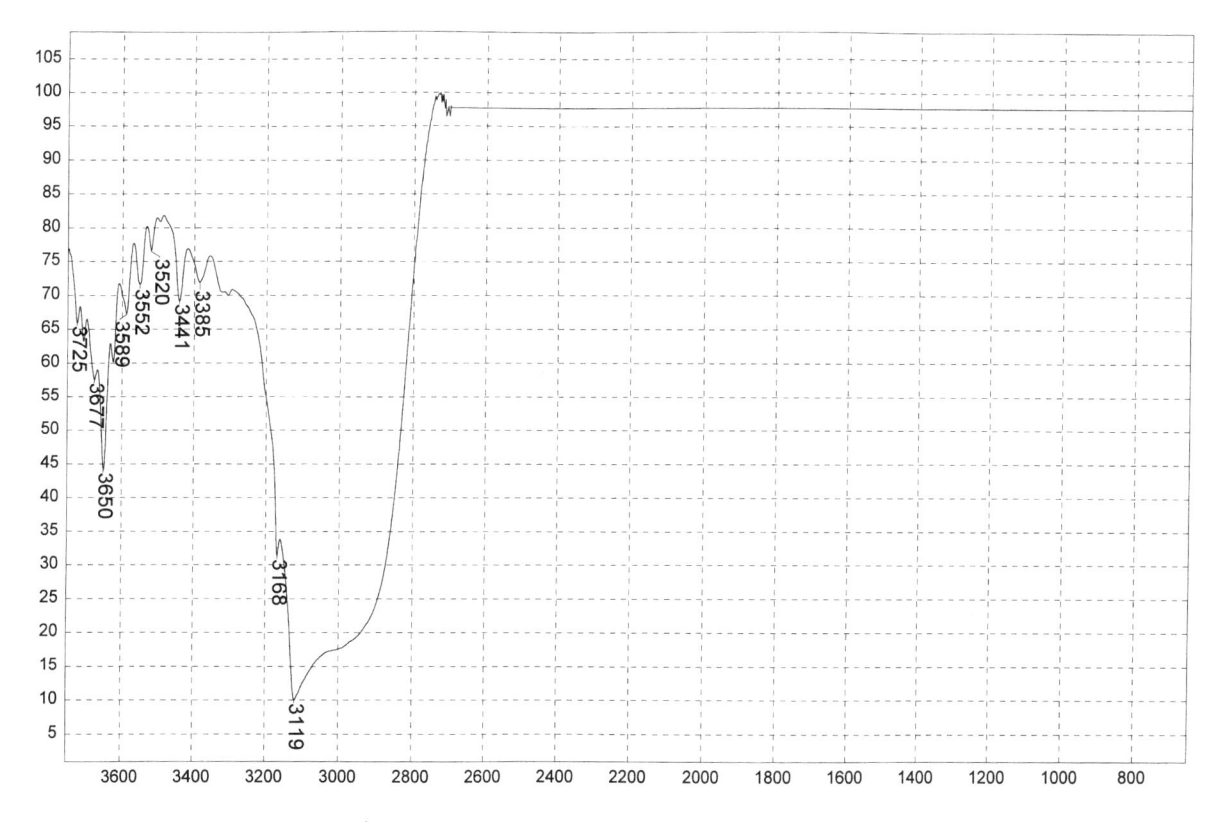

1112 TOLUENE

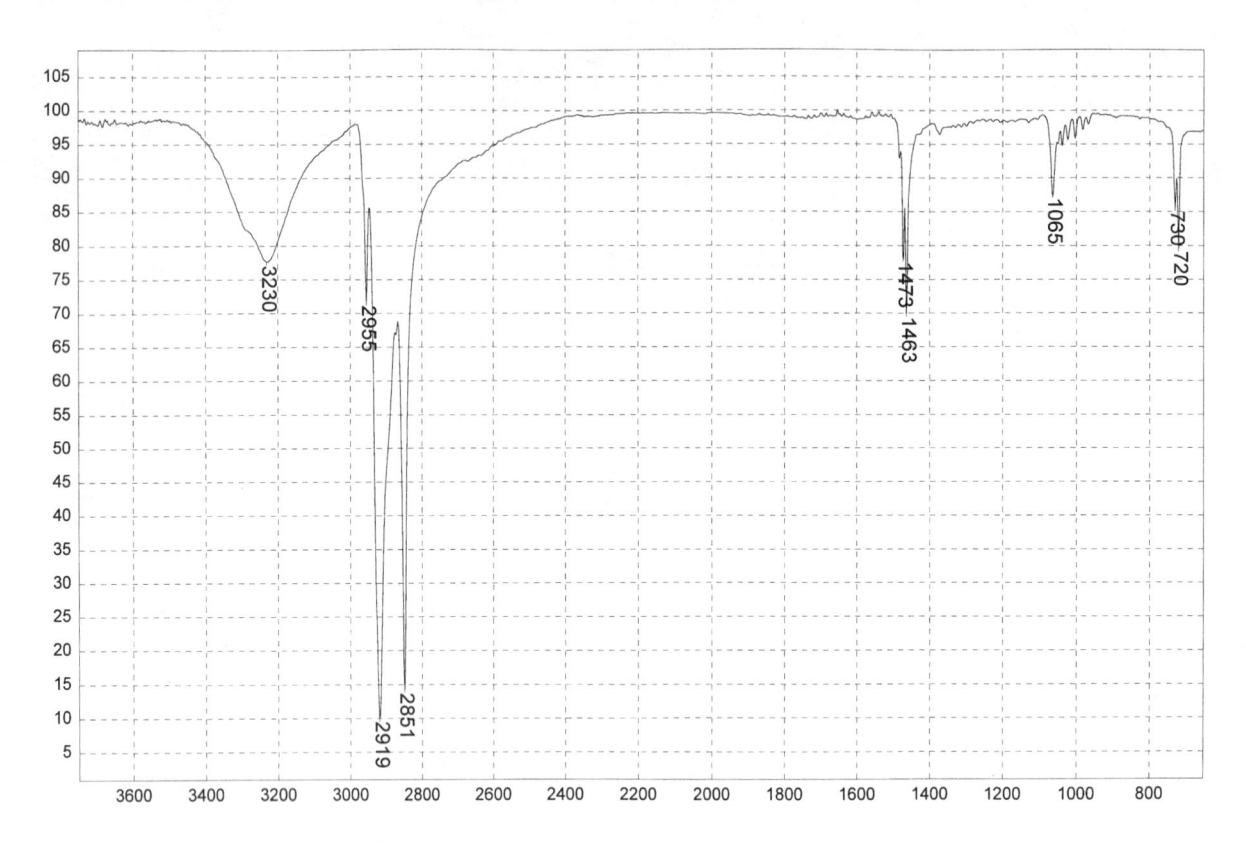

1113 STEARYL ALCOHOL

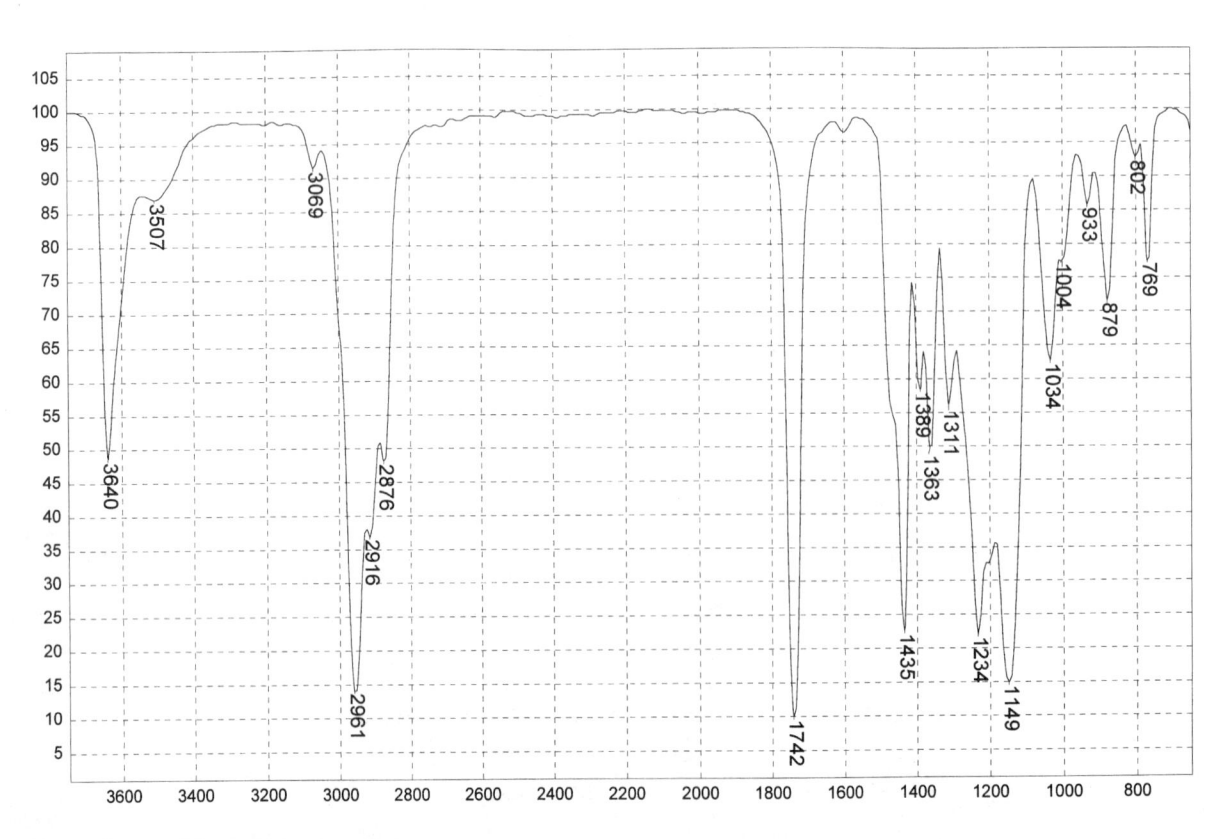

1114 Methylene (3,5-di-tert-butyl-4-hydroxyhydrocinnamate)

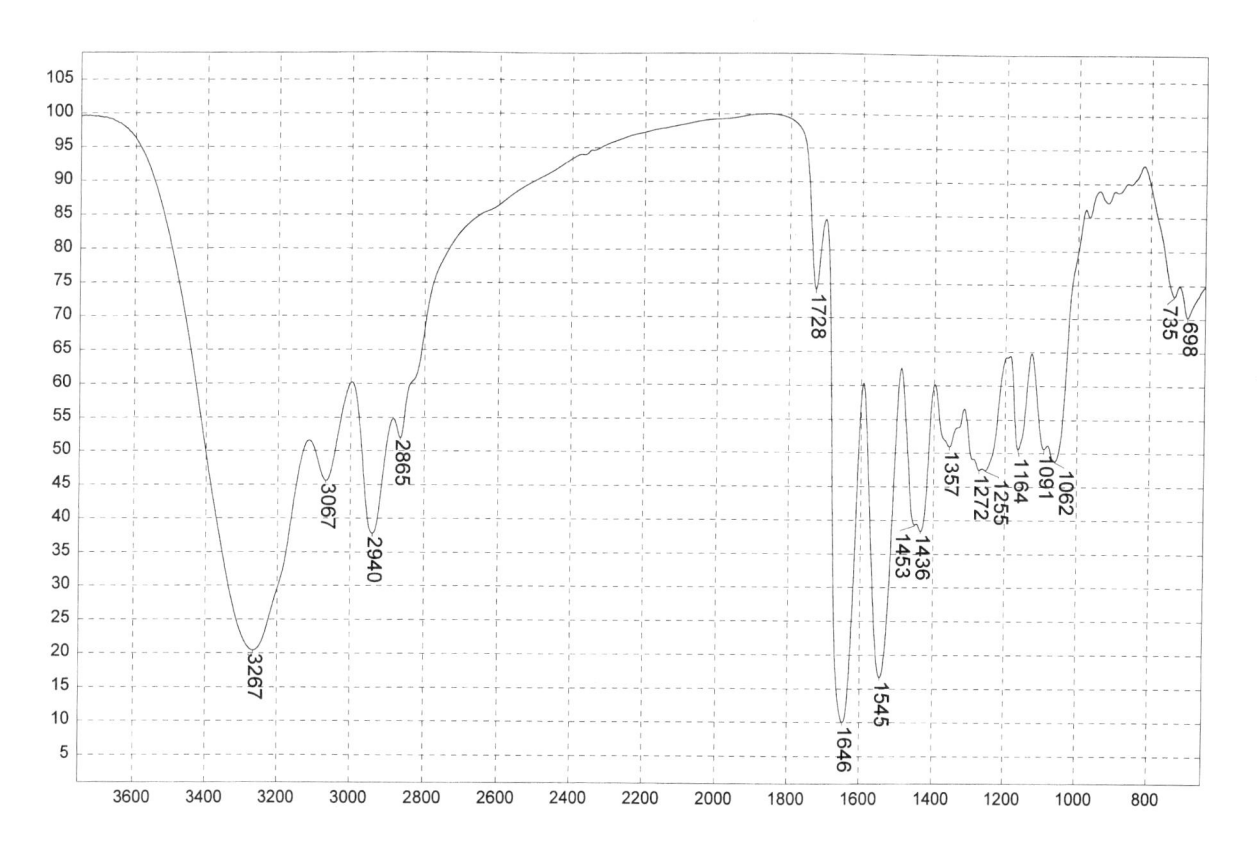

1115   Polyamide-epichlorohydrin resin

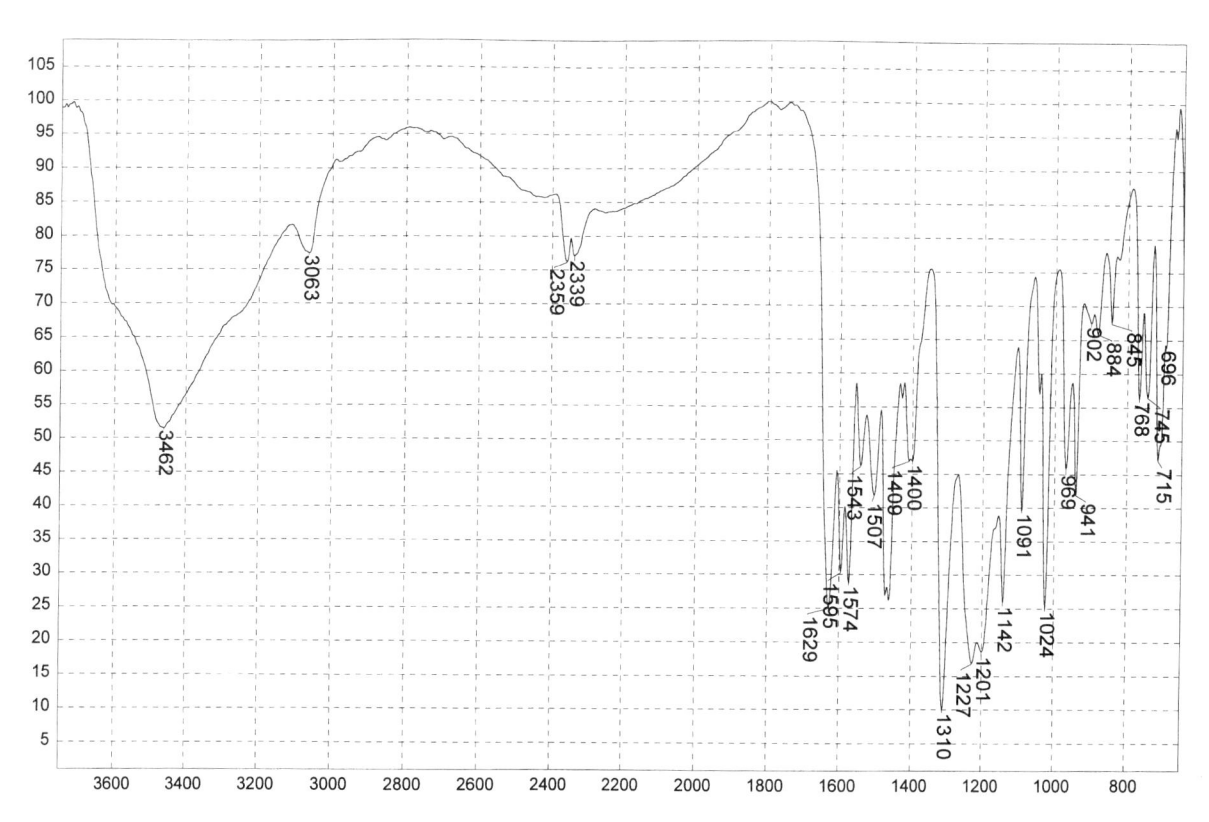

1116   BROMOPHENOL BLUE

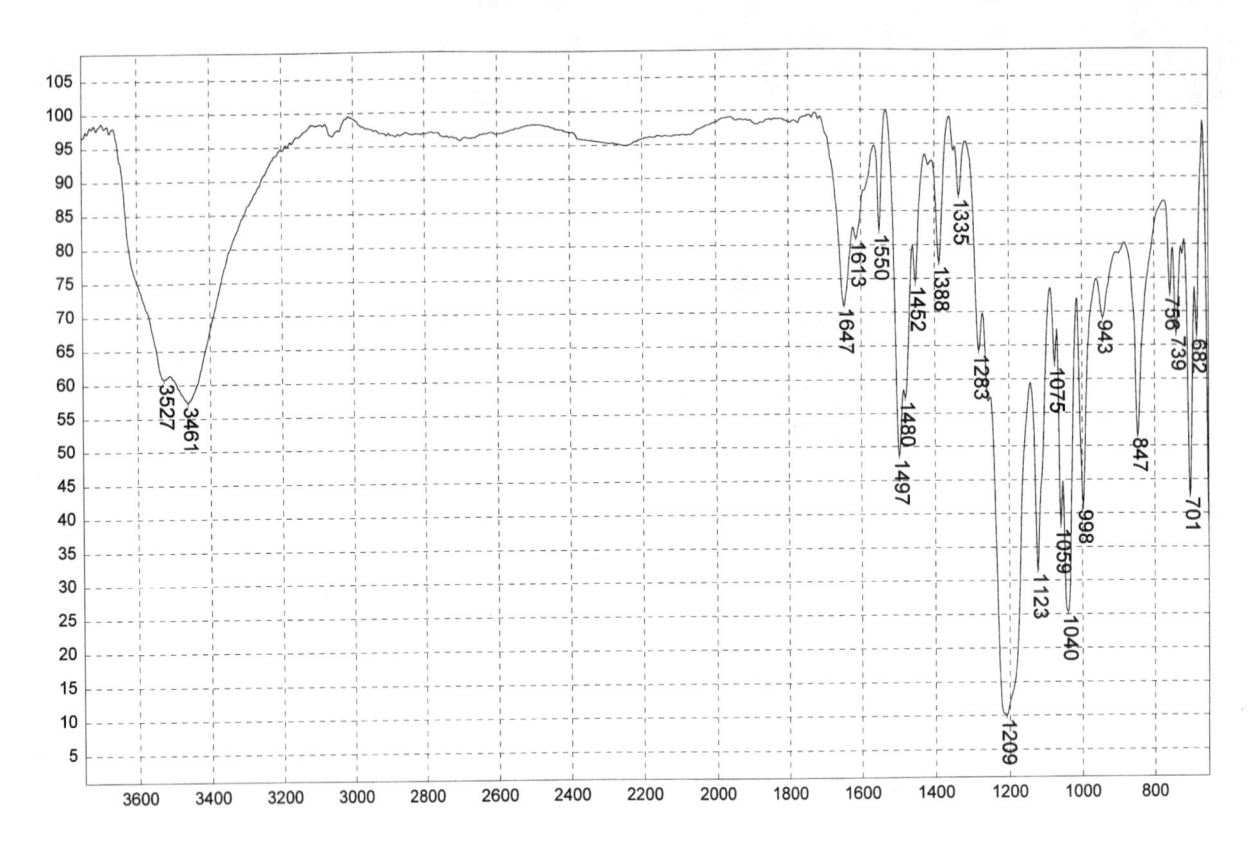

1117   **PONEAC S RED, DYE**

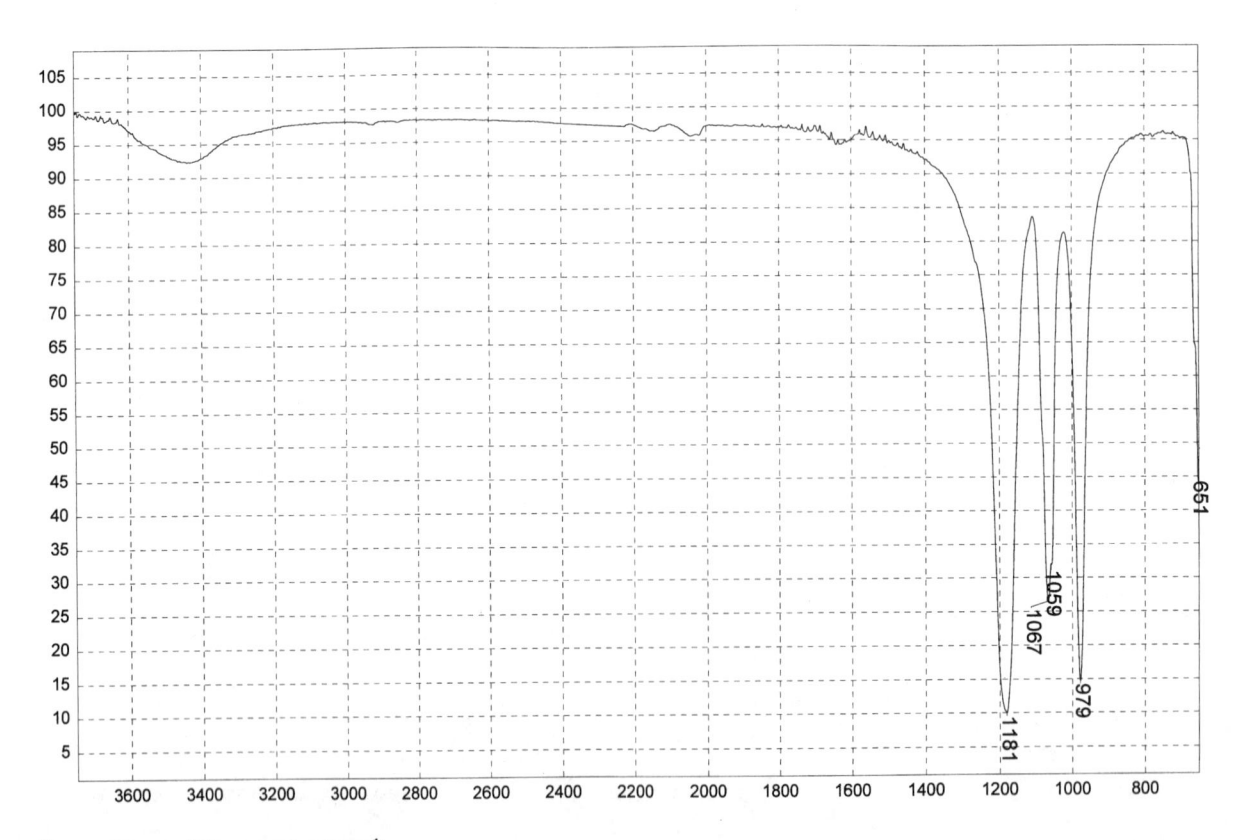

1118   **SODIUM BISULFITE**

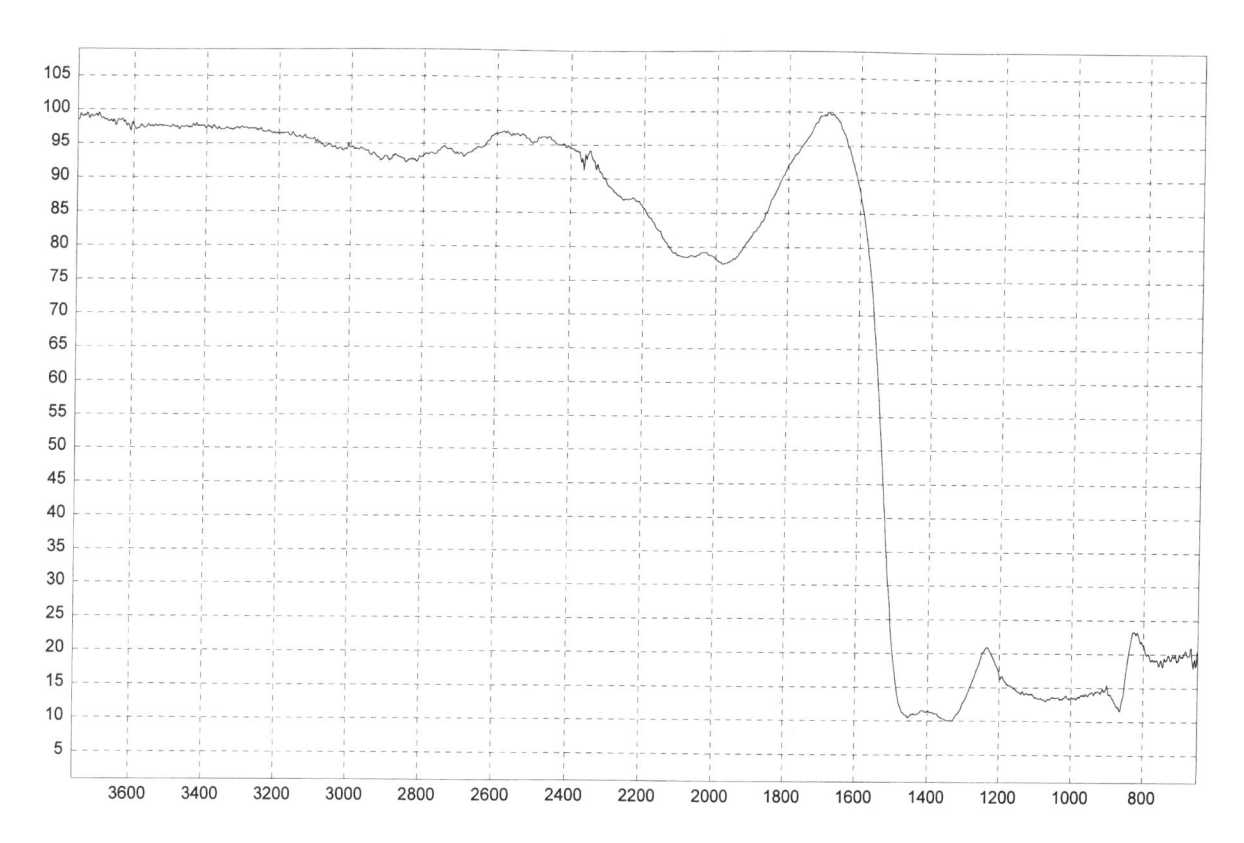

1119   **SILICA, FLINT GLASS**

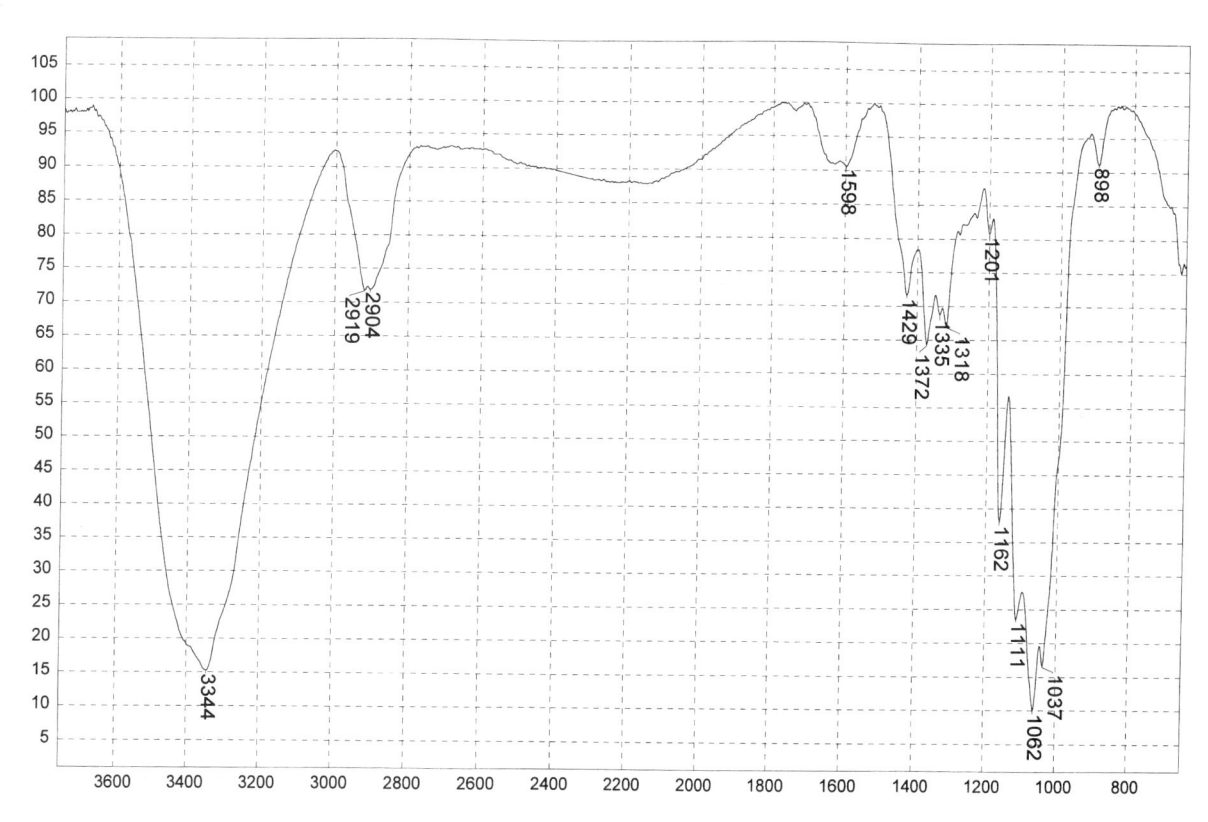

1120   **CELLULOSE (NATURAL COTTON)**

Transmittance / Wavenumber (cm^{-1})

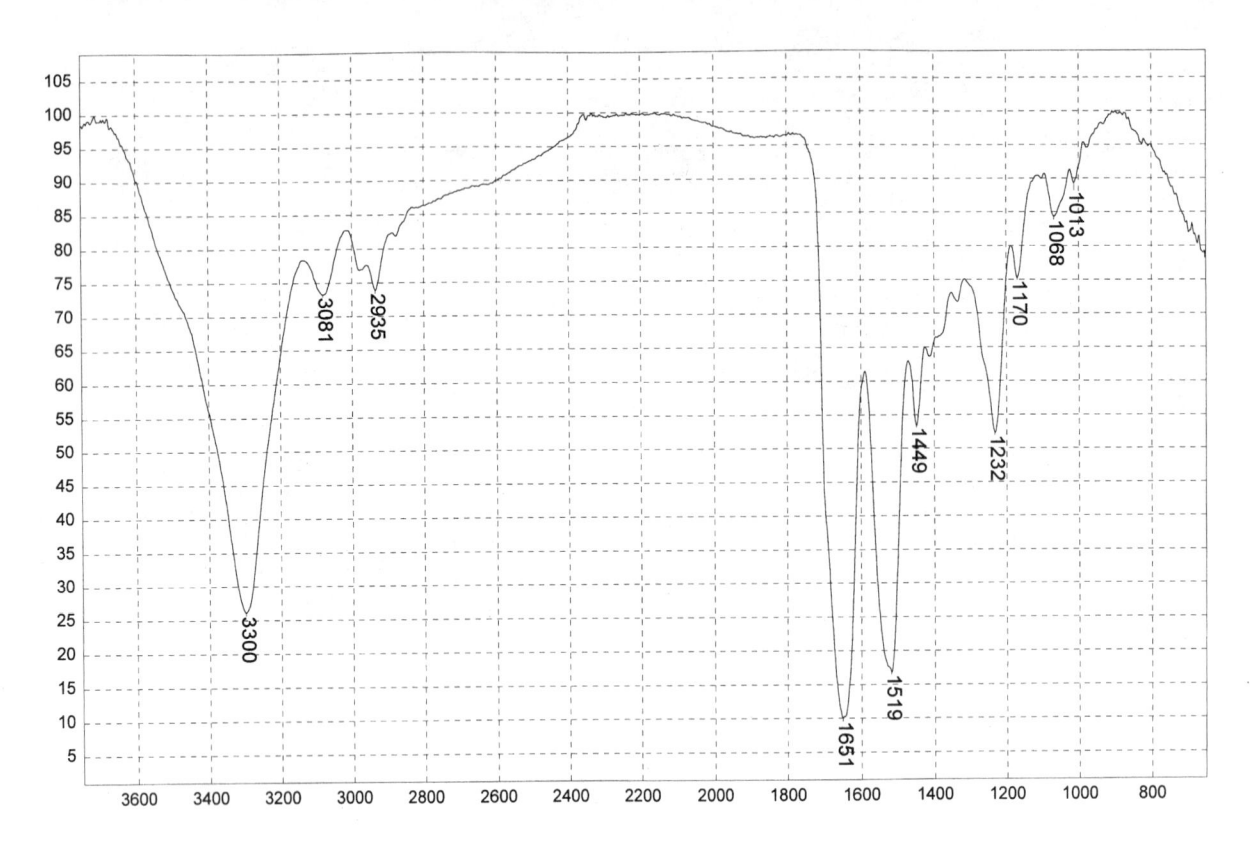

1121   SILK

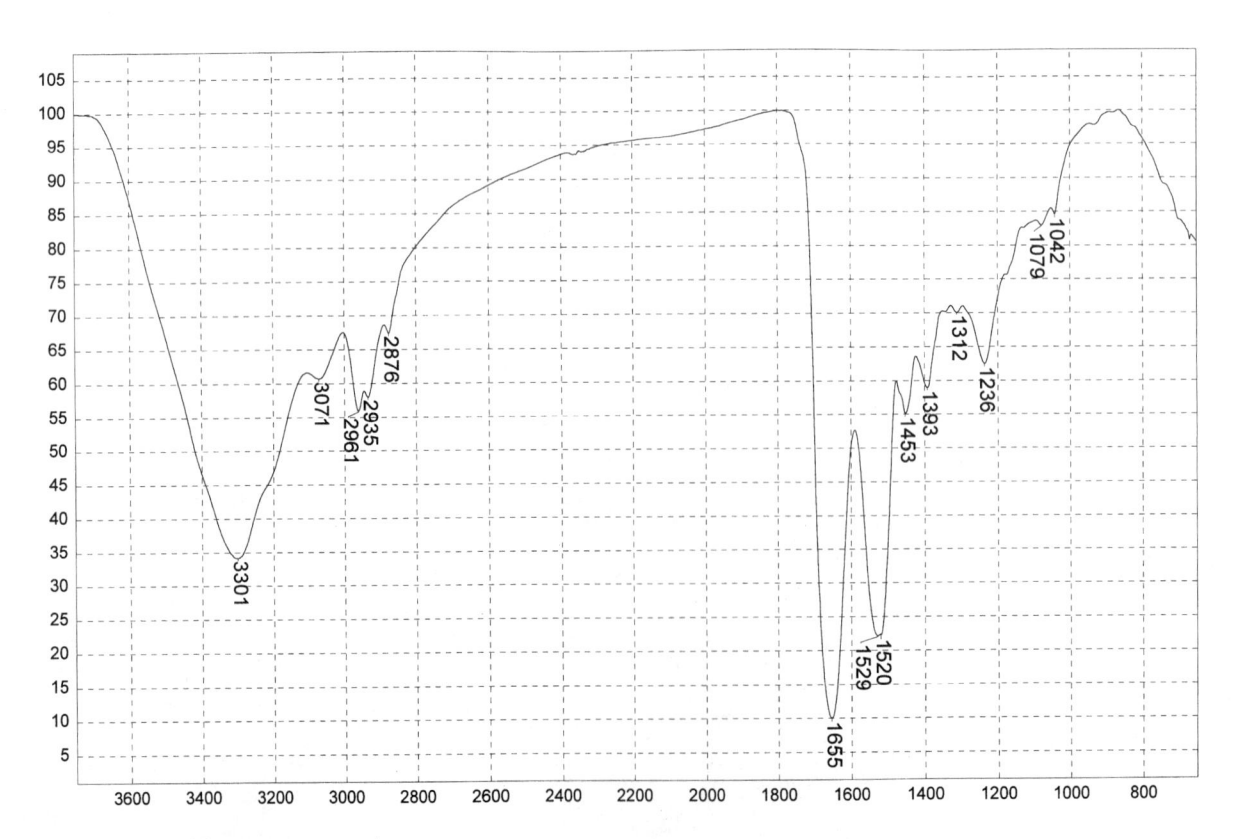

Transmittance / Wavenumber (cm^{-1})

1122   WOOL

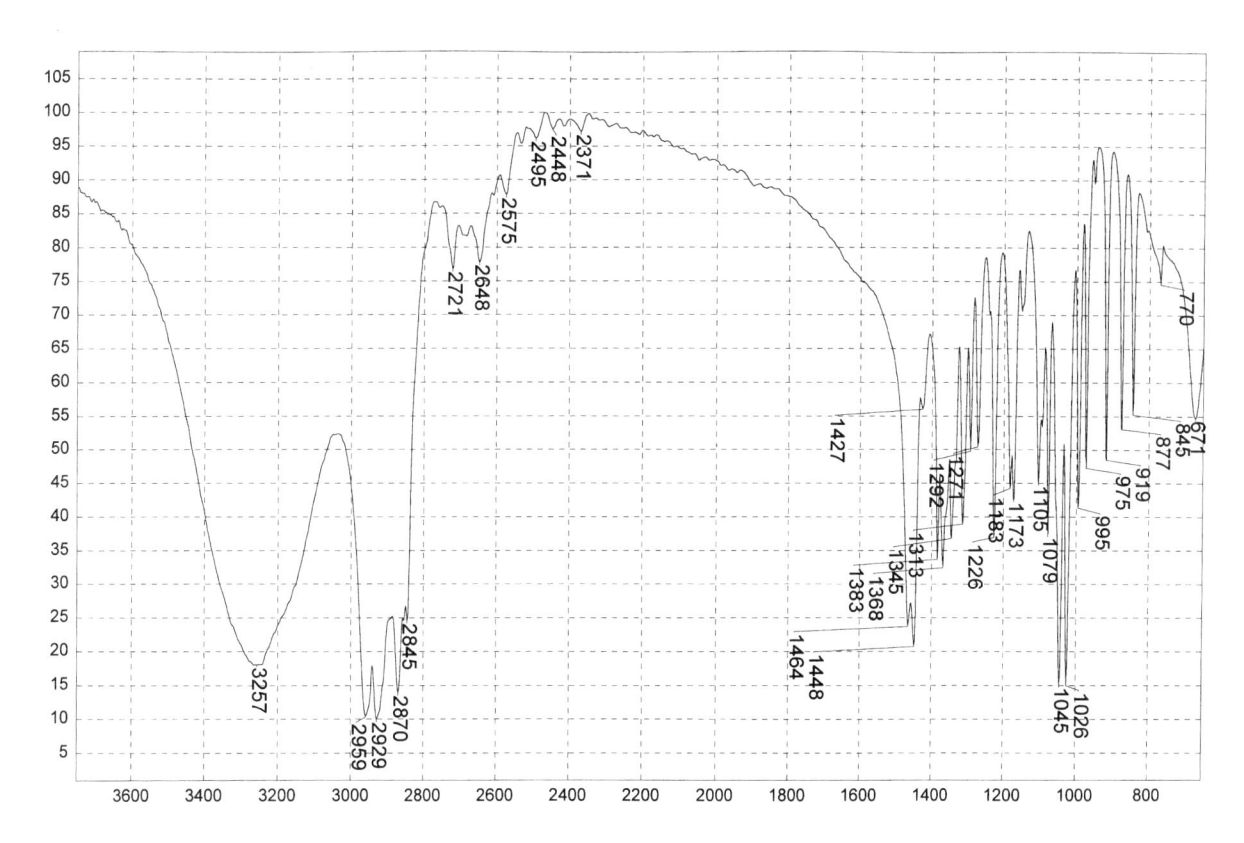

1123 MENTHOL (IN KBr)

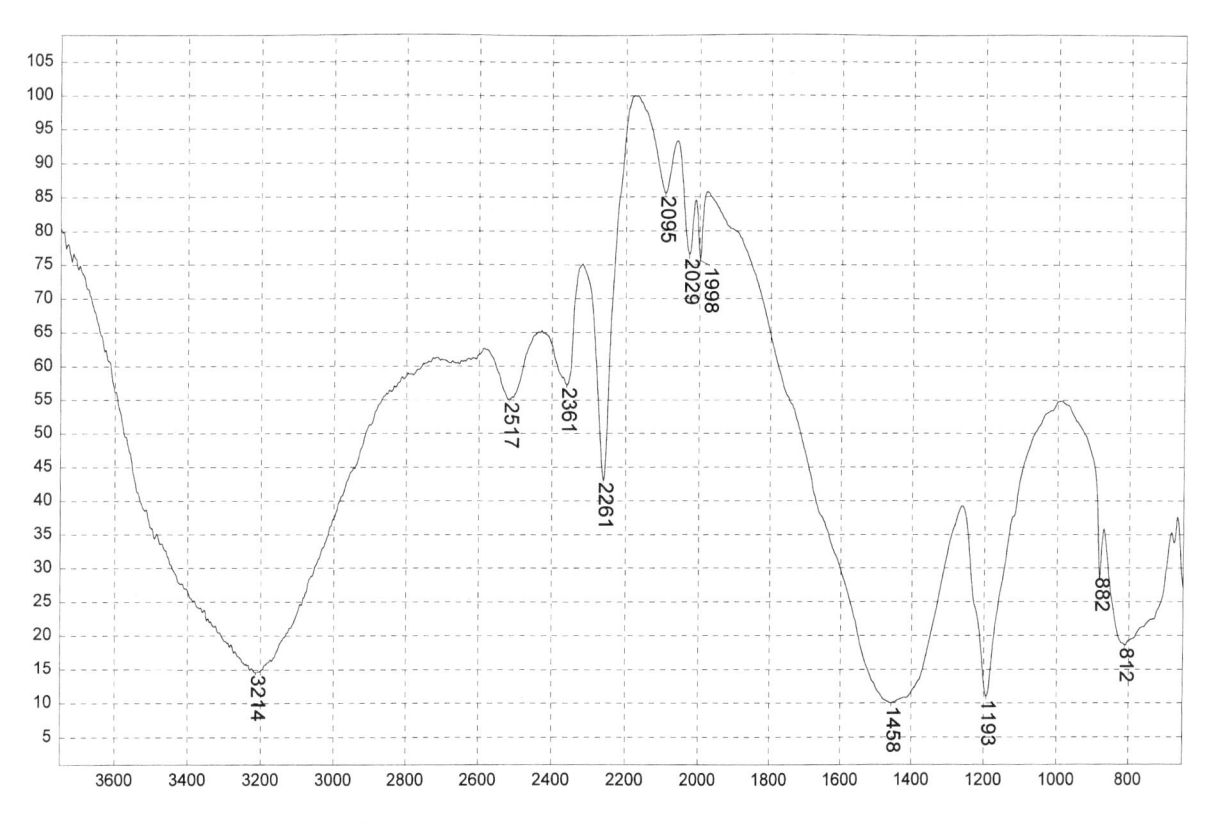

1124 BORIC ACID (IN KBr)

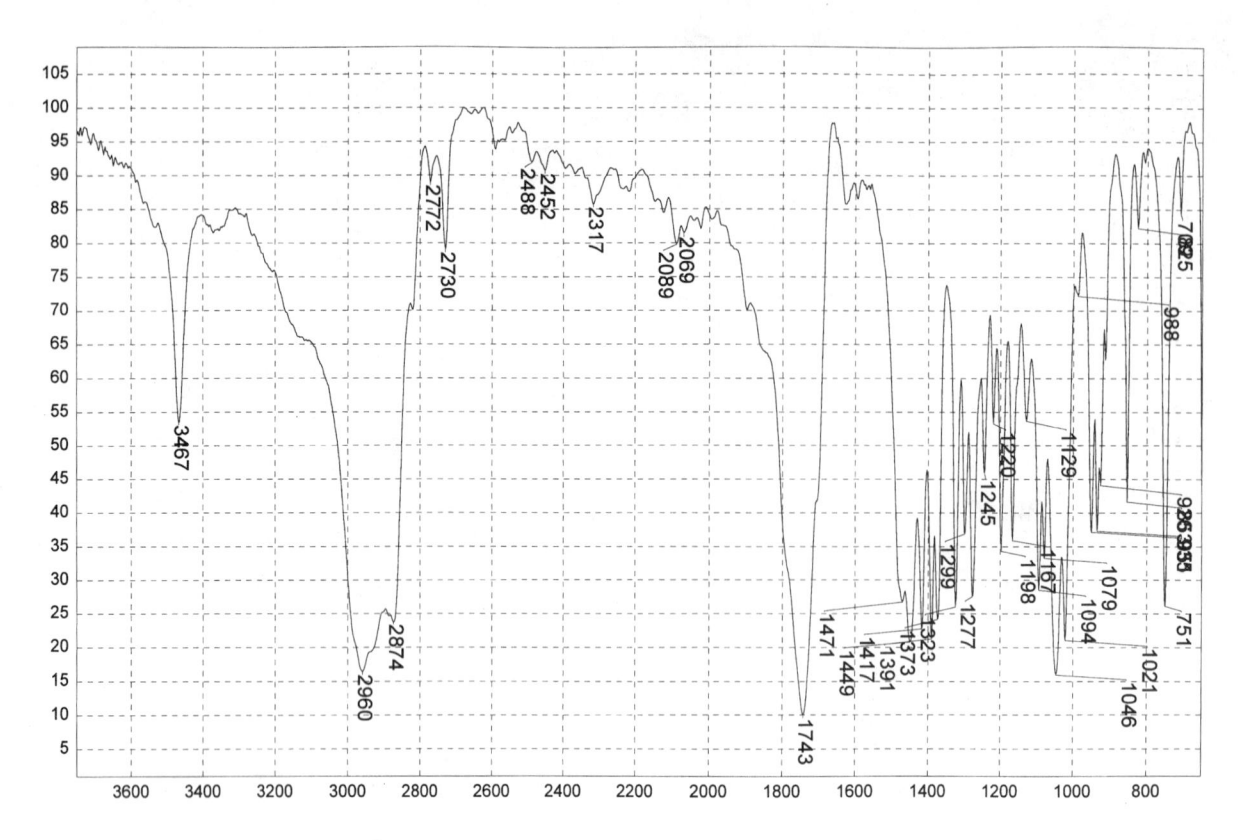

1125 CAMPHOR (IN KBr)

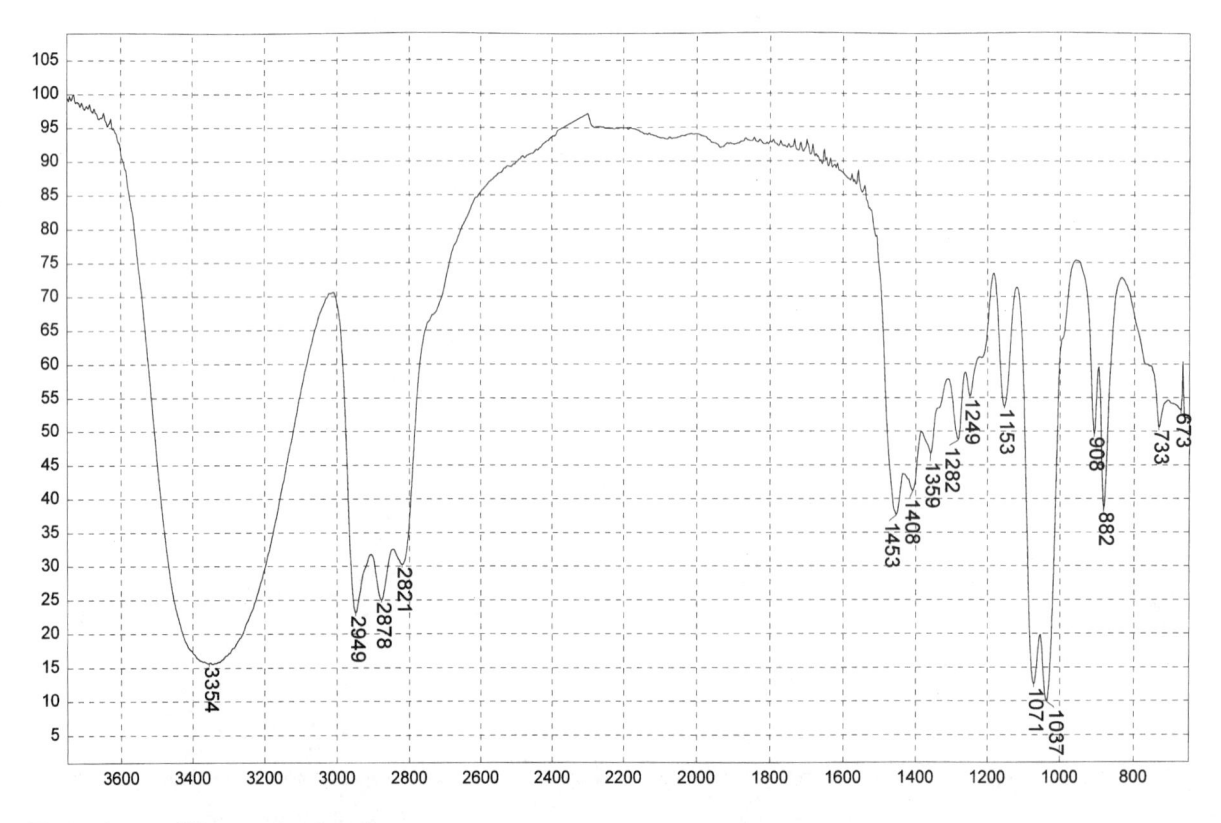

1126 TRIETHANOLAMINE

SILICONE FLUID, 1000 cs

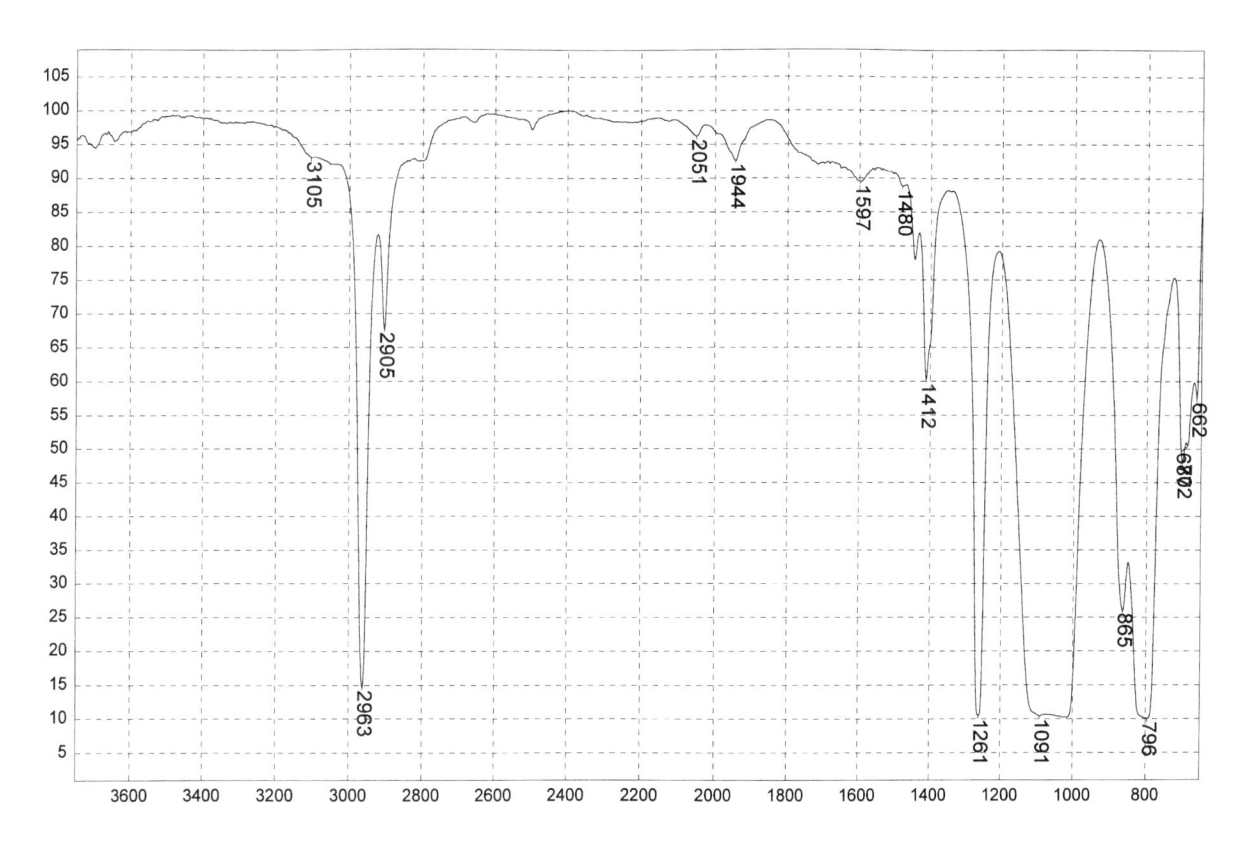

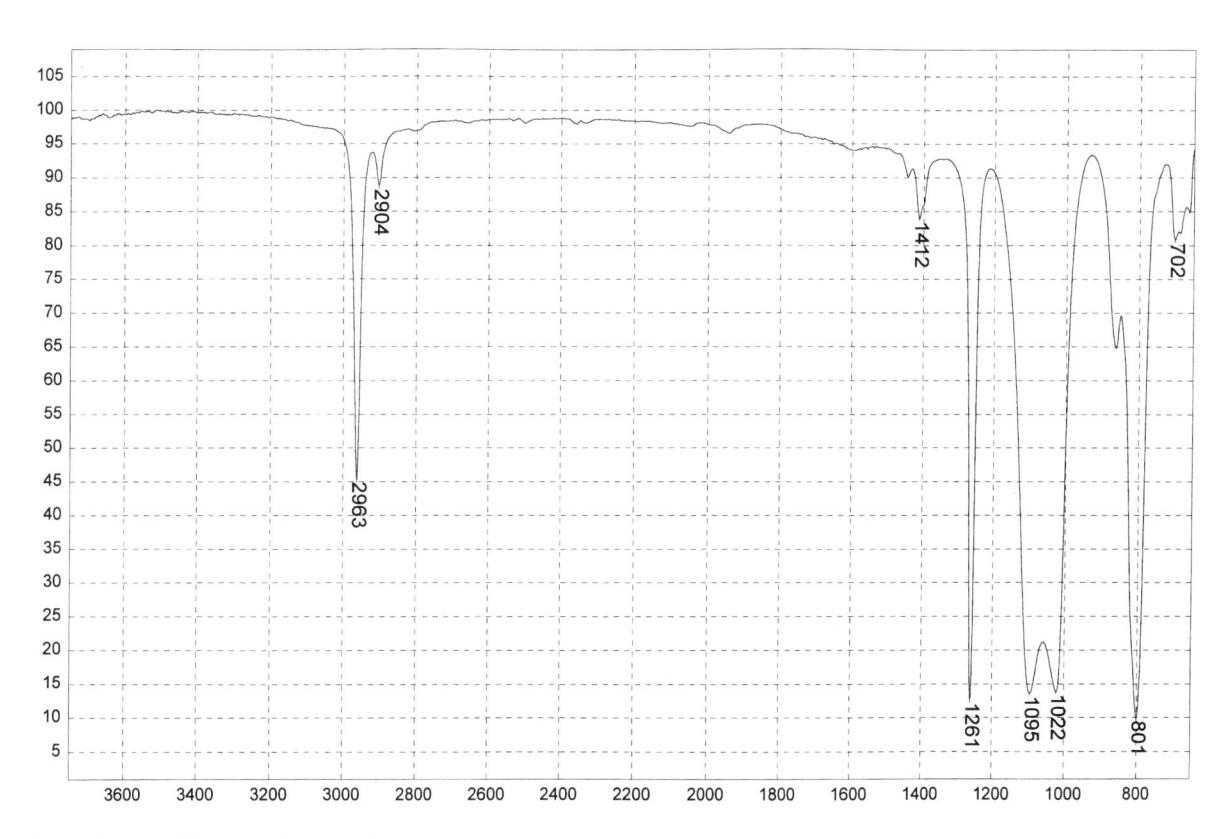

1127

SILICONE FLUID, 350 cs

1128

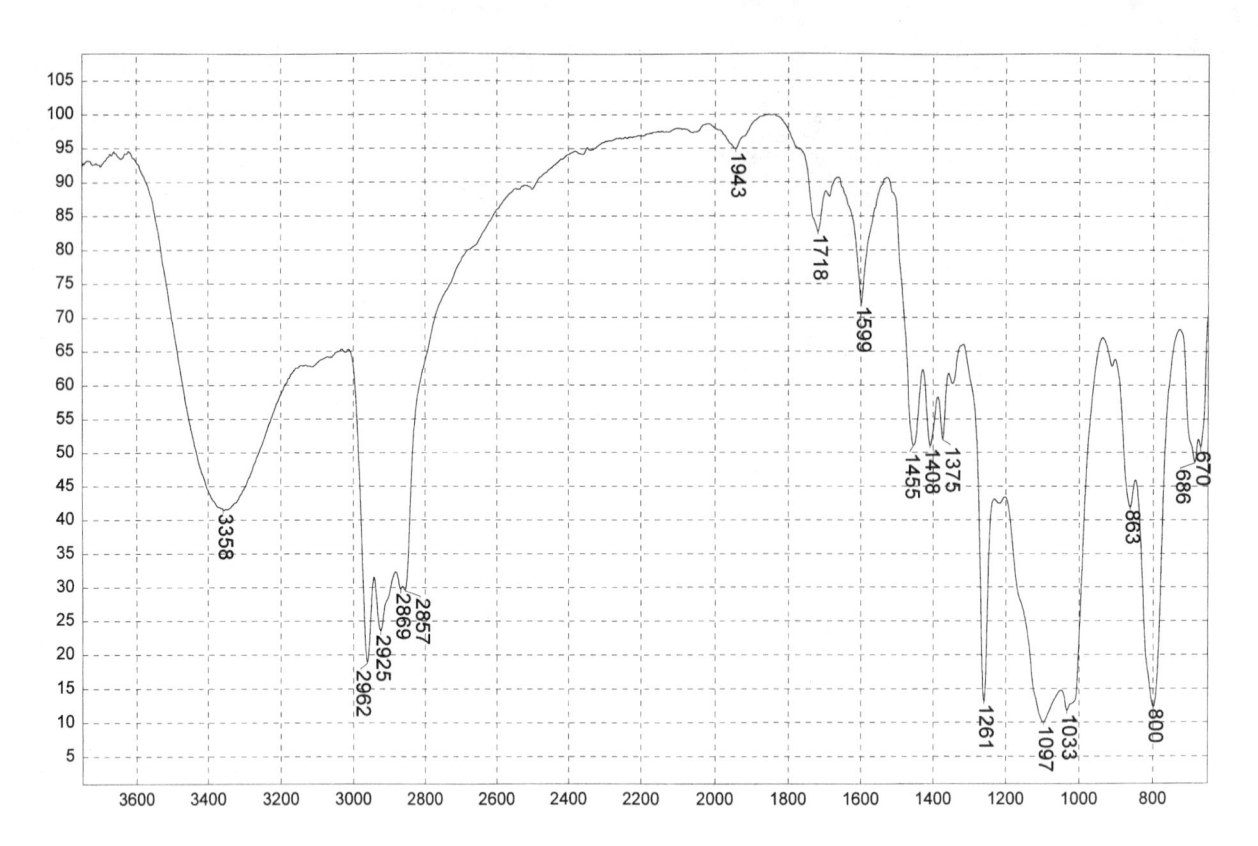

1129   Silicon Fluid, Dow 2-1922

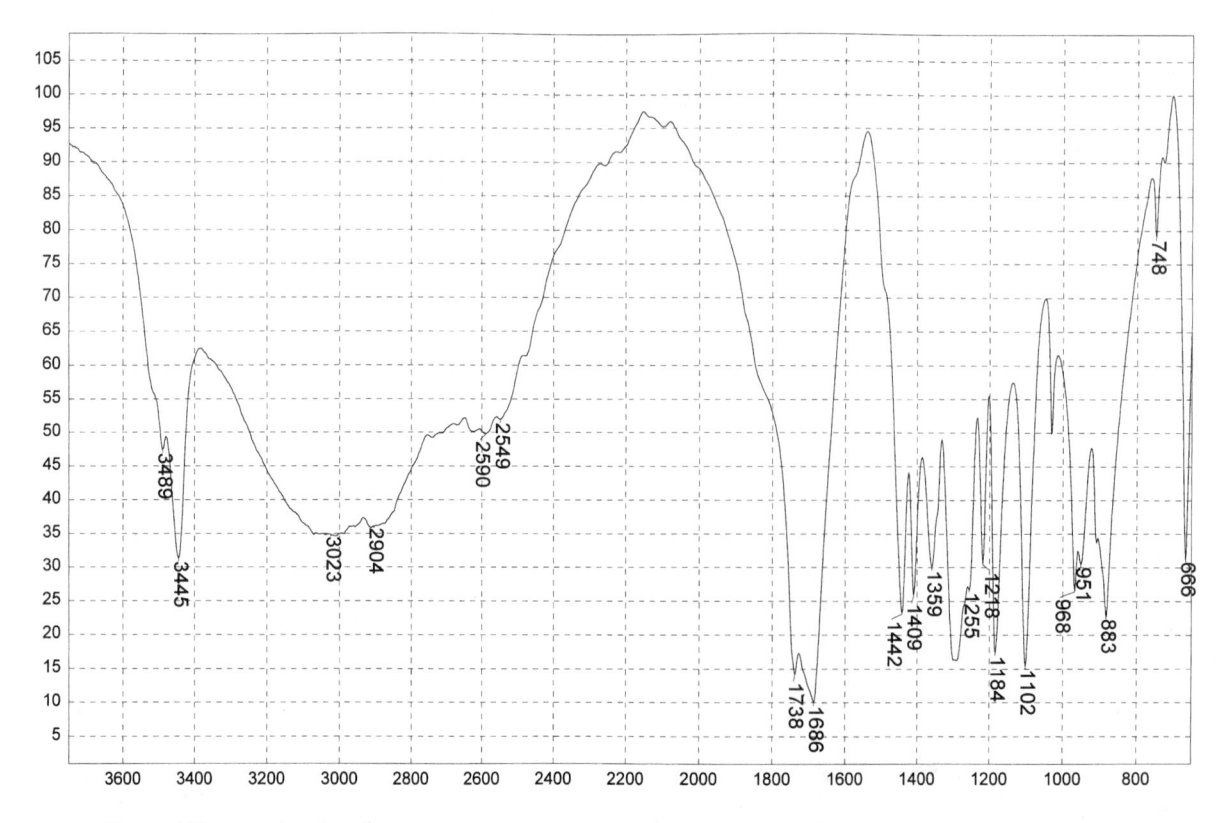

1130   MALIC ACID (IN KBr)

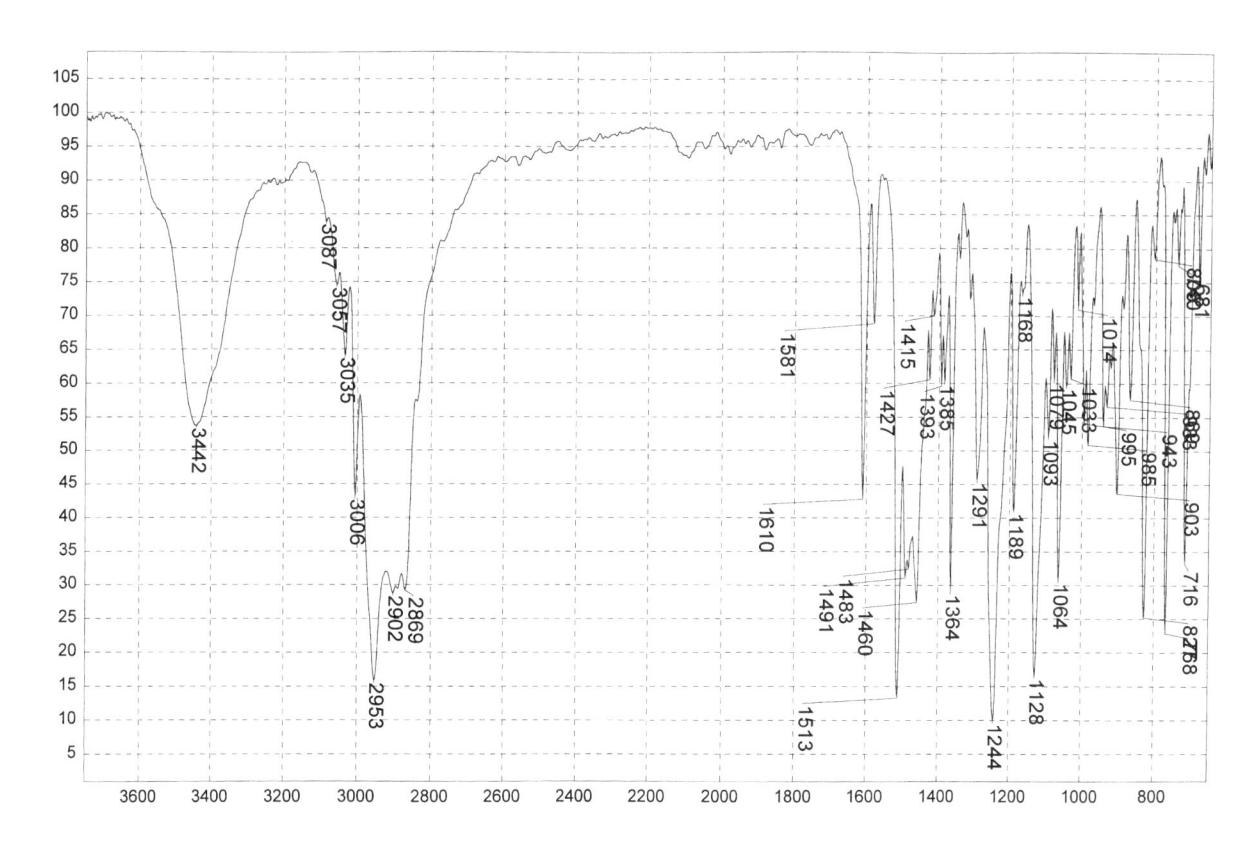

1131 Benzethonium Chloride (in KBr)

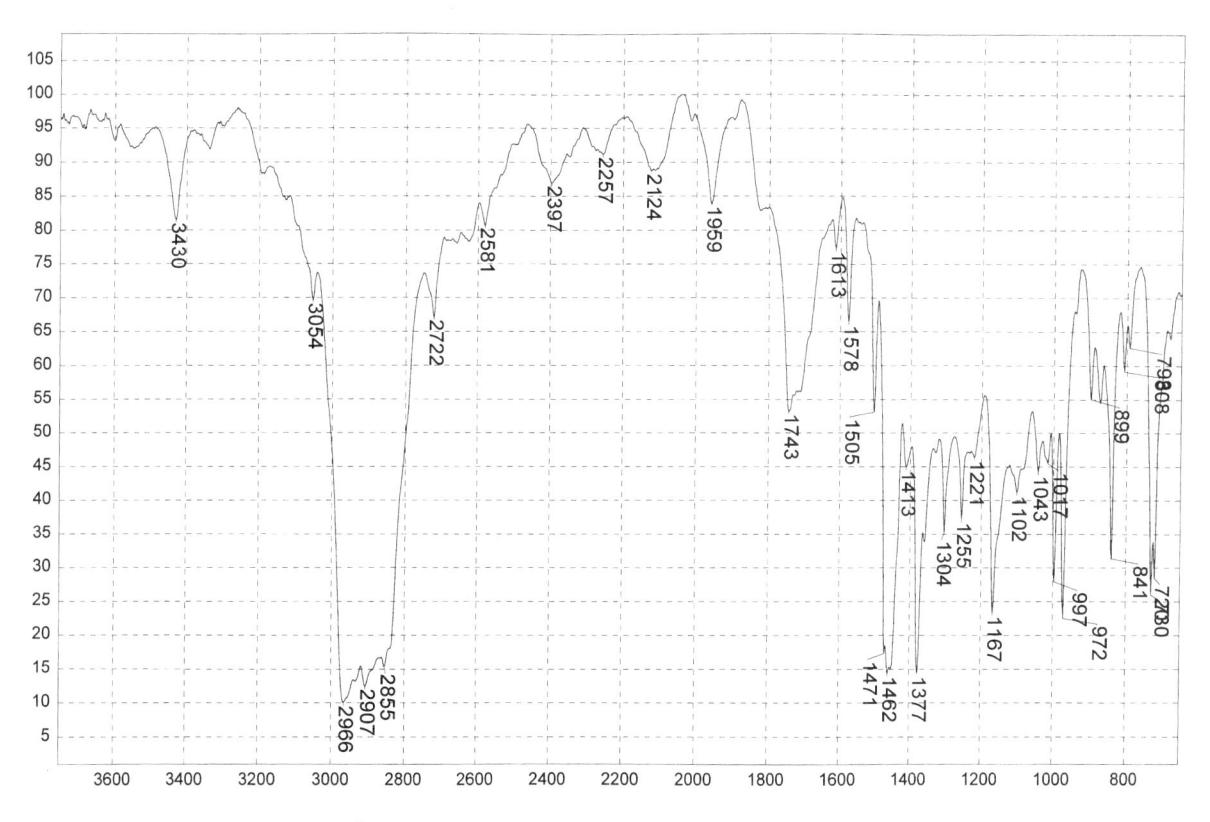

1132 Polypropylene:polyethylene (60%) and polyester (40%)

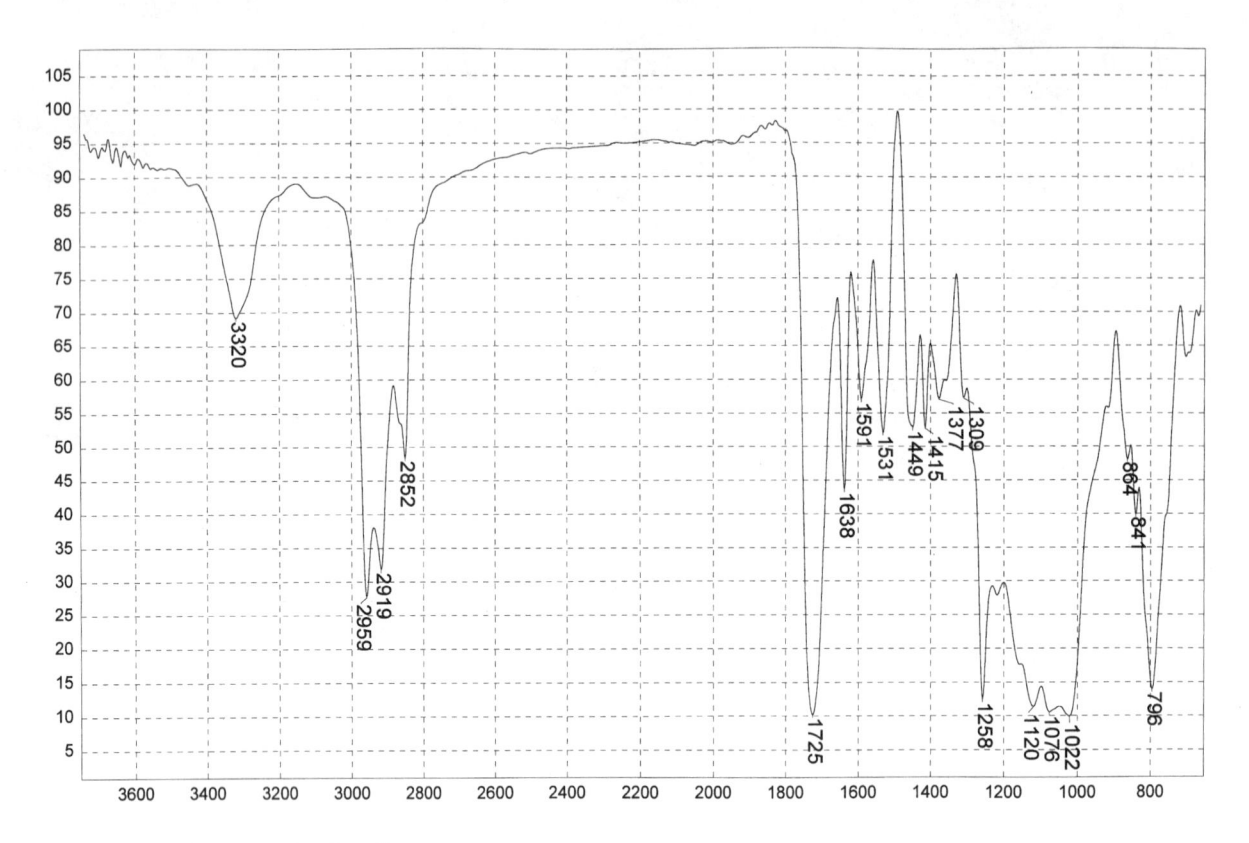

1133 LYCRA, ELASTIC THREAD

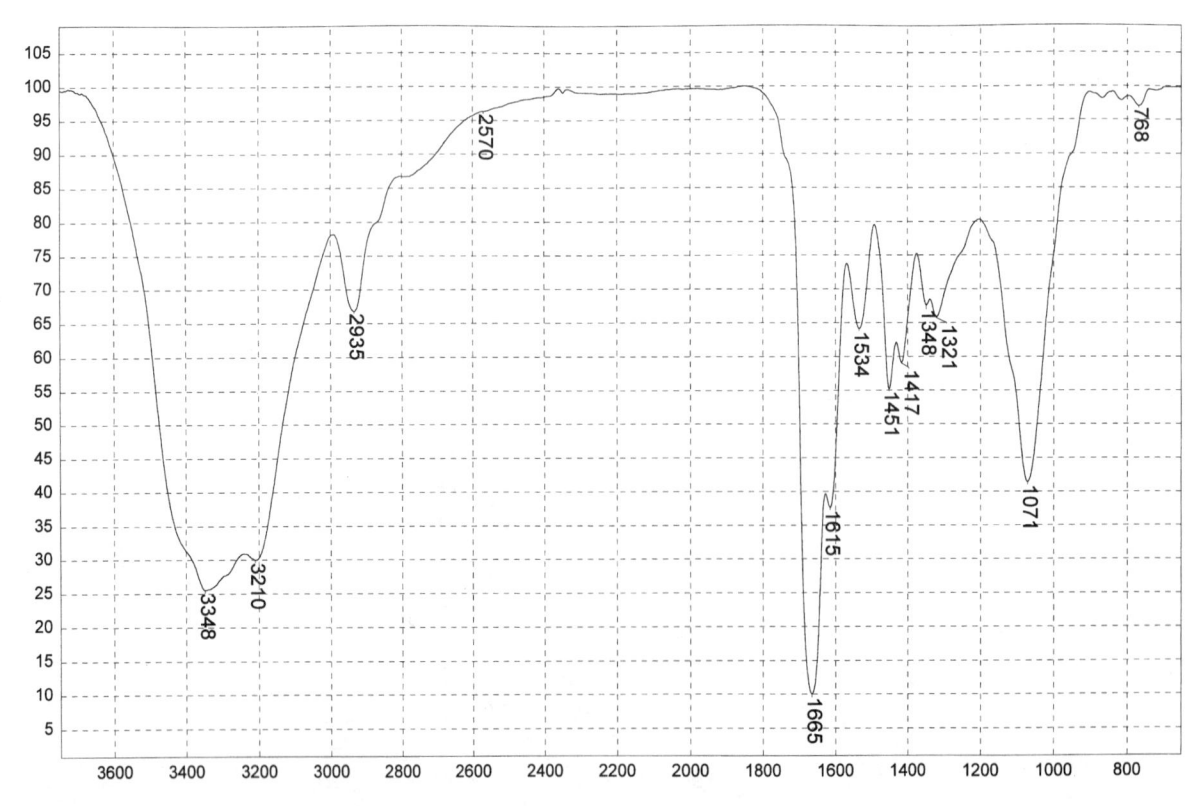

1134 Glyoxolated cationic polyamide, cast film

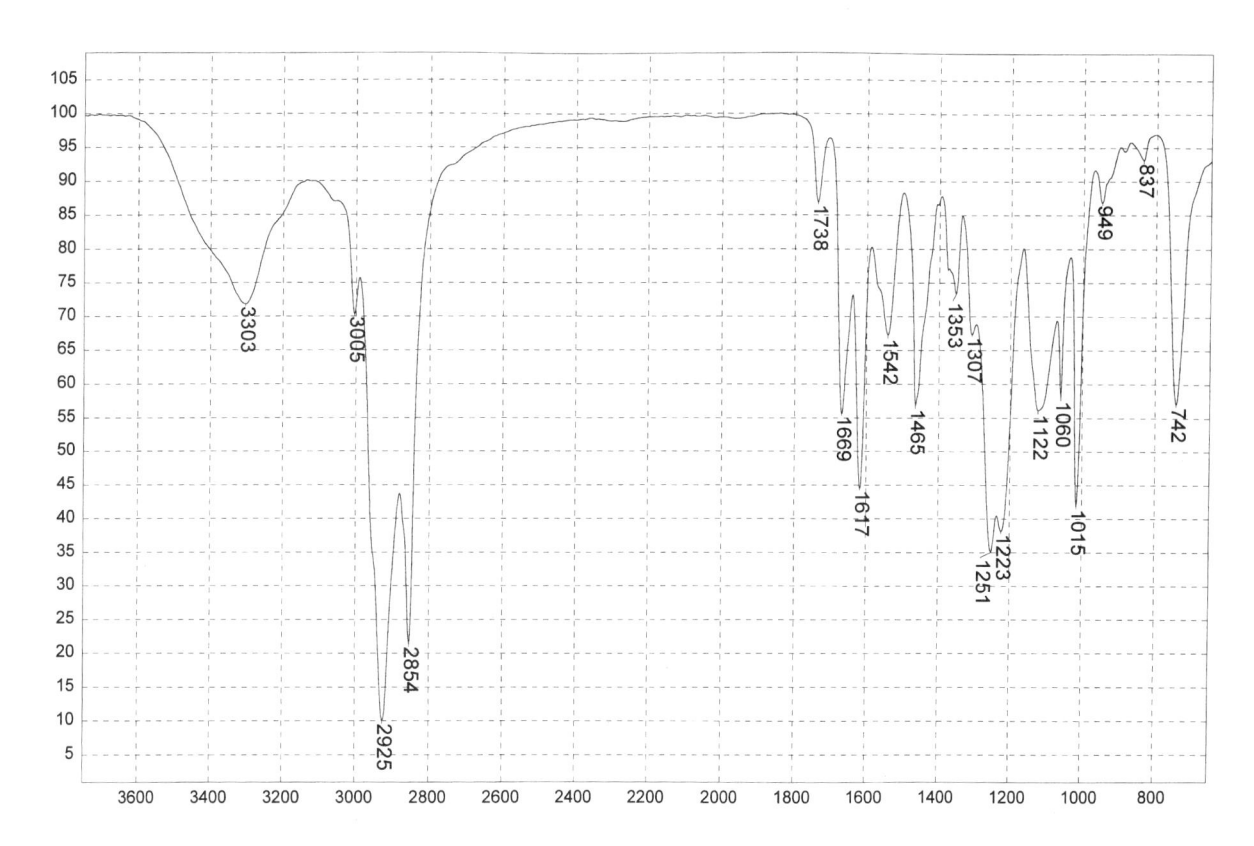

1135 Imidazoline-based debonder, film on KCl

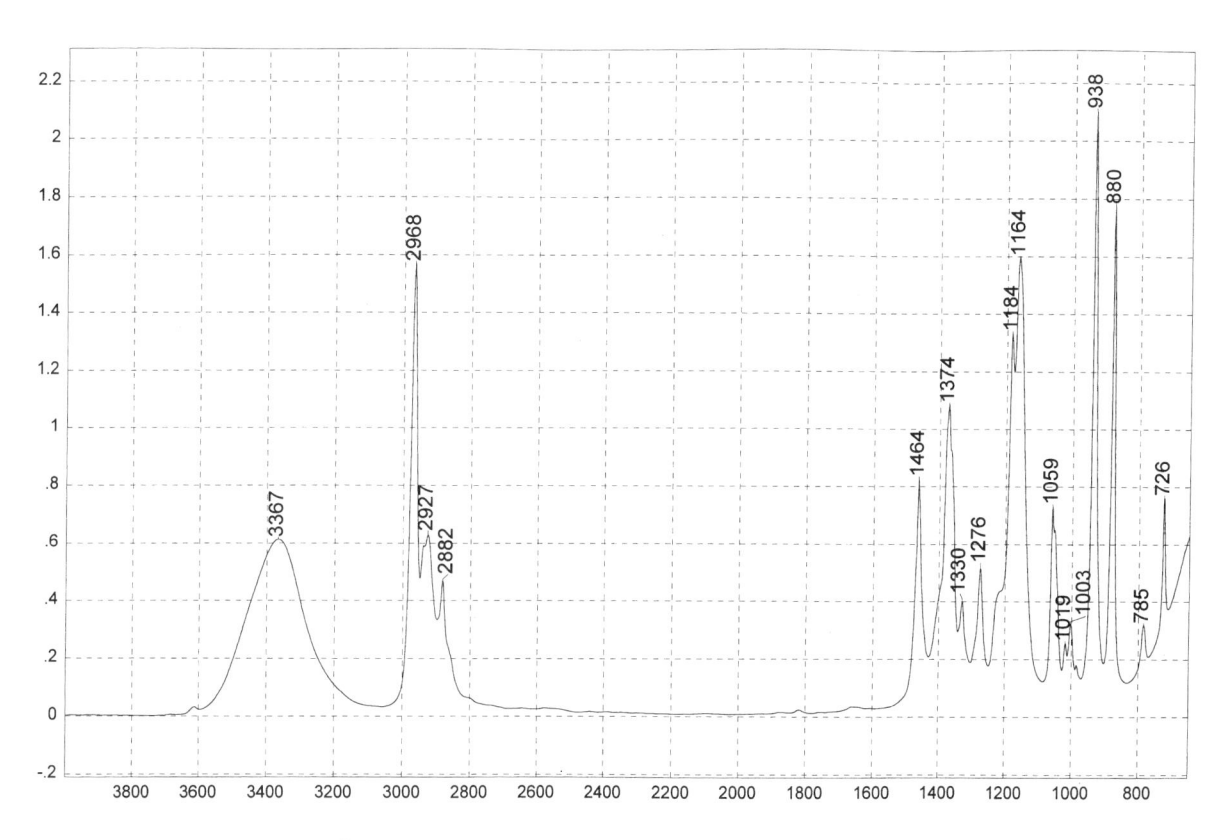

1136 tert-Amyl Alcohol (ATR)

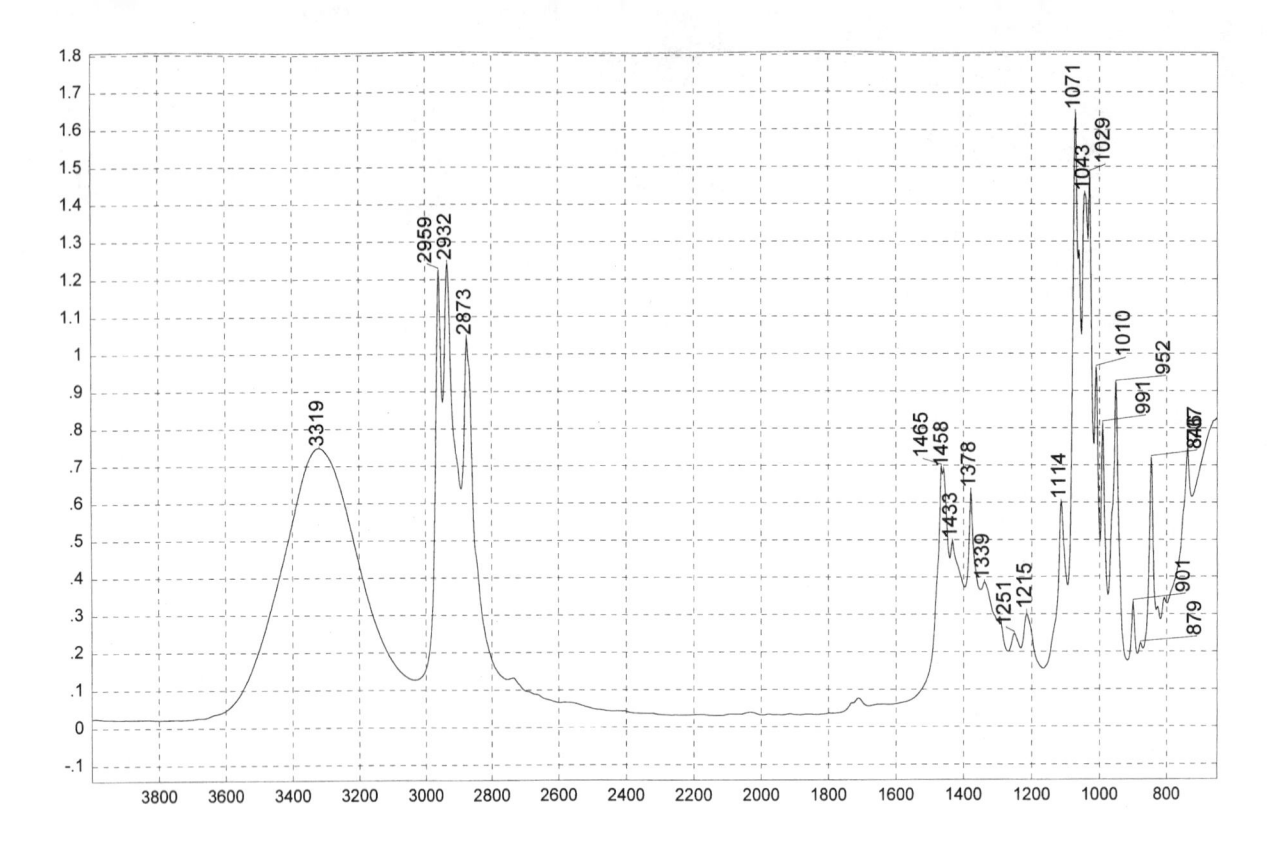

1137   Butyl Alcohol (ATR)

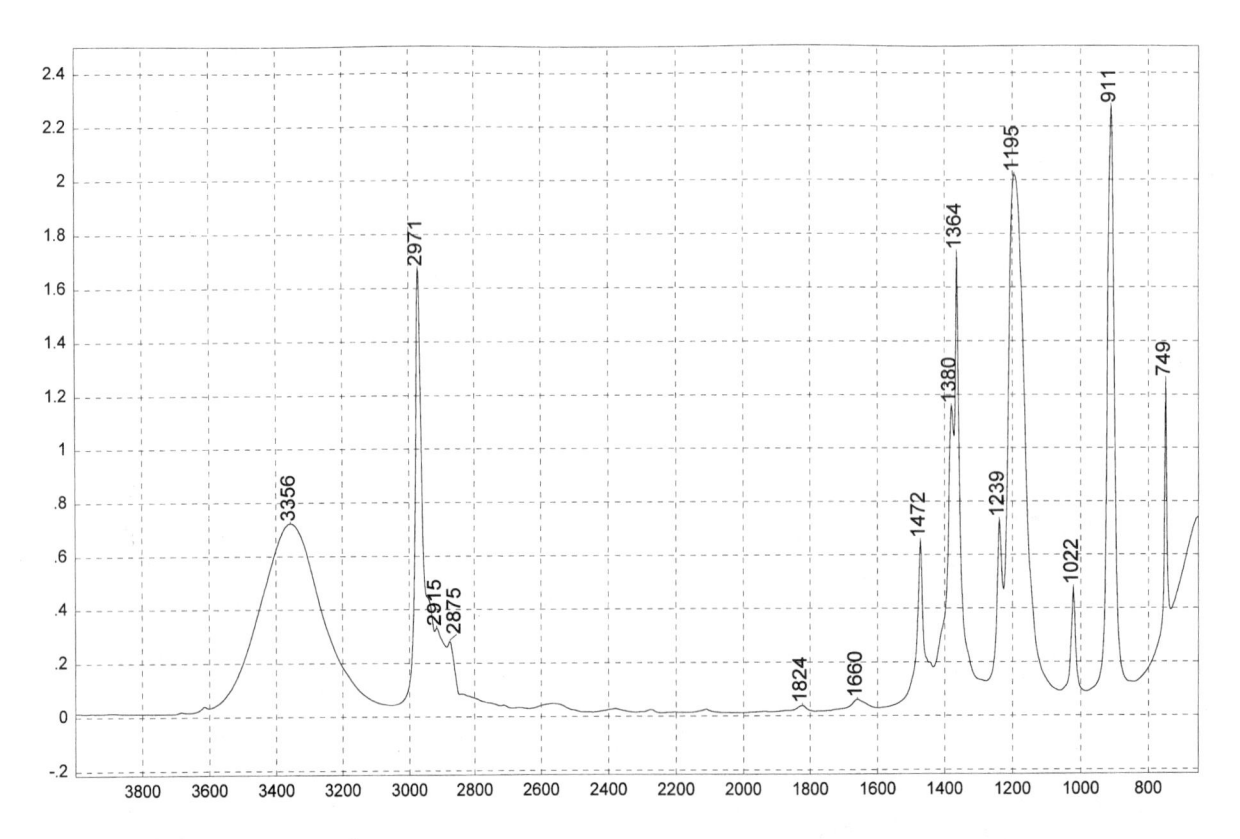

1138   tert-Butyl Alcohol (ATR)

1139   Ethyl Alcohol (ATR)

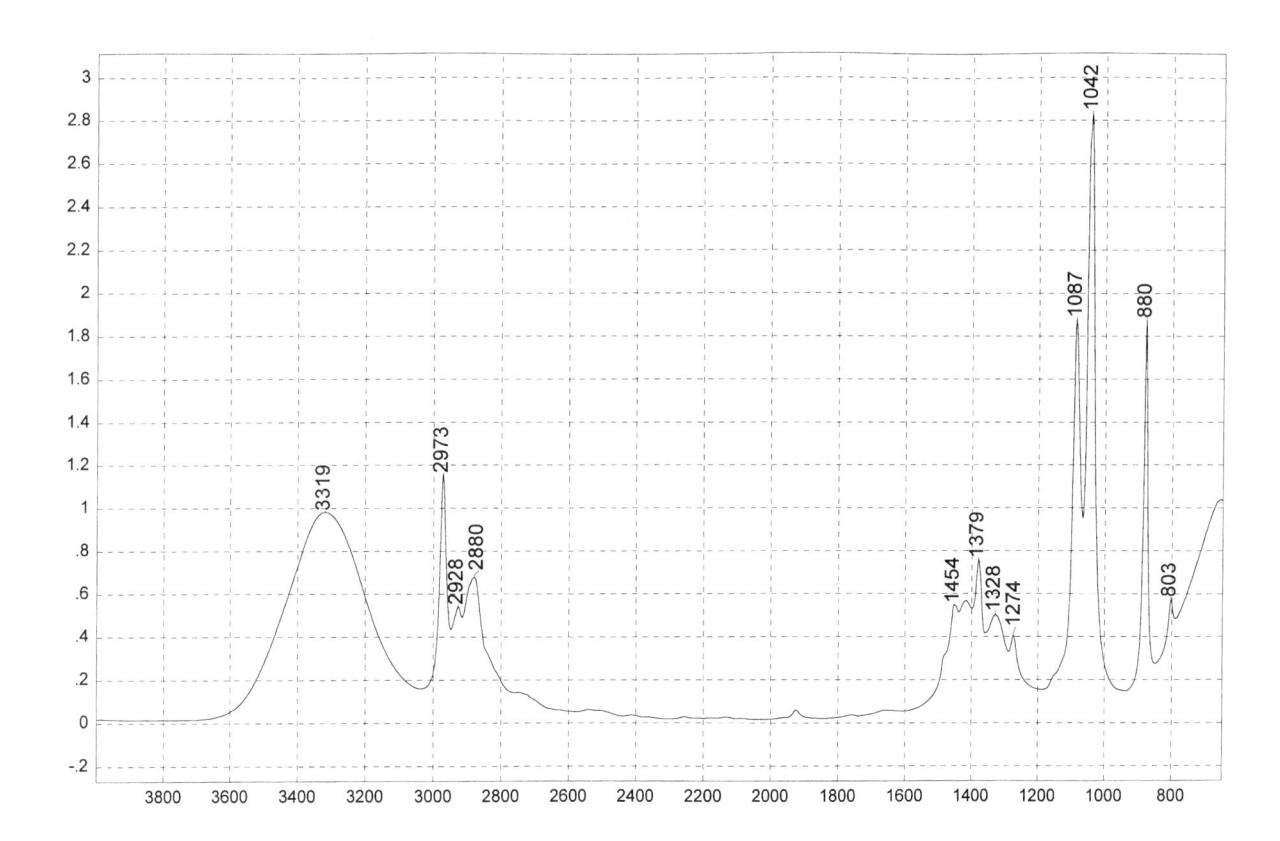

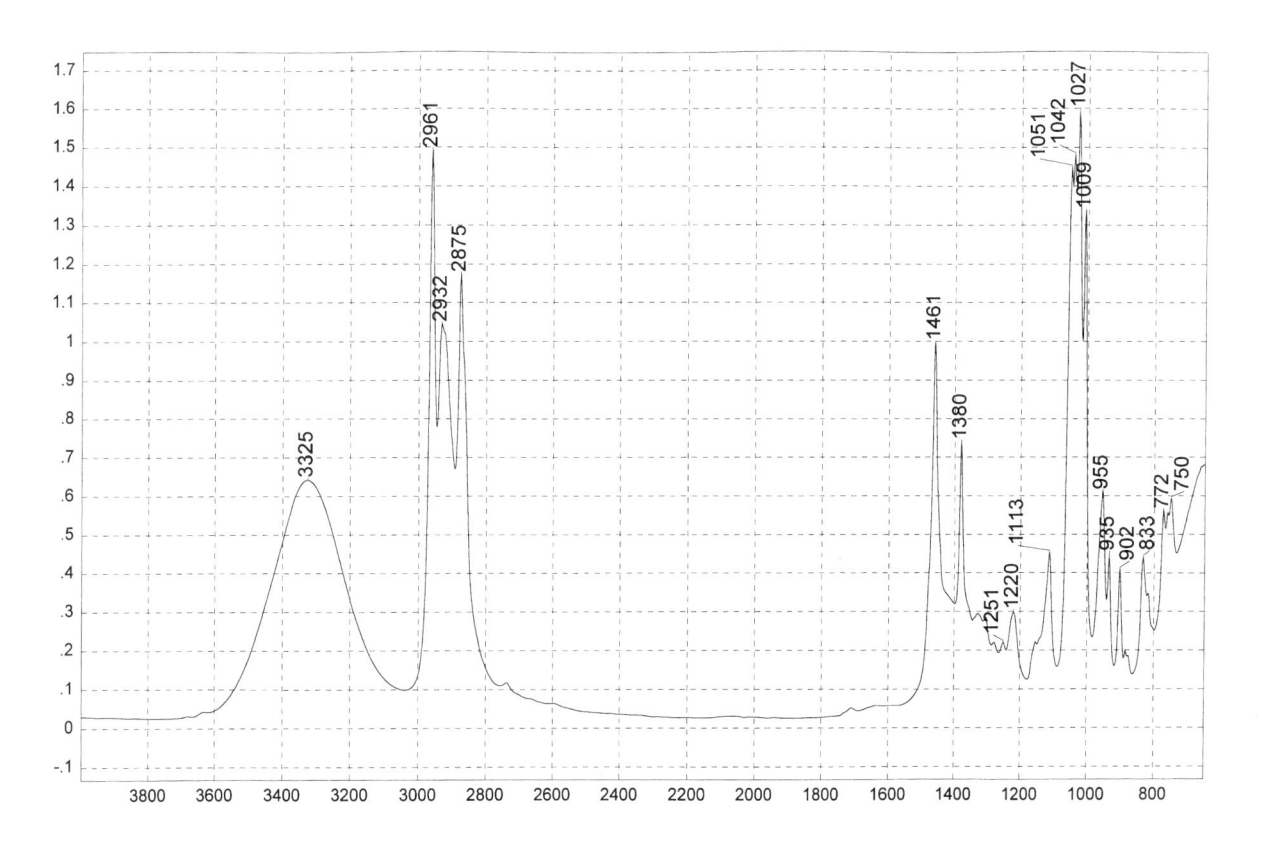

1140   2-Ethyl-1-butanol (ATR)

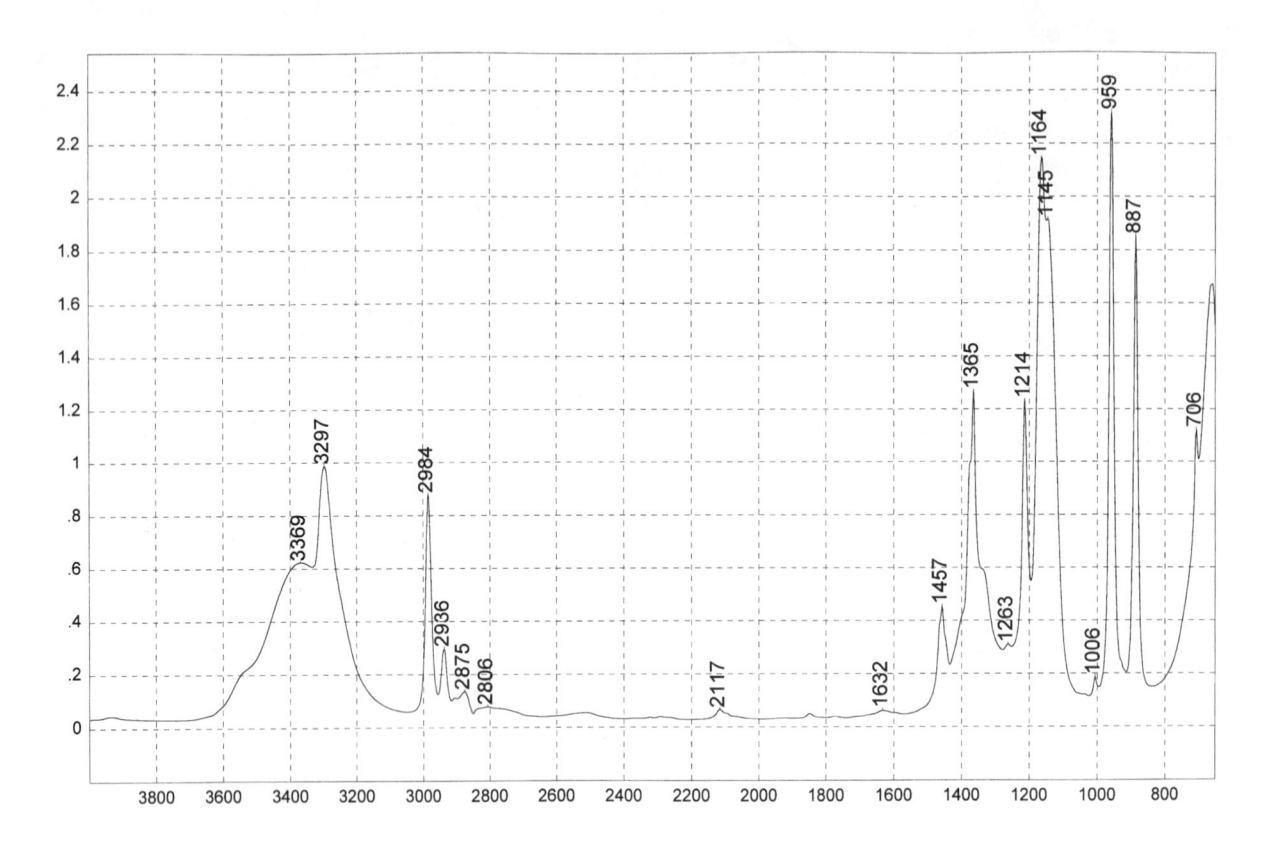

1141   2-Methyl-3-butyn-2-ol (ATR)

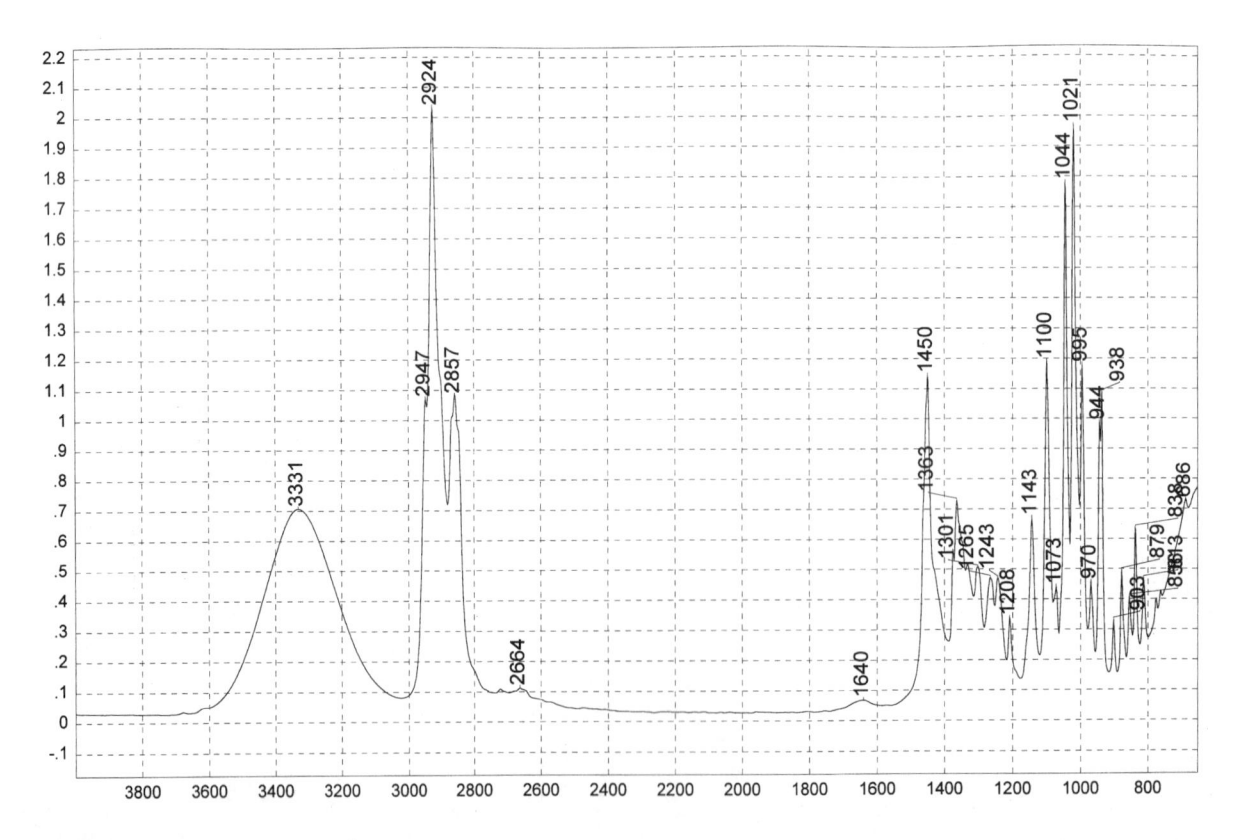

1142   3-Methylcyclohexanol (ATR)

1143 4-Methylcyclohexanol (ATR)

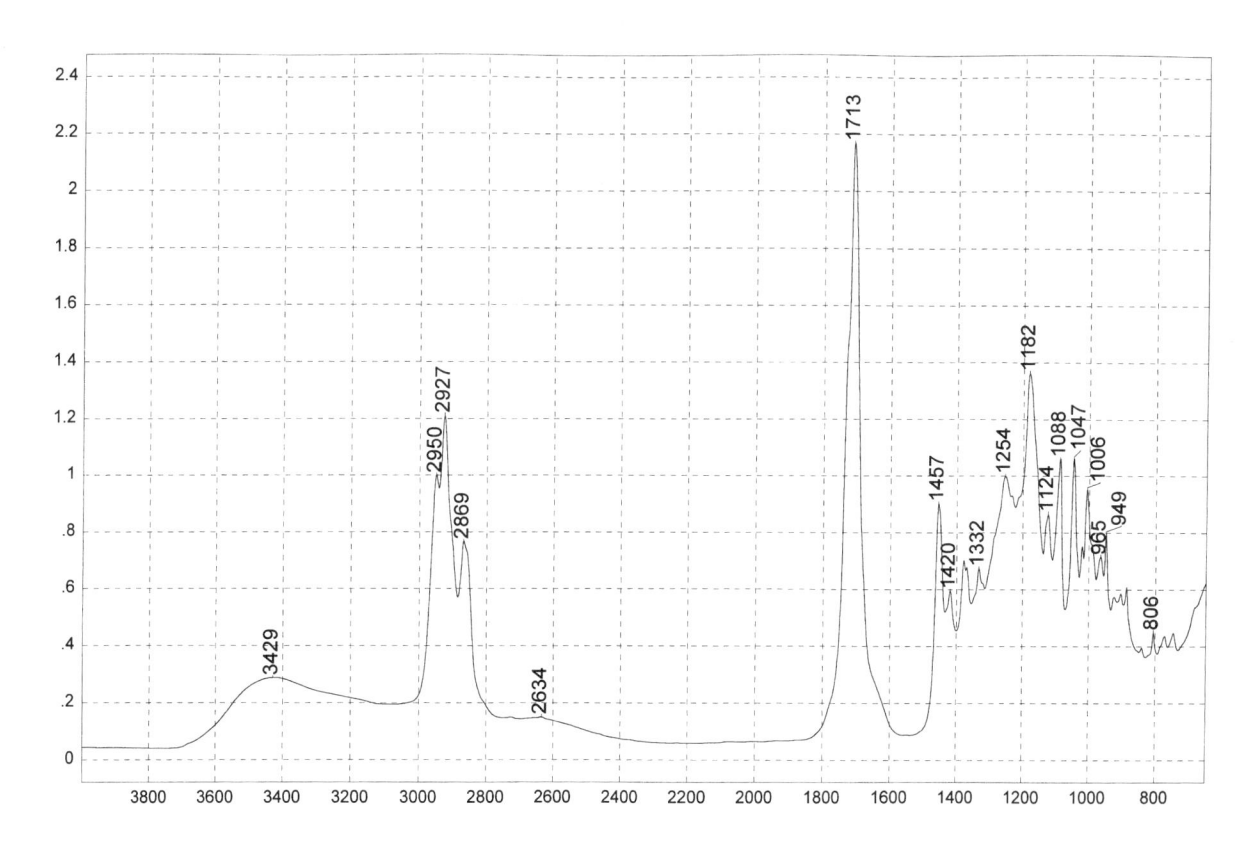

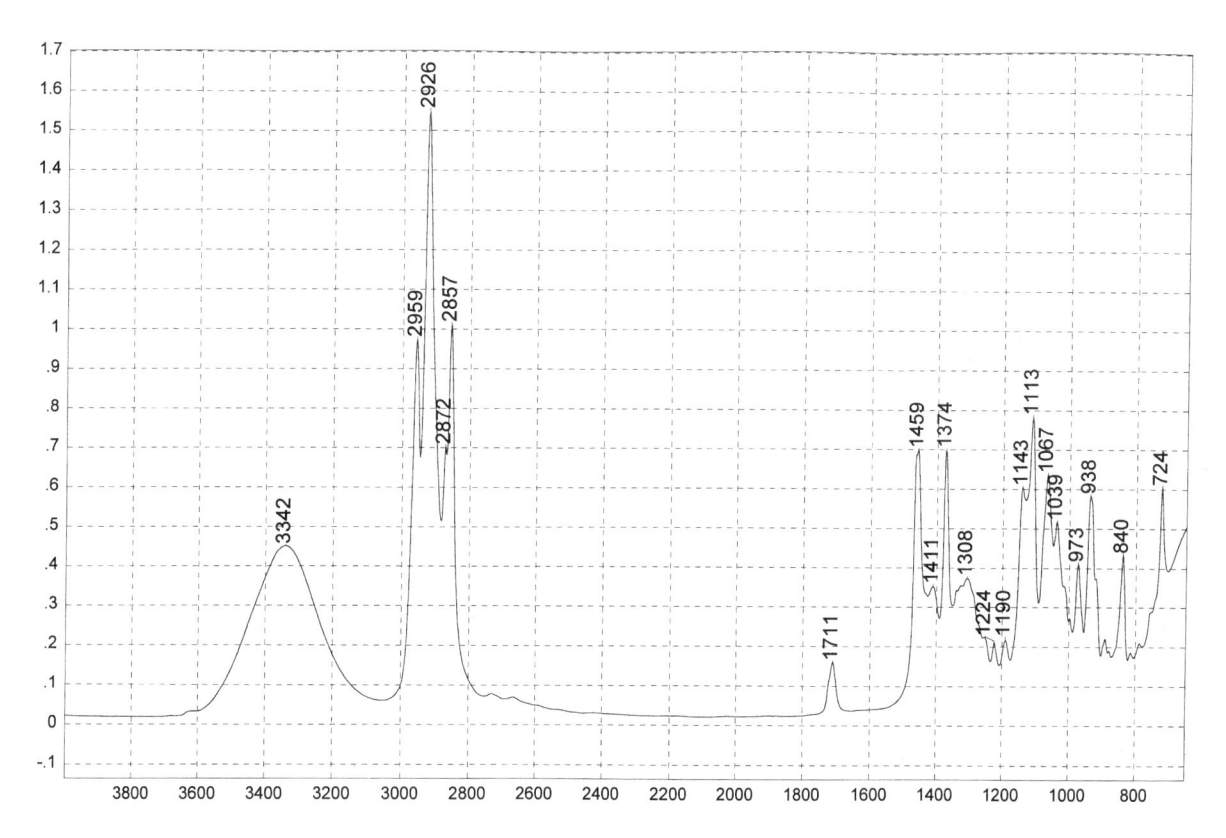

1144 2-Octanol (ATR)

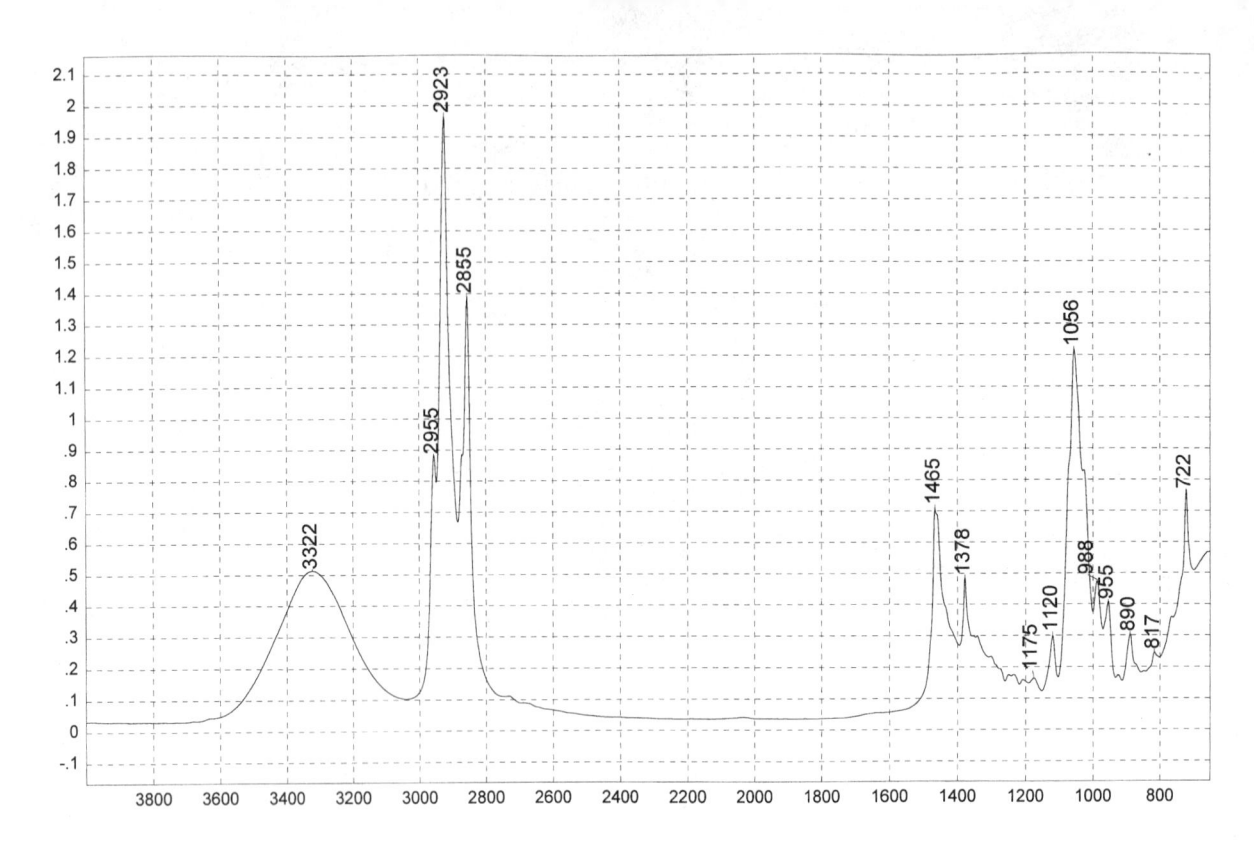

1145 Octyl Alcohol (ATR)

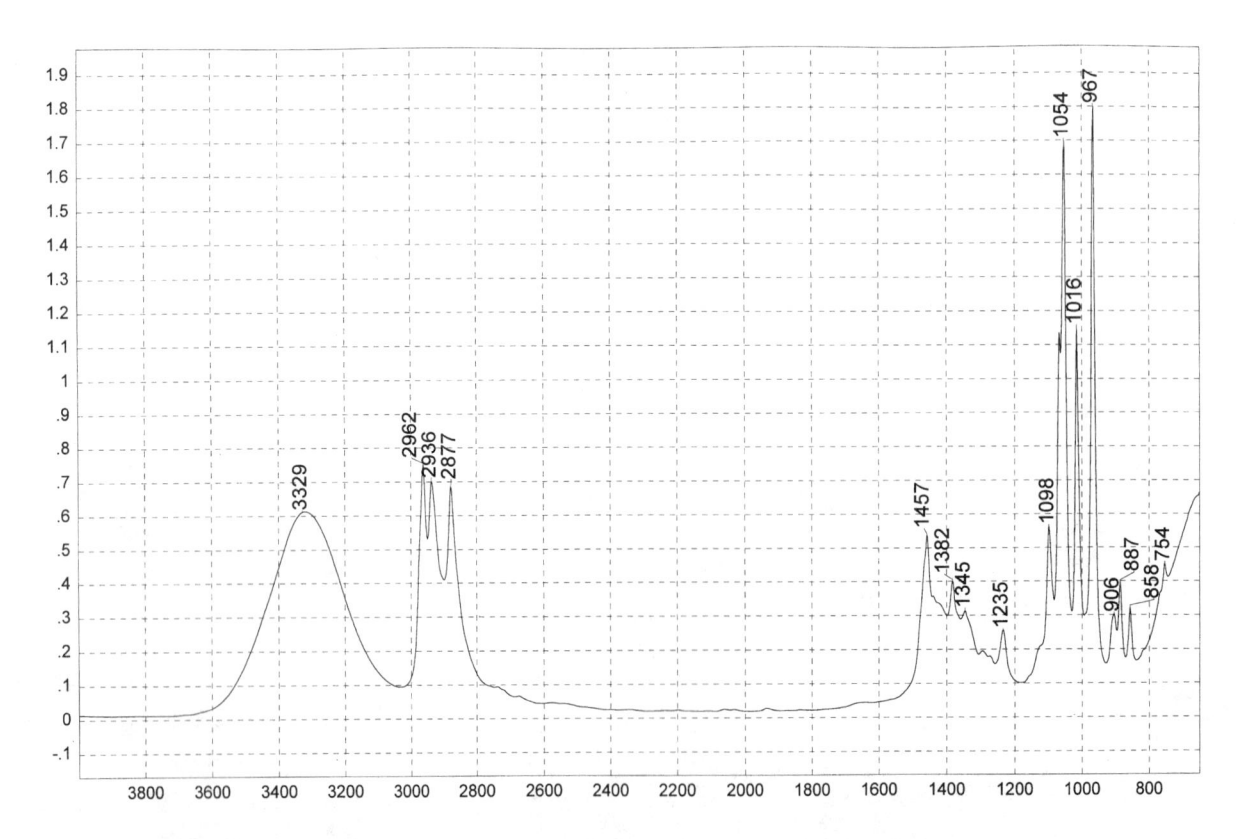

1146 Propyl Alcohol (ATR)

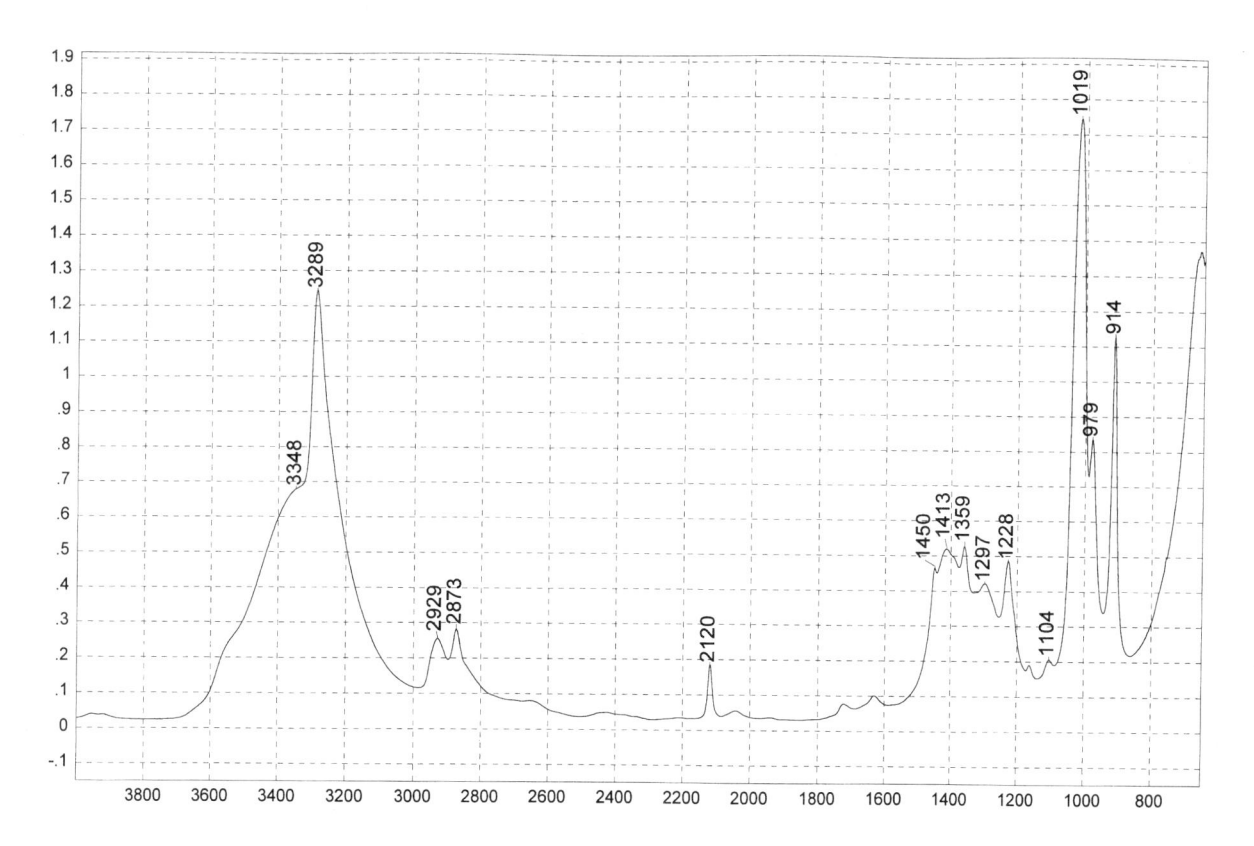

1147 2-Propyn-1-ol (ATR)

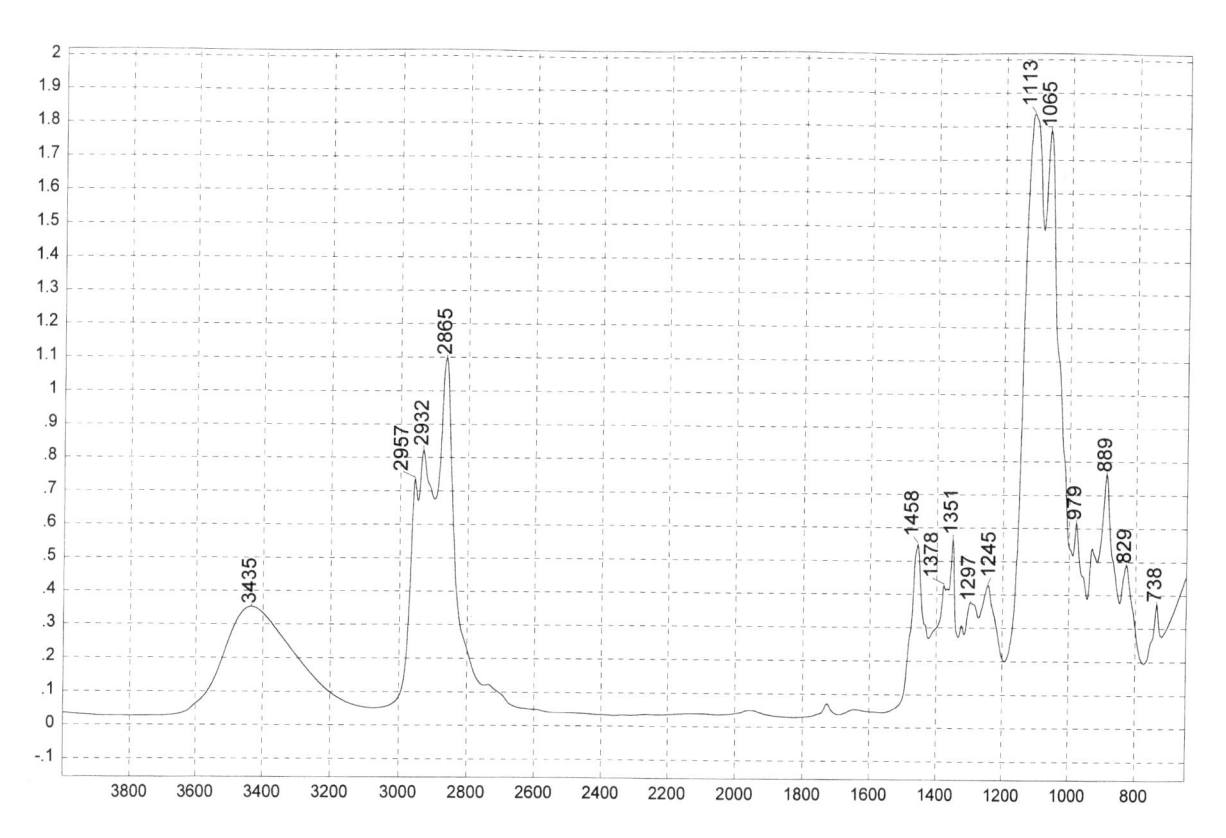

1148 Diethylene Glycol Monobutyl Ether (ATR)

1149 Diethylene Glycol Monoethyl Ether (ATR)

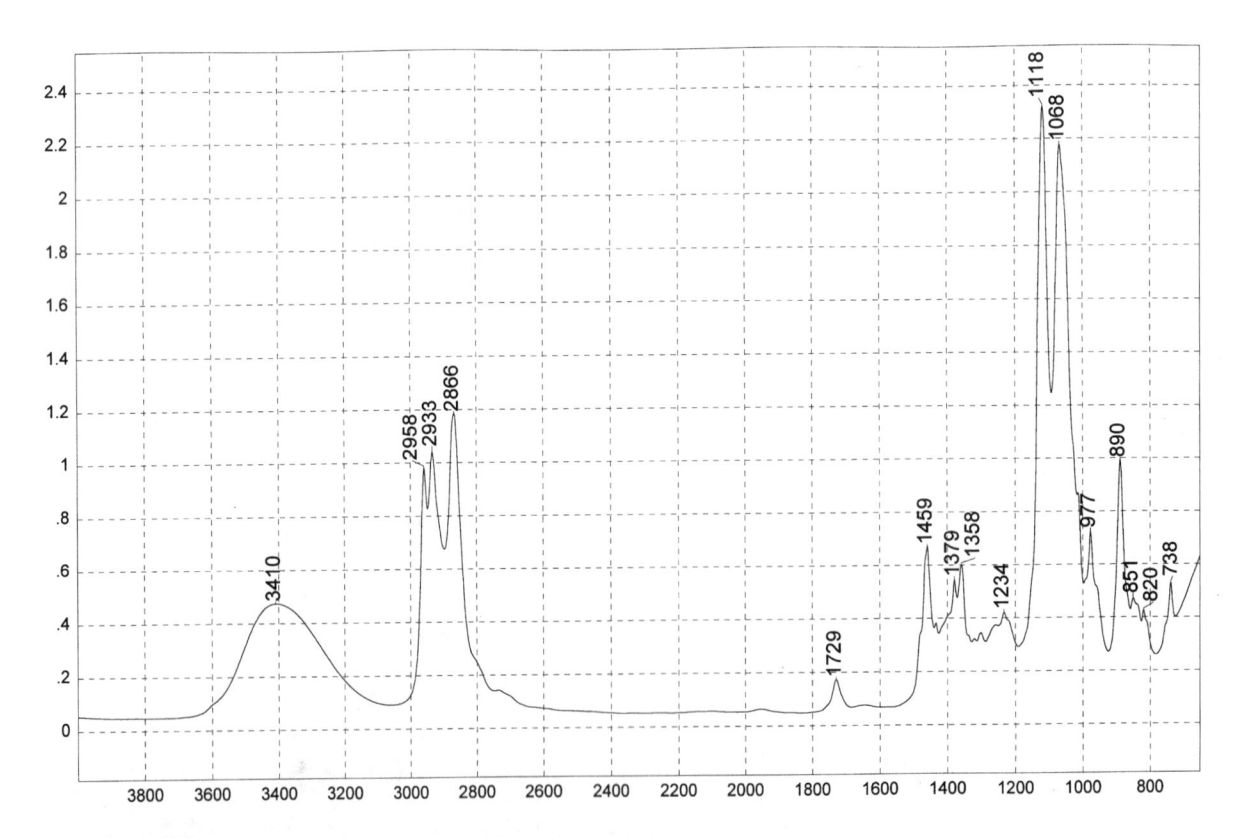

1150 Ethylene Glycol Monobutyl Ether (ATR)

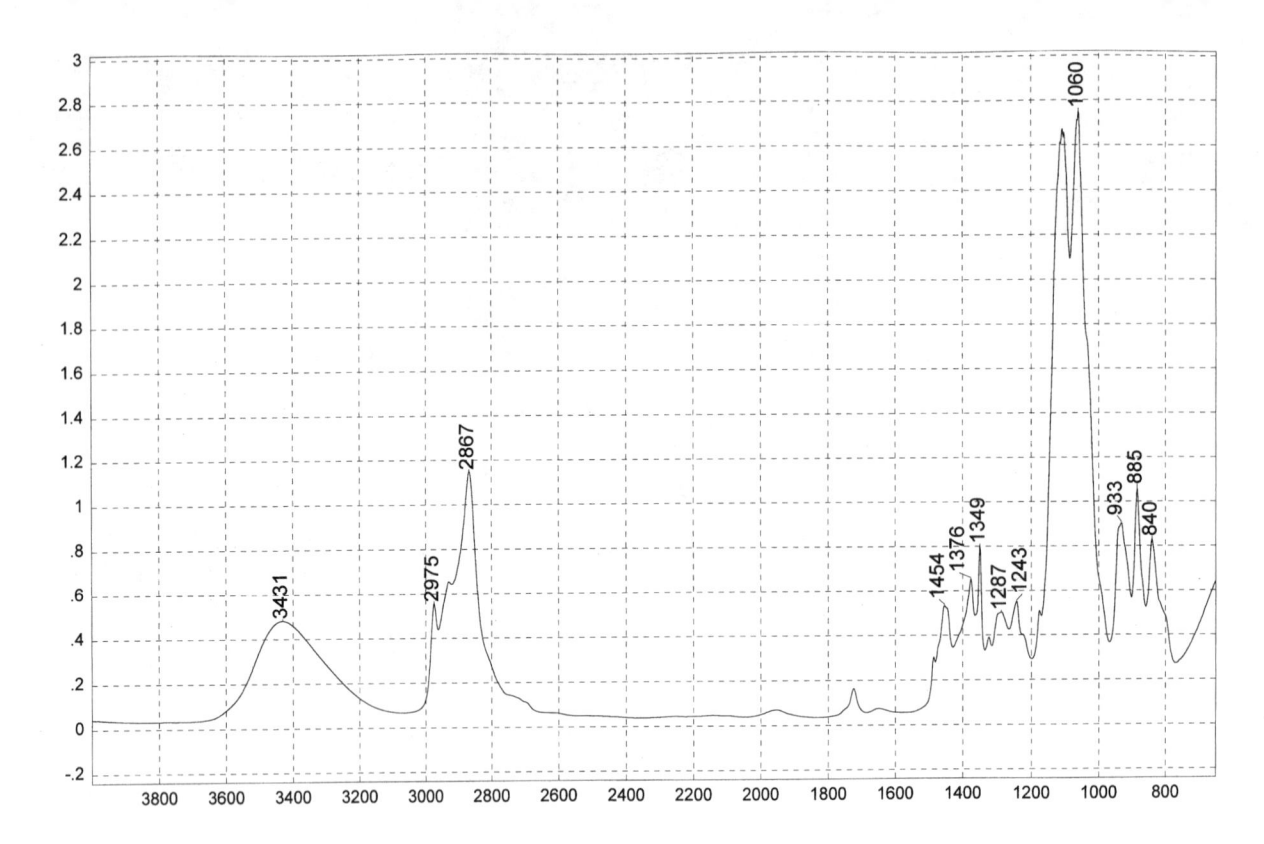

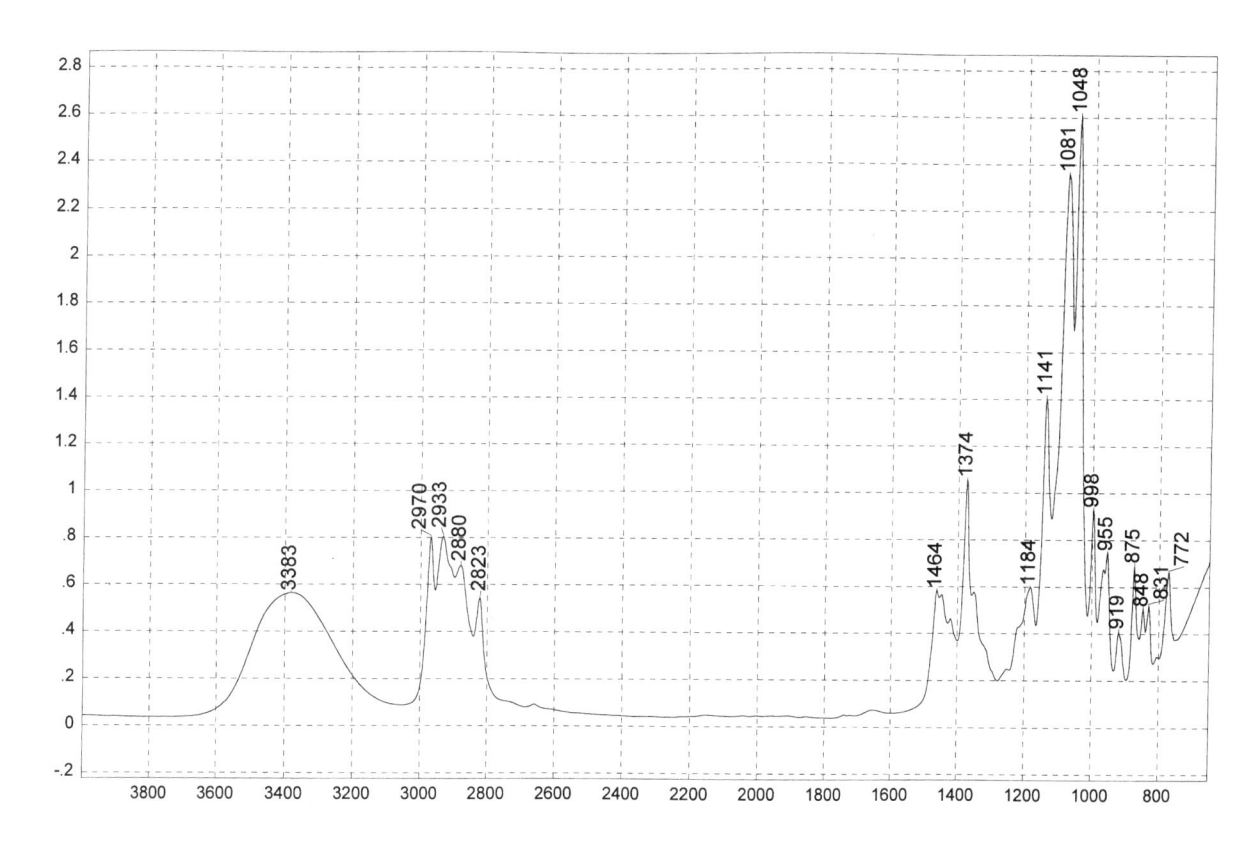

1151 3-Methoxy-1-butanol (ATR)

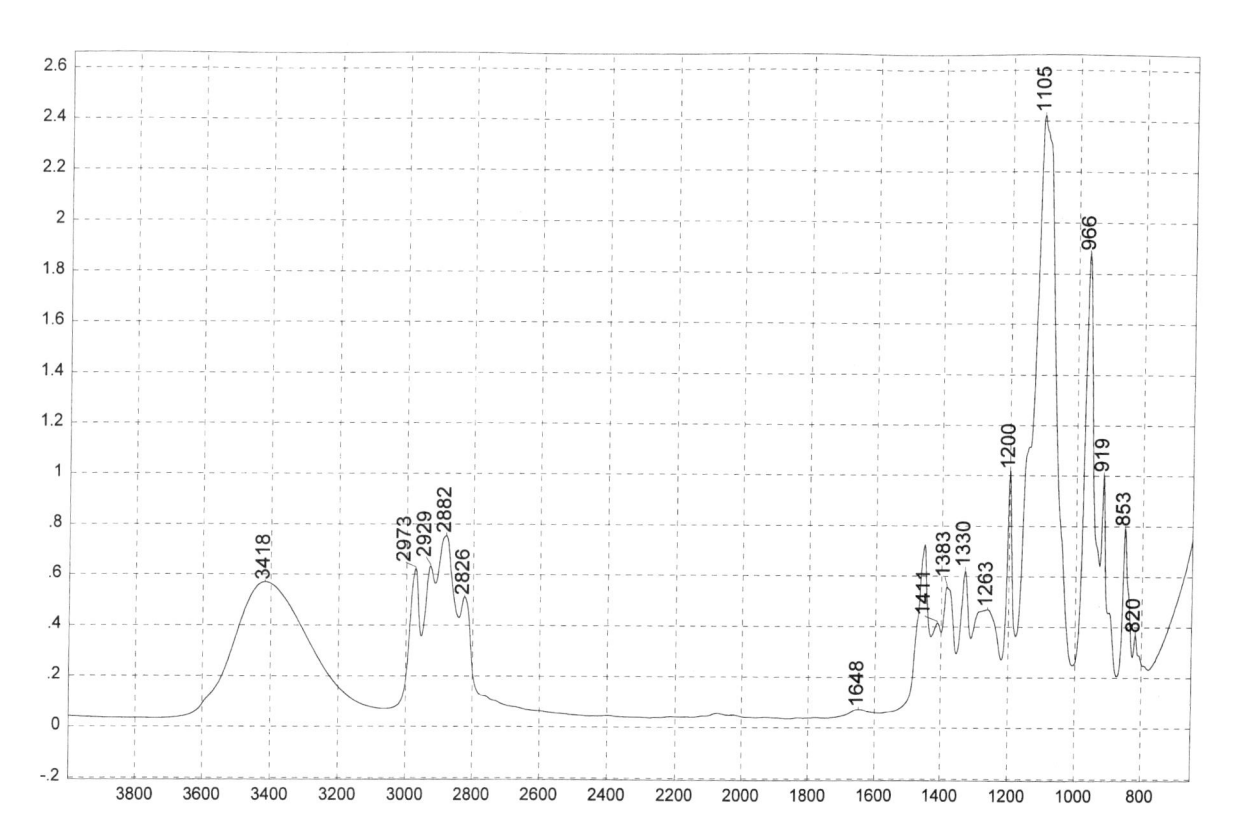

1152 1-Methoxy-2-propanol (ATR)

1153   1,3-Dichloro-2-propanol (ATR)

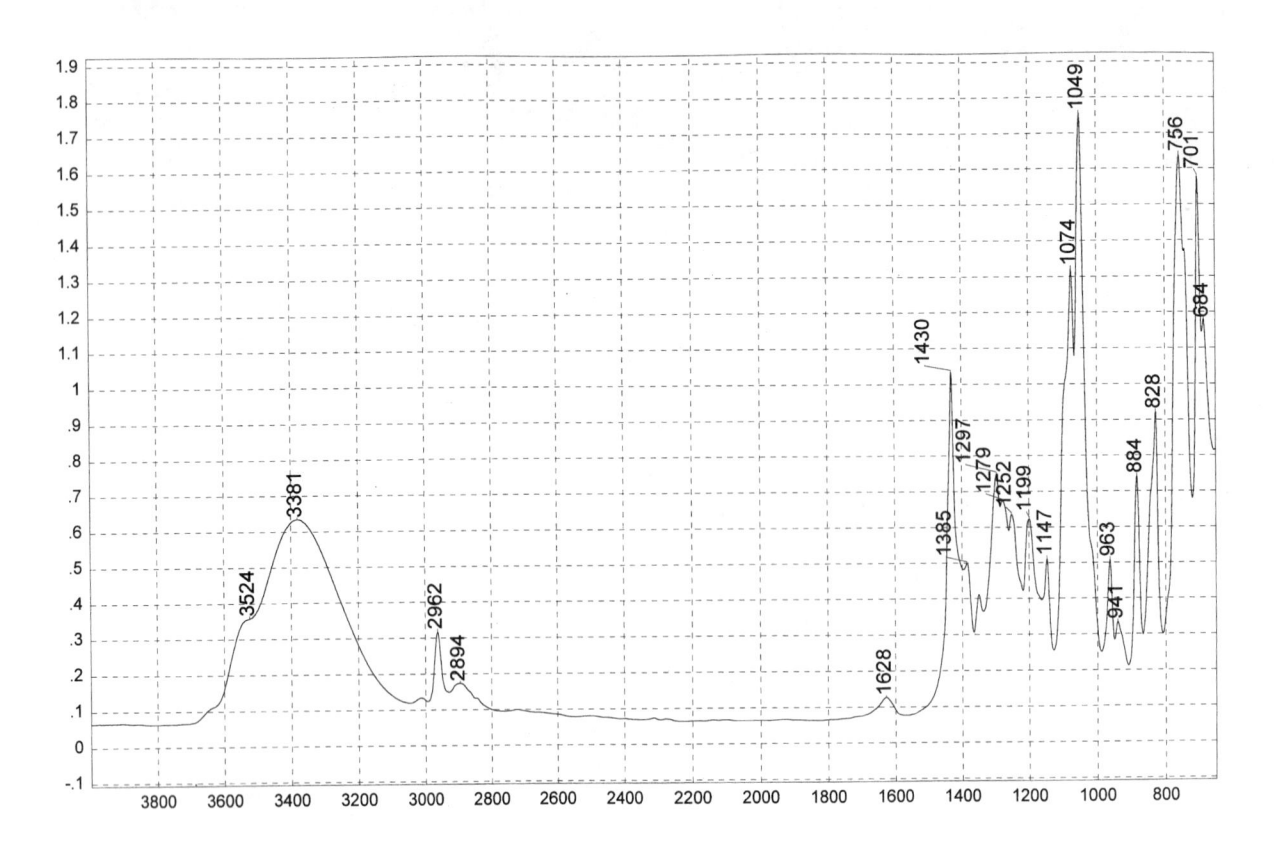

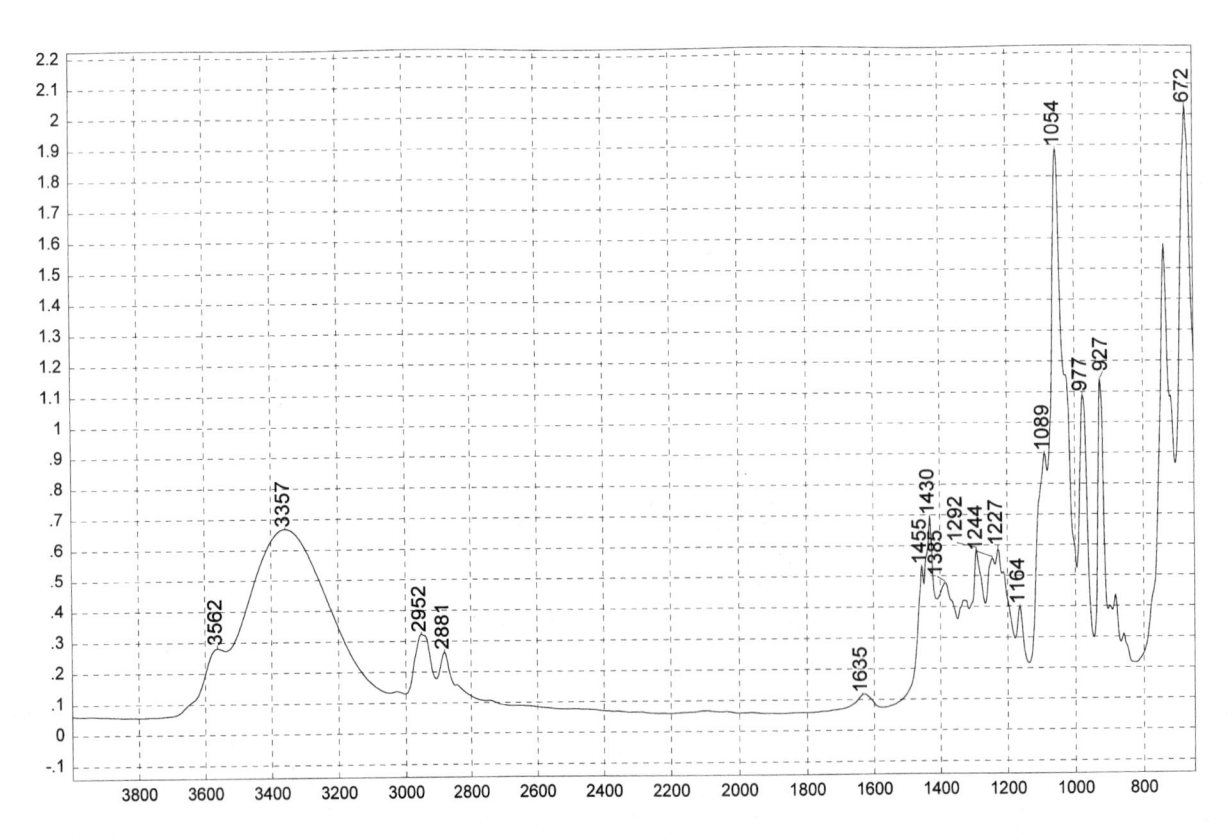

1154   2,3-Dichloro-1-propanol (ATR)

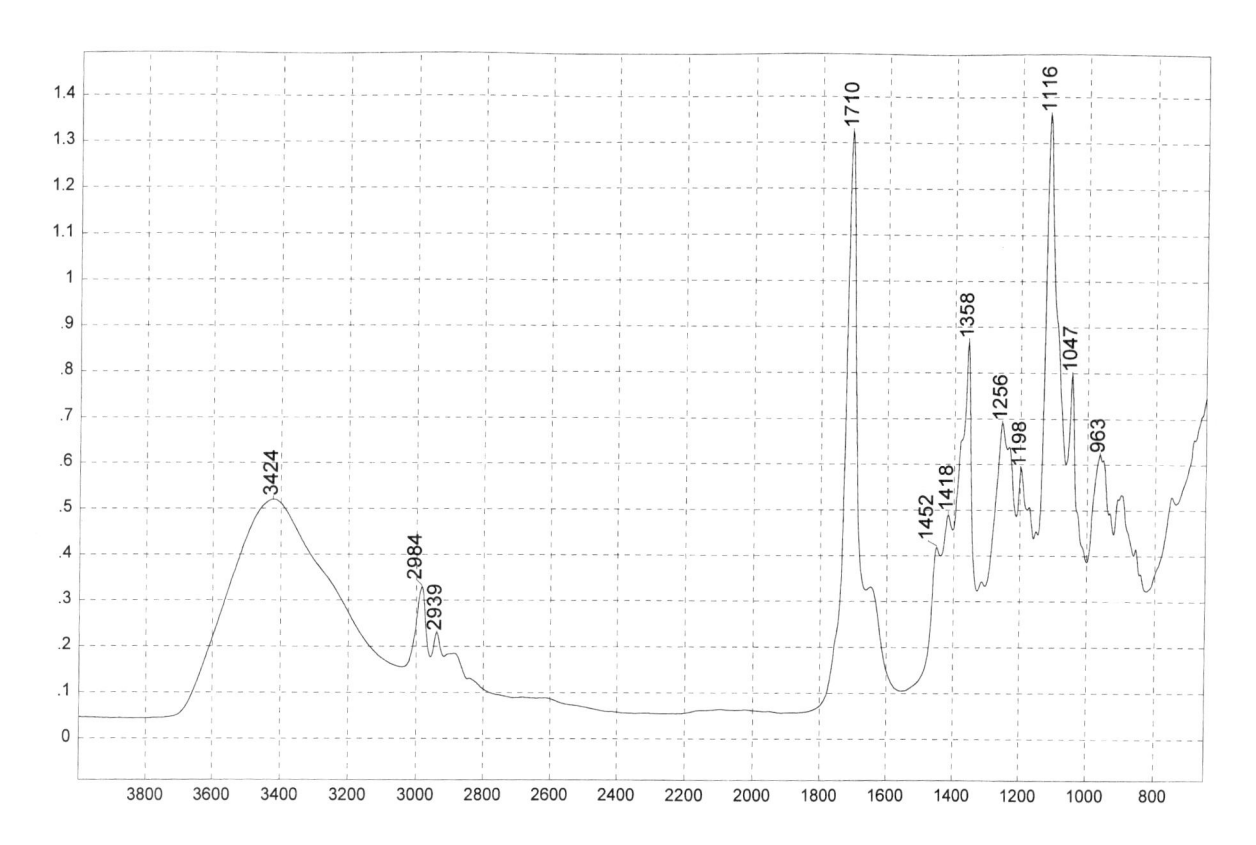

1155 Acetoin (3-hydroxy-2-butanone) (ATR)

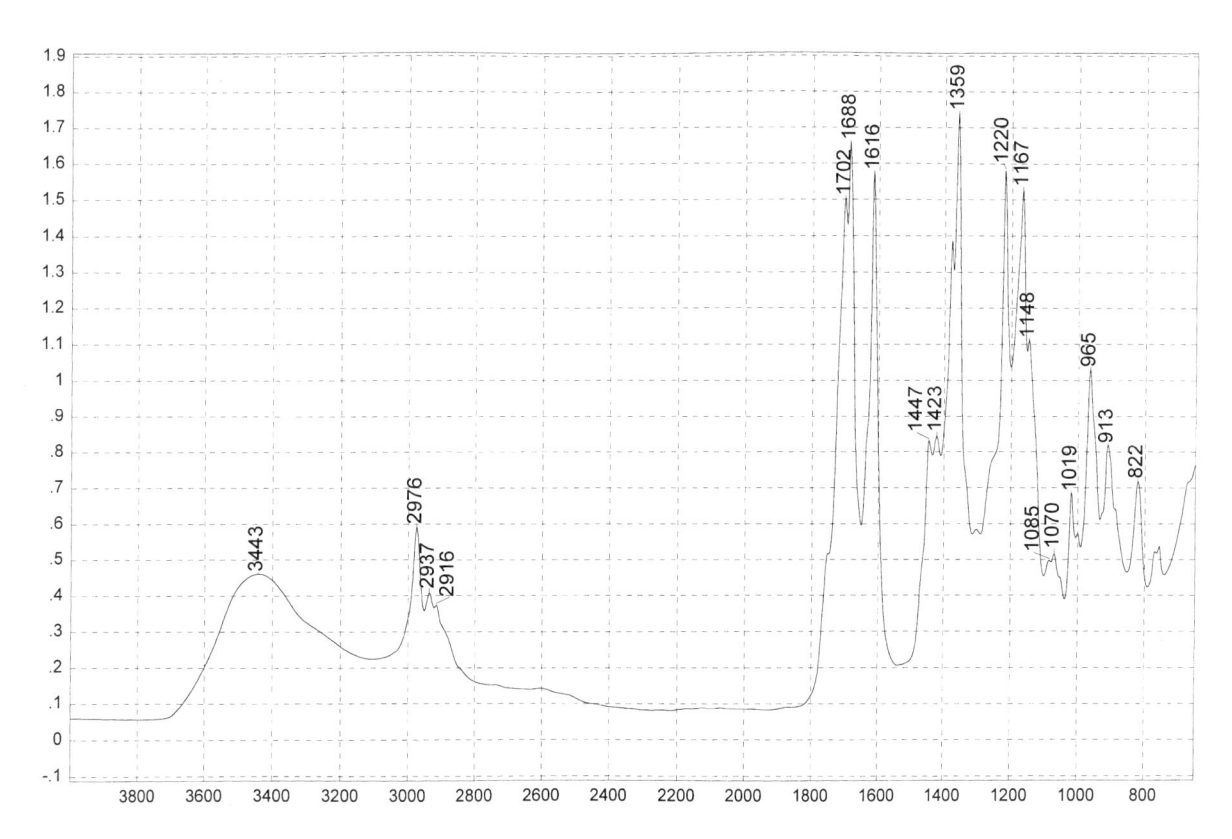

1156 Diacetone Alcohol (ATR)

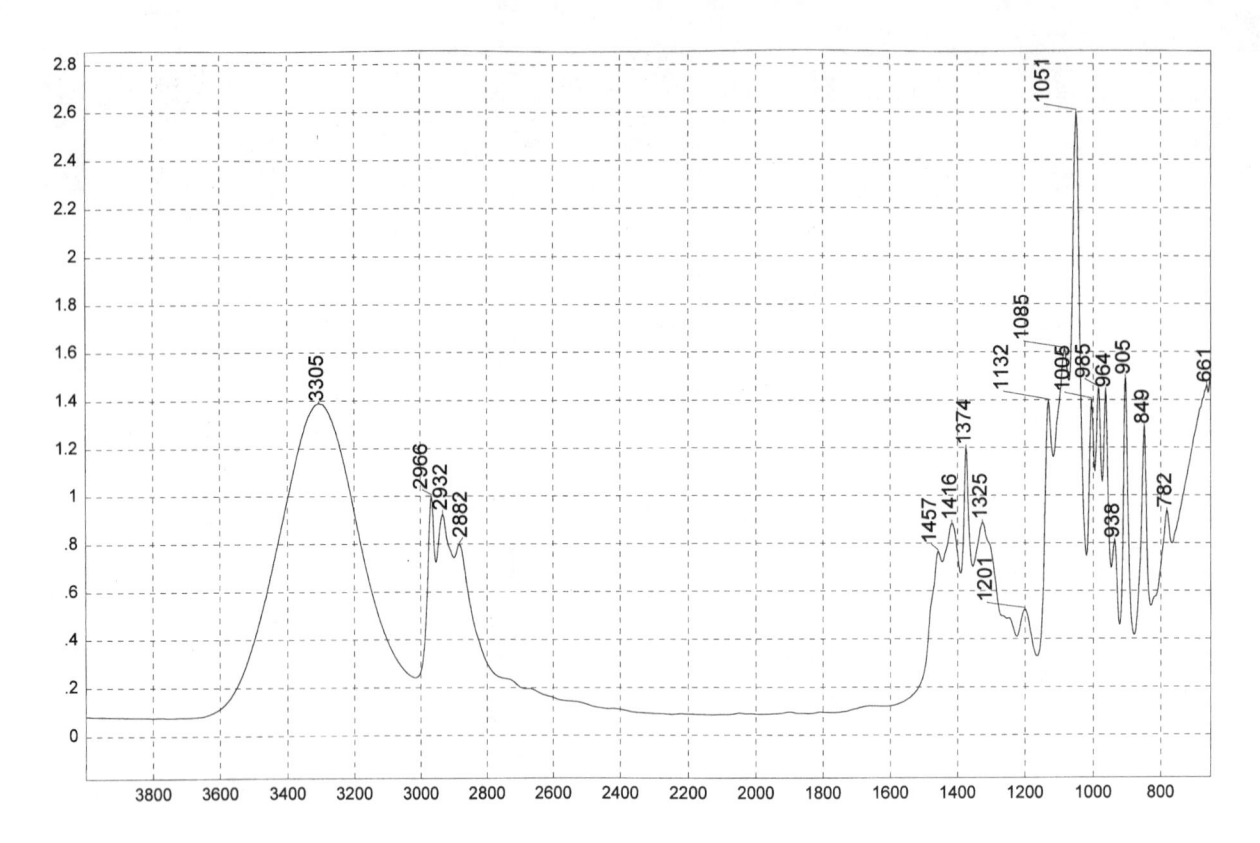

1157   1,3-Butanediol (ATR)

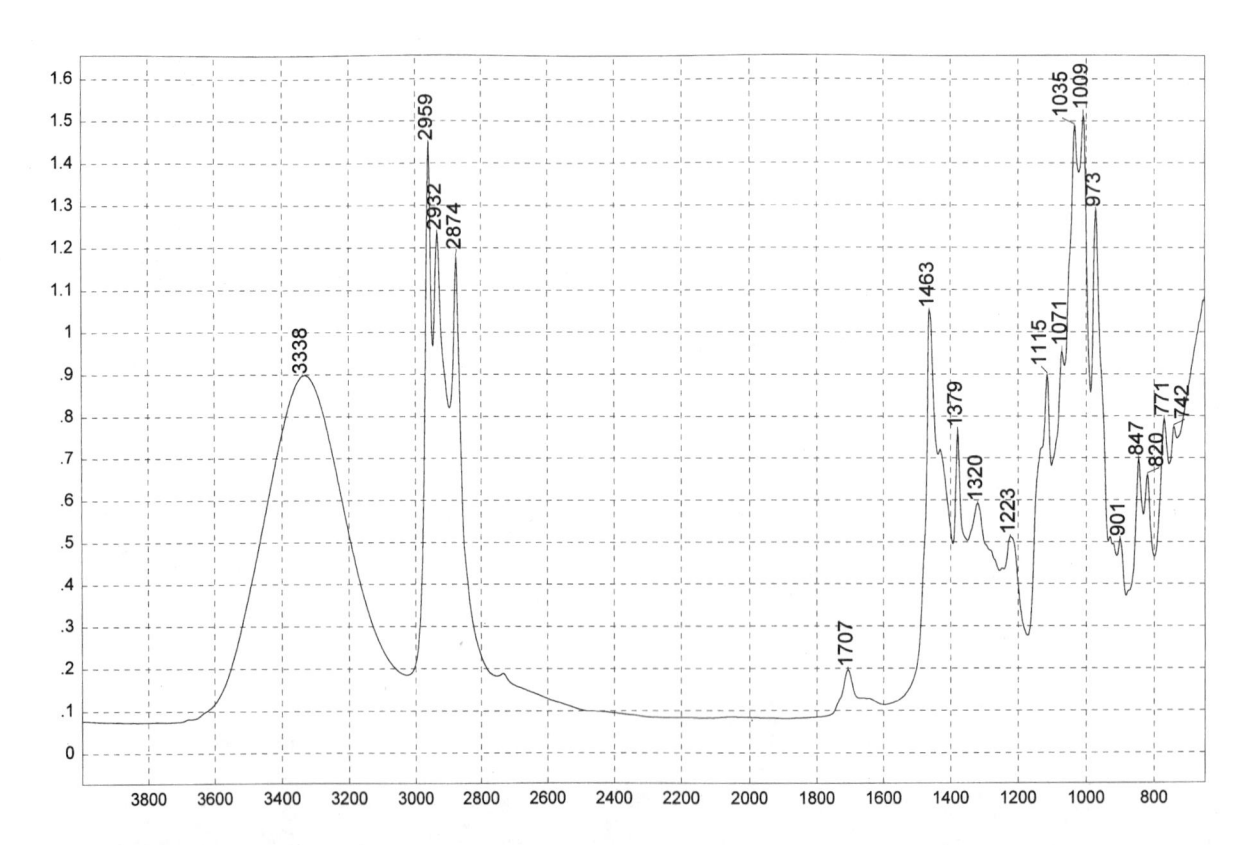

1158   2-Ethyl-1,3-hexanediol (ATR)

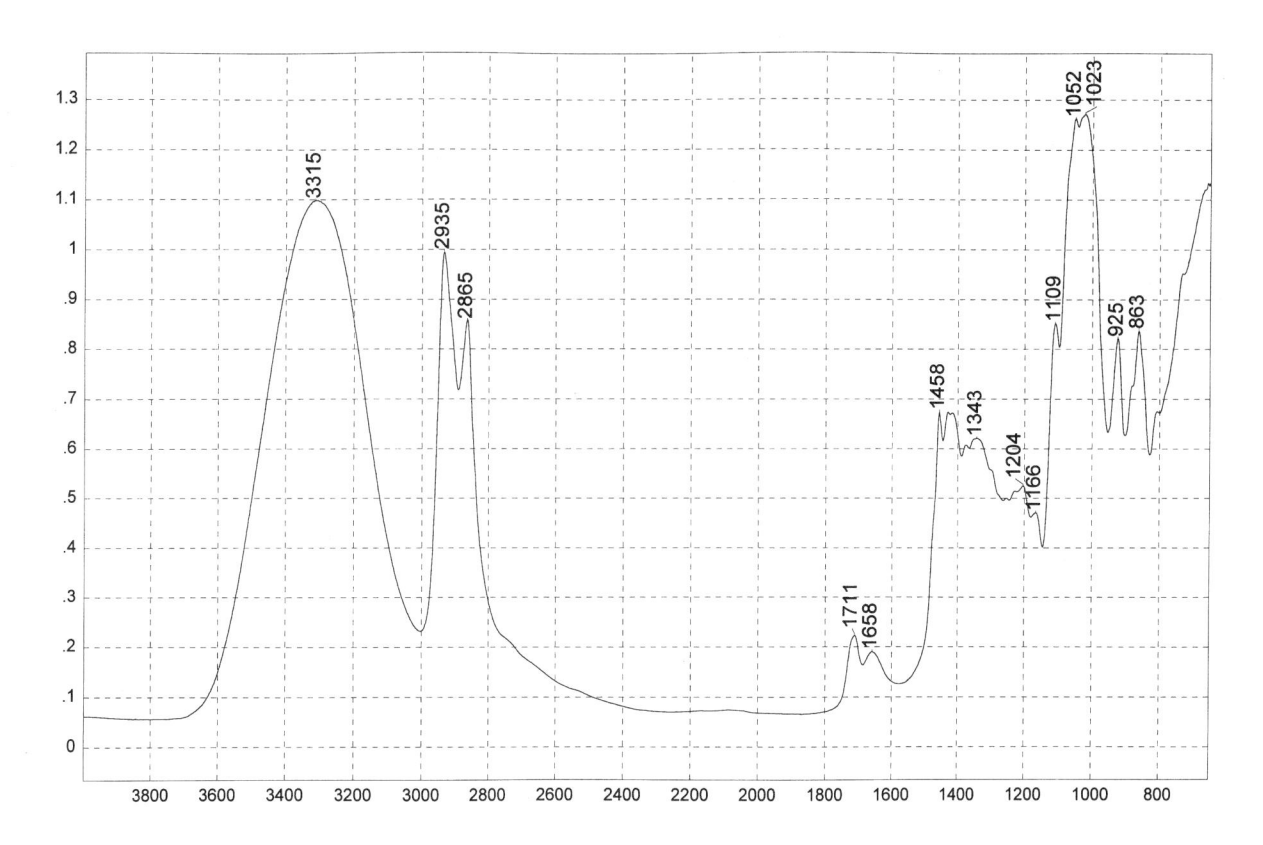

1159 1,2,6-Hexanetriol (ATR)

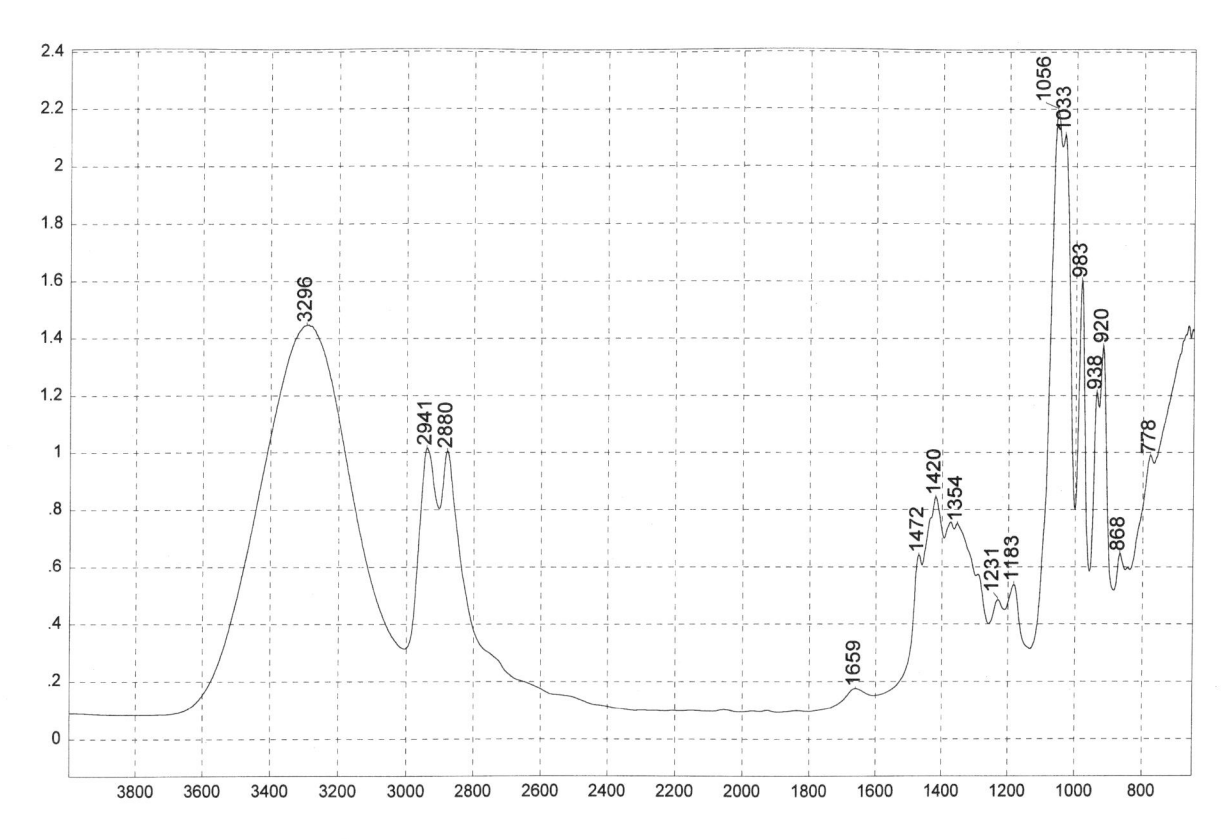

1160 1,3-Propanediol (ATR)

77

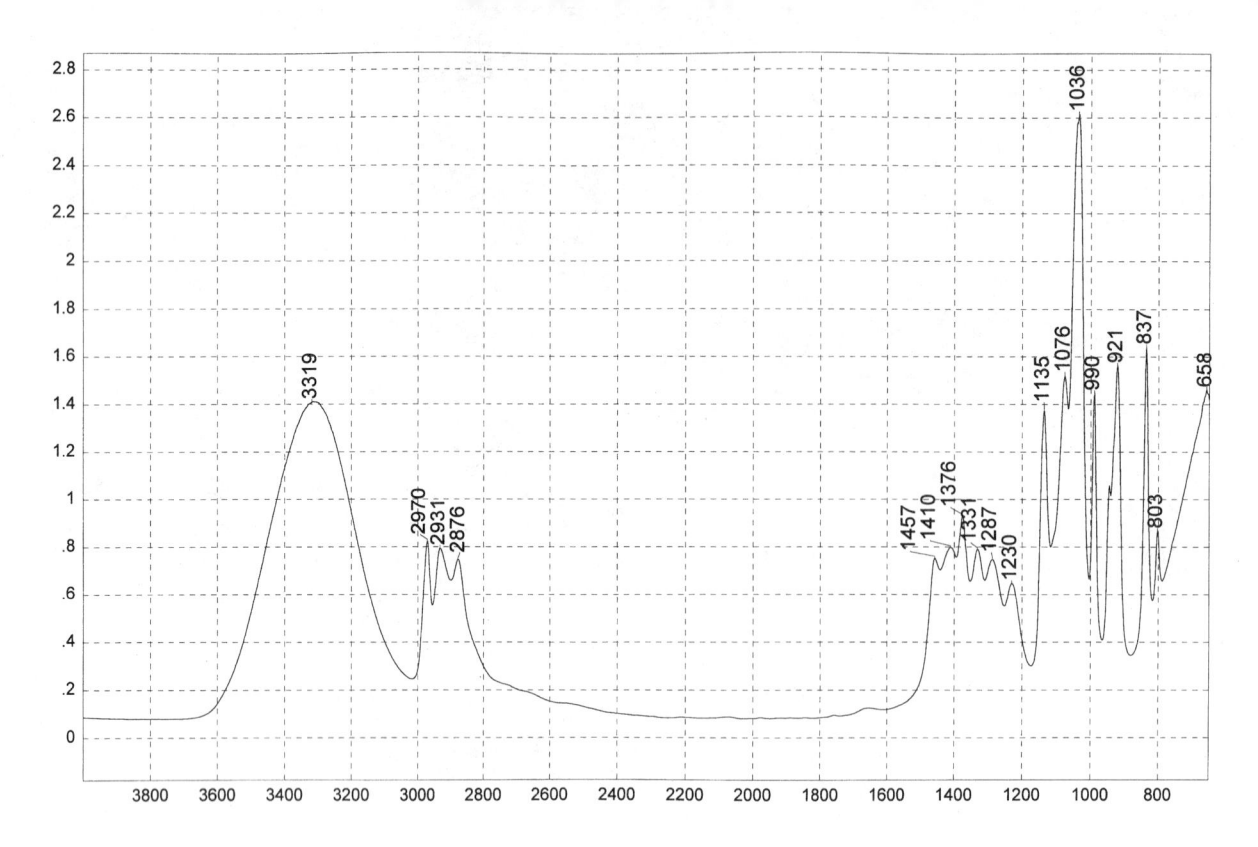

1161 Propylene Glycol (ATR)

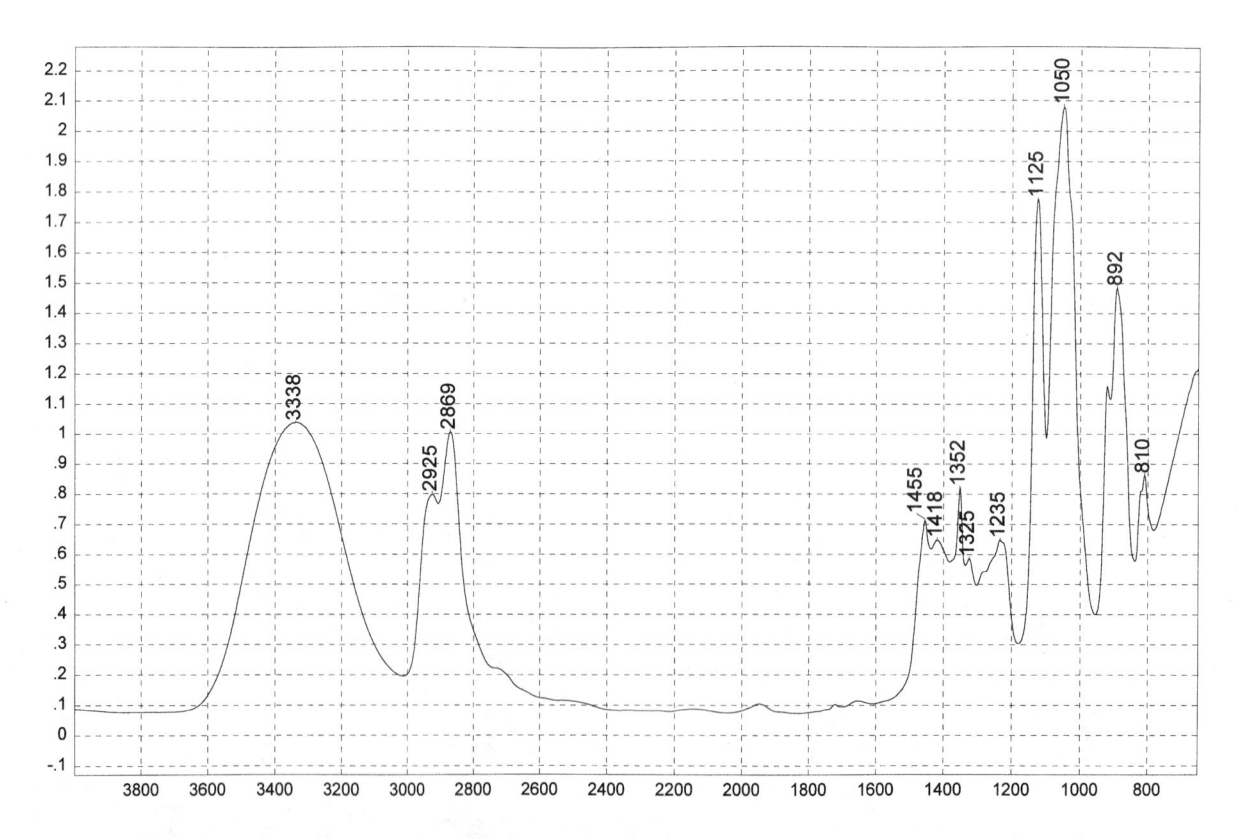

1162 Diethylene Glycol (ATR)

1163 Dipropylene Glycol (ATR)

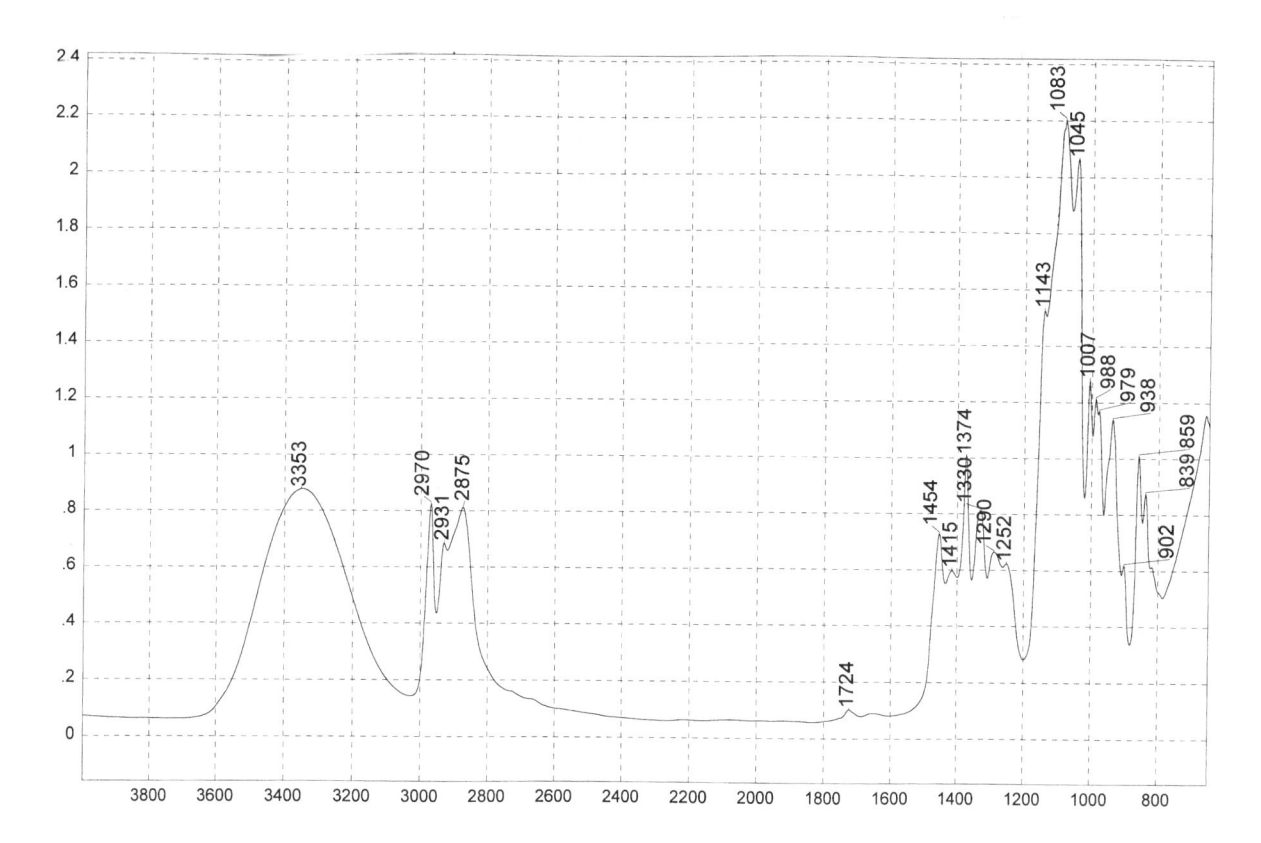

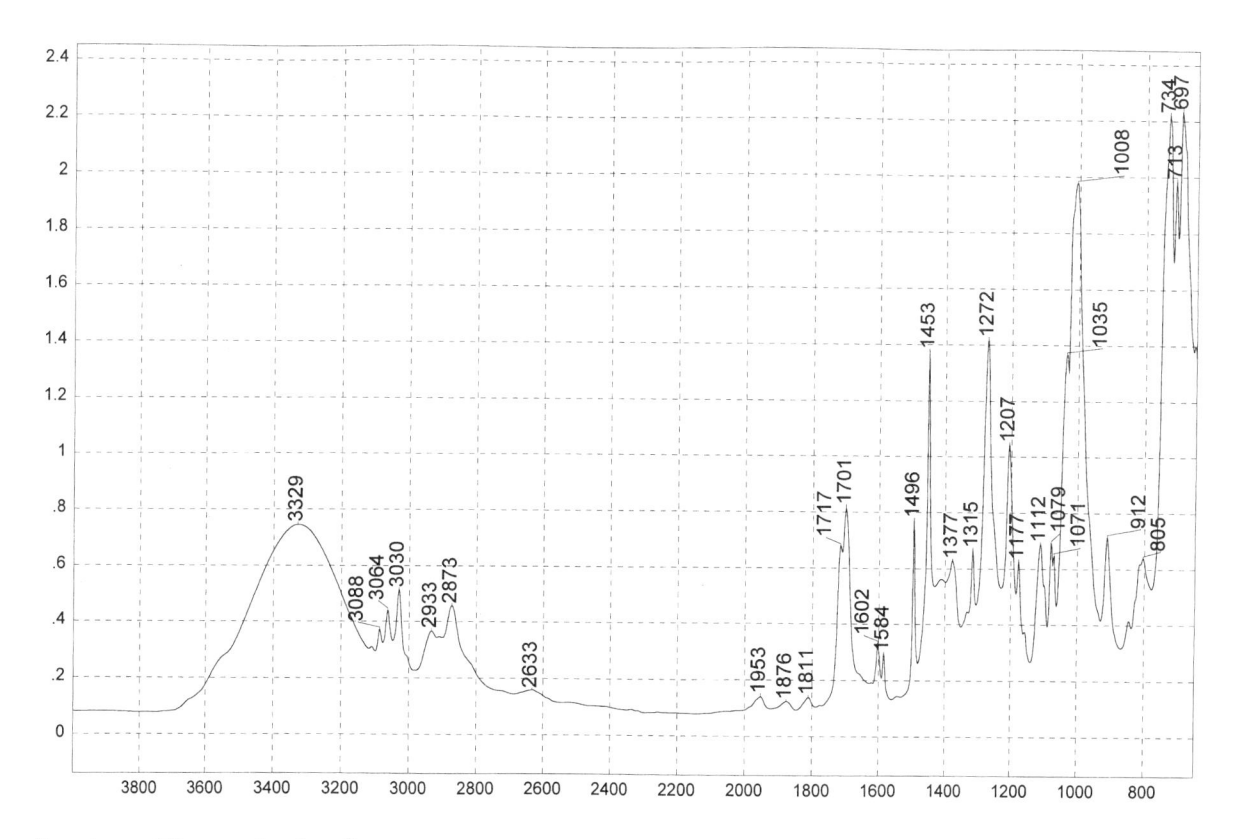

1164 Benzoyl Alcohol (ATR)

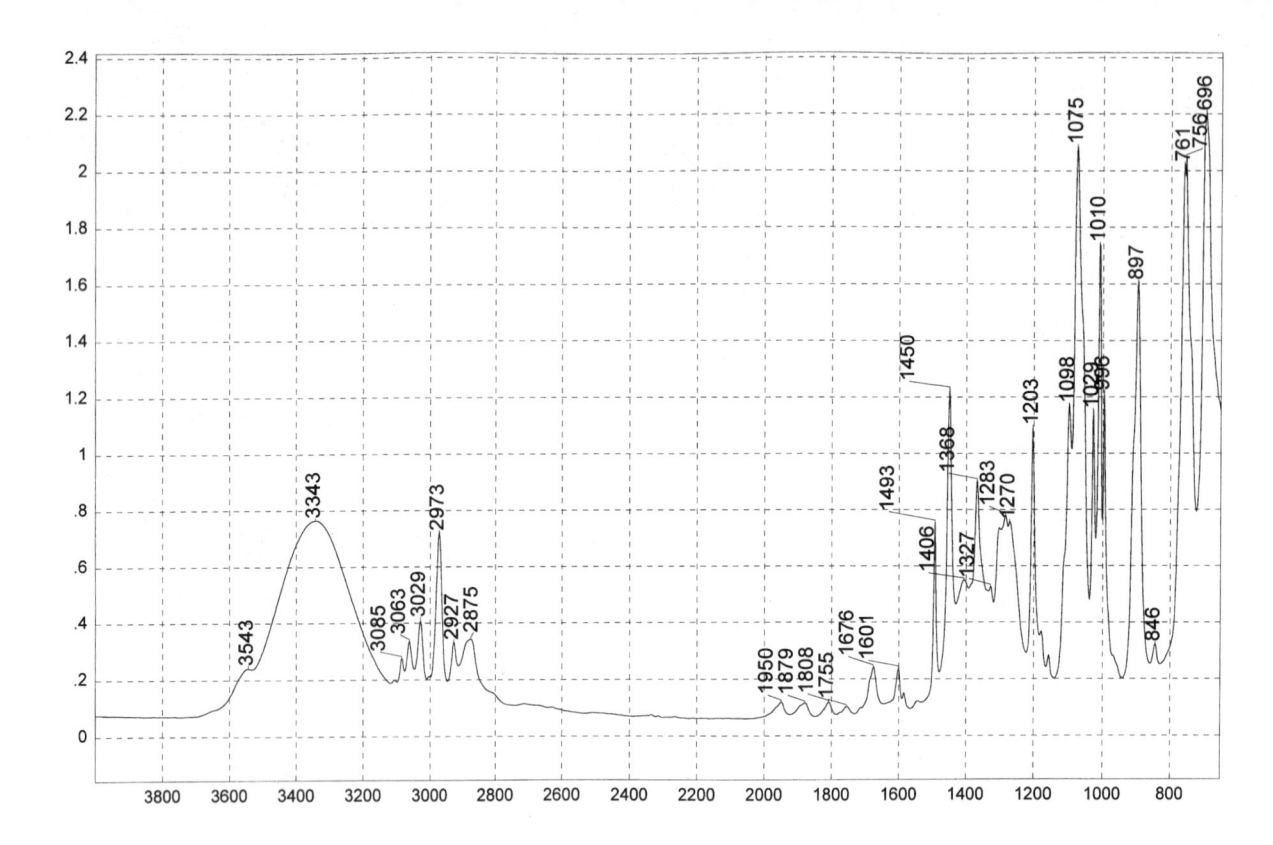

1165 DL-a-Methylbenzyl Alcohol (ATR)

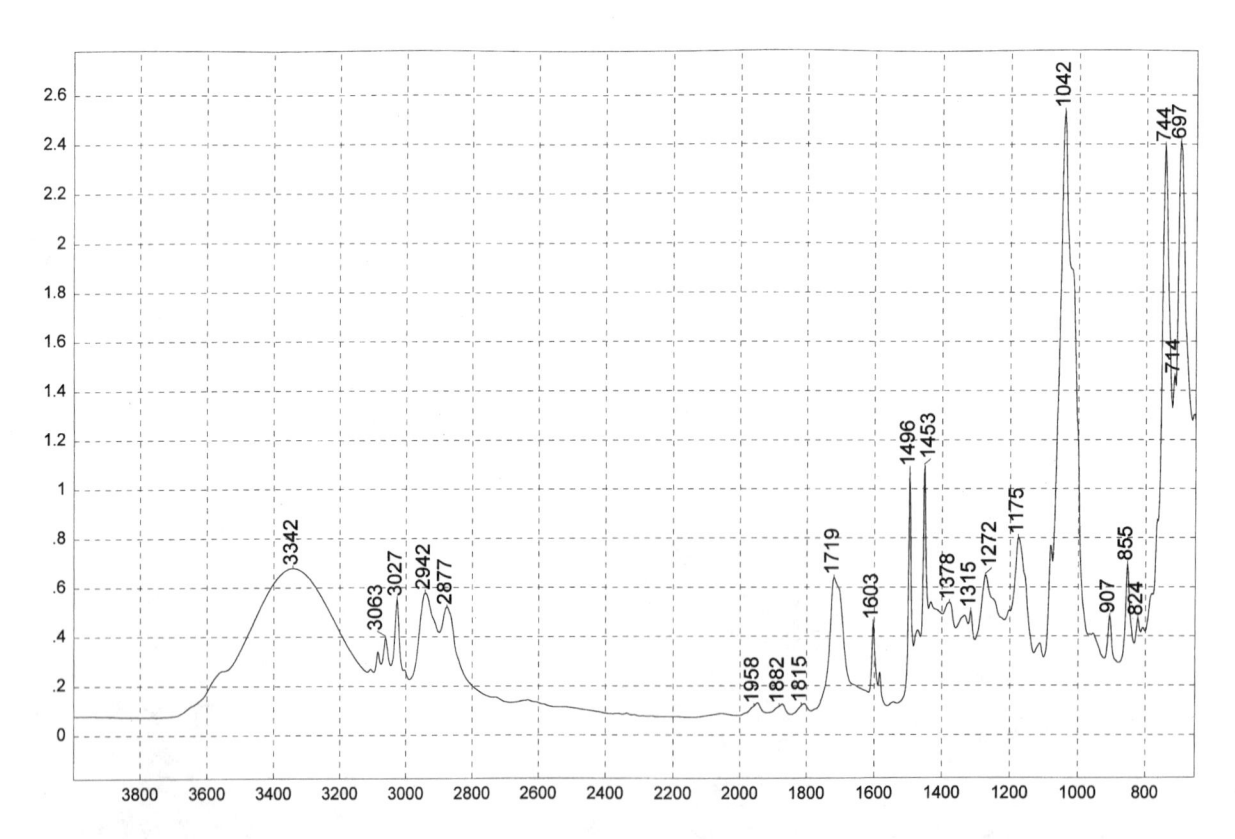

1166 2-Phenylethyl Alcohol (ATR)

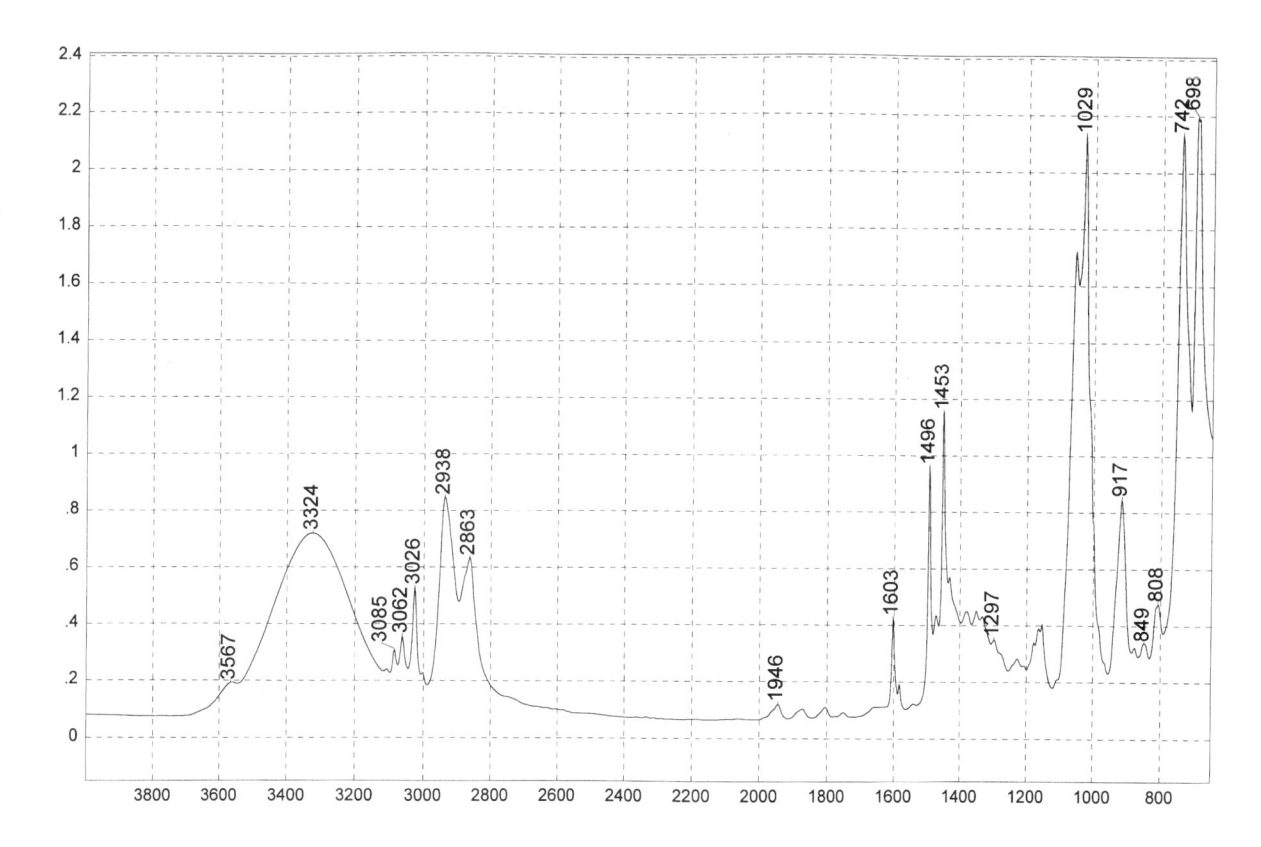

1167   **3-Phenyl-1-propanol (ATR)**

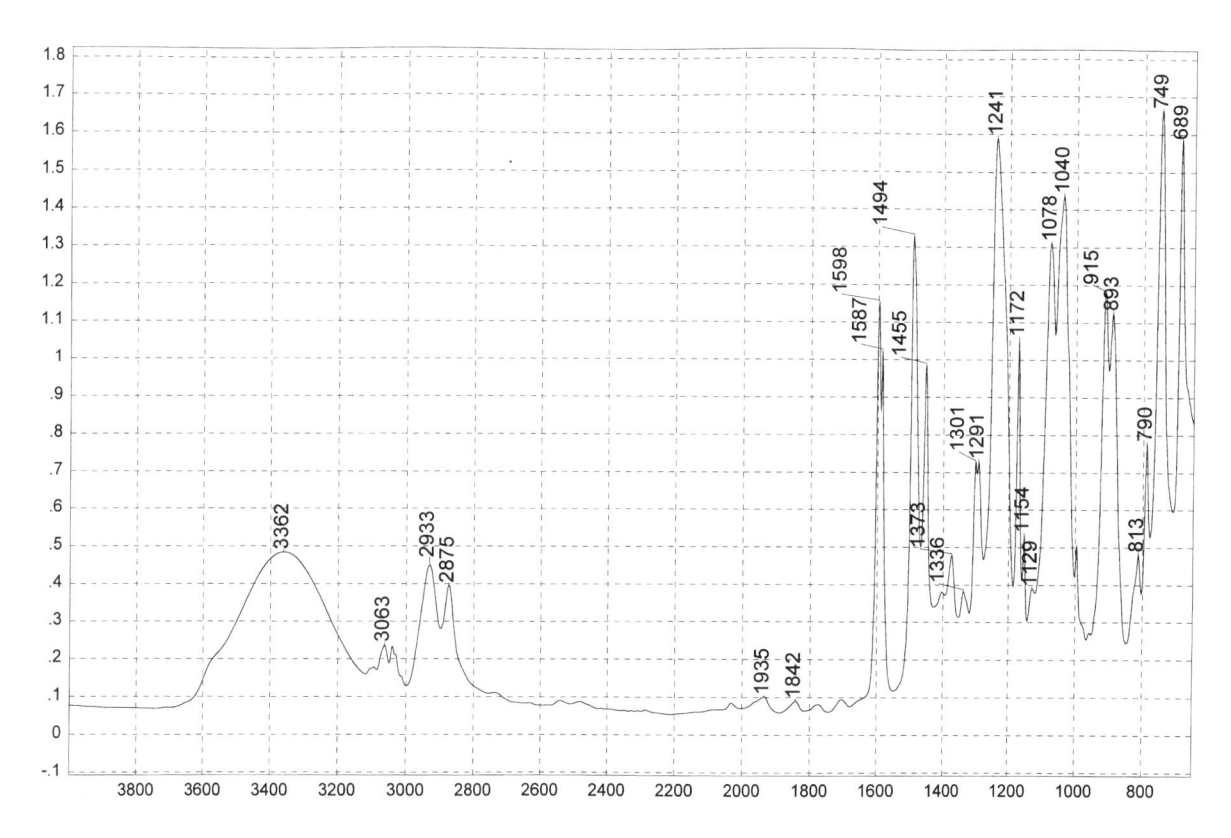

1168   **2-Phenoxyethanol (ATR)**

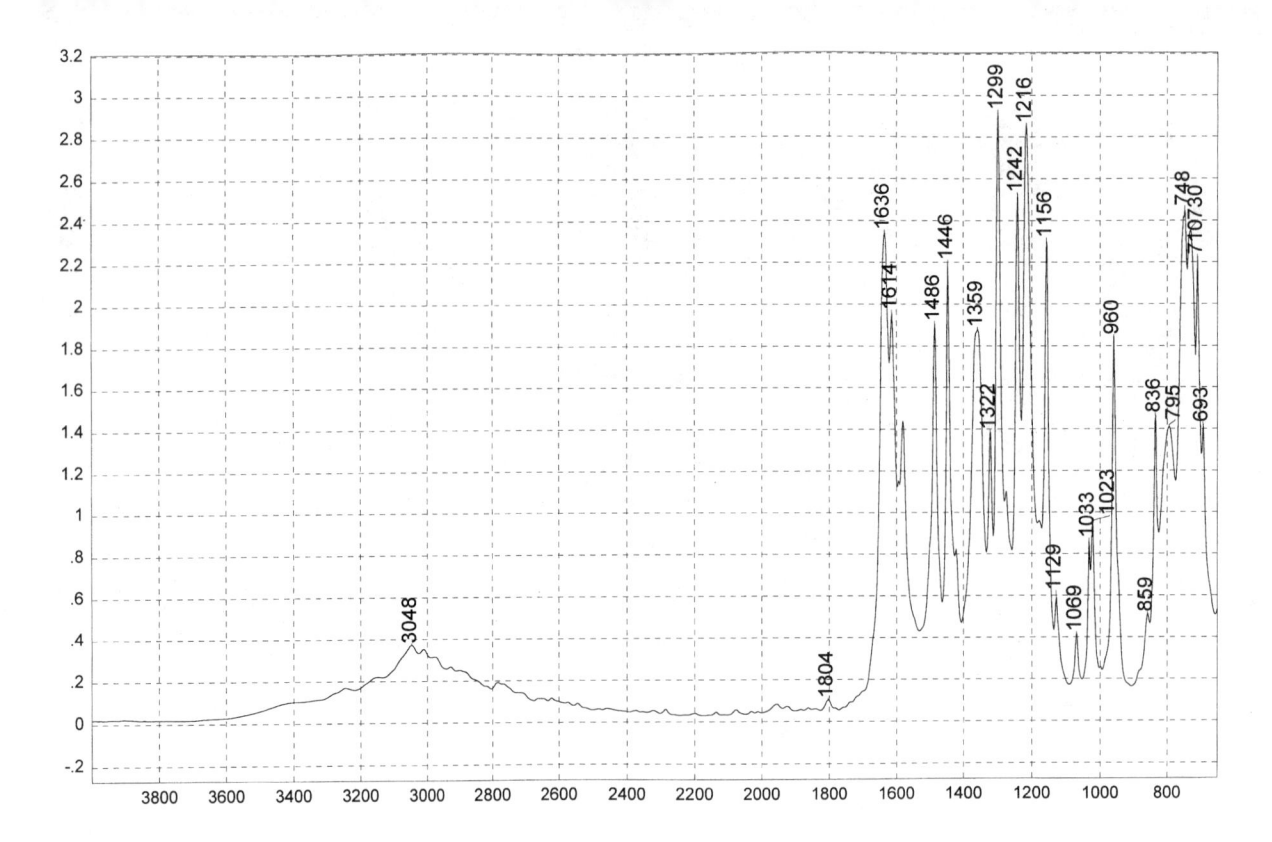

1169 o-Hydroxyacetophenone (ATR)

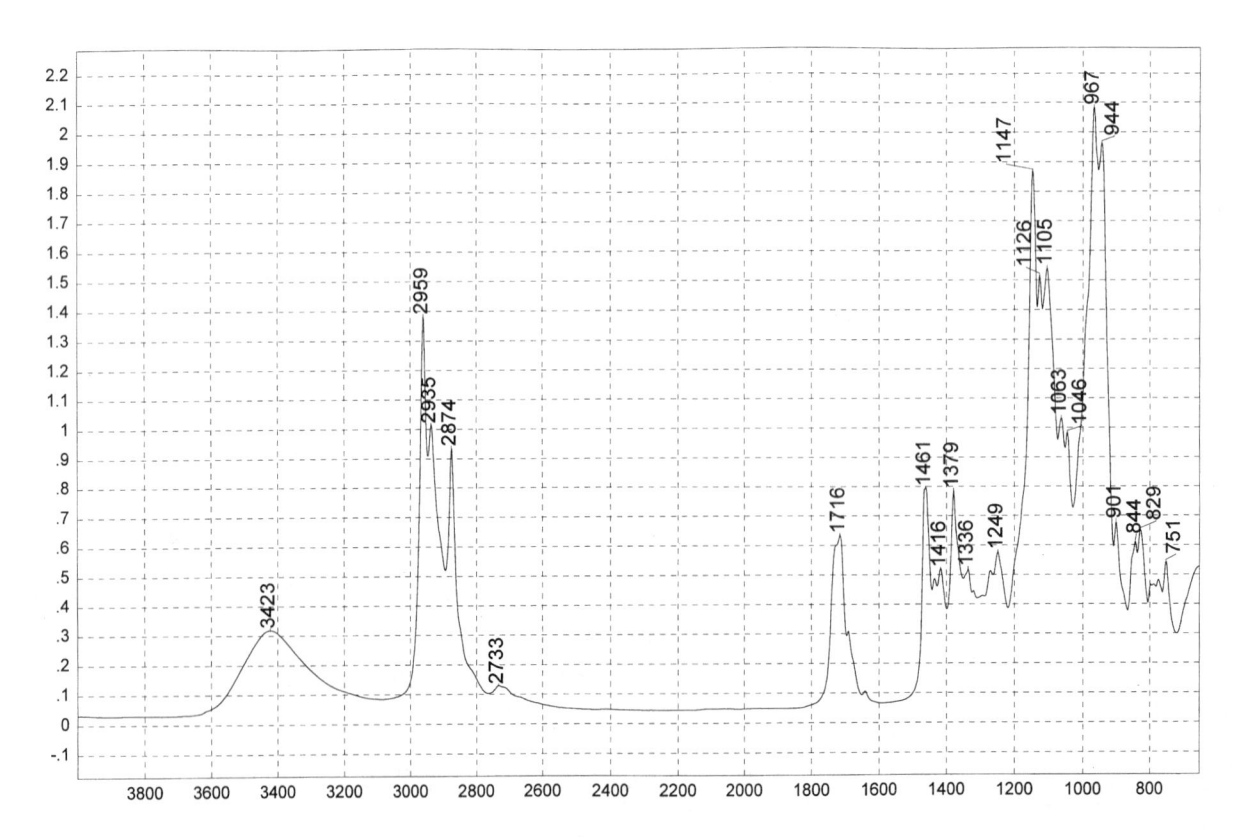

1170 n-Butyraldehyde (ATR)

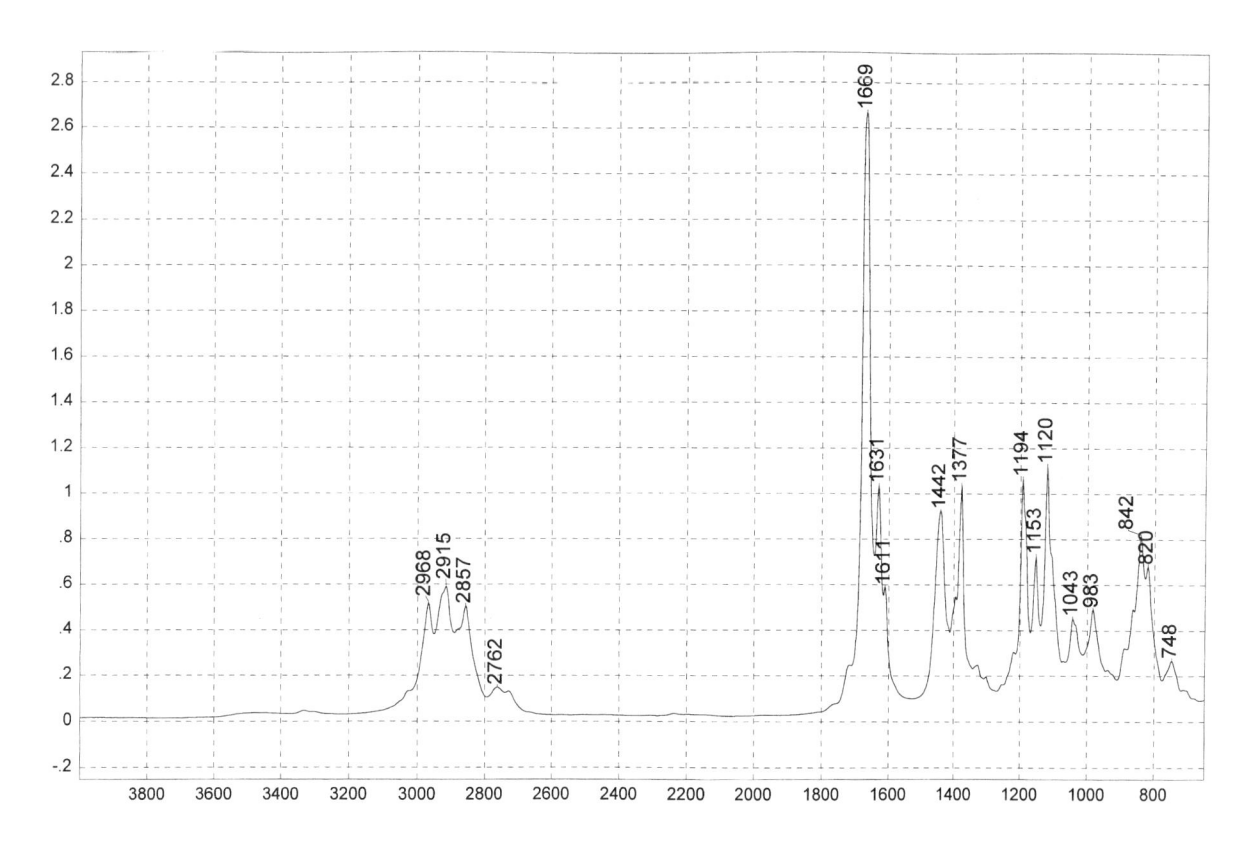

1171 Citral (ATR)

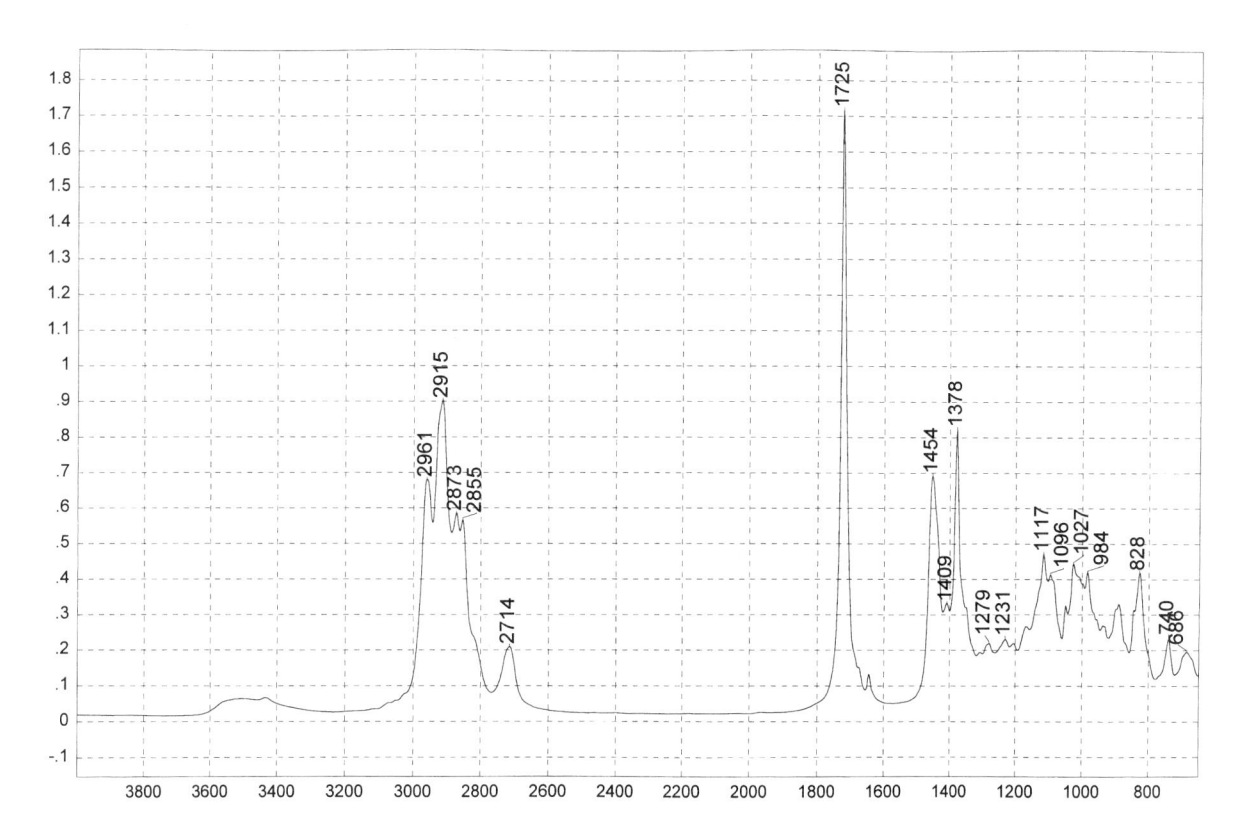

1172 Citronellal (ATR)

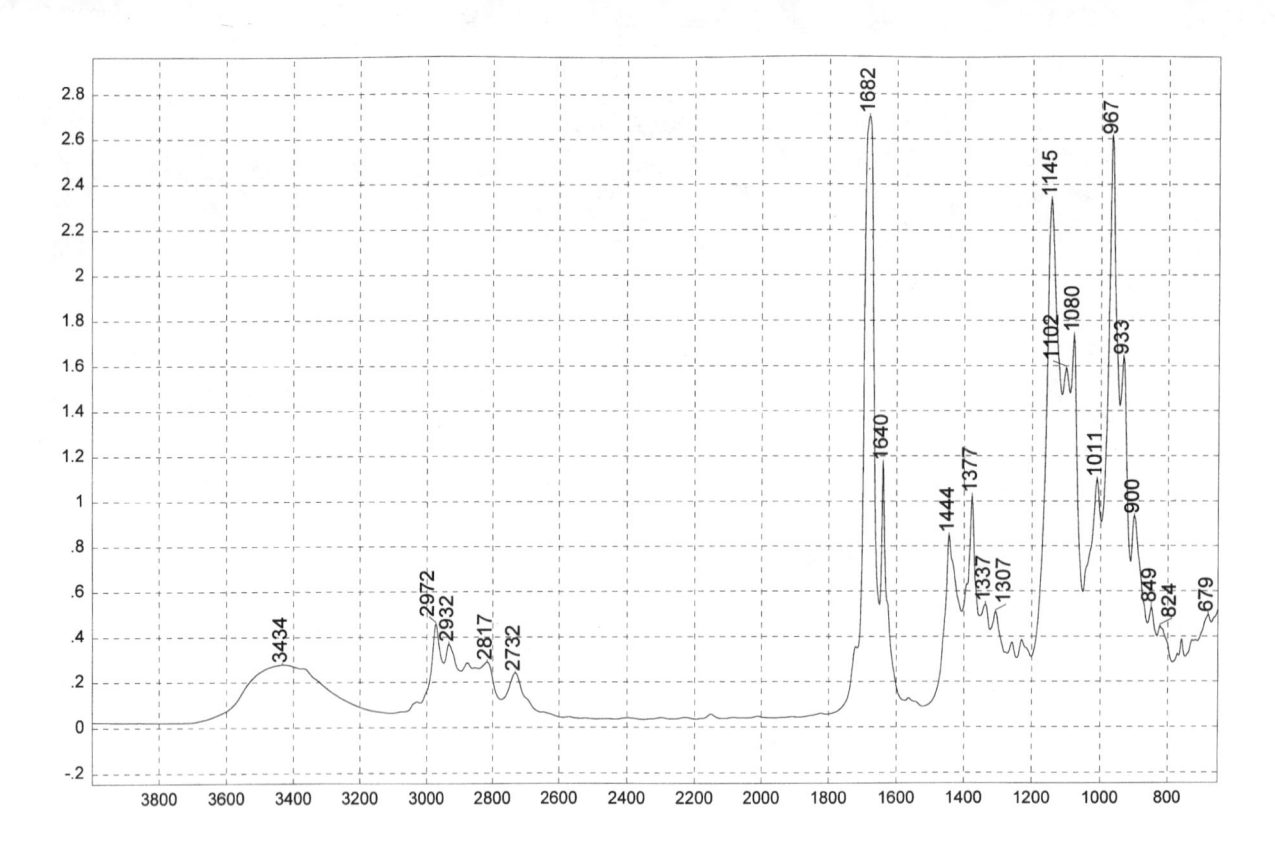

1173 Crotonaldehyde (ATR)

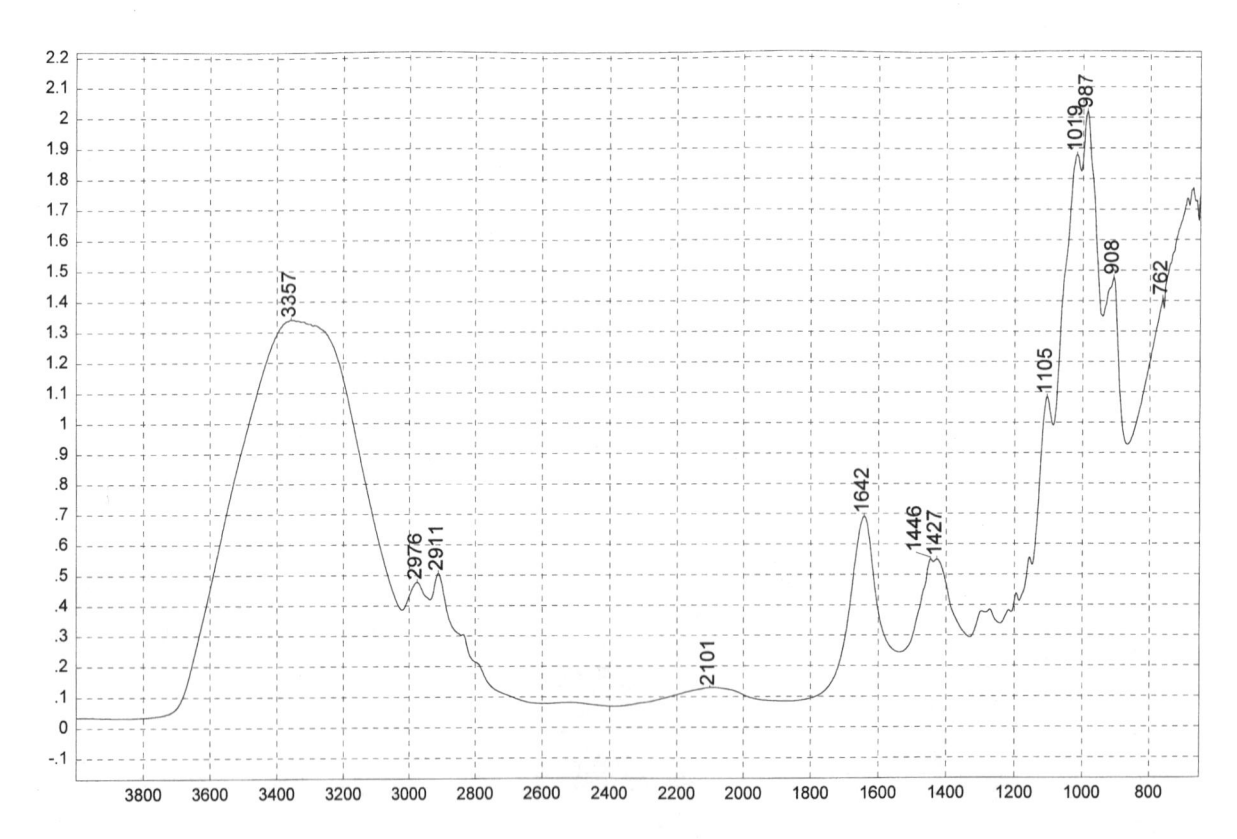

1174 Formaldehyde (ATR)

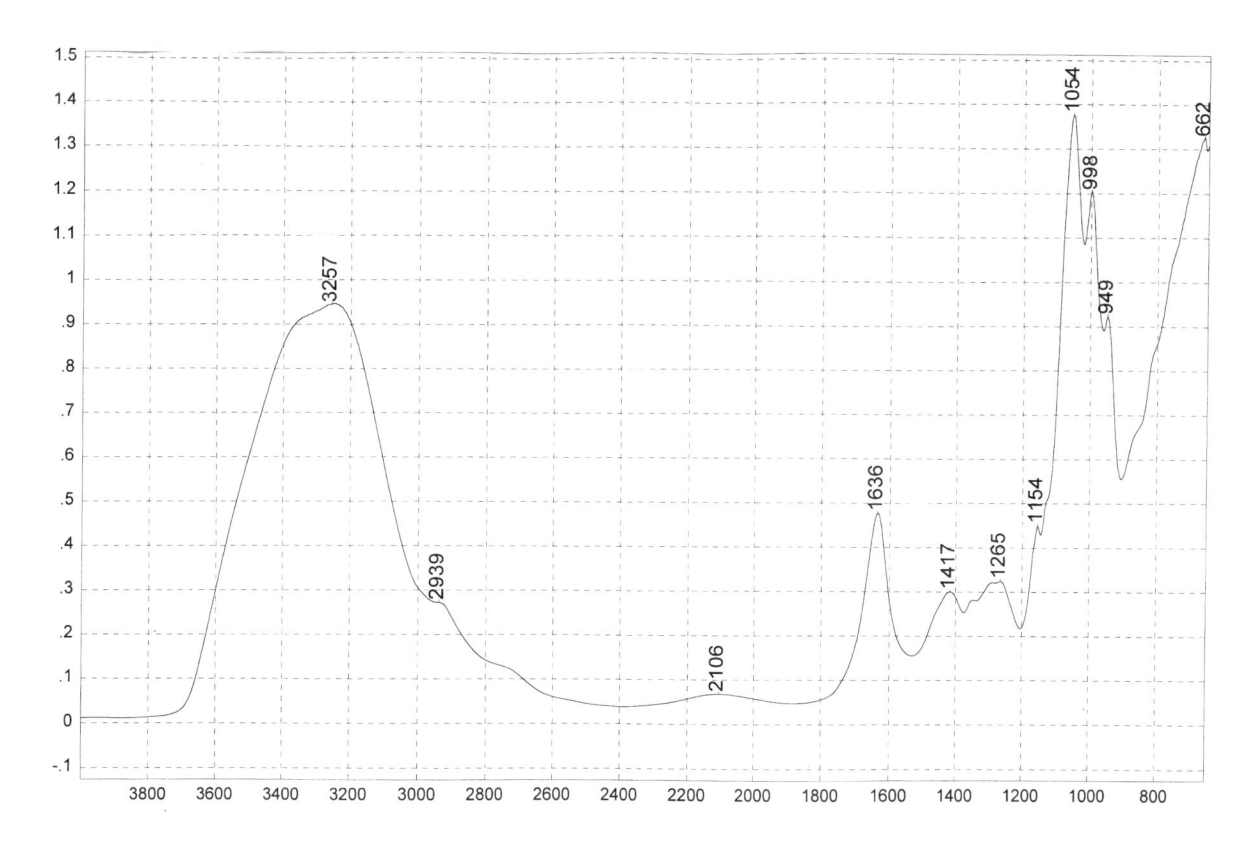

1175 Glyoxal (ATR)

1176 Propionaldehyde (ATR)

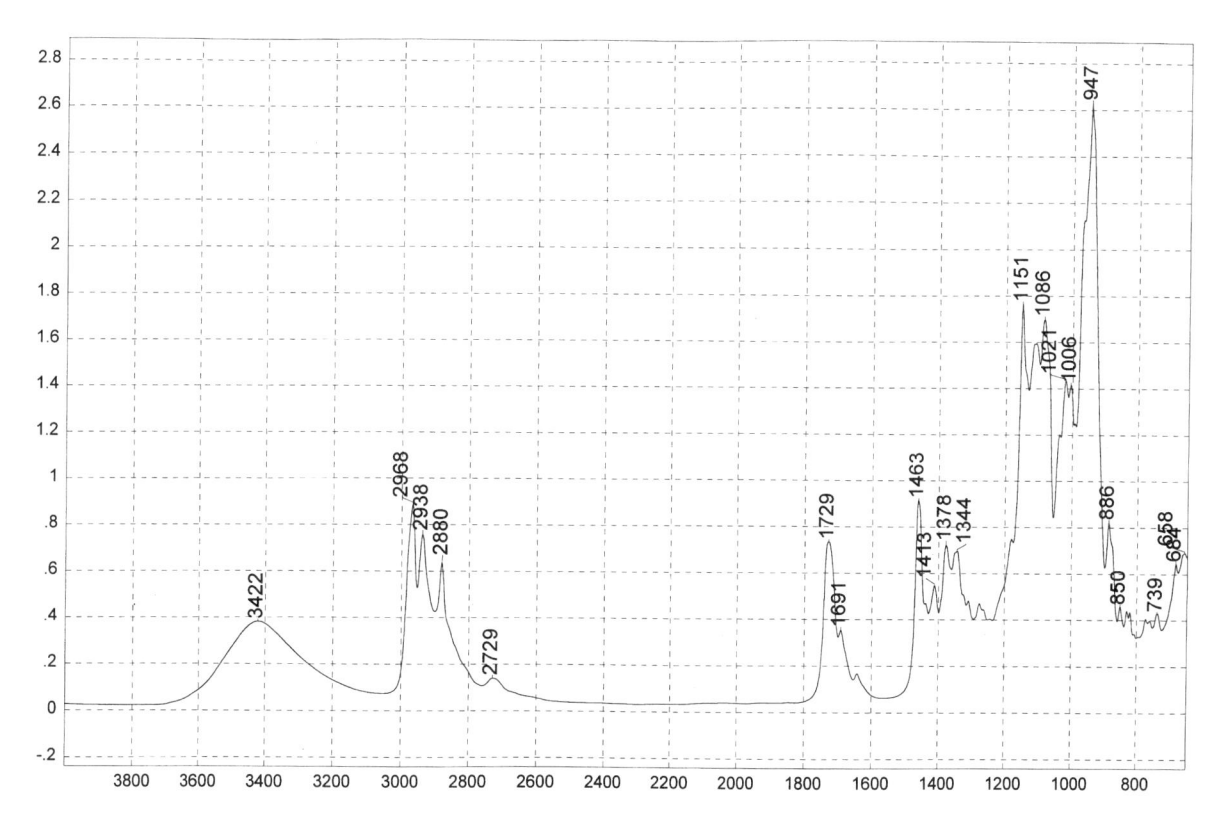

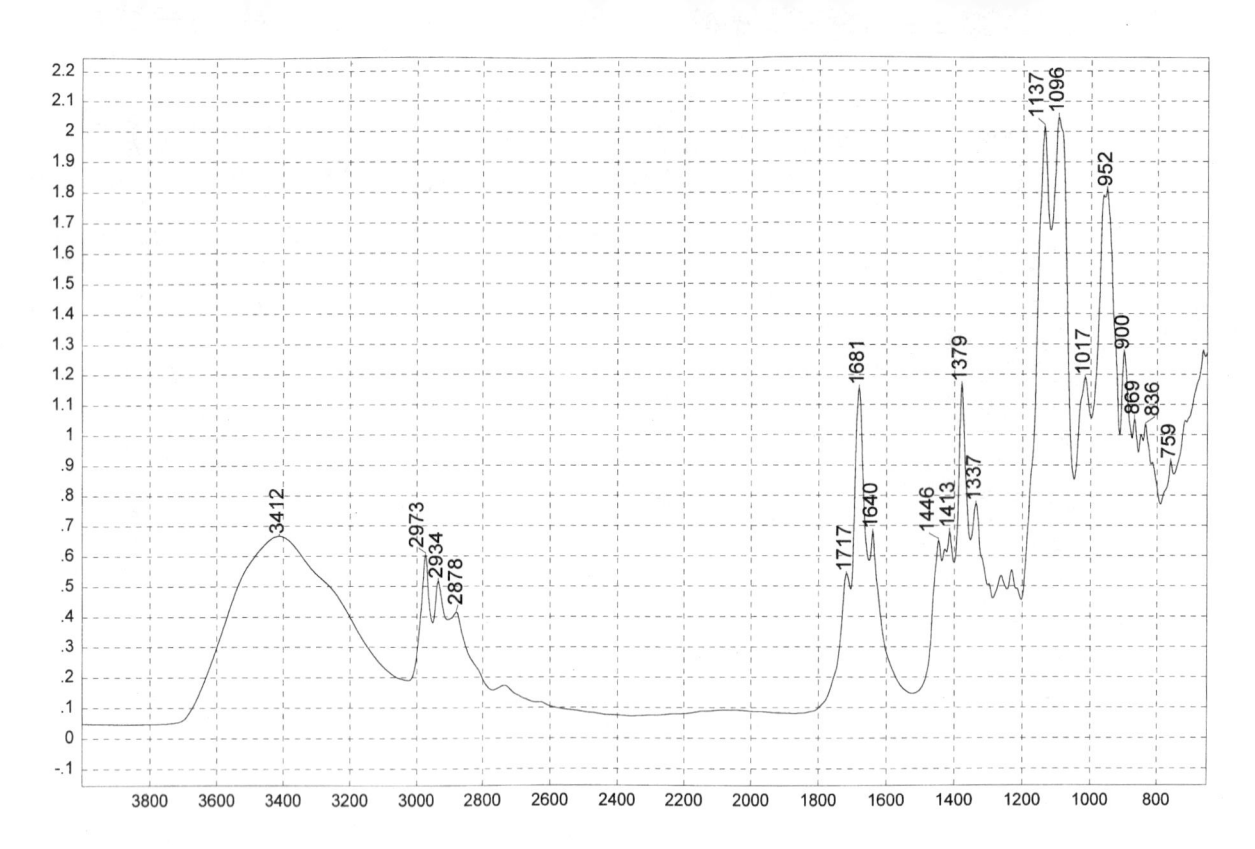

1177 Aldol

1178 Benzaldehyde (ATR)

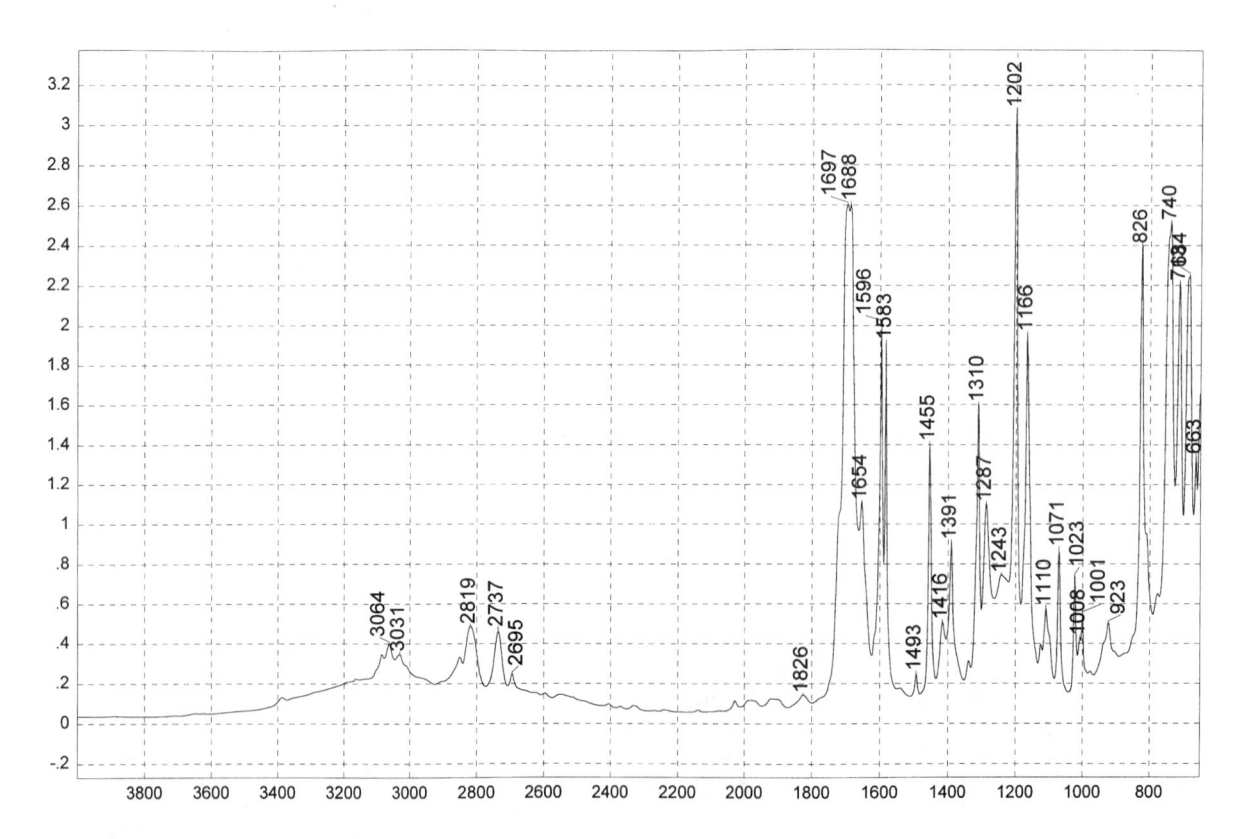

1179 trans-Cinnamaldehyde (ATR)

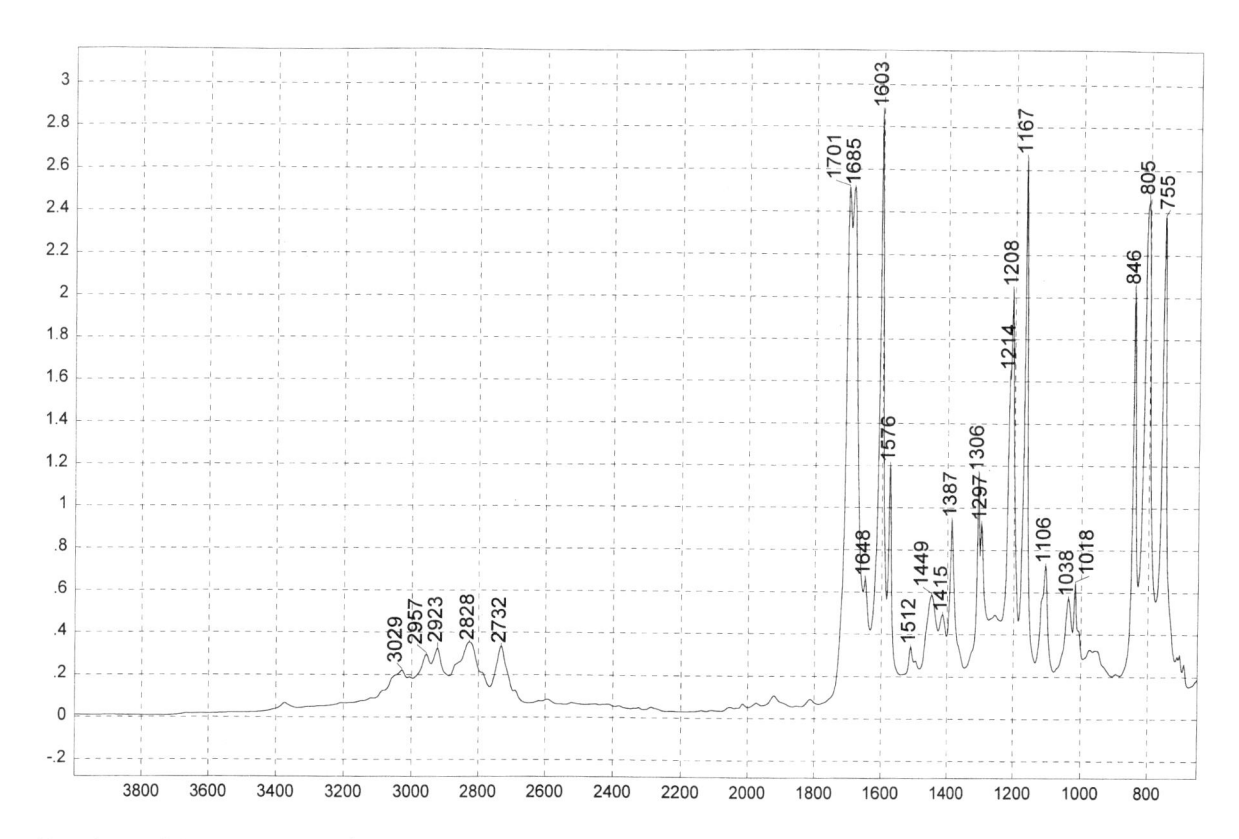

1180 p-Tolualdehyde (ATR)

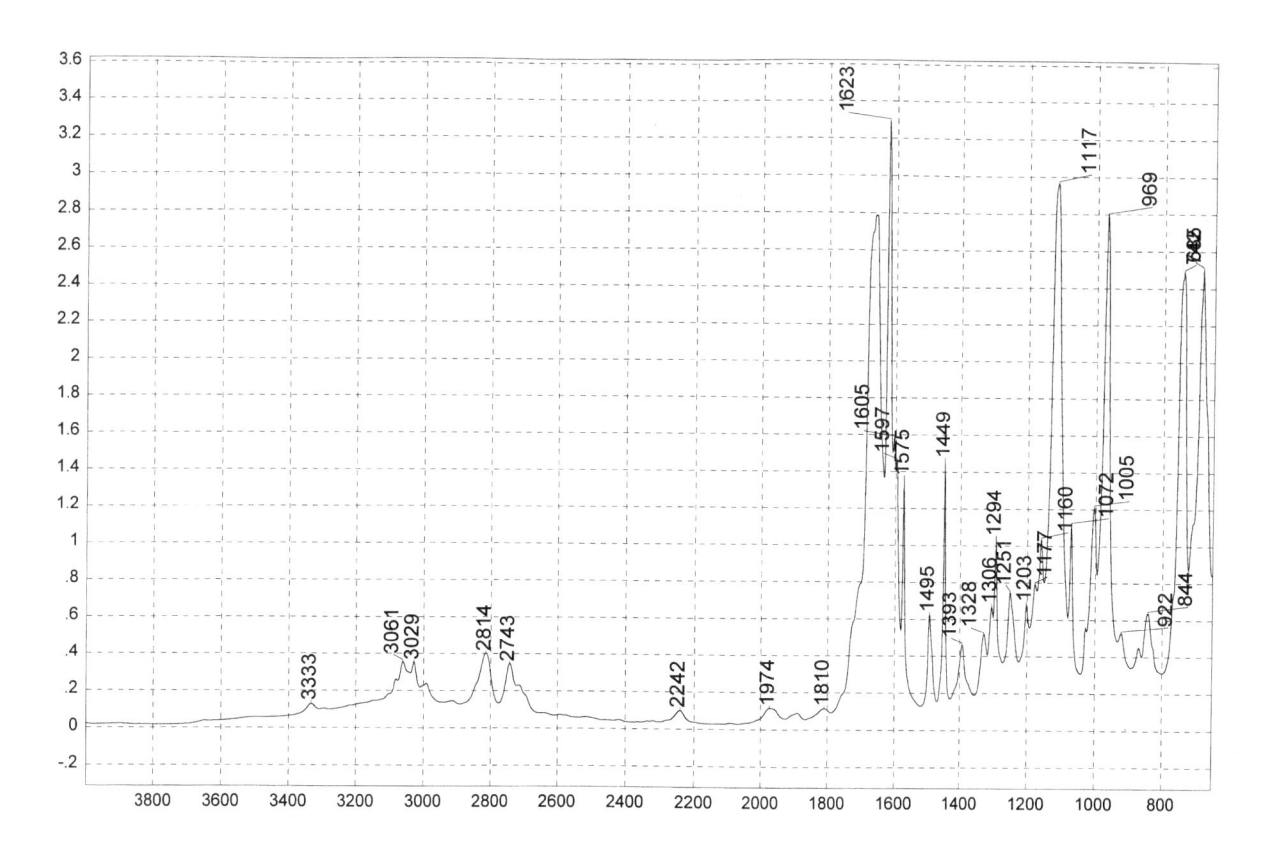

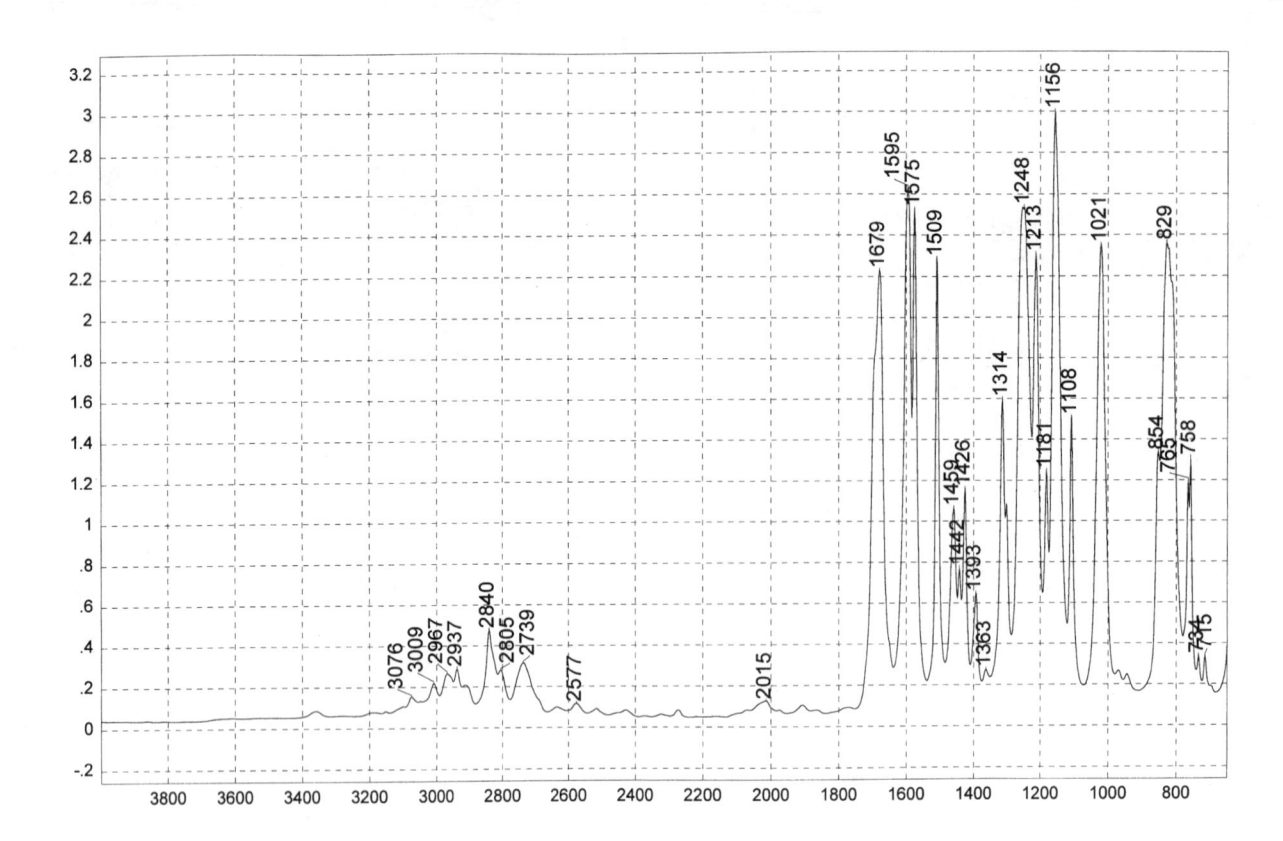

1181 Anisaldehyde (ATR)

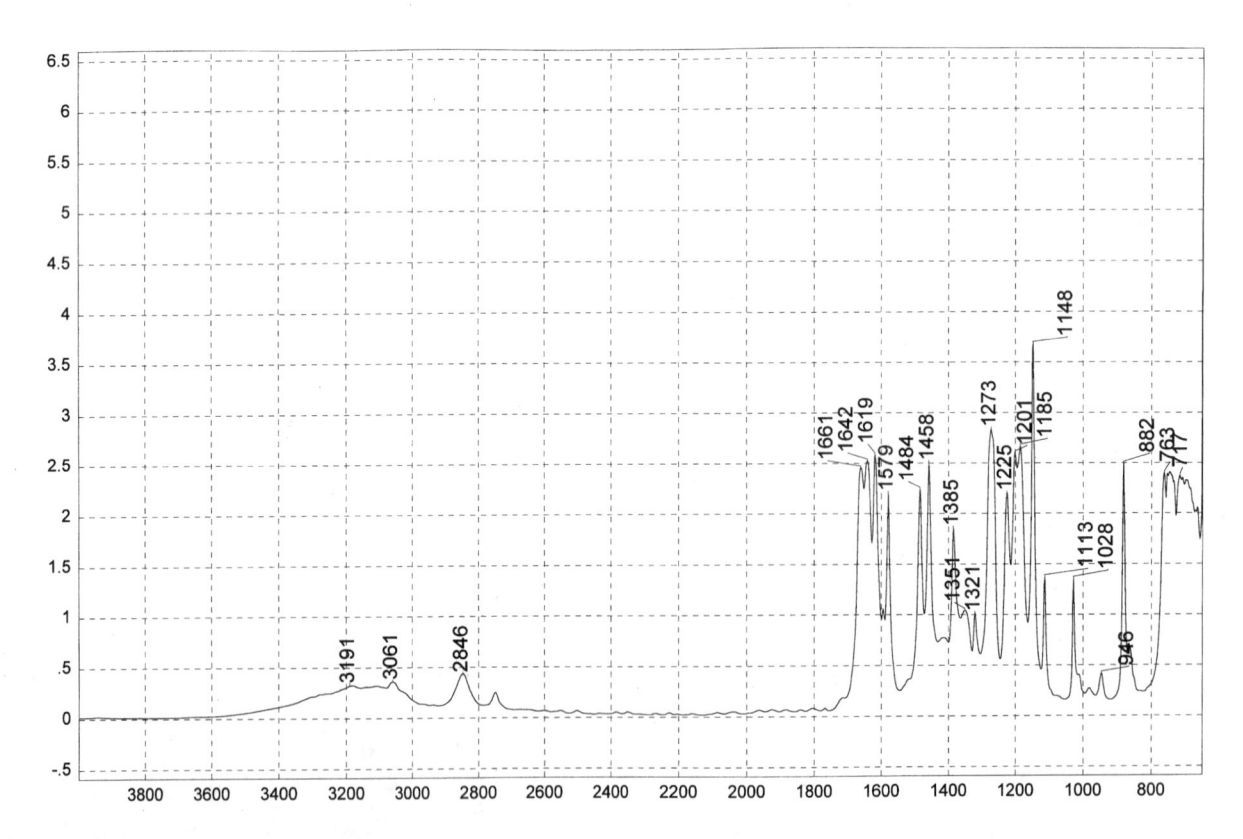

1182 Salicylaldehyde (ATR)

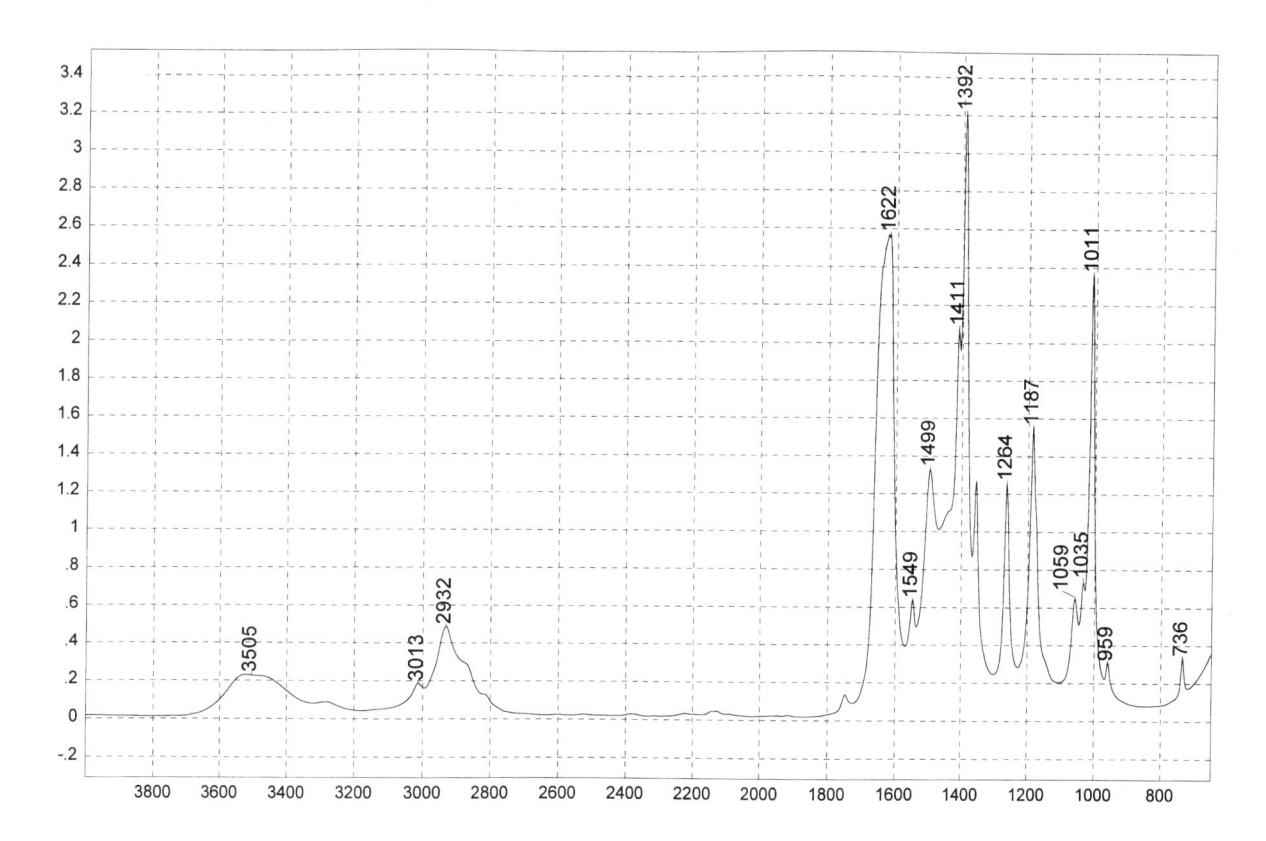

1183 N,N-Dimethylacetamide (ATR)

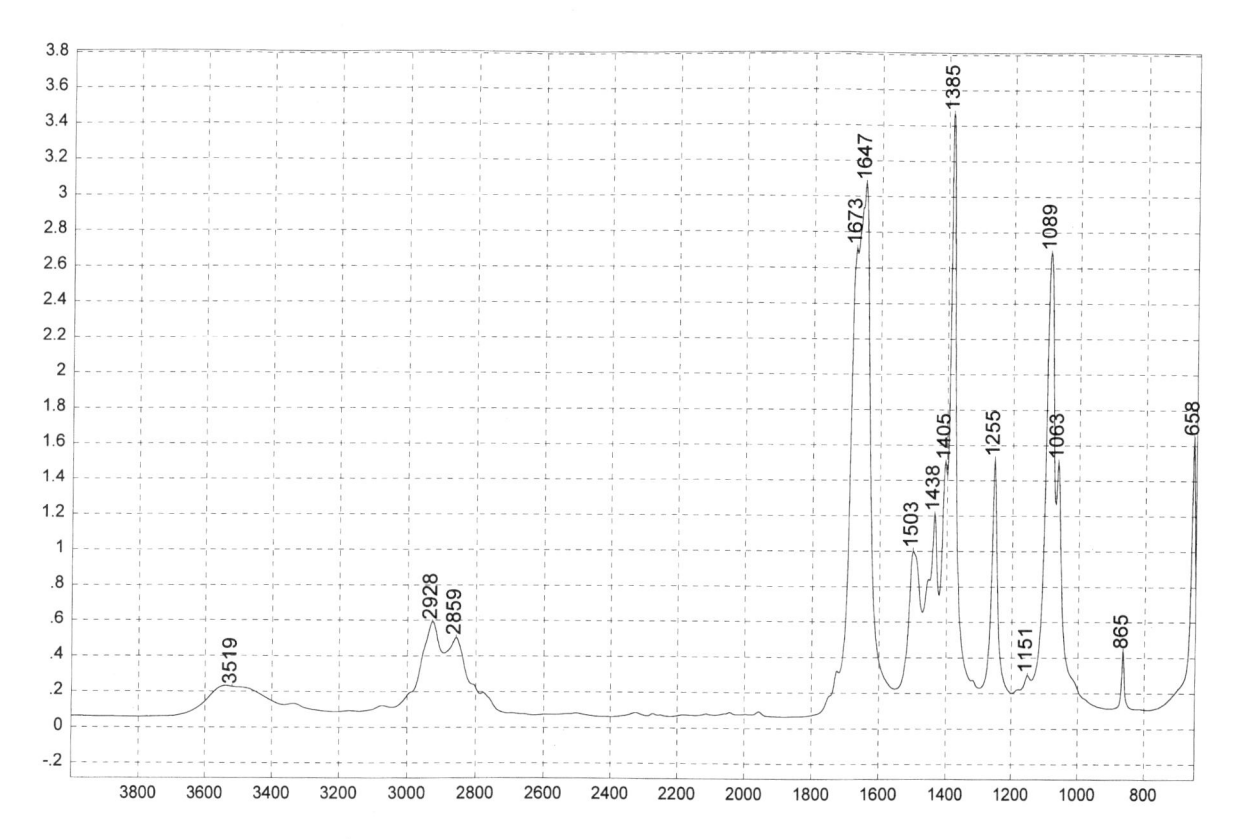

1184 N,N-Dimethylformamide (ATR)

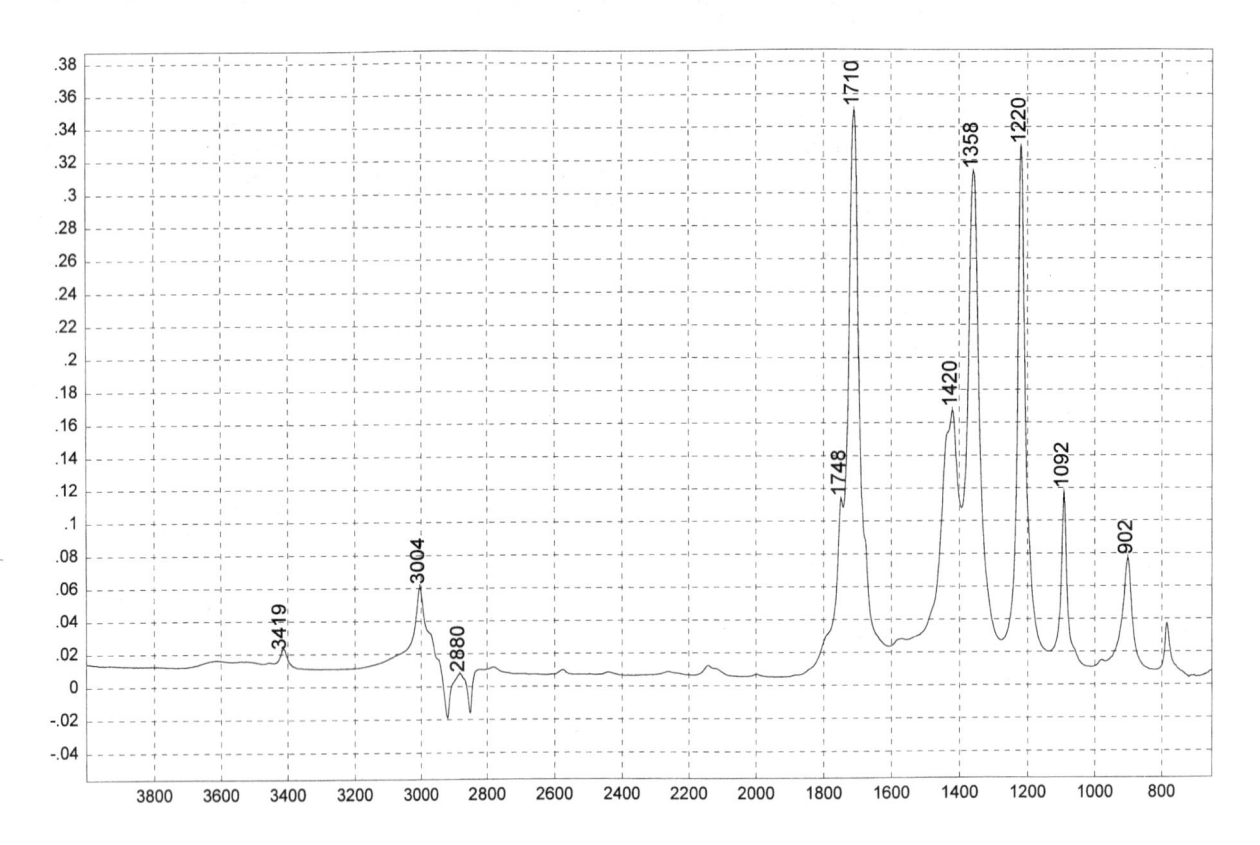

1185

Acetone (ATR)

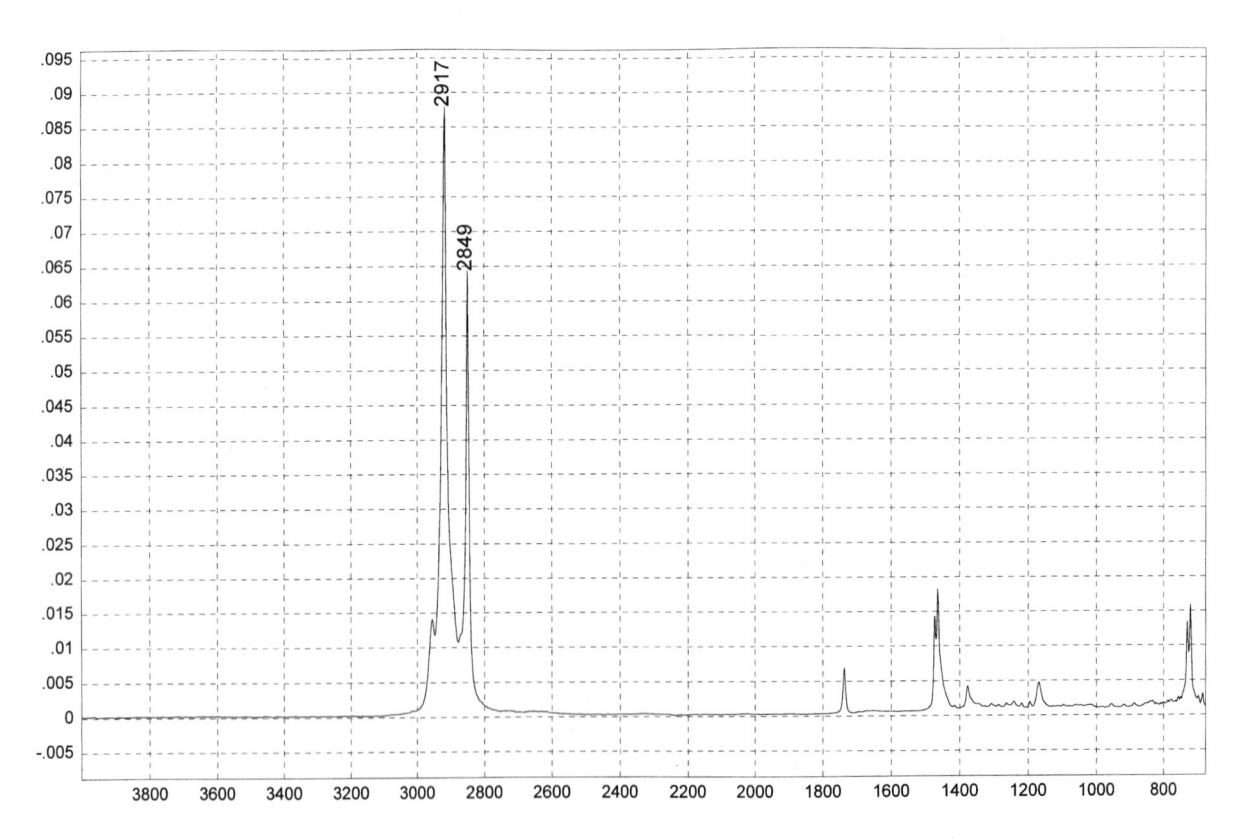

1186

C35-C60 Hydrocarbon Wax (ATR)

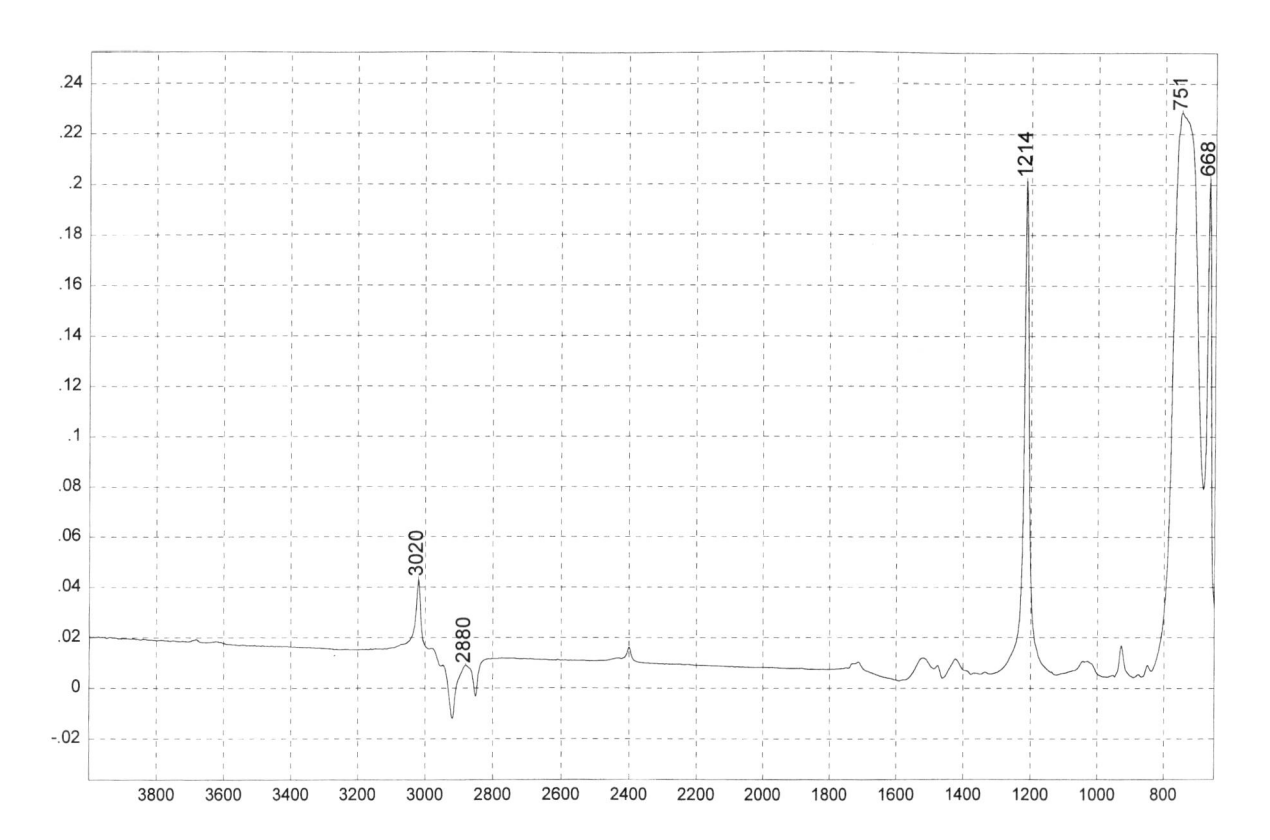

1187 Chloroform (ATR)

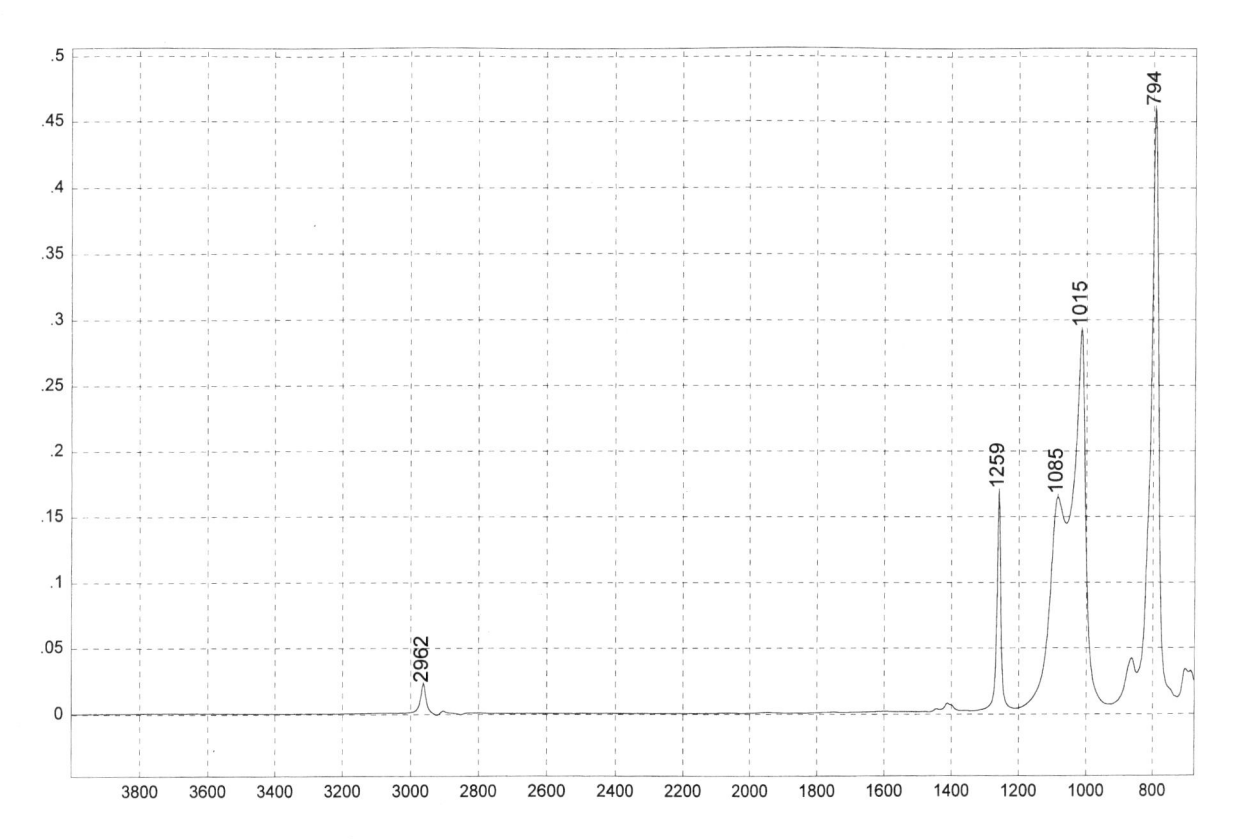

1188 Dimethicone 10,000 cs (ATR)

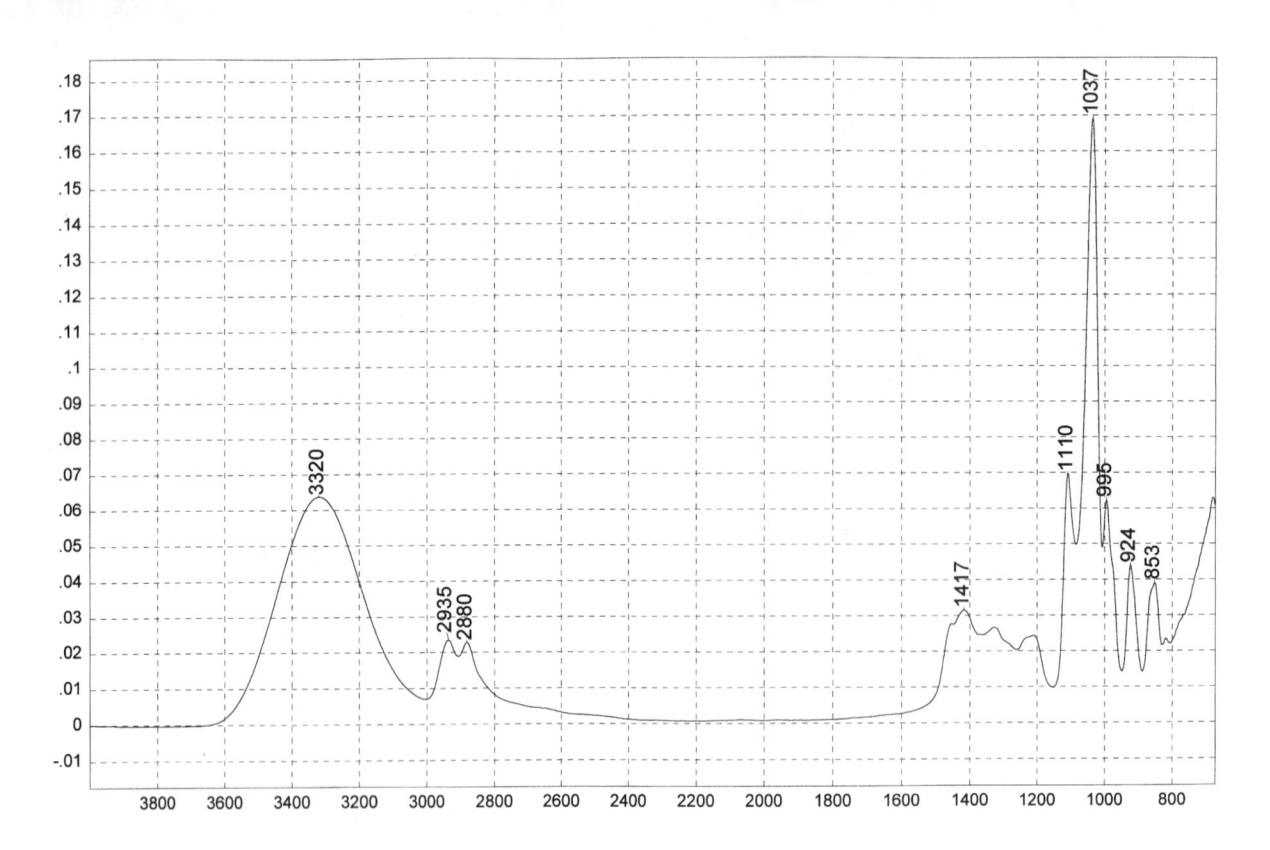

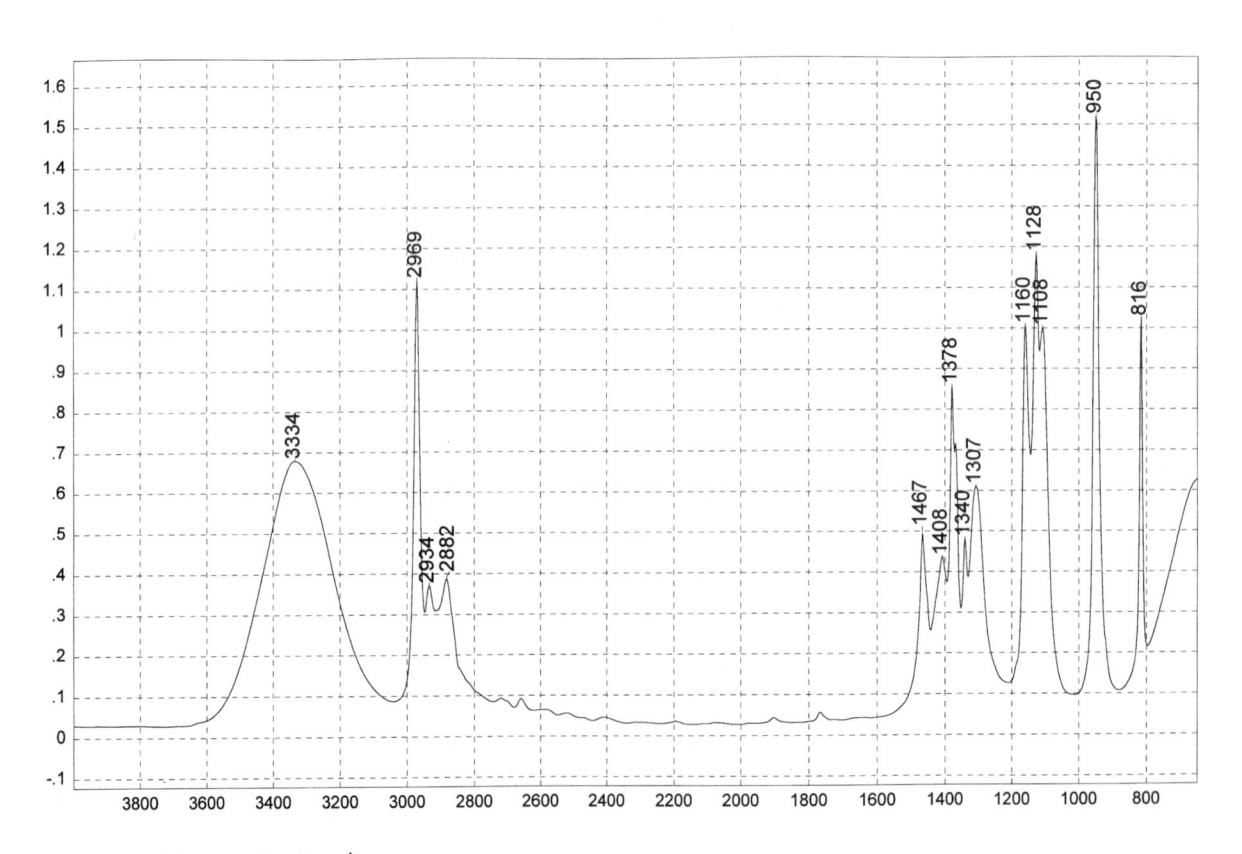

1189 Glycerol (ATR)

1190 Isopropanol (ATR)

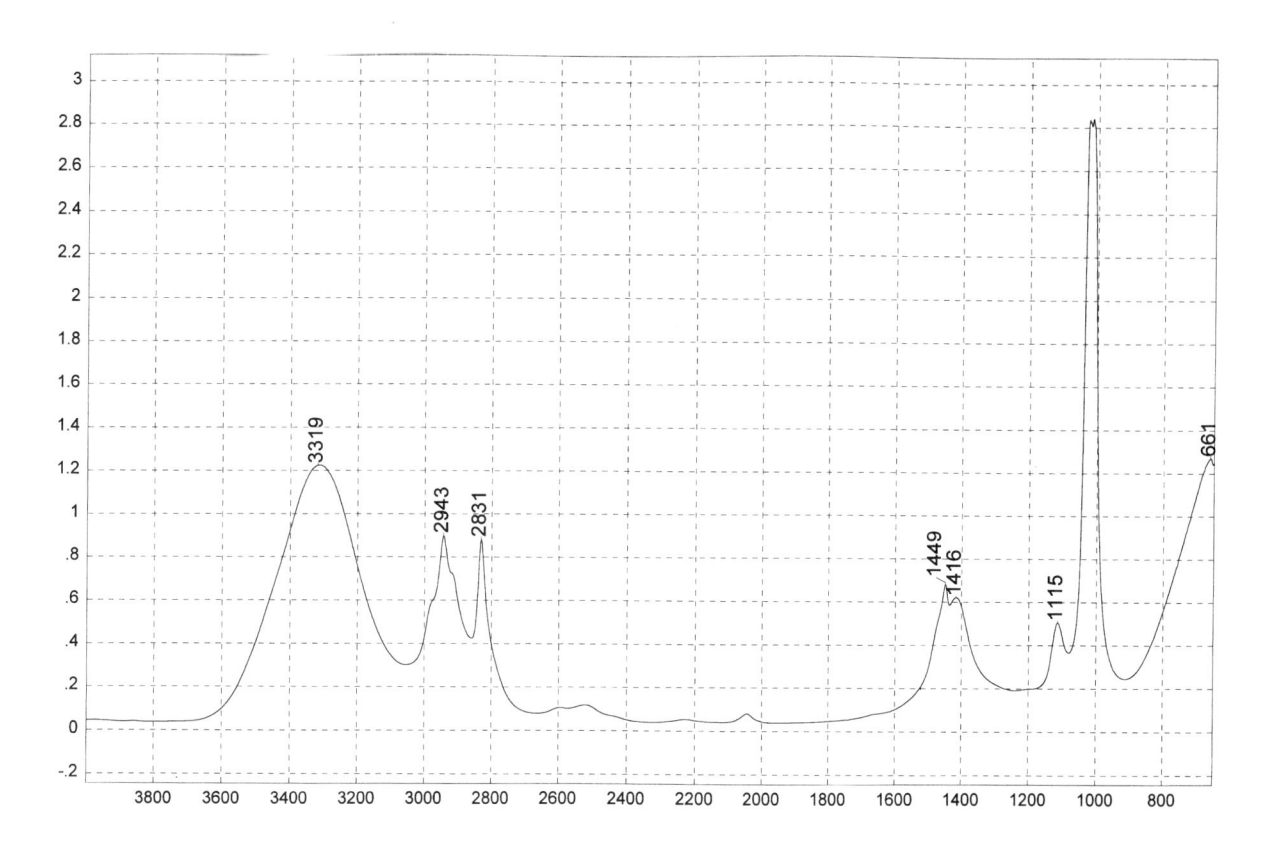

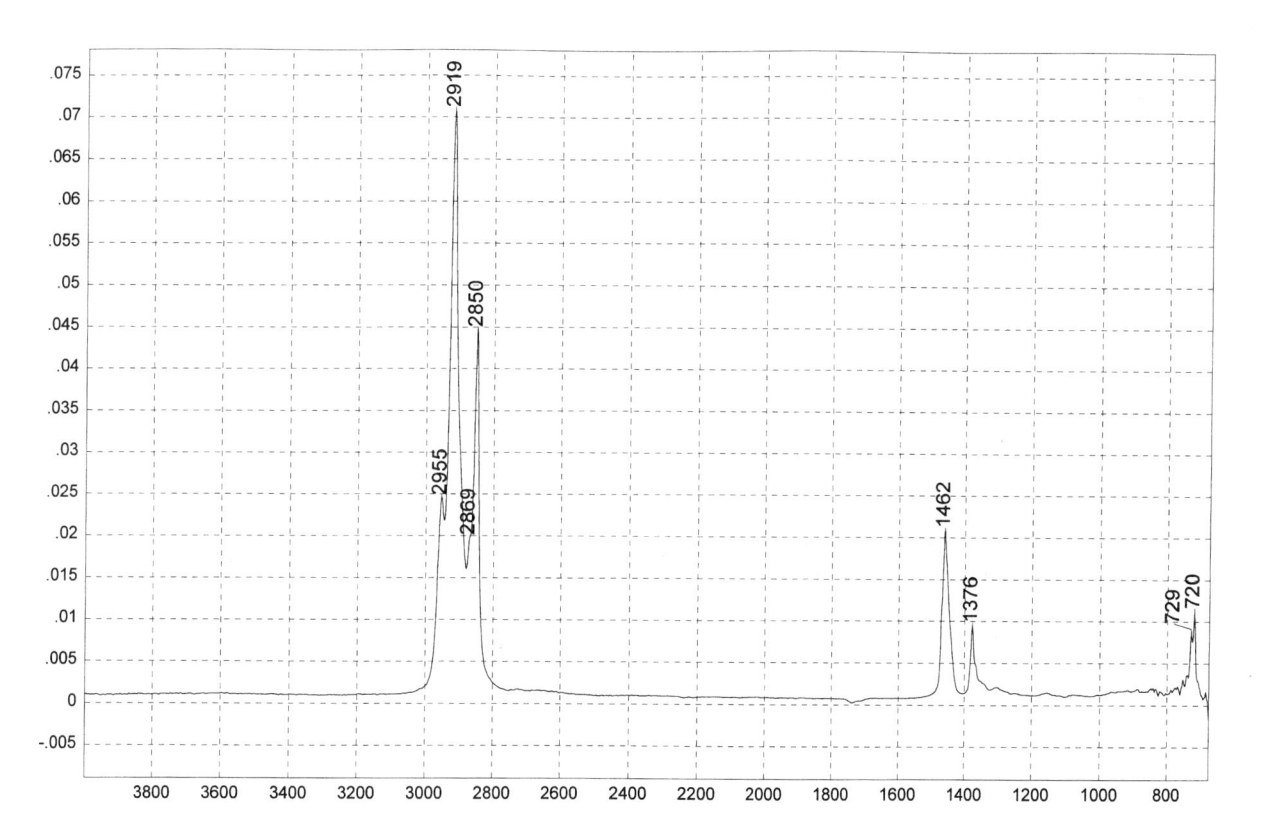

1191   Methanol (ATR)

1192   Petrolatum (ATR)

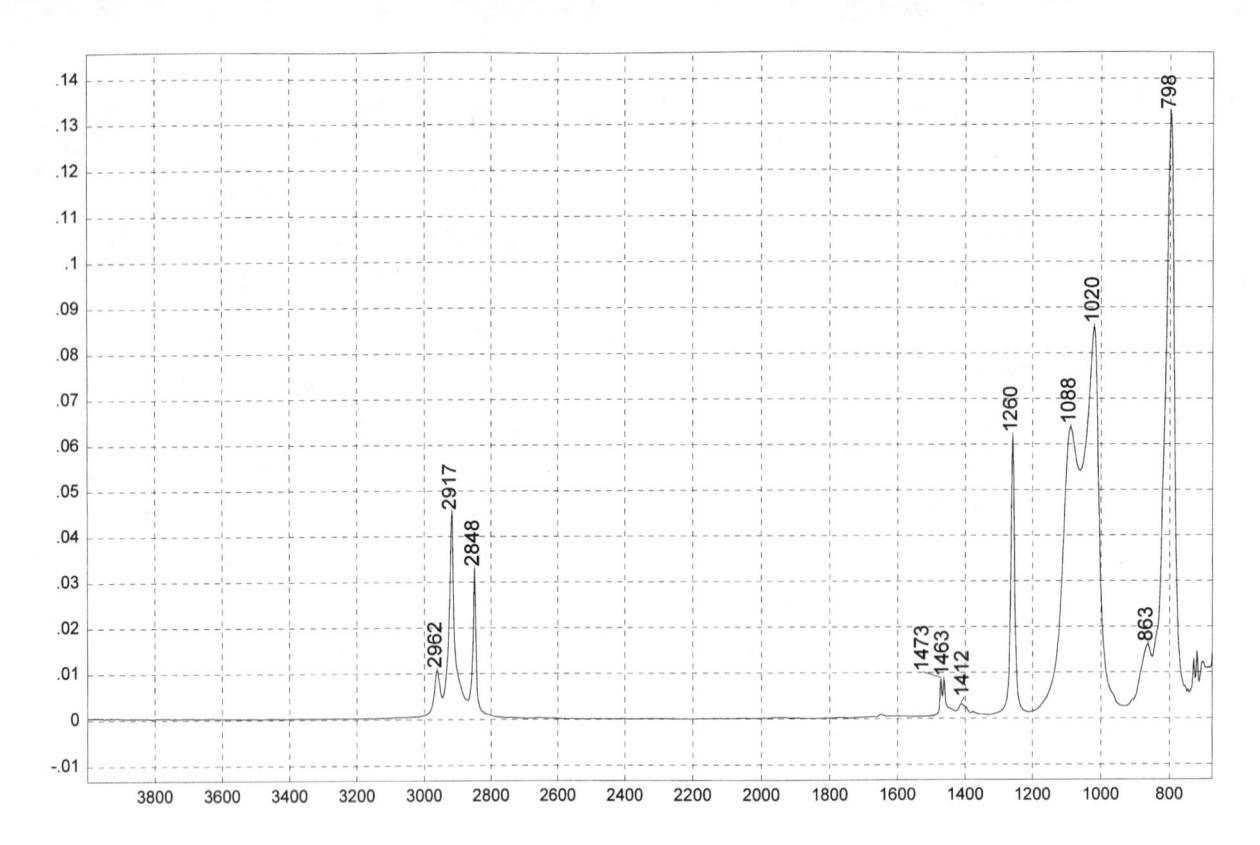

| 1193 | Silicon Wax (ATR) |

| 1194 | Soy Sterol (ATR) |

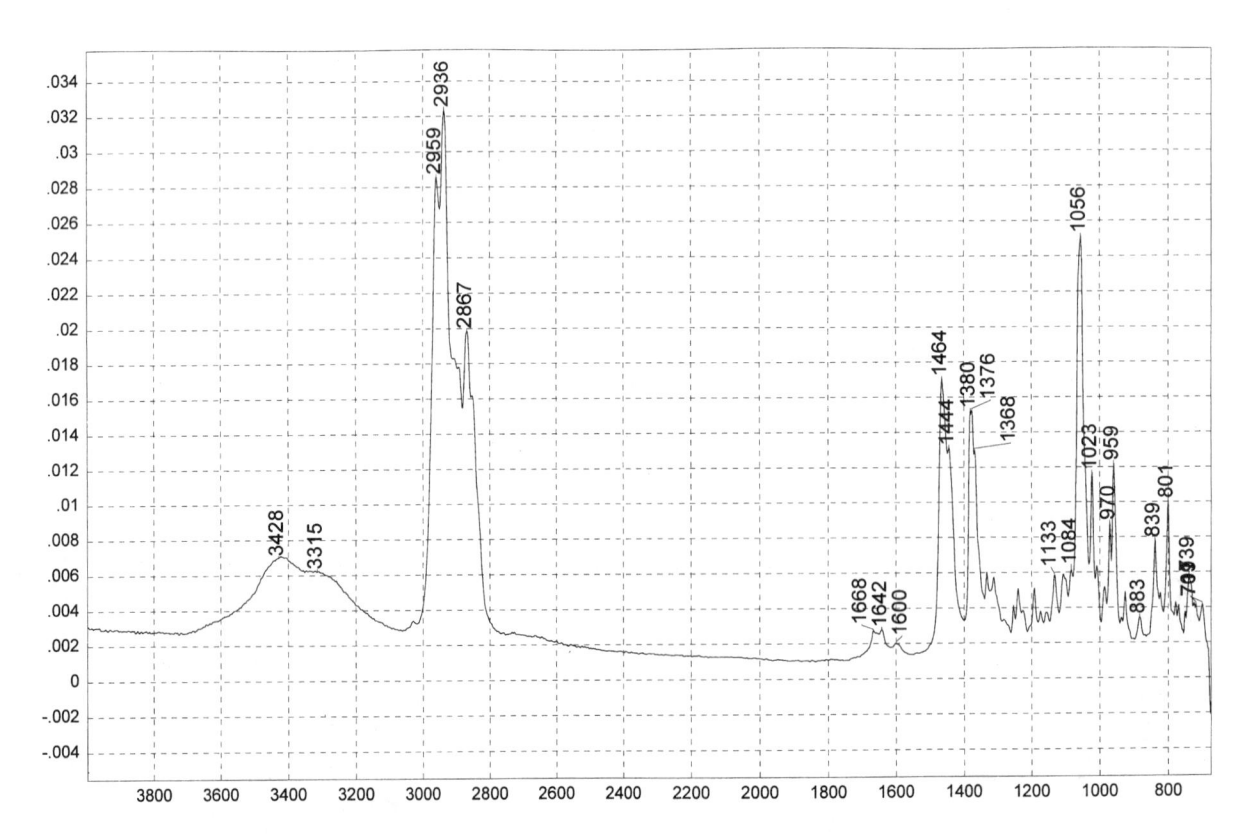

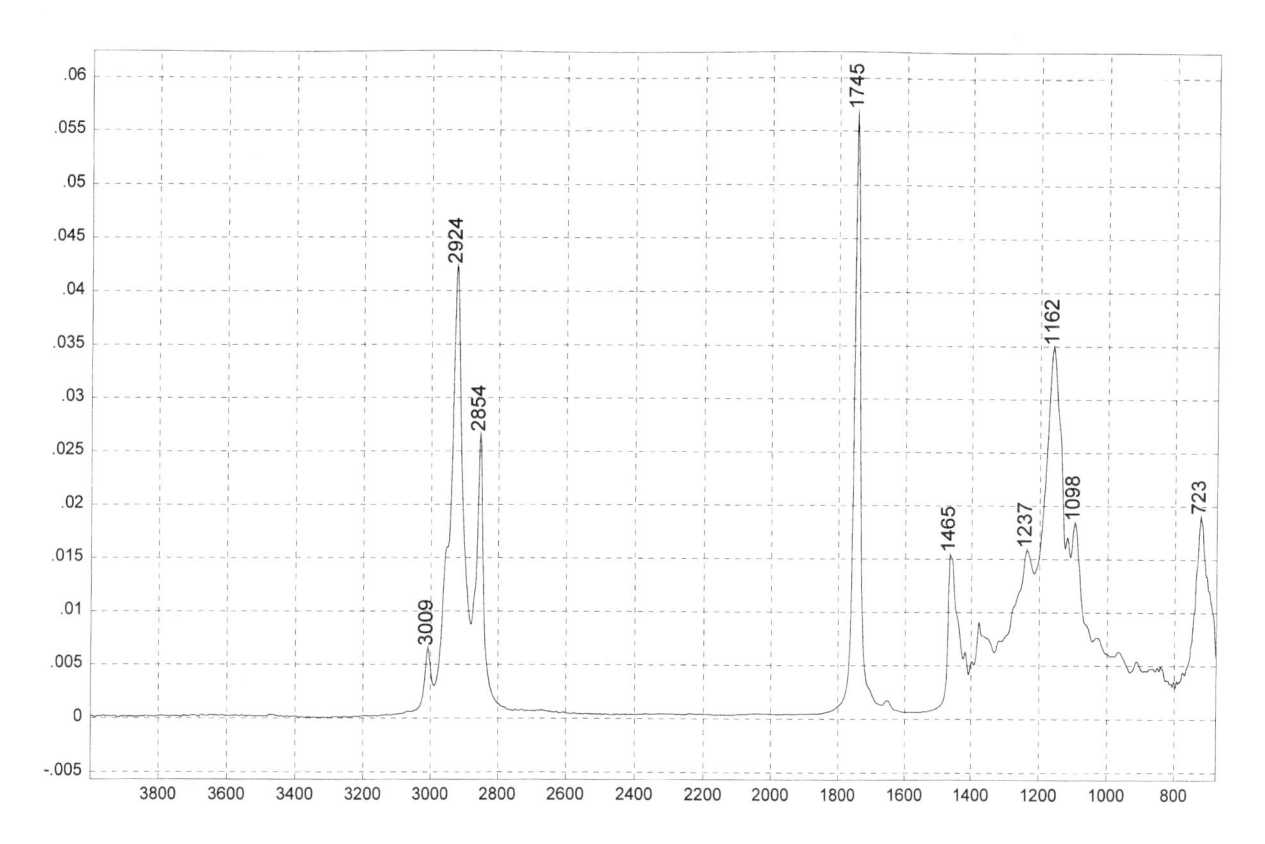

1195 Sunflower Seed, Oil (ATR)

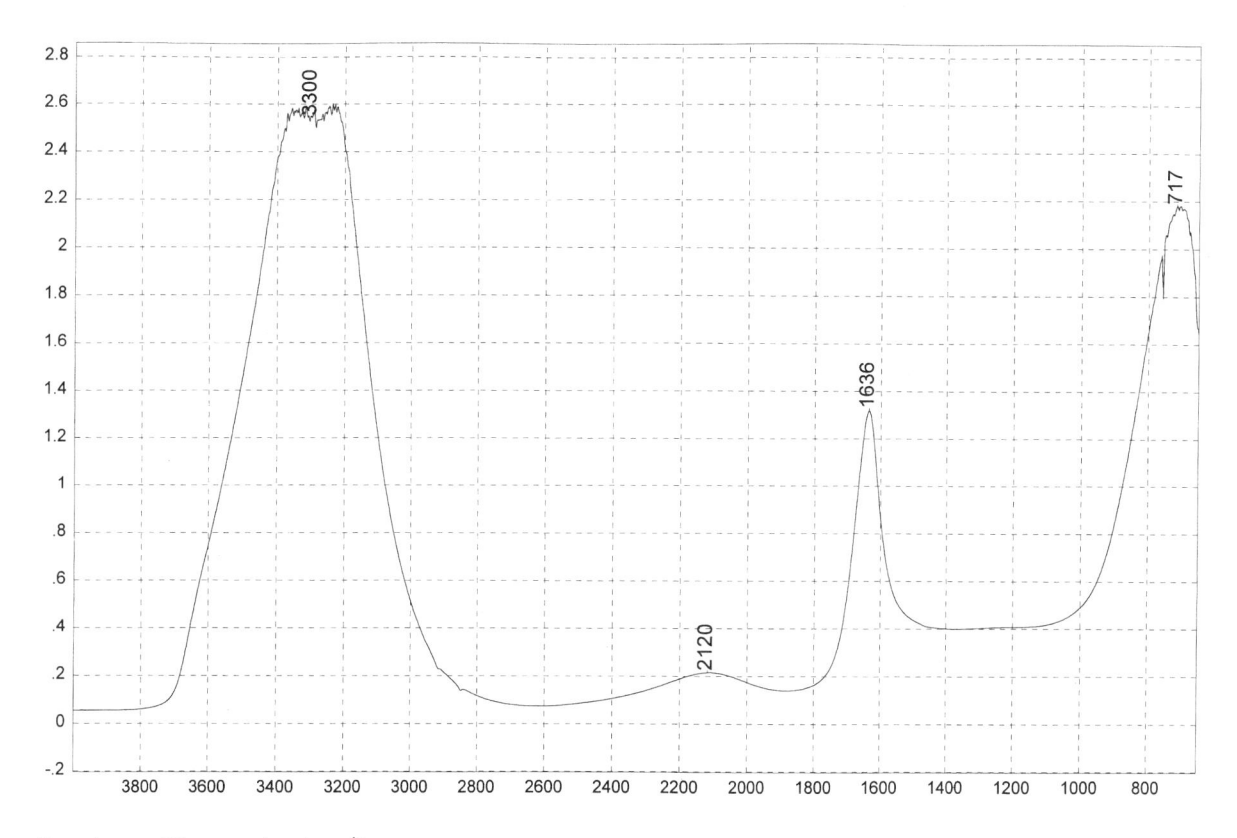

1196 Water, Deionized (ATR)

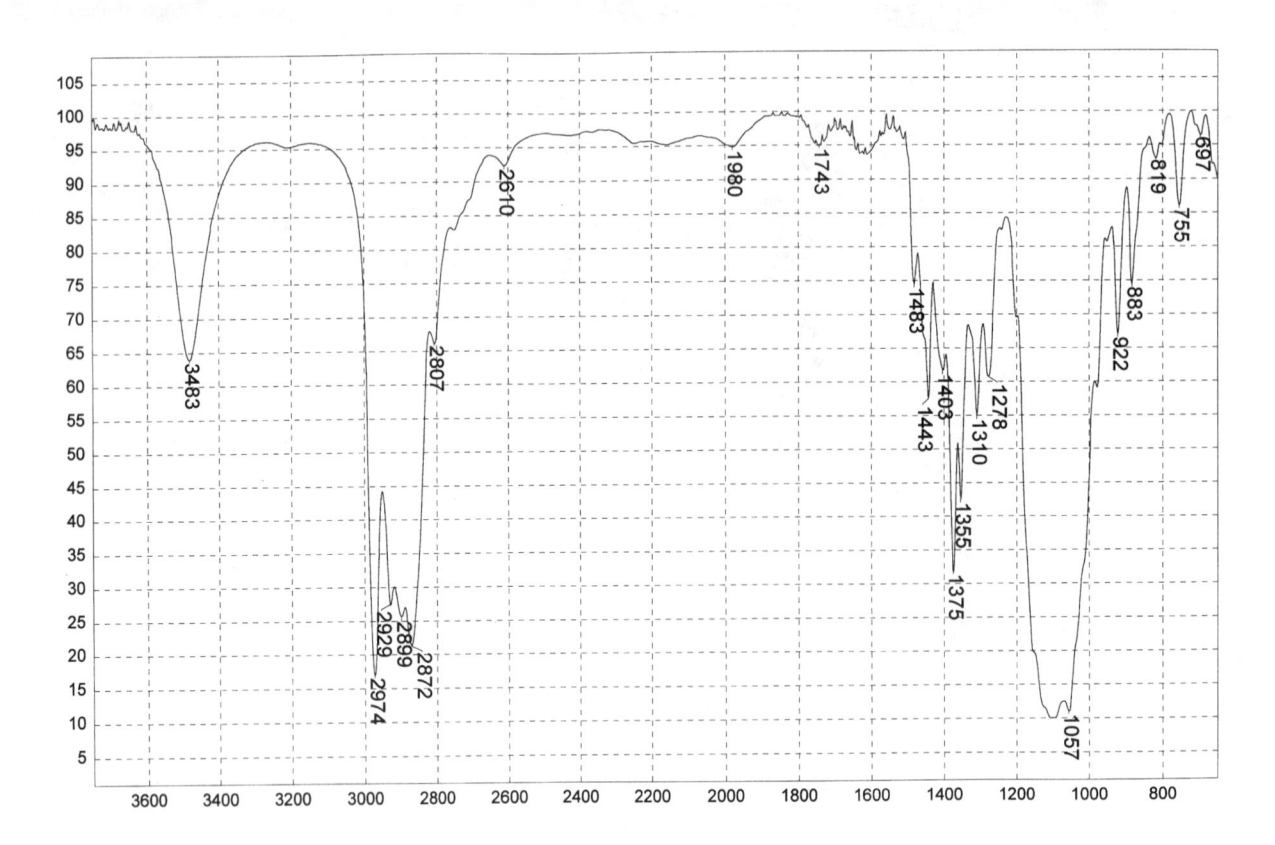

1197   ETHYL CELLULOSE, CHLOROFORM EXTRACT

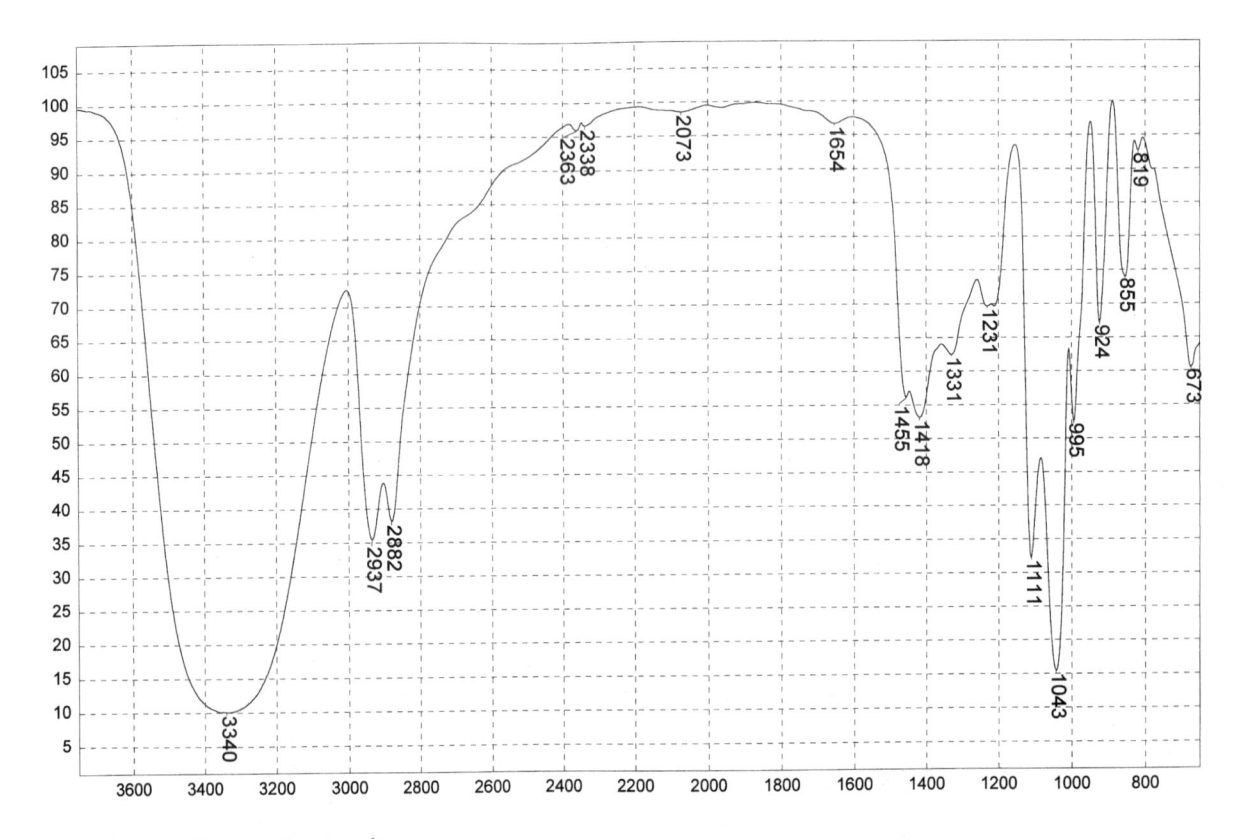

1198   GLYCEROL, CAST FILM ON KCl

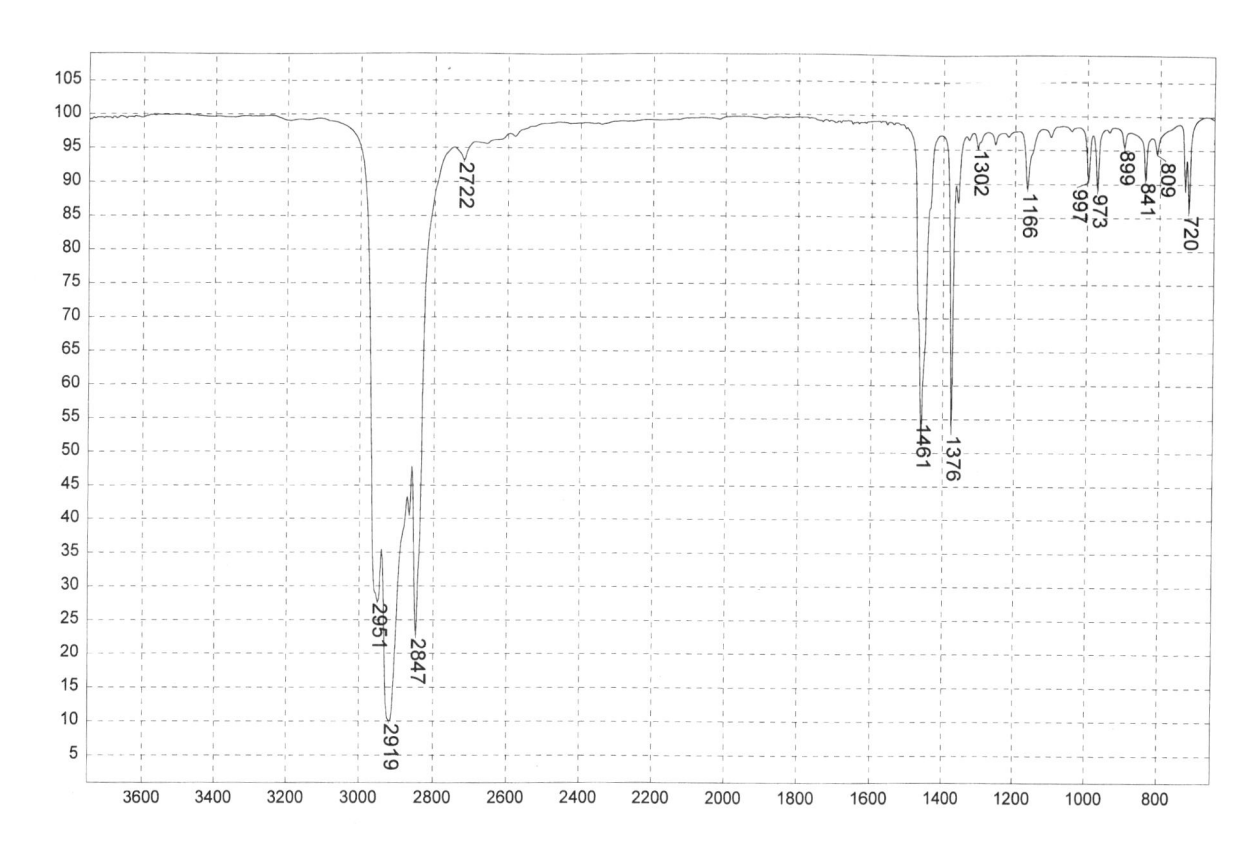

Transmittance / Wavenumber (cm^{-1})

| 1199 | POLYPROPYLENE STANDARD |

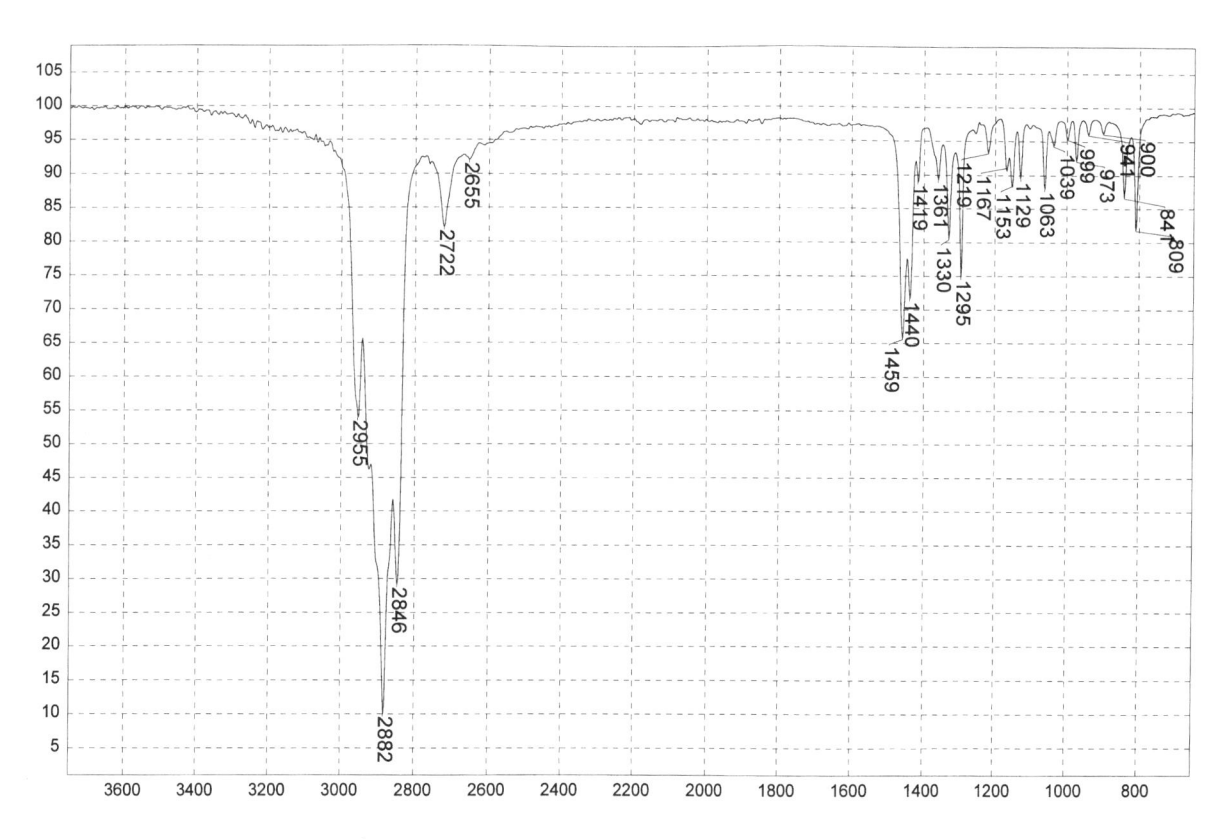

Transmittance / Wavenumber (cm^{-1})

| 1200 | Poly(ethylene) (High Density) and Polypropylene |

97

1201 Poly(ethylene) (High Density)

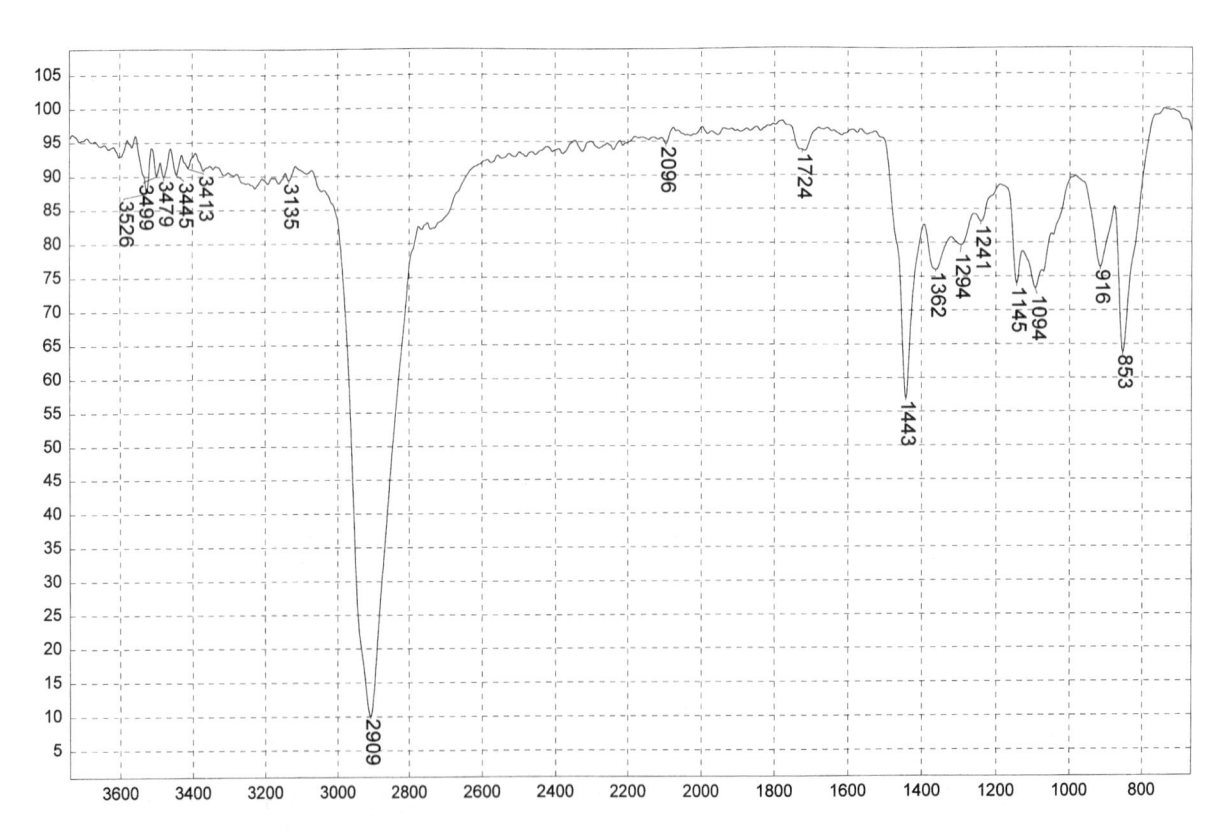

1202 Polyvinyl alcohol

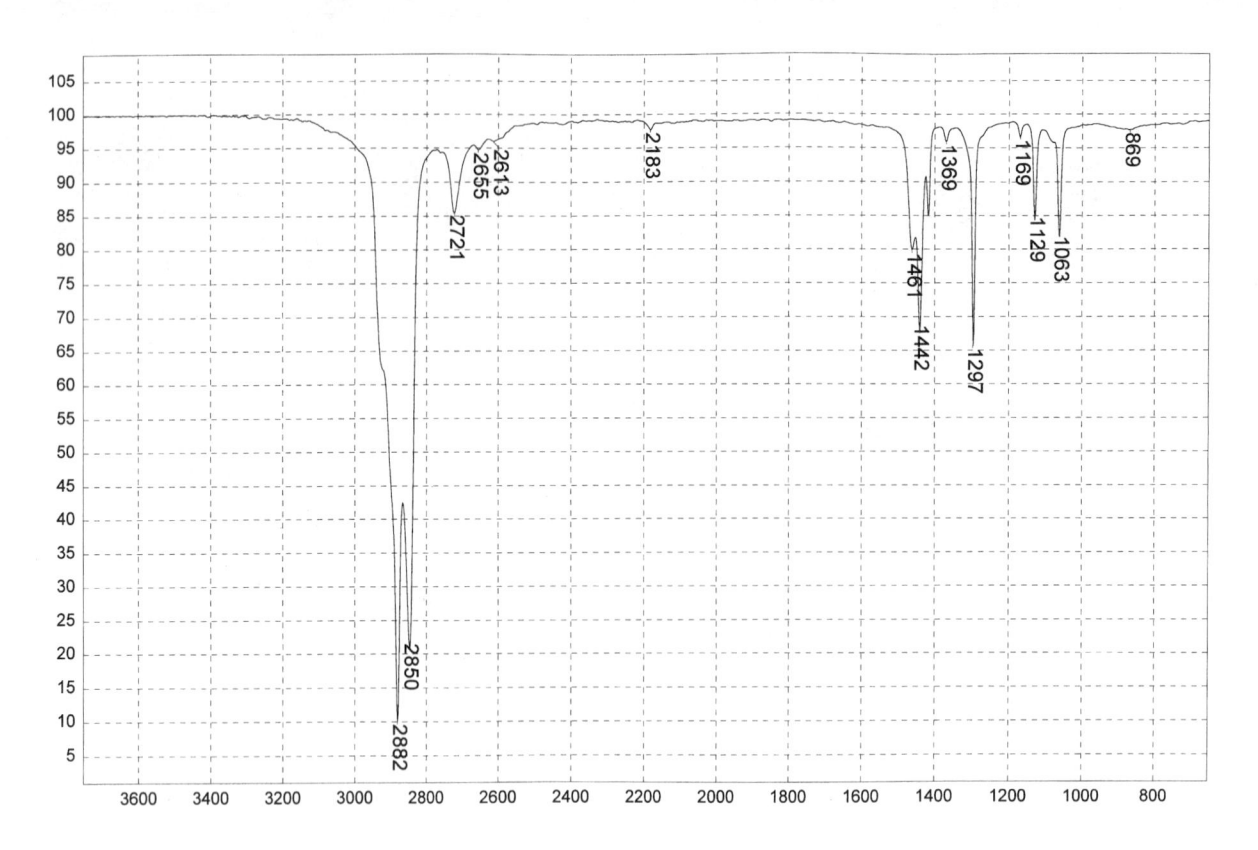

98

1203 POLYETHYLENE/POLYVINYL ACETATE STANDARD

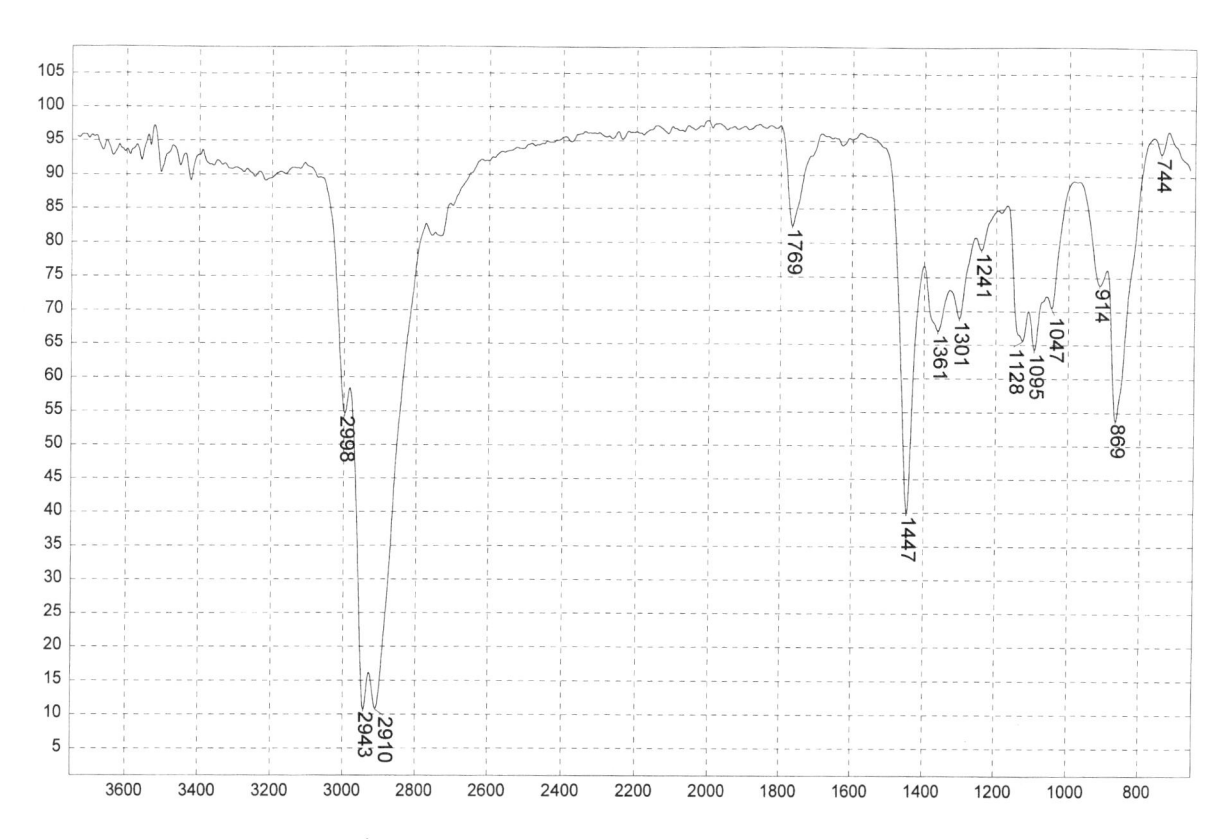

1204 Poly(lactic acid) (30%) and polyvinyl alcohol (70%) blend

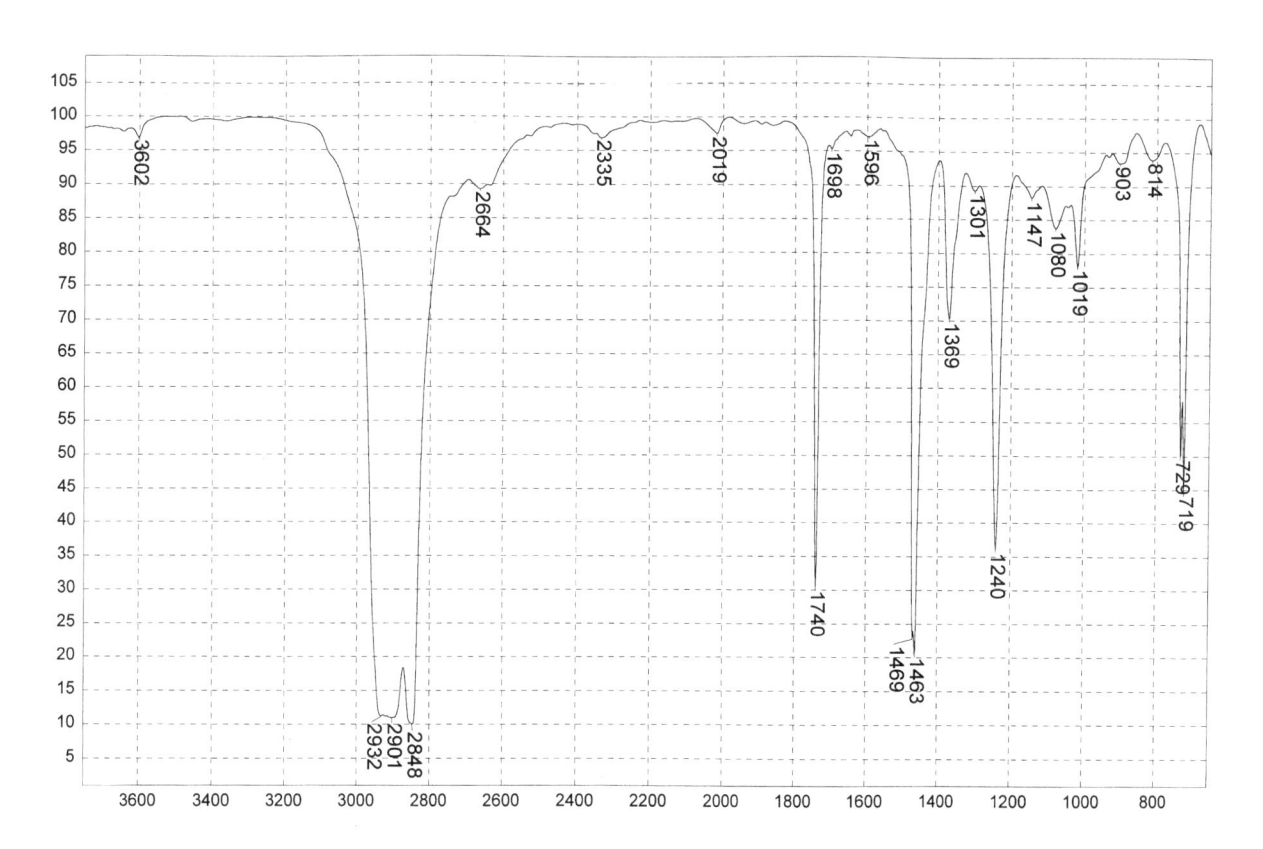

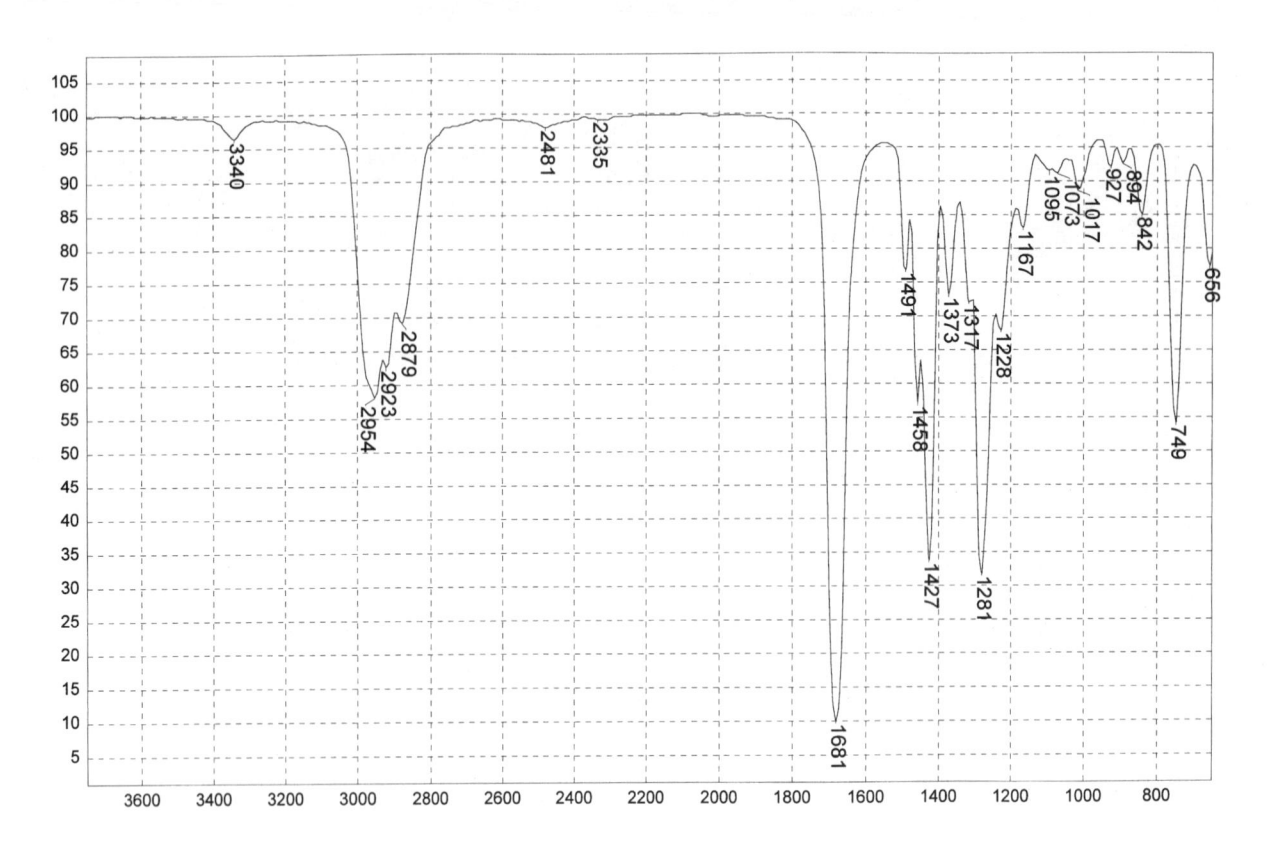

1205 POLYVINYL PYRROLIDONE

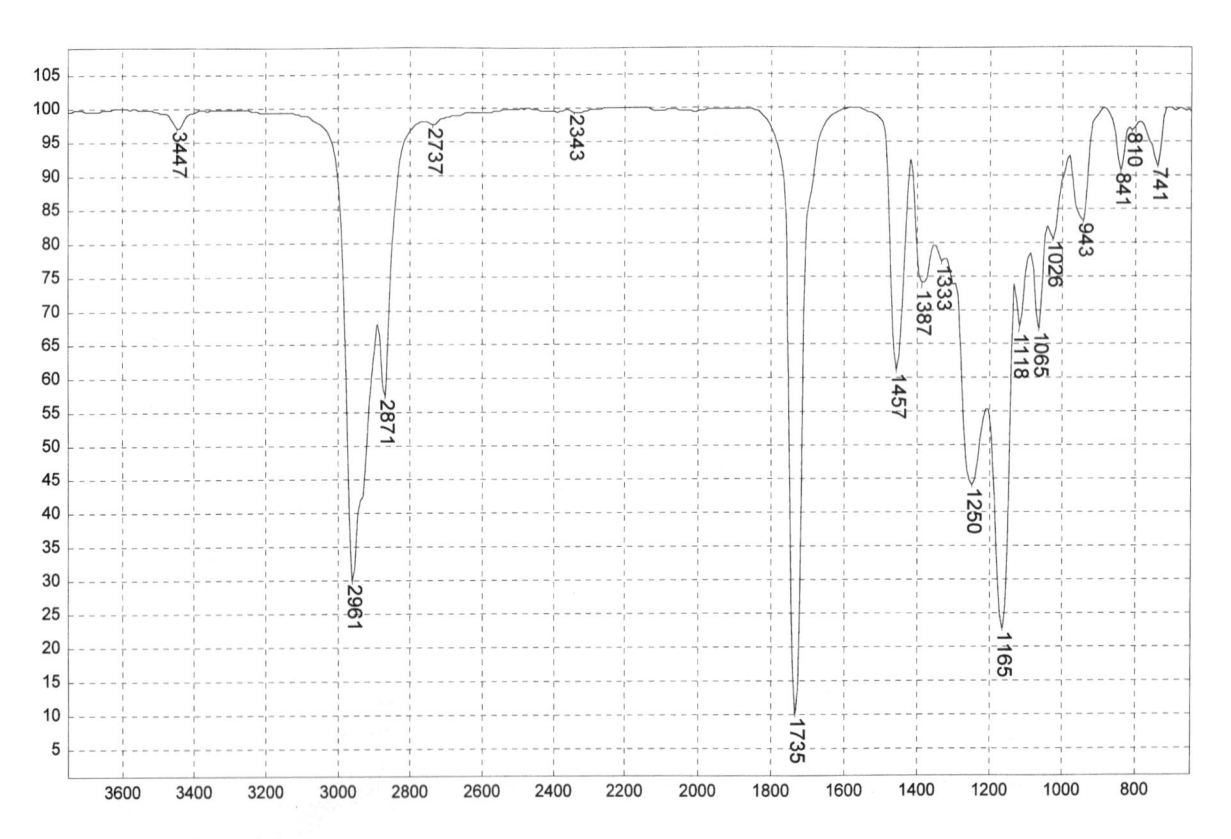

1206 POLY(BUTYL ACRYLATE)

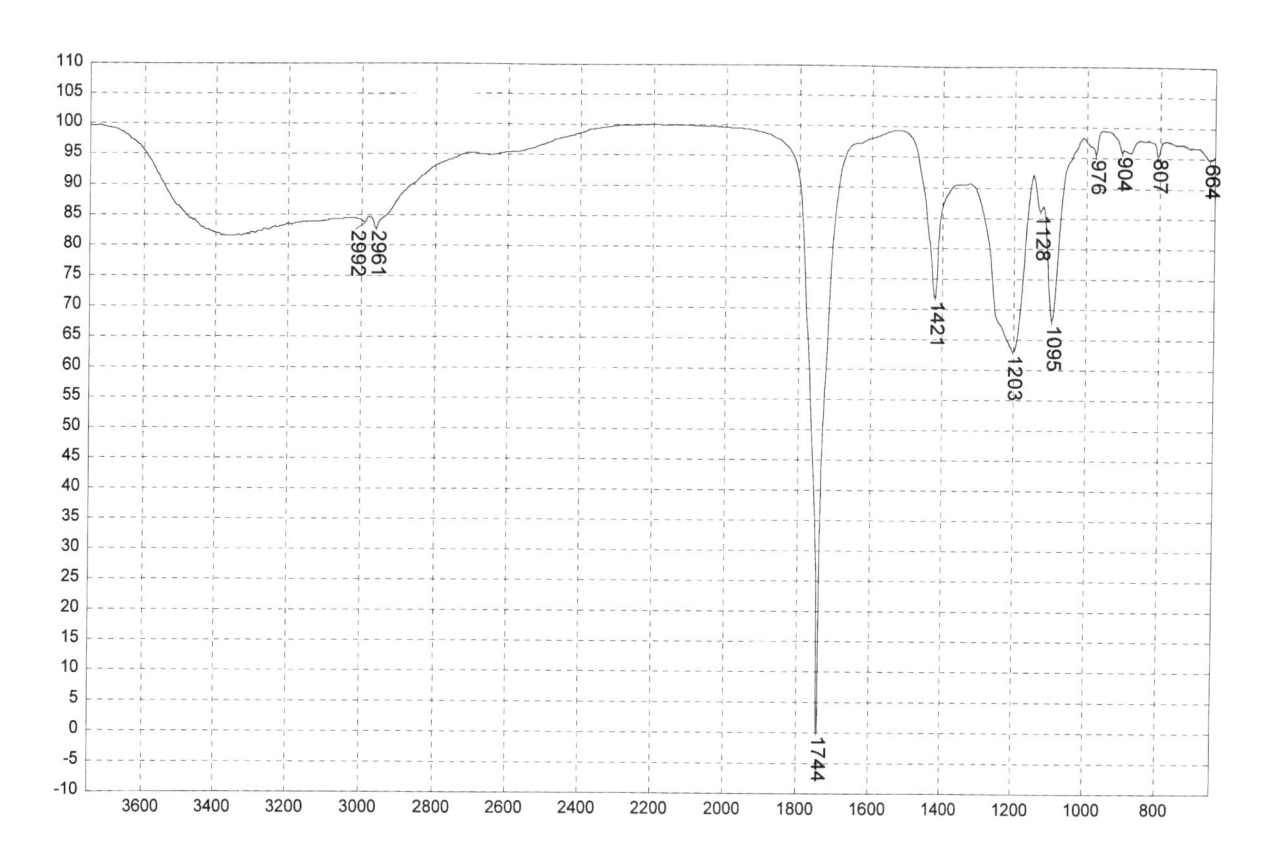

1207 Poly(glycolide-co-lactide), approximately 18% oxylactoyl units

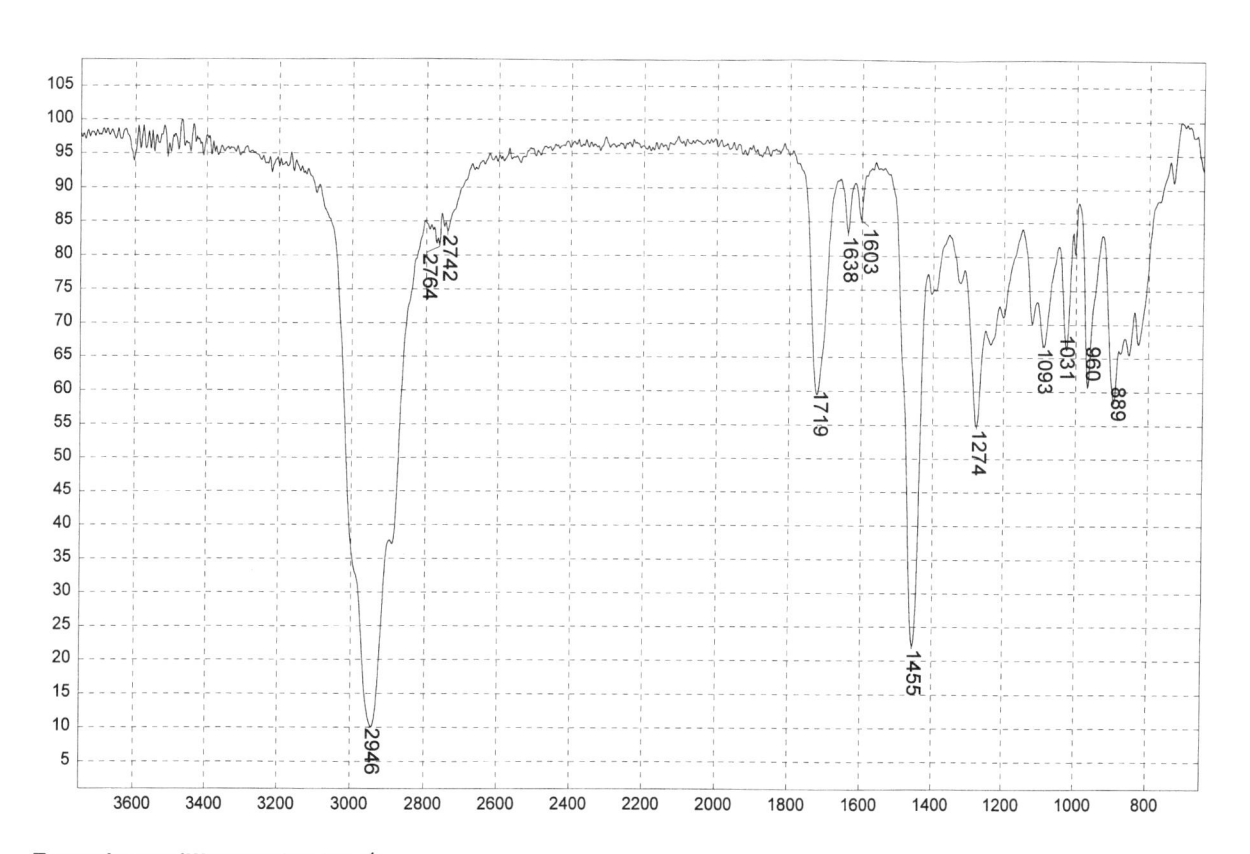

1208 Poly(hydroxy ethyl methacrylate) melt

1209 Poly(hydroxy ethyl methacrylate)

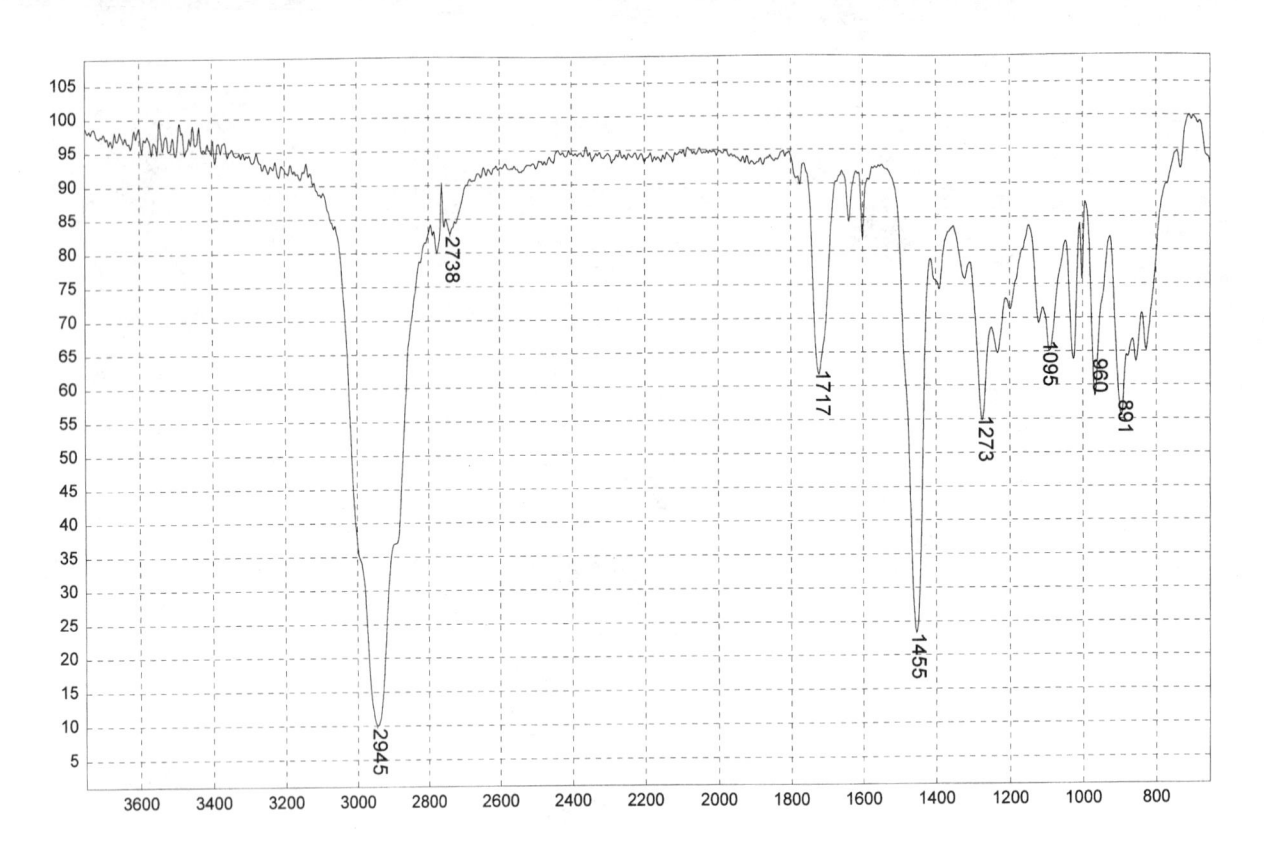

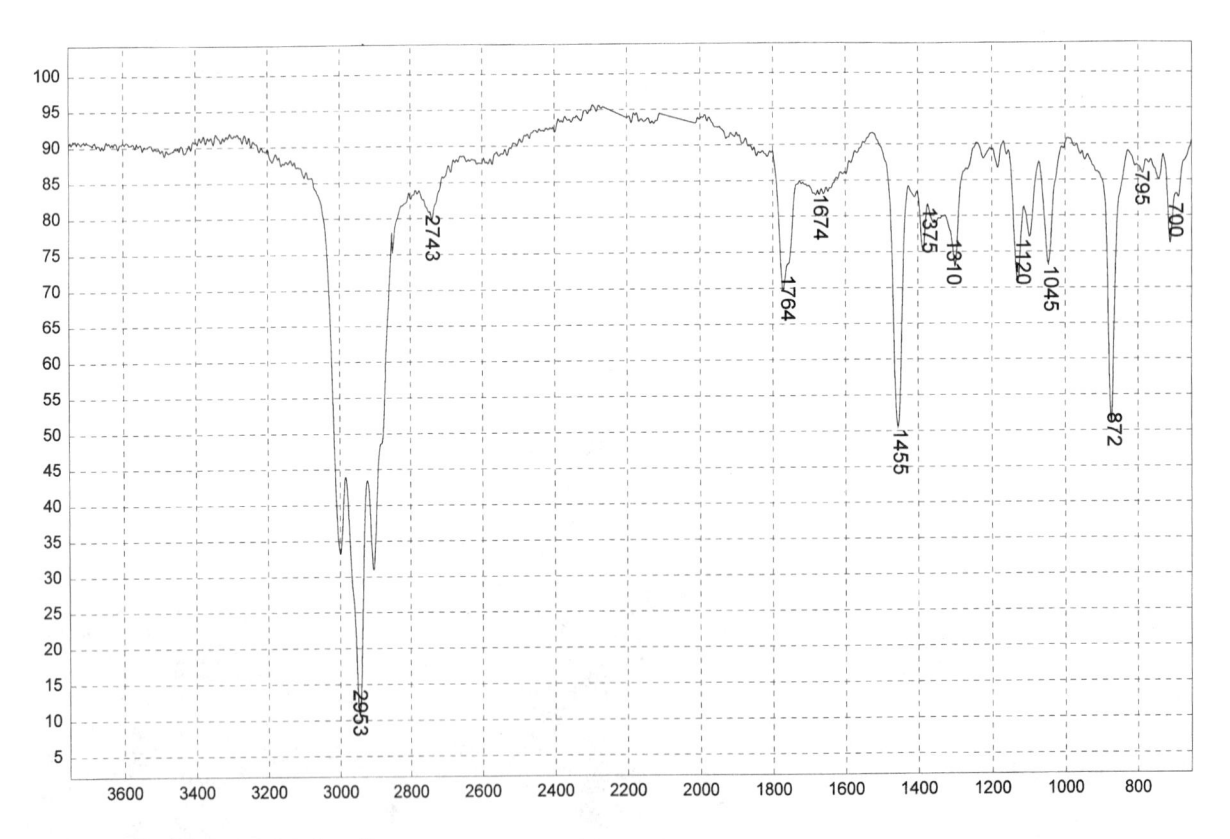

1210 POLY(LACTIC ACID)

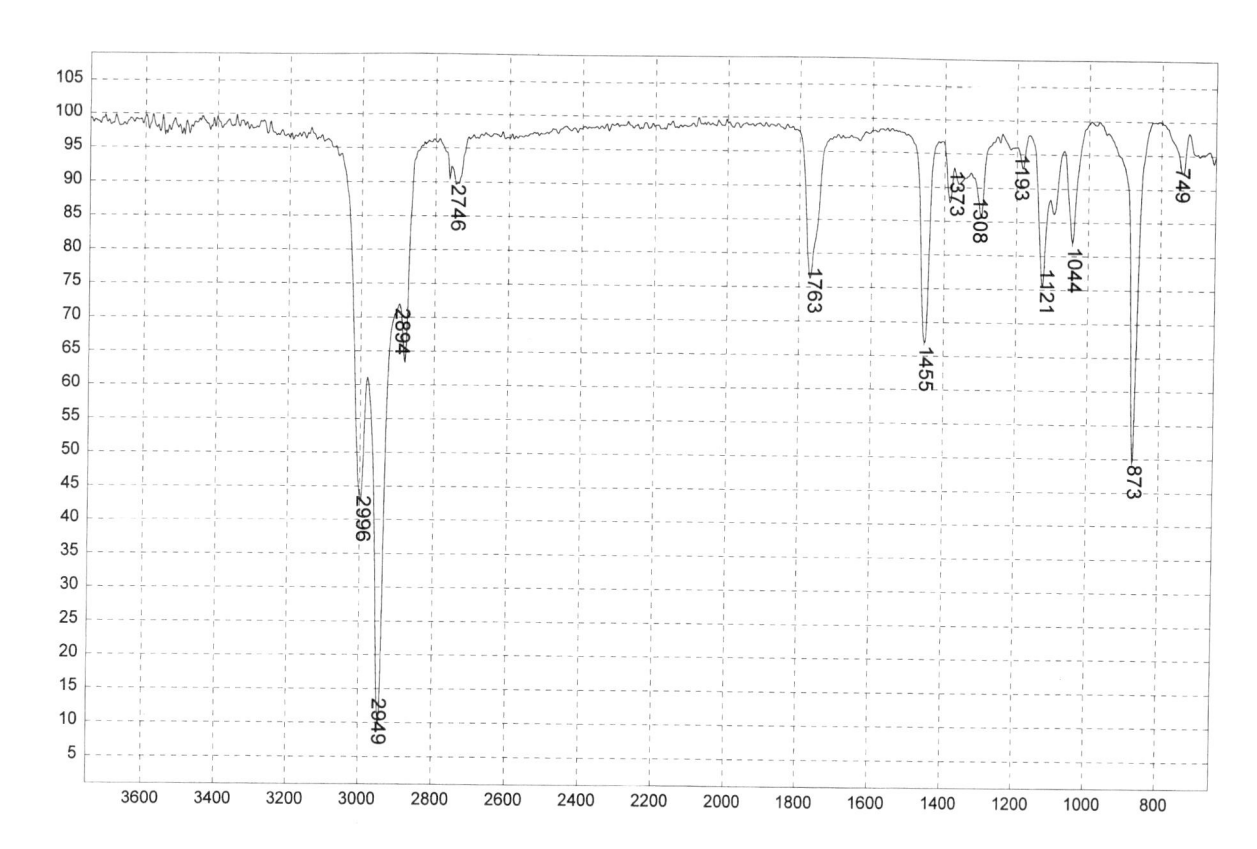

1211 Poly(lactic acid-g-AA)

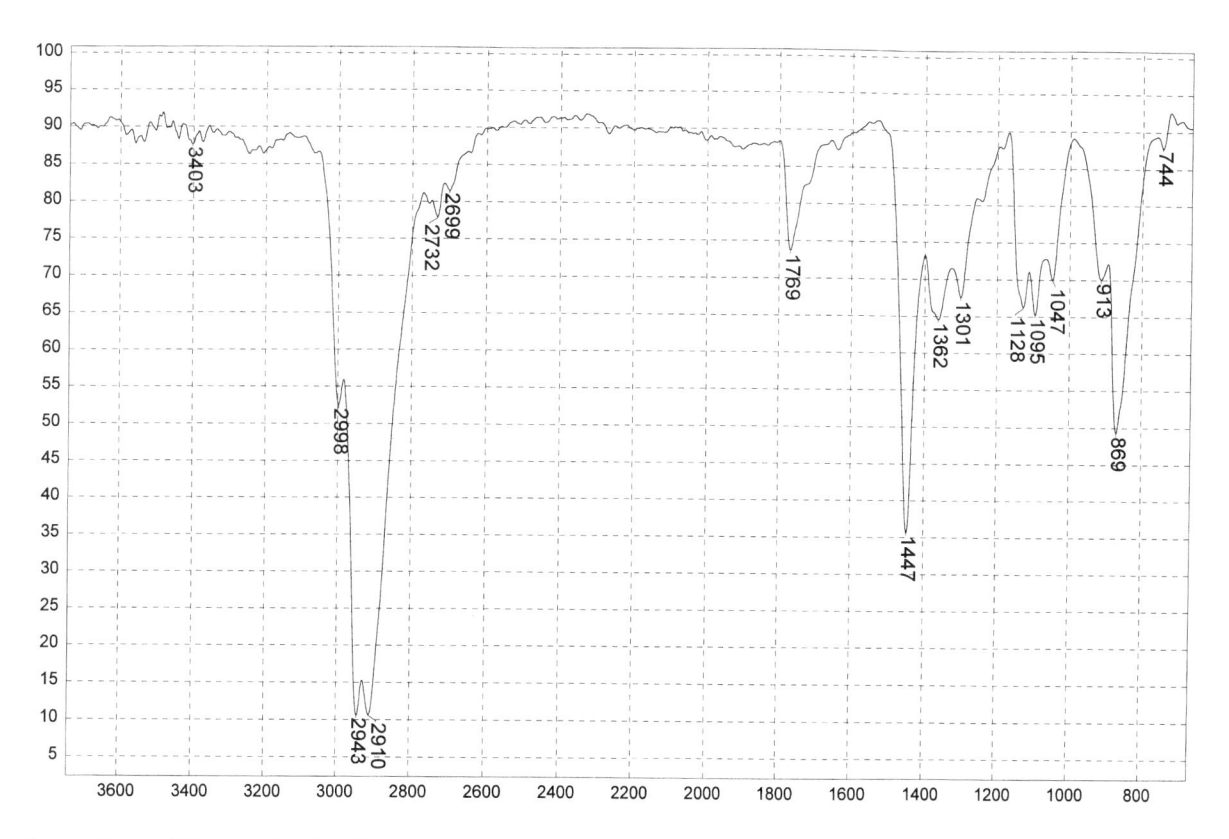

1212 Poly(lactic acid-g-methyl methacrylate) (30%) and polyvinyl alcohol (70%)

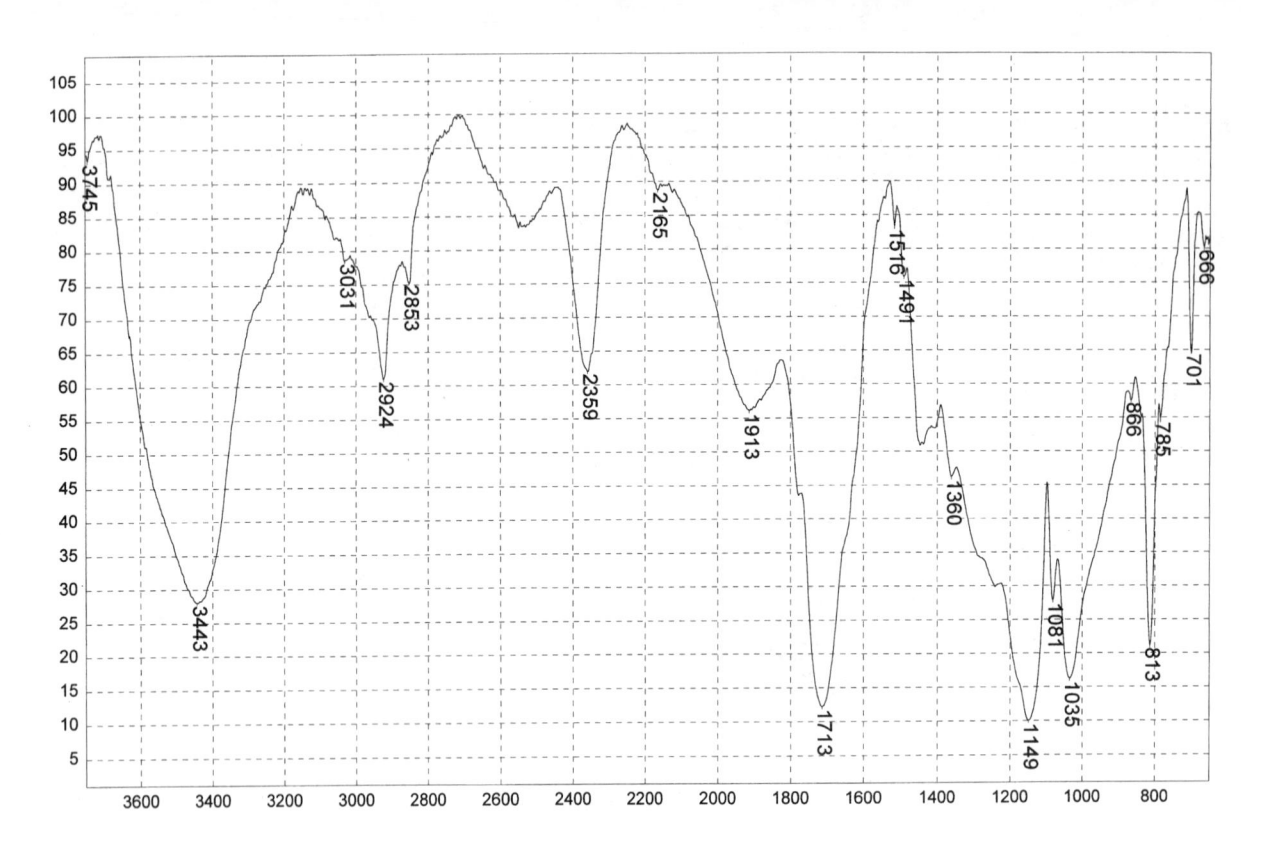

1213 Poly(maleic acid)

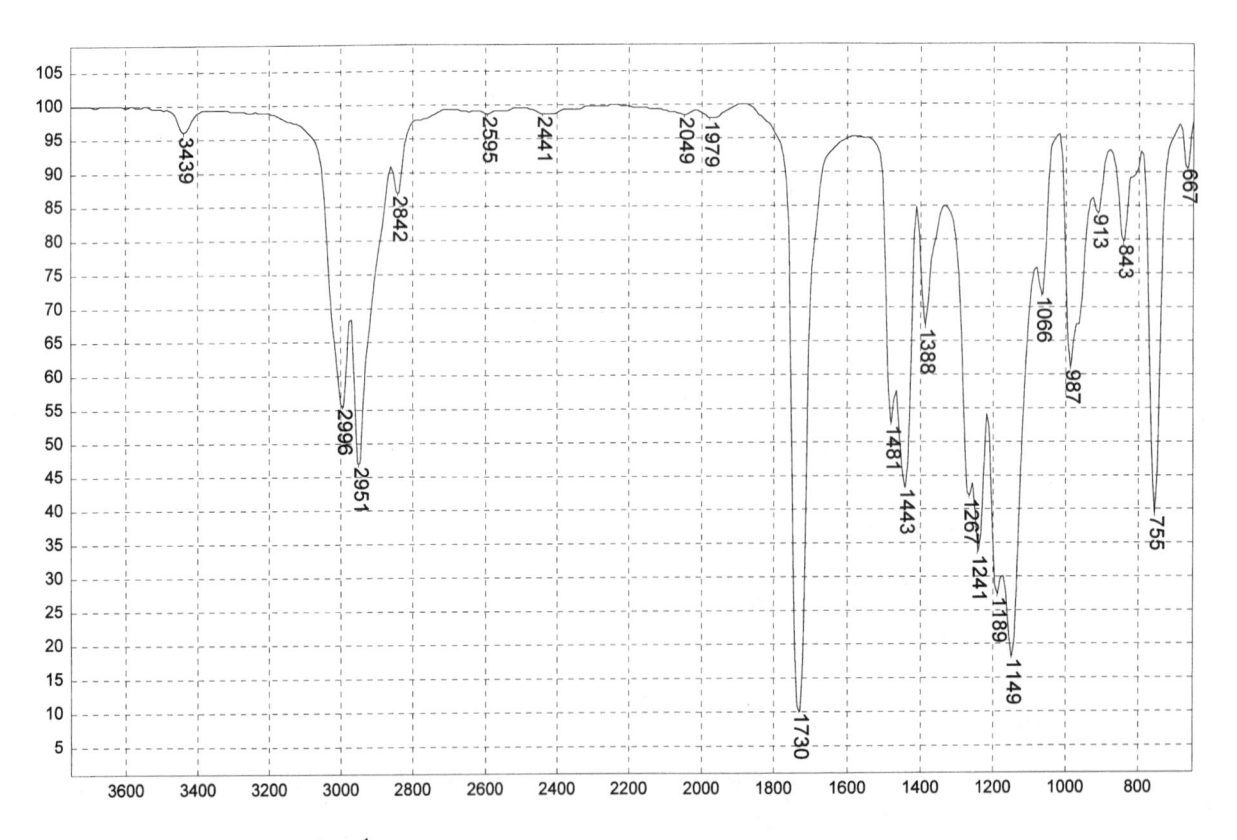

1214 POLY(METHYL METHACRYLATE)

104

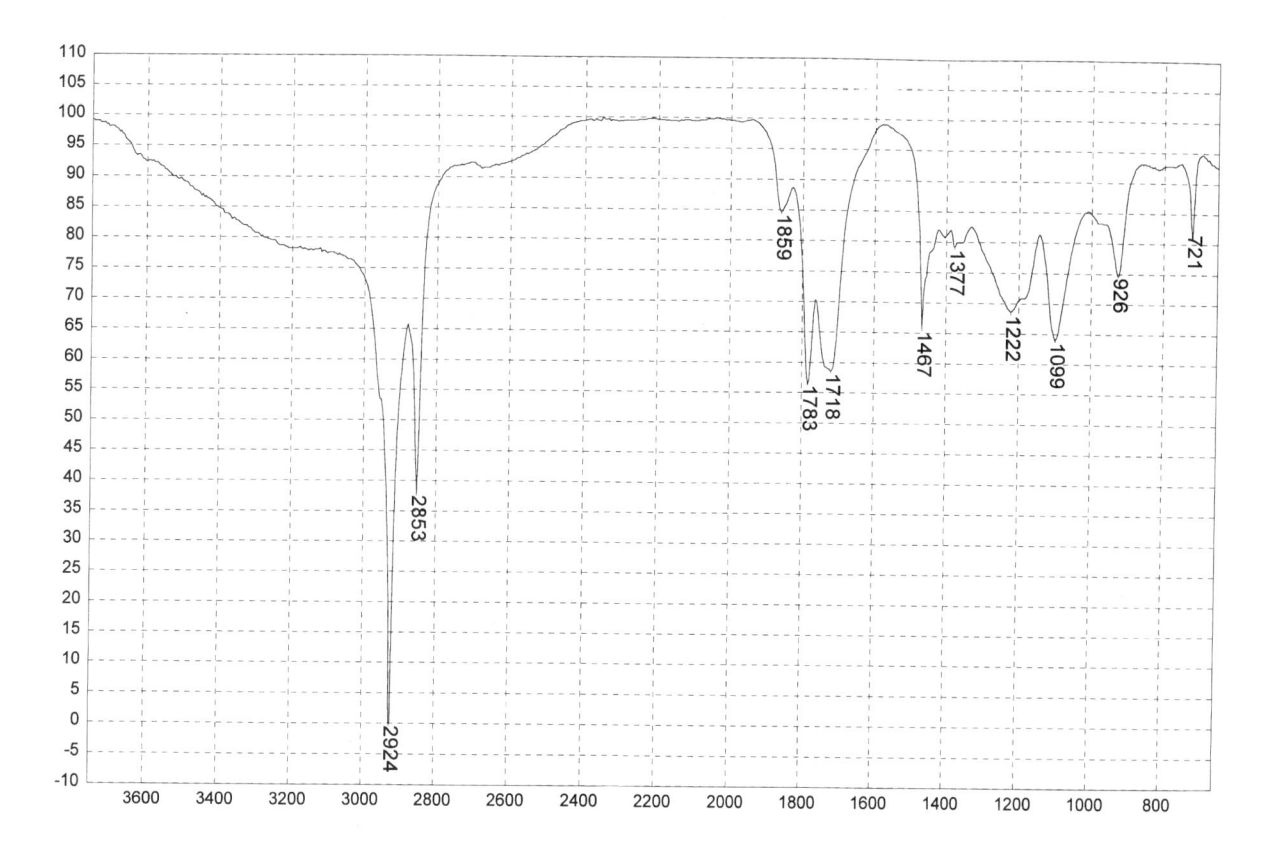

1215 Poly(vinyloctadecylether-co-maleic anhydride-co-maleic acid)

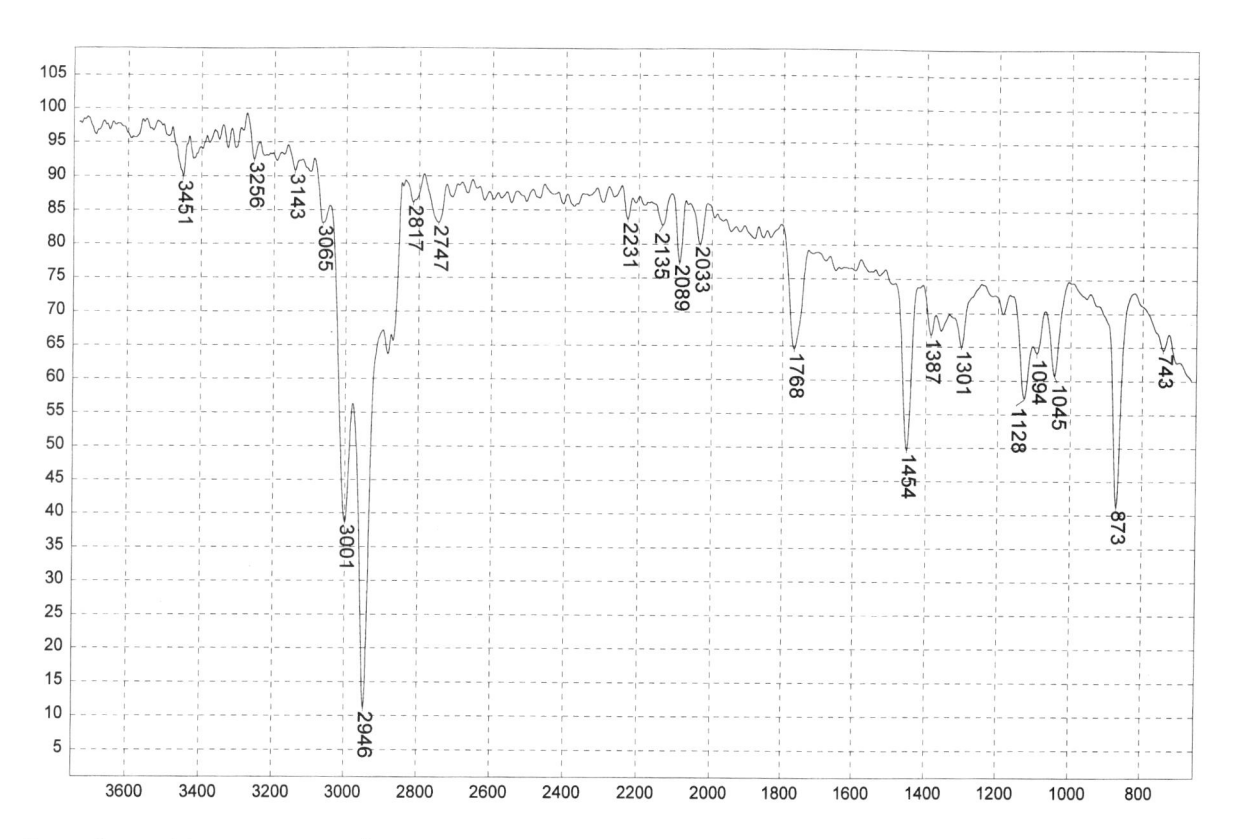

1216 Poly(lactic acid), reflectance

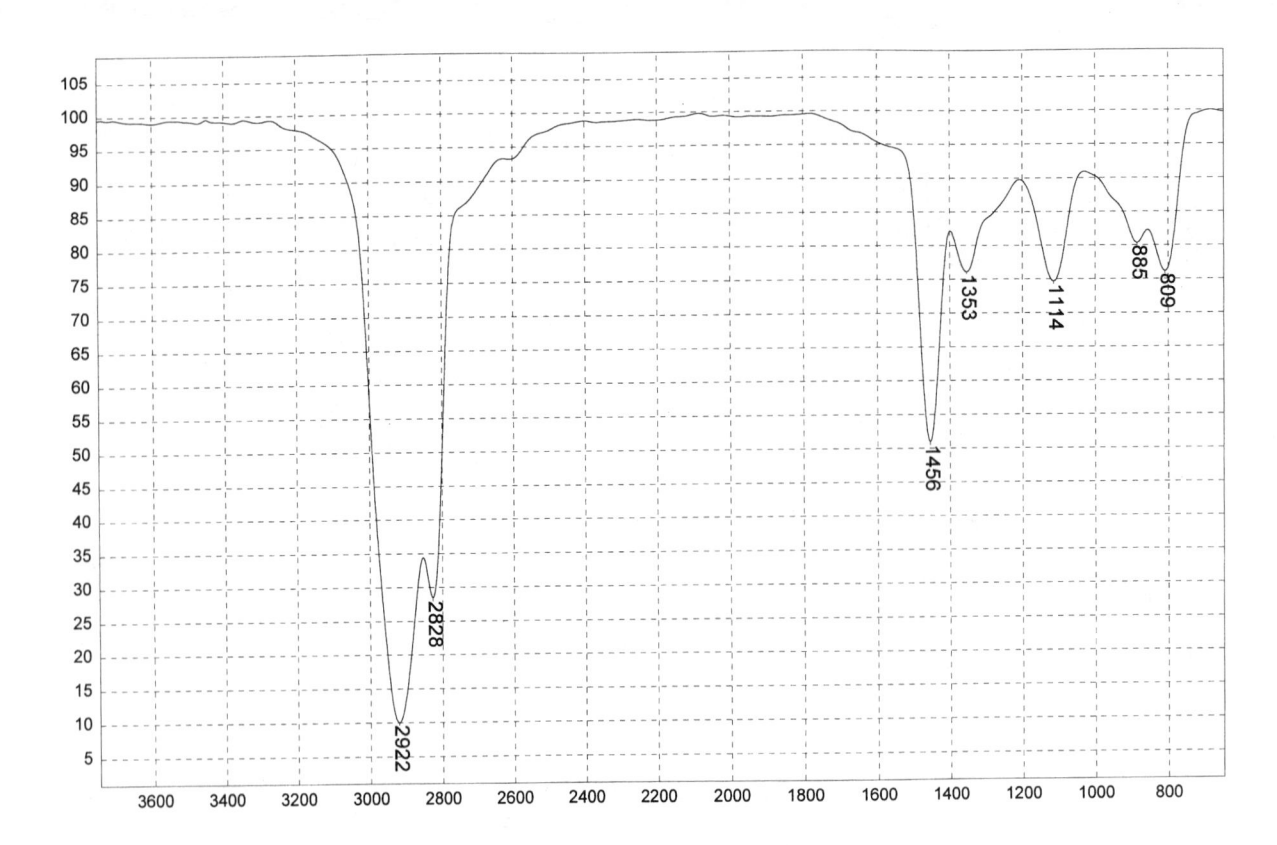

1217 Polyvinyl methyl ether / isobutyl vinyl ether (12.0)

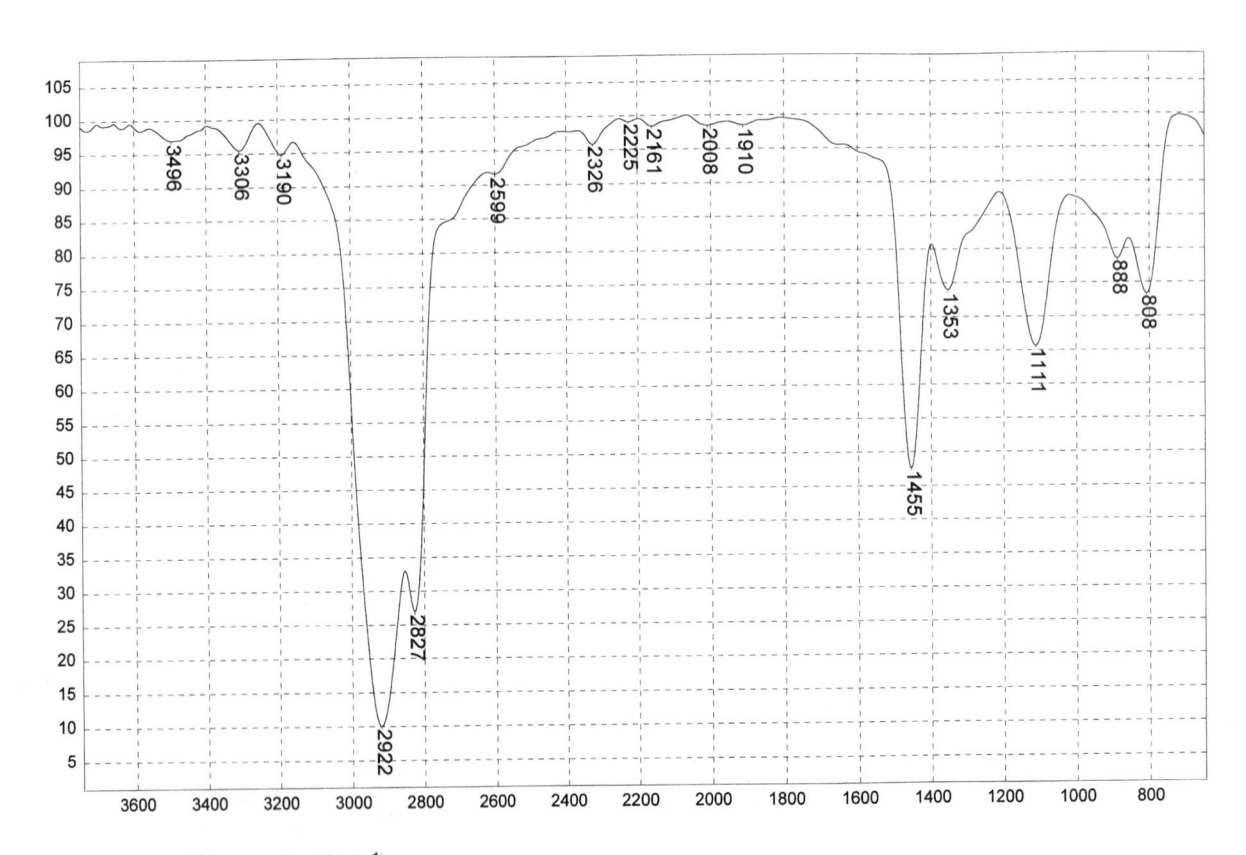

1218 Polyvinyl methyl ether / isobutyl vinyl ether (4.0)

106

1219 Polyvinyl methyl ether / isobutyl vinyl ether (8.3)

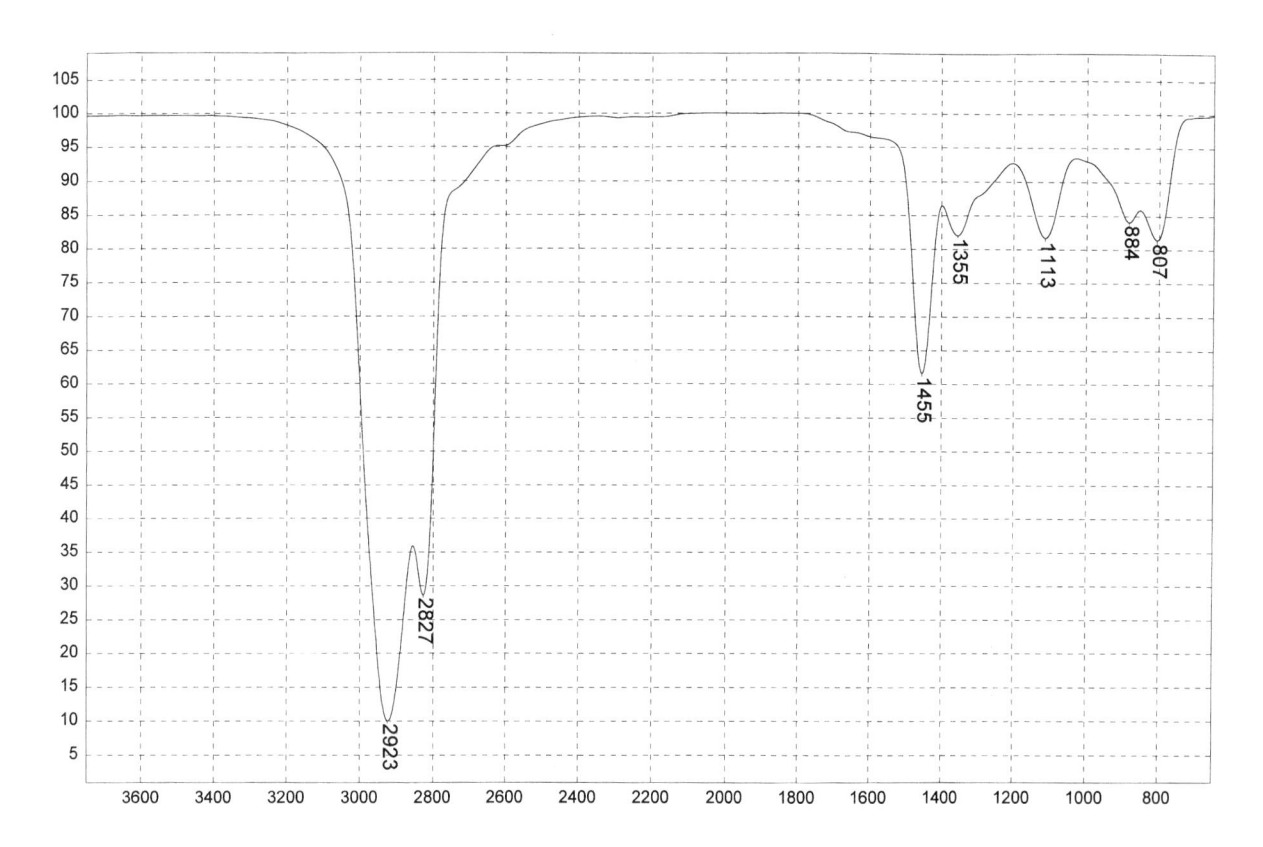

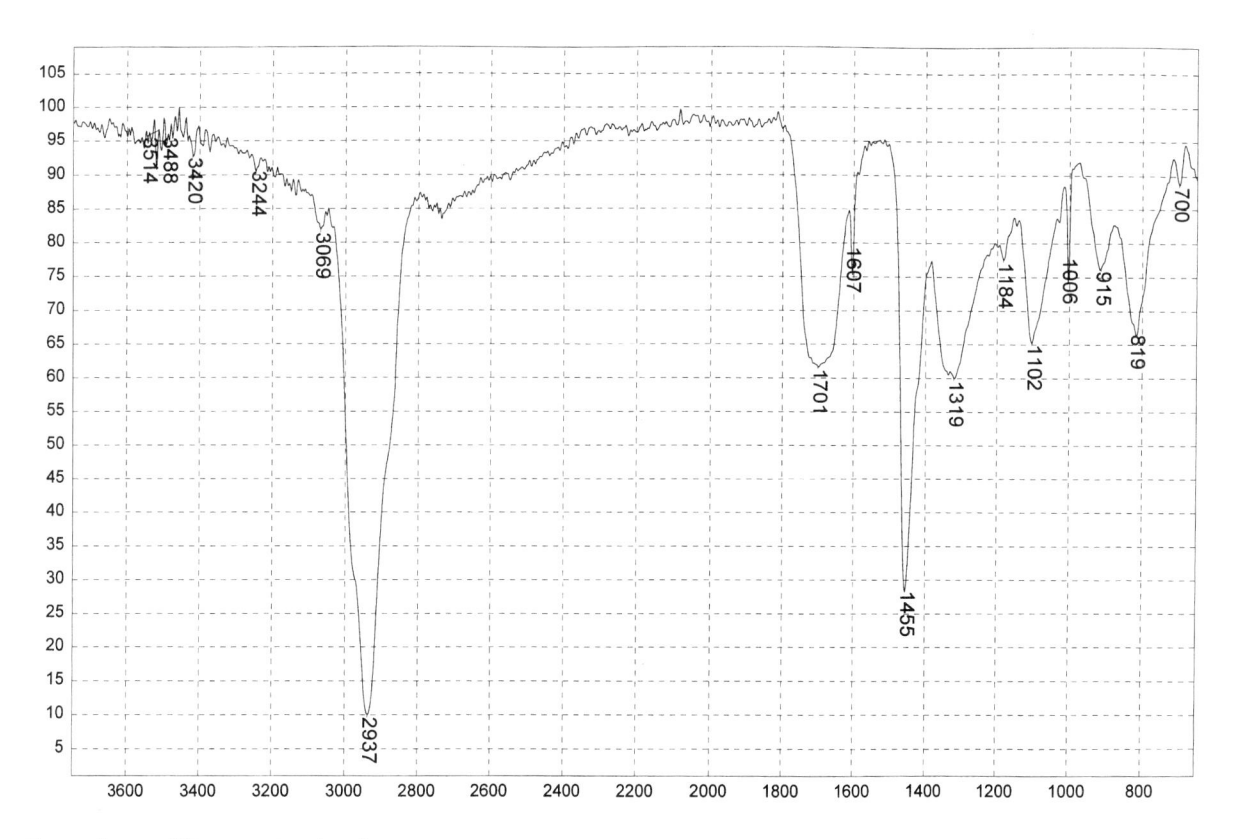

1220 Poly(acrylic acid)

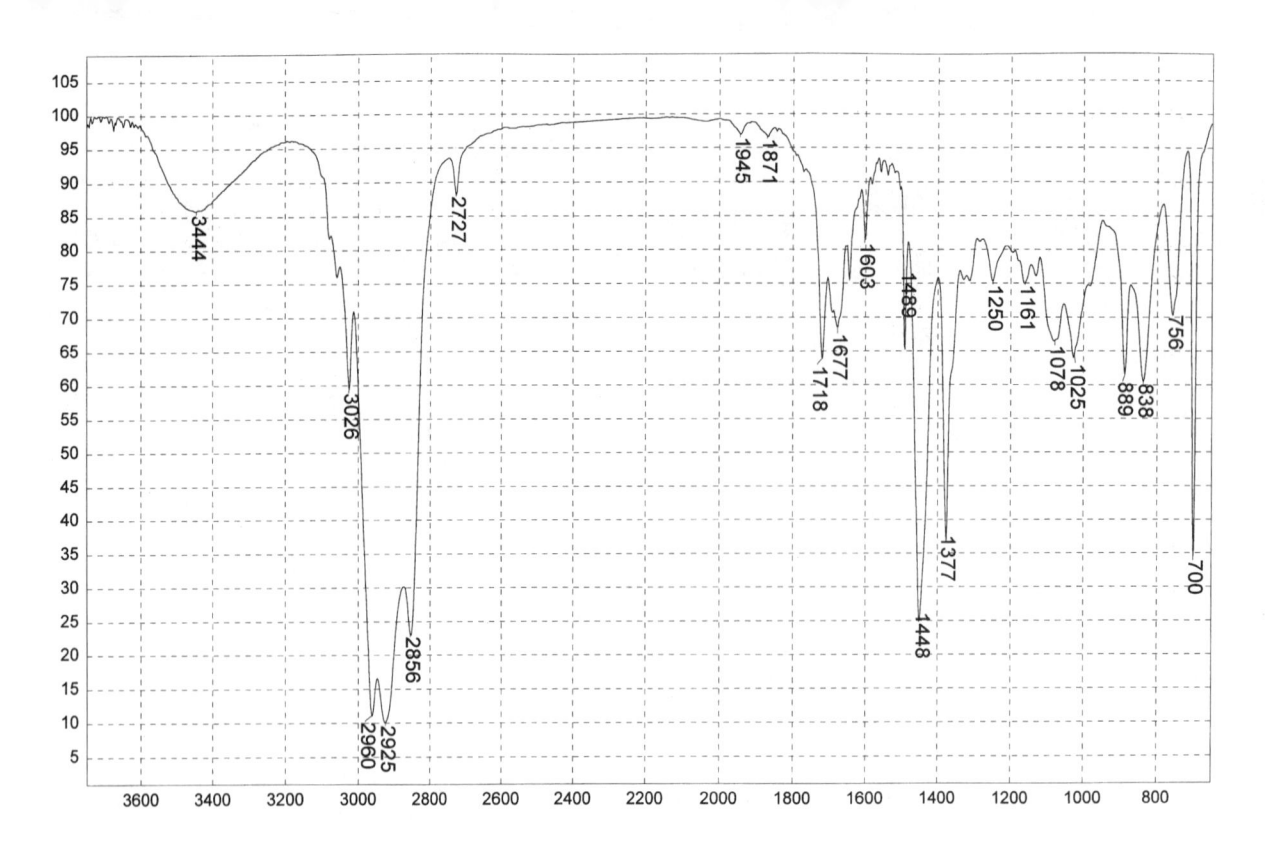

1221   POLYSTYRENE (17%) AND POLYISOPRENE (83%)

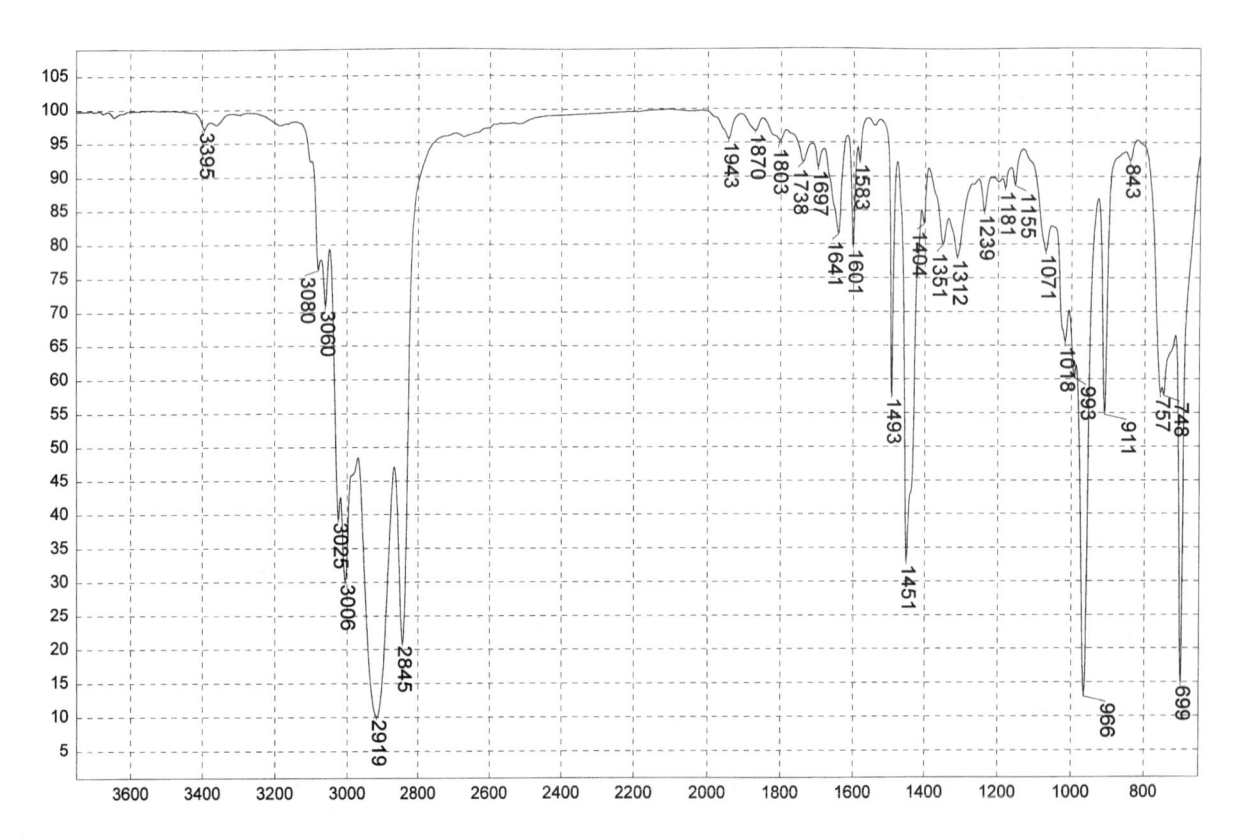

1222   POLYSTYRENE:POLYBUTADIENE COPOLYMER

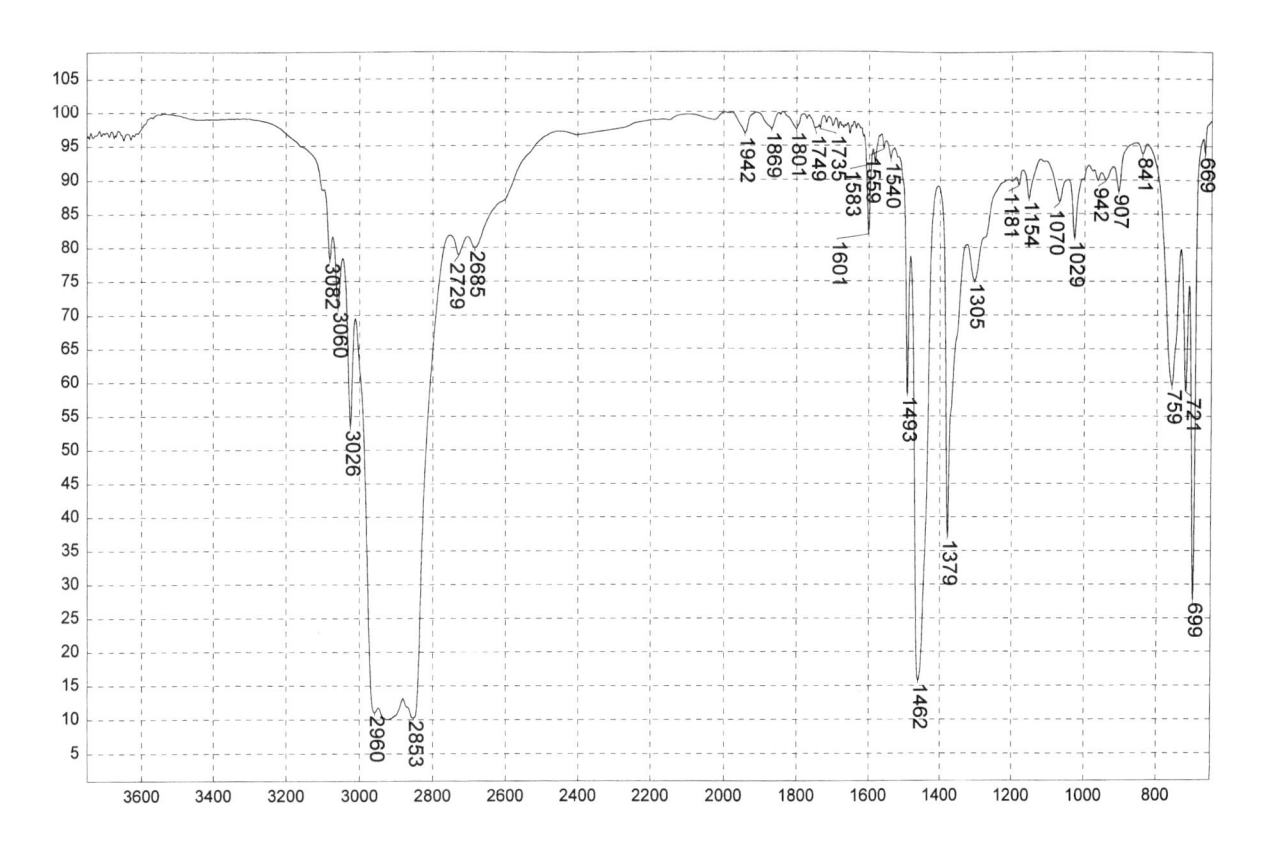

1223 STYRENE:ETHYLENE / BUTAL (86%) AND POLYSTYRENE (14%)

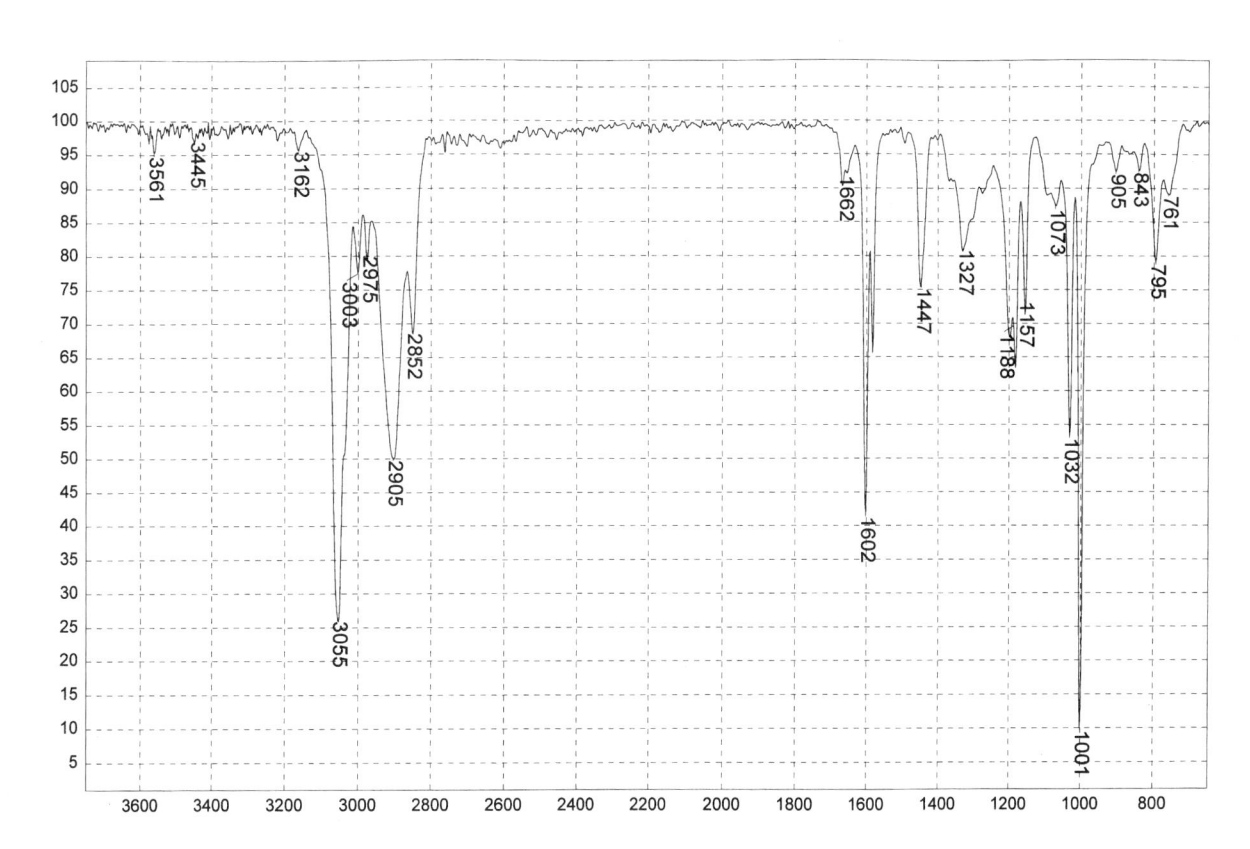

1224 POLYSTYRENE (DOW)

109

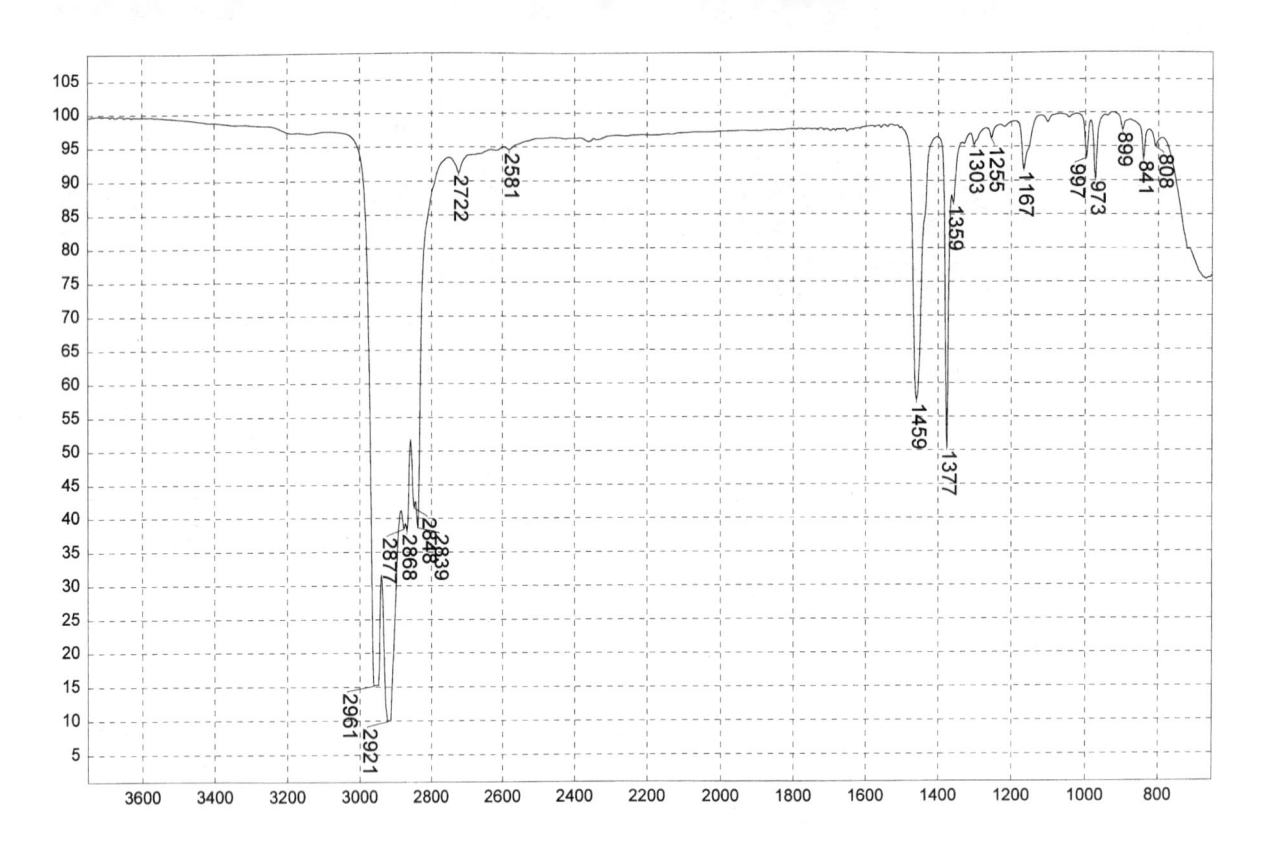

1225   Polypropylene with trace polyethylene

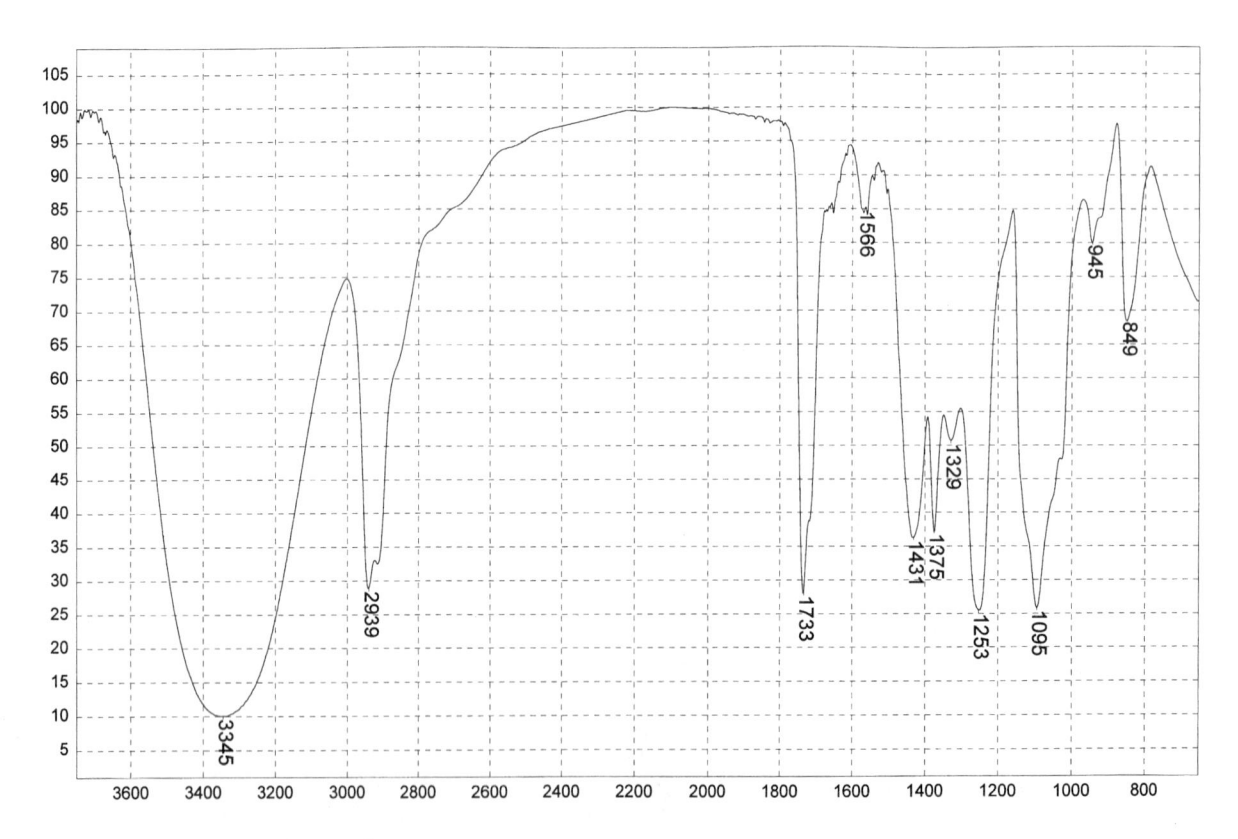

1226   POLYVINYL ALCOHOL/POLYVINYL ACETATE

110

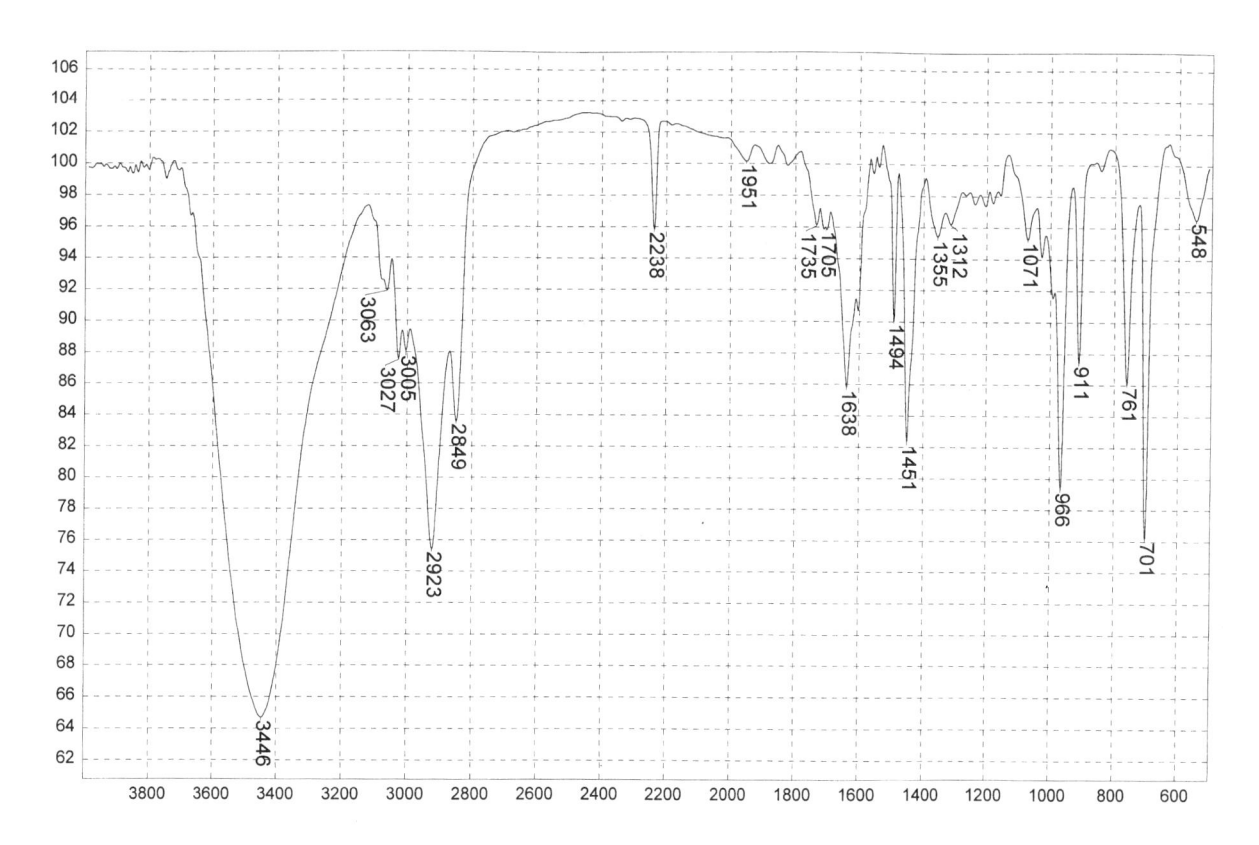

1227 Acrylonitrile/butadiene/styrene resin

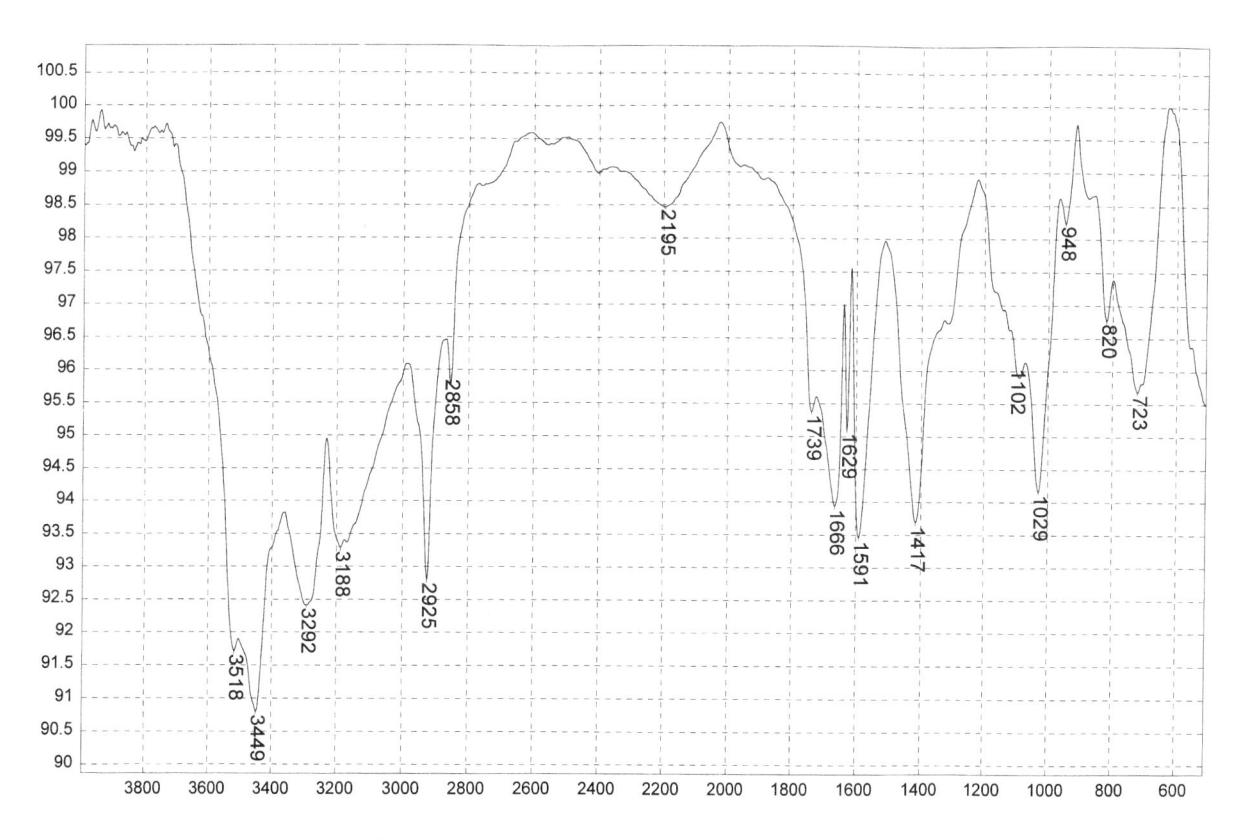

1228 Alginic acid, sodium salt

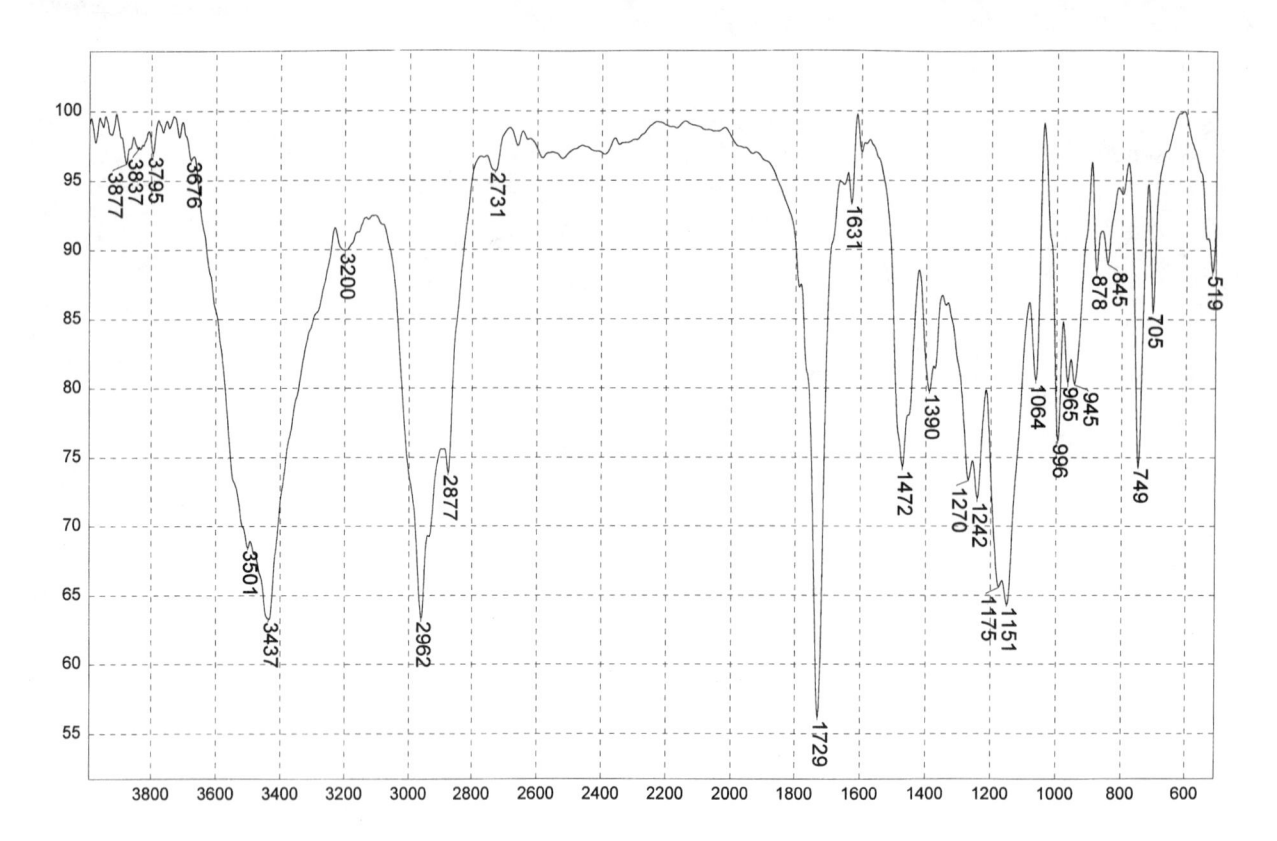

1229 Butyl methacrylate/isobutyl methacrylate copolymer

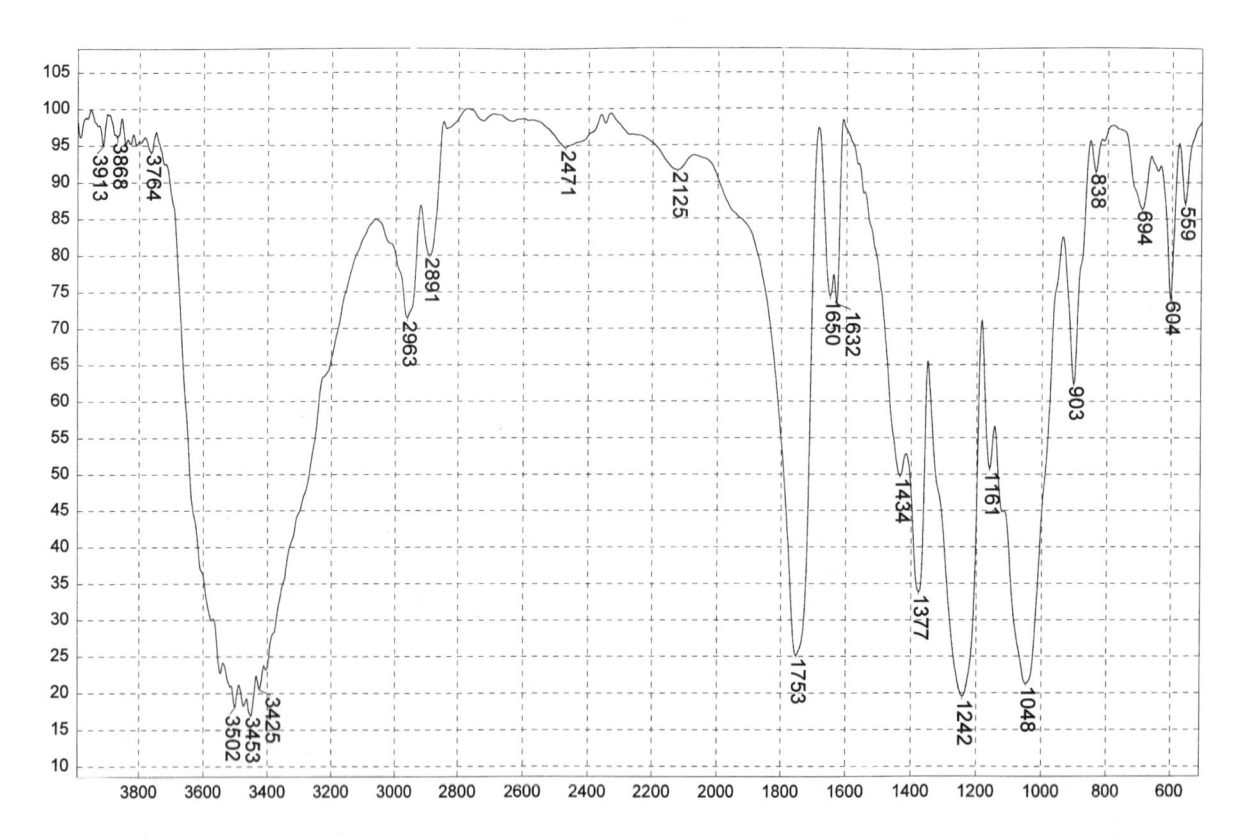

1230 Cellulose acetate

112

Cellulose acetate butyrate

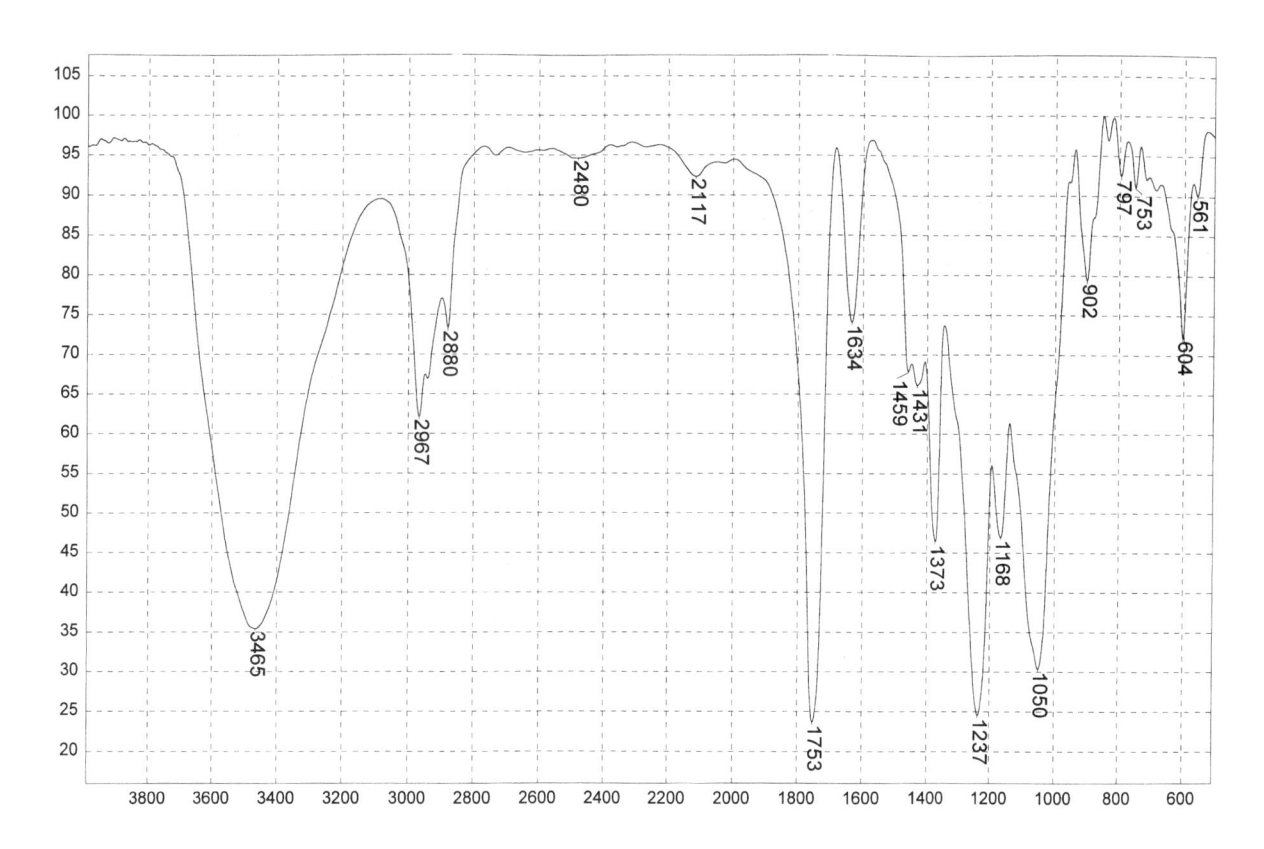

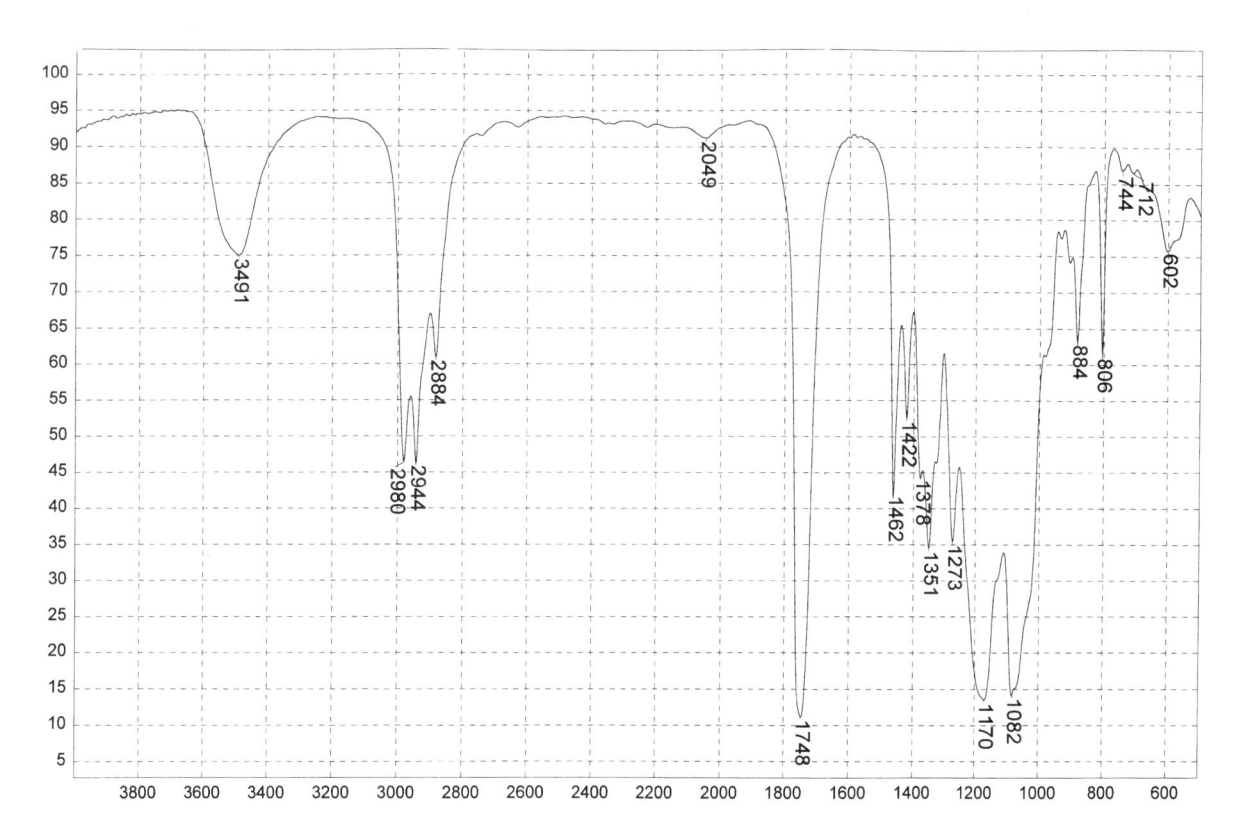

1231

Cellulose propionate

1232

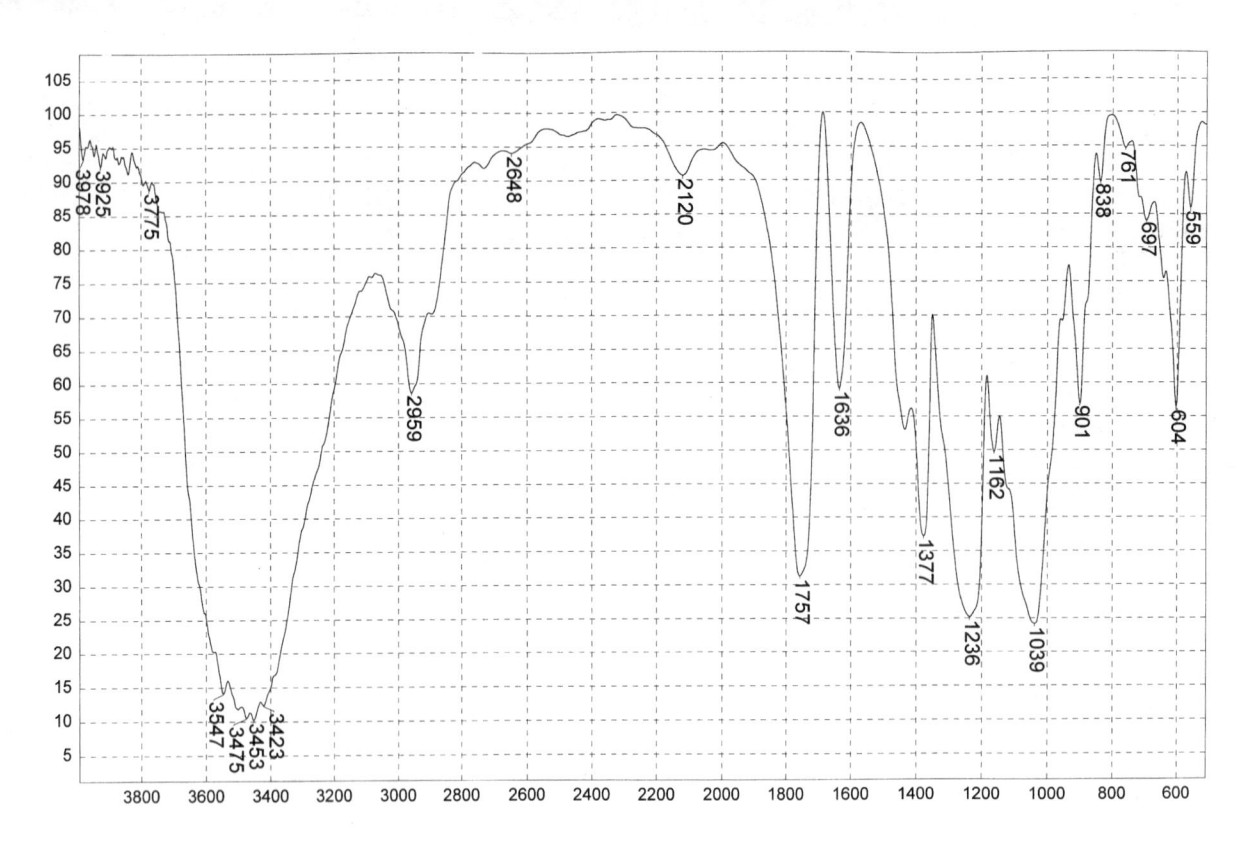

1233 Cellulose triacetate

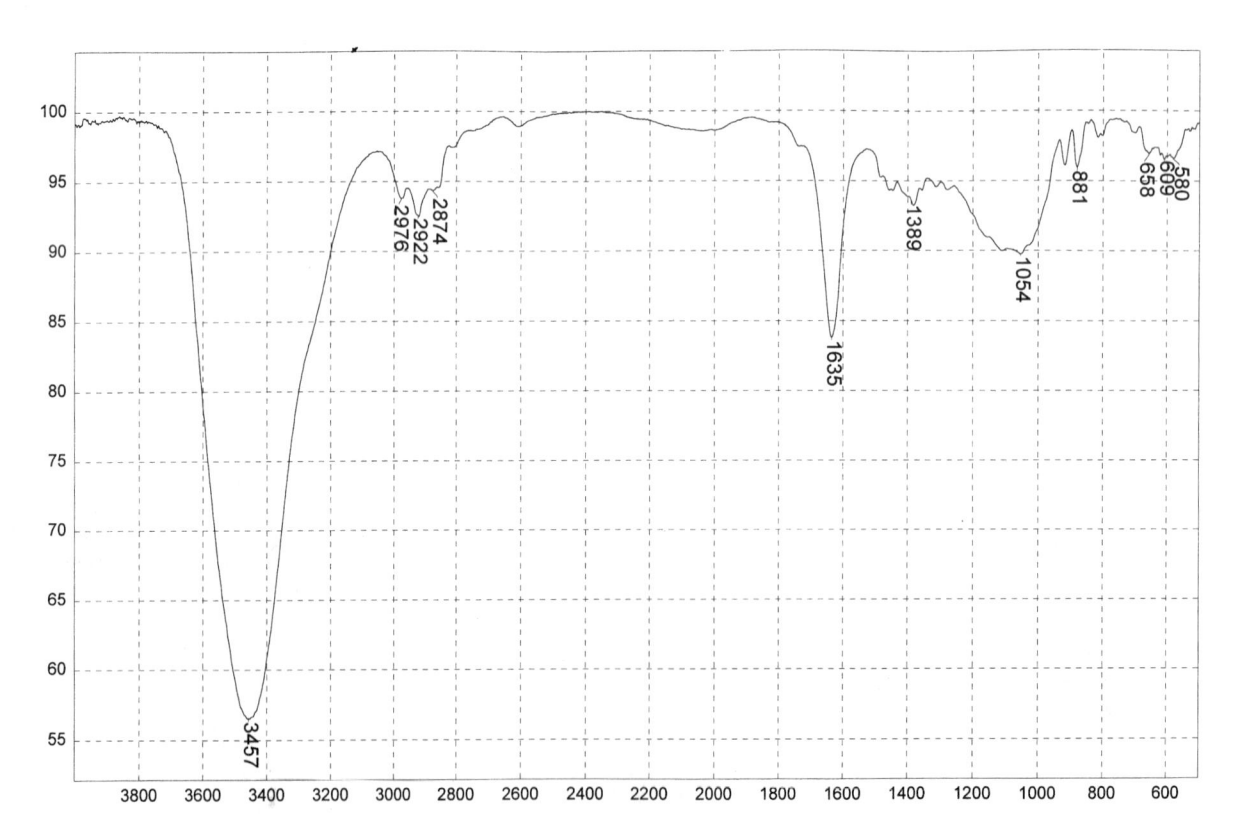

1234 Ethyl cellulose

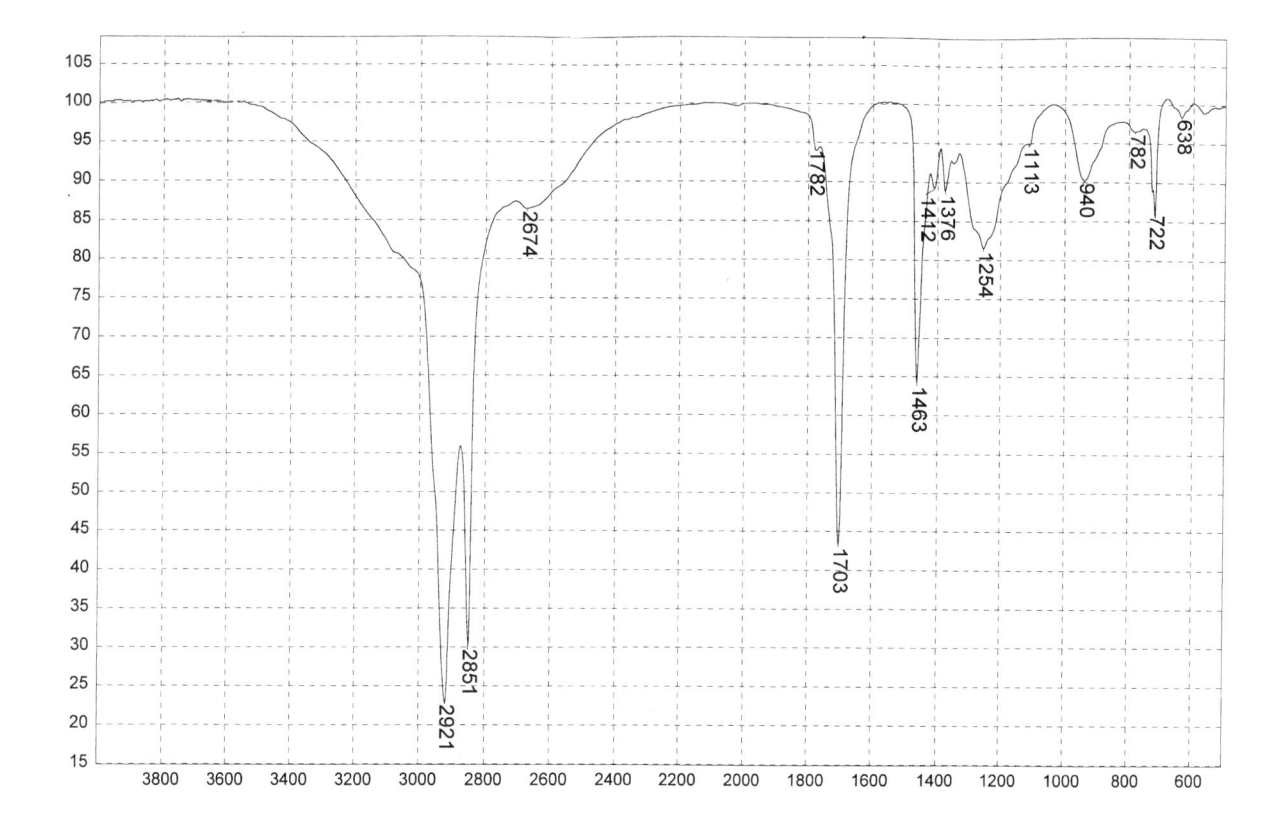

Ethylene/acrylic acid copolymer

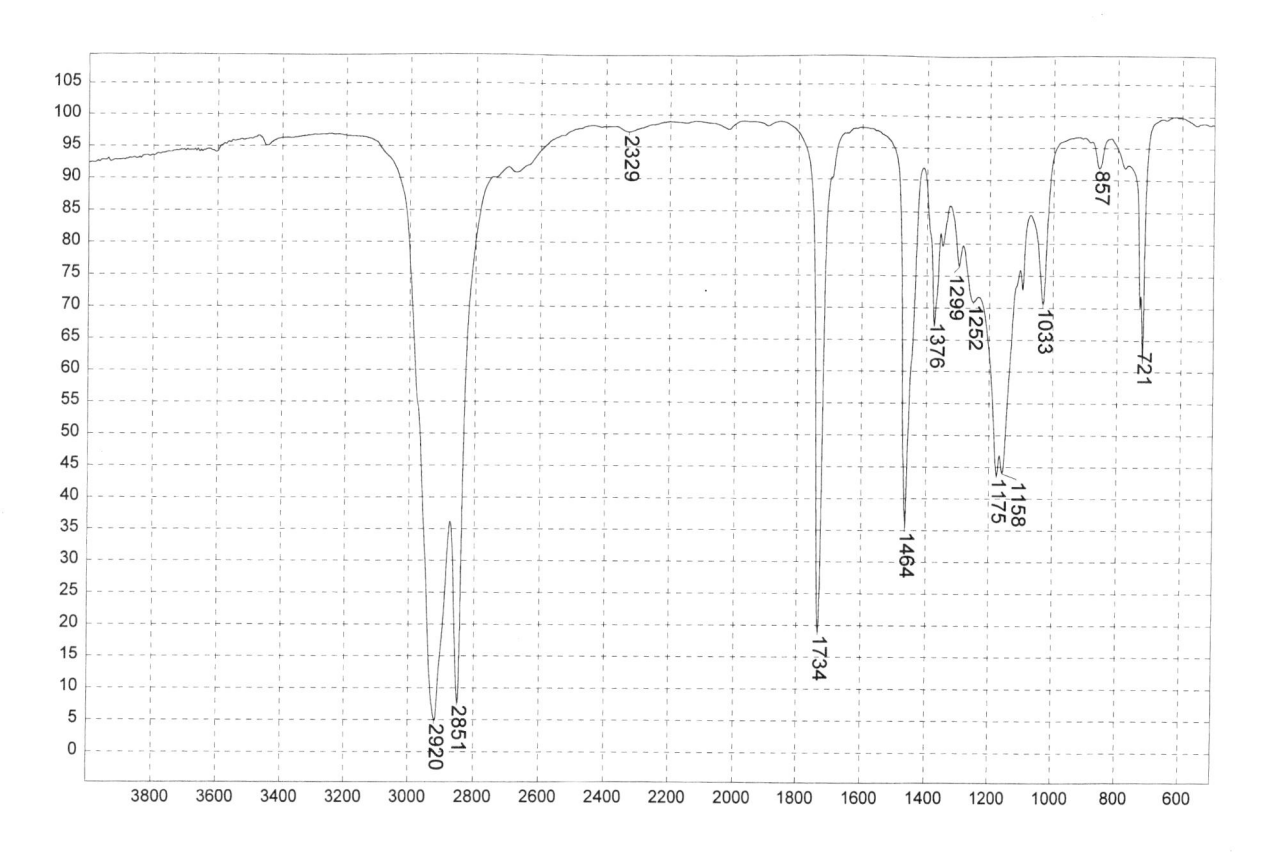

Ethylene/ethyl acrylate, 82/12 copolymer

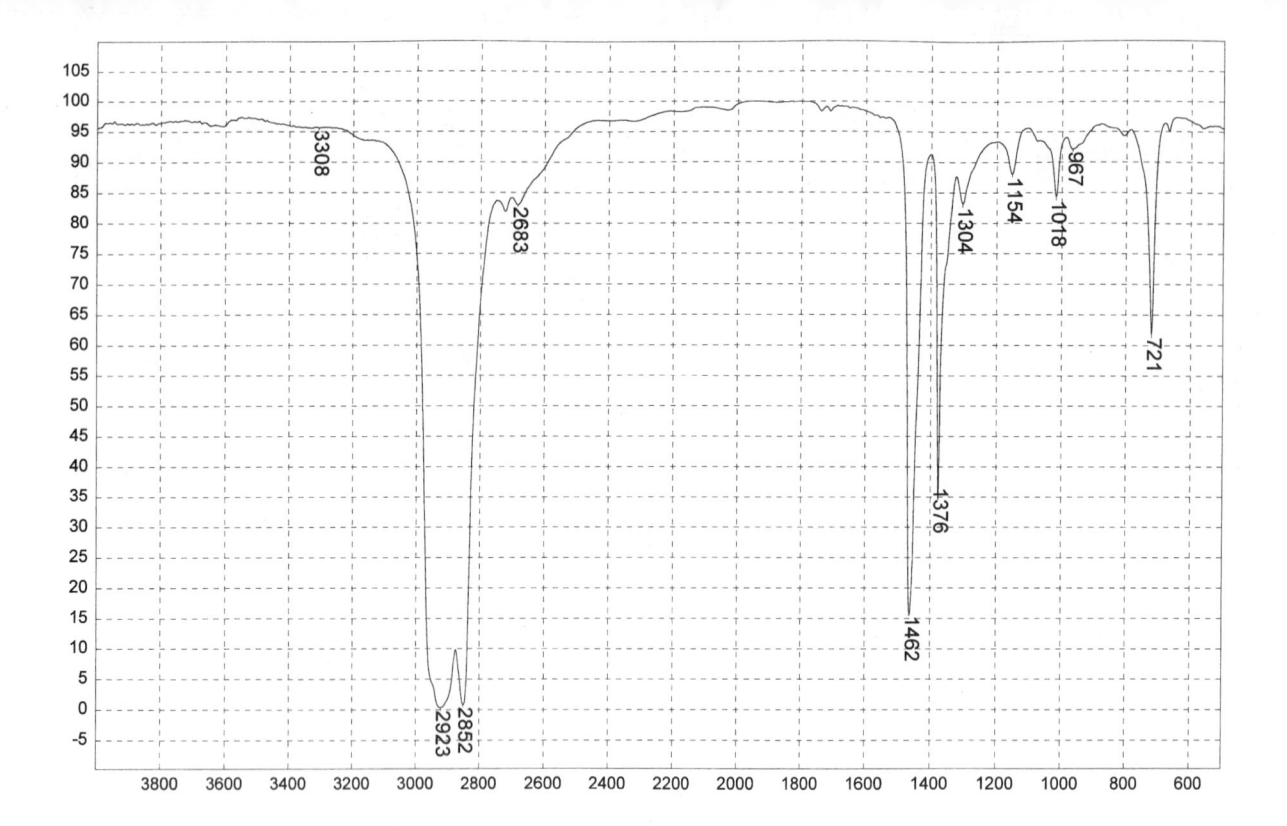

1237 Ethylene/propylene, 60/40 copolymer

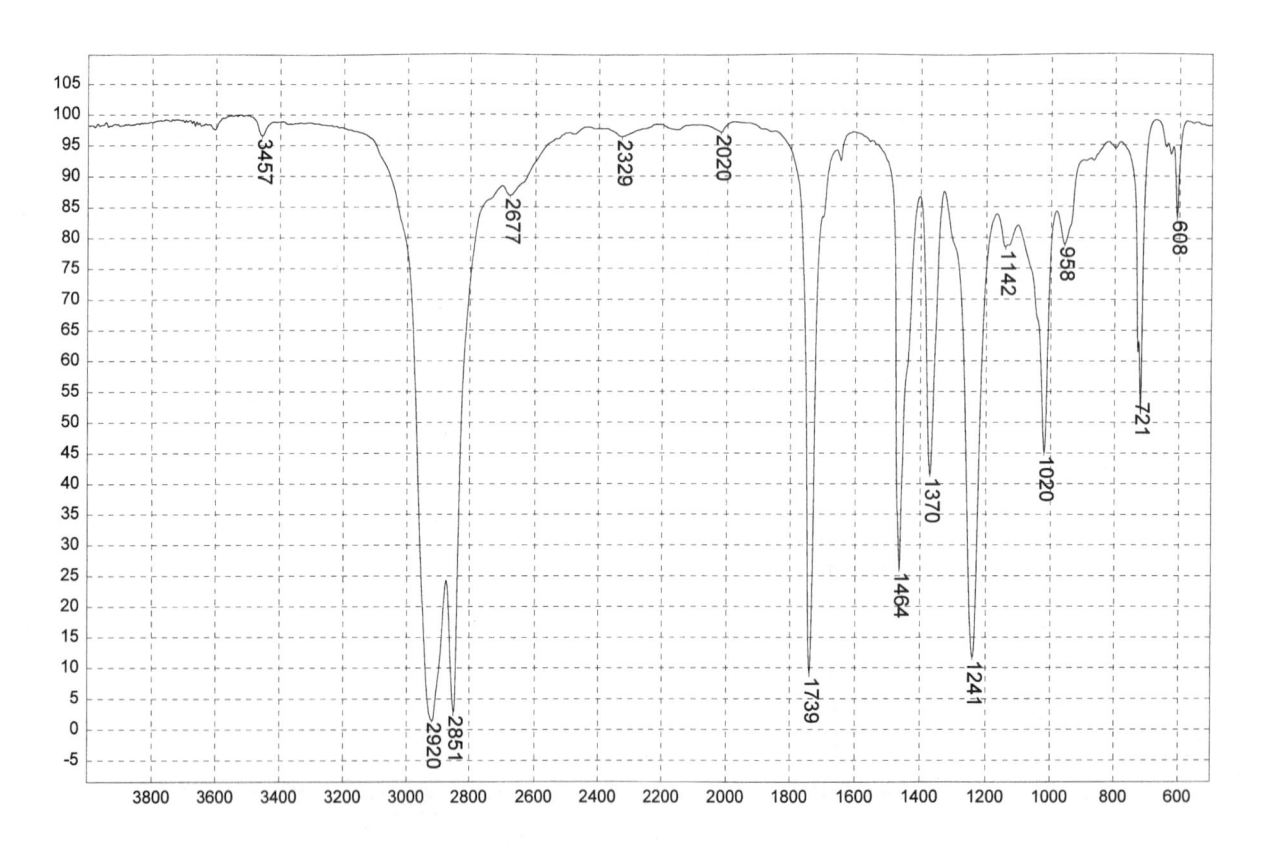

Transmittance / Wavenumber (cm^{-1})

1238 Ethylene/vinyl acetate, 86/14 copolymer

Transmittance / Wavenumber (cm^{-1})

Ethylene/vinyl acetate, 82/18 copolymer

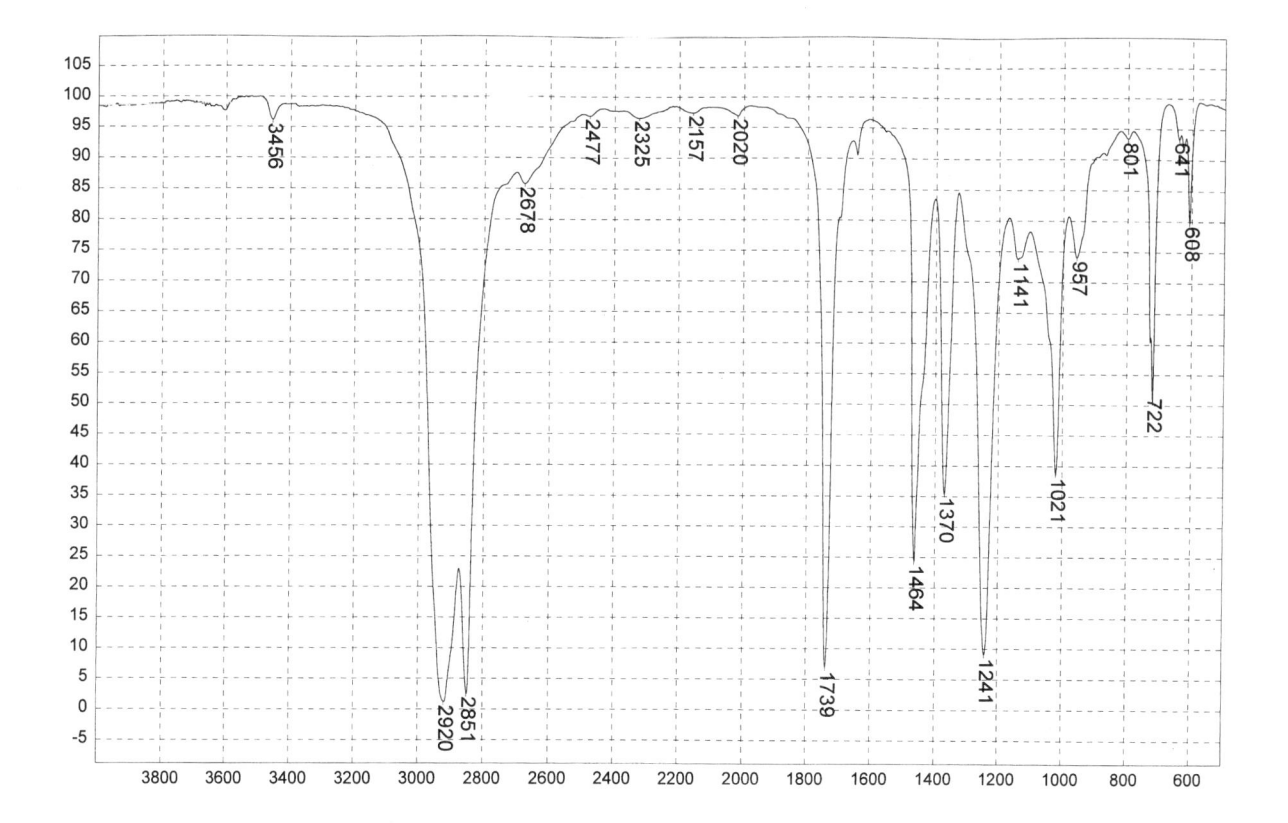

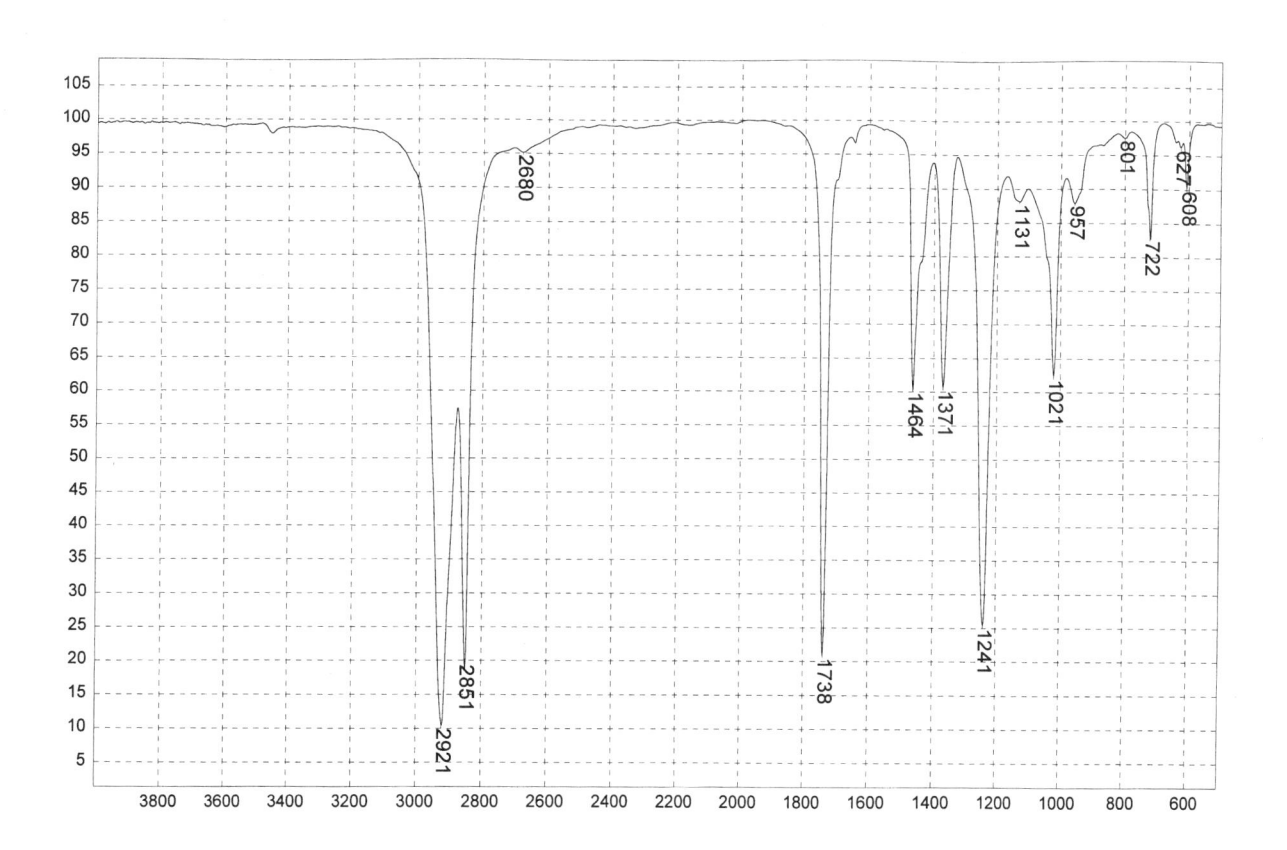

1239

Ethylene/vinyl acetate, 75/25 copolymer

1240

Transmittance / Wavenumber (cm⁻¹)

1241 Ethylene/vinyl acetate, 72/28 copolymer

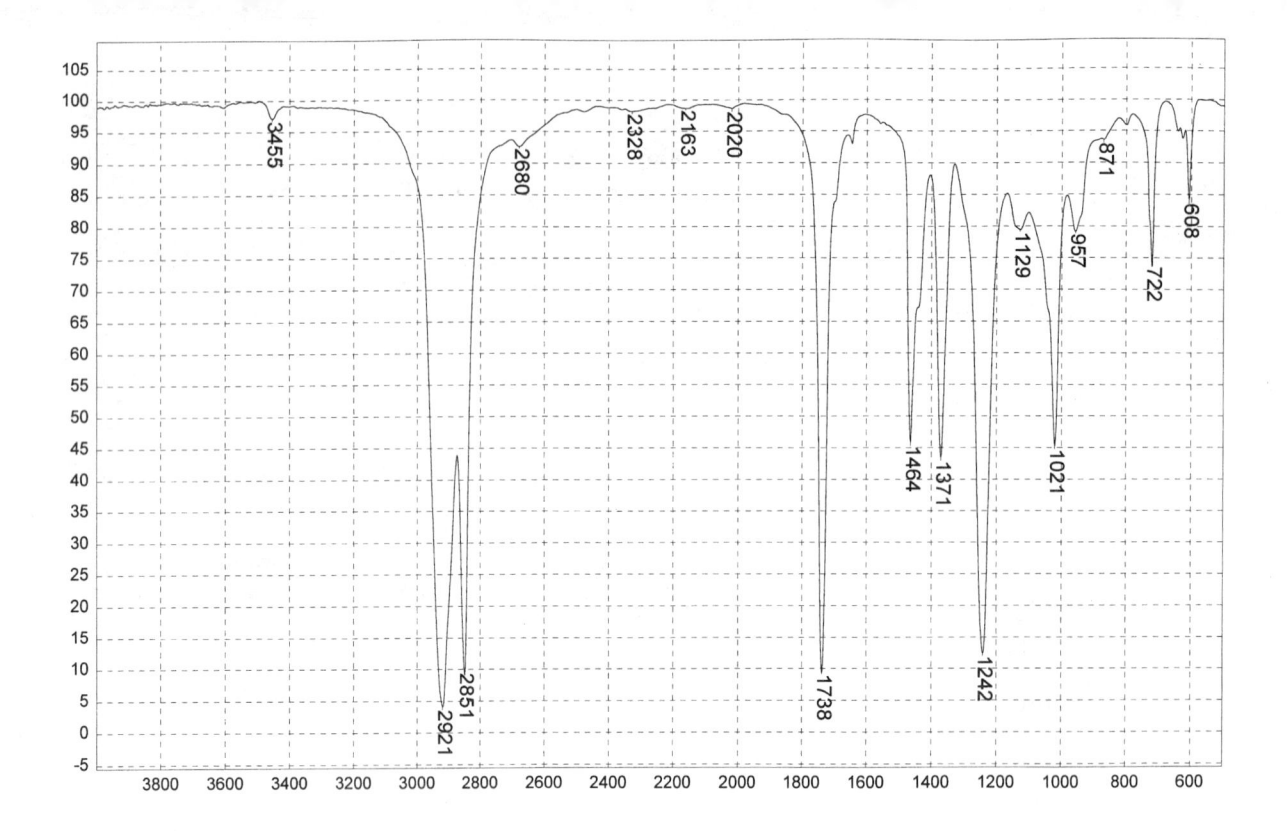

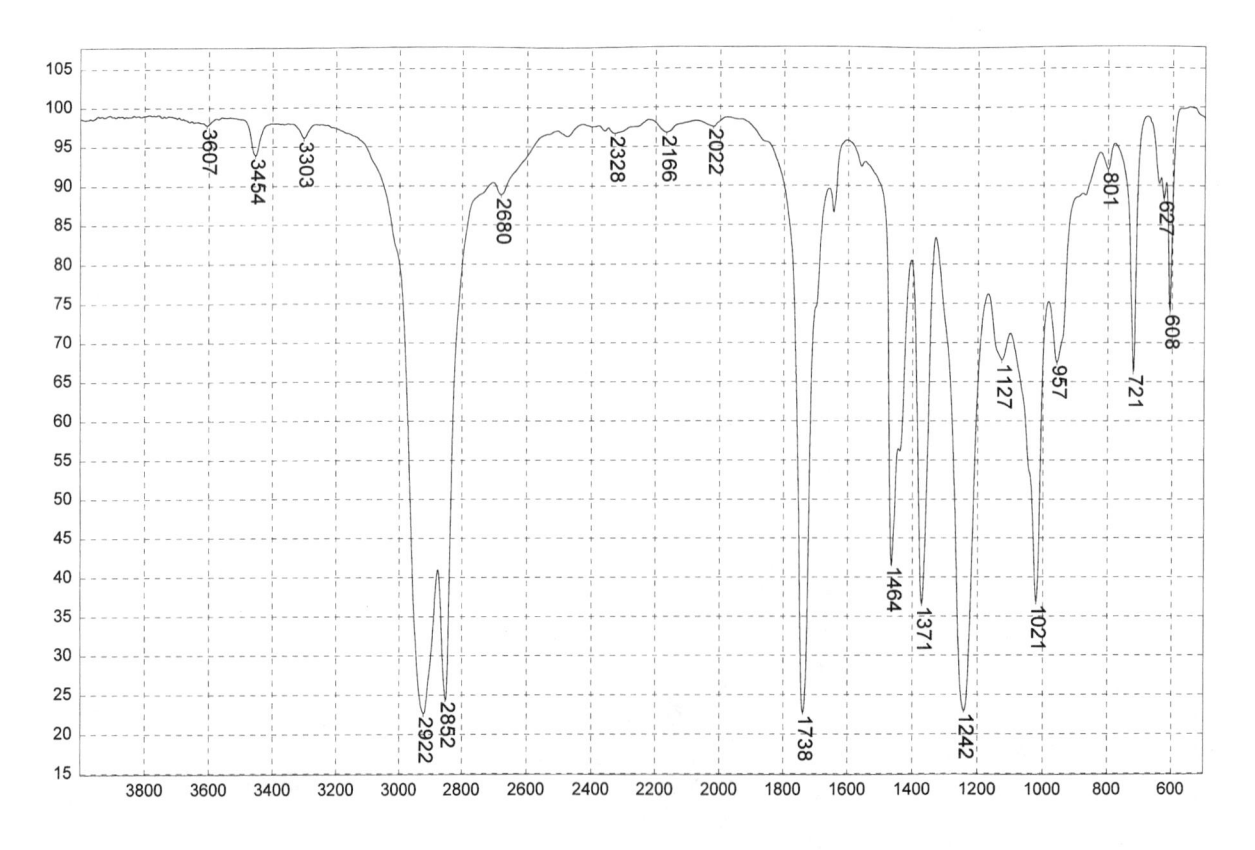

Transmittance / Wavenumber (cm⁻¹)

1242 Ethylene/vinyl acetate, 67/33 copolymer

Ethylene/vinyl acetate, 60/40 copolymer

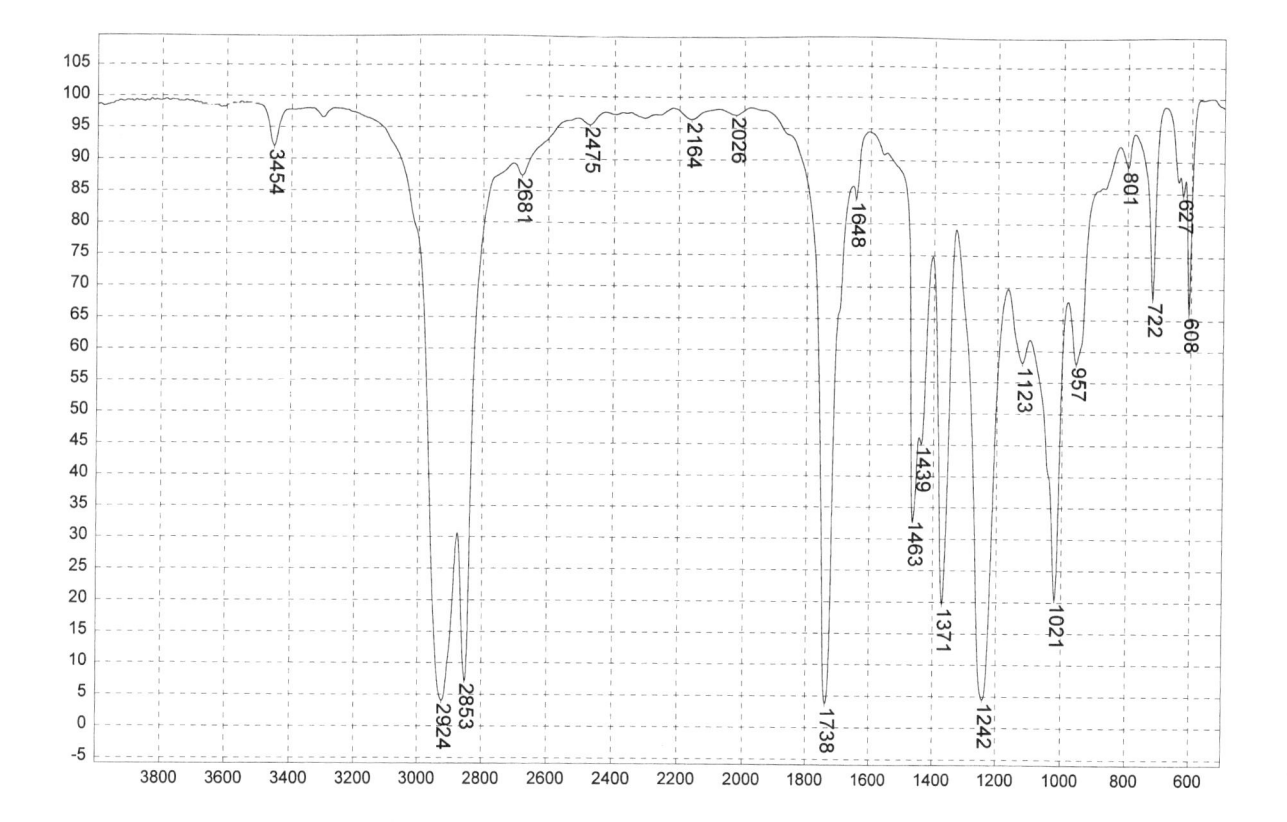

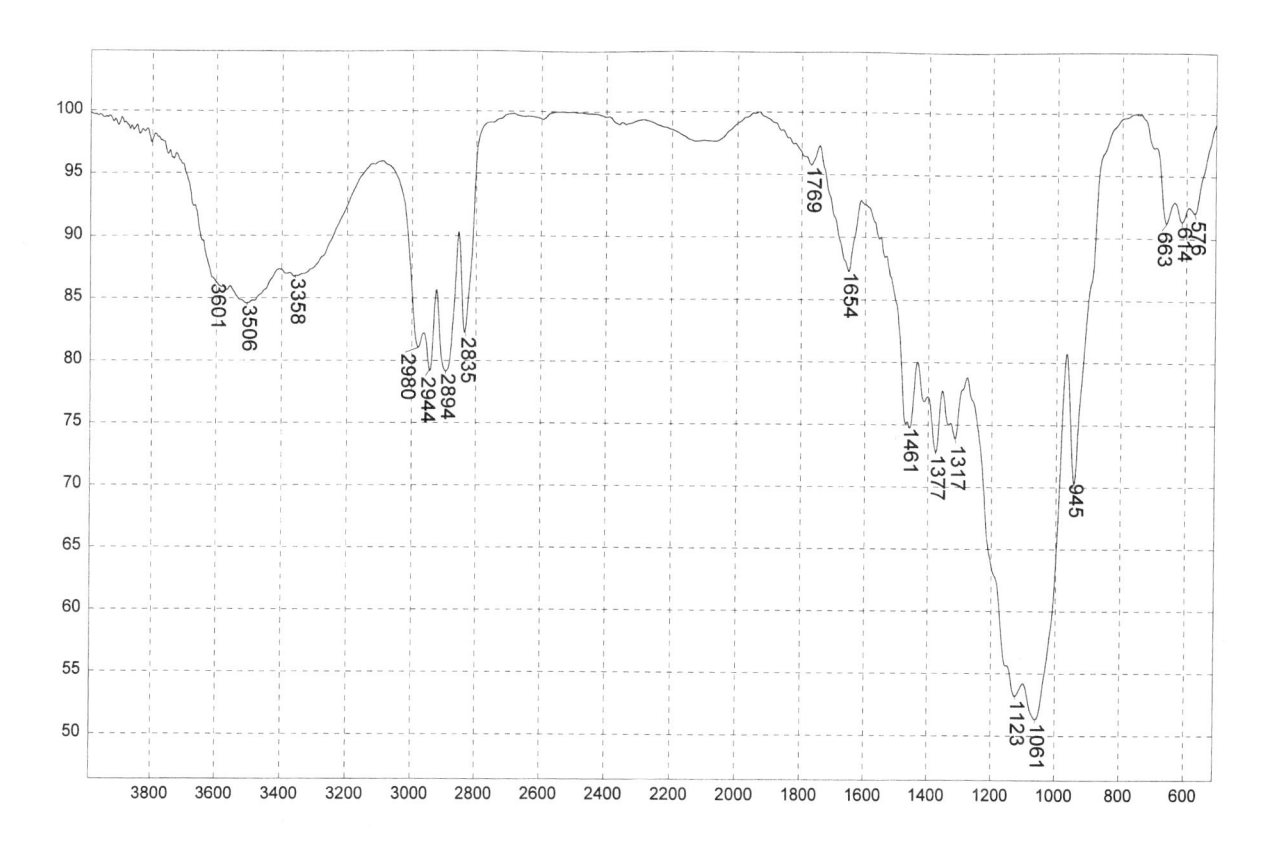

Hydroxybutyl methyl cellulose, 8% hydroxy butyl, 20% methoxyl

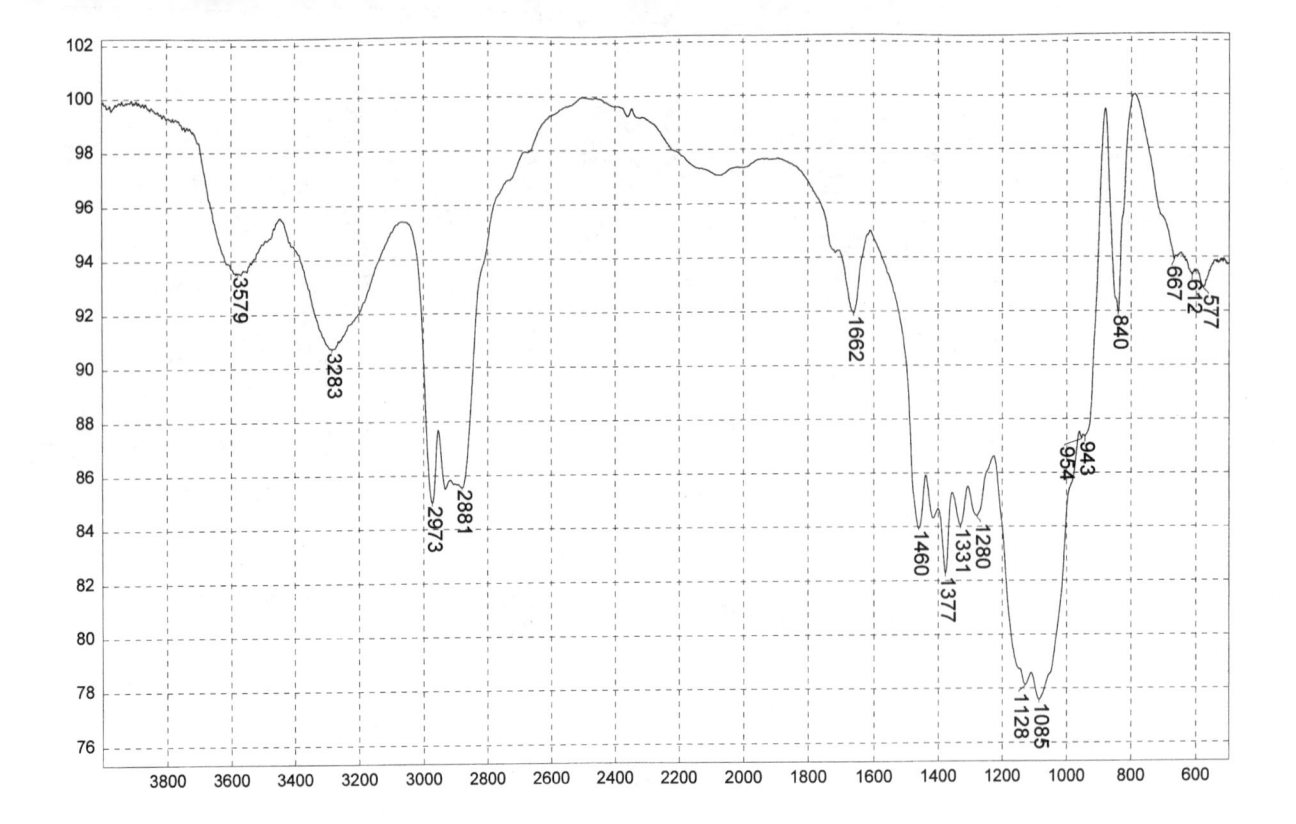

Hydropropyl cellulose

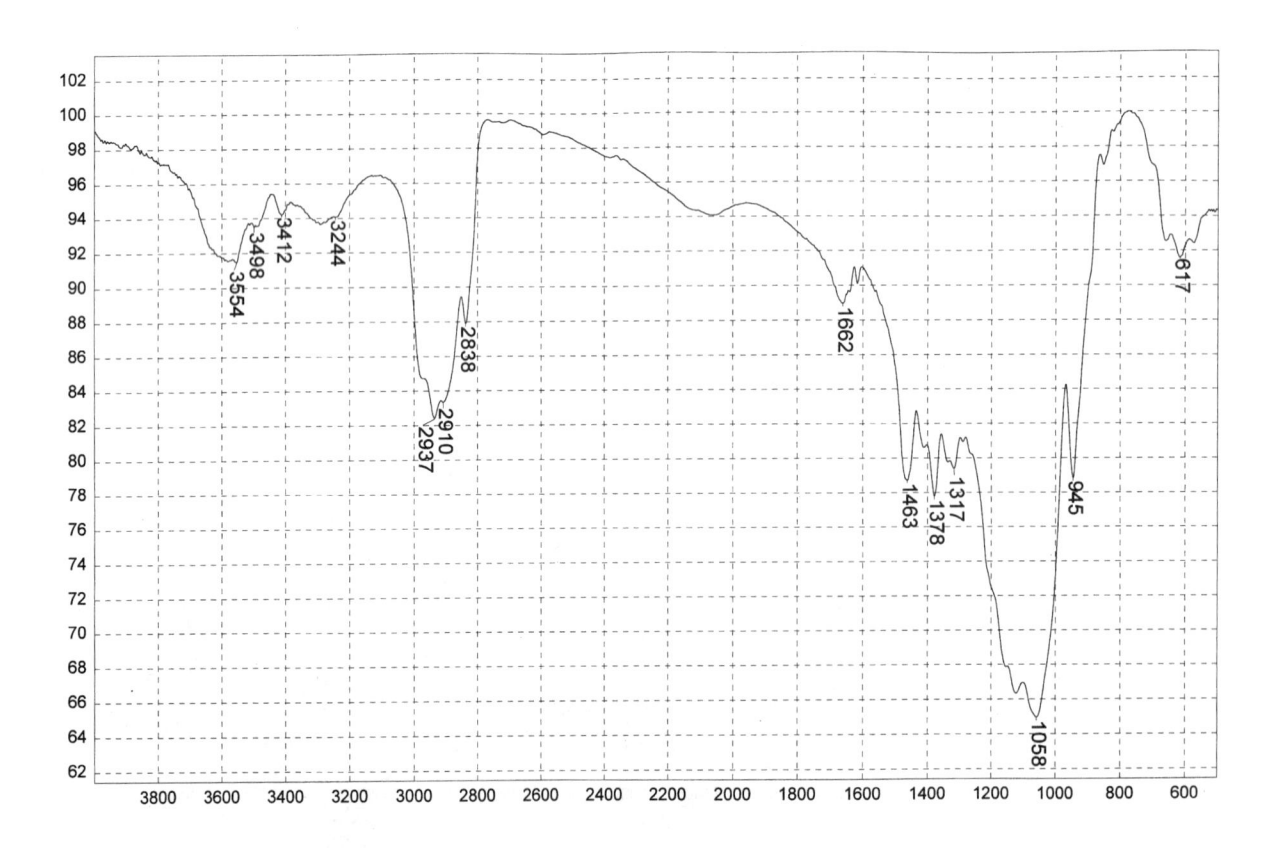

1245

Hydropropyl methyl cellulose, 10% hydroxypropyl, 30% methoxyl

1246

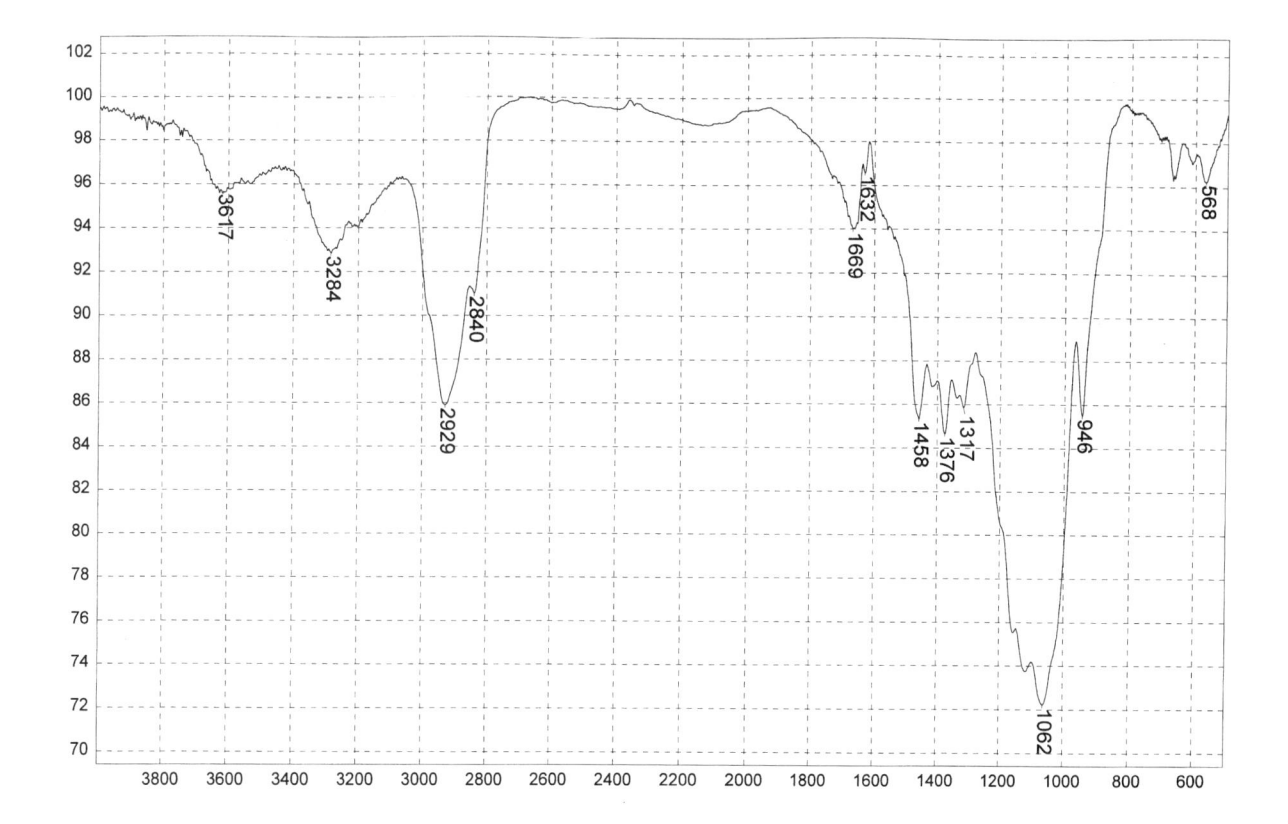

| 1247 | Methyl cellulose |

| 1248 | Methyl vinyl ether/maleic acid, 50/50 copolymer |

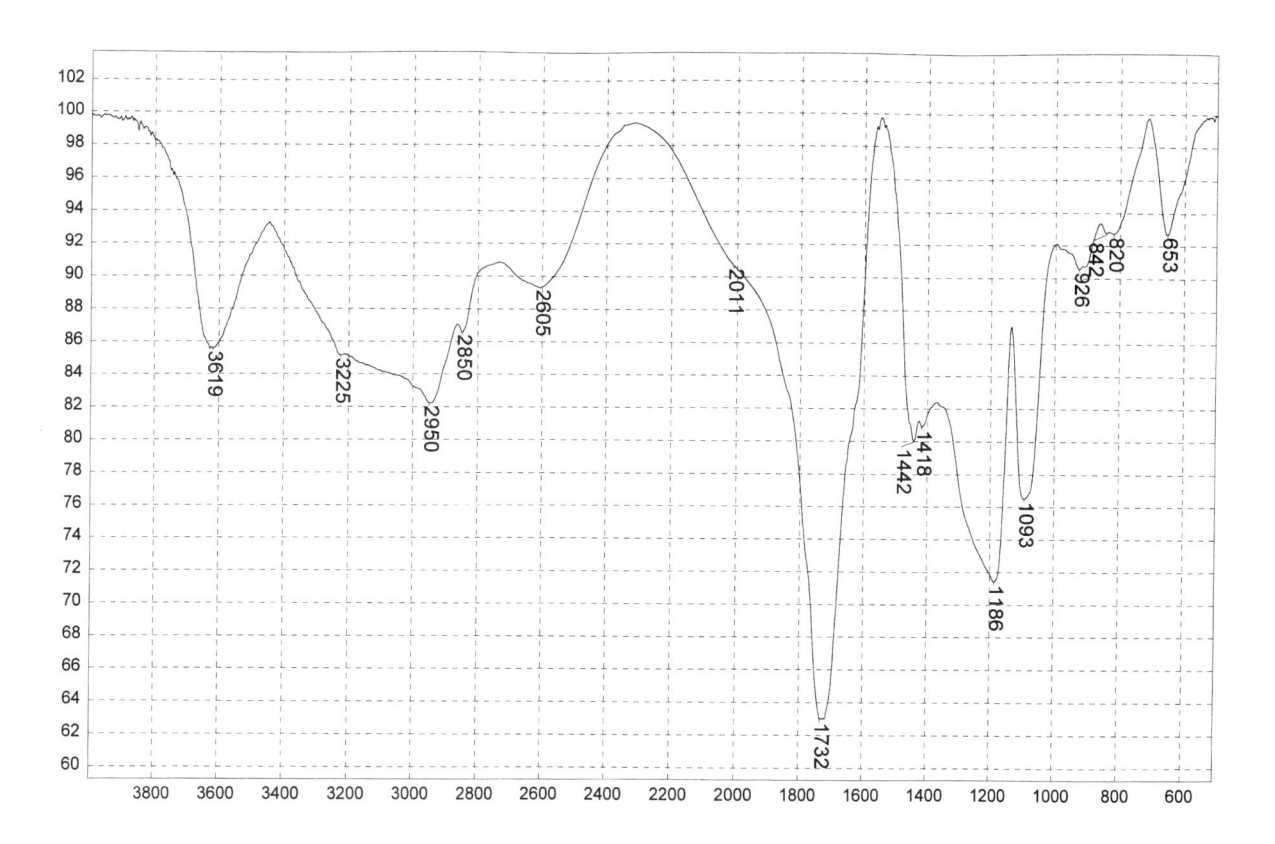

121

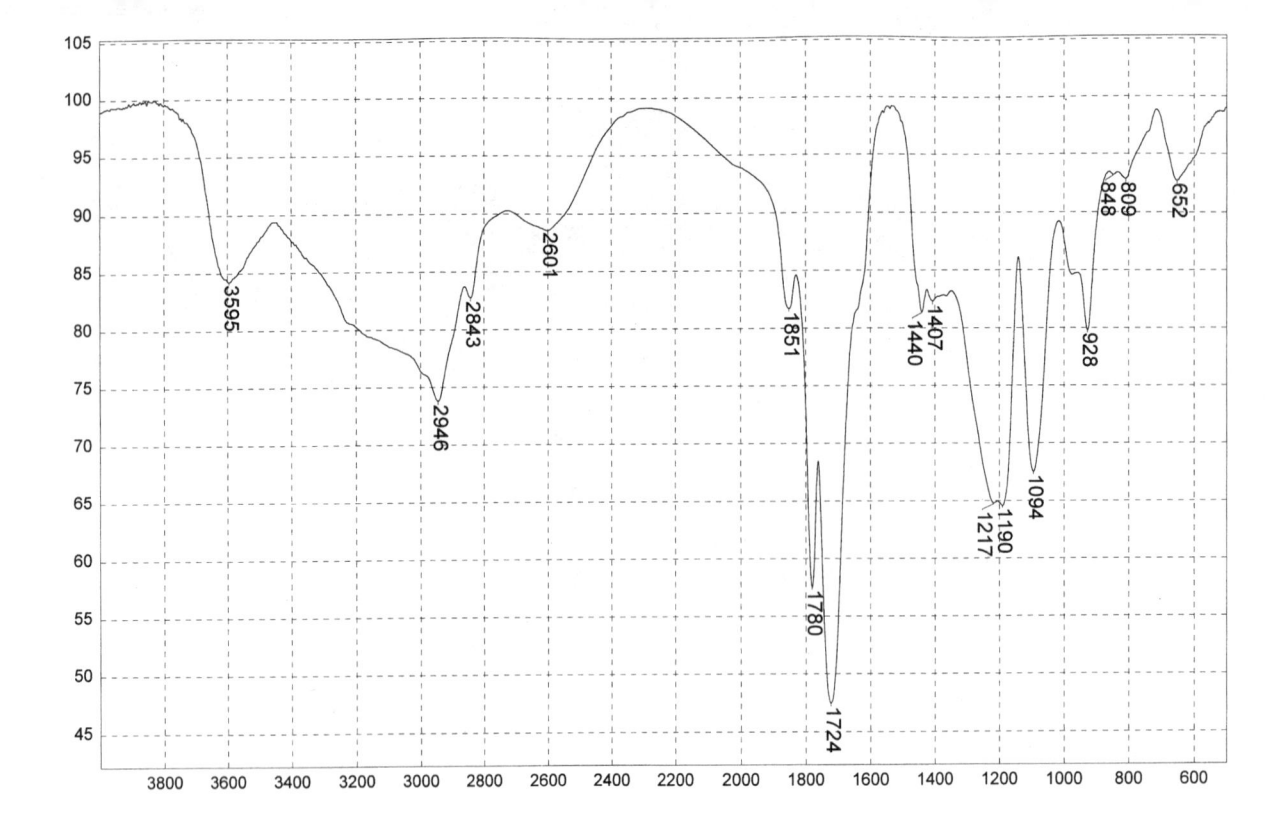

1249 Methyl vinyl ether/maleic anhydride, 50/50 copolymer

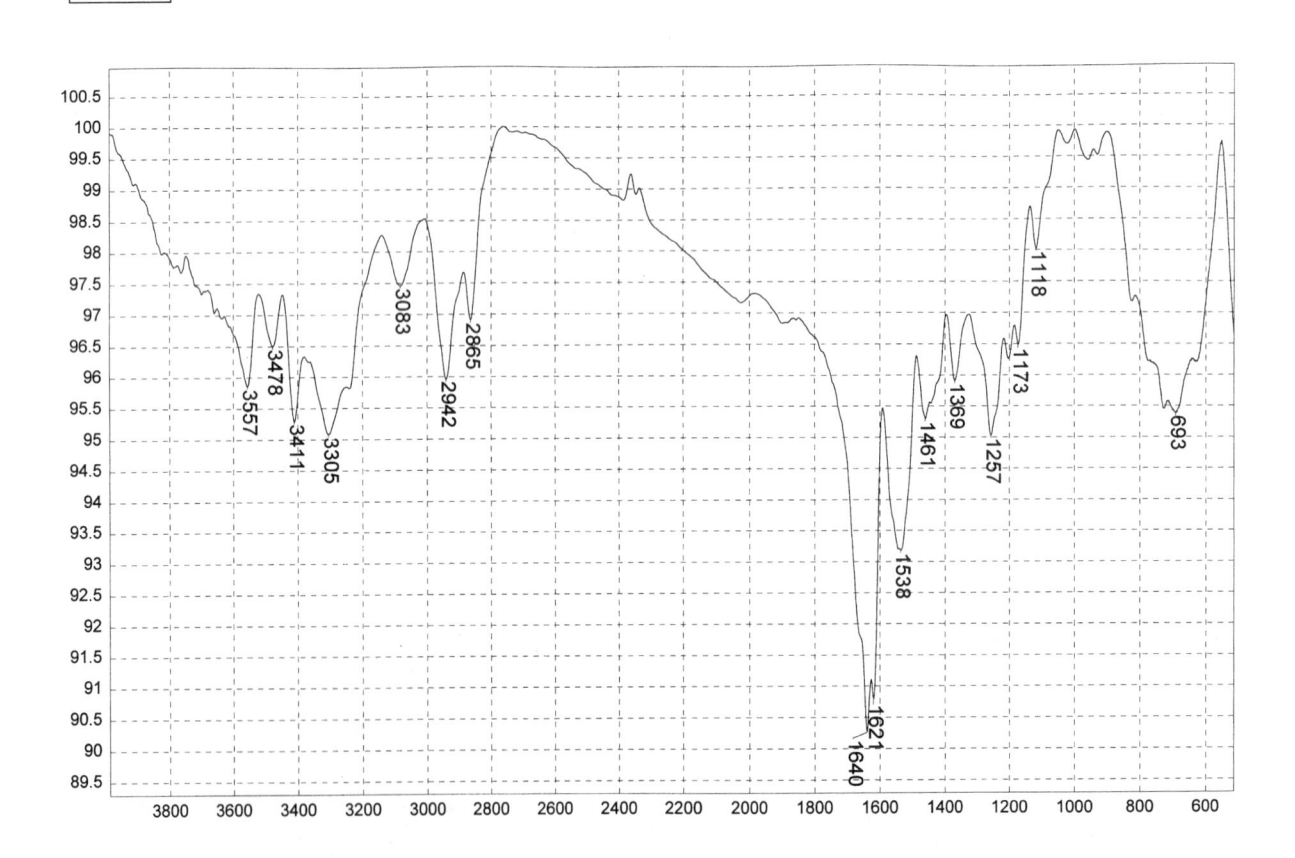

1250 Nylon 6 (polycaprolactam)

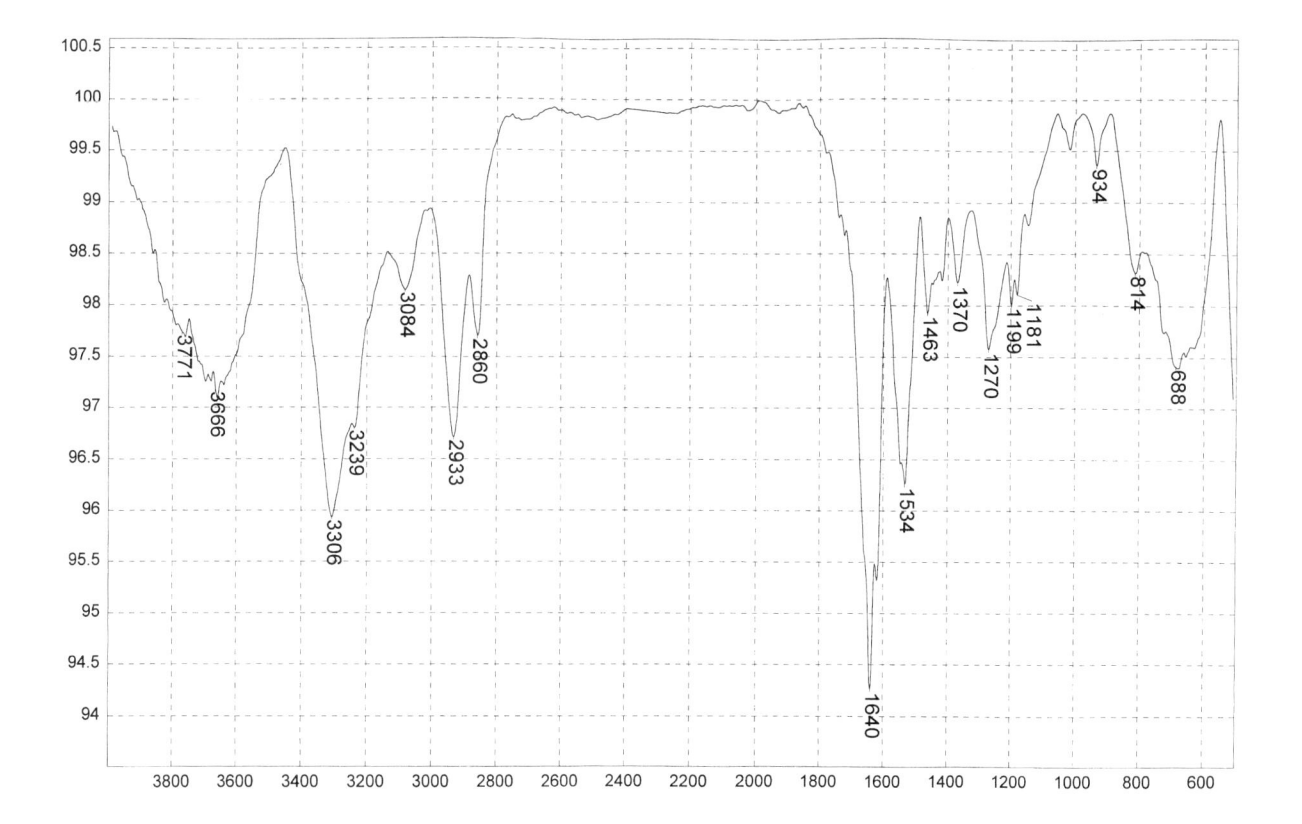

1251 **Nylon 6/6 (polyhexamethylene adipamide)**

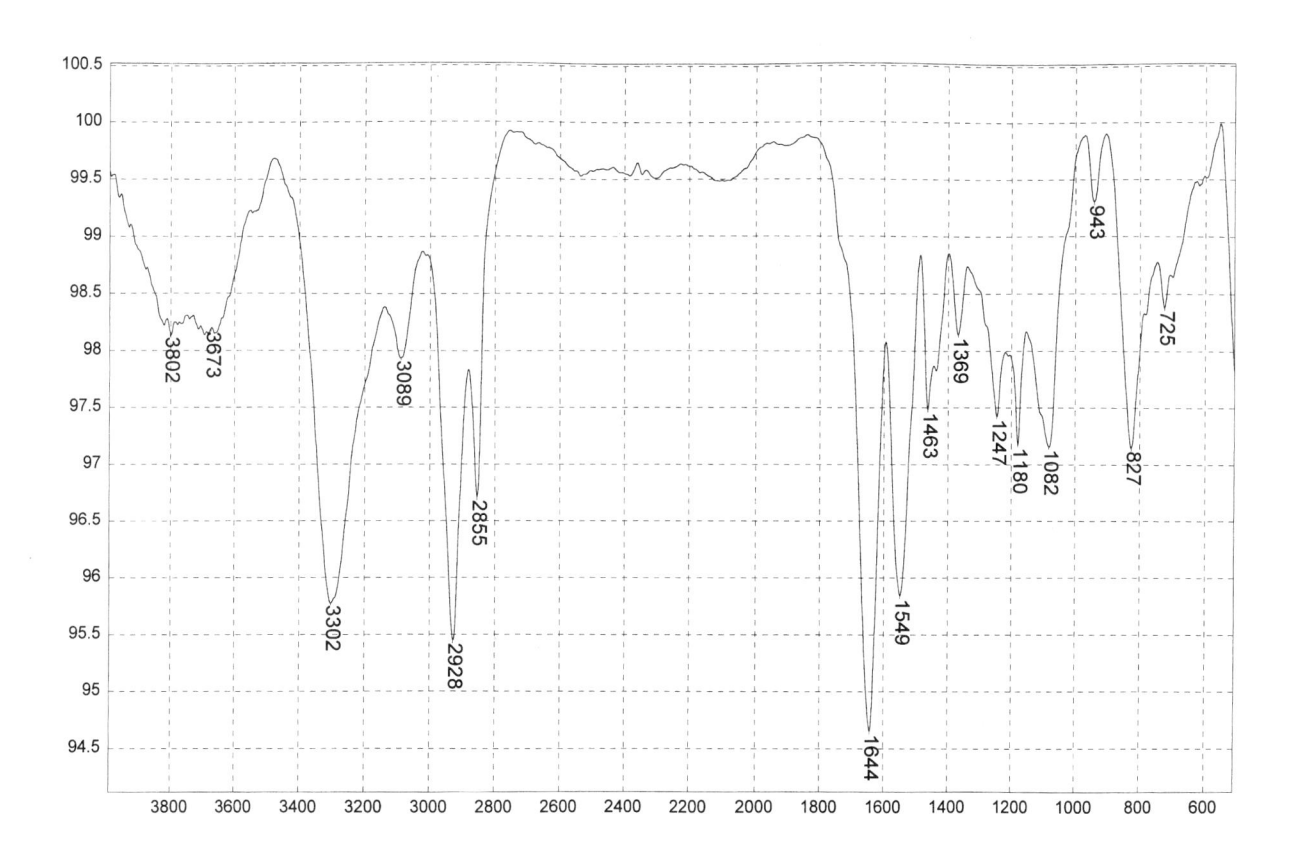

1252 **Nylon 6/9 (polyhexamethylene nonanediamide)**

1253 Nylon 6/10 (polyhexamethylene sebacamide)

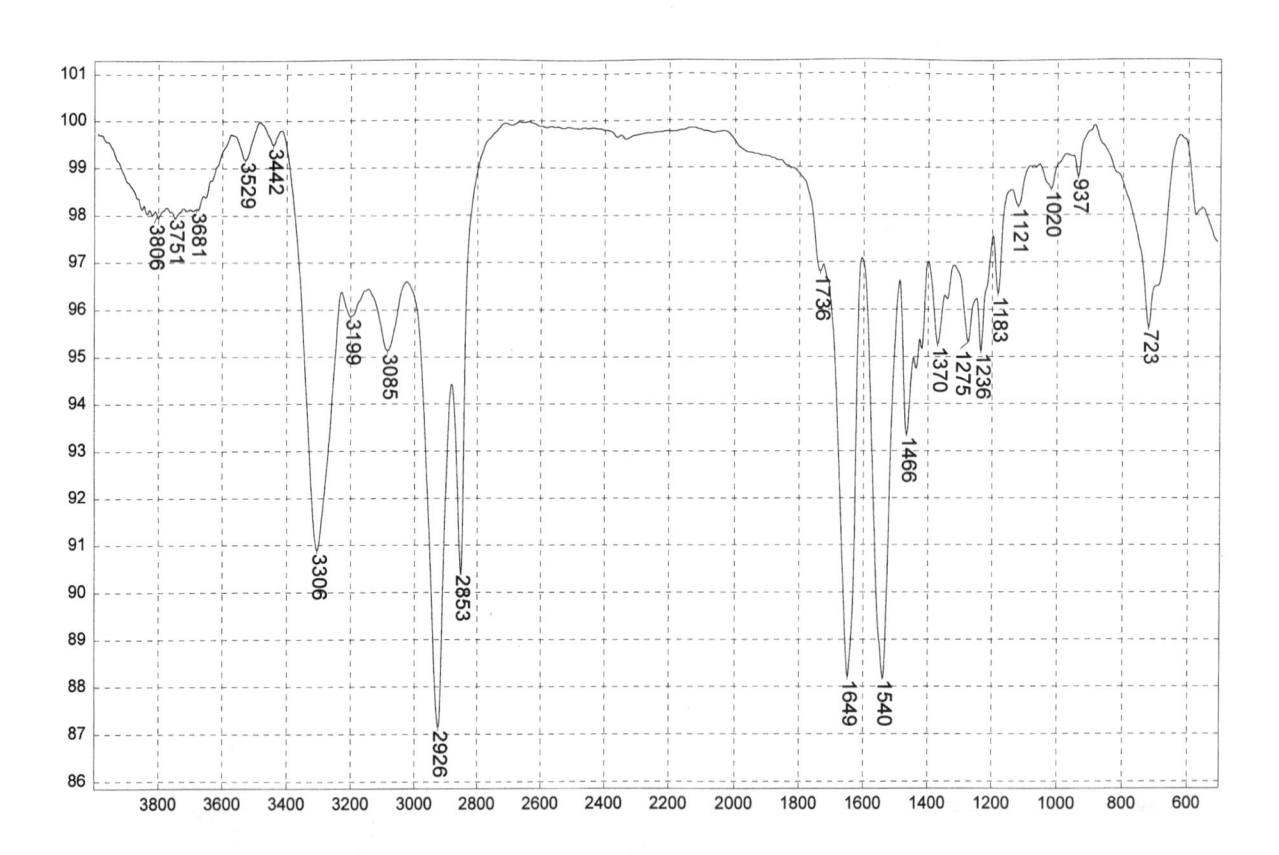

1254 Nylon 6/12 (polyhexamethylene dodecanediamide)

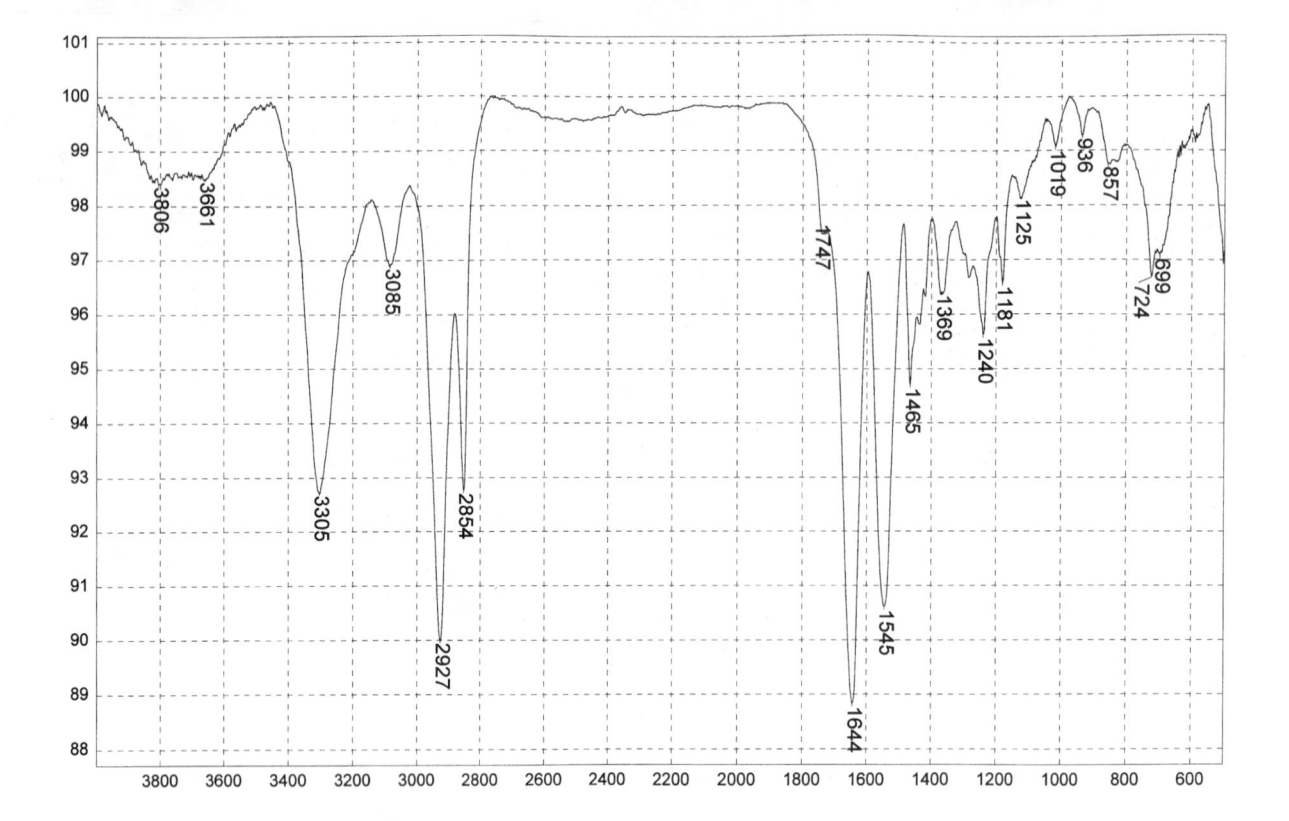

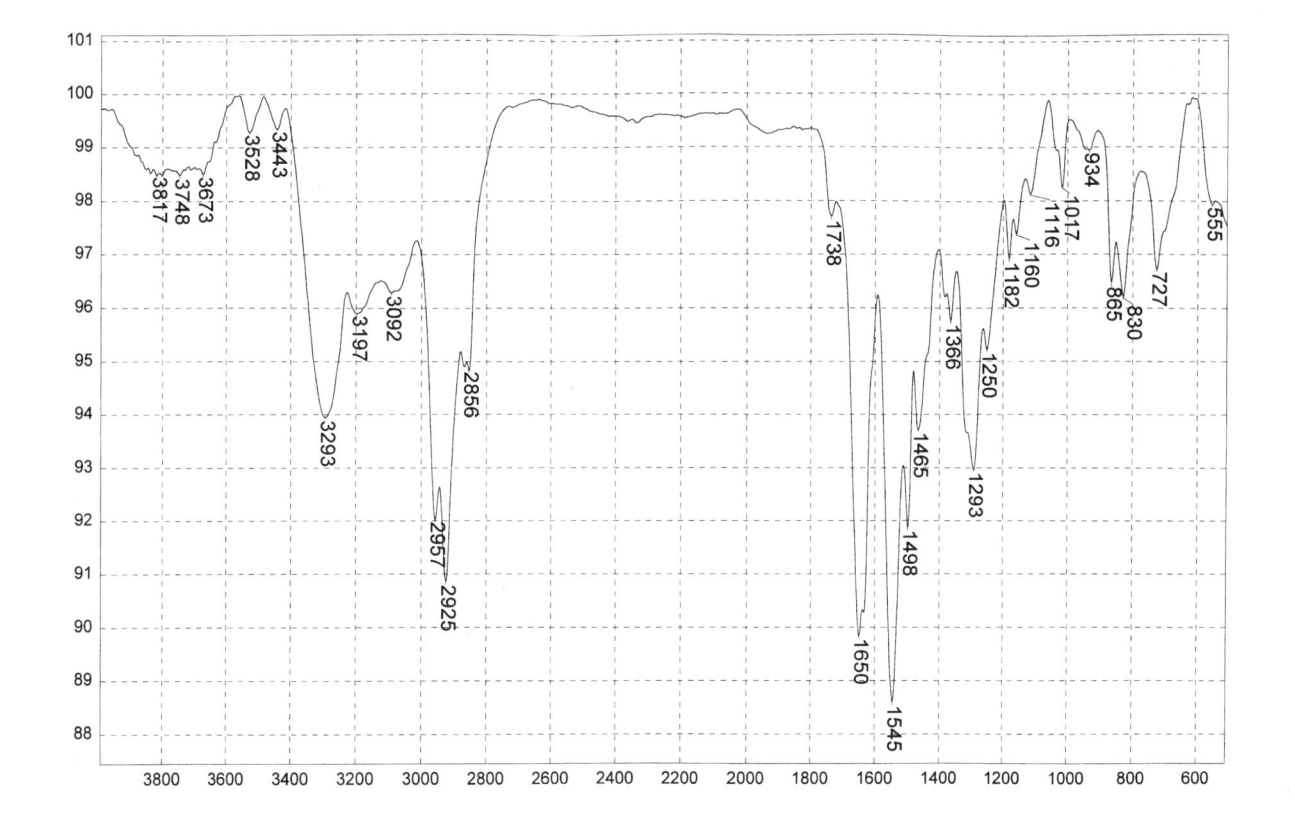

1255 Nylon 6 / T (polytrimethyl hexamethylene terephthalamide)

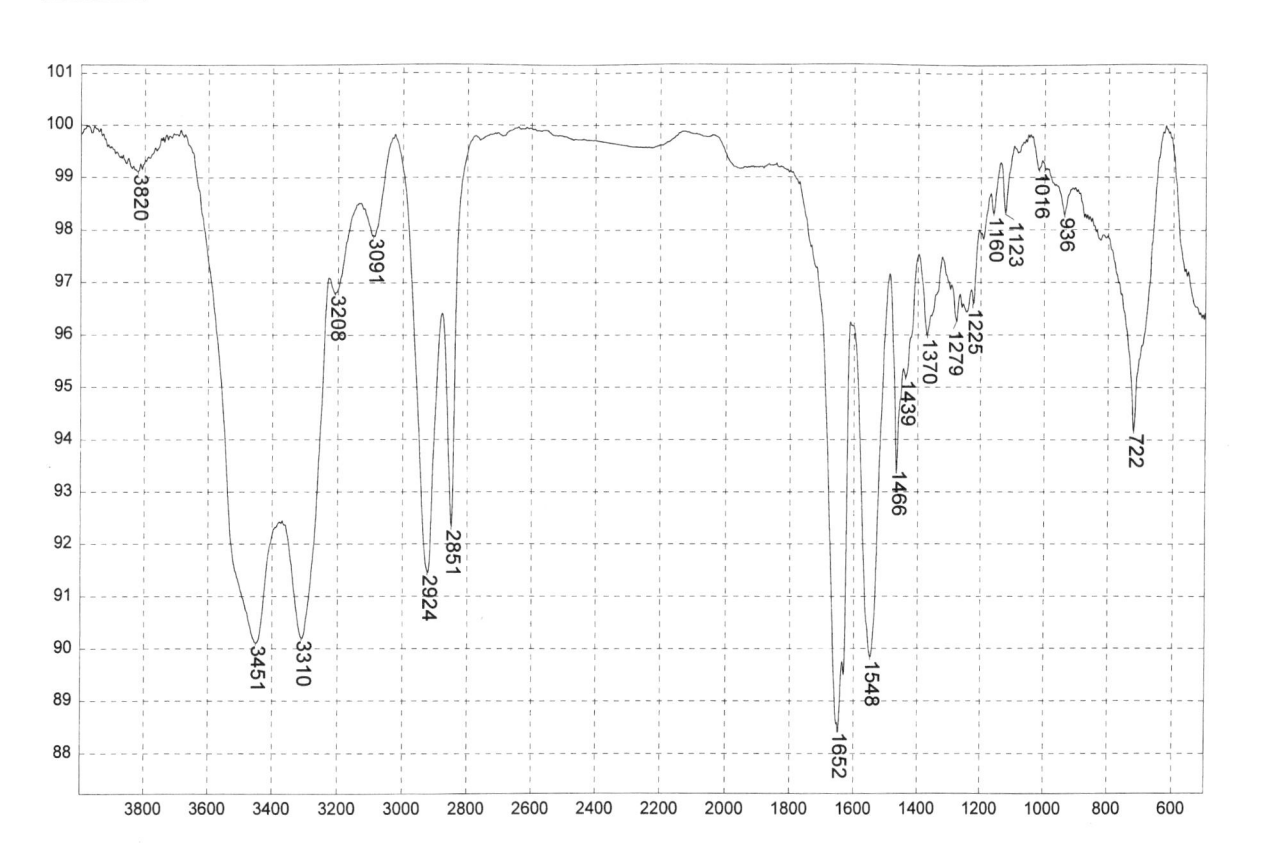

1256 Nylon 11 (polyundecanoamide)

125

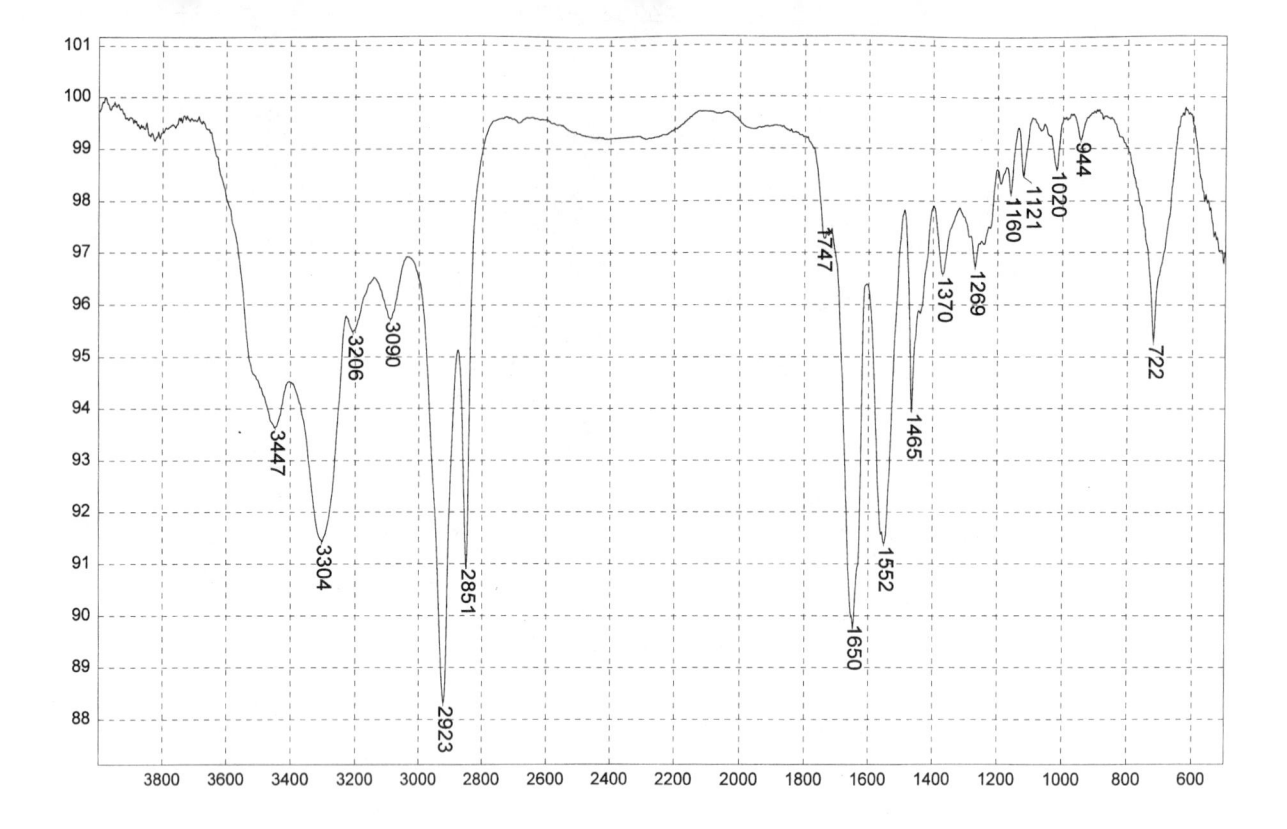

1257   **Nylon 12 (polylaurylactam)**

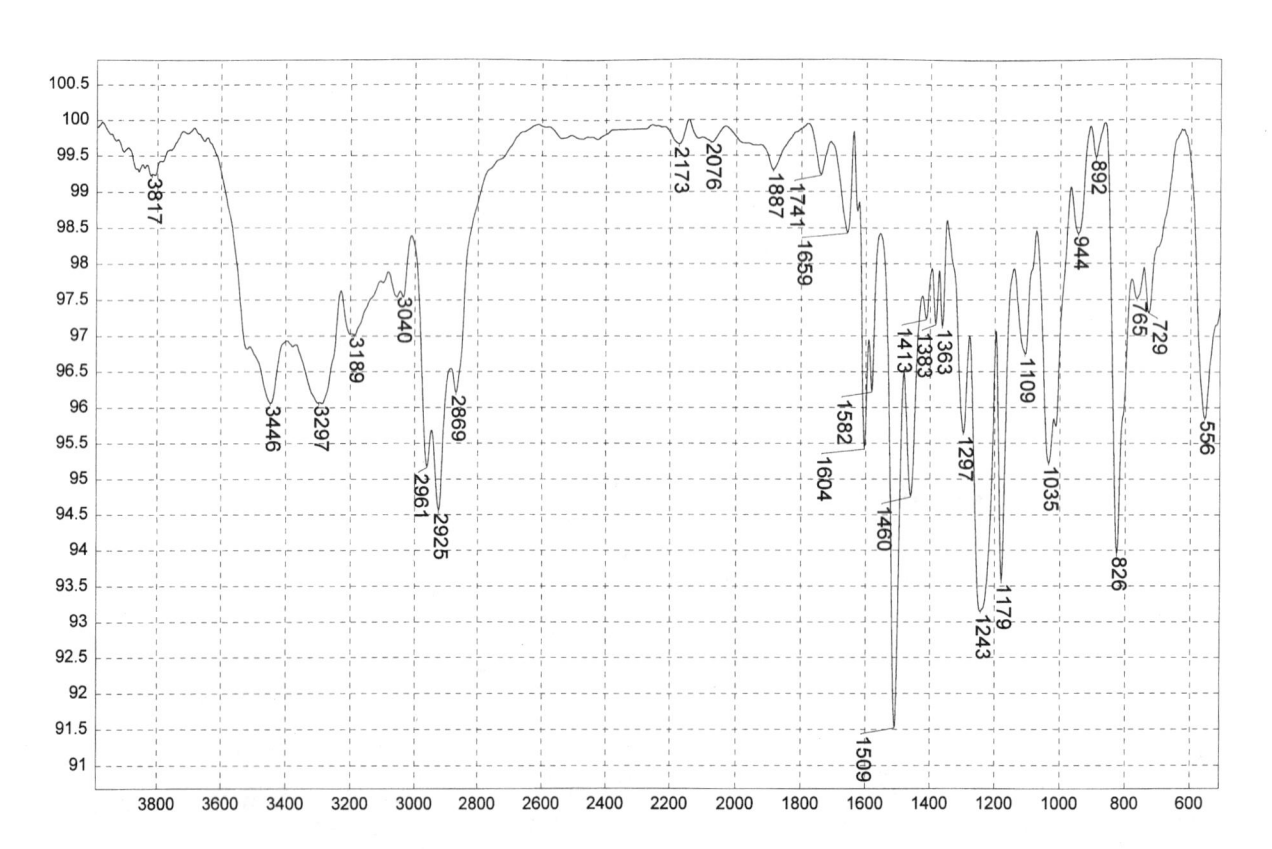

1258   **Phenoxy Resin**

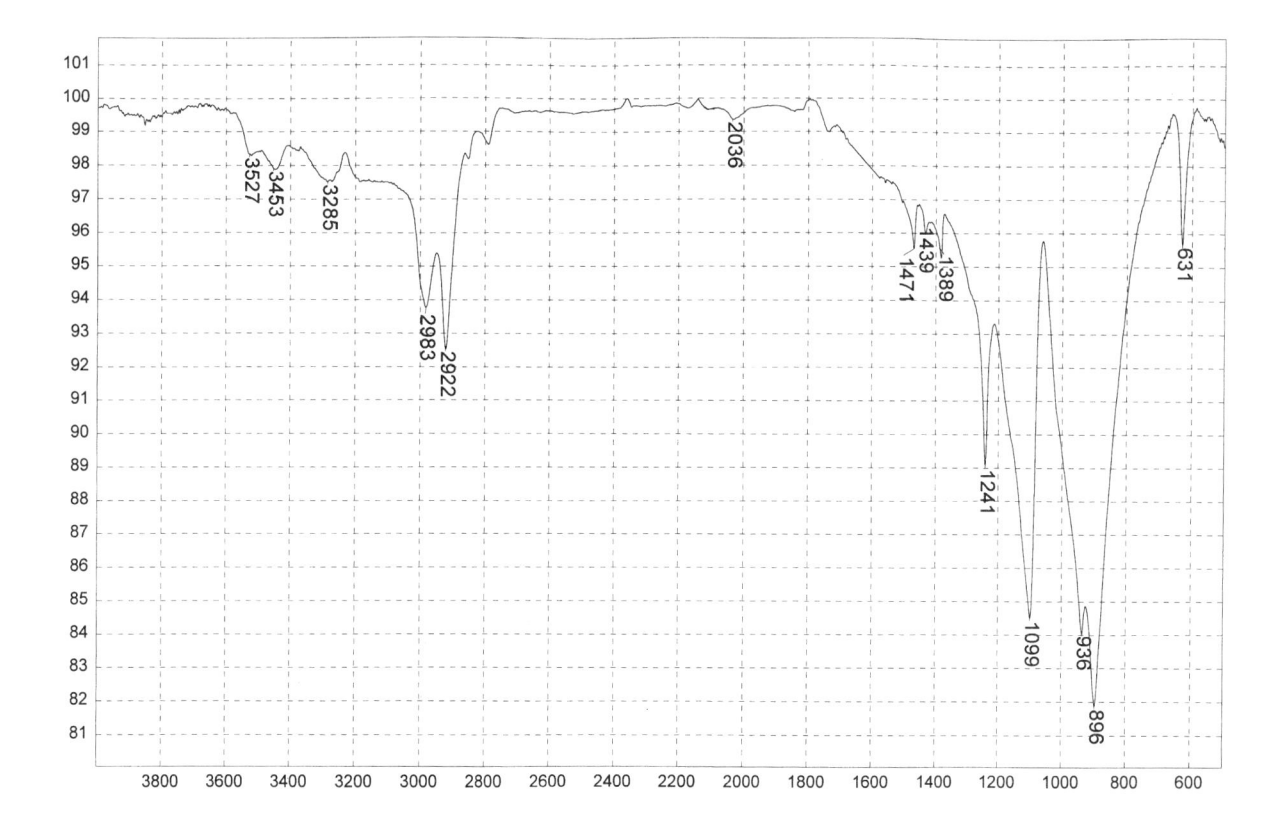

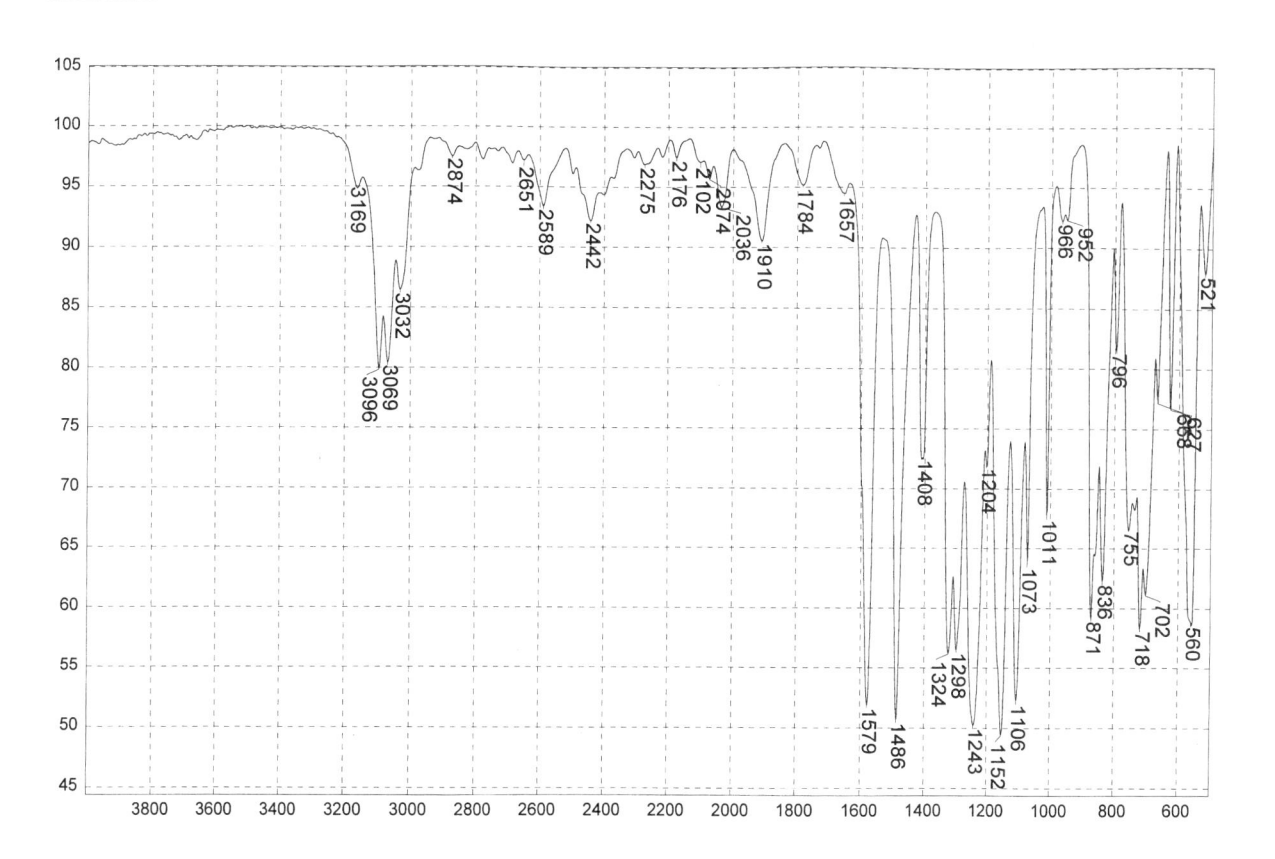

1259 Polyacetal

1260 Polyacrylamide

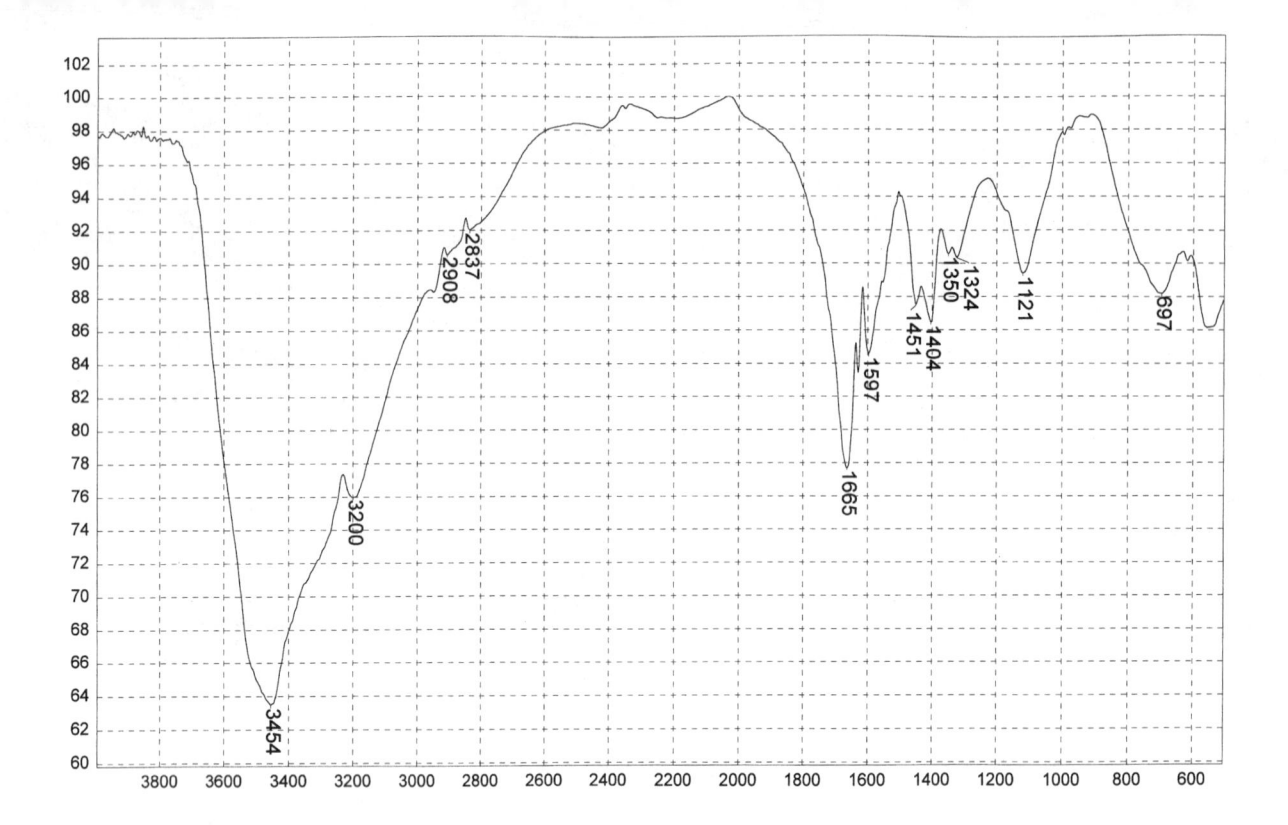

1261   Polyacrylamide, carboxyl modified (low content)

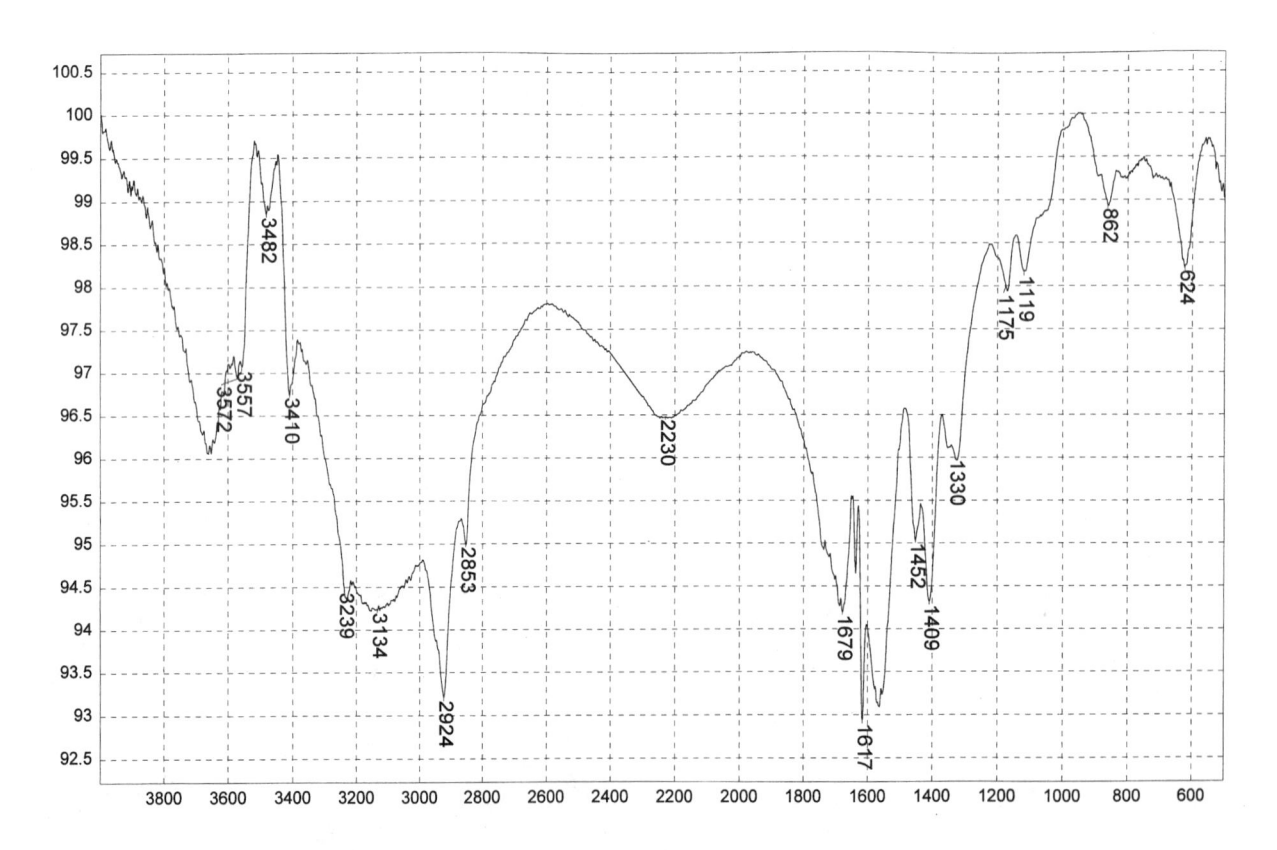

1262   Polyacrylamide, carboxyl modified (high content)

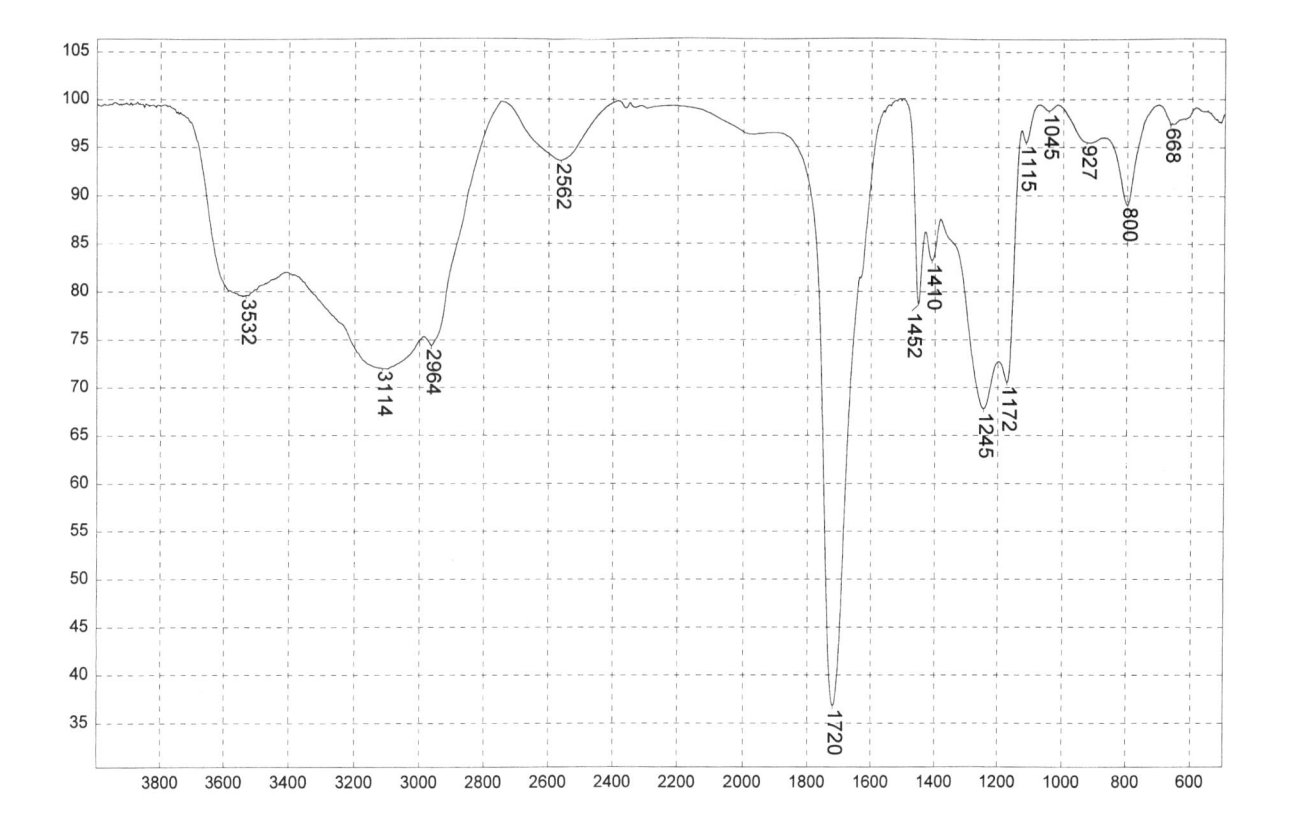

1263 Poly(acrylic acid)

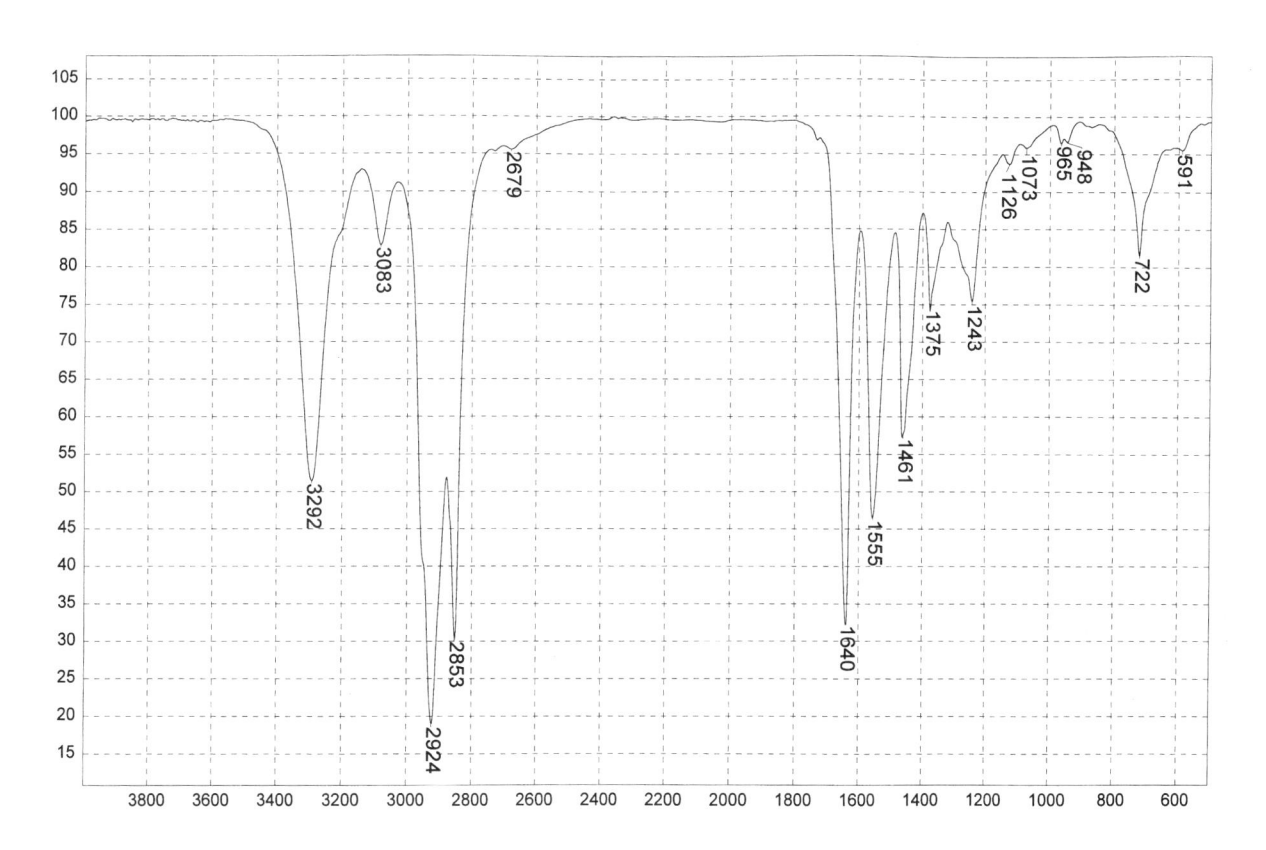

1264 Polyamide resin

1265

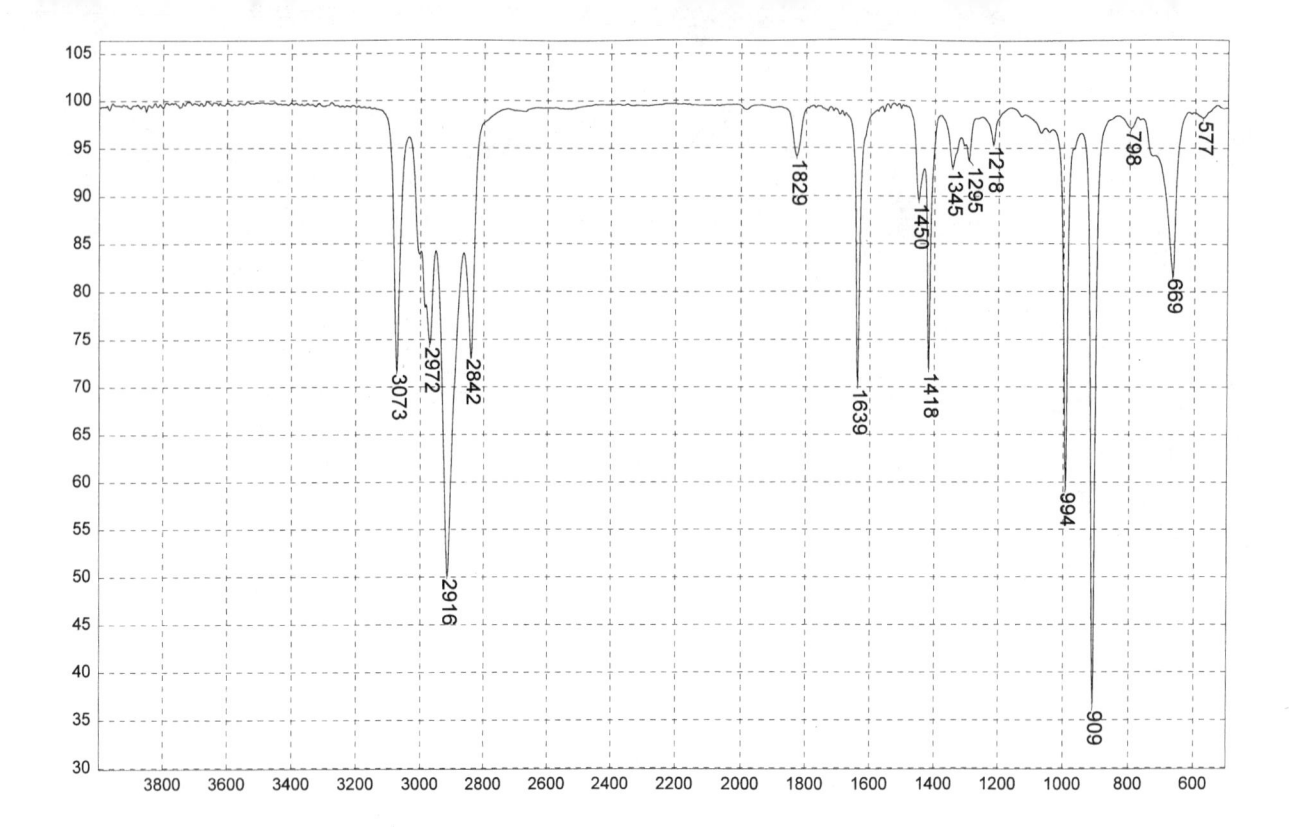

1,2-Polybutadiene

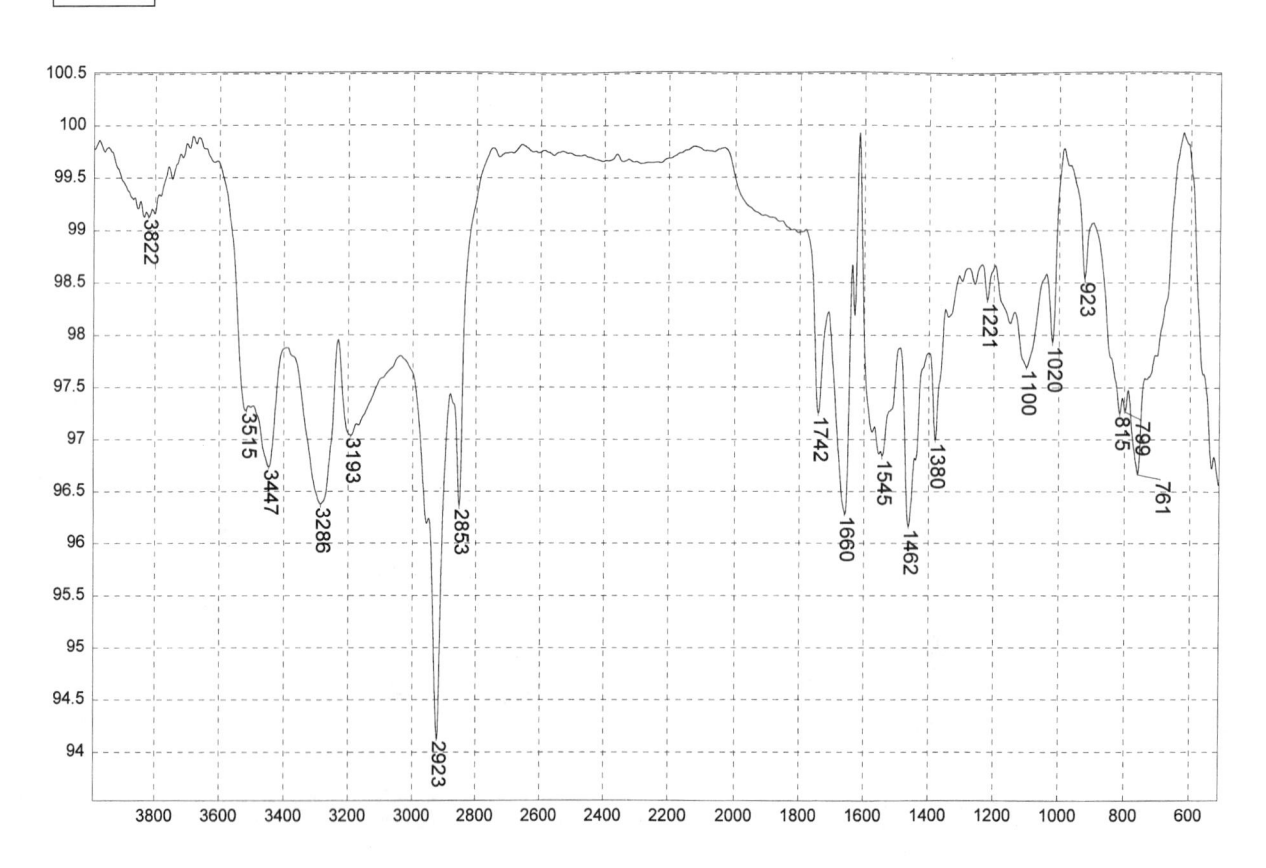

1266

Poly(1-butene), Isotactic

Poly(n-butyl methacrylate)

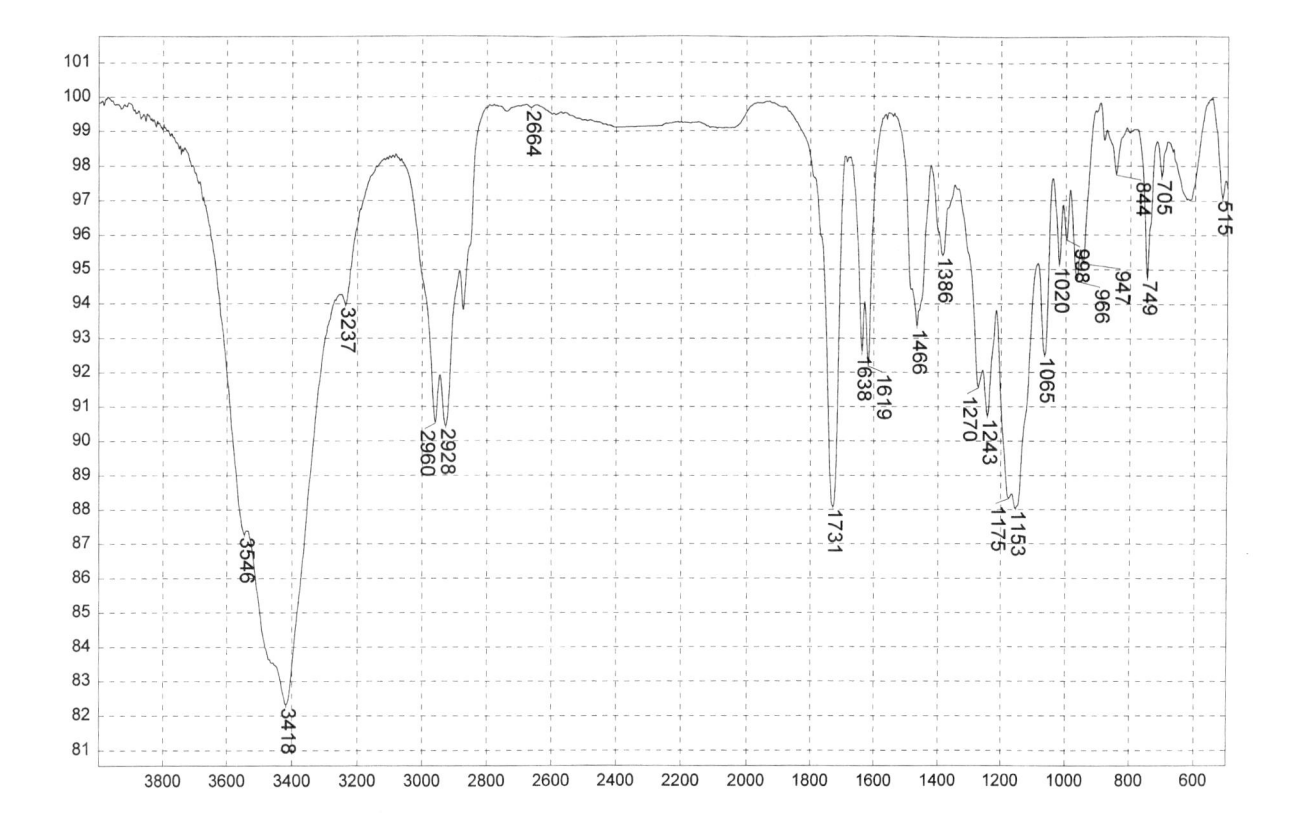

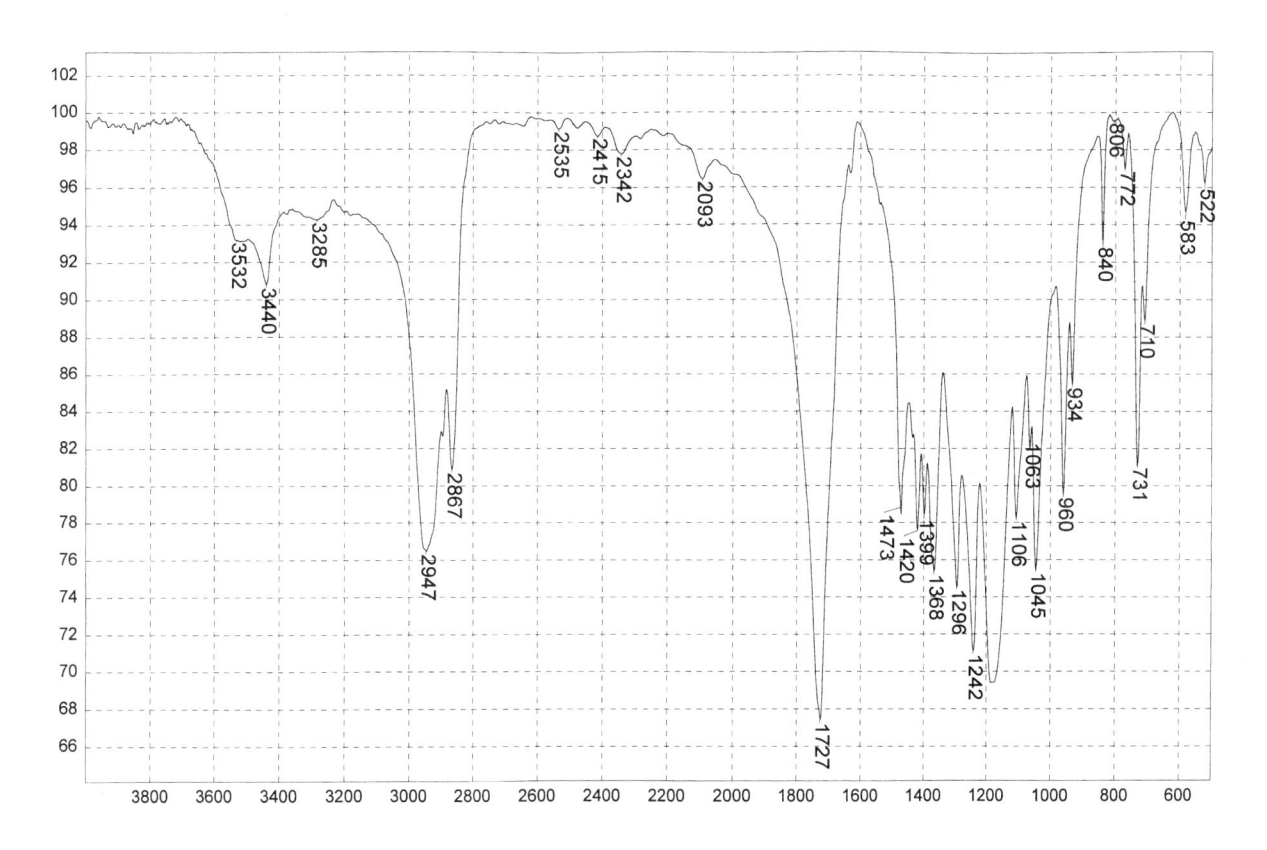

1267

Polycaprolactone

1268

131

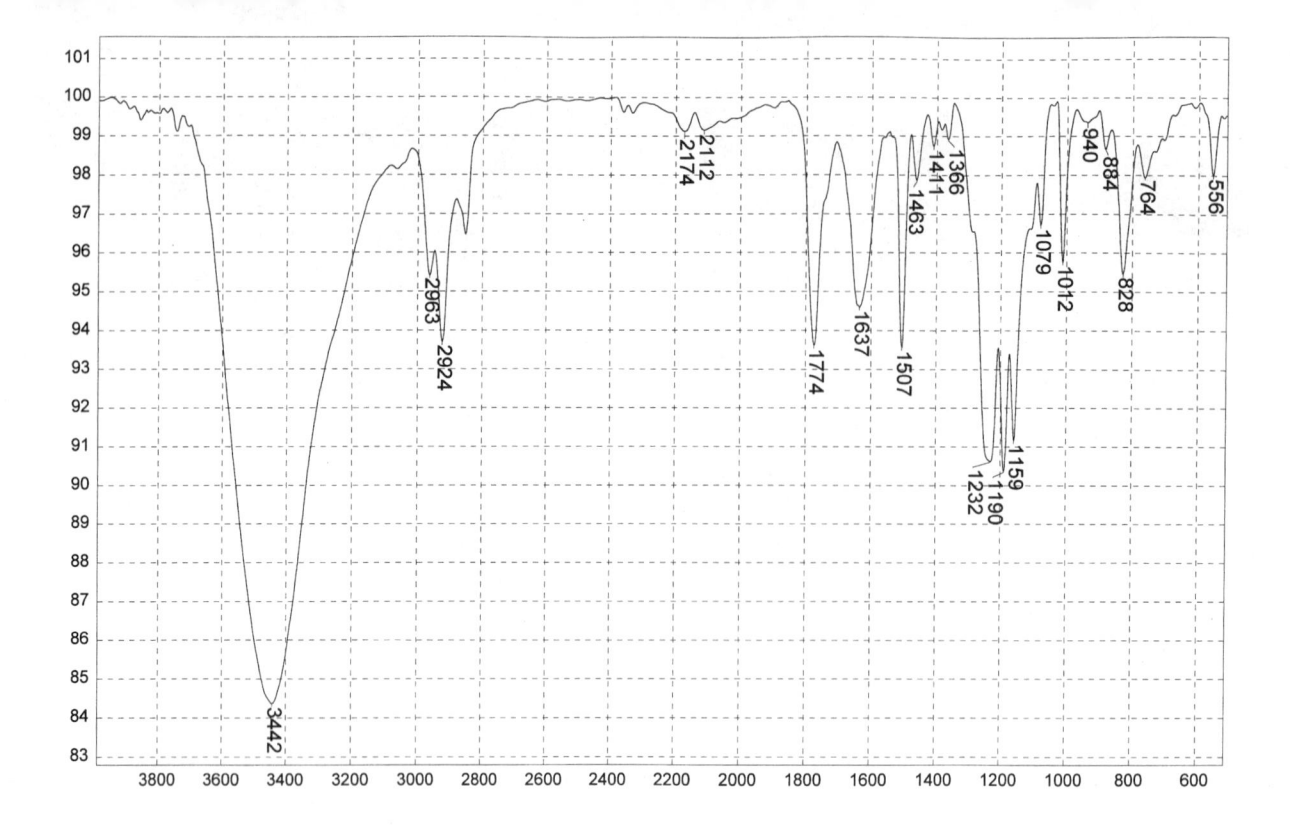

1269 Polycarbonate resin

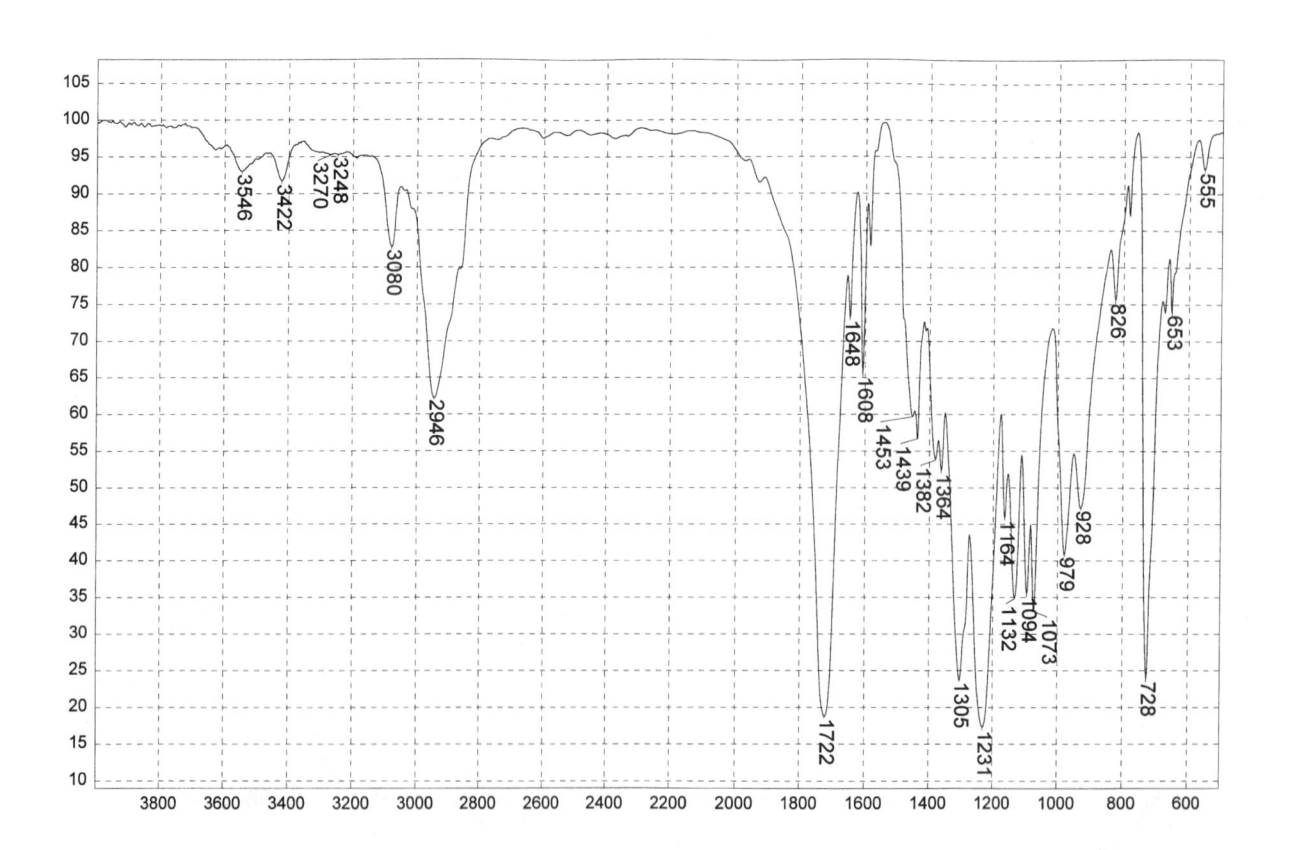

1270 Poly(diallyl isophthalate)

Poly(diallyl phthalate)

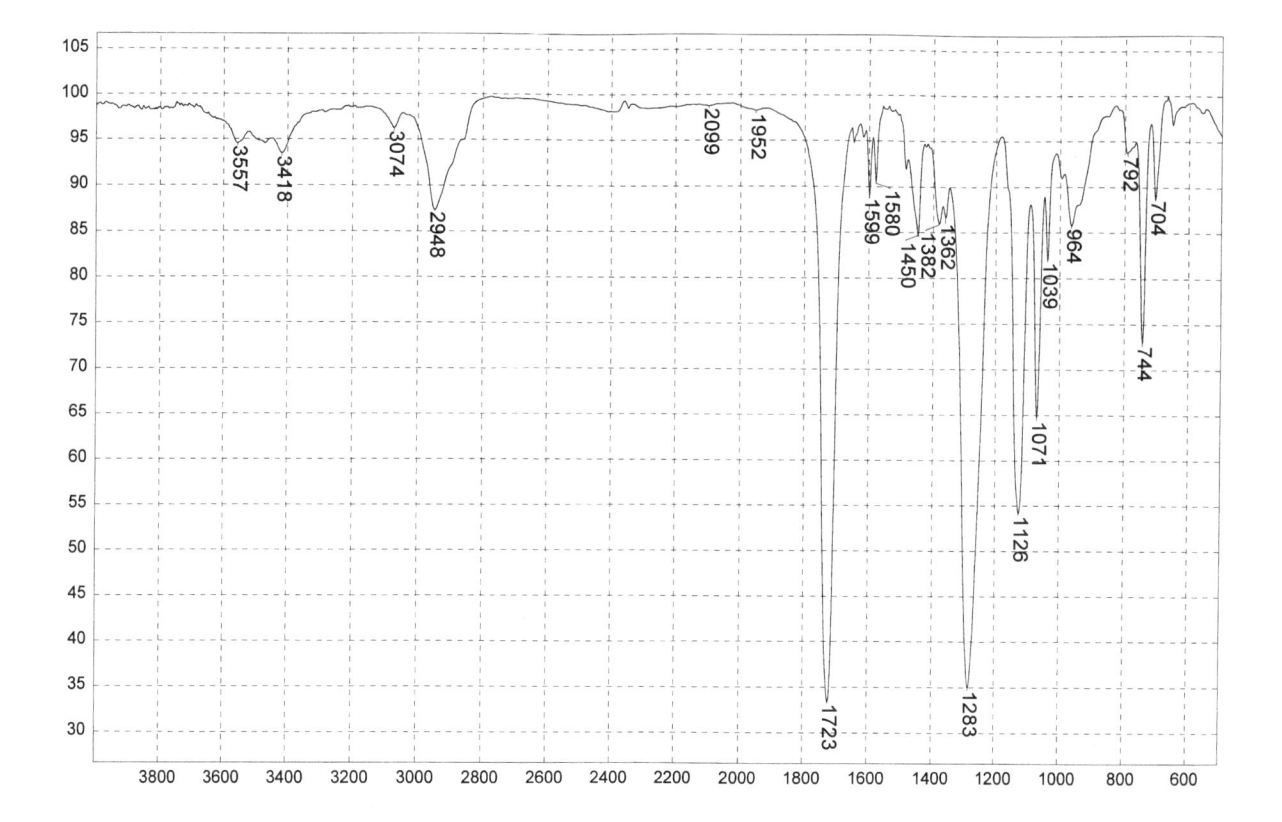

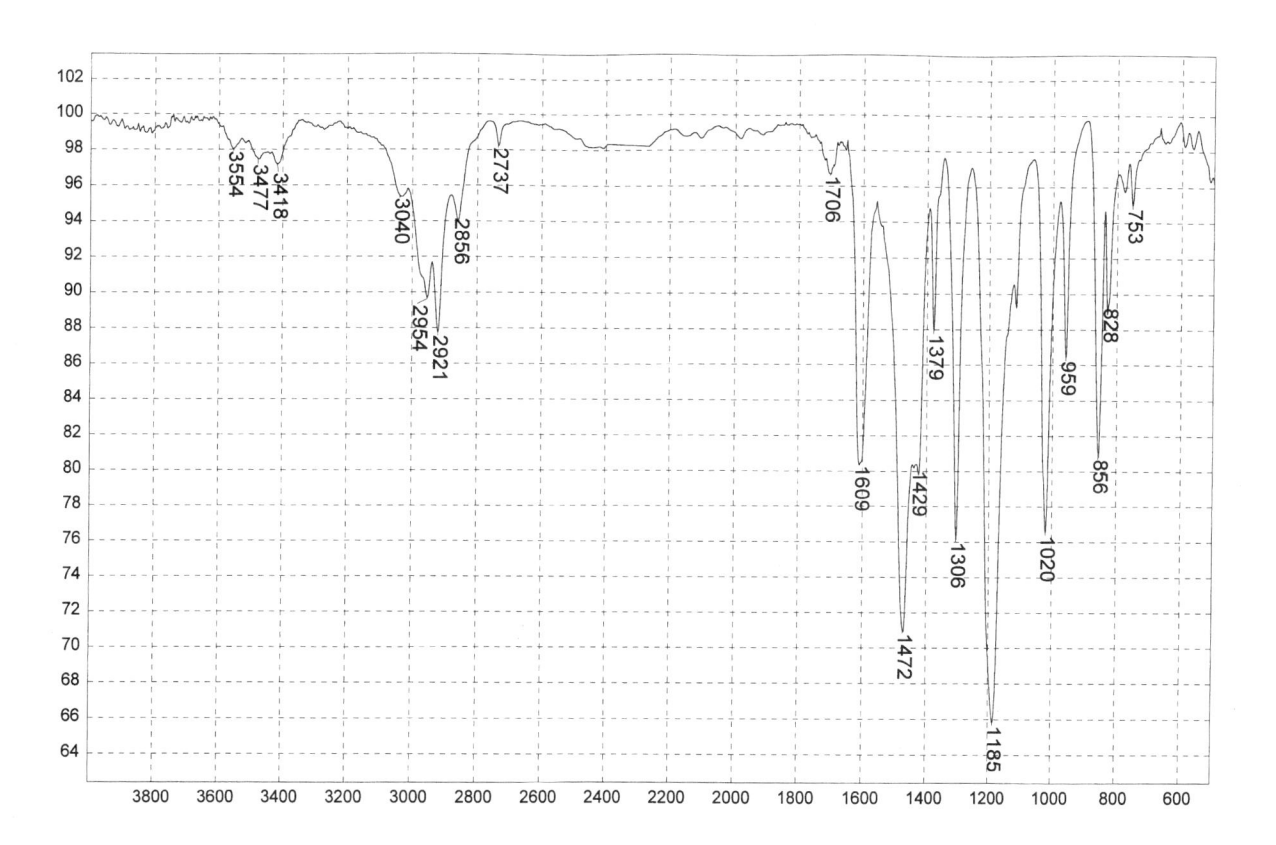

Poly(2,6-dimethyl-p-phenylene oxide)

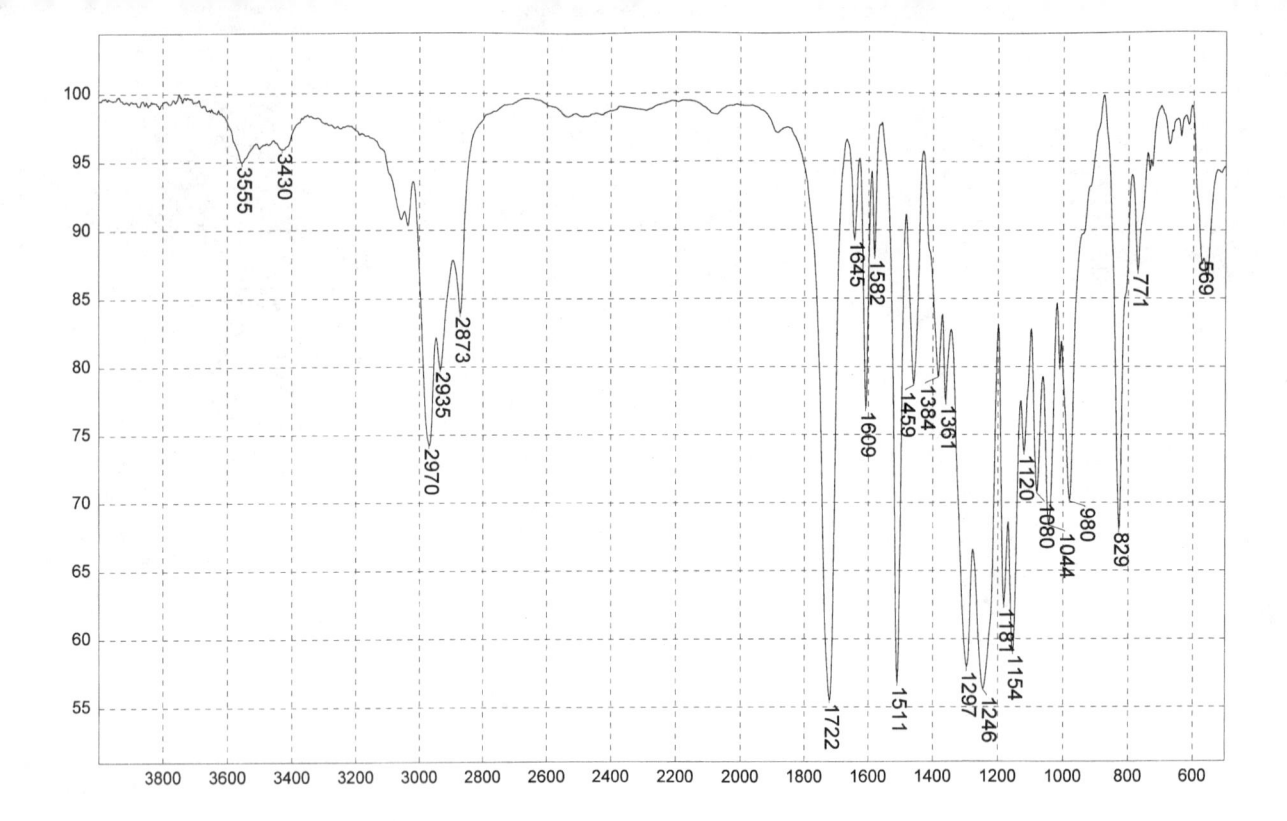

1273 Poly(4,4-dipropoxy-2,2-diphenyl propane fumarate)

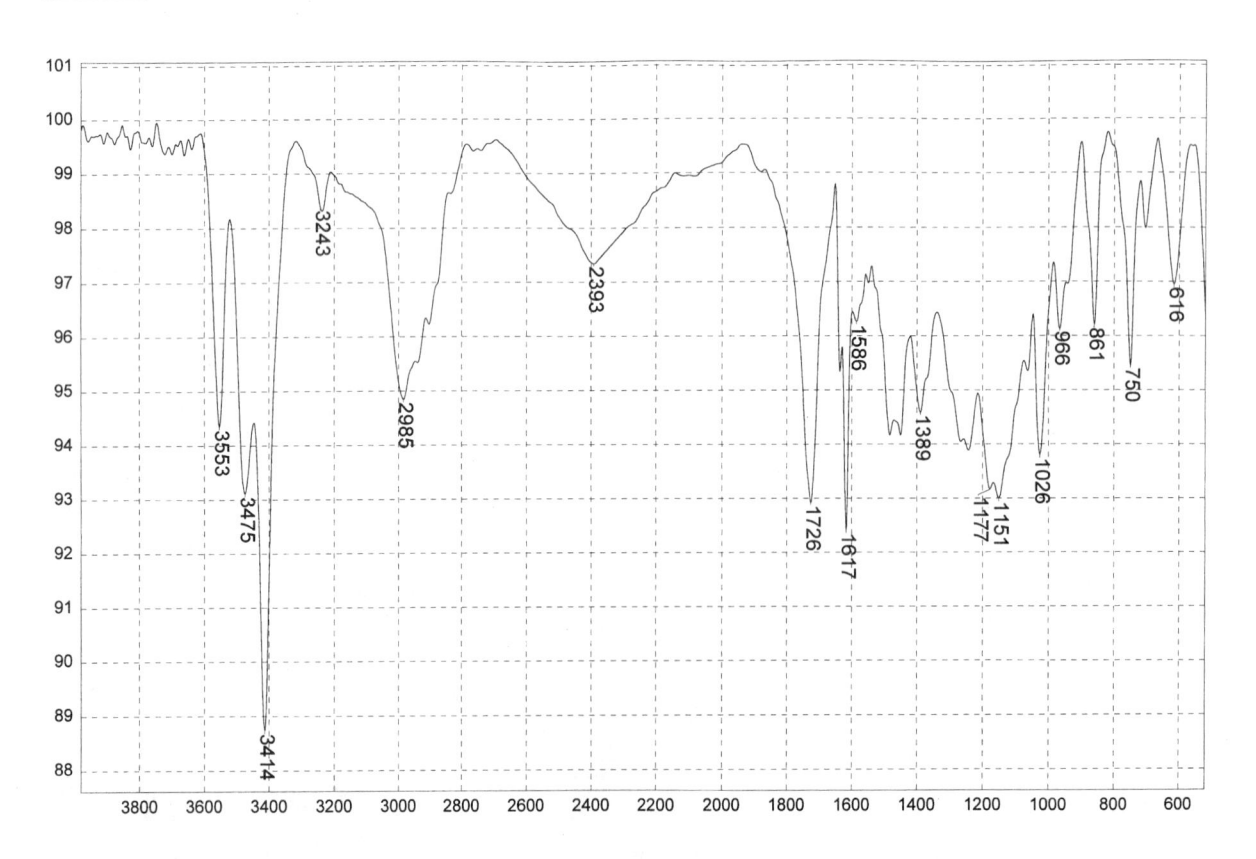

1274 Poly(ethyl methacrylate)

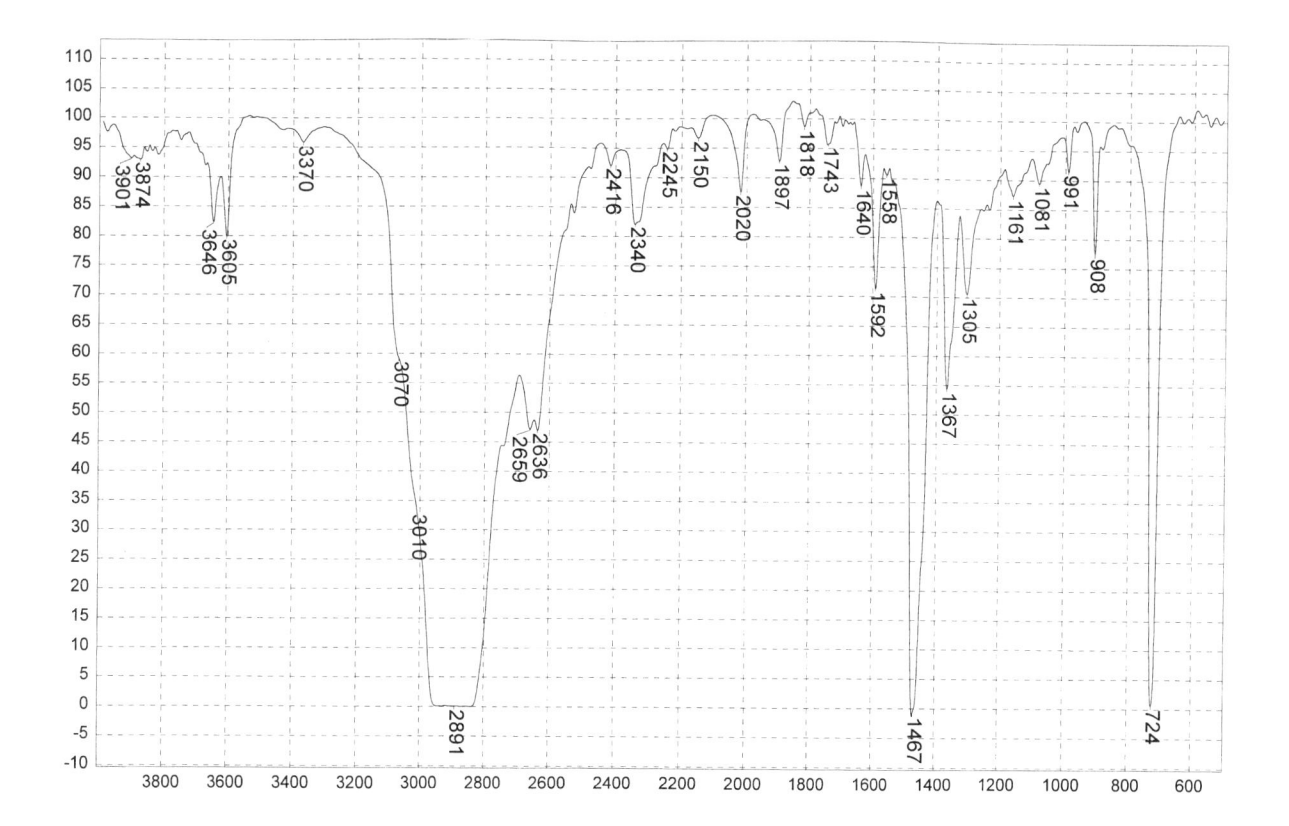

1275

Polyethylene, high density

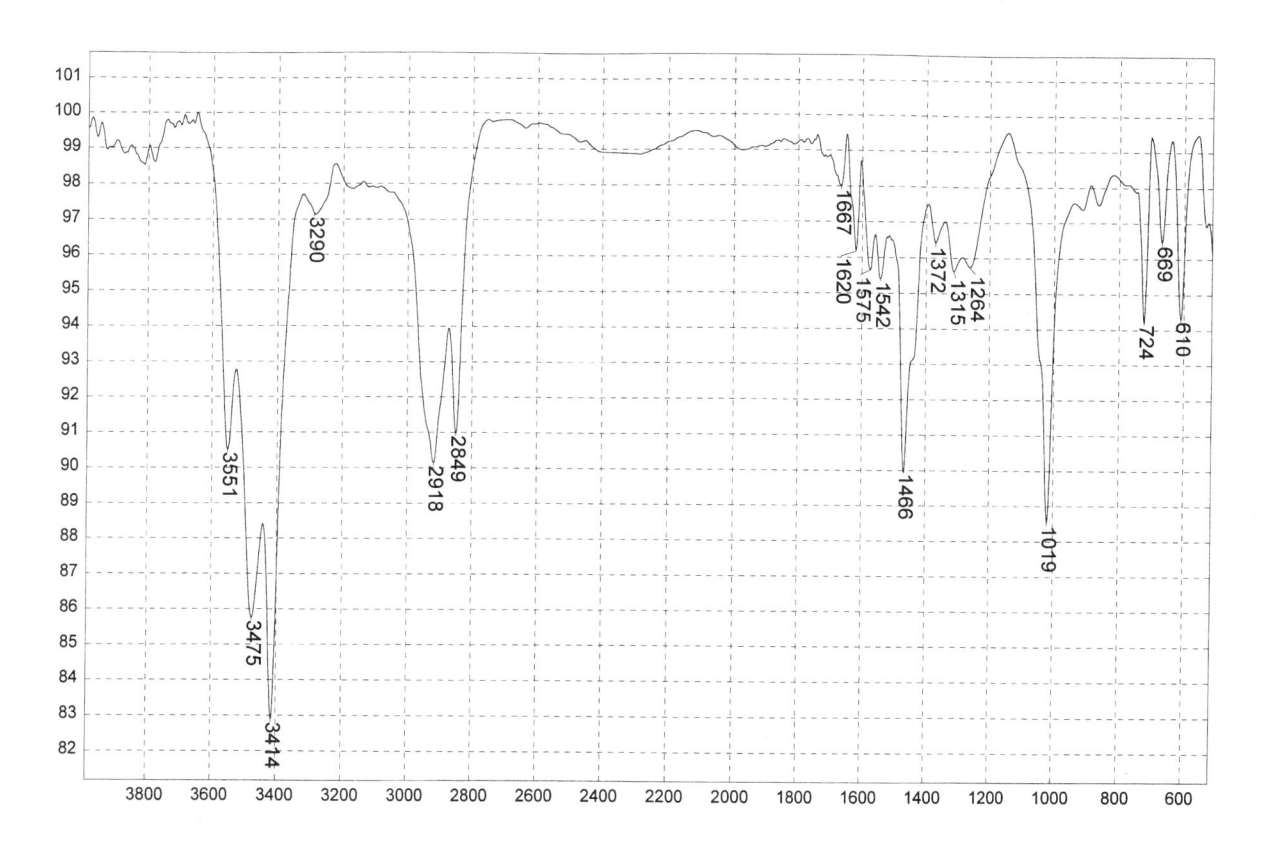

1276

Polyethylene, chlorinated (25%Cl)

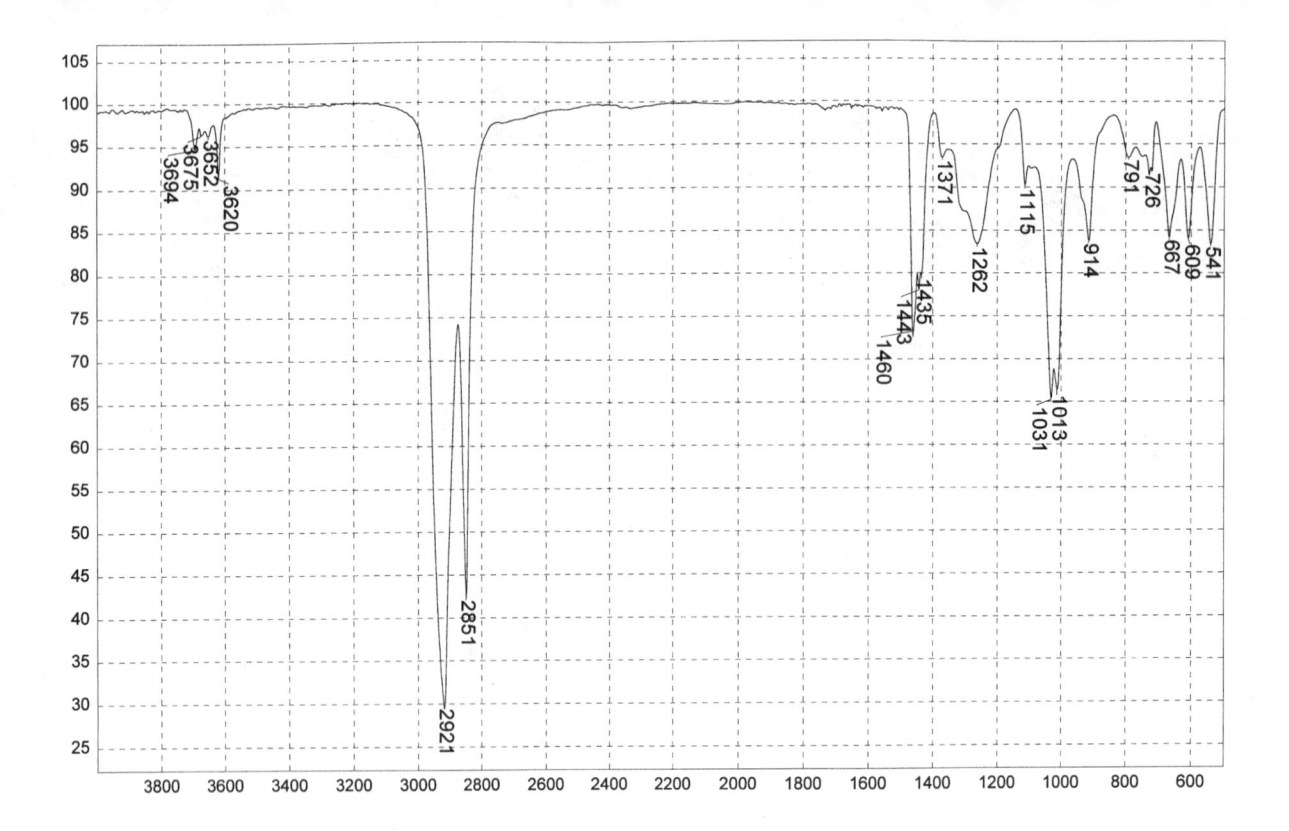

Polyethylene, chlorinated (36% Cl)

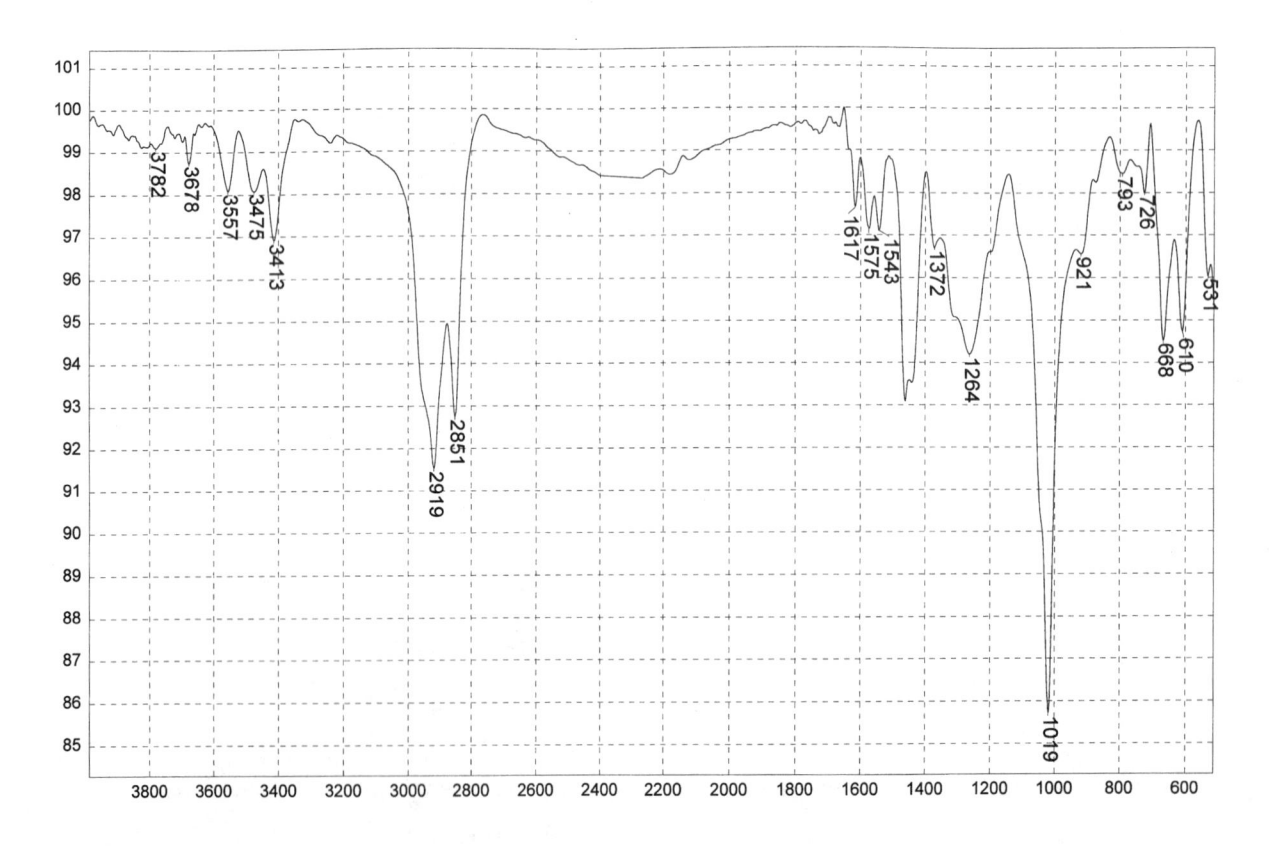

Polyethylene, chlorinated (42%Cl)

Polyethylene, chlorinated (48% Cl)

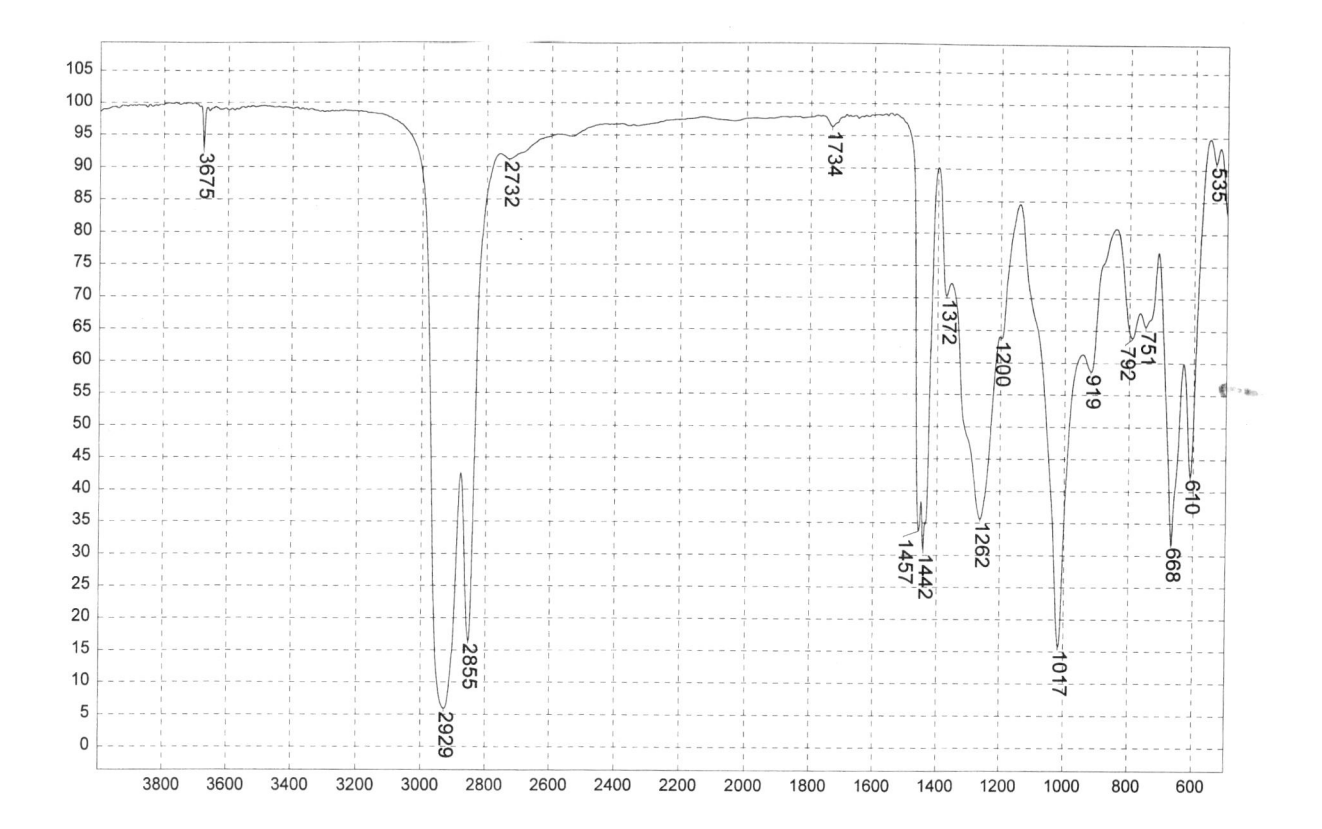

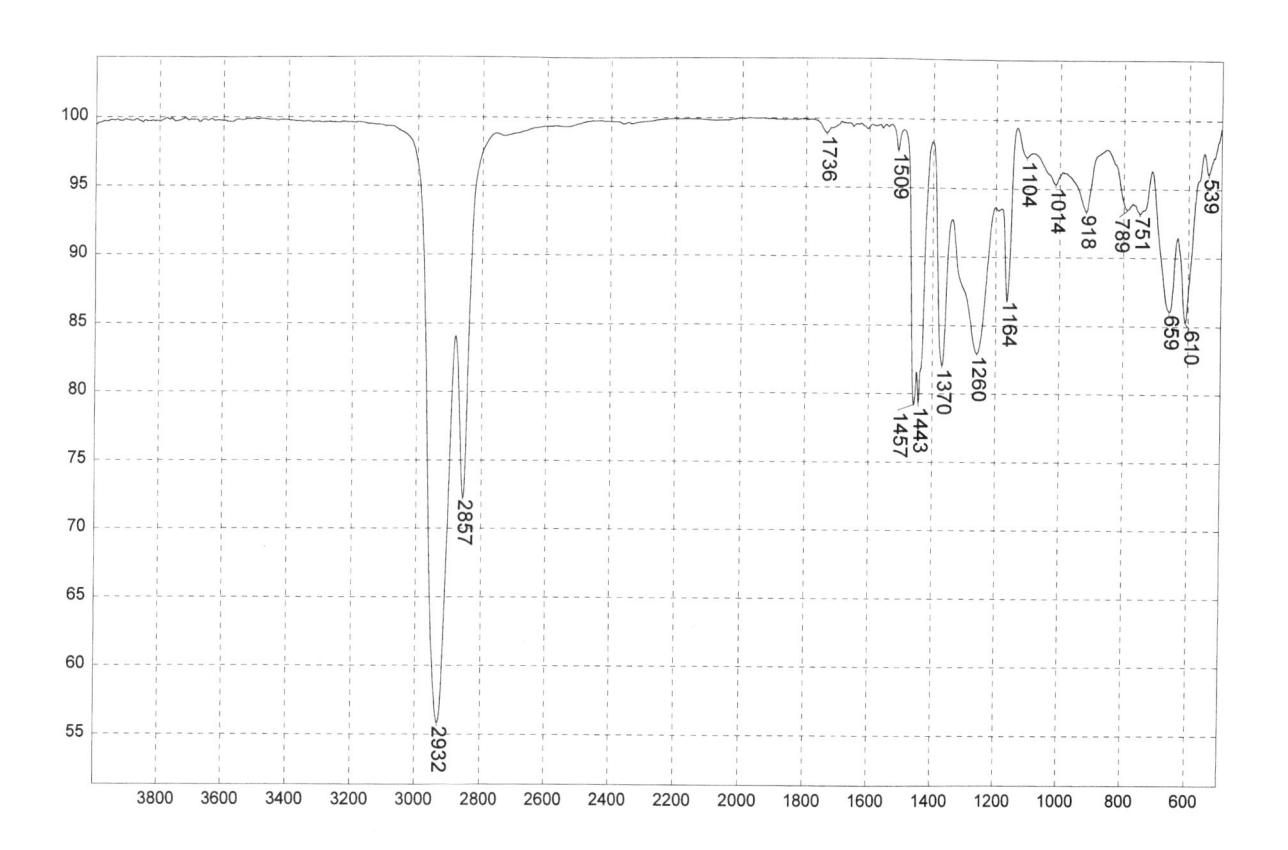

Polyethylene, chlorosulfonated

Poly(ethylene oxide)

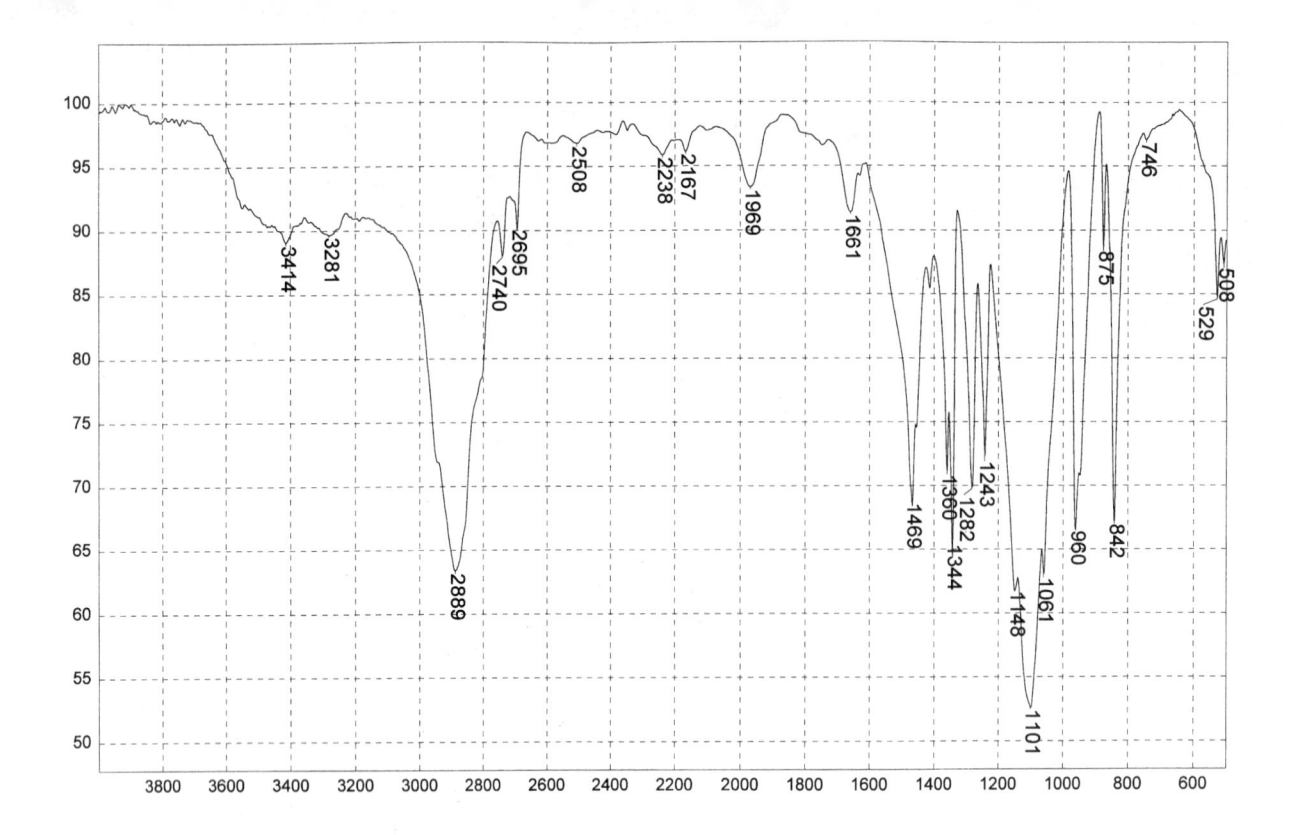

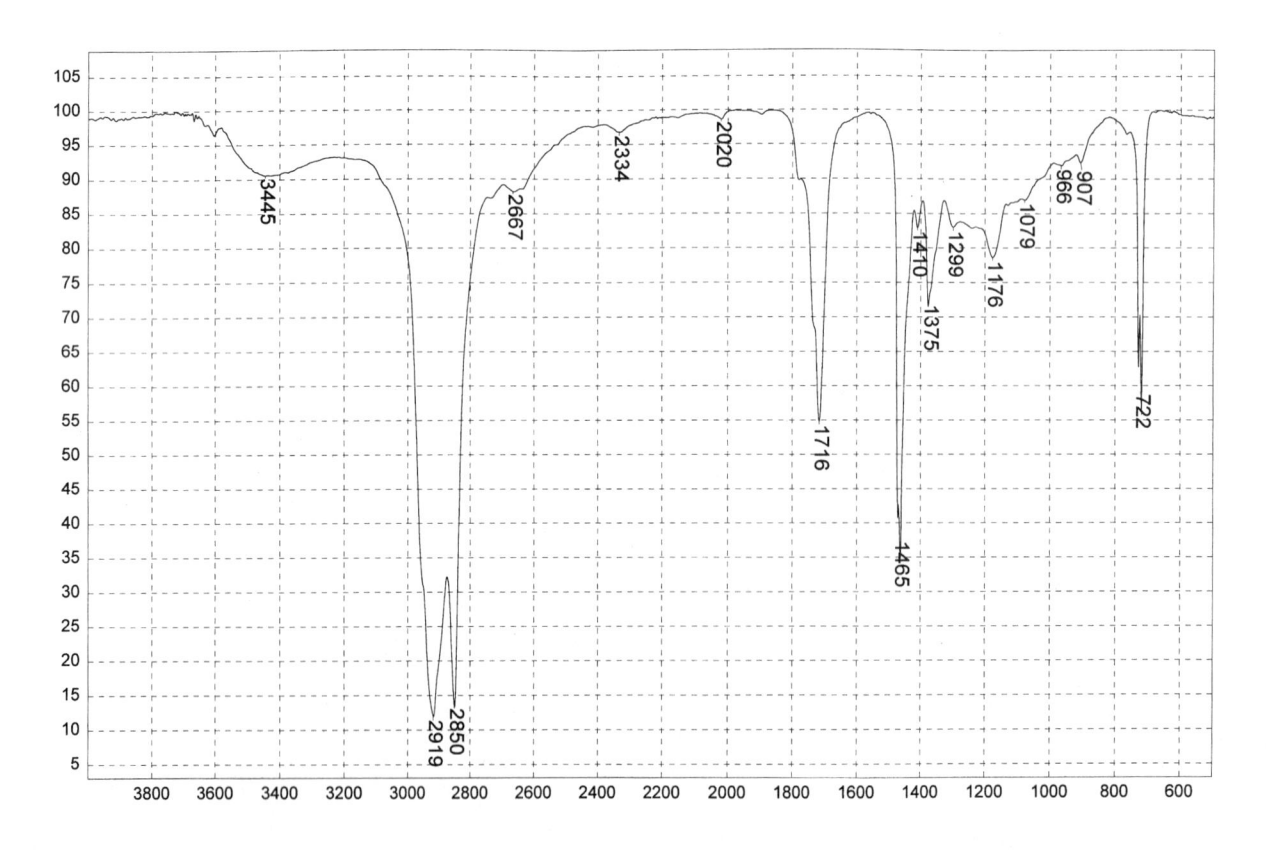

1281

Polyethylene, oxidized

1282

138

Poly(ethylene terephthalate)

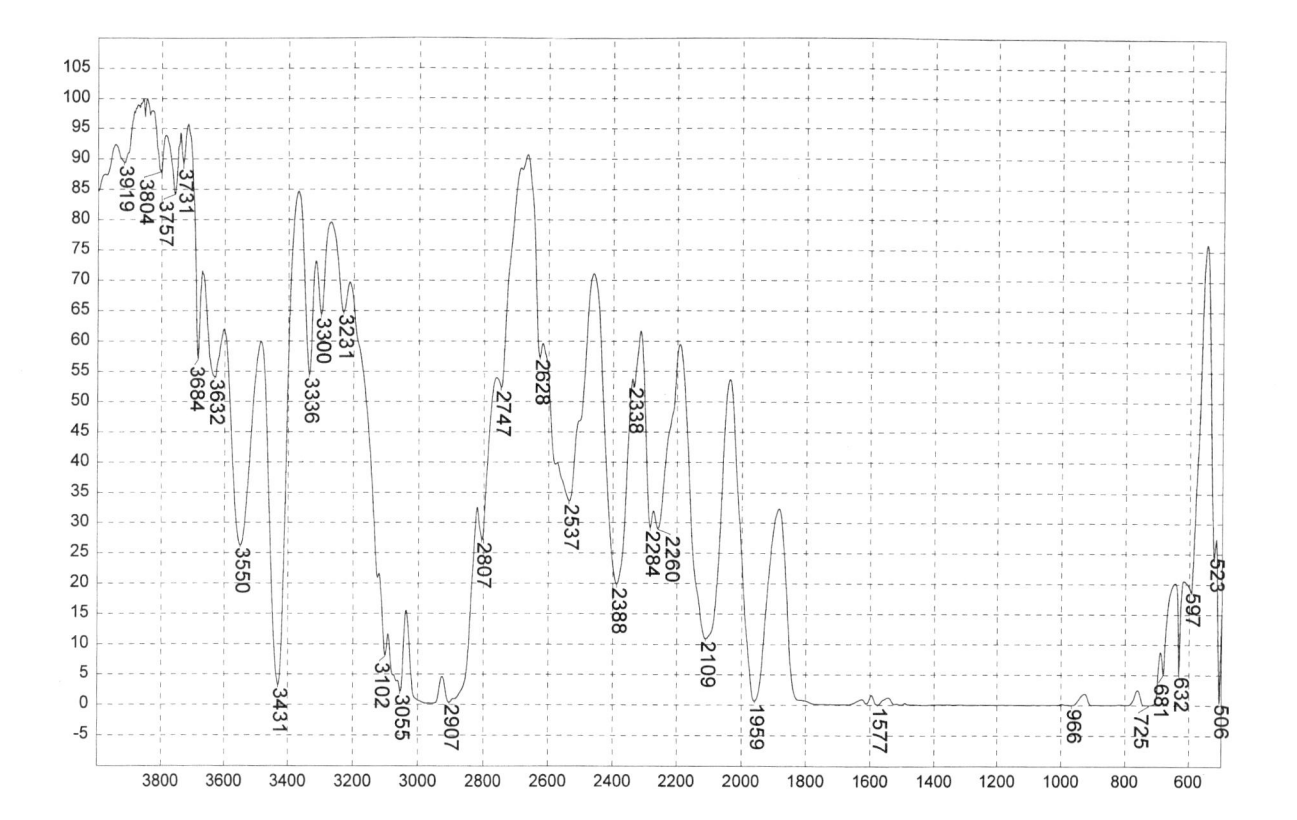

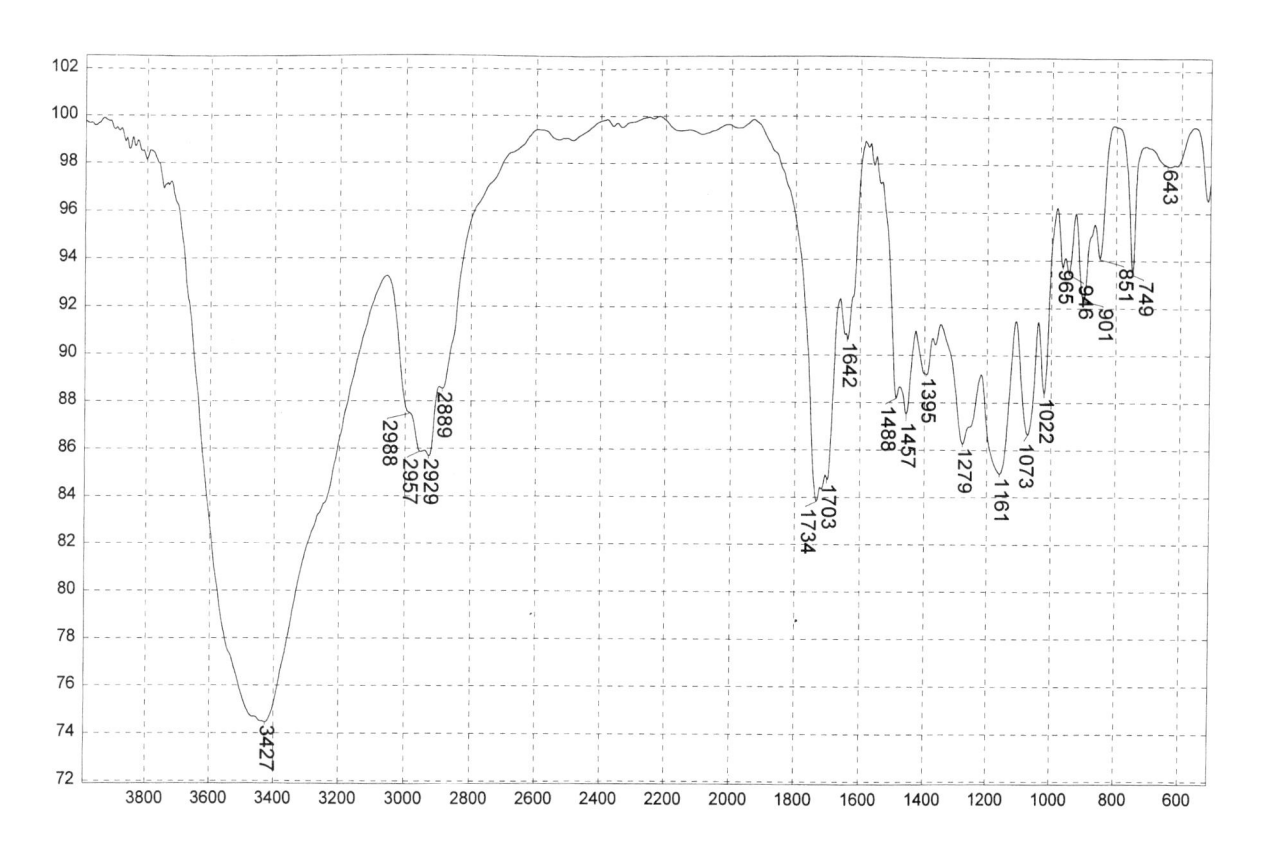

Poly(2-hydroxyethyl methacrylate)

Poly(isobutyl methacrylate)

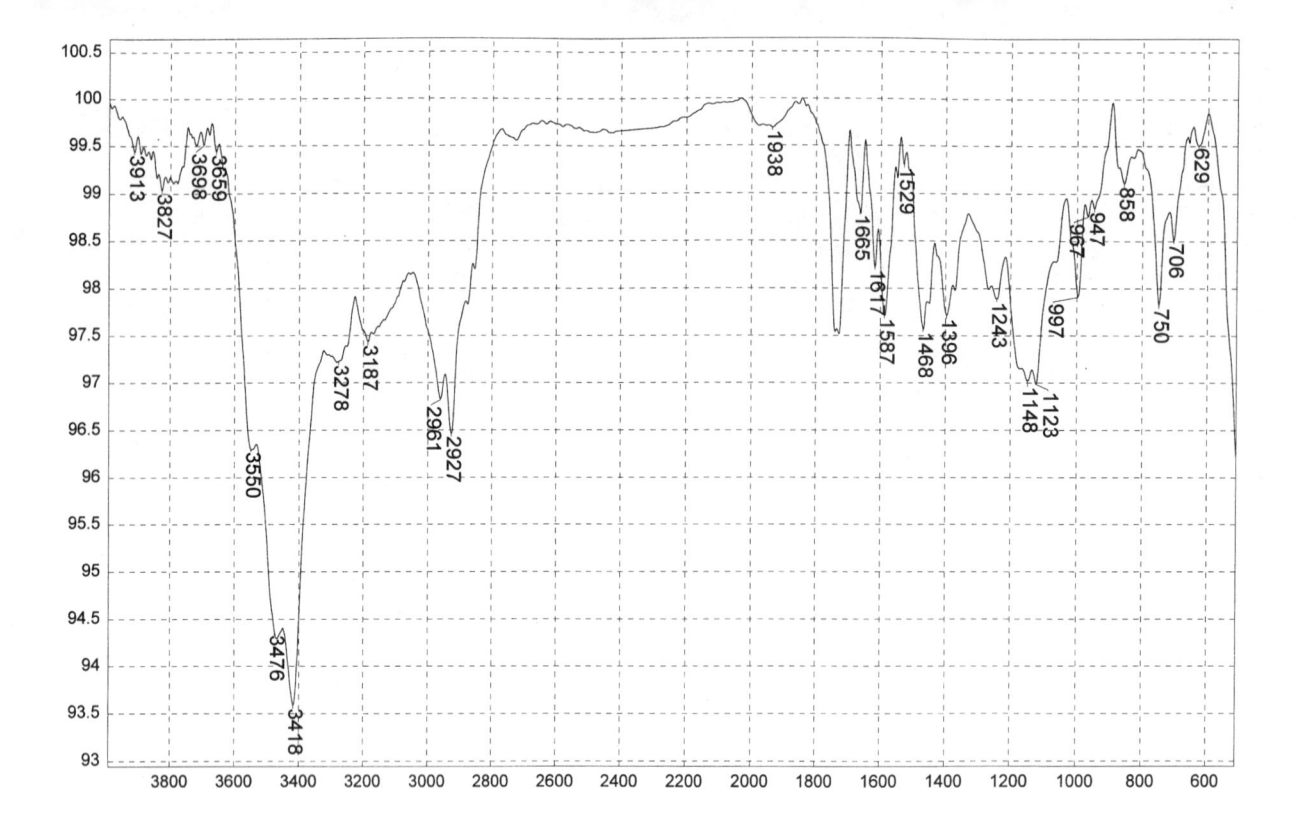

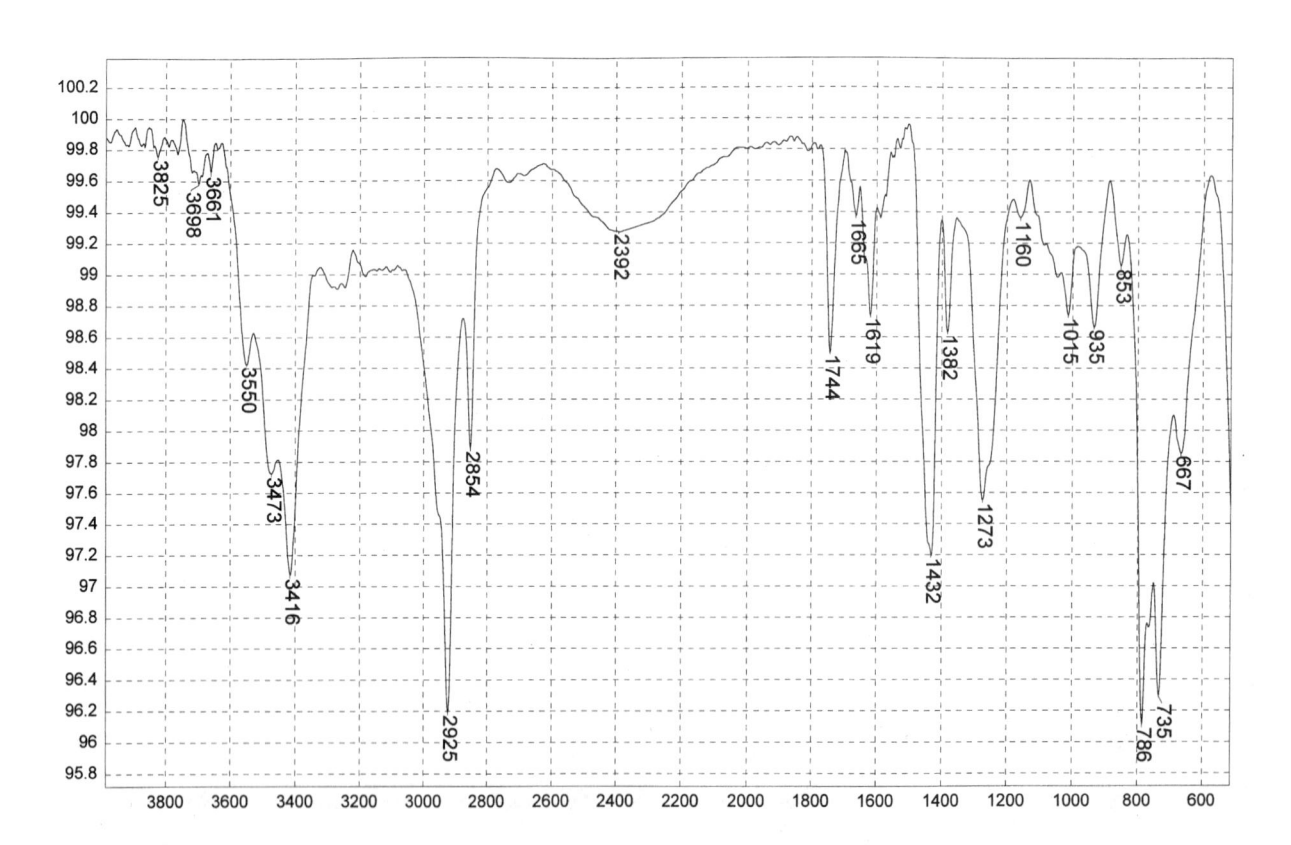

1285

Polyisoprene, chlorinated

1286

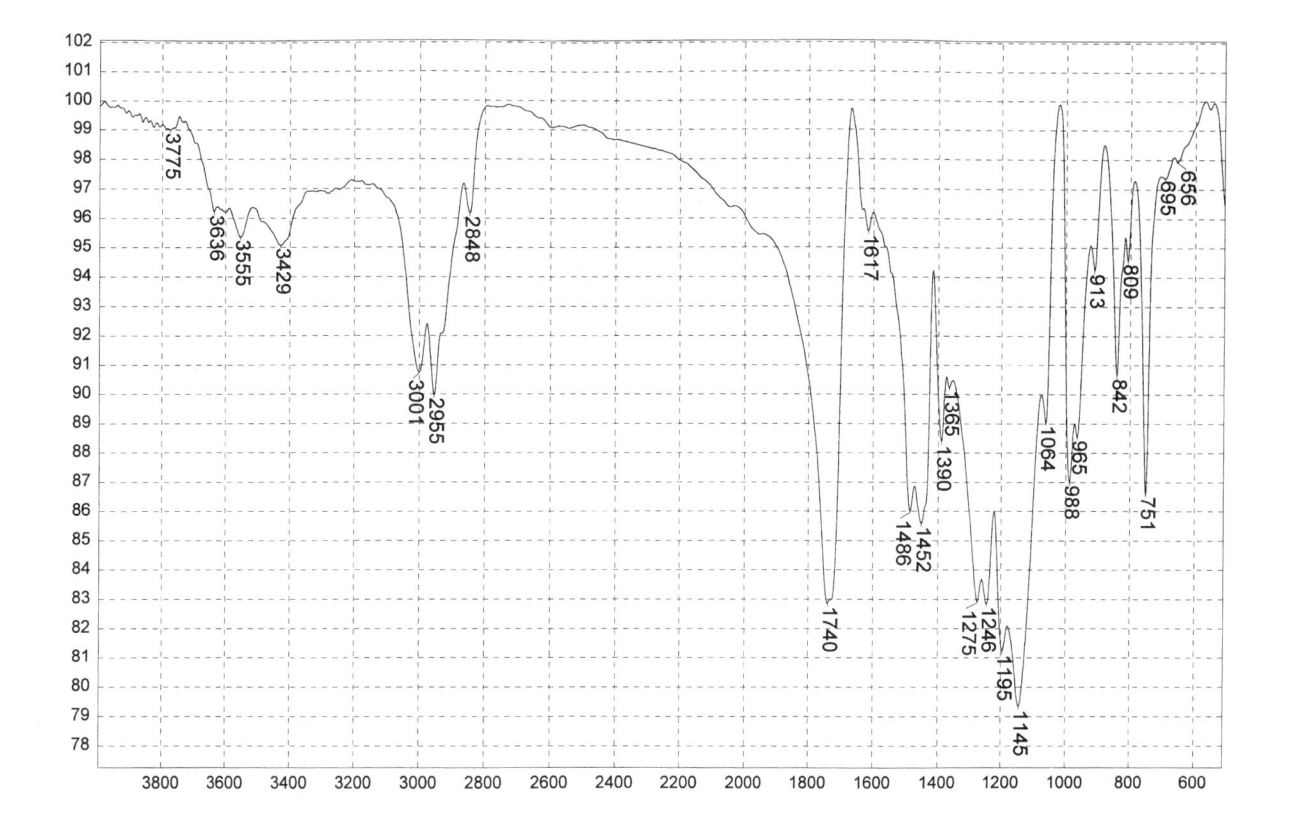

Poly(methyl methacrylate)

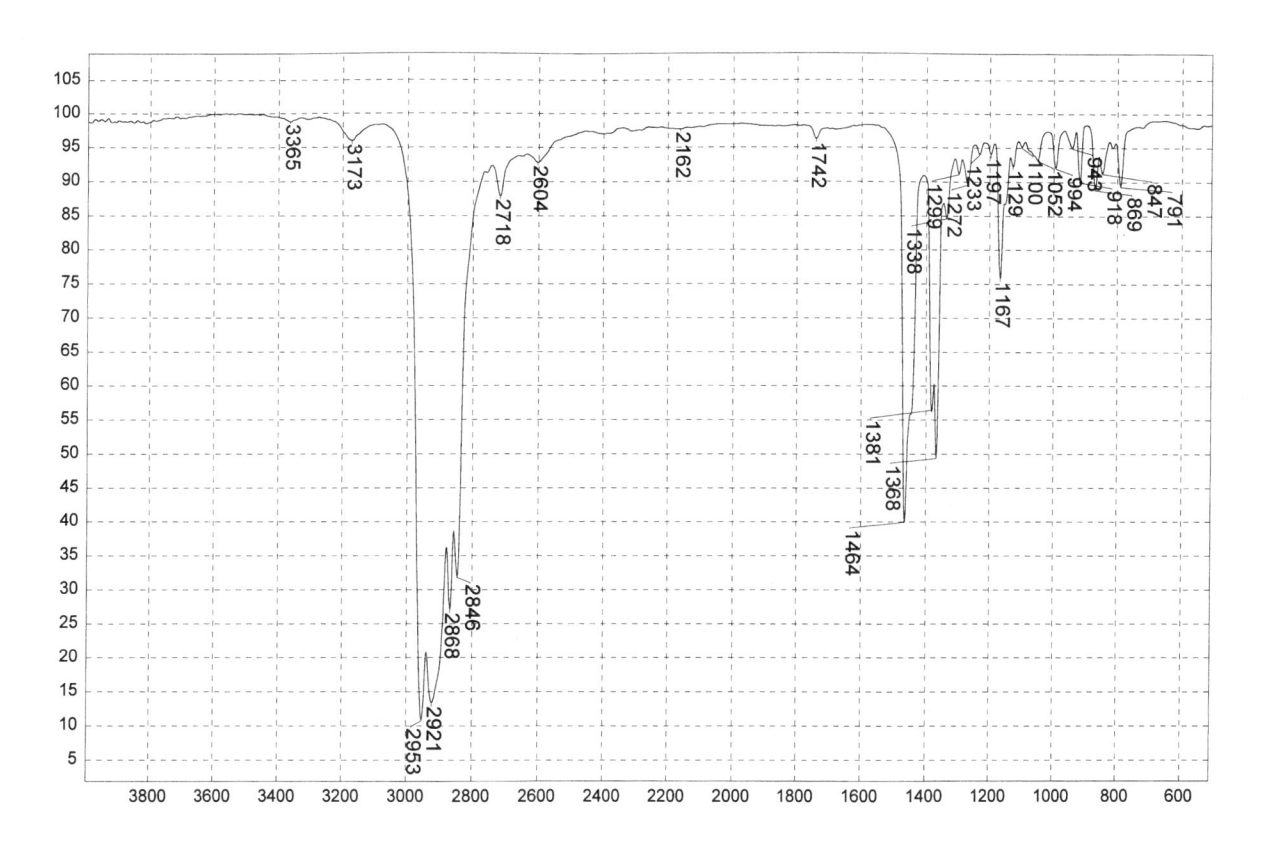

Poly(4-methyl-1-pentene)

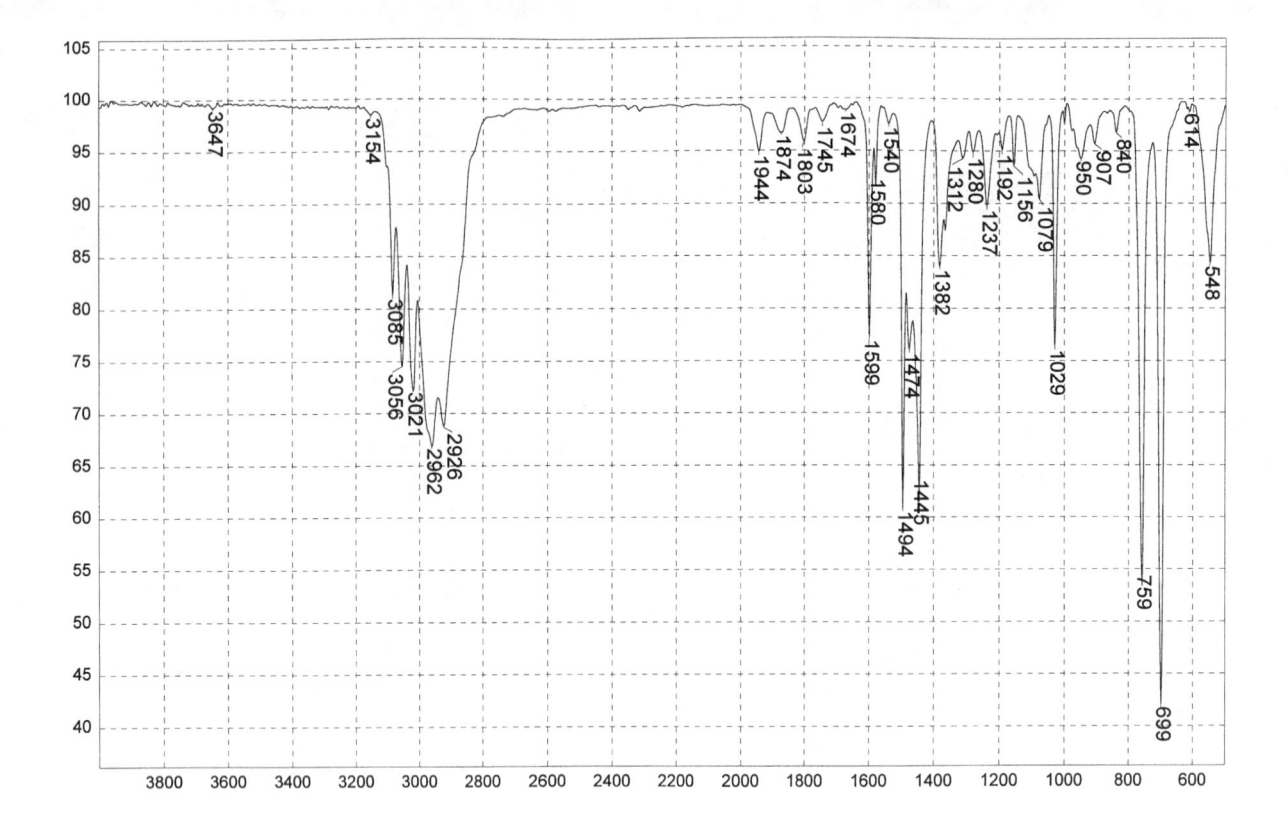

1289 Poly(alpha-methylstyrene)

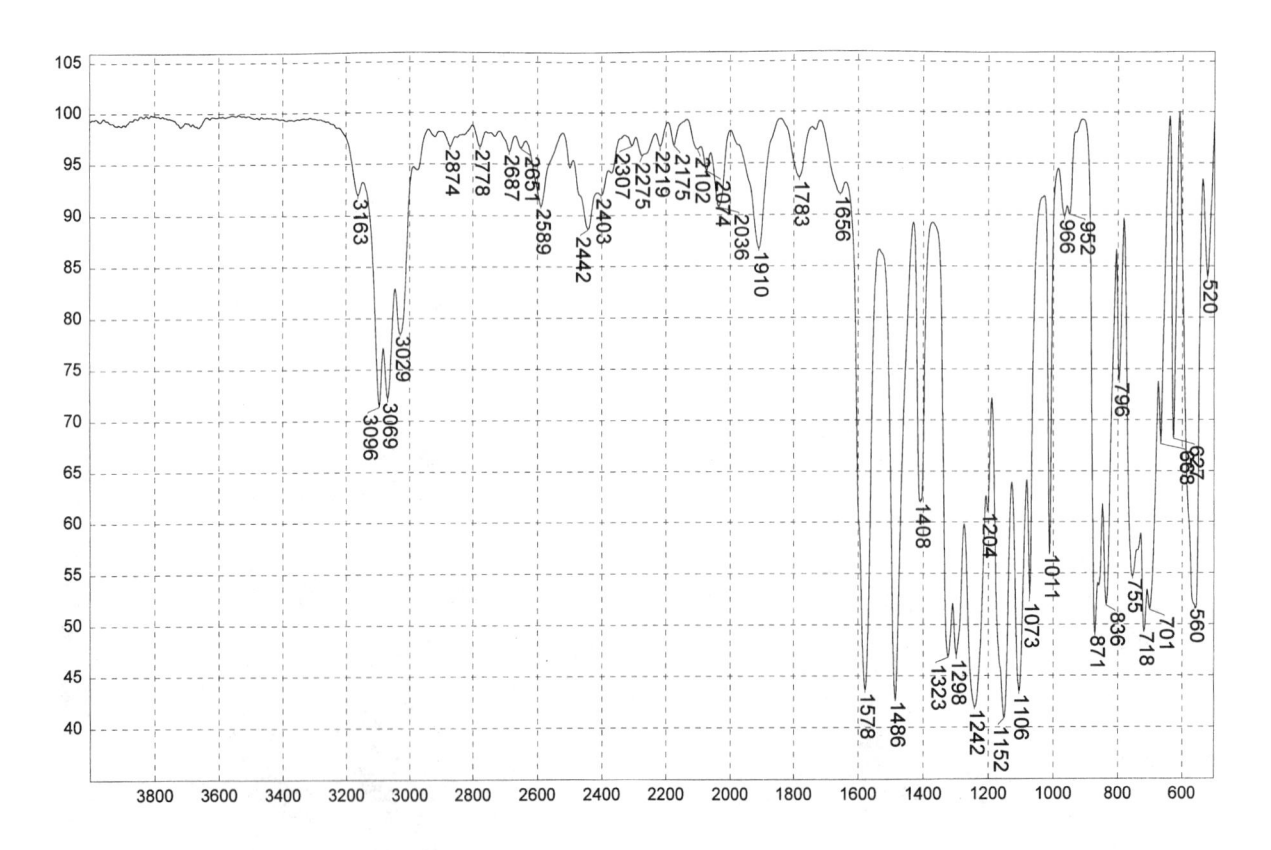

1290 Poly(p-phenylene ether-sulphone)

Poly(phenylene sulfide)

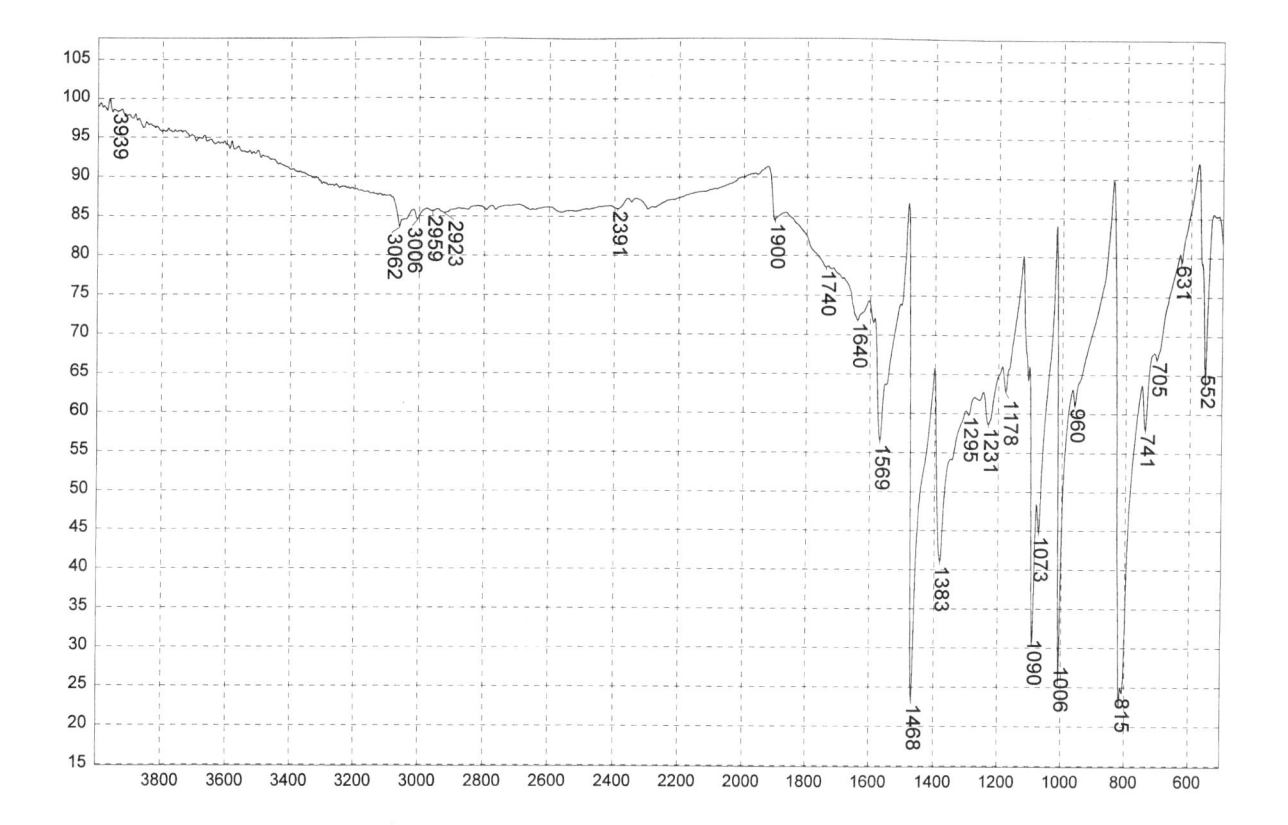

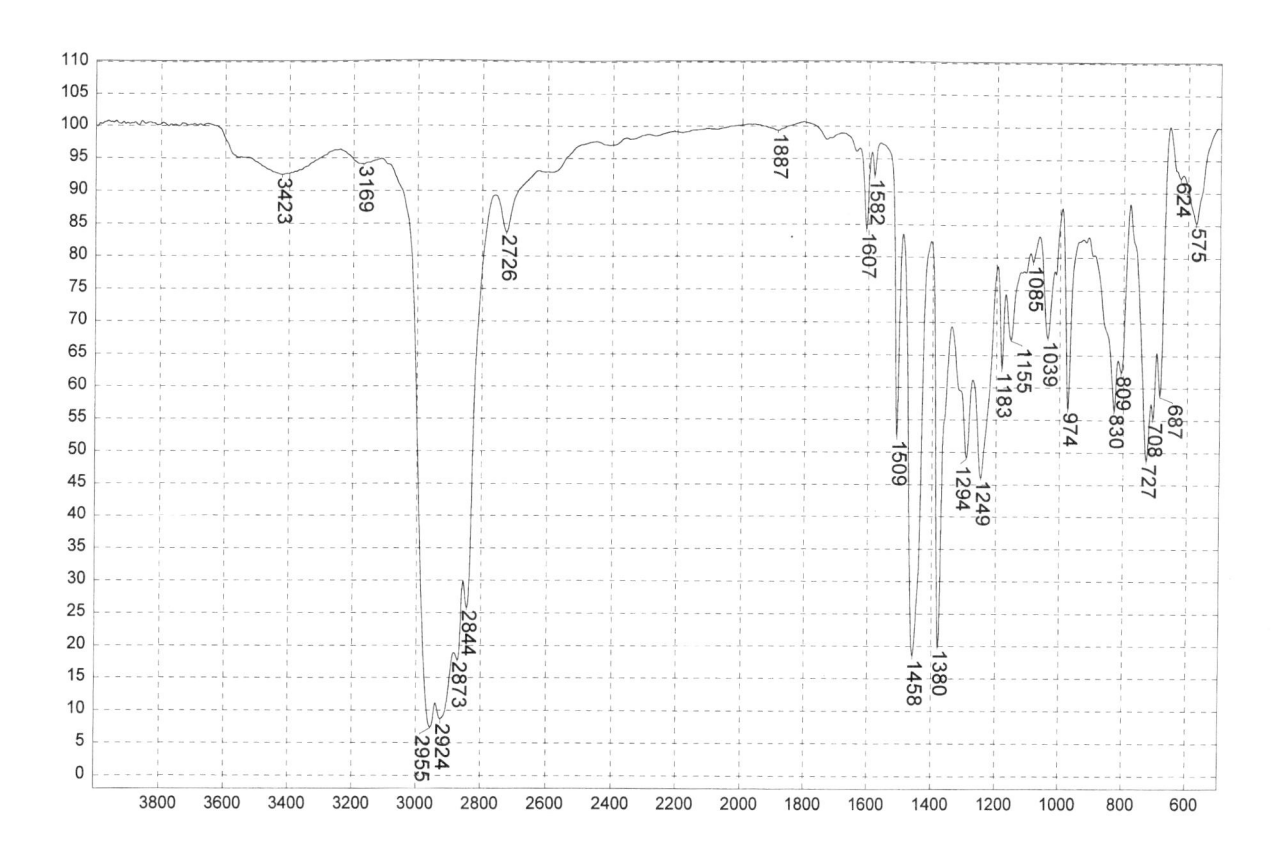

1291

Polypropylene, isotactic, chlorinated

1292

1293 Polypropylene, isotactic

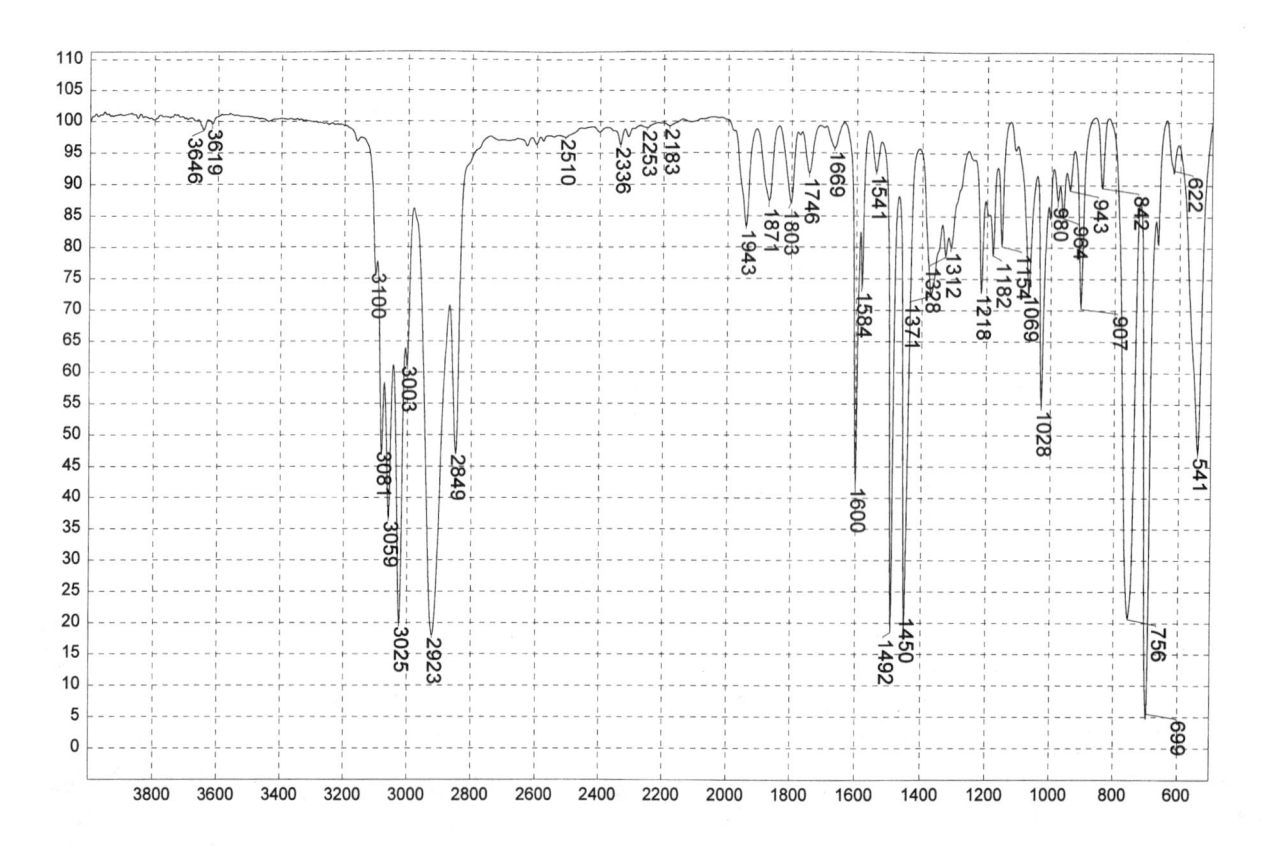

1294 Polystyrene

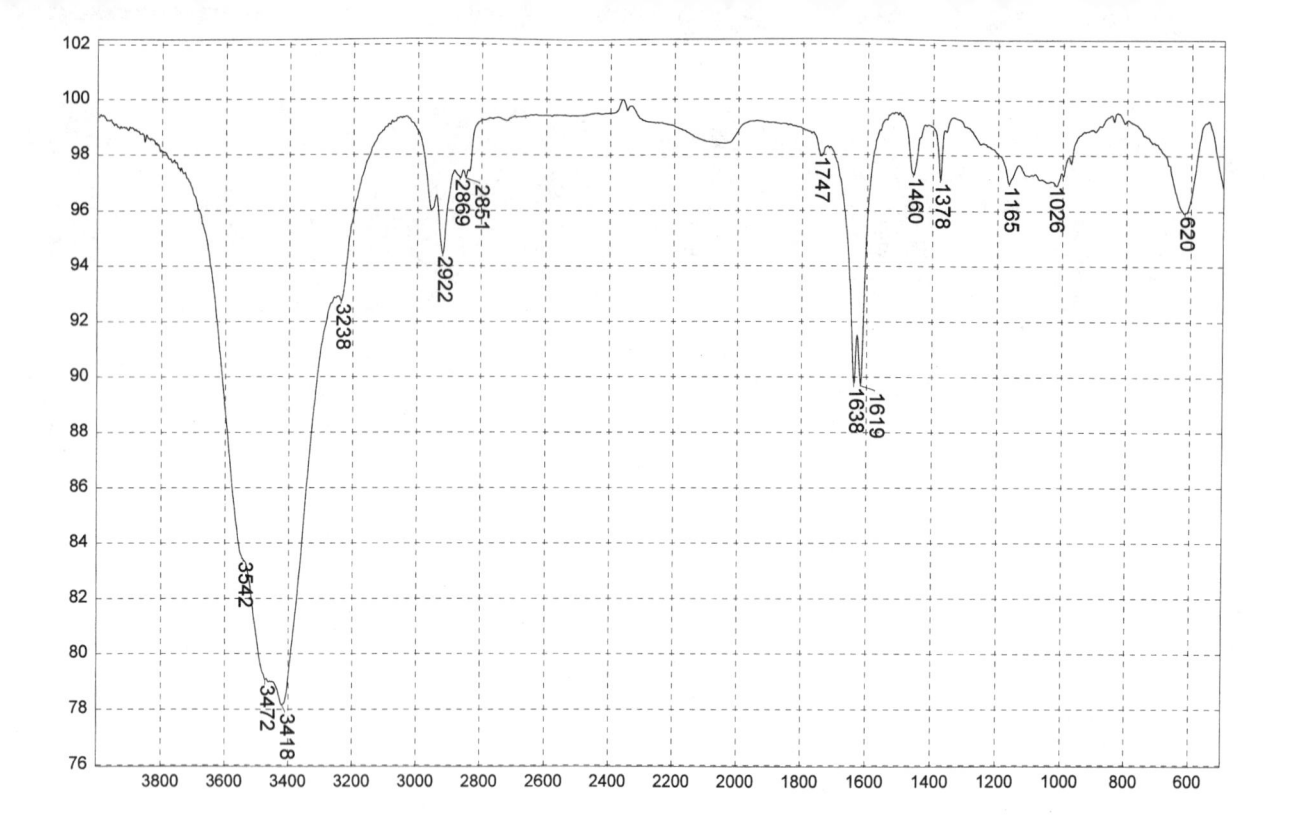

Polysulfone resin

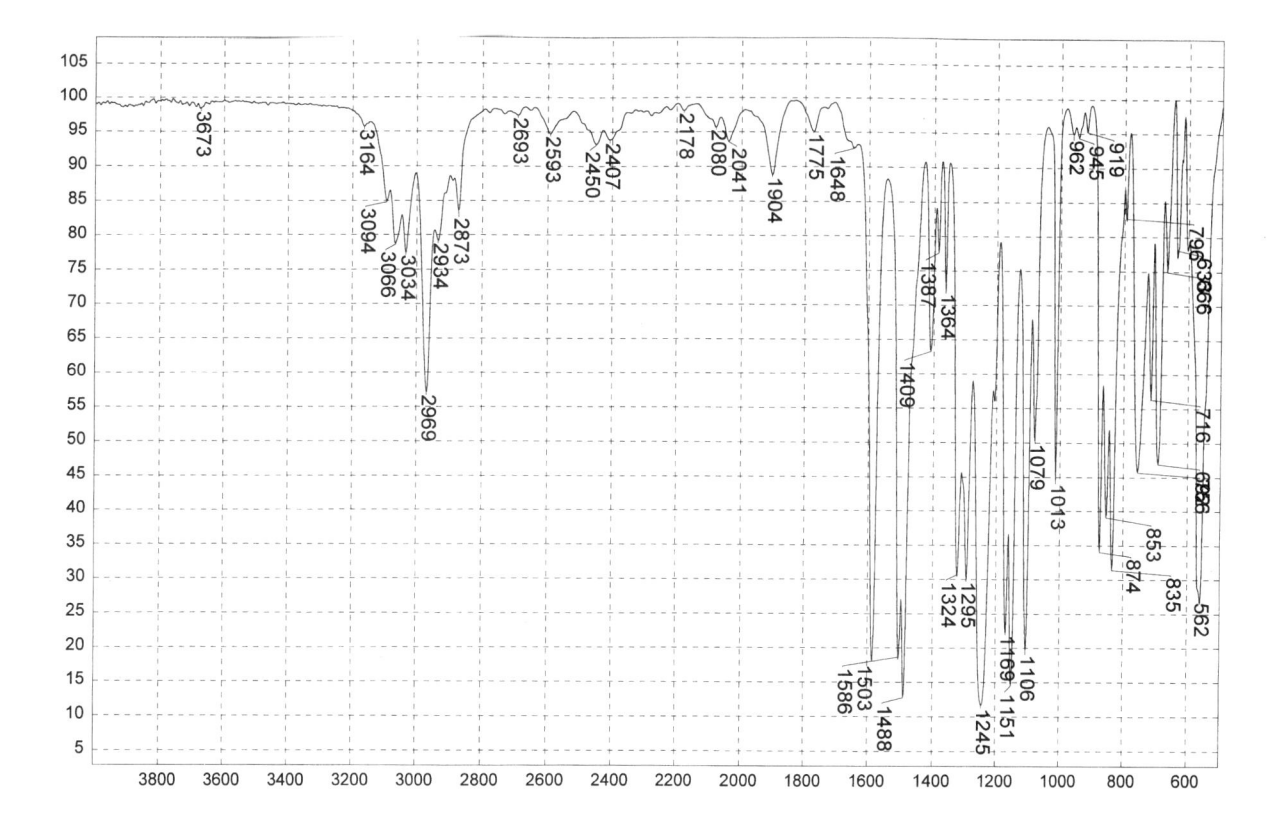

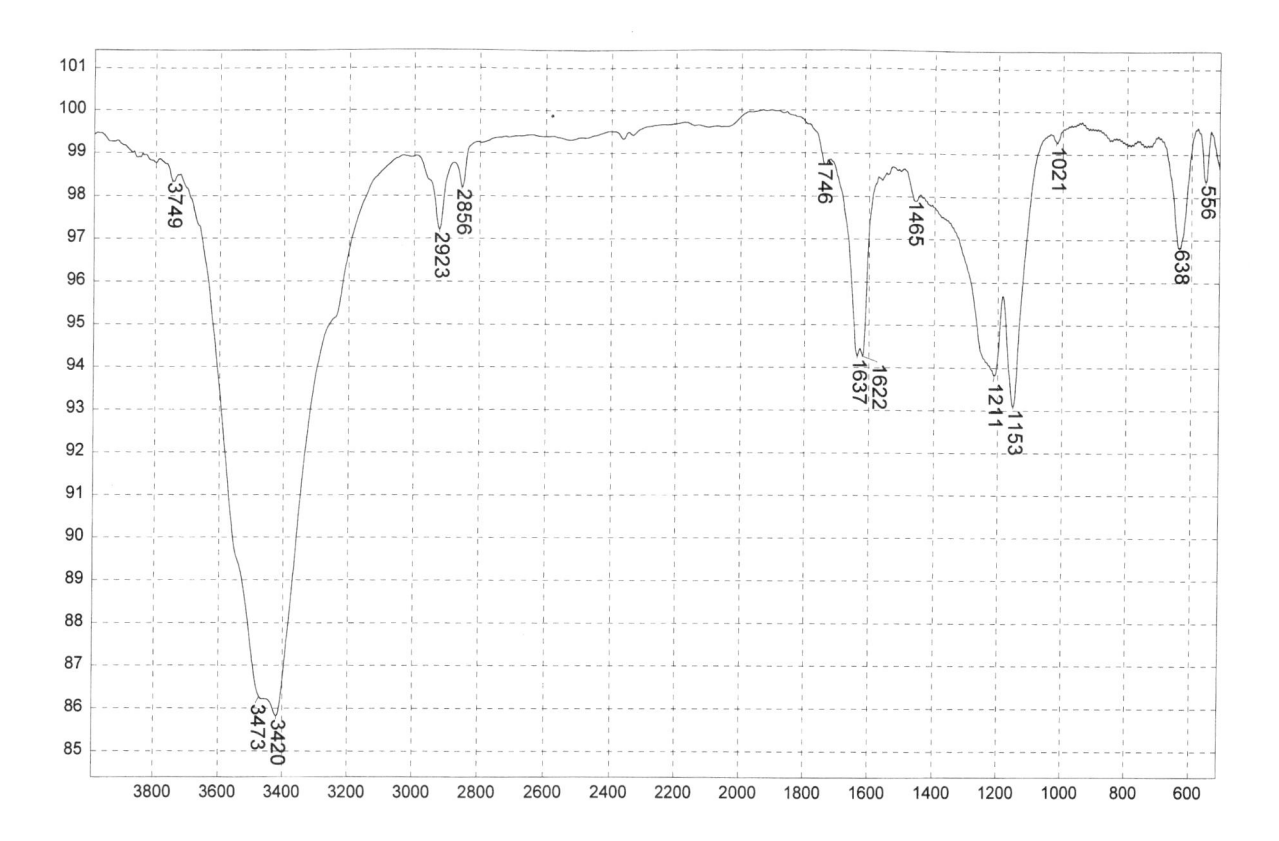

1295

Poly(tetrafluoroethylene)

1296

145

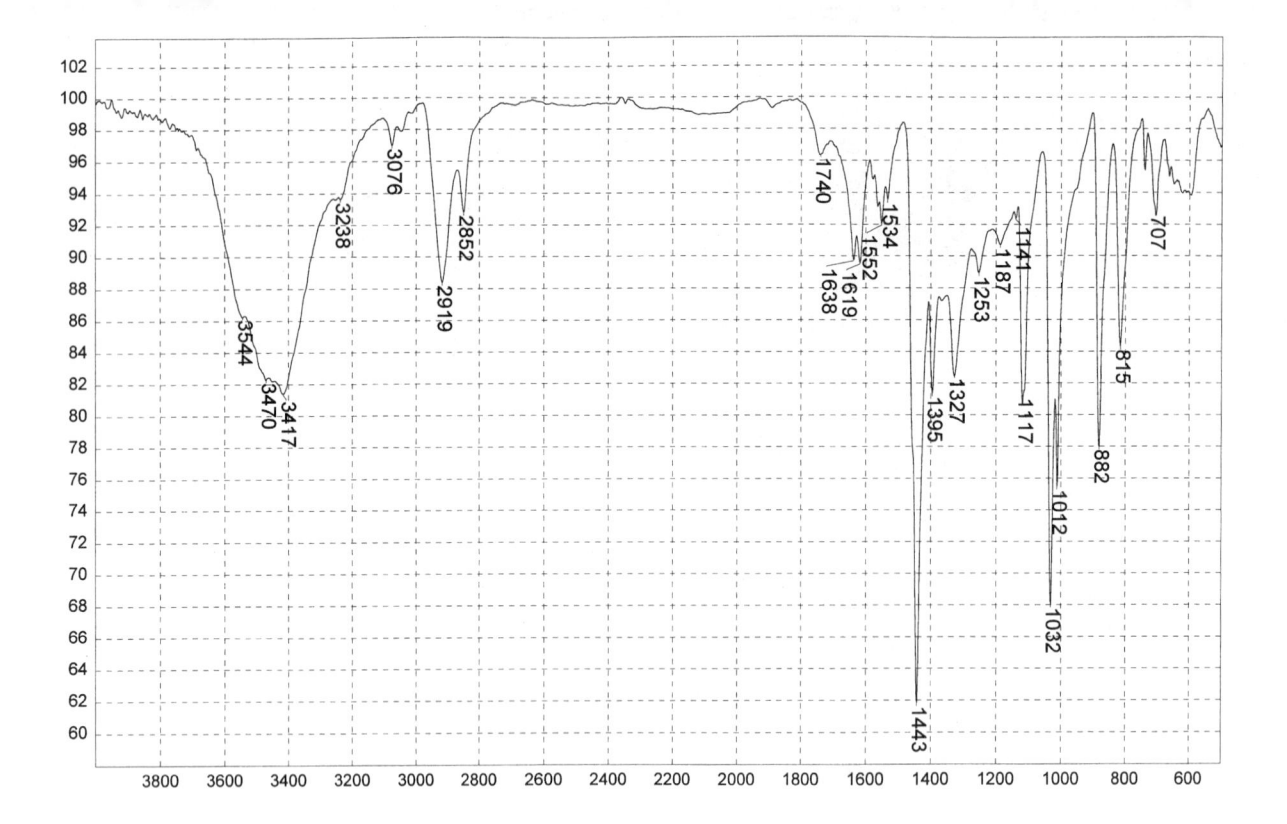

Poly(2,4,6-tribromostyrene)

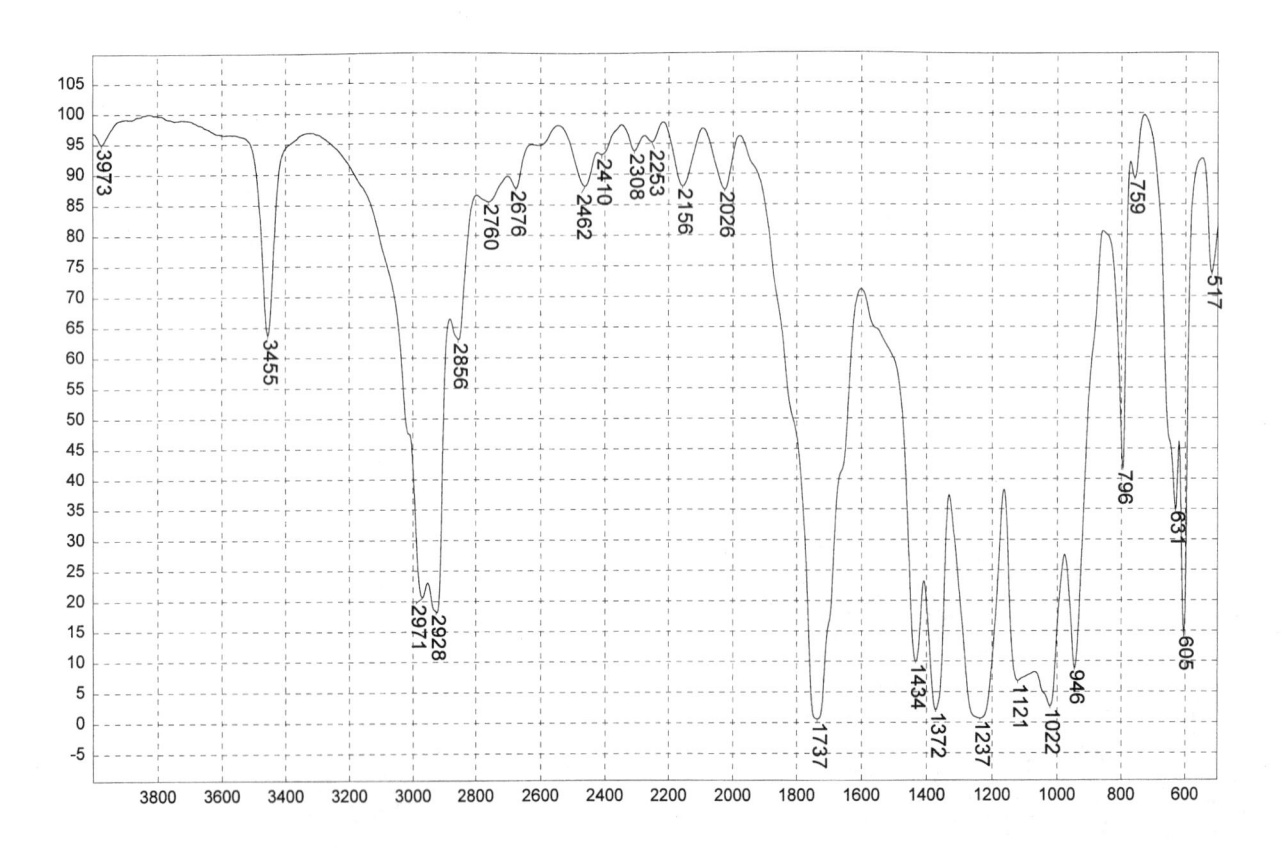

Poly(vinyl acetate)

1299   Poly(vinyl alcohol), 100% hydrolyzed

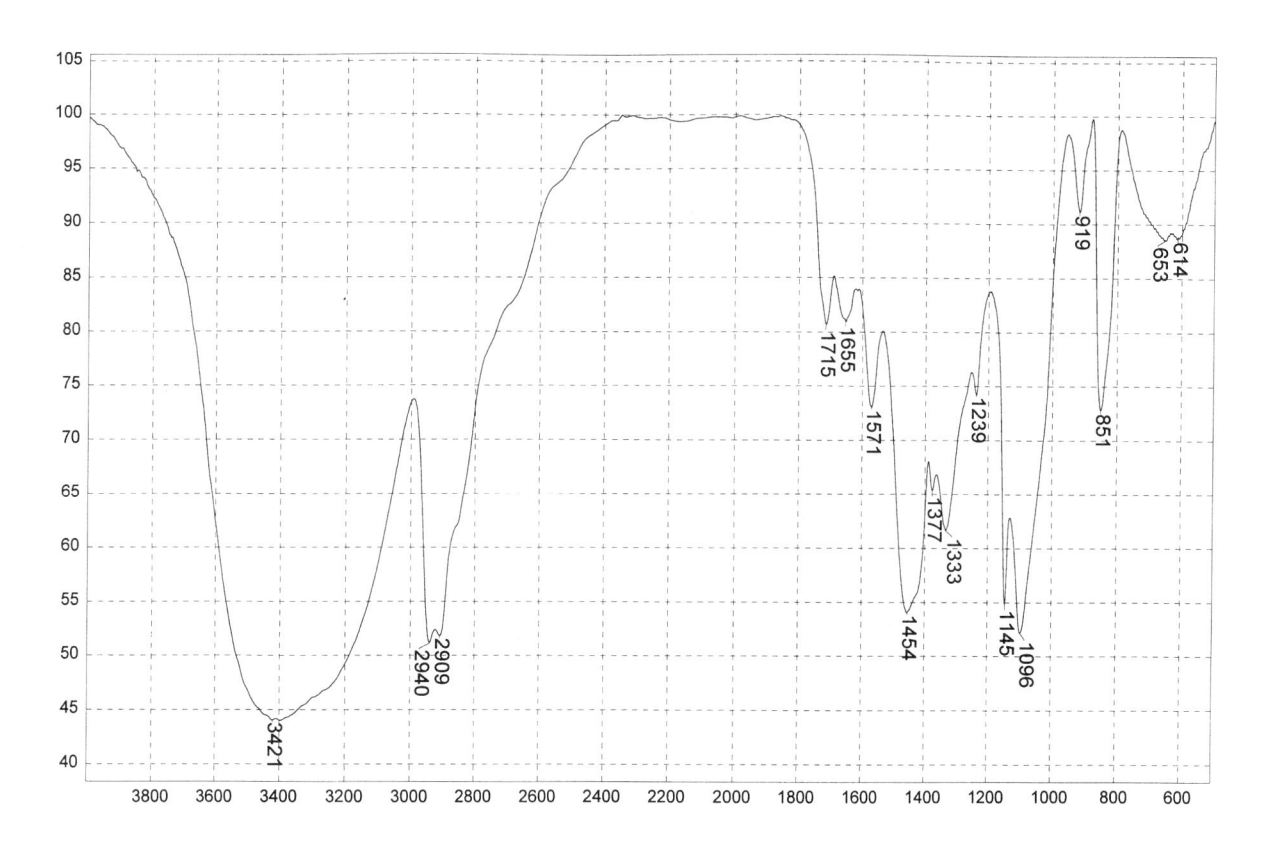

1300   Poly(vinyl alcohol), 98% hydrolyzed

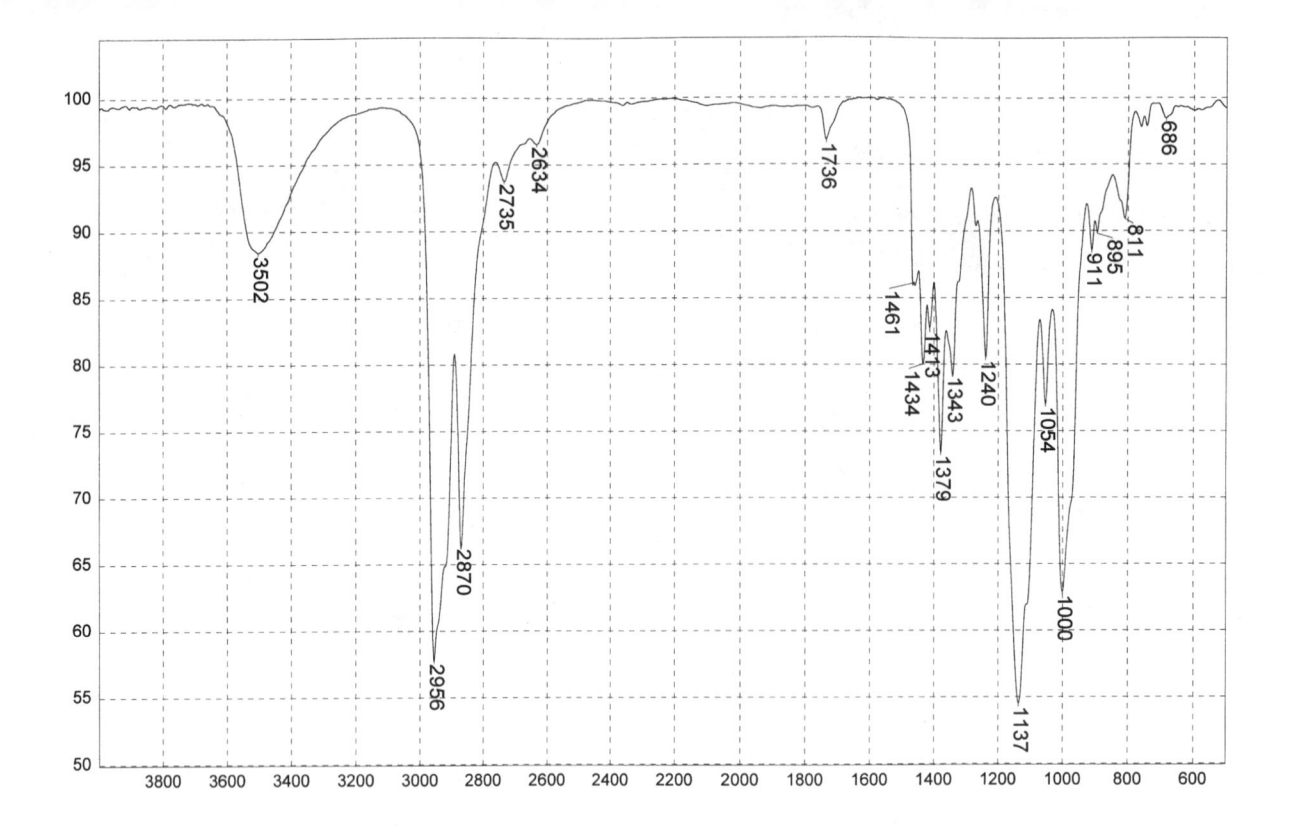

1301 Poly(vinyl butyral)

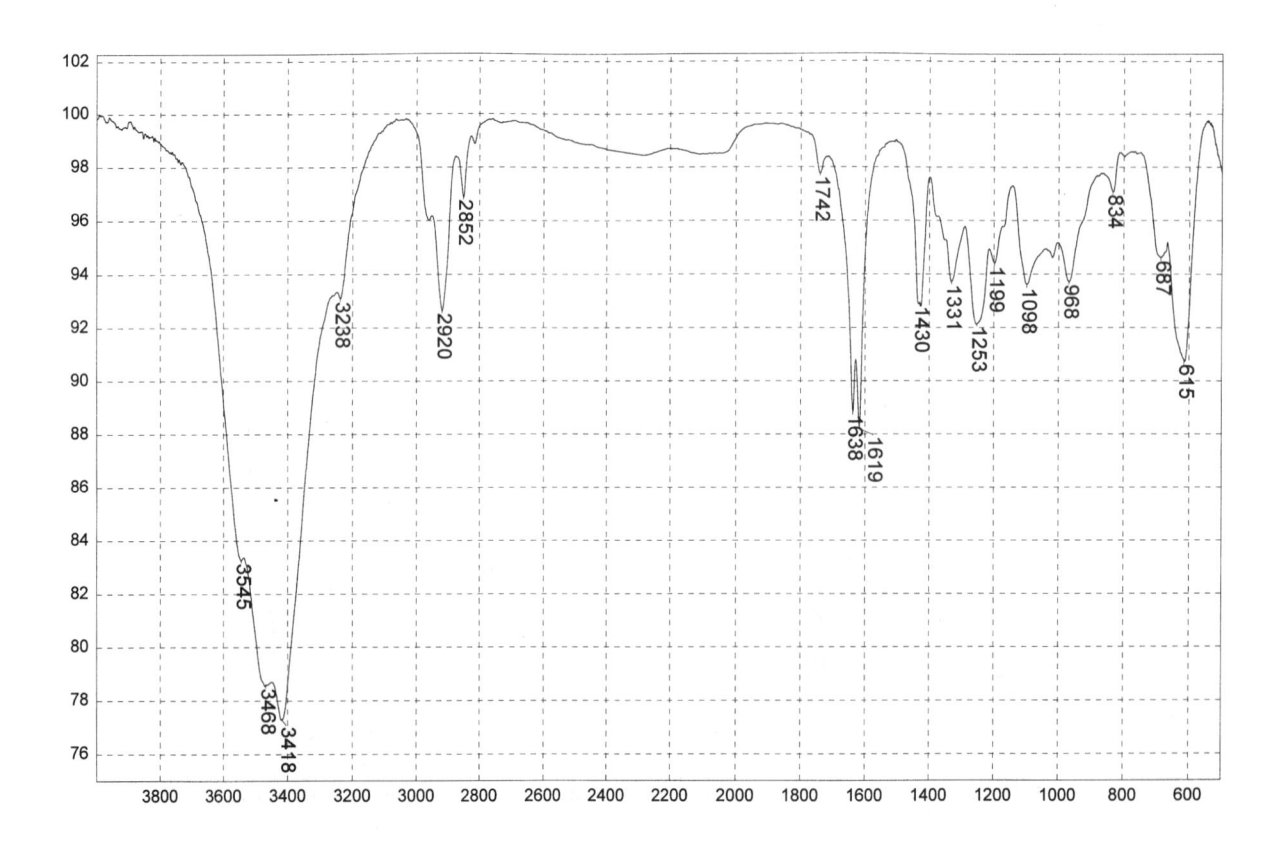

Transmittance / Wavenumber (cm⁻¹)

1302 Poly(vinyl chloride)

Transmittance / Wavenumber (cm⁻¹)

1303 Poly(vinyl chloride), carboxylated

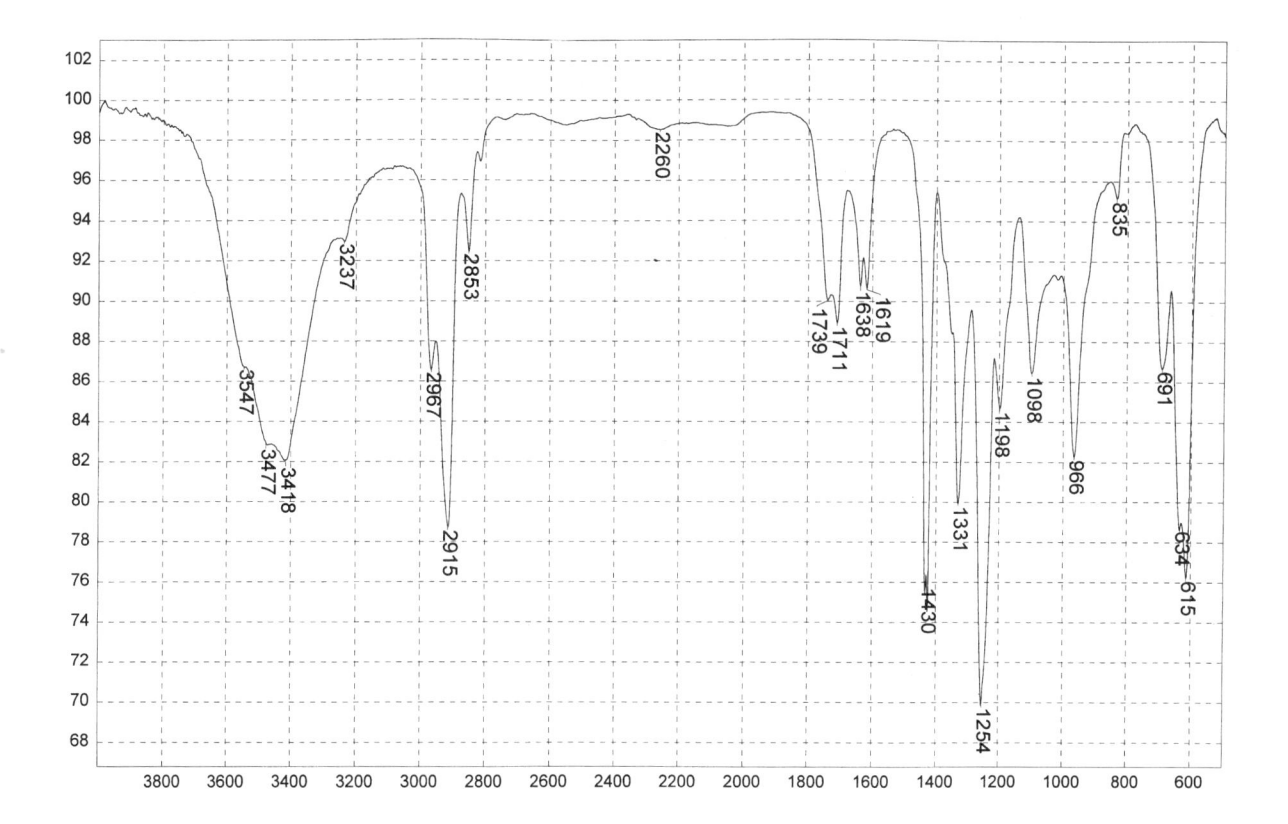

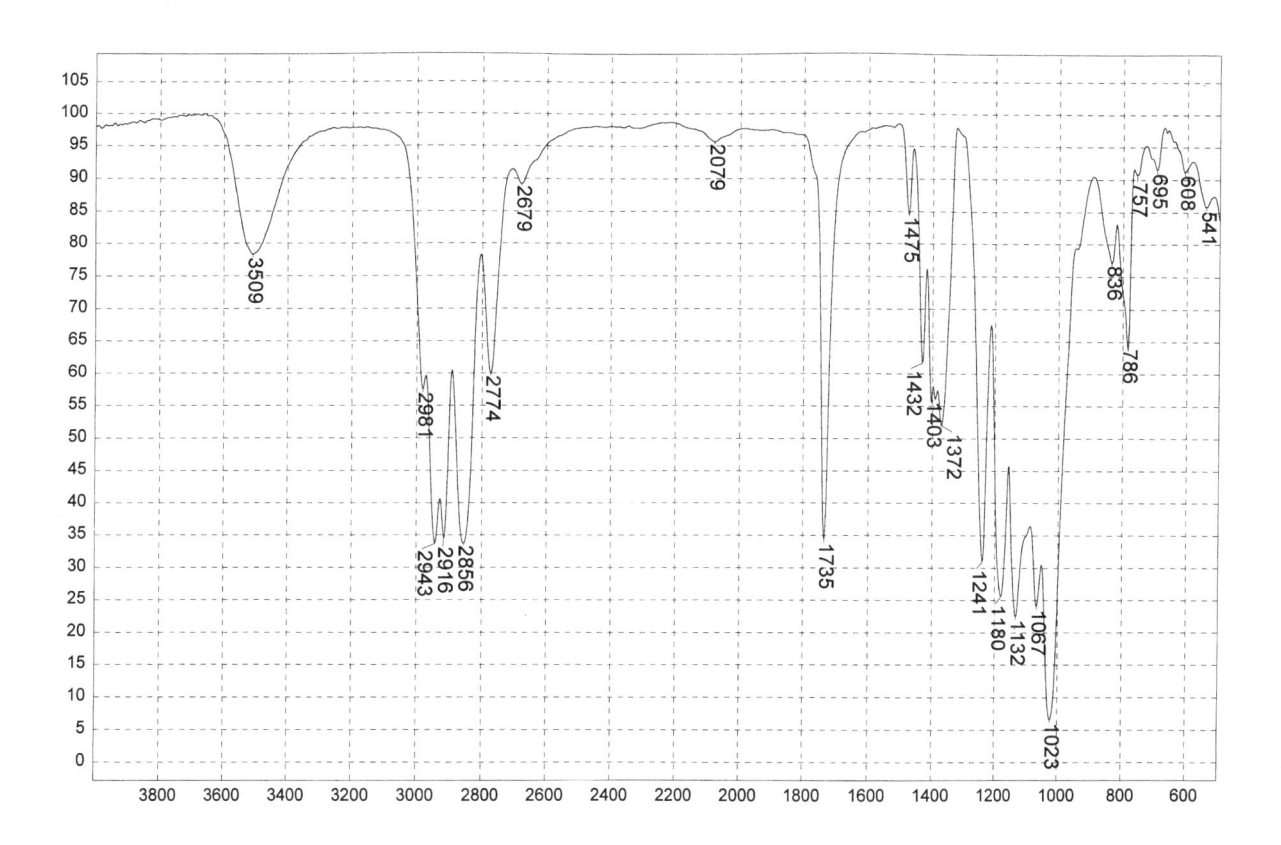

1304 Poly(vinyl formal)

Polyvinyl pyrrolidone

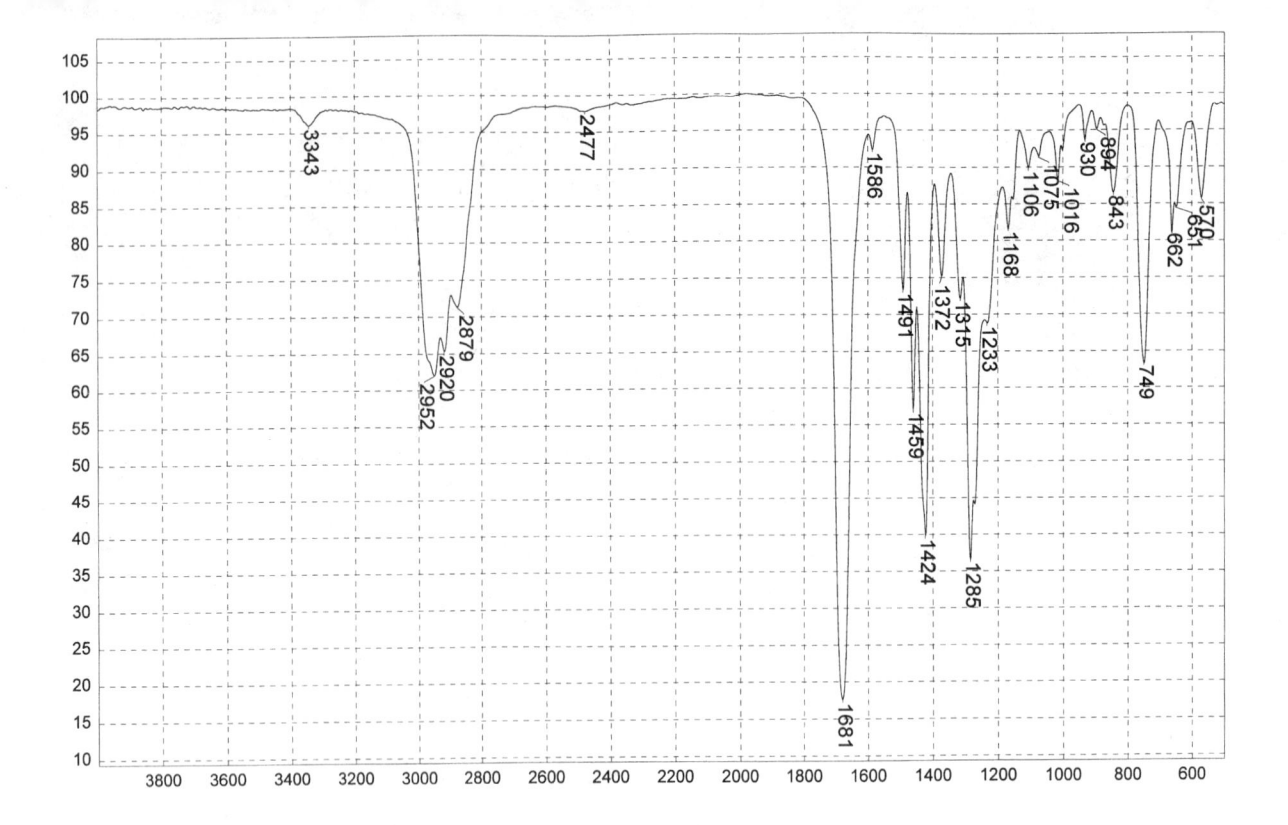

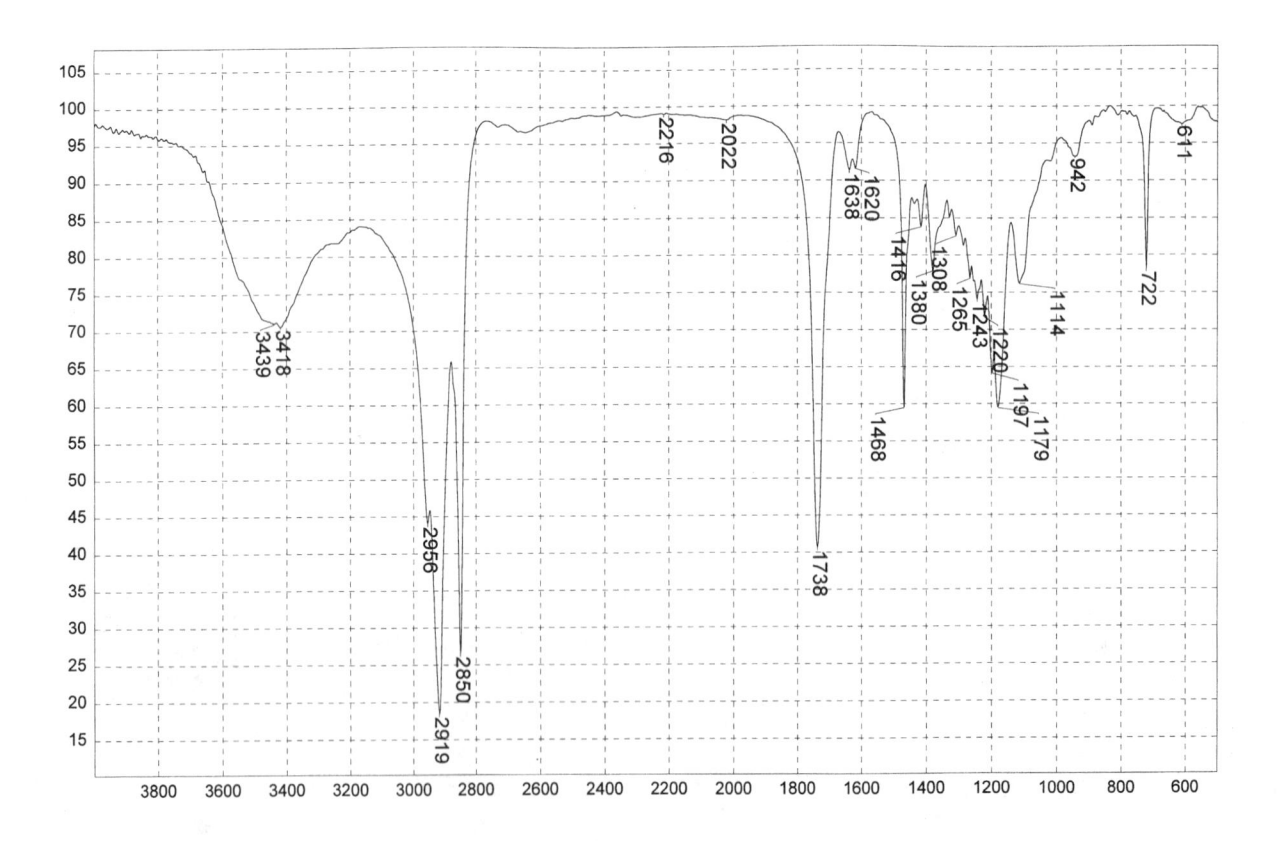

1305

Poly(vinyl stearate)

1306

150

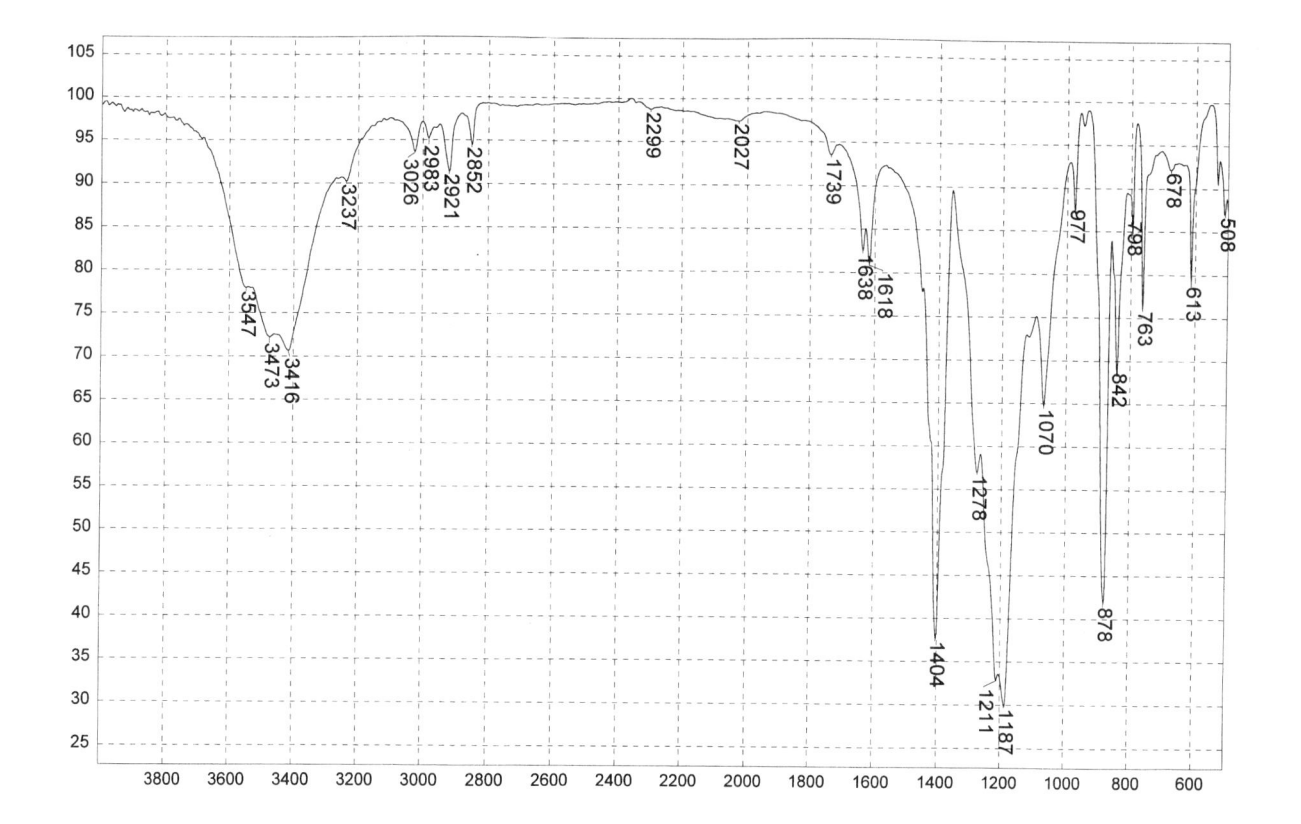

Poly(vinylidene fluoride) — 1307

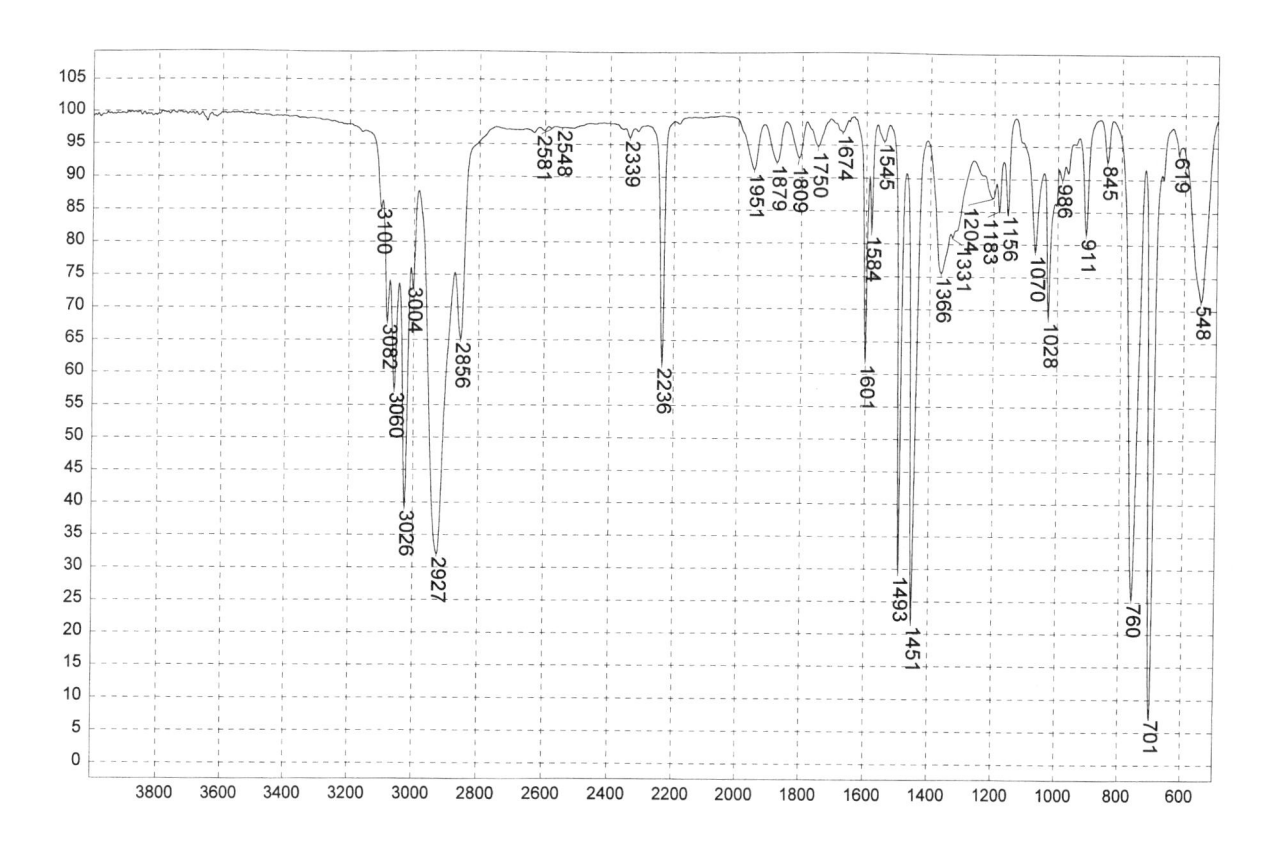

Styrene/acrylonitrile, 75/25 copolymer — 1308

Styrene/acrylonitrile, 70/30 copolymer

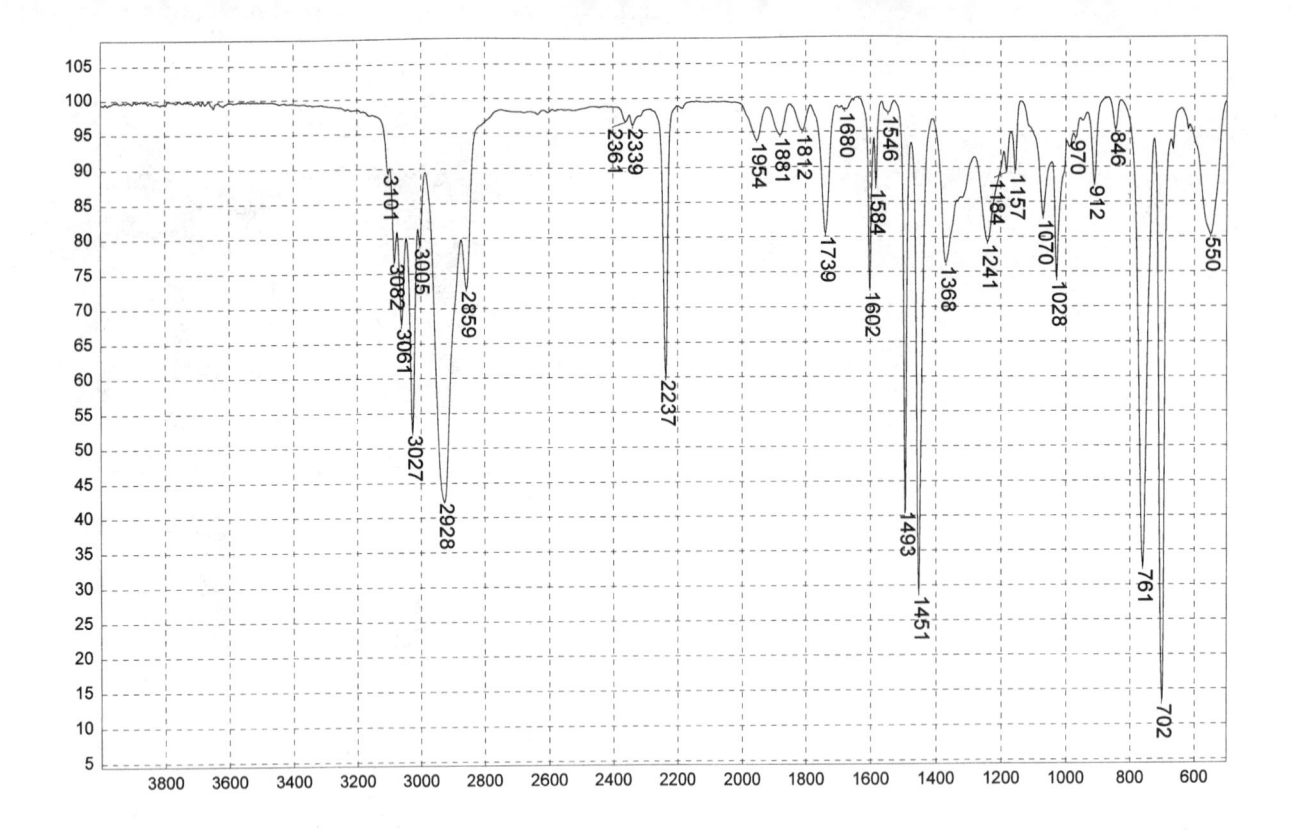

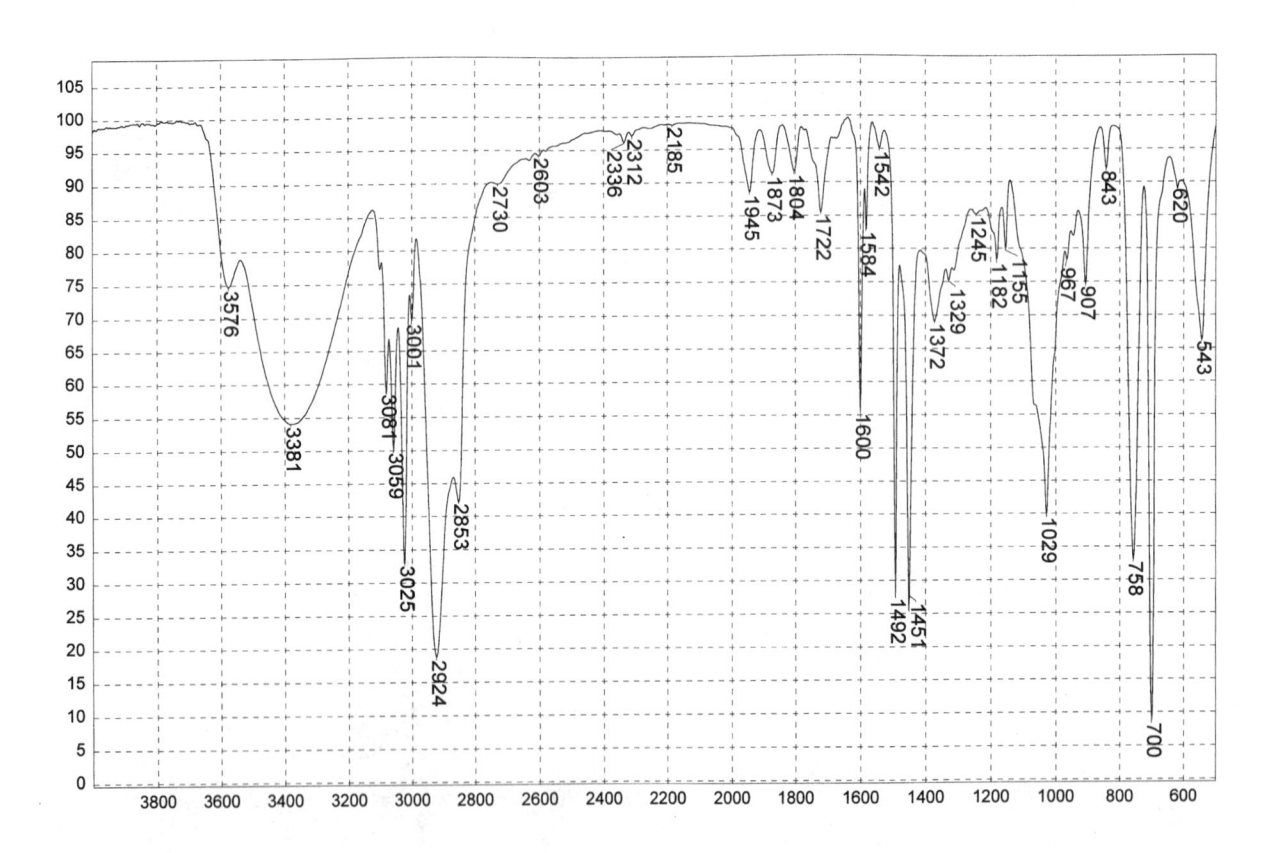

1309

Styrene/allyl alcohol copolymer

1310

152

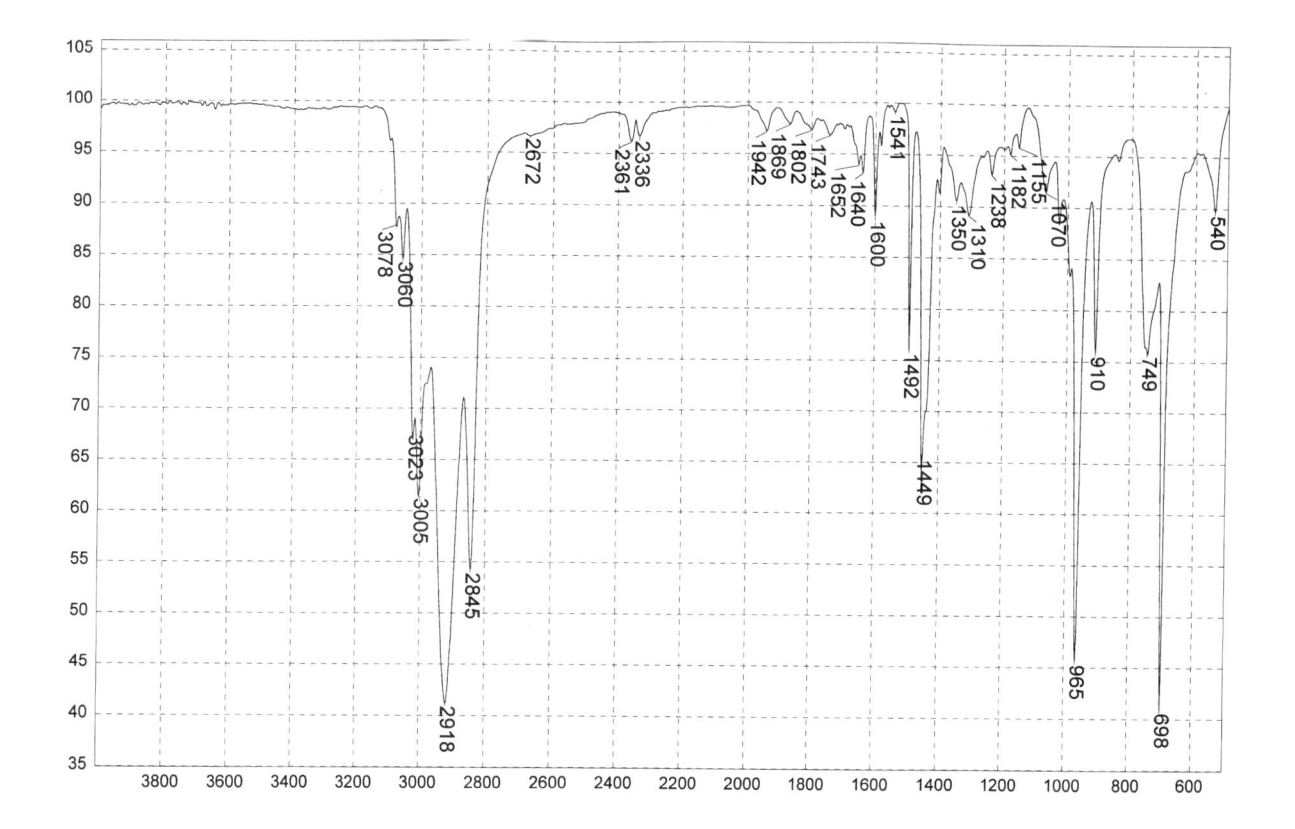

1311 Styrene/butadiene, ABA Block Copolymer

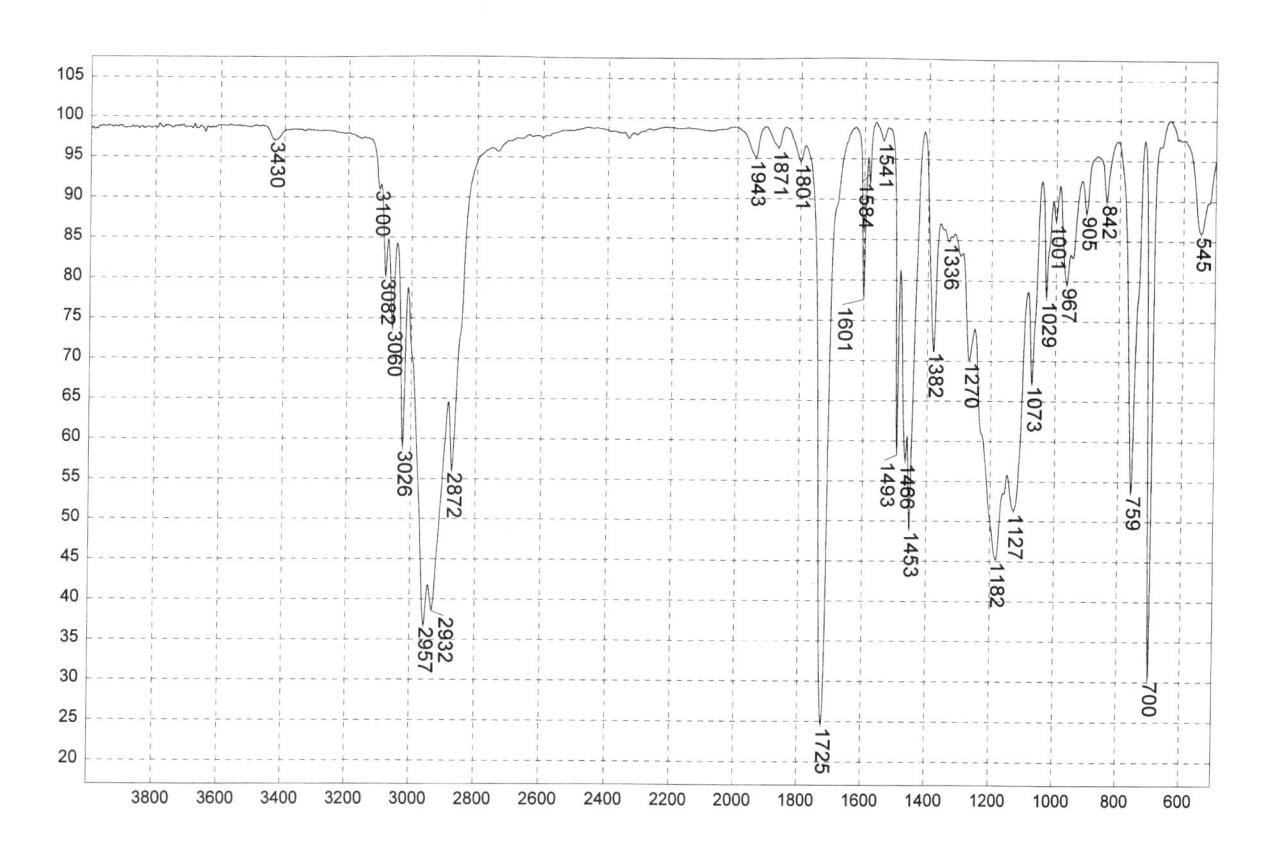

1312 Styrene/butyl methacrylate copolymer

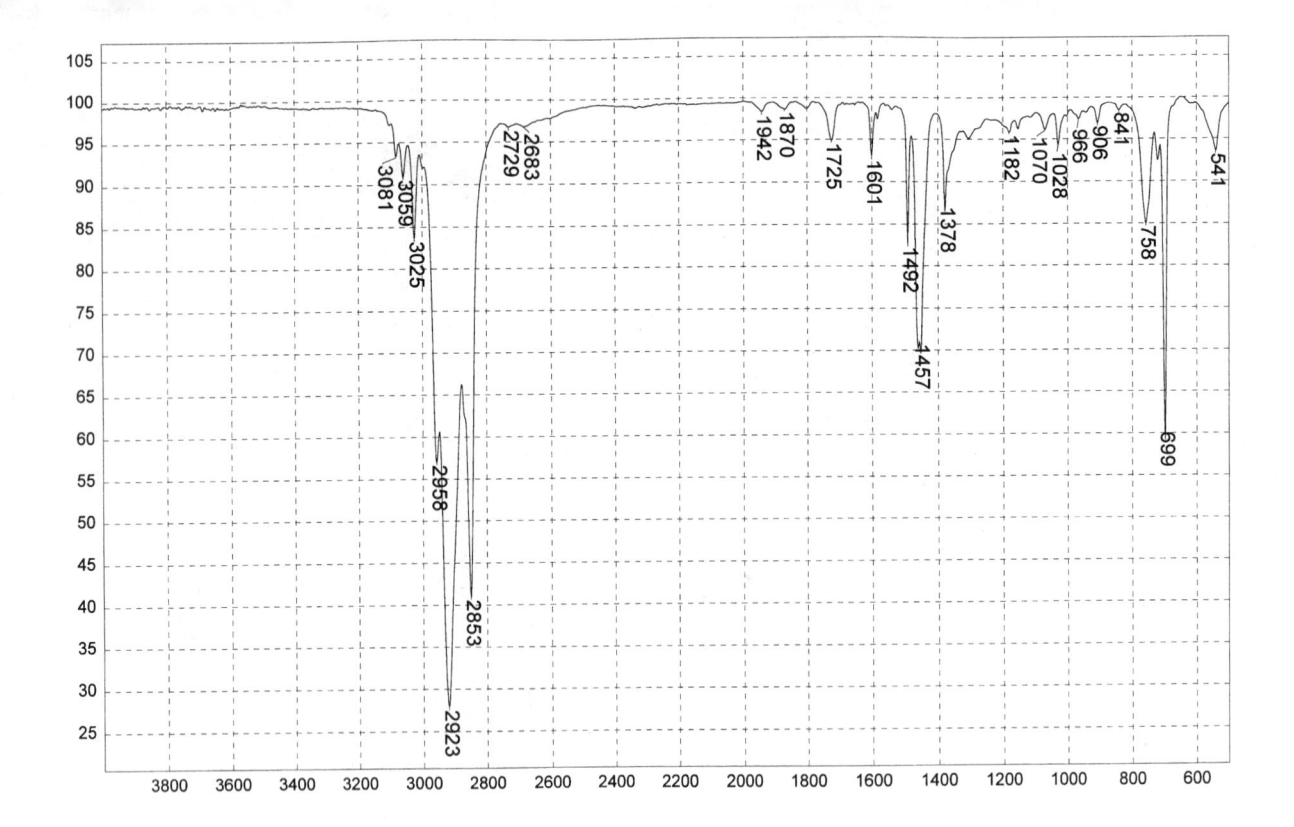

1313 Styrene/ethylene/butylene, ABA Block

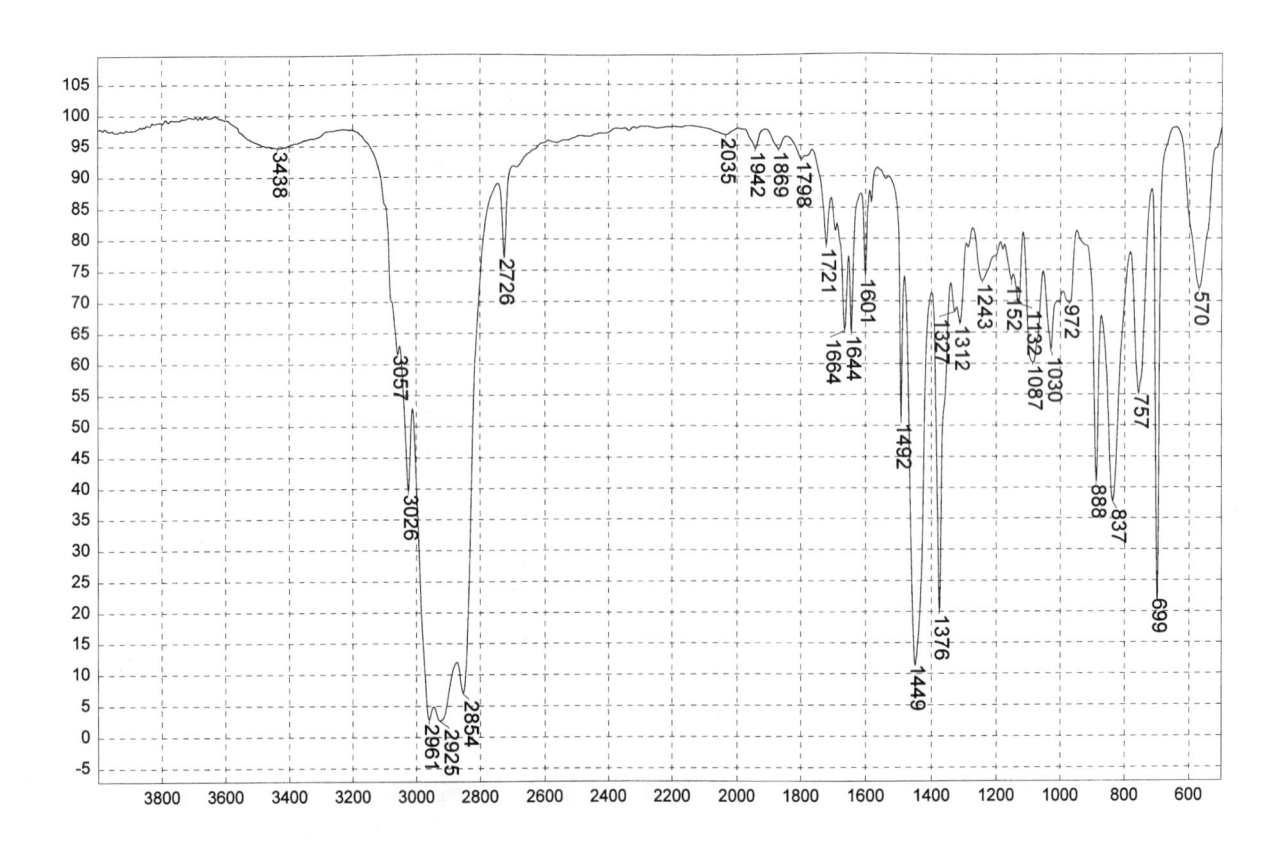

Transmittance / Wavenumber (cm⁻¹)

1314 Styrene/isoprene, ABA Block copolymer

Transmittance / Wavenumber (cm⁻¹)

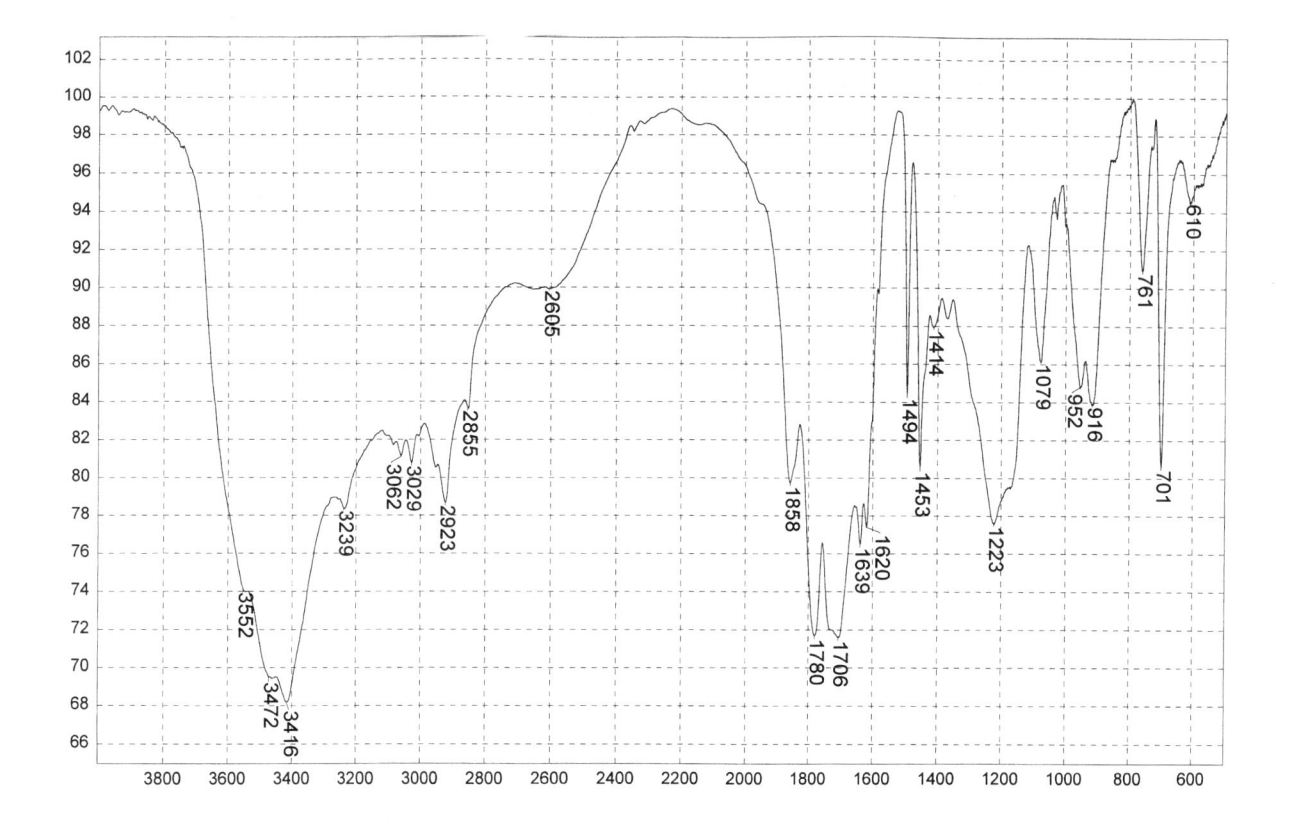

1315 Styrene/maleic anhydride, 50/50 copolymer

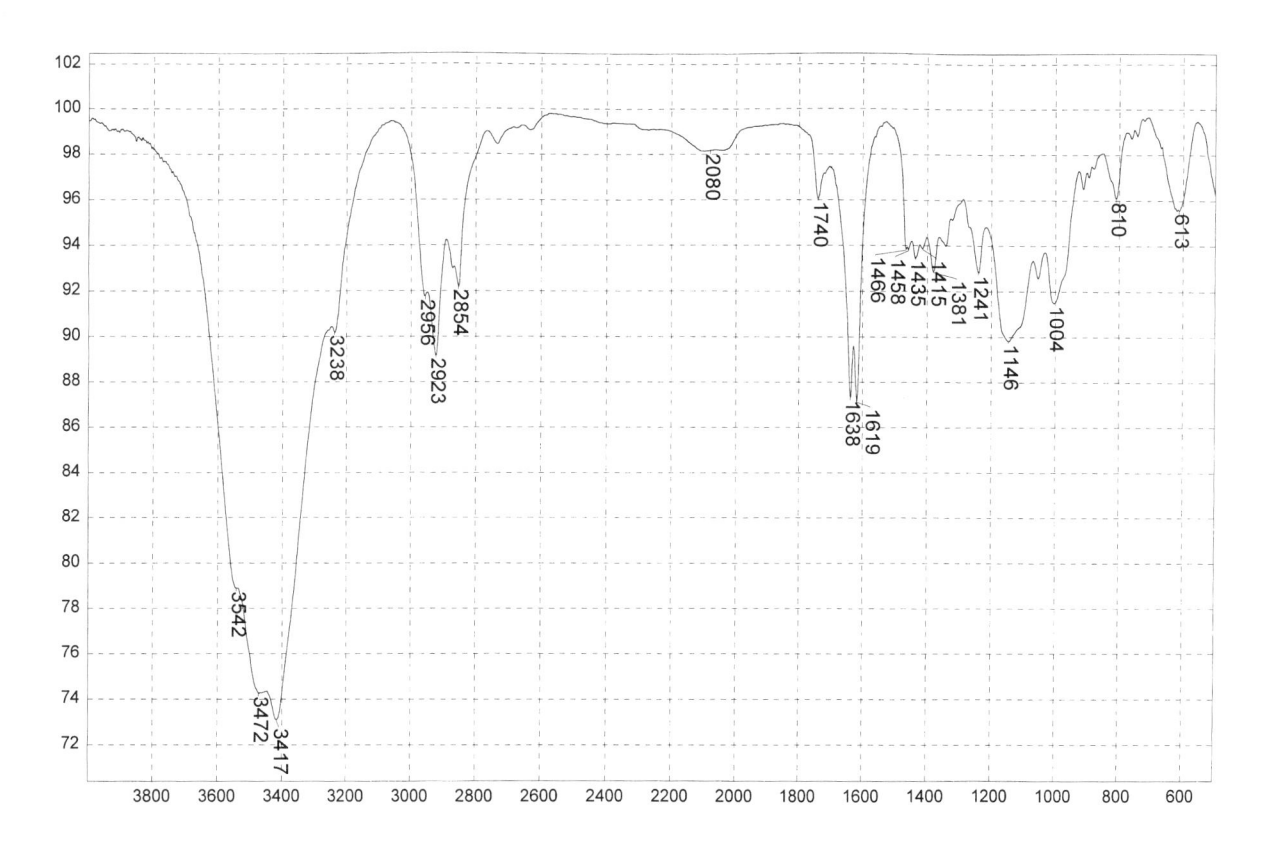

1316 Vinyl alcohol/vinyl butyral copolymer (80% vinyl butyral)

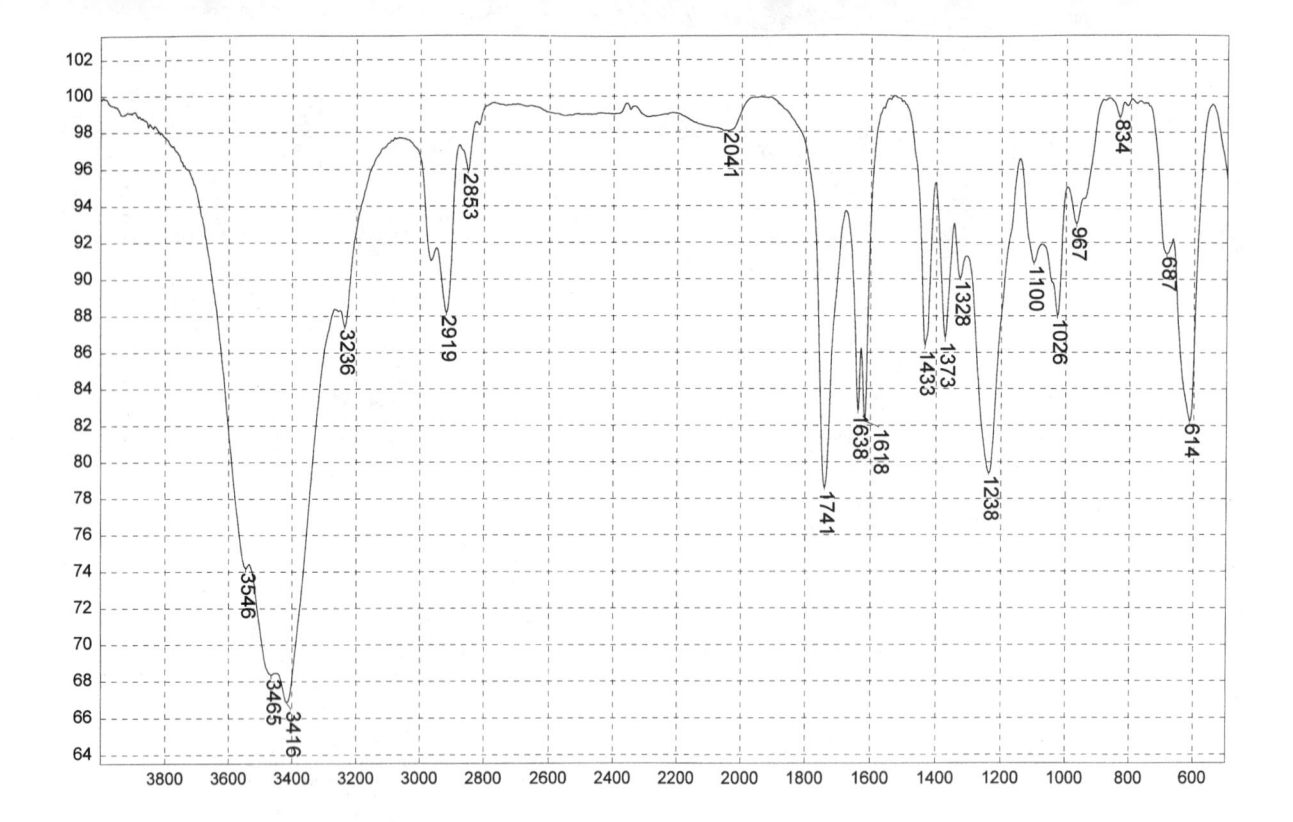

1317 Vinyl chloride/vinyl acetate copolymer (81% vinyl chloride)

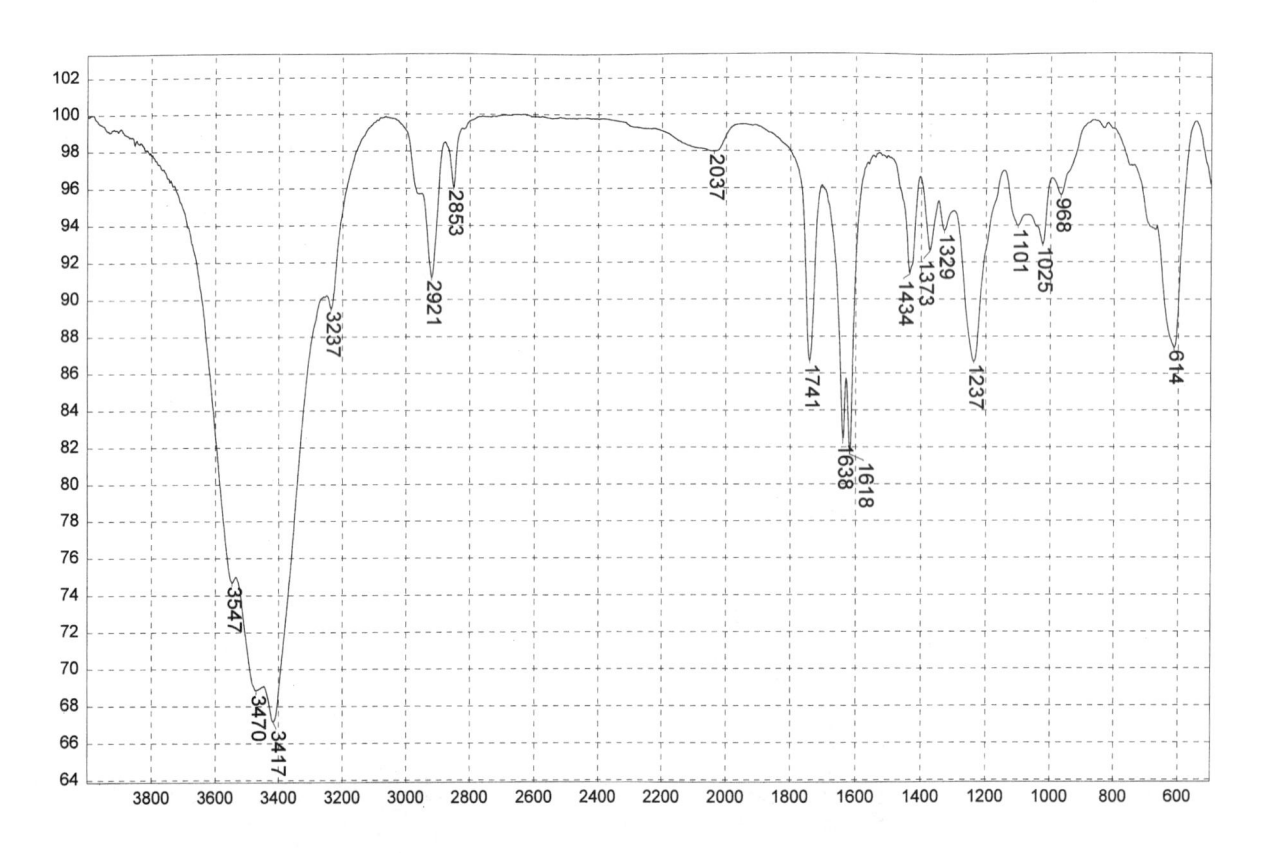

1318 Vinyl chloride/vinyl acetate copolymer (88% vinyl chloride)

1319 Vinyl chloride/vinyl acetate copolymer (90% vinyl chloride)

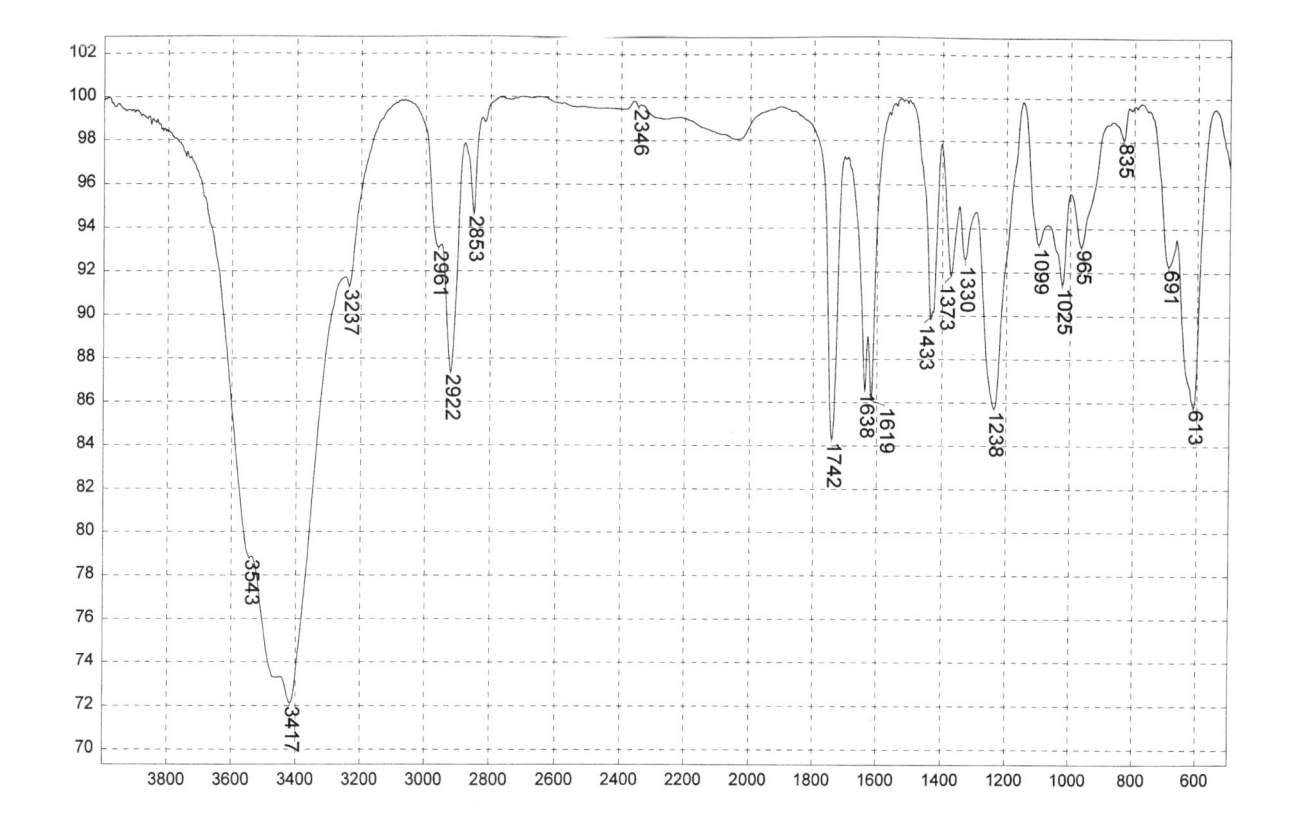

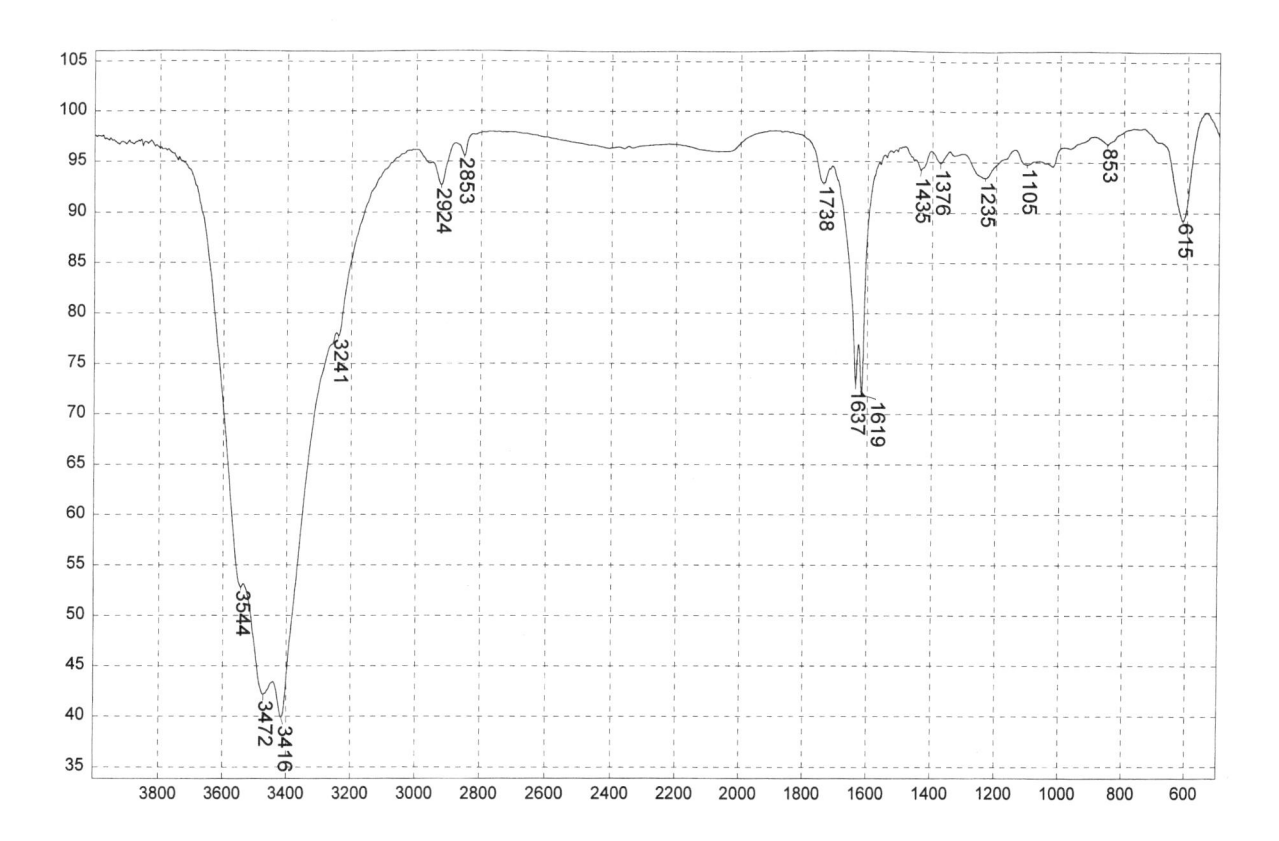

1320 Vinyl chloride/vinyl acetate copolymer carboxylated (86% vinyl chloride)

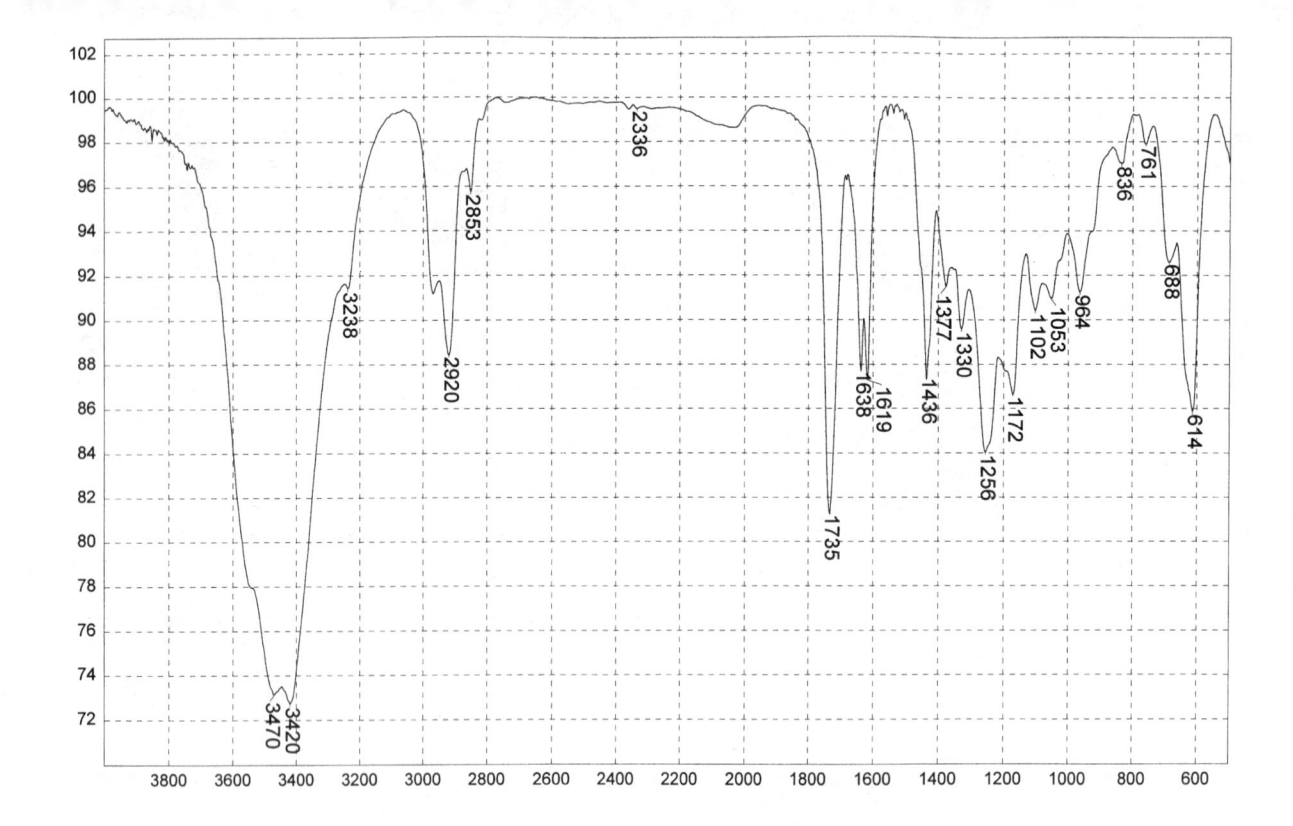

1321 Vinyl chloride/vinyl acetate/hydroxypropyl acrylate terpolymer (80% vinyl chloride)

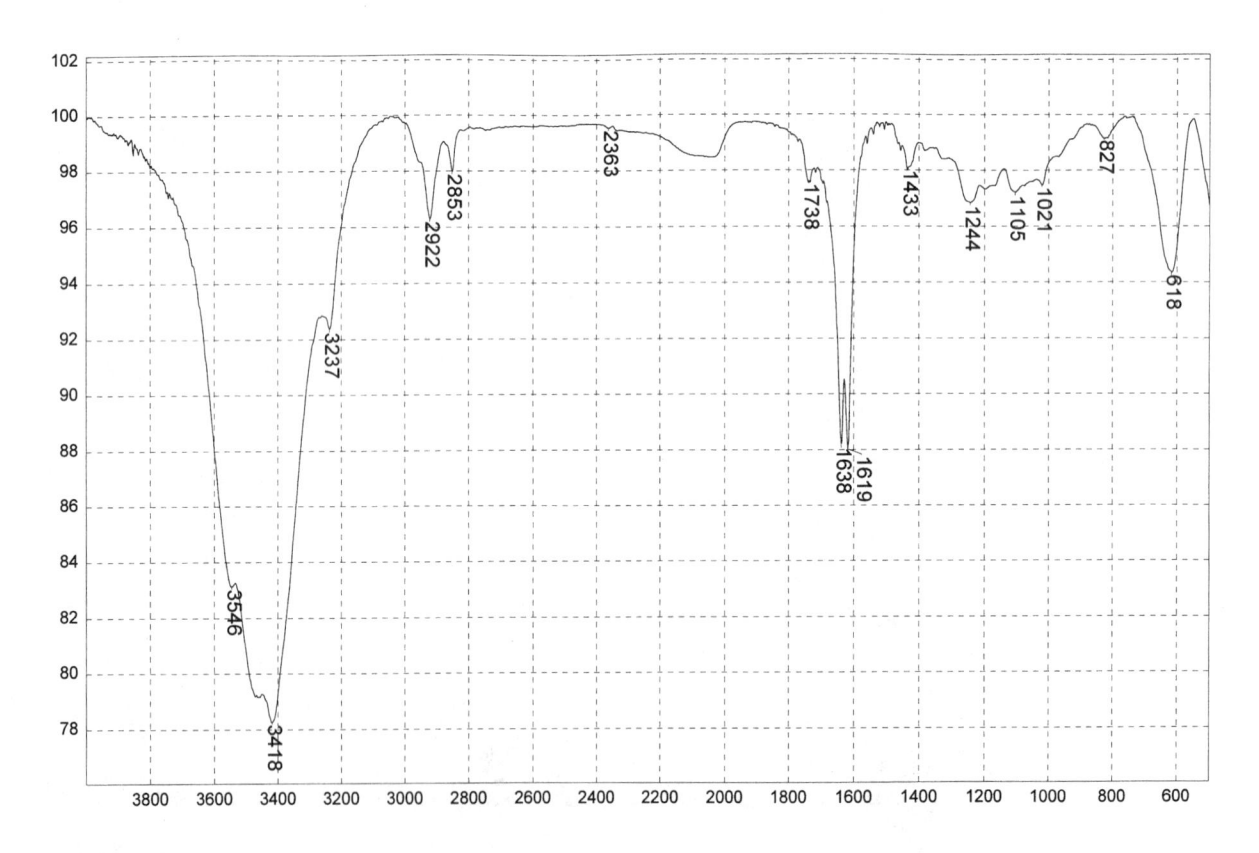

1322 Vinyl chloride/vinylacetate/vinyl alcohol terpolymer (91% vinyl chloride)

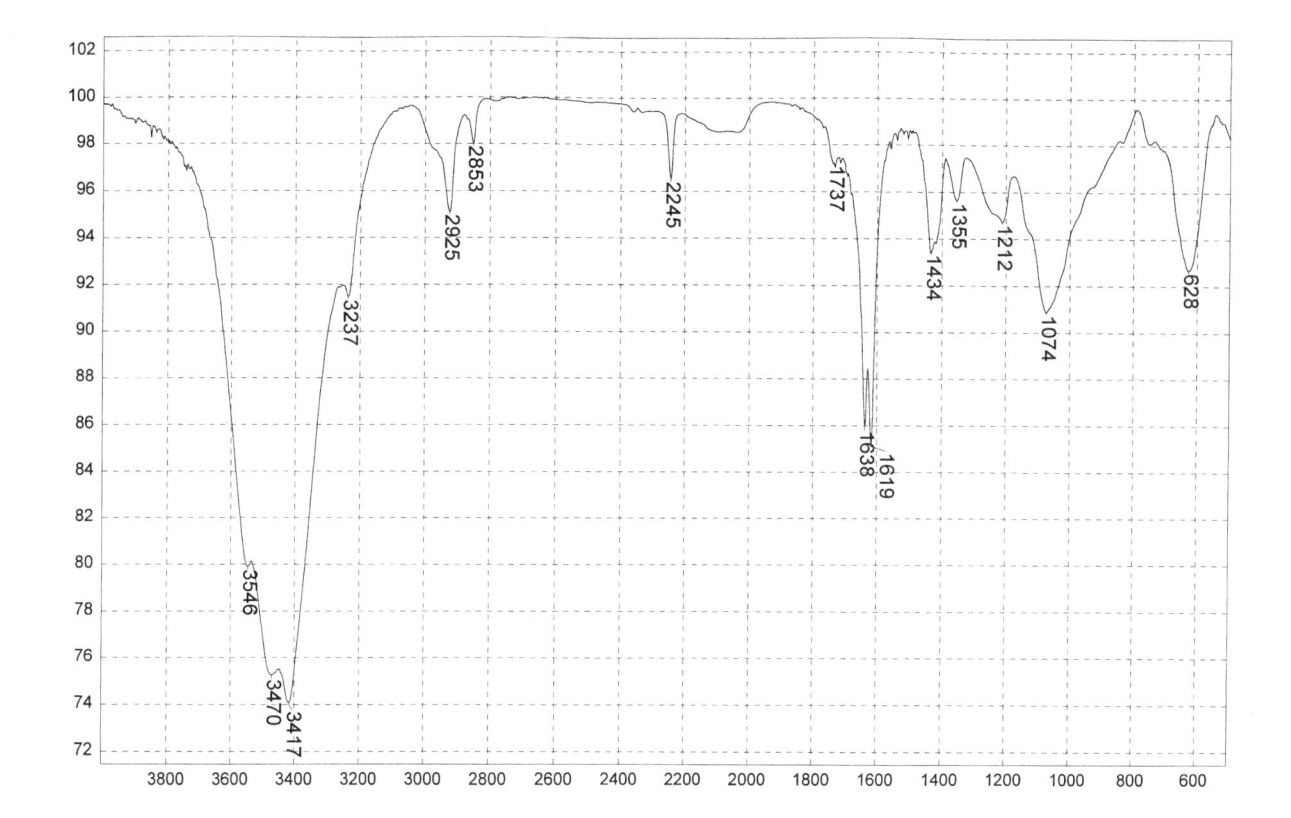

1323 Vinylidene chloride/acrylonitrile copolymer (20% acrylonitrile)

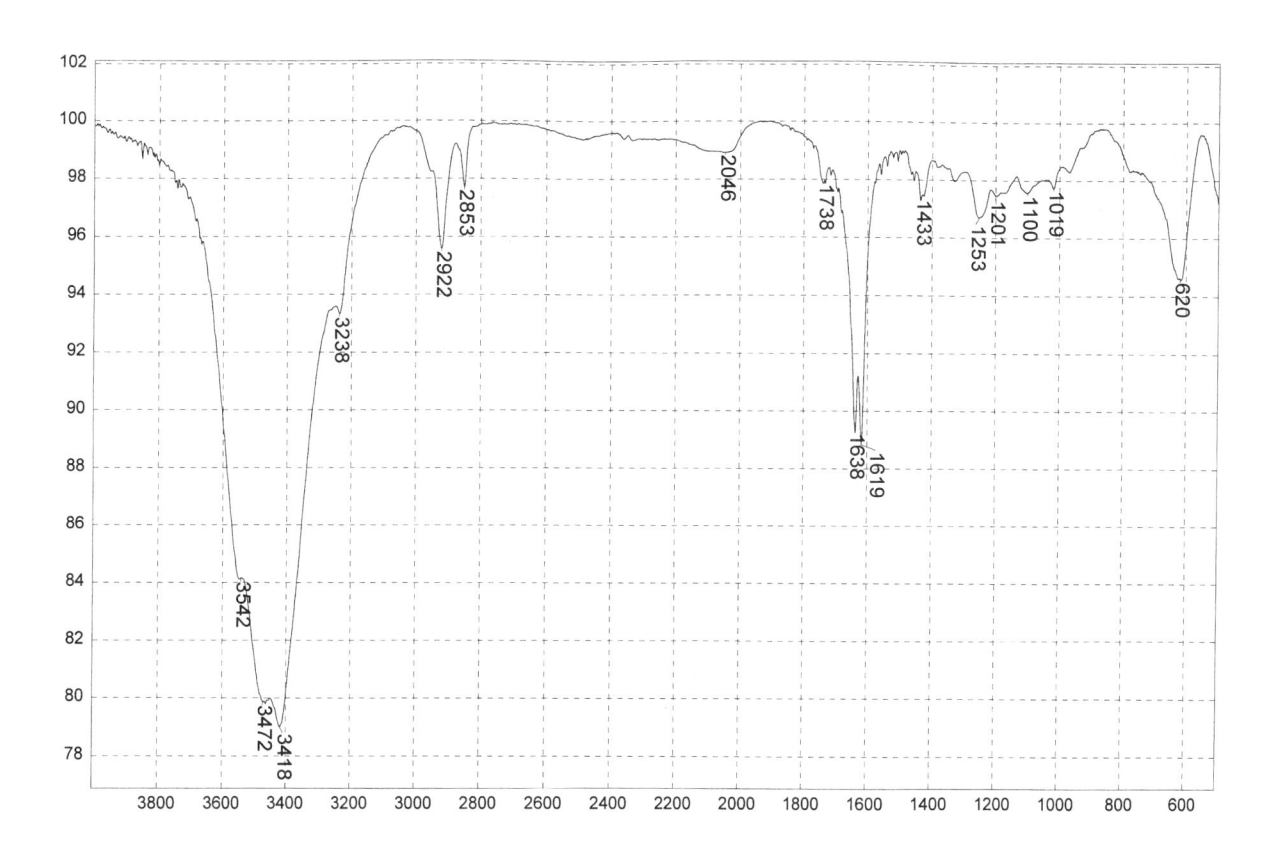

1324 Vinylidene chloride/vinyl chloride copolymer (5% vinylidene chloride)

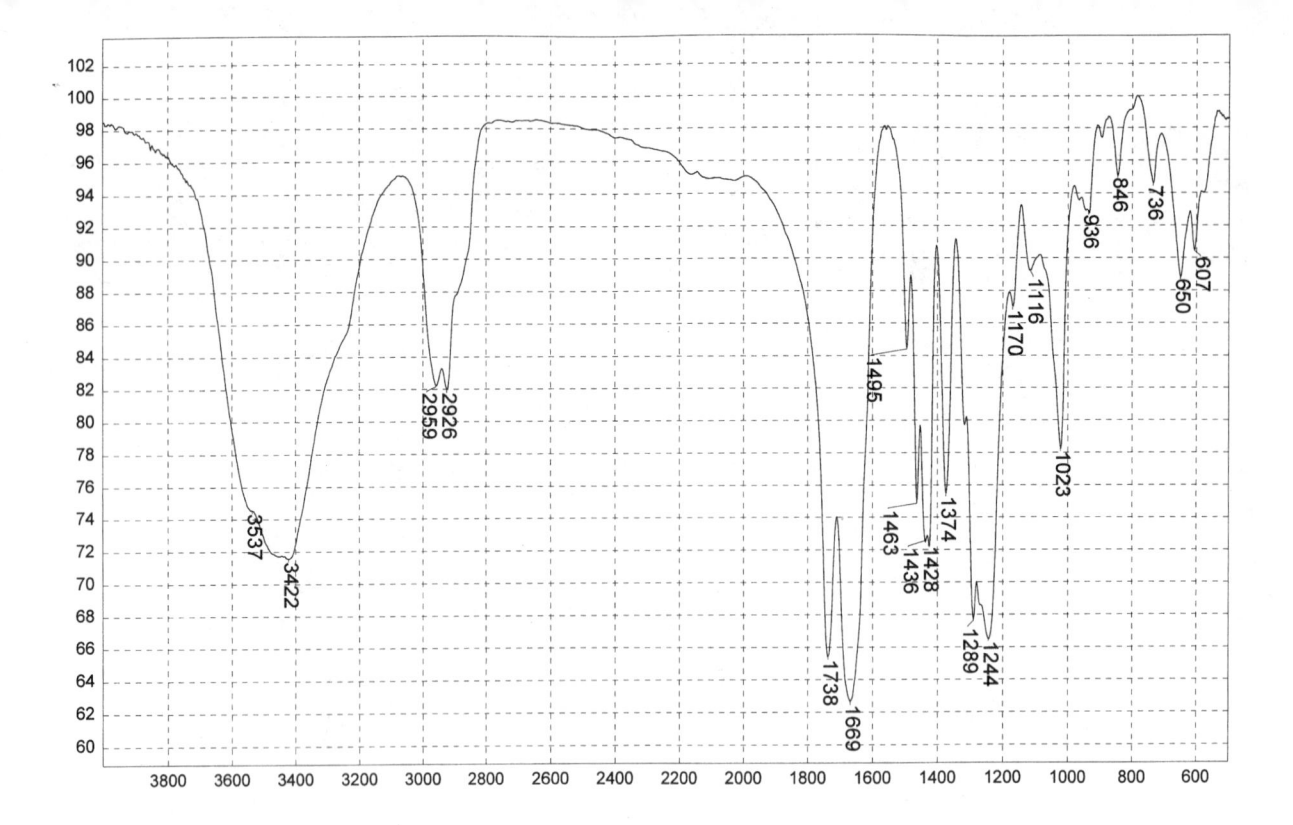

1325 N-Vinyl pyrrolidone/vinyl acetate copolymer

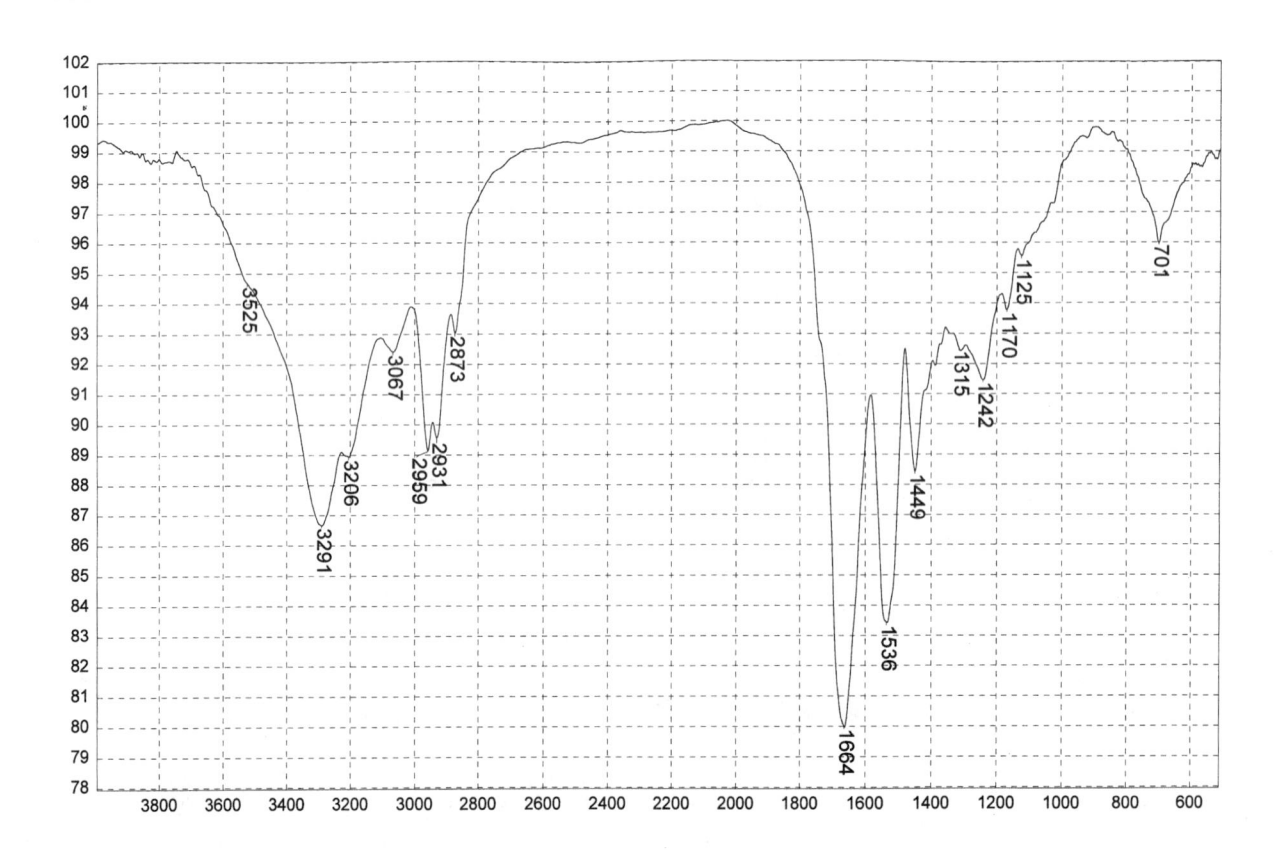

1326 Zein, purified

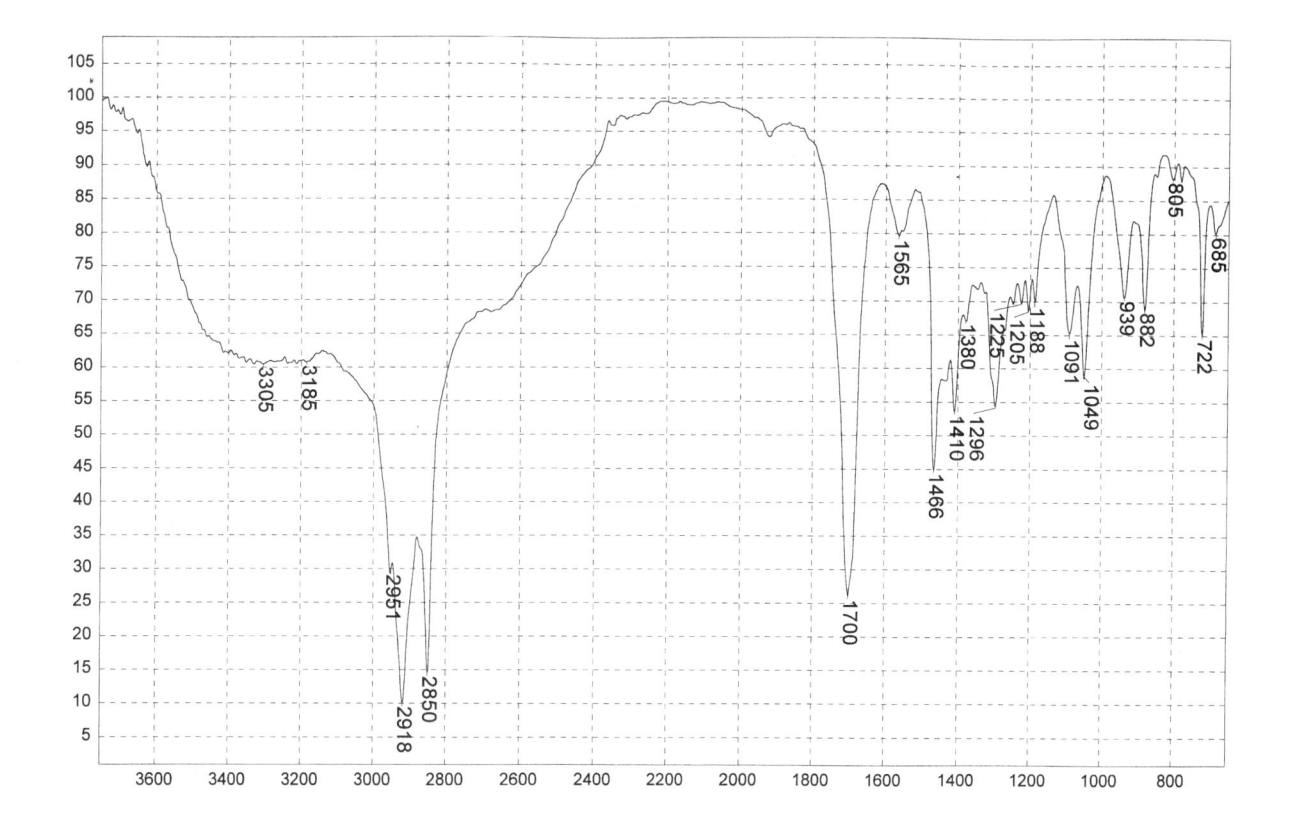

| 1327 | **AMMONIUM PALMITATE** |

| 1328 | **SC10-008 CETIOL 1414E SURFACTANT** |

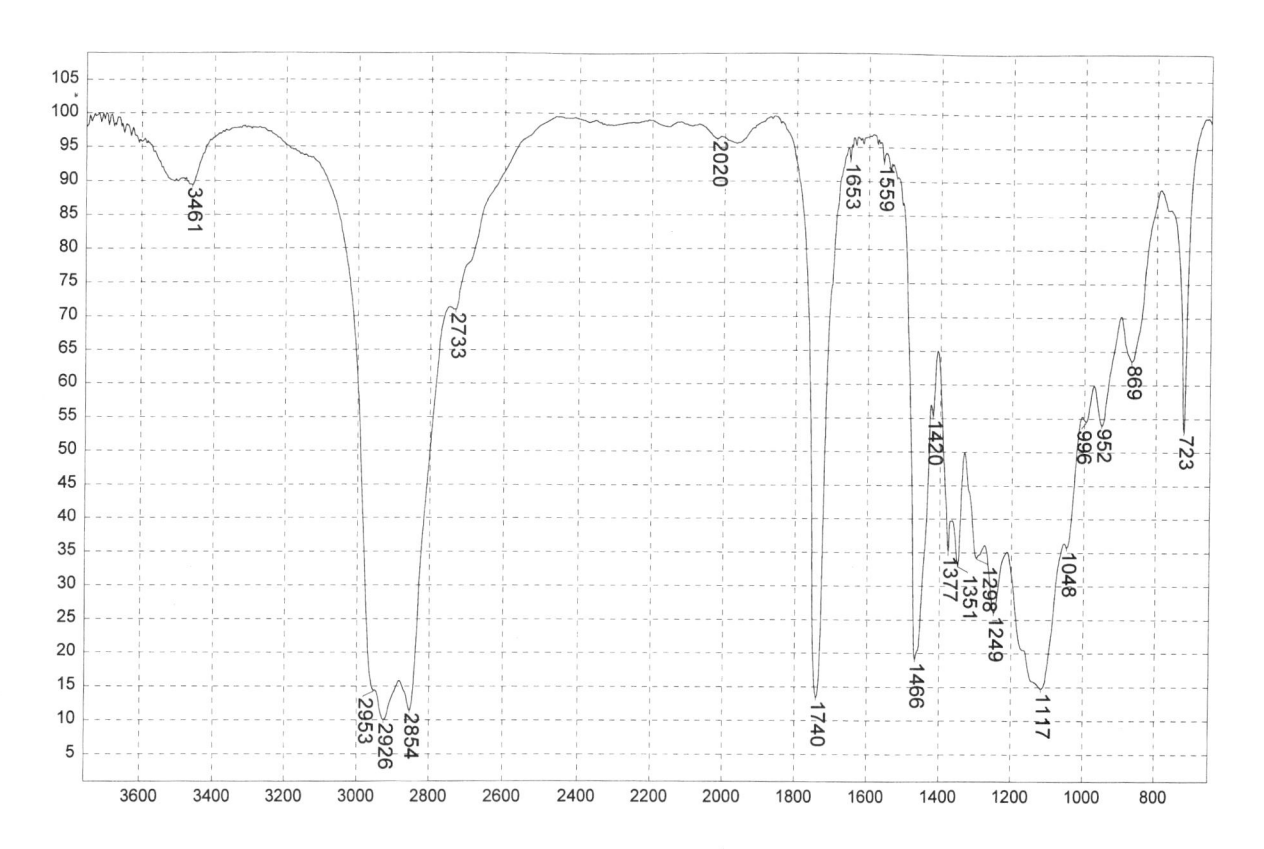

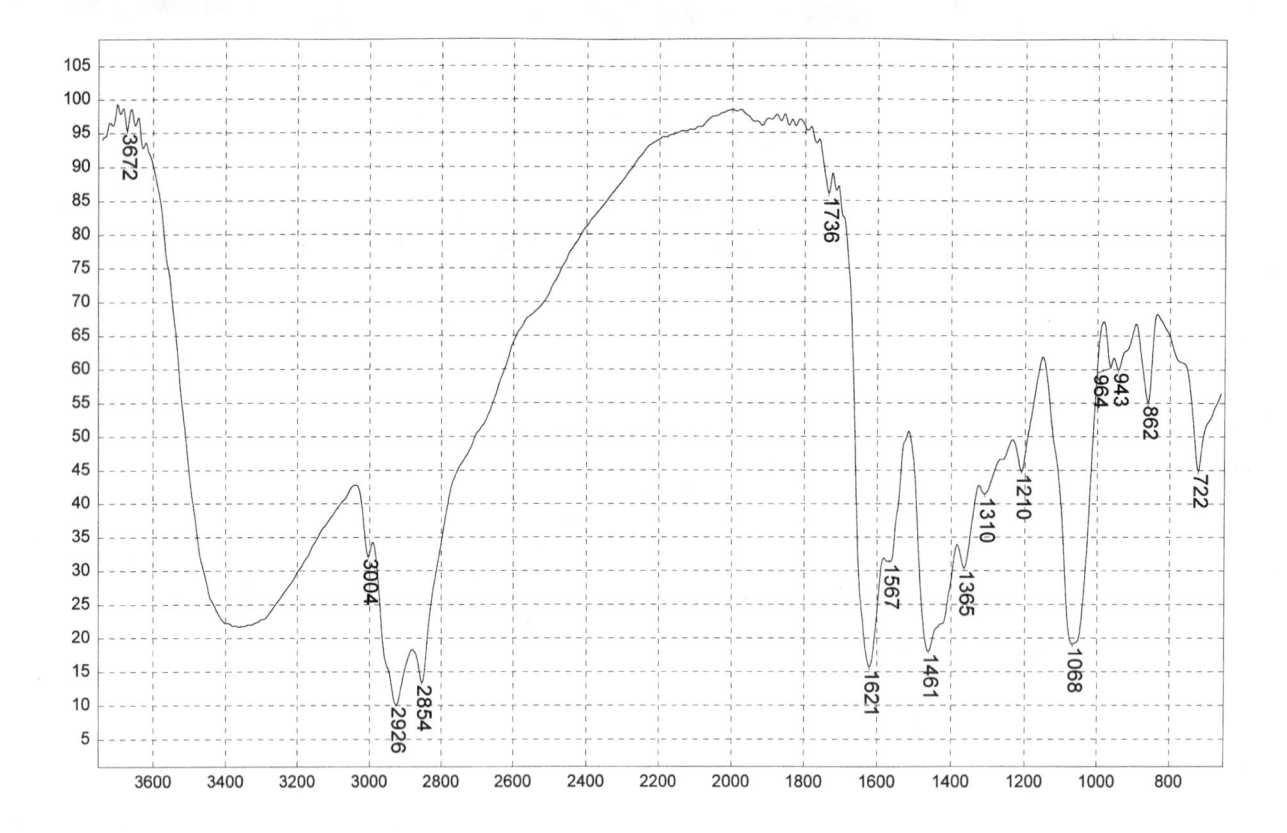

1329 DIETHANOLAMINE-OLEIC ACID CONDENSATE

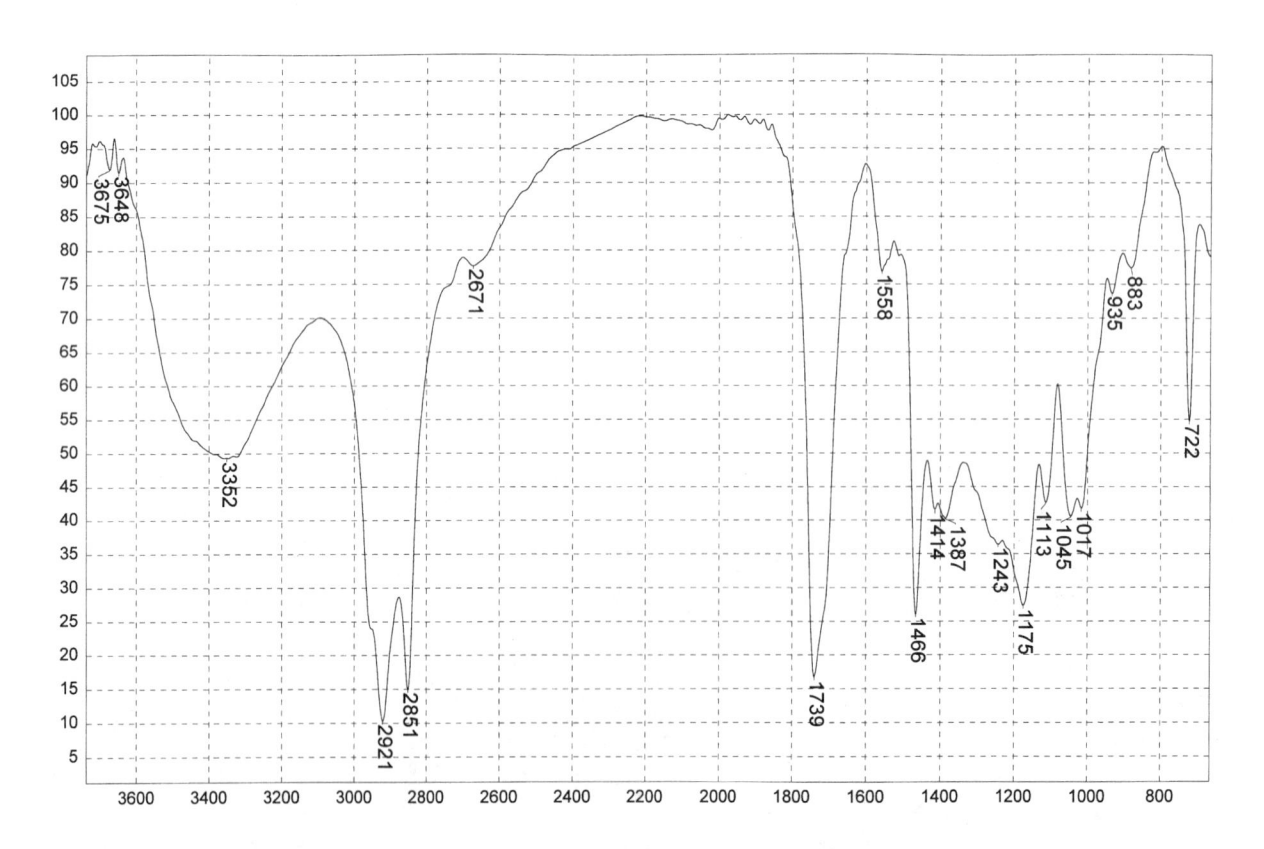

1330 PENTAERYTHRITOL DISTEARATE

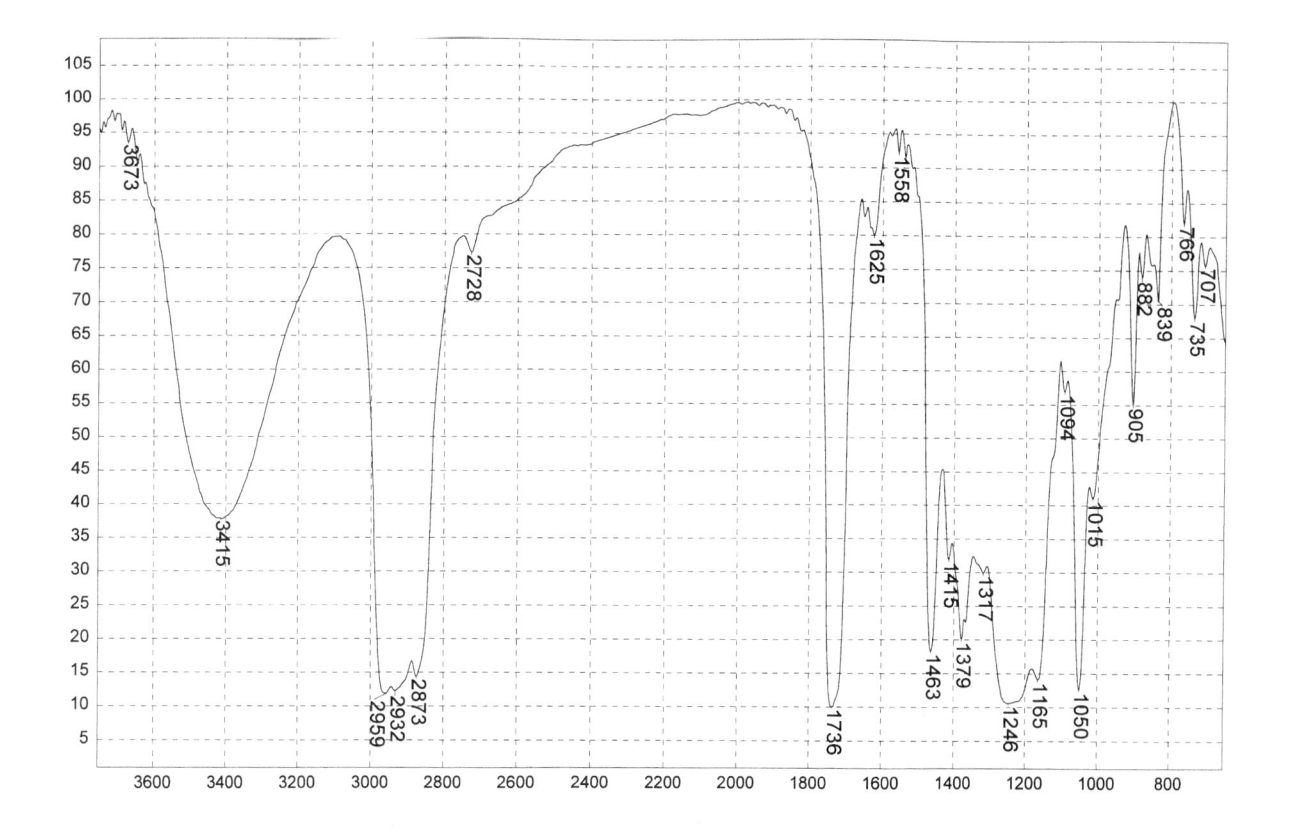

1331 SODIUM DITRIDECYL SULFOSUCCINATE

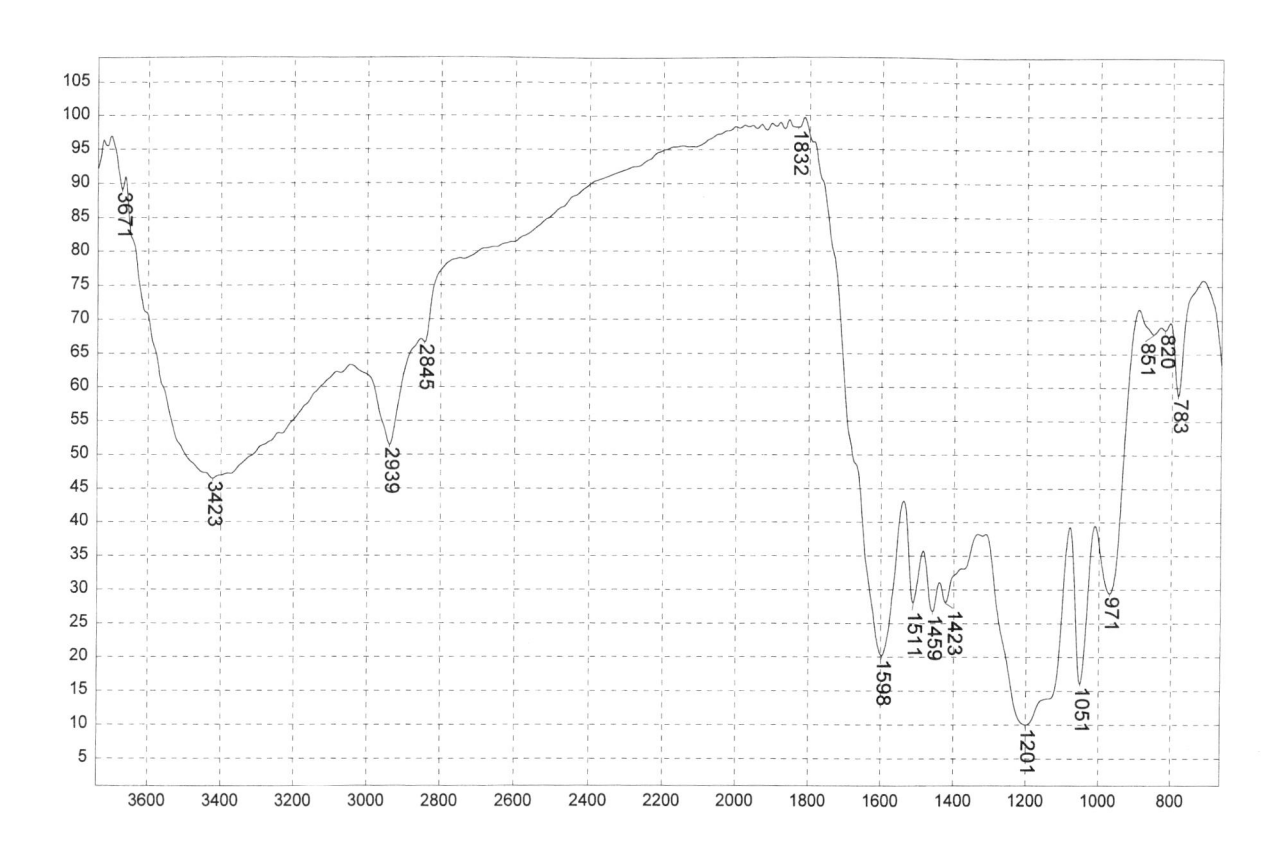

1332 SODIUM LIGNOSULFONATE, 2 MOLES SODIUM / LIGNIN UNIT

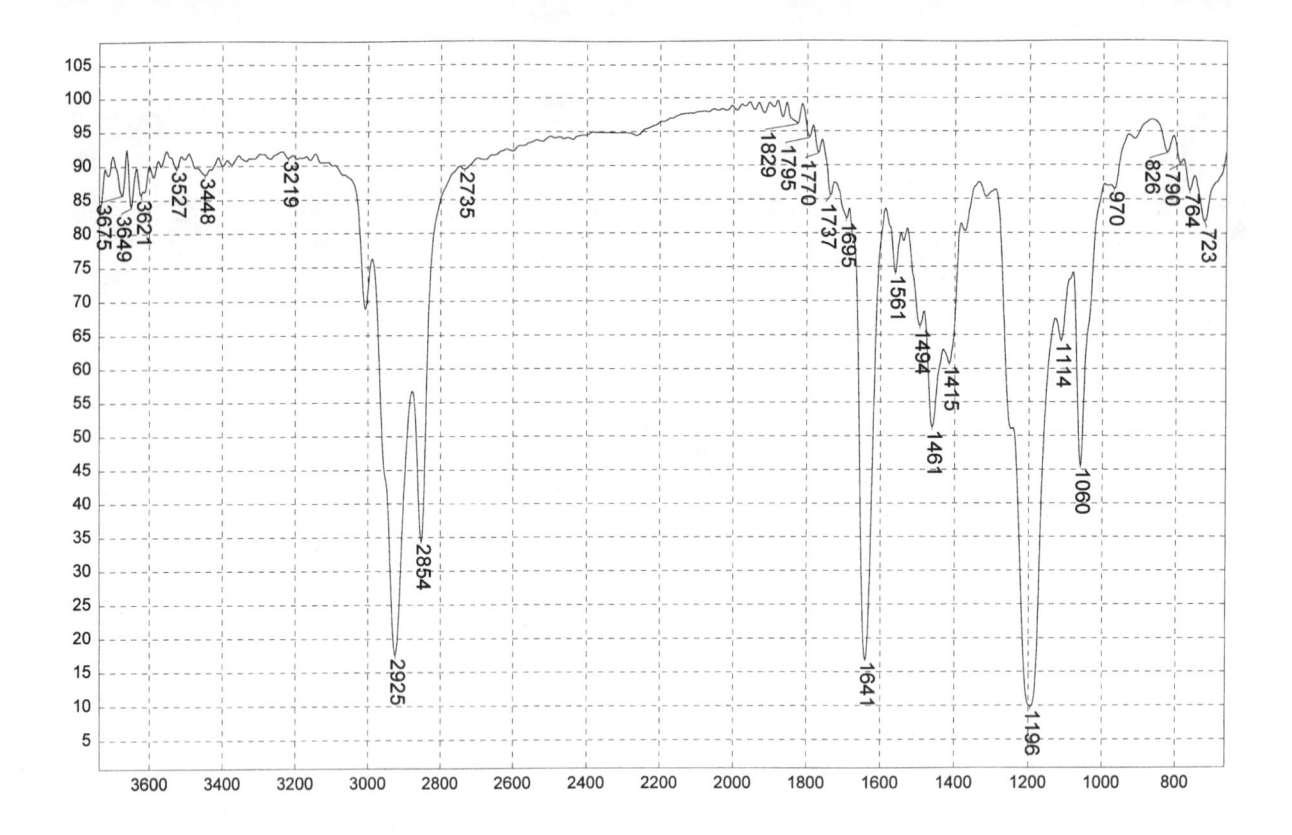

1333 SODIUM N-METHYL-N-OLEYL TAURATE

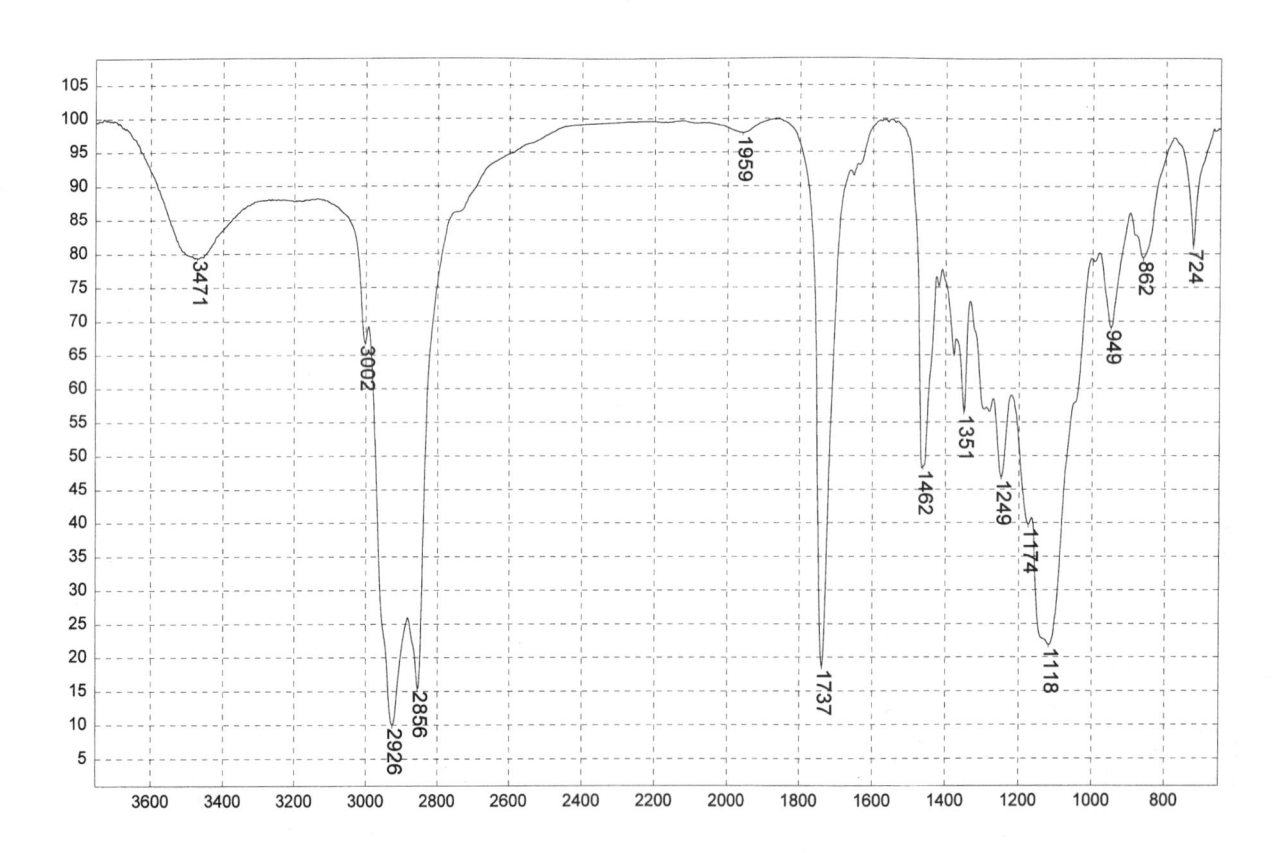

1334 DIOLEATE OF POLYETHYLENE GLYCOL 1540

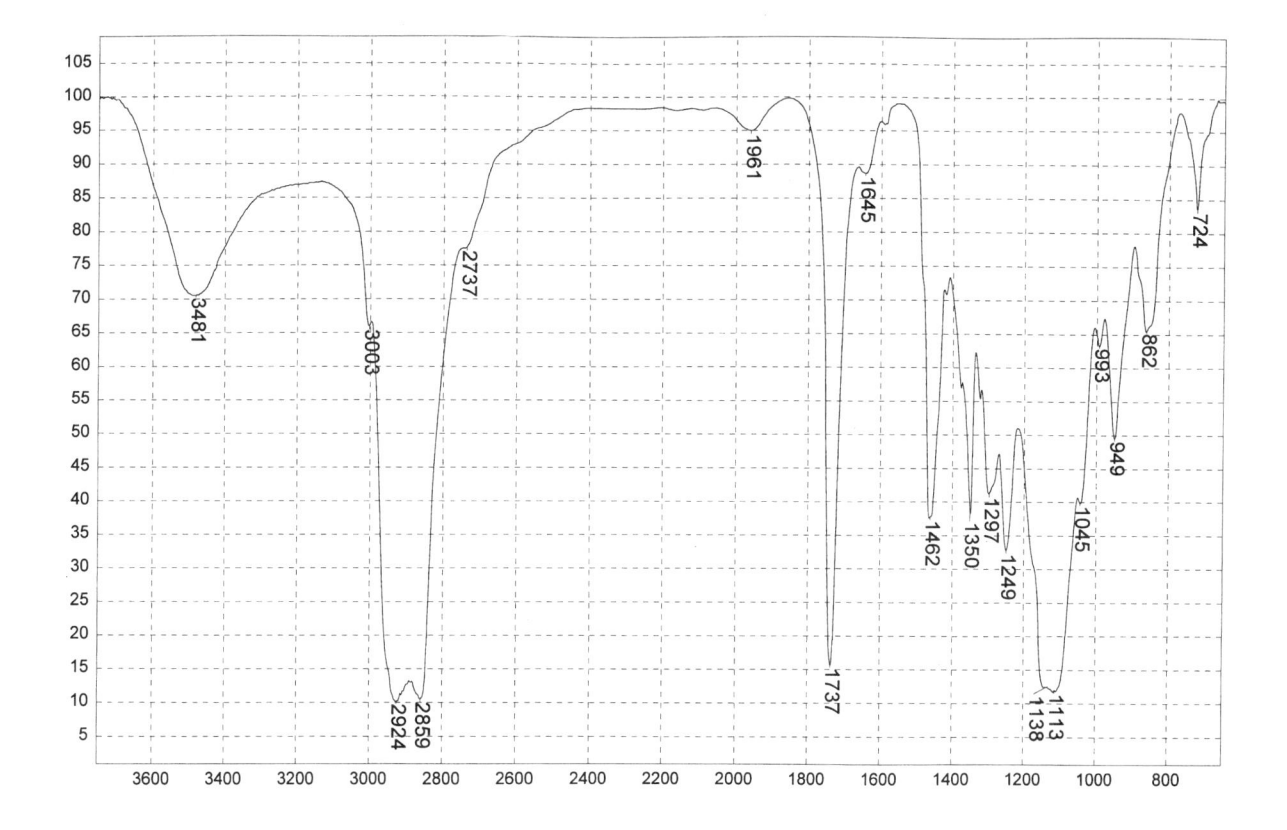

1335 DIOLEATE OF POLYETHYLENE GLYCOL 600

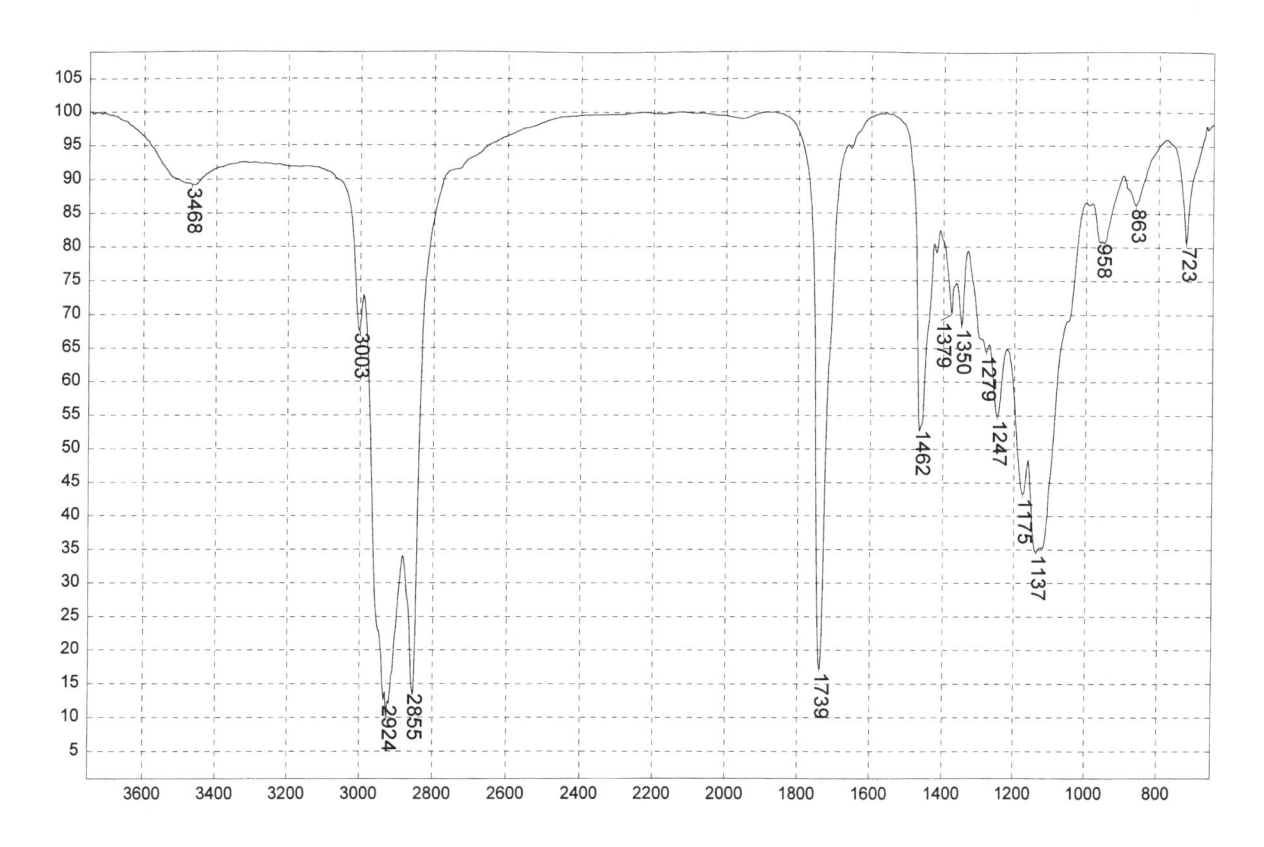

1336 DIOLEATE OF POLYETHYLENE GLYCOL 200

1337 OLEATE OF POLYETHYLENE GLYCOL 200

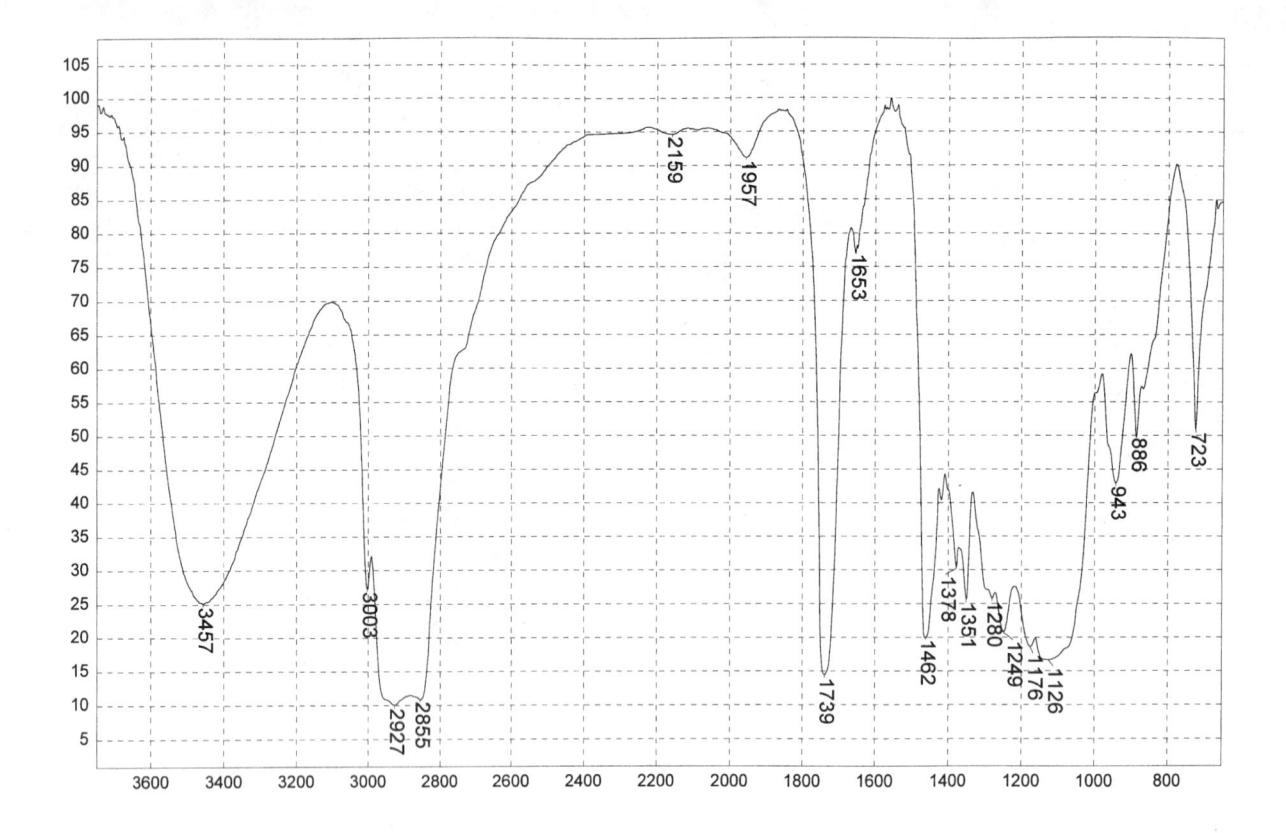

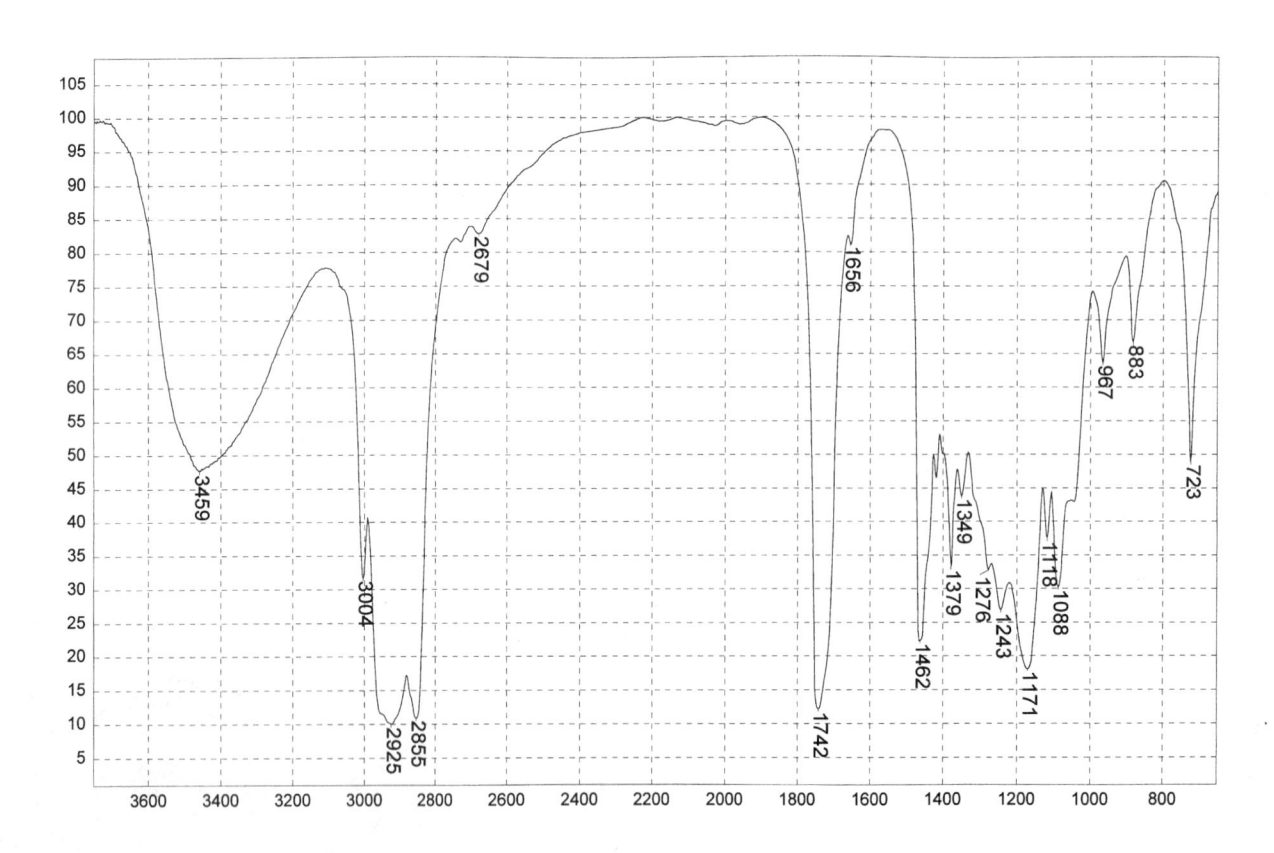

1338 OLEATE OF ETHYLENE GLYCOL

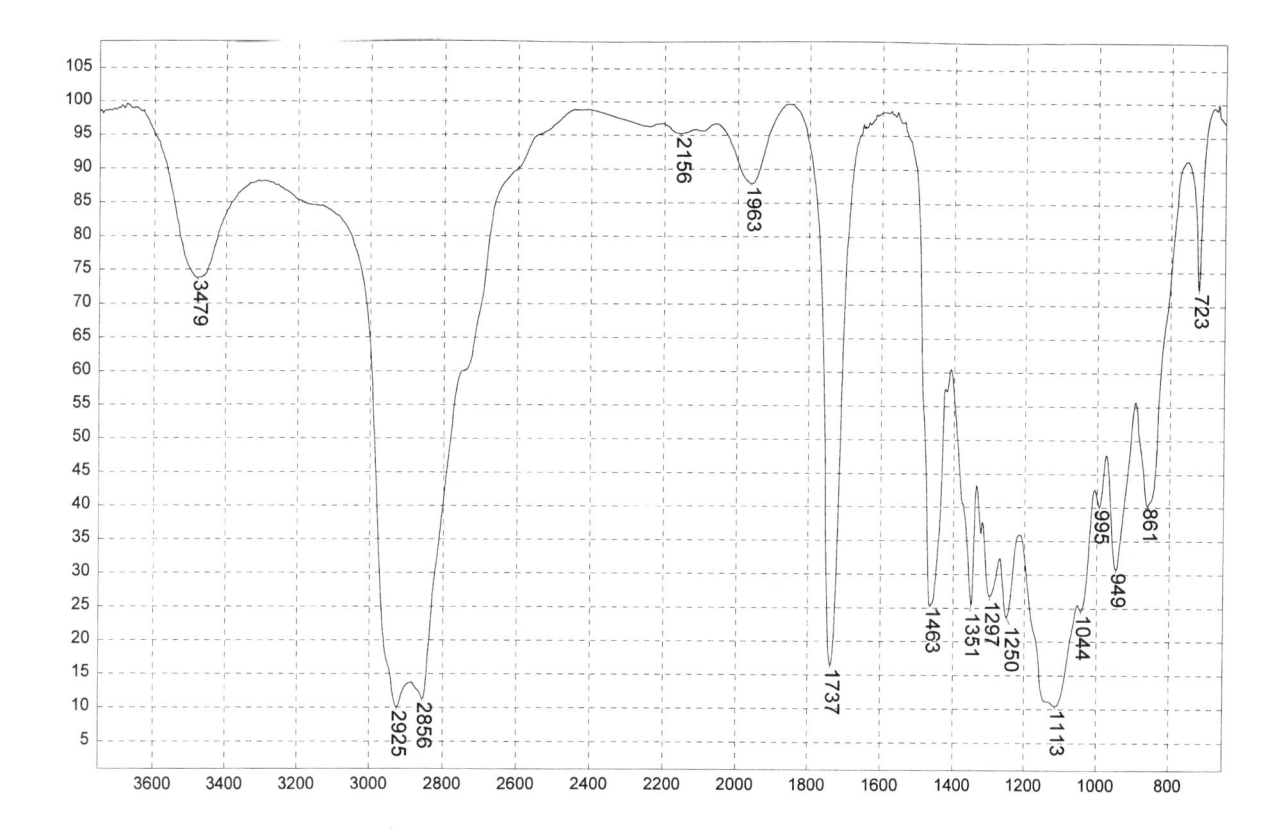

1339 DISTEARATE OF POLYETHYLENE GLYCOL 1000

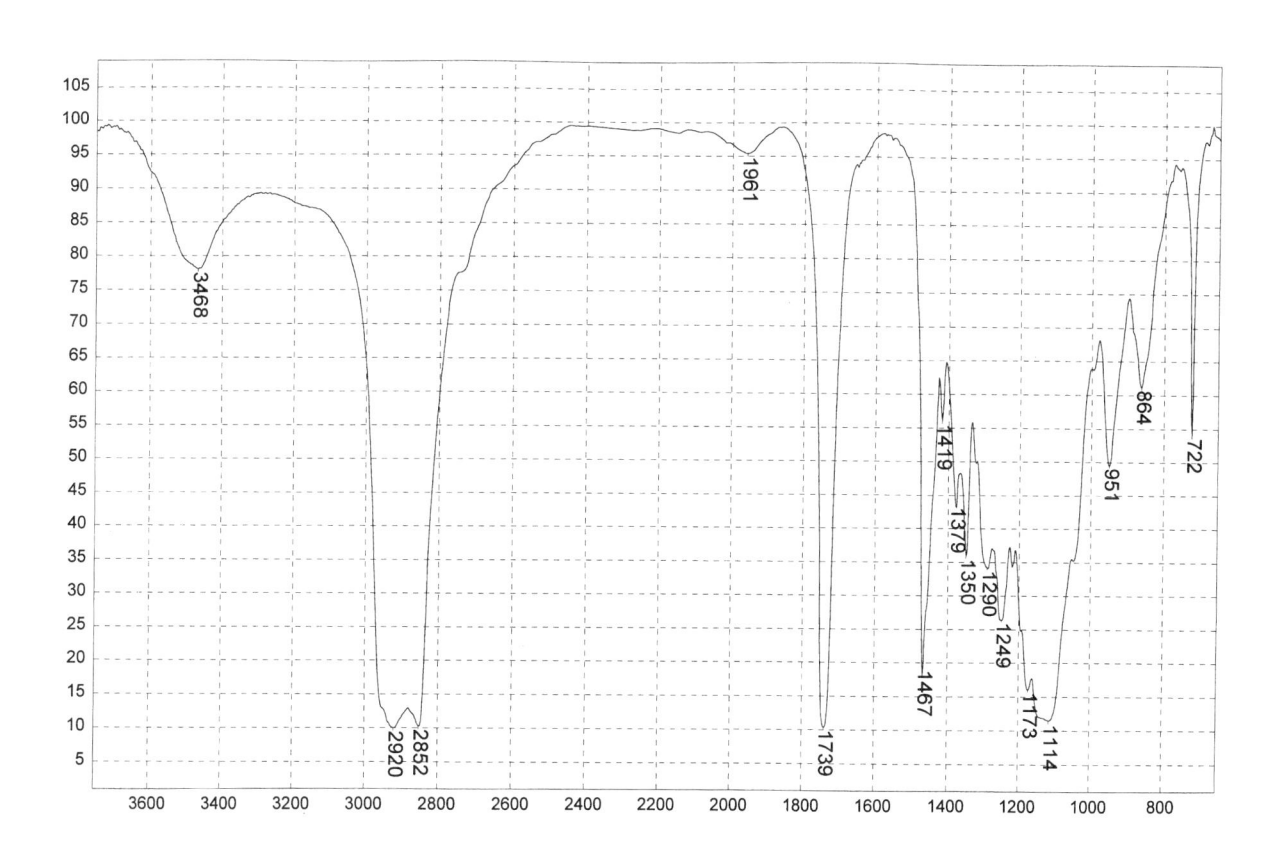

1340 DISTEARATE OF POLYETHYLENE GLYCOL 300

1341 STEARATE OF POLYETHYLENE GLYCOL 200

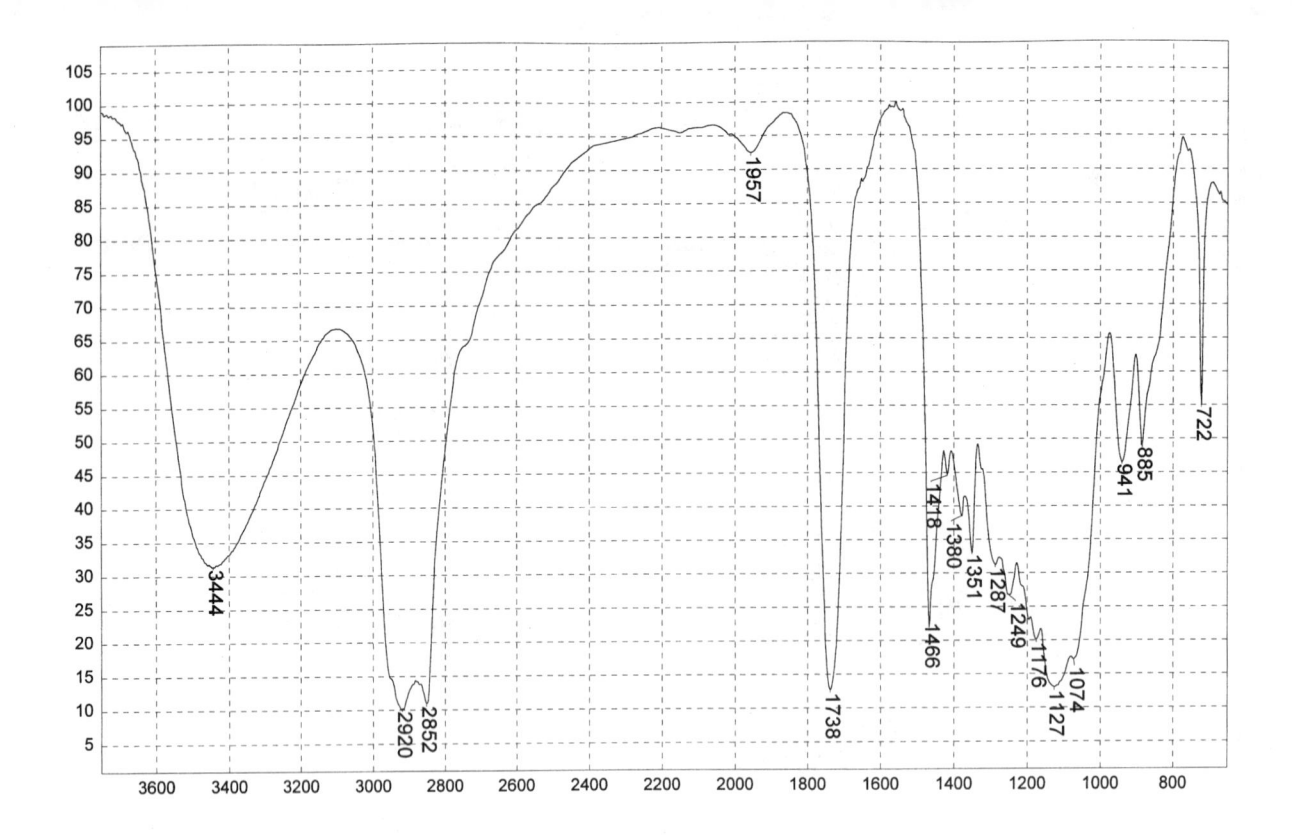

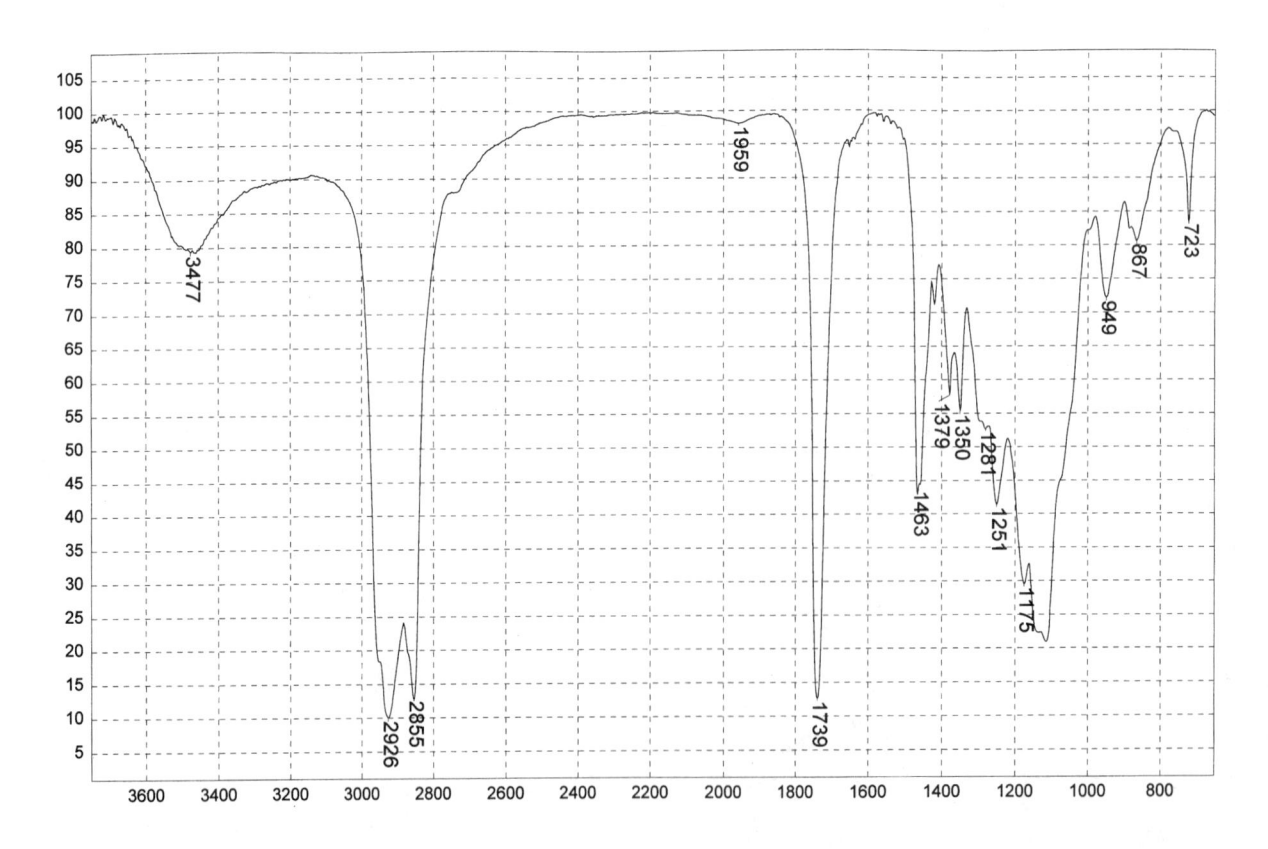

1342 DILAURATE OF POLYETHYLENE GLYCOL 200

KNOWN AEROSOL OT WS6651

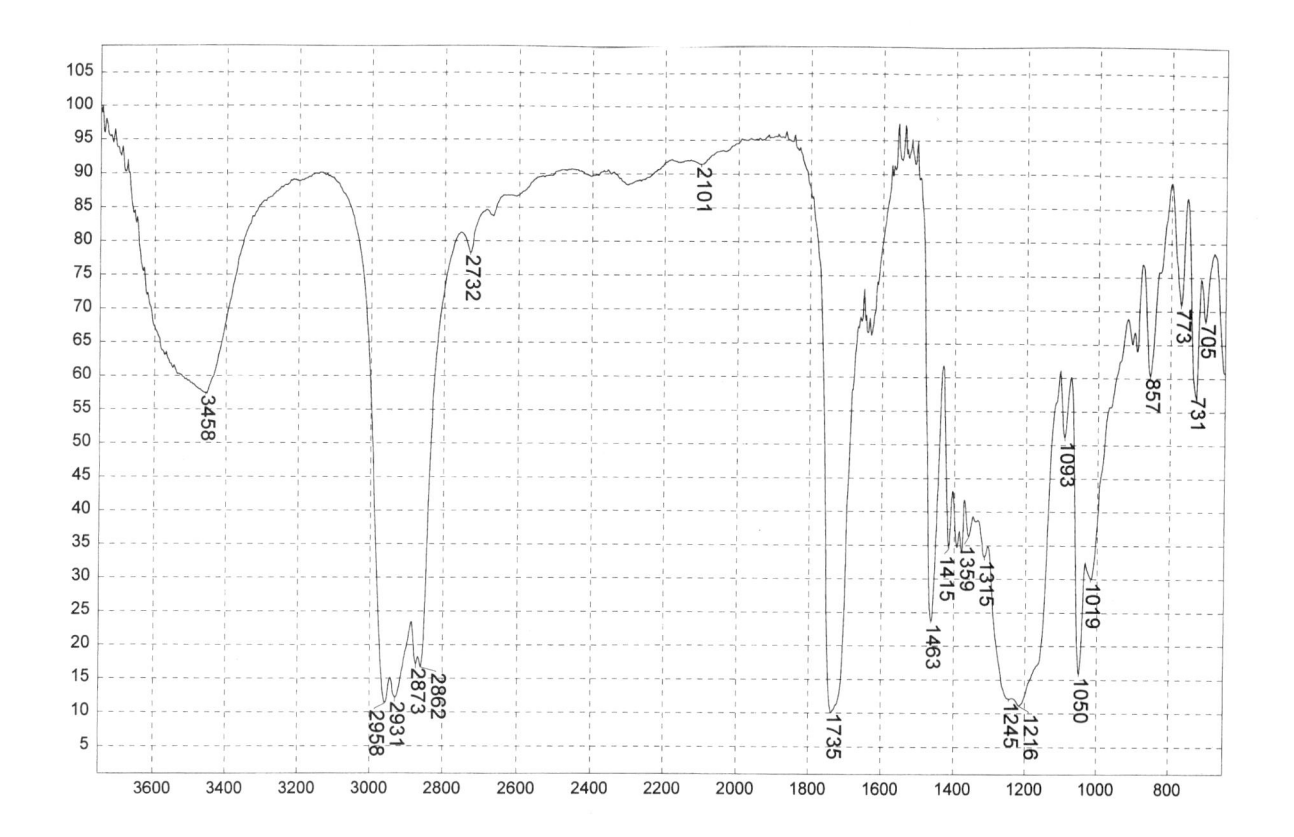

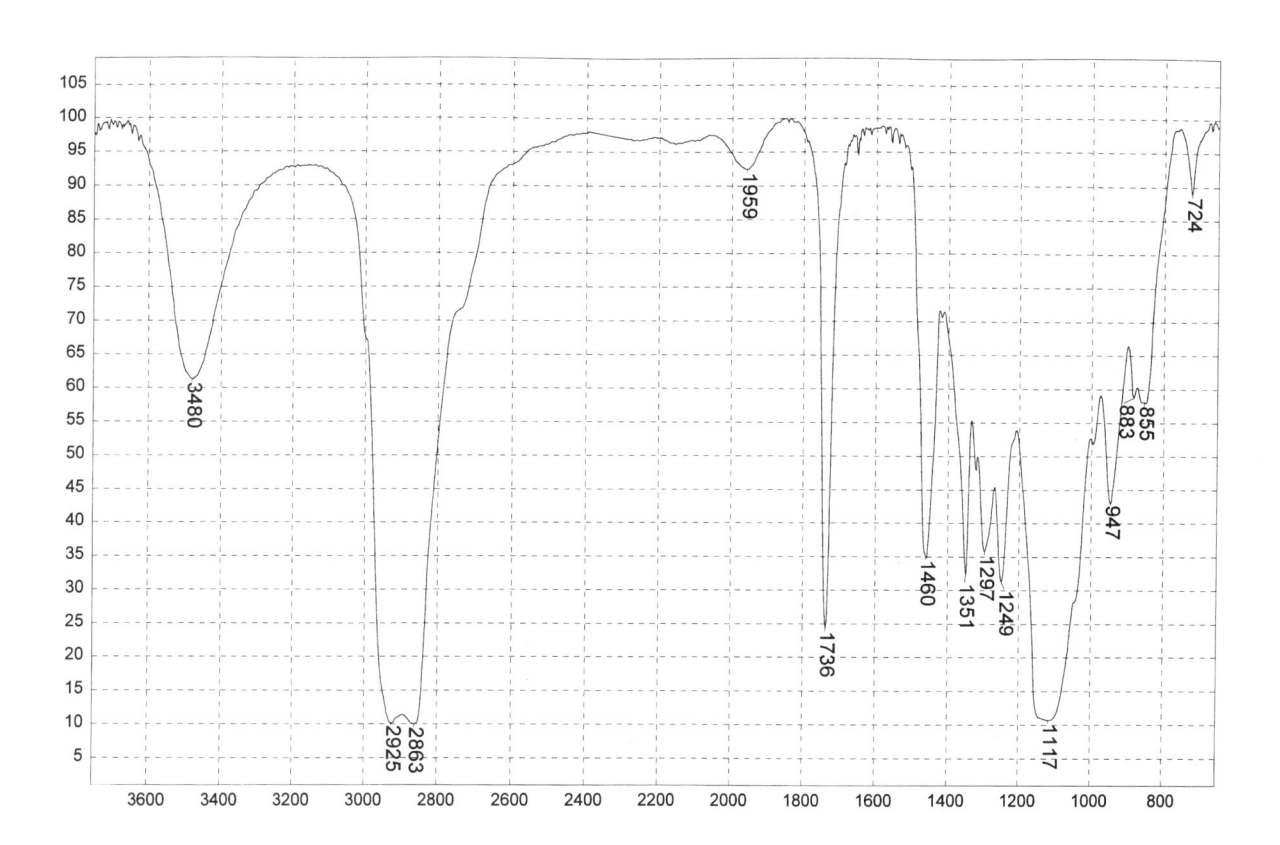

1343

P.O.E. SORBITAN MONOOLEATE (20 MOLES EtO)

1344

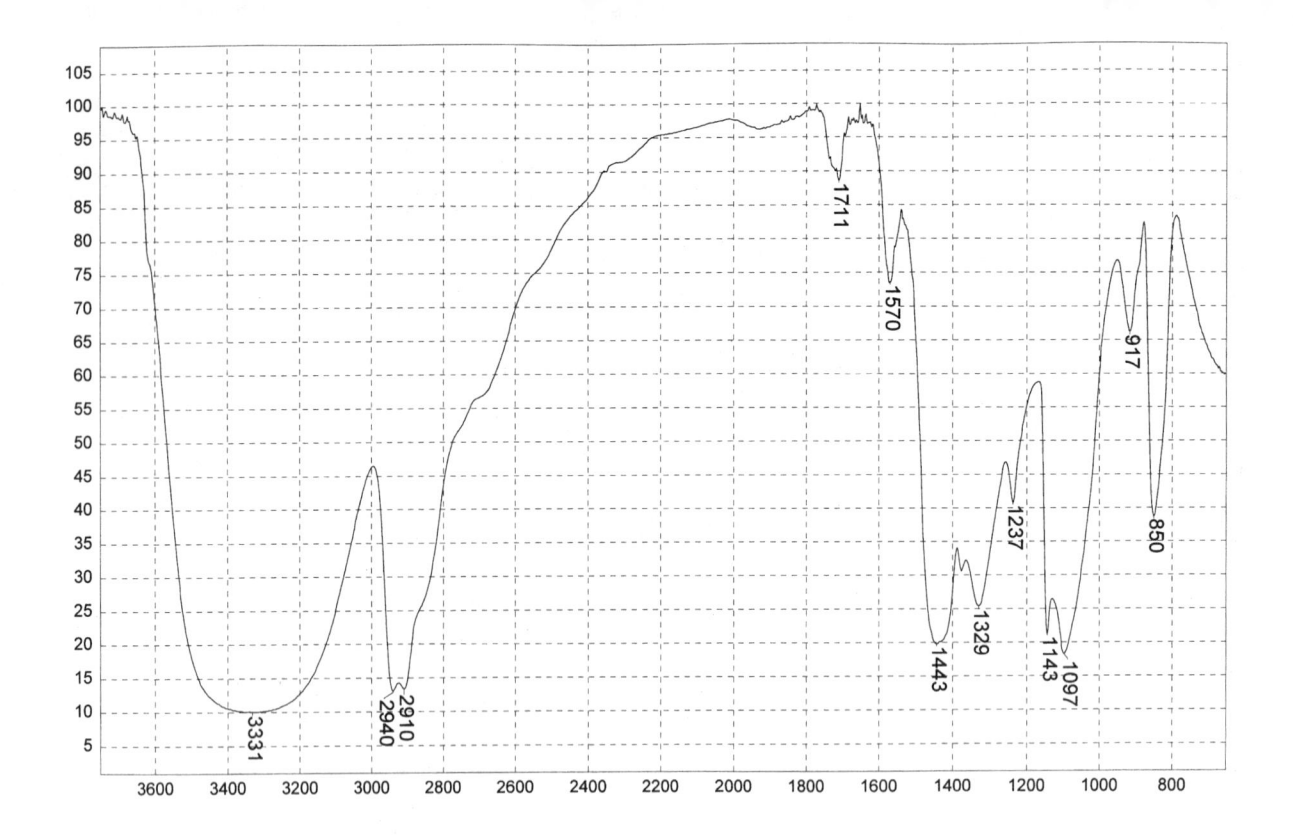

1345 KNOWN VINOL 165 POLYVINYL ALCOHOL

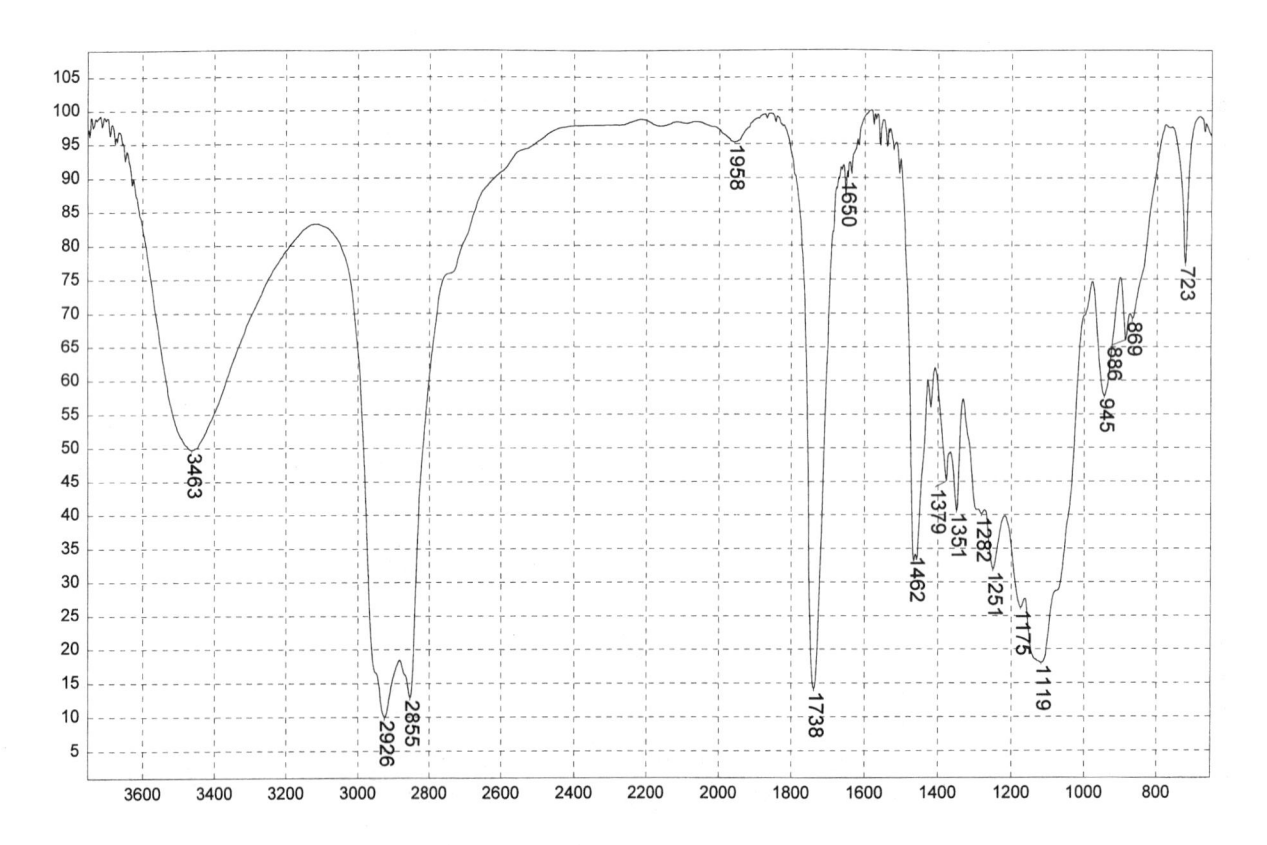

1346 LAURATE OF POLYETHYLENE GLYCOL 200

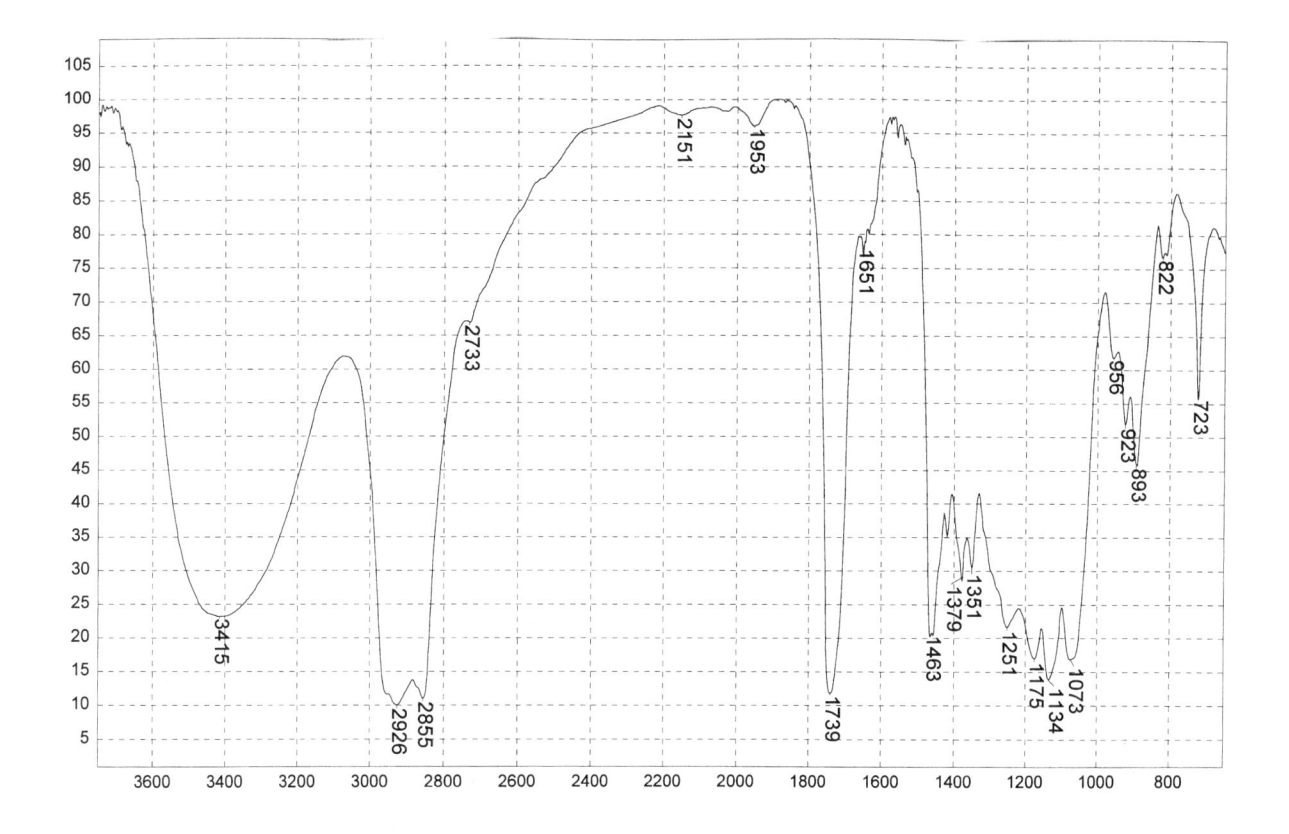

LAURATE OF DIETHYLENE GLYCOL

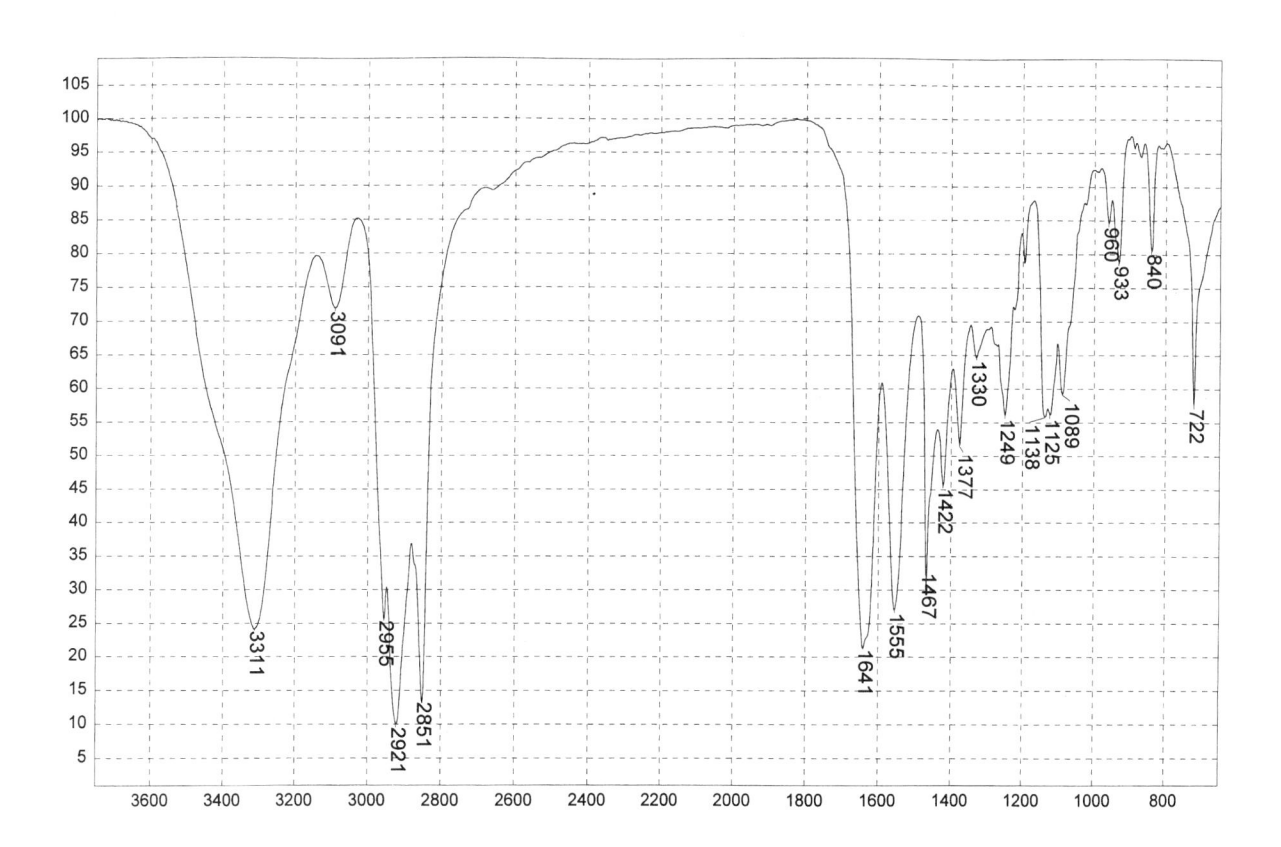

1347

MONOISOPROPANOLAMIDE-LAURIC ACID

1348

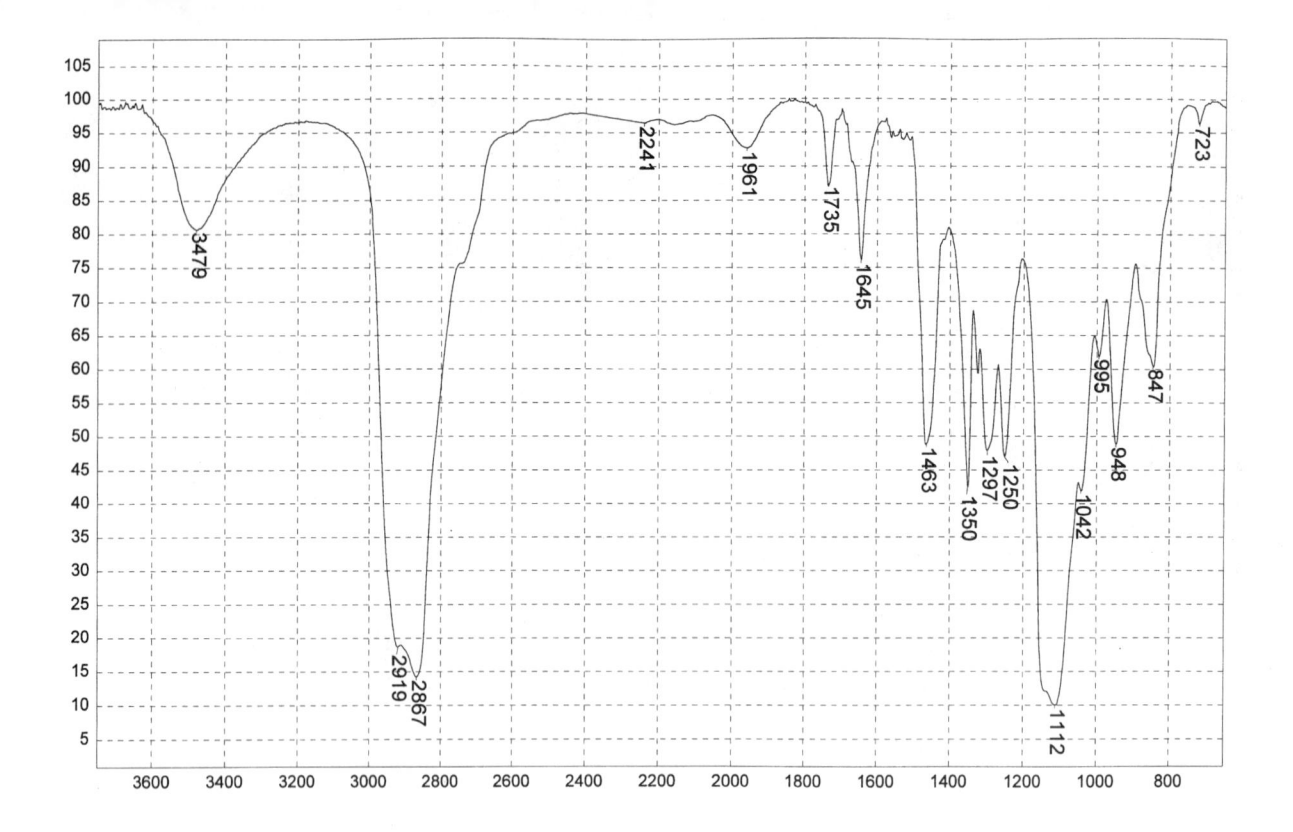

1349   **P.O.E. HYDROGENATED TALLOW AMIDE**

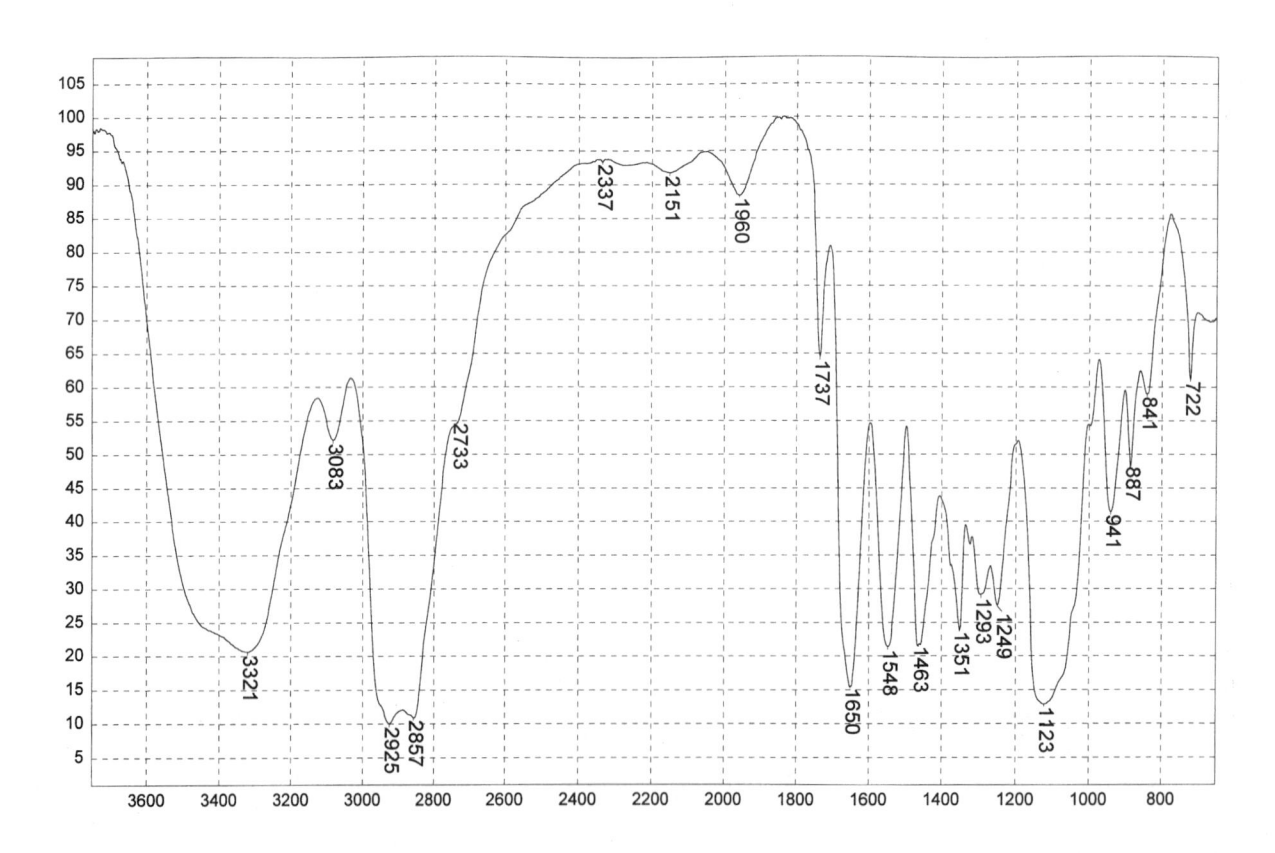

1350   **POLYOXYETHYLATED COCO AMIDE (5 MOLES EtO)**

1351 POLYETHOXYLATED OLEAMIDE (5 MOLES EtO)

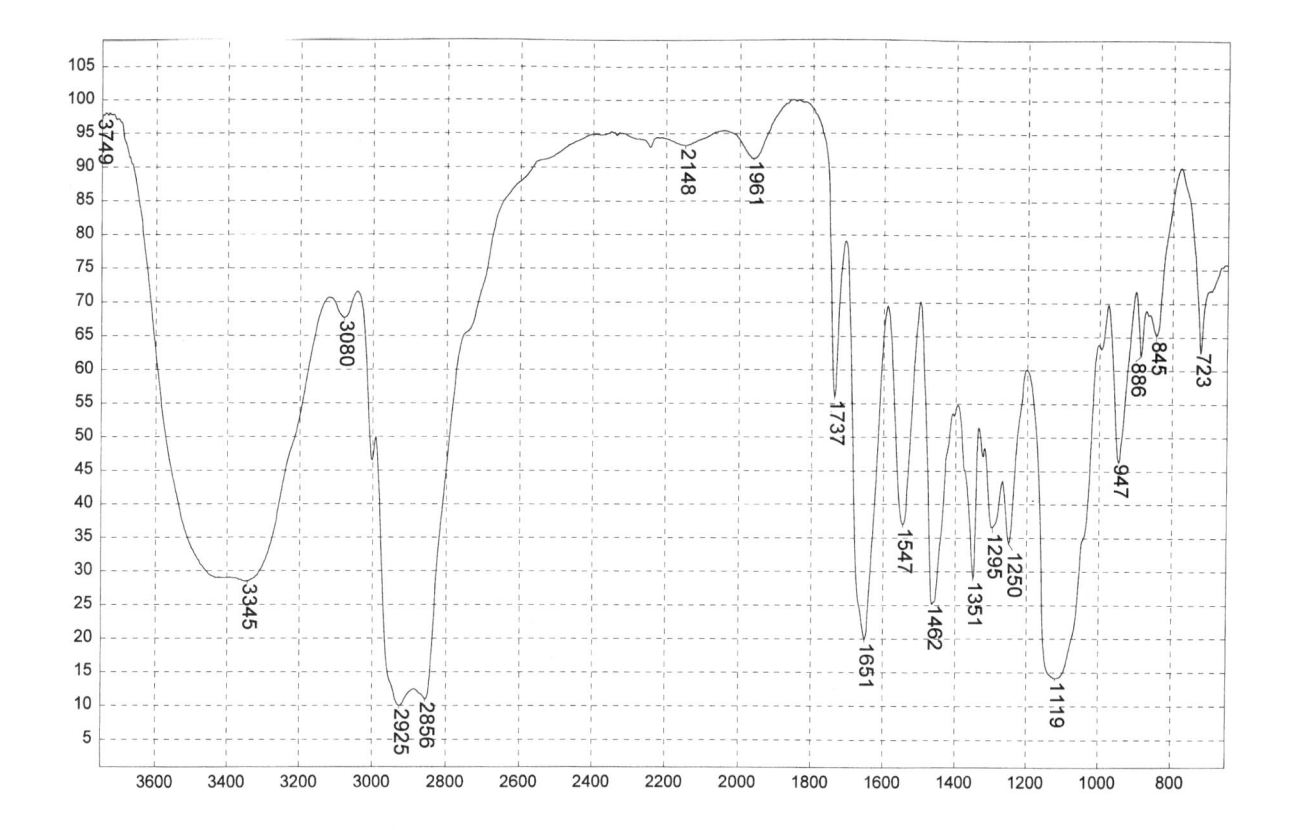

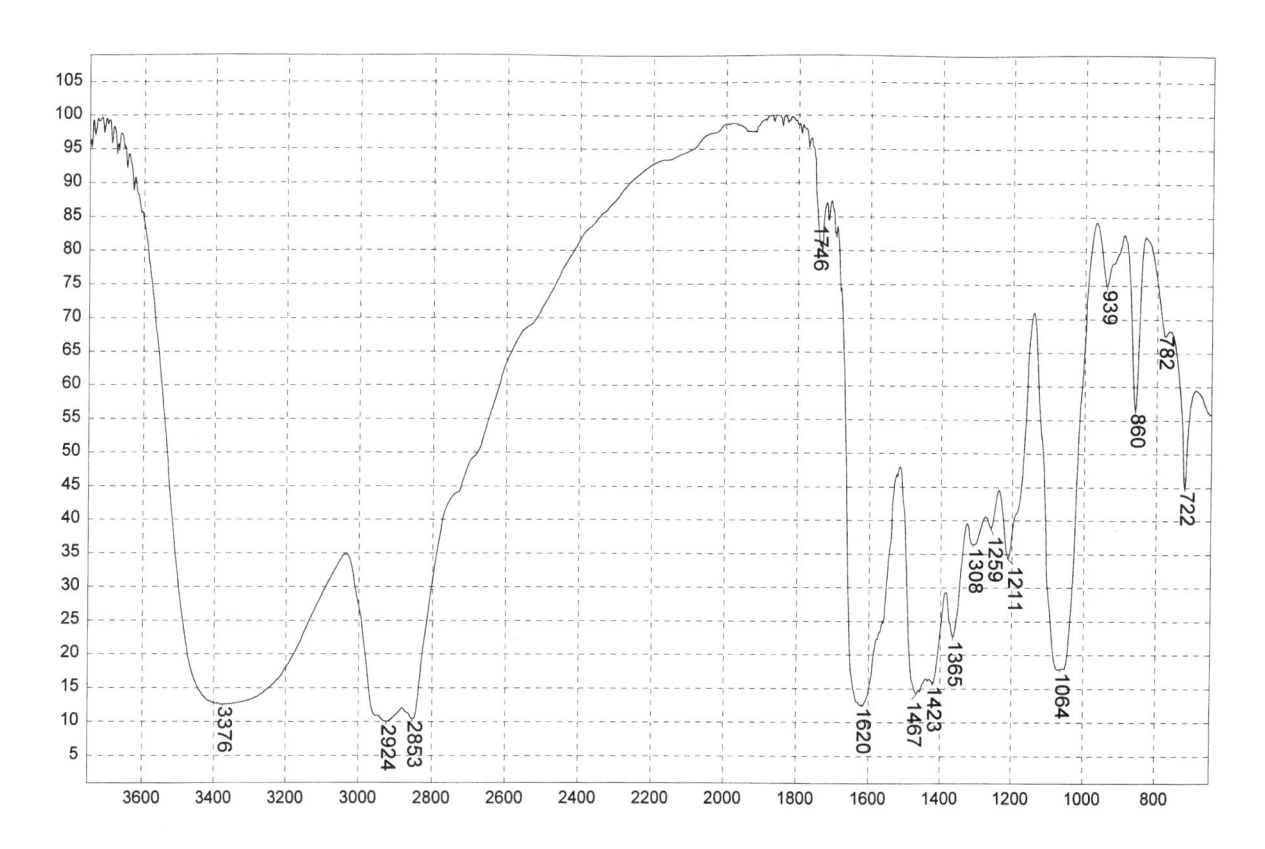

1352 DIETHANOLAMINE-COCONUT FATTY ACID CONDENSATE (90%)

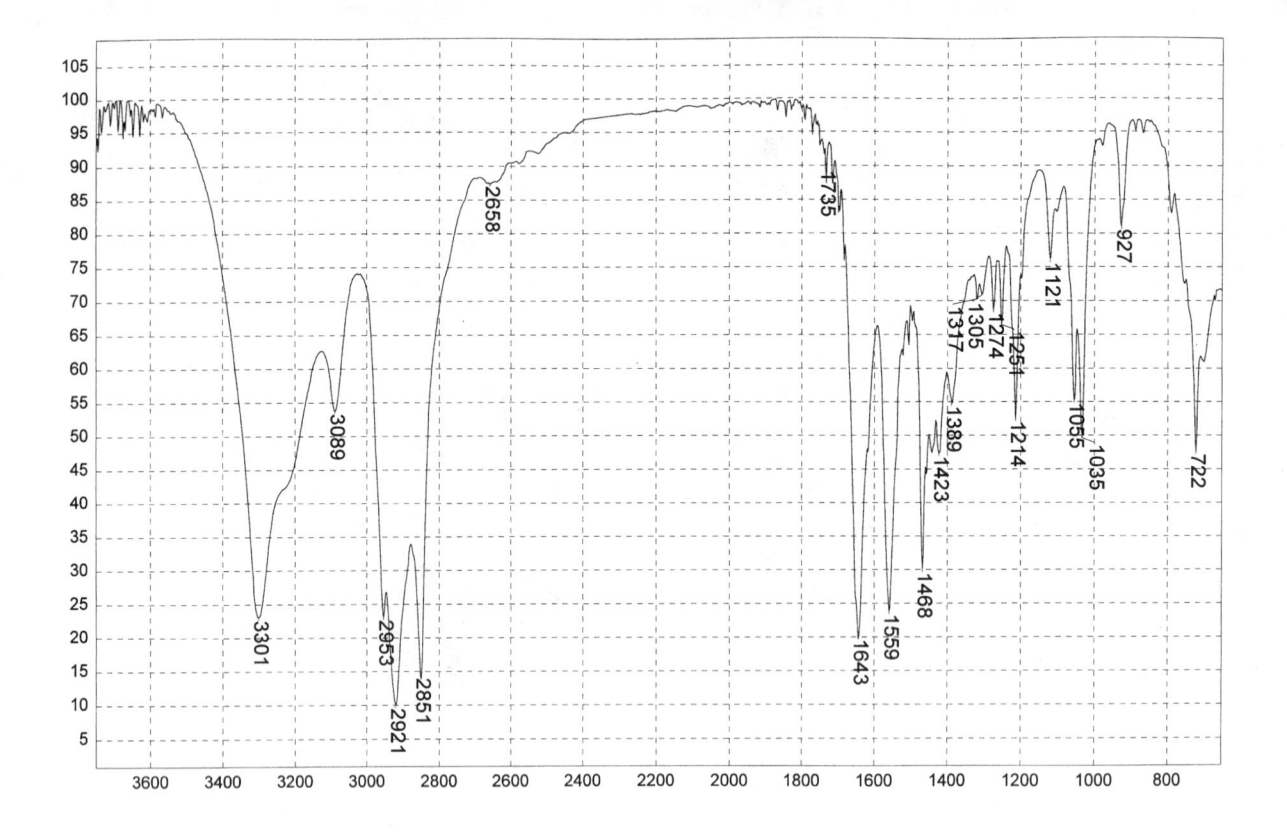

1353 MONOETHANOLAMIDE LAURIC ACID

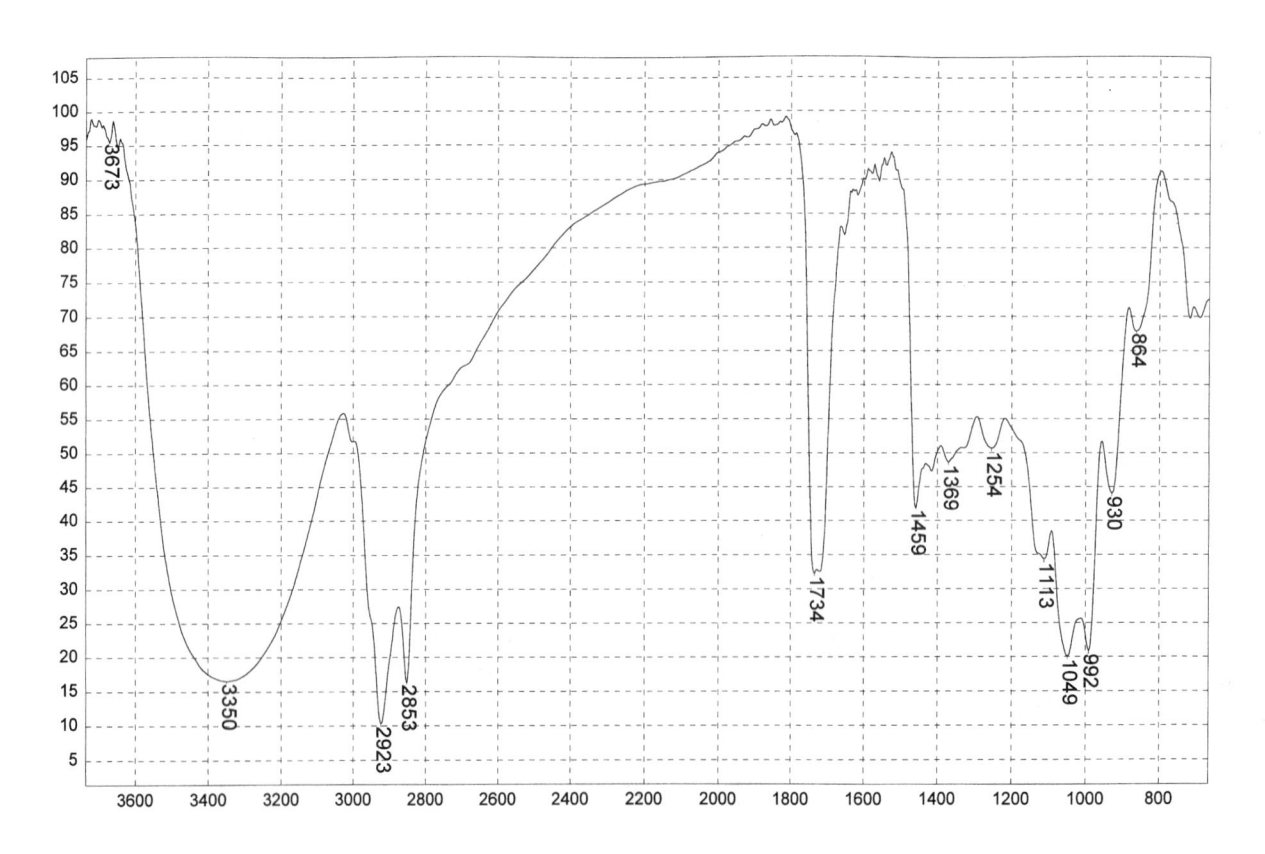

1354 SUCROSE MONOTALLOWATE

SUCROSE DIOLEATE

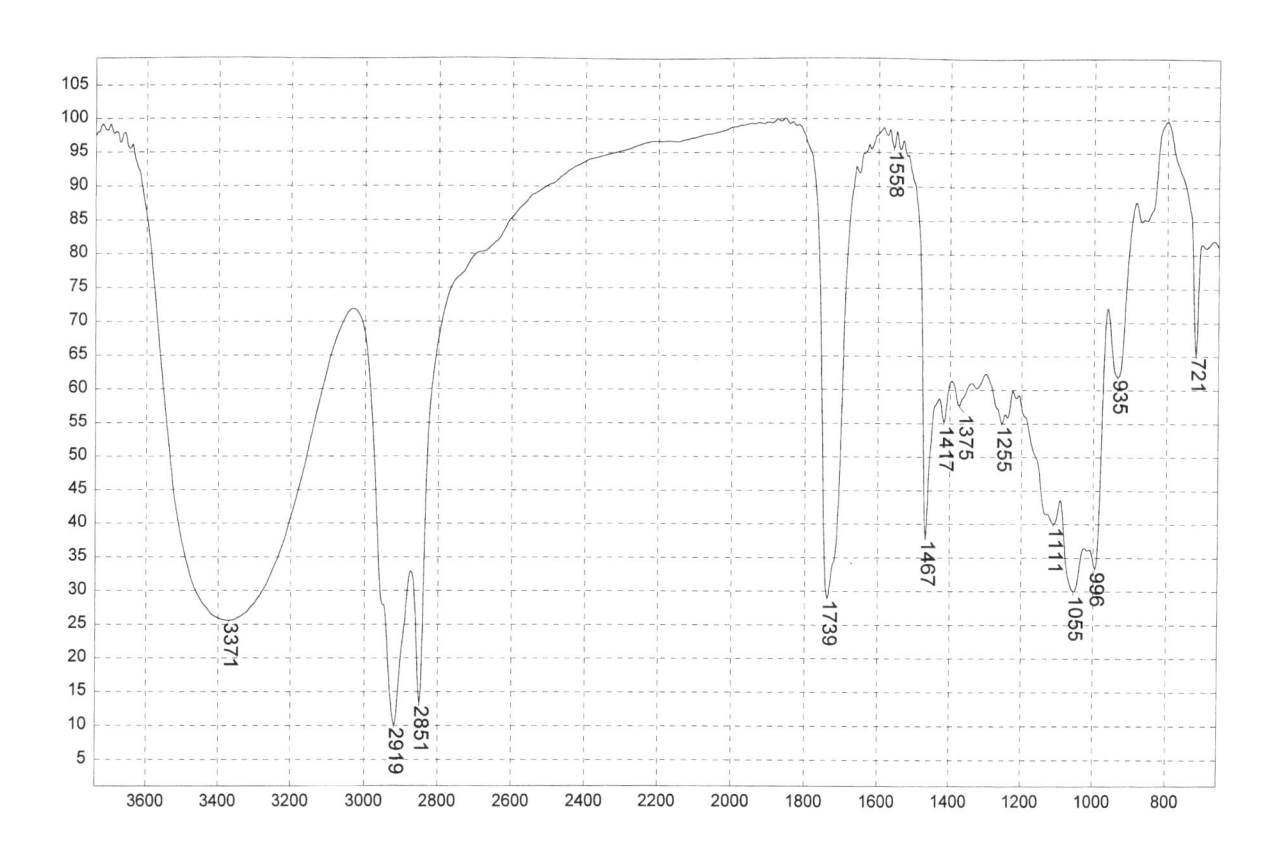

SUCROSE MONOSTEARATE

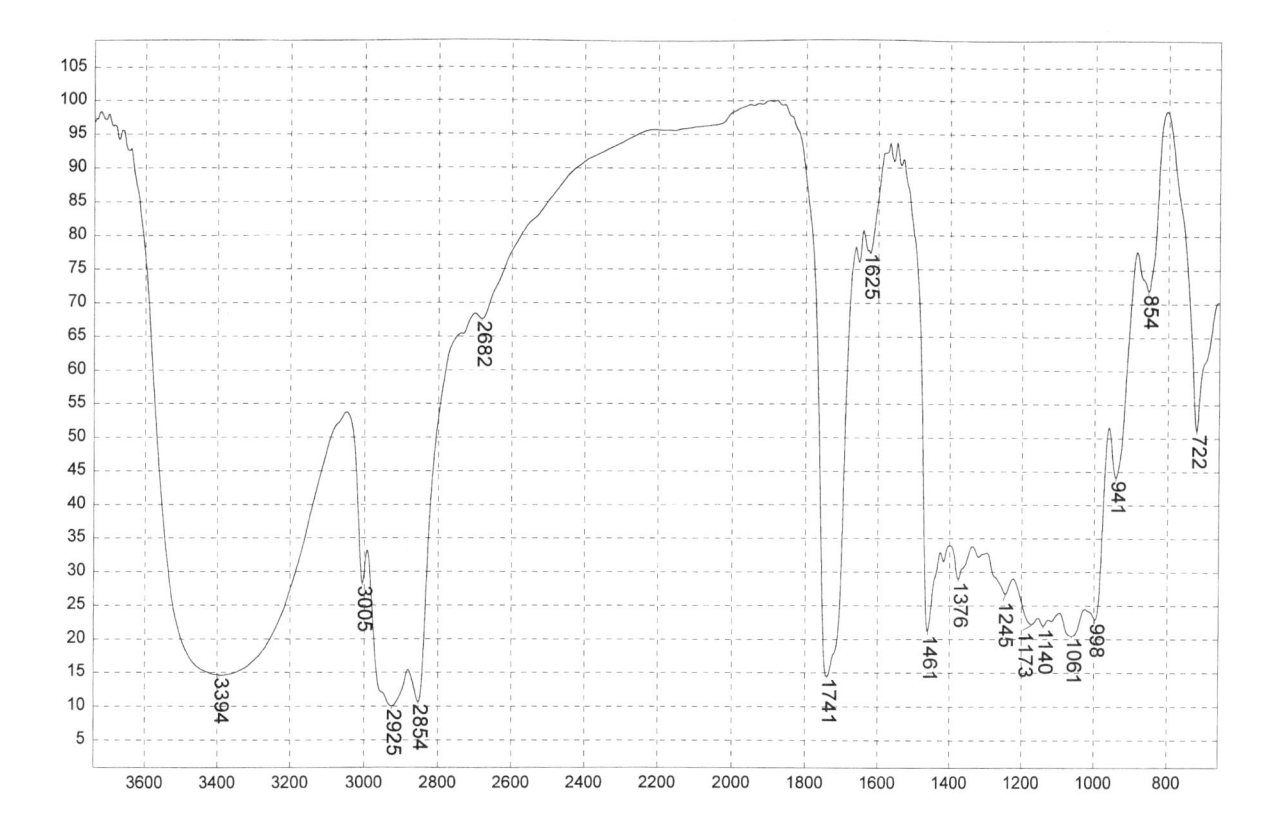

SORBITAN TRIOLEATE

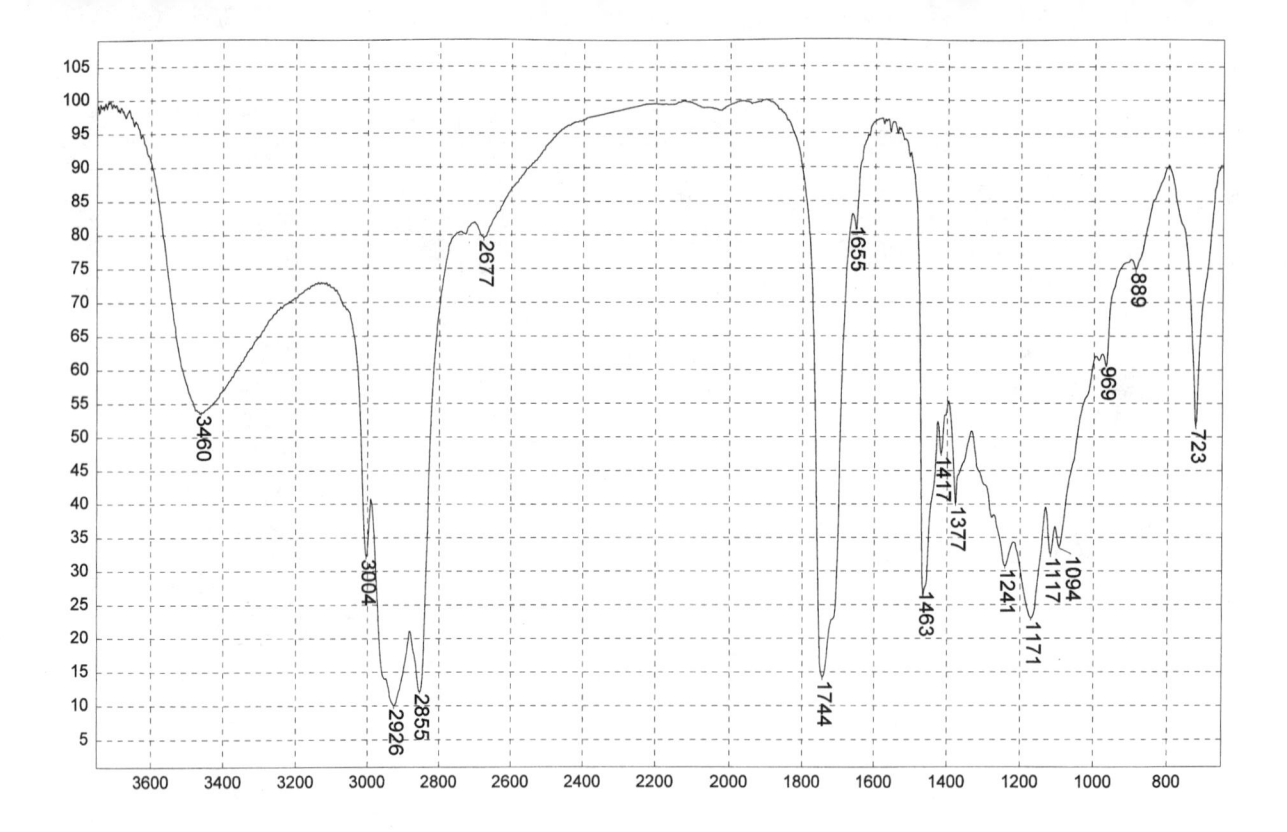

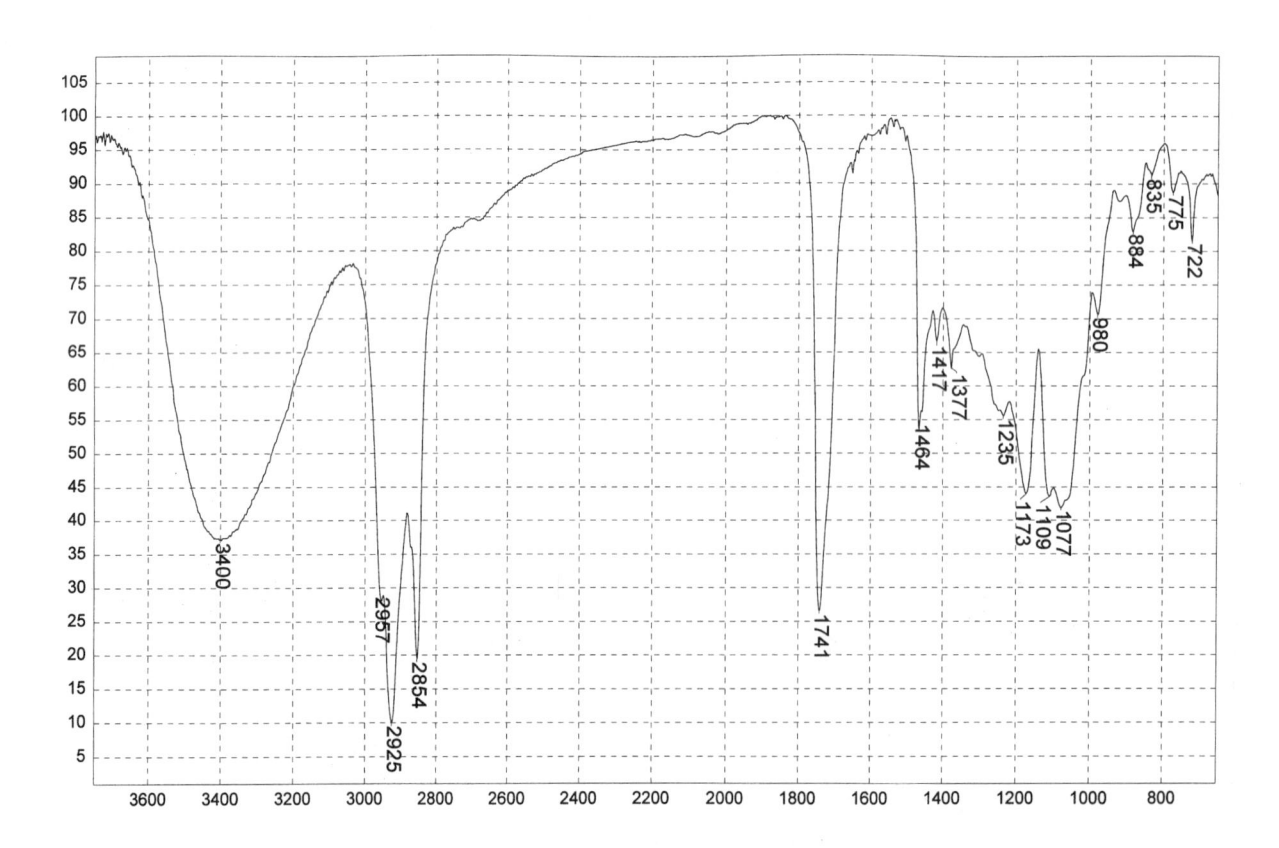

1357

SORBITAN MONOLAURATE

1358

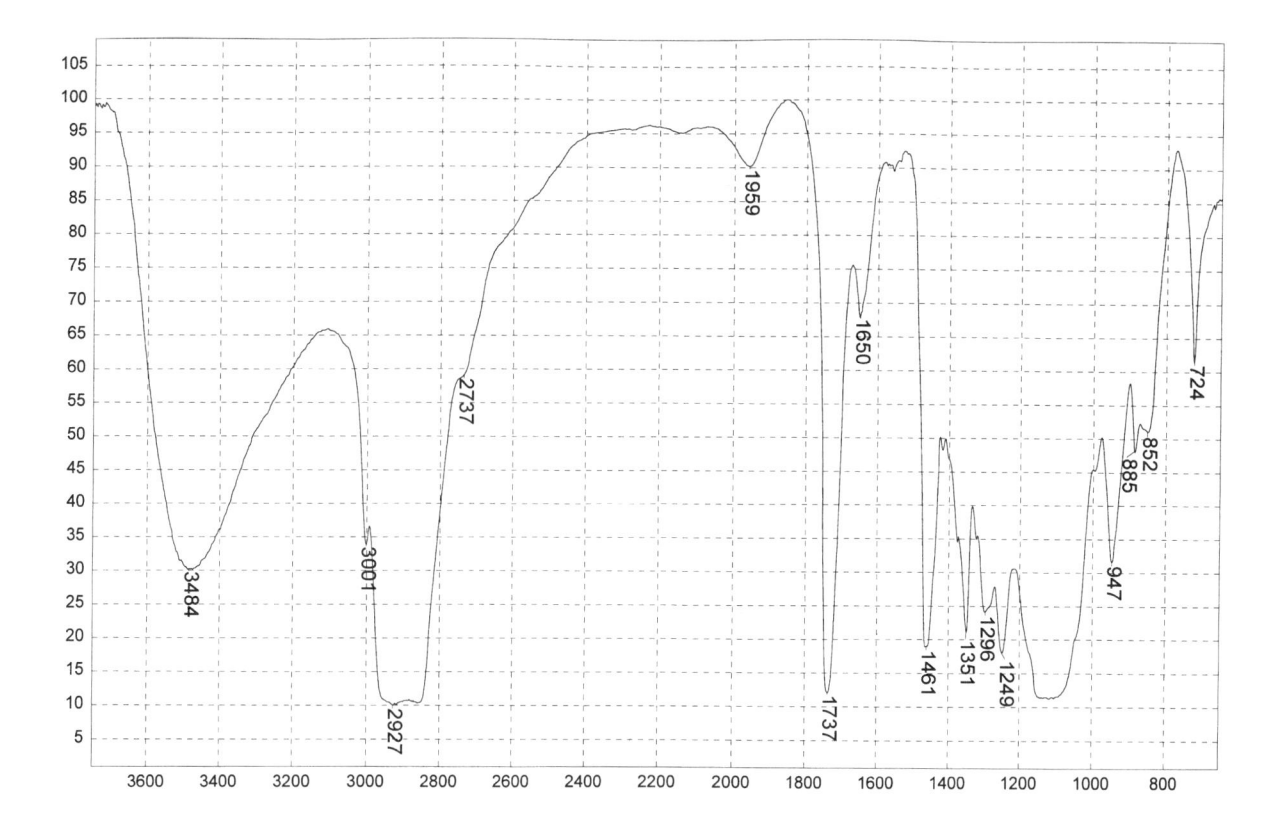

1359 P.O.E. SORBITAN TRIOLEATE (20 MOLES EtO)

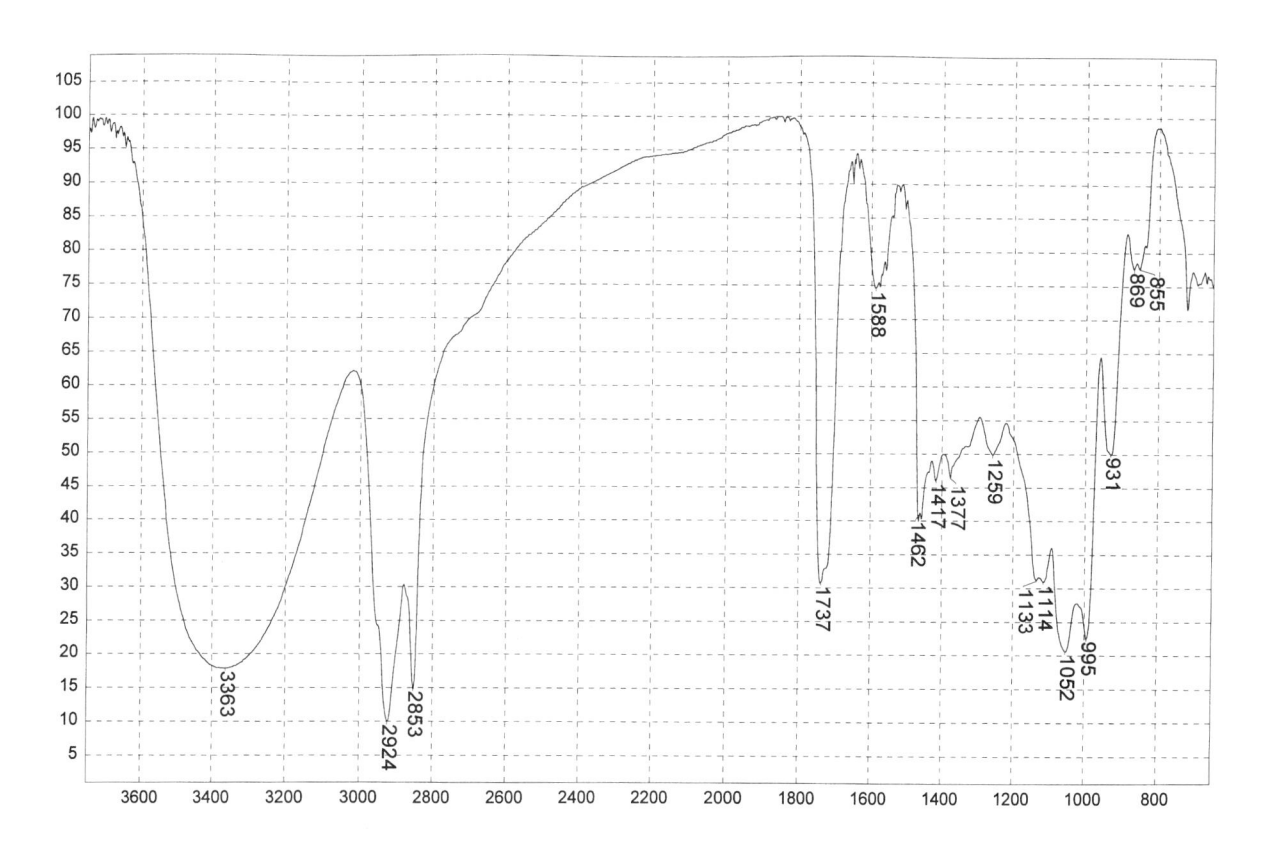

1360 SUCROSE MONOPALMITATE

SORBITAN MONOSTEARATE

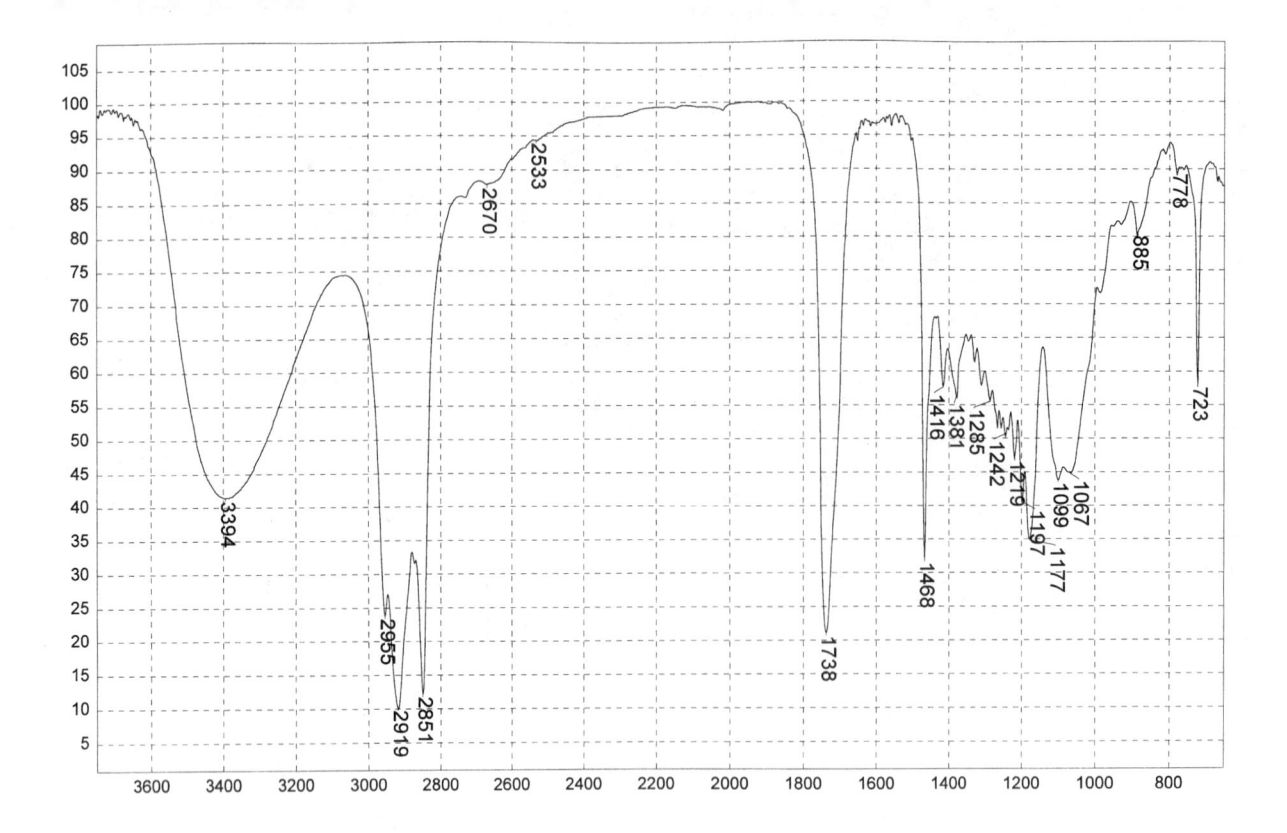

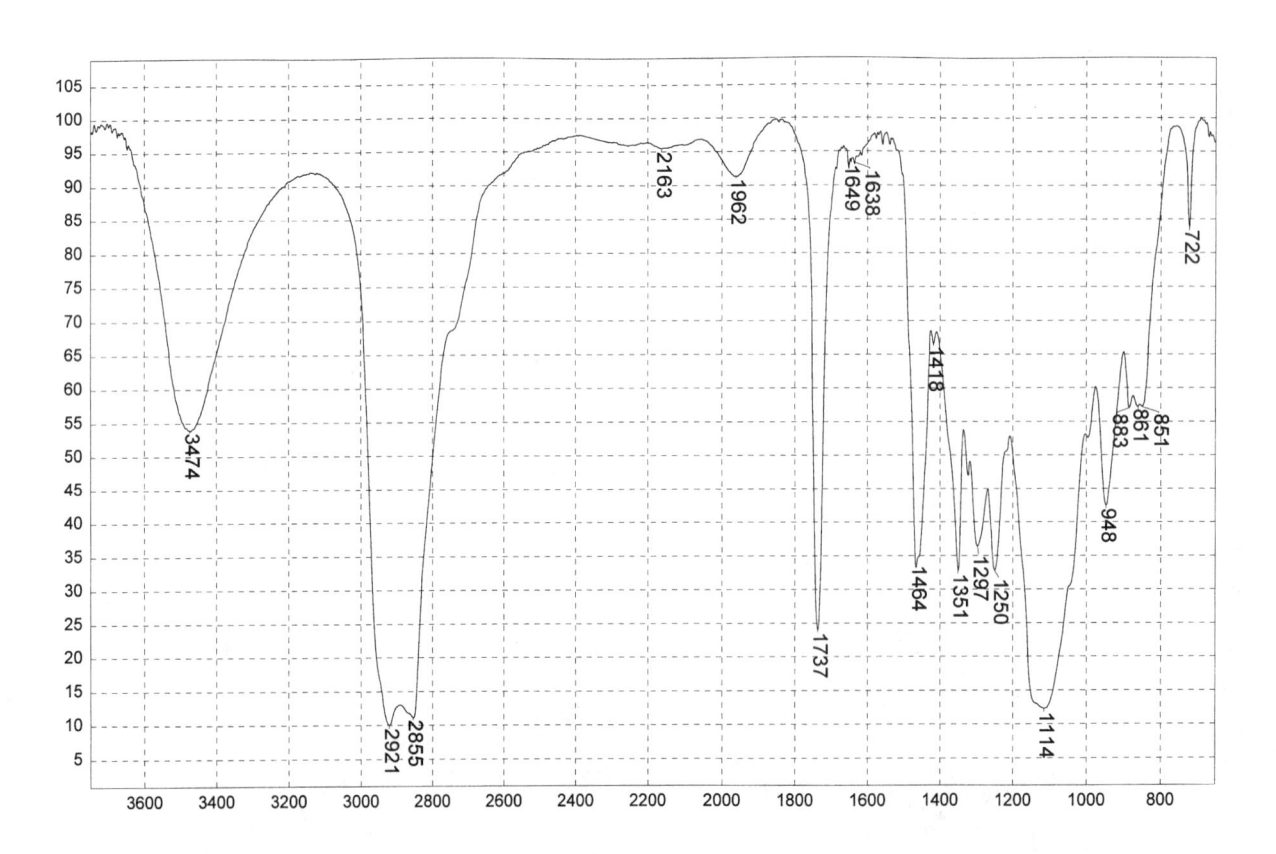

1361

P.O.E. SORBITAN TRISTEARATE (20 MOLES EtO)

1362

P.O.E. SORBITAN MONOSTEARATE

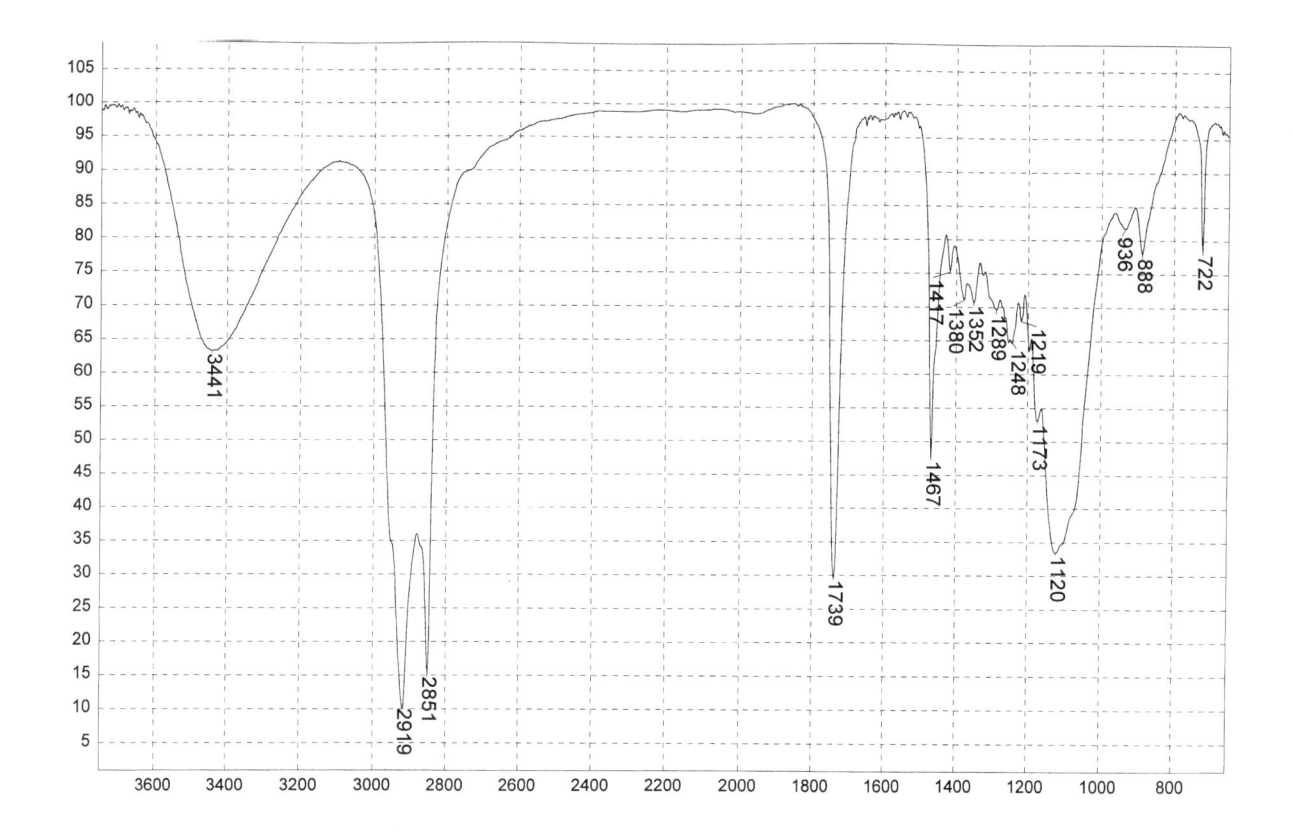

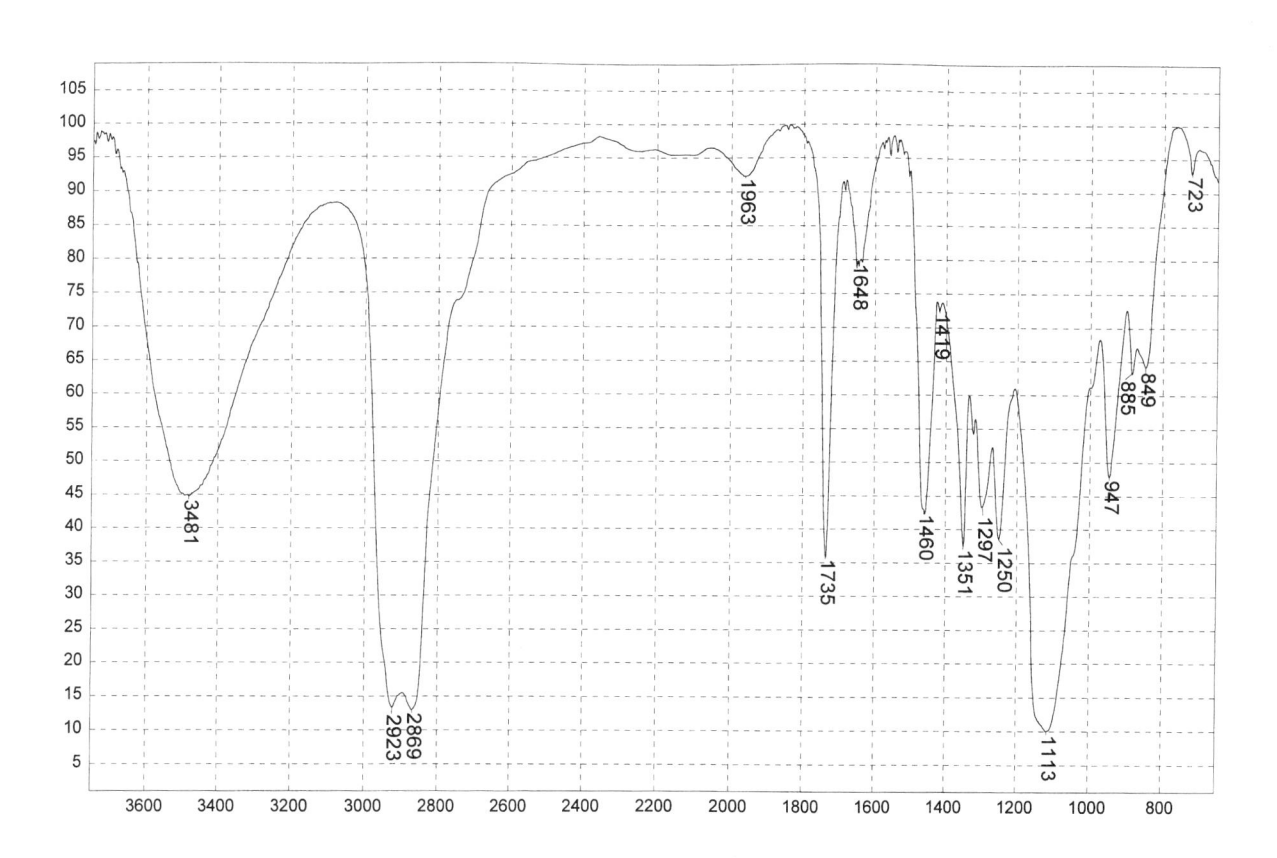

1363

P.O.E. SORBITAN MONOLAURATE

1364

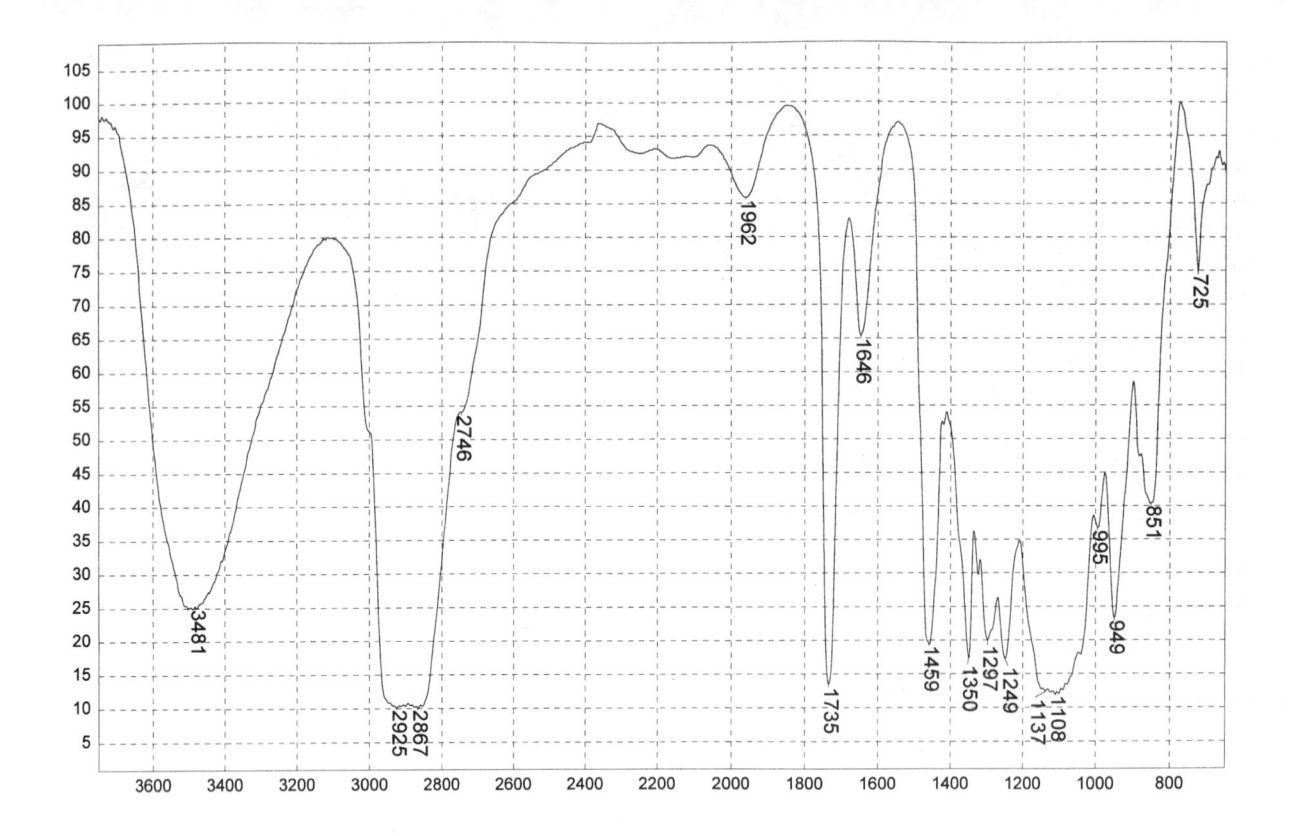

1365   P.O.E. CASTOR OIL (40 MOLES EtO)

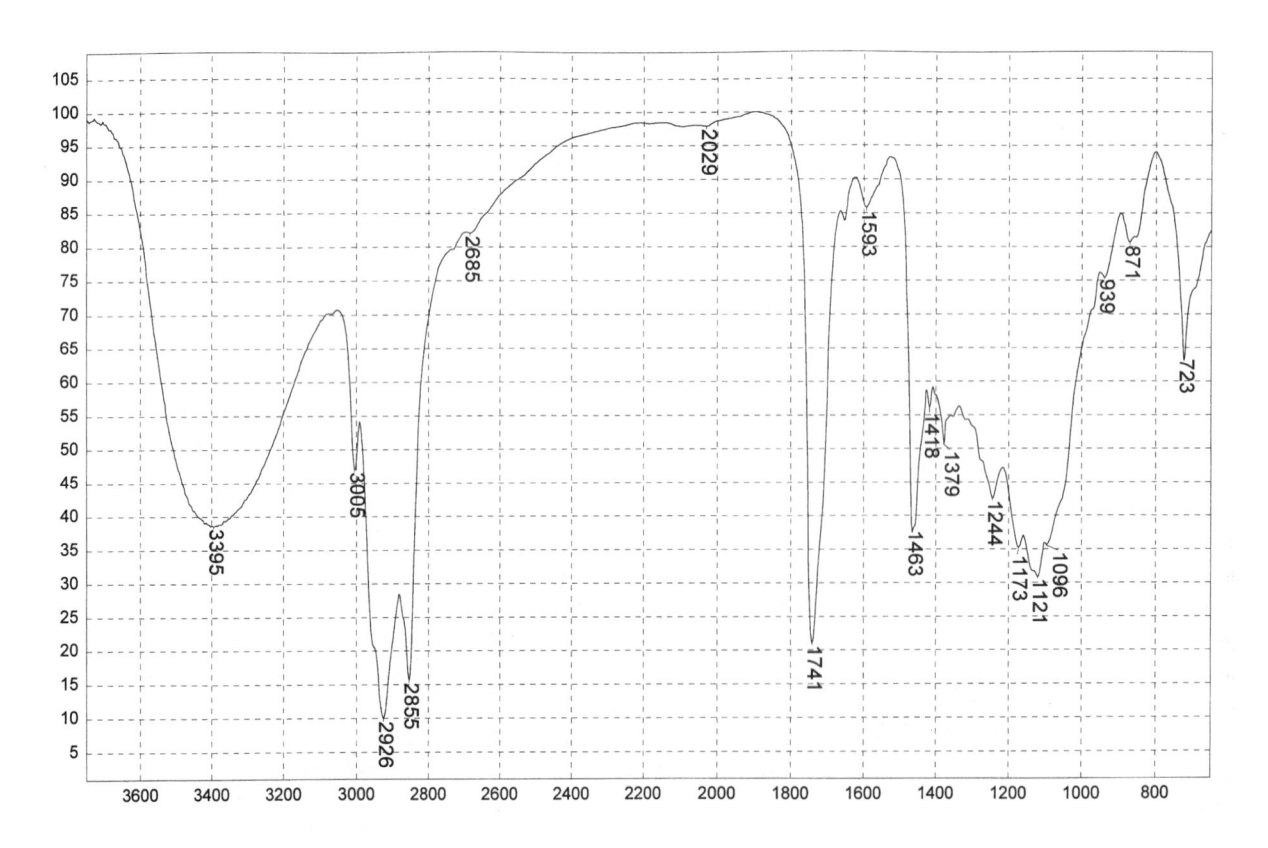

1366   POLYGLYCEROL ESTER OF OLEIC ACID

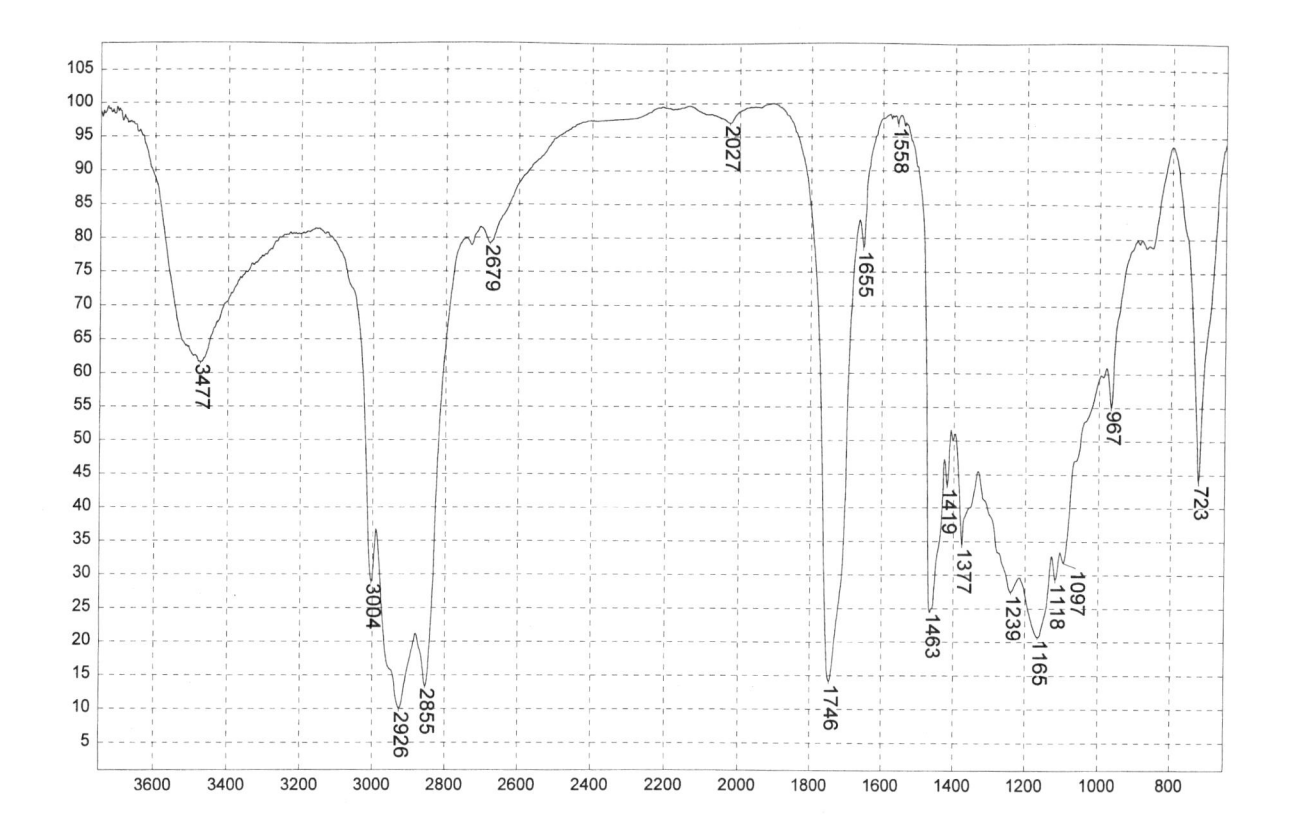

1367 GLYCERYL TRIOLEATE

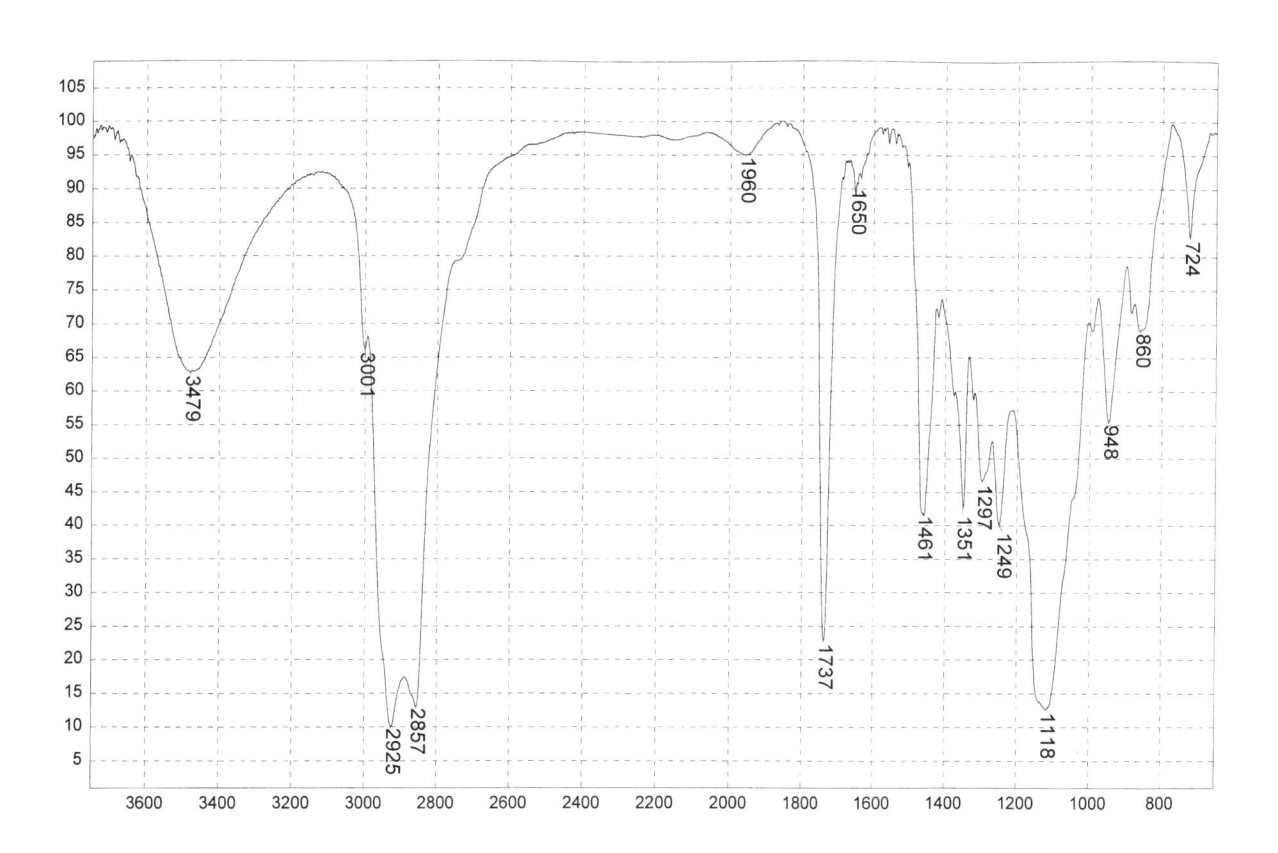

1368 OLEATE OF POLYETHYLENE GLYCOL 400

1369   DISTEARATE OF POLYETHYLENE GLYCOL 6000

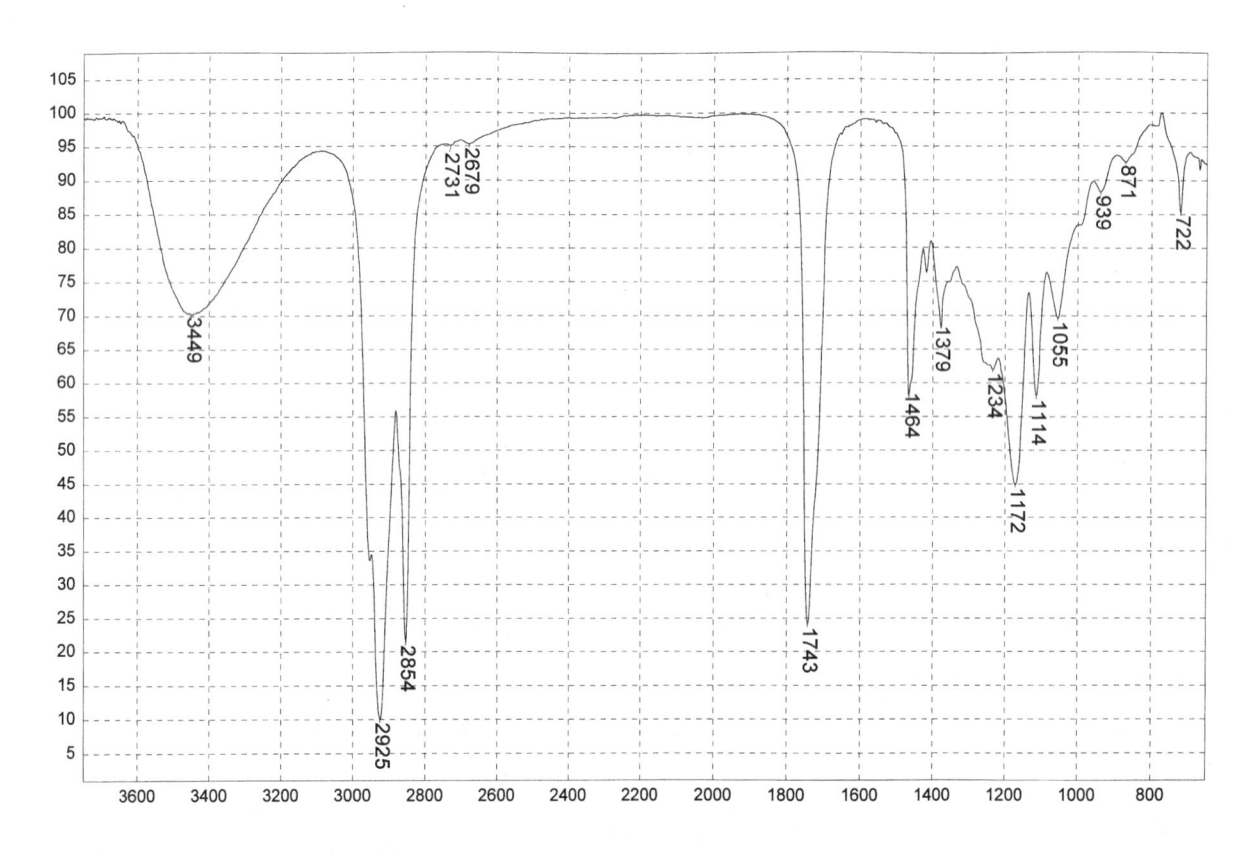

1370   STEARATE OF POLYETHYLENE GLYCOL 4000

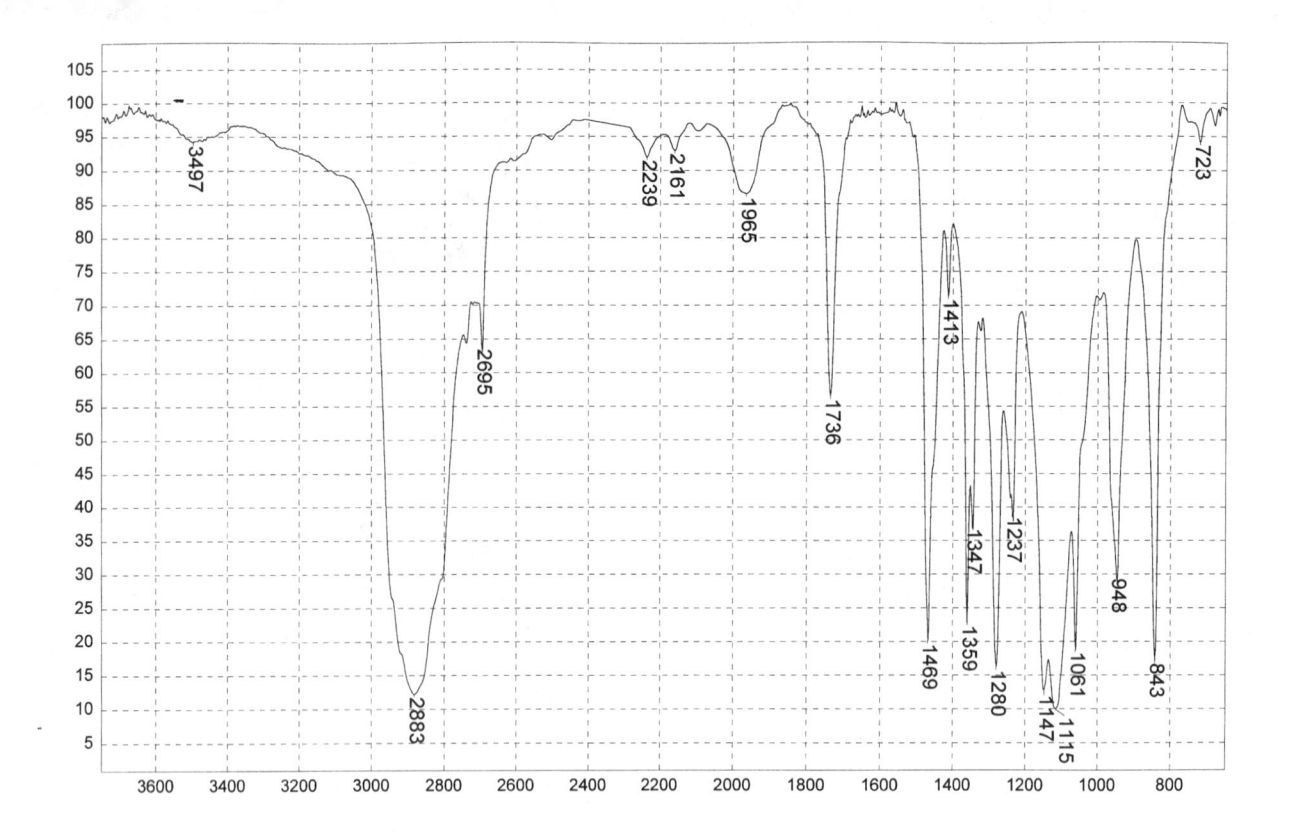

1371 STEARATE OF POLYETHYLENE GLYCOL 600

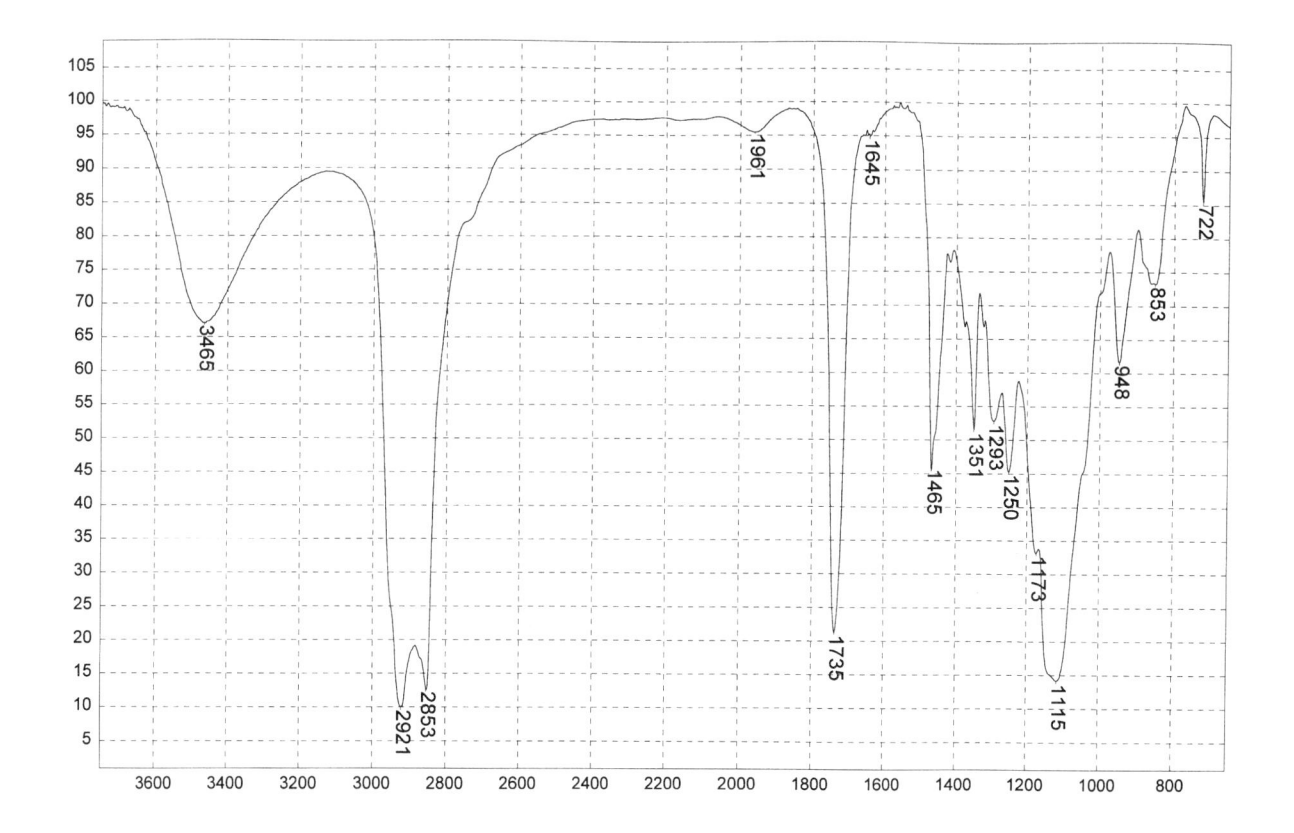

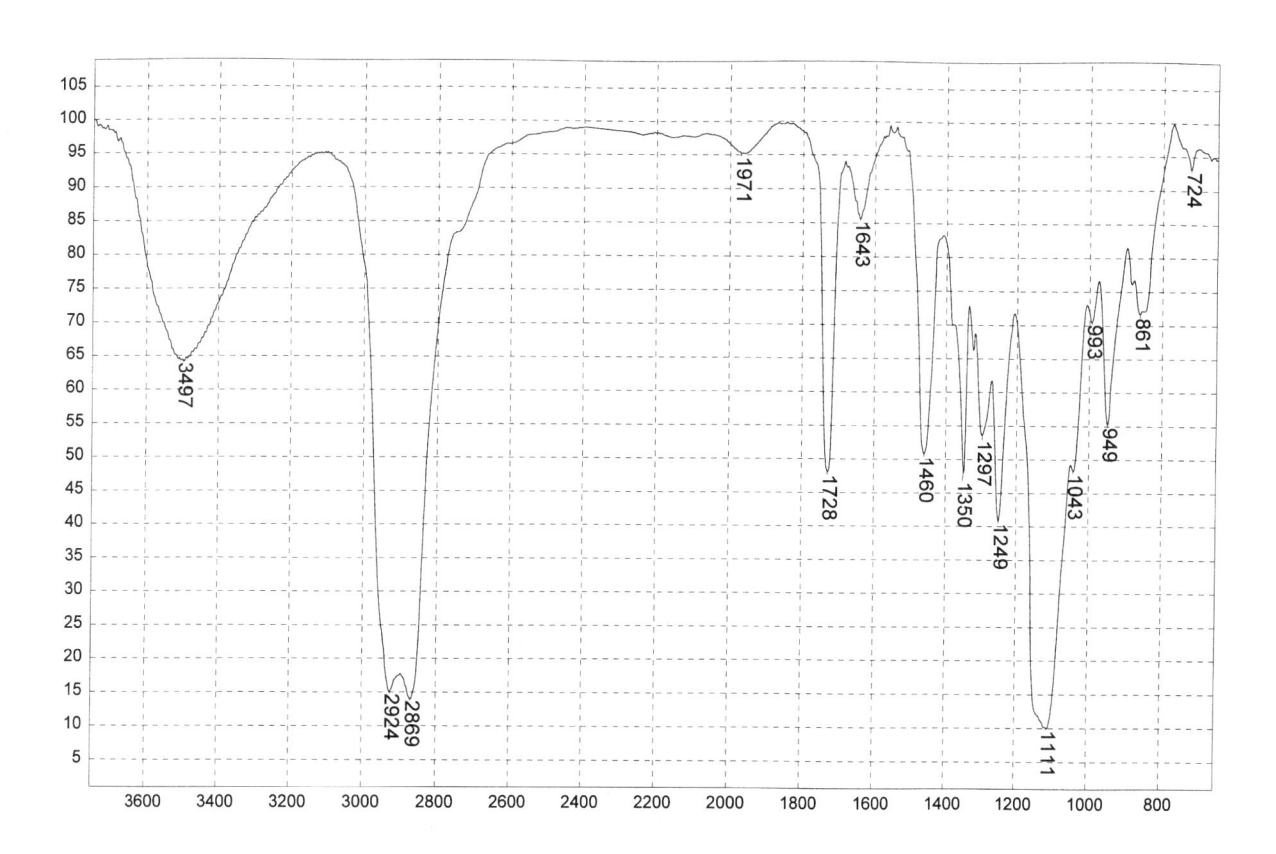

1372 P.O.E. TALL OIL (16 MOLES EtO)

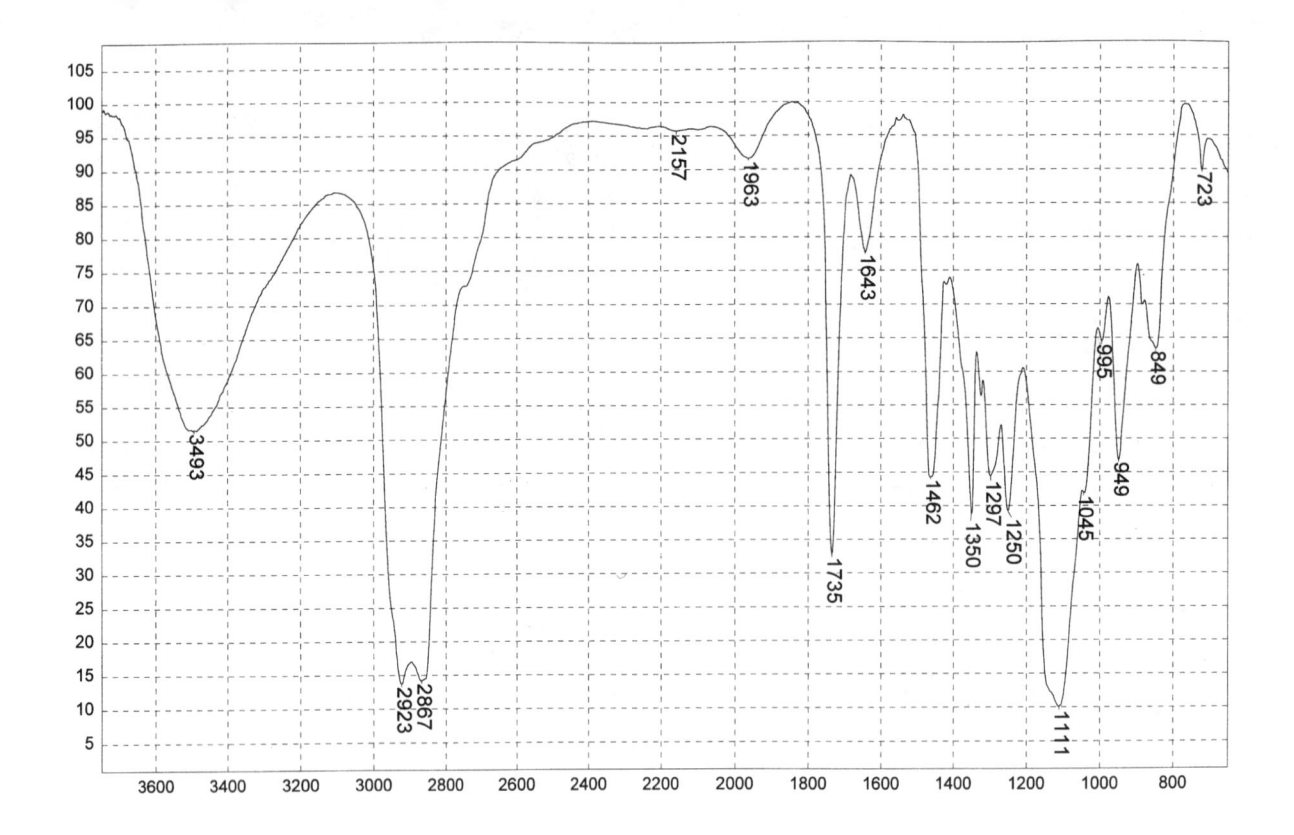

1373   P.O.E. COCO FATTY ACIDS (15 MOLES EtO)

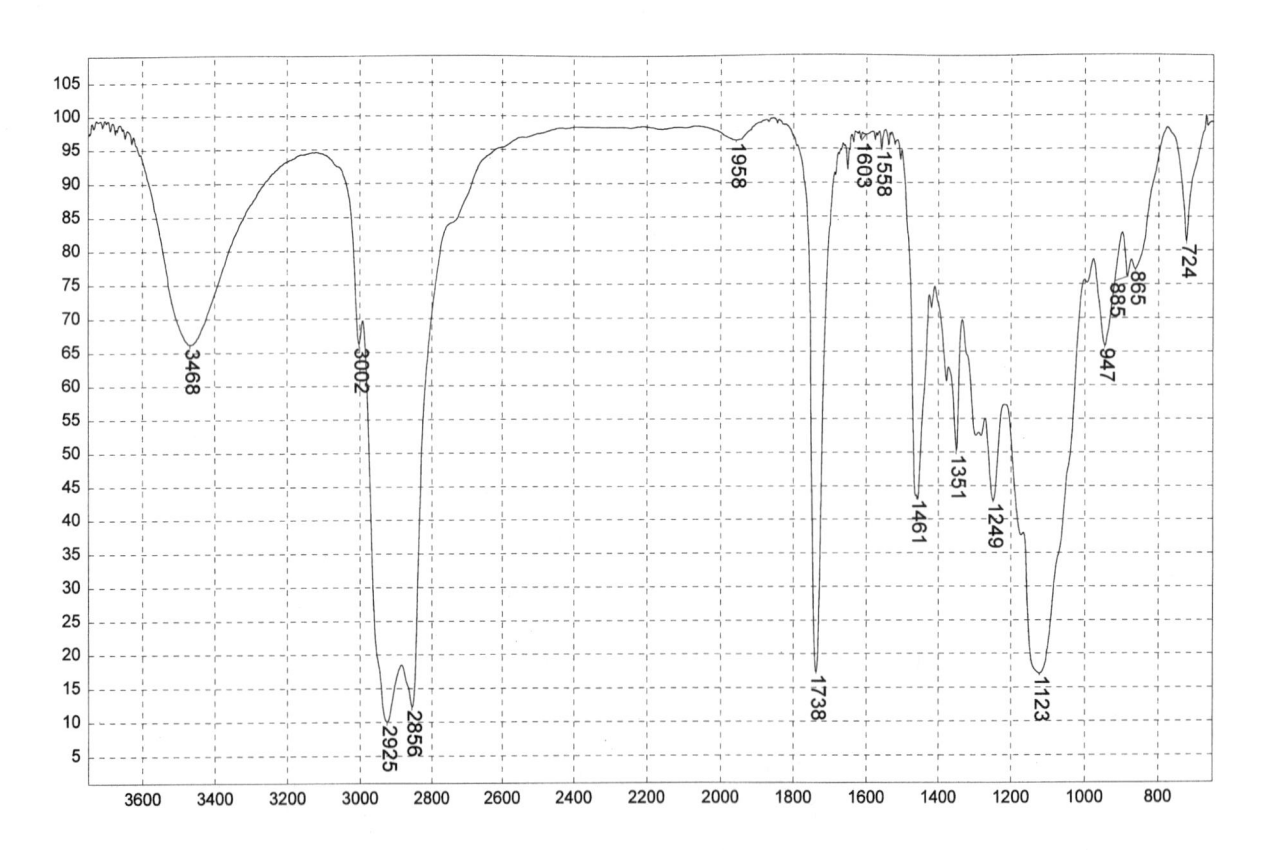

1374   P.O.E. OLEIC ACID (6 MOLES EtO)

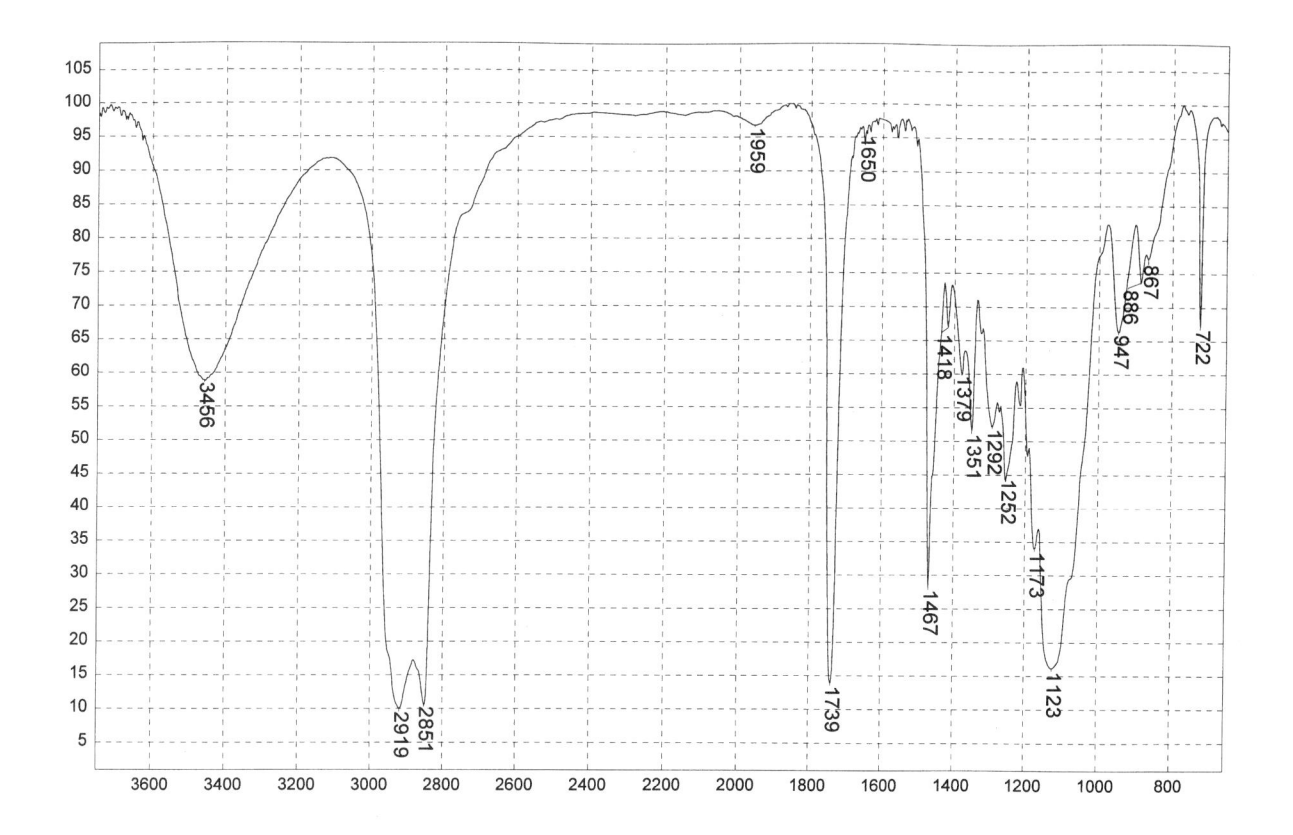

| 1375 | P.O.E. STEARIC ACID (15 MOLES EtO) |

| 1376 | P.O.E. STEARIC ACID (9 MOLES EtO) |

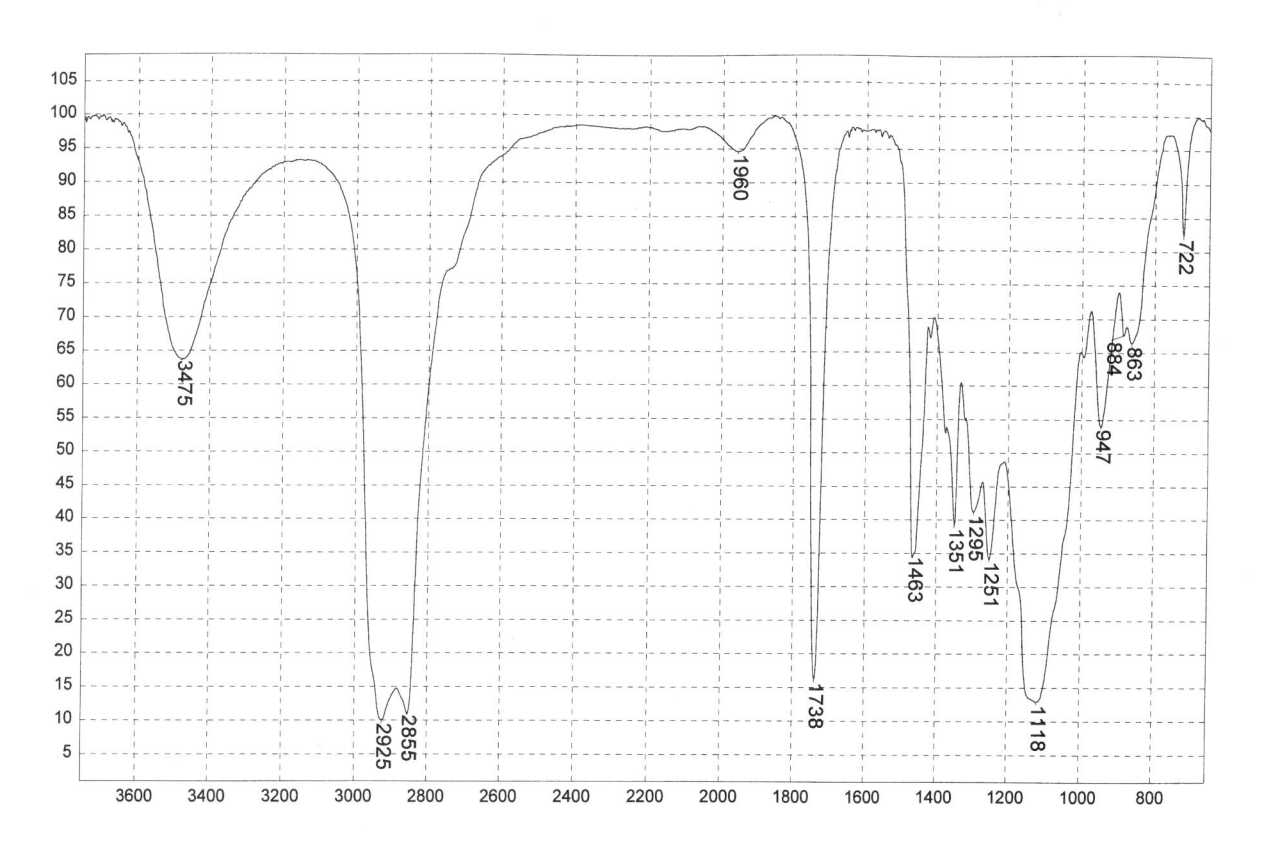

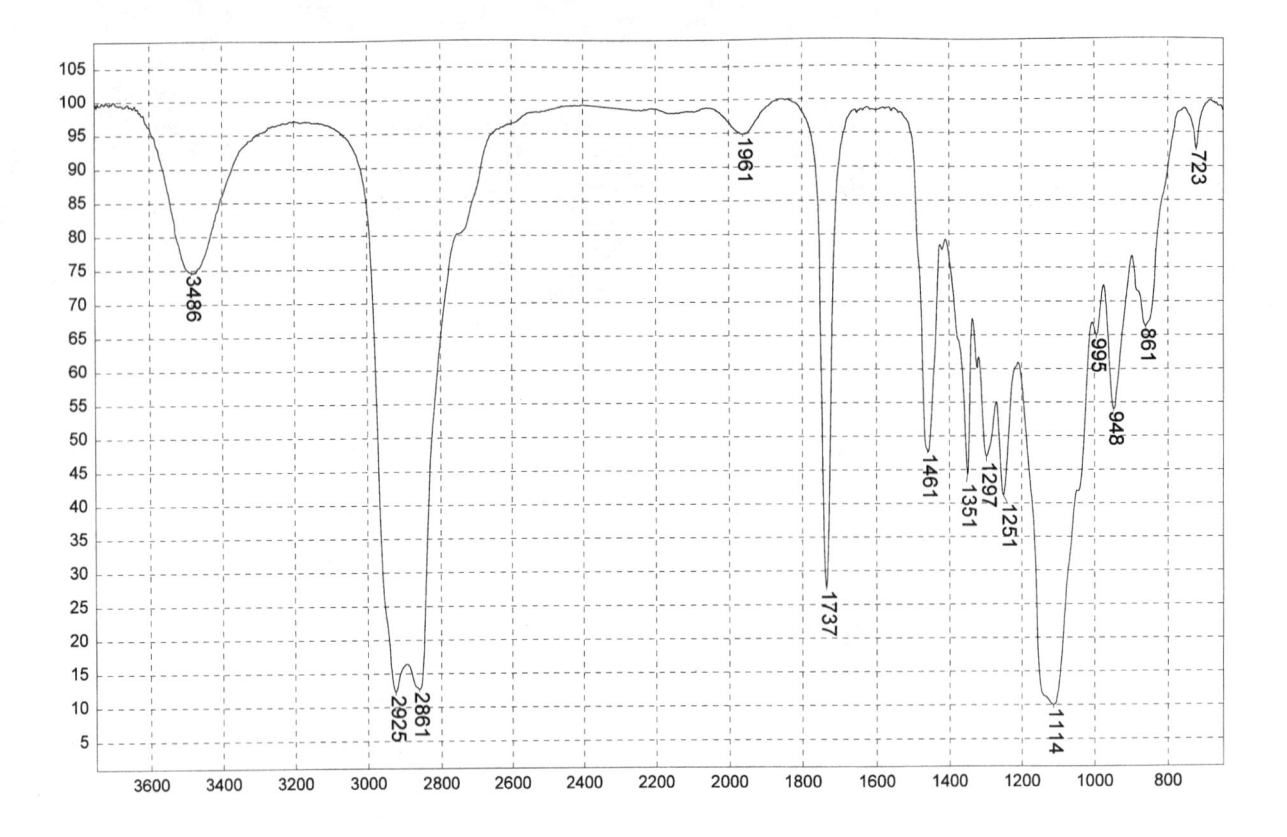

P.O.E. LAURIC ACID (14 MOLES EtO)

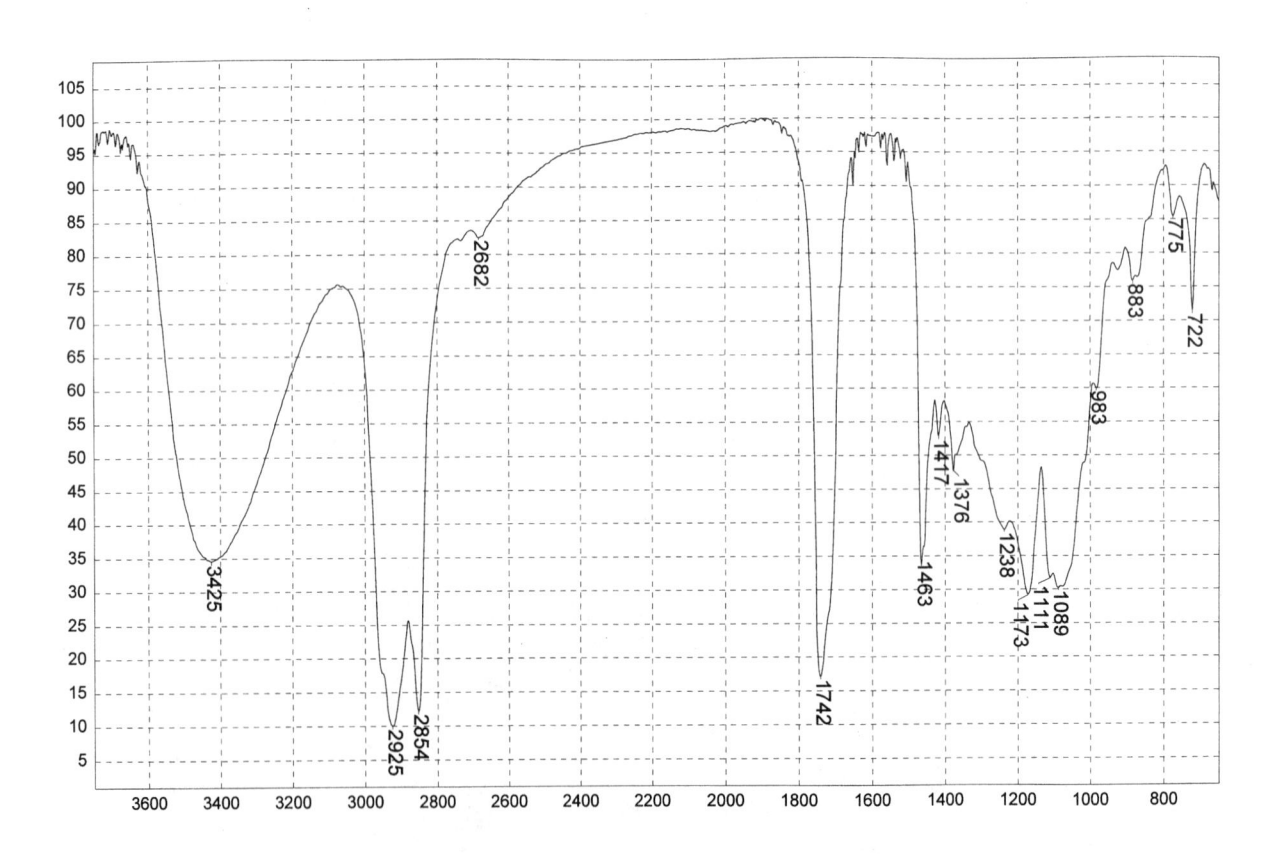

SORBITAN MONOPALMITATE

P.O.E. SORBITAN MONOSTEARATE (20 MOLES EtO)

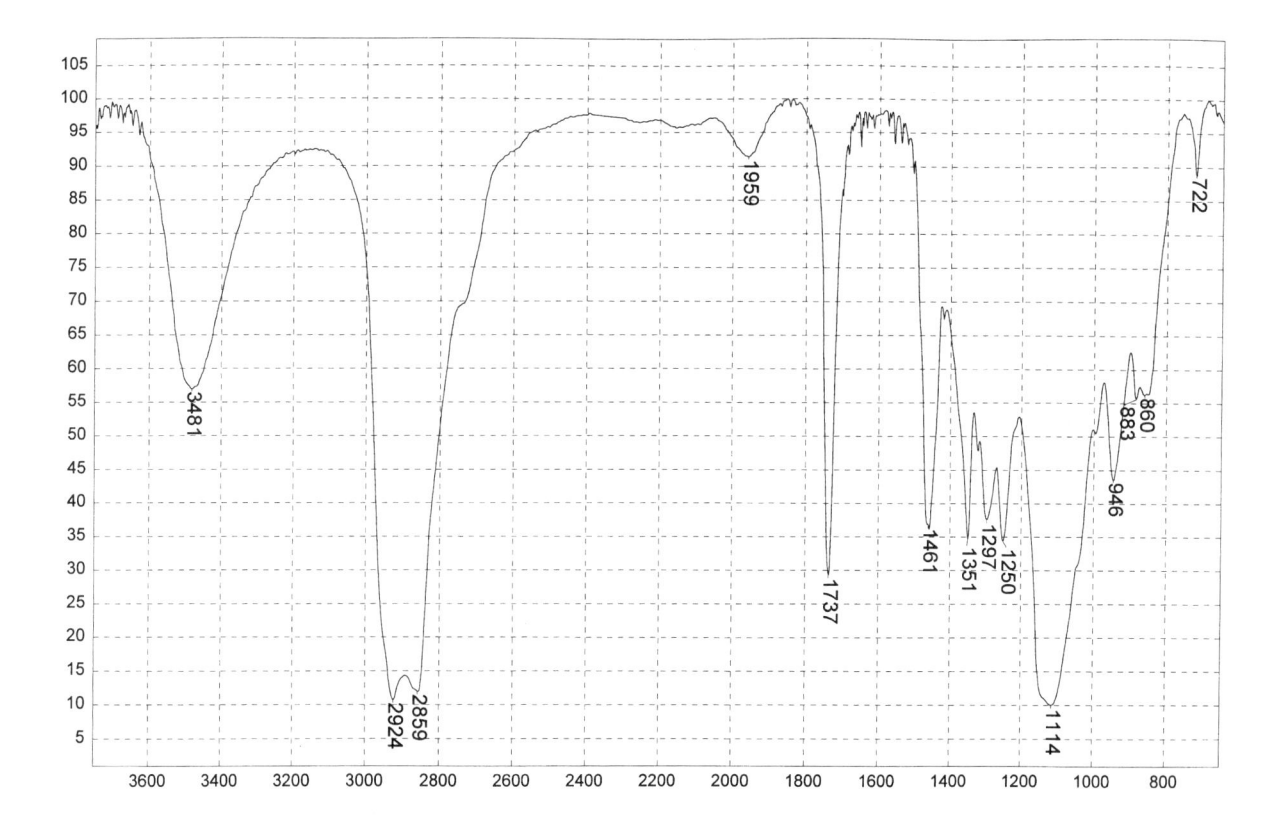

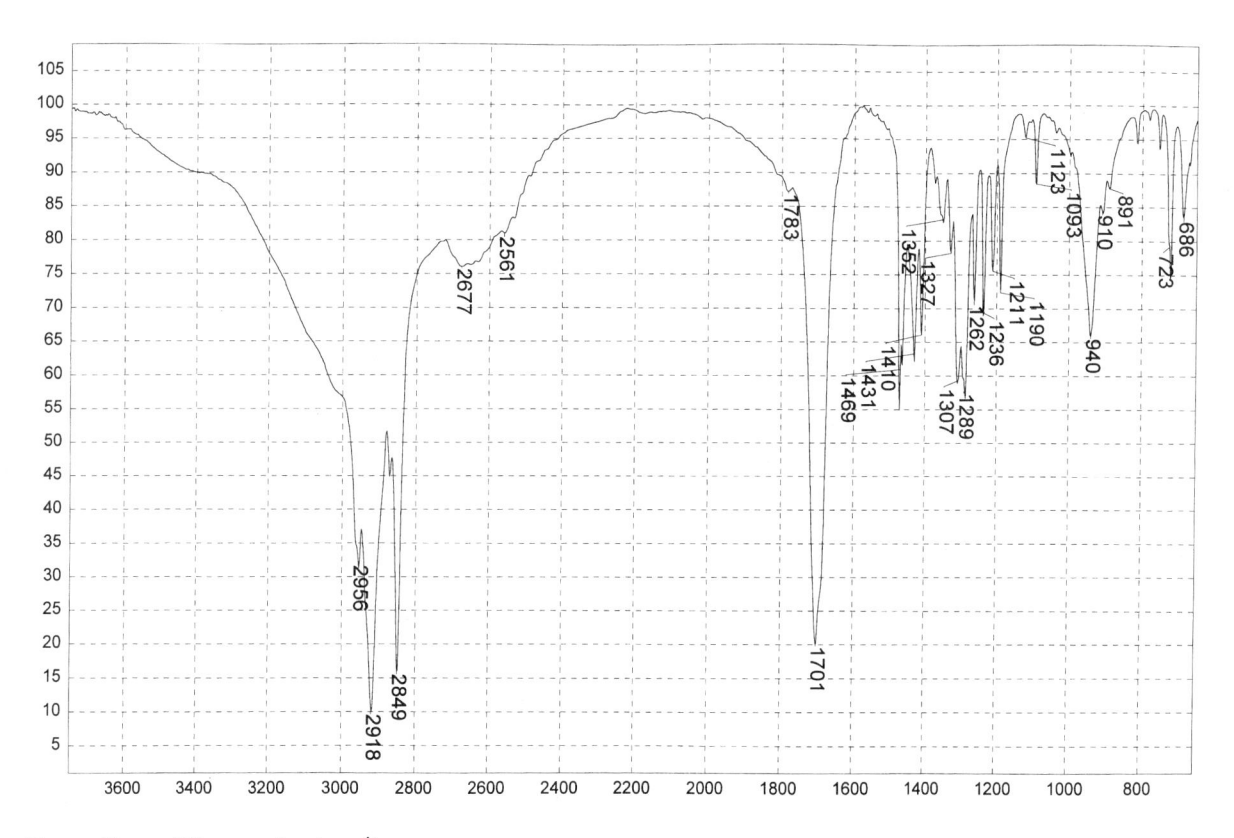

1379

KNOWN MYRISTIC ACID - 95% PURITY

1380

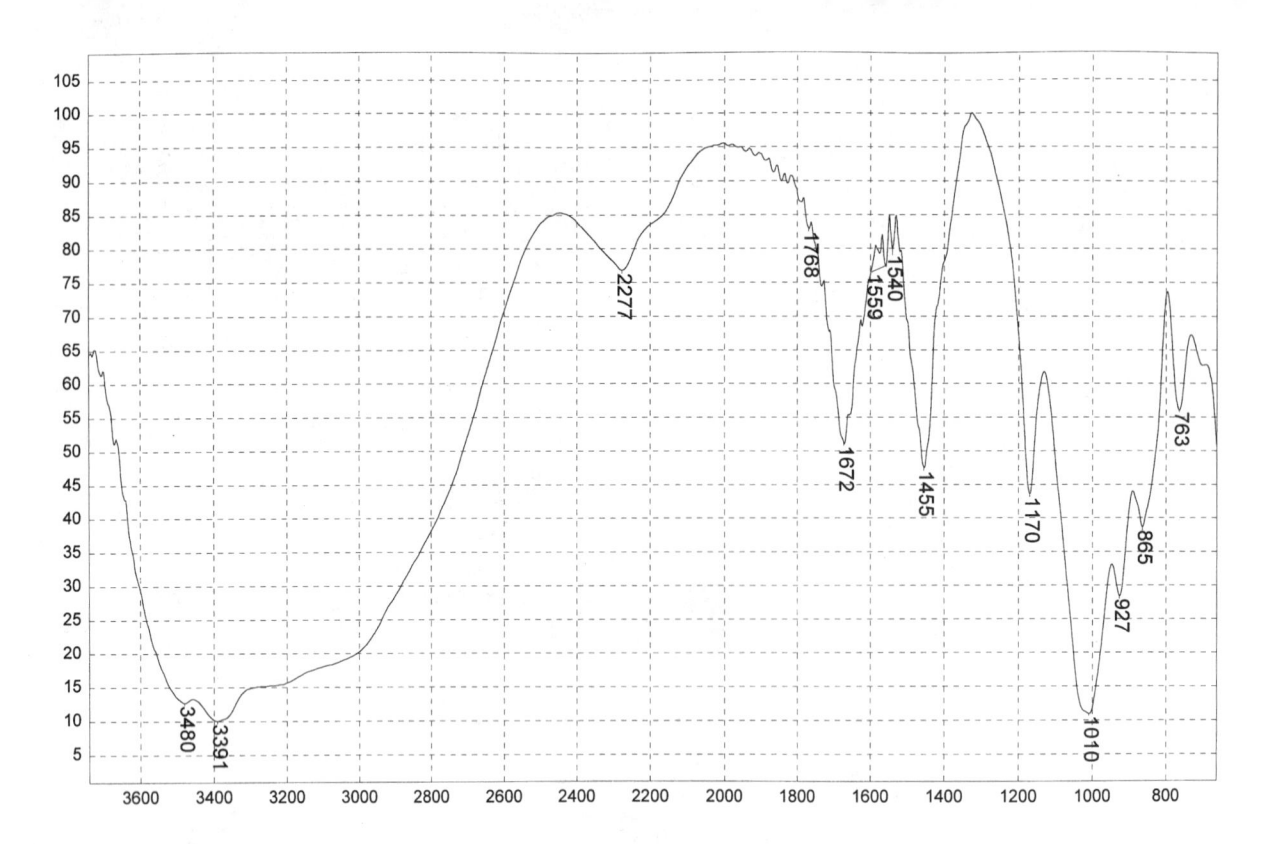

1381 SODIUM SILICATE - SOLUBLE

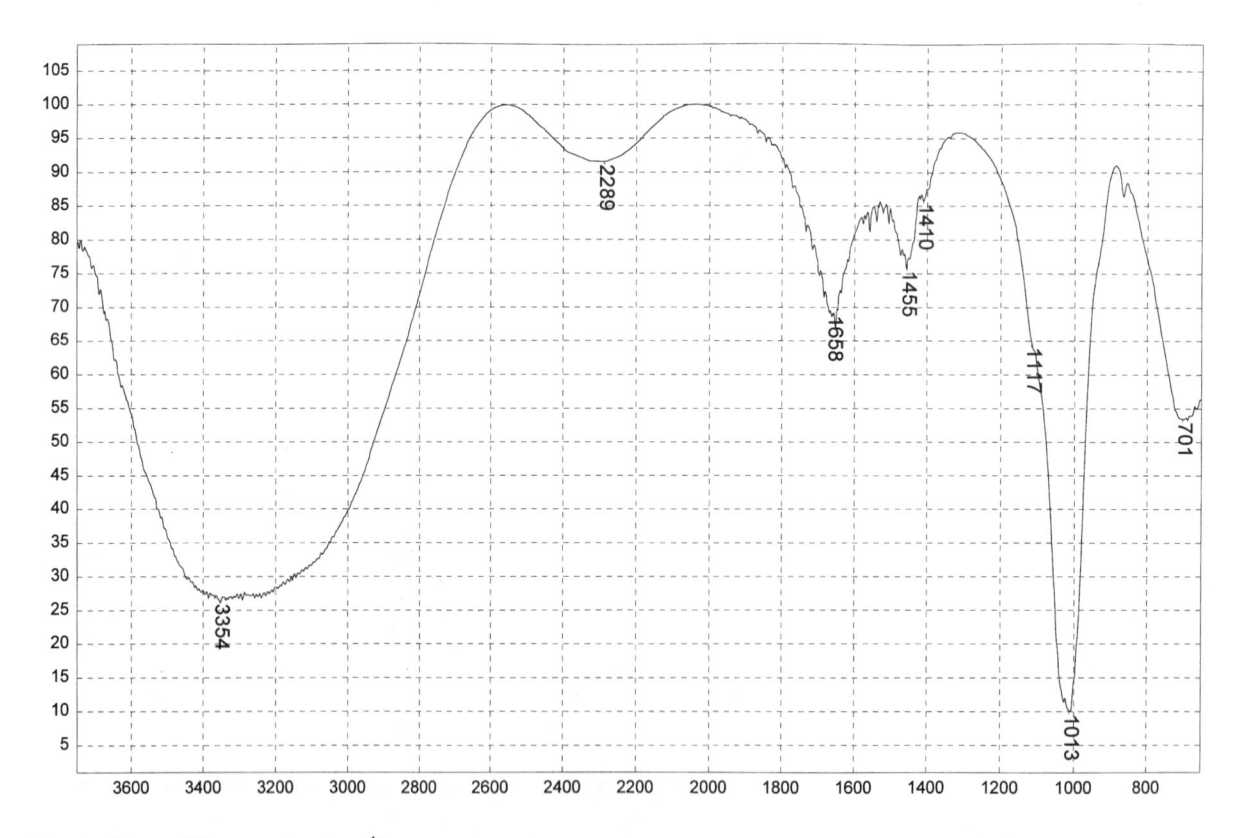

1382 SODIUM PHOSPHATE, TRIBASIC (SODIUM PHOSPHATE•12HOH)

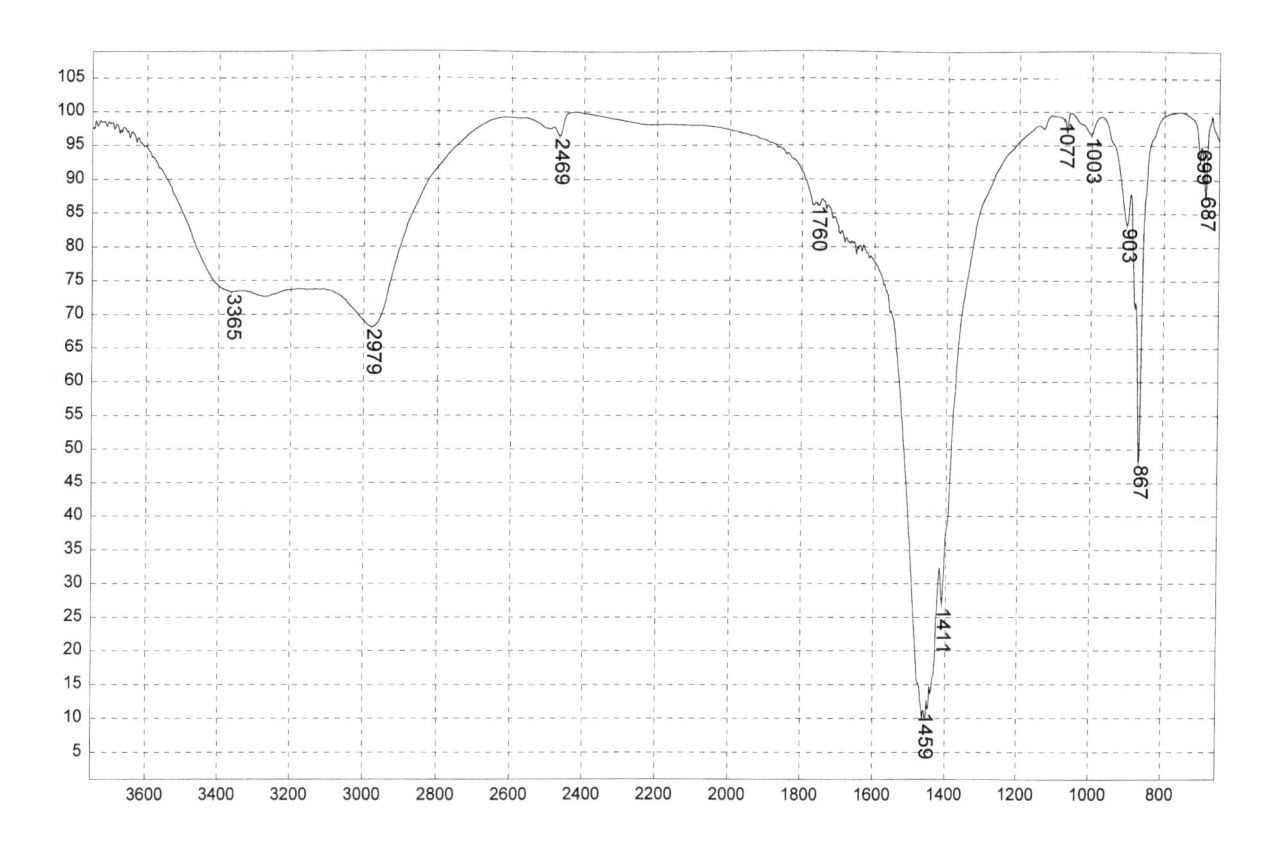

1383   **SODIUM CARBONATE**

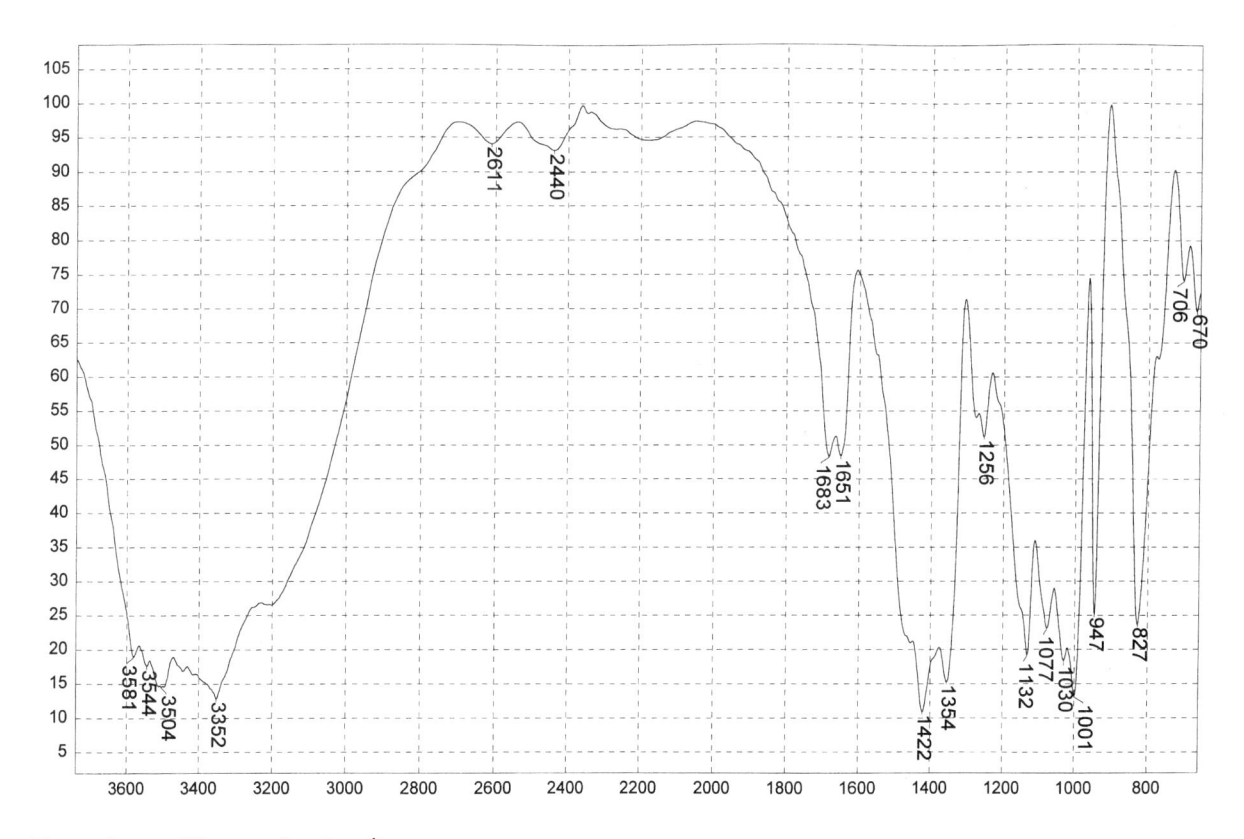

1384   **SODIUM BORATE, TETRA (SODIUM BORATE•10HOH)**

189

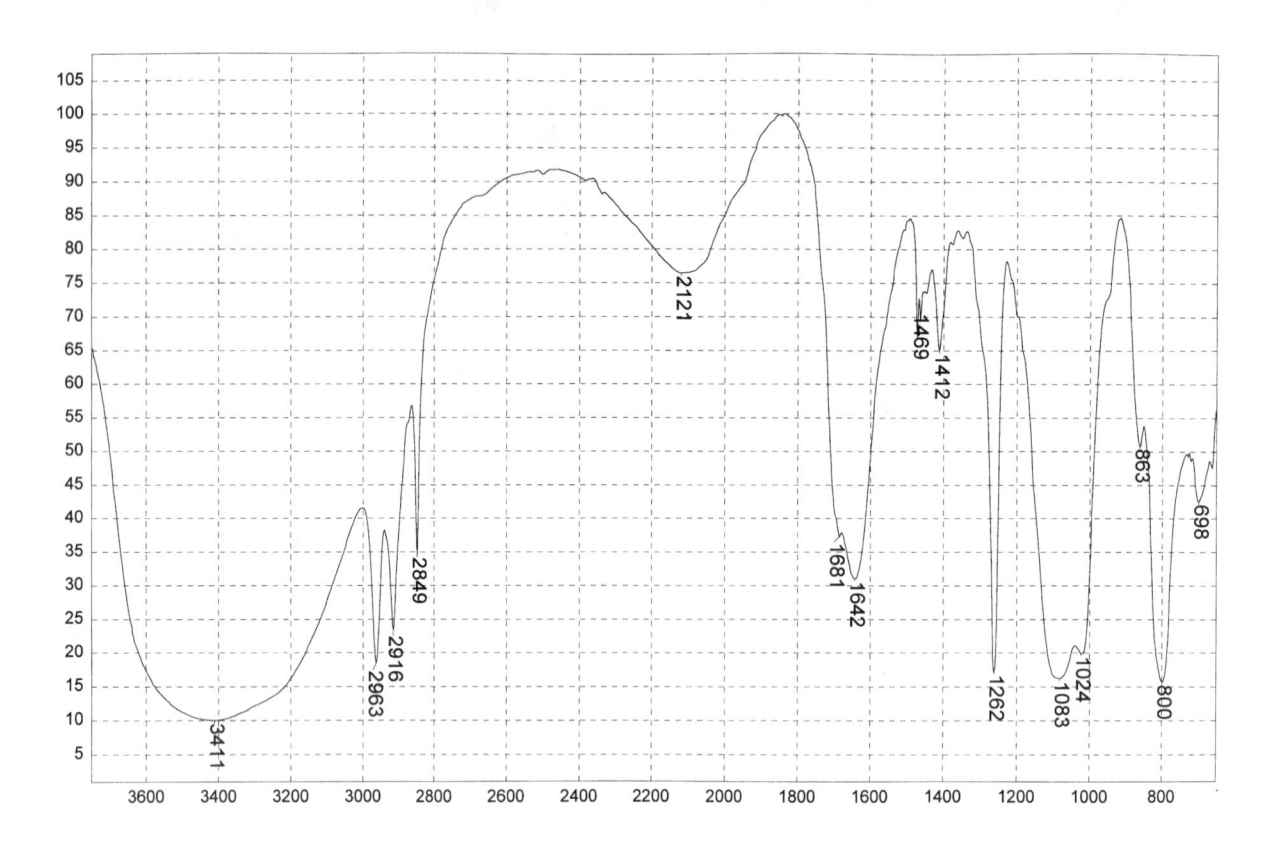

1385 SILICONE DEFOAMER - WATER DISPERSIBLE

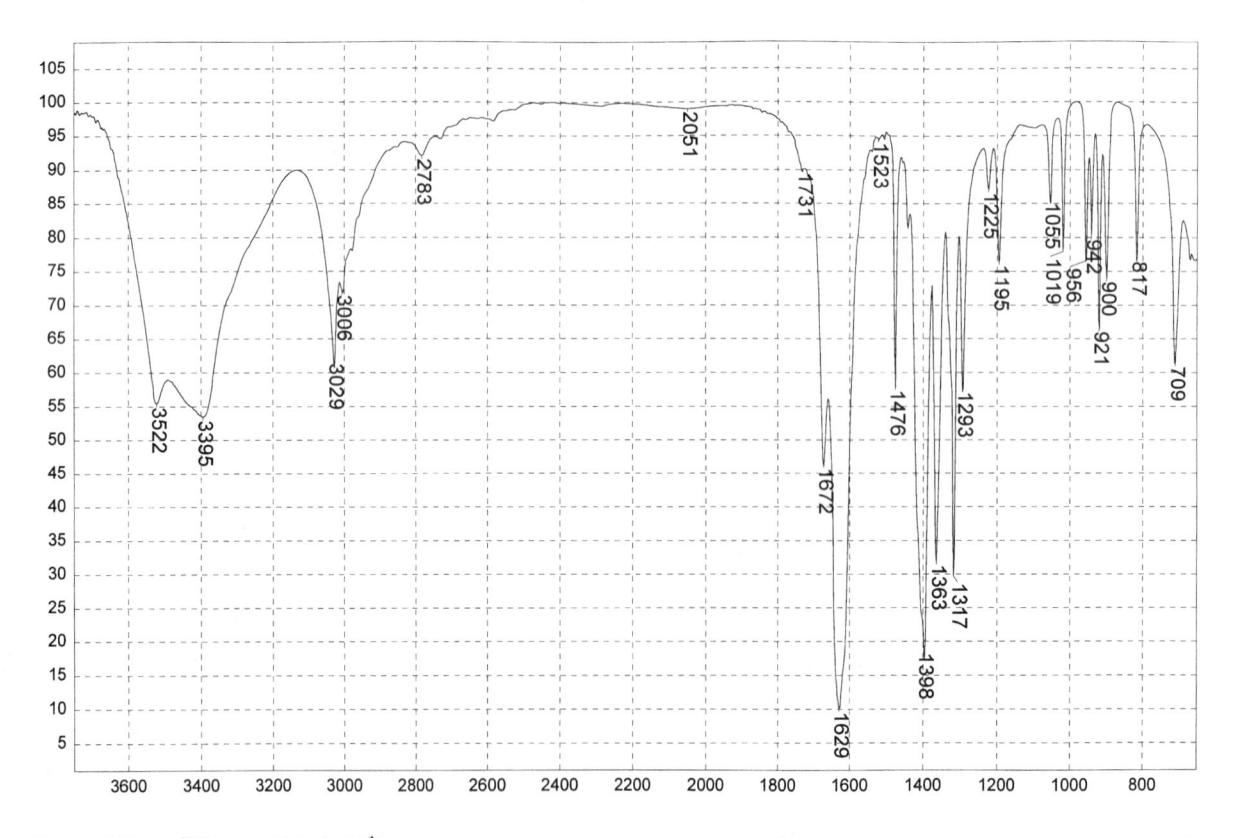

1386 ETHYLENEDIAMINE TETRAACETIC ACID, 2 SODIUM SALT

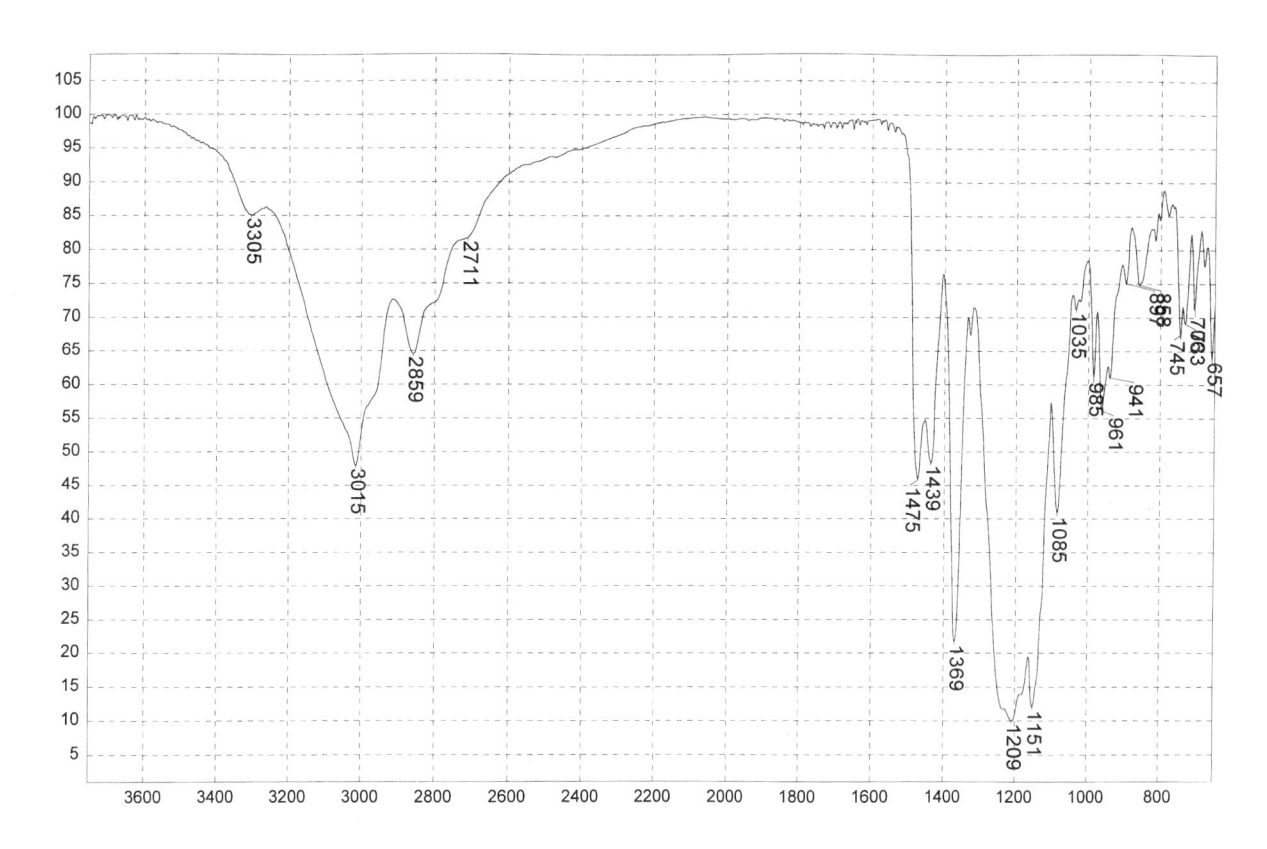

1387 PERFLOURO SURFACTANT - CATIONIC

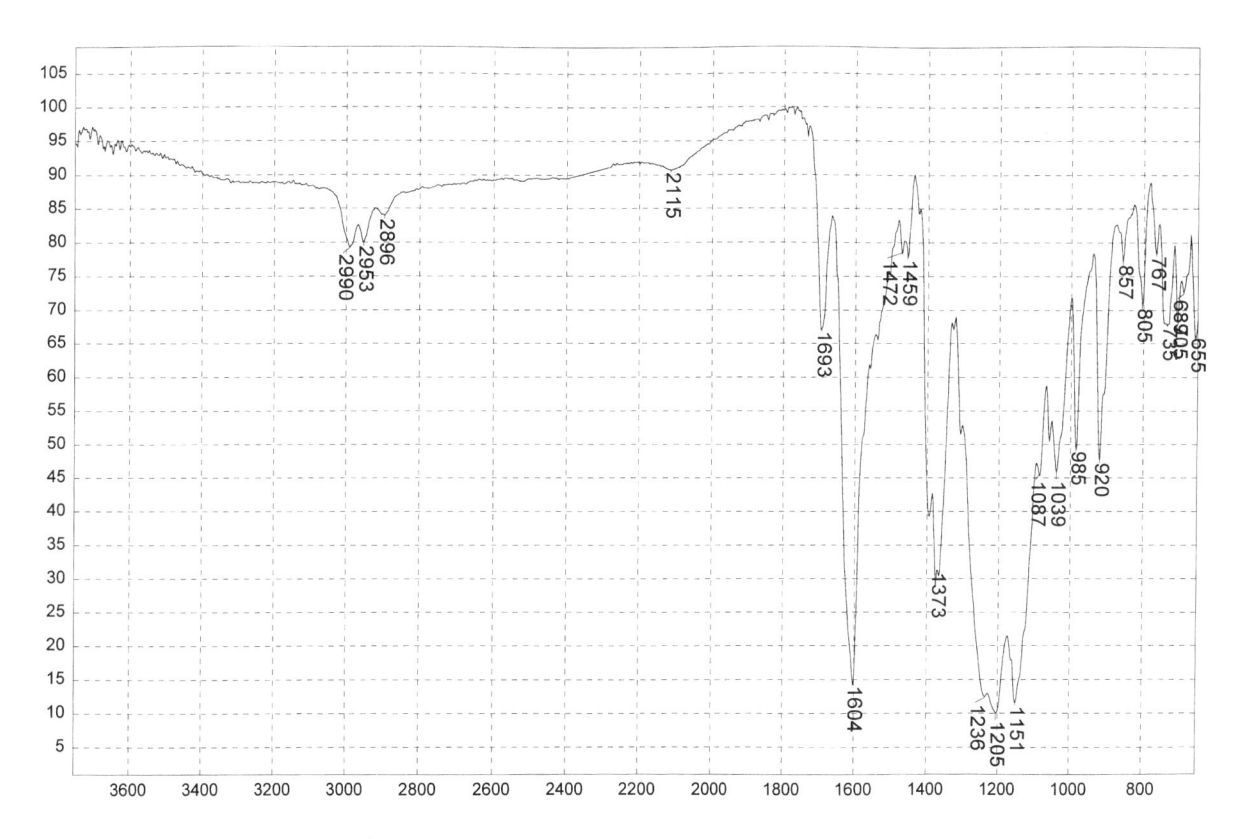

1388 PERFLUORO SURFACTANT - ANIONIC

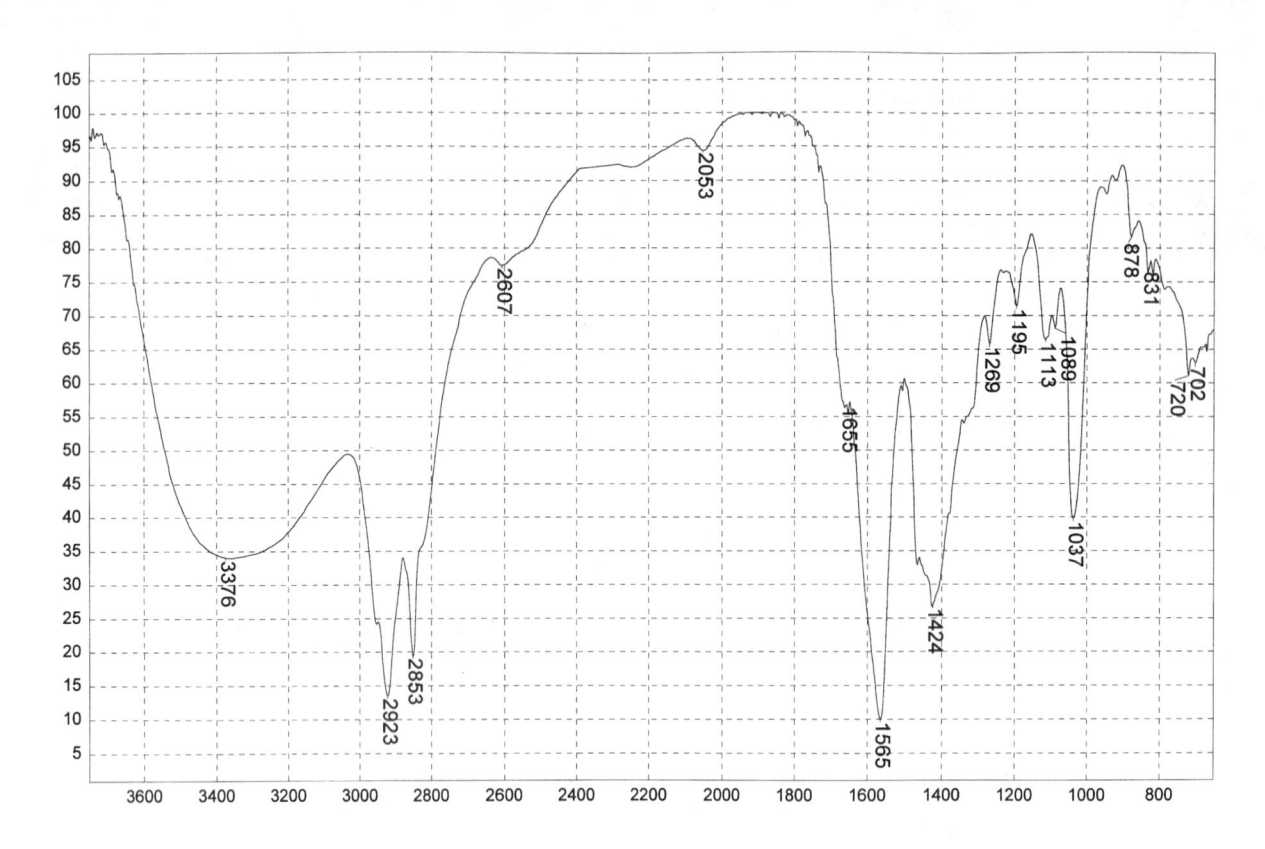

1389 DISODIUM n-LAURYL-b-IMINODIPROPIONATE

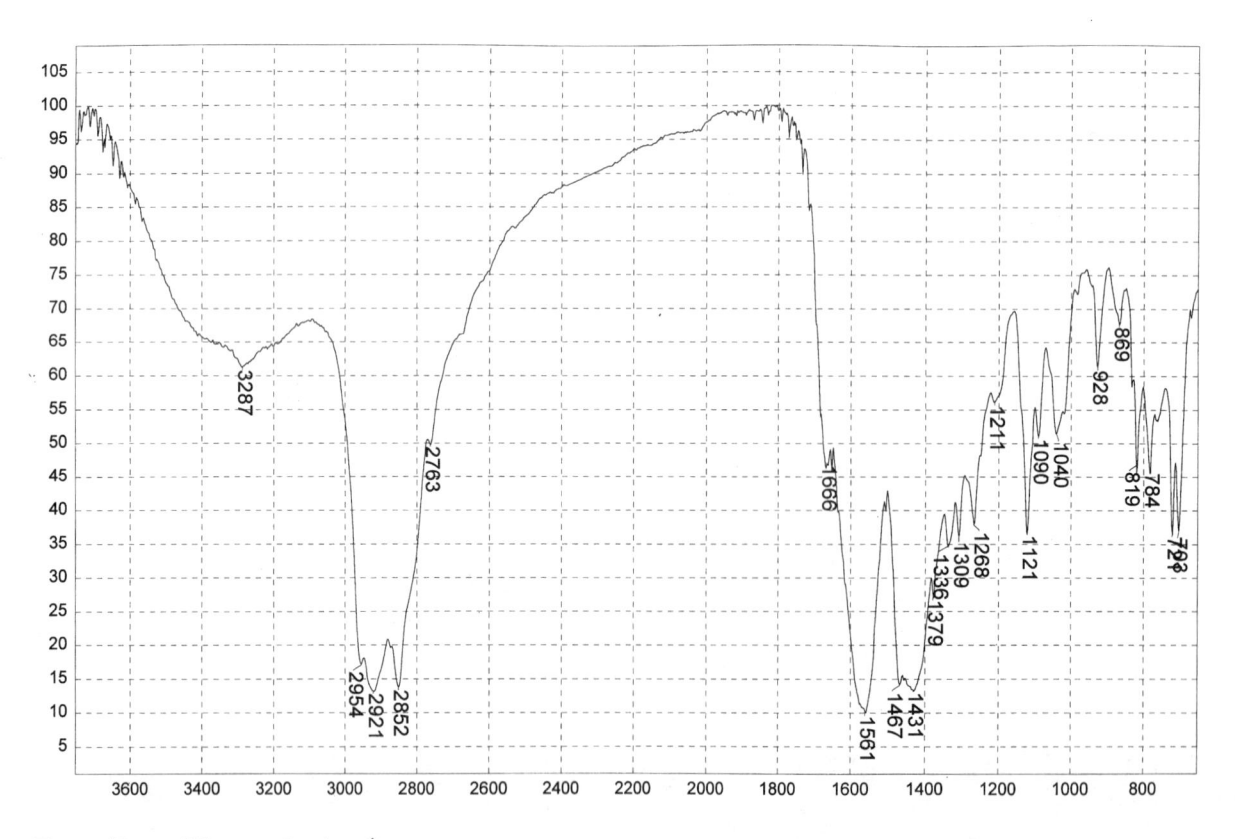

1390 SODIUM n-COCO-b-AMINOPROPIONATE

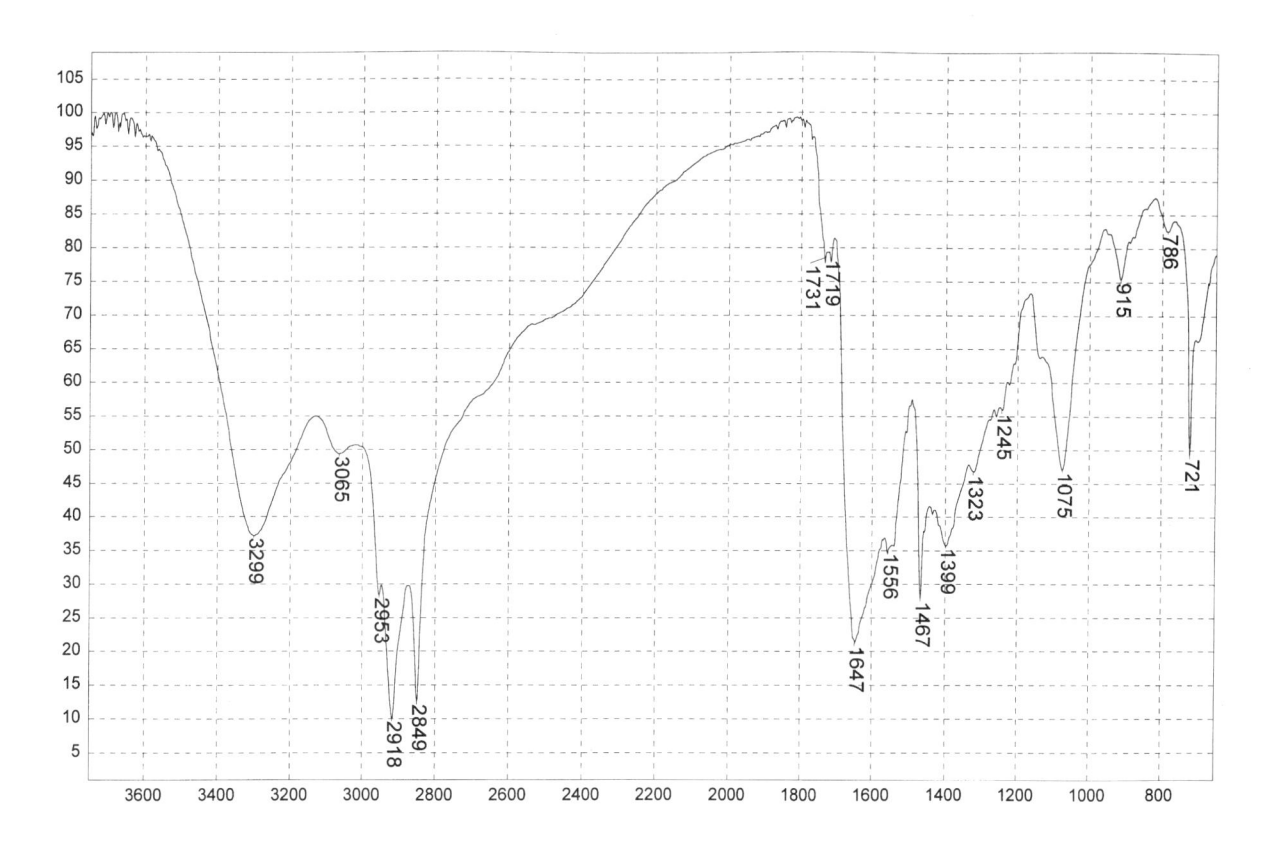

1391 SUBSTITUTED IMIDAZOLINIUM SALT

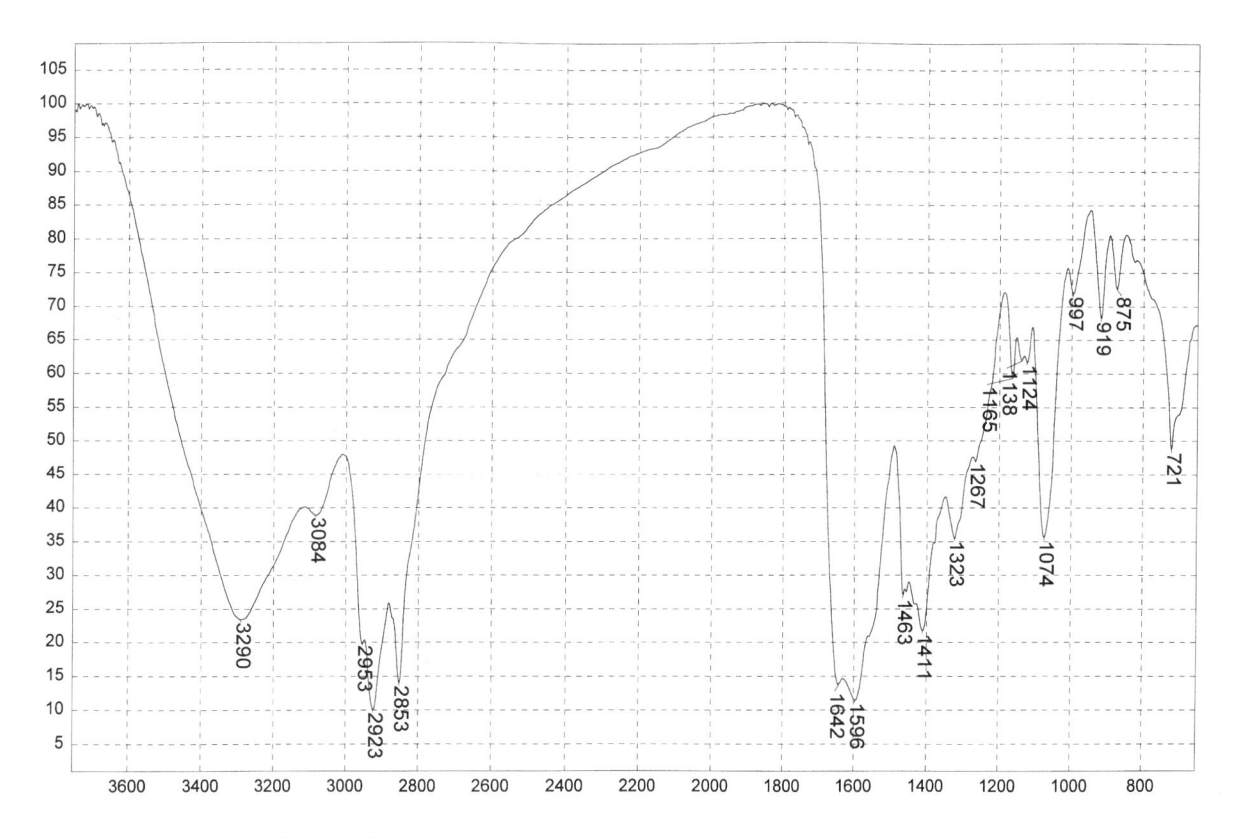

1392 SUBSTITUTED IMIDAZOLINIUM SALT, Example 2

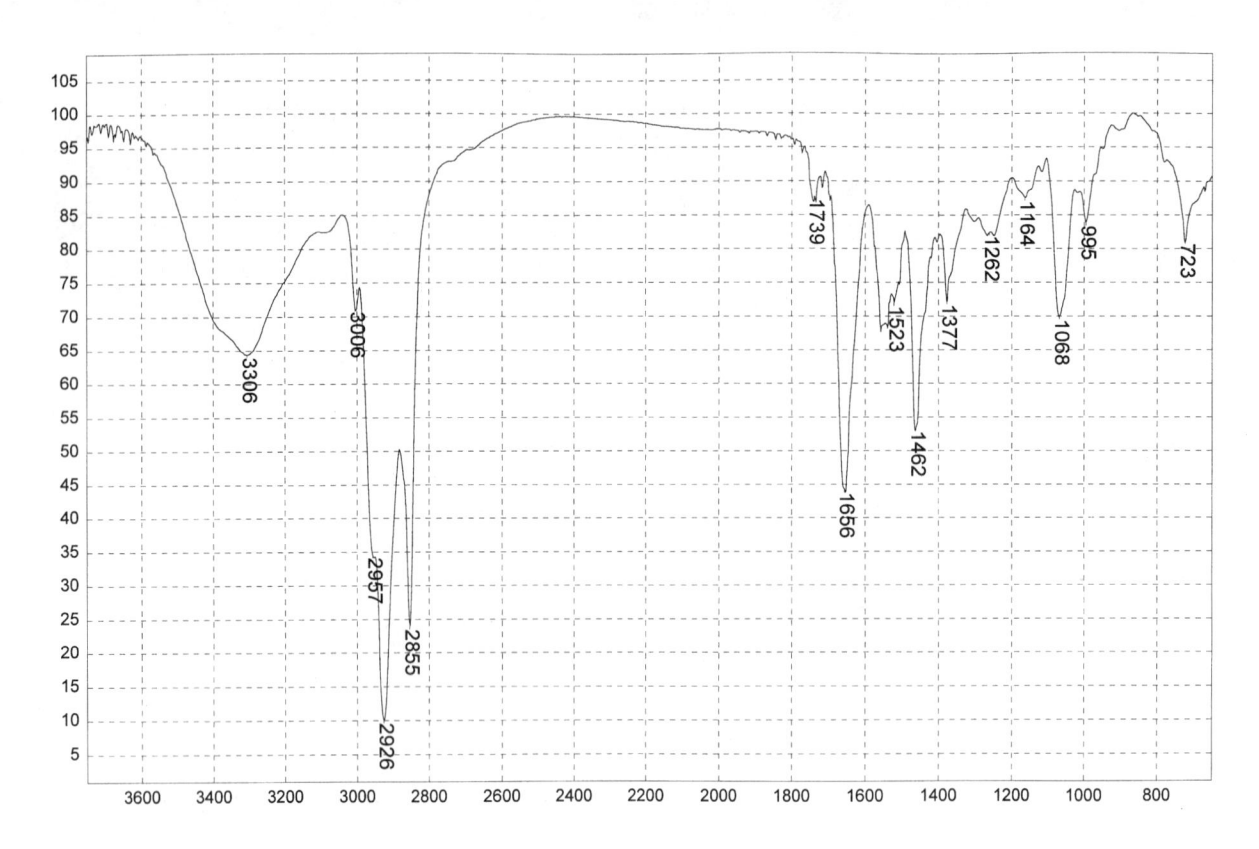

1393 SUBSTITUTED OXAZOLINE (ALKATERGE E)

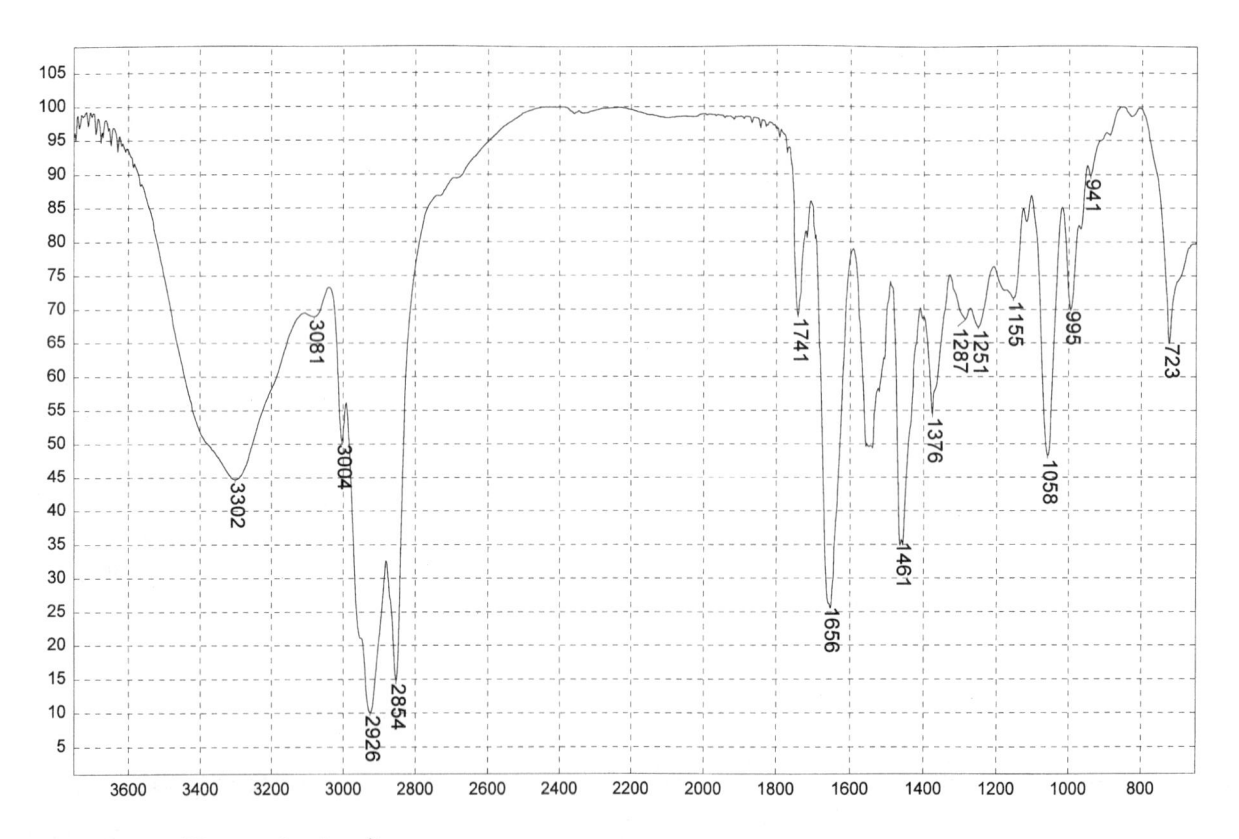

1394 SUBSTITUTED OXAZOLINE (ALKATERGE C)

LAURYLISOQUINOLINIUM BROMIDE

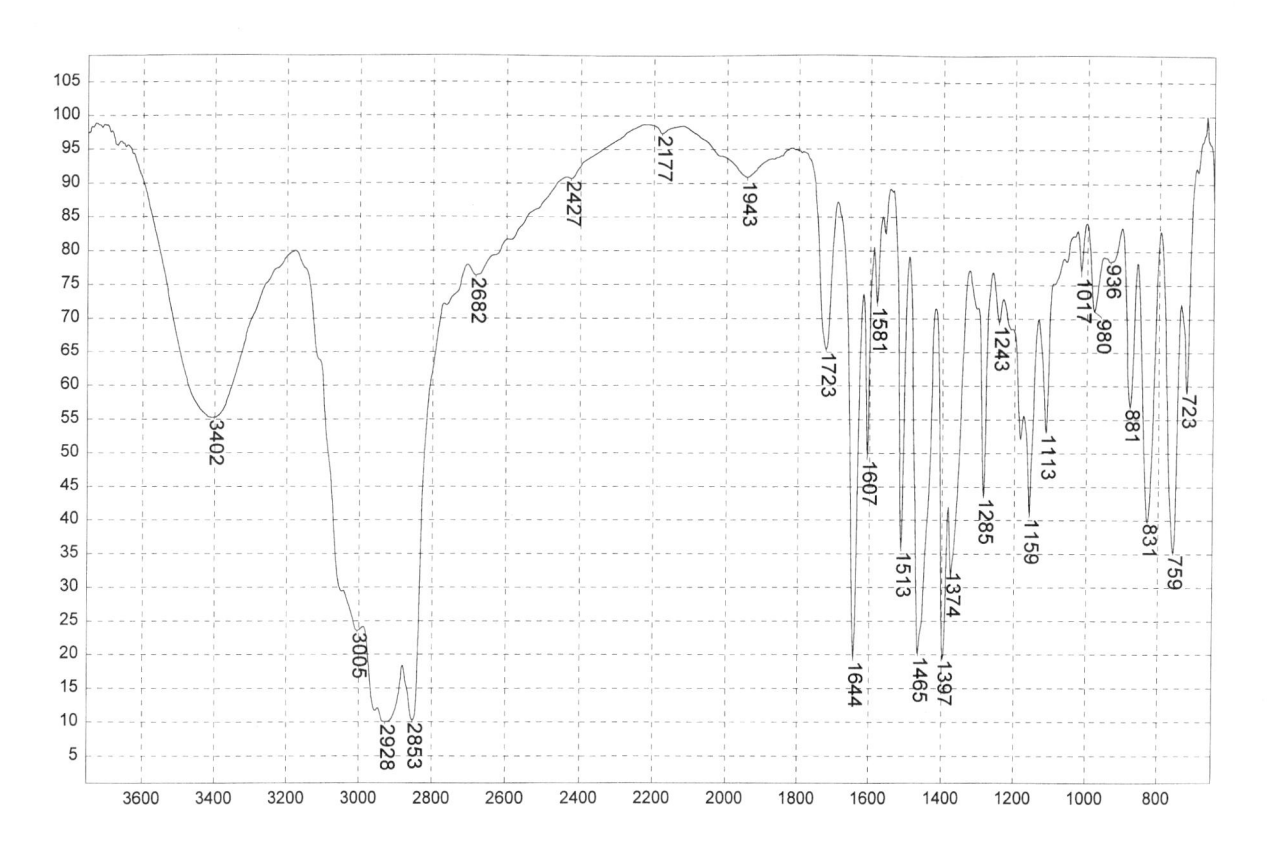

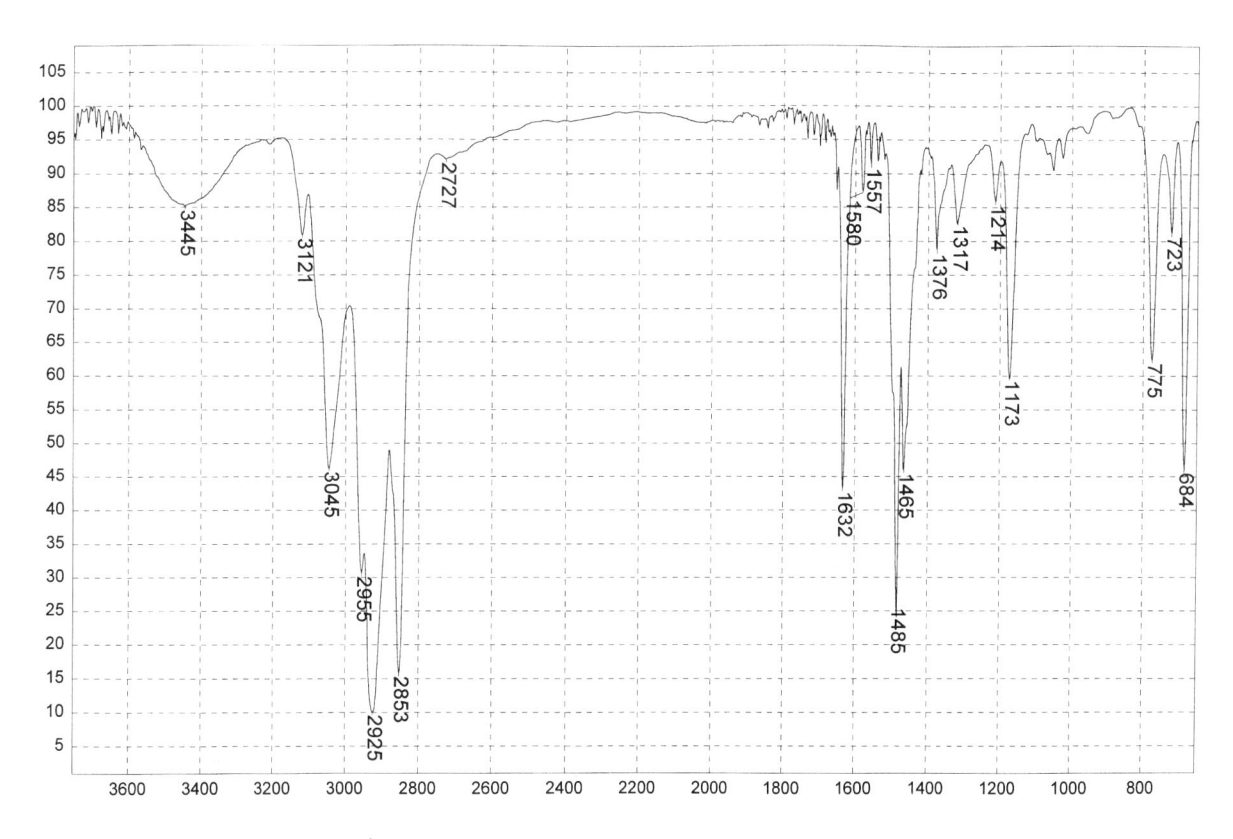

1395

LAURYLPYRIDINIUM CHLORIDE

1396

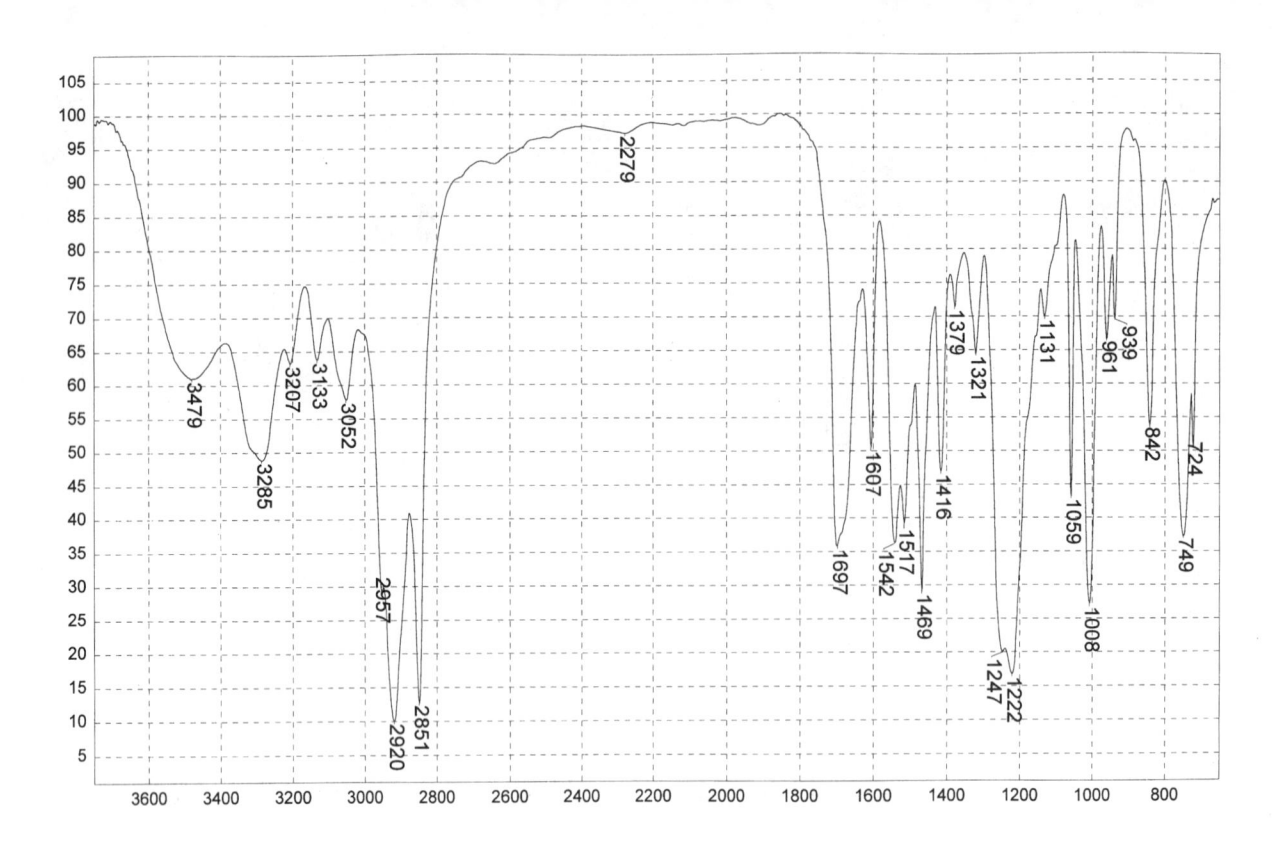

1397 DIETHYL HEPTADECYL IMIDAZOLINIUM ETHYL SULFATE

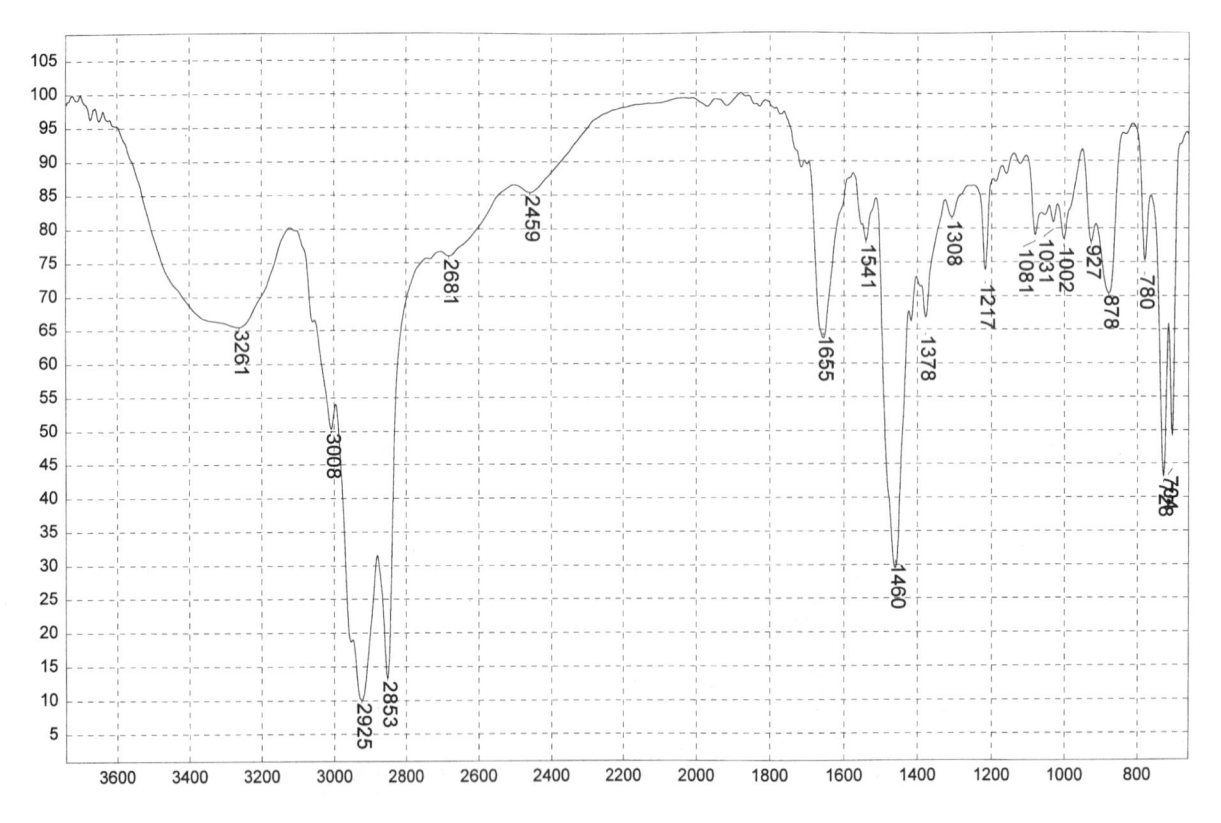

1398 QUATERNARY IMIDAZOLINIUM SALT-STEARIC ACID

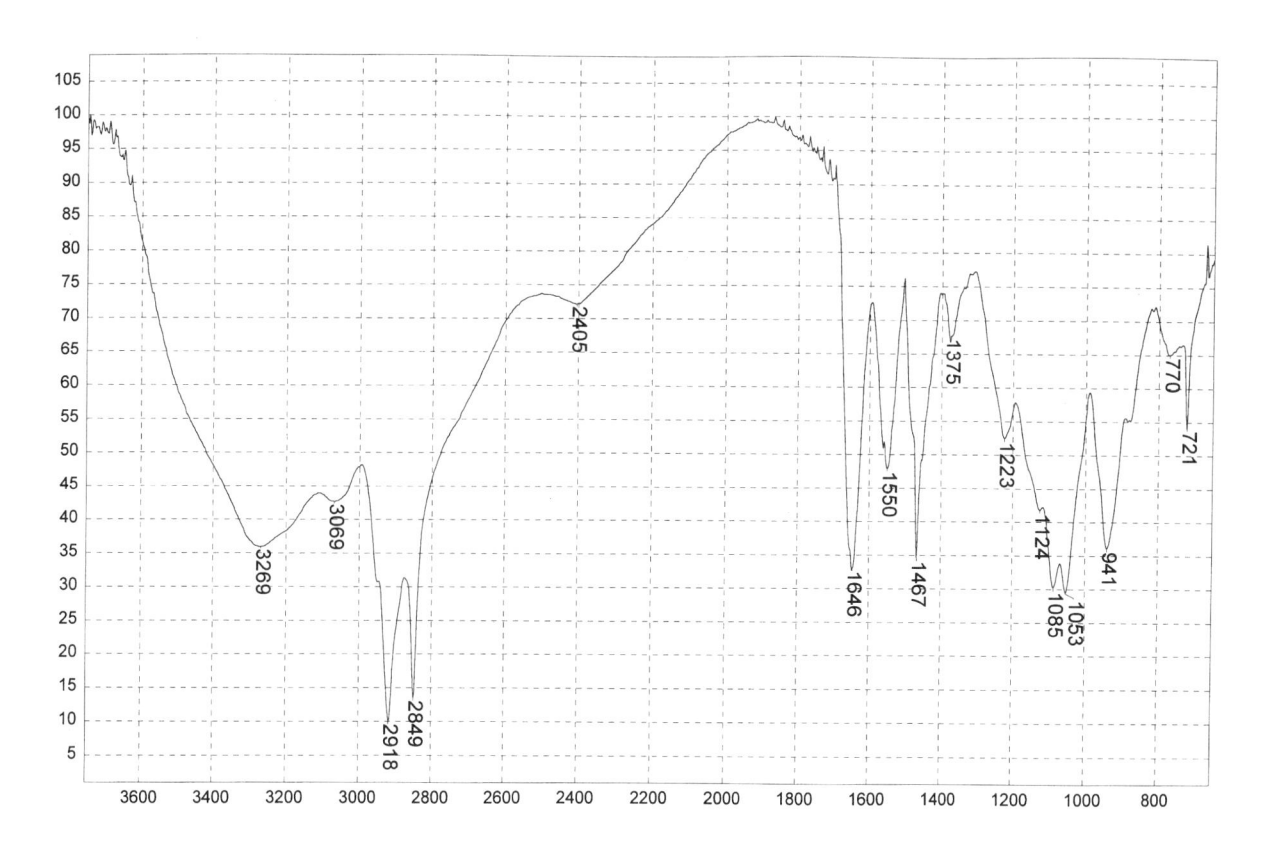

1399 STEARAMIDO PROPYLDIMETHYL-b-HYDROXETHYL

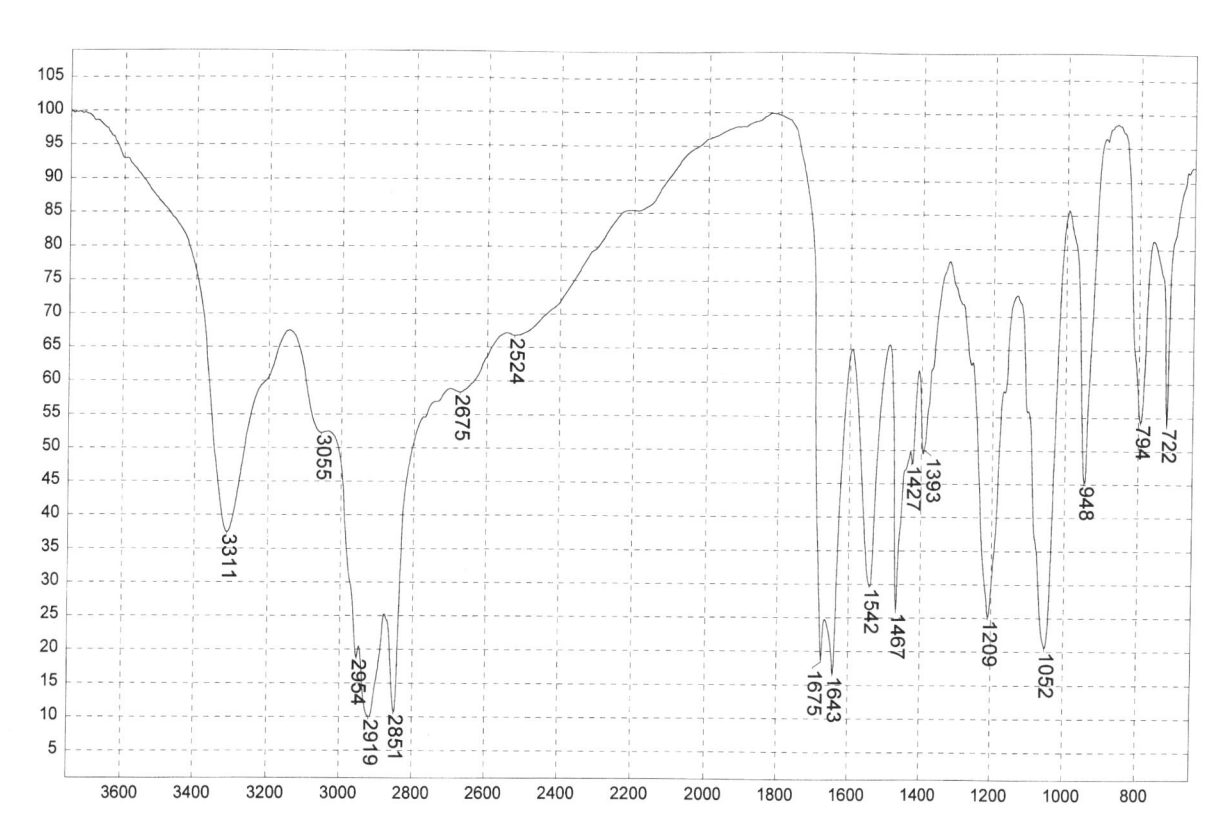

1400 n-STEAROYLETHYLENEDIAMINE, FORMATE SALT

1401 n-OLEOYLETHYLENEDIAMINE, FORMATE SALT

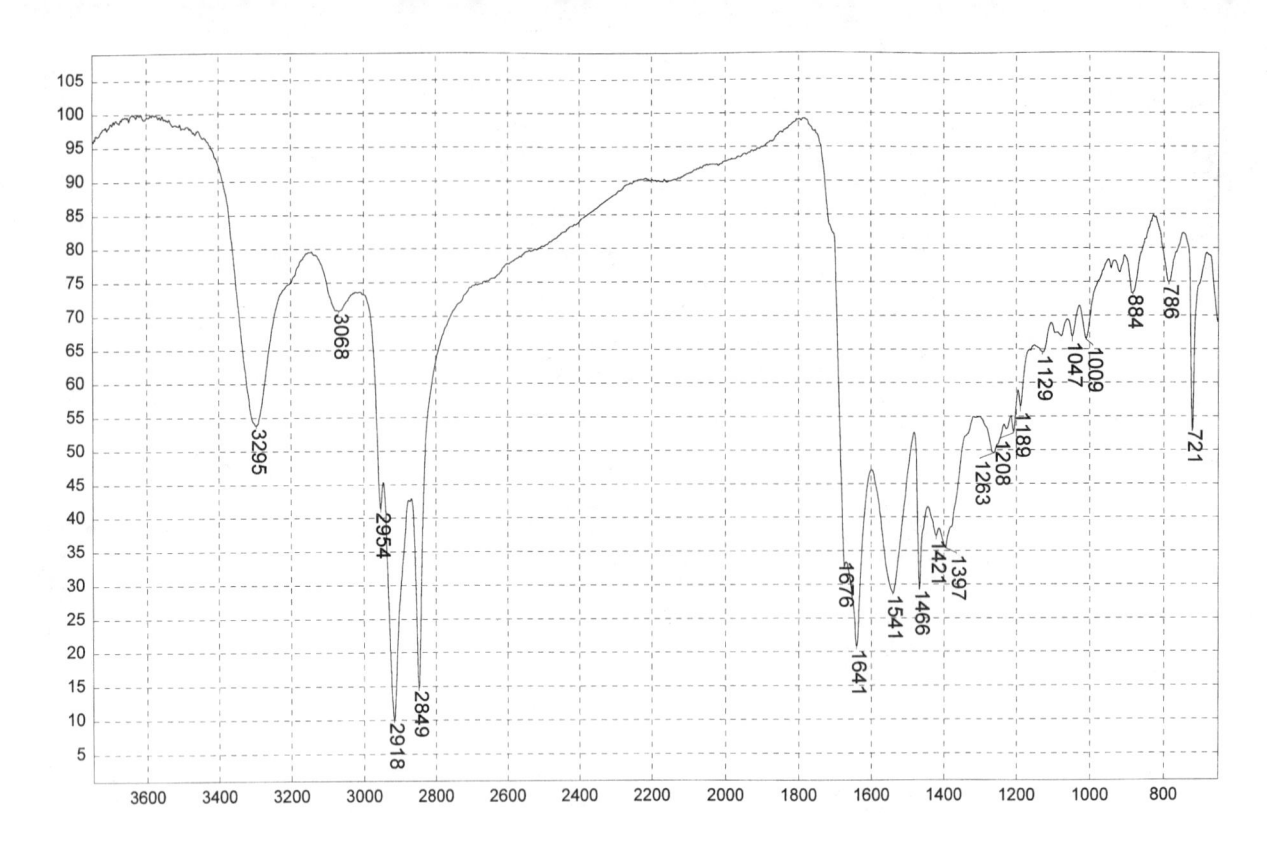

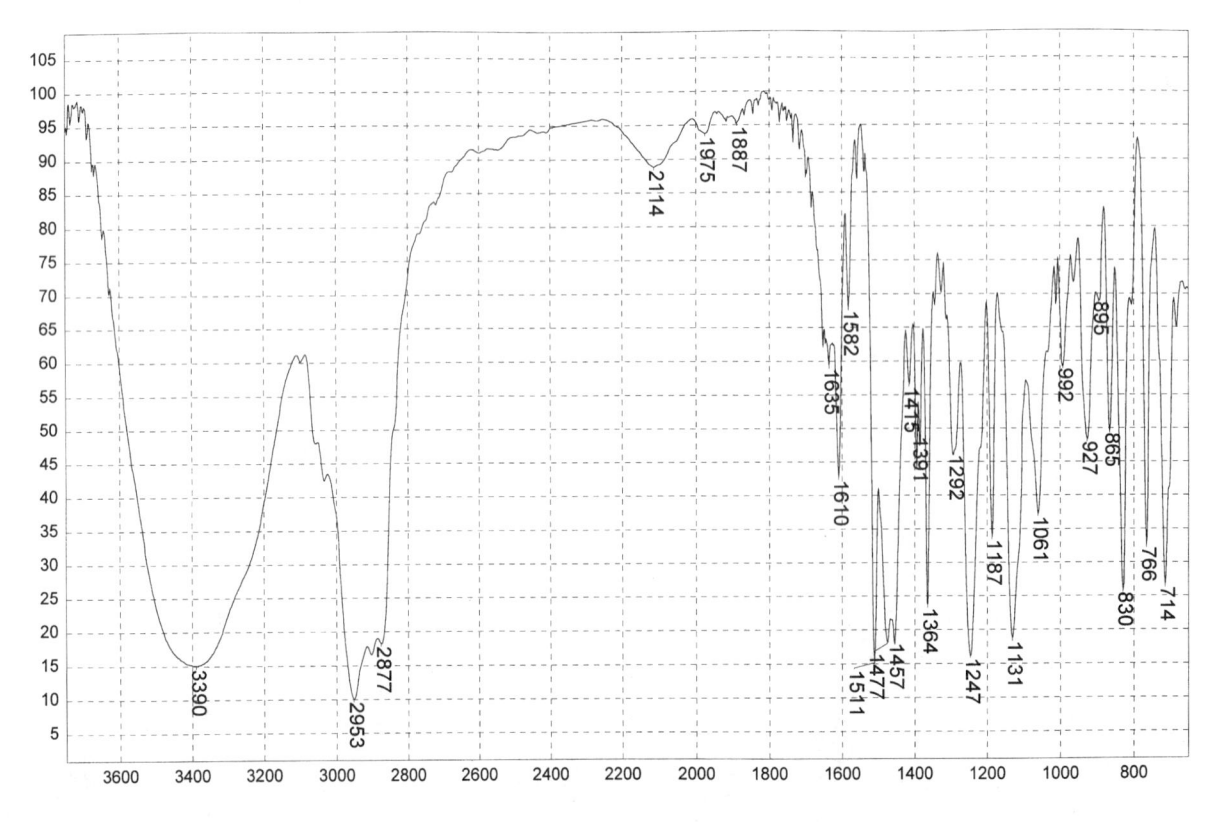

1402 DIISO-C4-0-o-ET-o-C2) DIMETHYL-0 AMMONIUM CHLORIDE

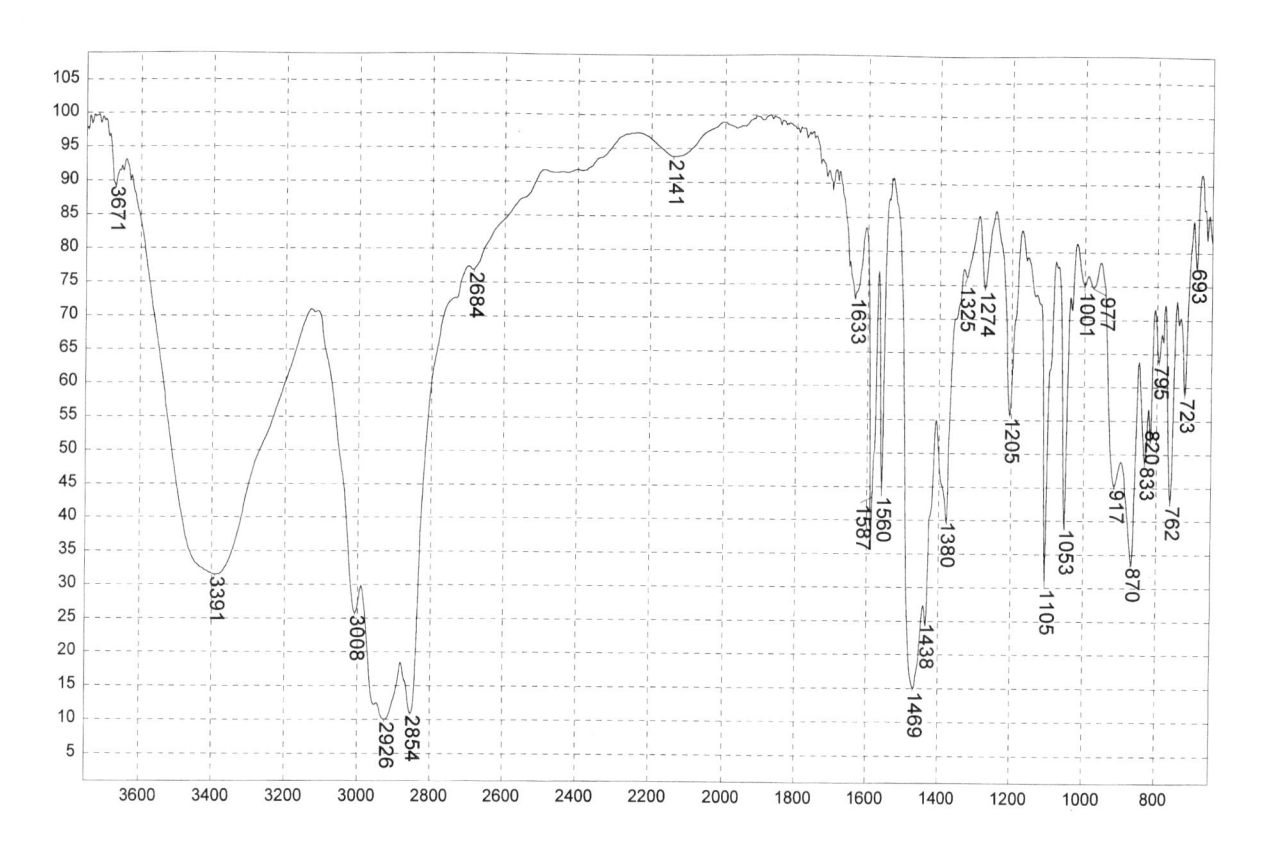

1403 ALKYLDIMETHYL-3,4-DICHLOROBENZYL AMMONIUM CHLORIDE

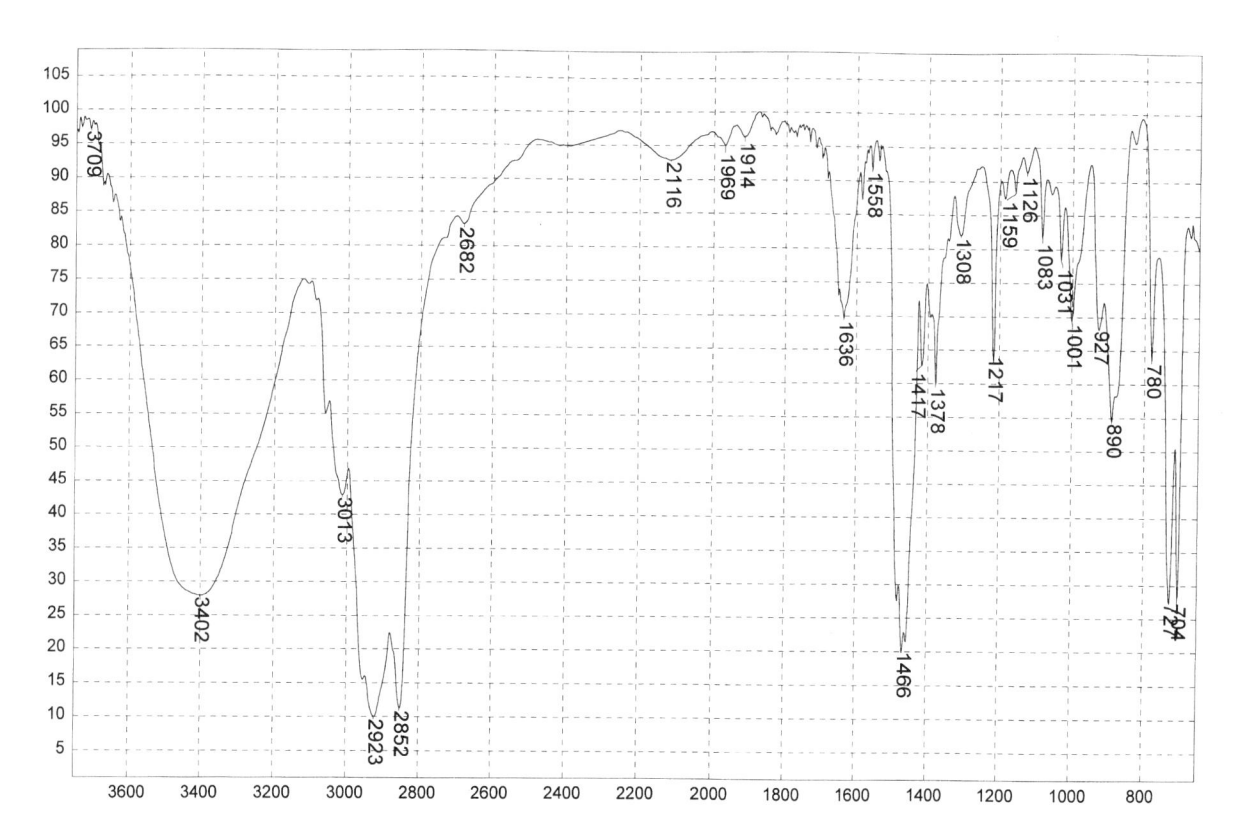

1404 LAURYLDIMETHYLBENZYL AMMONIUM CHLORIDE

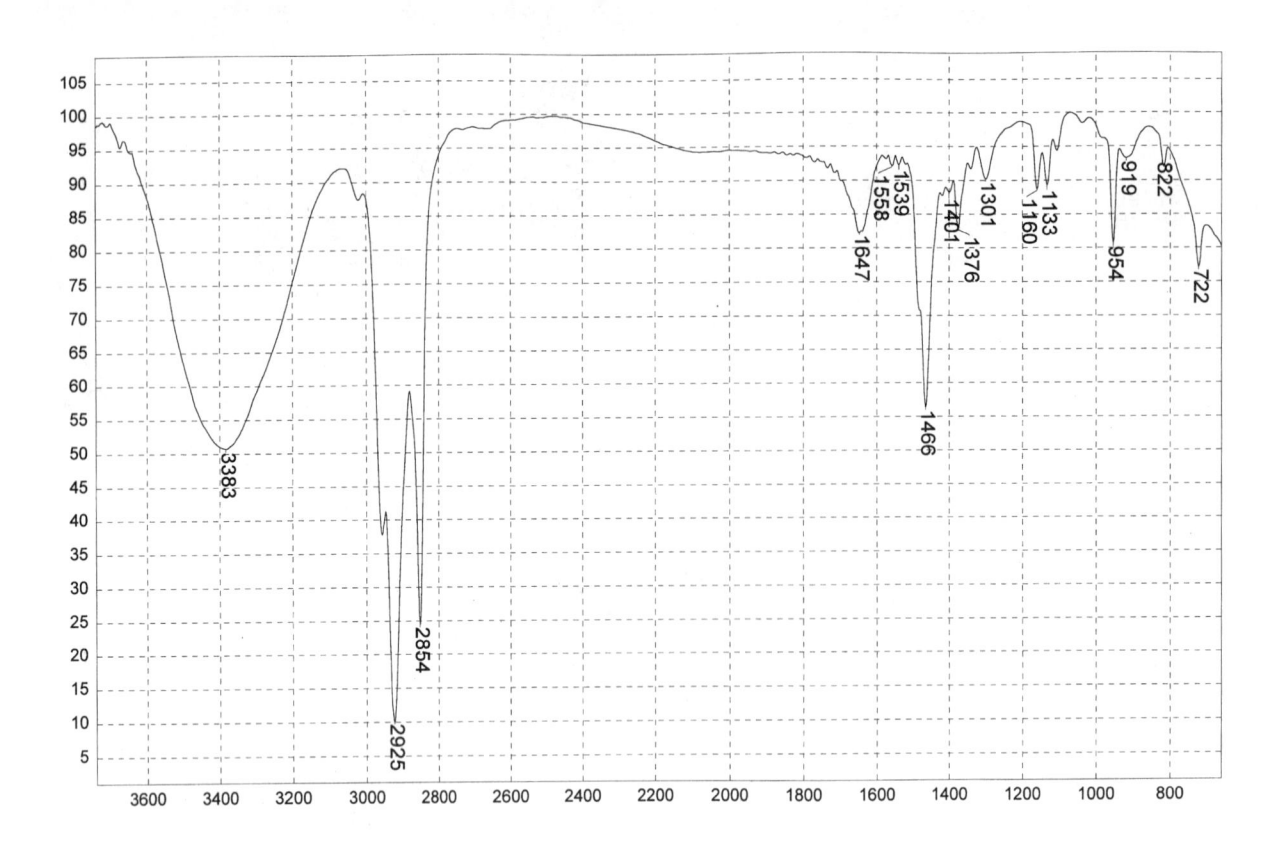

1405 DI"COCO" DIMETHYL AMMONIUM CHLORIDE

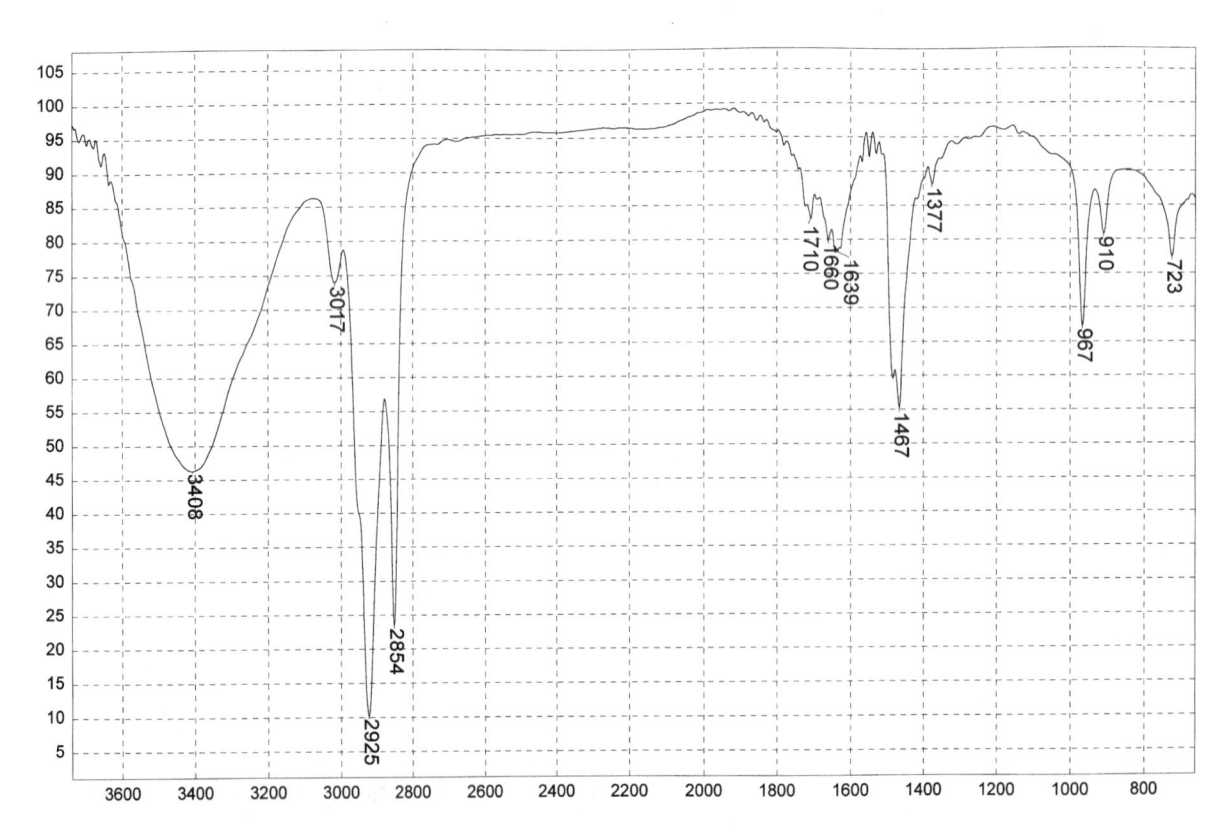

1406 SOYA TRIMETHYL AMMONIUM CHLORIDE

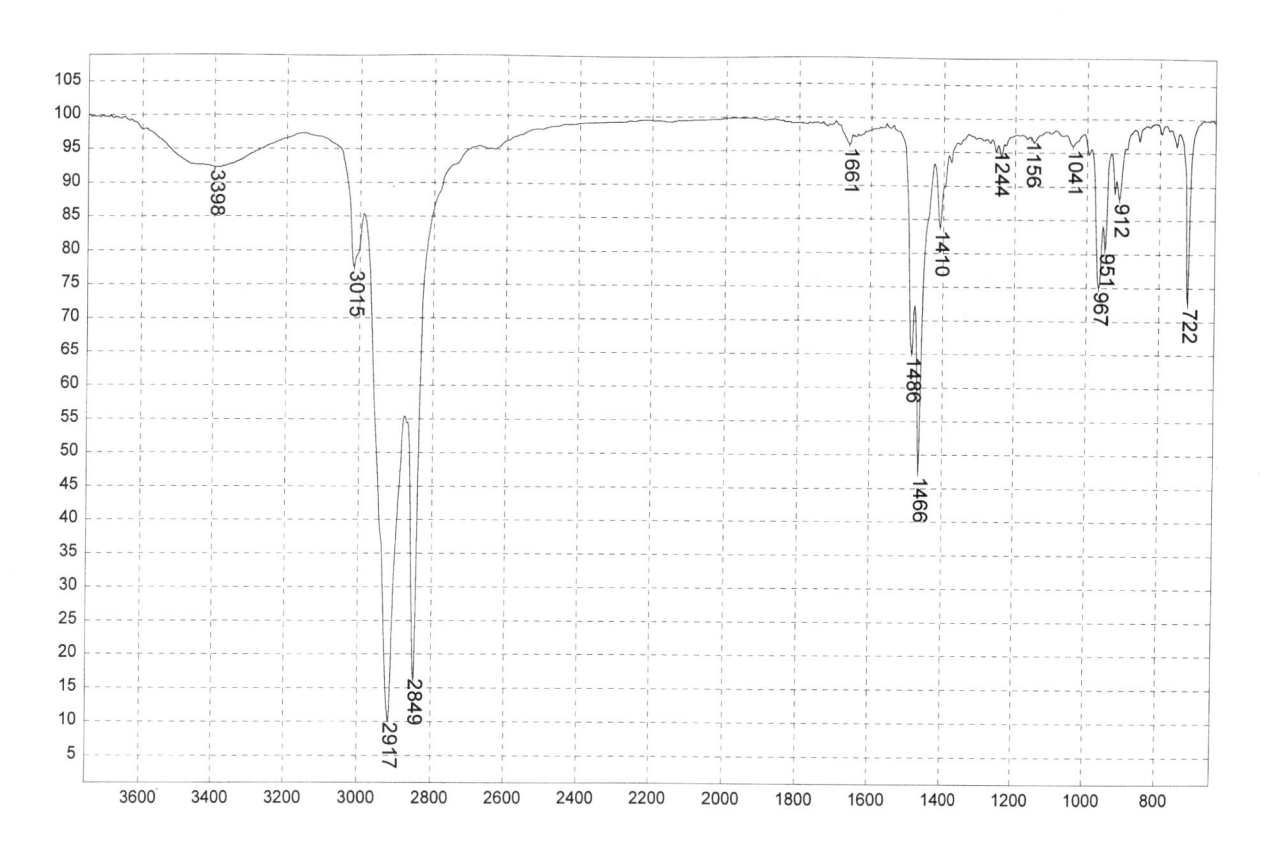

1407 OCTADECYLTRIMETHYL AMMONIUM CHLORIDE

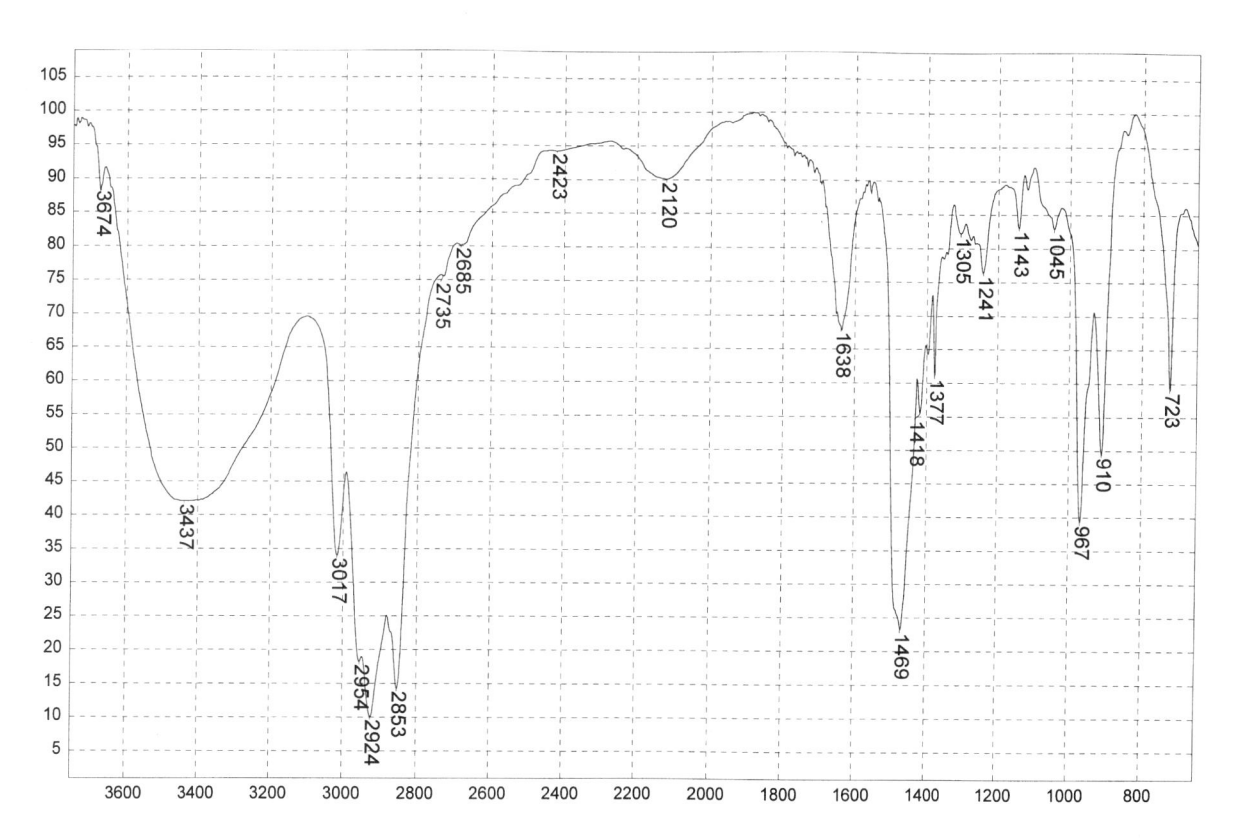

1408 DODECYLTRIMETHYL AMMONIUM CHLORIDE

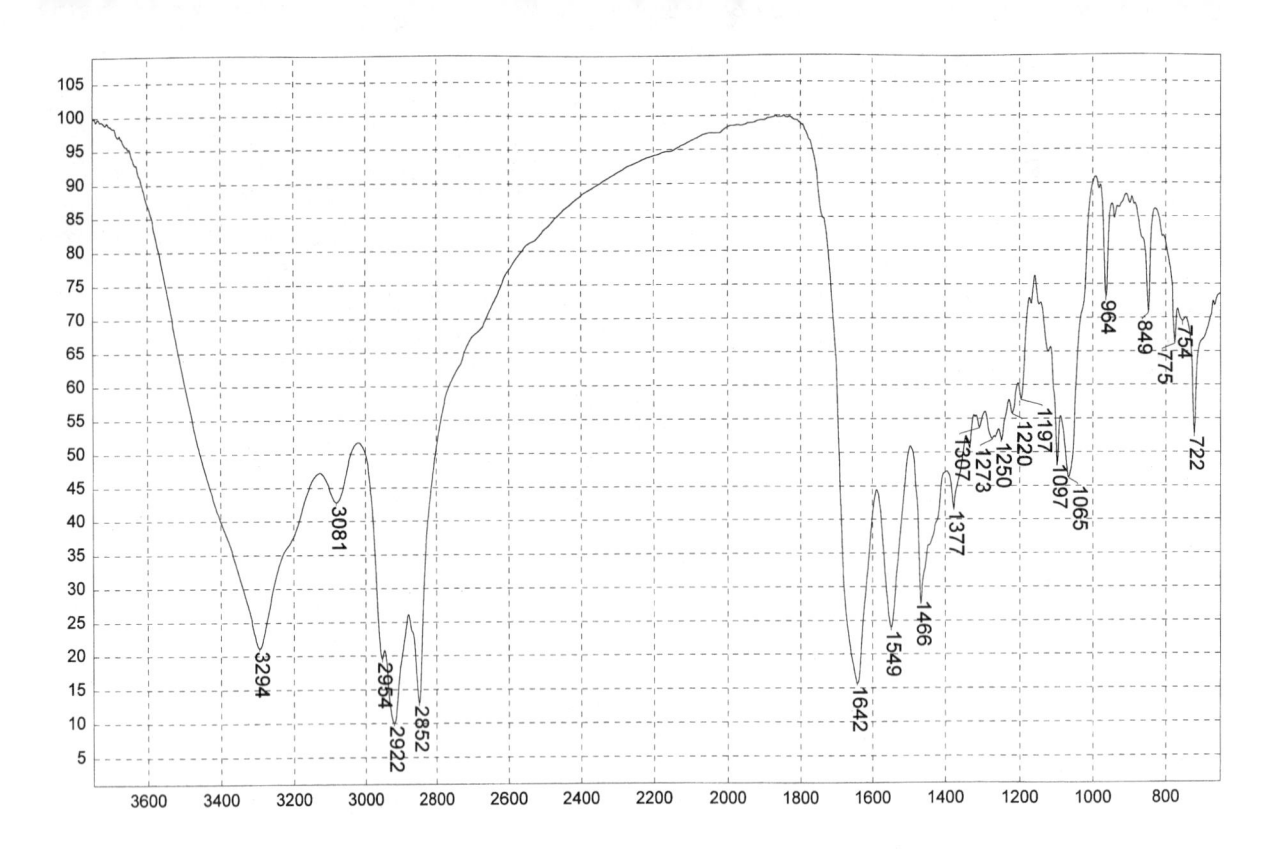

1409 n-b-HYDROXYETHYL COCO IMIDAZOLINE

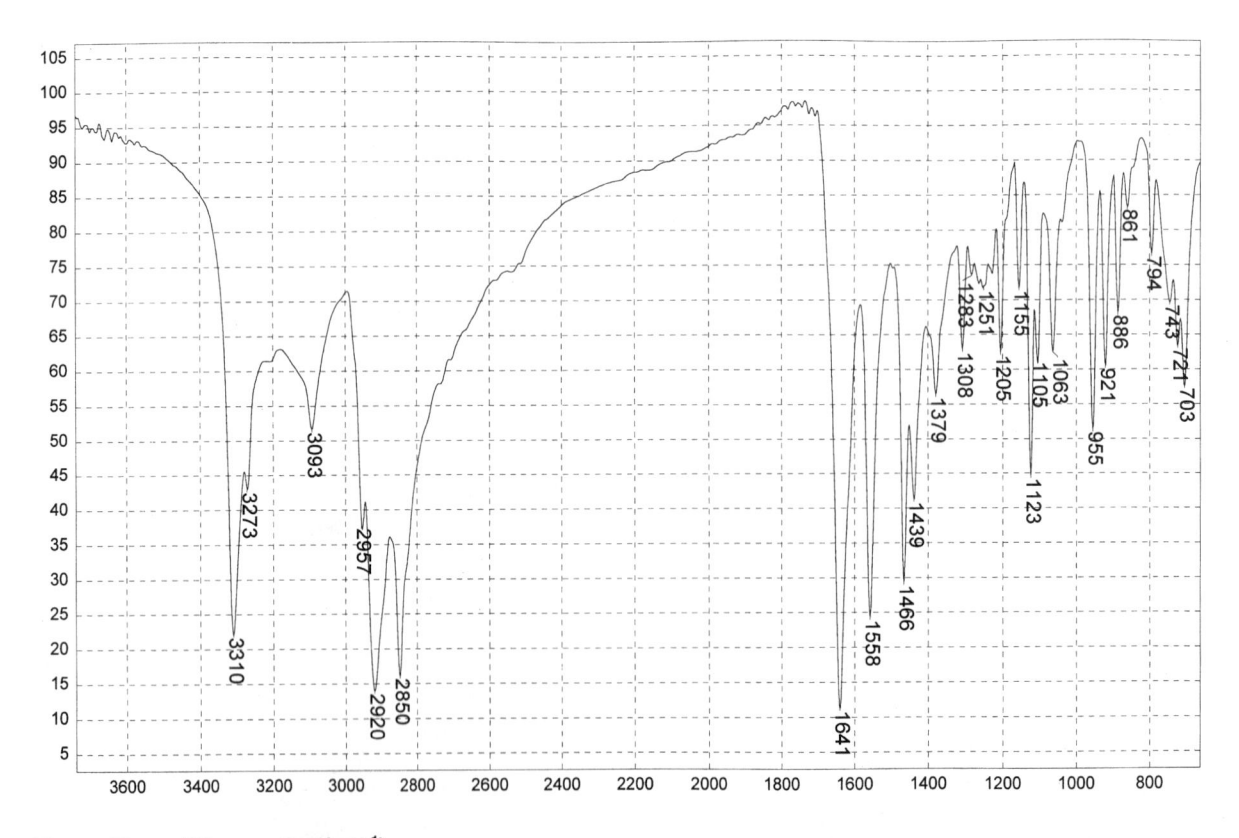

1410 n-b-HYDROXYETHYL STEARYL IMIDAZOLINE

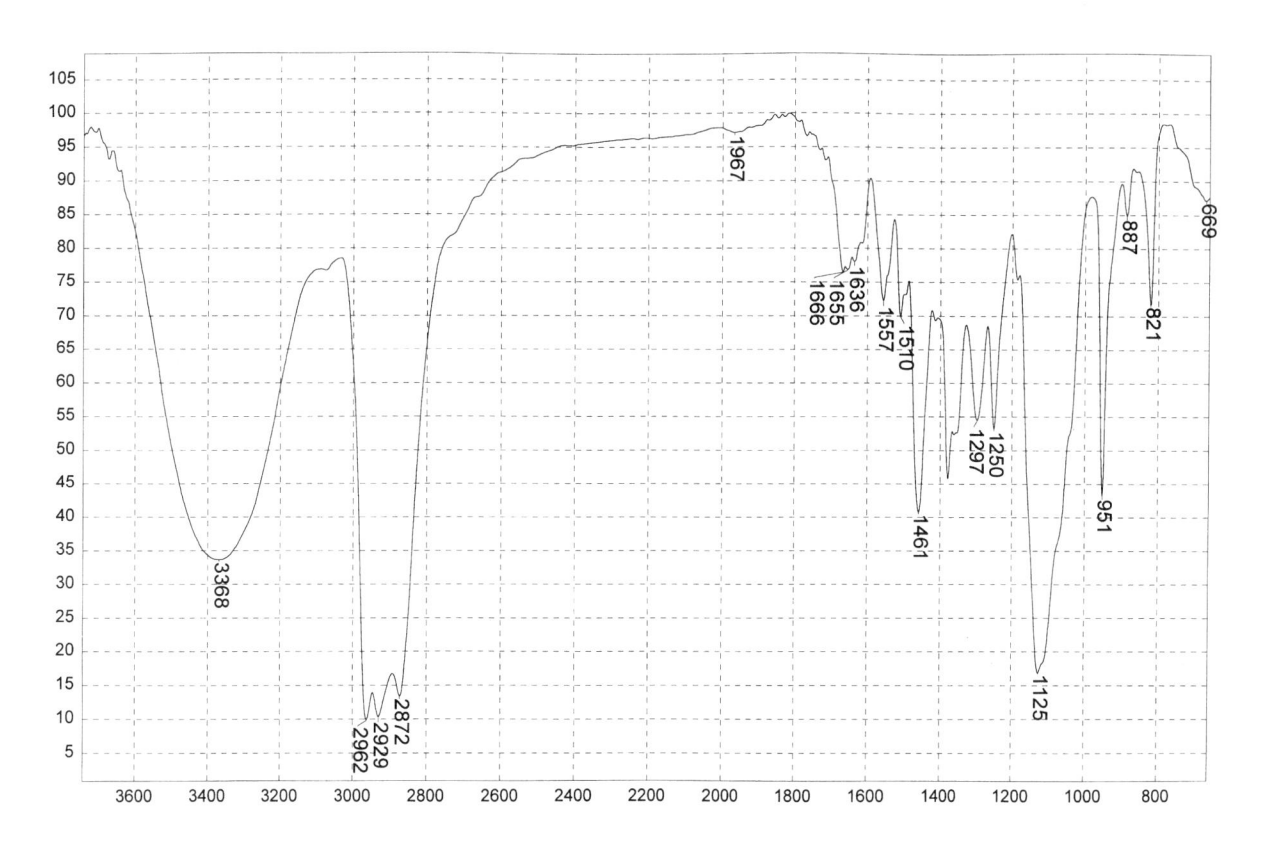

1411   P.O.E. DUOMEEN T (3 MOLES EtO)

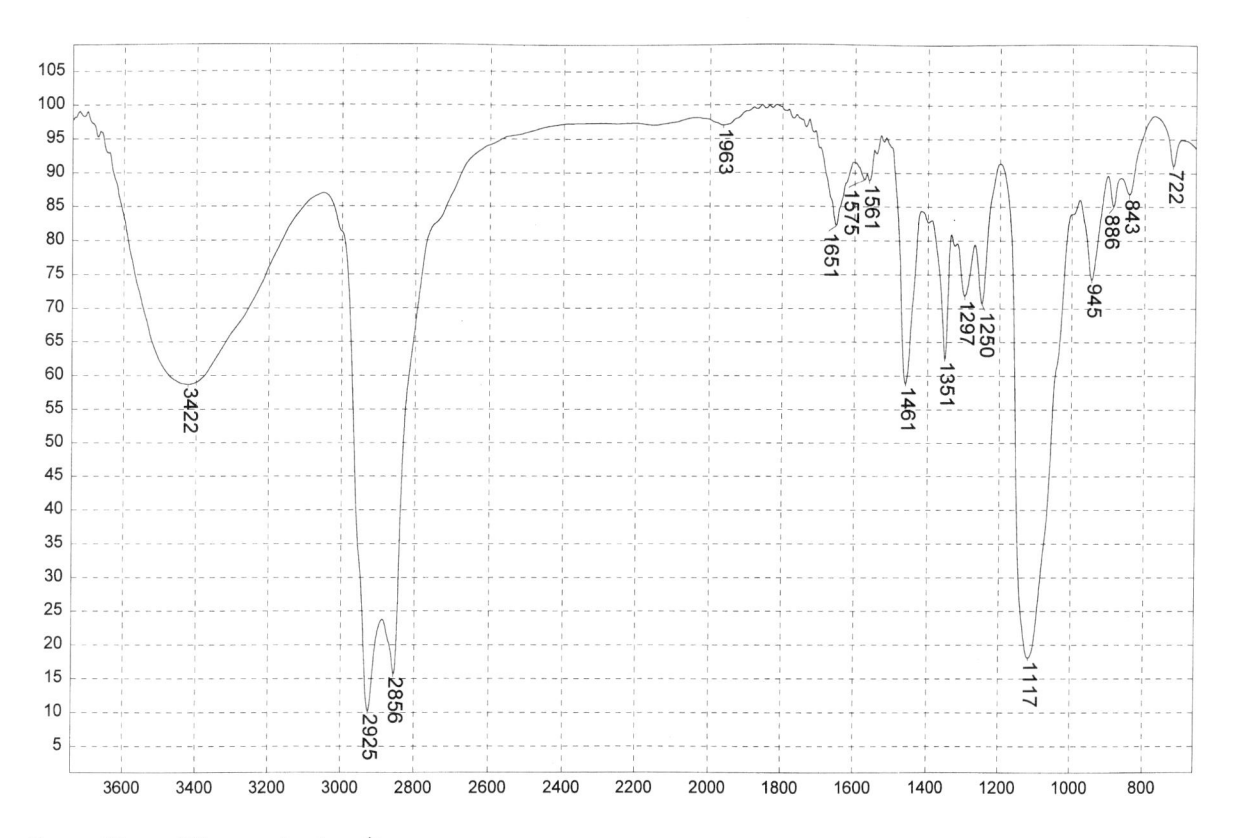

1412   P.O.E. SOYA AMINE (10 MOLES EtO)

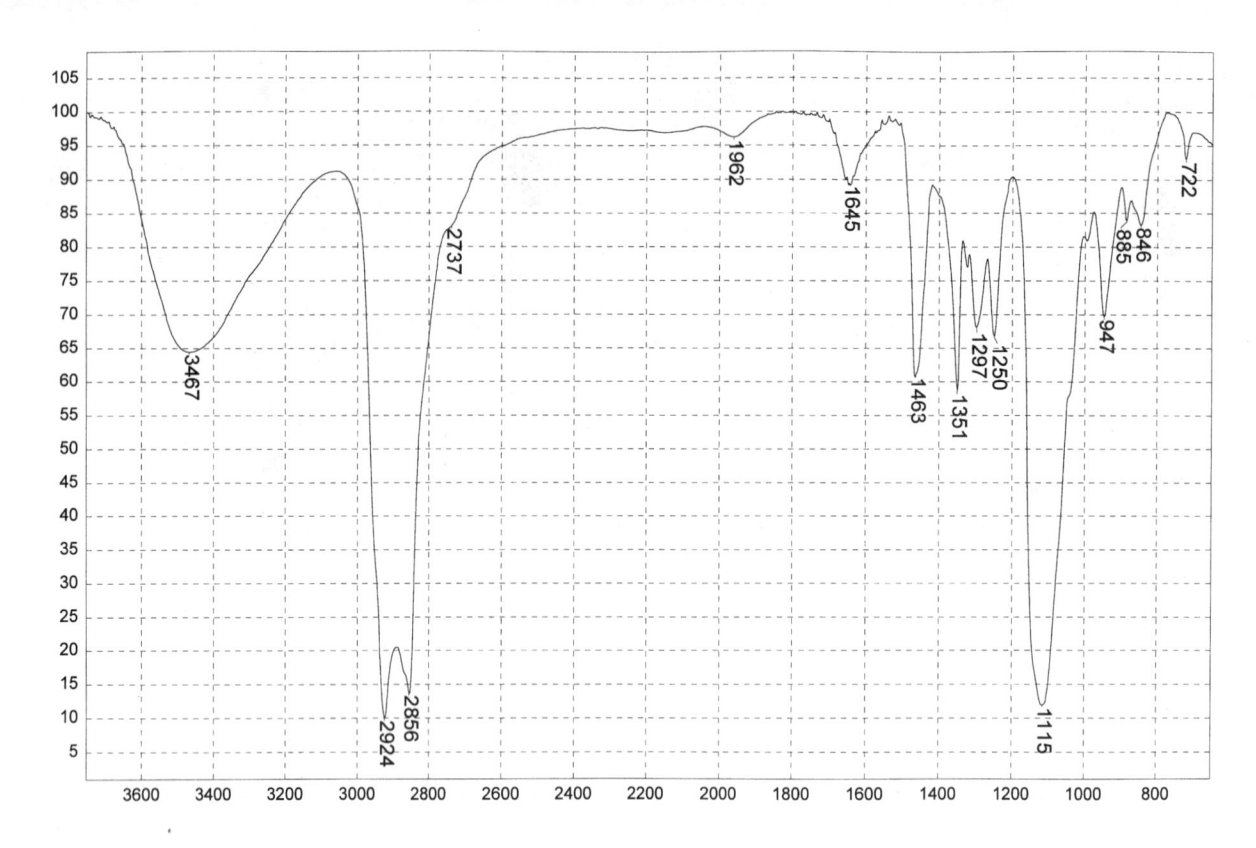

| 1413 | **P.O.E. TALLOW AMINE (15 MOLES EtO)** |

| 1414 | **P.O.E. COCO AMINE (5 MOLES EtO)** |

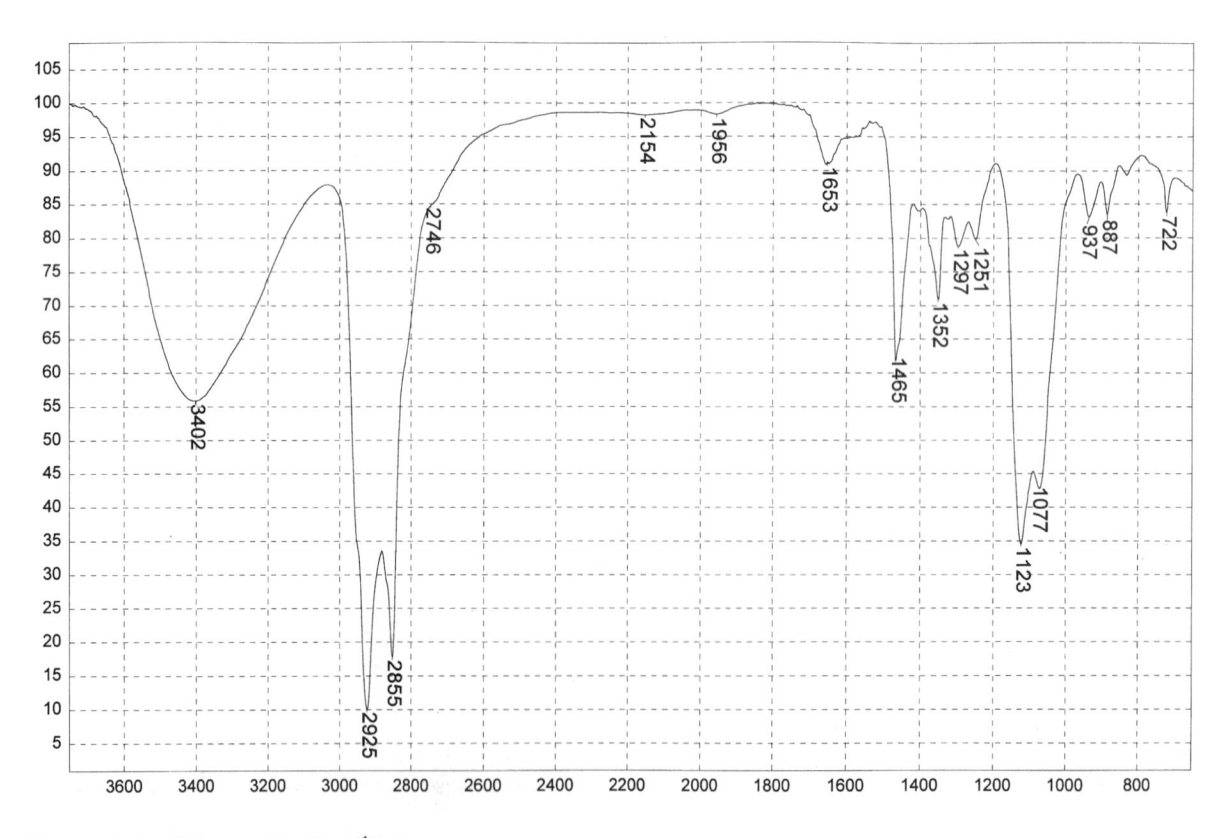

1415 PEO TERTIARY AMINE C18-24H37-49NH(C₂H₄O)₁₅H

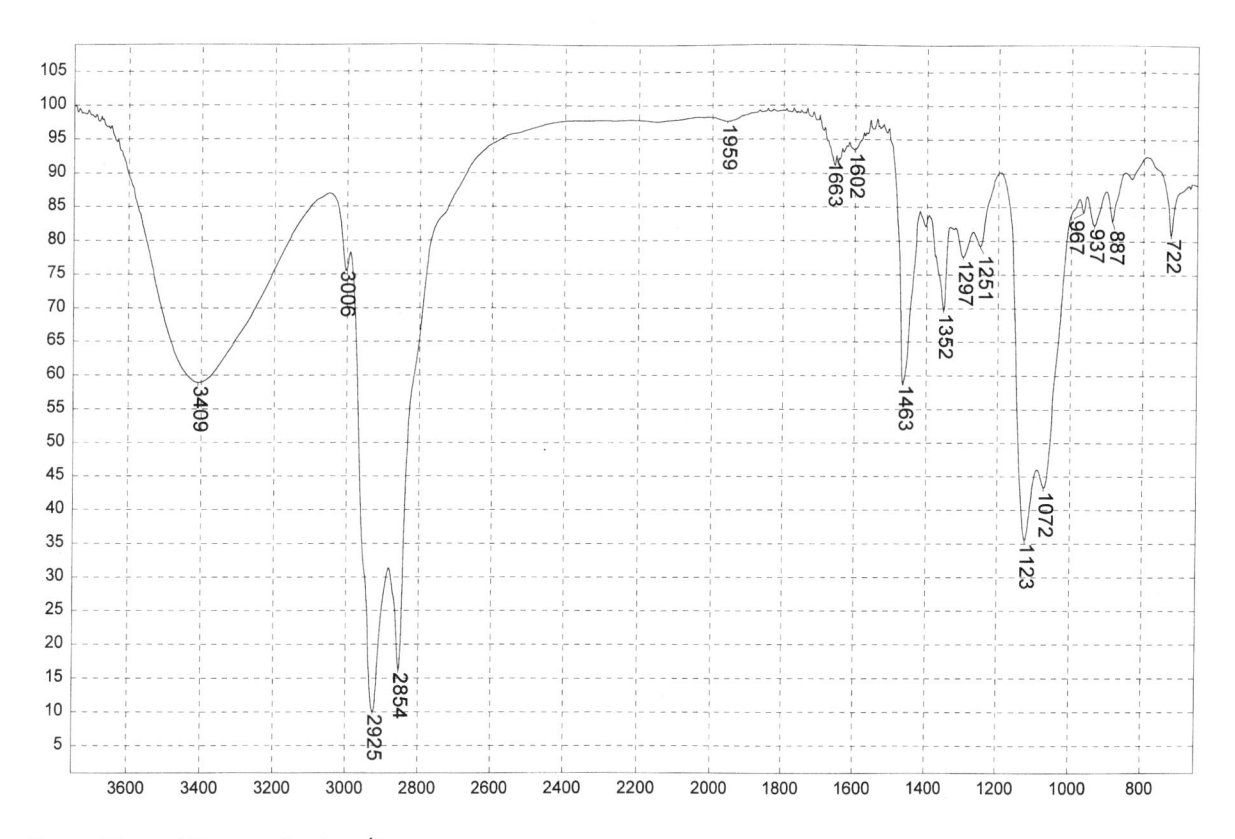

1416 P.O.E. OLEYL AMINE (5 MOLES EtO)

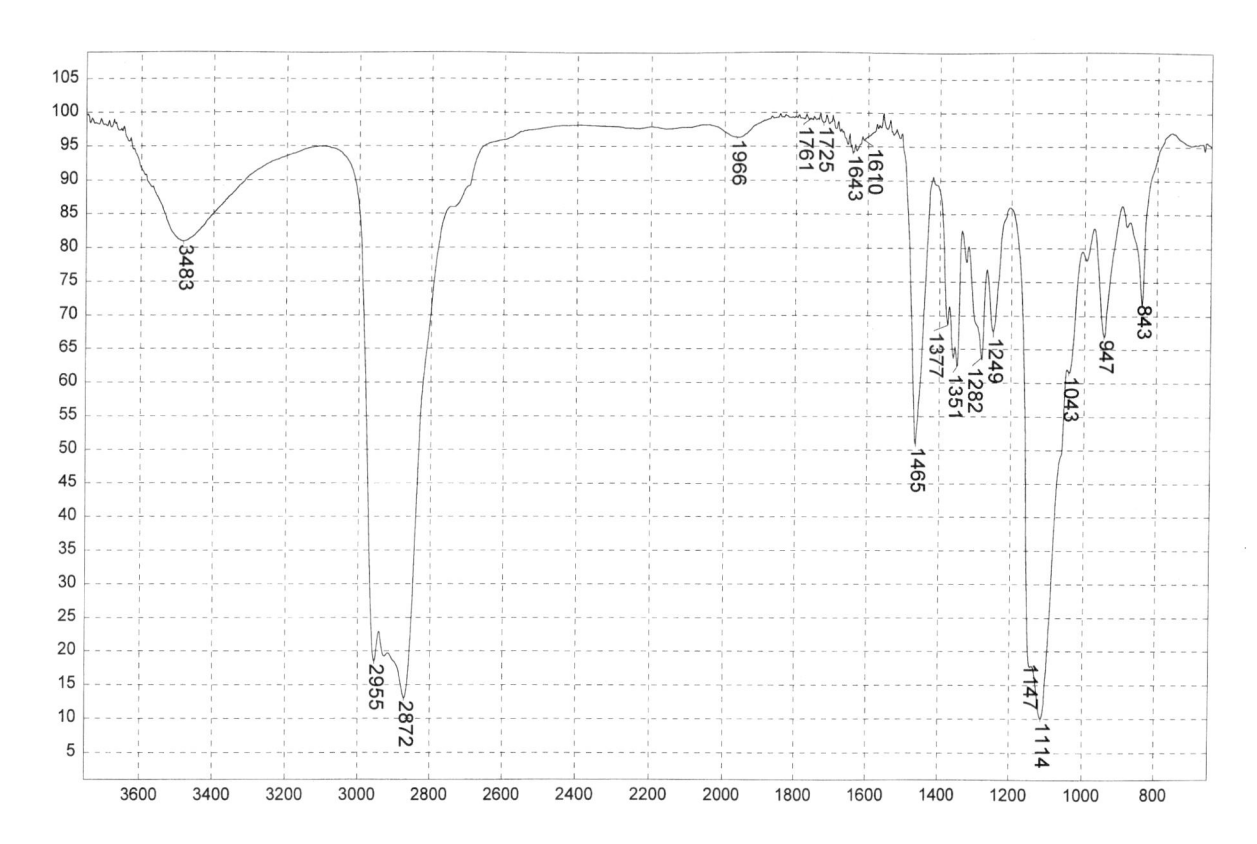

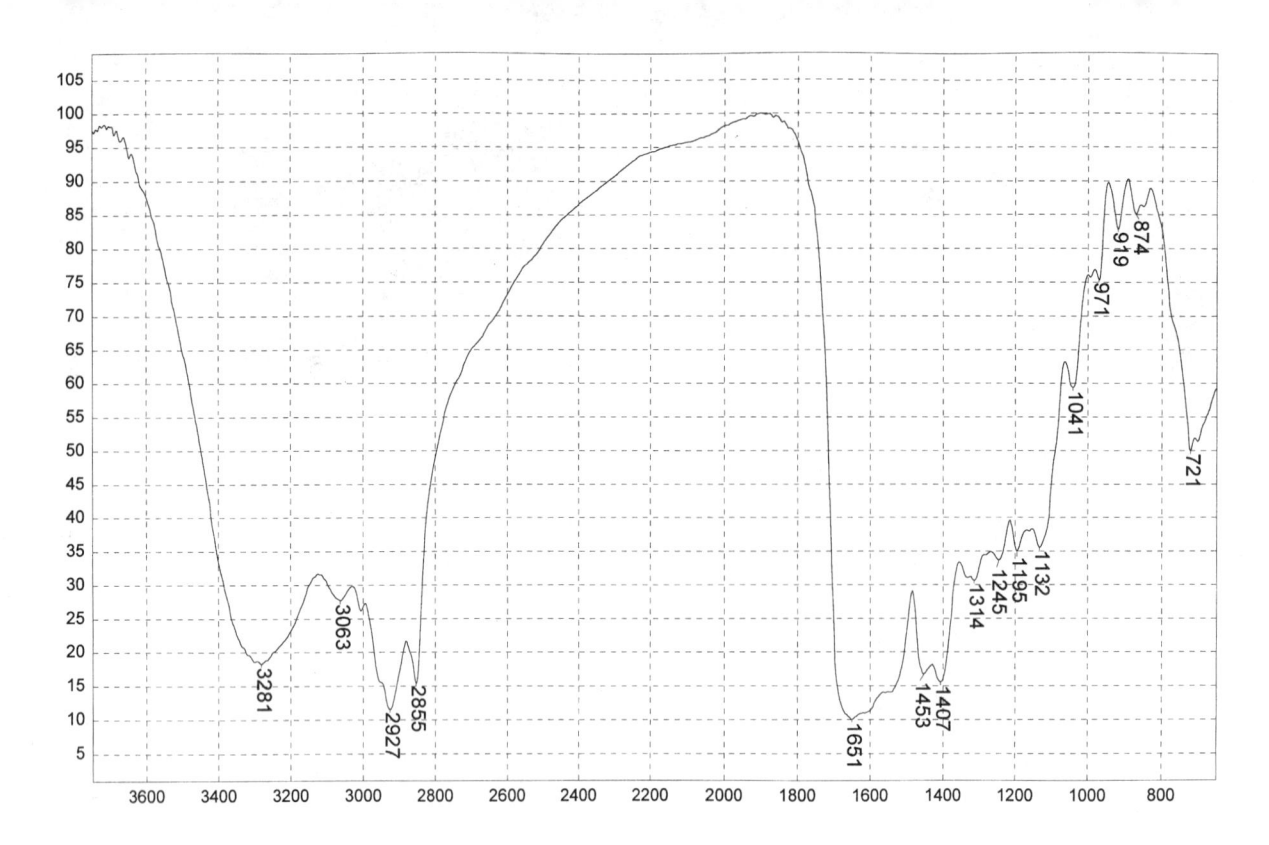

1417   OLEOYL POLYPEPTIDE–SODIUM SALT

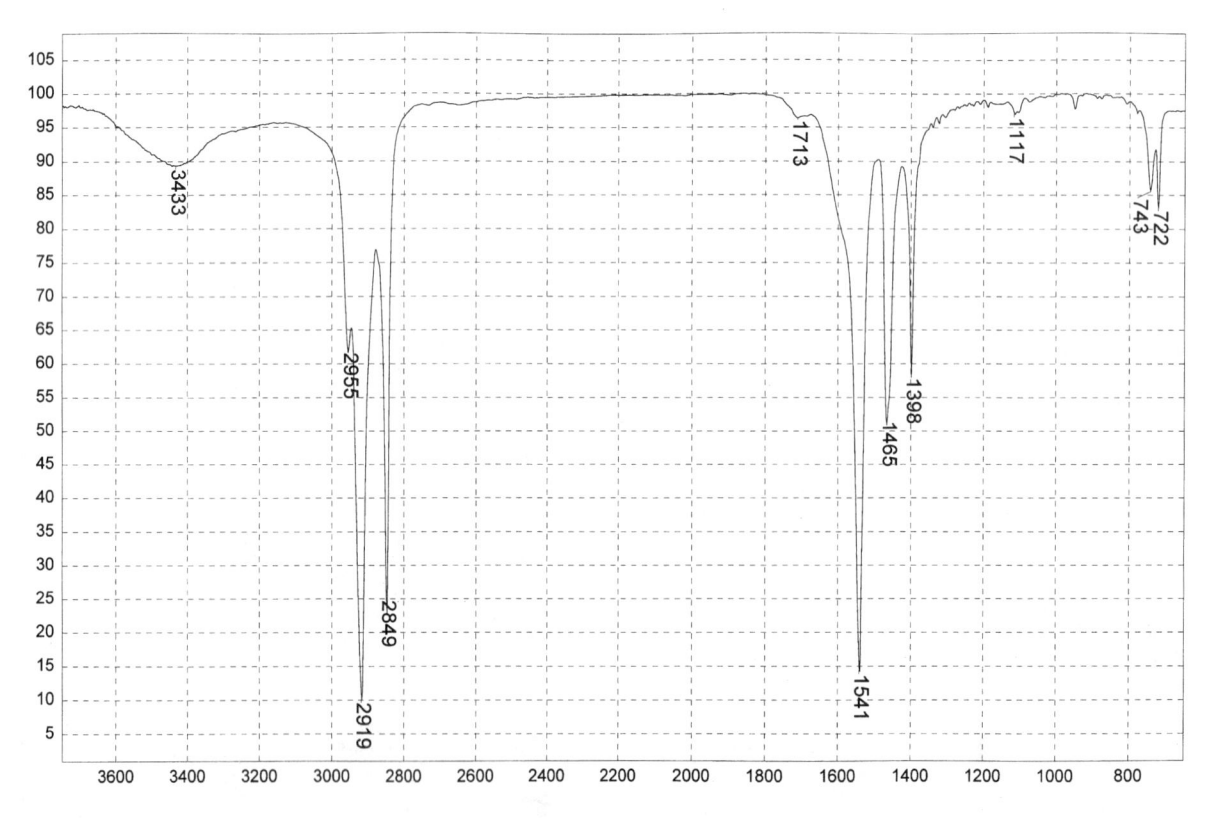

1418   KNOWN ZINC STEARATE IN KBr

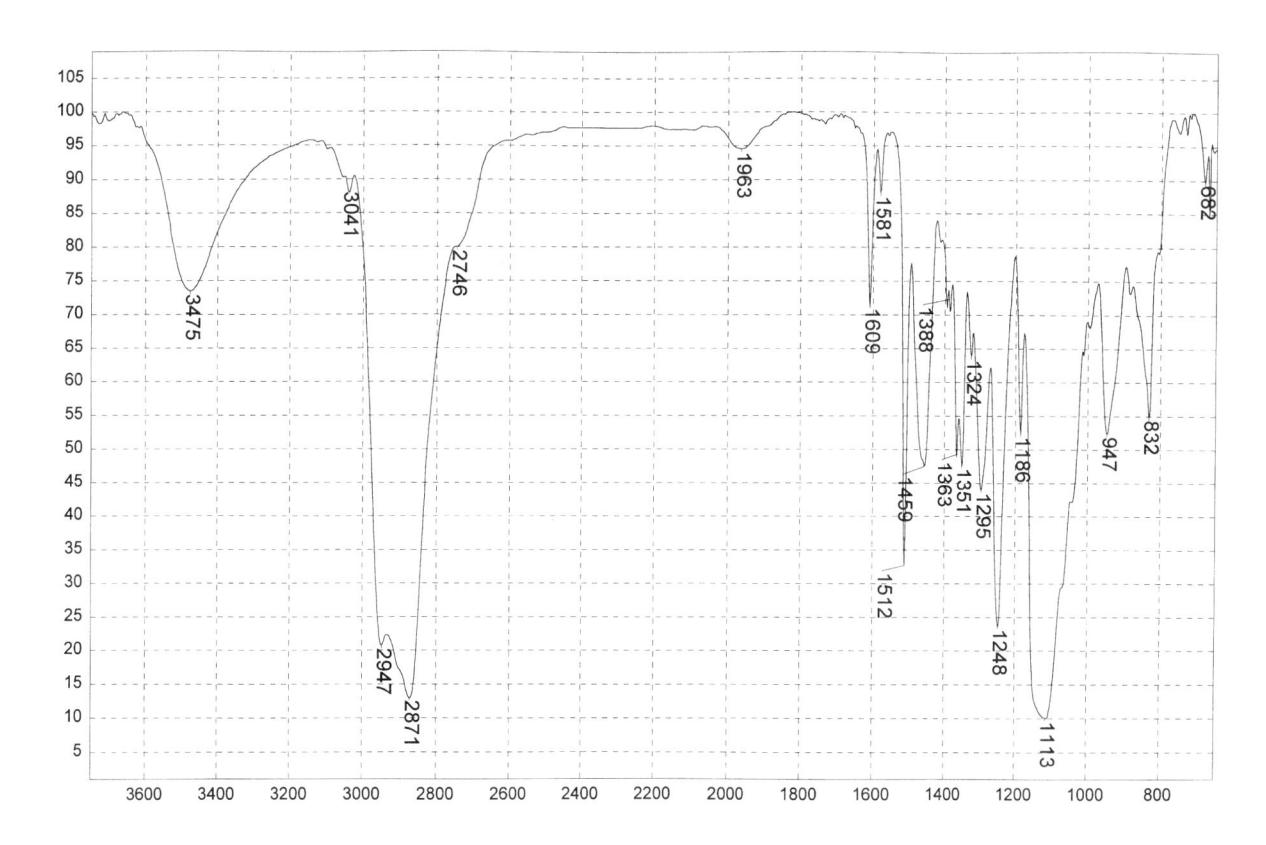

1419   **PURE TRITON X-102**

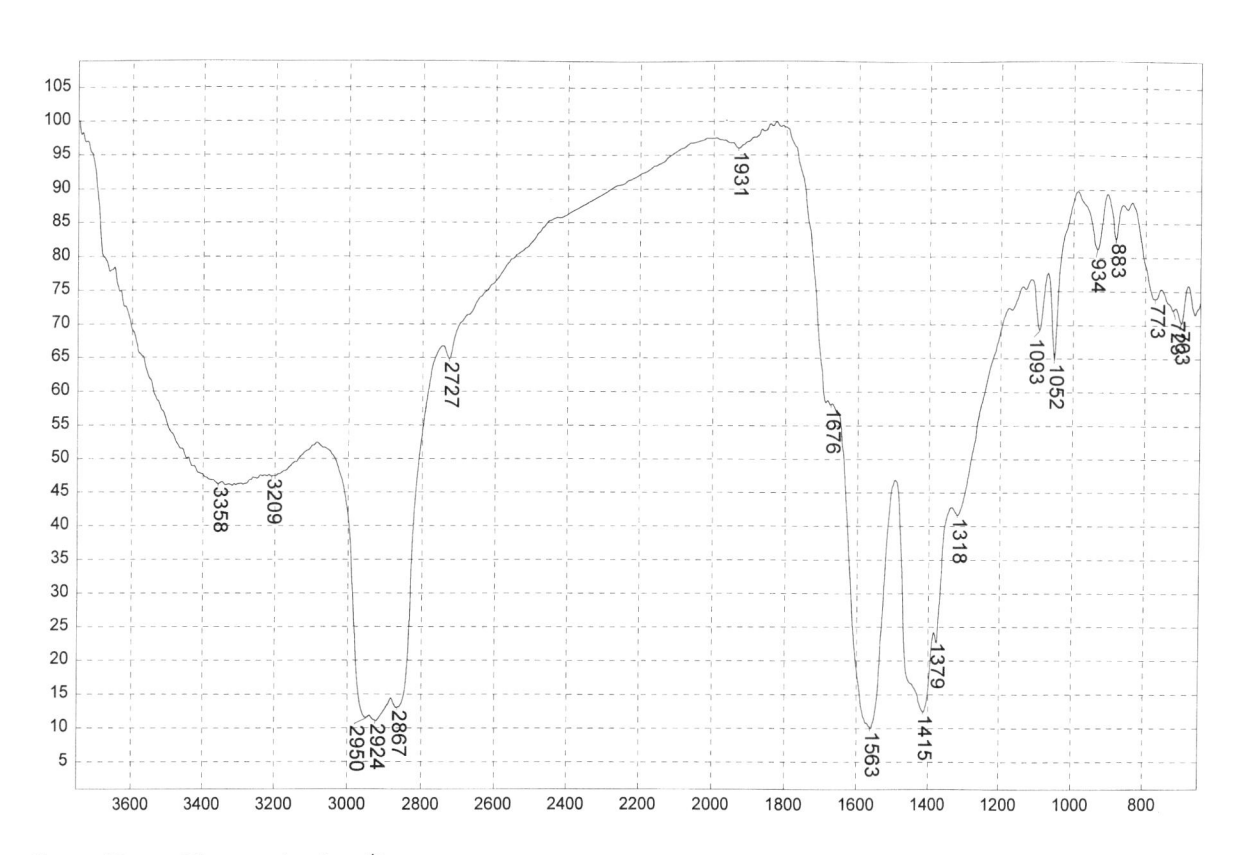

1420   **SODIUM NAPHTHENATE (4% SODIUM)**

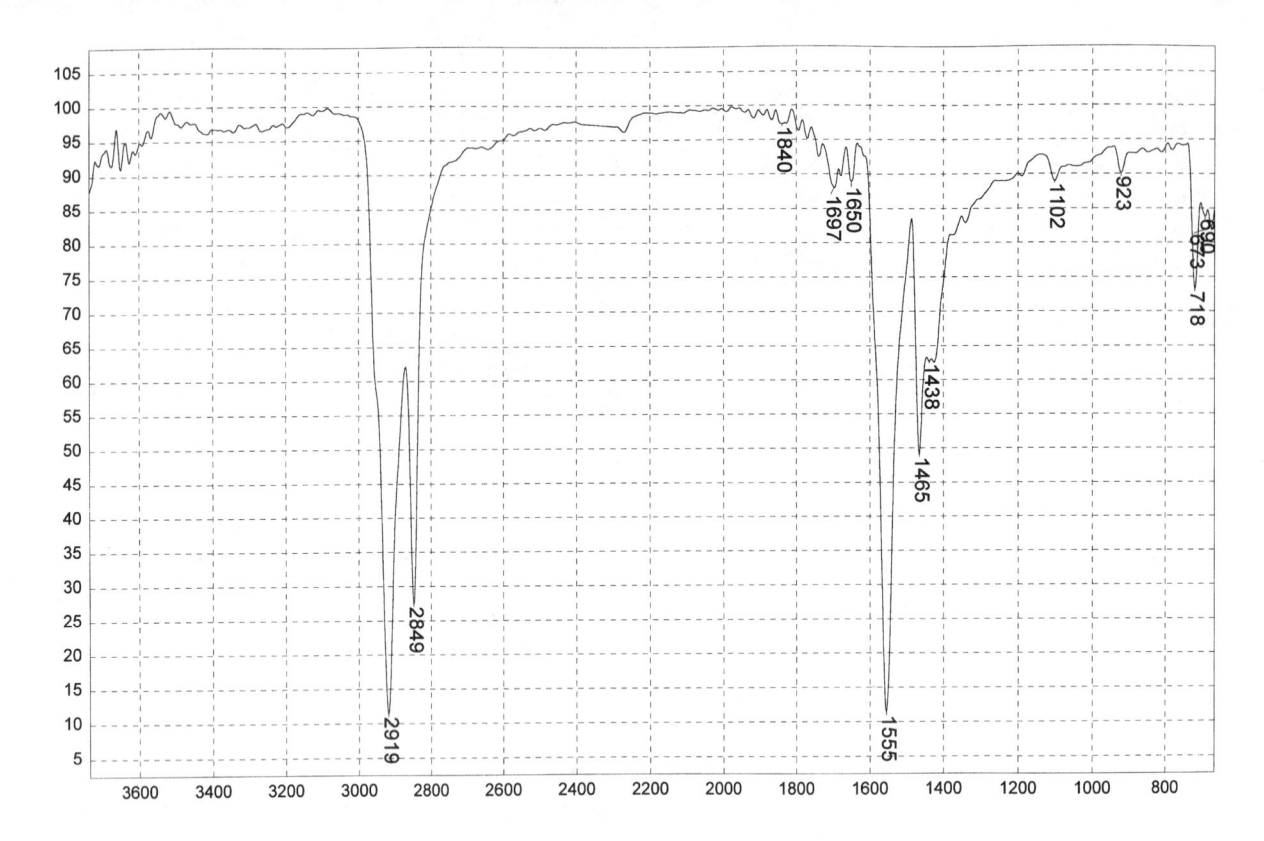

1421   KNOWN SODIUM STEARATE

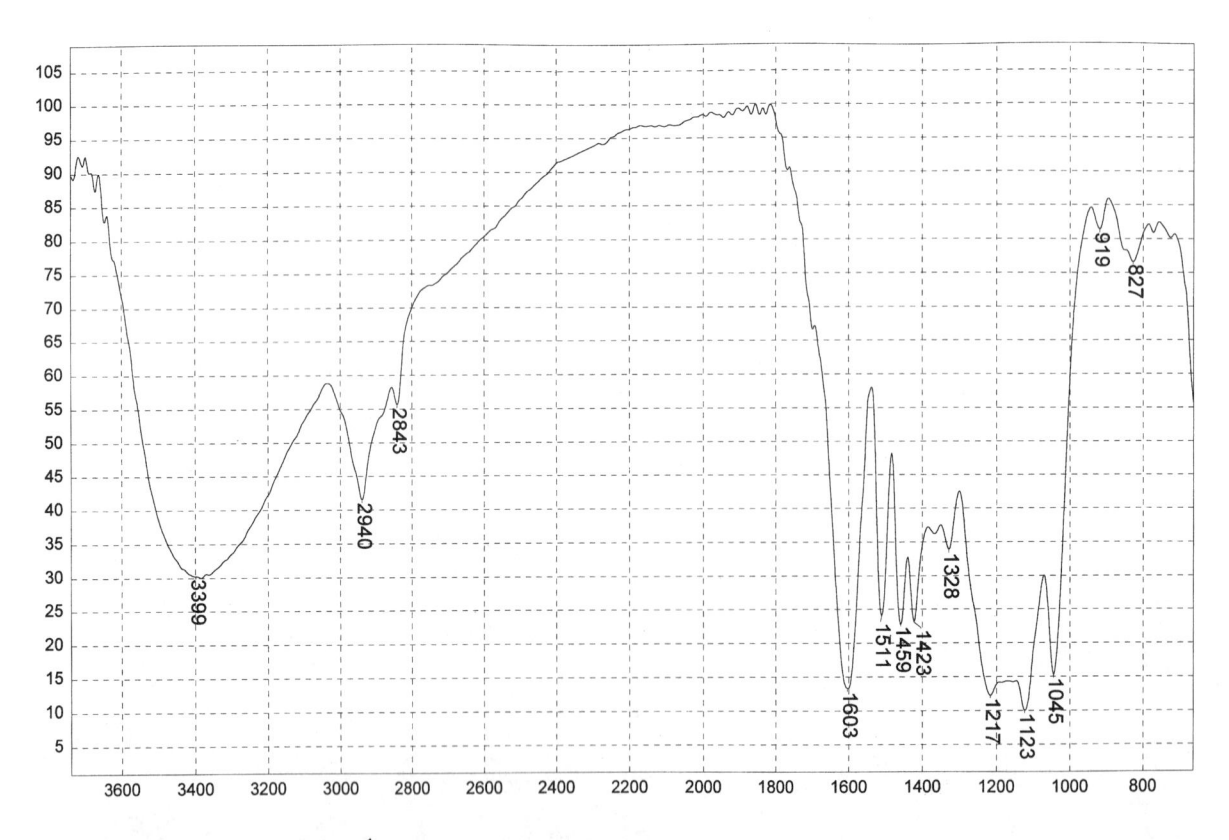

1422   SODIUM POLY-ALKYLBENZENE SULFONATE

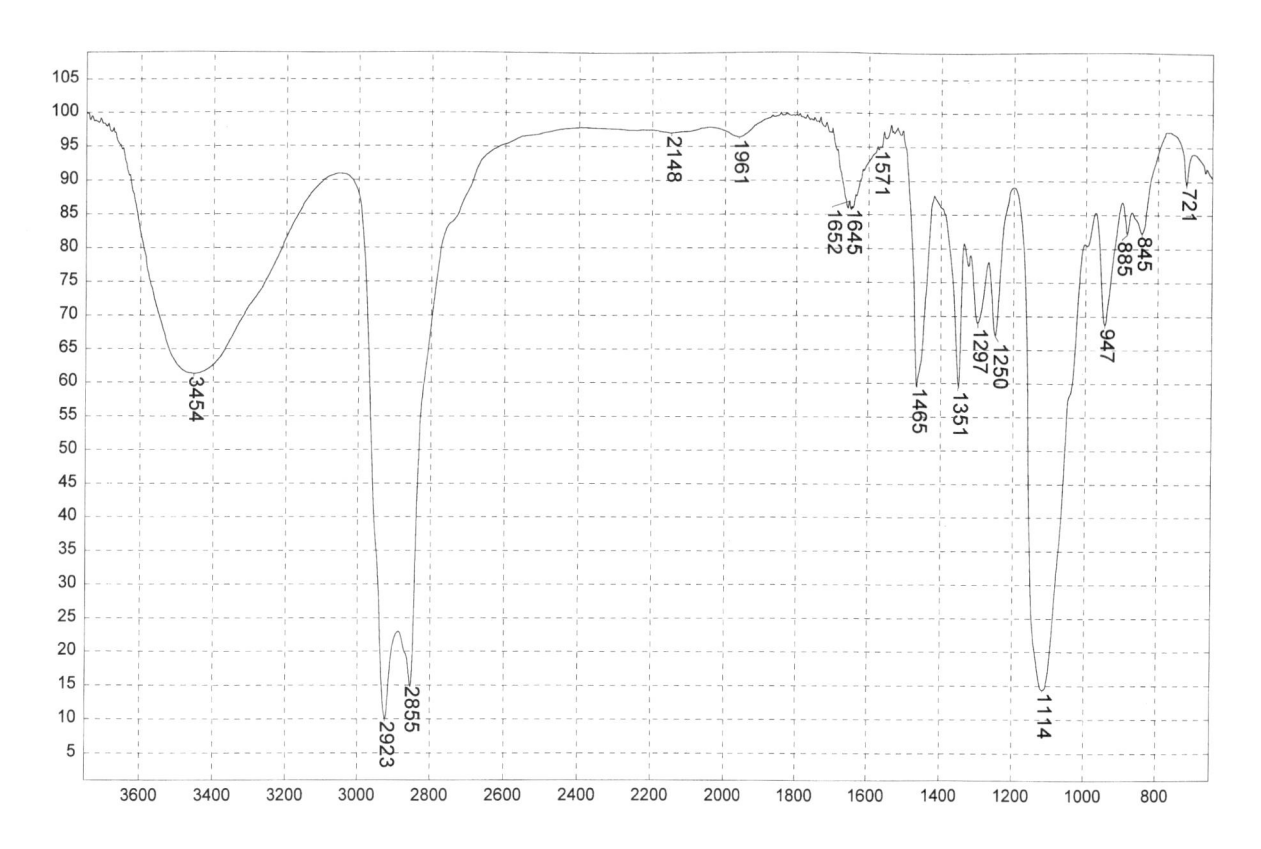

1423 P.O.E. STEARYL AMINE (15 MOLES EtO)

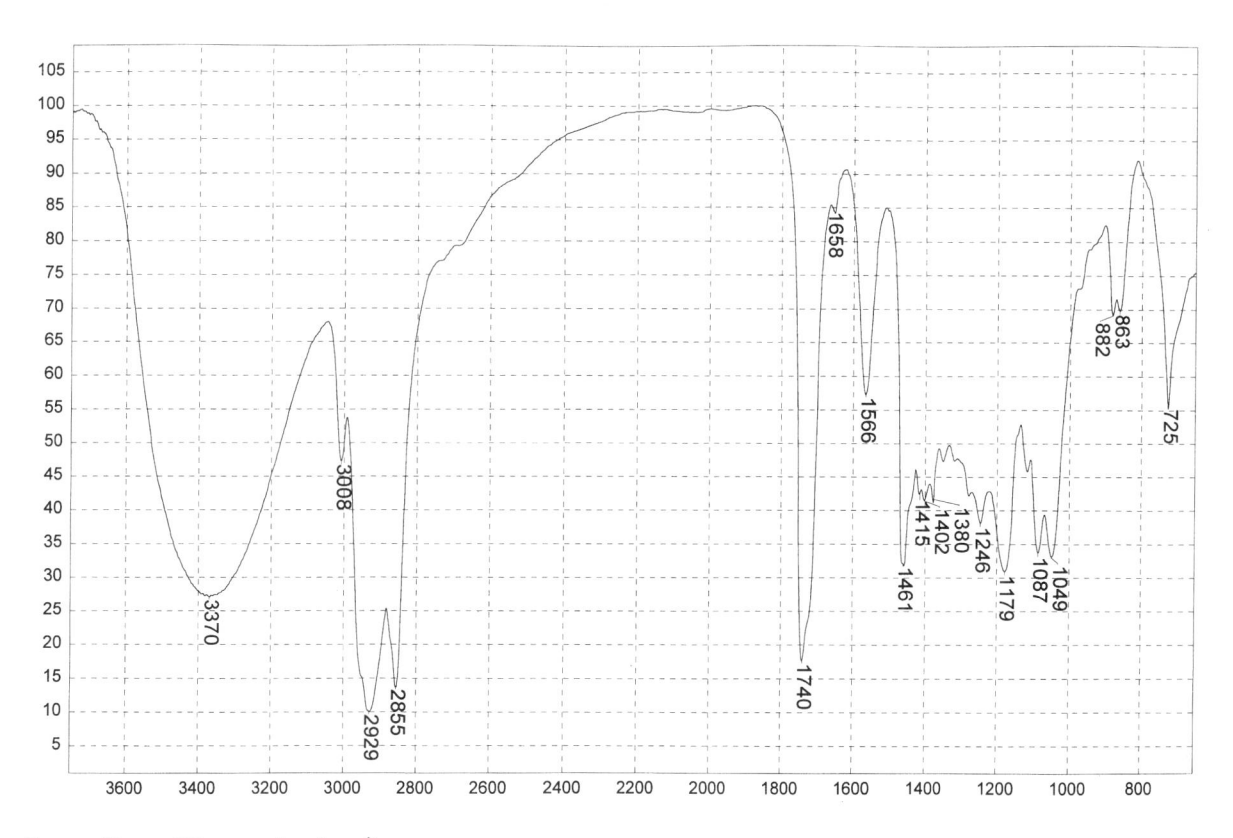

1424 MONORINCINOLEATE OF ETHYLENE GLYCOL

GLYCERYL DILAURATE

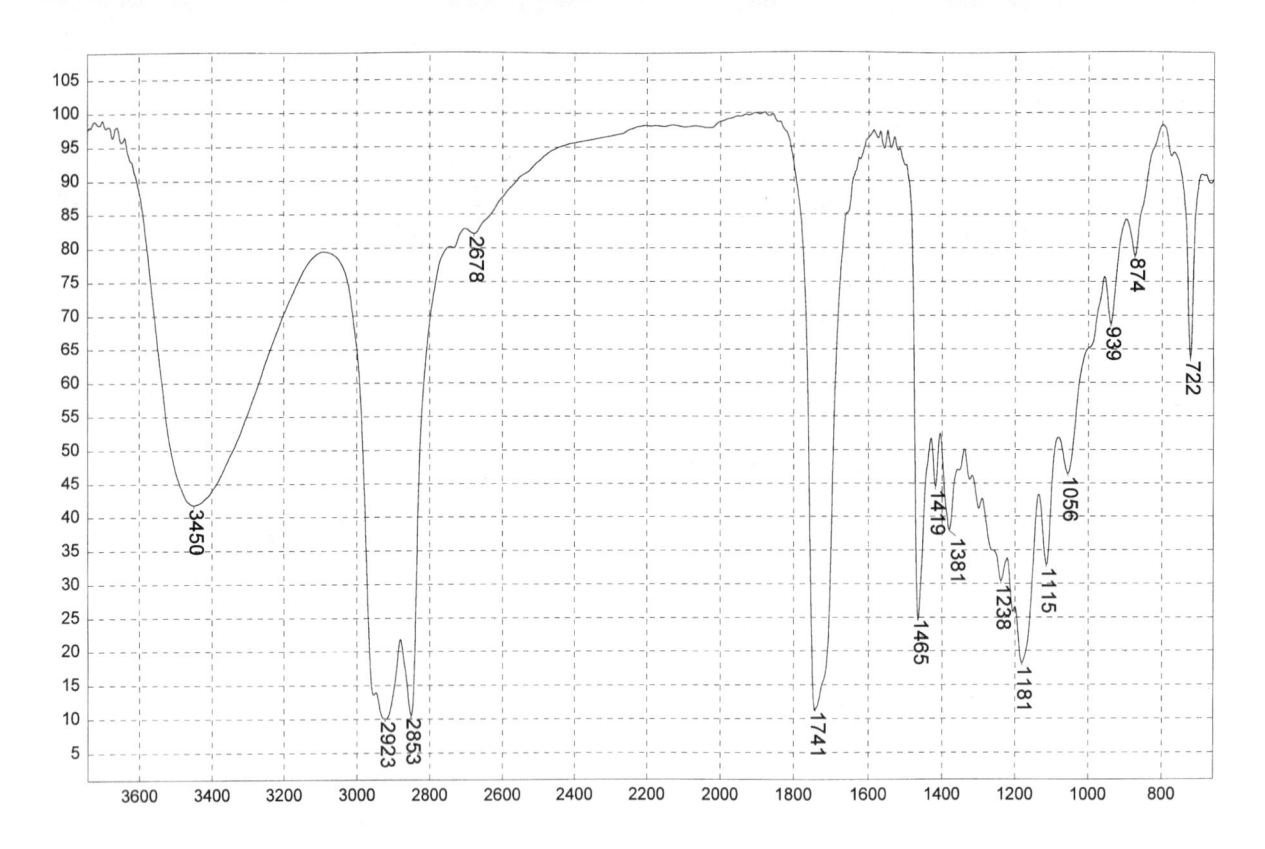

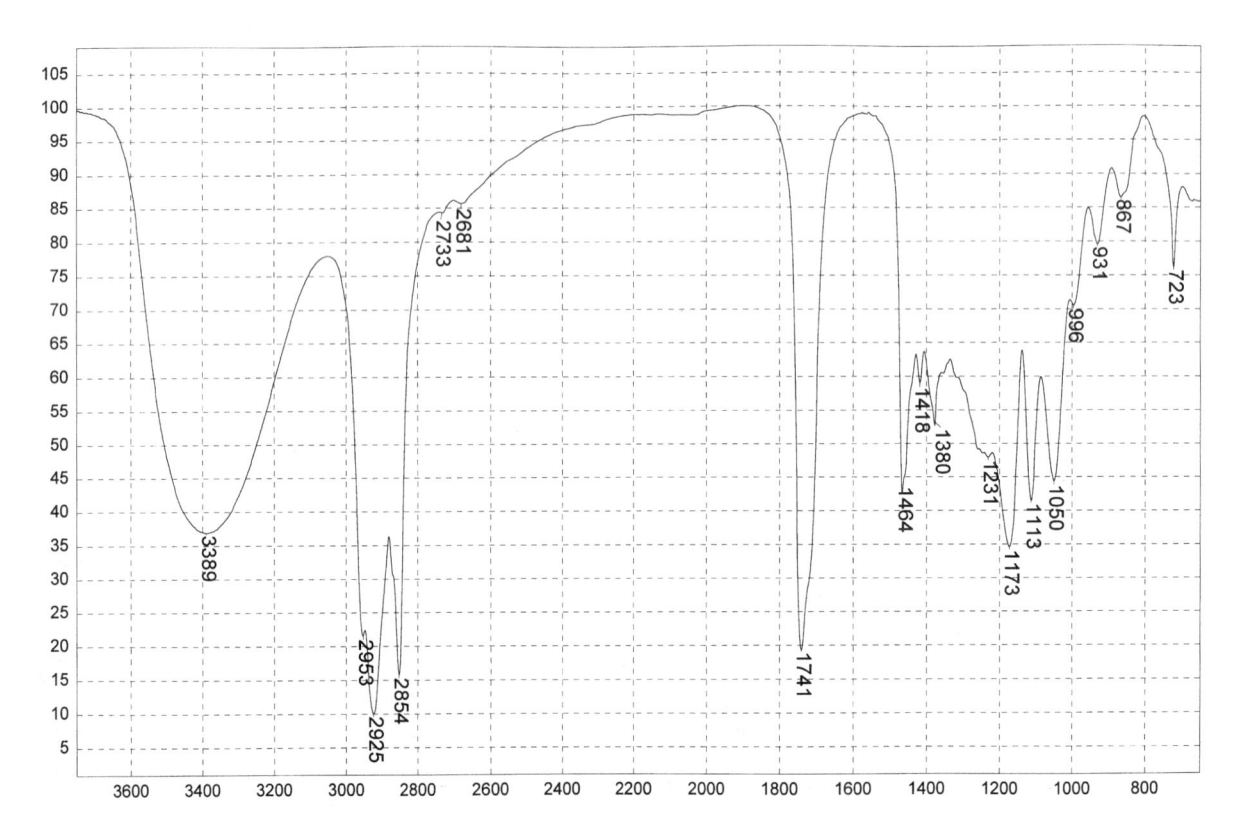

1425

GLYCERYL MONOLAURATE

1426

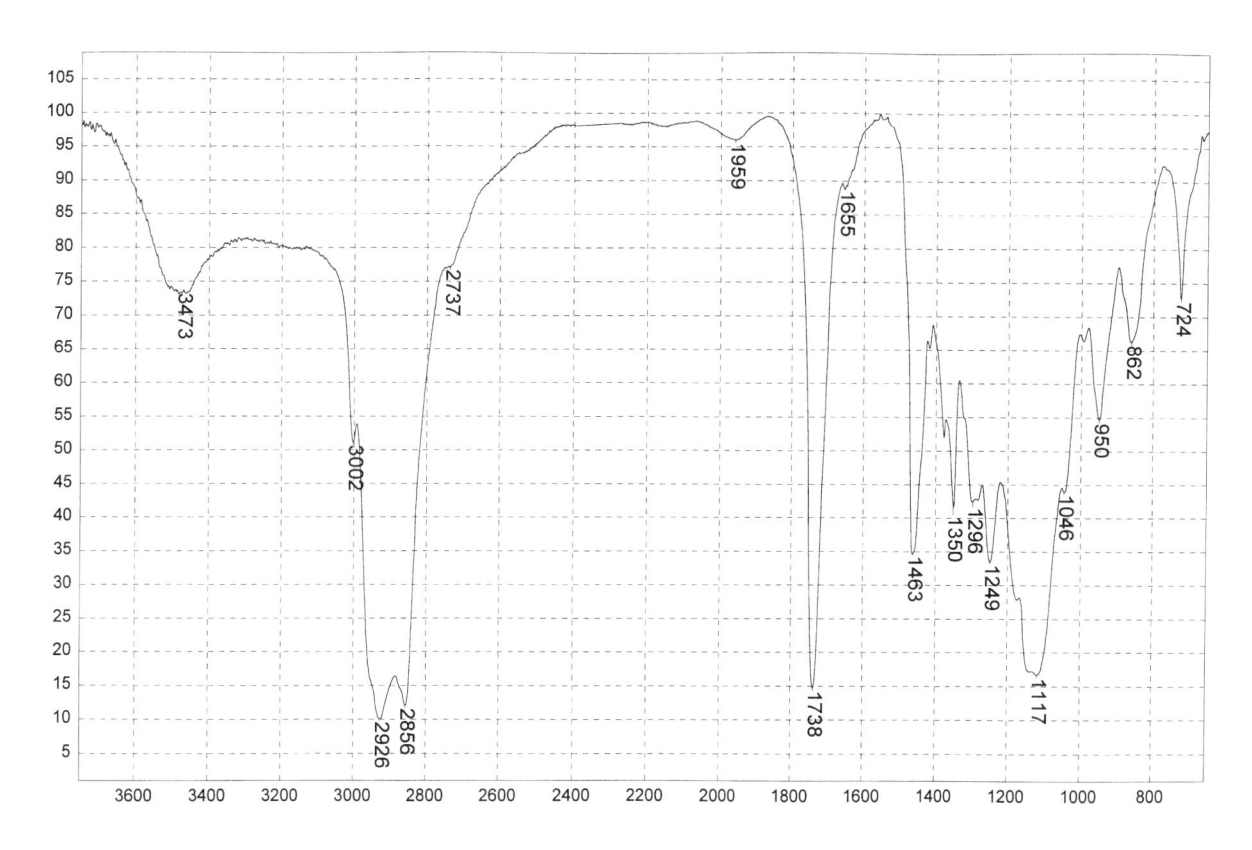

1427 DIOLEATE OF POLYETHYLENE GLYCOL 400

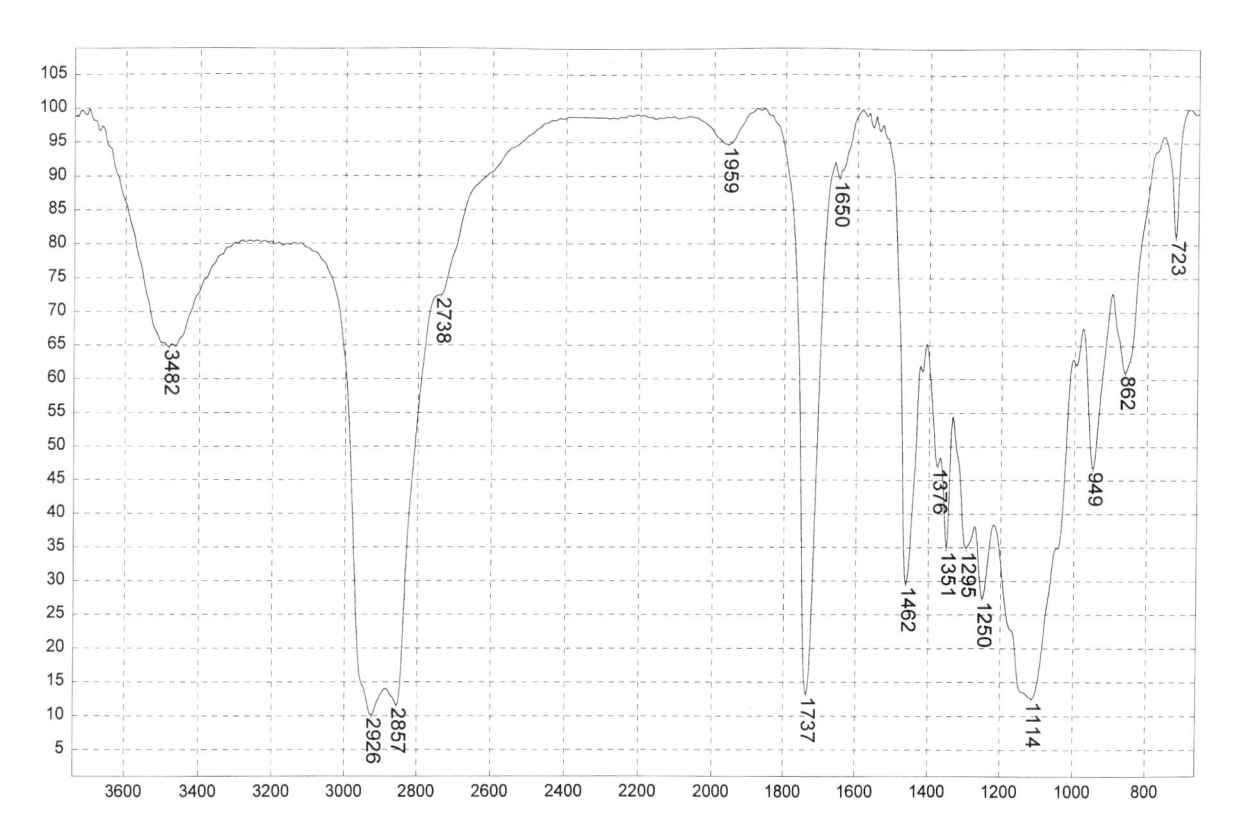

1428 DILAURATE OF POLYETHYLENE GLYCOL 400

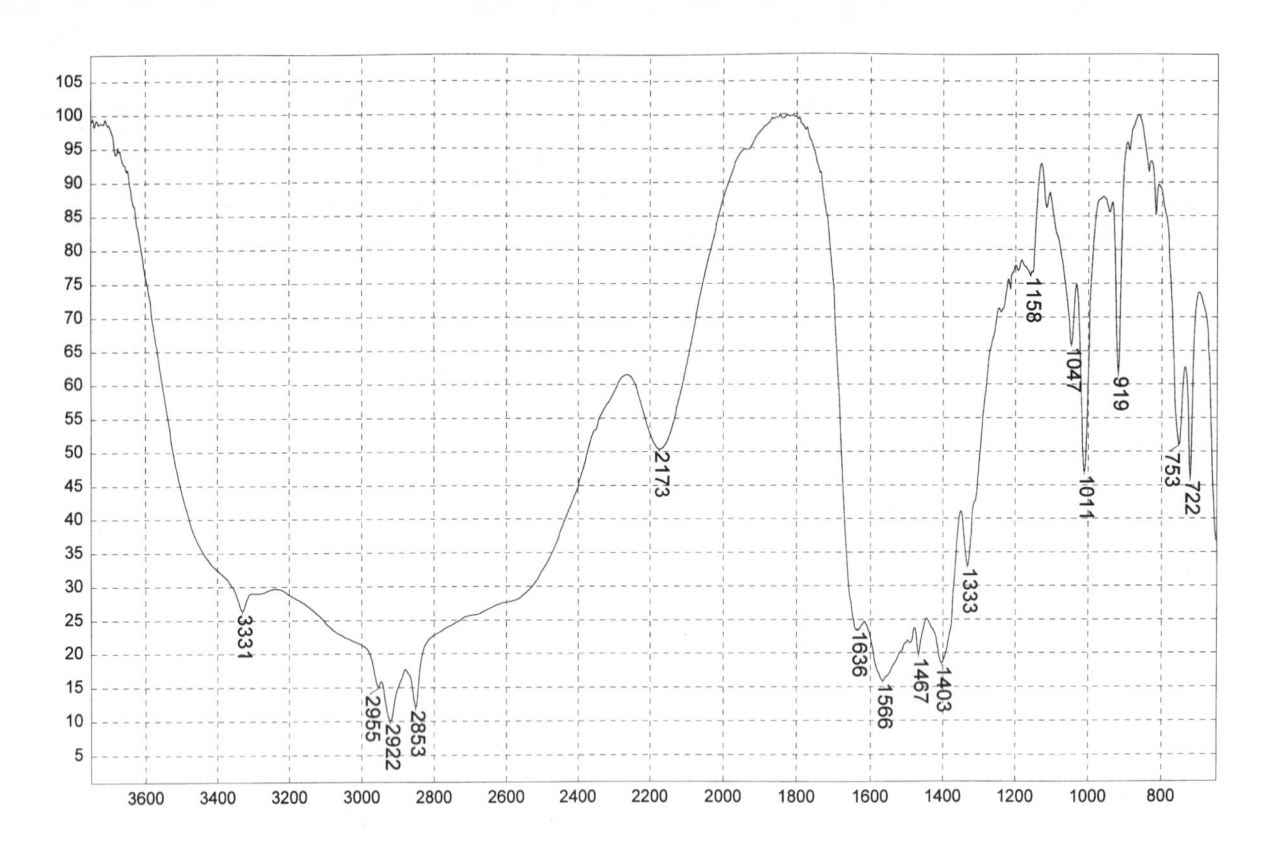

Transmittance / Wavenumber (cm⁻¹)

| 1429 | ACETIC ACID SALT OF DODECYLAMINE |

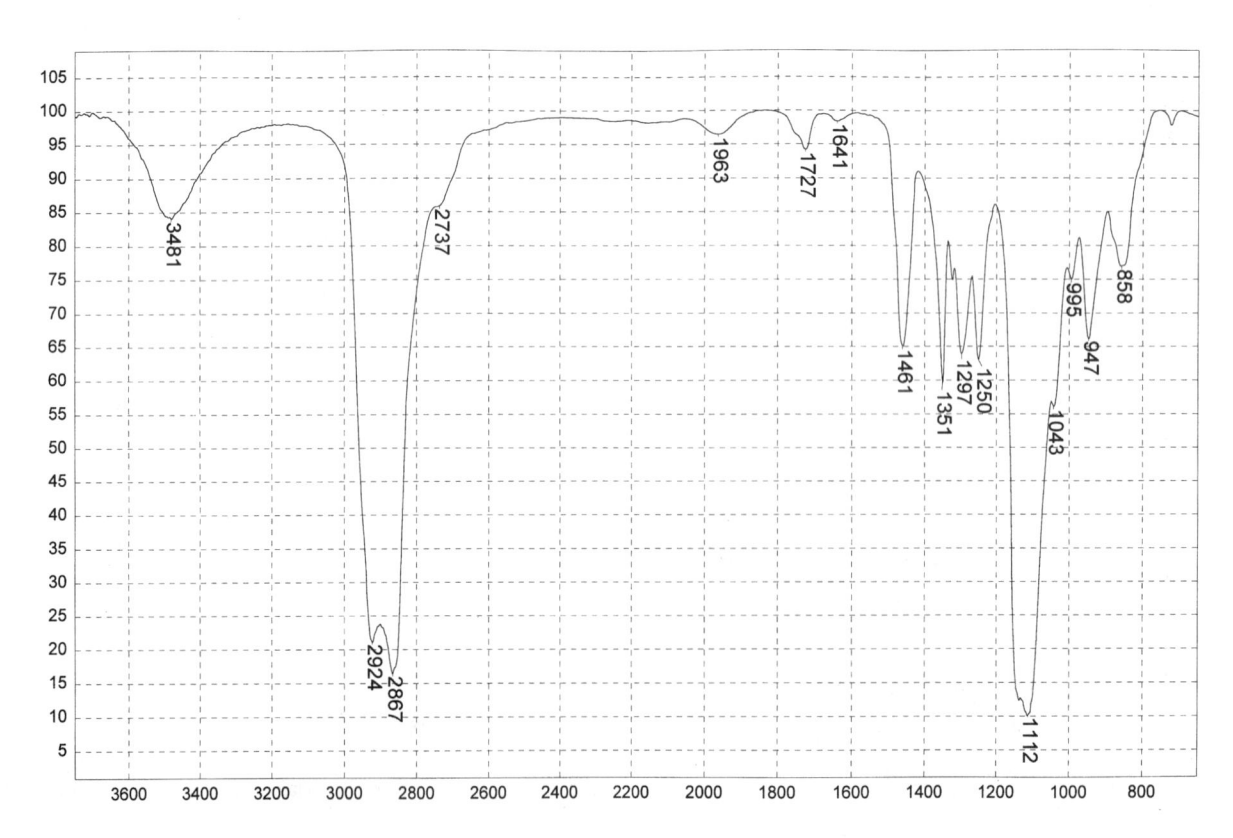

Transmittance / Wavenumber (cm⁻¹)

| 1430 | P.O.E. LAURYL ALCOHOL (23 MOLES EtO) |

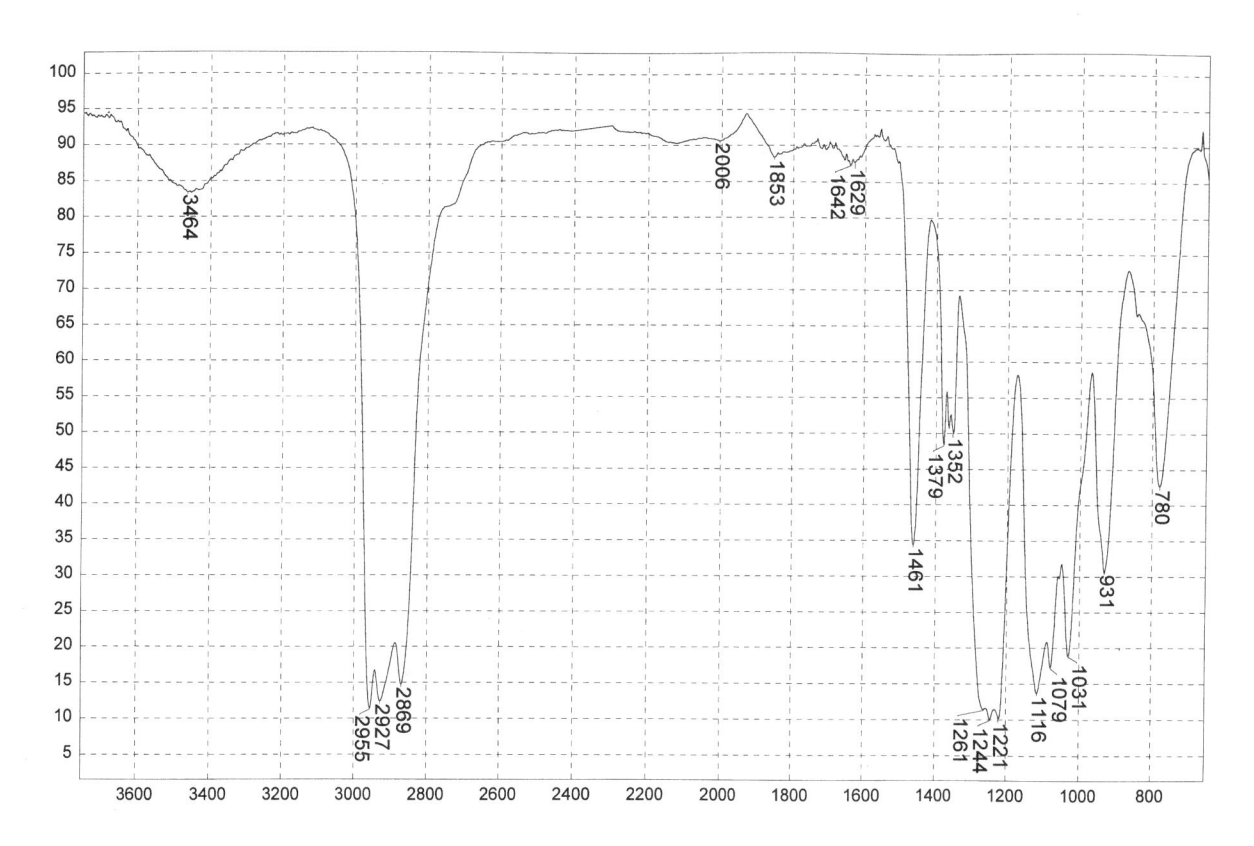

Sulfated lauryl ether of tetraethylene glycol, sodium salt

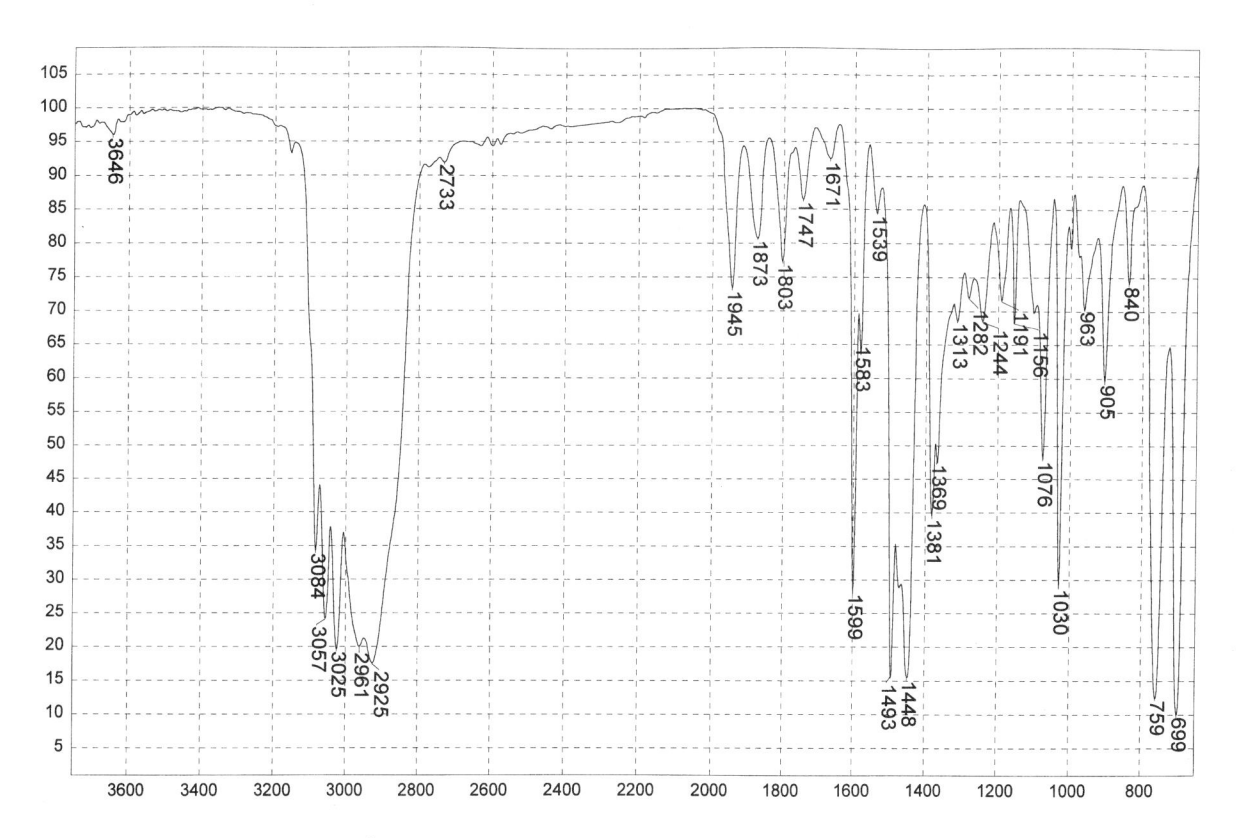

1431

KNOWN KRISTALEX 3100 RESIN MELTED FILM

1432

LAURATE OF POLYETHYLENE GLYCOL 1540

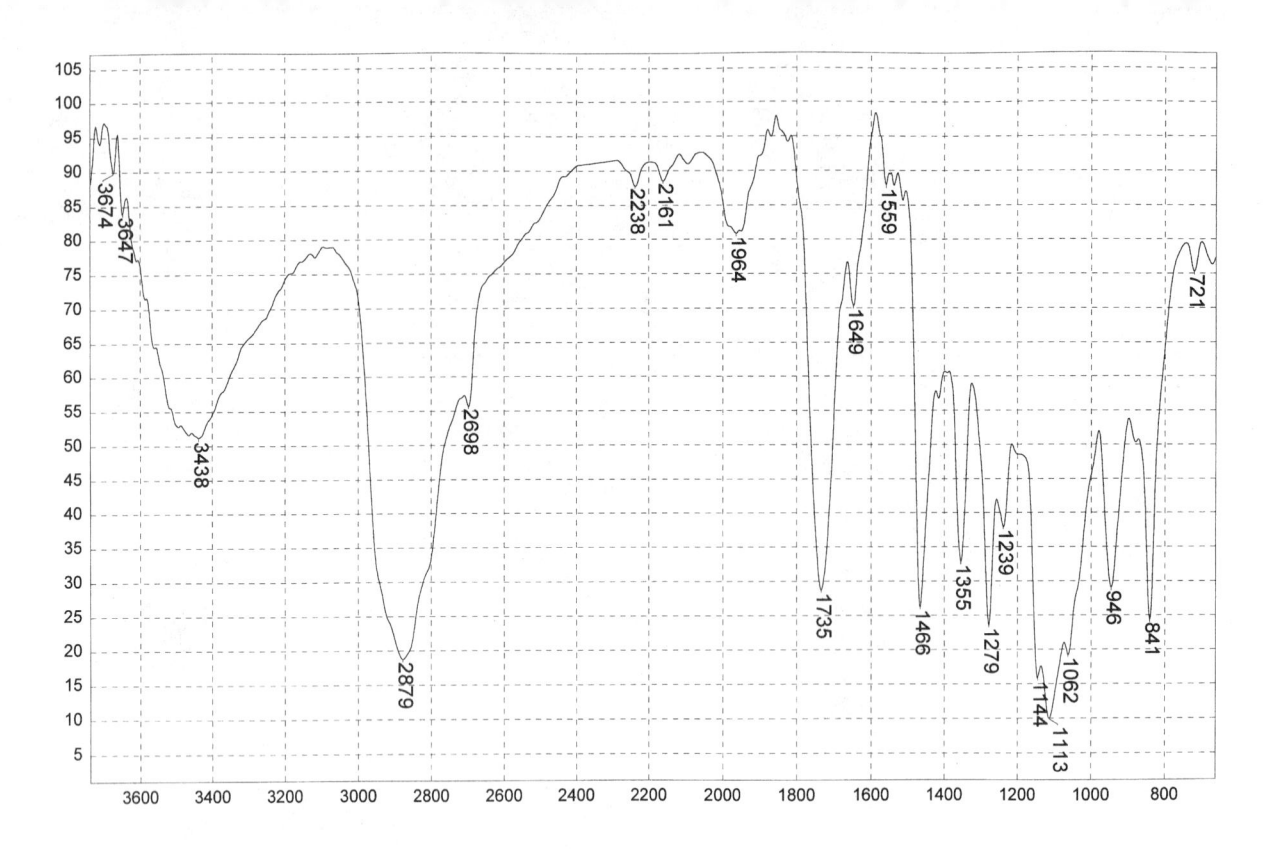

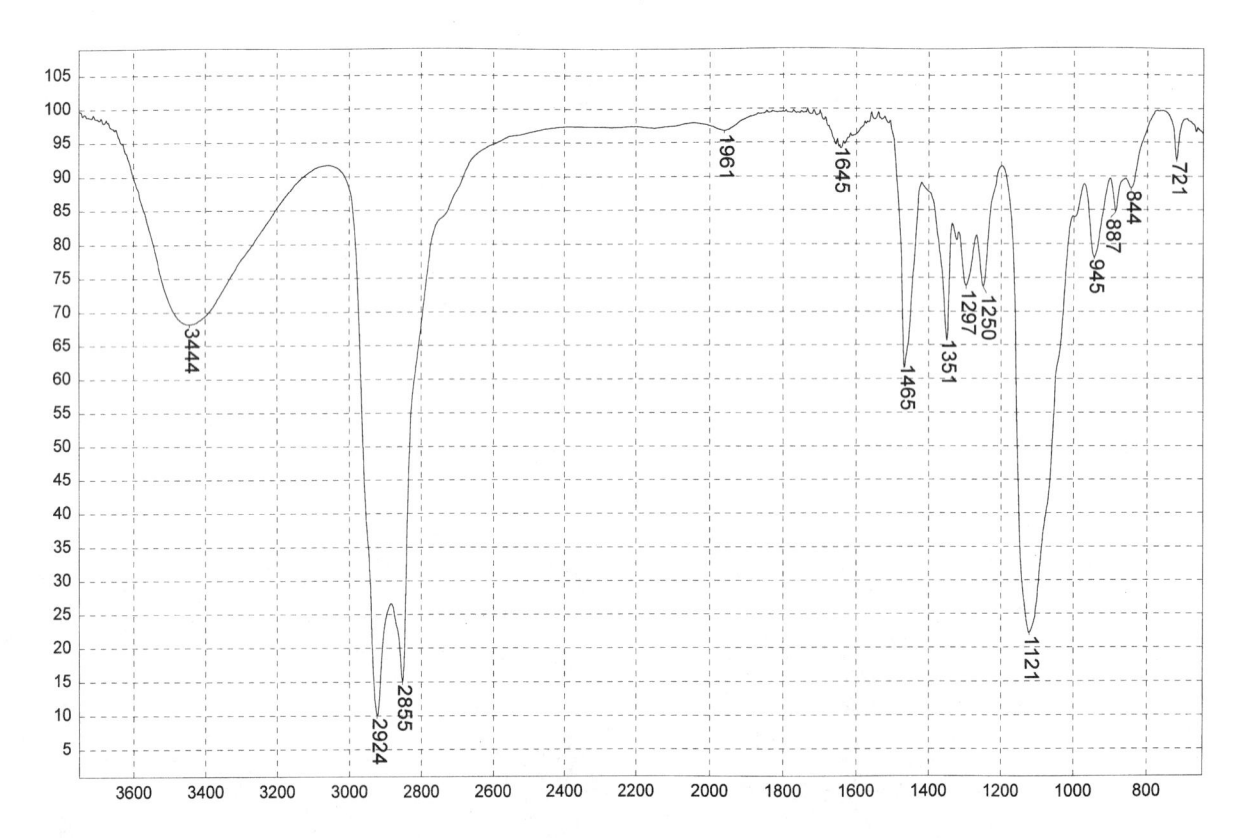

1433

P.O.E. STEARYL AMINE (5 MOLES EtO)

1434

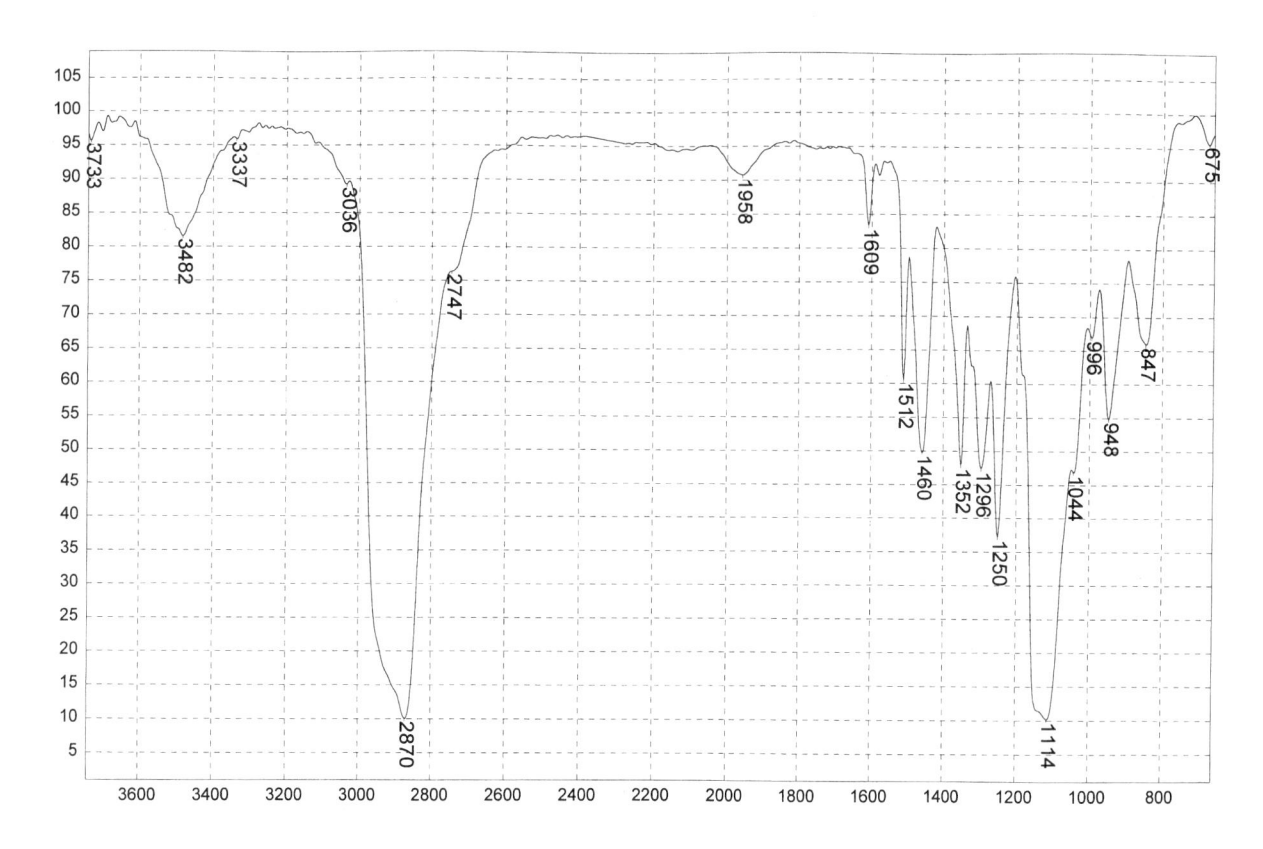

1435 POLYOXYETHYLATED NONYLPHENOL (30 MOLES EtO)

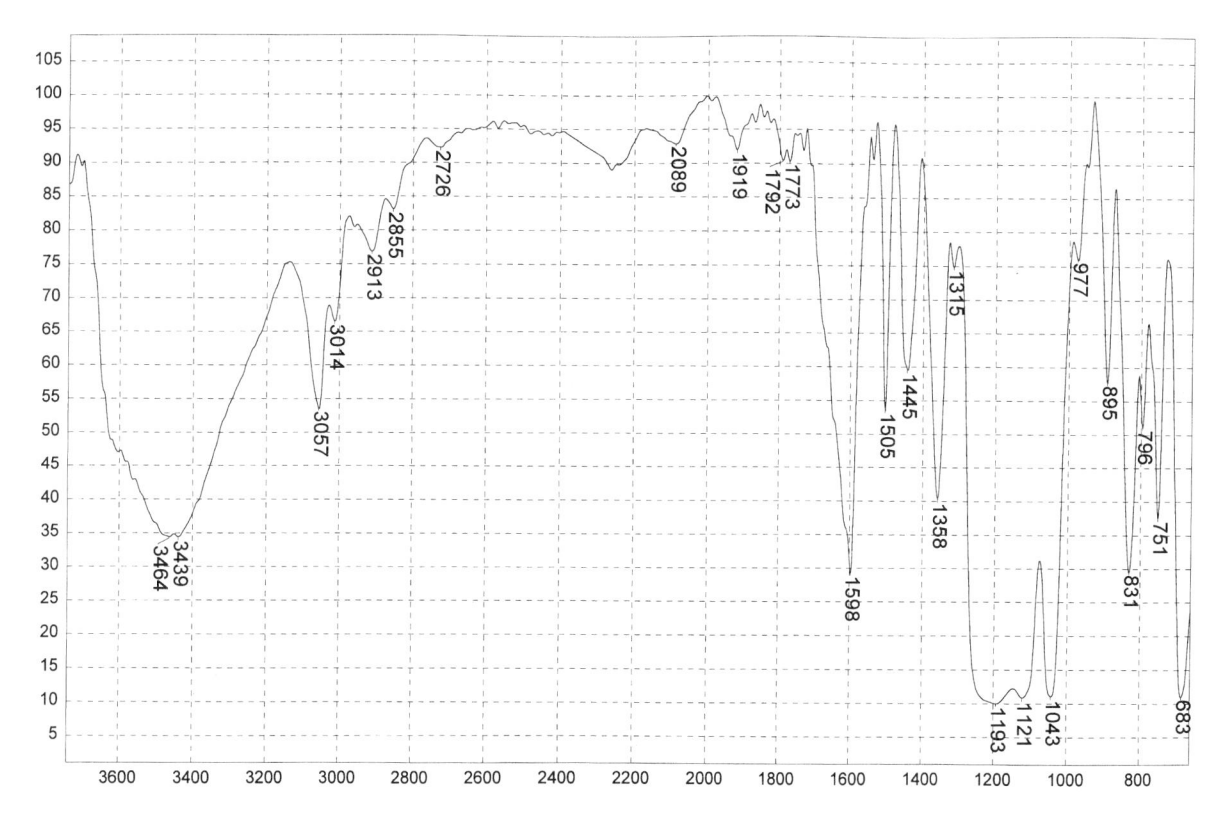

1436 SODIUM POLY-ALKYLNAPHTHALENE SULFONATE

215

N-TALLOW-PROPYLENE DIAMINE - 80% DIAMINE

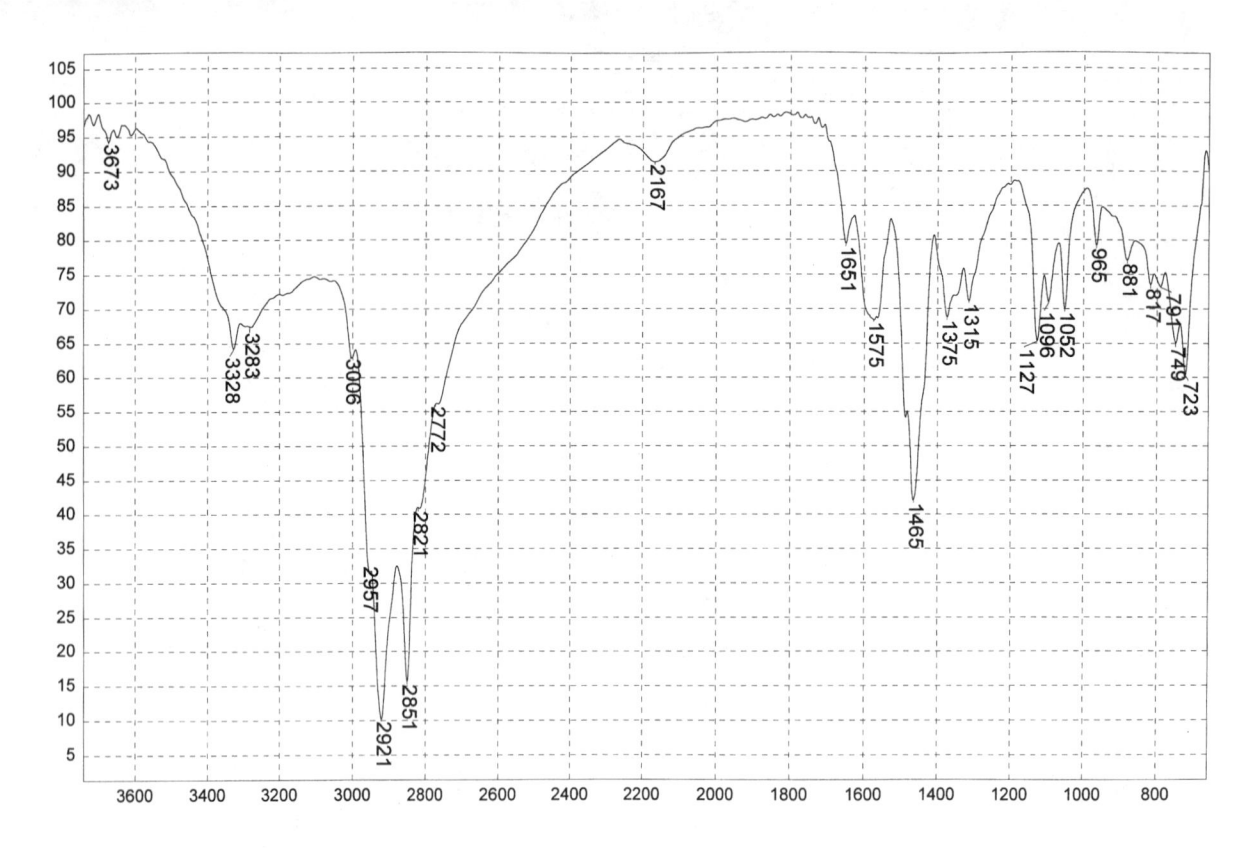

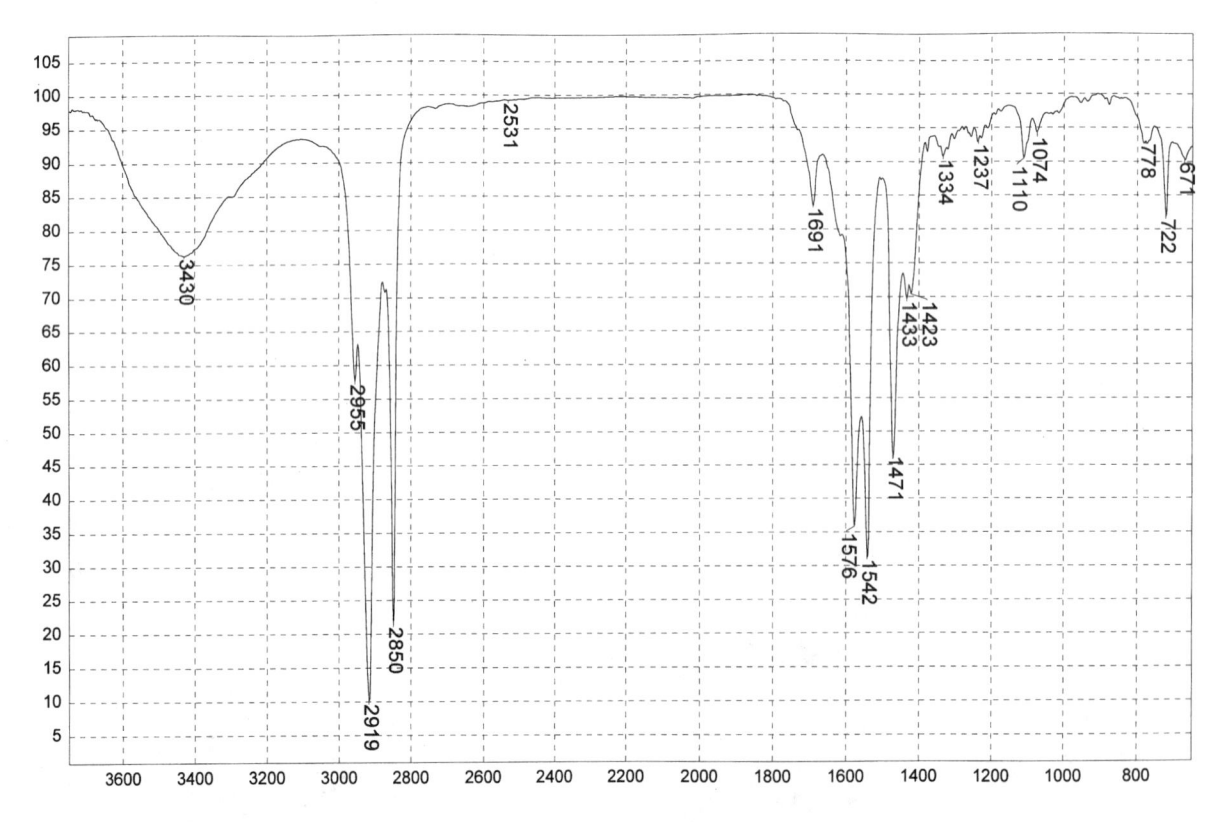

1437

KNOWN CALCIUM STEARATE IN KBr

1438

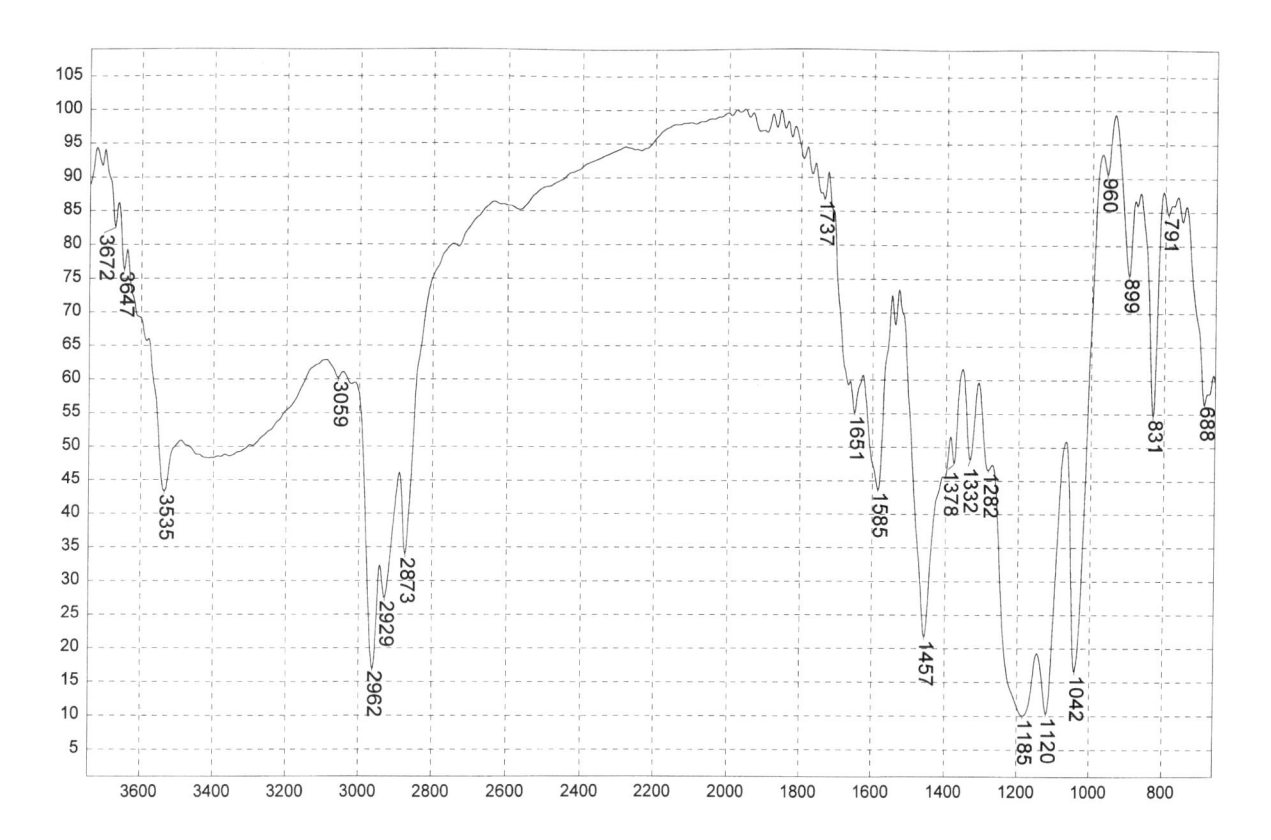

1439 SODIUM MONOBUTYLPHENYLPHENOL MONOSULFONATE

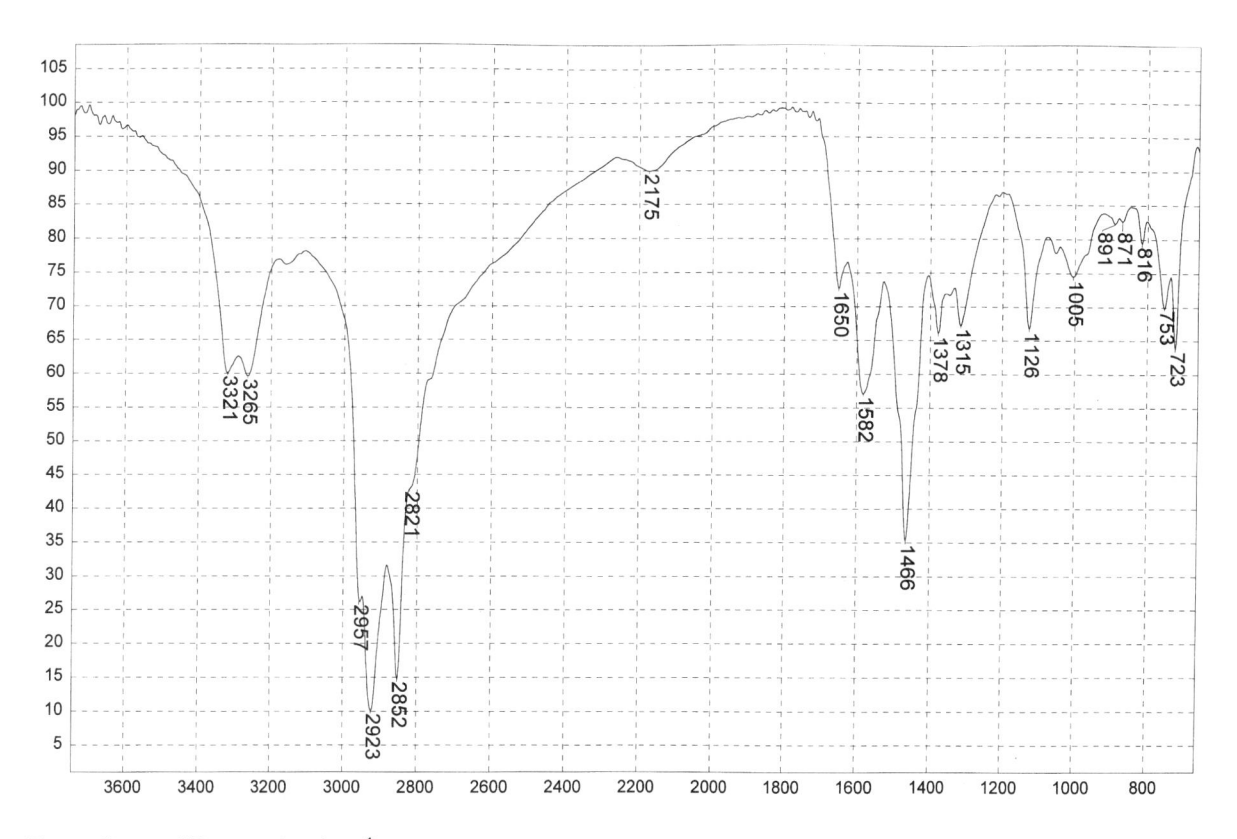

1440 N-COCO-PROPYLENE DIAMINE - 84% DIAMINE

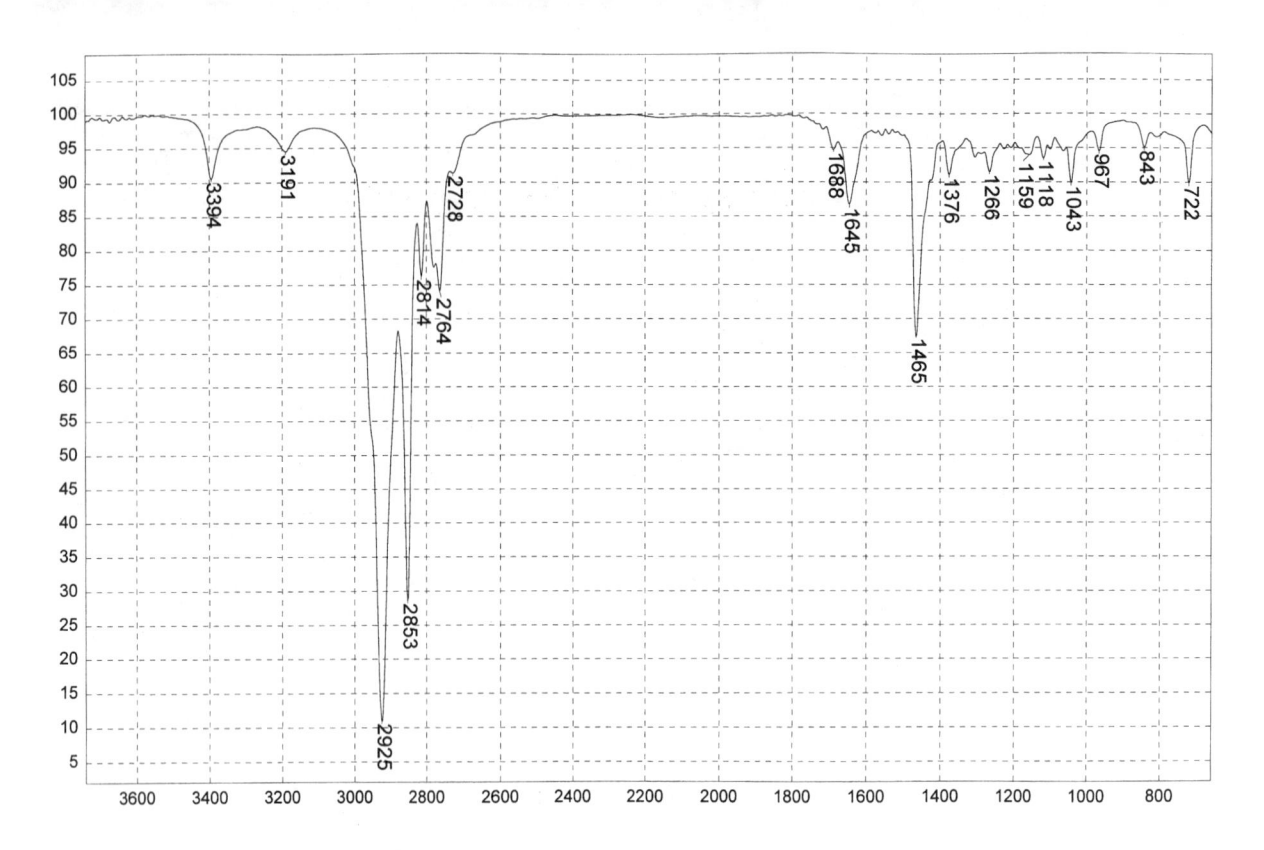

1441 DIMETHYL SOYA AMINE - 92% TERTIARY

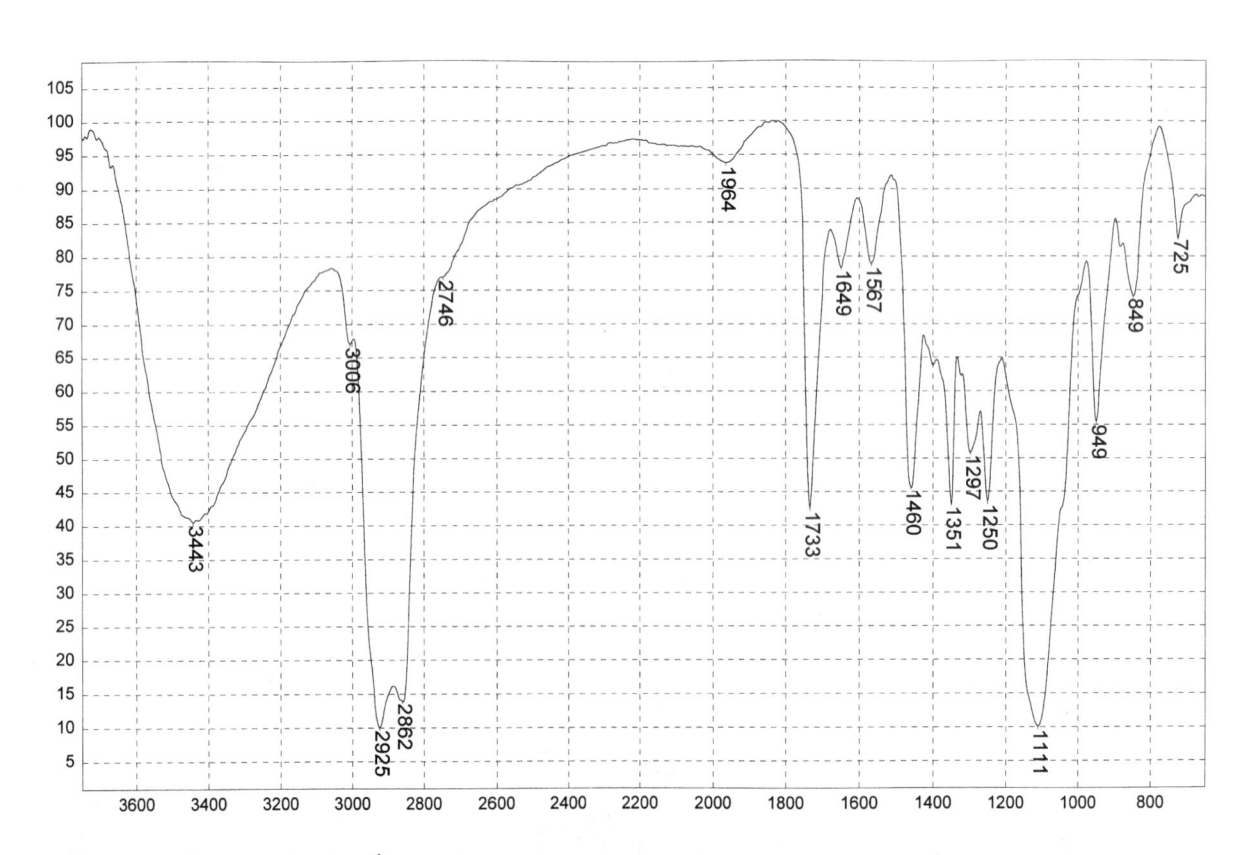

1442 RICINOLEATE OF POLYETHYLENE GLYCOL 600

SODIUM SULFOOLEATE

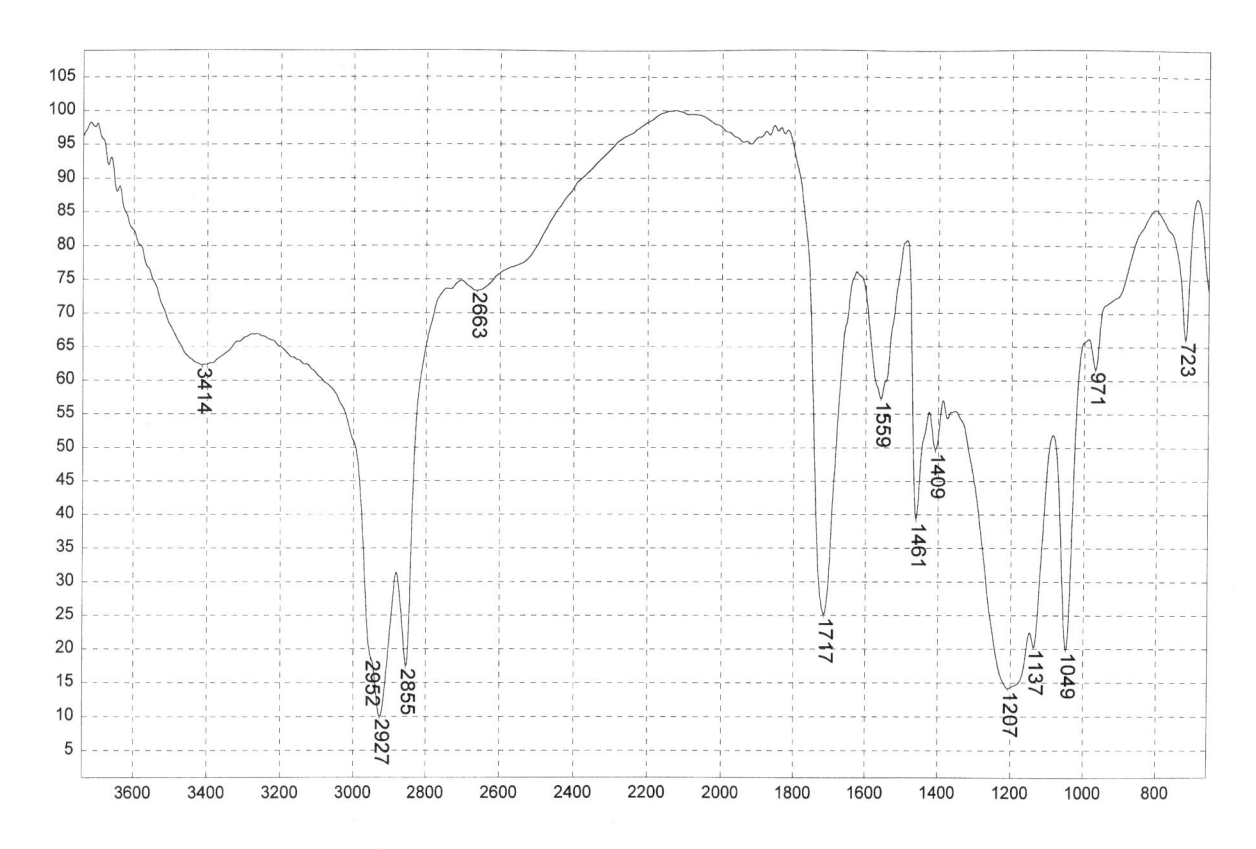

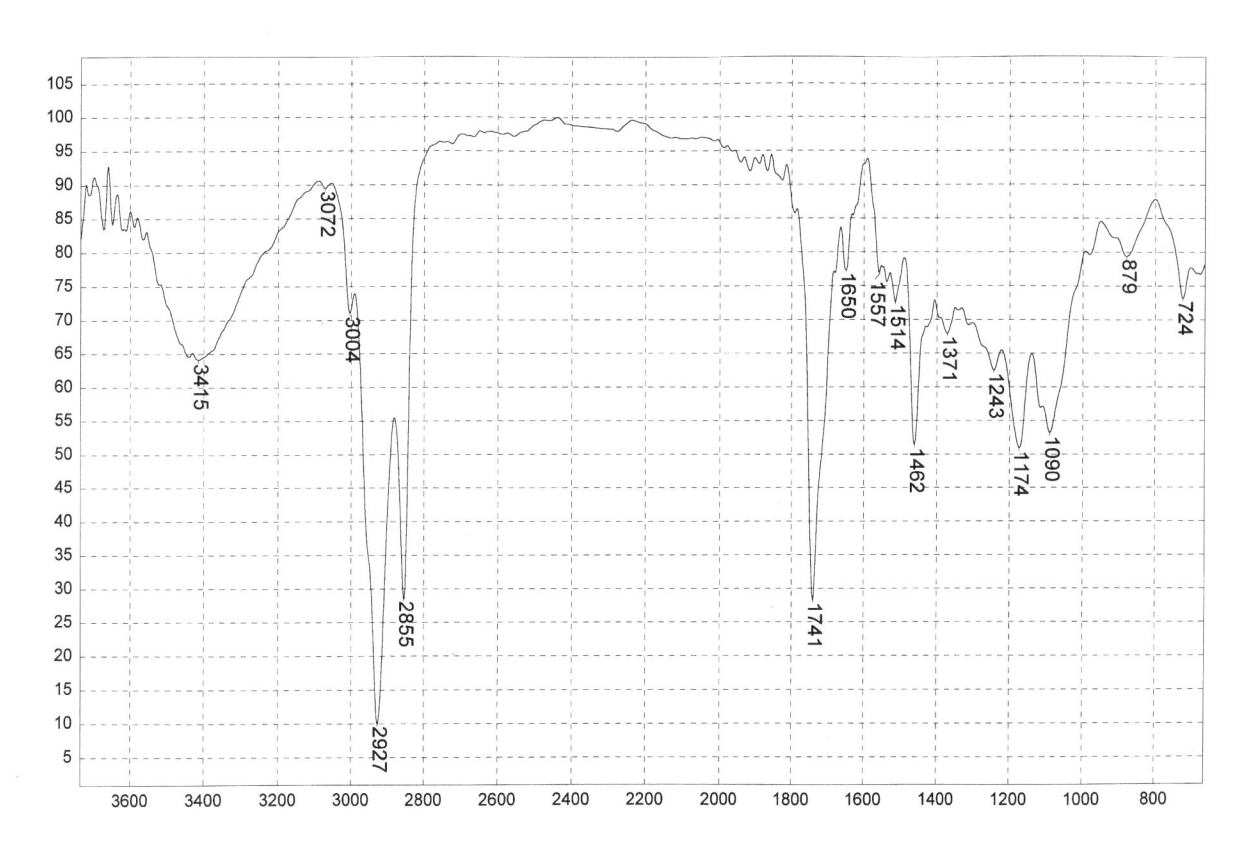

1443

KNOWN SORBITAN MONOOLEATE

1444

POLYOXYETHYLATED ROSIN

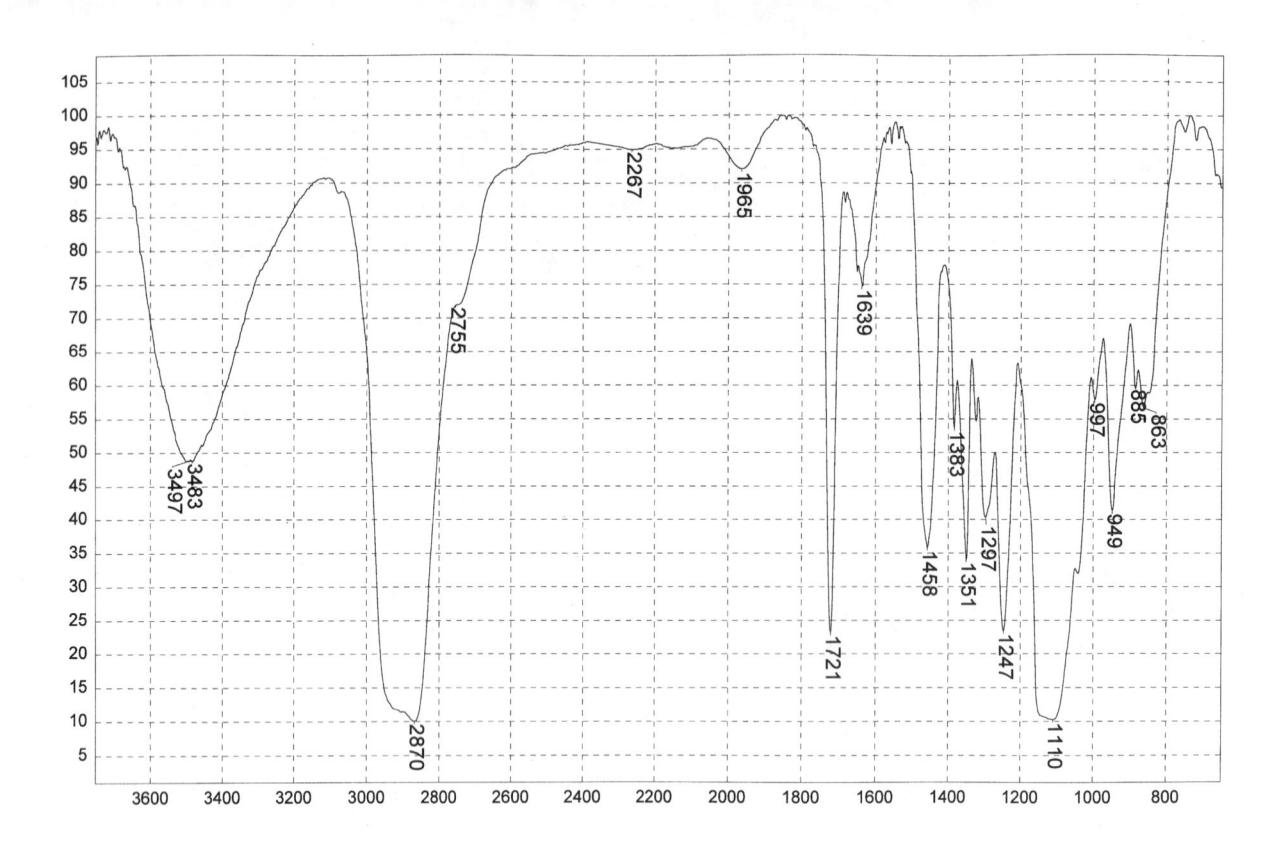

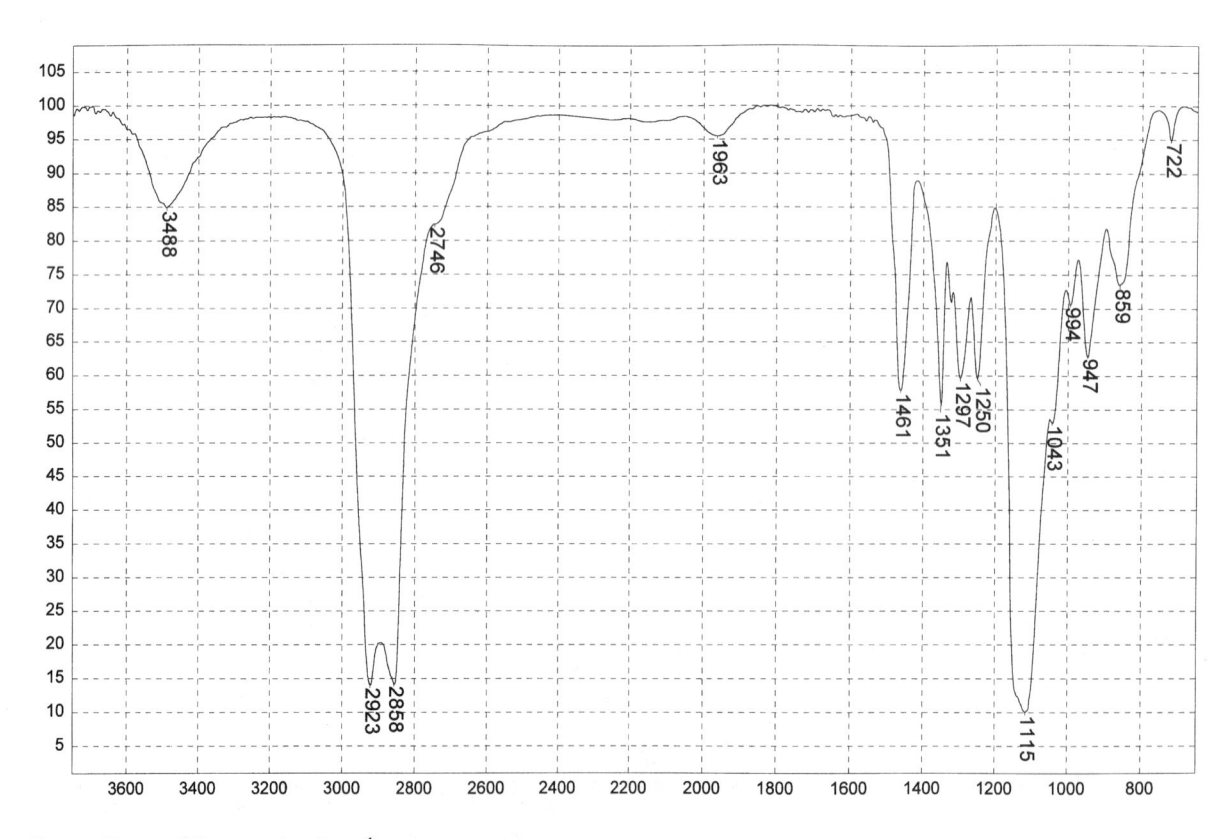

1445

P.O.E. STEARYL ALCOHOL (20 MOLES EtO)

1446

220

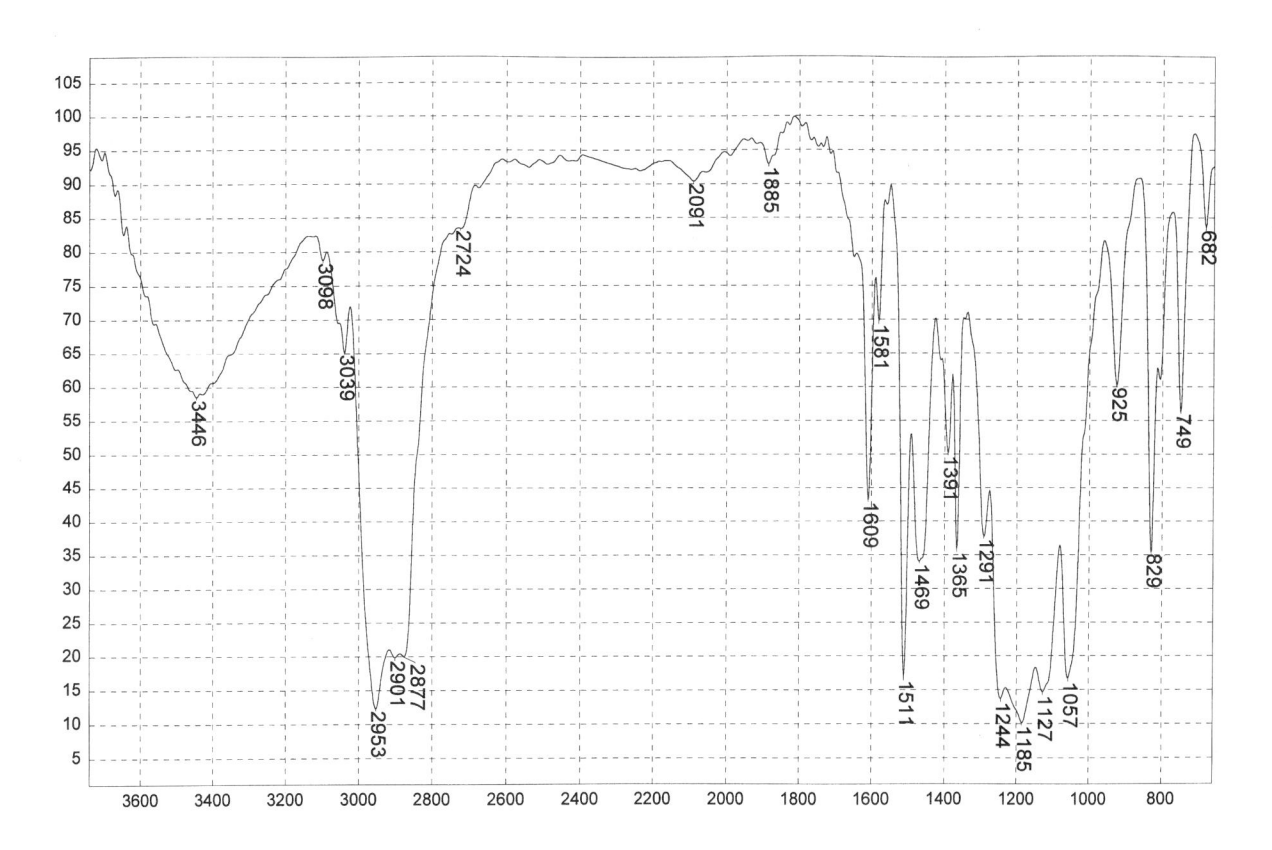

1447 ALKYLARYLPOLYETHER SULFONATE-SODIUM SALT

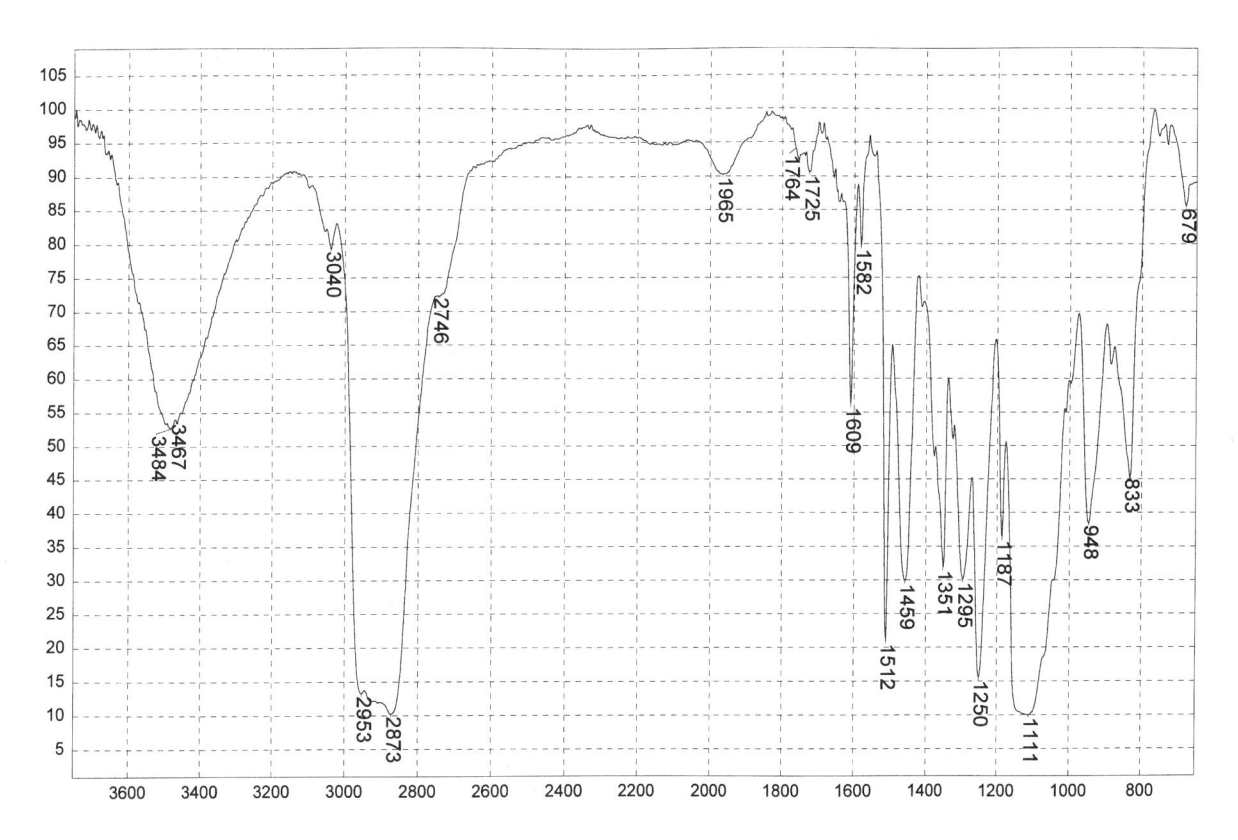

1448 POLYOXYETHYLATED NONYLPHENOL

221

1449 POLYOXYETHYLATED OLEIC ACID (9 MOLES EtO)

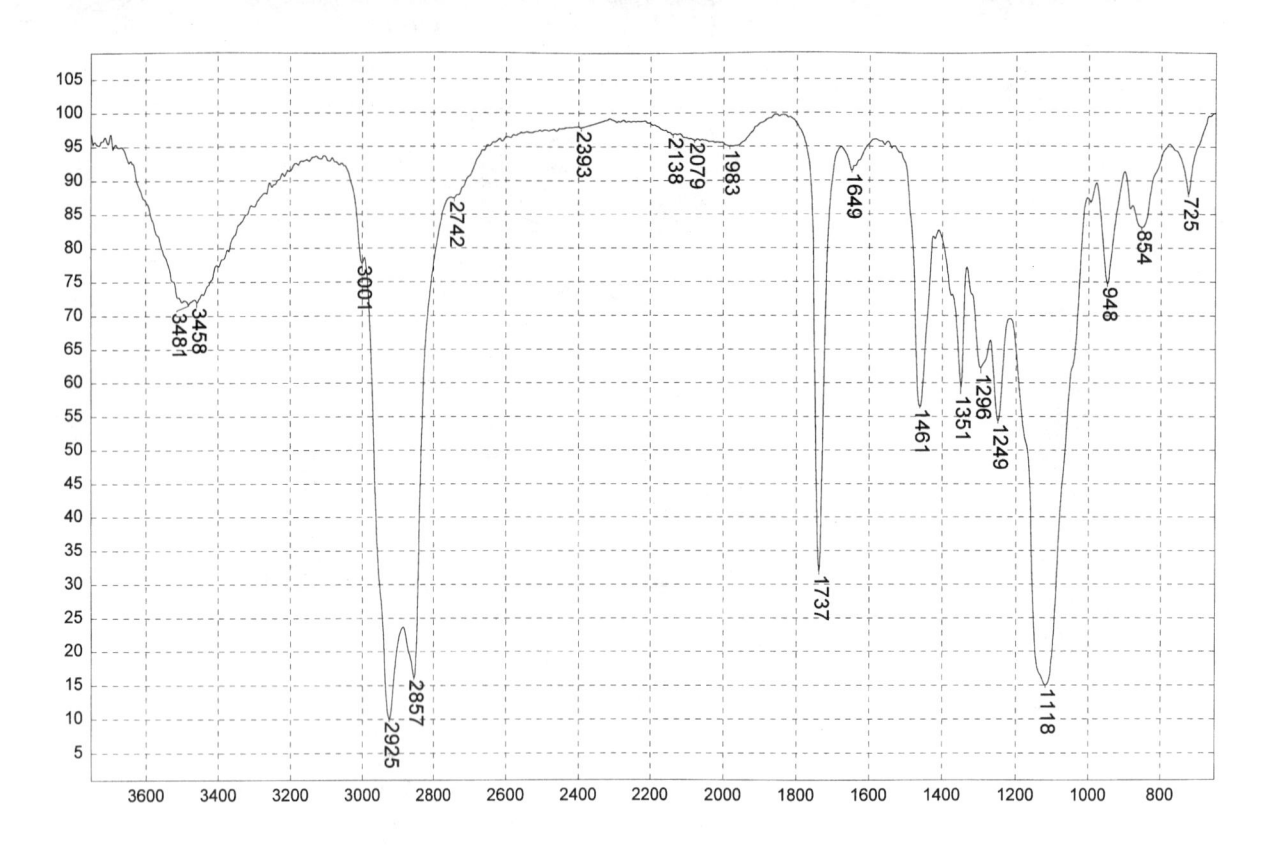

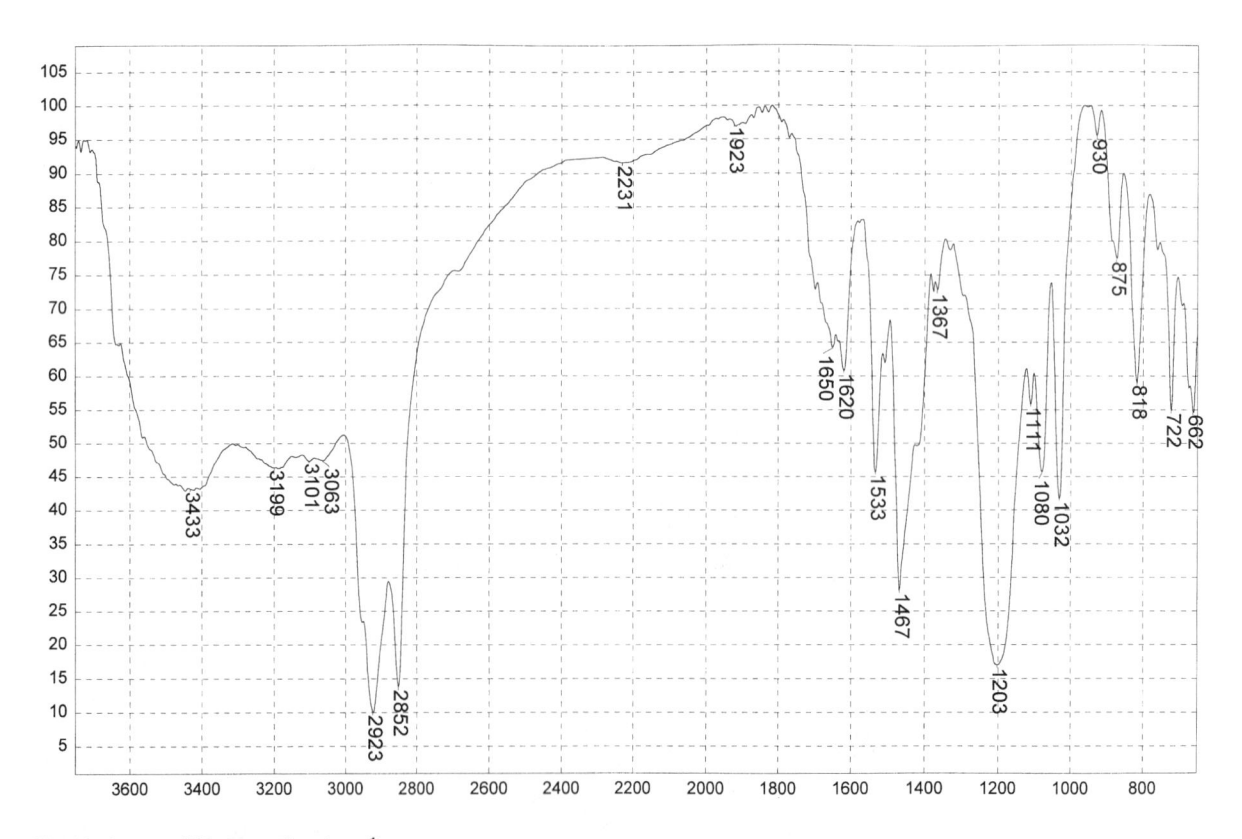

1450 AMMONIUM ALKYLBENZIMIDAZOLE SULFONATE

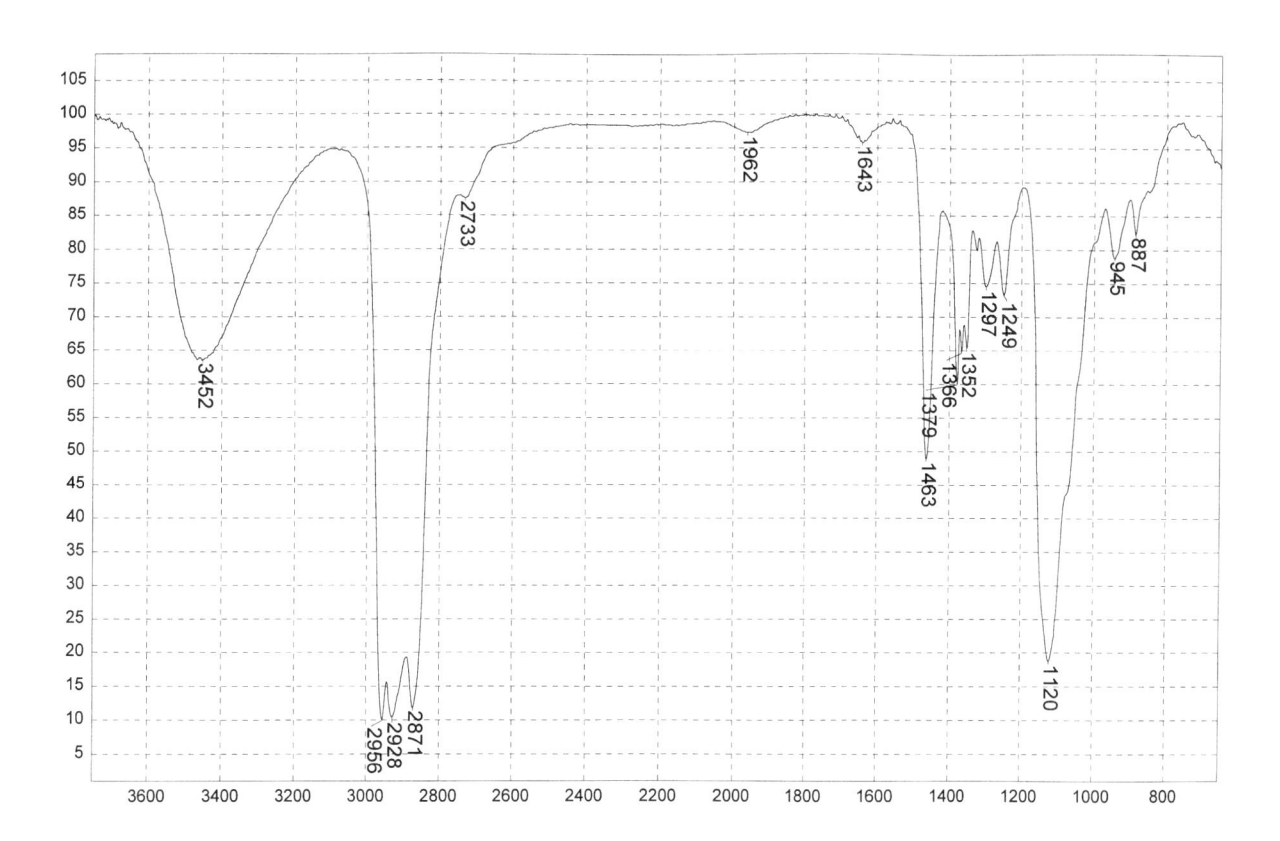

1451 POLYOXYETHYLATED TRIDECYL ALCOHOL (3 MOLES EtO)

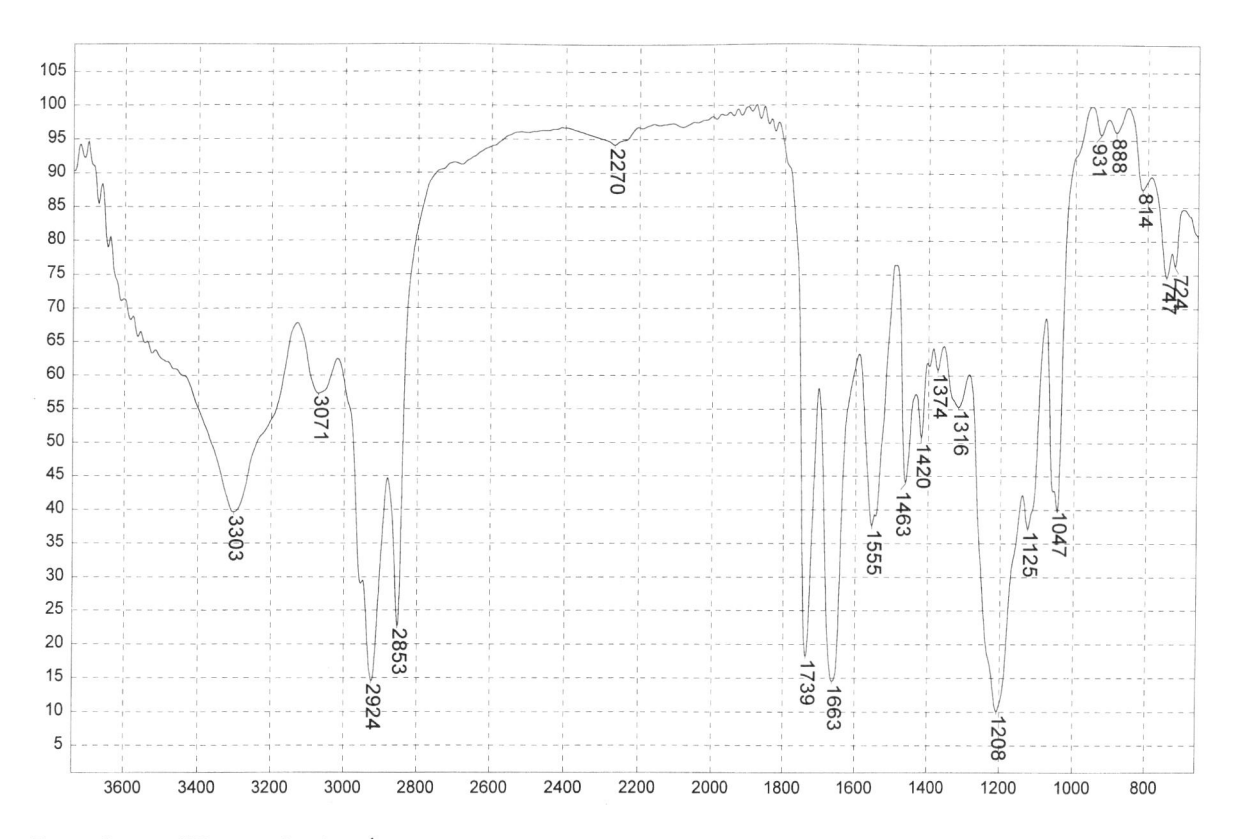

1452 SODIUM n-ALKYLSULFOACETAMIDE

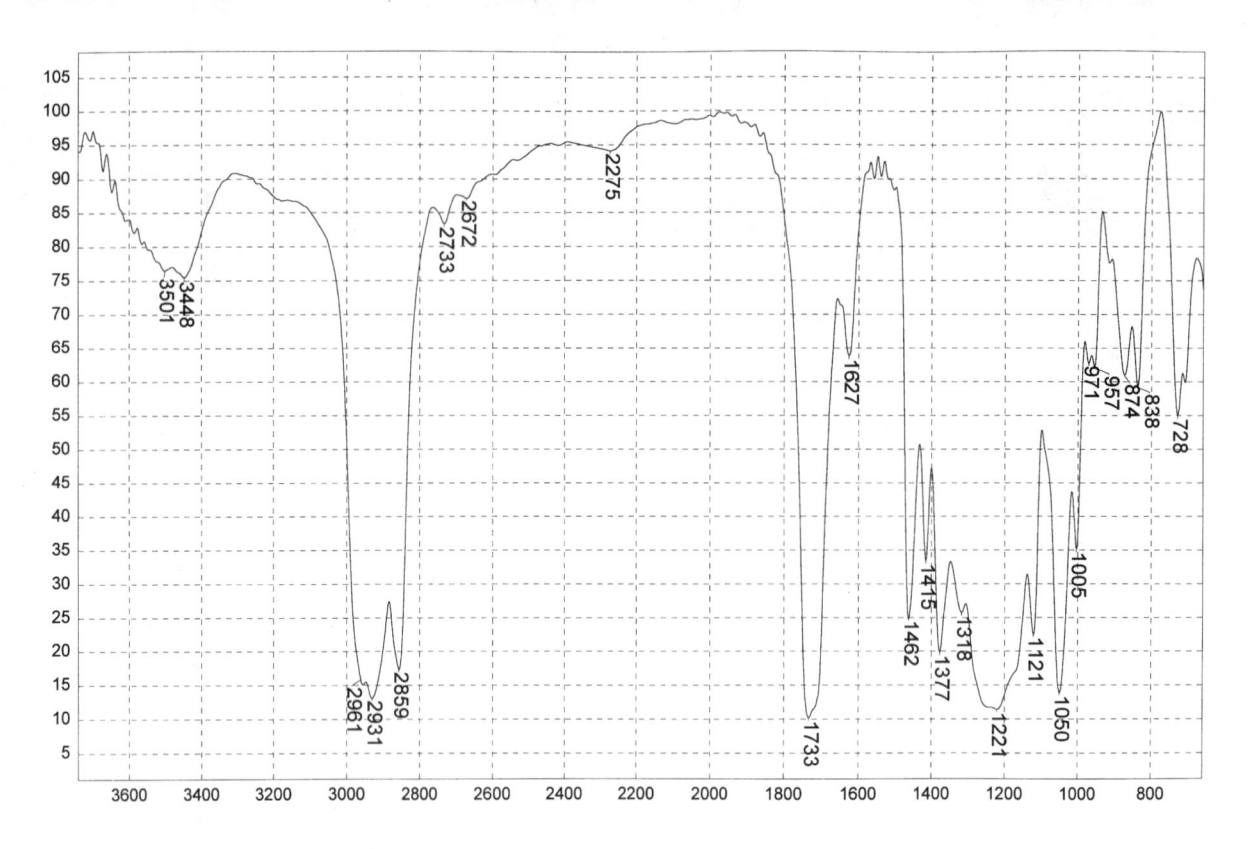

1453   SODIUM DIOCTYL SULFOSUCCINATE

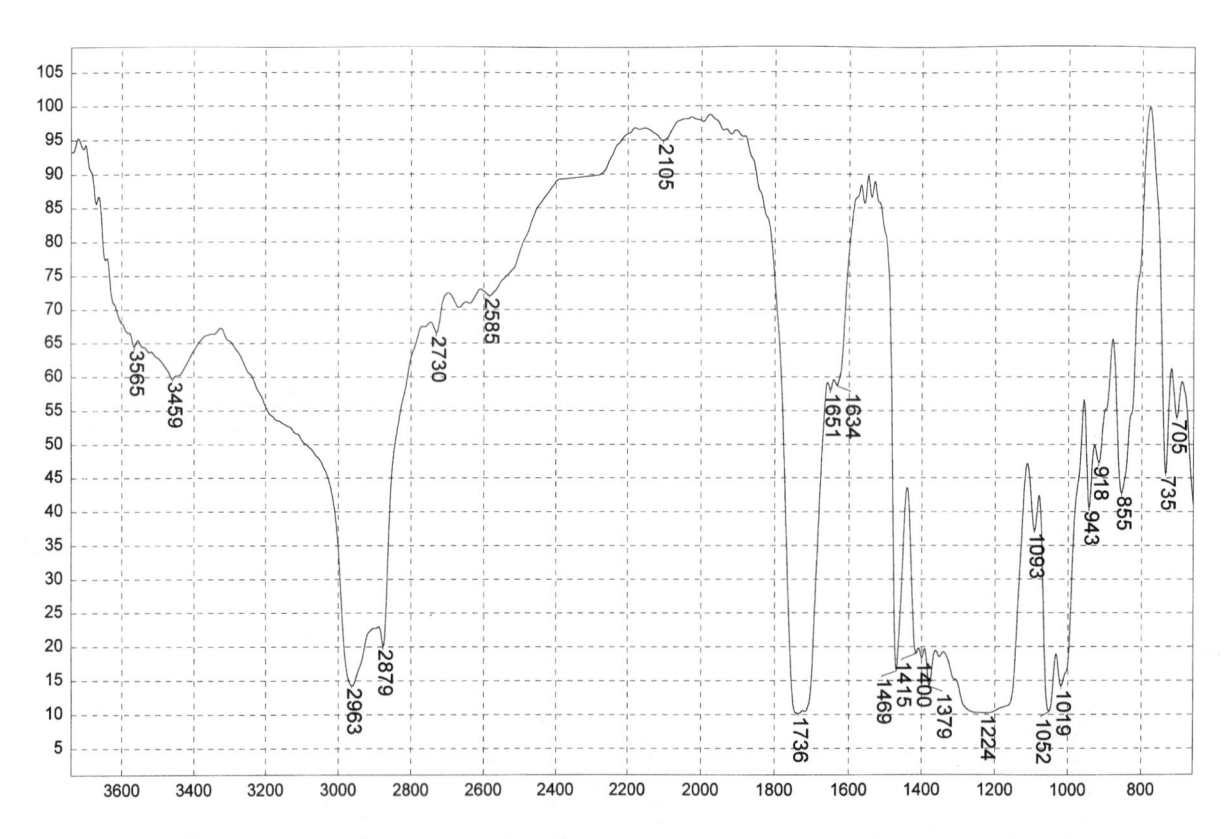

1454   SODIUM DIISOBUTYL SULFOSUCCINATE

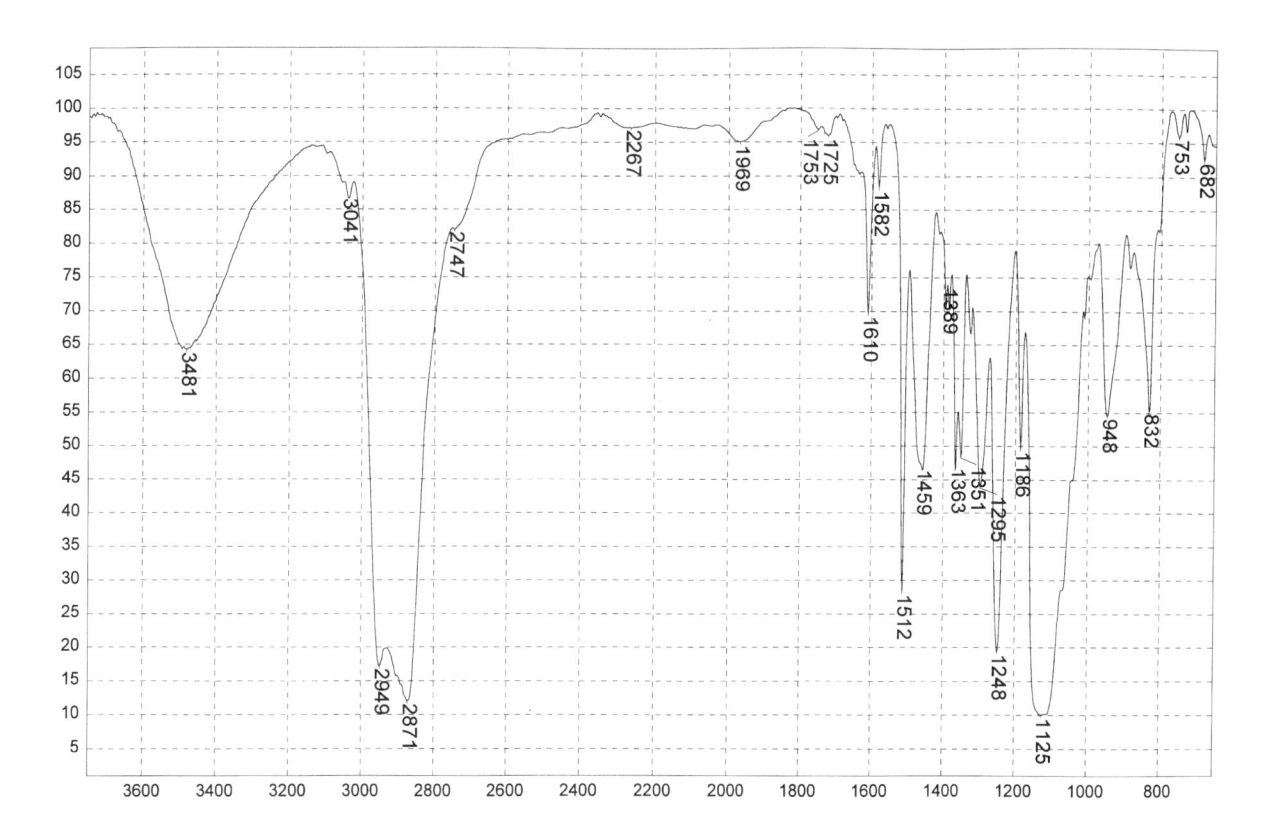

1455 POLYOXYETHYLATED T. OCTYLPHENOL (9–10 MOLES EtO)

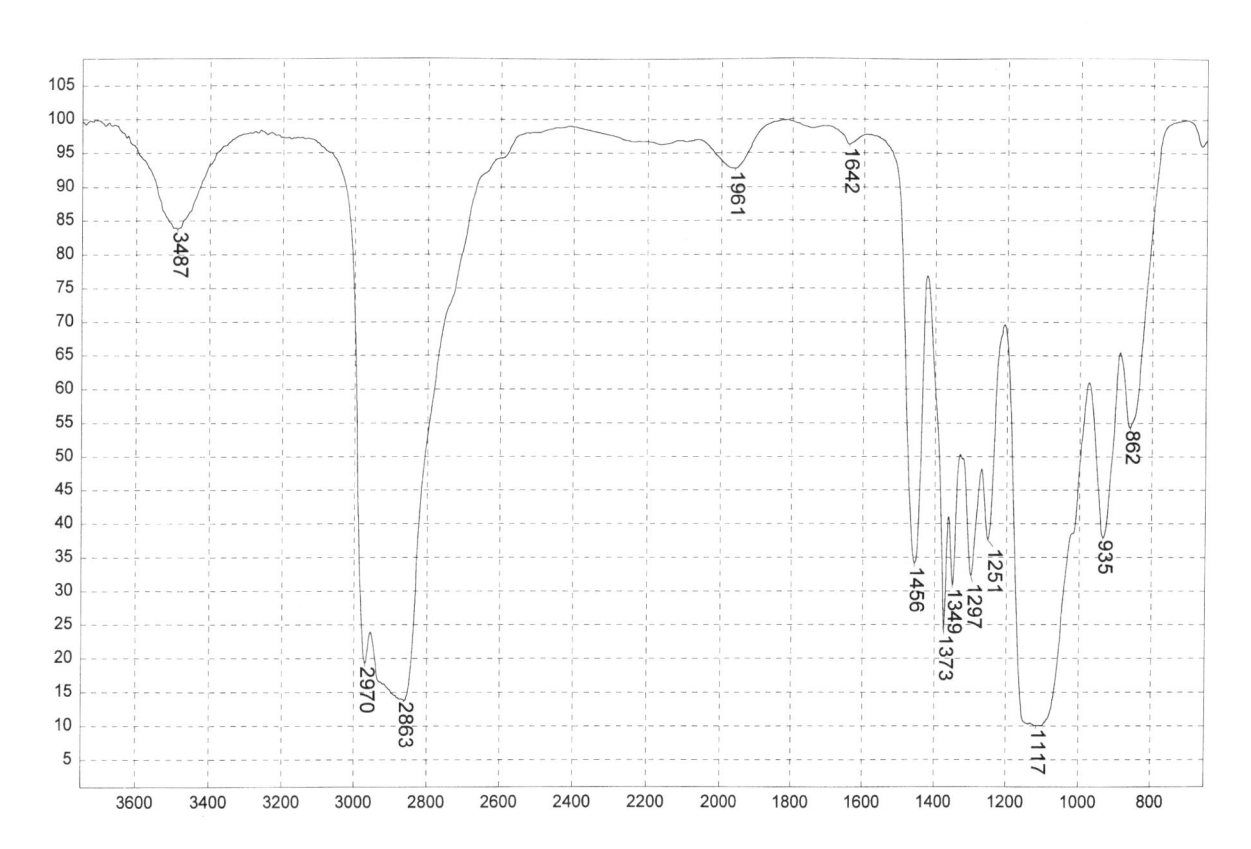

1456 POLYOXYPROPYLENE & 50% EtO (M.W. ~2100)

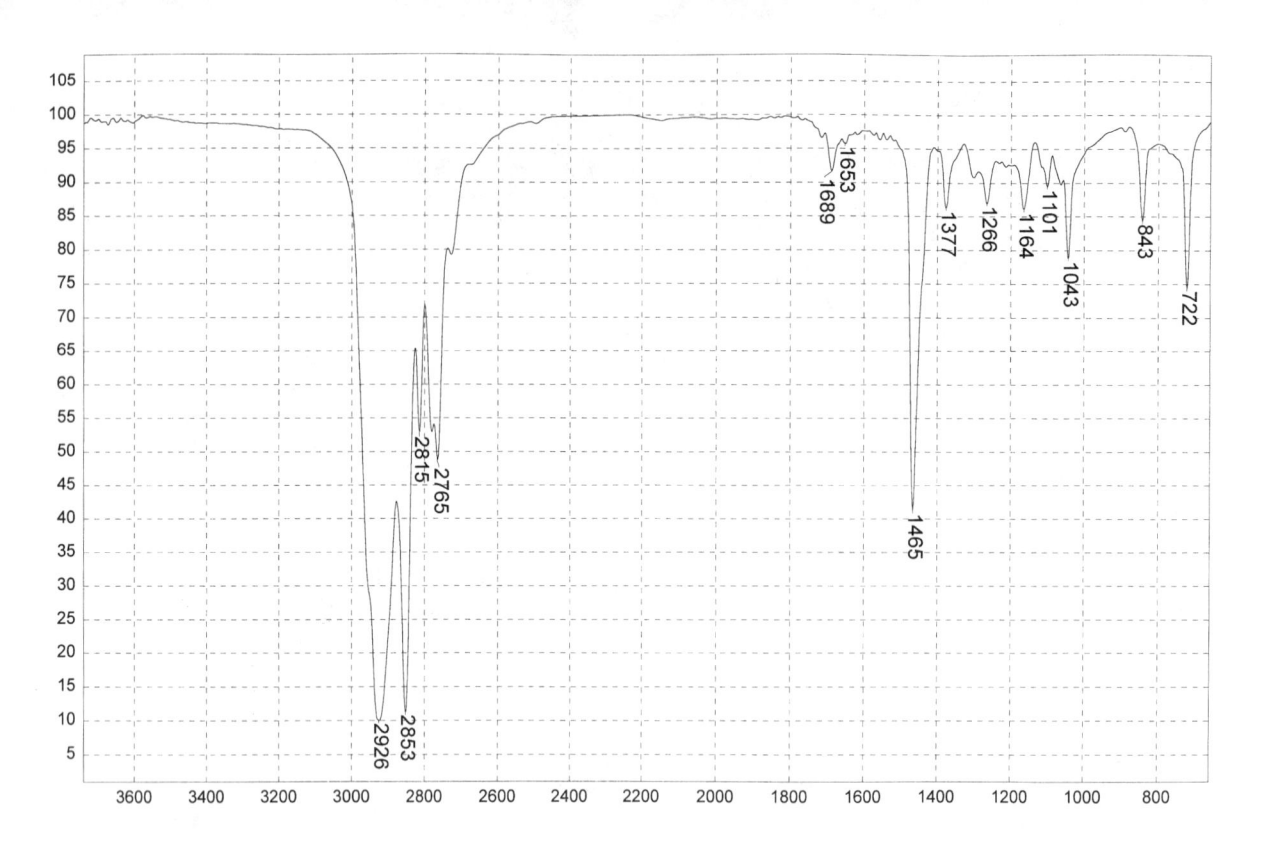

1457 DIMETHYL OCTADECYL AMINE (92% TERTIARY)

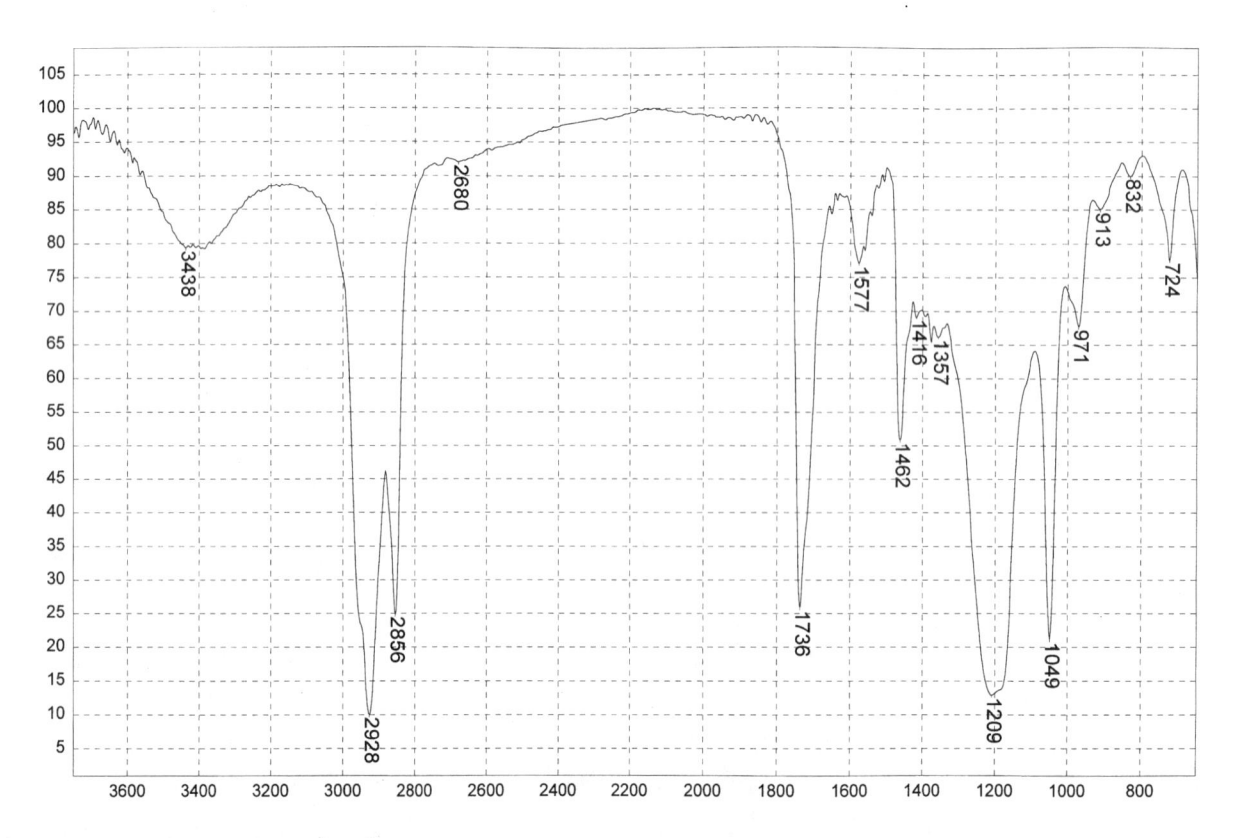

1458 PROPYL ESTER OF SULFOOLEIC ACID-SODIUM SALT

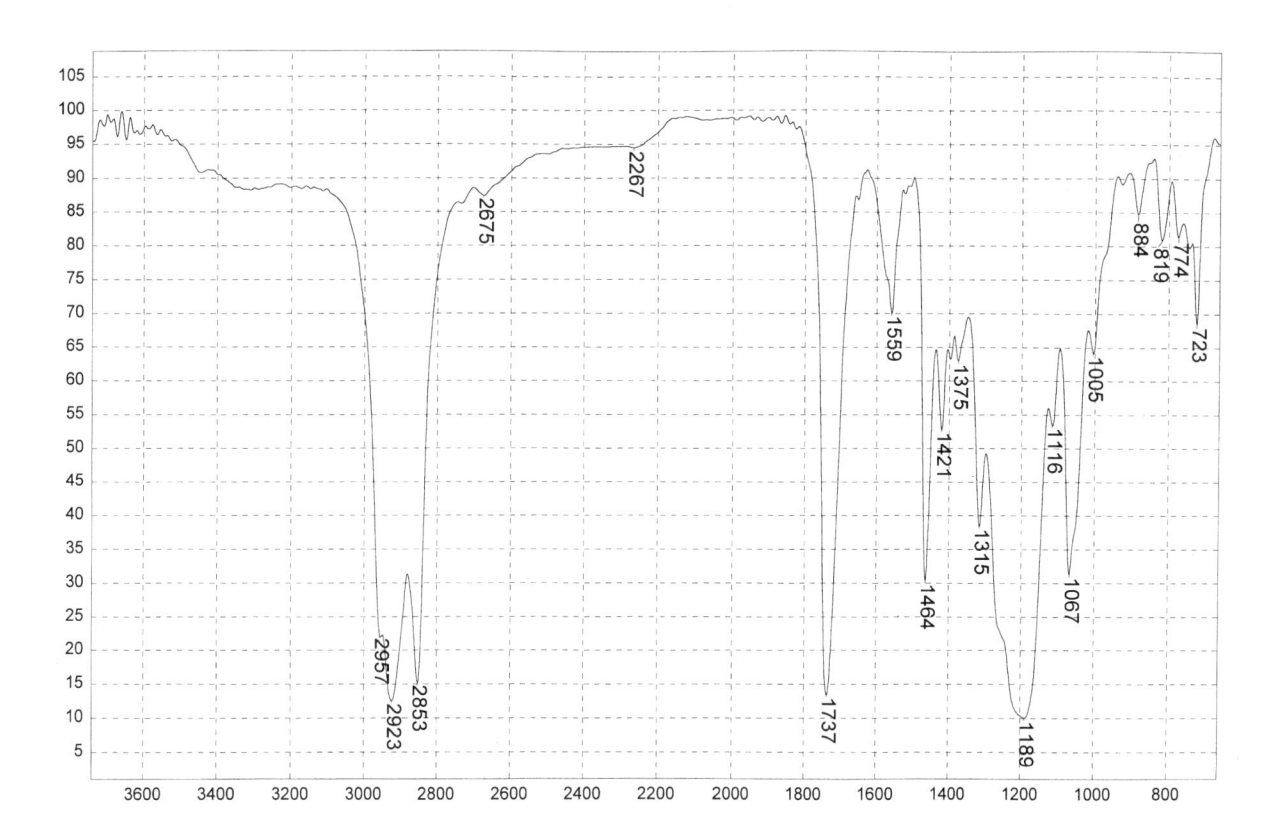

1459 COCONUT F.A. ESTER-2-HYDROXYETHANE SULFAMIDE

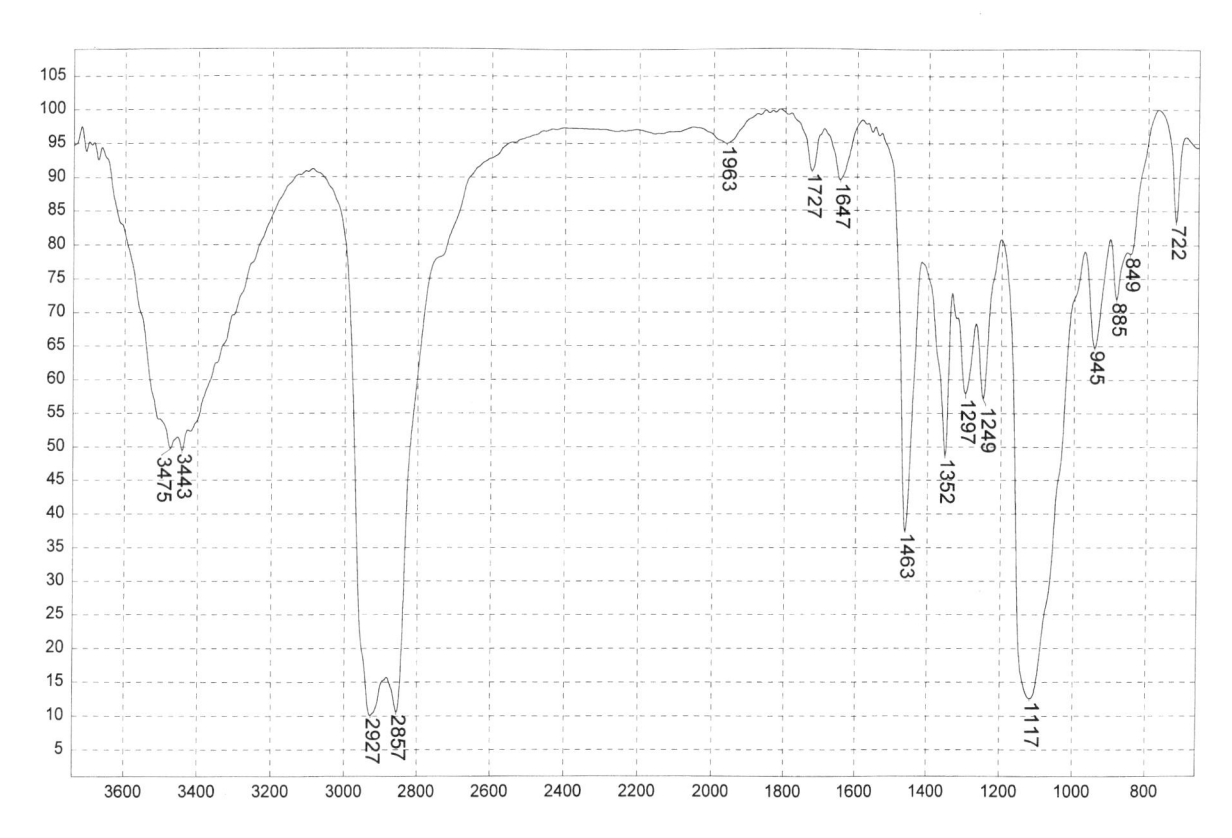

1460 P.O.E. LAURYL ALCOHOL (4 MOLES EtO)

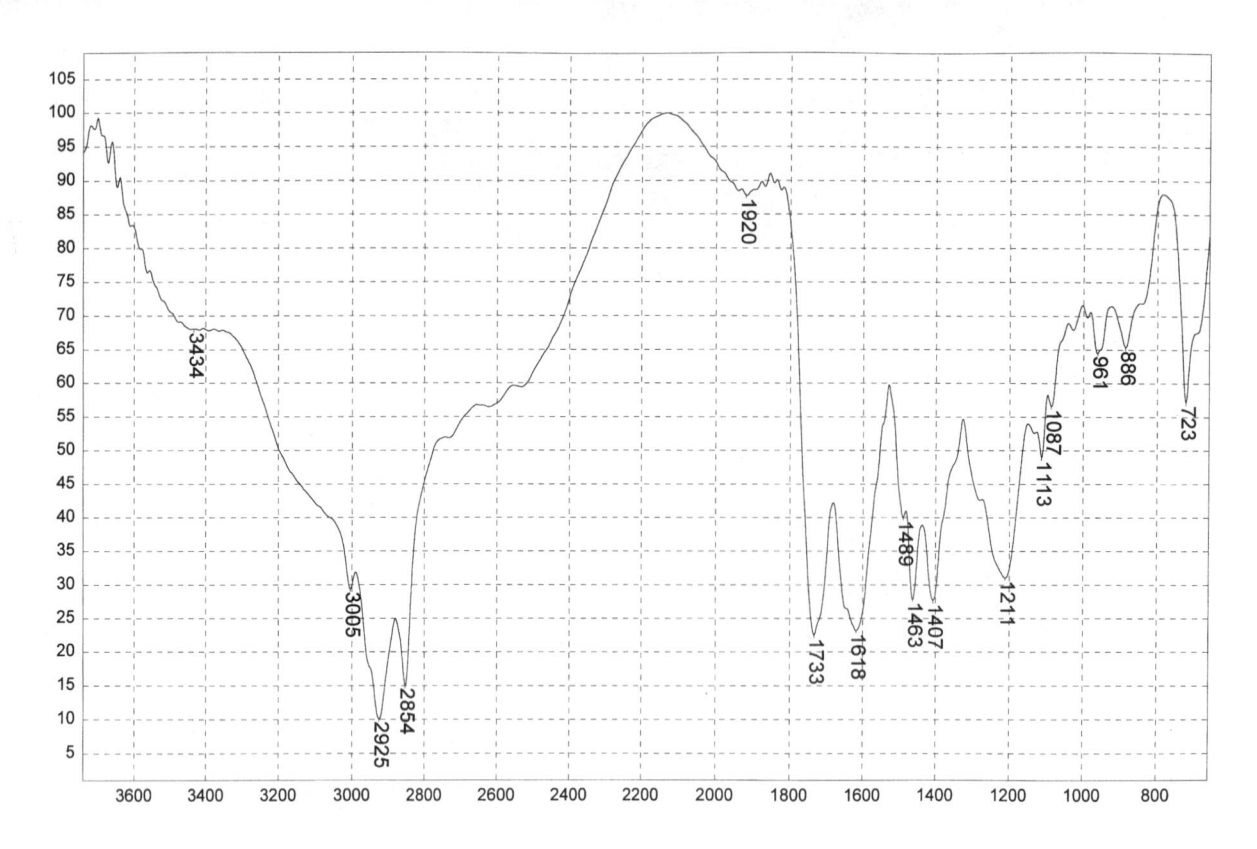

1461 n-OLEOYL SARCOSINE

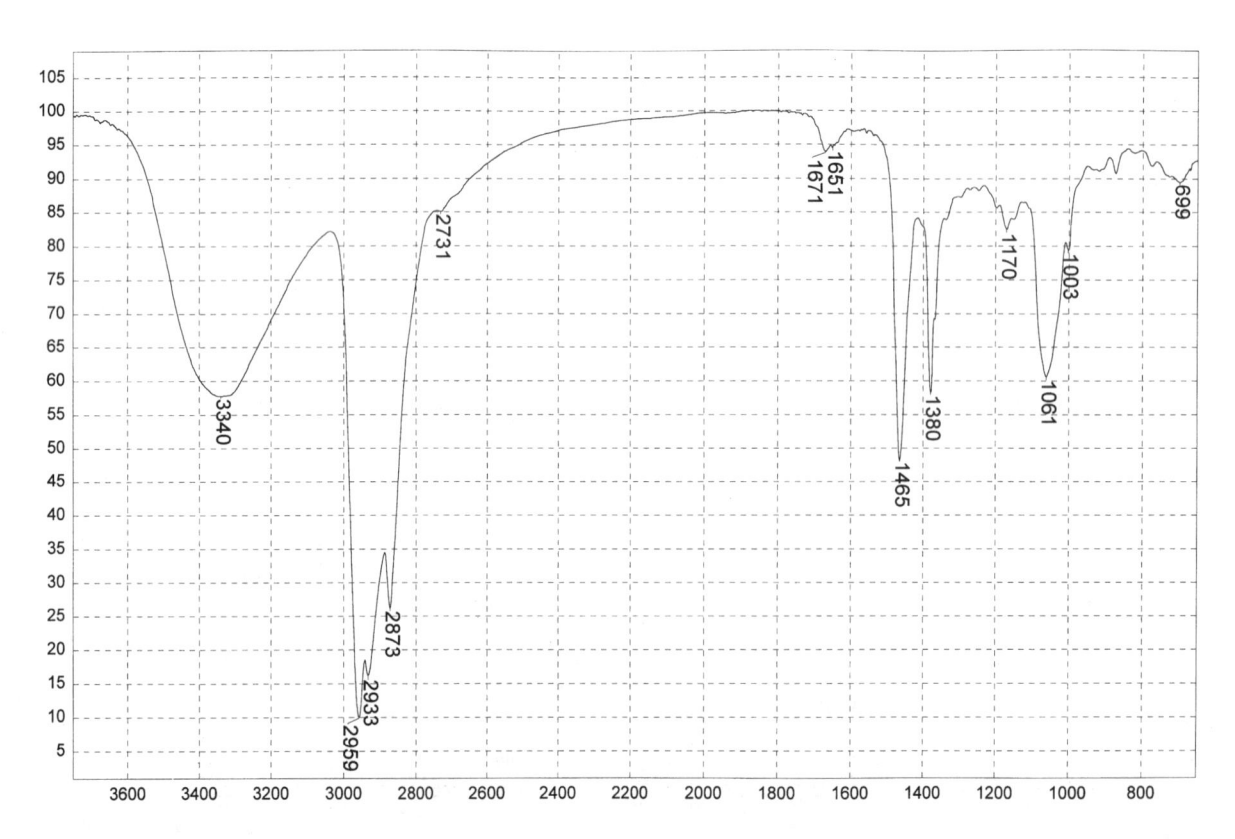

1462 P.O.E. TERTIARY AMINE C12–14H25–29NH(C$_2$H$_4$O)$_5$H

228

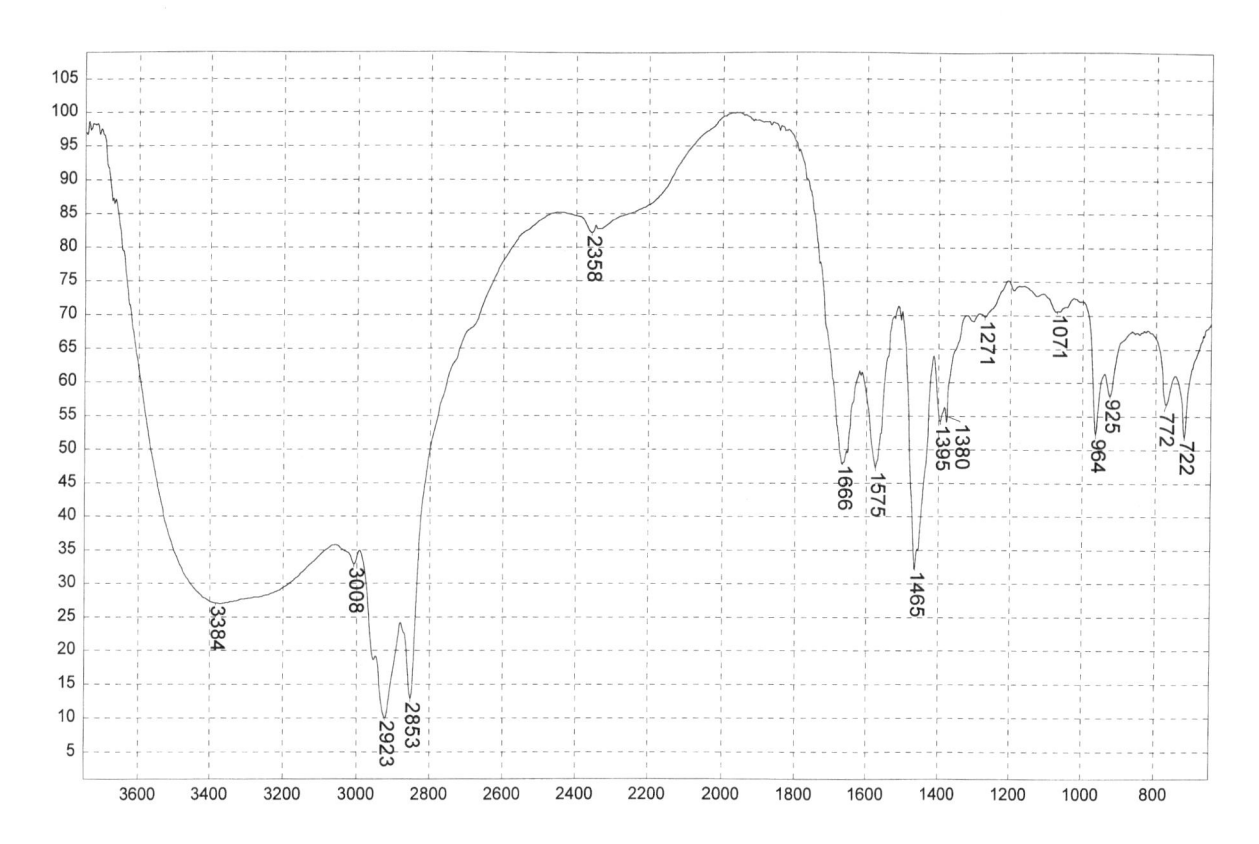

1463   CETYLDIMETHYLAMINE OXIDE

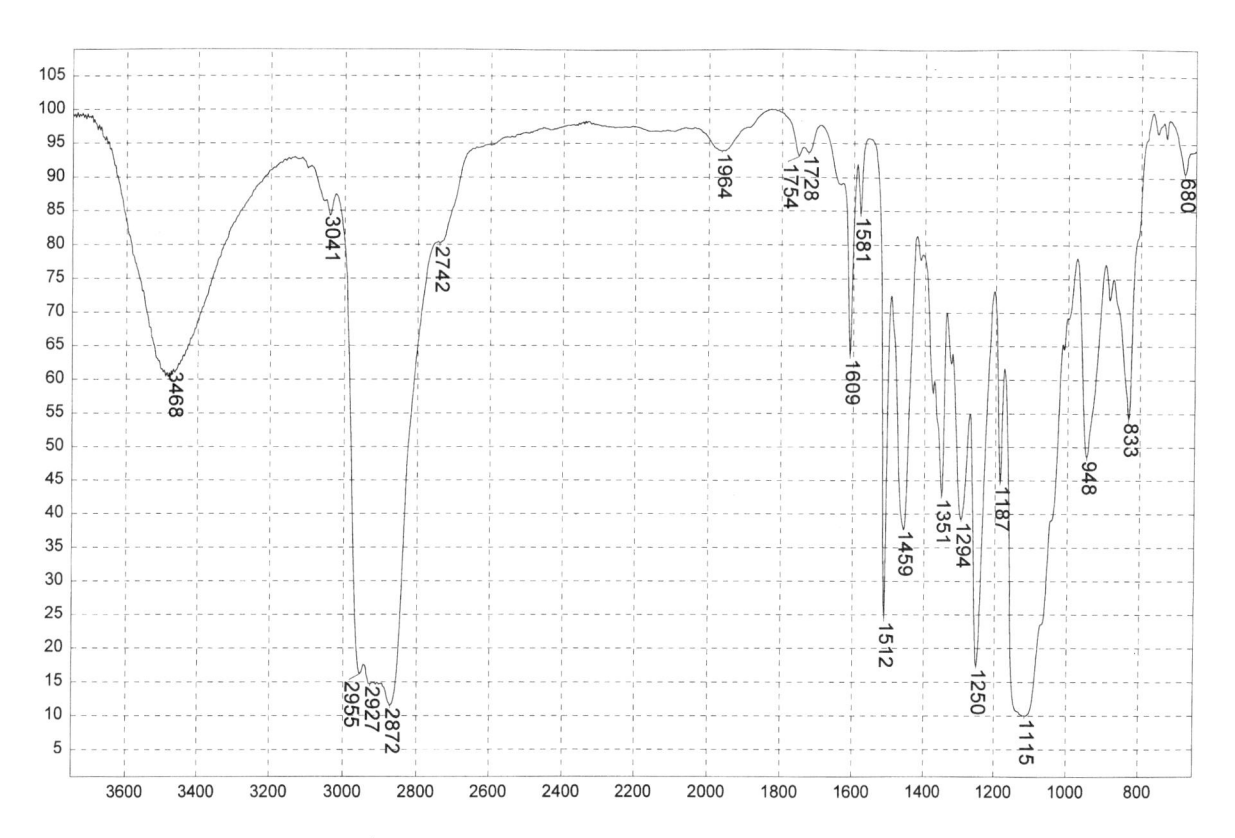

1464   POLYOXYETHYLATED NONYLPHENOL (9–10 MOLES EtO)

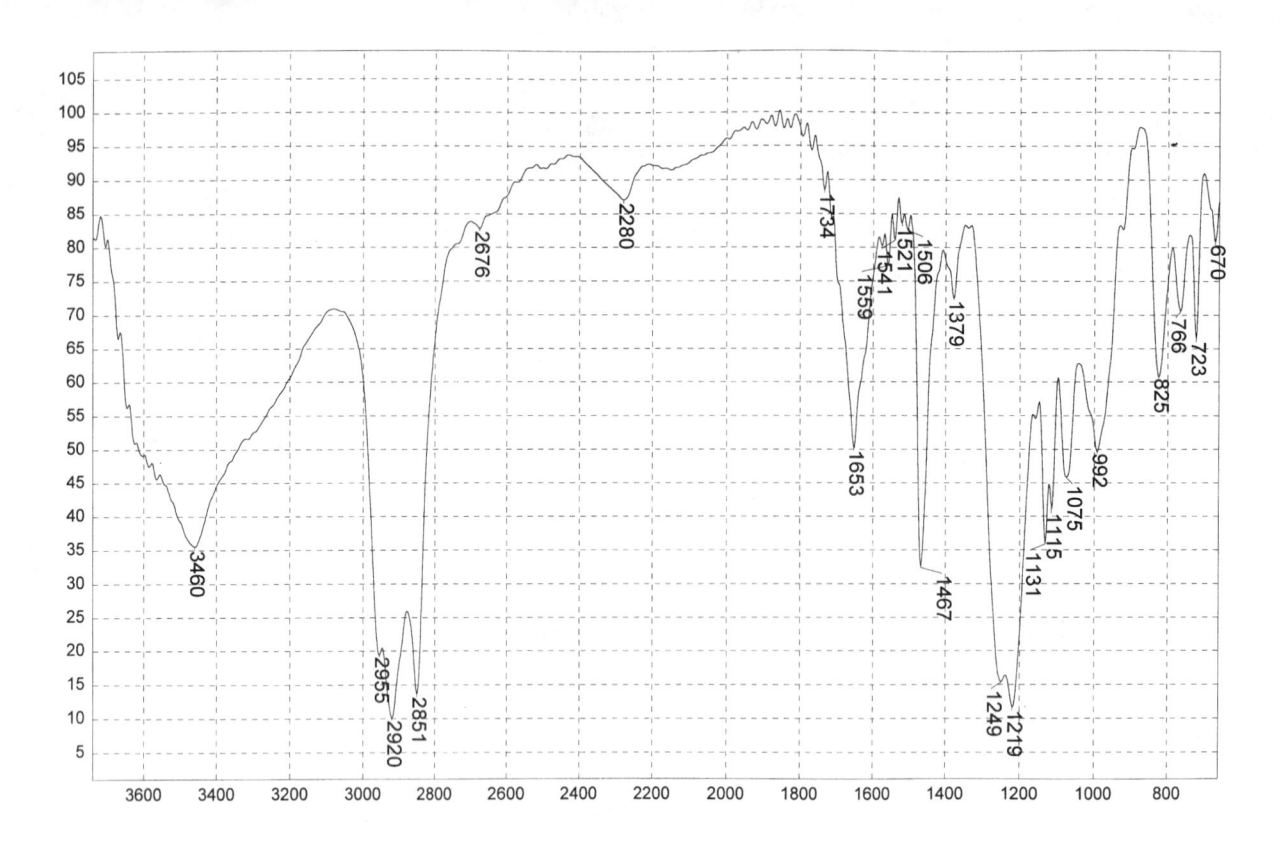

KNOWN SODIUM LAURYL SULFATE

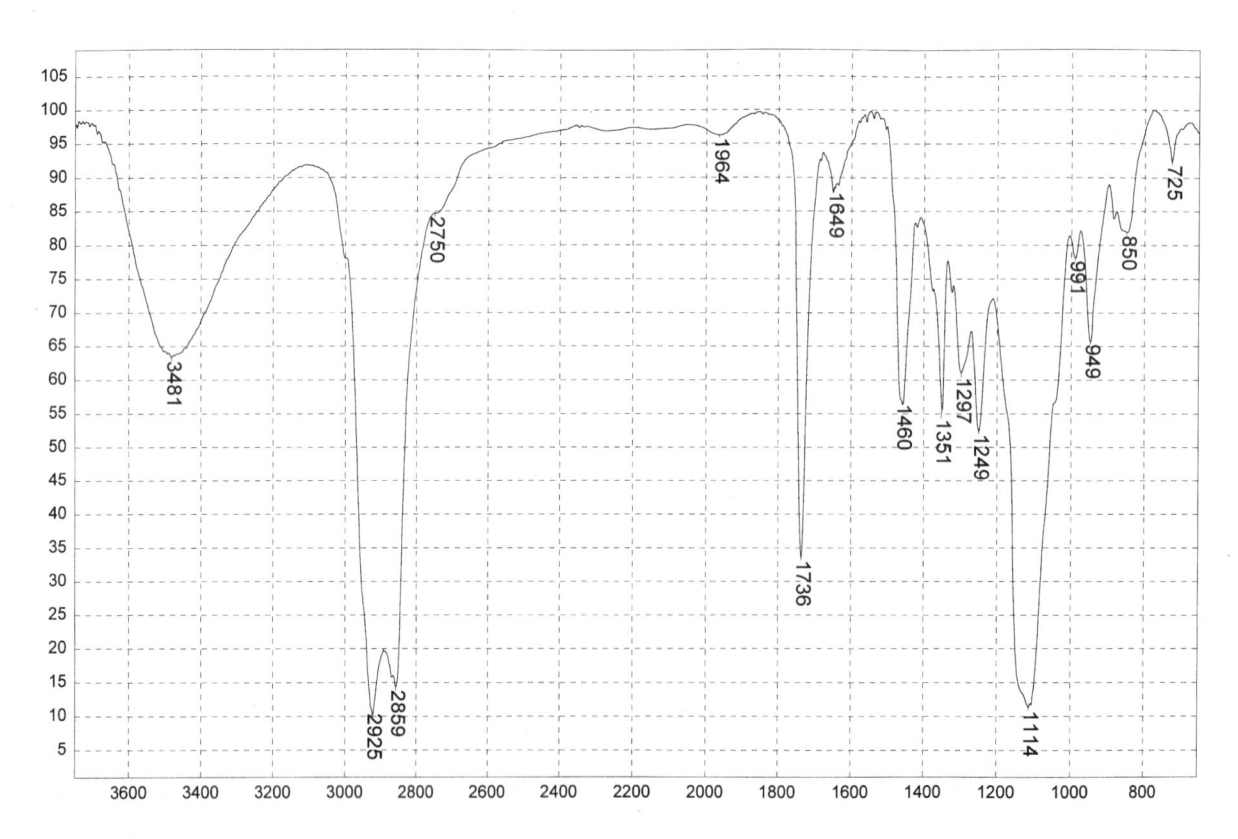

1465

POLYOXYETHYLATED RED OIL (10 MOLES EtO)

1466

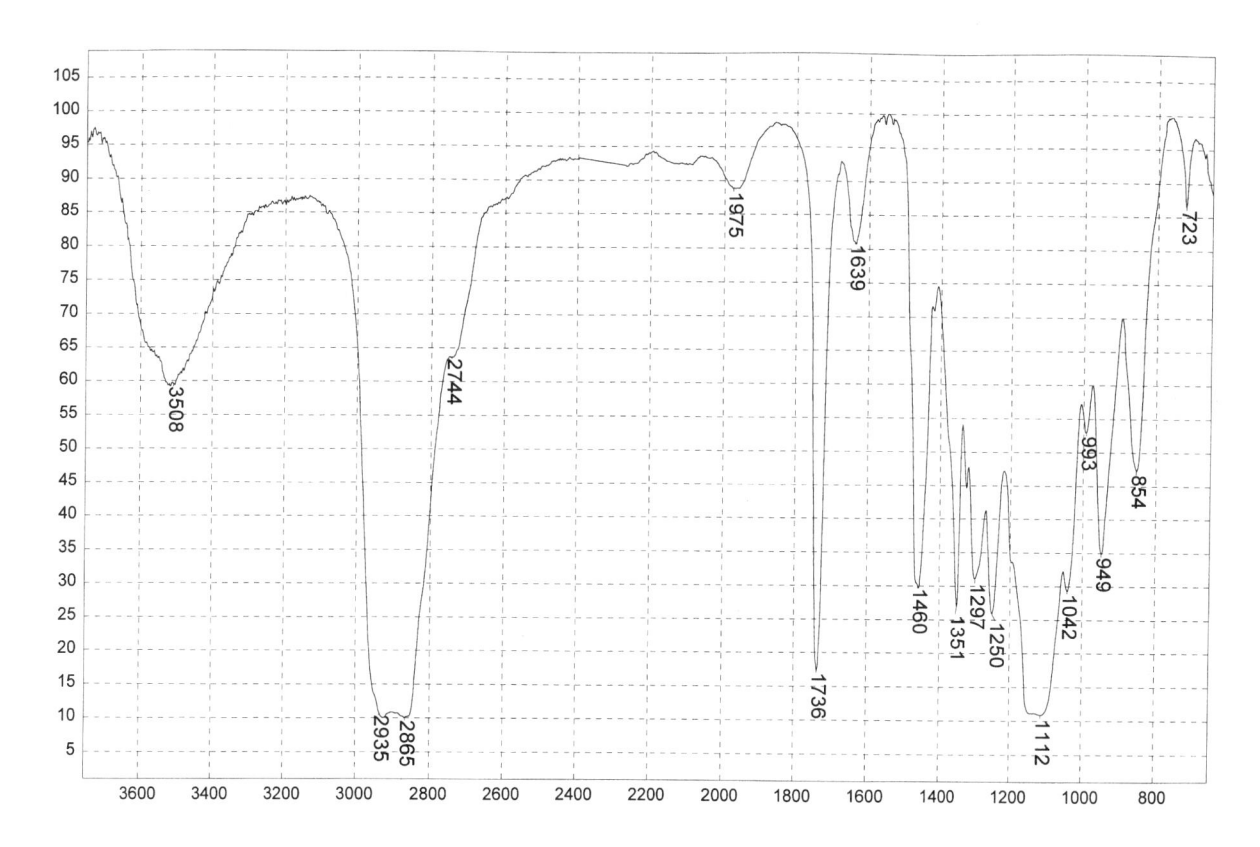

1467 METHOXYPOLYETHYLENE GLYCOL 500 "COCONATE"

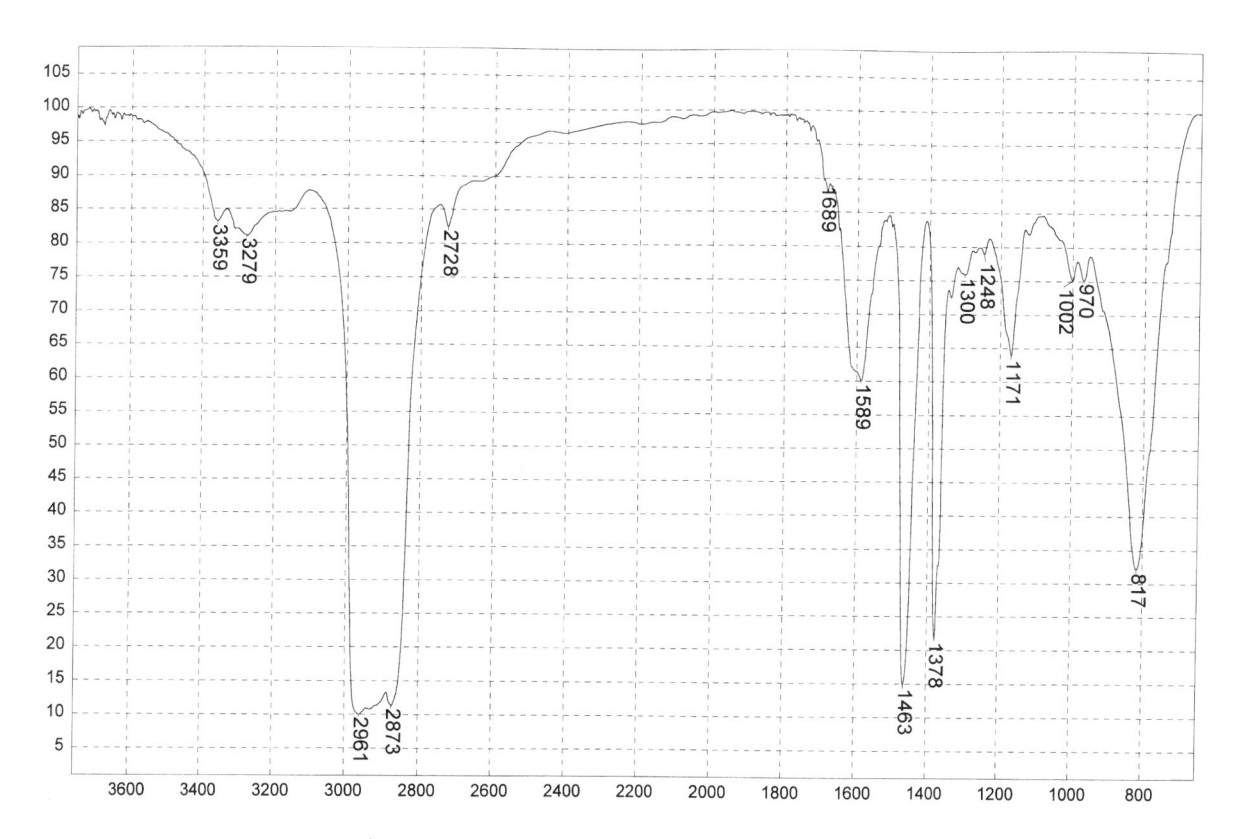

1468 TERTIARY-C11–14 H23–29 AMINE

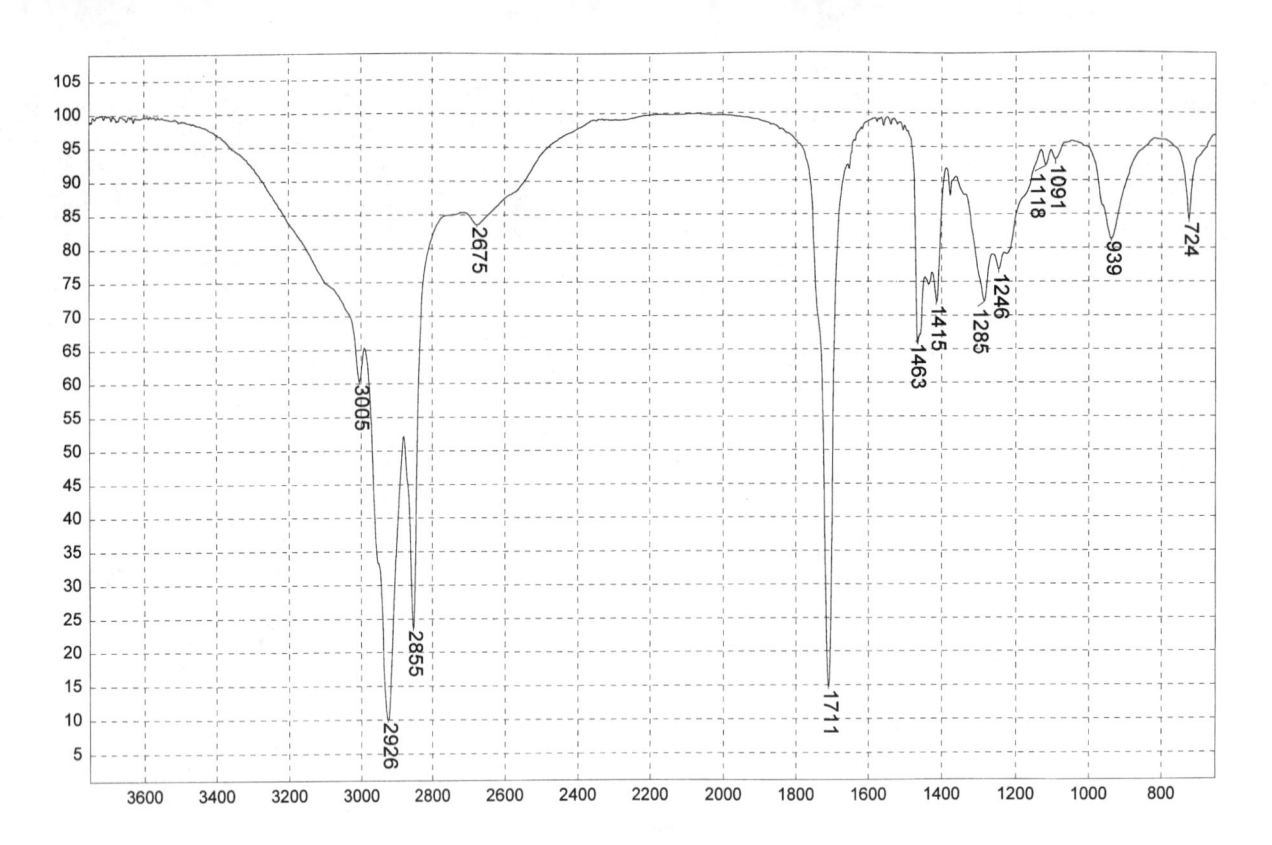

1469 POLYOXYETHYLATED COCO FATTY ACID (5 MOLES EtO)

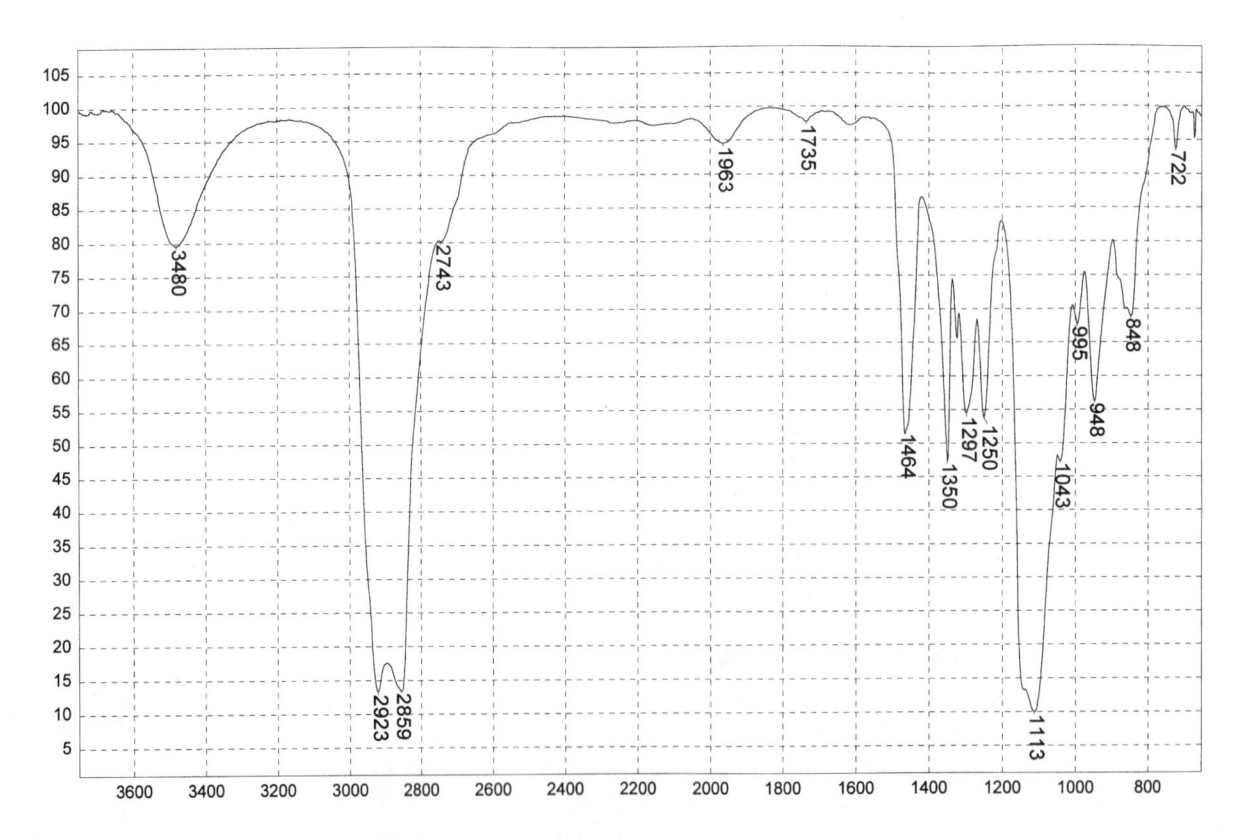

1470 POLYOXYETHYLATED CETYL ALCOHOL (20 MOLES EtO)

1471 POLYOXYETHYLATED OLEYL ALCOHOL (20 MOLES EtO)

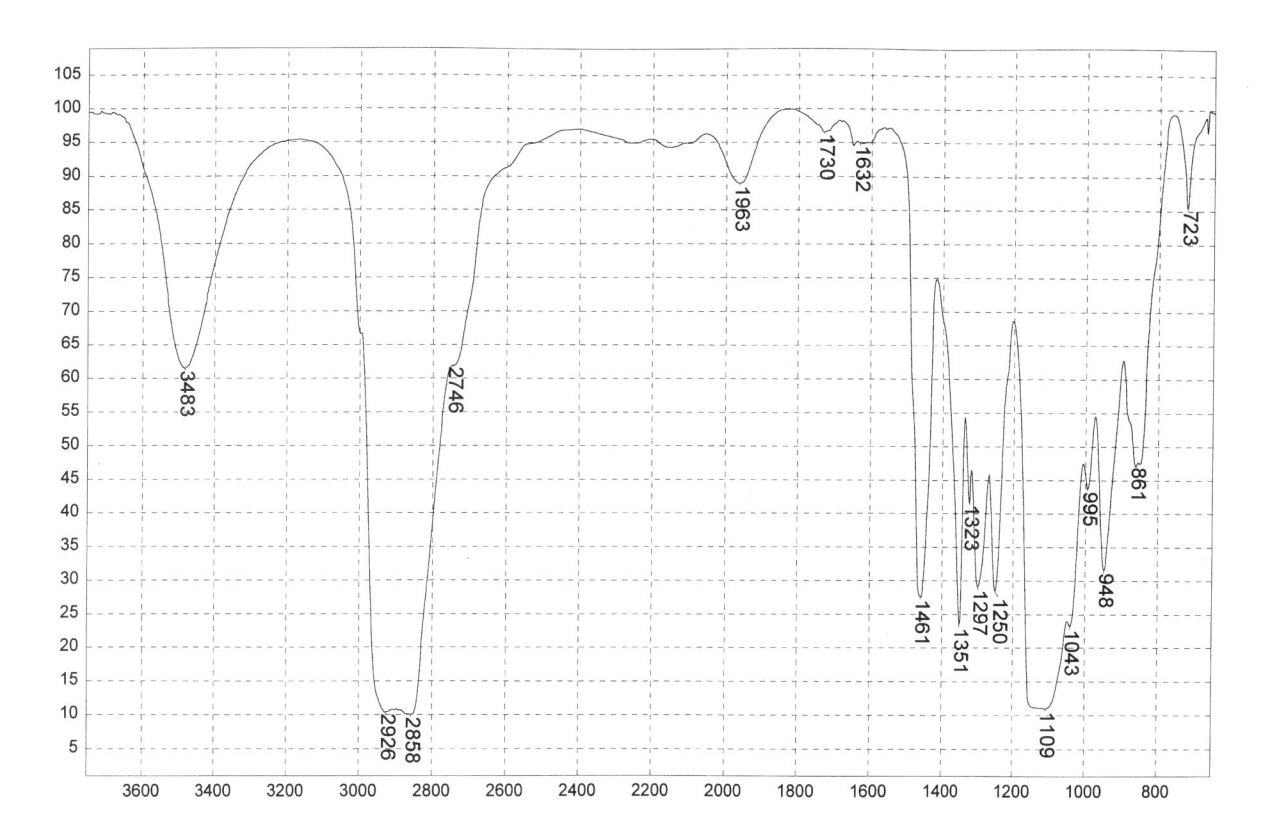

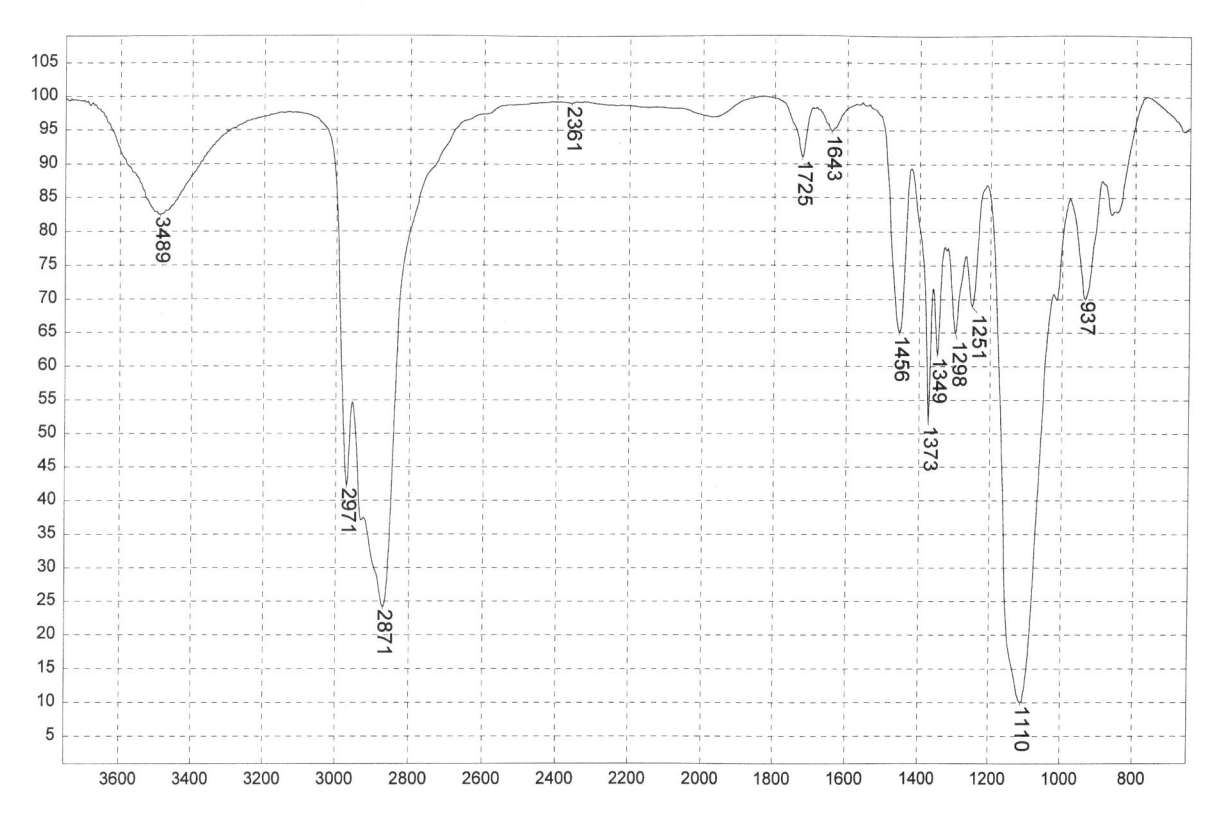

1472 POLYOXYPROPYLENE & 40% EtO (M.W. ~1200)

1473 POLYOXYPROPYLENE & 10% EtO (M.W. ~1750)

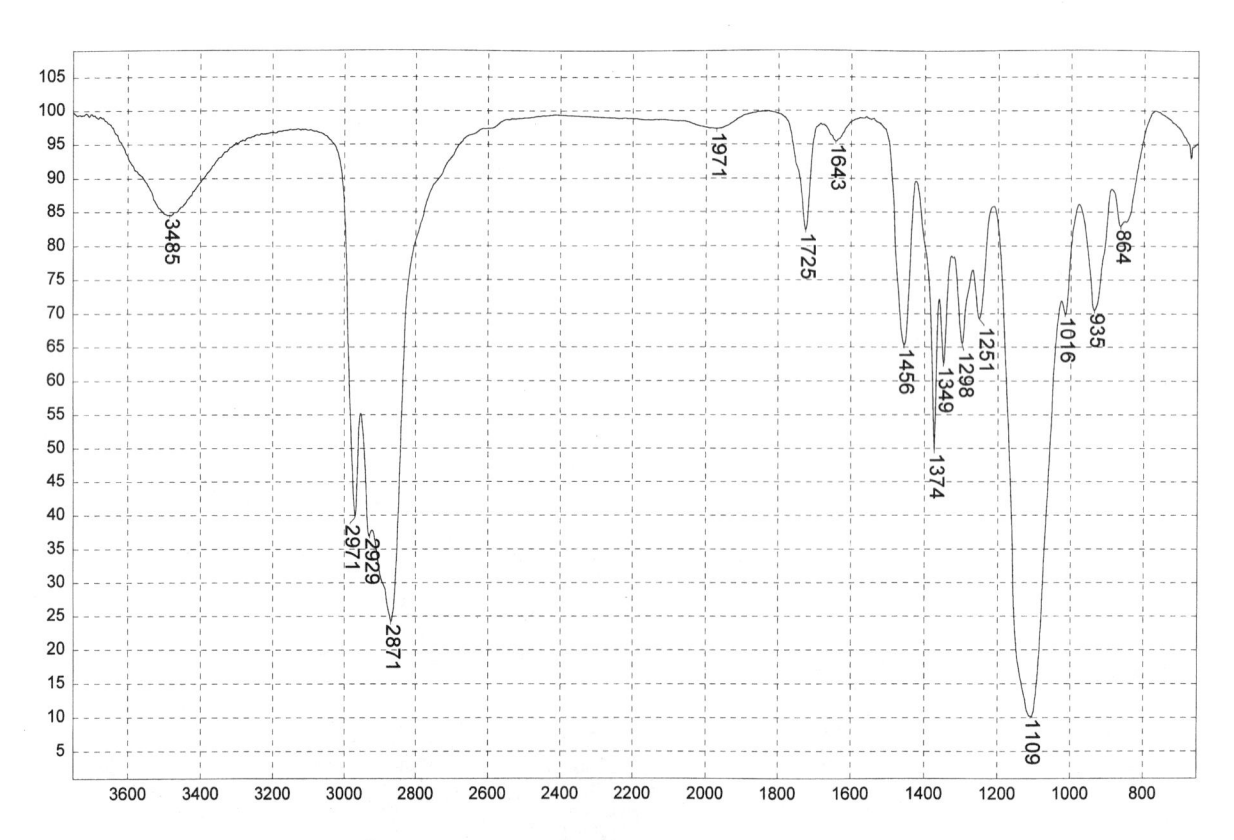

1474 POLYOXYPROPYLENE & 40% EtO (M.W. ~1750)

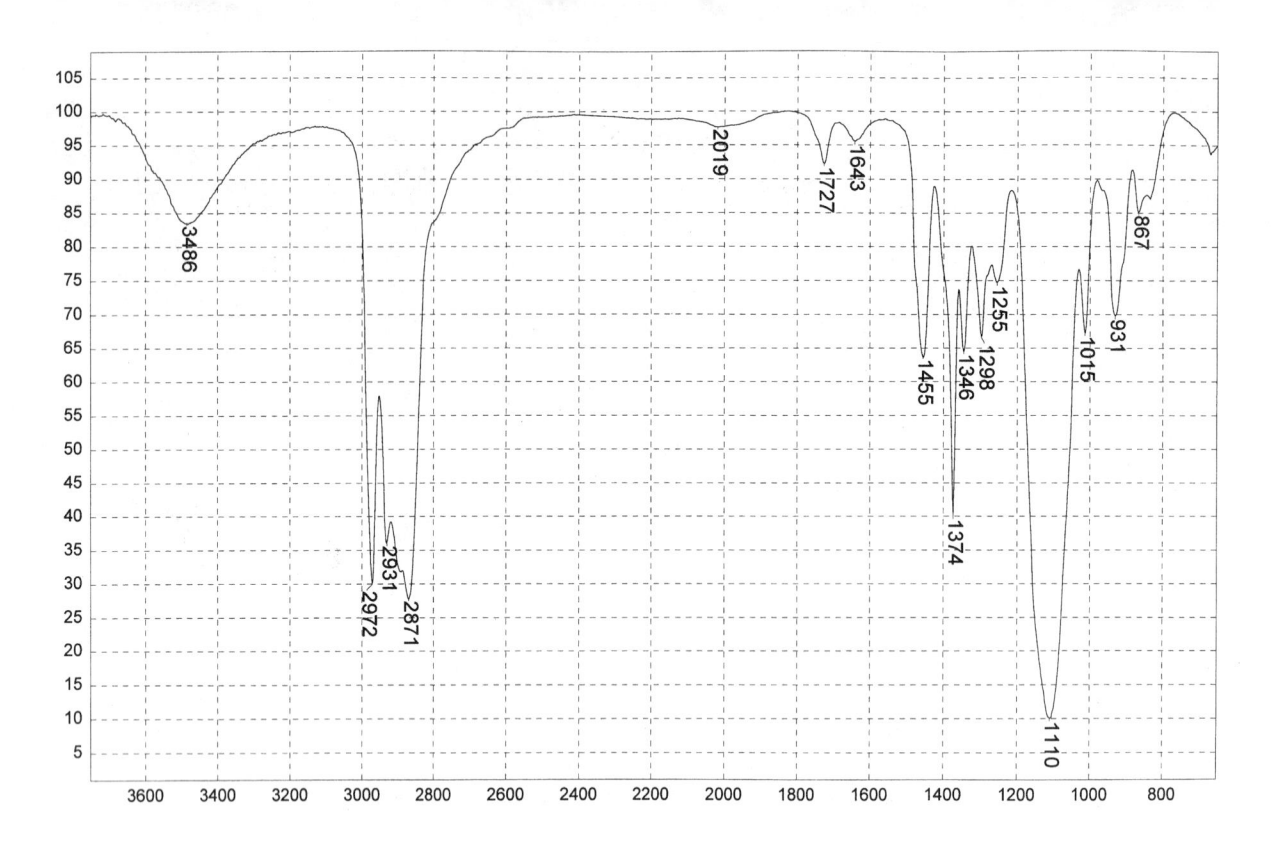

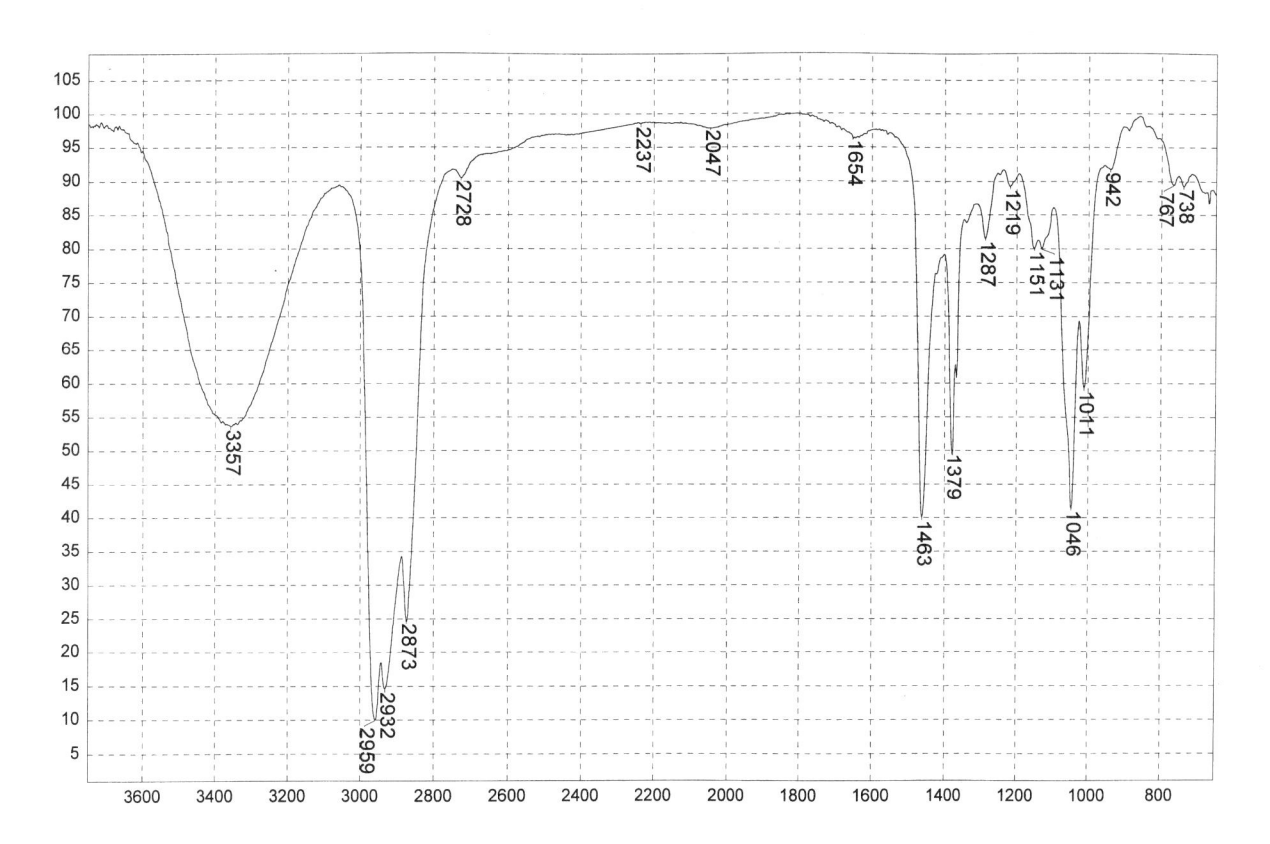

1475   2-TERTIARY-DODECYLMERCAPTOETHANOL

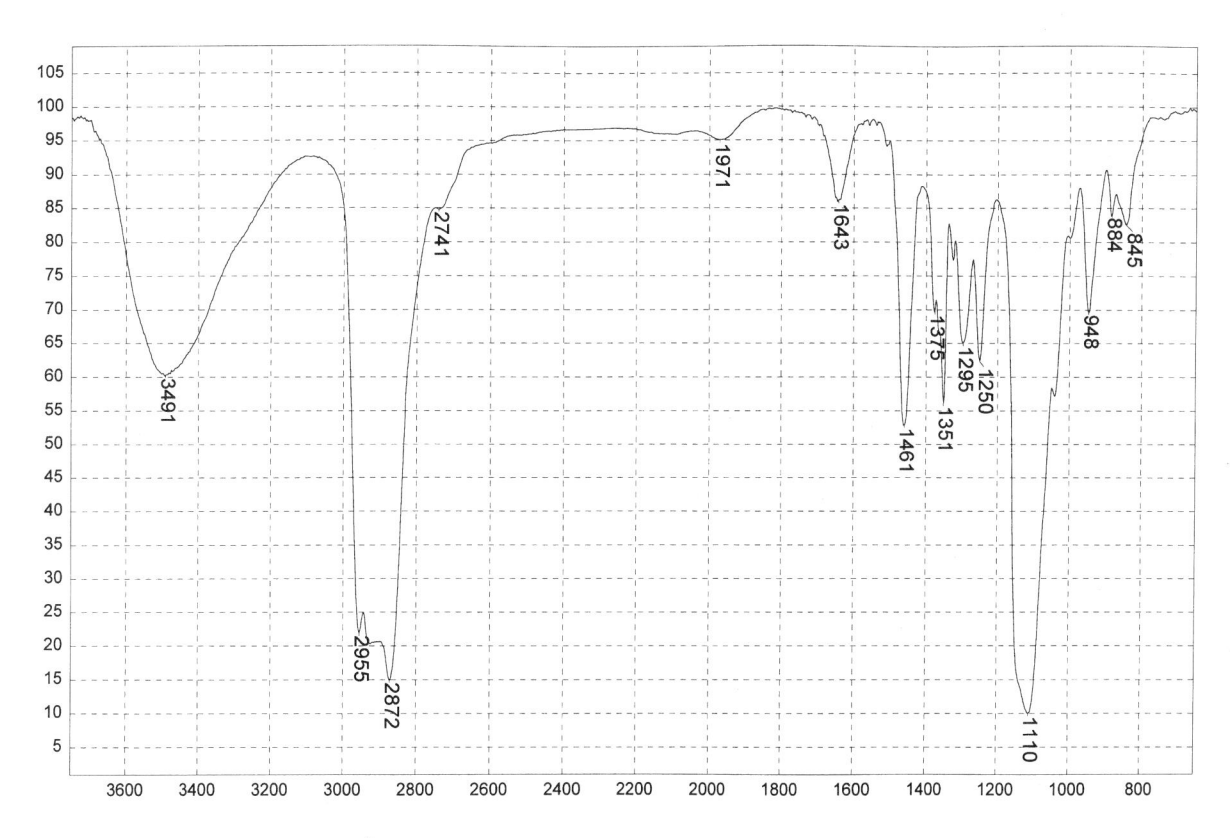

1476   P.O.E. TERTIARY-DODECYL MERCAPTAN (12 MOLES EtO)

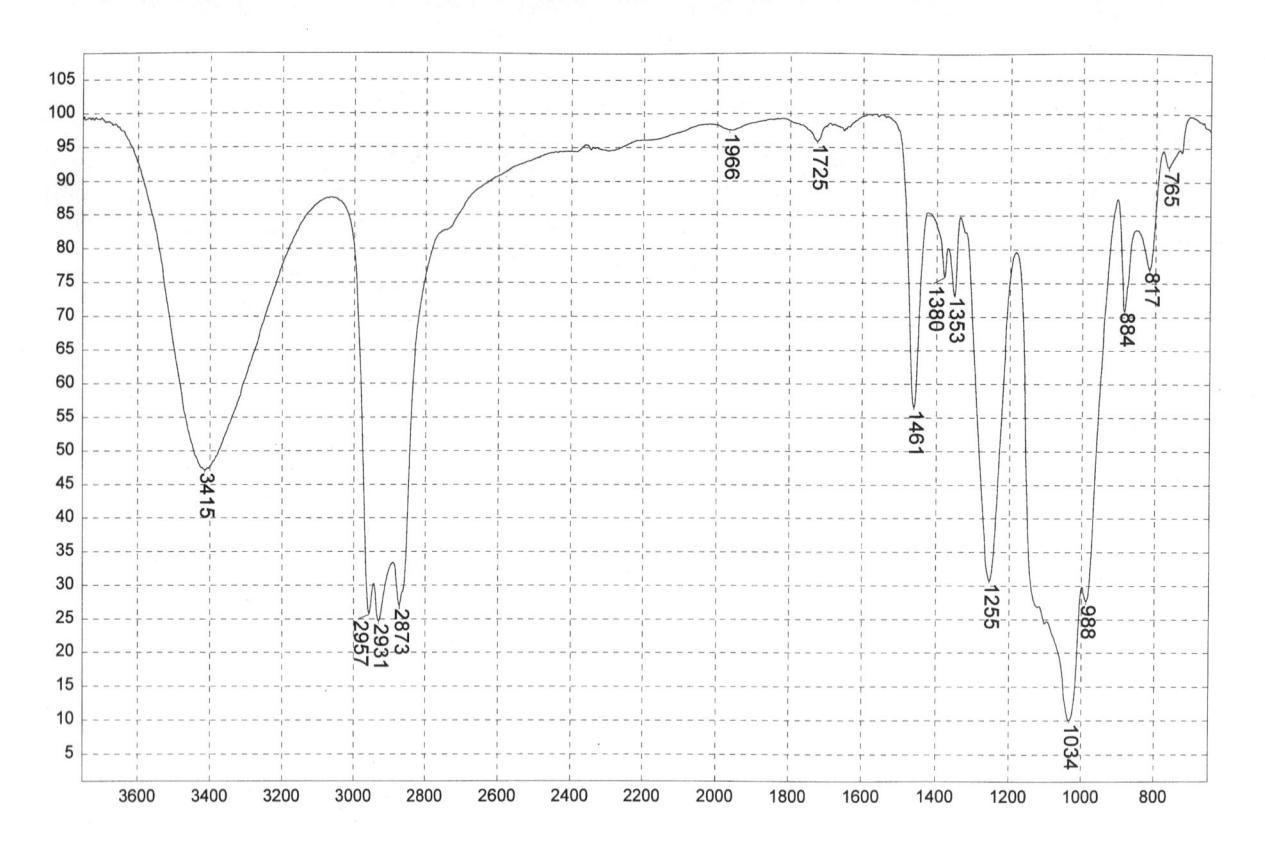

1477 POLYOXYETHYLATED OCTYL PHOSPHATE

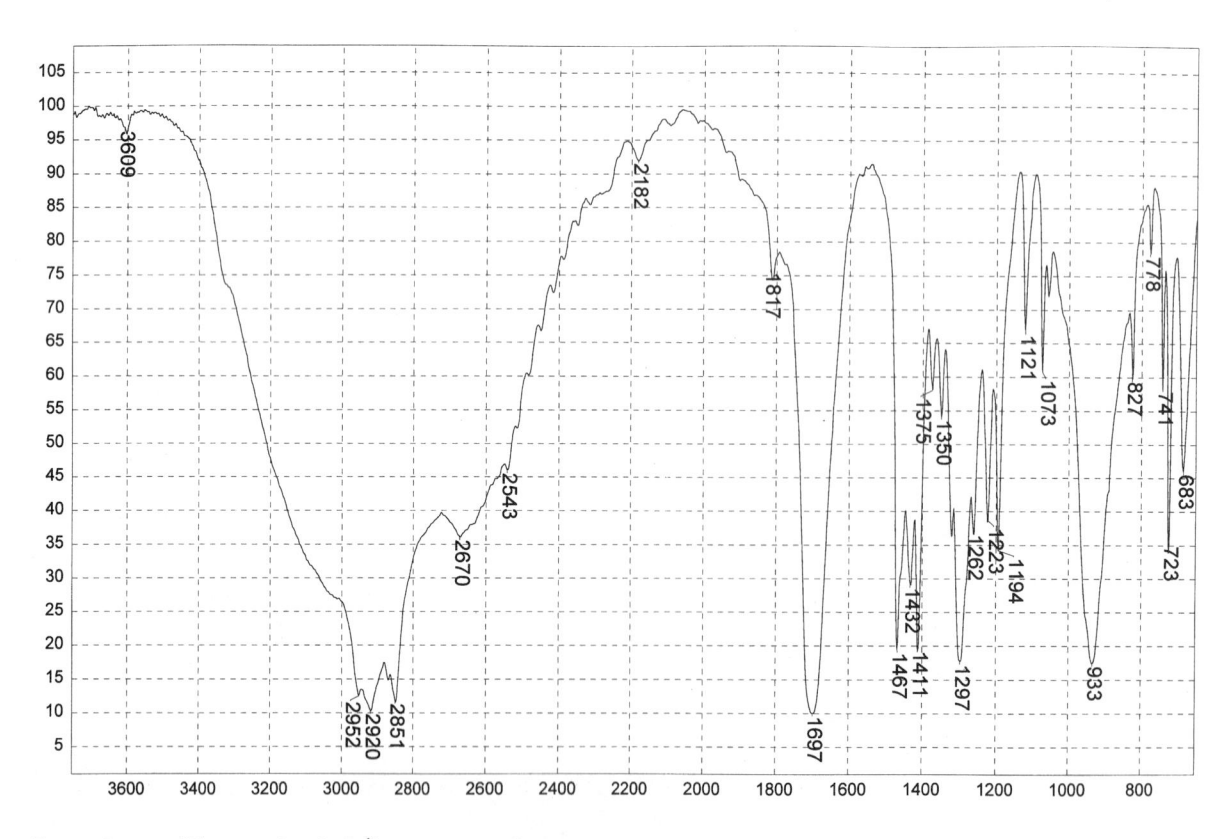

1478 CAPRIC ACID

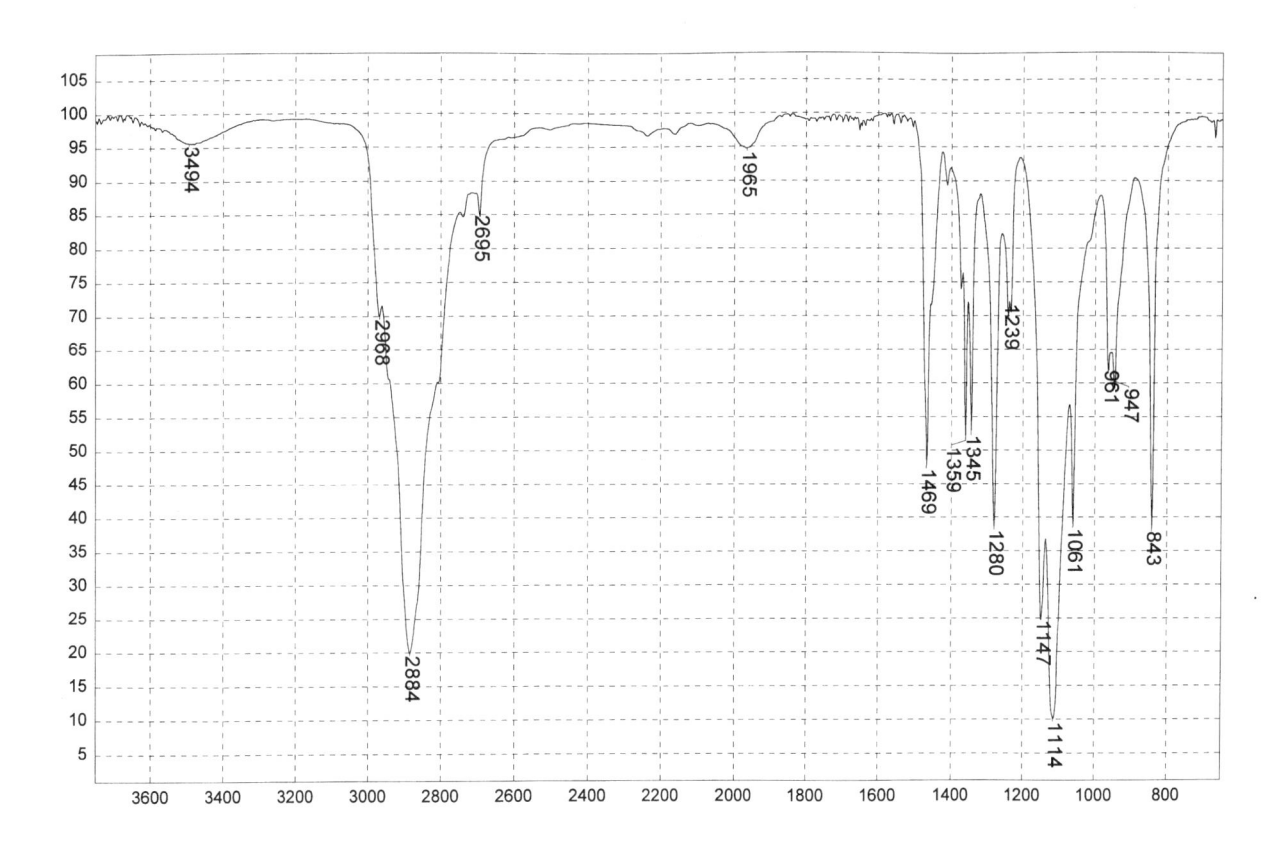

1479 POLYOXYPROPYLENE & 80% EtO (M.W. ~1750)

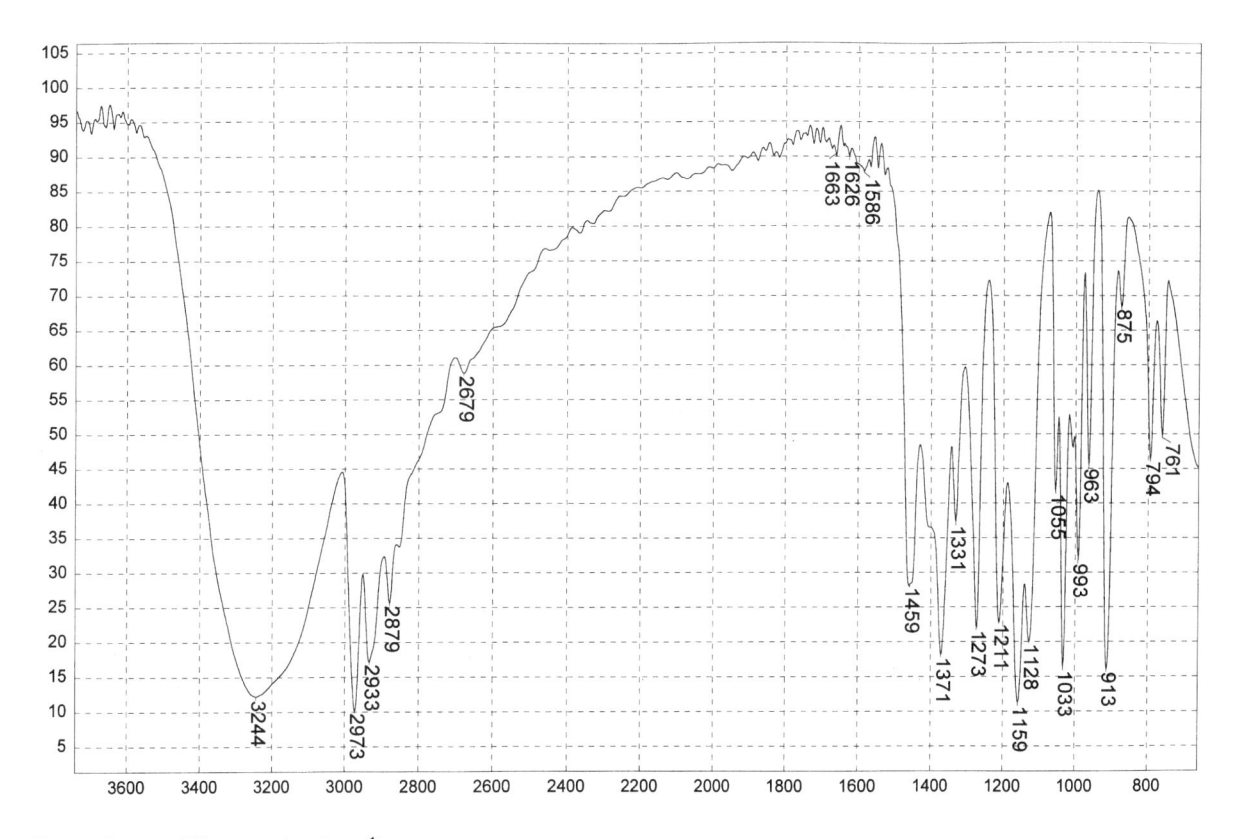

1480 3,6-DIMETHYL-4-OCTYNE-3,6-DIOL

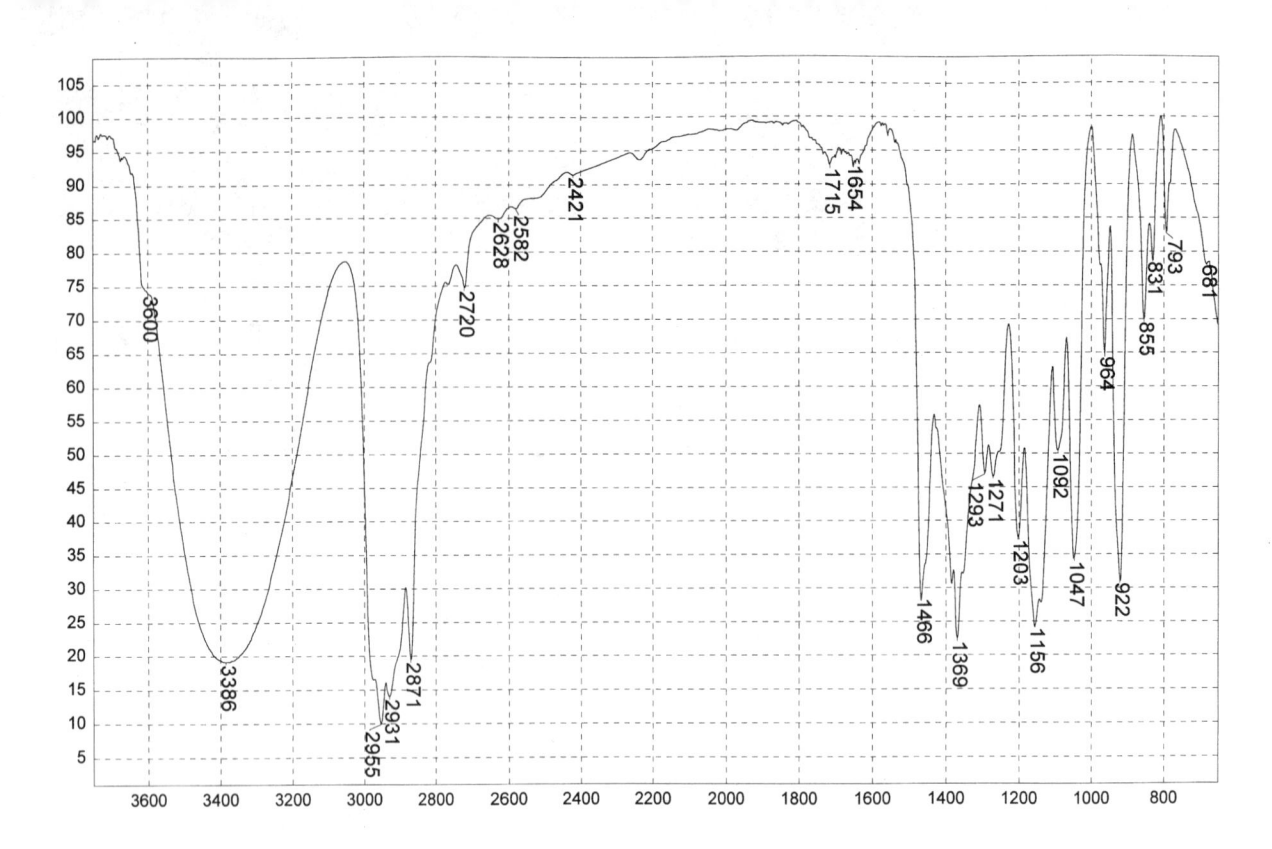

1481 2,4,7,9-TETRAMETHYL-5-DECYNE-4,7-DIOL

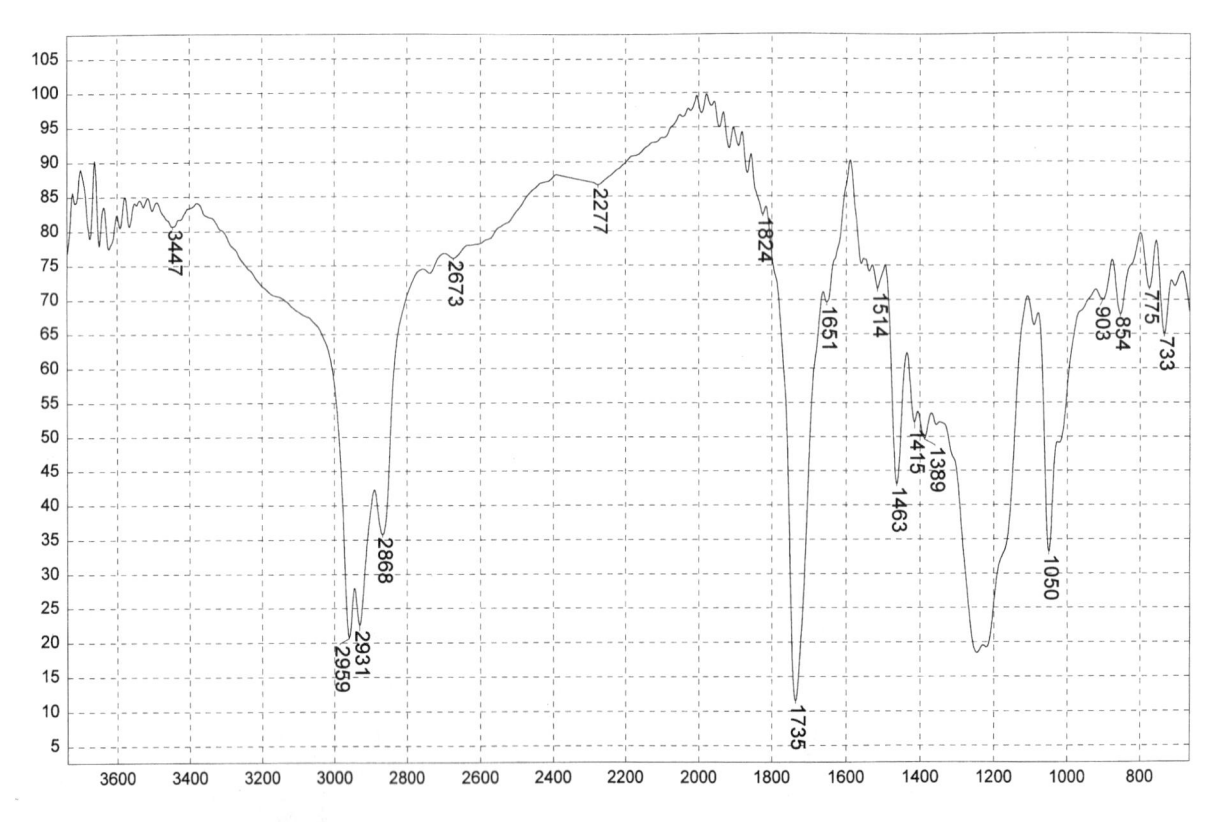

1482 AMMONIUM MONOETHYLPHENYLPHENOL MONOSULFONATE

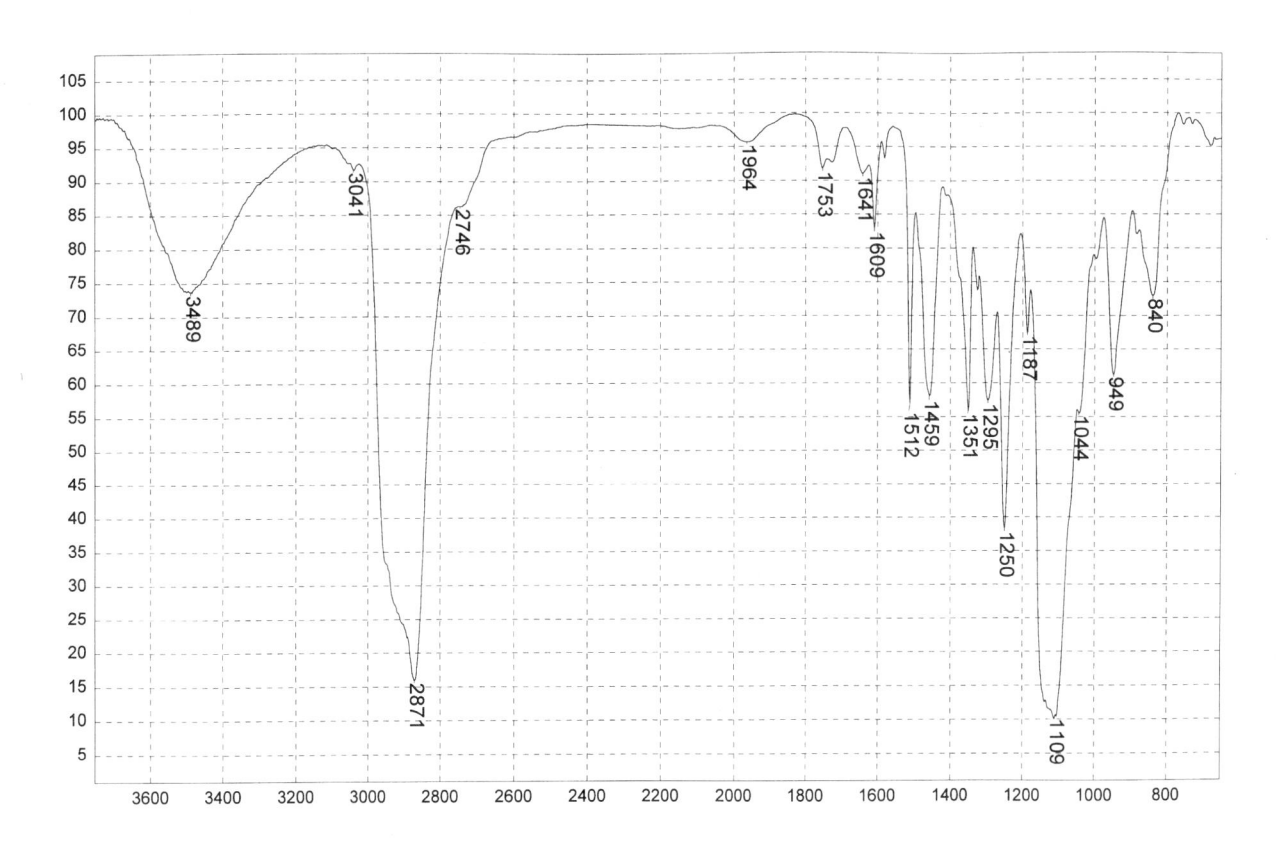

1483 POLYOXYETHYLATED NONYLPHENOL (20 MOLES EtO)

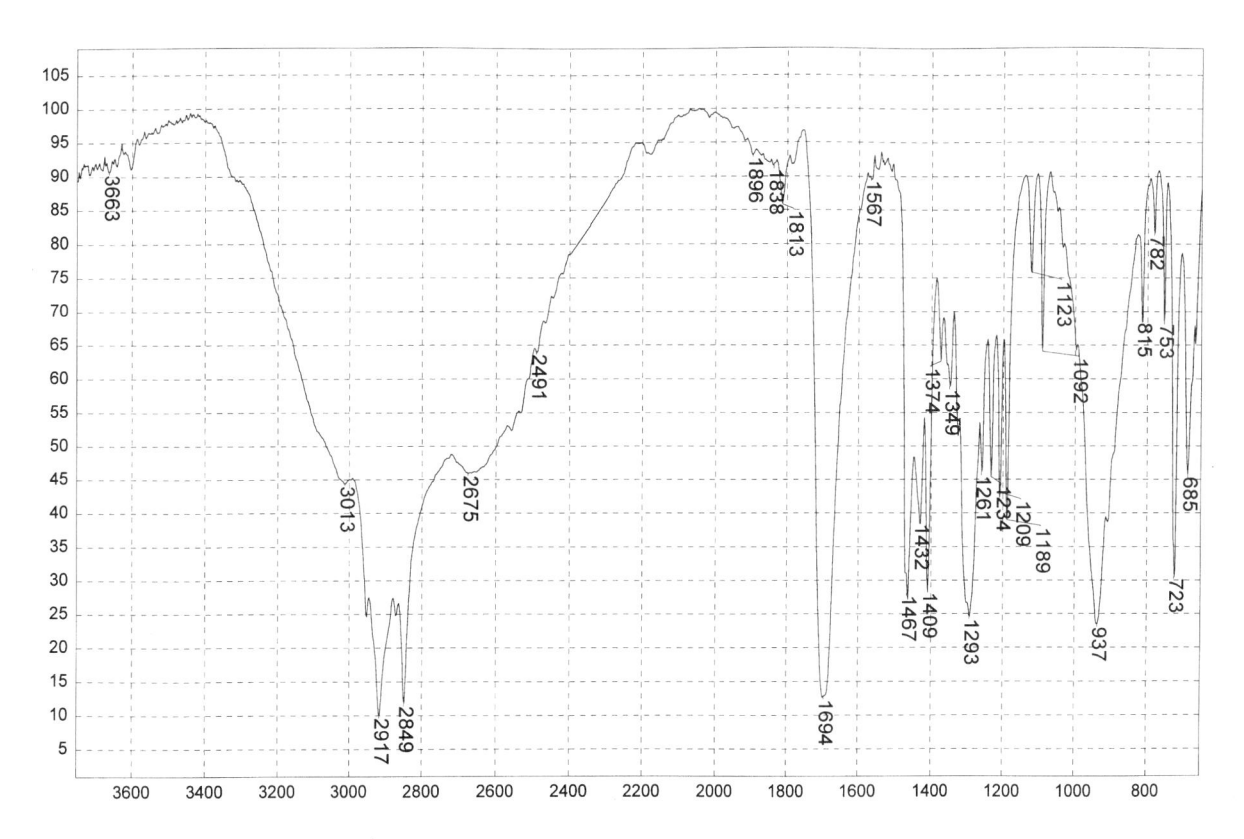

1484 MYRISTIC ACID

239

PALMITIC ACID - KBr DISK

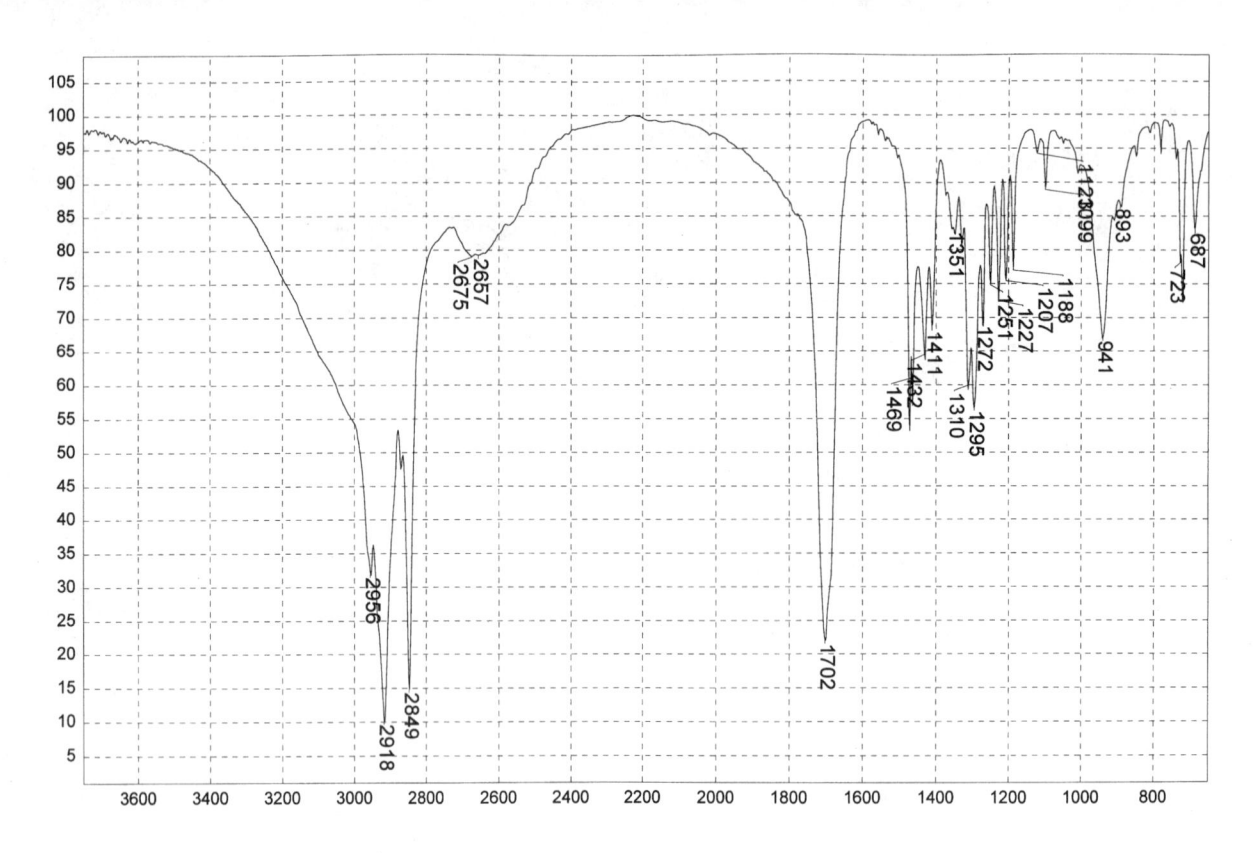

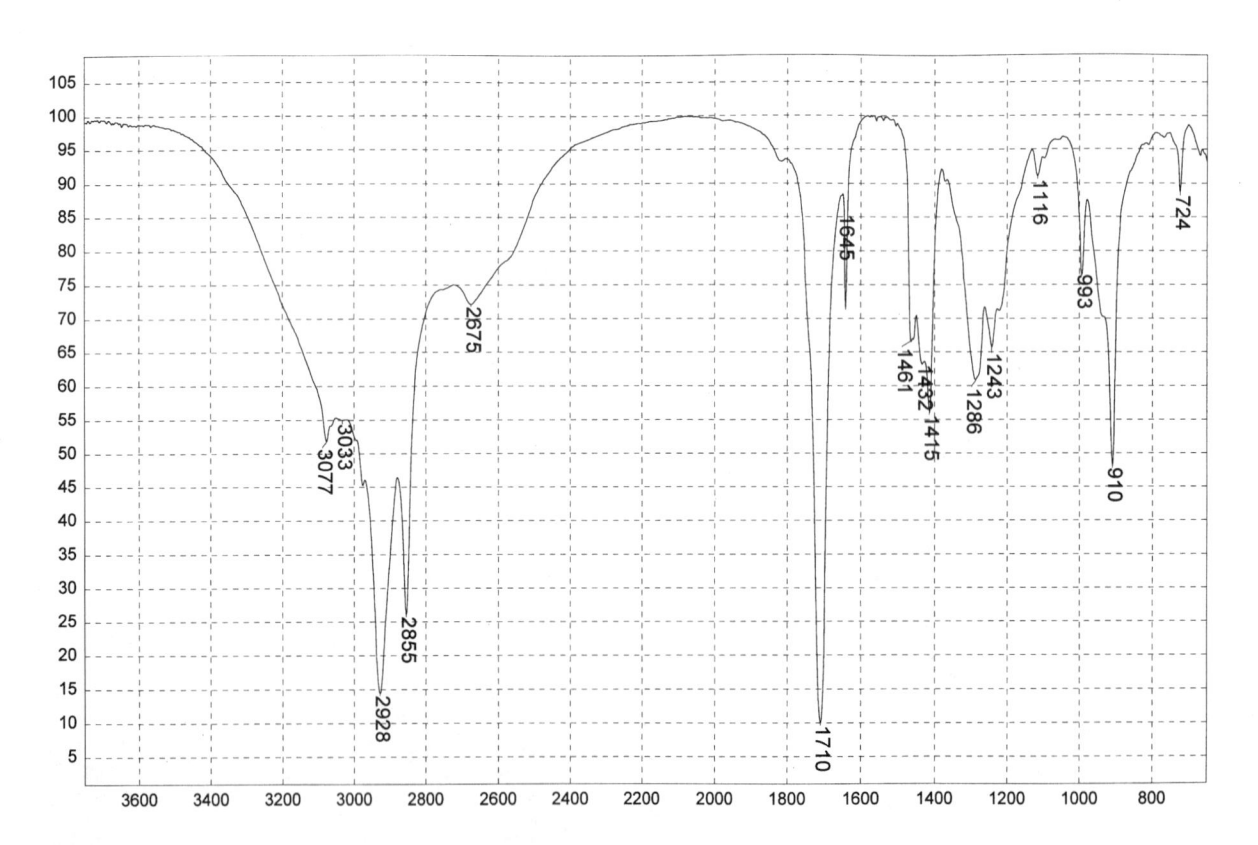

1485

UNDECYLENIC ACID

1486

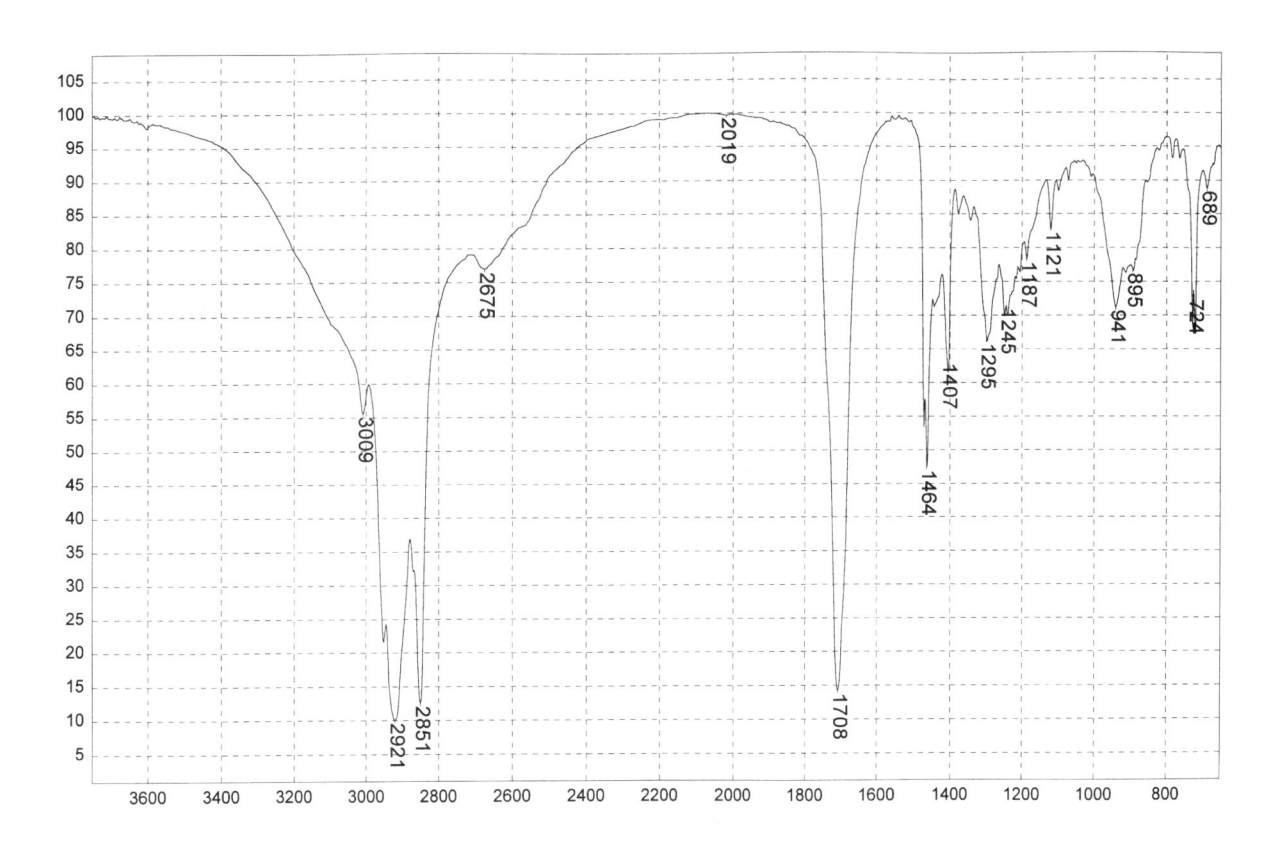

1487 LINOLEIC ACID

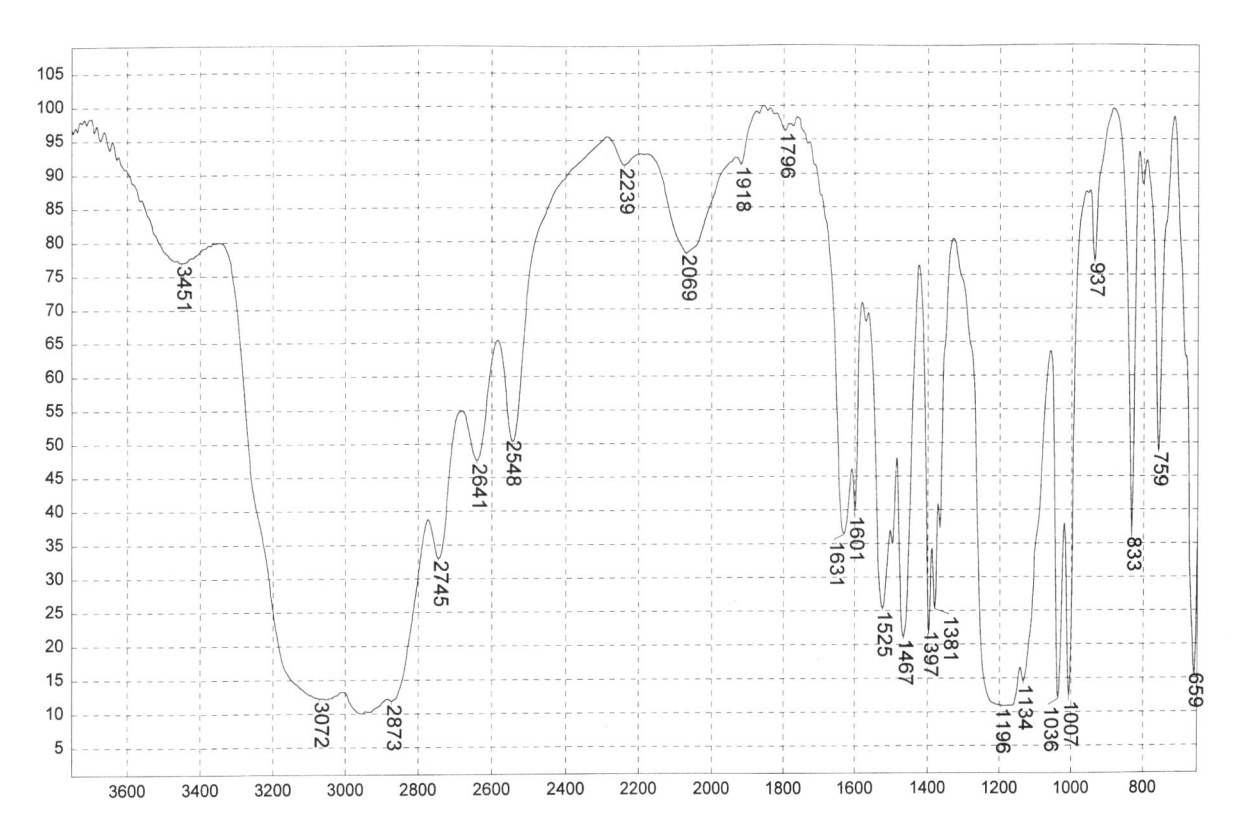

1488 ALKYL-NH₄ DODECYLBENZENE SULFONATE

241

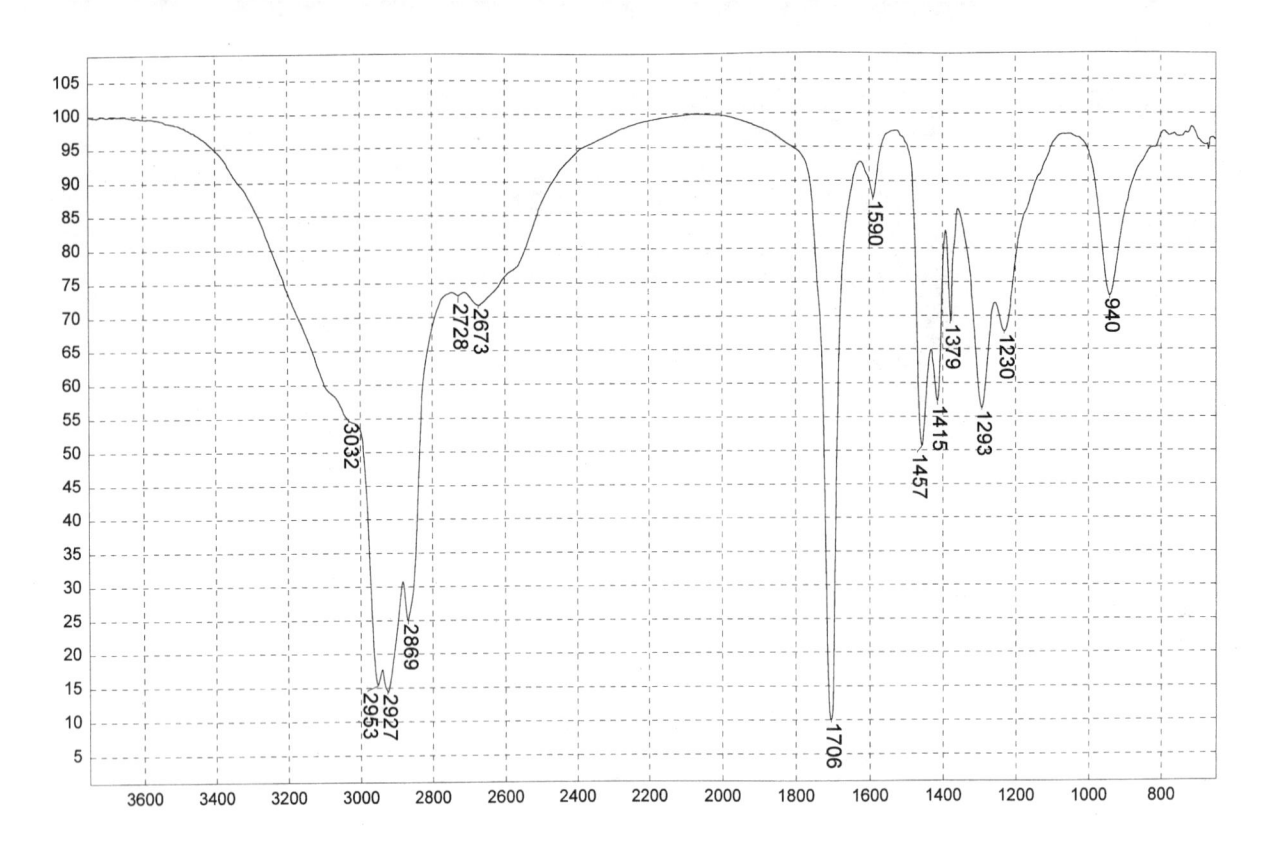

NAPHTHENIC ACIDS

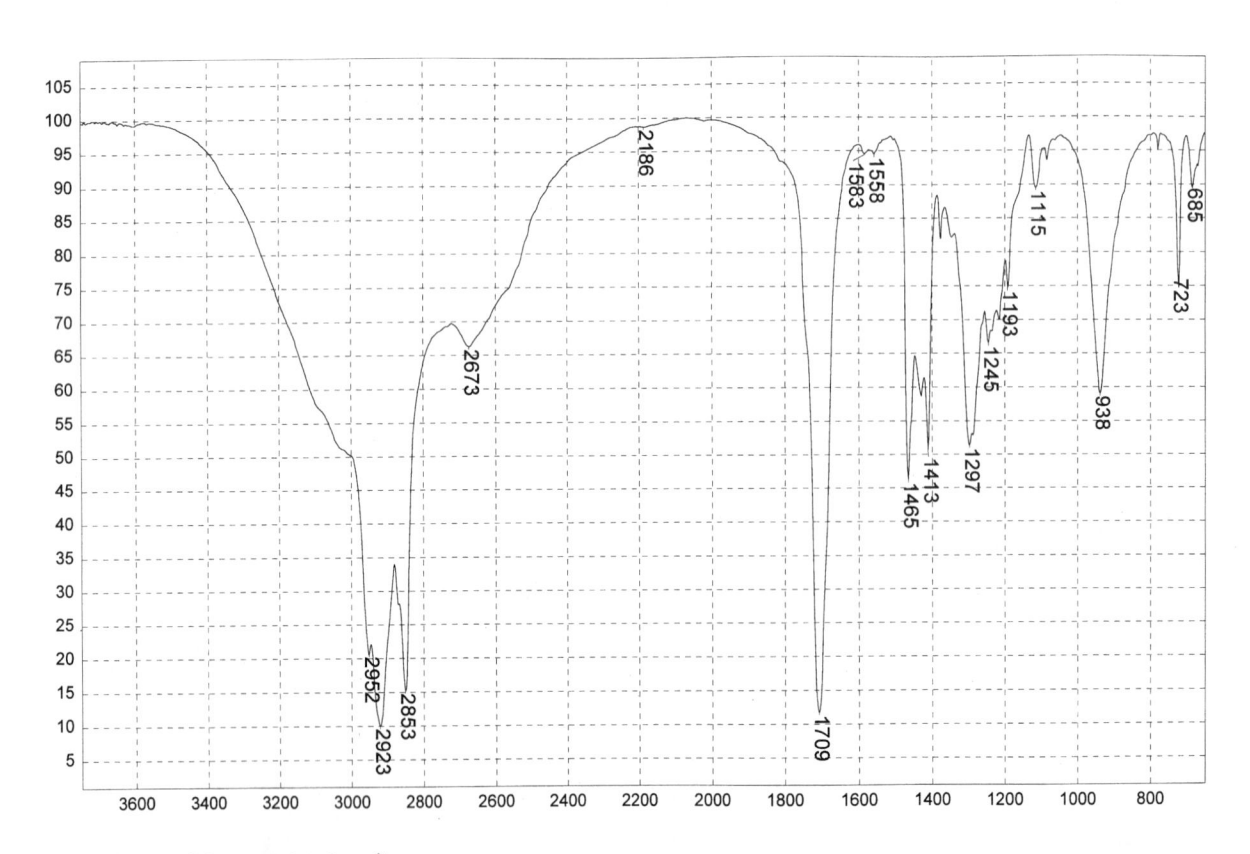

COCONUT ACIDS

SODIUM OLEATE

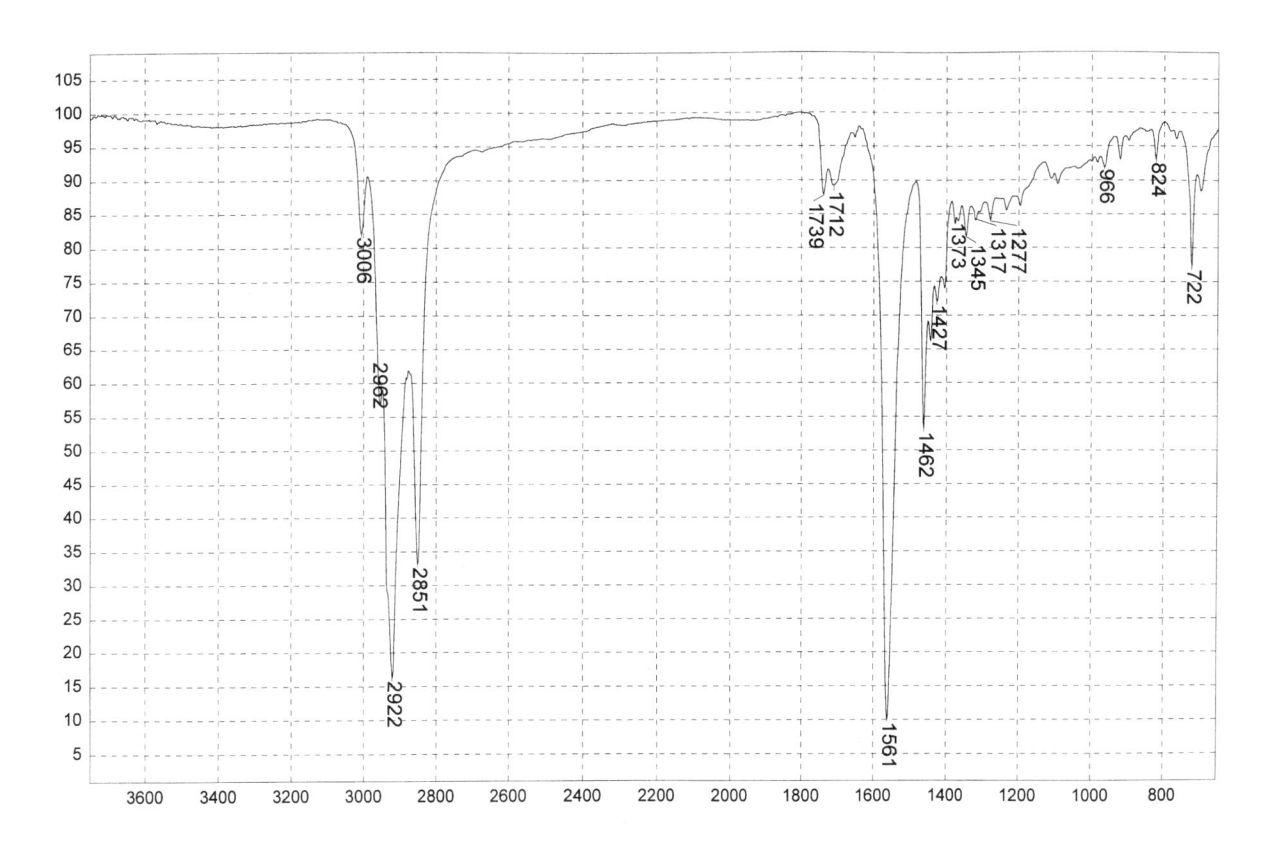

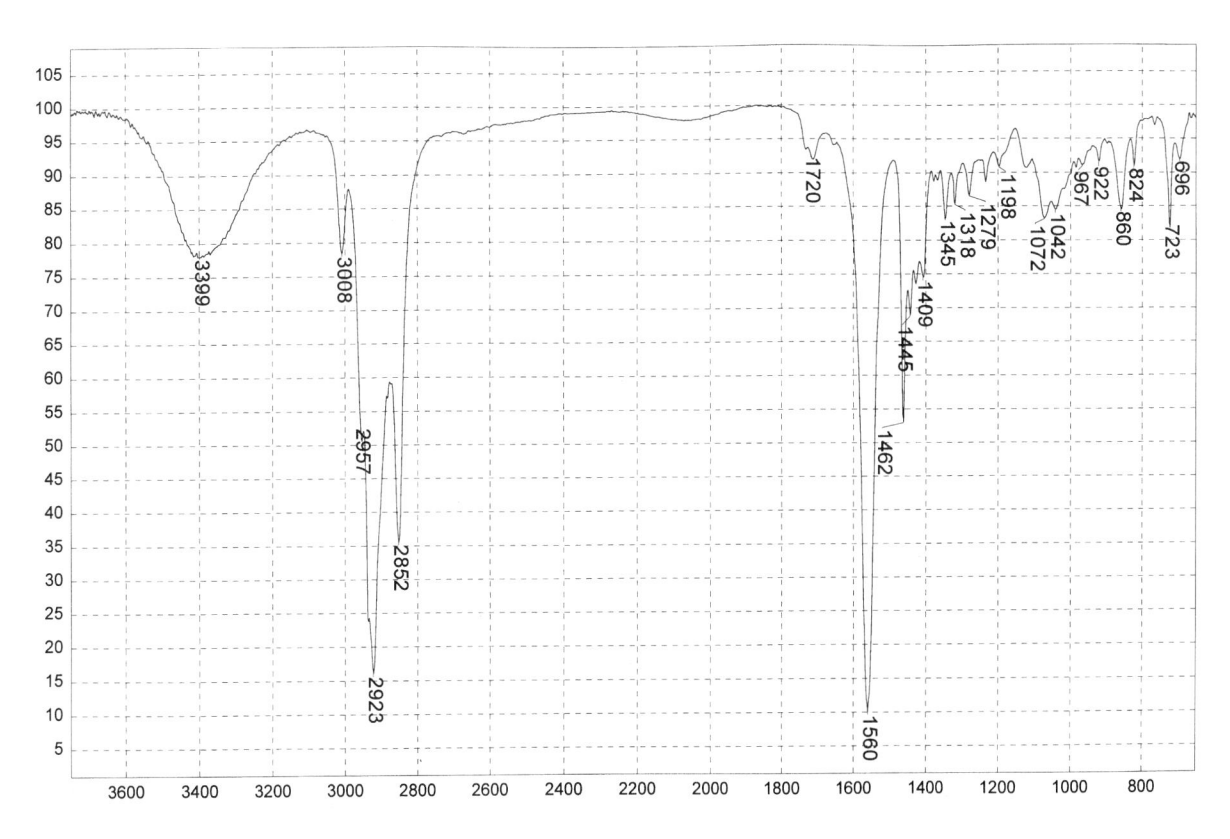

1491

SODIUM RICINOLEATE

1492

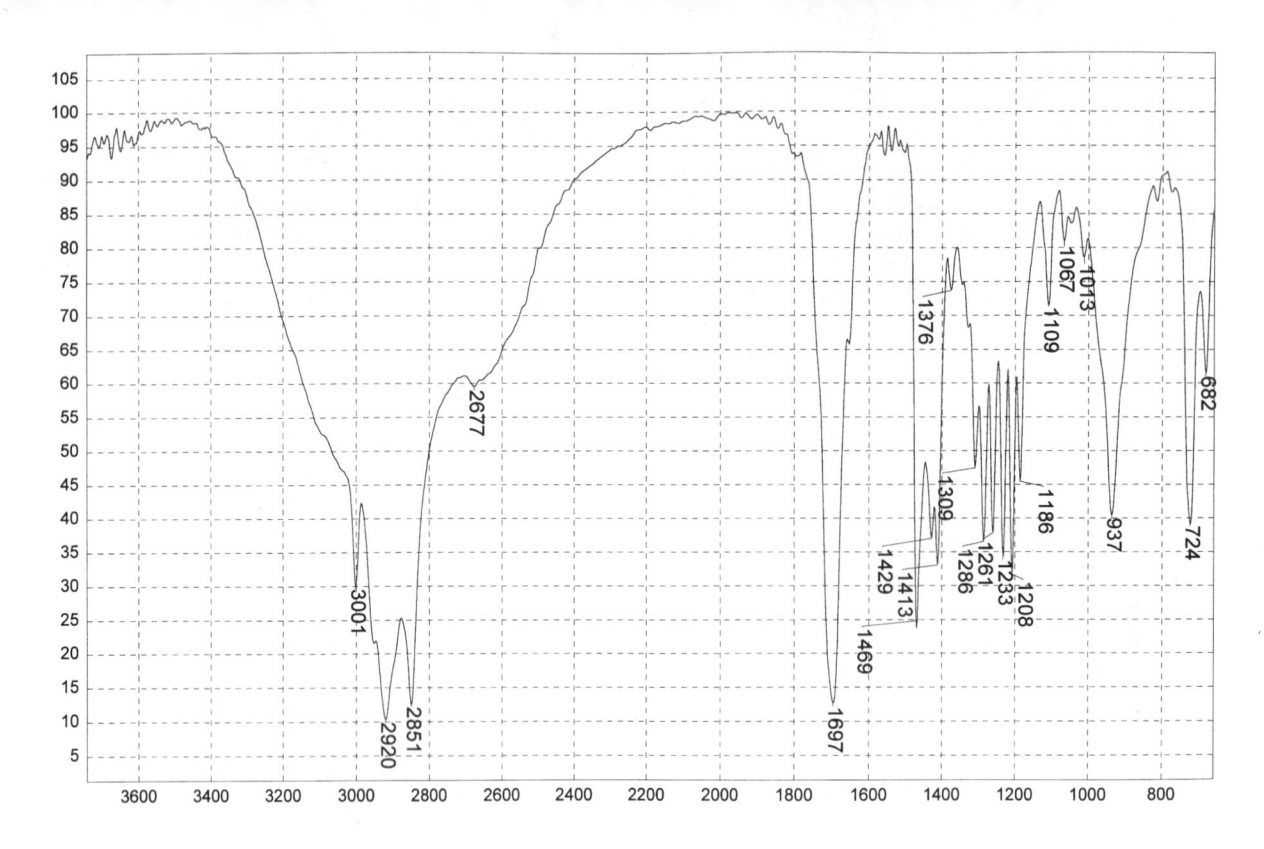

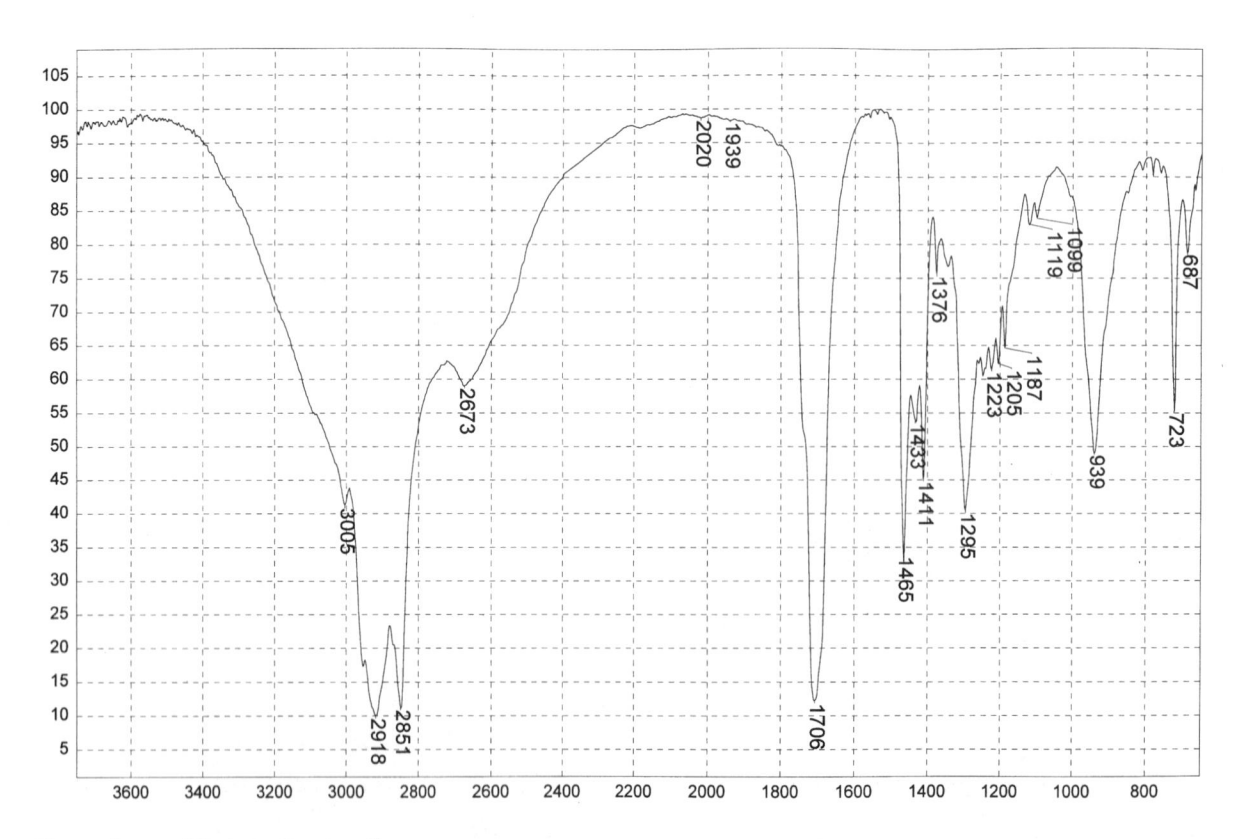

1493   ERUCIC ACID

1494   TALLOW ACIDS (DISTILLED)

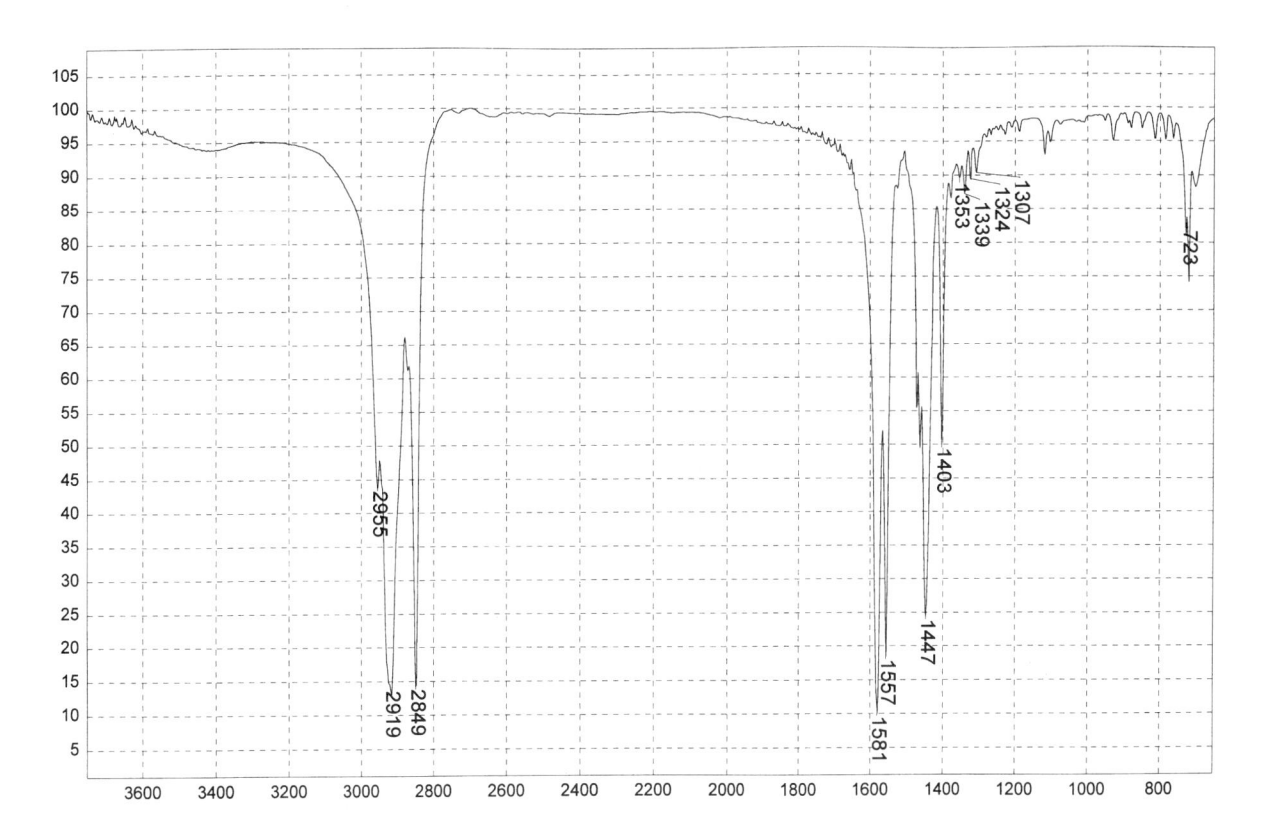

1495

LITHIUM STEARATE - KBr DISK

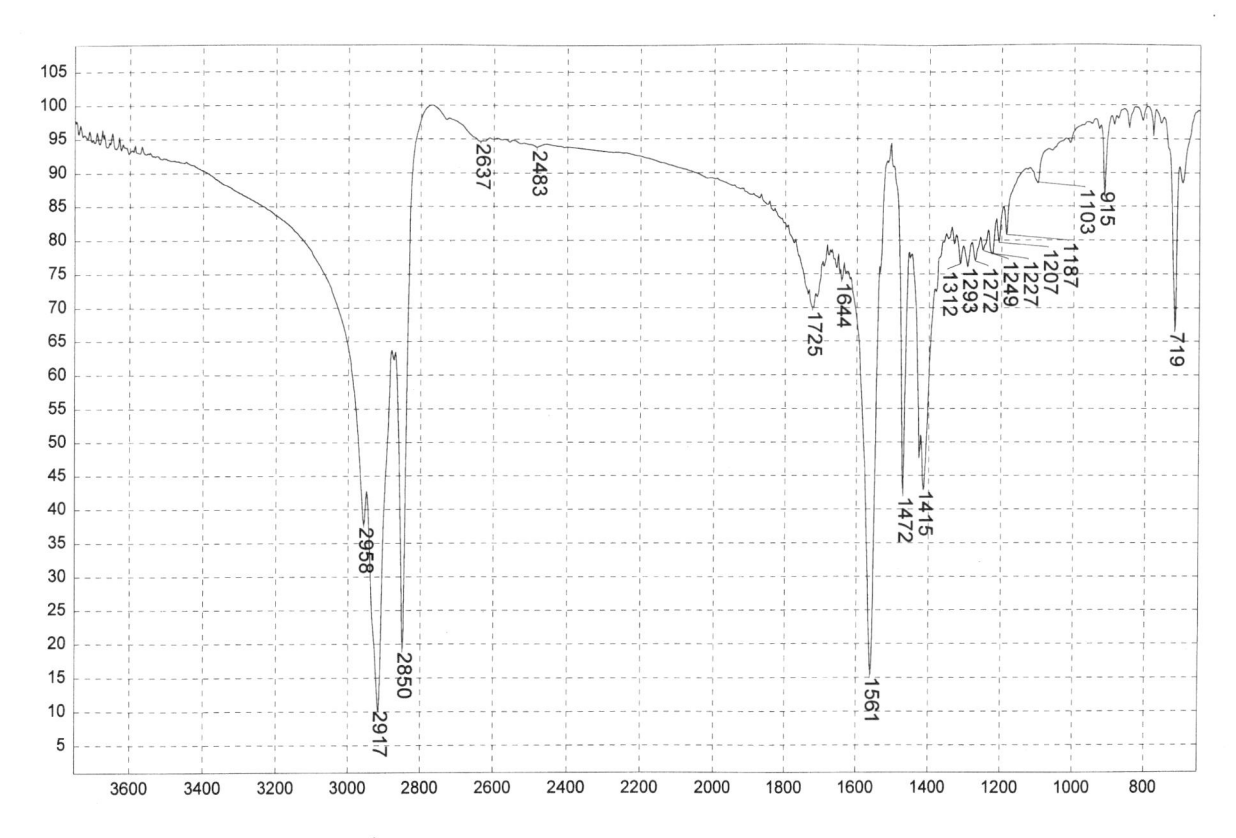

1496

POTASSIUM STEARATE - KBr DISK

1497   SODIUM LAURATE - KBr DISK

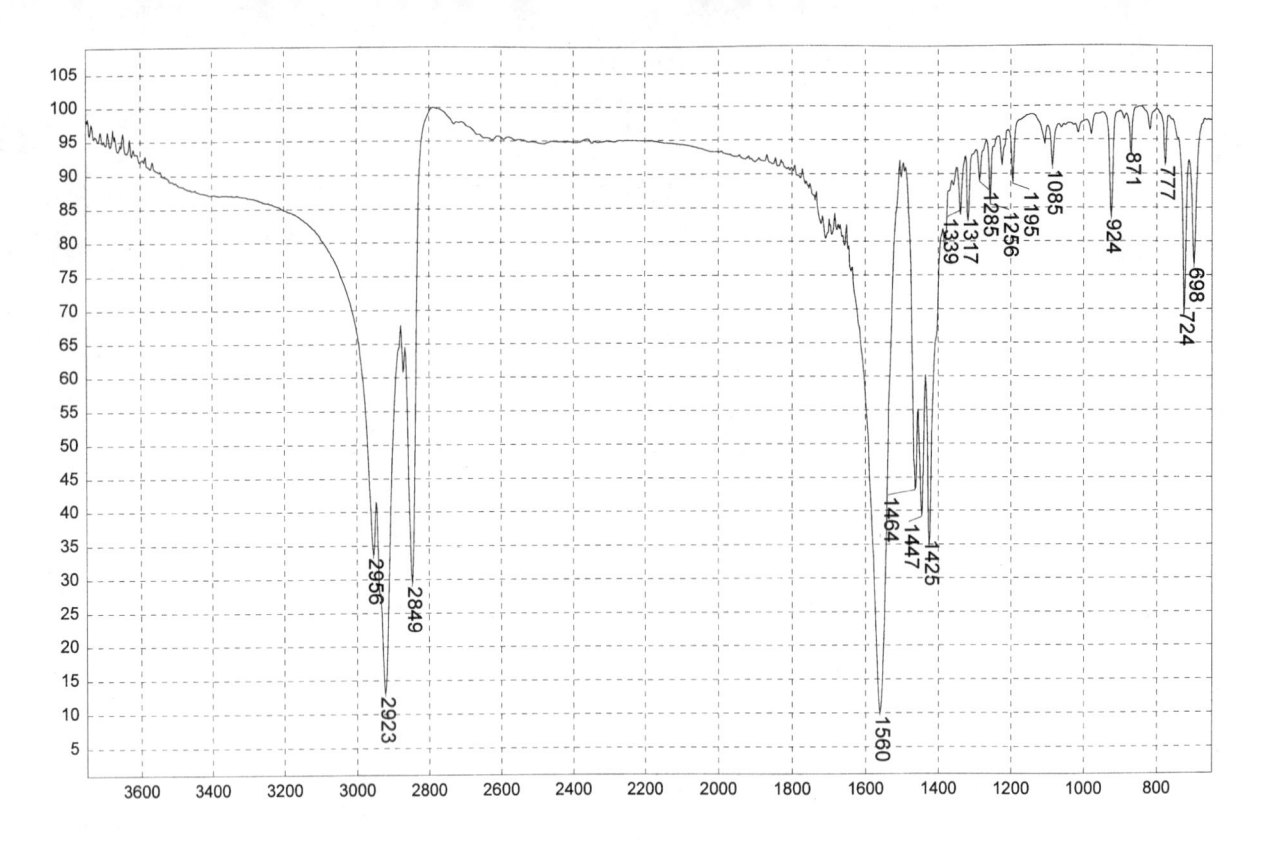

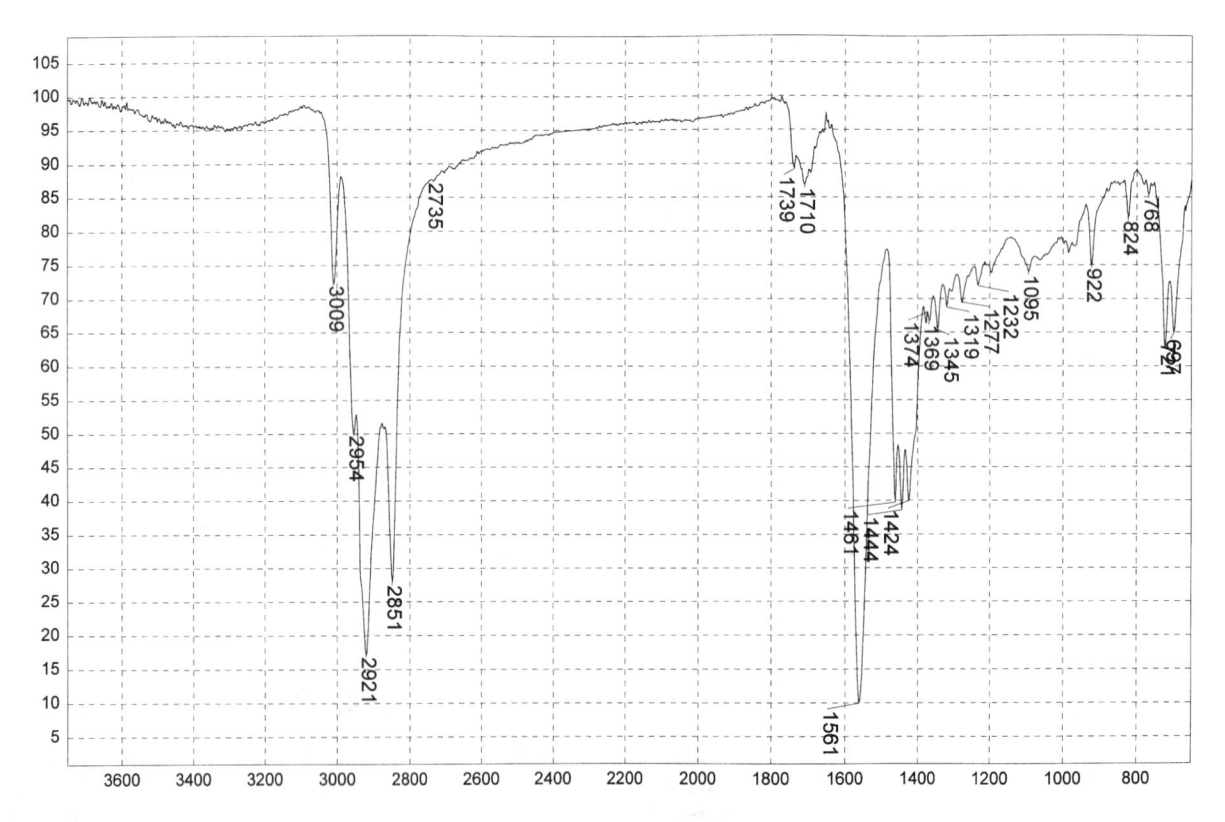

1498   SODIUM LINOLEATE

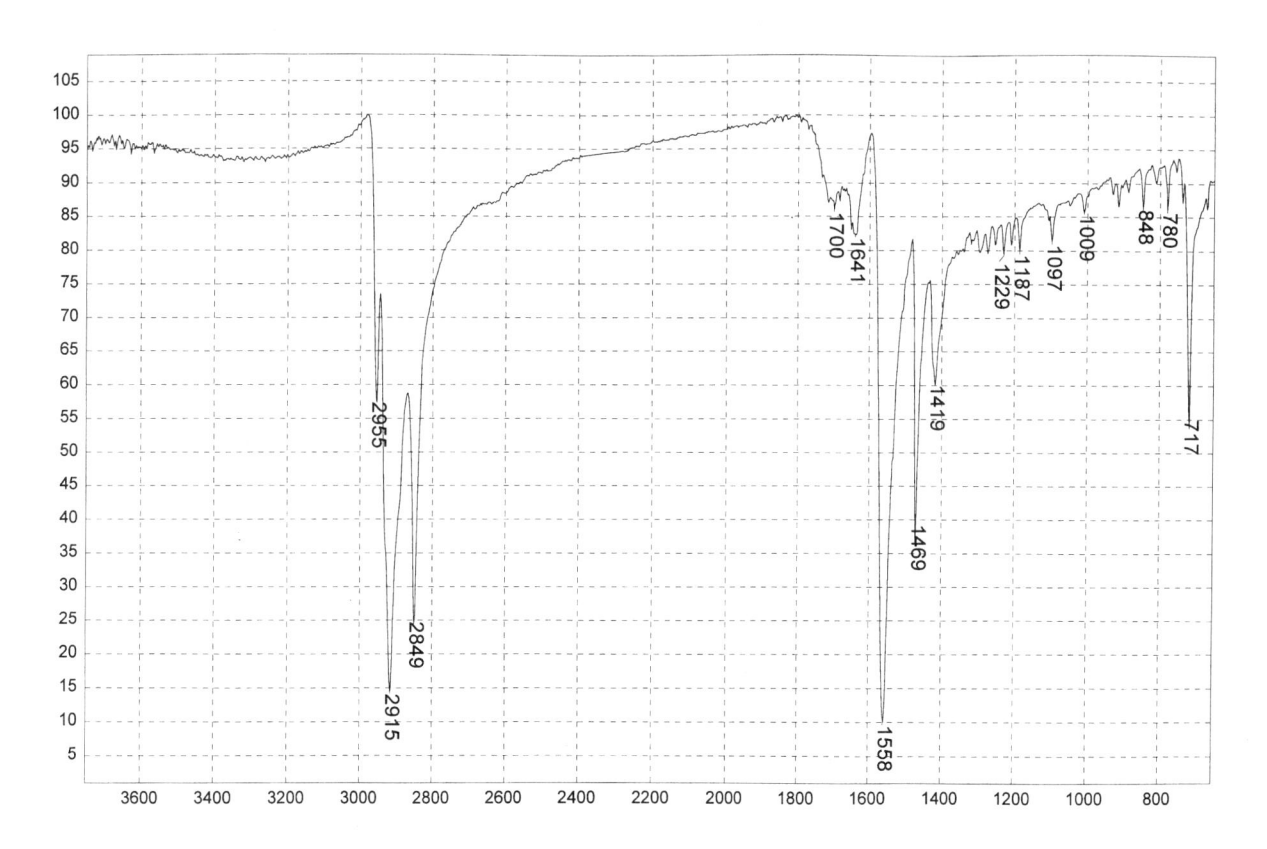

1499 POTASSIUM PALMITATE

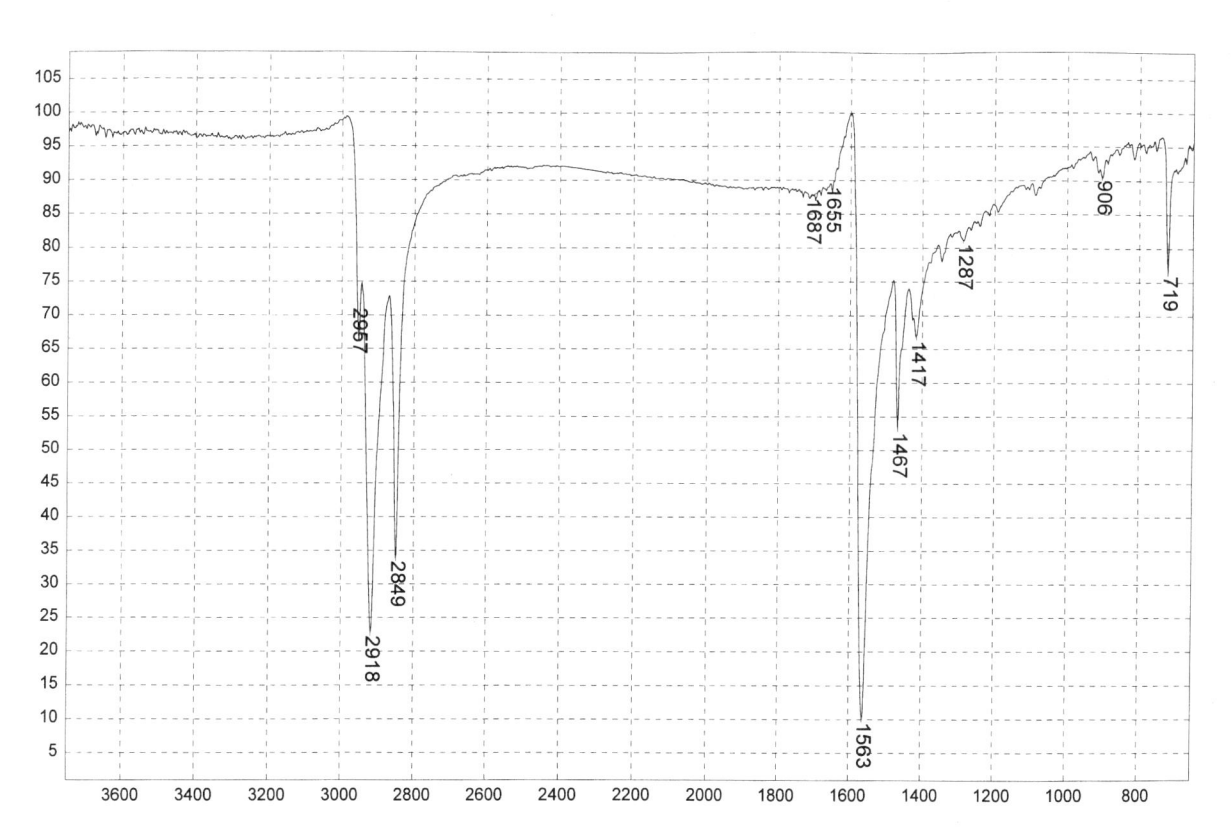

1500 POTASSIUM MYRISTATE

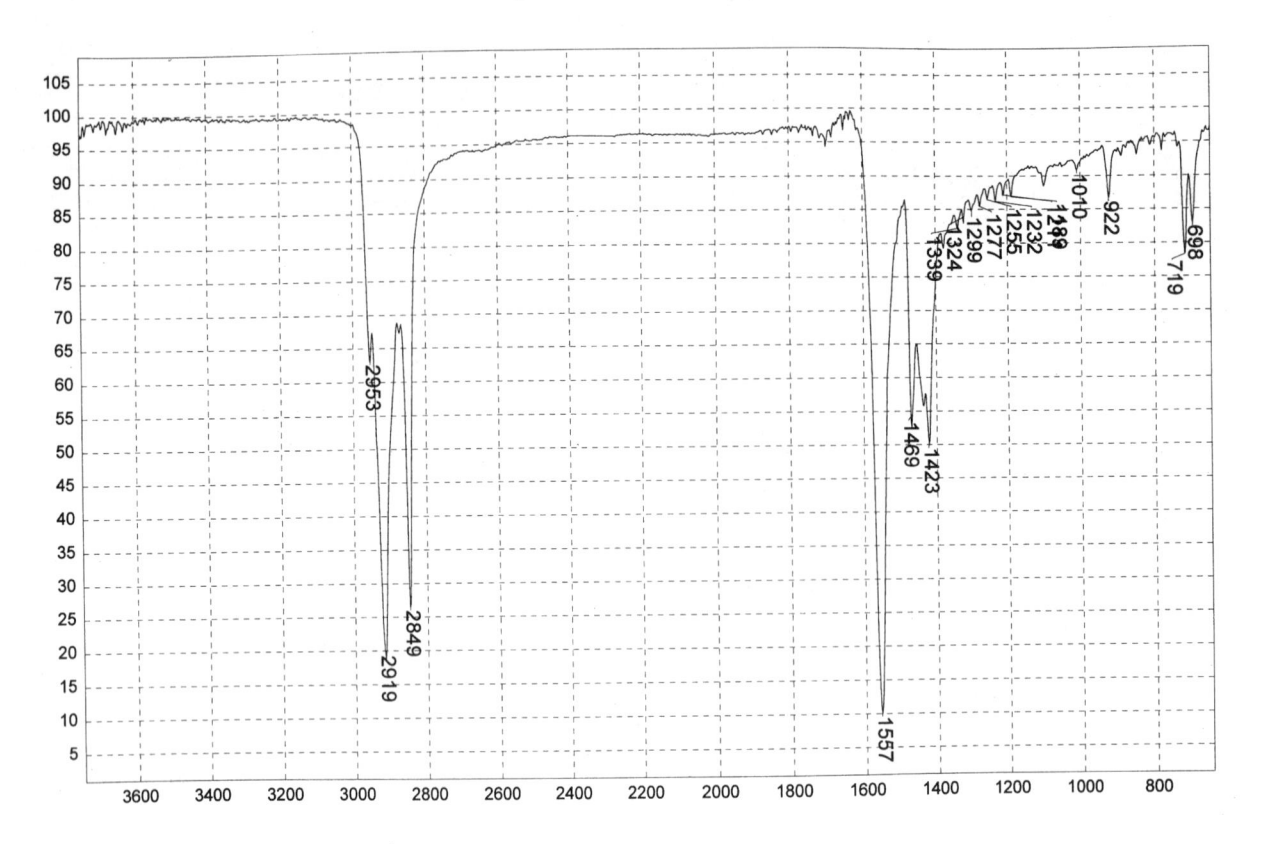

SODIUM PALMITATE

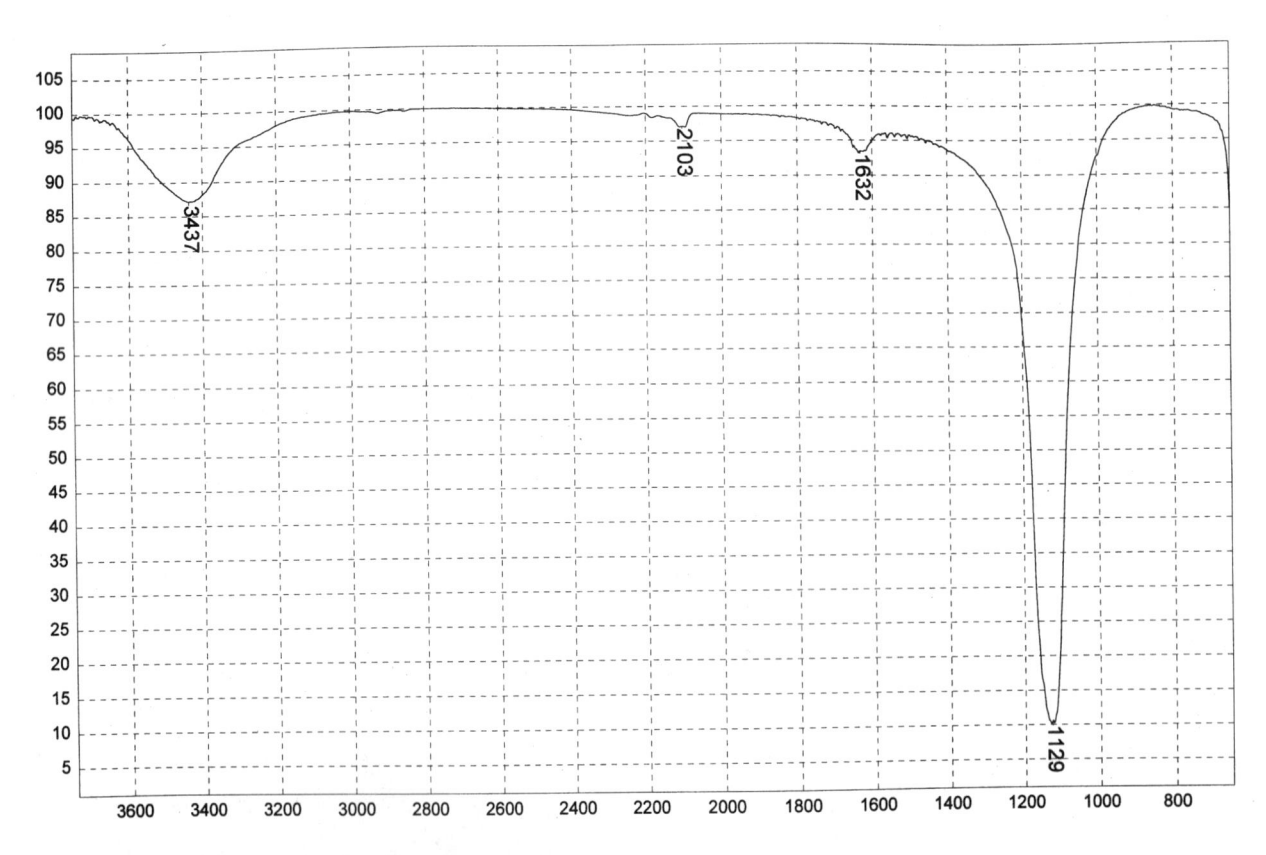

султан SULFATE (IN KBr)

248

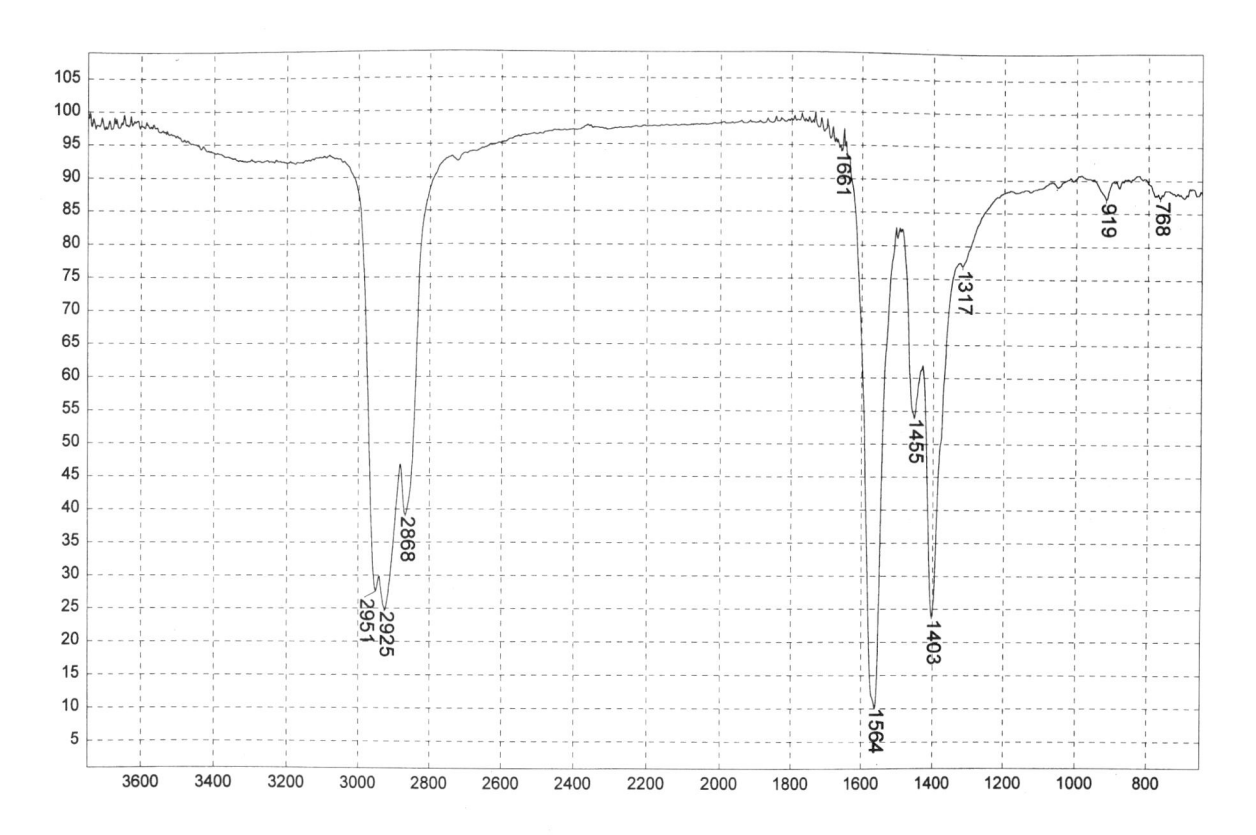

1503 POTASSIUM NAPHTHENATE

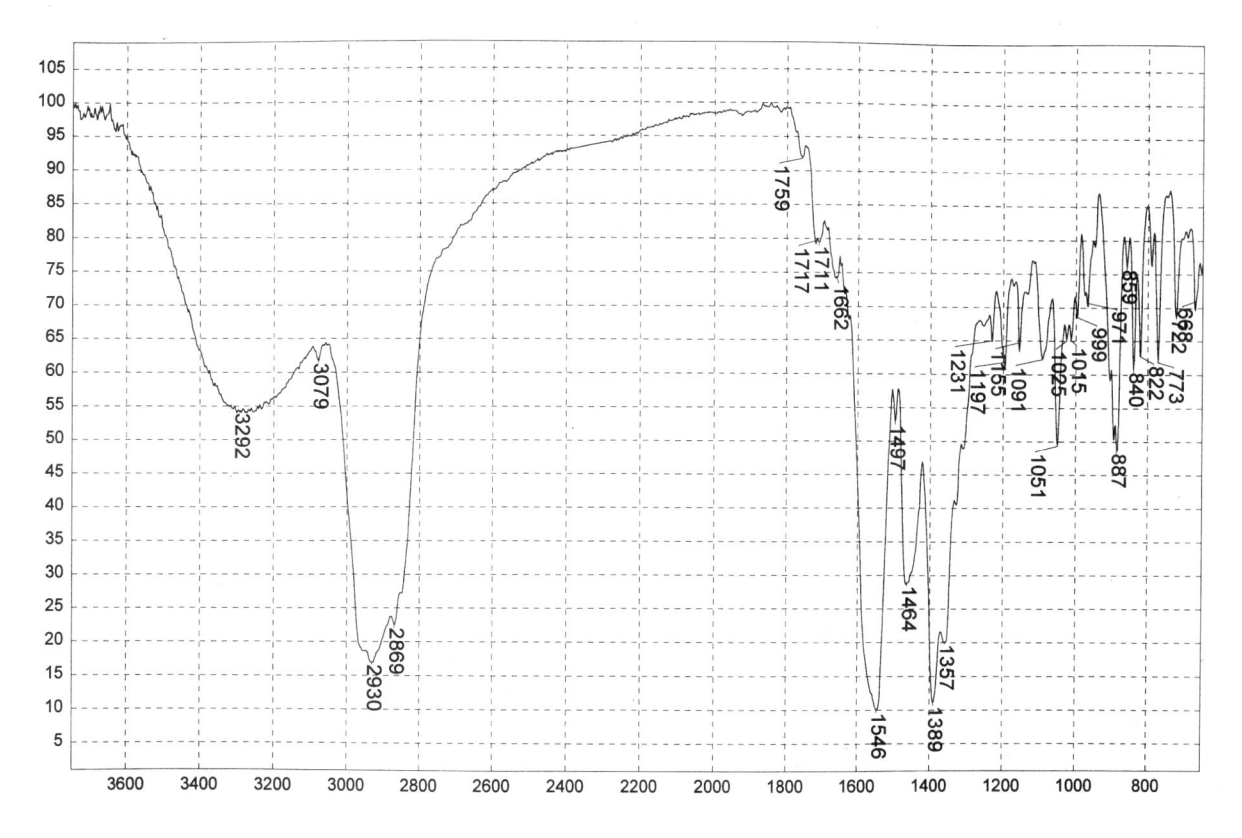

1504 POTASSIUM ABIETATE

MORPHOLINE PALMITATE

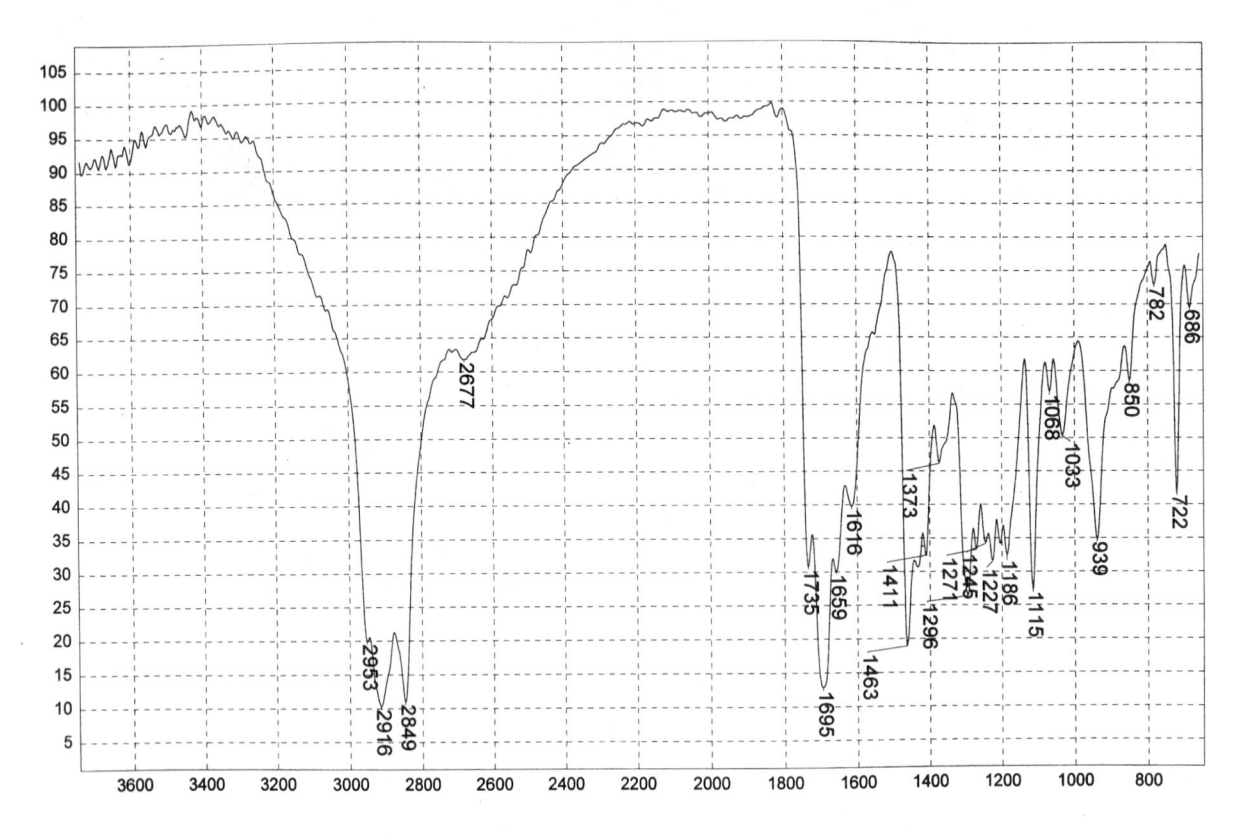

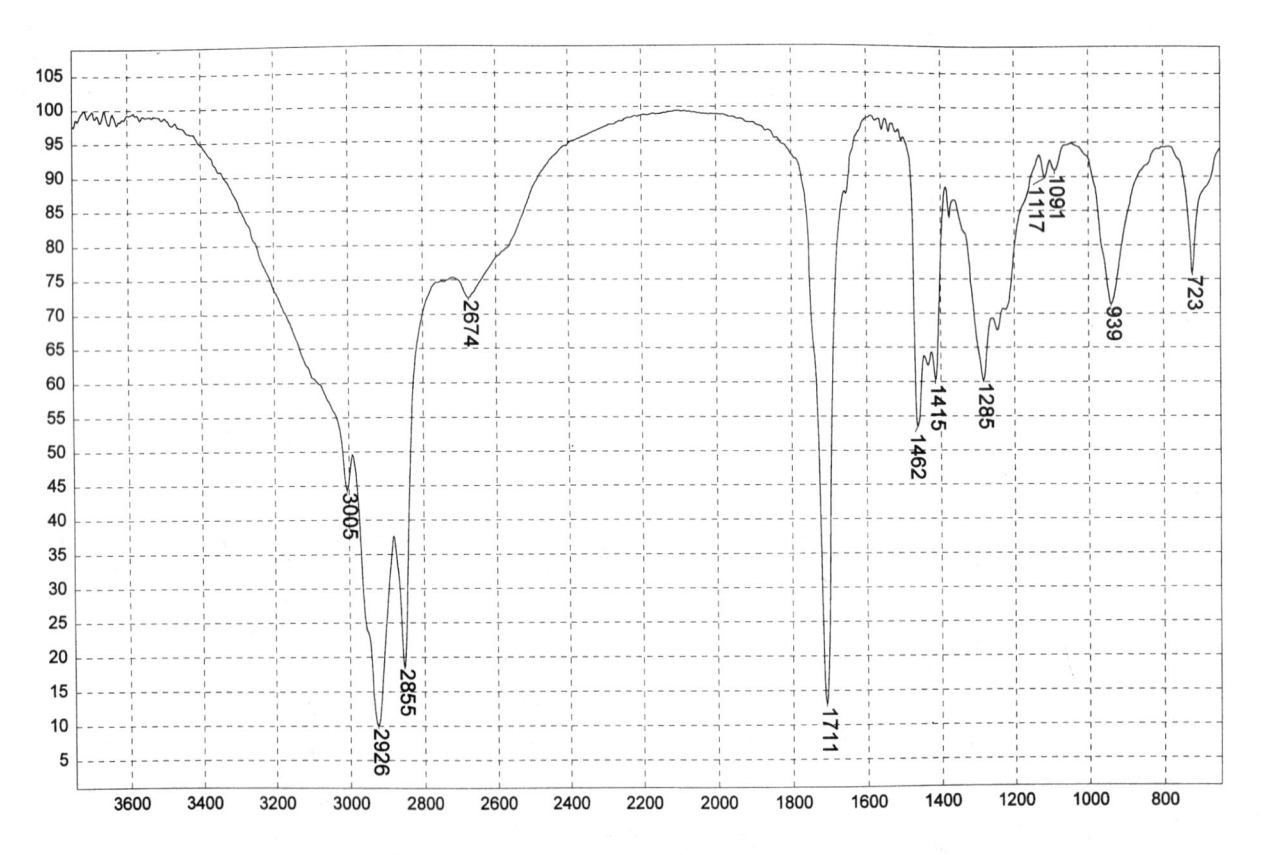

1505

KNOWN OLEIC ACID

1506

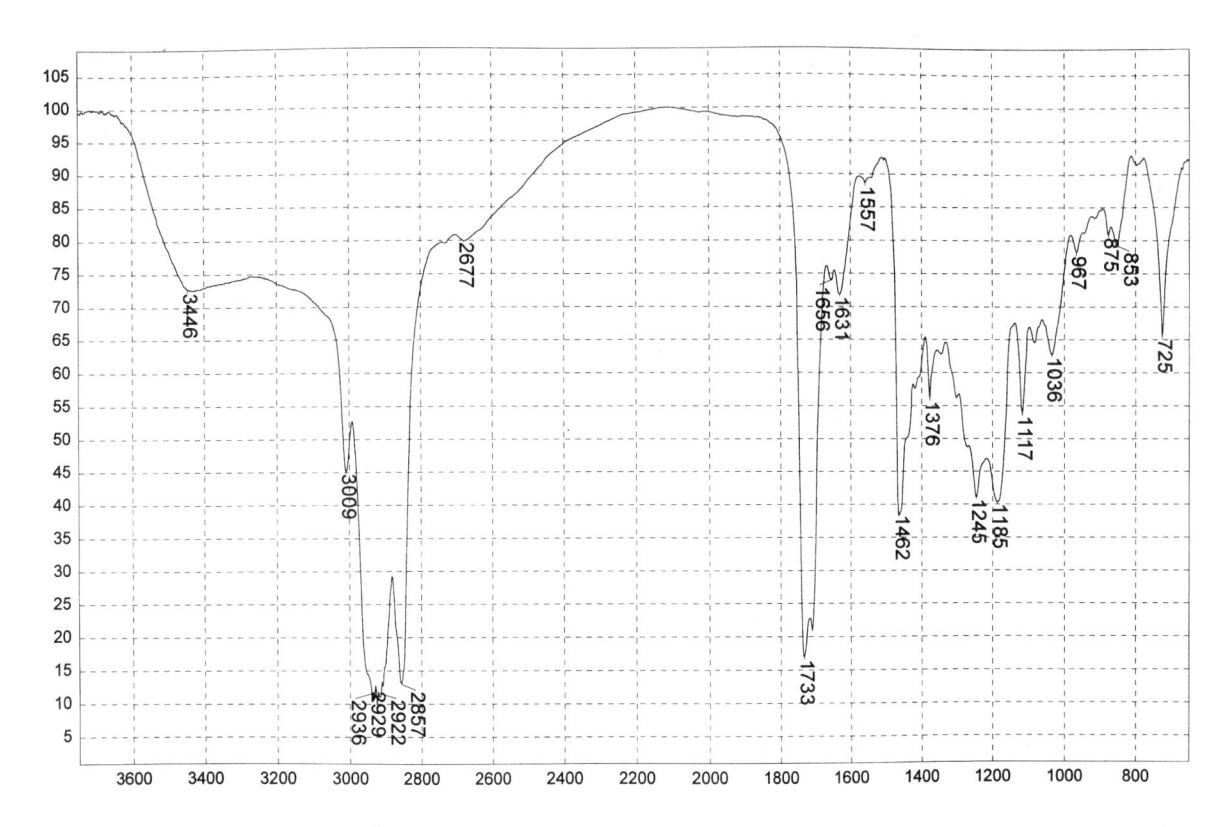

1507 MORPHOLINE RICINOLEATE

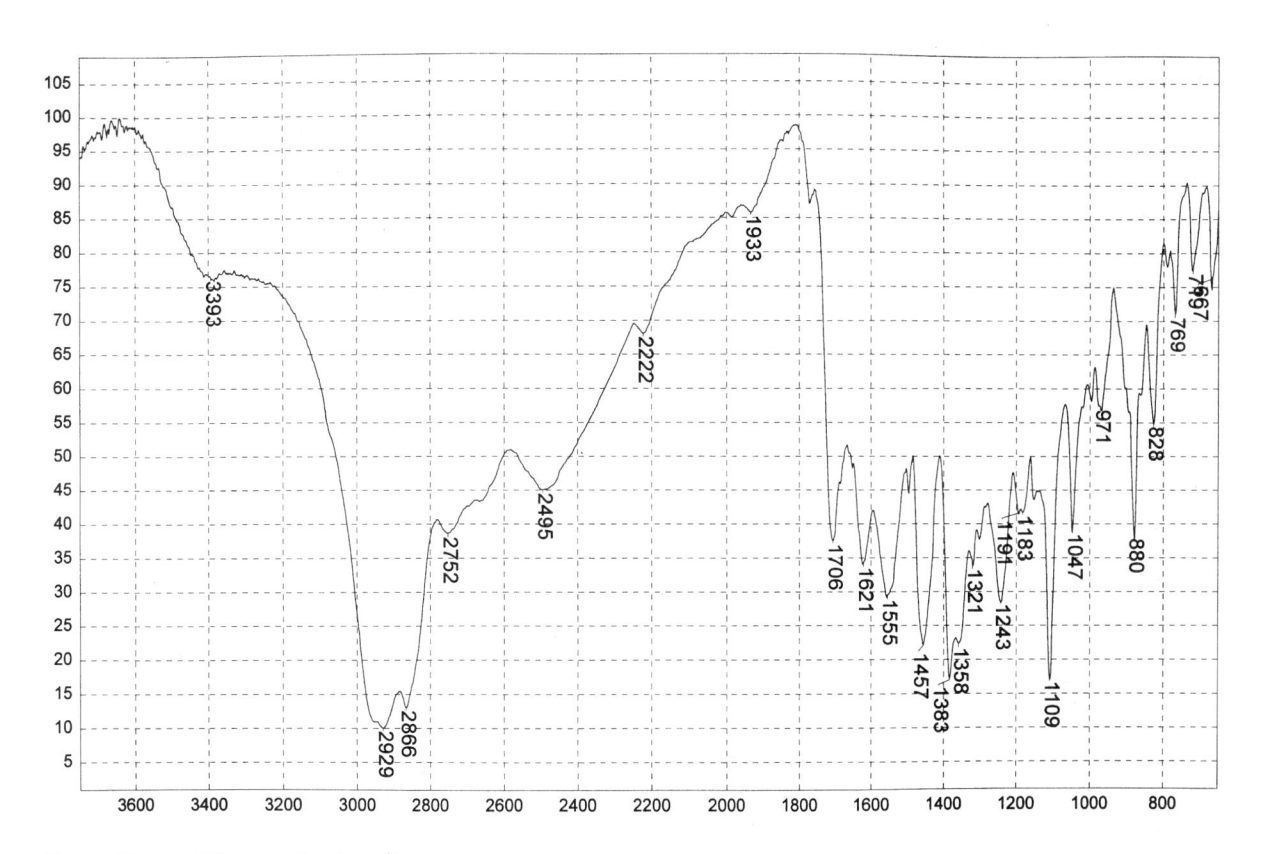

1508 MORPHOLINE ABIETATE

251

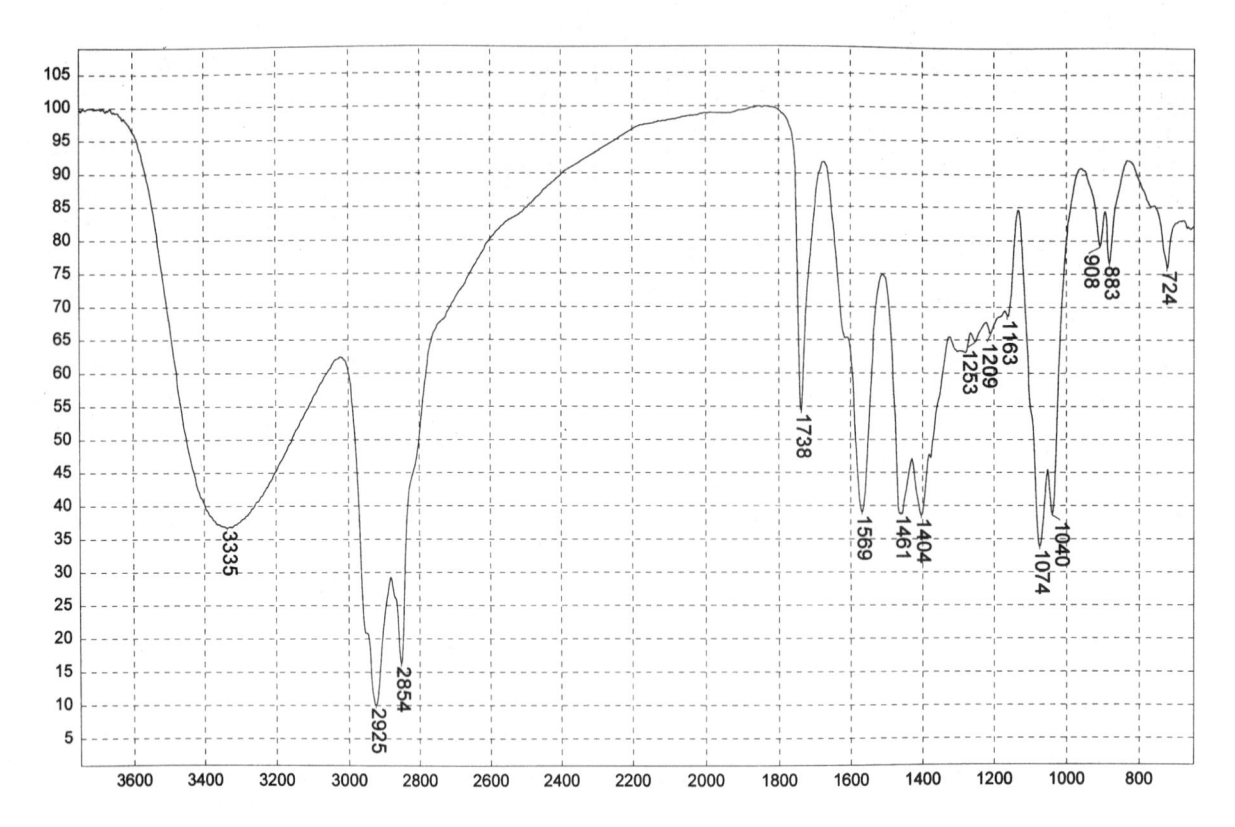

1509   **TRIETHANOLAMINE LAURATE**

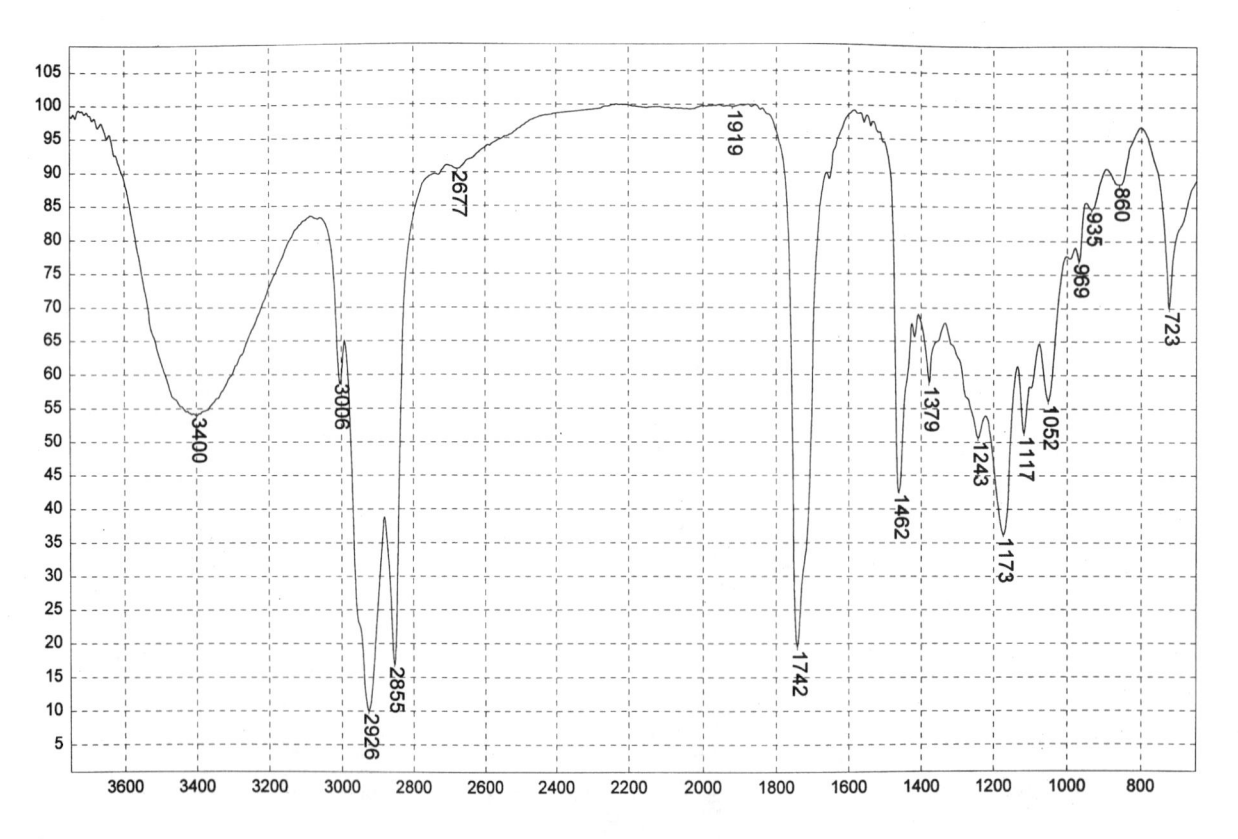

1510   **KNOWN GLYCERYL MONOOLEATE**

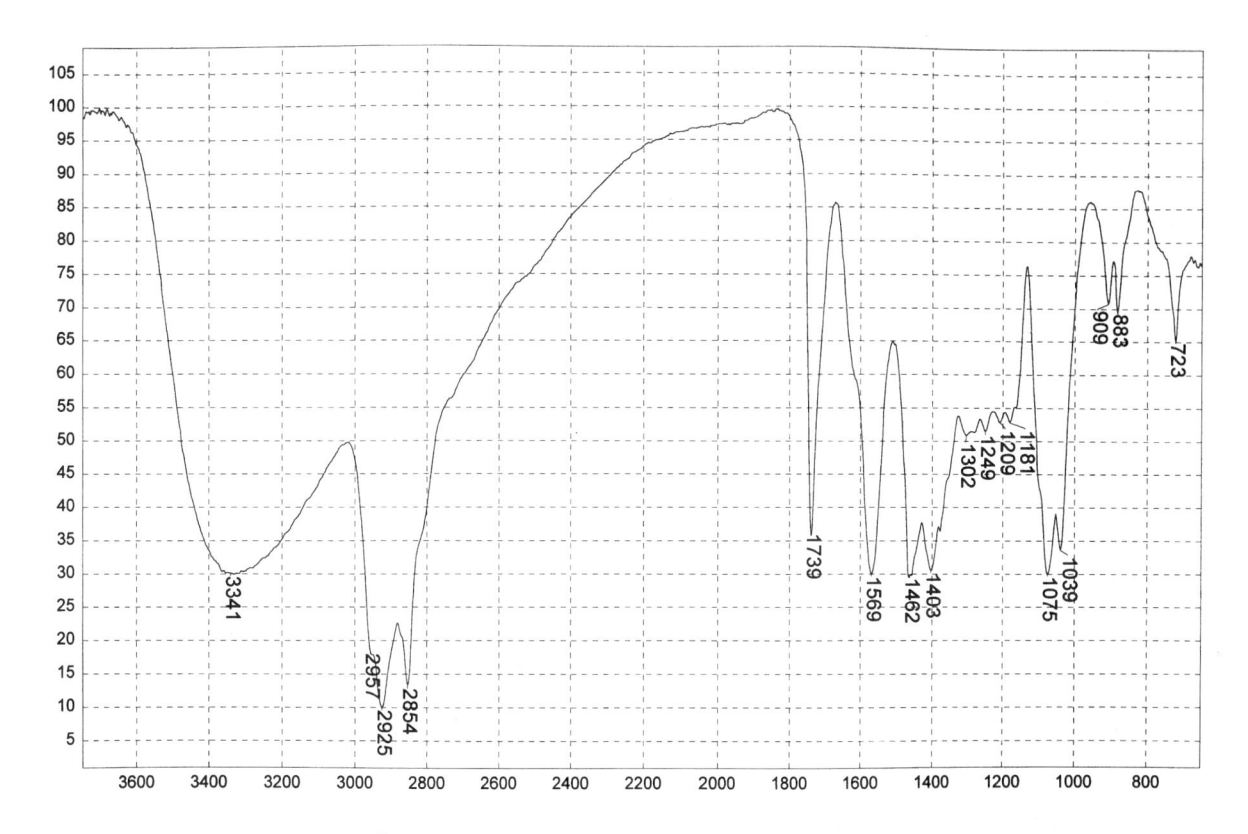

1511 TRIETHANOLAMINE MYRISTATE

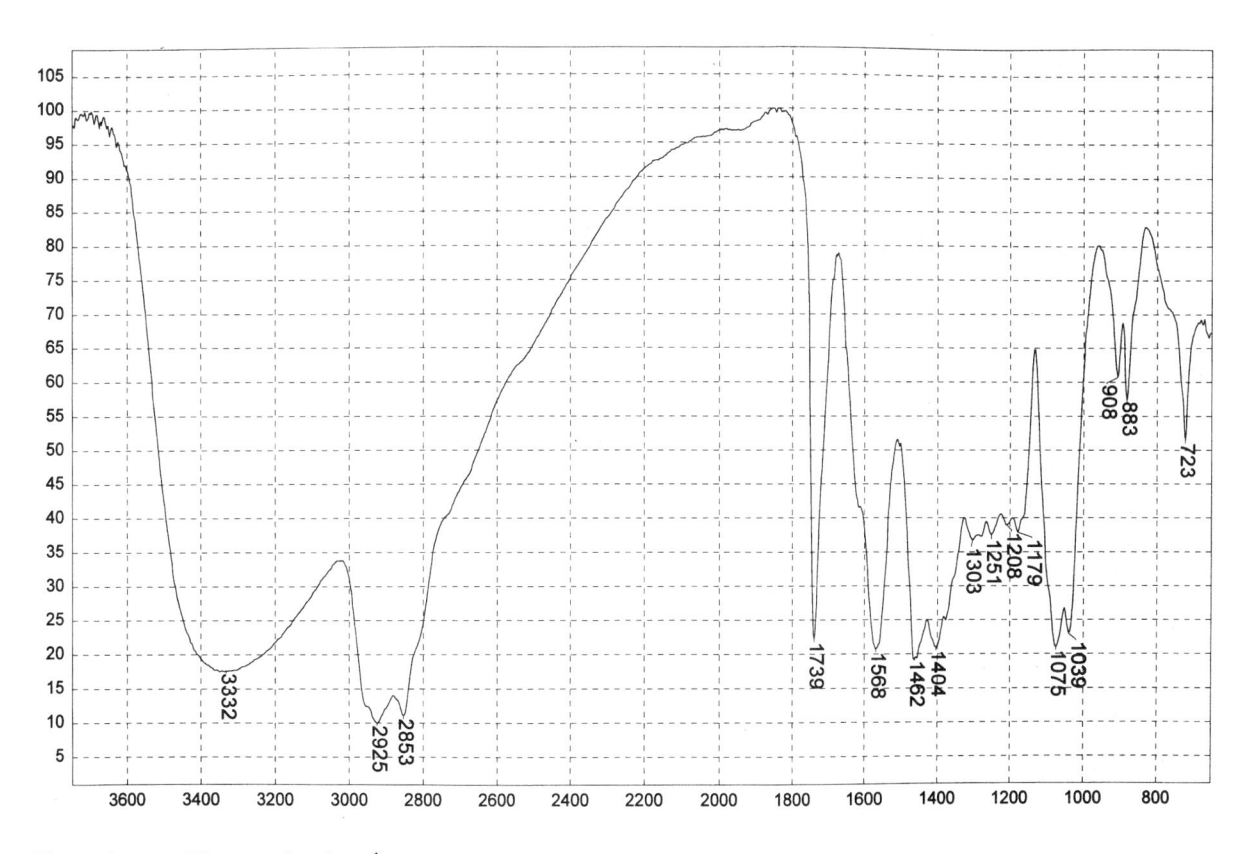

1512 TRIETHANOLAMINE PALMITATE

253

1513 POLYOXYETHYLATED LANOLIN

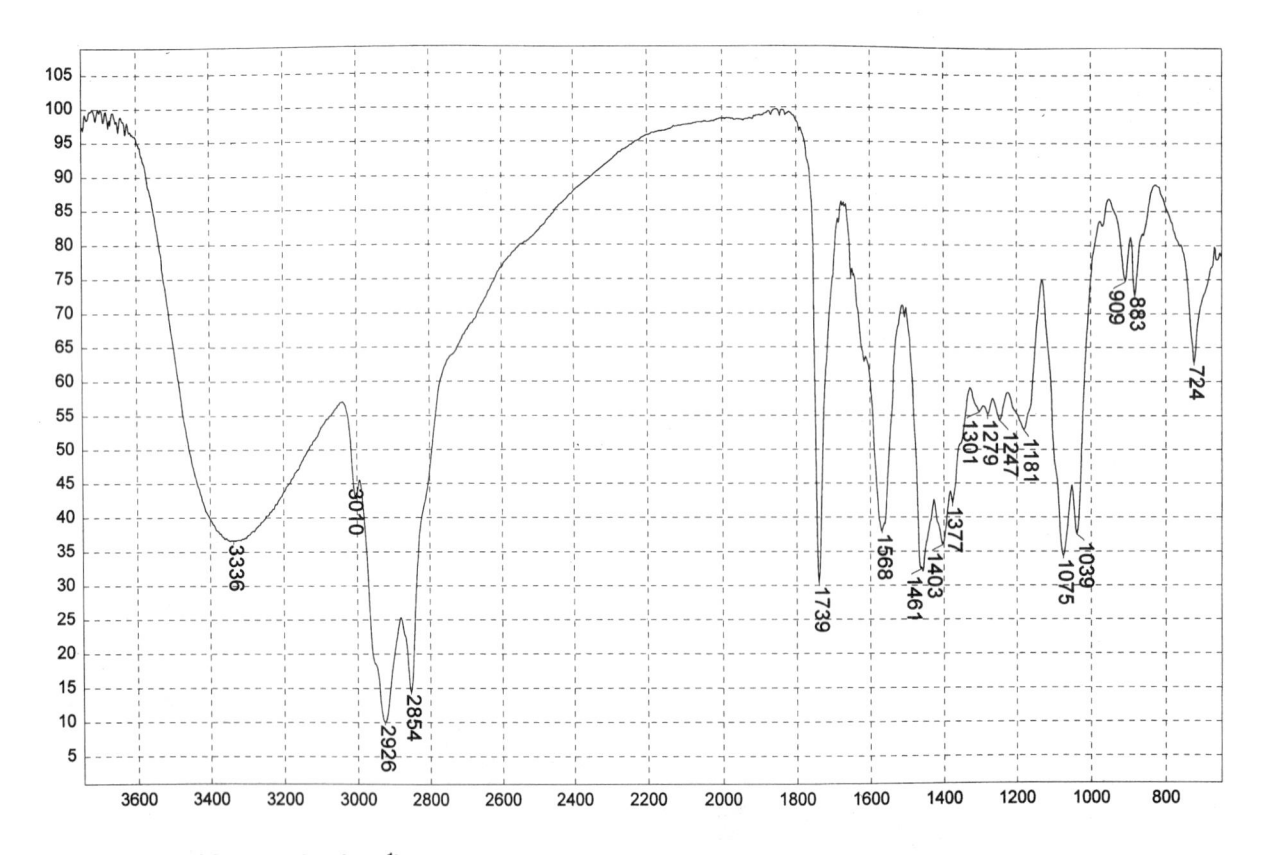

1514 TRIETHANOLAMINE OLEATE

254

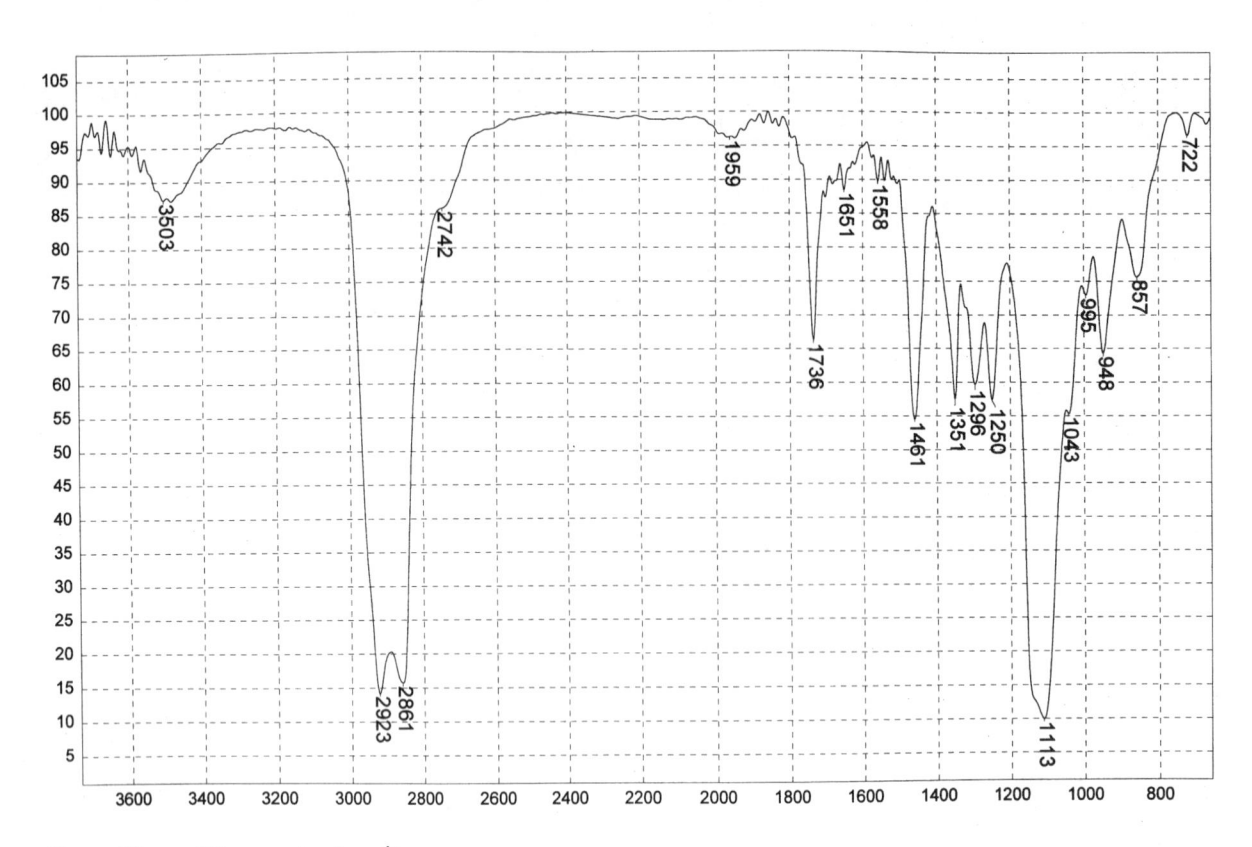

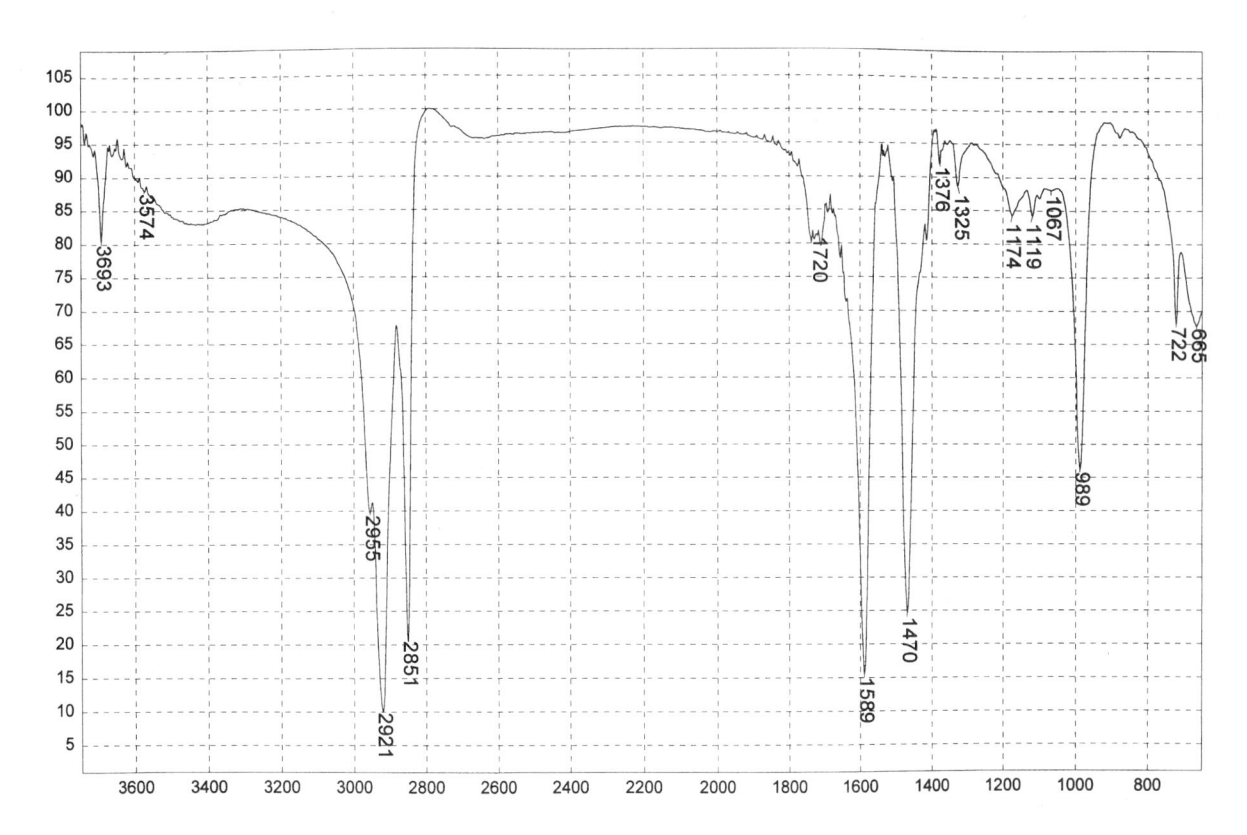

1515 ALUMINUM STEARATE IN KBr

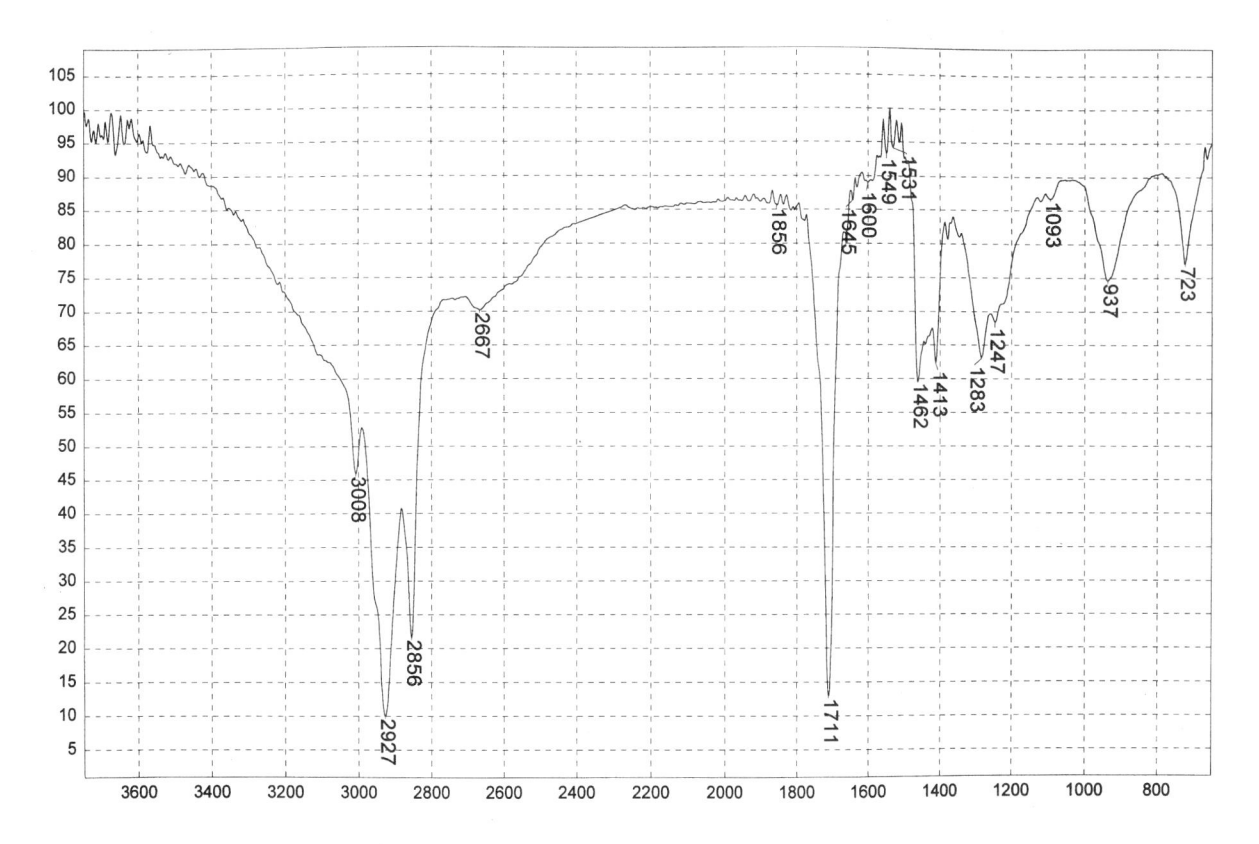

1516 TALL OIL FATTY ACIDS

255

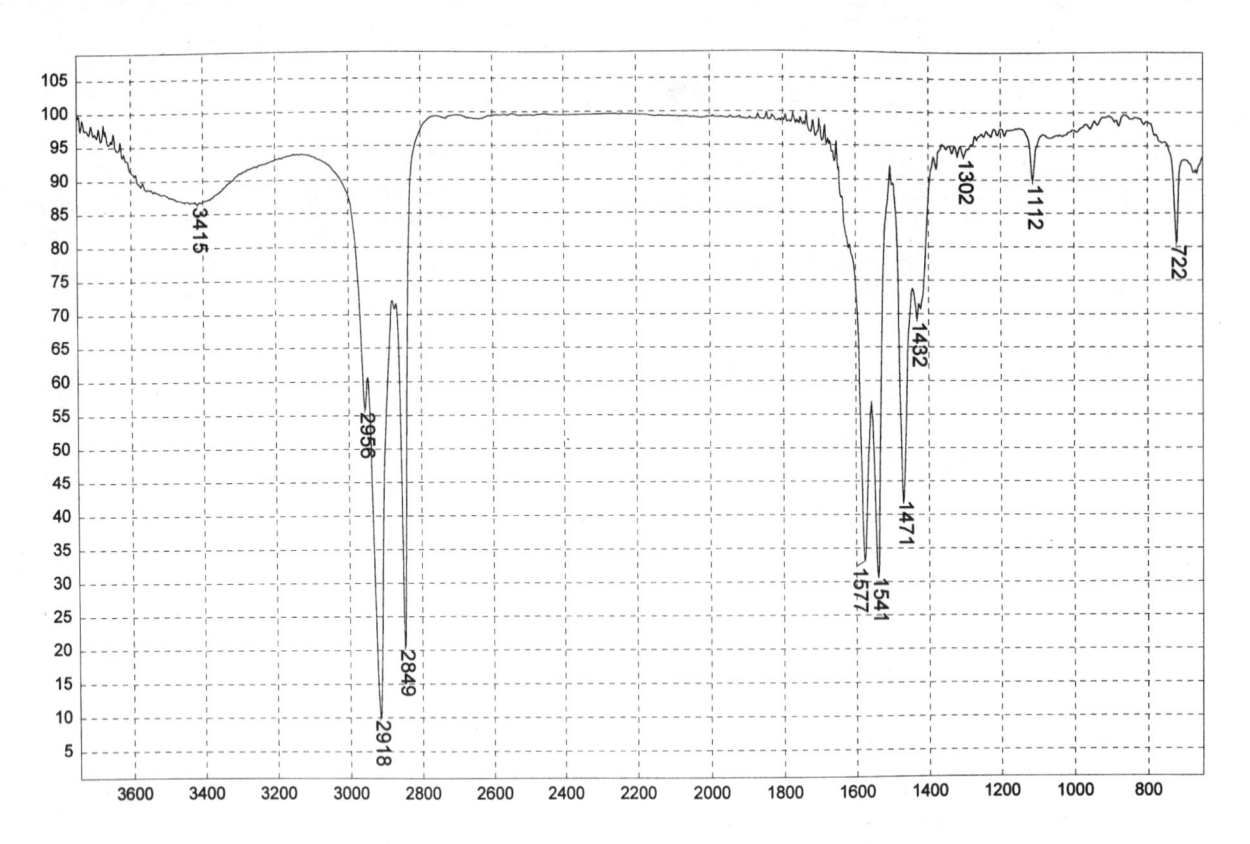

1517 CALCIUM STEARATE IN KBr

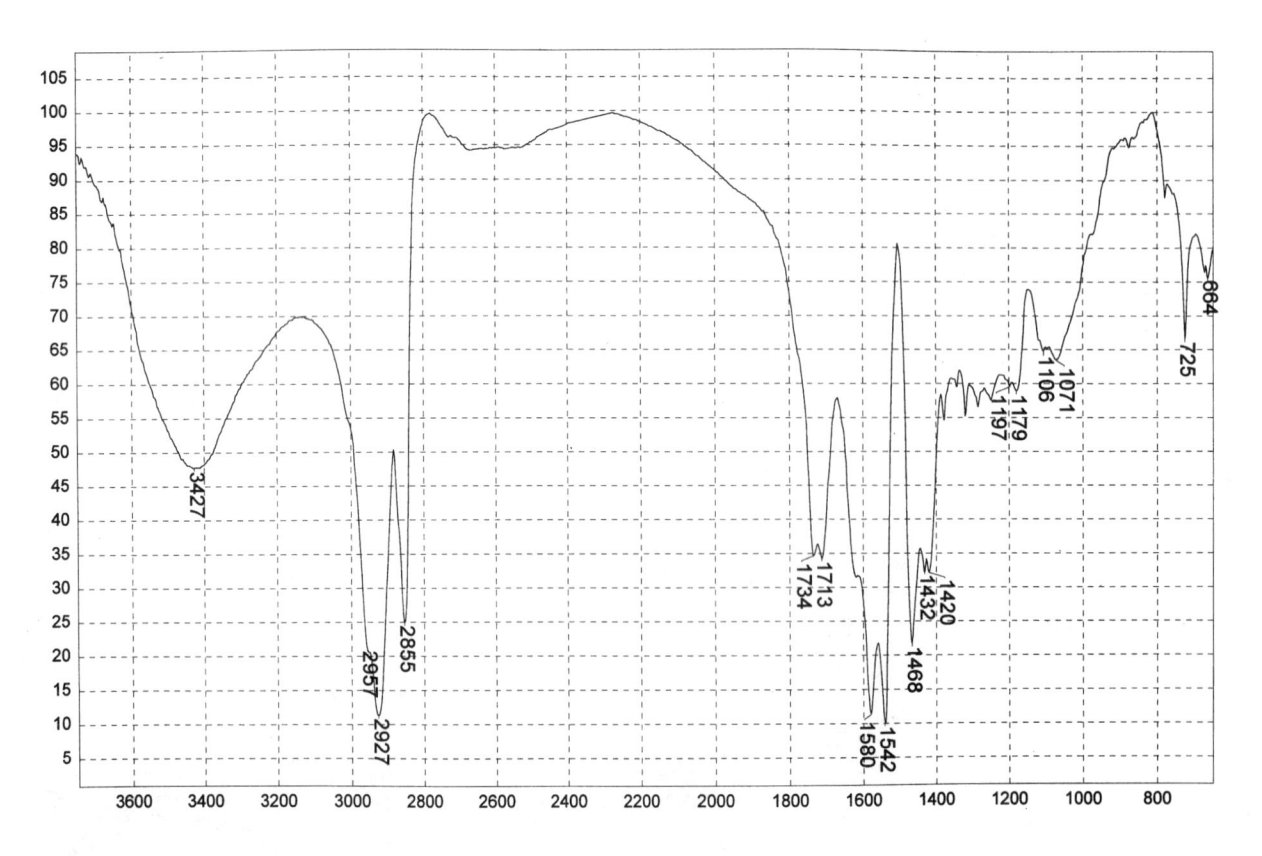

1518 CALCIUM RICINOLEATE IN KBr

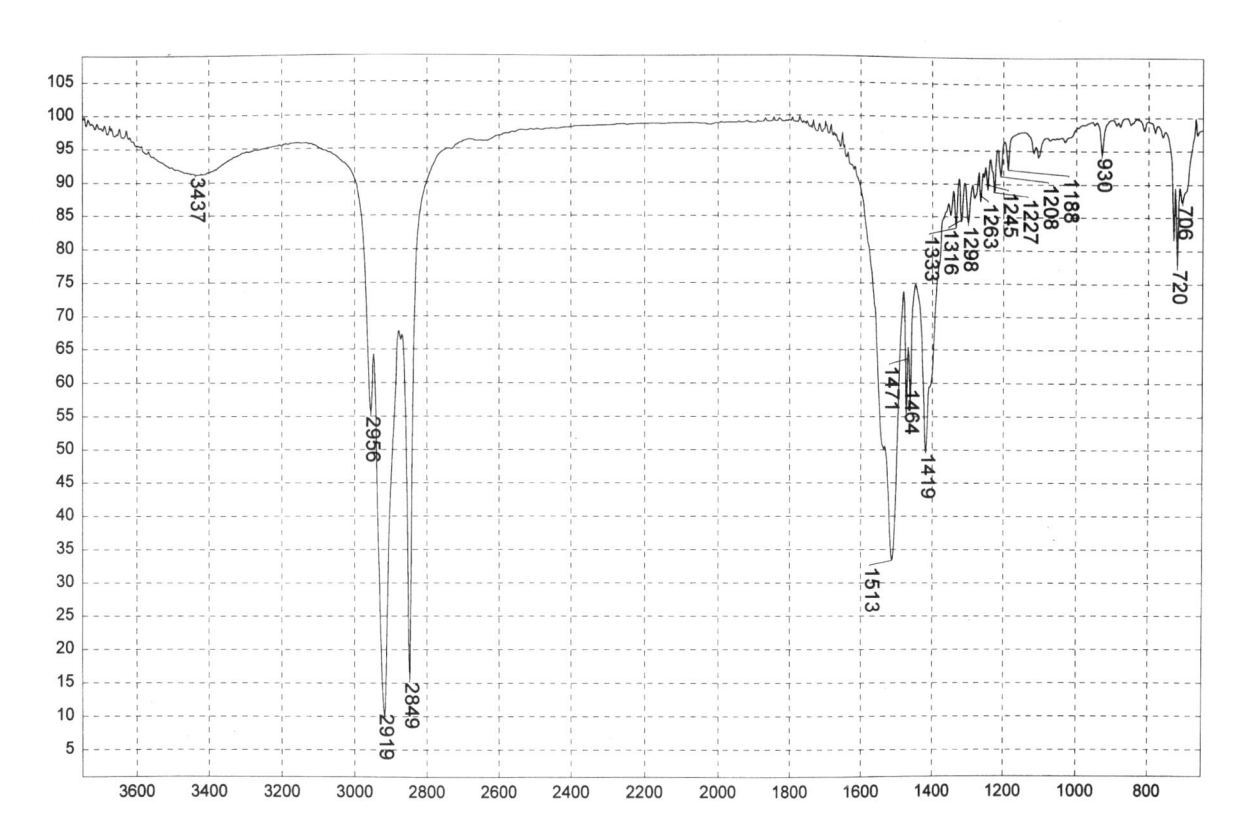

LEAD STEARATE IN KBr

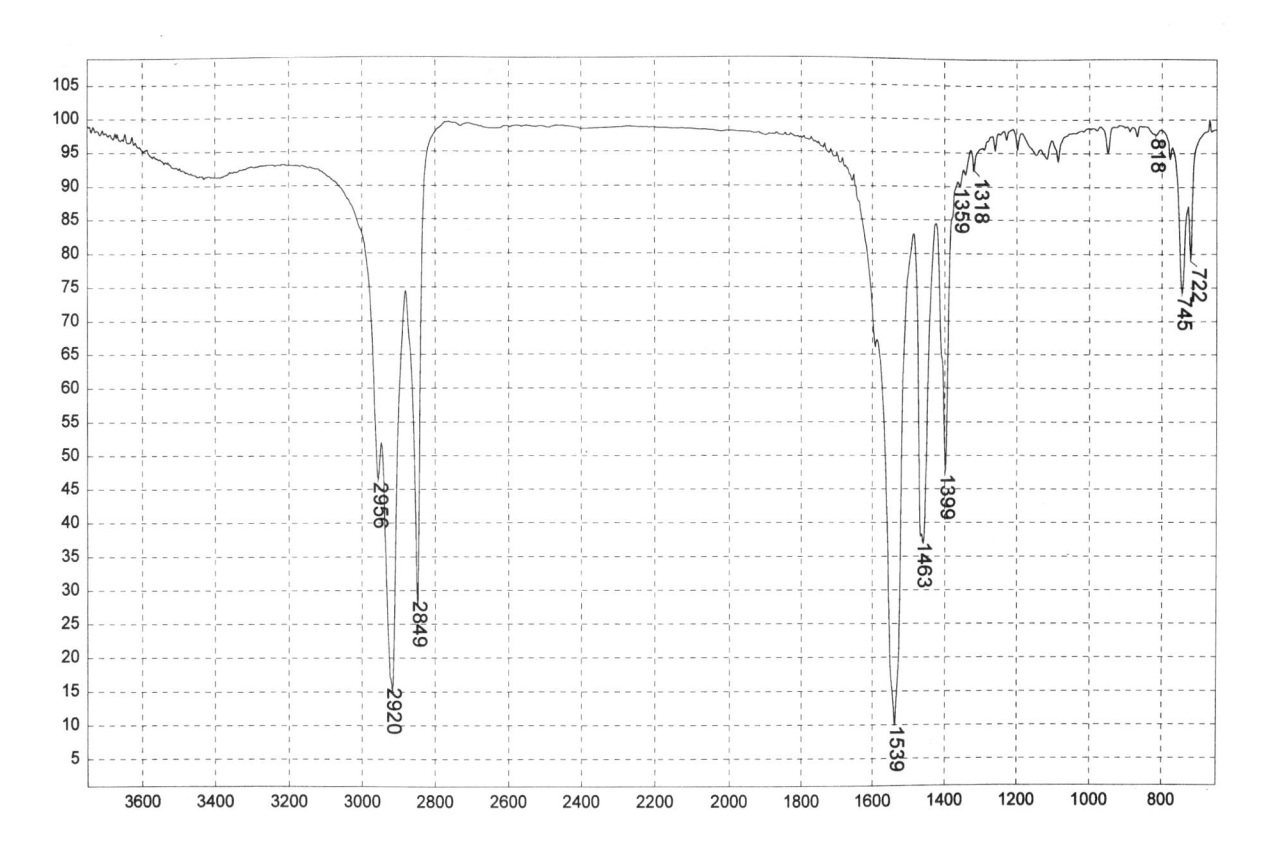

ZINC PALMITATE IN KBr

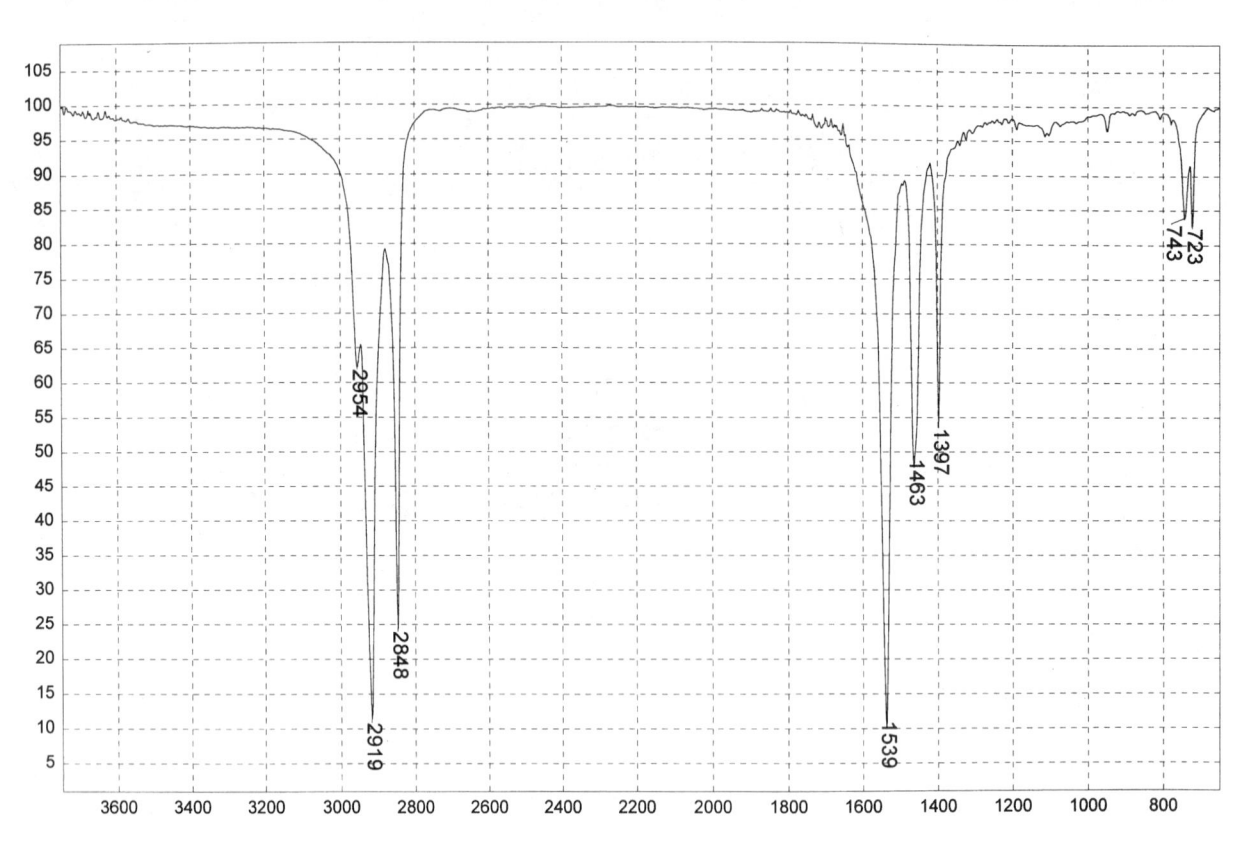

1521 ZINC STEARATE IN KBr

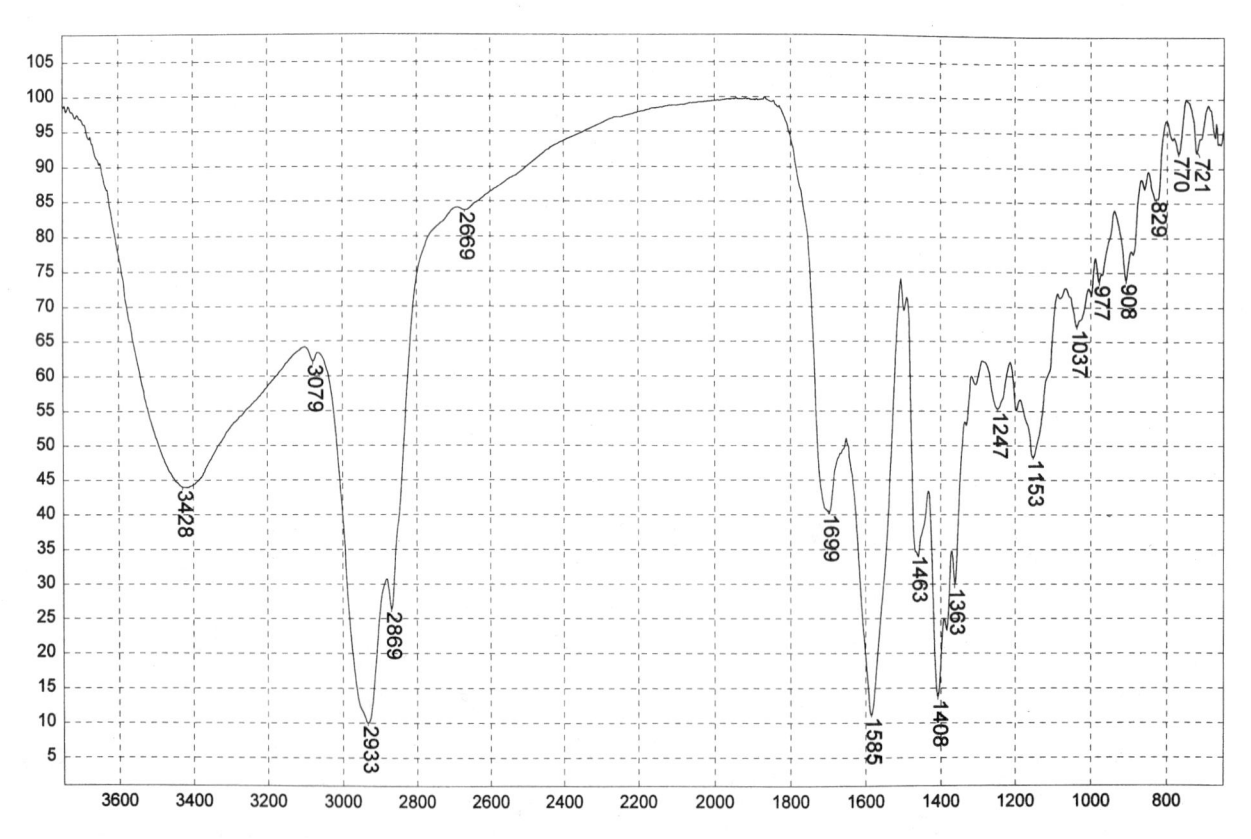

1522 ZINC RESINATE IN KBr

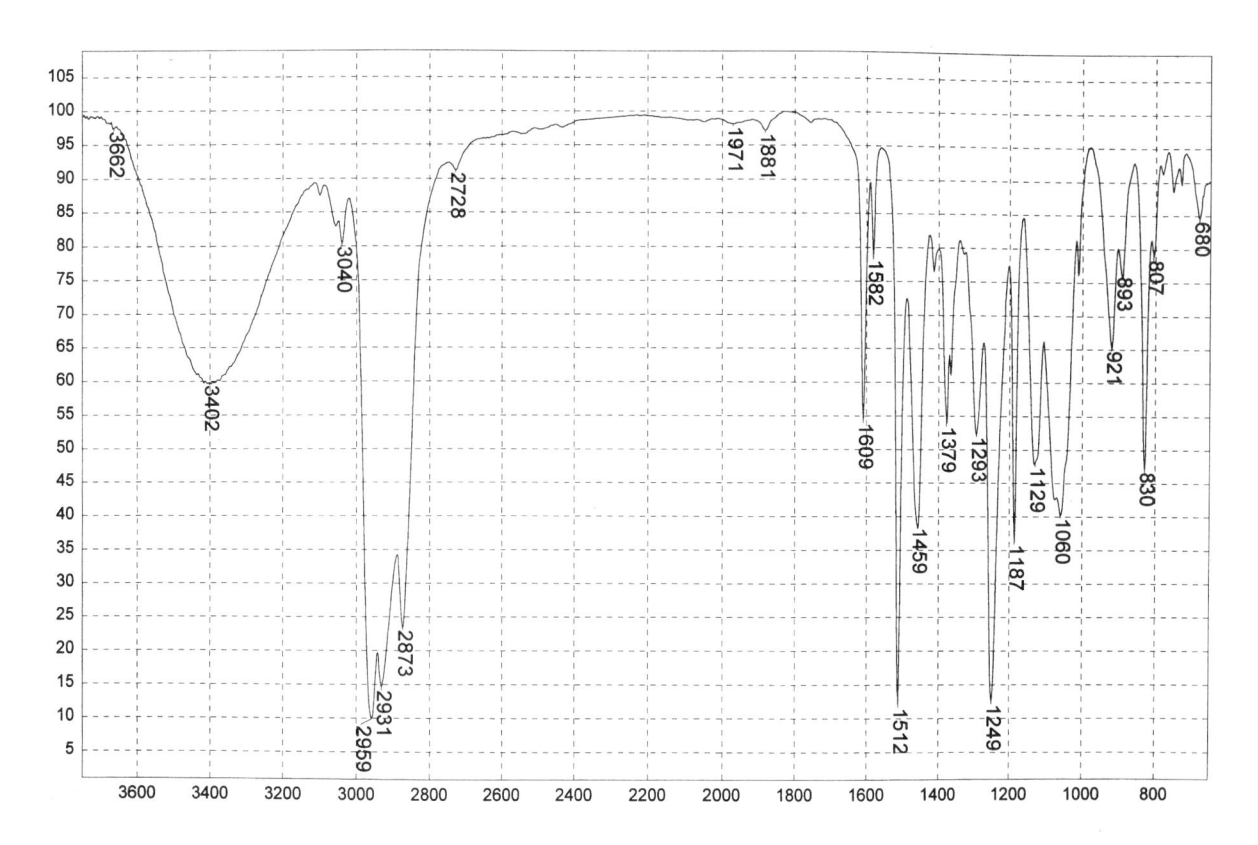

| 1523 | **POLYOXYETHYLATED NONYLPHENOL (1–2 MOLES ETO)** |

| 1524 | **SULFATED ETHANOLAMINE-MYRISTIC ACID, SODIUM SALT** |

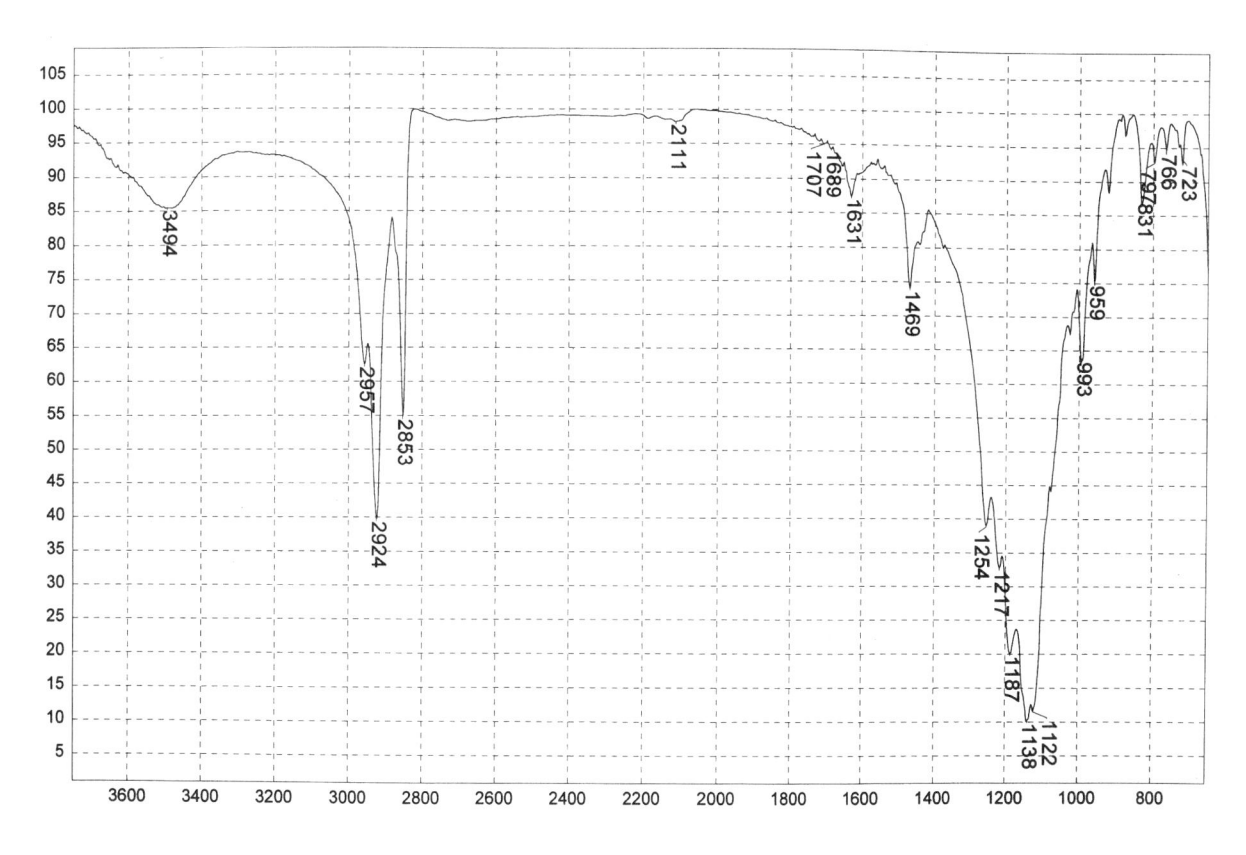

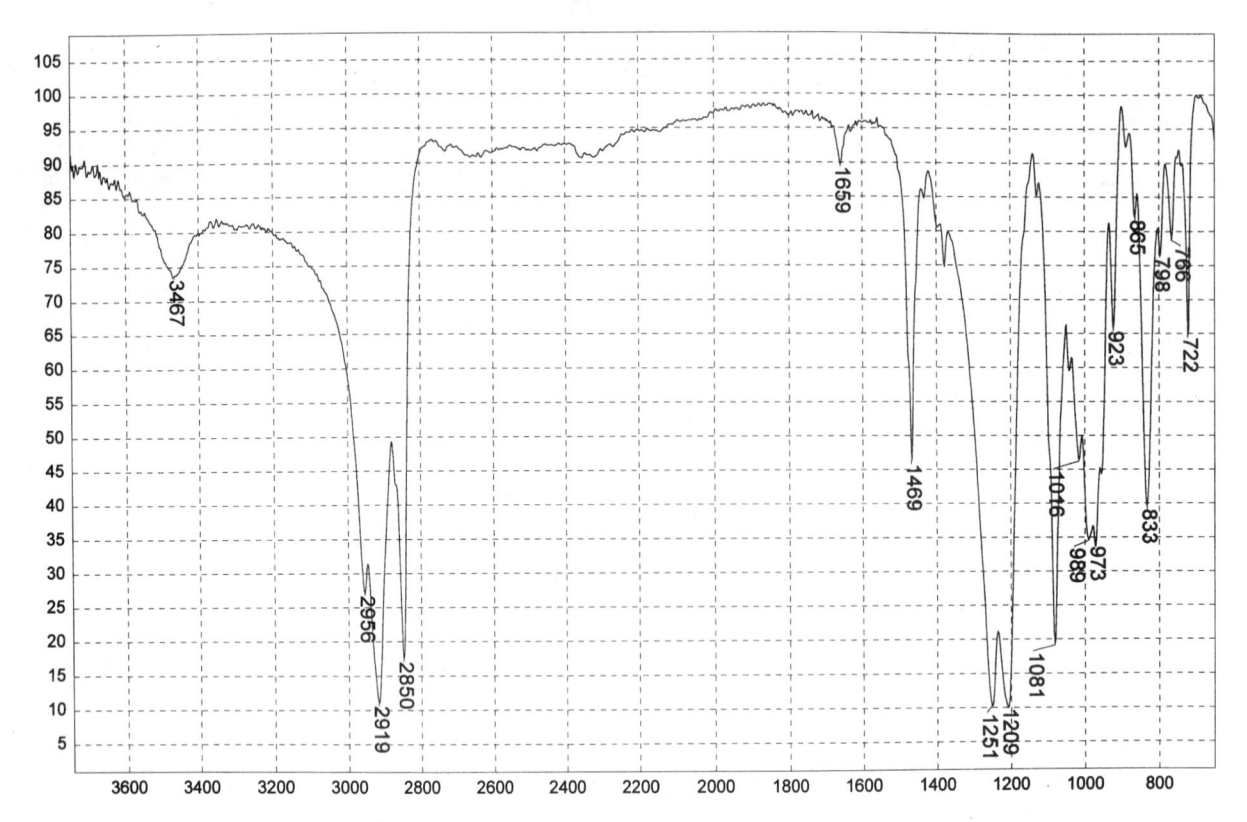

1525
Sodium dodecylbenzene sulfonate

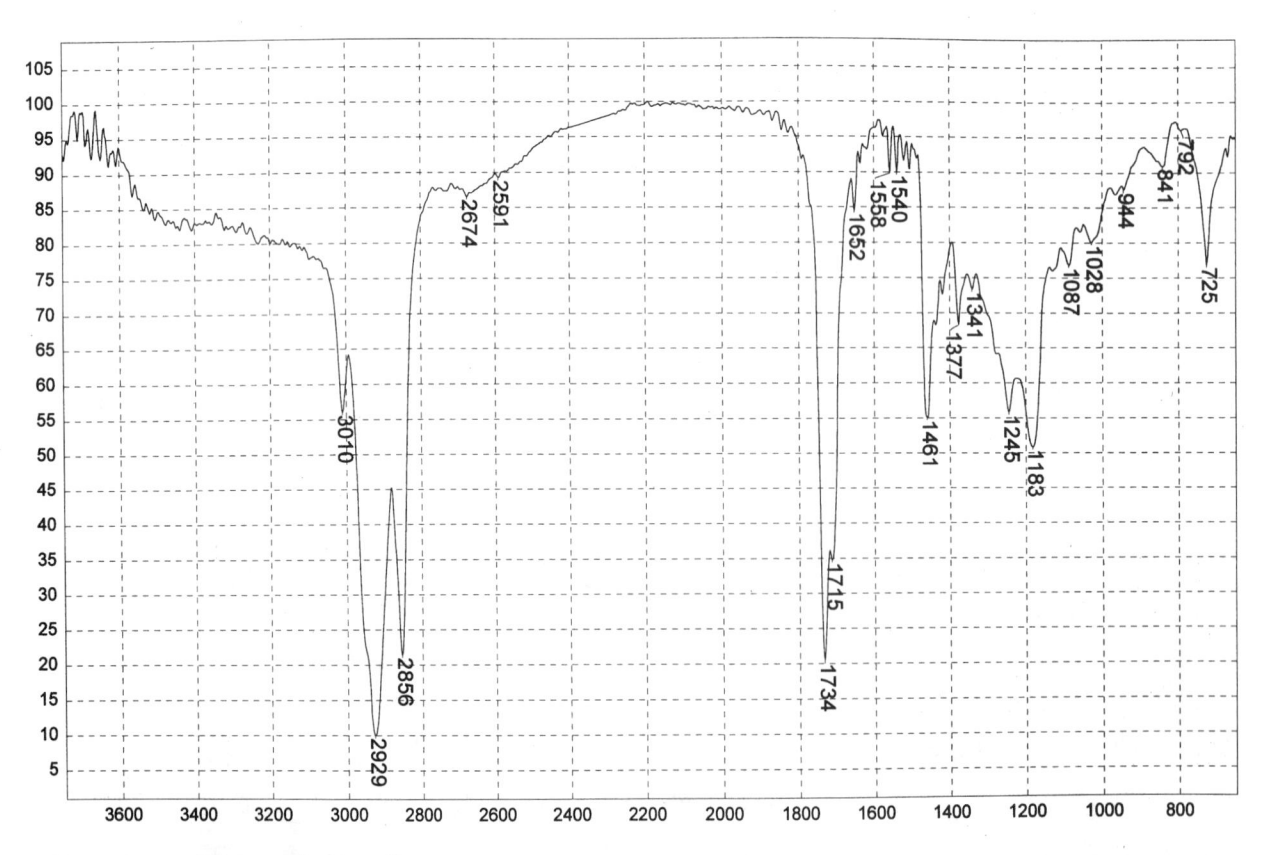

1526
KNOWN RICINOLEIC ACID

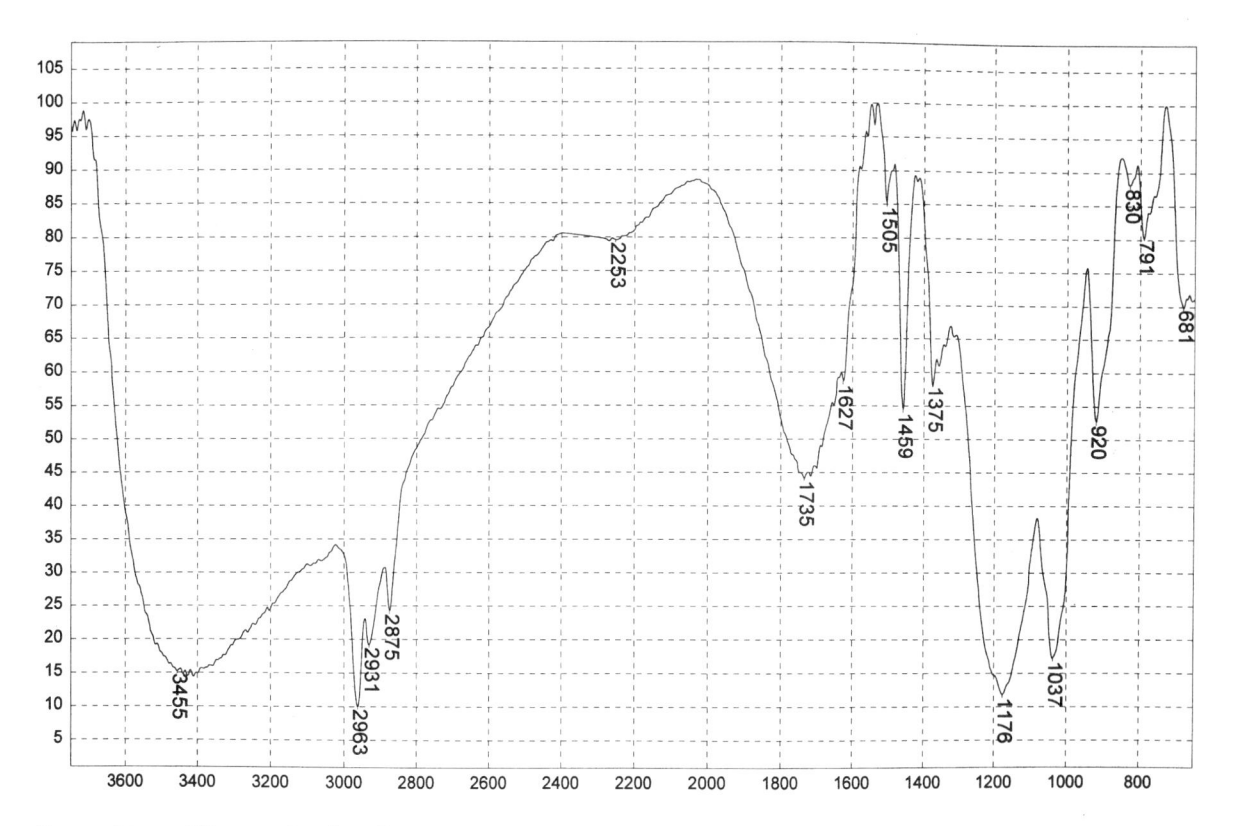

1527 SODIUM DIBUTYLNAPHTHALENE SULFONATE

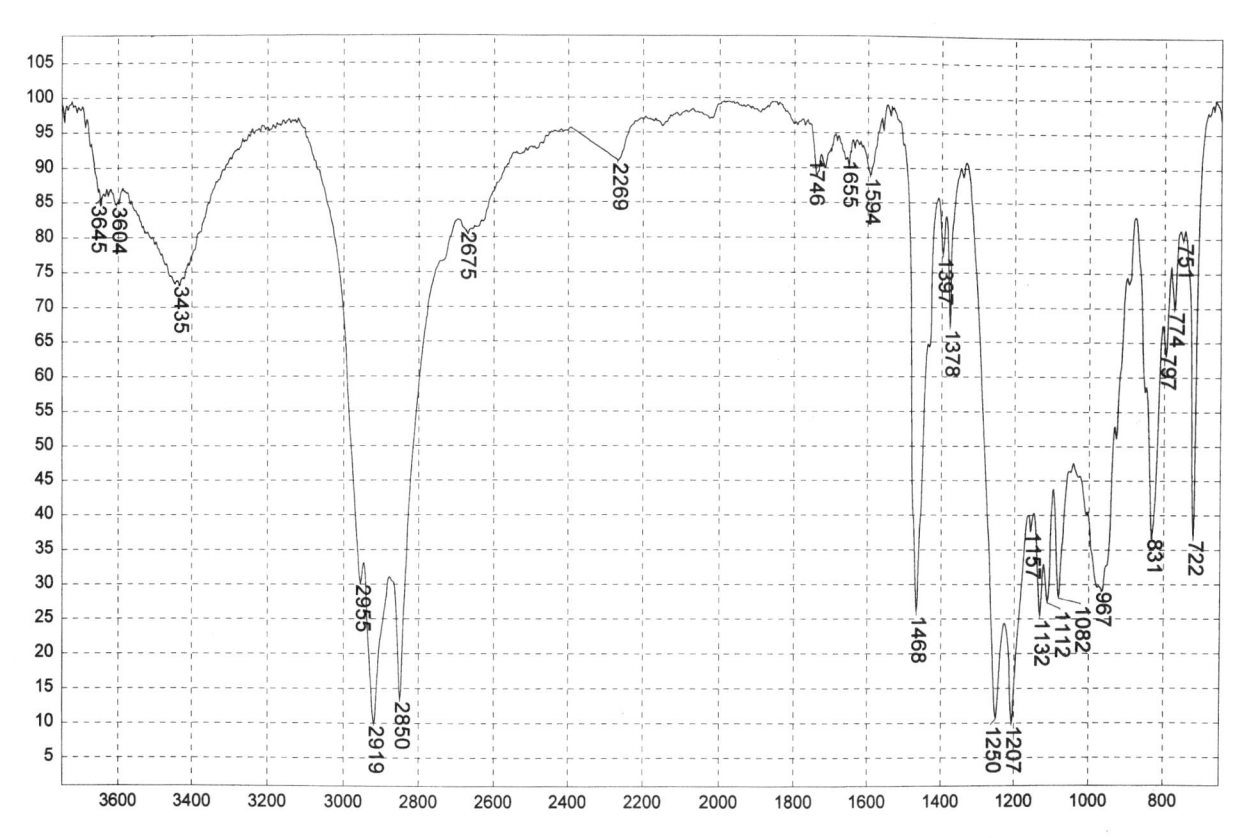

1528 SODIUM CETYL SULFATE

261

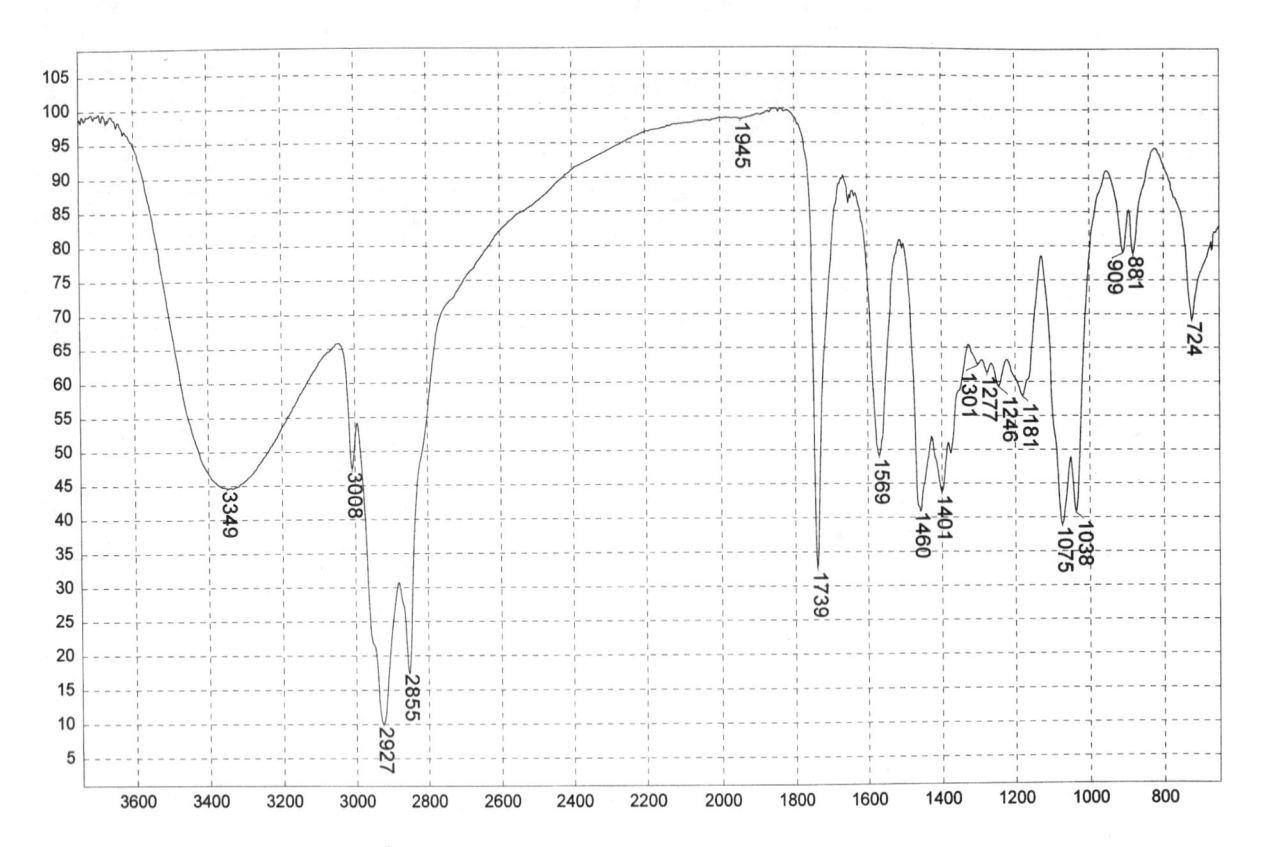

1529 TRIETHANOLAMINE LINOLEATE

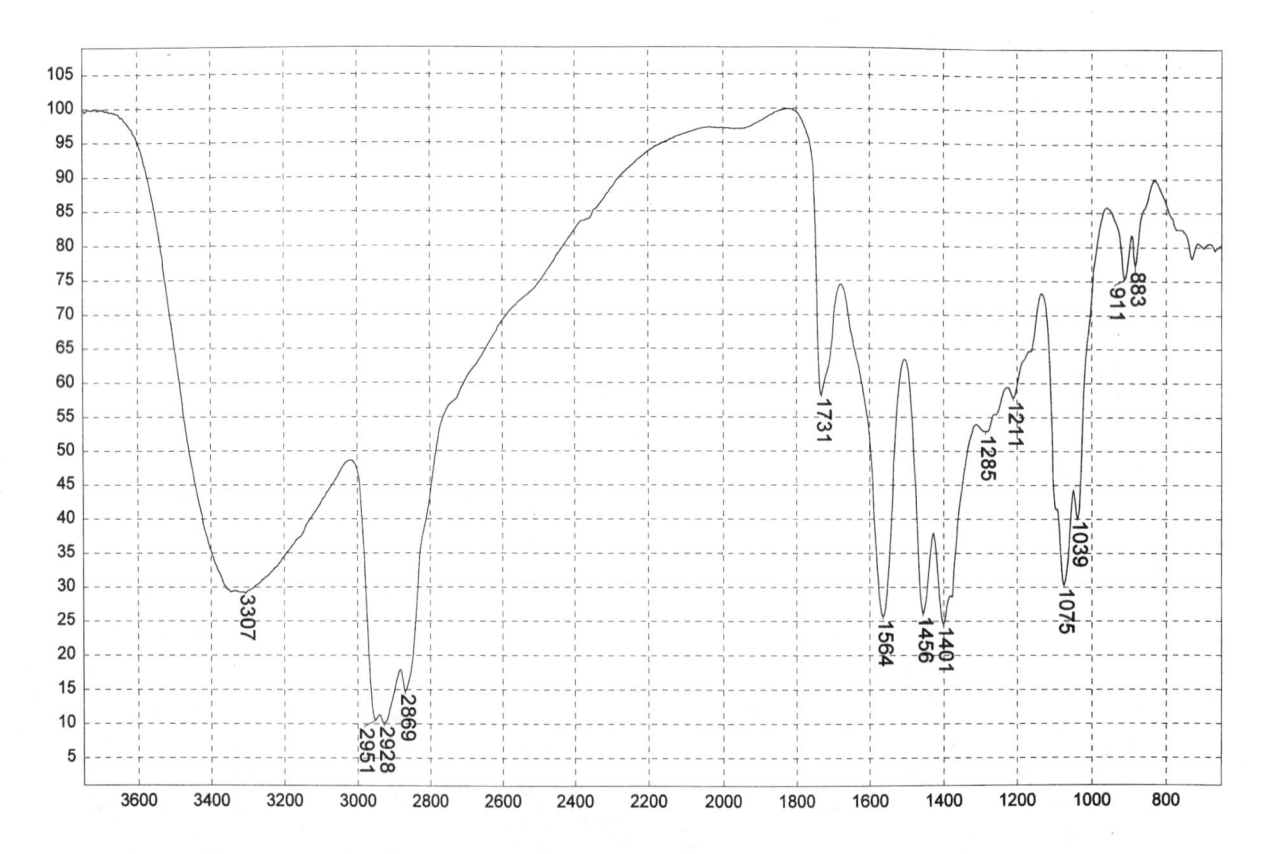

1530 TRIETHANOLAMINE NAPHTHENATE

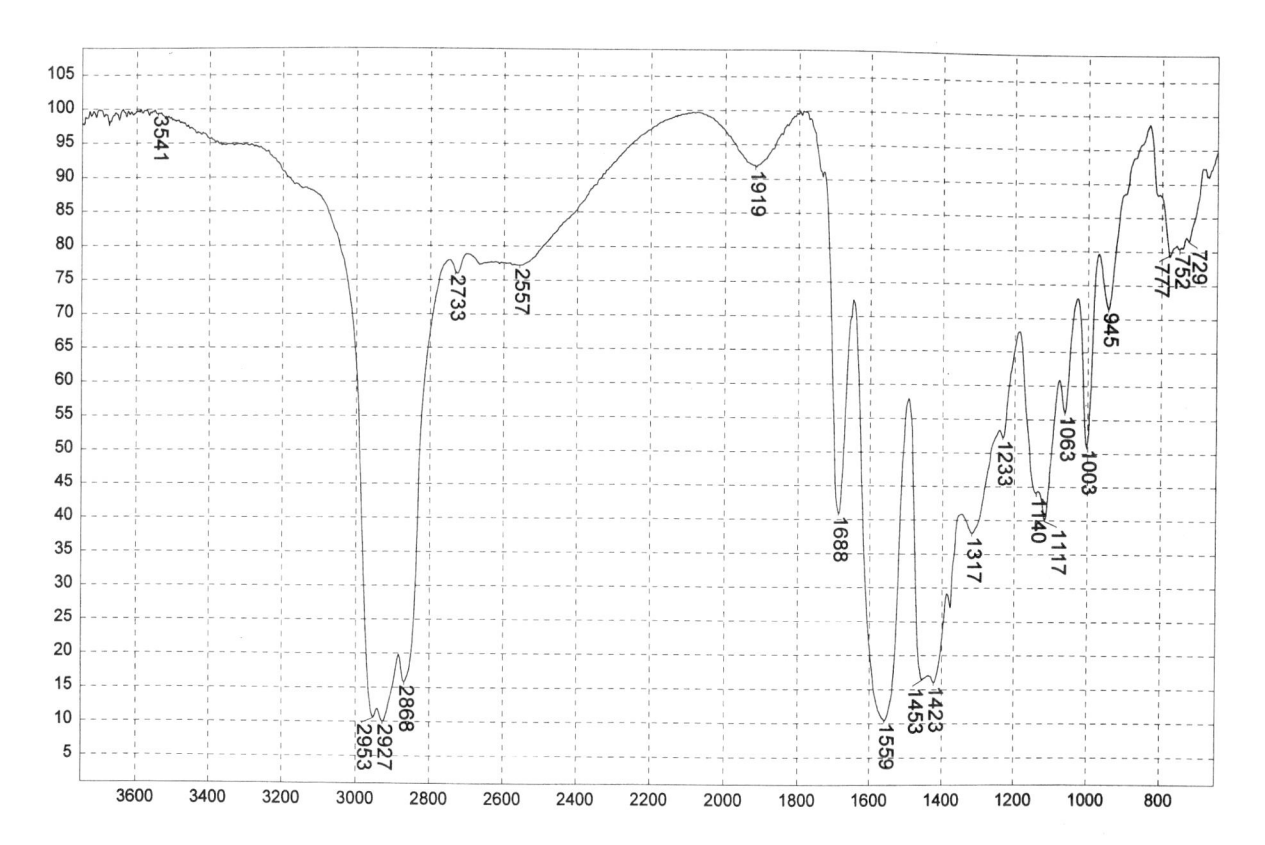

1531 CALCIUM NAPHTHENATE, CALCIUM LIQUID 4%

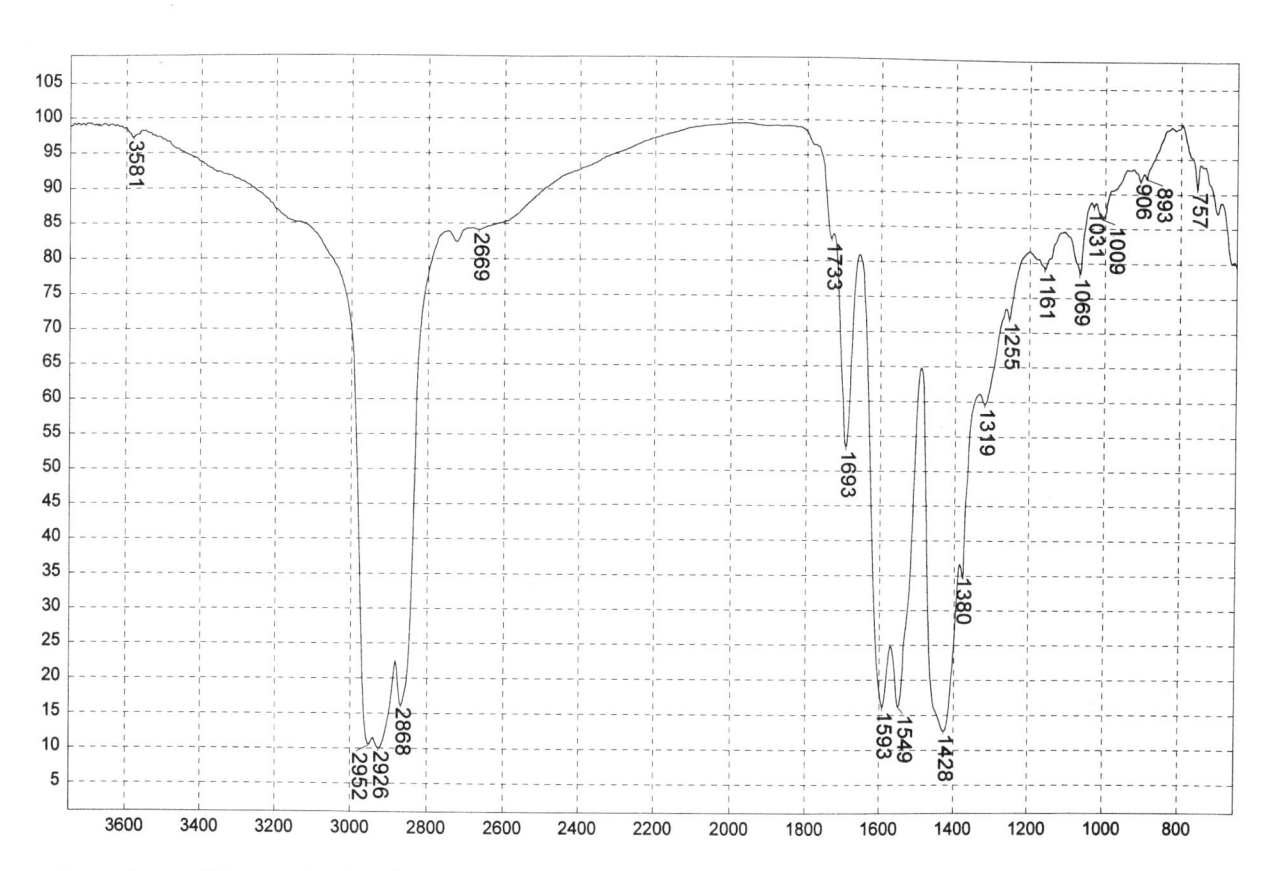

1532 IRON NAPHTHENATE, 6% Fe

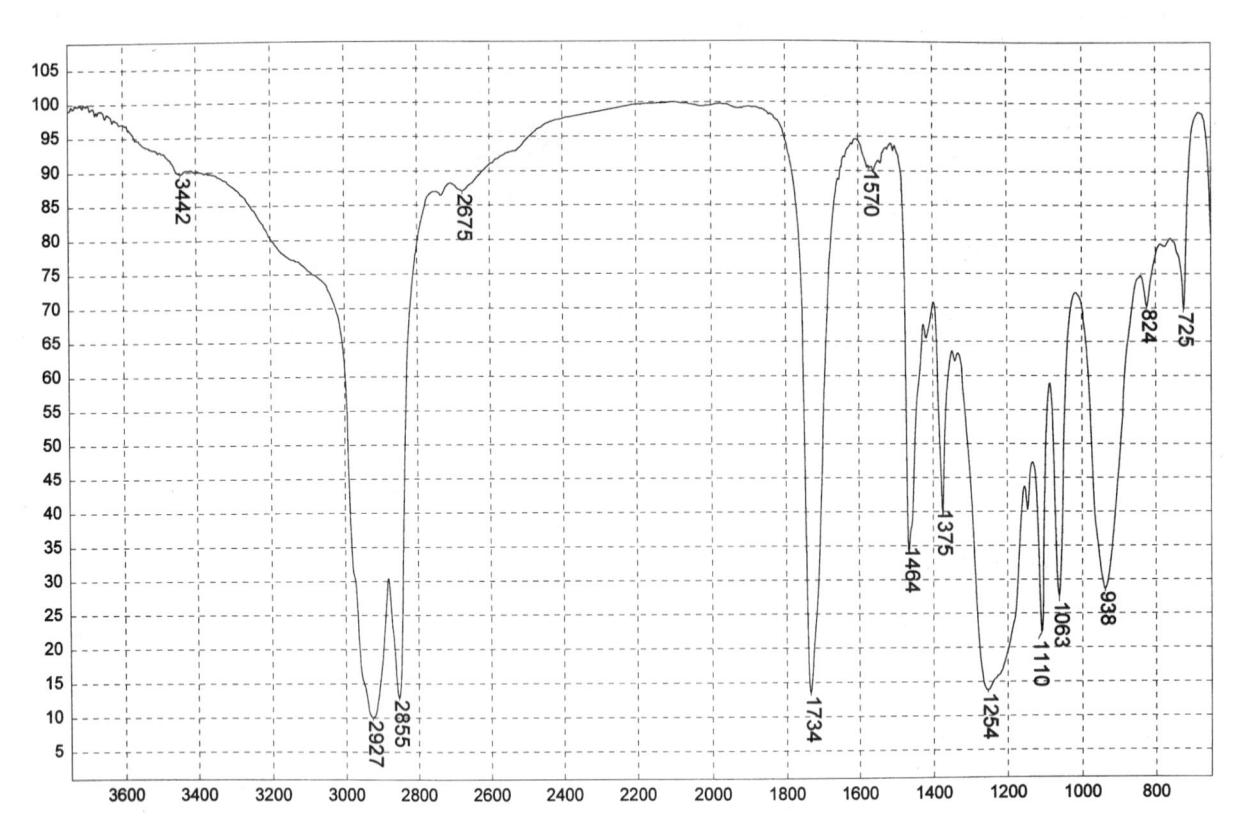

1533   SULFATED PROPYL OLEATE, SODIUM SALT

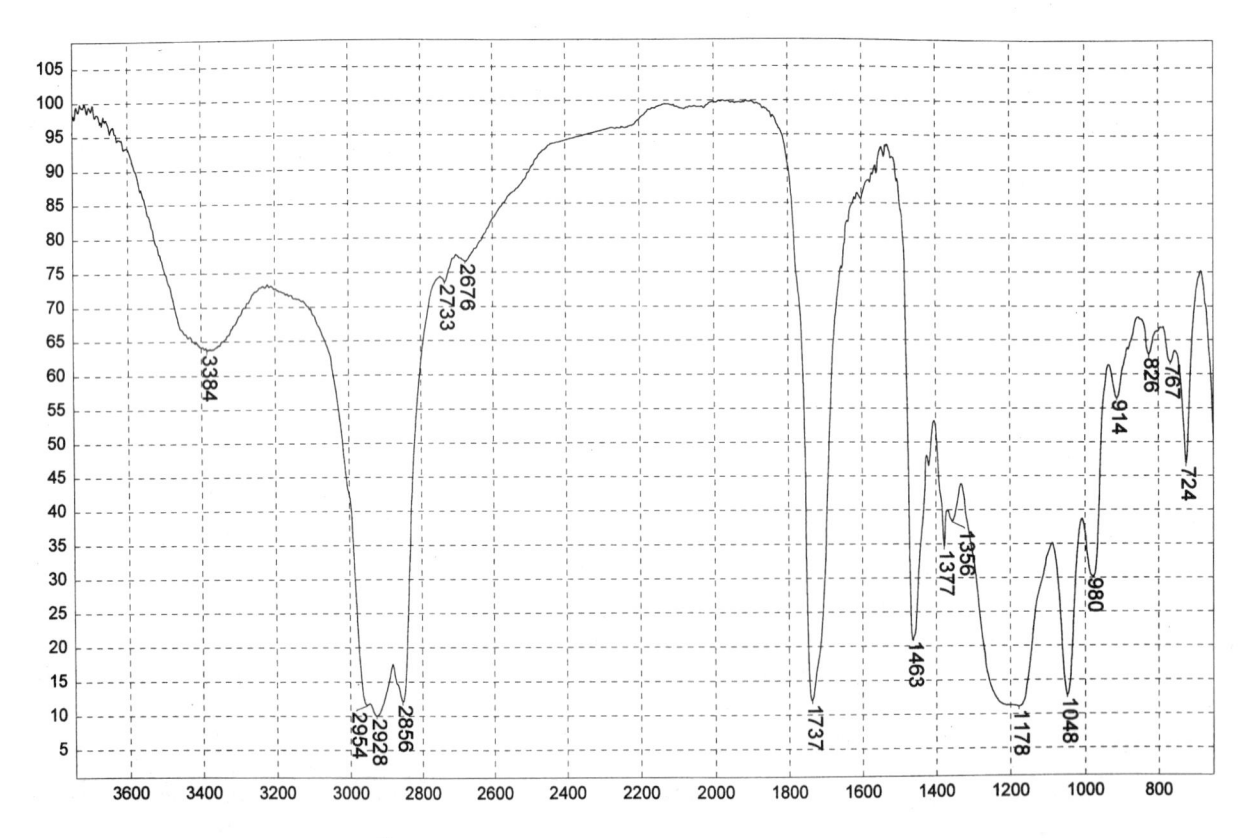

1534   SULFATED AMYL OLEATE, SODIUM SALT

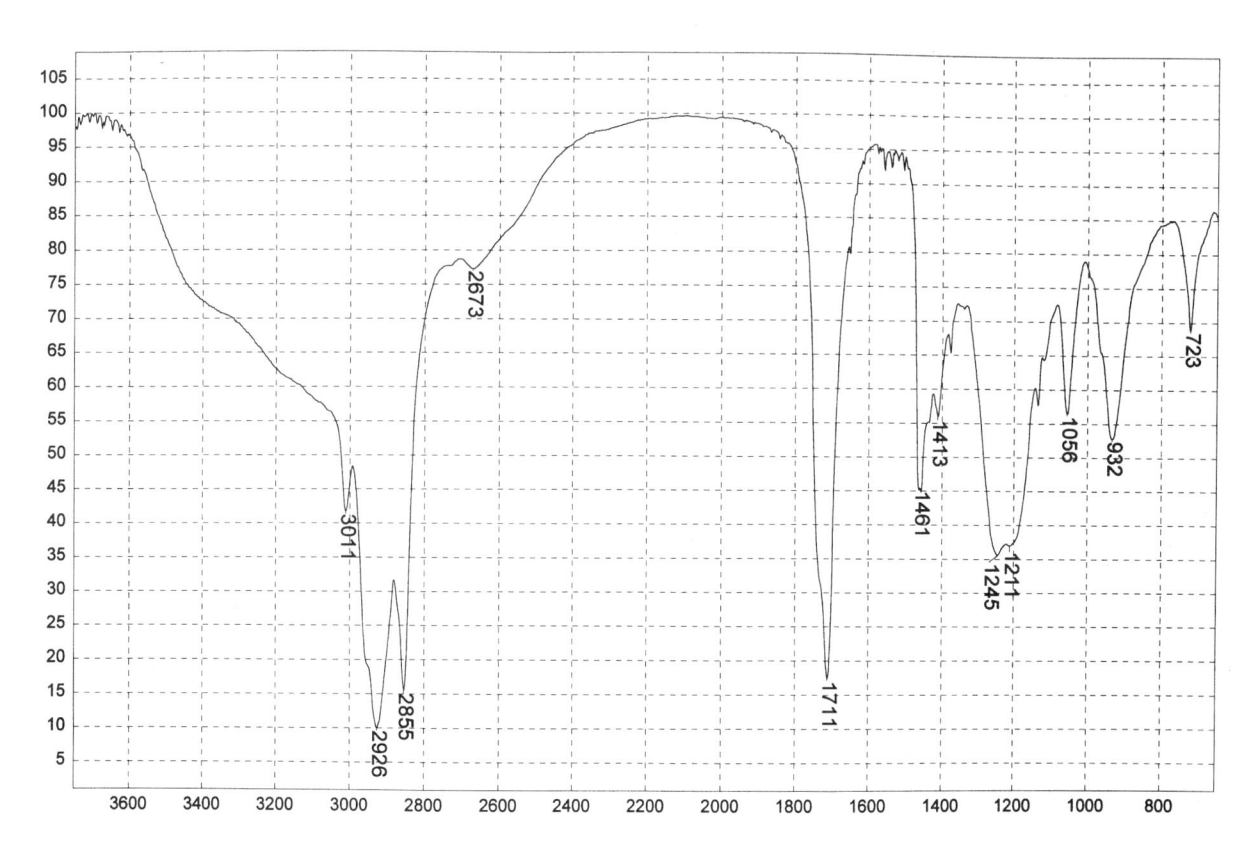

1535 SULFATED COD OIL, SODIUM SALT

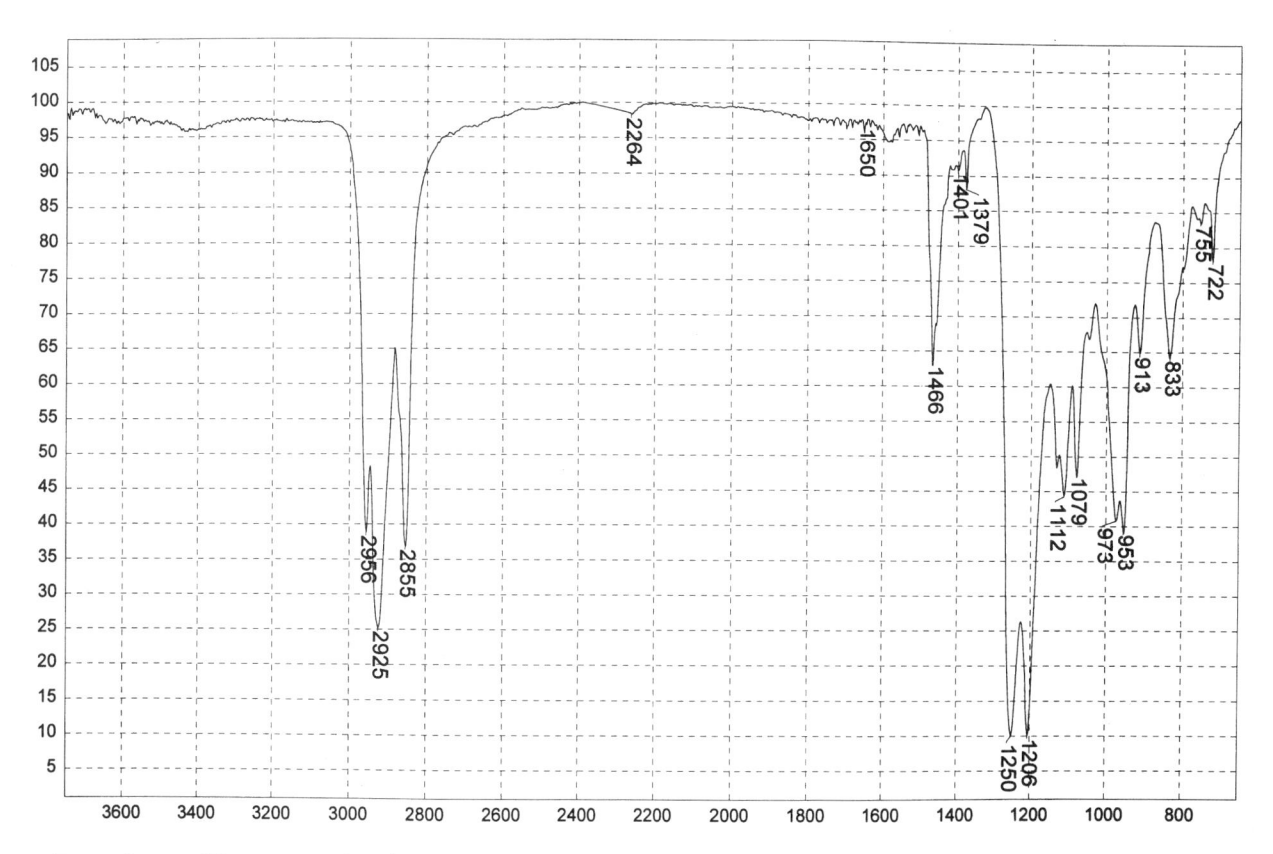

1536 SODIUM n-OCTYL SULFATE

SODIUM 2-ETHYLHEXYL SULFATE

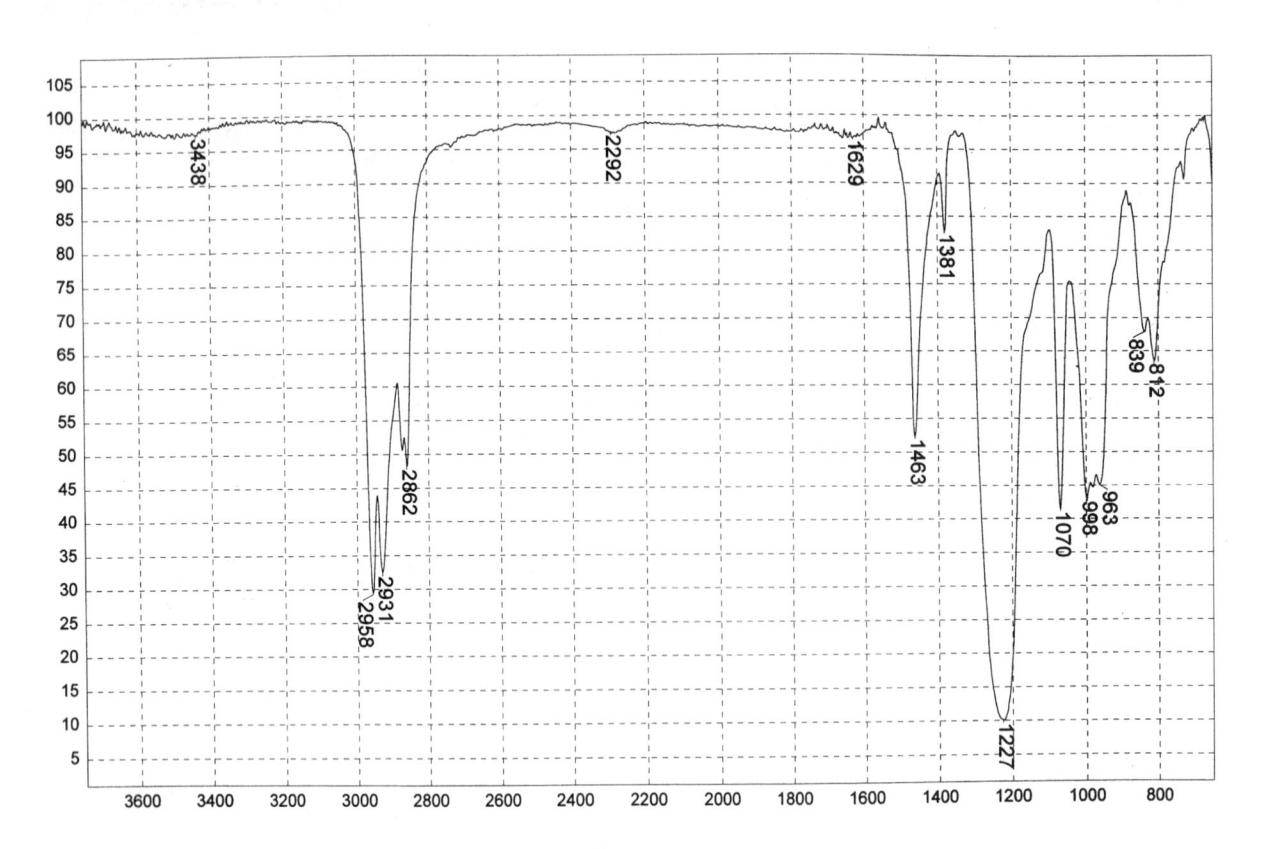

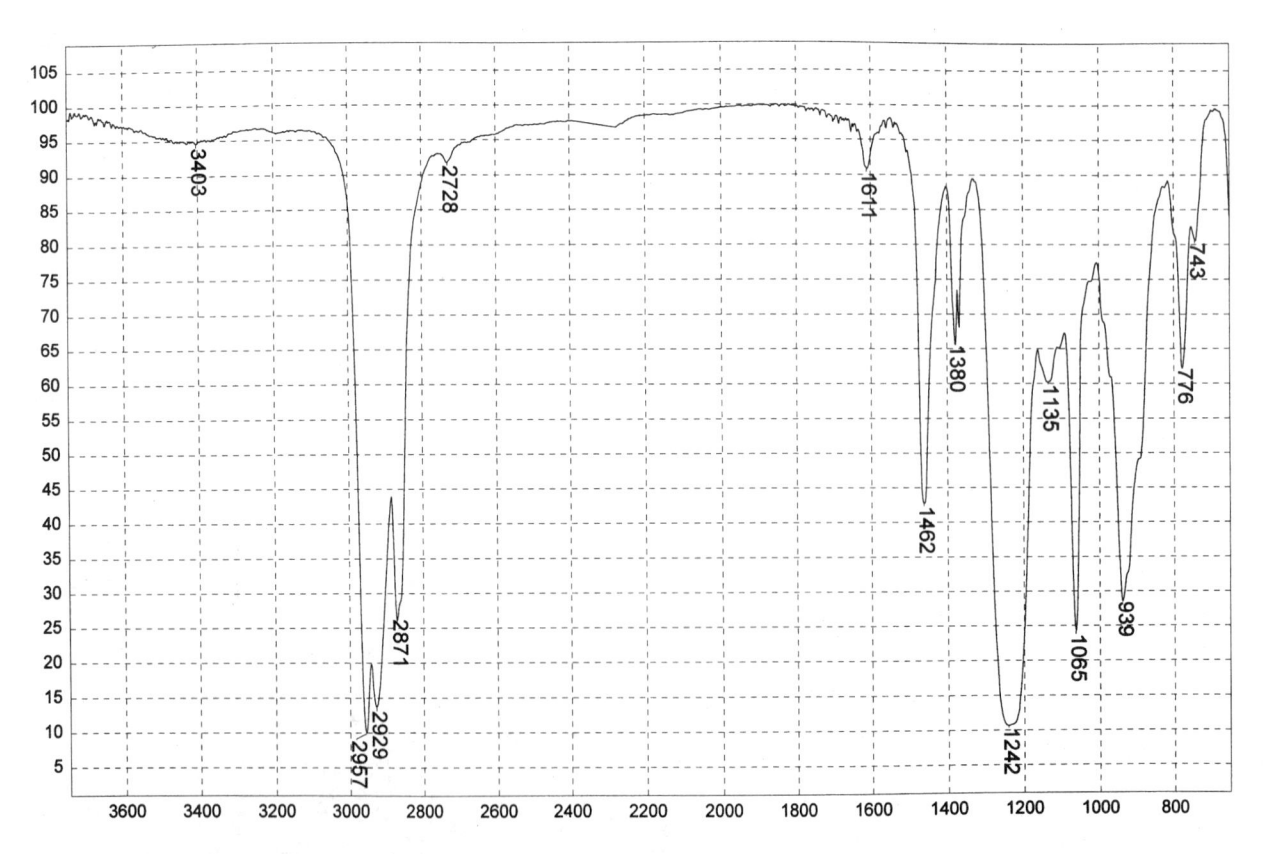

1537

SODIUM SEC-TETRADECYL SULFATE

1538

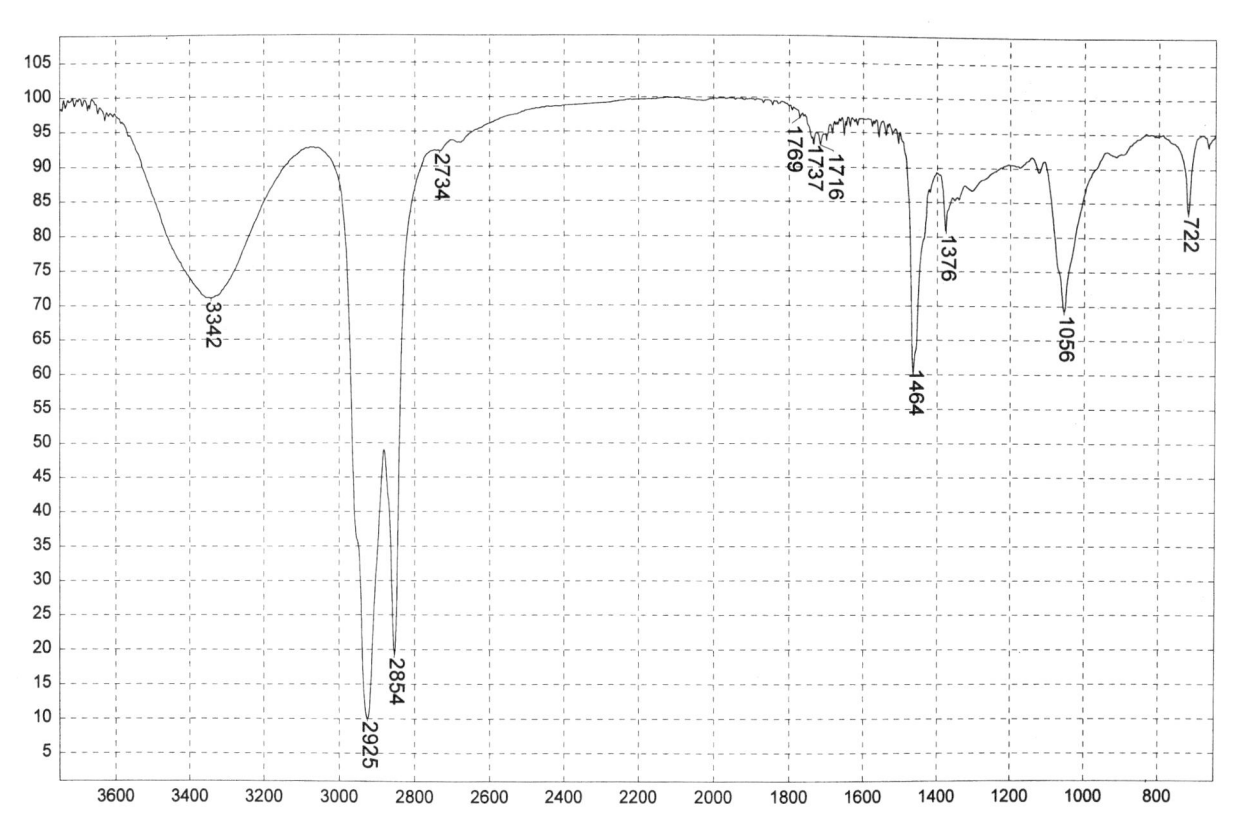

1539 SODIUM OLEYL-STEARYL SULFATE

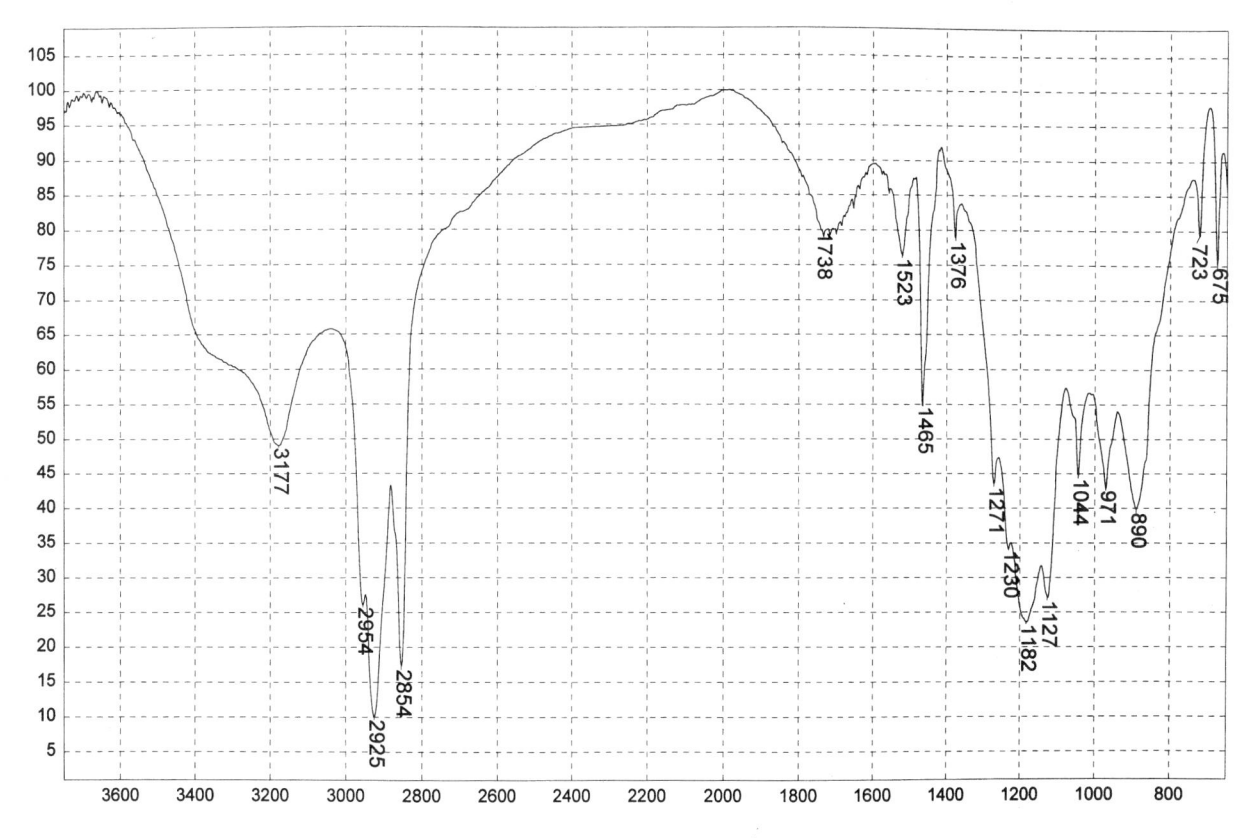

1540 MAGNESIUM LAURYL SULFATE

1541 TRIETHANOLAMMONIUM LAURYL SULFATE

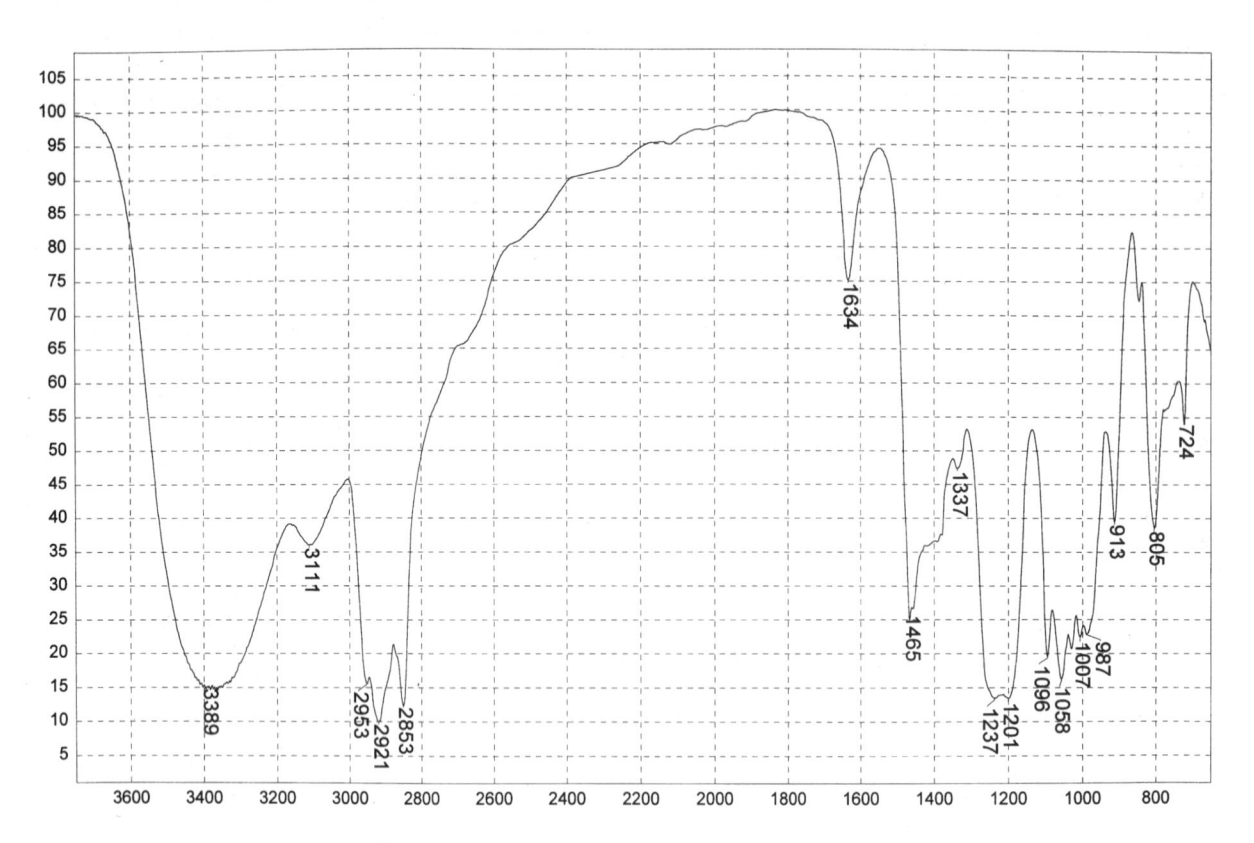

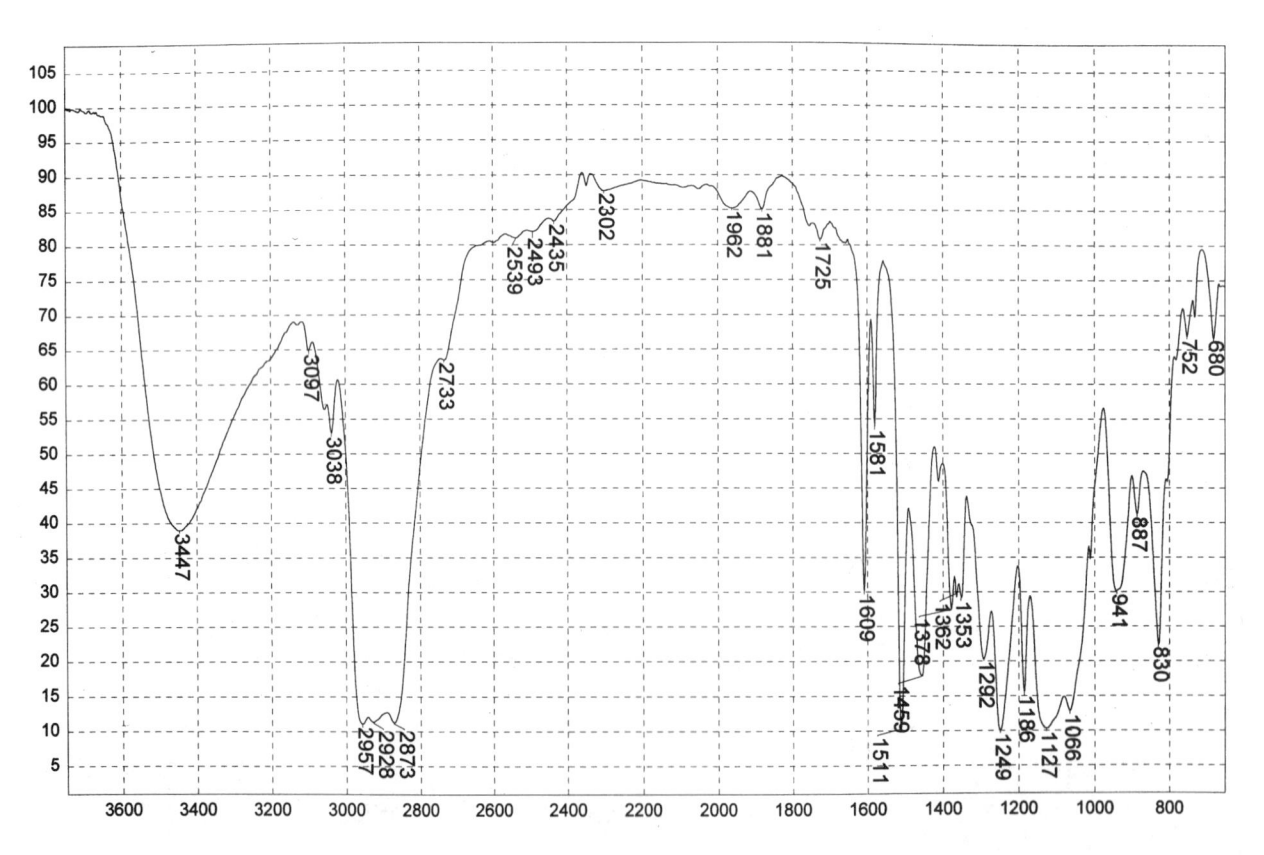

1542 Sulfate polyoxyethylated nonylphenol, sodium salt

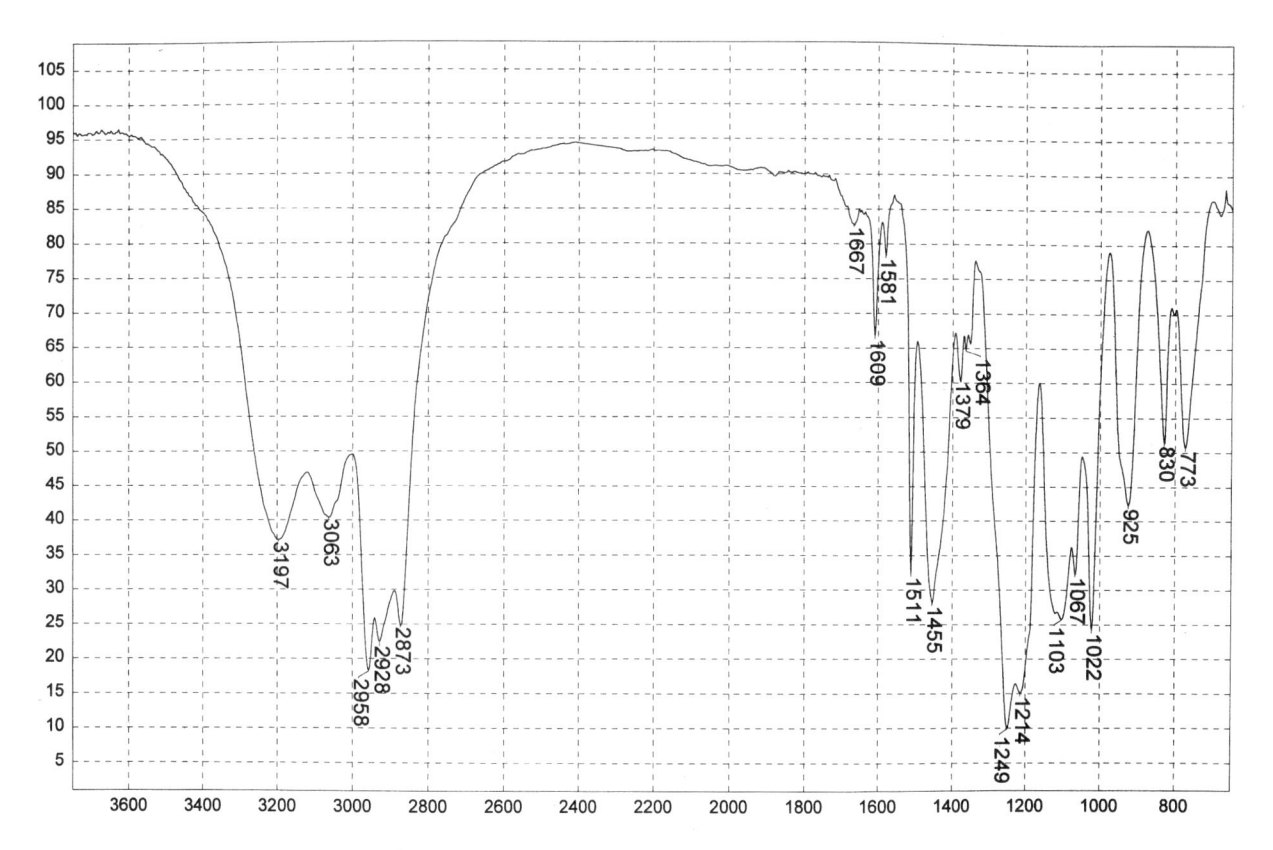

1543 Sulfated 9-phenyl ether-4-ethylene glycol, ammonium

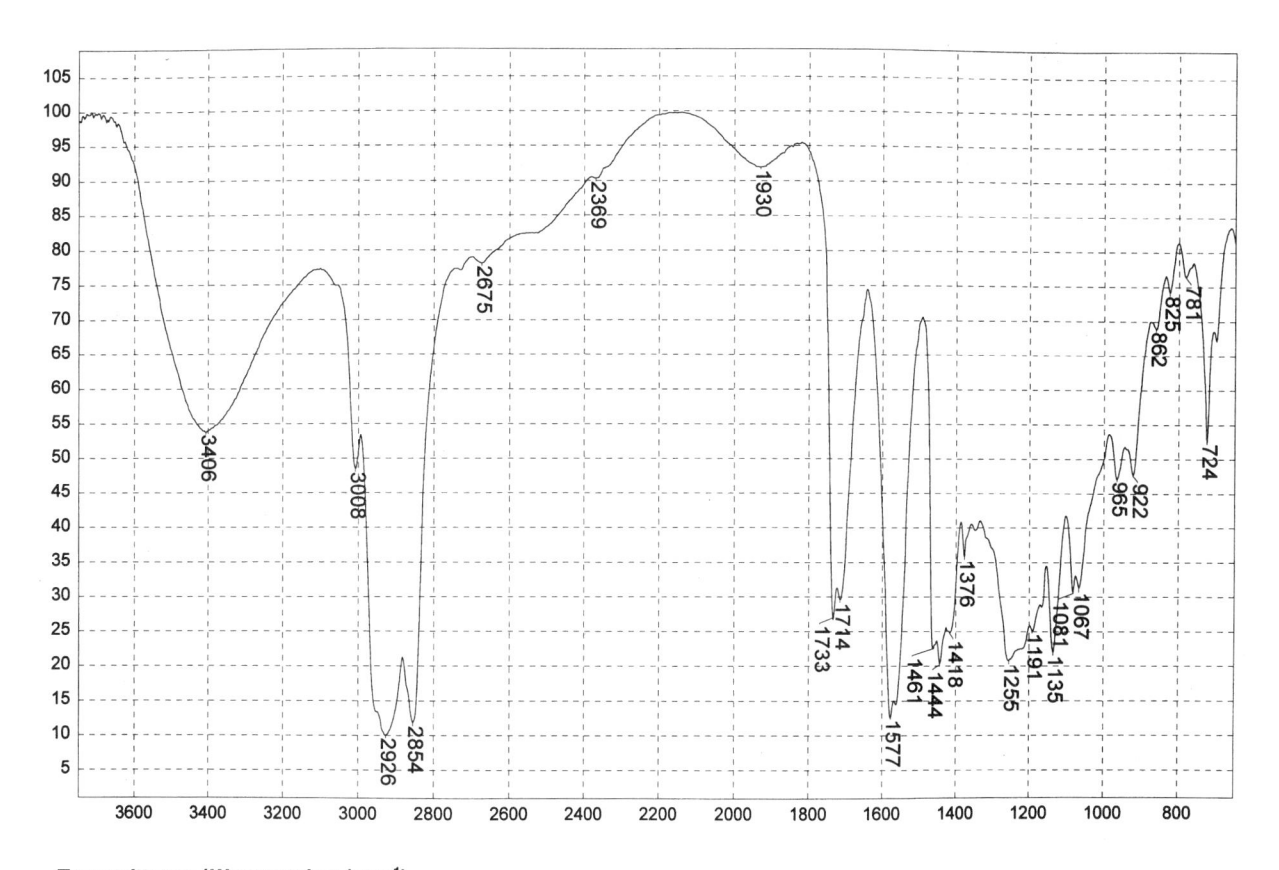

1544 SULFATED CASTOR OIL FATTY ACID, SODIUM SALT

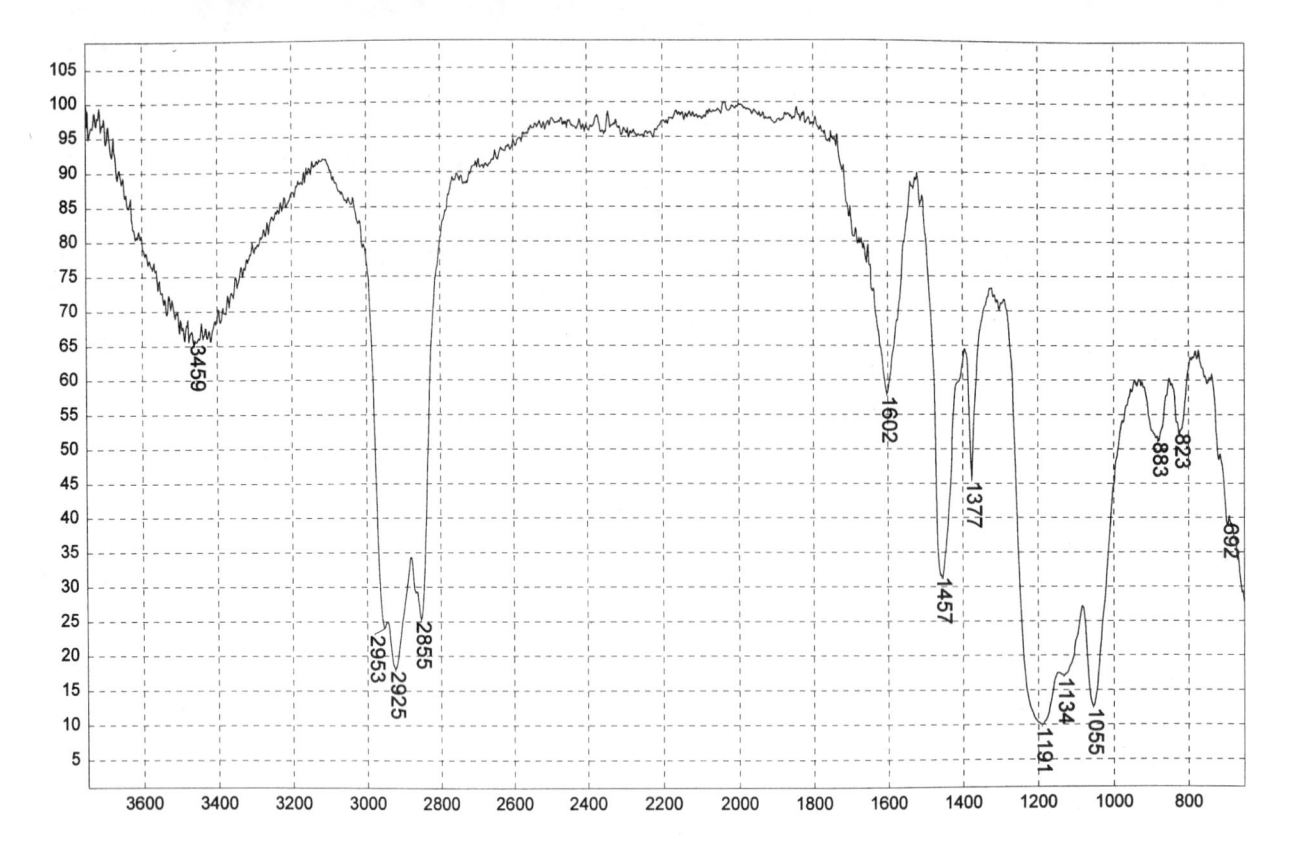

1545 SODIUM PETROLEUM SULFONATE (M.W. 340–360)

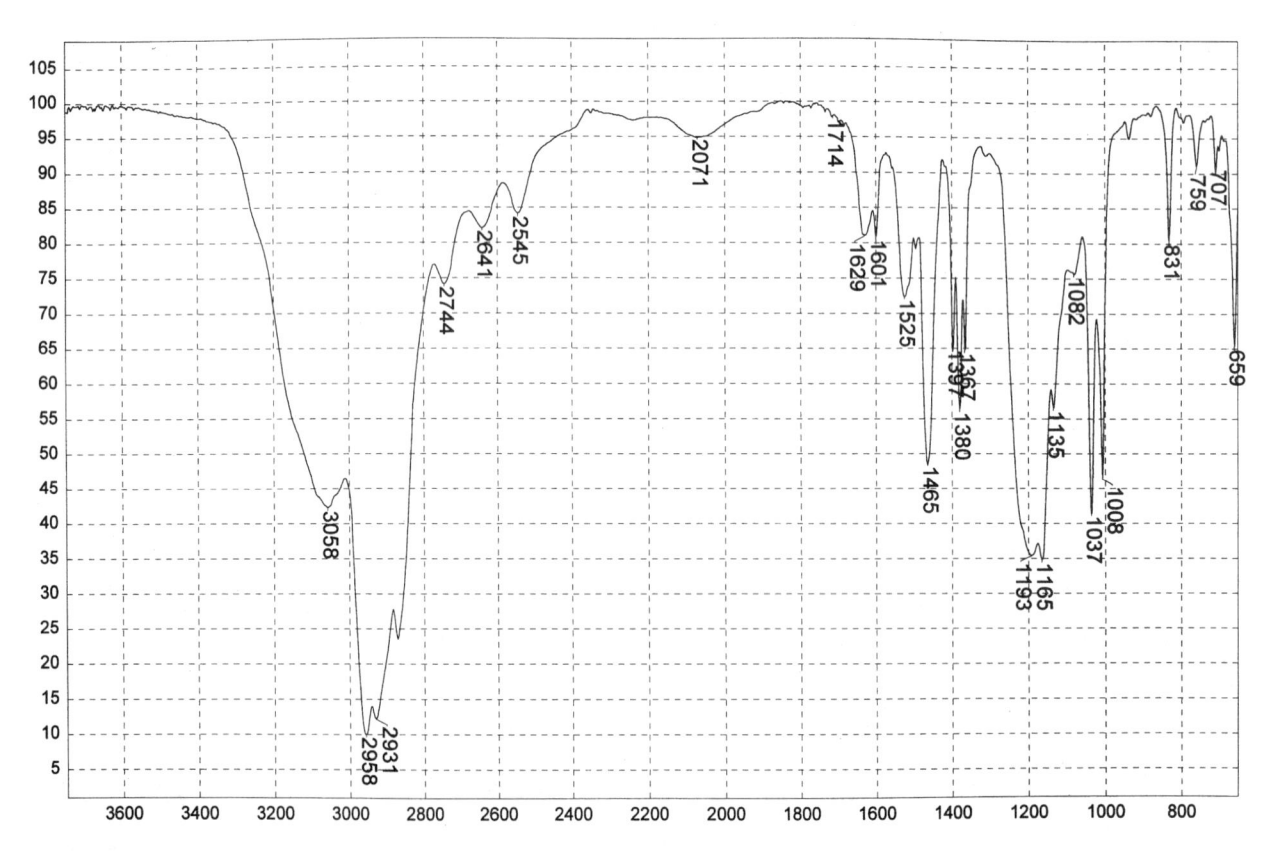

1546 ISOPROPYLAMINE SALT-SULFONATED PETROLEUM

1547 TRIETHANOLAMINE SALT-SULFONATED PETROLEUM

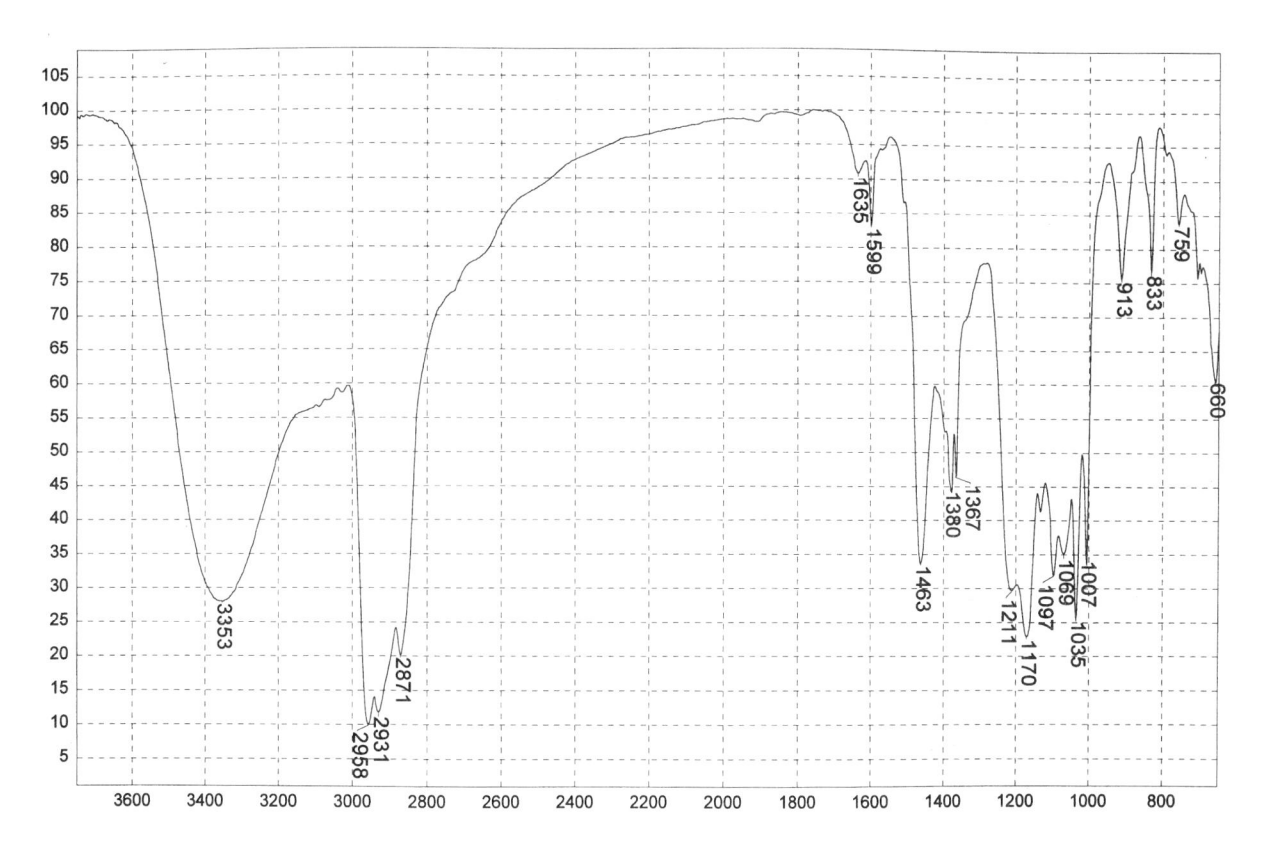

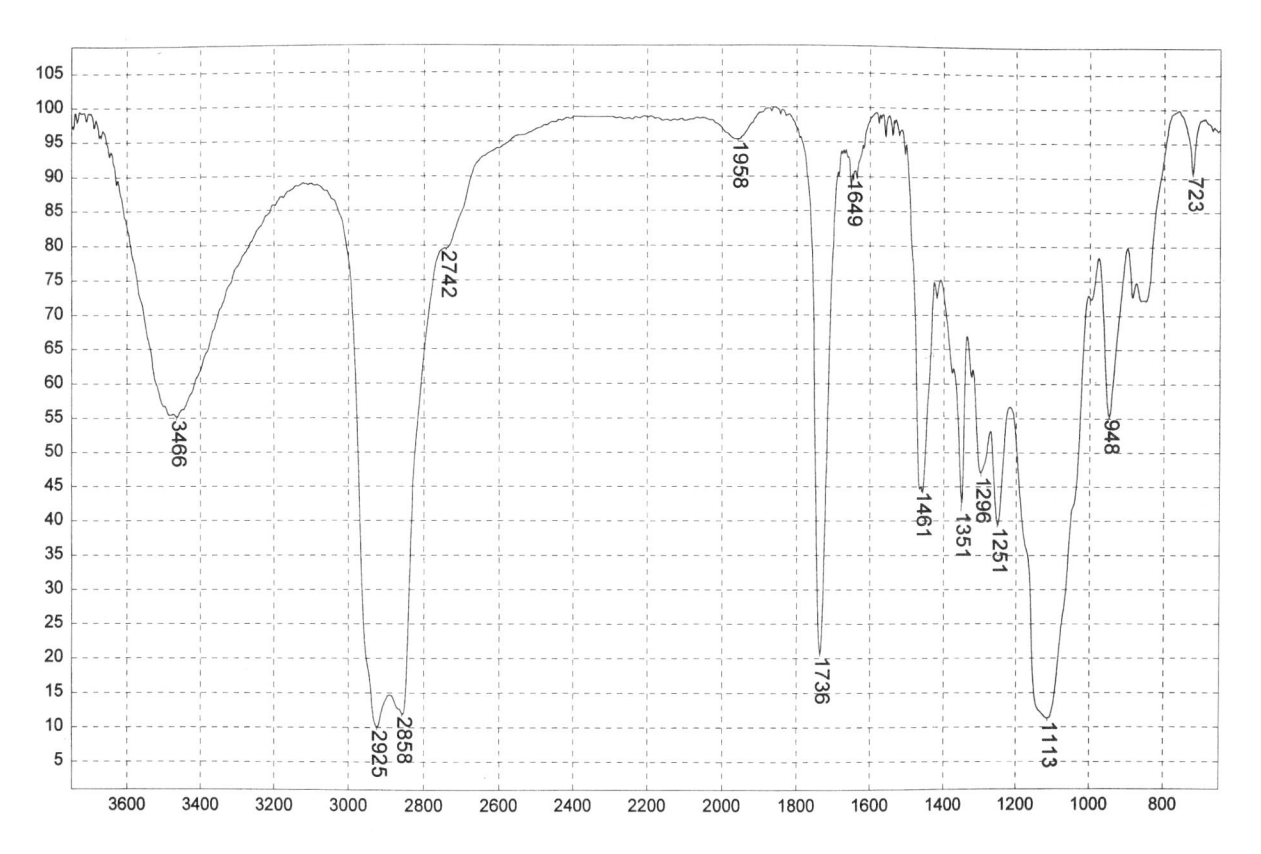

1548 LAURATE OF POLYETHYLENE GLYCOL 400

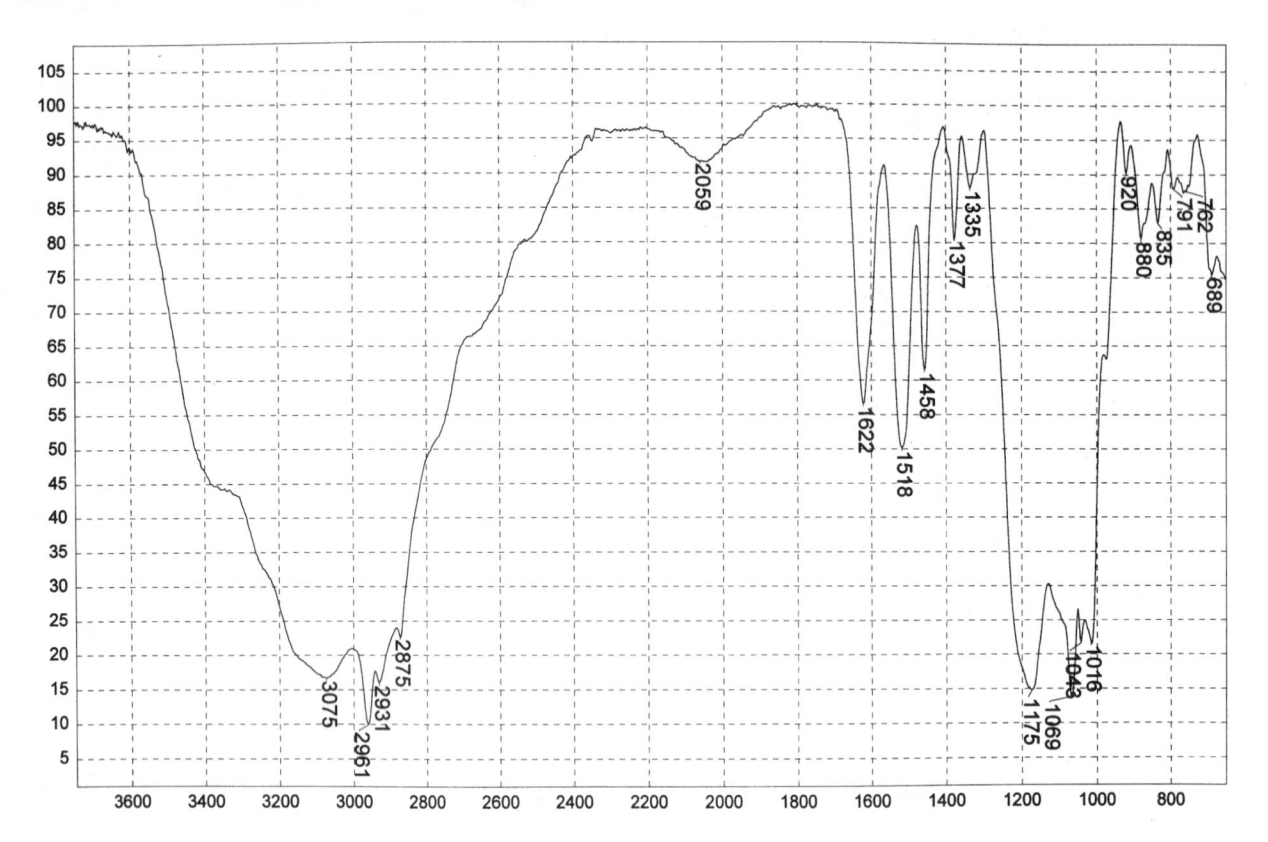

1549 Ethanolamine salt-dibutylnaphthalene sulfonate

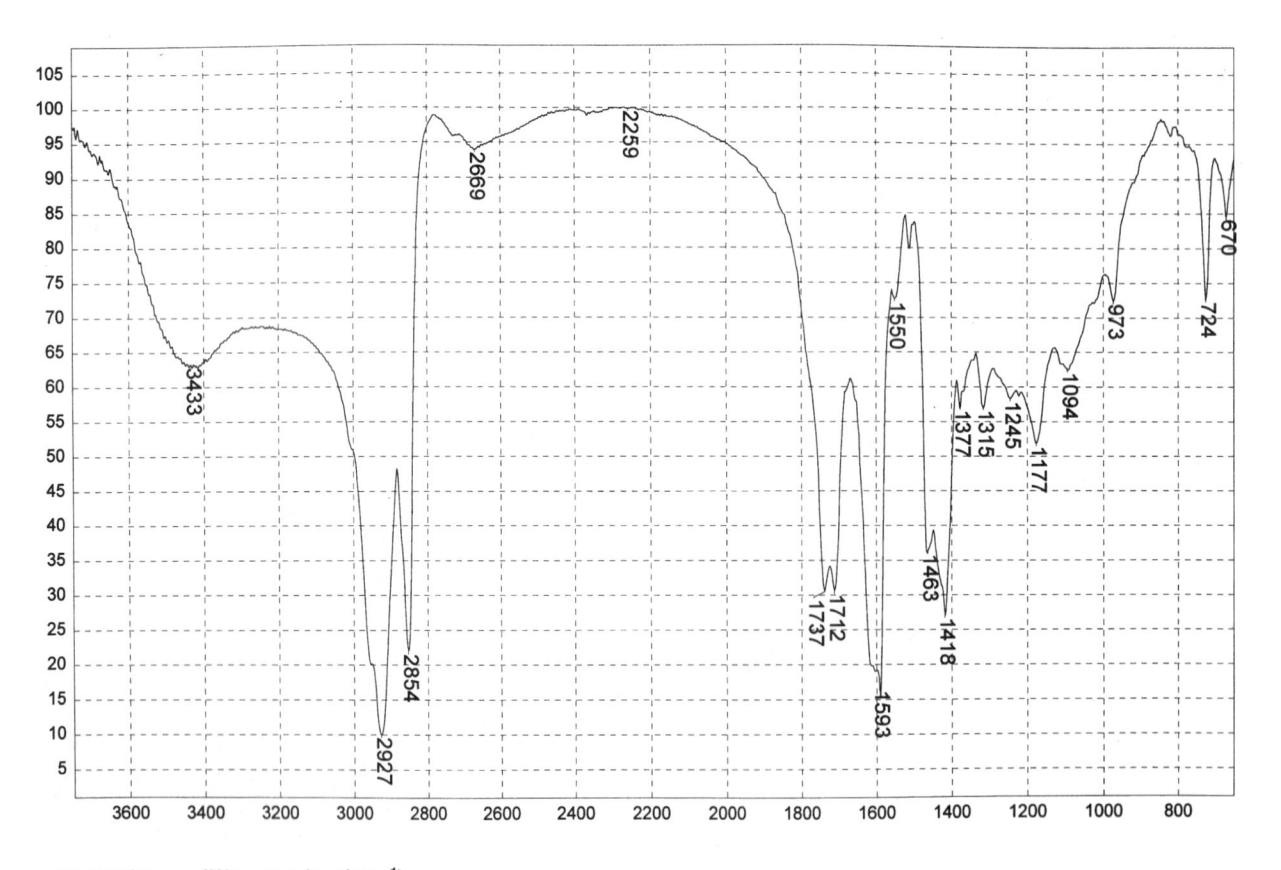

1550 COPPER OLEATE IN KBr

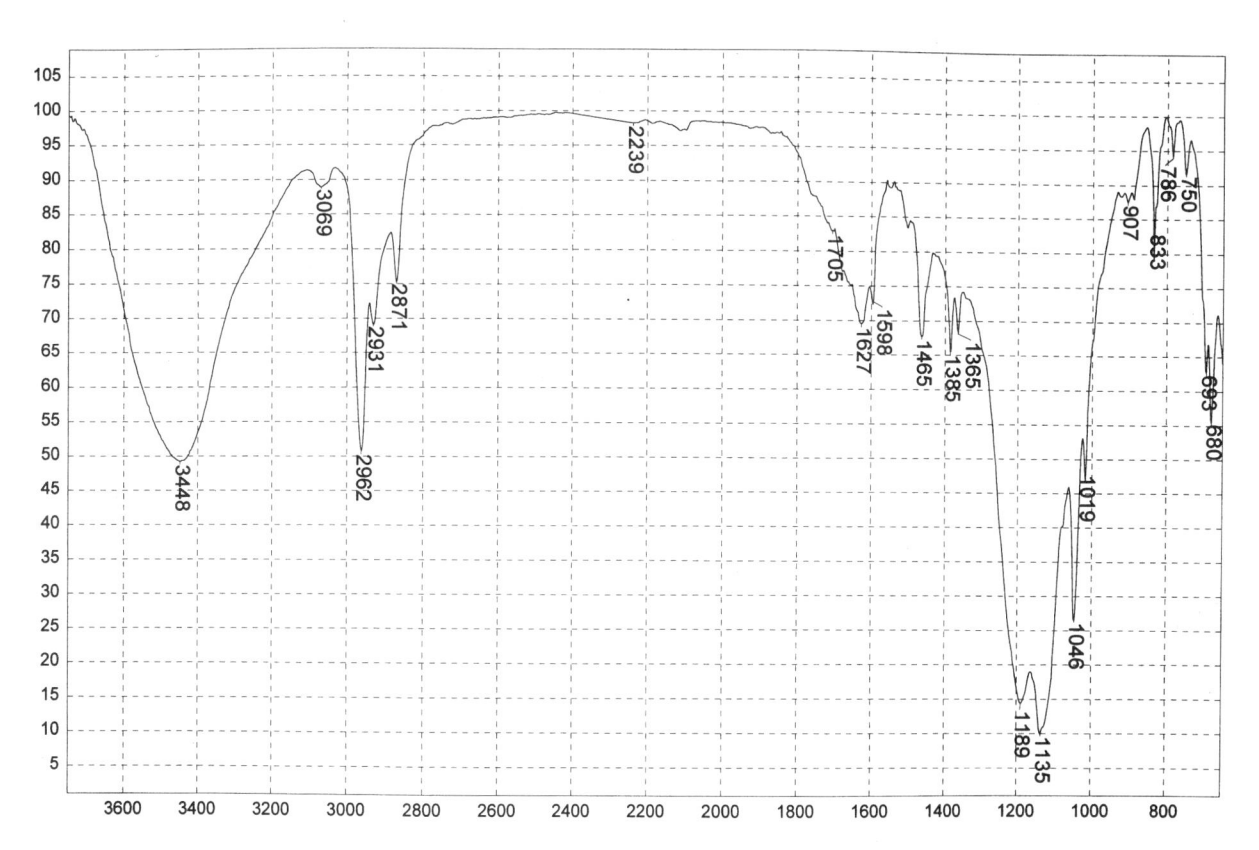

1551 SODIUM DIISOPROPYLNAPHTHALENE SULFONATE

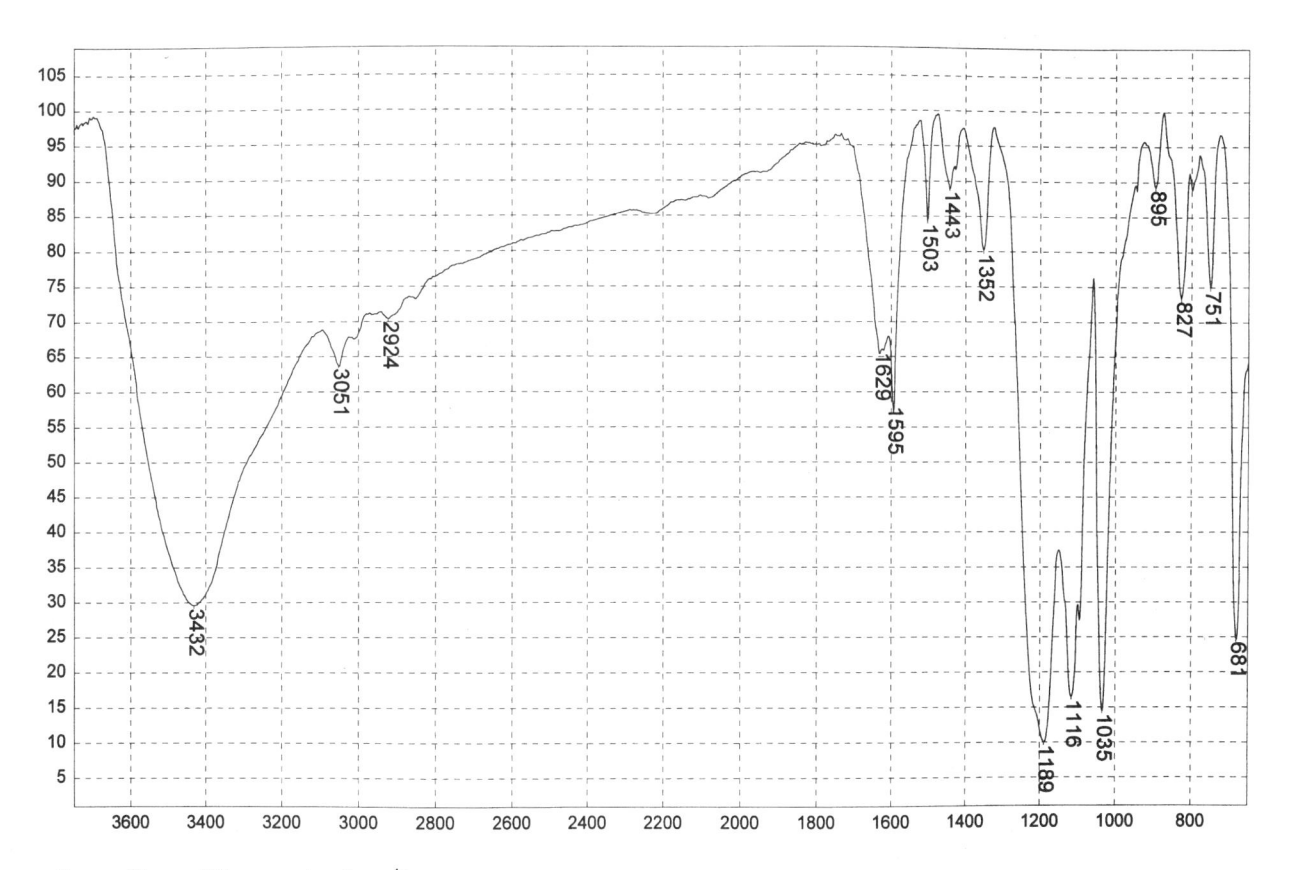

1552 K POLYMERIZED ALKYLNAPHTHALENE SULFONATE

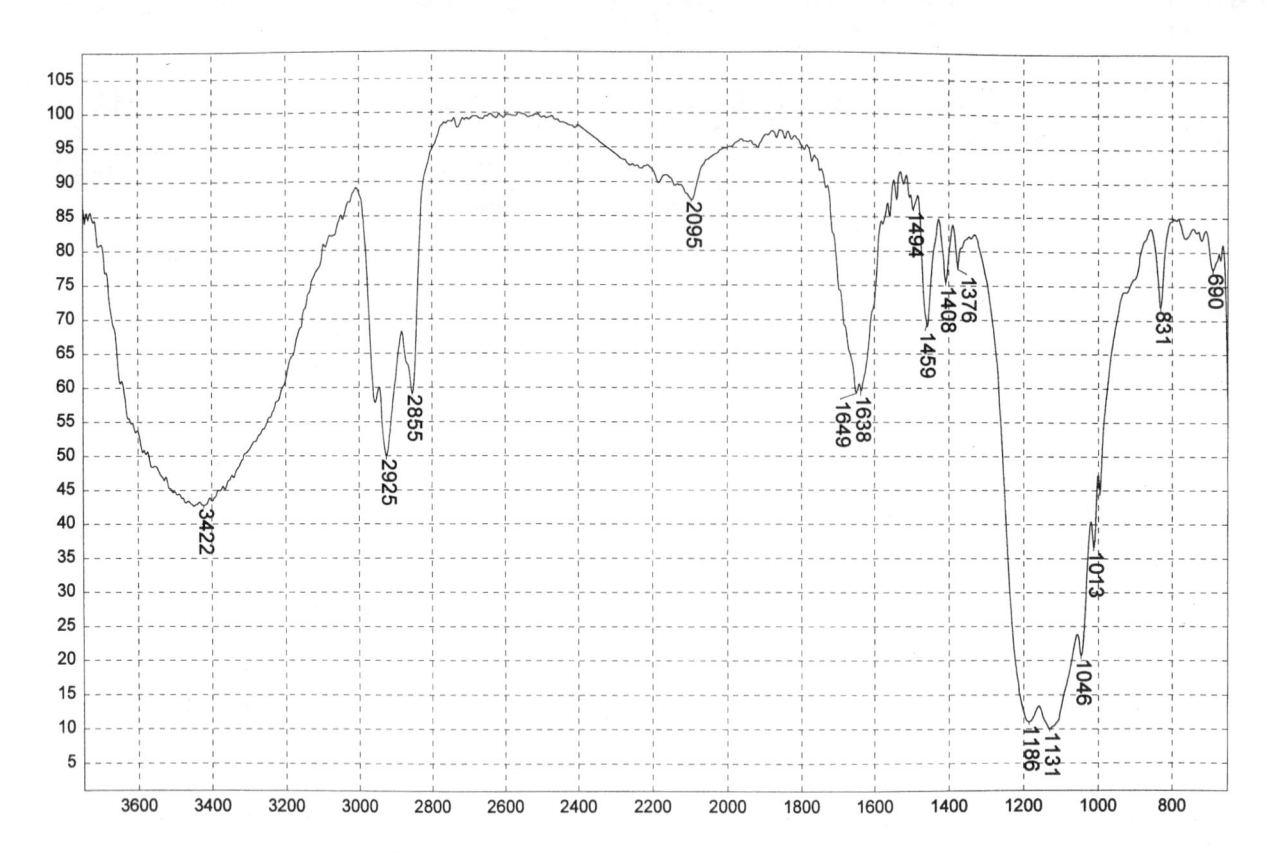

1553   SODIUM KERYLBENZENE SULFONATE

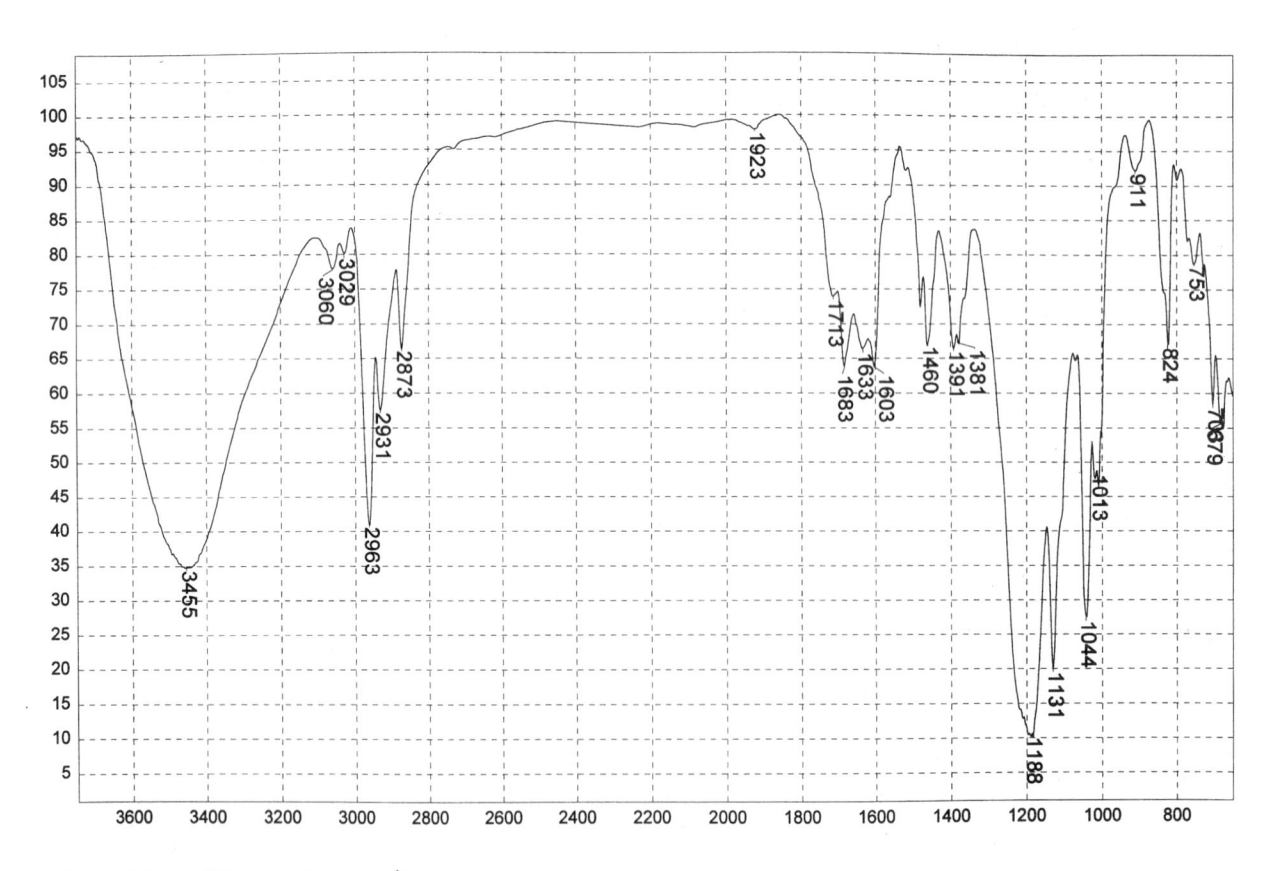

1554   SODIUM MONOBUTYLDIPHENYL SULFONATE

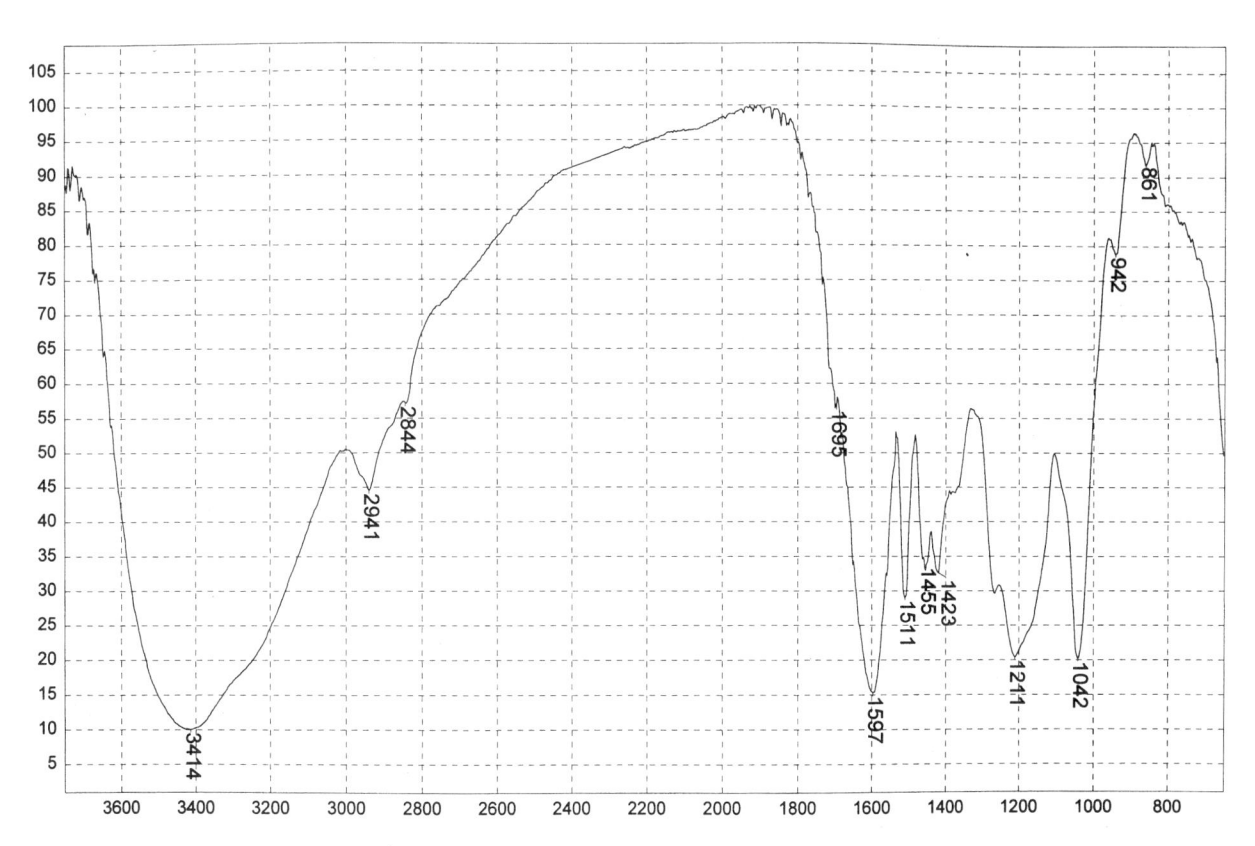

1555   Ca POLYMERIZED ALKYLBENZENE SULFONATE

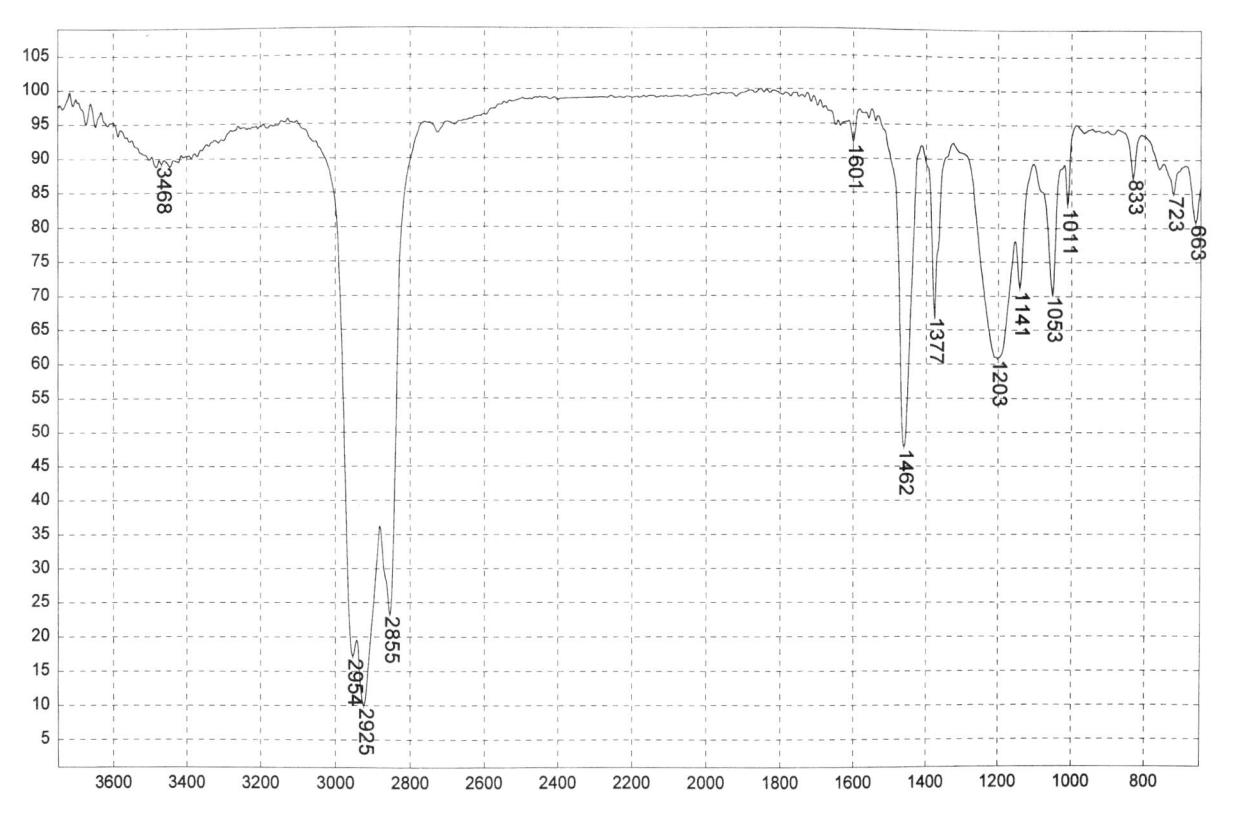

1556   CALCIUM PETROLEUM SULFONATE

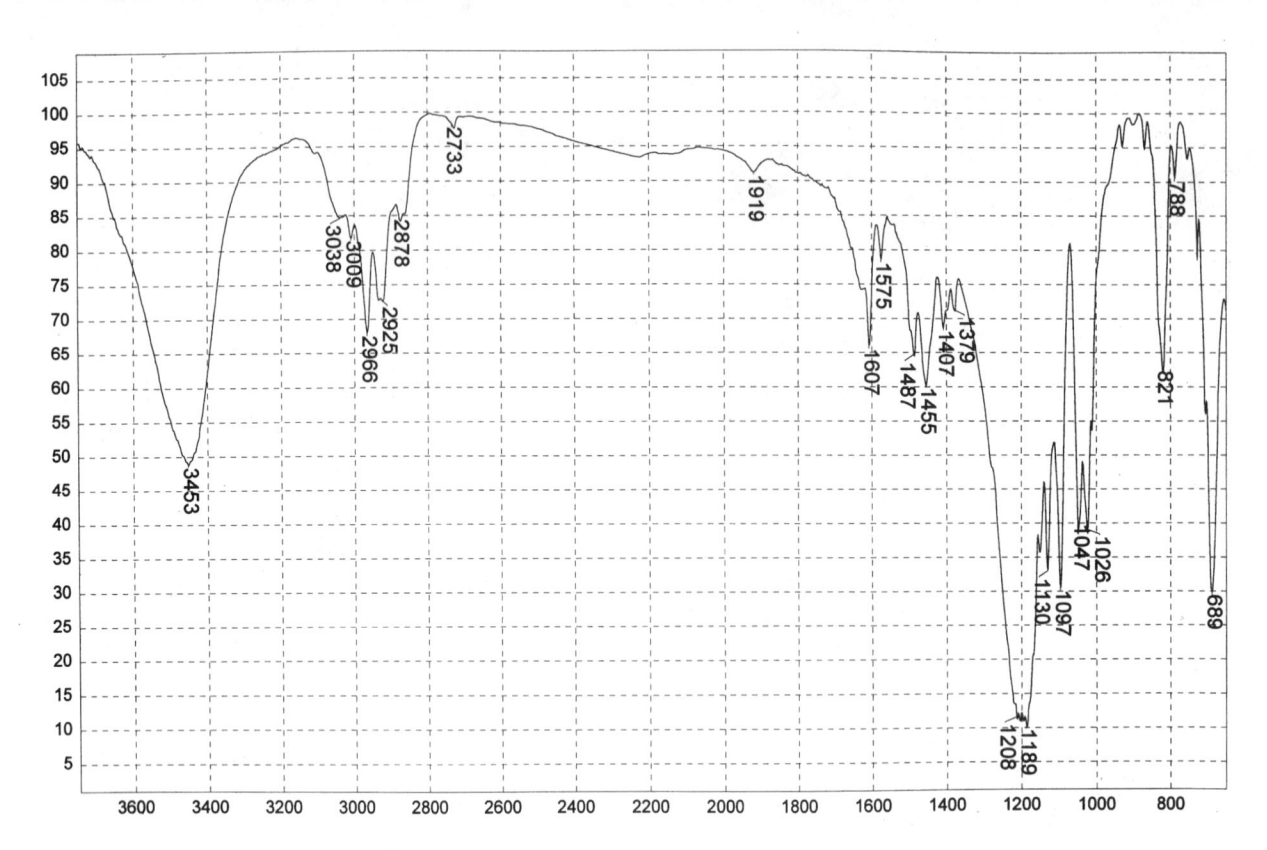

| 1557 | **SODIUM XYLENE SULFONATE** |

| 1558 | **SODIUM TOLUENE SULFONATE** |

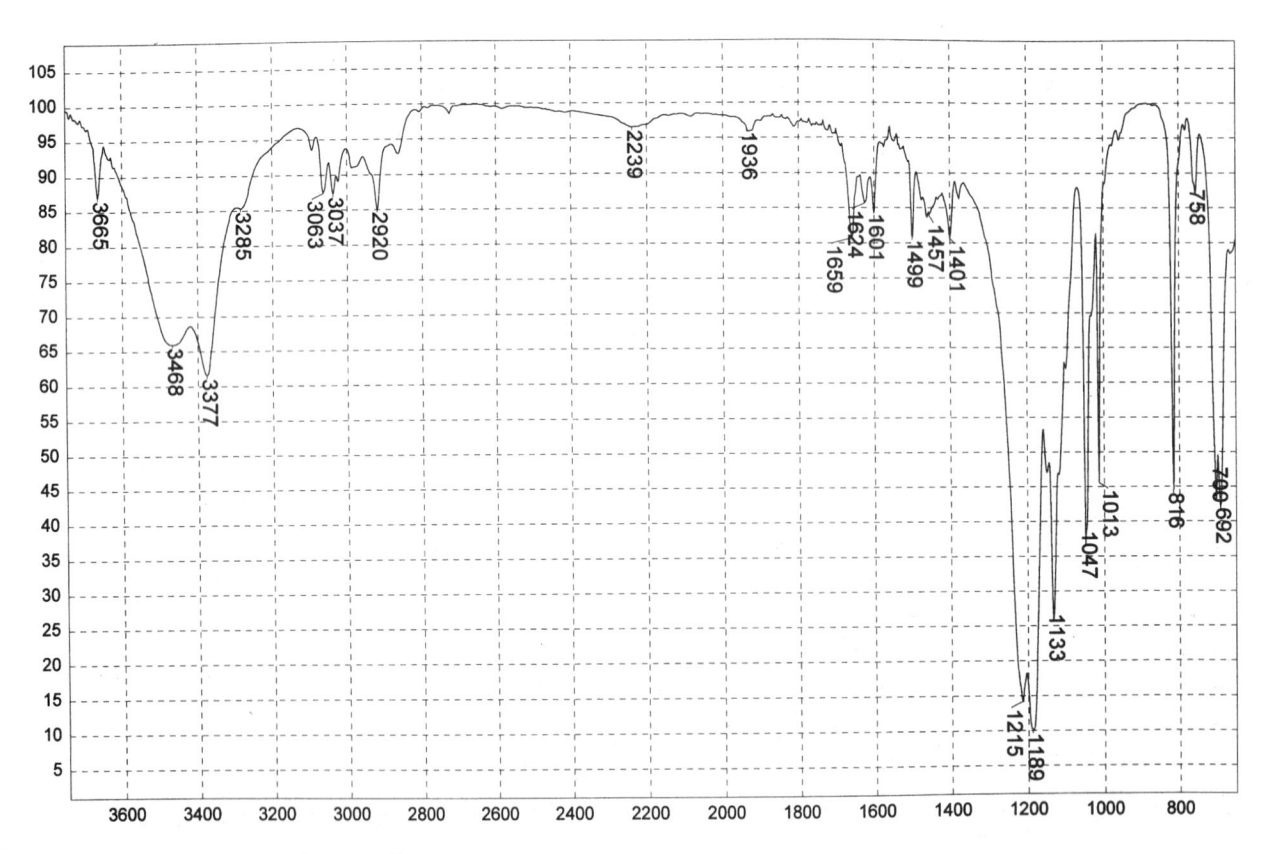

276

1559 TRIETHANOL-AMMONIUM DODECYLBENZENE SULFONATE

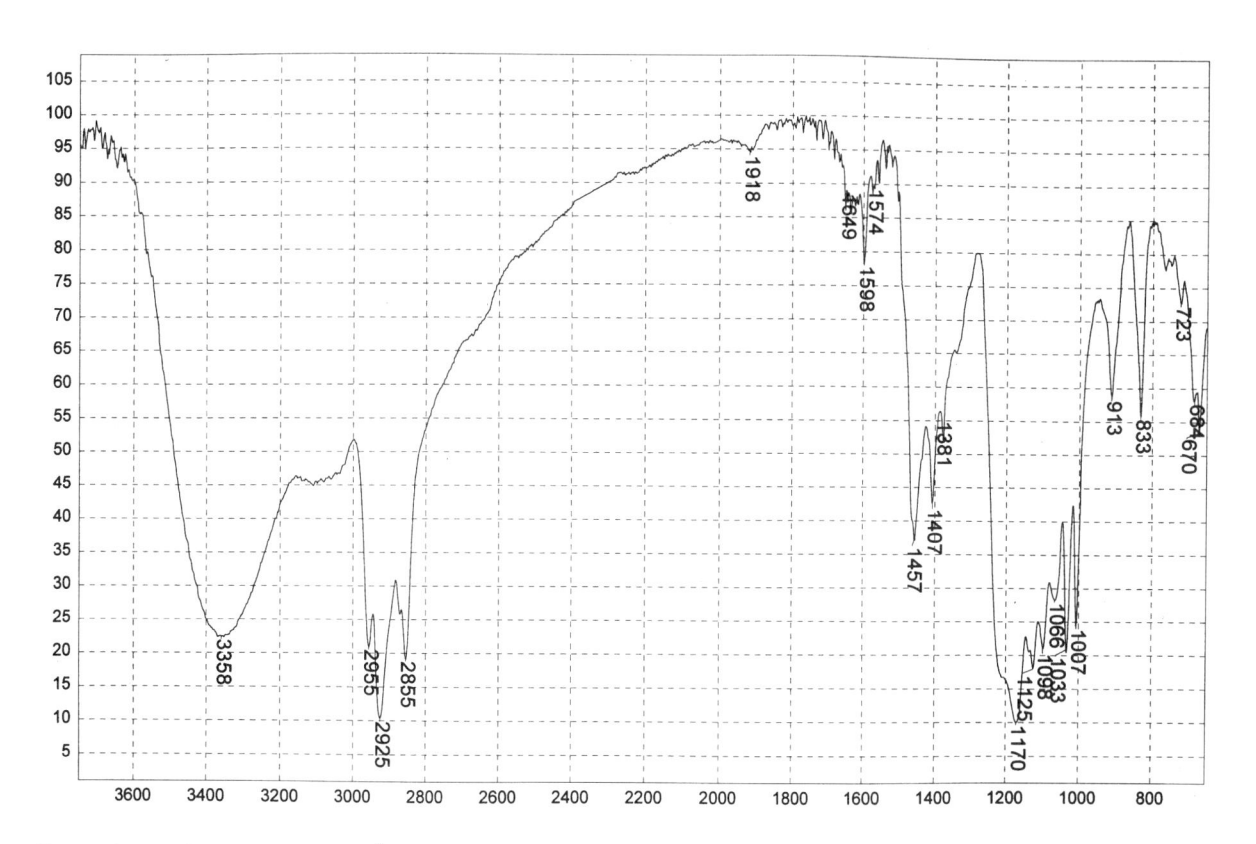

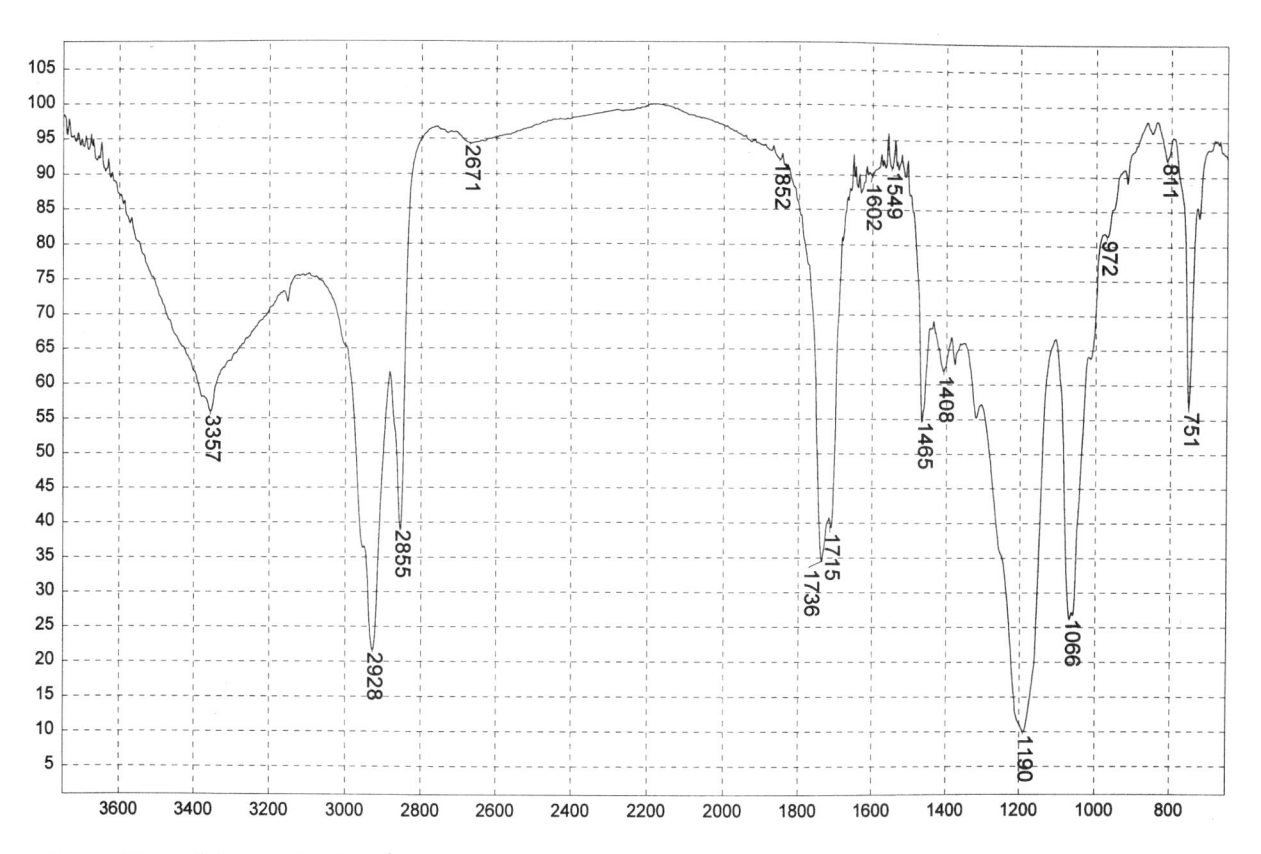

1560 OLEATE 2-HYDROXY-ETHANE SULFONIC ACID, SODIUM SALT

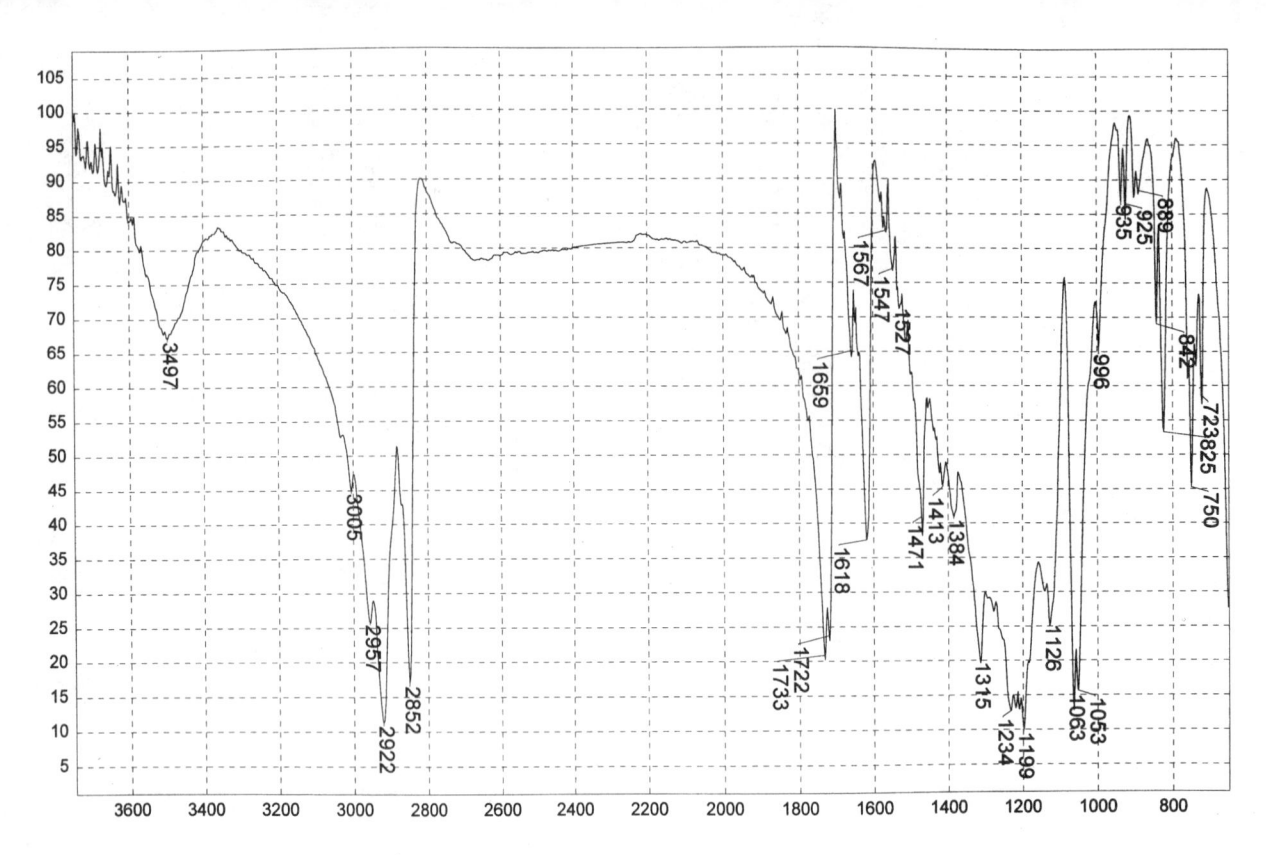

1561 SODIUM LOROL SULFOACETATE

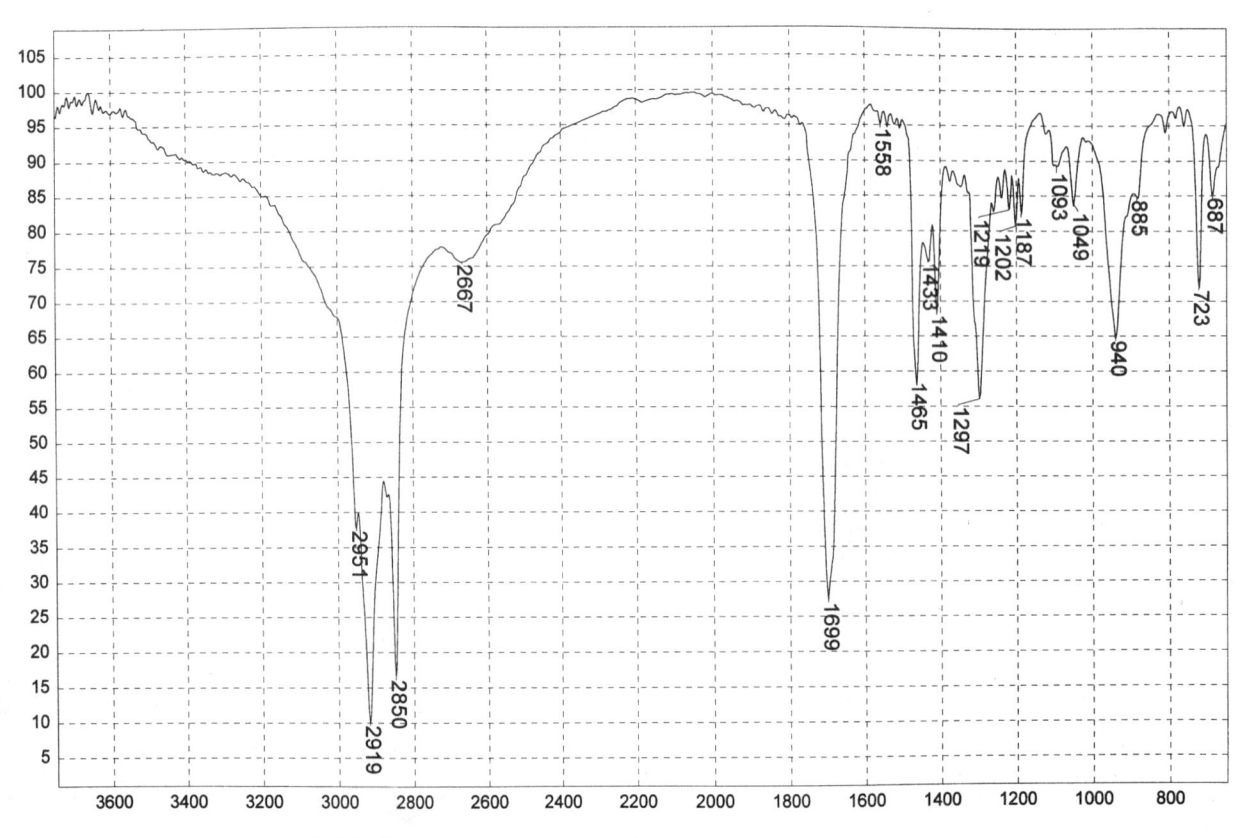

1562 STEARIC ACID

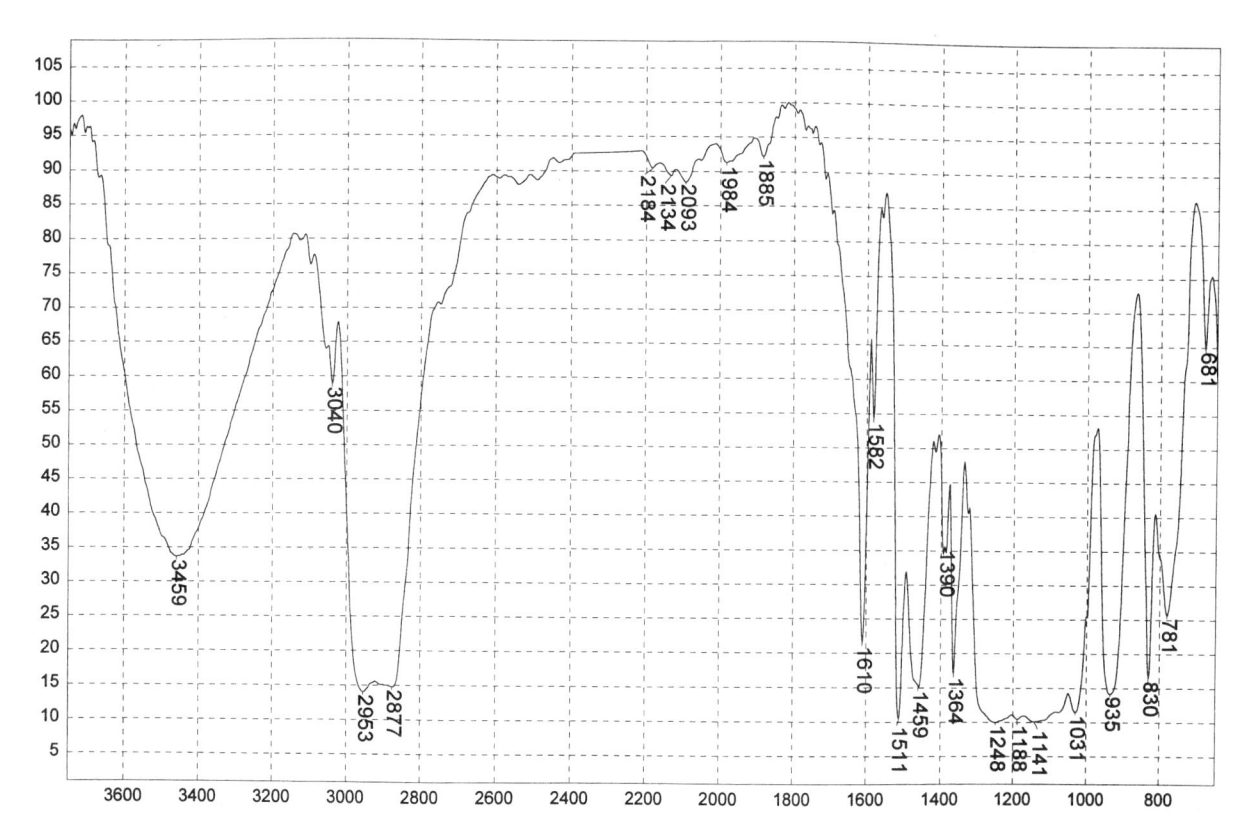

1563 SULFATED POLYOXYETHYLATED OCTYLPHENOL-SODIUM

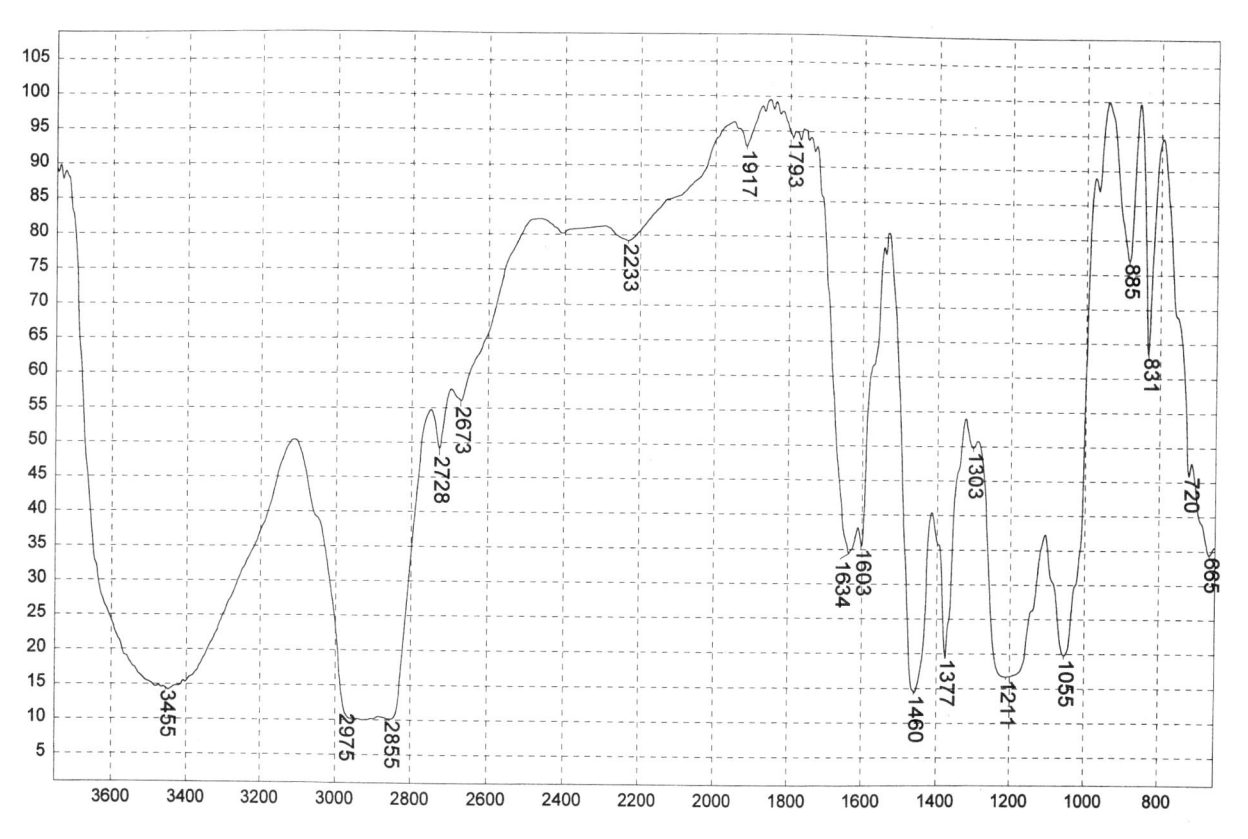

1564 SODIUM PETROLEUM SULFONATE

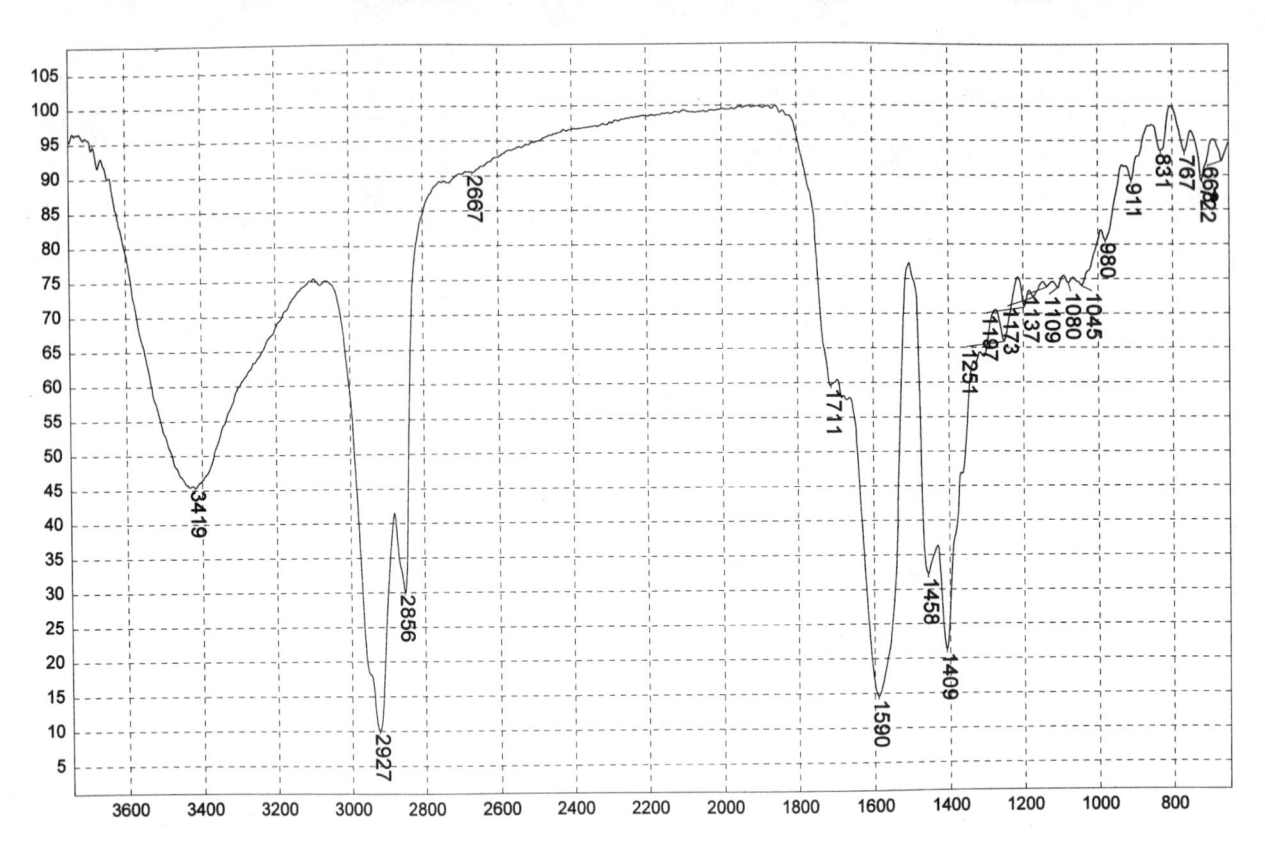

1565   ZINC LINOLEATE KBr

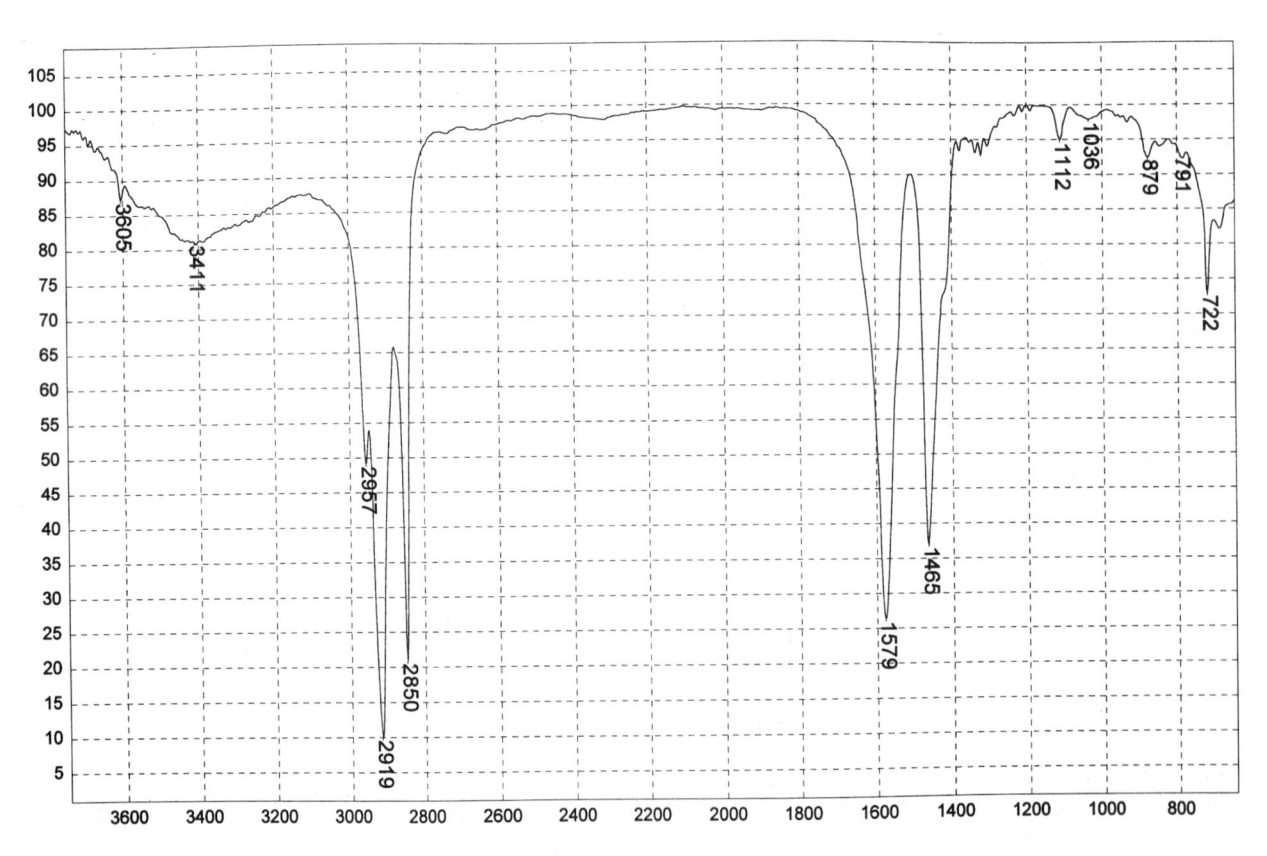

1566   MAGNESIUM STEARATE KBr

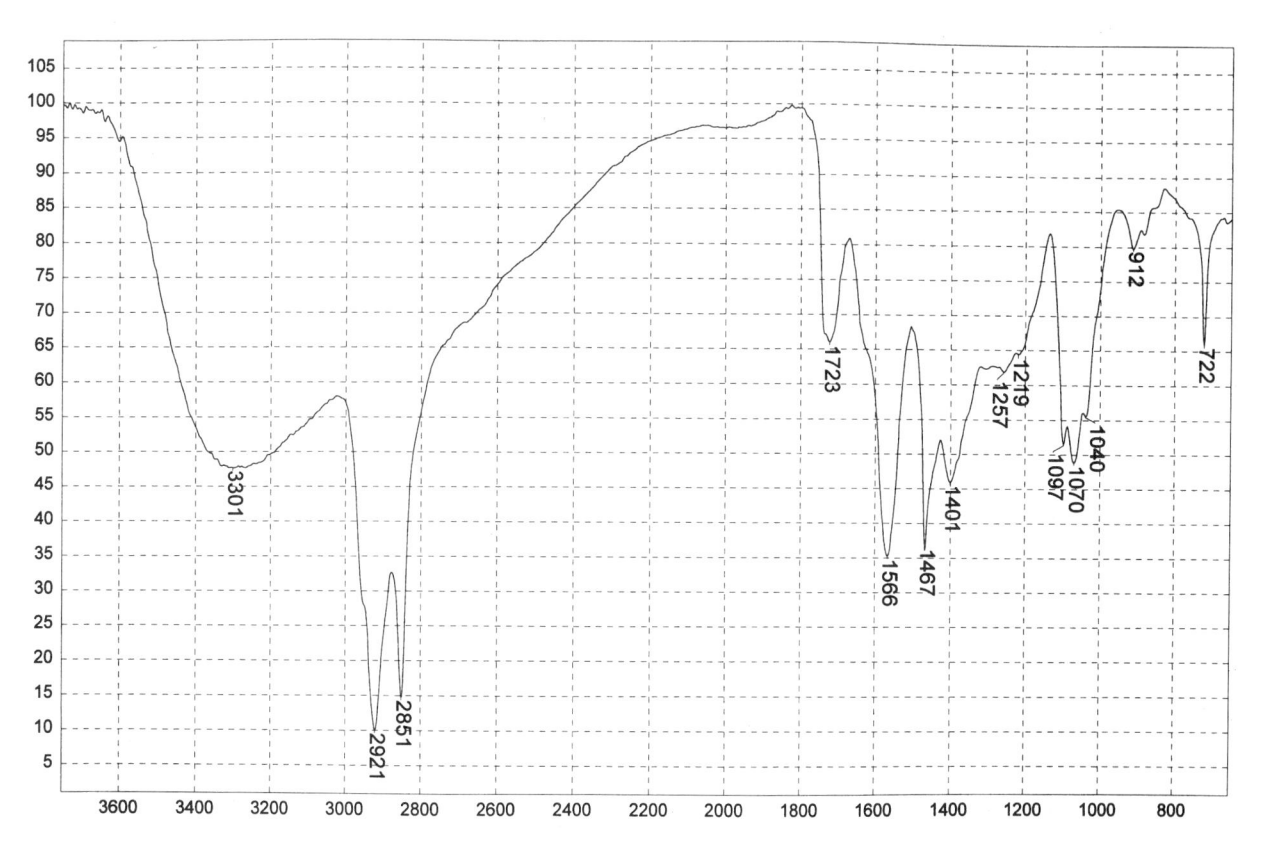

1567 TRIETHANOLAMINE STEARATE

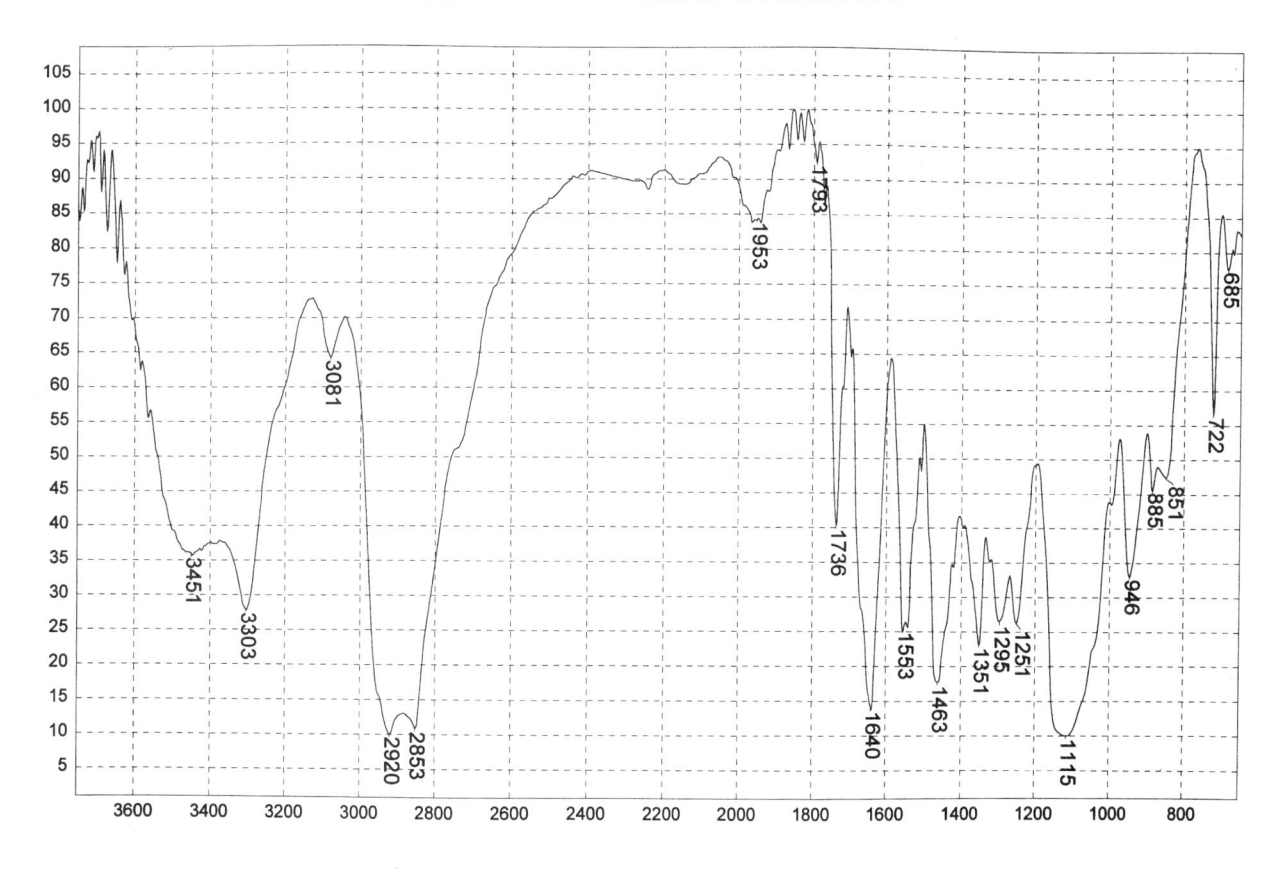

1568 P.O.E. HYDROGENATED TALLOW AMIDE (5 MOLES EtO)

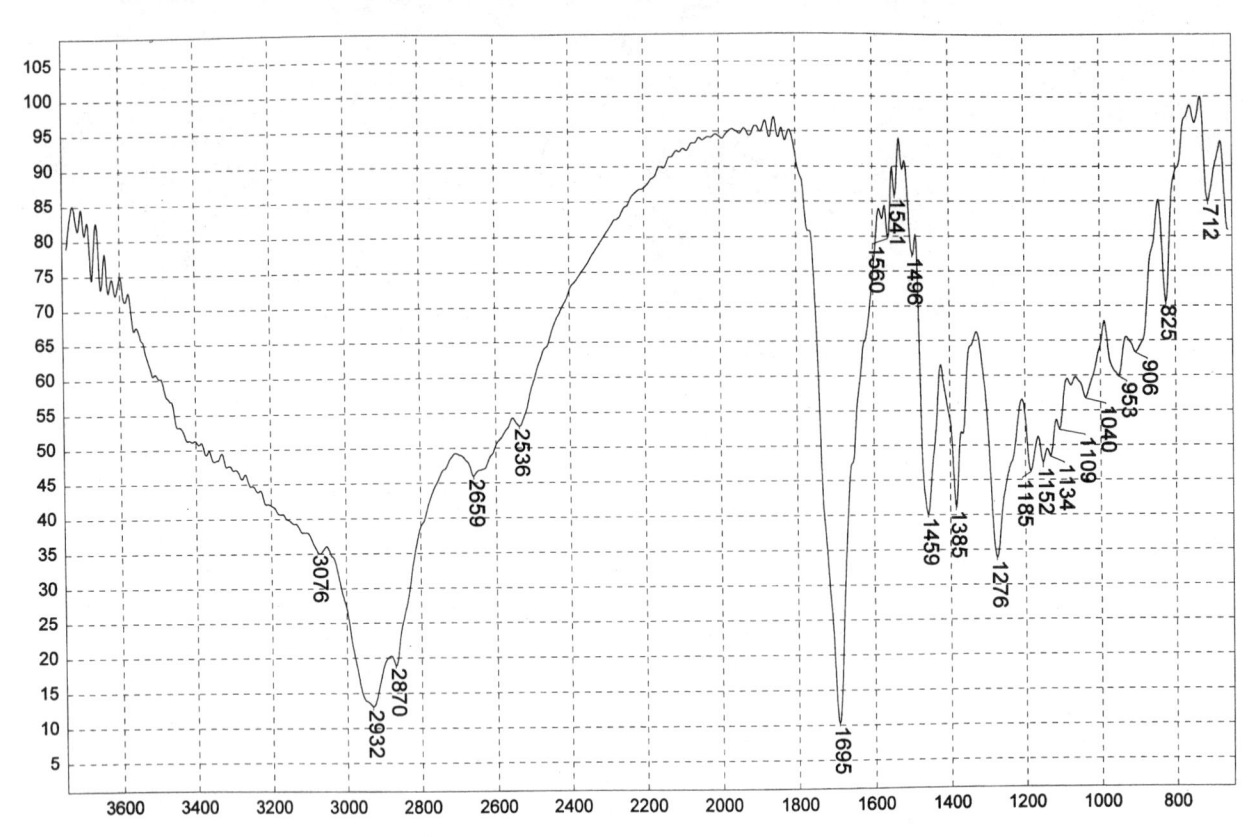

1569 KNOWN ABIETIC ACID

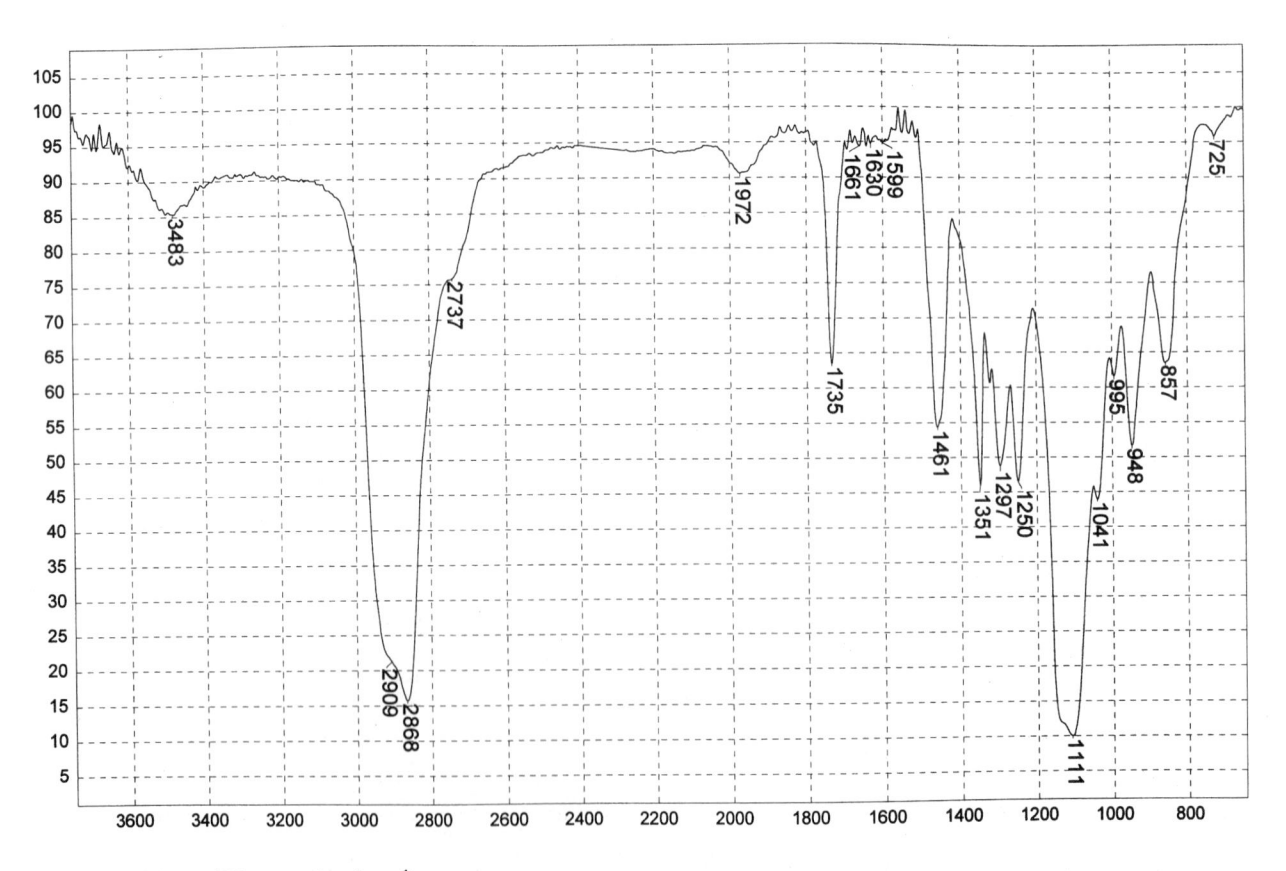

1570 DIOLEATE OF POLYETHYLENE GLYCOL 4000

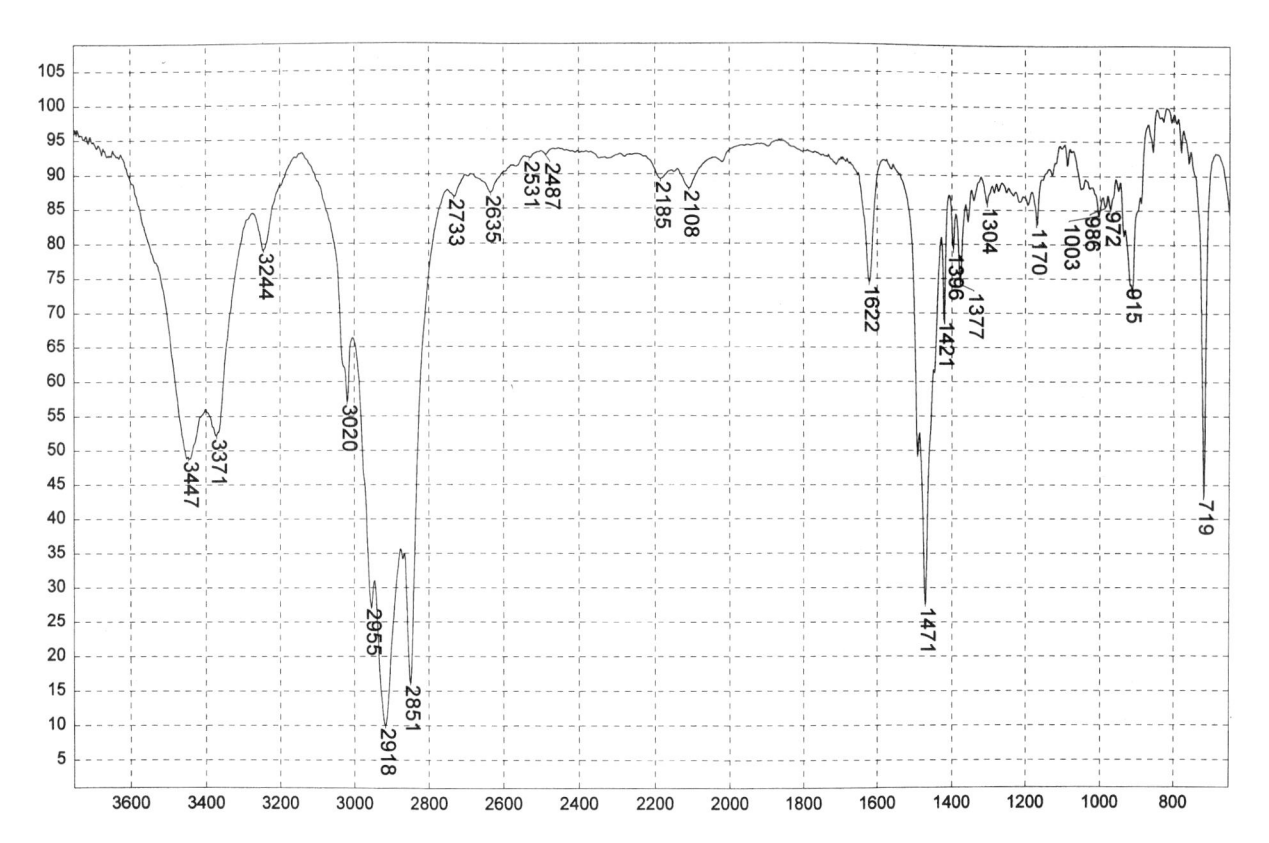

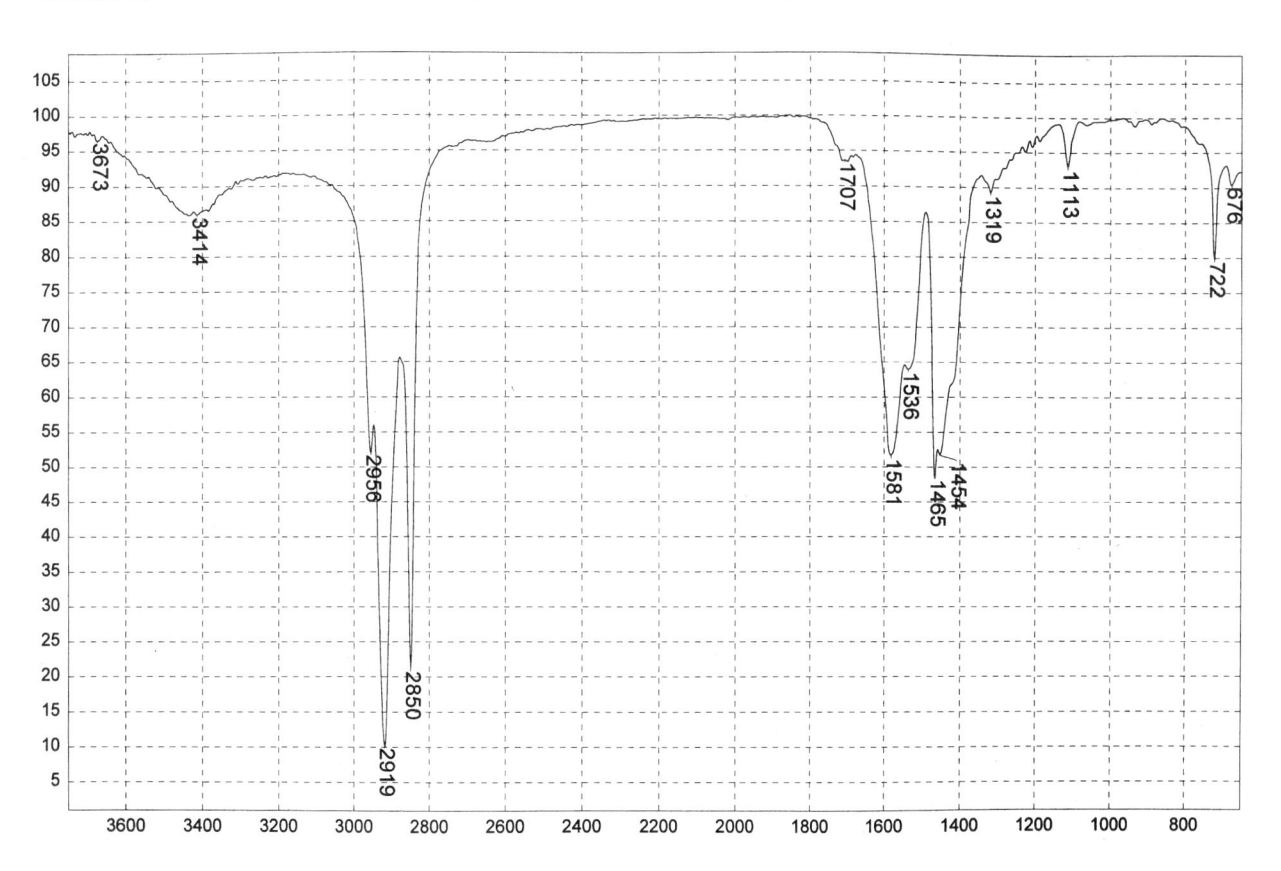

| 1571 | Di"Hydrogenated Tallow" Dimethylammonium Chloride |

| 1572 | IRON STEARATE KBr |

| 1573 | POLYOXYETHYLATED NONYLPHENOL (15 MOLES EtO) |

| 1574 | ACETIC ACID SALT OF OLEYLAMINE |

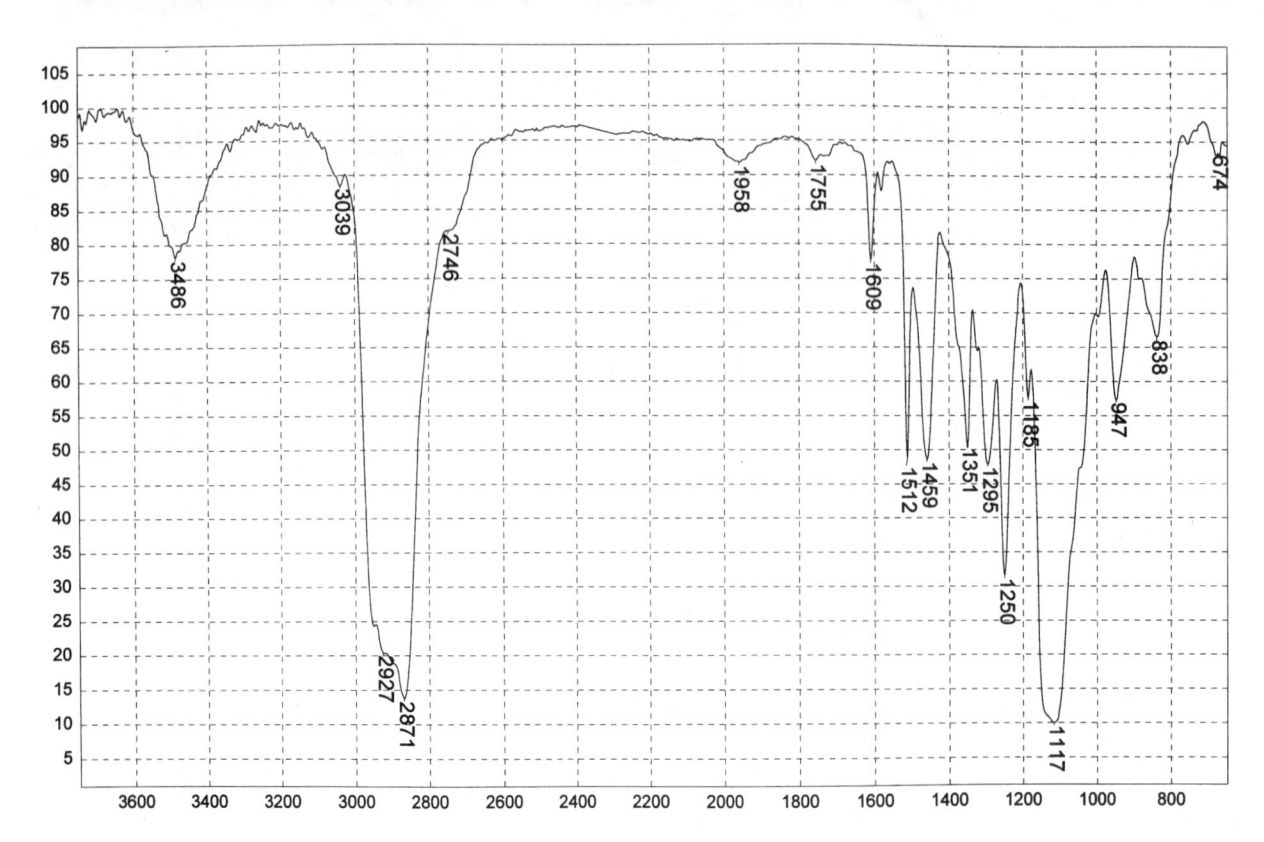

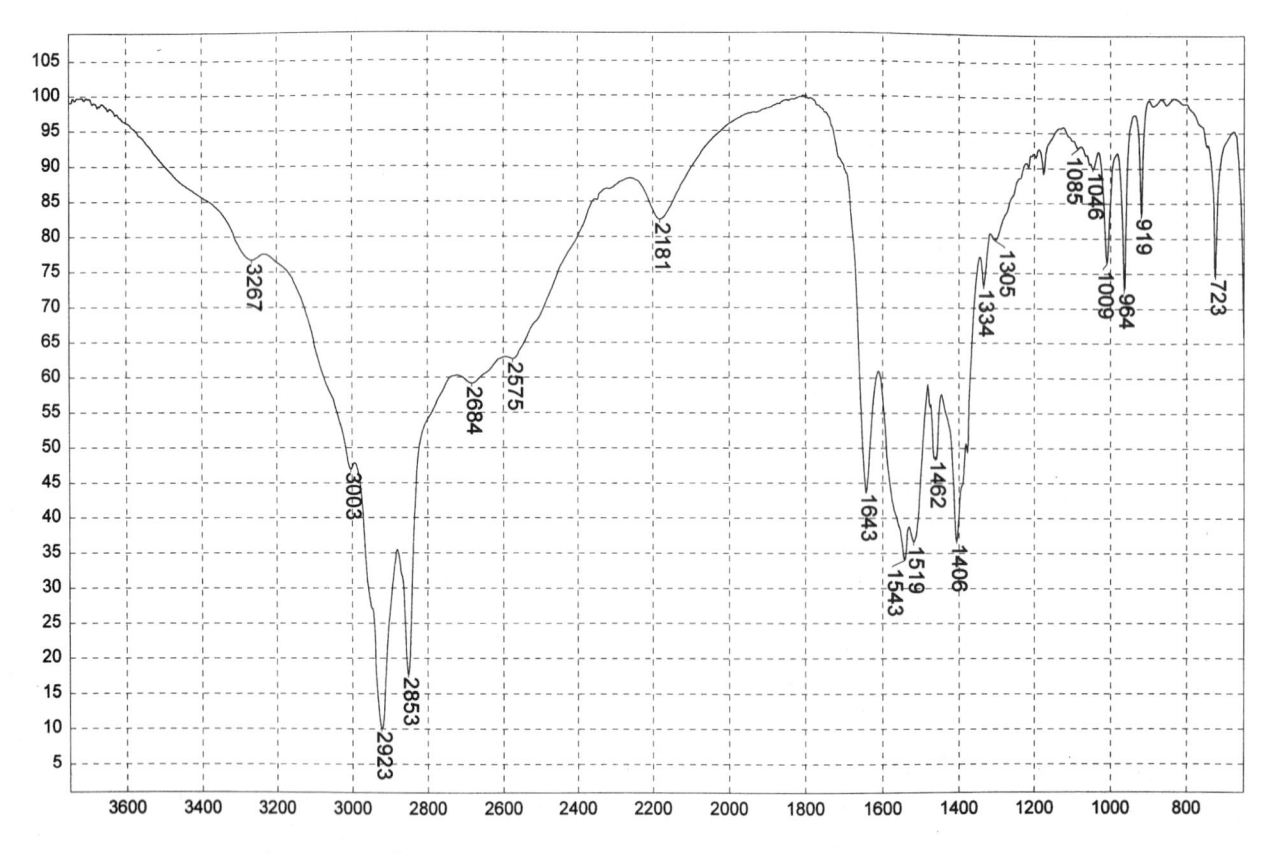

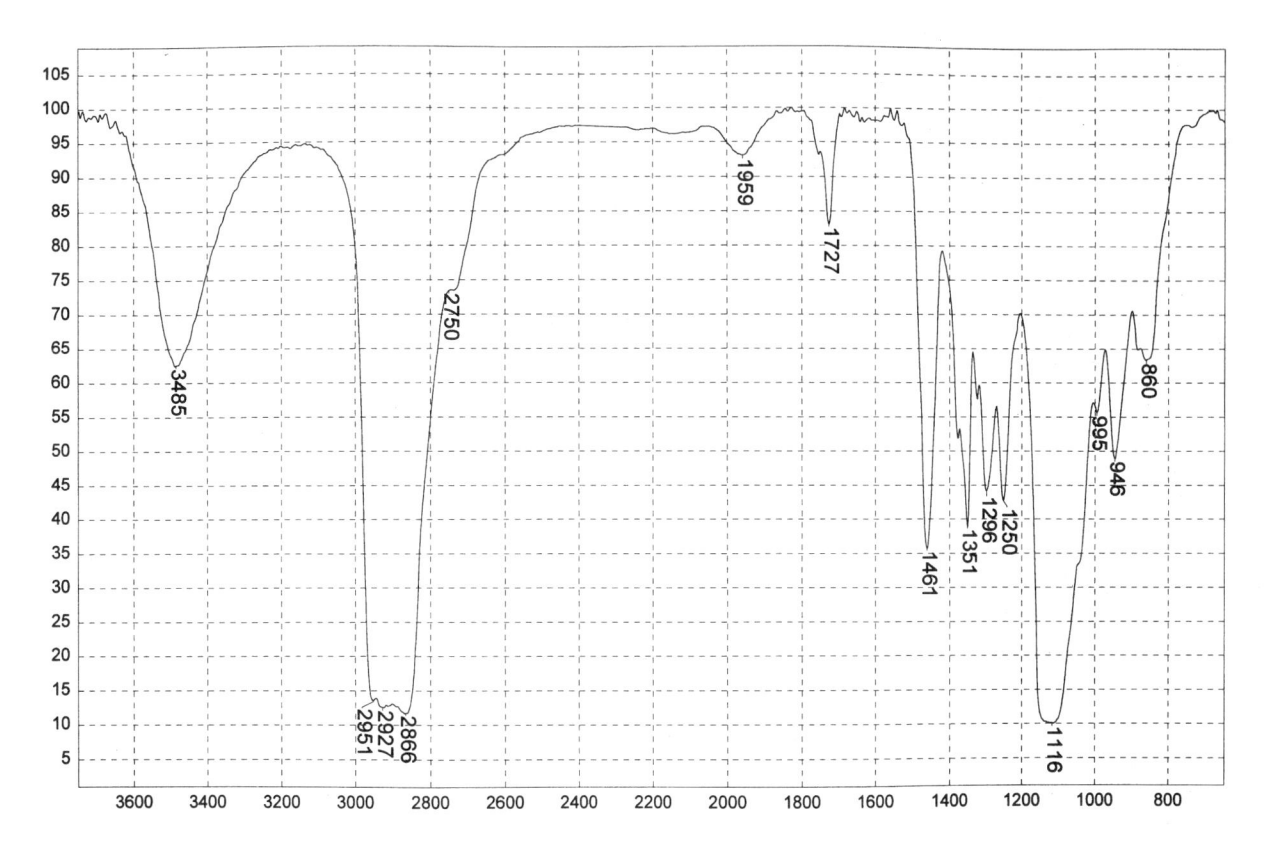

1575   P.O.E. TRIDECYL ALCOHOL (9 MOLES EtO)

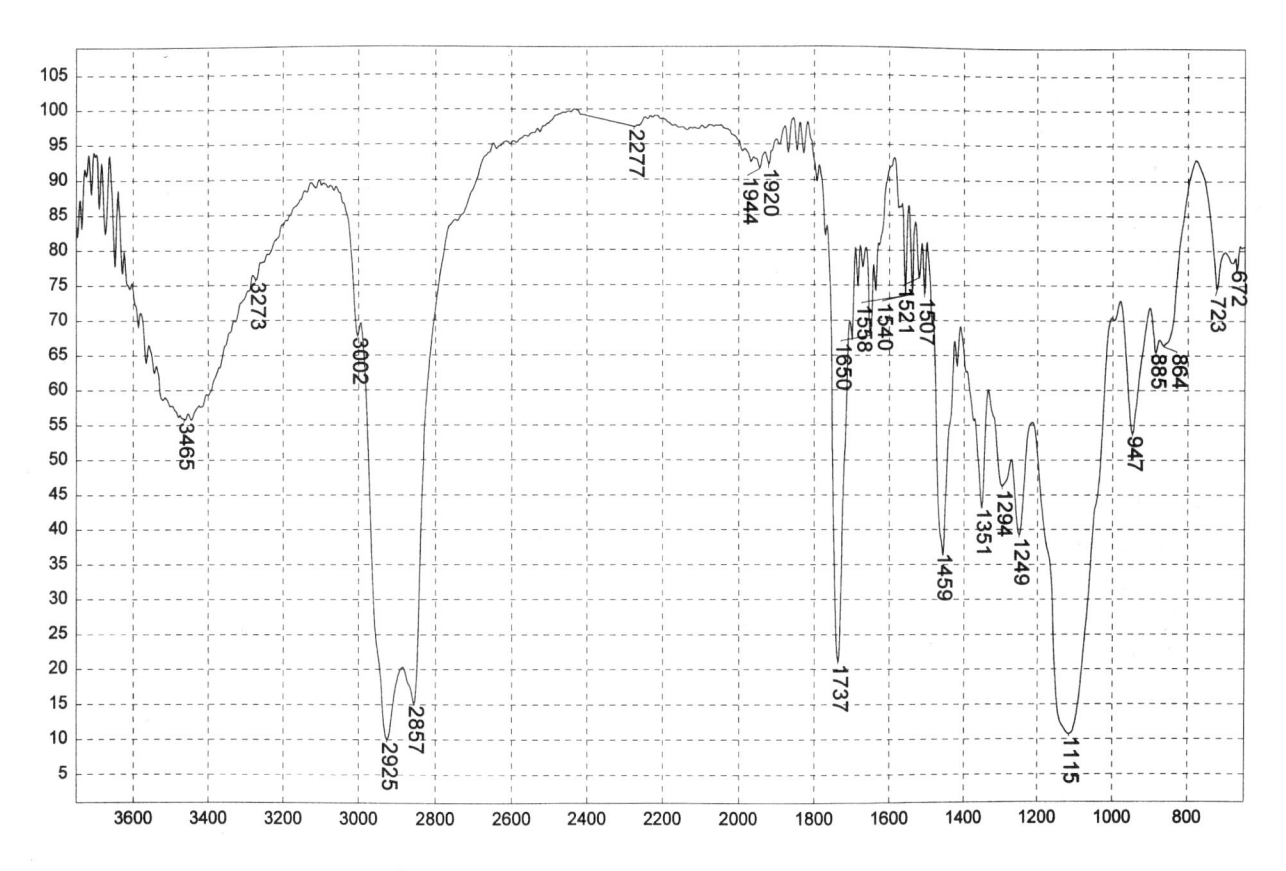

1576   P.O.E. SORBITAN MONOOLEATE HLB 13.9

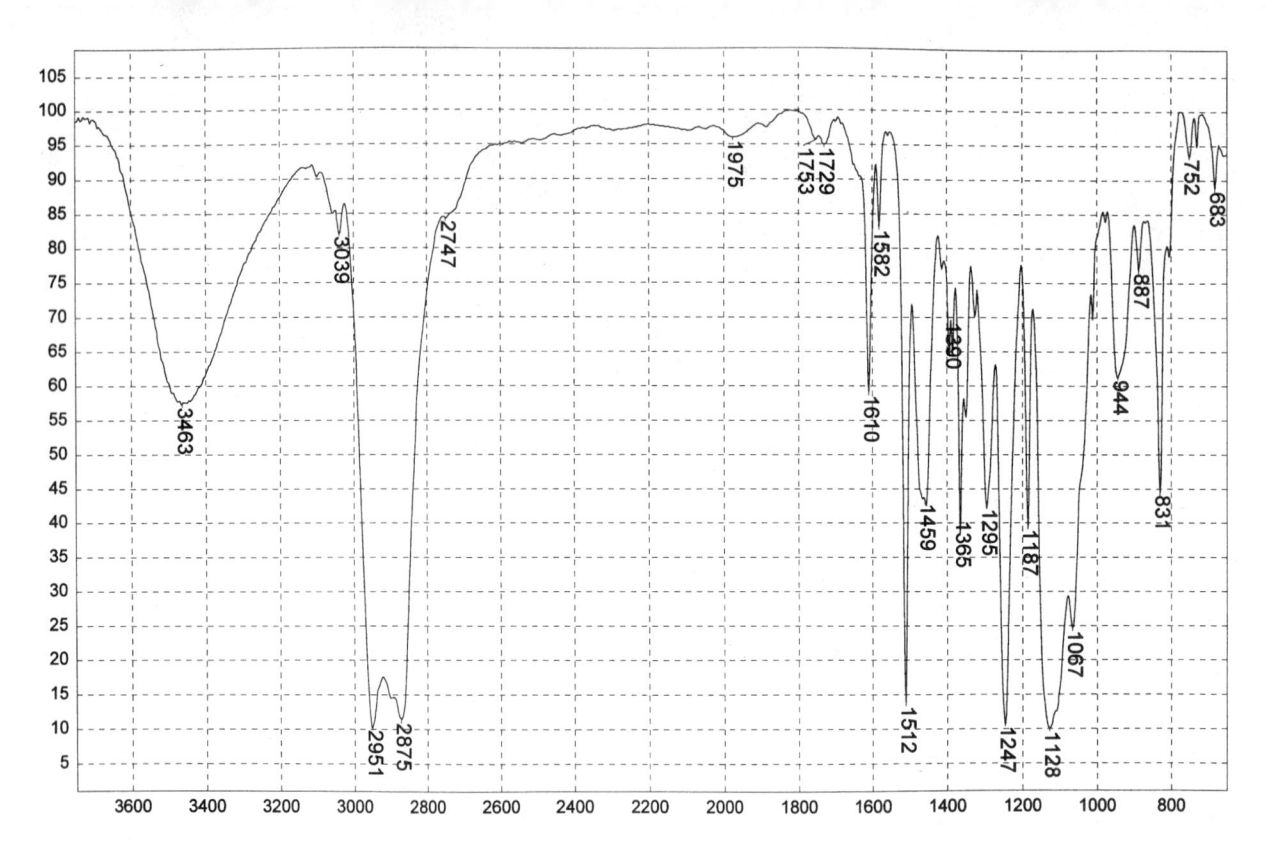

1577 POLYOXYETHYLATED TERTIARY OCTYLPHENOL (5 MOLES EtO)

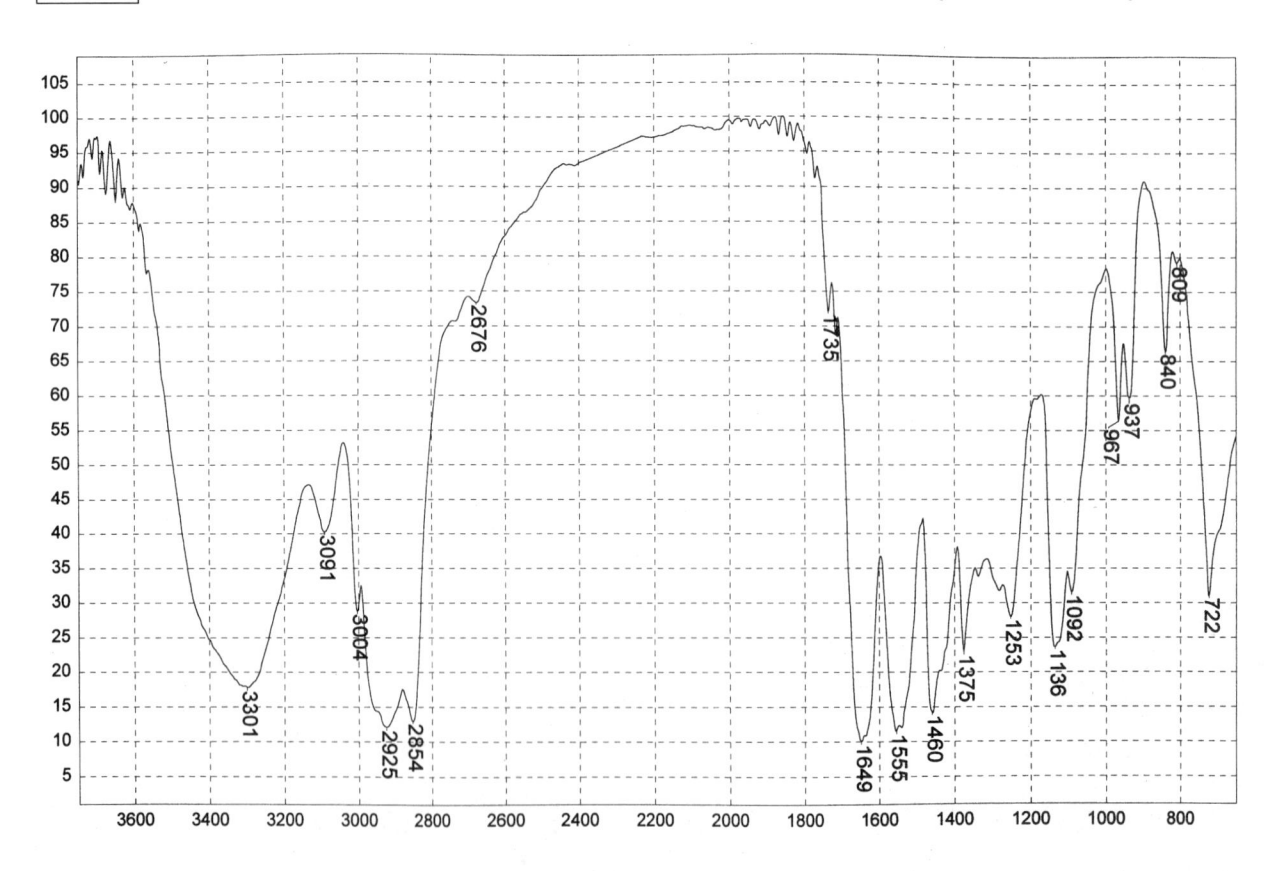

1578 OLEIC ACID MONOISOPROPANOLAMIDE

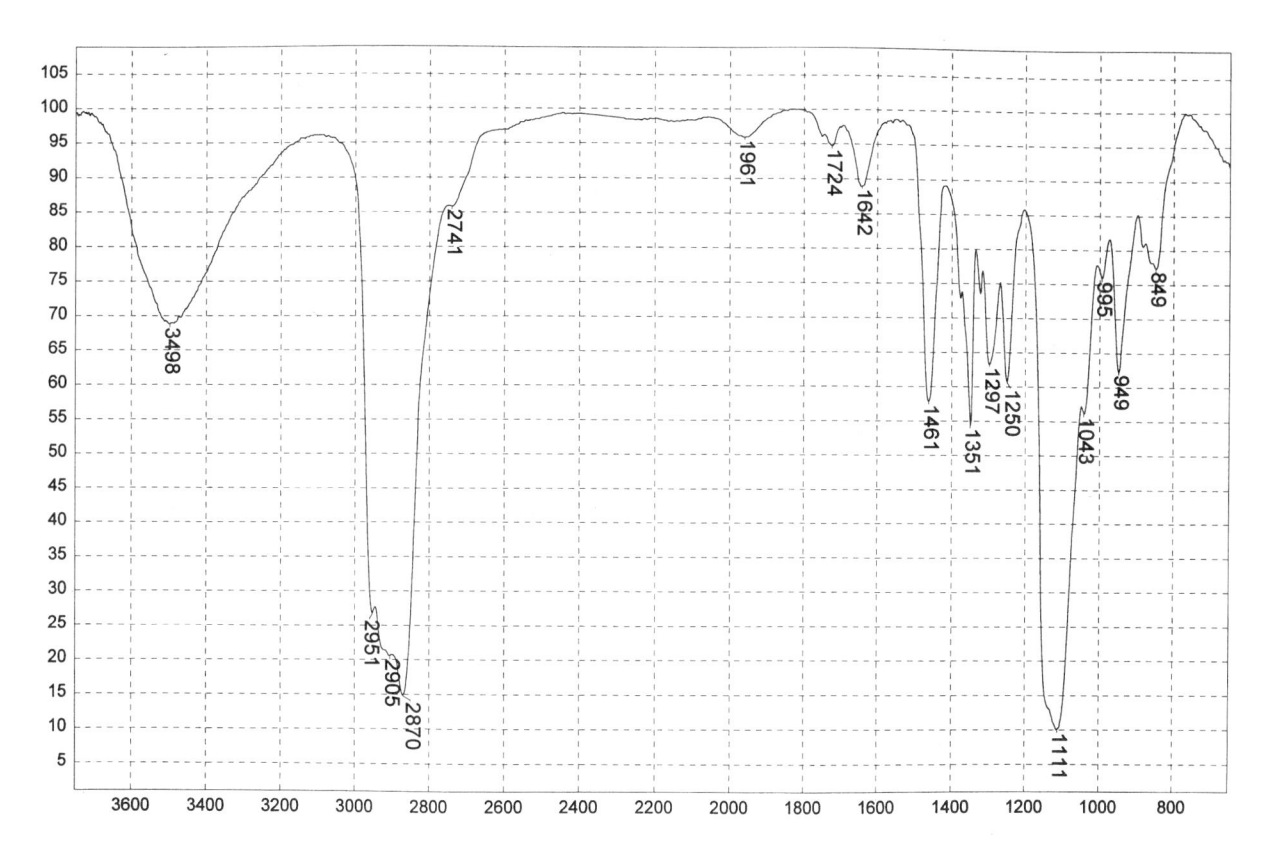

1579 POLYOXYETHYLATED TRIDECYL ALCOHOL (15 MOLES EtO)

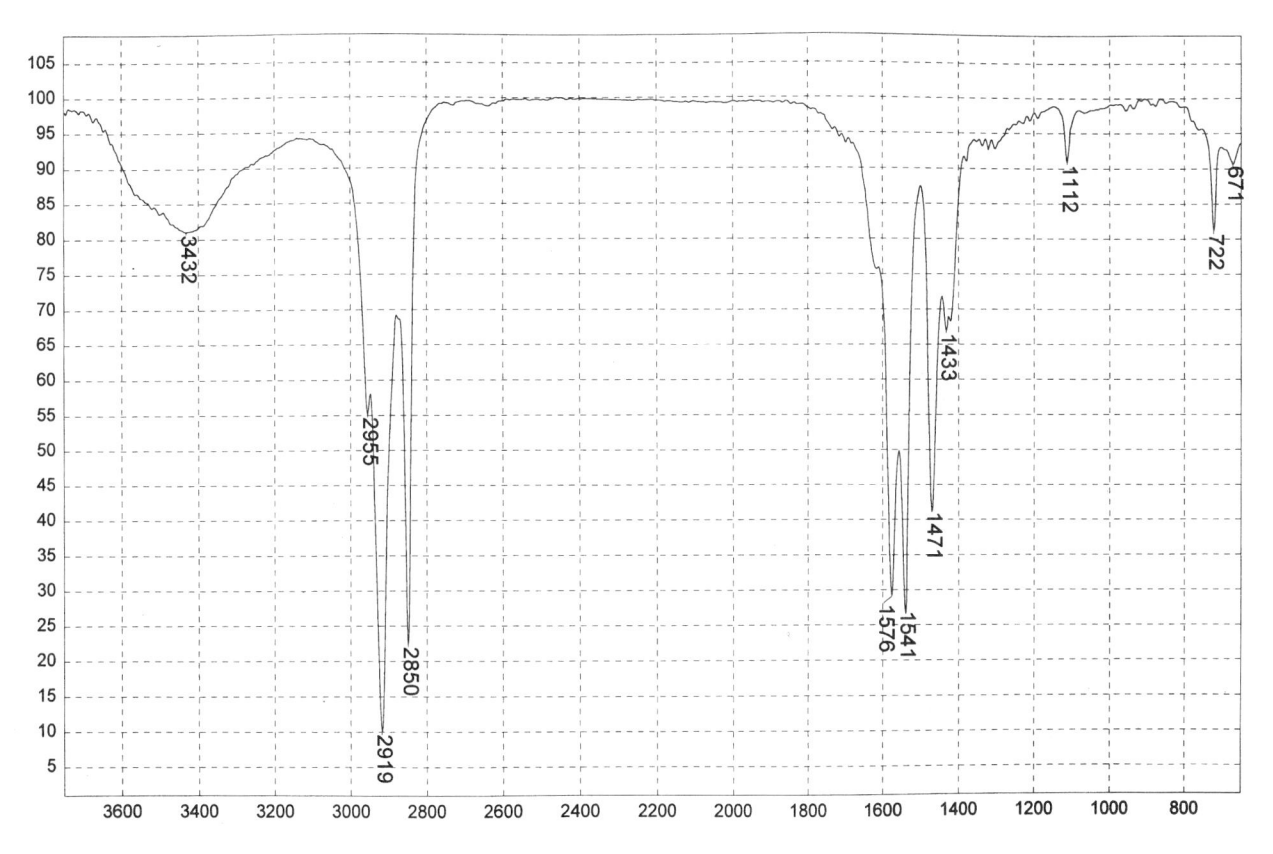

1580 CALCIUM OLEATE KBr

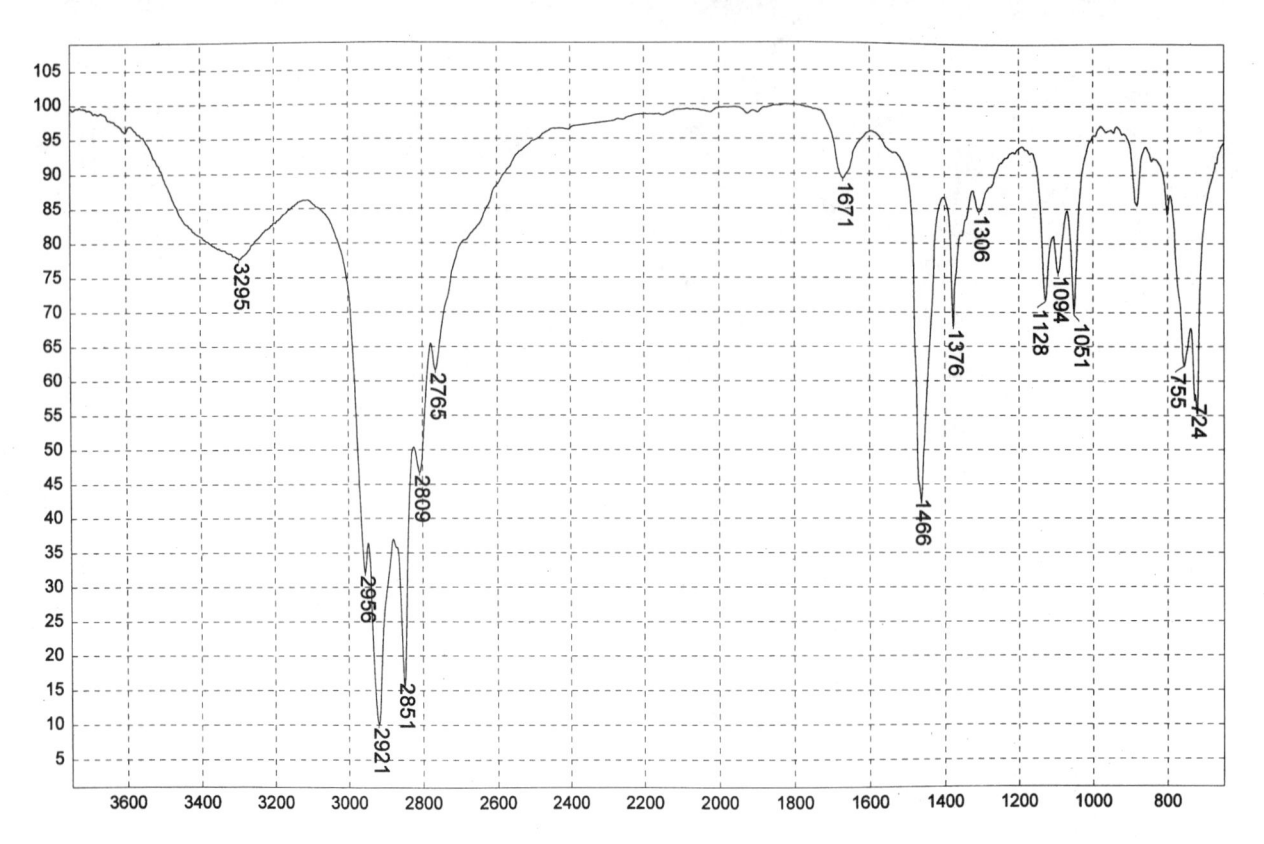

1581 DICOCO AMINE - 85% SECONDARY

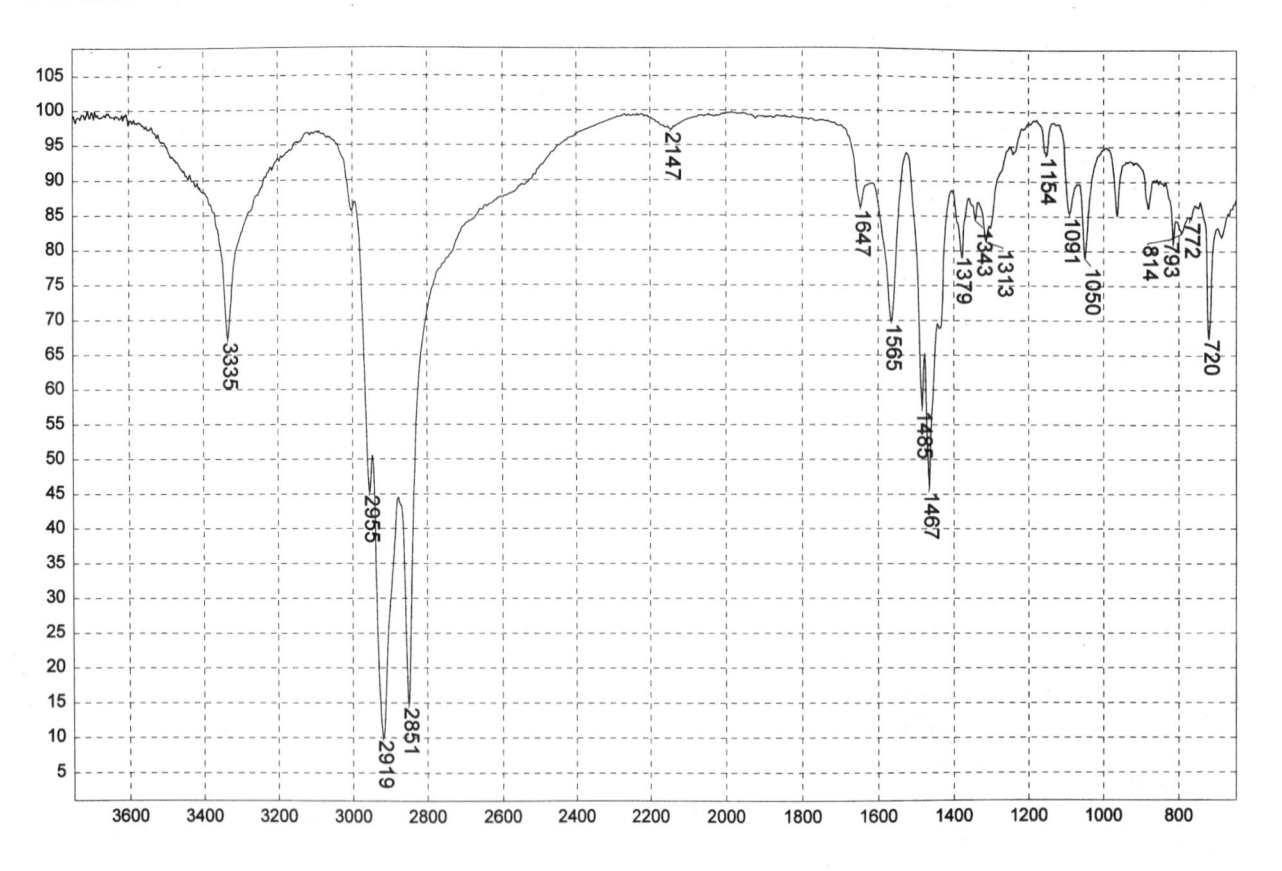

1582 TALLOW AMINE - 95% PRIMARY

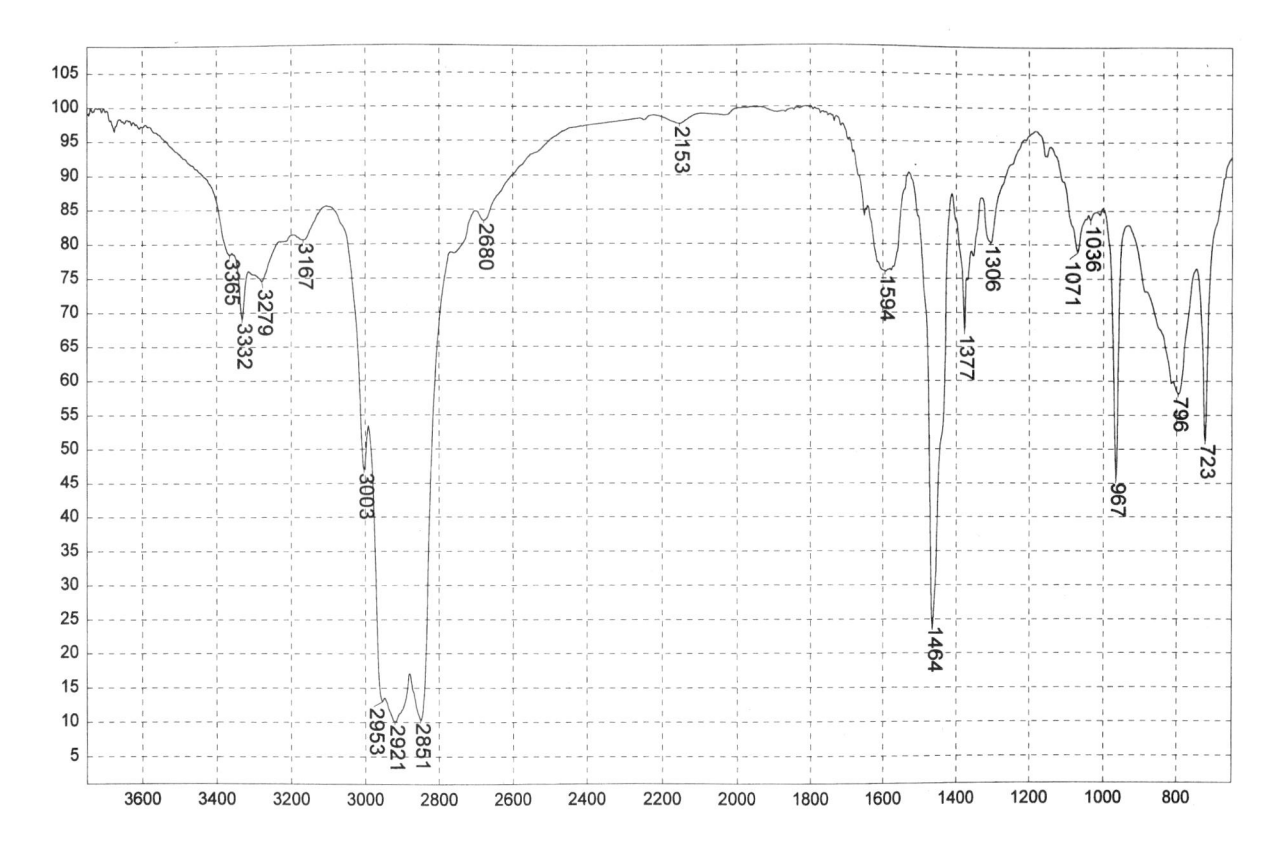

1583 OLEYLAMINE - 95% PRIMARY

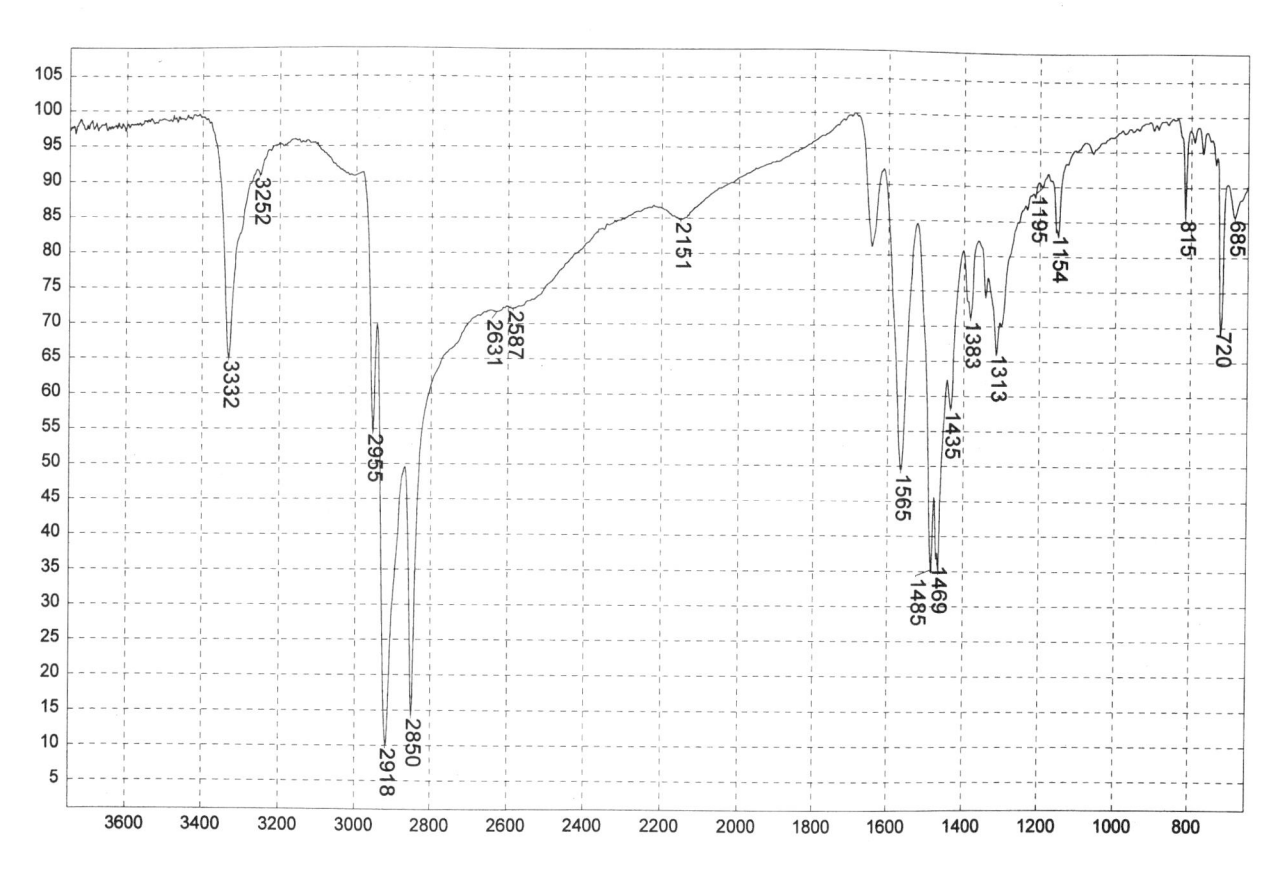

1584 n-HEXADECYLAMINE - 95% PRIMARY

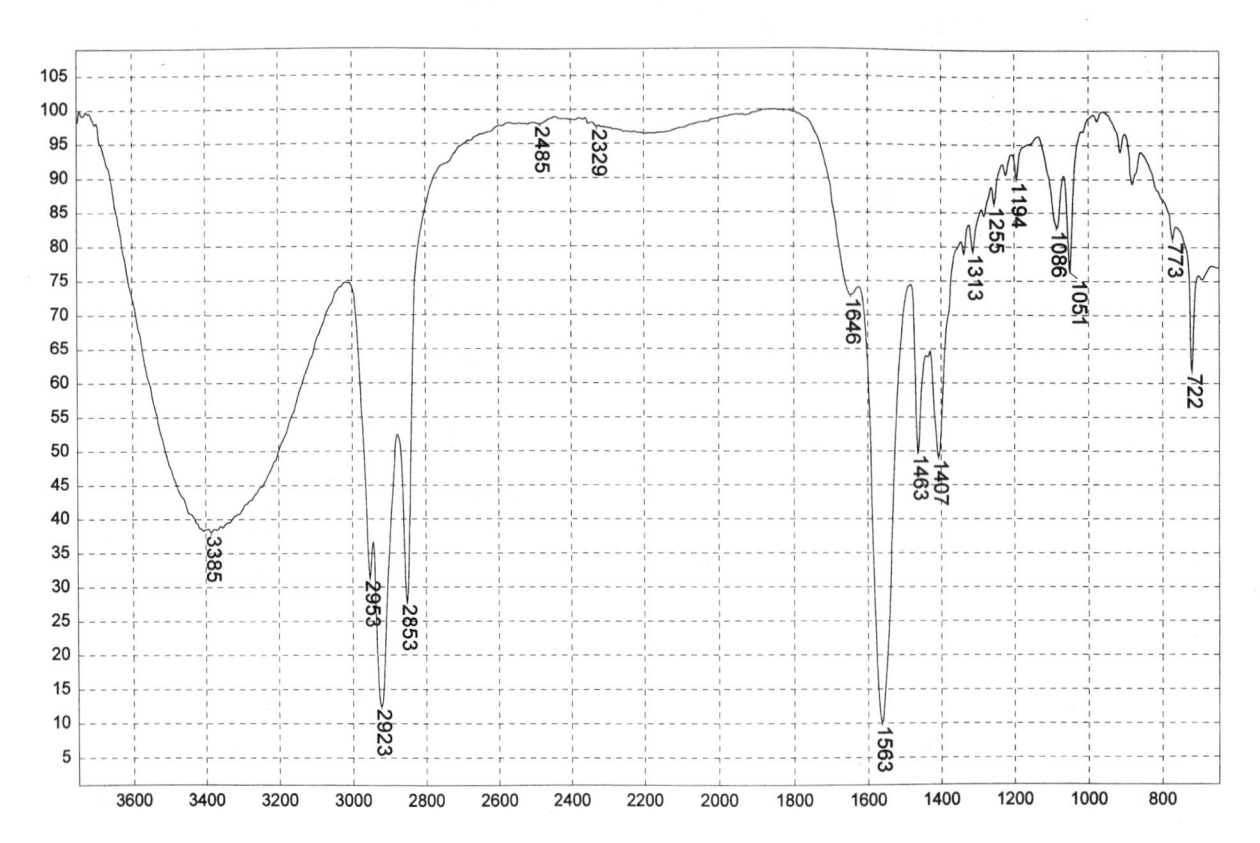

1585 POTASSIUM LAURATE

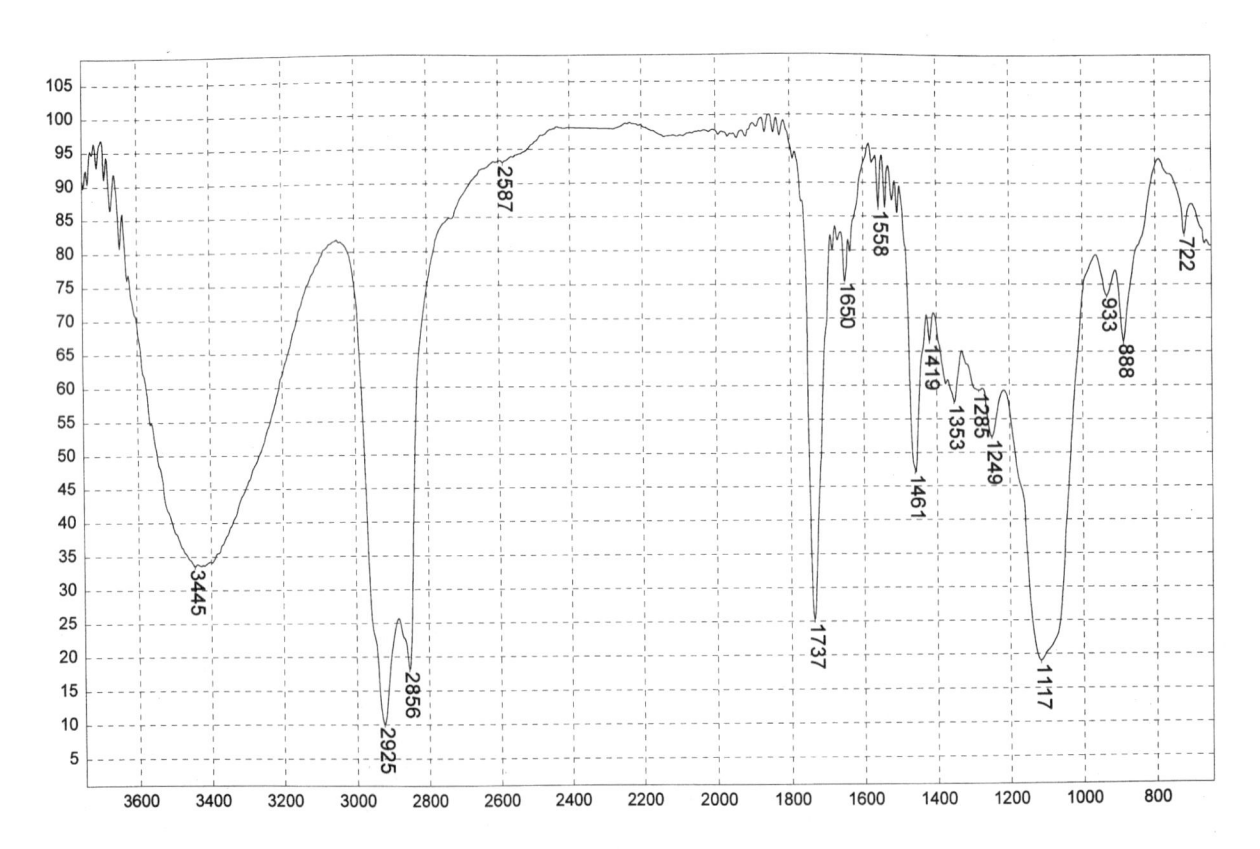

1586 P.O.E. SORBITAN MONOLAURATE HLB 13.3

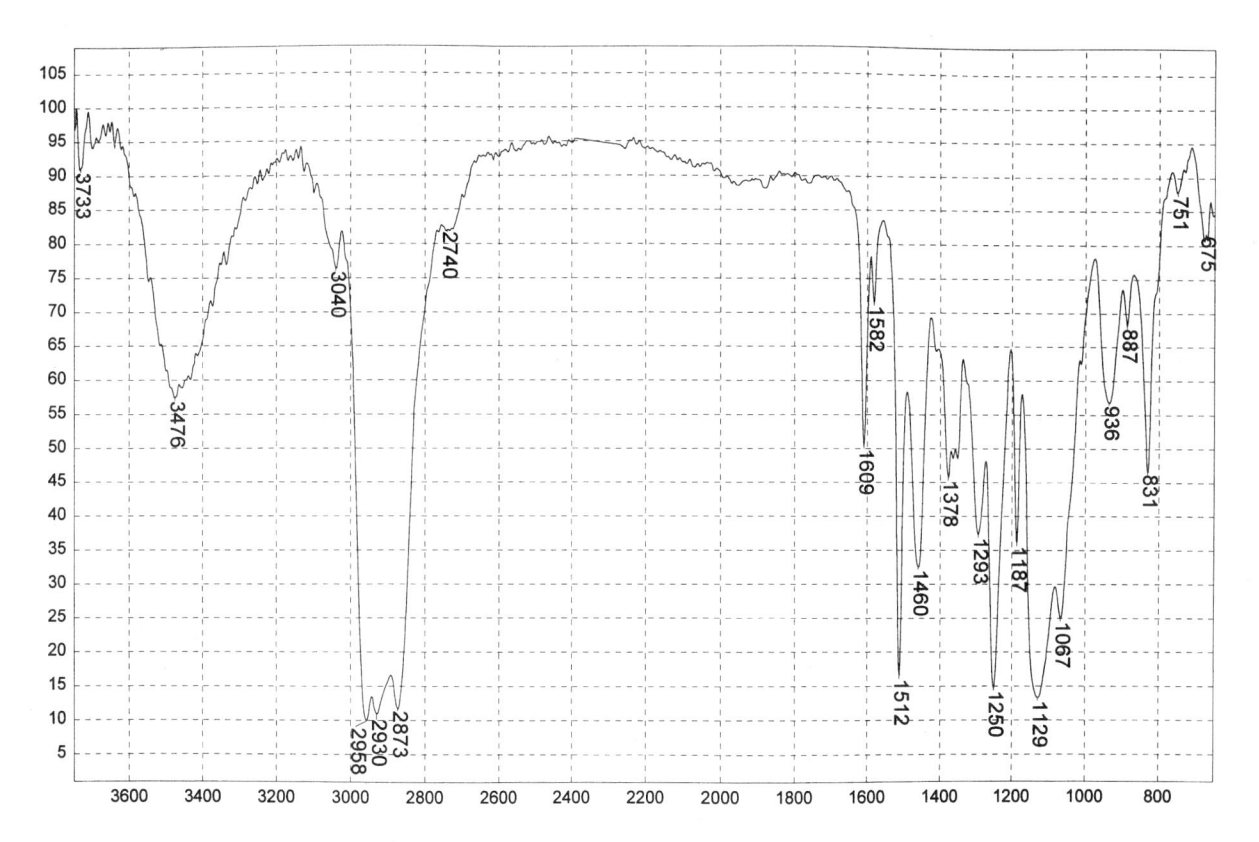

1587 POLYOXYETHYLATED NONYLPHENOL (4 MOLES EtO)

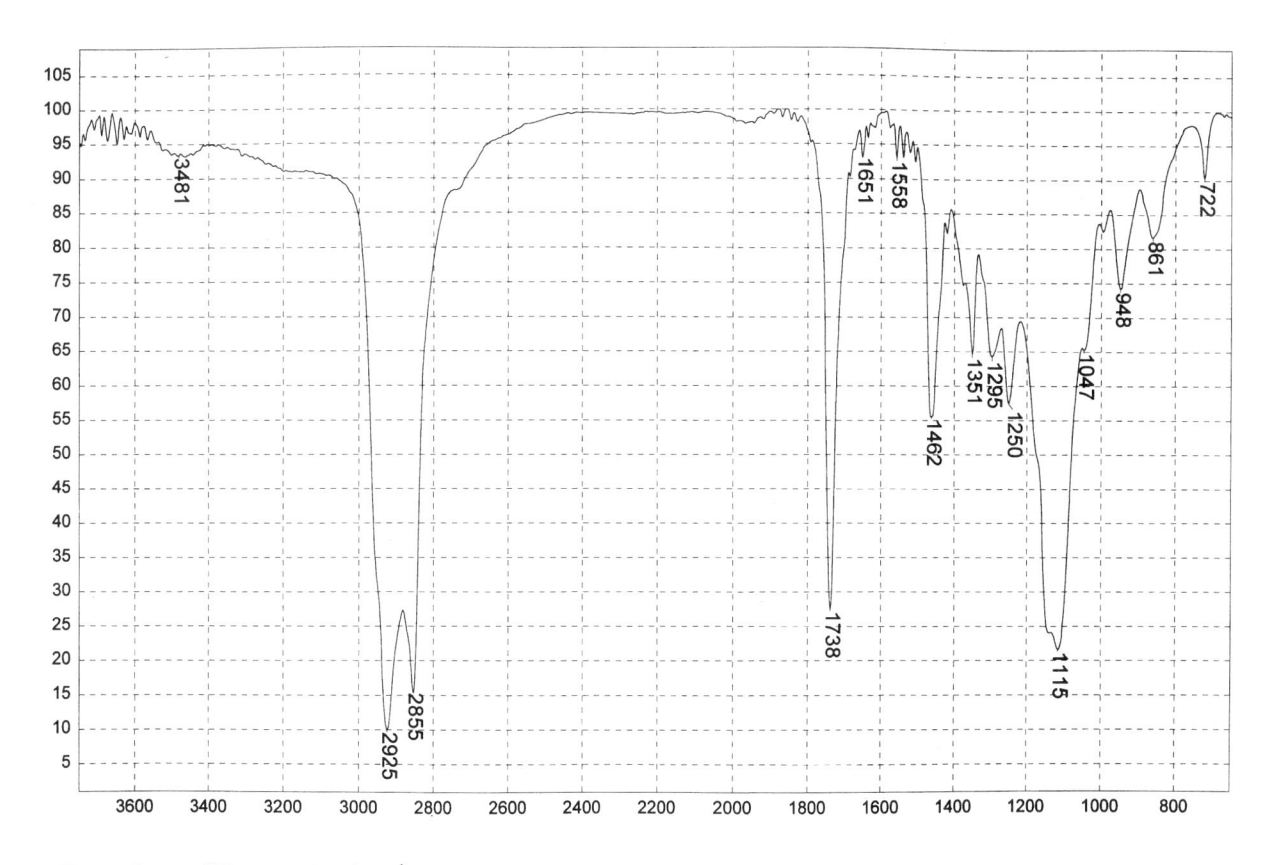

1588 DISTEARATE OF POLYETHYLENE GLYCOL 600

291

1589 STEARATE OF POLYETHYLENE GLYCOL 1540

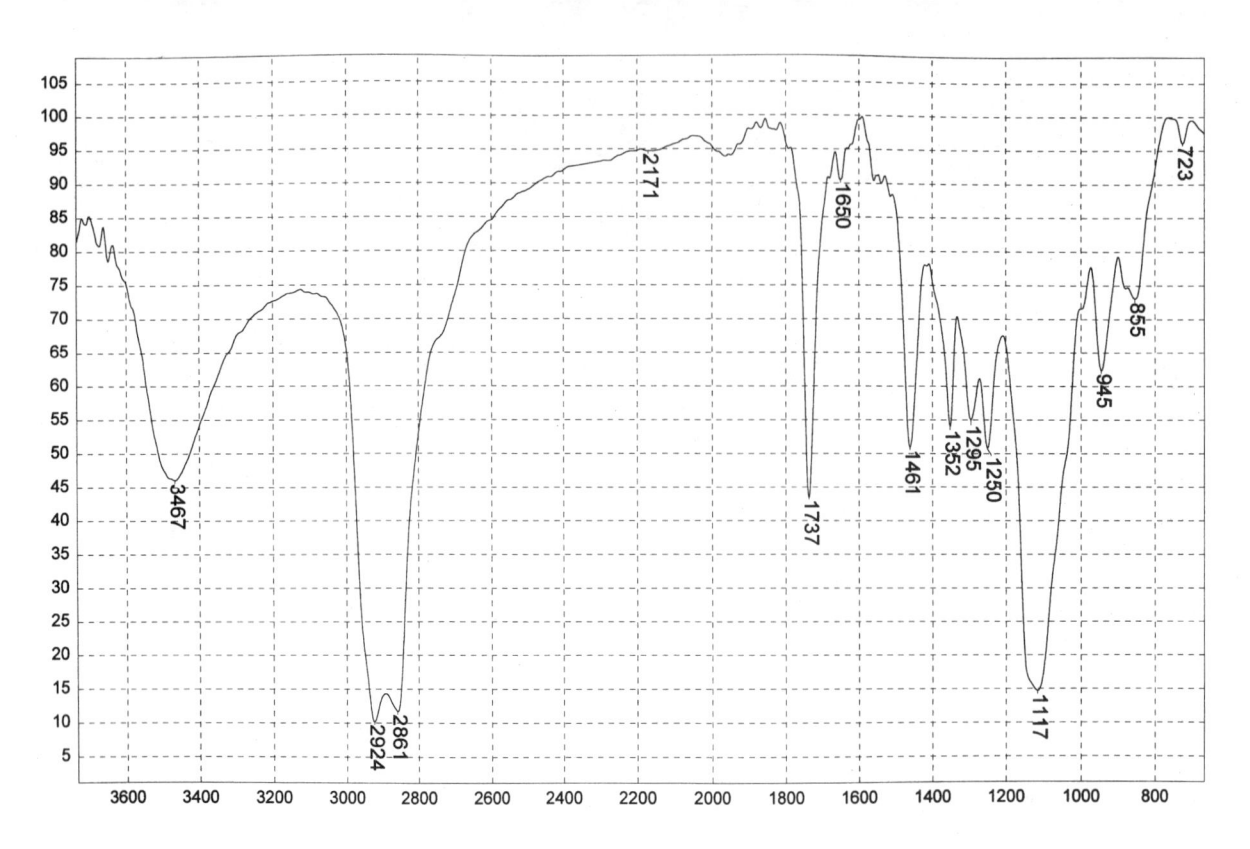

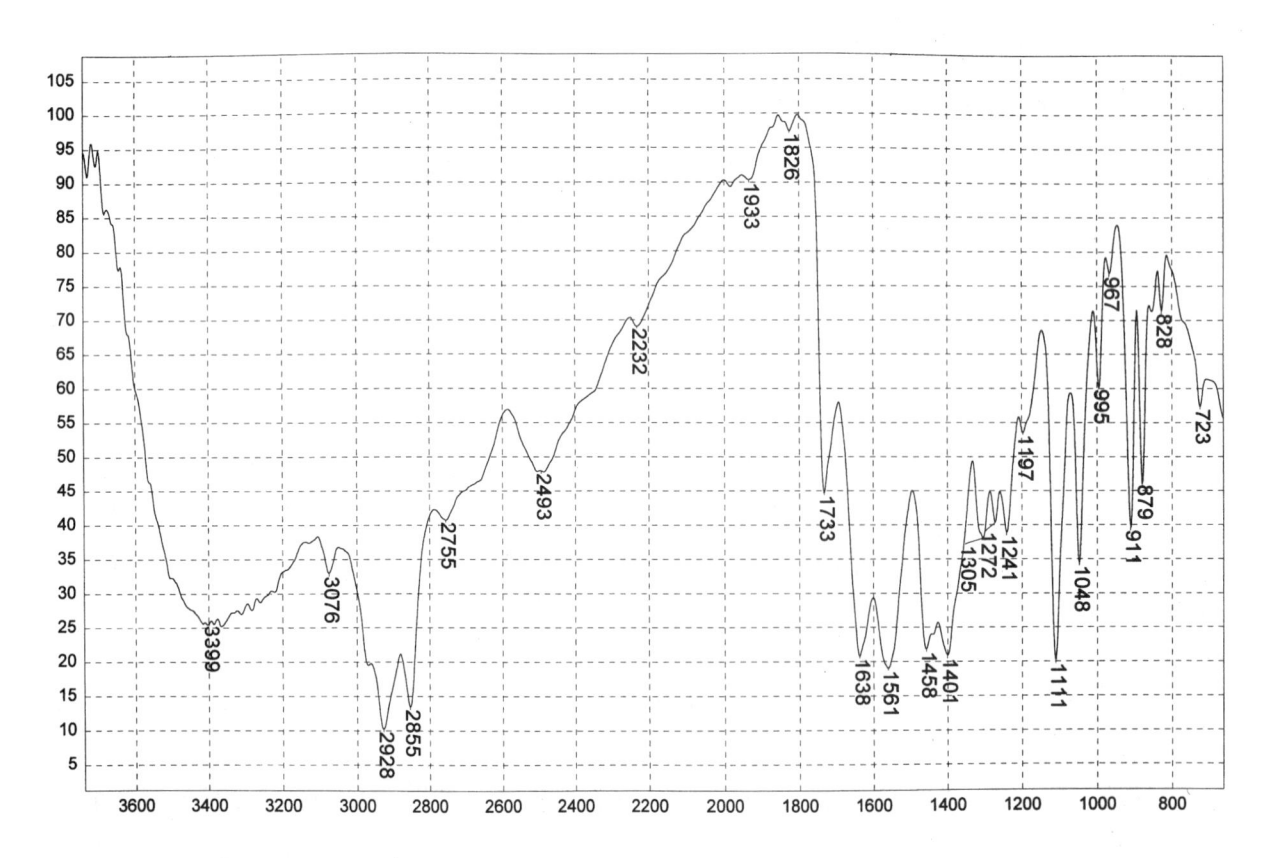

1590 MORPHOLINE UNDECYLENATE

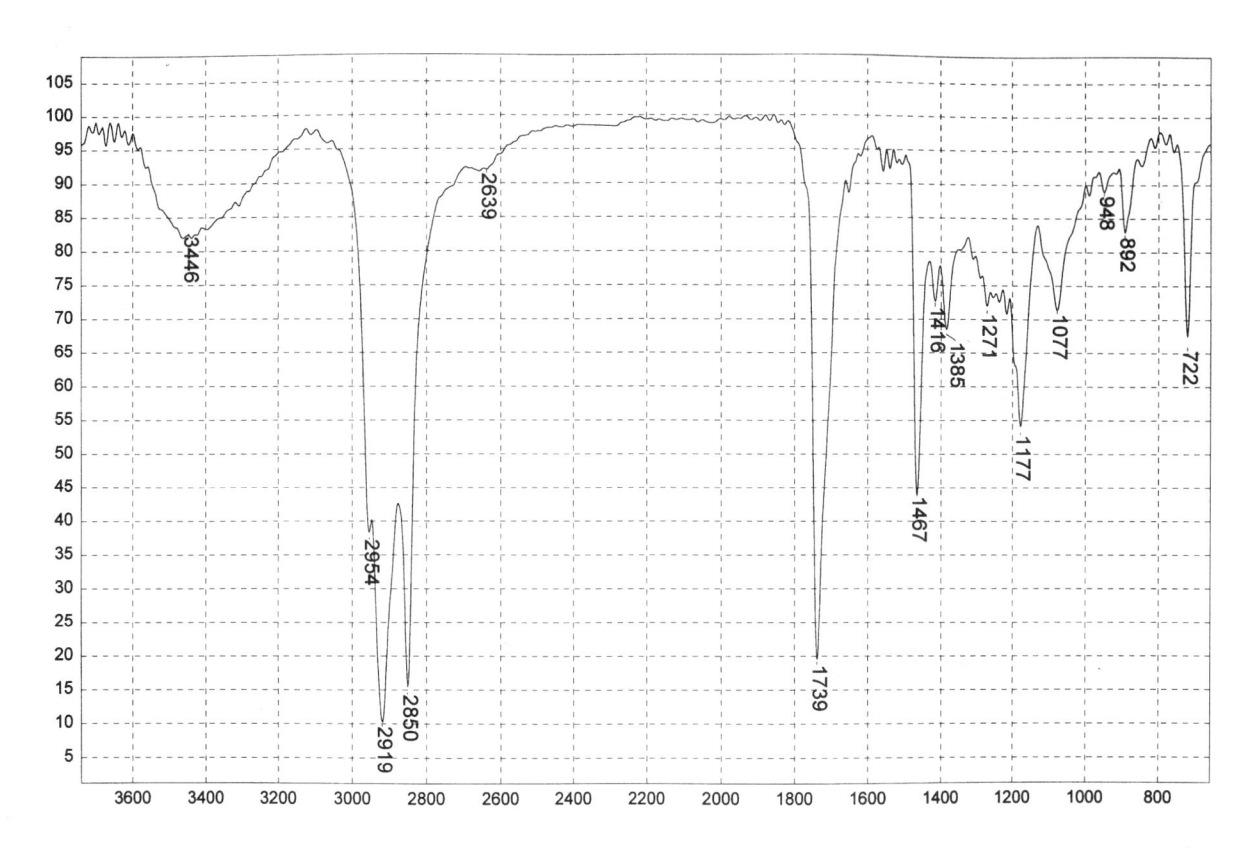

| 1591 | **ETHYLENE GLYCOL MONOSTEARATE** |

| 1592 | **OLEATE OF POLYETHYLENE GLYCOL 1000** |

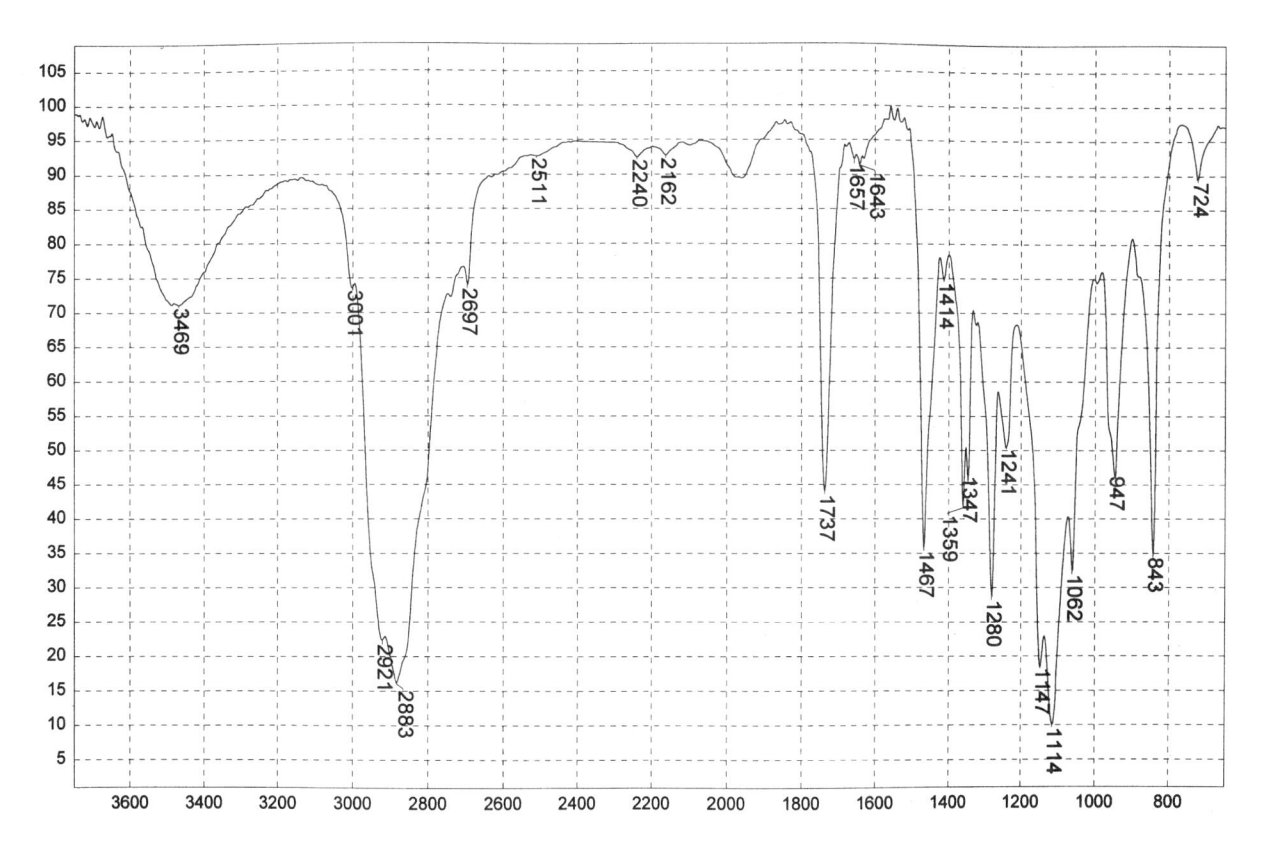

1593 RINCINOLEATE OF POLYETHYLENE GLYCOL 400

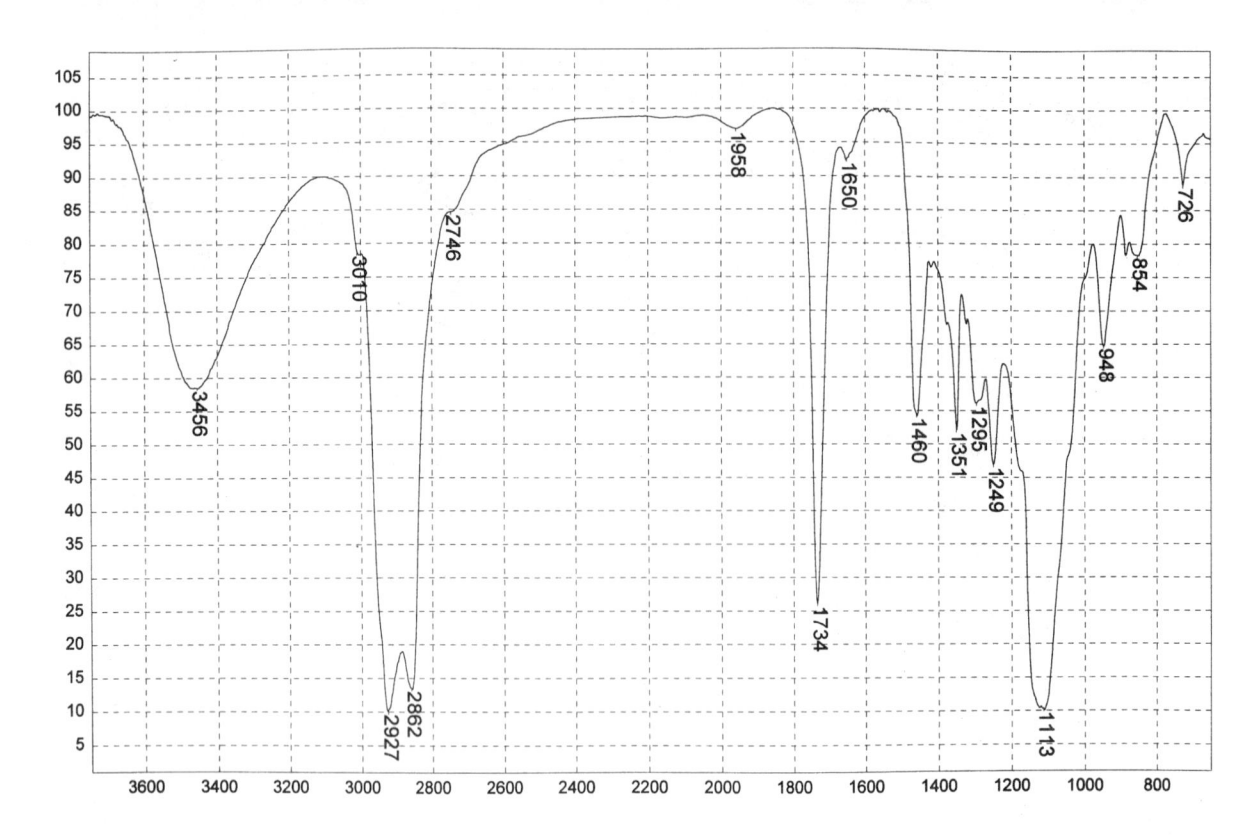

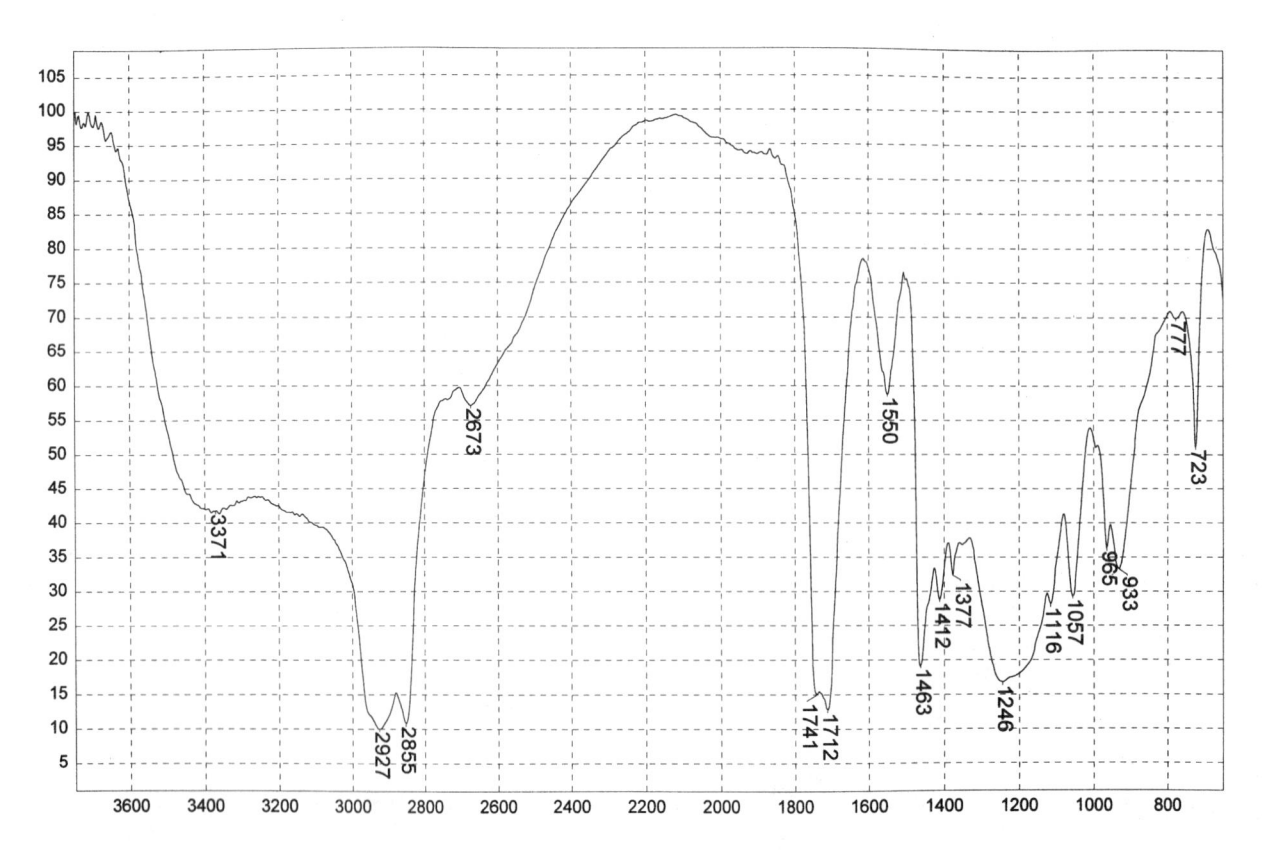

1594 SULFATED TALLOW, SODIUM SALT

DILAURATE OF POLYETHYLENE GLYCOL 1540

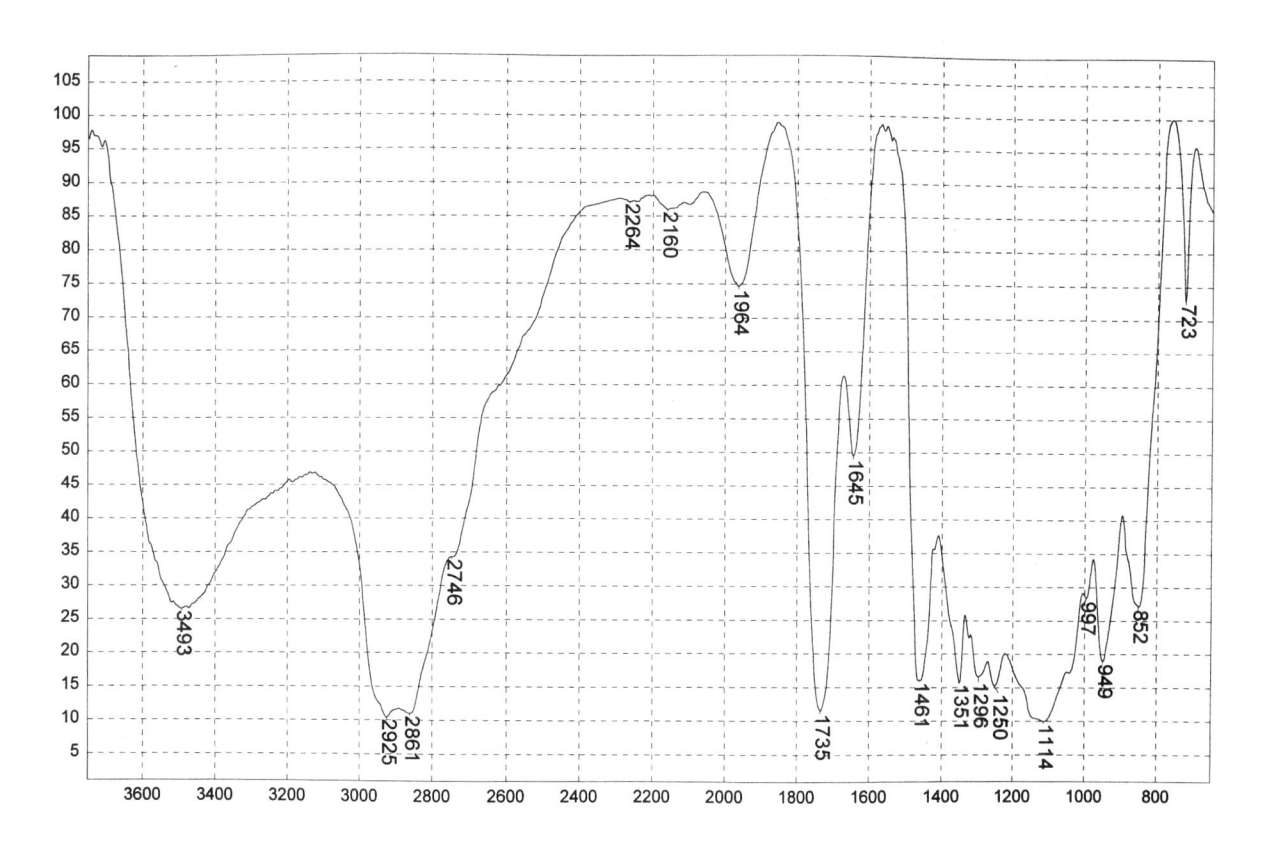

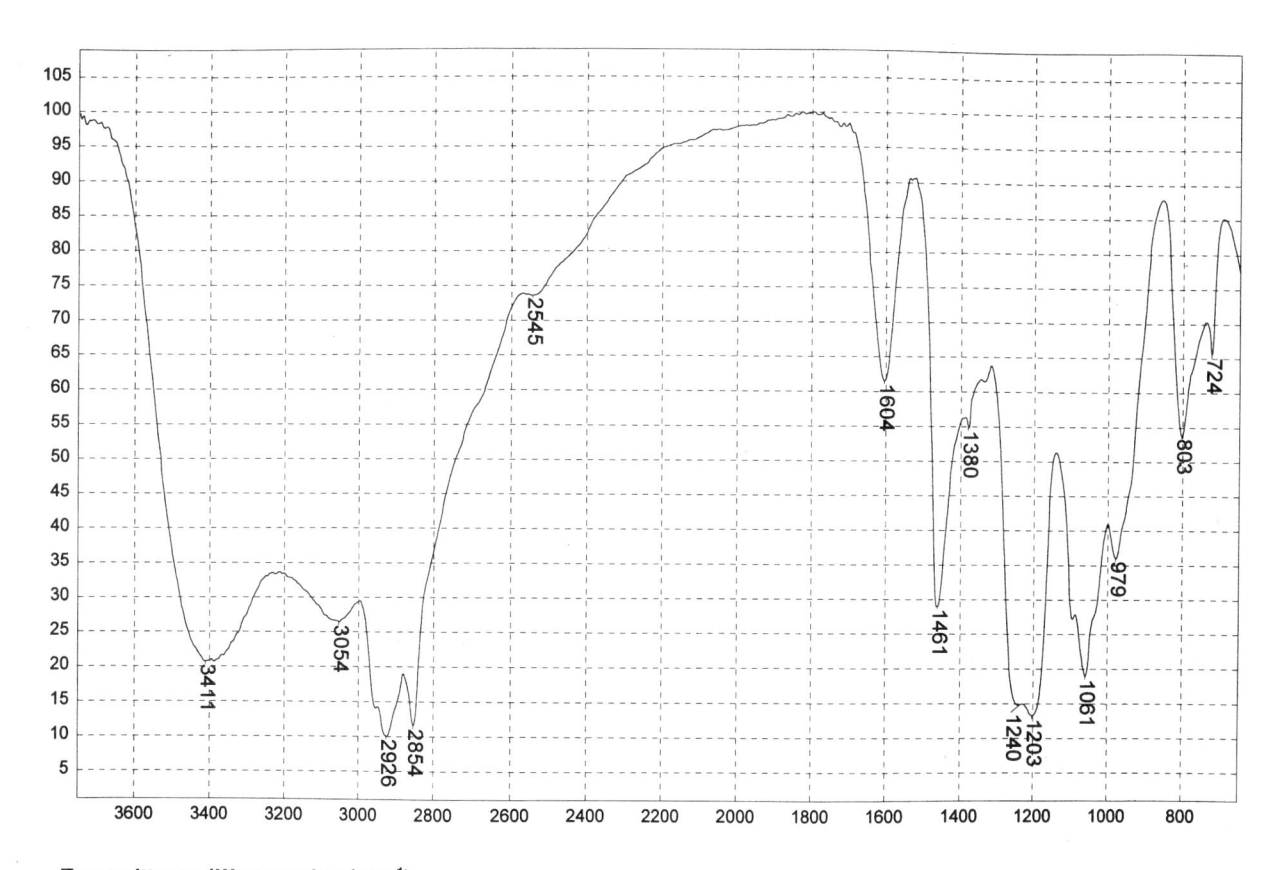

1595

DIETHANOLAMMONIUM LAURYL SULFATE

1596

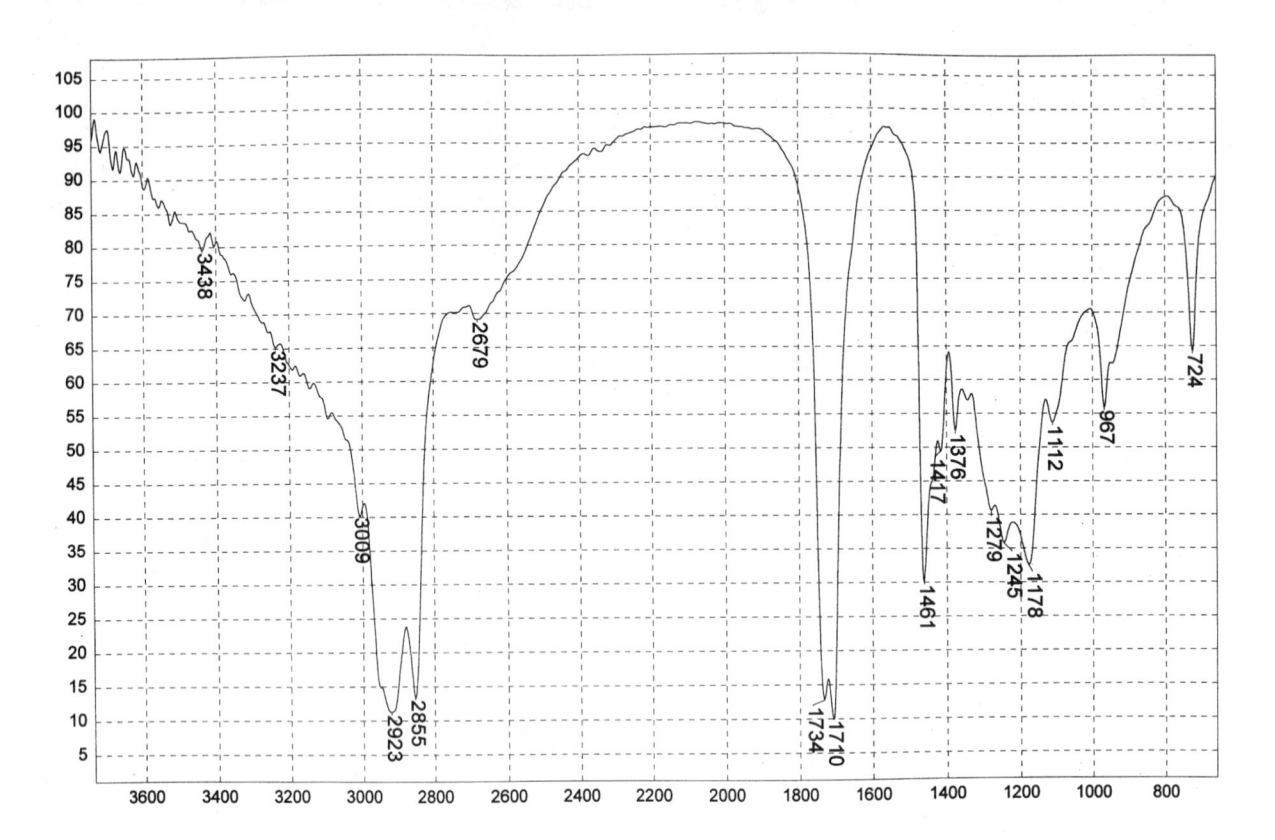

1597   SULFATED SOYBEAN OIL, SODIUM SALT (ORG. SO$_3$–4%)

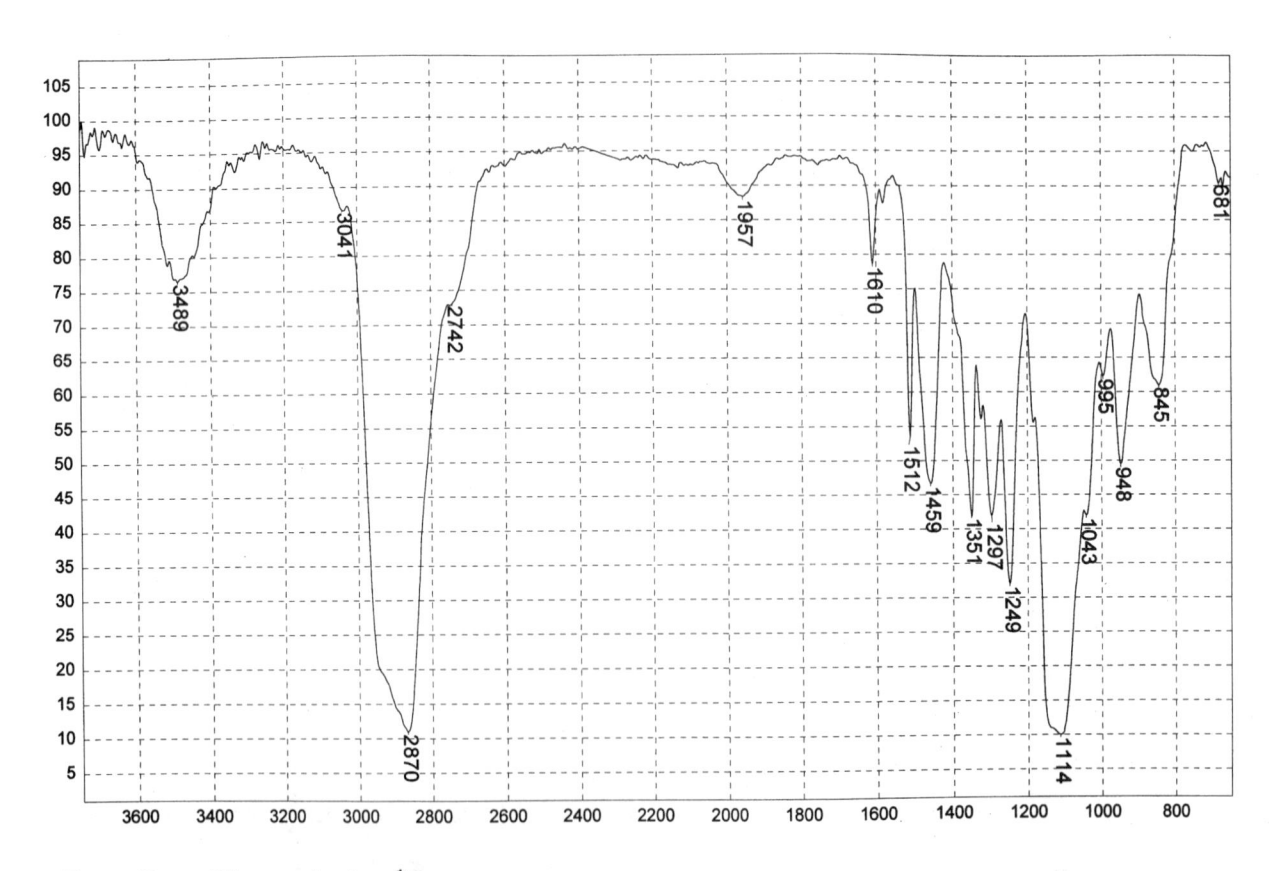

1598   POLYOXYETHYLATED OCTYLPHENOL (30 MOLES EtO)

1599 POLYOXYETHYLATED OCTYLPHENOL (12–13 MOLES EtO)

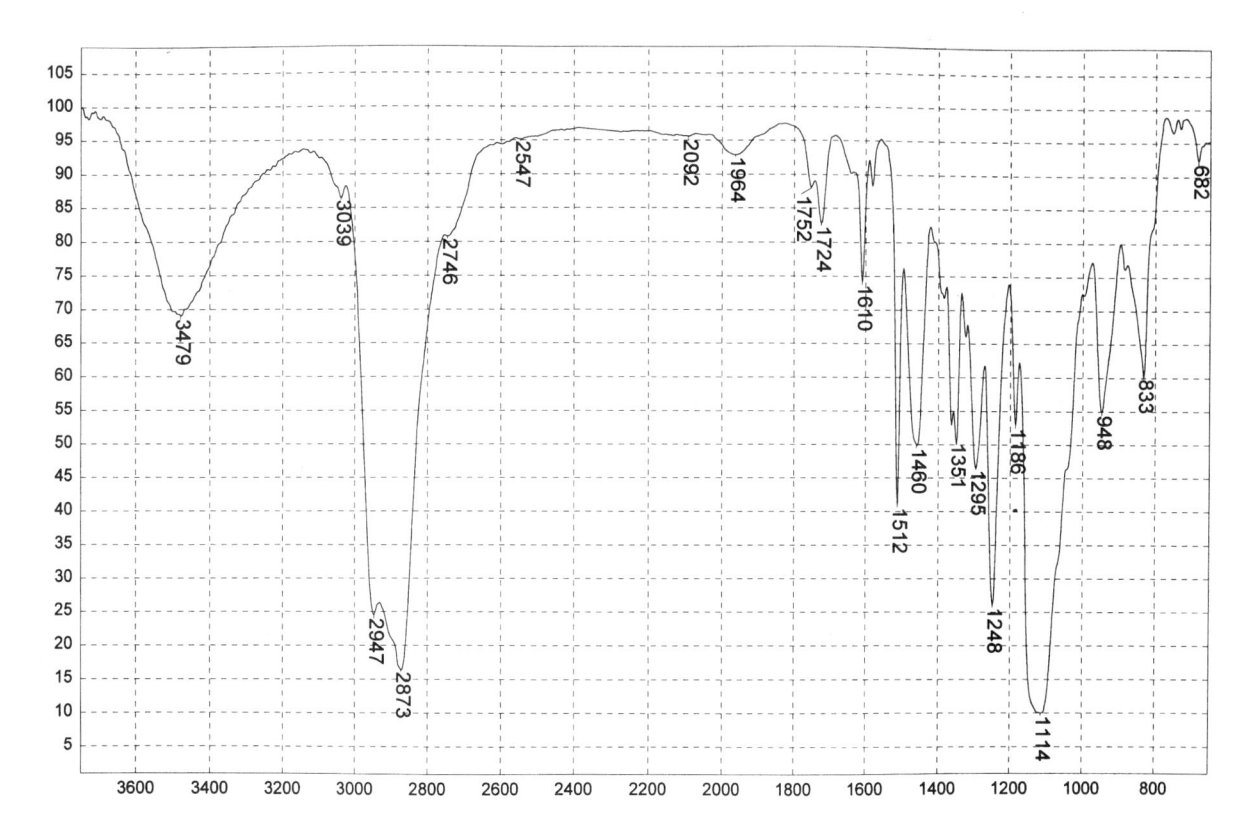

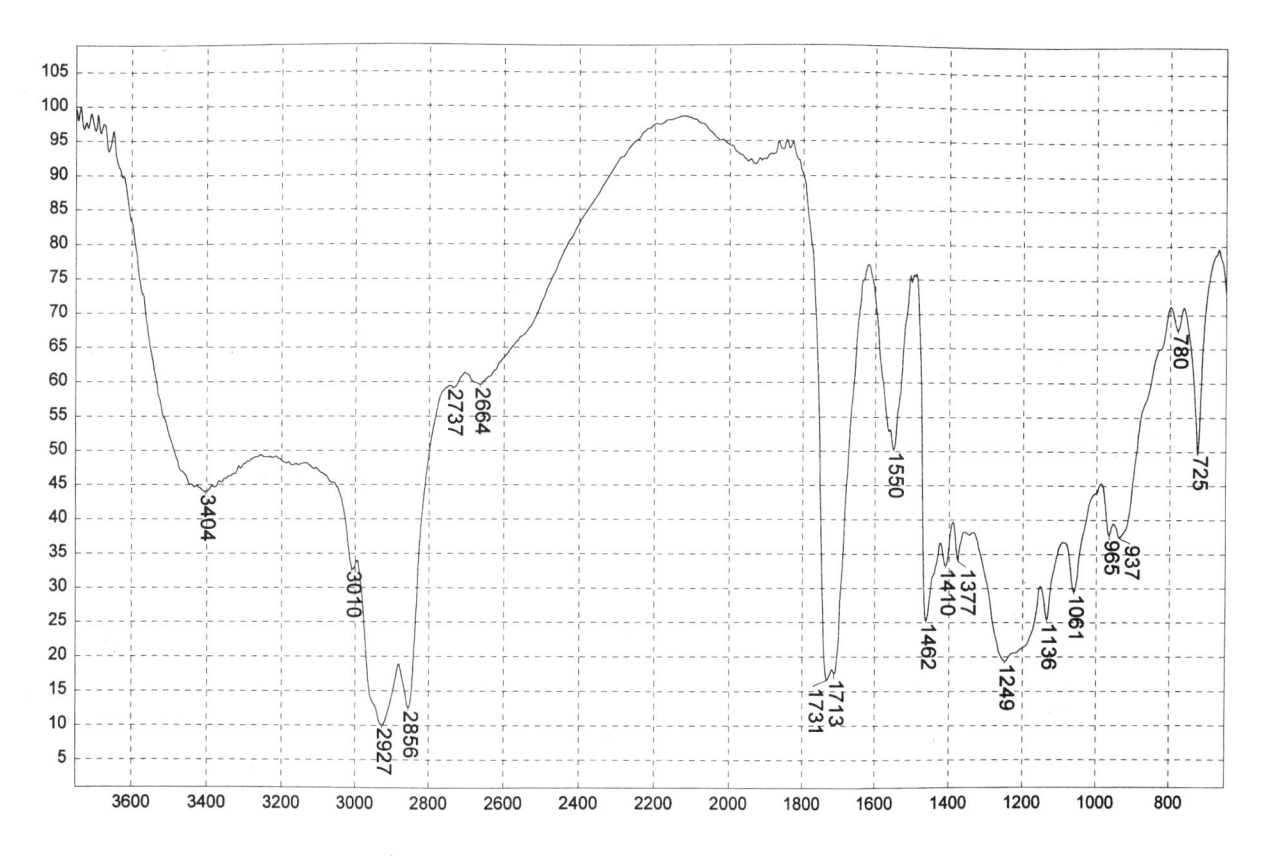

1600 SULFATED CASTOR OIL, SODIUM SALT (ORG. SO$_3$–2%)

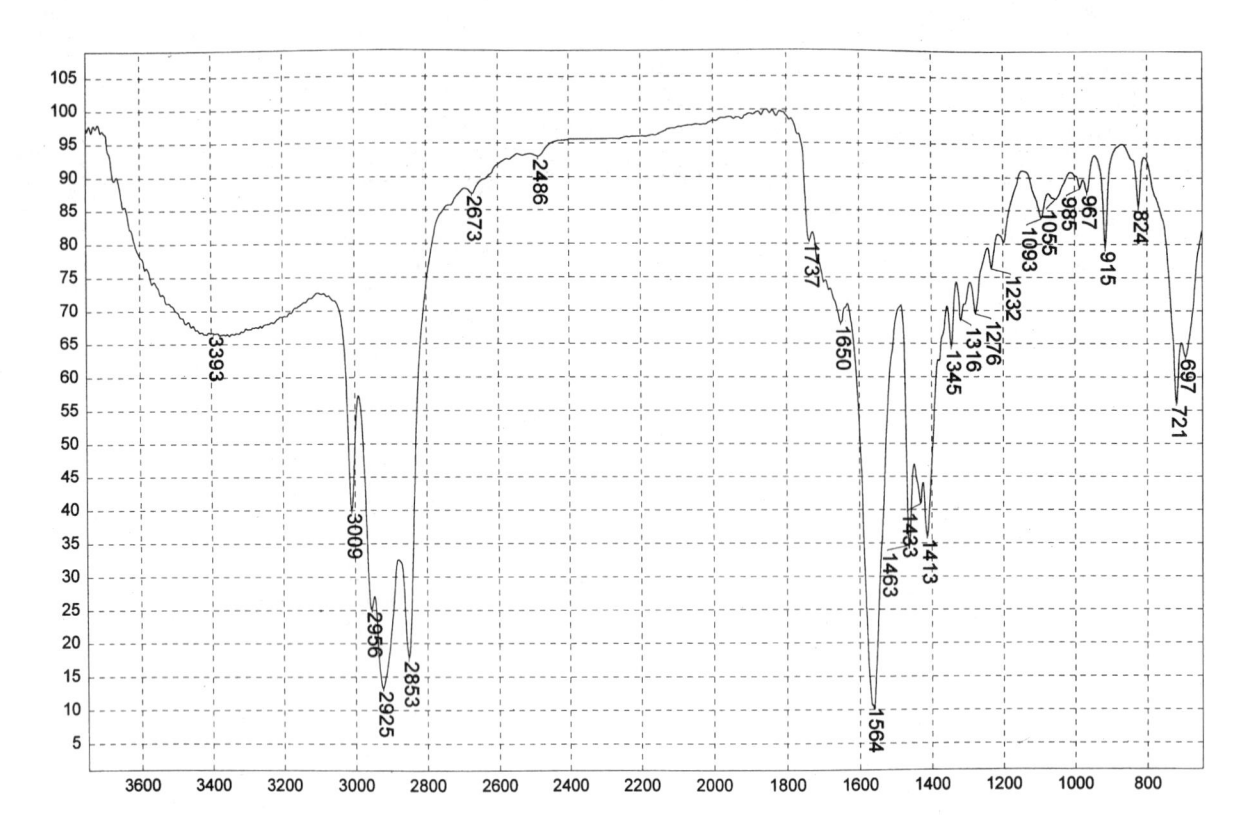

1601 POTASSIUM LINOLEATE

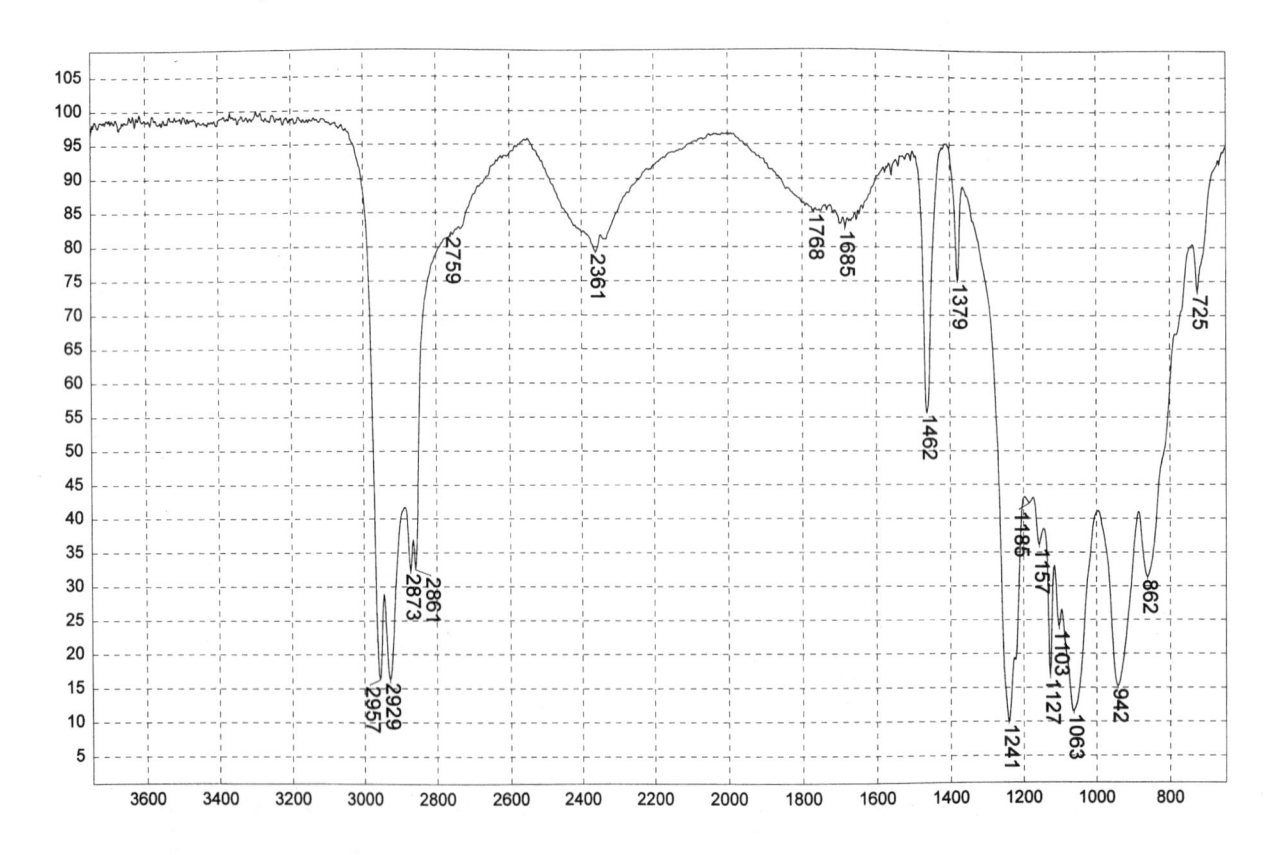

1602 Sodium di(2-ethylhexyl) phosphate

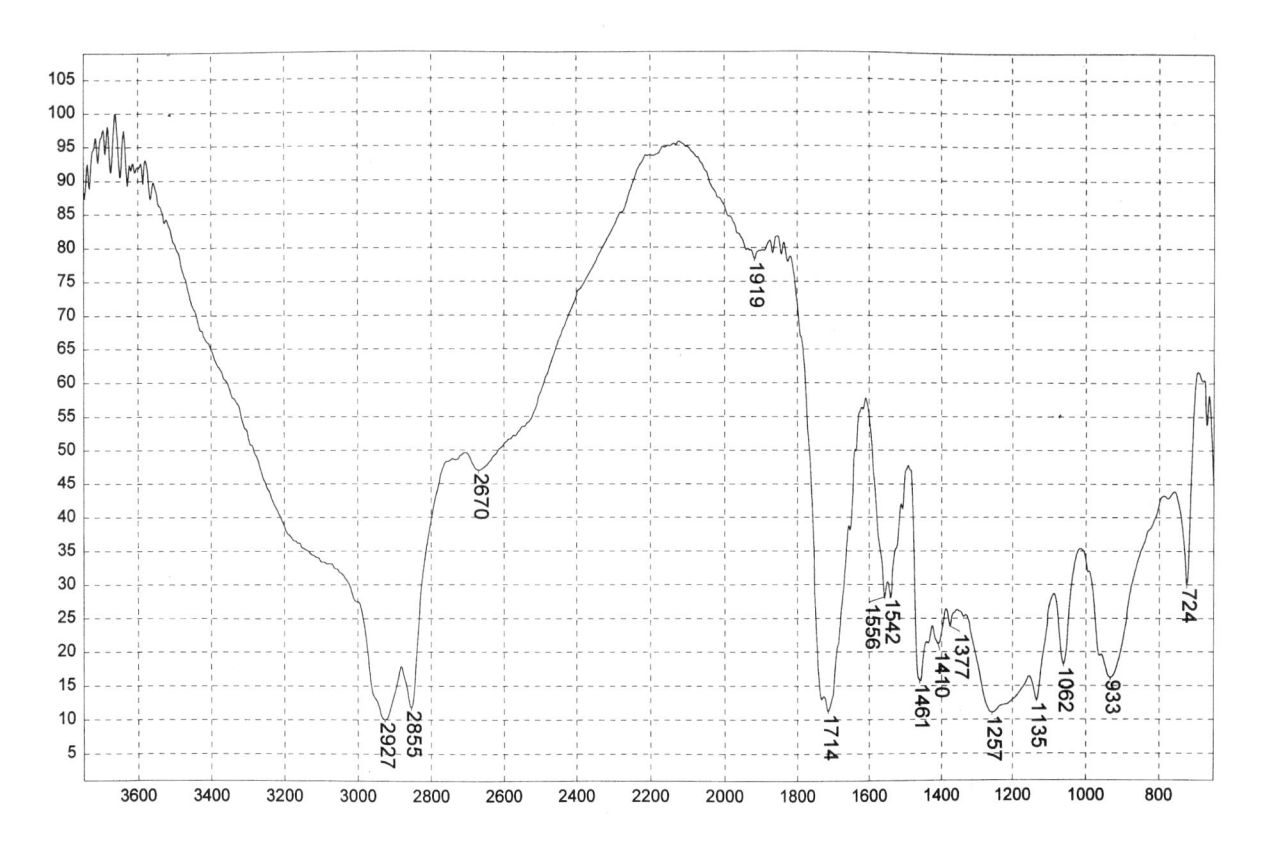

| 1603 | **KNOWN SULFATED OLEIC ACID-SODIUM SALT** |

| 1604 | **P.O.E. OLEYL ALCOHOL (20 MOLES EtO)** |

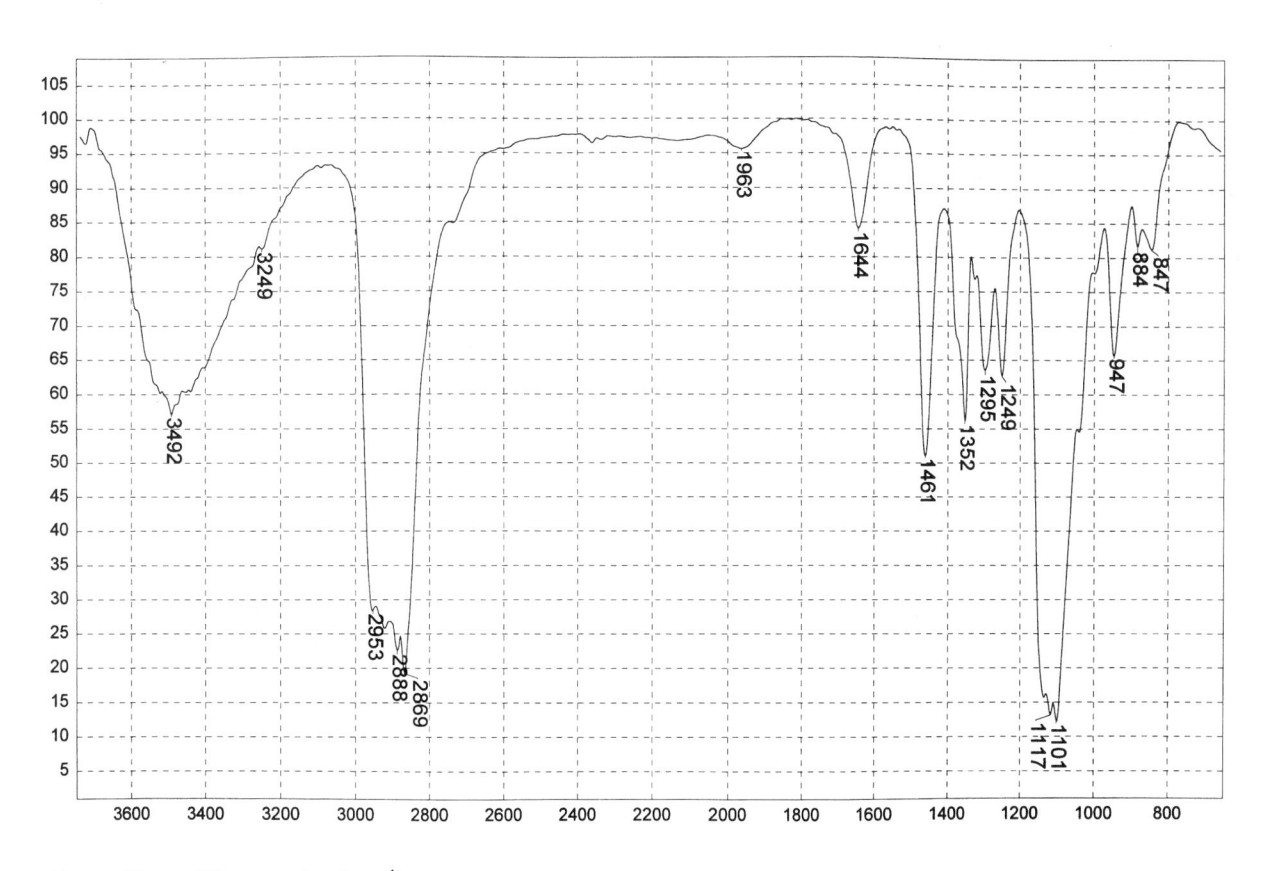

299

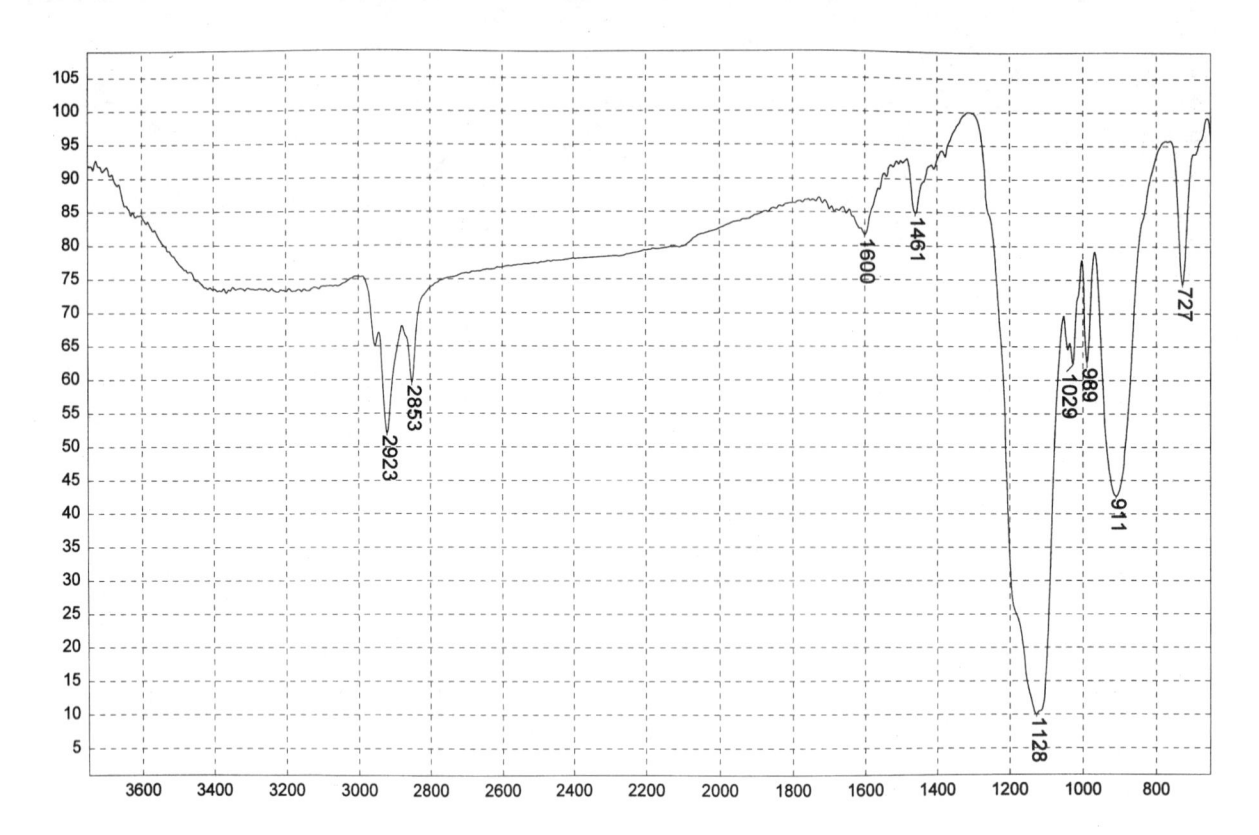

| 1605 | **SODIUM-SULFATED ETHANOLAMINE-LAURIC ACID CON.** |

| 1606 | **SULFATED GLYCERYL TRIOLEATE, SODIUM SALT** |

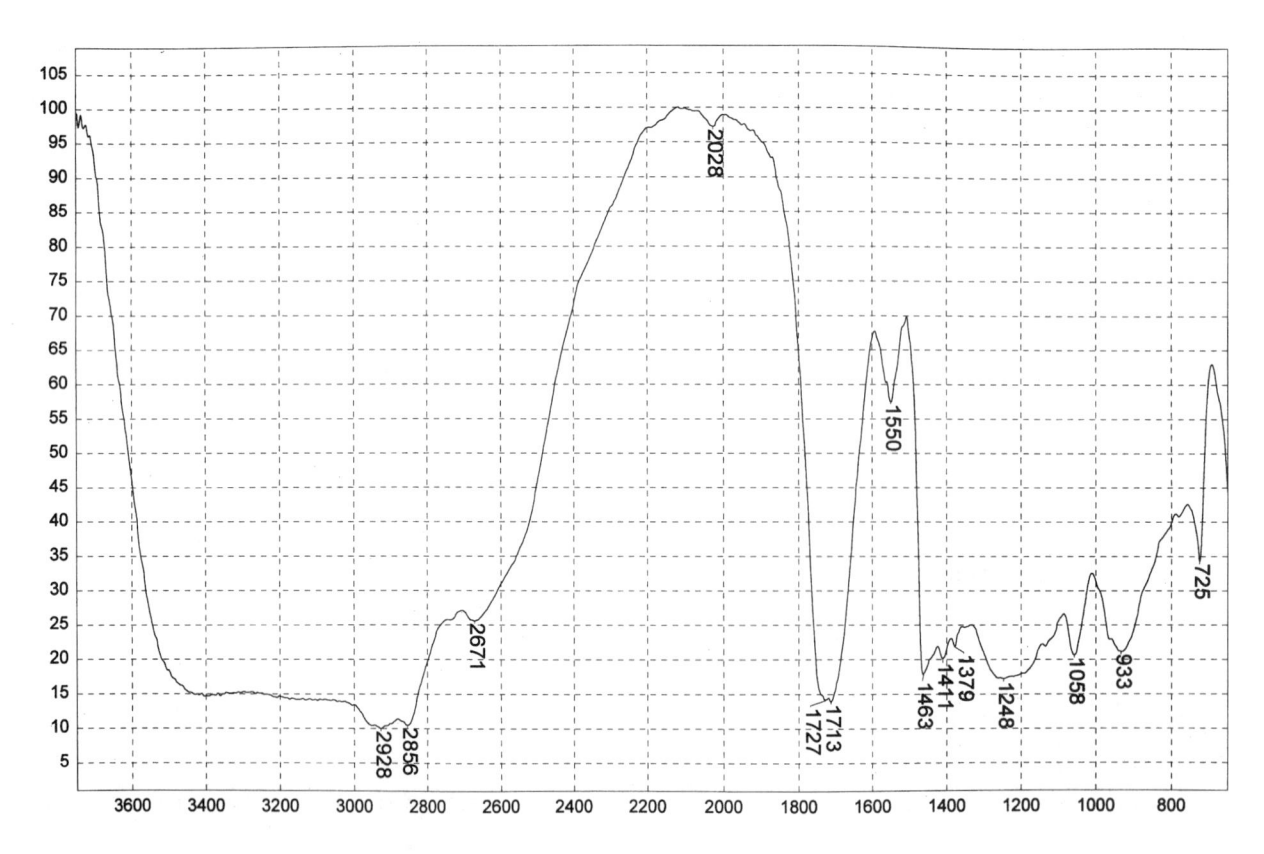

1607 SULFATED BUTYL OLEATE, SODIUM SALT

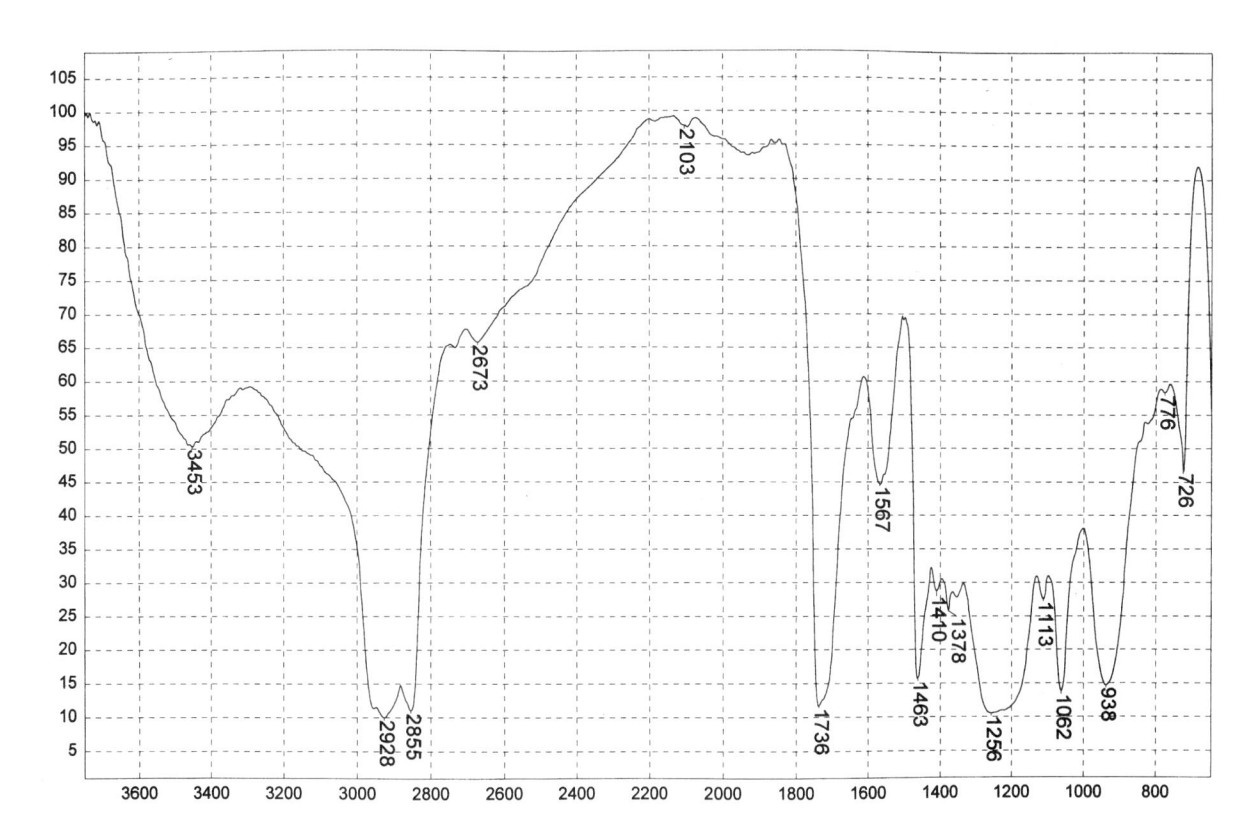

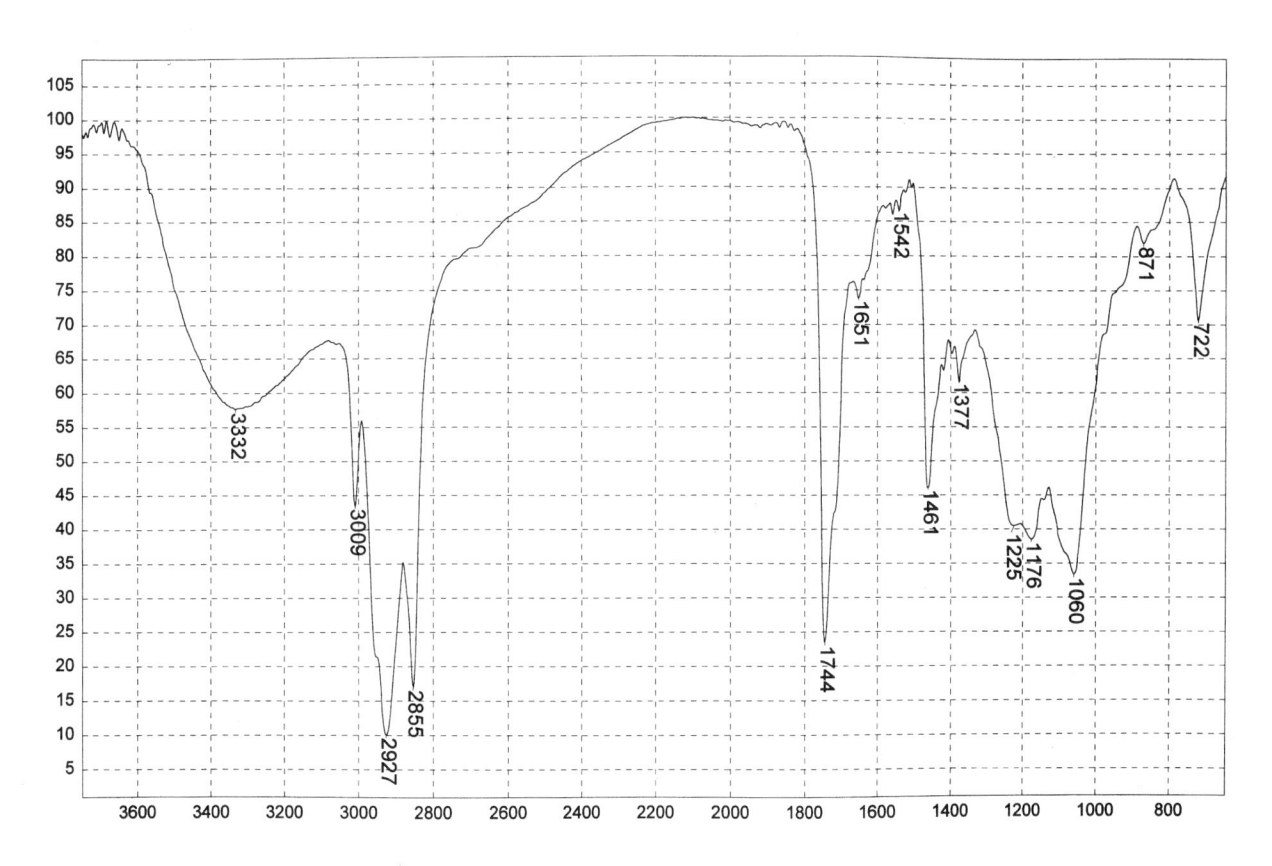

1608 SOY PHOSPHOTIDES (95%) (LECITHIN)

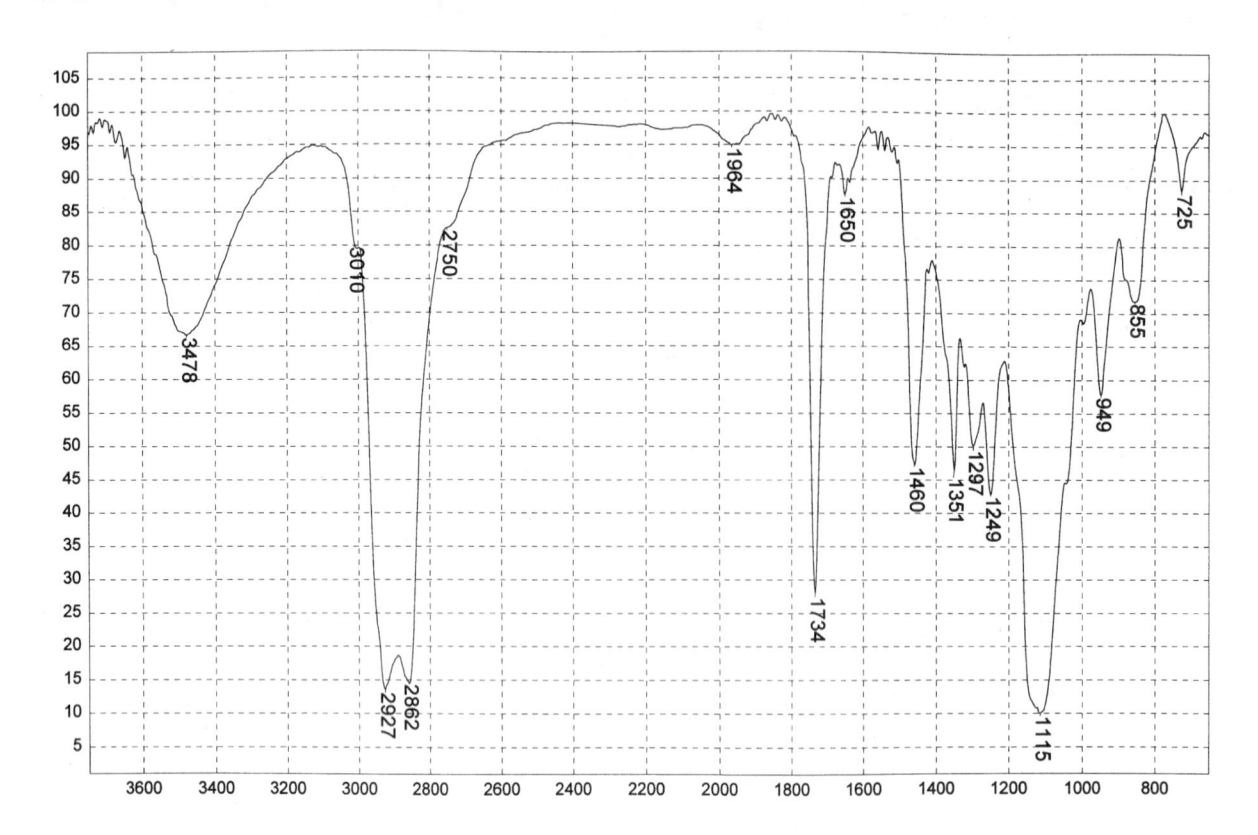

1609 POLYOXETHYLATED CASTOR OIL (20 MOLES EtO)

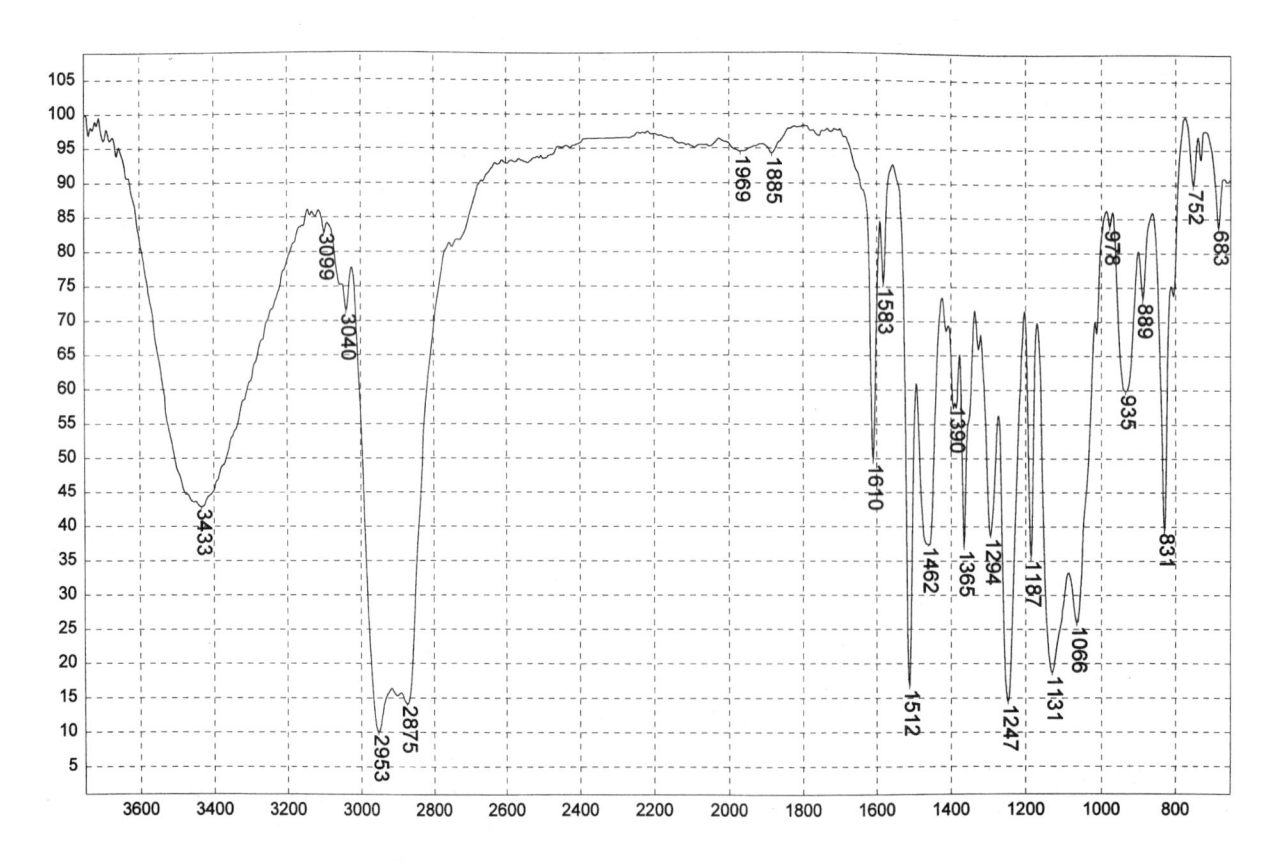

1610 POLYOXETHYLATED OCTYLPHENOL (3 MOLES EtO)

1611 POLYOXETHYLATED TALL OIL (12 MOLES EtO)

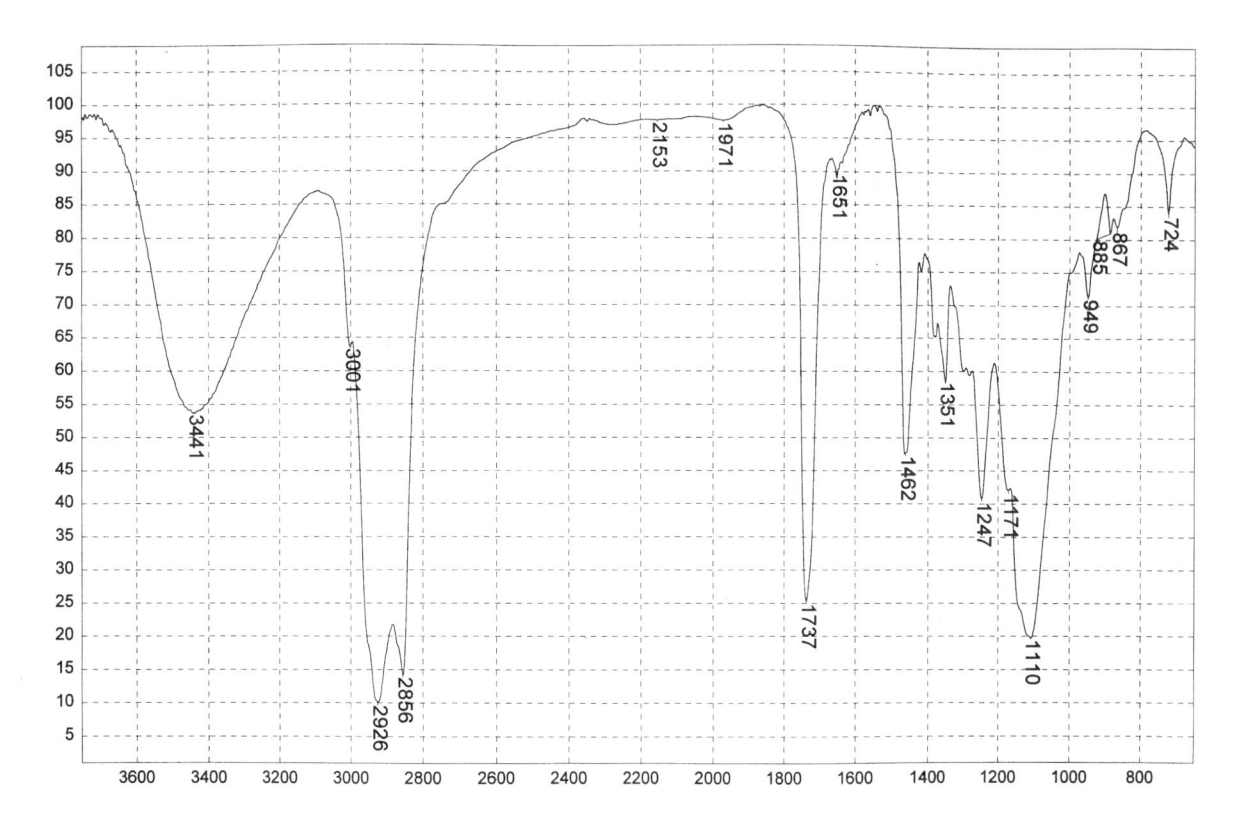

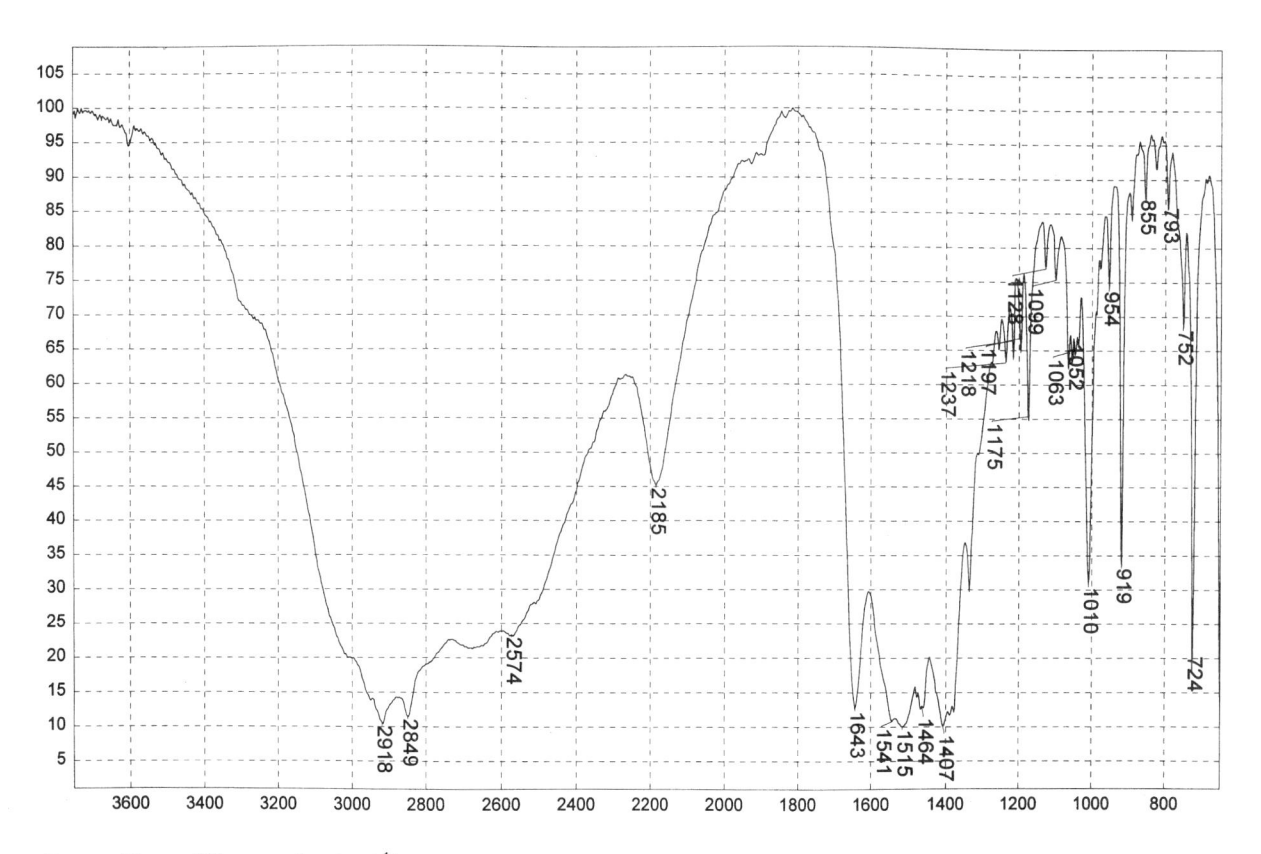

1612 ACETIC ACID SALT OF HYDROGENATED TALLOW AMINE

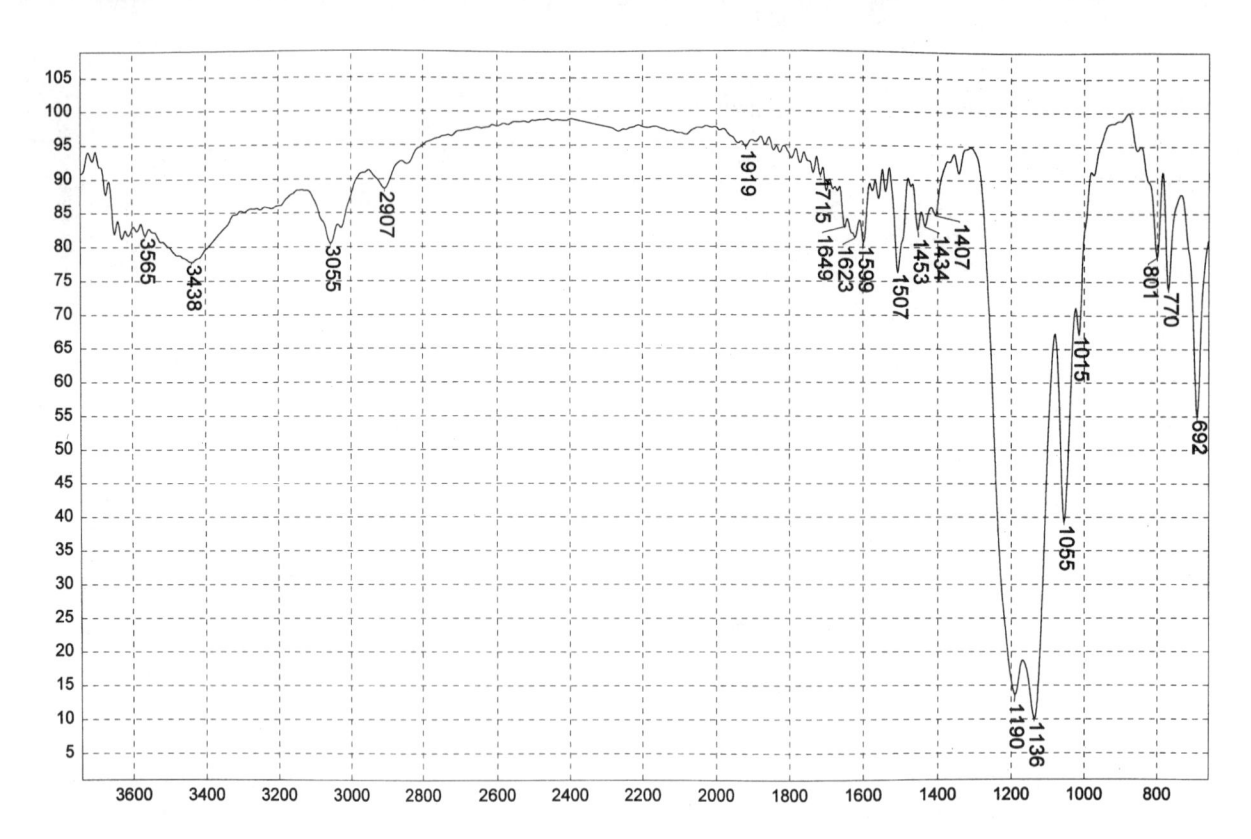

1613   **SODIUM BENZYLNAPHTHALENE SULFONATE**

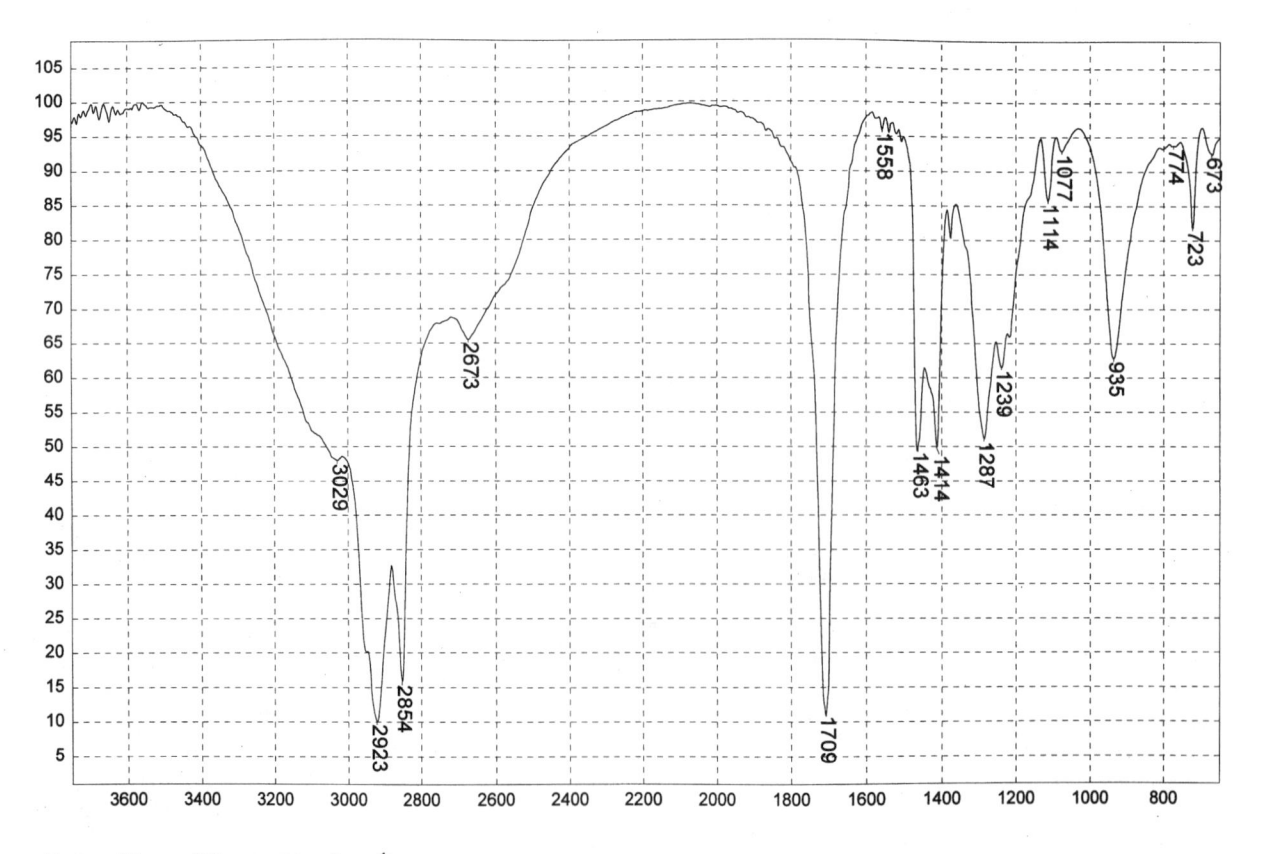

1614   **LAURIC ACID**

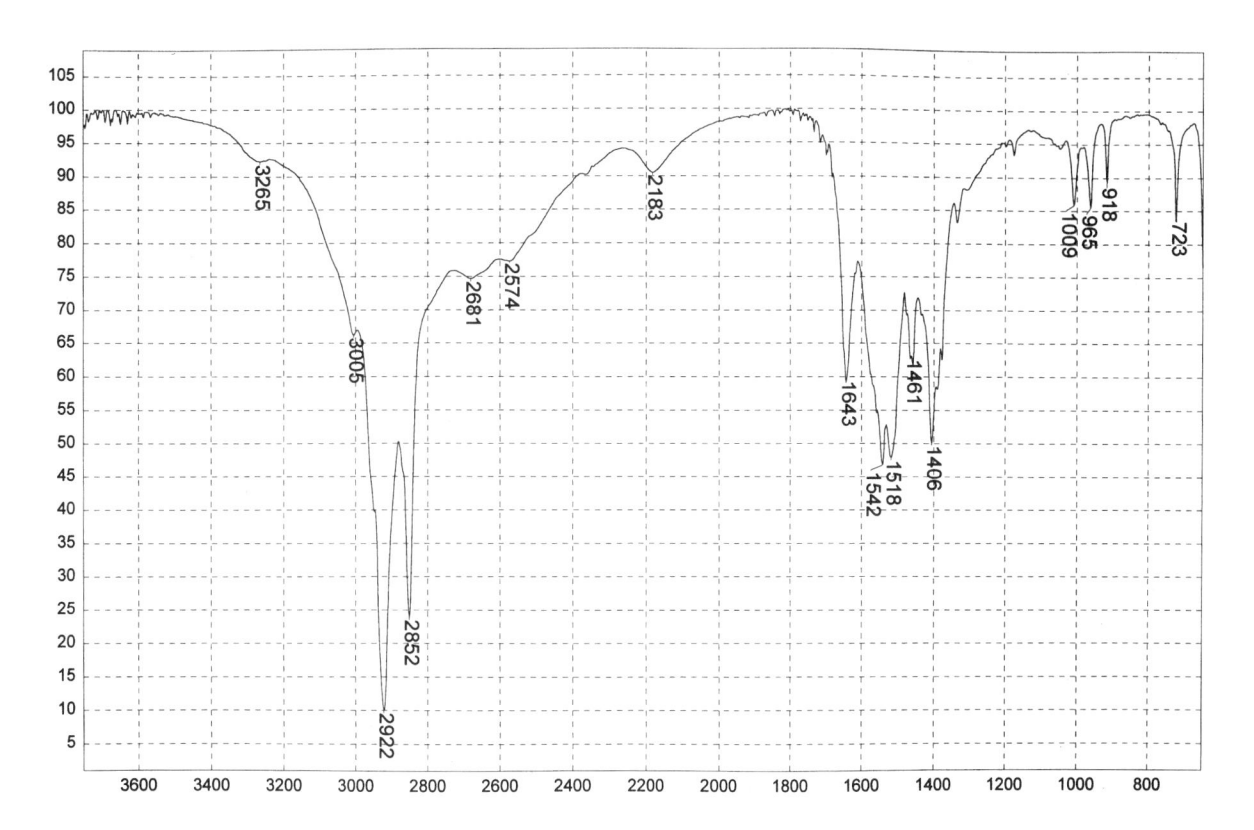

| 1615 | **ACETIC ACID SALT OF SOYA AMINE** |

| 1616 | **P.O.E. LAURIC AMIDE (5 MOLES EtO)** |

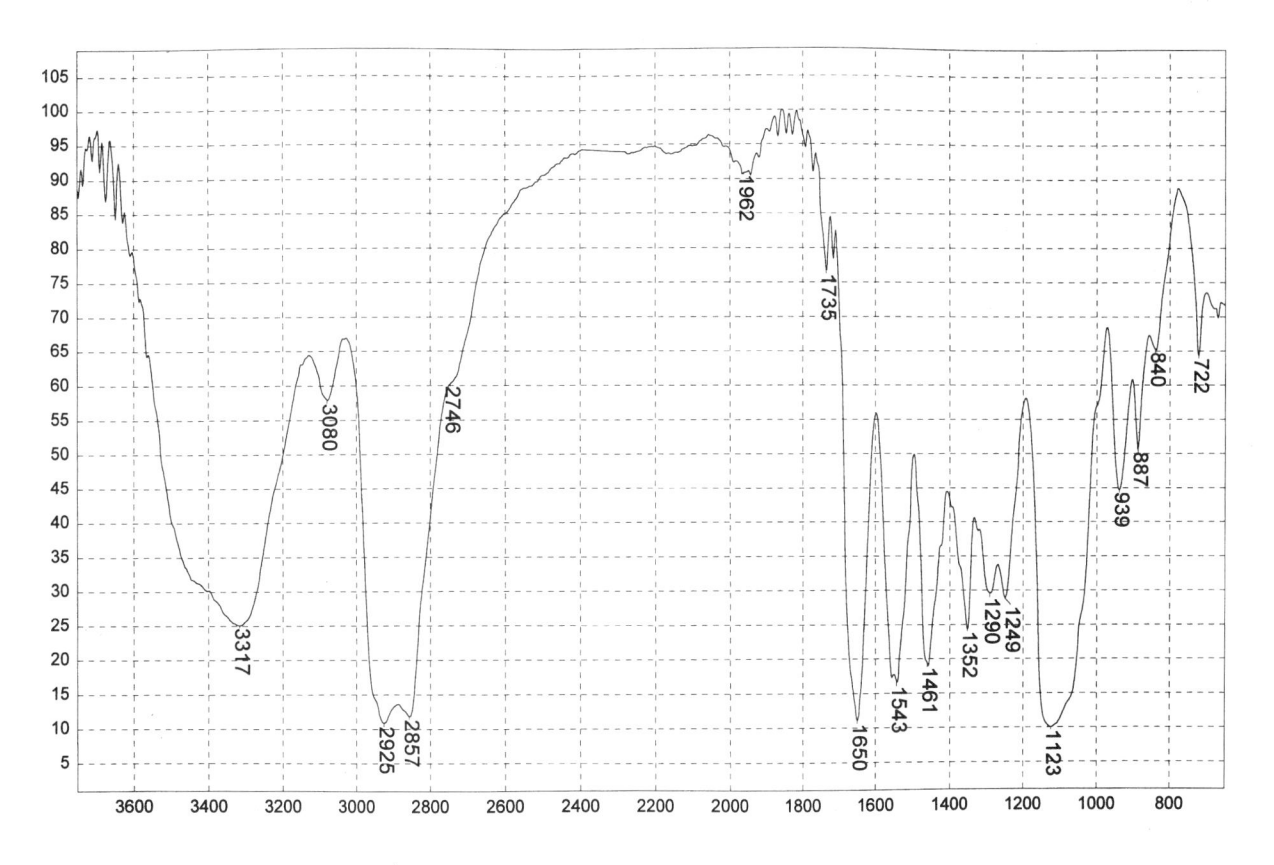

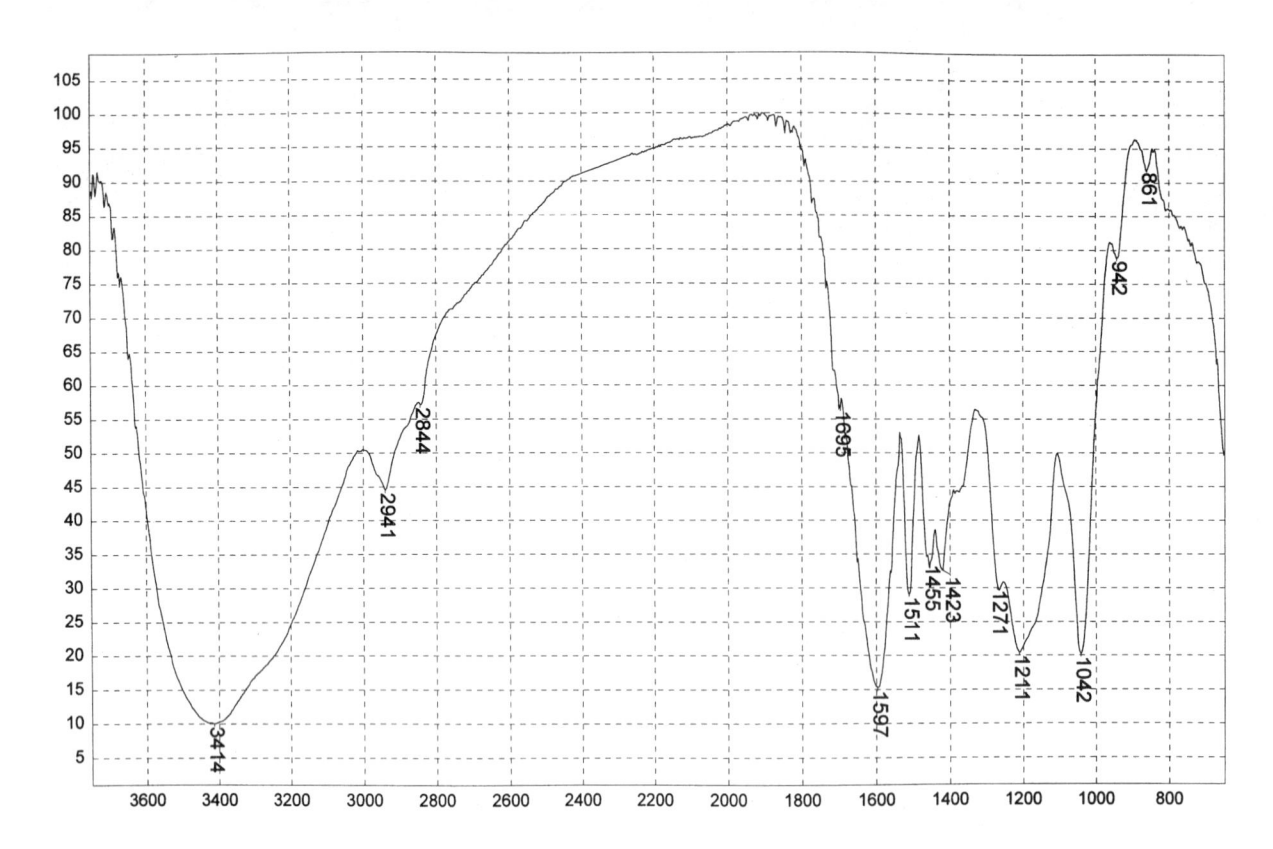

1617   Ca POLYMERIZED ALKYLBENZENE SULFONATE

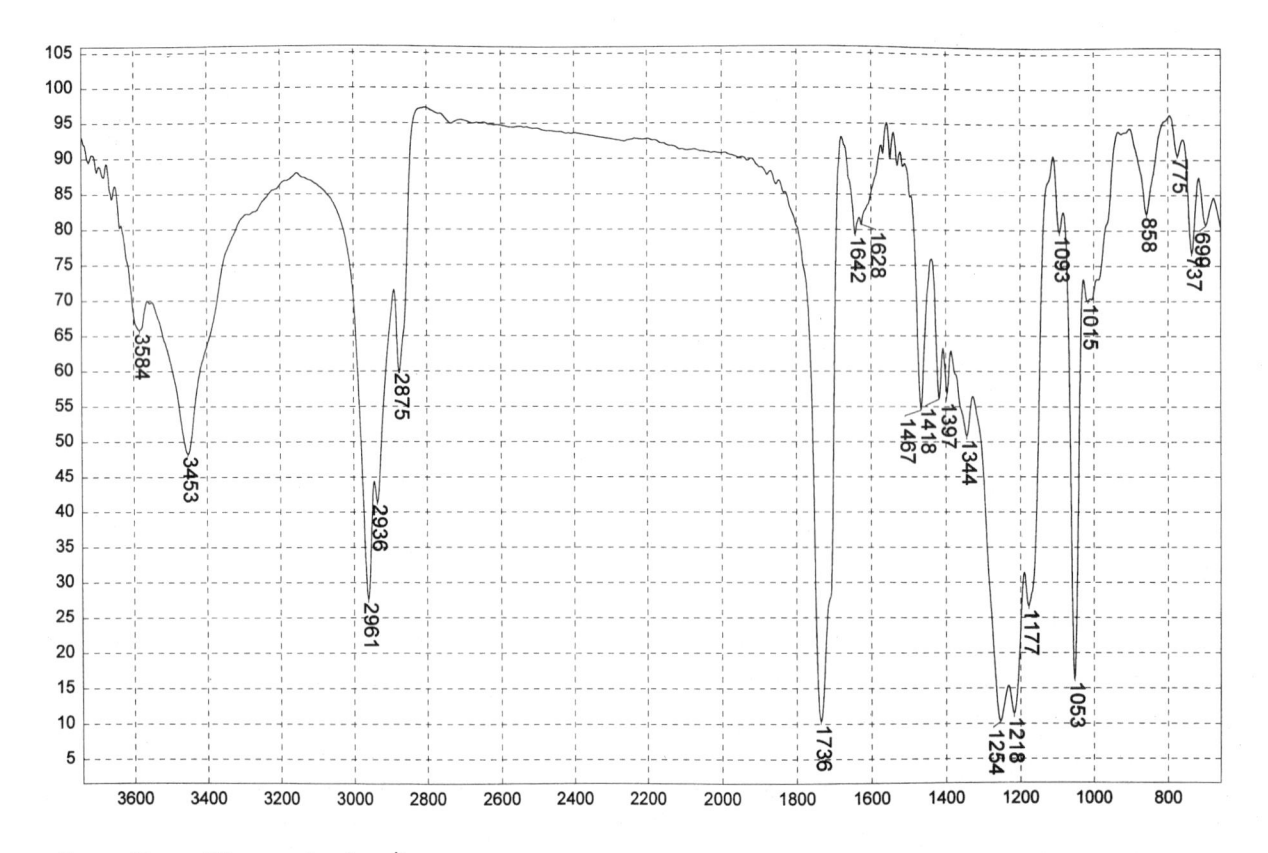

1618   SODIUM DIAMYL SULFOSUCCINATE

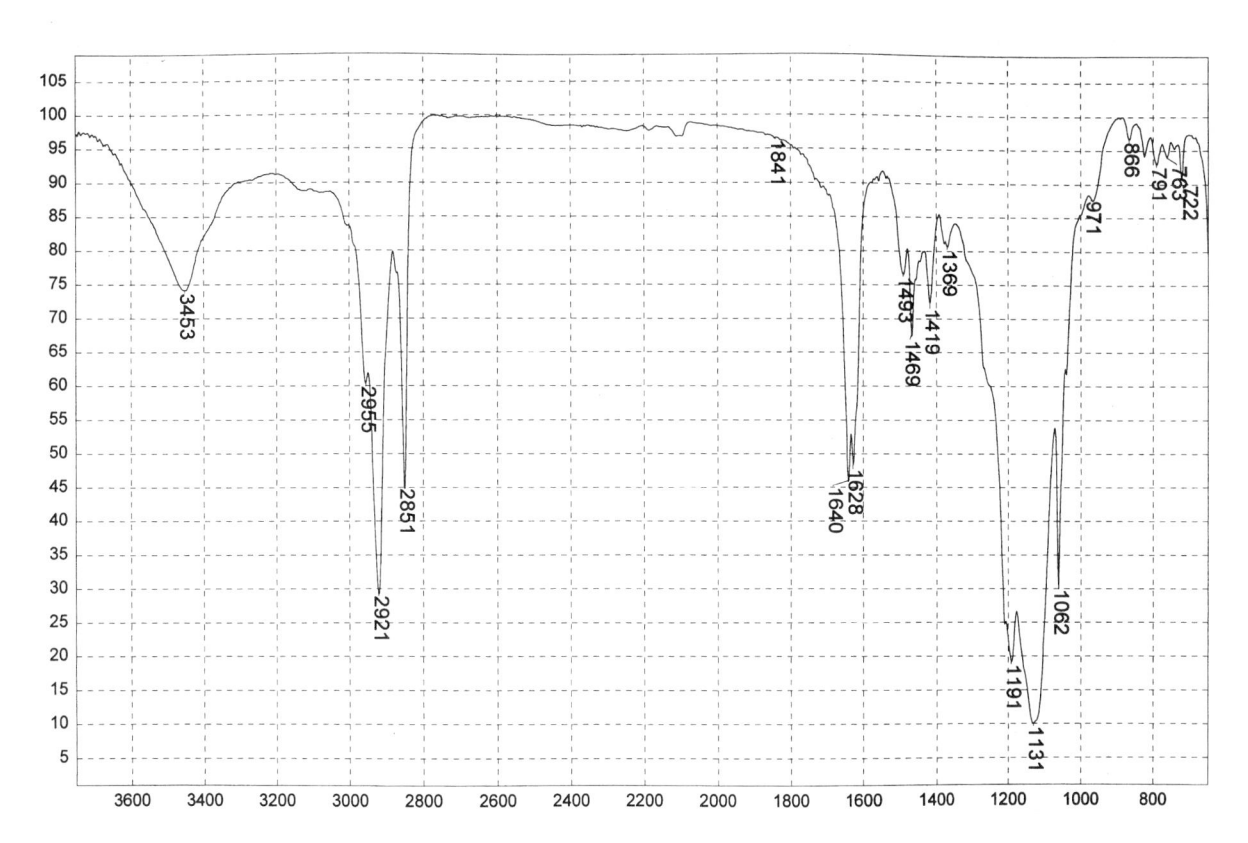

1619 SODIUM n-METHYL-n-PALMITOYL TAURATE

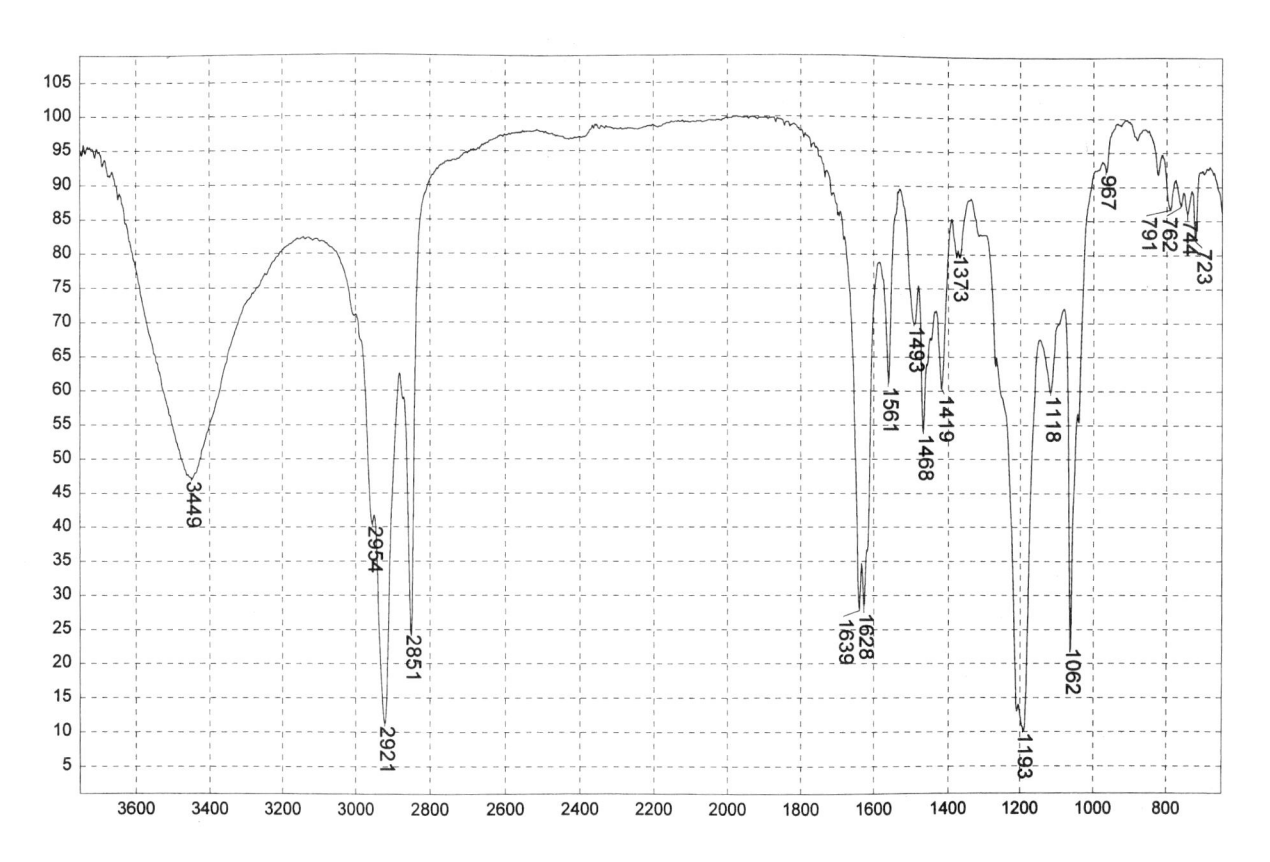

1620 SODIUM n-METHYL-n-TALLOW ACID TAURATE

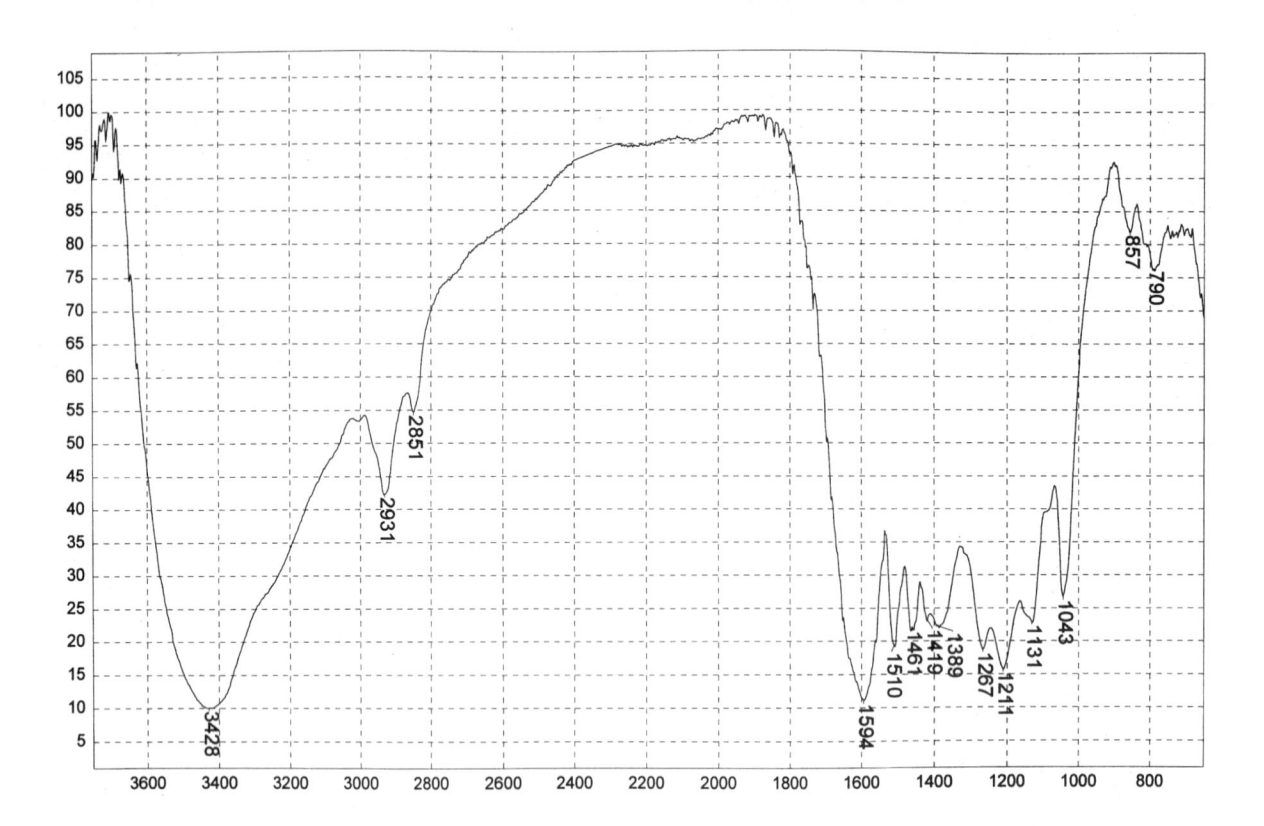

Transmittance / Wavenumber (cm^{-1})

1621   **SODIUM LIGNOSULFONATE (5.4% SODIUM SULFATE)**

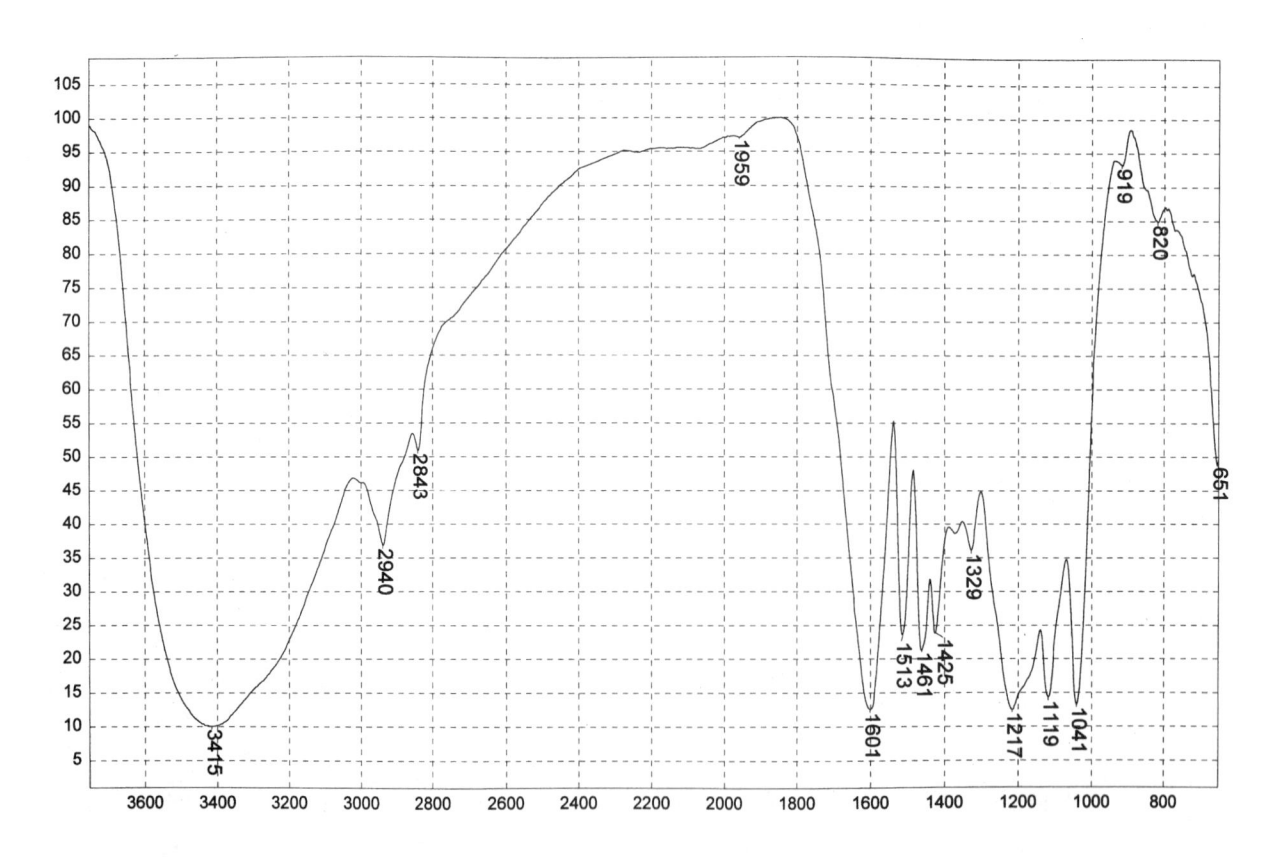

Transmittance / Wavenumber (cm^{-1})

1622   **Ca LIGNOSULFONATE (12.2% CALCIUM SULFATE GROUPS)**

n-STEAROYL-PALMITOYL SARCOSINE

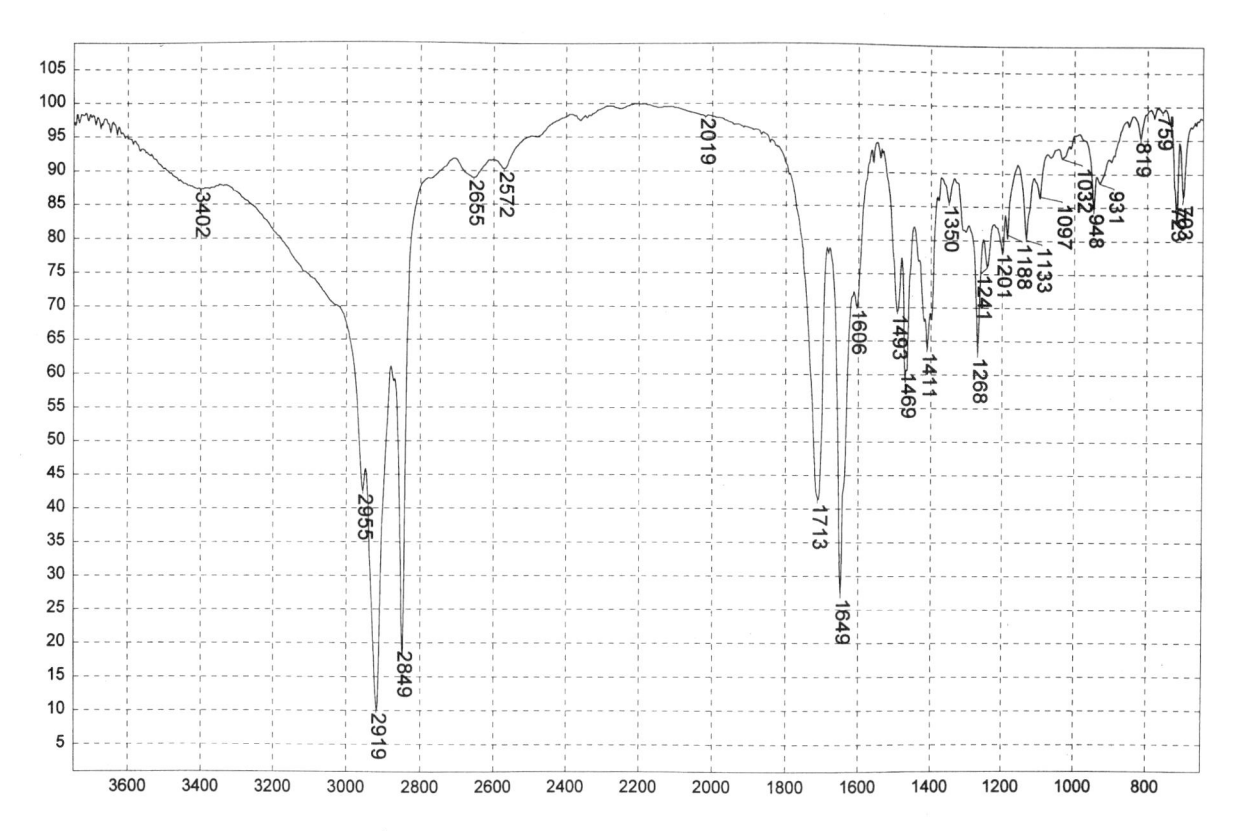

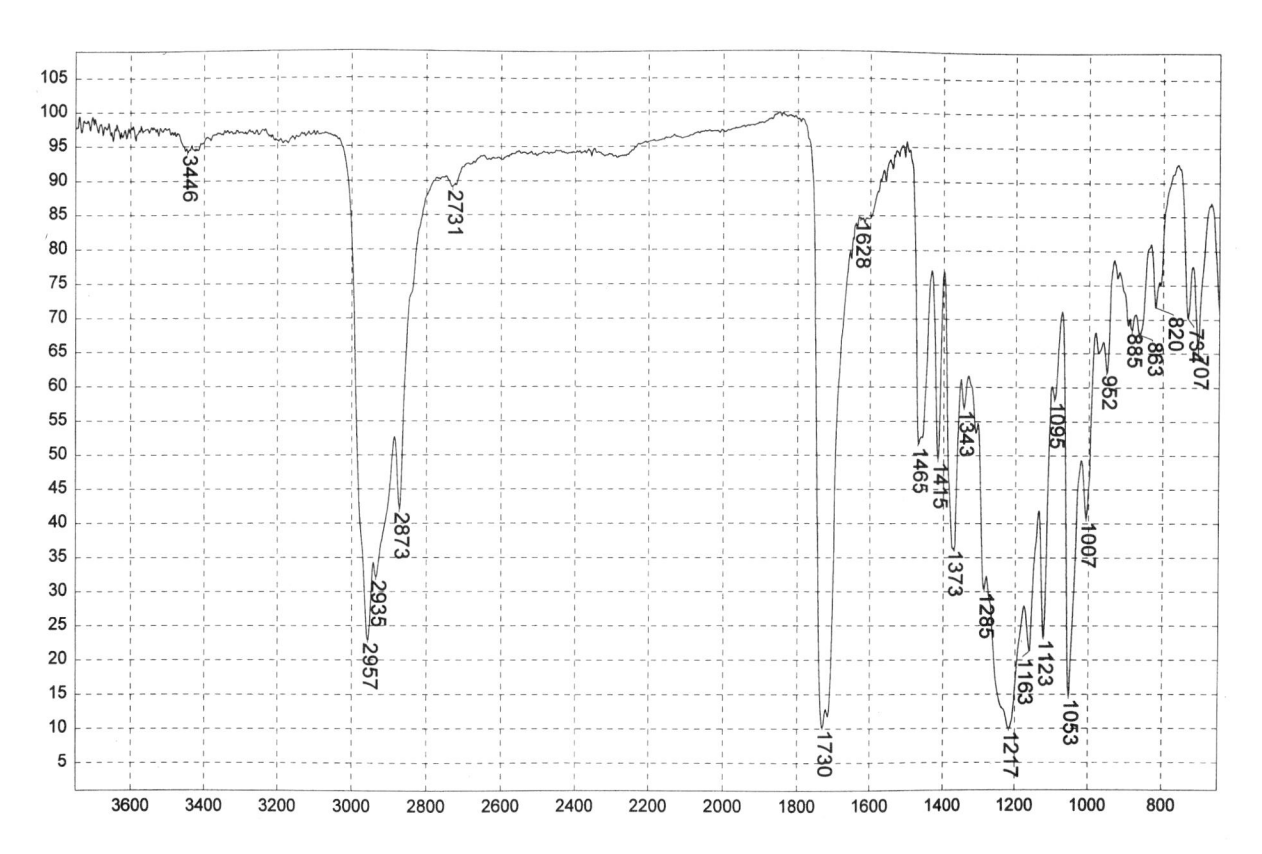

1623

SODIUM DIHEXYL SULFOSUCCINATE

1624

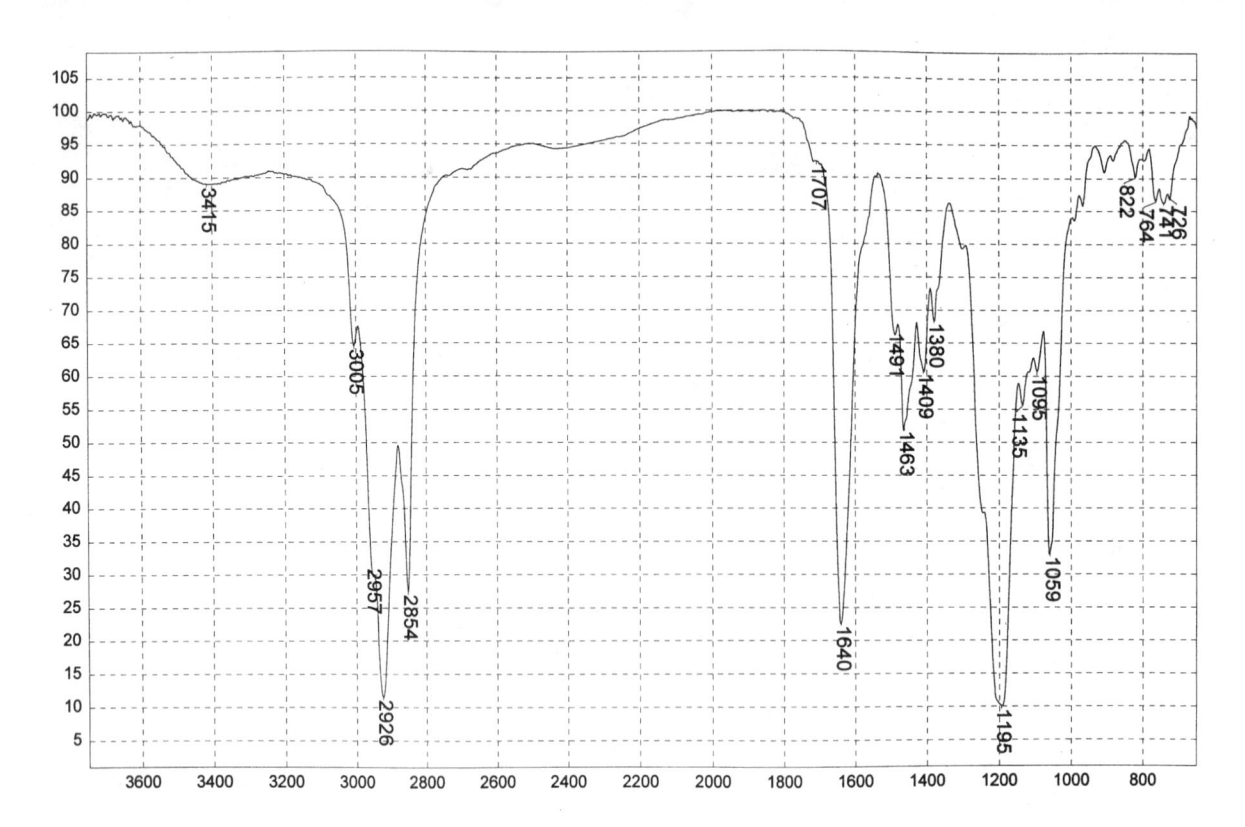

1625 SODIUM n-METHYL-n-TALL-OIL-ACID TAURATE

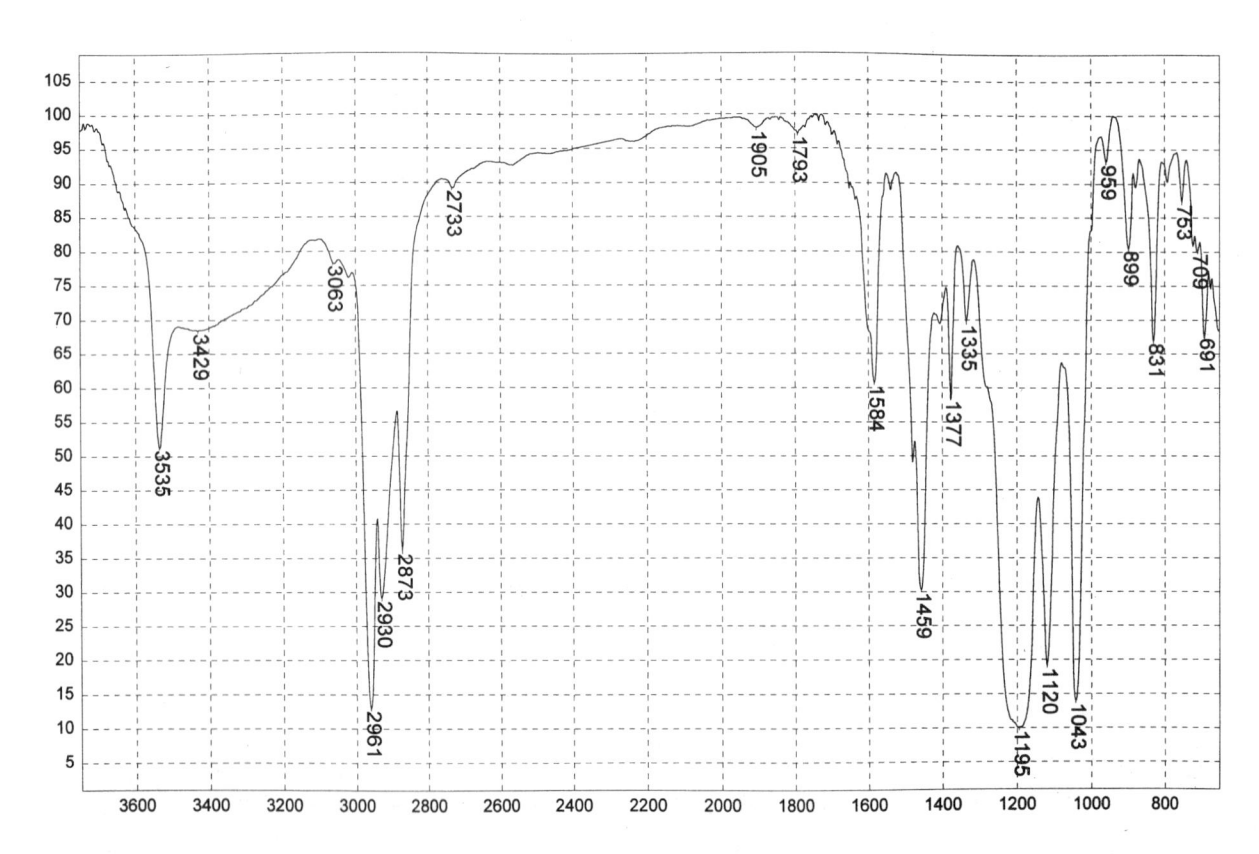

1626 DISODIUM DIBUTYLPHENYLPHENOL DISULFONATE

1627 GUANIDINIUM MONOETHYLPHENYLPHENOL SULFONATE

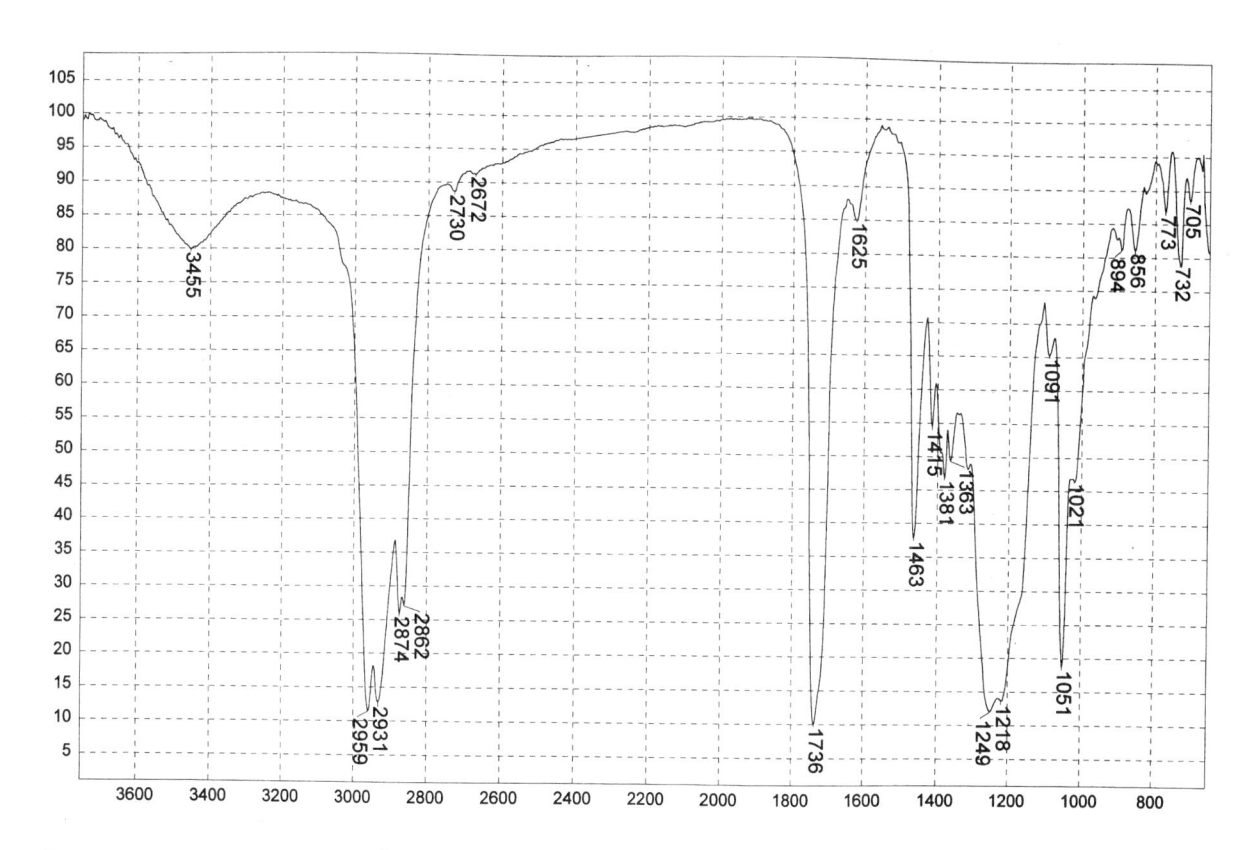

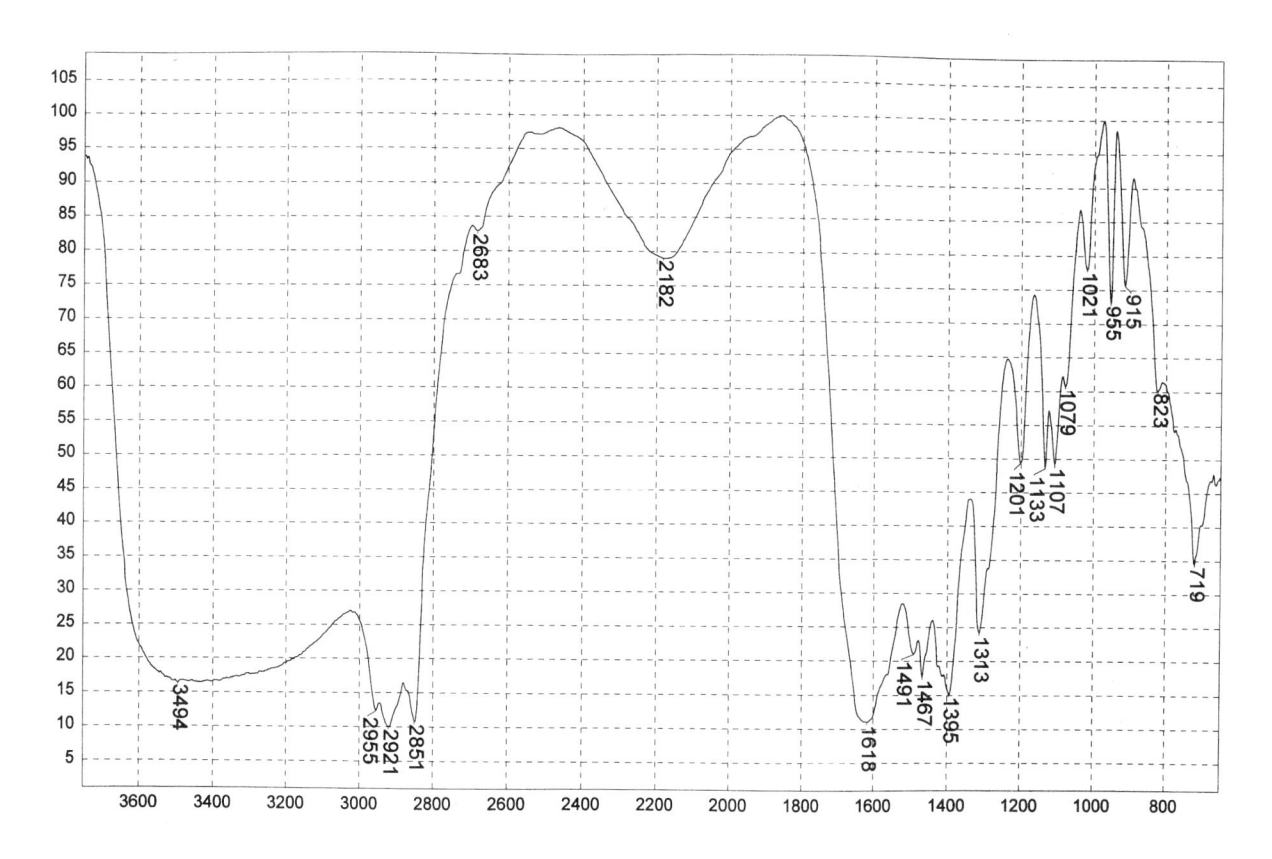

1628 SODIUM n-LAUROYL SARCOSINATE

311

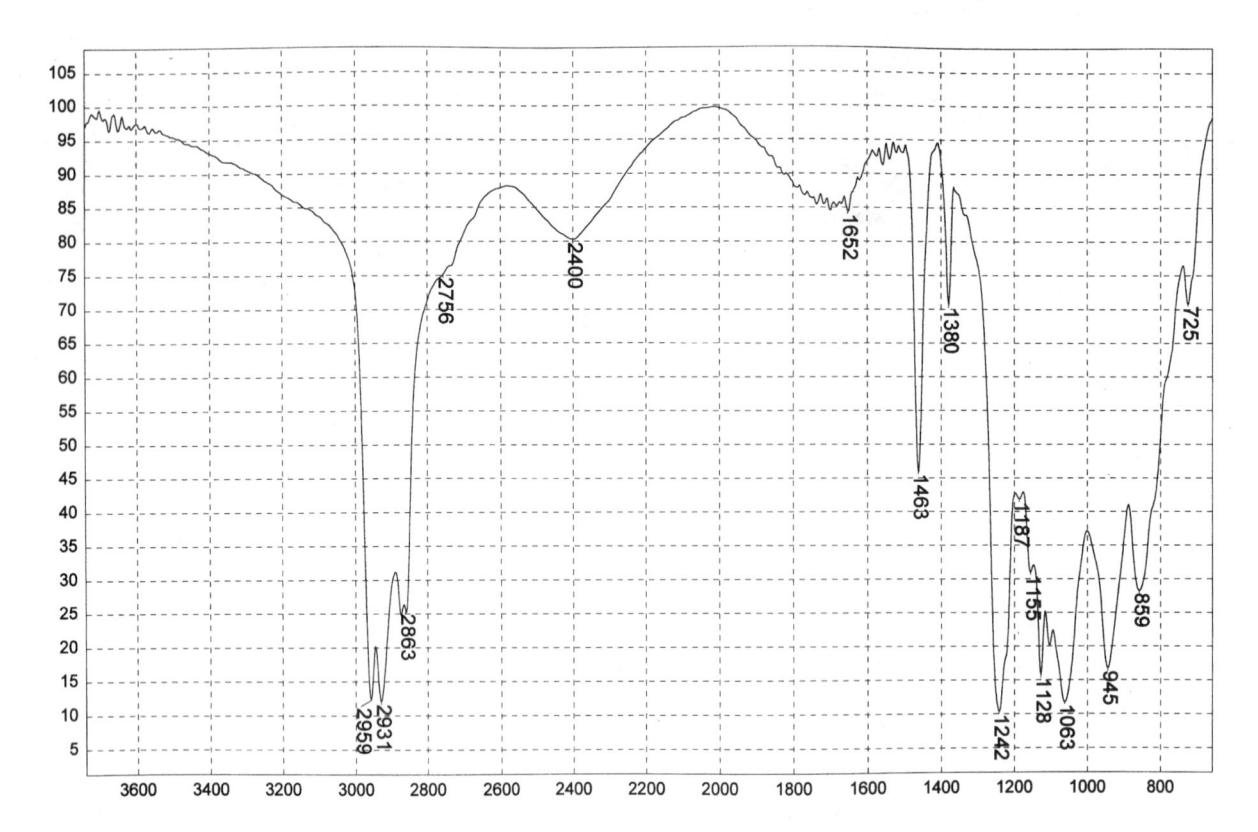

1629 ALKYL POLYPHOSPHATE Na$_5$R$_5$(P$_3$O$_{10}$)$_2$ R

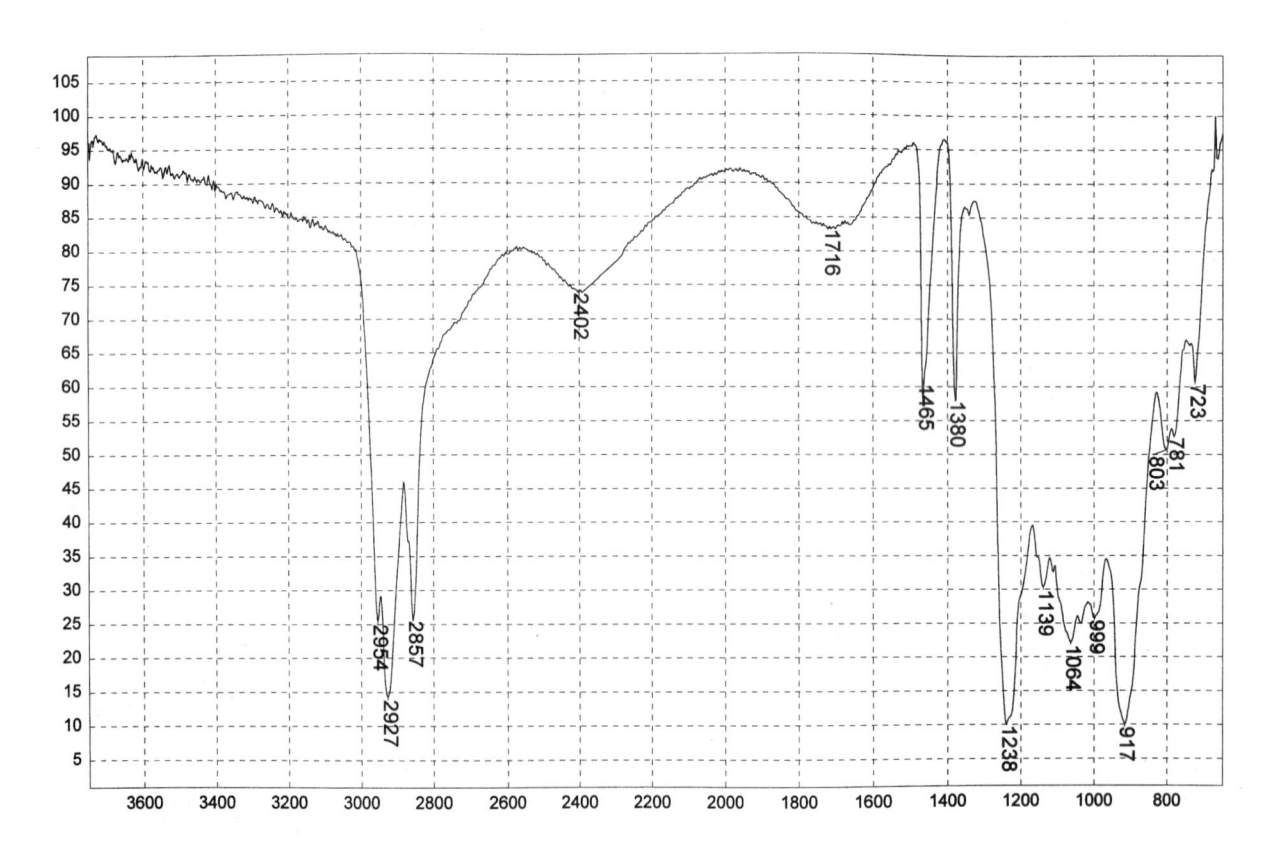

1630 ALKYL POLYPHOSPHATE Na$_5$R$_5$(P$_3$O$_{10}$)$_2$ R—SECOND SAMPLE

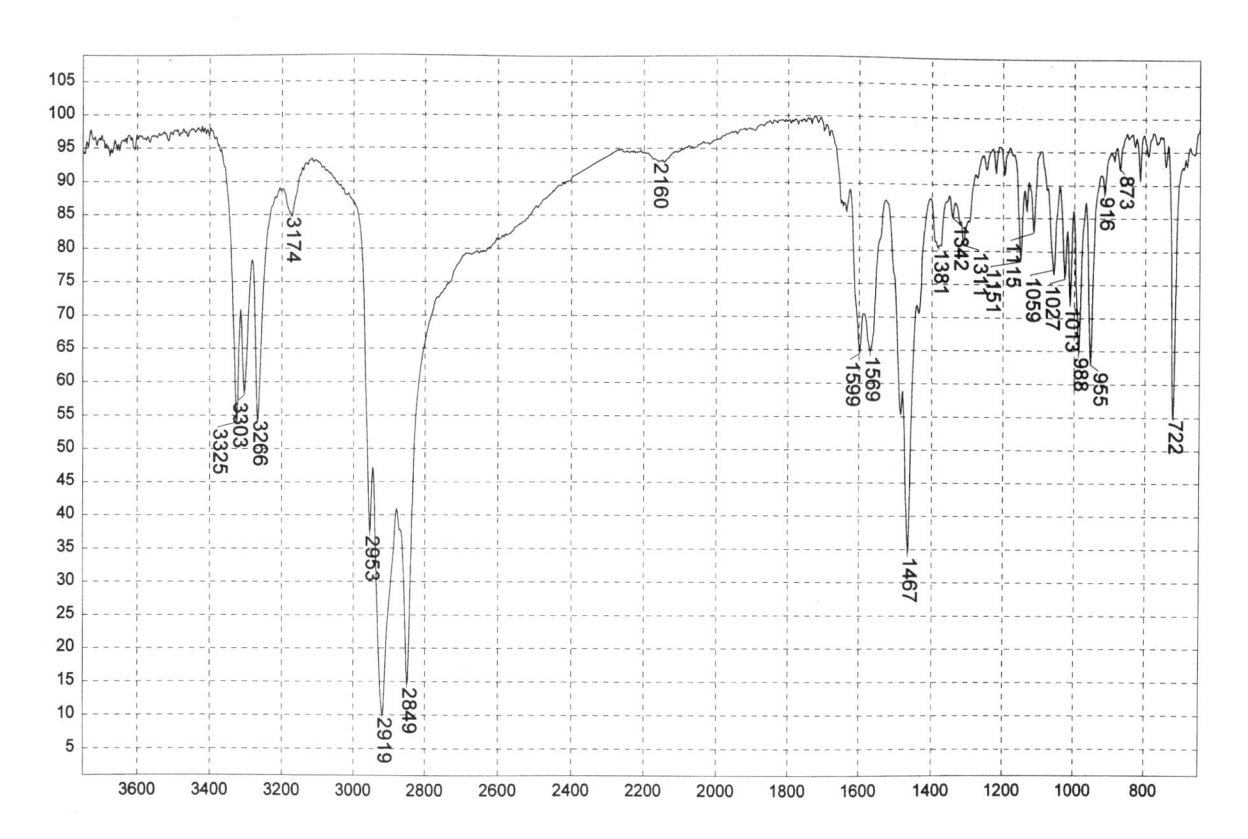

1631 n-TETRADECYLAMINE

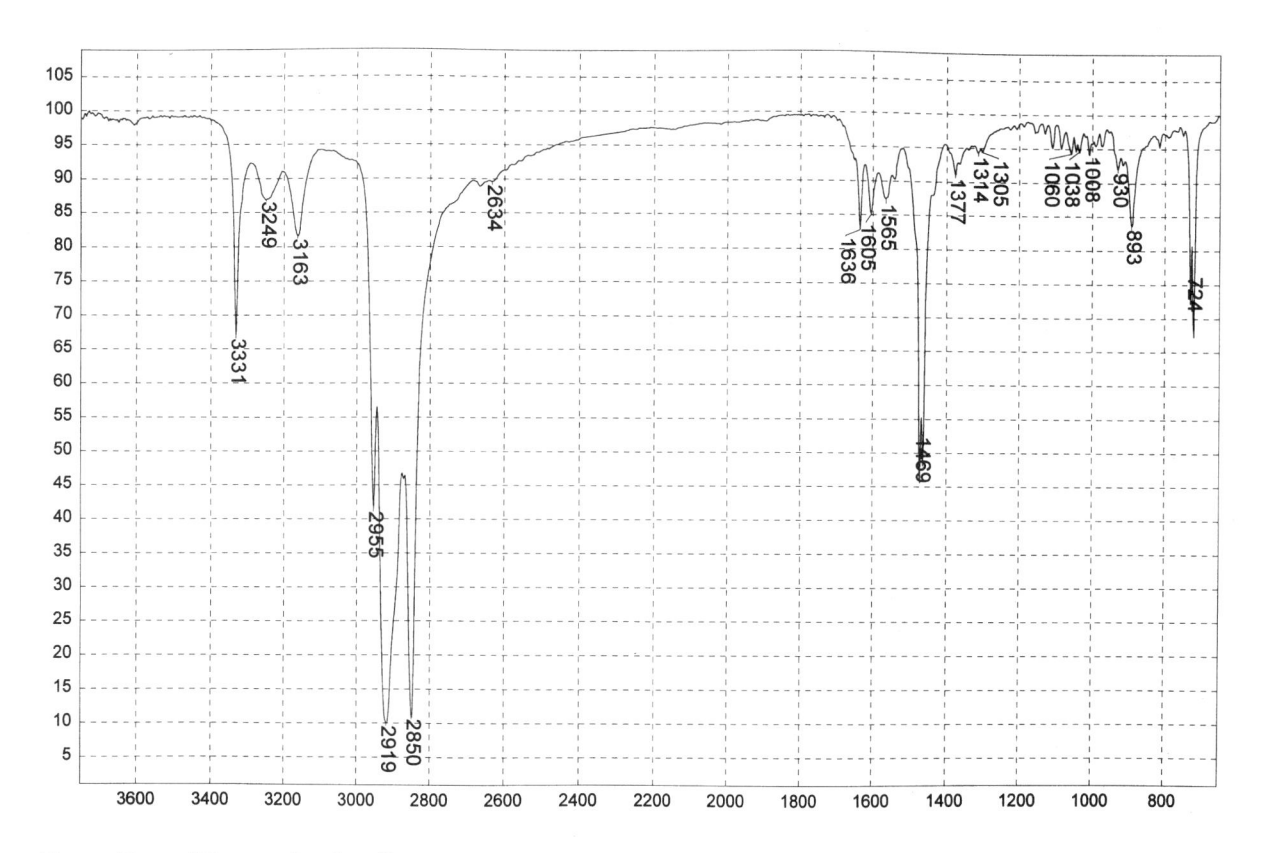

1632 HYDROGENATED TALLOW AMINE 95% PRIMARY

1633   **SOYA AMINE 95% PRIMARY**

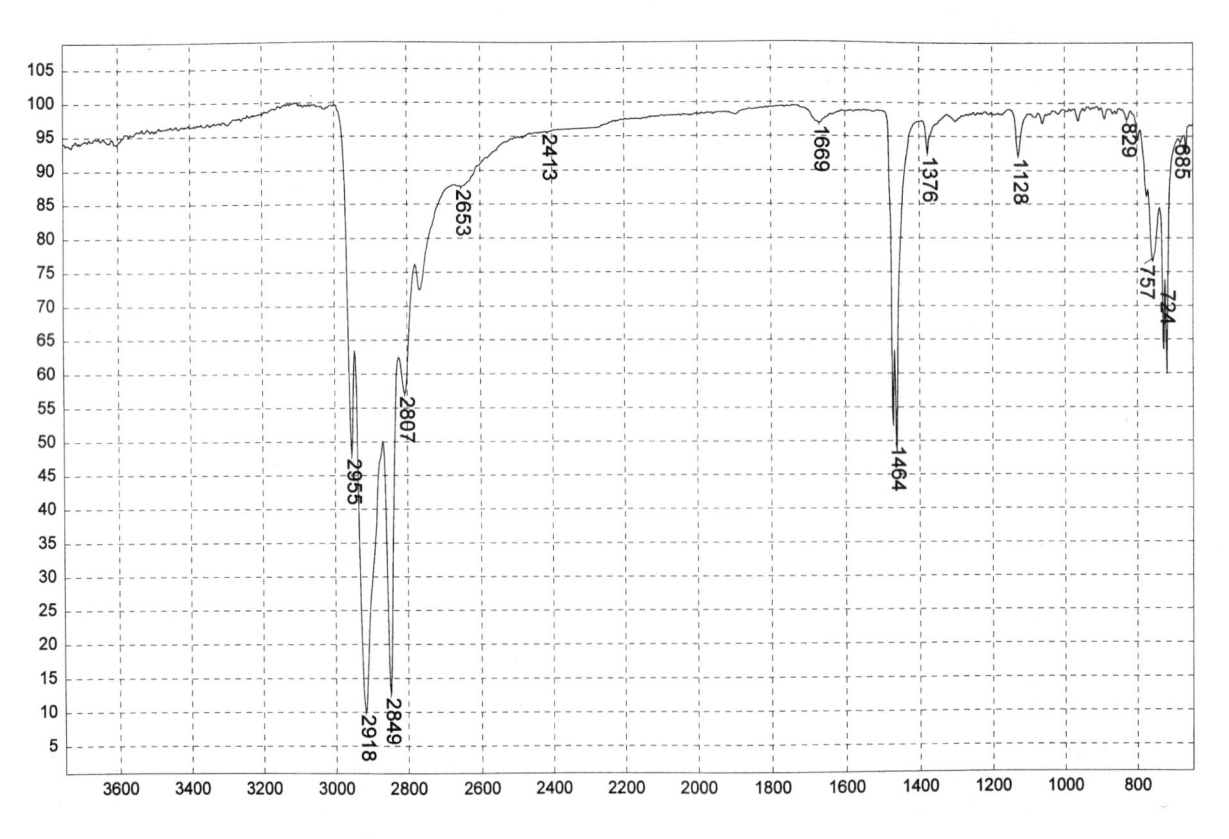

1634   **DIHYDROGENATED TALLOW AMINE (85% SEC.)**

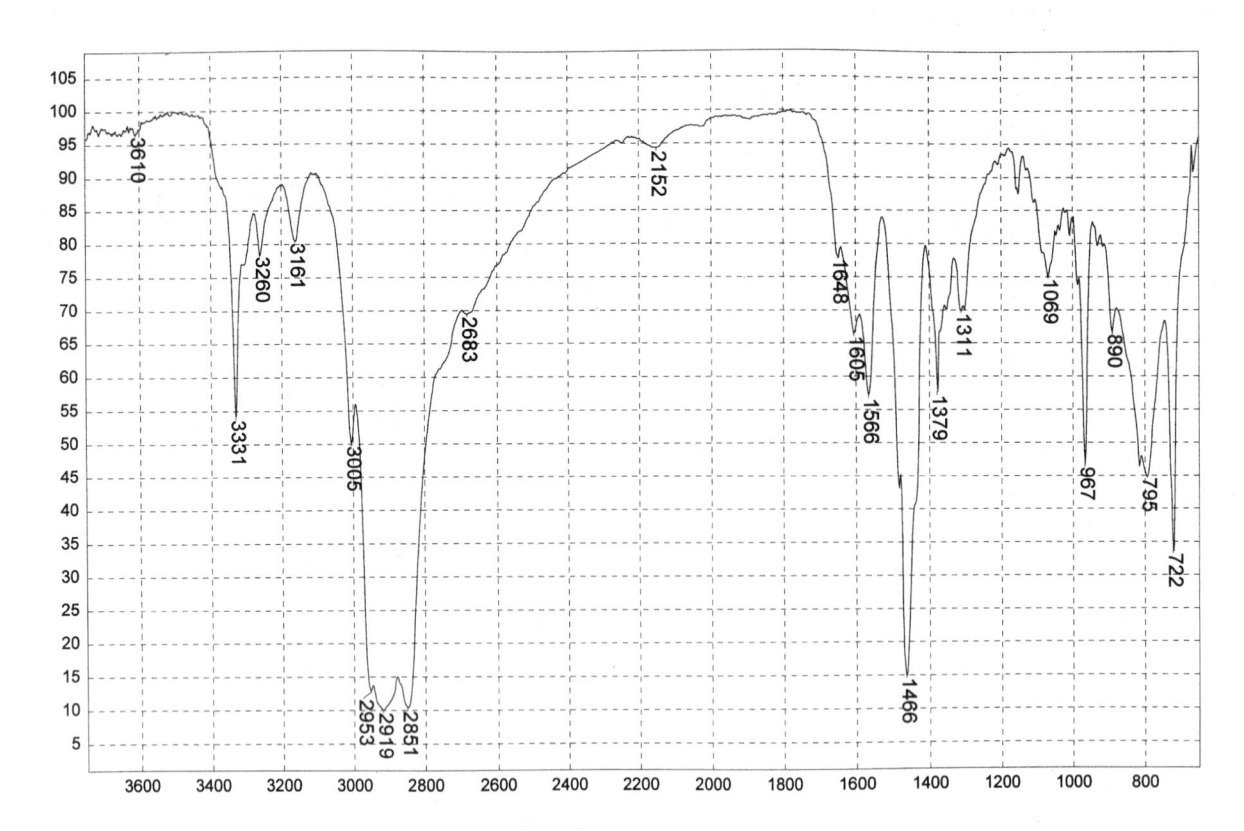

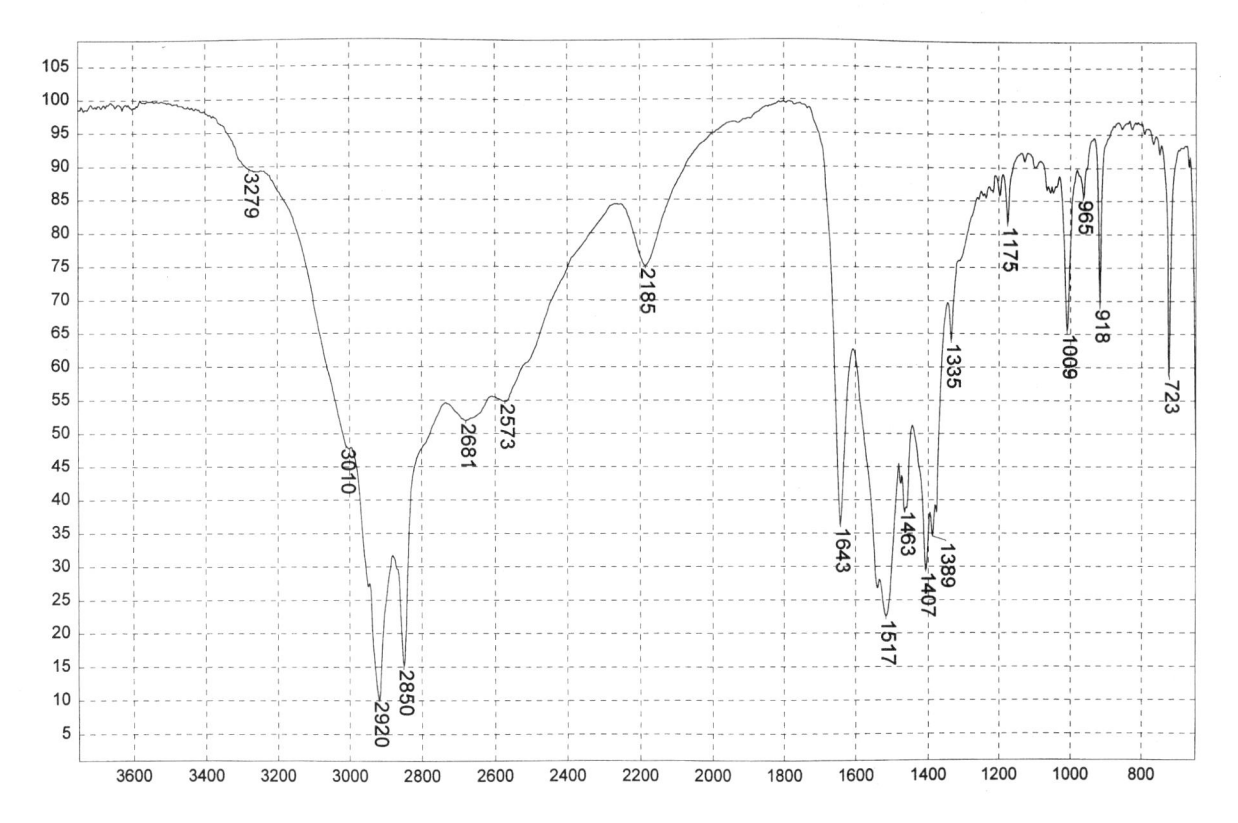

ACETIC ACID SALT OF TALLOW AMINE

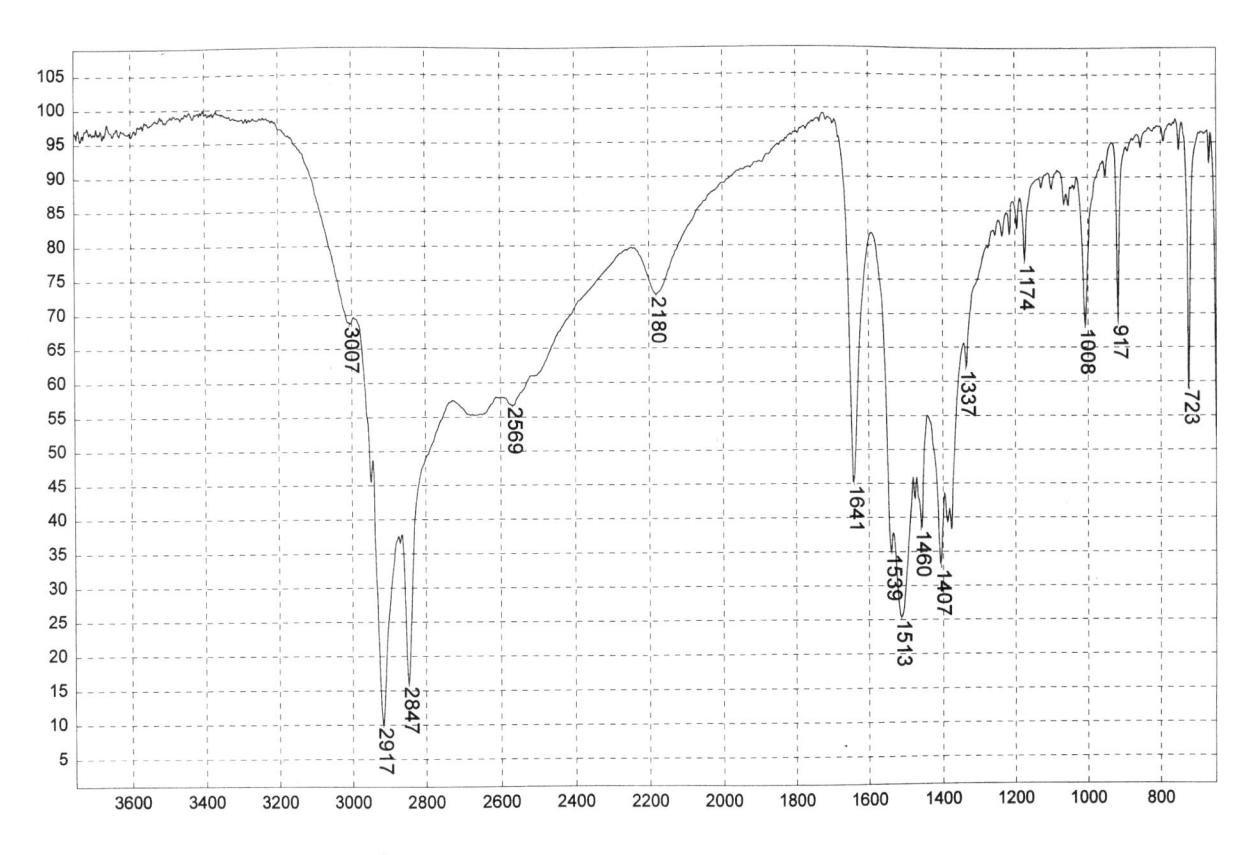

ACETIC ACID SALT OF OCTADECYLAMINE

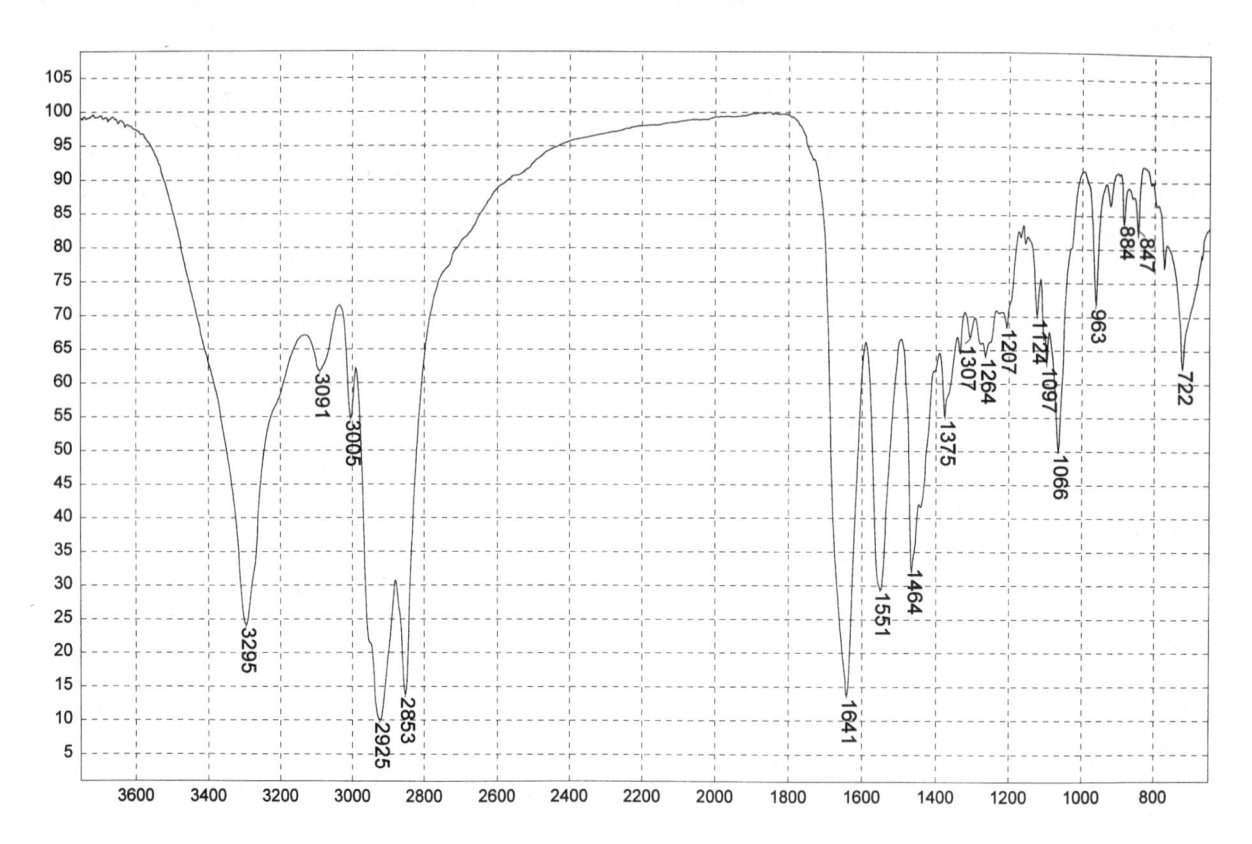

1637   n-b-HYDROXYETHYL OLEYL IMIDAZOLINE

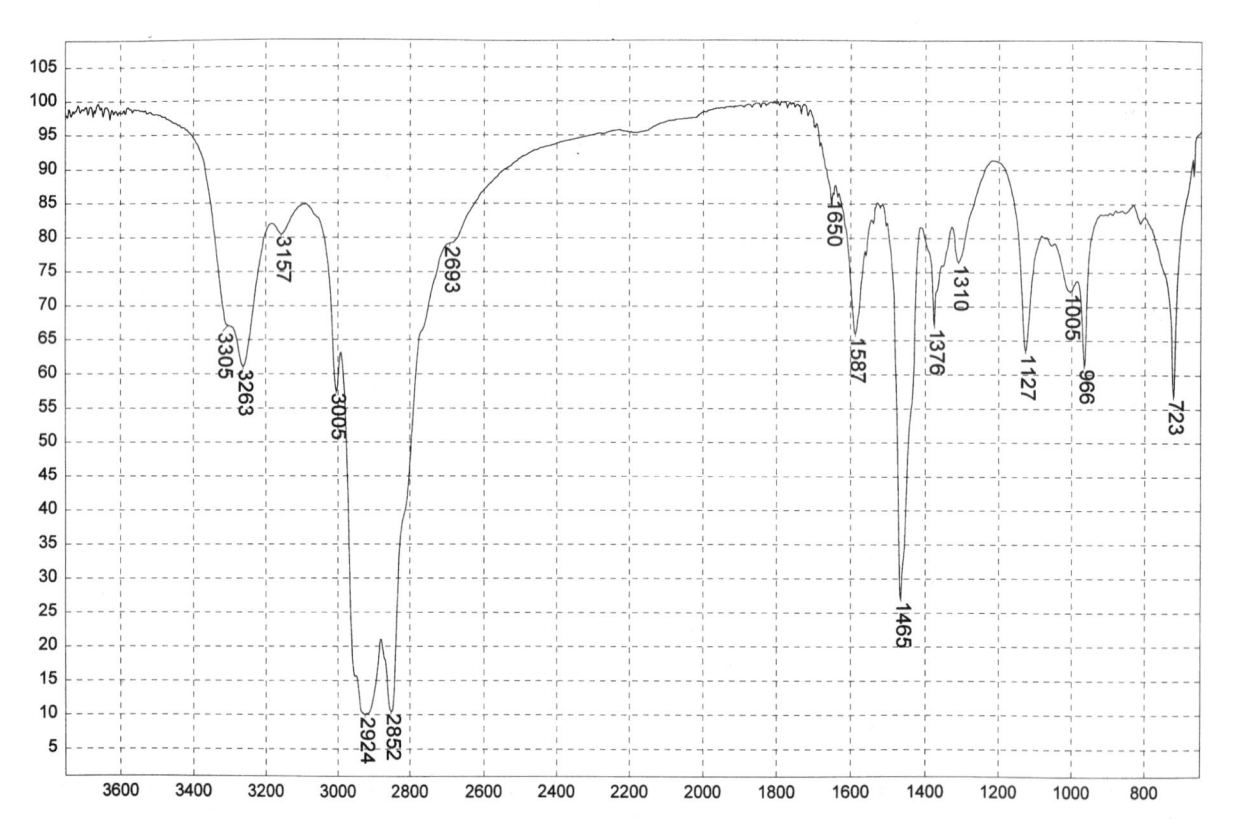

1638   n-SOYA-PROPYLENEDIAMINE (80% DIAMINE)

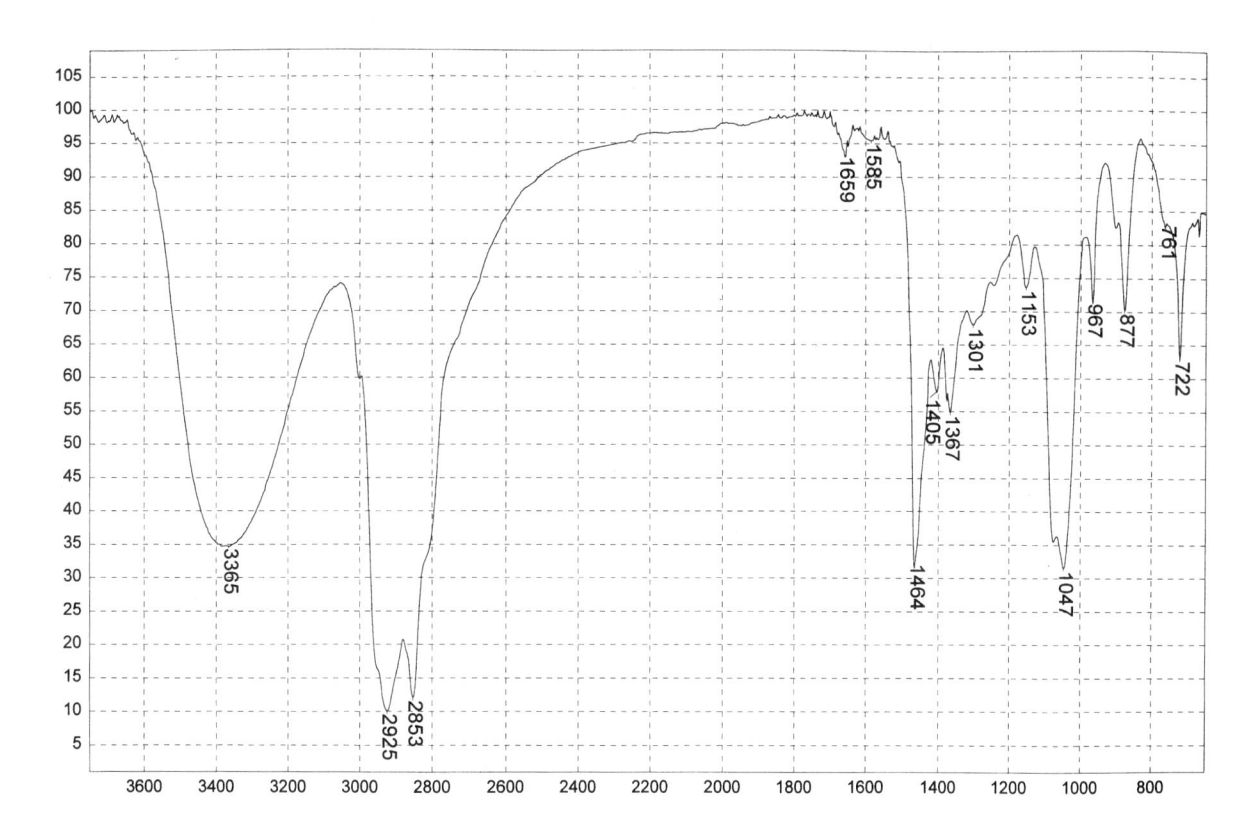

1639 POLYOXYETHYLATED TALLOW AMINE (2 MOLES EtO)

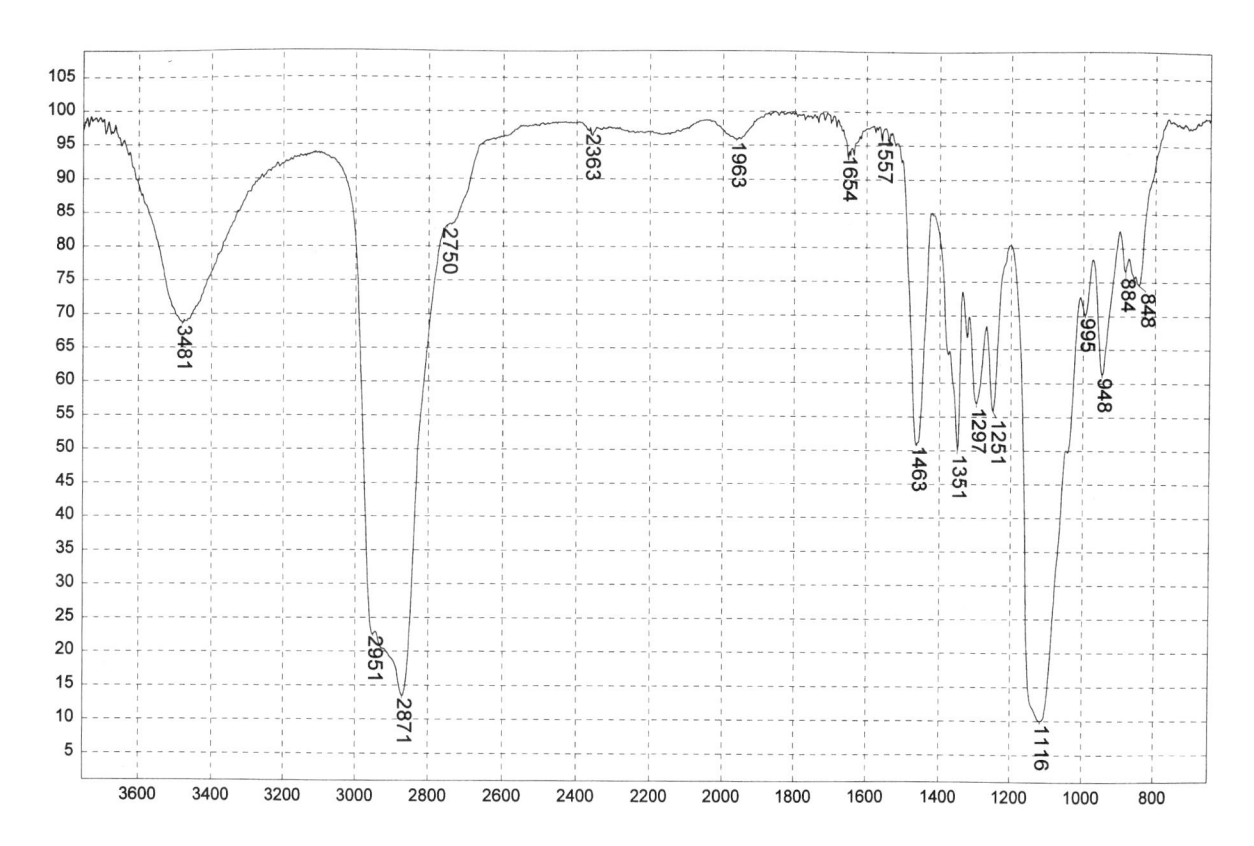

1640 POLYETHOXYLATED TERTIARY AMINE (15 MOLES EtO)

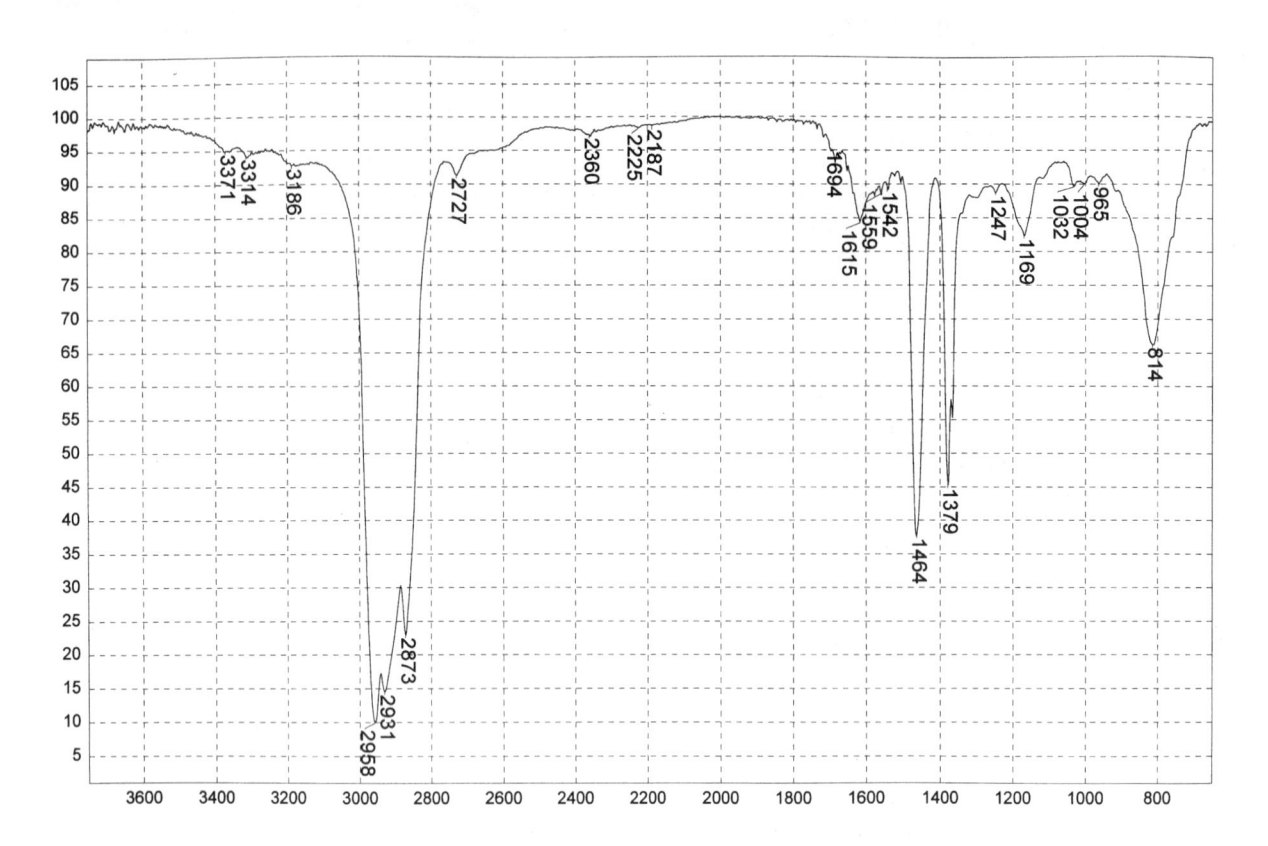

| 1641 | **TERTIARY-C18–24 H37–49 AMINE** |

| 1642 | **Coco amine (95% primary)** |

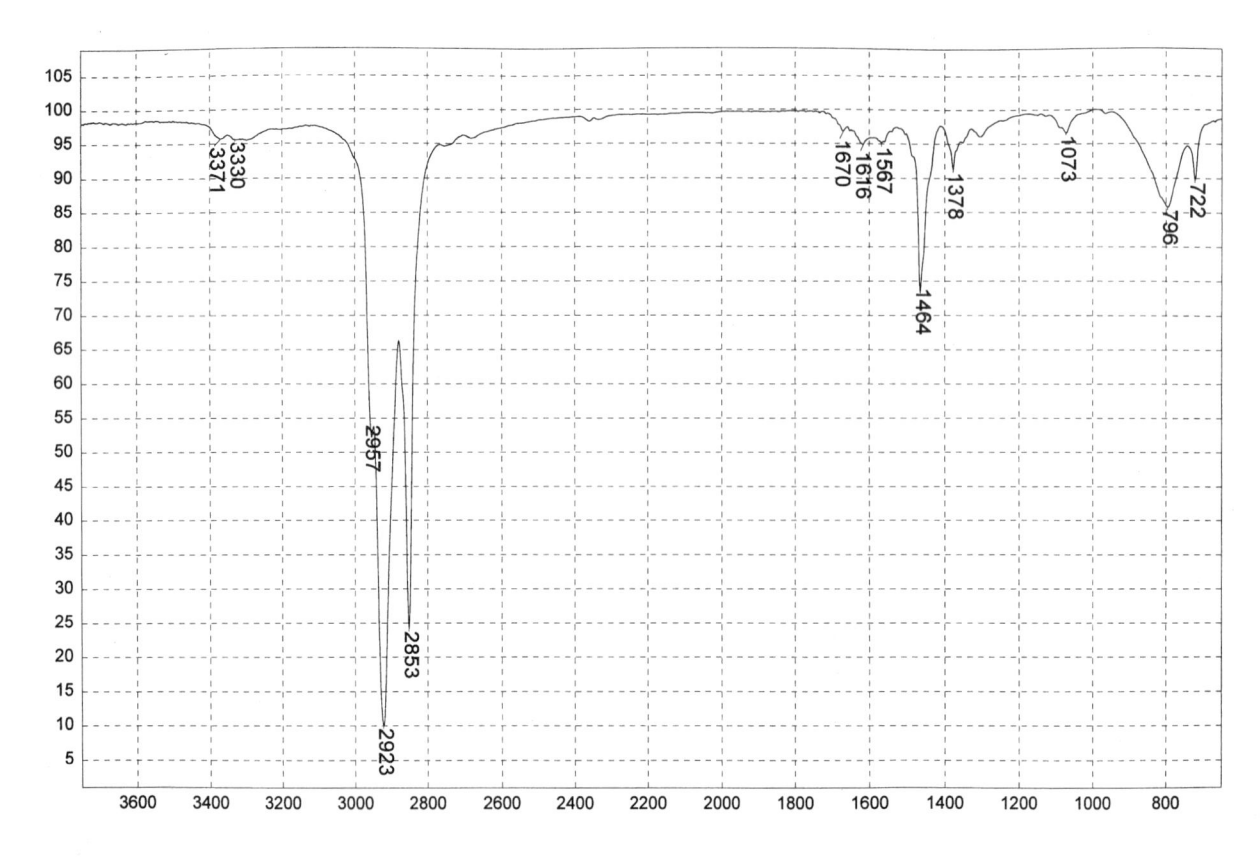

318

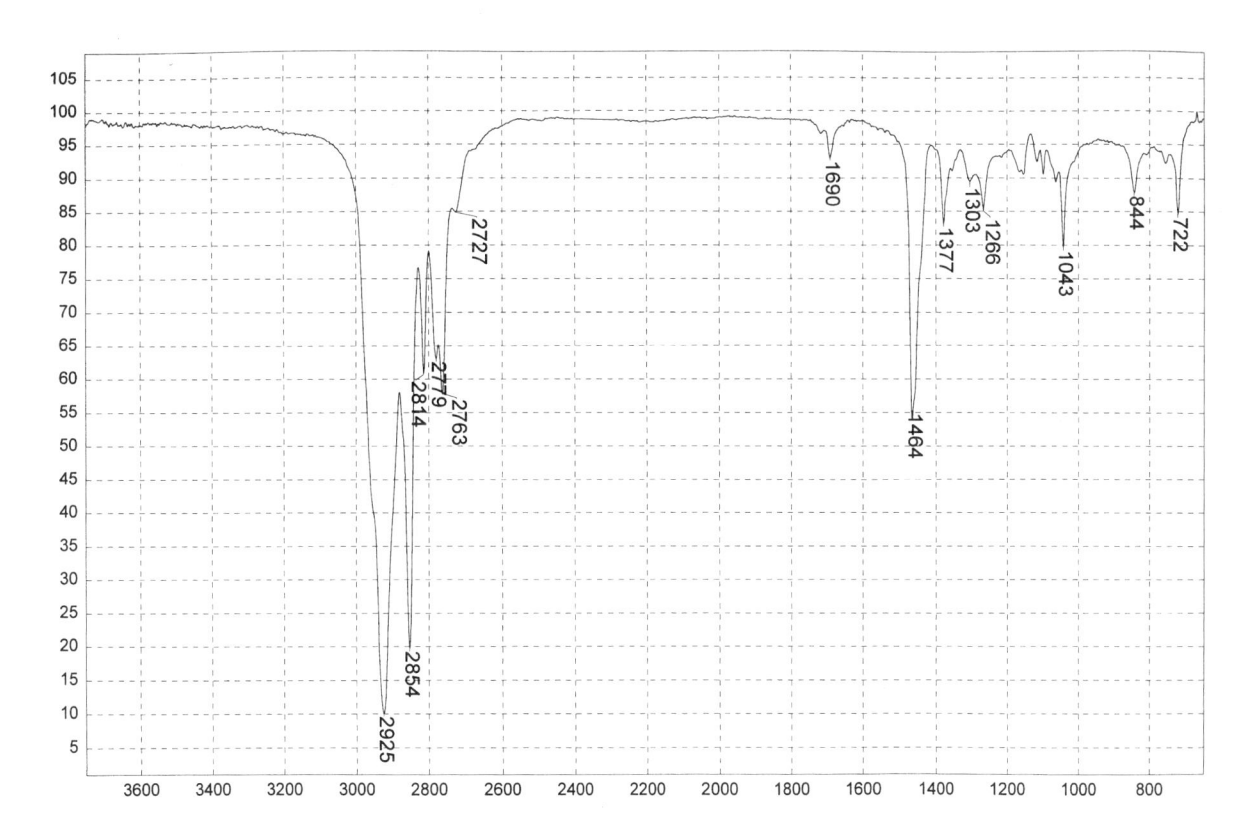

1643 DIMETHYL HEXADECYL AMINE (92% TERTIARY)

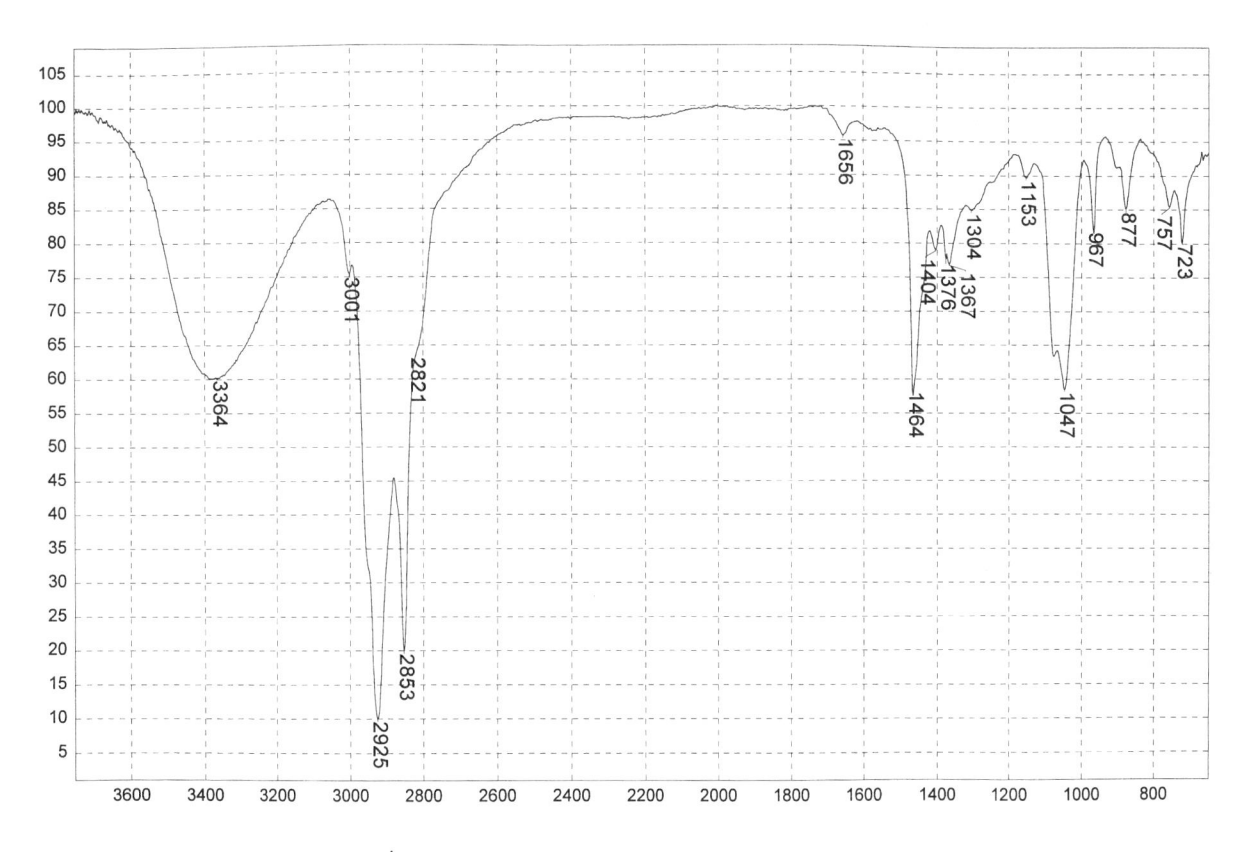

1644 POLYOXYETHYLATED OLEYL AMINE (2 MOLES EtO)

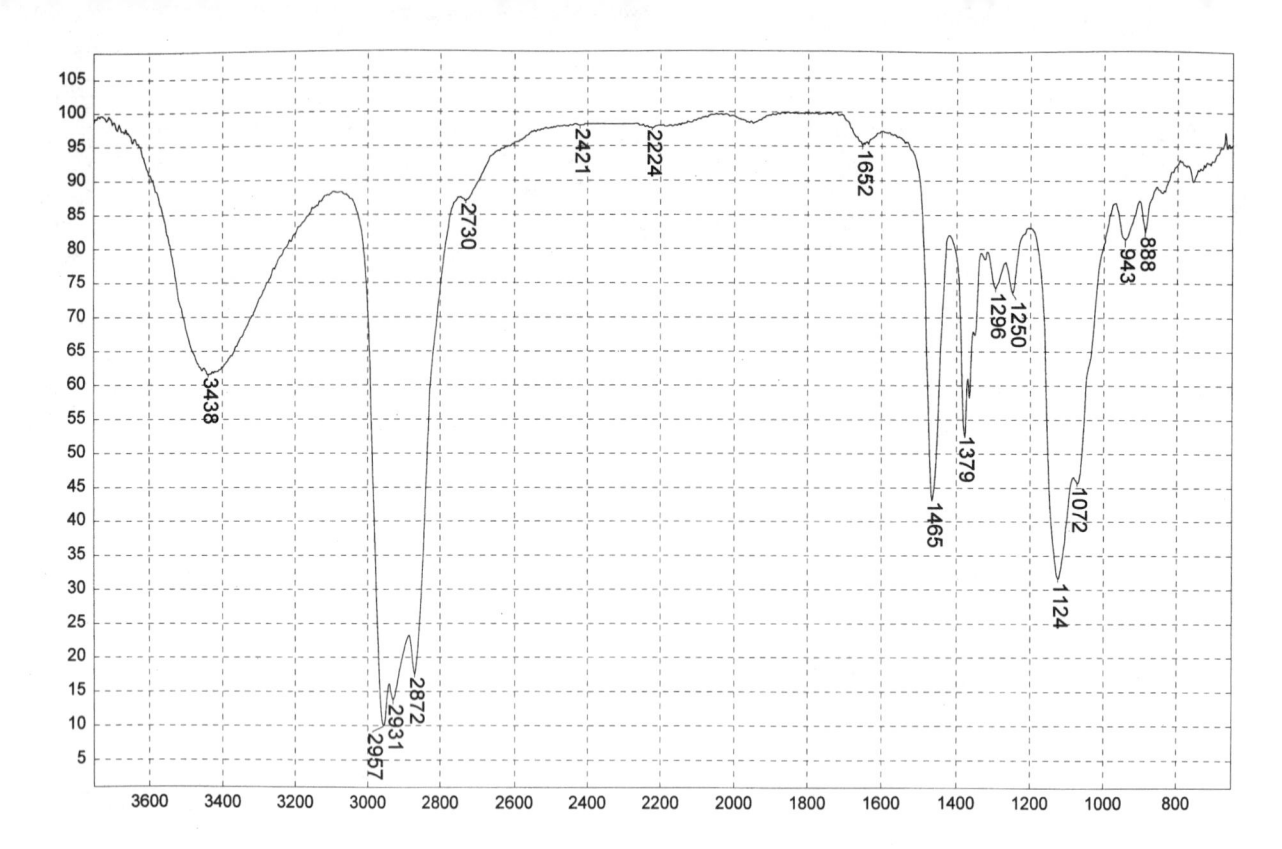

1645 POLYOXYETHYLATED TERTIARY AMINE (5 MOLES EtO)

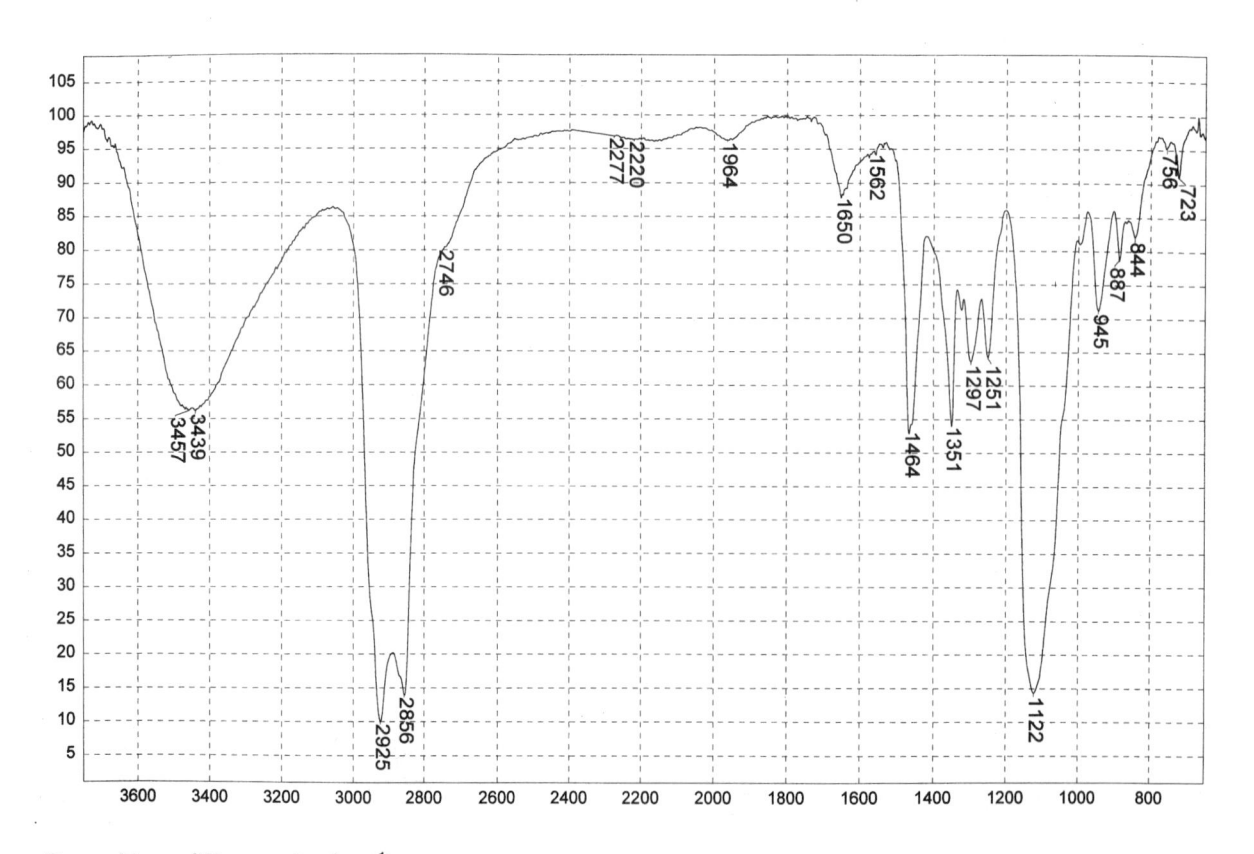

1646 POLYOXYETHYLATED COCO AMINE (10 MOLES EtO)

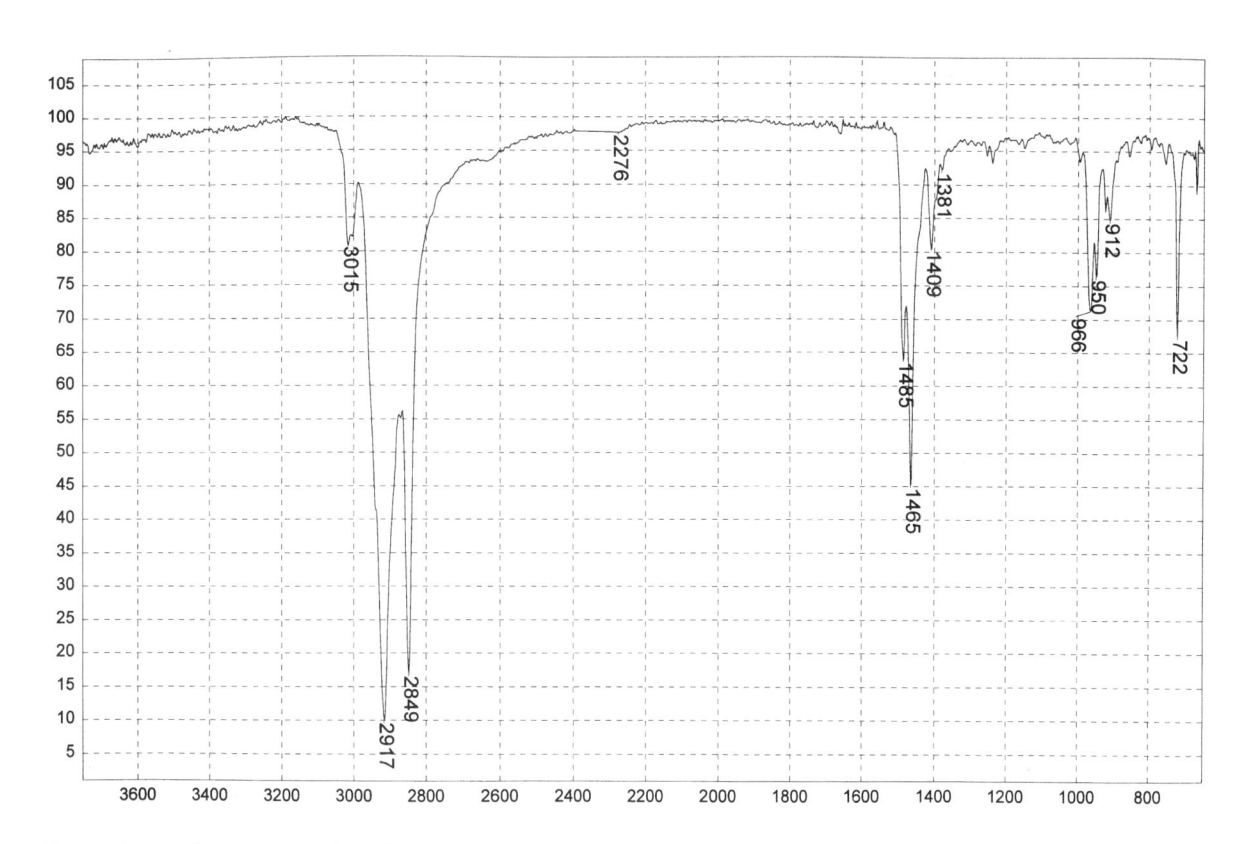

1647 OCTADECYLTRIMETHYL AMMONIUM CHLORIDE

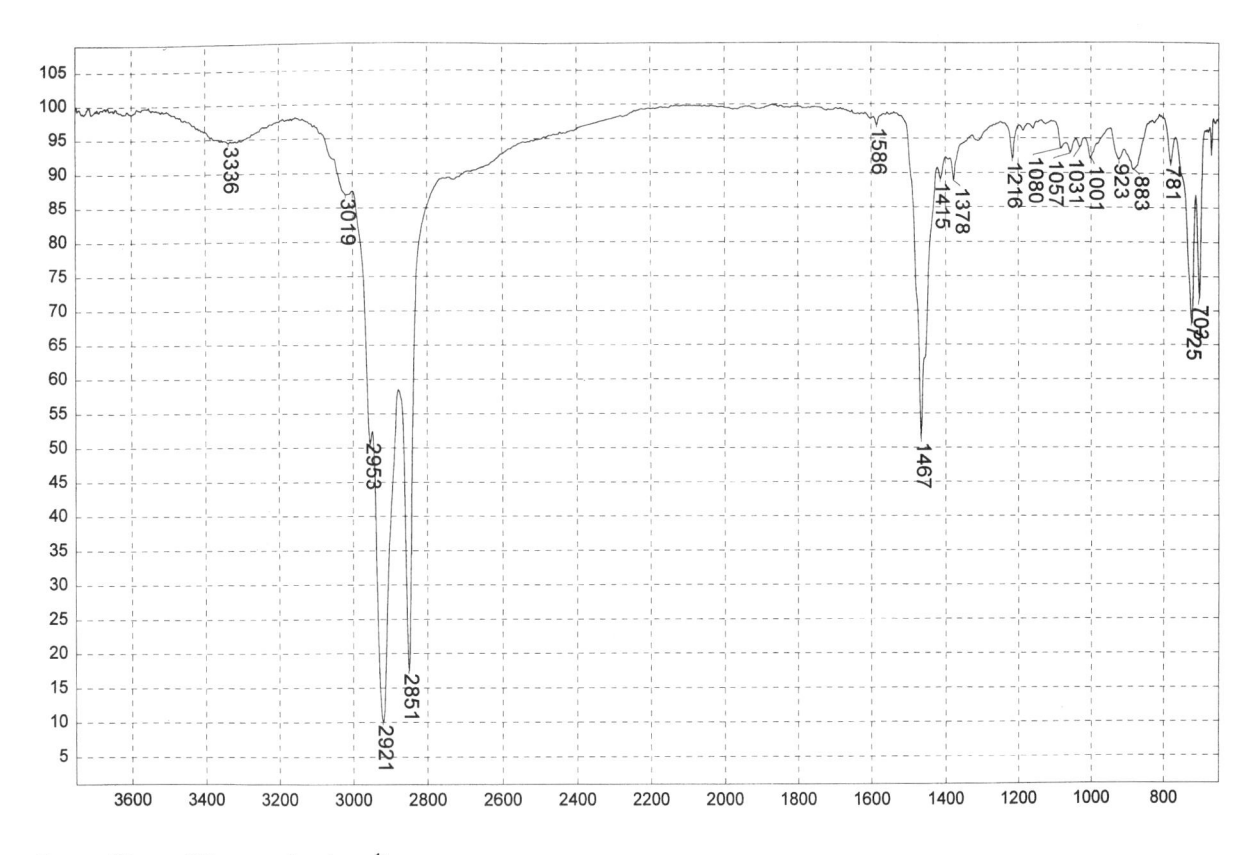

1648 STEARYLDIMETHYLBENZYL AMMONIUM CHLORIDE

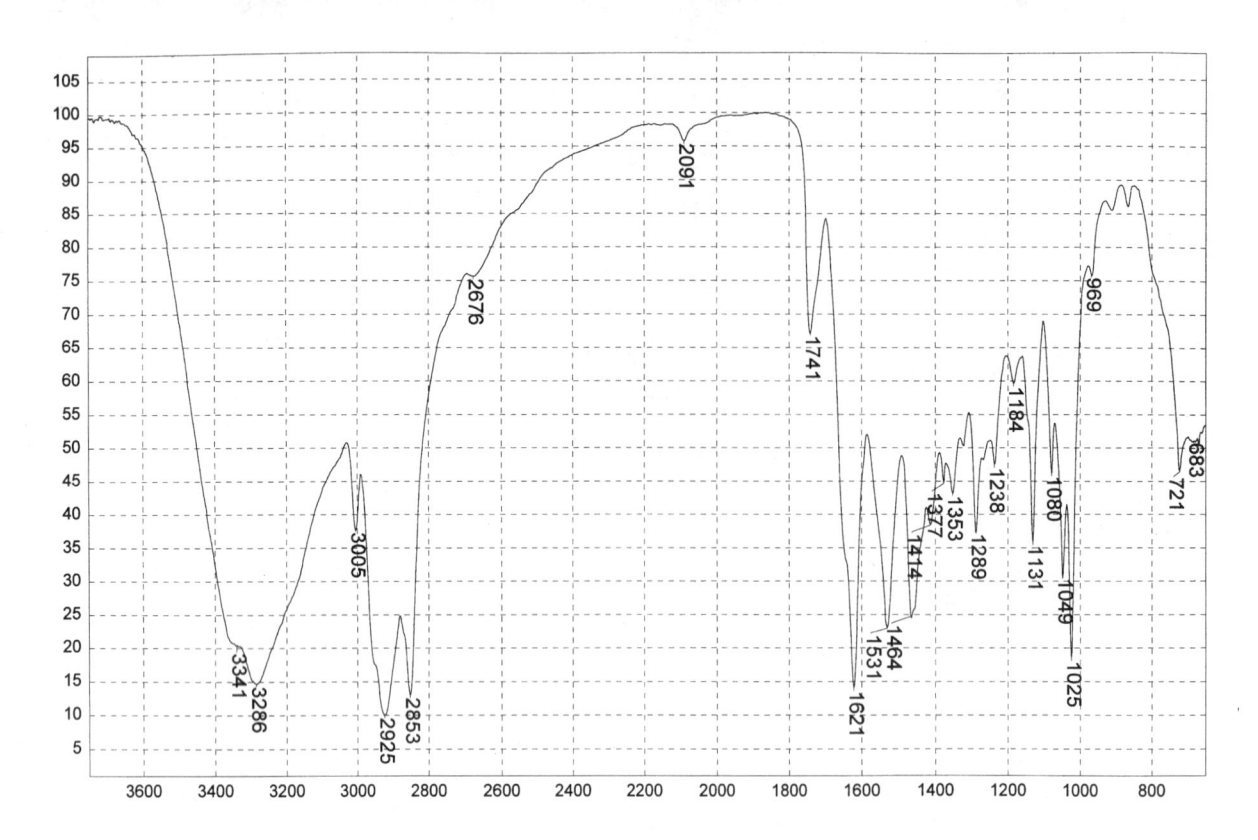

1649   SUBSTITUTED OXAZOLINE (ALKATERGE T)

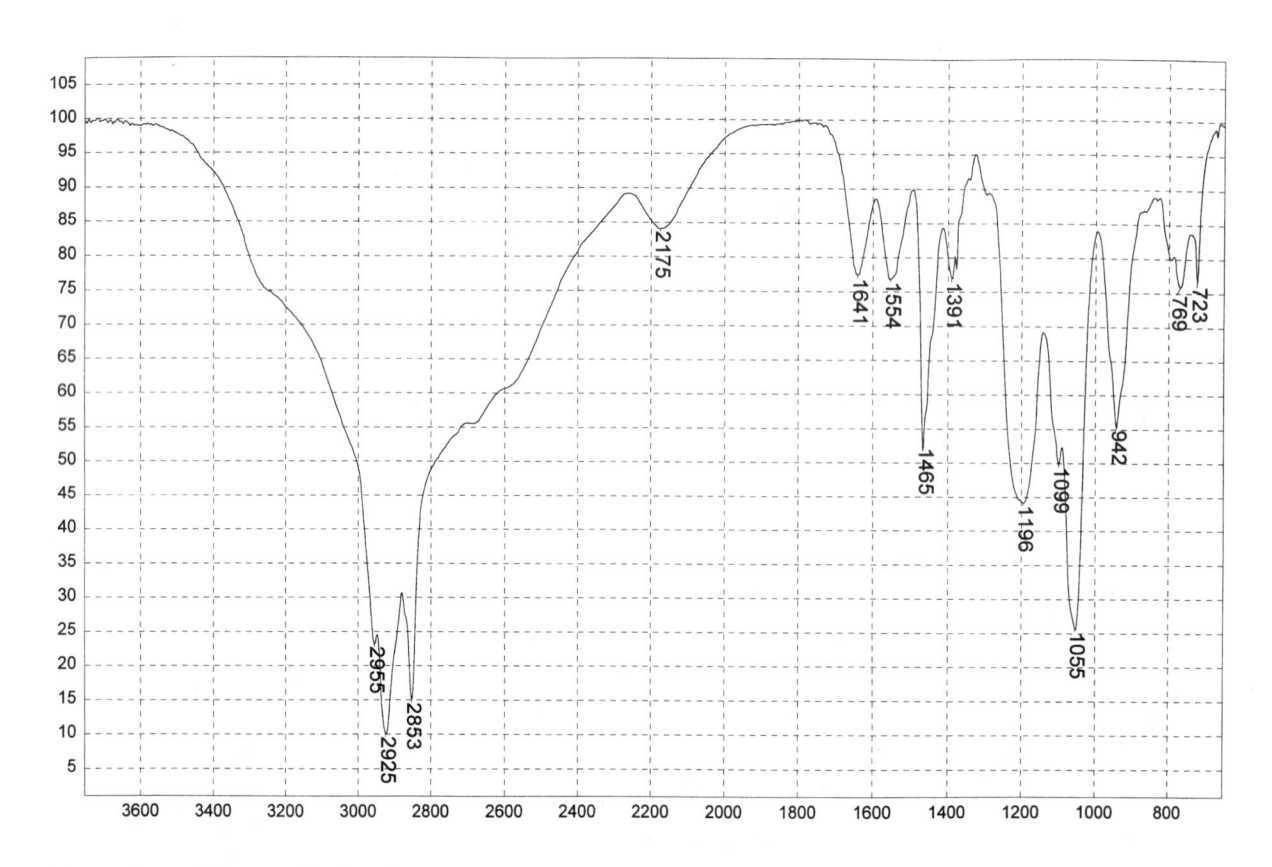

1650   ALKYL PHOSPHONAMIDE RNHP(O)(OR')ONH$_3$R

322

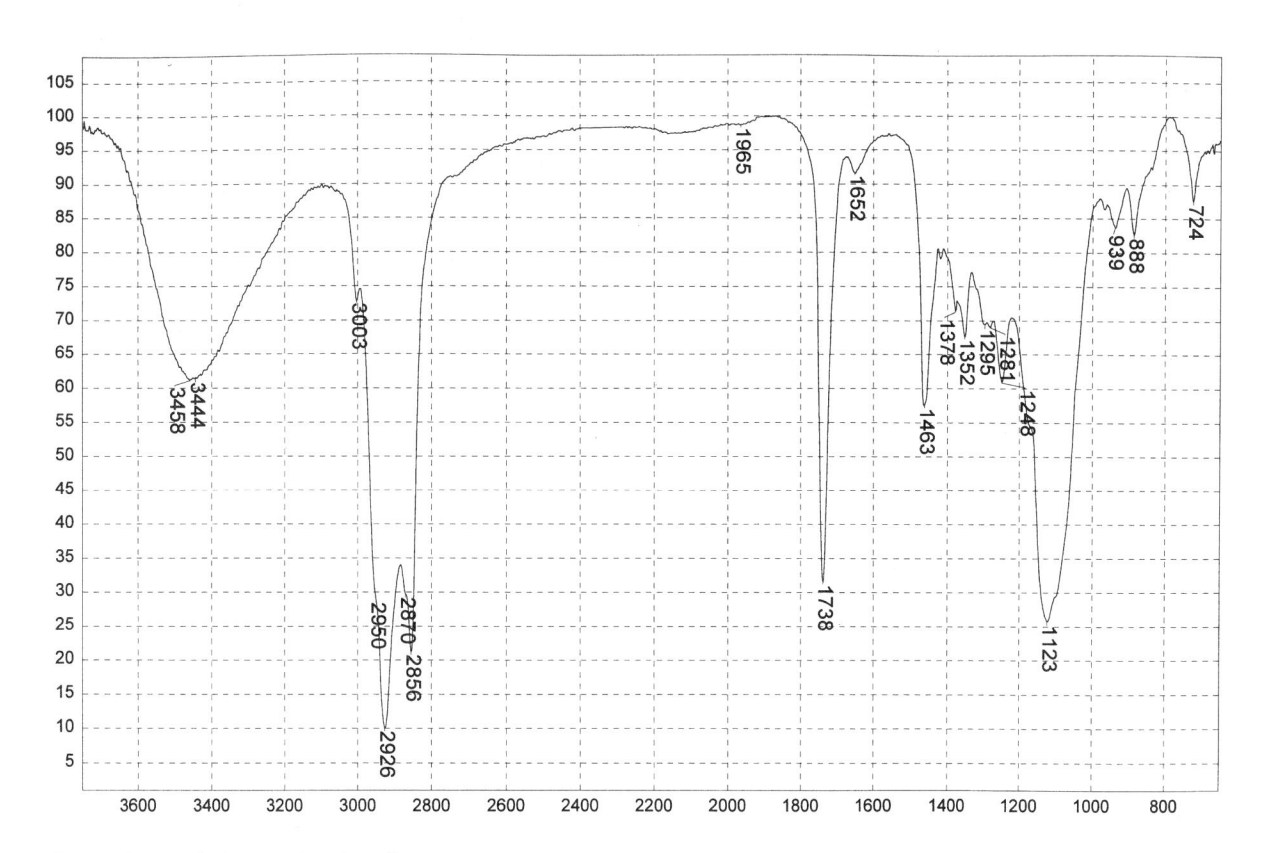

1651   P.O.E. SORBITAN MONOOLEATE HLB = 10.0

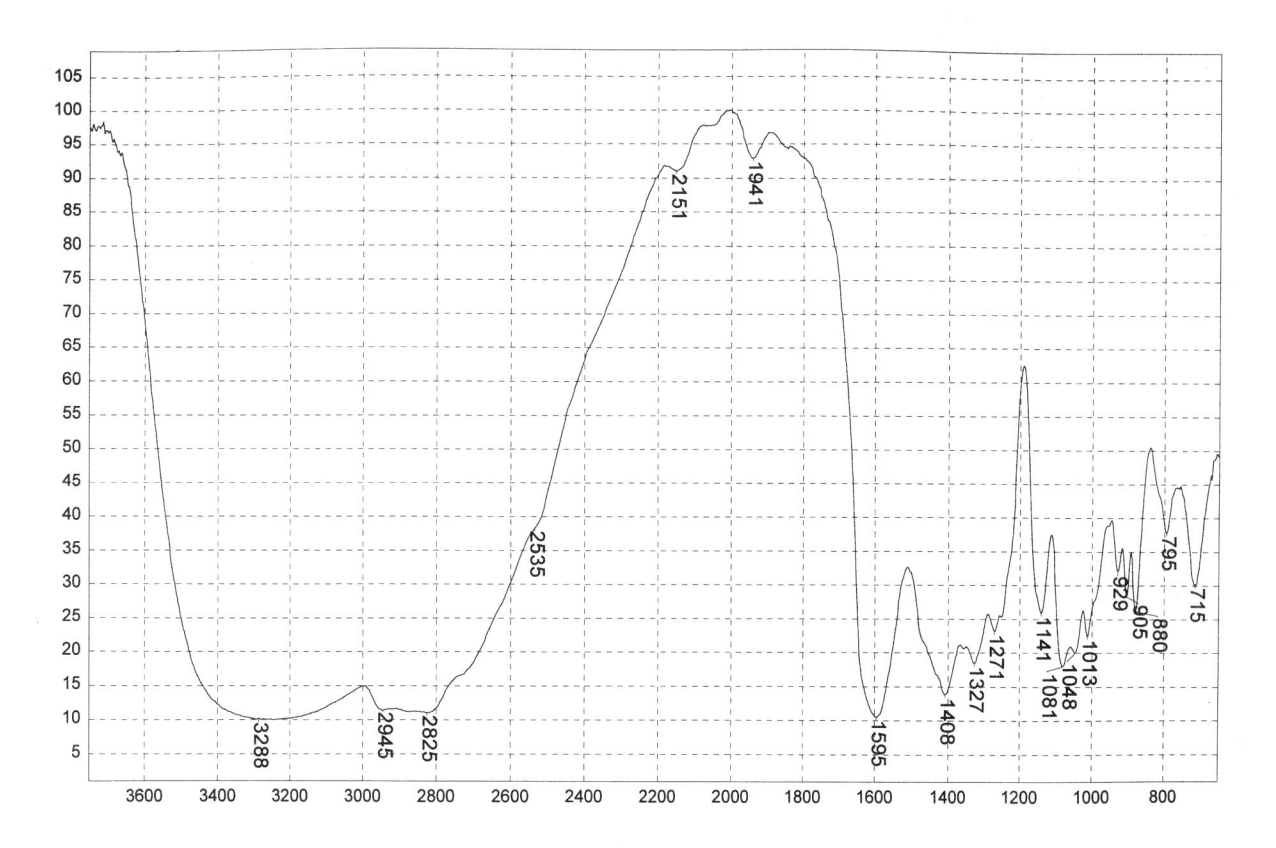

1652   **SODIUM DIHYDROXYETHYL GLYCINATE**

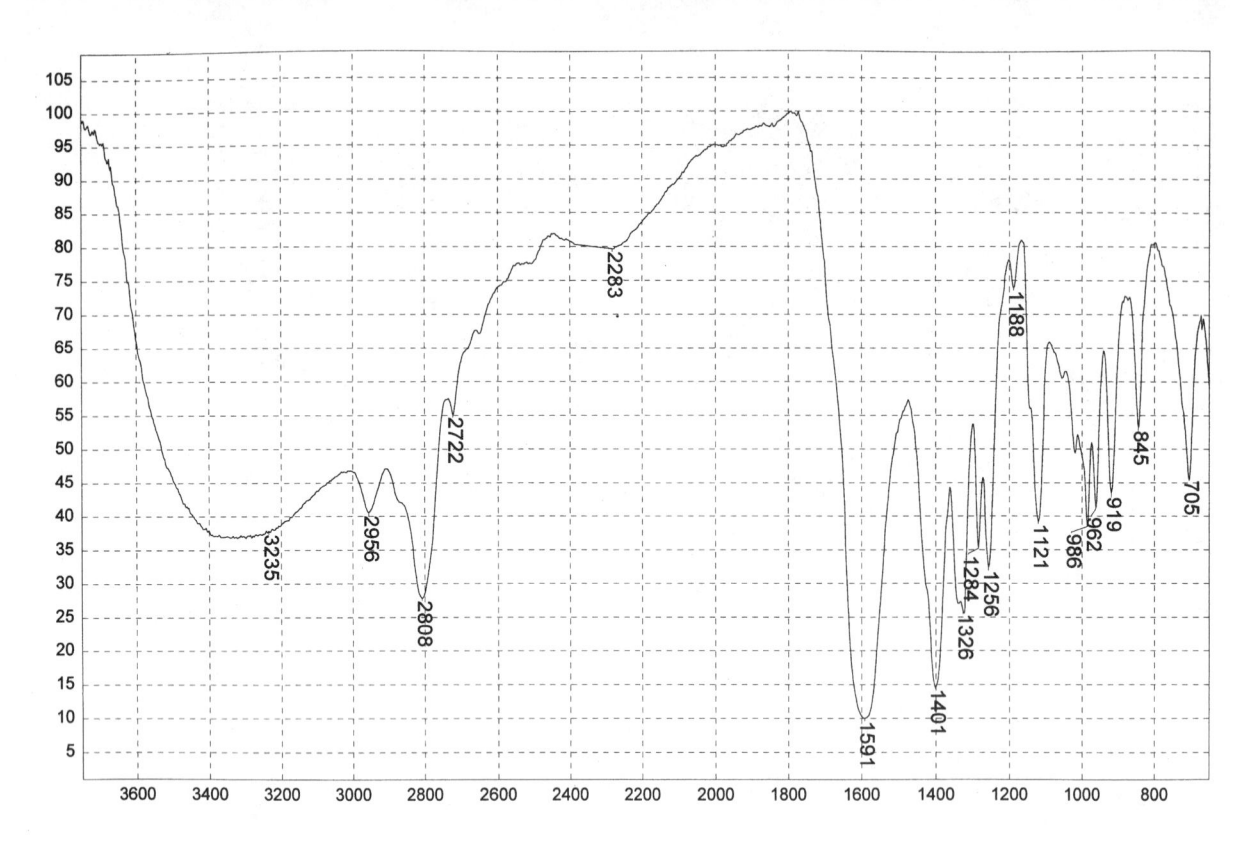

1653 TRISODIUM NITRILOTRIACETATE

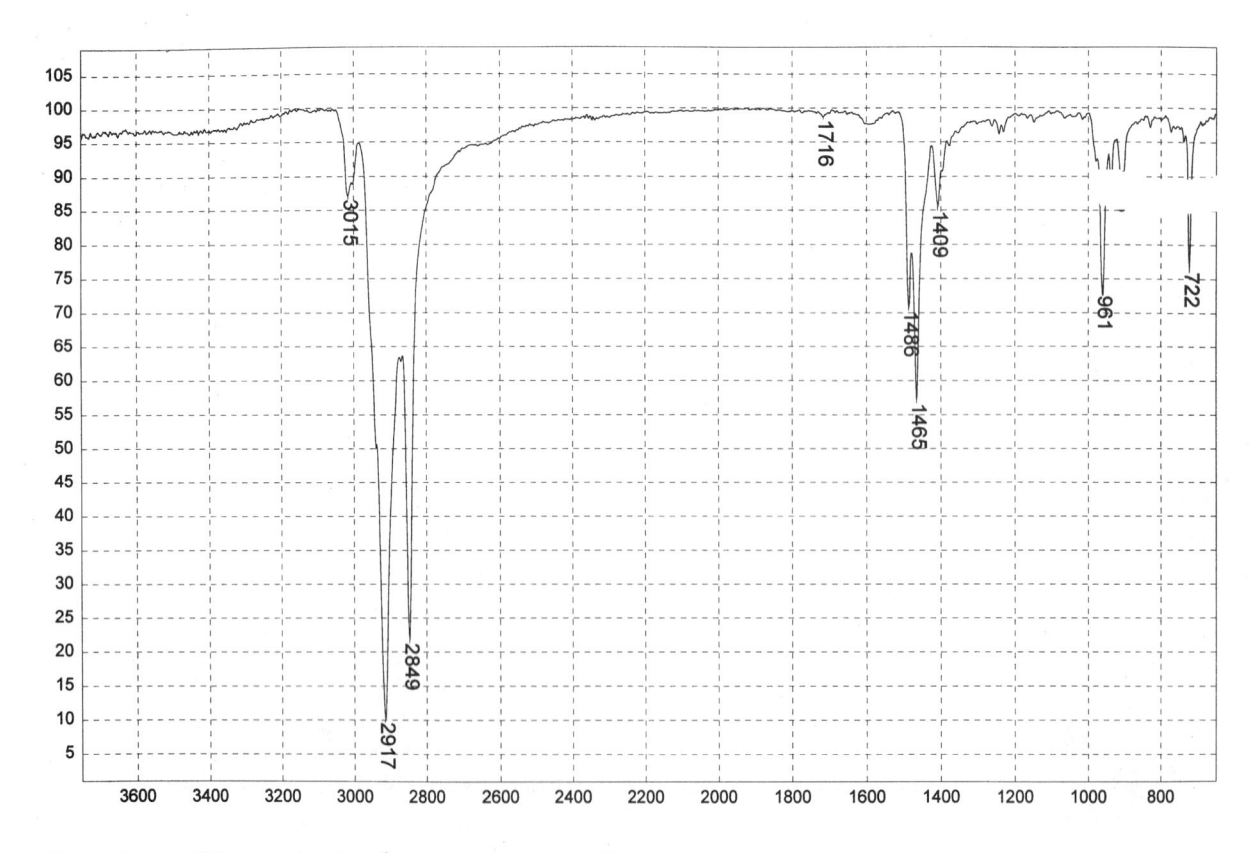

1654 HEXADECYLTRIMETHYL AMMONIUM CHLORIDE

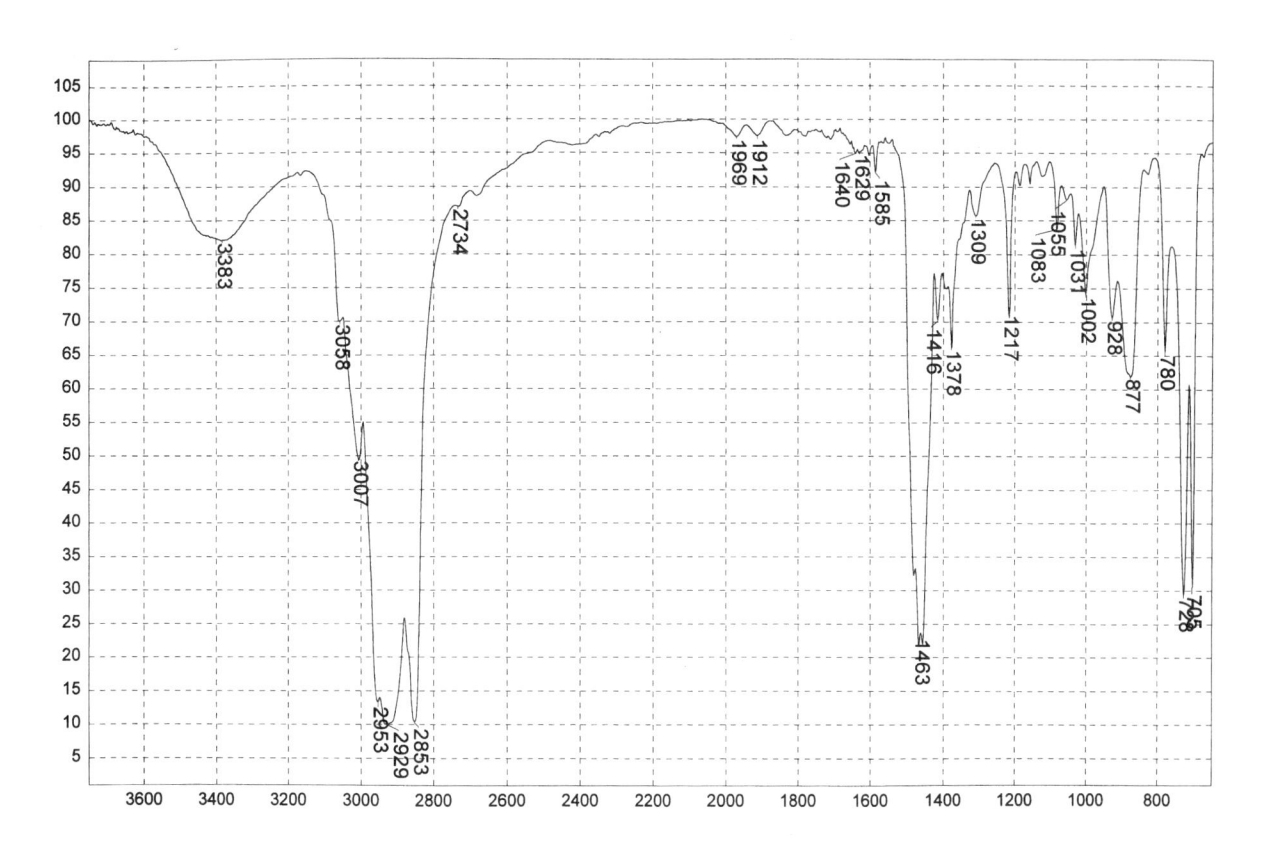

1655 b-HYDROXYETHYL0"COCO"IMIDAZOLINIUM CHLORIDE

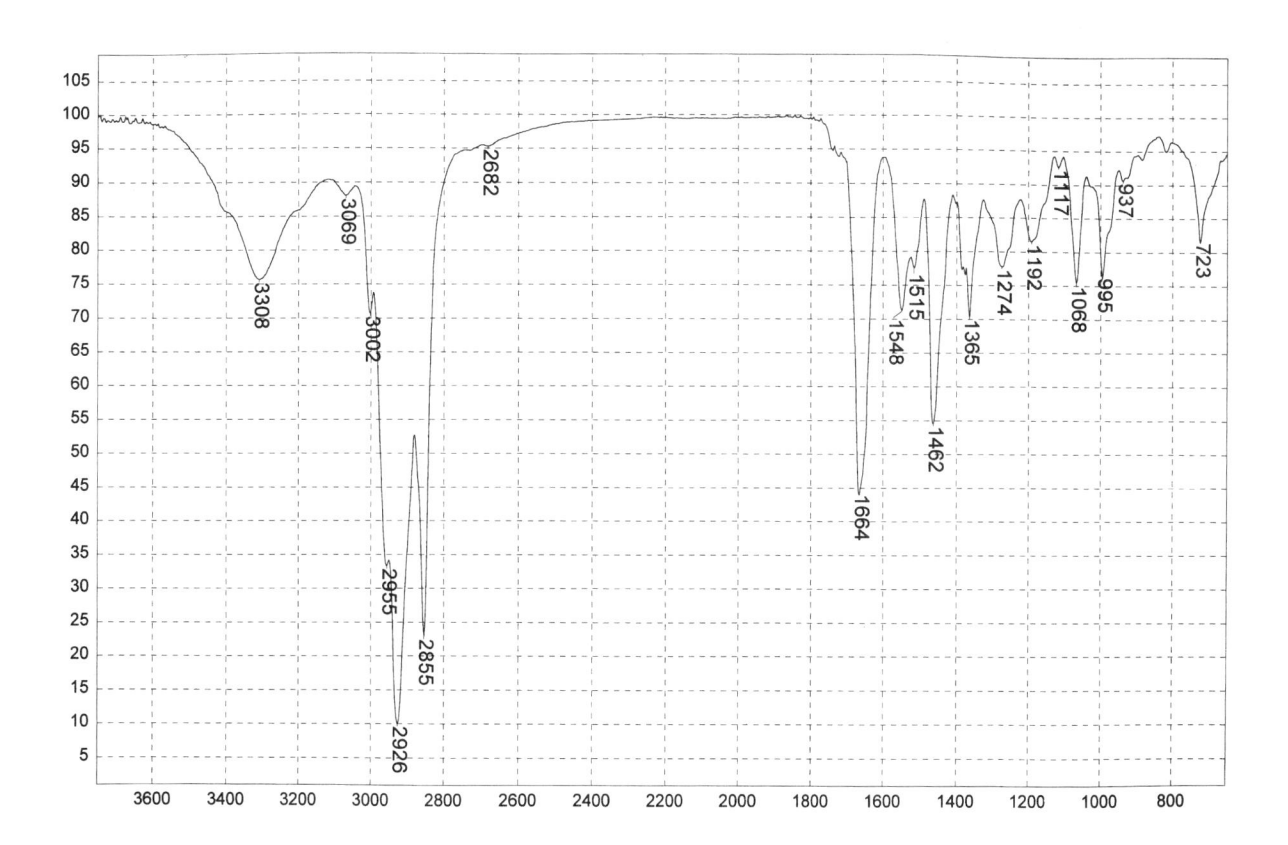

1656 SUBSTITUTED OXAZOLINE (ALKATERGE A)

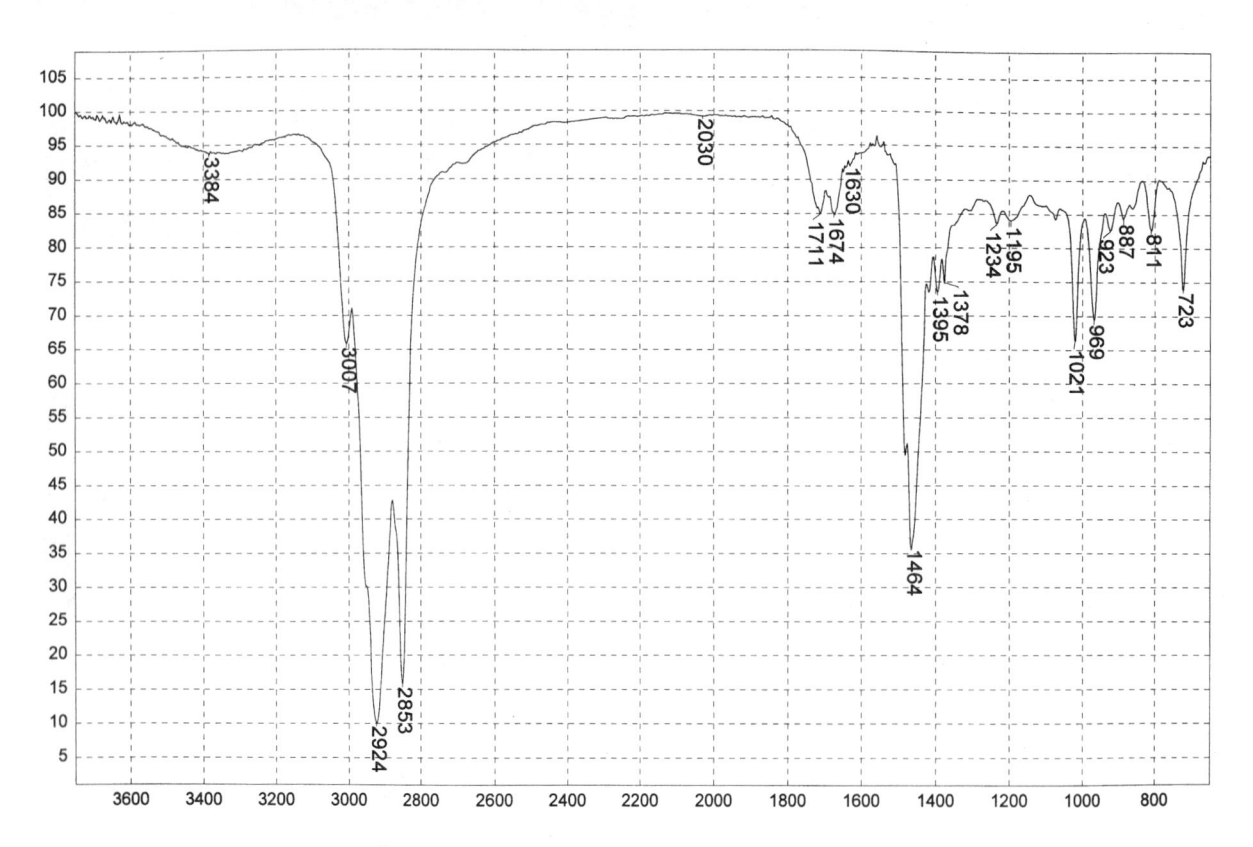

1657 ALKENYLDIMETHYLETHYL AMMONIUM BROMIDE

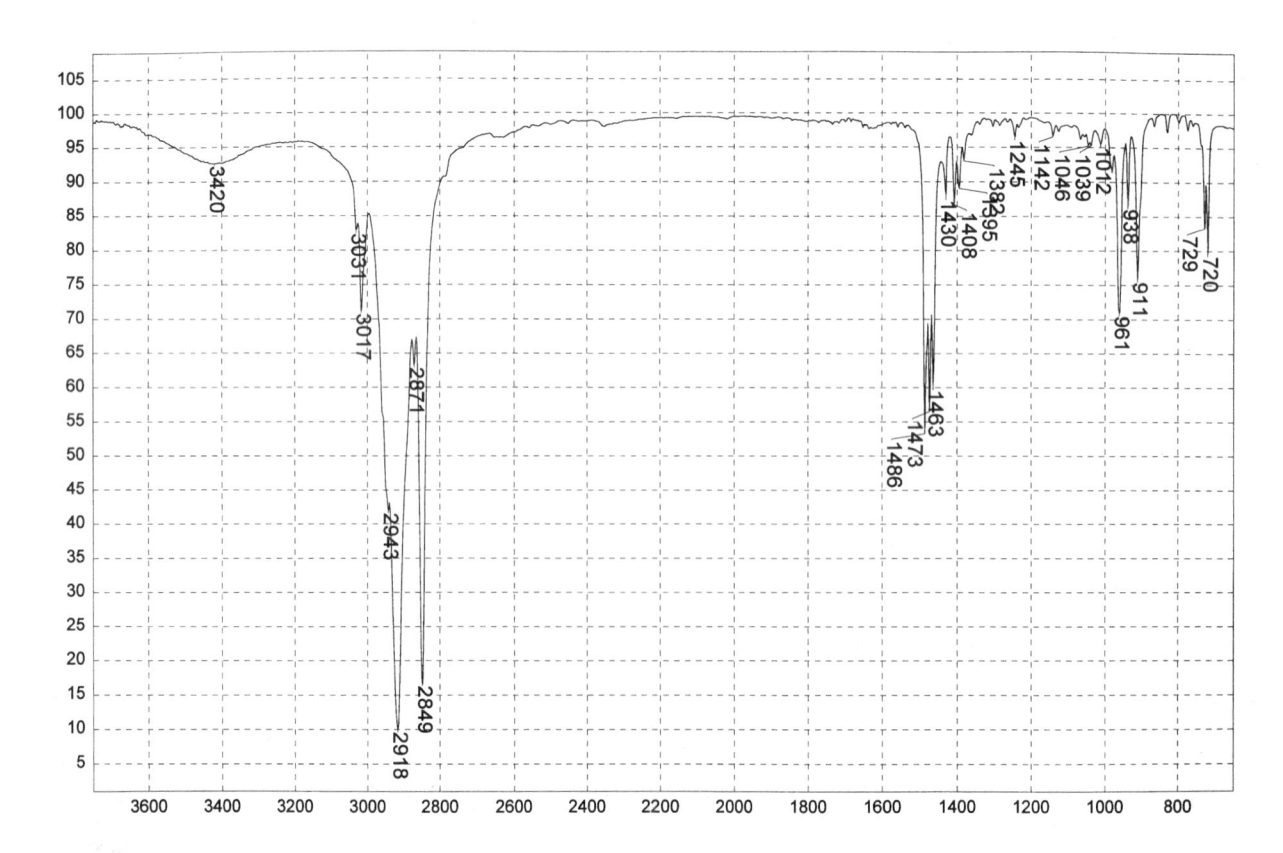

1658 CETYLTRIMETHYL AMMONIUM CHLORIDE IN KBr

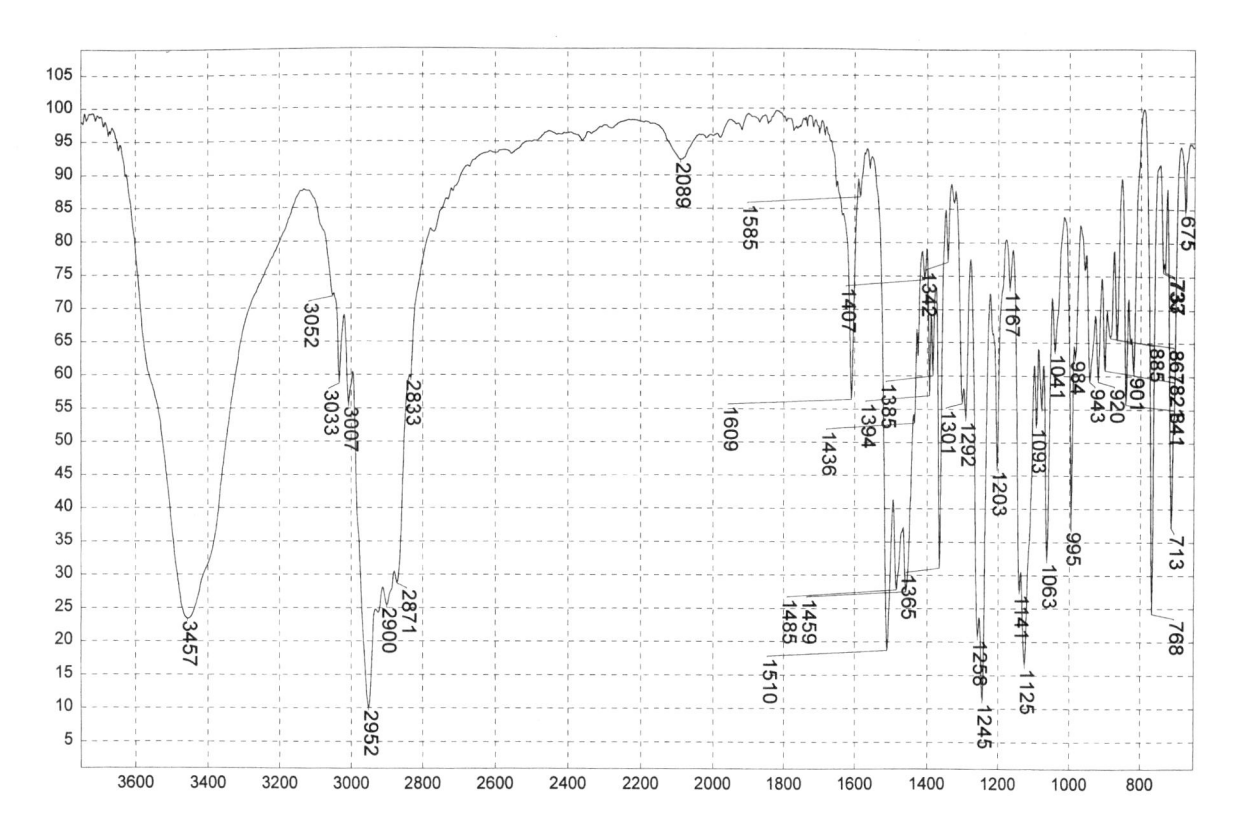

1659 (DIISOBUTYLCRESOXY-EtO-Et)DIMETHYL-0 AMMONIUM CHLORIDE

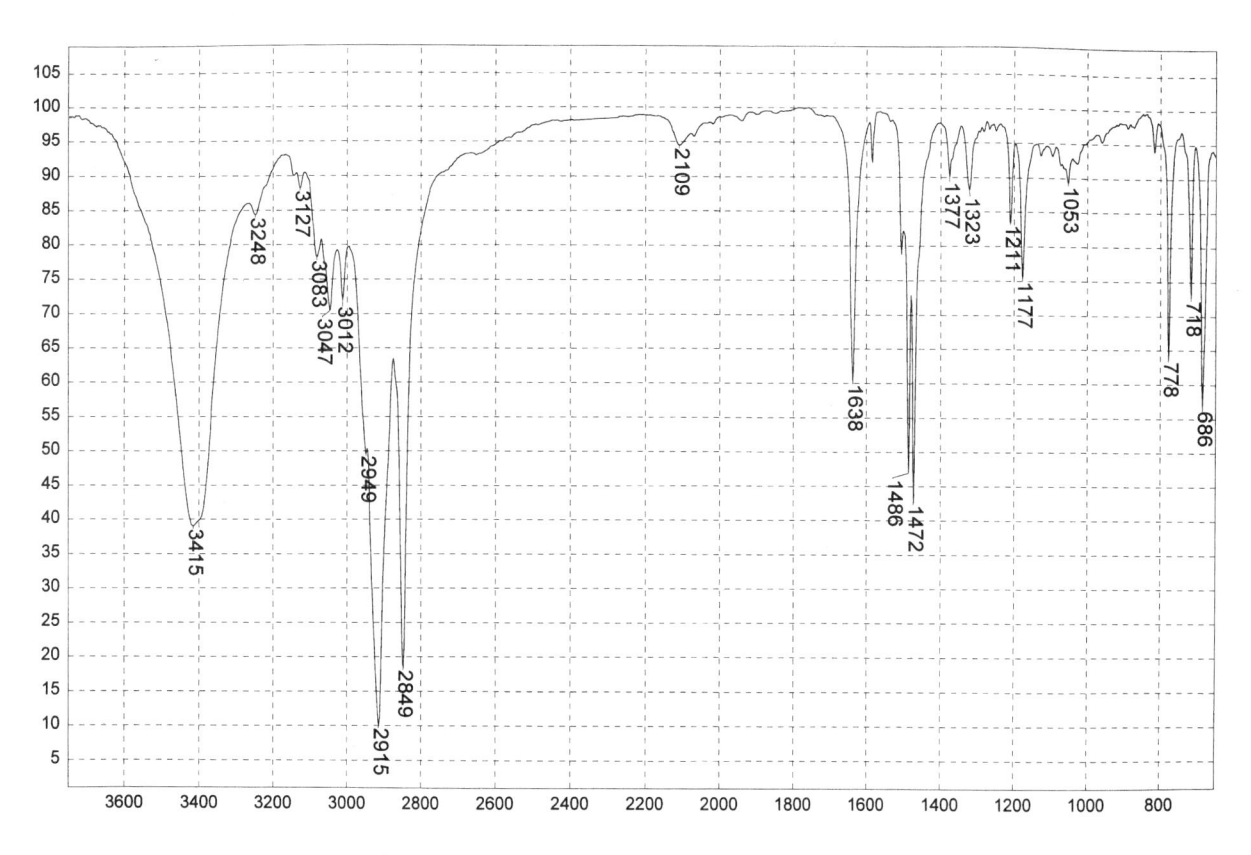

1660 CETYLPYRIDINIUM BROMIDE IN KBr

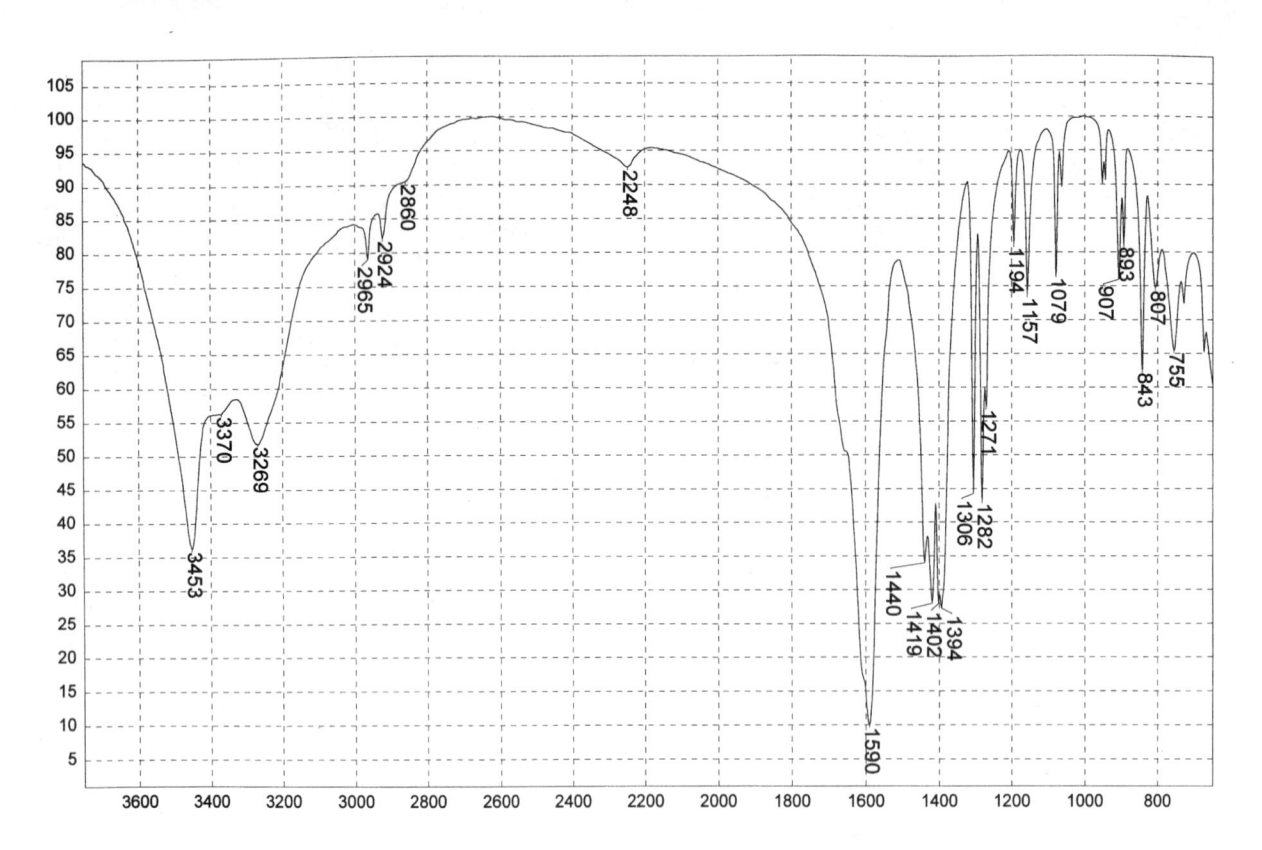

1661   SODIUM n-LAURYL-MYRISTYL-b-AMINOPROPIONATE

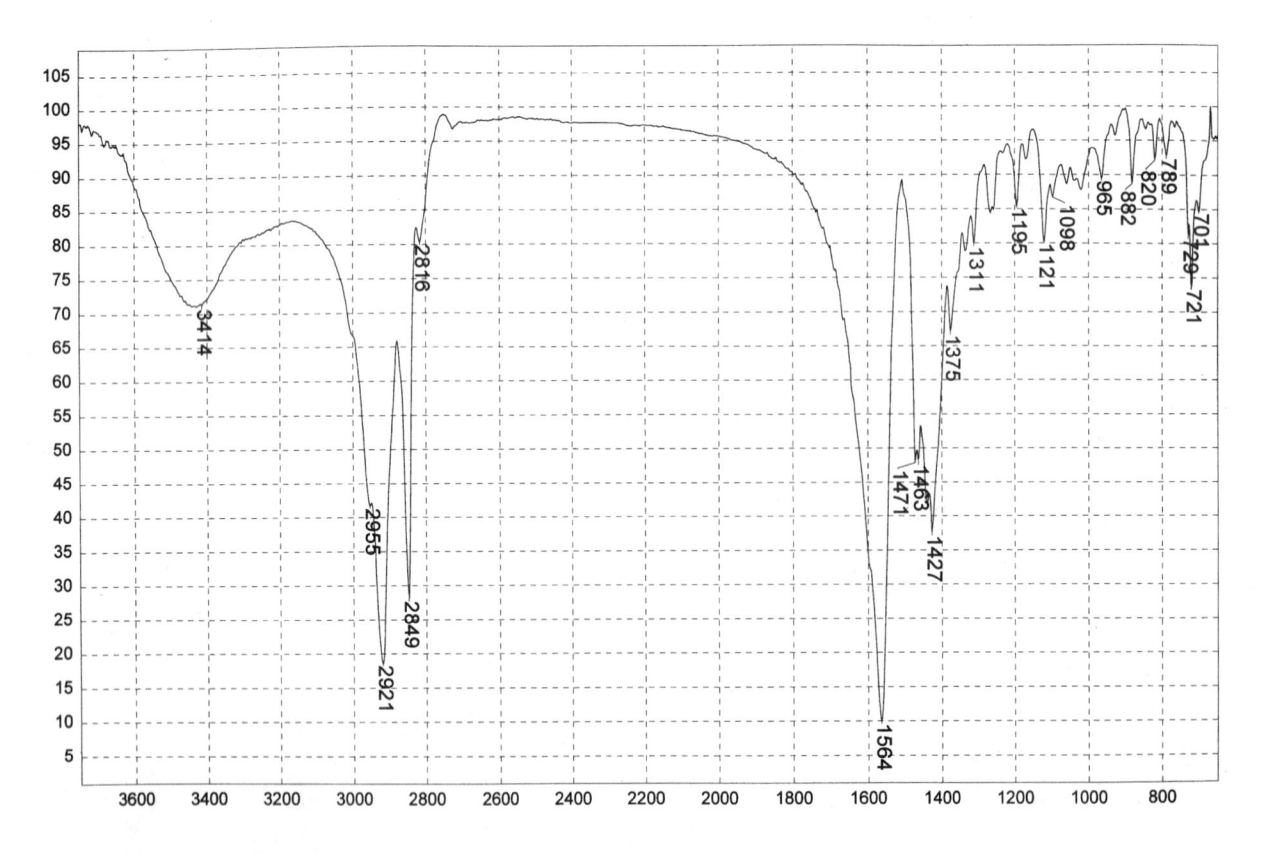

1662   DISODIUM n-TALLOW-b-IMINODIPROPIONATE - KBr

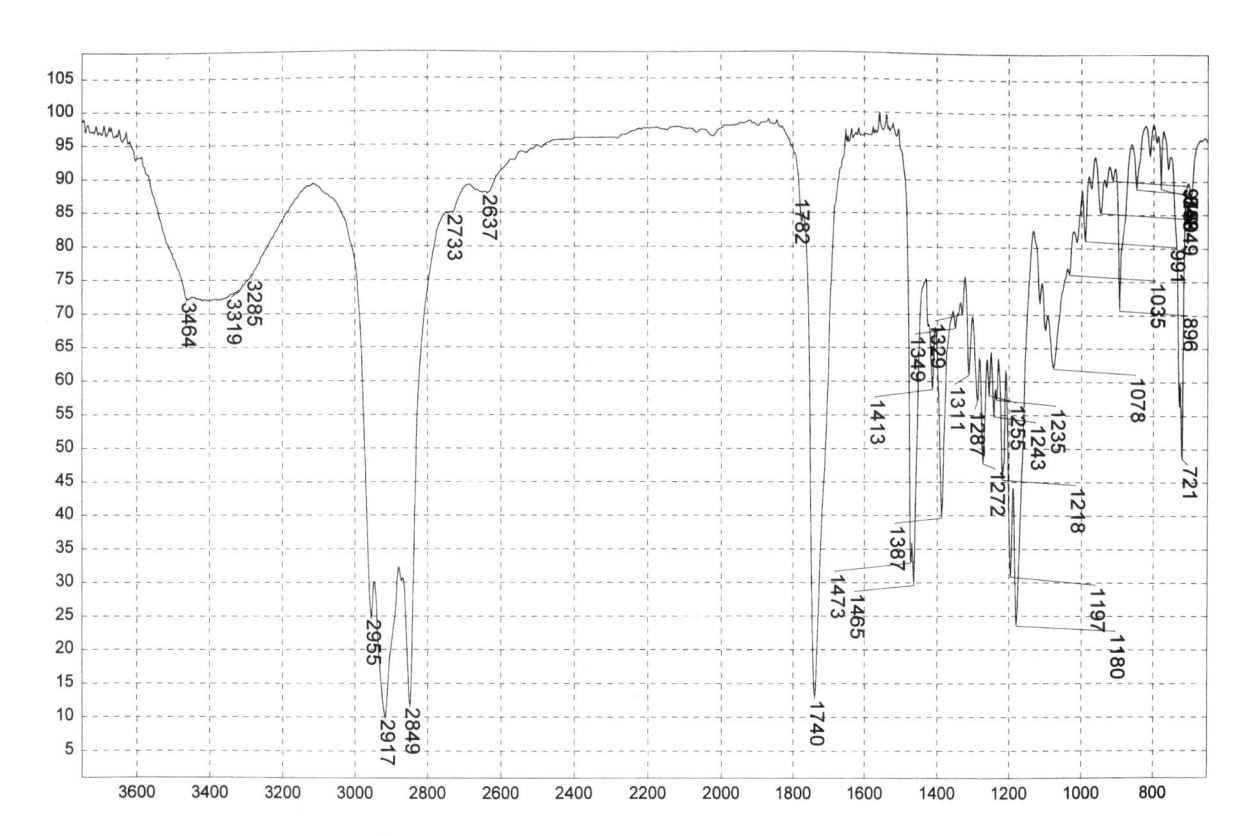

1663 GLYCERYL MONOSTEARATE

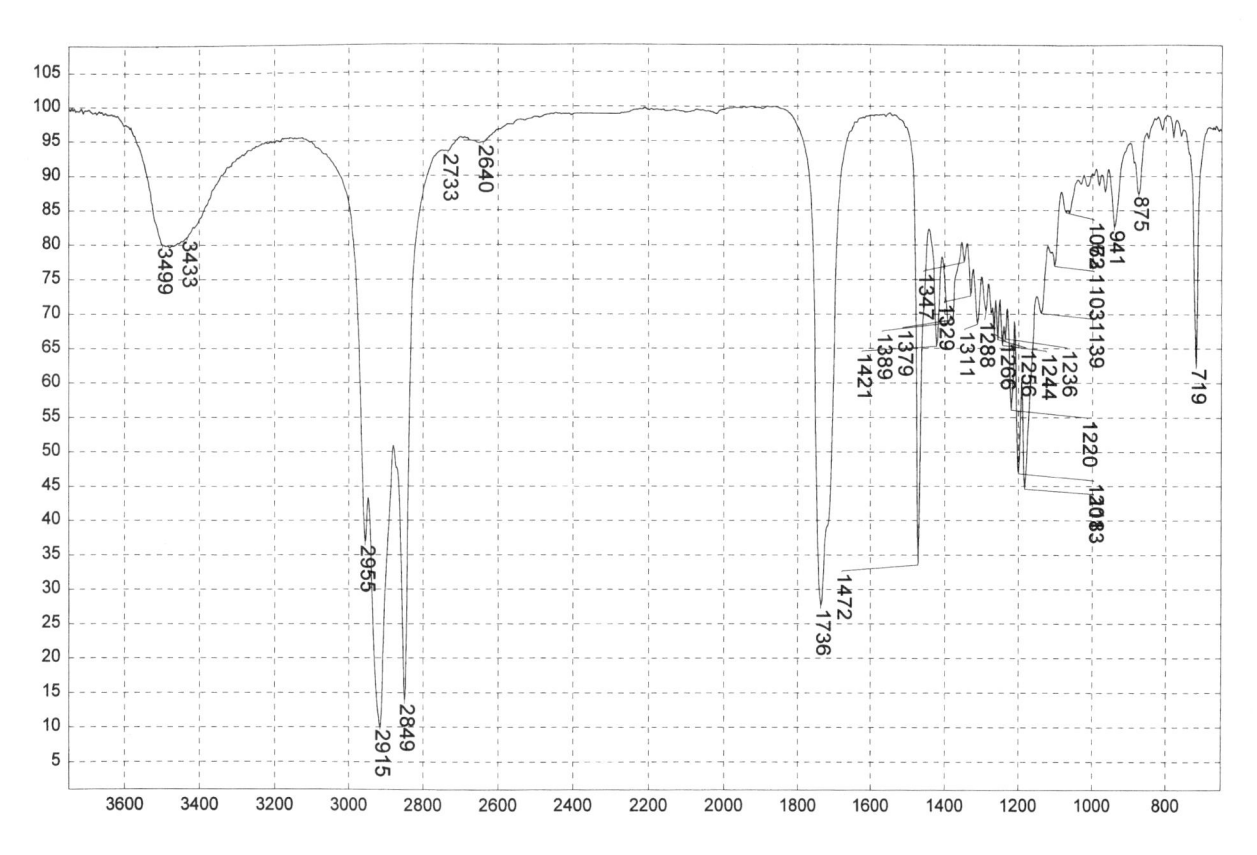

1664 GLYCERYL DISTEARATE

329

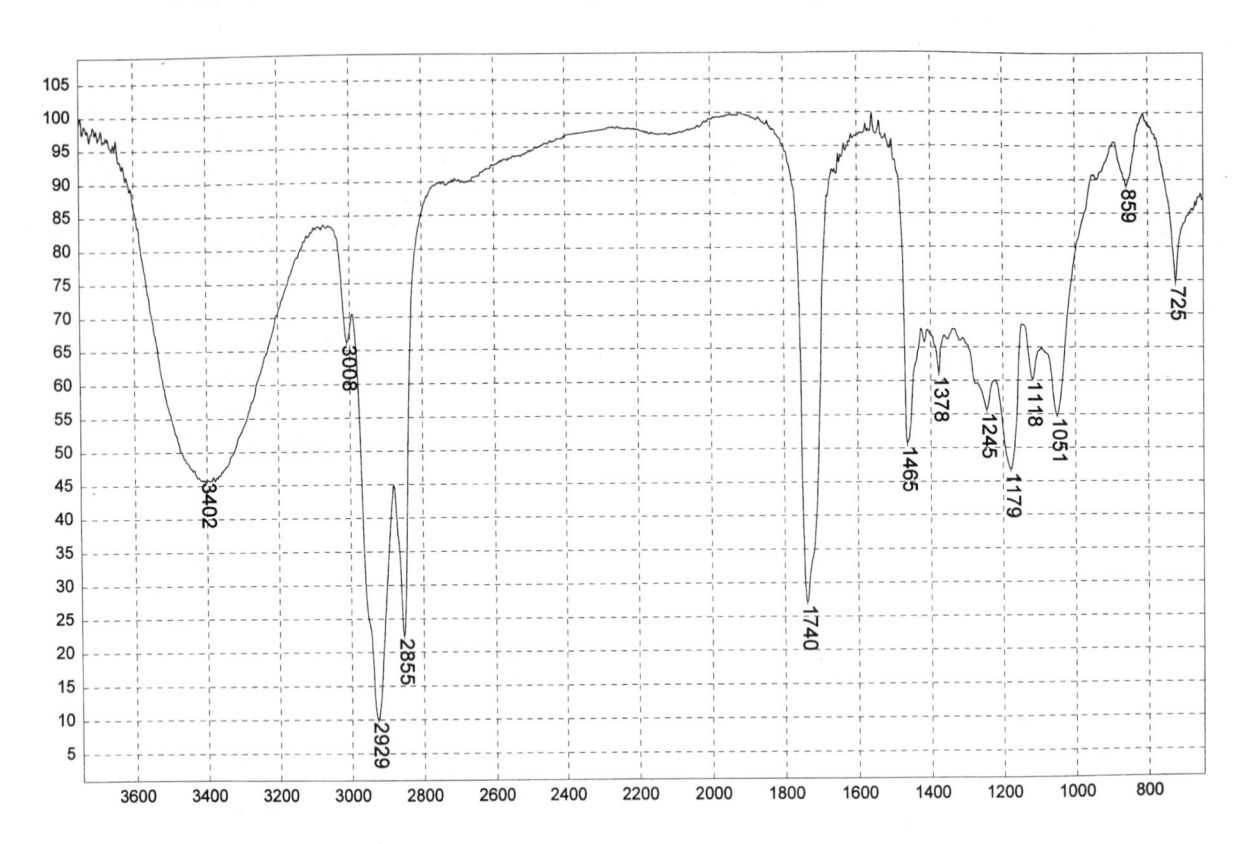

1665 GLYCERYL MONORICINOLEATE

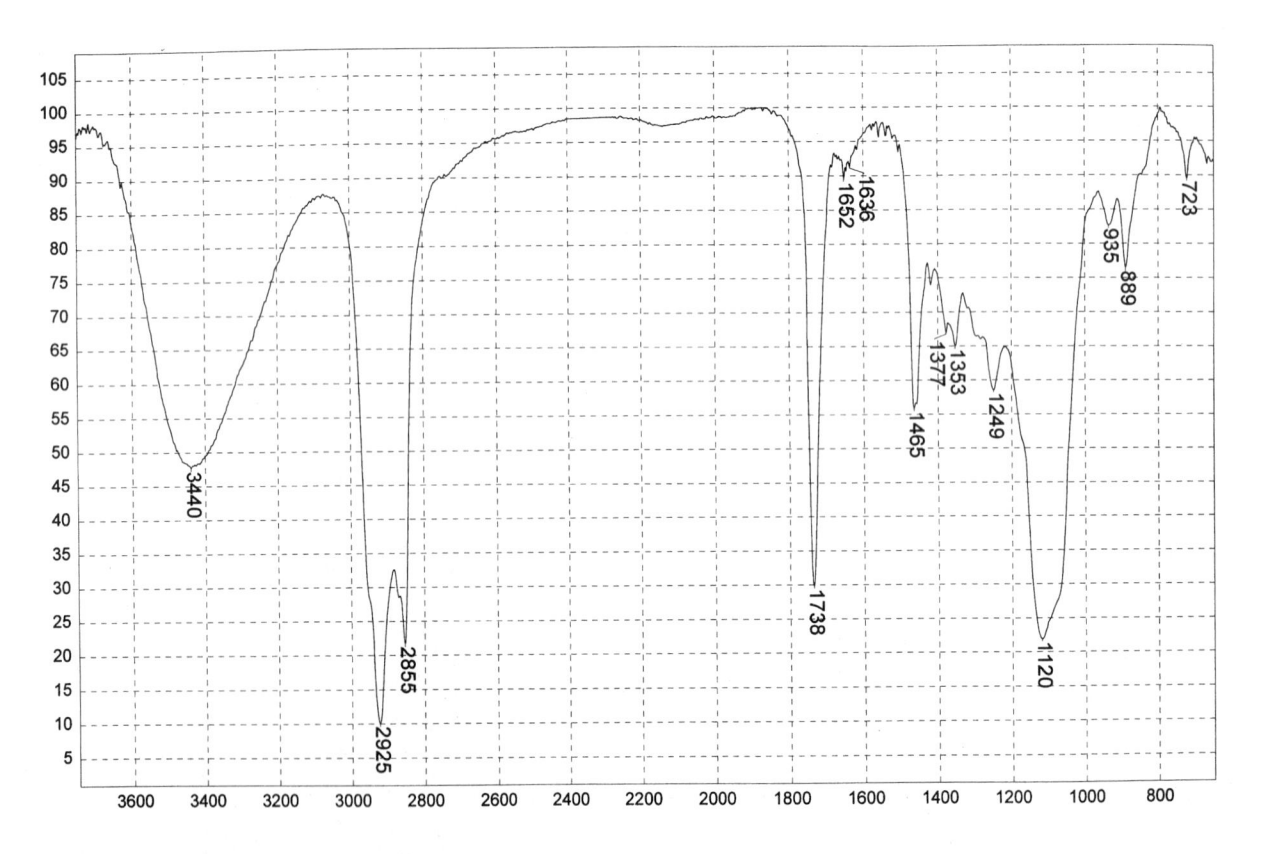

1666 P.O.E. SORBITAN MONOLAURATE HLB = 13.3

1667   P.O.E. SORBITAN MONOPALMITATE HLB = 15.6

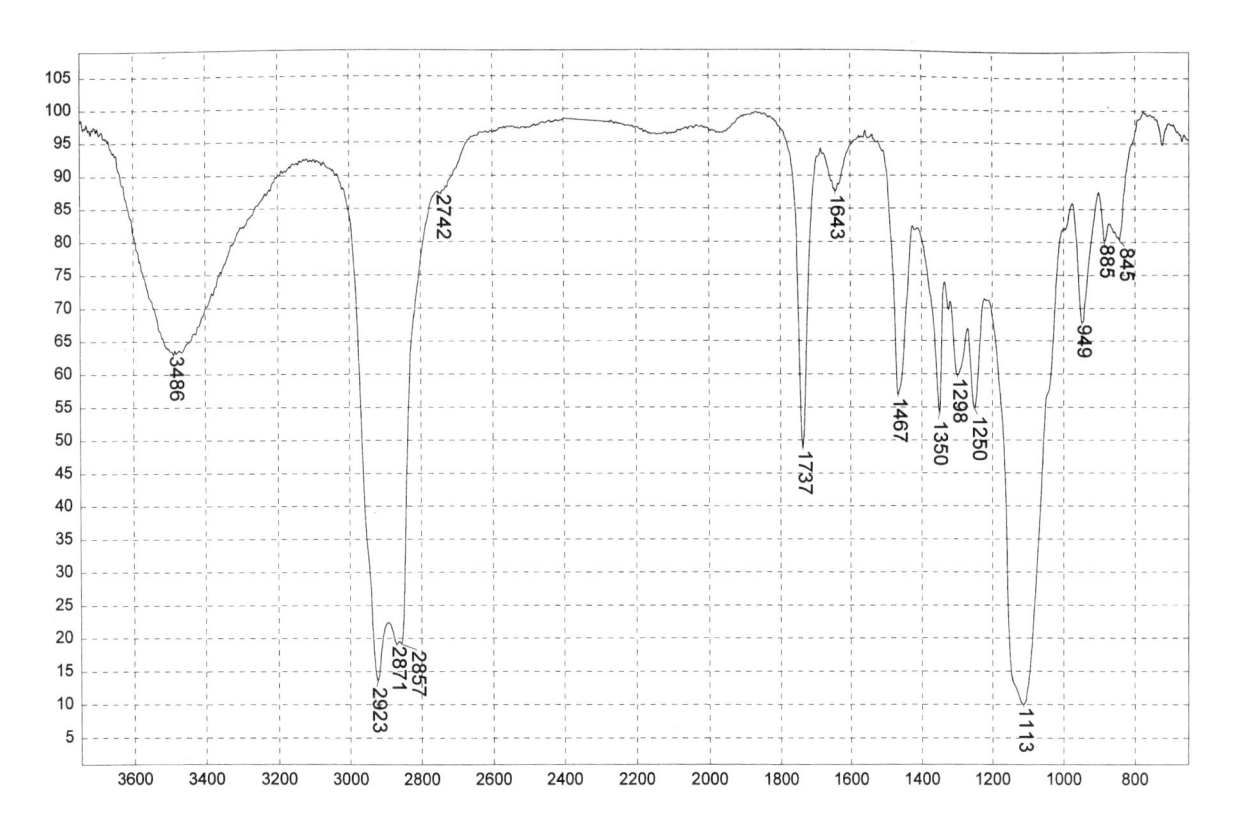

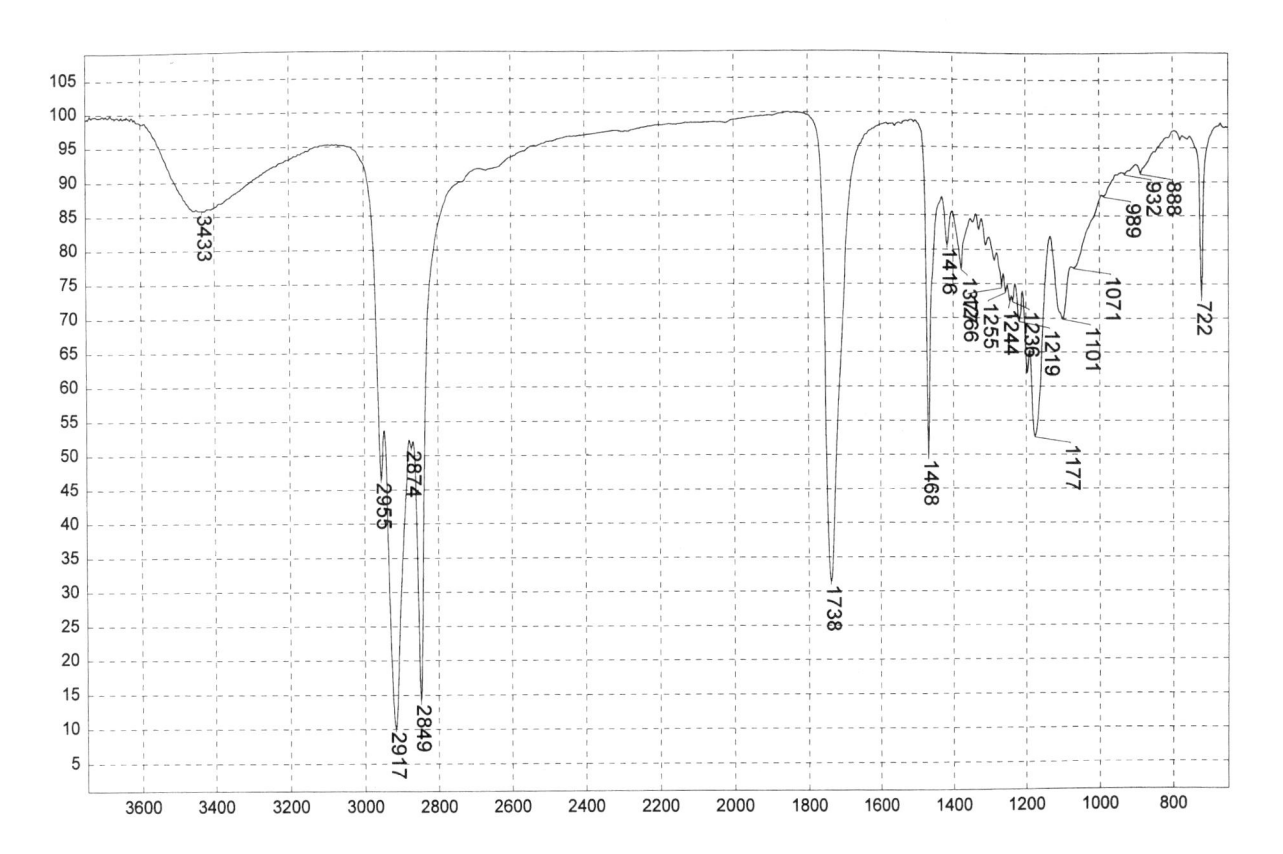

1668   SORBITAN TRISTEARATE

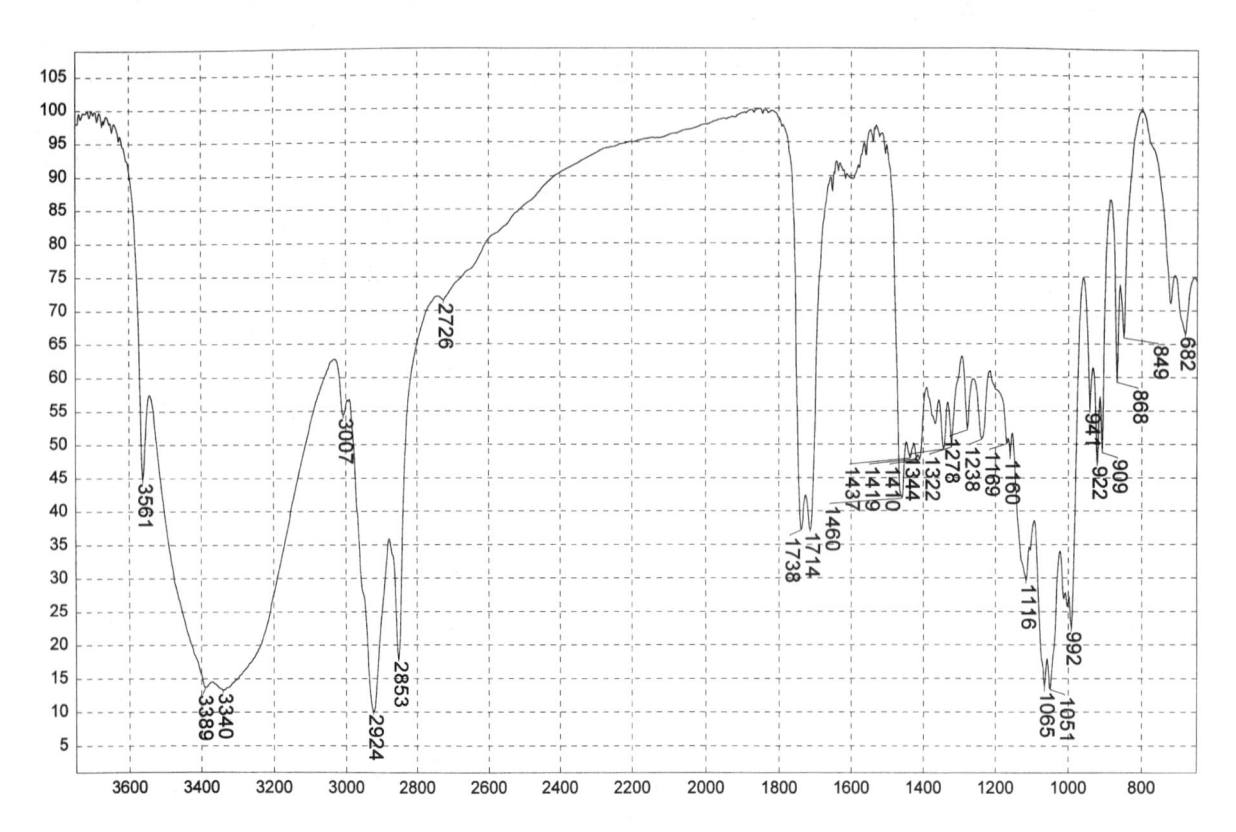

| 1669 | **SUCROSE MONOOLEATE** |

| 1670 | **PENTAERYTHRITOL MONOLAURATE** |

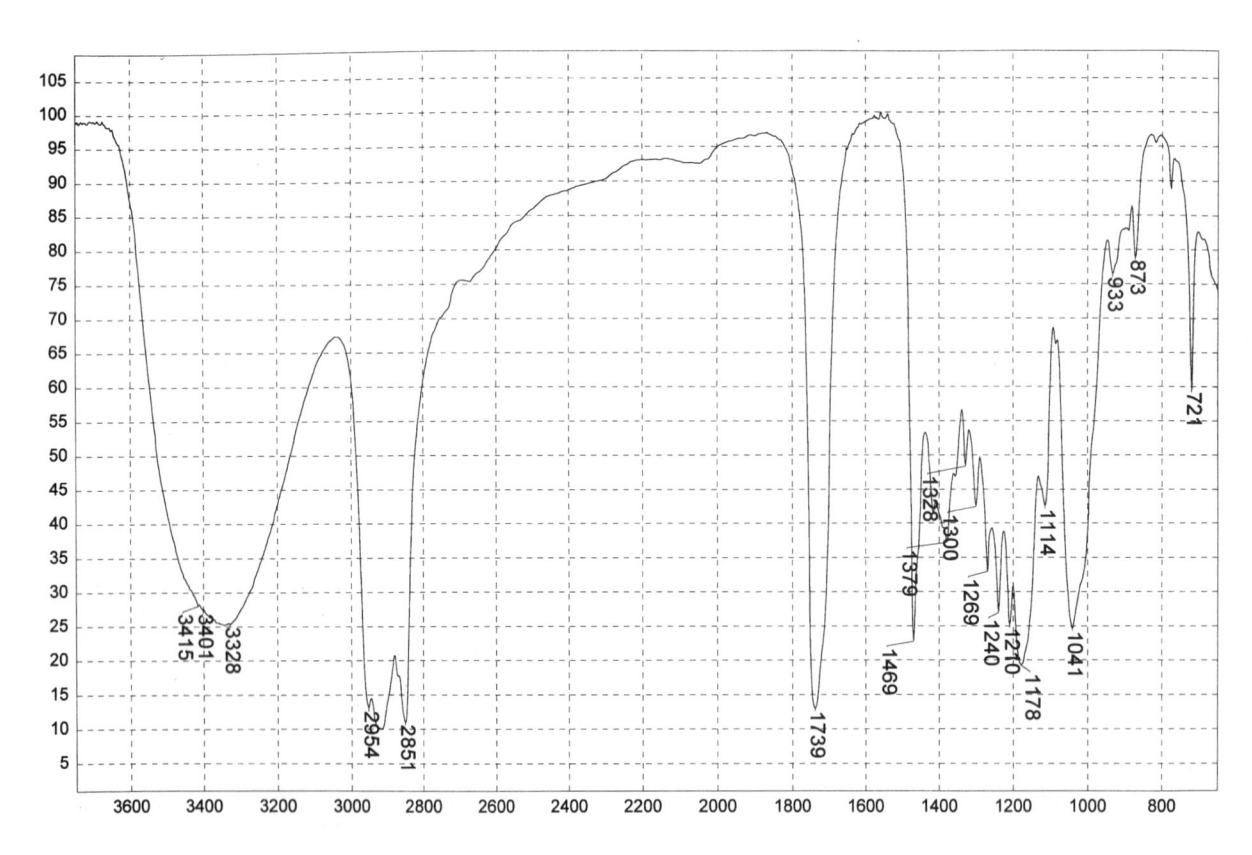

1671   PENTAERYTHRITOL TETRASTEARATE

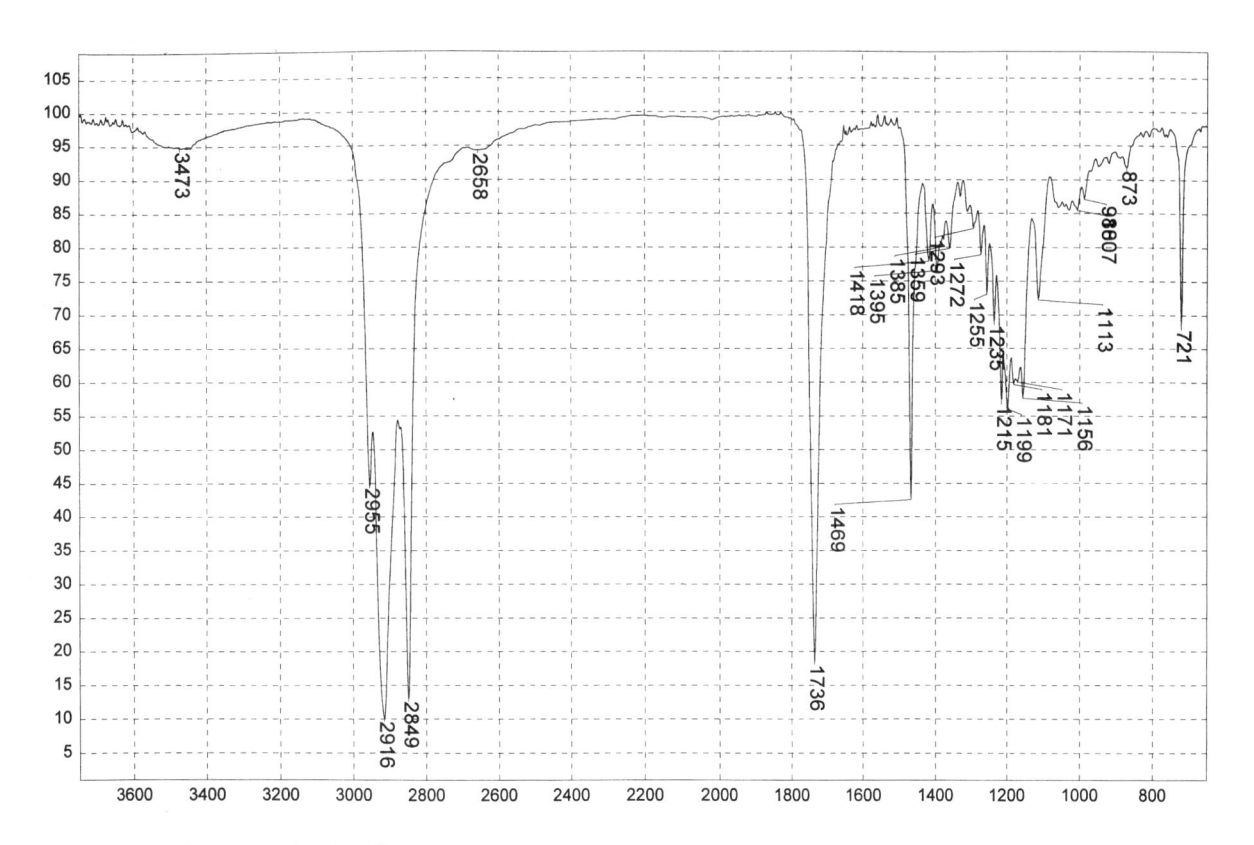

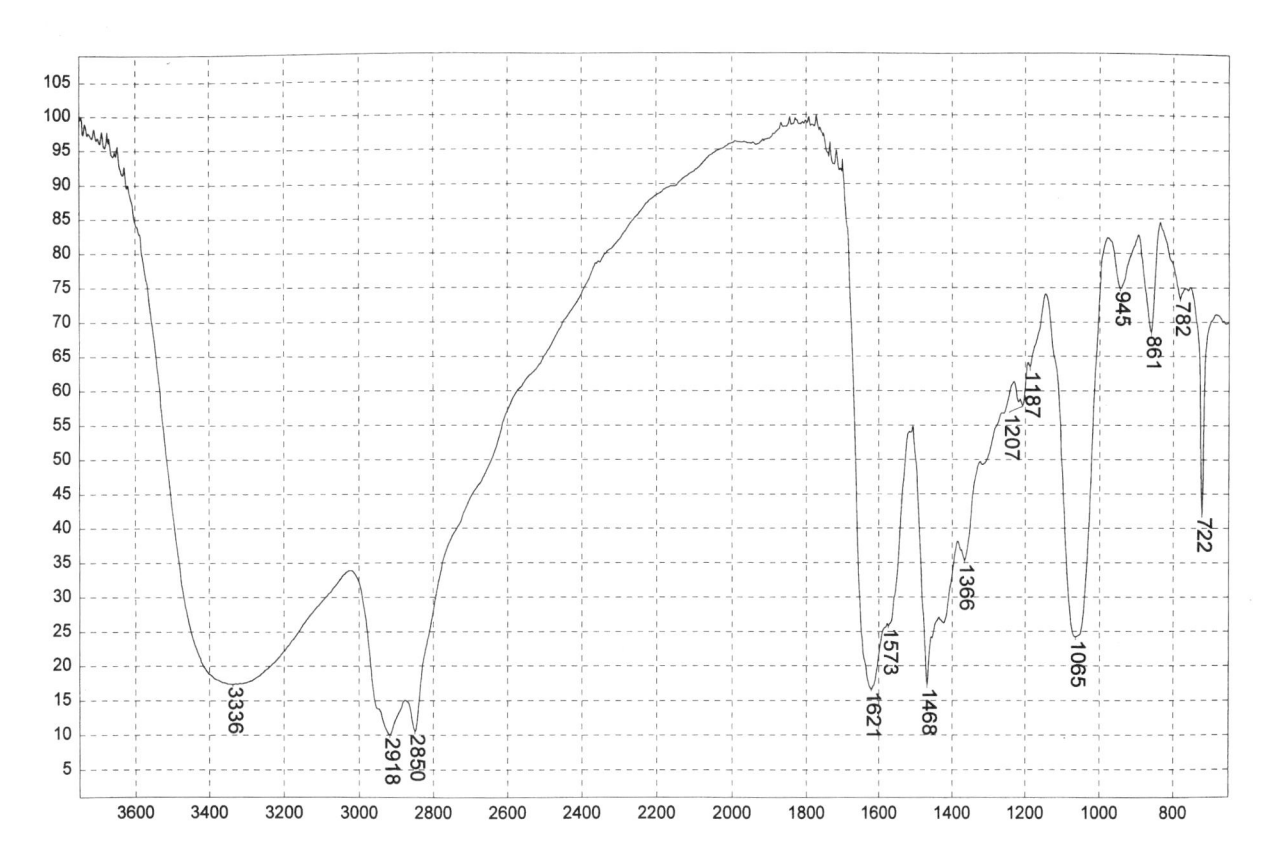

1672   DIETHANOLAMINE STEARIC ACID CONDENSATE

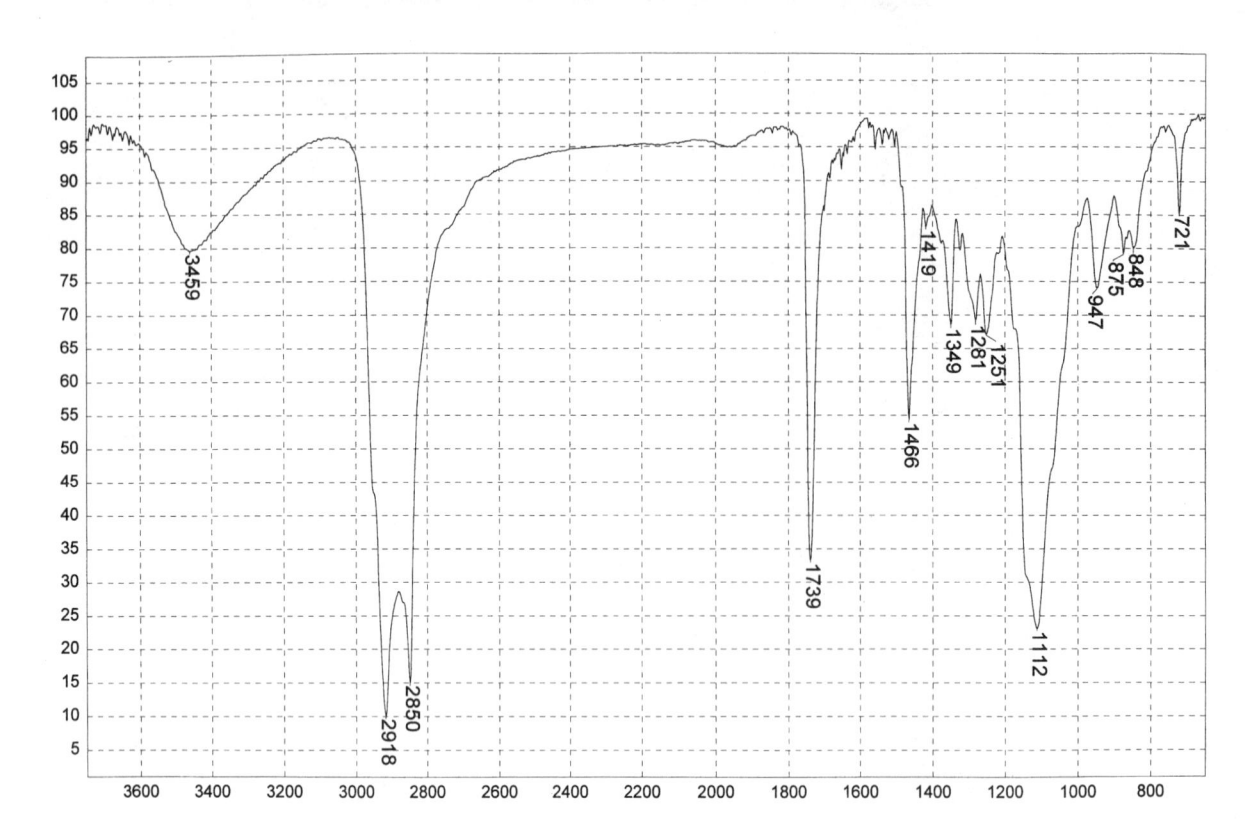

| 1673 | **DIETHYLENE GLYCOL MONOSTEARATE**

| 1674 | **STEARATE OF POLYETHYLENE GLYCOL 300**

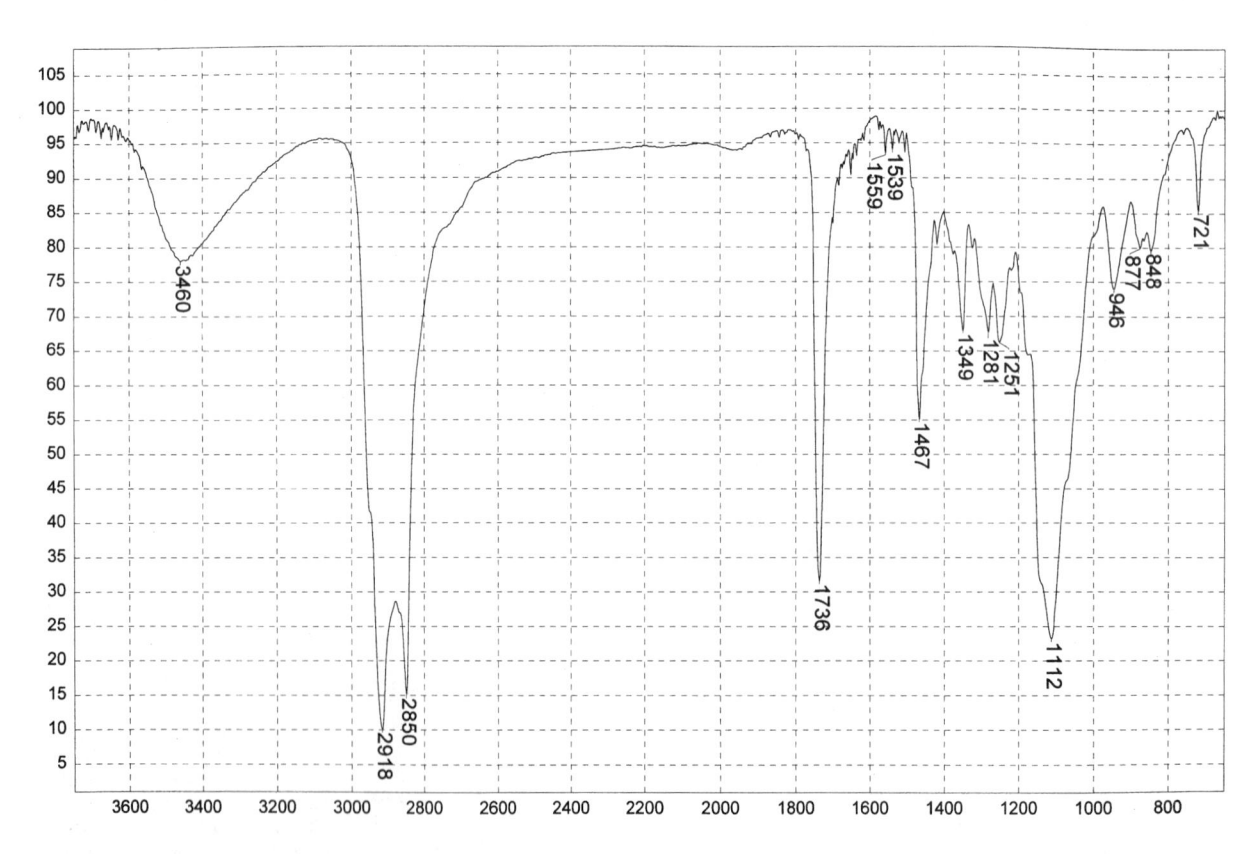

334

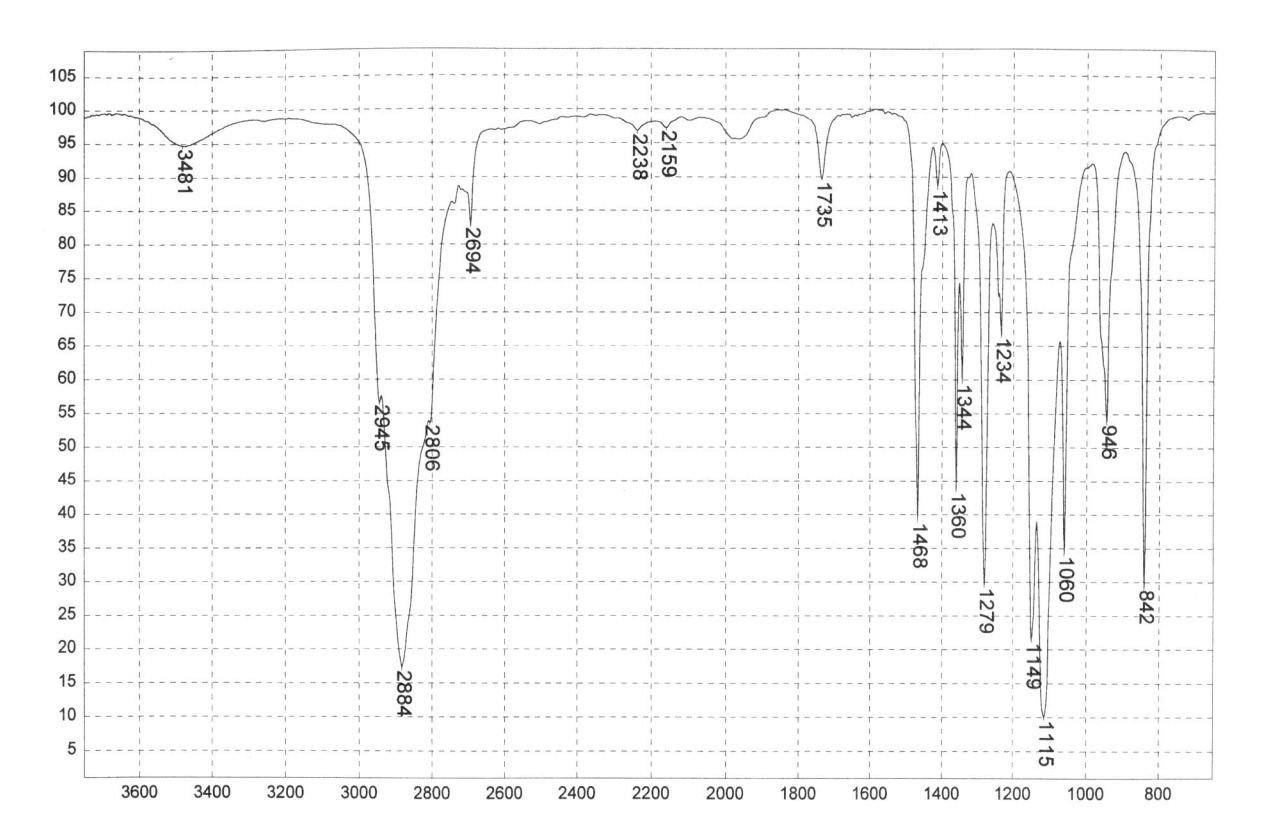

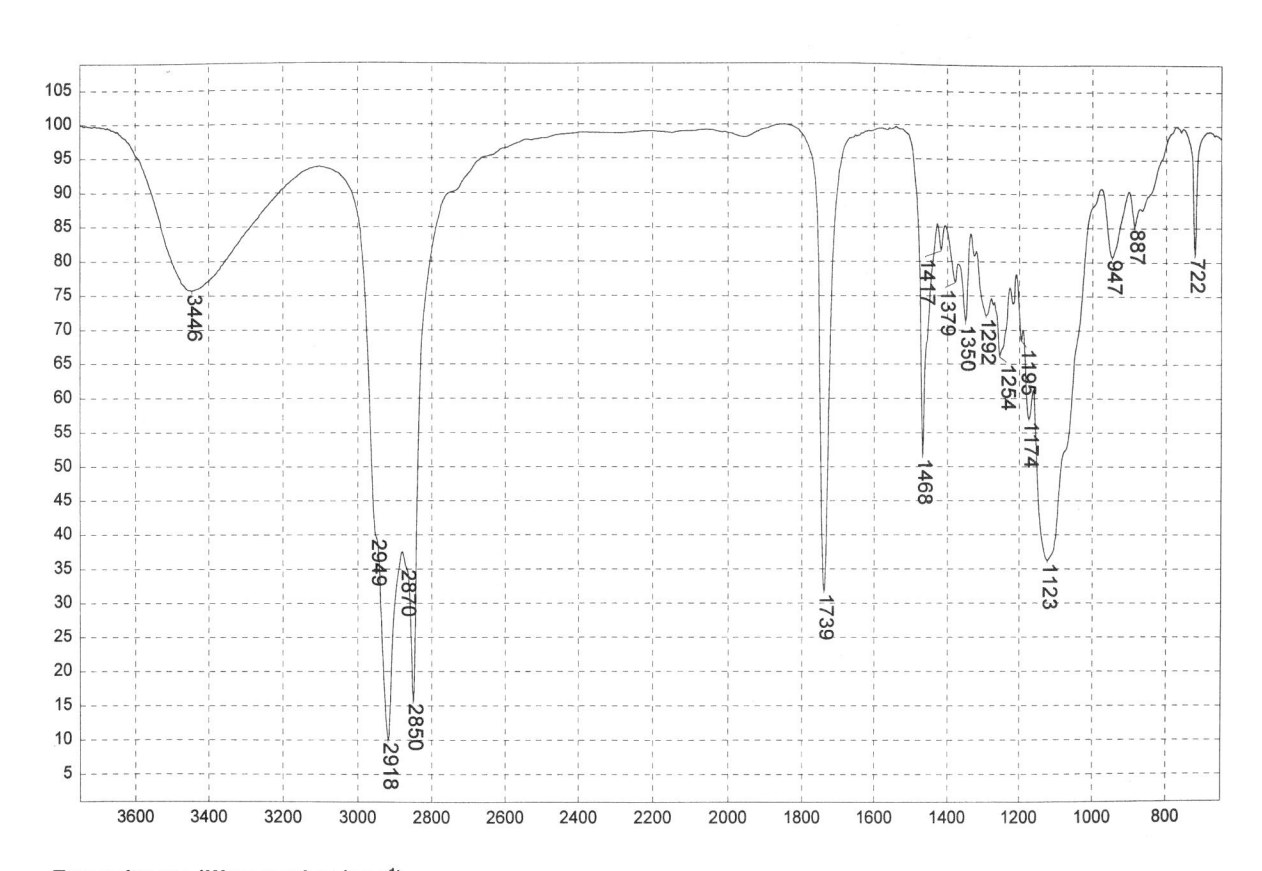

| 1675 | **STEARATE OF POLYETHYLENE GLYCOL 6000**

| 1676 | **POLYOXYETHYLATED STEARIC ACID (5 MOLES EtO)**

| 1677 | POLYOXYETHYLATED STEARIC ACID (10 MOLES EtO) |

| 1678 | POLYOXYETHYLATED STEARIC ACID (40 MOLES EtO) |

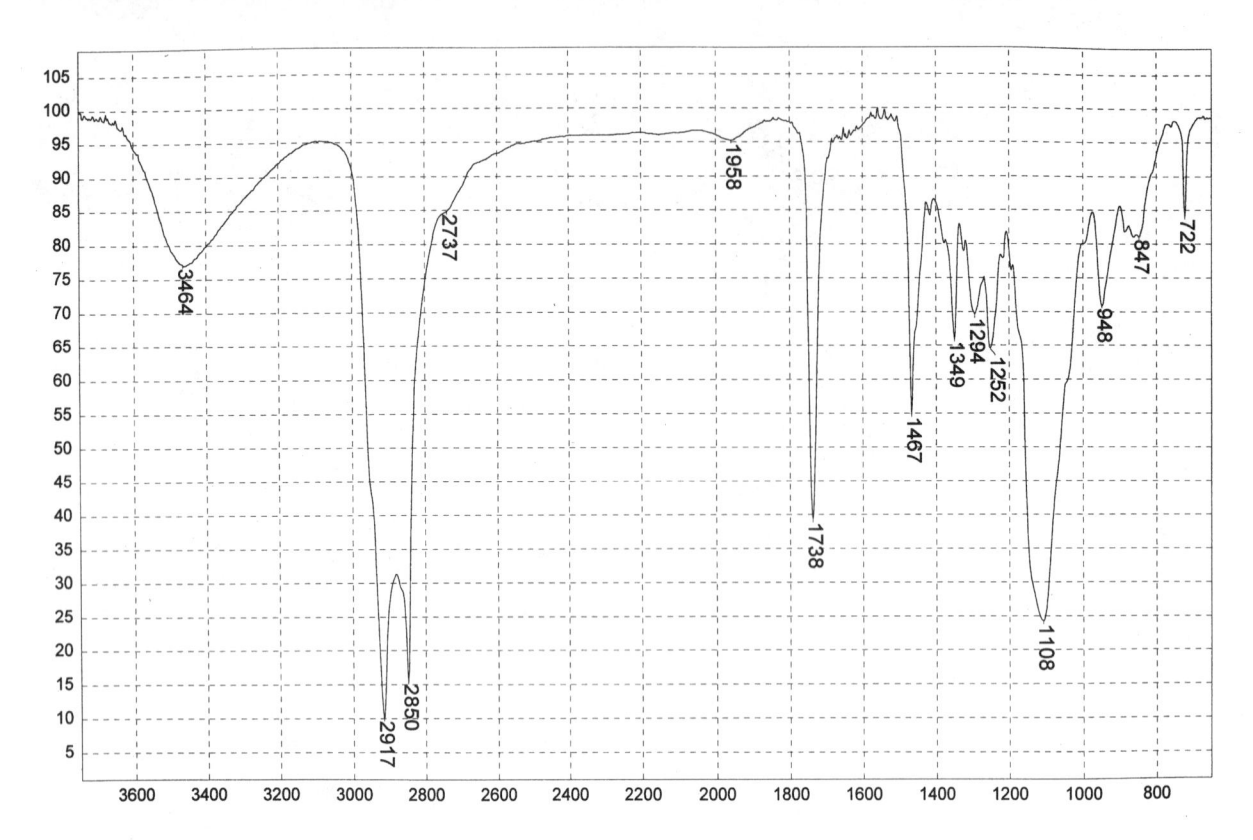

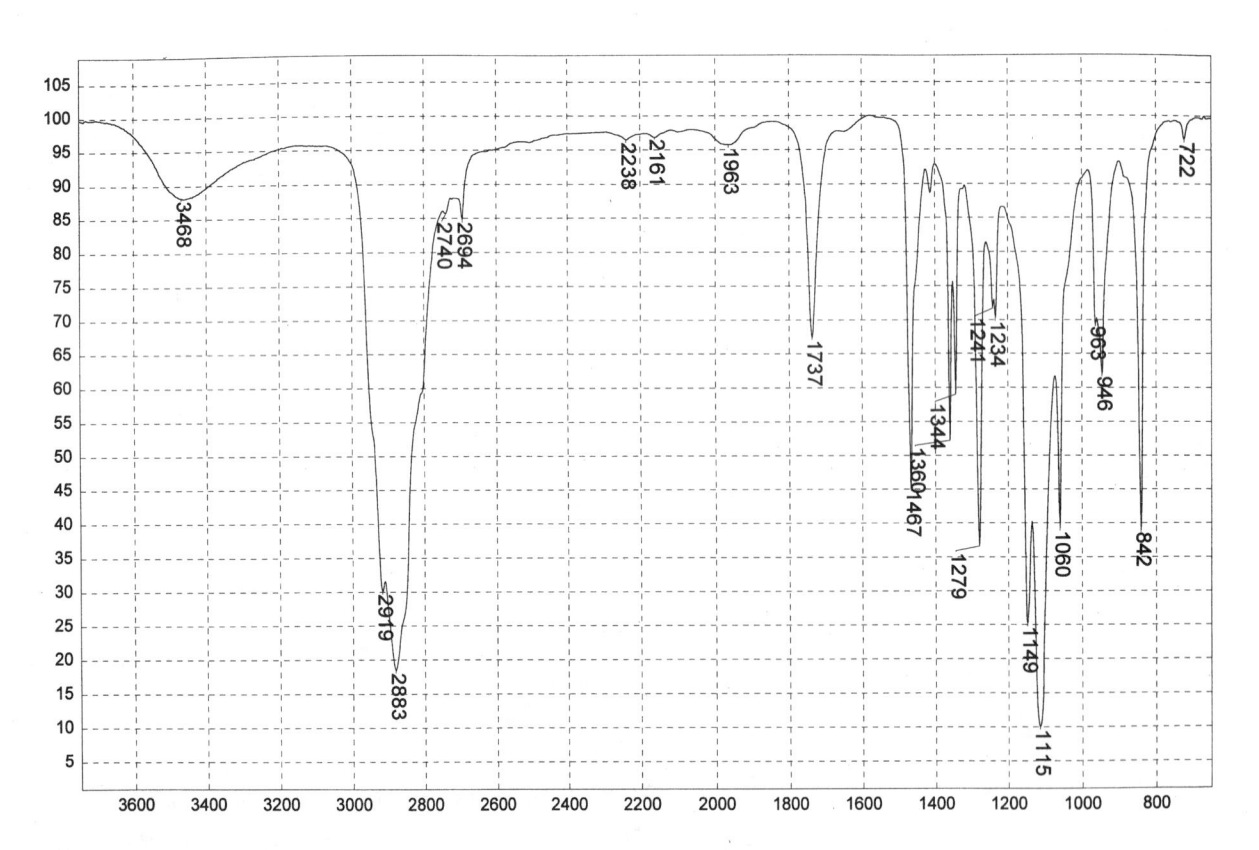

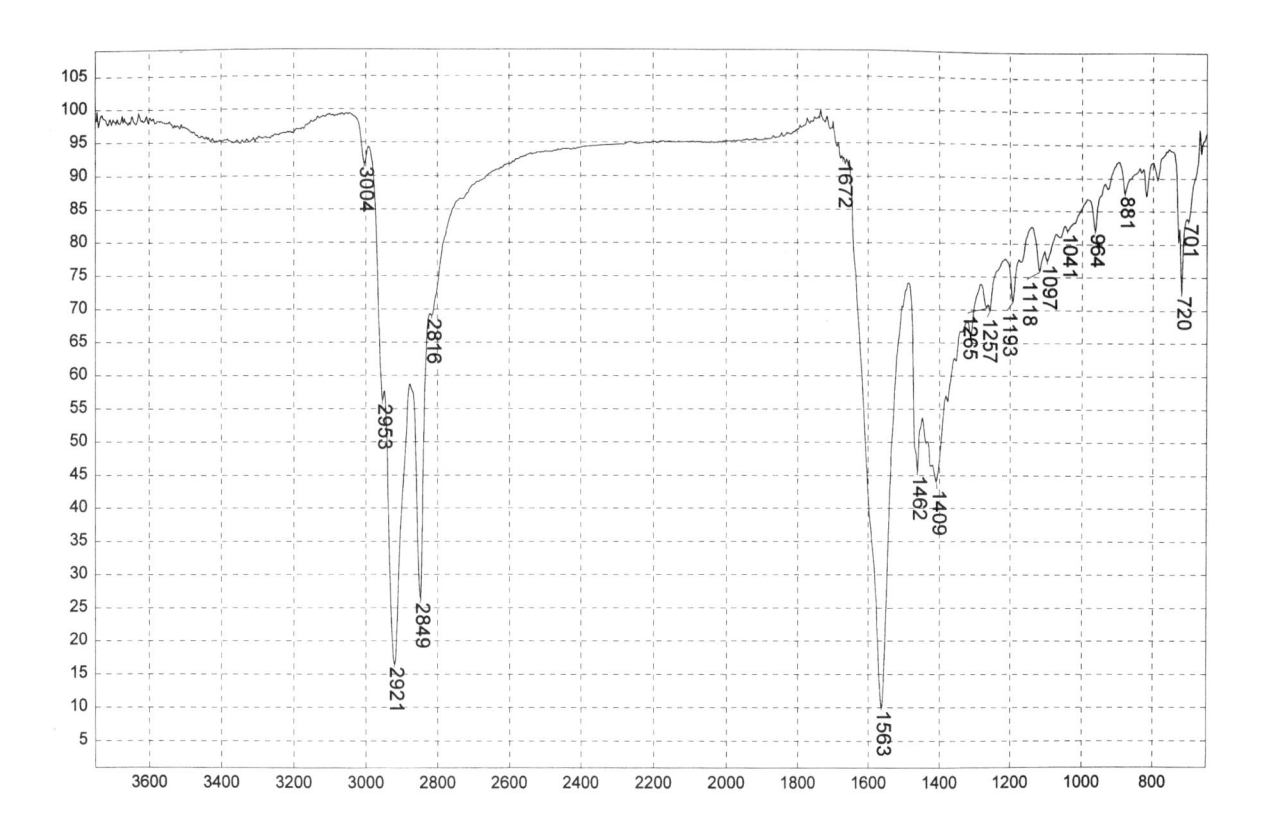

1679   **DIETHANOLAMINE MYRISTIC ACID CONDENSATE, 86%**

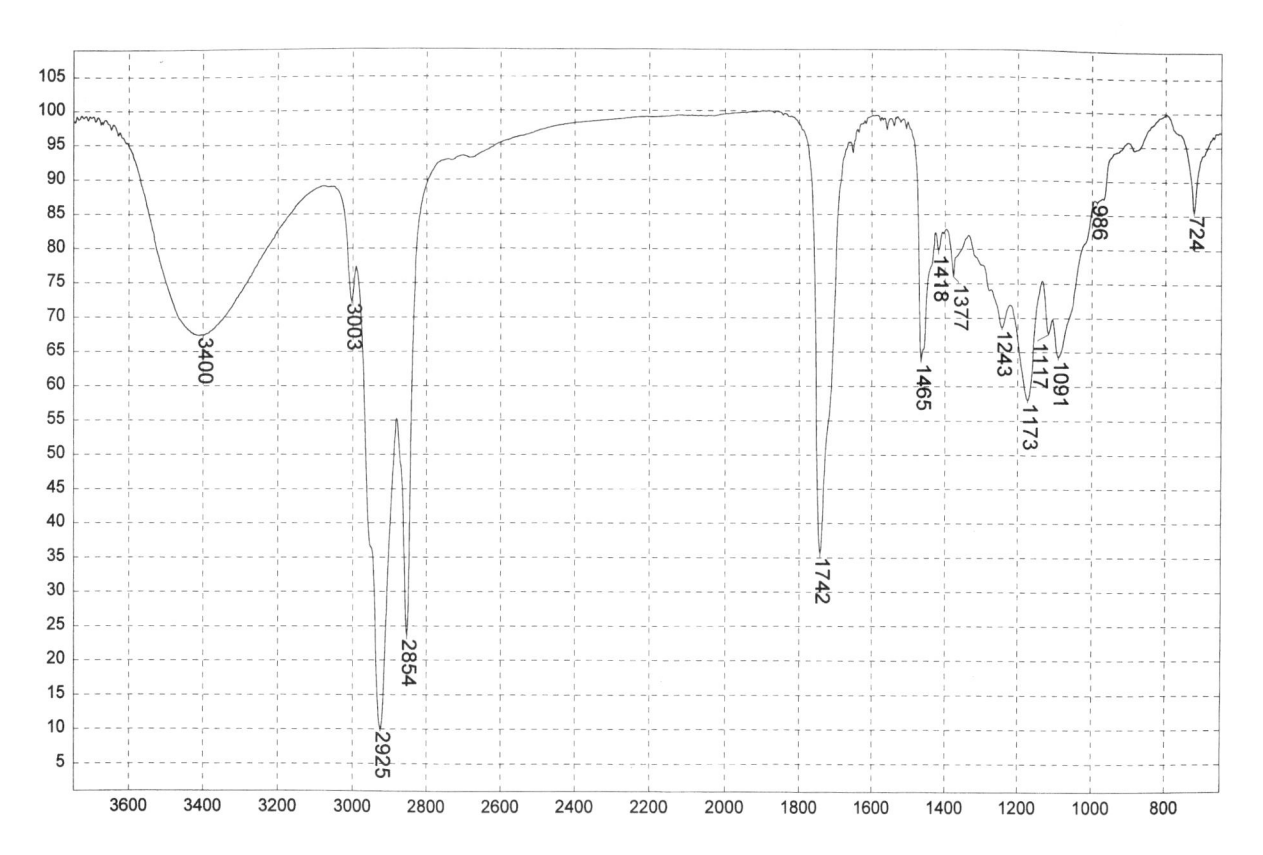

1680   **SORBITAN SESQUIOLEATE**

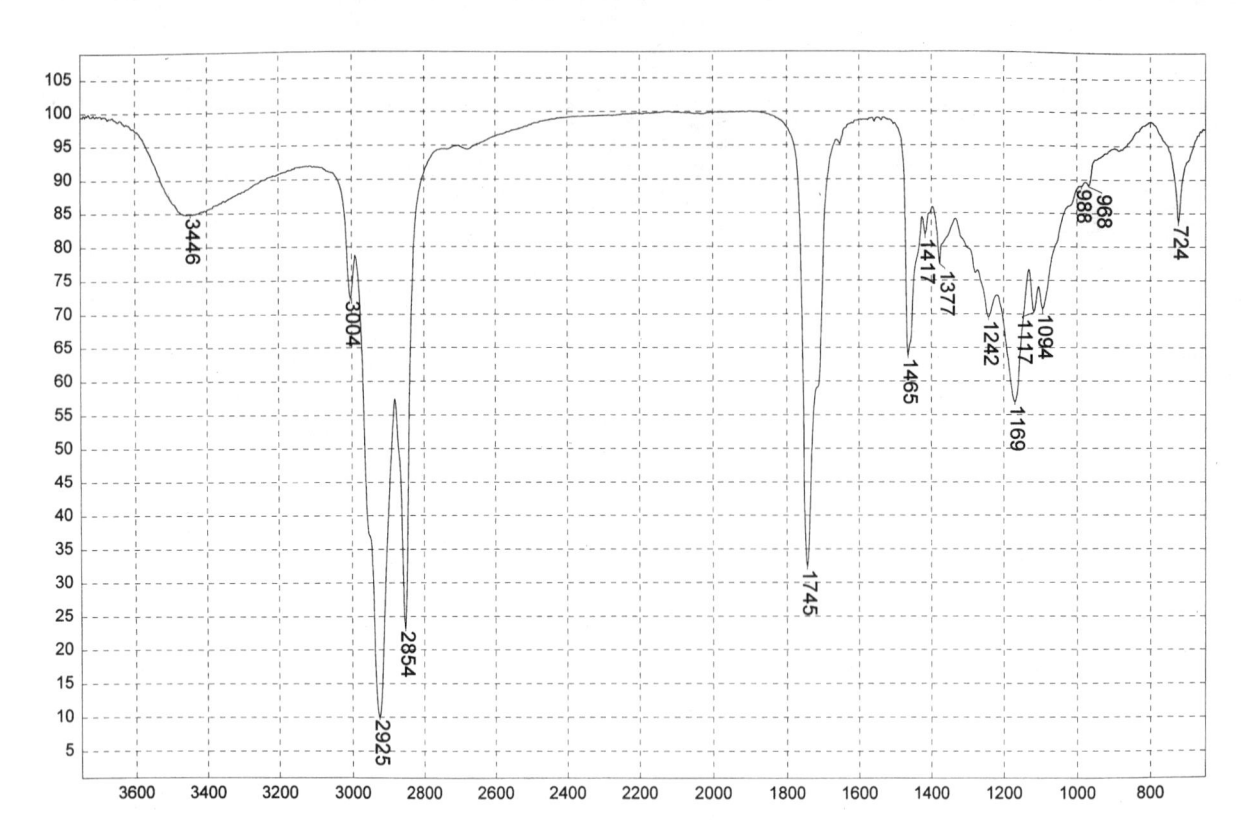

SORBITAN TRIOLEATE

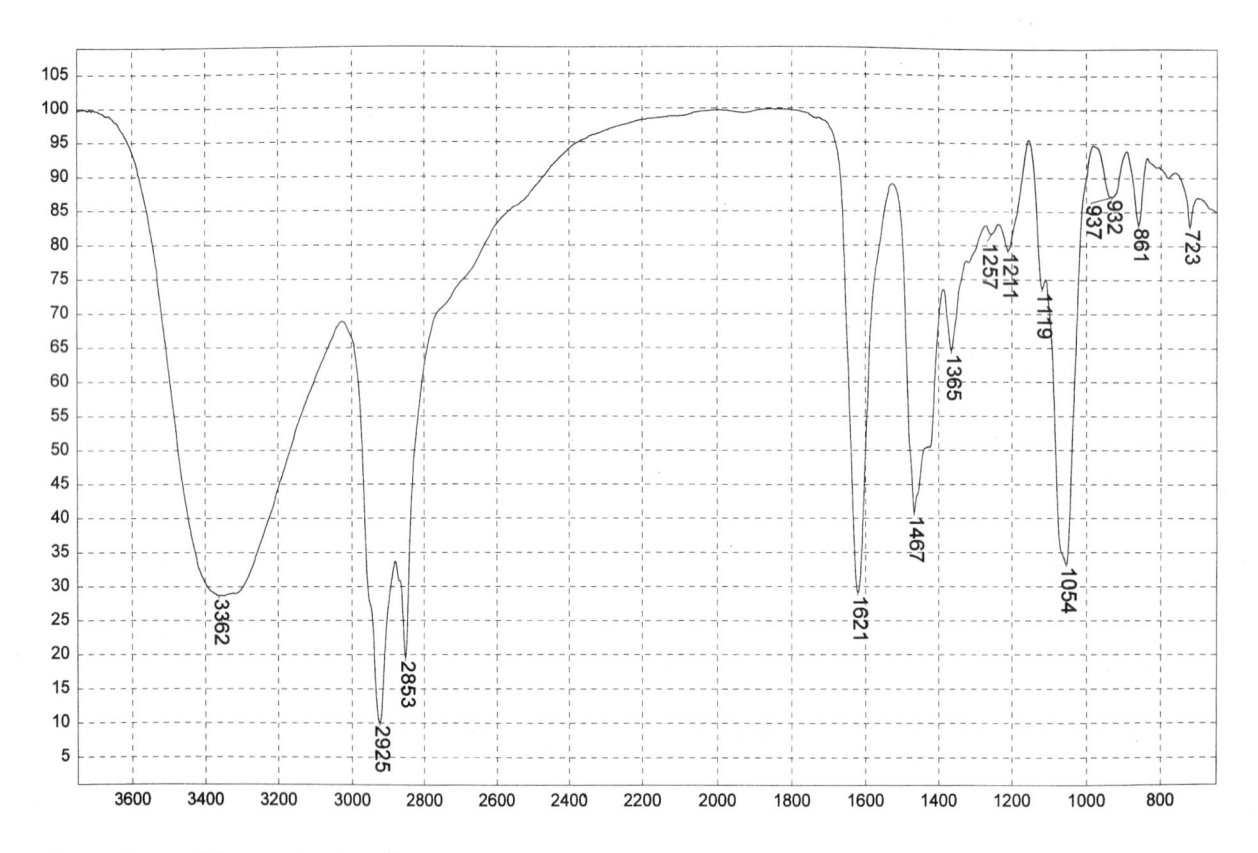

DIETHANOLAMINE LAURIC ACID CONDENSATE, 90%

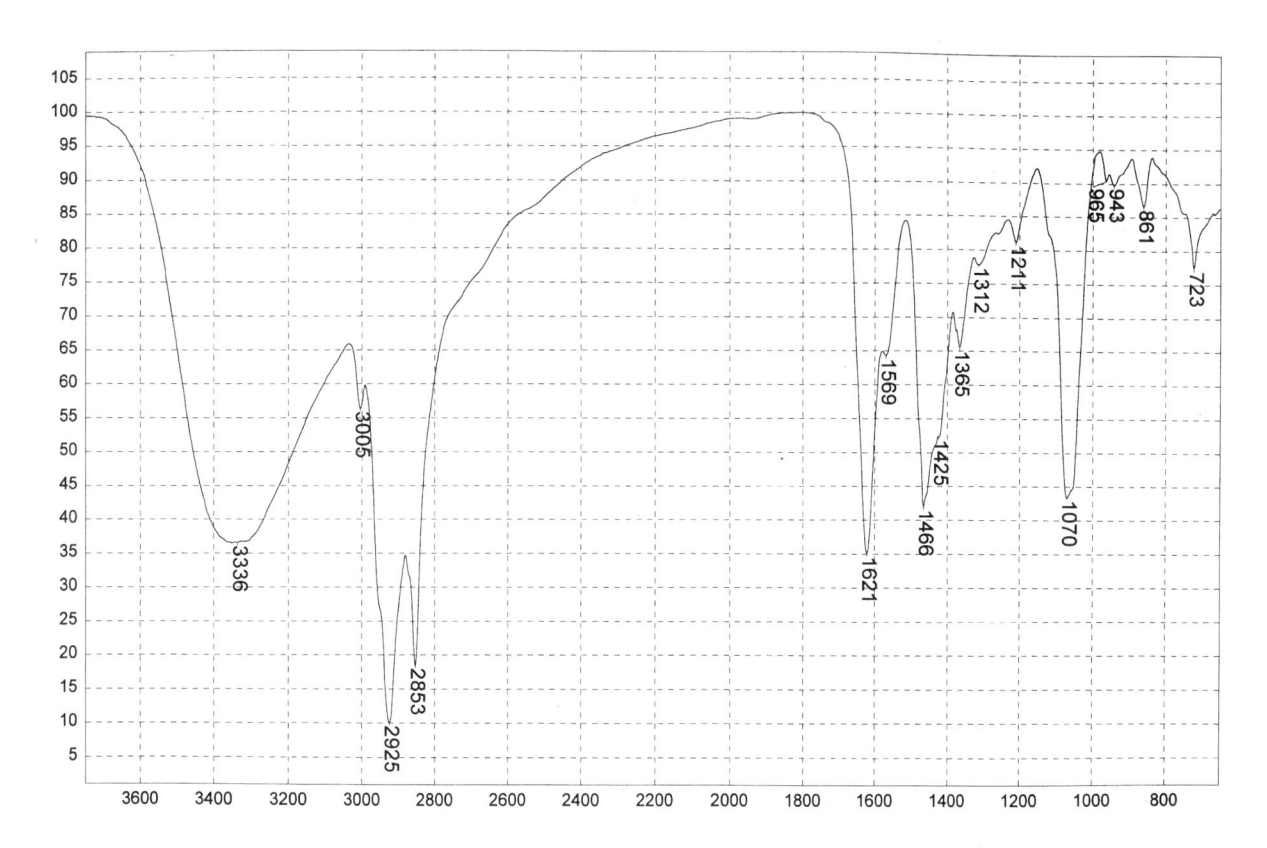

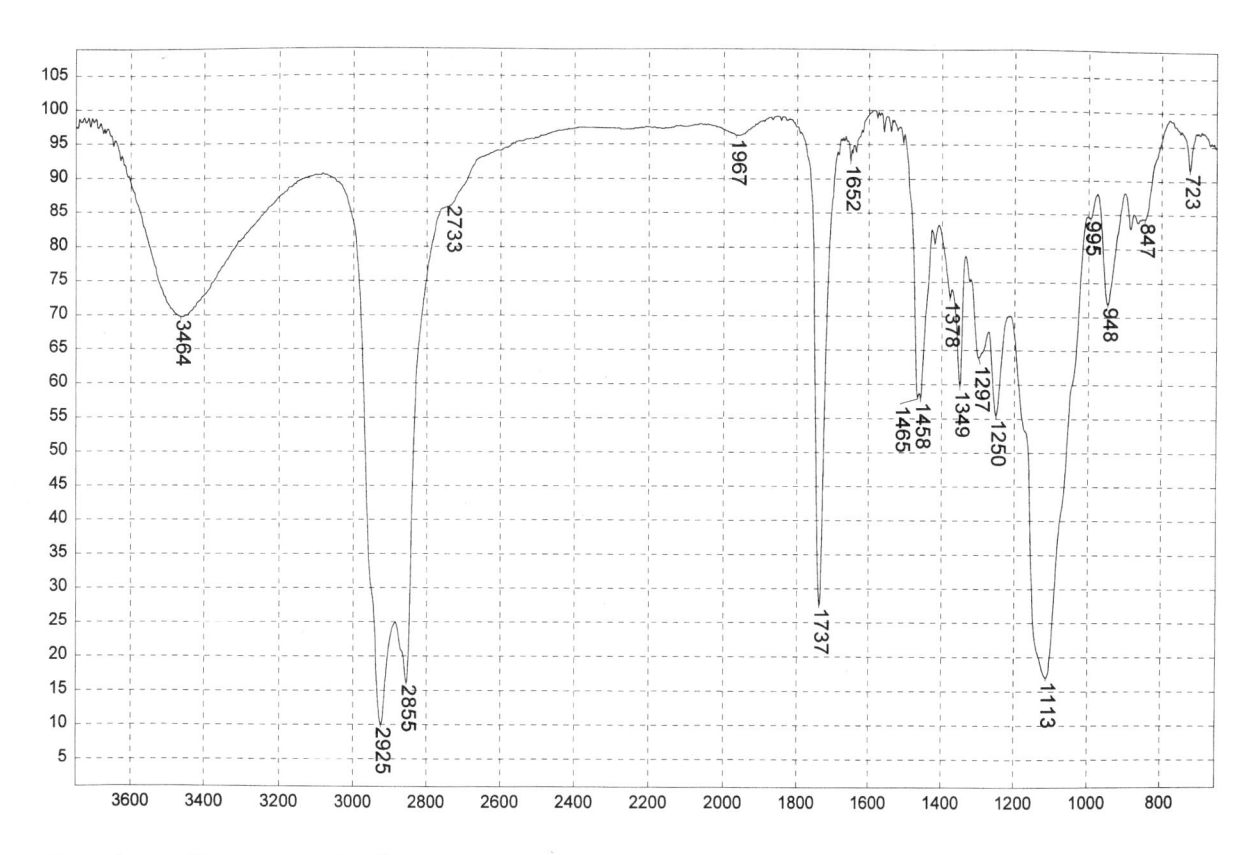

| 1683 | DIETHANOLAMINE OLEIC ACID CONDENSATE |

| 1684 | LAURATE OF POLYETHYLENE GLYCOL 300 |

| 1685 | **LAURATE OF POLYETHYLENE GLYCOL 600** |

| 1686 | **DILAURATE OF POLYETHYLENE GLYCOL 300** |

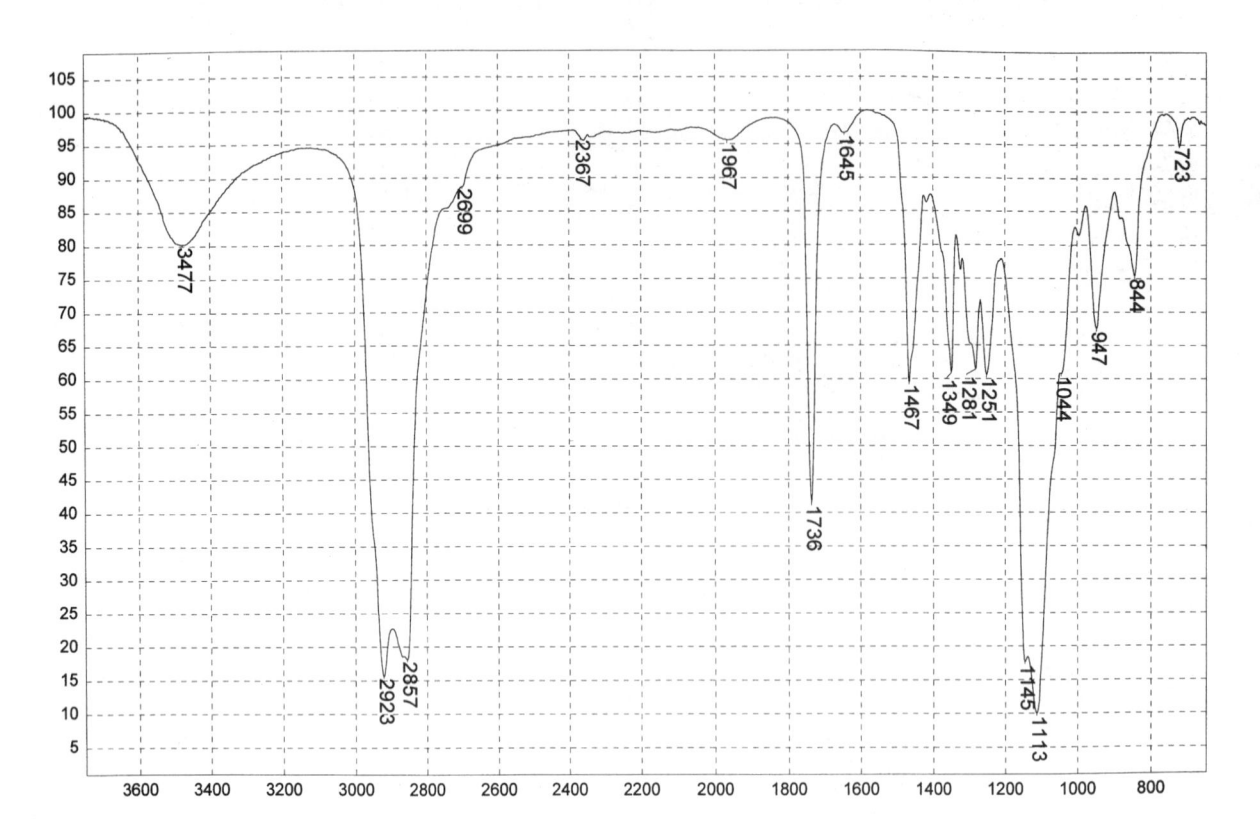

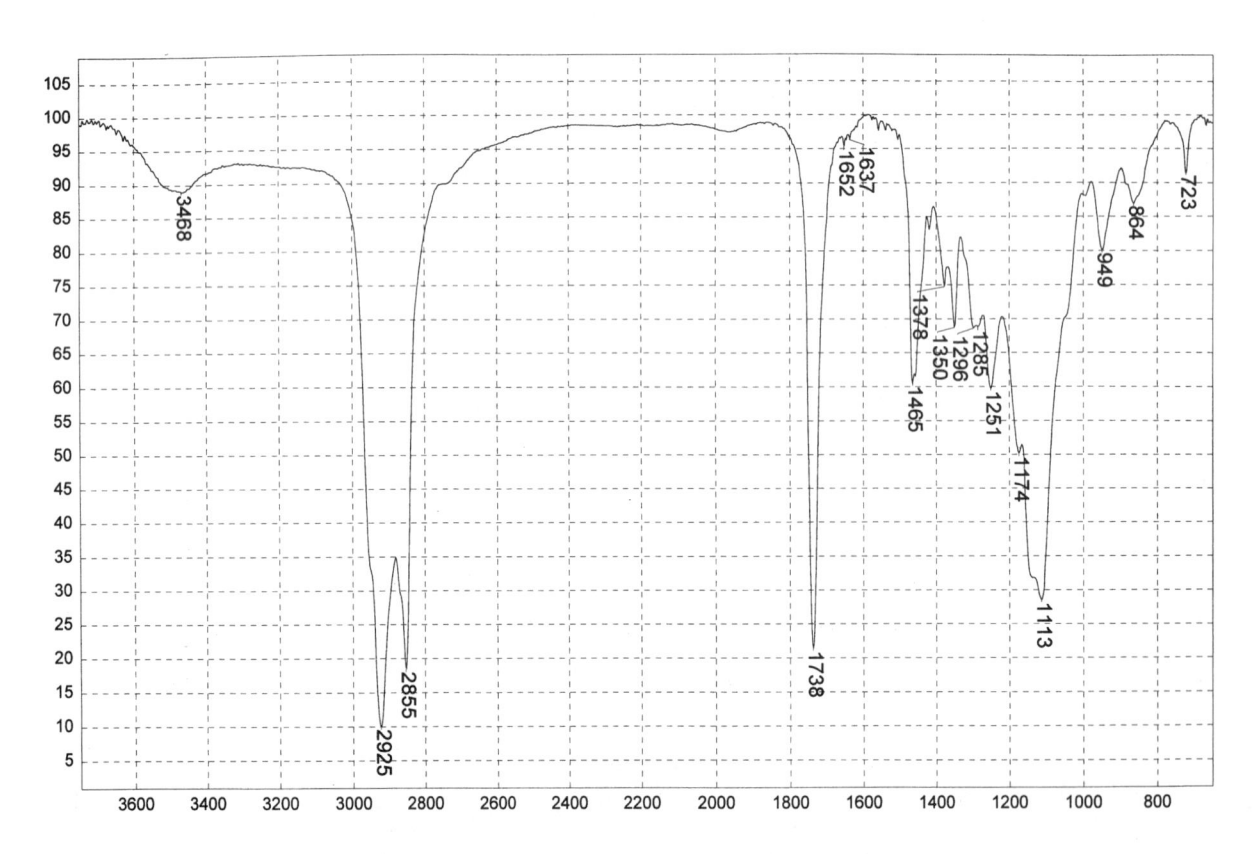

| 1687 | **DILAURATE OF POLYETHYLENE GLYCOL 600** |

| 1688 | **SUCROSE MONOMYRISTATE** |

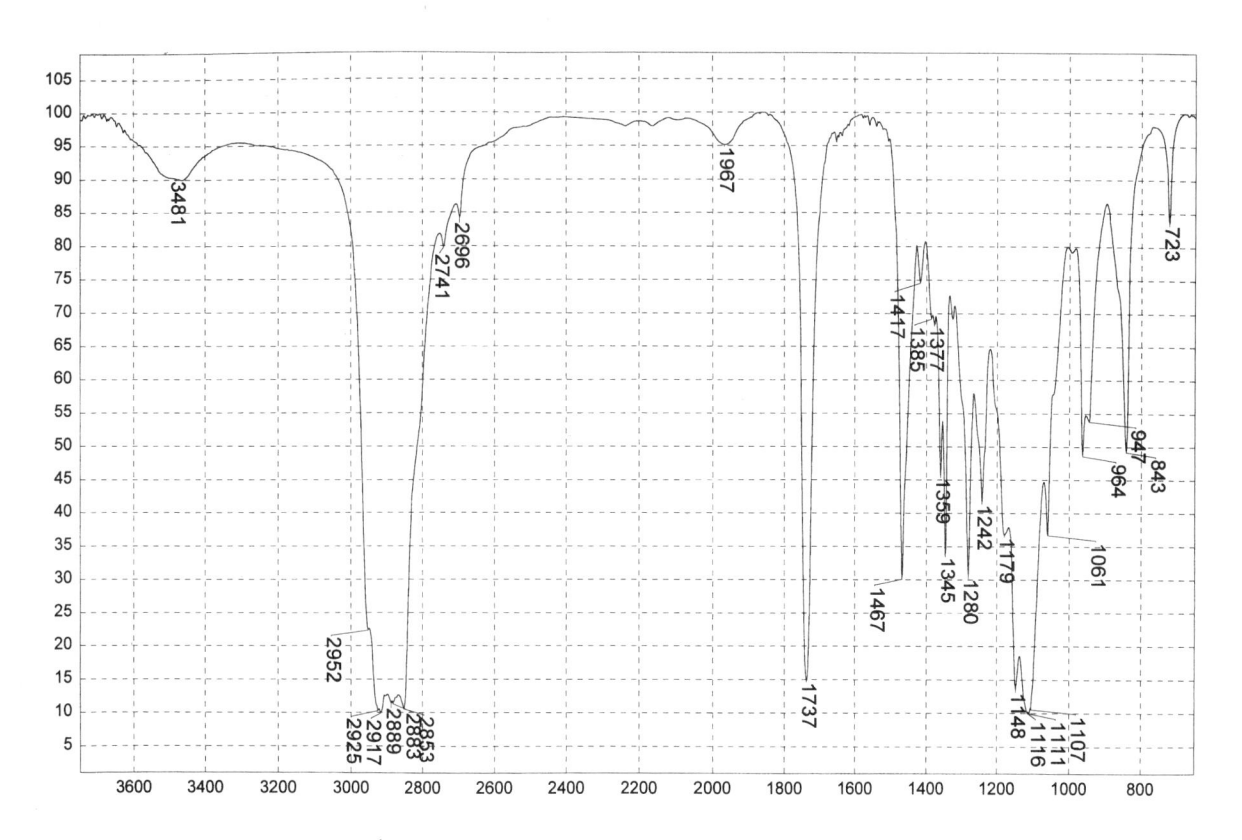

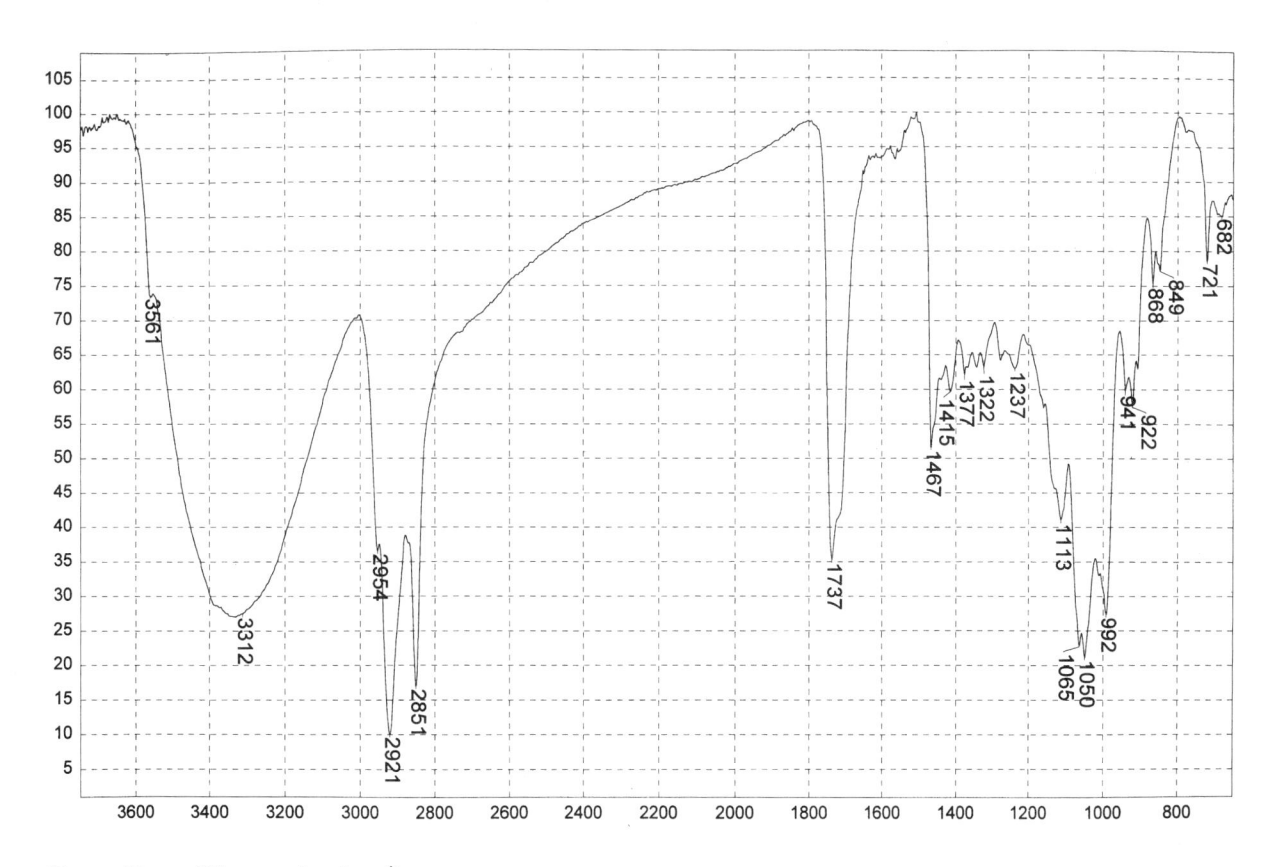

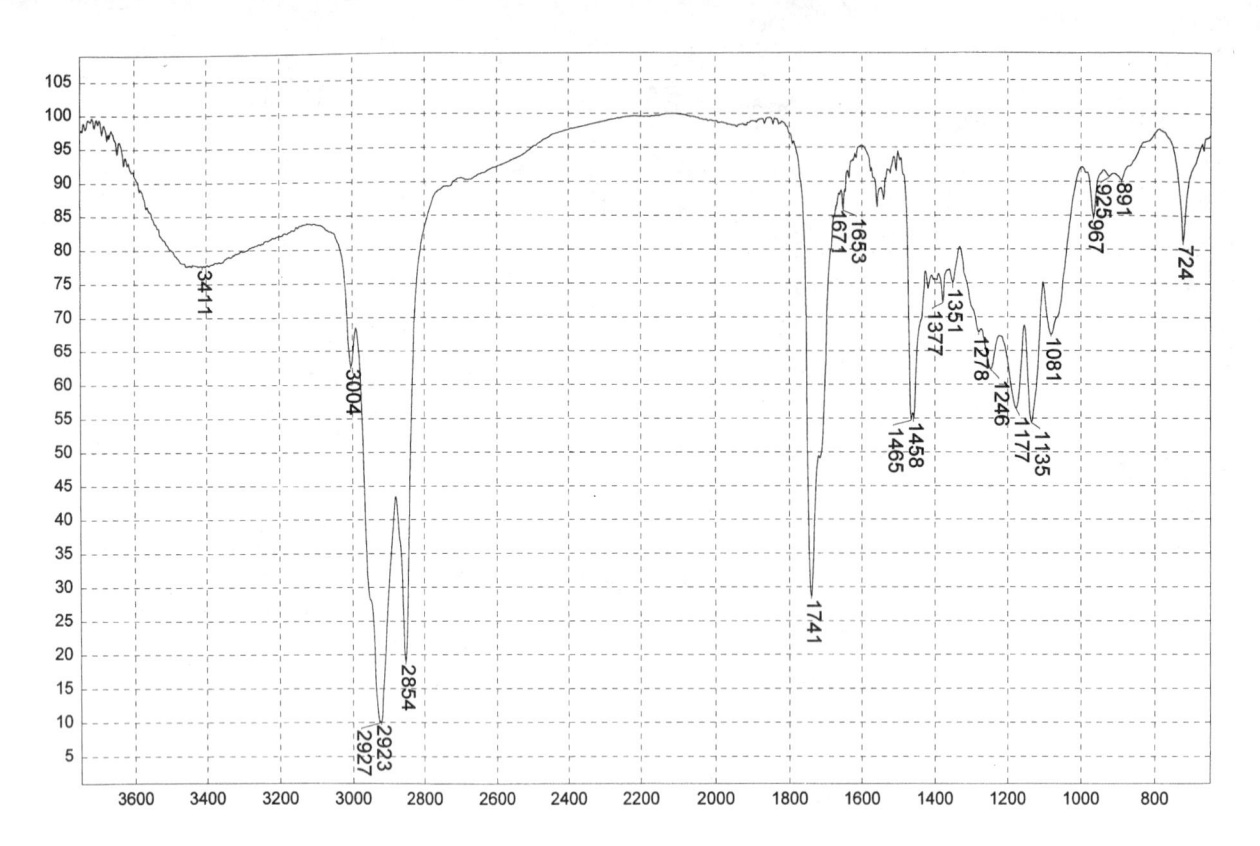

1689 OLEATE OF DIETHYLENE GLYCOL

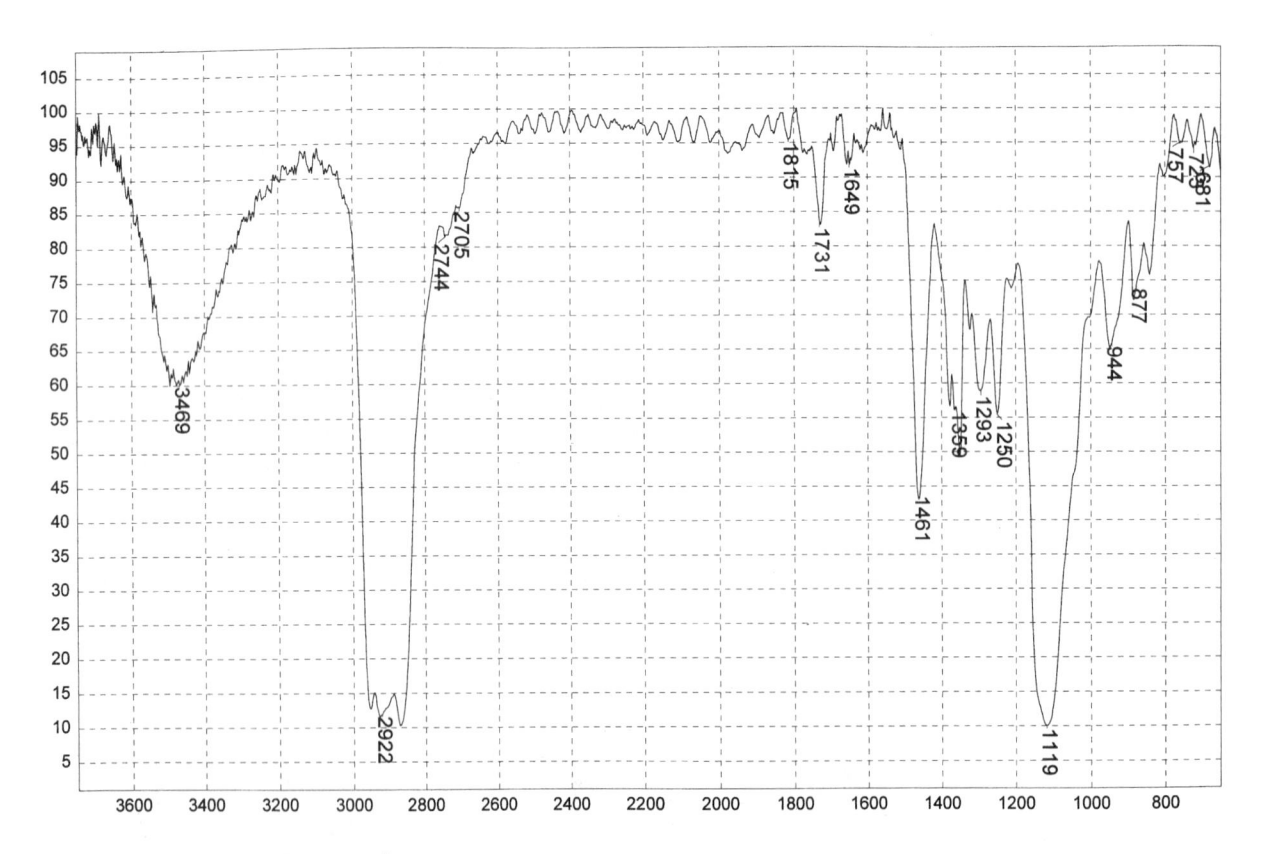

1690 P.O.E. TRIDECYL ALCOHOL (6 MOLES EtO)

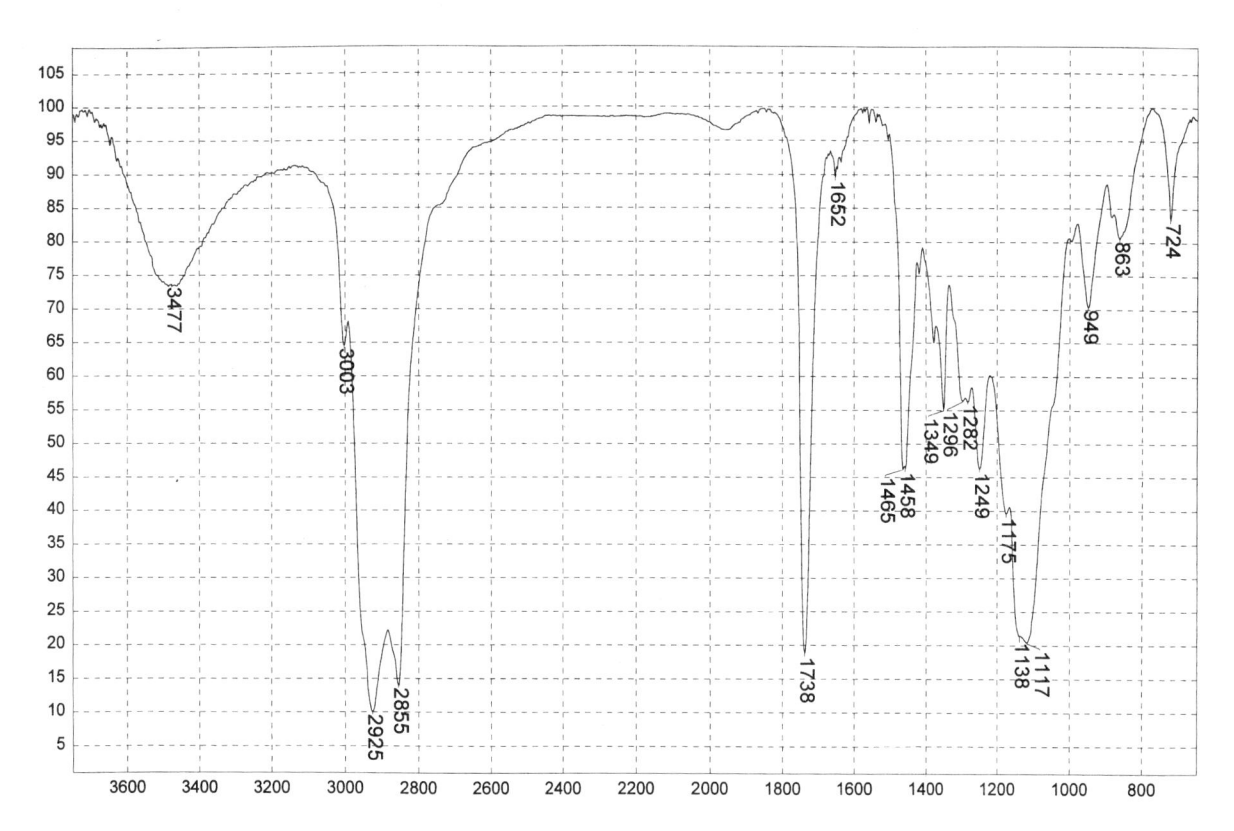

1691 OLEATE OF POLYETHYLENE GLYCOL 300

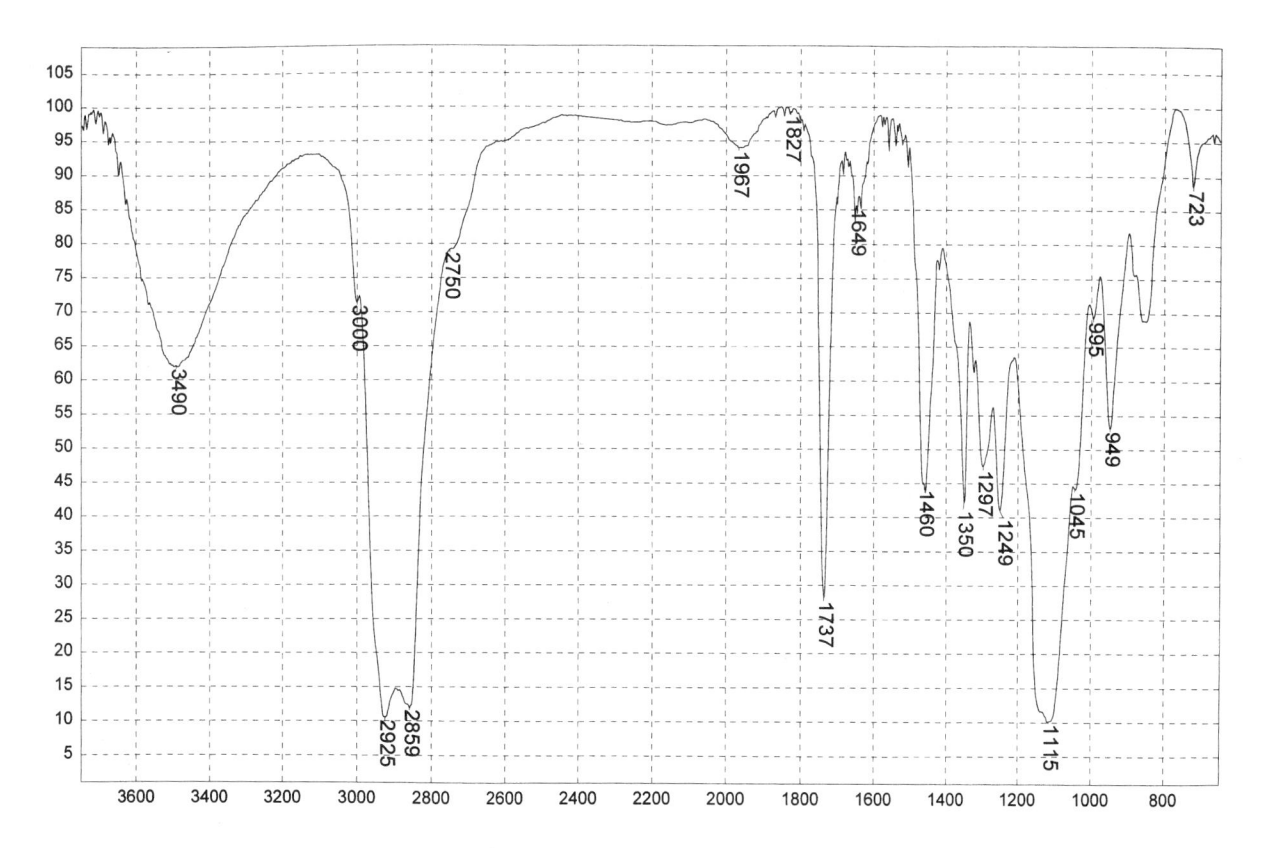

1692 OLEATE OF POLYETHYLENE GLYCOL 600

RICINOLEATE OF DIETHYLENE GLYCOL (1693)

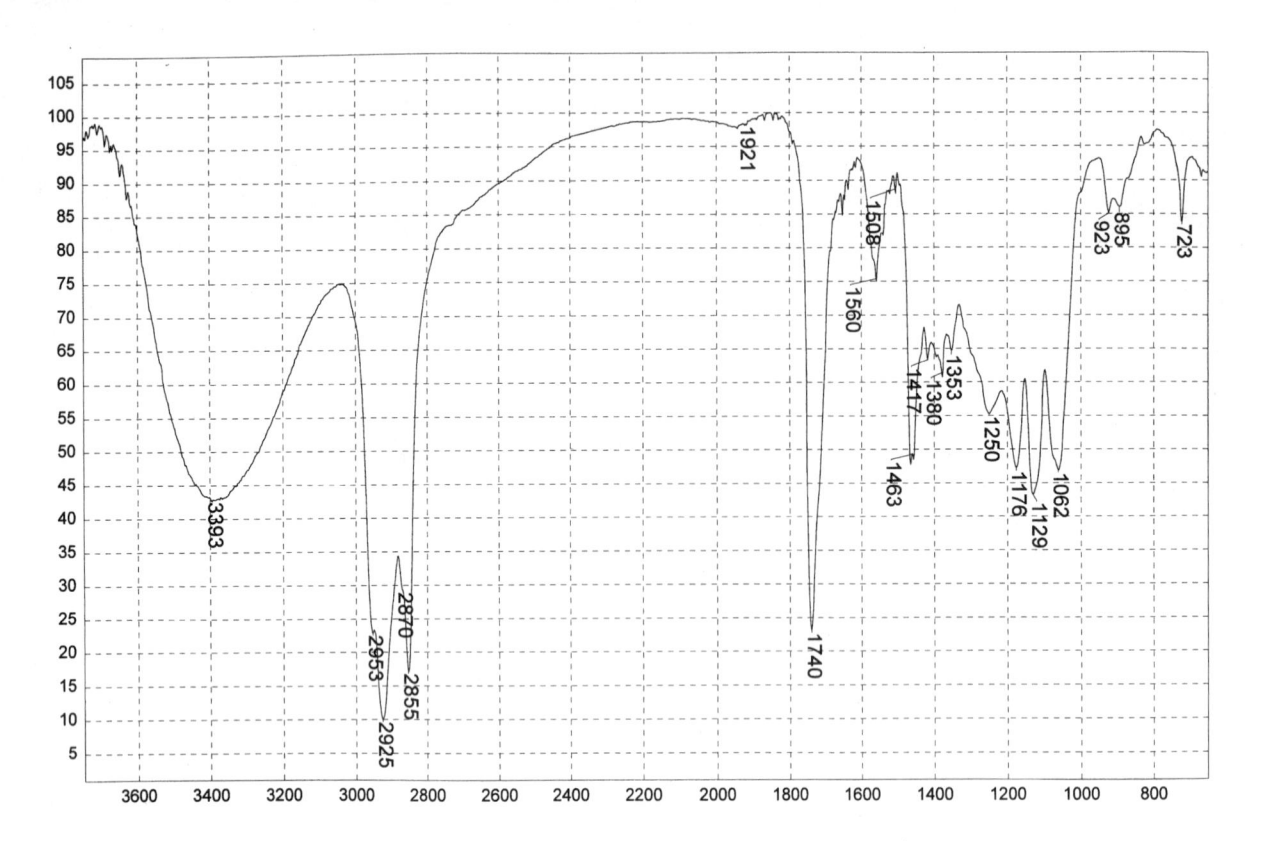

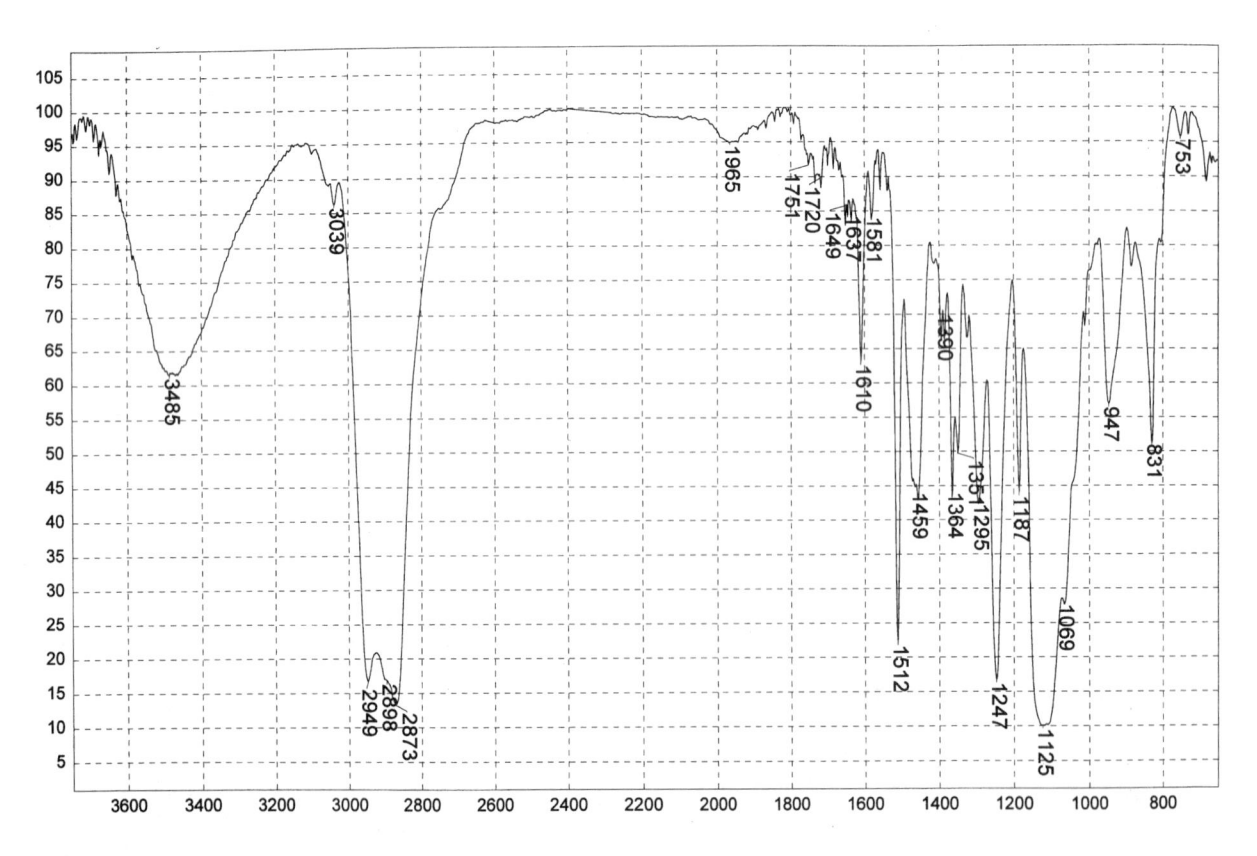

P.O.E. TERTIARY-OCTYLPHENOL (7–8 MOLES EtO) (1694)

1695 P.O.E. TERTIARY-OCTYLPHENOL (16 MOLES EtO)

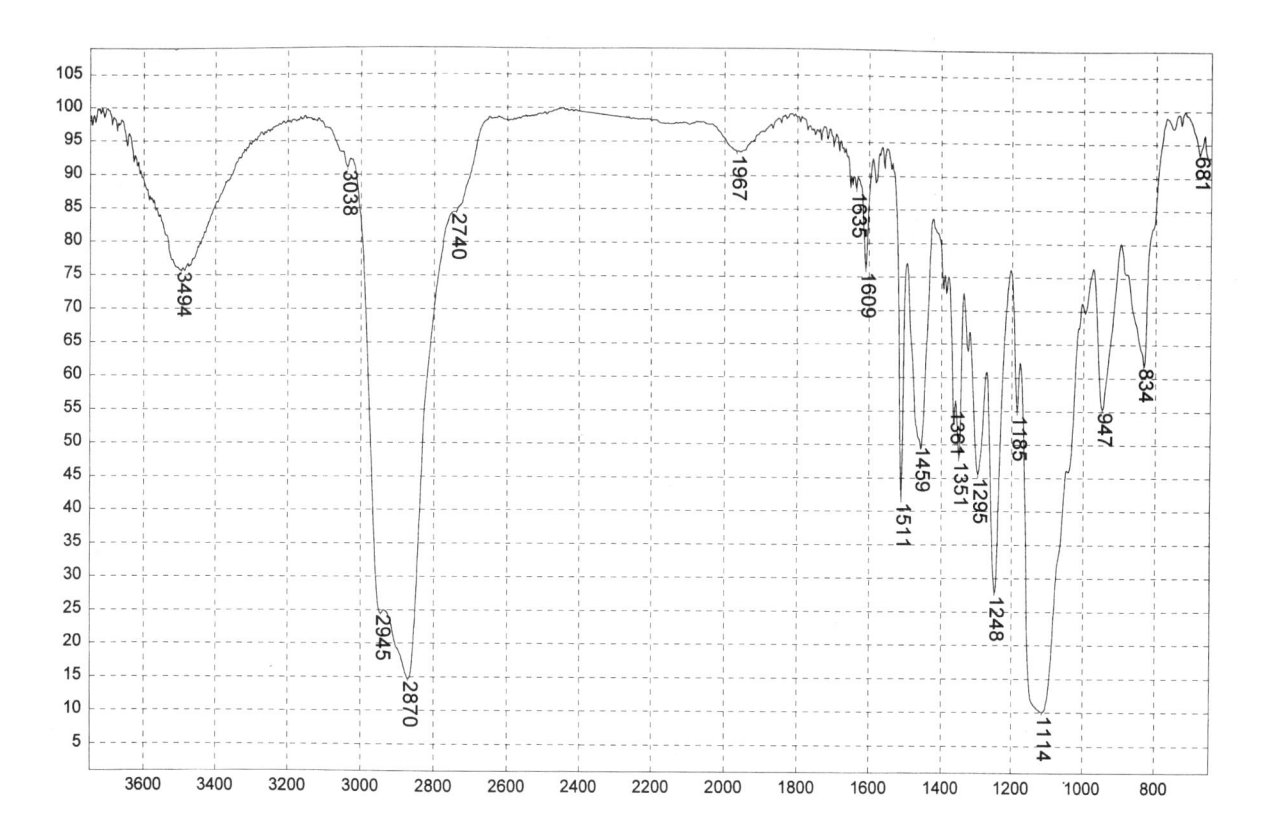

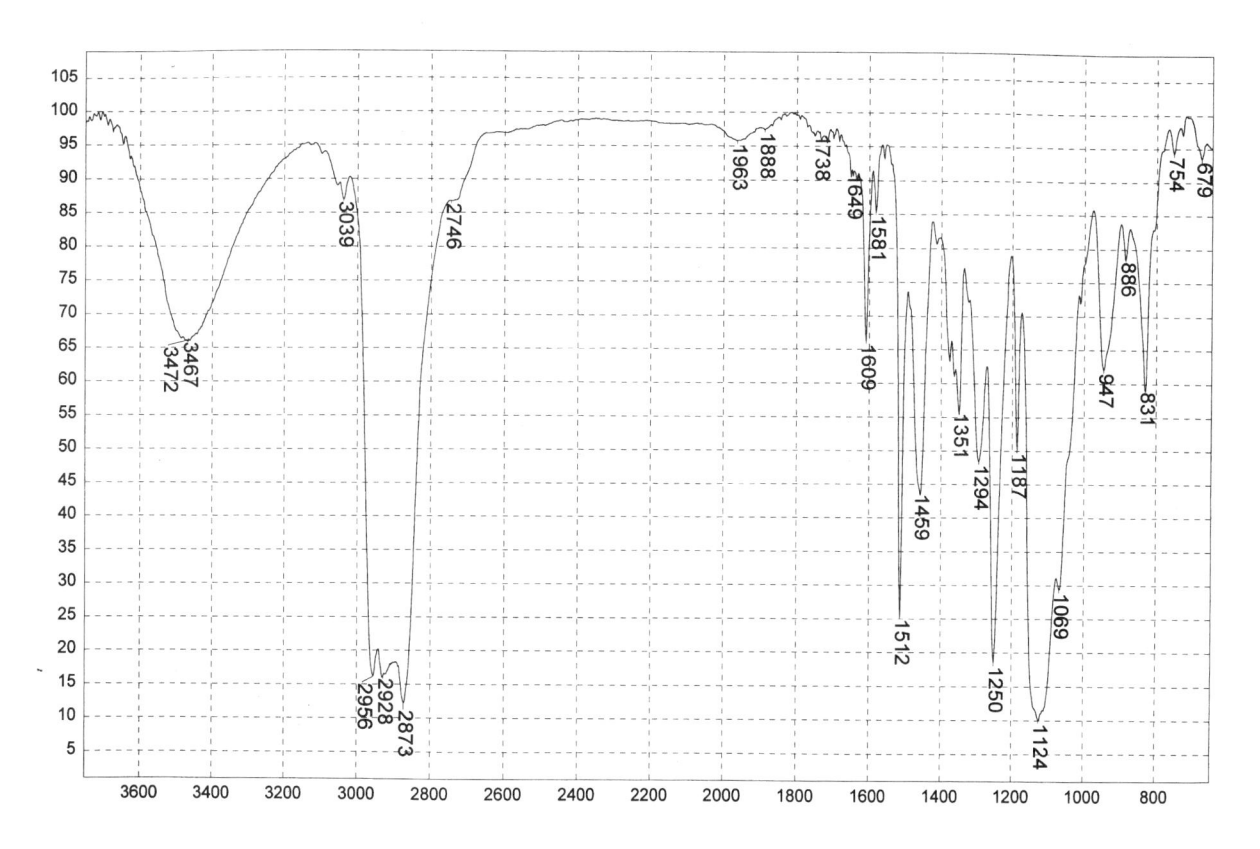

1696 POLYOXYETHYLATED NONYLPHENOL (6 MOLES EtO)

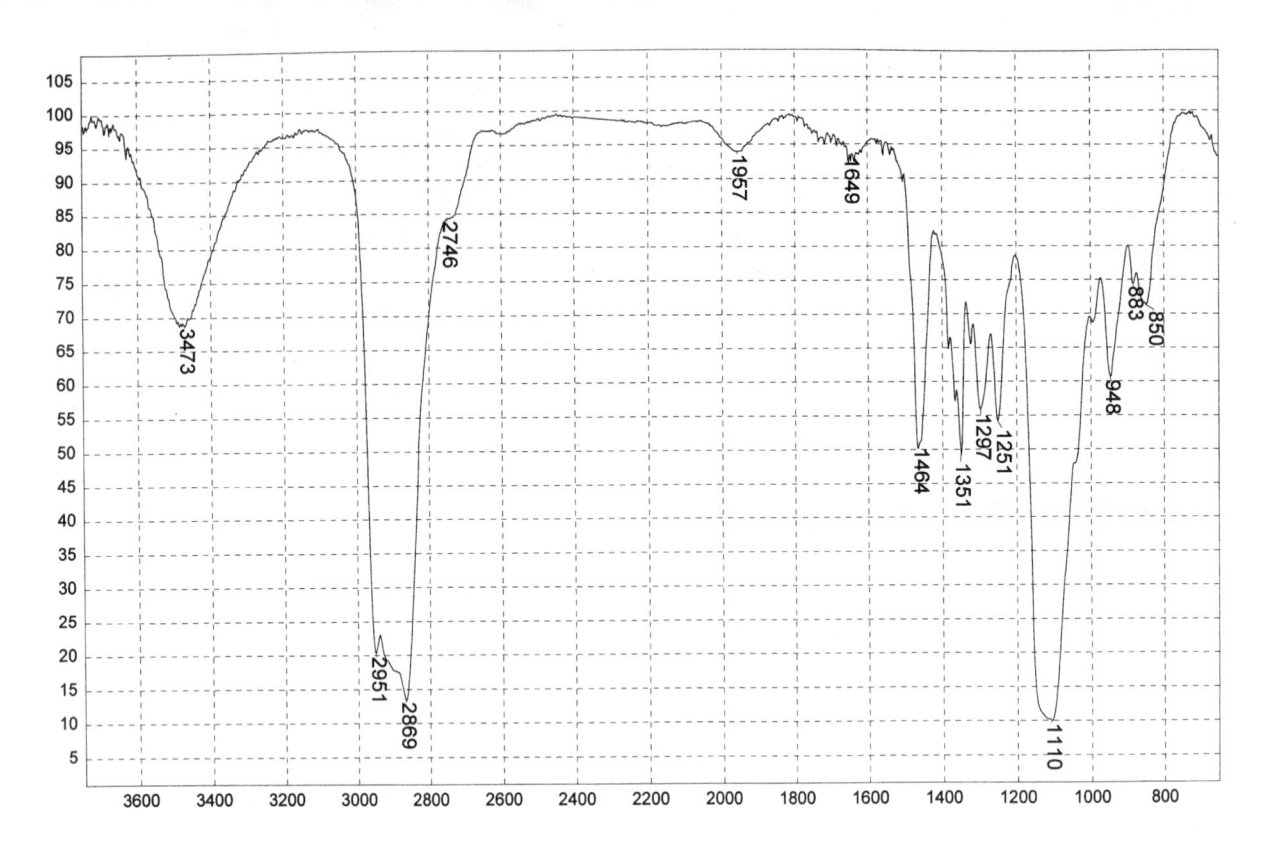

1697   P.O.E. TRIMETHYLNONYL ALCOHOL (8 MOLES EtO)

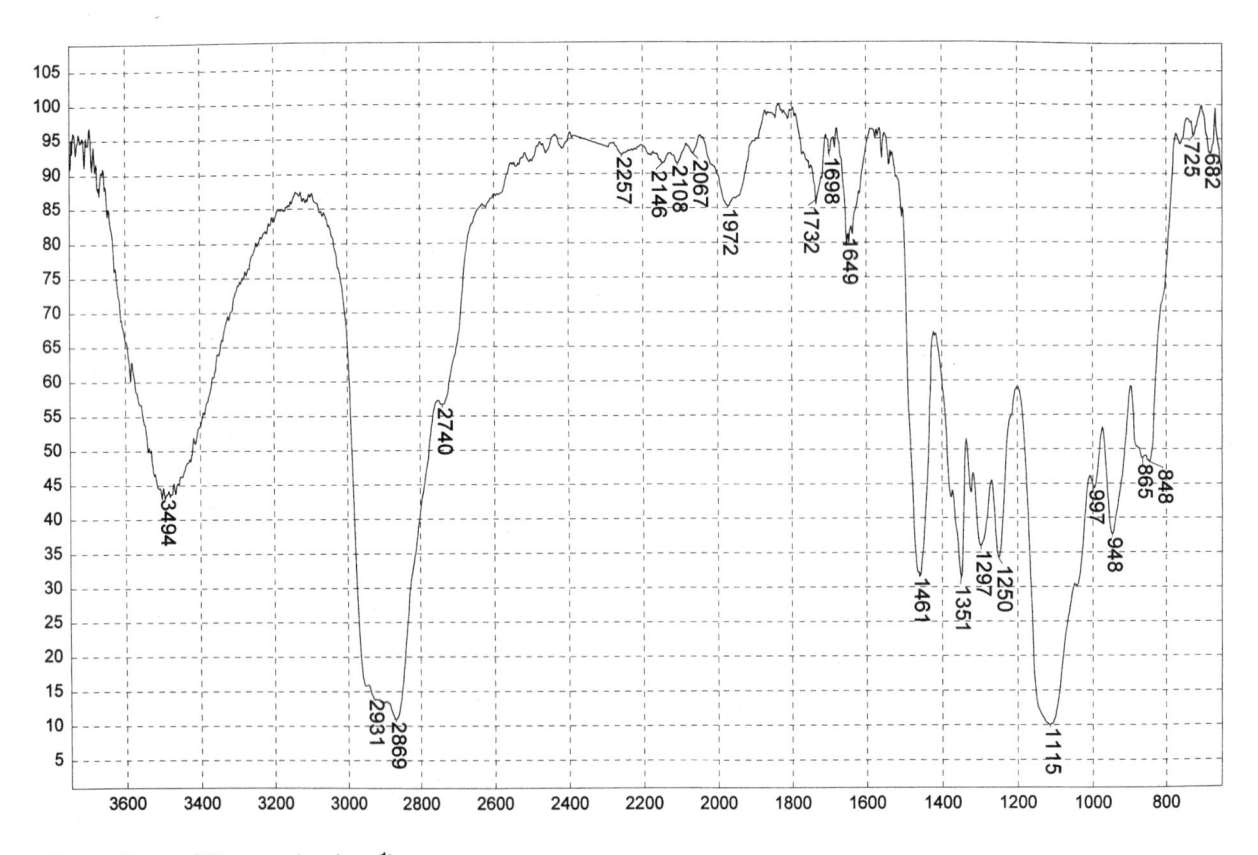

1698   P.O.E. TRIDECYL ALCOHOL (12 MOLES EtO)

SODIUM CAPRATE

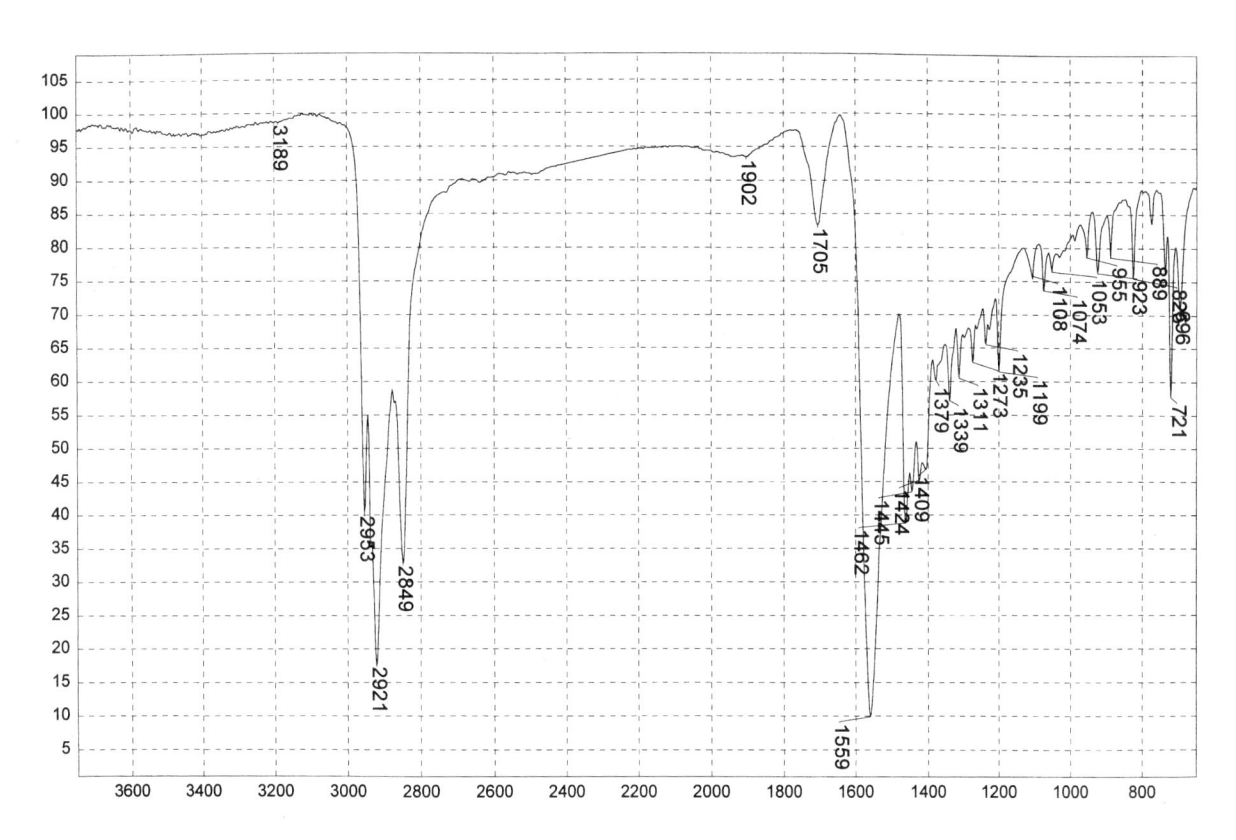

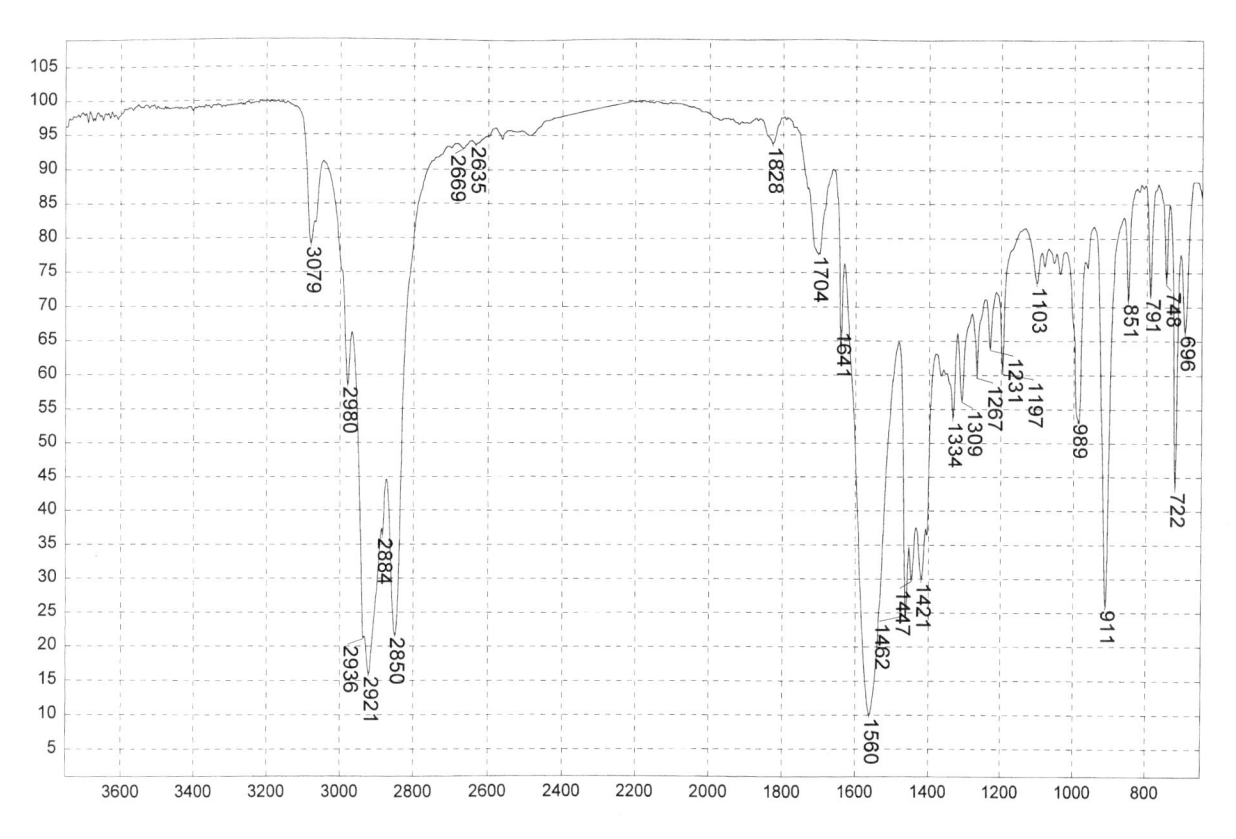

1699

SODIUM UNDECYLENATE

1700

1701 SODIUM RESINATE (ABIETATE)

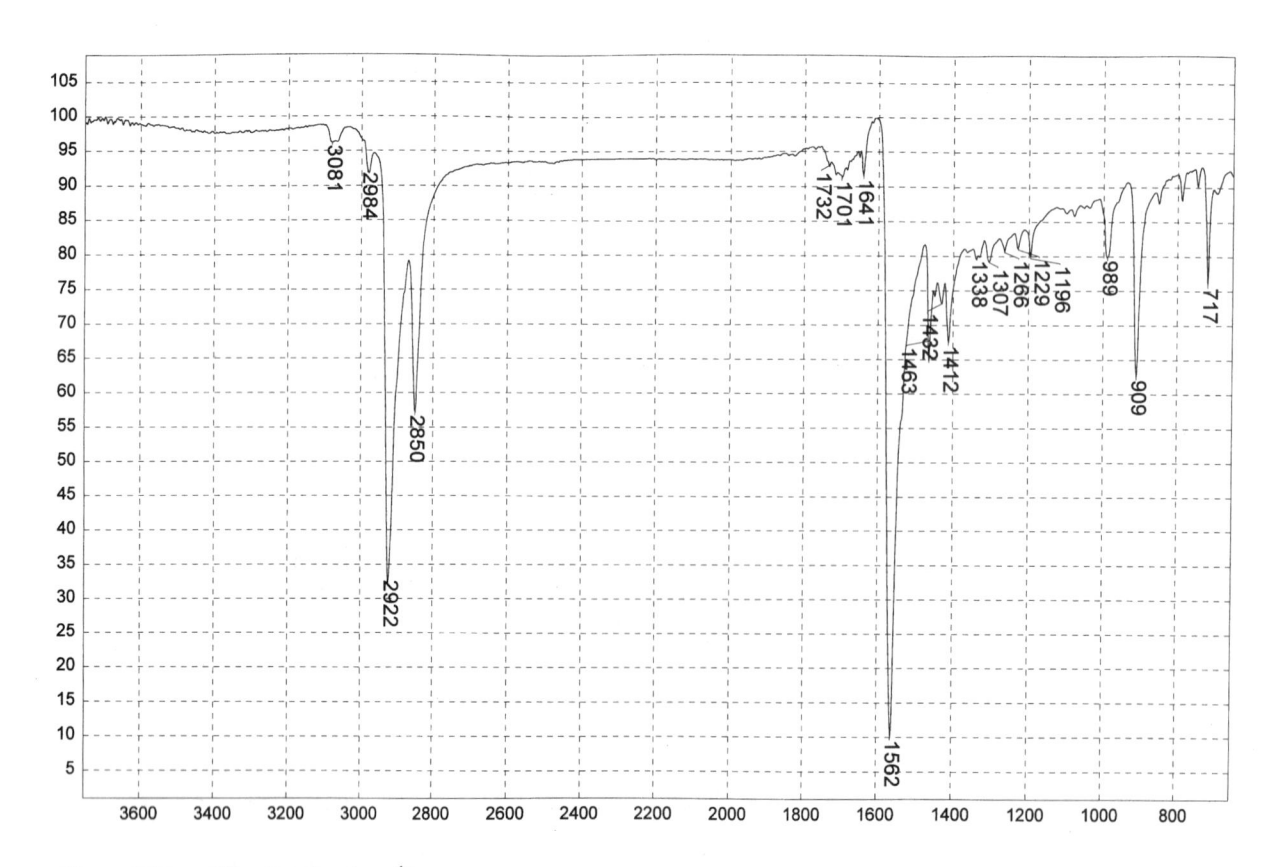

1702 POTASSIUM UNDECYLENATE

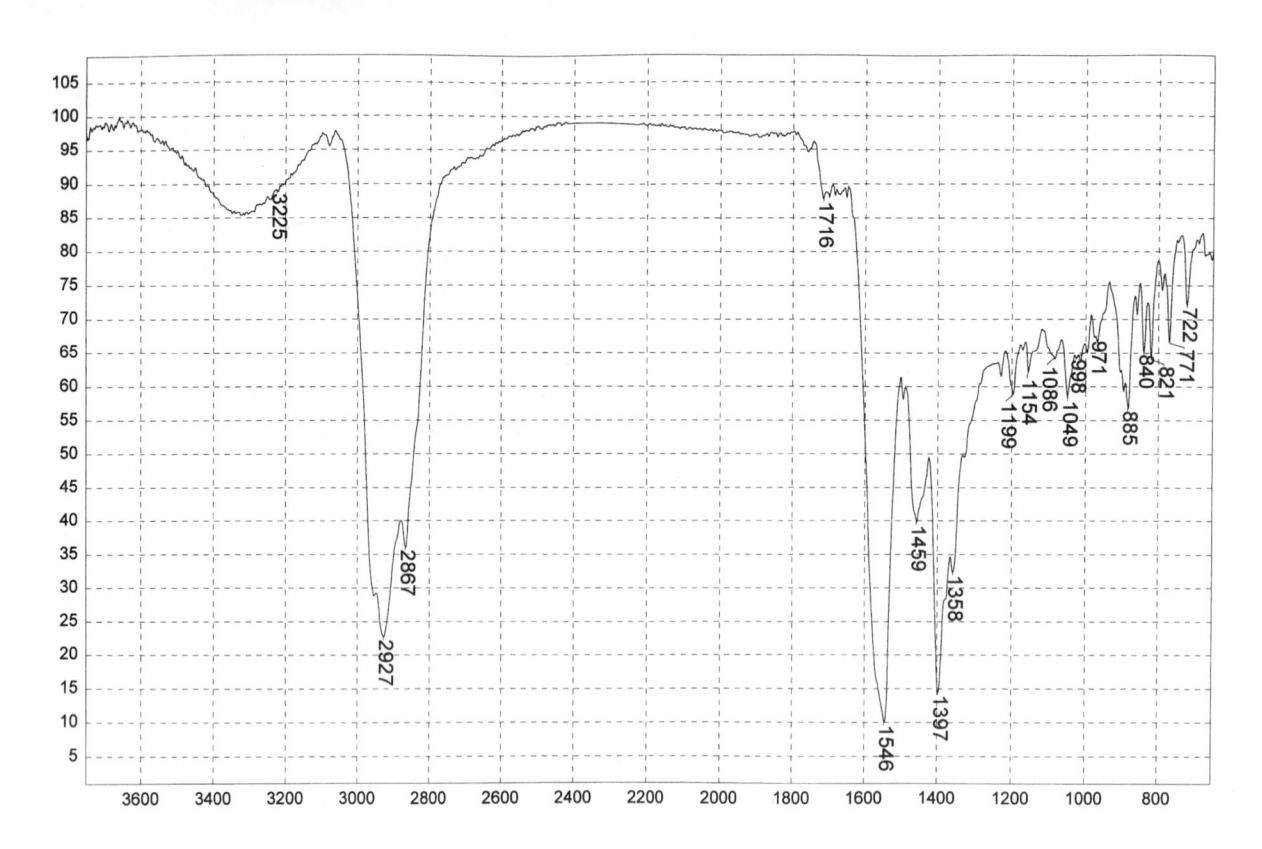

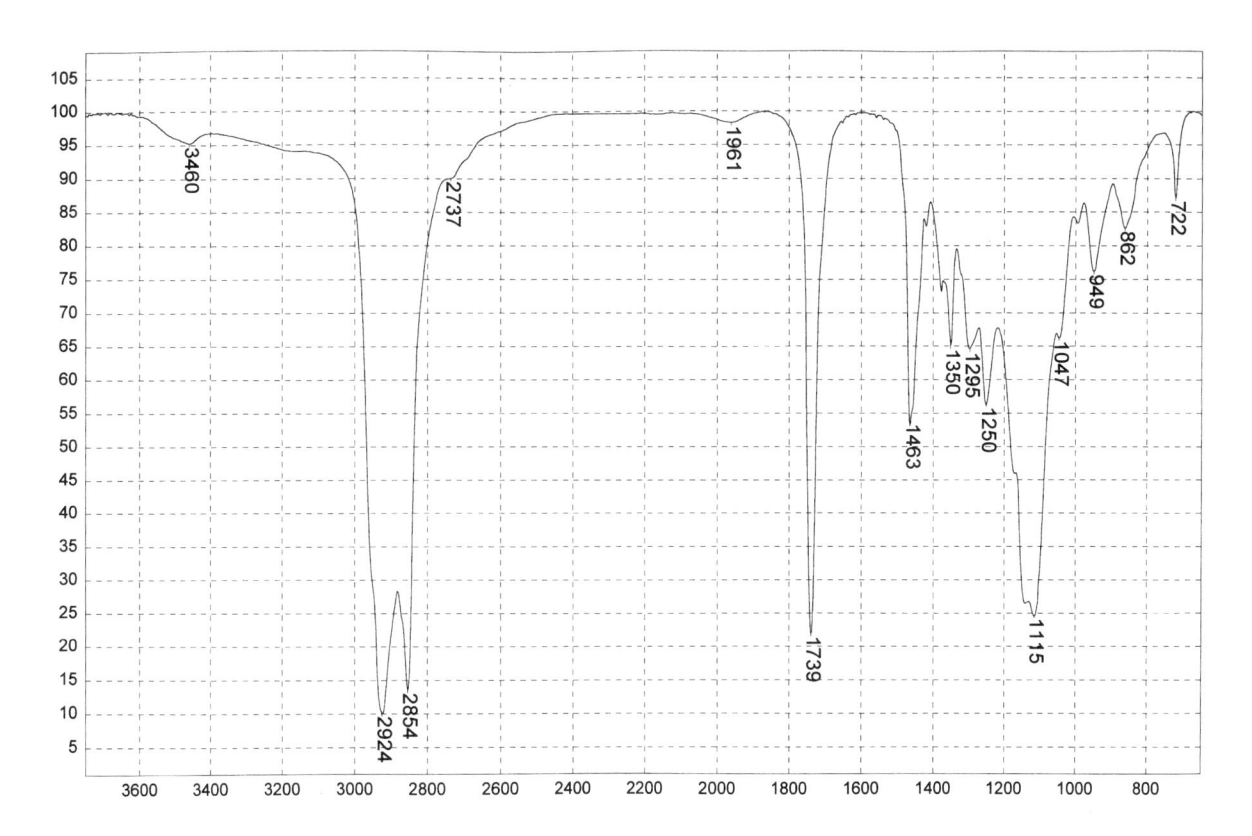

1703 DISTEARATE OF POLYETHYLENE GLYCOL 400

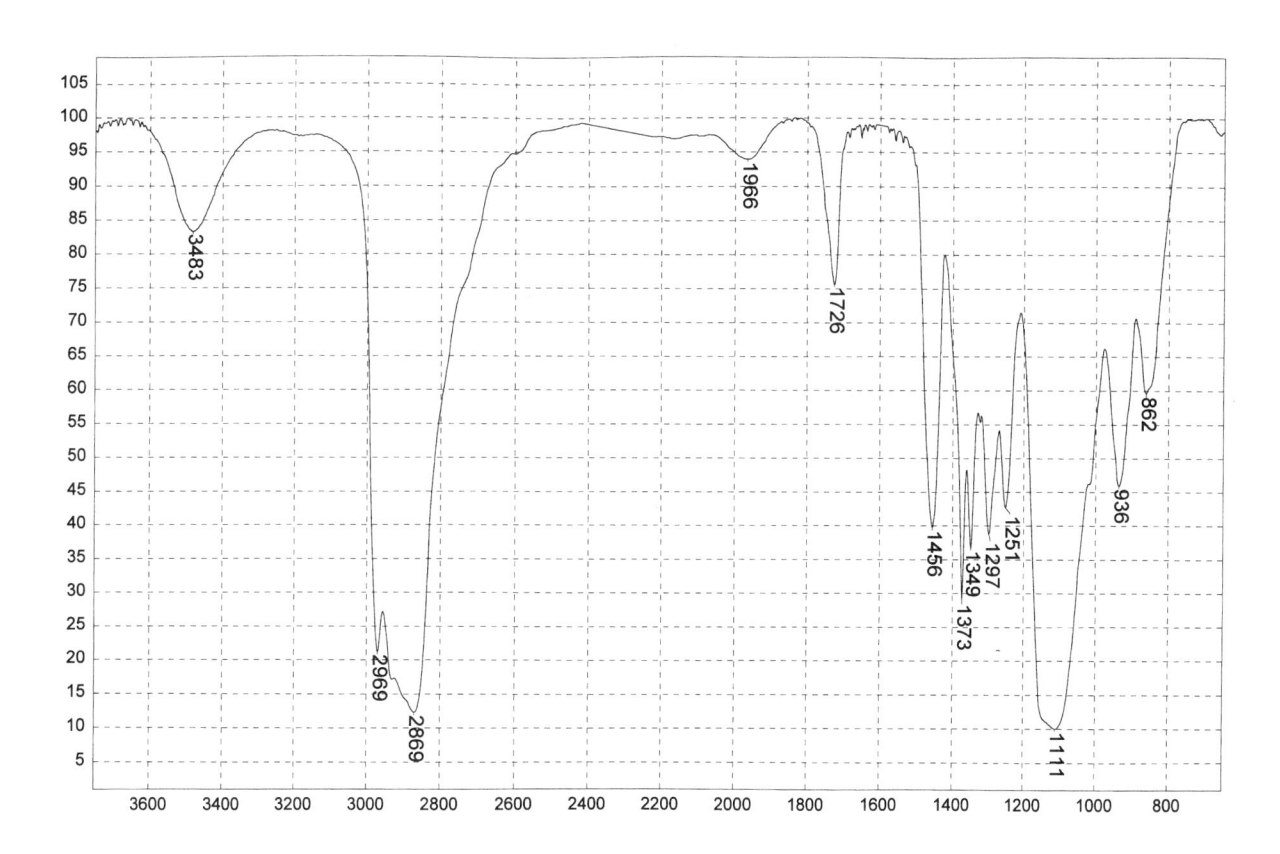

1704 POLYOXYETHYLATED TETRADECYL ALCOHOL (7 MOLES EtO)

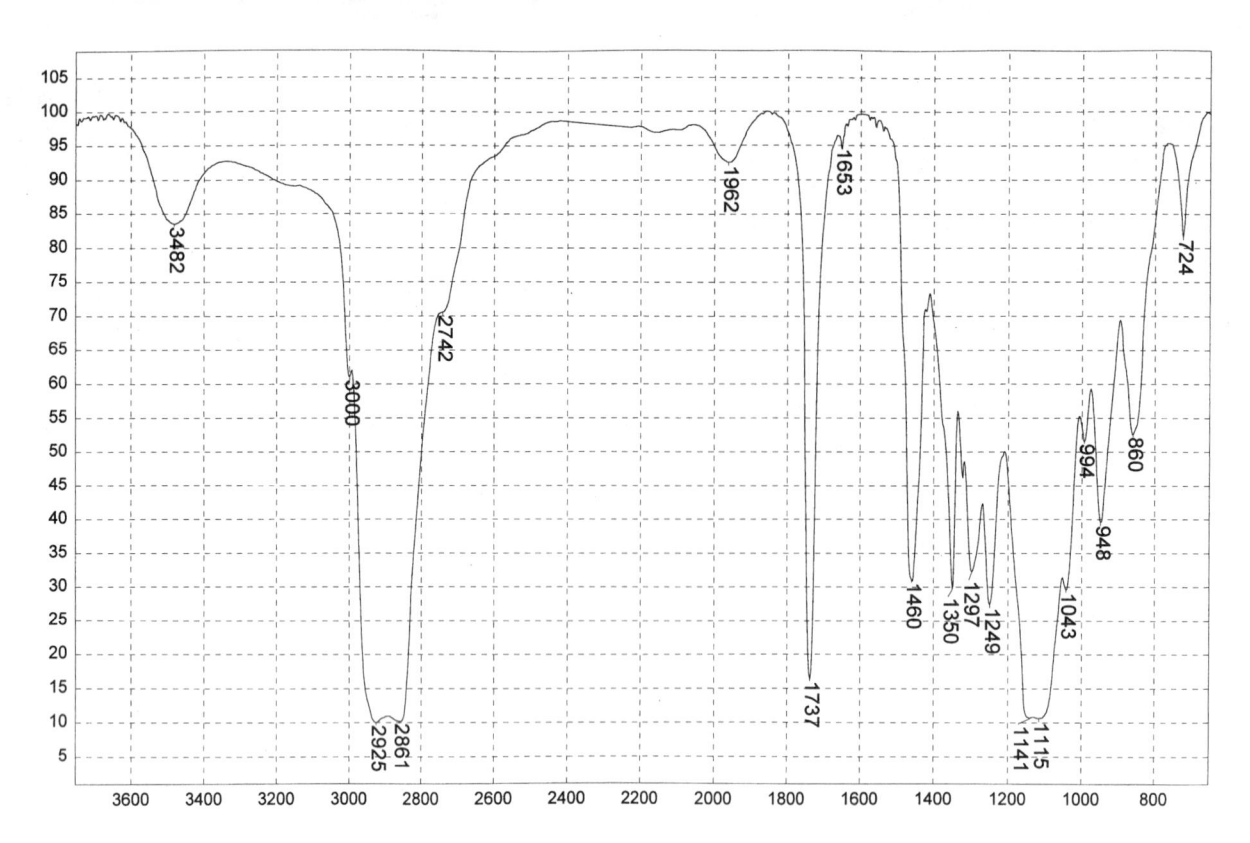

1705 DIOLEATE OF POLYETHYLENE GLYCOL 1000

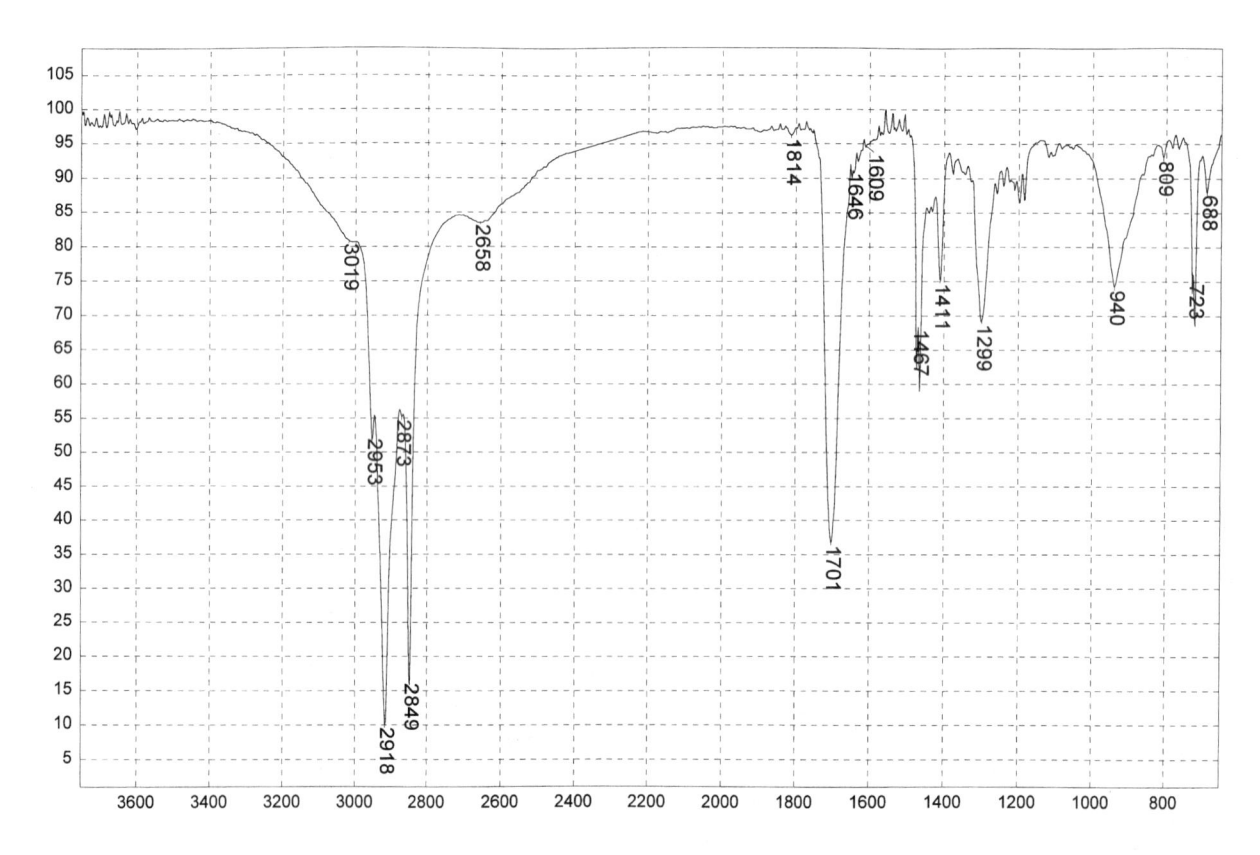

1706 BEHENIC ACID

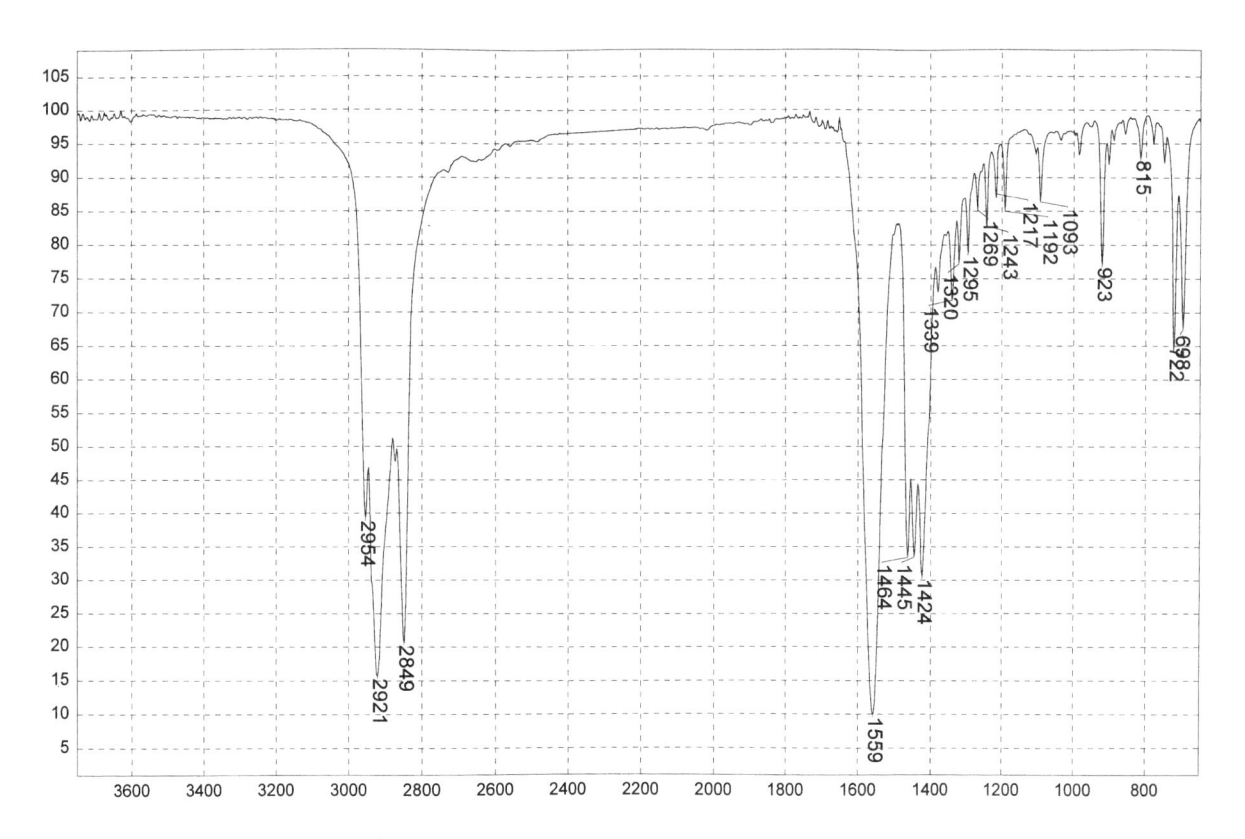

SODIUM MYRISTATE

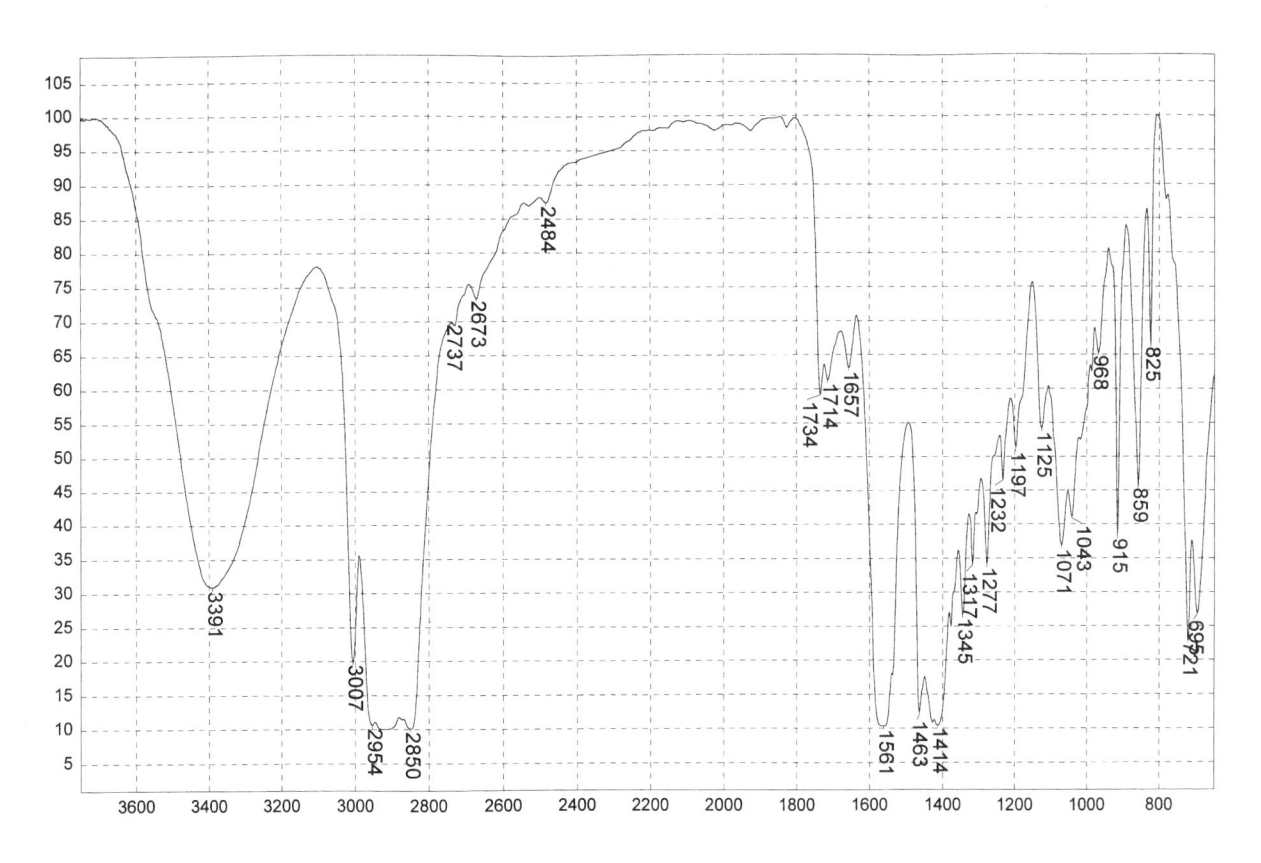

POTASSIUM RICINOLEATE, CAST FILM ON AgBr

1709   AMMONIUM RICINOLEATE, LIQUID FILM ON AgBr

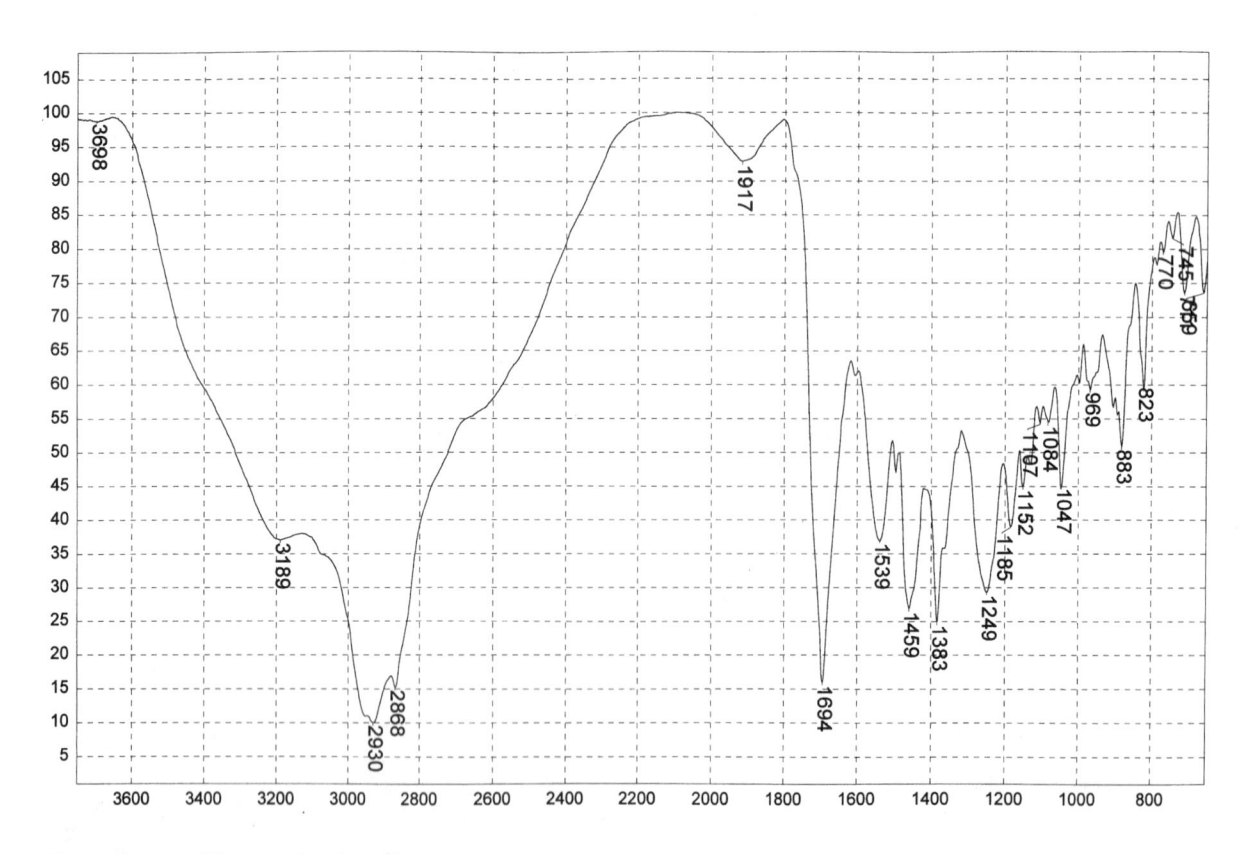

1710   AMMONIUM ABIETATE, CAST FILM ON AgBr

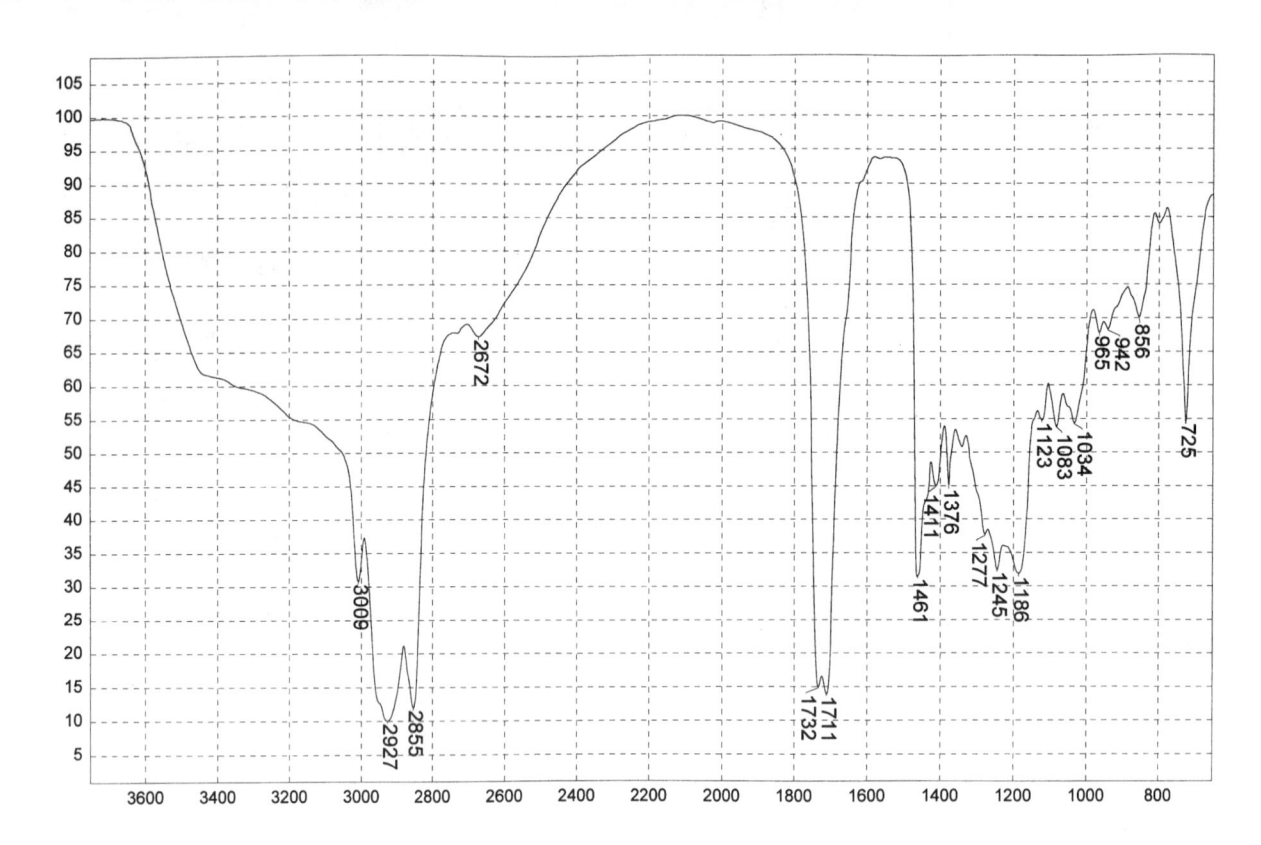

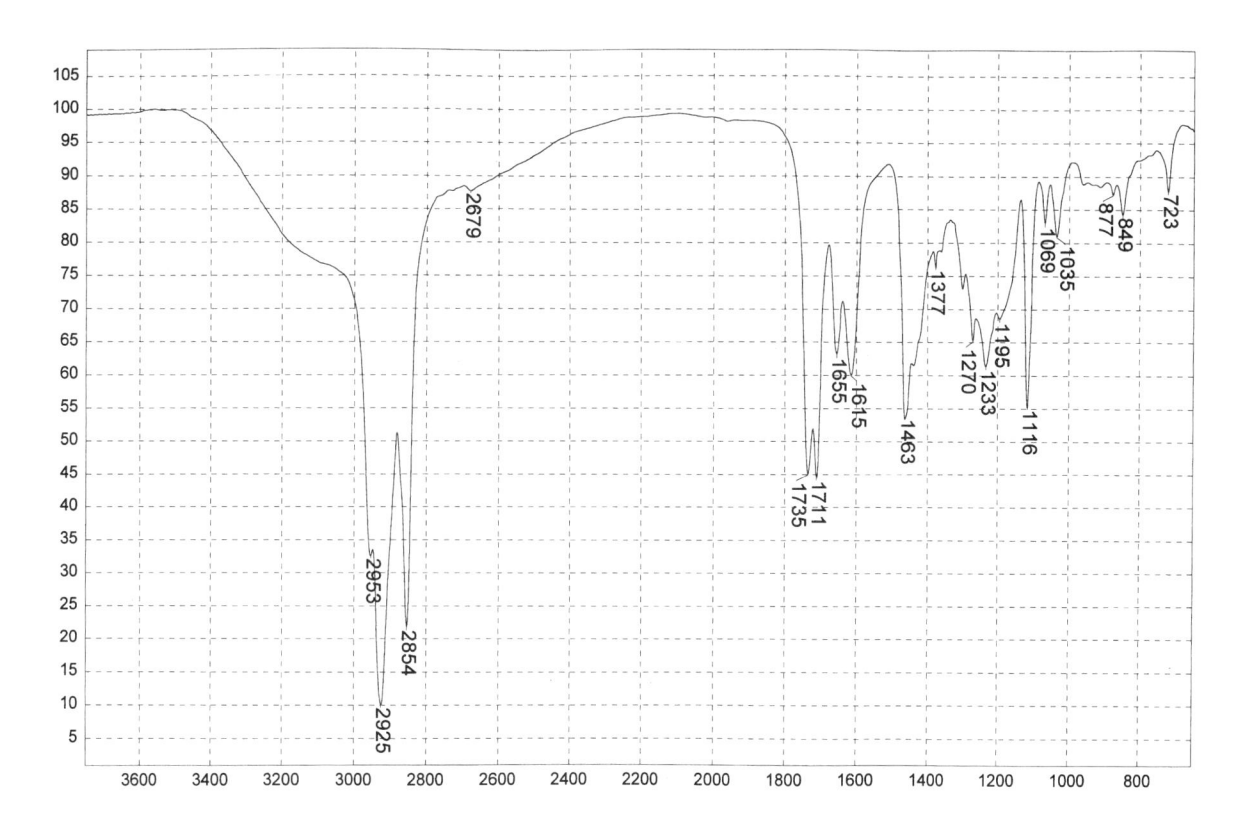

1711 MORPHOLINE LAURATE, LIQUID FILM ON AgBr

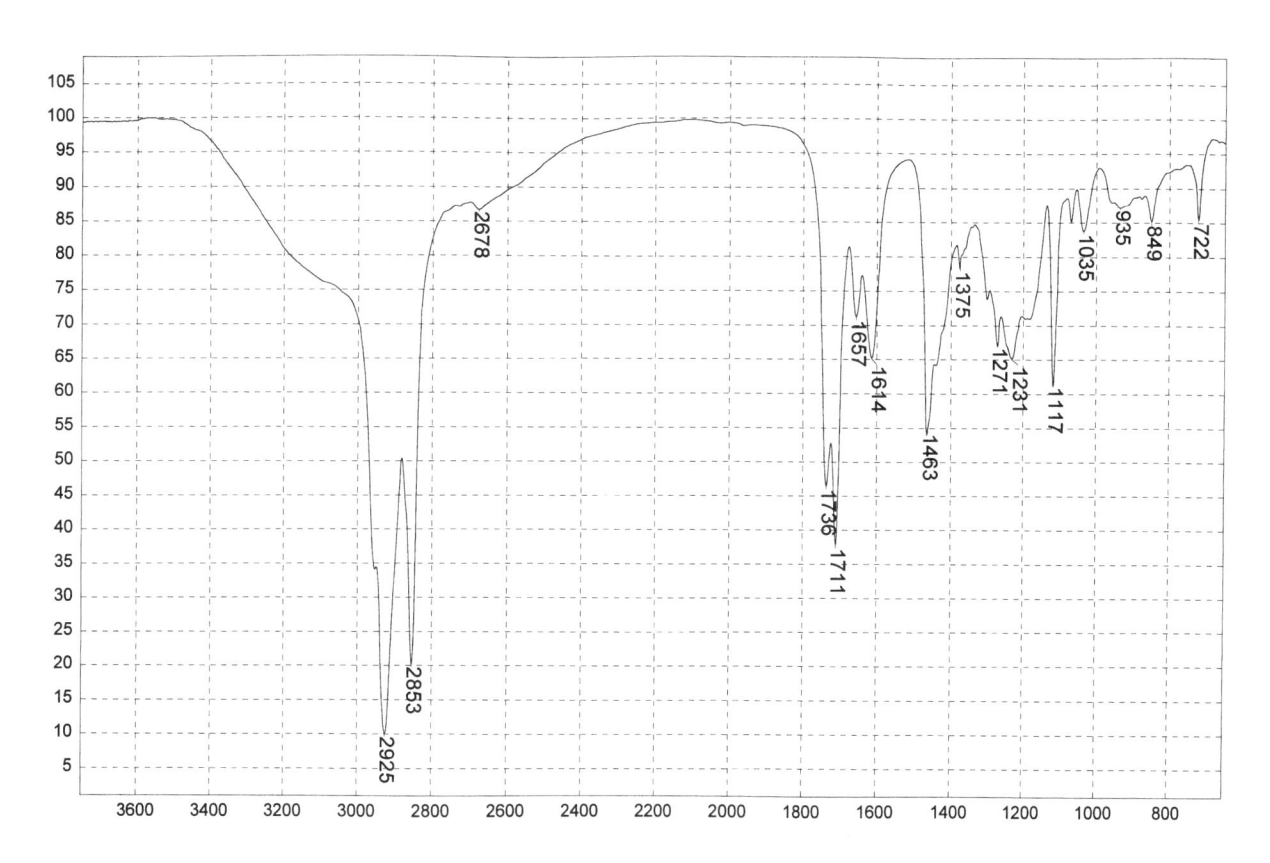

1712 MORPHOLINE MYRISTATE, LIQUID FILM ON AgBr

1713 MORPHOLINE STEARATE, CAST FILM ON AgBr

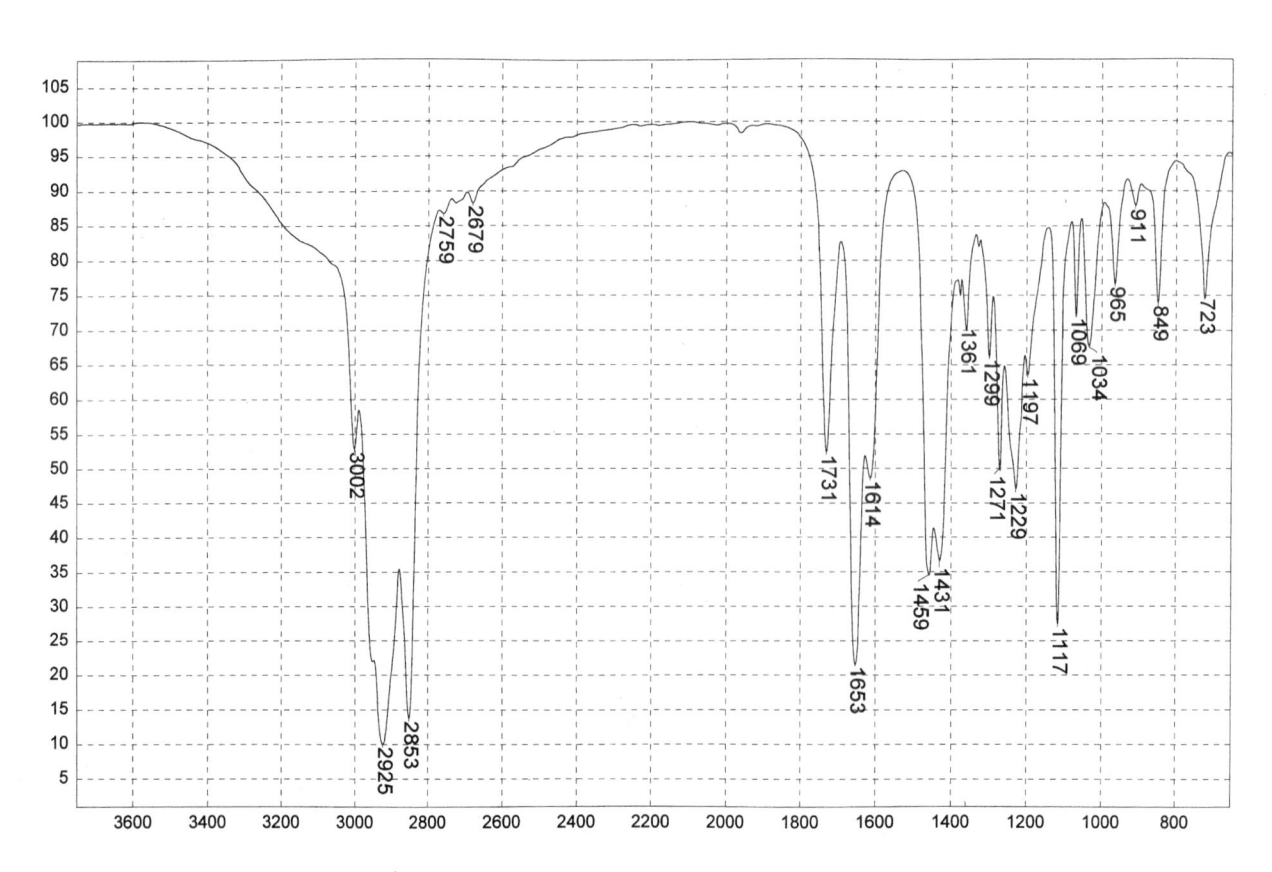

1714 MORPHOLINE OLEATE, LIQUID FILM ON AgBr

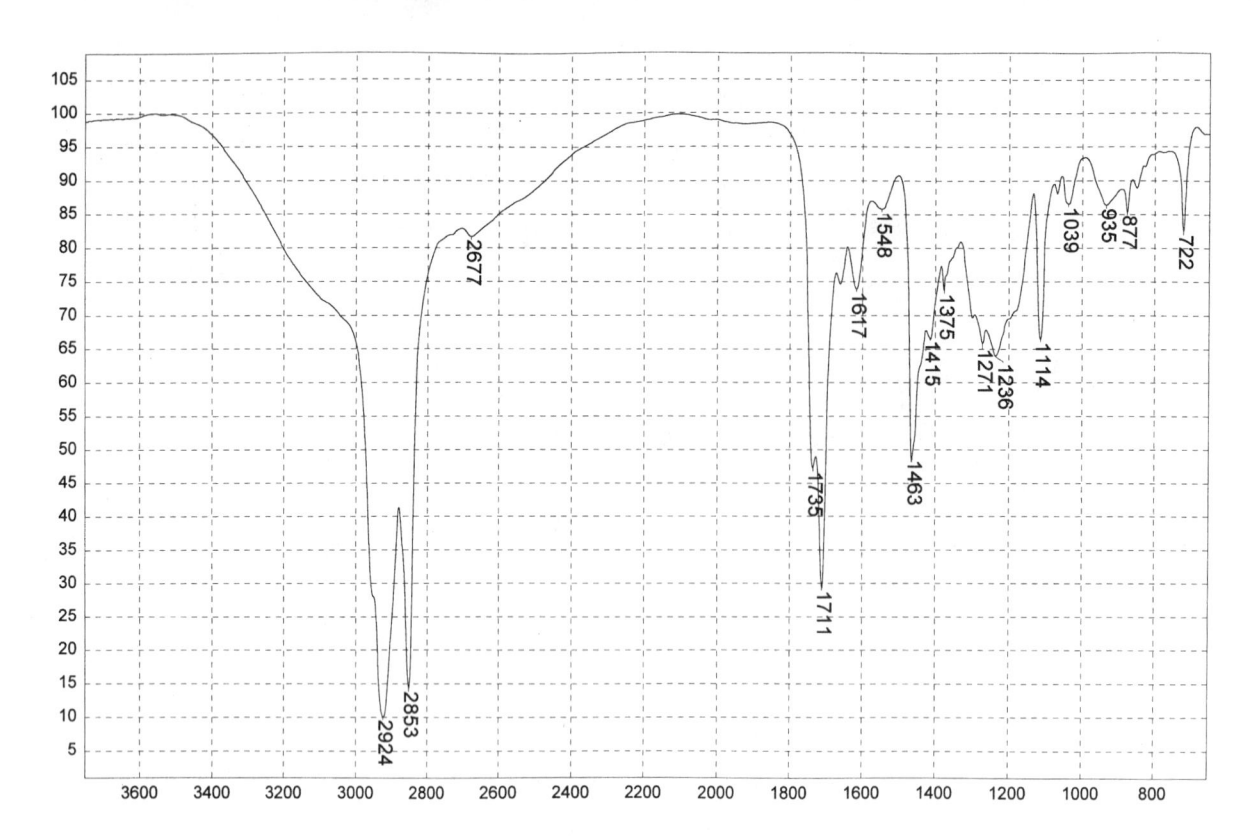

1715 MORPHOLINE NAPHTHENATE, LIQUID FILM ON AgBr

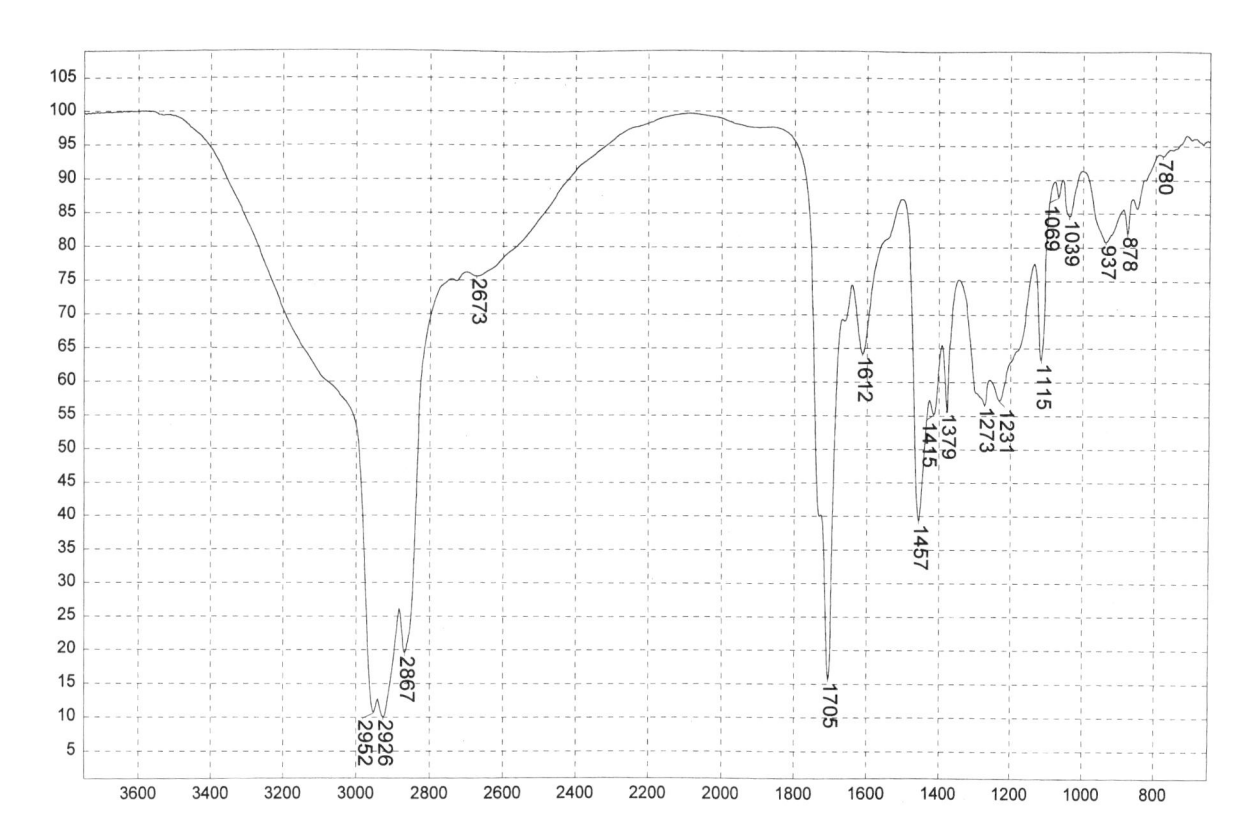

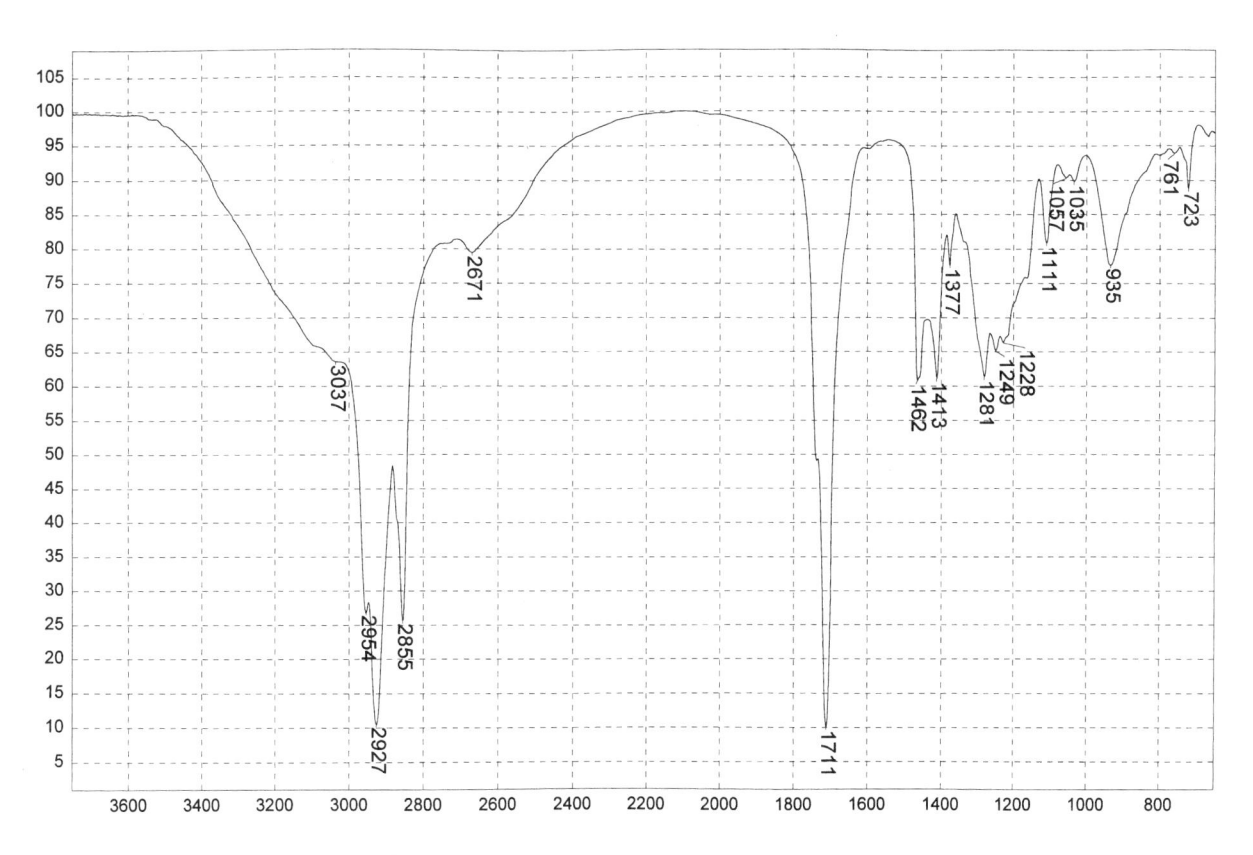

1716 AMMONIUM CAPRATE, LIQUID FILM ON AgBr

1717 MORPHOLINE LINOLEATE, LIQUID FILM ON AgBr

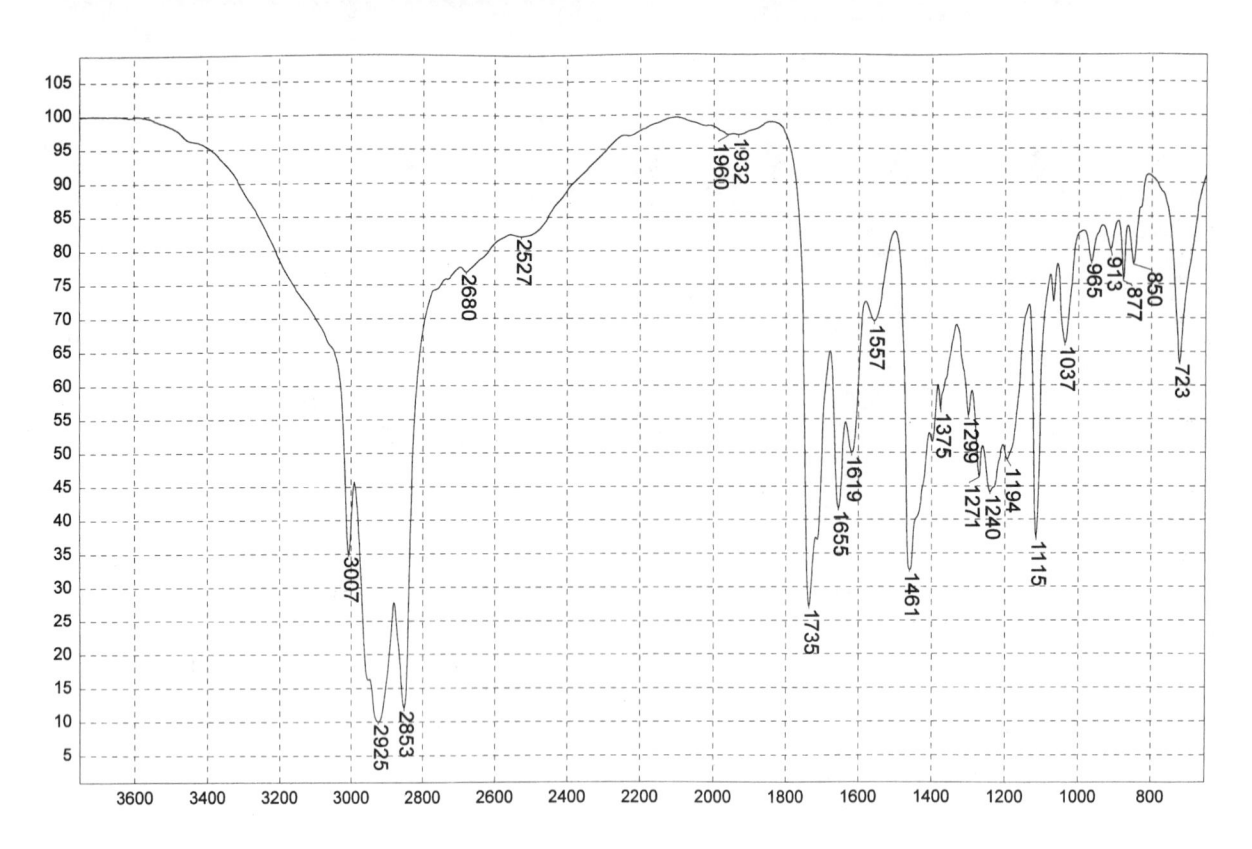

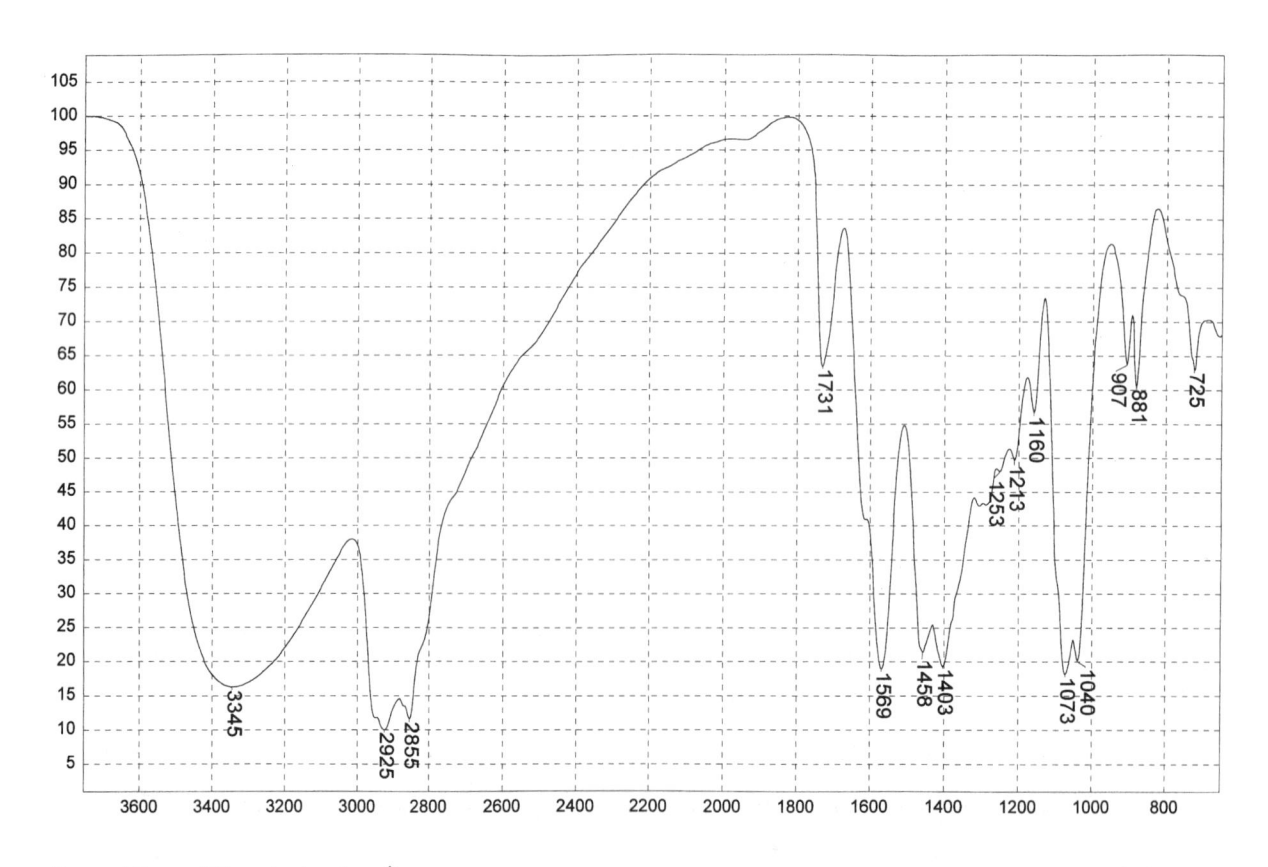

1718 TRIETHANOLAMINE CAPRATE, CAST FILM ON AgBr

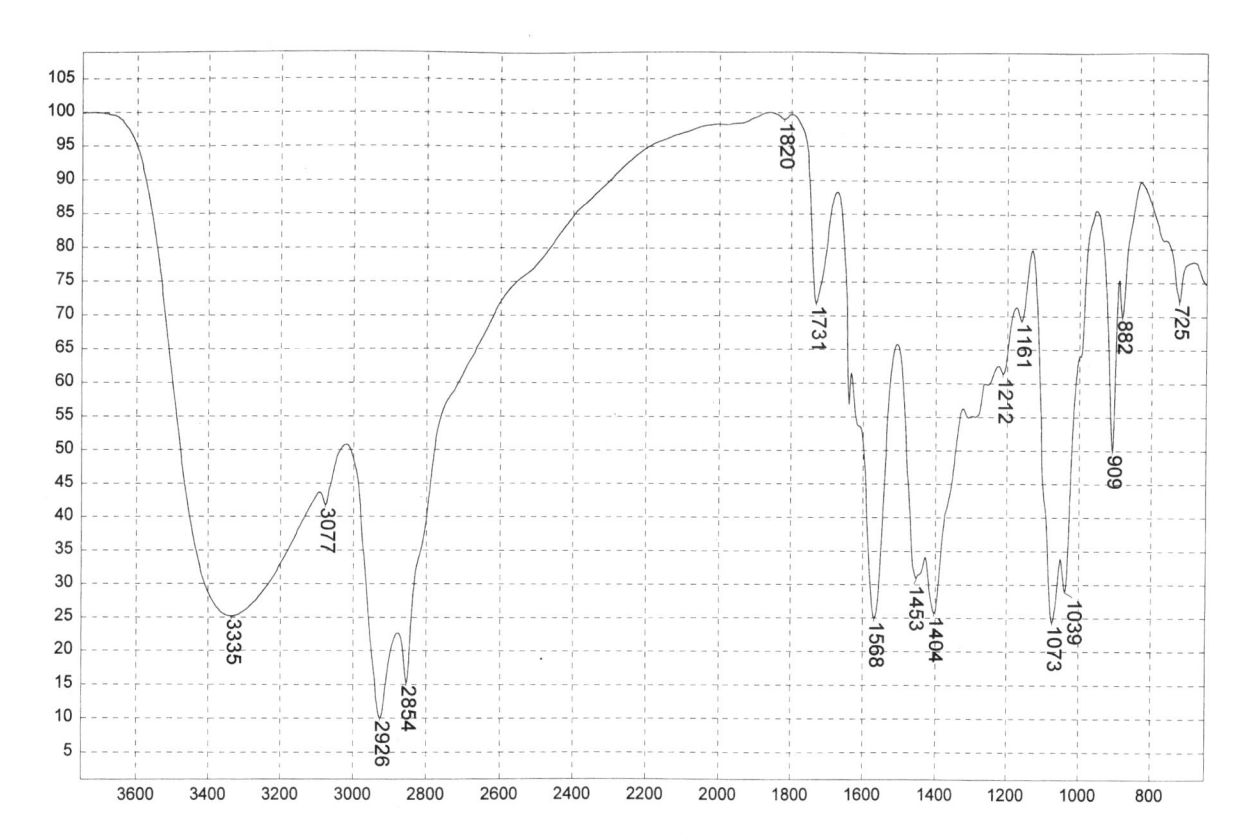

1719   TRIETHANOLAMINE UNDECYLENATE, FILM ON AgBr

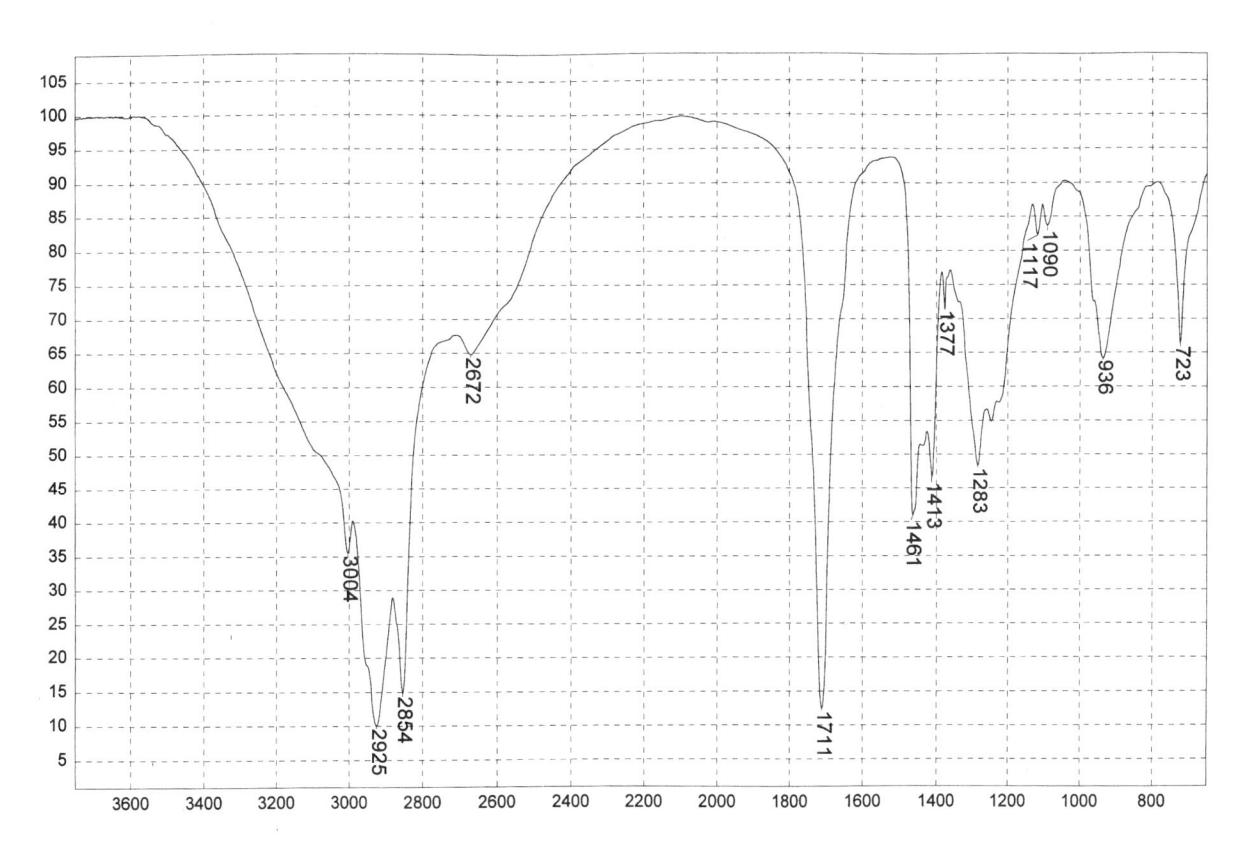

1720   AMMONIUM OLEATE, CAST FILM ON AgBr

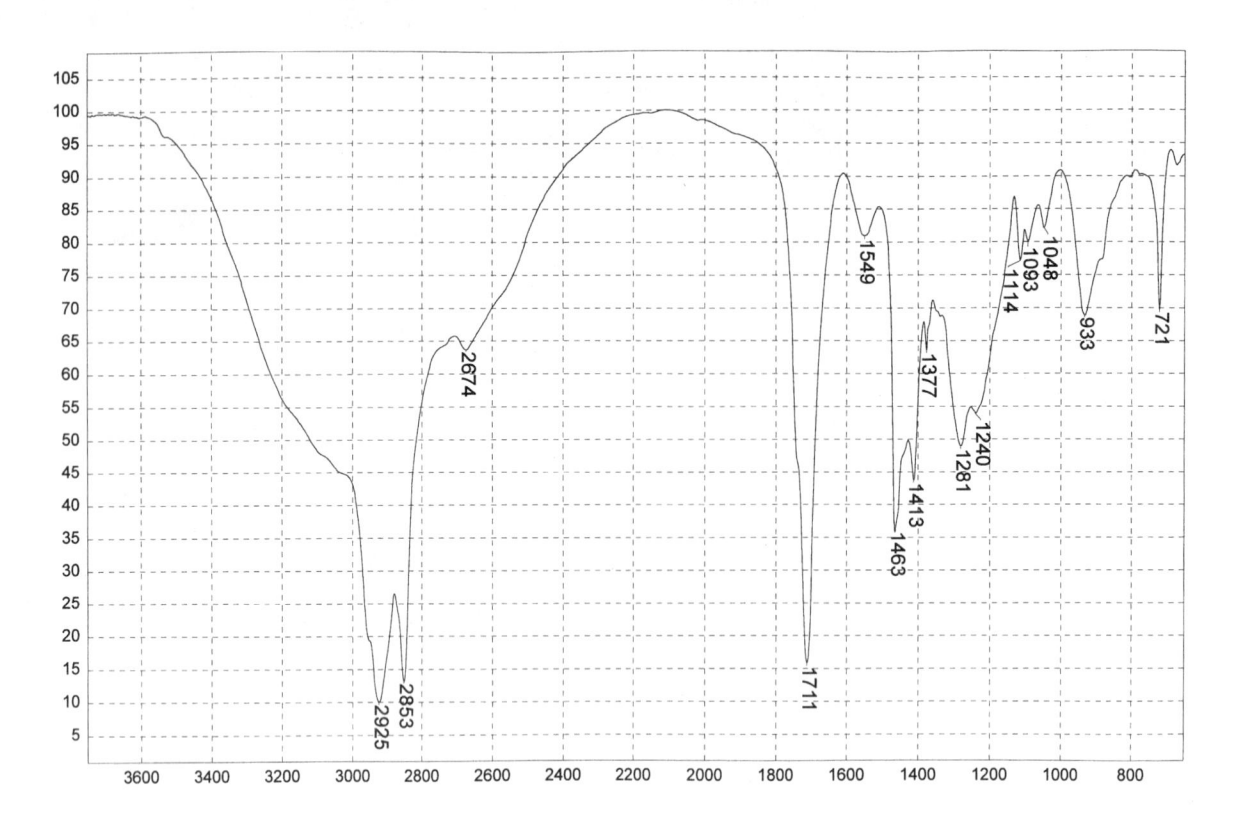

1721 AMMONIUM STEARATE, CAST FILM ON AgBr

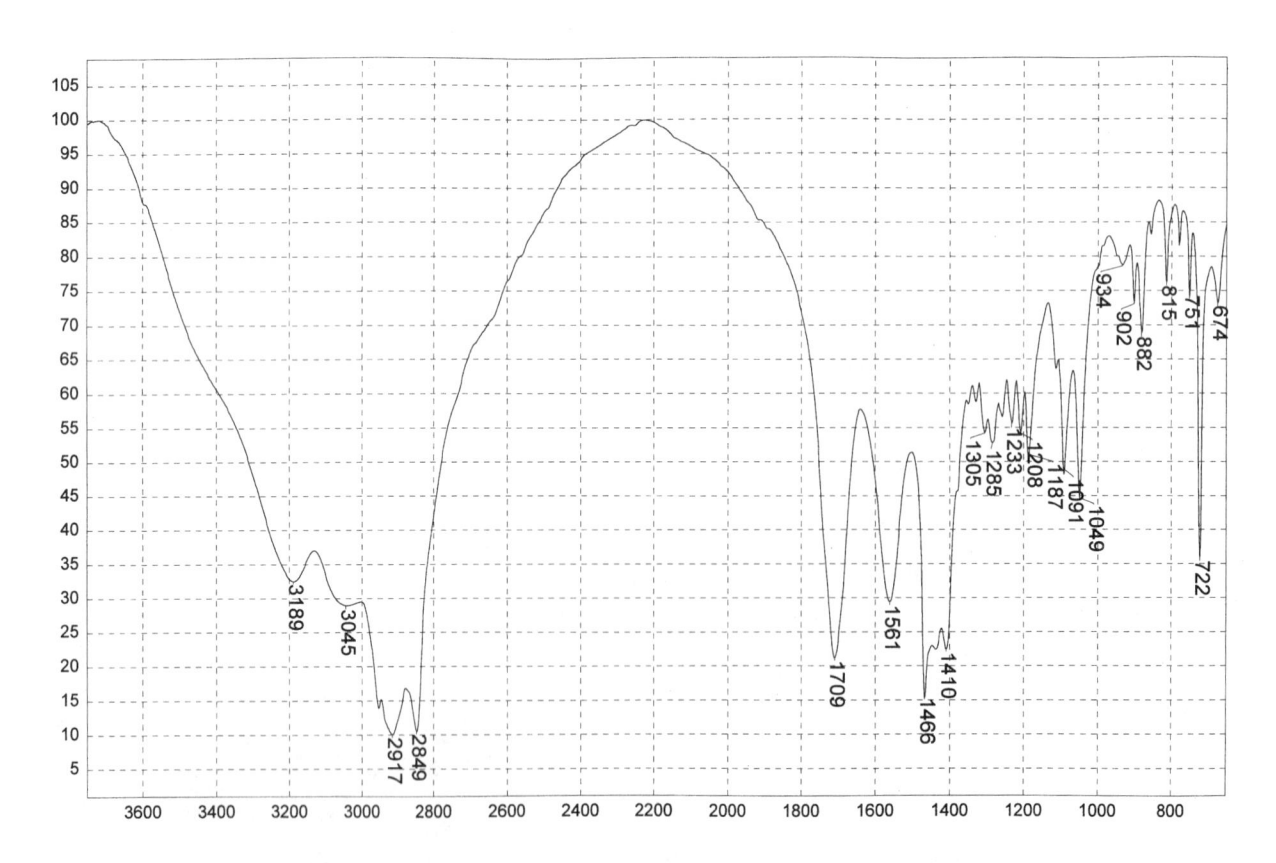

1722 AMMONIUM MYRISTATE, CAST FILM ON AgBr

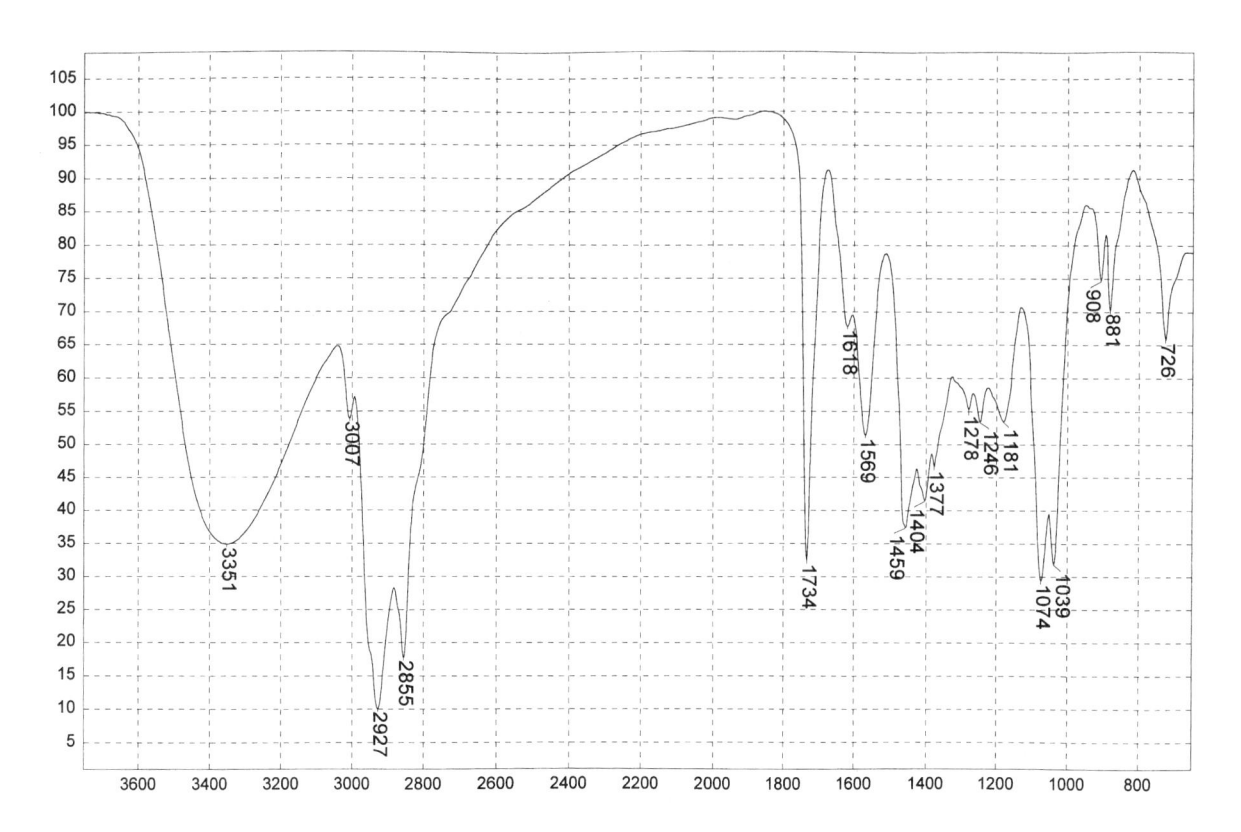

1723 TRIETHANOLAMINE RICINOLEATE, LIQUID FILM

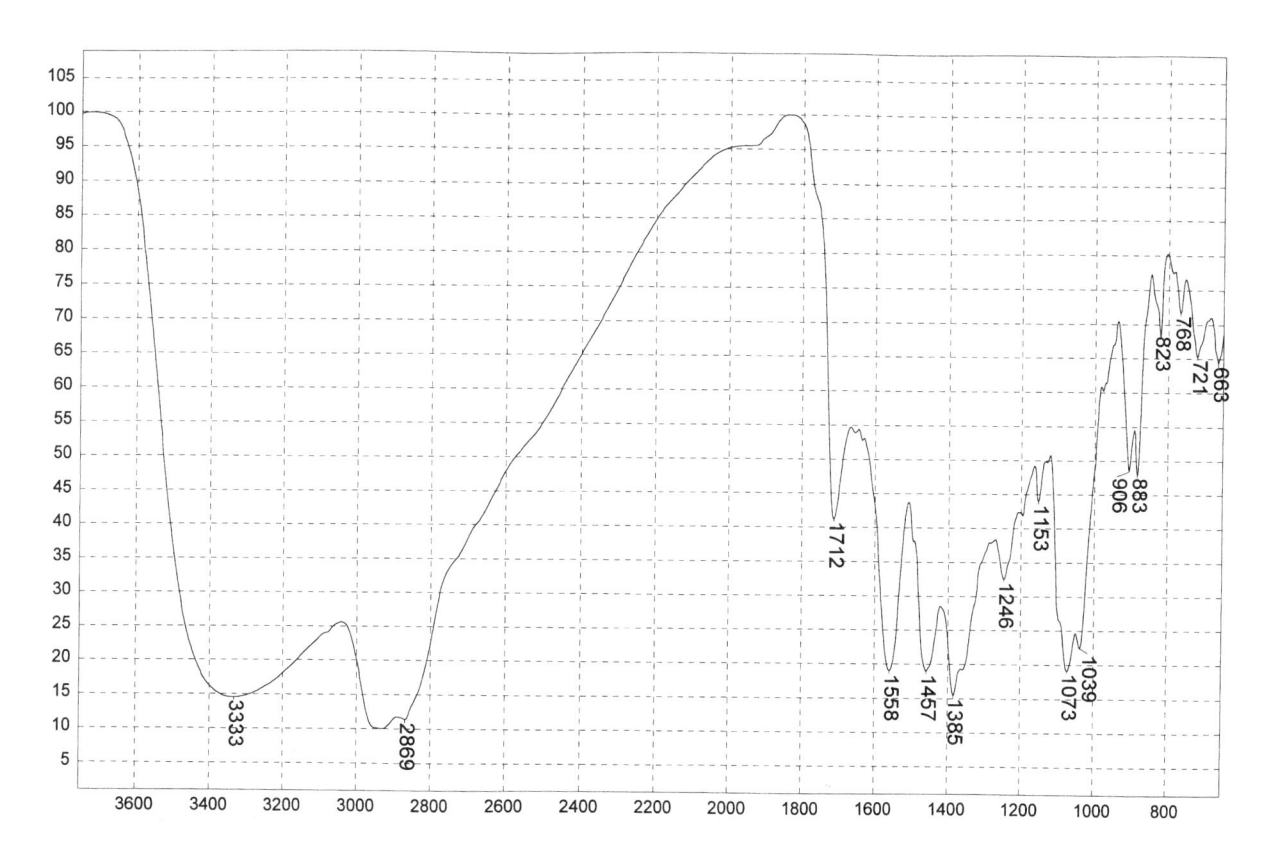

1724 TRIETHANOLAMINE ABIETATE, LIQUID ON AgBr

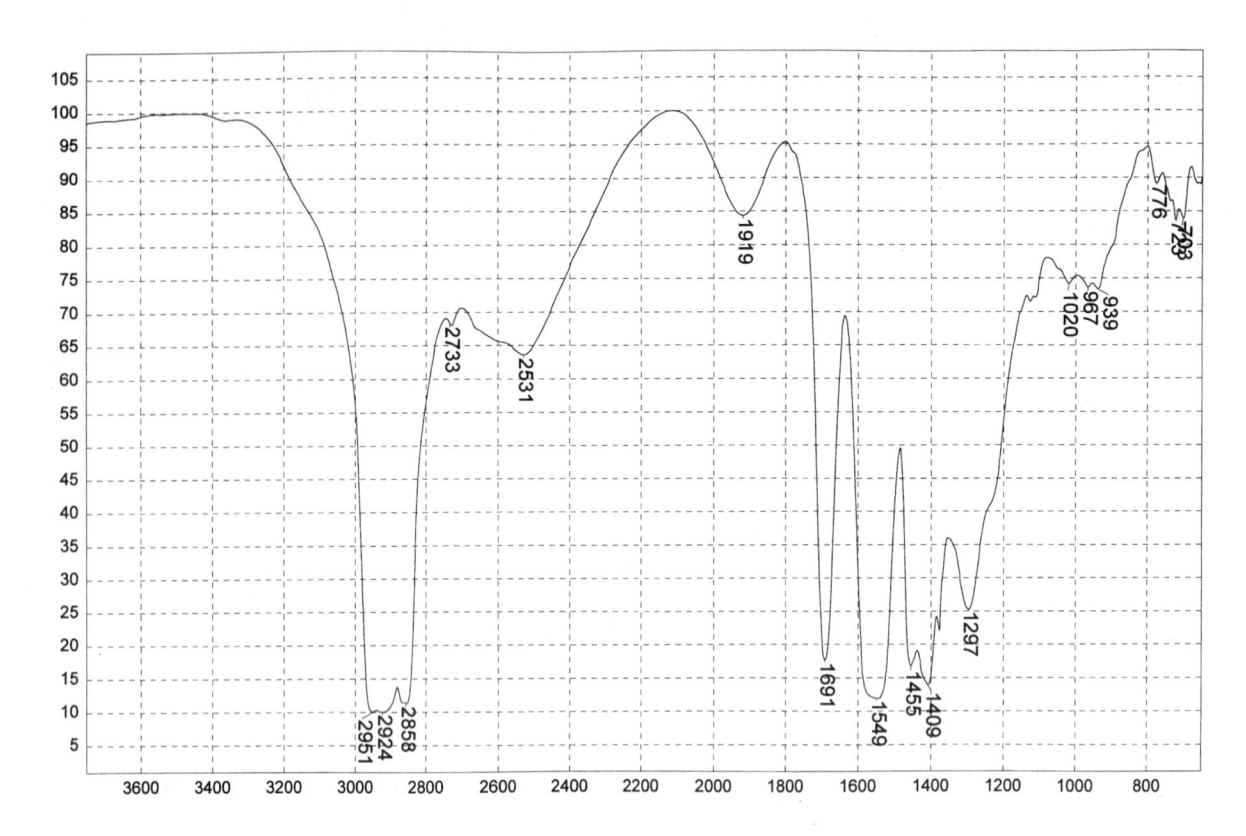

1725 BARIUM NAPHTHENATE, LIQUID ON AgBr

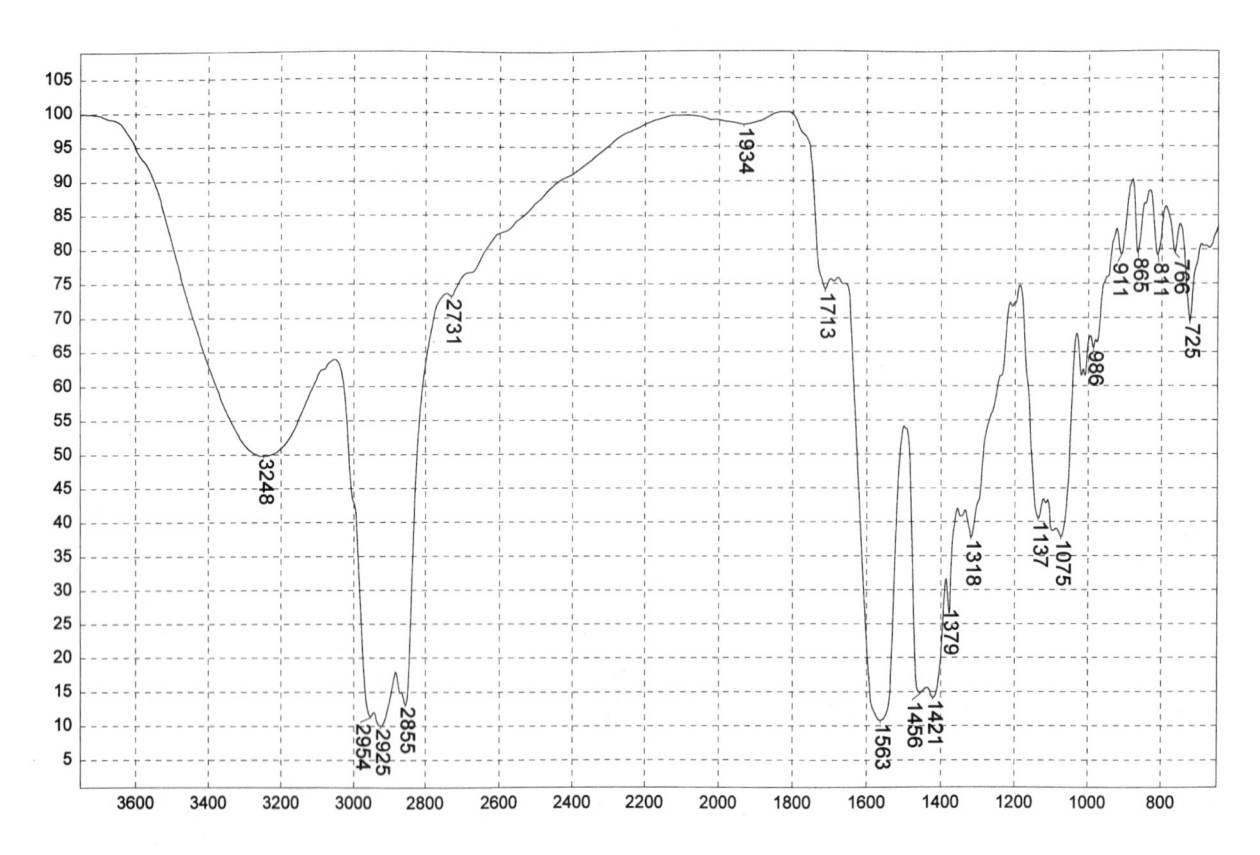

1726 CALCIUM LINOLEATE, LIQUID ON AgBr

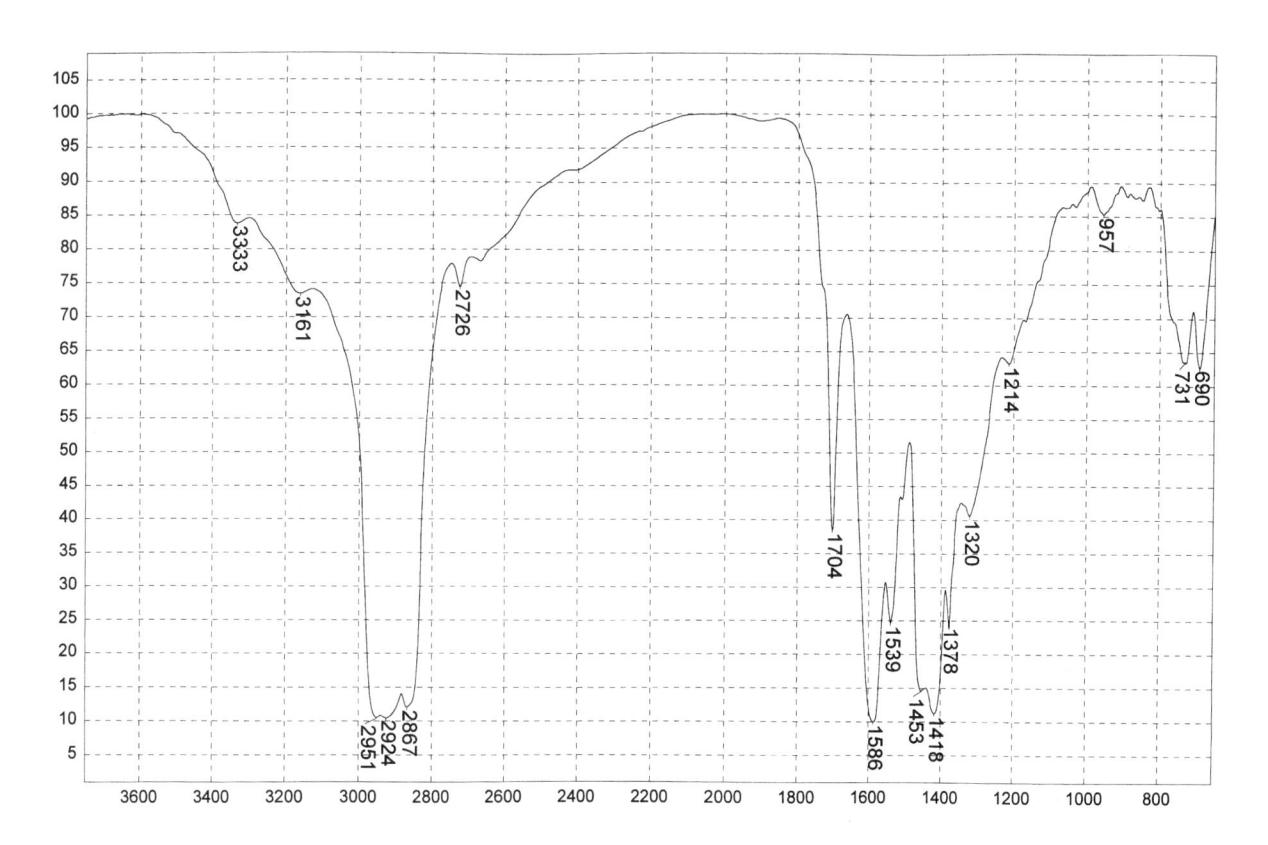

1727   COPPER NAPHTHENATE, LIQUID ON AgBr

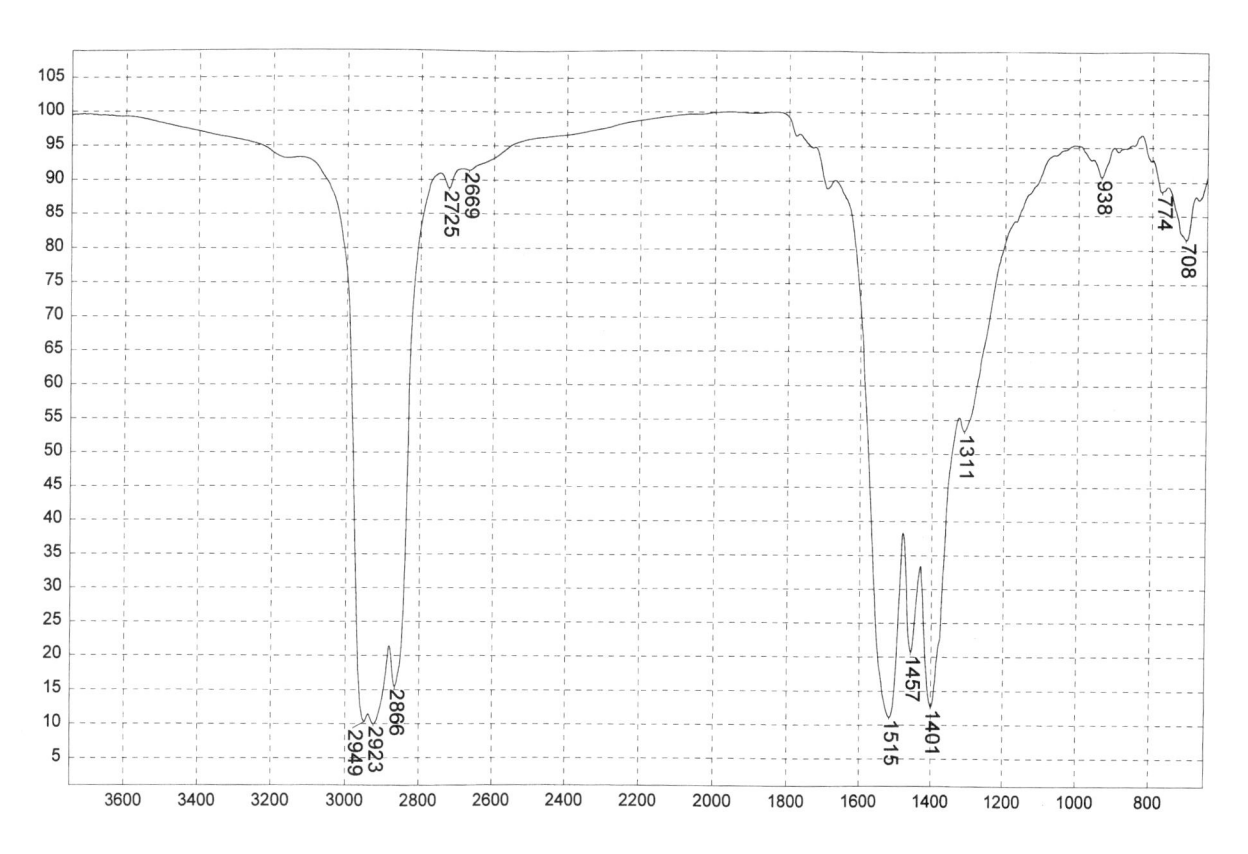

1728   LEAD NAPHTHENATE, LIQUID ON AgBr

1729   **MANGANESE NAPHTHENATE, LIQUID ON AgBr**

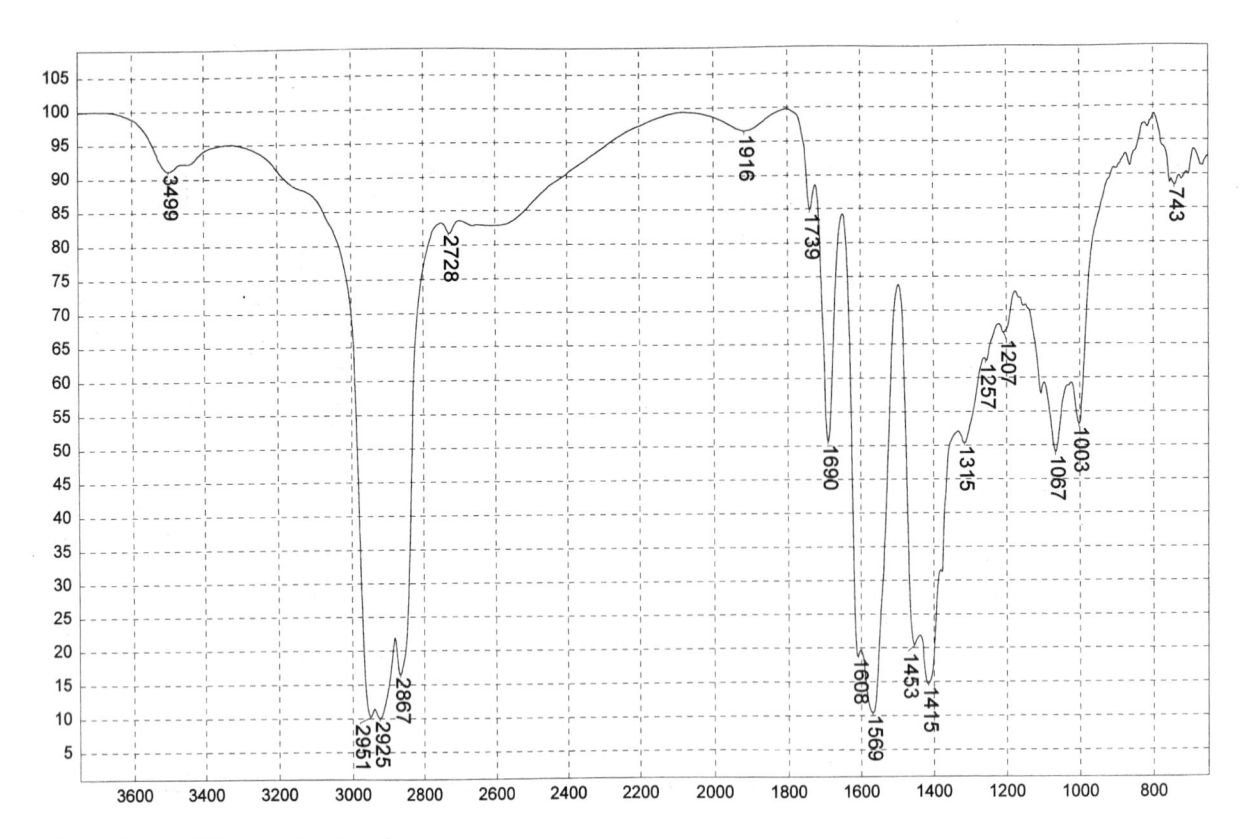

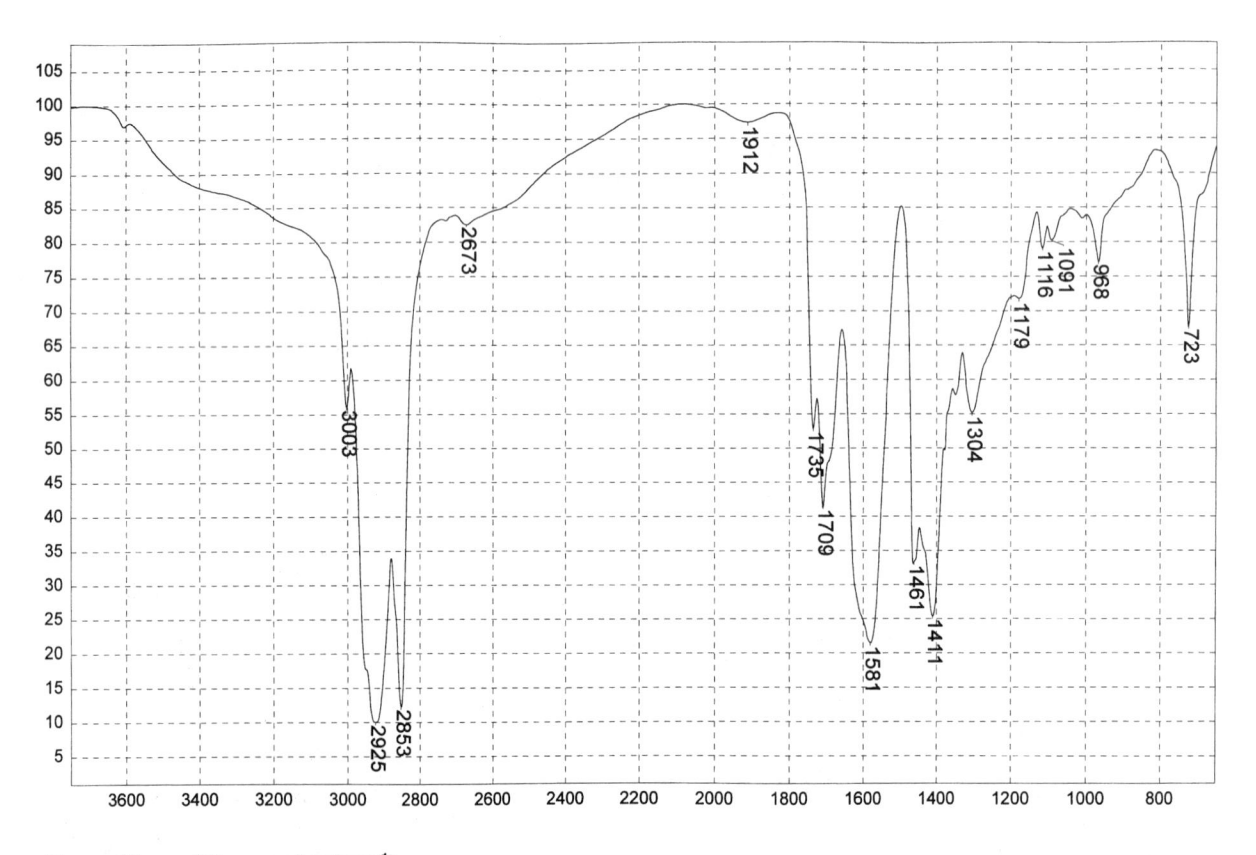

1730   **NICKEL OLEATE, LIQUID ON AgBr**

1731 ZINC OLEATE, LIQUID ON AgBr

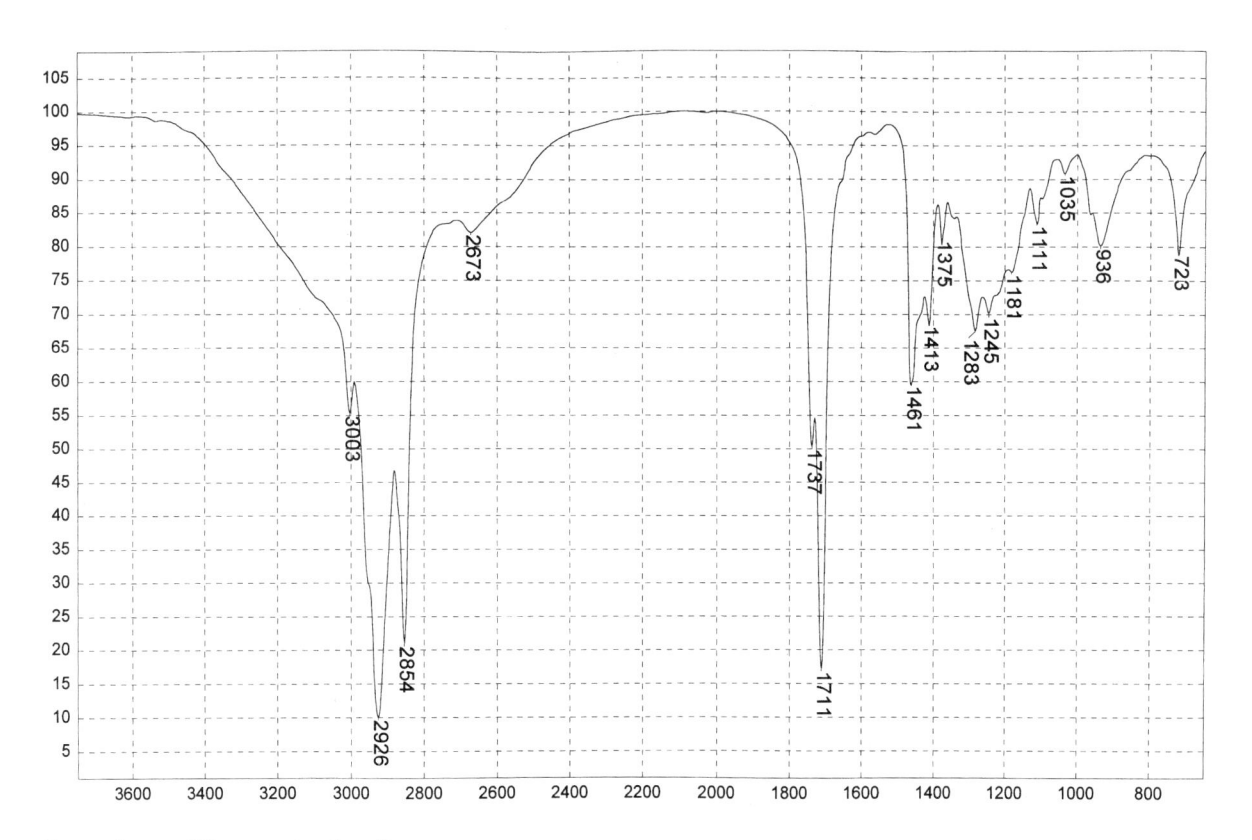

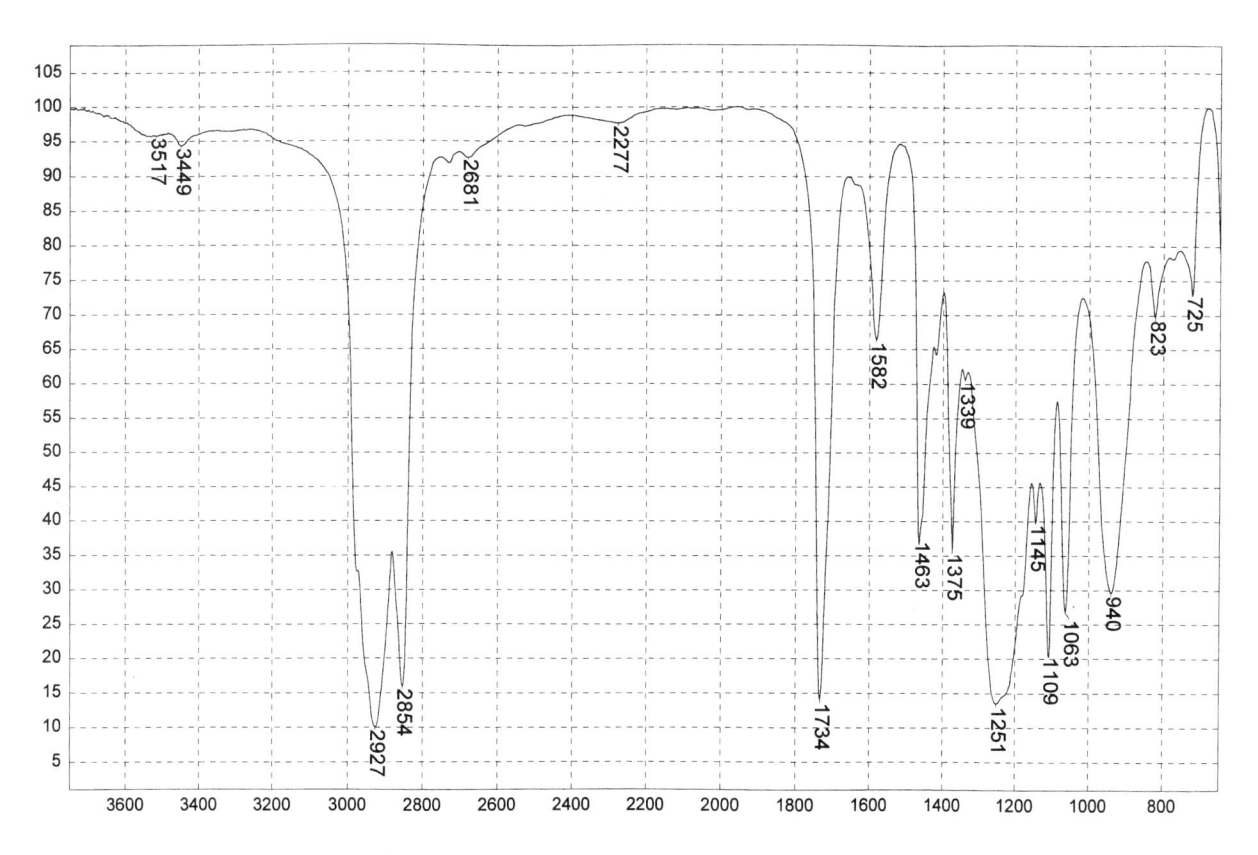

1732 SULFATED ISOPROPYL OLEATE-SODIUM SALT, CAP. FILM

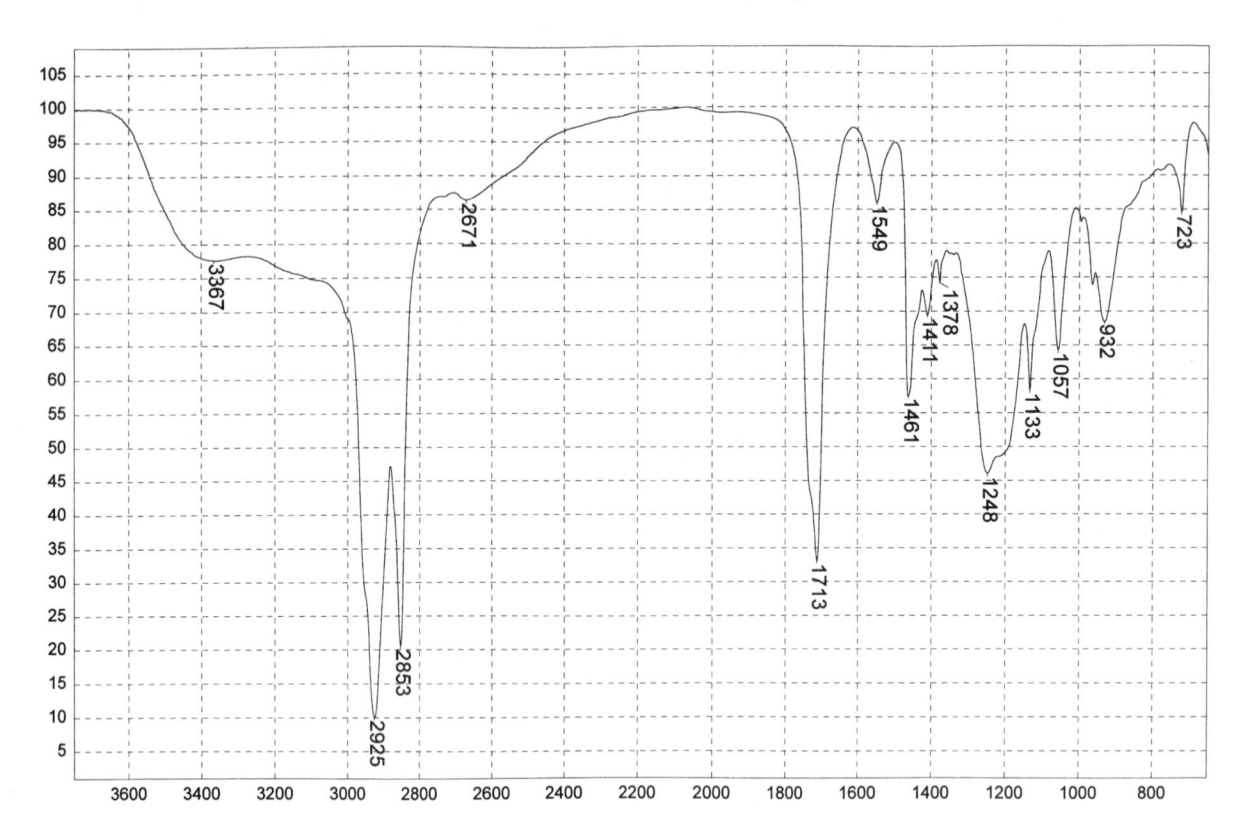

1733 SODIUM SULFATED ISOPROPYL OIL, CAP. FILM

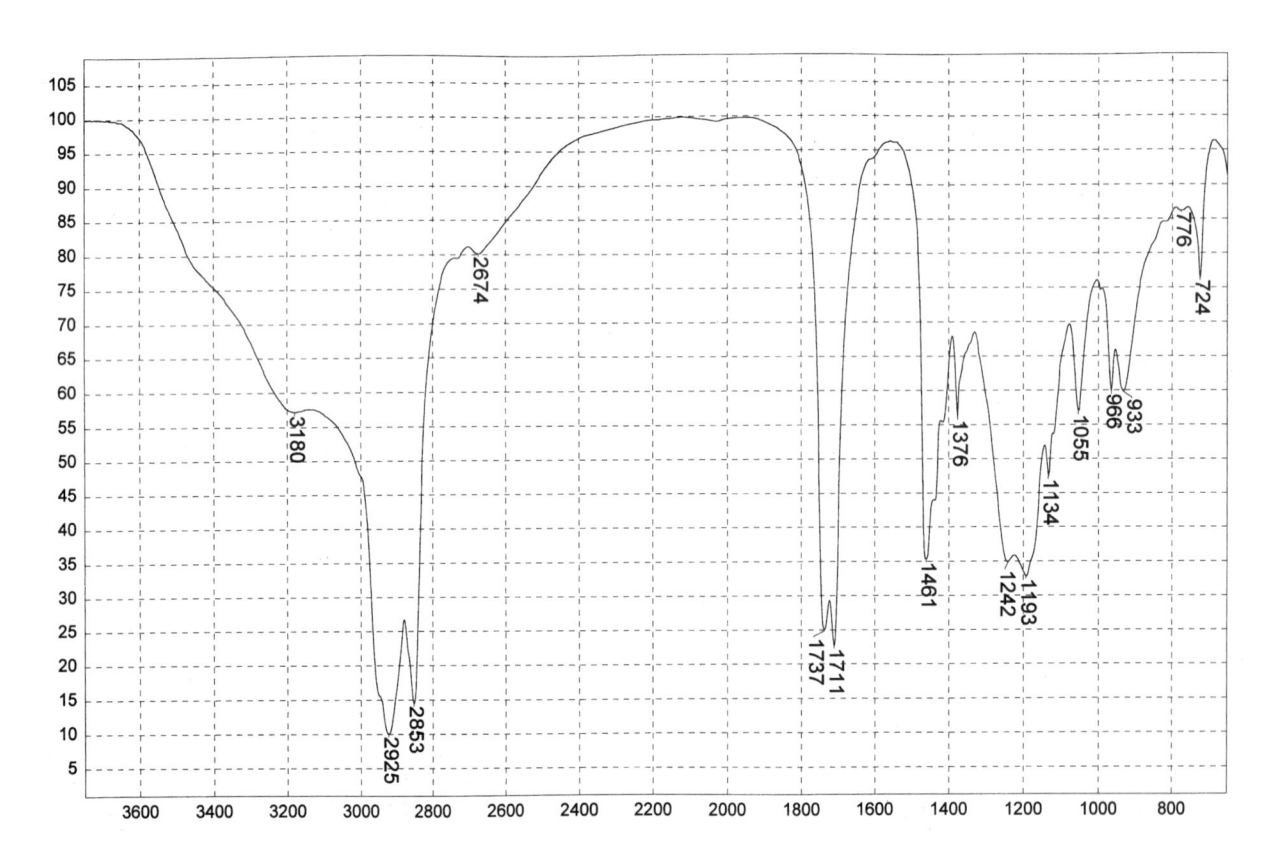

1734 SULFATED RICE BRAND OIL-SODIUM SALT, CAP. FILM

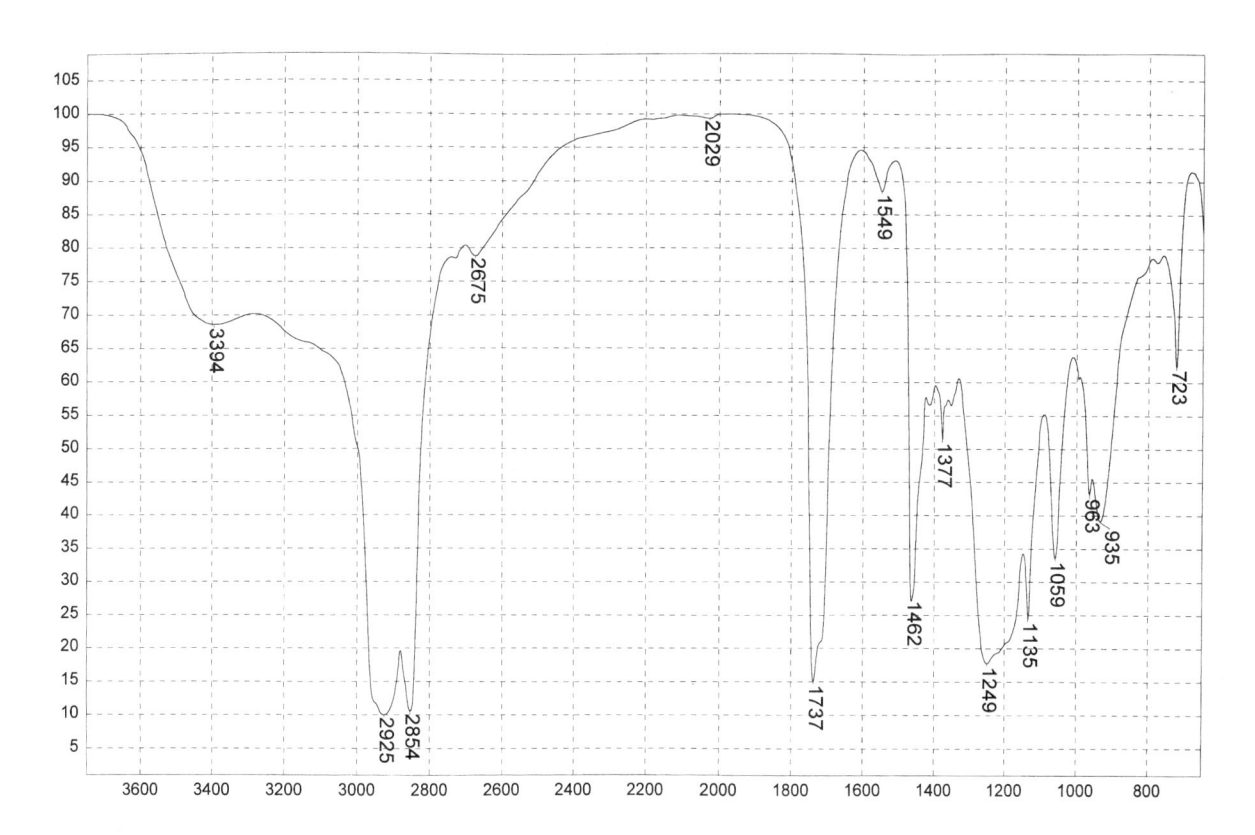

1735 SODIUM SULFONATED SPERM OIL, LIQUID ON AgBr

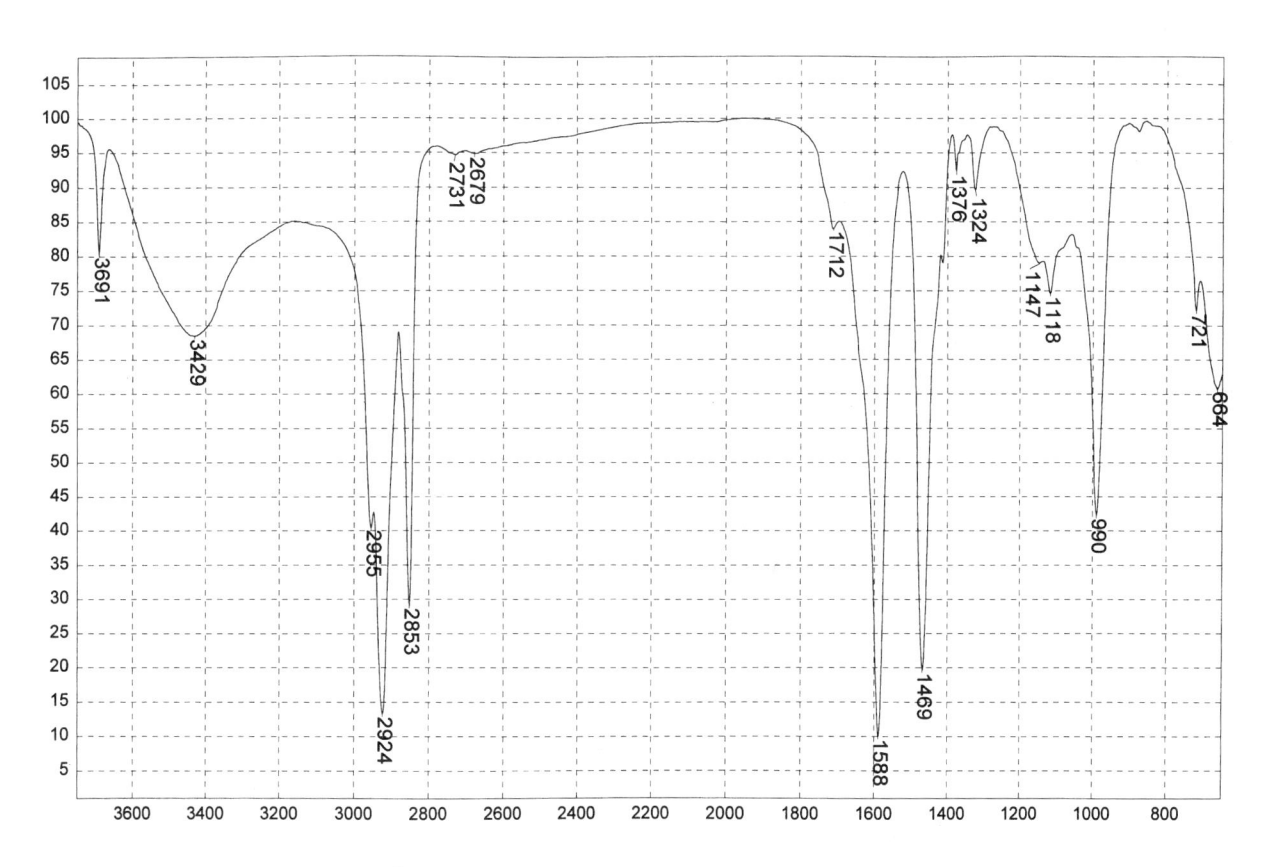

1736 ALUMINUM PALMITATE ON KBr DISK

1737 BARIUM STEARATE ON KBr DISK

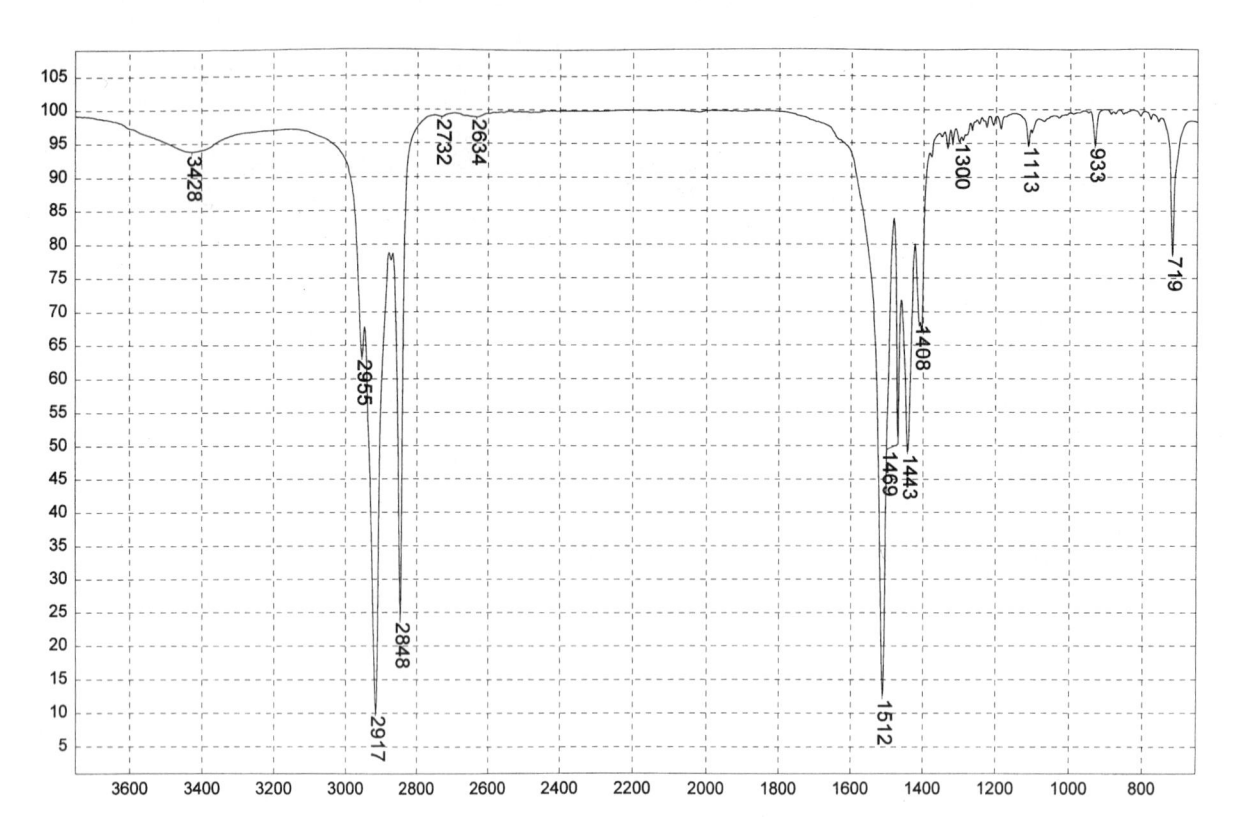

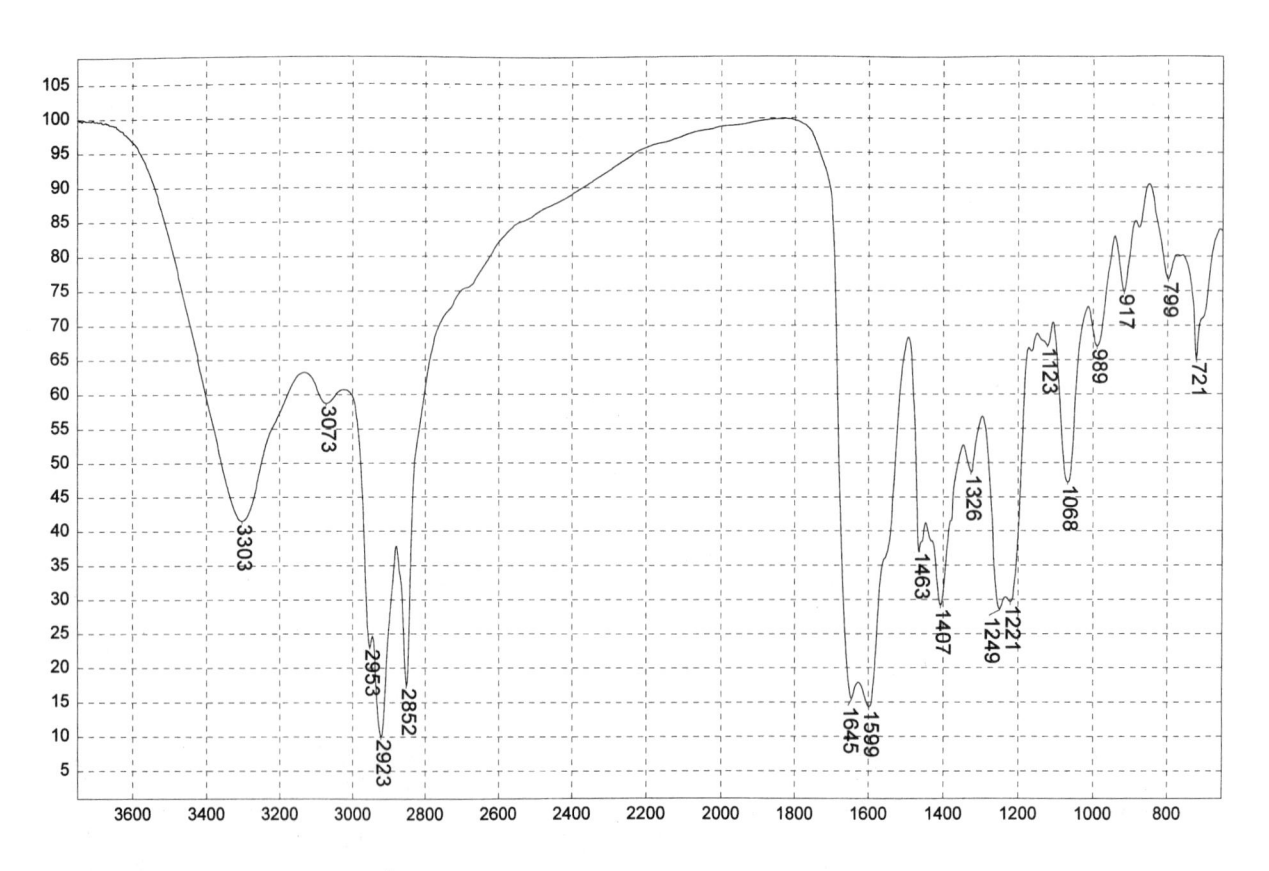

1738 MIRANOL SM SALT OF LAURYL SULFATE

1739 MIRANOL C2M SALT OF LAURYL SULFATE

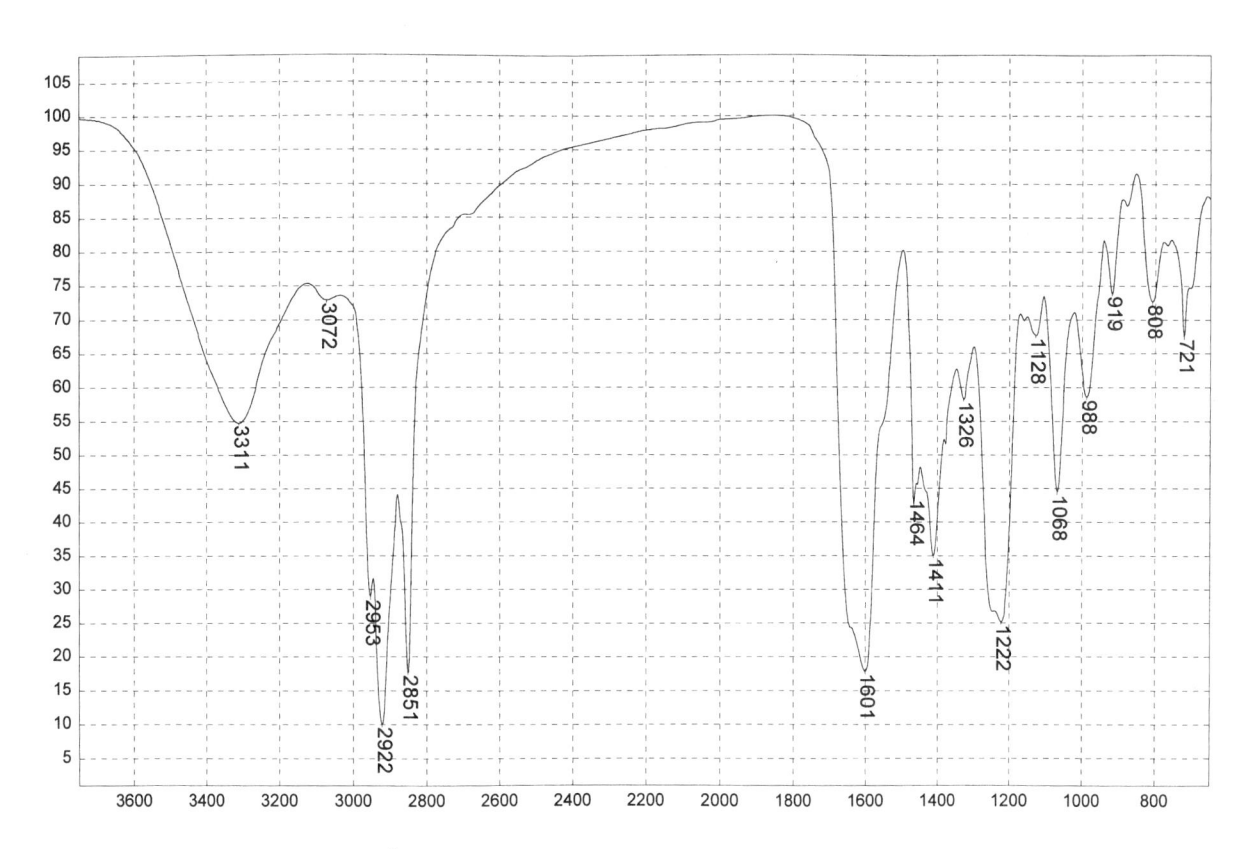

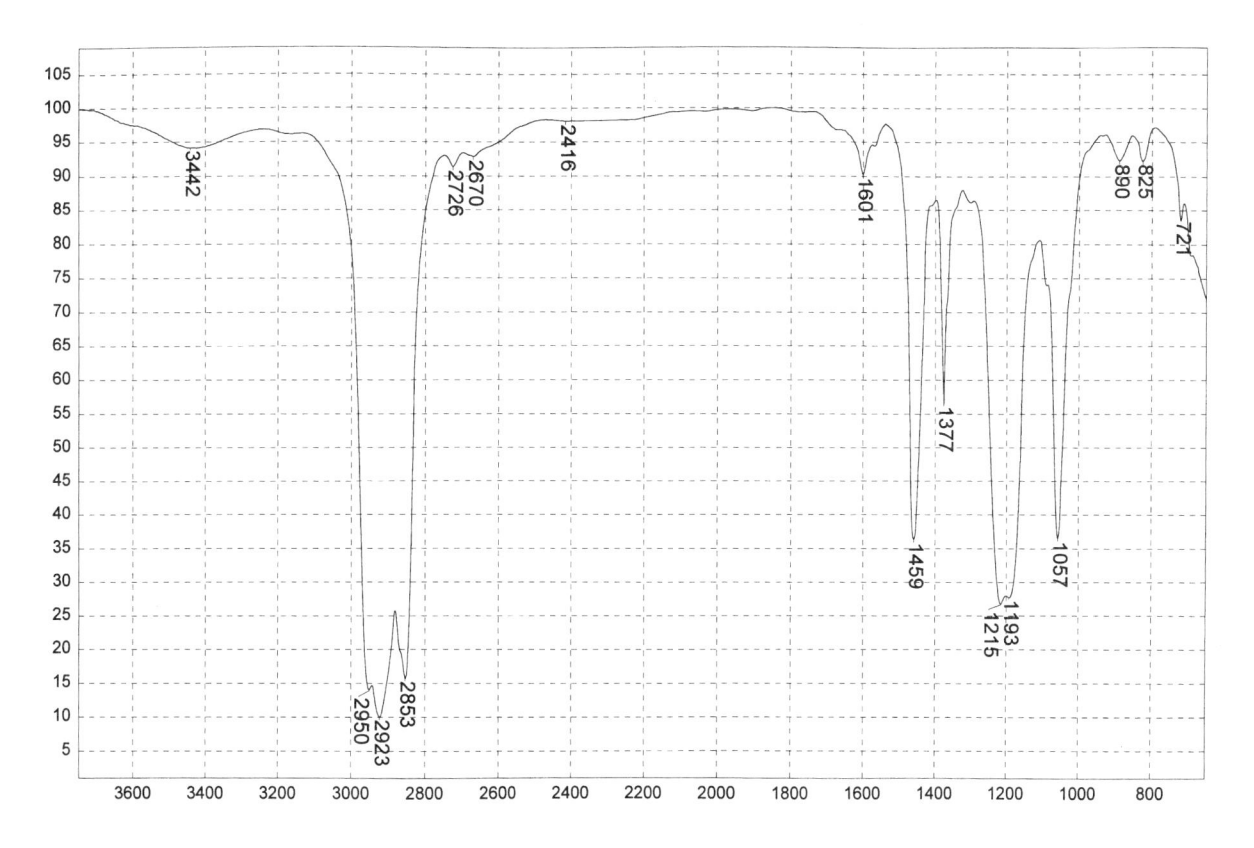

1740 SODIUM PETROLEUM SULFONATE (M.W. 513)

1741 BARIUM PETROLEUM SULFONATE (AVE. M.W. 100)

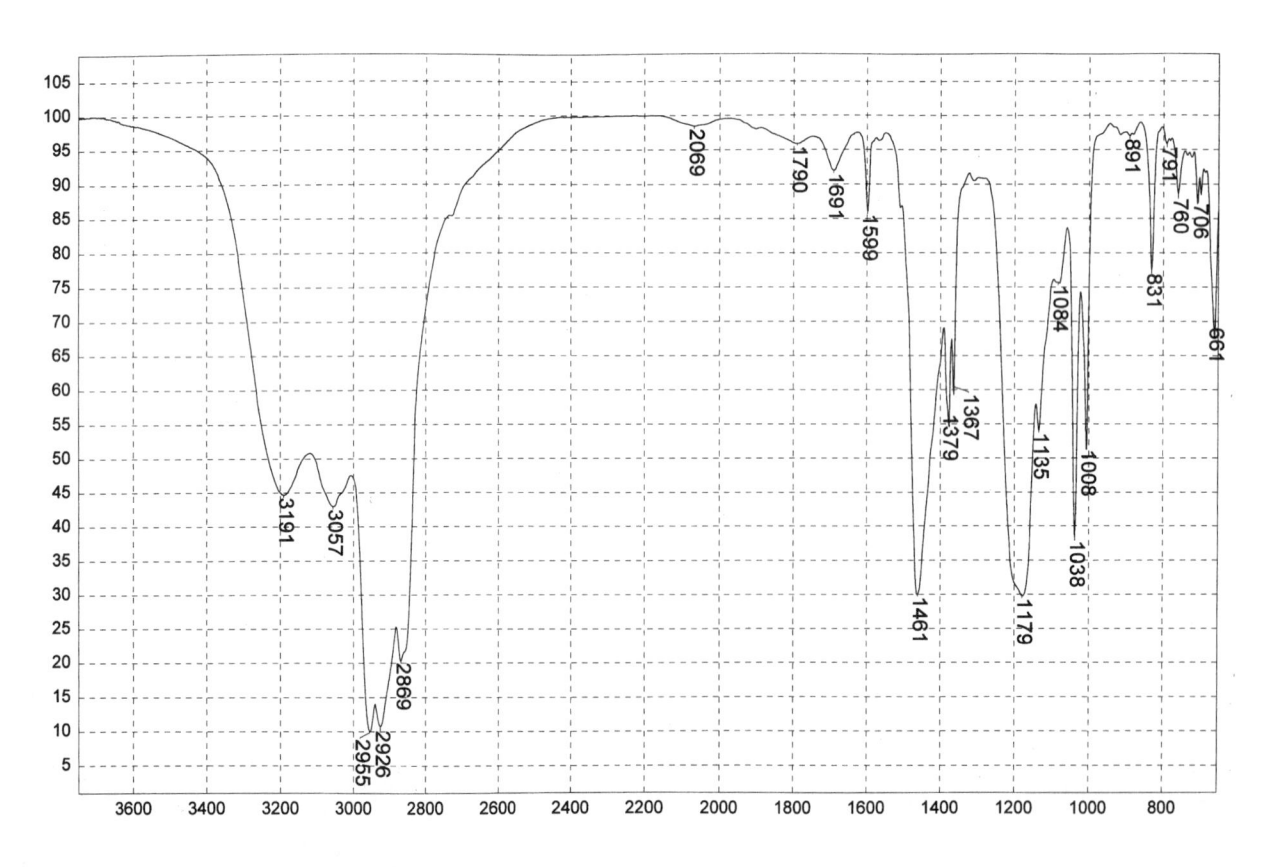

1742 AMMONIUM PETROLEUM SULFONATE (M.W. ~445)

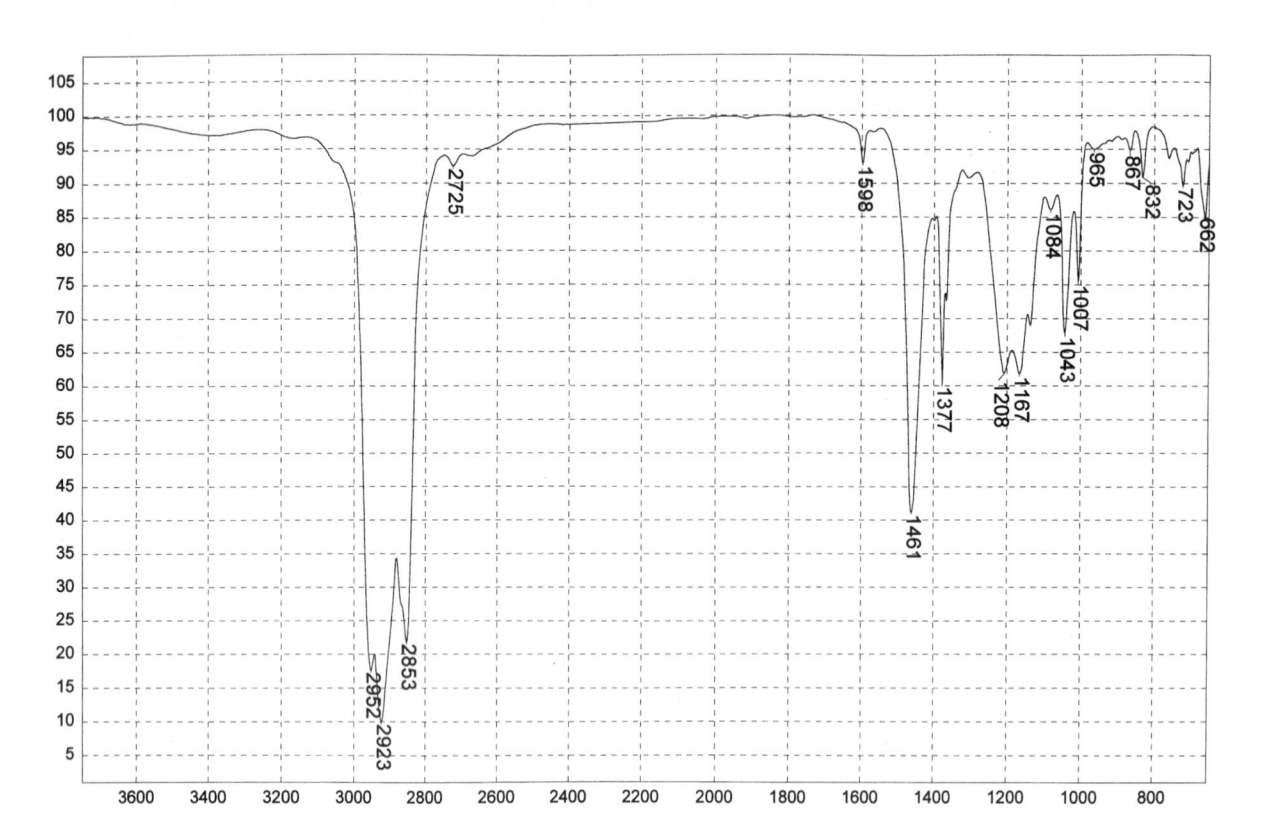

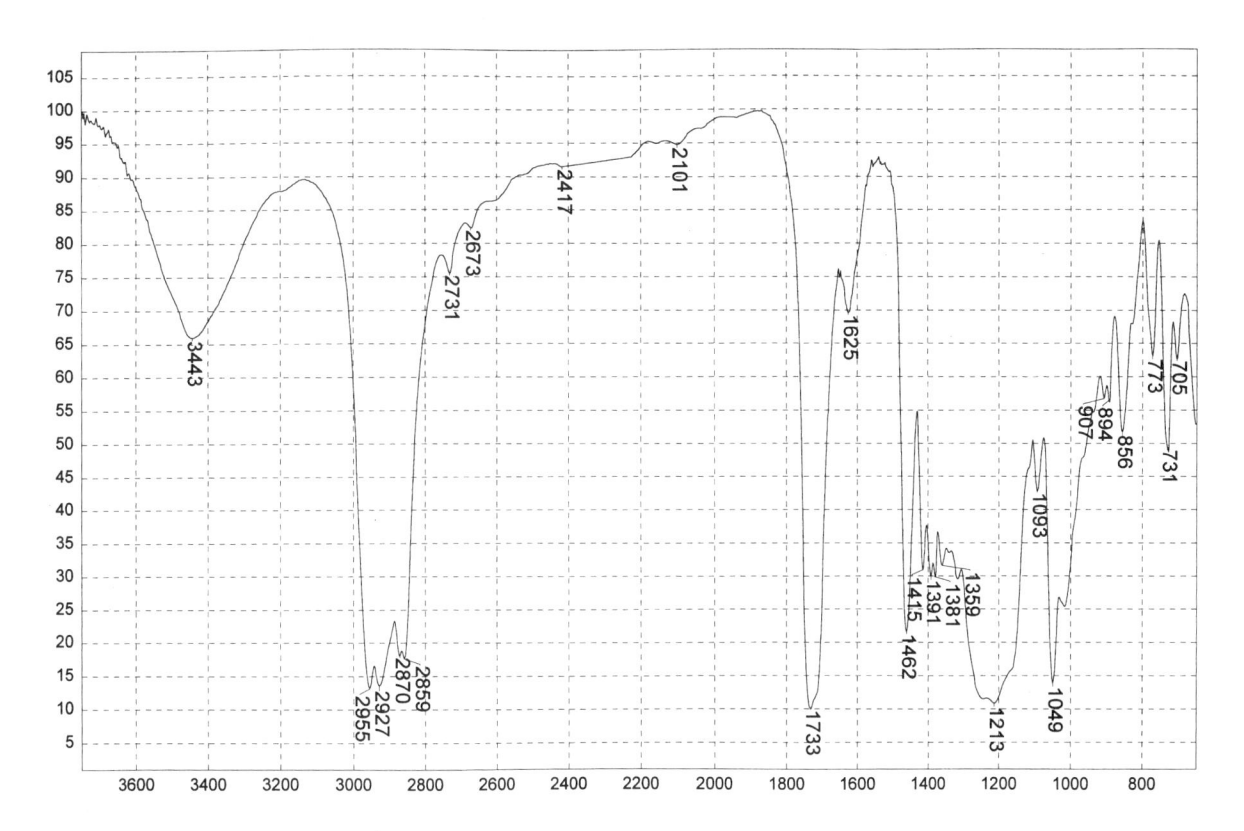

1743 K MONOETHYL PHENYLPHENOL MONOSULFONATE

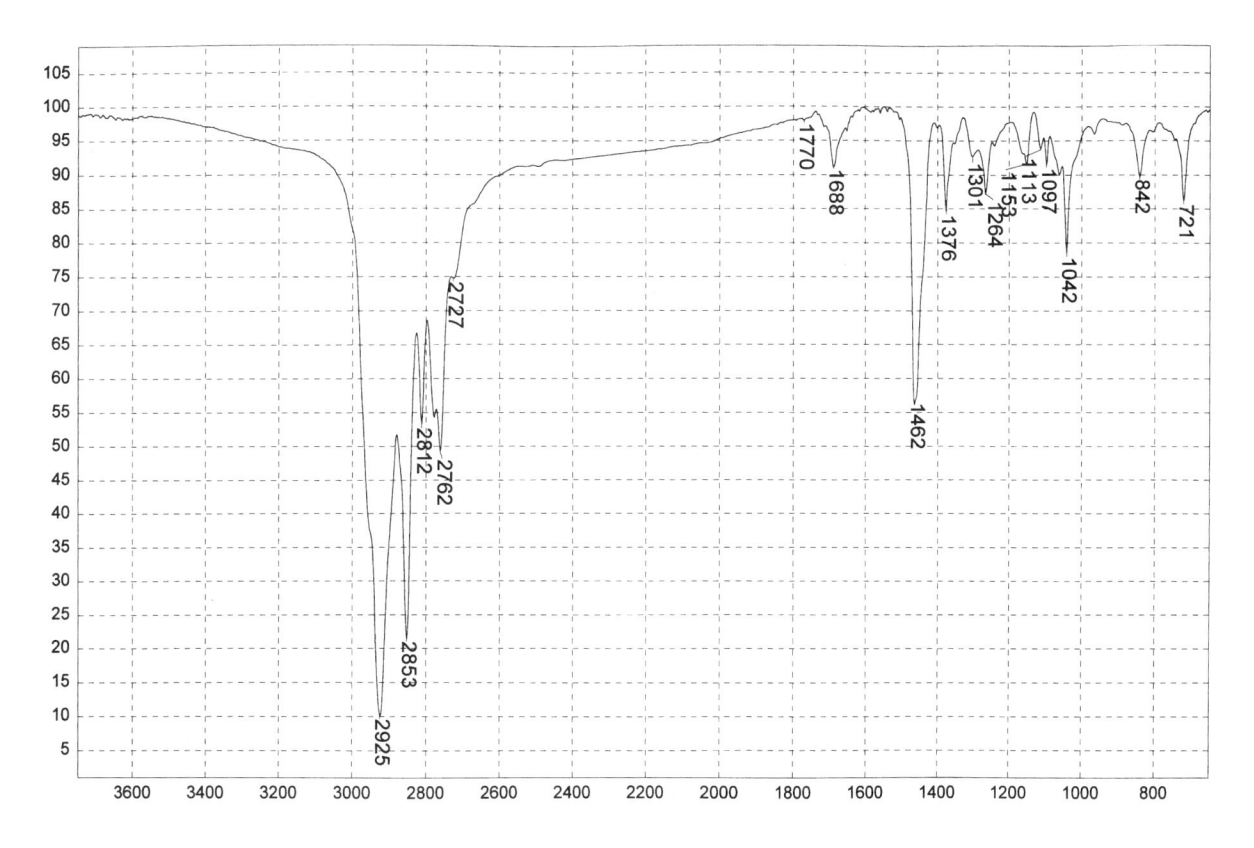

1744 DIMETHYL COCO AMINE - LIQ. FILM ON AgBr

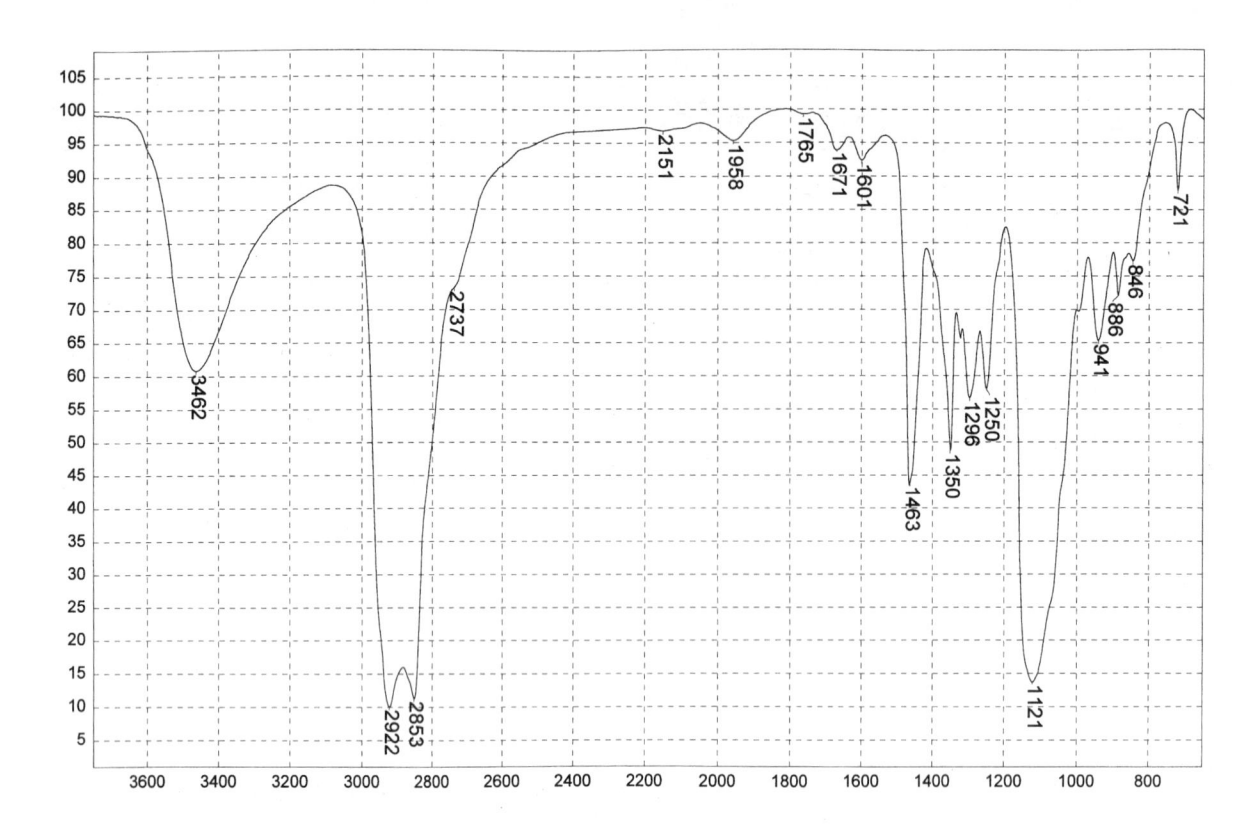

1745 POLYETHOXYLATED STEARYL AMINE (10 MOLES EtO)

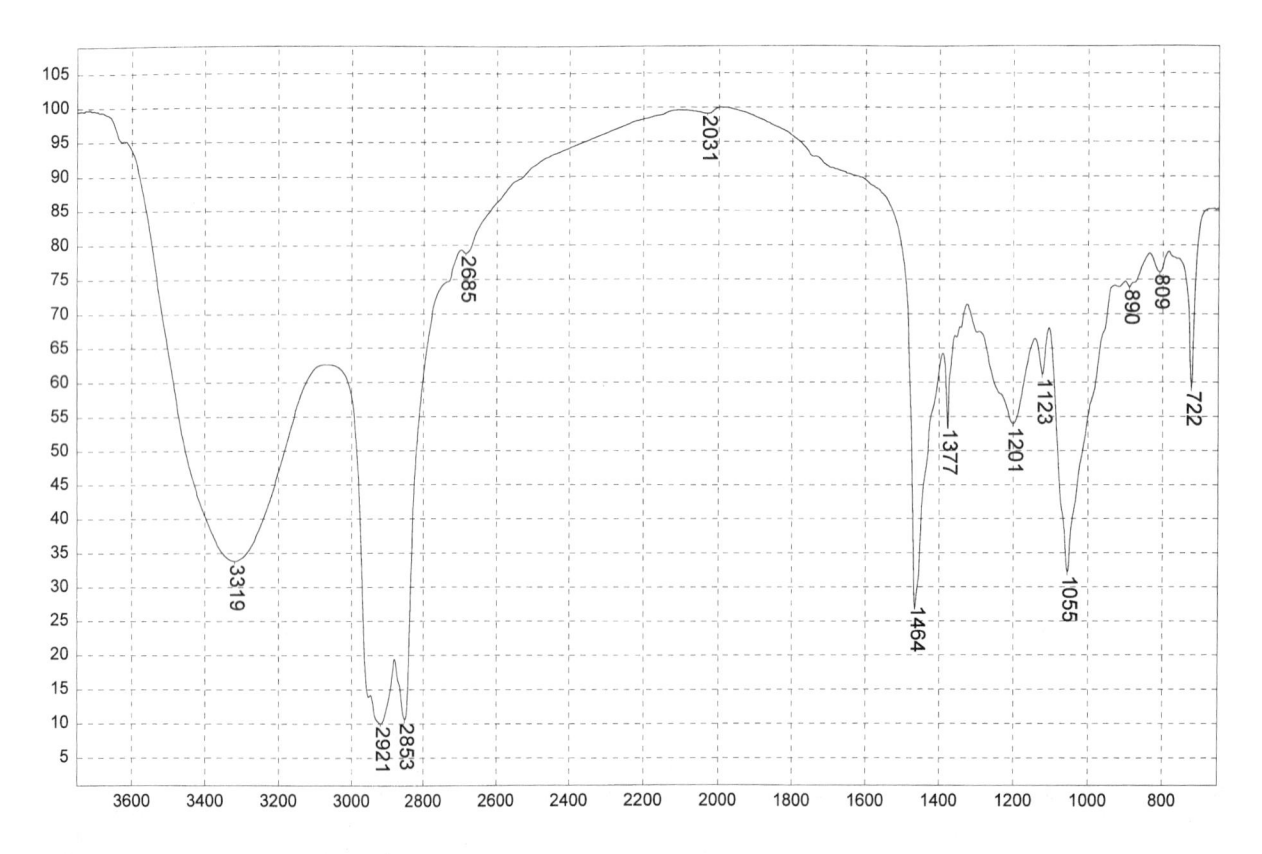

1746 AMMONIUM LAURYL SULFATE - FILM ON AgBr

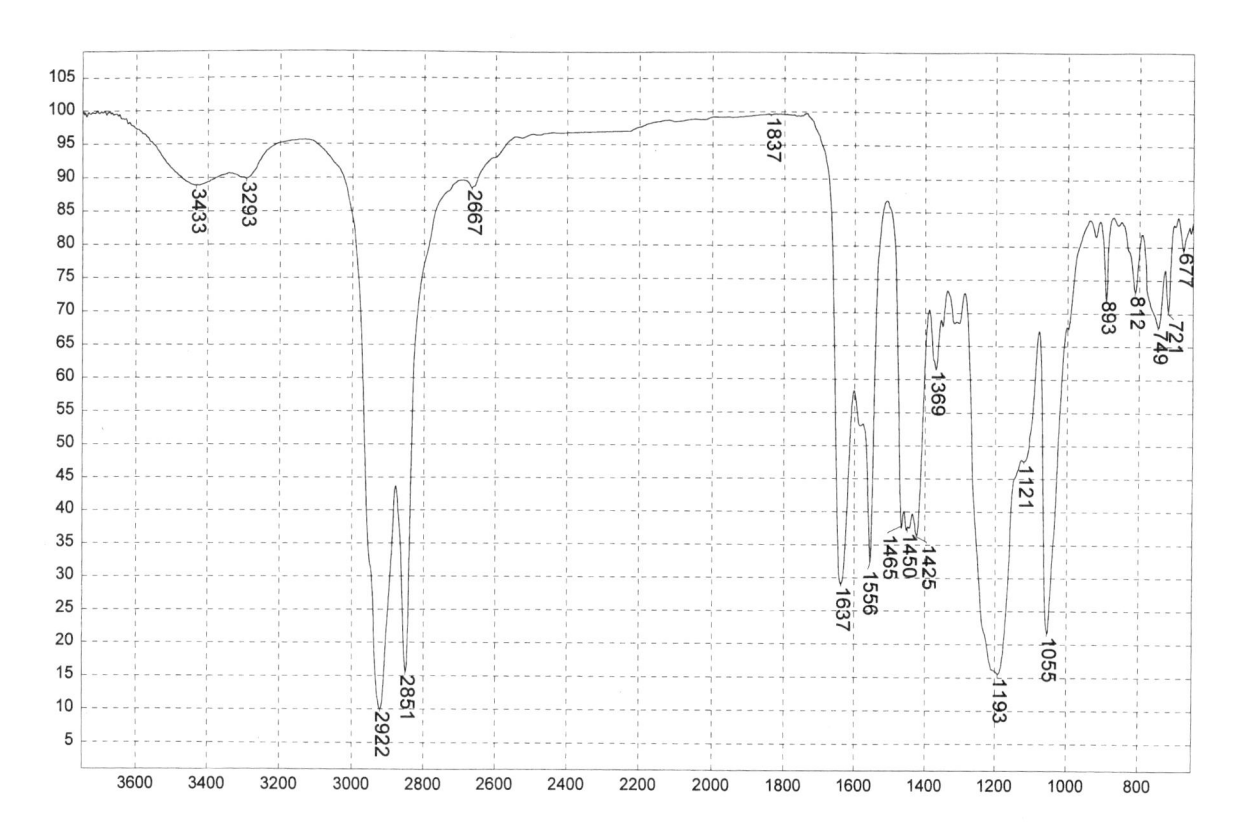

1747 SODIUM n-CYCLOHEXYL-n-PALMITOYL TAURATE

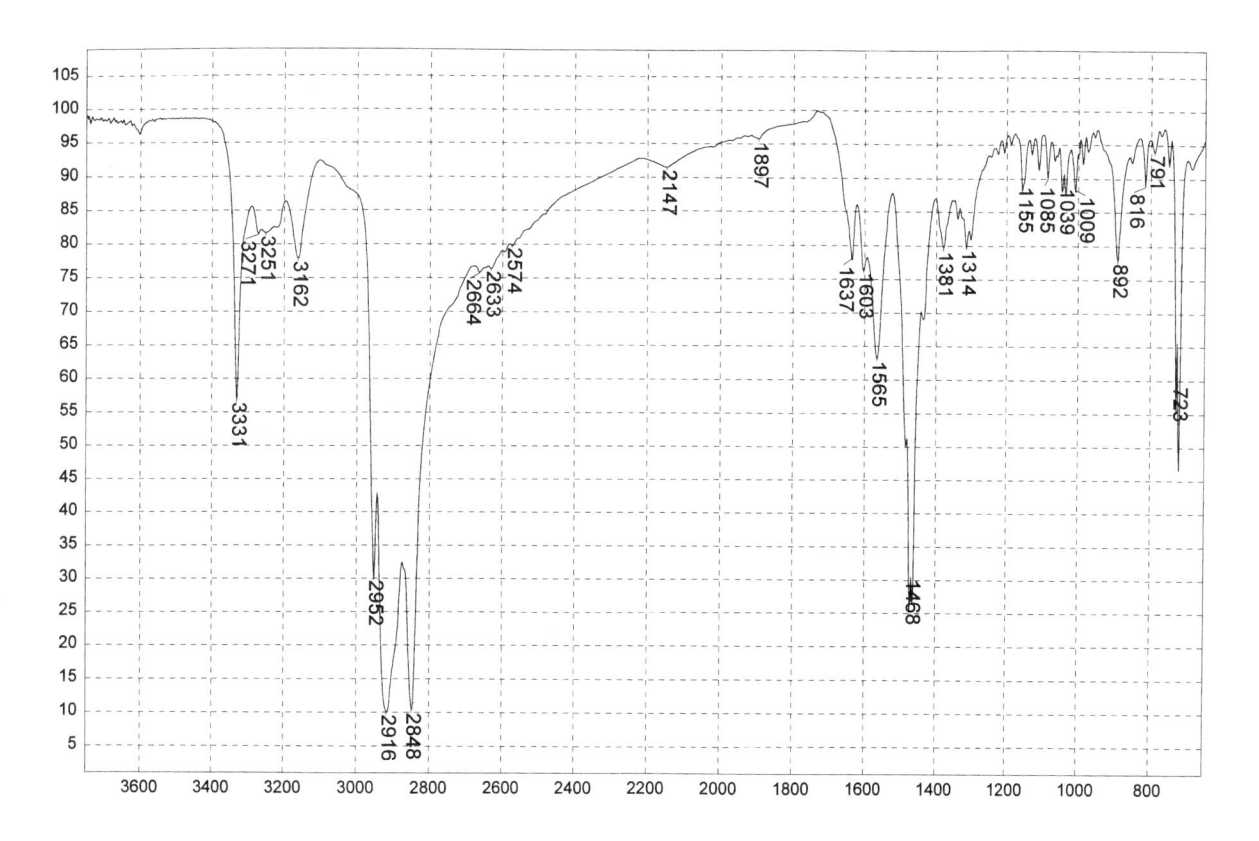

1748 n-OCTADECYLAMINE - FILM ON AgBr

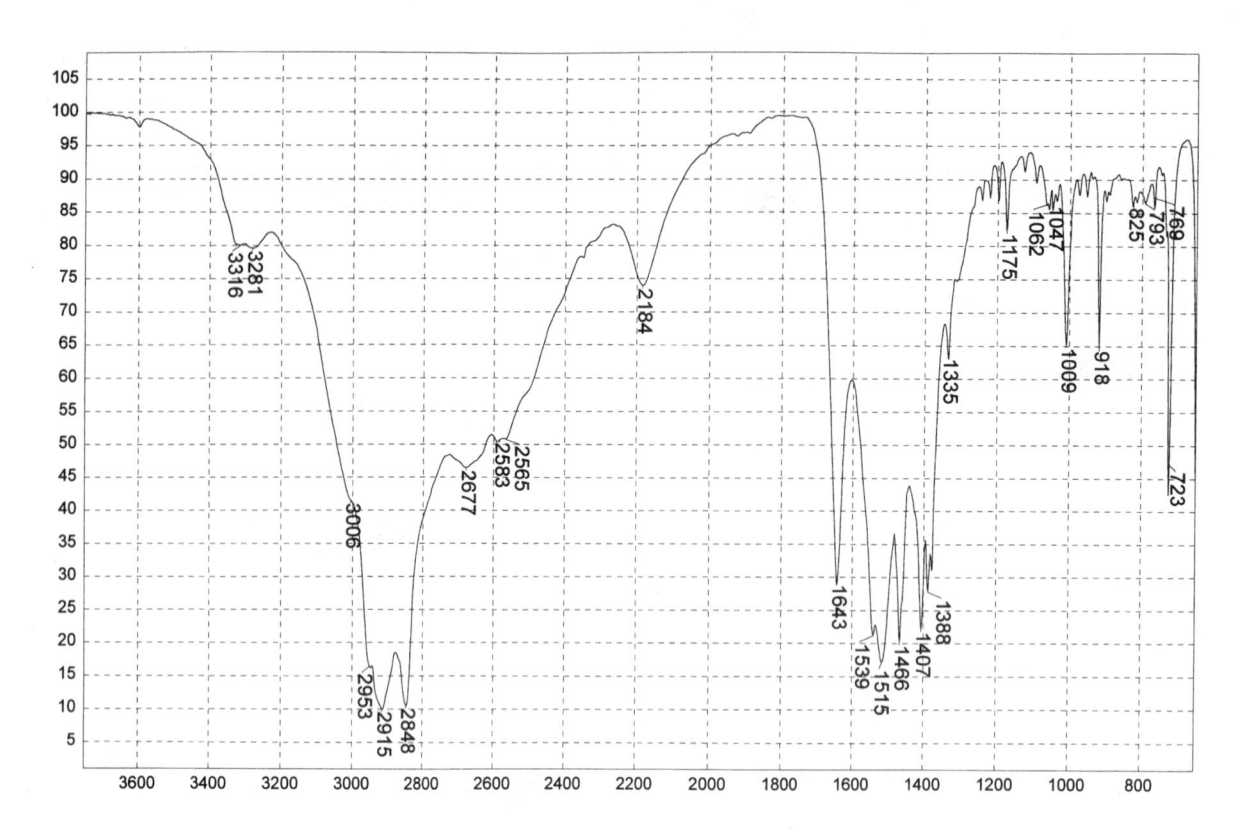

1749   ACETIC ACID SALT OF HEXADECYLAMINE

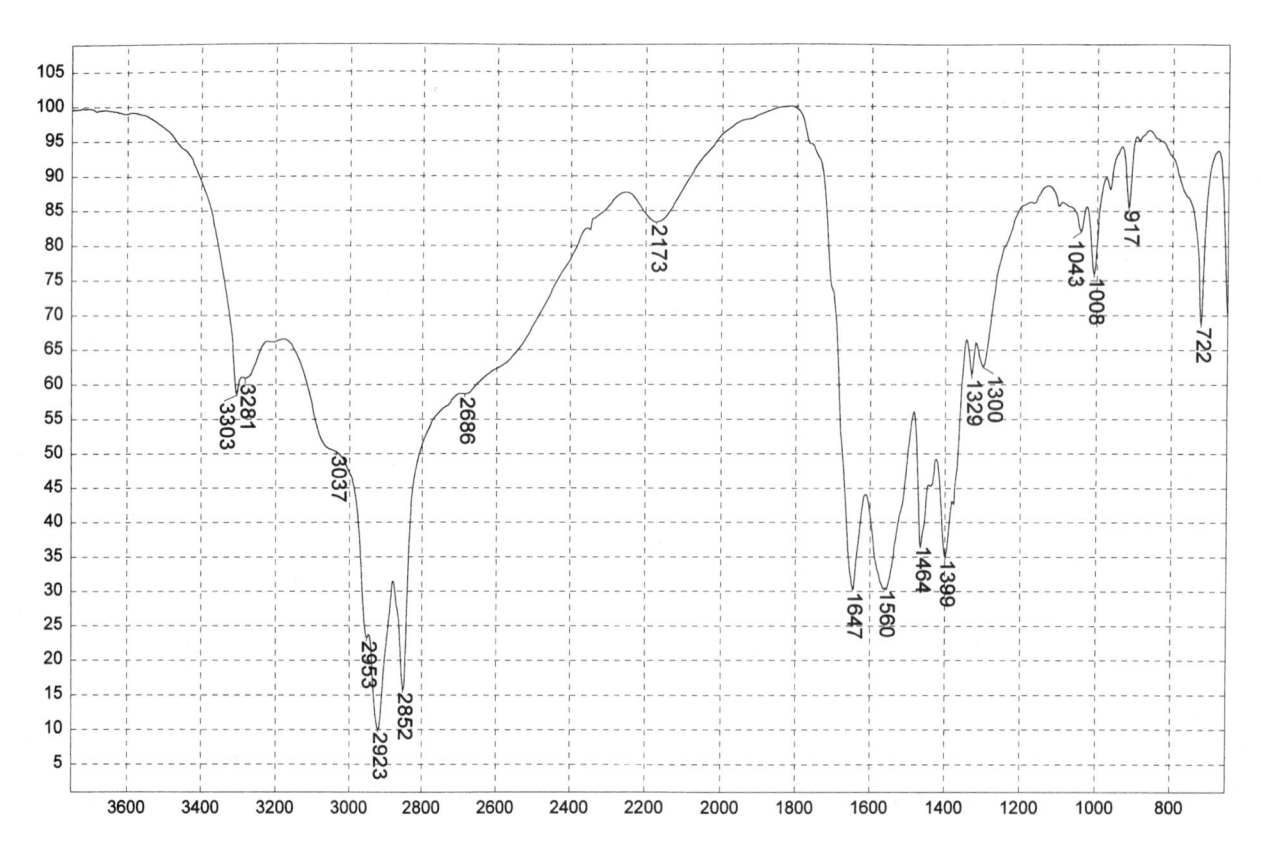

1750   ACETIC ACID SALT OF HYDROGENATED COCOAMINE

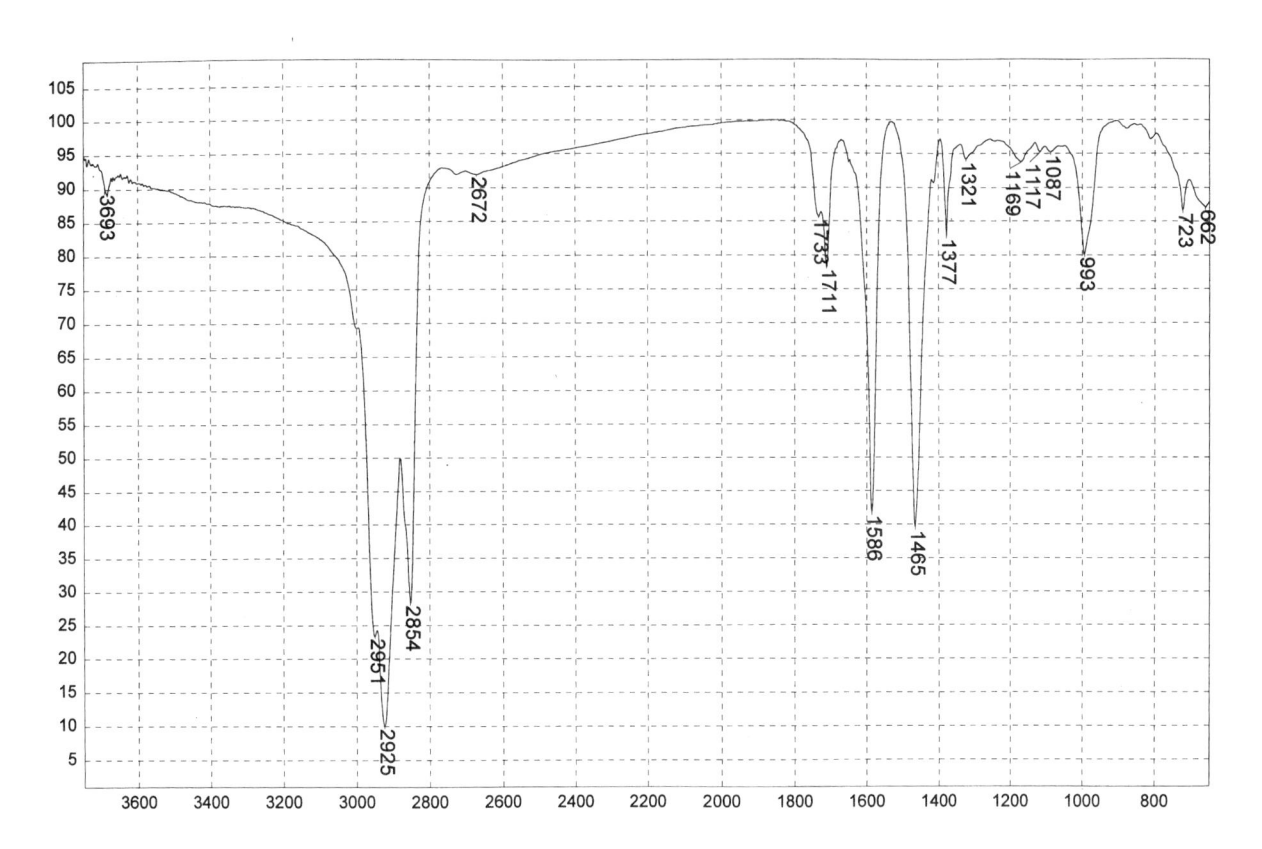

1751 ALUMINUM OLEATE - KBr DISK

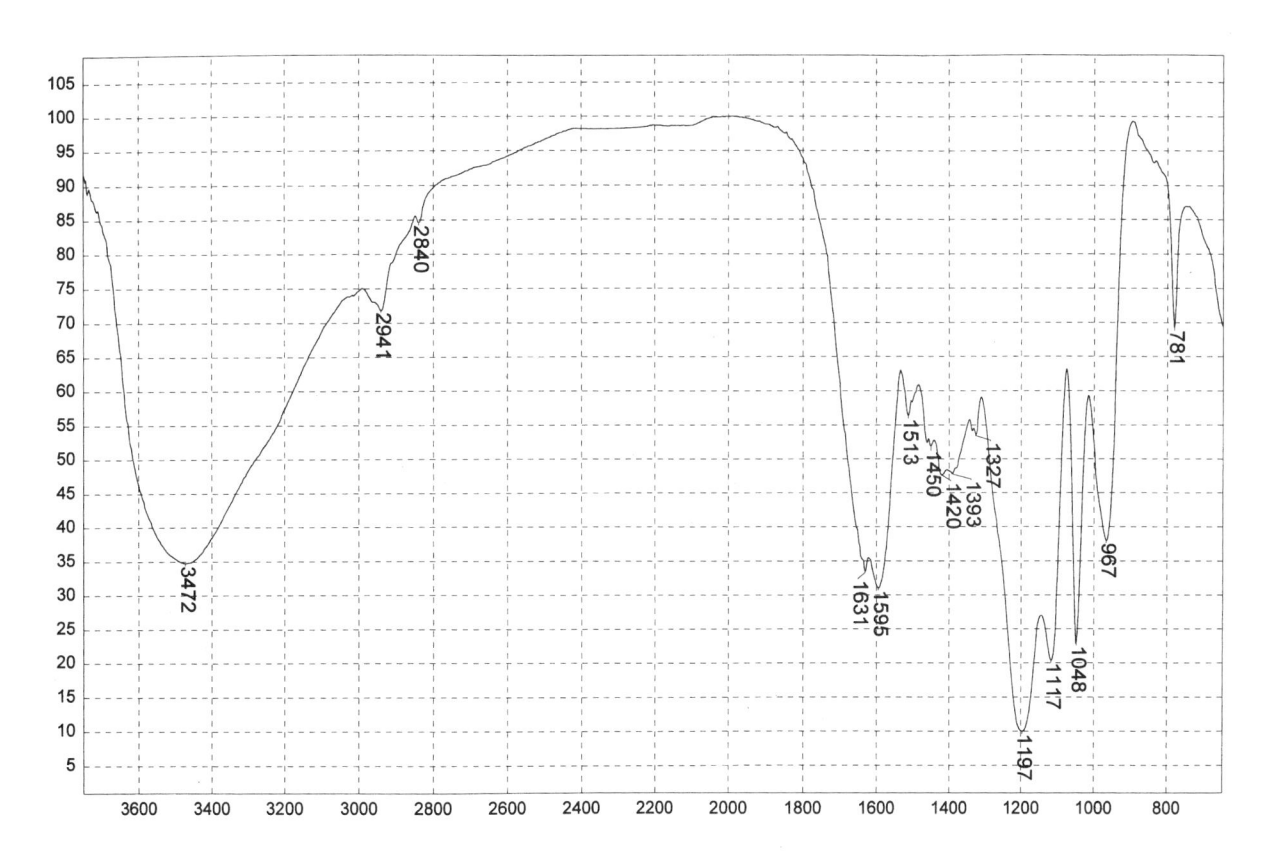

1752 SODIUM LIGNOSULFONATE (3 MOLES SO$_3$Na)

| 1753 | SODIUM LIGNOSULFONATE (14.3% SO3NA) |

| 1754 | NaSO₃-NAPHTHALENE-FORMALDEHYDE CONDENS. |

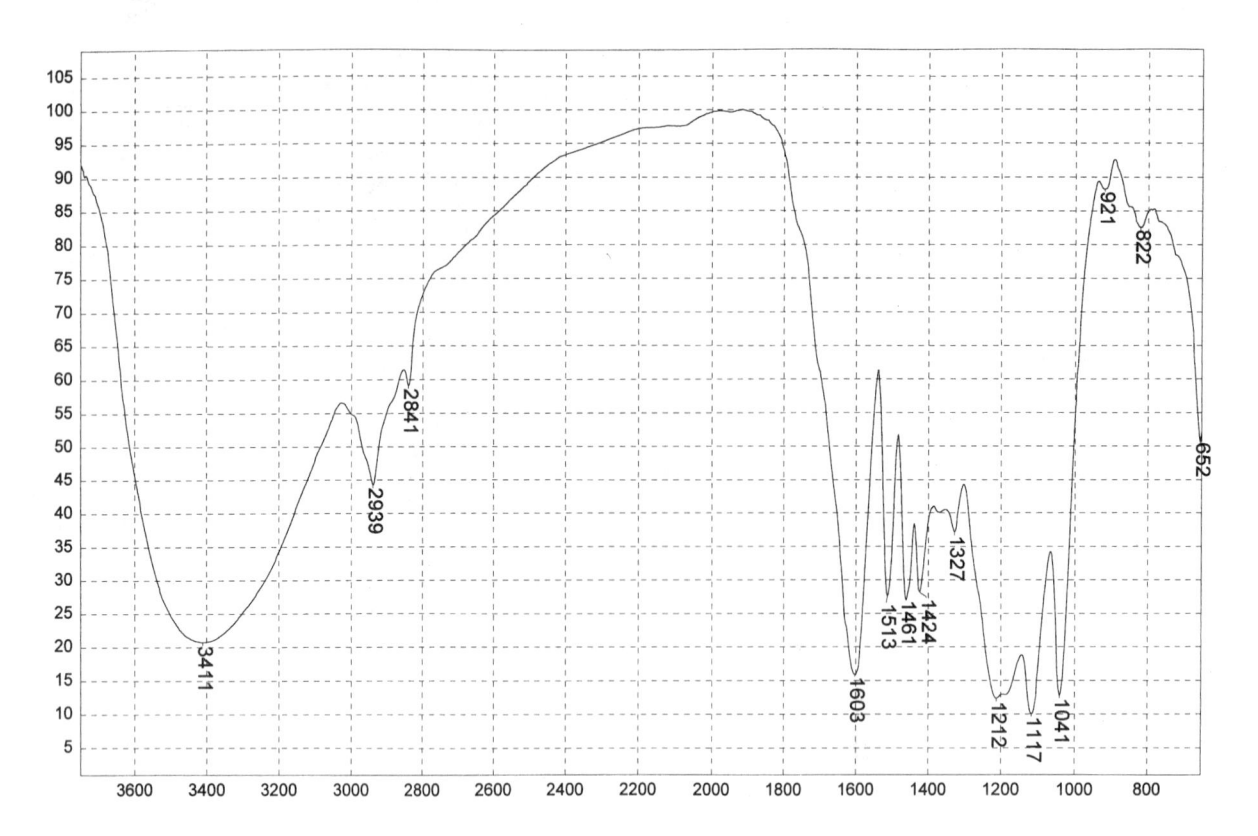

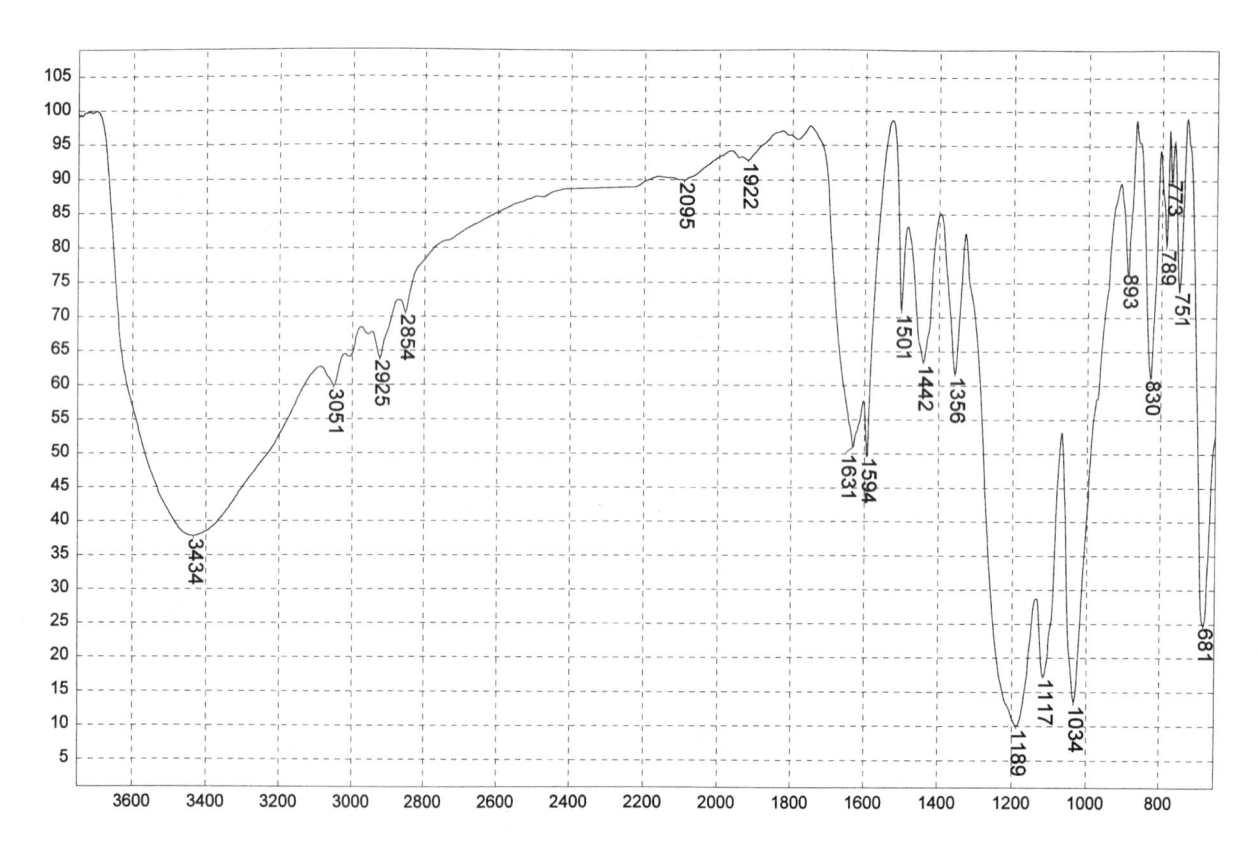

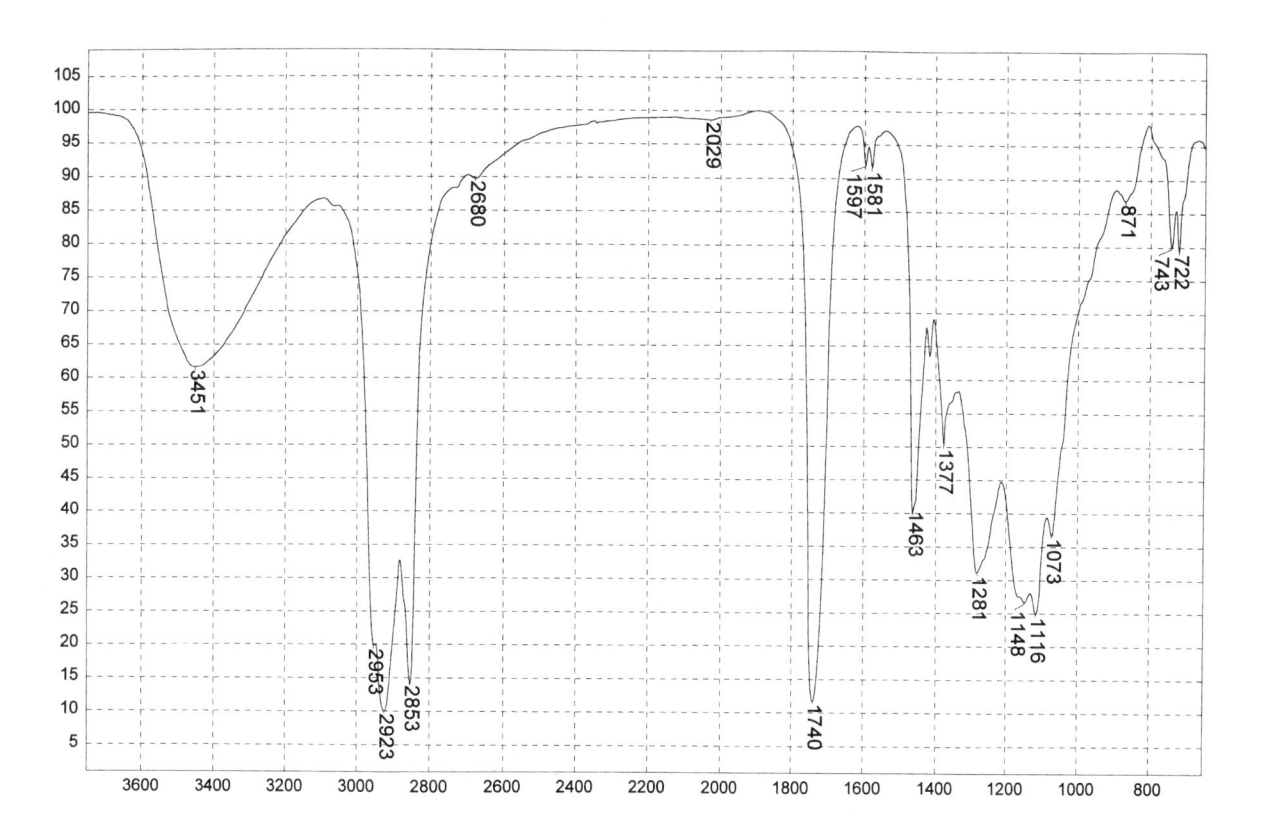

1755 MODIFIED GLYCERYL PHTHALATE RESIN

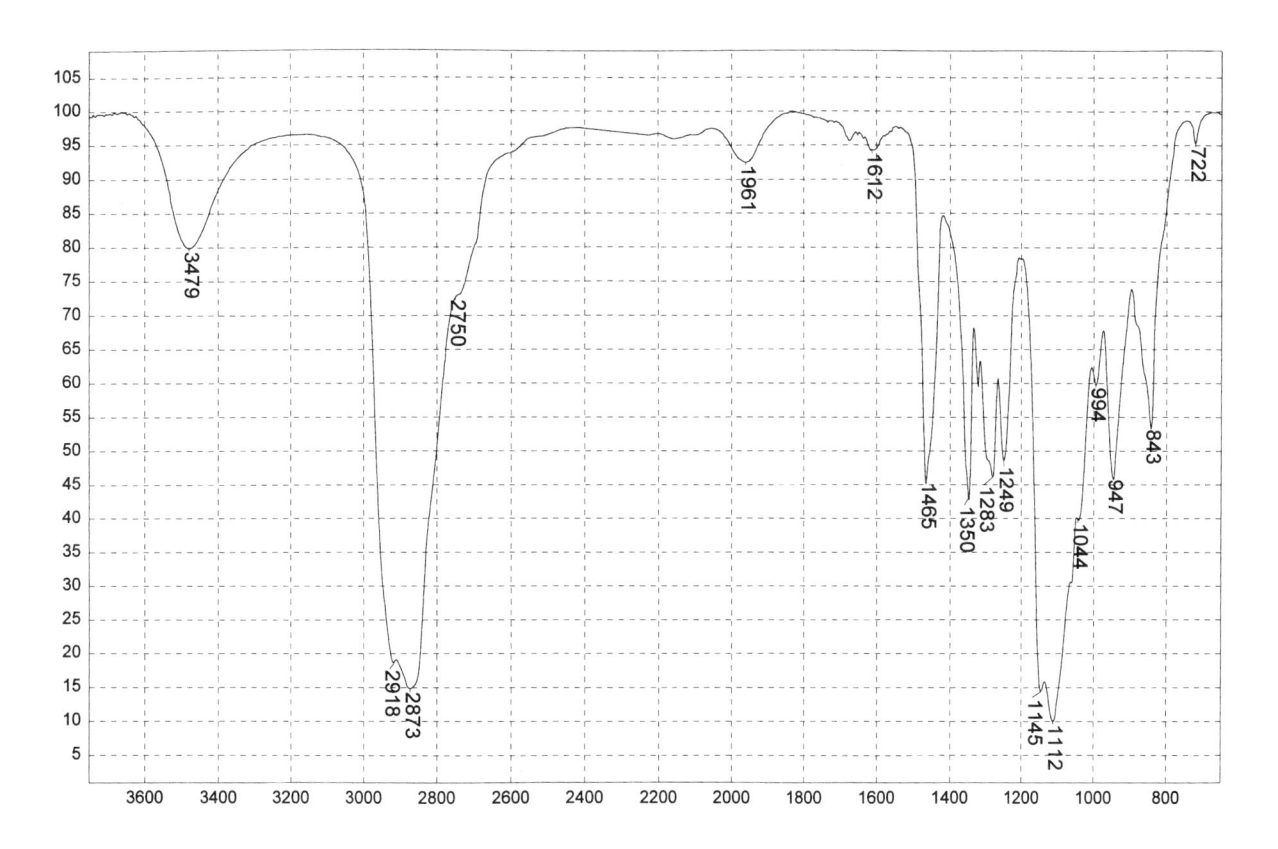

1756 POLYETHOXYLATED STEARYL AMINE (50 MOLES EtO)

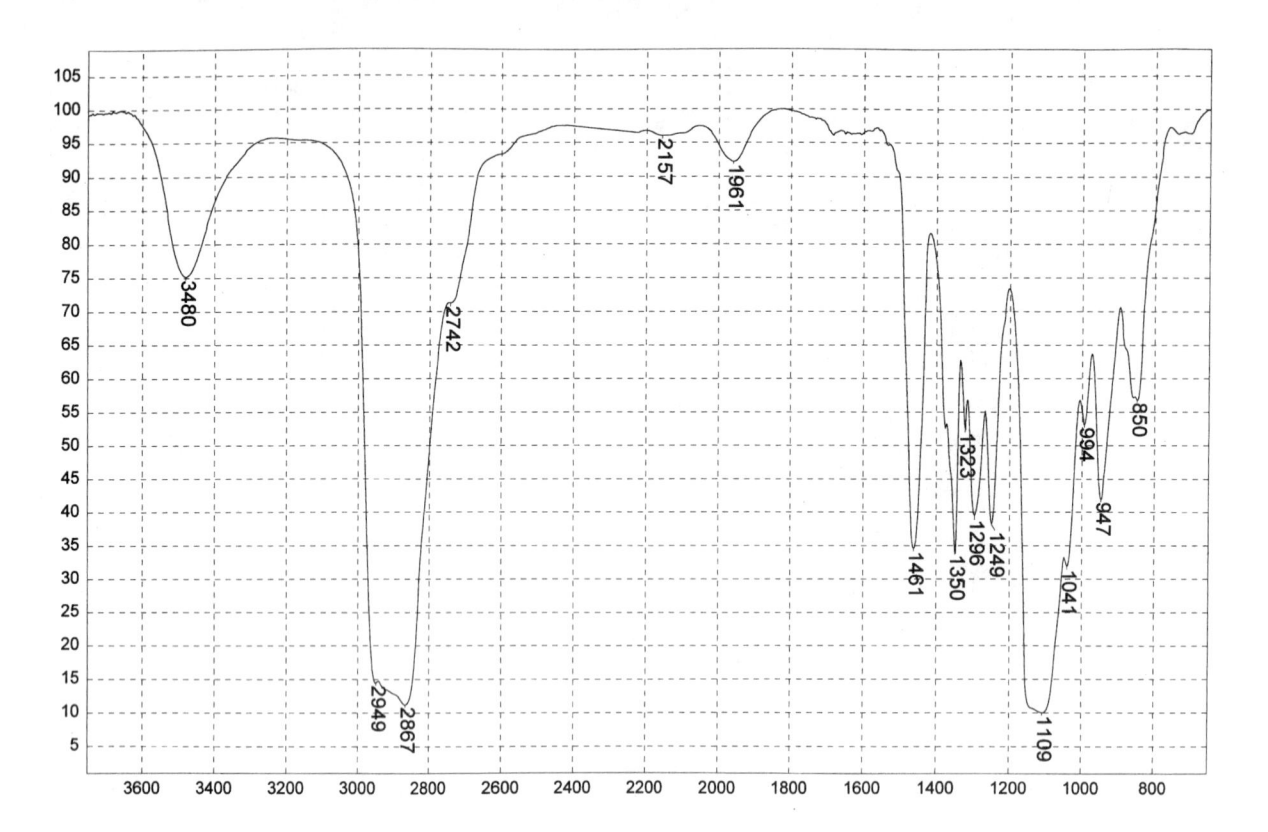

1757   POLYETHOXYLATED TERTIARY AMINE (25 MOLES EtO)

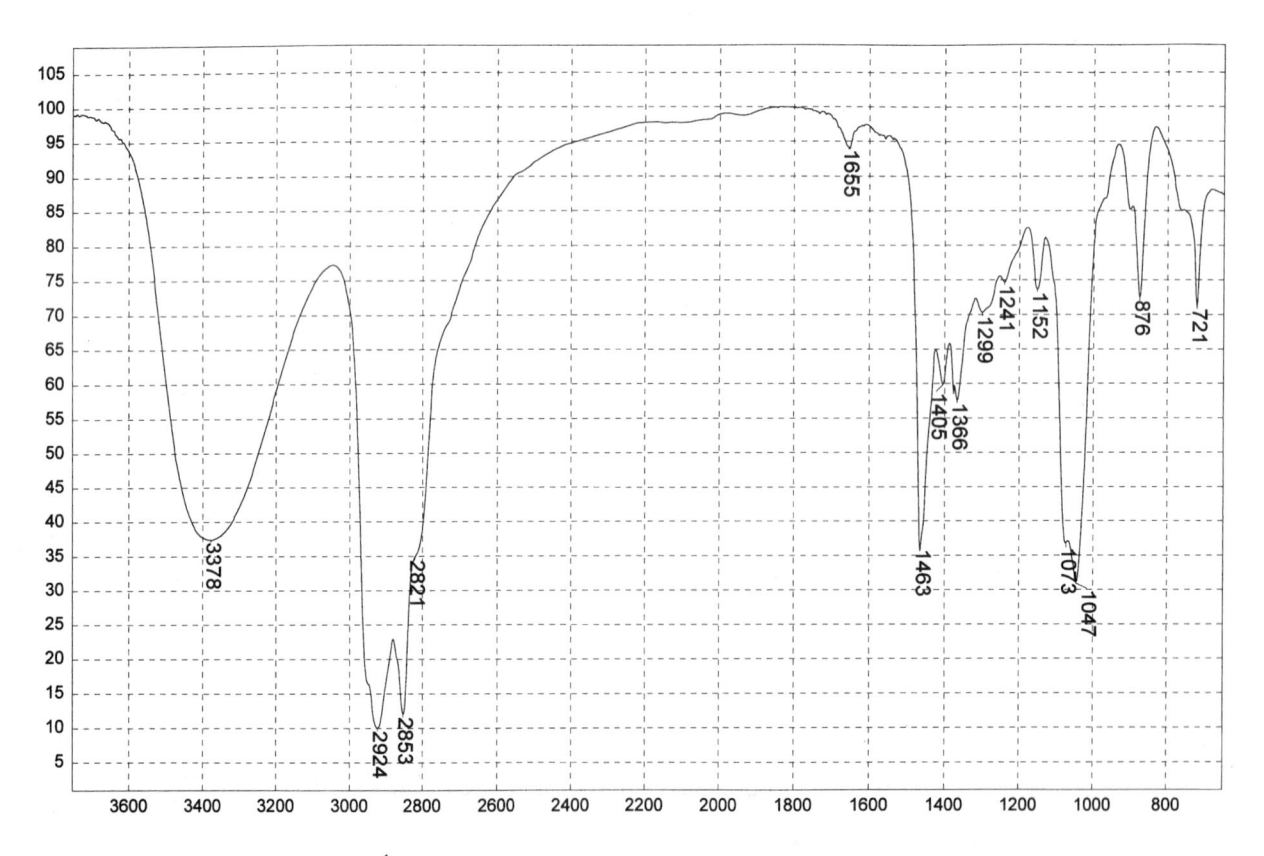

1758   POLYETHOXYLATED COCO AMINE (2 MOLES EtO)

| 1759 | **POLYETHOXYLATED COCO AMINE (15 MOLES EtO)**

| 1760 | **P.O.E. SOYA AMINE (2 MOLES EtO) - LIQUID FILM ON AgBr**

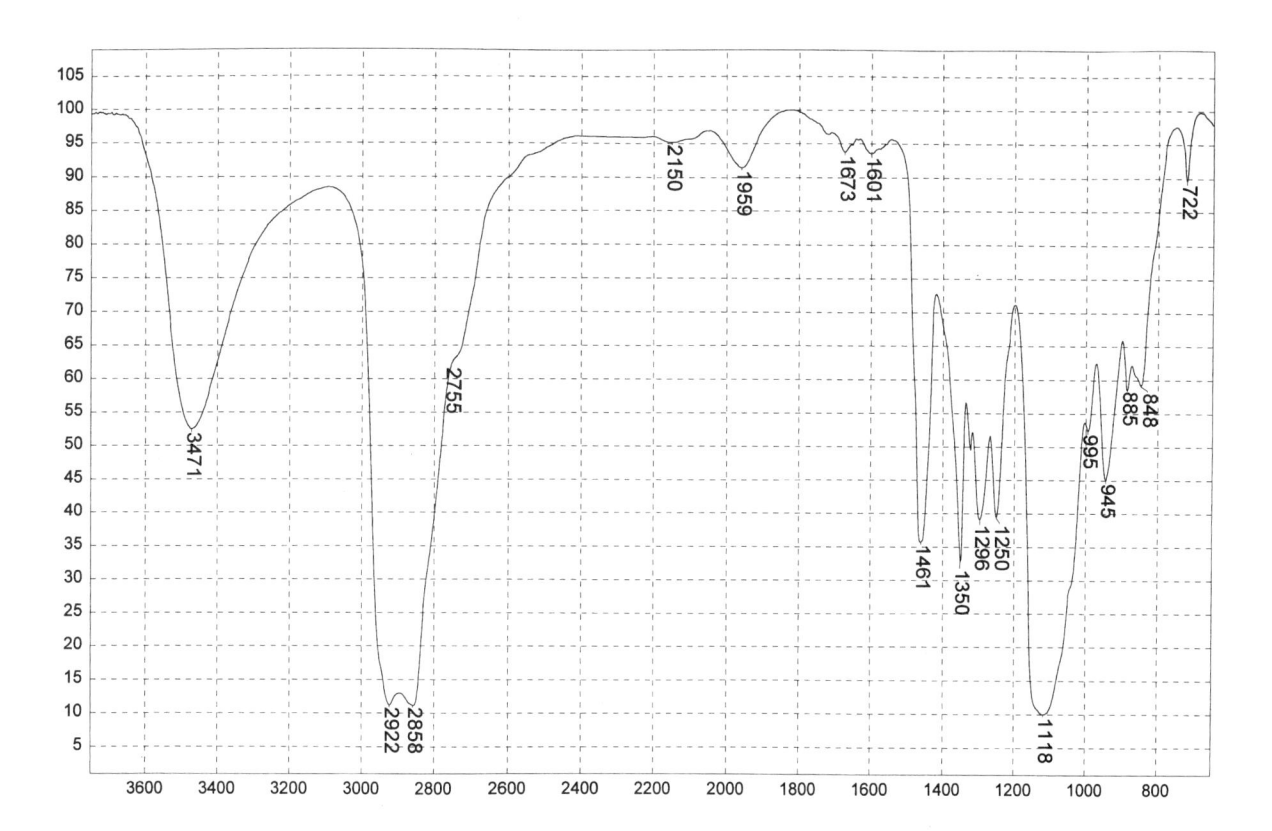

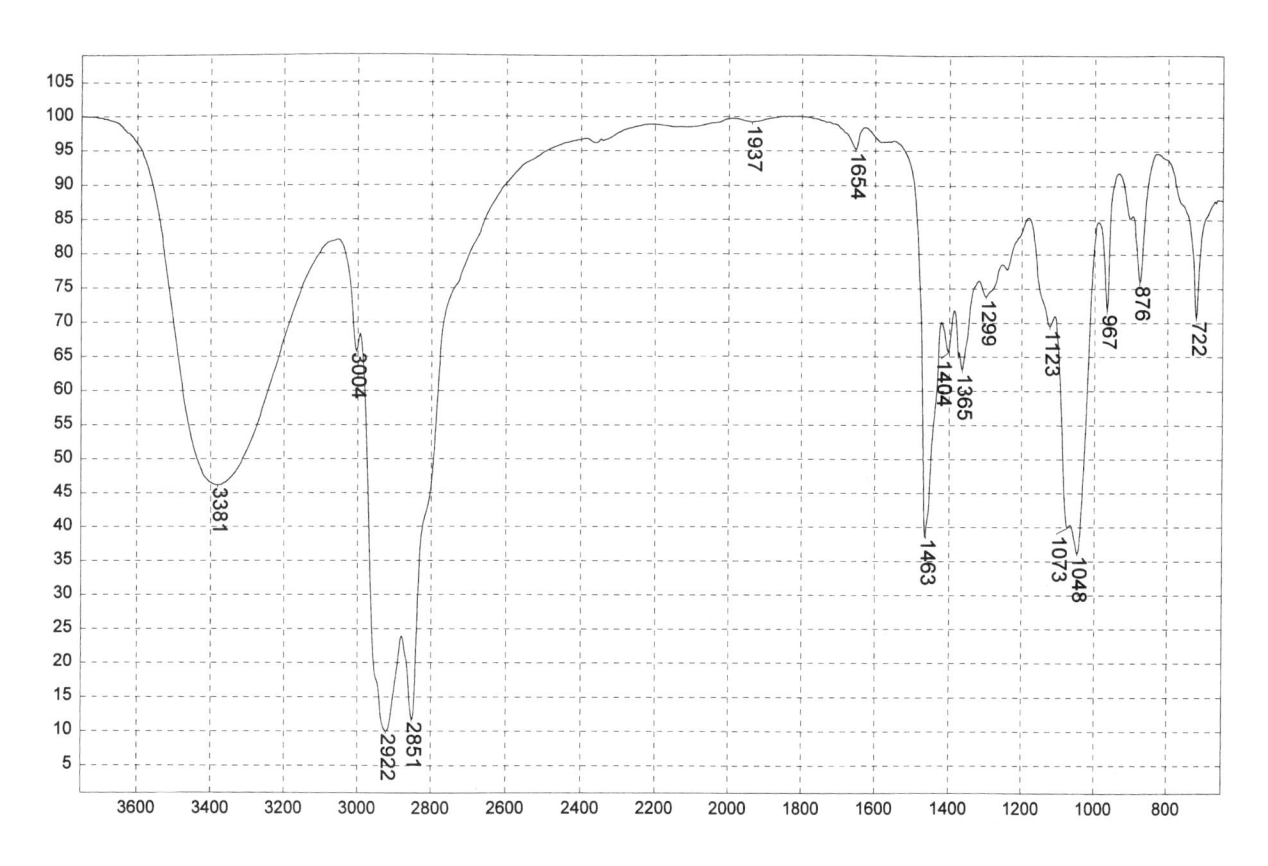

1761 P.O.E. TALLOW AMINE (5 MOLES EtO) - LIQ. FILM ON AgBr

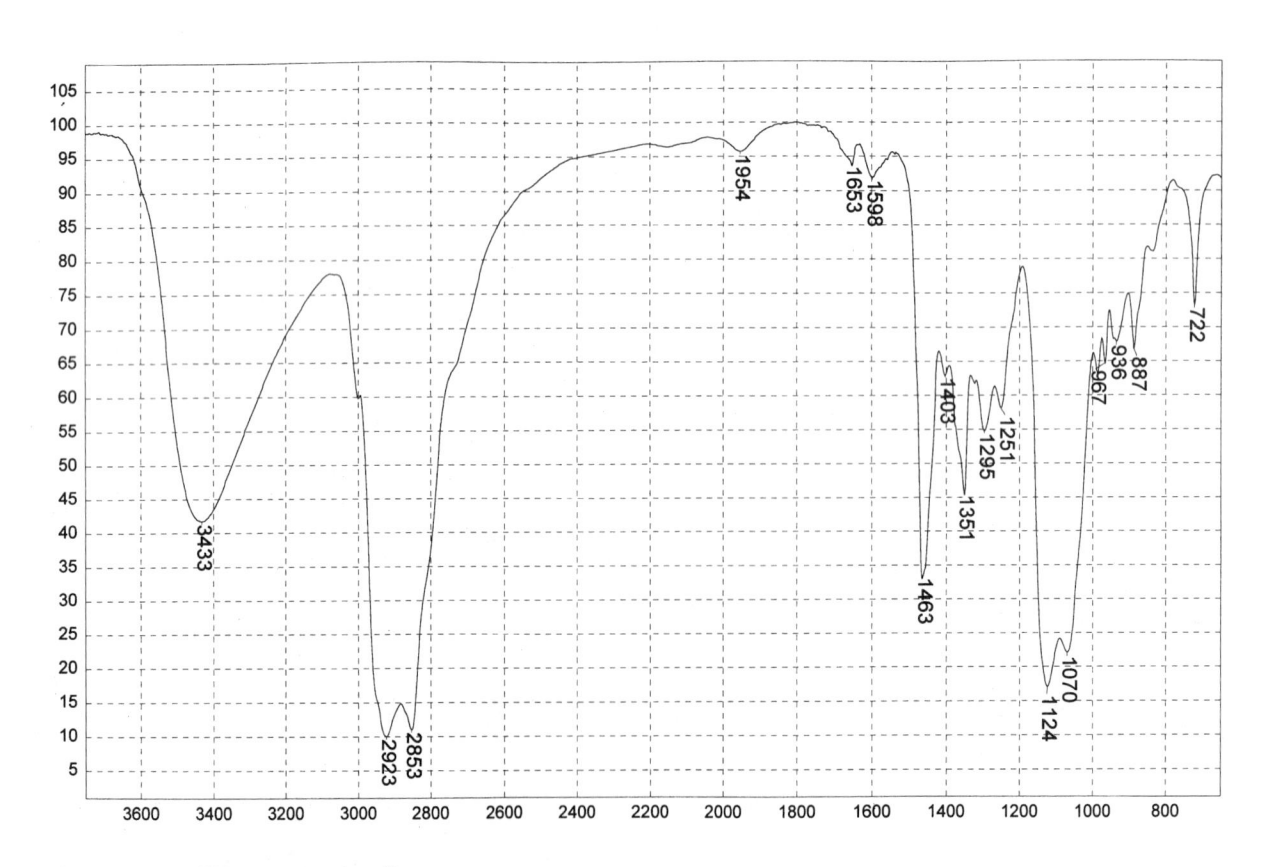

1762 P.O.E. SOYA AMINE (5 MOLES EtO) - LIQ. FILM ON AgBr

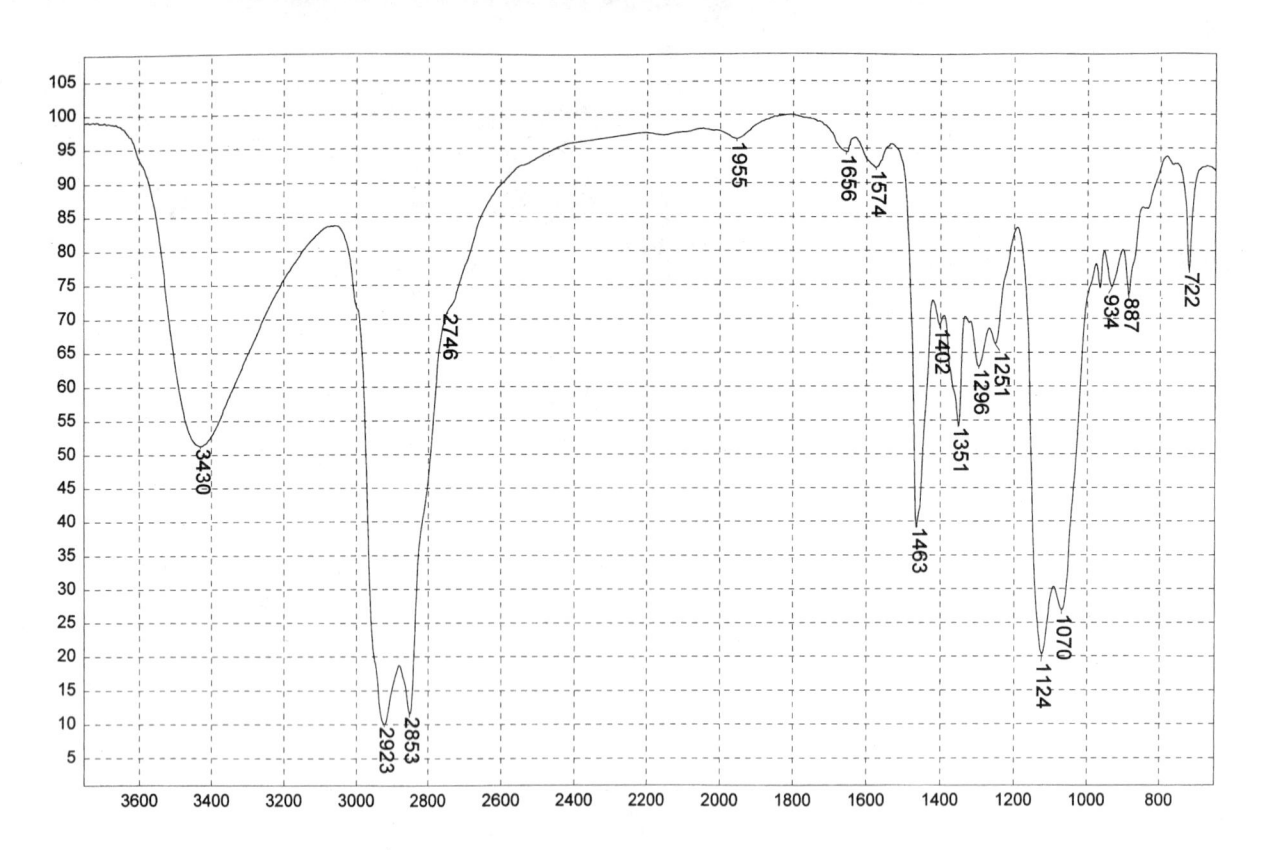

1763   P.O.E. SOYA AMINE (15 MOLES EtO) - LIQ. FILM ON AgBr

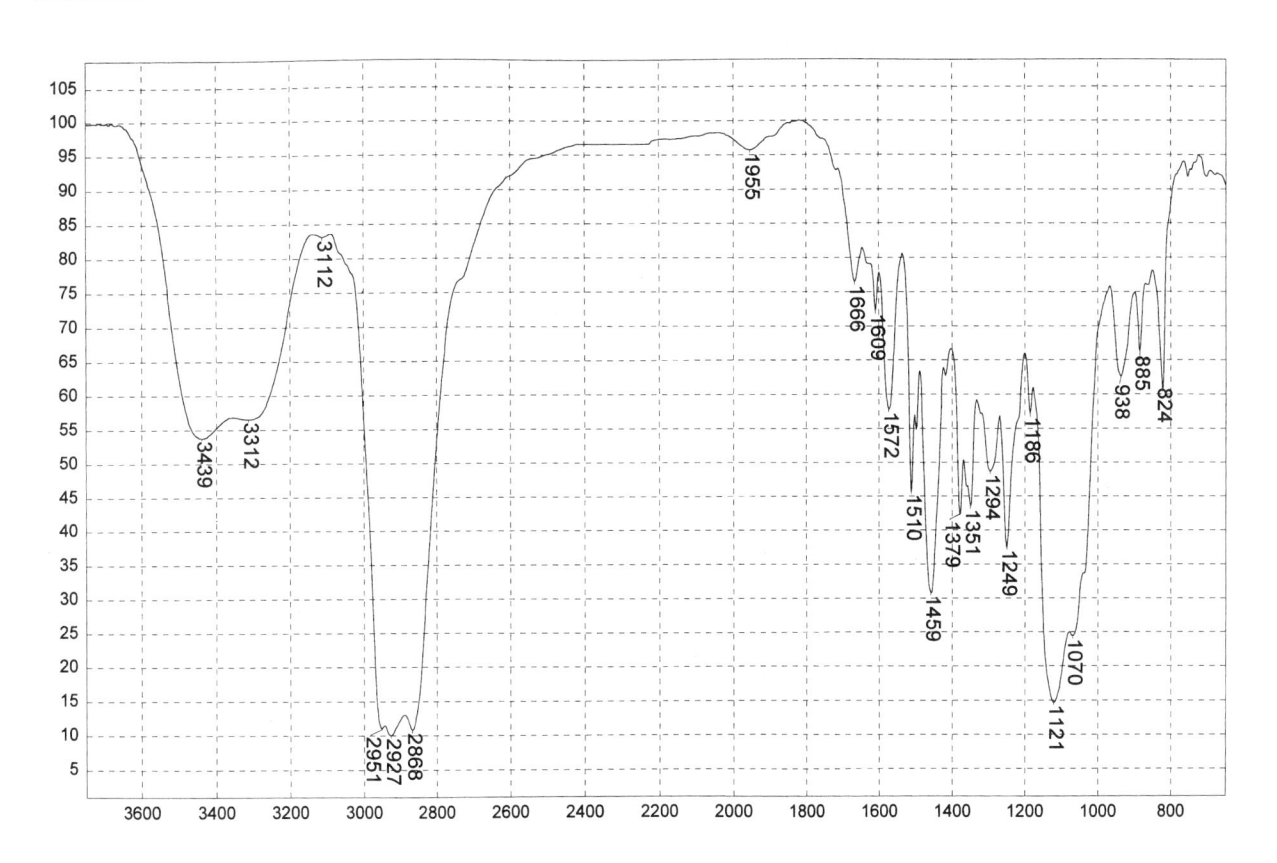

1764   P.O.E. ROSIN AMINE (5 MOLES EtO) - LIQ. FILM ON AgBr

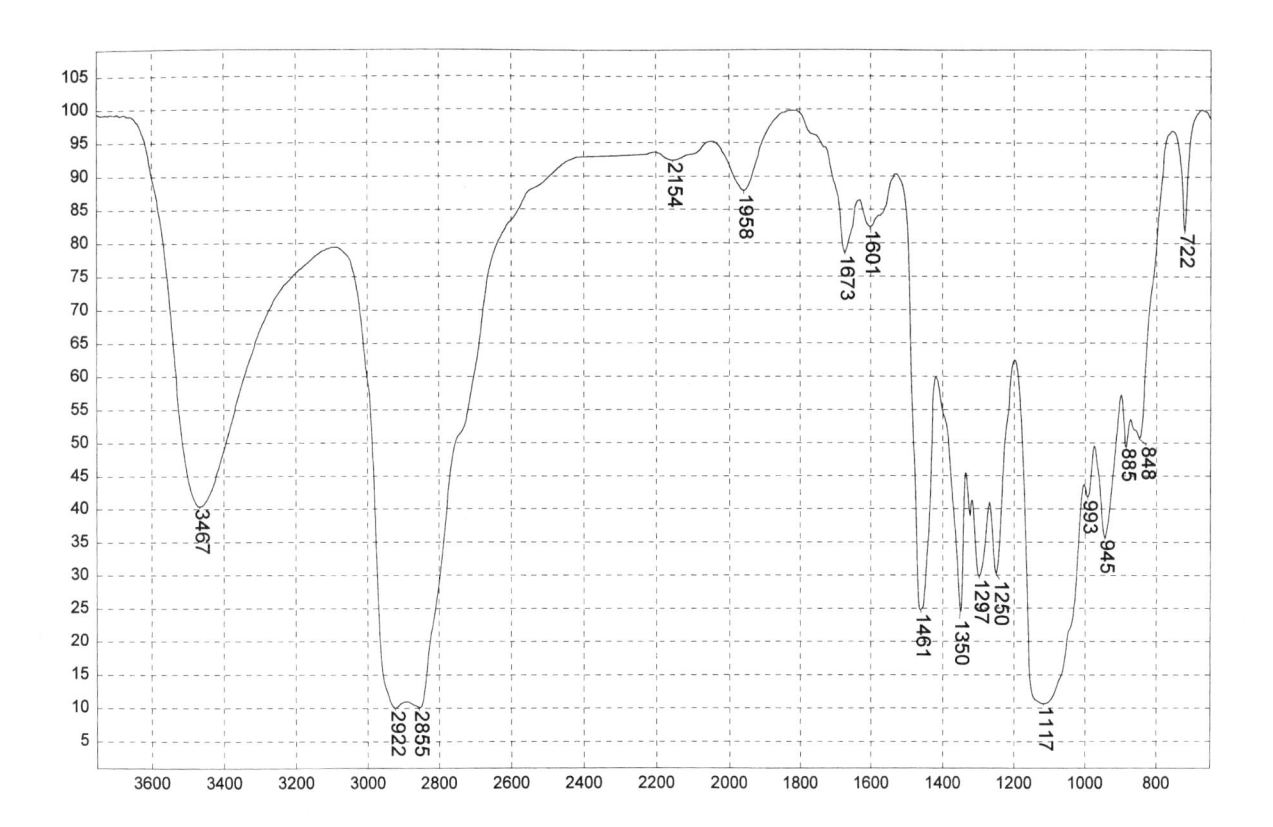

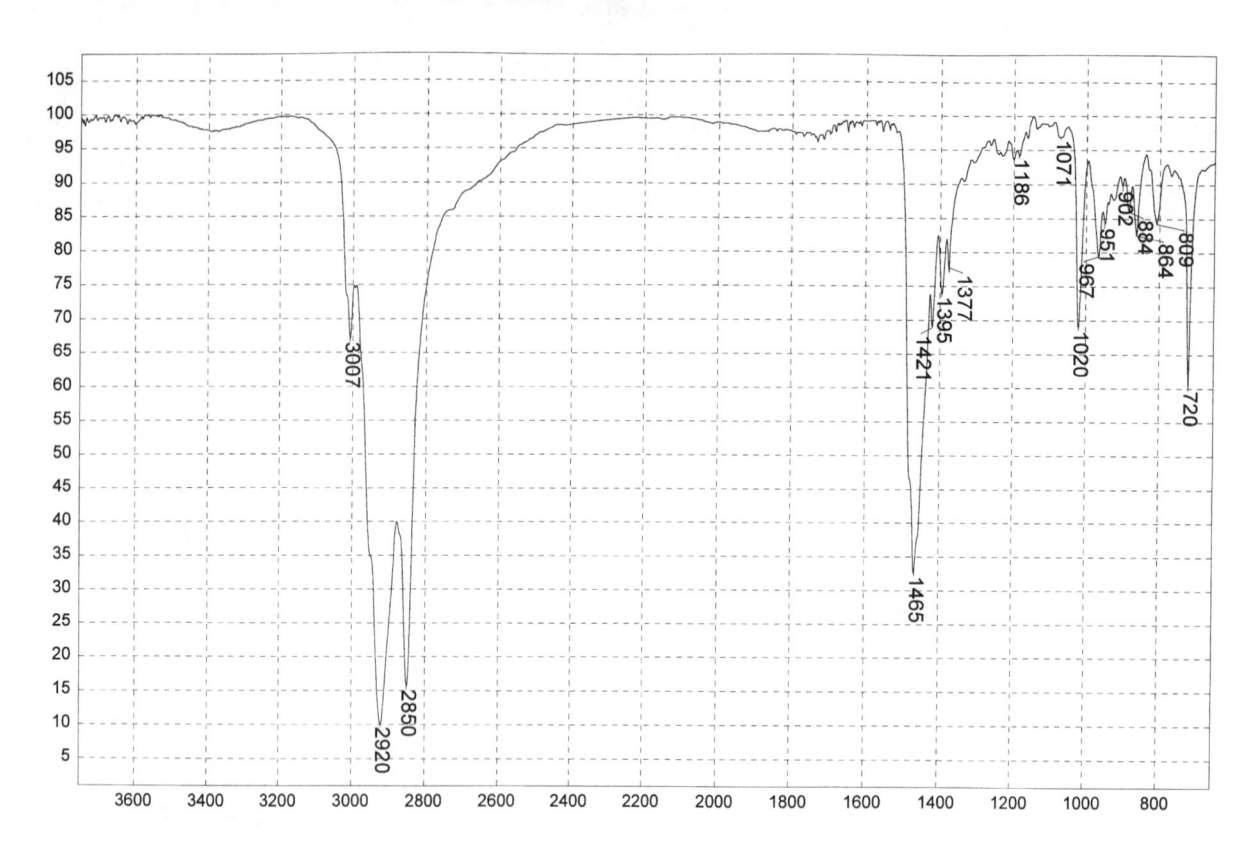

1765 CETYLDIMETHYLETHYL AMMONIUM BROMIDE

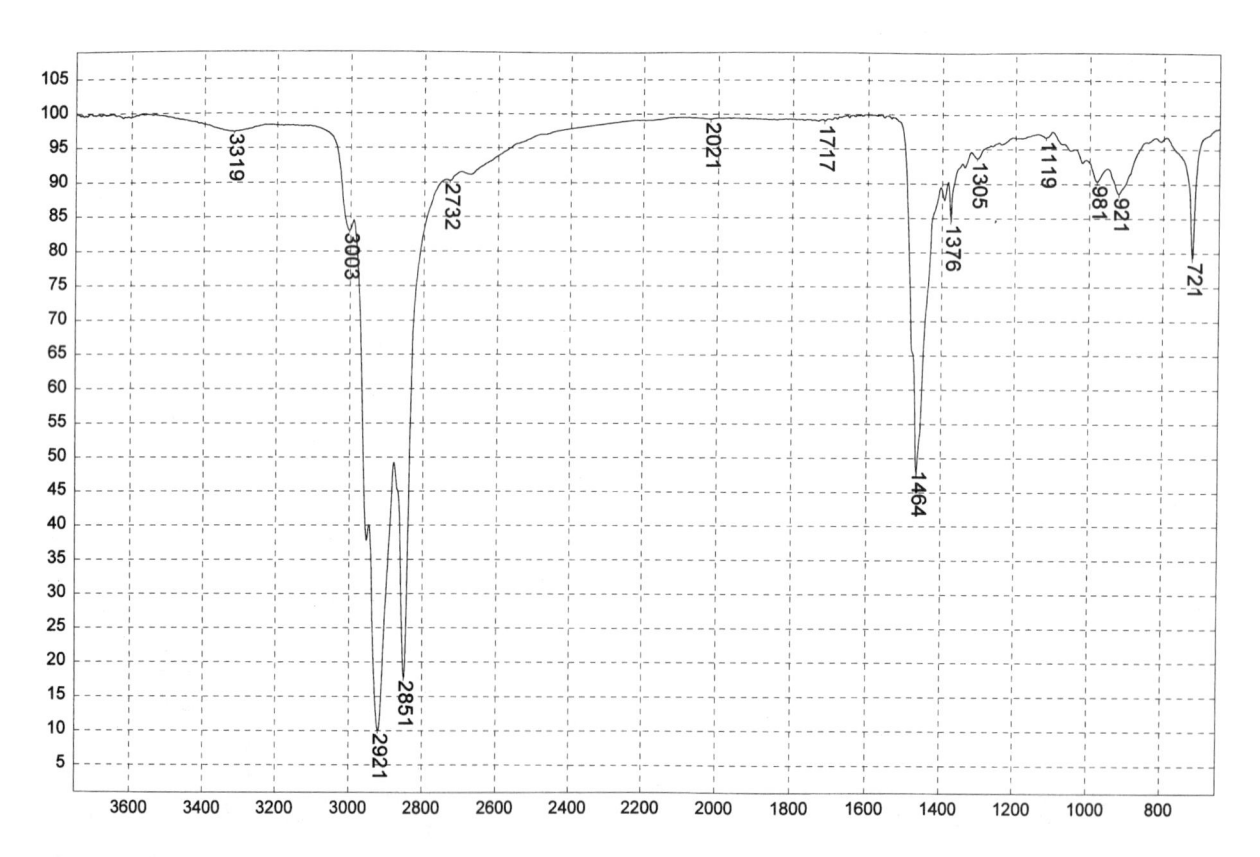

1766 DILAURYLDIMETHYL AMMONIUM BROMIDE

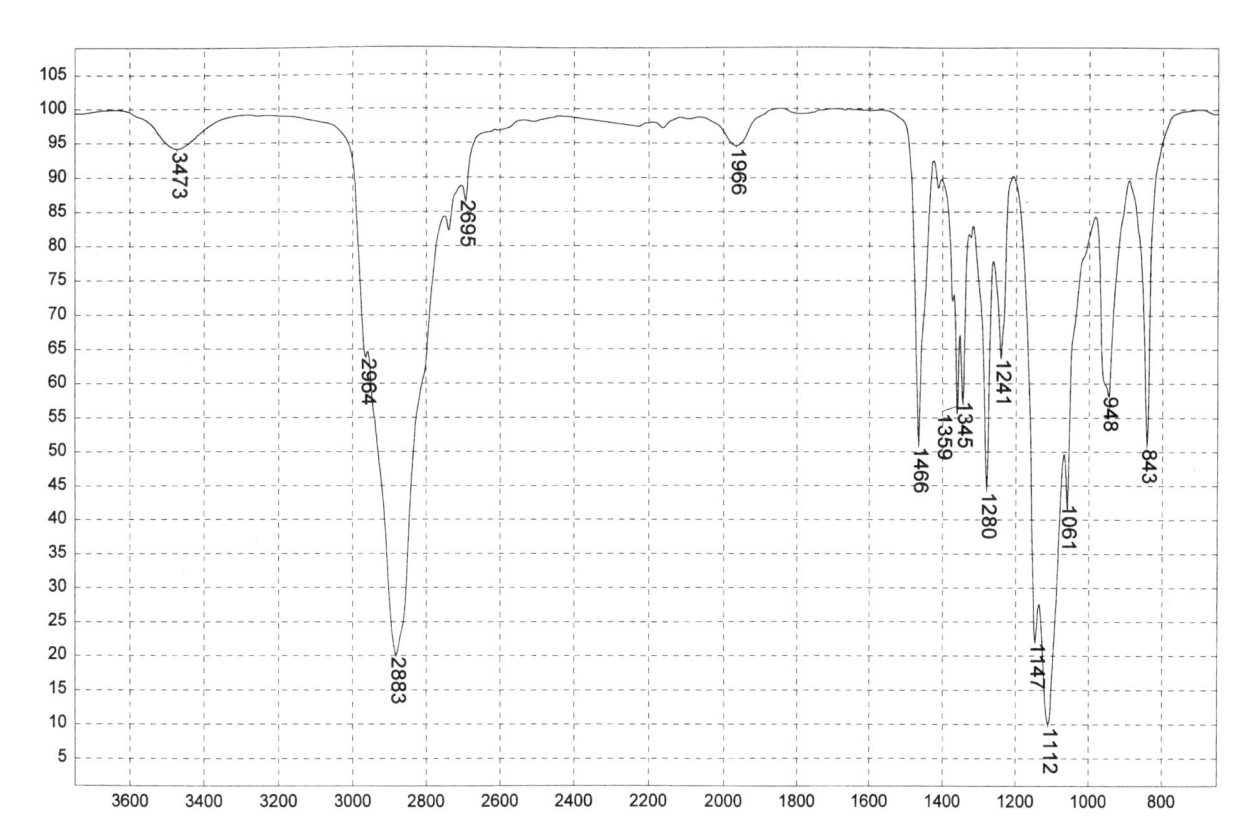

1767 PLURONIC 10R8PRILL SURFACTANT - CAST FILM

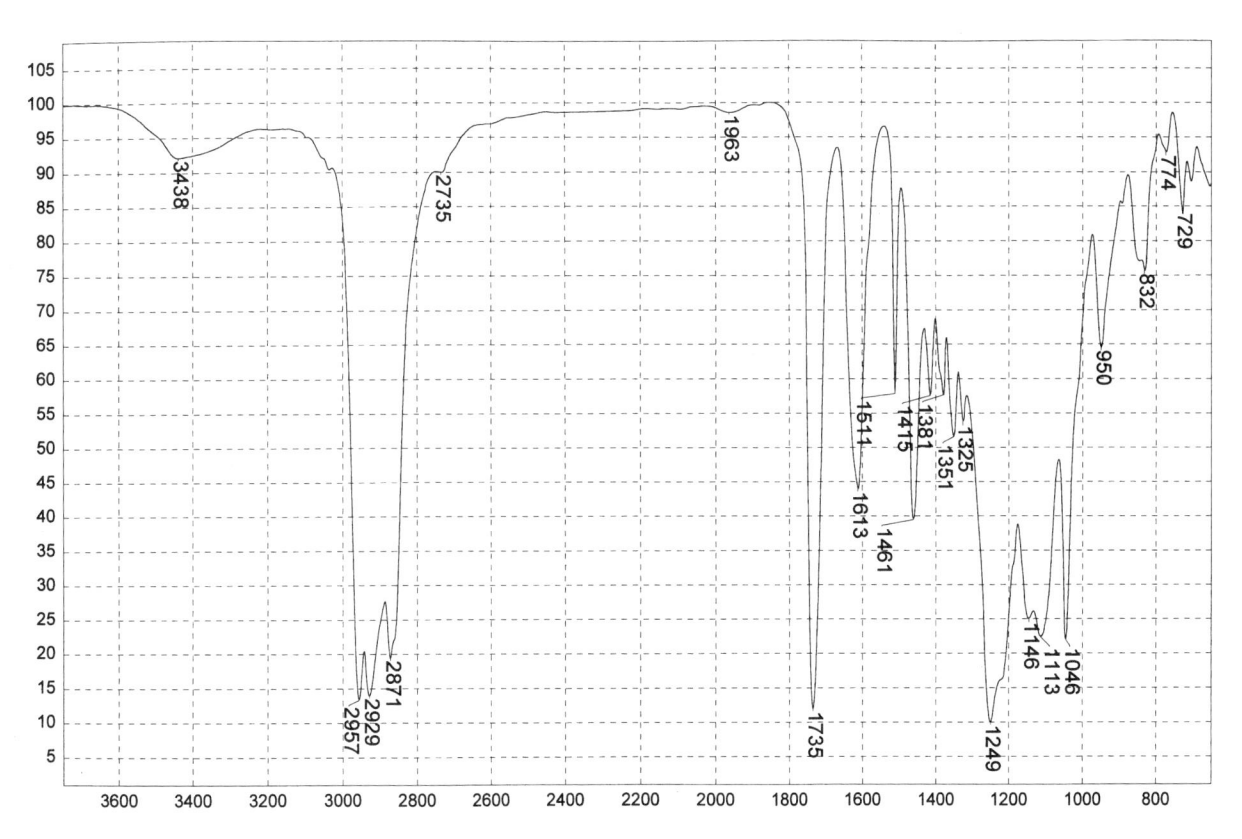

1768 GEMTEX SM-33, LIQUID FILM ON KCl

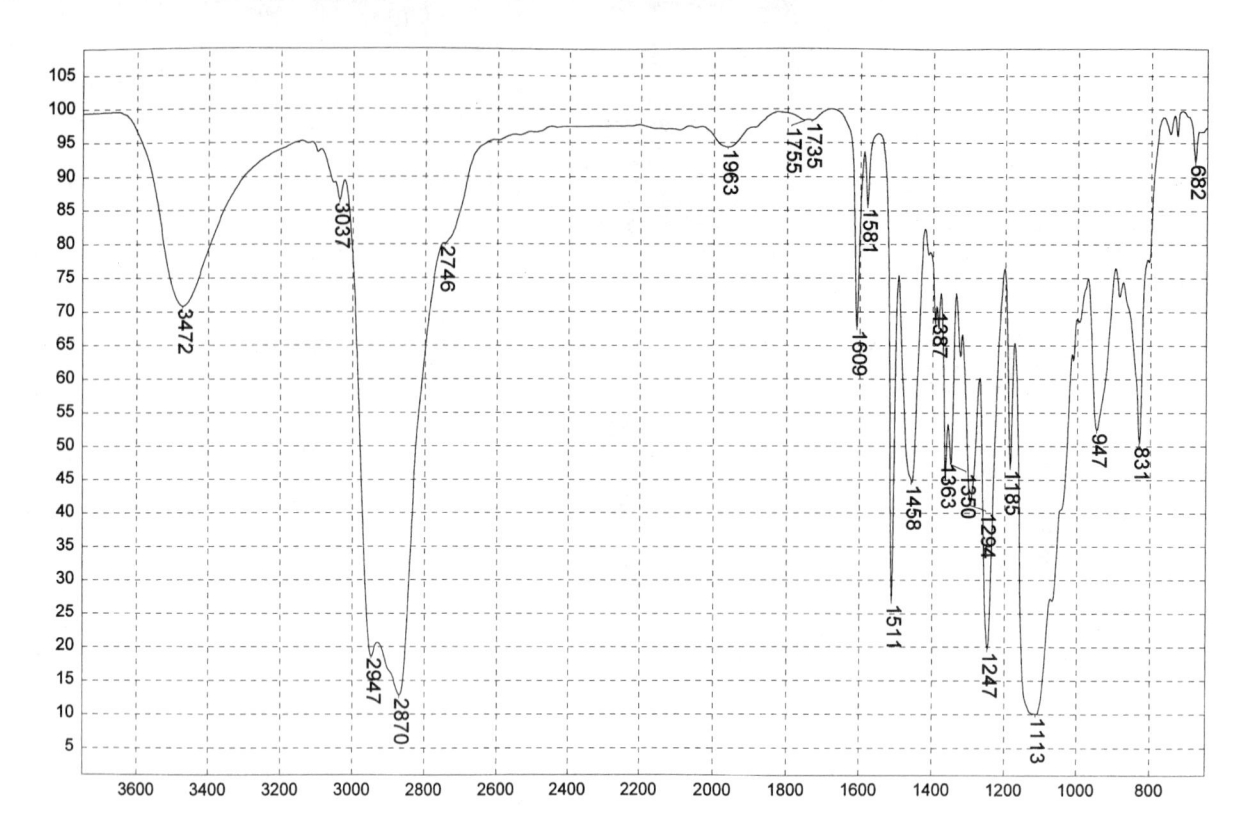

1769 TRITON X-100, LIQUID FILM ON KCl

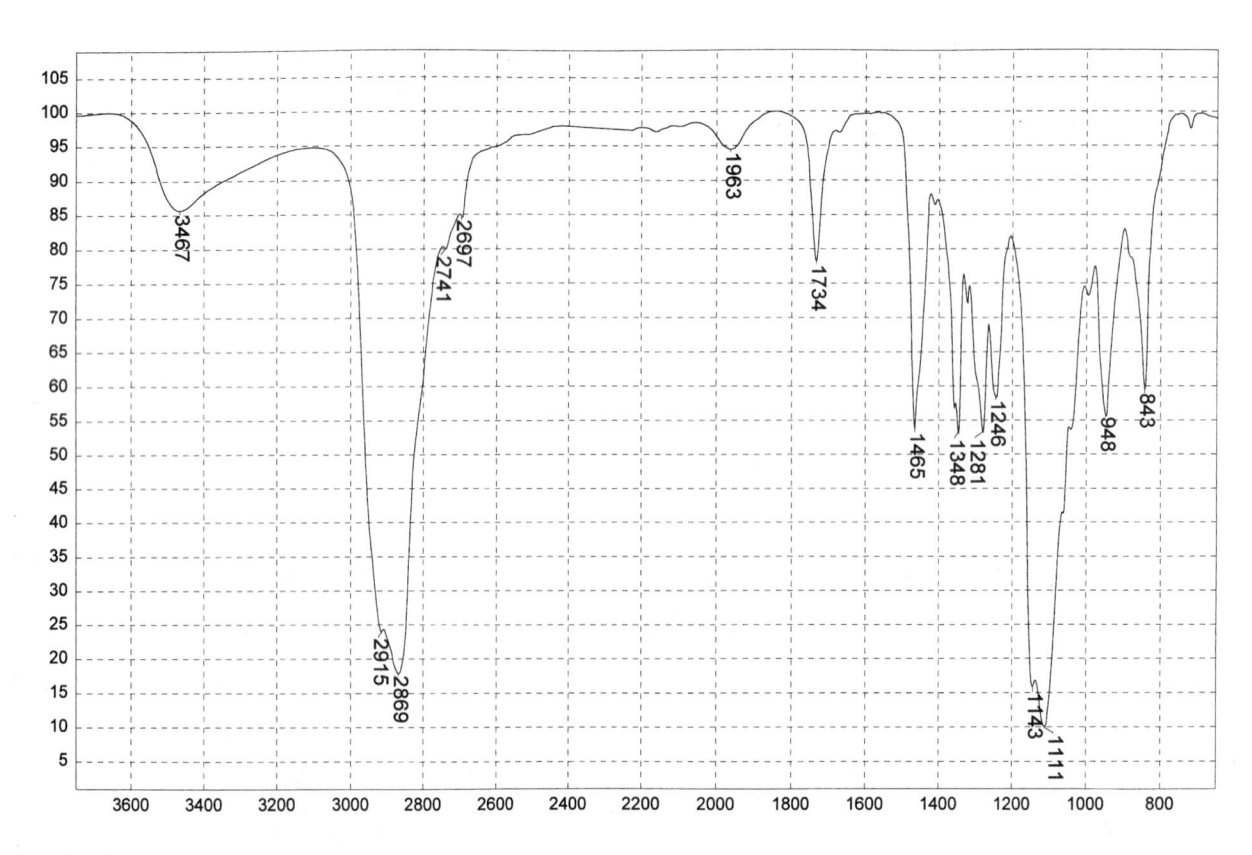

1770 PEG-75 LANOLIN, LIQUID FILM ON KCl

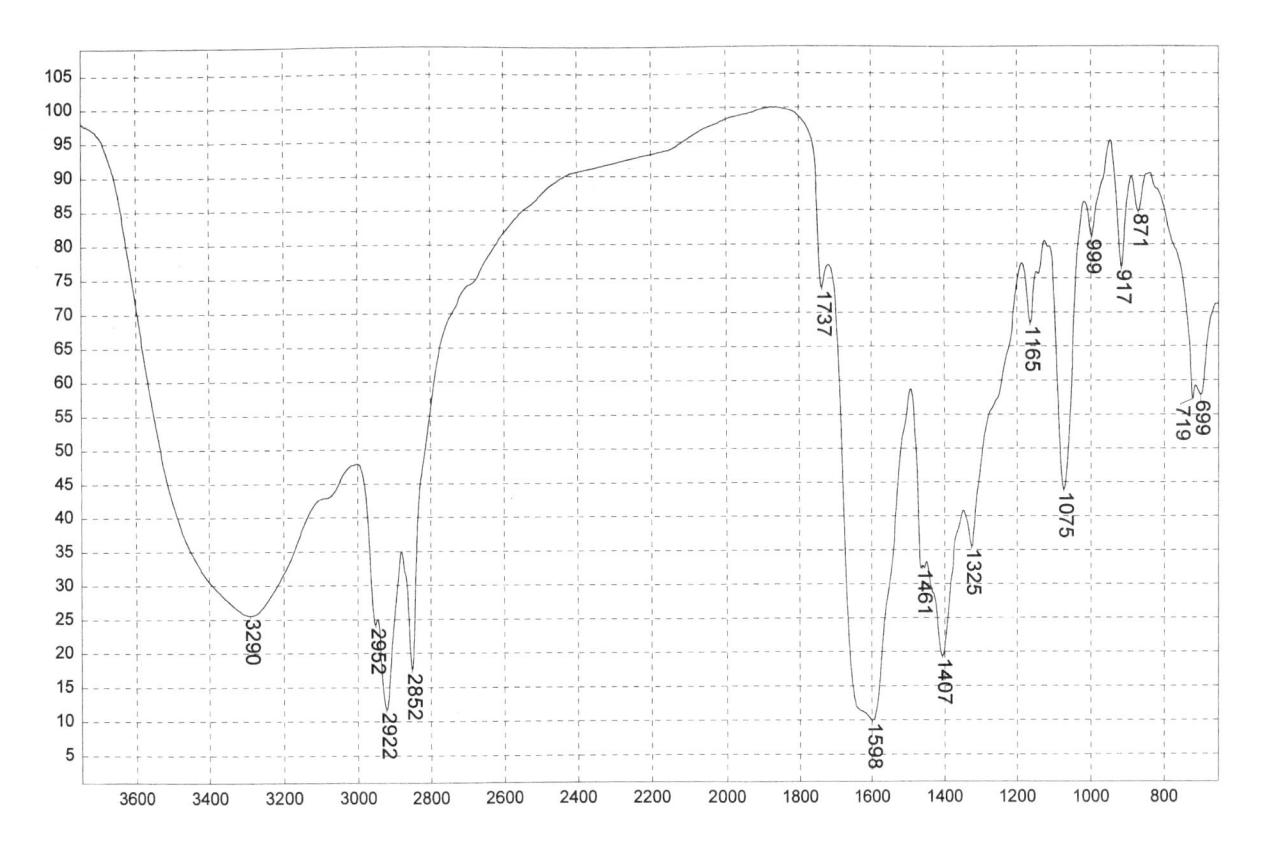

1771

MIRANOL C2MNPLV, COCOAMPHOCARBOXY GLYCINE

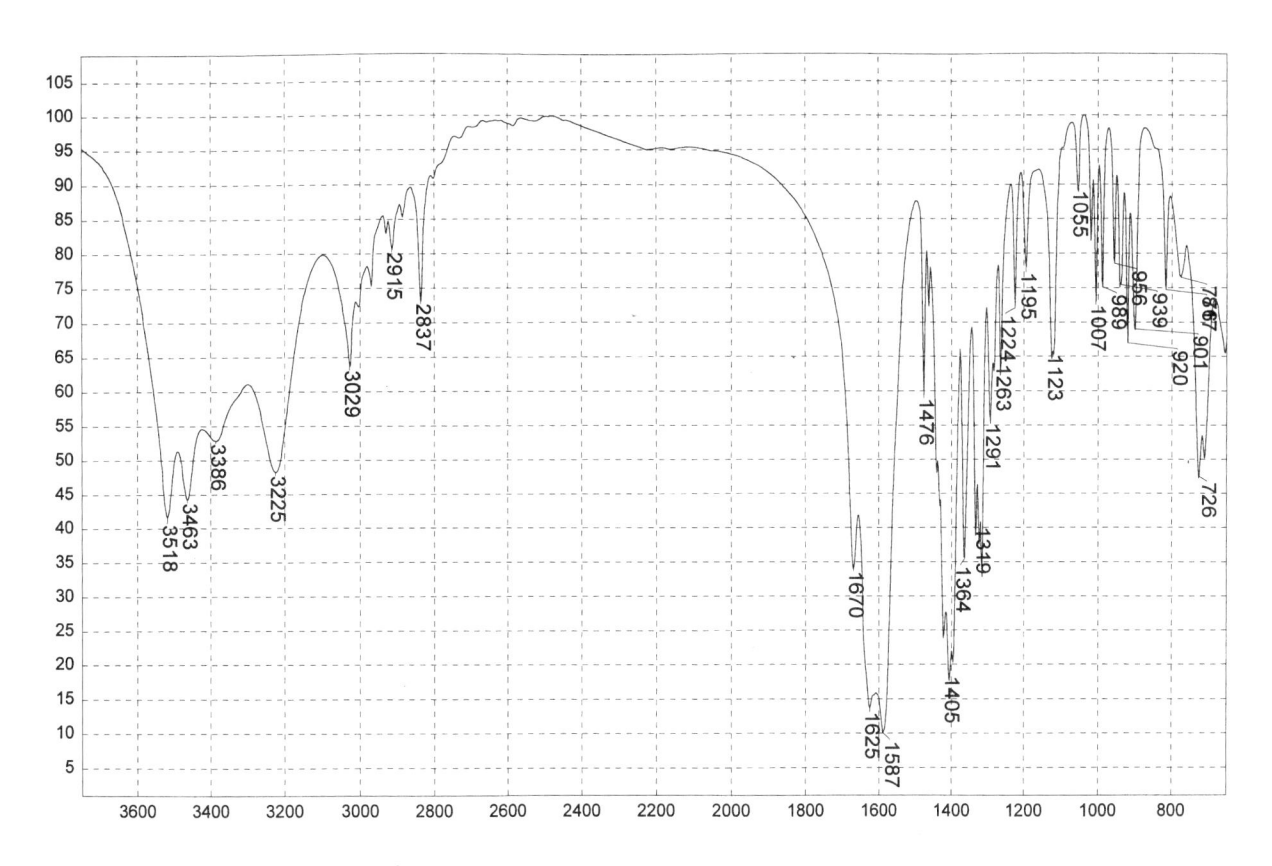

1772

SEQUESTRENE Na₃, KBr DISK

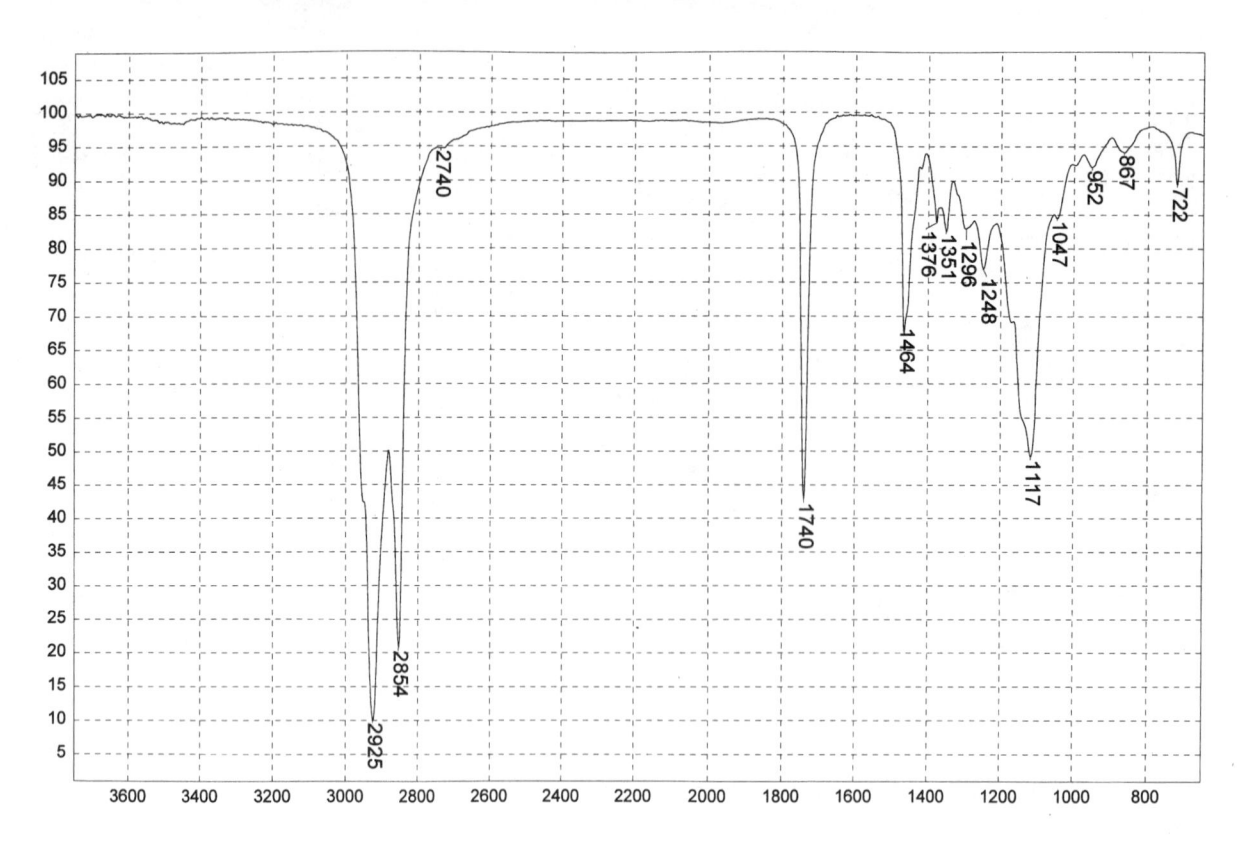

1773 CETIOL 1414-E, MYRETH-3-MYRISTATE

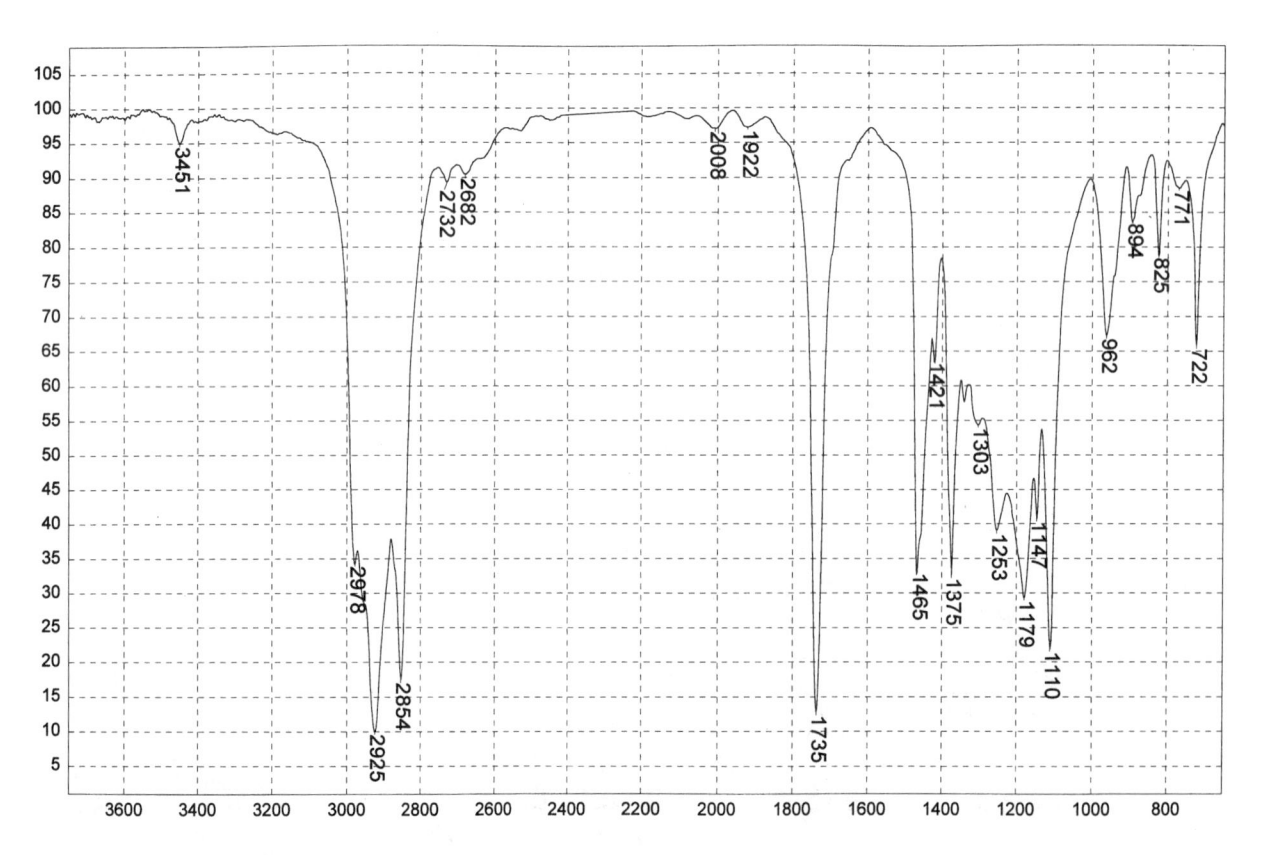

1774 EMEREST 2316, ISOPROPYL PALMITATE

384

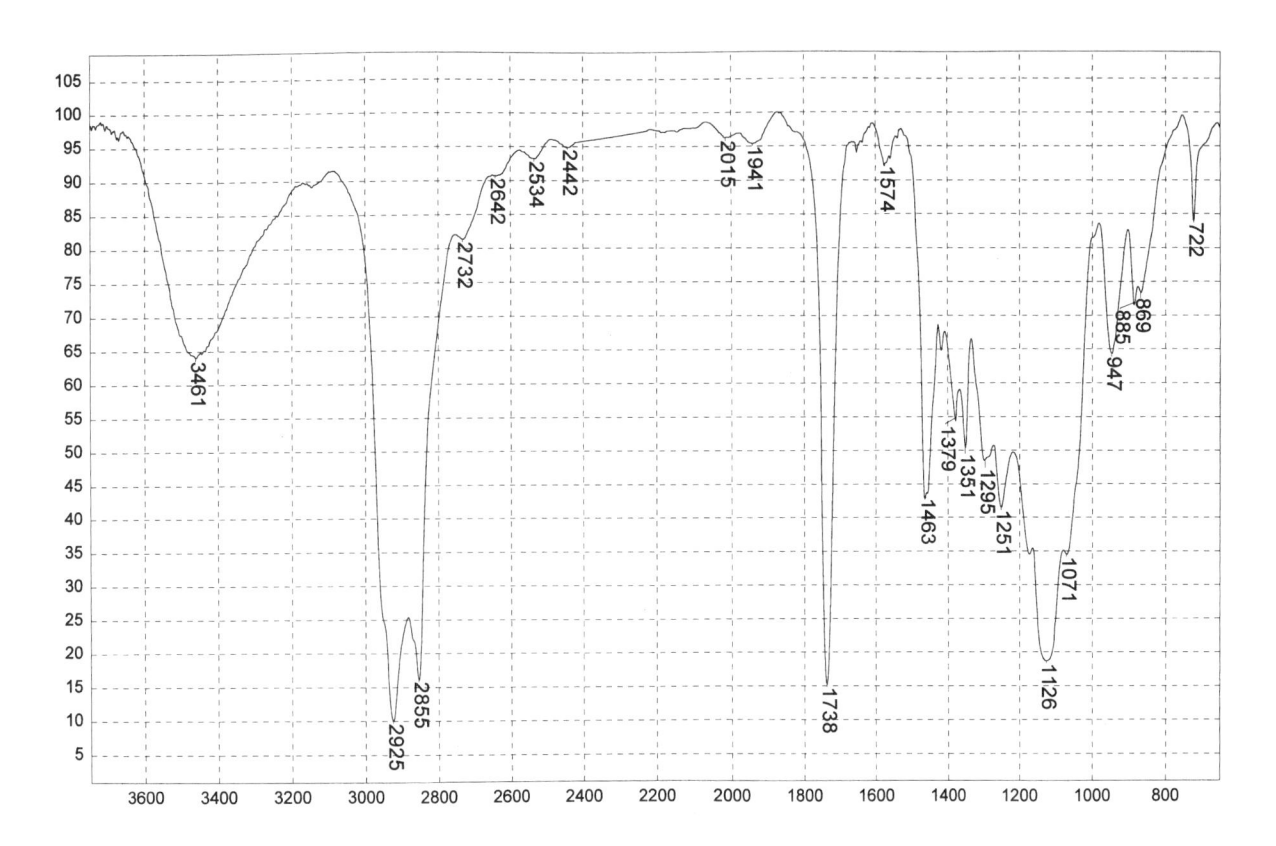

1775   EMEREST 2620, PEG (200) MONOLAURATE

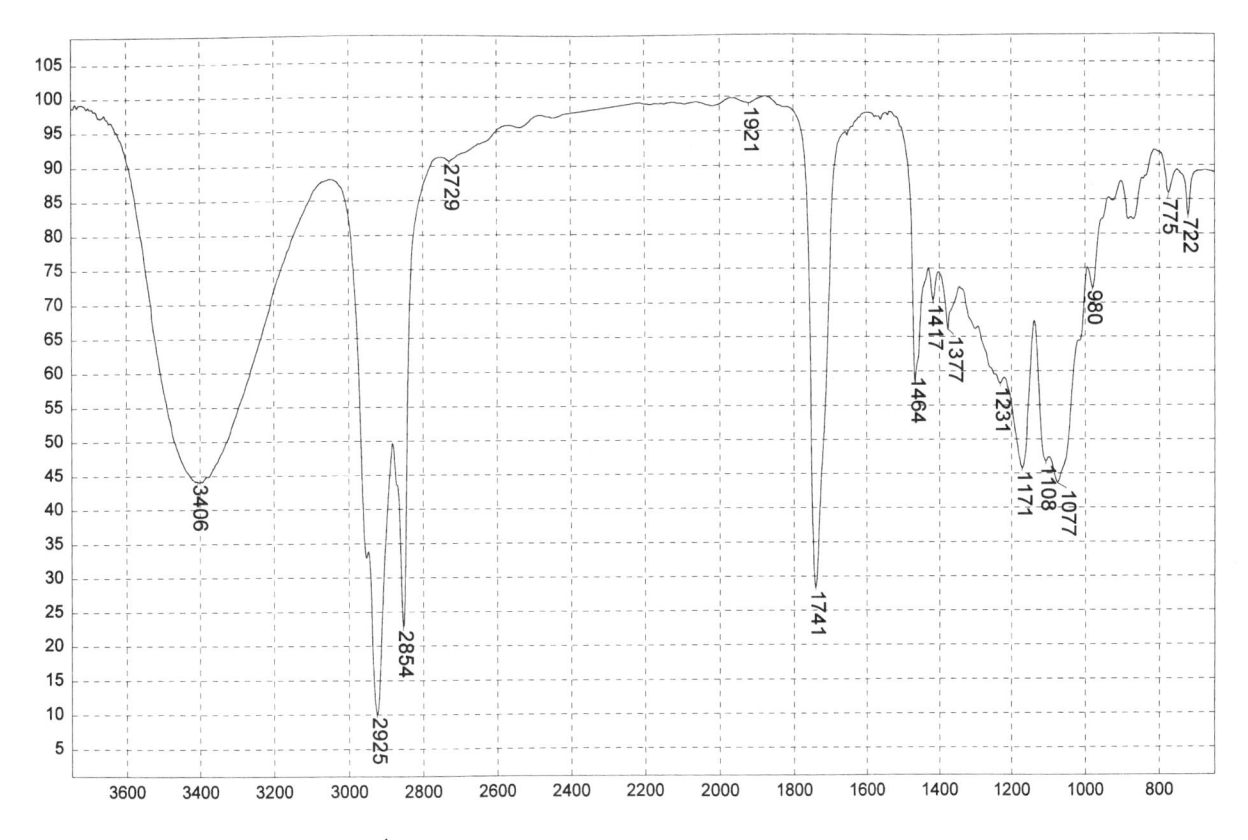

1776   EMSORB 2515, (SML) SORBITAN MONOLAURATE

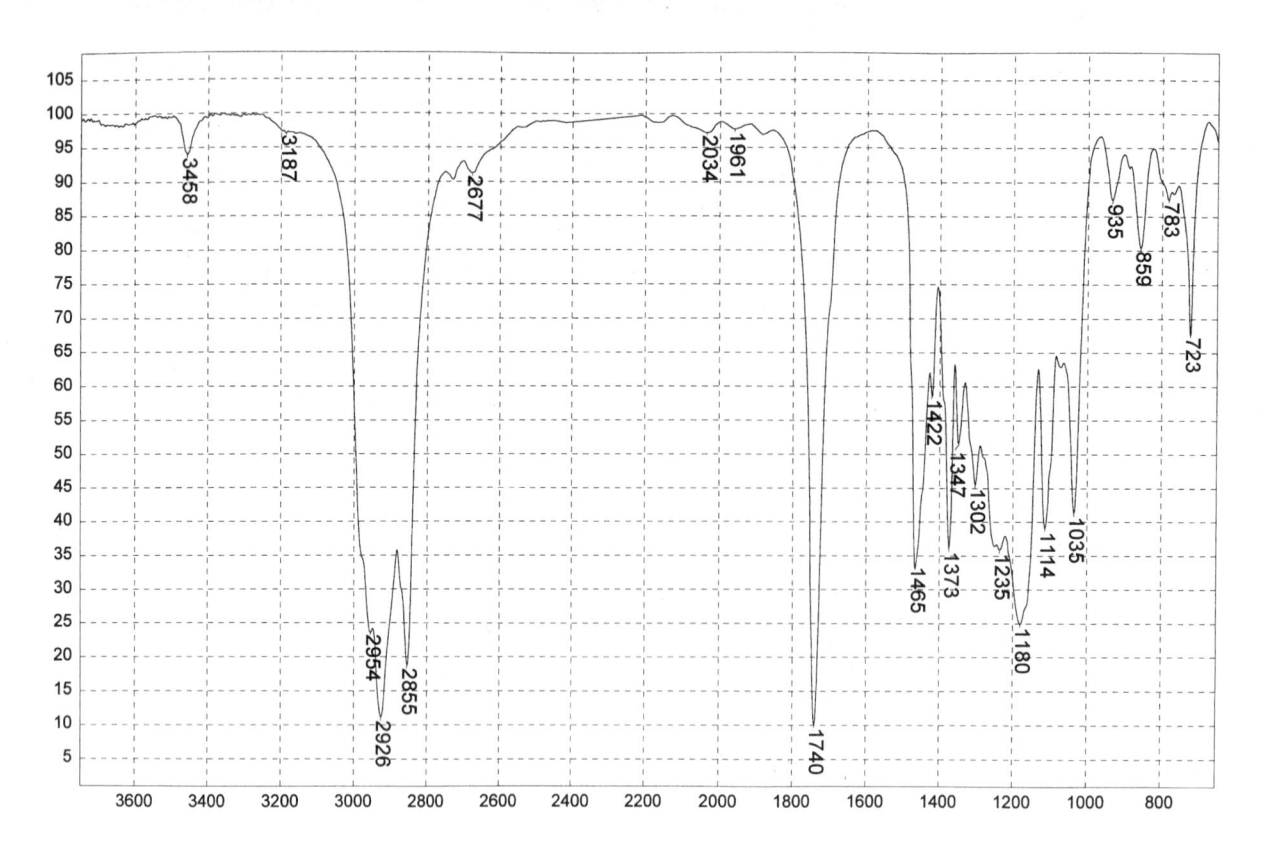

1777   LAURIC ACID, ETHYL ESTER

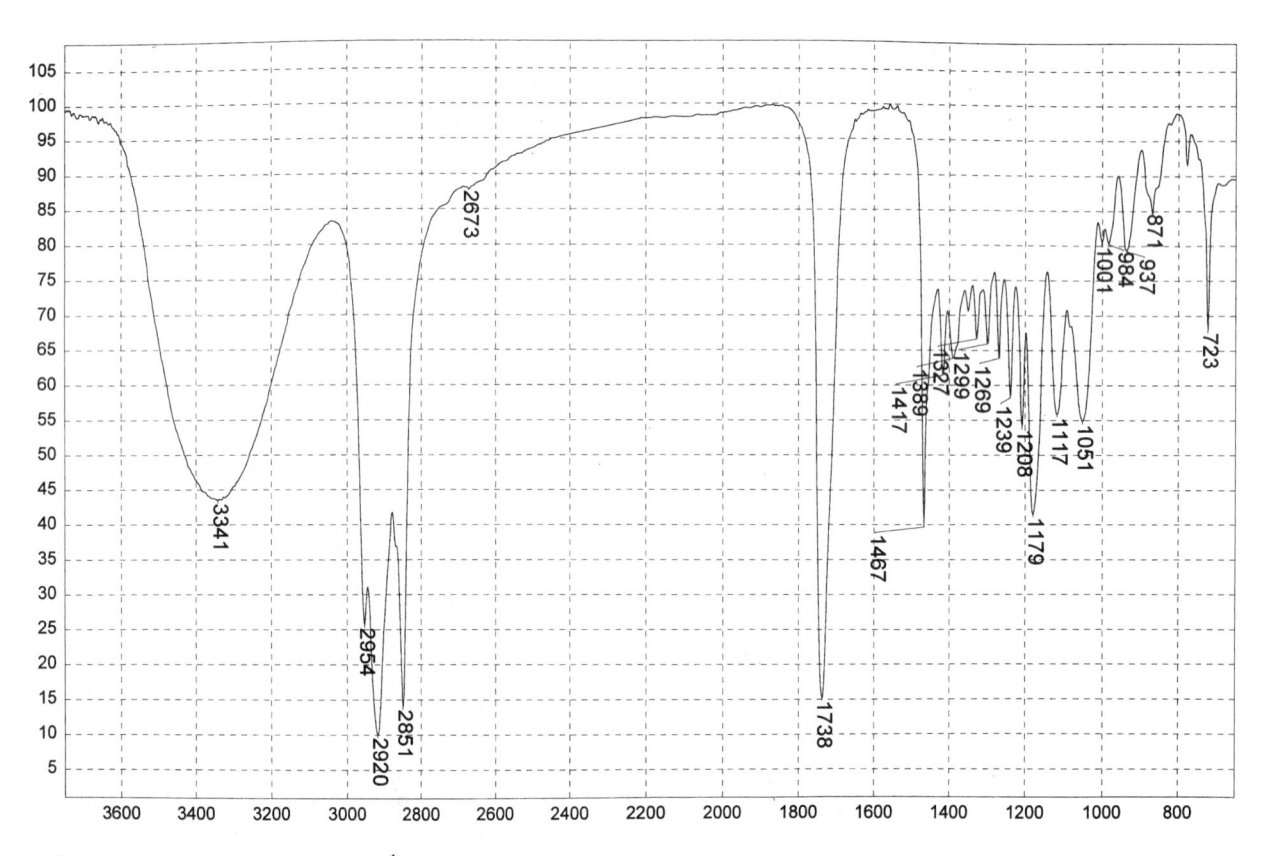

1778   LAURICIDIN, FATTY ACID(S) MONOGLYCERIDE

1-MONOLAUROYL-RAC-GLYCEROL

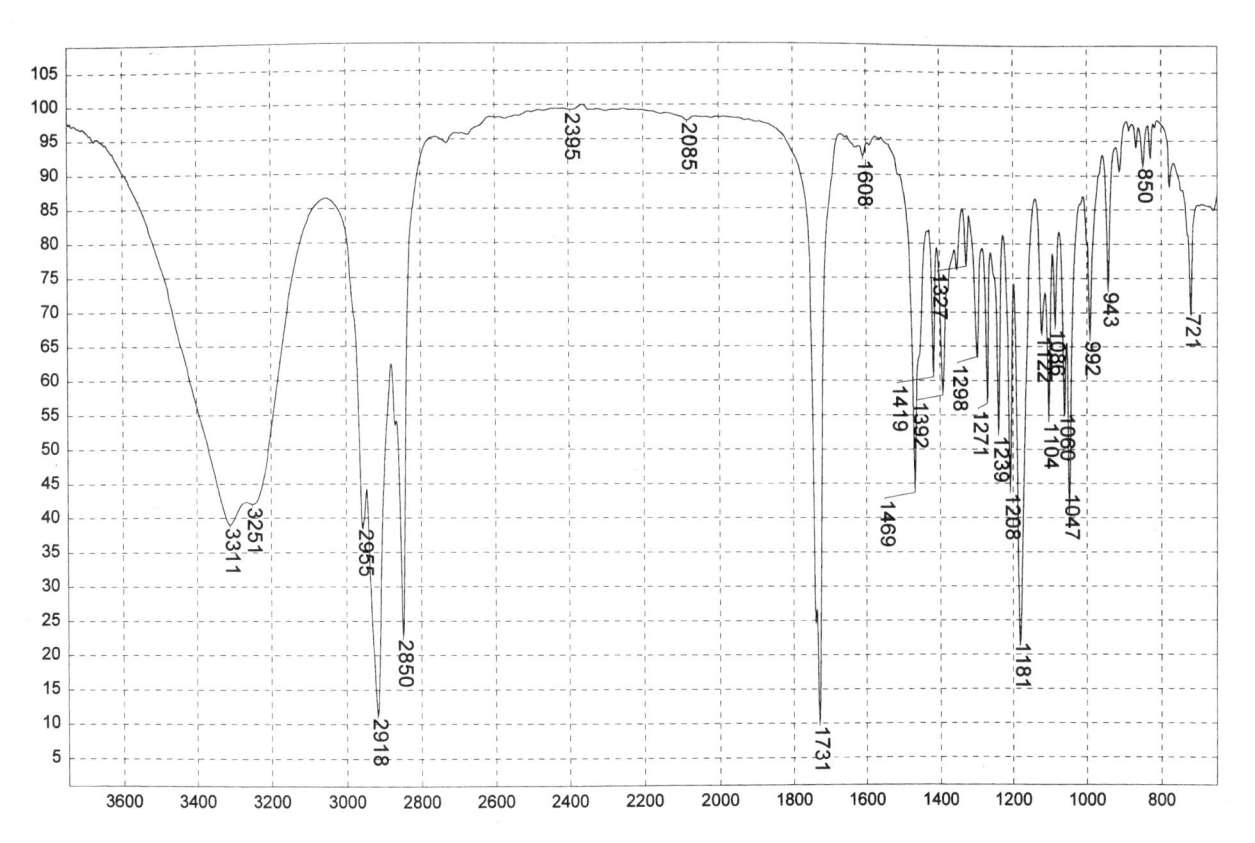

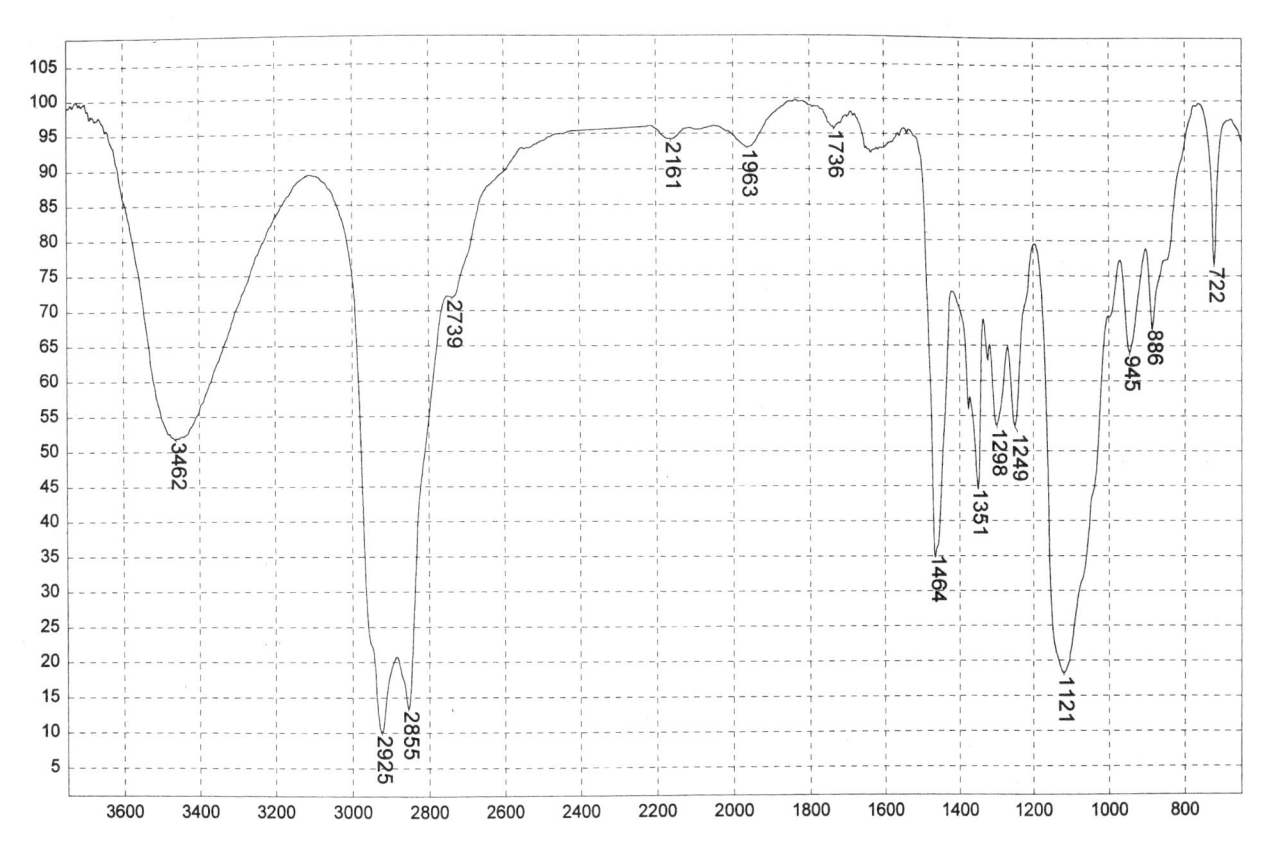

1779

TRYCOL 5966, ETHOXYLATED LAURYL ALCOHOL

1780

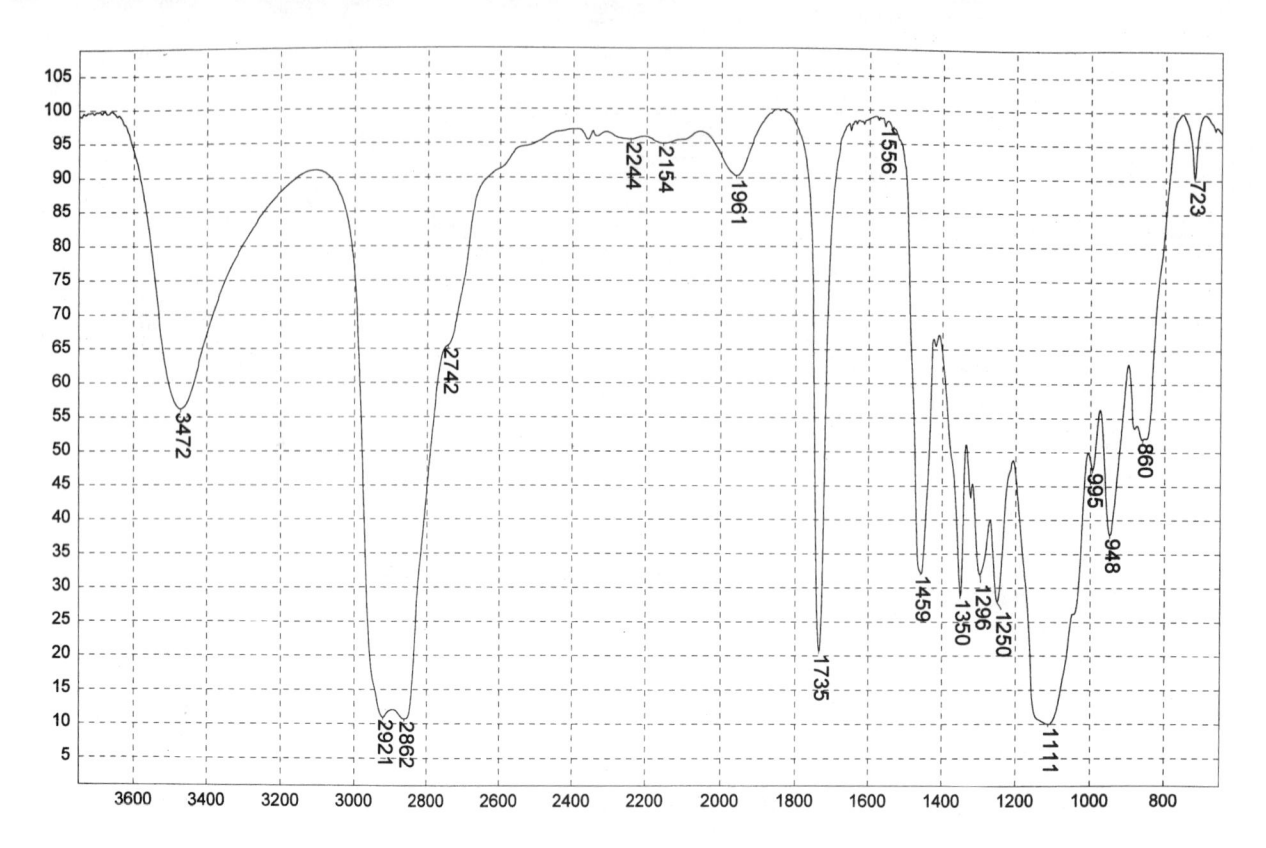

1781 TAGAT L-2, P.O.E. GLYCEROL FAT. ACID ESTERS

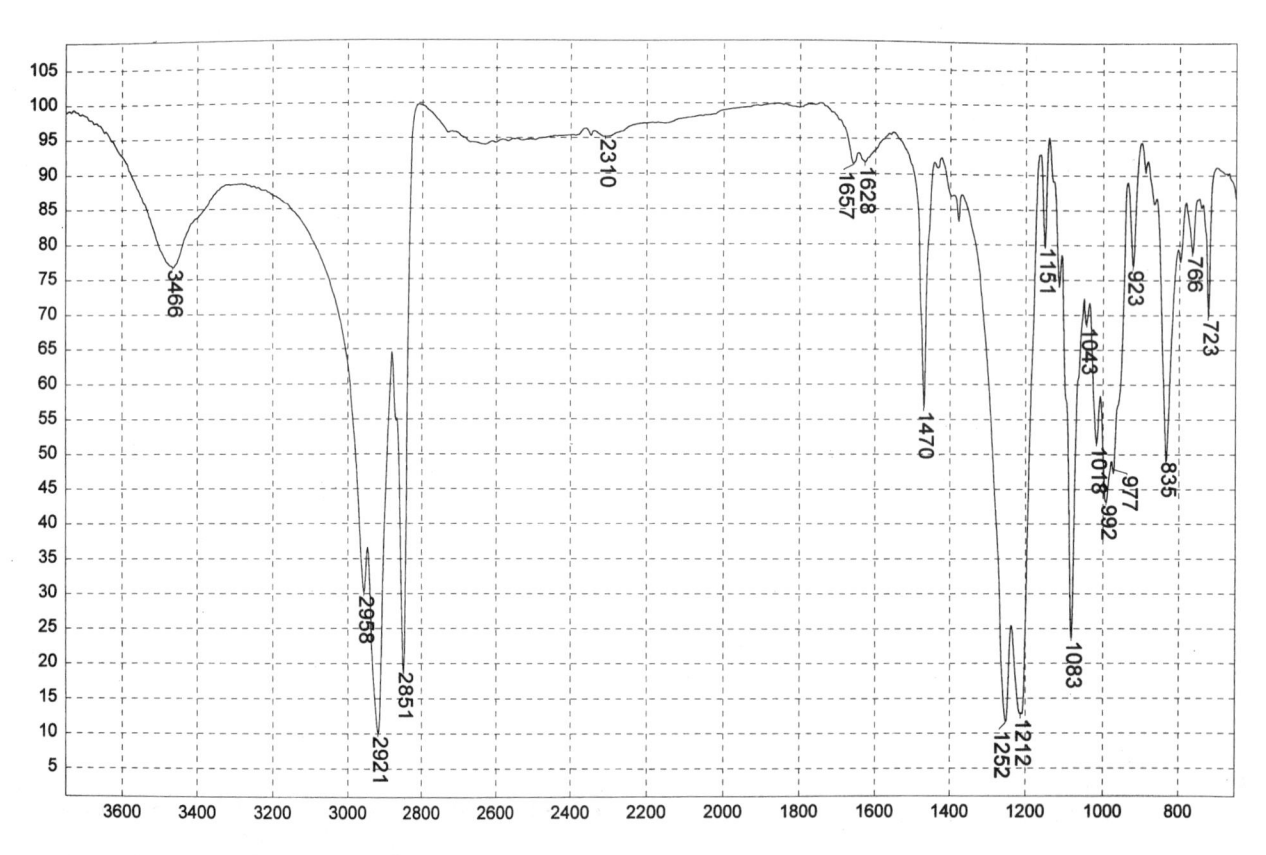

1782 HENKEL SODIUM LAURYL SULFATE ON KBr DISK

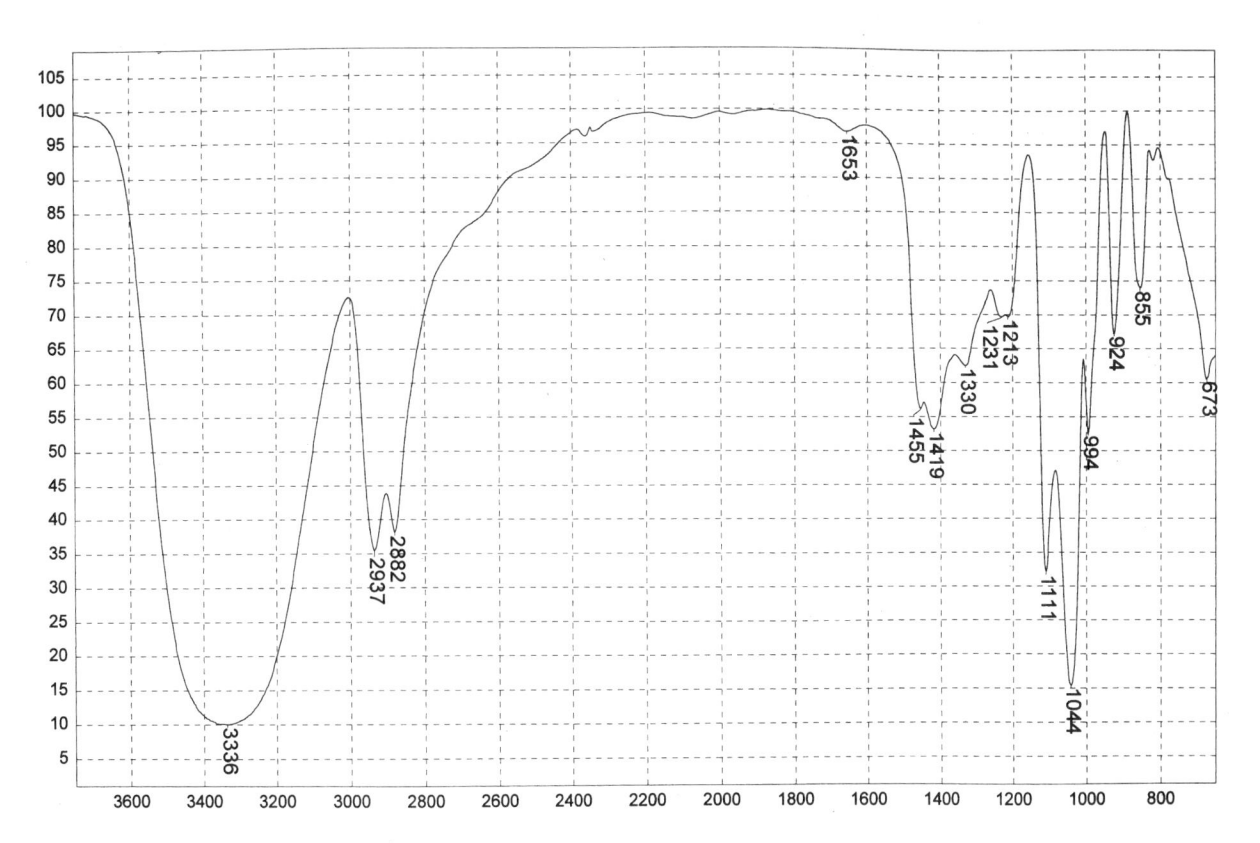

1783 GLYCEROL, FILM ON KCl

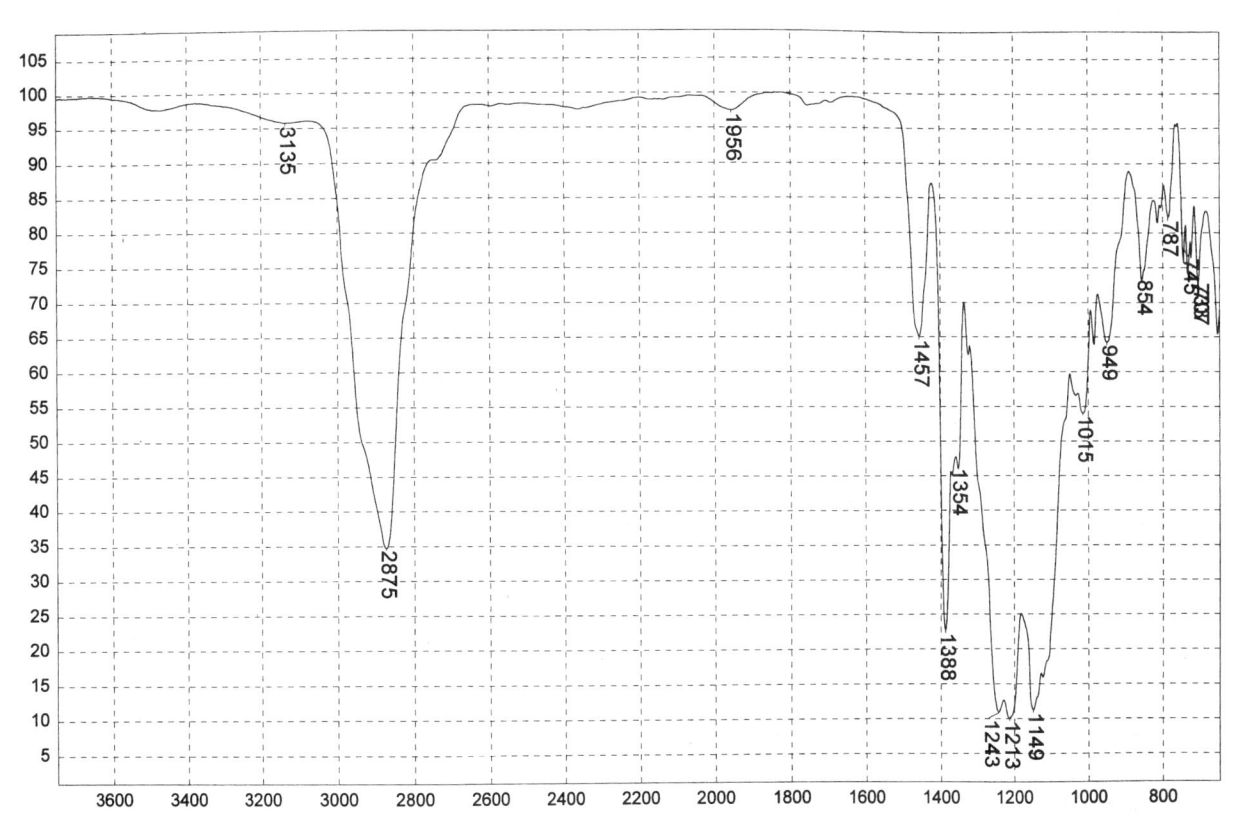

1784 FC1802 FLUORINATED SURFACTANT, CAST FILM

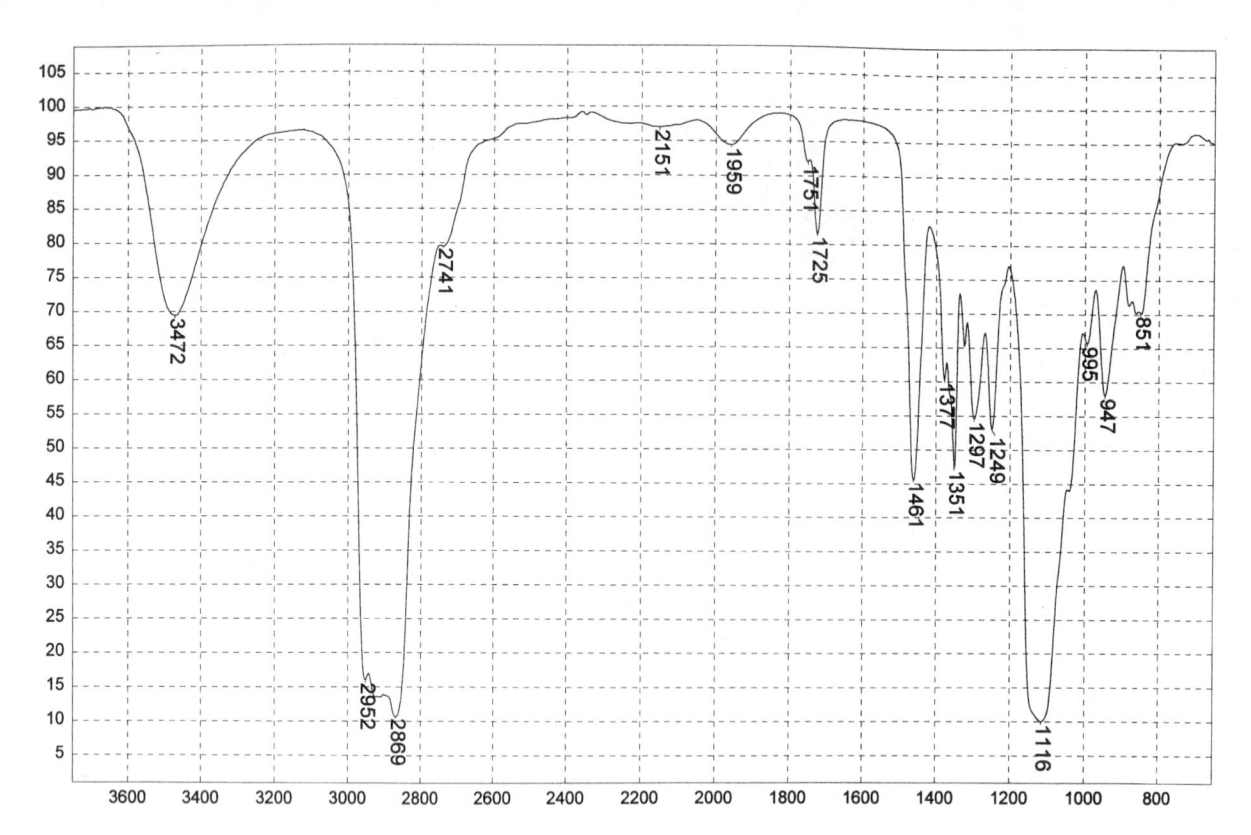

| 1785 | **Polyoxyethlated tridecyl alcohol (9 EtO)** |

| 1786 | **Sulfated oleic acid (org. SO$_3$ 4.5%) sodium sulfonated red oil** |

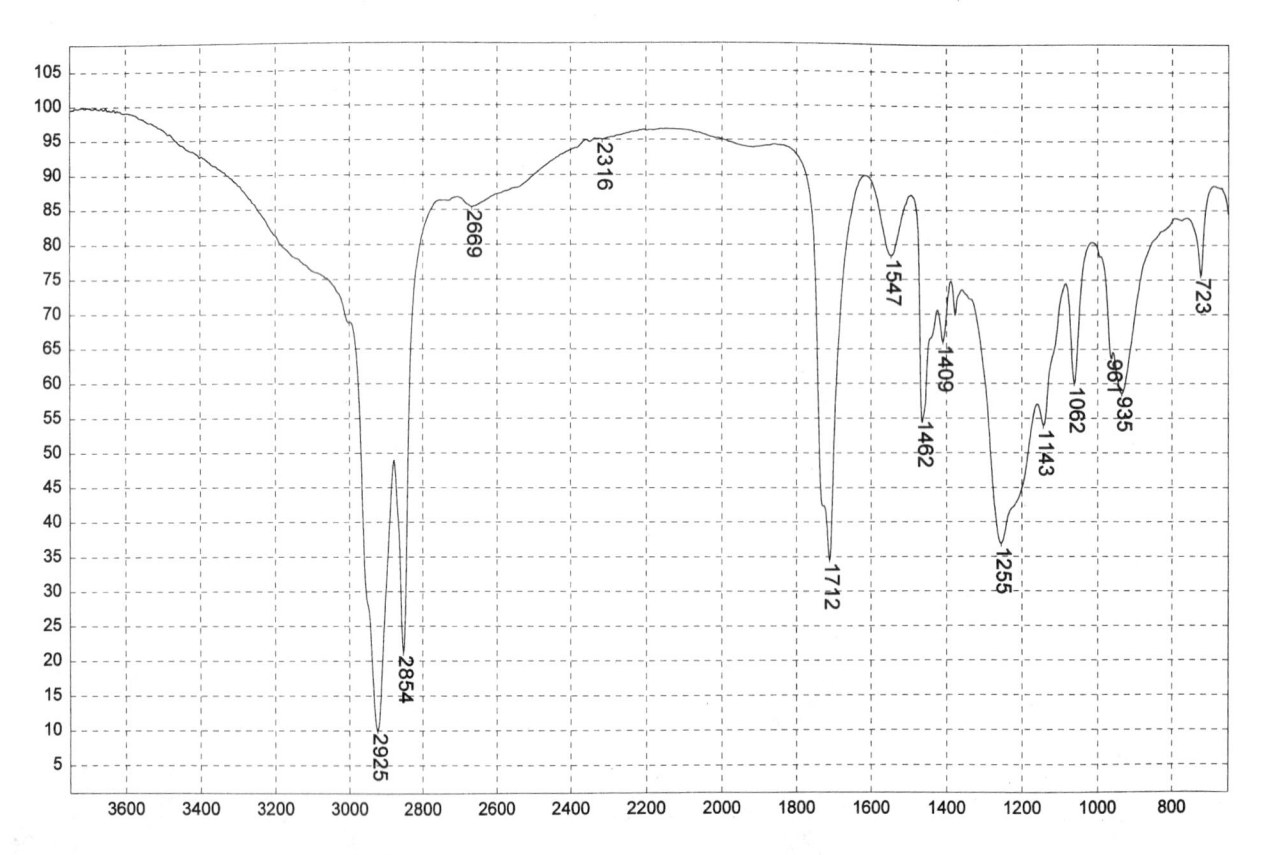

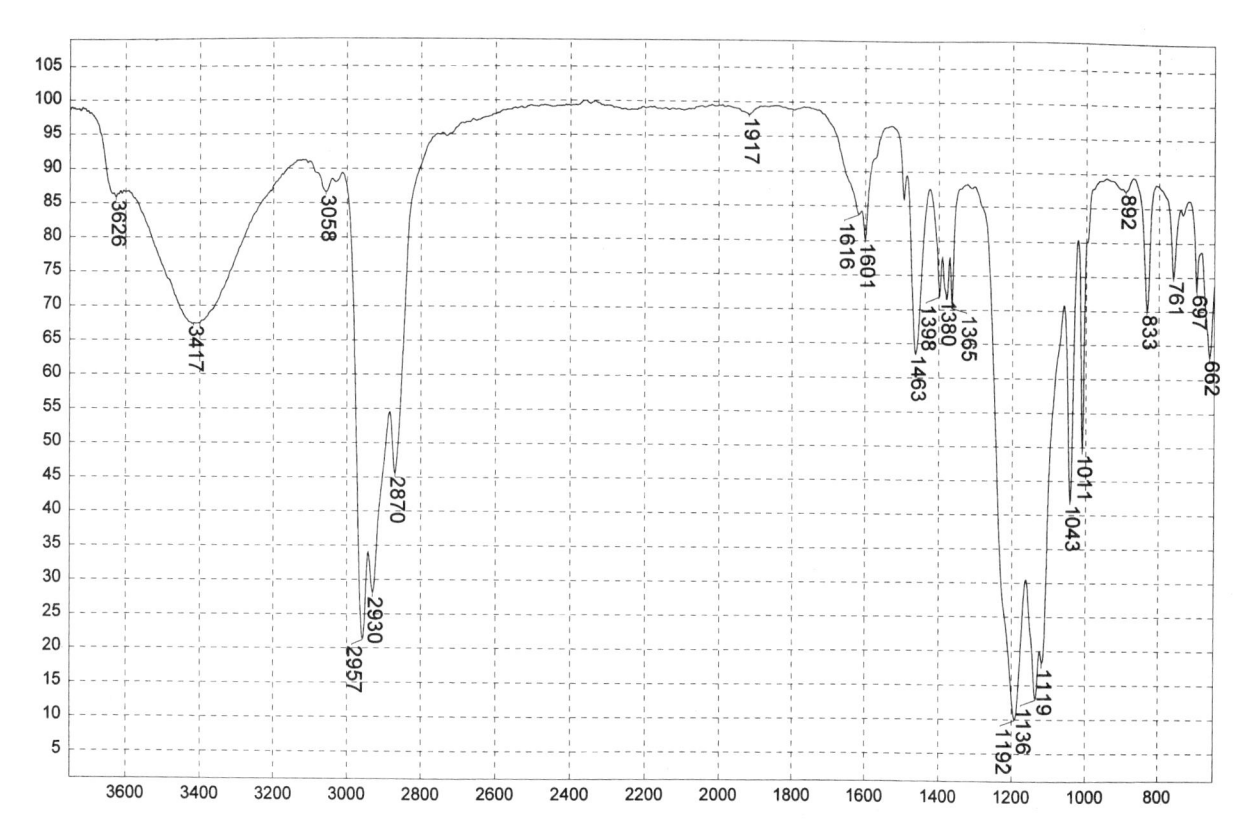

1787 Sodium Mono- and Diamylnaphthalene Sulfonates

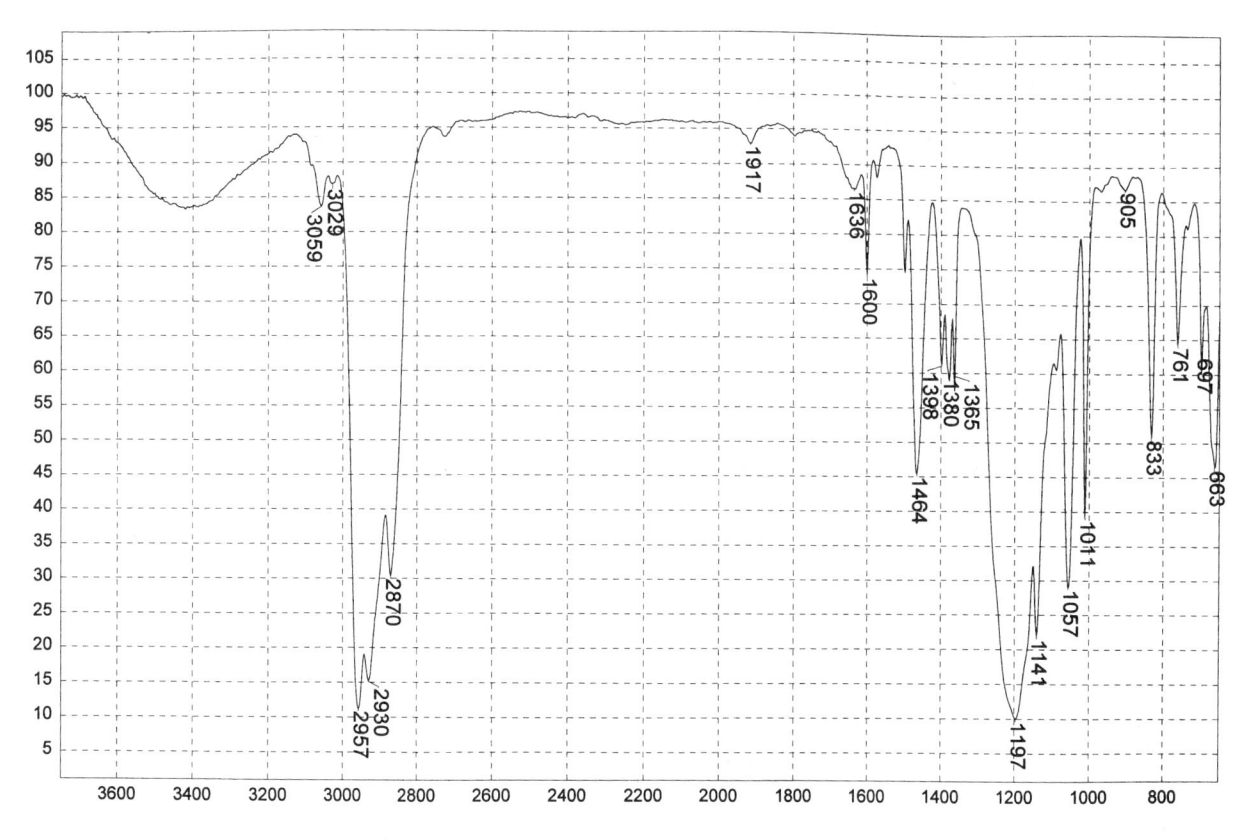

1788 Calcium docylbenzene sulfonate (70% in Oil)

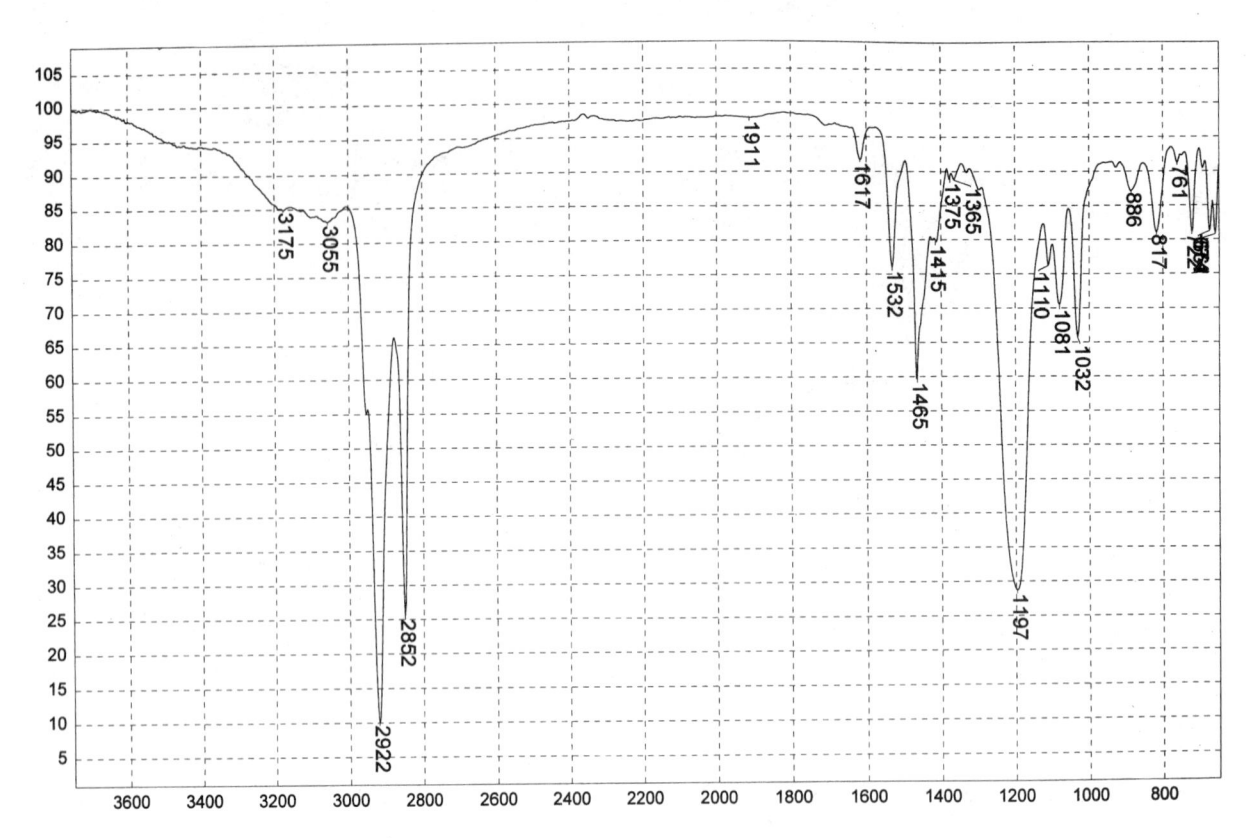

1789 Ammonium alkylbenzimidazole sulfonate

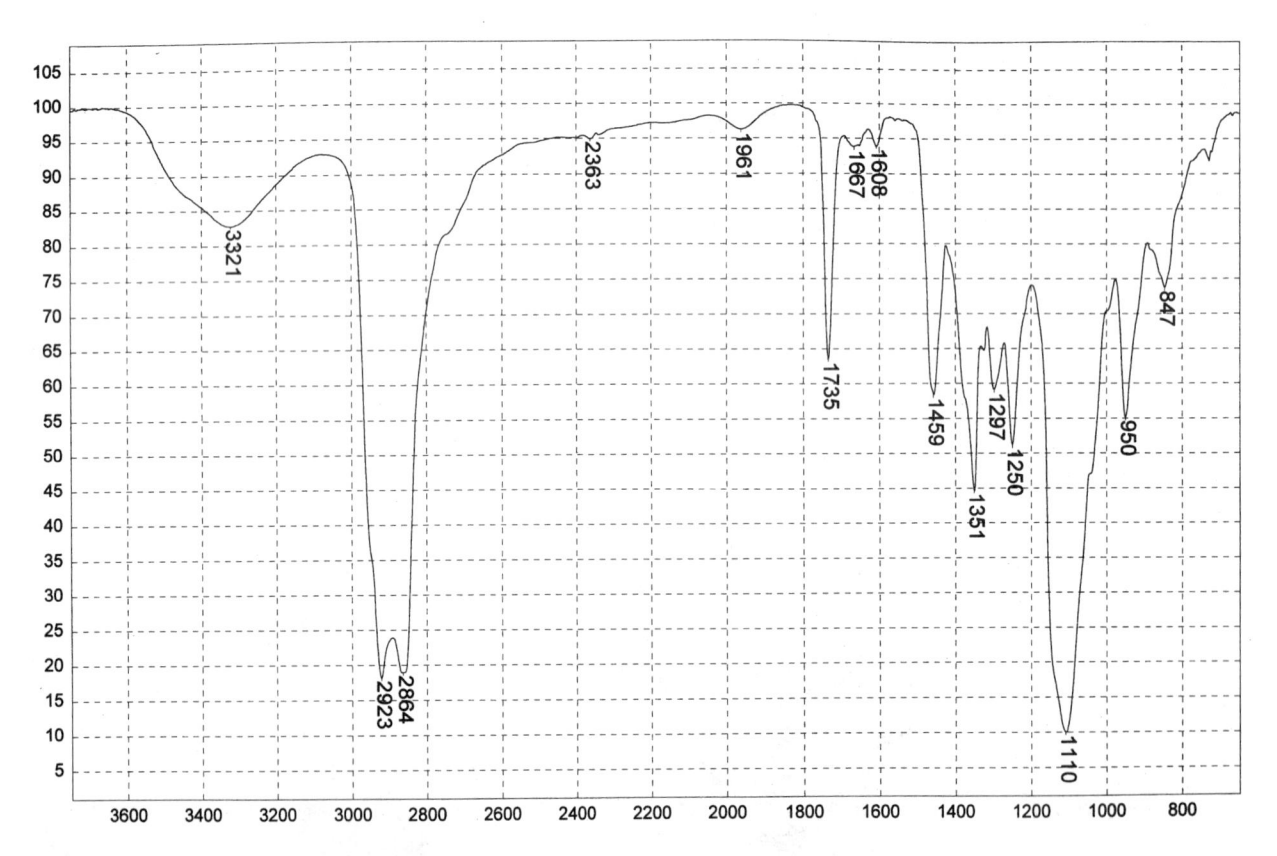

1790 BASF/PE:PET/CS–2/H₂O

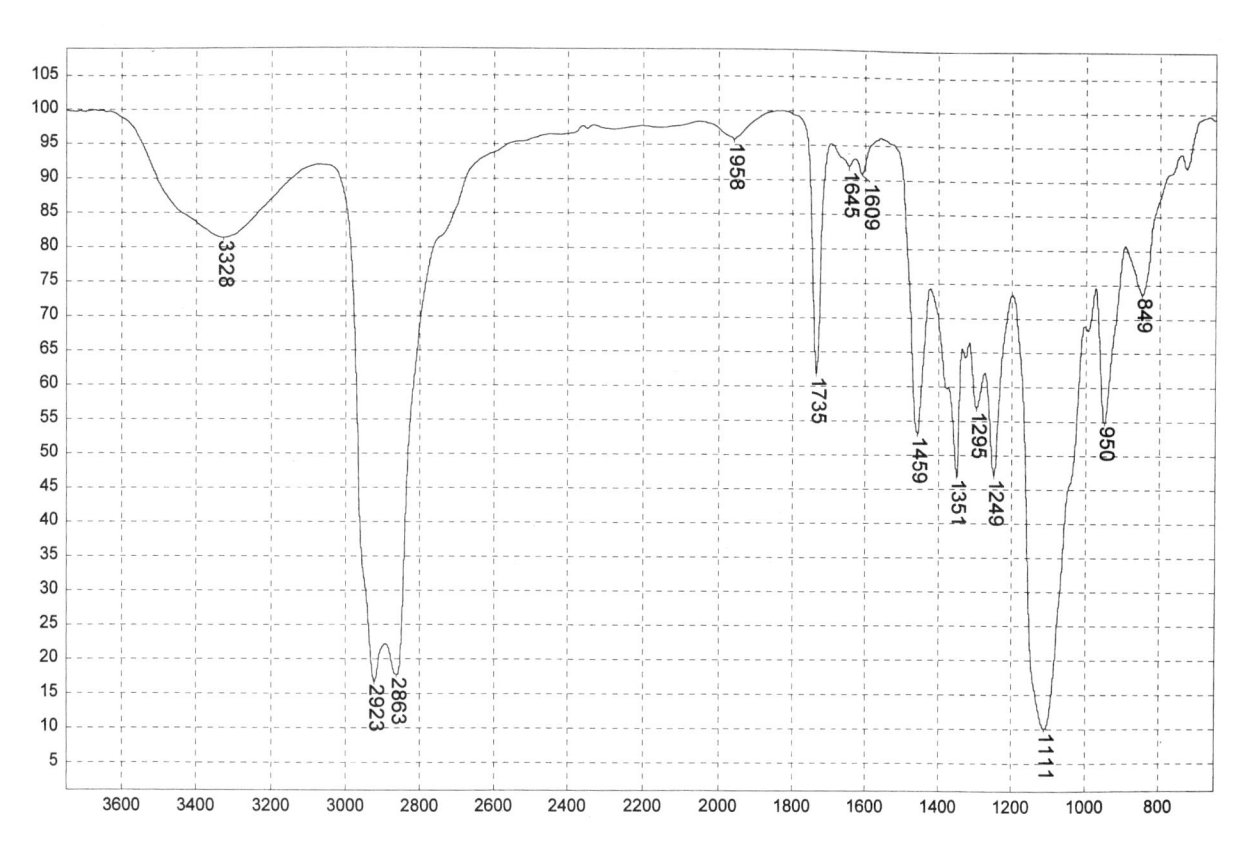

1791   BASF/PE:PET/CS—2/MeOH/MeCl$_2$

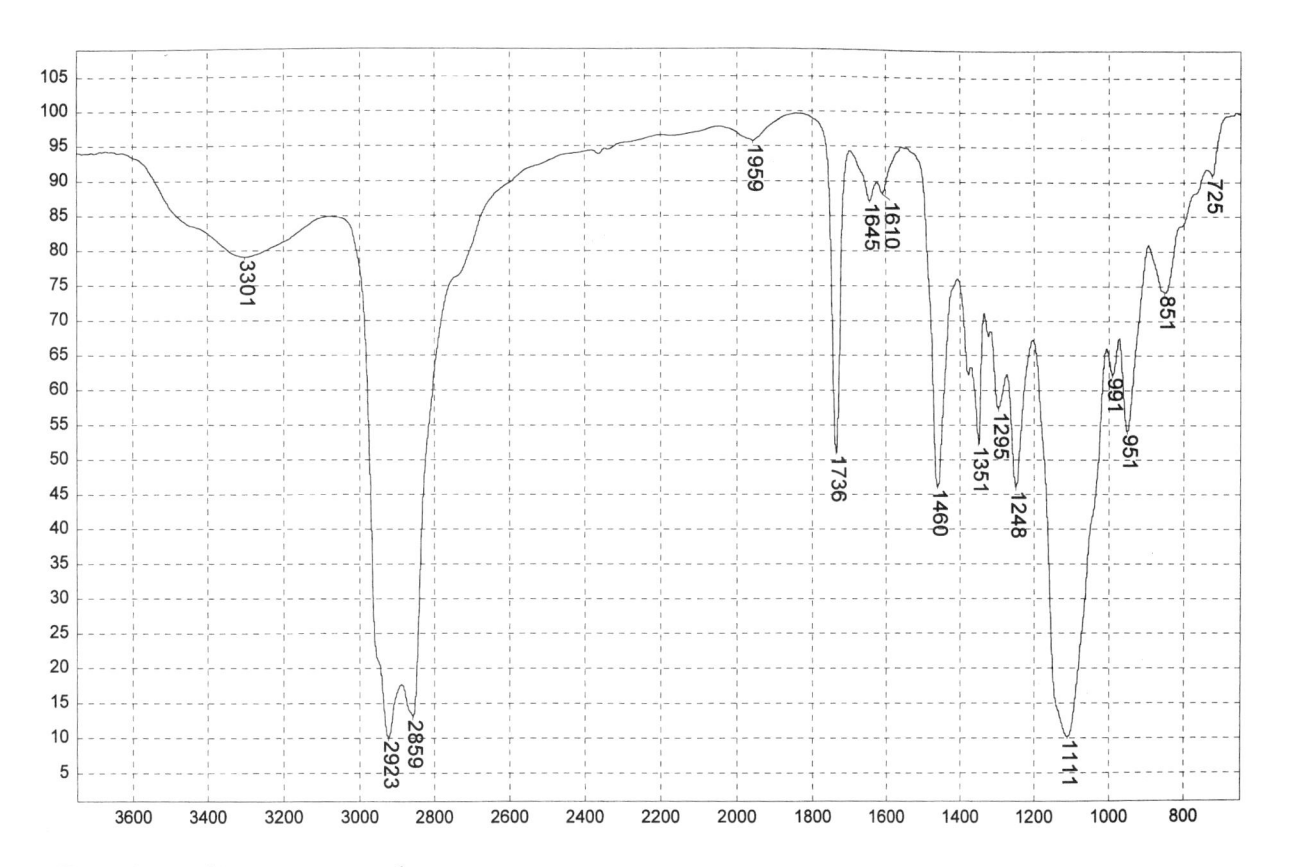

1792   BASF/PE:PET/CS-2/MeOH/HEX

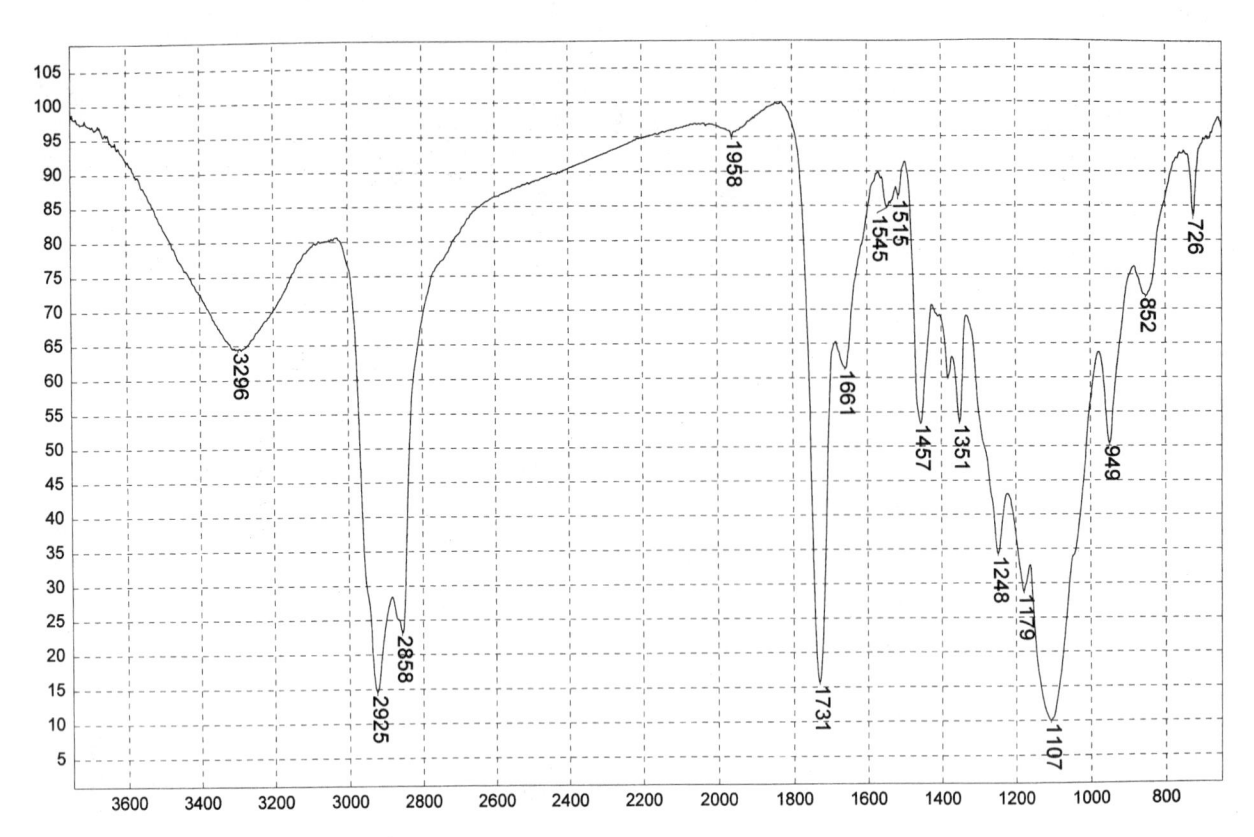

1793 HC/PE:PET/33514/H$_2$O

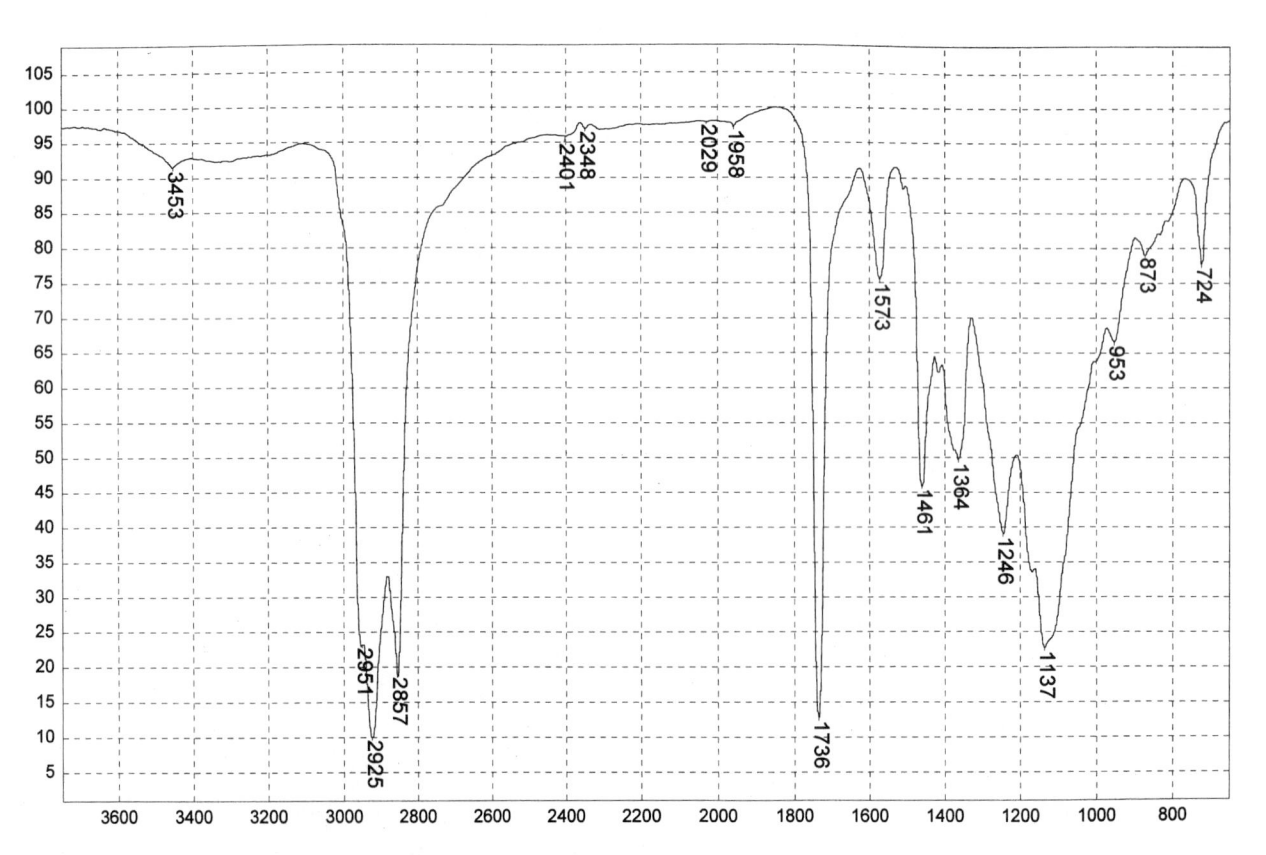

1794 HC/PE:PET/33514/MeOH/MeCl$_3$

1795 HC/PE:PET/33514/MeOH/HEX

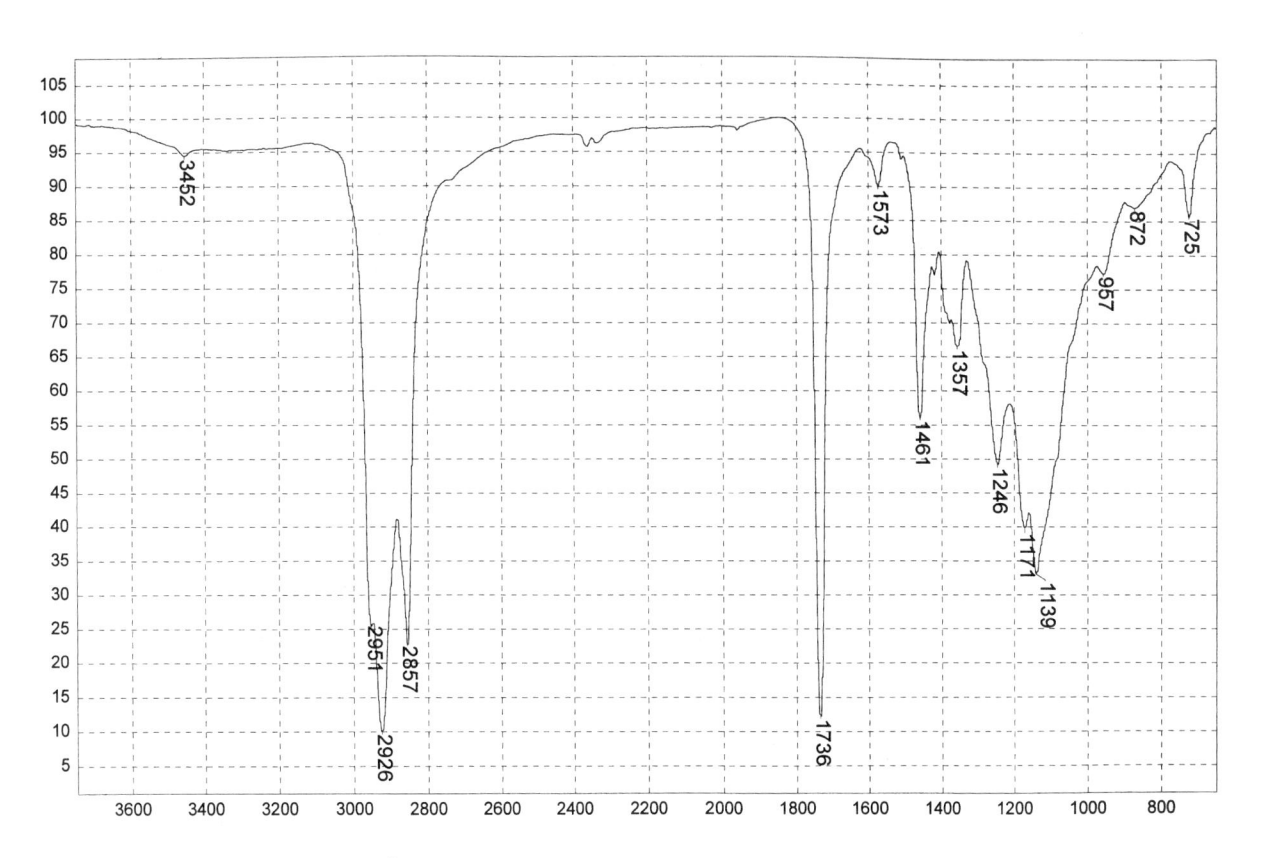

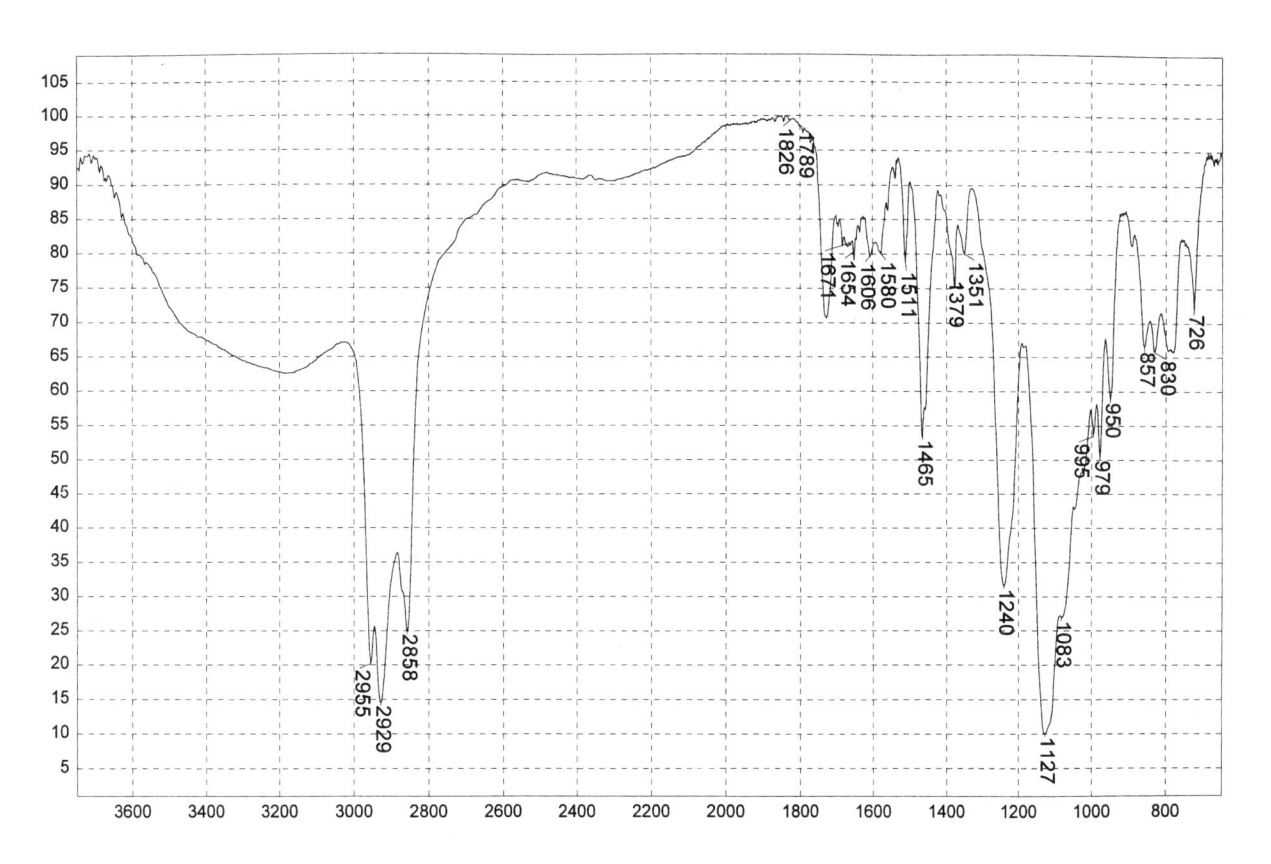

1796 HC/PE:PET/DF059/MeOH

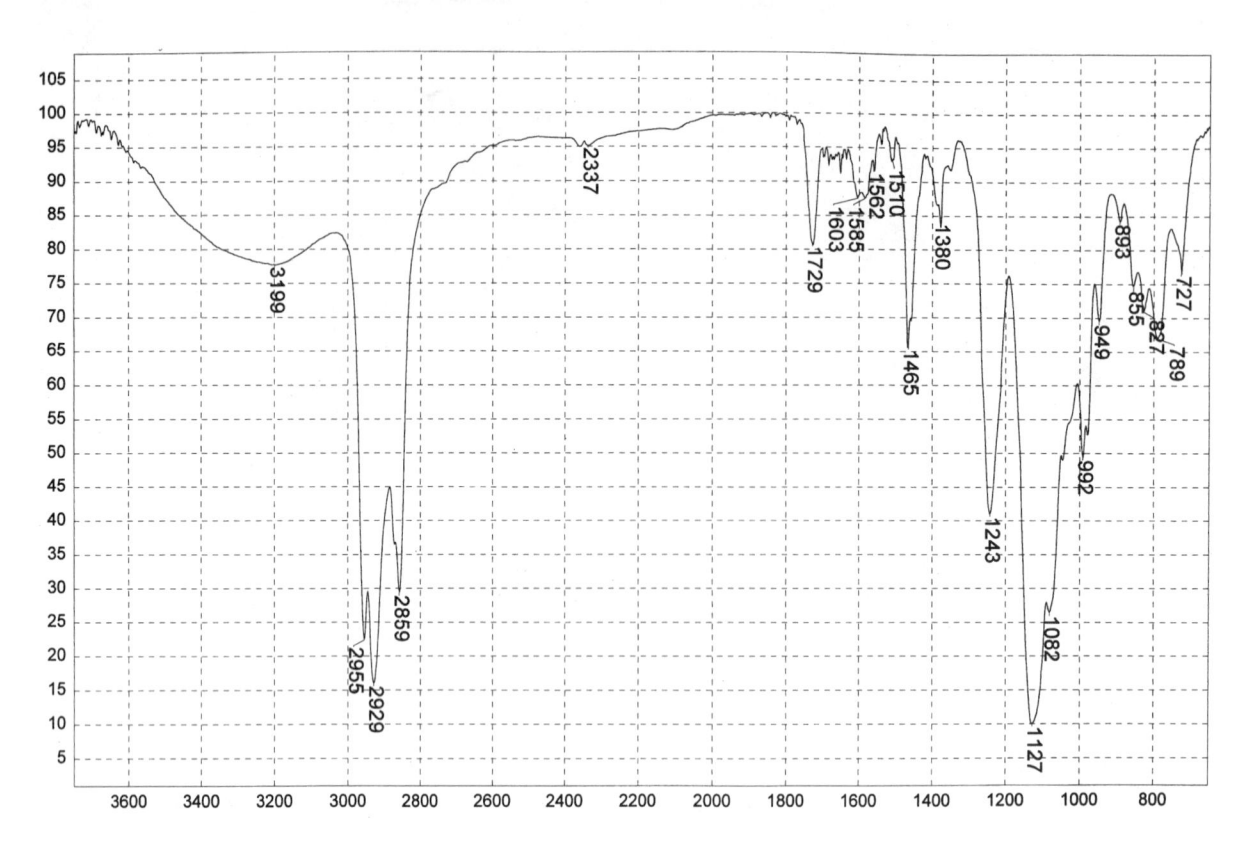

1797 HC/PE:PET/DF059/MeOH/MeCl₃

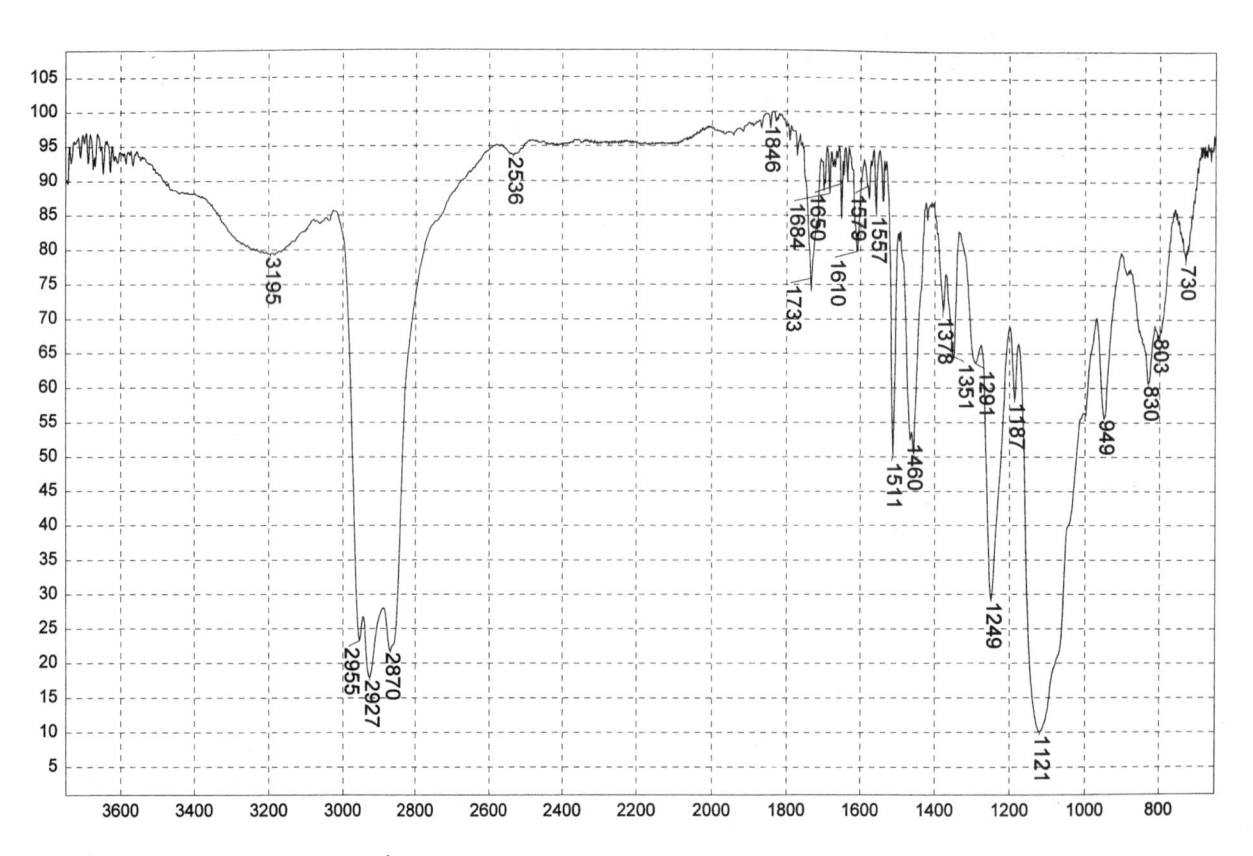

1798 HC/PE:PET/DF059/MeOH/HEX

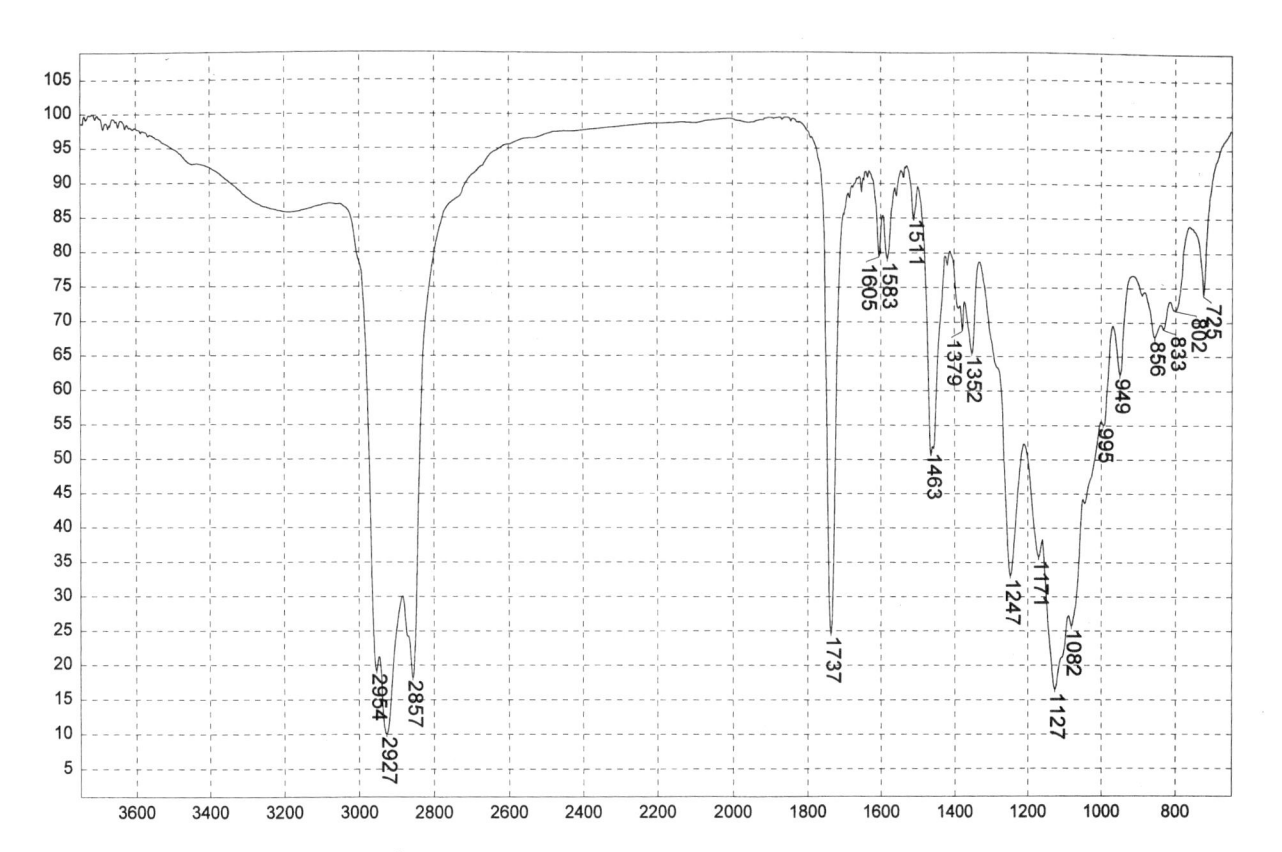

1799

HC/PET:PET/DF059 + DF018/MeOH

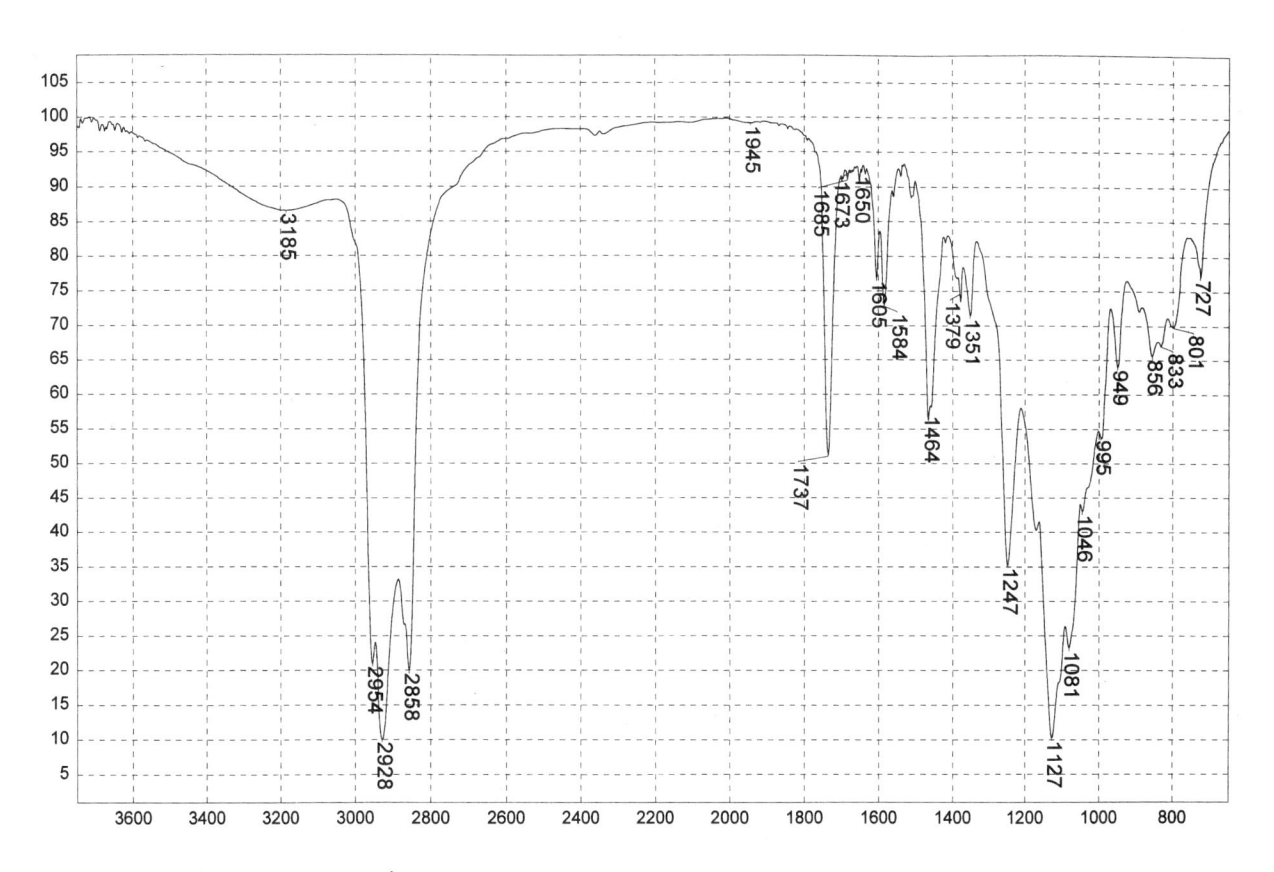

1800

HC/PET:PET/DF059 + DF018/MeOH/MeCl$_3$

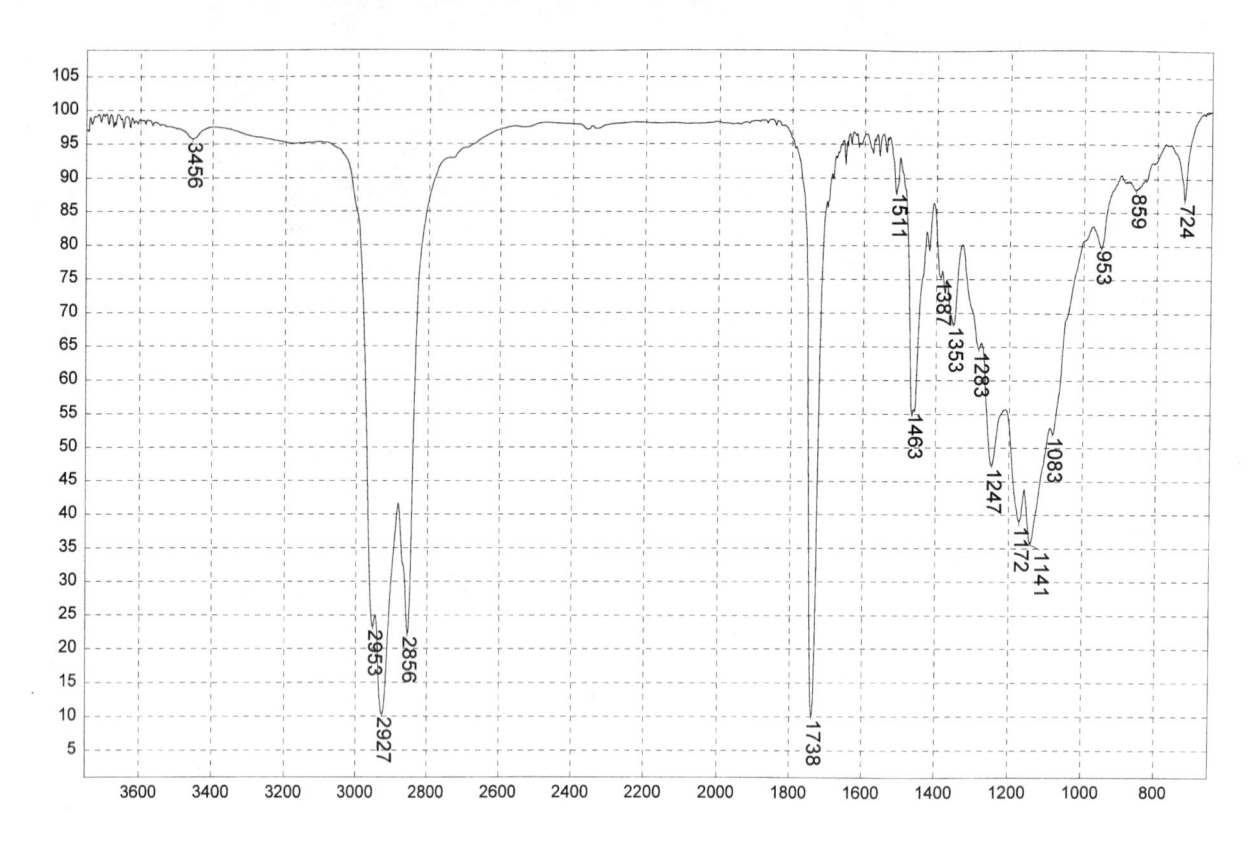

1801 HC/PE:PET/DF059 + DF018/MeOH/HEX

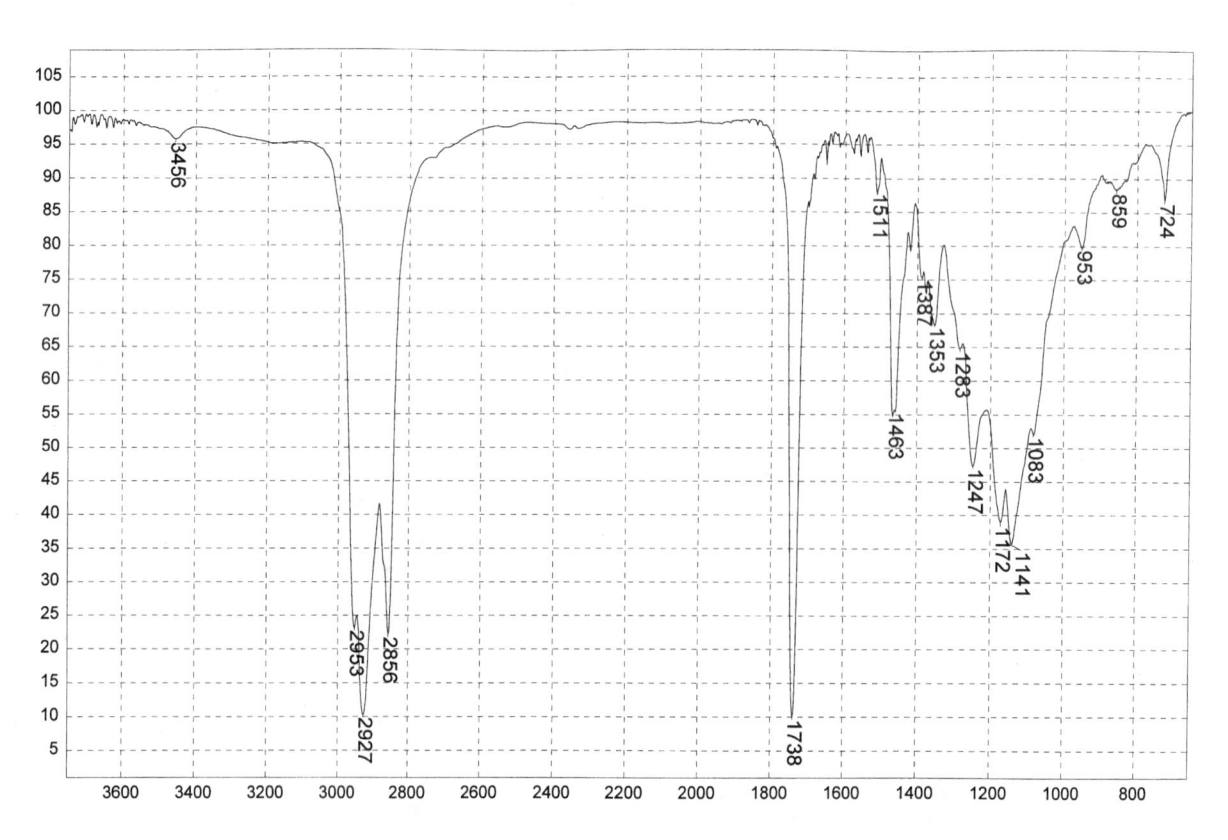

1802 HC/PE:PET/DF059 + DF018/MeOH/HEX

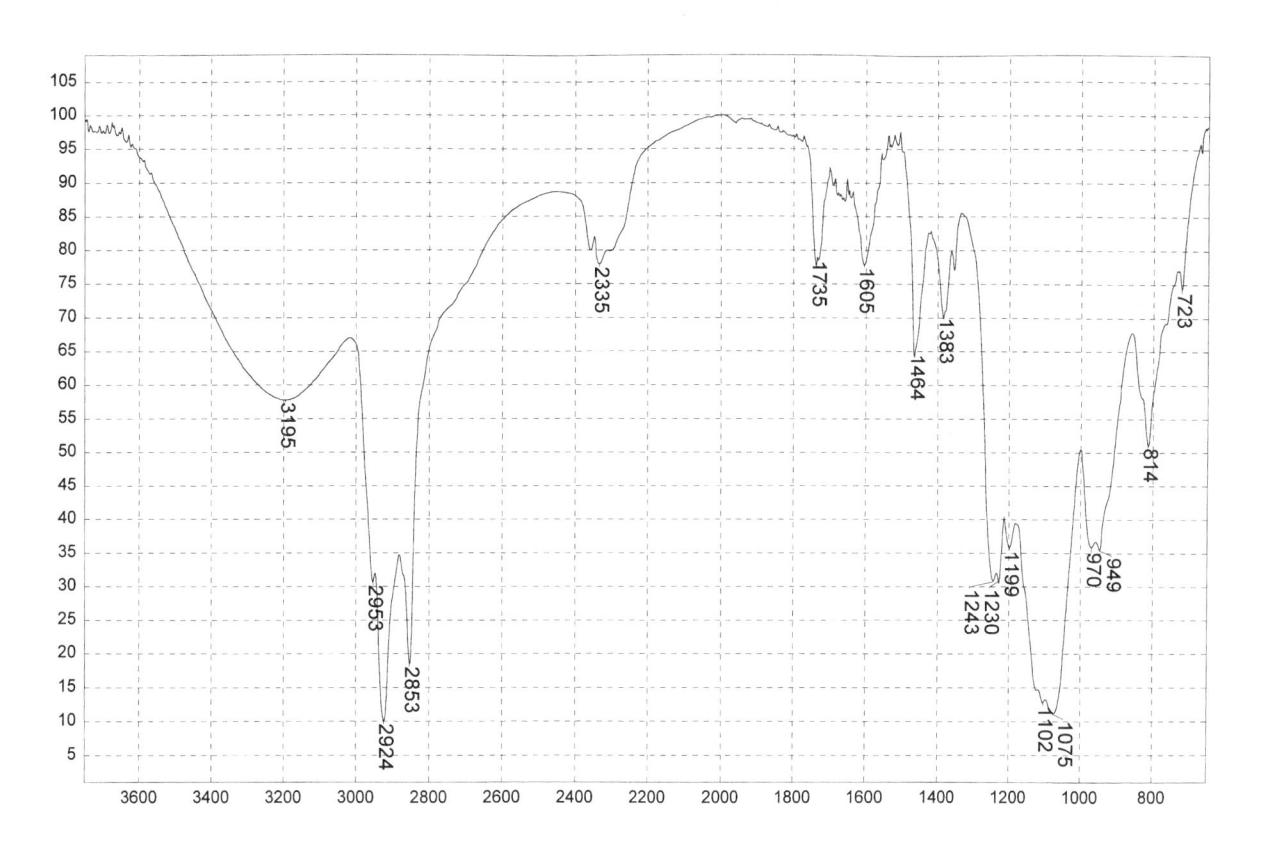

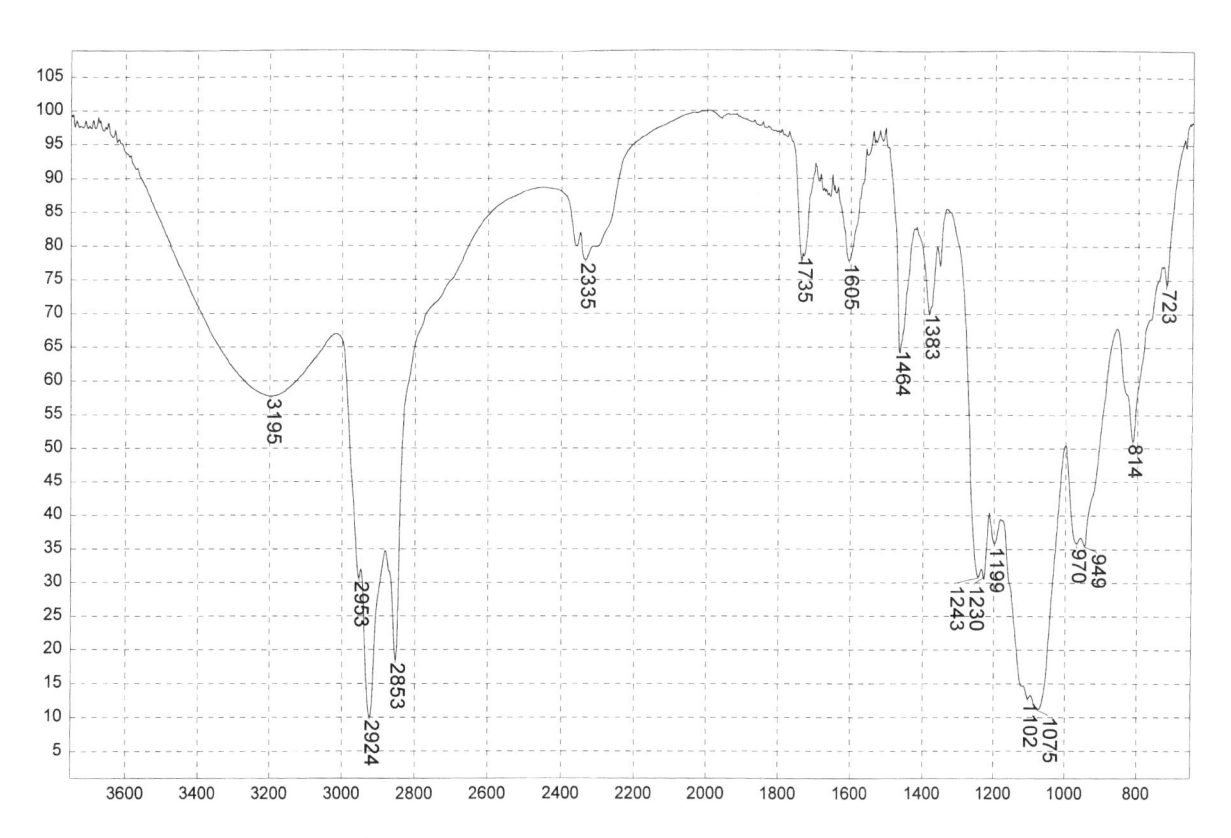

1803 CHISSO/PE:PET/HYDROPHIL/H$_2$O

1804 CHISSO/PE:PET/HYDROPHIL/H$_2$O

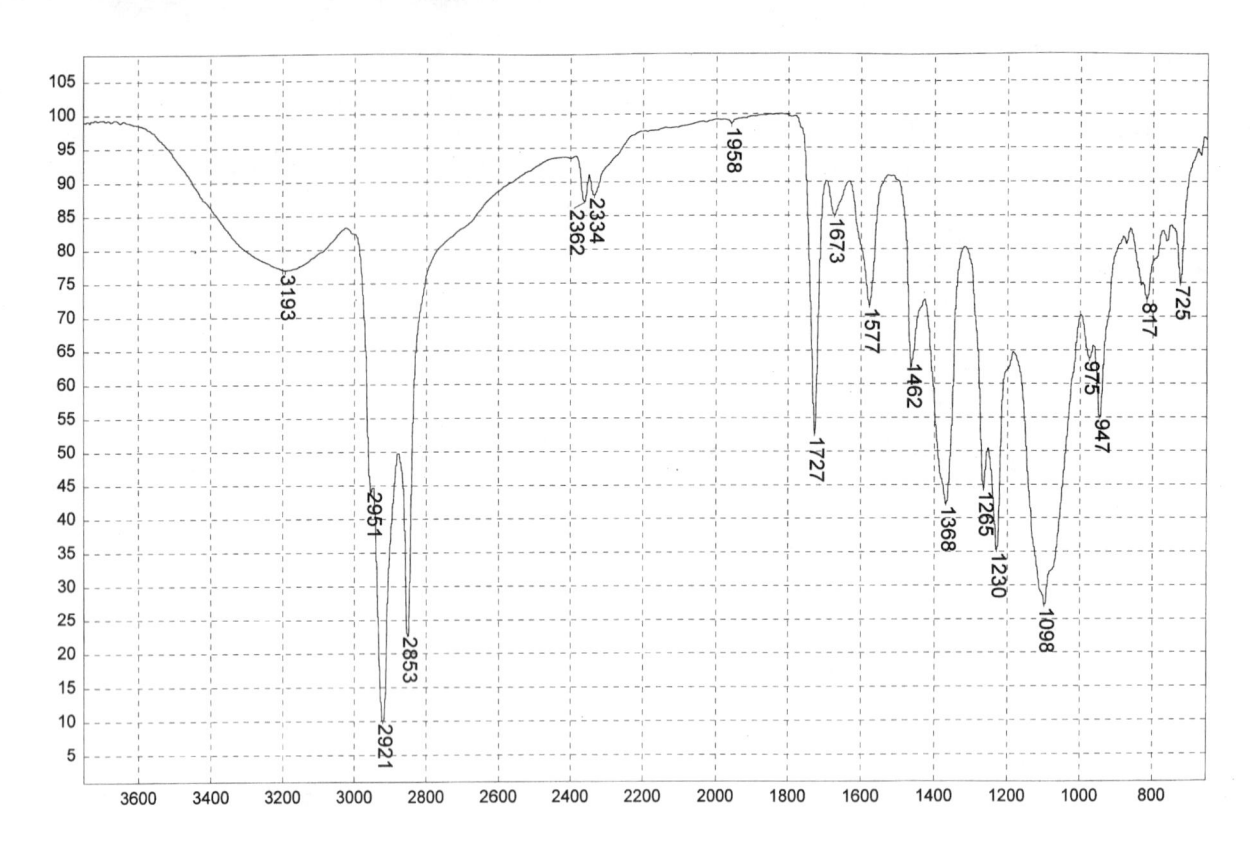

| 1805 | CHISSO/PE:PET/HYDROPHIL/MeOH/MeCl₃ |

| 1806 | CHISSO/PE:PET/HYDROPHIL/MeOH/HEX |

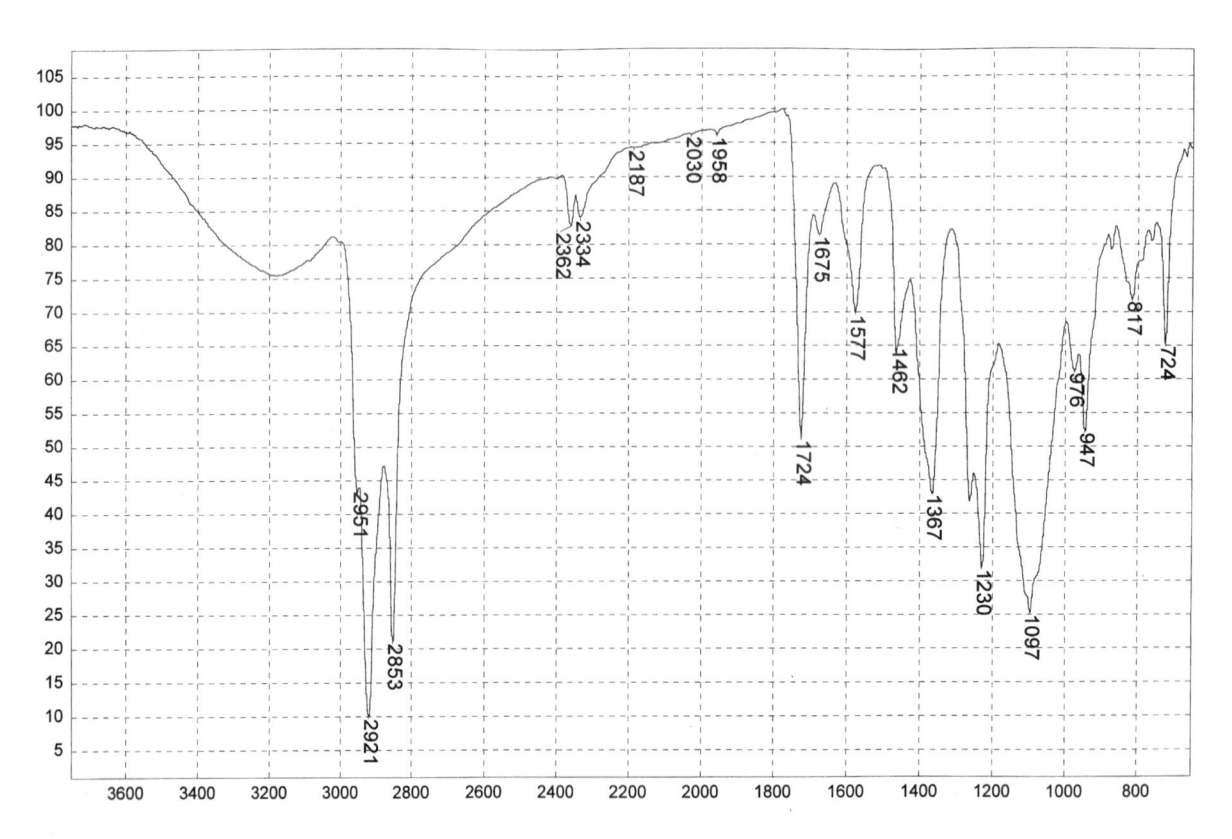

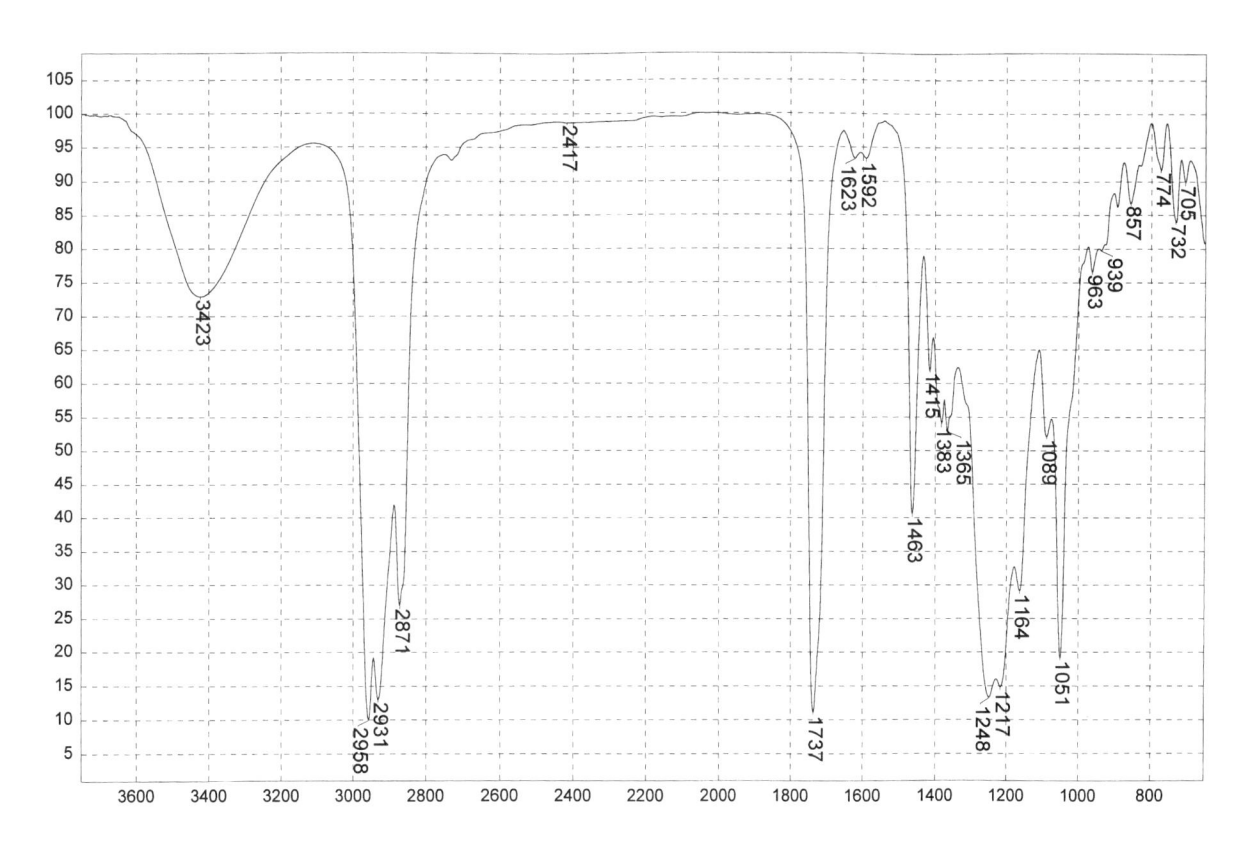

1807 9509021 SURFYNOL 504, LIQUID FILM

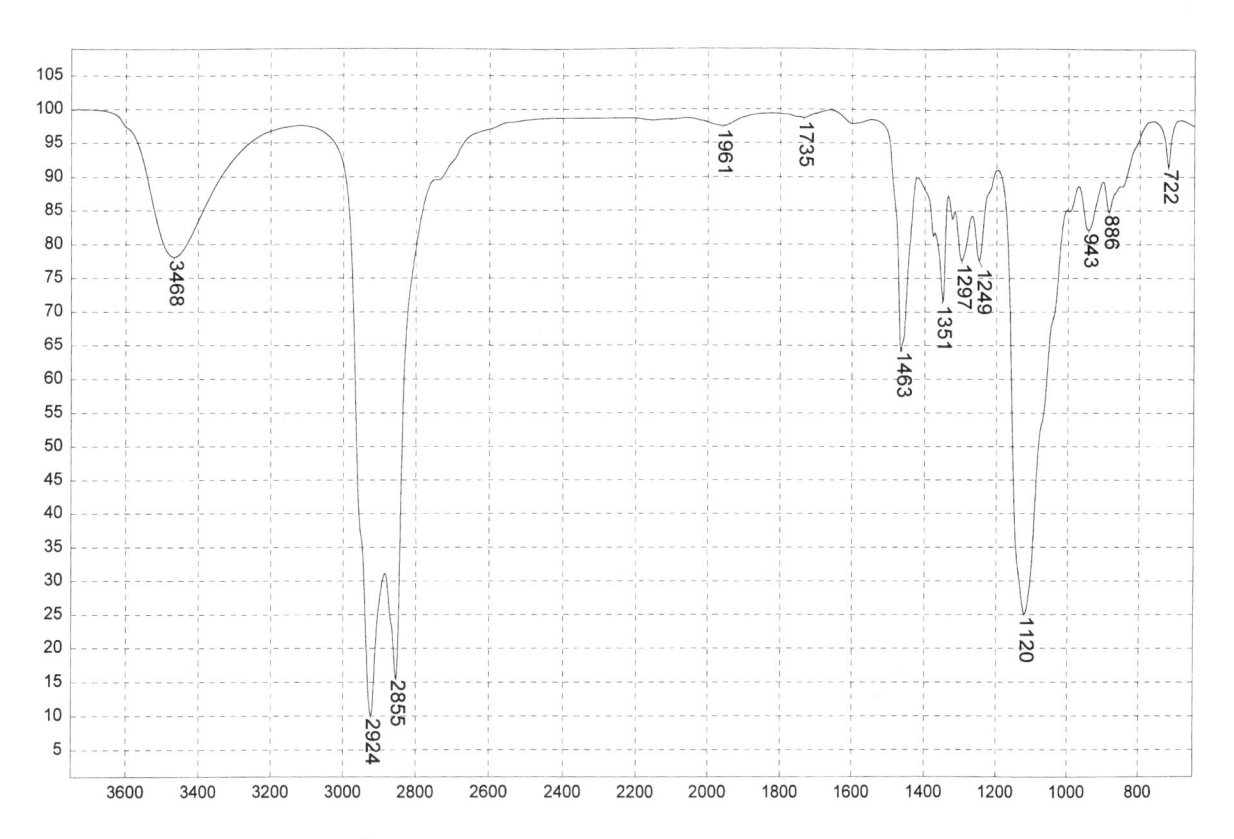

1808 TRYCOL 5966, LAURETH-3, LIQUID FILM

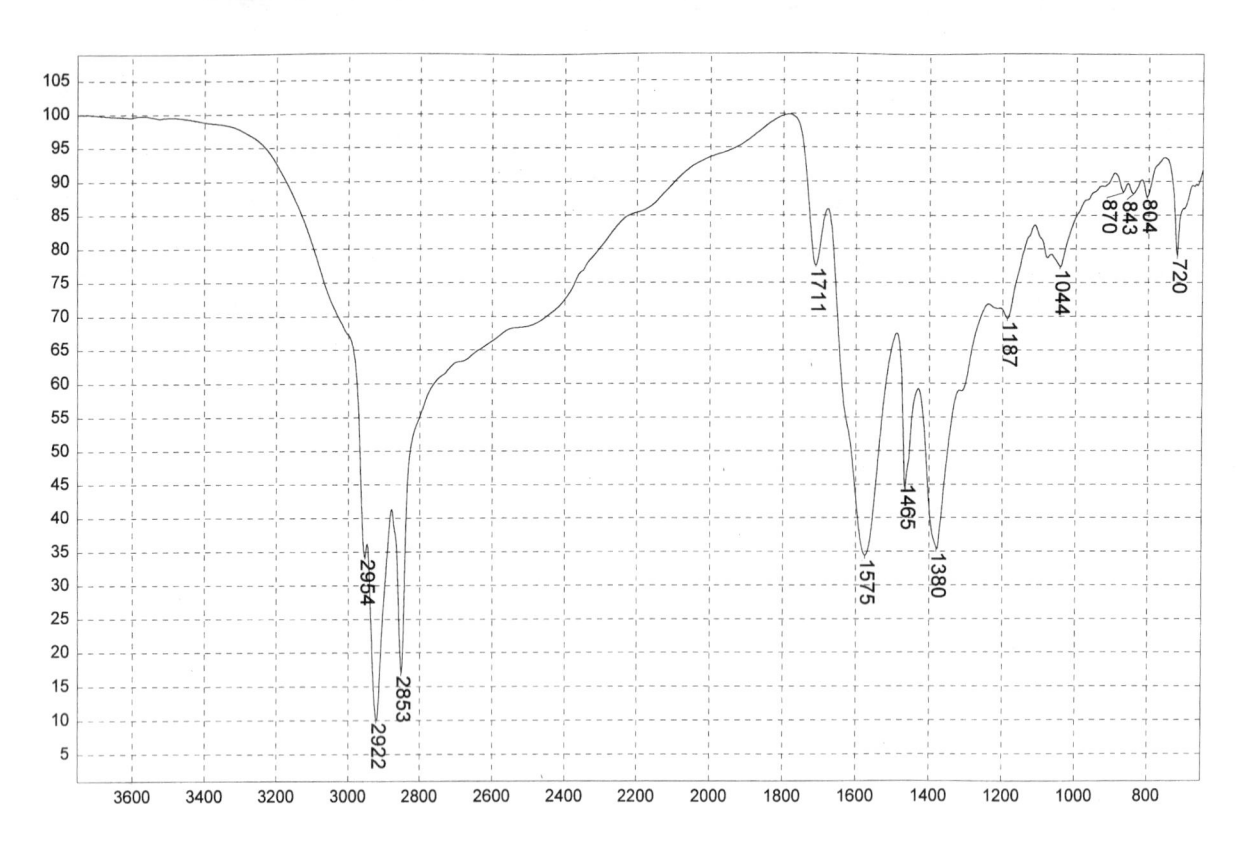

1809   MACKAM 151L, LAURAMINO PROPIONIC ACID

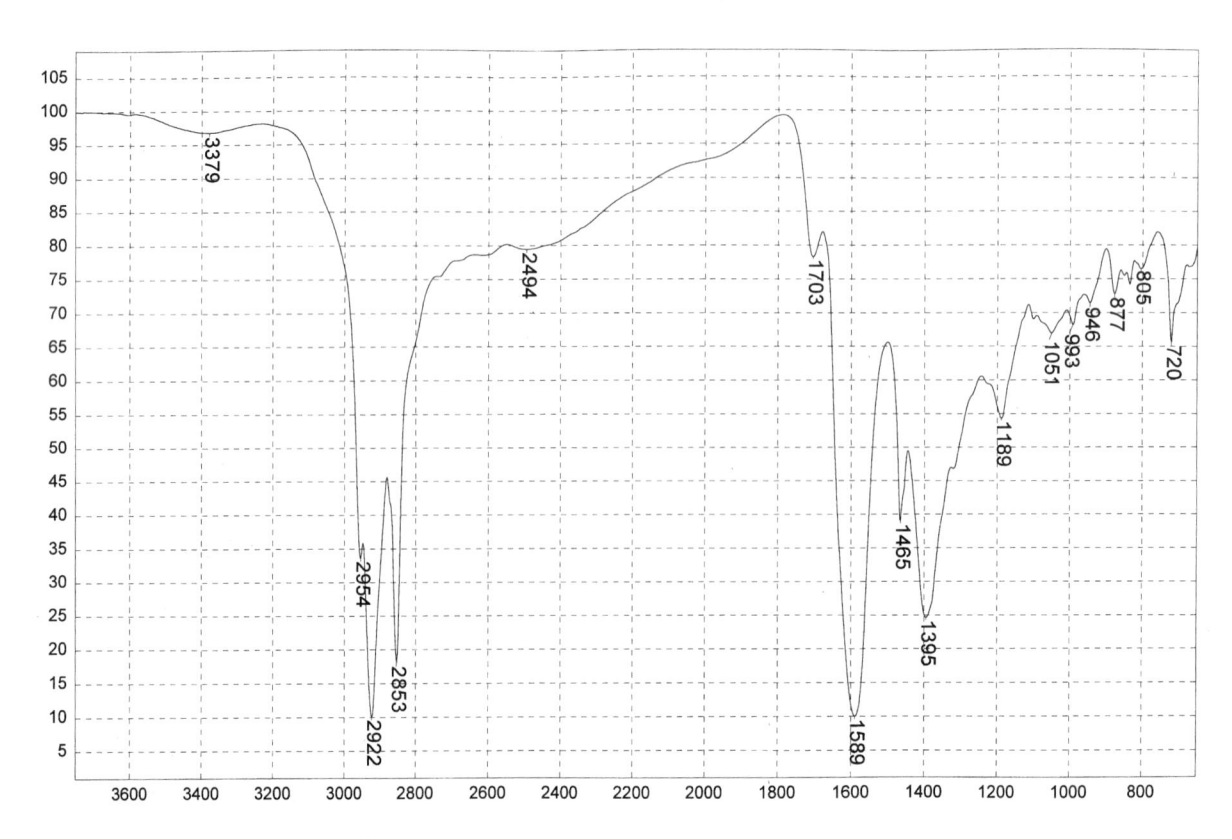

1810   DERIPHAT160-C SODIUM LAURIMINODIPROPIONIC ACID

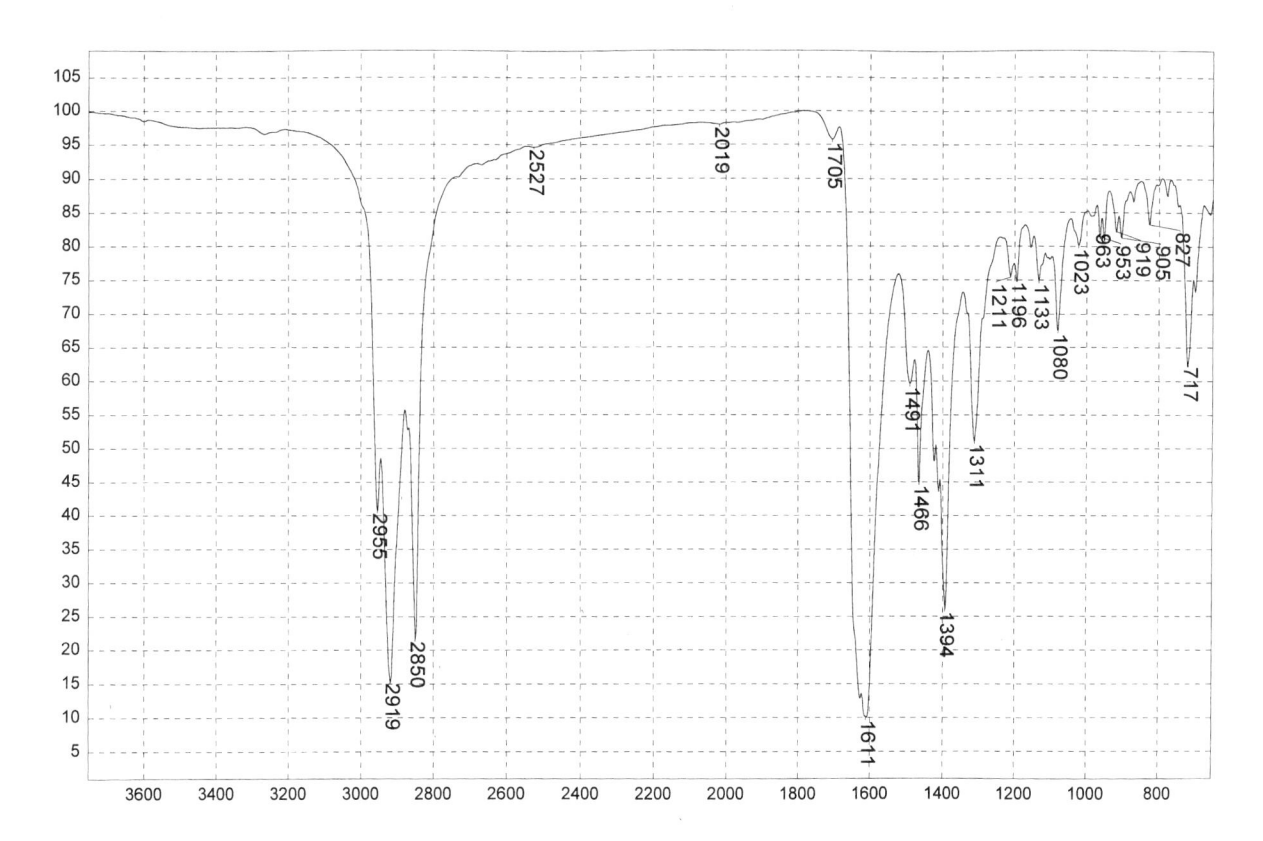

1811   HAMPOSYL L-30, NA LAUROYL SARCOSINATE

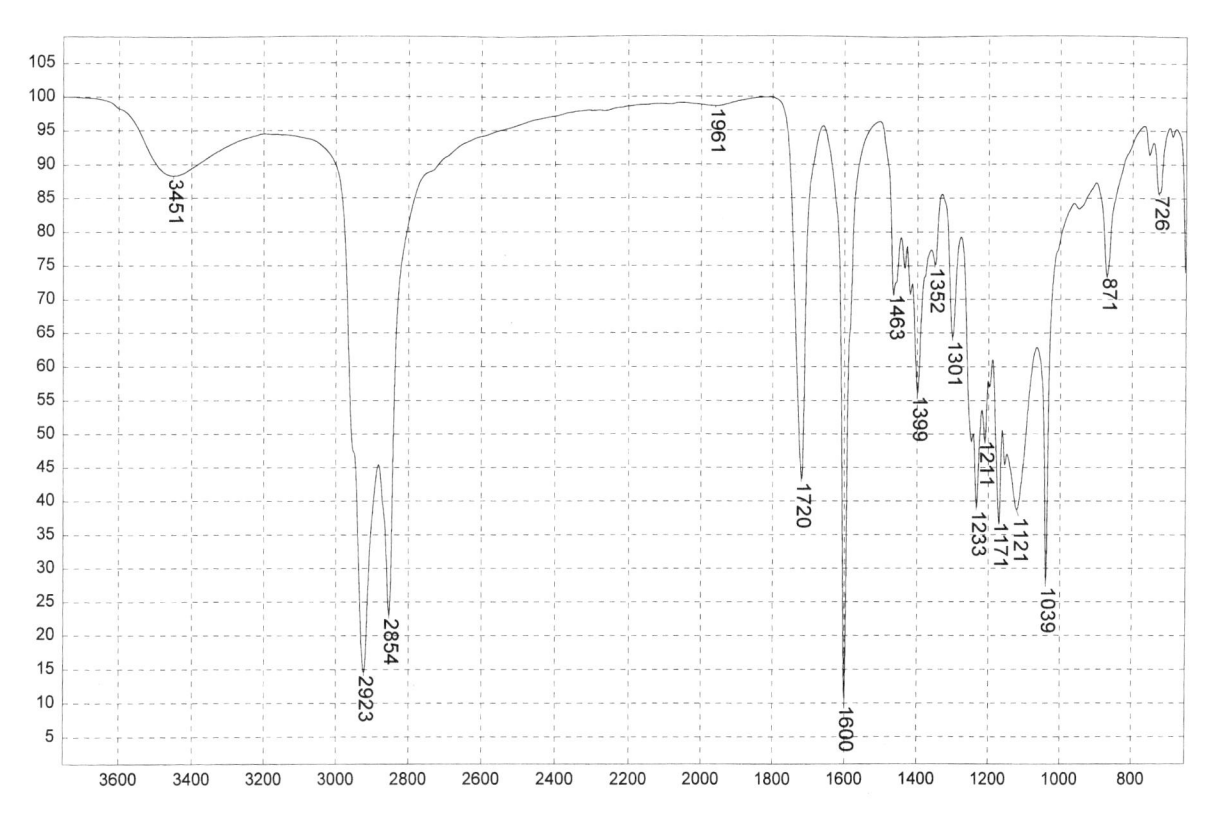

1812   STANDAPOL SH124-33, Na$_2$ LAURETH(3) SULFATE

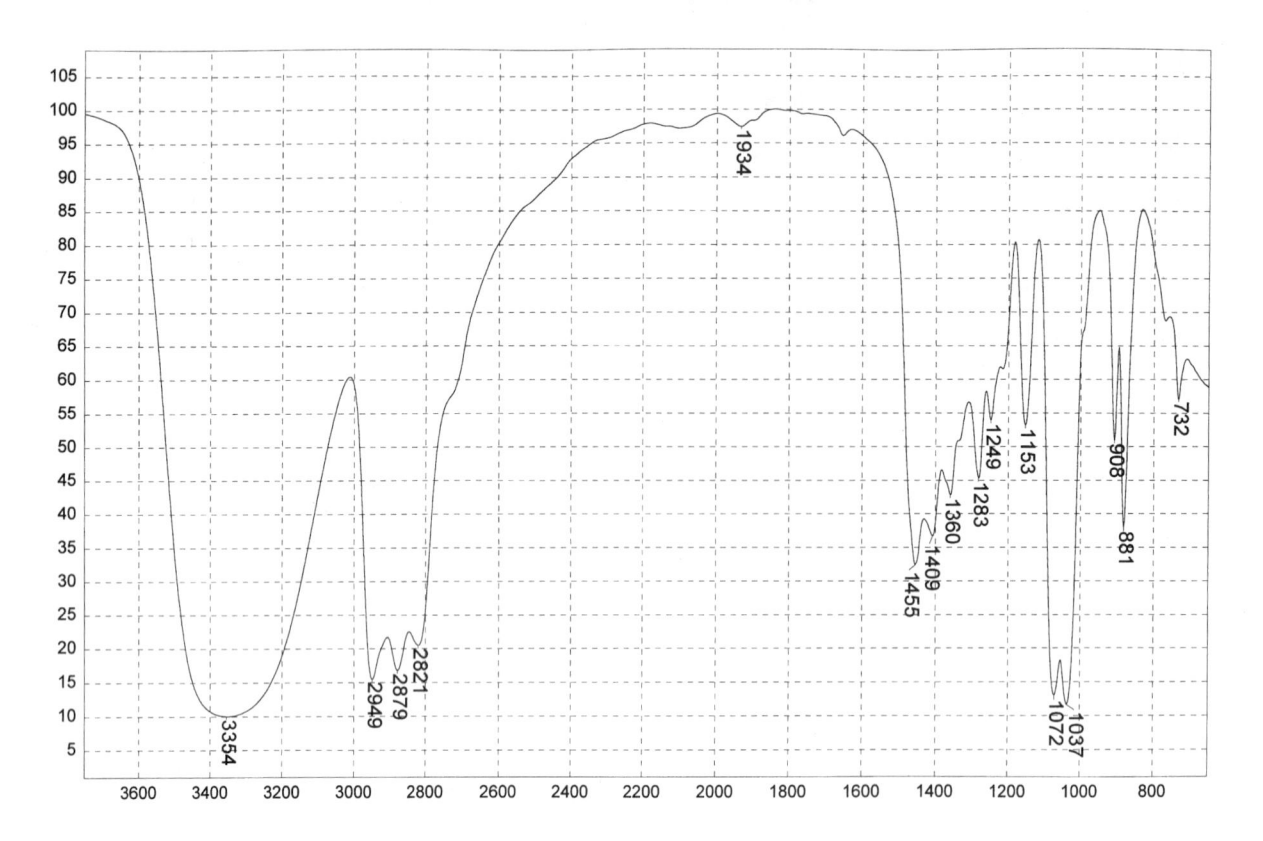

1813   SULFOCHEM TLES, TEA LAURETH SULFATE

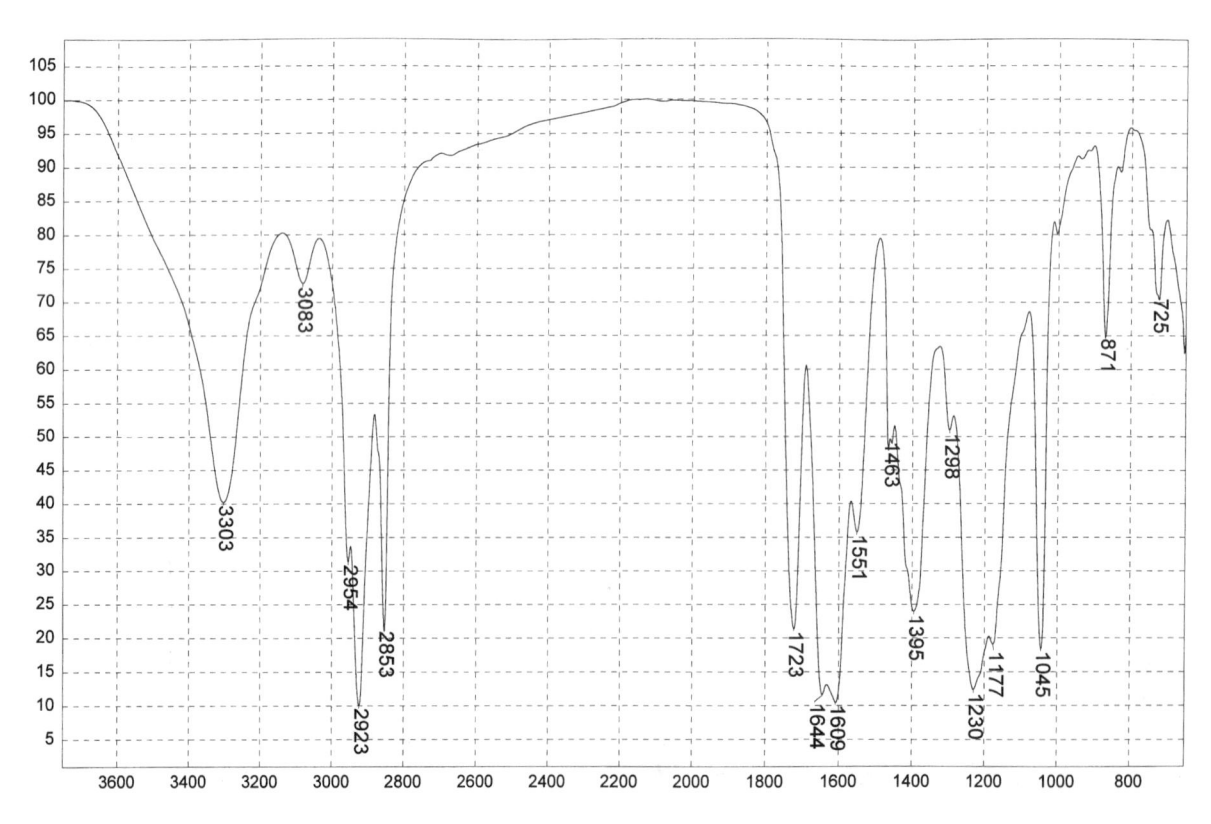

1814   MACKANATE LM-40, Na₂ LAURAMIDO MEA SULFONATE

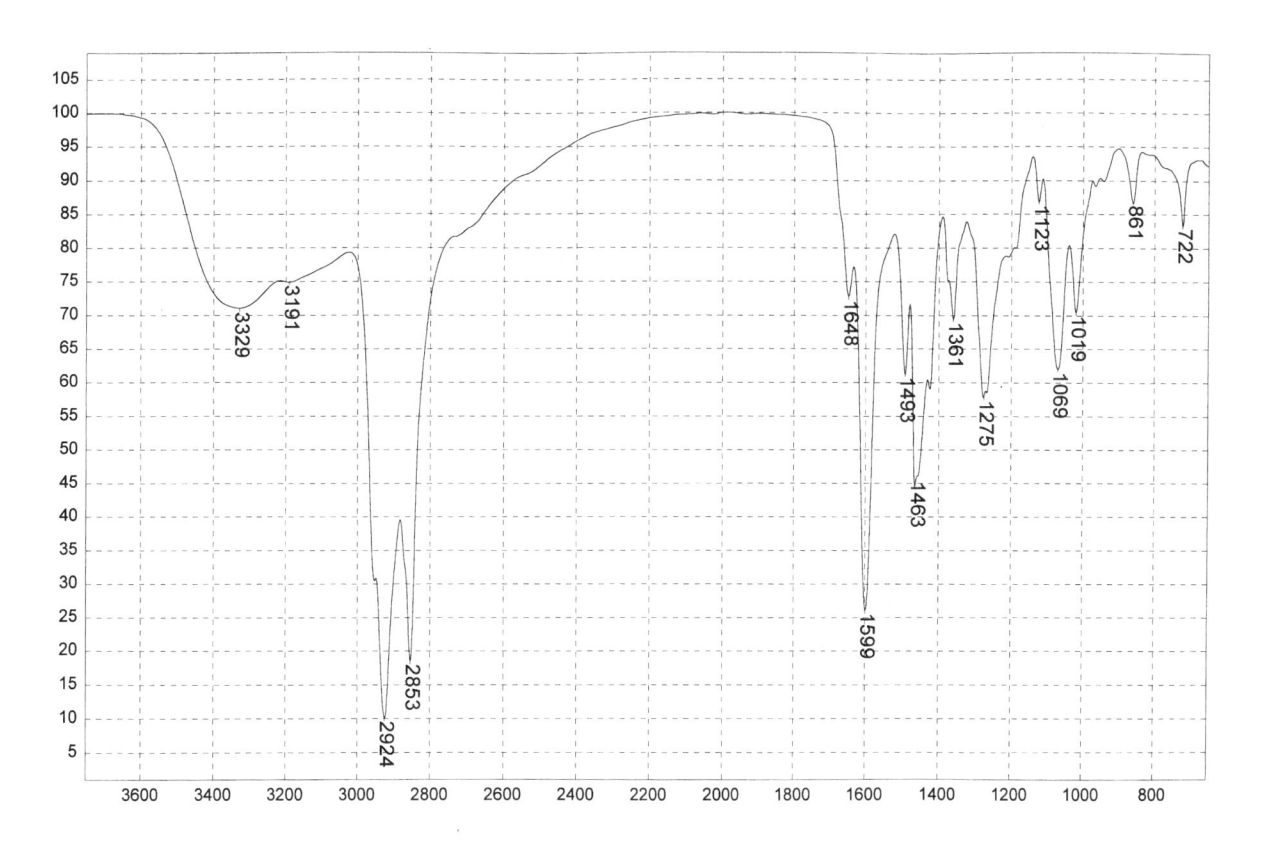

1815 SCHERCZOL. L, LAURYL HYDROXYETHYL IMIDAZOLINE

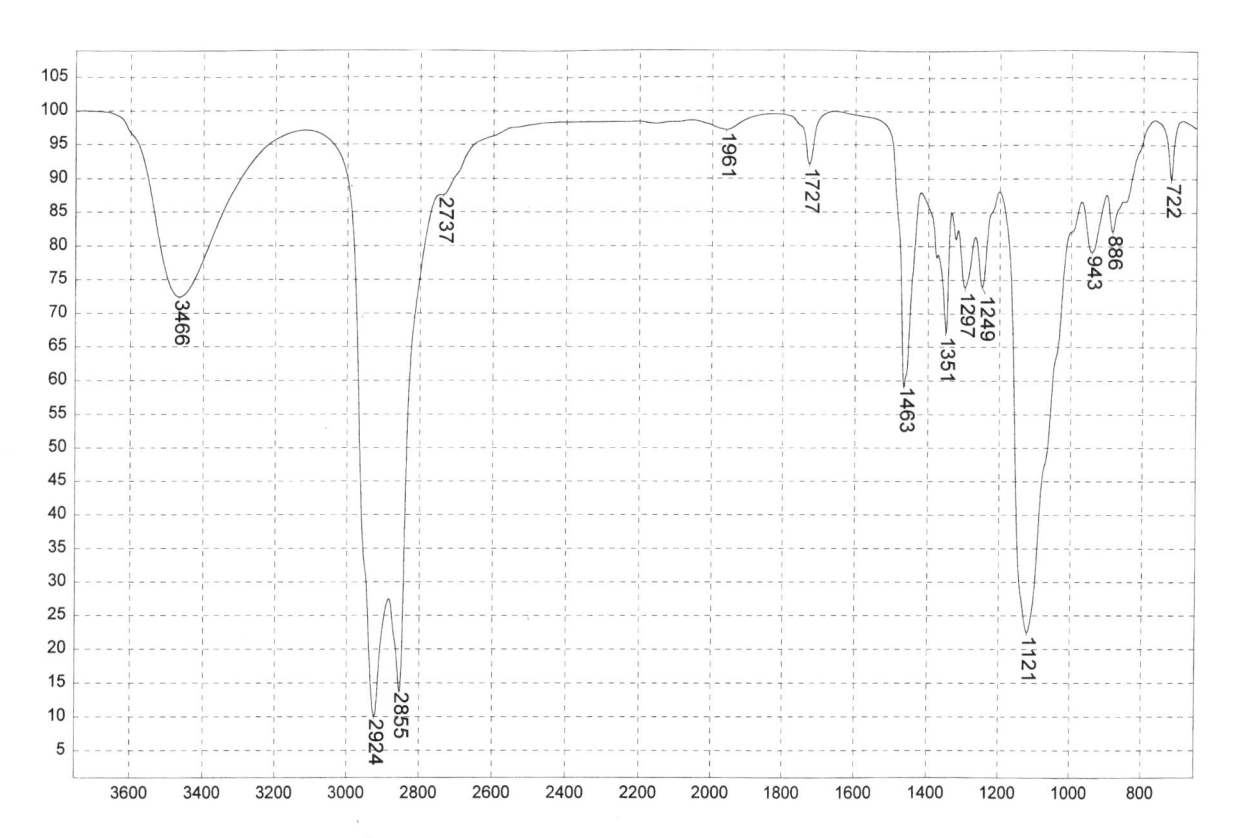

1816 TRYCOL 5882, LAURETH-4, LIQUID FILM

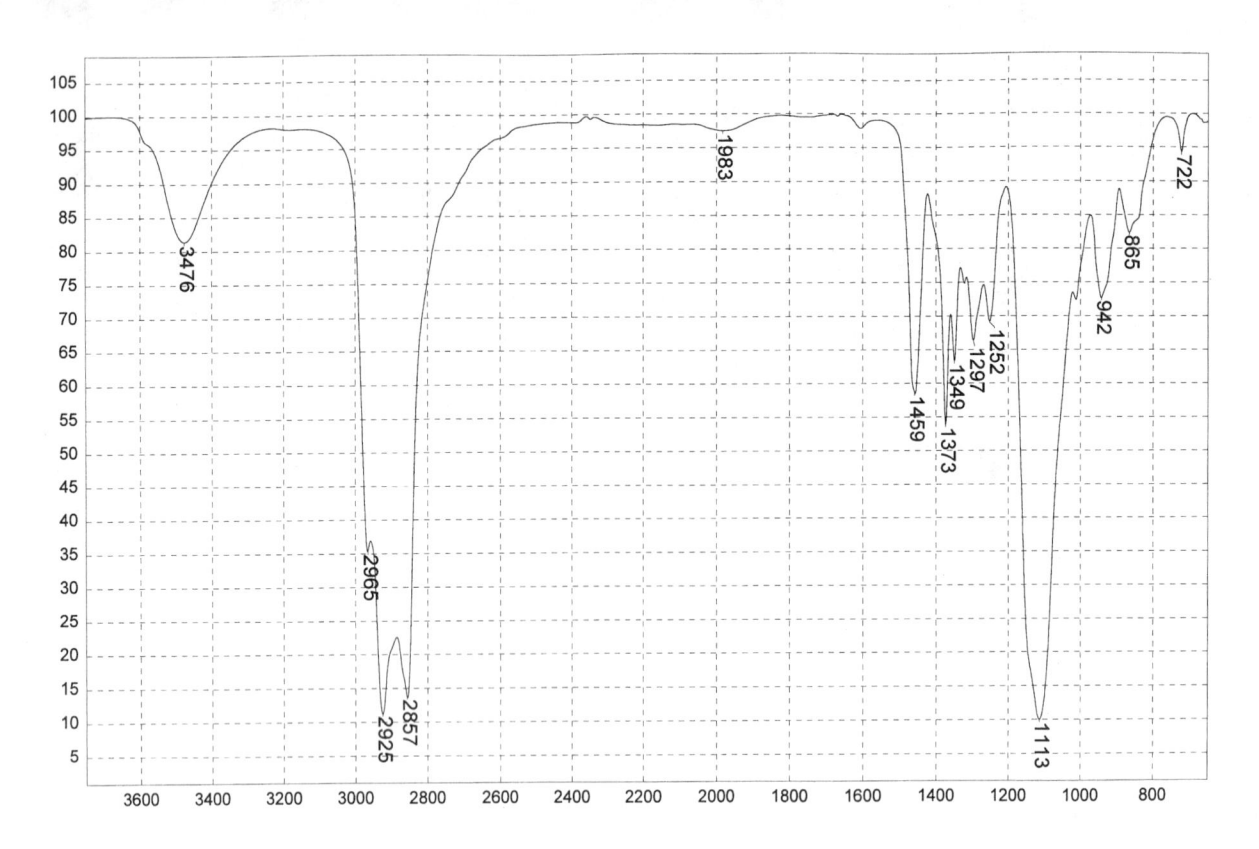

1817   AETHOXAL B, PPG-5 LAURETH-5, LIQUID FILM

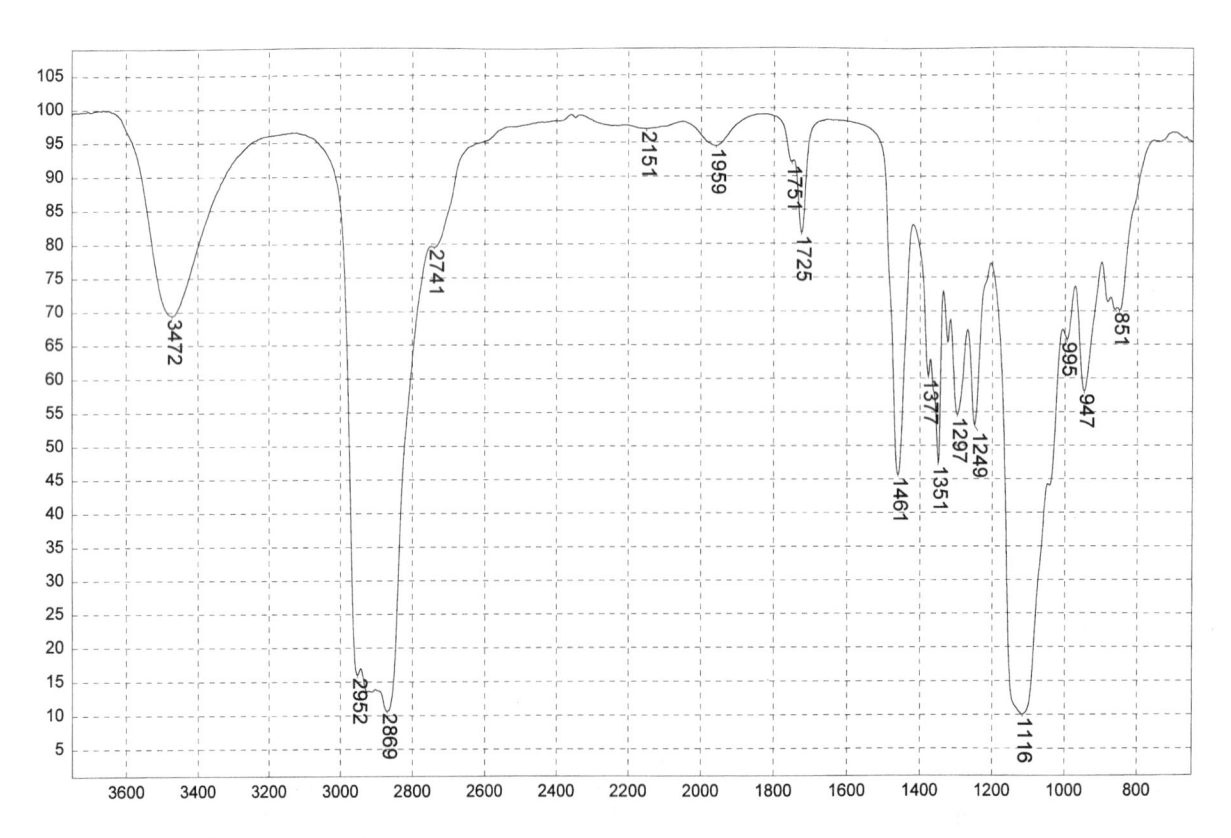

1818   Polyoxyethylated tridecyl alcohol (9 moles EtO)

Laurylisoquinolinium Bromide

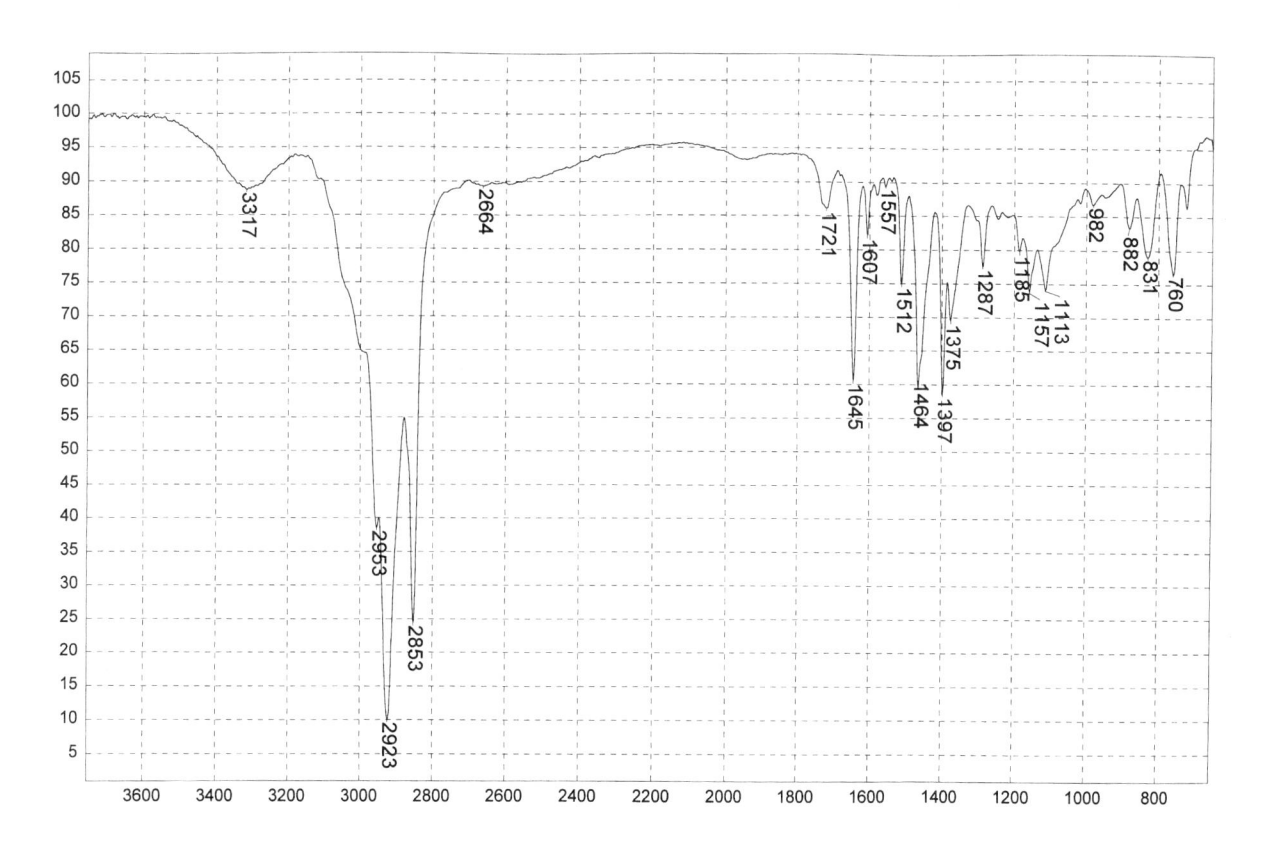

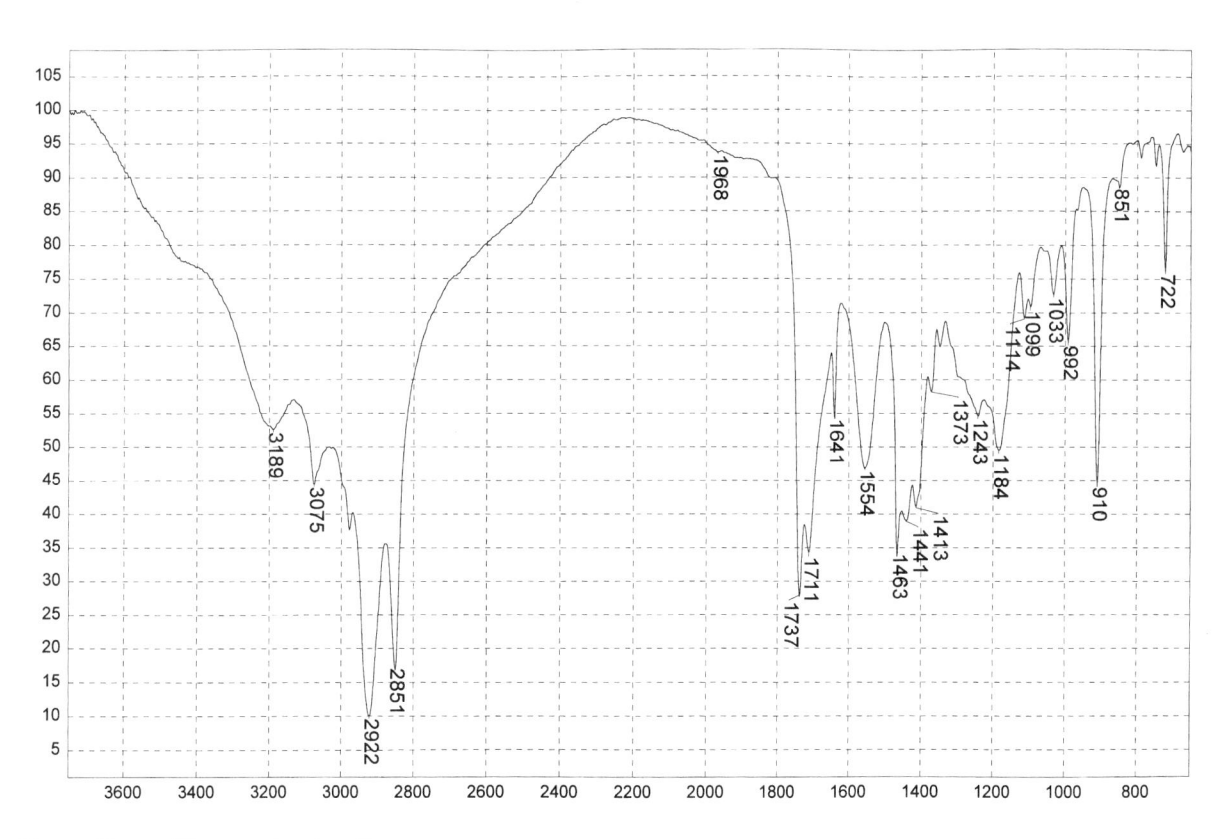

1819

Ammonium undecylenate (in aqueous alcohol)

1820

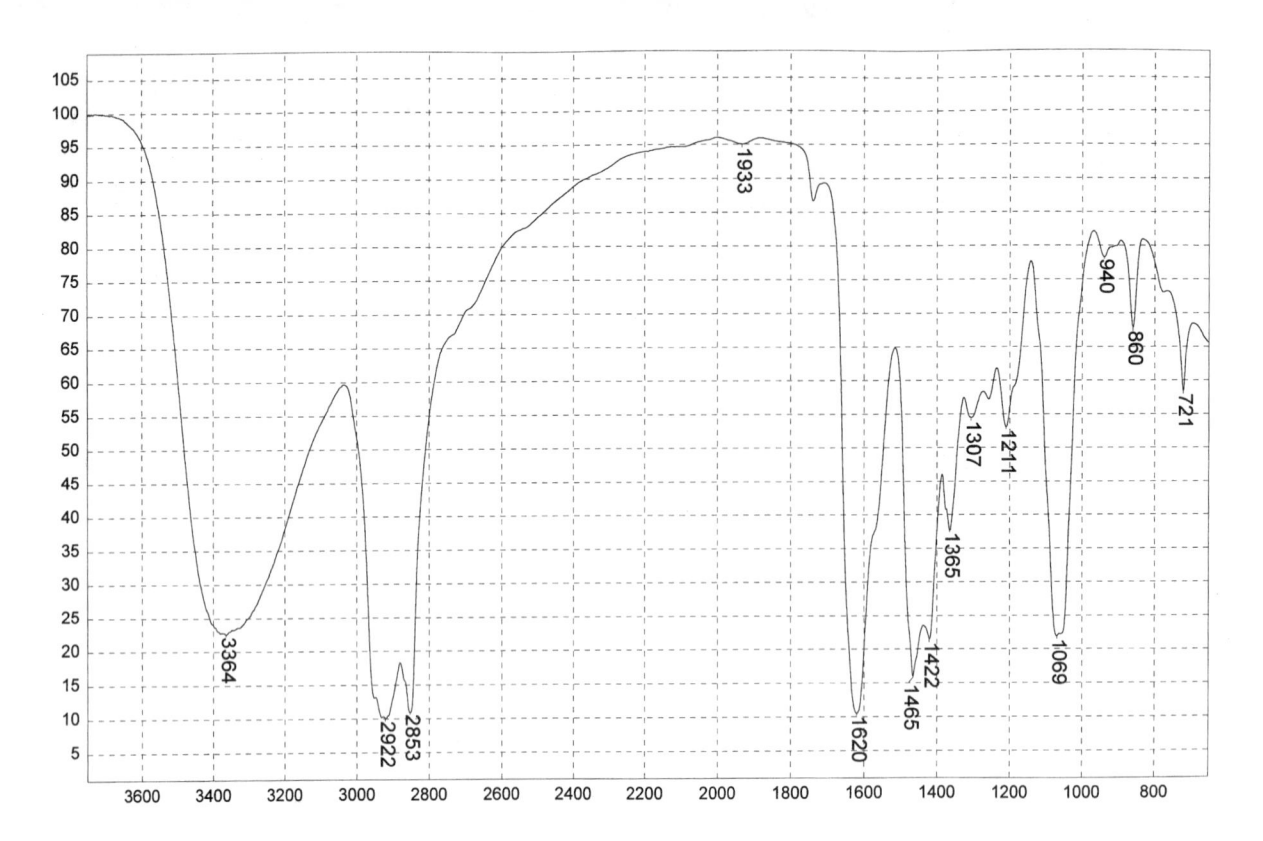

1821 Diethanolamine-coconut fatty acid condensate

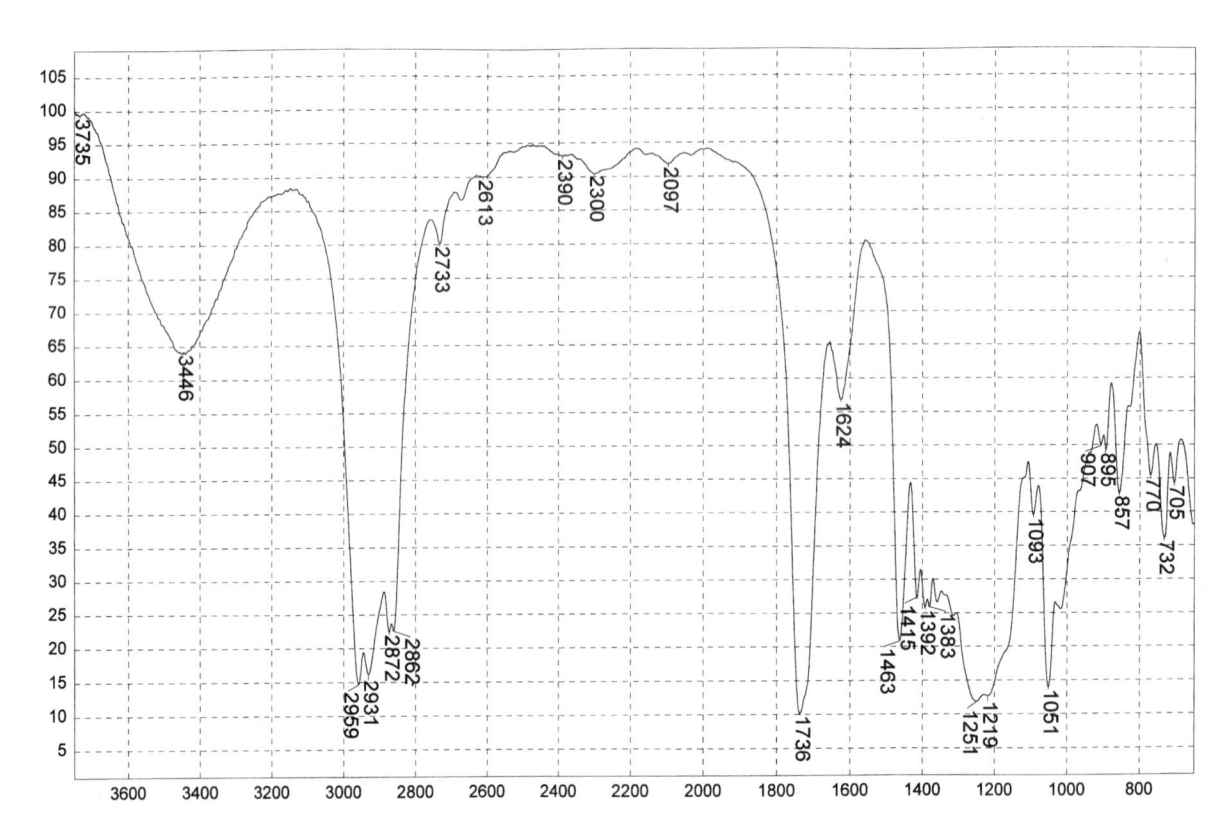

1822 Potassium monoethylphenylphenol monosulfonate

Transmittance / Wavenumber (cm⁻¹)

1823   Ammonium monoethylphenylphenol monosulfonate

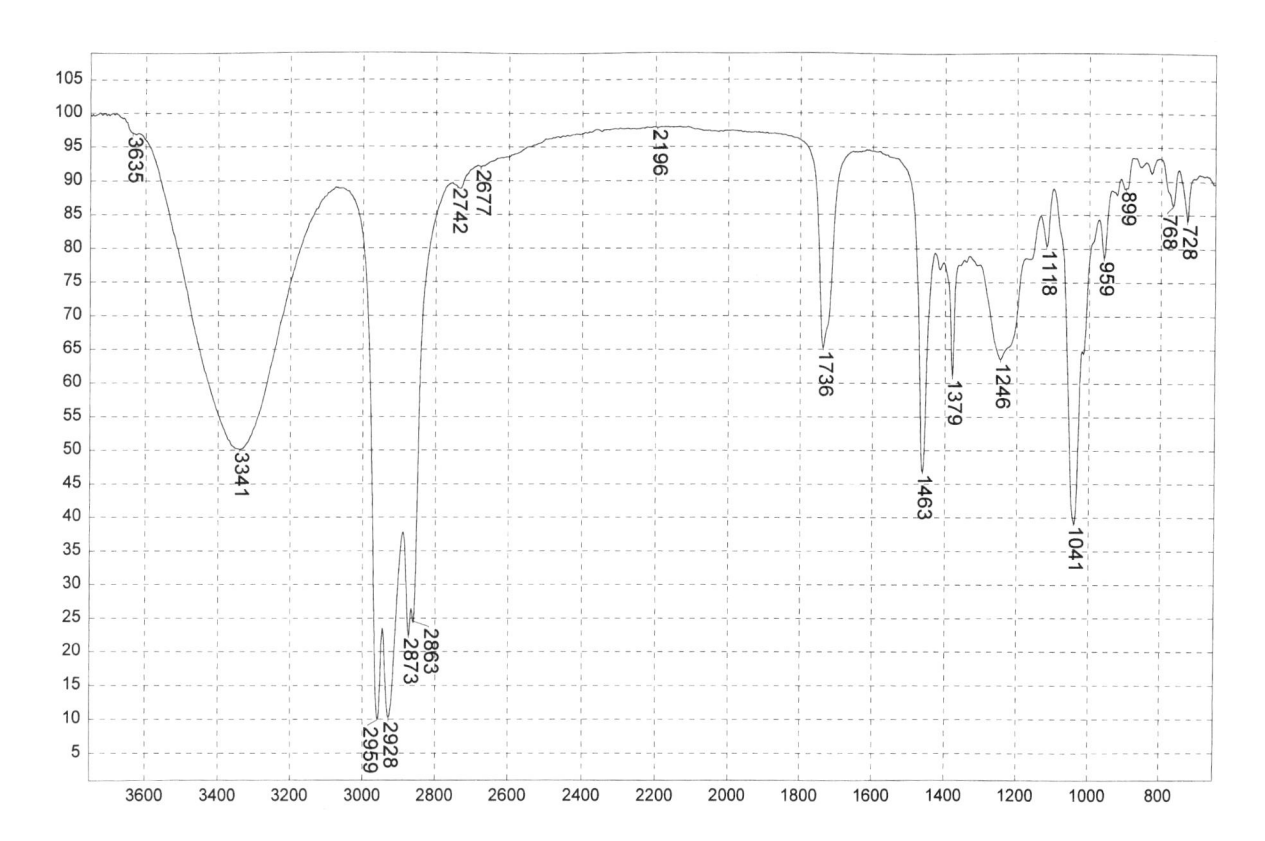

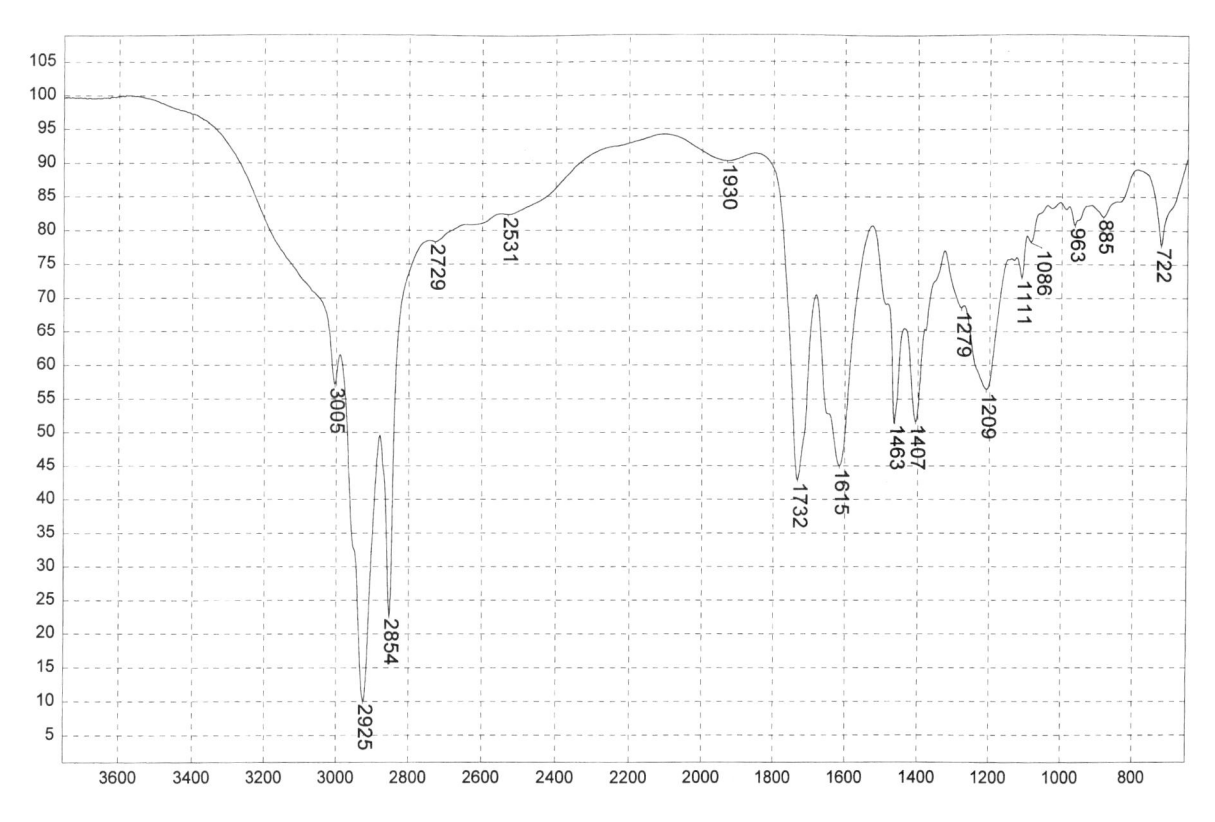

Transmittance / Wavenumber (cm⁻¹)

1824   n-Oleoyl sarcosine

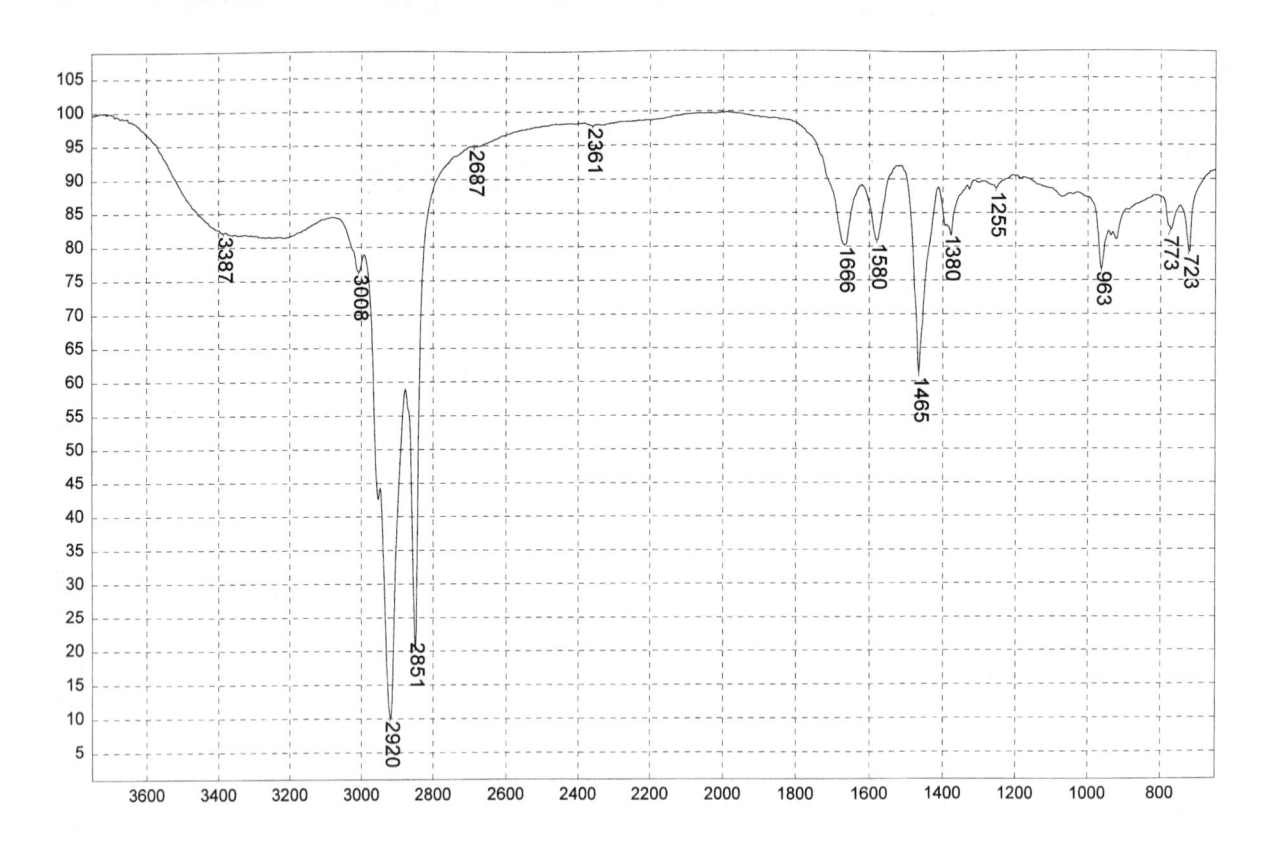

1825 Cetyldimethylamine oxide

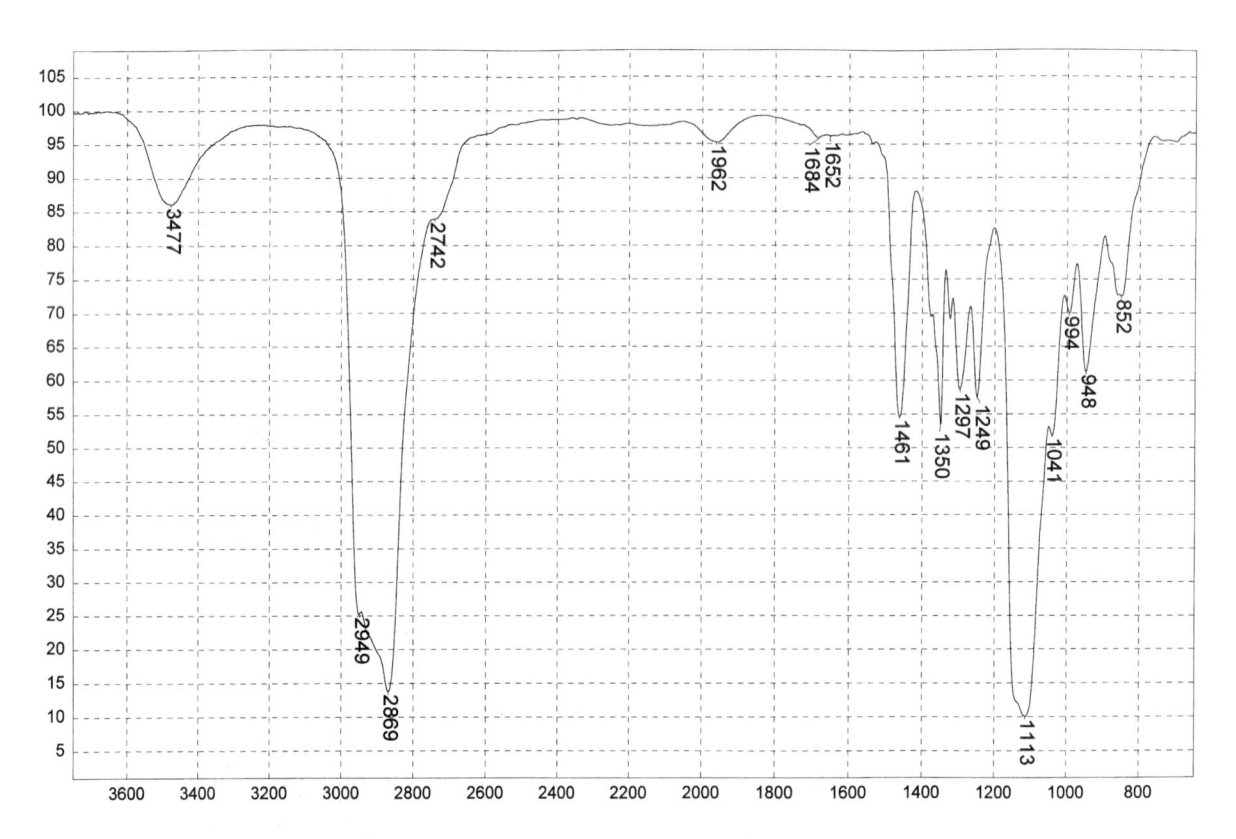

1826 Polyethoxylated tertiary amine

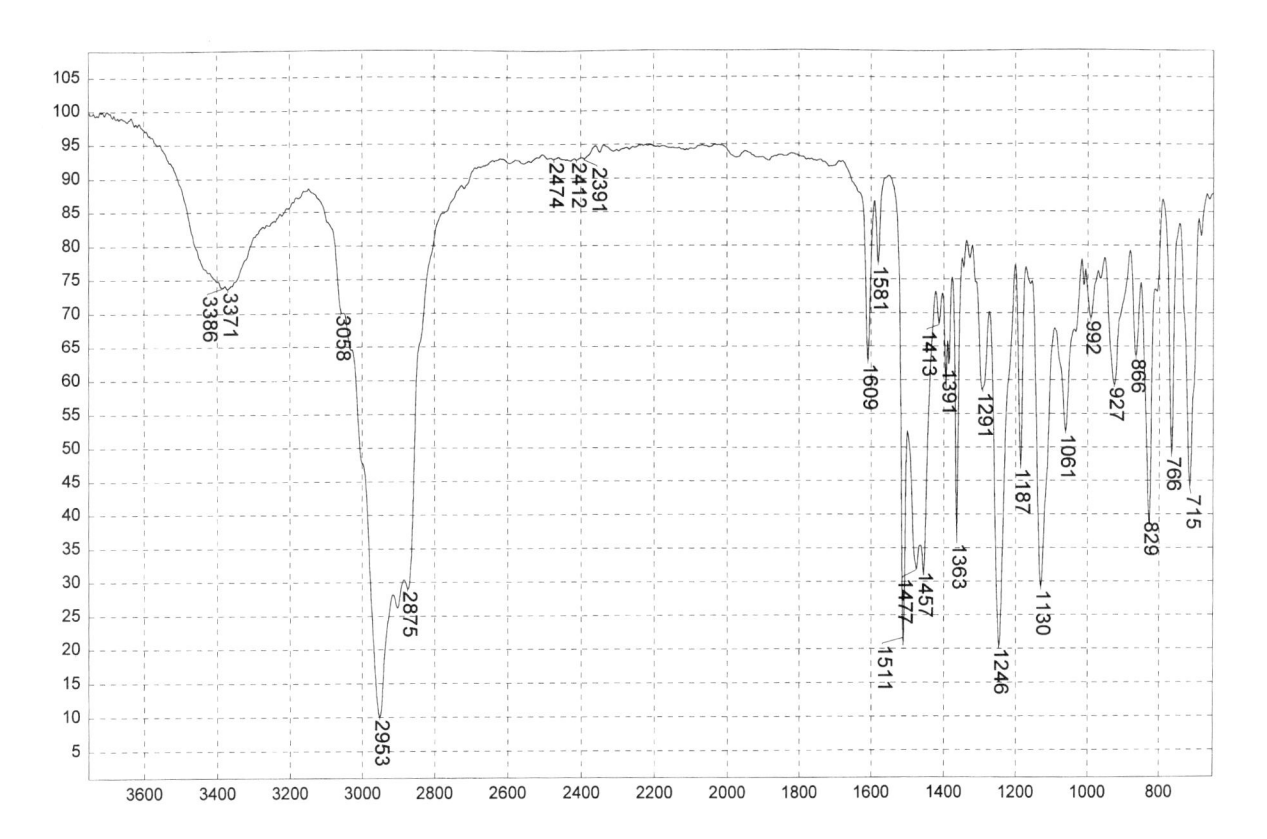

1827 Diiosbutylphenoxyethoxyethyl dimethylbenzyl ammonium chloride

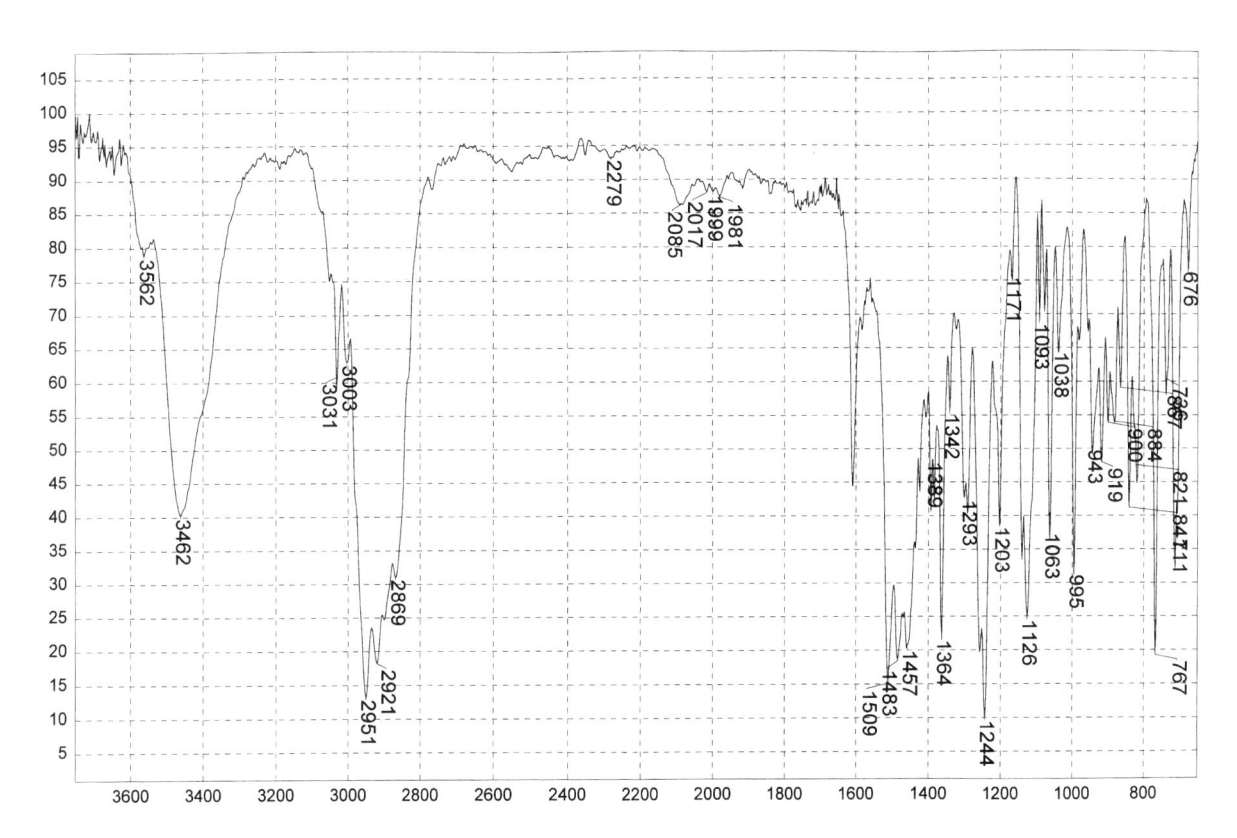

1828 Diiosbutylcresoxyethoxyethyl dimethylbenzyl ammonium chloride

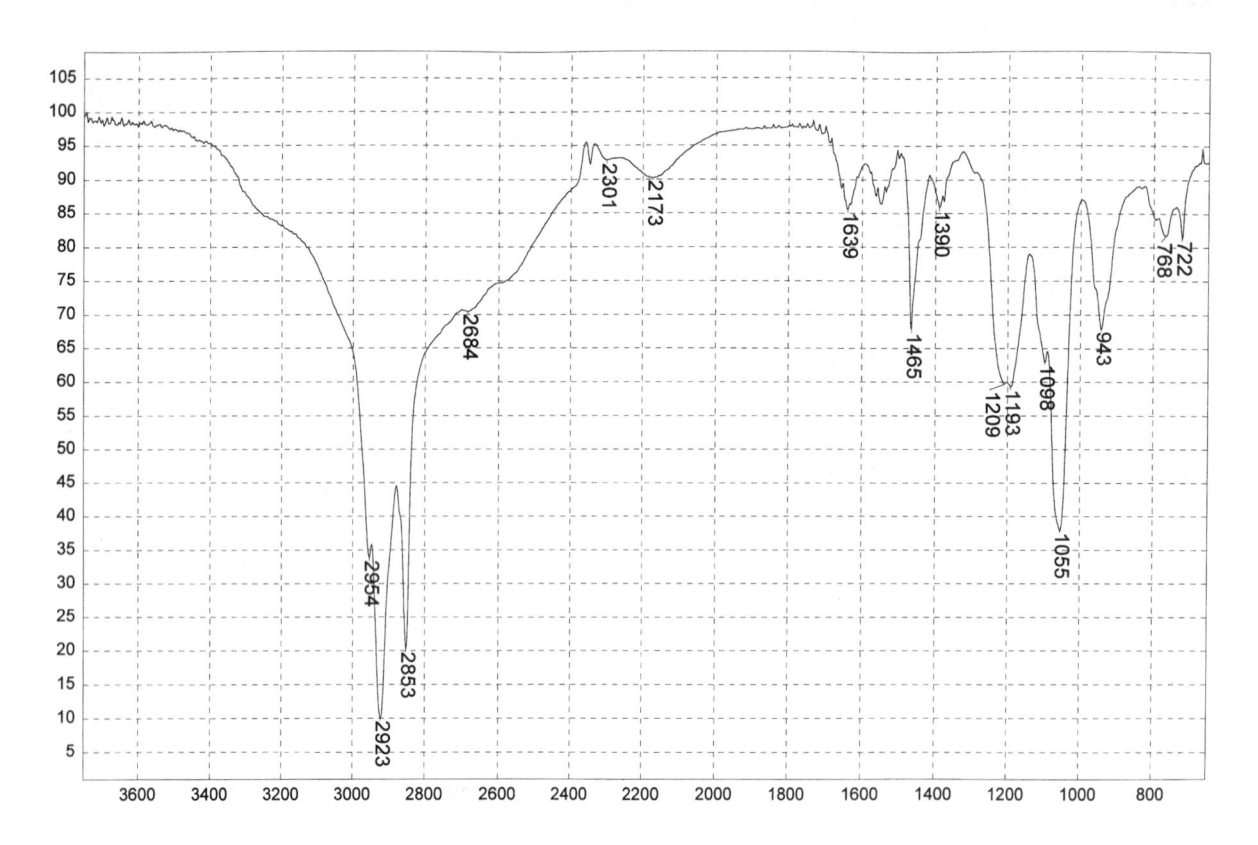

1829 Alkyl phosphonamide RNHP(O-(OR')ONH₃R; R is C₁₂H₂₅, R' is water solubilizing

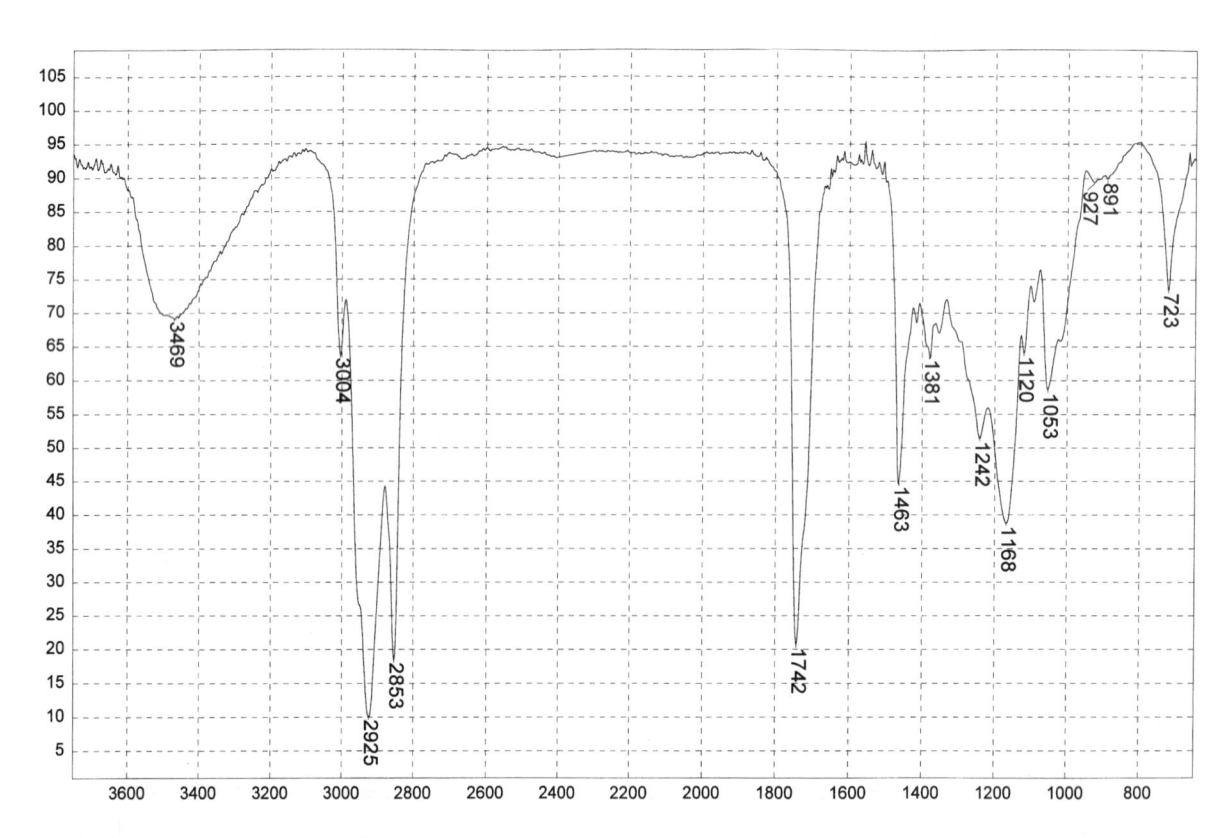

1830 Pentaerythritol Dioleate

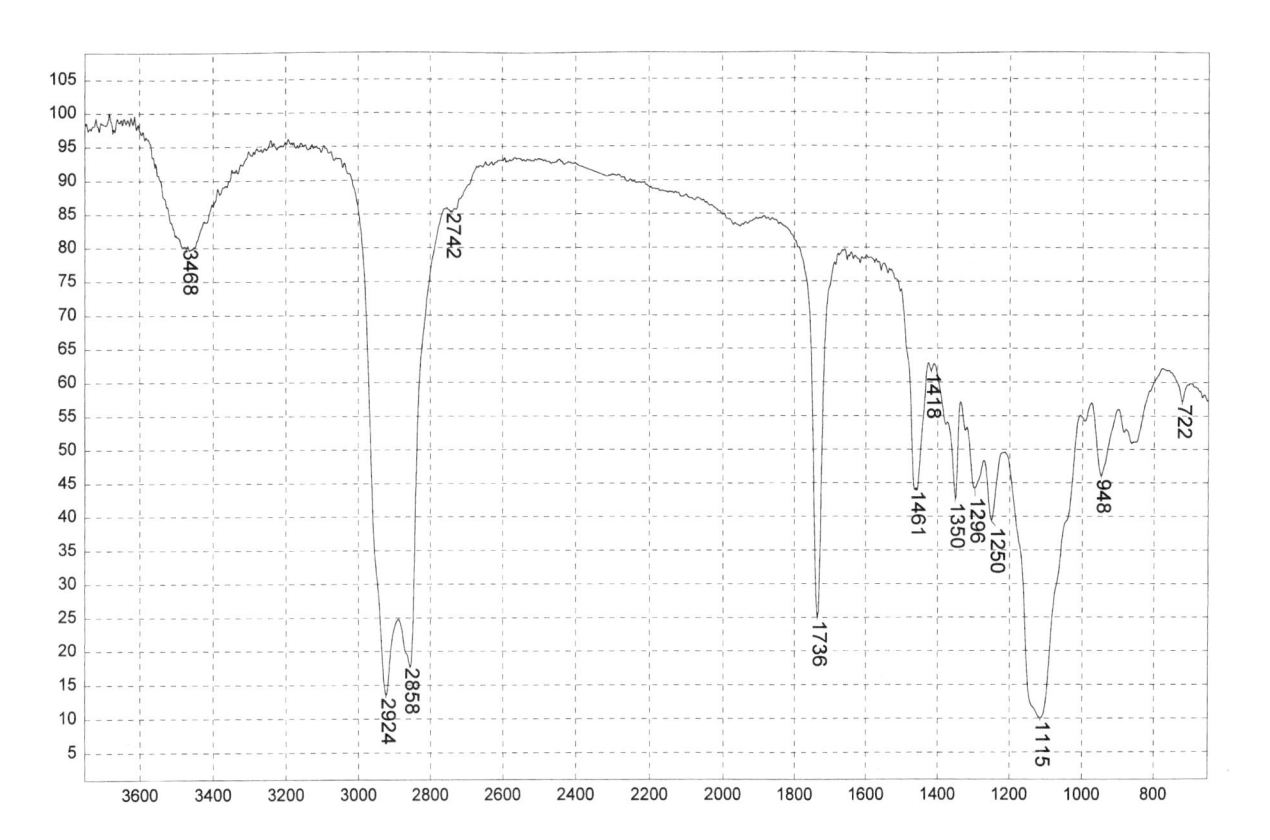

1831   P.O.E. Lauric Acid (9 Moles EtO)

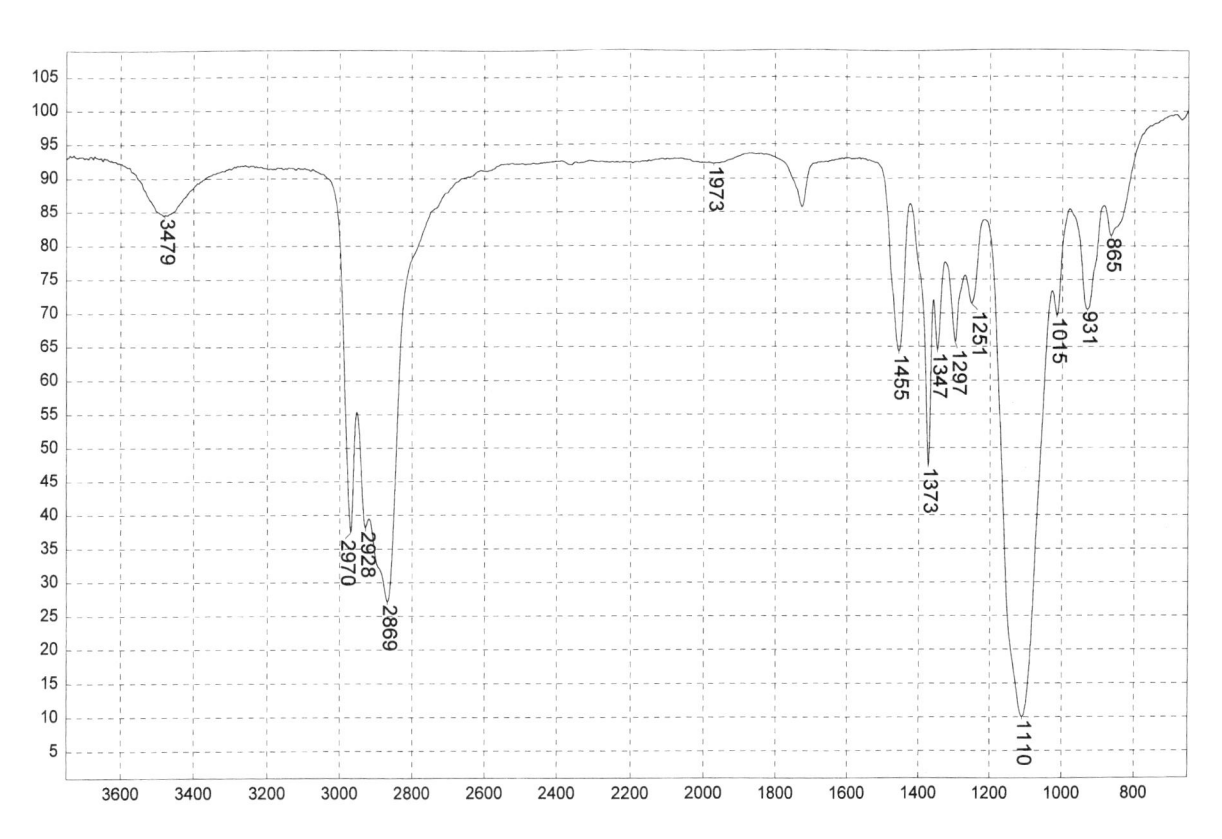

1832   Polyoxypropylene & 20% EtO (M.W. ~1750)

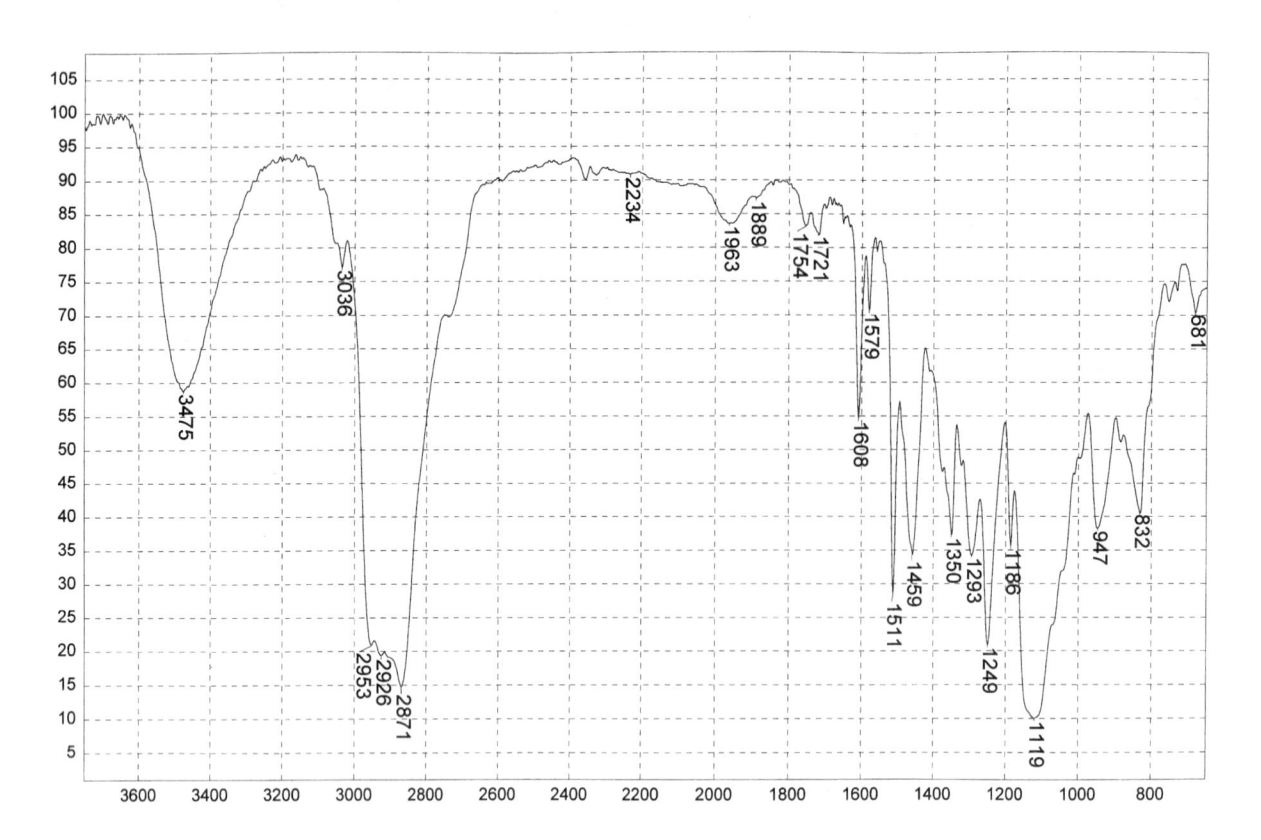

| 1833 | **Polyoxyethylated nonylphenol (10–11 moles EtO)** |

| 1834 | **Polyoxyethylated nonylphenol (8 moles EtO)** |

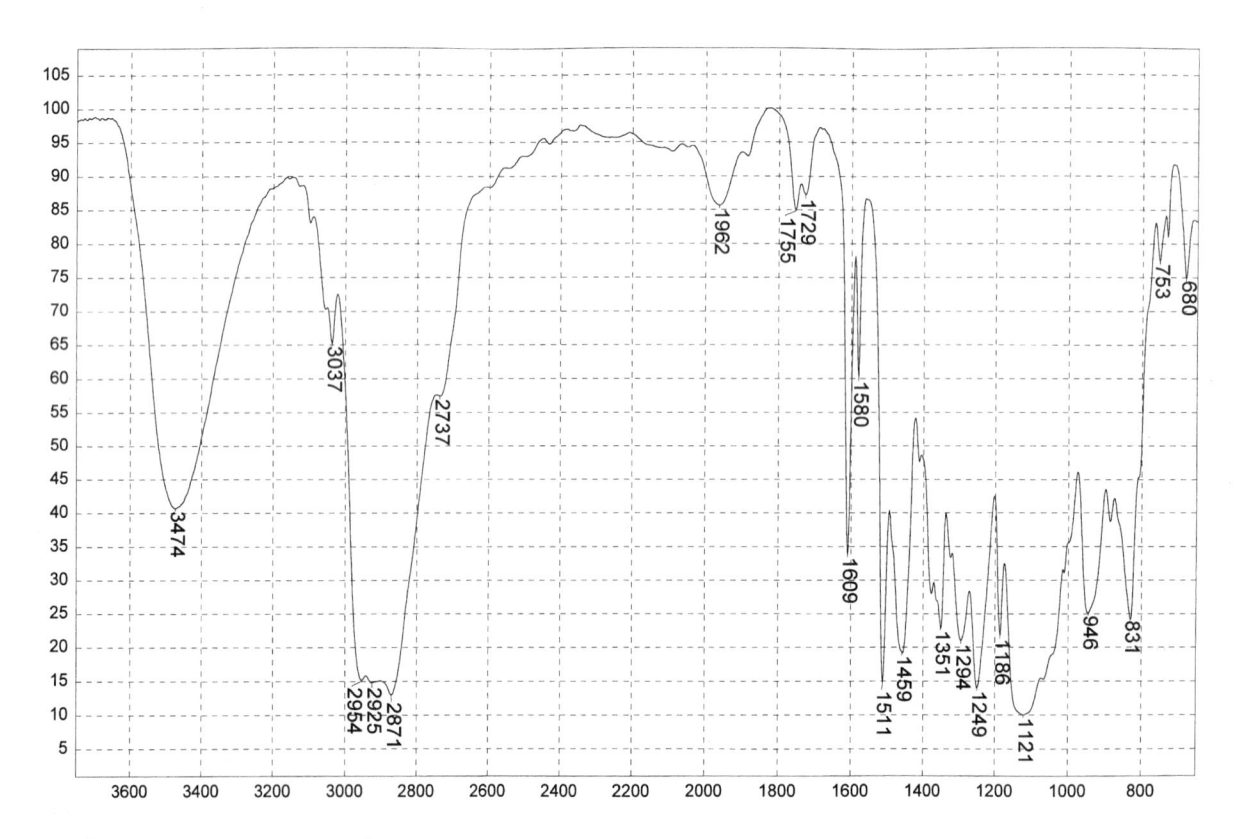

414

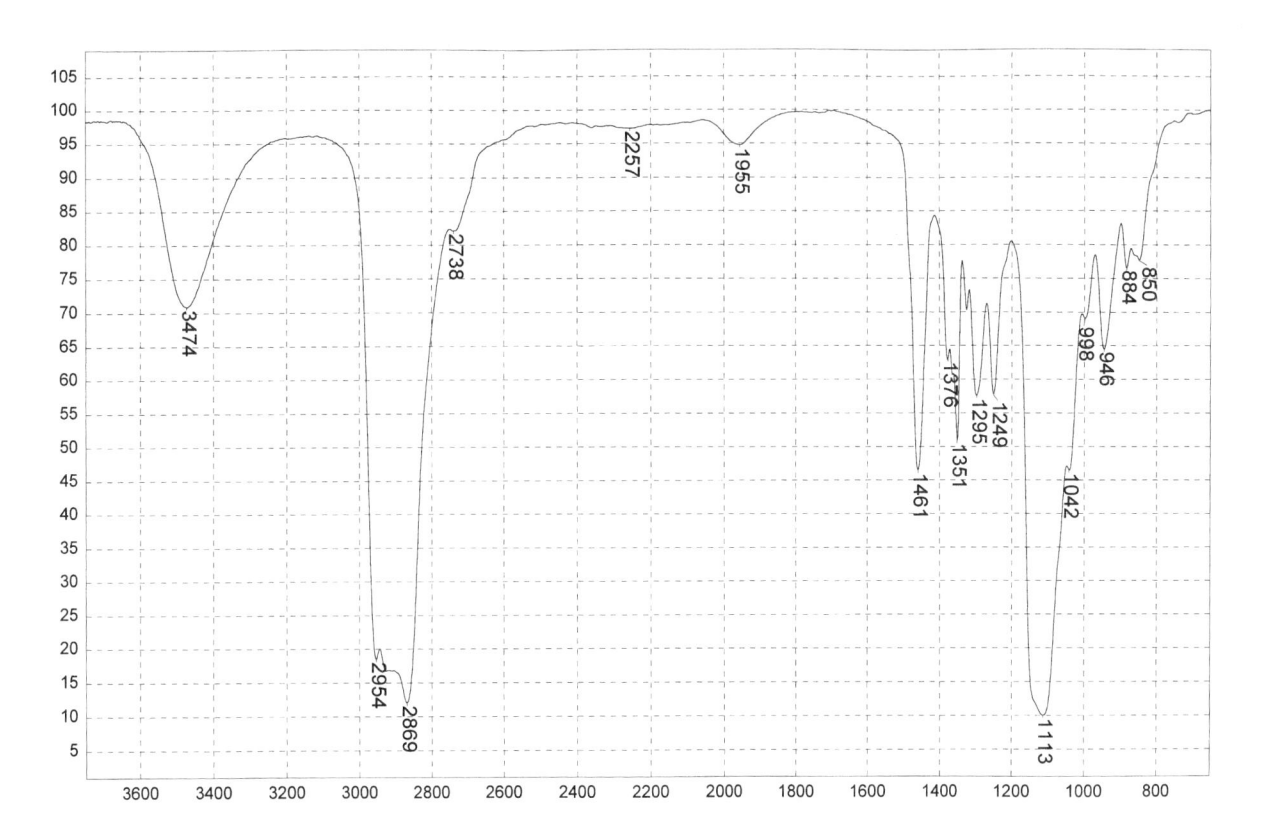

1835 Polyoxyethylated oleyl alcohol (20 moles EtO)

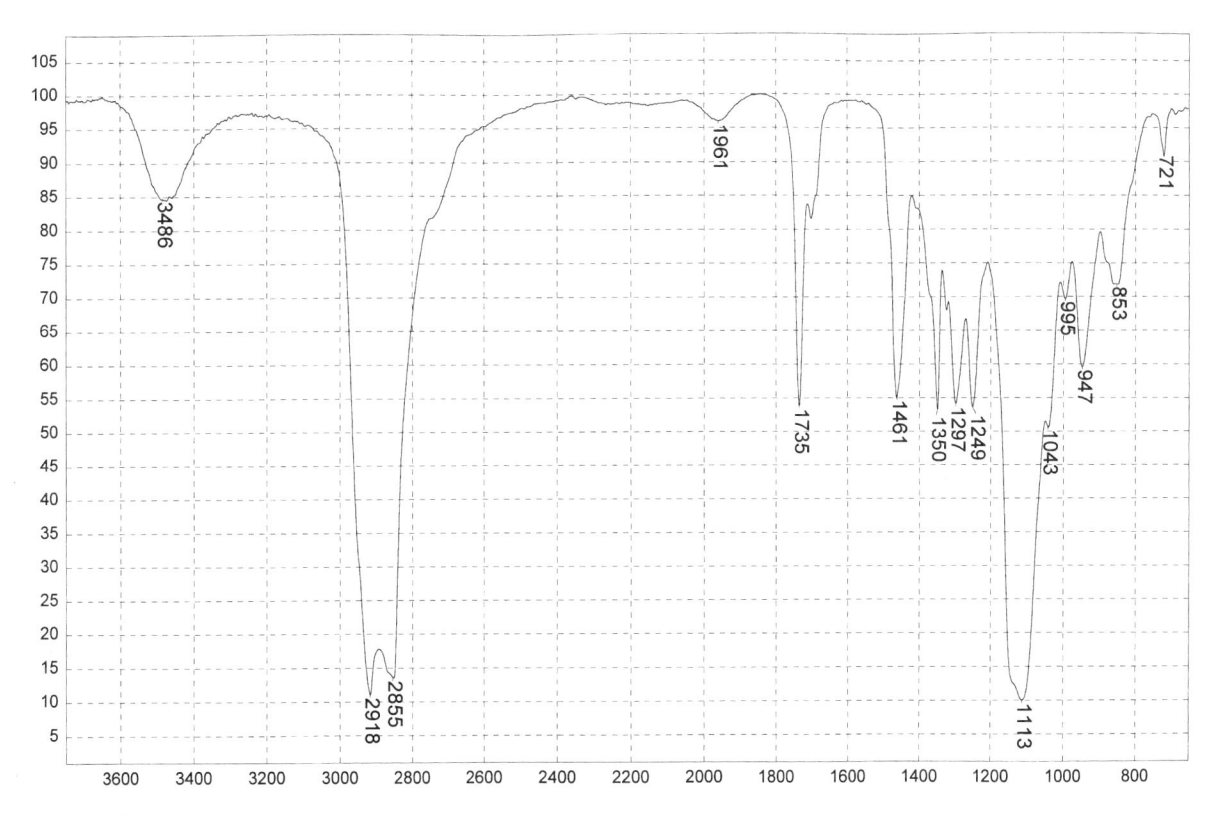

1836 Polyoxyethylated oxypropylated stearic acid

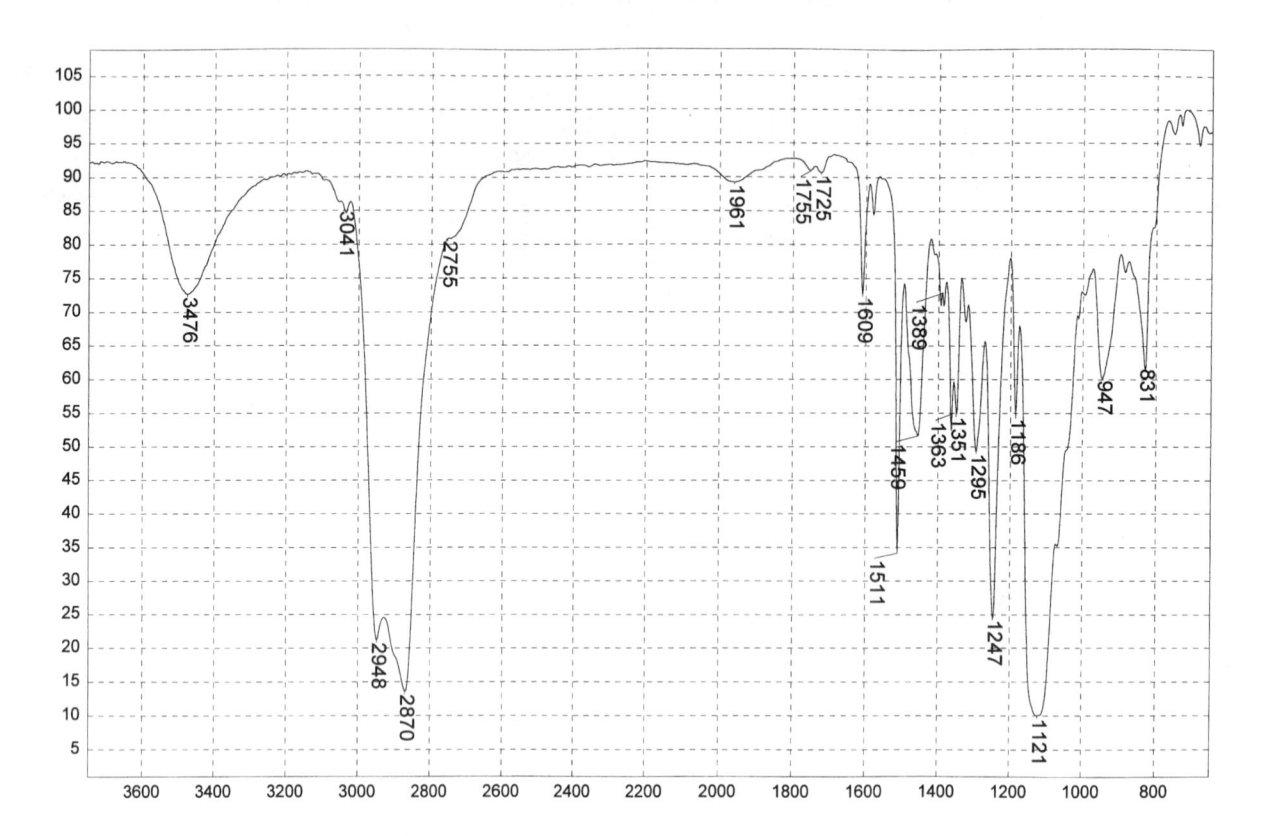

1837 Polyoxyethylated tert-octylphenol (9–10 moles EtO)

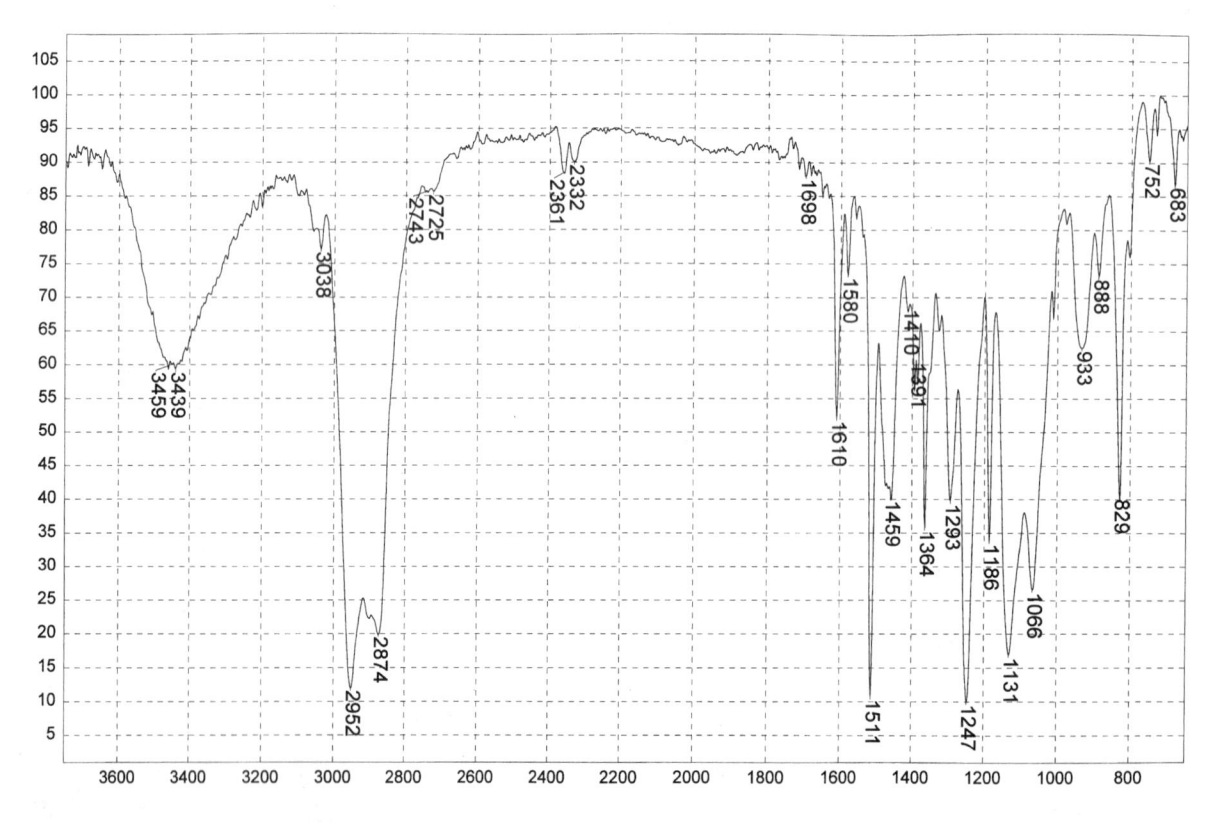

1838 Polyoxyethylated tert-octylphenol (3 moles EtO)

1839 Polyoxyethylated tert-octylphenol (30 moles EtO)

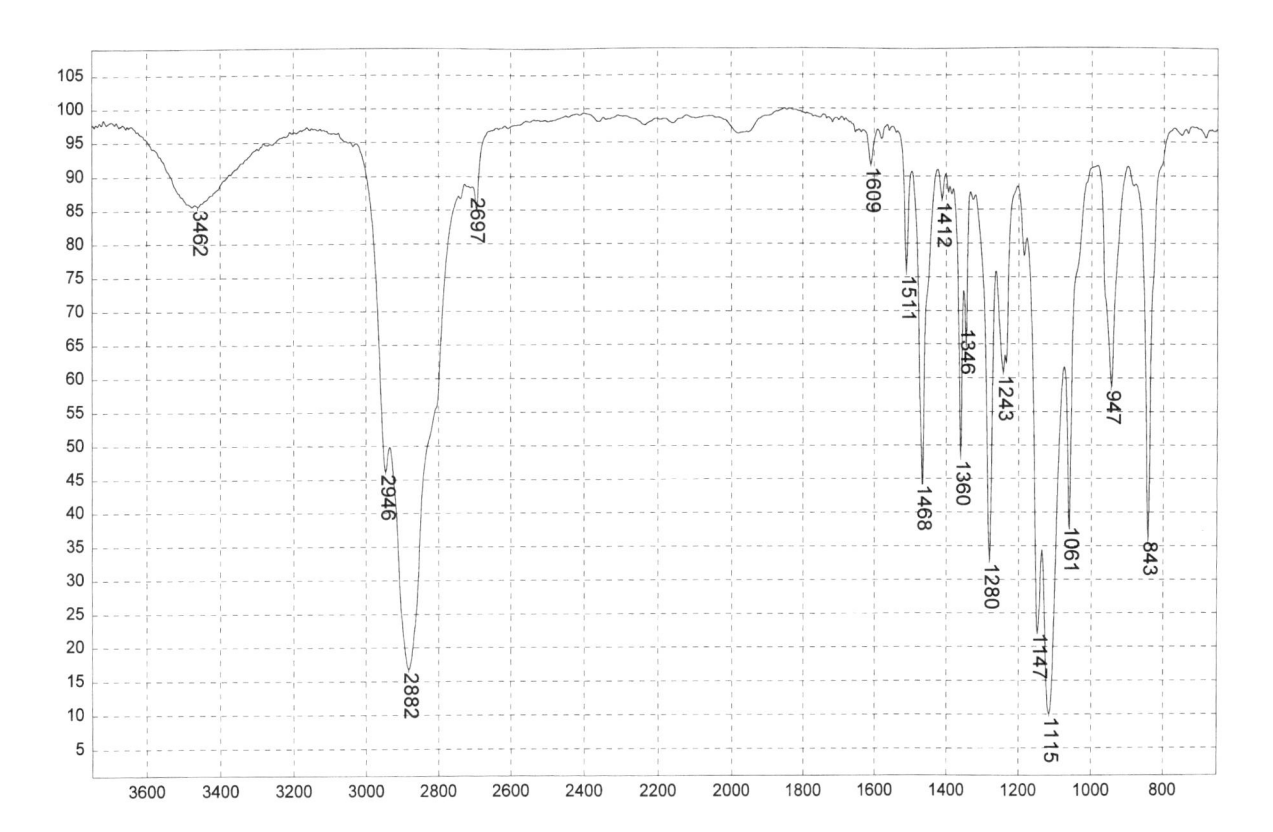

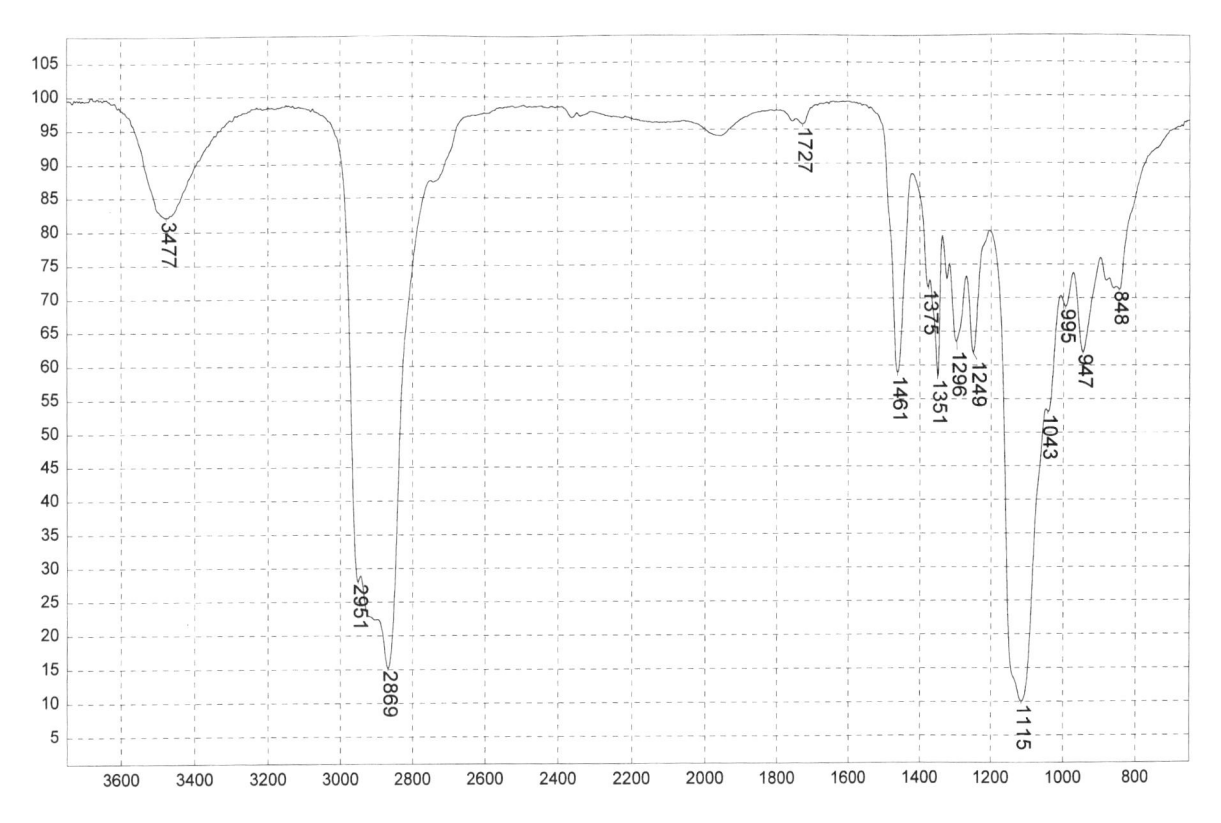

1840 Polyoxyethylated tridecyl alcohol (12 moles EtO)

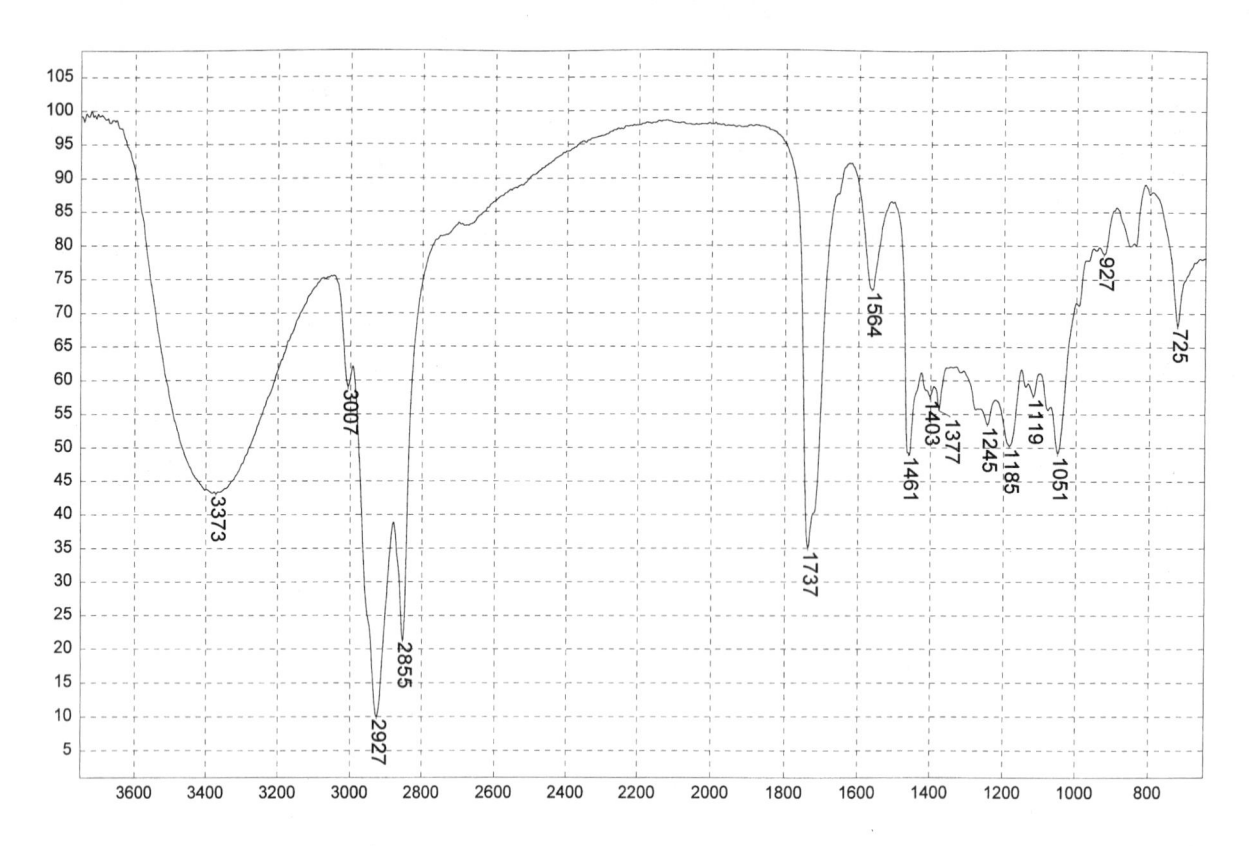

Ricinoleate of Propylene Glycol

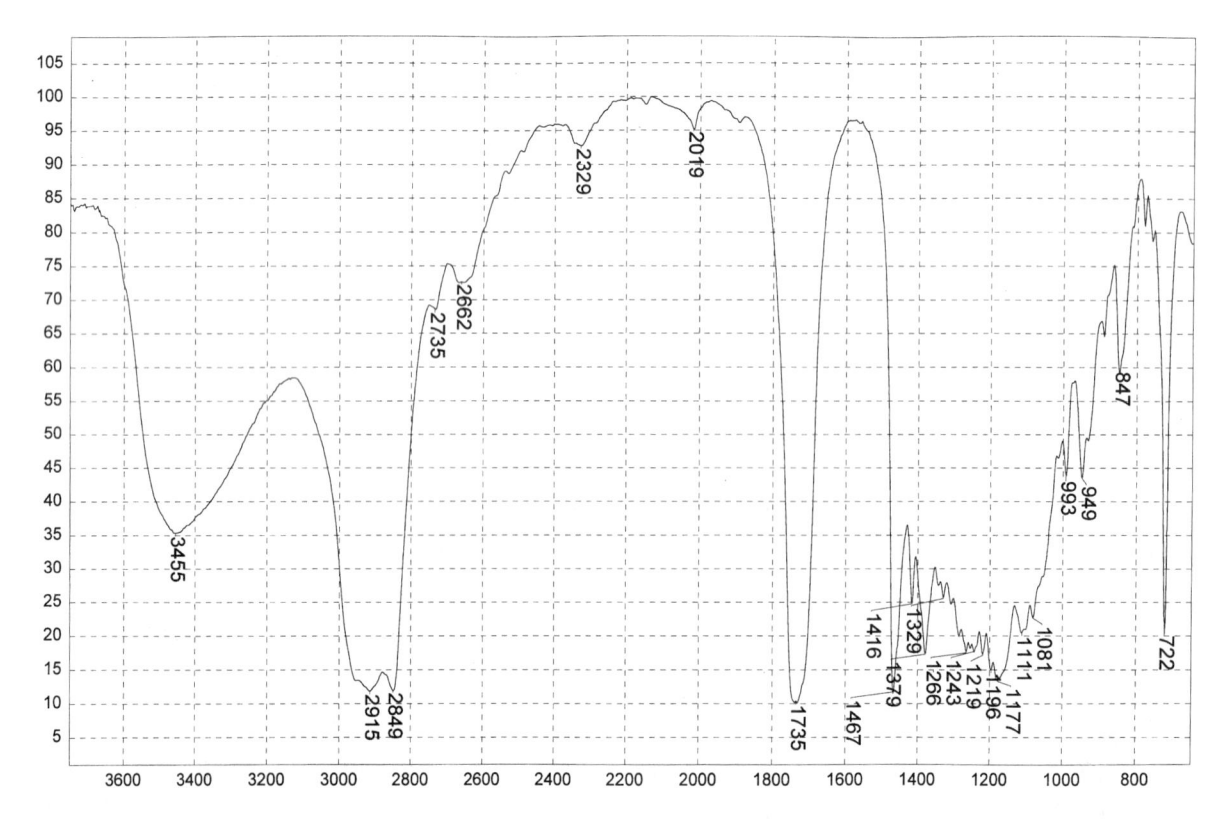

Stearate of propylene glycol

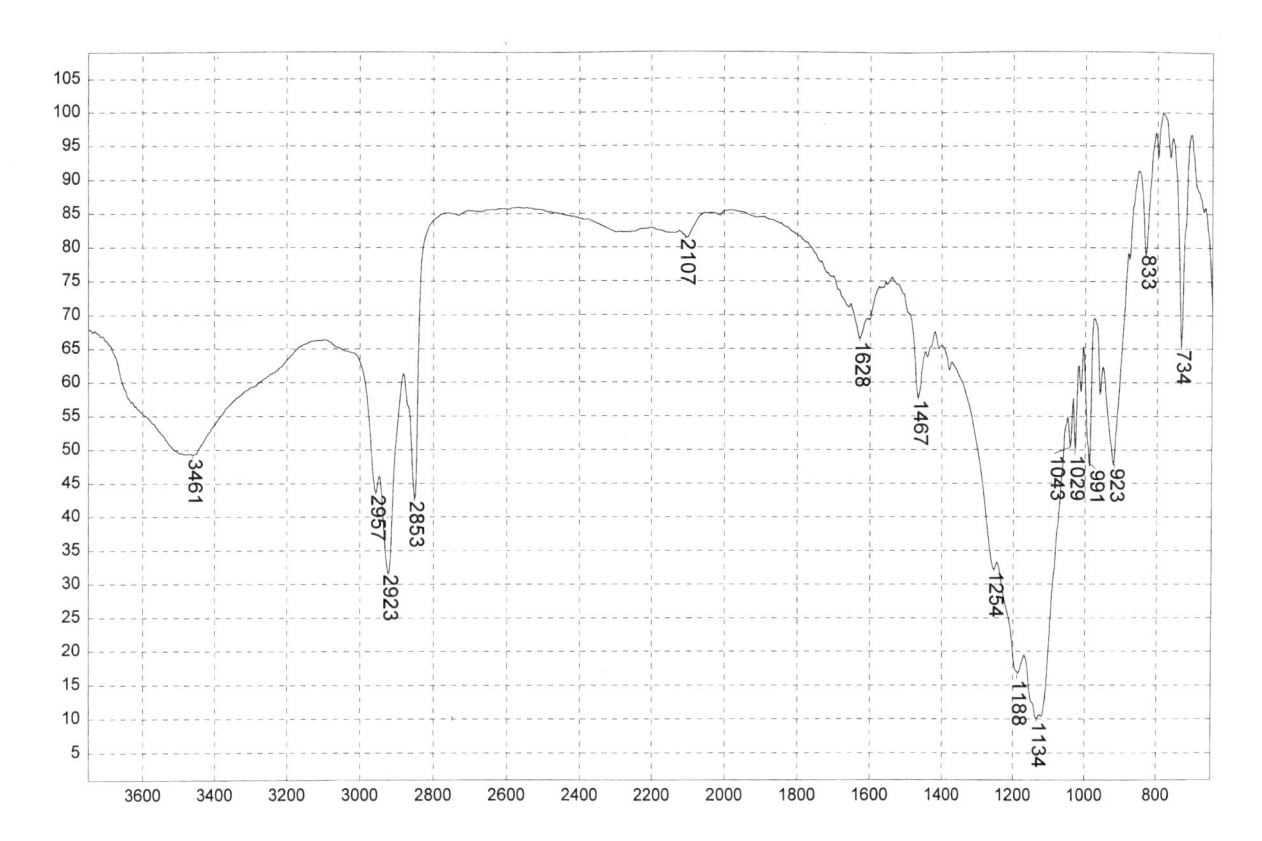

1843 Sulfated ethanolamine-lauric acid condensate, Na salt

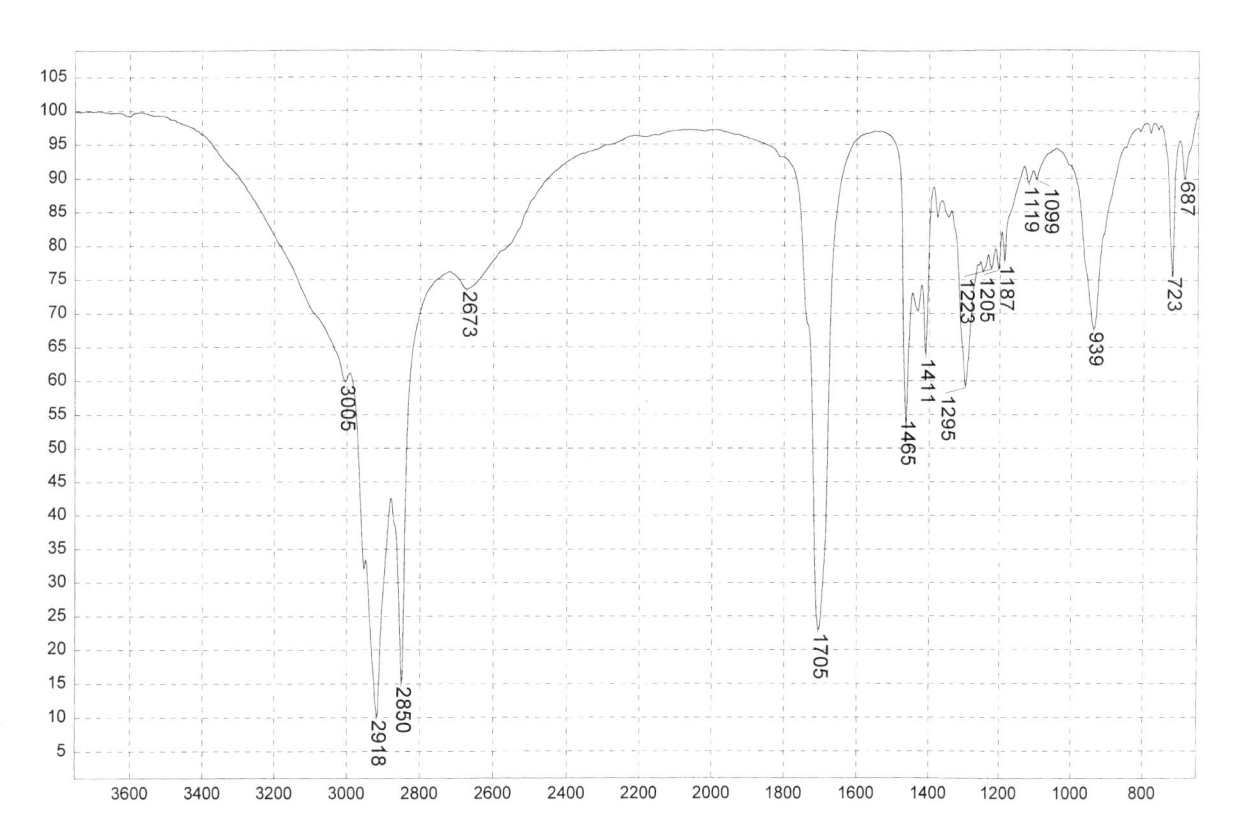

1844 Tallow acids (distilled)

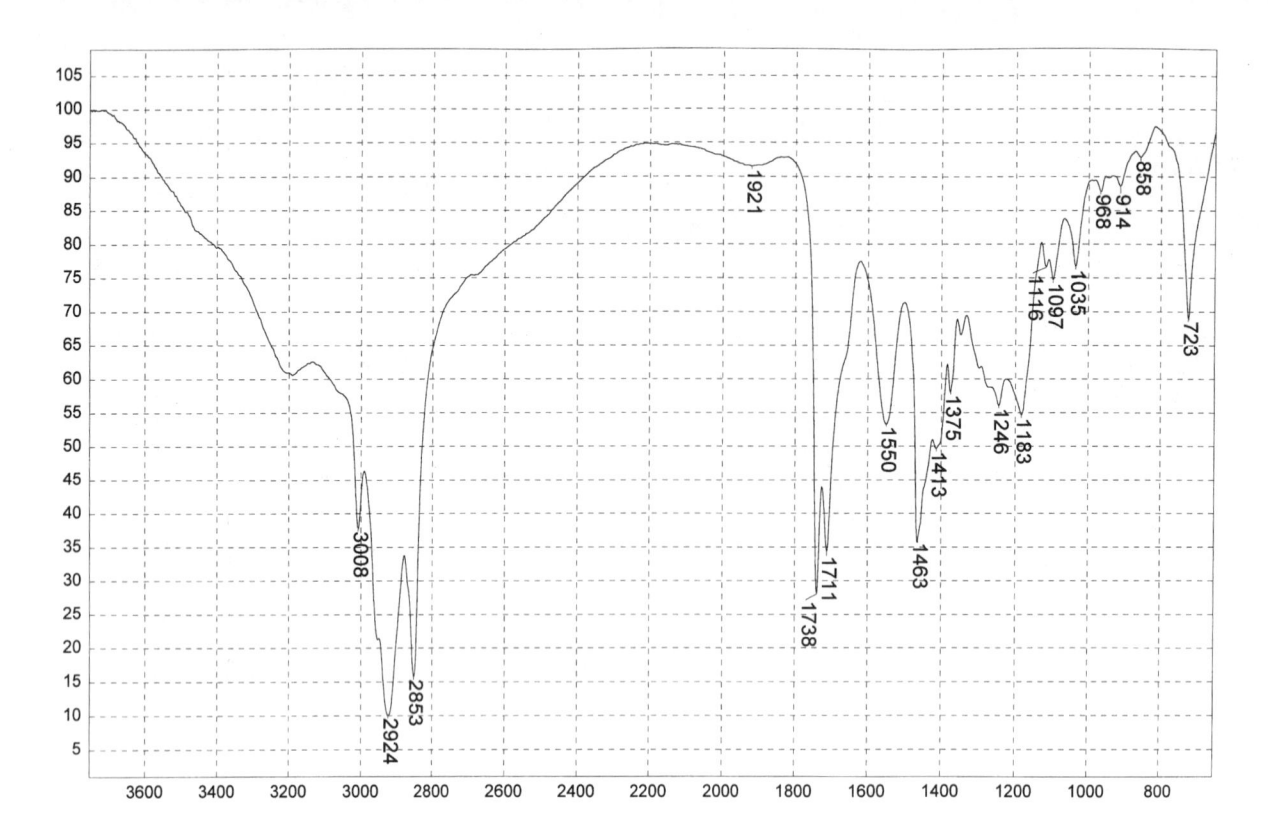

1845 Ammonium linoleate

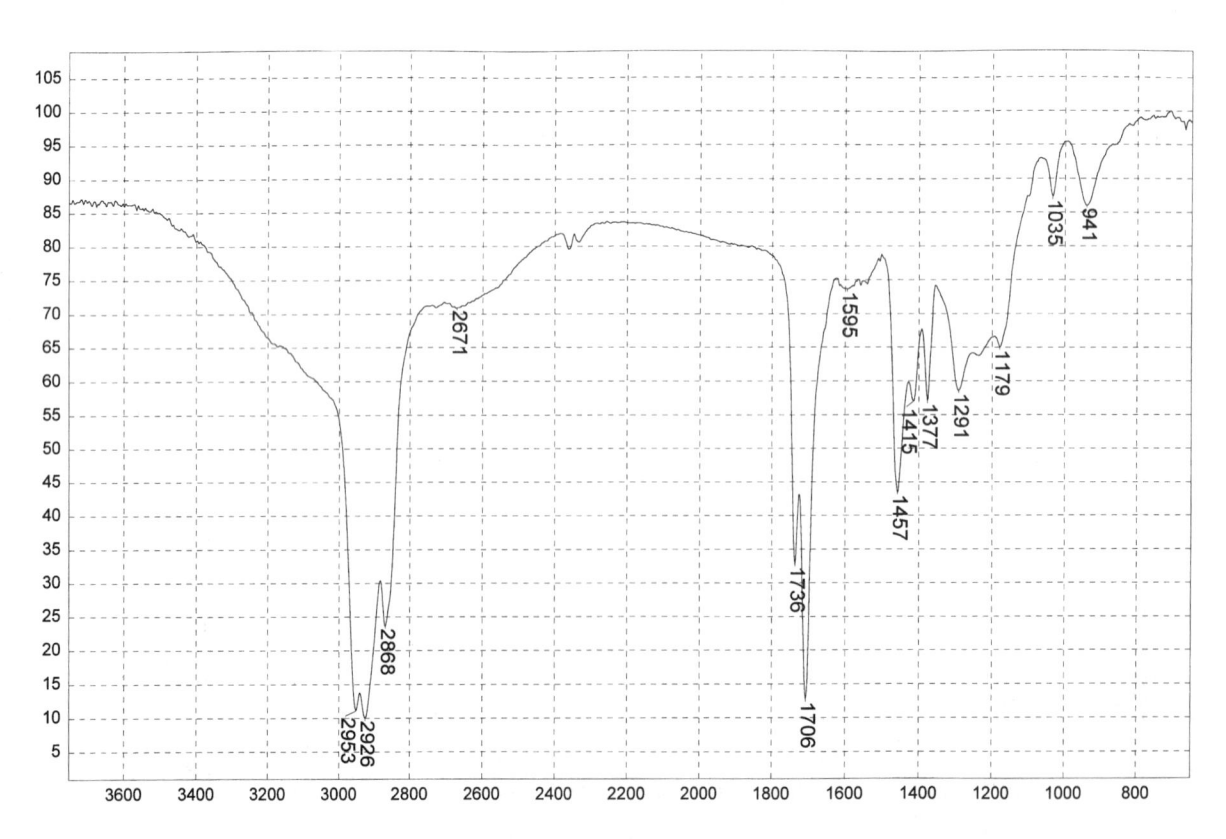

1846 Ammonium naphthenate (in aqueous alochol)

420

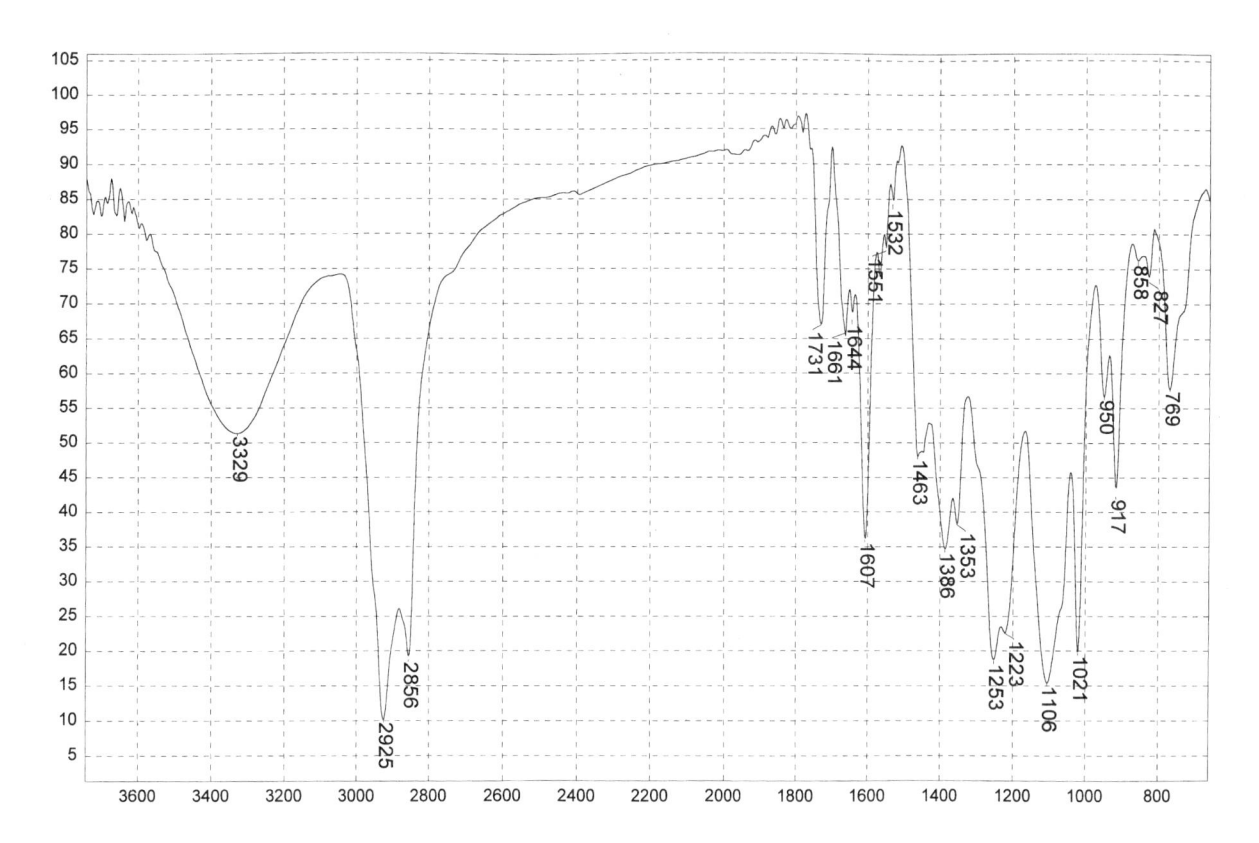

1847 BASF/PE:PET/CS-1/H₂O

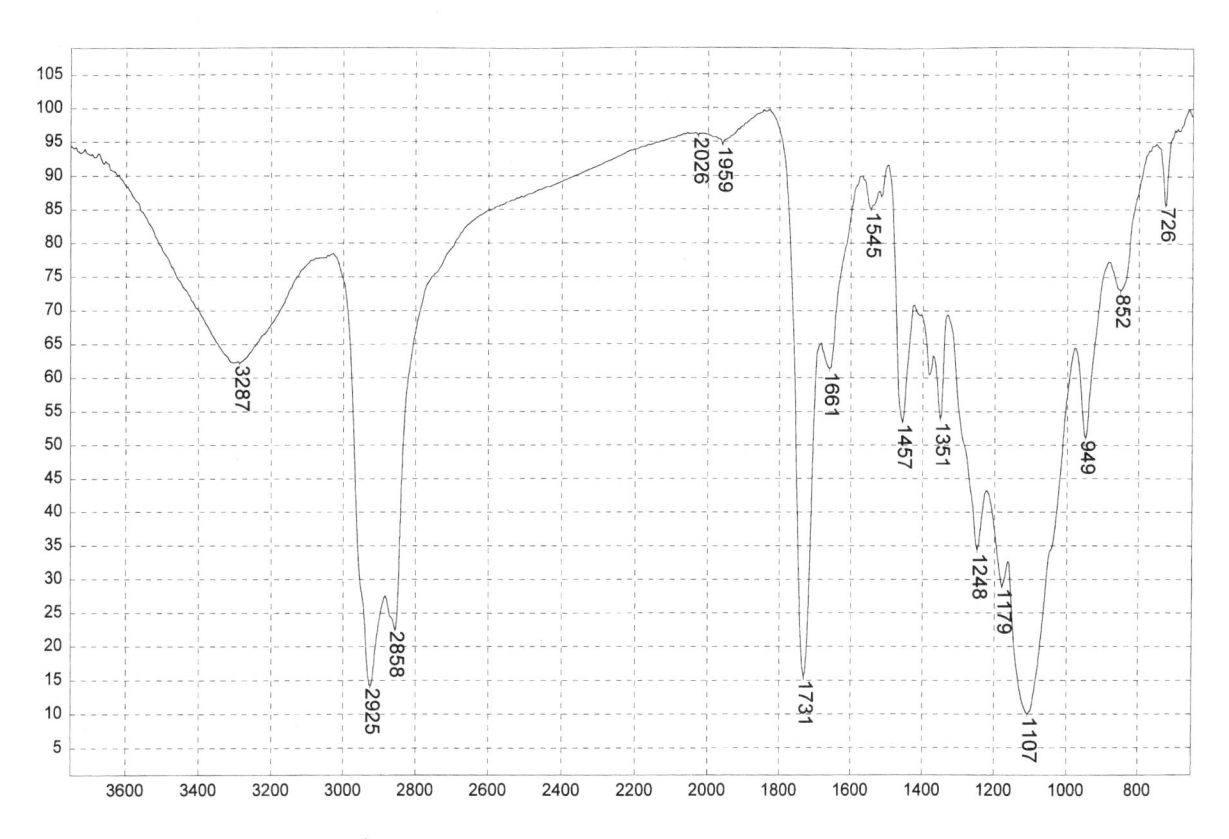

1848 HC/PE:PET/33514/H₂O

| 1849 | DANAKLON/PE:PP/HYDROPHIL/H$_2$O |

| 1850 | HC/PE:PET/33514/MeOH/MeCl$_3$ |

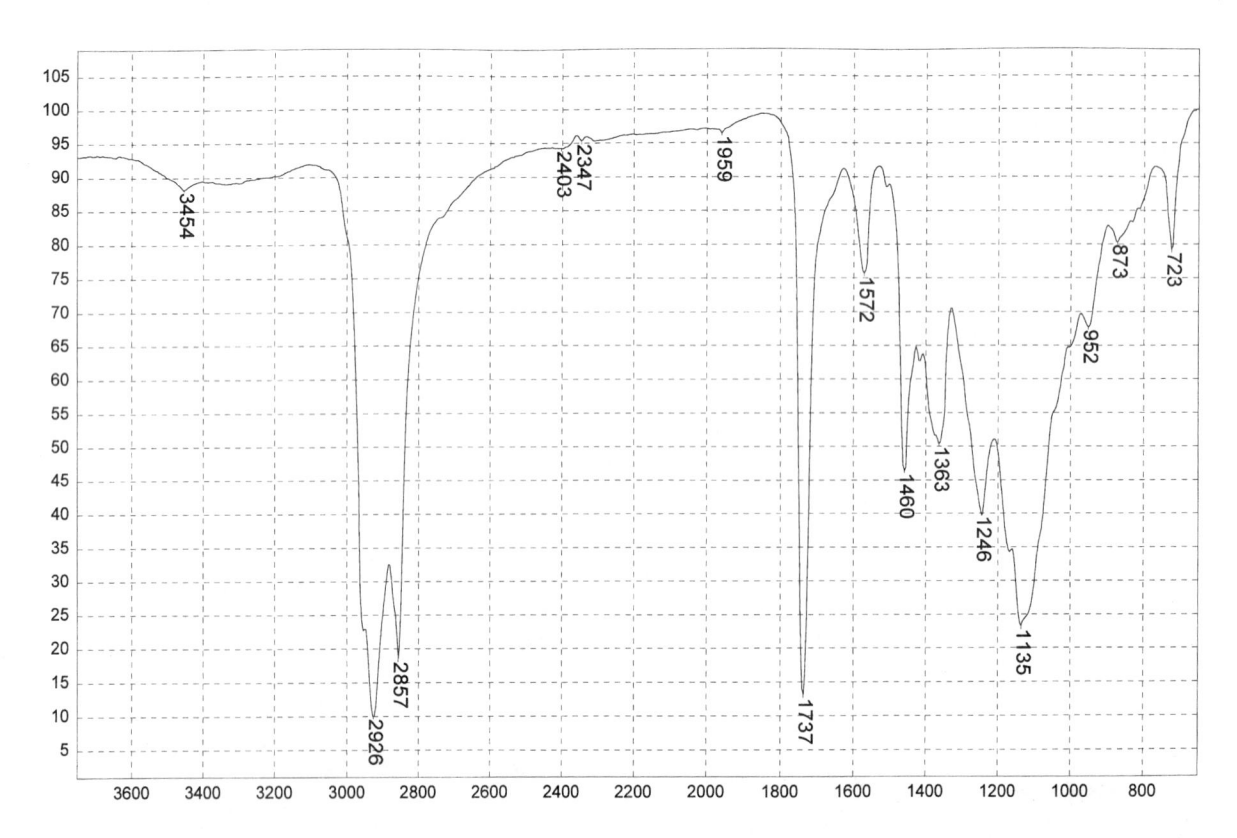

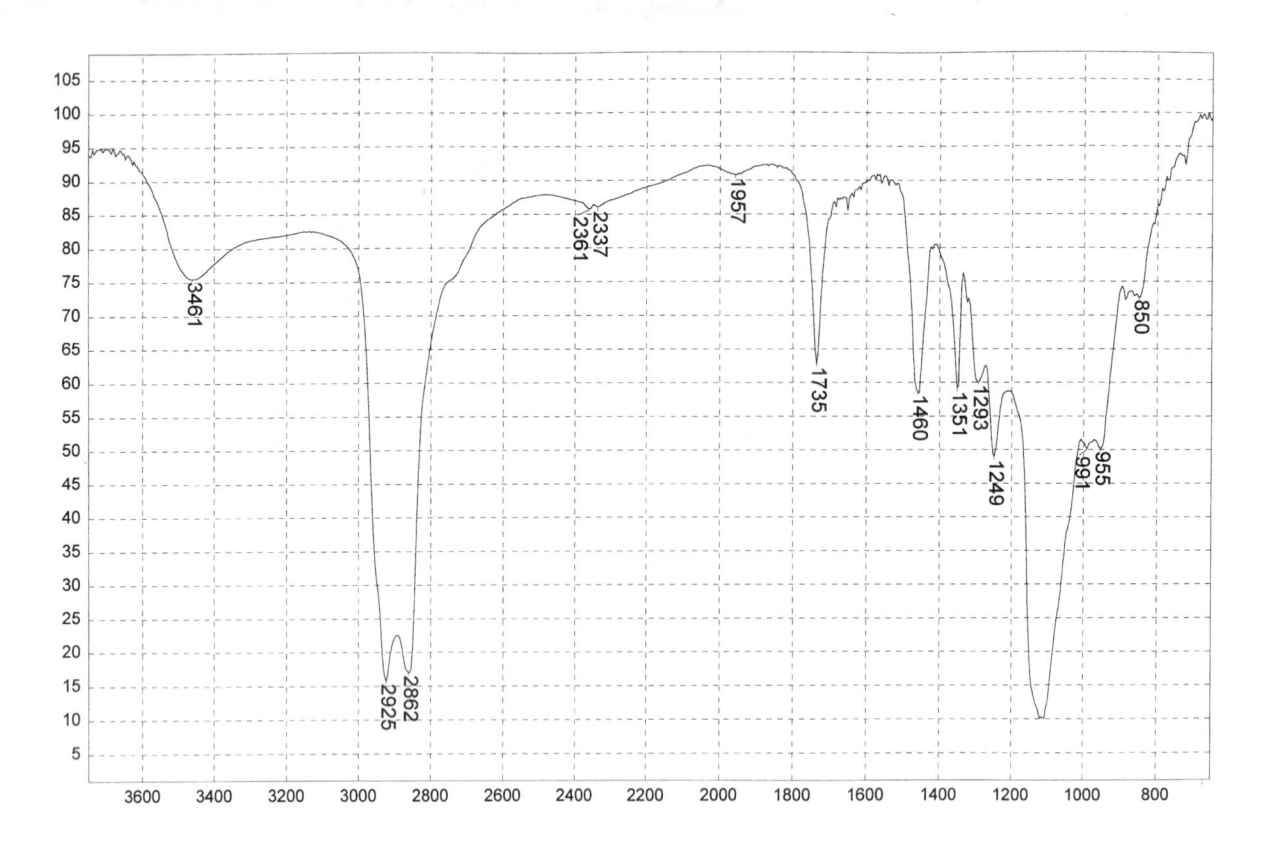

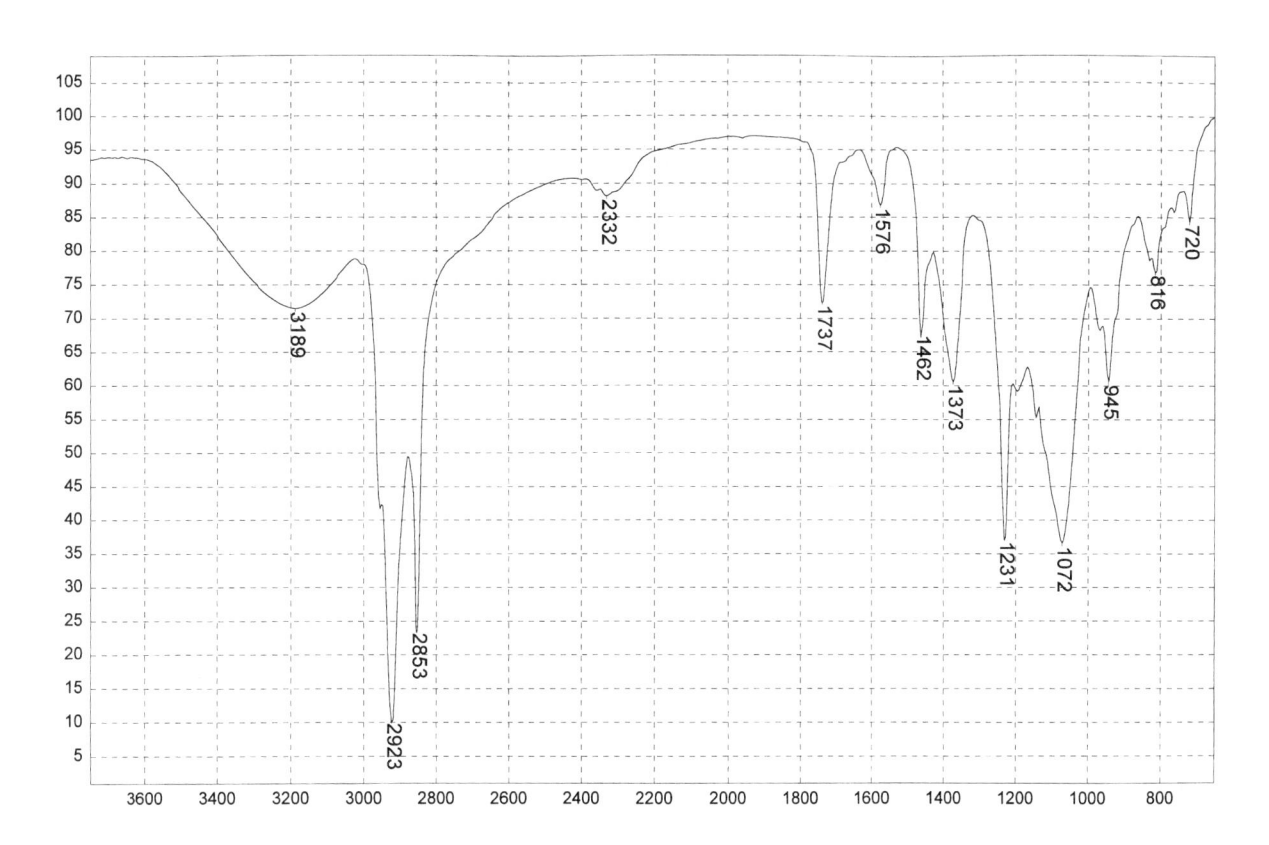

1851 CHISSO/PE:PP/HYDROPHIL/MeOH/MeCl₃

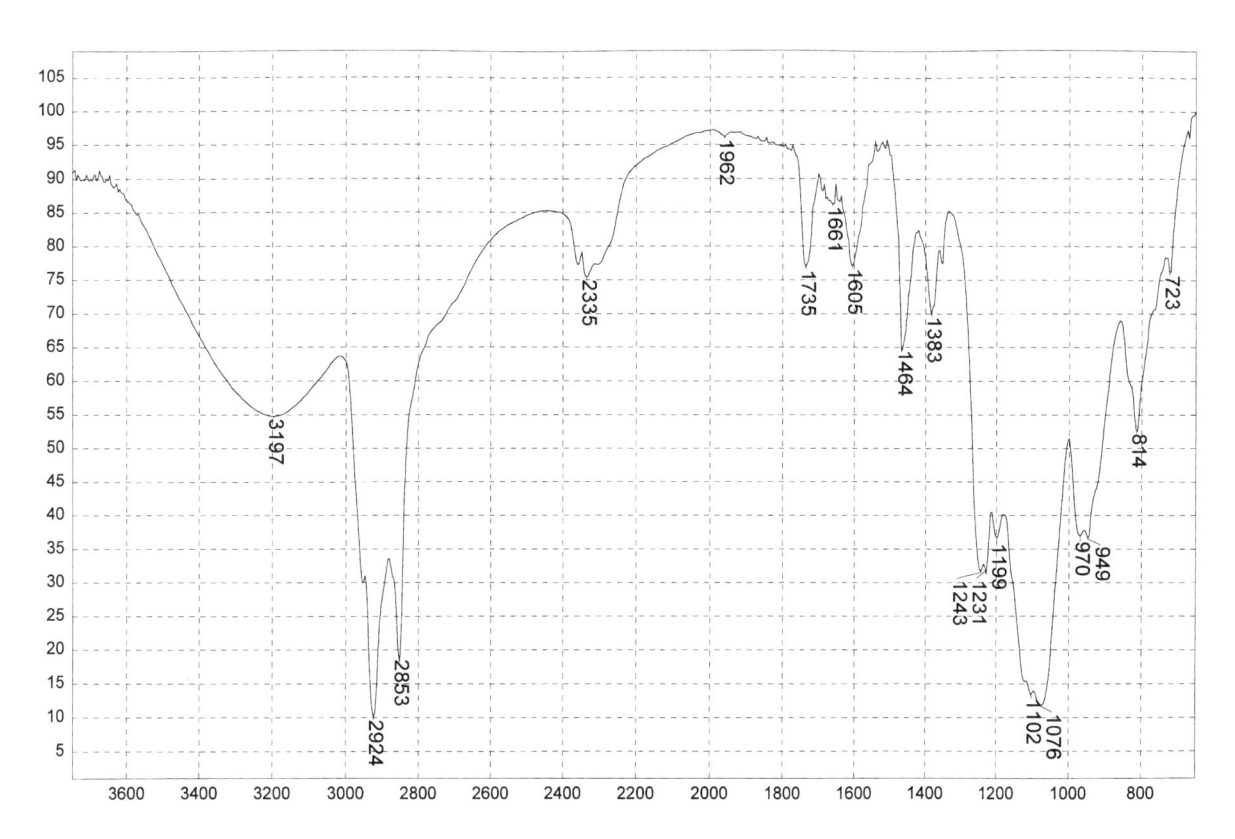

1852 CHISSO/PE:PET/HYDROPHIL/H₂O

1853   CHISSO/PE:PET/HYDROPHIL/MeOH/HEX

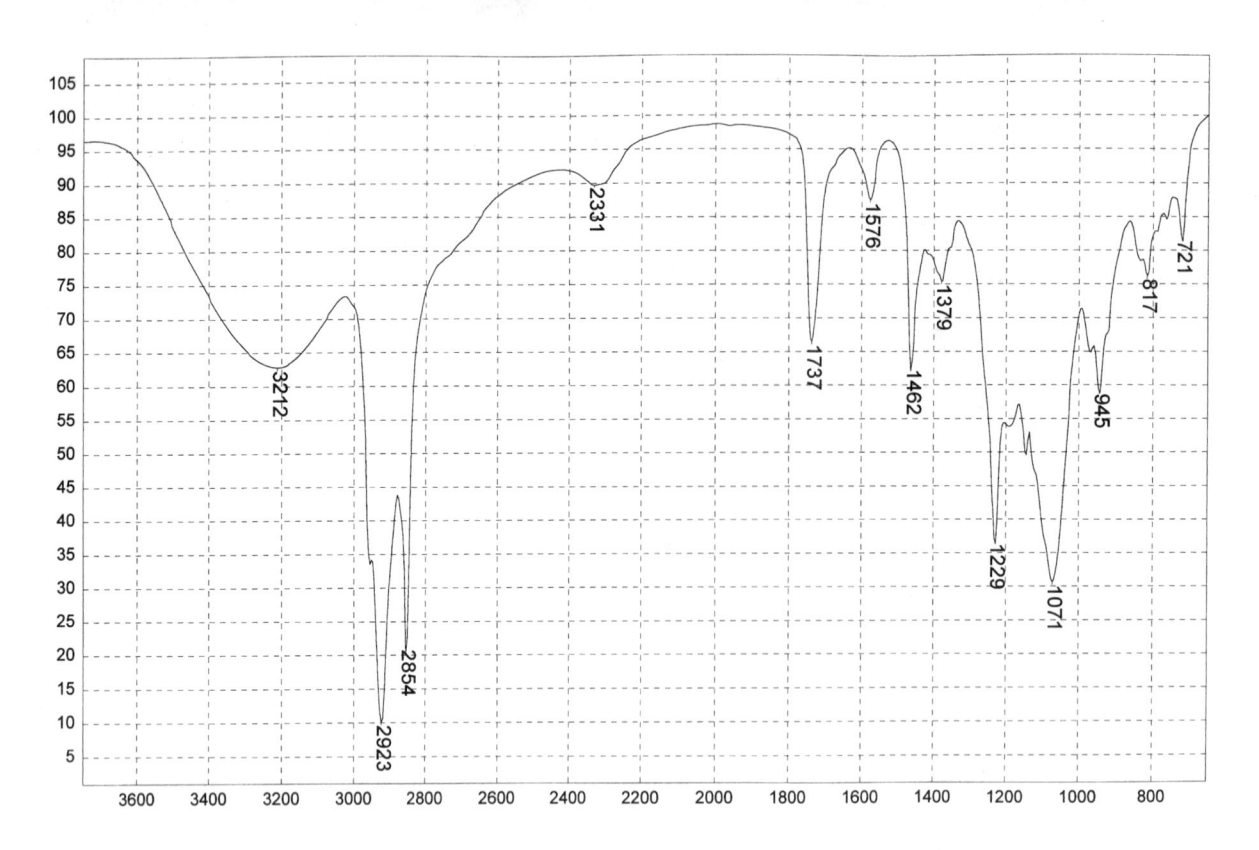

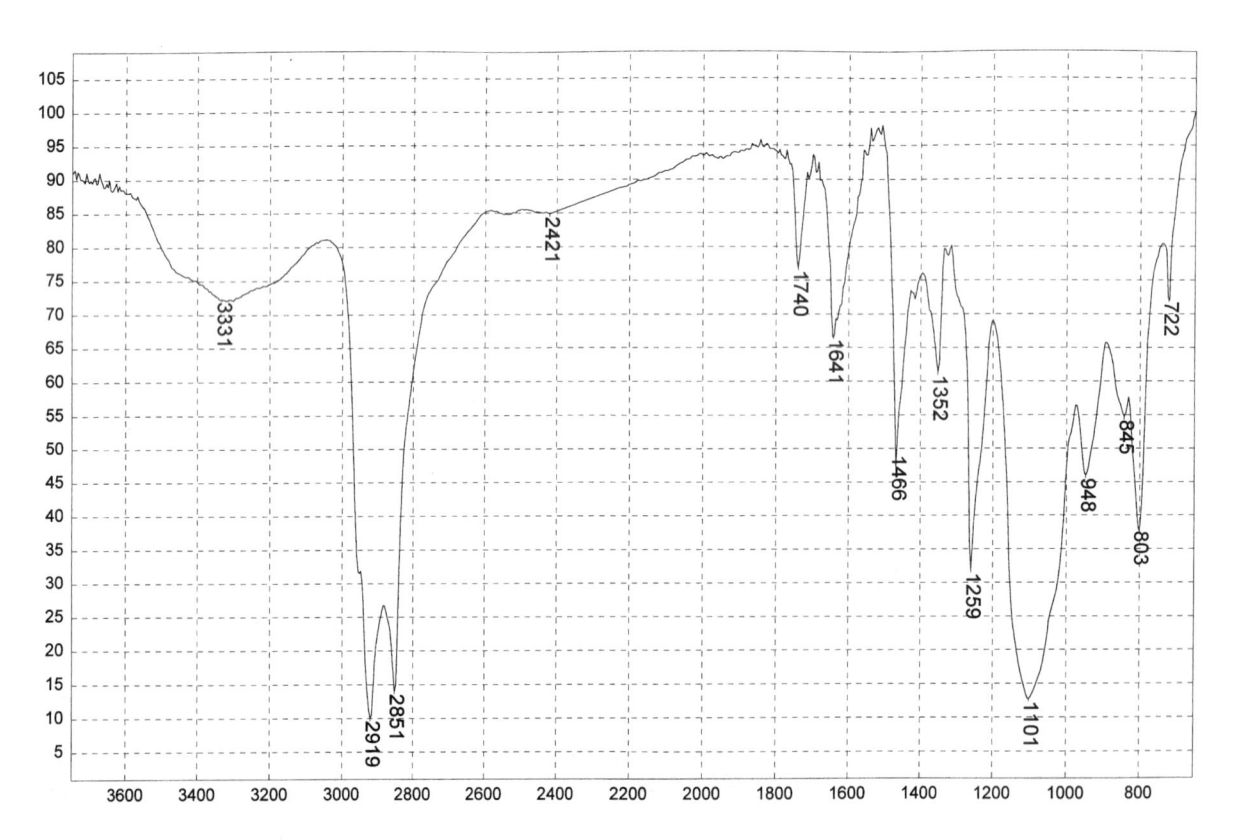

1854   CHISSO/PE:PP/HR$_5$/MeOH

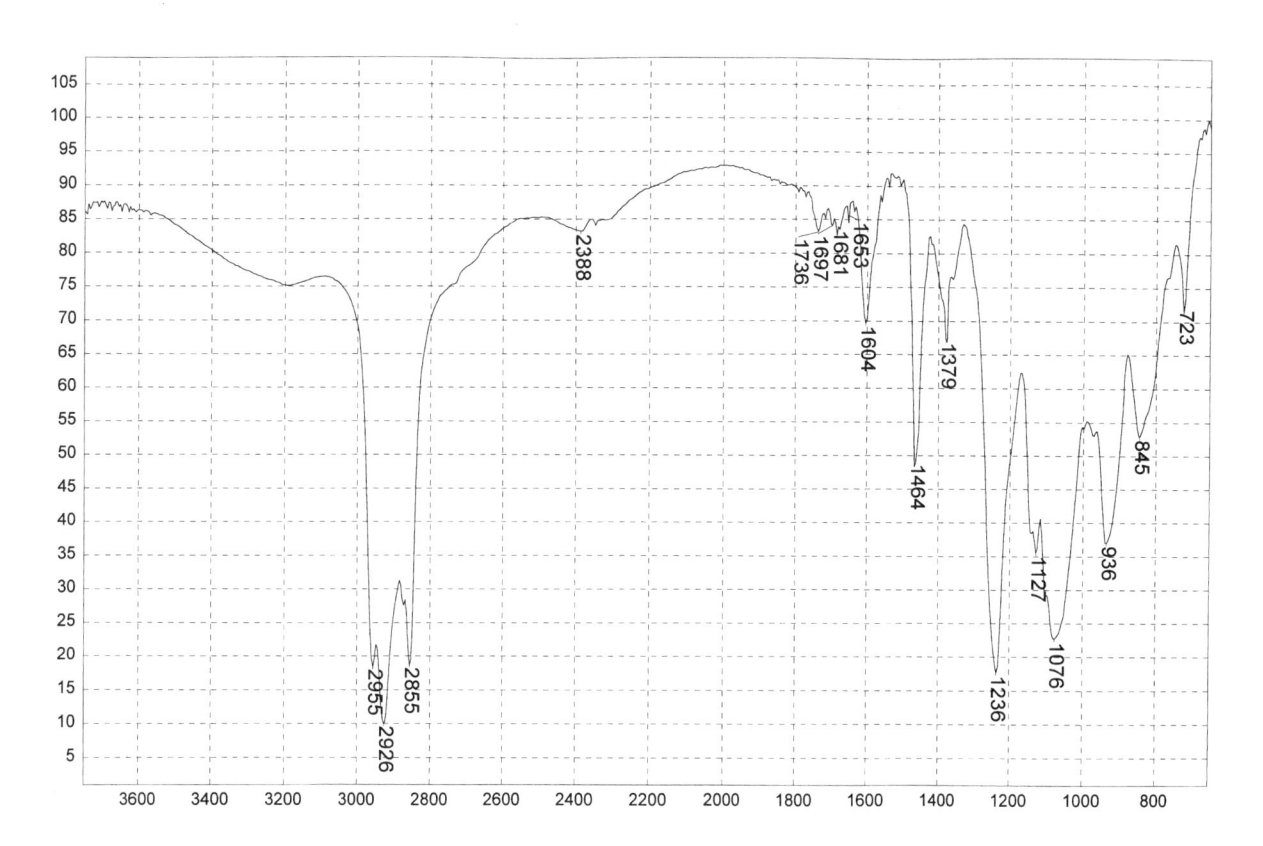

1855

CHISSO/PE:PP/MeOH

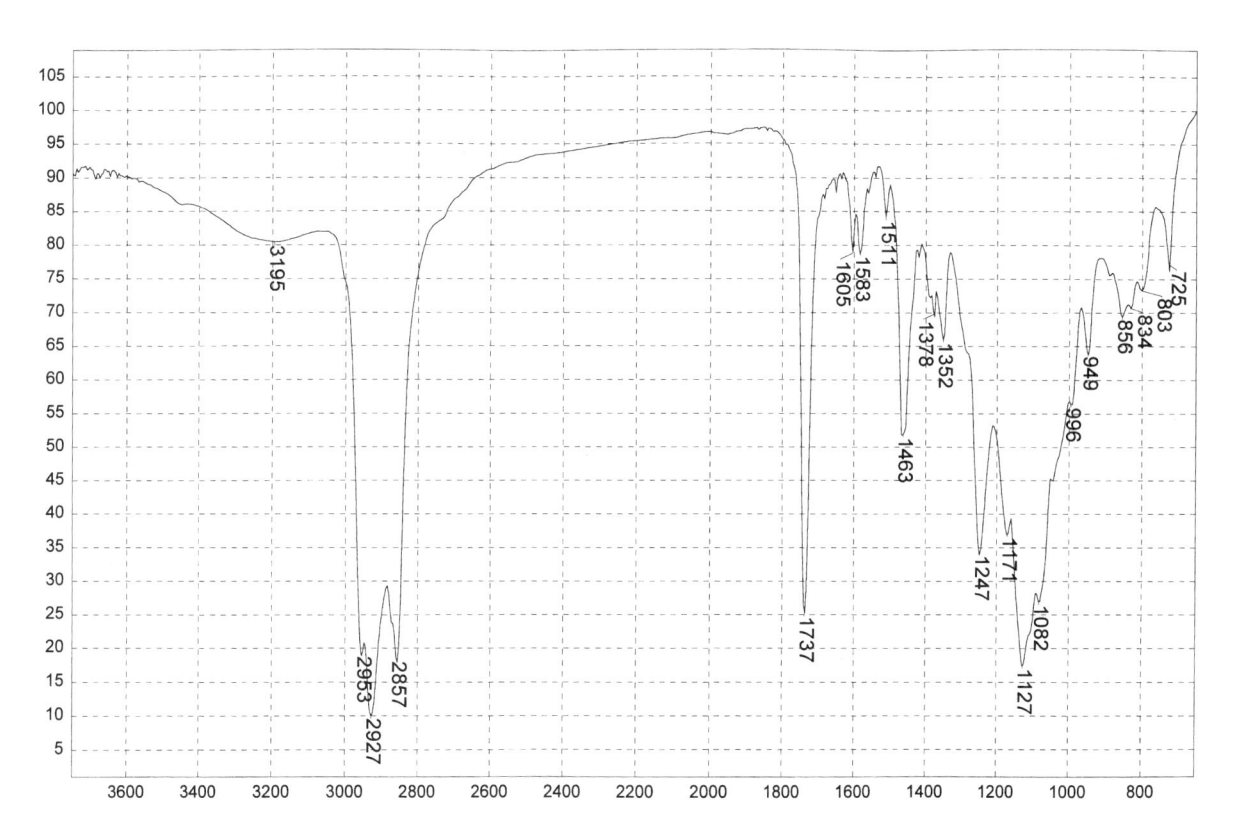

1856

HC/PET:PET/DF059 + DF018/MeOH

1857 HC/PE:PET/DF059 + DF018/MeOH/MeCl₃

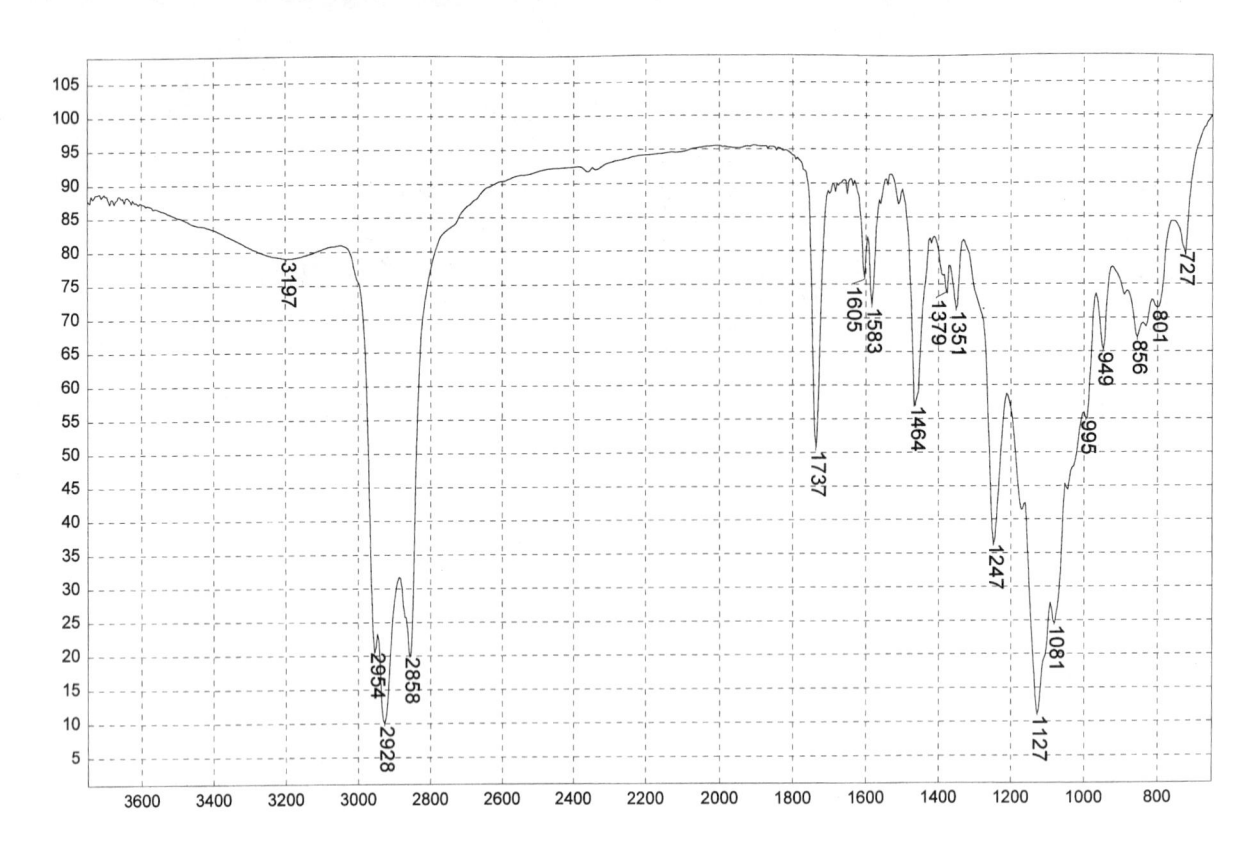

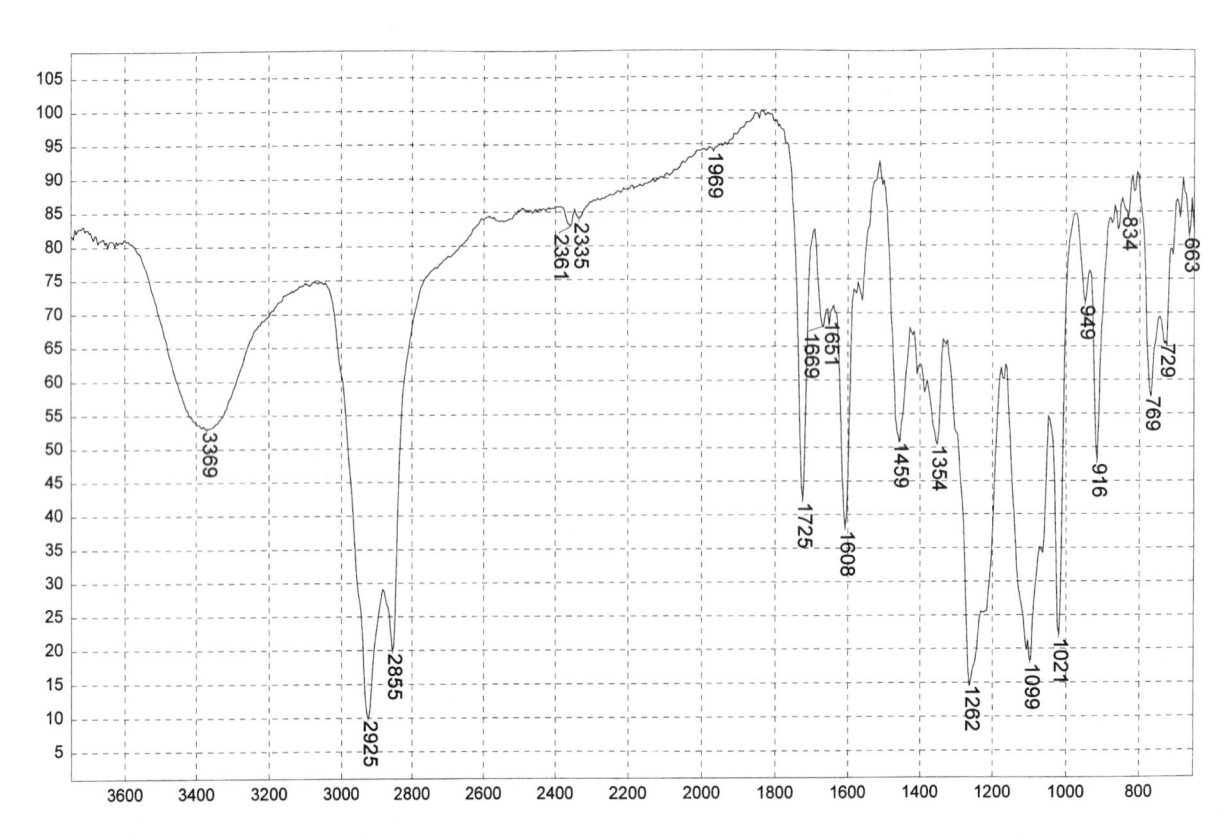

1858 BASF/PE:PET/CS-1/MeOH/MeCl₃

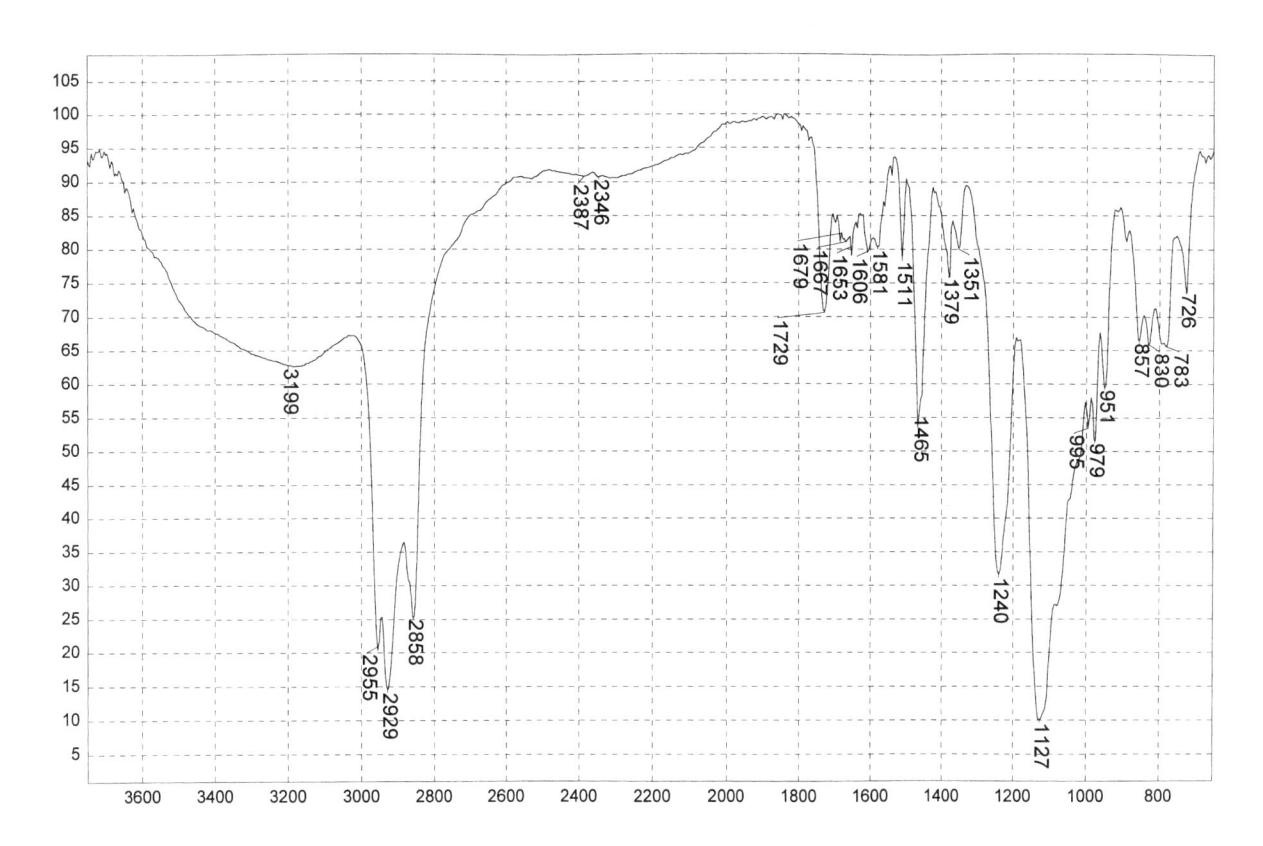

1859   HC/PE:PET/DF059/MeOH/

1860   HC/PE:PET/DF059/MeOH/HEX

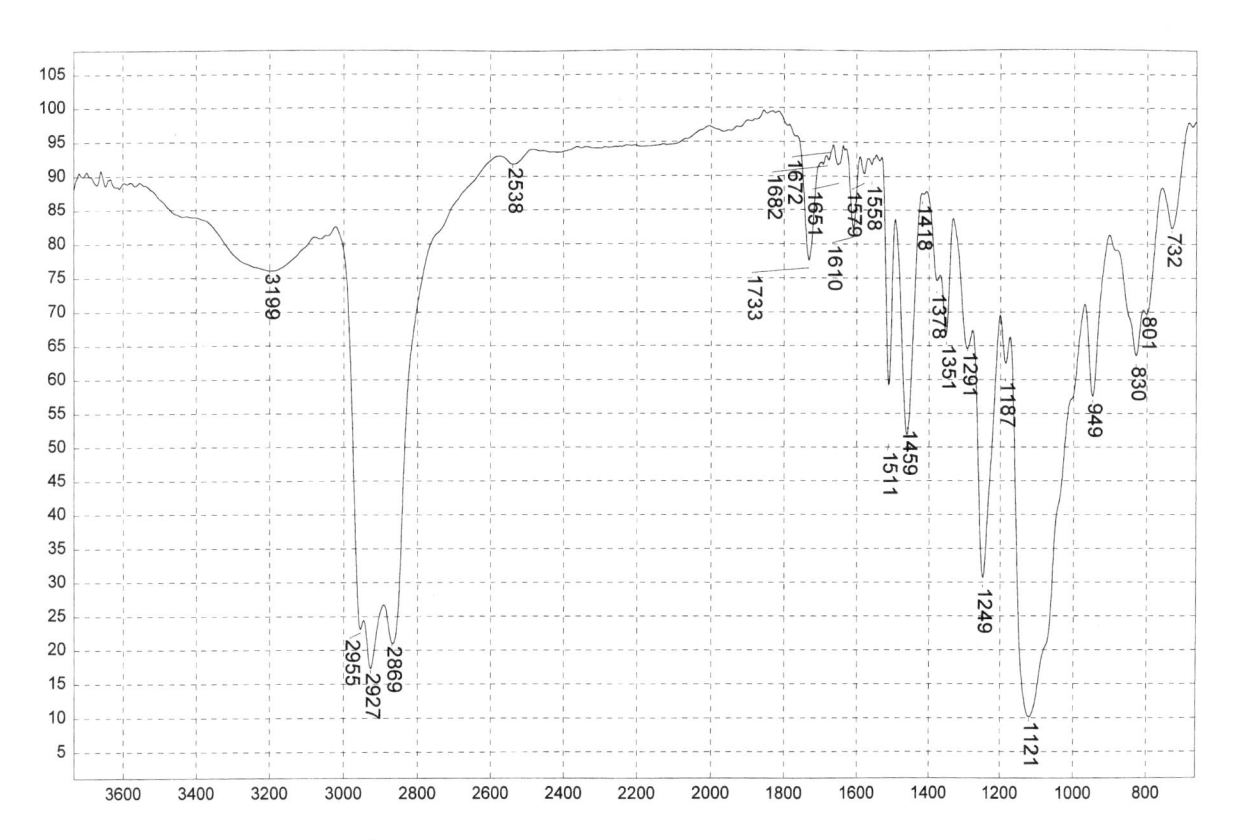

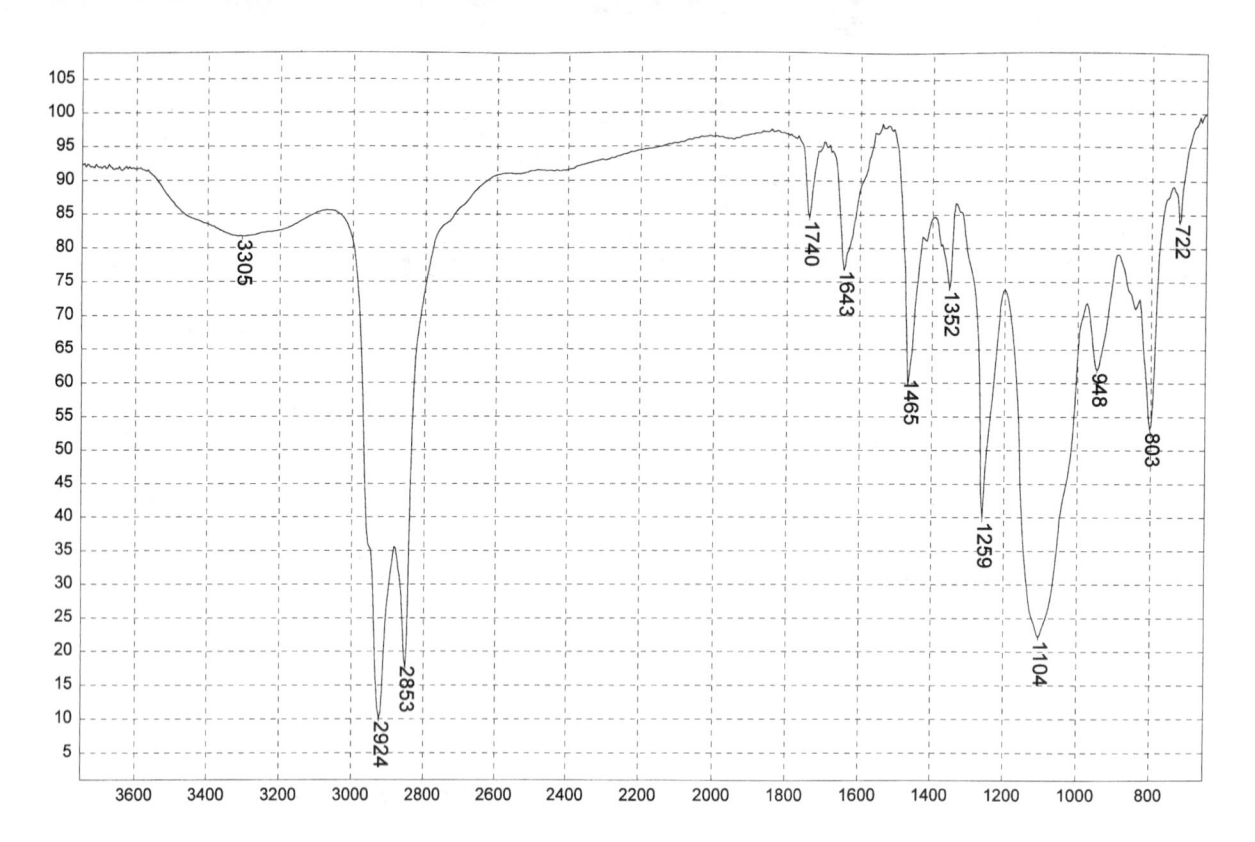

1861 CHISSO/PE:PP/HR₅/MeOH/HEX

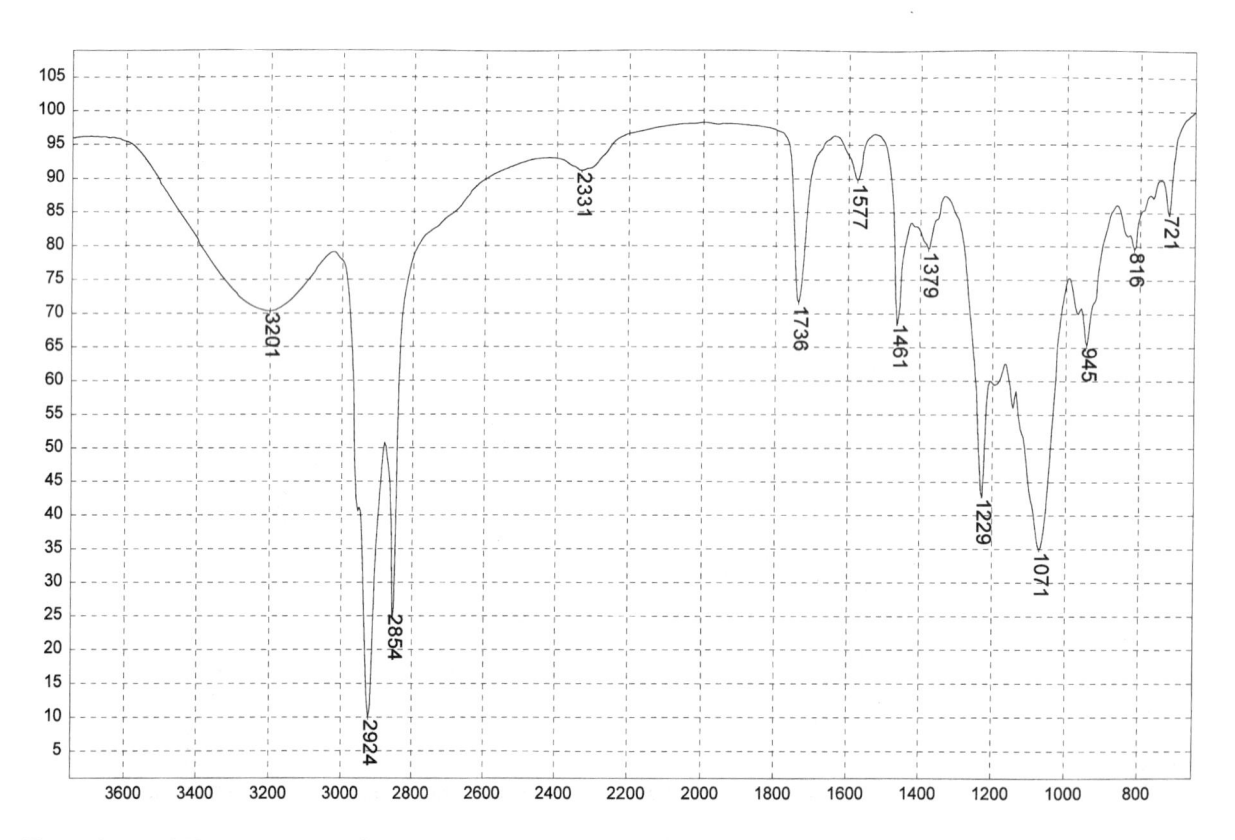

1862 CHISSO/PE:PET/HYDROPHIL/MeOH/MeCl₃

Transmittance / Wavenumber (cm^{-1})

| 1863 | DANAKLON/PE:PP/HYDROPHIL/H$_2$O |

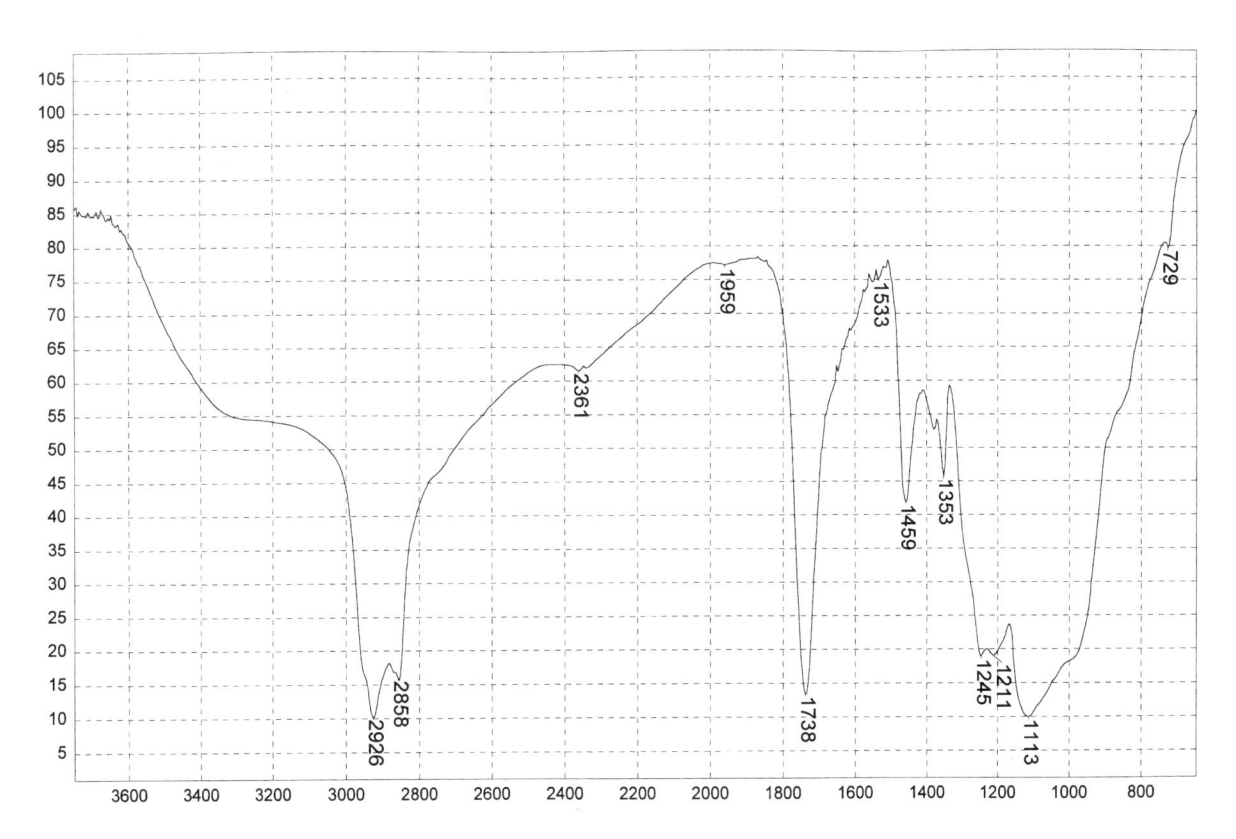

Transmittance / Wavenumber (cm^{-1})

| 1864 | DANAKLON/PE:PET/HYDROPHIL/H$_2$O |

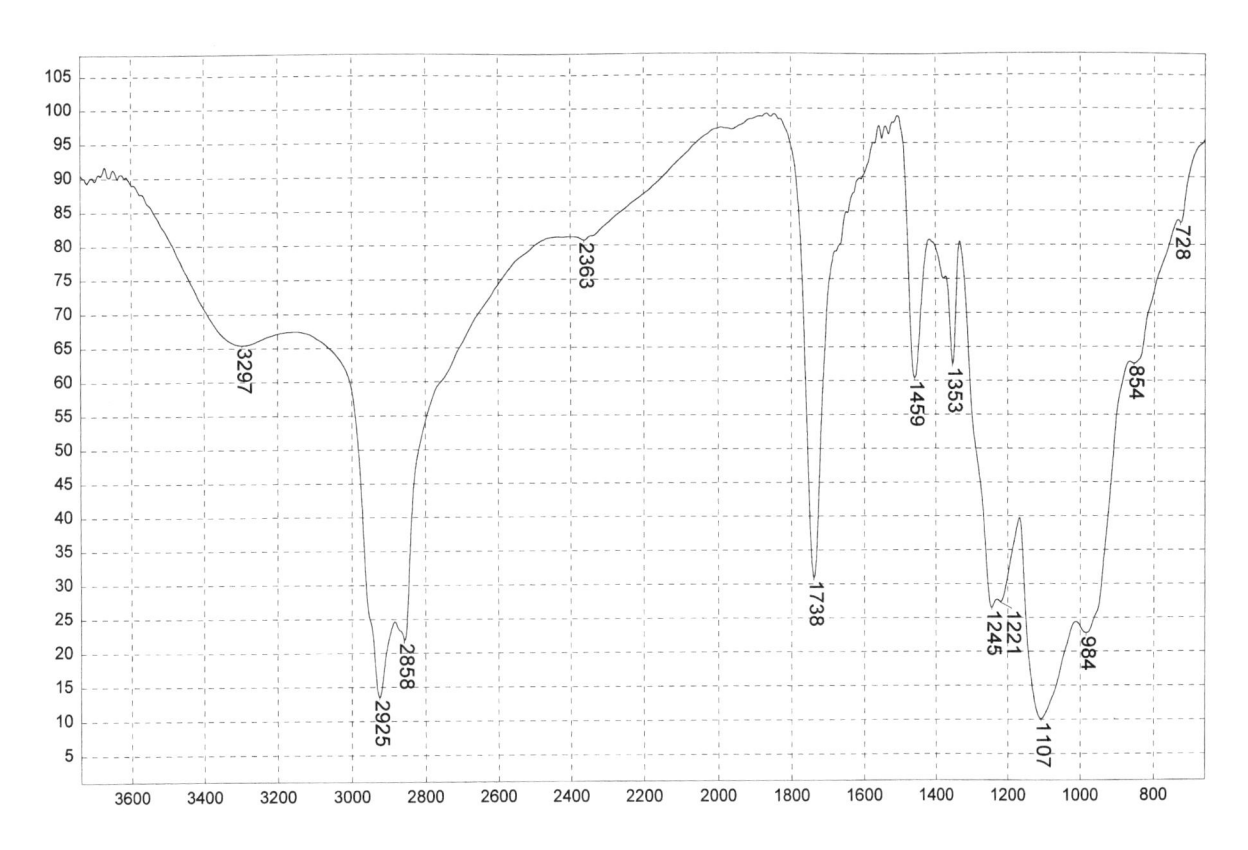

1865 DANAKLON/PE:PP/HYDROPHIL/MeOH

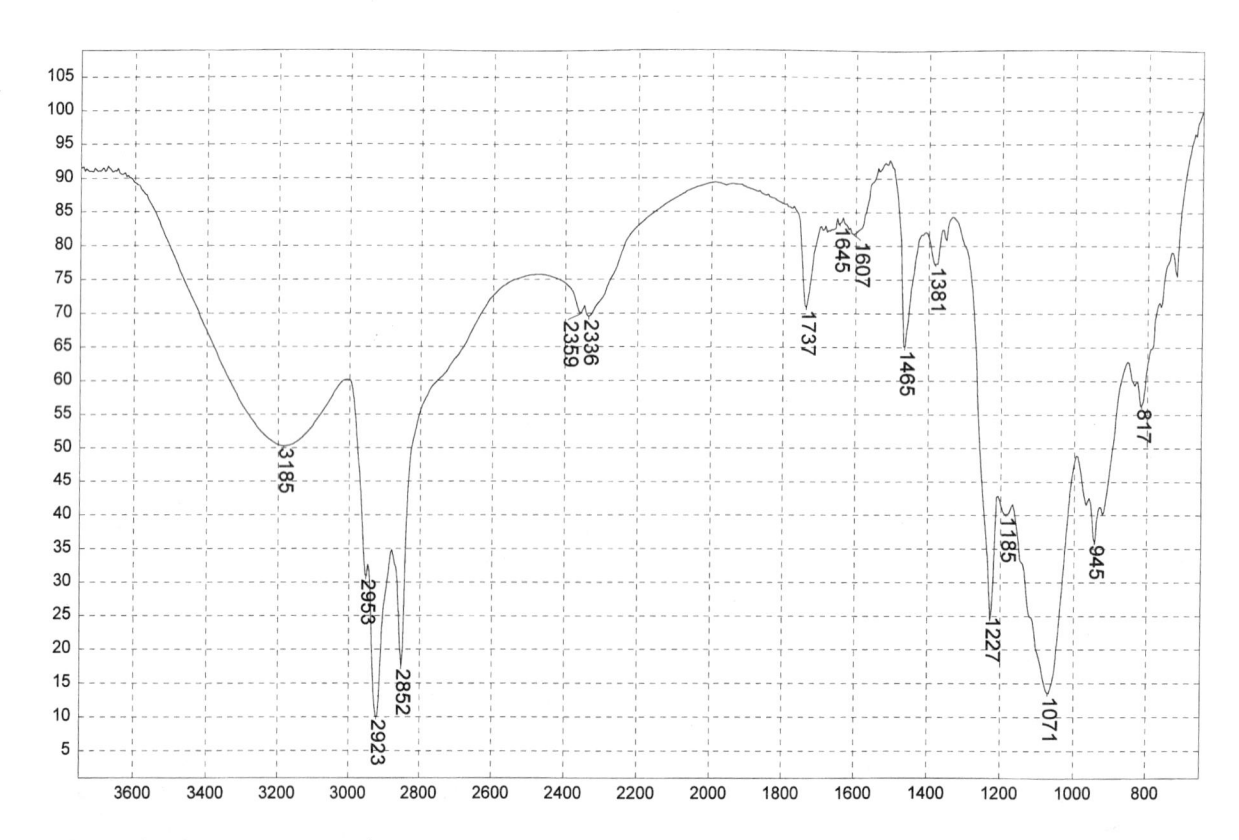

1866 CHISSO/PE:PET/HYDROPHIL/H$_2$O

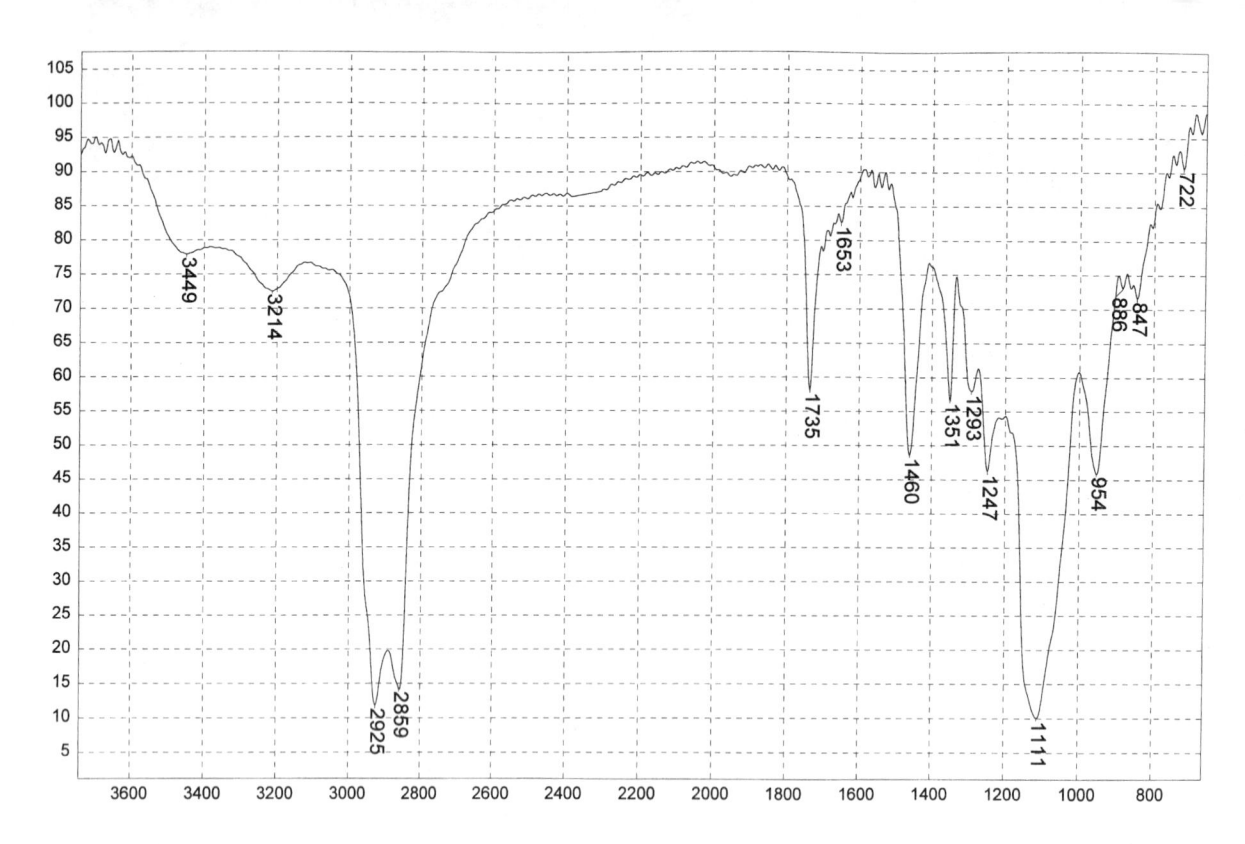

1867 DANAKLON/PE:PP/SUPPER 33/MeOH

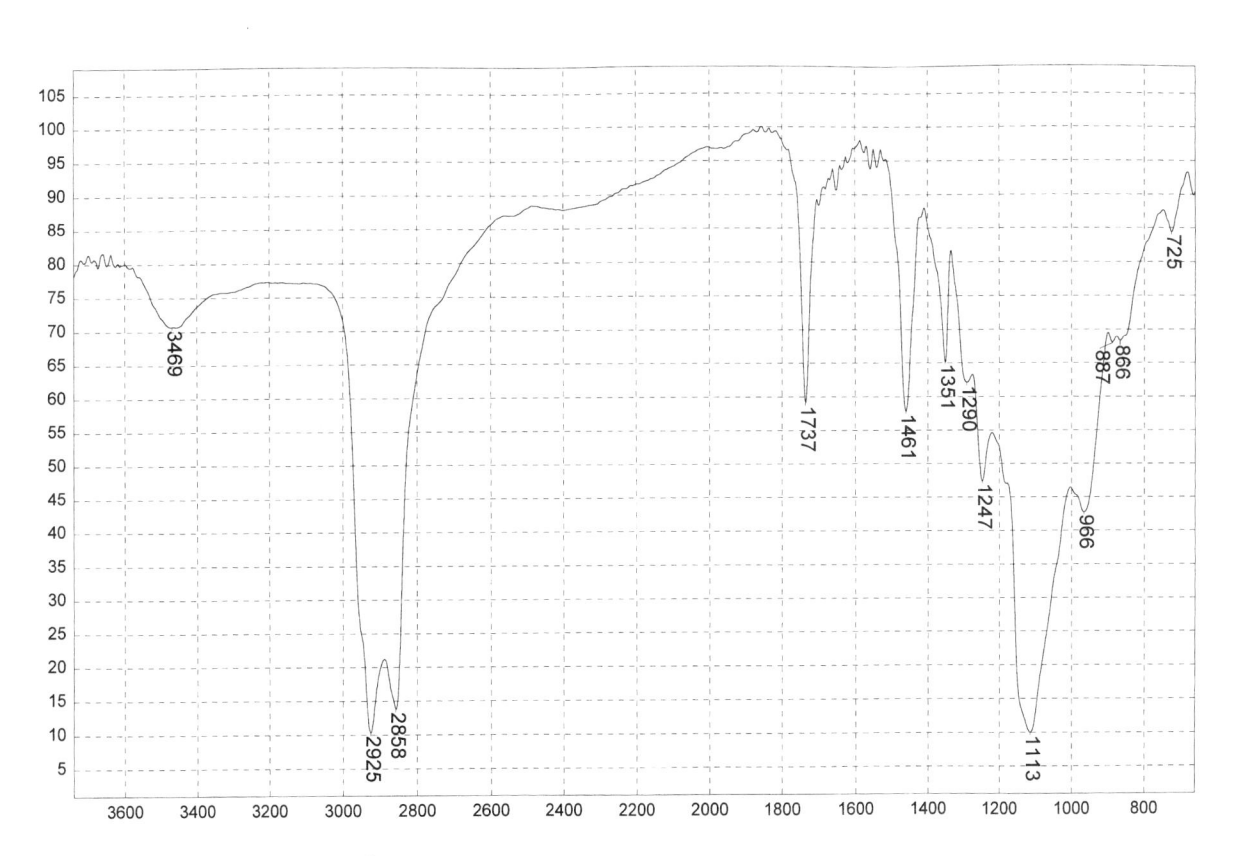

1868 DANAKLON/PE:PP/HYDROPHIL/H$_2$O/HEX

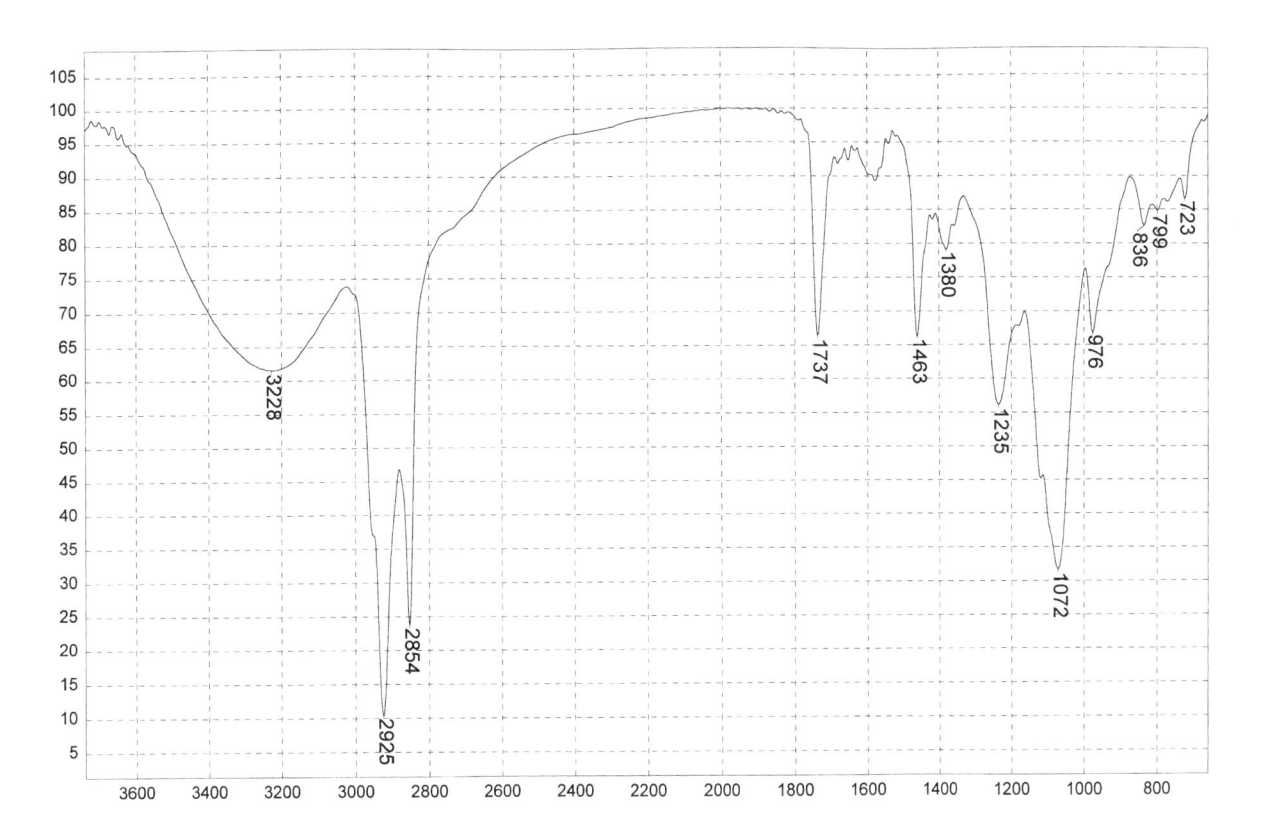

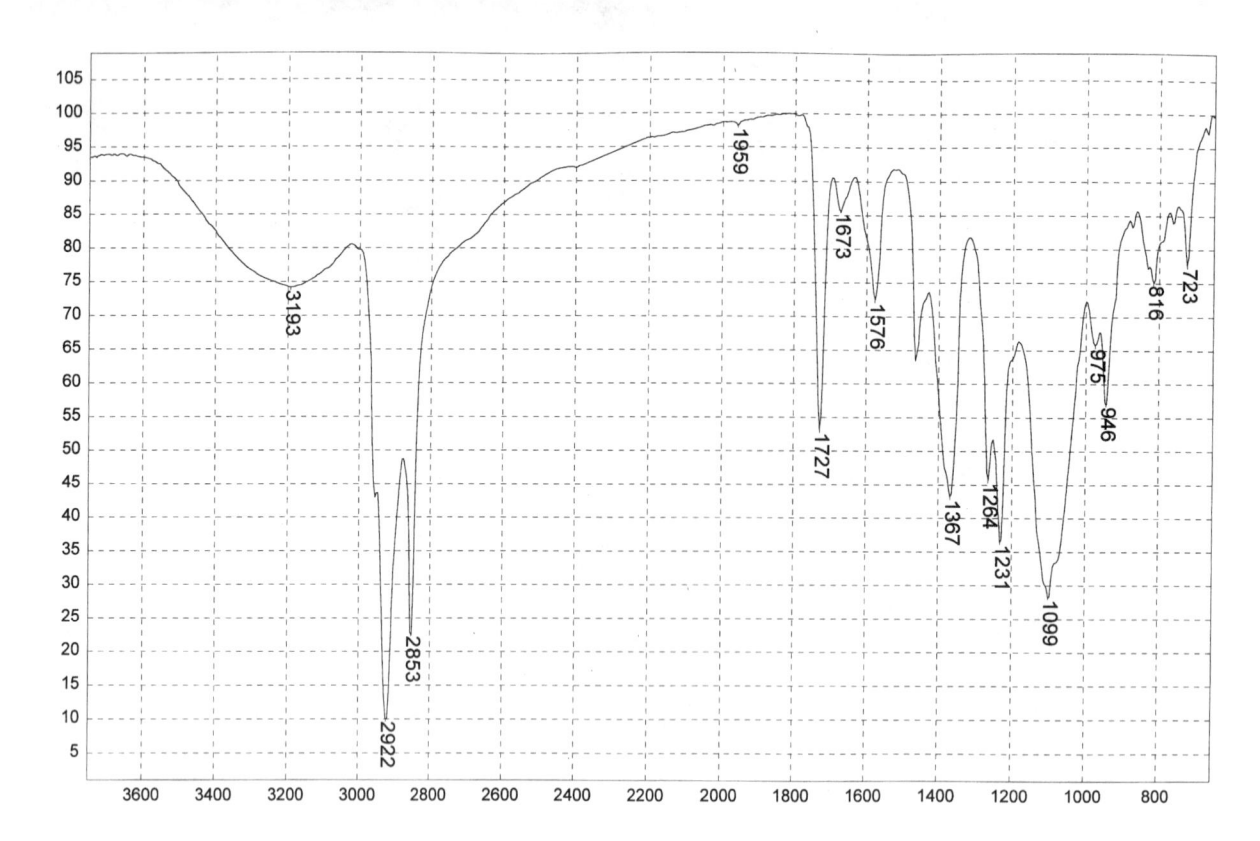

1869 CHISSO/PE:PET/HYDROPHIL/MeOH/MeCl₃

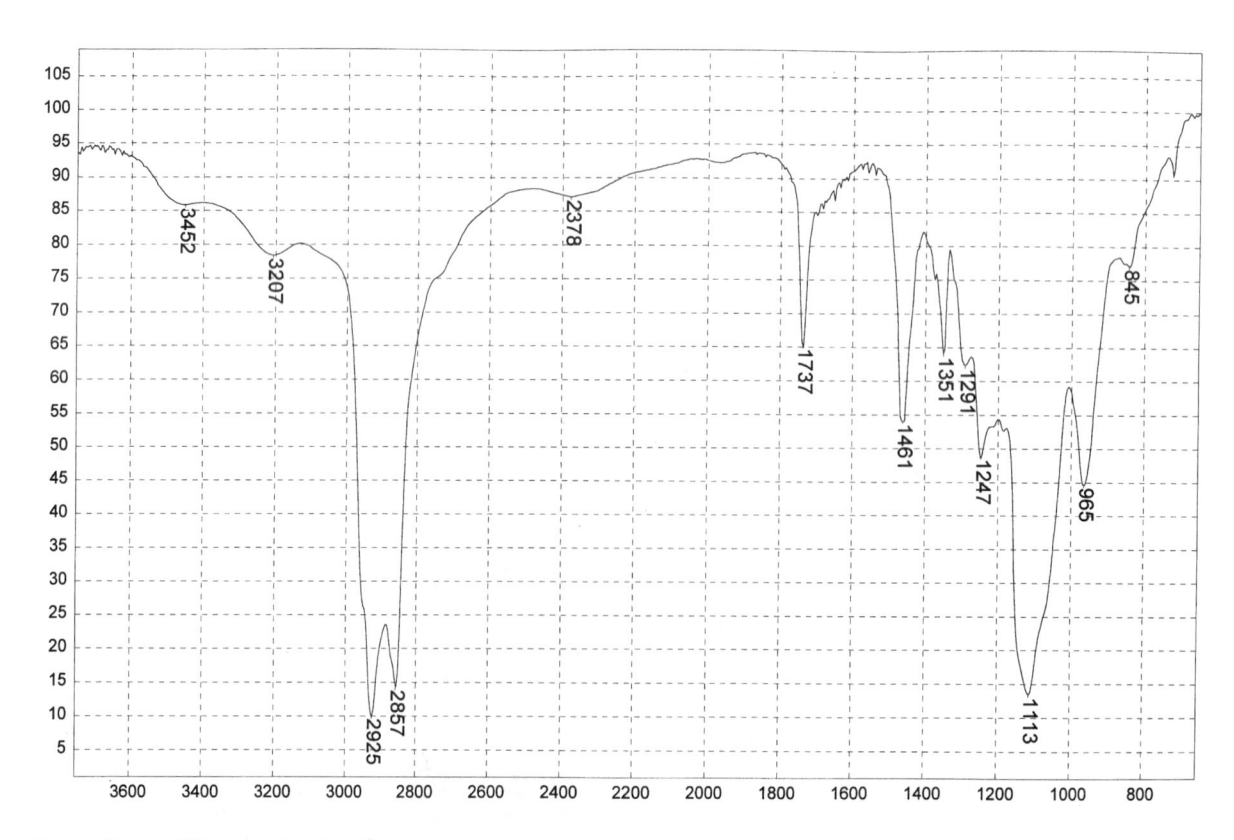

1870 DANAKLON/PE:PET/HYDROPHIL/MeOH/HEX

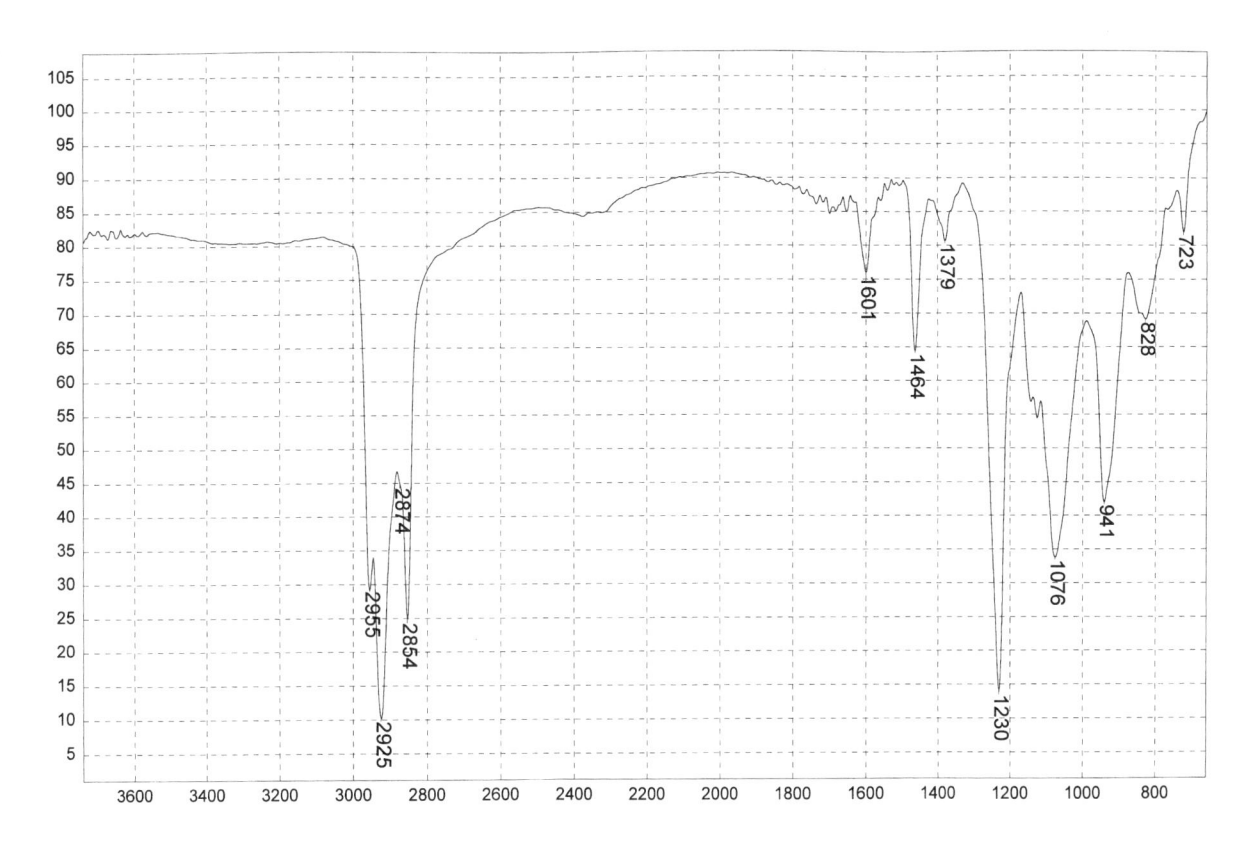

1871

CHISSO/PE:PP/P2/MeOH/MeCl₃

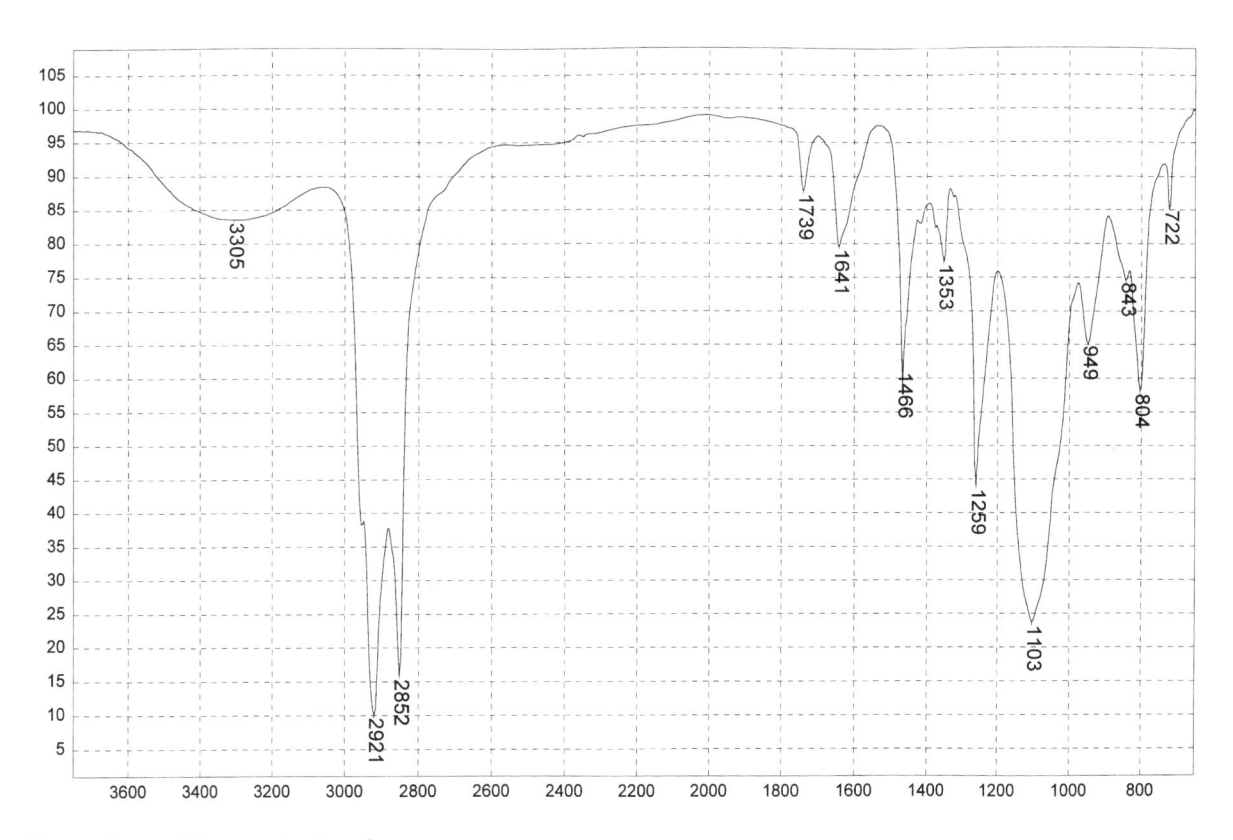

1872

CHISSO/PE:PP/HR₅/MeOH/MeCl₃

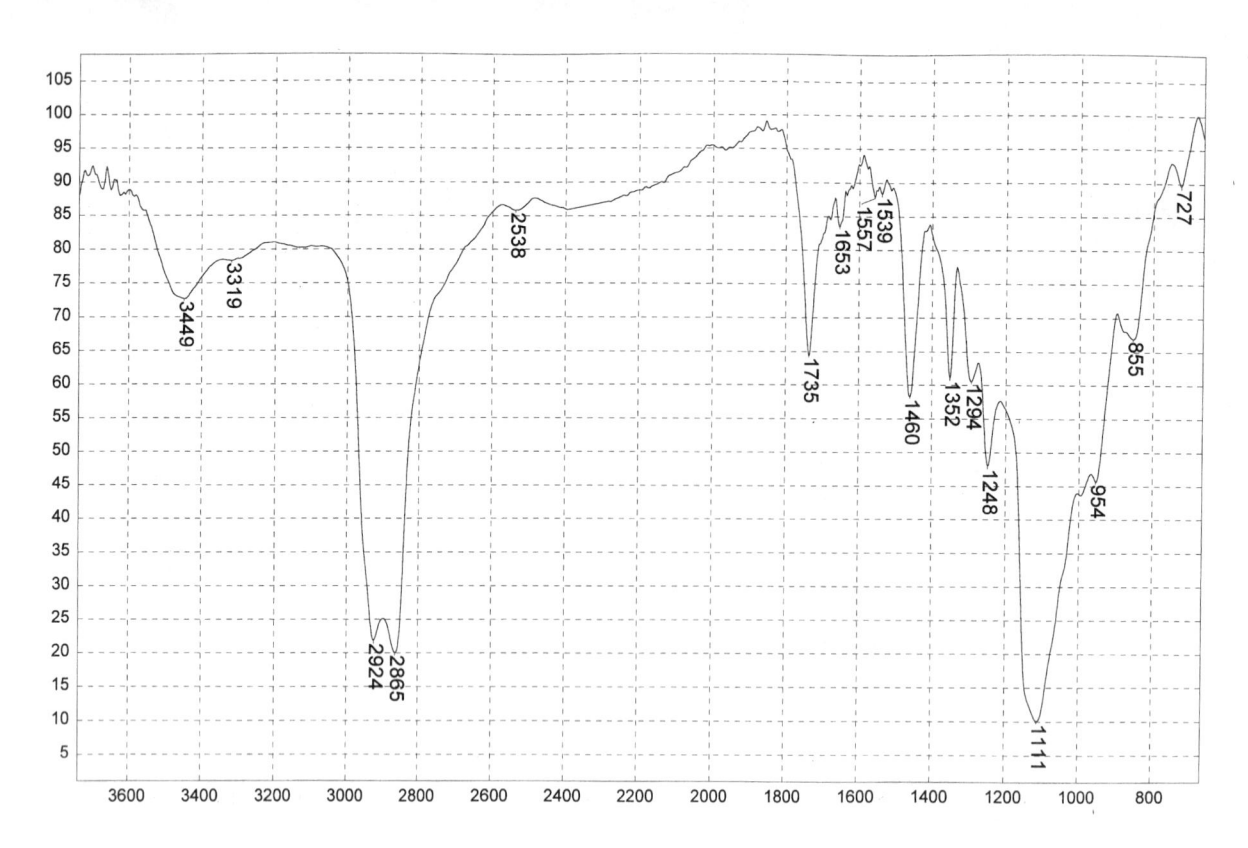

1873 DANAKLON/PE:PP/HYDROPHIL/H₂O/MeCl₃

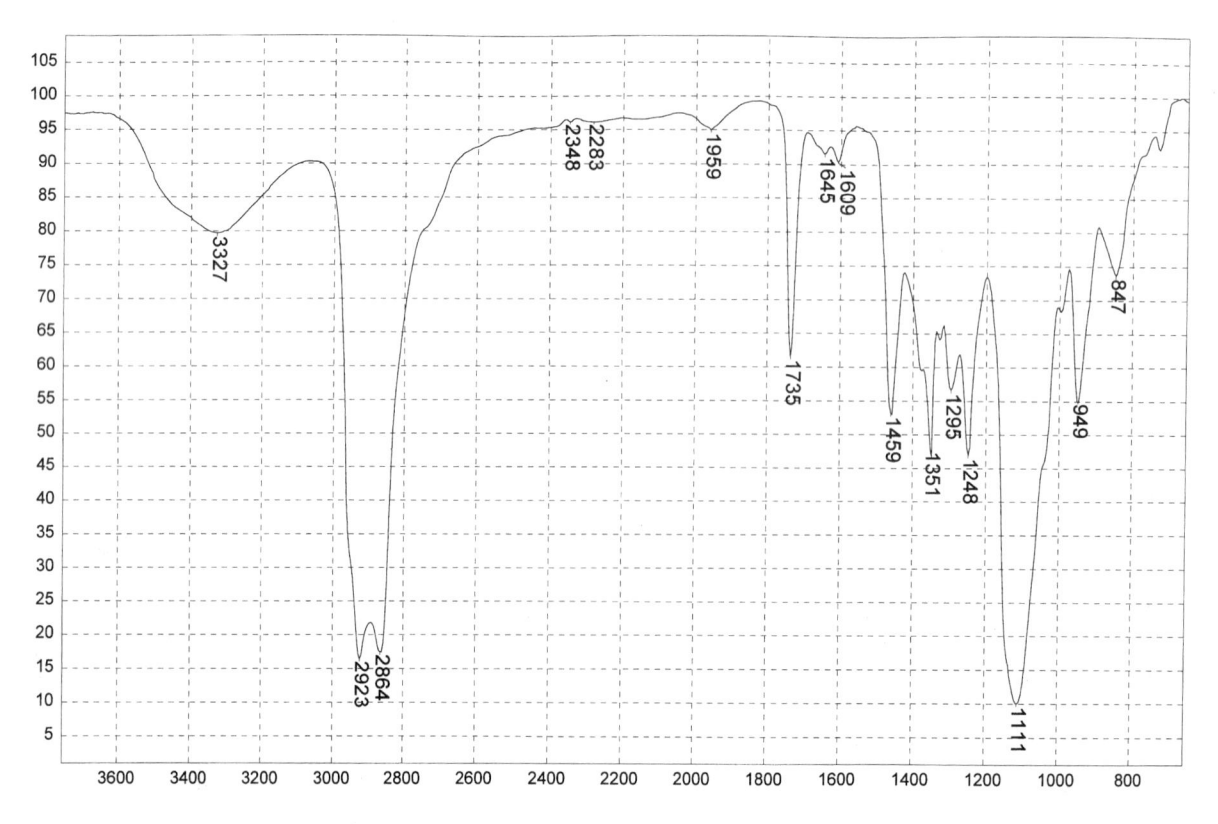

1874 BASF/PE:PET/CS-2/MeOH/MeCl₂

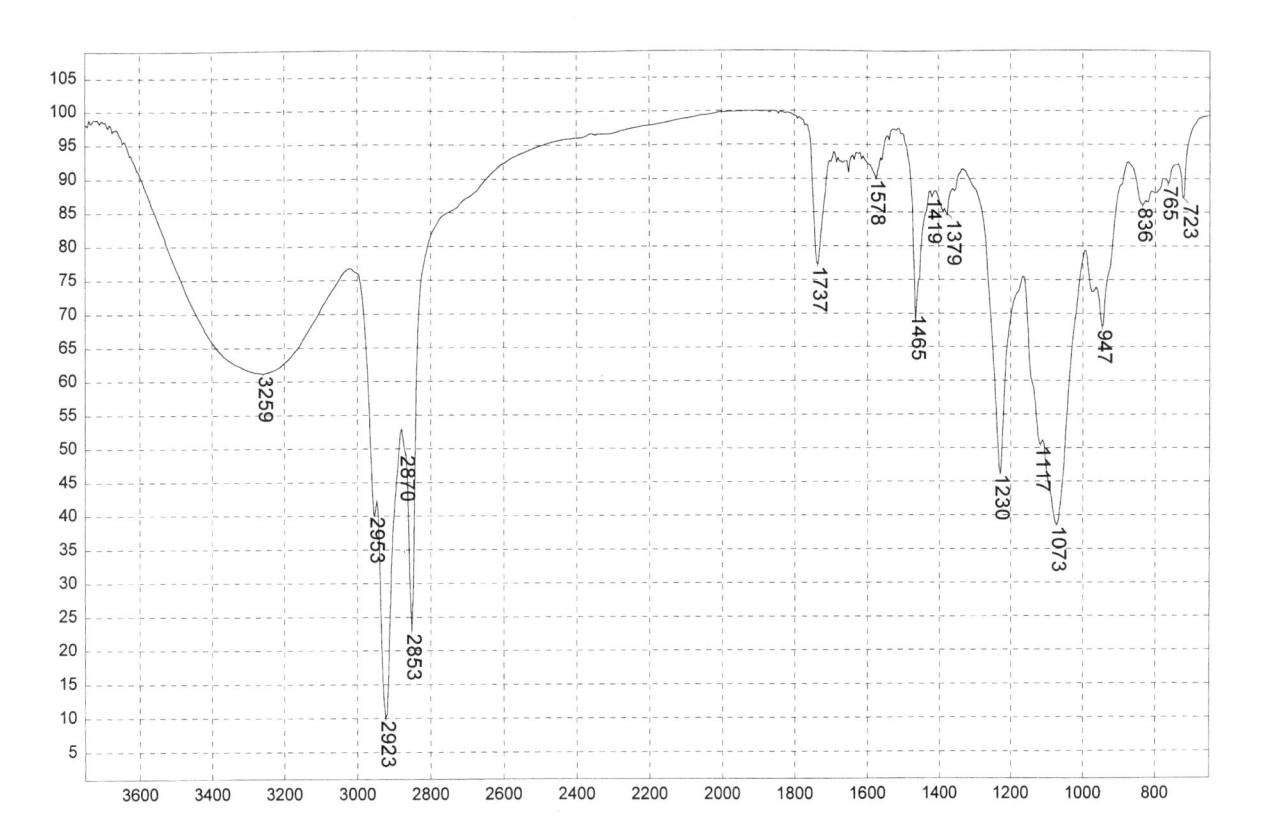

1875 DANAKLON/PE:PP/SUPER 33/MeOH/MeCl$_3$

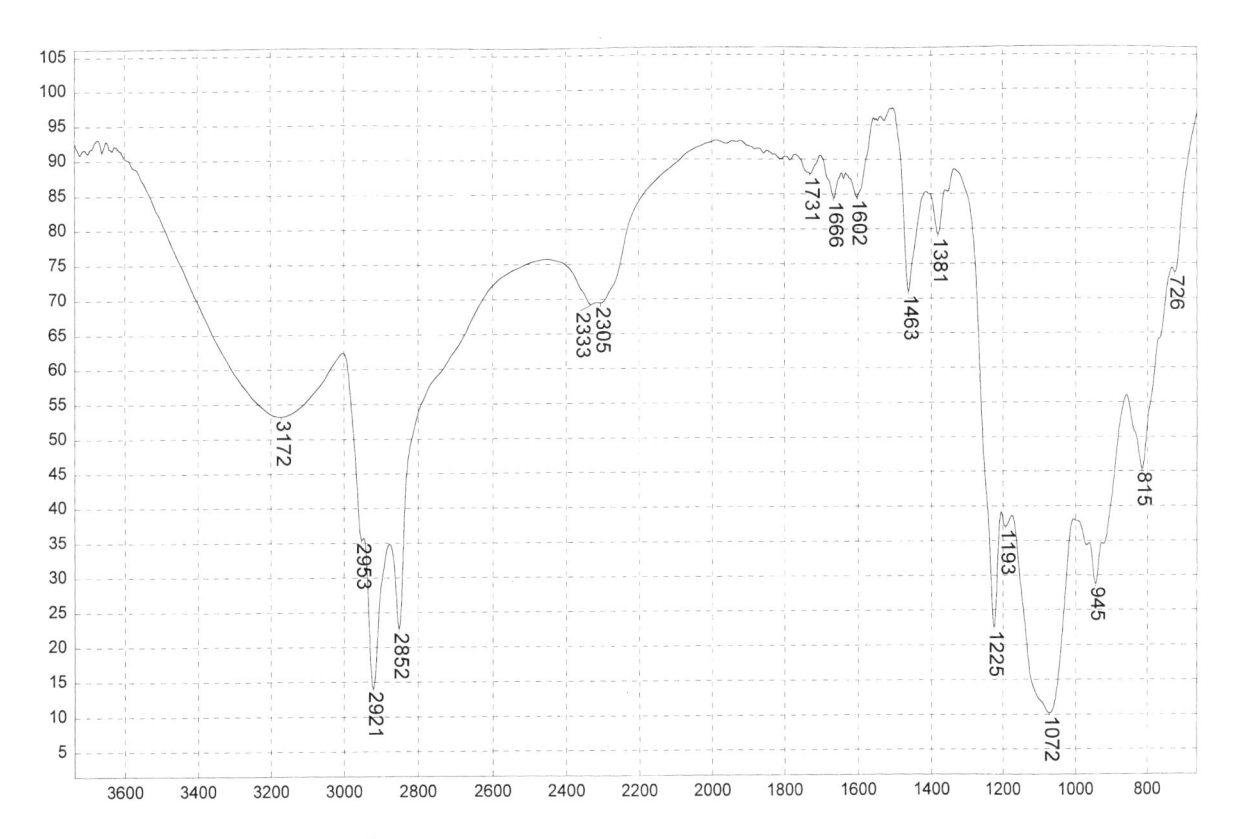

1876 CHISSO/PE:PP/HYDROPHIL/H$_2$O

BASF/PE:PET/CS-2/H₂O

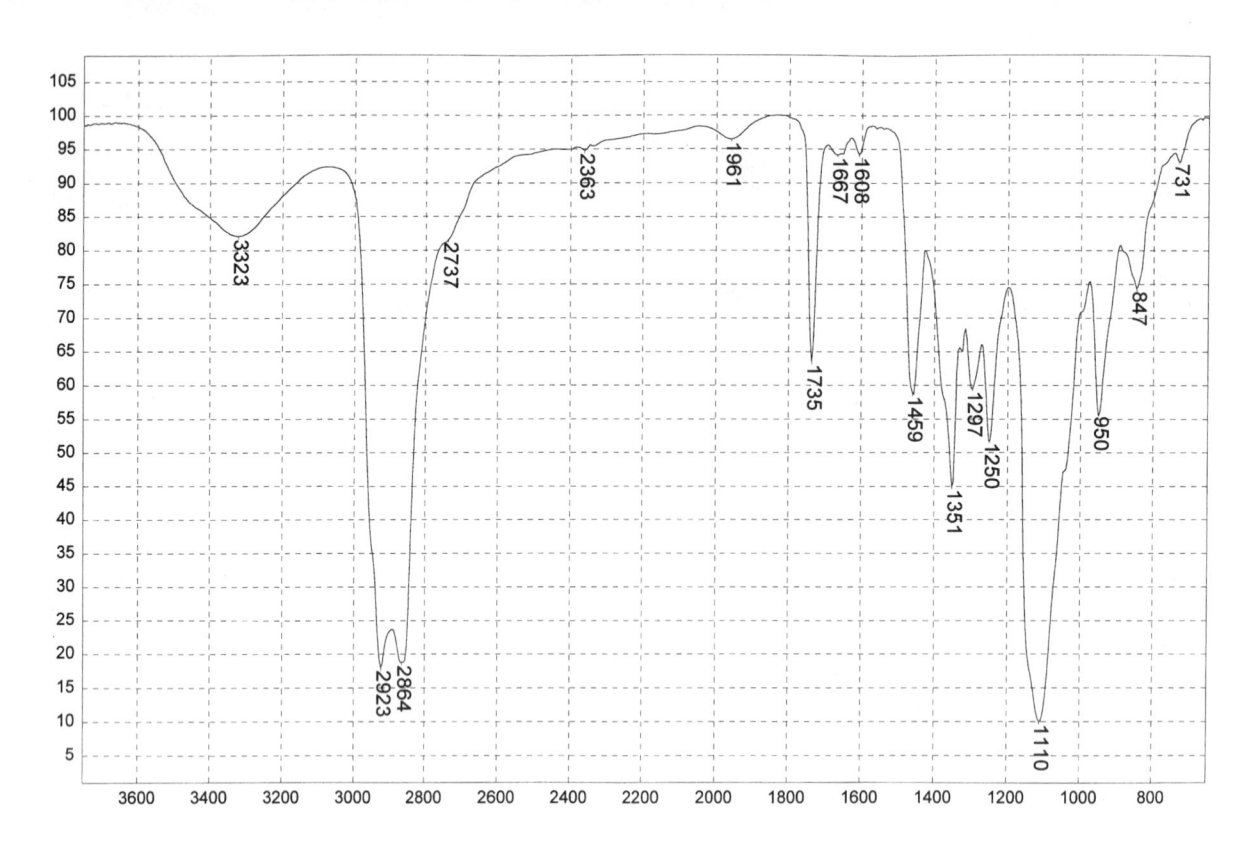

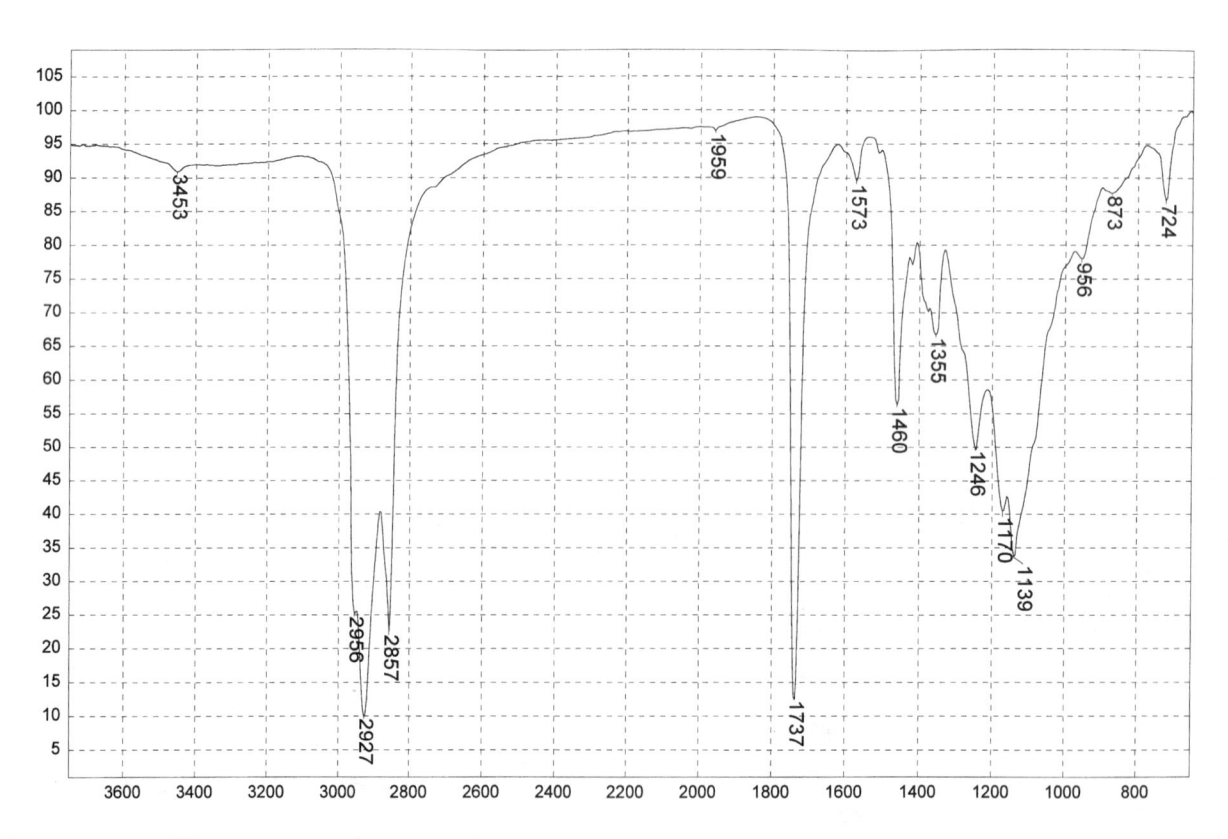

1877

HC/PE:PET/33514/MeOH/HEX

1878

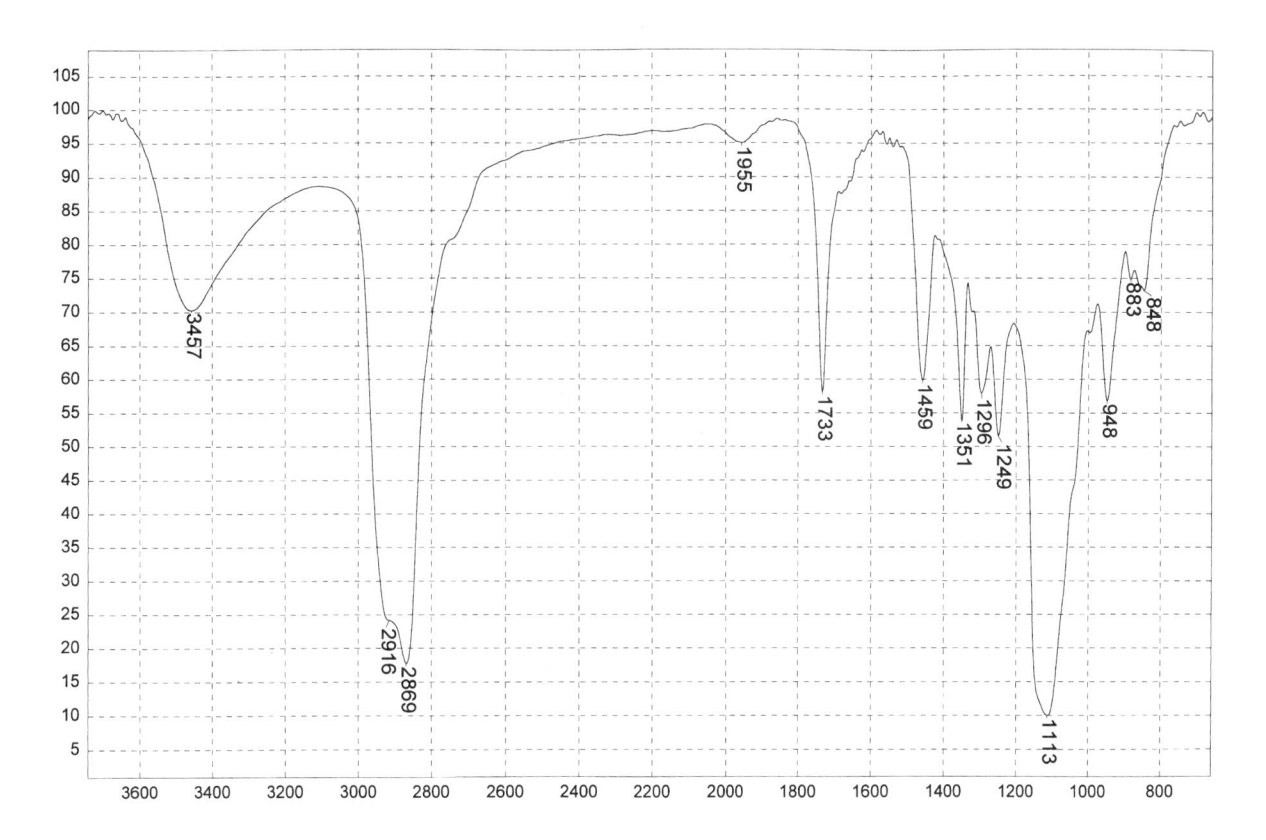

1879   DANAKLON/PE:PP/HYDROPHIL/MeOH/MeCl$_3$

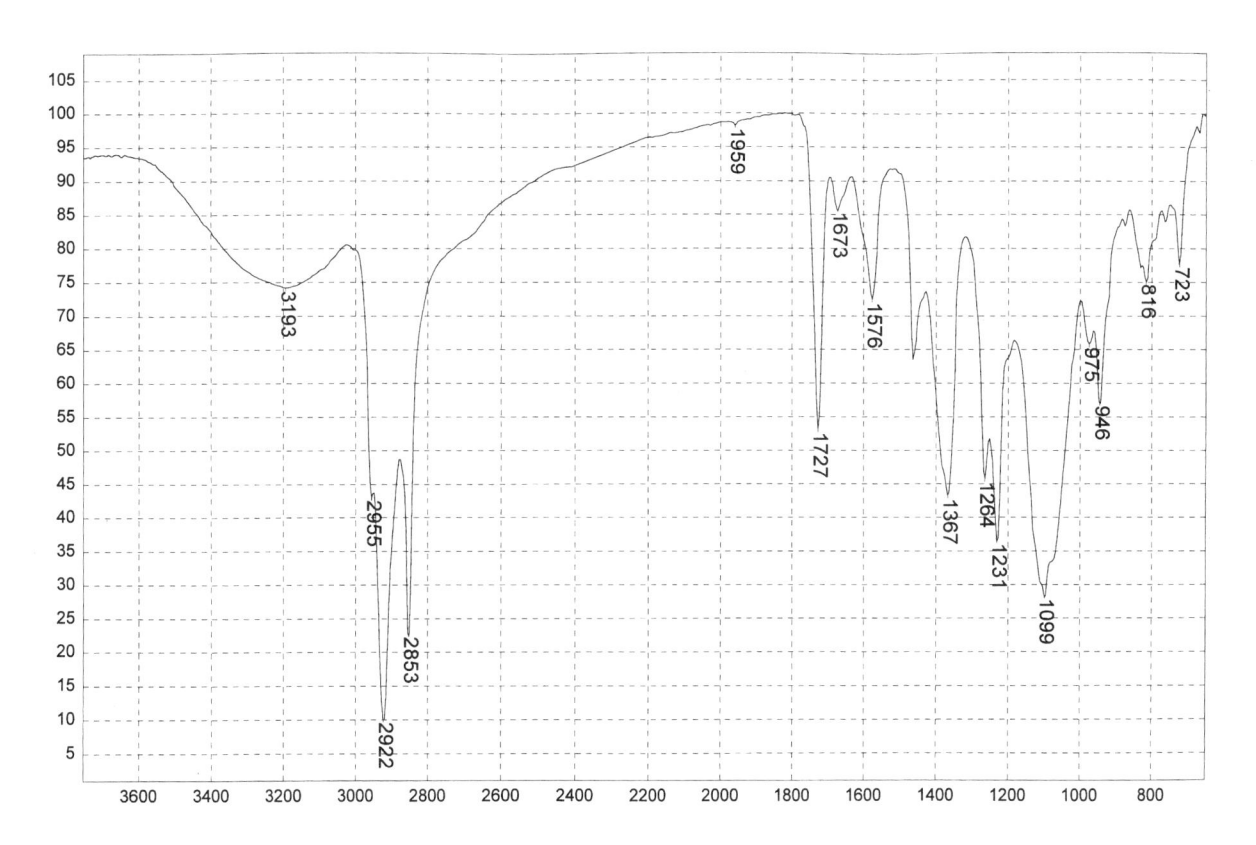

1880   CHISSO/PE:PET/HYDROPHIL/MeOH/MeCl$_3$

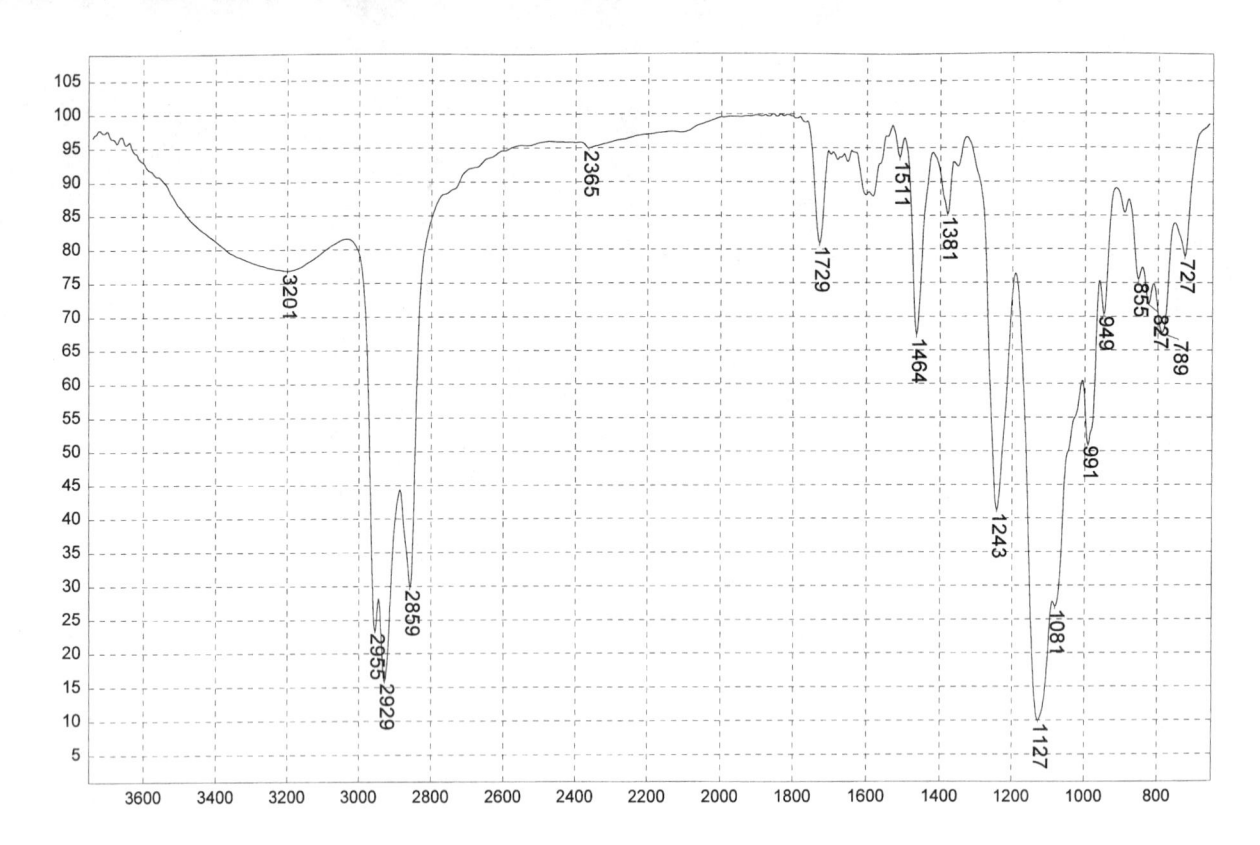

1881   HC/PE:PET/DF059/MeOH/MeCl₃

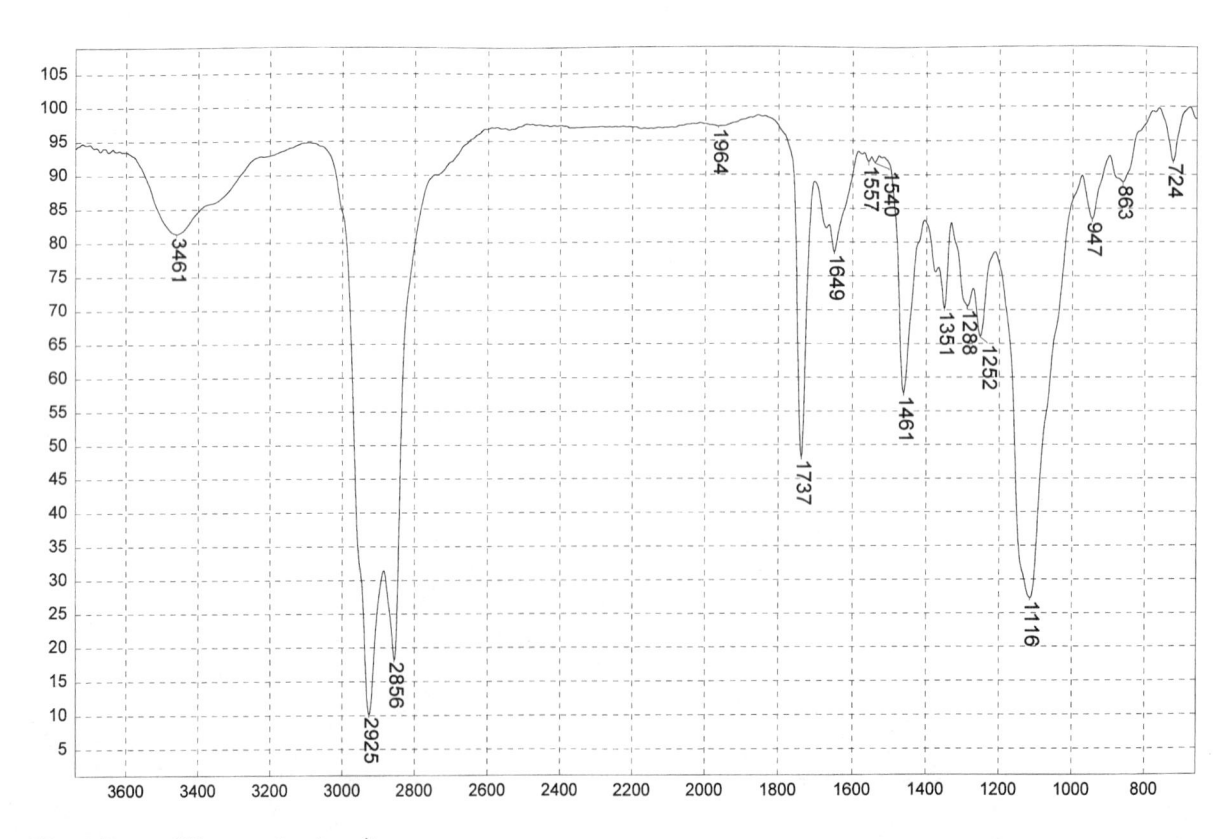

1882   BASF/PE:PET/CS-1/MeOH/HEX

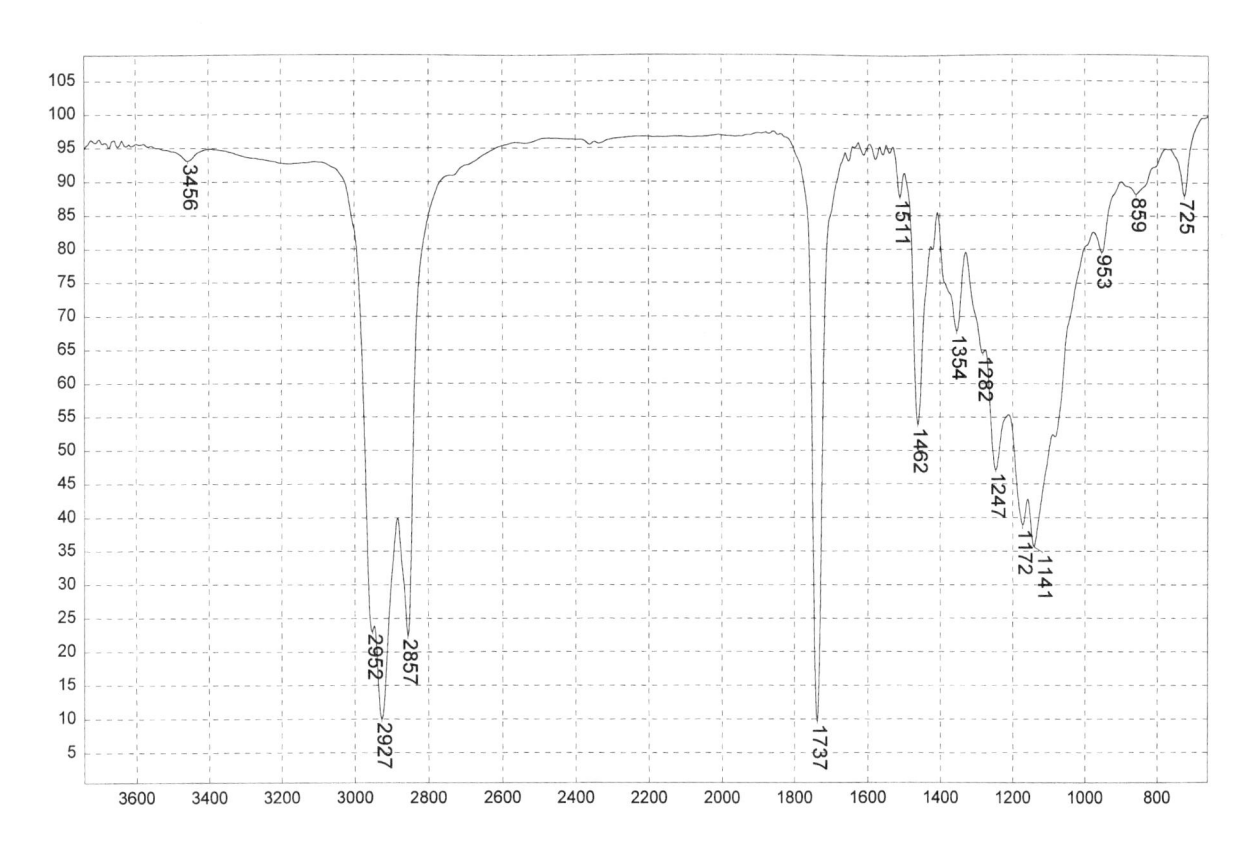

1883   HC/PE:PET/DF059 + DF018/MeOH/HEX

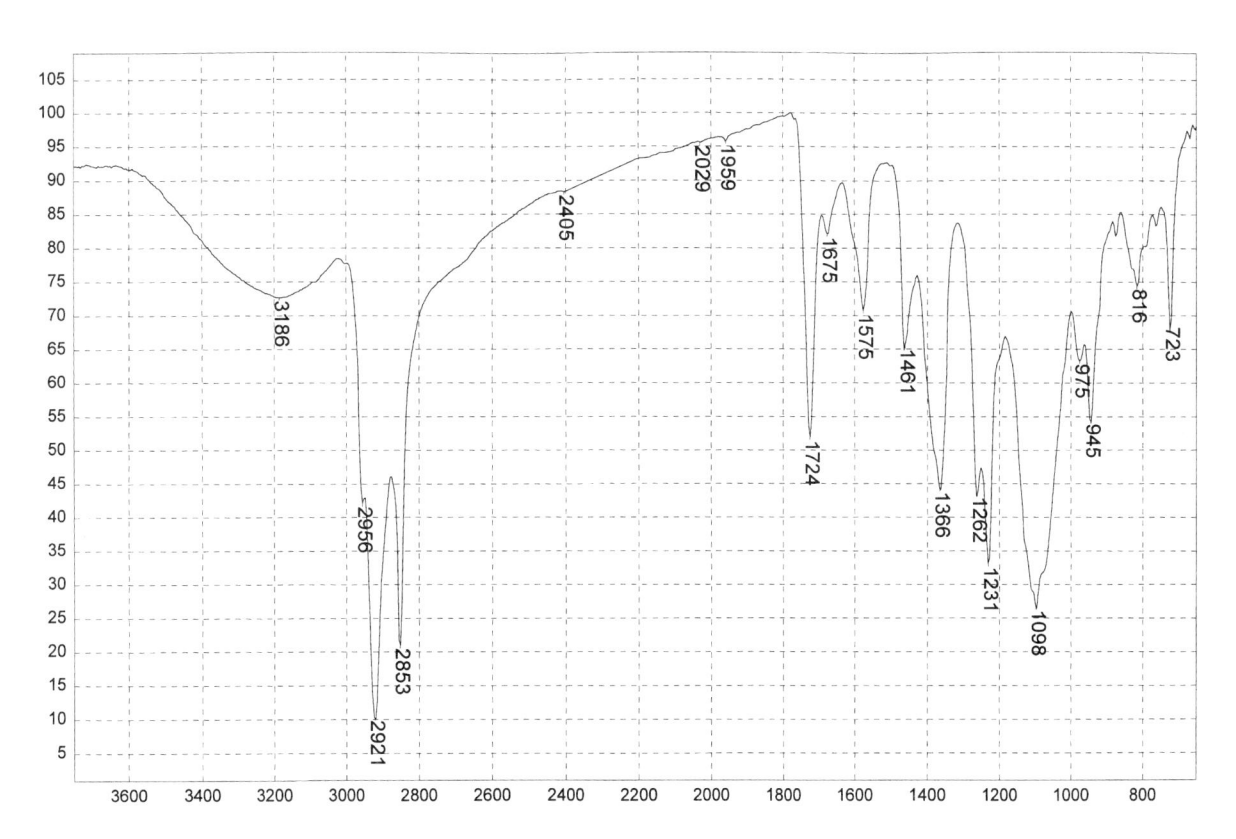

1884   CHISSO/PE:PET/HYDROPHIL/MeOH/HEX

1885 CHISSO/PE:PP/HYDROPHIL/MeOH/HEX

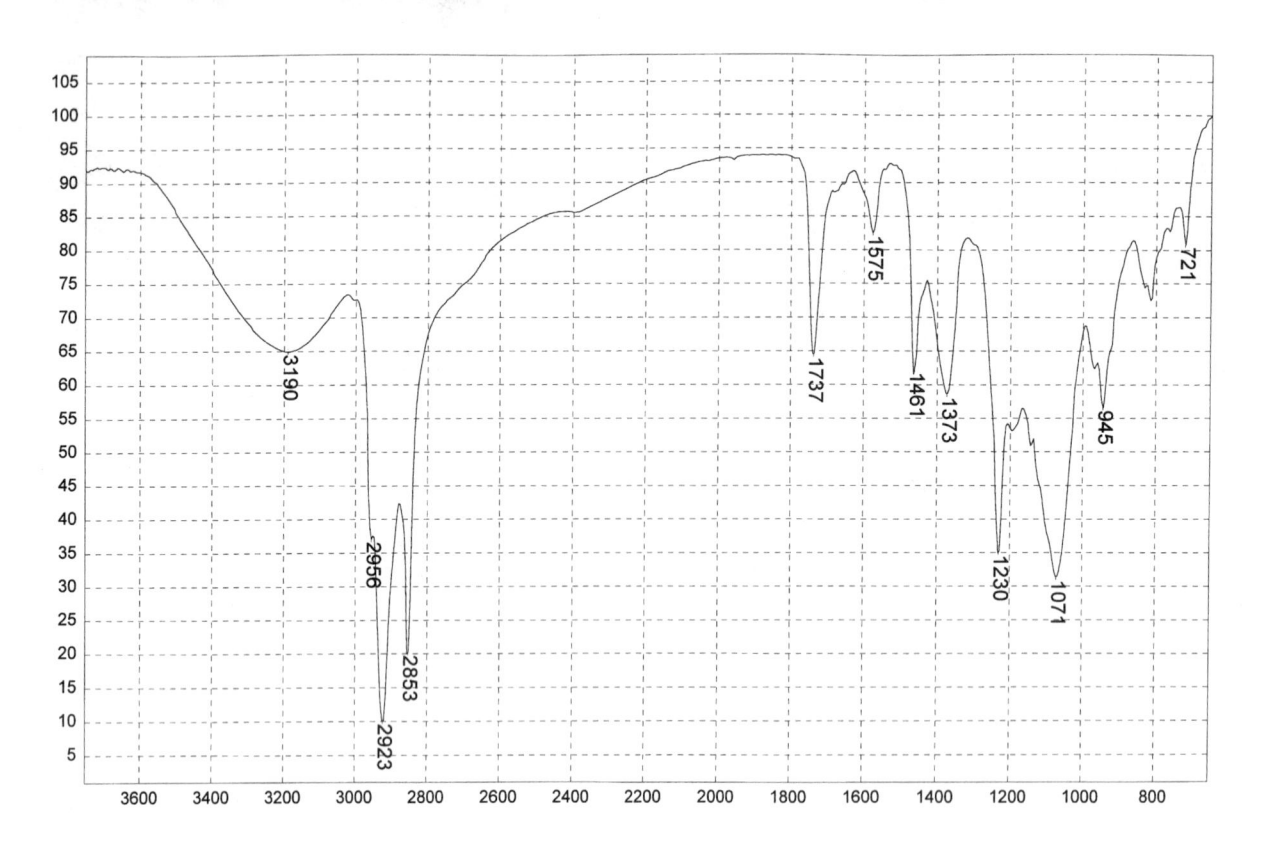

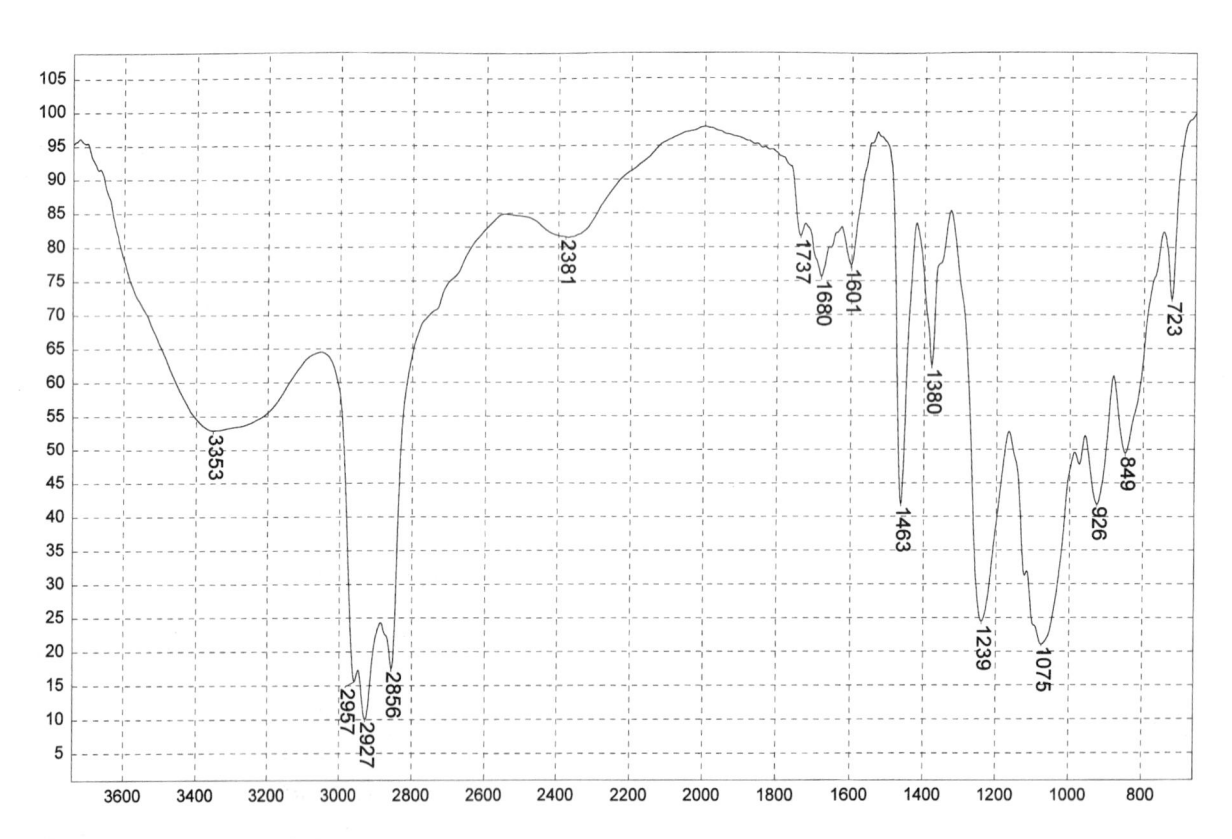

1886 CHISSO/PE:PP/P2/MeOH/HEX

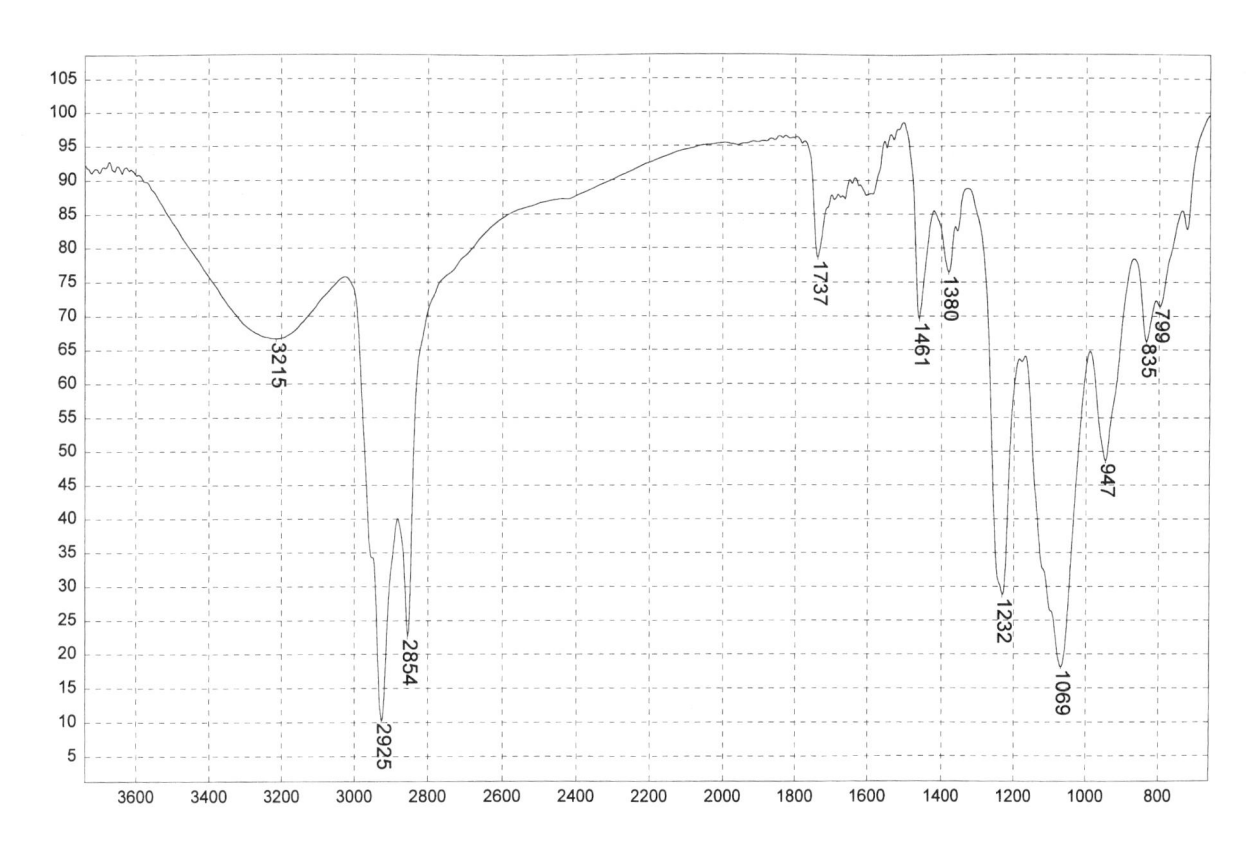

1887 CHISSO/PE:PP/HYDROPHIL/H$_2$O

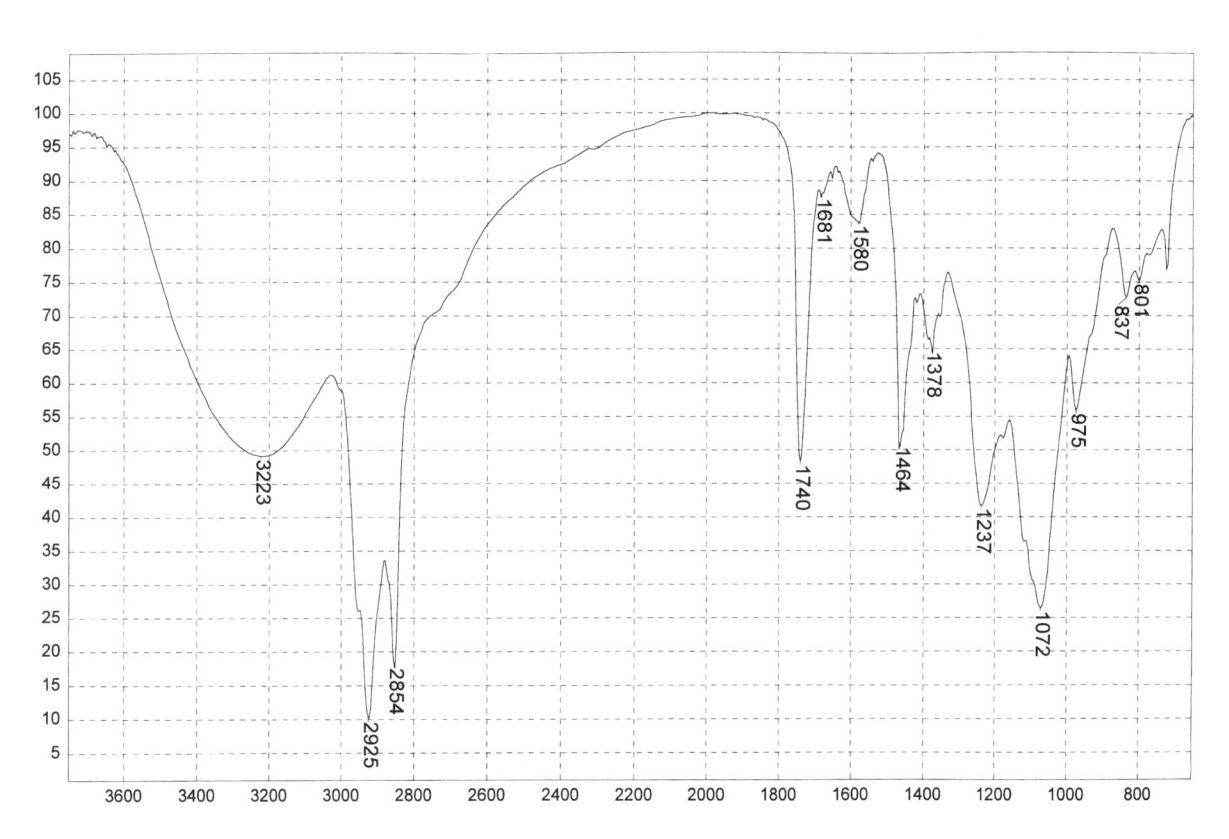

1888 DANAKLON/PE:PP/SUPER 33/MeOH/HEX

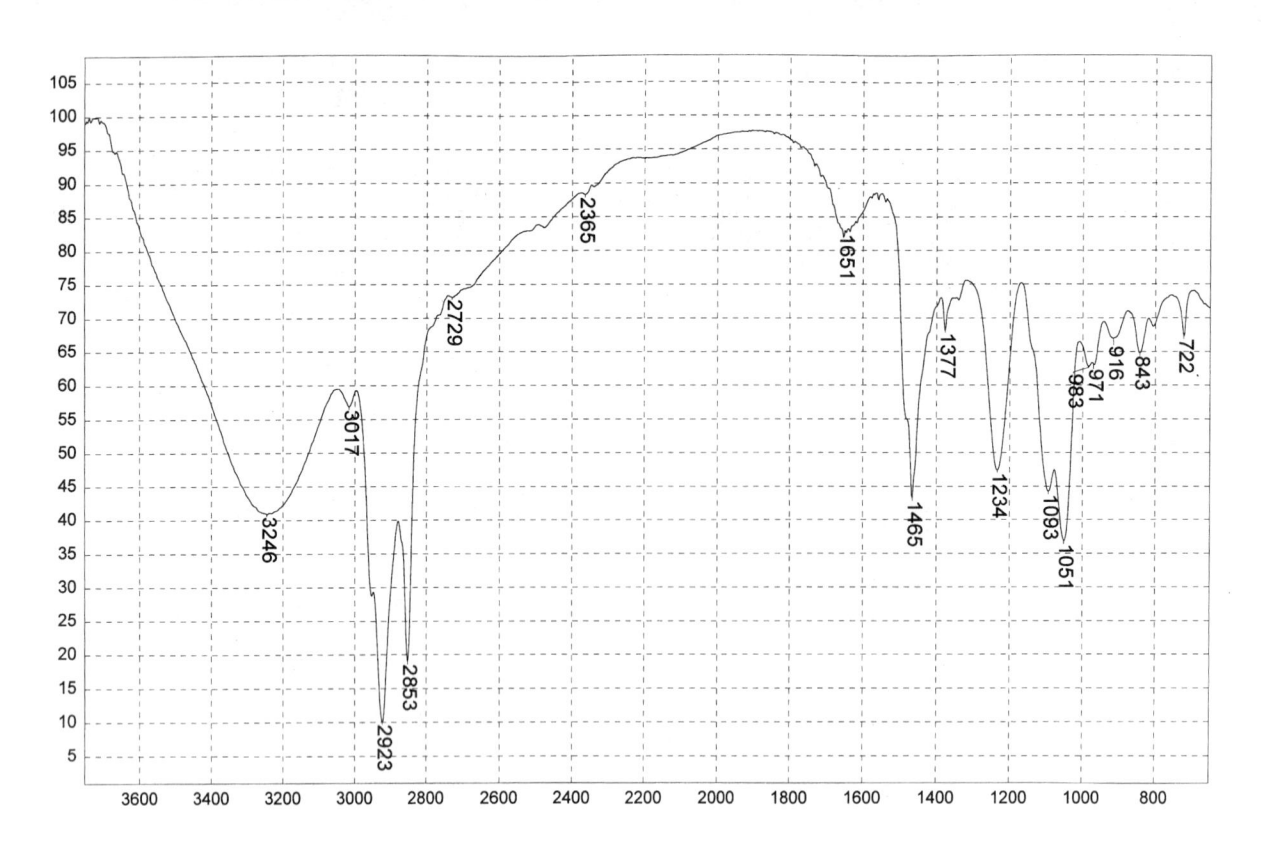

1889 Phospolipid CDM

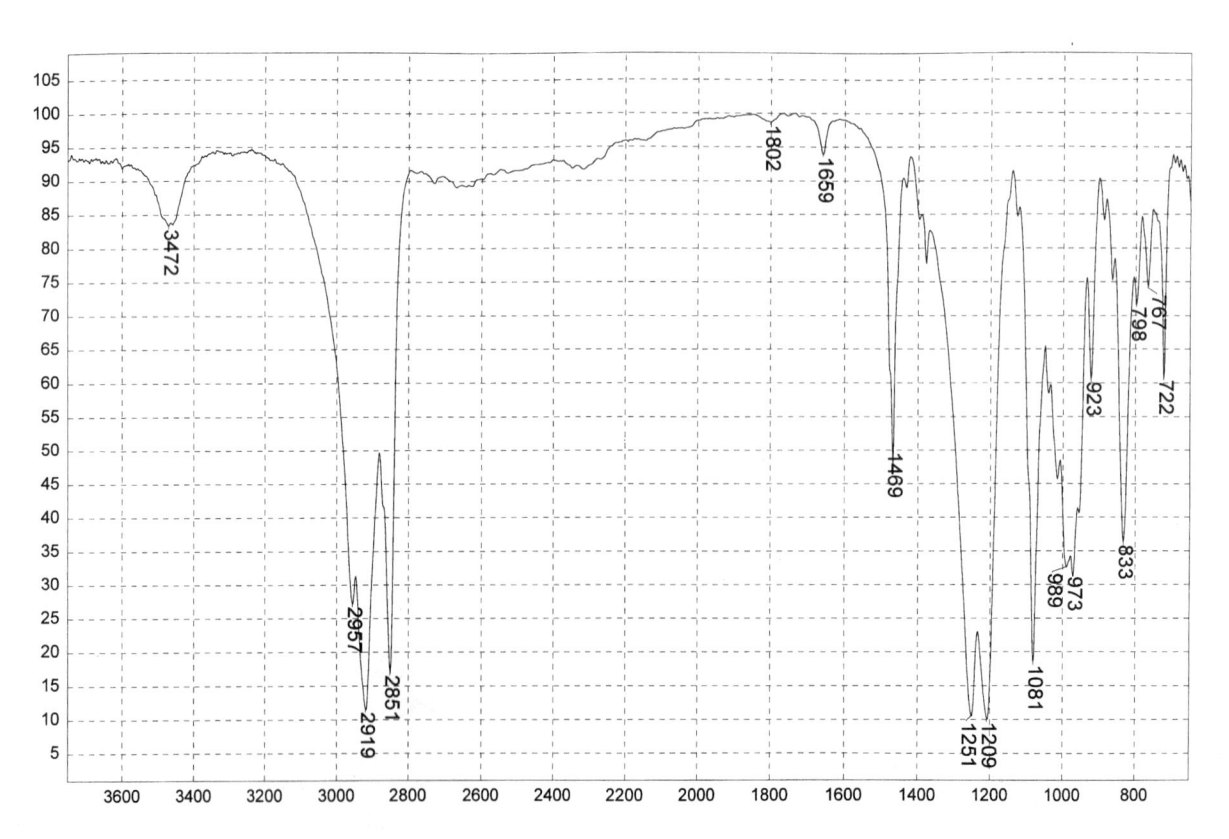

1890 Dodecyl sulfate sodium salt in KBr

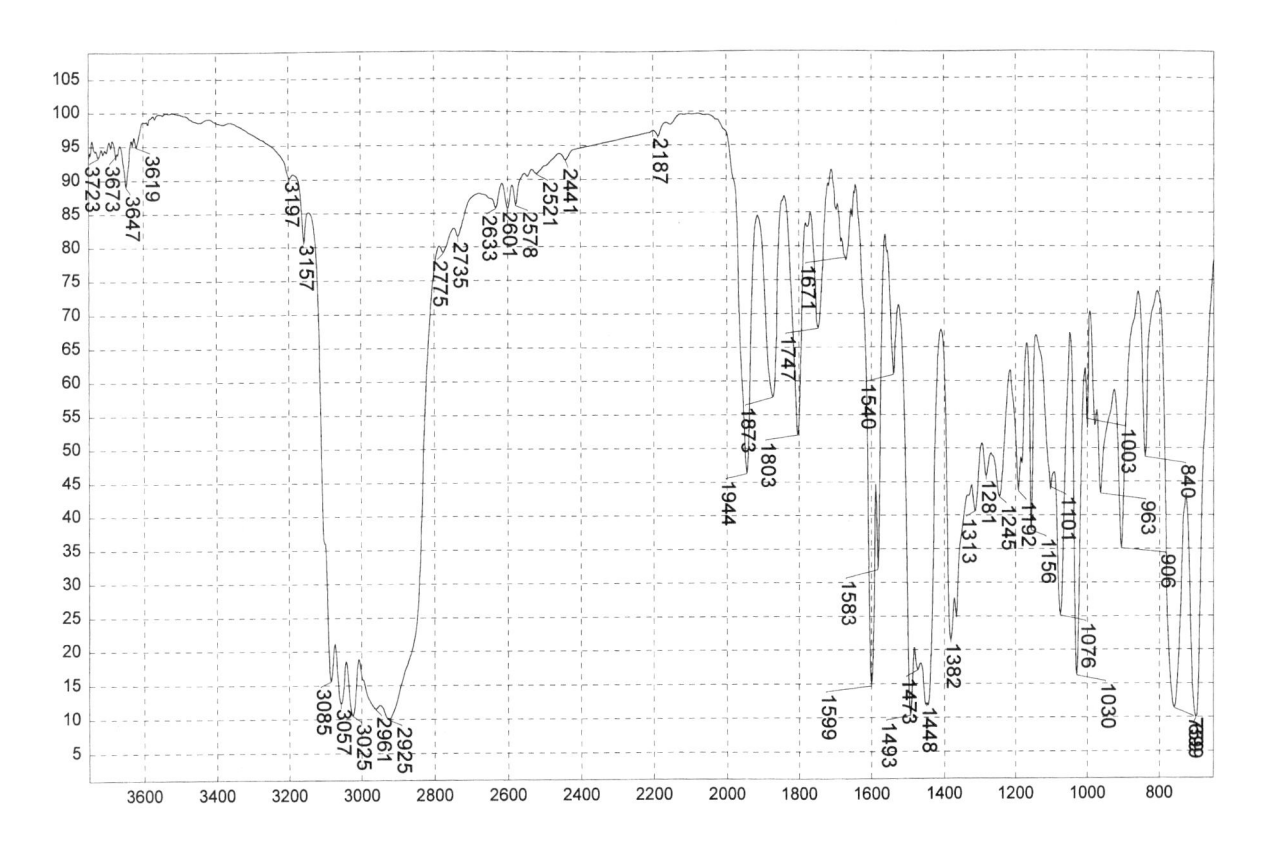

1891 ALPHA-METHYLSTYRENE RESIN

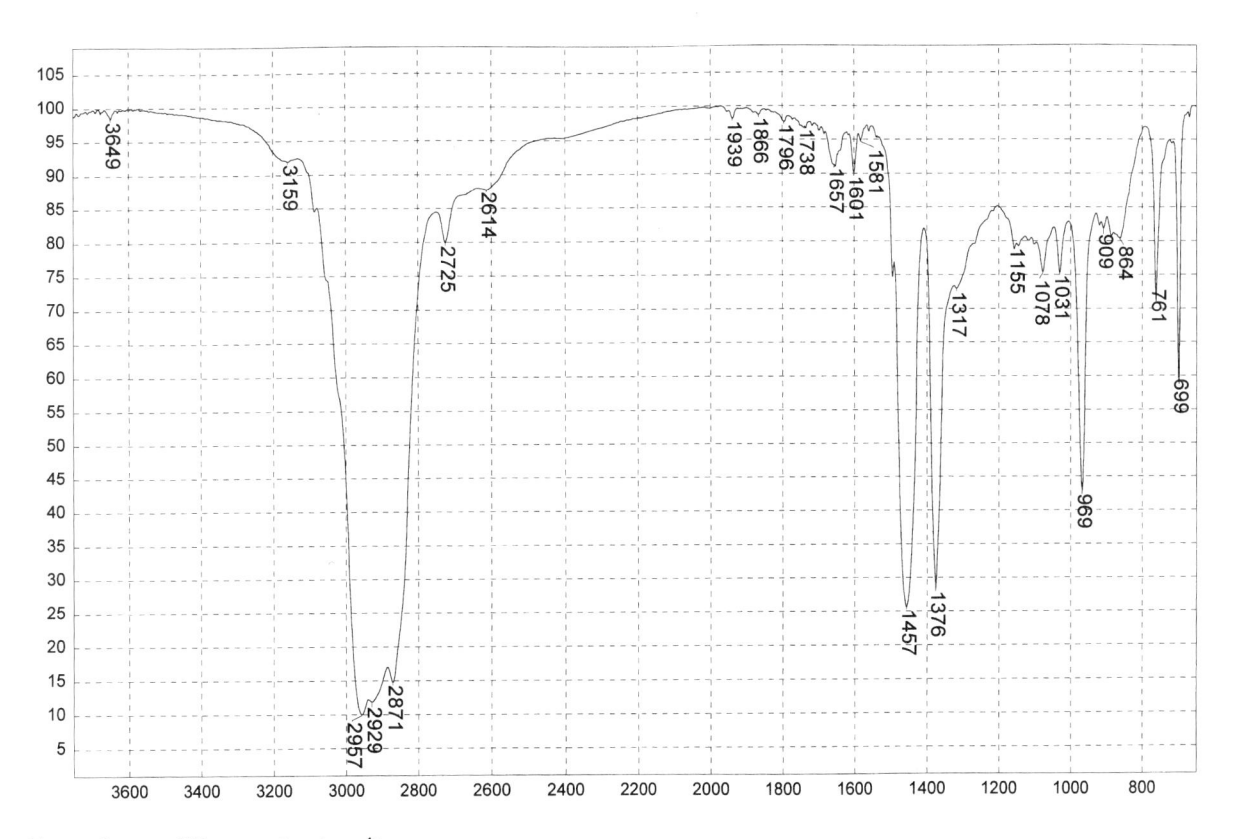

1892 POLYTERPENE RESIN

443

MODIFIED POLYTERPENE

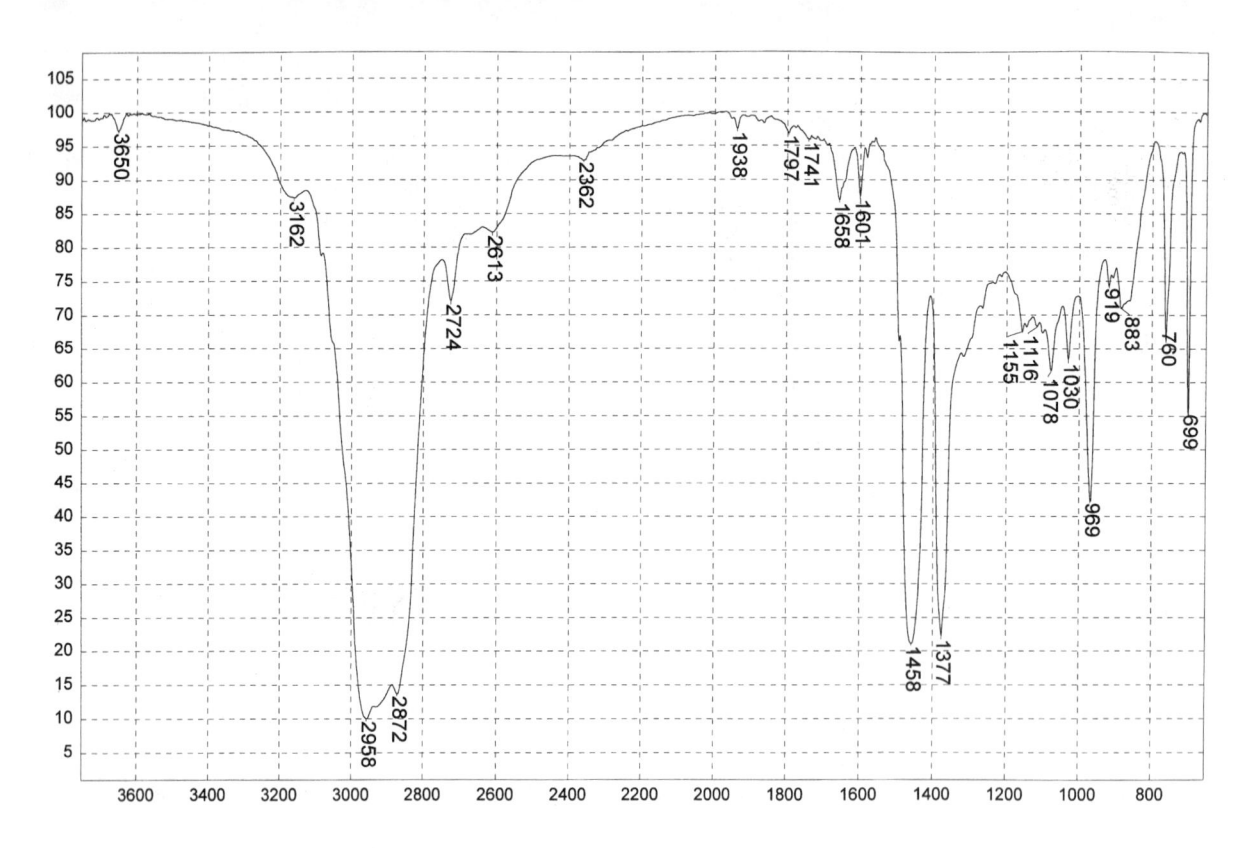

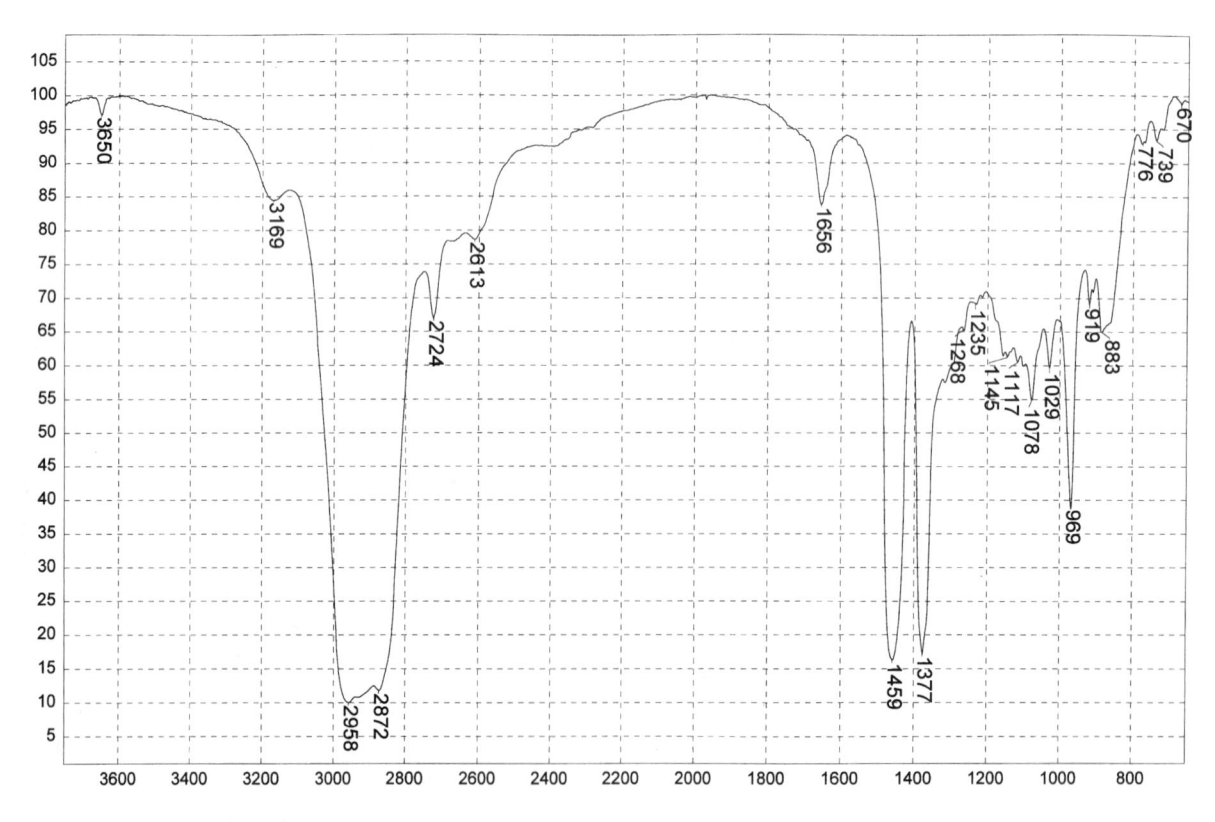

1893

SYNTHETIC POLYTERPENE

1894

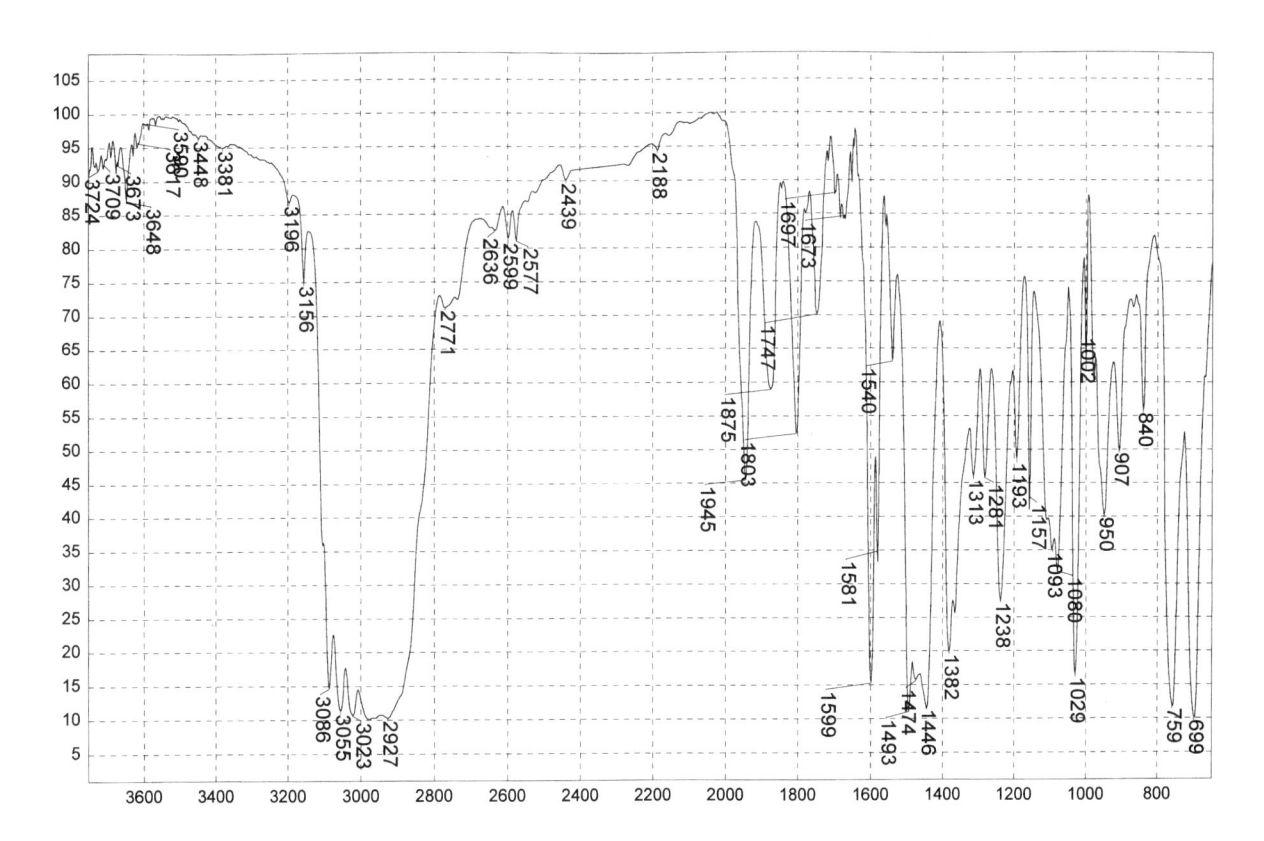

1895 POLYALPHAMETHYLSTYRENE

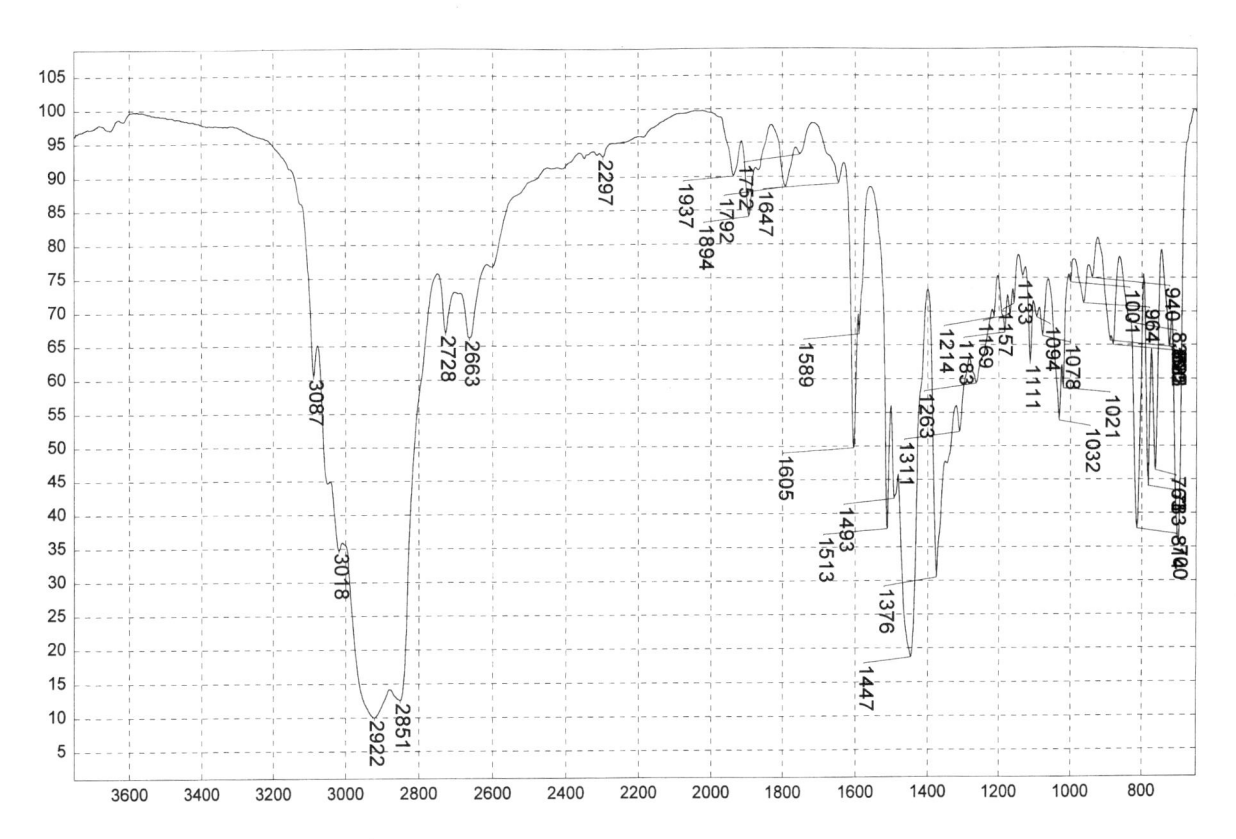

1896 PVT/ALPHA-METHYLSTYRENE

PVT/ALPHA-METHYLSTYRENE

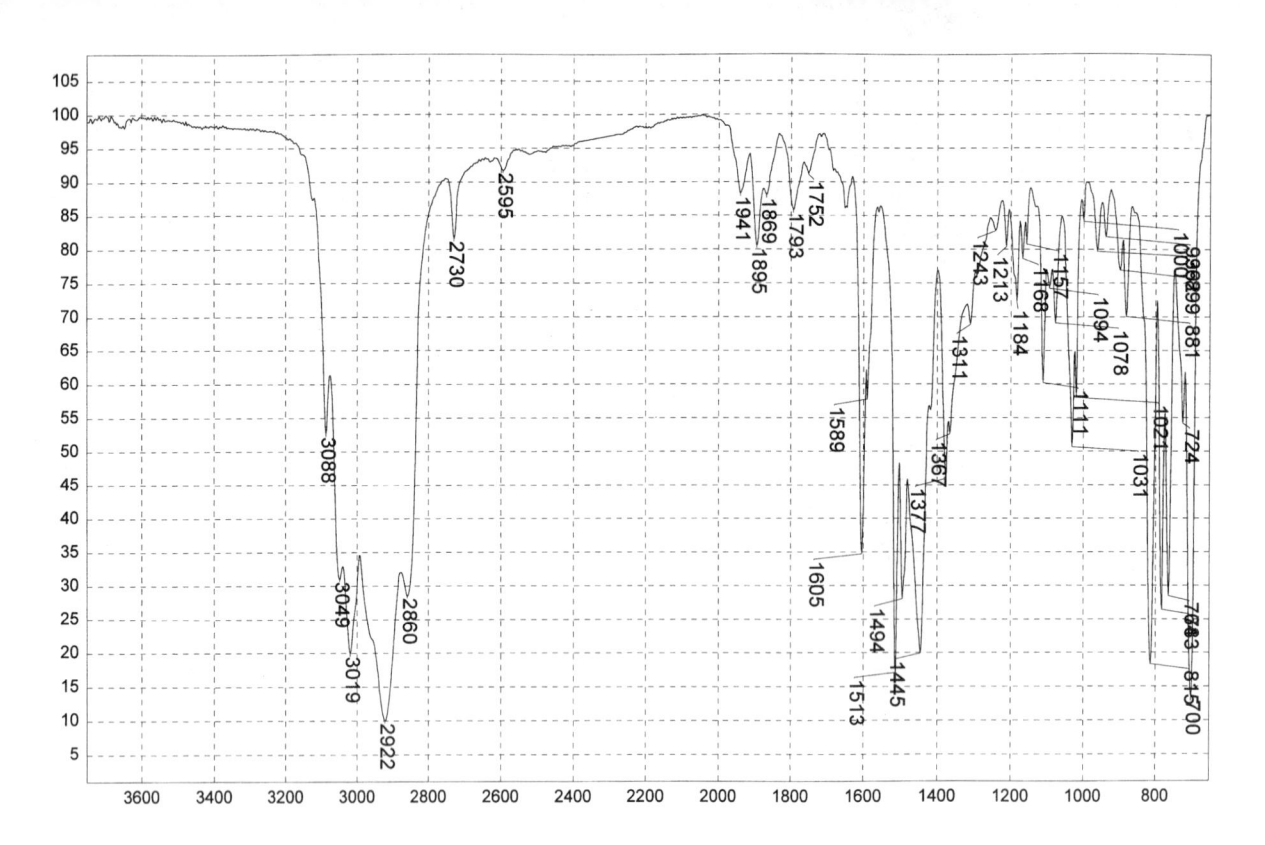

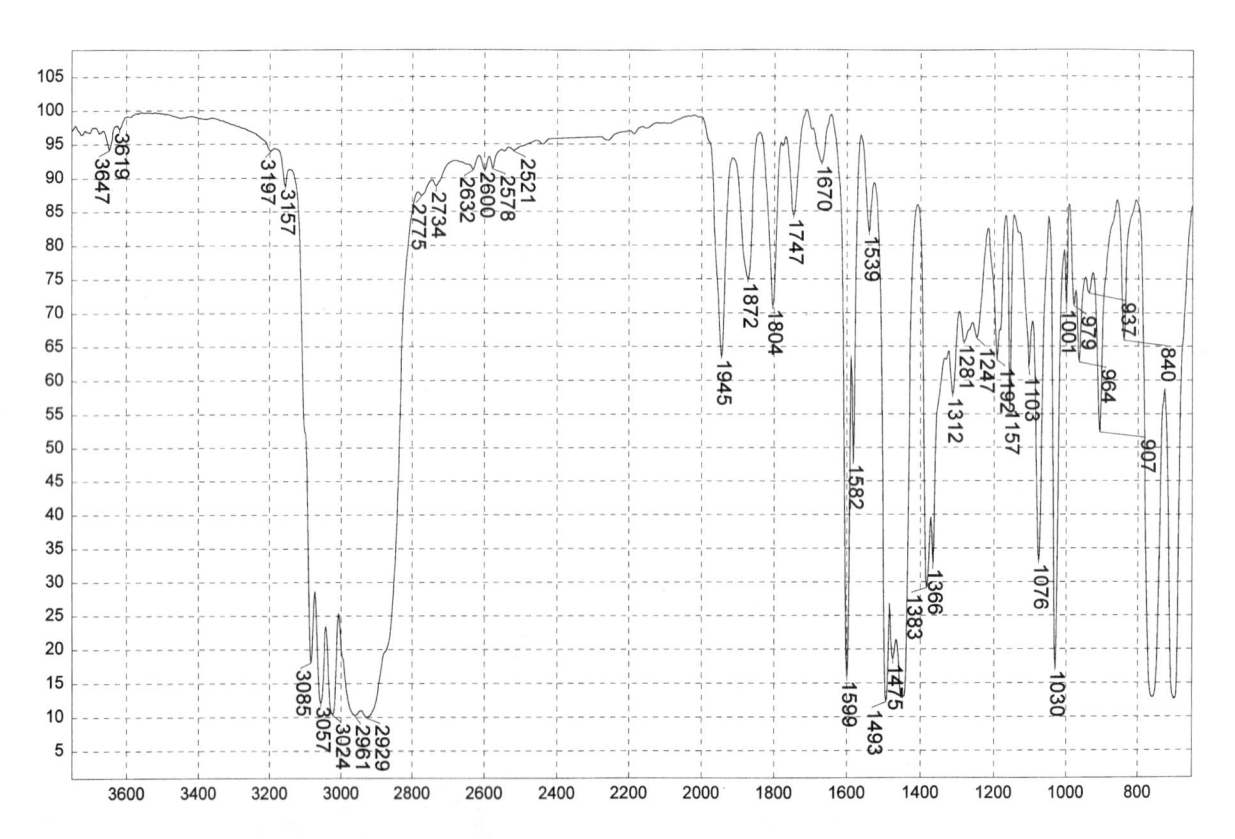

MODIFIED ALPHA-METHYLSTYRENE

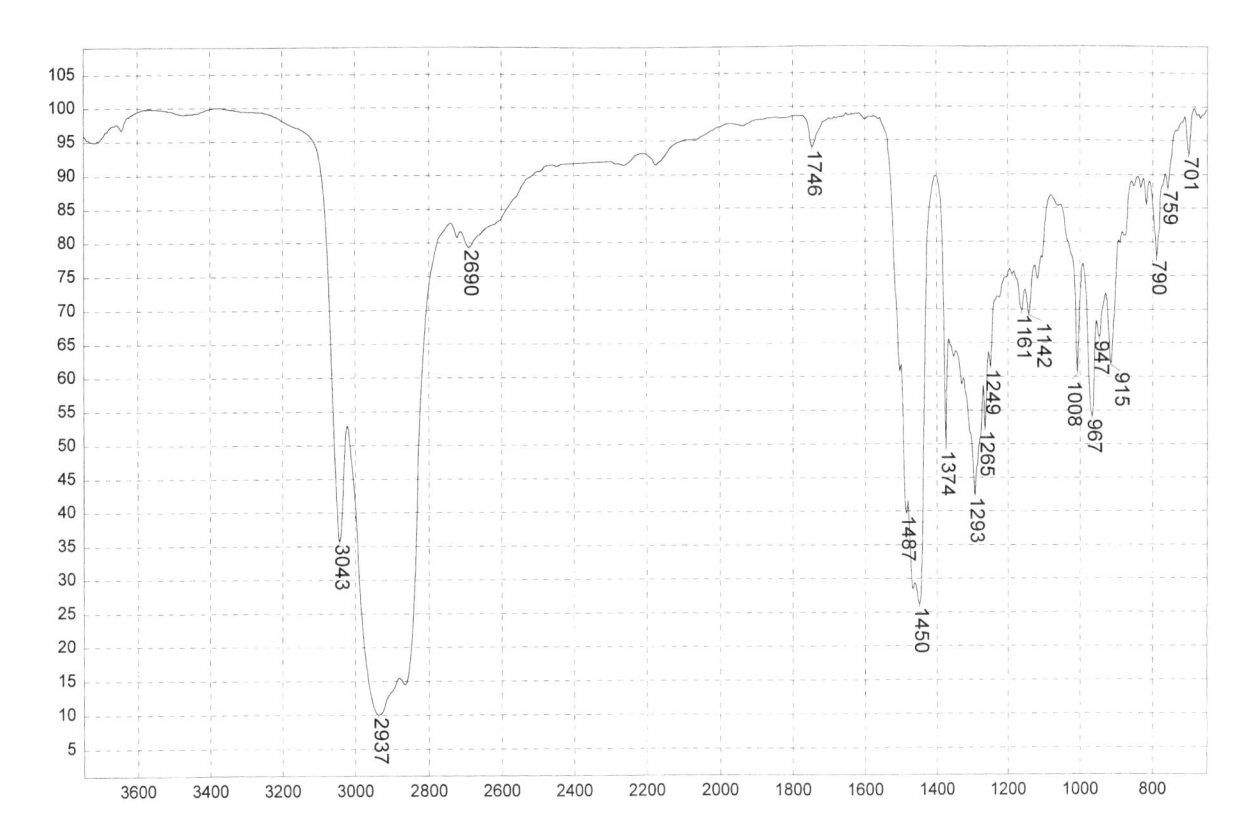

1899 HYDROGENATED HYDROCARBON - ESCOREZ 5300

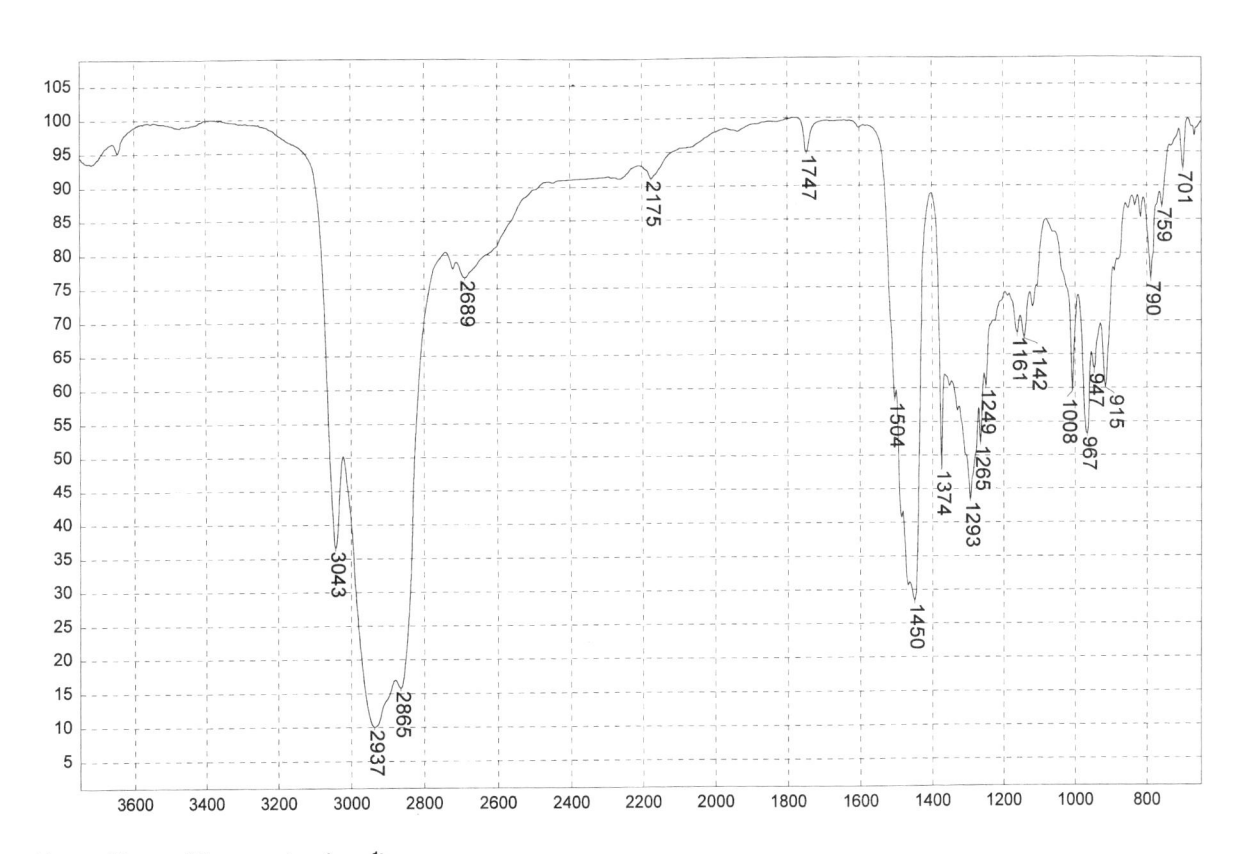

1900 HYDROGENATED HYDROCARBON - ESCOREZ 5320

447

1901 HYDROGENATED HYDROCARBON - ESCOREZ 5380

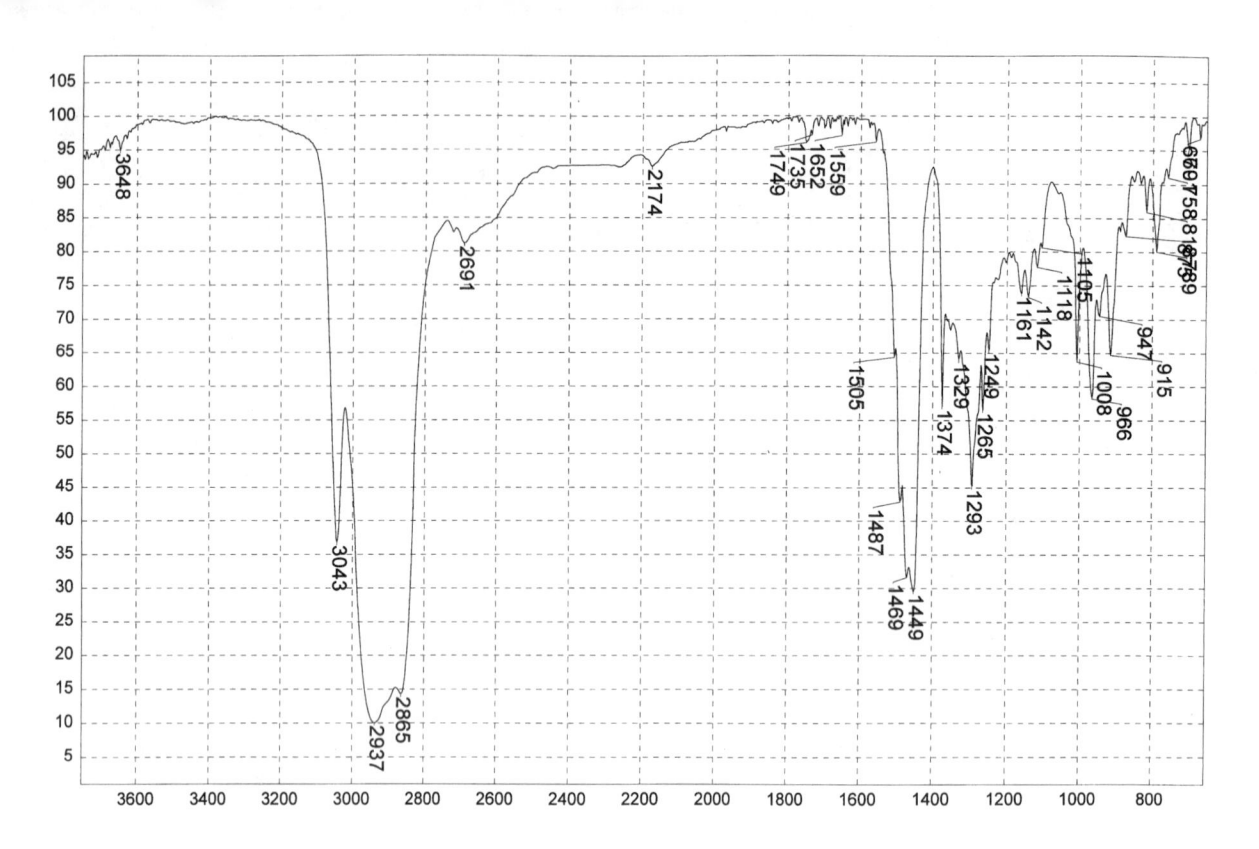

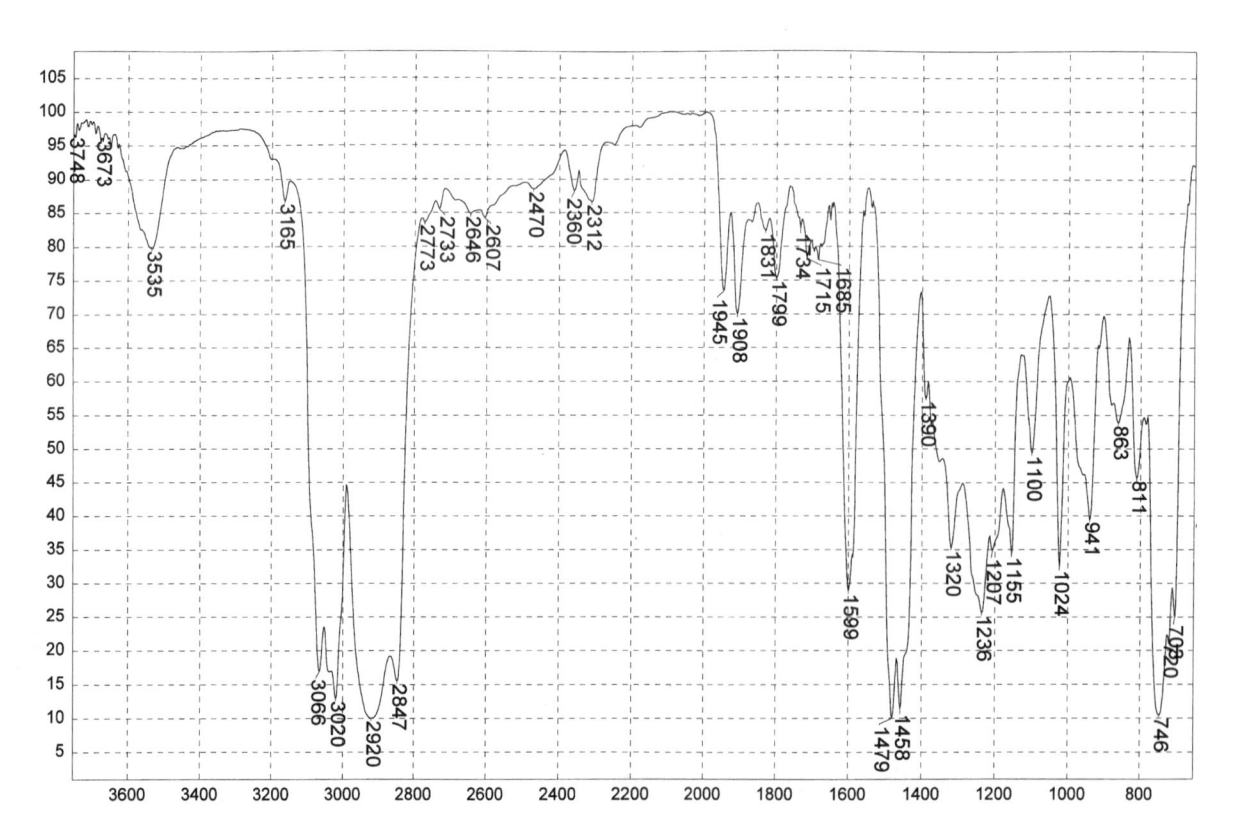

1902 COUMARONE-INDENE RESIN

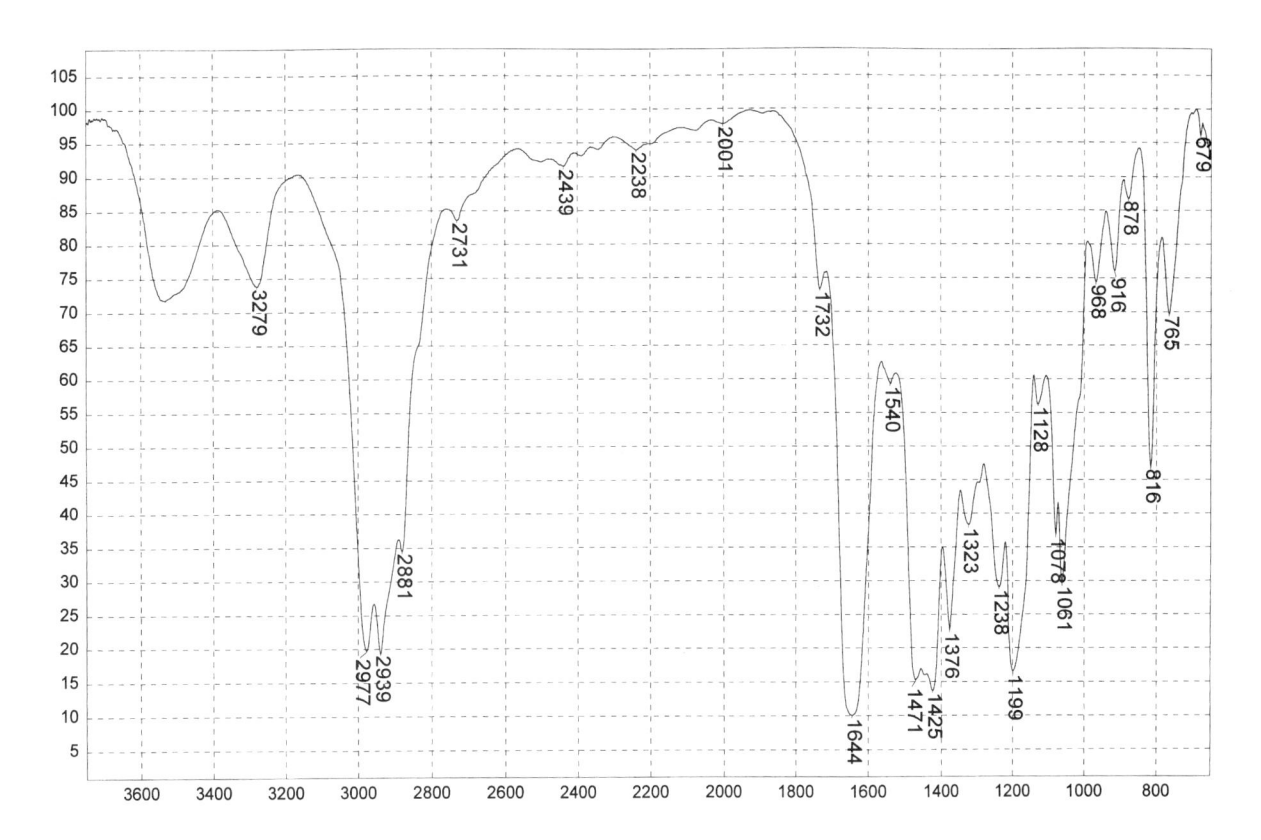

1903 POLYETHYLOXAZOLINE

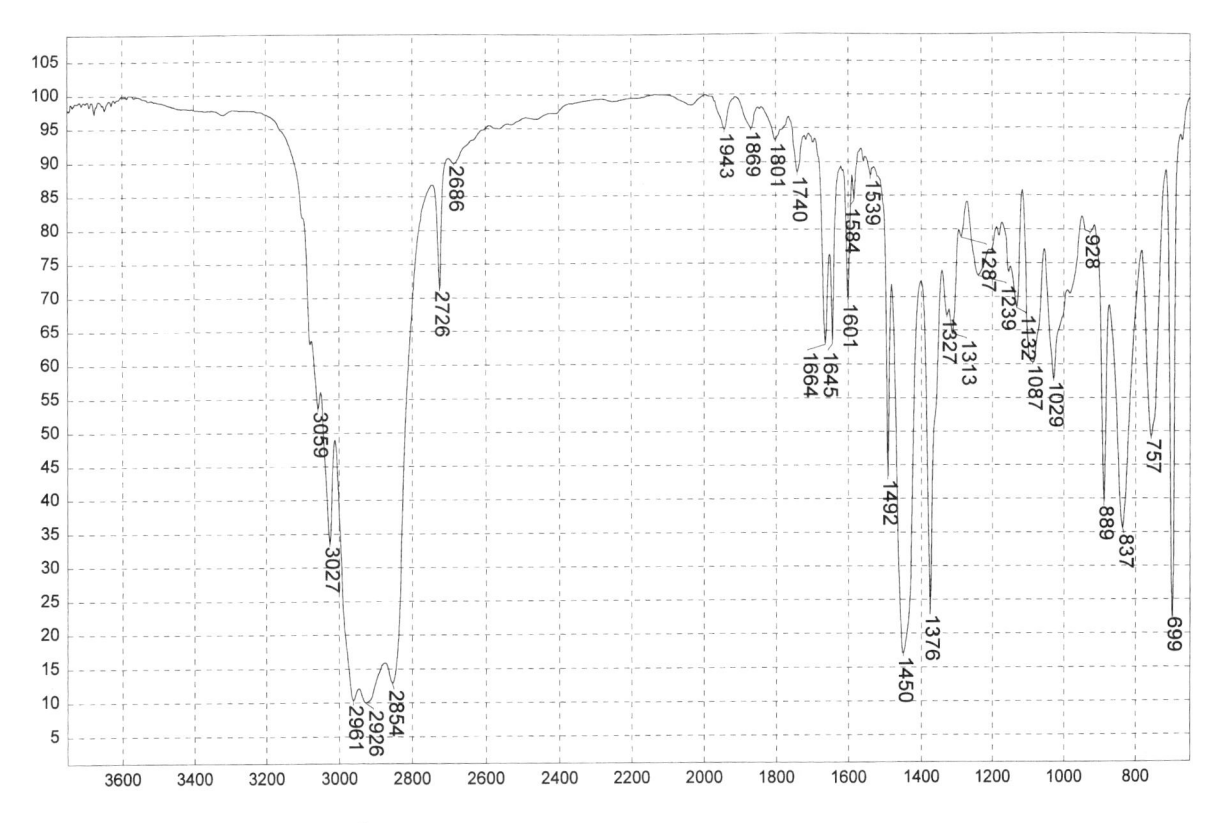

1904 STYRENE 17%/ISOPRENE 83% - SIS BLOCK

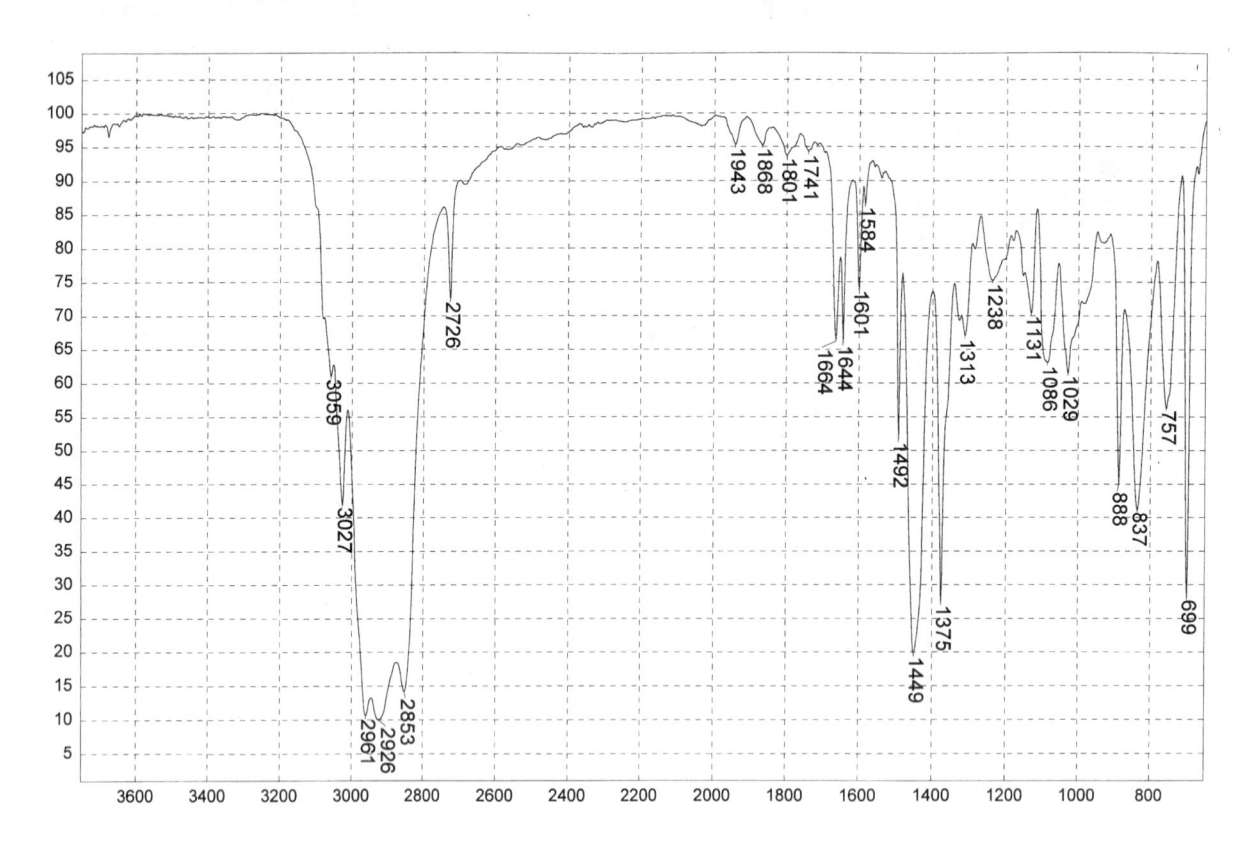

| 1905 | STYRENE 14%/ISOPRENE 86% - SIS BLOCK |

| 1906 | STYRENE 14%/ISOPRENE 86% - SIS BLOCK, SECOND EXAMPLE |

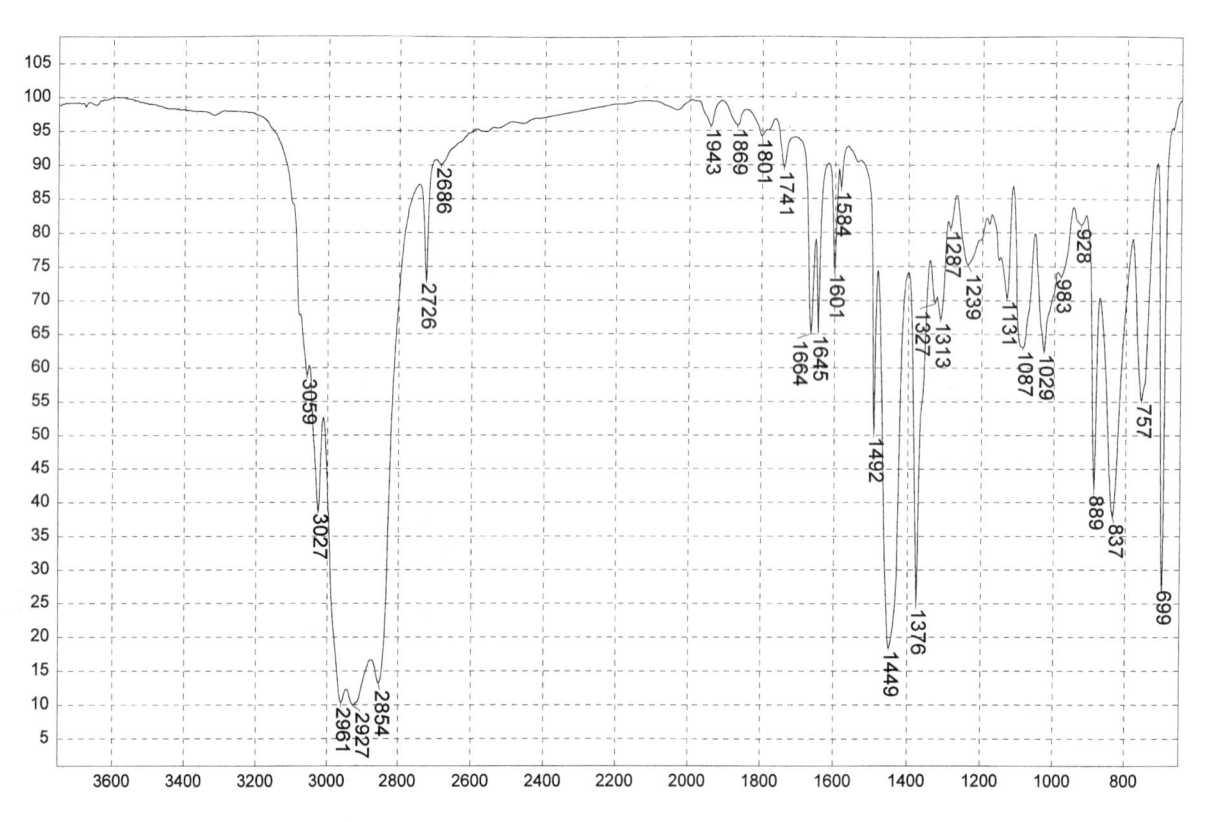

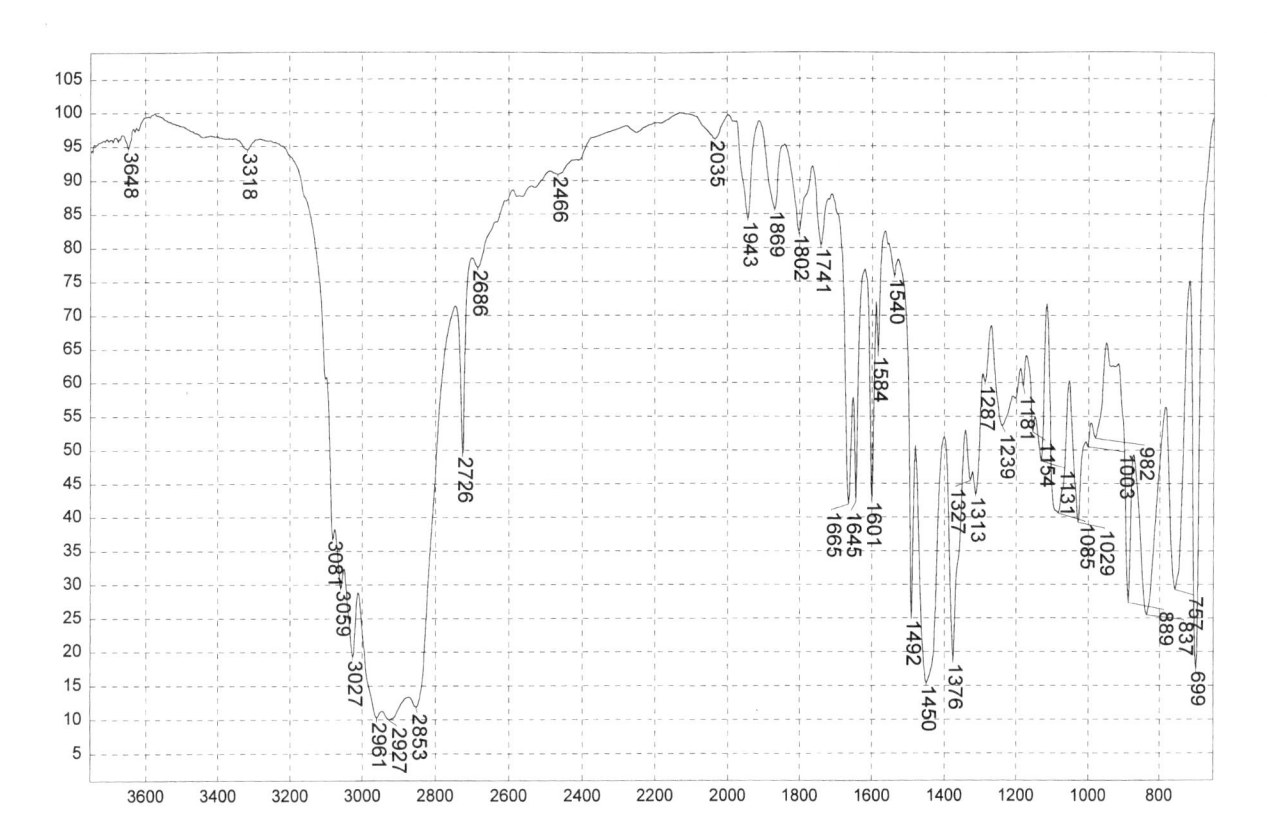

1907 STYRENE 10%/ISOPRENE 90% - SIS BLOCK

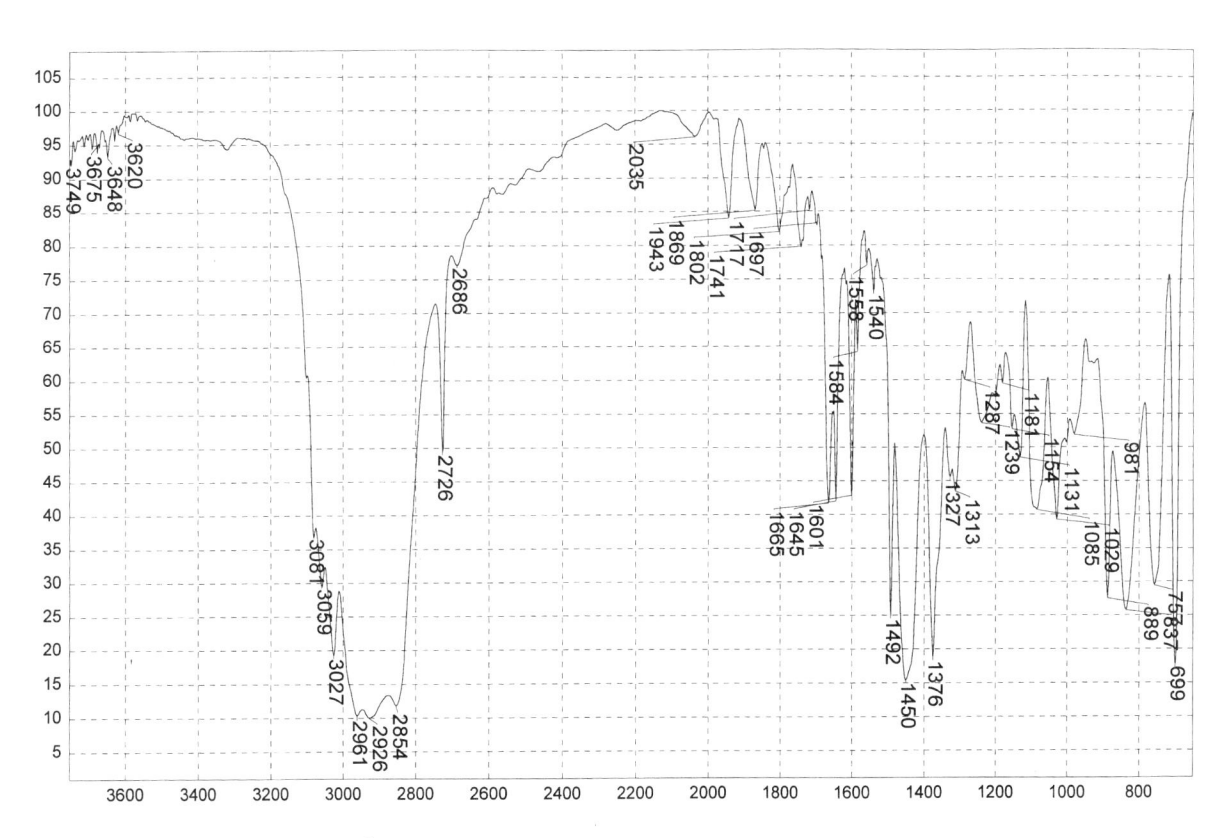

1908 STYRENE 21%/ISOPRENE 79% - SIS BLOCK

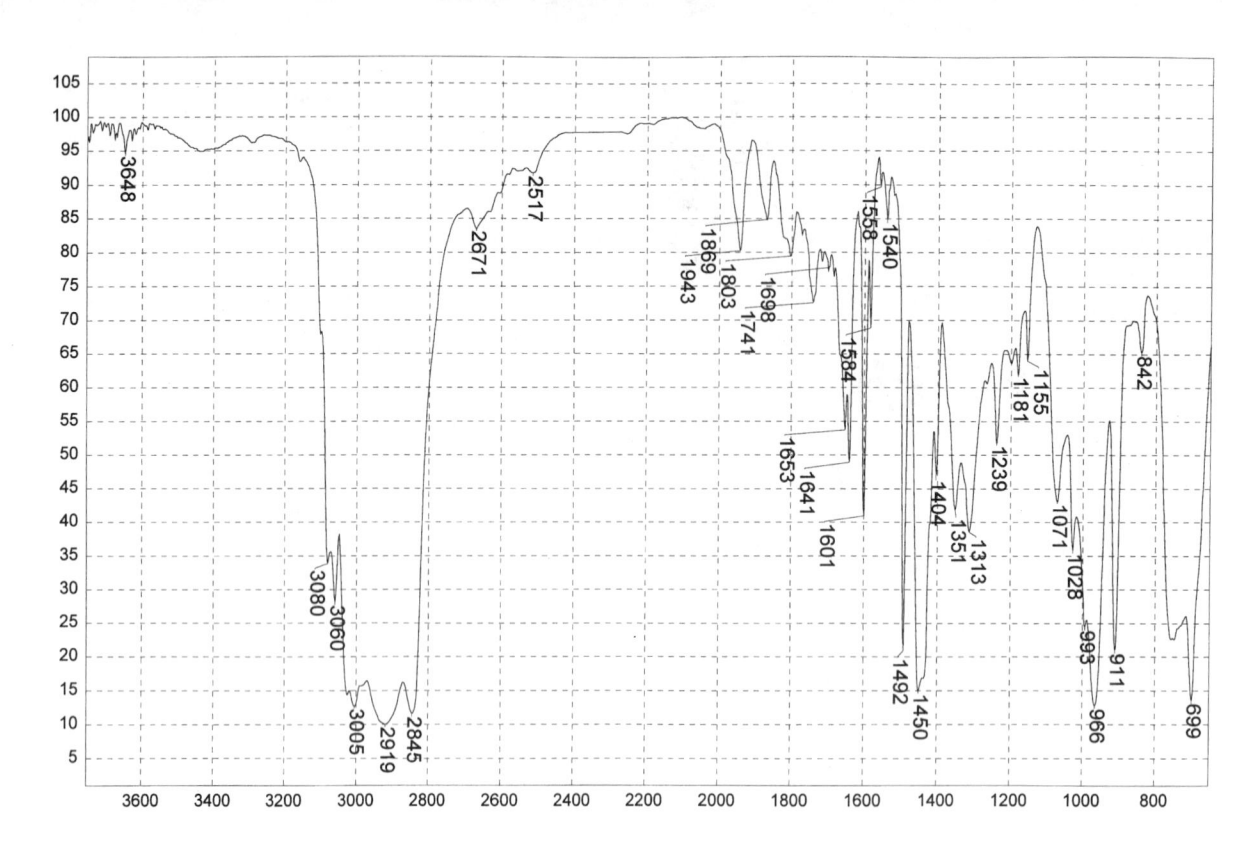

1909 STYRENE 28%/BUTADIENE 72% - SBS BLOCK

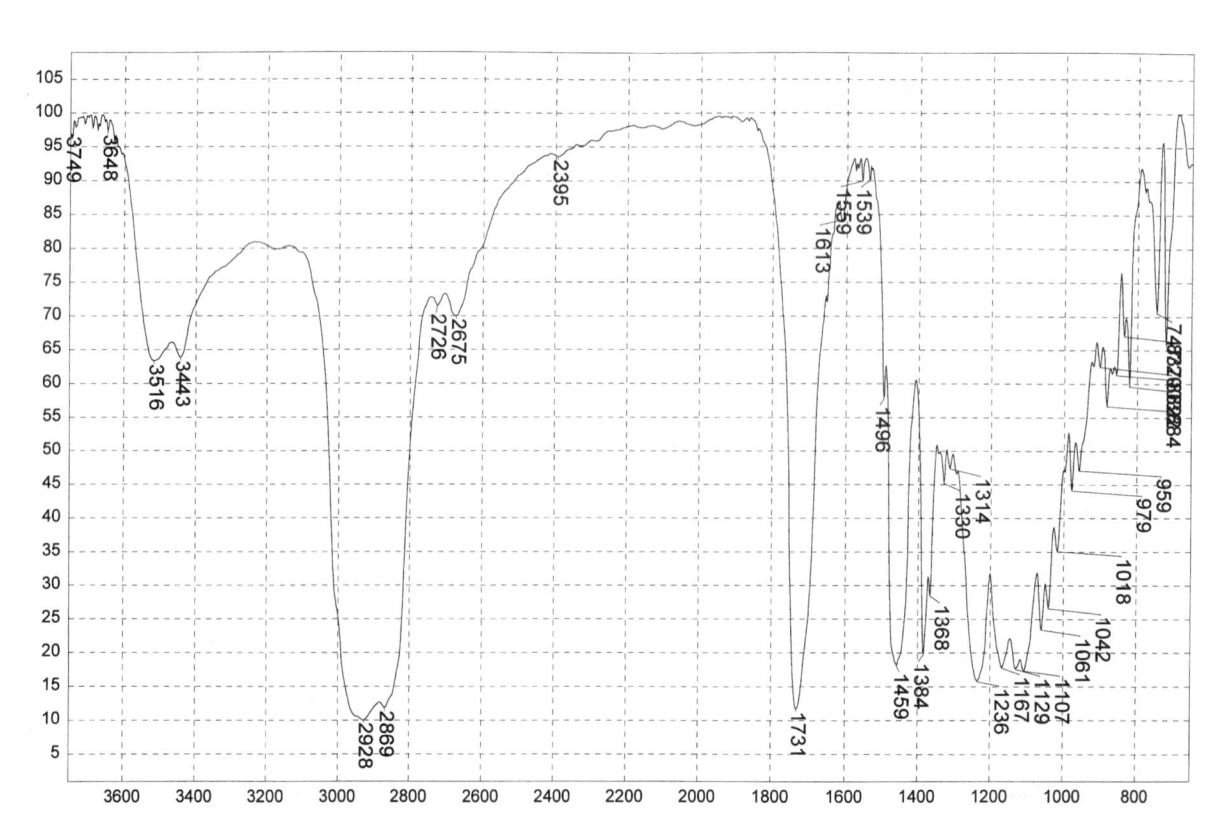

1910 Hydrogenated rosin ester

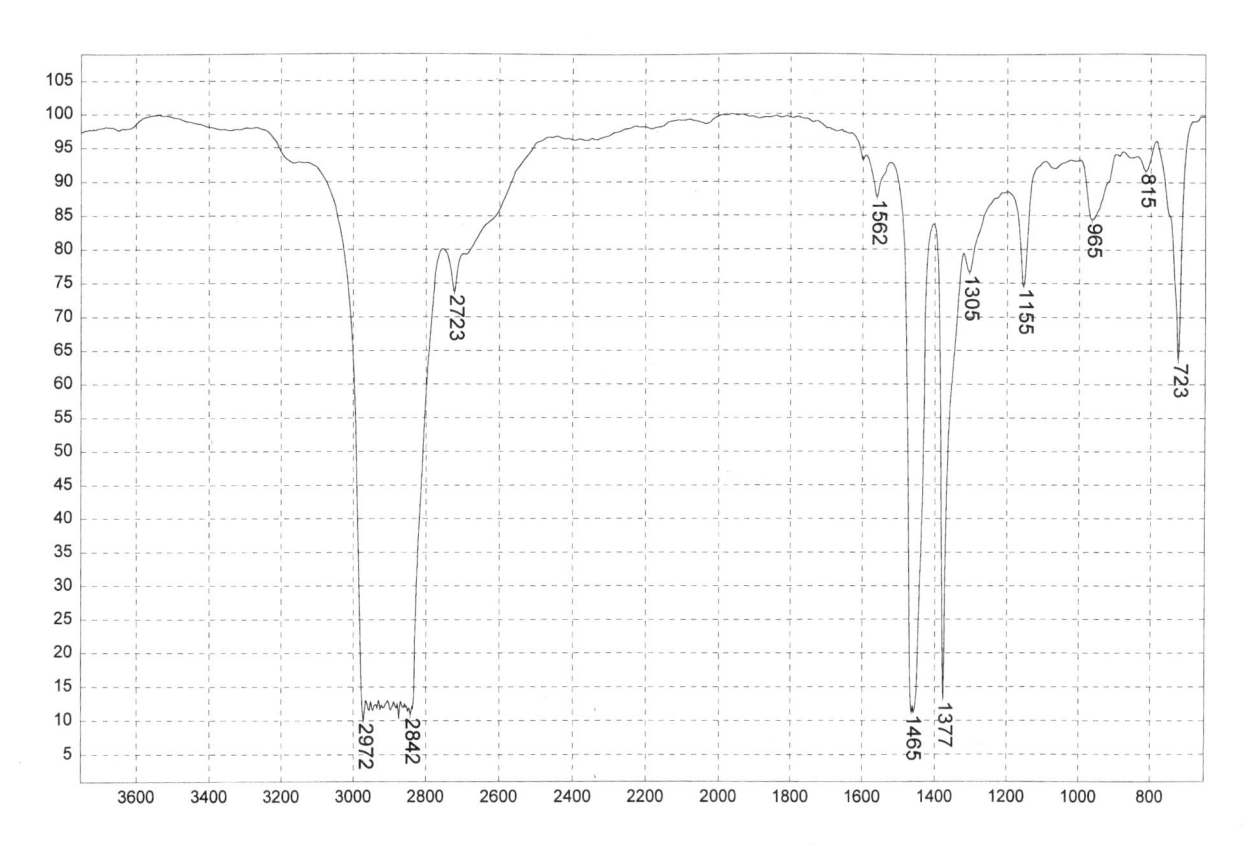

| 1911 | VISTALON - ETHYLENE PROPYLENE COPOLYMER |

| 1912 | INDOPOL L-50 - POLYBUTYLENE POLYMER |

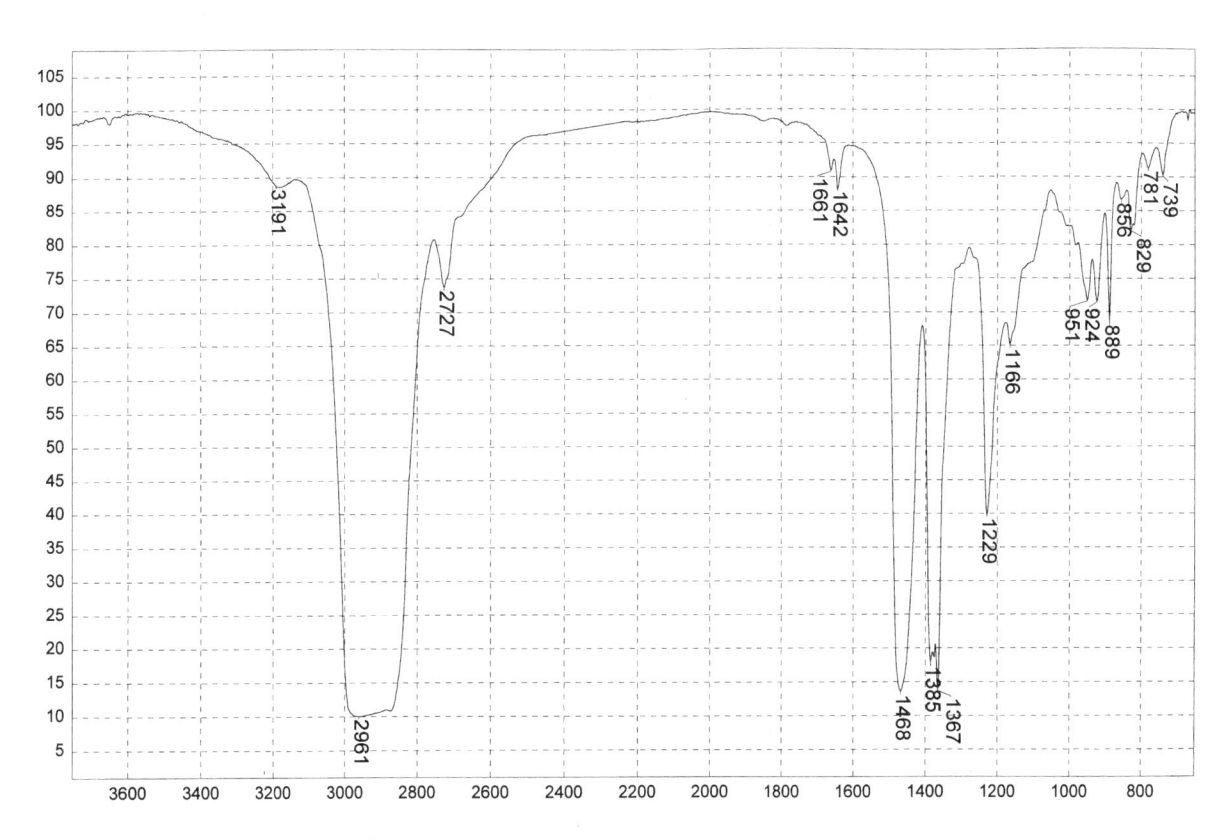

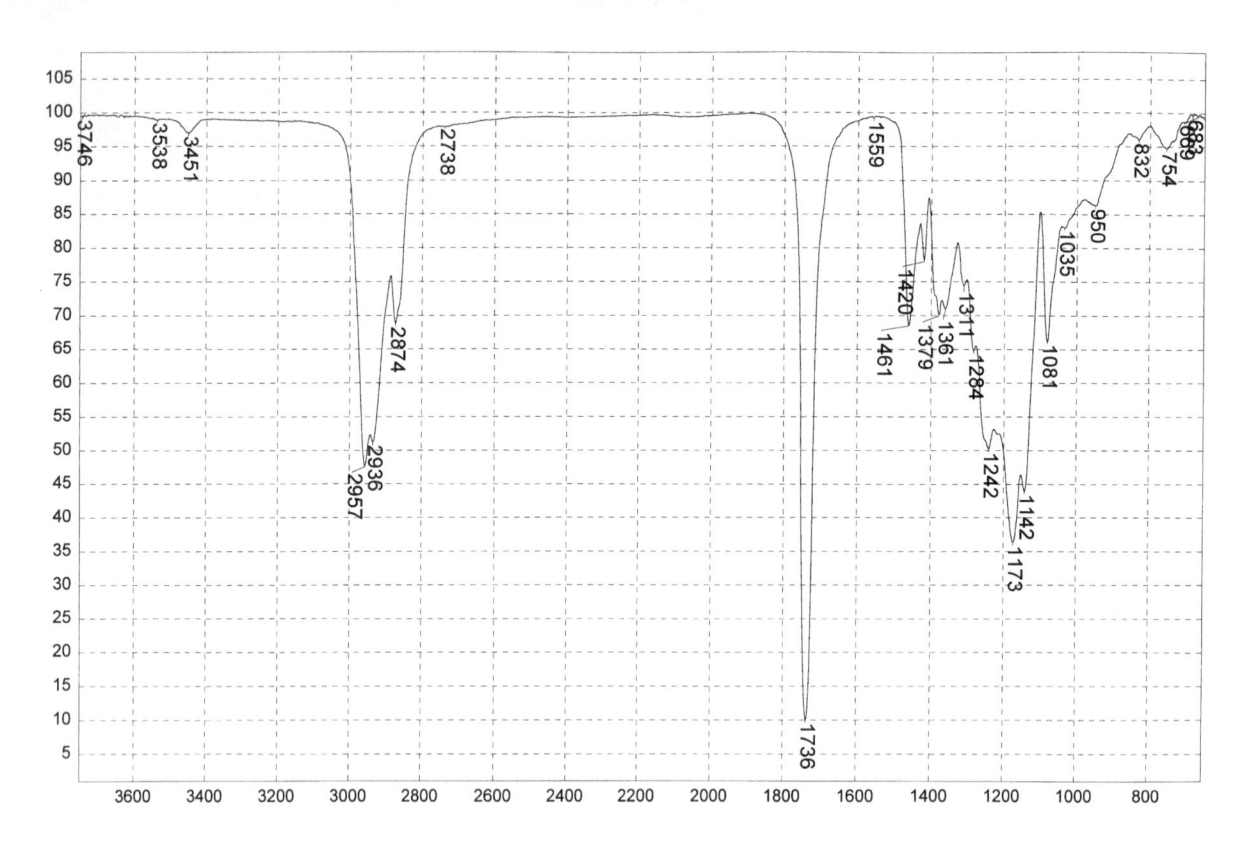

1913 PLASTHALL P-670 - PLASTICIZER

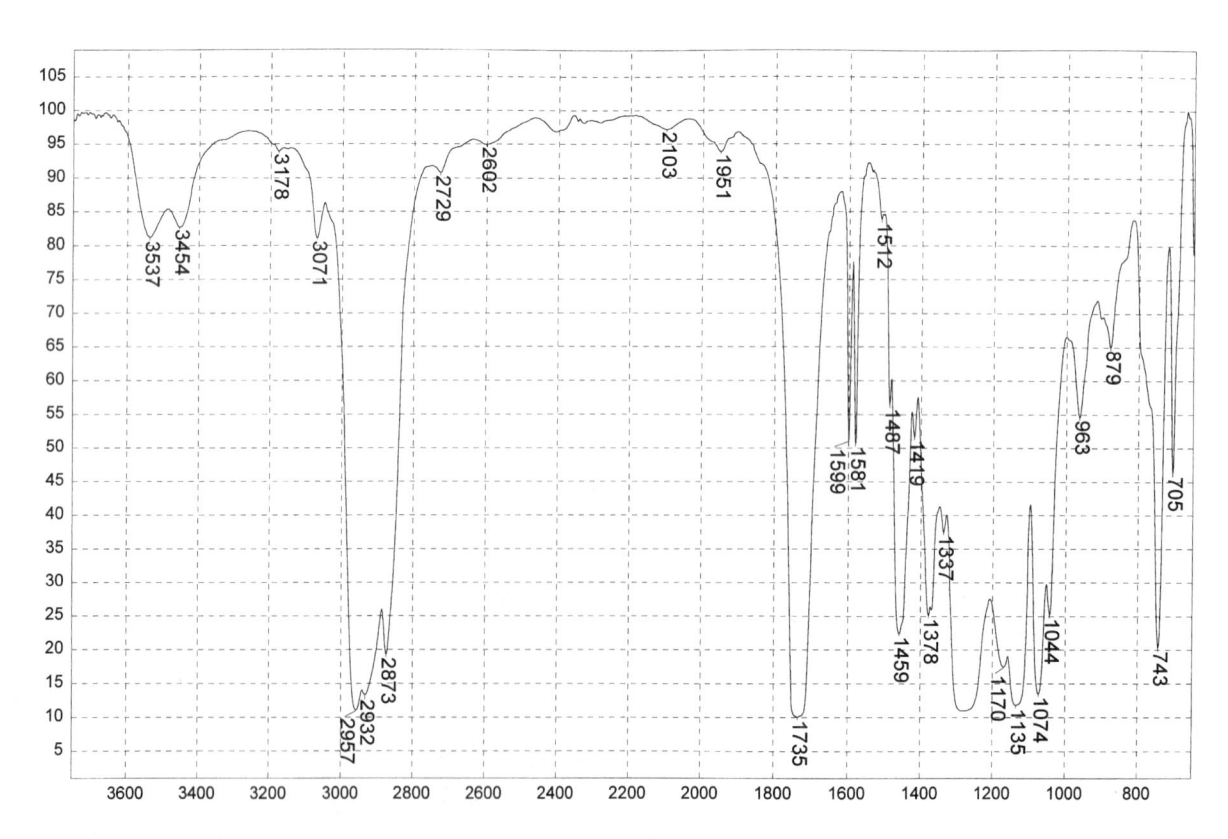

1914 PARAPLEX G-30 - PLASTICIZER

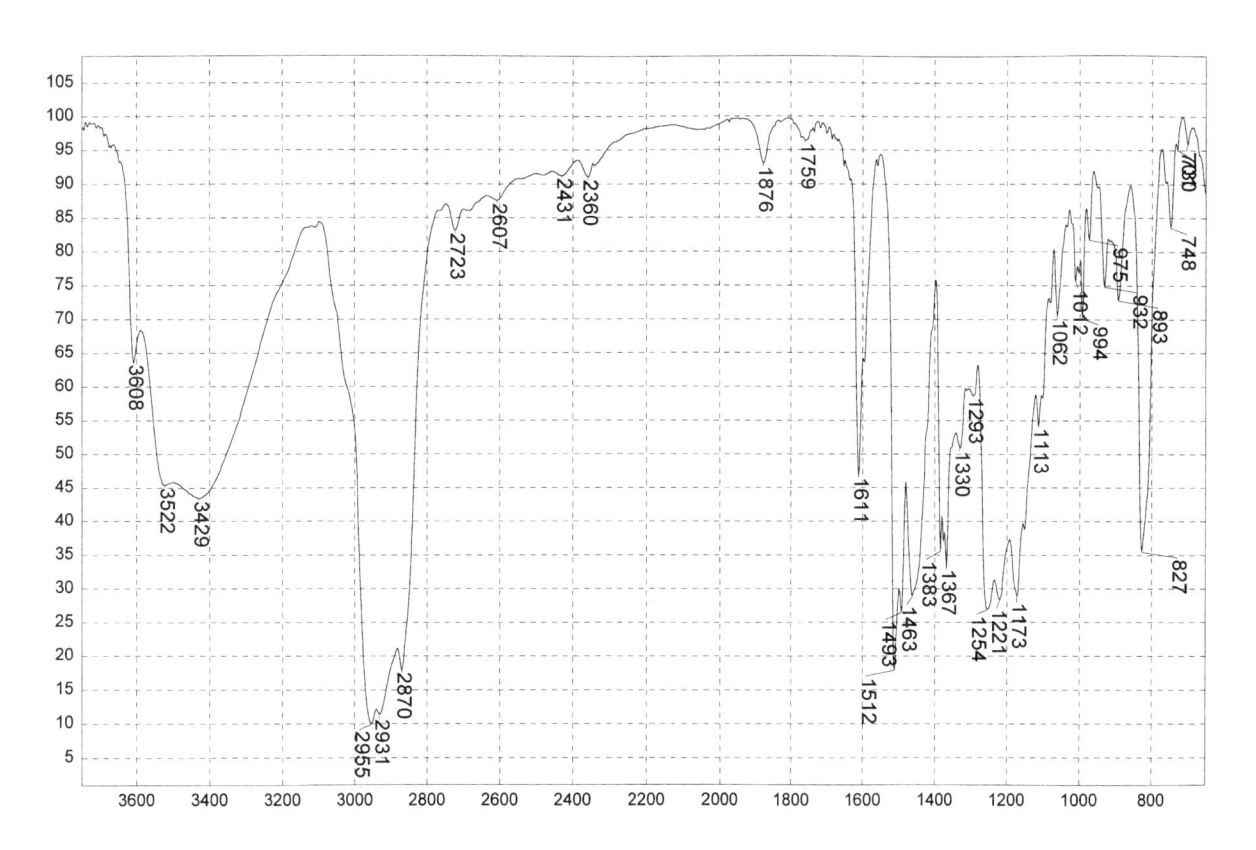

1915   **TERPENE PHENOL RESIN**

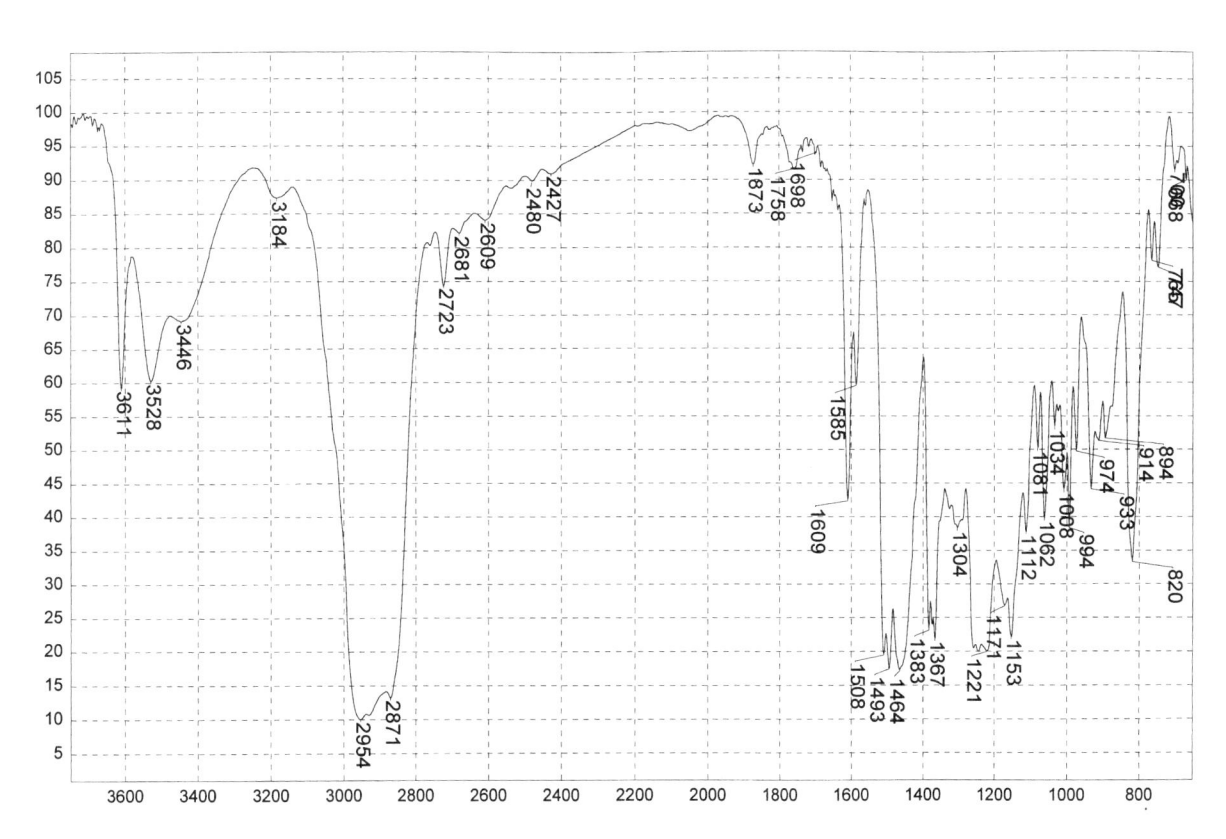

1916   **TERPENE PHENOL RESIN, TYPE II**

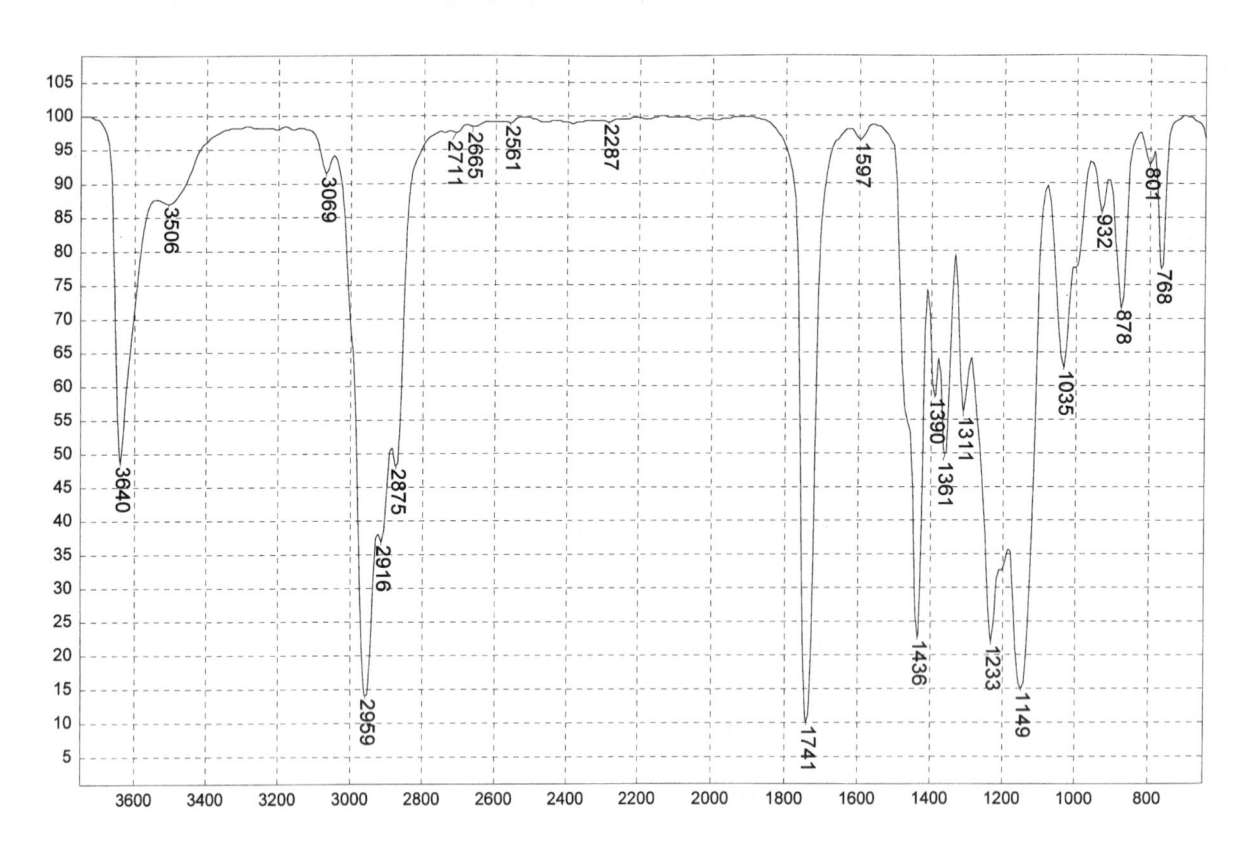

1917 Tetrakis[methylene(3,5-di-t-butyl-4-hydroxyhydrocinnamate)] methane

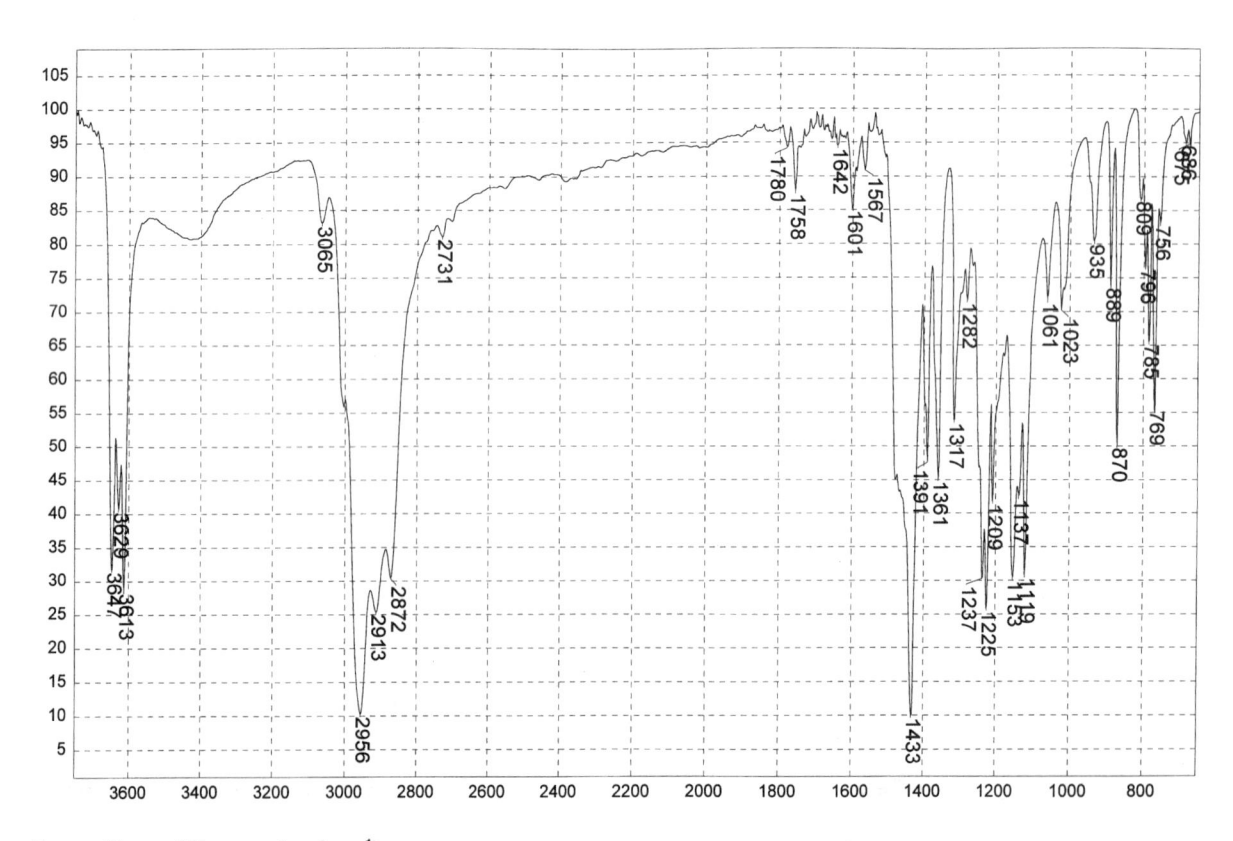

1918 ETHANOX 330 ANTIOXIDANT

456

Octadecyl 3,5-di-t-butyl-4-hydroxycinnamate

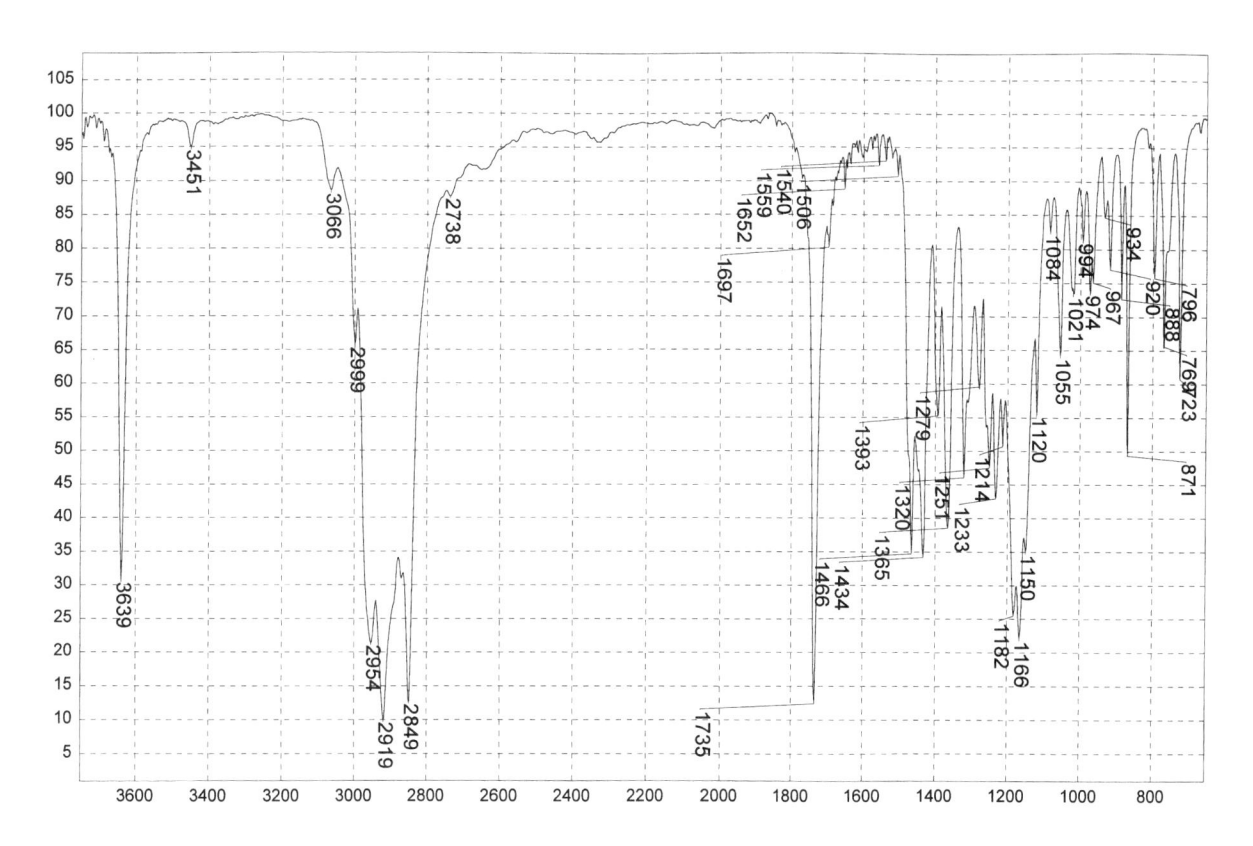

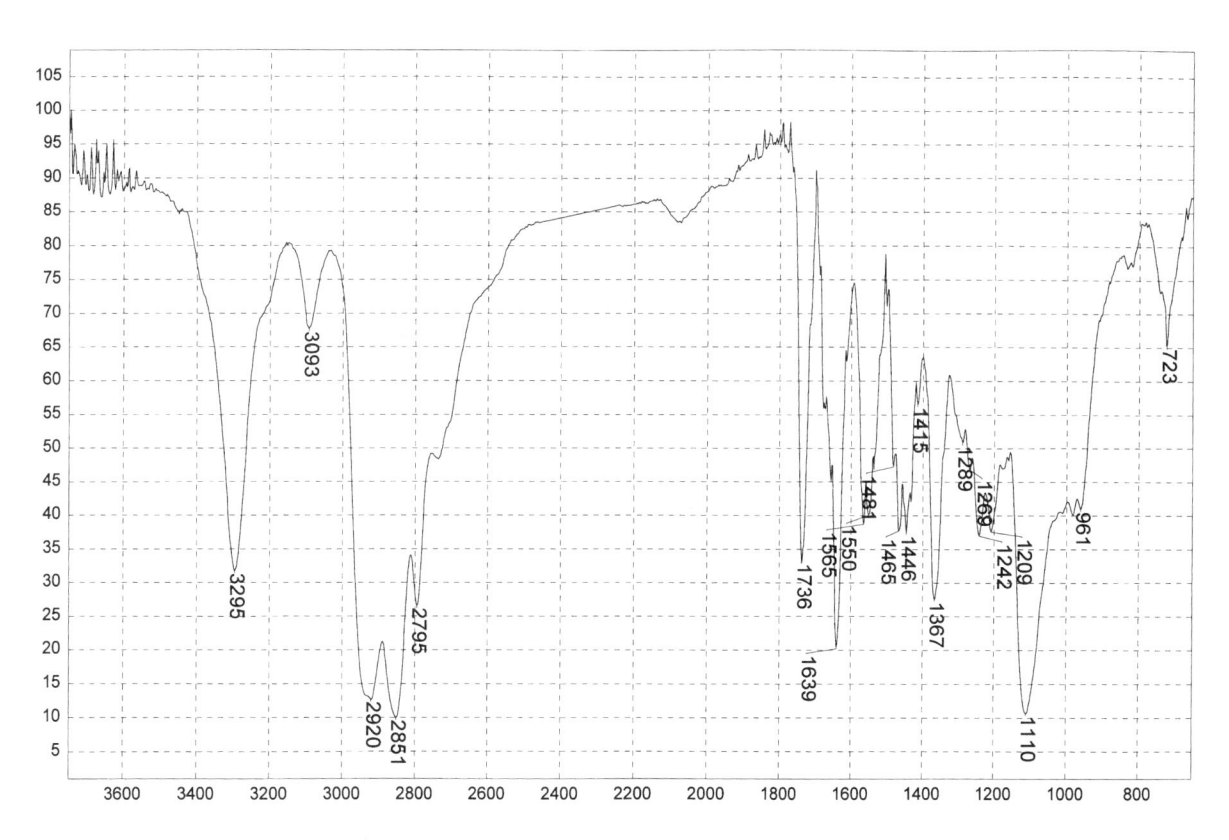

1919

PEBAX 2533 POLYETHER/POLYAMIDE

1920

457

PEBAX 3533 POLYETHER/POLYAMIDE

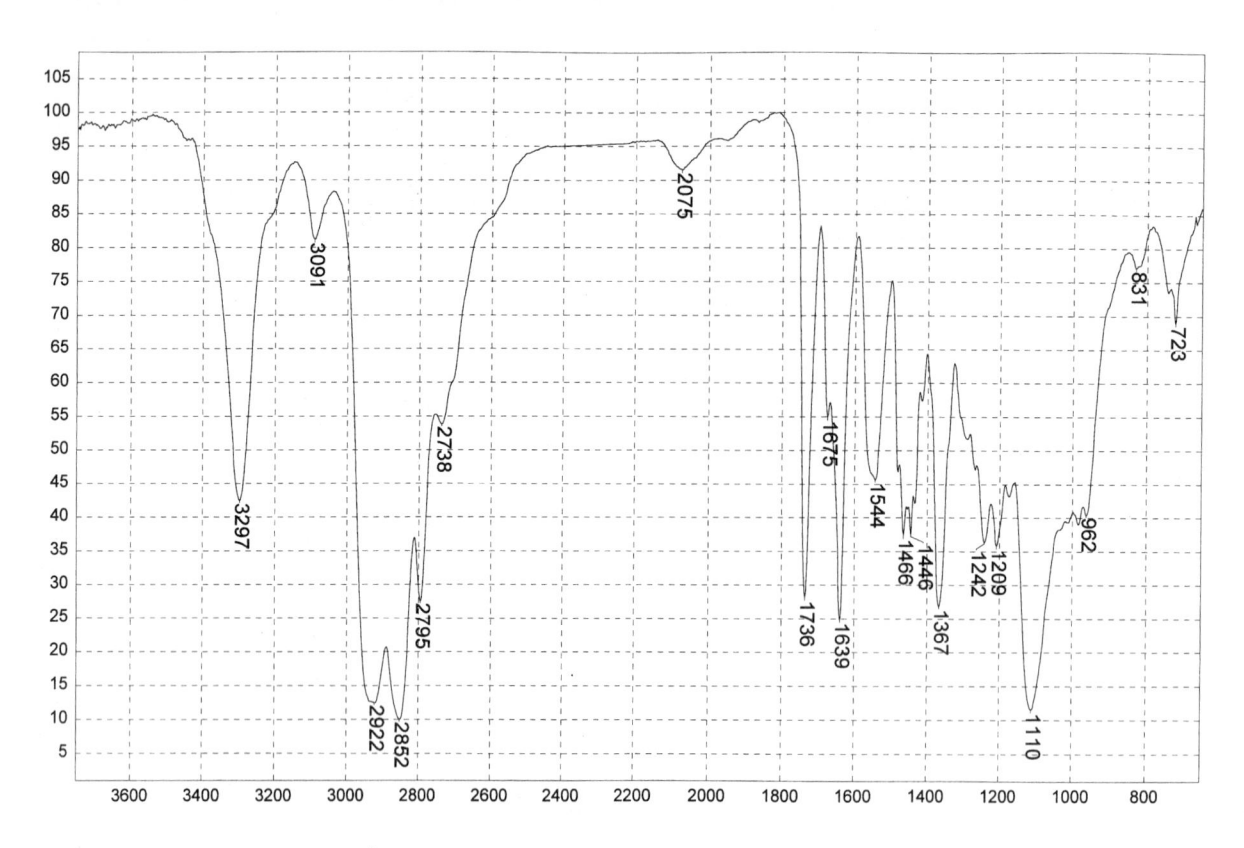

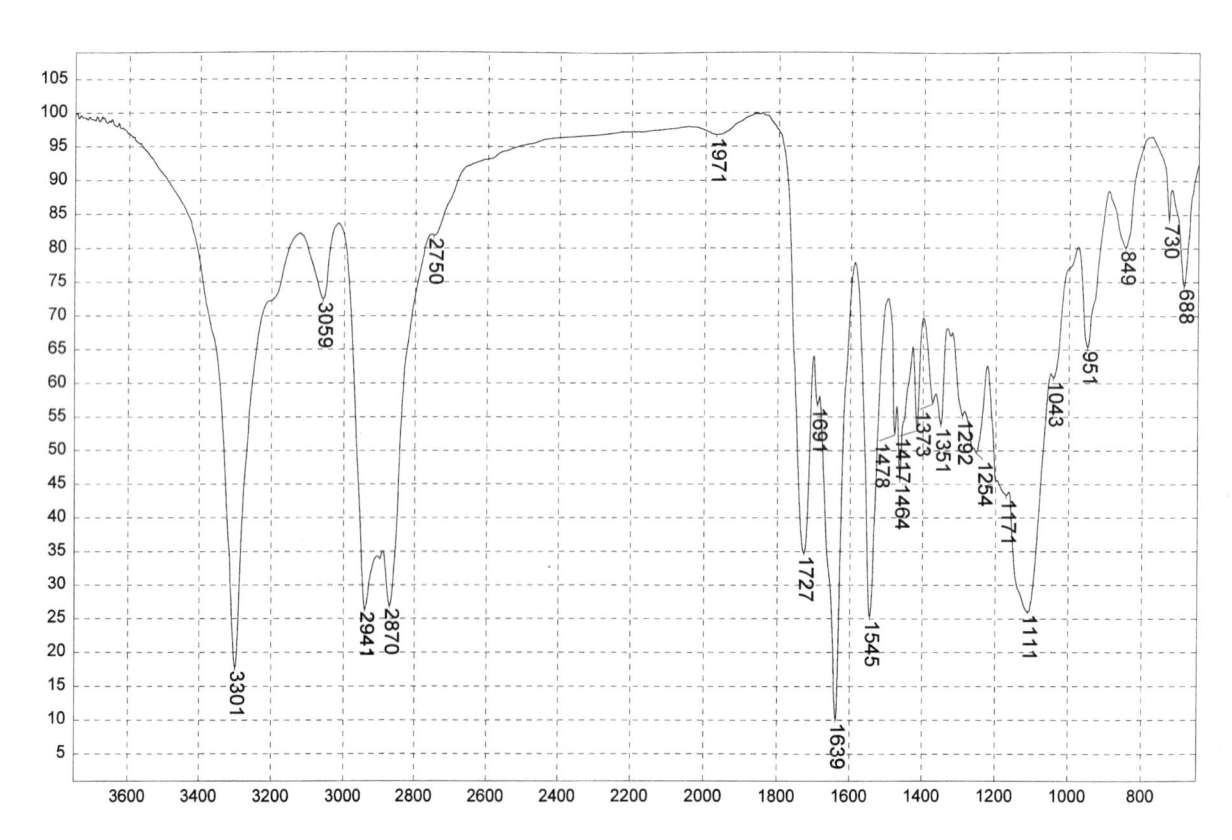

1921

PEBAX 4011 POLYETHER/POLYAMIDE

1922

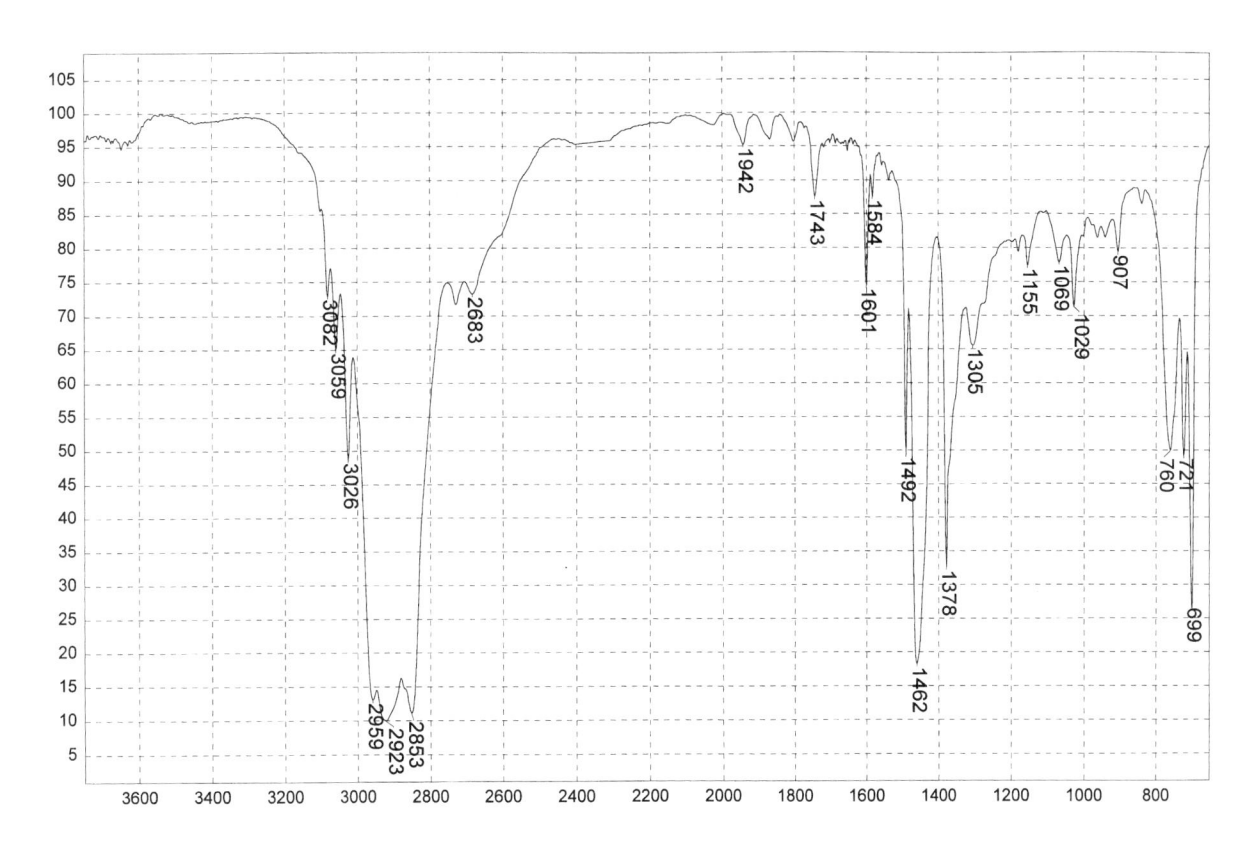

STYRENE 14%/ETHYLENE:BUTYLENE 86% BLOCK

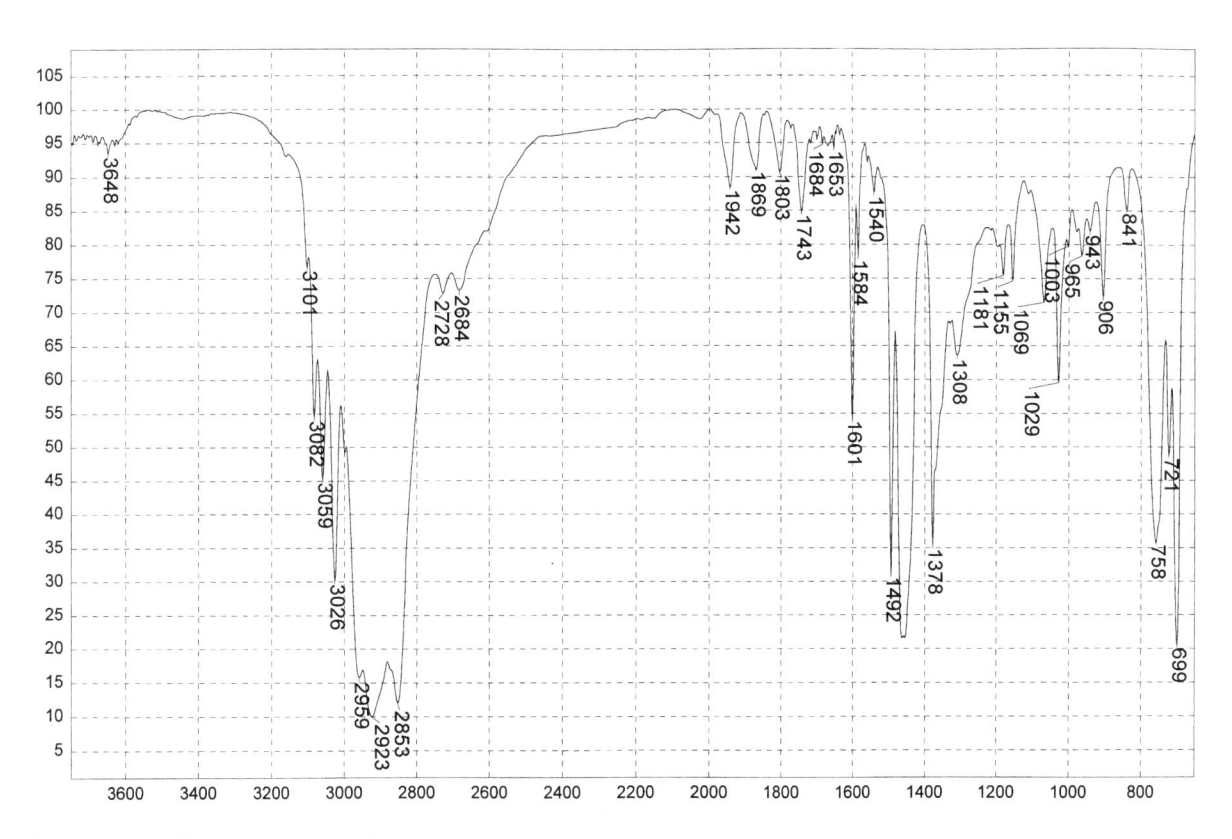

STYRENE 29%/ETHYLENE:BUTYLENE 71% BLOCK

1925 STYRENE 48%/BUTADIENE 52%

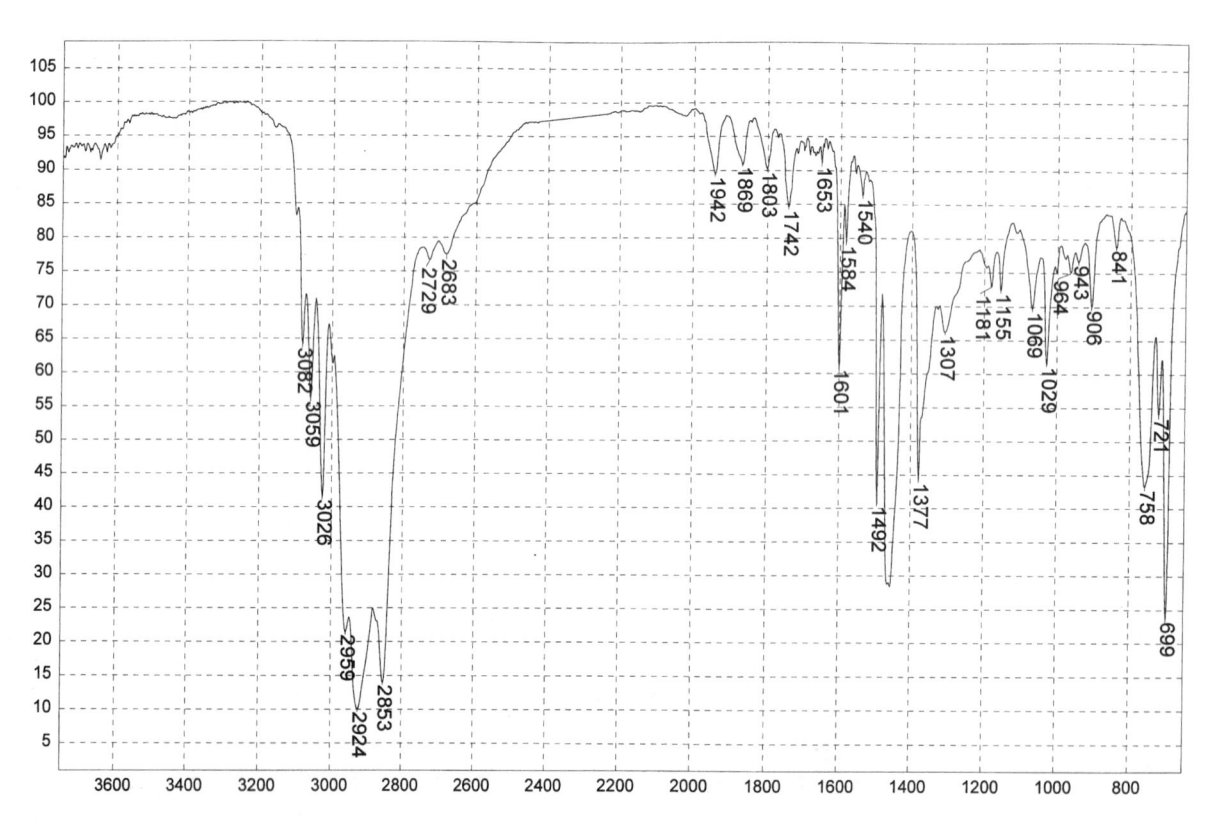

1926 STYRENE 28%/ETHYLENE:BUTYLENE 72% BLOCK

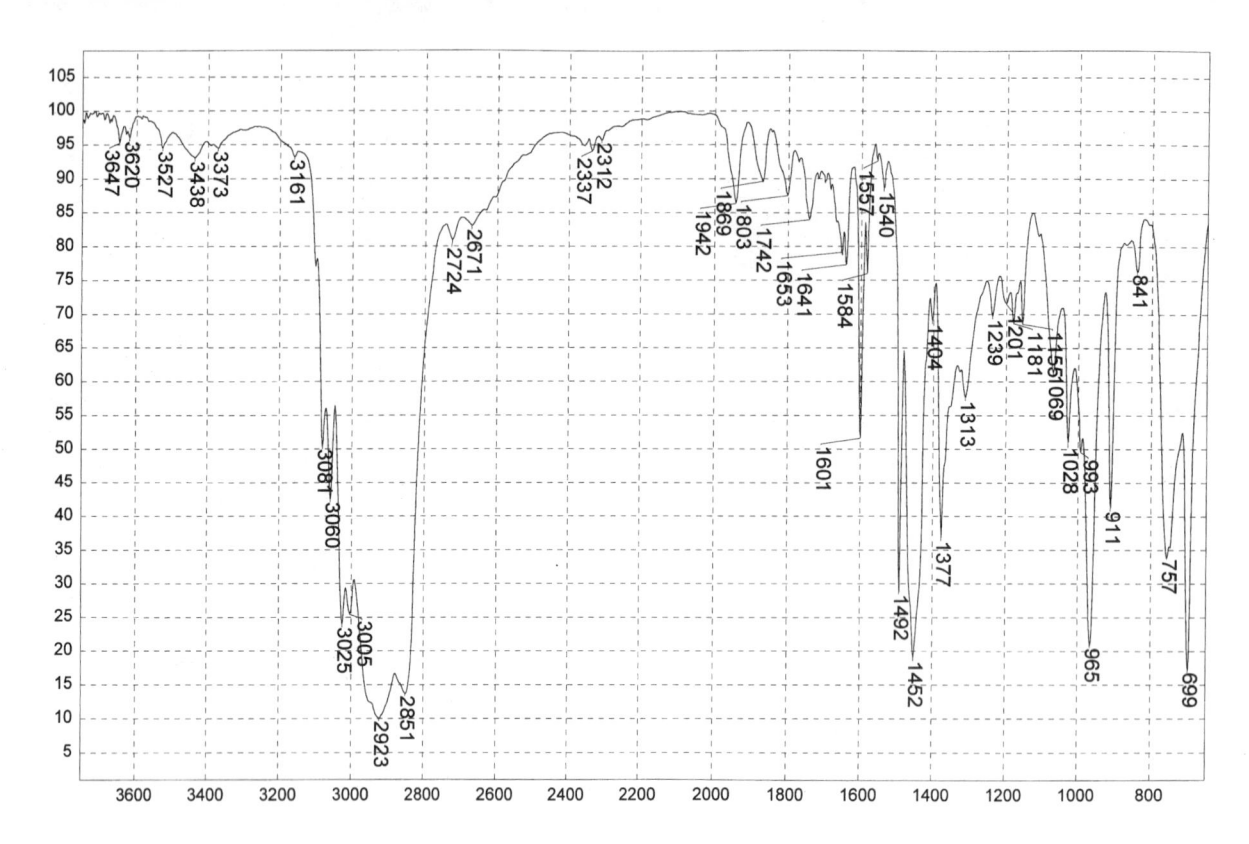

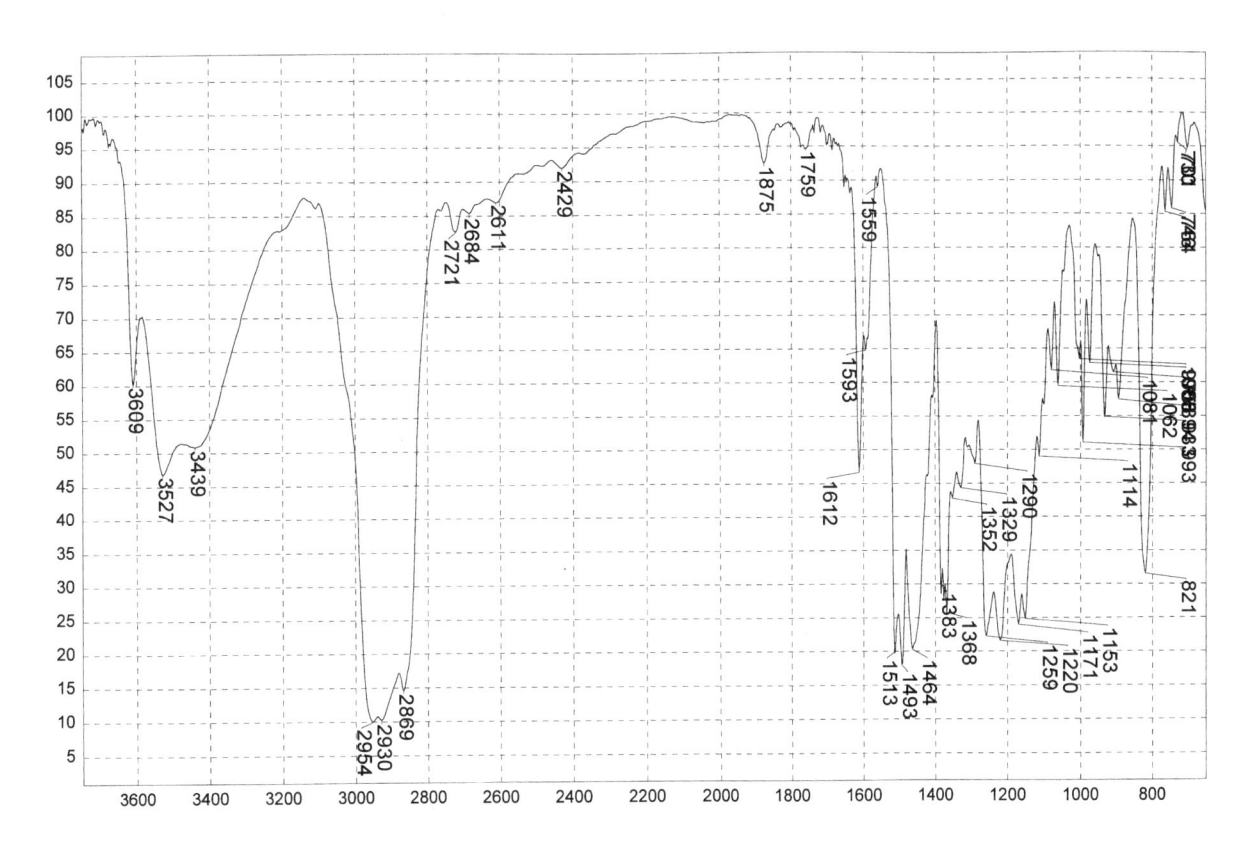

| 1927 | **NIREZ V-2150 - TERPENE PHENOL RESIN** |

| 1928 | **ARKON P-125 - HYDROGENATED HYDROCARBON** |

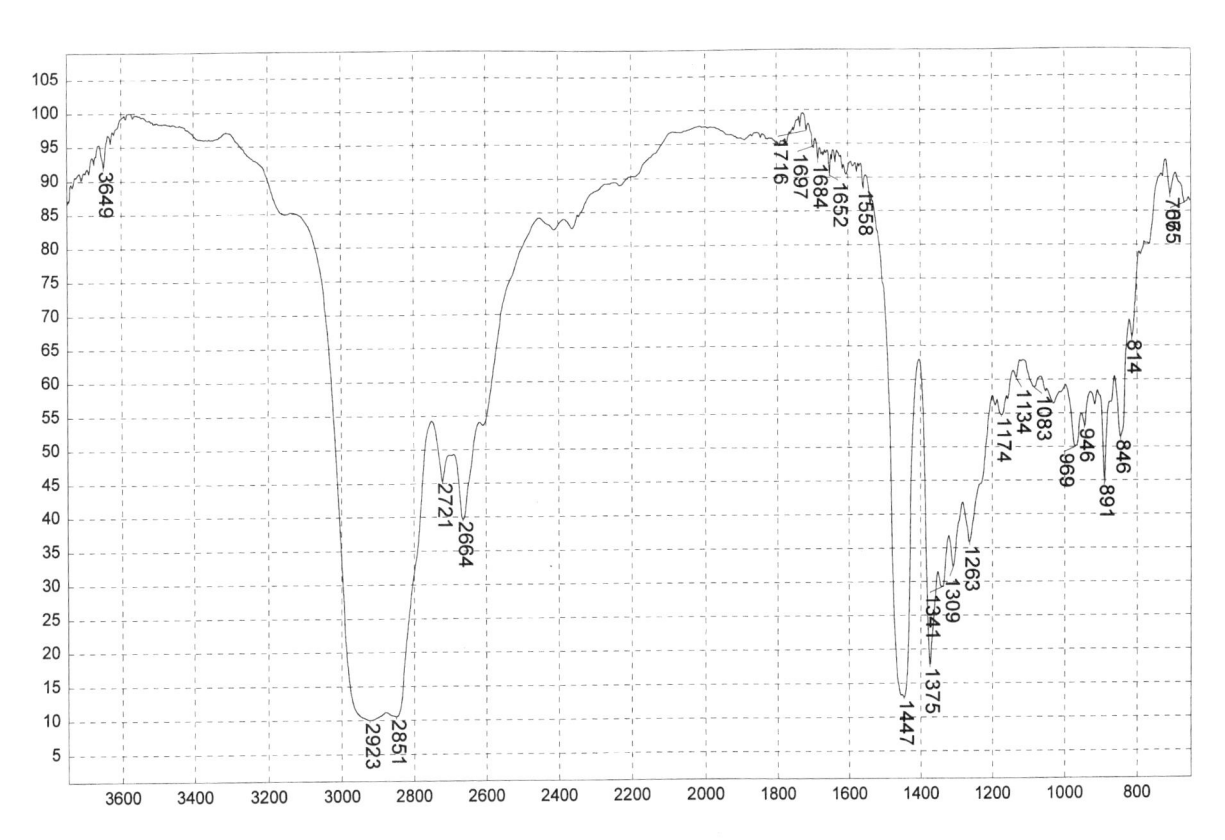

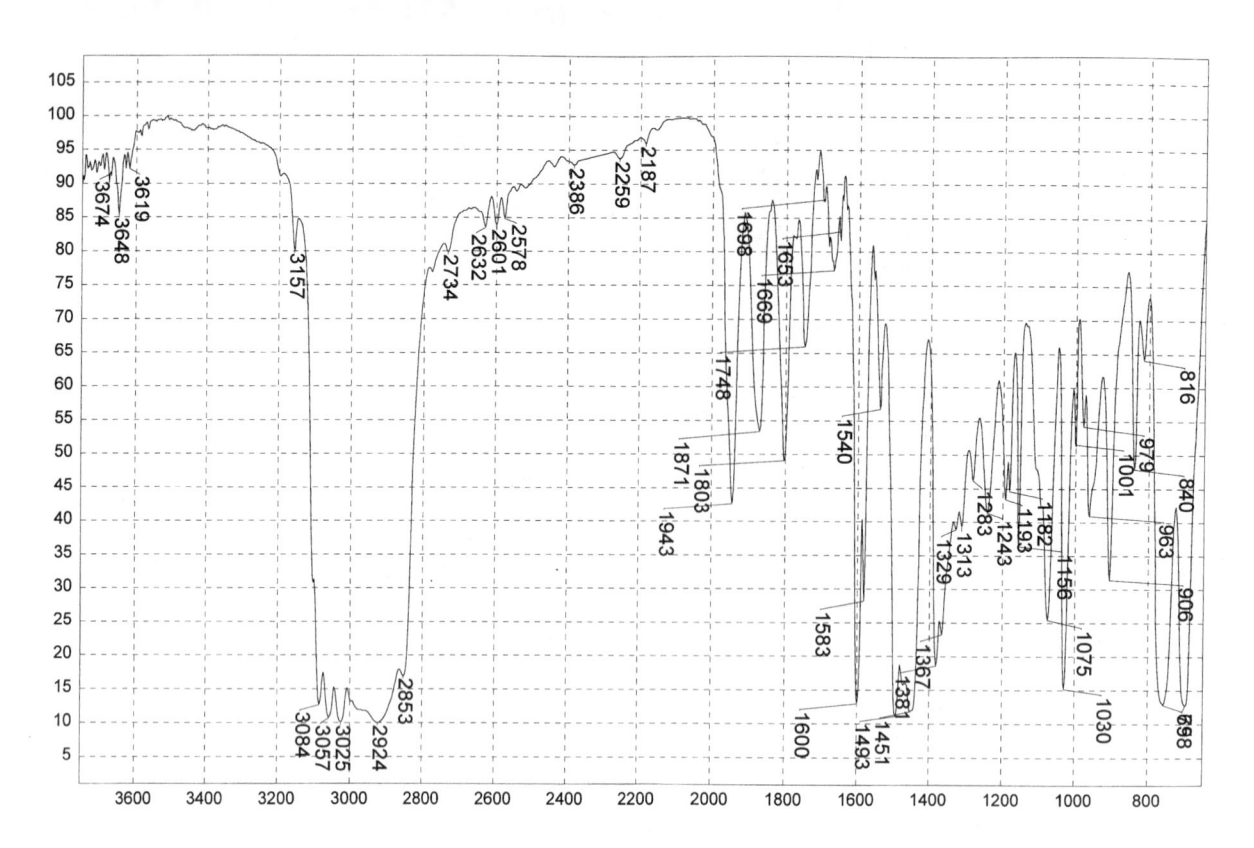

1929 KRISTALEX 5140 - MODIFIED ALPHA-METHYLSTYRENE

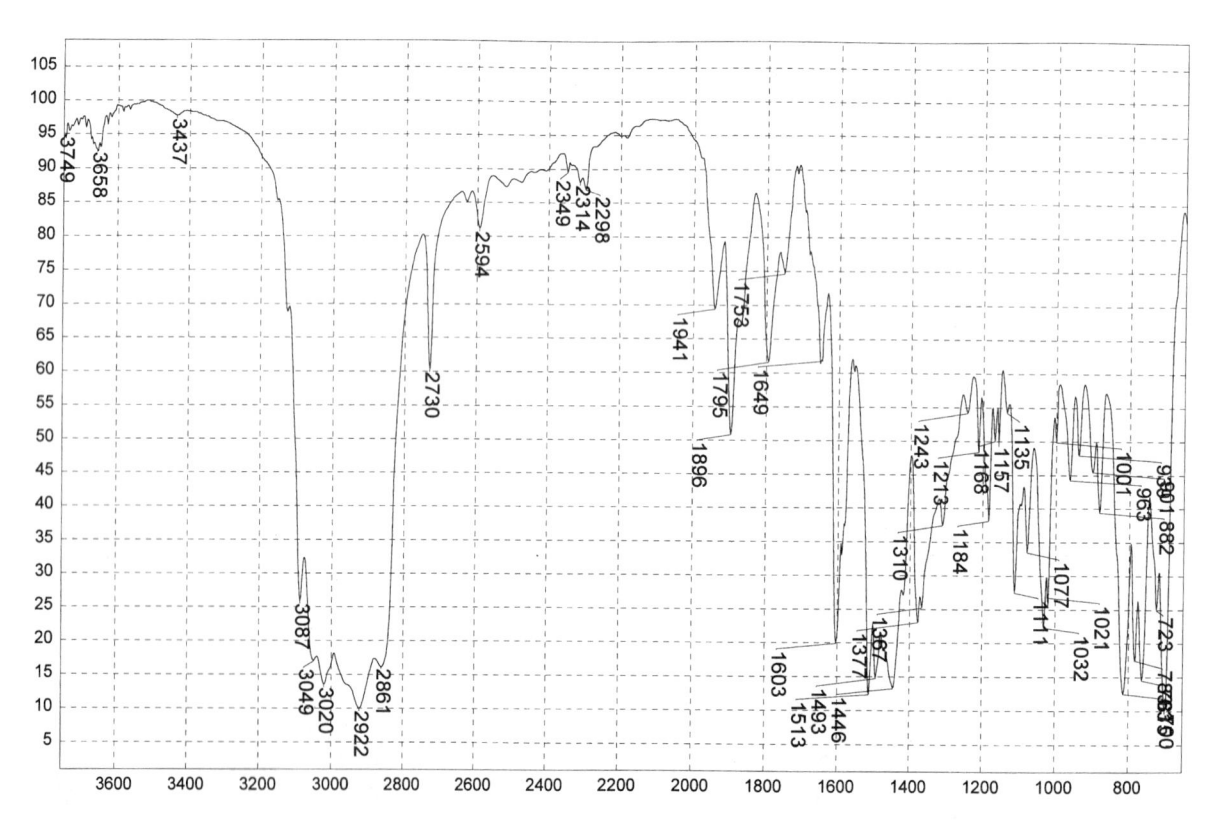

1930 PICCOTEX LC - PVT/ALPHA-METHYLSTYRENE

462

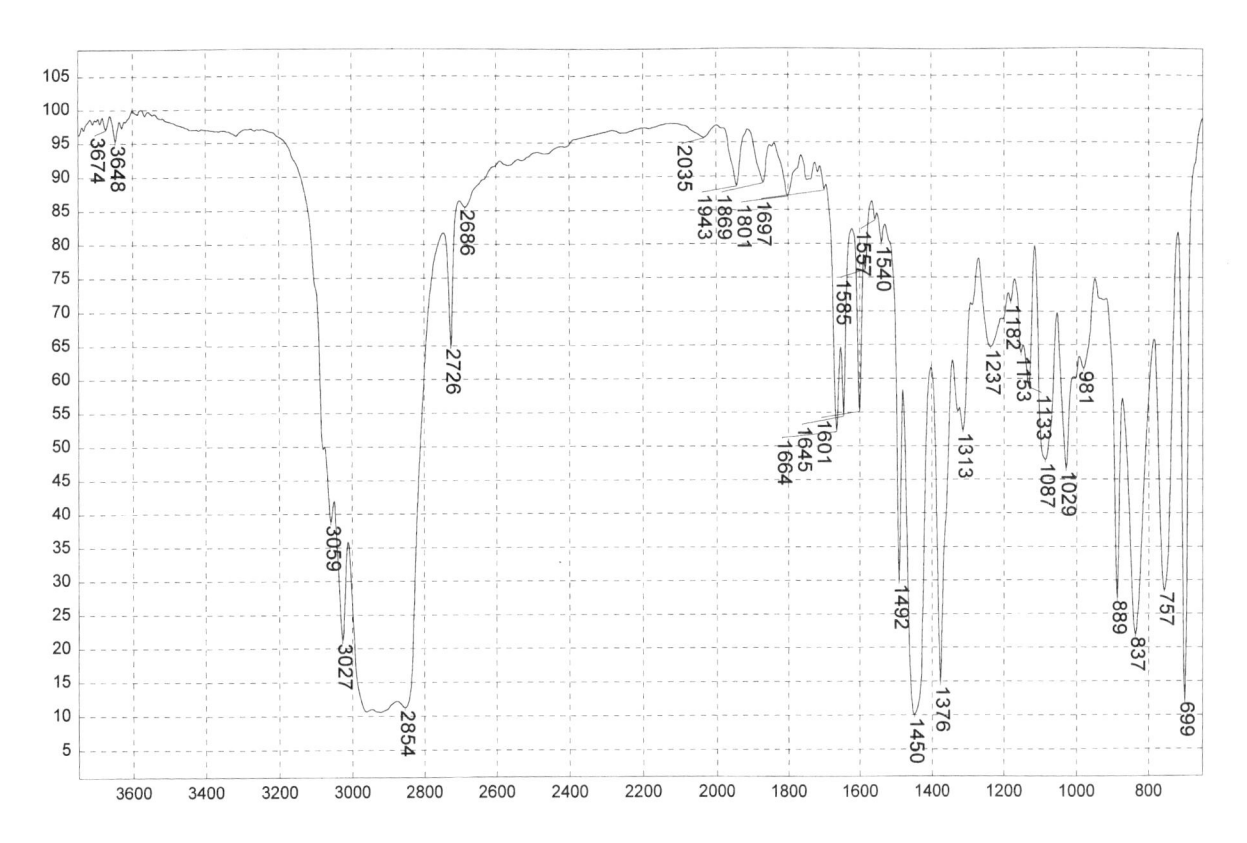

Transmittance / Wavenumber (cm^{-1})

1931   KNOWN KRATON 1111-0 STYRENE/ISOPRENE

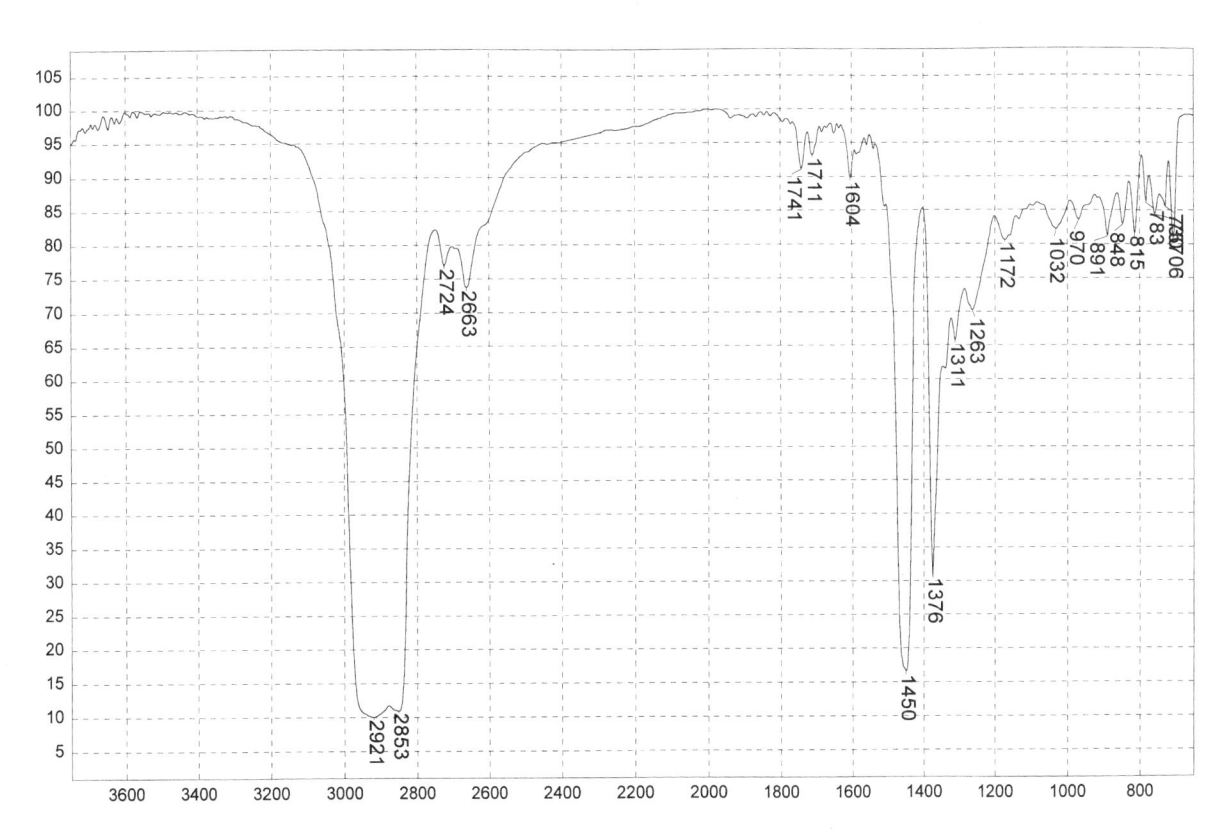

Transmittance / Wavenumber (cm^{-1})

1932   KNOWN ARKON P70 TACKIFIER RESIN

1933 Polystyrene:polyisoprene, polyterpene tackifier resin

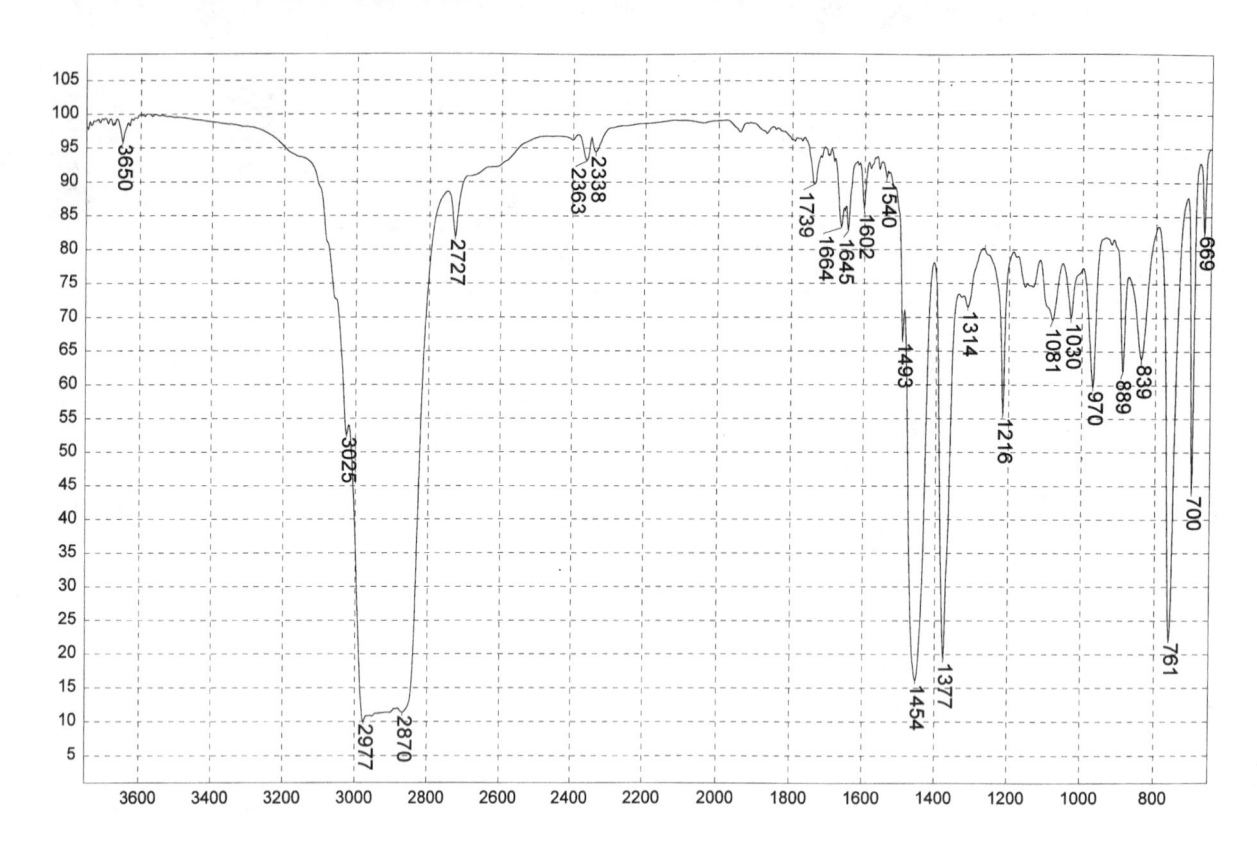

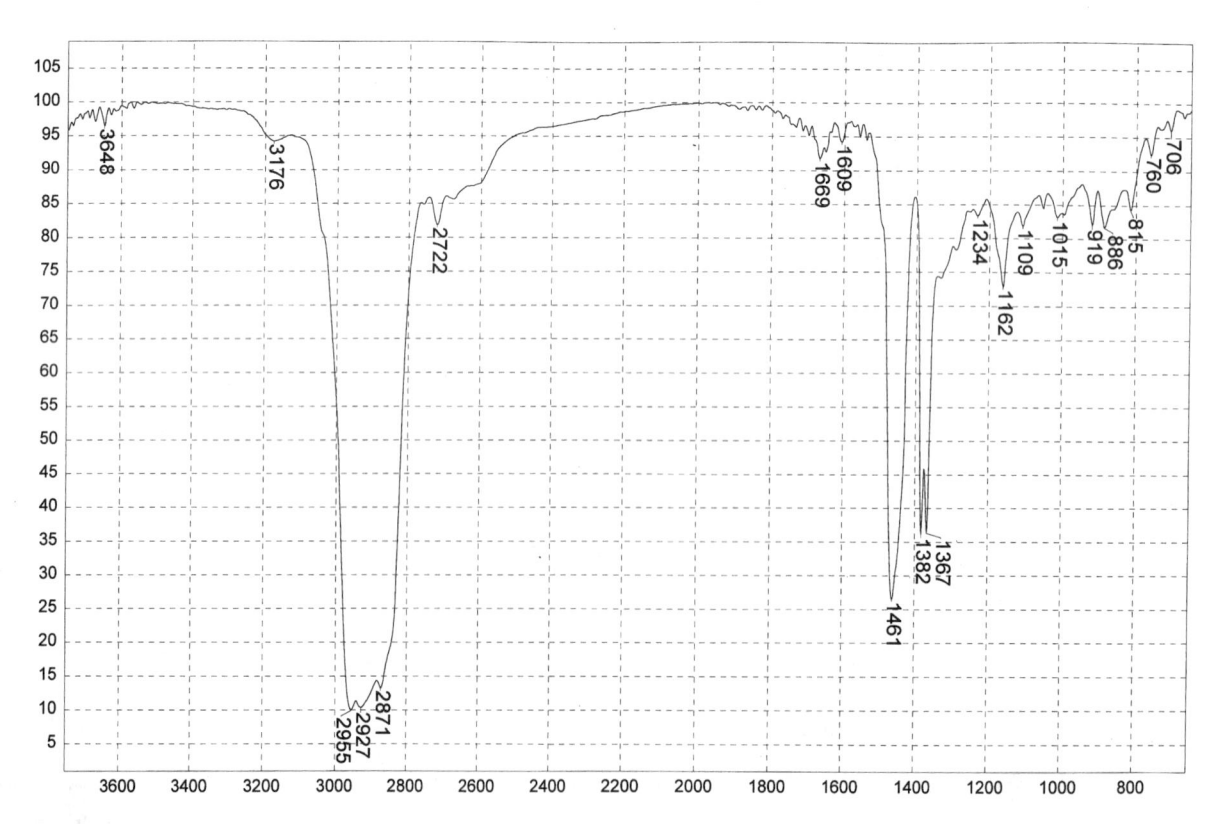

1934 BETA PINENE

ALPHA PINENE

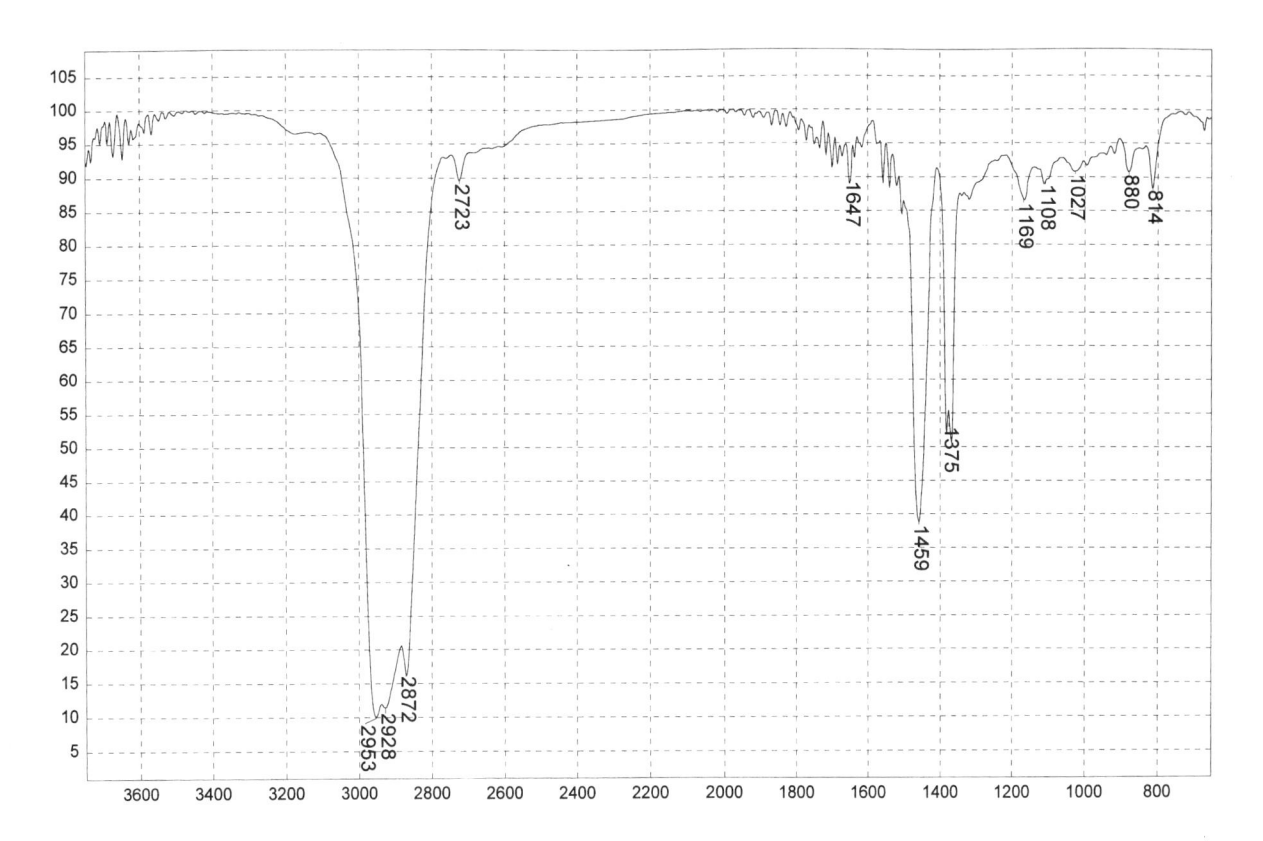

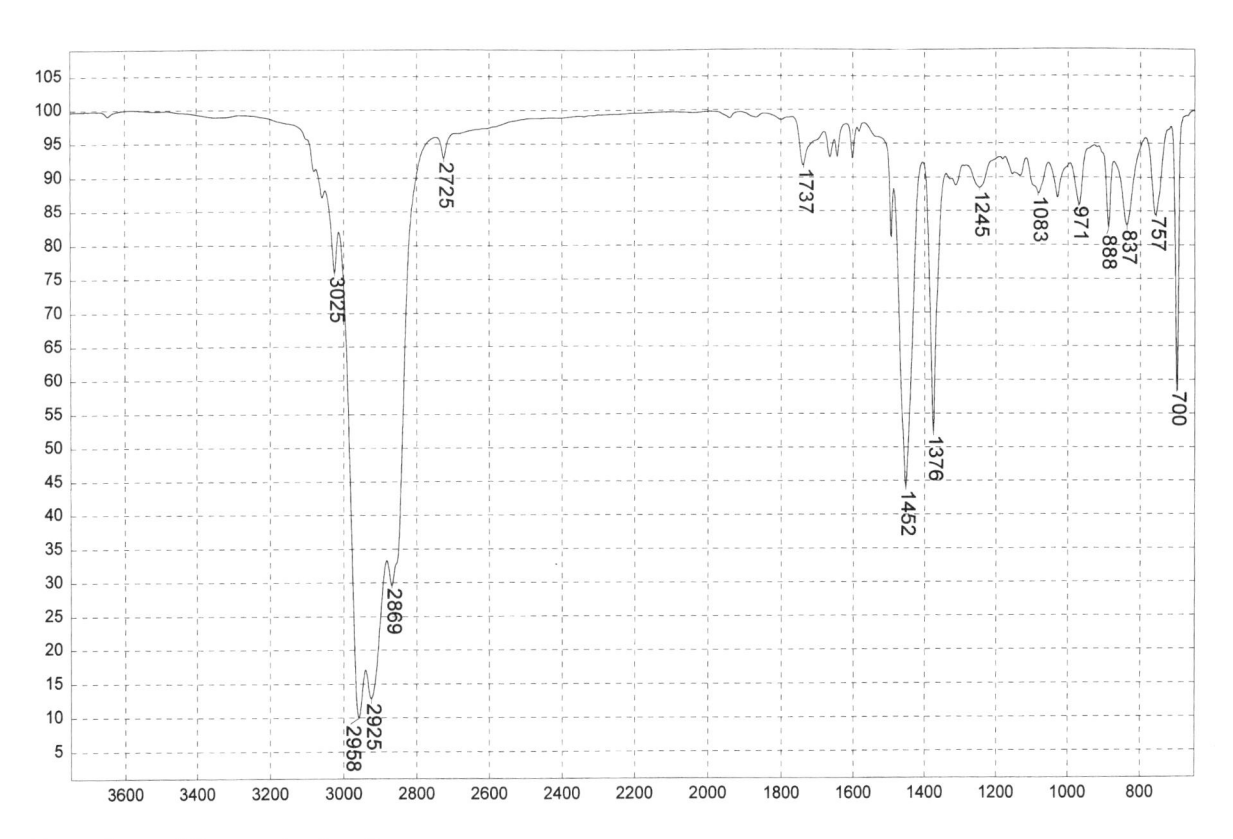

1935

Polystyrene:polyisoprene with polyterpene tackifier CHCl₃ EXTRACT

1936

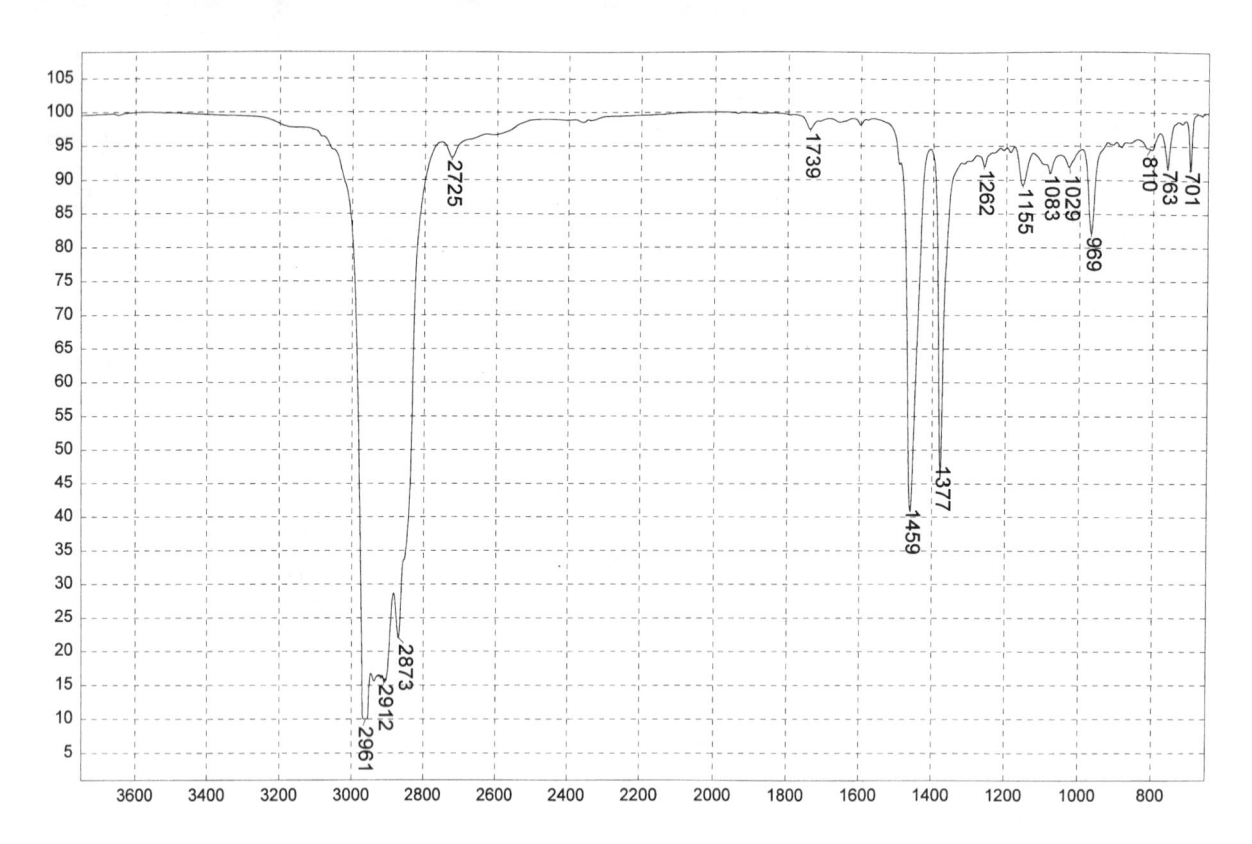

1937 Polystyrene:polybutadiene, hydrocarbon tackifier resin and possibly oil CHCl$_3$

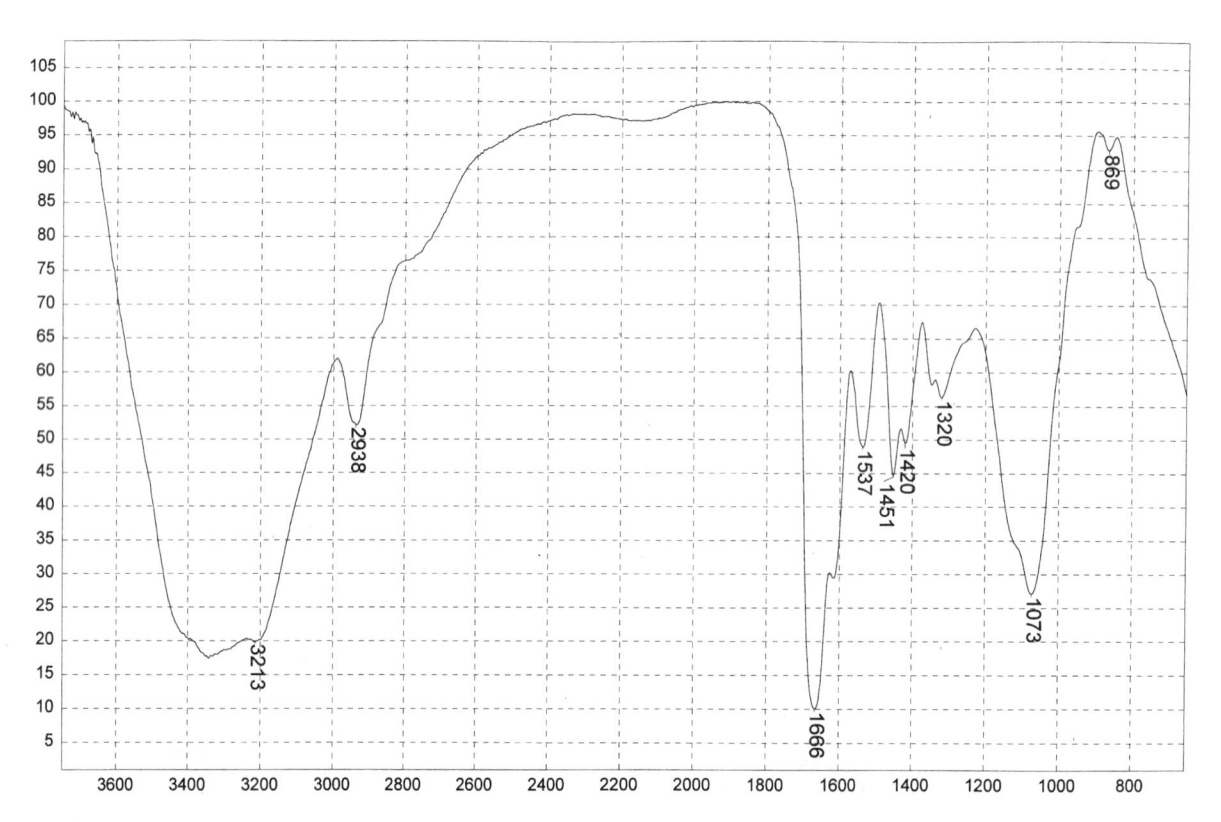

1938 Modified polyacrylamide

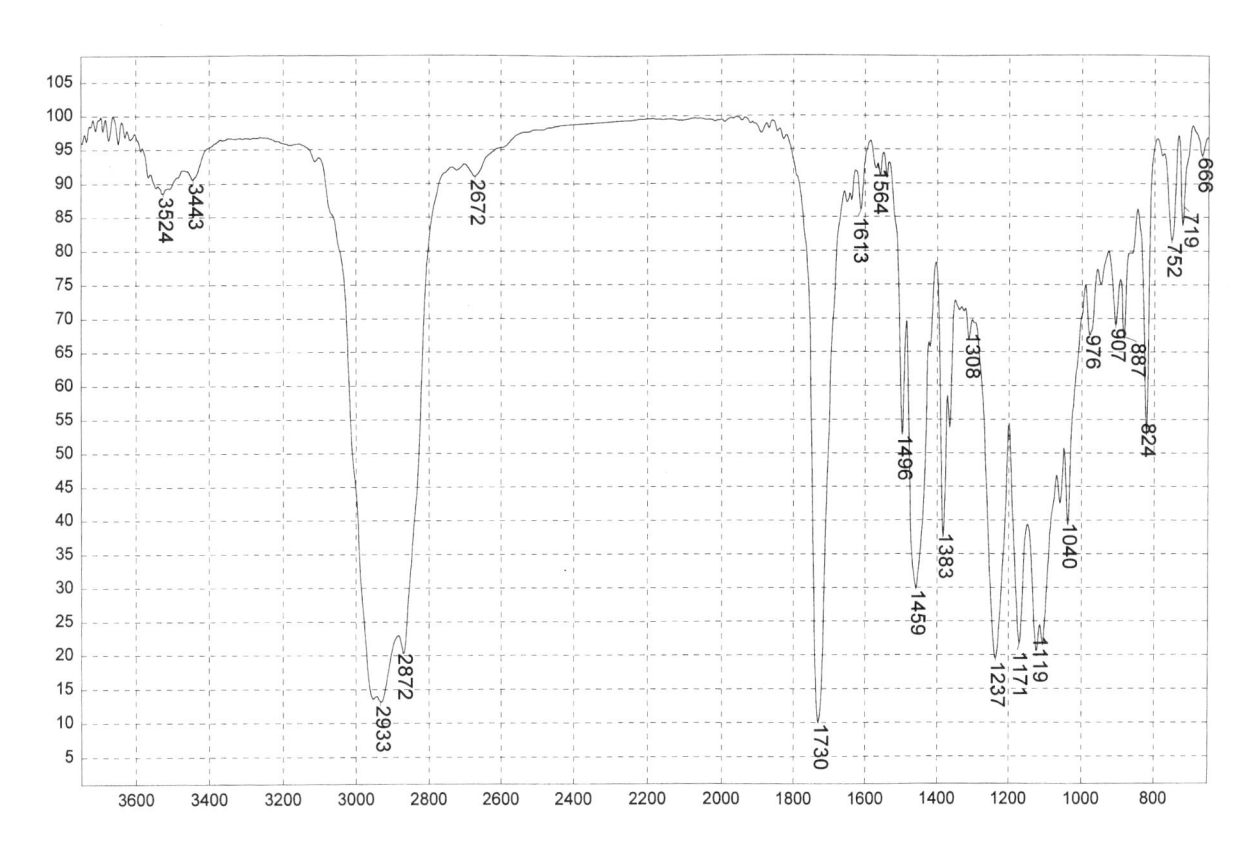

ARKON SUPERESTER A-100

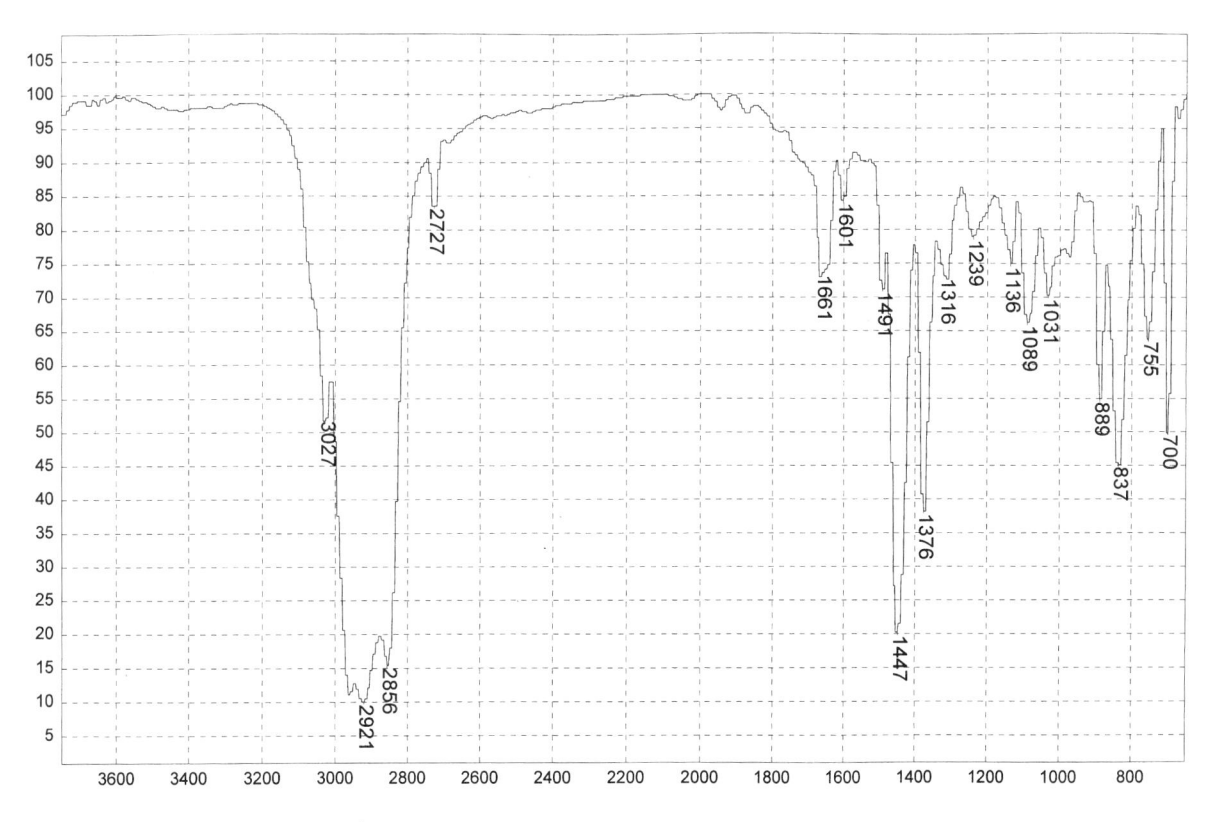

STYRENE/ISOPRENE COPOLYMER

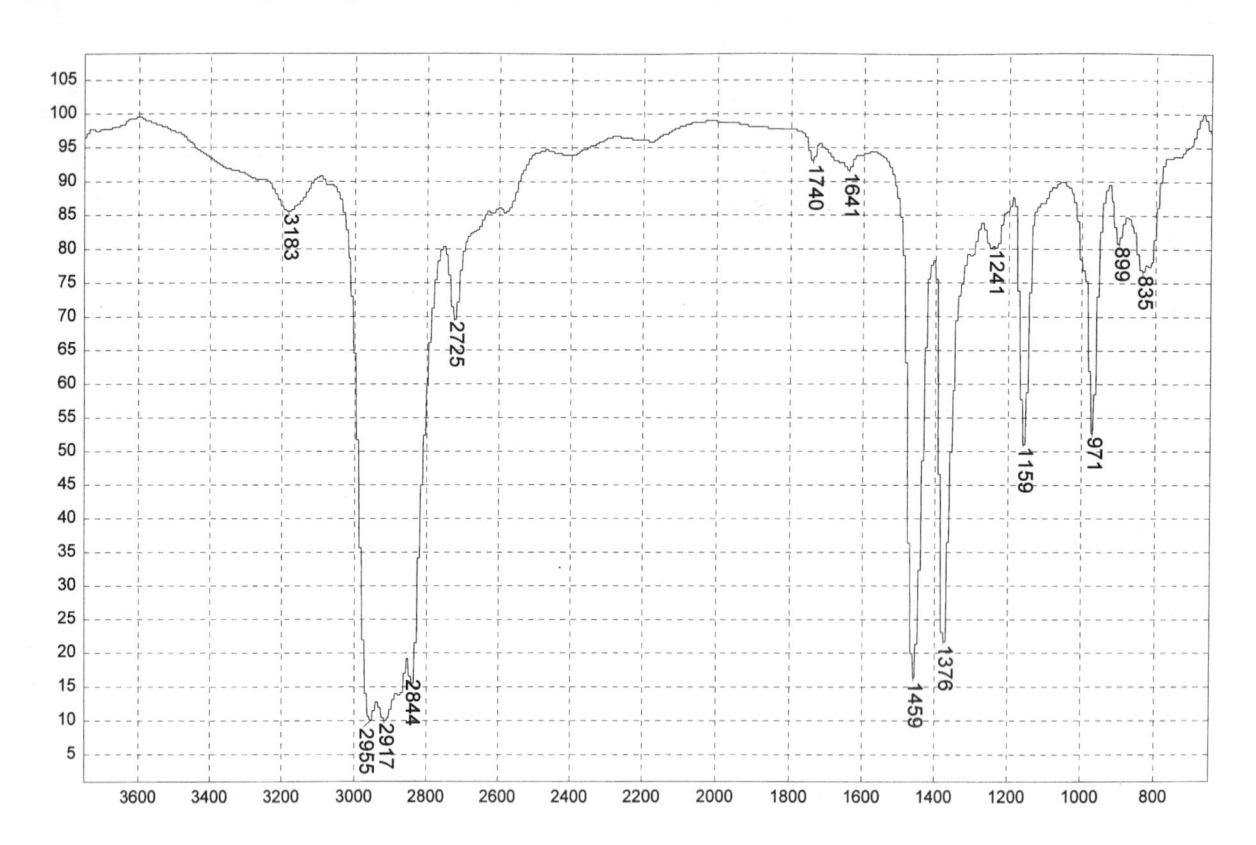

KNOWN EASTOBOND M500 APP

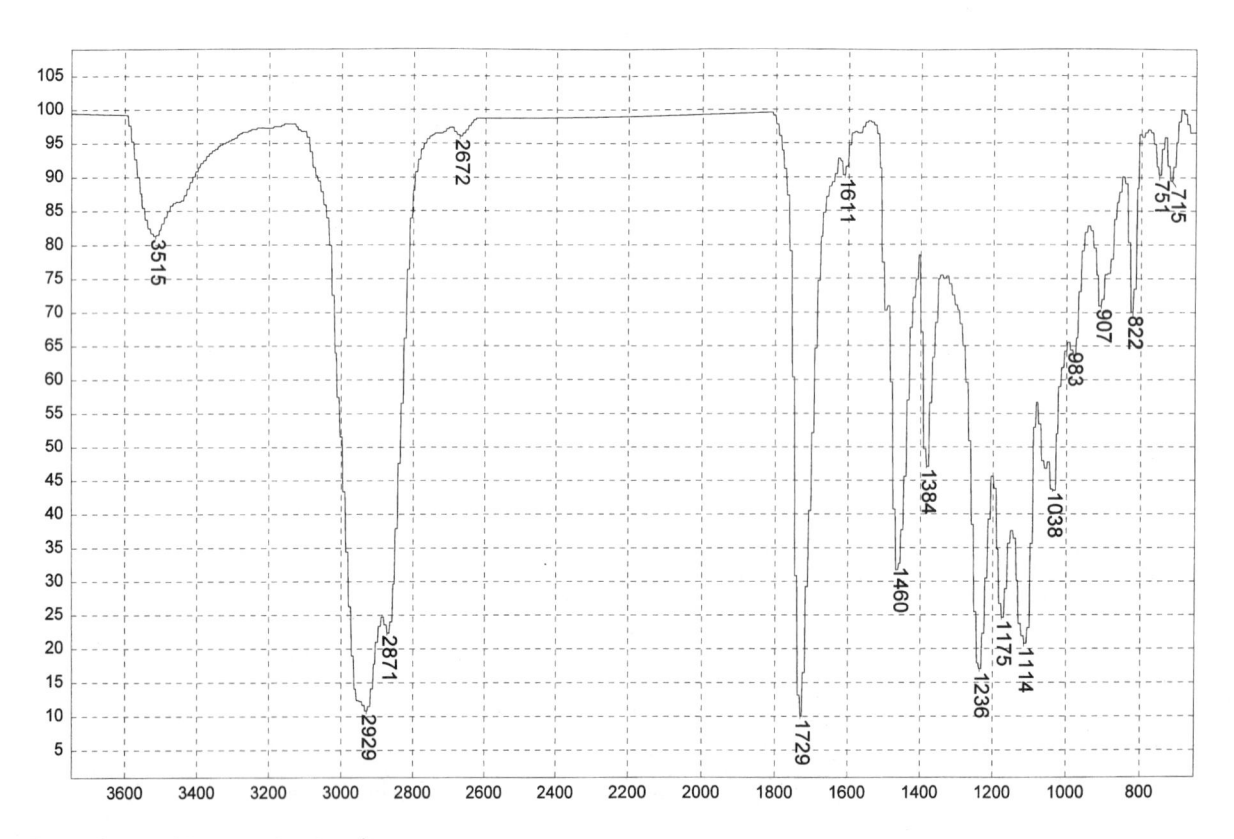

PURE ZONESTER 100 MELT

PURE ZONAREZ 7115 MELT

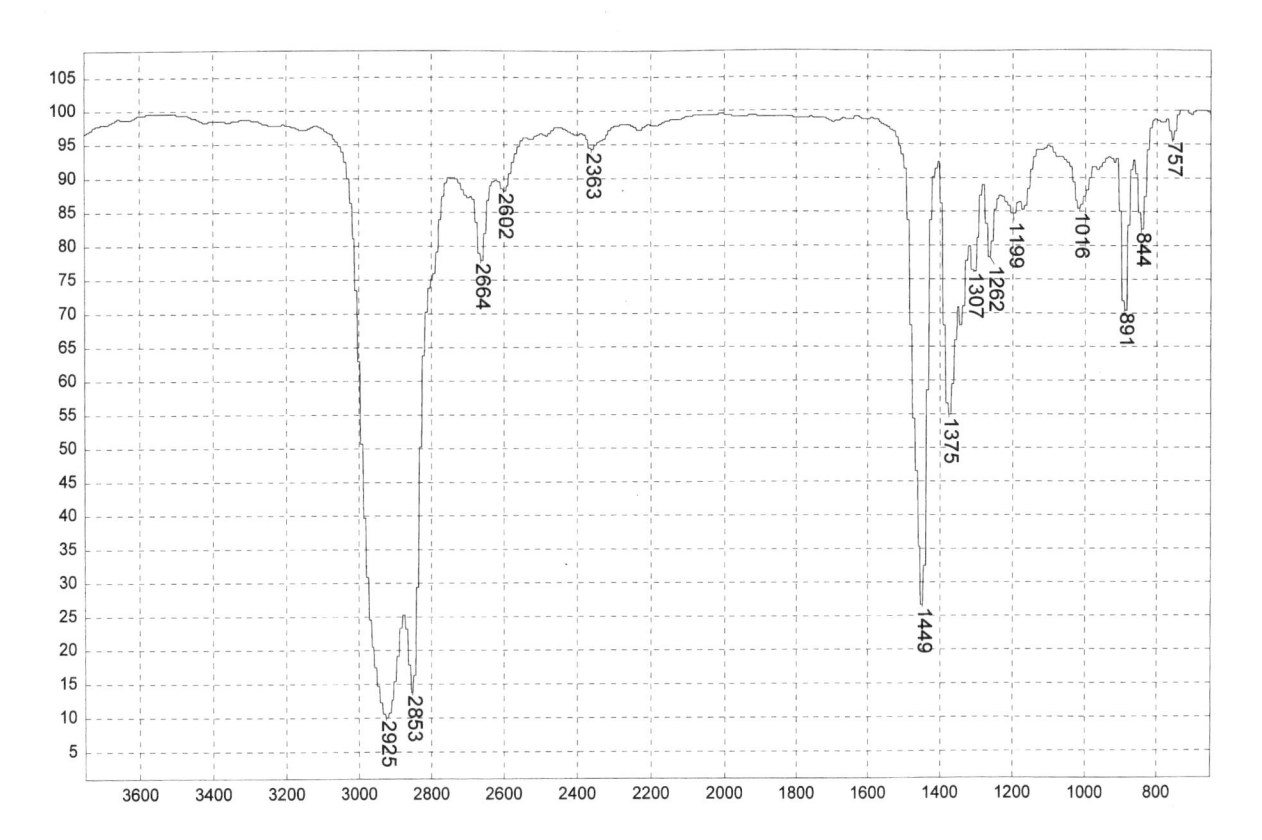

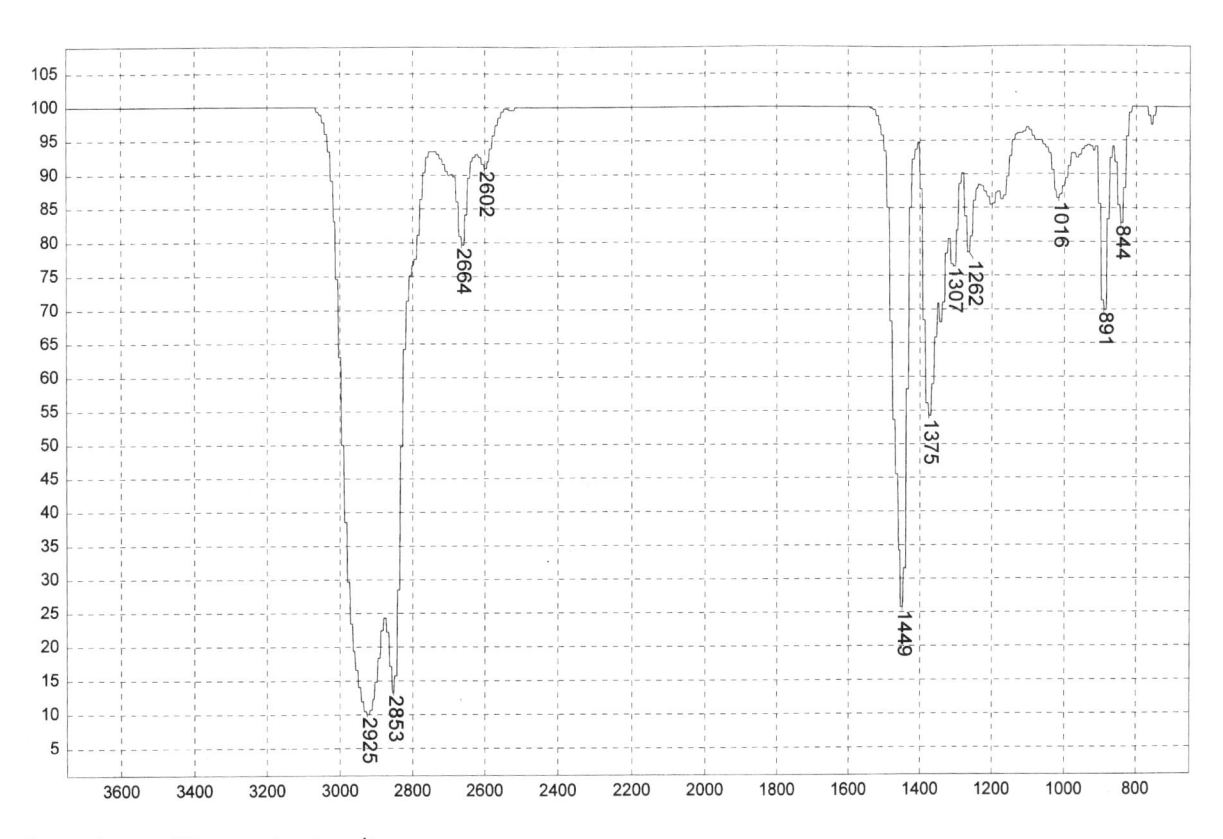

1943

Alpha-methylstyrene monomer resin

1944

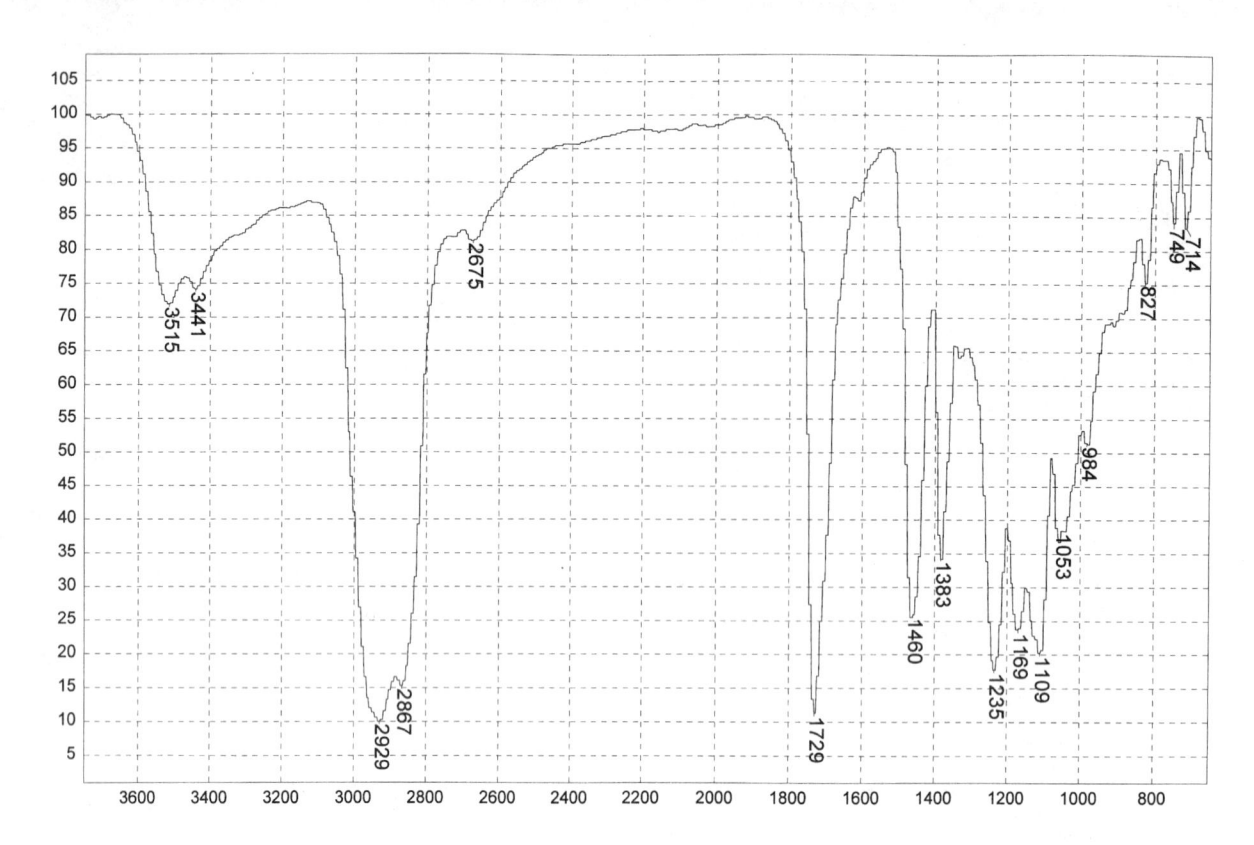

| 1945 | **Hydrogenated rosin ester** |

| 1946 | **PURE ZONAREZ B-115** |

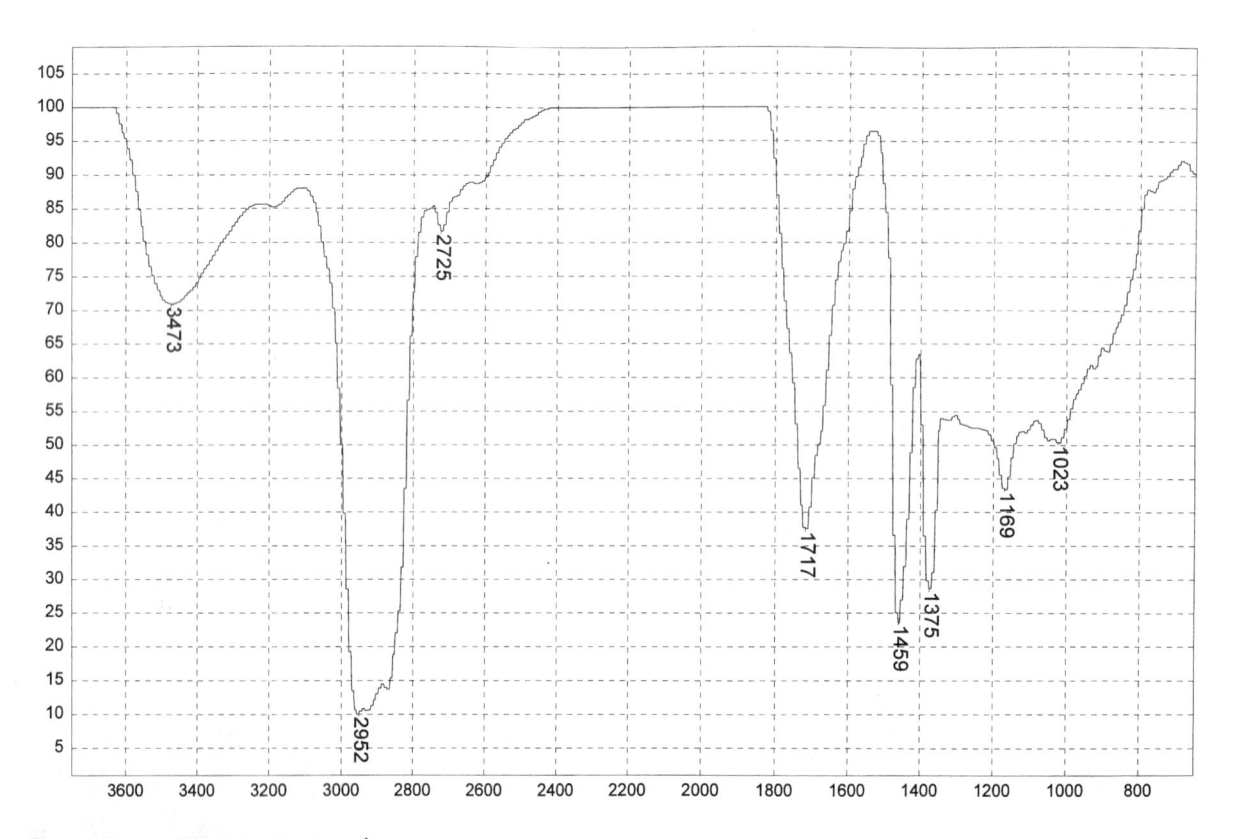

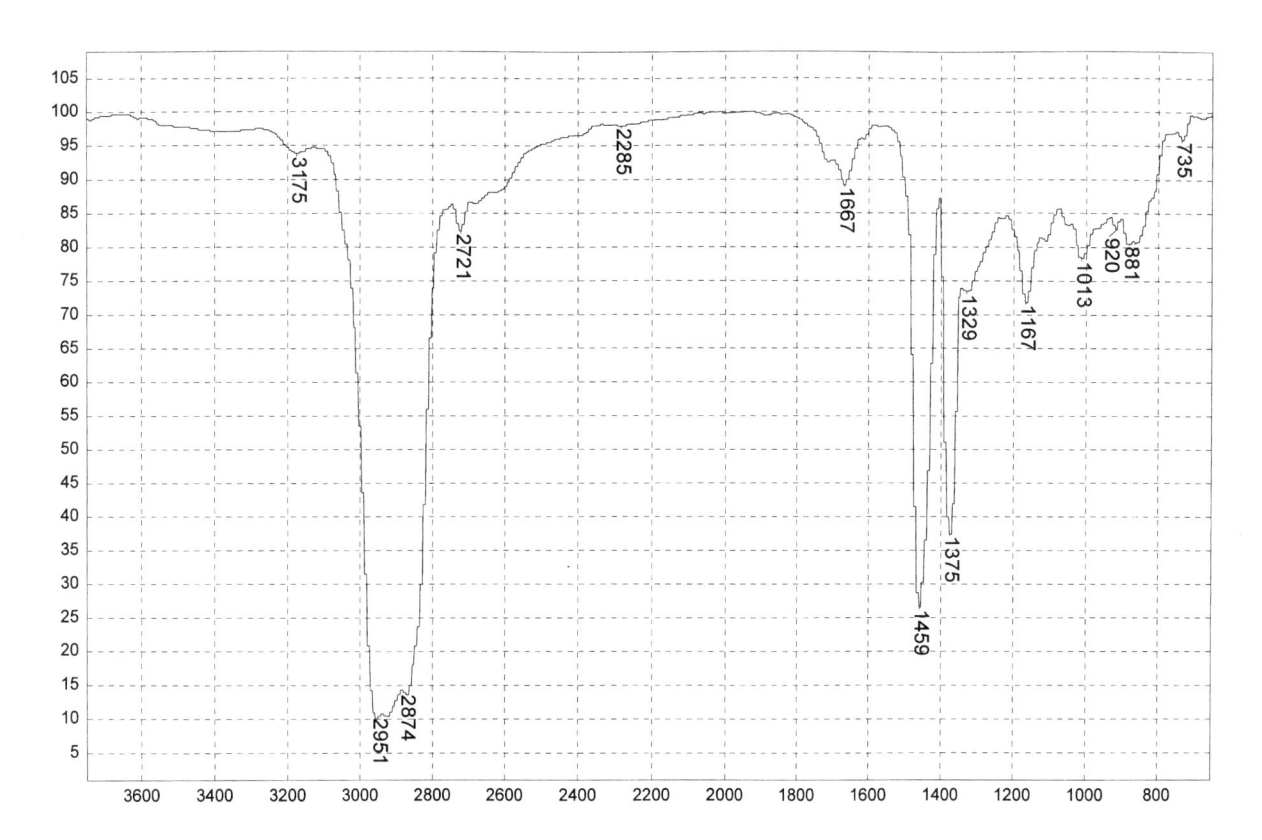

1947   **Polyterpene resin**

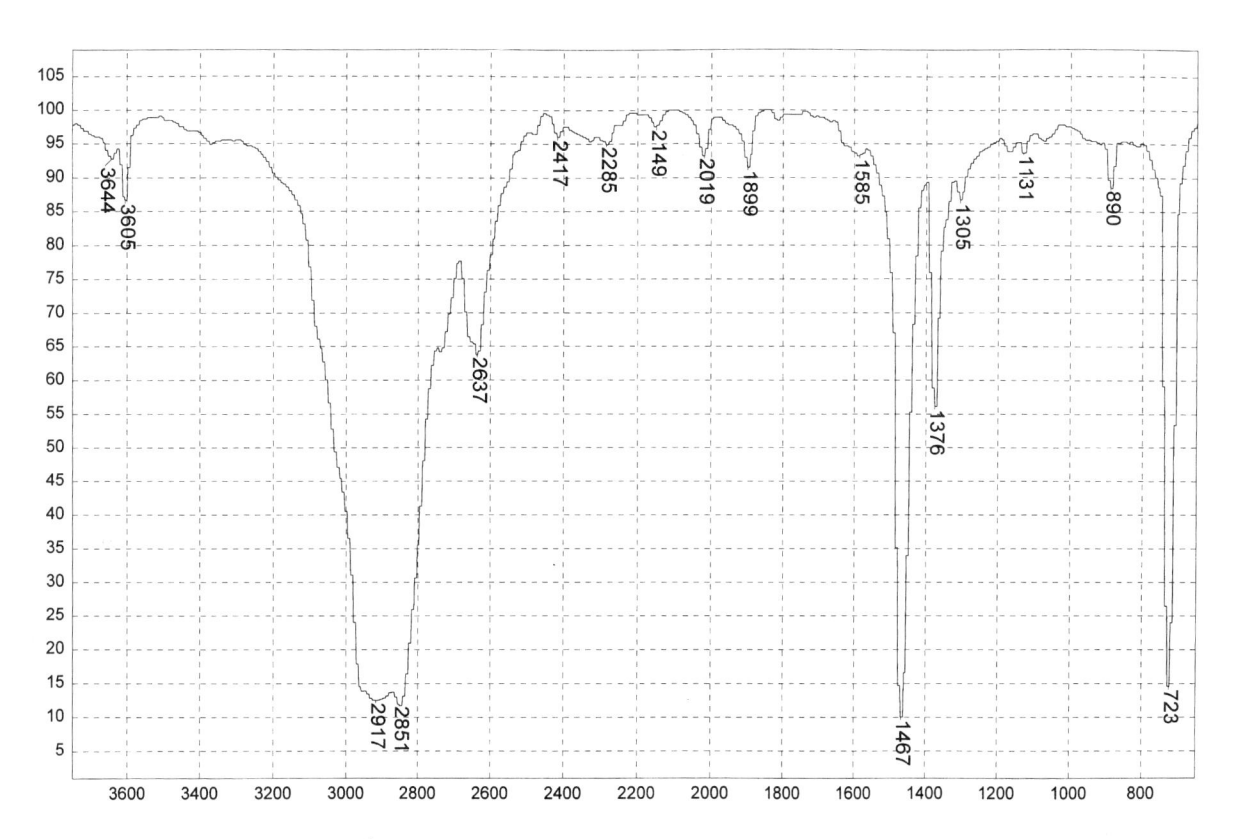

1948   **BARECO CP-7 PE:PP WAX**

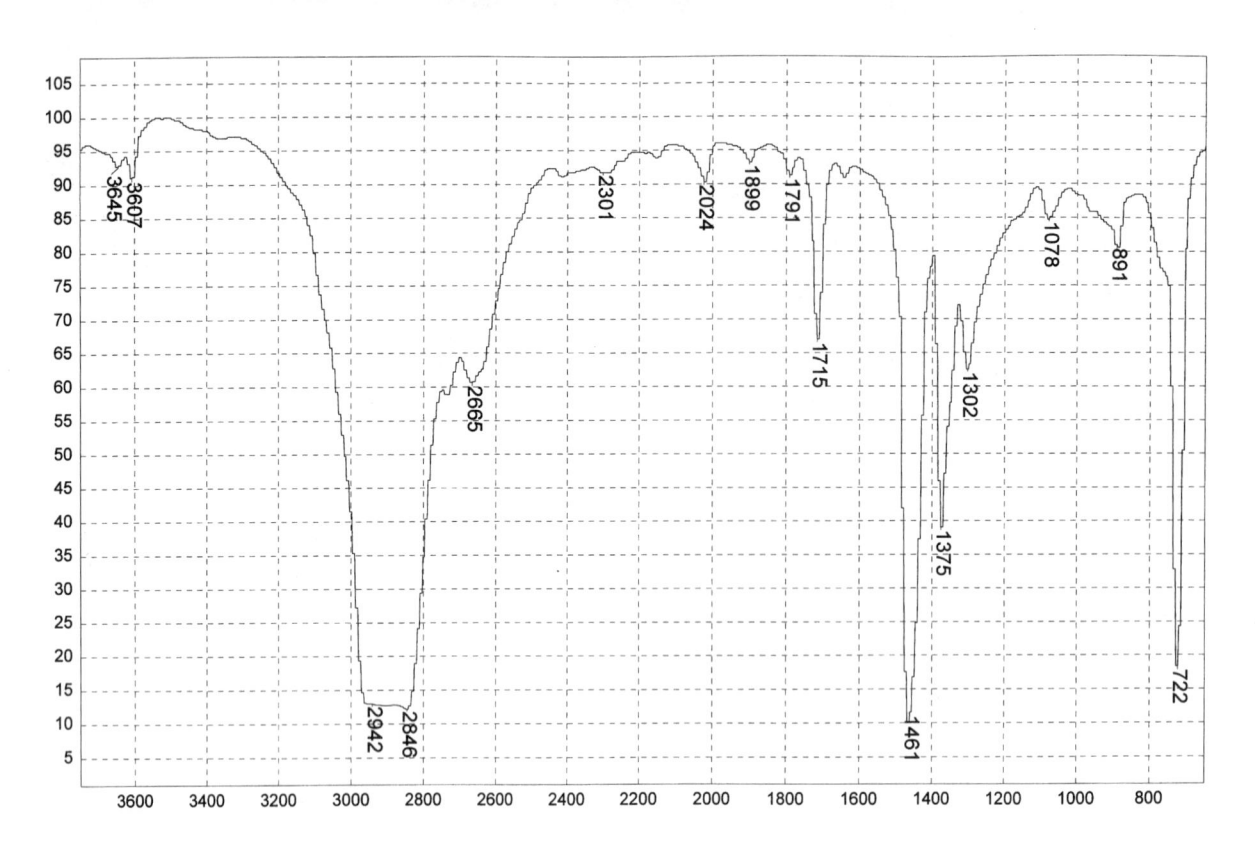

1949 Kodak Epolene C-16 polyethylene wax

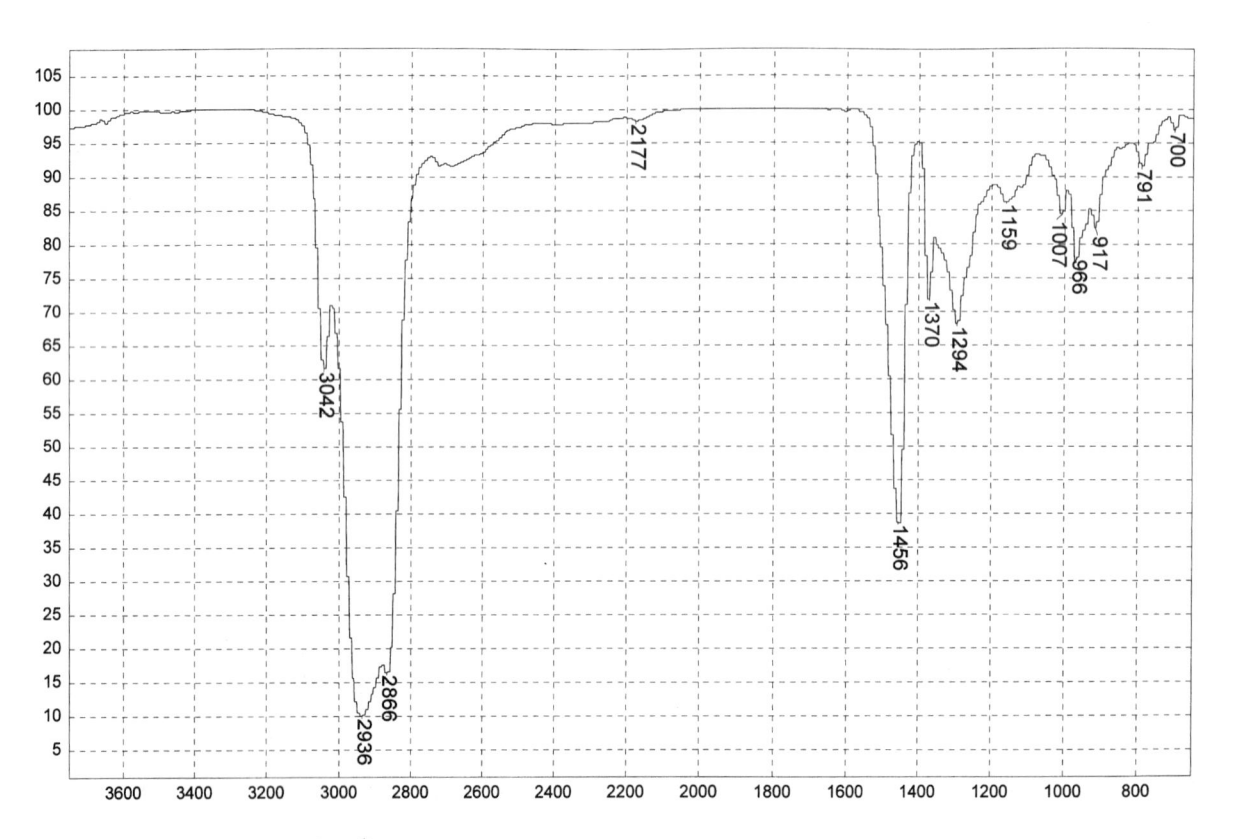

1950 Petroleum hydrocarbon resin, hydrogenated

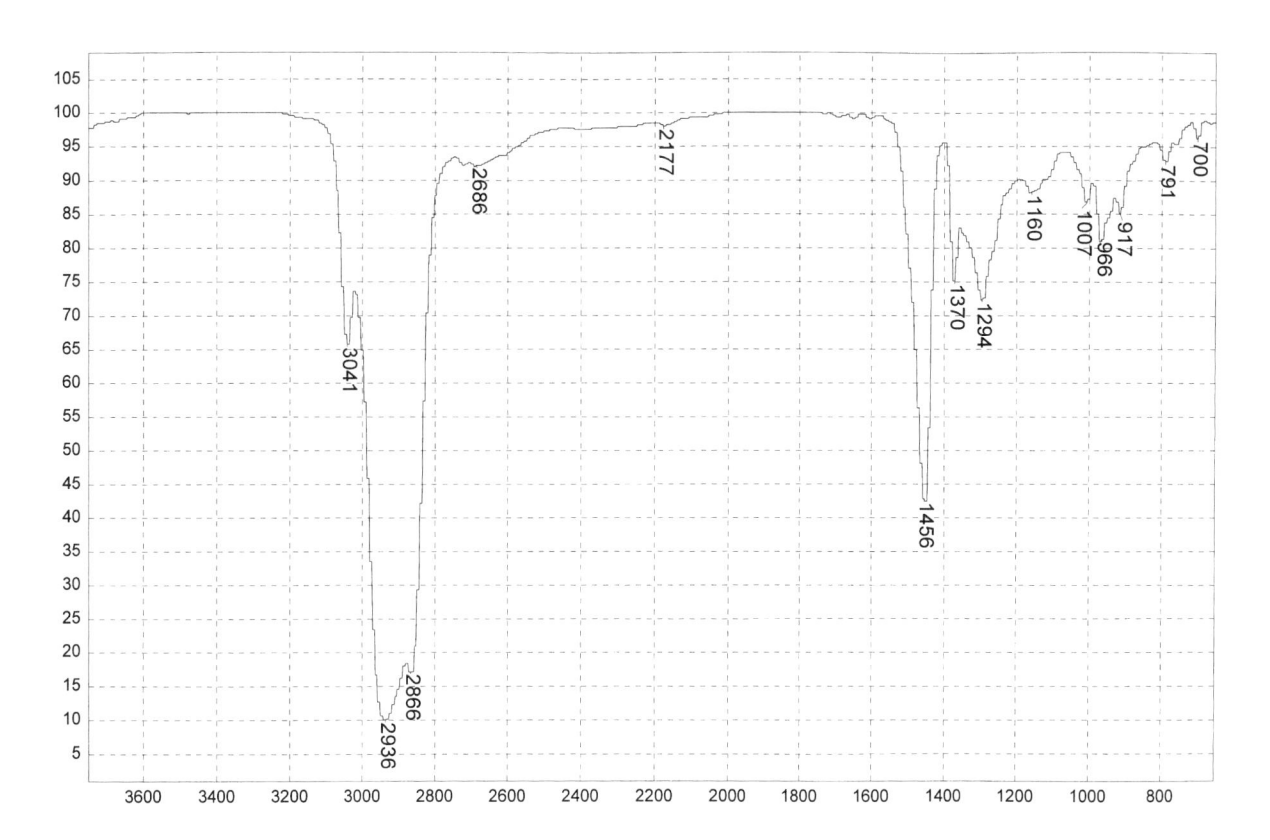

Hydrogenated hydrocarbon resin

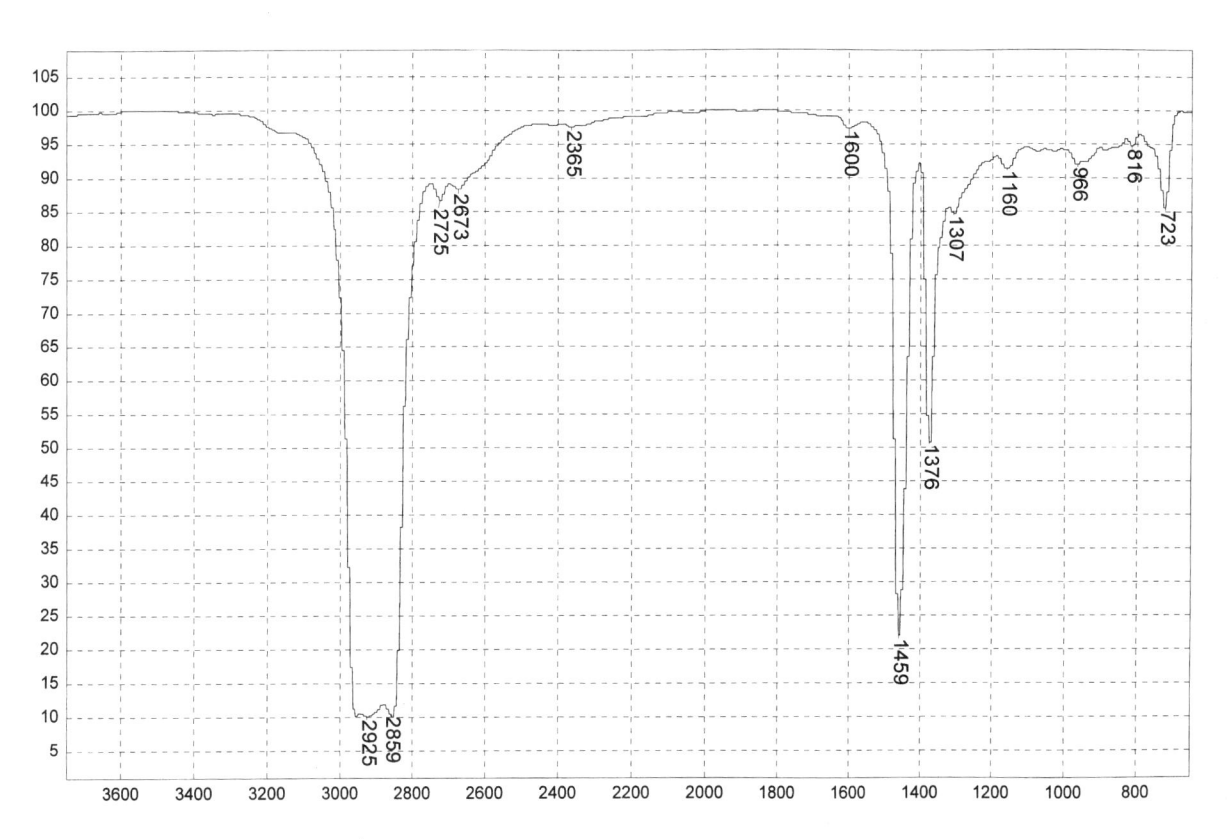

1951

PURE TUFFALO OIL

1952

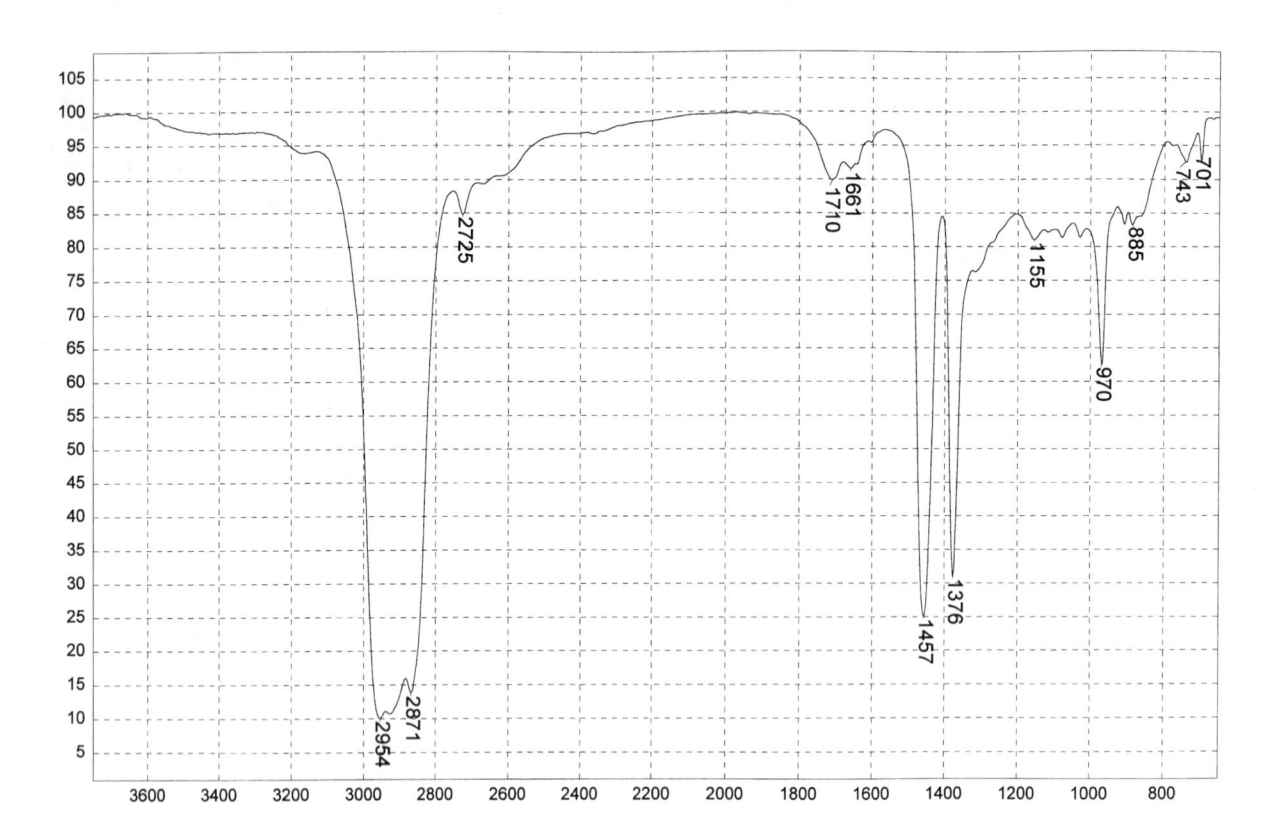

| 1953 | **PURE PICCOTAC B** |

| 1954 | **Polystyrene:polyisoprene, polyterpene tackifier resin** |

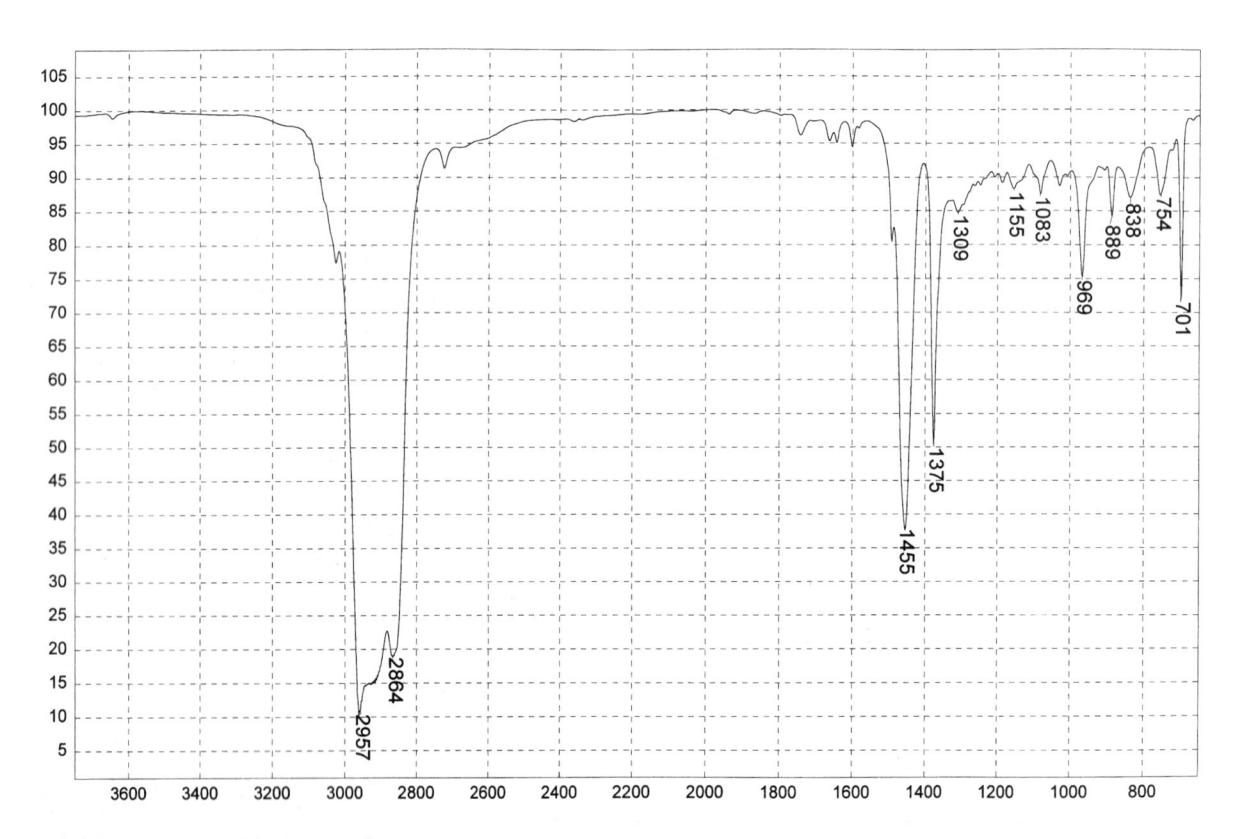

1955 Polystyrene:polyisoprene, polycyclopentadiene resin

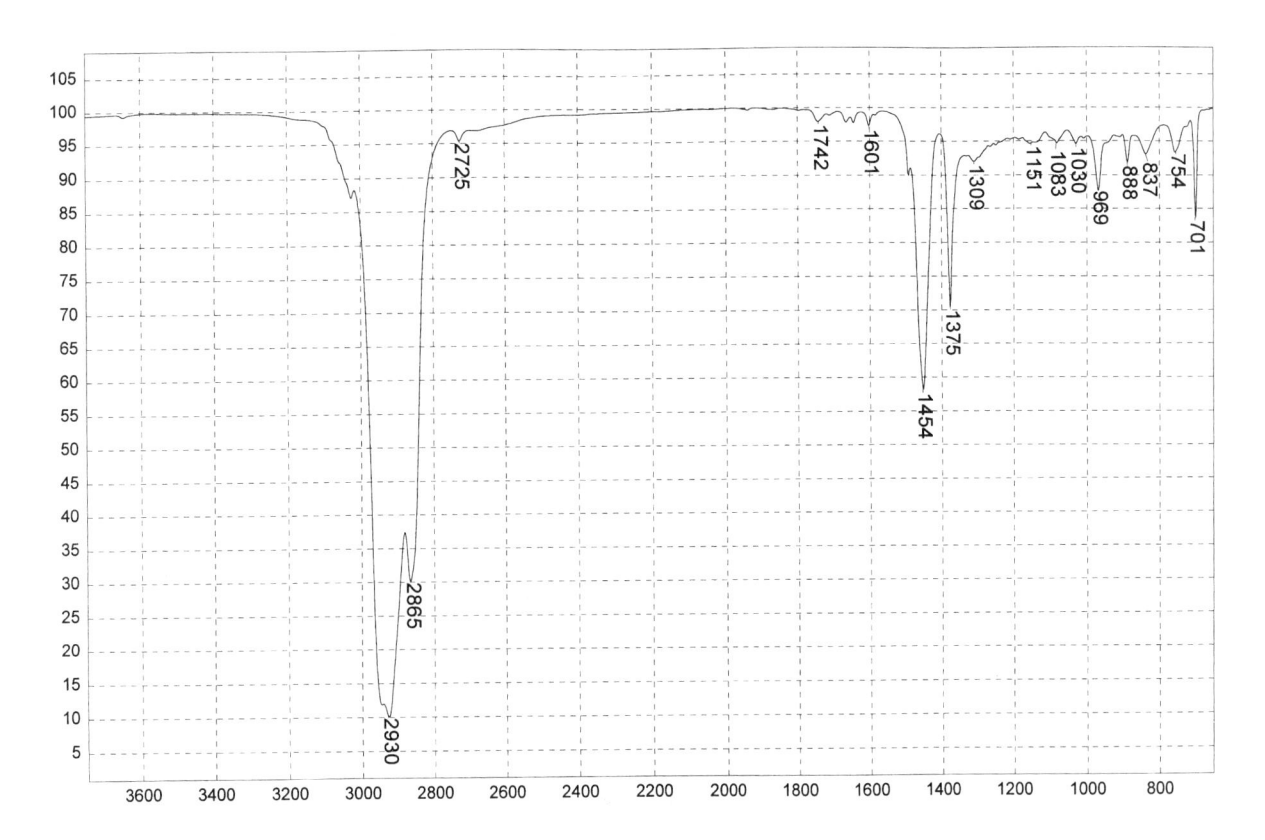

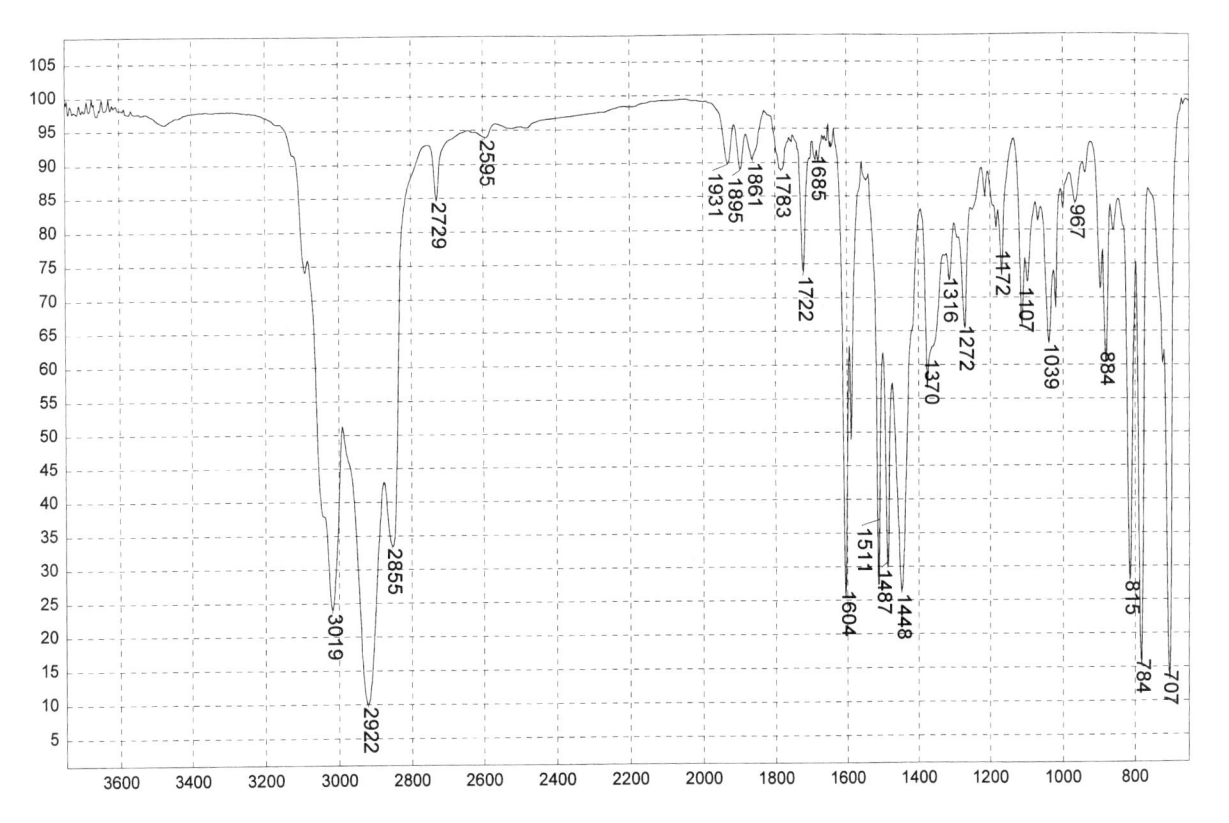

1956 KNOWN POLYVINYLTOLUENE - MIXED ISOMERS

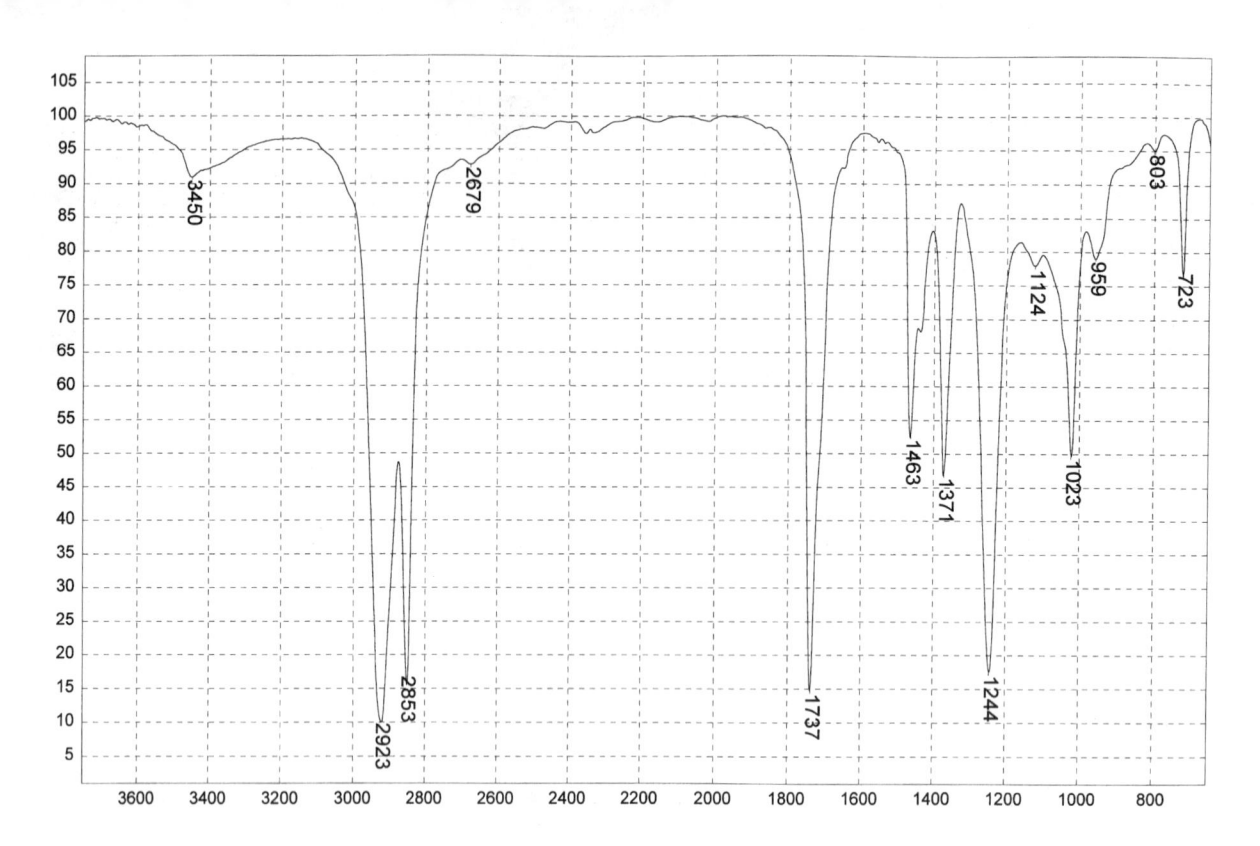

KNOWN ELVAX 260 28% VA MELT

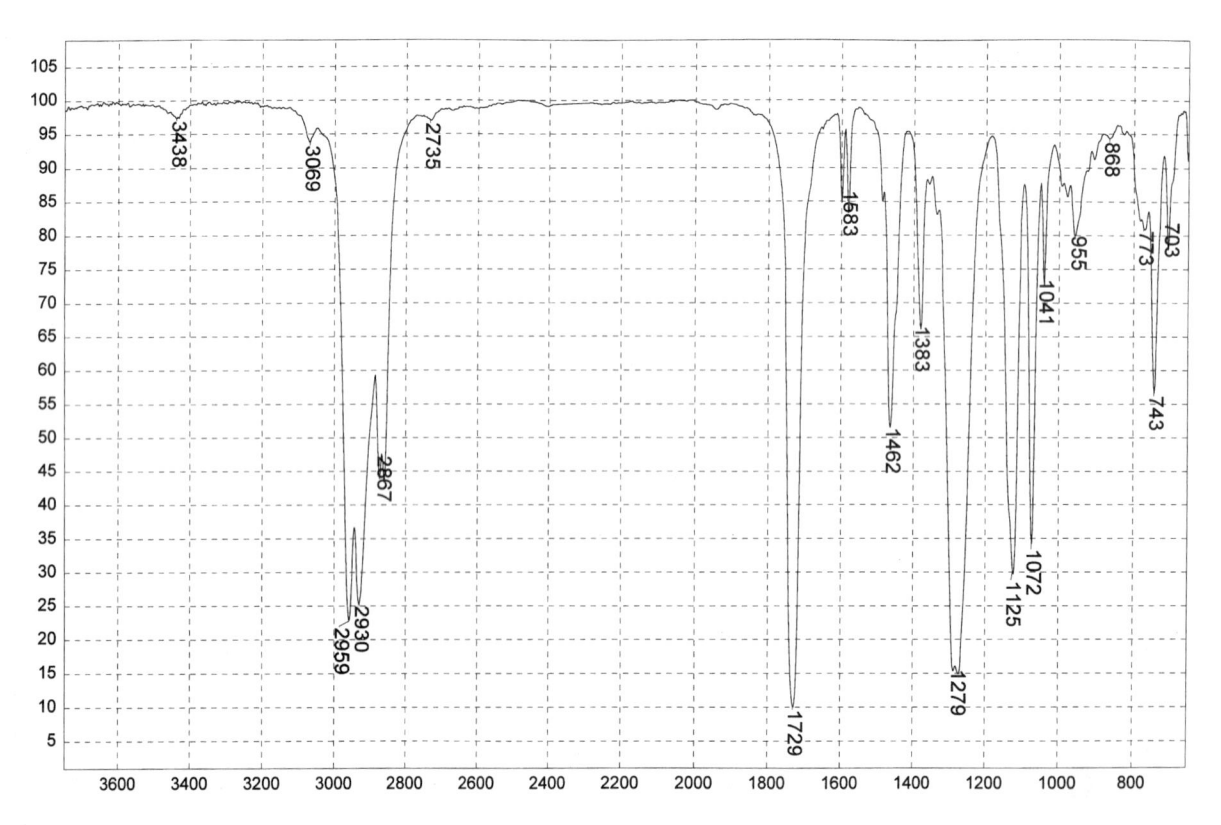

BIS(2-ETHYLHEXYL)PHTHALATE, CAPILLARY FILM

476

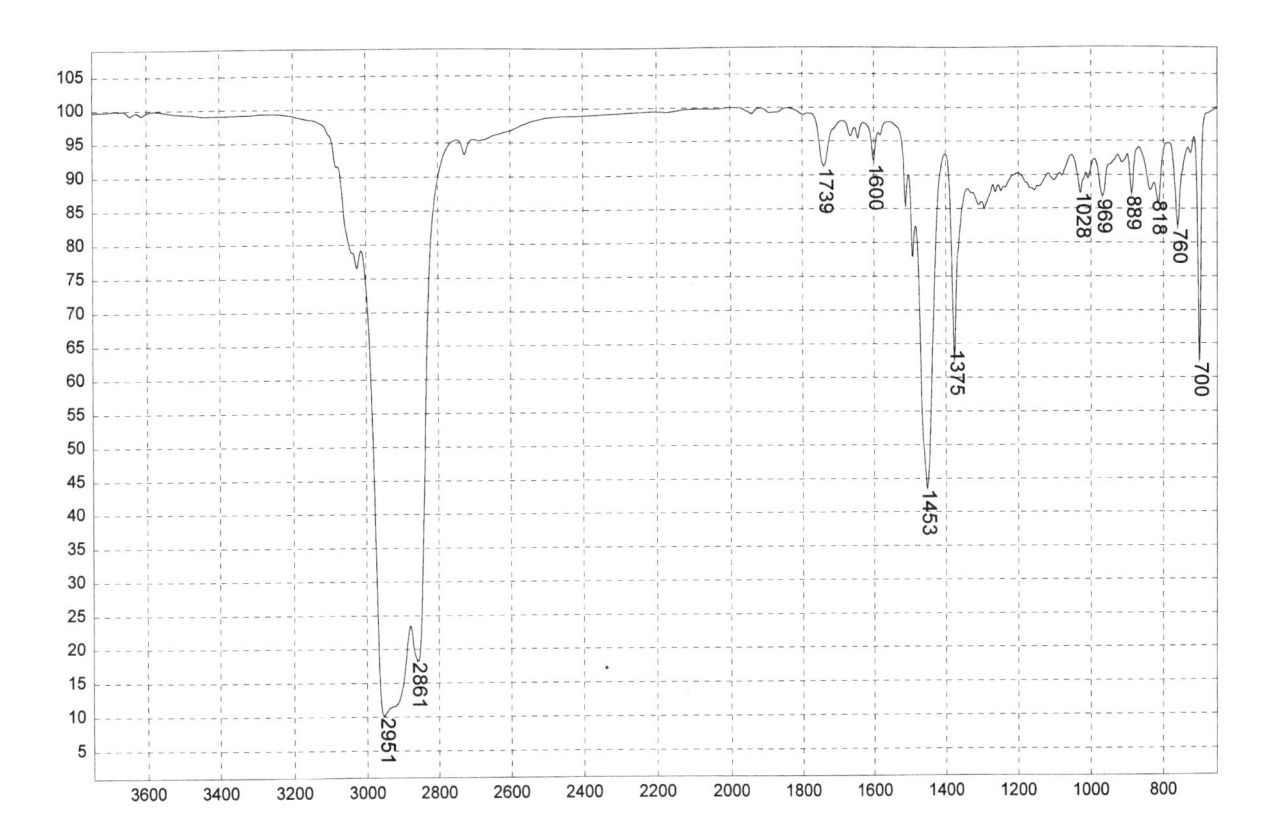

Transmittance / Wavenumber (cm^{-1})

| 1959 | Polystyrene:polyisoprene, polycyclopentadiene & polyterpene tackifier resin |

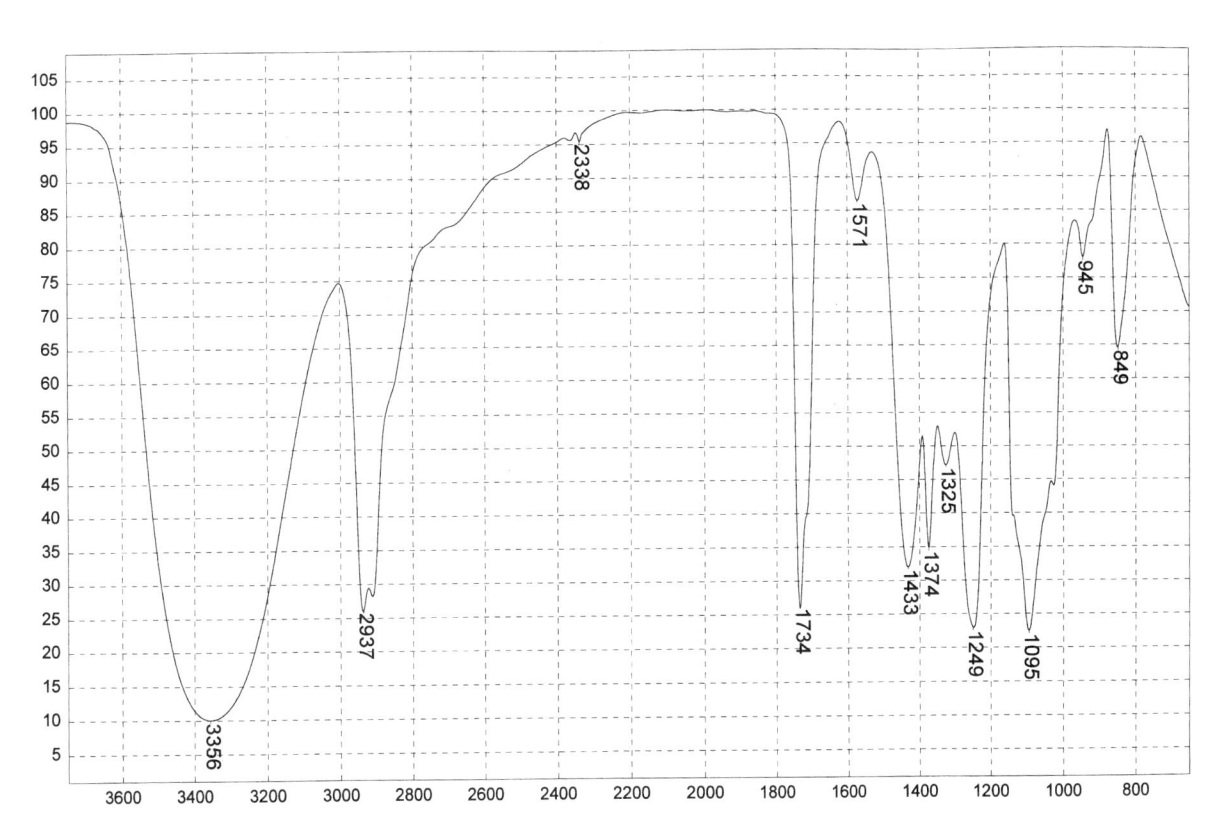

Transmittance / Wavenumber (cm^{-1})

| 1960 | AIR PROD. AIRVOL PVOH/PVAC - CAST FILM |

PURE EASTMAN H100 RESIN MELTED FILM

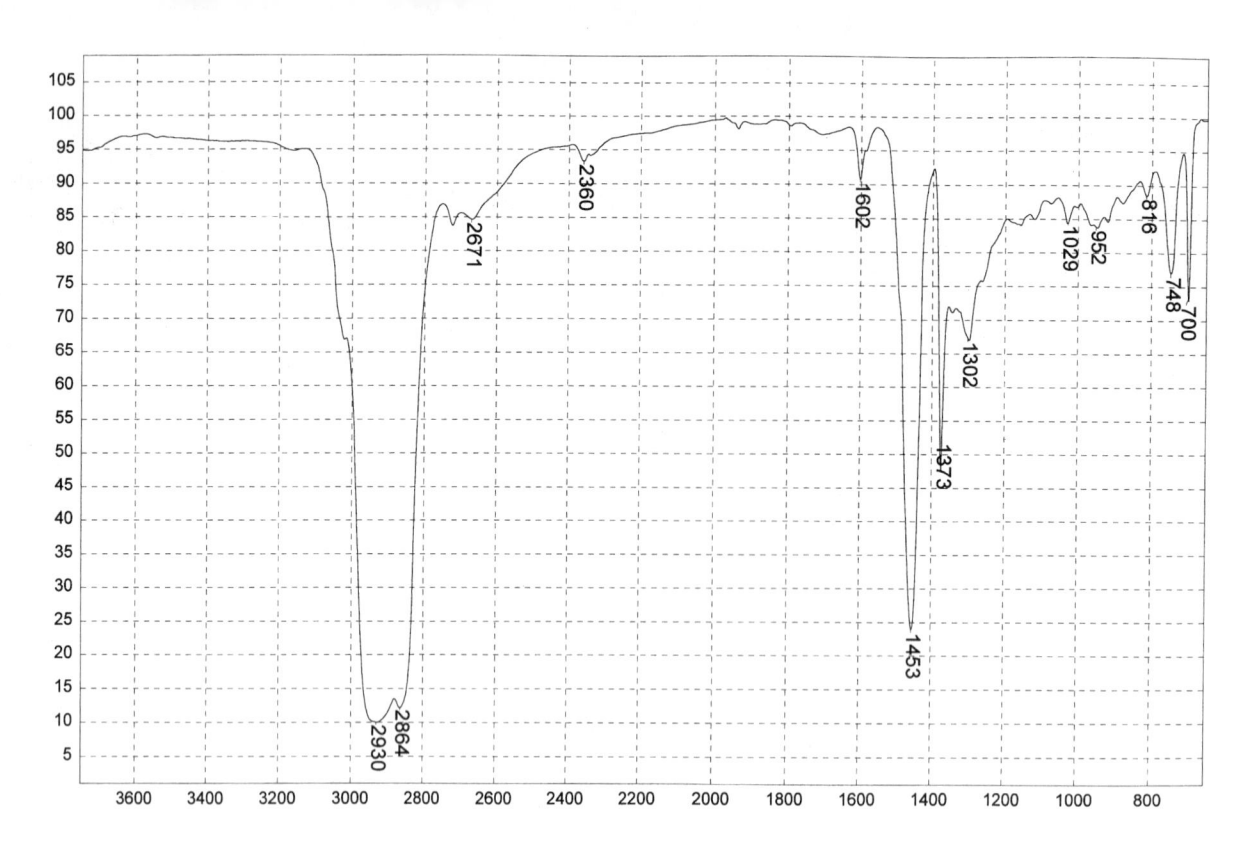

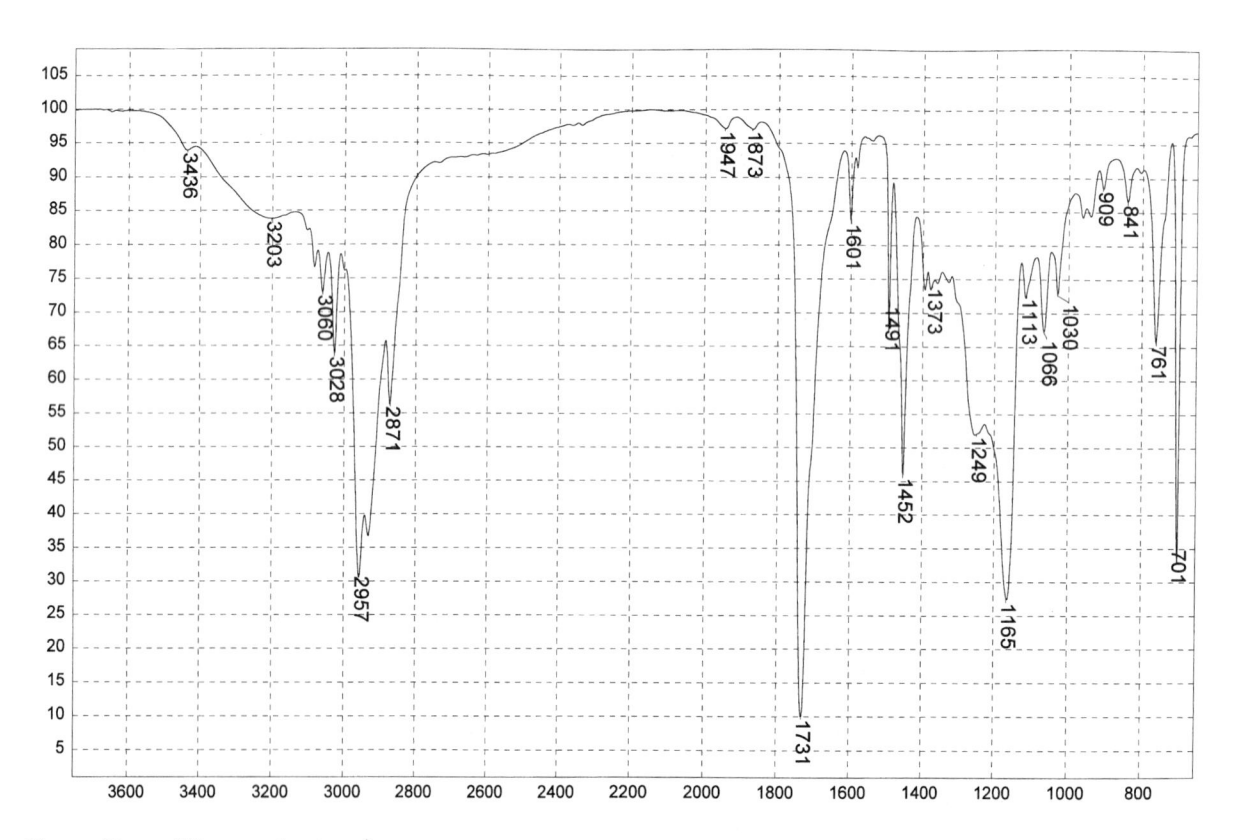

1961

ACRYLIC EMULSION

1962

478

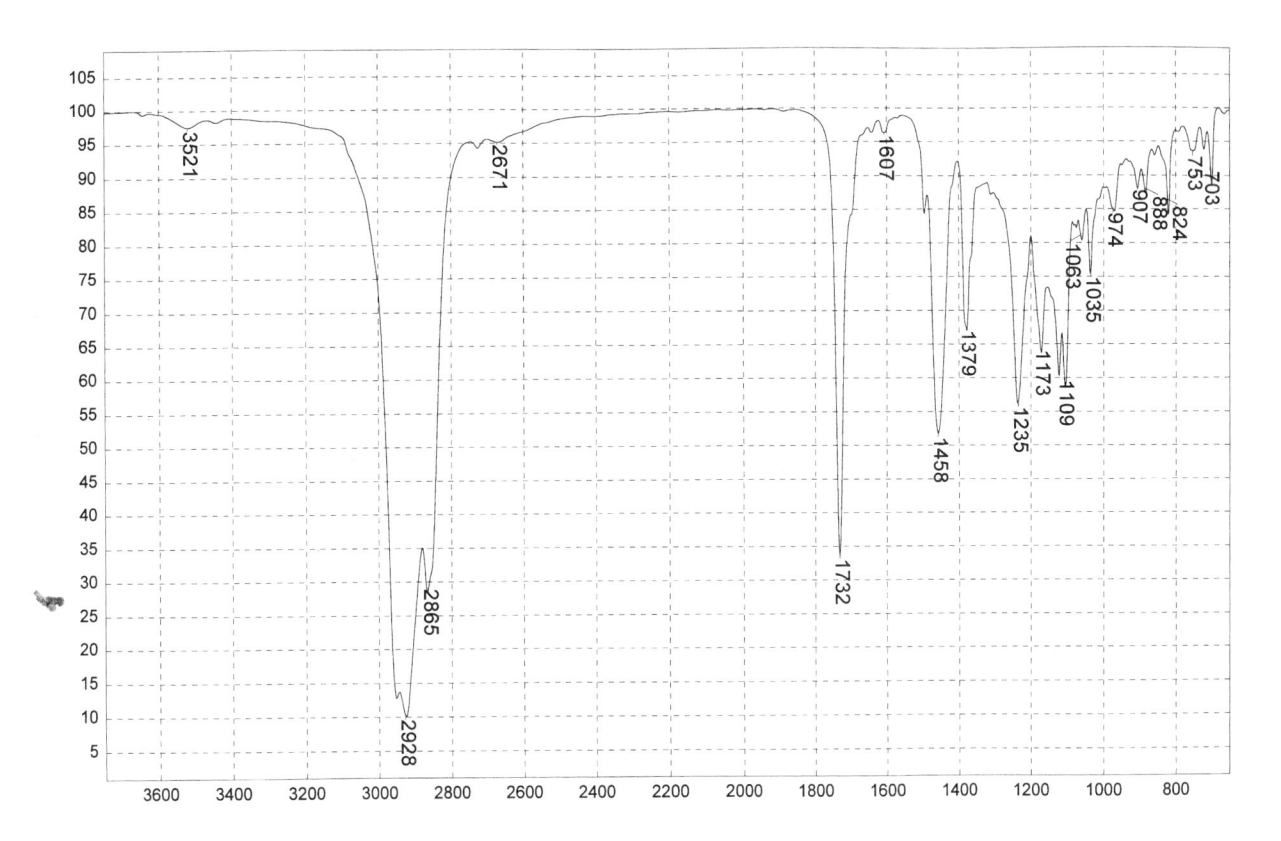

Polystyrene:polyisoprene resin

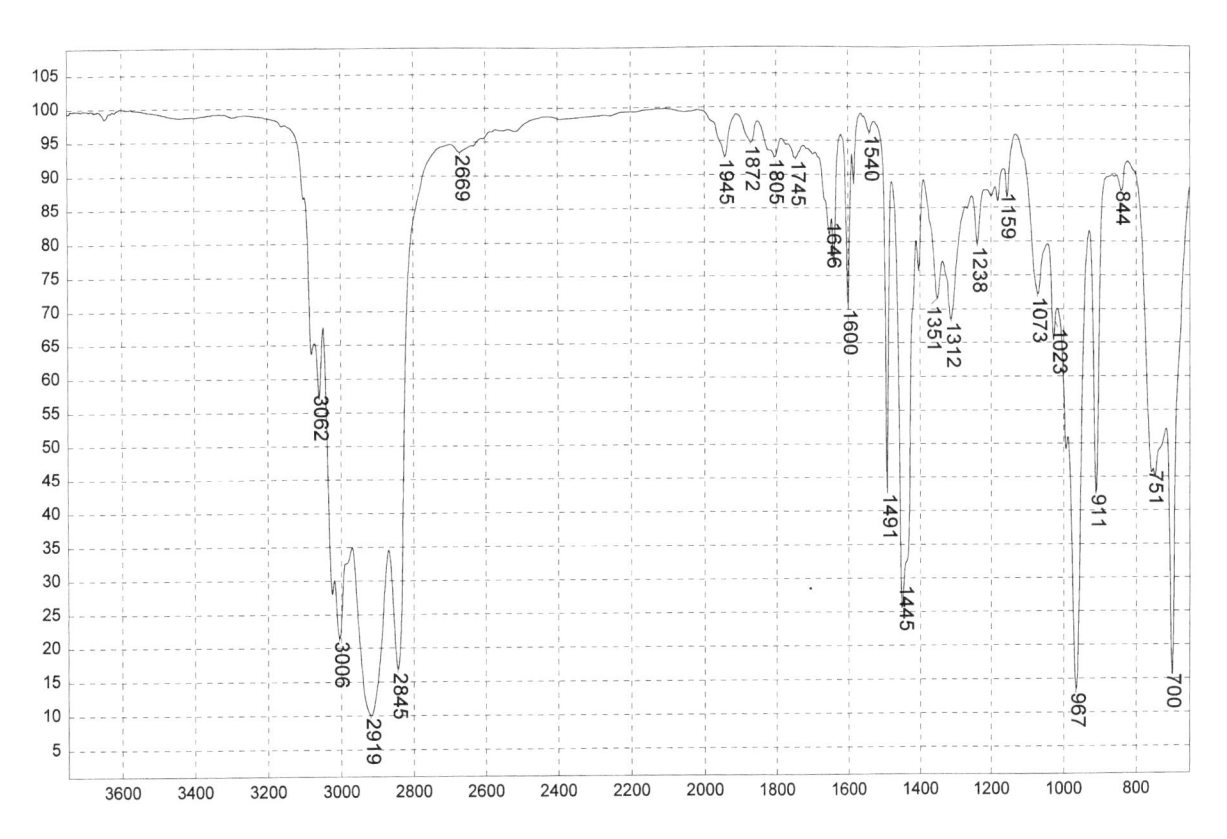

KRATON 1102, 28% POLYSTYRENE/72% POLYBUTADIENE

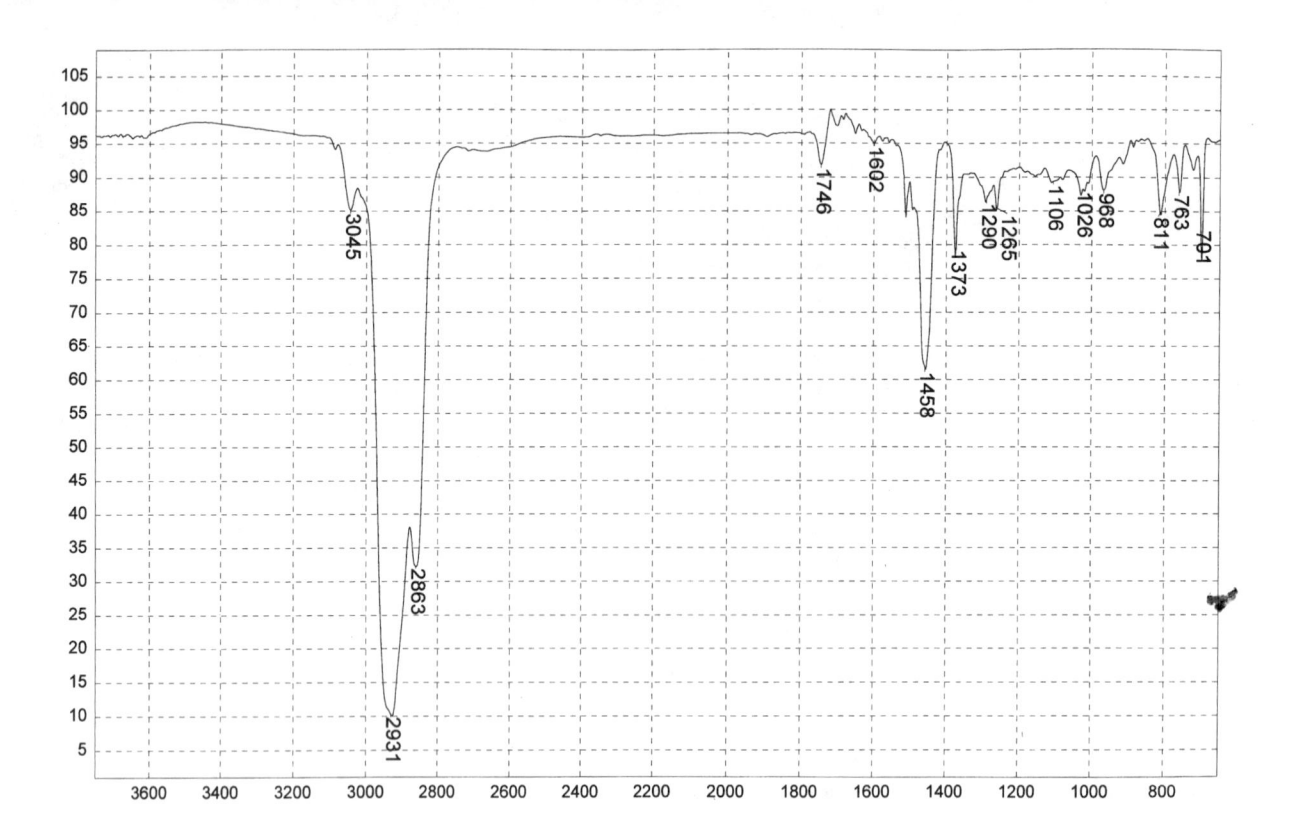

1965 Polystyrene:polyisoprene with hydrogenated polycyclopentadiene resin + oil

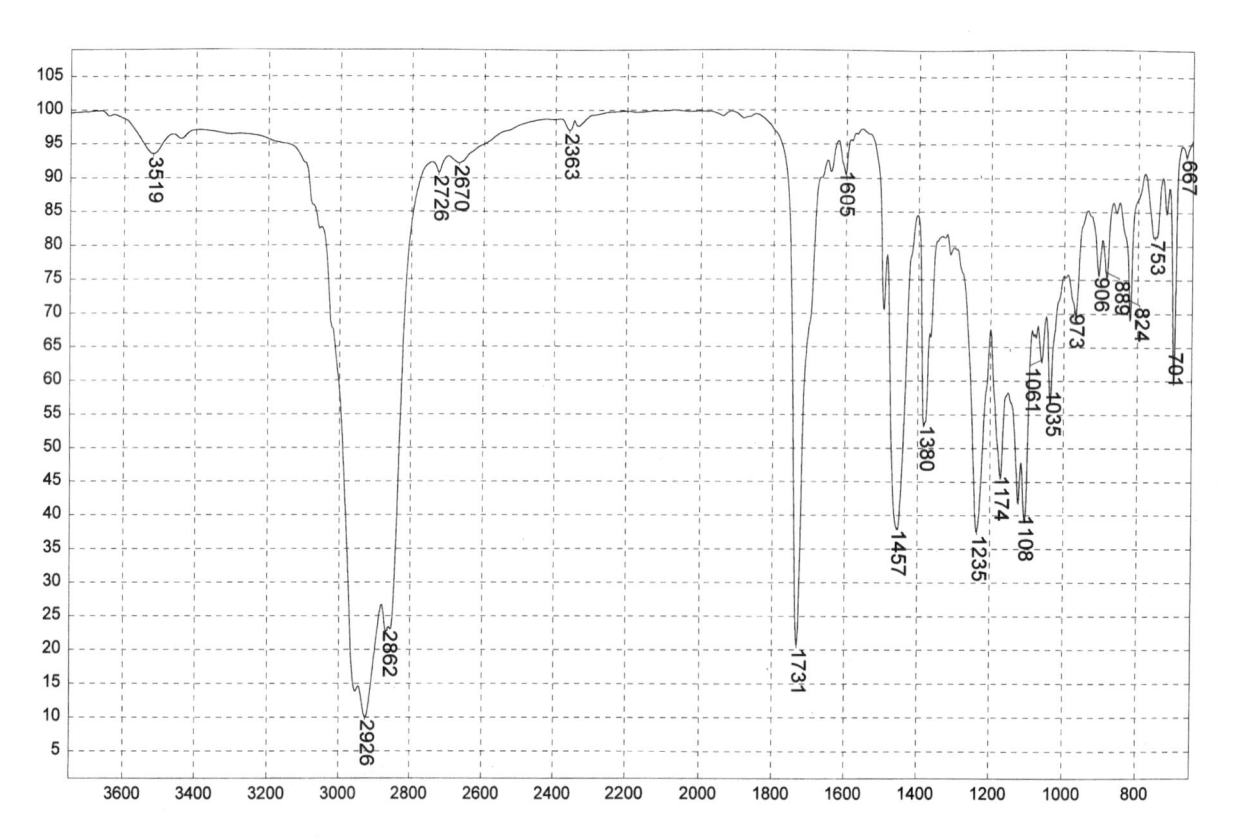

1966 Polystyrene:polybutadiene and polystyrene:polyisoprene with polyvinyl toluene

1967 Poly(styrene):poly(isoprene)-based, poly(terpene) tackifier resin

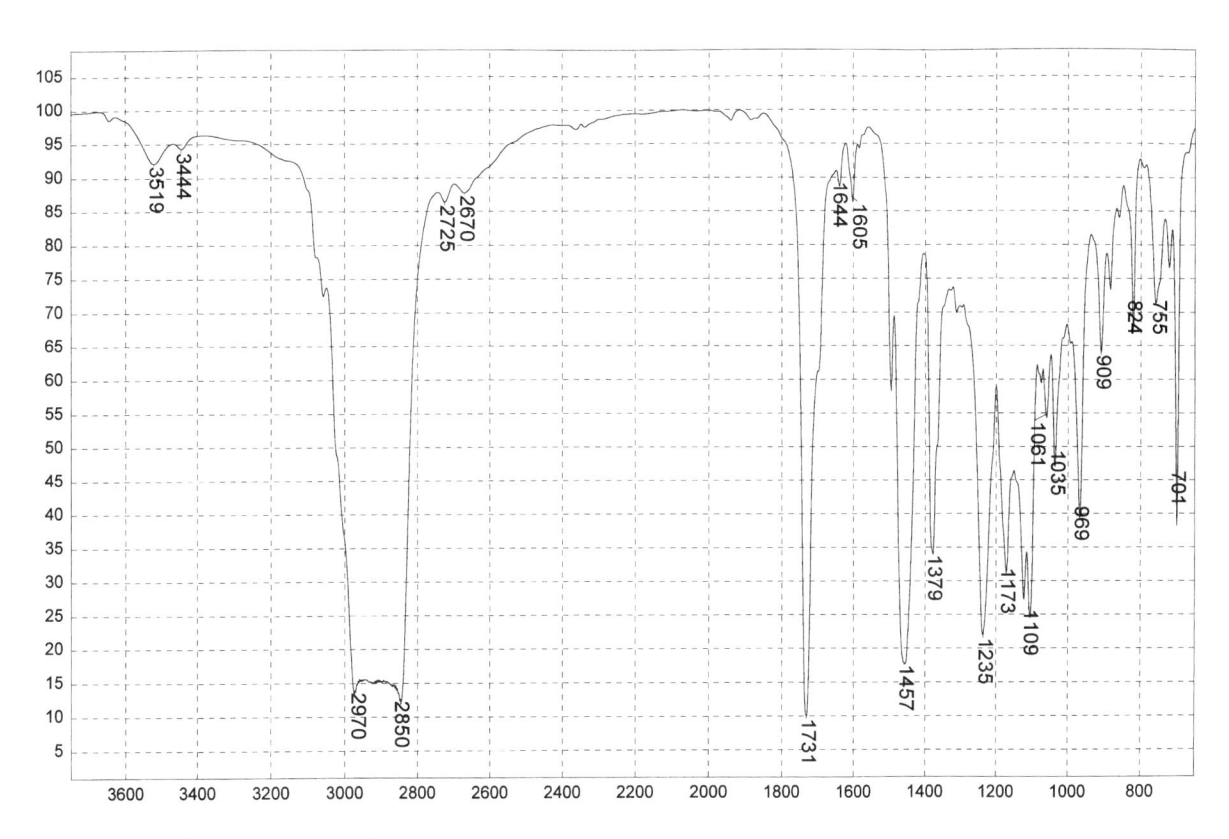

1968 Polystryene:polybutadiene rosin, acid ester tackifier resin, polyvinyl toluene

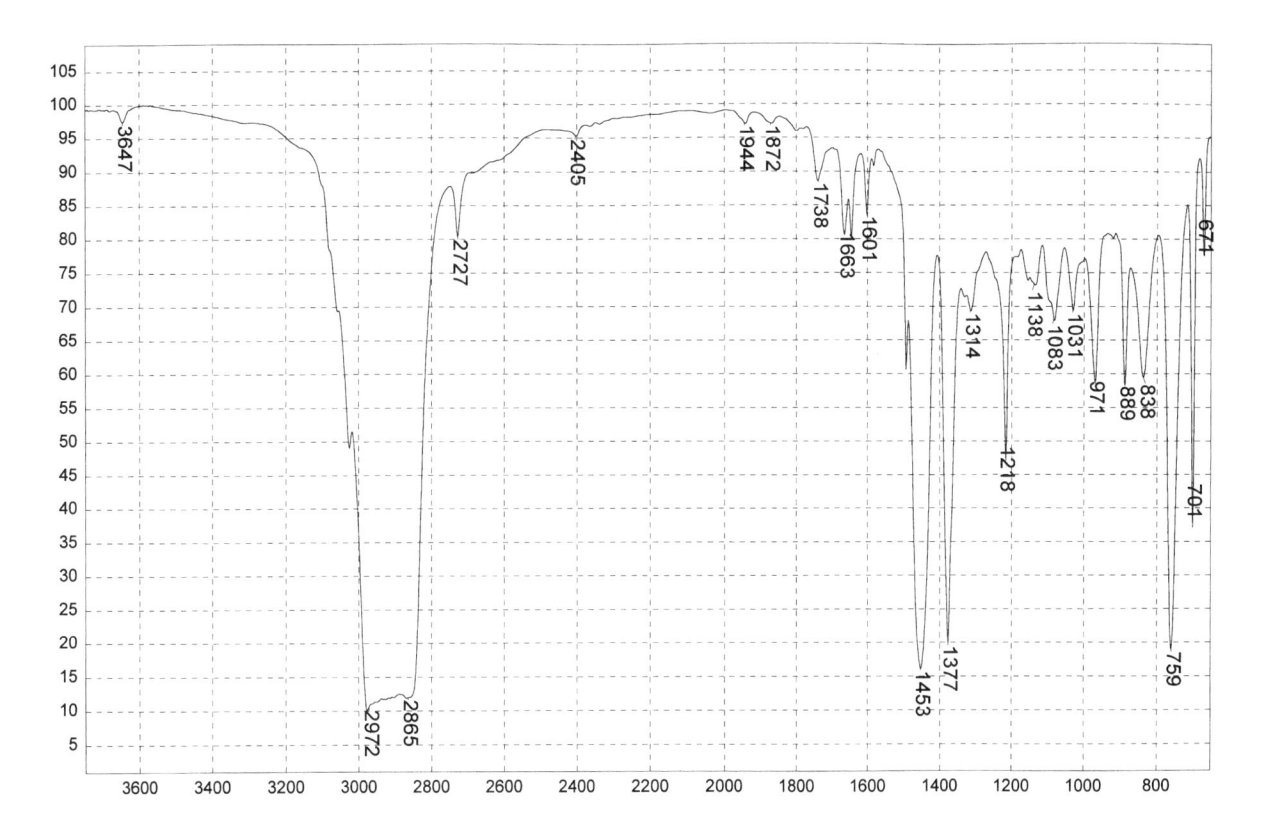

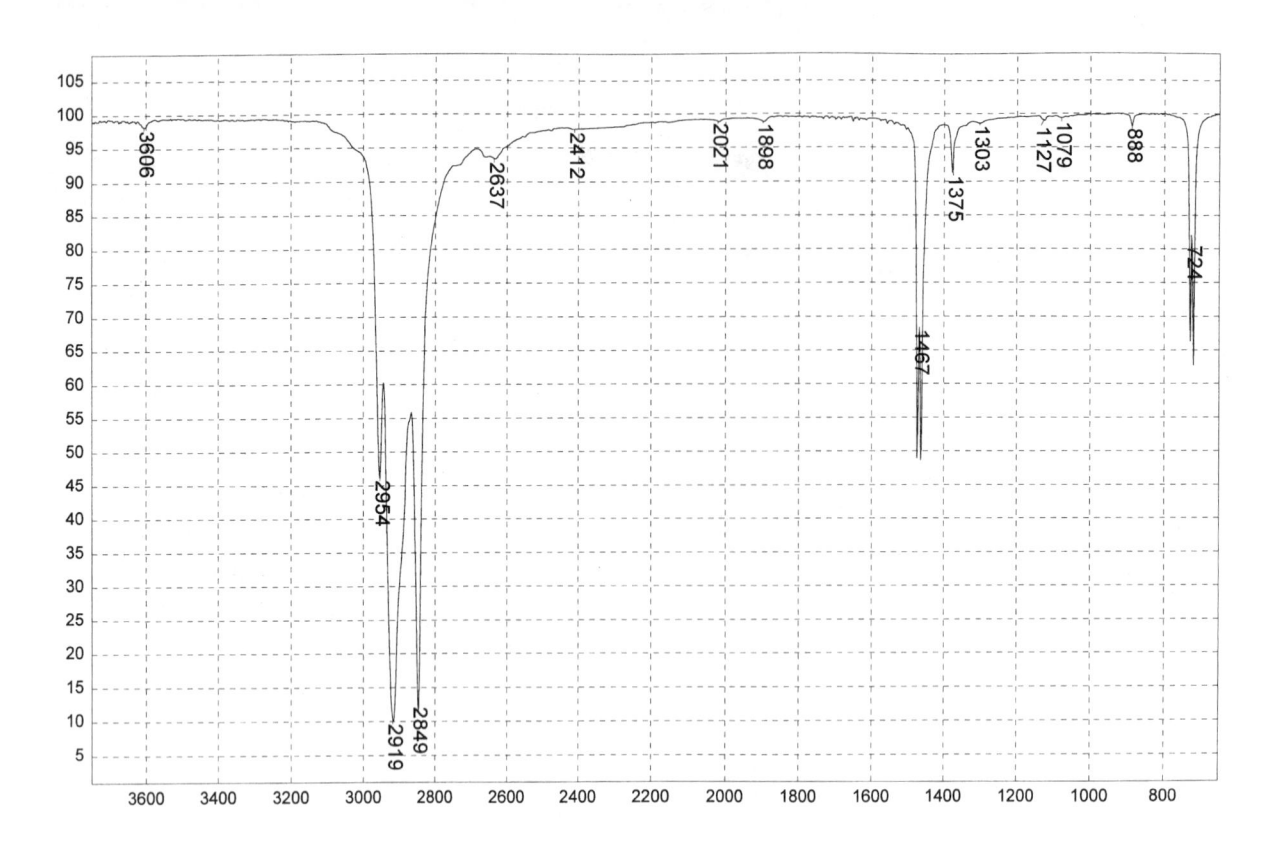

FOOD-GRADE PARAFFIN WAX — 1969

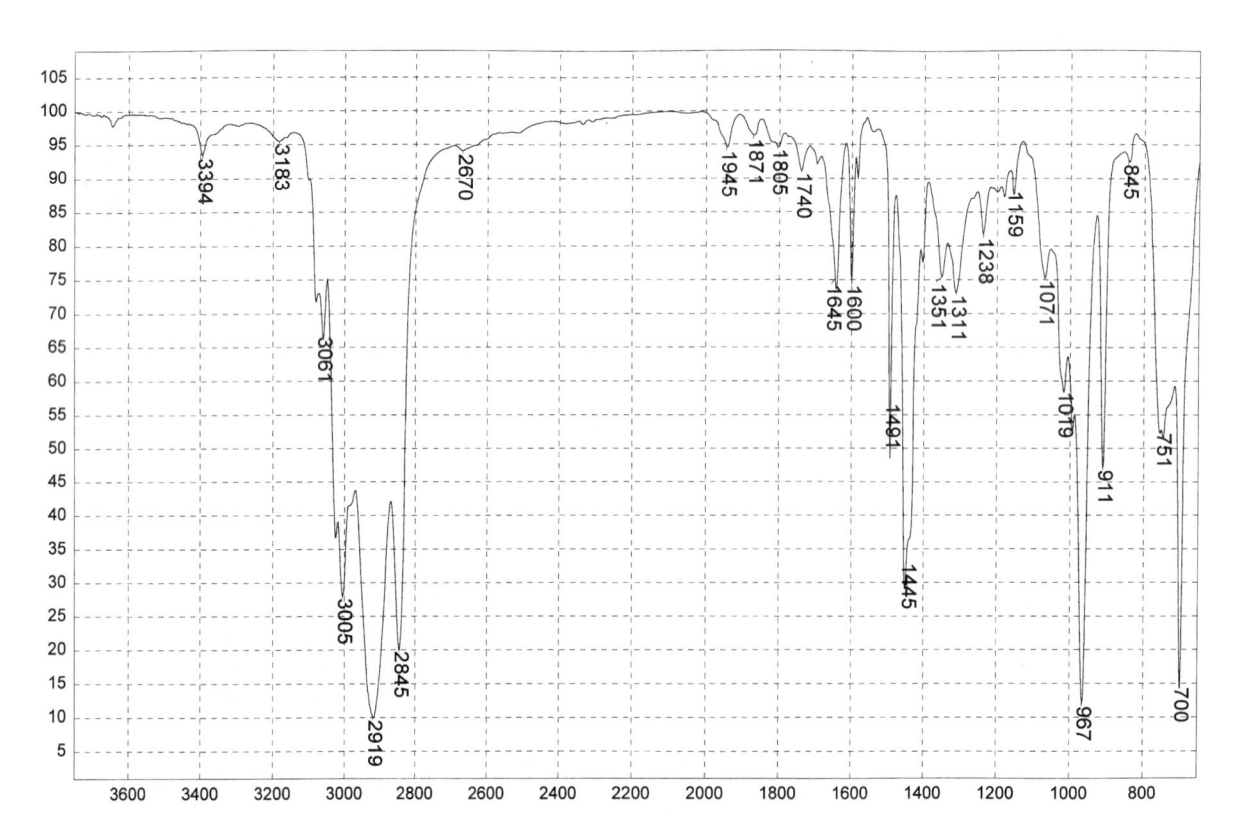

Styrene-butadiene copolymer — 1970

1971 POLYVINYL ALCOHOL/POLYVINYL ACETATE

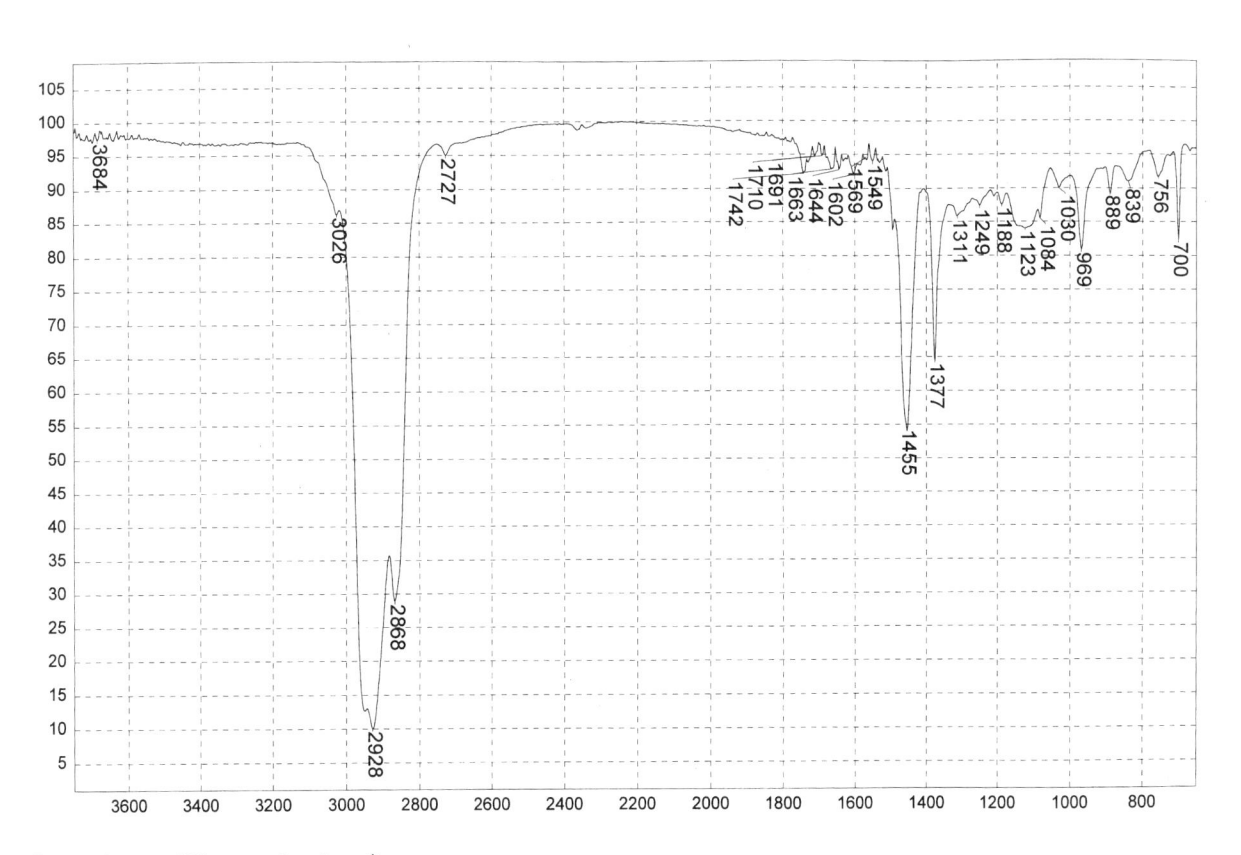

1972 Styrene-butadiene-styrene

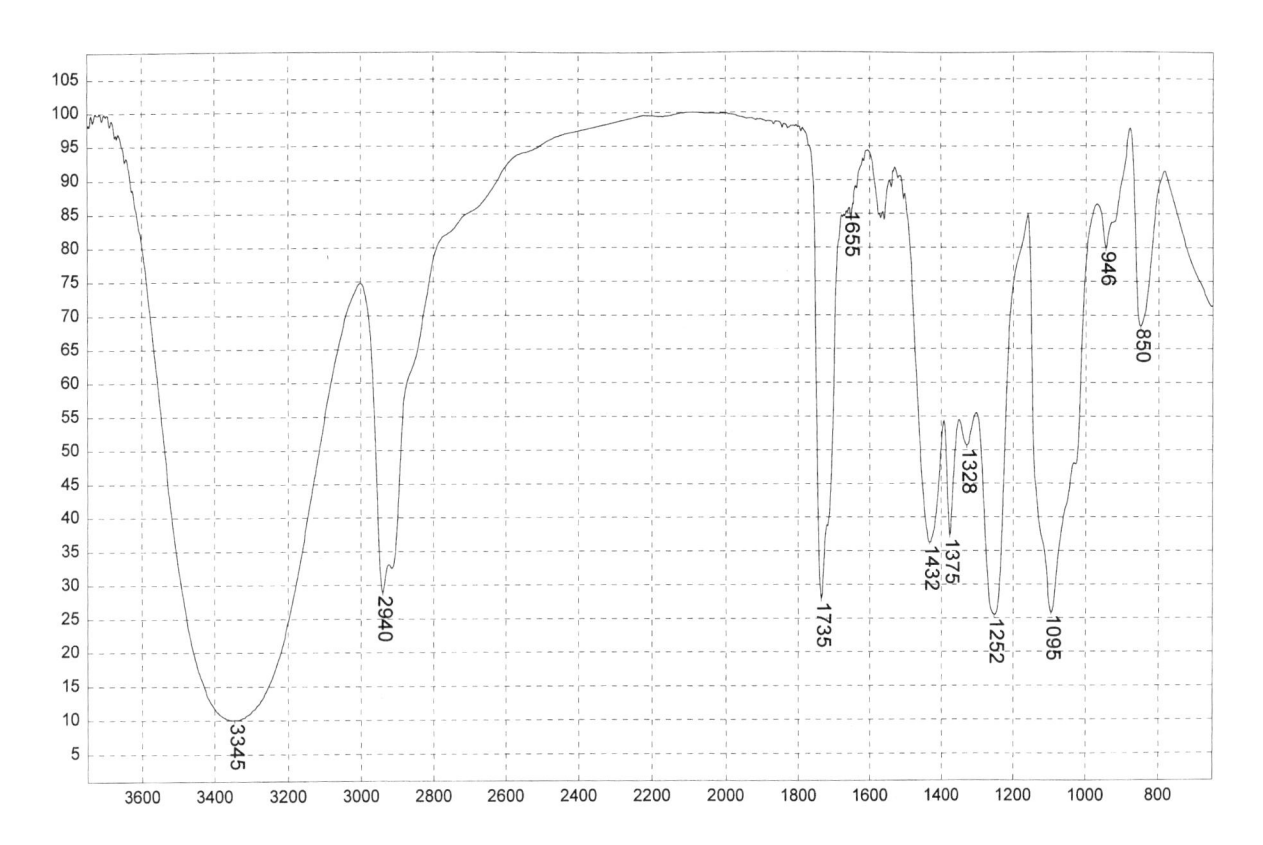

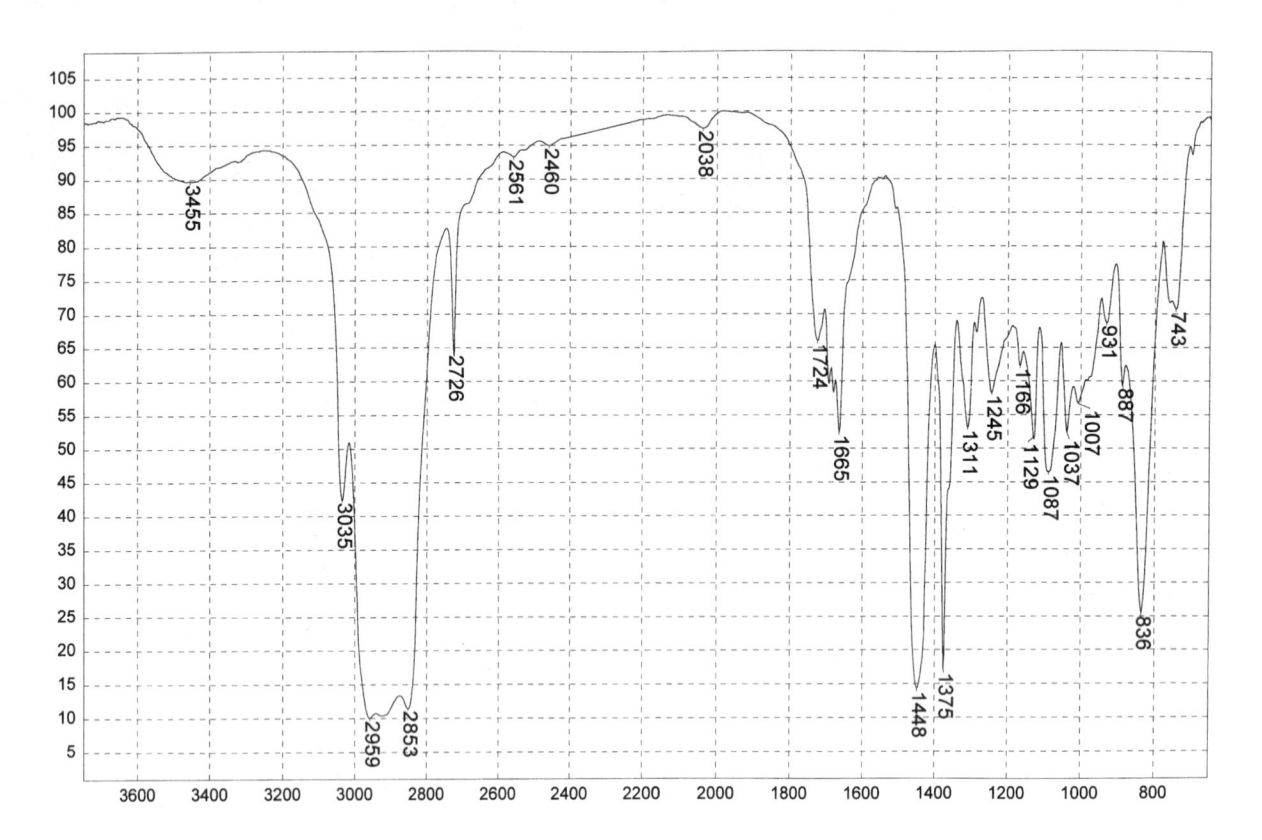

POLYISOPRENE

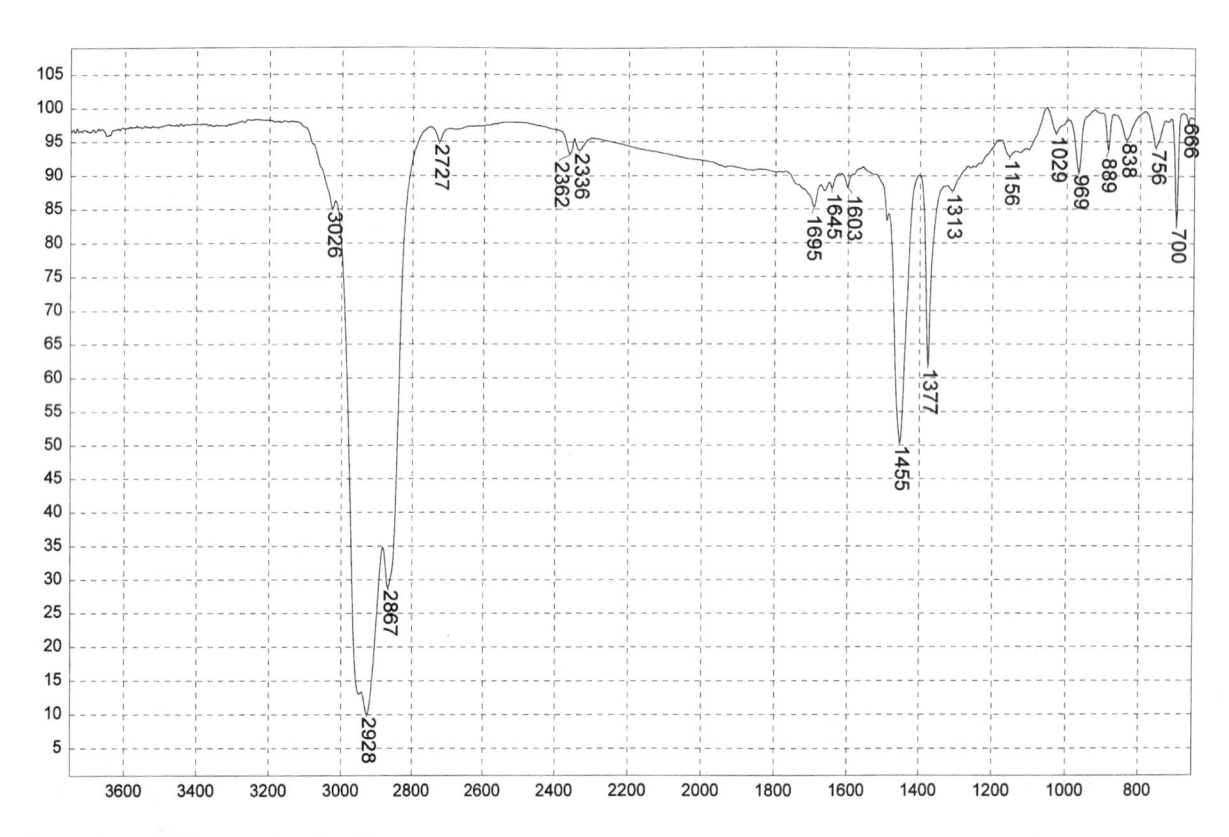

Styrene-butadiene-styrene, Second Example

484

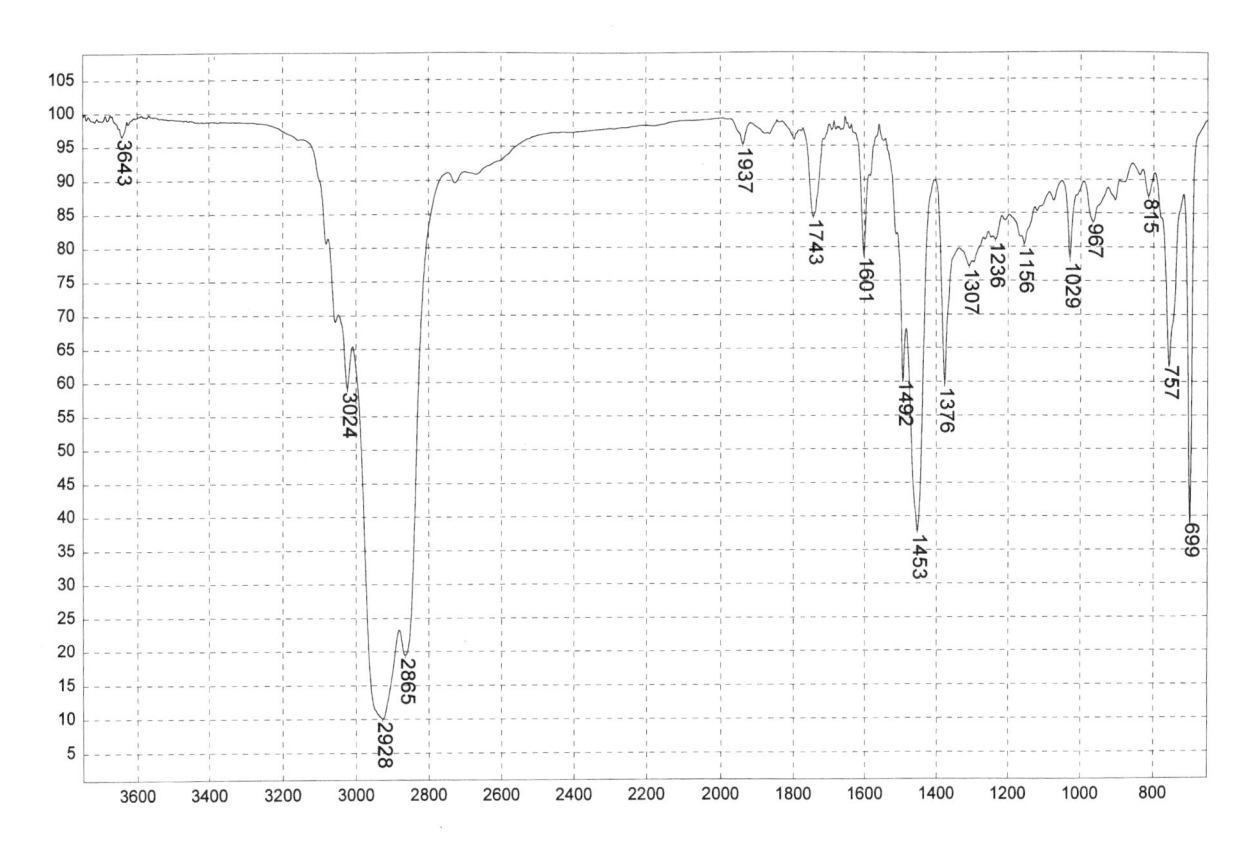

Alpha-methylstyrene

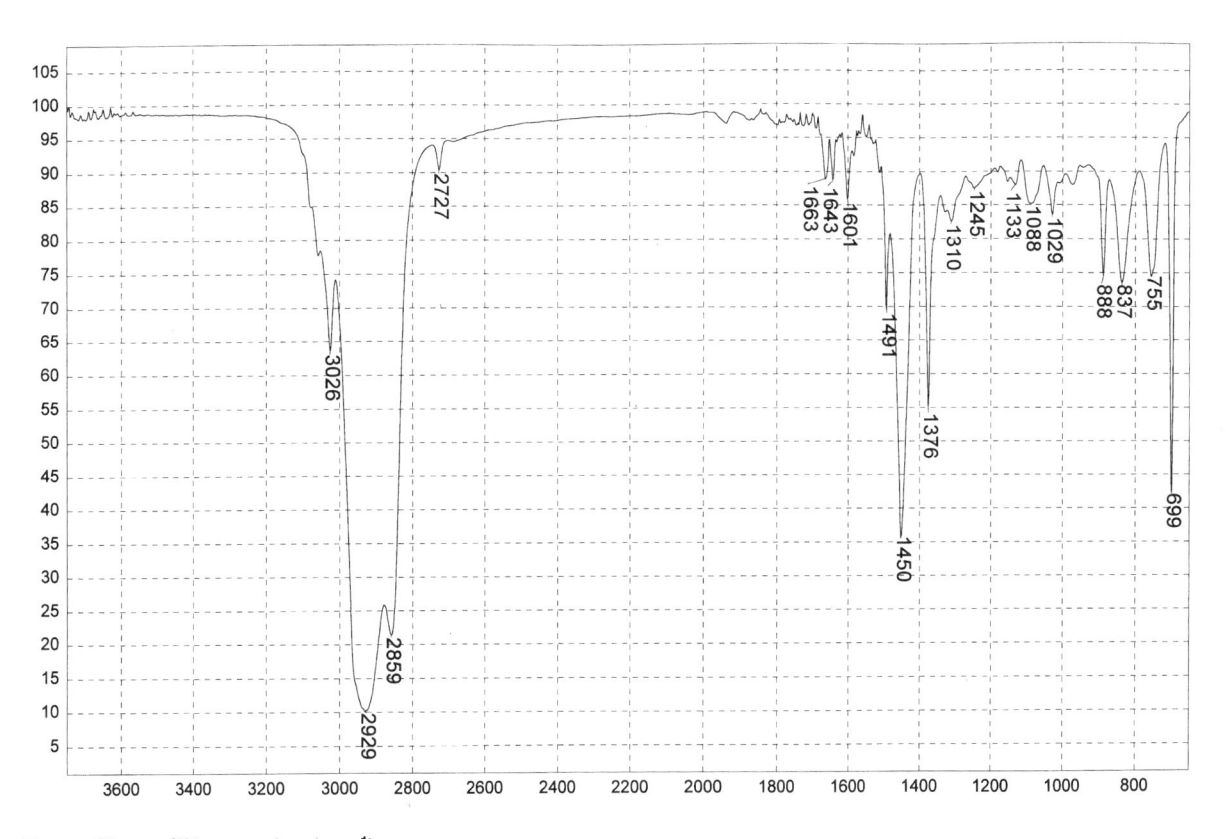

Styrene/isoprene/styrene

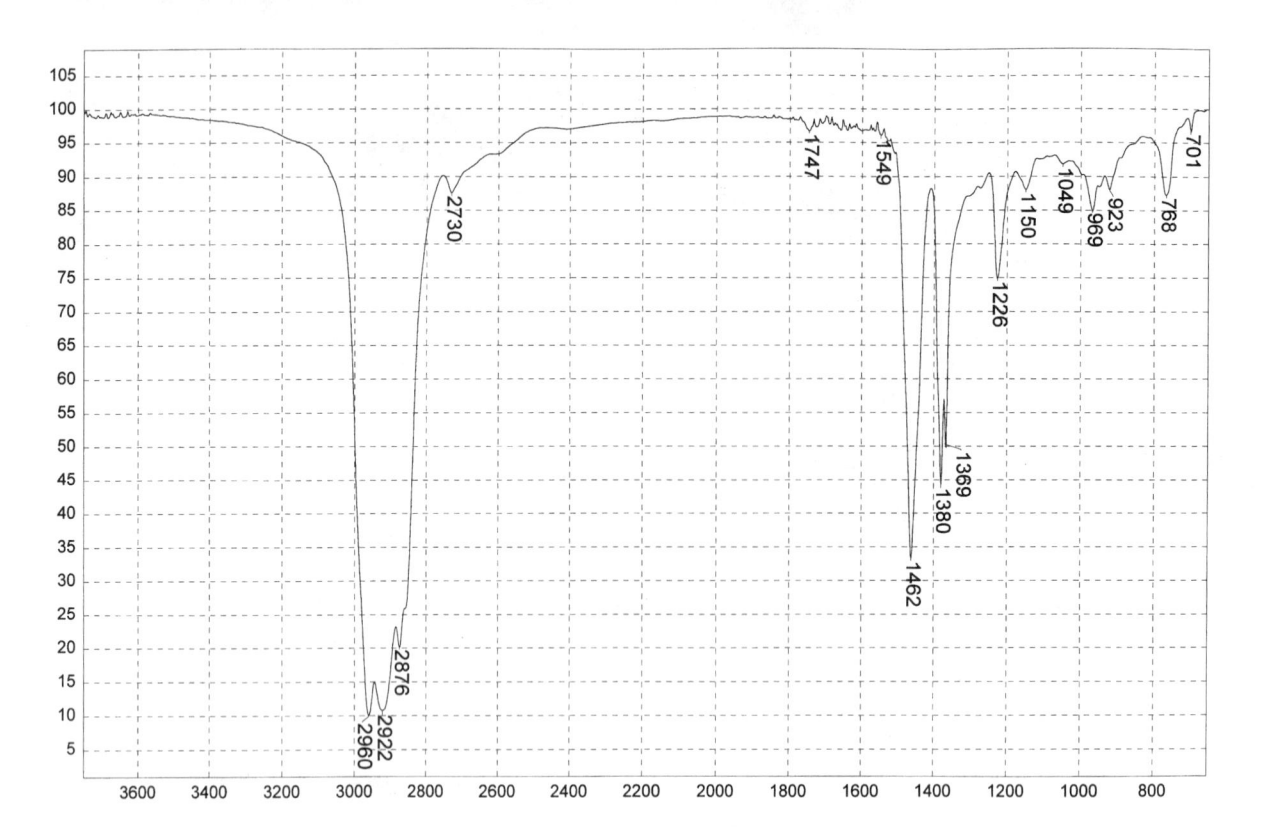

1977   Atactic polypropylene/butylene

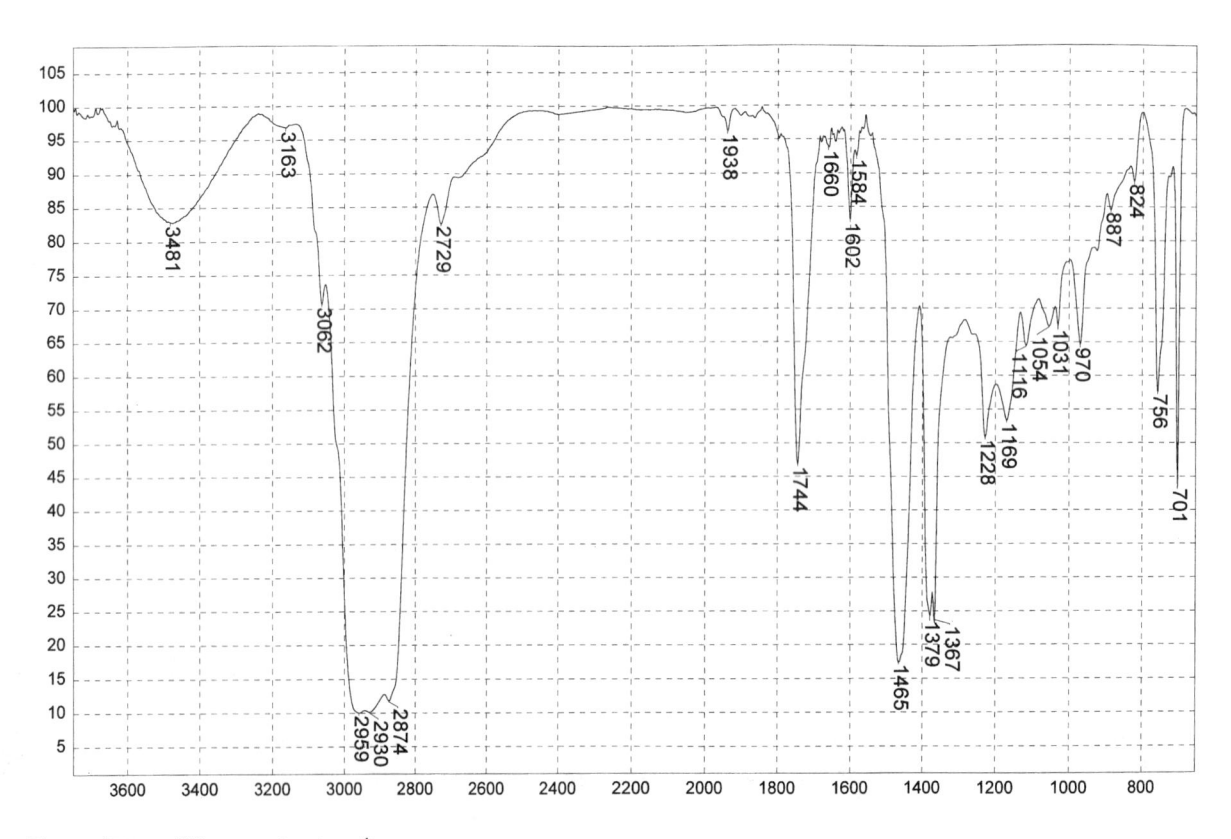

1978   Synthetic or modified polyterpene

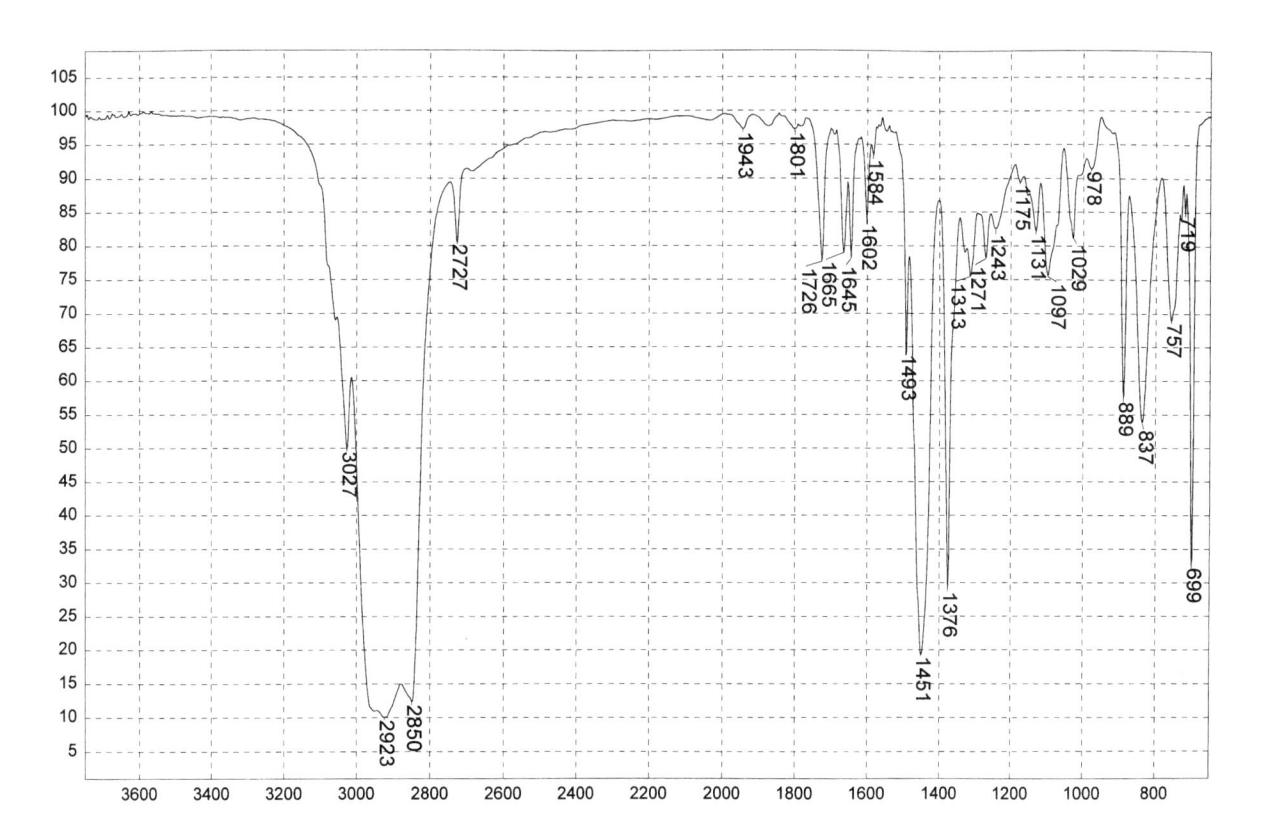

Transmittance / Wavenumber (cm⁻¹)

1979 Styrene/isoprene/styrene

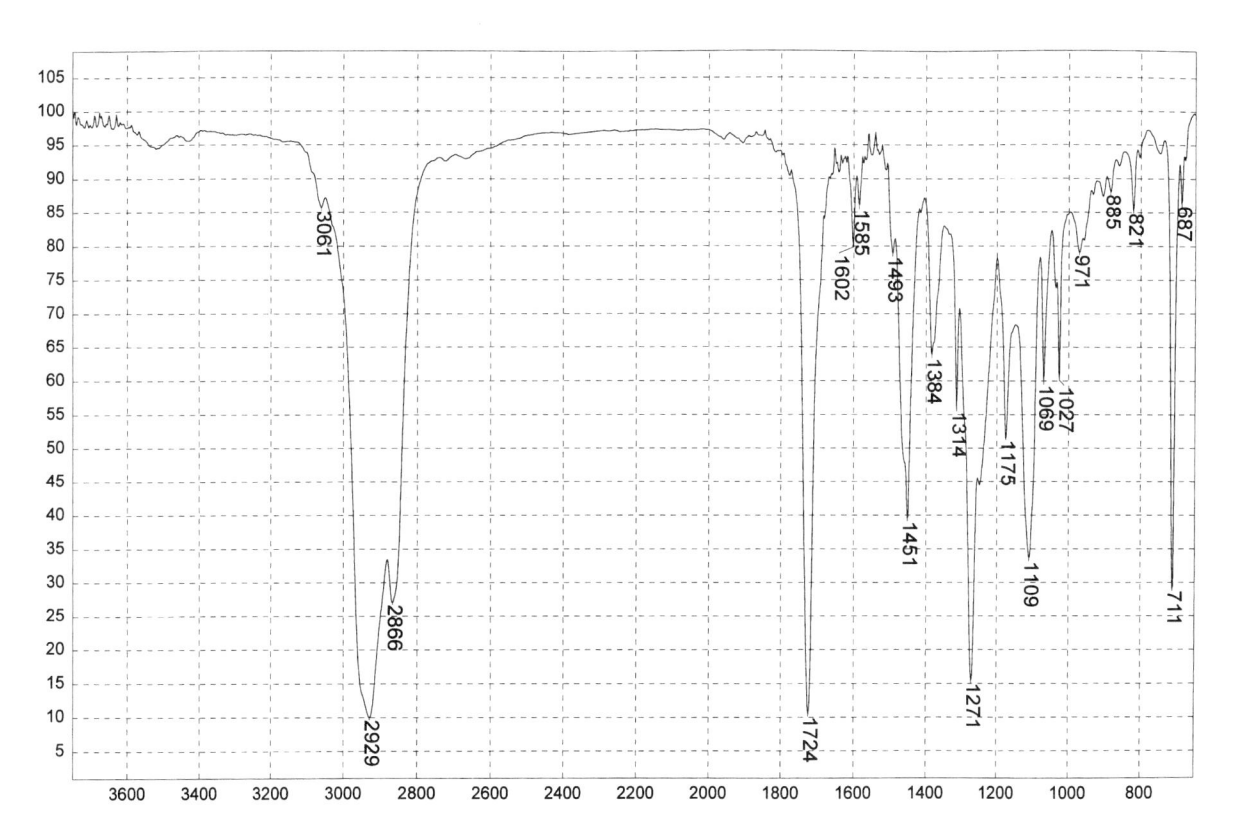

Transmittance / Wavenumber (cm⁻¹)

1980 Phthalate-based tackifer resin

1981 Styrene/butadiene/styrene

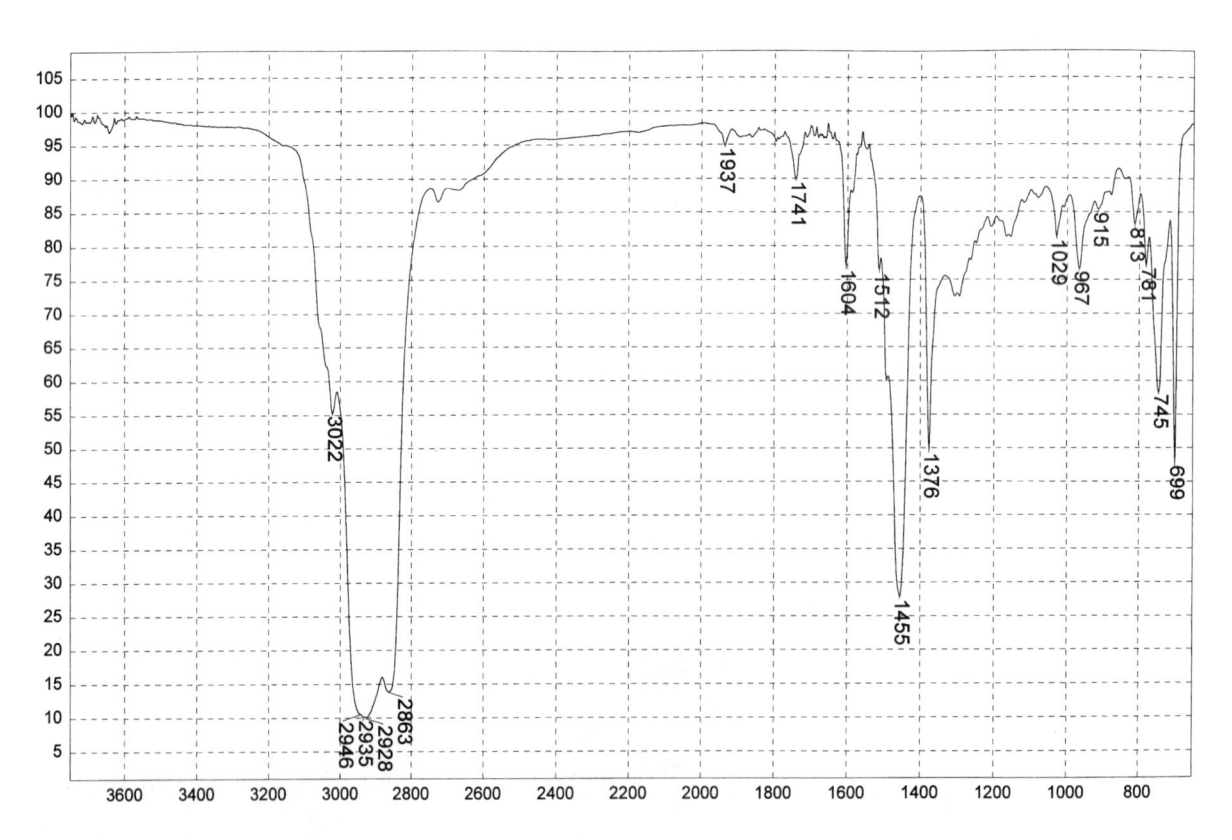

1982 Toluene-based tackifier resin

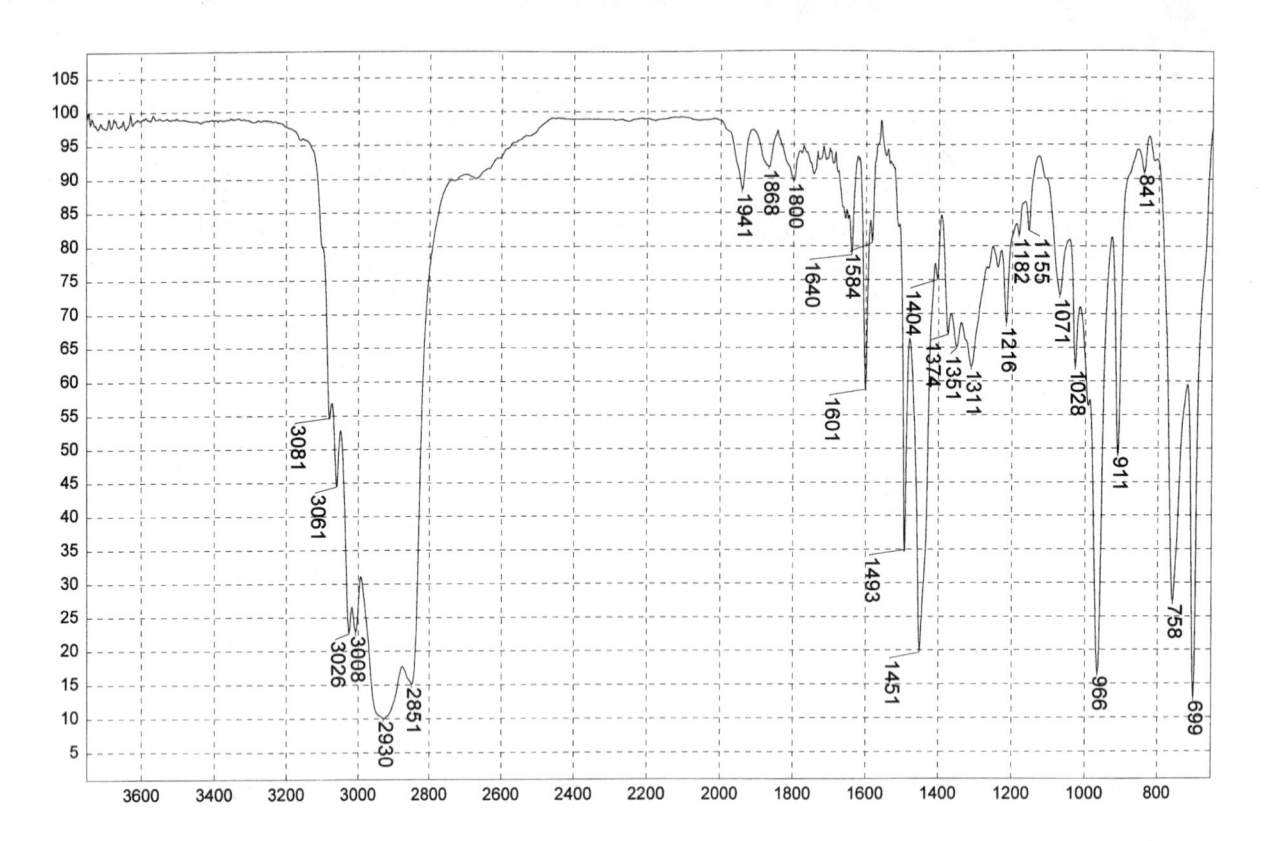

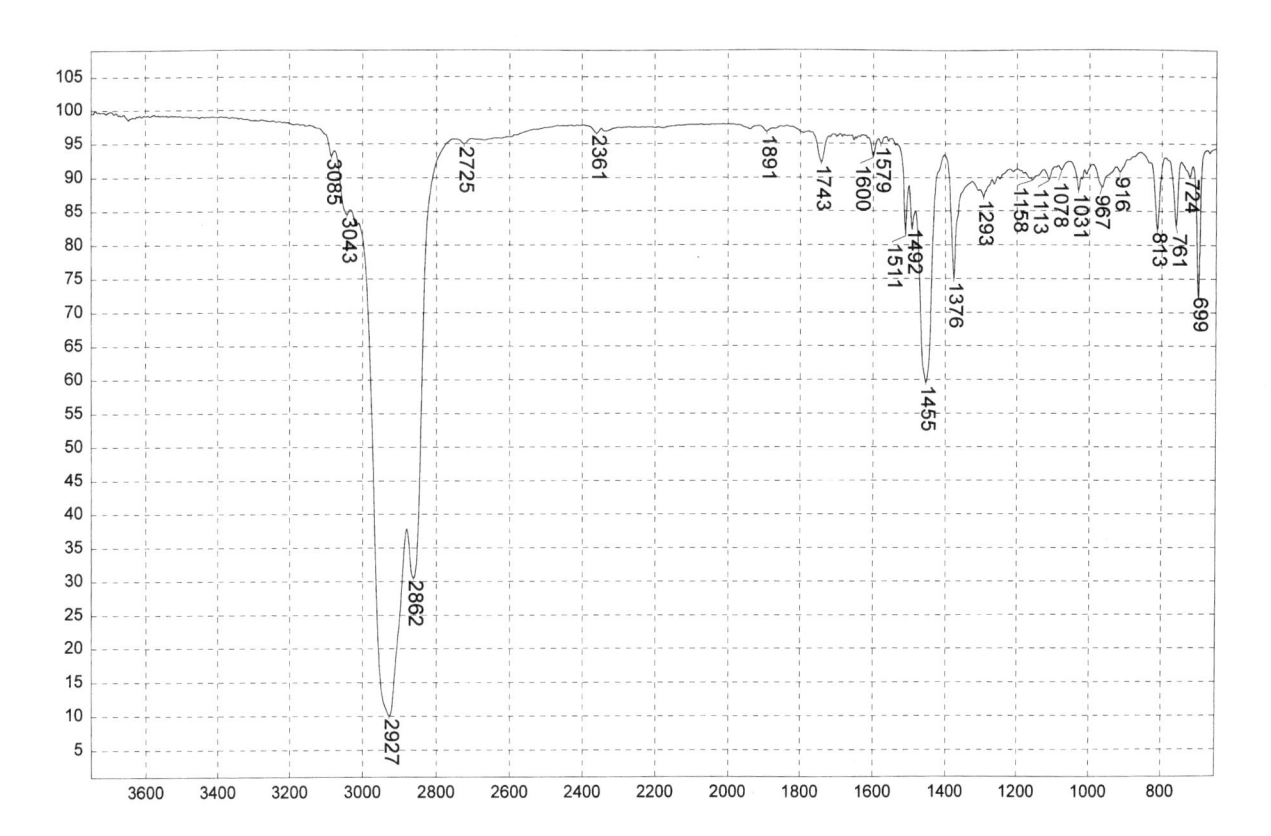

Polycyclopentadiene resin

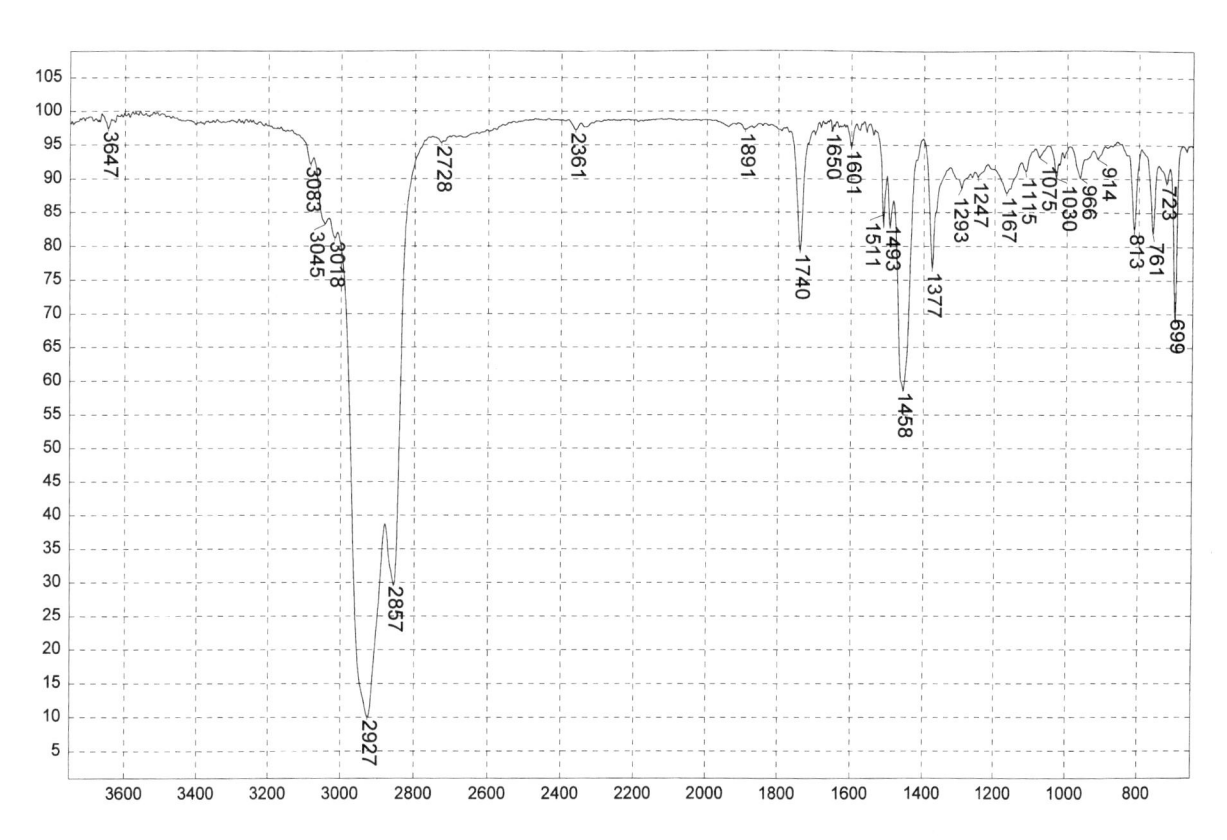

C9 and C5 hydrocarbon resins, polystyrene resin

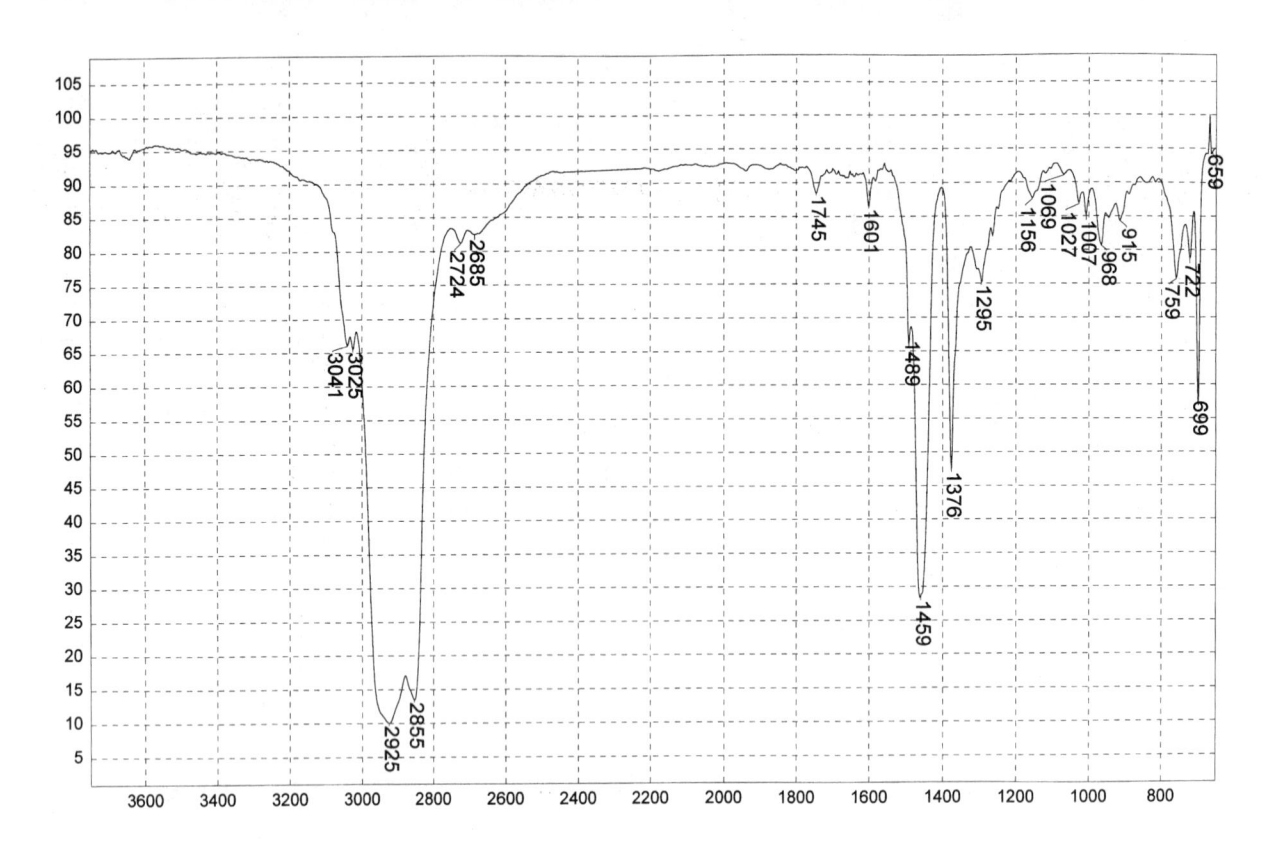

1985 Kraton styrene ethylene butylene styrene, oil, C5 hydrocarbon resin

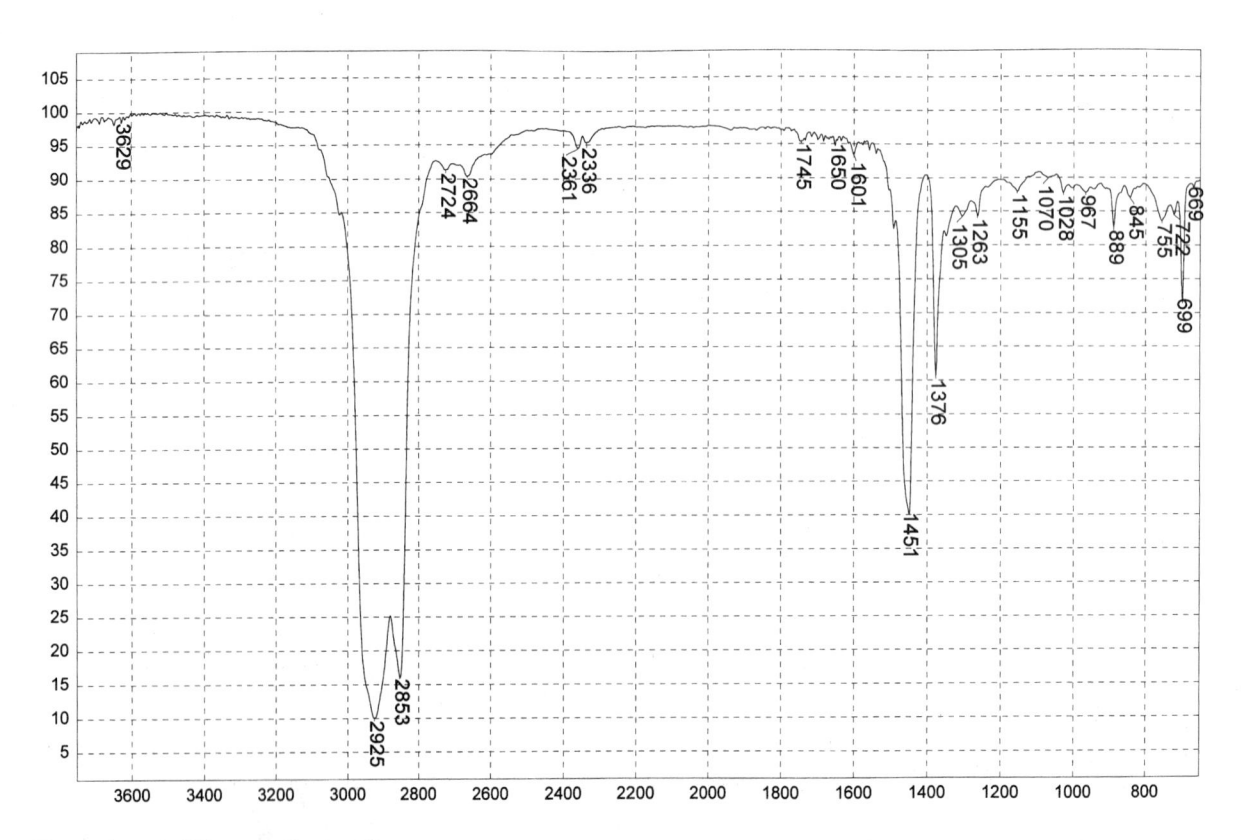

1986 Styrene, ethylene butylene, styrene copolymer, oil, C5/C9 hydrocarbon resin

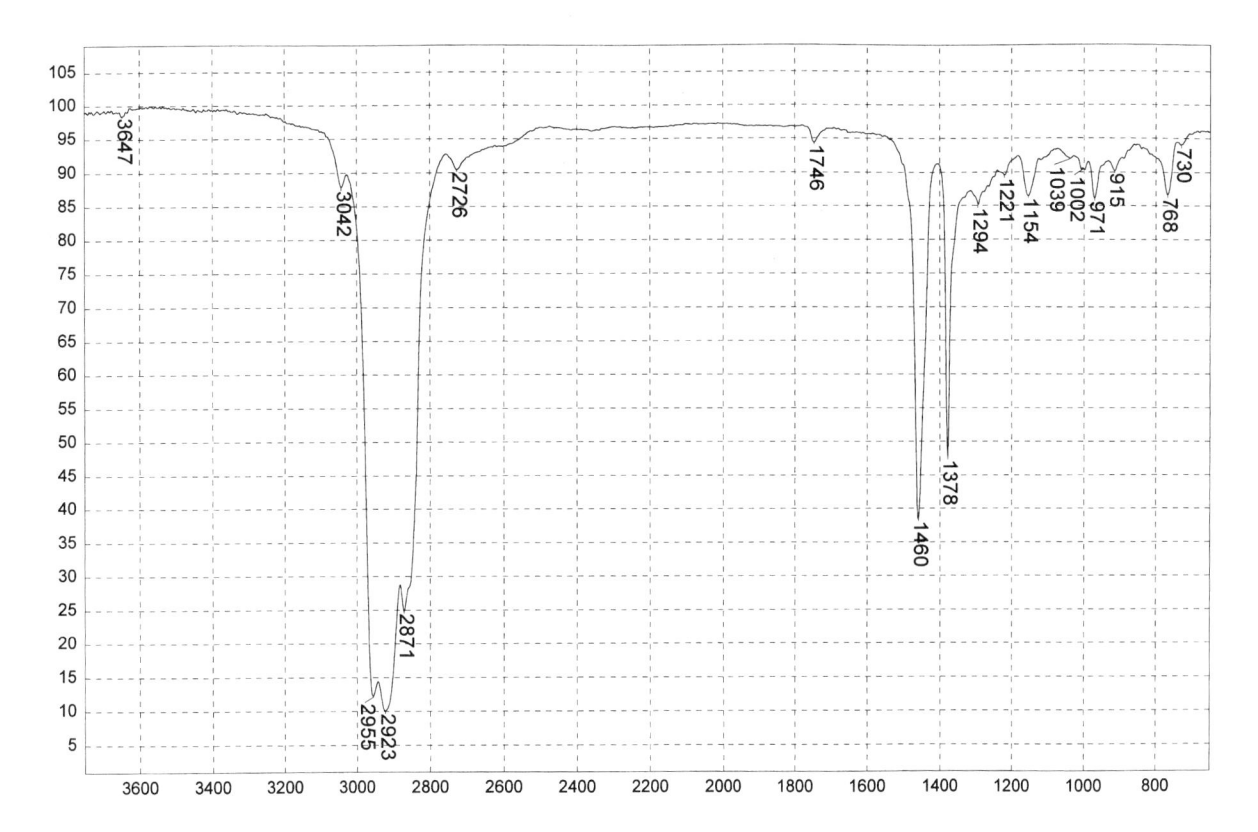

1987 Polybutylene and polyethylene wax

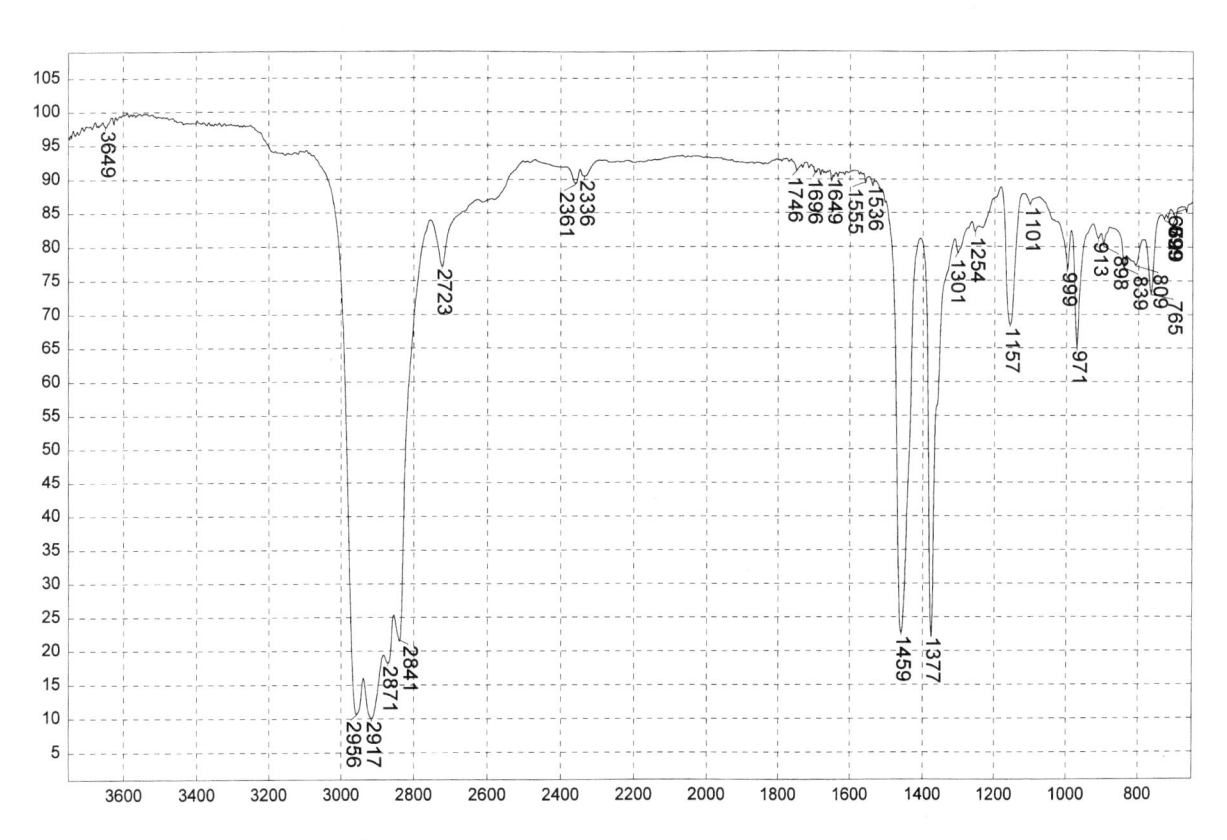

1988 Atatic Polypropylene

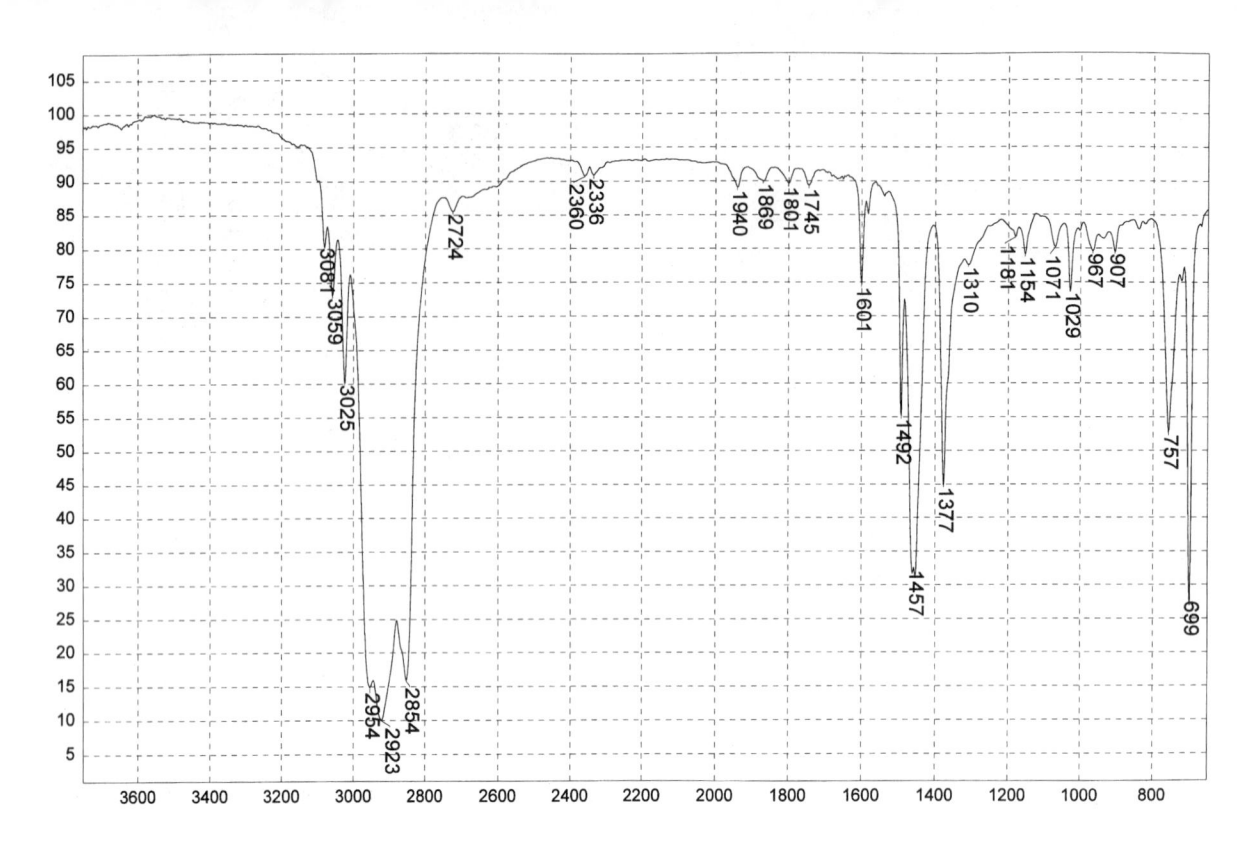

1989 STYRENE, ETHYLENE BUTYLENE, STYRENE COPOLYMER

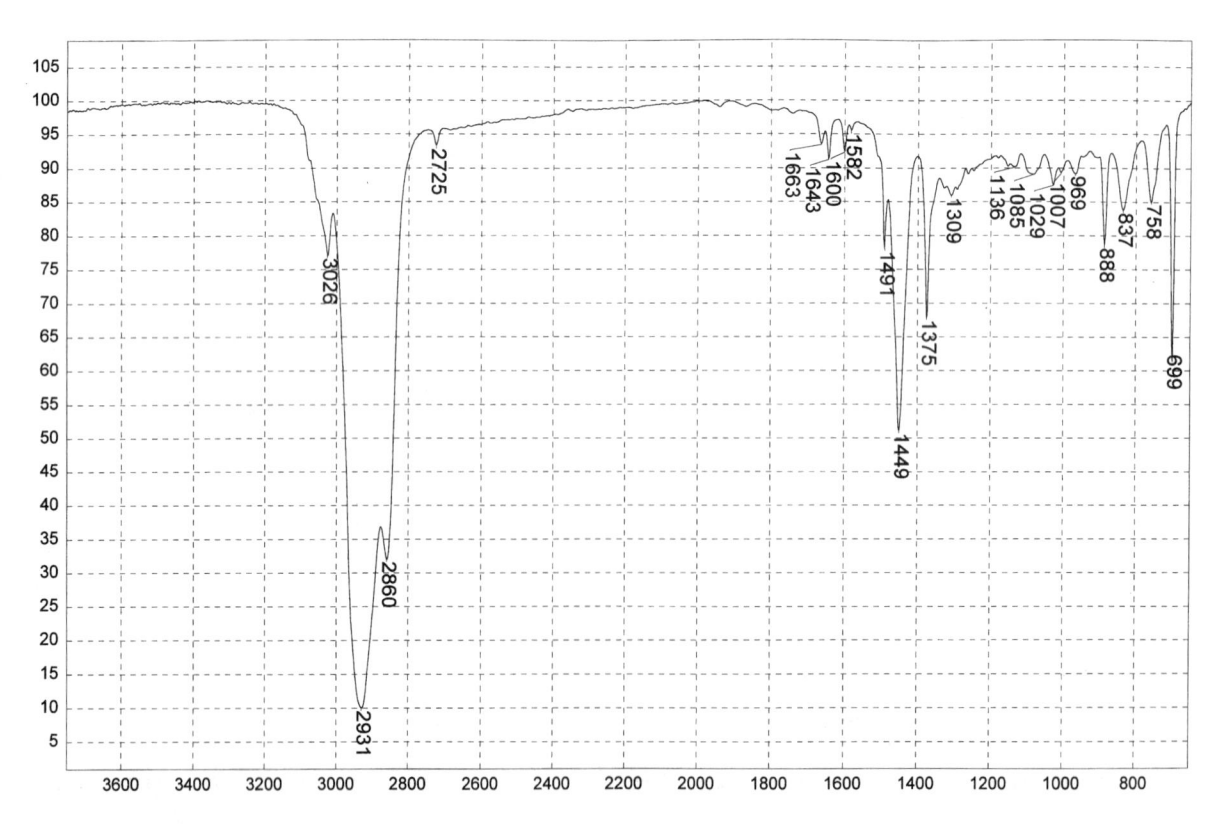

1990 KRATON STYRENE ISOPRENE STYRENE

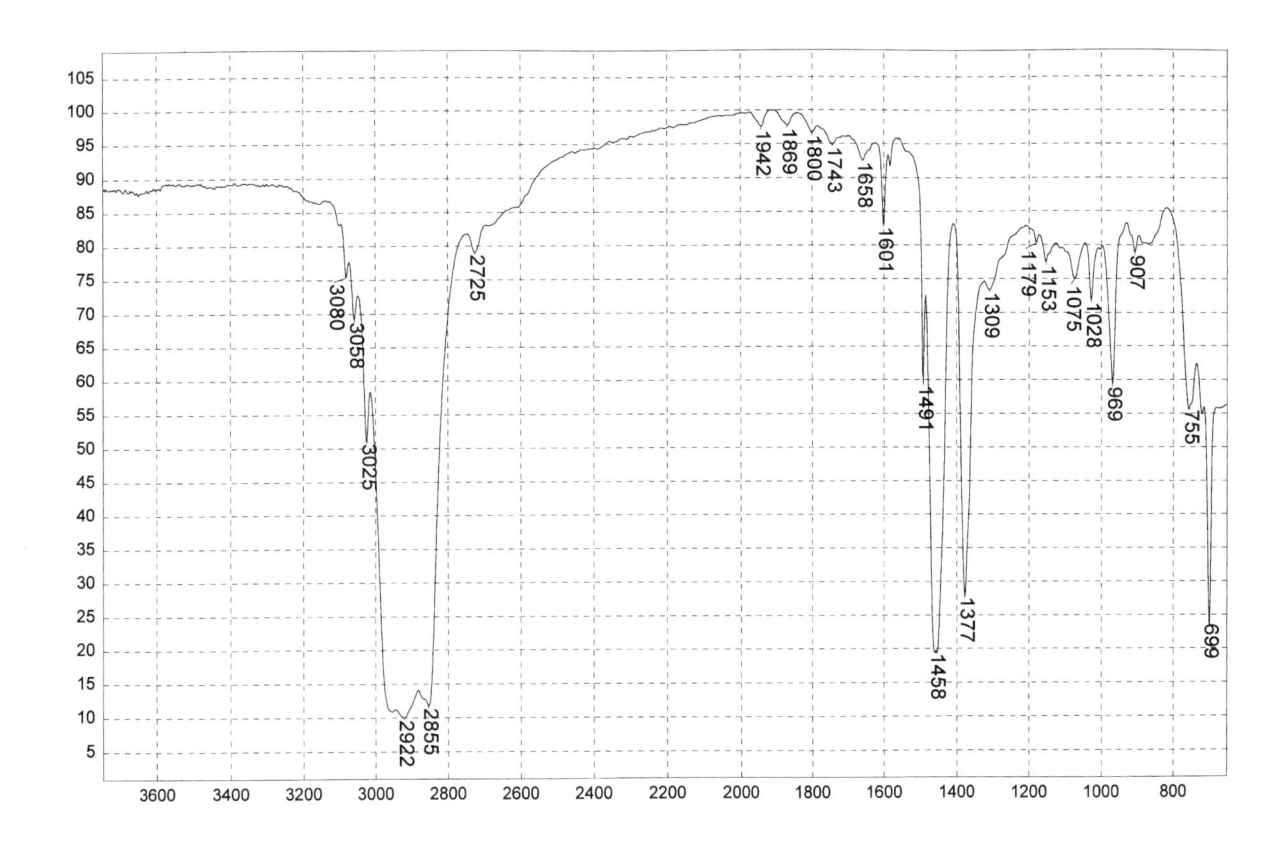

1991 STYRENE, ETHYLENE BUTYLENE, STYRENE COPOLYMER

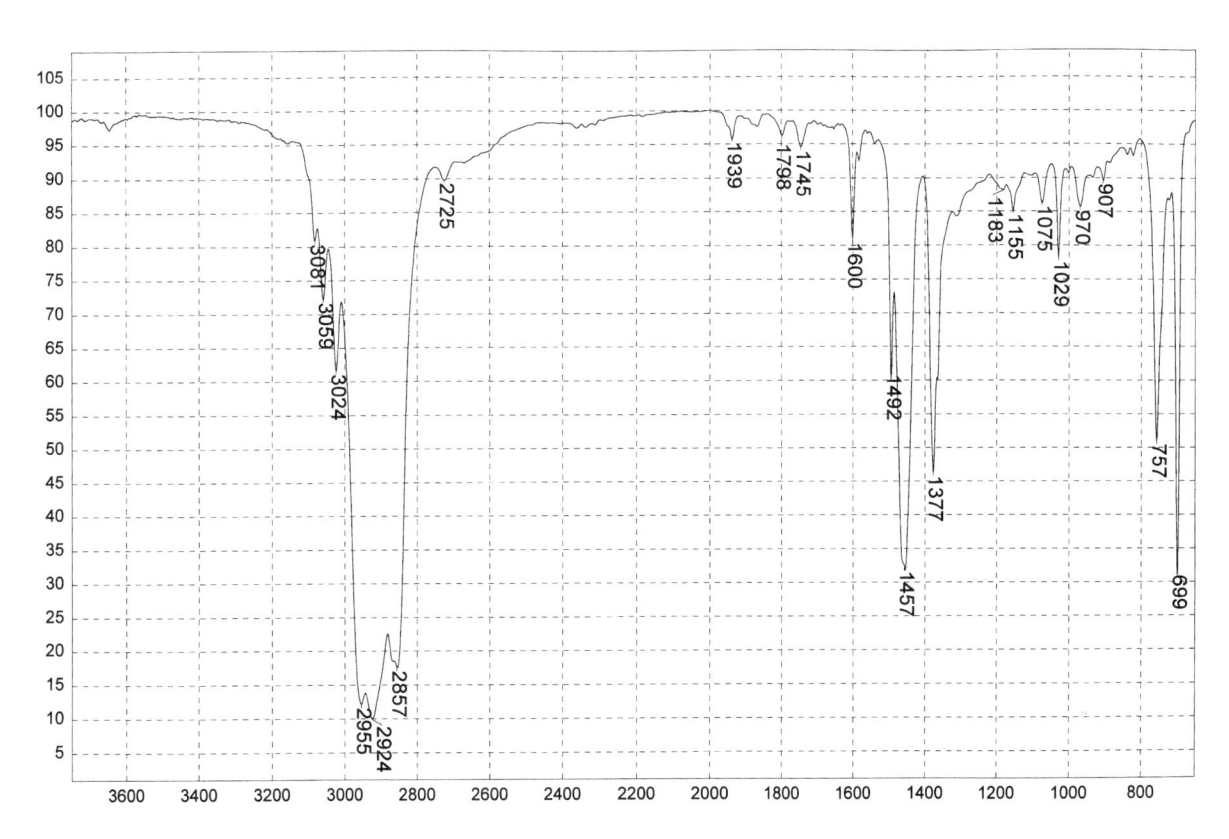

1992 STYRENE, ETHYLENE BUTYLENE, STYRENE COPOLYMER, OIL, C5 HYDROCARBON RESIN

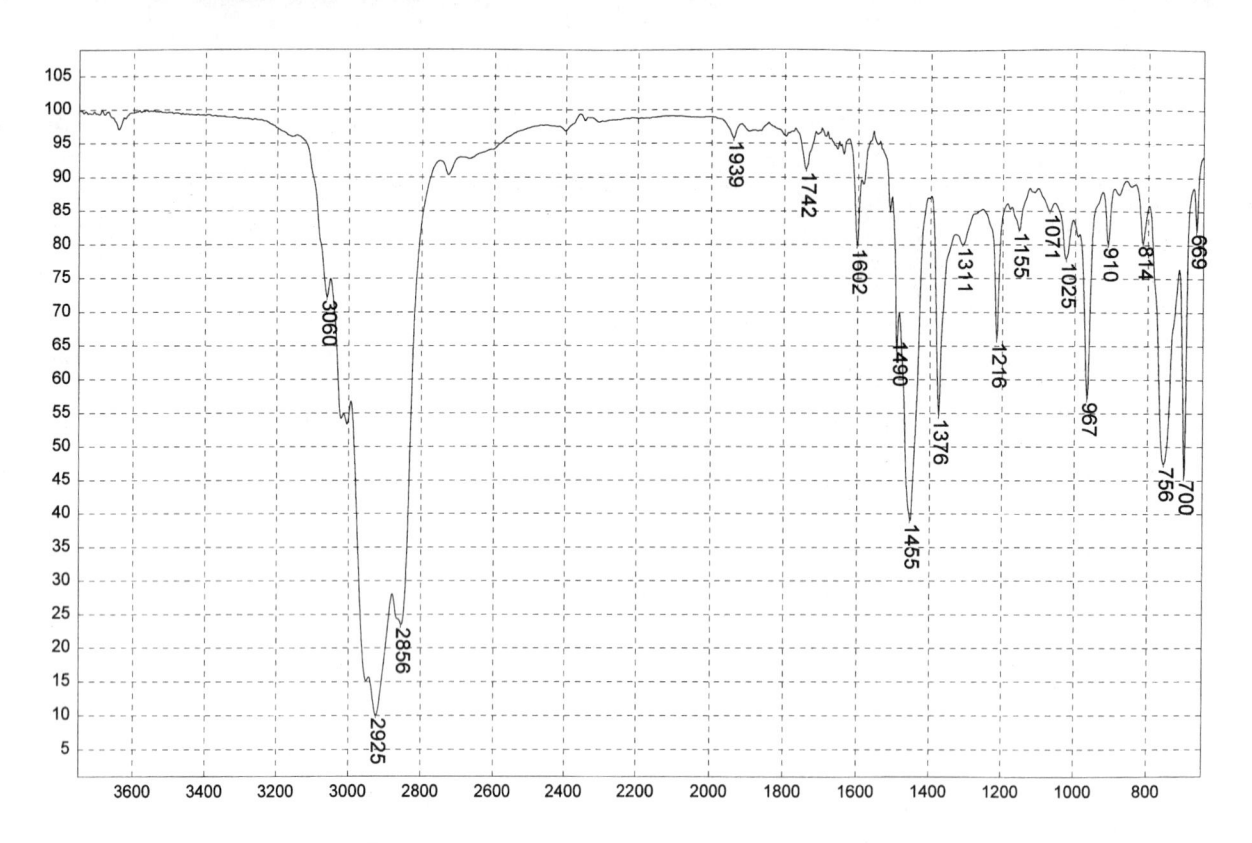

Transmittance / Wavenumber (cm^{-1})

| 1993 | **STYRENE BUTADIENE STYRENE, OIL, C5 HYDROCARBON RESIN (C9 AND POLYTERPENE)** |

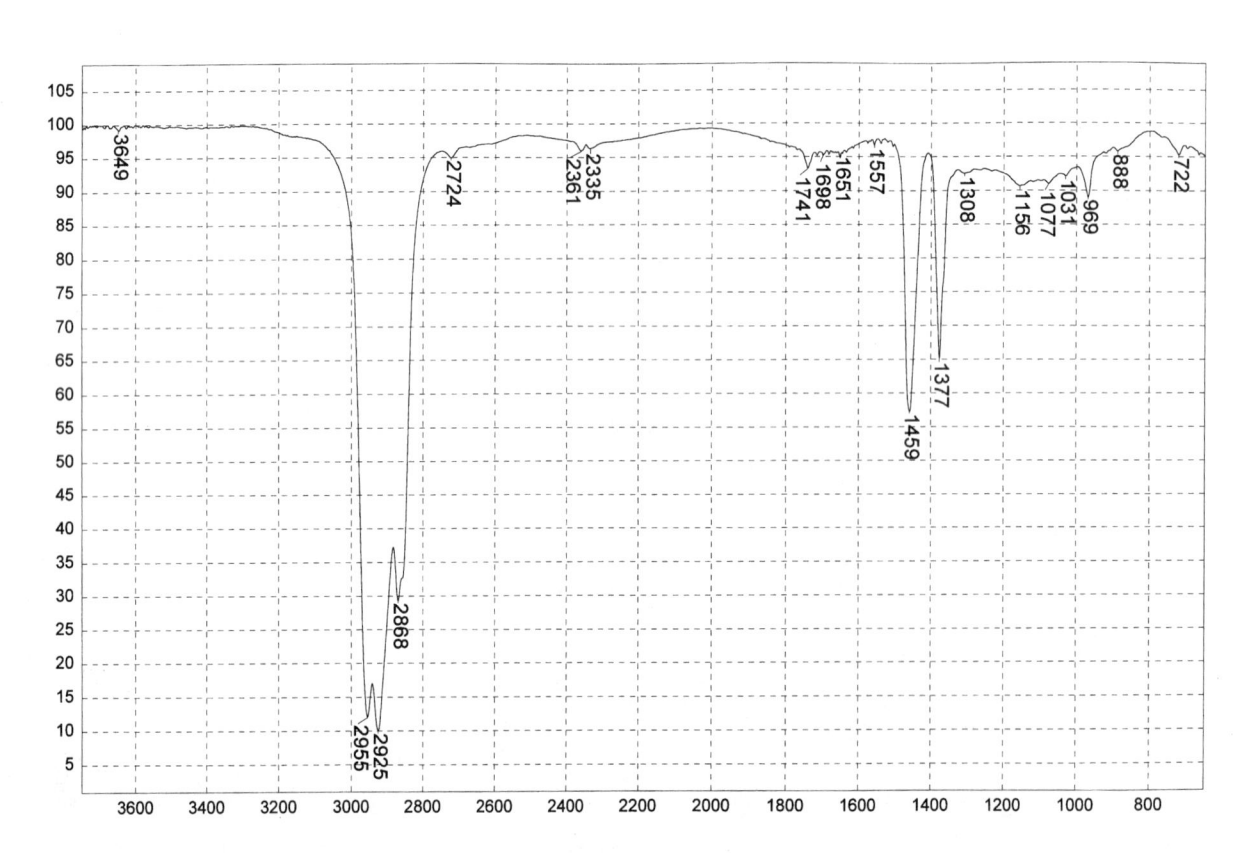

Transmittance / Wavenumber (cm^{-1})

| 1994 | **C5 Hydrocarbon Resin** |

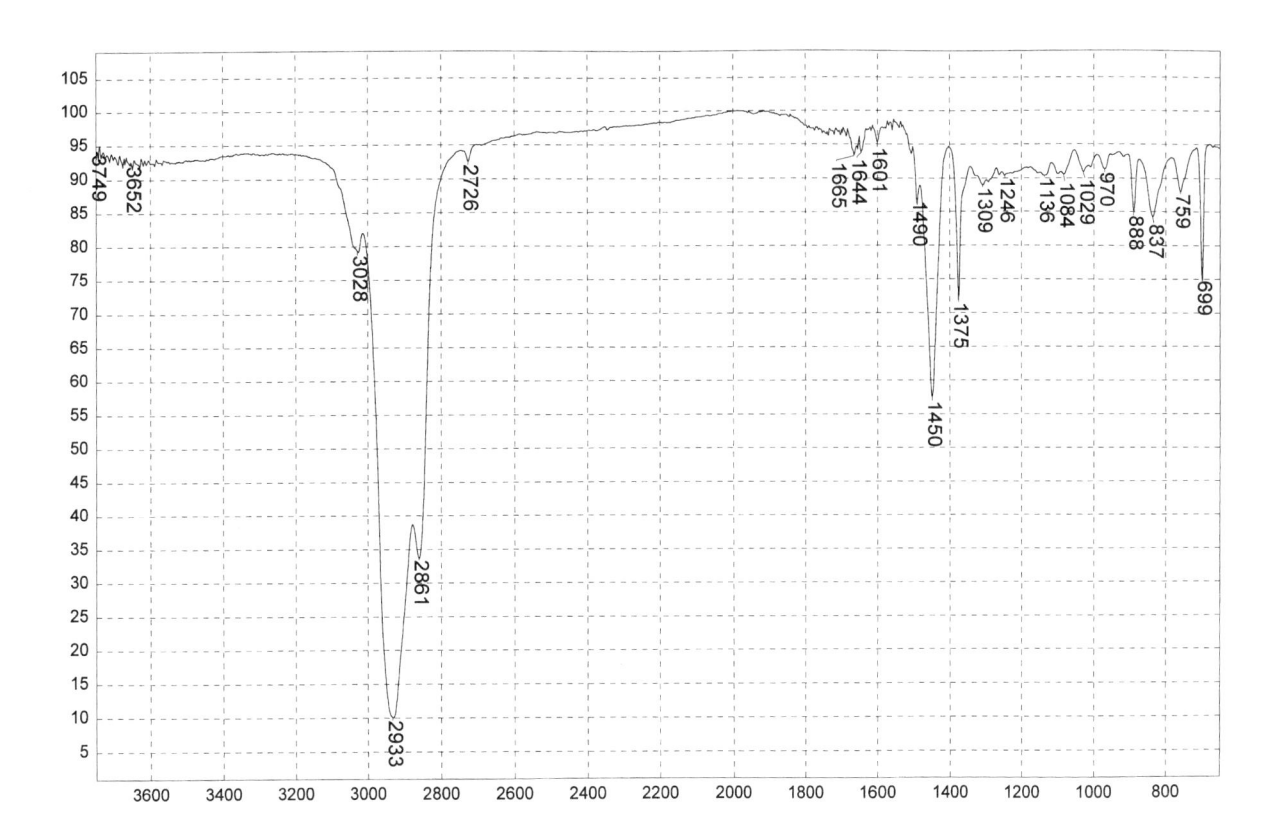

1995 Polystyrene: polyisoprene base polymer

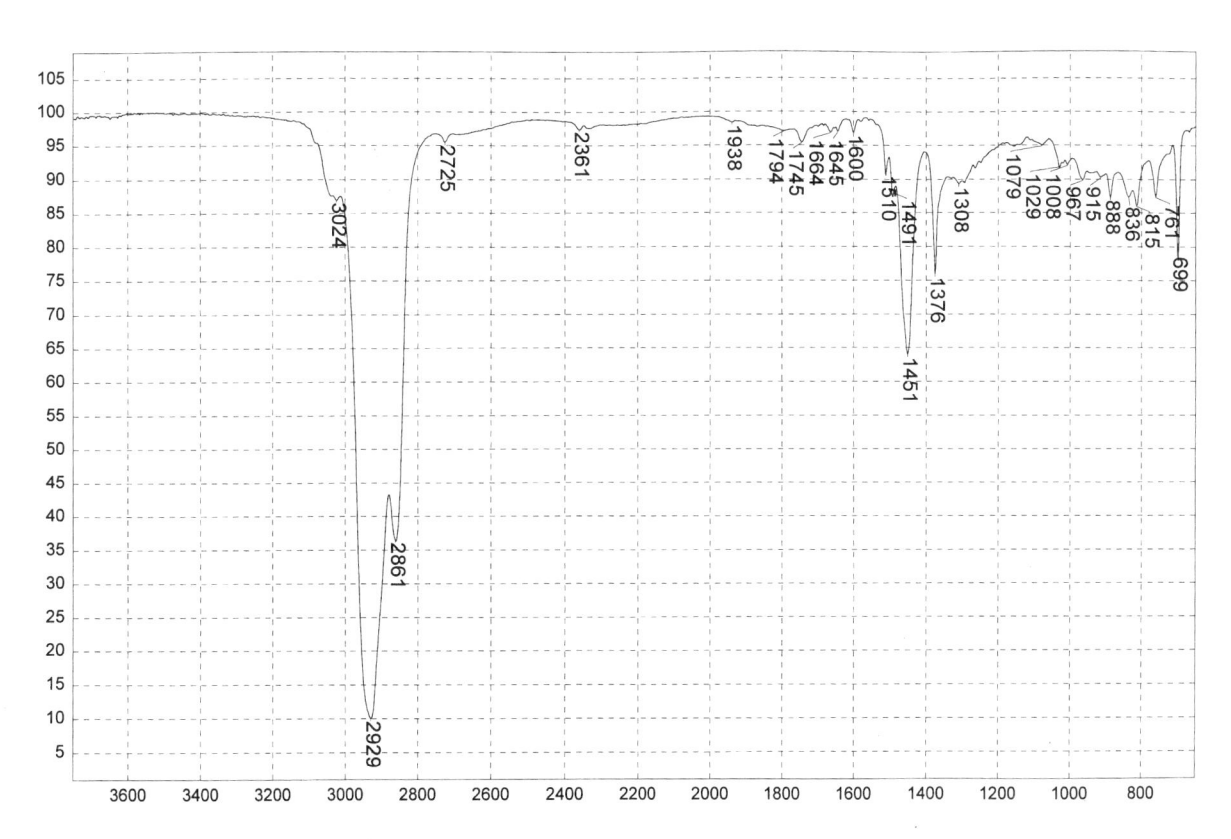

1996 Polystyrene: polyisoprene base polymer with polycyclopentadiene resin

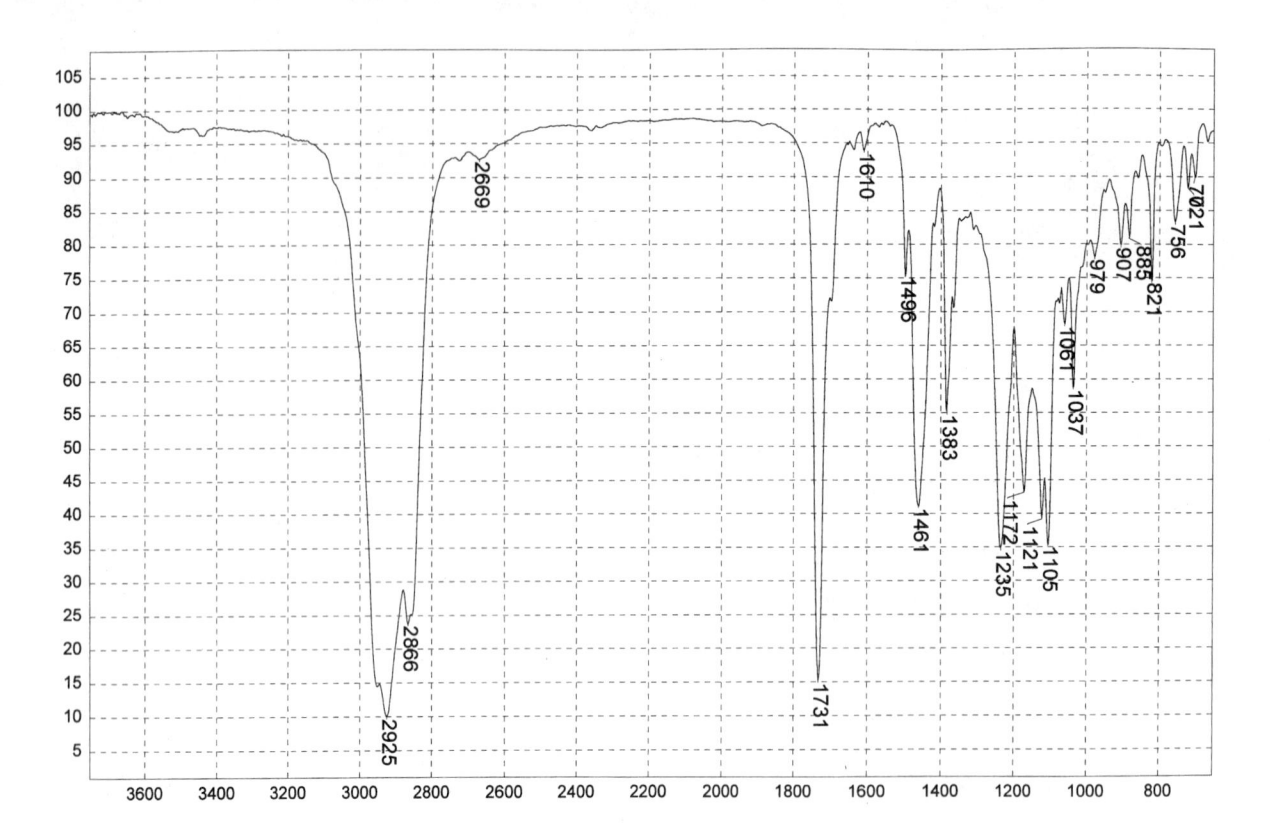

1997   Hydrogenated rosin ester tackifier resin

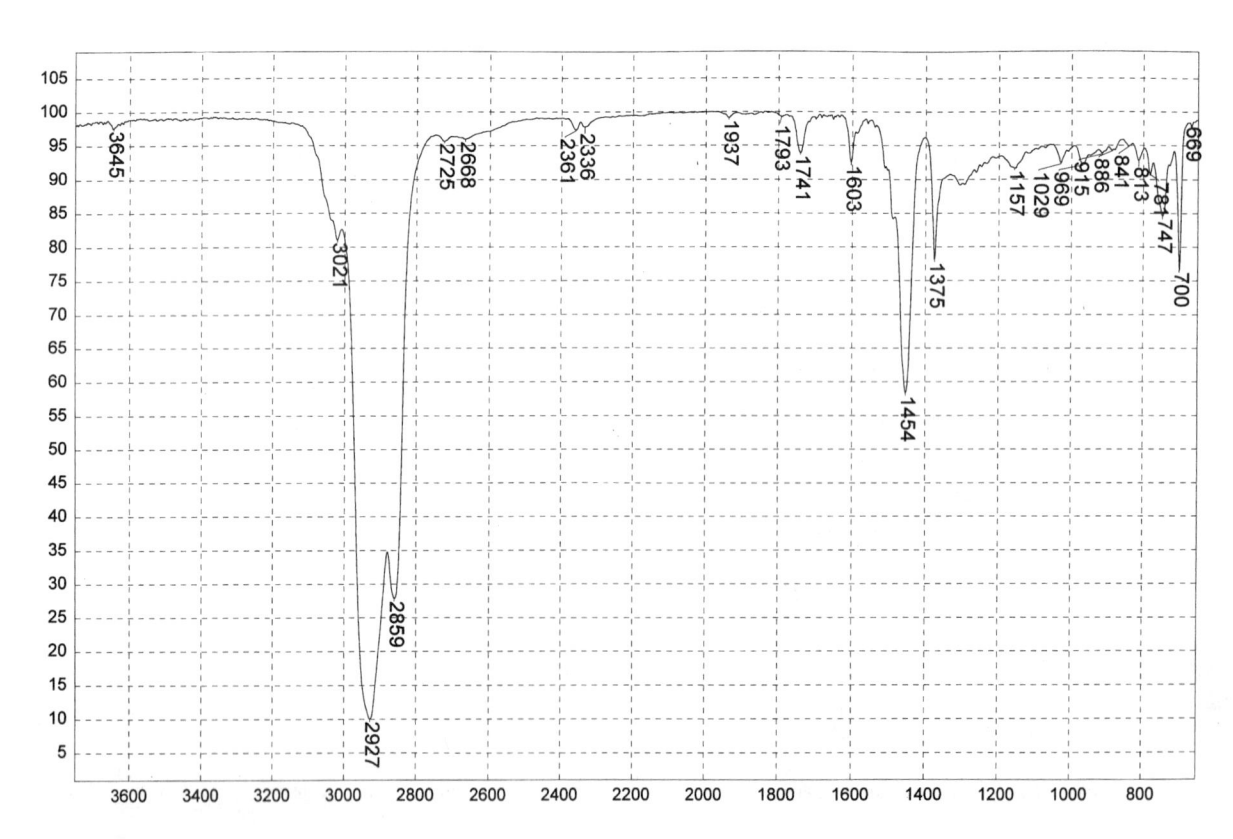

1998   Findley adhesive H 2253 tackifier resin

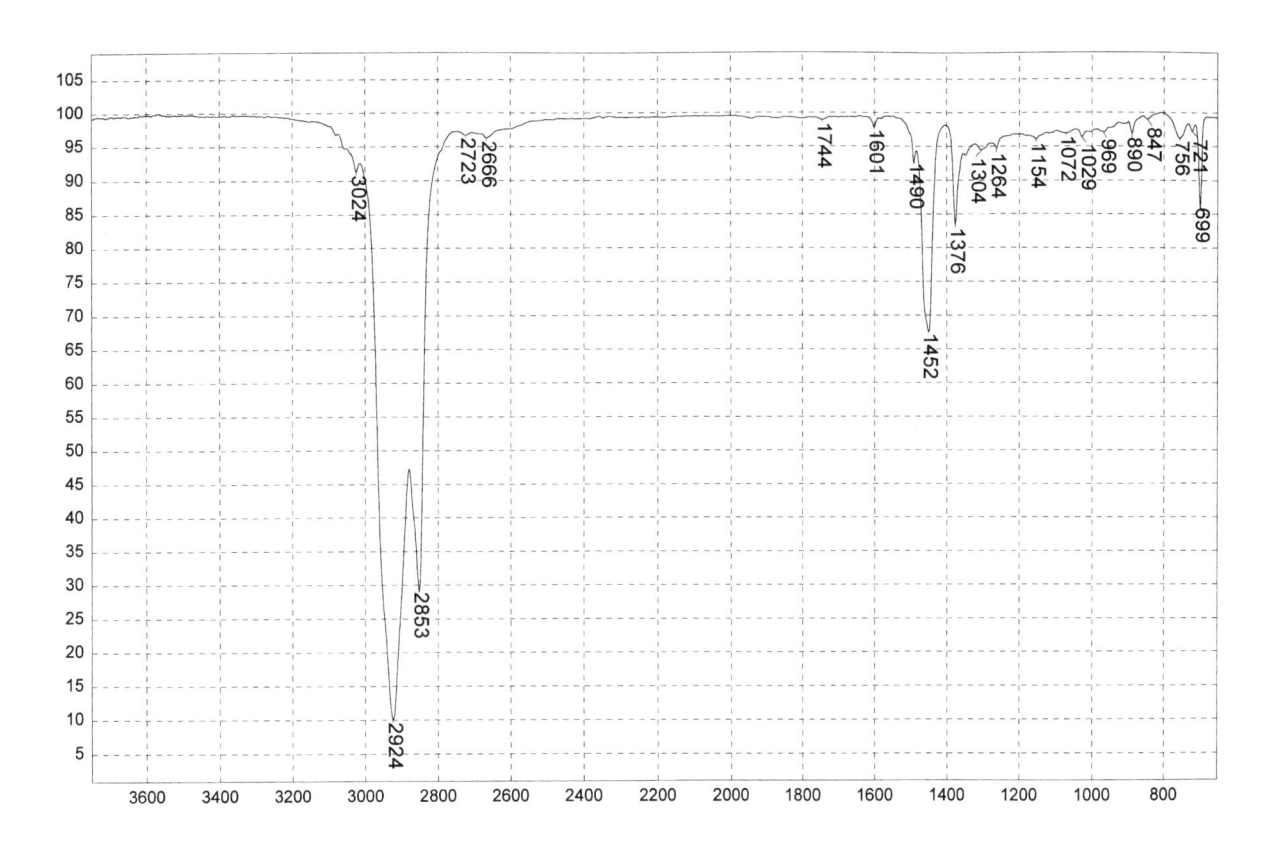

1999   Styrene, ethylene butylene, styrene copolymer

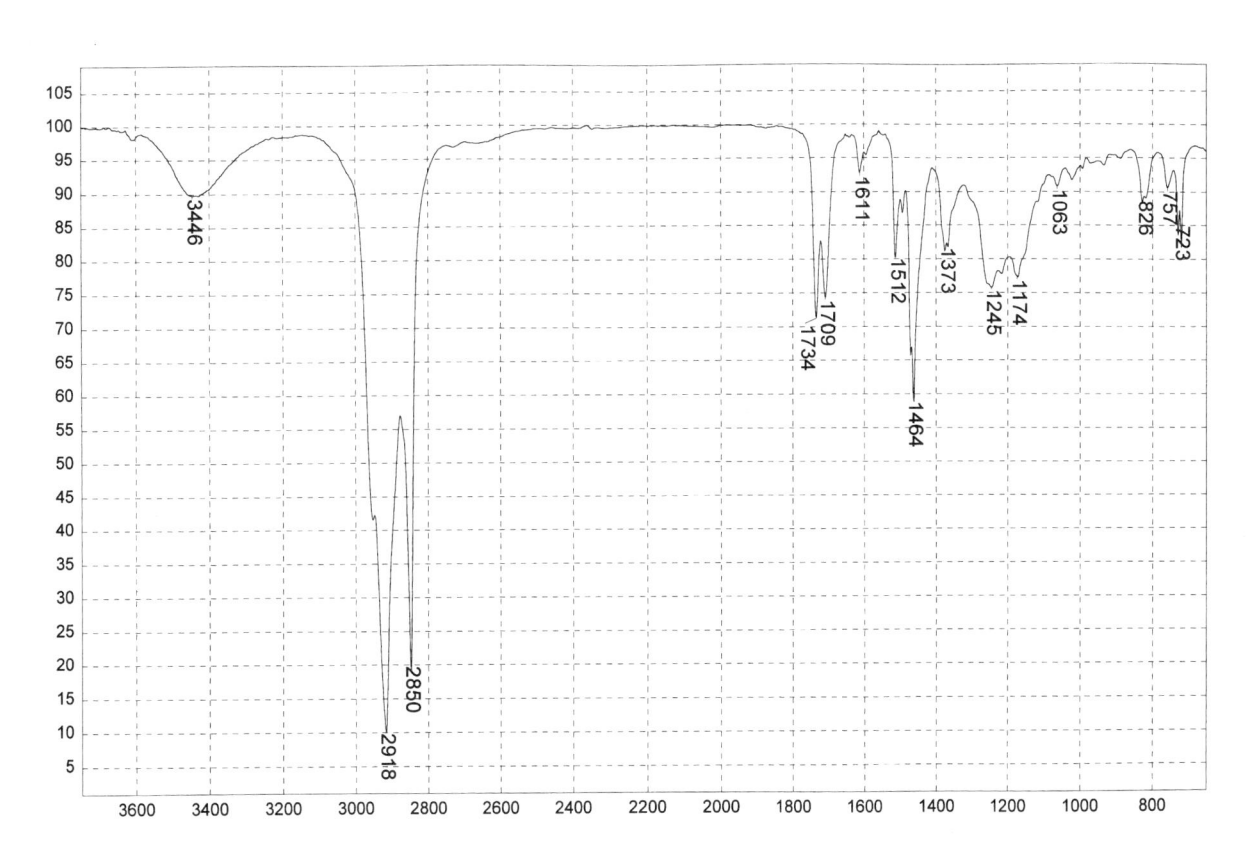

2000   Ethylene vinyl acetate

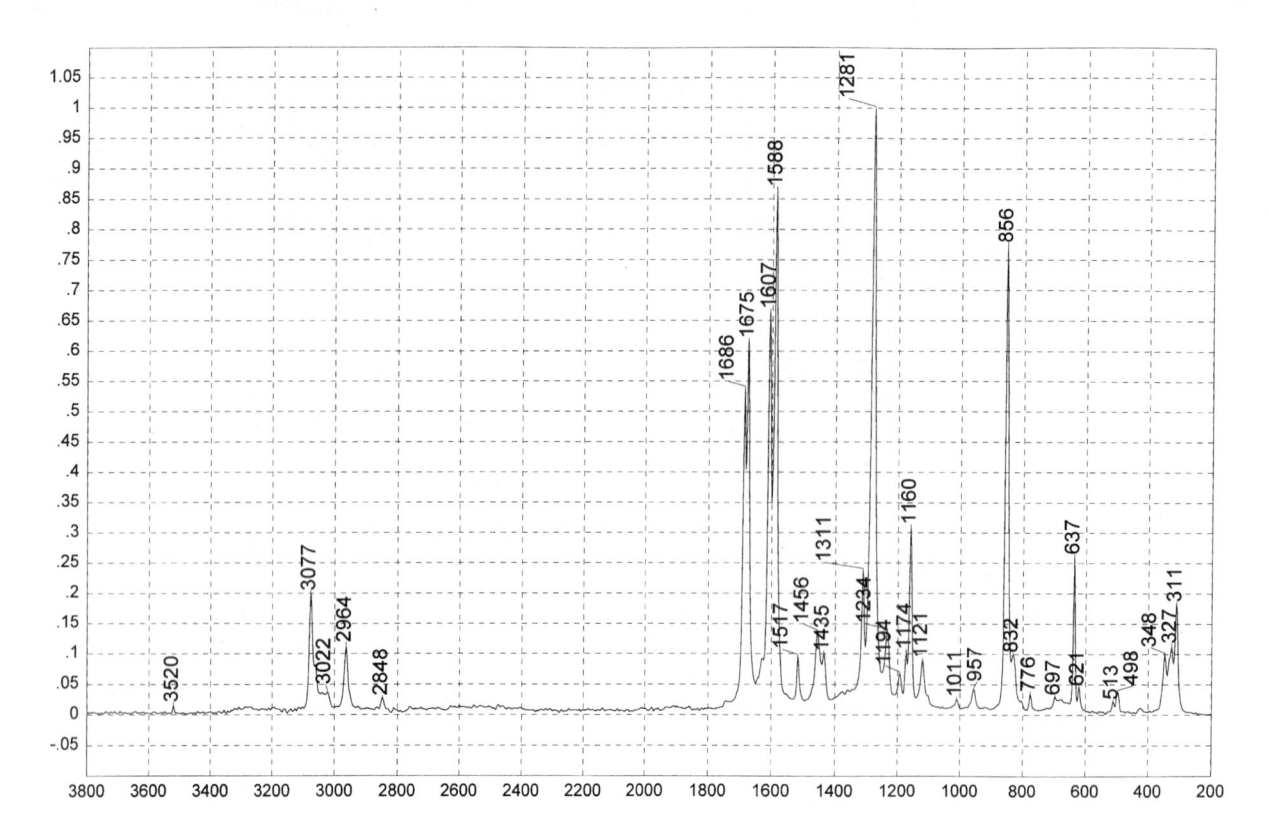

2001   Methyl paraben, methyl p-benzoate

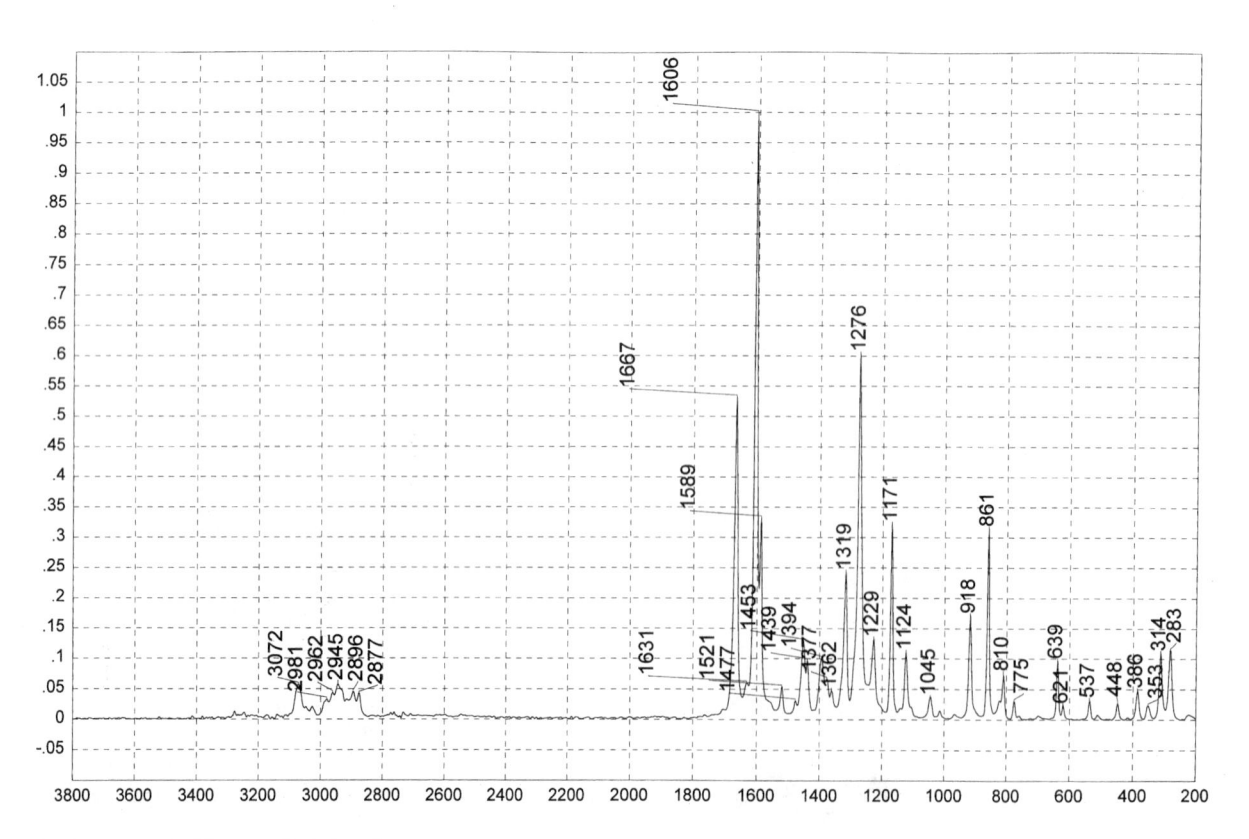

2002   Propyl paraben, propyl p-benzoate

2003 Butyl paraben, butyl p-benzoate

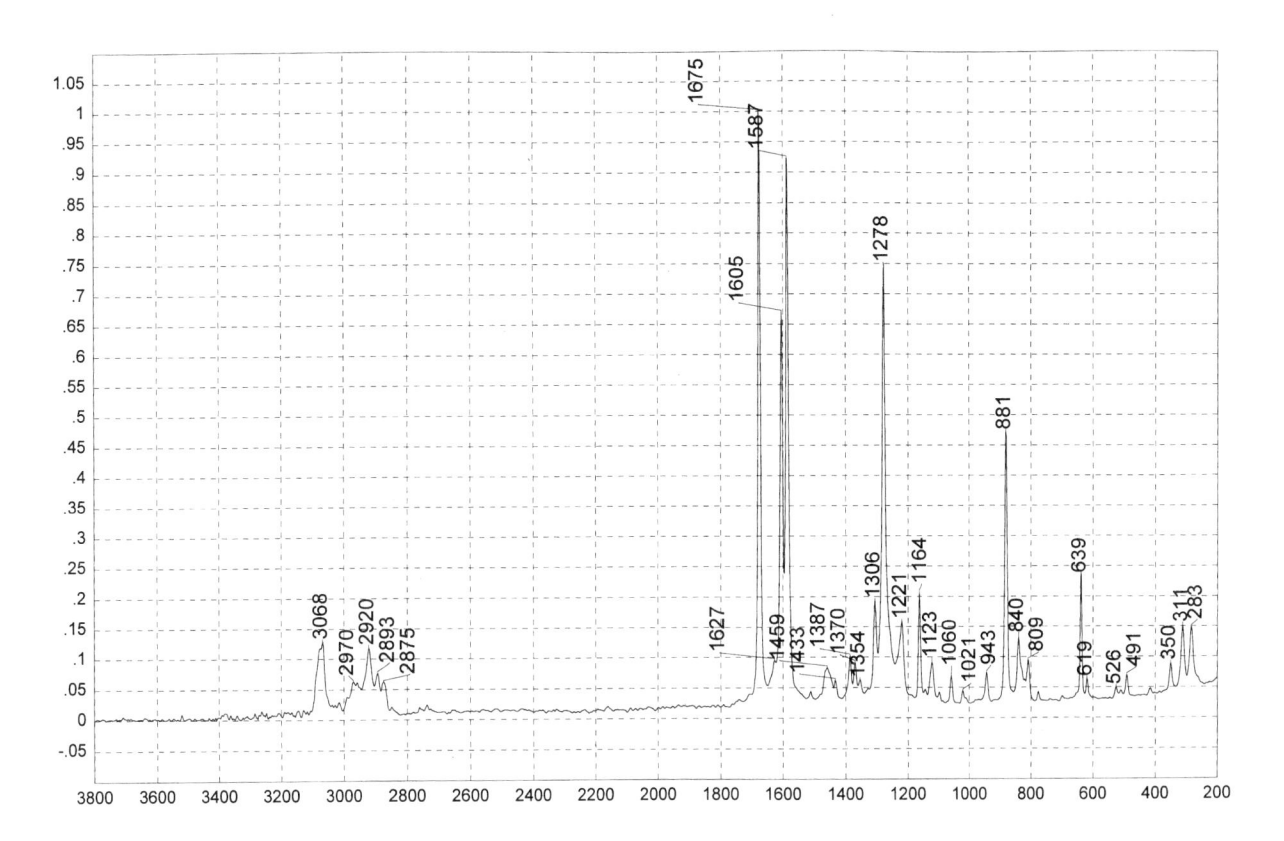

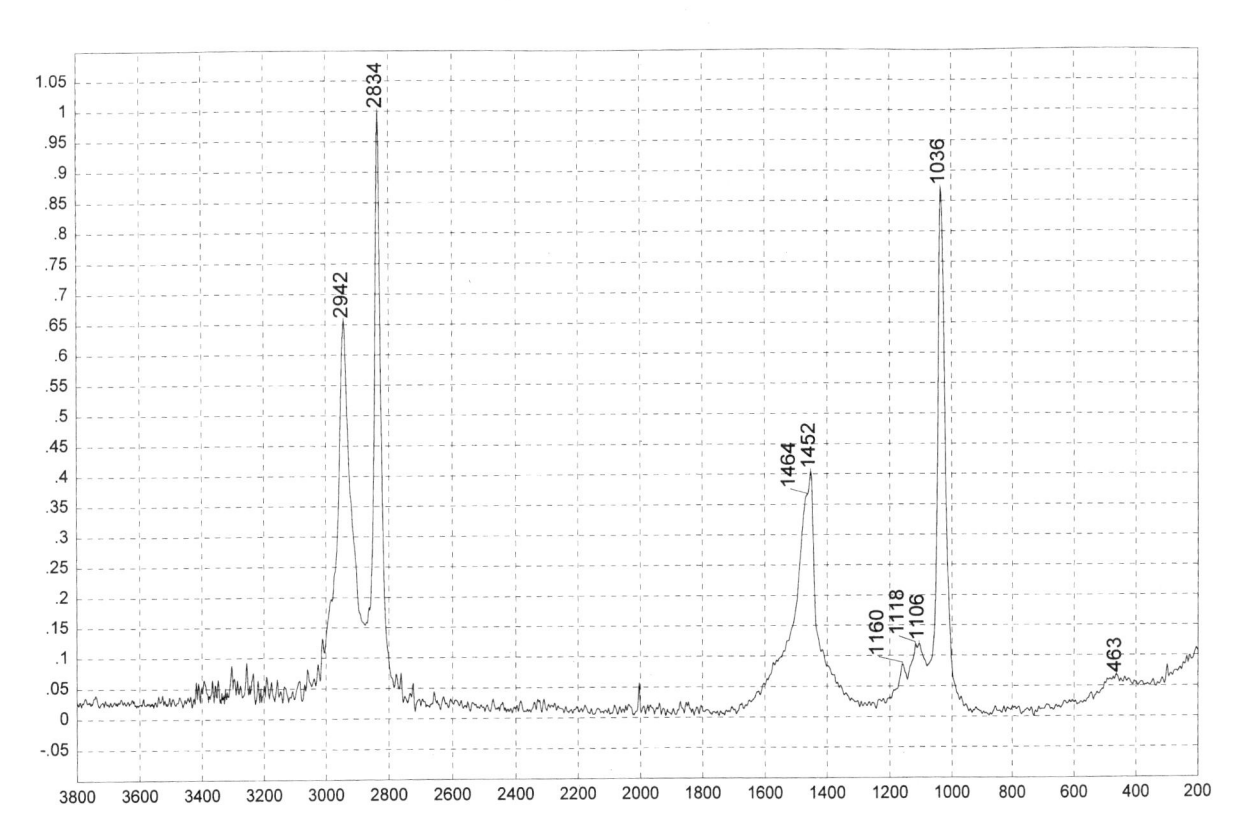

2004 Methyl Alcohol

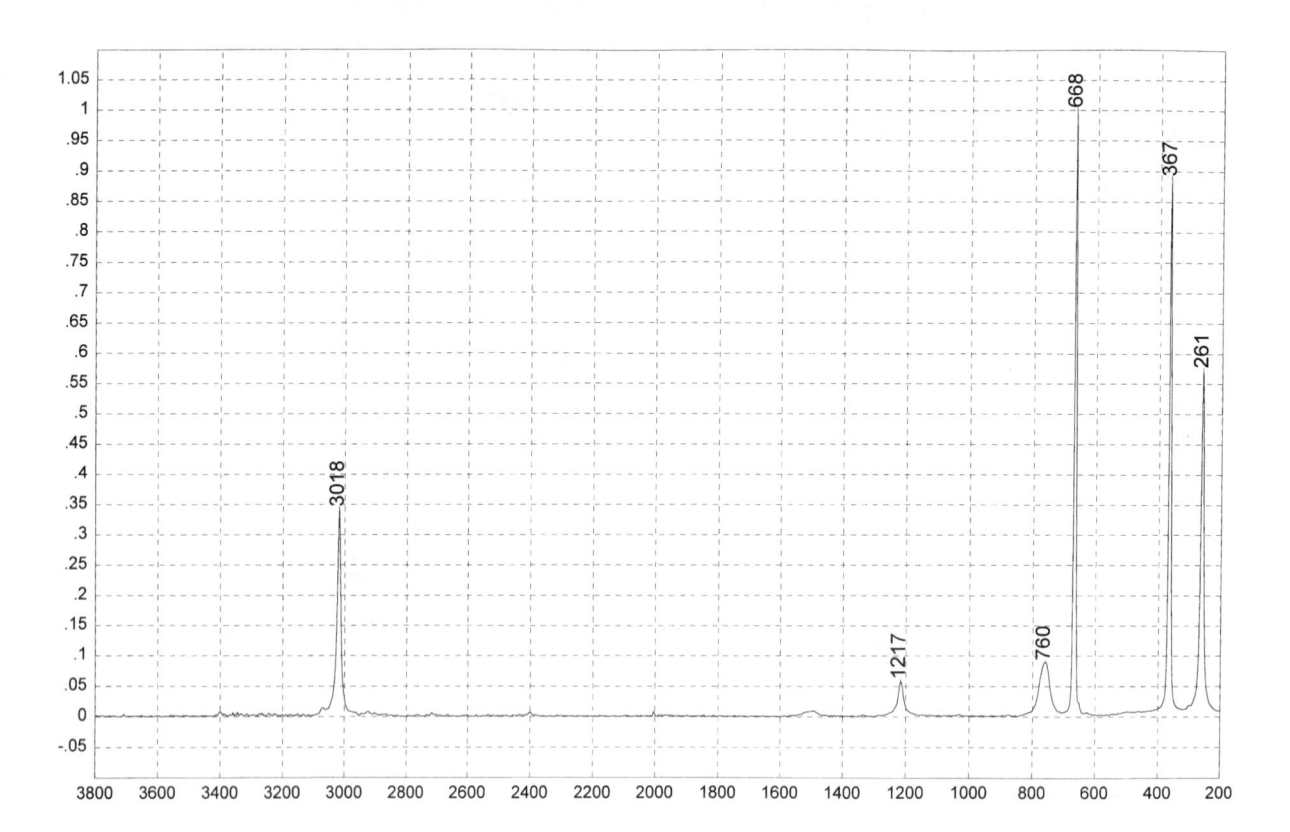

2005 Chloroform, Trichloromethane

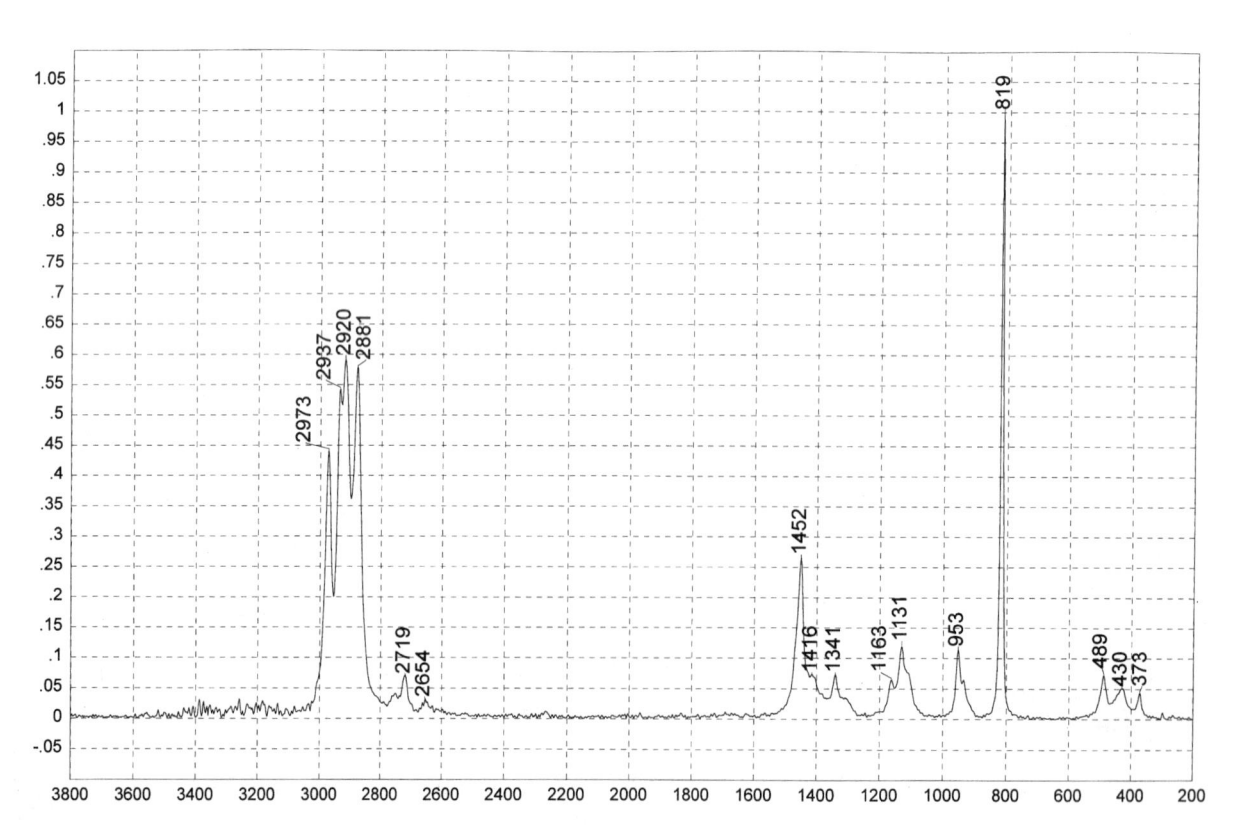

2006 Isopropanol, isopropyl alcohol

500

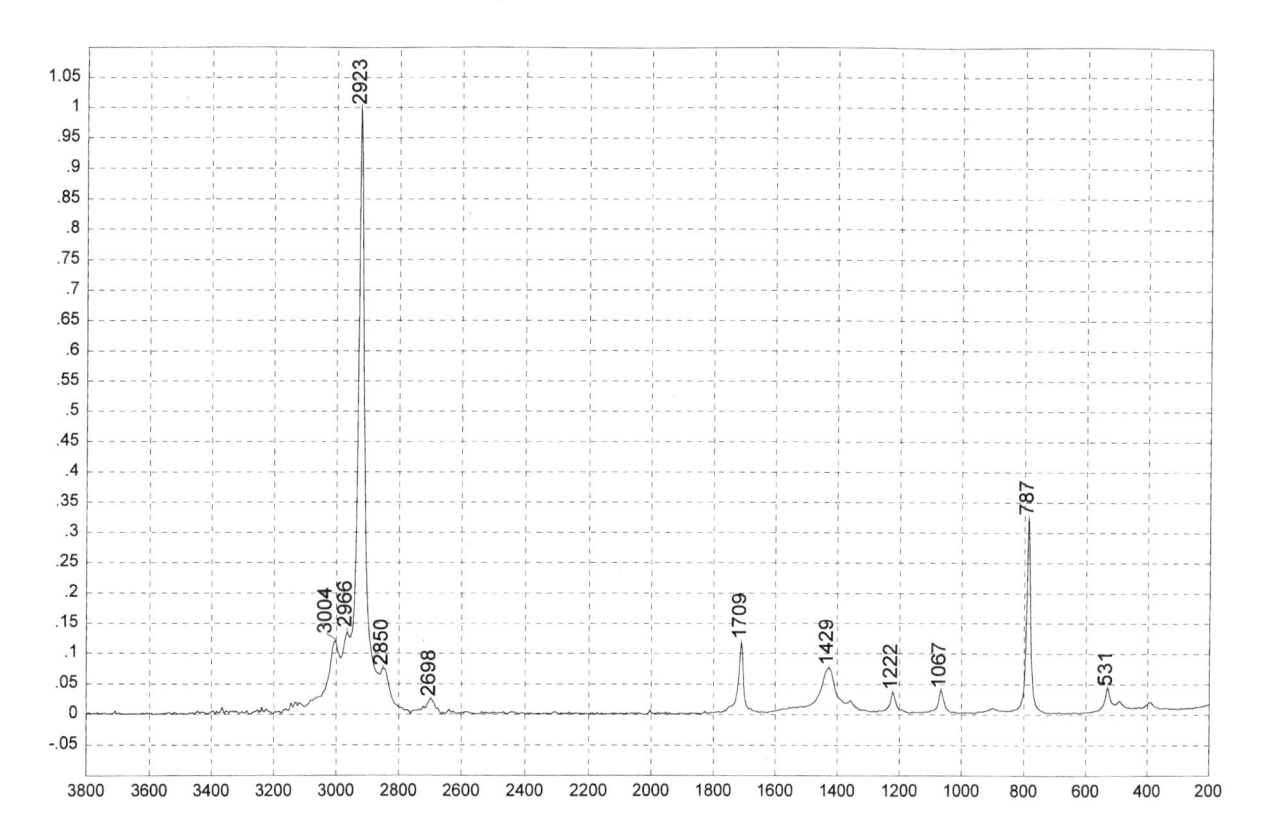

2007 Acetone, Dimethylketone, 2-Propanone

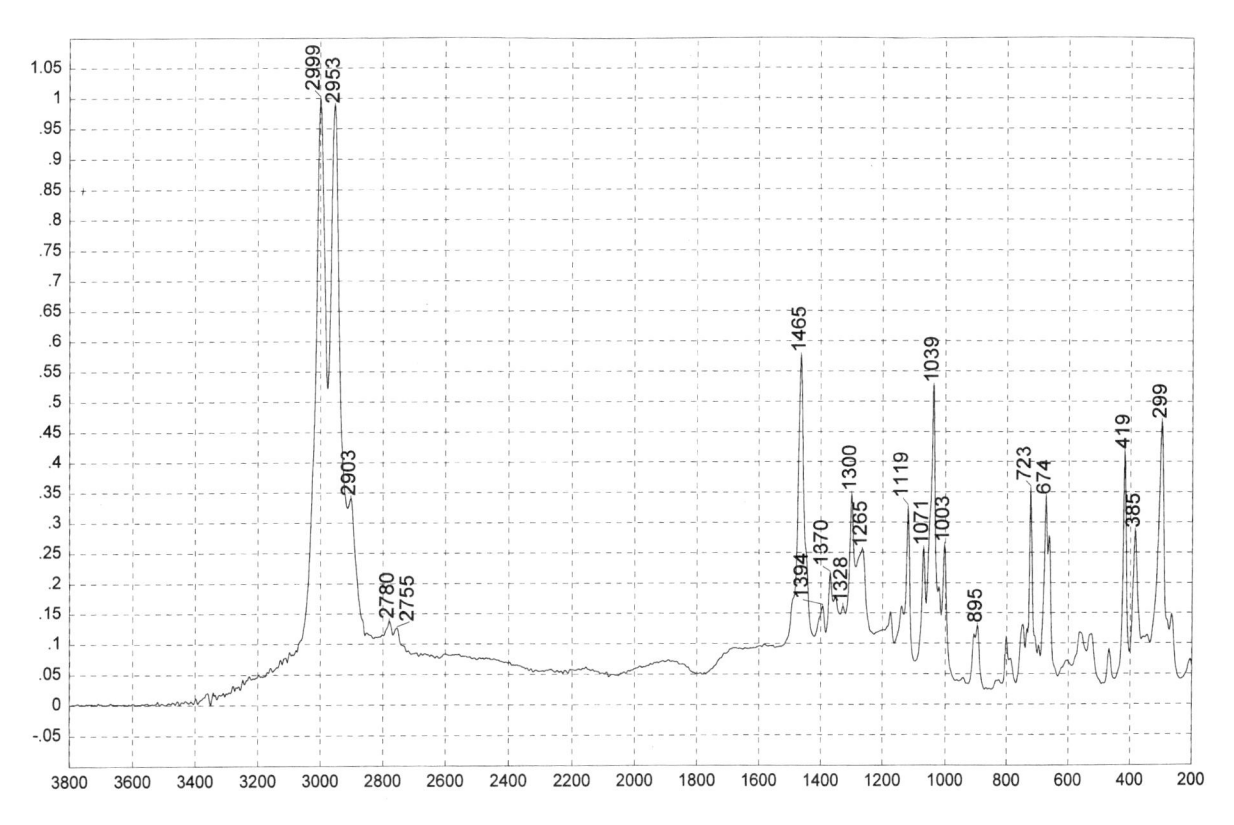

2008 Perfluoro-1-octanesulfonic acid tetraethylammonium salt

501

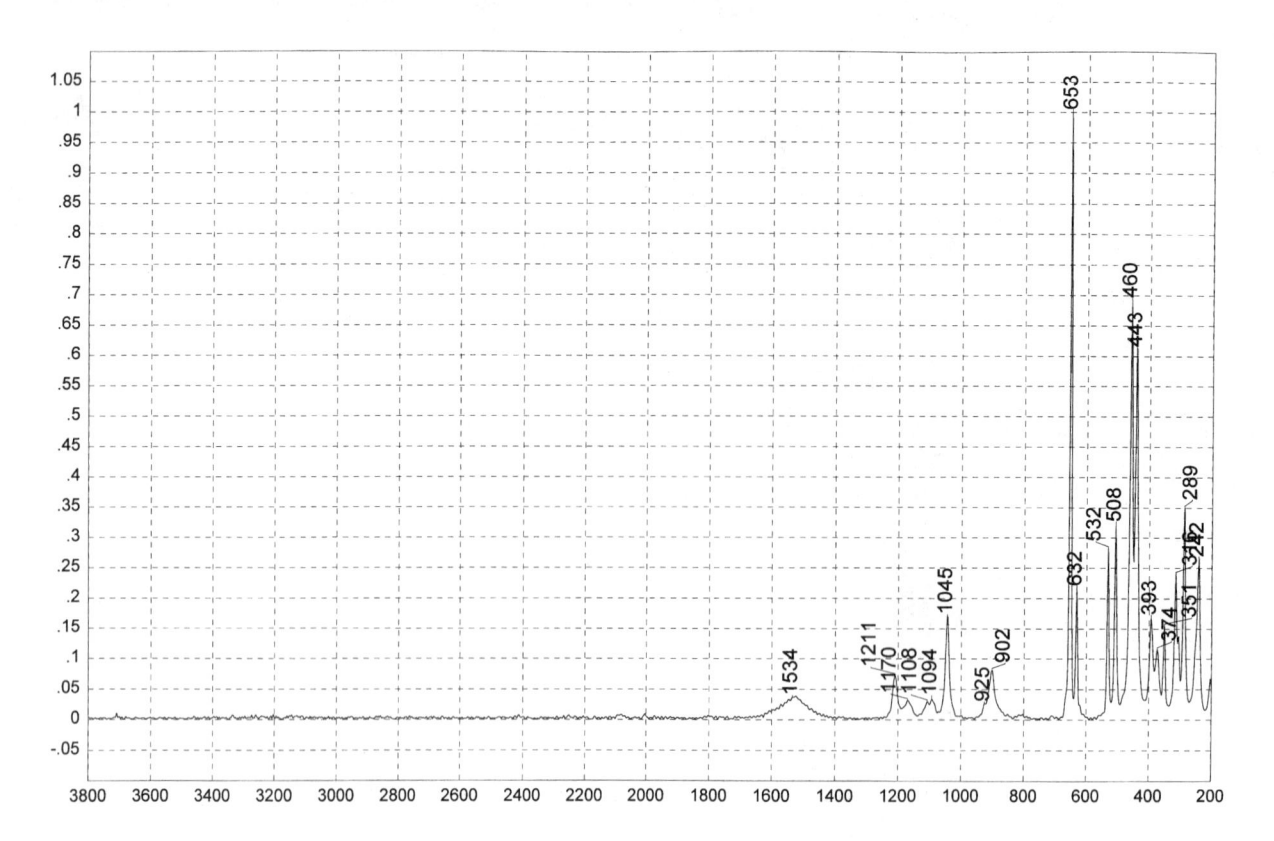

2009 Freon, 1,1,2-trichloro-1,2,2-trifluoroethane

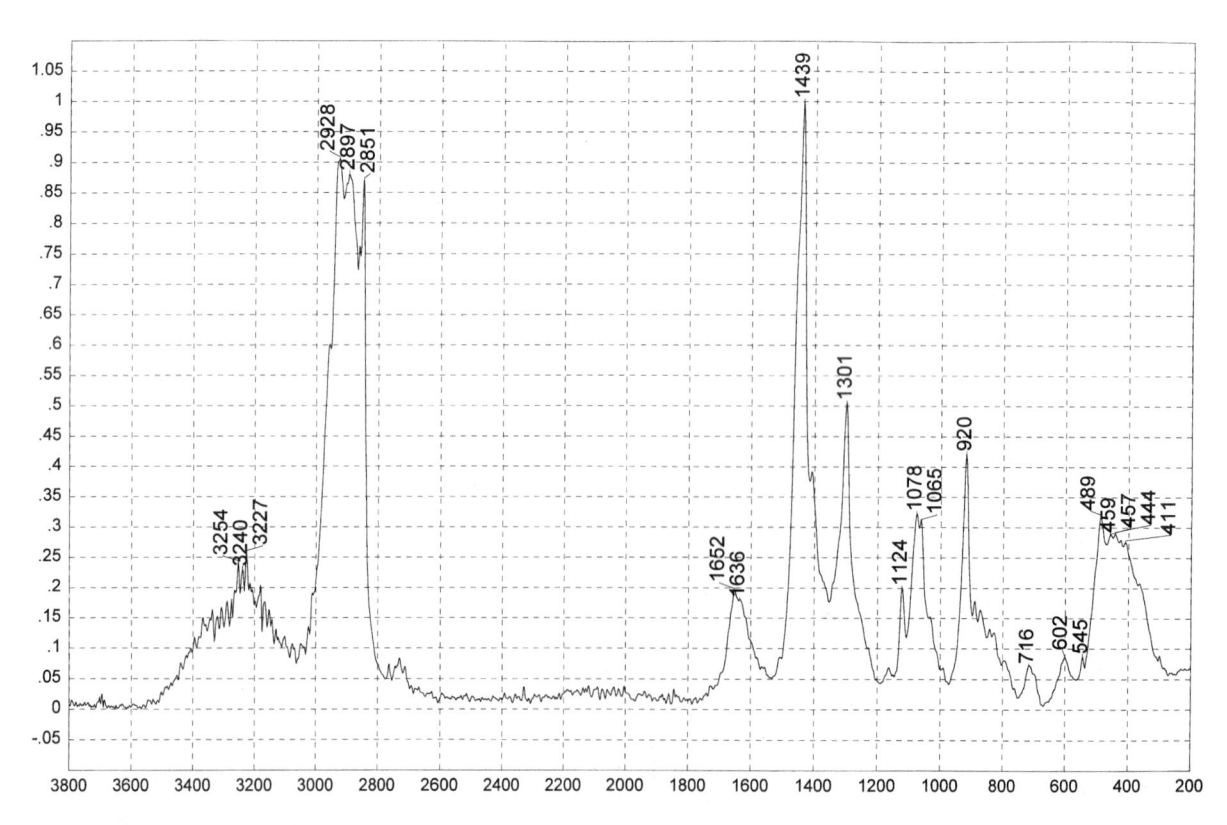

2010 Miranol

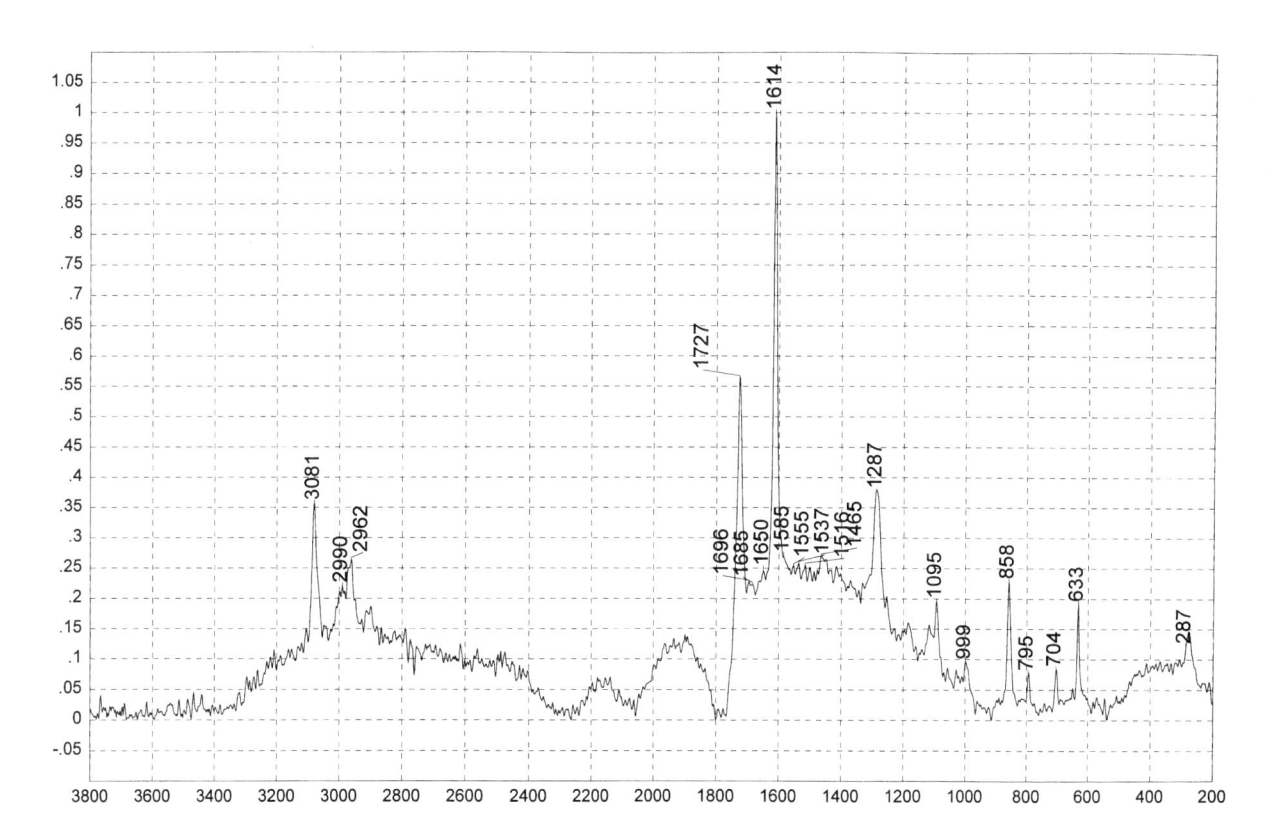

2011 Polyester Thread

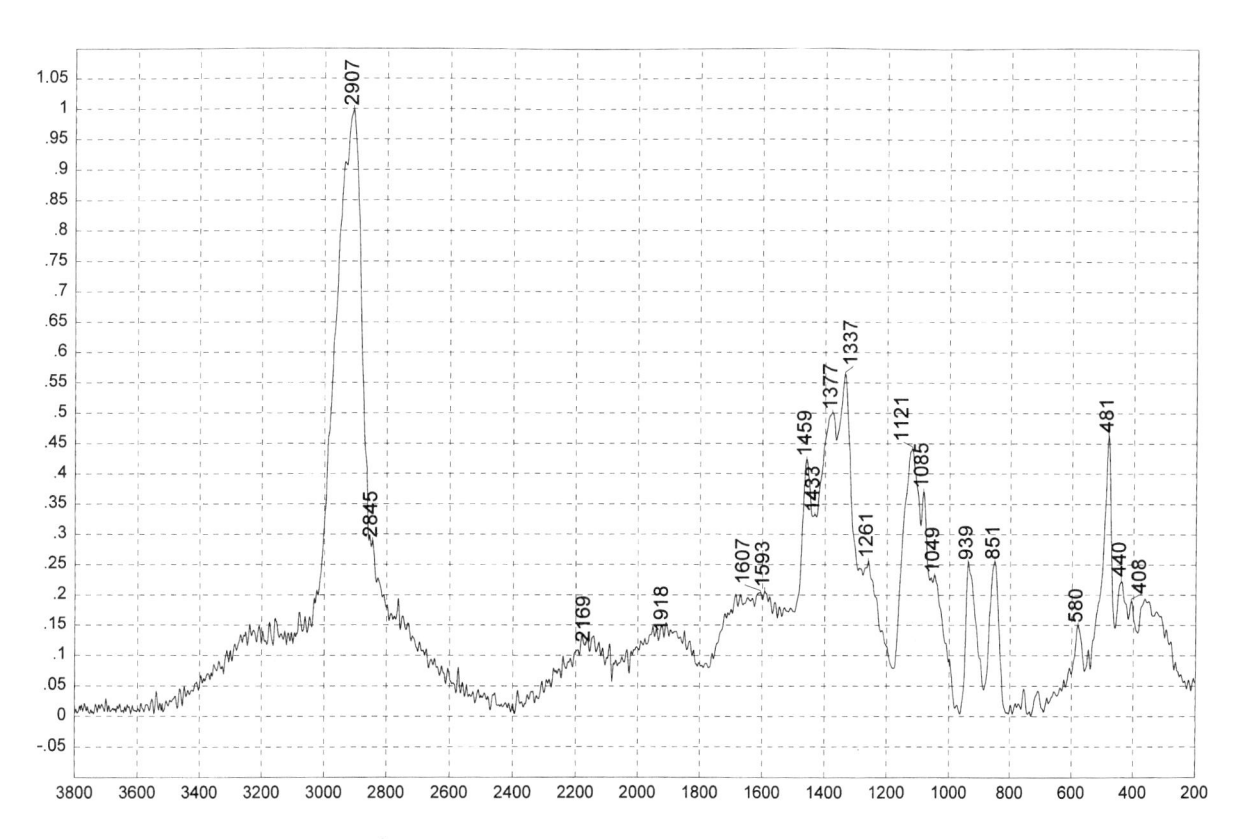

2012 Styrofoam, white

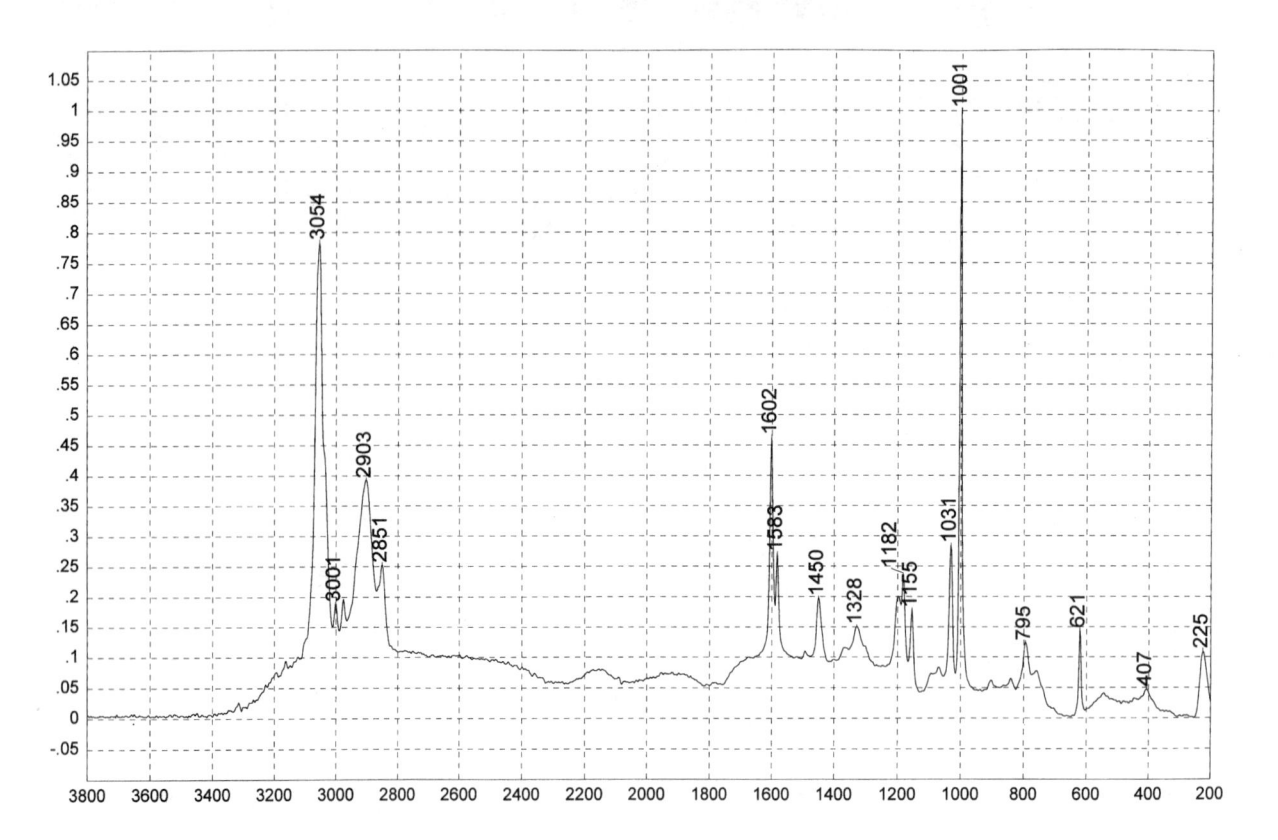

2013 Styrofoam, red dye

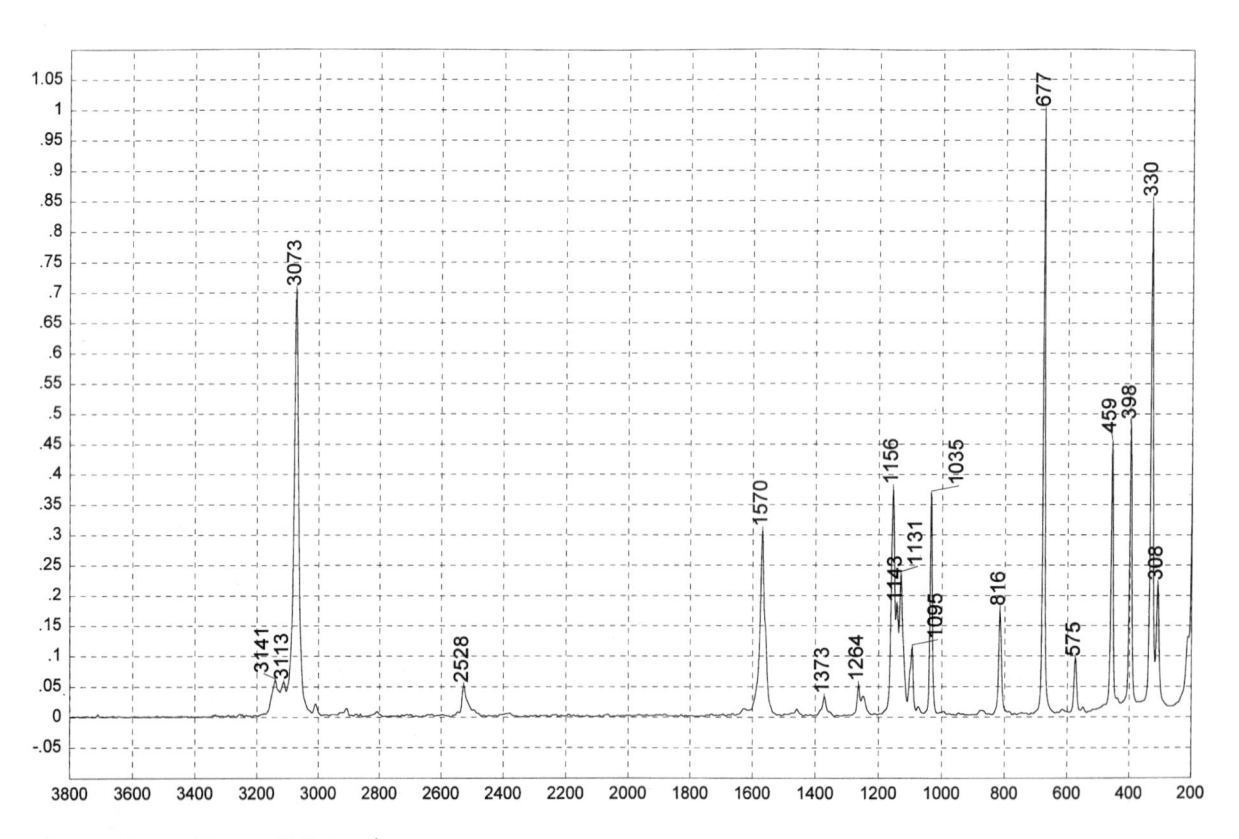

2014 1,2,4-Trichlororbenzene

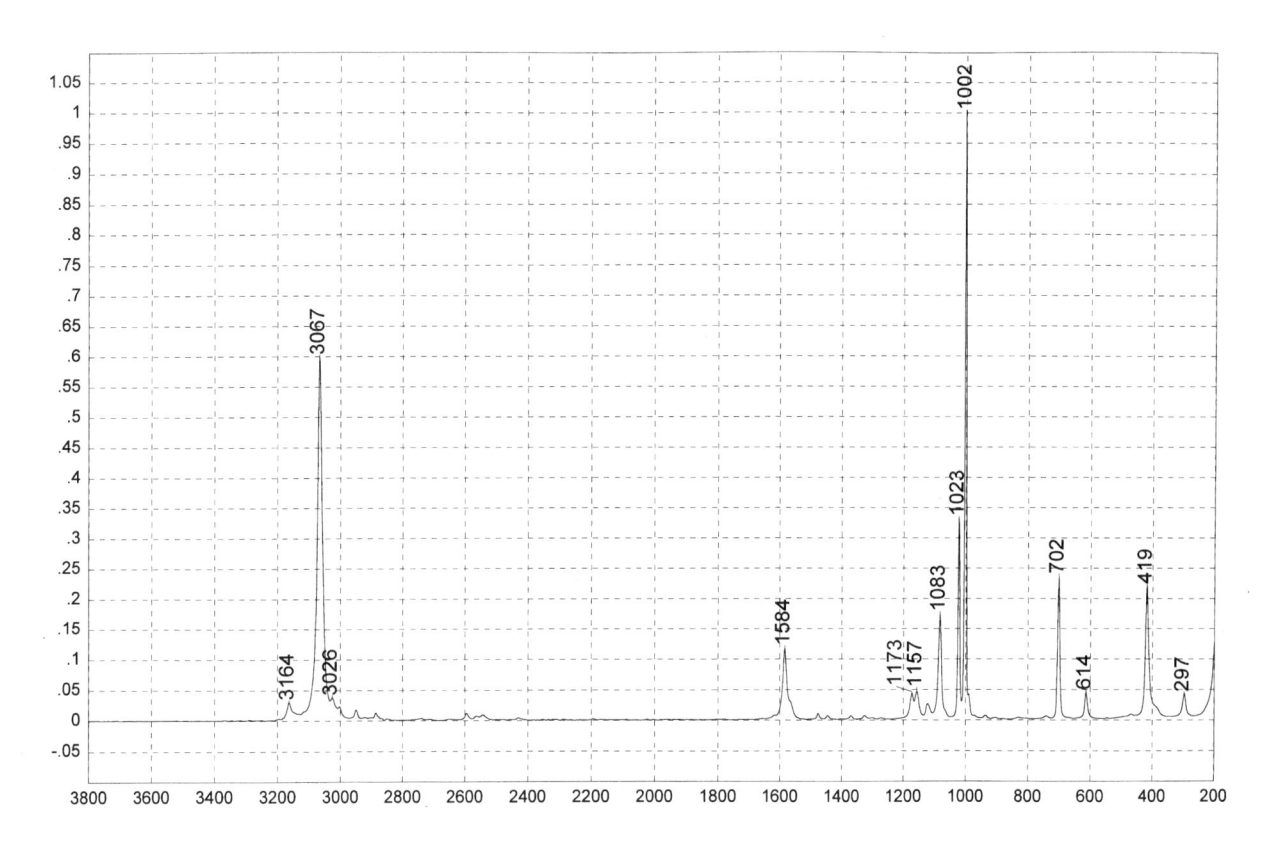

2015 Chlorobenzene

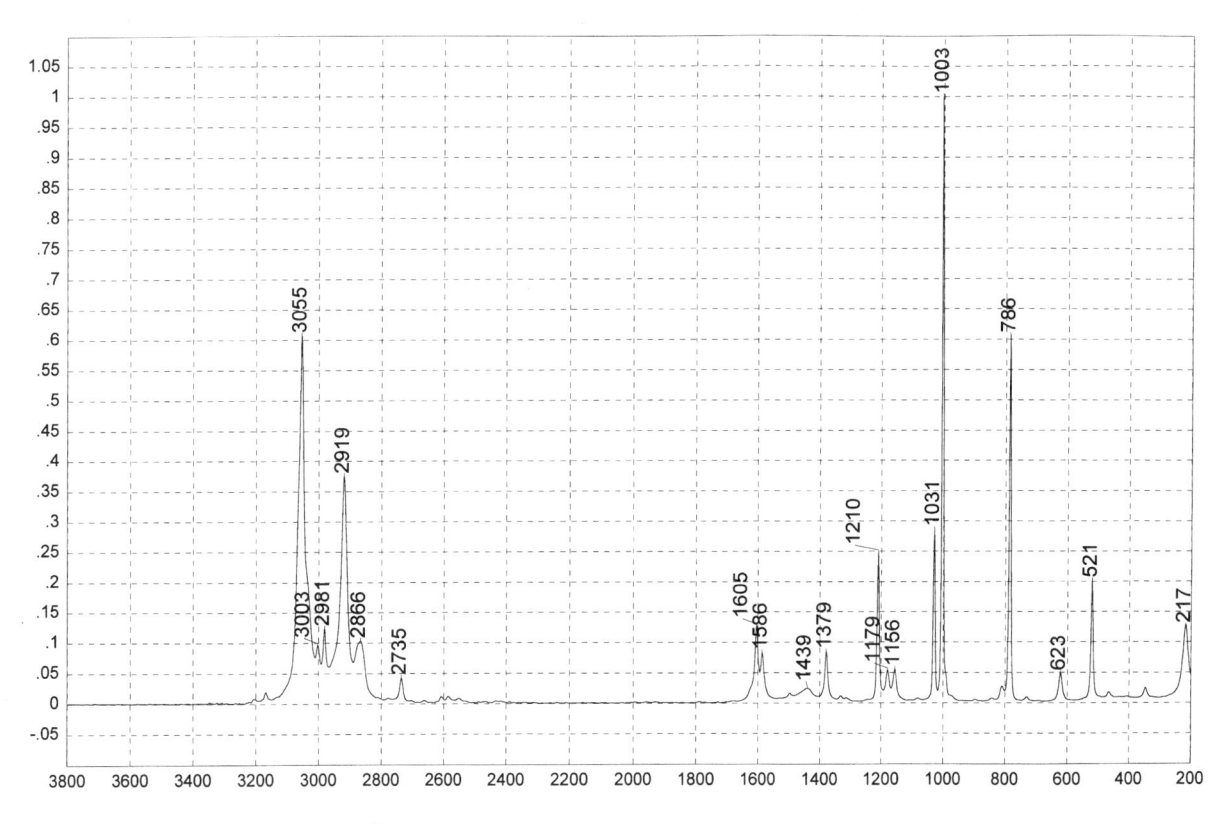

2016 Toluene, Methylbenzene, Phentlmethane

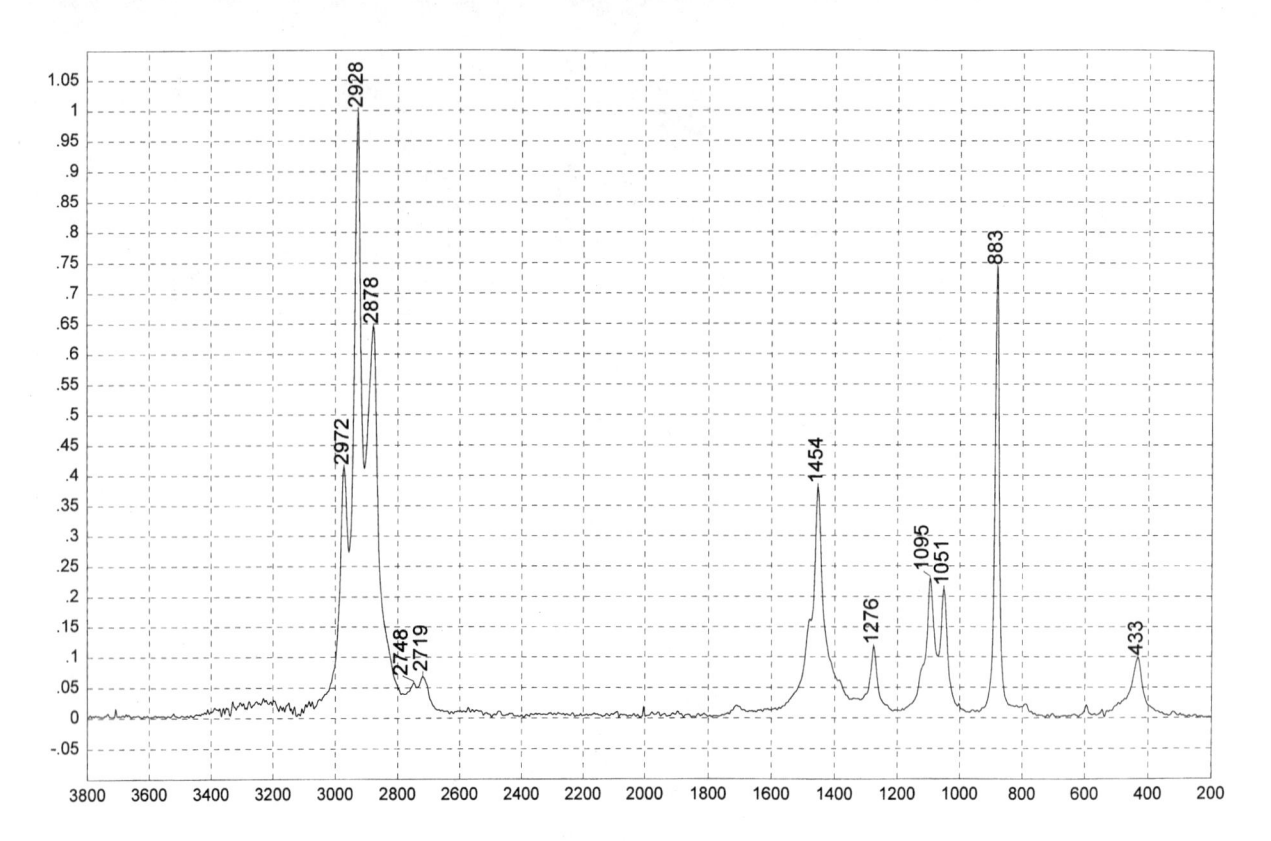

2017 **Ethyl Alcohol**

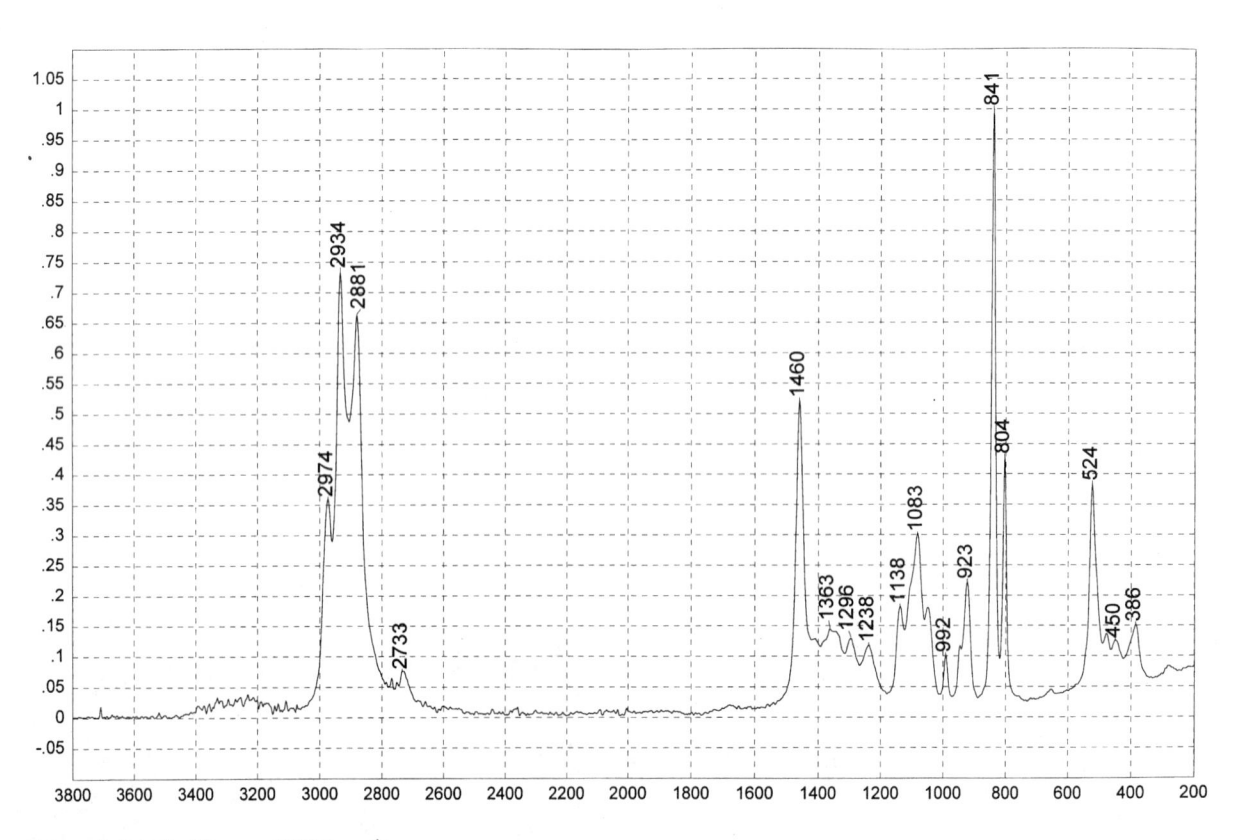

2018 **Propylene Glycol**

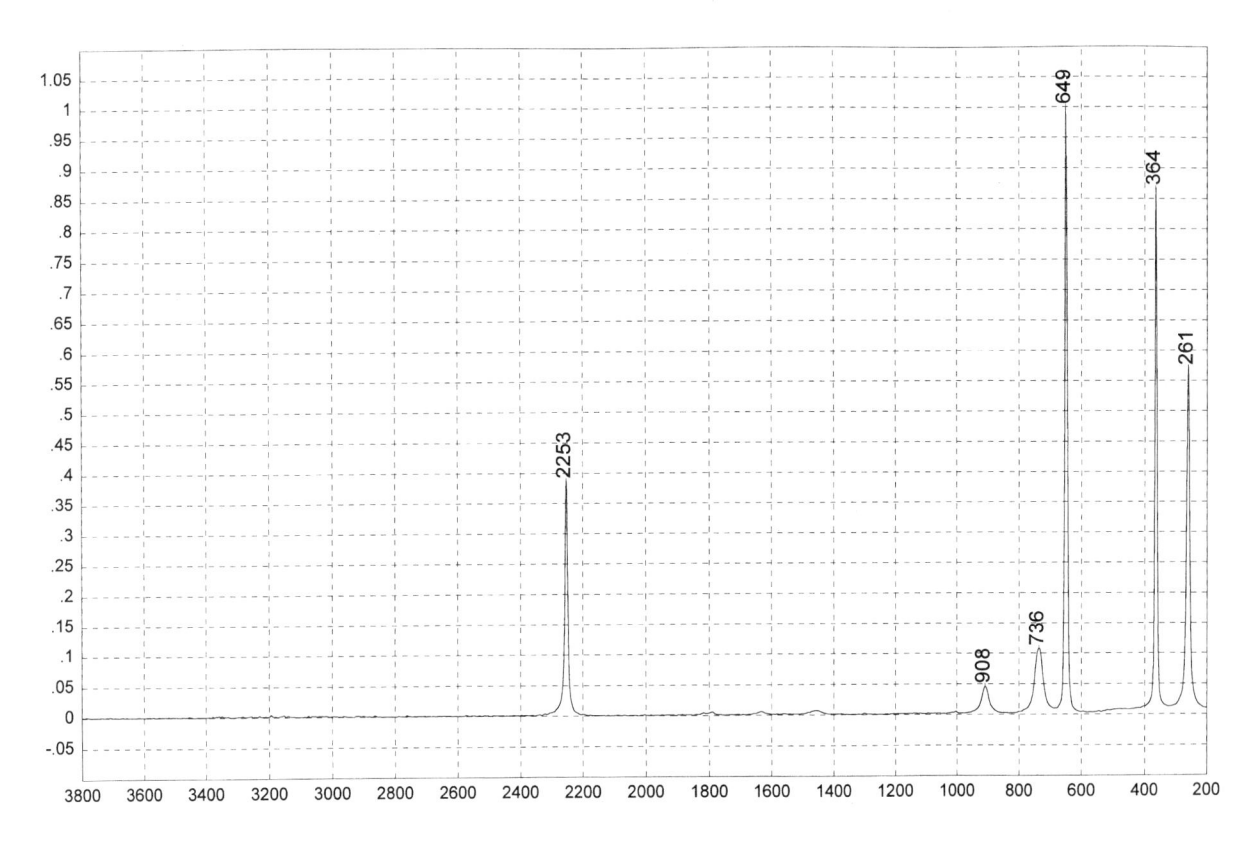

| 2019 |

Chloroform

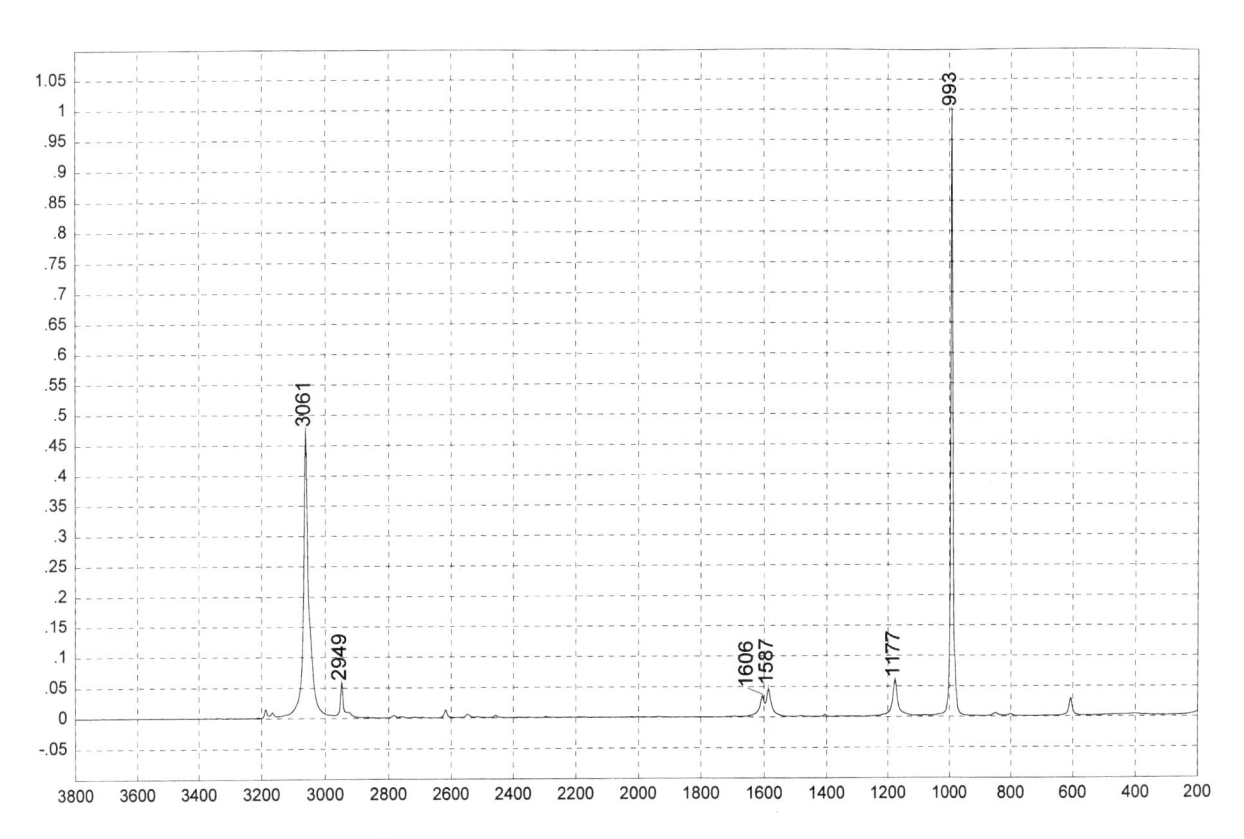

| 2020 |

Benzene

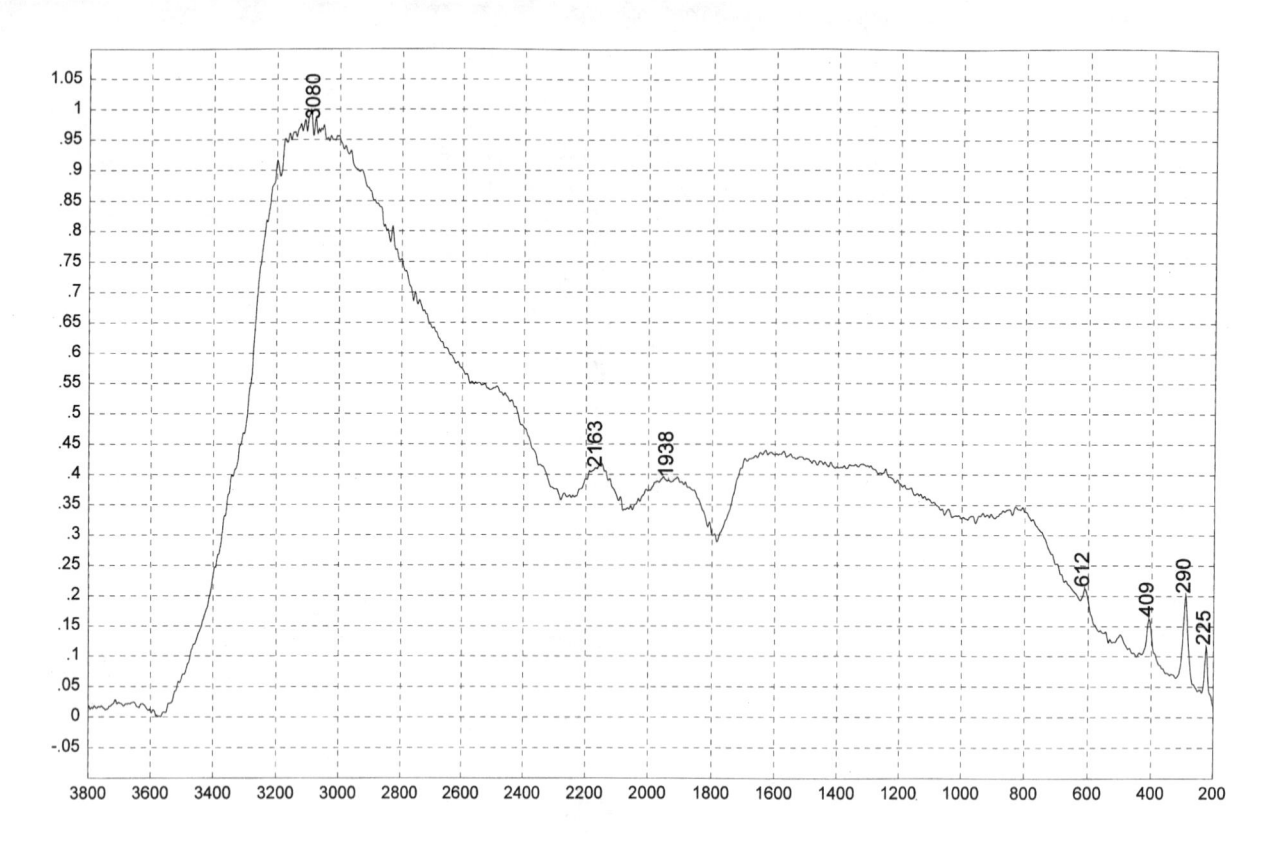

Raman Intensity / Raman Shift (cm⁻¹)

2021   **IRON OXIDE**

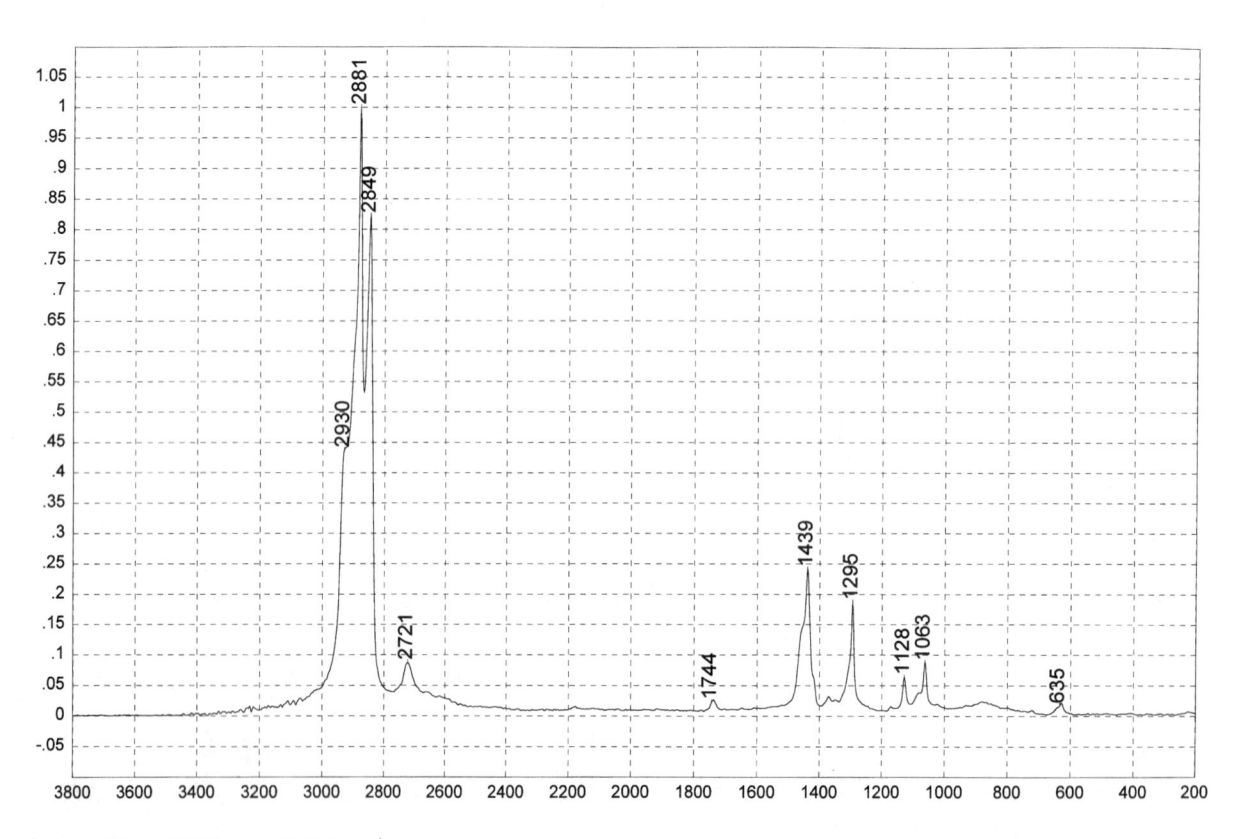

Raman Intensity / Raman Shift (cm⁻¹)

2022   **ETHYLENE VINYL ACETATE 18%**

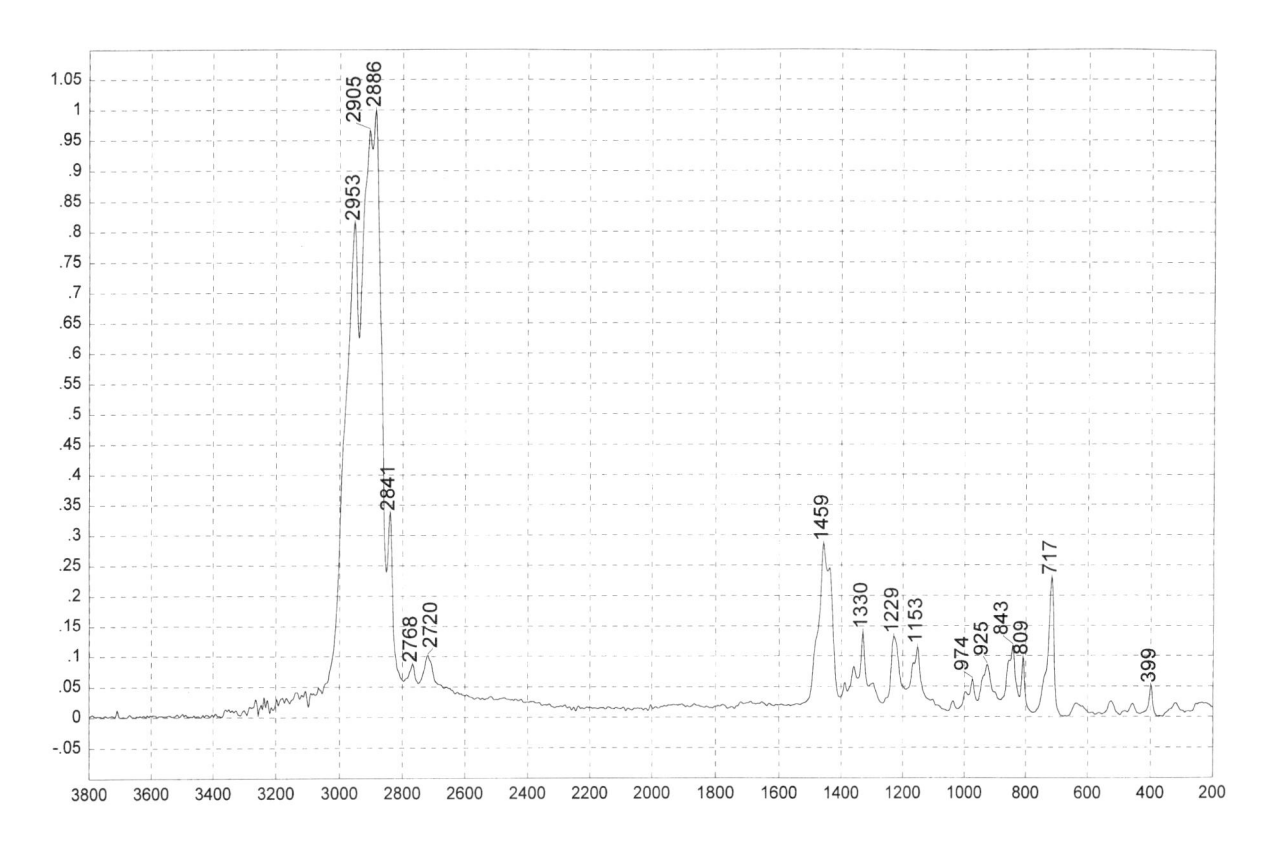

| 2023 | **RUBBER MODIFIED POLYPROPYLENE** |

| 2024 | **POLYPROPYLENE** |

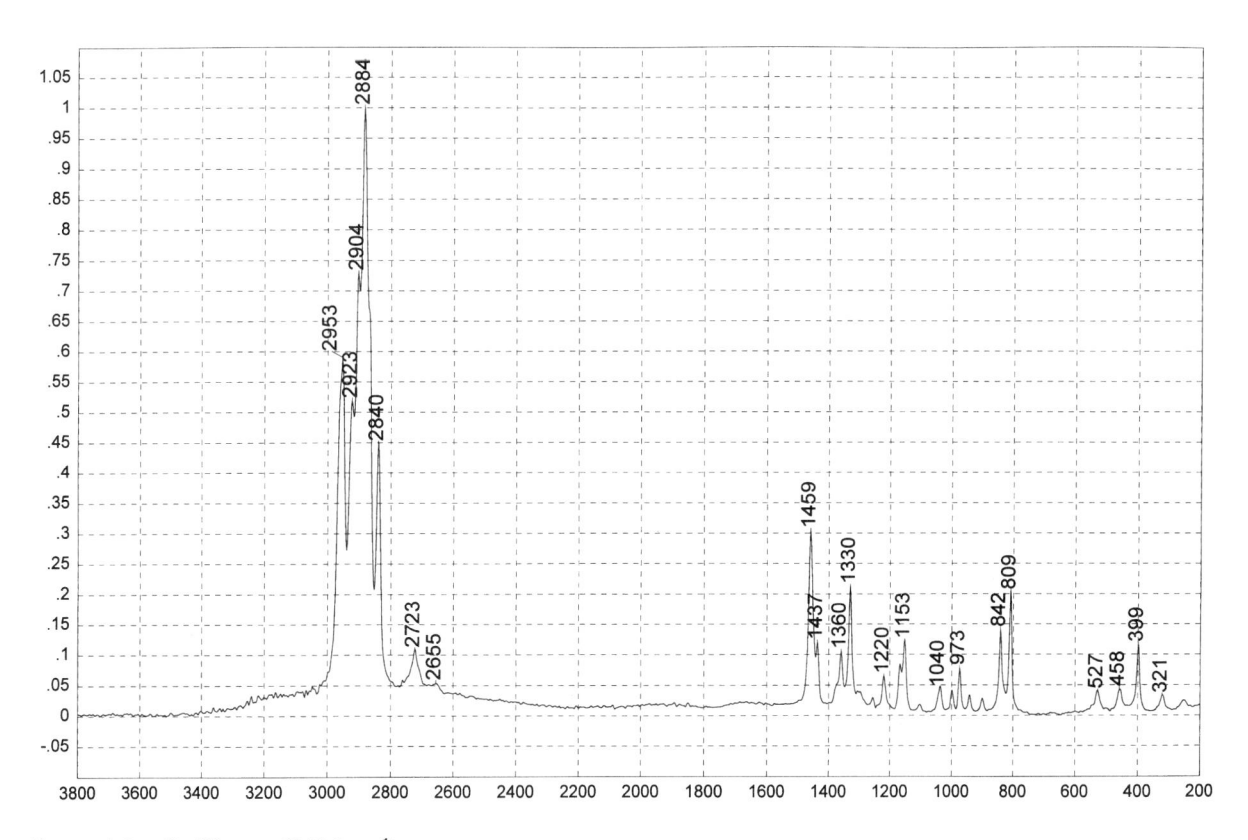

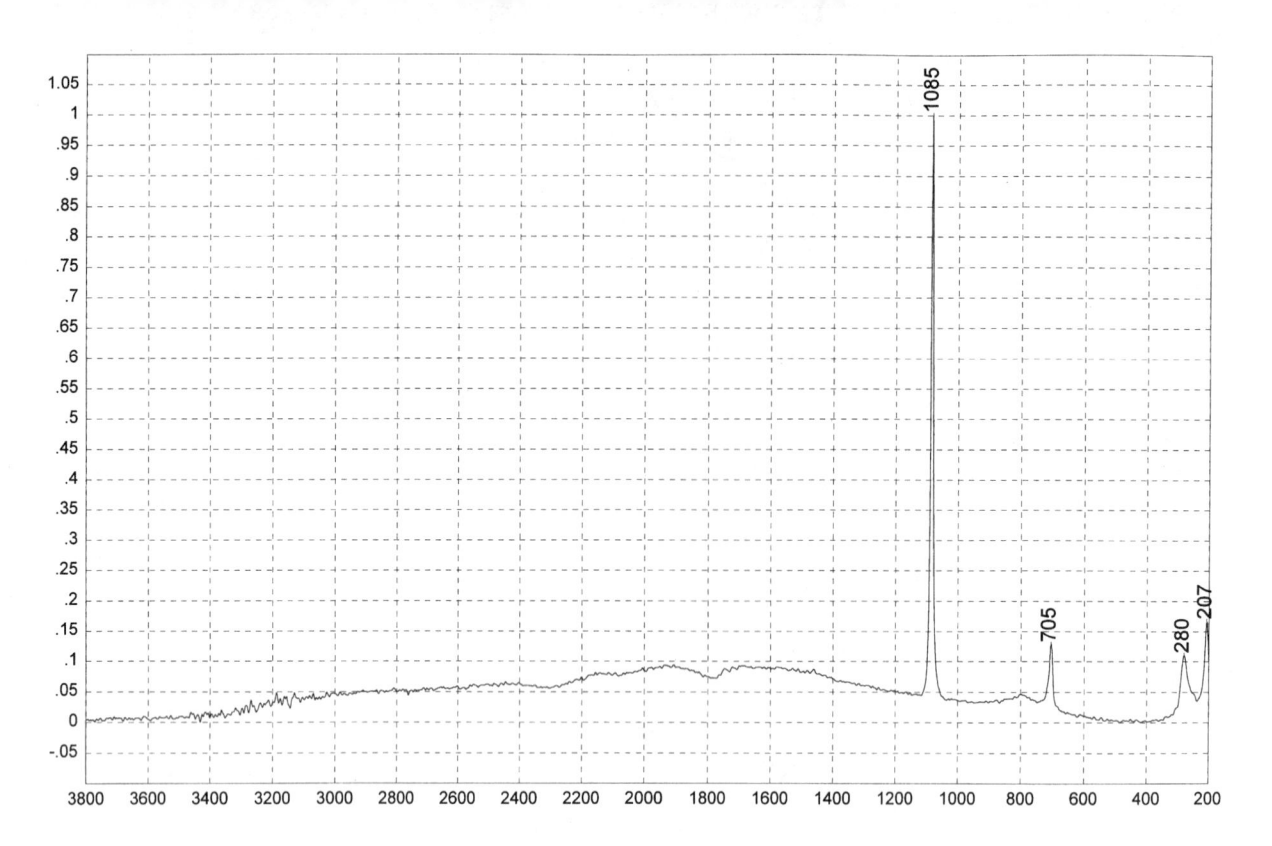

2025 CALCIUM CARBONATE

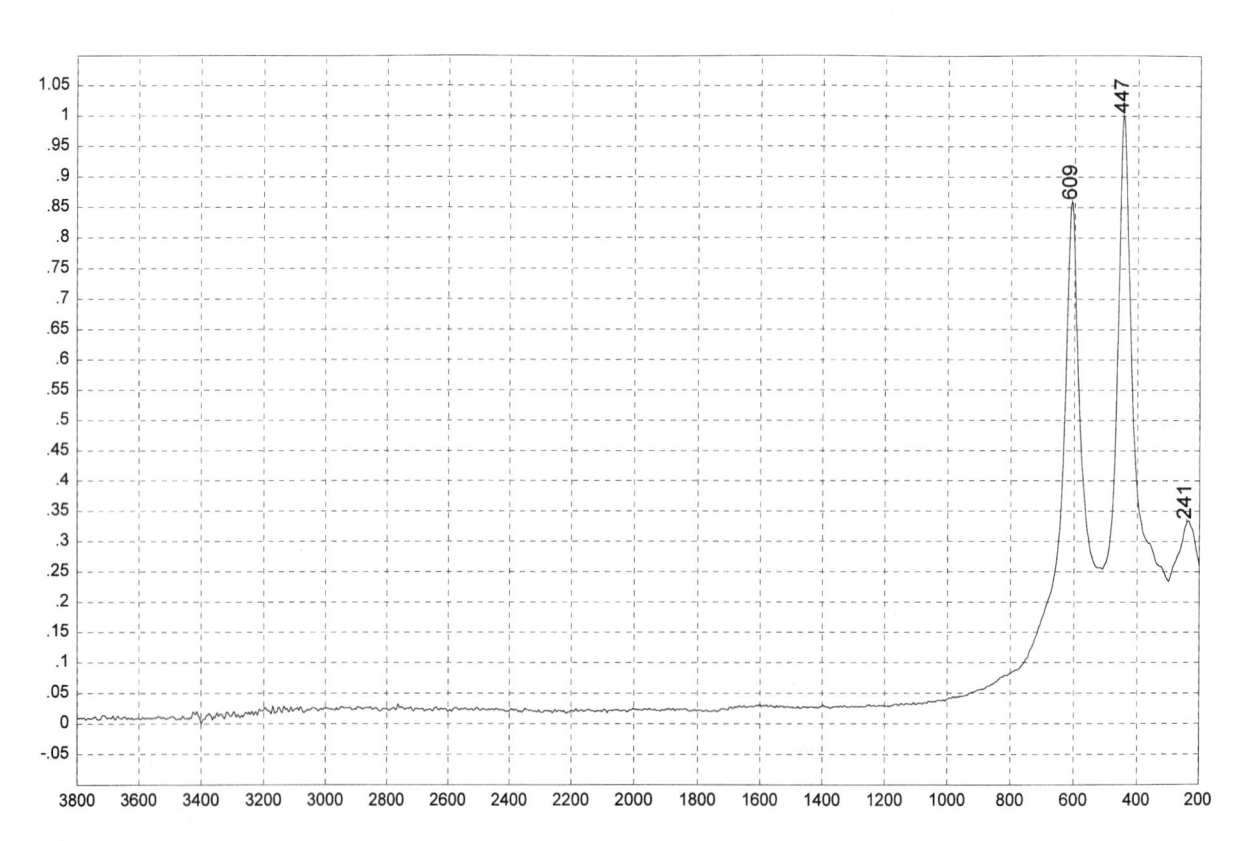

2026 TITANIUM DIOXIDE

510

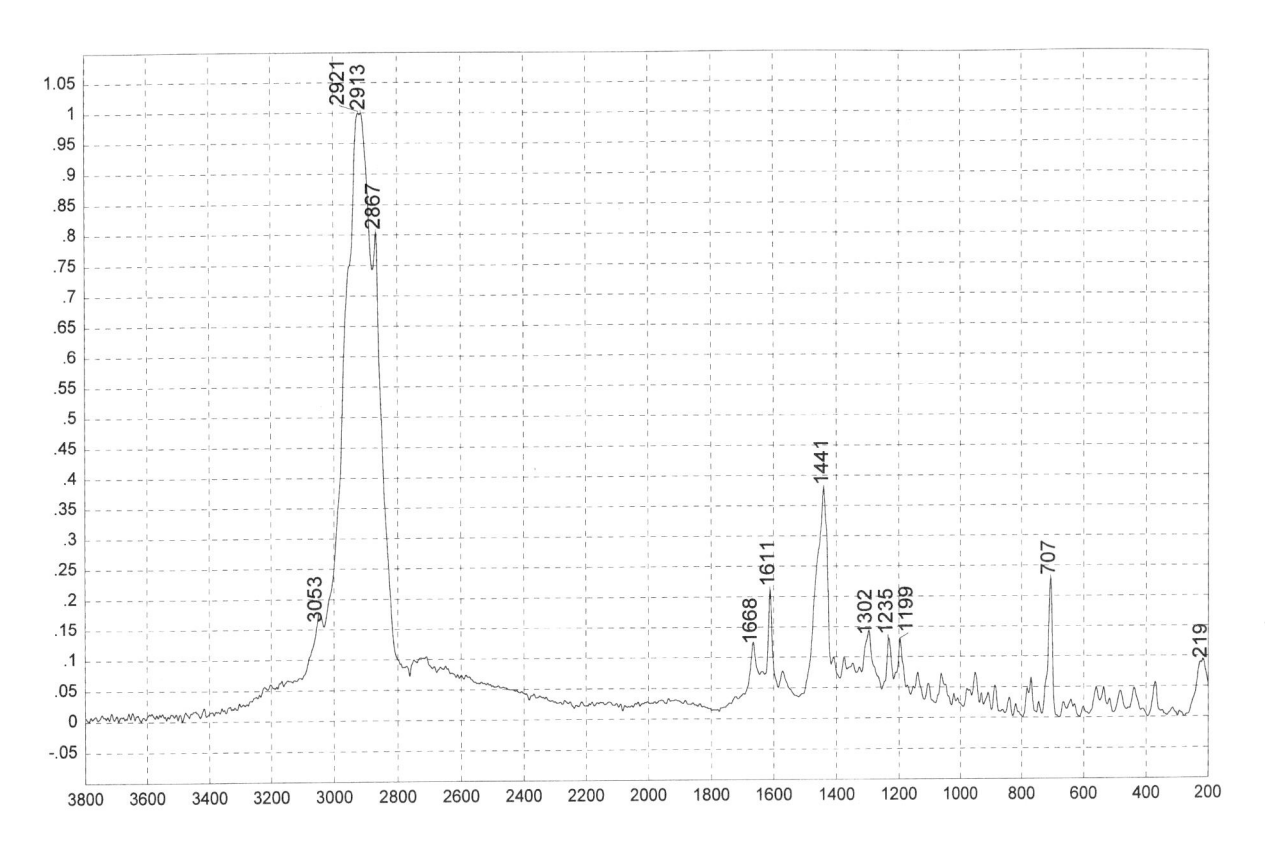

| 2027 | **ROSIN SOAP**

| 2028 | **POLYPROPYLENE AND SILICATES**

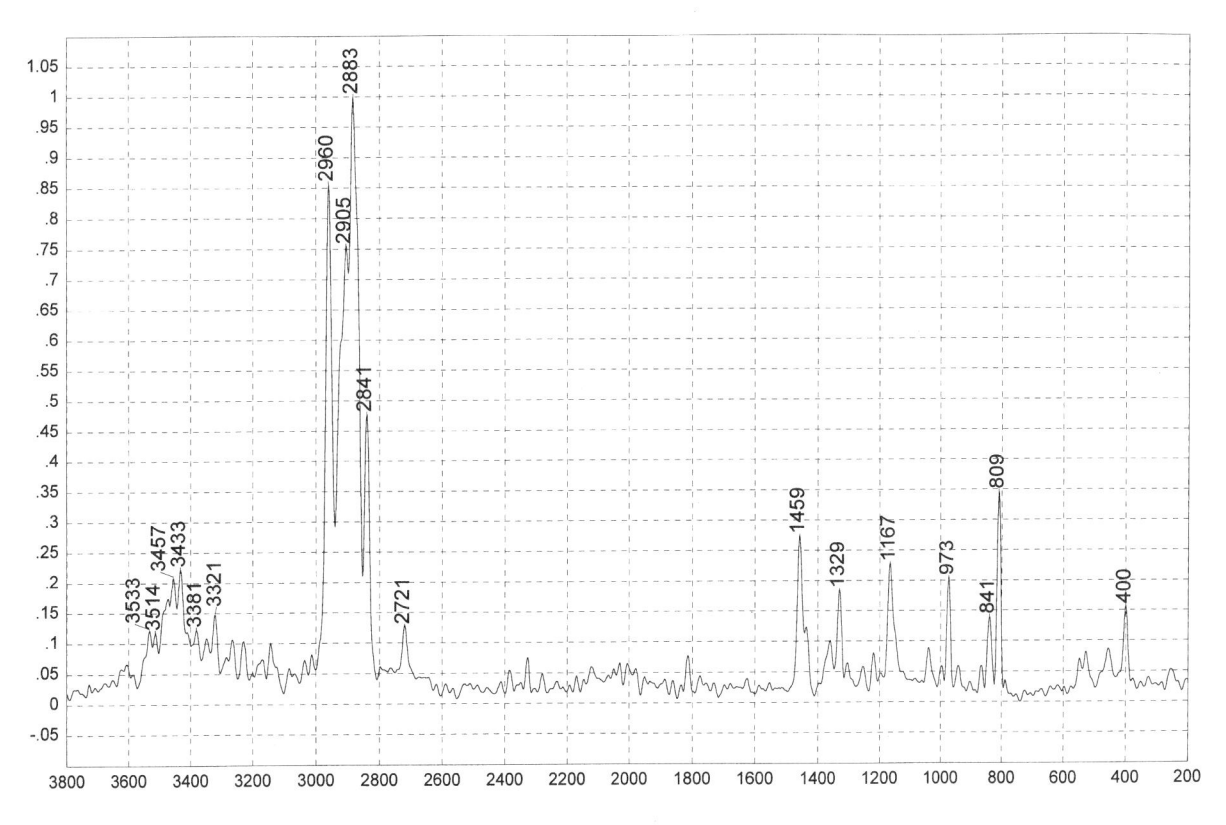

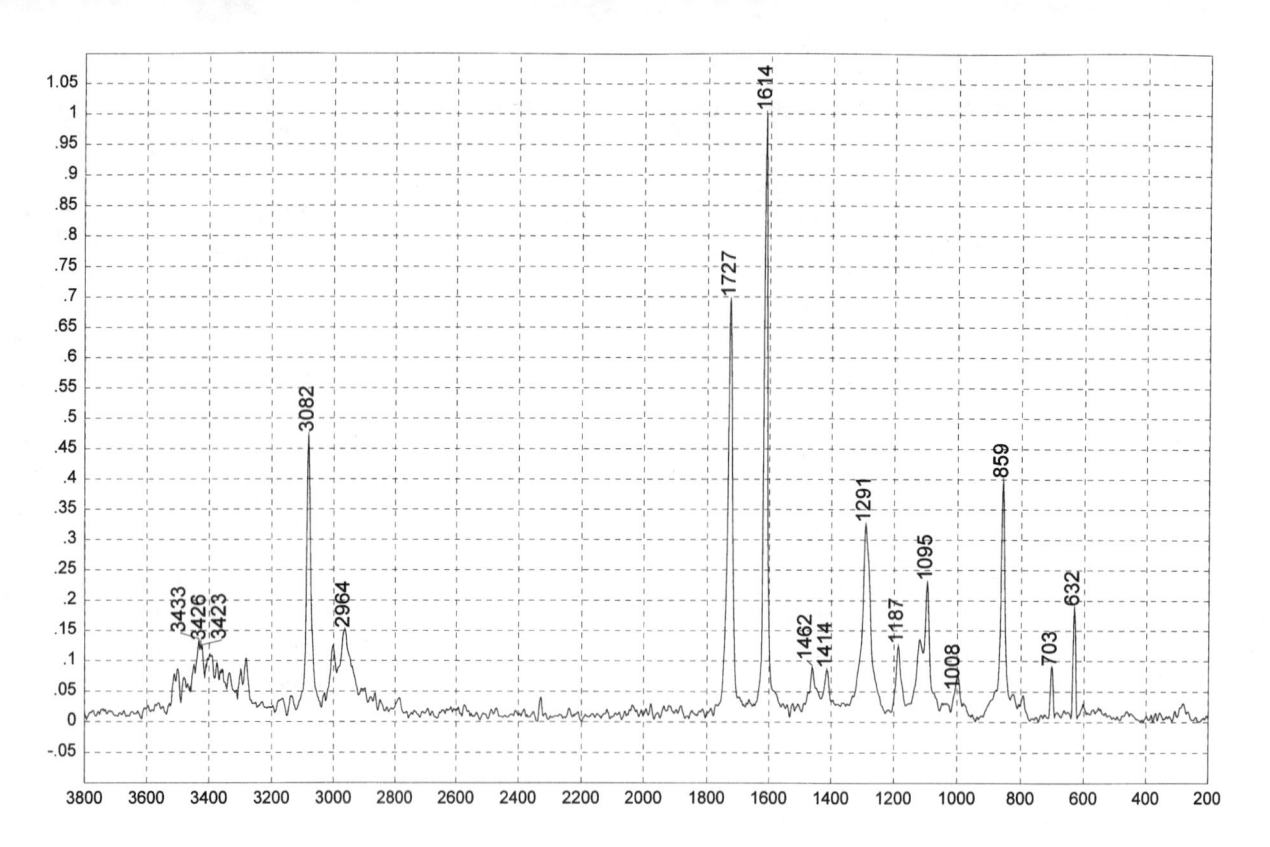

2029　POLYESTER

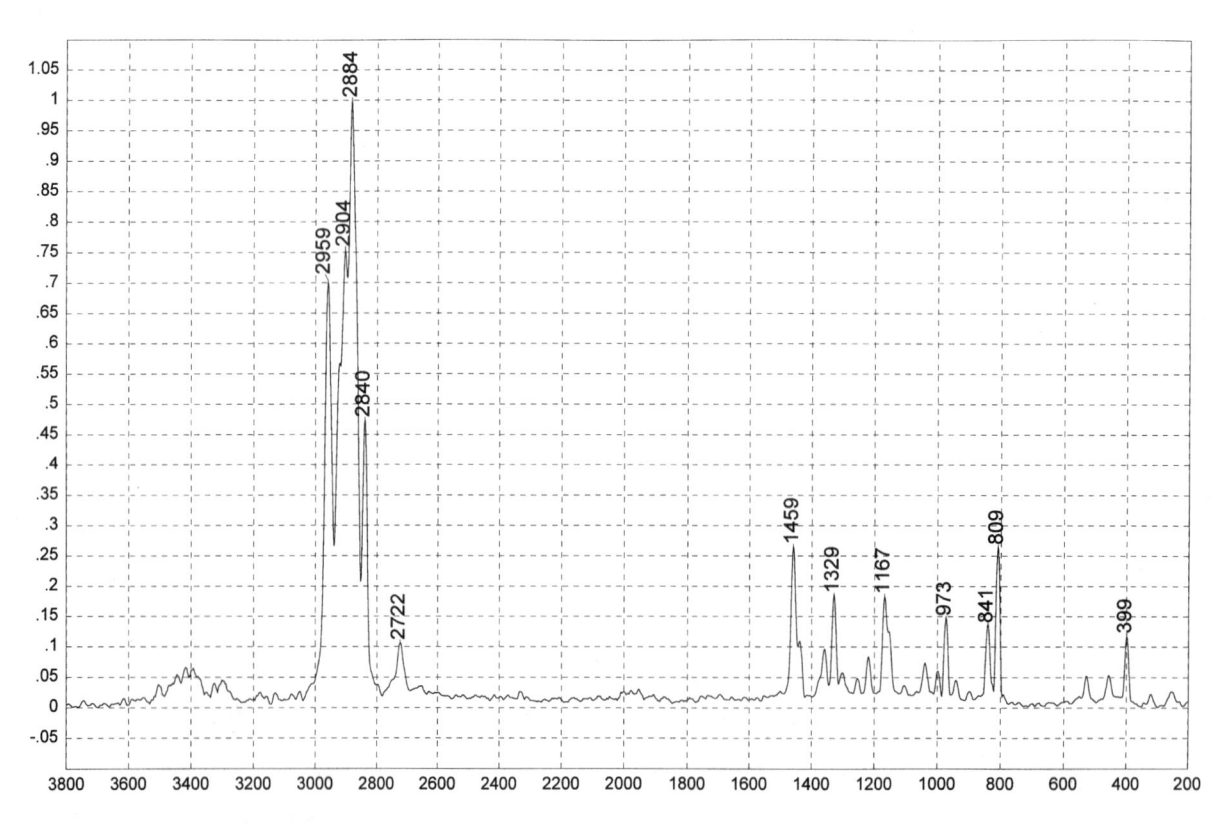

2030　POLYPROPYLENE

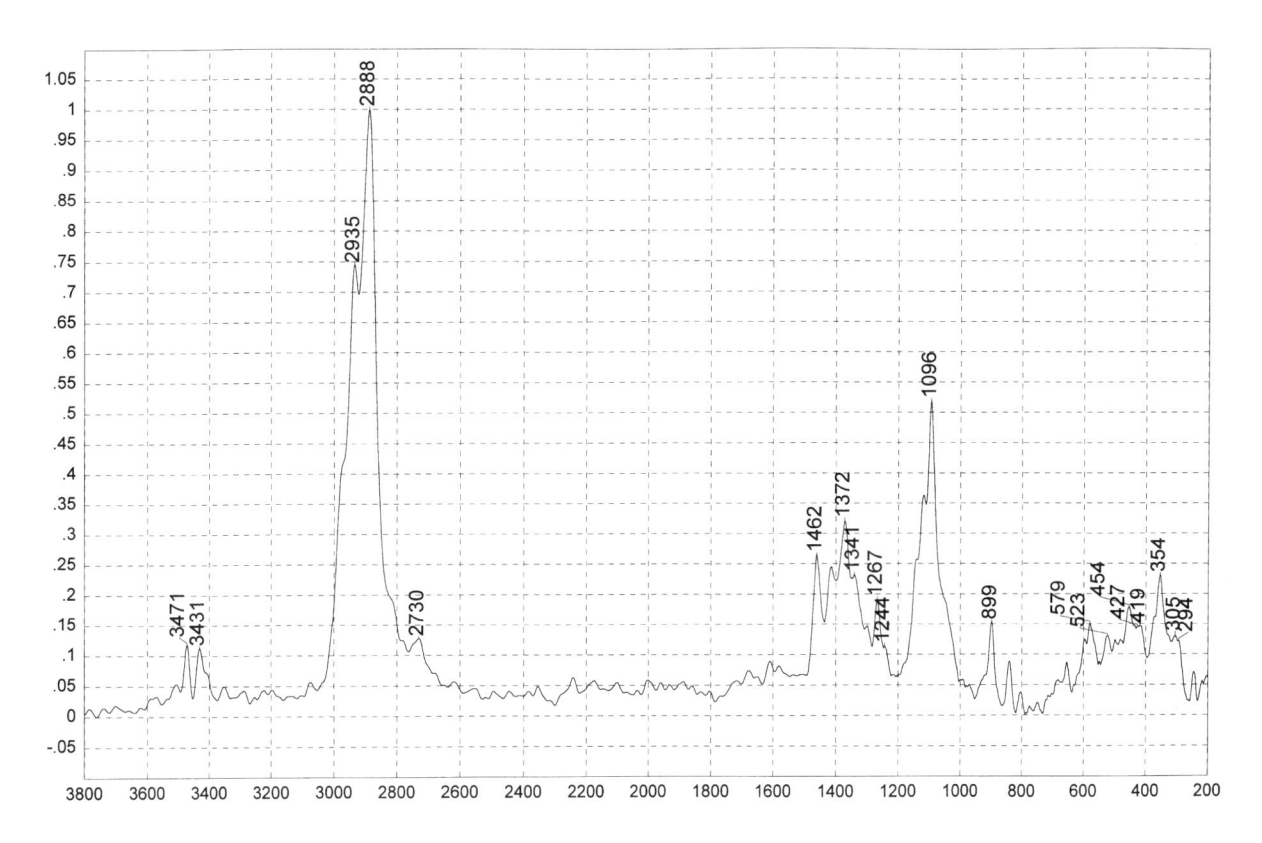

2031 CELLOPHANE

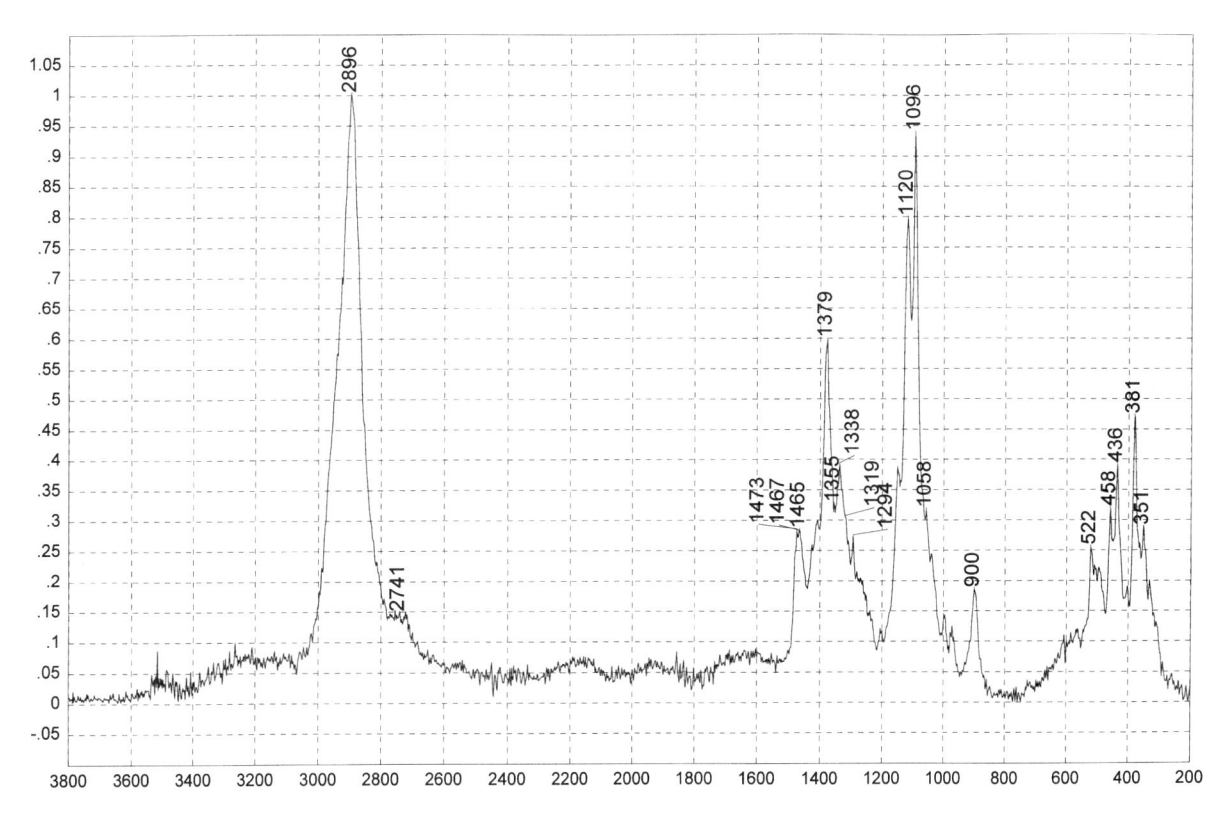

2032 CELLULOSE

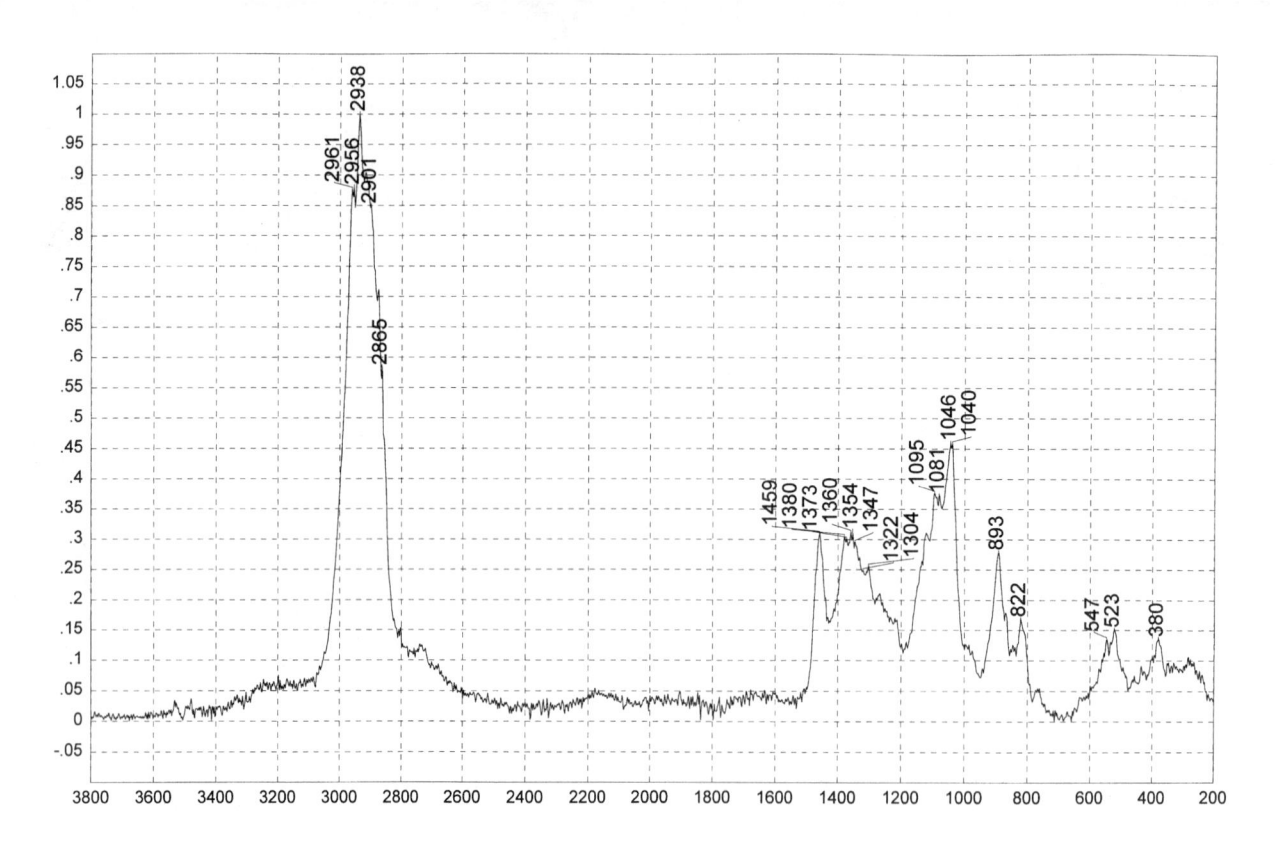

2033 SULFONATED CELLULOSE

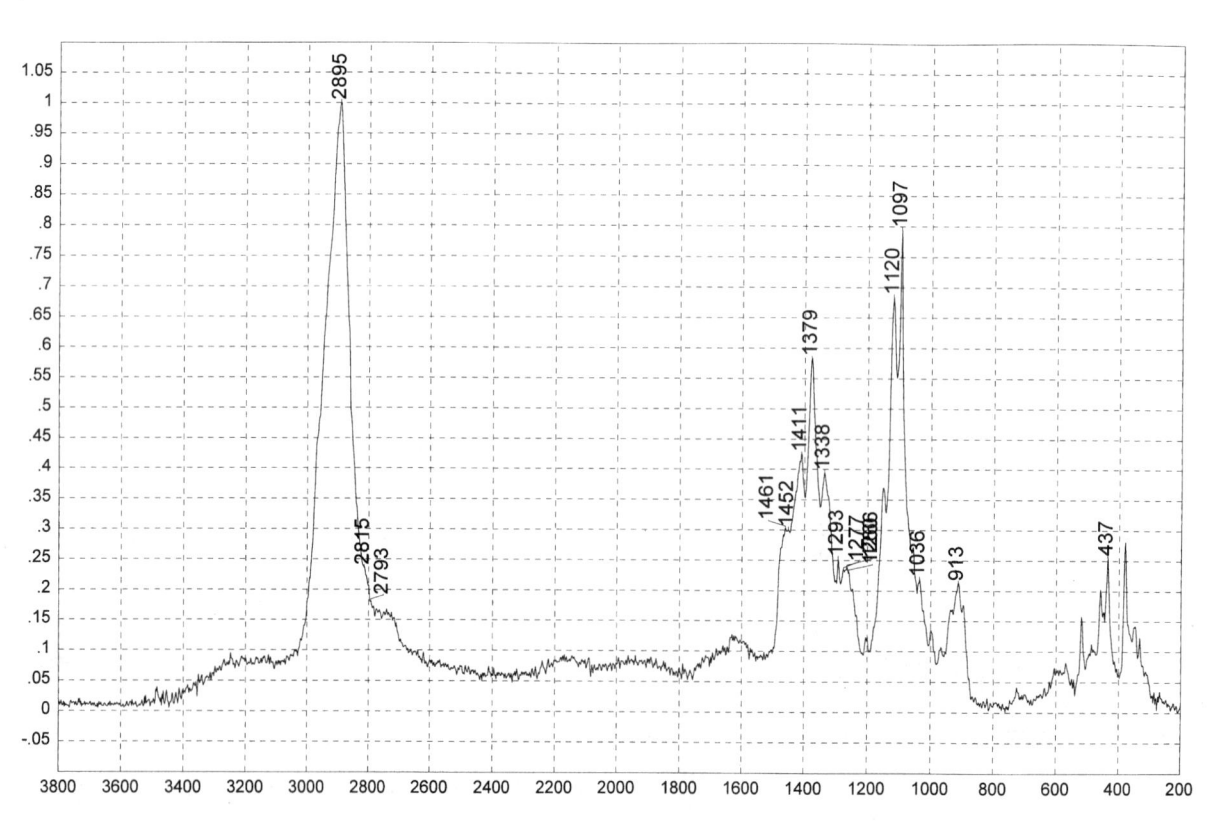

2034 AQUALON

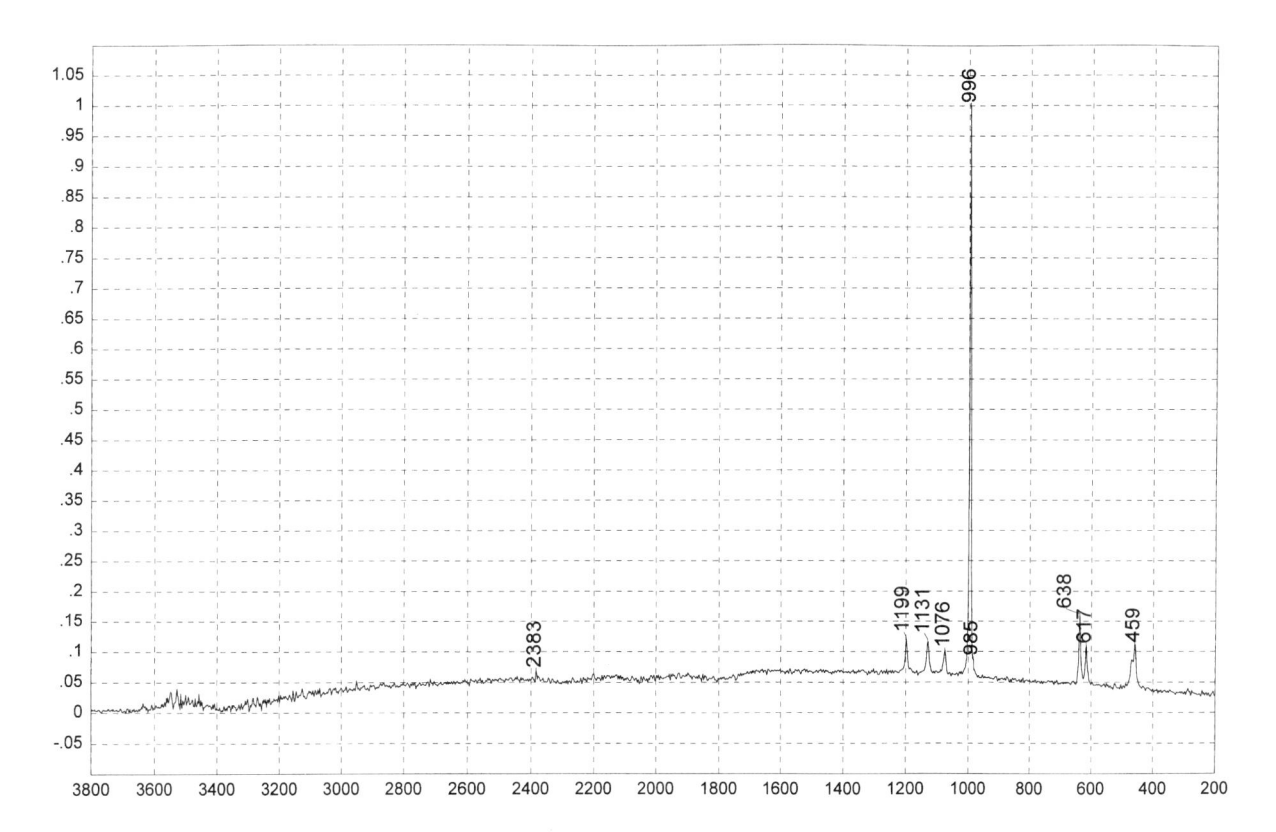

2035   SODIUM SULFATE

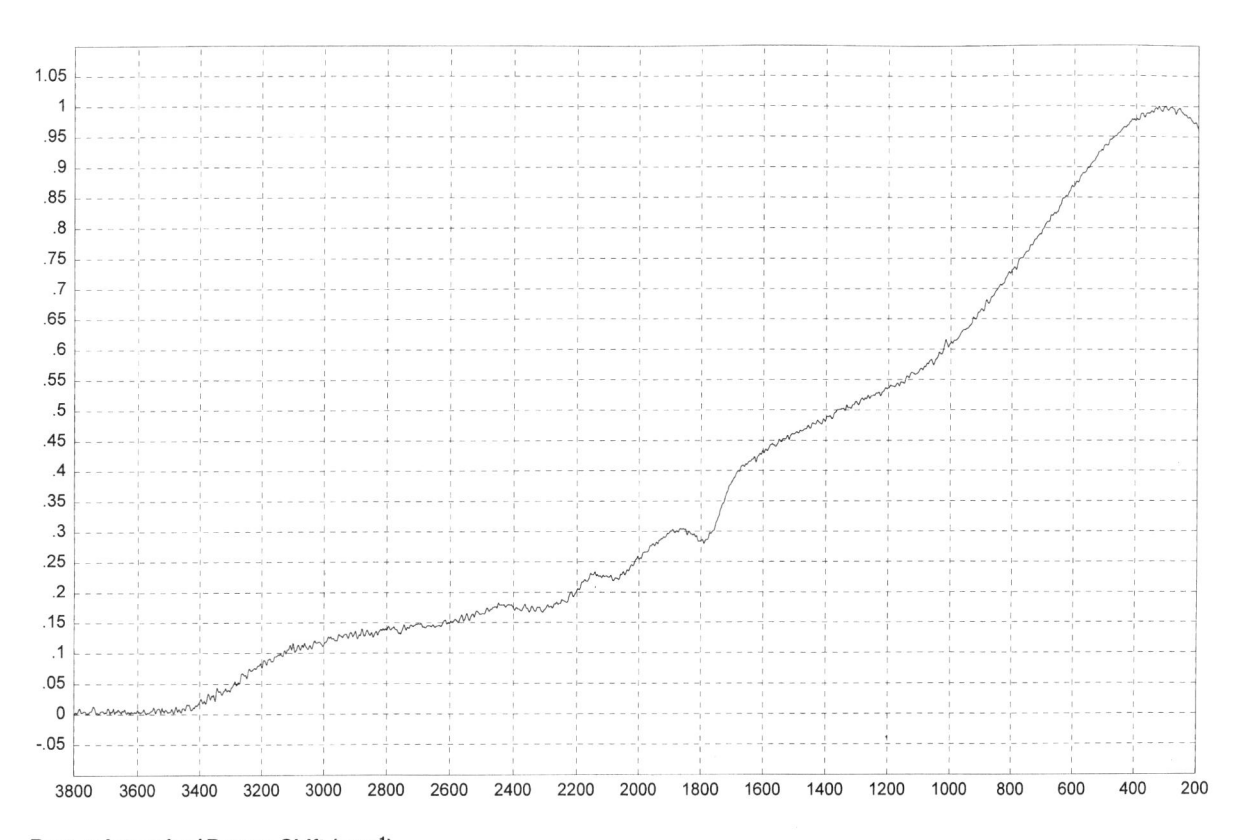

2036   **Silicate**

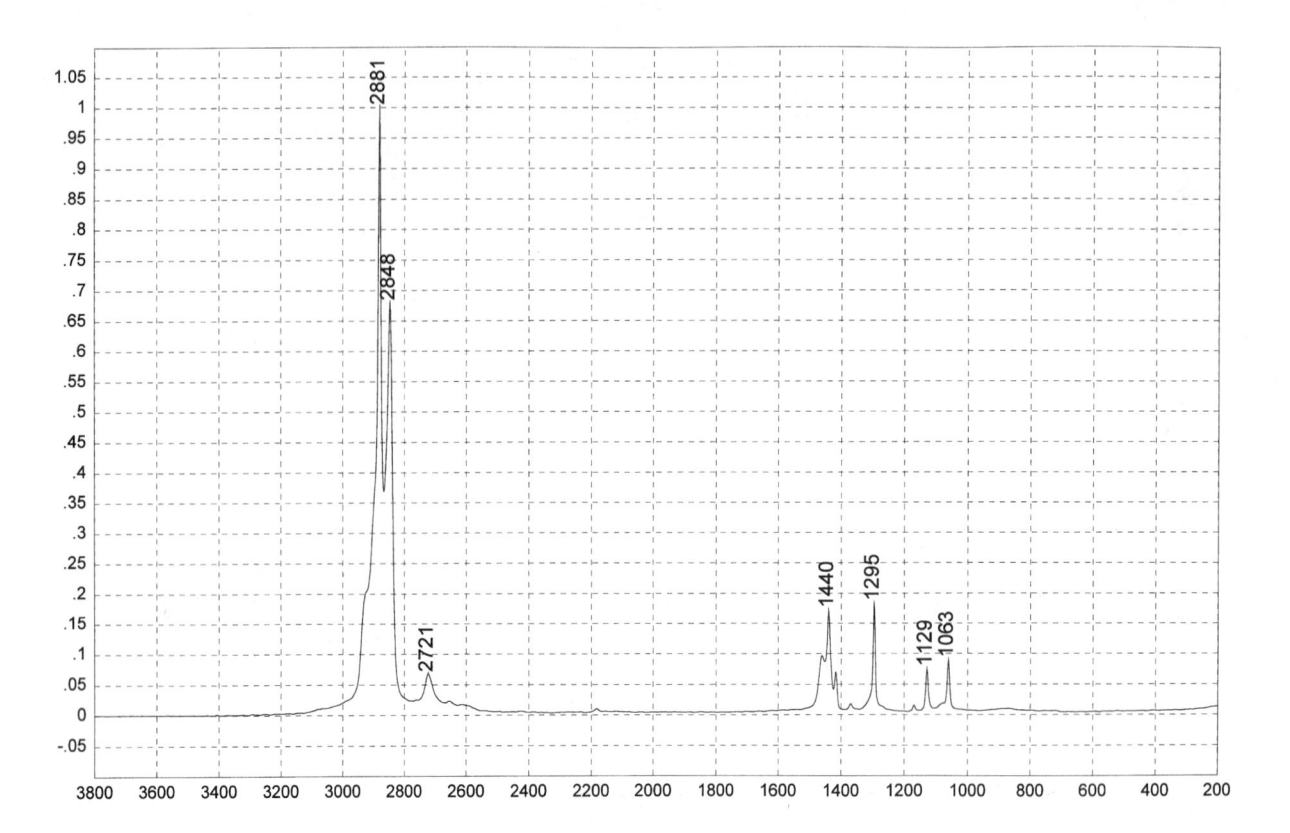

2037 Poly(ethylene), High Density

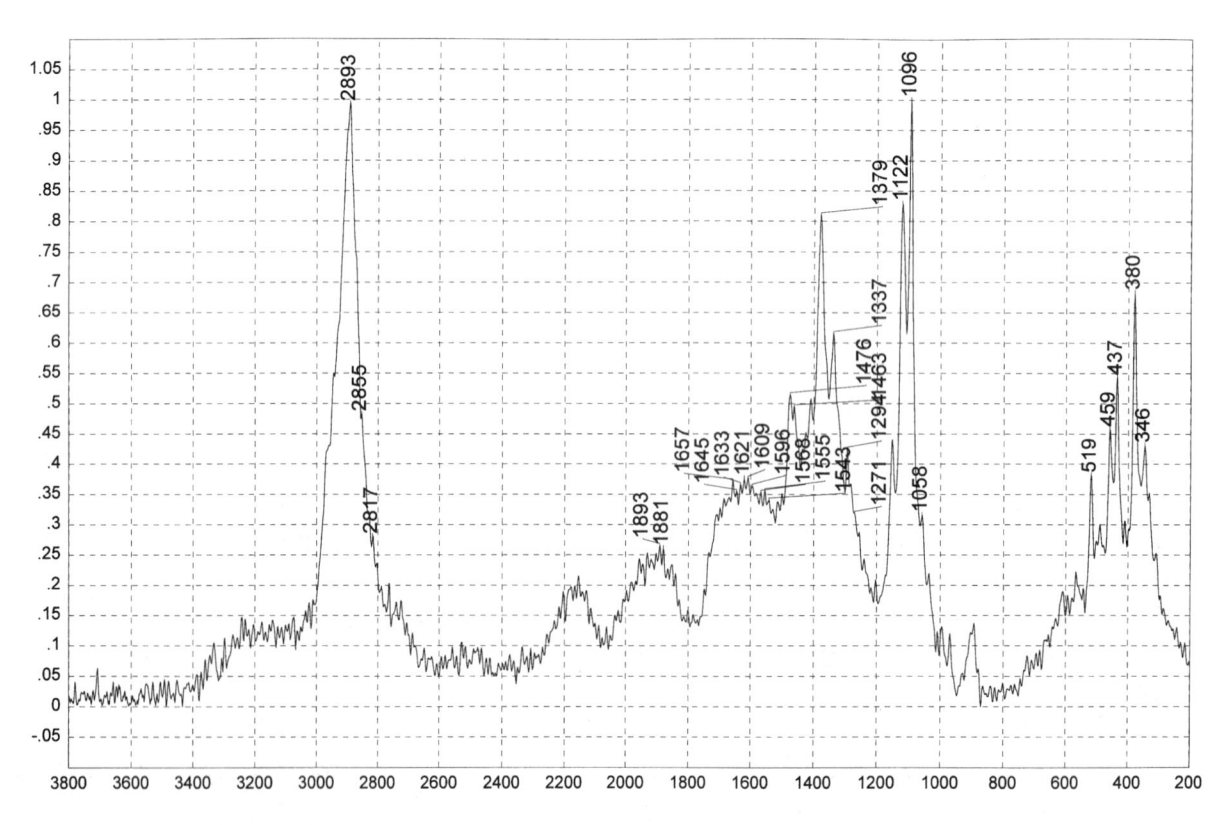

2038 *Cotton*

516

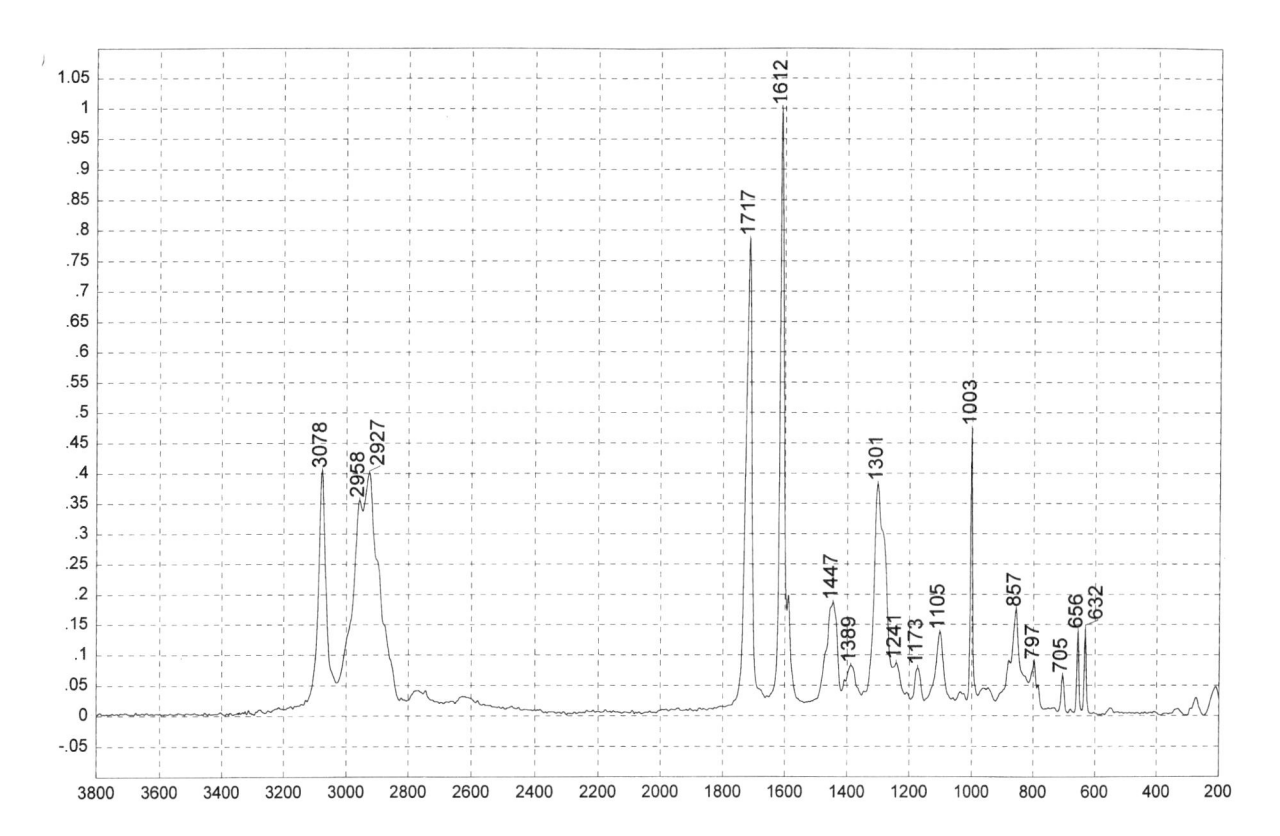

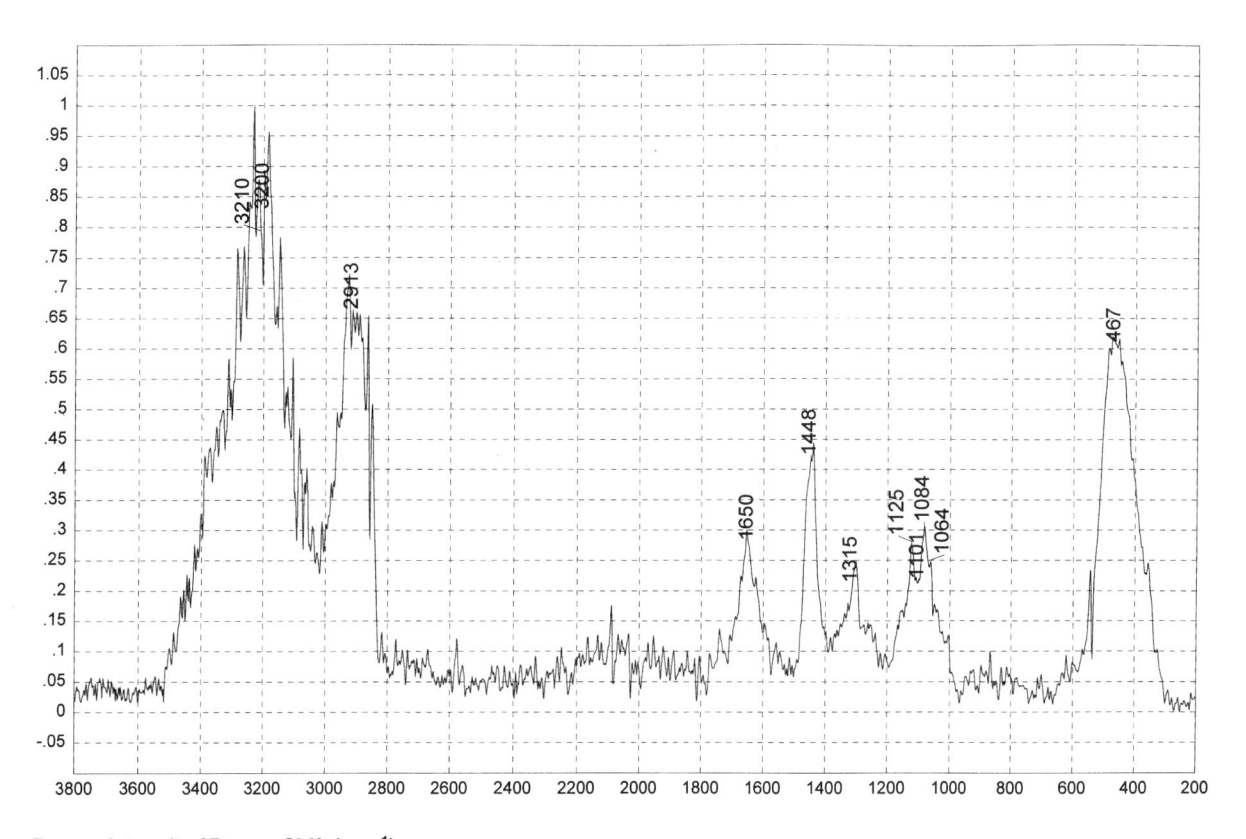

2039 Polyester

2040 Whole Milk

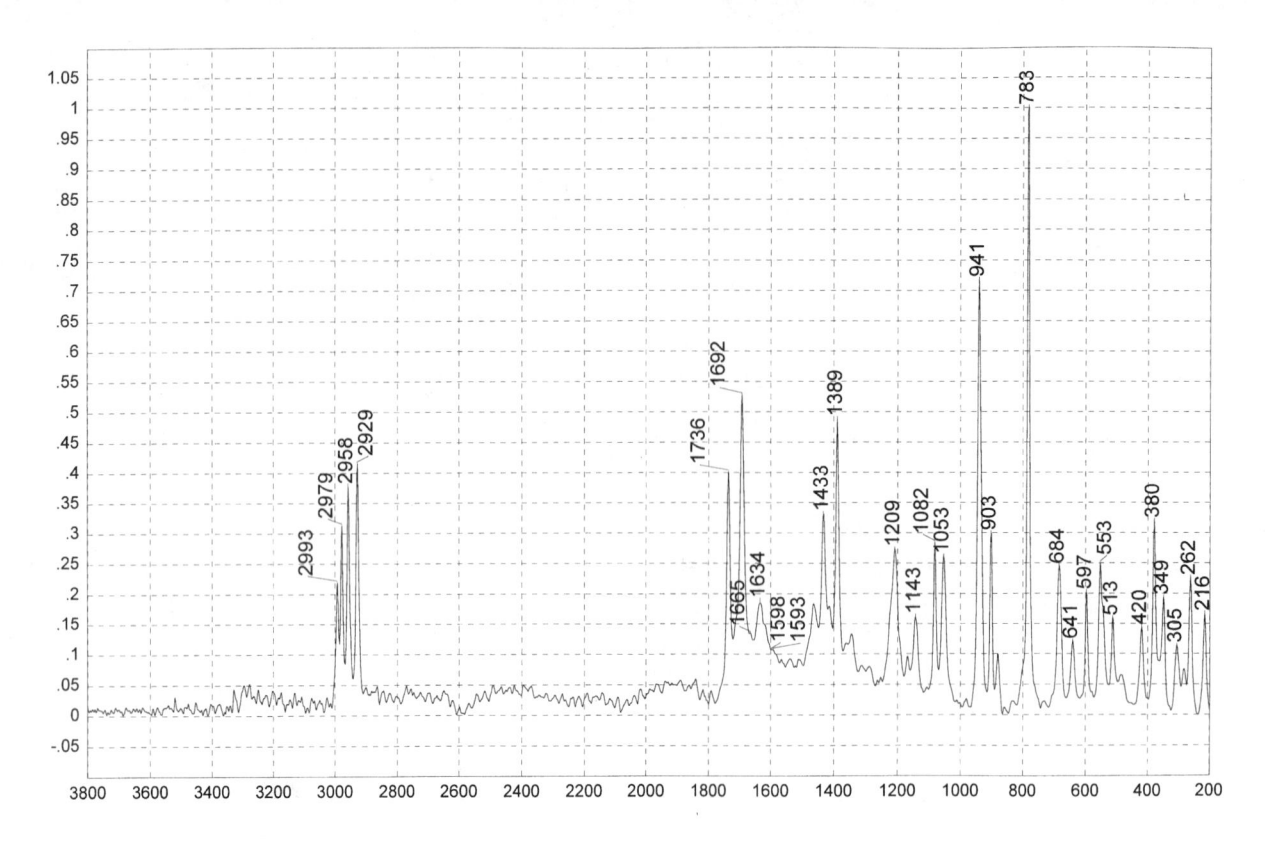

| 2041 | Citric Acid, 2-Hydroxy-1,2,3-propanetricarboxylic acid |

| 2042 | Sodium Lauryl Sulfate - Sulfuric acid monododecyl ester sodium salt |

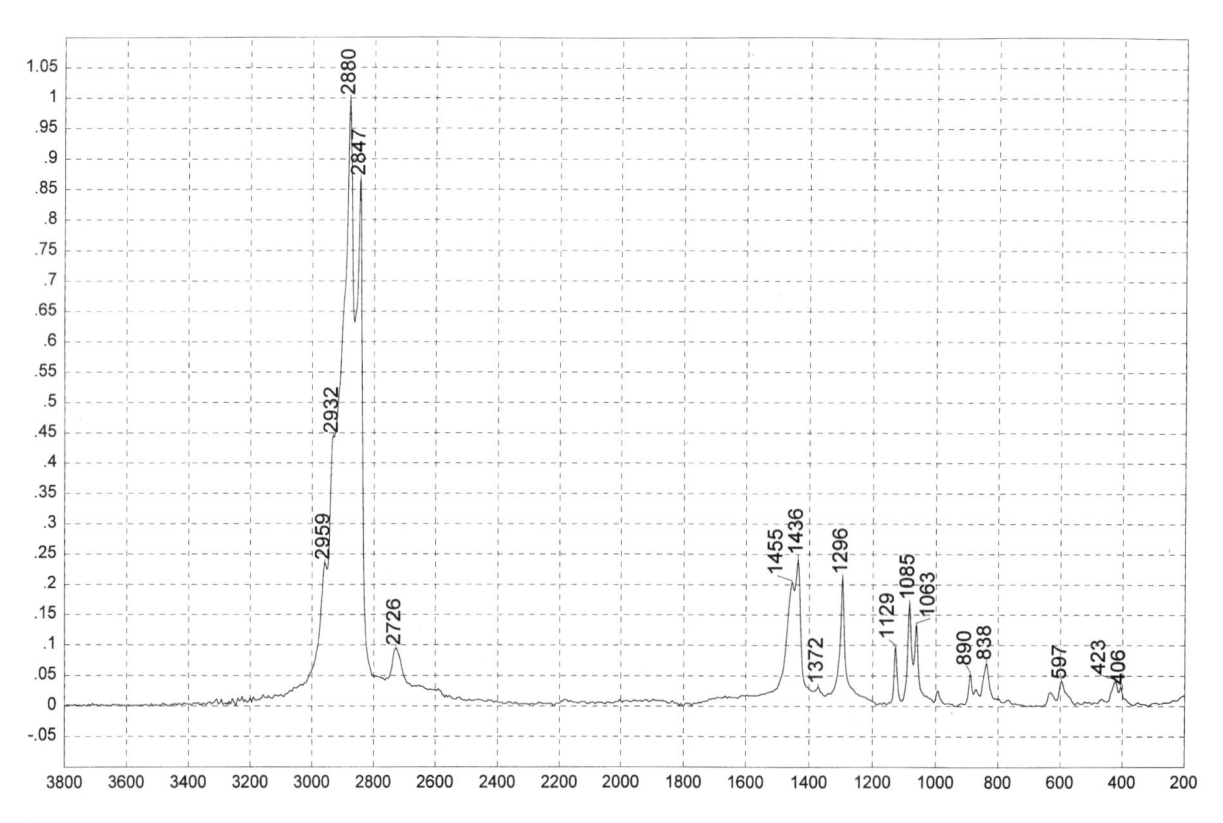

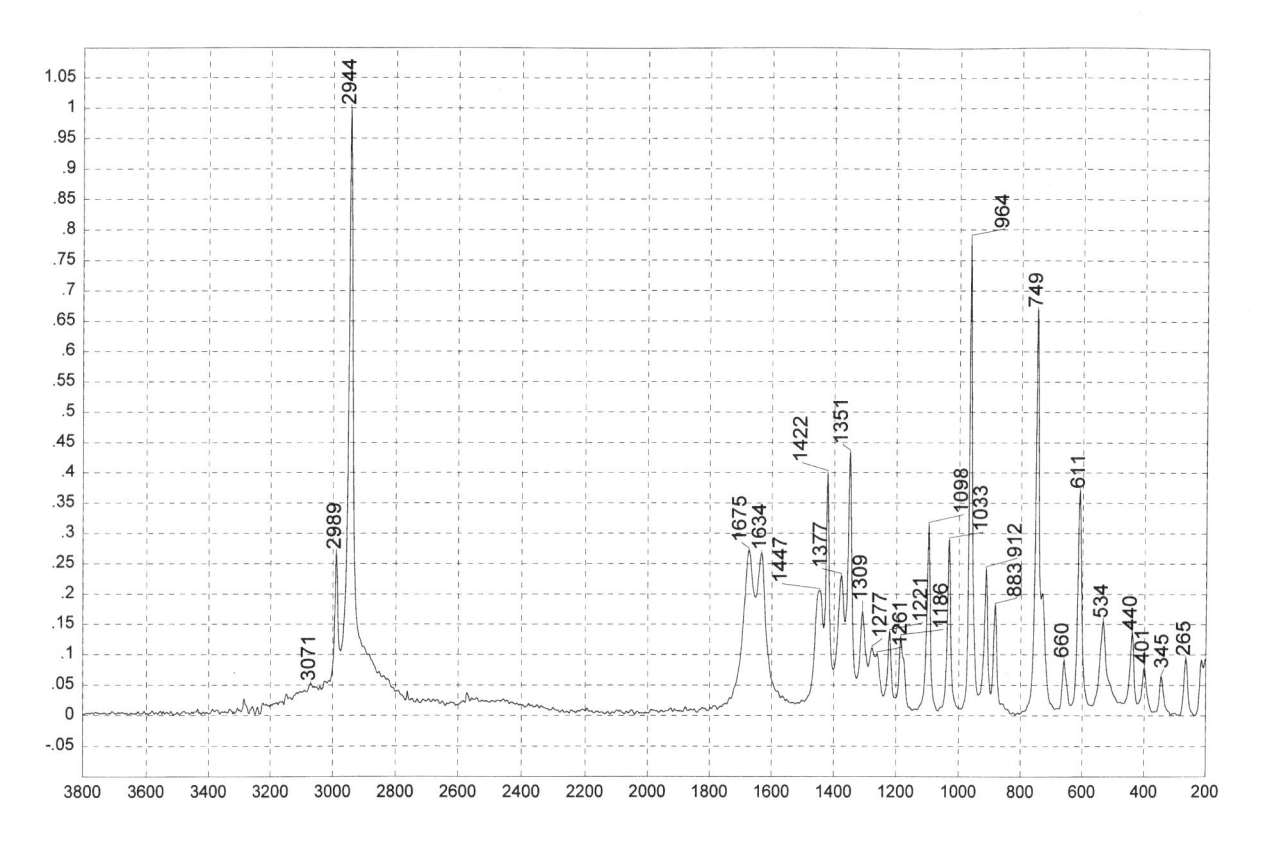

2043 Malic Acid, Hydroxy-Butanedioic Acid

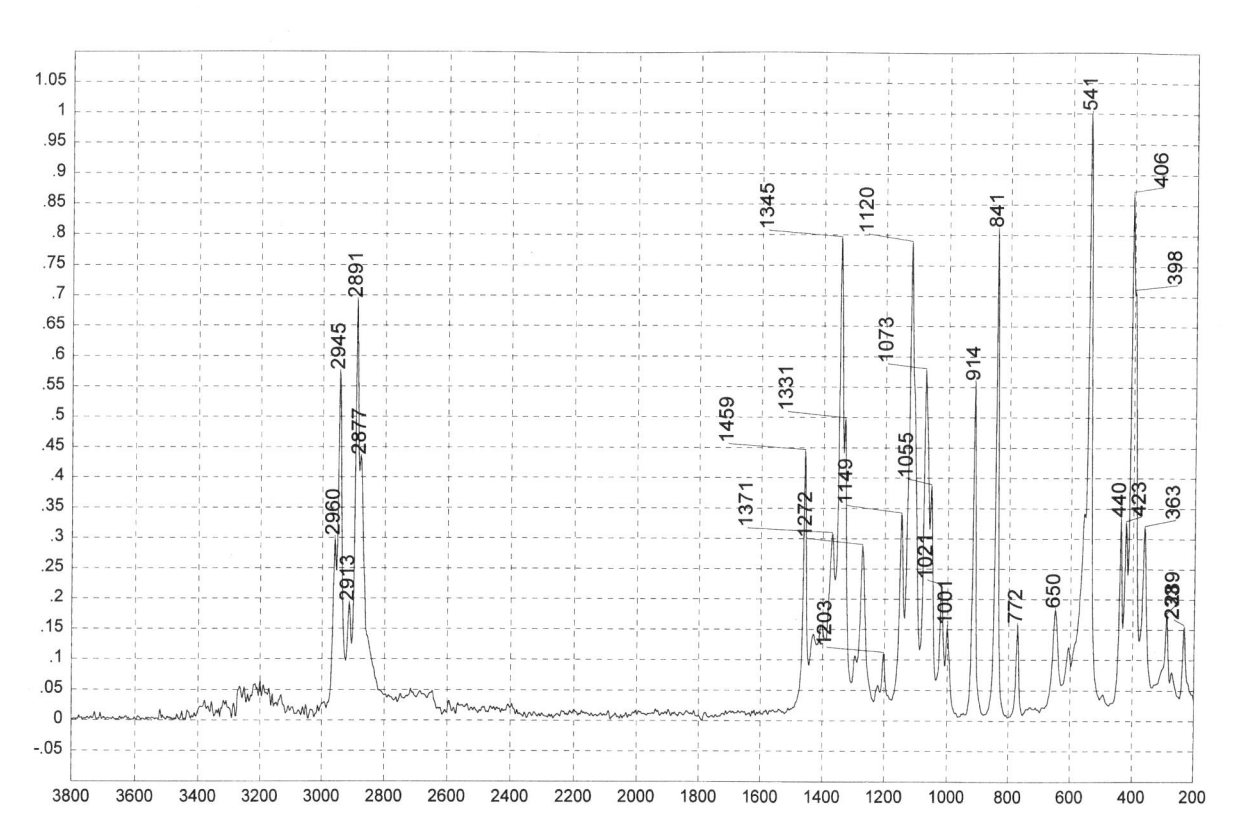

2044 DEXTROSE, GLUCOSE

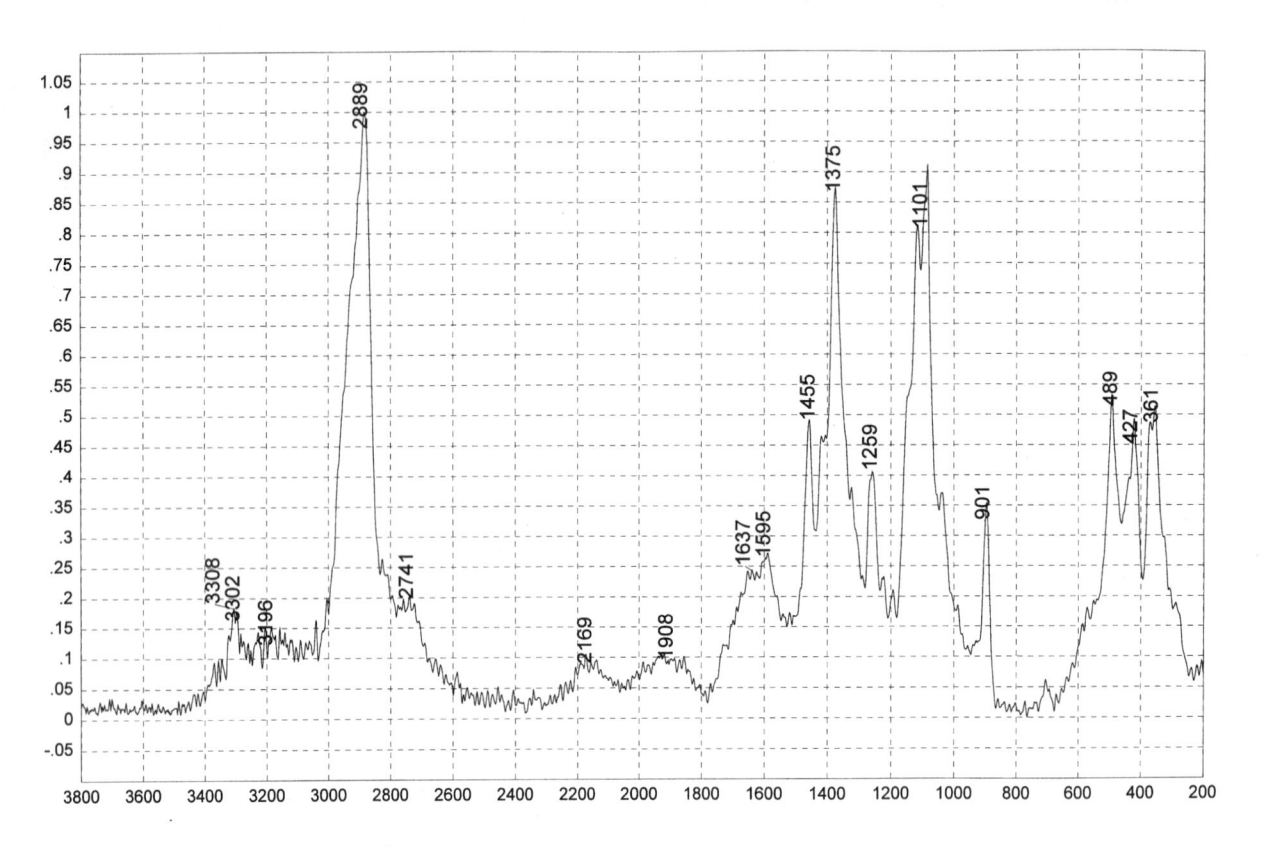

2045   CHITOSAN

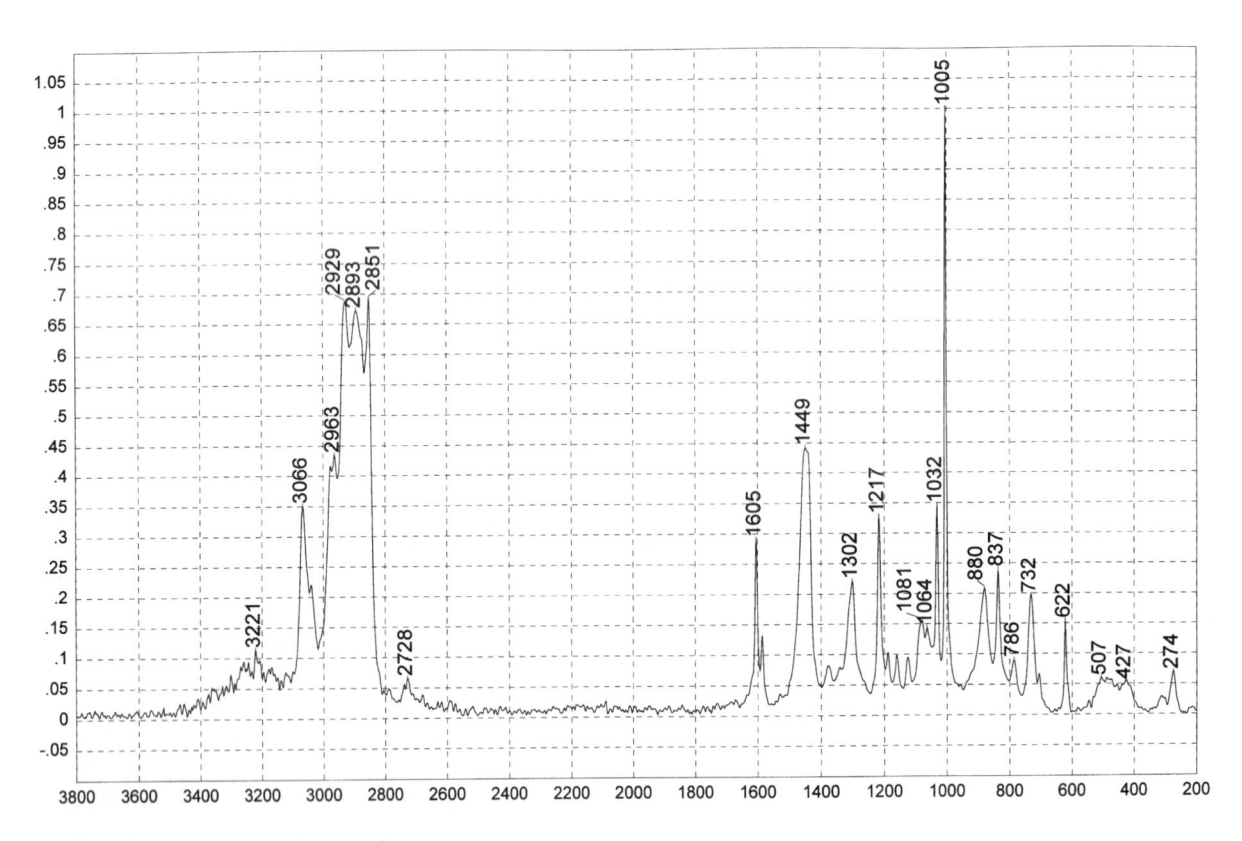

2046   BTC-50 Quaternary Amine

520

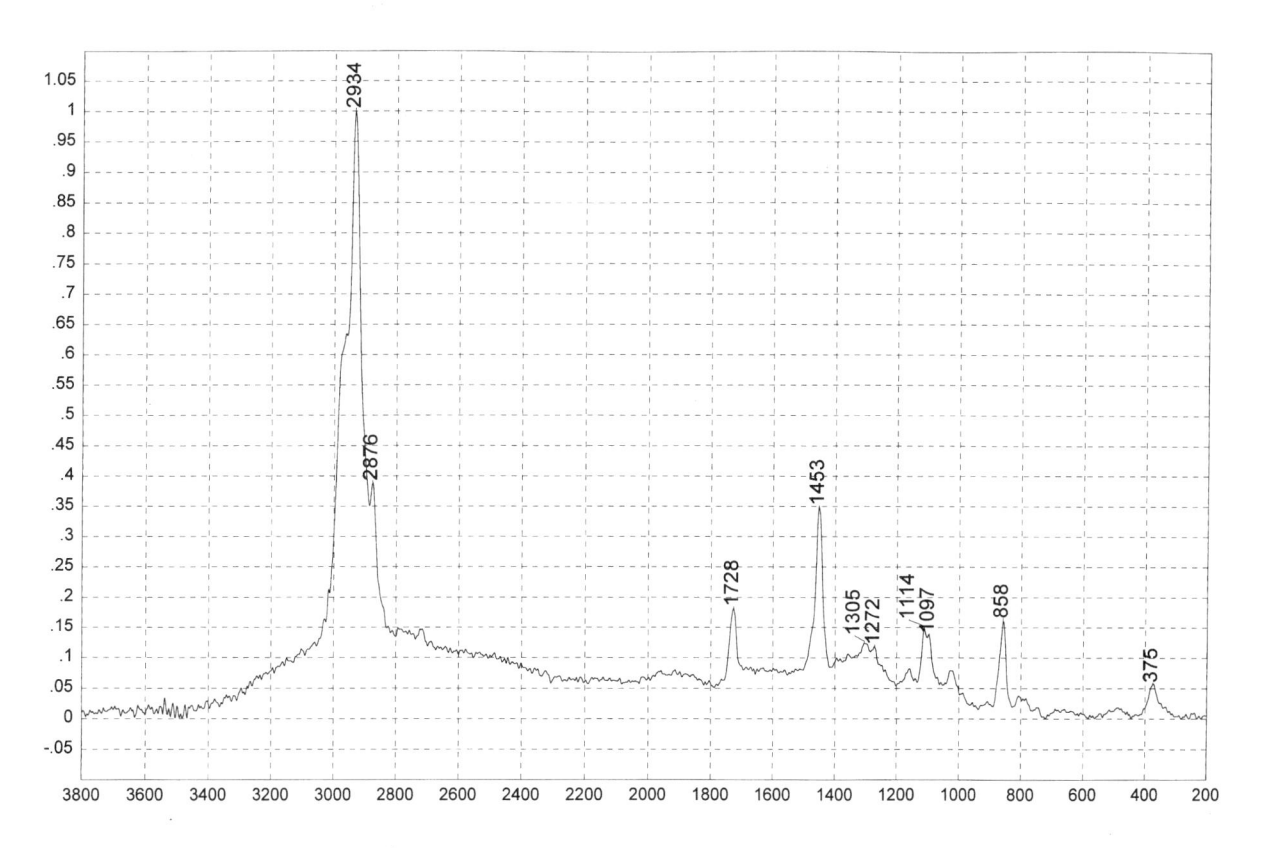

2047 ACRYLIC POLYMER - ETHYL ACRYLATE

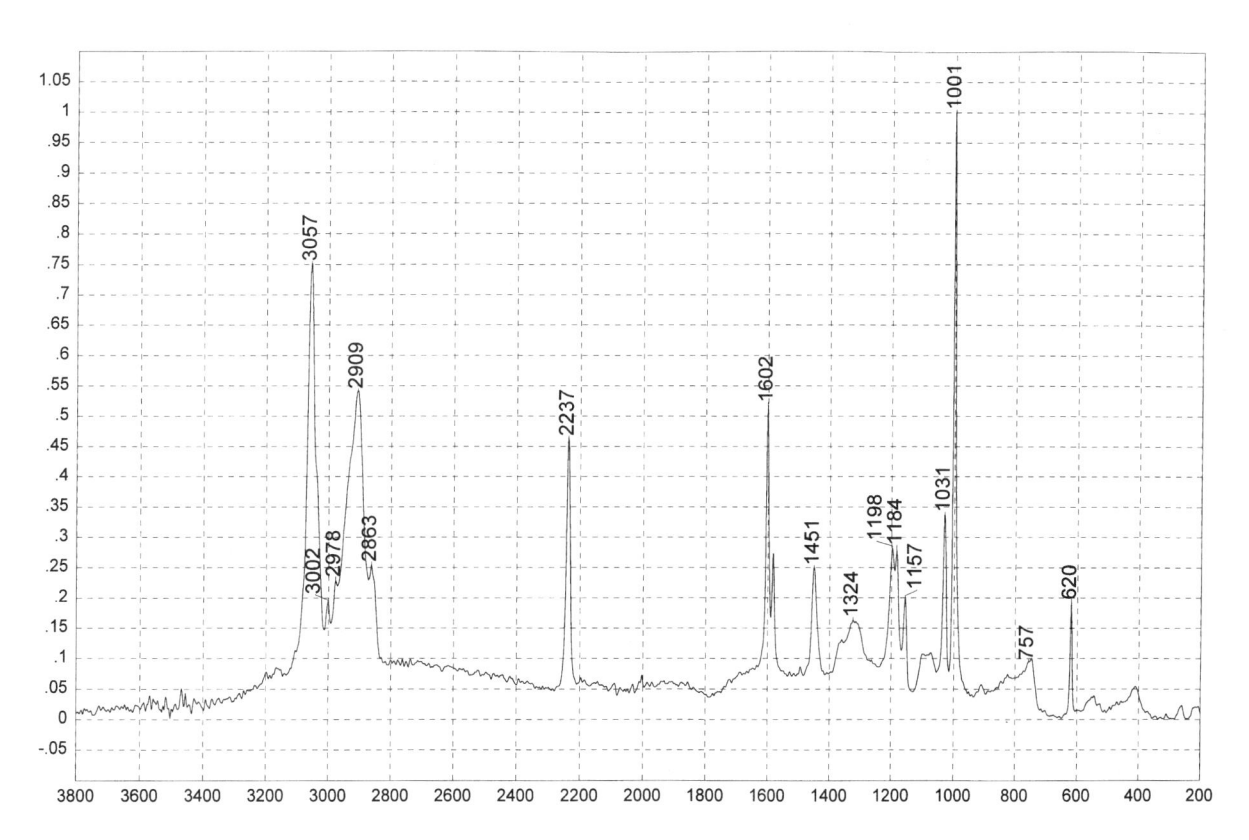

2048 CARBOXYLATED STYRENE-ACRYLONITRILE

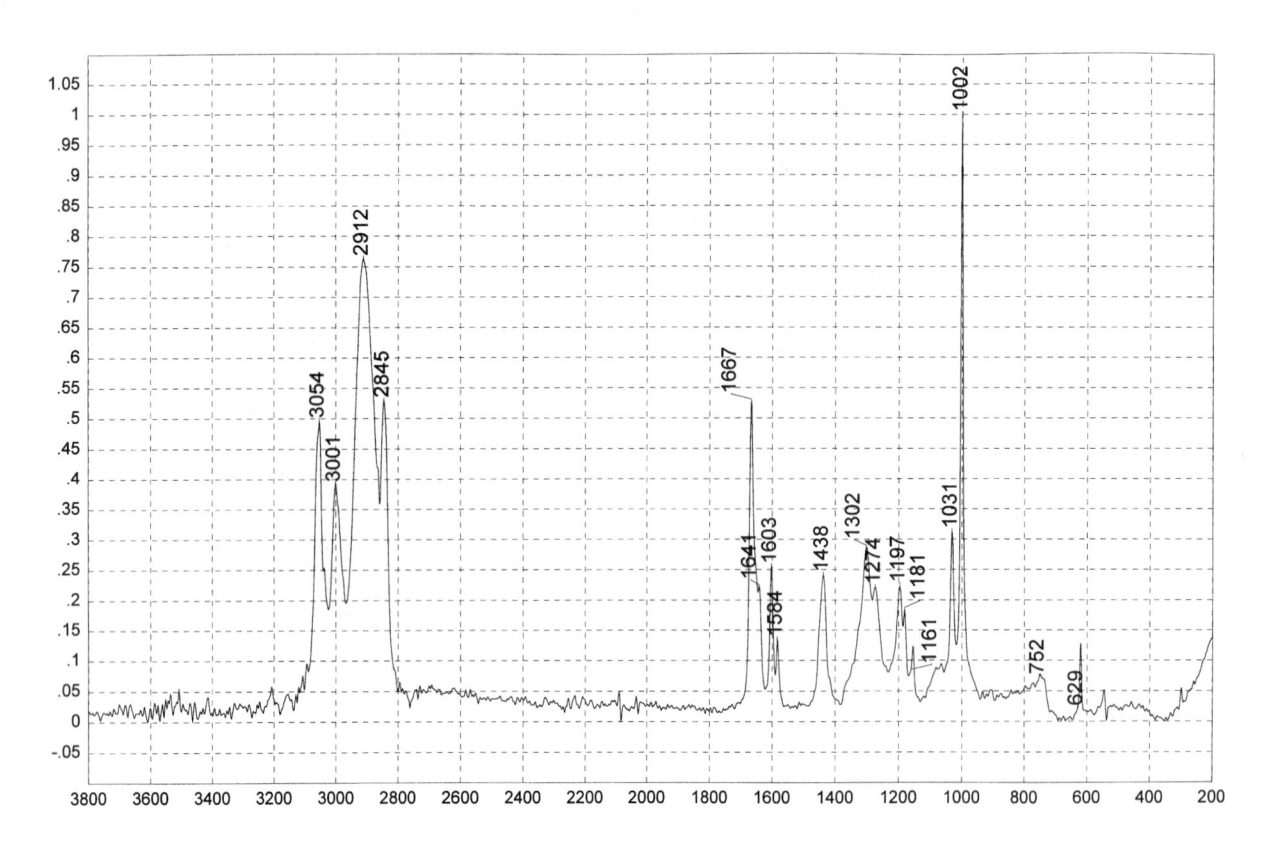

| 2049 | STYRENE/BUTADIENE |

| 2050 | ACRYLIC LATEX - ACRYLIC ESTER |

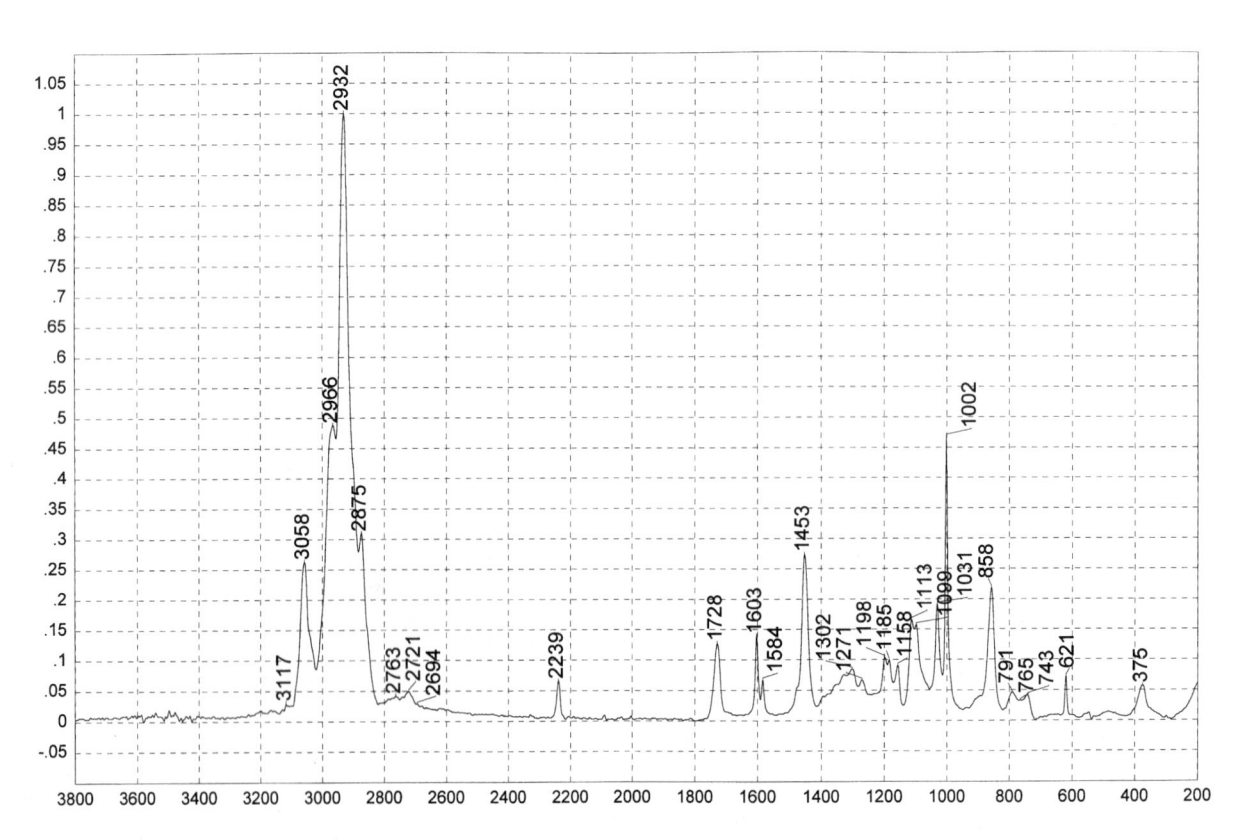

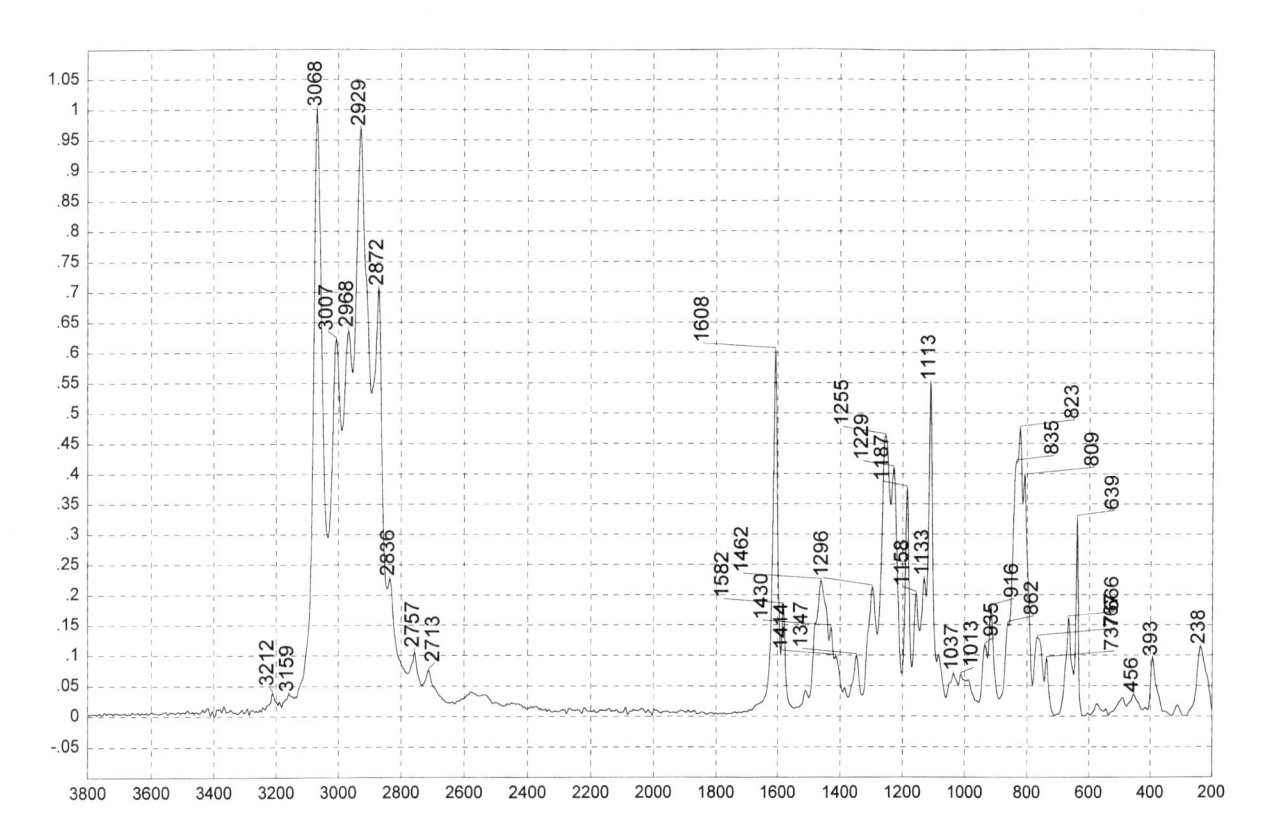

2051 BISPHENOL-A POLYGLYCIDYL ETHER

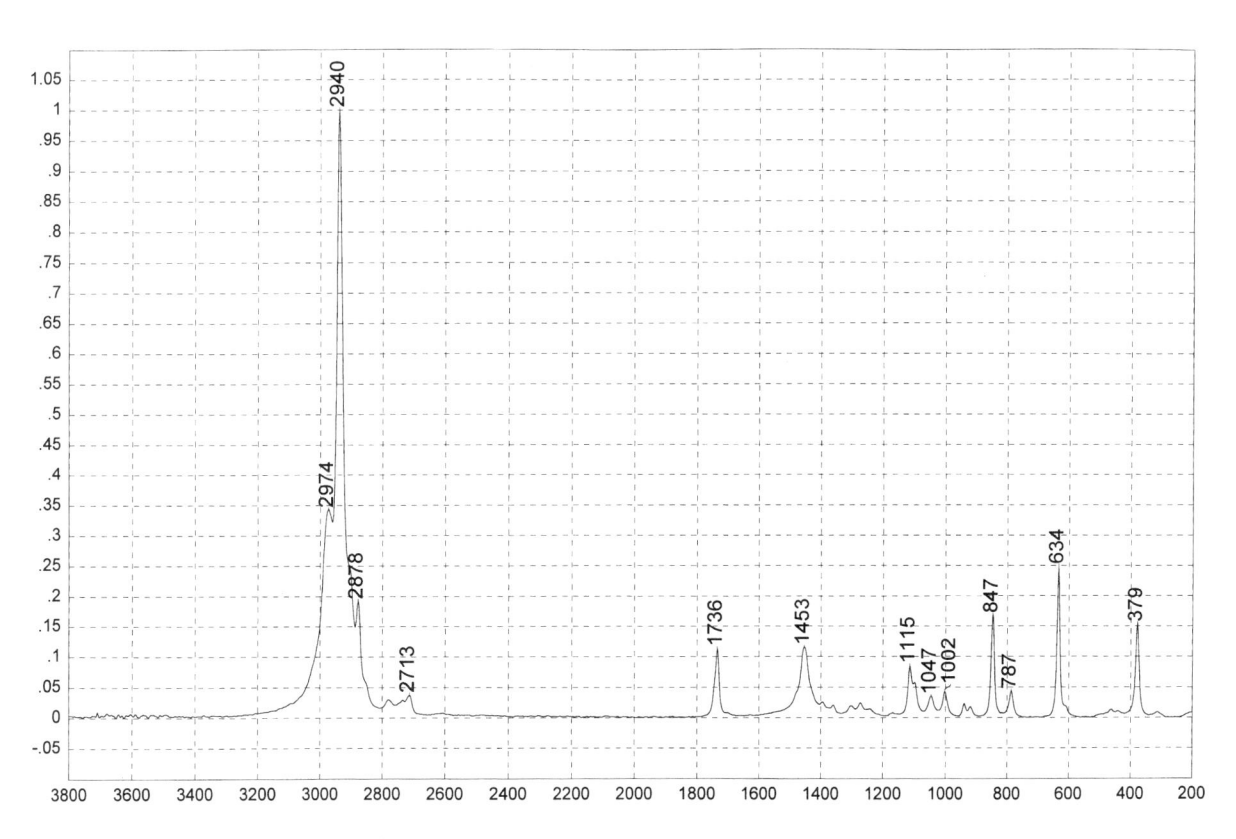

2052 Ethyl Acetate

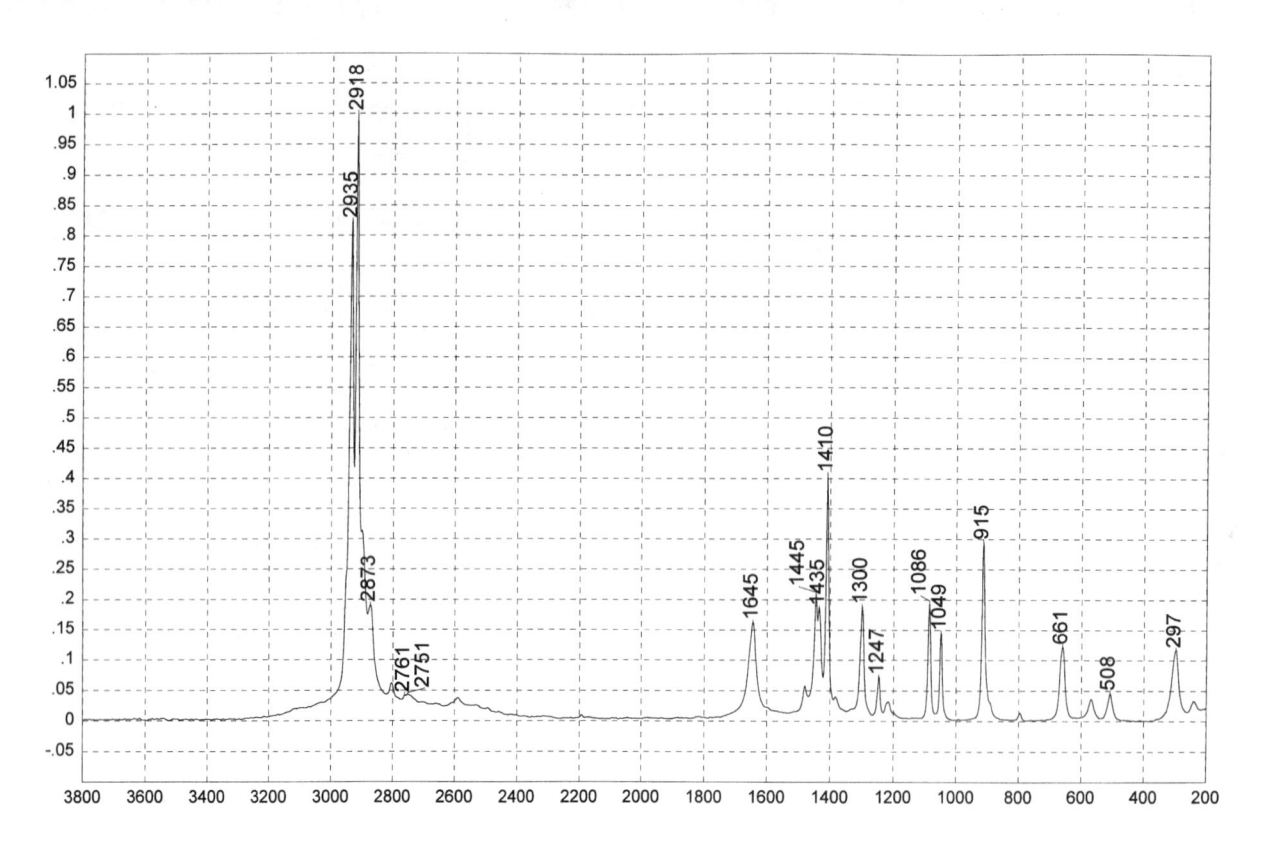

2053 Adipic Acid

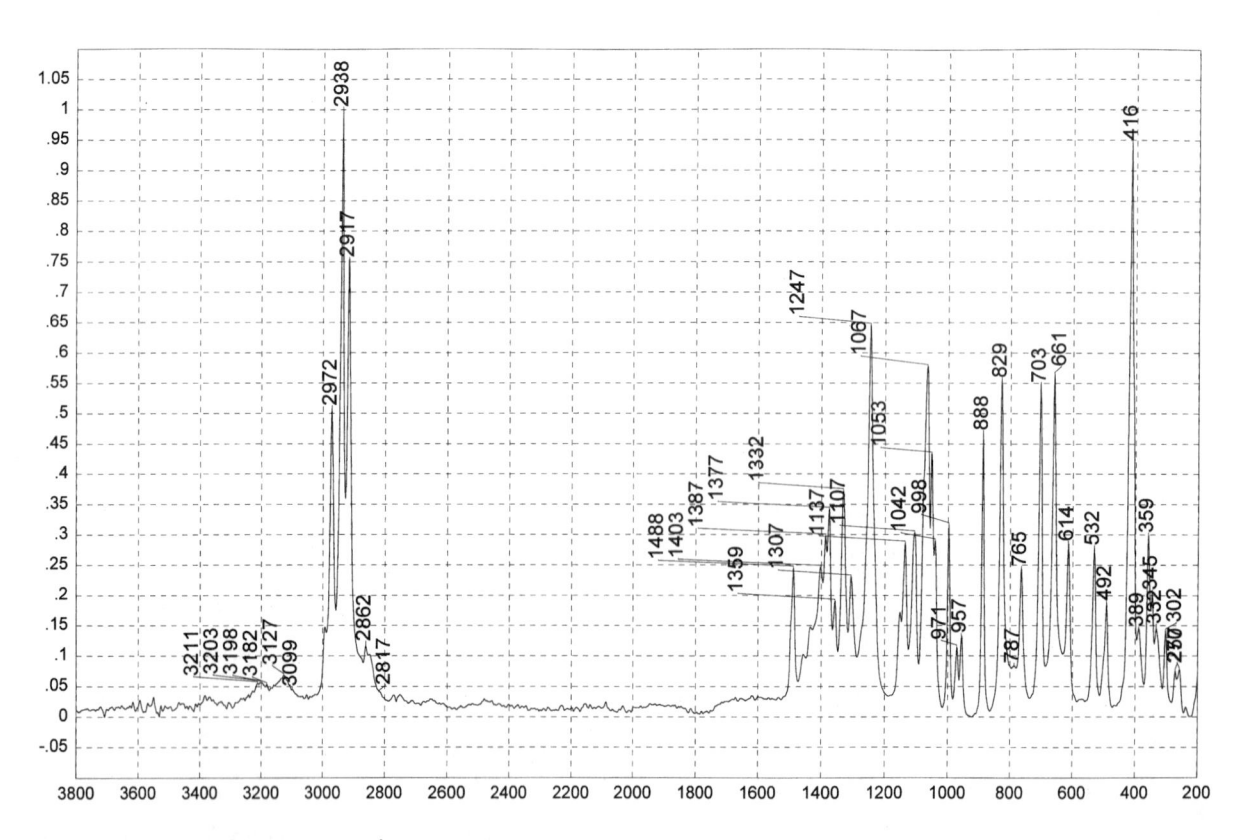

2054 Galatose

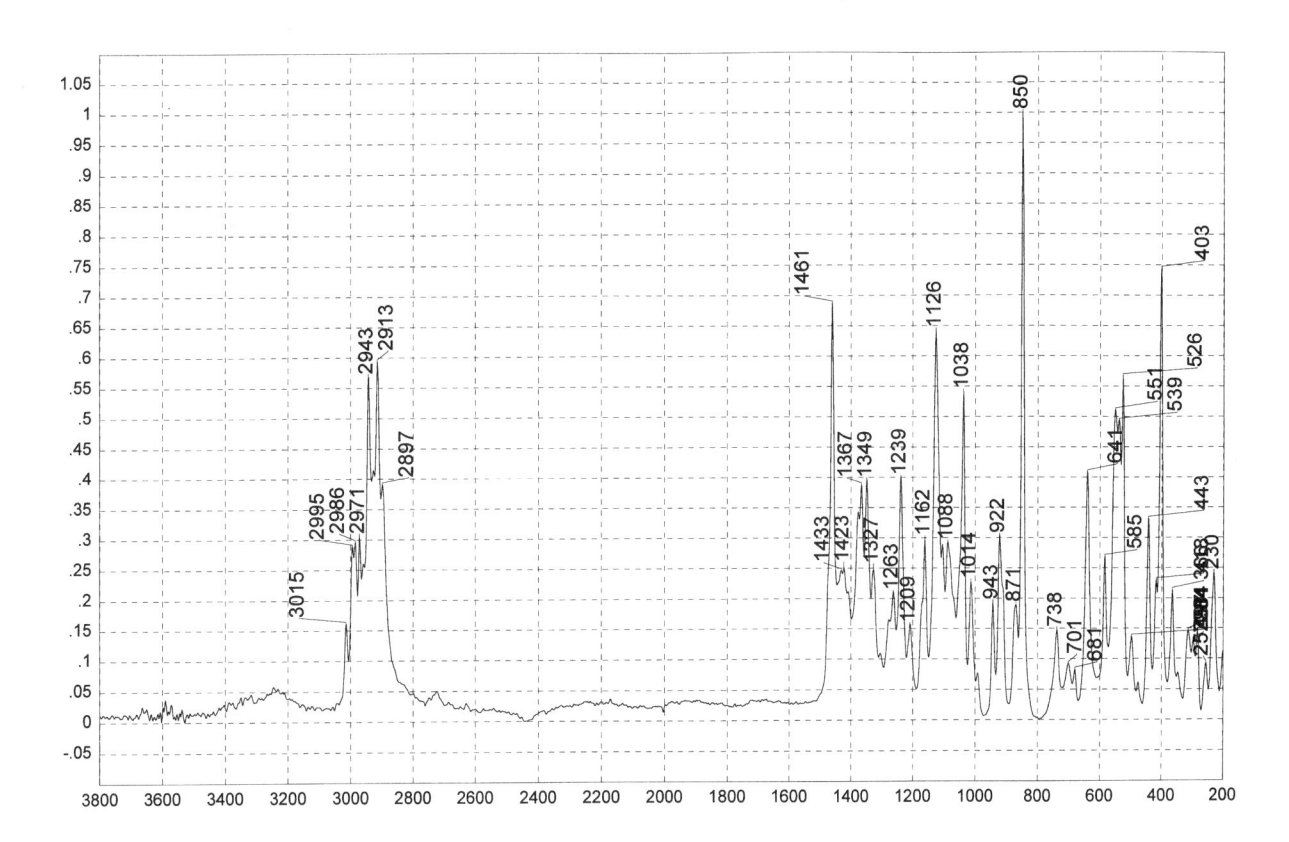

2055   Sucrose

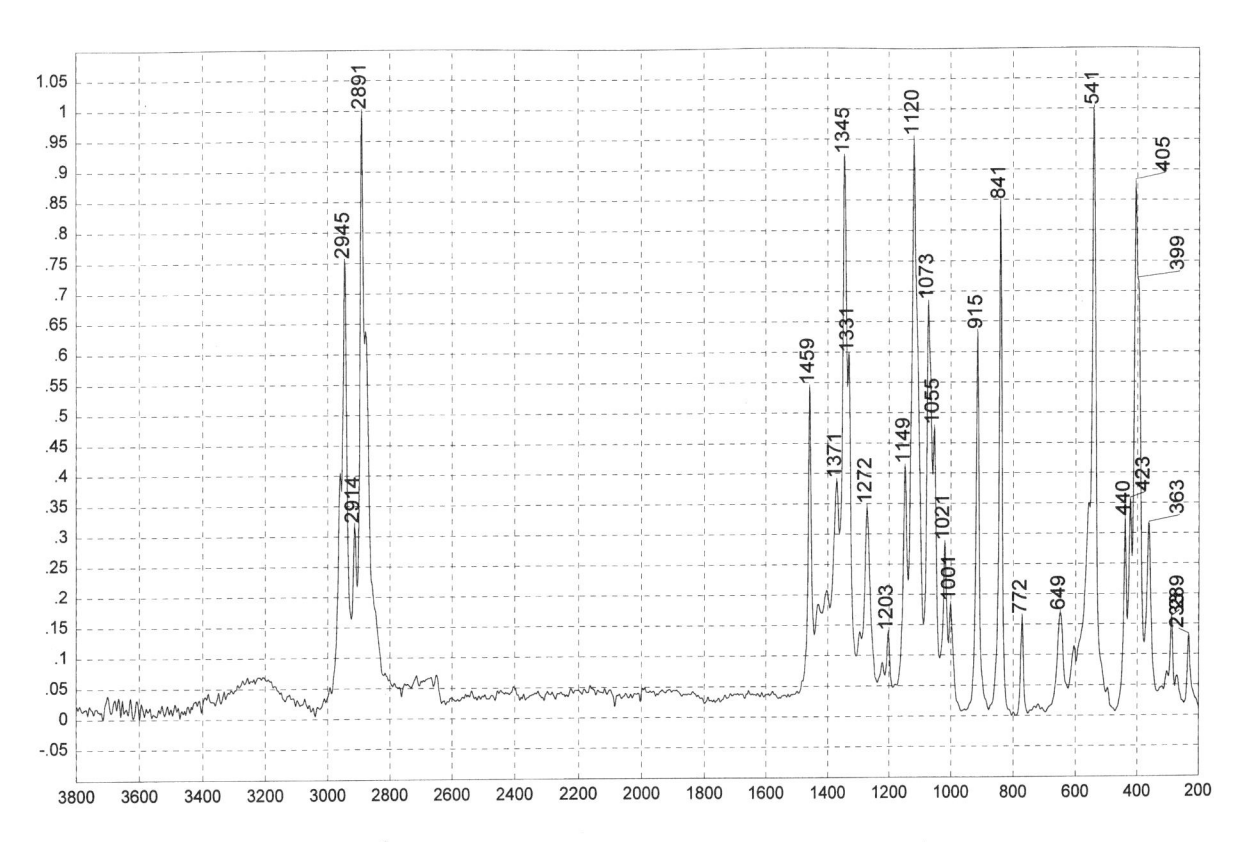

2056   Glucose

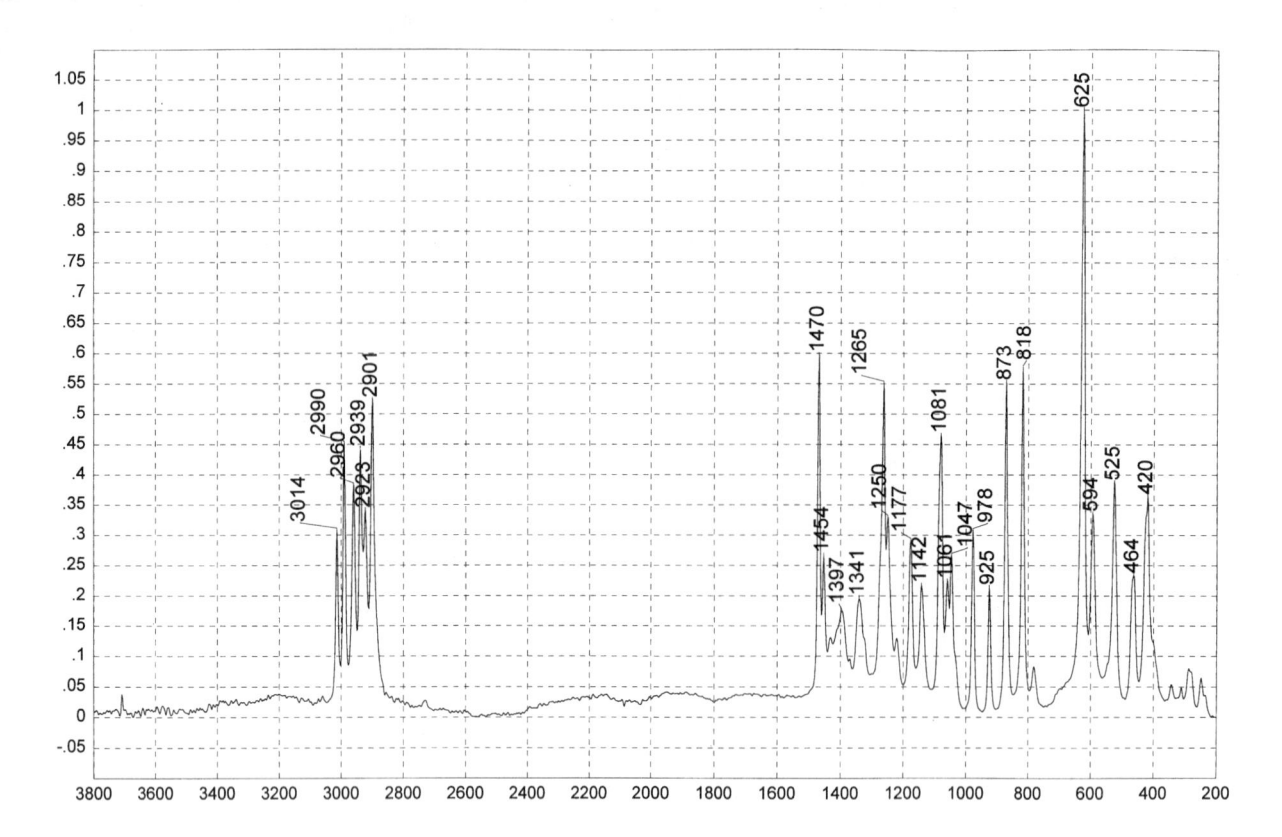

2057 Fructose

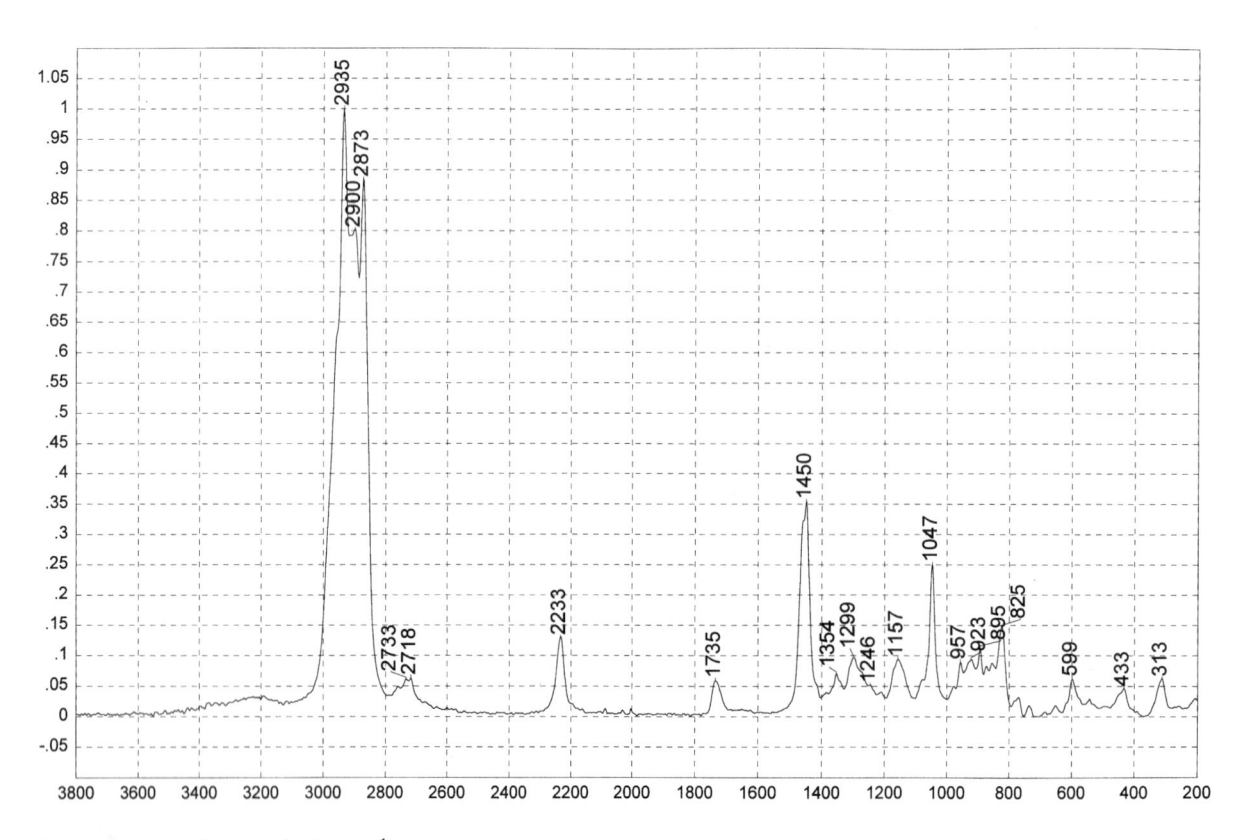

2058 Surfynol 504

Polyacrylanitrile

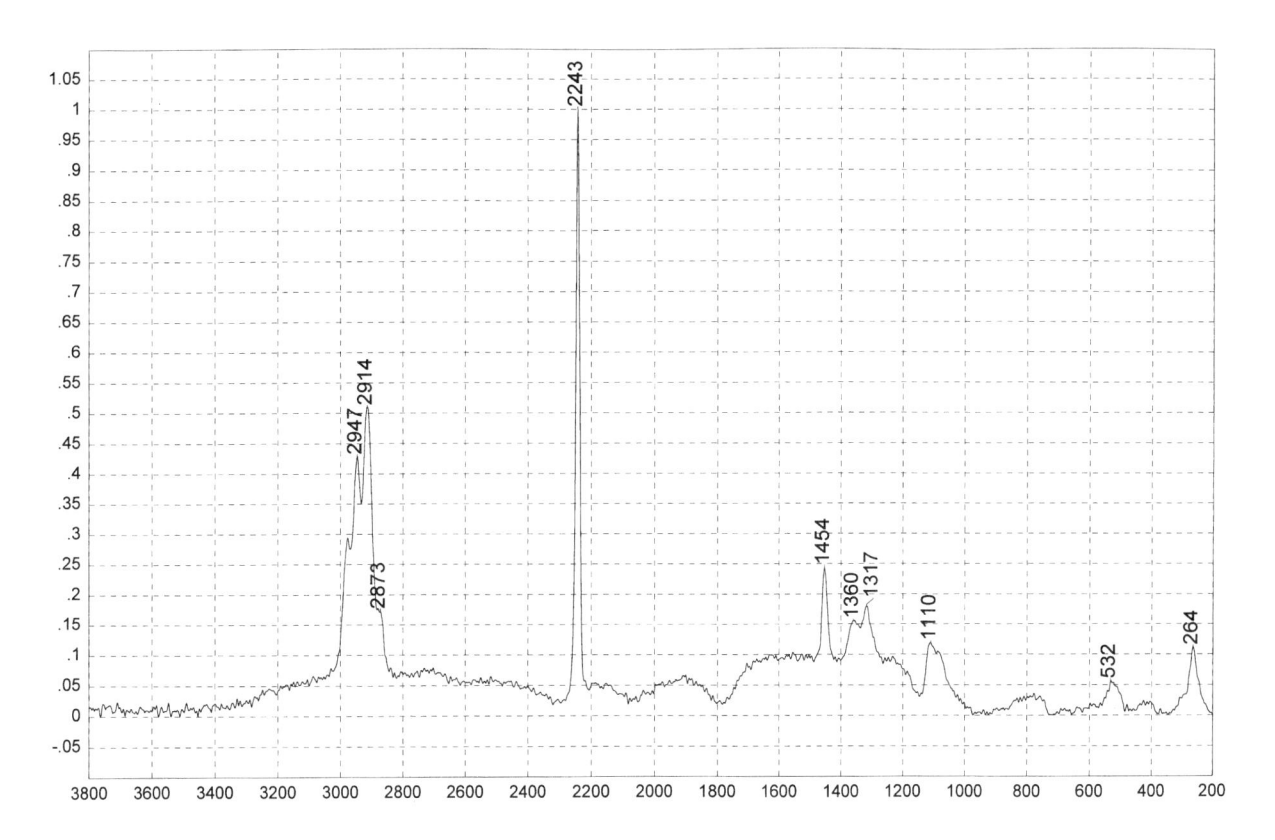

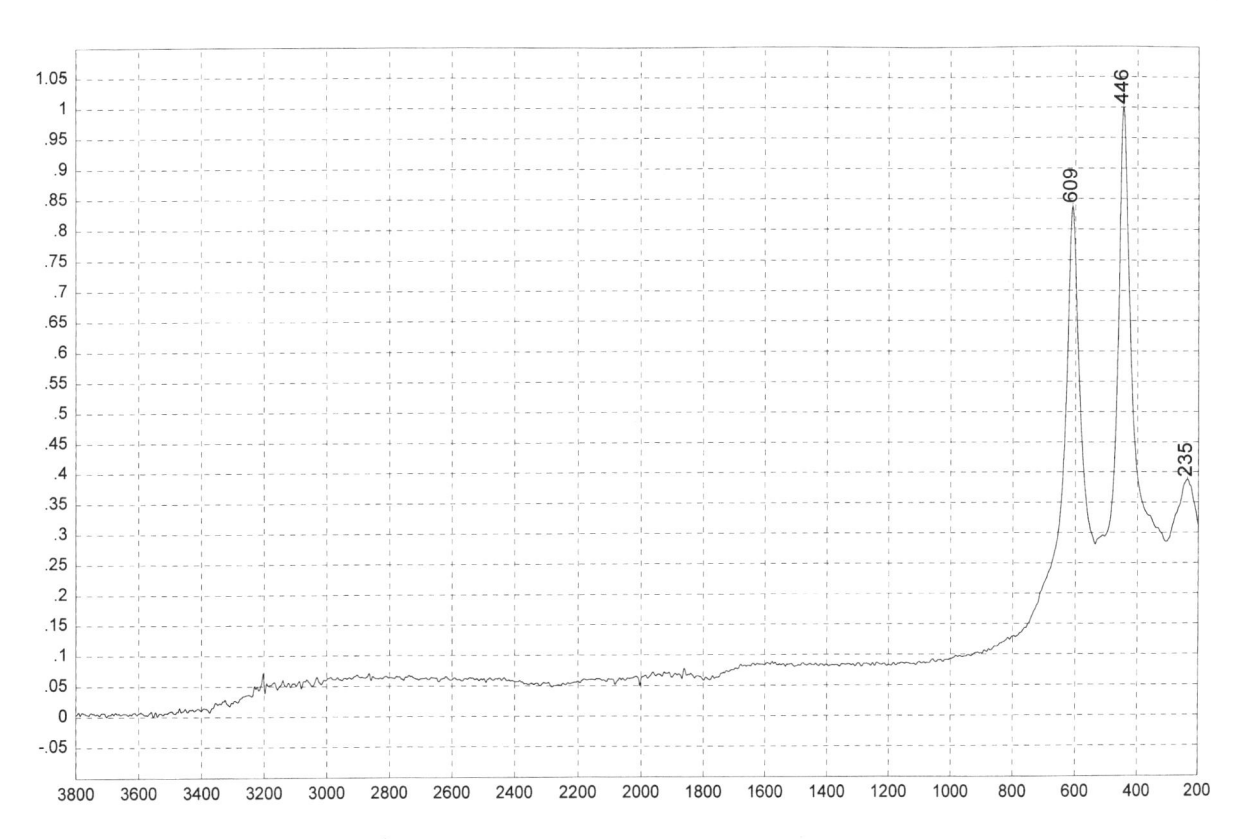

2059

TITANIUM DIOXIDE

2060

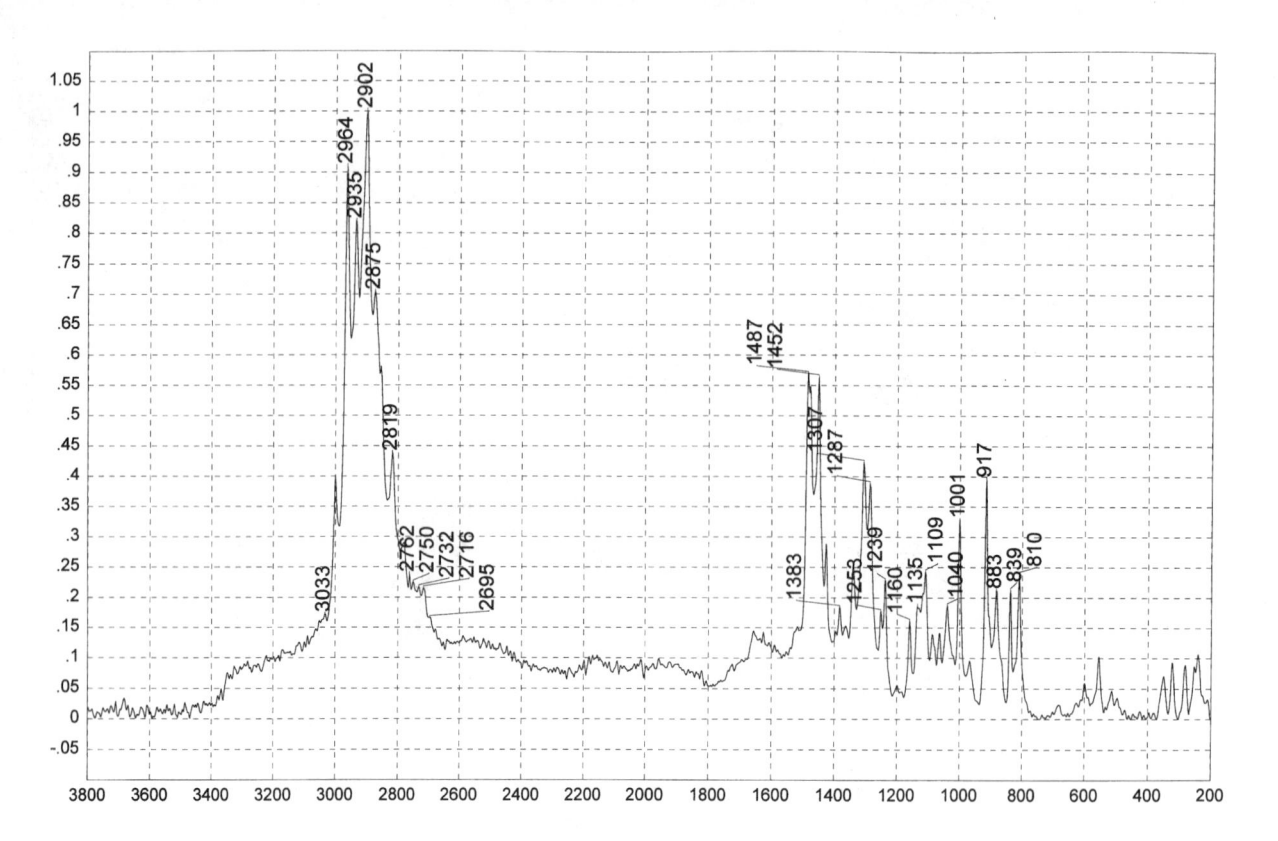

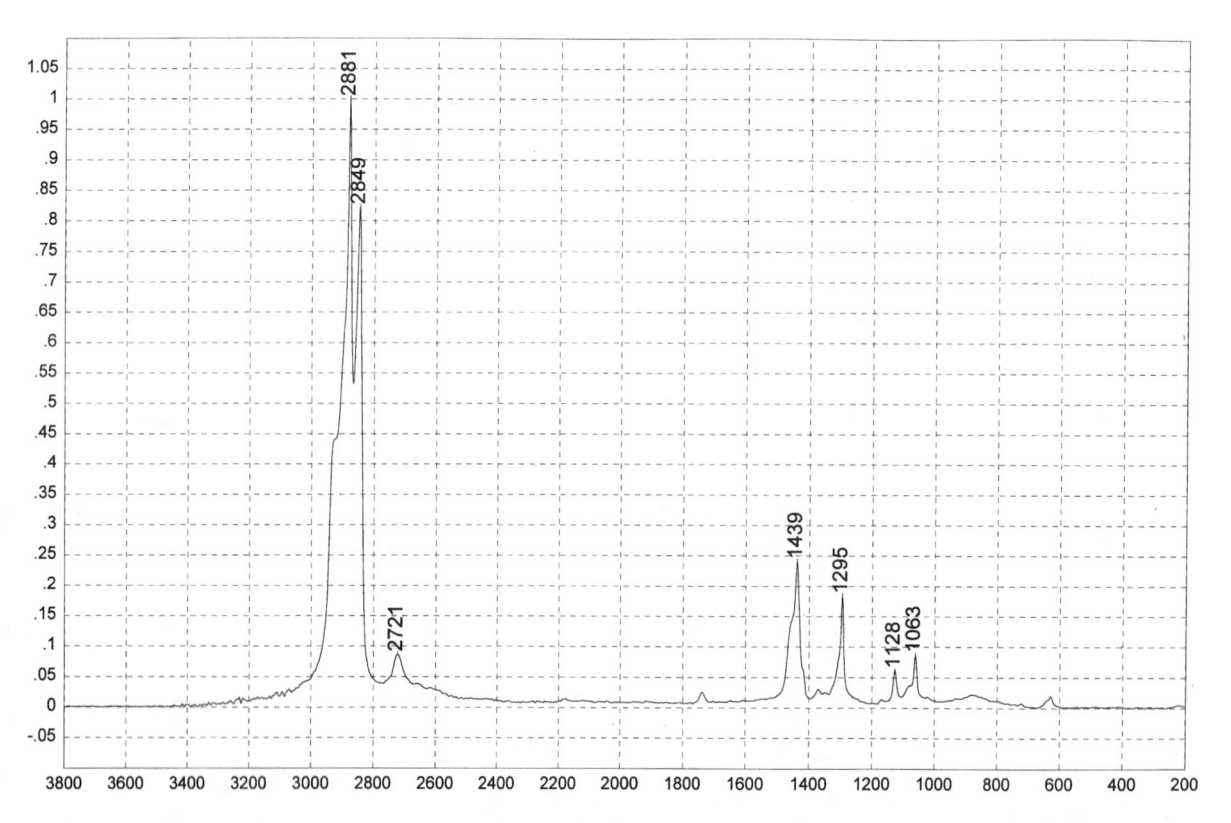

2061 Jeffamine

2062 ETHYLENE VINYL ACETATE 18%

NYLON SALT

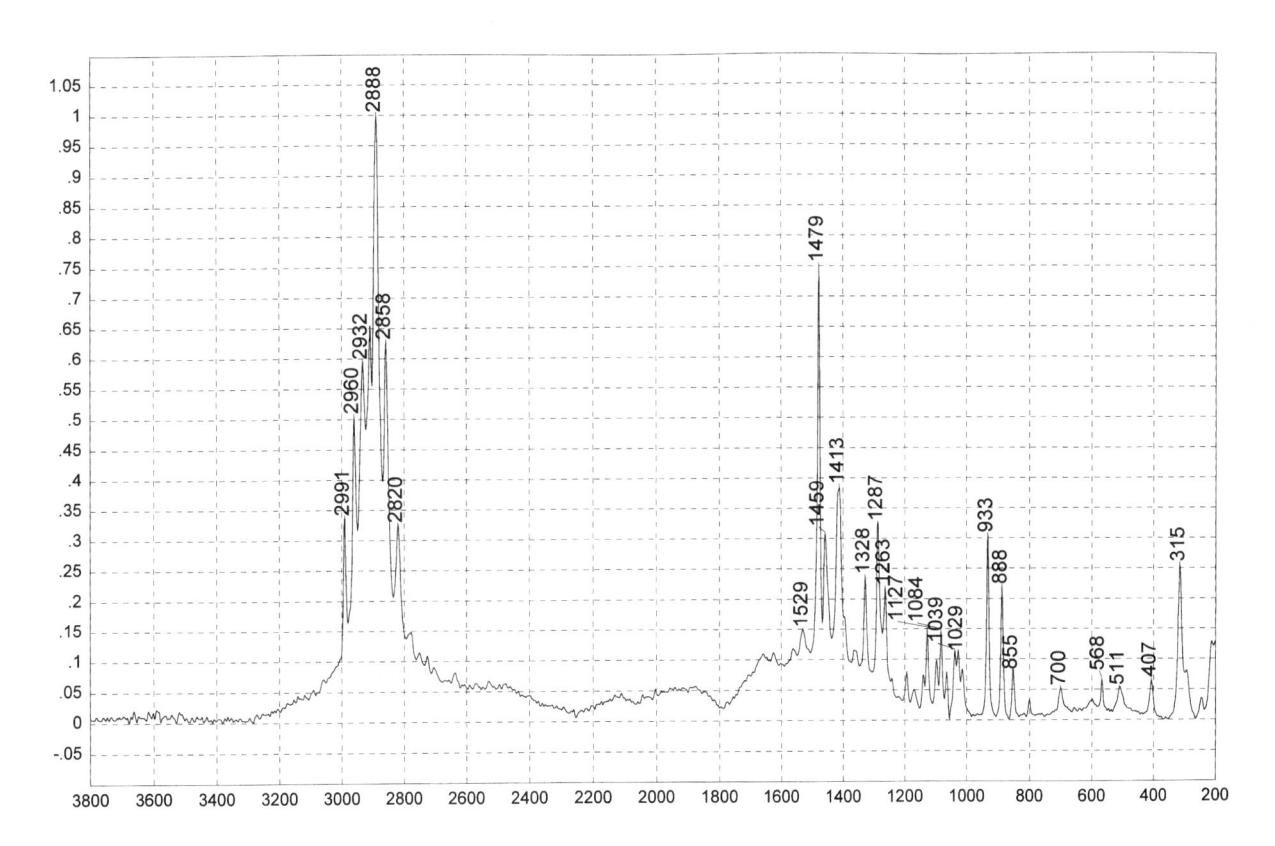

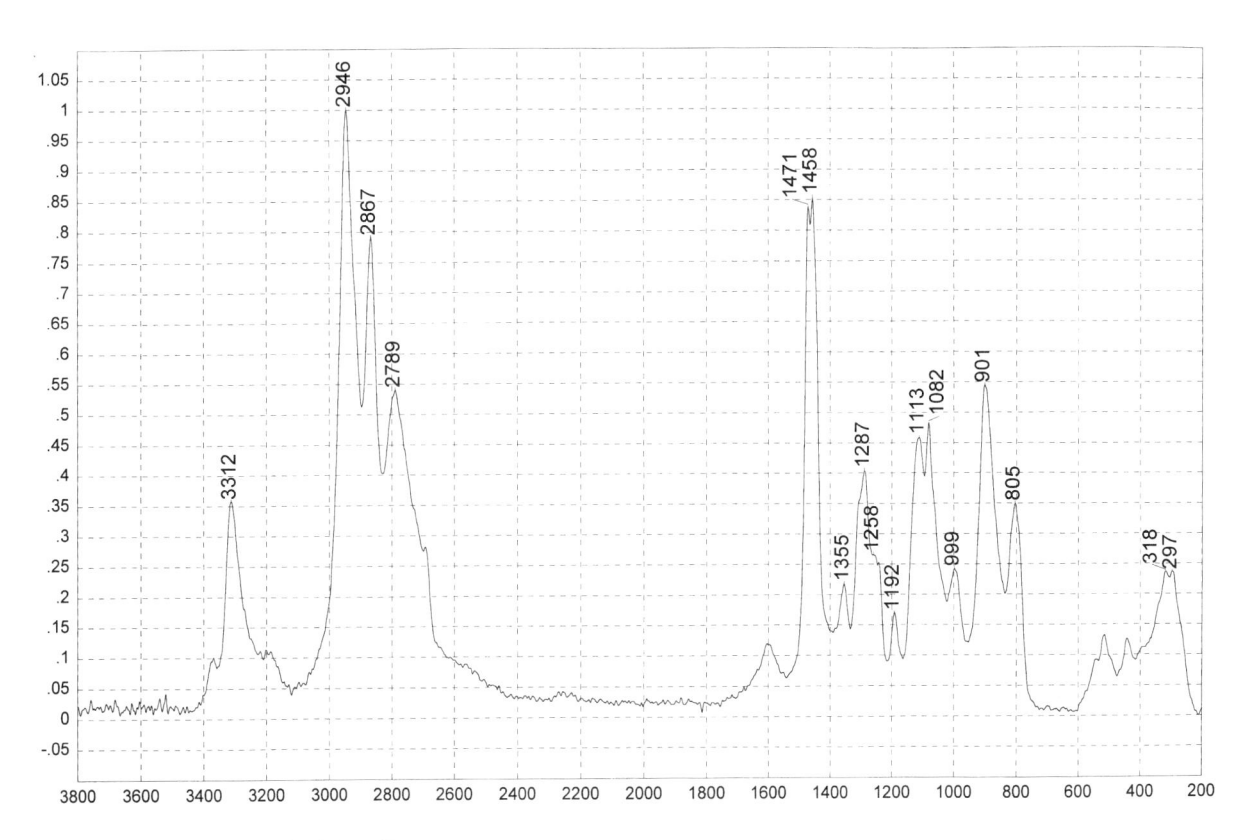

2063

JEFFAMINE 149

2064

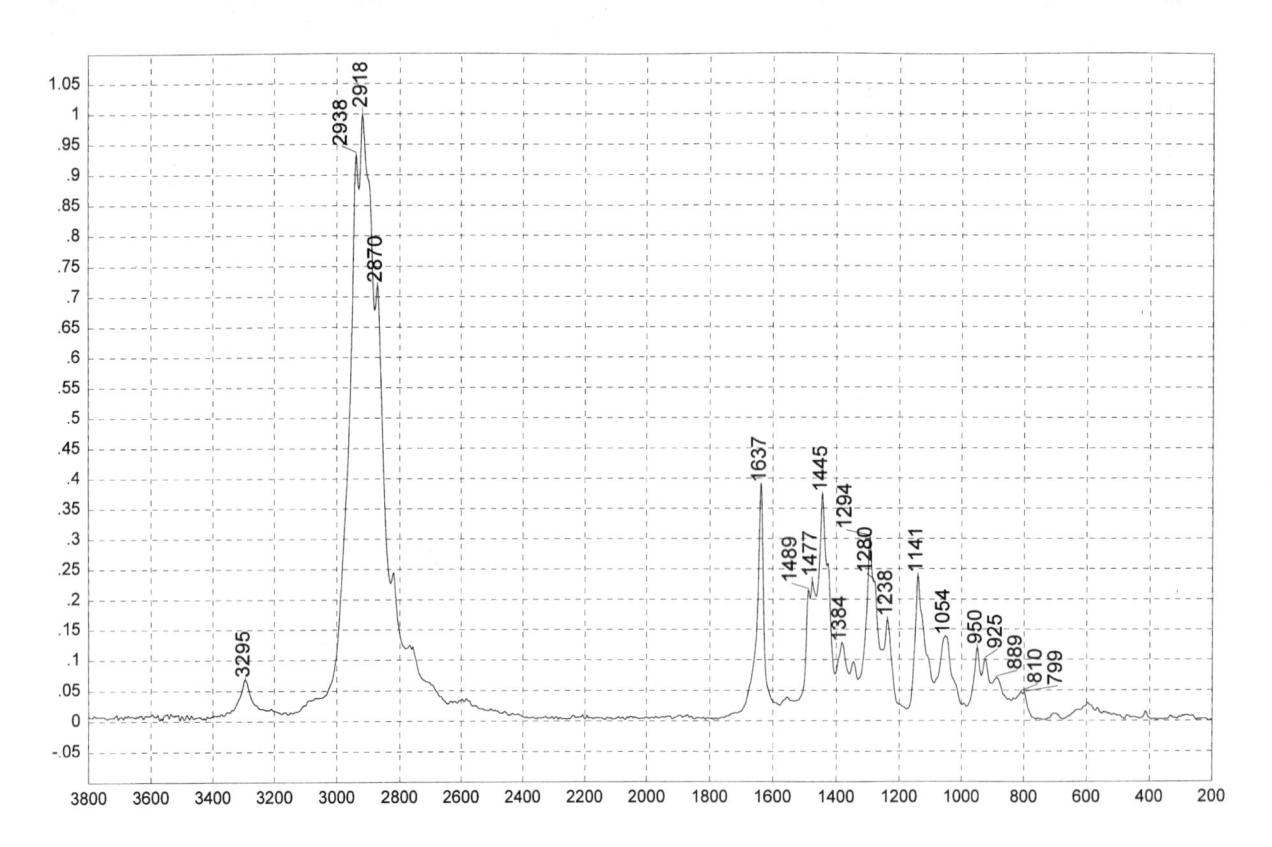

2065 POLYAMIDE POLYMER

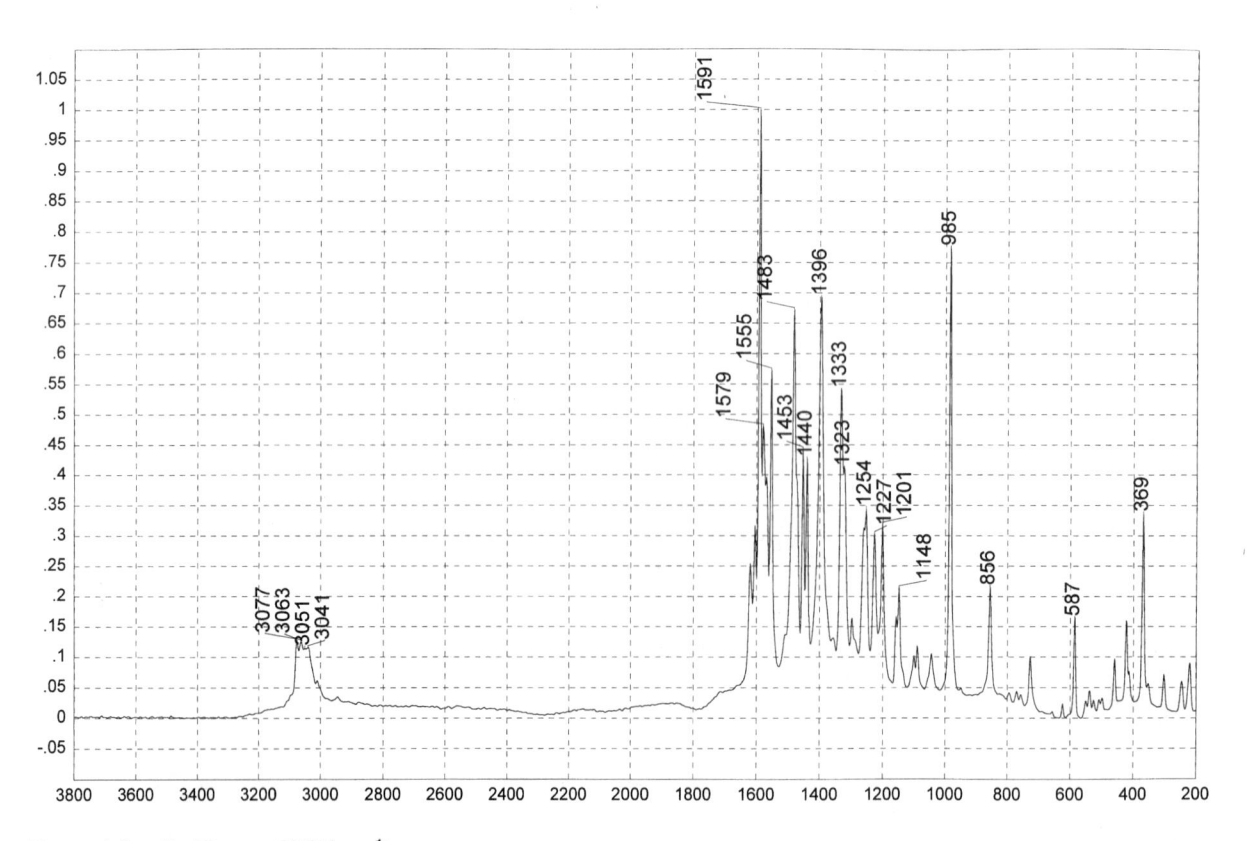

2066 PYRIDYLAZO NAPHTHOL

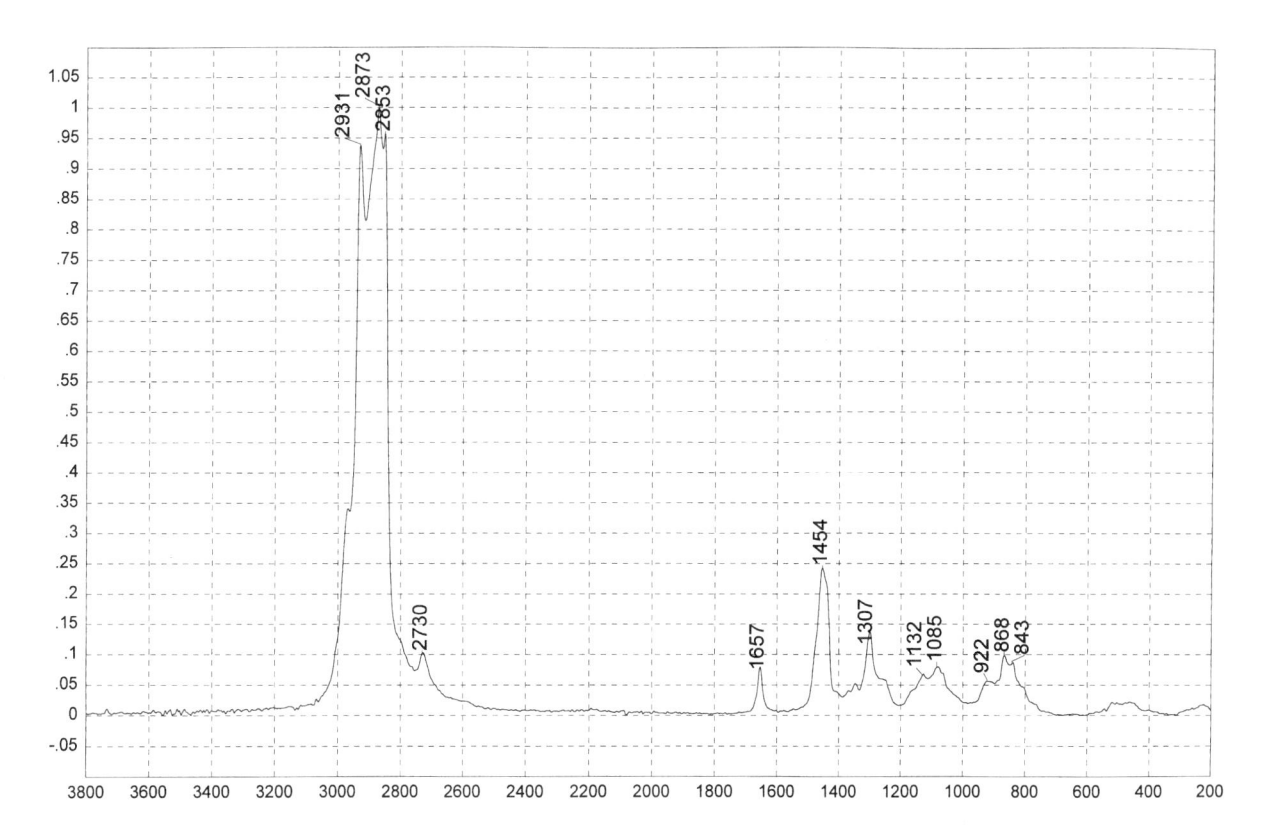

2067 BEROCEL 596

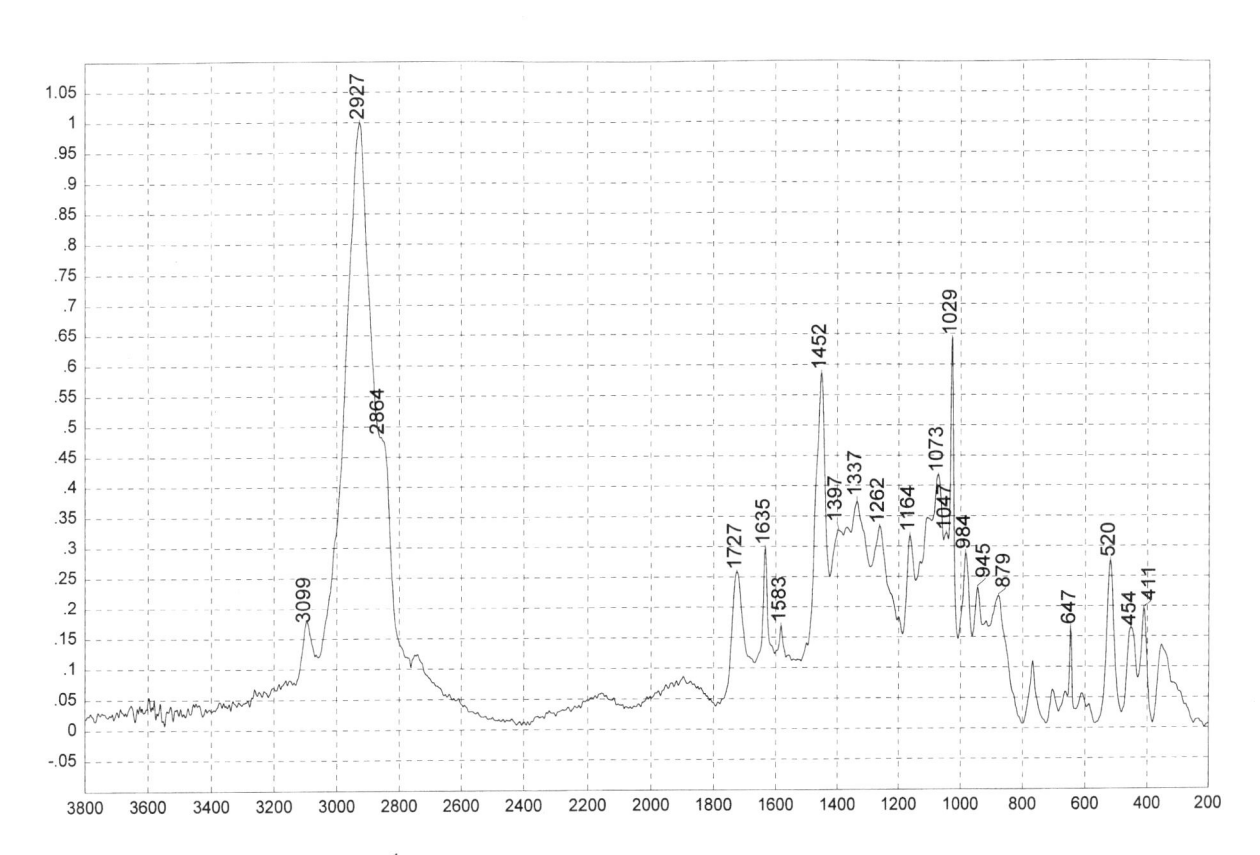

2068 o-Me Galactoside-6-acrylate with 1% crosslinker

2069 Sucrose Acrylate Hydrogel with 3.5% Diacrylate Crosslinker

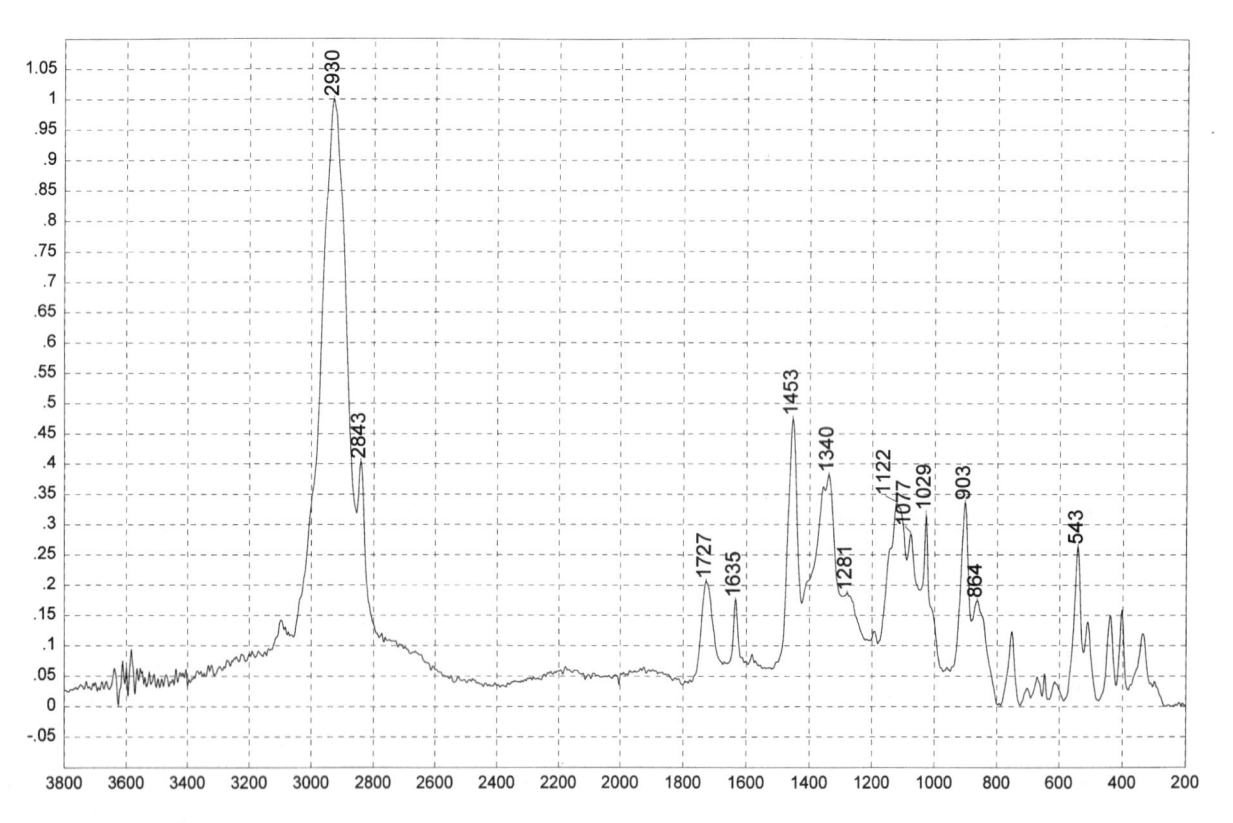

2070 a-Me Glucoside-6-Acrylate with 1.5% Diacrylate Crosslinker

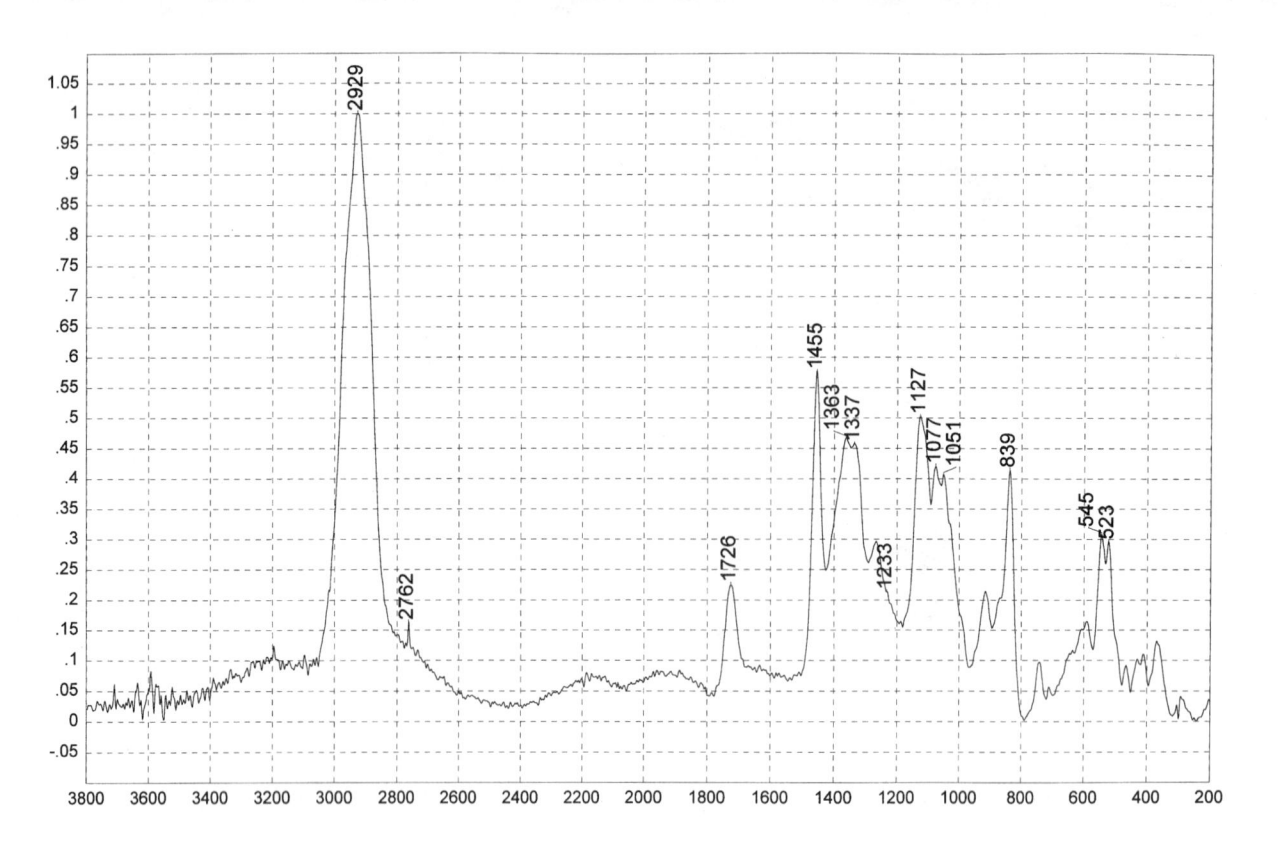

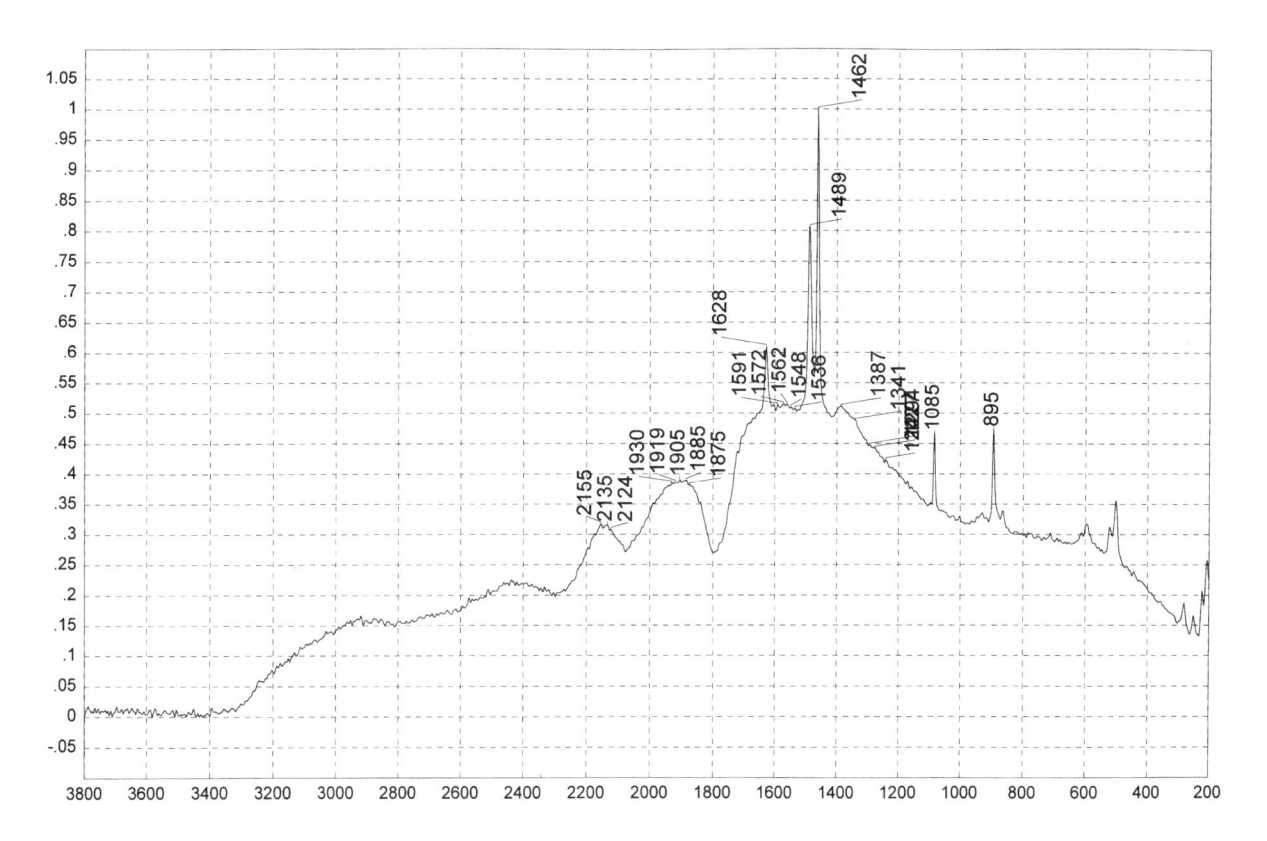

2071 **Calcium Oxalate**

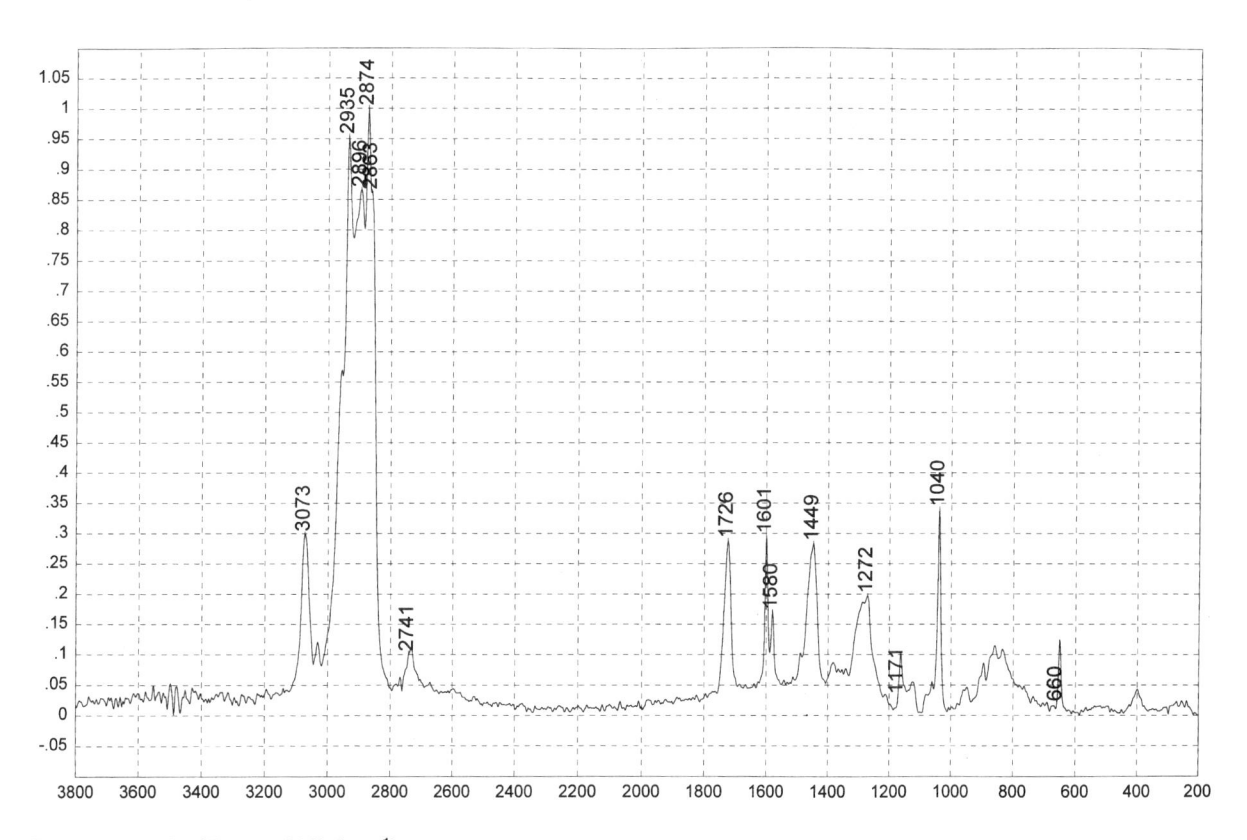

2072 **Phthalate extracted from Tygon tubing**

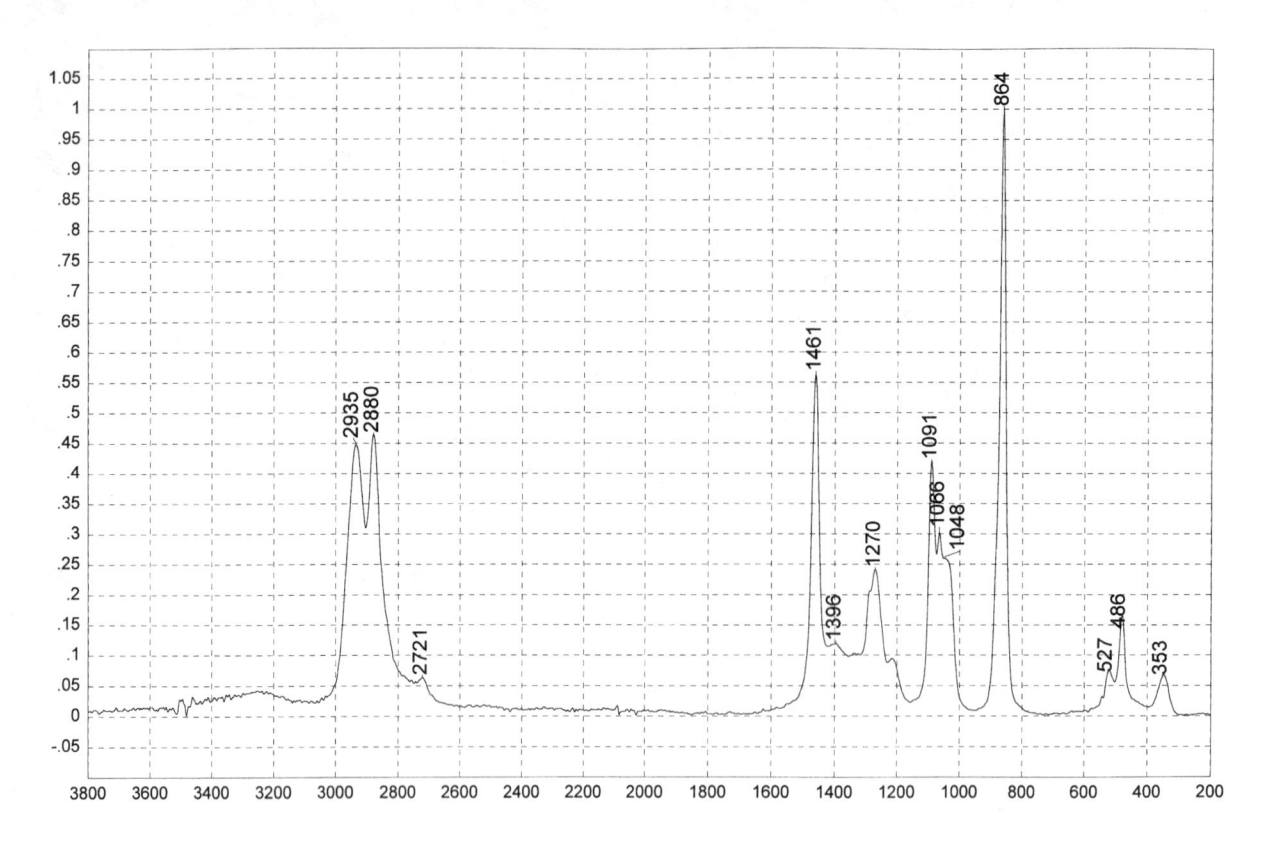

| 2073 | **Ethylene Glycol** |

| 2074 | **Sodium Lauryl Sulfate 98%** |

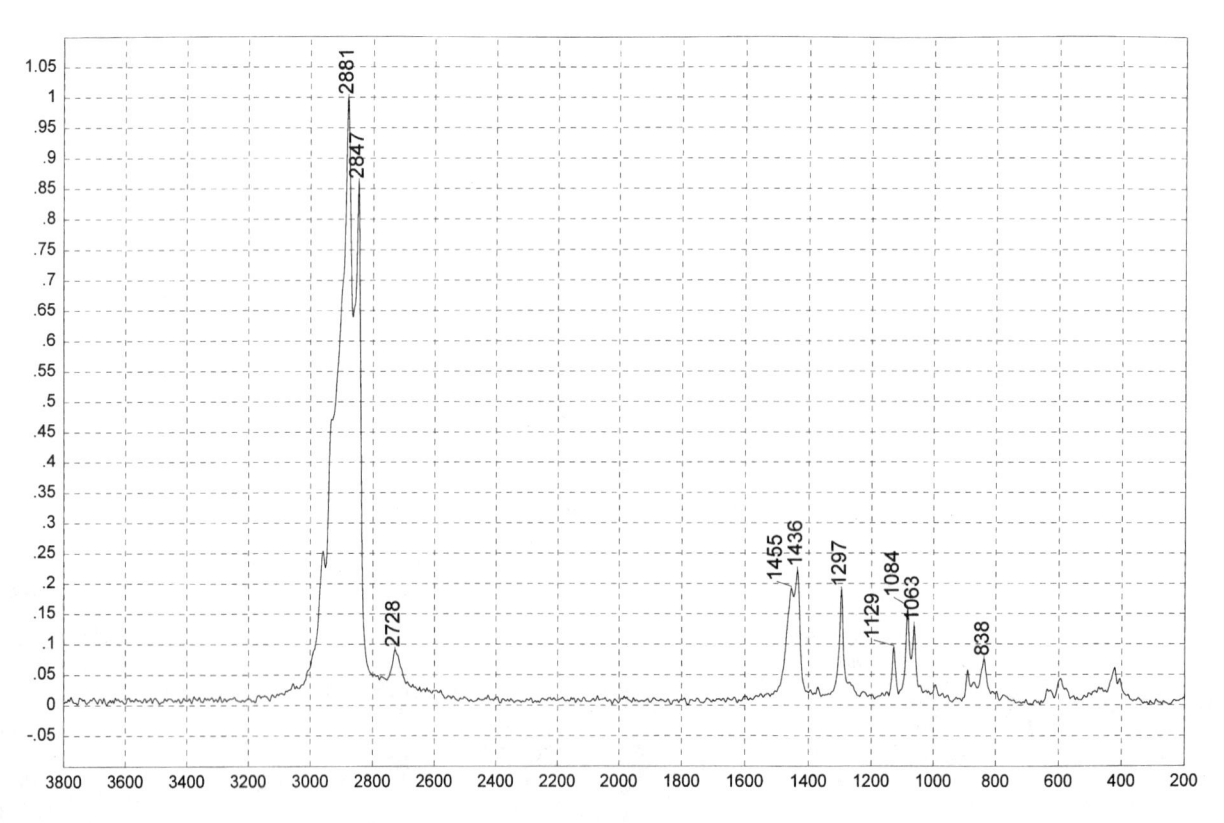

Poly(Ethylene Glycol) 600

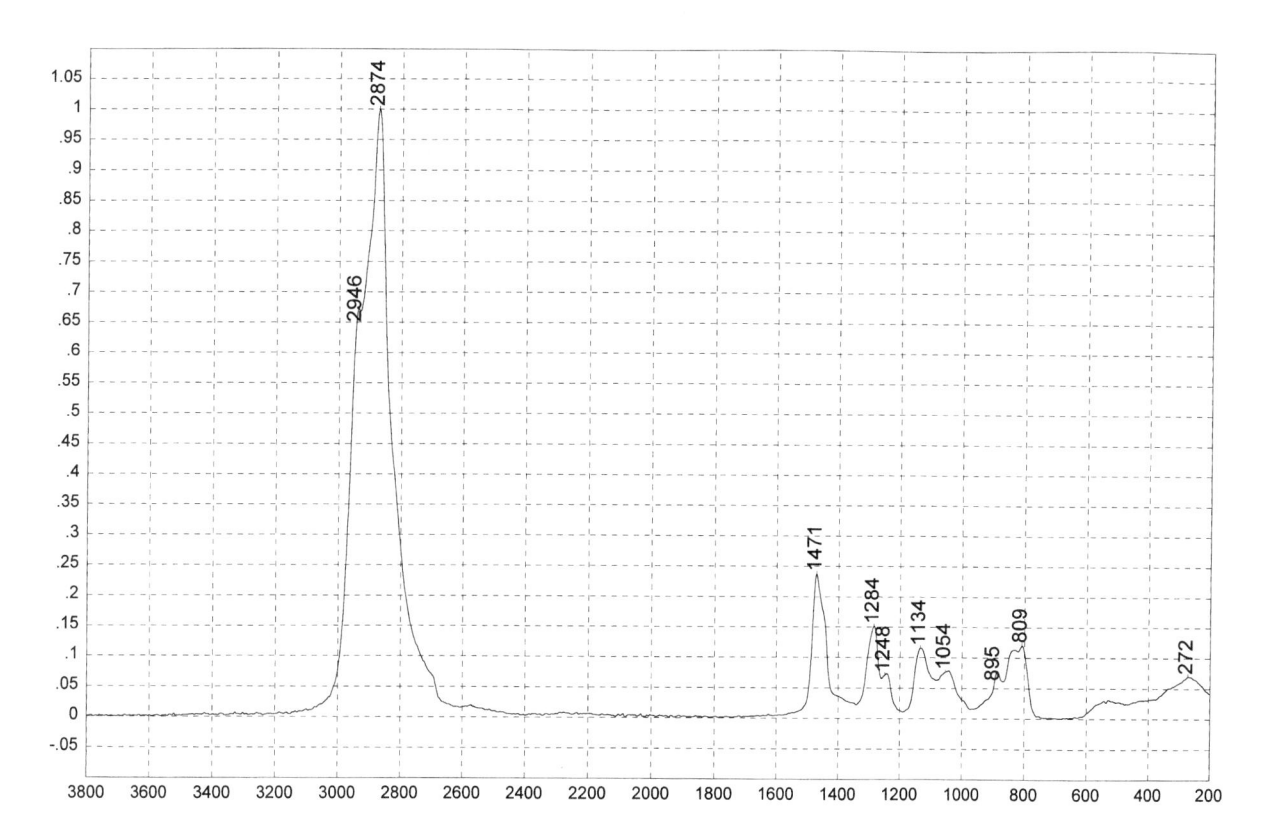

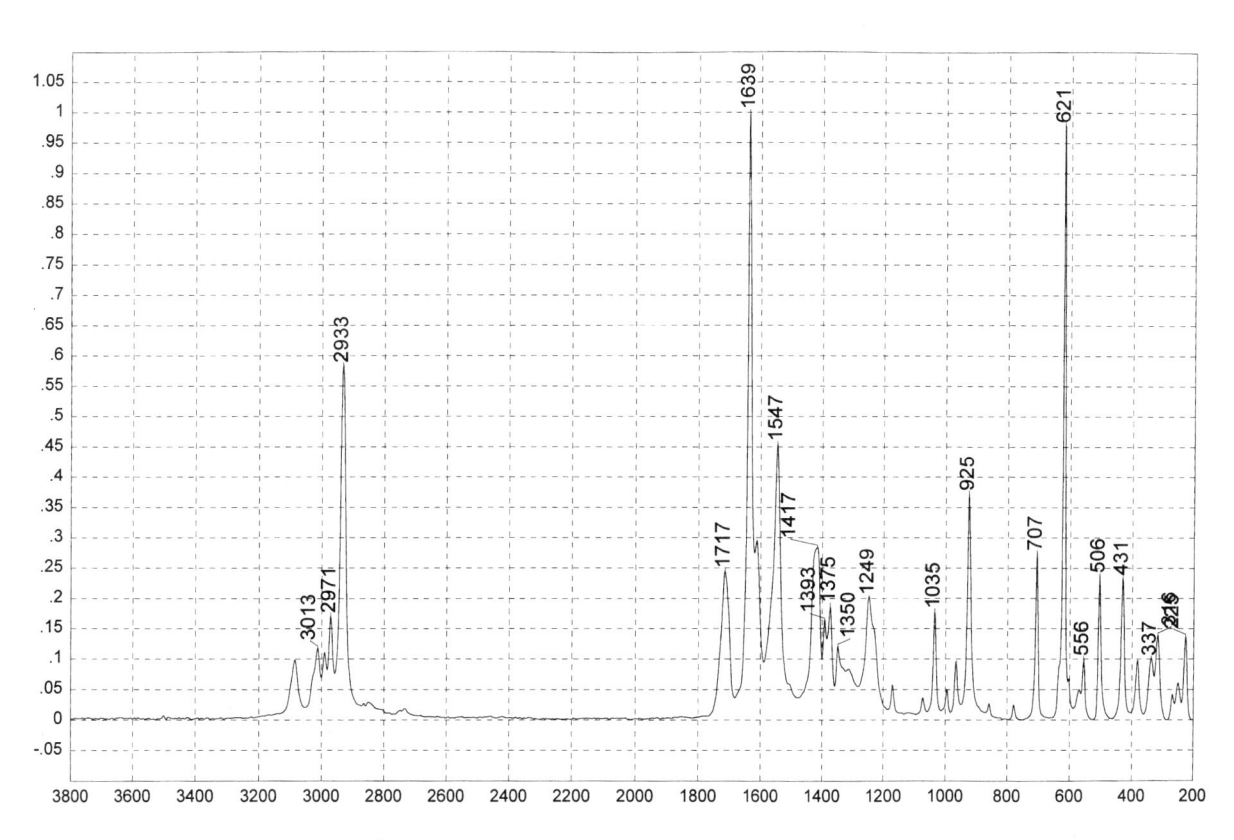

2075

Dehydroacetic Acid

2076

535

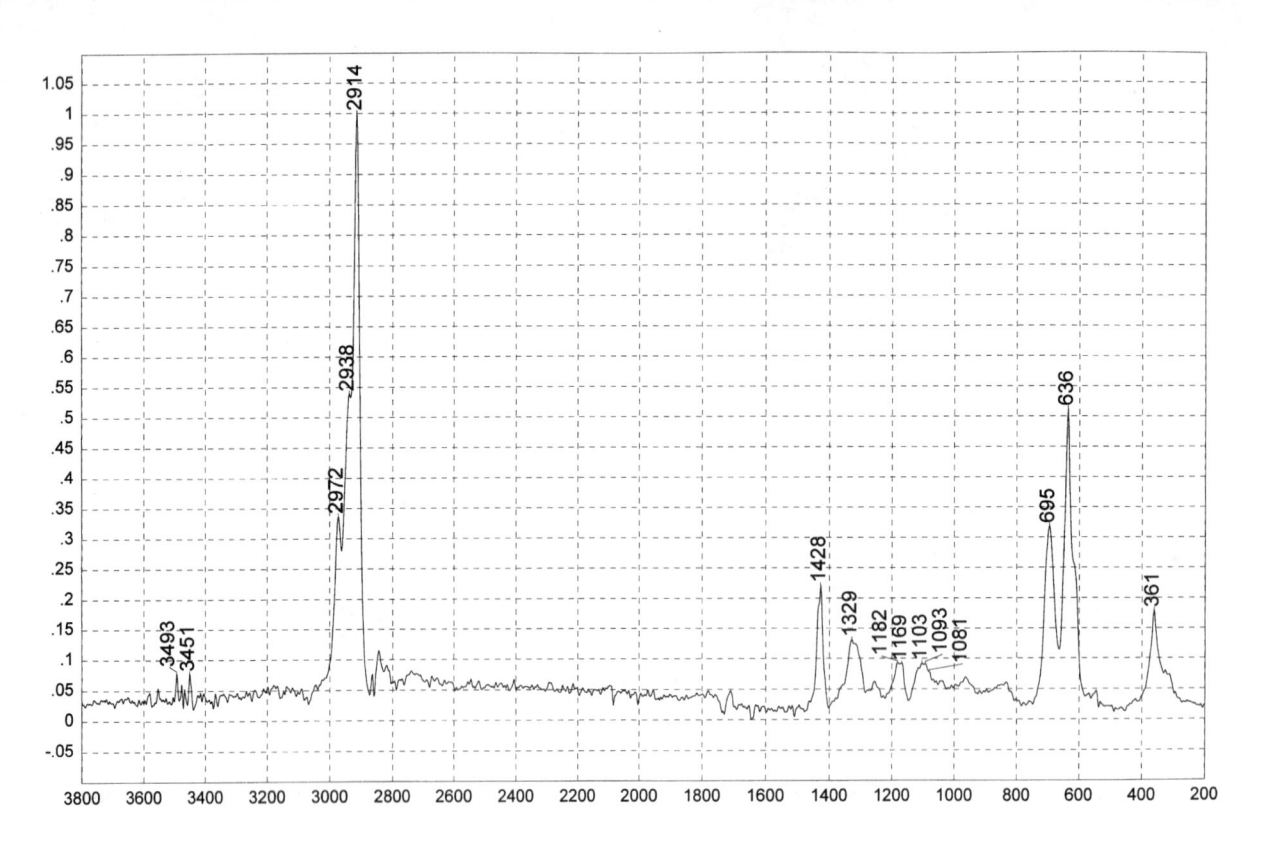

2077   Tygon Tubing Minus Phthalate

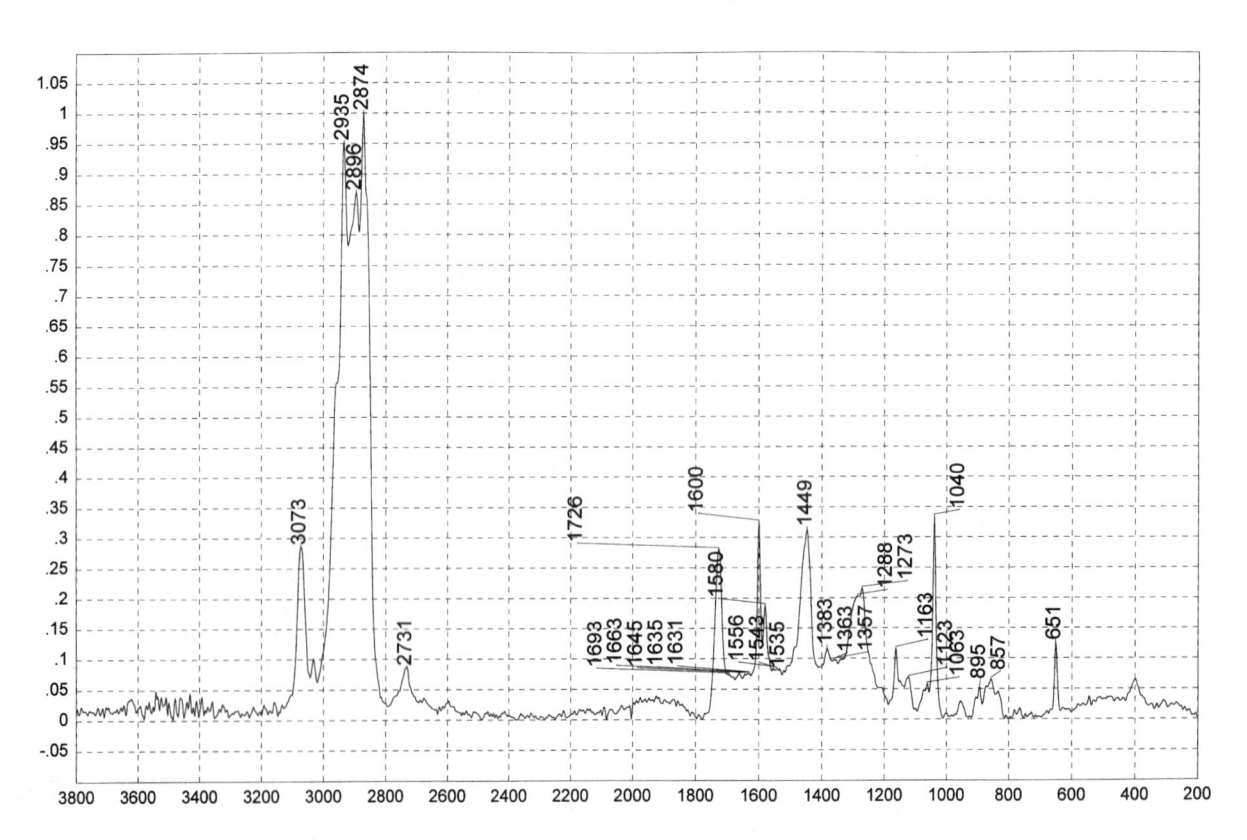

2078   Phthalate

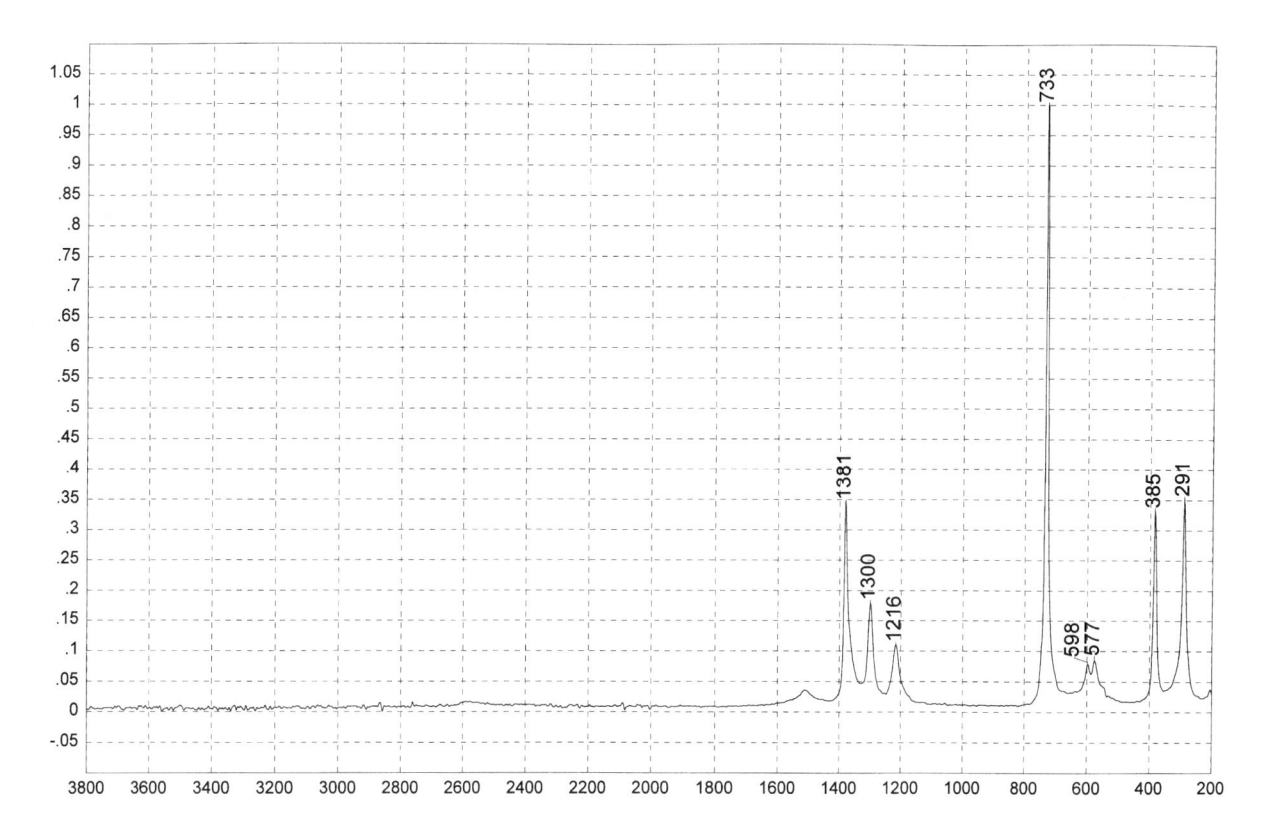

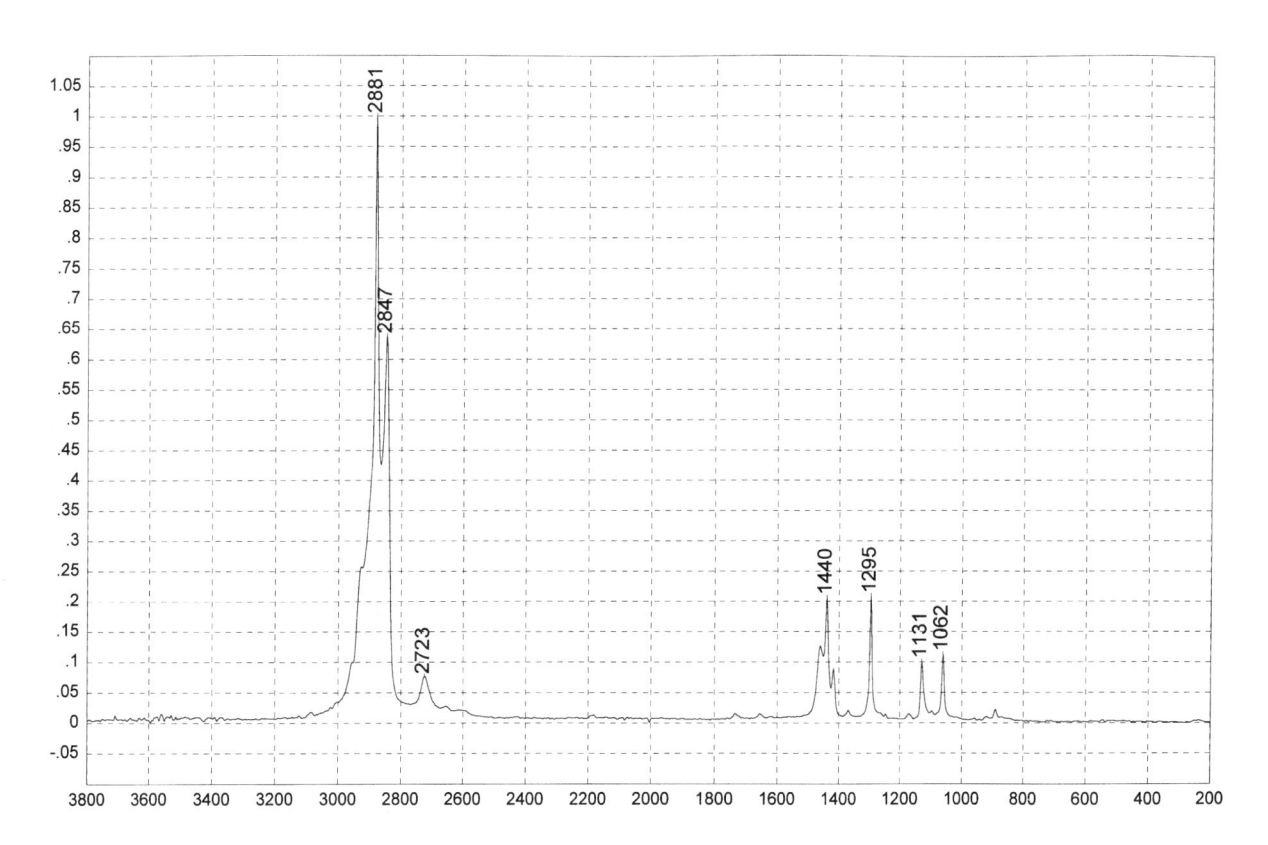

| 2079 | Teflon |

| 2080 | Beeswax |

| 2081 | **Houghton Release Agent 564** |

| 2082 | **Dioctyl Phthalate** |

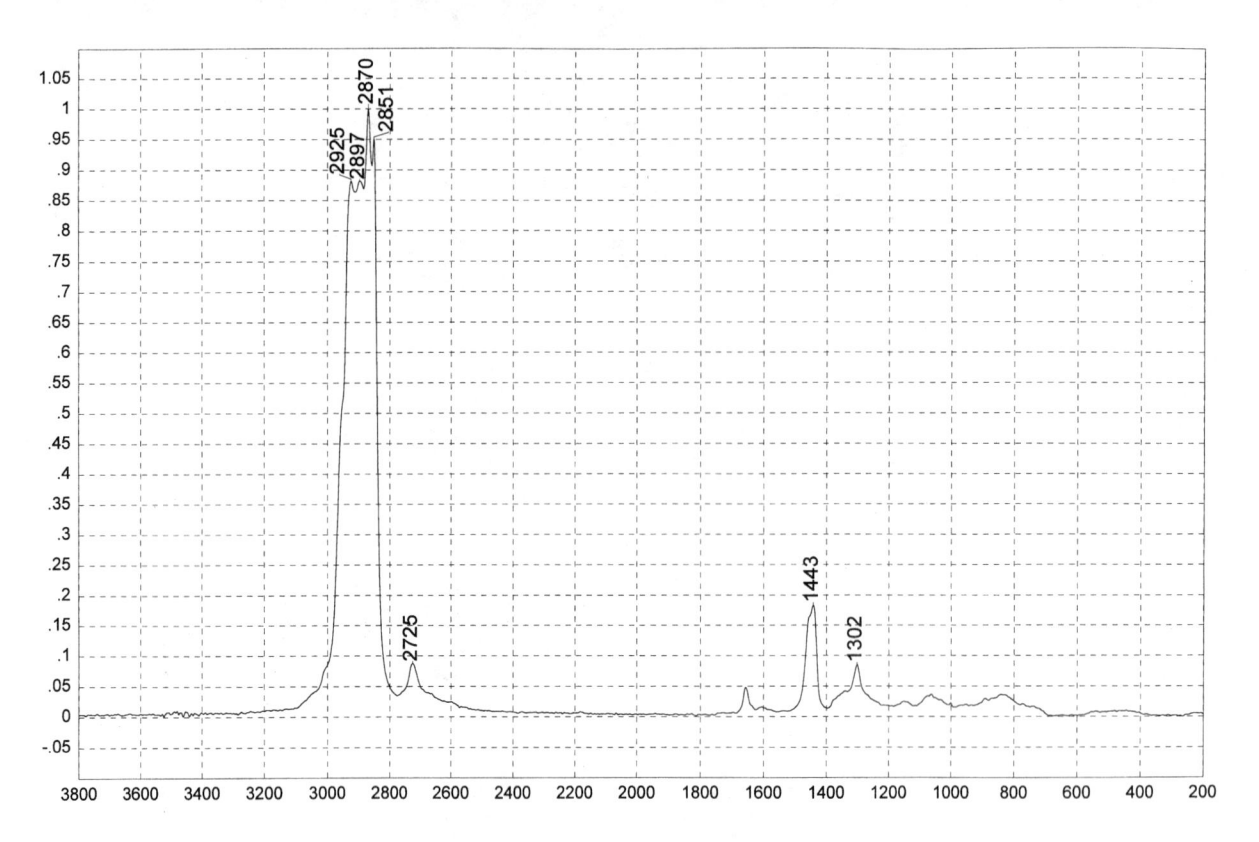

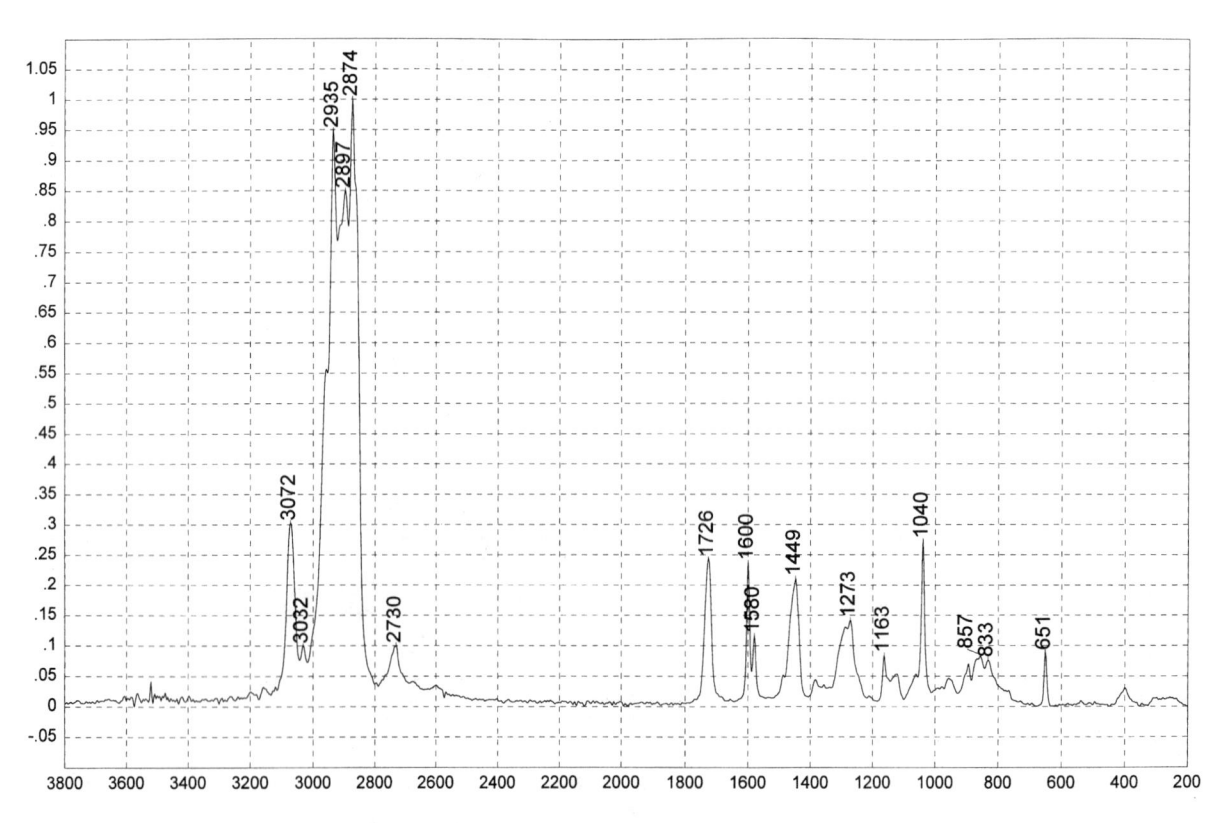

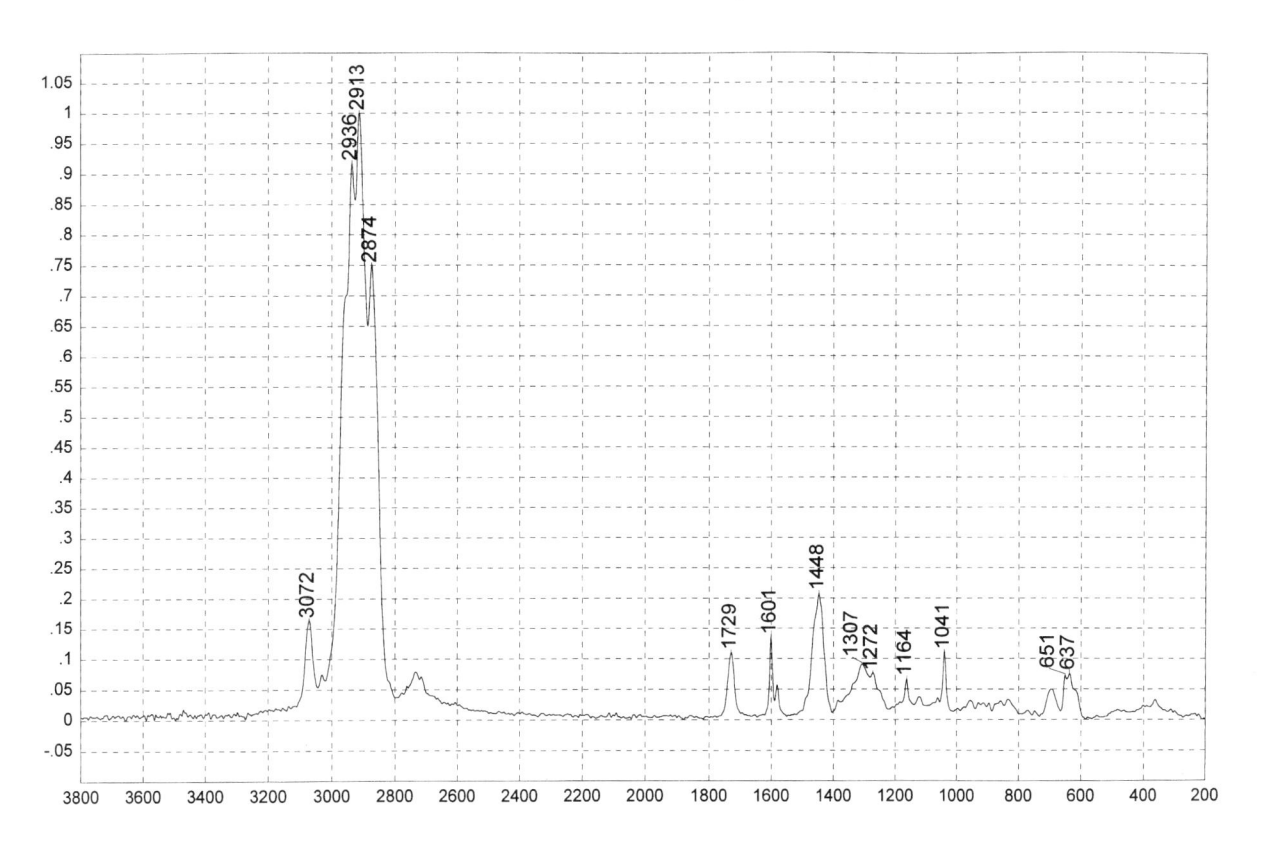

2083   PVC Organasol Adhesive

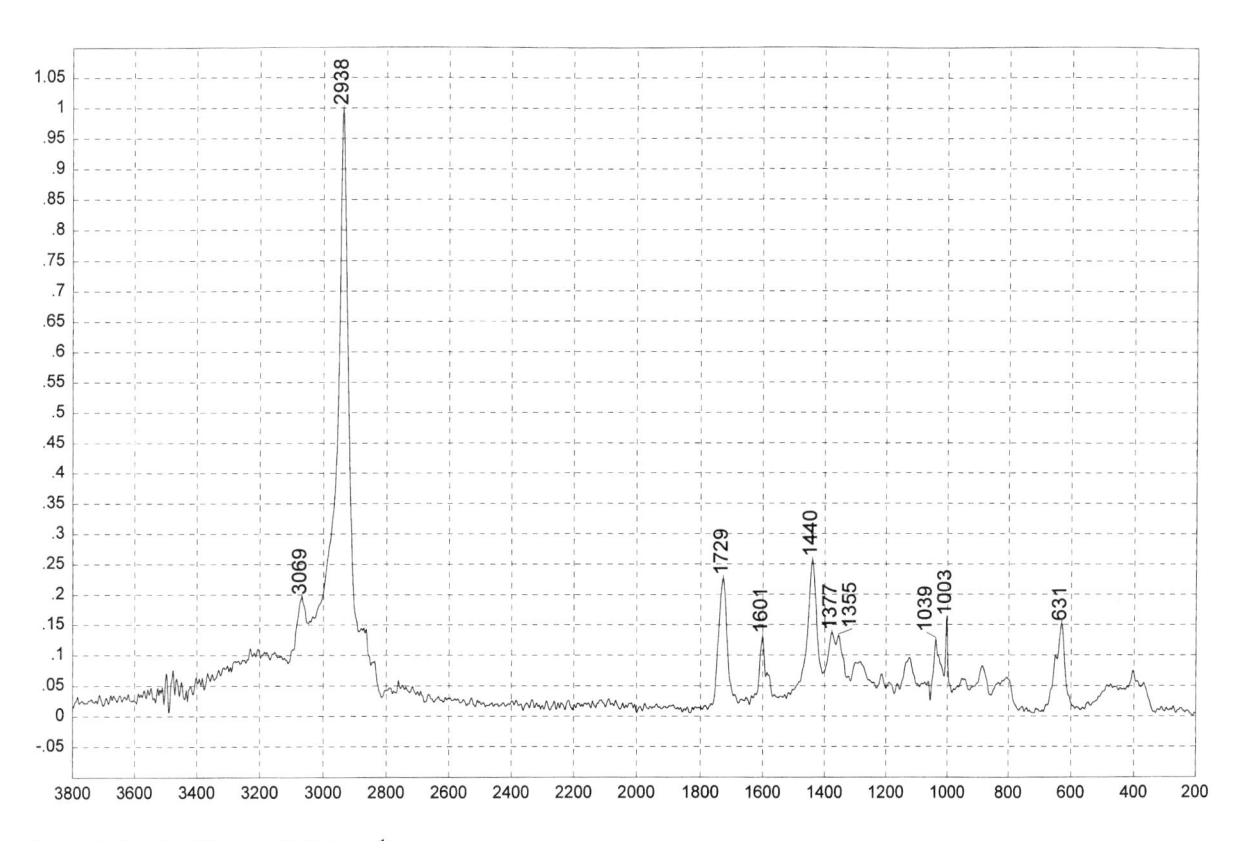

2084   PVAc Latex

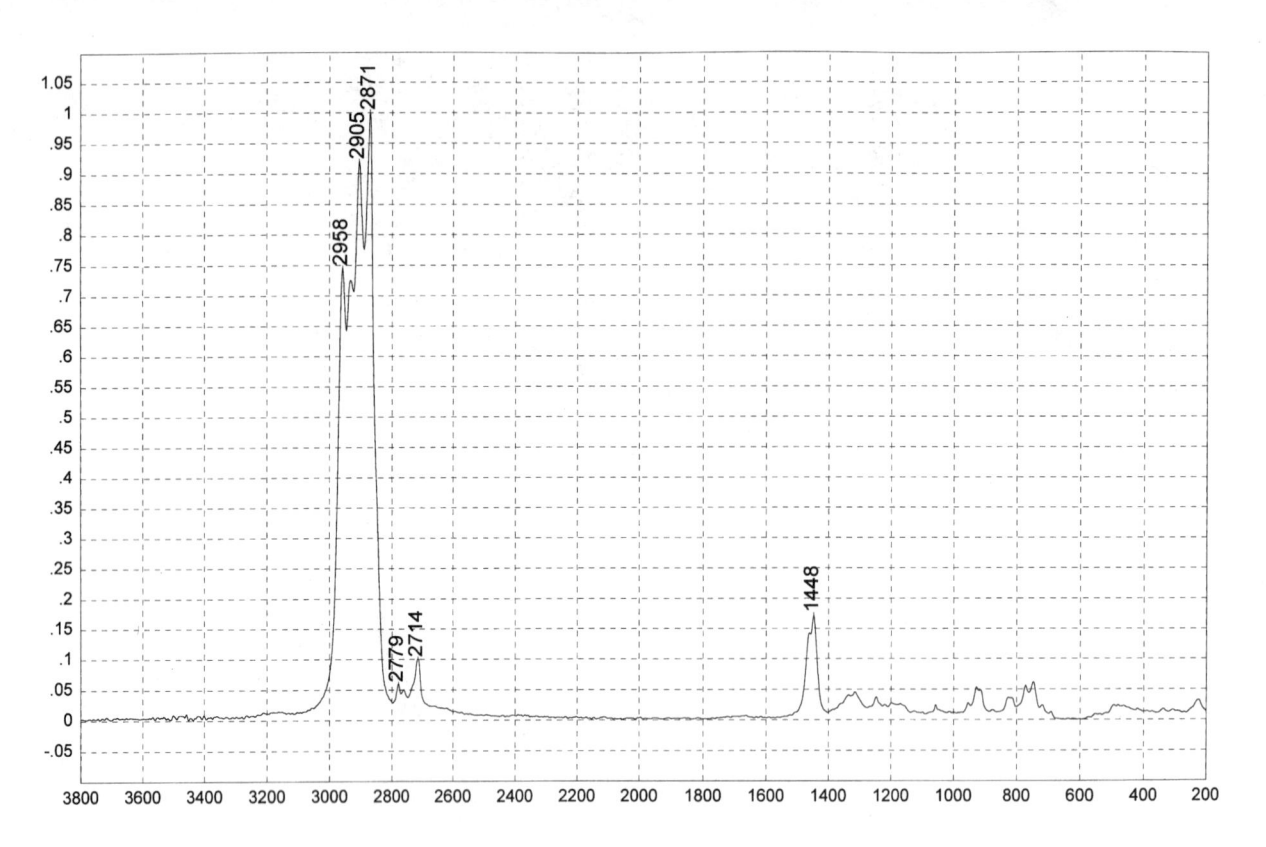

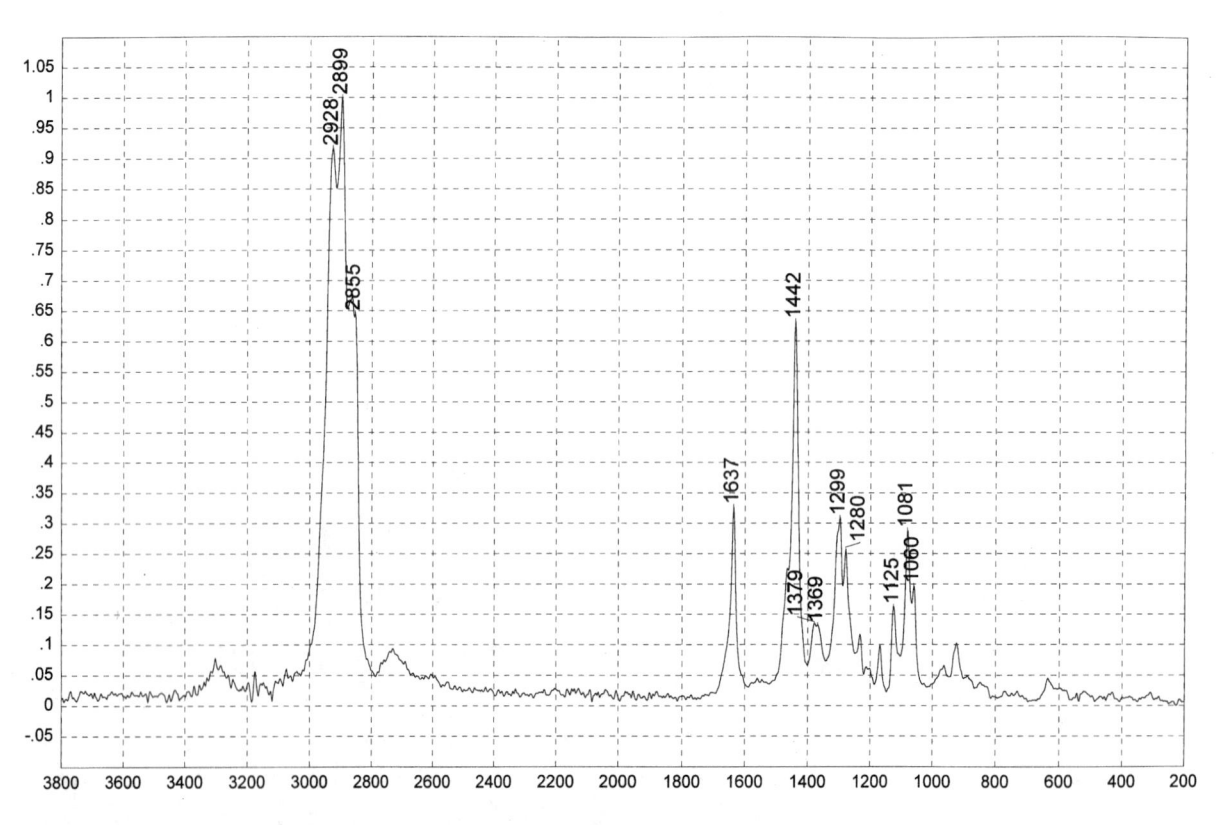

2085 Mineral Oil

2086 NYLON FABRIC

540

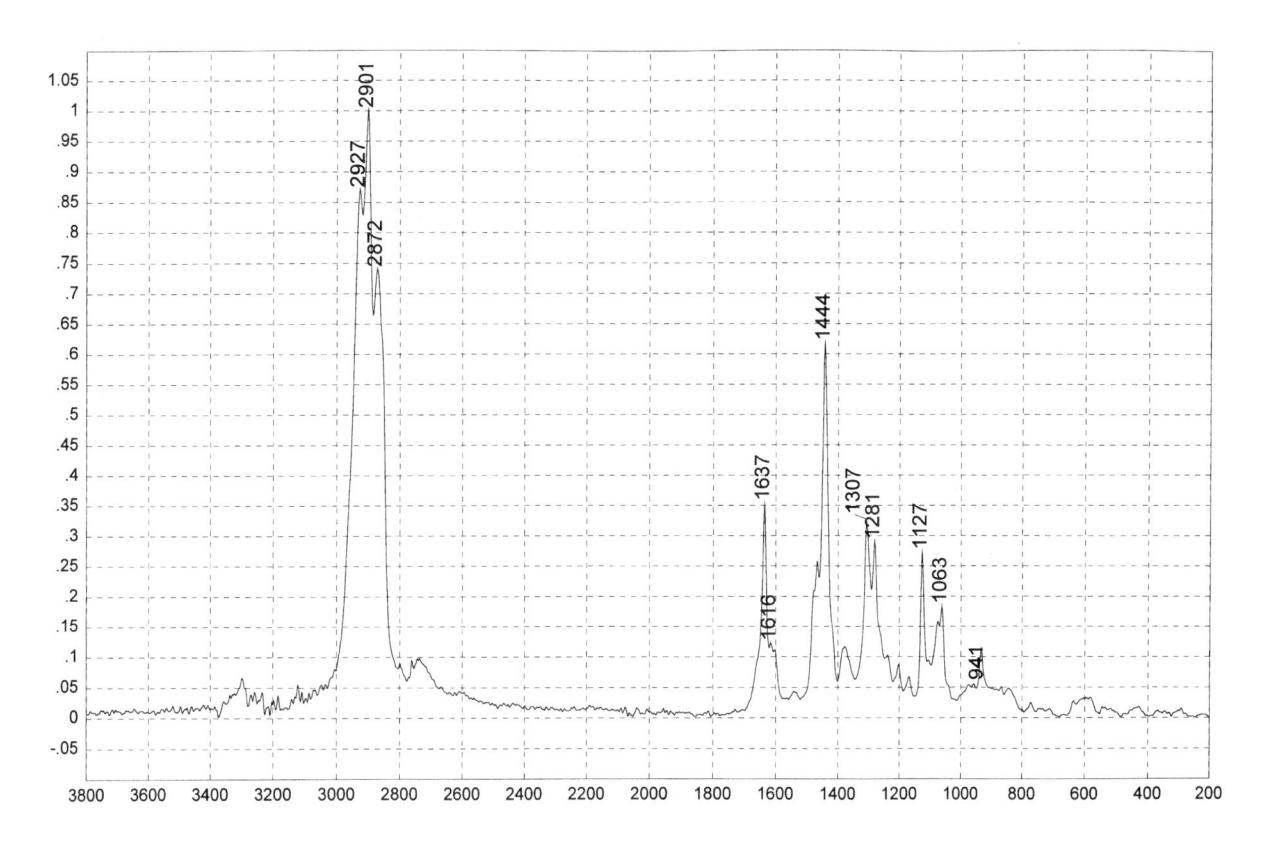

2087   89% NYLON/11% LYCRA

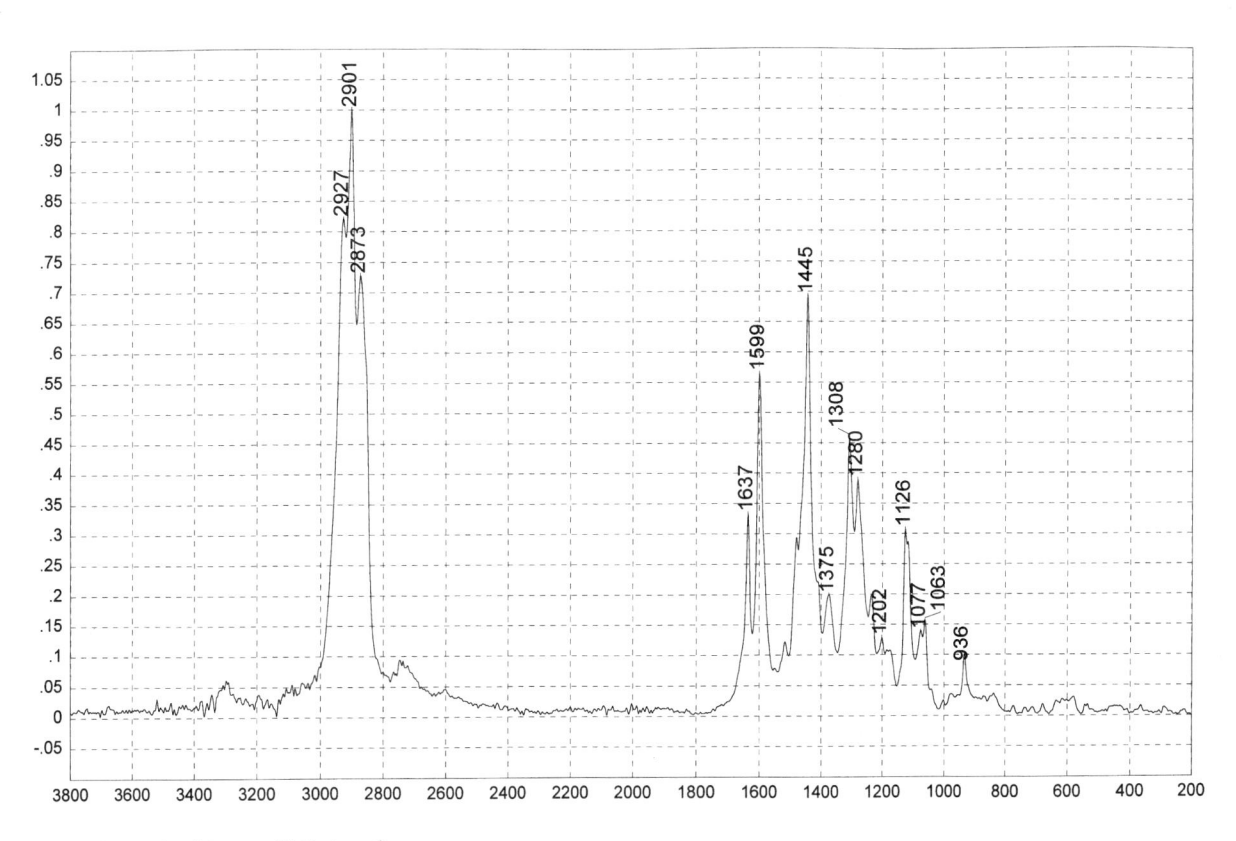

2088   92% NYLON/8% LYCRA

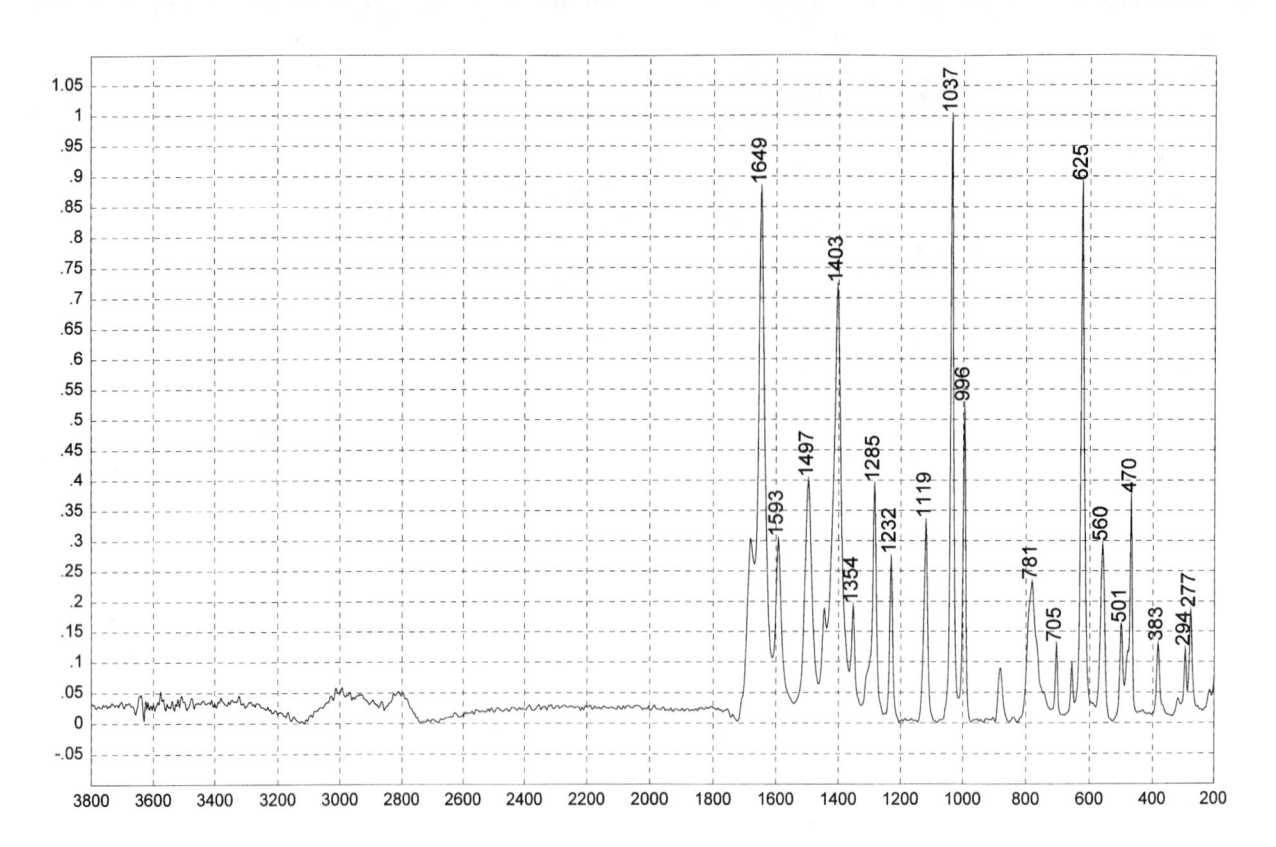

2089   URIC ACID

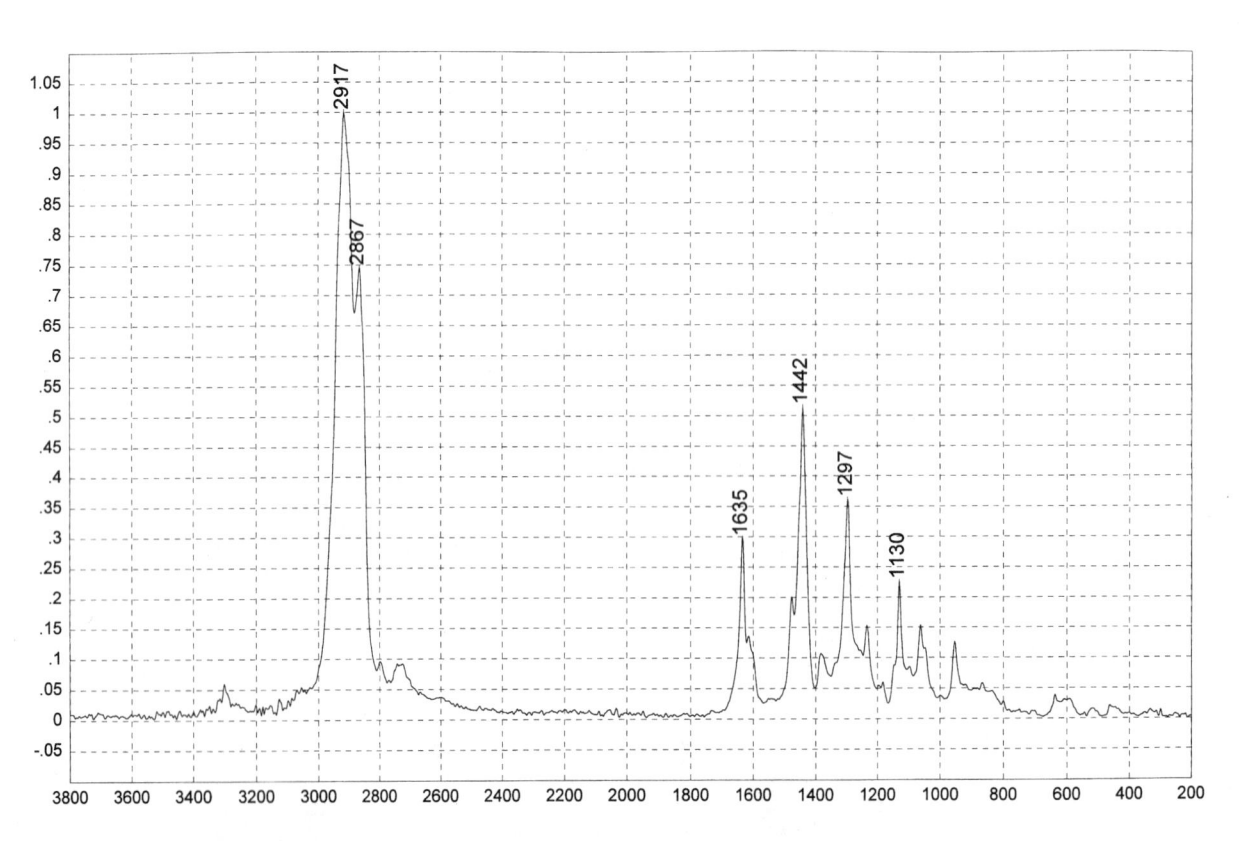

2090   87% NYLON/13% LYCRA

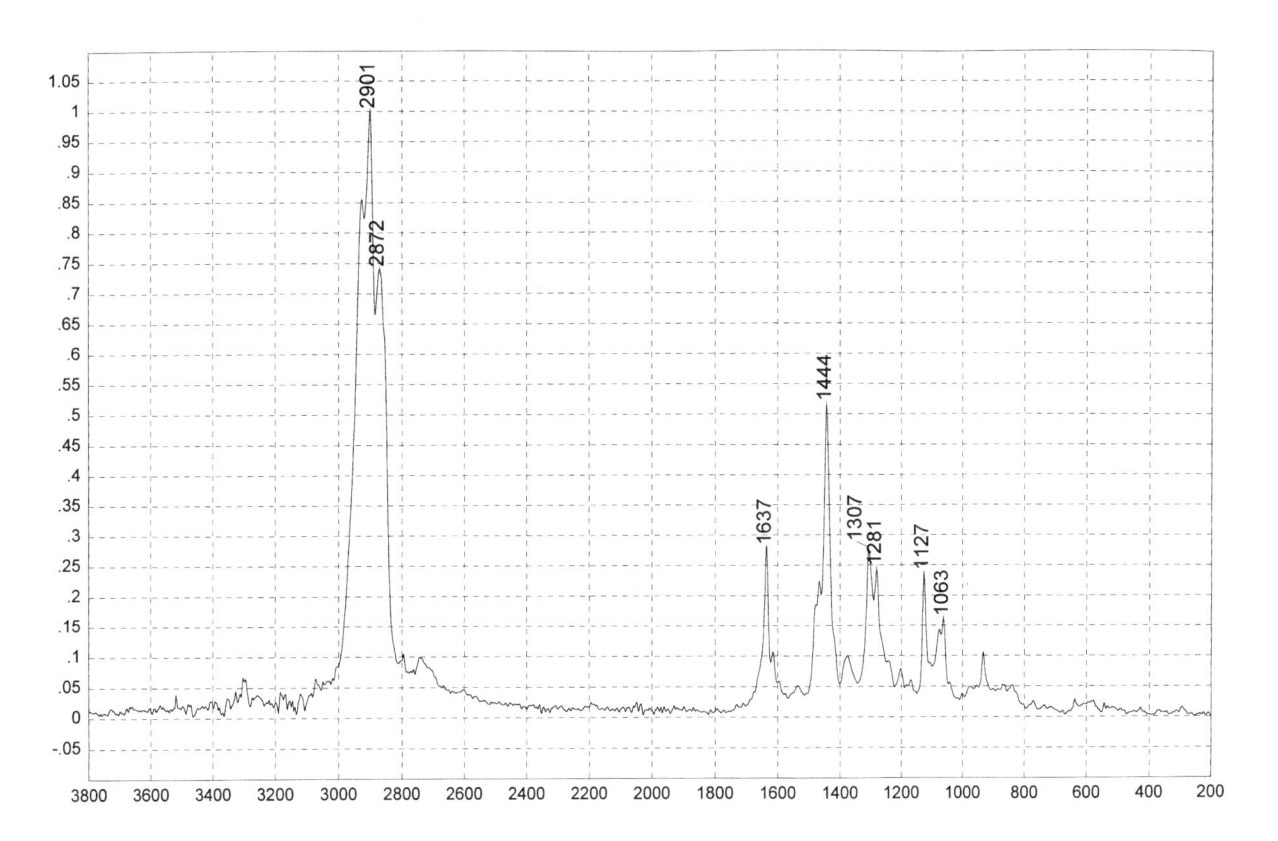

| 2091 | 86% NYLON/14% LYCRA

| 2092 | 100% POLYESTER

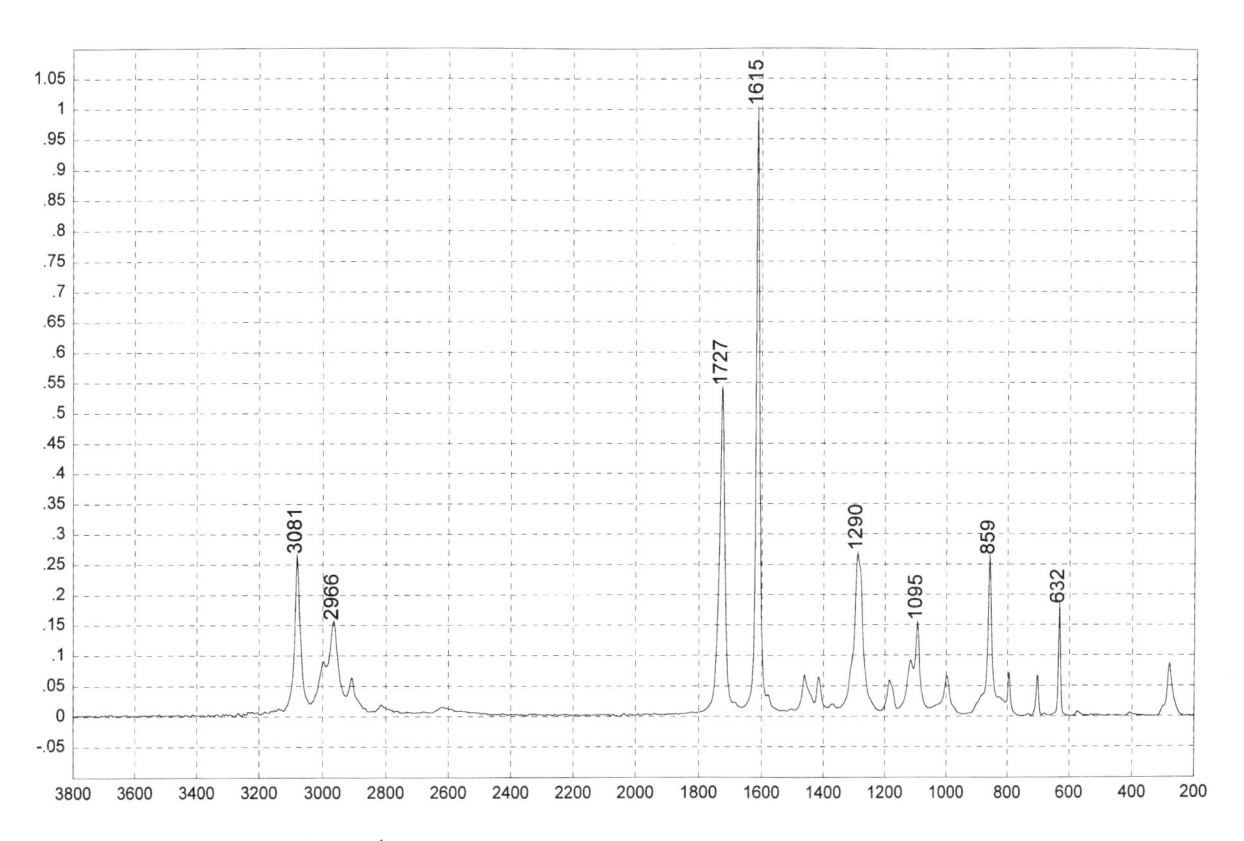

543

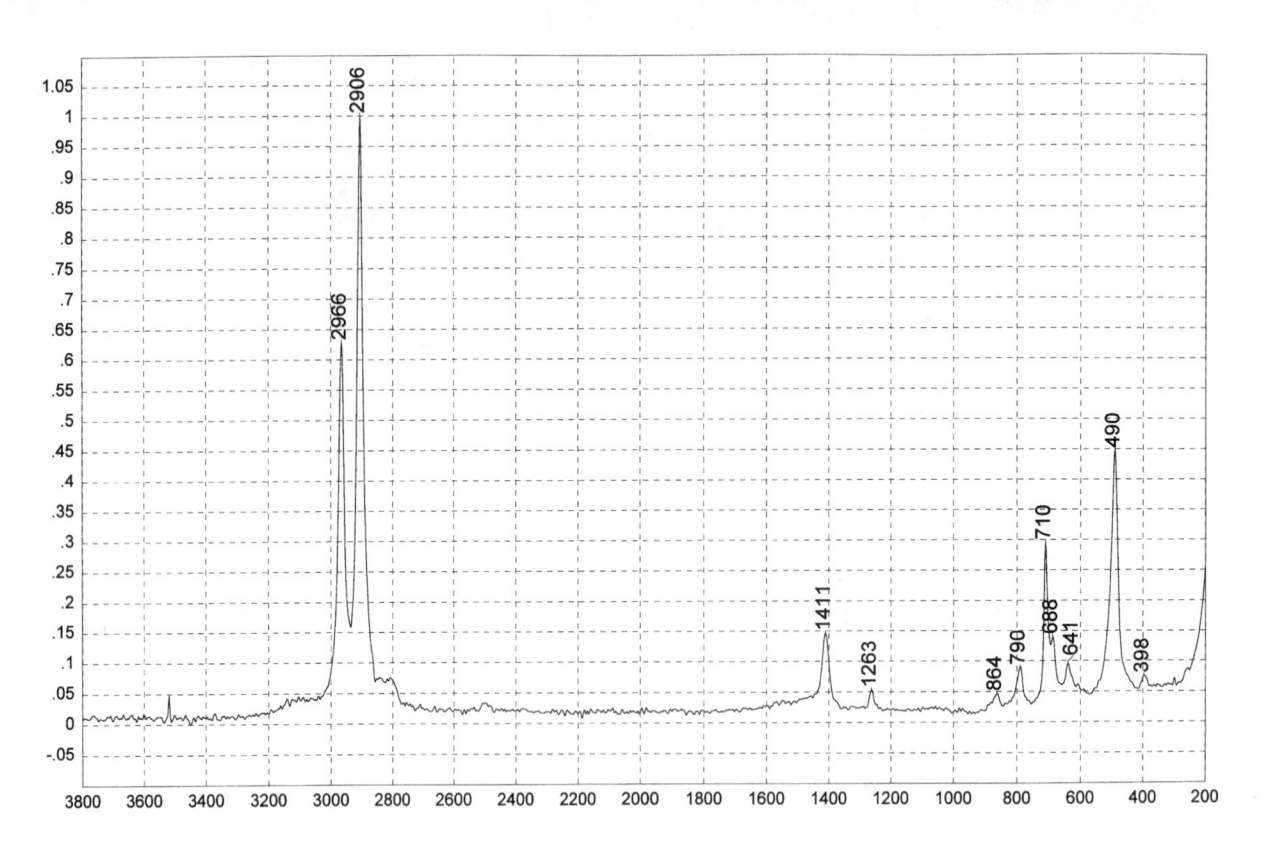

2093   Silicone sealant

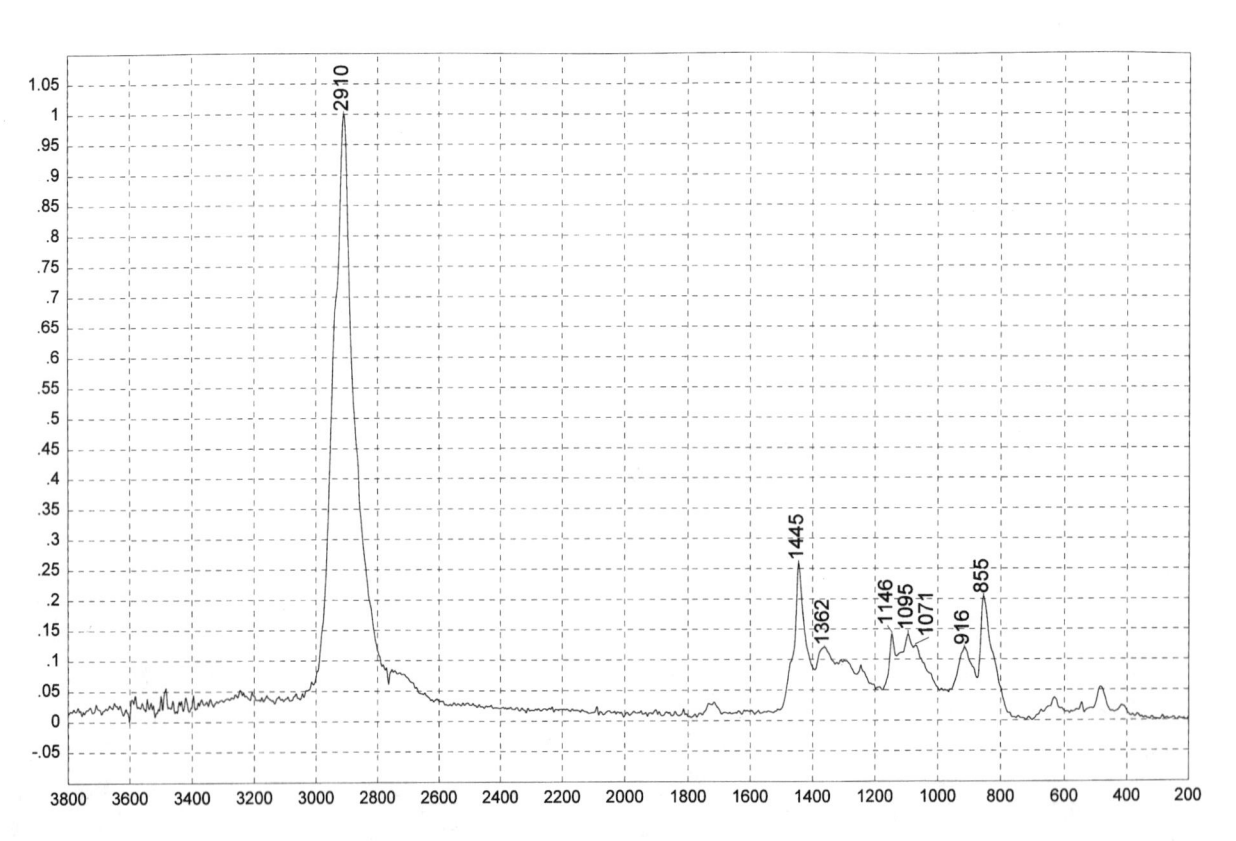

2094   Poly(vinyl alcohol)

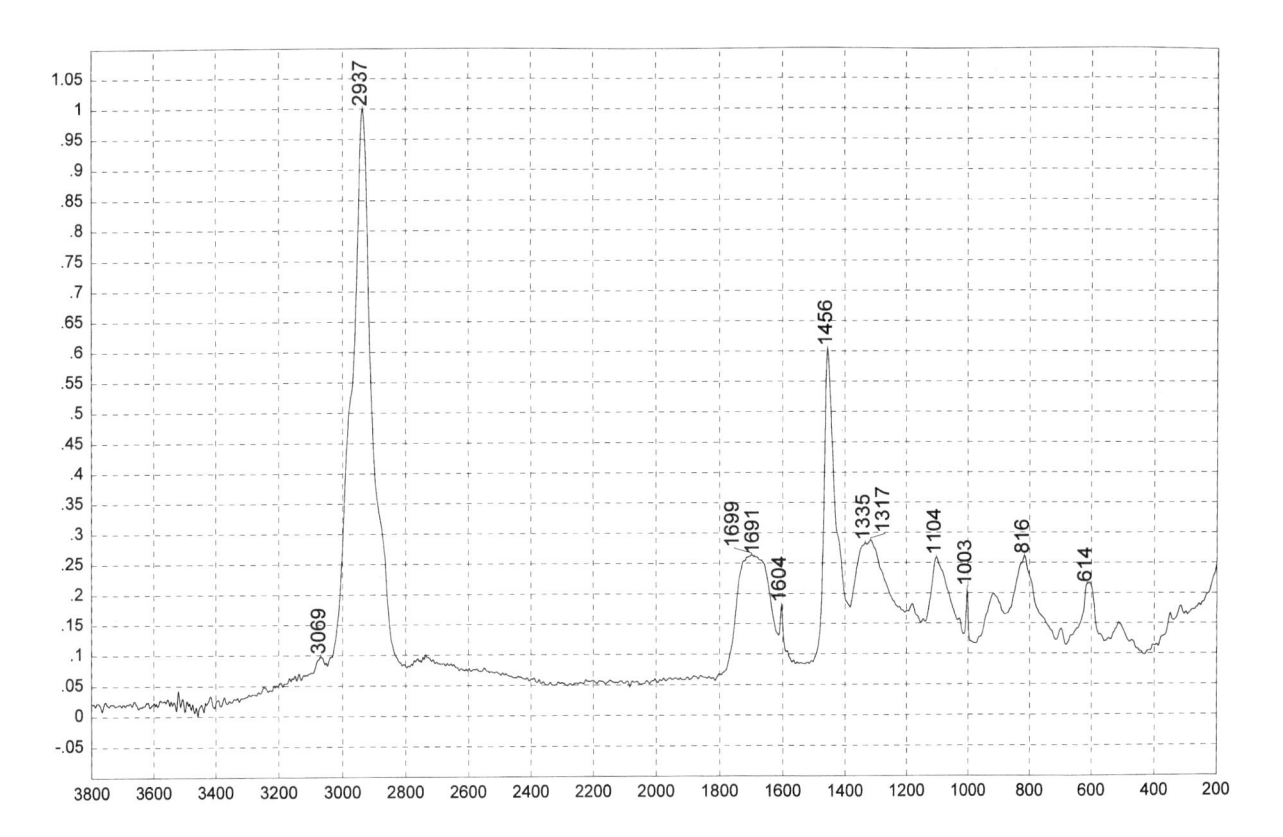

2095   Poly(acrylic acid)

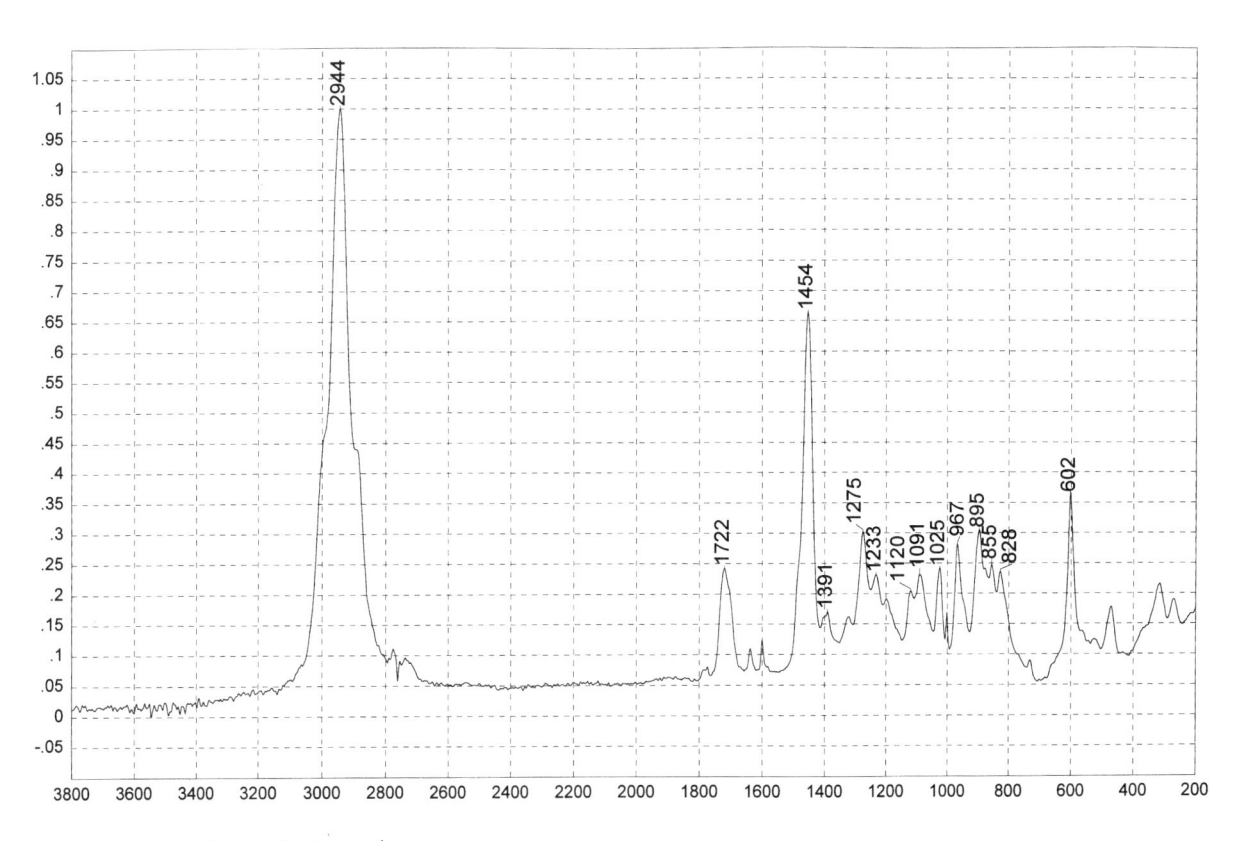

2096   Poly(hydroxy ethyl methacrylate)

545

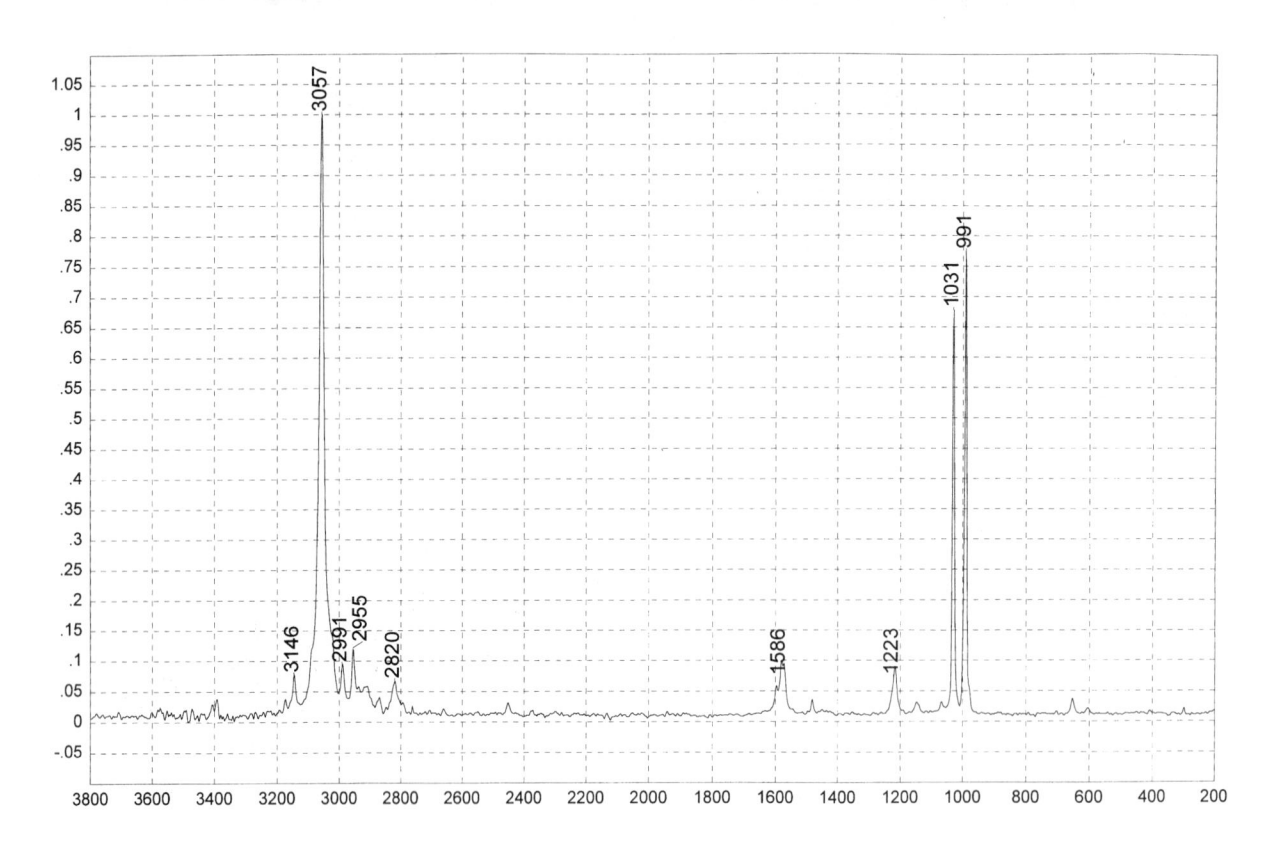

2097 Pyridine, Anhydrous

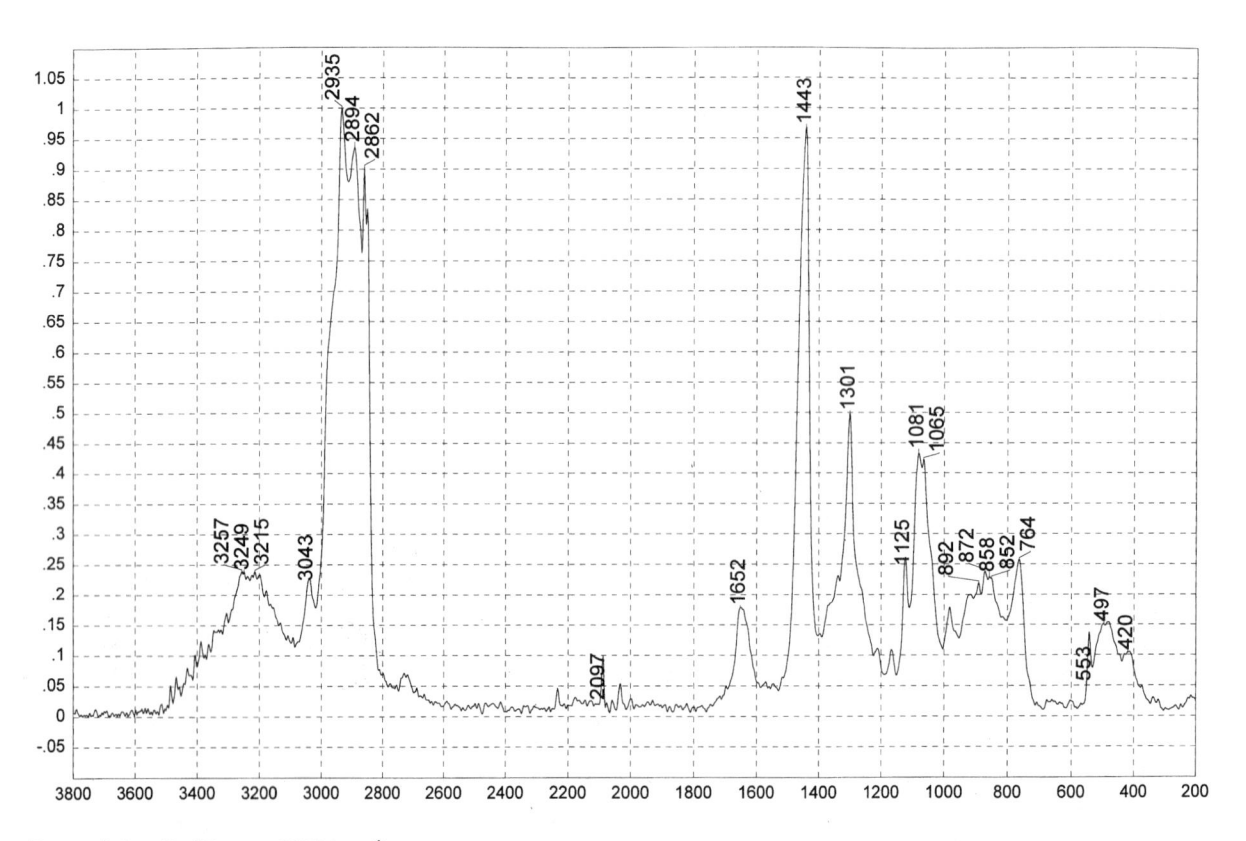

2098 Phospholipid PTC

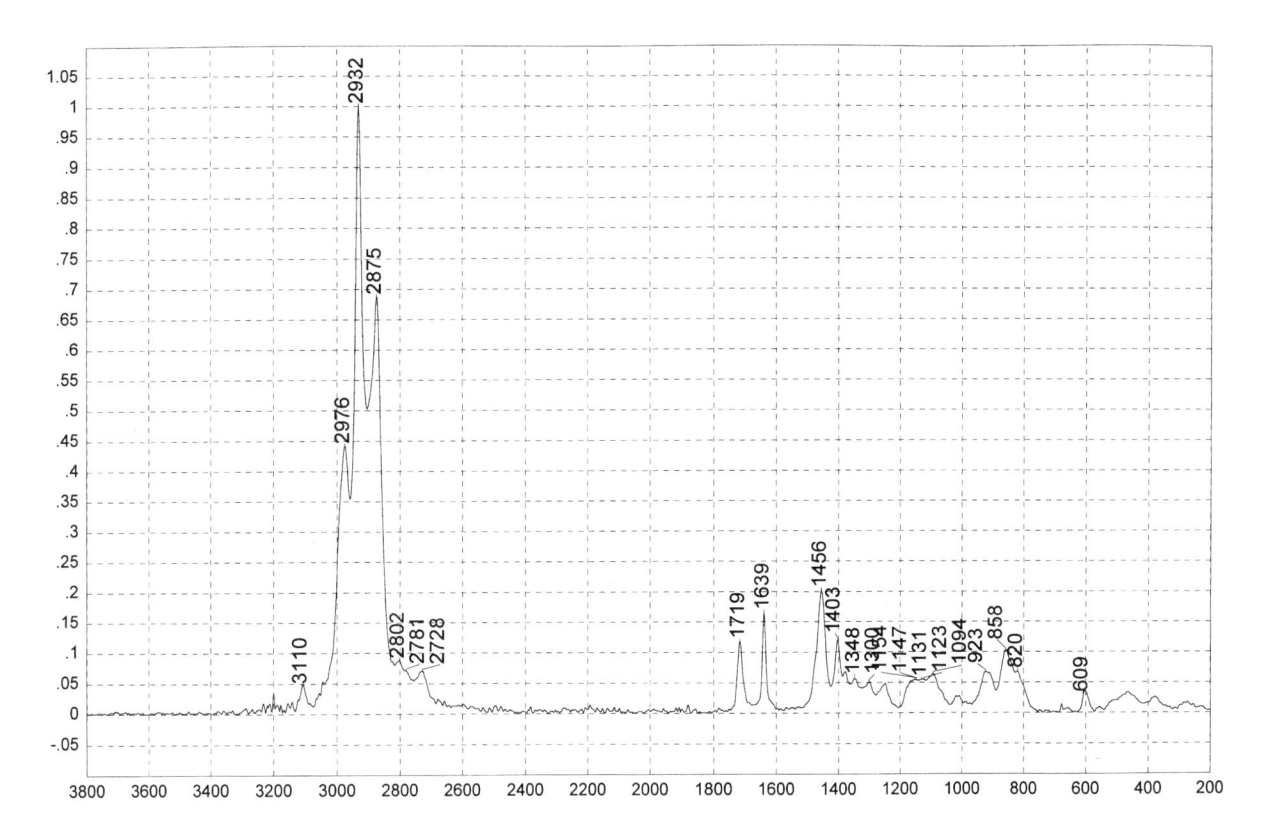

| 2099 | Polypropylene Glycol Methacrylate |

| 2100 | Polypropylene Glycol |

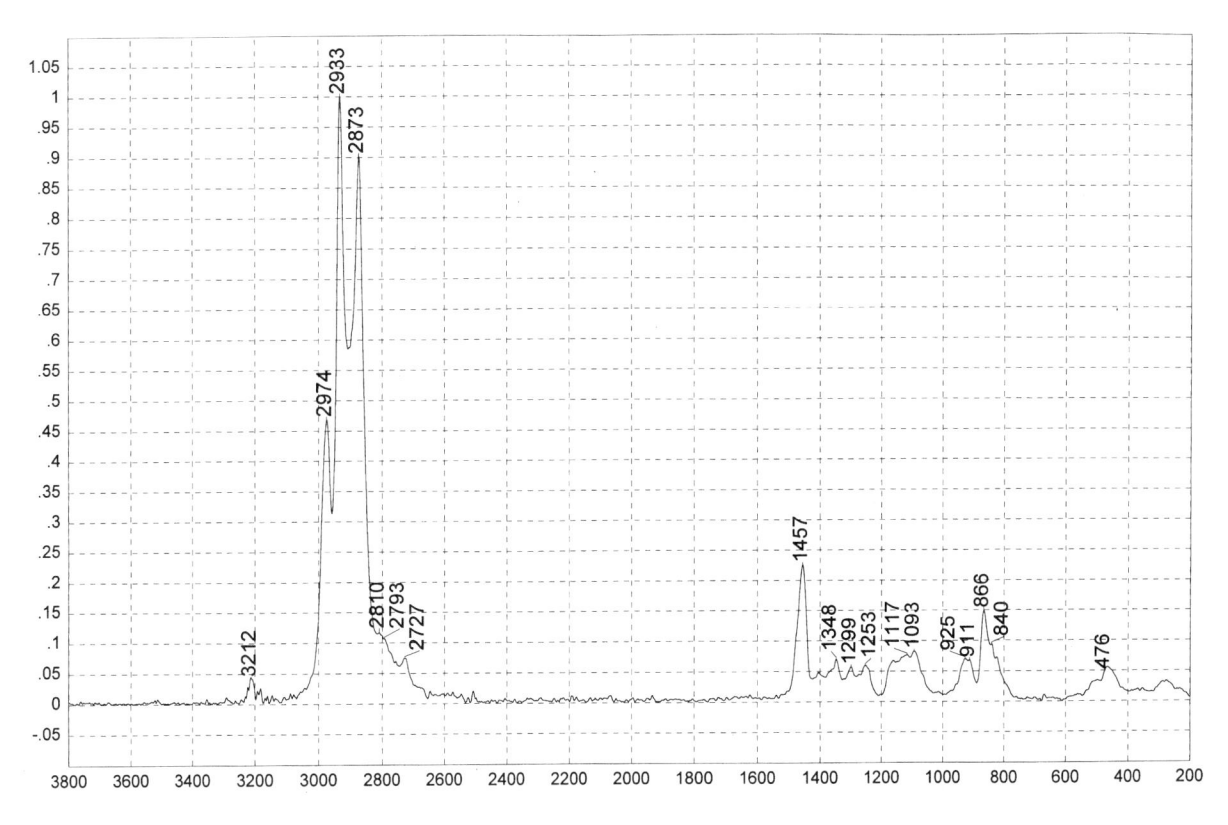

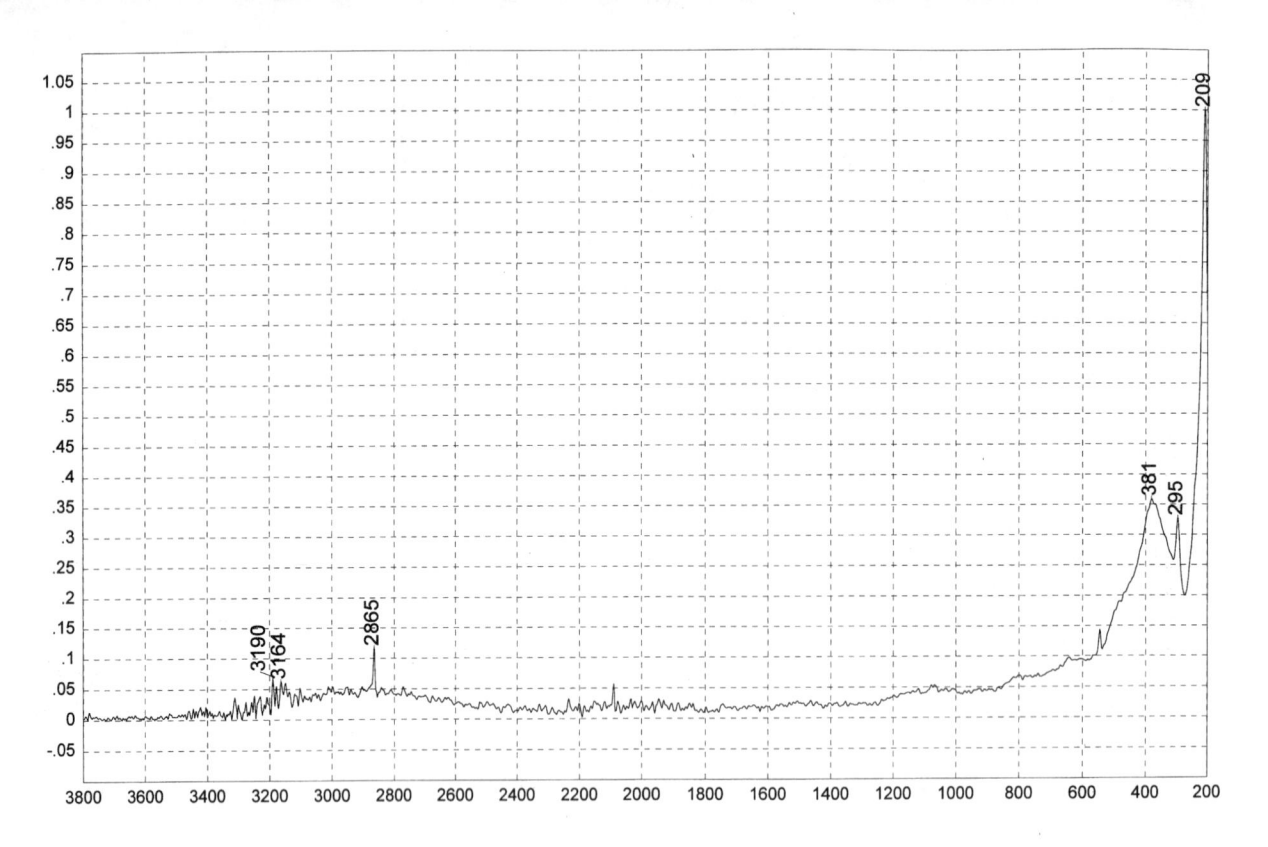

Raman Intensity / Raman Shift (cm⁻¹)

2101 Sodium Hydroxide Pellets

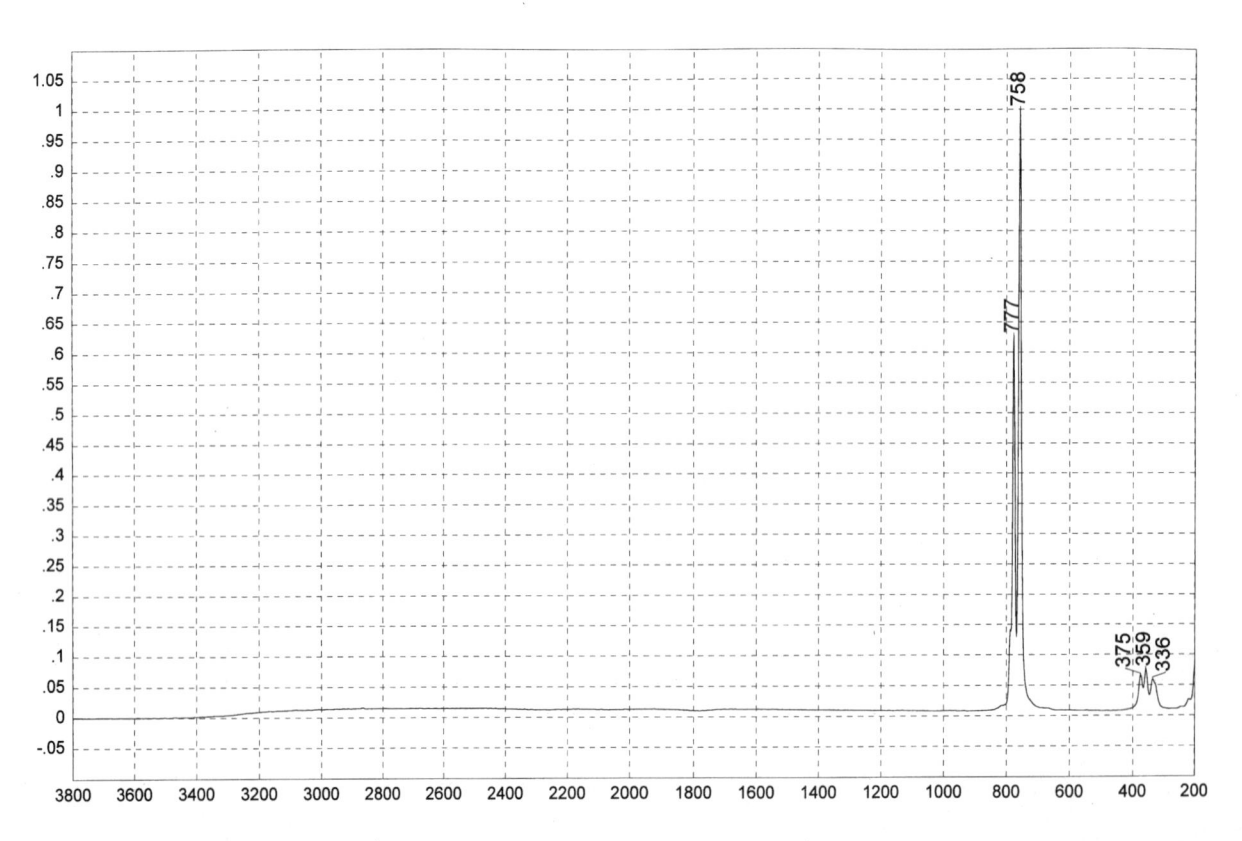

Raman Intensity / Raman Shift (cm⁻¹)

2102 SODIUM IODATE

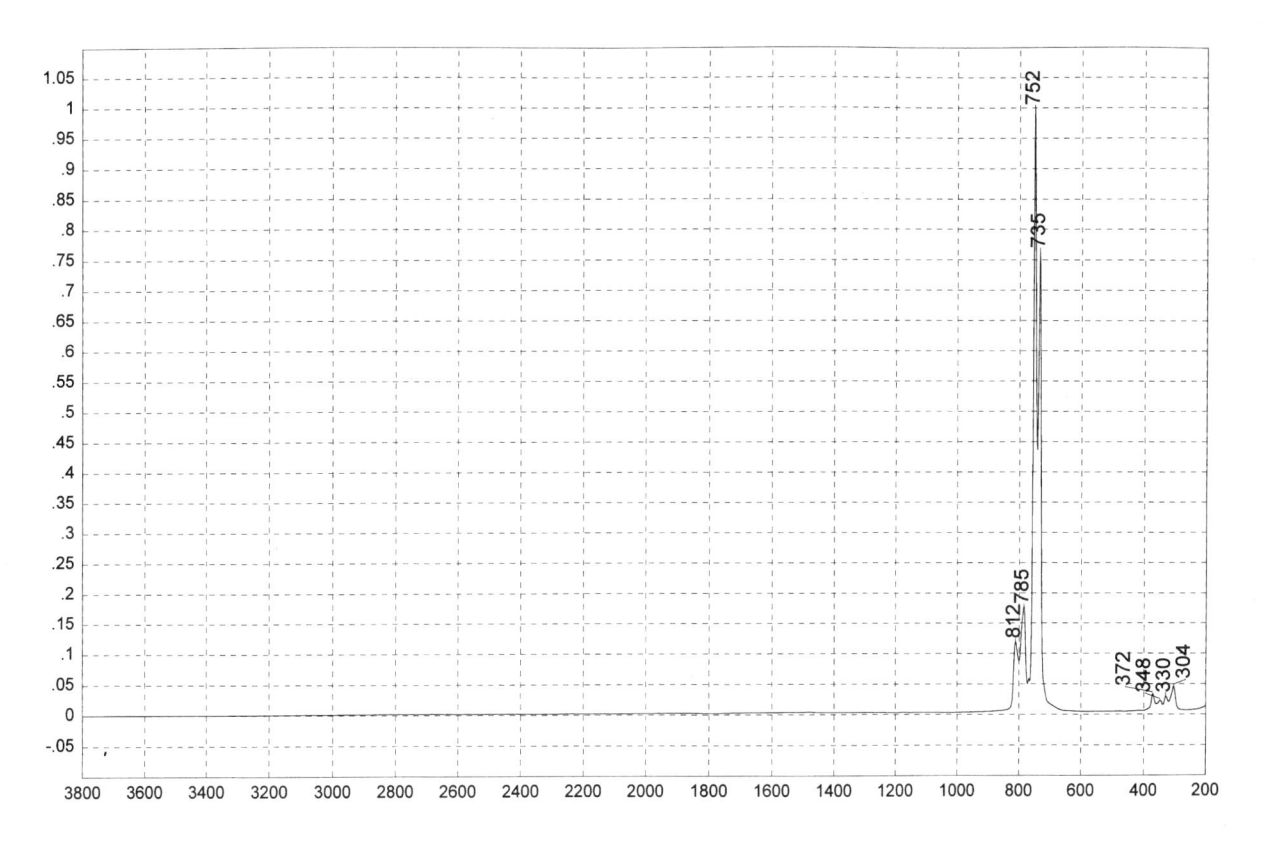

Raman Intensity / Raman Shift (cm^{-1})

2103 POTASSIUM IODATE

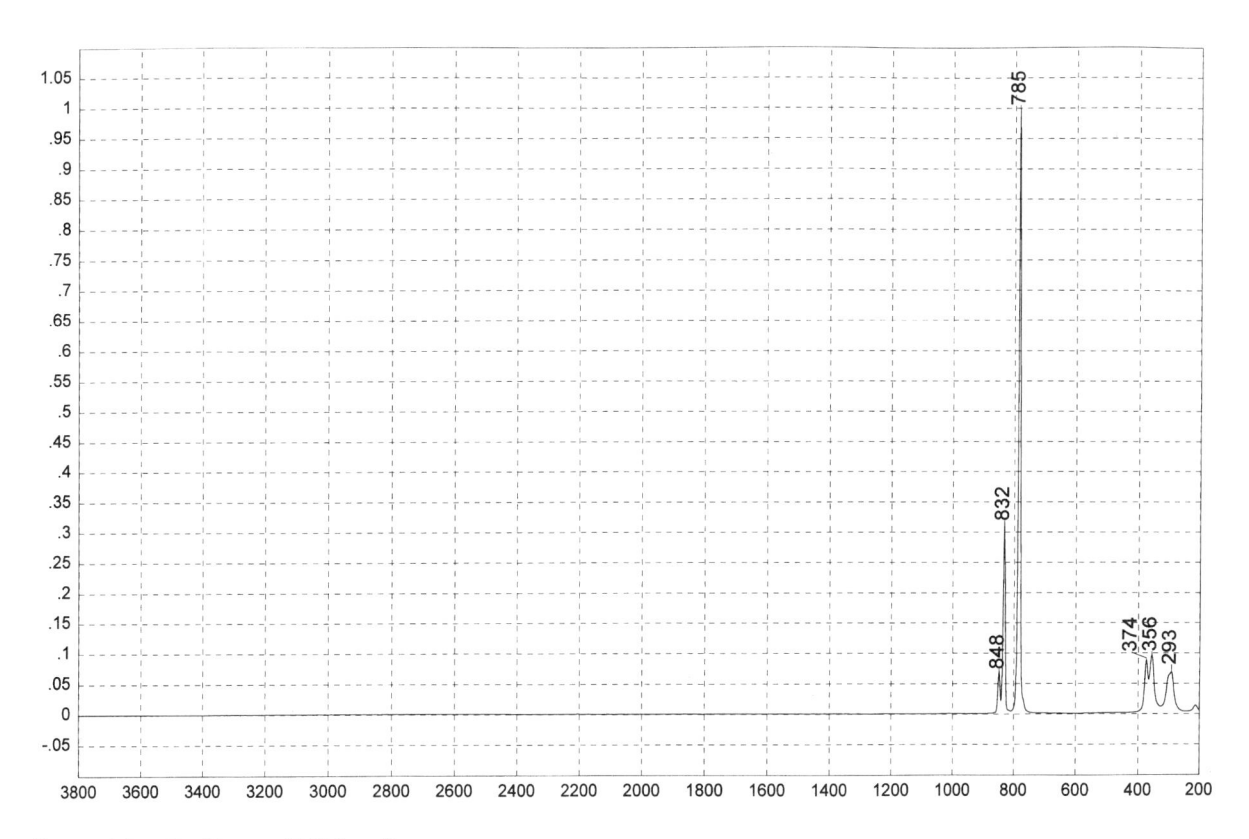

Raman Intensity / Raman Shift (cm^{-1})

2104 SODIUM PERIODATE

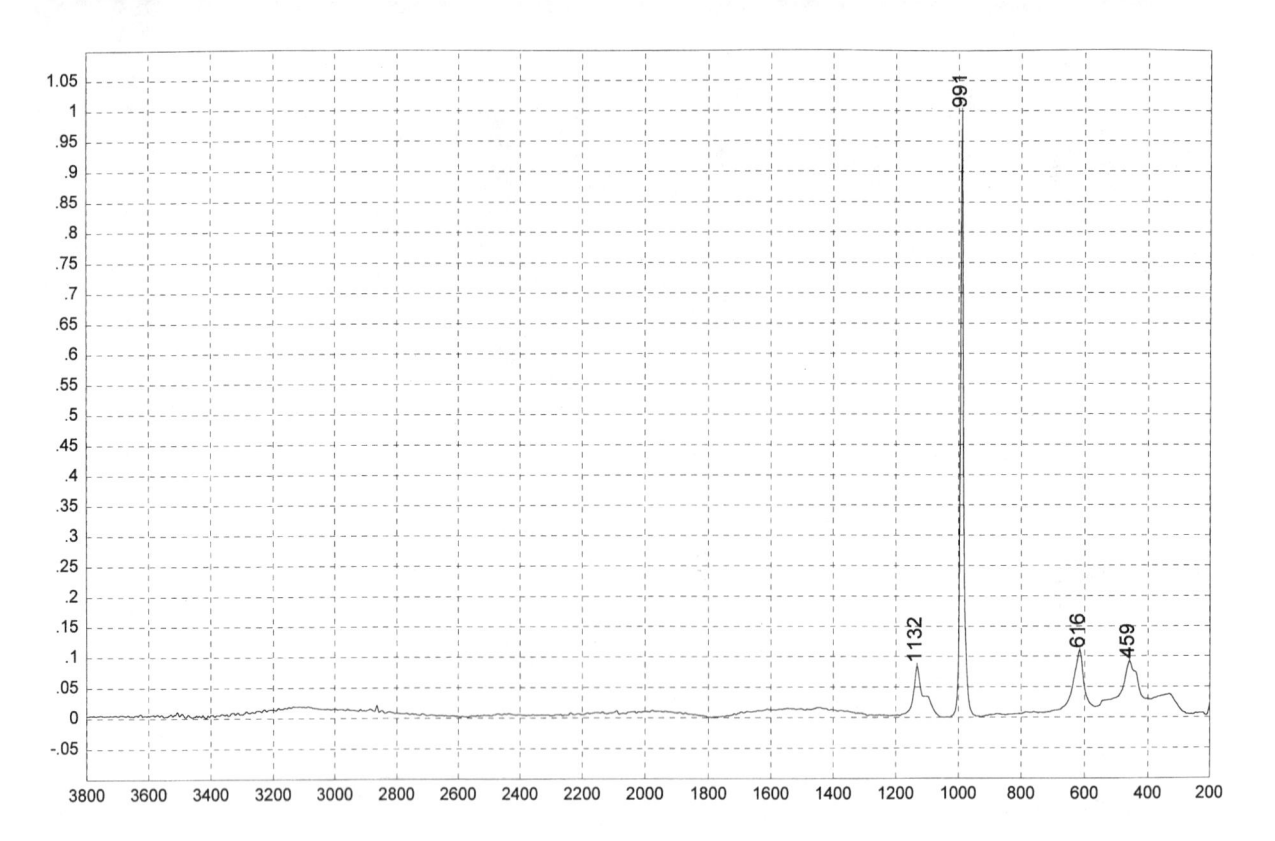

Raman Intensity / Raman Shift (cm^{-1})

| 2105 | ALUMINUM AMMONIUM SULFATE • 12H$_2$O |

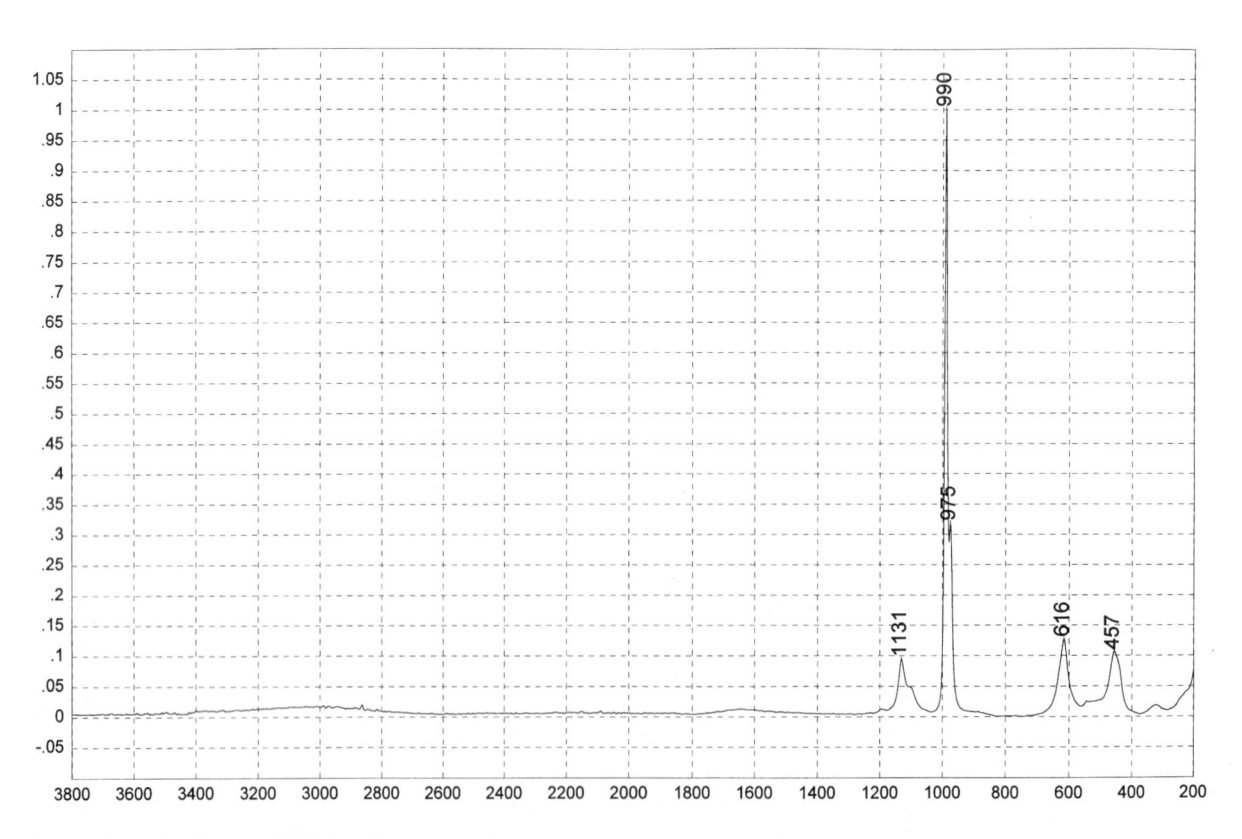

Raman Intensity / Raman Shift (cm^{-1})

| 2106 | ALUMINUM K SULFATE, AlK(SO$_4$)$_2$ • 12H$_2$O |

| 2107 | STEARYL ALCOHOL |

| 2108 | WHITE CERESIN WAX |

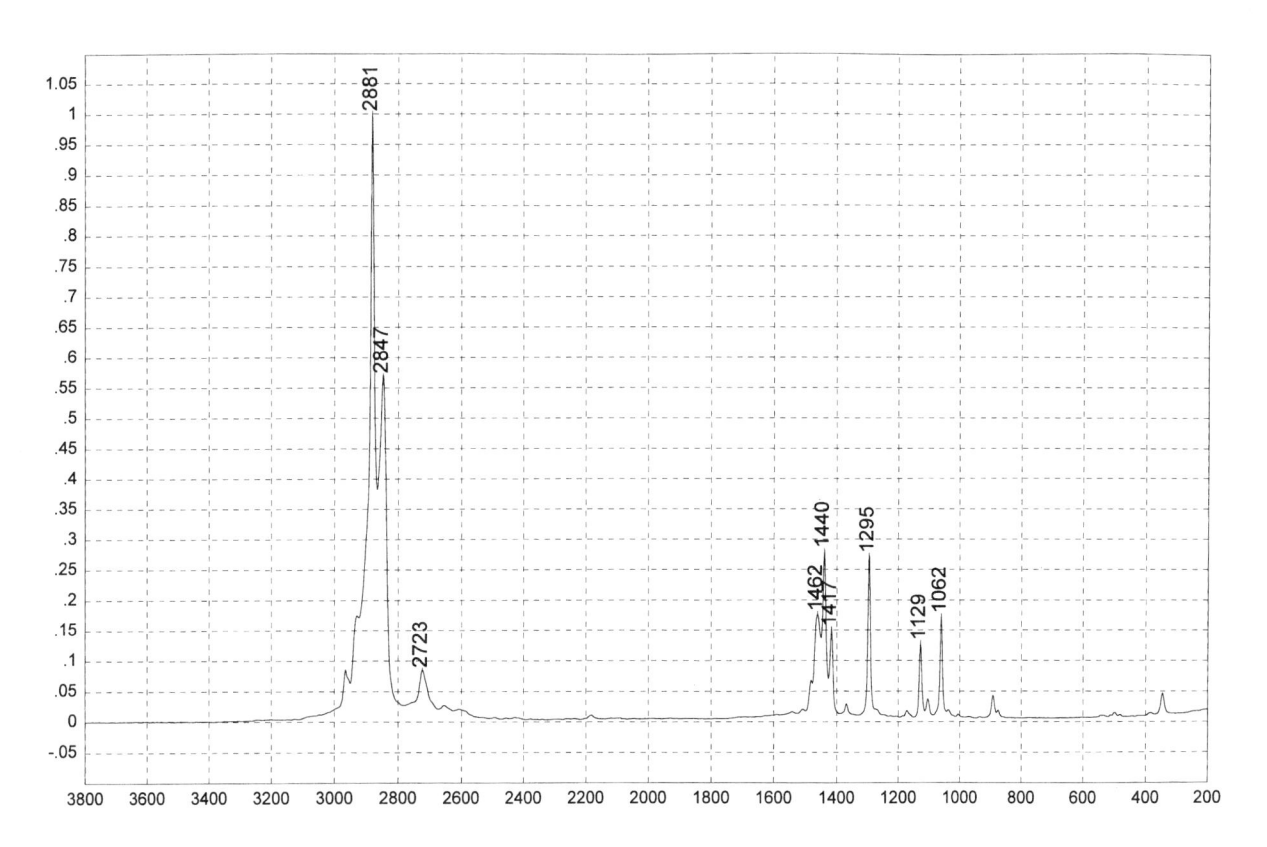

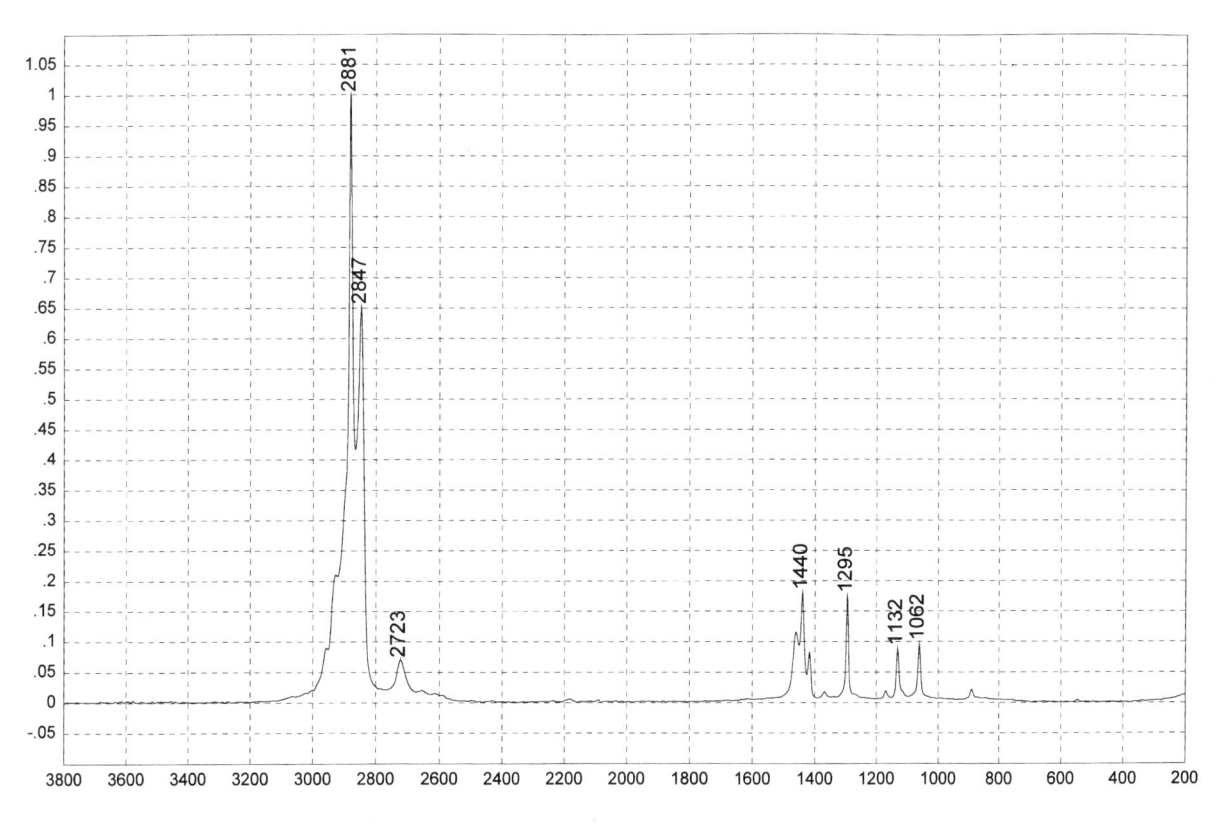

| 2109 | KADOL MINERAL OIL |

| 2110 | AIR PRODUCTS SURFYNOL 504 |

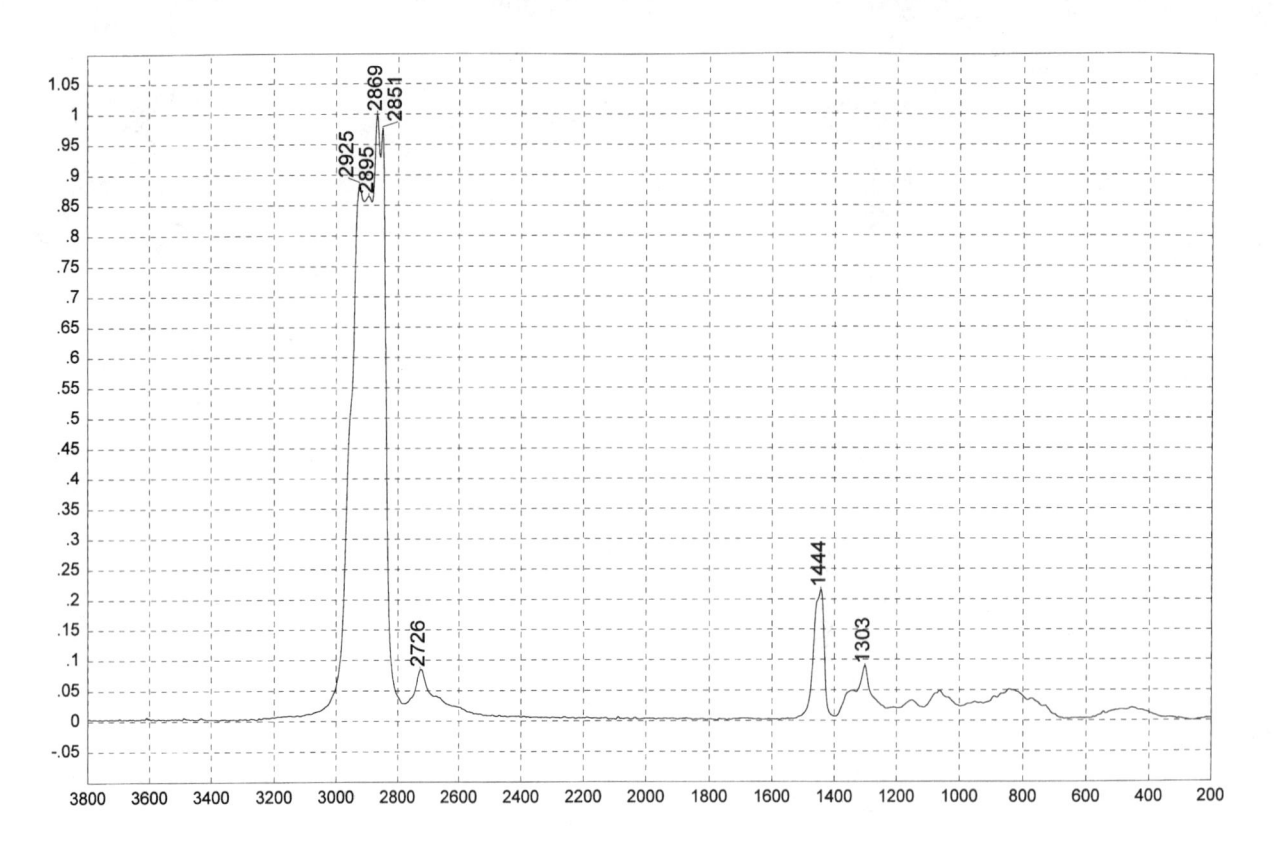

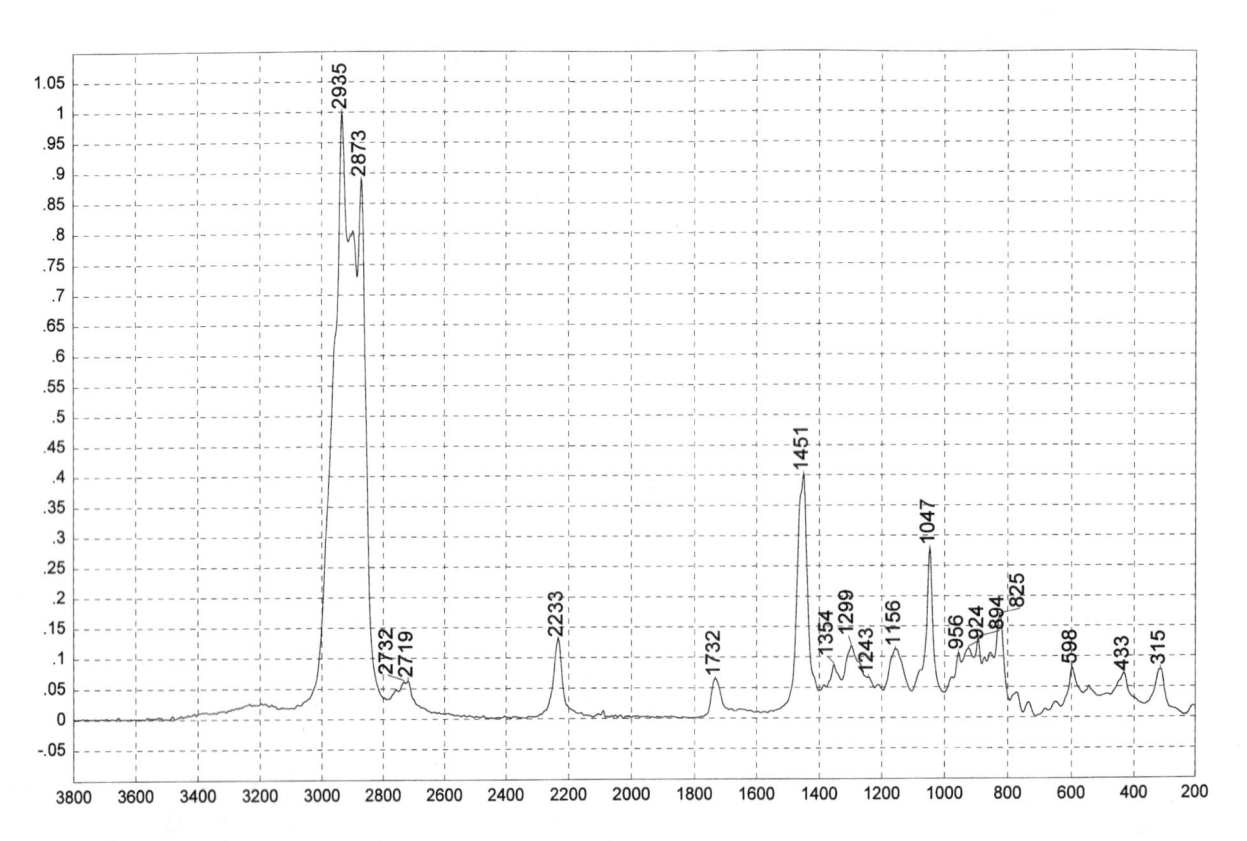

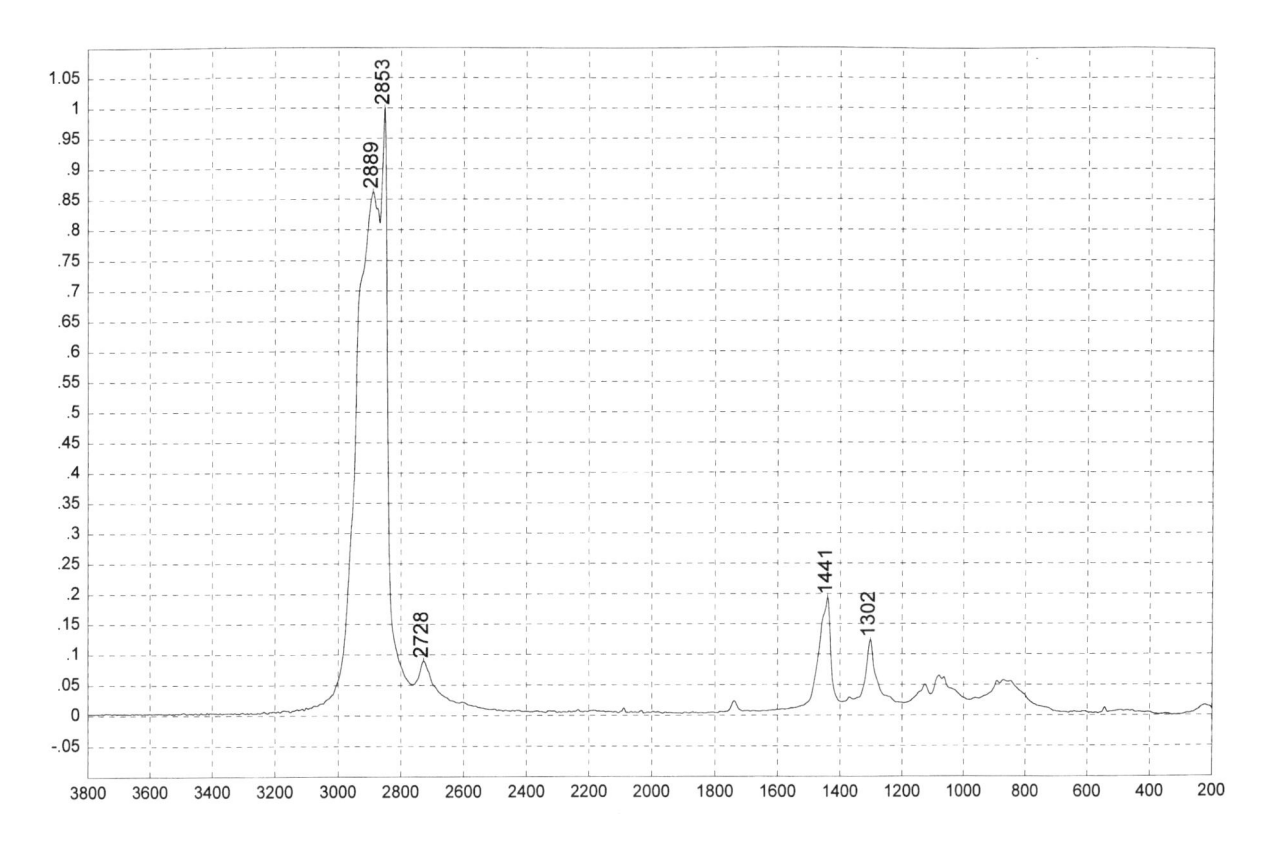

2111 MYRETH-3-MYRISTATE

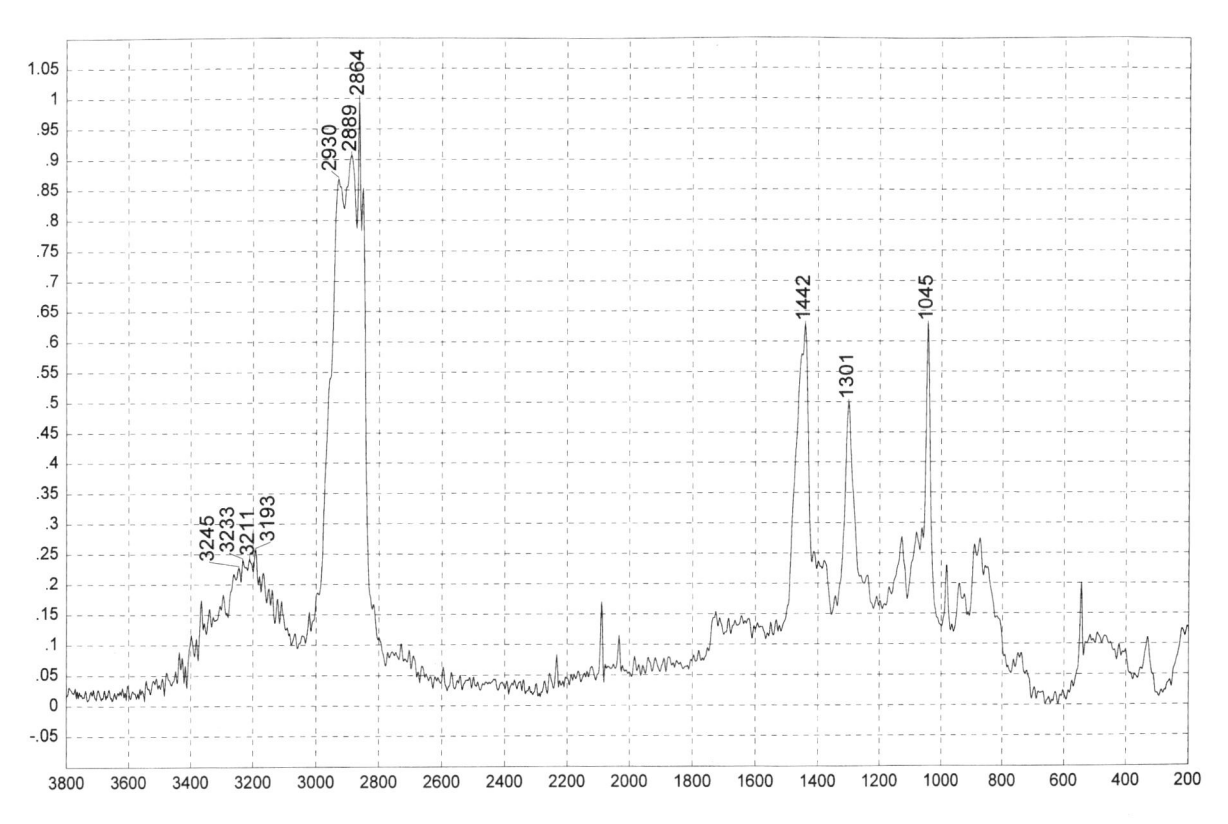

2112 DISODIUM LAURETH SULFOSUCCINATE

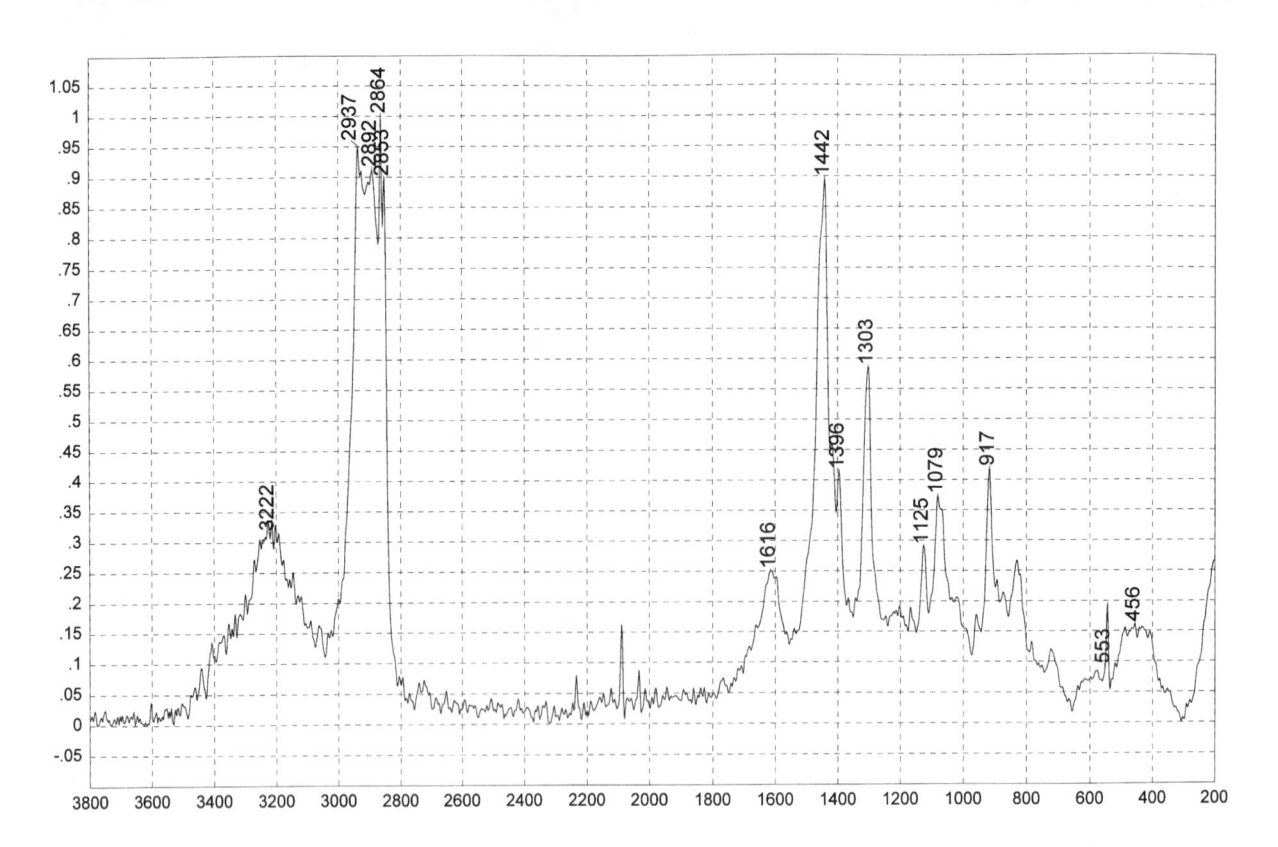

| 2113 | **SODIUM LAUROYL SARCOSINATE** |

| 2114 | **TRIETHANOLAMINE LAURETH SULFATE** |

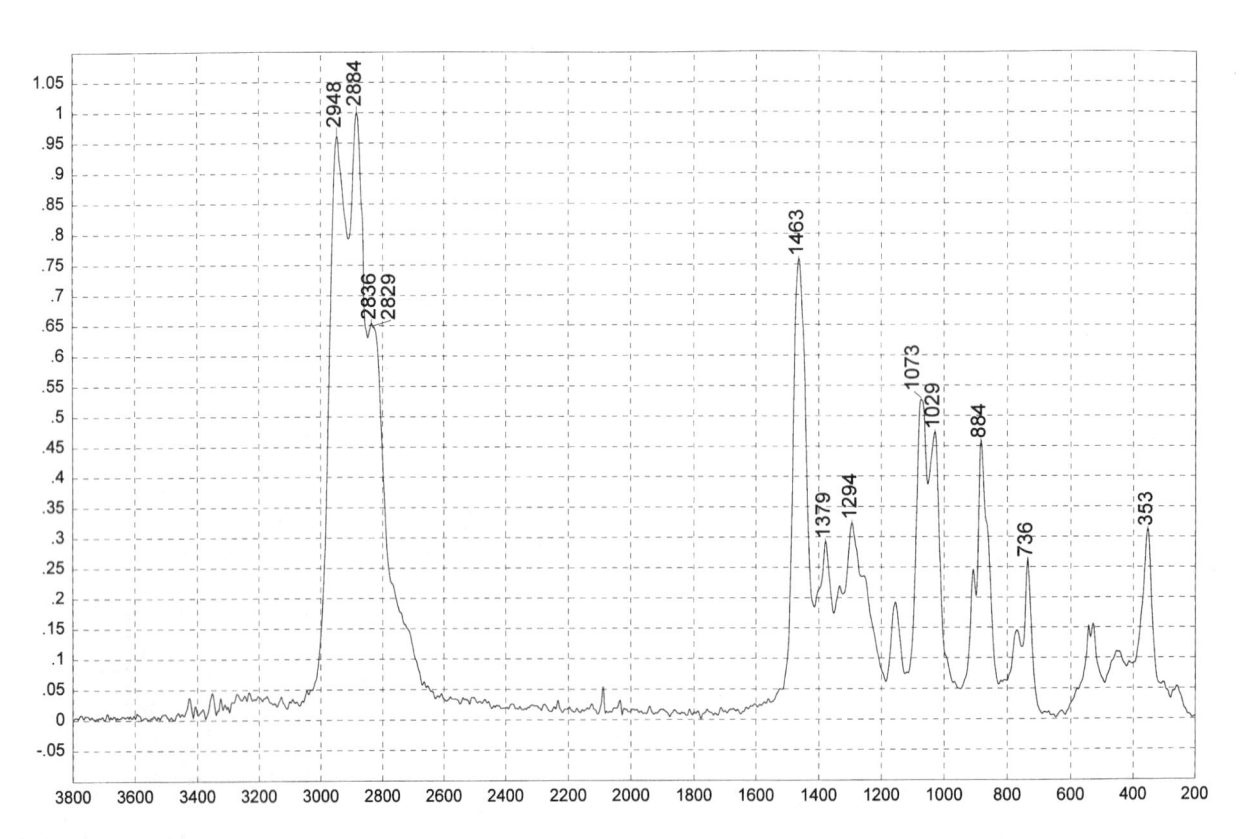

DISODIUM LAURAMIDO MEA SULFOSUCCINATE

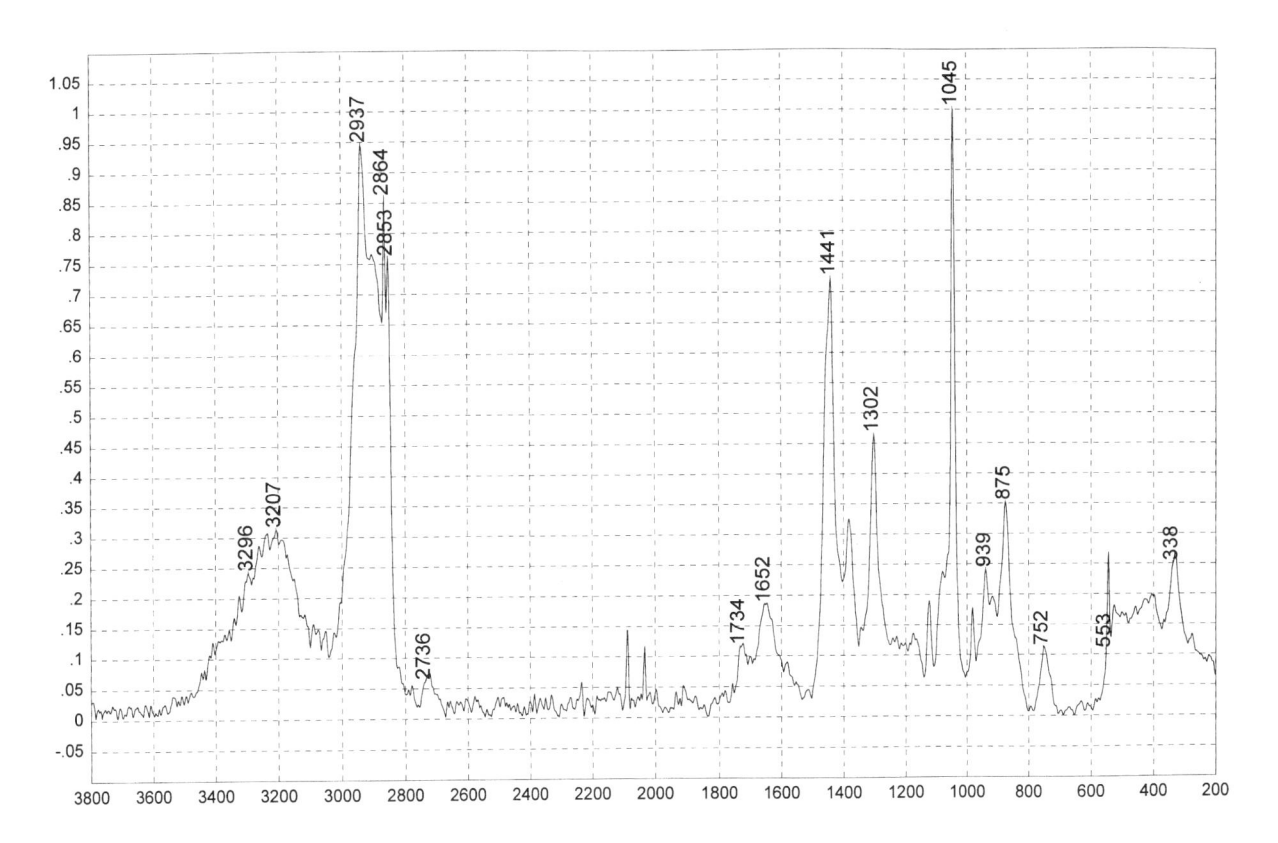

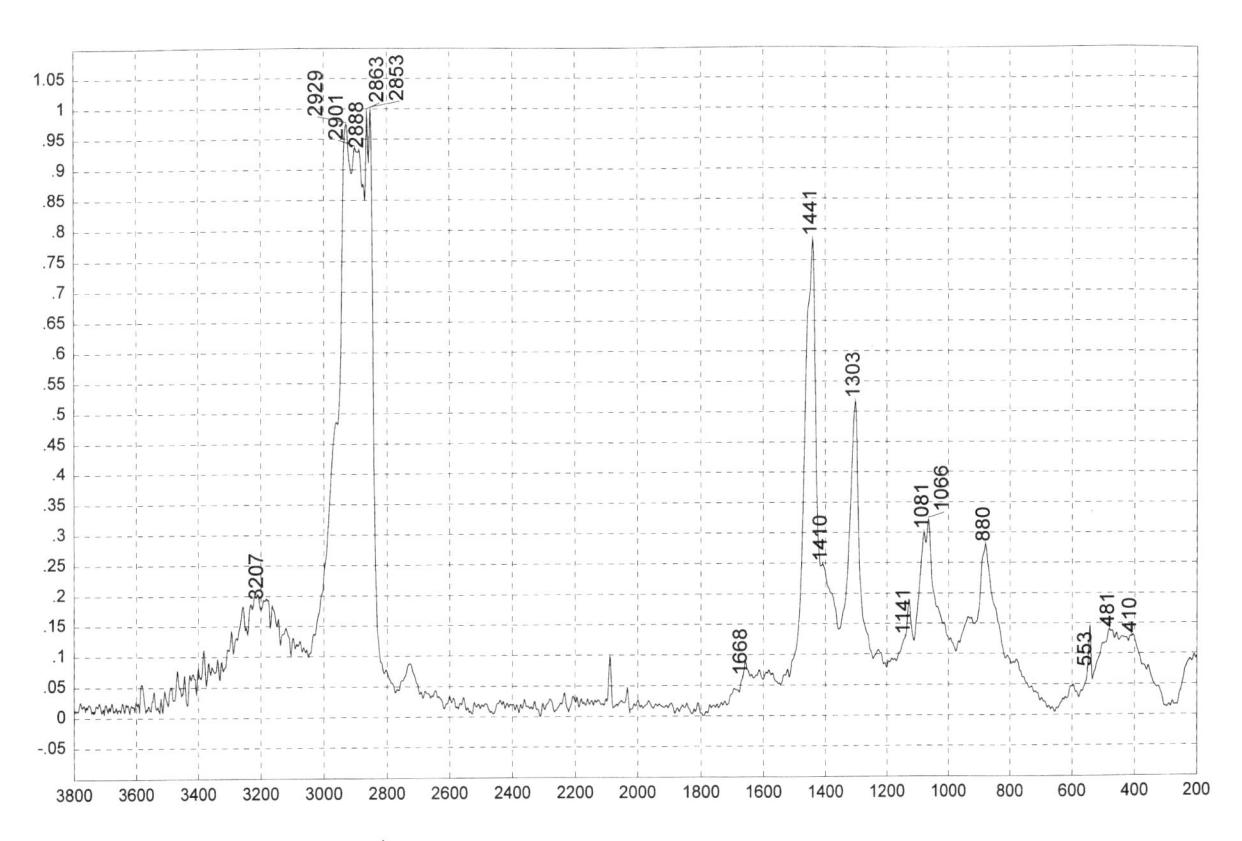

2115

LAURAMINO PROPIONIC ACID

2116

555

2117 SODIUM LAURIMINODIPROPIONIC ACID

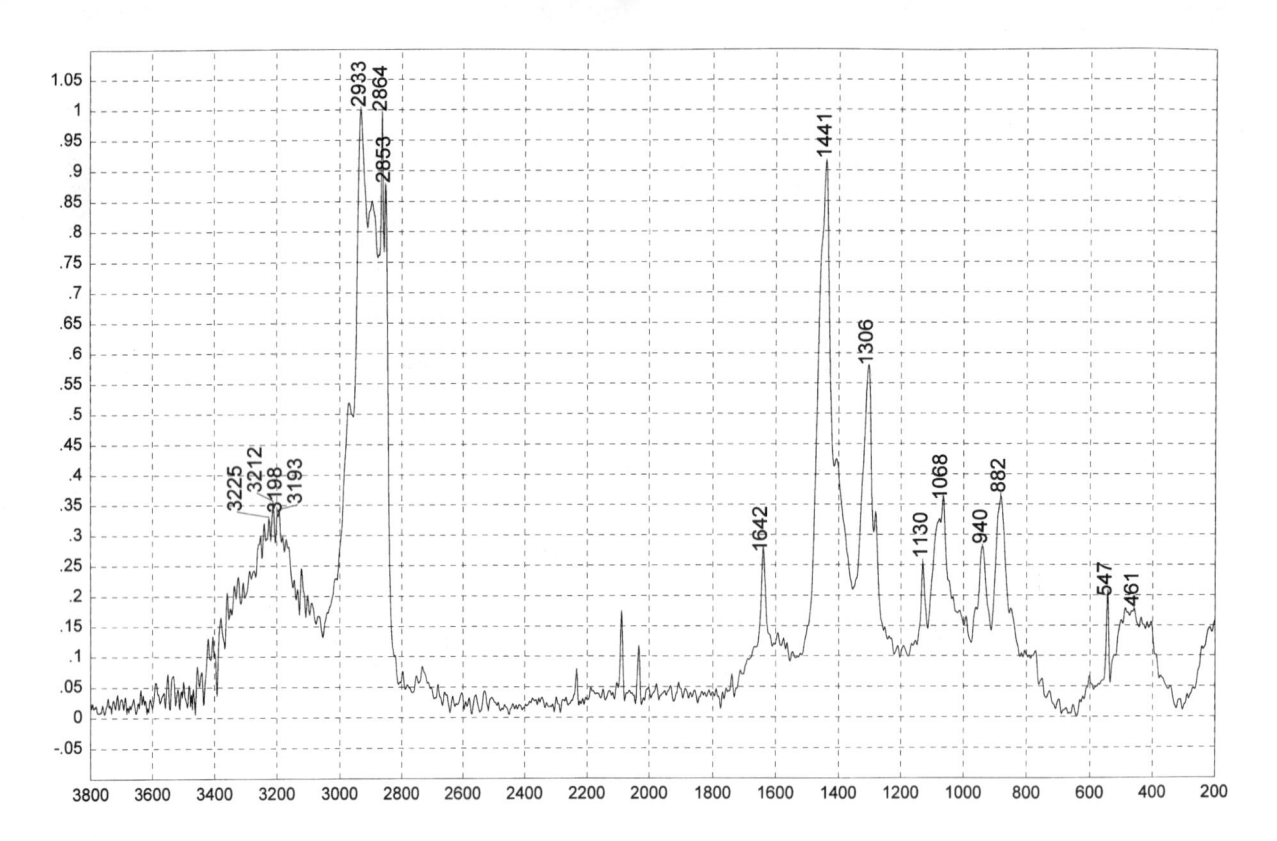

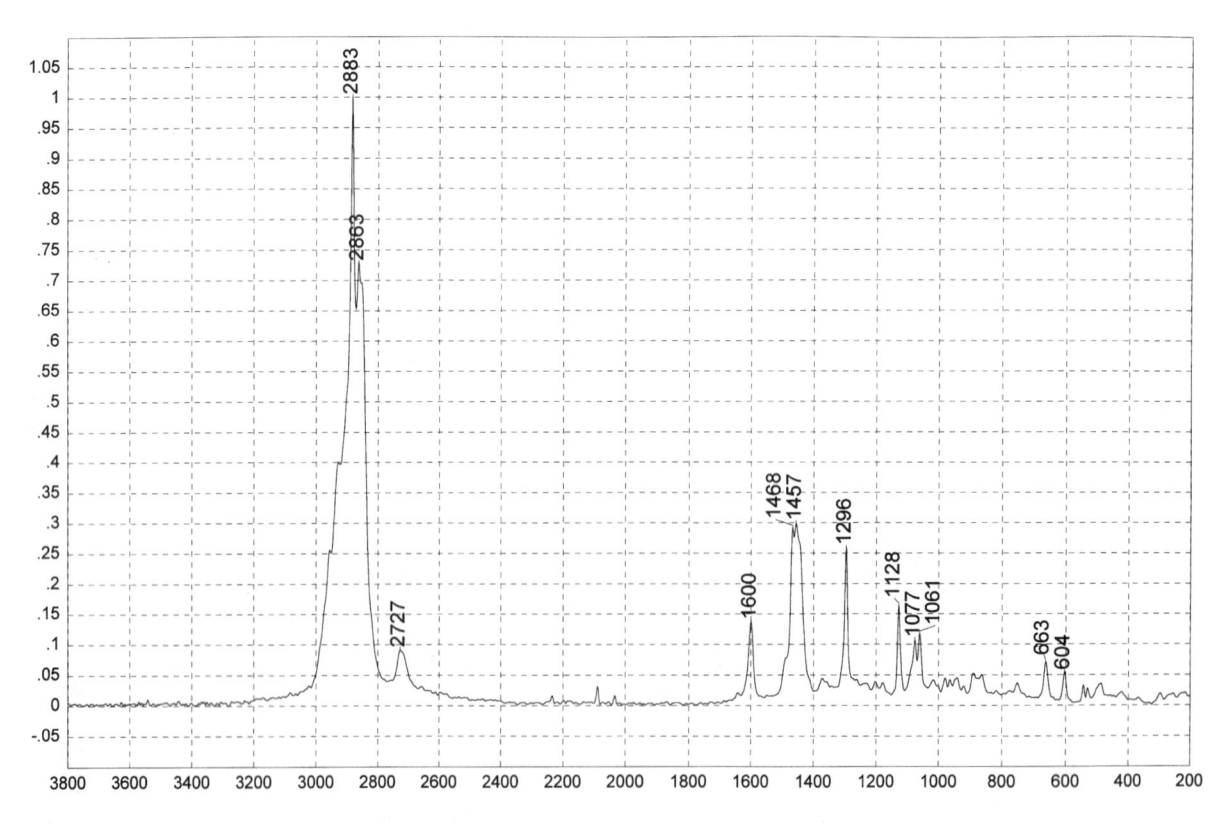

2118 LAURYL HYDROXYETHYL IMIDAZOLINE

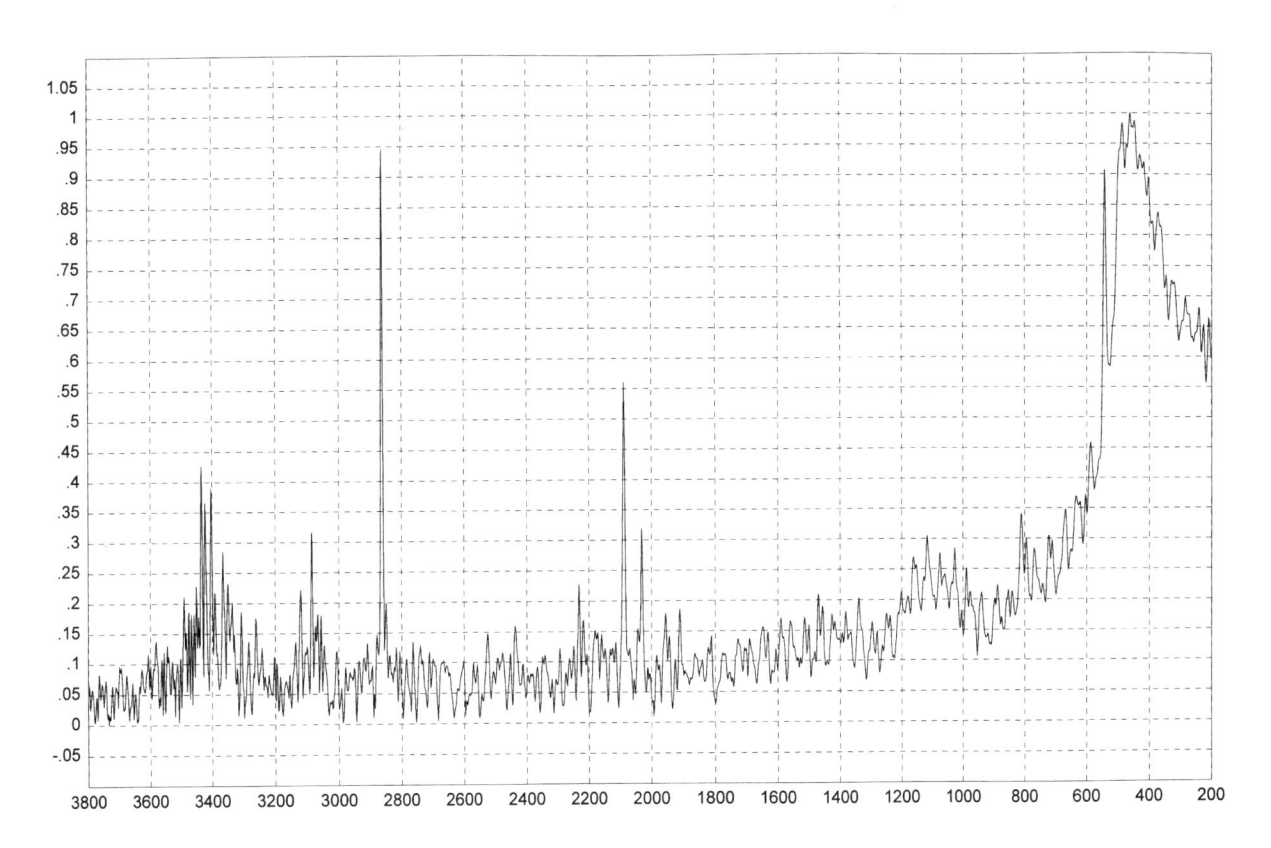

2119   Silica Glass (Empty Raman Sample Vial)

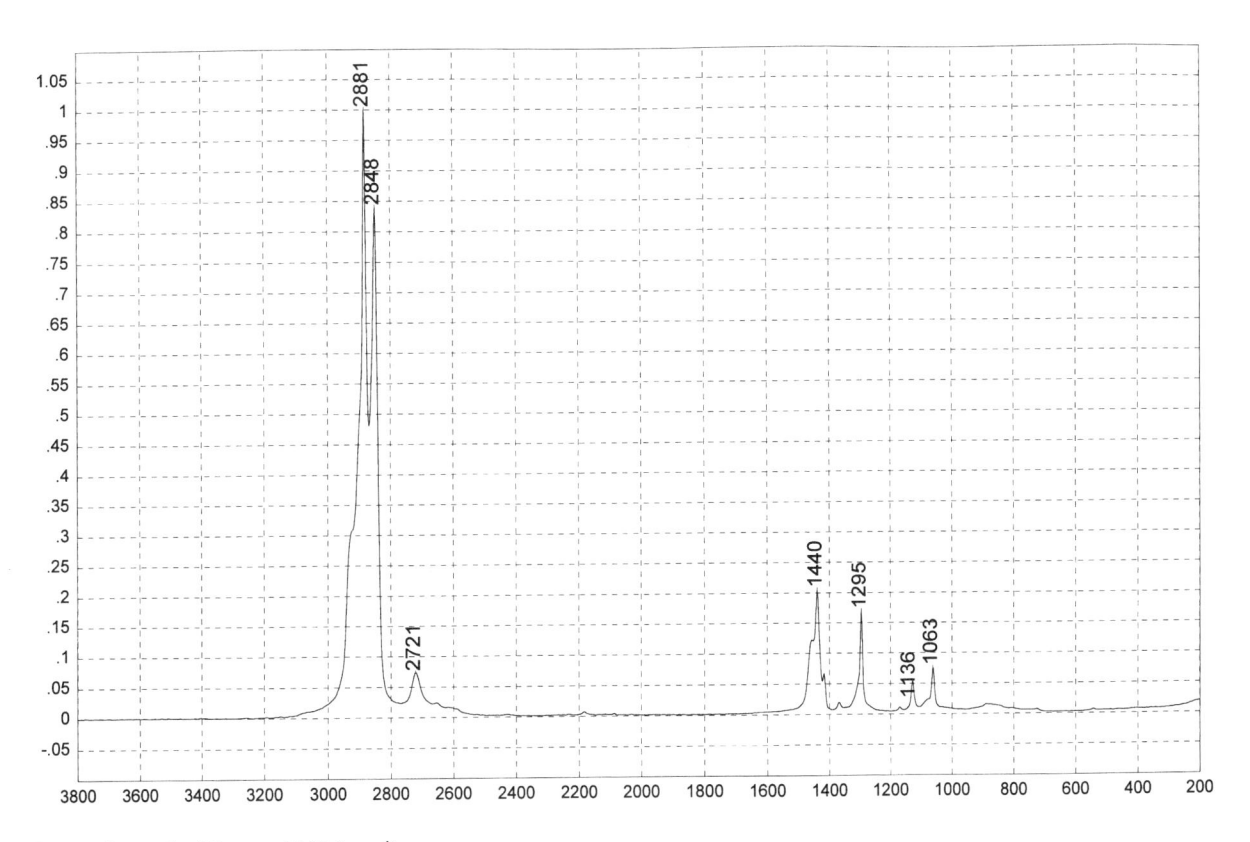

2120   Polyethylene

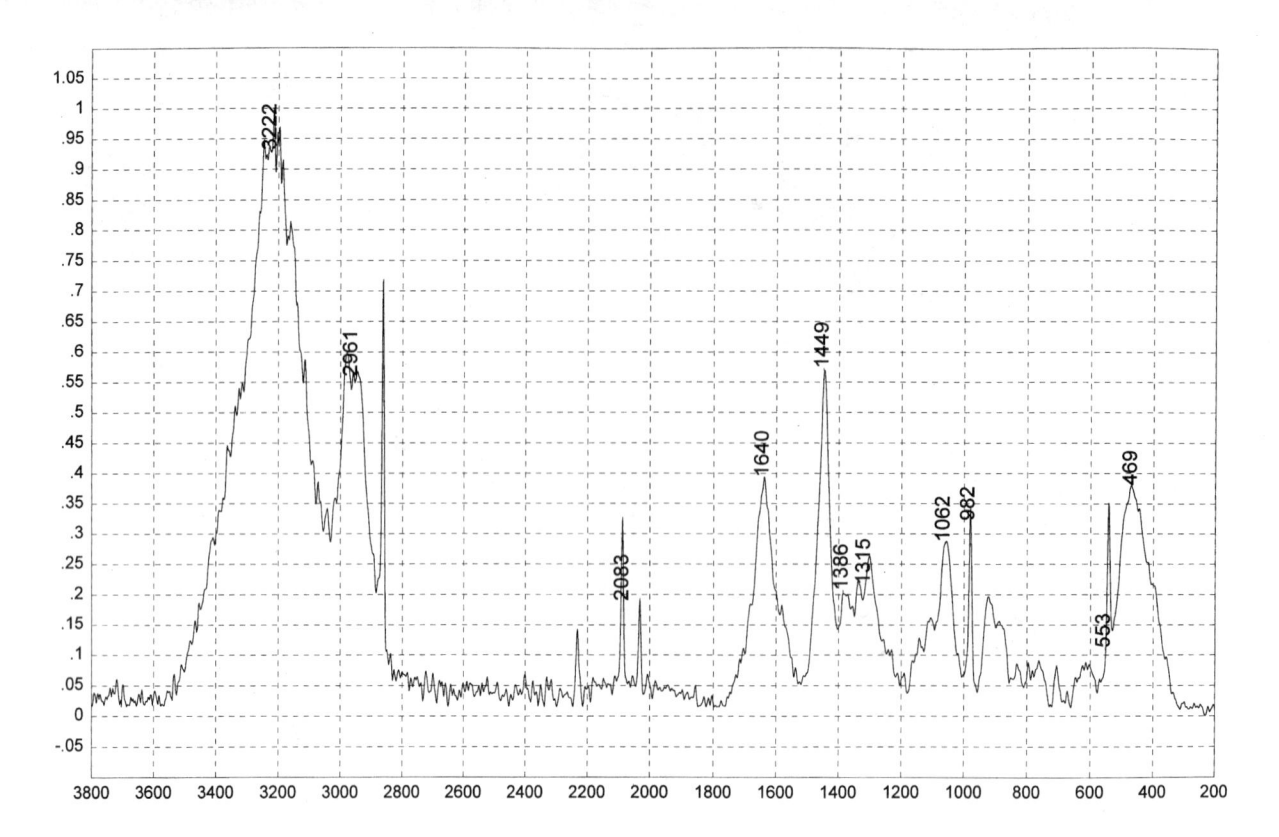

Polyamide-epichlorohydrin resin

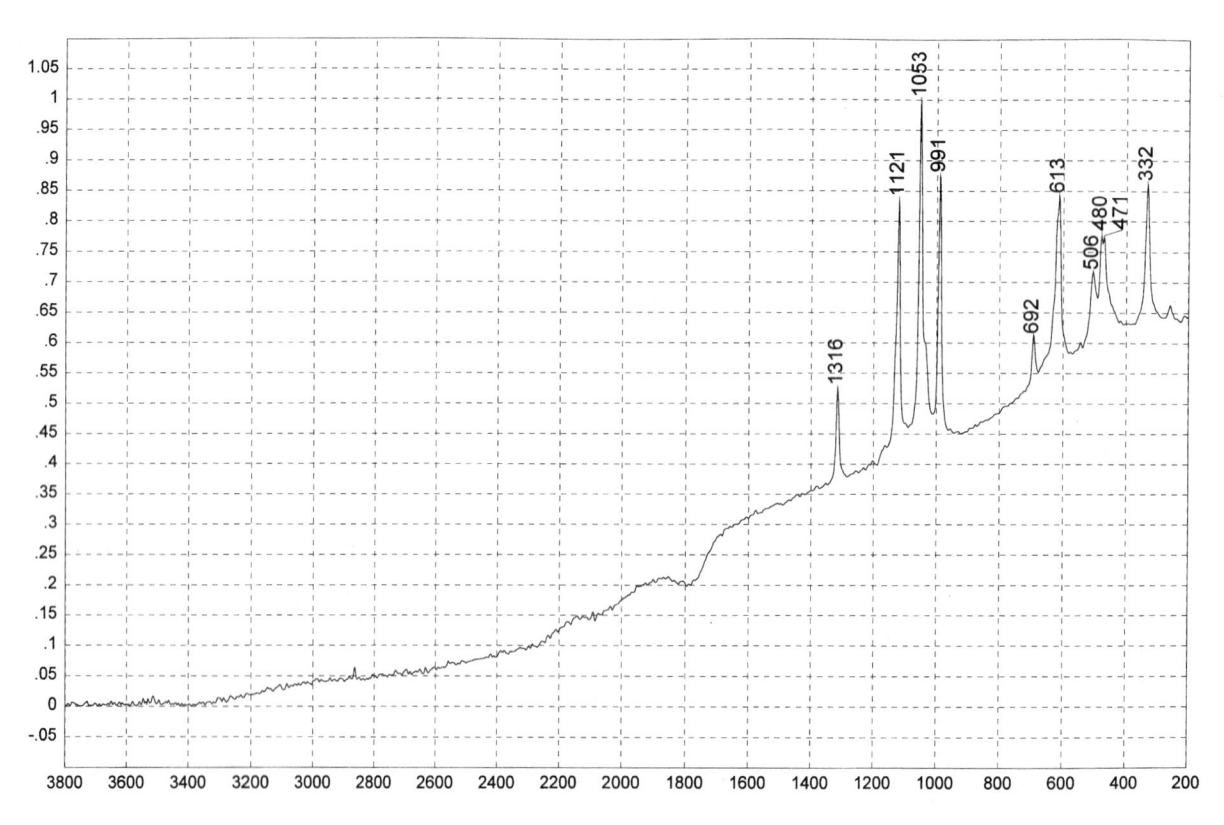

Aluminum sodium sulfate

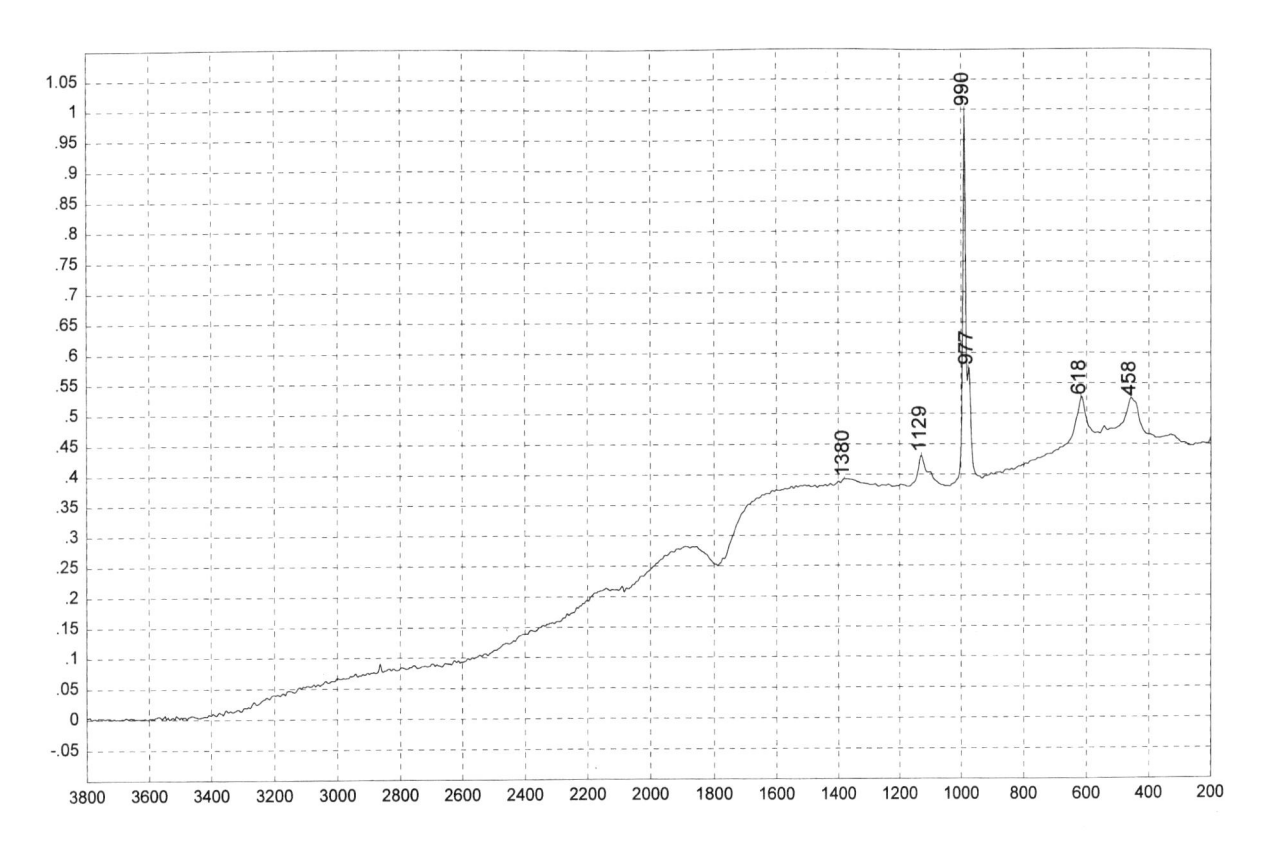

2123 **Aluminum potassium sulfate**

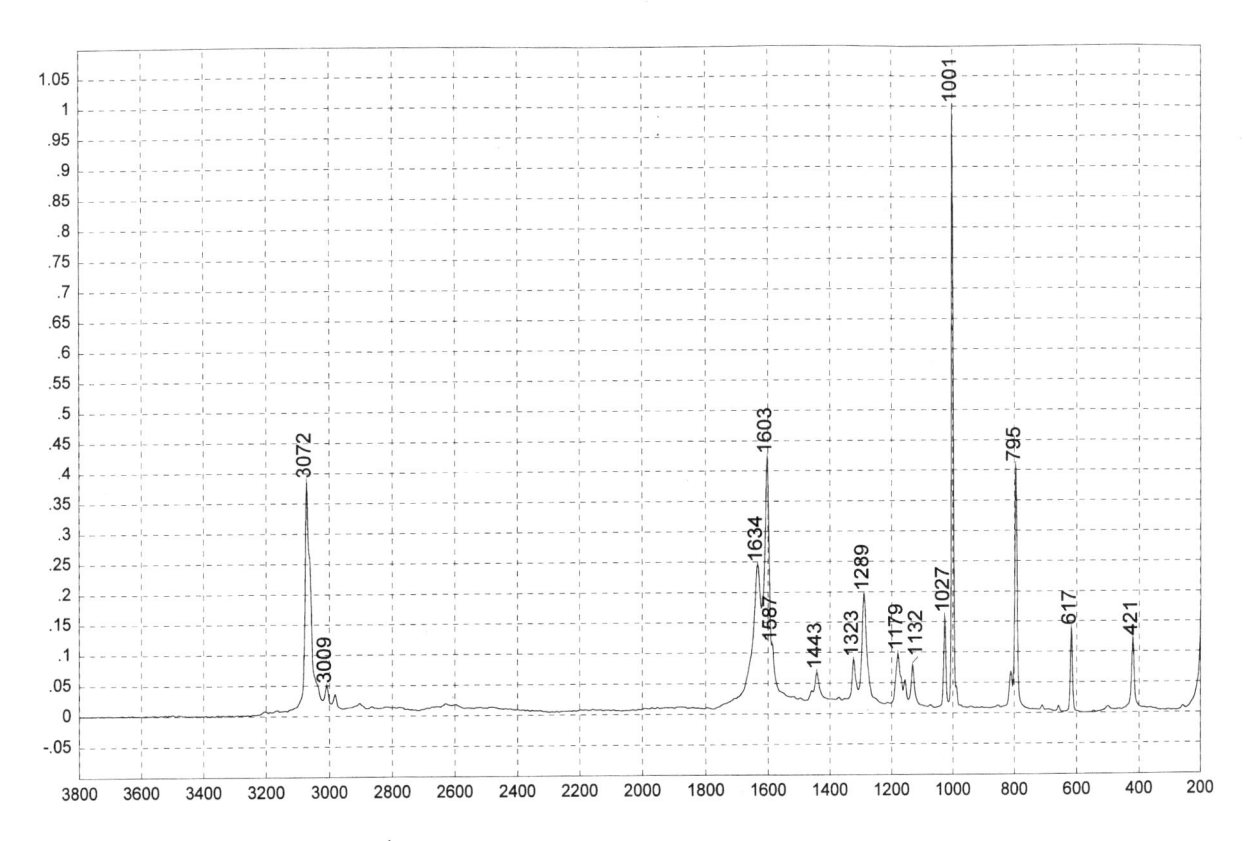

2124 **Benzoic Acid**

SODIUM BICARBONATE

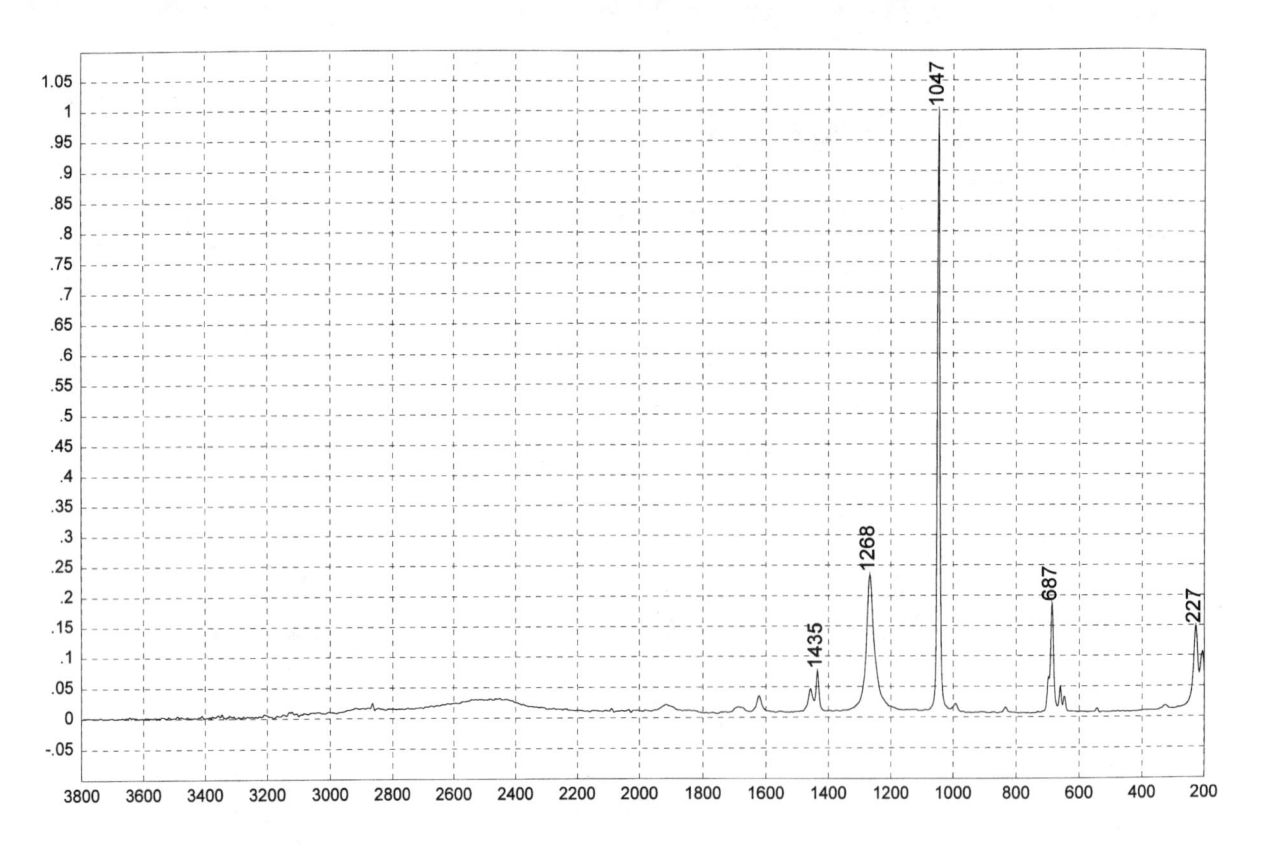

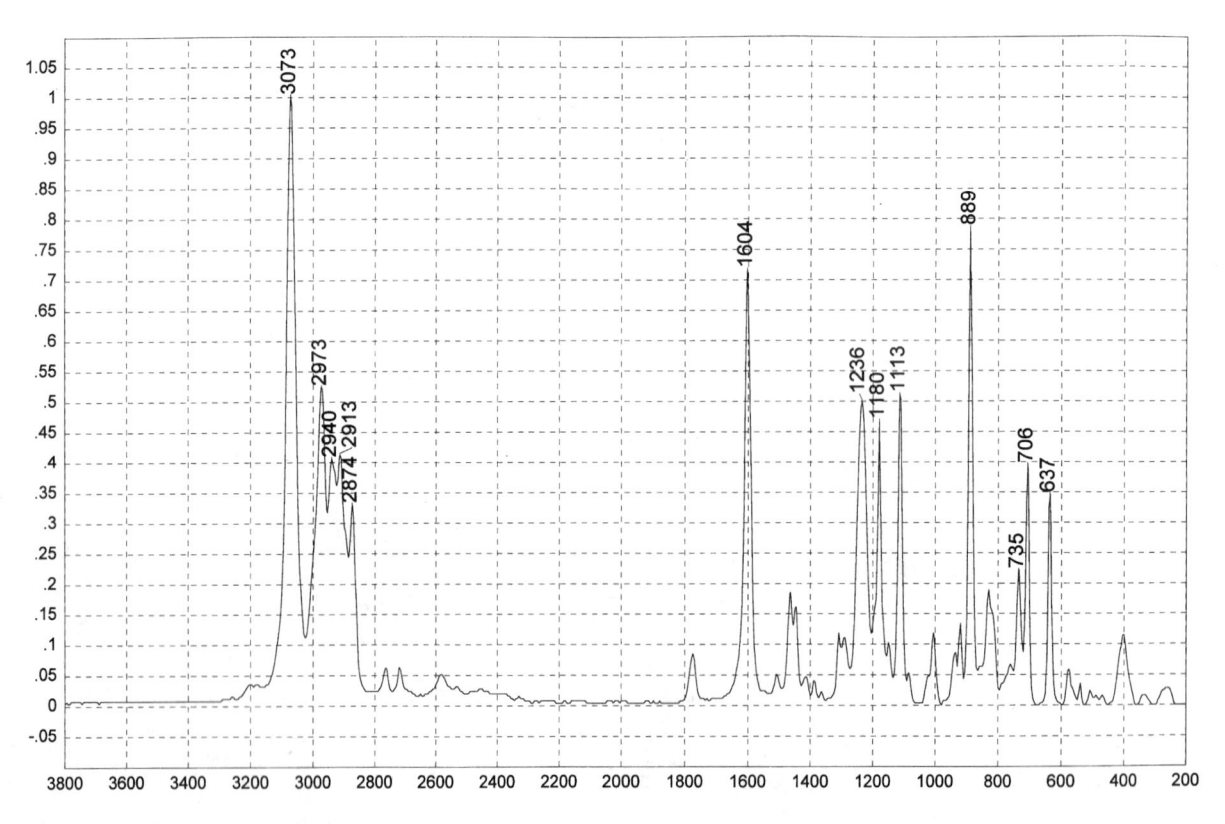

2125

Polycarbonate with TiO$_2$

2126

560

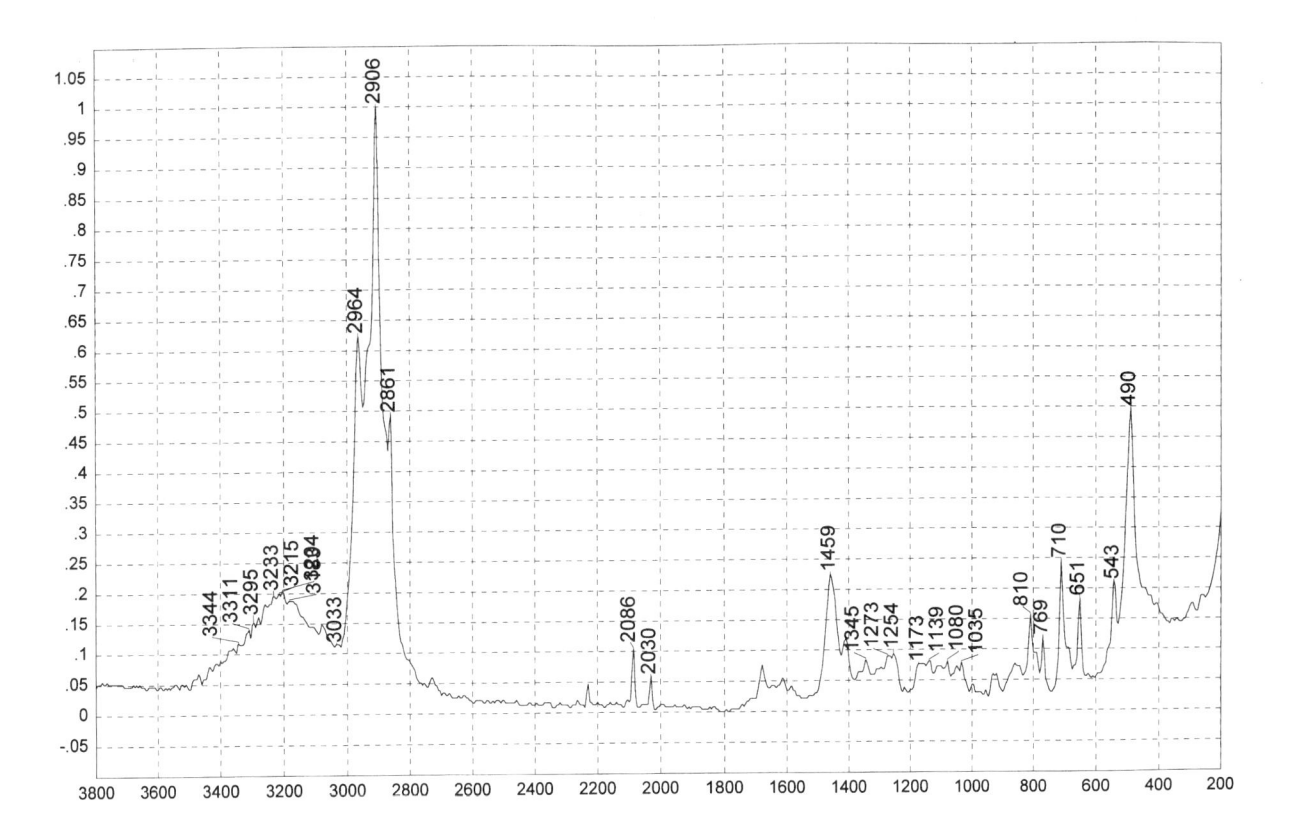

2127　　**50/50 mixture of silicone and menthol**

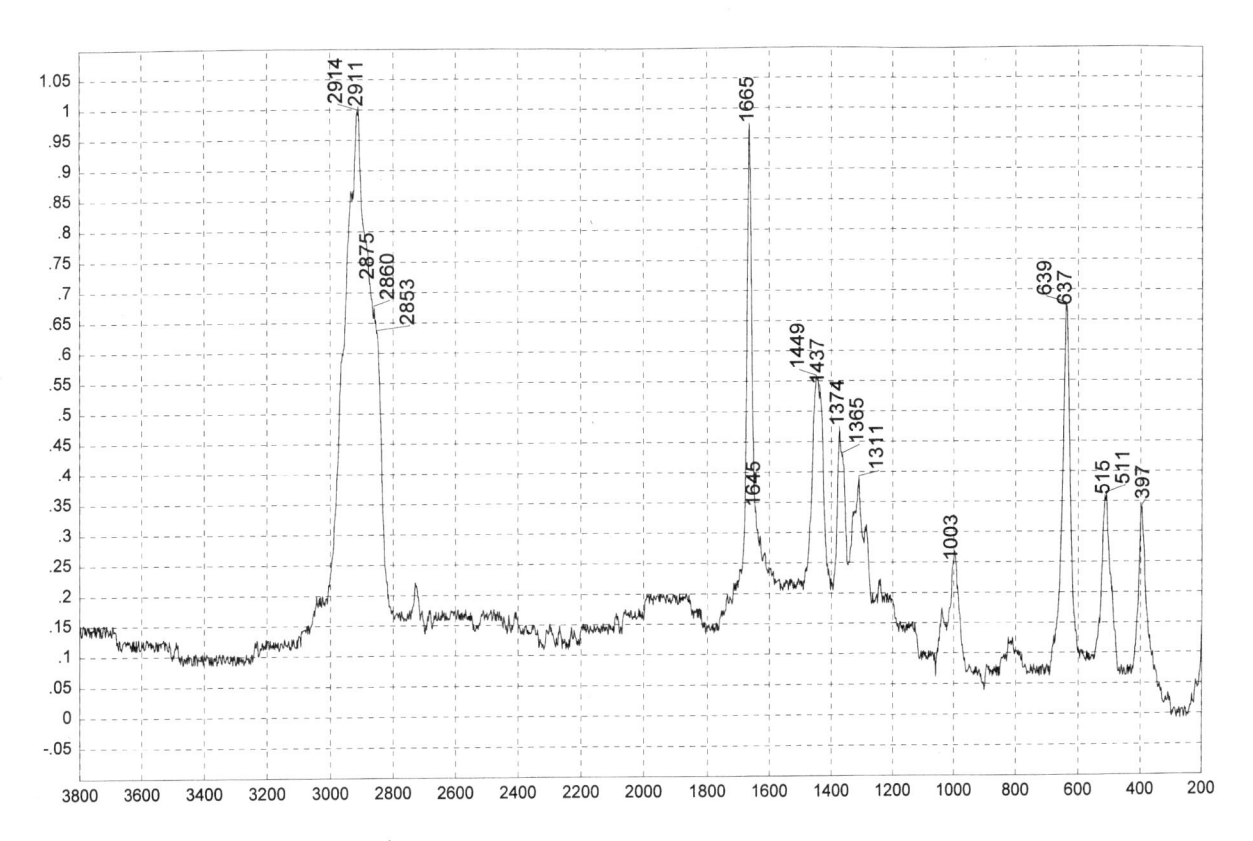

2128　　**Poly(isoprene) elastic, clay filled**

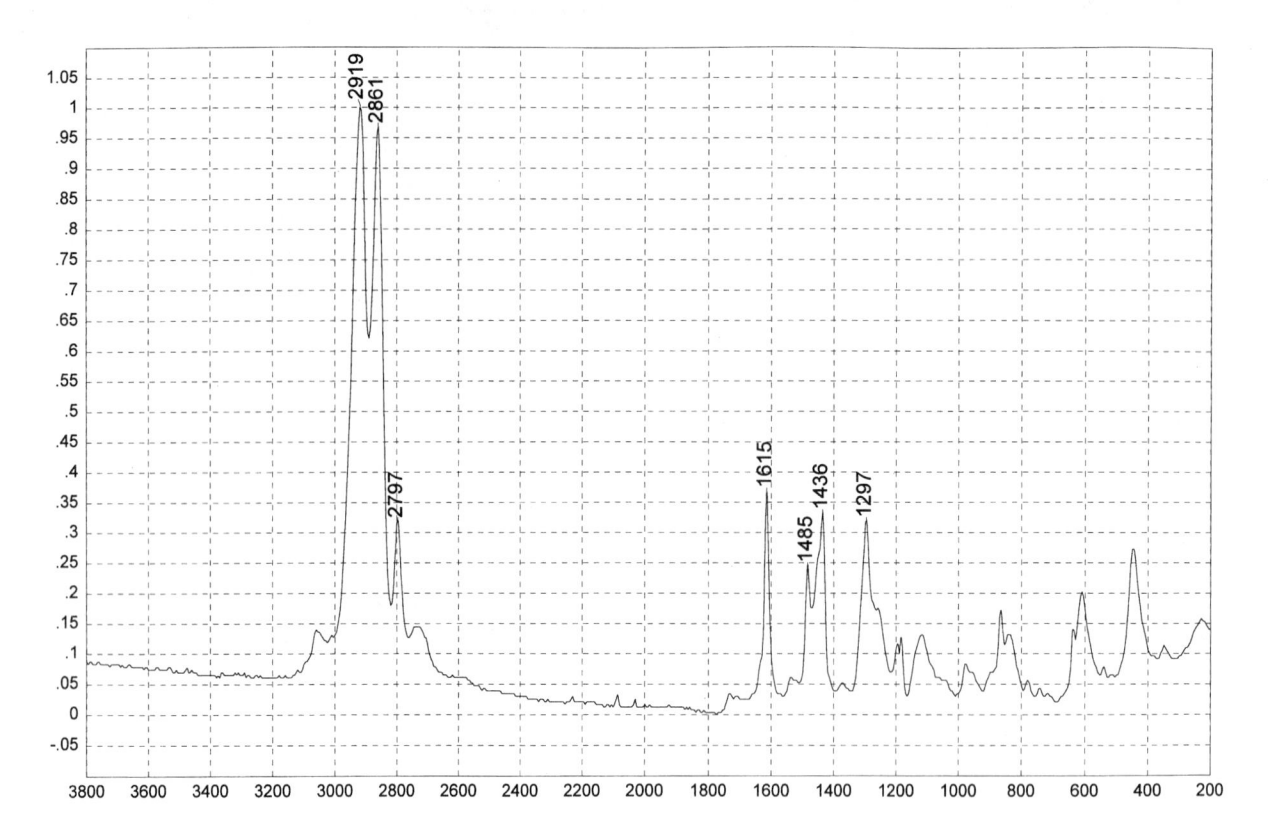

Raman Intensity / Raman Shift (cm⁻¹)

2129   **Poly(ether) urethane, clay filled**

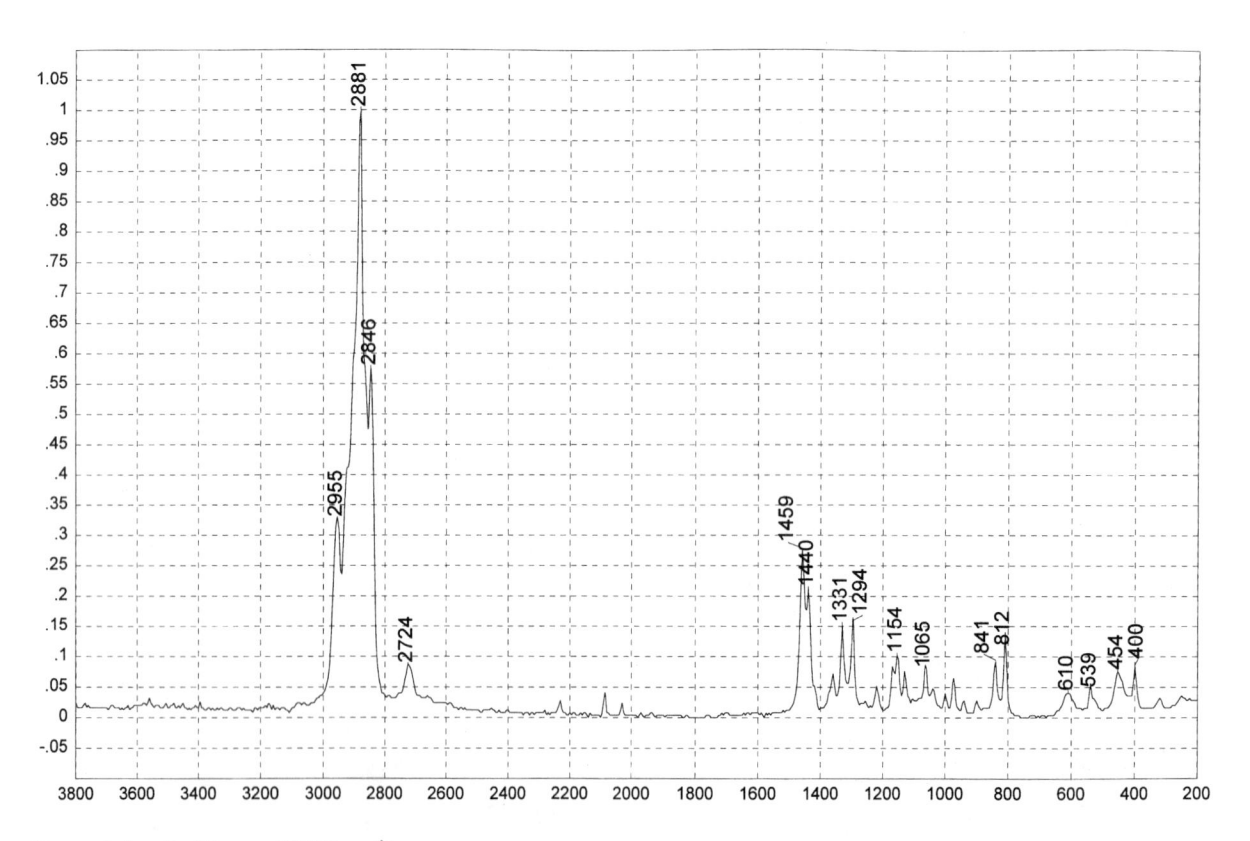

Raman Intensity / Raman Shift (cm⁻¹)

2130   **Poly(propylene) + TiO$_2$**

ISBN 0-12-763563-7